Holzbau – Bemessung und Konstruktion

Jetzt diesen Titel zusätzlich als E-Book downloaden und 70 % sparen!

Als Käufer dieses Buchtitels haben Sie Anspruch auf ein besonderes Kombi-Angebot: Sie können den Titel zusätzlich zum Ihnen vorliegenden gedruckten Exemplar für nur 30 % des Normalpreises als E-Book beziehen.

Der BESONDERE VORTEIL: Im E-Book recherchieren Sie in Sekundenschnelle die gewünschten Themen und Textpassagen. Denn die E-Book-Variante ist mit einer komfortablen Volltextsuche ausgestattet!

Deshalb: Zögern Sie nicht. Laden Sie sich am besten gleich Ihre persönliche E-Book-Ausgabe dieses Titels herunter.

In 3 einfachen Schritten zum E-Book:

❶ Rufen Sie die Website **www.beuth.de/e-book** auf.

❷ Geben Sie hier Ihren persönlichen, nur einmal verwendbaren E-Book-Code ein:

29416BB5259K1D6

❸ Klicken Sie das „Download-Feld“ an und gehen dann weiter zum Warenkorb. Führen Sie den normalen Bestellprozess aus.

Hinweis: Der E-Book-Code wurde individuell für Sie als Erwerber dieses Buches erzeugt und darf nicht an Dritte weitergegeben werden. Mit Zurückziehung dieses Buches wird auch der damit verbundene E-Book-Code für den Download ungültig.

Holzbau

Bemessung und Konstruktion

Wolfgang Rug

Holzbau

Bemessung und Konstruktion

17., überarbeitete Auflage 2021

Herausgeber:
DIN Deutsches Institut für Normung e. V.

Beuth Verlag GmbH · Berlin · Wien · Zürich

Herausgeber: DIN Deutsches Institut für Normung e. V.

Berlin · Wien · Zürich
Saatwinkler Damm 42/43
13627 Berlin

Telefon: +49 30 2601-0
Telefax: +49 30 2601-1260
Internet: www.beuth.de
E-Mail: kundenservice@beuth.de

Titelbild: © Zoo Leipzig GmbH, Verlängerung der Zollinger-Dachkonstruktion von 1926, siehe S. 688
Satz: B & B Fachübersetzergesellschaft mbH, Berlin
Druck: Drukarnia Skleniarz, Kraków

Gedruckt auf säurefreiem, alterungsbeständigem Papier nach DIN EN ISO 9706

ISBN 978-3-410-29416-0
ISBN (E-Book) 978-3-410-29417-7

Vorwort zur 17. Auflage

Mit der Bedeutung ökologischer Aspekte beim Bauen wächst auch die Nachfrage nach Holzbauten in moderner Bauweise. Damit steht der Holzbau vor neuen Herausforderungen. Gegenüber der 16. Auflage wurden die neueren Entwicklungen im Holzbau im Rahmen einer vollständigen Überarbeitung berücksichtigt, notwendige Fehlerkorrekturen vorgenommen und Überarbeitungen durchgeführt.

An dieser Stelle sei all jenen aufmerksamen Lesern herzlich gedankt, denen beim Studium Fehler und Unstimmigkeiten aufgefallen sind, deren Mitteilung an den Autor sehr zur ständigen Verbesserung des Buches beitragen.

Im Jahr des Erscheinens der 16. Auflage verstarb der Begründer dieses Buches Herr Oberingenieur, Diplom-Ingenieur, Zimmermeister ehrenhalber Willi Mönck. Er publizierte die erste Auflage dieses Buches im Jahre 1959. Als Autor und Holzbaulehrer hat er über Jahrzehnte den deutschen Holzbau geprägt (s. auch den nachfolgenden Nachruf).

An dieser Auflage haben wie immer mehrere Kollegen unterstützend mitgewirkt, herzlichen Dank gebührt hier dem Lektorat des Beuth Verlages, Frau Norma Müller und Herrn Axel Schmidt, sowie den Herrn Dipl.-Ing. (FH) G. Linke und Dipl.-Ing. (FH) S. Mühlisch und Frau D. Buchholz.

Als Autor freue ich mich über jeden kritischen Hinweis zur Verbesserung des Buches.

Wolfgang Rug

Vorwort zur 16. Auflage

Die bauaufsichtliche Einführung der Eurocodes in die deutsche Baupraxis machte eine vollständige Überarbeitung der 15. Auflage notwendig. Das Buch enthält jetzt die Grundlagen und Regeln der DIN EN 1995-1-1:2010 und DIN EN 1995-1-1/NA:2013, Bemessung und Konstruktion von Holzbauten – Teil 1-1: Allgemeine Regeln und Regeln für den Hochbau und DIN EN 1995-1-2:2010 sowie DIN EN 1995-1-2/NA:2010, Bemessung und Konstruktion von Holzbauten – Teil 1-2: Tragwerksbemessung für den Brandfall. Dabei wird auf weitere europäische Regeln eingegangen, und es werden die in Deutschland neu erschienenen Grundlagen des Holzschutzes (DIN 68800) einbezogen.

Zahlreiche Beispiele aus der Holzbaupraxis, erläutern die Anwendung der normativen Regeln. Mit Einführung der Eurocodes hat der Rechenaufwand gegenüber früherer Normfassungen weiter zugenommen. Der Praktiker wird daher in den meisten Fällen Computerprogramme nutzen. Die ausführliche Darstellung der Rechenregeln im Buch bietet den Fachkollegen die Möglichkeit der nachvollziehbaren Überprüfung computergestützter Berechnungen. Neben der Bemessung spielen für einen schadensfreien Holzbau Fragen der Konstruktion und Ausführung von Holzkonstruktionen eine wichtige Rolle. Es war das Anliegen der Autoren, diese Fragen so ausführlich wie möglich beizubehalten. Das ist insofern wichtig, da die europäischen Bemessungsnormen sich vor allem auf die Bemessung beschränken. Konstruktive Regeln, die in früheren Normen noch ausführlich enthalten waren, werden beschränkt auf unbedingt notwendige Grundlagen.

Der Leser kann also auch in dieser Auflage eine ausgewogene Darstellung der Grundlagen und normativen Regeln zum Baustoff, zu den Verbindungsmitteln und Verbindungen, zur Dimensionierung von Zug-, Druck- und Biegestäben, aber auch ausführliche Darlegungen über Holzbalkendecken, Dachtragwerke, Hallenkonstruktionen, geklebte Holzkonstruktionen, Verbundtragwerke und Hybridkonstruktionen erwarten. Dort, wo notwendig, werden auch Erläuterungen zum Schall- und Wärmeschutz gegeben.

Das Buch enthält, wie in allen Auflagen vorher, auch wieder Erkenntnisse zu neuen Entwicklungen im Holzbau und aus der Holzbauforschung und -praxis.

Wünsche des Lesers nach Vervollkommnung und Ergänzung des Buches sind den Autoren stets willkommen. Der Leser wird außerdem zur kritischen Stellungnahme aufgefordert.

Die Autoren danken der Lektorin Frau Dipl.-Ing. Sabine Wolf für die kritischen Hinweise und die geduldige Betreuung des Manuskripts.

Dank gebührt auch den Herrn Dipl.-Ing. (FH) L. Liebscher, Herrn Dipl.-Ing. (FH) G. Linke, die bei der Aufbereitung der Rechenbeispiele tatkräftig mitgewirkt haben.

Bei der Erstellung der Bilder und des Manuskripts haben Fr. J. Krüger und Frau D. Buchholz die Autoren maßgeblich unterstützt, wofür die Autoren sich bei Ihnen herzlich bedanken.

Wolfgang Rug **Willi Mönck**

Nachruf

Oberingenieur, Diplom-Ingenieur, Zimmermeister ehrenhalber Willi Mönck (geb. 19. Juni 1921, gest. 5. Dezember 2015)

Am 5. Dezember 2015 verstarb der Nestor des ostdeutschen Holzbaues und Autor zahlreicher Fachpublikationen zum Holzbau Dipl.-Ing. Willi Mönck.

In der mecklenburgischen Stadt Neustrelitz 1921 geboren, erlernte er in seiner Vaterstadt das Maurerhandwerk. Nach dem Abschluss des Baumeisterstudiums begann er seine Praxistätigkeit, die jedoch nur kurze Zeit andauerte, denn im Herbst des Jahres 1940 wurde er zum Kriegsdienst verpflichtet. Schwer verwundet kehrte er nach zwei Jahren in seine Heimat zurück. Nach seiner Genesung studierte er an der Technischen Hochschule Breslau. Das Kriegsende unterbrach seine Studienzeit. Erst im Jahre 1967 verteidigte er als externer Student an der Hochschule für Architektur und Bauwesen Weimar erfolgreich sein Diplom.

Für ihn war es selbstverständlich, sich am Wiederaufbau seiner durch den Krieg zu achtzig Prozent zerstörten Heimatstadt Neustrelitz zu beteiligen. Im Jahre 1948 erging an ihn ein Ruf als Dozent und Direktor an der neu gegründeten Ingenieurschule Neustrelitz. Er wirkte hier bis 1954. Als jüngster Lehrer für die Fächer Freihandzeichnen, Baukonstruktionen, Haustechnik und Holzbau war er maßgeblich an der Neuprofilierung dieser traditionsreichen Schule beteiligt.

Im Jahre 1954 begann er eine Tätigkeit am Institut für Aus- und Weiterbildung in Leipzig. In diesen Jahren widmete er sich der Ausarbeitung von Lehrmaterialien für die berufliche Qualifizierung im Bauwesen. Unter seiner Federführung sind viele Lehrbriefe entstanden. Auf deren Grundlage erfolgten auch seine ersten Holzbauveröffentlichungen. Diesem Gebiet galt ab 1957 sein spezielles Interesse.

Ab den sechziger Jahren passte der Holzbau nicht mehr so recht in die offizielle Baupolitik der DDR. Trotzdem blieb Willi Mönck seinem Fachgebiet zielstrebig treu, und er verstand seine Arbeit immer auch als Beitrag zur Qualifizierung der Holzbaukollegen.

Gemeinsam mit Wolfgang Rug und Klaus Erler begründete er die Holzbauseminare, die ab Mitte der 1980er Jahre – nicht zuletzt durch seine Beiträge – zum Austausch unter den Fachkollegen beigetragen haben.

1959 erschien sein erstes Buch mit dem Titel „Holzbau". 1987 erschien sein zweites Buch „Schäden an Holzkonstruktionen – Analyse und Behebung". Die beiden Bücher „Holzbau" und „Schäden an Holzkonstruktionen" gehören heute (der „Holzbau" in der für Holzbaufachbücher einmaligen 16. Auflage, die „Schäden an Holzkonstruktionen" in der 3. Auflage) zu den Standardwerken im Holzbau.

Den Fachkollegen, denen Willi Mönck in den 1980er Jahren die Fortführung seiner Bücher übertragen hat, ist dies zugleich eine ehrenvolle Verpflichtung, sein begonnenes Werk mit gleichem Erfolg fortzuführen.

Nach einer über 50jährigen Profession als Fachschriftsteller, Buchautor und Dozent fühlte er sich bis zuletzt noch diesen Aufgaben verpflichtet. Das zeigt sich u. a. auch daran, dass er den 140 Veröffentlichungen aus seiner aktiven Berufszeit in den Jahren seines Wirkens im „Ruhestand" 50 weitere hinzugefügt hat.

Mit der Weitergabe seiner umfangreichen Erfahrungen an seine jungen Kollegen pflegte er eine alte Tradition. Gerne hat er Fachkollegen und Freunde bei fachlichen Problemen beraten, und auch der Unterzeichner zählt sich zu seinen Schülern, der viel von ihm gelernt hat. Mit dem ihm eigenen Vortragsstil, gespickt mit unzähligen Ratschlägen aus seiner langjährigen Berufs- und Lebenserfahrung, begeisterte er seine Zuhörer immer wieder aufs Neue.

Für sein Lebenswerk erhielt Willi Mönck anlässlich der Deutschen Holzbautagung 2001 die Goldene Ehrennadel des Bundes „Deutscher Zimmermeister", die Leipziger Zimmererinnung ehrte ihn 1989 für sein großes Engagement für den zimmermannsmäßigen Holzbau mit dem Titel „Zimmermeister ehrenhalber". Für sein Wirken auf dem Gebiet der Sanierung und Instandsetzung von Holzbauten erhielt er 1986 die Ernennung zum Oberingenieur.

Die Holzbaugemeinde verliert mit Ihm einen herausragenden und geschätzten Kollegen, der für immer in ehrendem Gedenken bleibt.

Prof. Dr.-Ing. W. Rug, Wittenberge

Autorenporträt

Prof. Dr.-Ing. Wolfgang Rug

Studium Bauingenieurwesen an der Hochschule für Architektur und Bauwesen Weimar (heute: Bauhaus Universität), Wissenschaftlicher Mitarbeiter Bauakademie der DDR Berlin, Aufbau und Leitung des Forschungsgebiets Holzbau an der Bauakademie der DDR, 1986 Promotion an der Bauakademie der DDR.

Seit 1990 freiberuflich tätig als Beratender Ingenieur, 1990–1994 regionaler Fachberater der ARGE Holz e. V. Düsseldorf für Berlin; Brandenburg; Sachsen-Anhalt und Mecklenburg-Vorpommern, Prüfingenieur für Standsicherheit, von der IHK Ostbrandenburg öffentlich bestellter und vereidigter Sachverständiger für Holz- und Holzleimbau, seit 1999 Lehrauftrag für Holzbau und von 2000 bis 2018 Professur für Holzbau an der Hochschule für Nachhaltige Entwicklung Eberswalde.

Mitarbeit in Normungsausschüssen. Mitautor verschiedener Fachbücher und zahlreicher Fachbeiträge zur Geschichte des Holzbaus, den Normungsgrundlagen, zur Sanierungs- und Instandsetzung und zur Anwendung und Entwicklung im Holzbau (s. www.holzbau-statik.de).

Inhaltsverzeichnis

1. Einführung

1.1. Allgemeines

„Alles Bauen hat mit Holz begonnen“ [*Halasz* 1944]

Das Bauen mit Holz gründet sich auf eine über Jahrtausende reichende Erfahrung im Umgang mit dem Baustoff Holz und seit der Verwissenschaftlichung der Bautechnik auch auf neue Erkenntnisse zur baulichen Verwendung.

In den letzten 100 Jahren hat sich der Holzbau zu einer leistungs- und konkurrenzfähigen Bauweise entwickelt (s. auch [*Lißner*/*Rug* 2018], [*Rug* 2006], [*Rug* 2003-1, -2 und -3], [Seraphin 2003], [Brockstedt 1994], [*Rug* 1994-3], [*Rug* 1993], [*Meschke* 1989]).

Zum aktuellen Stand im Holzbau siehe [*Schwaner* u. a. 2009], [*Kaufmann/Nerdinger* 2011], [*Lennartz/Jacob-Freitag* 2016], [*Kaufmann* u. a. 2017], [*Green/Taggart* 2017].

Kenntnisse über den reproduzierbaren (ökologischen) Baustoff Holz und seine bautechnische Verwendung will dieses Buch auch weiterhin vermitteln.

Das im Bauwesen für tragende Bauteile zu verwendende Holz ist

- nach ingenieurmäßigen Gesichtspunkten zu bemessen,
- nach ökologischen und wirtschaftlichen Gesichtspunkten zweckentsprechend einzusetzen,
- im eingebauten Zustand pfleglich zu unterhalten und durch bauliche Holzschutzmaßnahmen vor vorzeitiger Zerstörung zu schützen.

1.2. Holz als Baustoff

1.2.1. Ökologische und wirtschaftliche Bedeutung

Holz ist einer der ältesten Baustoffe, den uns die Natur bietet. Es ist ein bedeutender Rohstoff und auf der Basis ökologischer Bewertungen ein zunehmend begehrter Baustoff.

Bild 1.1. Der Wald als CO_2-Speicher und Baustofflieferant

Infolge des Rückgangs fossiler Rohstoffe wird die Bedeutung erheblich steigen, weil Holz einer der wenigen reproduzierbaren Rohstoffe ist, der zu seiner Erzeugung – im Gegensatz zu fast allen anderen wichtigen Rohstoffen – keine mechanische oder elektrische Energie benötigt und die Umwelt nicht verschmutzt (s. auch [*Hofer* u. a. 1988], [*Wegener* u. a. 1997], [*Frühwald* u. a. 1997]. Ganz im Gegenteil! Als Energiequelle dienen bei der Fotosynthese die Sonne bzw. ihre Lichtstrahlen. Mit ihrer Hilfe bilden die Pflanzen aus anorganischem Material organische Stoffe (u. a. Holz). Gleichzeitig geben diese Pflanzen Sauerstoff ab. Der Wald ist zugleich, eine planmäßige Forstwirtschaft vorausgesetzt, Rohstofflieferant, Klimaregler bzw. Kohlenstoffspeicher und Erholungsgebiet (s. Bild 1.1.). Ein Kubikmeter Holz speichert etwa 1 Tonne CO_2. Nur mit Holz gelingt nachhaltiges Bauen!

Die Begriffe **Rohstoff** und **Werkstoff** sind nicht identisch. „Rohstoffe“ sind eine Vorstufe der „Werkstoffe“ im Produktionsprozess. Den Begriff „Rohstoff Holz“ kann man jedoch im weitesten Sinne mit dem Begriff „Baustoff Holz“ gleichsetzen. Wenn geschältes Rundholz als Bauholz verwendet wird, so wird der Rohstoff Holz unmittelbar zum Baustoff. Schnittholz und Holzwerkstoffe jedoch werden aus dem Rohstoff Holz gewonnen.

Der Begriff „Werkstoff Holz“ wird im Zusammenhang mit der mechanischen Fertigung und mit der Änderung der Gestalt des Arbeitsgegenstandes (bei der Verarbeitung und Bearbeitung) verwendet.

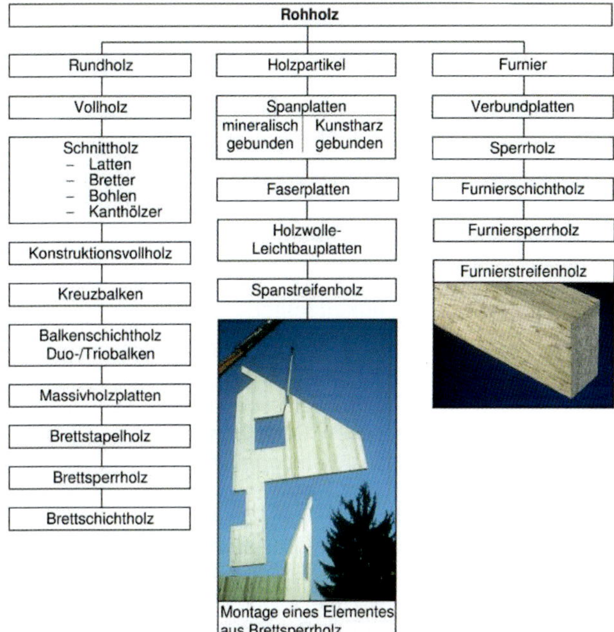

Bild 1.2. Stufen der Veredelung von Holz – Holzwerkstoffe im Holzbau (Foto: Archiv Arge Holz Düsseldorf)

Aus dem Rohholz gewinnt man heute für die bautechnische Verwendung zahlreiche Holzwerkstoffe mit den unterschiedlichsten bautechnischen Eigenschaften (s. Bild 1.2.).

1.2.2. Wichtige Eigenschaften des Holzes

Allgemeine Hinweise

Der mikroskopische Aufbau des Holzes (s. Bild 1.3. und 1.4.) und seine physikalisch-technischen Eigenschaften sollen nur so weit besprochen werden, als es zum Verständnis für die speziellen Probleme des Holzbaus erforderlich erscheint.

Natürliche Wuchsmerkmale

Während des Wachstums der Bäume entstehen je nach Klima, Holzart und Standort wuchsbedingte Merkmale, die die technischen Eigenschaften des aus den Bäumen gewonnenen Bauholzes beeinflussen:

- wuchsbedingte Eigenschaften (s. a. DIN EN 1309, DIN 4074-1, Entwurf DIN 4074-2 und DIN 4074-5),
- klimabedingte Schädigungen,
- Schädigungen durch Organismen (s. a. [*Lißner/Rug* 2018]), DIN 68800-1 bis -4 und DIN EN 335).

Siehe auch DIN 18334, DIN EN 14081-1 bis -3 und DIN 68365.

Im Einzelnen können das folgende Merkmale sein:

- **Formmissbildungen**, z. B. starke Abholzigkeit, Krummwüchsigkeit, Unrundheit, Zwiesel, Wustholzbildung,
- **Struktureigenschaften**, z. B. Ästigkeit, Faserabweichungen, unregelmäßige ringförmige Zonen, Kernverlagerungen, Drehwuchs, Farbfehler (Blaufäule, oxidative Vorgänge),
- **mechanisch verursachte Fehler**, z. B. Risse durch Wuchsspannungen, Schwindrisse, Ringrisse (Schalenrisse), Frostrisse, Blitzrisse, Kernrisse,
- **biologisch – zerstörende Beeinträchtigungen**, z. B. Stammfäule (Kiefernbaumschwamm am lebenden Baum u. a.), Verstockungen (z. B. bei Buche), holzschädigende Pilze und Insekten, Weißfäule, Rotfäule.

Auch jede unerwünschte Holzfeuchte ist als ein Mangel zu betrachten, weil Holzfeuchten über 30 % nach der Weiterbearbeitung und Trocknung zu unerwünschten Verformungen und Rissbildung führen und den Befall durch holzzerstörende Organismen fördern (s. a. Abschnitt 2.11.).

Drehwuchs ist wahrscheinlich auf Wachstumsspannungen zurückzuführen; als maßgeblich werden die Umwelteinflüsse angesehen. Drehwüchsiges Holz ist für statisch beanspruchte Zwecke nicht brauchbar.

Holzaufbau und Festigkeitseigenschaften

Holz ist ein anisotroper, inhomogener, organisch gewachsener Baustoff (s. Bild 1.3. und 1.4.).
„Das dreidimensionale mechanische Verhalten von Holz ist anisotrop. Im inelastischen Beanspruchungsbereich zeigt sich zum einen duktiles Versagen unter Druckbeanspruchung insbesondere senkrecht zur Faserrichtung, zum anderen sprödes Versagen mit Rissbildung unter Zugbeanspruchung.“ [*Resch* 2011] Zur strukturellen Anisotropie s. [*Wagenführ* 2008]. Die Festigkeitseigenschaften von Holz werden in erster Linie dadurch bedingt, in welcher Weise die hochpolymeren Zellulosebestandteile als Gerüstsubstanz und amorphes Lignin als Kittsubstanz verteilt sind. Die Zellulose verleiht dem Holz elastische, das Lignin plastische Eigenschaften. In Verbindung mit der Wirkung des Wassers führt es zu komplizierten Zusammenhängen in Bezug auf das Festigkeits- und Formänderungsverhalten.

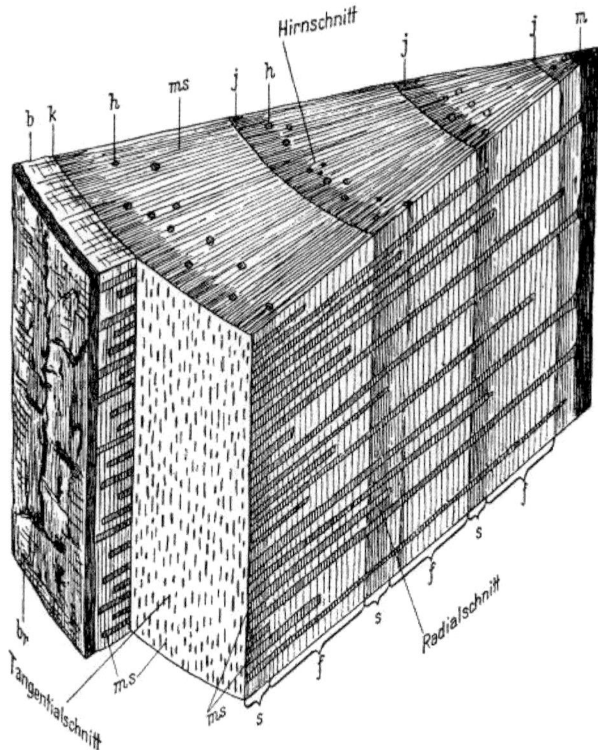

Legende
Kernholzbereich – tragendes Element
Splintholzbereich – Versorgungsanlage
Kambium (k) – Bau-Zentrum (Peripherie)
Bast (b)
Frühholz (f)
Harzkanal (h)
Jahrringgrenze (j)
Mark (m)
Markstrahl (ms)
Spätholz (s)

Bild 1.3. Holz ist von Natur aus perfekt (Keilstück, Holzart Kiefer, aus [*Kollmann* 1951])

Holz ist ein poröser Stoff (s. Bild 1.4.), darum ist für die Bewertung der Eigenschaften die Rohdichte besonders wichtig. Für die Beurteilung der technischen Gebrauchseigenschaften müssen auch die Jahrringe mit ihrem wechselnden Früh- und Spätholzanteil, ebenso das Kern- und Splintholz herangezogen werden (s. Bild 1.5.).

Früh- und Spätholz besitzen infolge ihres unterschiedlichen Aufbaus voneinander abweichende physikalische und mechanische Eigenschaften.

Allgemein gilt:

Engringiges Nadelholz ist für tragende Holzkonstruktionen besser geeignet als breitringiges.

Kern- und Splintholz haben stark voneinander abweichende Eigenschaften, die je nach Verwendungszweck unterschiedlich beurteilt werden. Eine gewisse Rolle spielt das Breitenverhältnis zwischen Kern und Splint. Maßgeblich sind aber die unterschiedlichen physikalischen, mechanischen und technischen Eigenschaften. Für Nadelholz bestehen zwischen Kern- und Splintholz Unterschiede in Bezug auf:

1. Farbe — Kernholz ist dunkler als Splintholz.
2. Härte — Kernholz ist härter als Splintholz.
3. Feuchte — Kernholz ist trockener als Splintholz.
4. Haltbarkeit — Kernholz ist dauerhafter als Splintholz.
5. Masse (Gewicht) — Kernholz ist im trockenen Zustand schwerer als Splintholz.
6. Tränkbarkeit — Kernholz ist schwerer zu tränken als Splintholz.
7. Güte — Kernholz ist unbehandelt für die Weiterverarbeitung wertvoller als Splintholz.

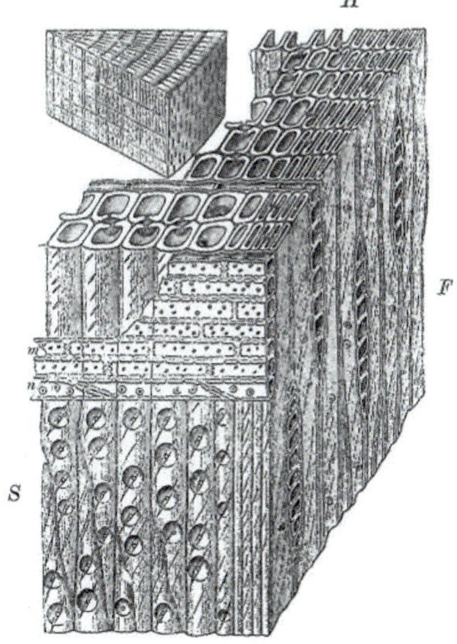

Legende
H = Hirnschnitt
F = Fladen-(Tangential-)schnitt
S = Spiegel-(Faserlängs-)schnitt

Bild 1.4. Innerer Aufbau (Fichtenholz-Ausschnitt, aus [*Kersten* 1926])

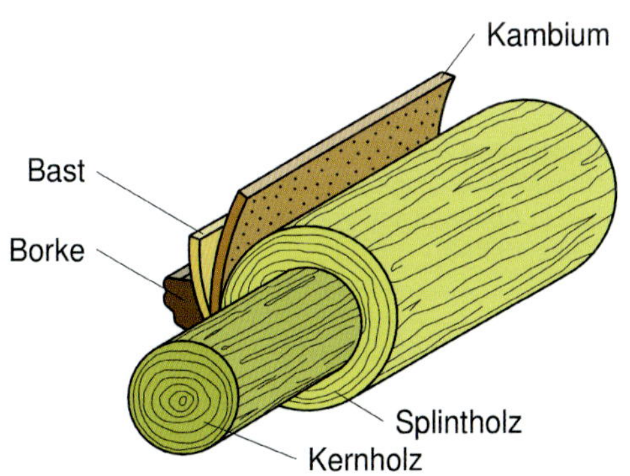

Legende
Kernholzbereich – tragendes Element
Splintholzbereich – Versorgungsanlage
Kambium – Bau-Zentrum (Peripherie)
Bast – Energieleiter
Borke – Schutz und Fassade

Bild 1.5. Prinzipieller Aufbau von

Allgemein ist die Festigkeit des Holzes abhängig (s. a. Bild 1.6.)

- *von der Holzart,*
- *von den Wachstumsverhältnissen,*
- *vom Feuchtegehalt,*
- *von der Rohdichte,*
- *vom Faserverlauf,*
- *von der Ästigkeit.*

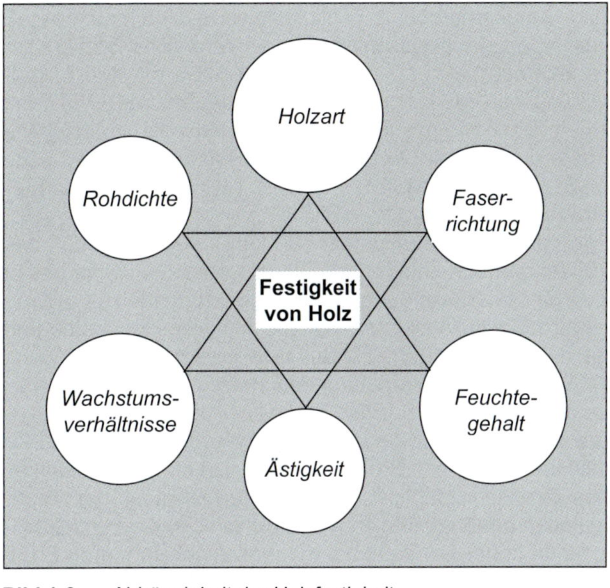

Bild 1.6. Abhängigkeit der Holzfestigkeit

Weitere wuchsbedingte Eigenschaften mit Einfluss auf die Festigkeit von Holz siehe DIN 4074-1, -2 und -5.

Festigkeitssortierung

Holz muss für die bauliche Verwendung sortiert werden, um die Schwankungen der festigkeitsbestimmenden wuchsbedingten Eigenschaften einzugrenzen und um Rechenwerte für die Materialeigenschaften festzulegen. Dies erfolgt traditionell seit 1939 nach visuellen Kriterien nach DIN 4074-1 und später nach DIN 4074-2 sowie nach DIN 4074-5.

Die in DIN 4074-1 und DIN 4074-5 festgelegten quantifizierten Sortierkriterien werden bei der visuellen Sortierung durch Inaugenscheinnahme und Messung der Ausprägung ausgewählter Wuchsmerkmale festgestellt. Die Ermittlung der tatsächlichen Materialkennwerte erfolgt nicht. Dieses Verfahren ist deshalb relativ ungenau und gestattet die Sortierung des Holzes maximal bis zur Sortierklasse S13 bzw. LS13 (C30 bzw. D30 nach DIN EN 338).

Einen wesentlichen Einfluss auf die Biege- und Zugfestigkeit haben dabei die Sortierkriterien Ästigkeit und Faserabweichung. Seit 1989 erlaubt die Normfassung der DIN 4074 auch die Sortierung mit maschinellen Verfahren (die Zertifizierung und Überwachung der Maschinen erfolgt heute auf der Basis der EC-Normen nach DIN EN 14081-2 und DIN EN 14081-3).

Gegenüber der visuellen Sortierung können in speziellen Sortiermaschinen die Rohdichte oder der Biege-E-Modul messtechnisch erfasst werden. Beide Kennwerte korrelieren sehr gut mit weiteren Festigkeitseigenschaften. Gerade die maschinellen Verfahren verfügen über eine sehr viel bessere Trennschärfe bei der Sortierung, was zu einer zuverlässigeren Festigkeitssortierung und einer höheren Ausbeute von Holz höherer Güte führt (s. a. [*Glos/Diebold* 1997], [*Blaß/Görlacher* 1996], [*Sandomeer/Steiger* 2009], [*Denzler/Glos* 2009]).

Kombiniert man das Sortierkriterium E-Modul und Ästigkeit (wobei die Ästigkeit im Durchlaufverfahren mittels Durchstrahlung oder optischer Messverfahren gemessen wird), so kann das Ergebnis der Sortierung deutlich verbessert werden. Eine Ausbeute von bis zu 25 % in den höchsten Festigkeitsklassen ist möglich [*Blaß/Görlacher* 1996].

Die charakteristischen Festigkeitswerte sind bei maschineller Sortierung wesentlich höher (vergleiche Sortierklasse S13 mit $f_{t,0,k}$ = 17,7 N/mm² in Bild 1.7. mit den Festigkeitsklassen MS13 mit $f_{t,0,k}$ = 22,9 N/mm² und MS17 mit $f_{t,0,k}$ = 30,6 N/mm² in Bild 1.8.). Durch die maschinelle Sortierung ist die Ausbeute von Hölzern höherer Güte (z. B. MS13 und MS17, s. in Bild 1.8.) wesentlich größer (im Vergleich dazu S10 in Bild 1.7.).

Wie aus Untersuchungen in den 90er Jahren des 20. Jahrhunderts hervorgeht, könnte etwa die Hälfte des in Europa zur Anwendung kommenden Nadelholzes in eine höhere Festigkeitsklasse als die mit visueller Sortierung nach DIN 4074-1 erreichbare S13 sortiert werden, wenn eine maschinelle Sortierung des Holzes durchgeführt würde (s. [*Glos* 1995-3], [*Blaß/Görlacher* 1996]).

Die maschinelle Sortierung hat auch große Bedeutung für die Herstellung von Brettschichtholz. Da die Biegefestigkeit des Brettschichtholzes von der Zugfestigkeit der Brettlamellen abhängt, lassen sich Brettschichtholz-Festigkeitsklassen höher als GL28 nur mit maschinell sortierten Brettlamellen herstellen, die dann unter Verwendung von hochwertigen Sortiermaschinen eine Zugfestigkeit von 25 N/mm² und mehr aufweisen. Würden die Brettlagen nur visuell sortiert, wären nur Zugfestigkeiten von 15 bis 18 N/mm² erreichbar [*Glos* 1995-3]. Bild 1.9. zeigt die unterschiedliche Leistungsfähigkeit einzelner Sortierverfahren. Dabei wird deutlich, dass die maschinelle Sortierung der visuellen Sortierung deutlich überlegen ist. Mit einer einfachen Sortiermaschine erreicht man immerhin schon eine charakteristische Zugfestigkeit von 21 bis 22 N/mm² im Vergleich zu einer Zugfestigkeit von 15 bis 18 N/mm² bei visueller Sortierung. Weitere Erläuterungen in Abschnitt 2.7 oder [*Glos/Diebold* 1997], [*Augustin* 2005].

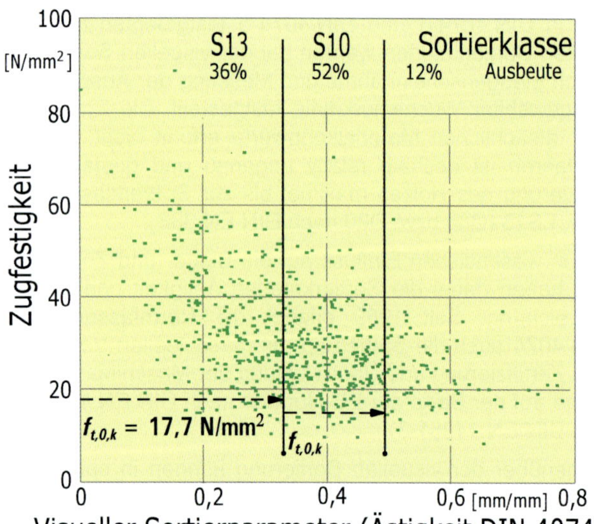

Bild 1.7. Ausbeute und charakteristische Zugfestigkeit bei visueller Sortierung, durchgeführt an 625 Fichtenholzlamellen, nach [*Glos/Diebold* 1994]

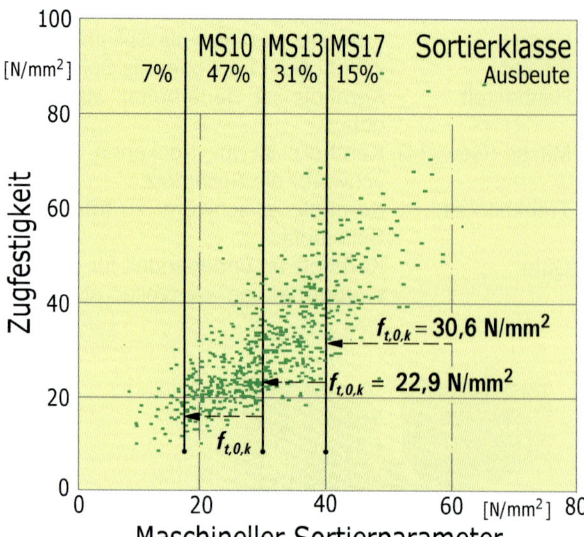

Bild 1.8. Ausbeute und charakteristische Zugfestigkeit bei maschineller Sortierung, durchgeführt an 625 Fichtenholzlamellen, nach [*Glos/Diebold* 1994]

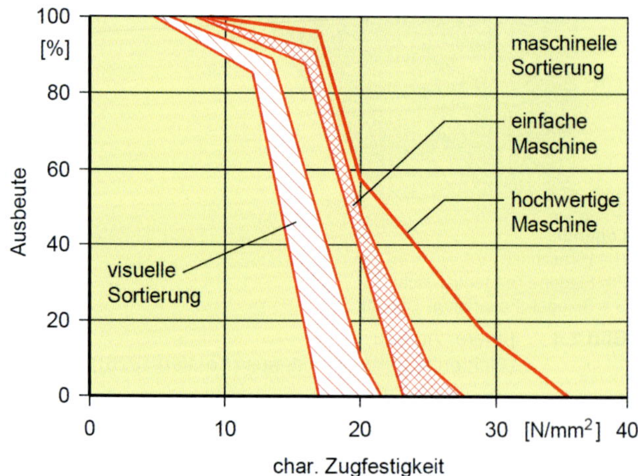

Bild 1.9. Zusammenhang zwischen Holzausbeute und charakteristischer Zugfestigkeit von Fichtenbrettlamellen in Abhängigkeit vom Sortierverfahren (aus [*Glos* 1995-3])

Holzart und Festigkeitseigenschaften

Von den einheimischen Nadel- und Laubhölzern lassen sich verschiedene Holzarten als Bauholz nutzen (s. Tabelle 1.1.).

Prinzipiell hat „weicheres“ Holz eine geringere Festigkeit als „härteres“ Holz. Entscheidend ist hier der prozentuale Volumenanteil der Holzzellen (s. Bild 1.10.). Die Rohdichte charakterisiert diesen Volumenanteil, d. h. je höher der Anteil der Holzzellen, desto schwerer ist das Holz und umso höher sind die Festigkeitswerte.

Tabelle 1.1. Hauptsächliche im Bauwesen verwendete einheimische Hölzer/Holzarten

Name	Lat. Gattungs- und Artname	Kurzbezeichnung[1)]	Bemerkungen (ρ_{mean}-Wert nach DIN 68364 s. auch Tabelle 1.3.)
Nadelgehölze (der Familie Kieferngewächse)			
Fichte	*Picea abies* (L.) Karst.	PCAB,EU	Kein Farbunterschied zwischen Kern- und Splintholz, Nadelholz (ρ_{mean} = 460 kg/m^3) mit guten Festigkeits- und Elastizitätseigenschaften, gut bearbeitbar, nach DIN EN 350 wenig dauerhaft gegen holzzerstörende Pilze
Tanne	*Abies alba* Mill.	ABAL,EU	Kein Farbunterschied zwischen Kern- und Splintholz, Nadelholz (ρ_{mean} = 460 kg/m^3) mit guten Festigkeits- und Elastizitätseigenschaften, gut bearbeitbar, nach DIN EN 350 wenig dauerhaft gegen holzzerstörende Pilze
Kiefer	*Pinus sylvestris* L.	PNSY,EU	Kernholz farblich deutlich vom Splintholz abgesetzt, Kernholz harzhaltig, mittelschweres Holz (ρ_{mean} = 520 kg/m^3) mit guten Festigkeits- und Elastizitätseigenschaften, gut bearbeitbar, nach DIN EN 350 mäßig bis wenig dauerhaft gegen holzzerstörende Pilze
Douglasie	*Pseudotsuga menziesii* (Mirb.) Franco	PSMN,AM(N*)	Kernholz farblich deutlich vom Splintholz abgesetzt, Kernholz harzhaltig, Nadelholz (ρ_{mean} = 580 kg/m^3) mit guten Festigkeits- und Elastizitätseigenschaften, gut bearbeitbar, nach DIN EN 350 mäßig bis wenig dauerhaft gegen holzzerstörende Pilze
Lärche	*Larix decidua* Mill.	LADC,EU	Kernholz farblich deutlich vom Splintholz abgesetzt, Kernholz harzhaltig, Nadelholz (ρ_{mean} = 600 kg/m^3) mit guten Festigkeits- und Elastizitätseigenschaften, gut bearbeitbar, nach DIN EN 350 mäßig bis wenig dauerhaft gegen holzzerstörende Pilze
Eibe	*Taxus baccata* L.	TXBC,EU	Kernholz farblich deutlich vom Splintholz abgesetzt. Schmaler gelblicher Splint und rotbrauner Kern. Nadelholz (ρ_{mean} = 690 kg/m^3) mit sehr guten Festigkeits- und Elastizitätseigenschaften (schon vor 150000 Jahren für die Herstellung von Lanzen benutzt), gut bearbeitbar, nach DIN EN 350 dauerhaft gegen holzzerstörende Pilze, hat als Bauholz keine wirtschaftliche Bedeutung
Laubgehölze			
Pappel	*Populus alba* L.	POAL,EU	Nur geringer Farbunterschied zwischen Kern- und Splintholz, Laubholz (ρ_{mean} = 440 kg/m^3) mit geringen Festigkeits- und Elastizitätseigenschaften, gut bearbeitbar, nach DIN EN 350 nicht dauerhaft gegen holzzerstörende Pilze
Edelkastanie	*Castanea sativa* Mill.	CTST,EU	Sehr gerbsäurehaltiges Holz (mehr als Eiche), Farbe und Struktur der Eiche ähnlich (Farbe etwas heller), Laubholz (ρ_{mean} = 590 kg/m^3) mit guten Festigkeits- und Elastizitätseigenschaften, nach DIN EN 350 dauerhaft gegen holzzerstörende Pilze, keine bauaufsichtlich geregelte **Holzart**
Ahorn	*Acer pseudoplatanus* L.	ACPS,EU	Kein wesentlicher Farbunterschied zwischen Kern- und Splintholz, Laubholz (ρ_{mean} = 630 kg/m^3) mit guten Festigkeits- und Elastizitätseigenschaften, nach DIN EN 350 nicht dauerhaft gegen holzzerstörende Pilze
Erle	*Alnus glutinosa* (L.) Gaertn.	ALGL,EU	Kein wesentlicher Farbunterschied zwischen Kern- und Splintholz, Laubholz (ρ_{mean} = 700 kg/m^3) mit guten Festigkeits- und Elastizitätseigenschaften, nach DIN EN 350 nicht dauerhaft gegen holzzerstörende Pilze, keine bauaufsichtlich geregelte **Holzart**
Esche	*Fraxinus excelsior* L.	FXEX,EU	Kein wesentlicher Farbunterschied zwischen Kern- und Splintholz, Laubholz (ρ_{mean} = 700 kg/m^3) mit sehr guten Festigkeits- und Elastizitätseigenschaften, gut bearbeitbar, nach DIN EN 350 nicht dauerhaft gegen holzzerstörende Pilze
Eiche	*Quercus petraea* (Matt.) Liebl. Q. *robur* L.	QCXE,EU	Kernholz farblich deutlich vom Splintholz abgesetzt, Kernholz sehr harzhaltig, Laubholz (ρ_{mean} = 710 kg/m^3) mit sehr guten Festigkeits- und Elastizitätseigenschaften, gut bearbeitbar, nach DIN EN 350 dauerhaft gegen holzzerstörende Pilze
Buche	*Fagus sylvatica* L.	FASY,EU	Kein wesentlicher Farbunterschied zwischen Kern- und Splintholz, Laubholz (ρ_{mean} = 710 kg/m^3) mit sehr guten Festigkeits- und Elastizitätseigenschaften, gut bearbeitbar, nach DIN EN 350 nicht dauerhaft gegen holzzerstörende Pilze
Robinie	*Robinia pseudoacacia* L.	ROPS,EU	Kernholz farblich vom Splintholz abgesetzt, Kernholz harzhaltig, Laubholz (ρ_{mean} = 740 kg/m^3) mit sehr guten Festigkeits- und Elastizitätseigenschaften, gut bearbeitbar, nach DIN EN 350 dauerhaft bis sehr dauerhaft gegen holzzerstörende Pilze, **keine bauaufsichtlich geregelte Holzart** (zu den Festigkeitseigenschaften s. [*Rug/Eichbaum* 2012])

Weitere Arten: s. [*Grosser/Zimmer* 1998], DIN EN 350 und DIN 68364

1) nach DIN EN 13556; erster + zweiter Buchstabe: botanische Gattung; dritter + vierter Buchstabe: botanischer Name; nach Komma: Kontinent

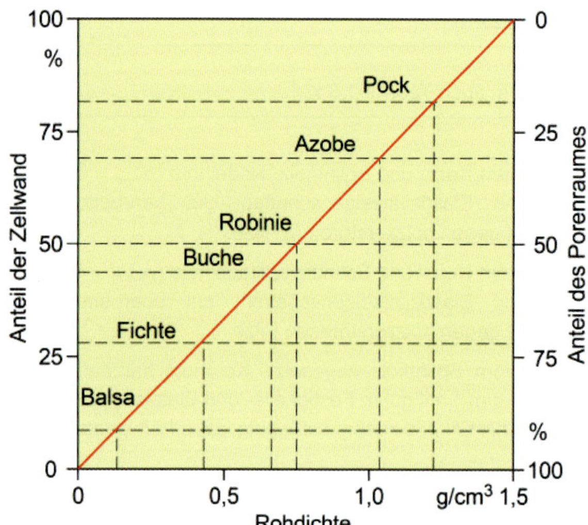

Bild 1.10. Rohdichte als Kenngröße für die prozentualen Volumenanteile der Zellwand und des Porenraums im Holz; Werte für darrtrockenes Holz, Beispiel Buchenholz besteht zu etwa 44 % aus Zellwand und zu etwa 56 % aus Porenraum (aus [*Halász/Scheer* 1996])

Wachstumsverhältnisse und Festigkeitseigenschaften

Die Festigkeit des Holzes ist von den Wachstumsverhältnissen abhängig. Auf das Wachstum wirken ein:

- Standort,
- Klima,
- Besonnung,
- Bestandsdichte,
- Bodenbeschaffenheit,
- Grundwasserstand und
- Windrichtung.

Rohdichte (ρ)

Allgemein ist die Rohdichte das Verhältnis aus Masse m zu Volumen V (s. DIN EN 384). Für die Beurteilung der Festigkeitseigenschaften einer Holzart ist die Rohdichte ein wichtiger Kennwert. Mit zunehmender Rohdichte steigt die Festigkeit (s. a. Bilder 1.11. und 1.13.). Mit zunehmender Feuchte im Holz sinkt die Festigkeit.

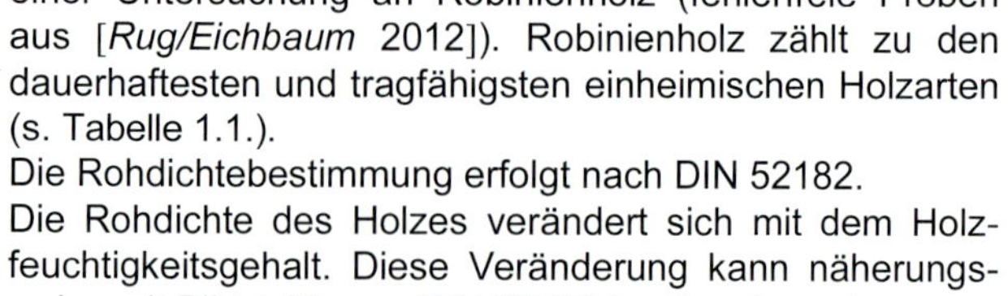
Bild 1.14. zeigt die statistische Verteilung der Rohdichte einer Untersuchung an Robinienholz (fehlerfreie Proben aus [*Rug/Eichbaum* 2012]). Robinienholz zählt zu den dauerhaftesten und tragfähigsten einheimischen Holzarten (s. Tabelle 1.1.).
Die Rohdichtebestimmung erfolgt nach DIN 52182.
Die Rohdichte des Holzes verändert sich mit dem Holzfeuchtigkeitsgehalt. Diese Veränderung kann näherungsweise mit Bild 1.12. aus DIN 52182 bestimmt werden.

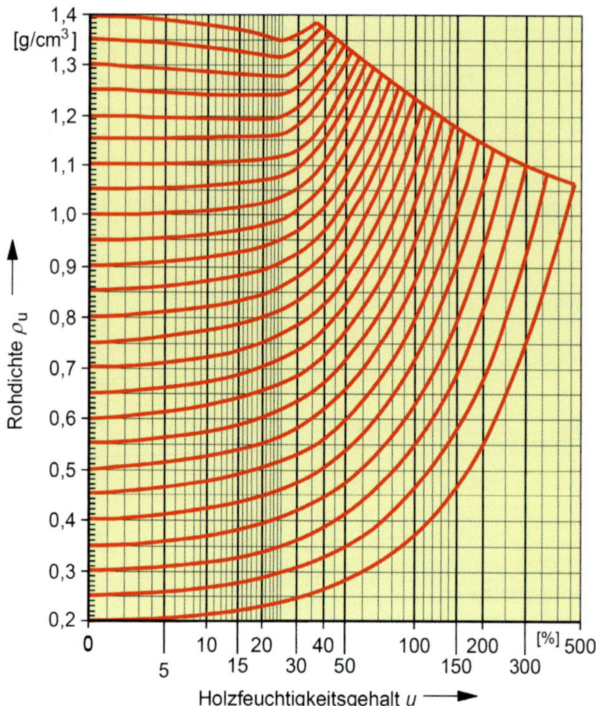

Bild 1.12. Schaubild über die Abhängigkeit der Rohdichte des Holzes vom Holzfeuchtigkeitsgehalt u nach Kollmann (aus DIN 52182)

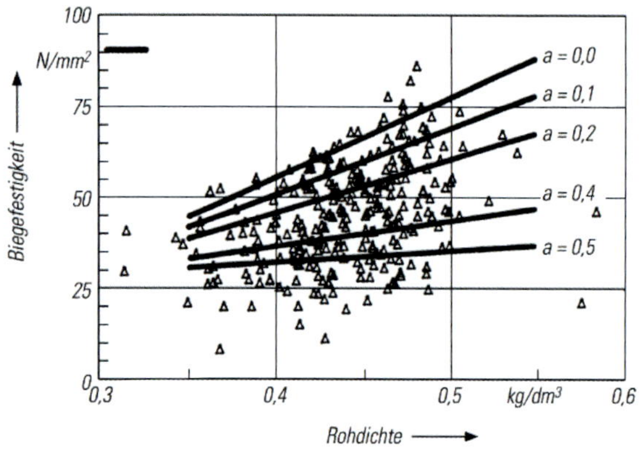

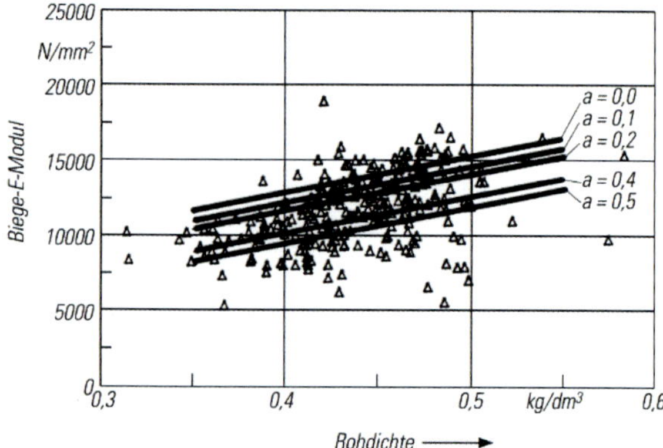

Bild 1.11. Zusammenhang zwischen Rohdichte und Biegefestigkeit und Biege-E-Modul in Abhängigkeit von der Ästigkeit, ermittelt von [*Glos/Gamm* 1987] an 280 Balken aus Fichtenholz (a = Ästigkeit in % nach DIN 4074-1)

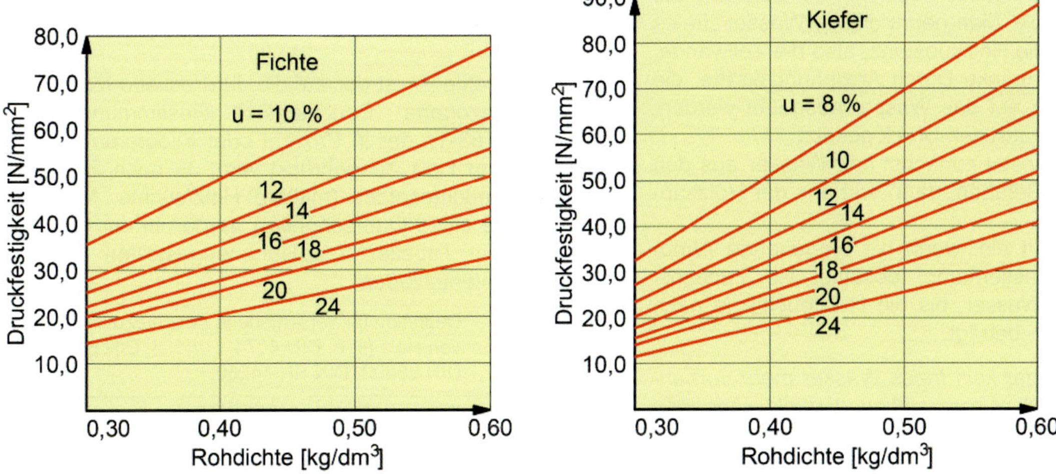

Bild 1.13. Zusammenhang zwischen Druckfestigkeit und Dichte bei astfreiem Fichten- und Kiefernholz in Abhängigkeit von der Holzfeuchte (nach [*Graf* 1938])

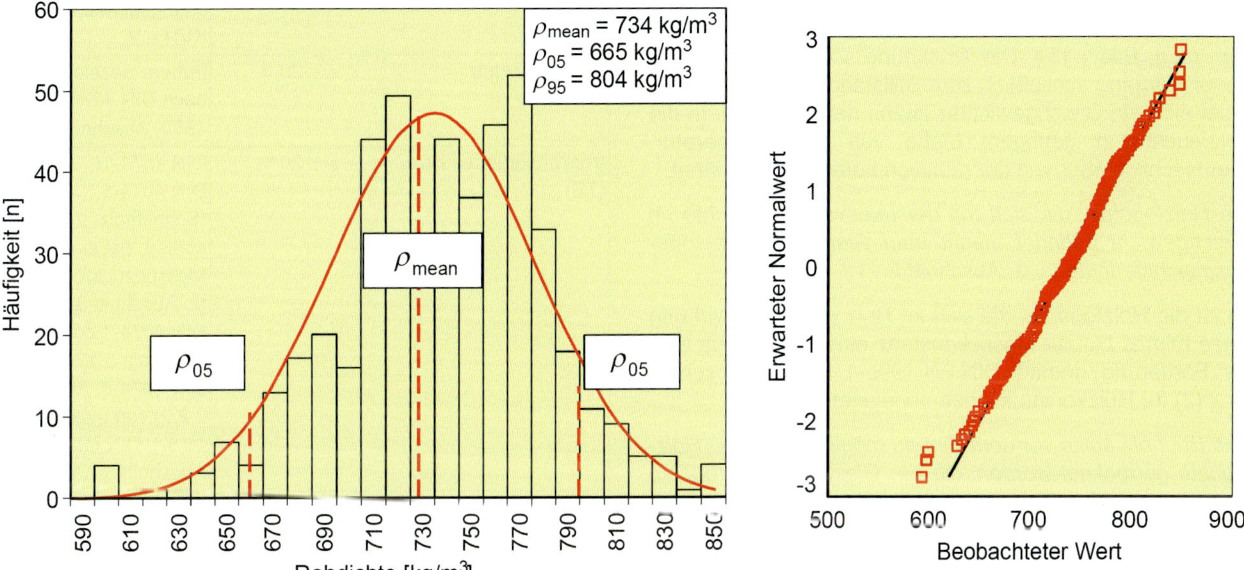

Bild 1.14. Histogramm und Normalverteilungsplot Rohdichte von Robinienholz, Links: Histogramm der Stichprobenverteilung mit eingezeichneter Normalverteilungskurve. Rechts: Normalverteilungsplot. Stichprobenumfang $n = 477$ (aus [*Rug/Eichbaum* 2012])

Die charakteristische Rohdichte ρ_k ist jetzt auch in den Tabellen für die Rechenwerte der Festigkeits- und Steifigkeitseigenschaften von Vollholz, Brettschichtholz und Holzwerkstoffen in DIN EN 338, DIN EN 14080, DIN EN 13986 und DIN EN 1995-1-1/NA:2013 angegeben (s. Tabelle 2.30., 2.31., 2.35. und Tabelle 2.37.).

In Schadensfällen können mithilfe der Rohdichte Aussagen über vorhandene Festigkeiten gemacht werden. Dazu wird die ermittelte Rohdichte mit der Rohdichte gesunden Holzes gleicher Art verglichen (s. [*Lißner/Rug* 2018, 2008 und 2004], [*Rug/Seemann* 1989-1], [*Rug/Seemann* 1988], [*Rug/Seemann* 1989-2]). Untersuchungen der Rohdichte und Beurteilungen der Festigkeit sind in der Regel in entsprechenden Materialprüfanstalten ausführen zu lassen. Die Bestimmung der Rohdichte für Holz erfolgt nach DIN 52182 und ISO 13061-2.

Bedeutung des Feuchtegehaltes

Das Holz hat als organisches Gebilde einen porigen Aufbau, dessen Hohlräume aus den Zellhohlräumen und den Saft führenden Gefäßen gebildet werden (s. Bild 1.4.).

Die Holzzellen haben die Aufgabe,

- Wasser und Säfte zu leiten (Saft führende Zellen),
- Nährstoffe zu speichern (speichernde Zellen) und
- dem Baum bzw. dem Holz Festigkeit zu verleihen (stützende Zellen).

Zellgruppen gleicher Art und Aufgabe werden als Gewebe bezeichnet. Danach werden unterschieden:

- Leitgewebe,
- Speichergewebe und
- Festigungsgewebe.

Der überwiegend aus Wasser bestehende Saft füllt die Hohlräume und Gefäße. Man nennt dieses Wasser „freies Wasser“. Aber auch die Holzsubstanz, also die Zellwände, ist vom Wasser durchtränkt. Durch Anziehungskräfte, die von der Holzsubstanz auf das Wasser ausgeübt werden, wird es unter hohen statischen Druck gesetzt.
Beim Trocknen verdunstet zunächst das Wasser aus den Zellhohlräumen und Gefäßen, dann erst aus der Holzsubstanz der Zellwände.
Die Holztrocknung tritt ein, wenn die umgebende Atmosphäre nicht mit Wasserdampf gesättigt ist. Zunächst verdampft das freie Wasser, bis die Holzfeuchte je nach Holzart $u \approx 22 \ldots 36$ % beträgt.

Die Holzfeuchte, bei der kein freies Wasser mehr vorhanden ist, nennt man den Fasersättigungspunkt (Angaben zur Fasersättigungsfeuchte einheimischer Bauholzarten enthält DIN 68800-1, Anhang B, s. auch Tabelle 1.2.).

Dieser Punkt der Holzfeuchte ist für Holzkonstruktionen wichtig, weil bei weiterer Wasserabgabe aus den Zellwänden das Schwinden des Holzes beginnt und sich seine physikalischen und mechanischen Eigenschaften verändern (s. a. Bild 1.15.). Die Trocknung schreitet weiter, bis dieser Vorgang schließlich zum Stillstand kommt, d. h., es bildet sich ein Gleichgewichtszustand heraus, bei dem die Holzfeuchte in geringem Maße von der Temperatur, hauptsächlich aber von der relativen Luftfeuchte abhängt.

Die Holzfeuchte, die sich mit der relativen Luftfeuchte im Gleichgewicht befindet, nennt man Gleichgewichts- oder Ausgleichsfeuchte (s. a. Abschnitt 2.11.).

Es ist die Holzfeuchte, die sich im Holz unter der Wirkung eines Klimas bis zur Massekonstanz einstellt. Daraus wird die Forderung gemäß DIN EN 1995-1-1:2010, Abschnitt 10.2 (3) für Holzkonstruktionen abgeleitet:

Das Bauholz sollte vor dem Einbau möglichst auf die Holzfeuchte getrocknet werden, die der Gleichgewichtsfeuchte im fertig gestellten Bauwerk entspricht.

Die Auswertung der Erkenntnisse von der Gleichgewichtsfeuchte hat zu einer Qualitätsverbesserung von Holzkonstruktionen geführt. Während bei Feuchteabgabe unterhalb des Fasersättigungspunktes das Holz schwindet, quillt es bei Feuchteaufnahme. Schwinden und Quellen des Holzes sind in den drei Hauptrichtungen (längs, radial und tangential) unterschiedlich (s. Tabelle 2.50.). Ungleiches Schwinden beim Trocknen führt zu Spannungen und zu Rissen im Holz. Die Spannungen im Holz treten als unerwünschte Formänderungen oder Risserscheinungen auf.

Unter **Formänderungen** sind

- Volumenänderungen,
- Gestaltsänderungen und
- Längenänderungen

zu verstehen (zu den in DIN EN 1995-1-1:2010 geregelten Quell- und Schwindmaßen s. Abschnitt 2.11.).
Bild 1.15. zeigt typische Verformungen des Schnittholzes entsprechend seiner Lage im Stamm, die durch das unterschiedliche Schwinden in radialer und tangentialer Richtung entstehen. Sie sind auch bei sorgfältiger Trocknung nicht zu vermeiden.

Für den konstruktiven Holzbau sind genaue Feuchtemessungen des zu verarbeitenden Holzes erforderlich. Qualitative Aussagen über Holz müssen den Feuchtegehalt (gemessen mit elektrischen Messgeräten oder anderen Prüfmethoden) genau angeben.

Die Holzfeuchte ω ist der auf die darrtrockene Masse des Holzes bezogene Feuchtesatz (Bestimmung nach DIN EN 13183-1), der in Prozent oder Kilogramm Wasser je Kilogramm Holz ausgedrückt wird. Je nach Höhe des mittleren Feuchtesatzes (mittlere Holzfeuchte: Mittelwert der Feuchte eines Querschnittes) werden in der Holzbaupraxis die in Tabelle 1.2. zusammengestellten Feuchtezustände unterschieden.

Tabelle 1.2. Definition für verschiedene Feuchtezustände von Holz (s. a. DIN 4074-1 und -5, DIN 68365, DIN 68800, DIN EN 14250)

Feuchtezustand von Holz	**Feuchtegehalt** ω	**Anforderung nach**
darrtrockenes Holz	$\omega = 0$ %	
Konstruktionsvollholz	$\omega = 15 \pm 3$ %	Vereinbarung Holzbau Deutschland, Überwachungsgemeinschaft KVH e.V.
trockenes Holz	$\omega \leq 20$ %	frühere Bezeichnung nach DIN 4074-1: 1989, Abschnitt 2.2.2
trockensortiertes Holz (TS)	$\omega \leq 20$ %	DIN 4074-1/ DIN 4074-5 (Schnittholz, trocken sortiert, bei einer Messbezugsfeuchte (s. Abschnitt 5.12 in DIN 4074-1 oder Abschnitt 5.12 in DIN 4074-5, Abschnitt 2.2.2) von maximal 20 %), DIN 68365, Abschnitt 5.1.1
Holz für Nagelplattenbinder	$\omega < 22$ %	DIN EN 14250, Abschnitt 5.4.4
halbtrockenes Holz	$\omega \leq 20 \ldots 30$ % $\omega \leq 35$ % (bei Querschnitten über 200 cm^2)	frühere Bezeichnung nach DIN 4074-1: 1989, Abschnitt 2.2.2
fasergesättigtes Holz		
– Edelkastanie, Eiche, Esche, Robinie	$\omega = 22 \ldots 24$ %	DIN 68800-1, Anhang B
– Douglasie, Kiefer, Lärche	$\omega = 26 \ldots 28$ %	
– Fichte, Tanne, Kiefer, Lärche	$\omega = 30 \ldots 34$ %	
– Birke, Buche, Pappel, Edelkastanie, Eiche, Esche, Robinie	$\omega = 32 \ldots 36$ %	
nasses bzw. saftfrisches Holz	$\omega \geq 30$ % (bei Querschnitten über 200 cm^2 $\omega \geq 35$ %)	frühere Bezeichnung nach DIN 4074-1:1989

DIN 4074-1 und -5 weist ausdrücklich darauf hin, dass eine Holzfeuchte von $\omega \leq 20$ % kurzfristig nur durch technische Trocknung erreicht werden kann.
Nach DIN EN 1995-1-1:2010, Abschnitt 2.3.1.3 gelten Nutzungsklassen.

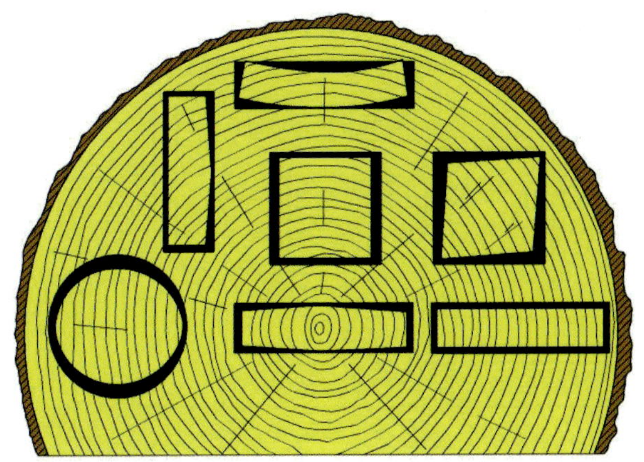

Legende

1 rautenförmig schief verformt
2 Brett hohl auf der Splintseite
3 runder Querschnitt verformt sich ellipsenförmig (eiförmig)

Bild 1.15. Verformungen des Schnittholzes entsprechend seiner Lage im Stamm (übertrieben dargestellt)

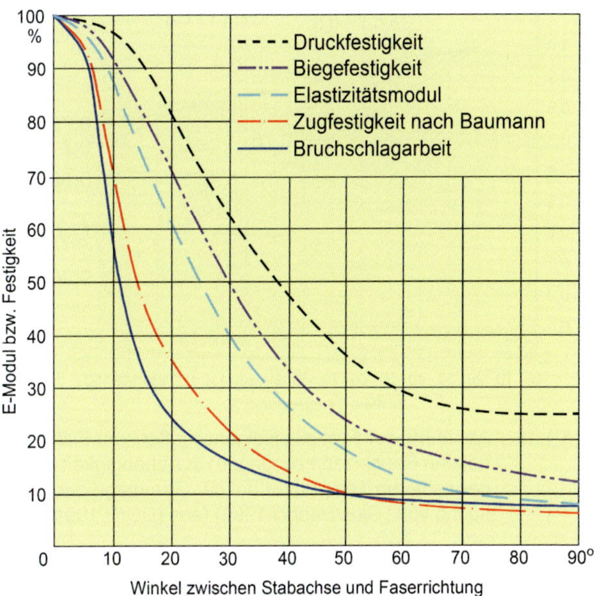

Bild 1.16. Prozentualer Abfall der statischen und dynamischen Festigkeit mit veränderlichem Winkel zwischen Faserrichtung und Stabachse nach Ghelmeziu (aus [*Kühne* 1955])

DIN EN 1995-1-1/NA:2013-08 definiert im Abschnitt NCI NA.3.1.5 die Grenzwerte für die Holzfeuchte in den Nutzungsklassen der DIN EN 1995-1-1:2010-12 (s. a. Abschnitt 2.11.).
Konstruktionsvollholz hat eine garantierte Holzfeuchte von $\omega = 15 \pm 3\,\%$ (s. a. [*Wiegand* 2018]).

Ermittlung der Holzfeuchte ω (in %):

- Schätzung mit elektrischem Feuchtemessgerät (i. Allg. Prinzip Widerstandsmessung nach DIN EN 13183-2),
- Schätzung durch kapazitives Messverfahren (nach DIN EN 13183-3),
- Darrmethode nach DIN EN 13183-1 und ISO 13061-2 (Trockenschrank und Feinwaage erforderlich. Die Proben sind bis zur Wägung ohne Feuchteänderung zu sichern!).

Faserverlauf und Festigkeitseigenschaften

Der Faserverlauf des Holzes verläuft je nach Wuchsbedingungen nicht immer parallel. Lokale Abweichungen, d. h. Schrägfaserigkeit, sind durch Drehwuchs oder im Bereich großer Äste möglich. Die Schrägfaserigkeit vermindert die Festigkeit wesentlich, besonders bei Beanspruchung auf Zug parallel zur Faser und Biegung (s. Bild 1.16.). Geringer ist dagegen der Einfluss bei Beanspruchung auf Druck parallel zur Faser (zu zulässigen Abweichungen als Sortierkriterium s. a. DIN 4074-1 und -5).

Ästigkeit und Festigkeitseigenschaften

Sorgen bereitet die Ästigkeit des Holzes. Äste sind oft Ausgangspunkt von Holzbrüchen. Die Ästigkeit eines Bauteils beeinflusst die Zug- (s. Bild 1.17.) und Biegefestigkeit (s. Bild 1.11., vergleiche linke Grafik Kurve Ästigkeit a = 0,5 mit Kurve Ästigkeit a = 0 keine Äste) festigkeitsmindernd. In geringerem Maße wird die Druckfestigkeit parallel zur Faser beeinflusst (s. Bild 1.31.). Dem tragfähigkeitsmindernden Einfluss von Ästen im Bereich von Verbindungen ist beim Entwurf besondere Aufmerksamkeit zu schenken. Die Forderung für bestimmte Bauteile, möglichst astfreies Holz zu verwenden, ist nur schwer, manchmal nicht zu erfüllen (zu zulässigen Abweichungen s. a. DIN 4074-1 und -5, DIN 68365).

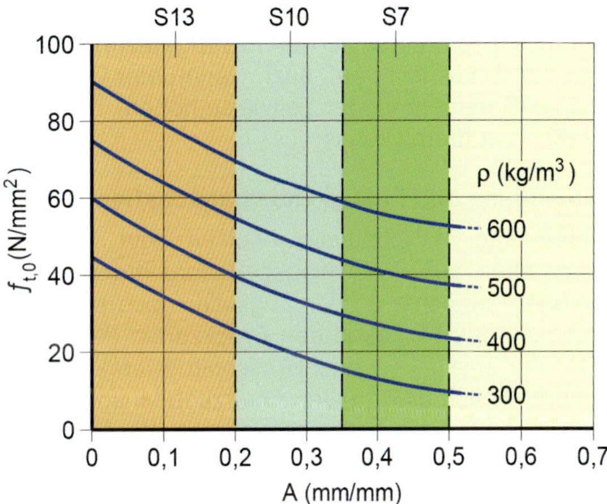

Bild 1.17. Einfluss der Ästigkeit A und der Rohdichte auf die Zugfestigkeit $f_{t,0}$ von Bauschnittholz in Abhängigkeit von der Rohdichte [*Glos* (1983)] (S13, S10, S7 = Sortierklasse nach DIN 4074-1)

Temperatur und Festigkeitseigenschaften

Temperaturerhöhungen über längere Zeit haben einen festigkeitsreduzierenden Einfluss (s. Bild 1.18.). Festzustellen ist, dass für die Druck- und die Biegefestigkeit ein größerer Einfluss als bei der Zugfestigkeit und dem Biege-E-Modul messbar ist.

Nach DIN EN 1995-1-1:2010-12, Abschnitt 1.1.2 (3) gelten die in dieser Norm enthaltenen Regeln für die Bemessung und Konstruktion nicht für Bauwerke, die über längere Zeit Temperaturen von mehr als 60 °C ausgesetzt sind.

Ein nach Bild 1.18. für diese Temperatur erkennbarer Einfluss auf die Festigkeit wird bei der Bemessung nach DIN EN 1995-1-1:2010-12 nicht berücksichtigt. Allerdings wird im Brandfall der Temperatureinfluss auf die Festigkeitseigenschaften bei der Bemessung berücksichtigt.

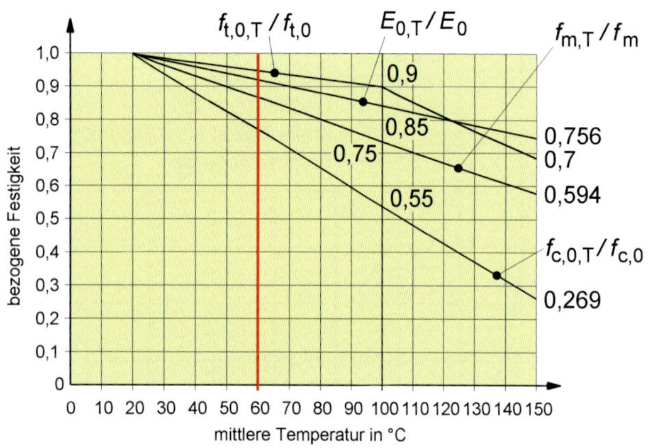

Bild 1.18. Abnahme der Festigkeitseigenschaften von Fichtenholz (in Bauholzabmessungen) in Abhängigkeit von der mittleren Temperatur auf der Grundlage der Versuche von [*Glos/Henrici* 1990] (aus [*DGfH* 1994])

Das in Bild 1.18. gezeigte Festigkeitsverhalten ergab sich aus Versuchen an Bauholzproben, die auf die Temperatur von 100 und 150 °C so lange aufgeheizt wurden, bis die vorgenannte Oberflächentemperatur erreicht wurde. Im Brandfall würde dann bei einer weiteren Temperaturerhöhung die Entzündungstemperatur erreicht (zur Entzündungstemperatur von Holz s. Abschnitt 2.13.). Derartige Temperaturverhältnisse treten bei den witterungsbedingten Temperaturwechseln unter den normalen Nutzungsbedingungen in der Praxis nicht auf, auch wenn unter Dachkonstruktionen in Sommerperioden zeitweise höhere Temperaturen als 60 °C auftreten können.

Volumeneinfluss und Festigkeitseigenschaften

Zugbeanspruchte Holzbauteile weisen ein sprödes Materialverhalten auf. Auch biegebeanspruchte Holzbauteile versagen zunächst an der Zugseite, noch bevor die Druckfestigkeit des Holzes in den Druckzonen den plastischen Bereich erreicht (s. auch Abschnitt 1.3.5.). Ebenso spröde verhält sich Holz unter Querzugbeanspruchung. Bei sprödem Materialverhalten beeinflusst das Bauteilvolumen die Festigkeit. Je größer das beanspruchte Volumen, umso höher das Vorhandensein von strukturellen Holzfehlern mit Einfluss auf die Festigkeit, d. h. mit größer steigendem Volumen sinkt die Festigkeit.

Bild 1.19. zeigt den Einfluss des Volumens auf die Querzugfestigkeit und Bild 1.20. auf die Biegefestigkeit von Brettschichtholzträgern.

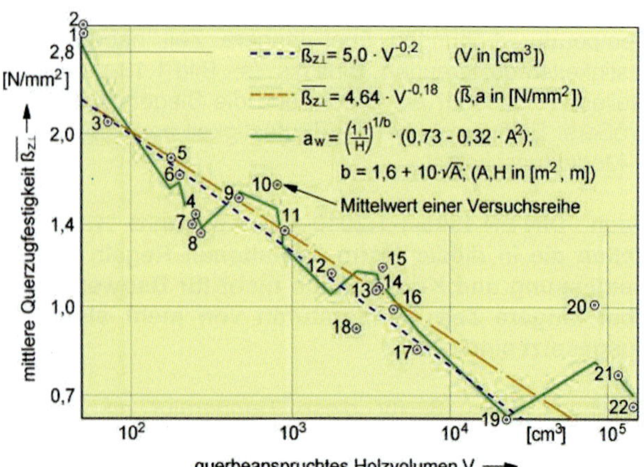

Bild 1.19. Querzugfestigkeit von BSH-Proben, abhängig vom Volumen, nach [*Mistler* 1982]

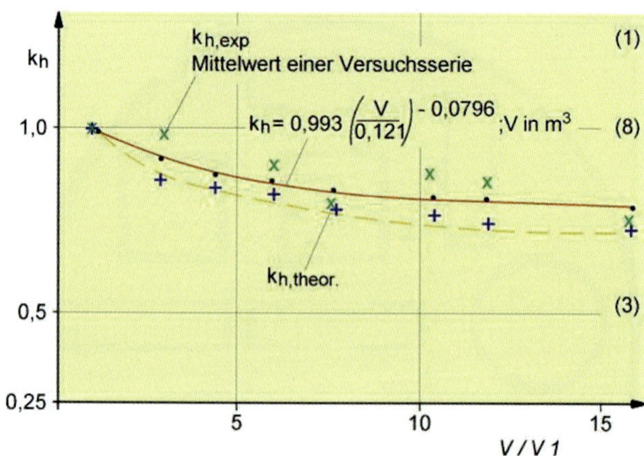

Bild 1.20. Anpassungsfaktor k_h in Abhängigkeit vom Volumenverhältnis für Bruchart B (aus Biegeversuchen mit BSH 0 – mit zufälliger Anordnung einer Keilzinkung in der äußeren zugbeanspruchten Lage); $V = 0{,}121$ m³ im Vergleich zur theoretischen Kurve nach DIN EN 1995-1-1:2010 (aus [*Rug* u. a. 1992])

Nach DIN EN 1995-1-1:2010, Abschnitt 3.2, 3.3 und 3.4 ist der Volumeneinfluss bei zug- und biegebeanspruchten Bauteilen aus Vollholz, Brettschichtholz und Furnierschichtholz über die Trägerhöhe zu berücksichtigen (s. hierzu auch Abschnitt 5 in diesem Buch). Bei Satteldachträgern, gekrümmten Trägern und Satteldachträgern mit gekrümmtem Untergurt nach den Regeln in Abschnitt 6.4.3 in DIN EN 1995-1-1:2010 wird beim Nachweis der Querzugbeanspruchung das querzugbeanspruchte Volumen berücksichtigt (s. Abschnitt 9).

Forschungsarbeiten in Deutschland ergaben jedoch keinen feststellbaren Einfluss der Prüfkörpergröße auf die Zugfestigkeit von Bauholz (s. [*Burger* 1998], [*Glos/Burger* 1996], [*Glos/Burger* 1995]).

Zu dem gleichen Ergebnis kam man bei Untersuchungen zur Biegebeanspruchung von Fichtenschnittholz (s. [*Denzler* 2007], [*Glos/Henrici* 1993]).

1.2.3. Kriechverhalten von Holzbauteilen

Aufgrund des rheologischen Verhaltens von Holz kann sich die tatsächliche Verformung je nach Art und Höhe der Belastung und je nach klimatischer Beanspruchung gegenüber der bisher berechneten (elastischen) Anfangsverformung, im Laufe der Zeit erheblich erhöhen. Die Formänderungen sind auf plastische Verformungen aus Kriechen zurückzuführen.

Das Kriechverhalten ist u. a. abhängig von der Struktur bzw. Strukturfestigkeit des Holzes, der Orientierung der angreifenden Last zu den Hauptachsen der Struktur, dem physikalischen Zustand (d. h. insbesondere der Feuchtigkeit und der Temperatur, die sich entsprechend den Klimabedingungen einstellen) sowie dem Belastungsgrad (als Verhältnis zwischen Dauerlast zur Bruchfestigkeit).

Einfluss der Strukturfestigkeit auf das Kriechverhalten:

Das Kriechverhalten wird wie alle anderen mechanischen Eigenschatten des Holzes von der Rohdichte, die von der Holzart abhängig ist, beeinflusst. Je geringer die Rohdichte ist, desto größer ist die Kriechvorformung. Ebenso kriecht Splintholz stärker als Kernholz, Frühholz stärker als Spätholz. Verbundträger mit Holzwerkstoffen kriechen stärker als Vollholz- oder Brettschichtholzbalken (s. Bild 1.21.).

Des Weiteren ist das Kriechen abhängig von der Schnittrichtung (Radial-, Tangential- oder Längsschnitt). Holz mit stehenden Jahrringen kriecht weniger unter Biegebelastung als Holz mit liegenden Jahringen.

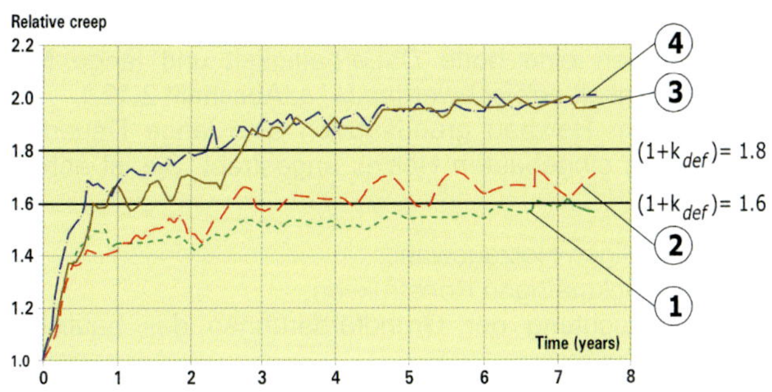

Legende
Nr. 1: Vollholz- Fichte
Nr. 2: Brettschichtholz
Nr. 3: Furnierschichtholz
Nr. 4: Holzwerkstoffträger Doppel-T

Bild 1.21. Kriechverformungen von Balken (relative creep) aus unterschiedlichen Holzwerkstoffen bei einer Dauerbeanspruchung von 20 N/mm^2, gemessen über 8 Jahre (aus [*Thelandersson/Larsen* 2003] – Lagerung im Freien unter Dach)

Einfluss der Umweltbedingungen auf das Kriechverhalten (s. a. Bilder 1.22. und 1.23.):

Die Kriechverformungen wachsen mit steigender Temperatur und Holzfeuchte.
Im Konstantklima steigt die Kriechverformung bei steigender Luftfeuchte. Im Wechselklima steigt die Kriechverformung besonders stark in der Austrocknungsphase.

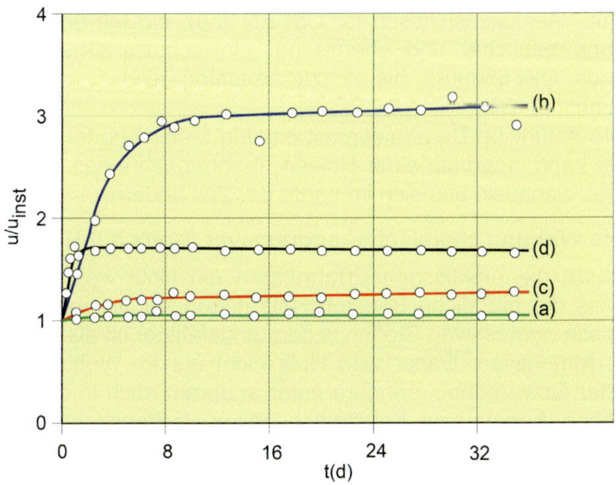

Legende
(a) frisches Holz ohne Trocknung
(b) frisches Holz auf 12 % getrocknet
(c) Holz mit konstant 12 %
(d) Holz mit ursprünglich 12 % mit anschließender Feuchtigkeitsaufnahme
Alpine ash. Beanspruchung mit 24 % der mittleren Kurzzeitfestigkeit.
T = 25 °C

Bild 1.22. Abhängigkeit des Verhältnisses aus Durchbiegung zu Anfangsdurchbiegung von der Zeit für Balken bei unterschiedlichen Feuchtebedingungen (nach *Armstrong* und *Kingston* 1962, aus [*Step 1* 1995])

Allerdings ist dieses Verhalten abhängig vom Volumen des Querschnittes bzw. der Wirkung eines entsprechenden Oberflächenschutzes.

Bei großvolumigen Querschnitten wird der Holzfeuchtewechsel verzögert. Schutzsysteme wirken dämpfend auf den Holzfeuchtewechsel in Abhängigkeit von den Umweltbedingungen (s. Bild 1.23.).

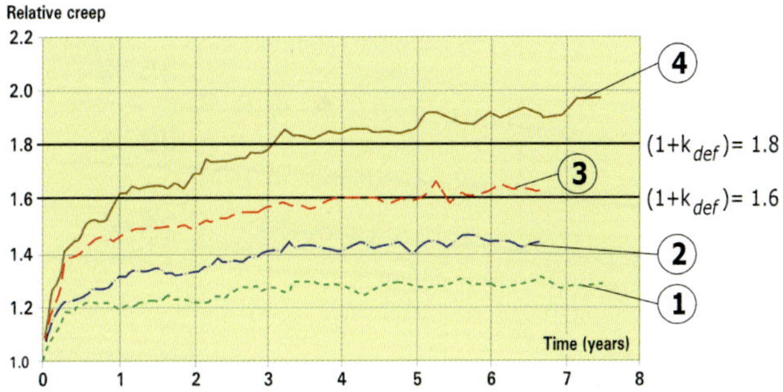

Legende
Nr. 1: Teerölanstrich
Nr. 2: Alkydanstrich
Nr. 3: Emulsionsanstrich
Nr. 4: unbehandelt

Bild 1.23. Einfluss verschiedener Schutzsysteme auf die Kriechverformungen von Balken (relative creep) (aus [*Thelandersson/Larsen* 2003] – Lagerung im Freien unter Dach)

Belastungsgrad und Art der Belastung:

Neben der Strukturfestigkeit und den Umweltbedingungen hat der Belastungsgrad einen entscheidenden Einfluss auf den Verlauf der Kriechverformung.
Bis zu einem bestimmten Belastungsgrad nähern sich die Kriechkurven noch asymptotisch einer horizontalen Linie. Ab einem bestimmten Belastungsgrad steigen die Kriechkurven nach einer degressiven Phase progressiv bis zum Bruch der Probe (s. Bild 1.24.).

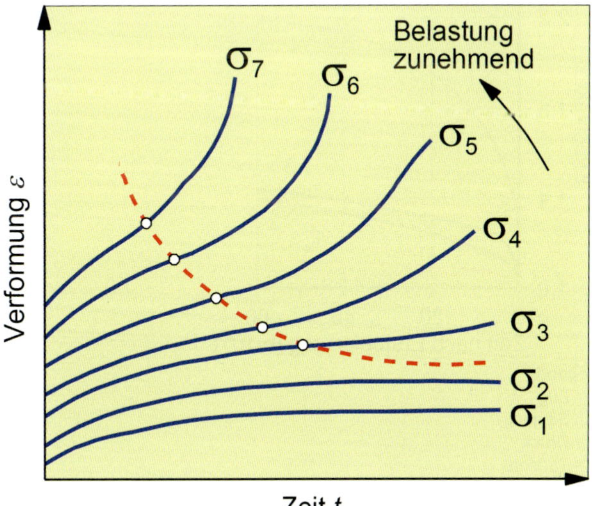

Bild 1.24. Einfluss des Belastungsgrades auf die Kriechverformung

Die Höhe der Kriechverformung steigt mit zunehmendem Belastungsgrad (s. Bilder 1.24. und 1.25.). Dabei nimmt auch die plastische Dehnung, d. h. die nach der Entlastung nicht reversible Dehnung zu. Die im Holzbau üblichen Belastungsgrade liegen zwischen 10 ...15 % zur Bruchfestigkeit; einem Niveau, bei dem progressives Kriechen nicht auftreten wird.

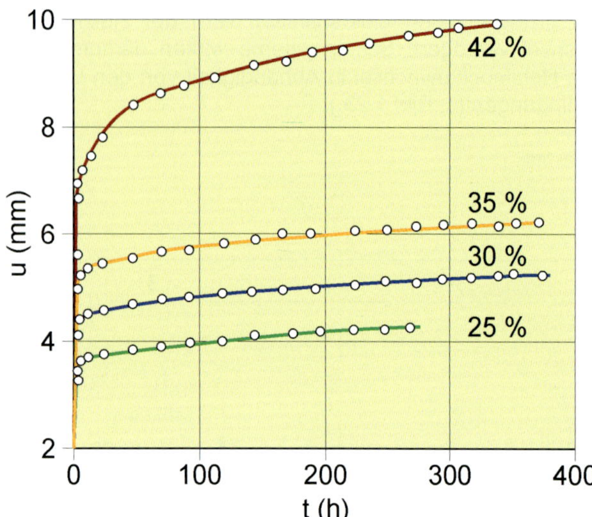

Bild 1.25. Kriechkurven aus Versuchen mit unterschiedlichen Belastungsgraden (in % der Kurzzeitfestigkeit). Vollholz 12 % Holzfeuchte, nach [*Huet* et al., 1988]. u ist die Durchbiegung, t ist die Zeit in Stunden

Bei einem Belastungsgrad, der im Bereich der Gebrauchslasten liegt, kommen die Kriechverformungen erst nach etwa 10 Jahren zum Stillstand.

Einen weiteren wesentlichen Einfluss auf die Kriechverformung hat die Art der Belastung.

Das Kriechen bei Schubbeanspruchung ist bei Vollholz nahezu doppelt so groß wie bei Zugbelastung (s. Bild 1.26.).

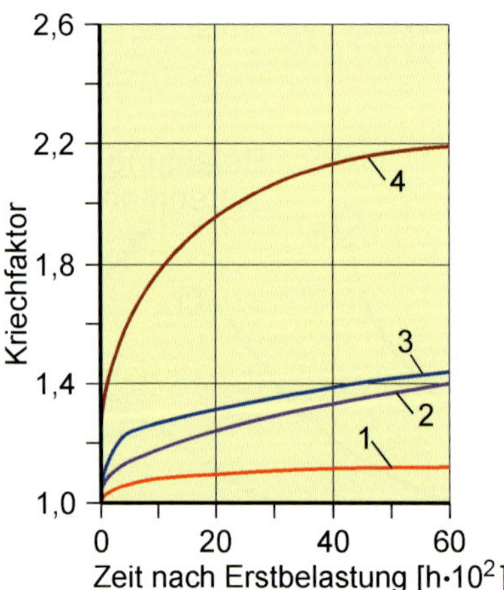

Legende
1 = Zug
2 = Biegung
3 = Druck
4 = Torsion

Bild 1.26. Einfluss der Beanspruchungsart auf den Kriechfaktor von Fichte; Klima 20/55; Belastungsgrad 20 ... 30 % (nach [*Gressel* 1982])

1.2.4. Dauerhaftigkeit (Nutzungsdauer)

Die Dauerhaftigkeit kann durch Holzschutzmaßnahmen verbessert werden (s. a. DIN 68800 und Abschnitt 2.12.).

DIN EN 1990, Abschnitt 2.4 definiert als grundlegende bauweisenübergreifende Norm auch Anforderungen an die Dauerhaftigkeit. Danach sind die Forderungen nach einem dauerhaften Tragwerk erfüllt, wenn es so bemessen wurde, dass zeitabhängige Veränderungen der Eigenschaften das Verhalten des Tragwerks während der geplanten Nutzungsdauer nicht unvorhergesehen verändern. Möglichen Schadeinflüssen aus Umweltbedingungen und die geplanten Instandsetzungsmaßnahmen sind zur Sicherung der Dauerhaftigkeit Rechnung zu tragen, und es sind schon bei der Planung des Bauwerks die notwendigen Vorkehrungen zu treffen. Gerade bei Konstruktionen aus Holz und Holzwerkstoffen kann durch baulich-konstruktive Maßnahmen eine hohe Dauerhaftigkeit und lange Nutzungsfähigkeit erreicht werden (s. a. Abschnitt 2.12.).

Es wird im Holzbau grundsätzlich eine lange Dauerhaftigkeit des eingebauten Holzes angestrebt. Sie ist abhängig von

- der richtigen Holzauswahl,
- der zweckmäßigen Konstruktion,
- der Beachtung der Grundforderungen des baulichen Holzschutzes,
- einem sachgemäßen chemischen Holzschutz,
- der Art und Intensität äußerer Einwirkungen,
- regelmäßiger Baukontrolle und Behebung von Bauschäden.

Unter Dauerhaftigkeit wird auch die Resistenz, d. h. die natürliche Widerstandsfähigkeit gegenüber chemischen Einflüssen oder gegenüber Holzschädlingen verstanden.

Für Holz werden in DIN EN 350 Resistenzklassen definiert, unterteilt nach der natürlichen Widerstandsfähigkeit von Holz gegen eine Zerstörung durch biologische Organismen, wie Pilze, Anobien und Termiten.

Zahlreiche Hölzer haben gegenüber den Einwirkungen verschiedener Schadenseinflüsse eine hohe natürliche Dauerhaftigkeit. Sie beruht auf bestimmten Inhaltsstoffen im Holz. Da diese ausschließlich im Kernholz vorkommen, ist das Splintholz aller Holzarten anfälliger.

Im Hinblick auf die Widerstandsfähigkeit des Holzes gegen Pilzbefall, Hausbock, Anobien und Termiten existieren Dauerhaftigkeitsklassen (s. DIN EN 350), die bei der Planung baulicher und chemischer Holzschutzmaßnahmen nach DIN 68800-1 bis -2 zu beachten sind (s. a. Abschnitt 2.12.).

Die natürliche Dauerhaftigkeit ist kein feststehender Wert; sie kann innerhalb einer Holzart, ja innerhalb eines Stammes wechseln und sich im Laufe der Zeit ändern.

Die Wirkung chemischer aggressiver Stoffe auf Holz

Durch die praktischen Erfahrungen mit Holz weiß man, dass der natürliche Baustoff Holz gegen Angriff von chemisch-aggressiven Stoffen widerstandsfähiger ist als andere Materialien. Daher wird Holz nicht nur im Wohnungs- oder Gewerbebau, sondern unter anderem auch in chemischen Werken bzw. Fabrikationshallen als Behälter für die Lagerung von chemischen Stoffen, in der Landwirtschaft für die Lagerung von Düngemitteln und für Baukonstruktionen von chemischen Fabriken oder Lagerhallen für chemische Stoffe eingesetzt.

Die Korrosion des Holzes

Bedingt durch das chemische Gleichgewicht mit der Umwelt besitzt der Werkstoff Holz eine hohe Widerstandkraft gegenüber dem Einfluss chemisch-aggressiver Medien. Liegen die entsprechenden Umgebungsbedingungen vor, kommt es auch bei Holzbauteilen zur Korrosion (s. [*Rug/Lißner* 2011]).

Die Holzkorrosion wird als von der Oberfläche ausgehende Schädigung durch chemisch-physikalische Reaktionen ausgelöst. Diese Reaktionen werden durch sauer (ph ≤ 2) und basisch (ph ≥ 11) reagierende Salze verursacht. Zum einen wird der Zellverband durch ein Auskristallisieren der

Salze aufgesprengt. Zum anderen findet ein hydrolytischer Abbau der Hemizellulose und des Lignins durch die sauren und basischen Lösungen statt.

Zahlreiche Untersuchungen an chemisch beanspruchten Holzkonstruktionen zeigten, dass die Zerstörungsmechanismen von der Art der einwirkenden Medien abhängen. Die Rate der Zerstörung hängt dabei von allen Faktoren des Korrosionssystems ab (s. Bild 1.27.). Bei den meisten bisher untersuchten Medien konnte festgestellt werden, dass die Zerstörung nur auf die oberflächennahen Querschnittsbereiche beschränkt ist.

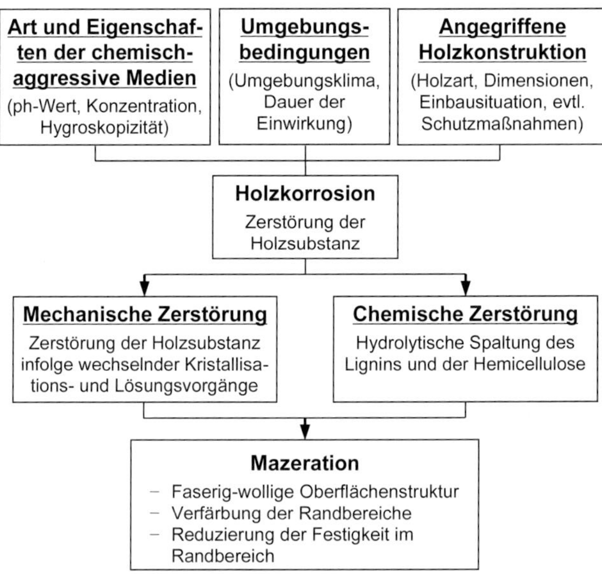

Bild 1.27. Schematische Darstellung der Holzkorrosion

Die Zerstörung der oberflächennahen Holzsubstanz zeigt sich durch eine graubraune Verfärbung der Randbereiche und eine faserig-wollige Oberflächenstruktur. In vielen Fällen kann auch ein Lösen von Holzstreifen entlang der Jahrringgrenzen beobachtet werden. Die äußeren Querschnittsbereiche weisen zudem eine reduzierte Festigkeit sowie eine erhöhte Rohdichte auf. Im Querschnittskern ist keine Festigkeitsreduzierung zu verzeichnen.

Das Korrosionsverhalten von Brettschichtholz kann in etwa mit dem von Vollholz gleichgesetzt werden, wobei Brettschichtholz eine höhere Korrosionsbeständigkeit aufweist, wenn große kompakte Querschnitte verbaut wurden und keinerlei größere Schwindrisse auftreten.

Die Wahl des richtigen Klebstoffes zwischen den Brettlagen ist für die Beständigkeit gegenüber chemisch-aggressiver Medien ebenfalls sehr wichtig. Resorzin-Formaldehydharz-Klebstoffe haben sich als besonders widerstandsfähig gegenüber chemischer Beanspruchung erwiesen.

Zur Dauerhaftigkeit des Holzes gegenüber Einwirkungen aus chemischen Stoffen (Flüssigkeiten, Gasen und festen Stoffen) s. die entsprechende Literatur (z. B. [*Lißner/Rug* 2018], [*Rug/Lißner* 2011]).

„In diesem Zusammenhang erscheint der Hinweis bemerkenswert, dass der in Kiefernholz erbaute Dachstuhl und Turm der Thomaskirche in Leipzig auf ein Alter von über ein halbes Jahrtausend zurückblicken kann, und dass bei diesem Bau gerade die eisernen Verbindungsmittel, wie Bolzen, Klammern und Anker, regelmäßig in Abständen von einigen Jahrzehnten wegen des Rostangriffes erneuert werden müssen, während die hölzernen Zapfen, Keile und Dübel der ersten Anlage sich bis auf den heutigen Tag erhalten haben" [*Kersten* 1926].

1.2.5. Beurteilungskriterien für die technische Verwendbarkeit

Zur Beurteilung der technischen Verwendbarkeit des Holzes im konstruktiven Holzbau dienen die

- physikalisch-technischen Eigenschaften,
- chemisch-technischen Eigenschaften,
- mechanischen Eigenschaften,
- technologischen Eigenschaften.

Jedes Bauteil bzw. Bauelement hat in der Konstruktion eine oder mehrere bestimmte Funktionen zu erfüllen. Es unterliegt dabei verschiedenen Beanspruchungen, z. B. Witterungseinflüssen, Feuchtigkeit, chemischen Einwirkungen, mechanischen Beanspruchungen. Die Anforderungen an die Holzart, die Holzgüte, an Verbindungsmittel usw. leiten sich hauptsächlich aus den Funktionen und Beanspruchungen ab.
Für die technische Verwendbarkeit des Holzes sind folgende **Beurteilungsmerkmale** wichtig:

Physikalisch-technische Eigenschaften

- Rohdichte (sehr leicht, leicht, schwer),
- Feuchte (Wassergehalt, Holzfeuchte),
- Verhalten gegenüber Feuchte,
- Schwinden und Quellen (Arbeiten des Holzes),
- Härte (sehr weich, weich, ziemlich hart, hart, sehr hart),
- splitternd (durch Holzaufbau bedingte Eigenschaft, mit langen, spießartigen Splittern zu brechen),
- bauphysikalische Eigenschaften (Wärmedämmung),
- Spaltbarkeit (leicht, schwer oder sehr schwer spaltbar),
- Brennbarkeit (leicht oder schwer entflammbar),
- Aufbau des Holzes (Kern, Splint, Jahrringbreite, Anteil des Spätholzes, Beschaffenheit des Frühholzes, Ästigkeit, faserig, porig),
- Tränkbarkeit mit Holzschutzmitteln,
- Nagelbarkeit.

Mechanisch-technische Eigenschaften

- Festigkeitseigenschaften (Zug-, Druck-, Biege- und Scherfestigkeit),
- Elastizität (wenig elastisch, elastisch, sehr elastisch),
- Bearbeitbarkeit.

Chemisch-technische Eigenschaften

- Widerstand gegen chemische Einwirkungen (Verwitterung, Säuren, Gase, Salze, Laugen),
- Beständigkeit gegen Wasser (Seewasser).

Dauerhaftigkeit (Resistenz)

- Widerstand gegen holzzerstörende Pilze und Insekten sowie Holzschädlinge im Meerwasser (s. DIN EN 350),
- Widerstand gegen mechanische Abnutzung,
- Haltbarkeit unter den vorherrschenden Beanspruchungen und Einflüssen,
- Widerstandsfähigkeit gegen atmosphärische Einflüsse.

1.3. Festigkeit des Holzes und der Holzwerkstoffe

1.3.1. Arten der Beanspruchung

Nach der Beanspruchungsart werden unterschieden:

- Zugstäbe,
- Druckstäbe,
- Biegestäbe.

Seltener werden Holzstäbe auf Torsion beansprucht. Neben diesen Beanspruchungsarten, die am häufigsten auftreten, sind Fälle der **Überlagerung** von mehreren Beanspruchungen möglich, z. B.

- Biegung mit der Normalkraft Druck,
- Biegung mit der Normalkraft Zug,
- Biegung mit Torsion, Zug oder Druck mit Torsion,
- Doppelbiegung (schiefe Biegung).

Bei der Biegung tritt gleichzeitig eine Schubbeanspruchung auf. Unter bestimmten konstruktiven Gegebenheiten kann auch Querdruck-, Querzug- und Scherbeanspruchung sowie Torsion entstehen. Je nach Beanspruchung wird unterschieden (s. DIN EN 1995-1-1:2010 und Nationaler Anhang)

Druckfestigkeit

a) in der Faserrichtung $f_{c,0}$,
b) schräg zur Faserrichtung $f_{c,\alpha}$,
c) senkrecht zur Faserrichtung $f_{c,90}$.

Zugfestigkeit

a) in der Faserrichtung $f_{t,0}$,
b) schräg zur Faserrichtung $f_{t,\alpha}$,
c) senkrecht zur Faserrichtung $f_{t,90}$.

Biegefestigkeit f_m.

Scherfestigkeit f_v *(Schub und Torsion).*

Bild 1.28. zeigt die Festigkeit von Nadelholz in Abhängigkeit von der Beanspruchung (gültig für fehlerfreies Holz). Weitere Festigkeitswerte, ermittelt an fehlerfreien Proben, können DIN 68364 entnommen werden (s. auch Auszug in Tabelle 1.3. für die einheimischen Holzarten).

Bei der Berechnung werden statische und dynamische Festigkeiten unterschieden (Bild 1.29.).

Tritt die Beanspruchung durch langsam ansteigende Belastung auf, so nennen wir sie ***statische Kräfte***; tritt sie stoßweise bzw. schlagweise, wechselnd oder schwellend auf, so nennen wir sie ***dynamische Kräfte***. Sind die Kräfte, die den Bruch hervorrufen, statischer Natur, so kennzeichnen die Spannungen die Druck-, Zug-, Biege-, Schub- und Drehfestigkeit; wirken sie dagegen dynamisch, so kennzeichnen sie die Schlagbiege-, Wechsel- oder Schwellfestigkeit des Holzes.

Enge Jahrringe und ein großer Anteil des dunkler gefärbten Spätholzes gegenüber dem helleren Frühholz sind ein *Kennzeichen für tragfähiges Holz*. Dabei gibt es je nach Beanspruchung Unterschiede.

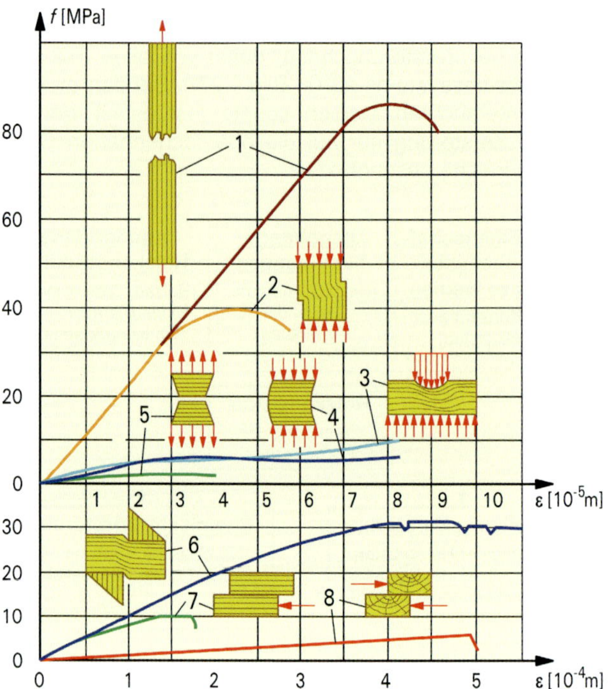

Bild 1.28. Festigkeit von Nadelholz in Abhängigkeit von der Beanspruchung, nach [*Dutko* 1976] (gültig für fehlerfreies Holz, Mittelwerte)

Die Härte des Holzes ist maßgebend für die Bearbeitung. Die Bauhölzer werden zur Feststellung der Festigkeit hauptsächlich auf Druck-, Zug-, Biegebelastung und Abscheren geprüft. Dazu werden *Probekörper* mit vorgeschriebenen Abmessungen herangezogen. Während früher die Festigkeit hauptsächlich an kleinen fehlerfreien Proben untersucht wurde (s. DIN 52182 bis 52192), werden heute vielfach Untersuchungen an Proben in Bauholzabmessungen (s. DIN 52186, DIN EN 26891, DIN EN 380, DIN EN 408, DIN EN 594, DIN EN 595, DIN EN 596) durchgeführt. Die auf Festigkeit und Elastizität zu prüfenden Holzproben werden durch Klimatisierung bei 20 °C Lufttemperatur und 60 bis 65 % relativer Luftfeuchtigkeit vorbehandelt. Dabei stellt sich bei entsprechend langer Lagerung eine Holzfeuchte $\omega \approx 12\,\%$ ein.

Bei der Betrachtung der Holzfestigkeit ist zu beachten: Holz ist in seinem Gefüge sehr ungleich, weil jeder Stamm anders gewachsen ist. Bei einer statistischen Analyse der Festigkeitseigenschaften erhält man daher relativ große Streuungen, sodass statistisch abgesicherte Untersuchungen eine hohe Probenanzahl erfordern (s. DIN EN 384).

Tabelle 1.3. Mittlere Kennwerte einheimischer Holzarten[1)] – Rohdichte, Elastizitätsmodul und Festigkeiten (in Klammern: beispielhafte Angabe der Variationskoeffizienten lt. Tabelle 1 im Anhang A in der Norm) nach DIN 68364 (gültig für fehlerfreies Holz)

Name		Rohdichte	Elastizitäts-modul	Festigkeiten [N/mm²]			
		[kg/m³]	[N/mm²]	Zug f_t	Biegung f_m	Druck f_c	Scher f_v
Nadelgehölze							
Douglasie	Pseudotsuga menziesii	580	13.000	105	100	54	10
Fichte	Picea abies	460	11.000	95	80	45	10
		(9,7 %)	(19,7 %)		(14,2 %)	(14,4 %)	(14,7 %)
Kiefer	Pinus sylvestris	520	11.000	100	85	47	10
		(12,8 %)	(21,3 %)		(19,0 %)	(19,5 %)	(19,3 %)
Lärche	Larix decidua	600	13.800	107	99	55	10
		(11,0 %)	(22,5 %)		(17,1 %)	(16,3 %)	(18,7 %)
Tanne	Abies alba	460	11.000	95	80	45	10
		(11,8 %)	(13,6 %)		(12,7 %)	(12,2 %)	(18,9 %)
Laubgehölze							
Ahorn	Acer pseudoplatanus	630	10.500	120	95	50	11
Buche, Rotbuche	Fagus sylvatica	710	14.000	135	120	60	10
		(6,0 %)	(9,7 %)		(9,3 %)	(11,6 %)	(15,7 %)
Edelkastanie	Castanea sativa	590	9.000	135	80	49	8,7
Eiche	Quercus robur	710	13.000	110	95	52	11,5
		(9,0 %)	(19,4 %)		(17,3 %)	(15,5 %)	(17,3 %)
Erle	Alnus glutinosa	530	9.500	94	91	51	4,5
Esche	Fraxinus excelsior	700	13.000	130	105	50	13
		(9,3 %)	(18,2 %)		(14,3 %)	(14,5 %)	(15,2 %)
Hainbuche, Weißbuche	Carpinus betulus	800	14.500	135	130	60	10
Pappel	Populus spp.	440	8.800	77	60	32	5
Robinie	Robinia pseudoacacia	740	13.600	148	150	73	16

1) Kennwerte weiterer Holzarten s. DIN 68364

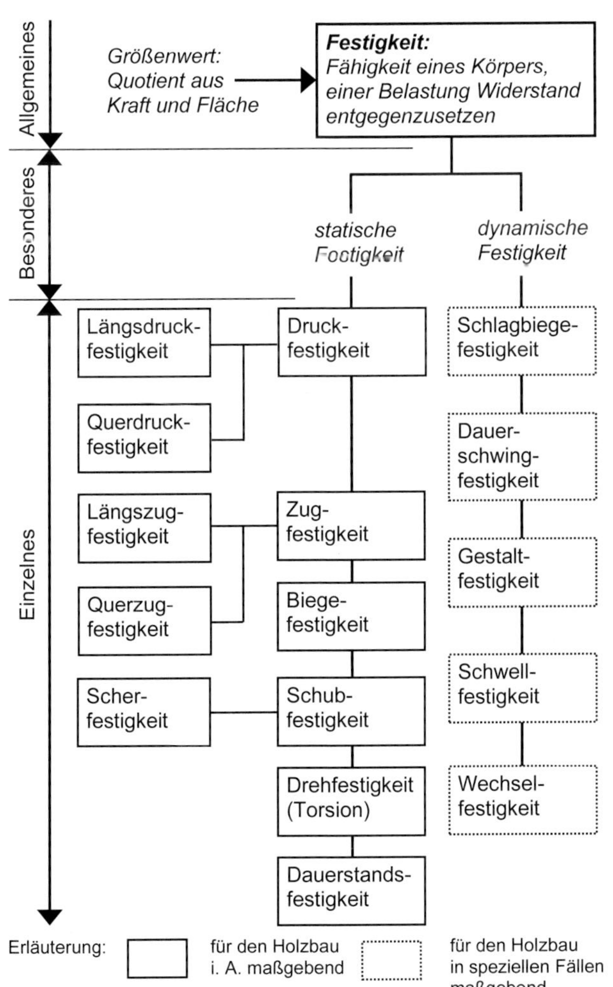

Bild 1.29. Festigkeiten, Begriffe und Arten der Festigkeit

1.3.2. Druckfestigkeit

Da sich das Holz bei Druckbelastung in Faserrichtung anders verhält als senkrecht dazu, wird zwischen Längs- und Querdruckfestigkeit unterschieden.

Längsdruckfestigkeit (Druckfestigkeit parallel zur Faser)

Sie ist von folgenden Faktoren abhängig:

- Rohdichte,
- Holzfeuchte,
- Faserverlauf,
- Lage der Kraftrichtung zur Faserrichtung,
- Holzart,
- Spätholzanteil,
- Querschnittsgröße,
- Ästigkeit,
- Belastungsdauer,
- Schlankheitsgrad.

Der Einfluss der Baumkanten beim Schnittholz ist gering. Die Druckfestigkeit des Holzes steht in einfacher Beziehung zur *Rohdichte:*
Die Druckfestigkeit des Holzes steigt mit zunehmender Rohdichte.

In Bild 1.13. ist der Zusammenhang zwischen der Rohdichte und der Druckfestigkeit für Fichten- und Kiefernholz dargestellt. Die Druckfestigkeit von Nadelholz liegt im Bereich hochfester Betone, z. B. $f_{c,k} = 45$ N/mm². Von großer Bedeutung für die Druckfestigkeit ist der Feuchtegehalt des Holzes (Bilder 1.13. und 1.30.). *Die Druckfestigkeit nimmt mit wachsender Holzfeuchte (bis* $\omega \approx 25$ % *bis* 30 %*) ab.*

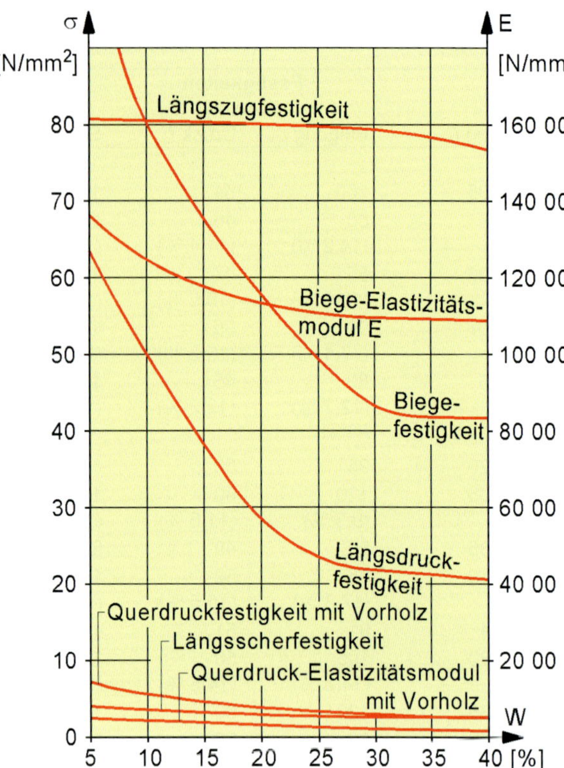

Bild 1.30. Einfluss des Feuchtegehaltes auf die mechanischen Festigkeiten bzw. Elastizitätsmodul bei Fichte (gültig für fehlerfreies Holz), nach [*Kühne* 1955]

Aus Bild 1.13. ist zu erkennen, dass Fichtenholz bei $\omega = 10\,\%$ und Kiefernholz bei $\omega \approx 8\,\%$ Holzfeuchte die höchsten Festigkeitswerte bei Druck in Faserrichtung aufweist.

Zu beachten ist, dass die gezeigten Abhängigkeiten für fehlerfreie Holzproben gelten. Bei Bauteilen in Bauholzabmessungen entsteht in Abhängigkeit von der Querschnittsgröße und eines evtl. Schutzsystems ein Dämpfungseffekt, der den Holzfeuchtewechsel verzögert. Der Einfluss der Feuchte auf die Druckfestigkeit parallel zur Faser ist bei Bauteilen mit Bauholzabmessungen bezogen auf die charakteristische Festigkeit gering [*Hoffmeyer* 1995].

Ferner ist die Abhängigkeit der Druckfestigkeit von der *Lage der Kraftrichtung zur Faserrichtung* bedeutungsvoll.

Die Druckfestigkeit nimmt mit steigendem Kraft-Faser-Winkel ab.

Bild 1.16. zeigt den Zusammenhang zwischen dem Kraft-Faser-Winkel und der Druckfestigkeit für Tannenholz. Schon bei 15° Neigung der Kraftrichtung gegen die Fasern geht die Druckfestigkeit auf etwa 70 %, bei 30° Neigung auf etwa 35 % und bei 45° Neigung auf etwa 22 % der Druckfestigkeit parallel zur Faser zurück (s. a. Bild 1.16.).

Begründet wird dies damit, dass das Holz aus Röhrenbündeln aufgebaut ist.

Die Dauer der Belastung und die Anzahl der Belastungswechsel üben ebenfalls einen erkennbaren Einfluss auf die Druckfestigkeit aus, deren zahlenmäßiger Wert aber nicht angegeben werden kann.

Die Druckfestigkeit nimmt bei zunehmender Belastungsdauer und Anzahl der Belastungswechsel ab.

Die Druckfestigkeit von Schnittholz wird ferner geringer bei zunehmender Astzahl, Astgrößen und Verwachsungen.

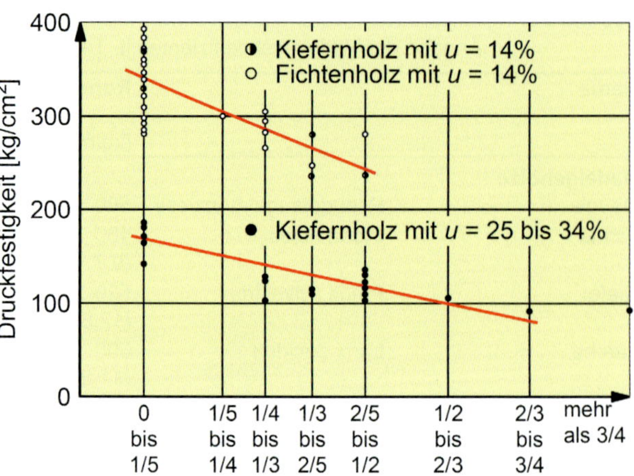

Bild 1.31. Druckfestigkeit von Fichten- und Kiefernholz in Abhängigkeit von der Astgröße und von der Holzfeuchte, nach [*Graf* 1938]

Wird Holz in Faserrichtung belastet, so treten, bevor es die Bruchgrenze erreicht, starke Verformungen auf (s. Bild 1.28., Kurve 2), bei denen sich die härteren Holzteile in die weicheren eindrücken.

Holz ist warnfähig. Dies ist die wichtige Eigenschaft, vor dem Brechen durch knisterndes Geräusch anzuzeigen, dass es bricht. Besonders bei Abstützungen ist dies zu beachten! Die Warnfähigkeit von Holz geht bei langjährigen chemischen Einwirkungen verloren.

Querdruckfestigkeit (Druckfestigkeit rechtwinklig zur Faserrichtung)

Bild 1.32. Querdruckversuch nach *Gustav Lang* (aus [*Lang* 1915])

Die Zerstörungserscheinungen sind andere (s. Bild 1.32.) als bei Druck parallel zur Faser. Laubholz (Eichen- und Buchenholz) und Nadelholz unterscheiden sich bei dieser Belastungsart erheblich.

Deshalb wird für stark beanspruchte Unterlagsplatten Eichenholz verwendet.

Nadelholz hat wesentlich geringere Querdruckfestigkeiten als Eiche und Buche z. B. nach DIN EN 338, Tabelle 1:

- *Nadelholz C24* $f_{c,90,k} = 2{,}5$ *N/mm²,*
- *Laubholz D30* $f_{c,90,k} = 5{,}3$ *N/mm²,*
- *LaubholzD40* $f_{c,90,k} = 5{,}5$ *N/mm².*

Bei Nadelholz beträgt die versuchsmäßig festgestellte mittlere Druckfestigkeit rechtwinklig zur Faser etwa 1/8 bis 1/9 derjenigen längs zur Faser, bei Laubholz etwa 1/2 bis 1/3 (bezogen auf die charakteristische Festigkeit).

Unter Druckbelastung brechen die einzelnen Holzzellen in sich zusammen, es tritt keine Querkontraktion ein. Dabei wird aber das Holz zusammengedrückt und sehr stark deformiert (Bild 1.32.).

Äste erhöhen die Festigkeit. Auch die Größe der Druckfläche ist von Einfluss.

Mit zunehmender Druckwirkung quer zur Faserrichtung schließen sich die Hohlräume im Inneren des Holzes ohne äußere Brucherscheinungen.

Bei der Querdruckfestigkeit unterscheidet man zwischen Würfel-, Schwellen- und Stempeldruckfestigkeit (Bild 1.33.).

Allgemein ist die Würfeldruckfestigkeit geringer als die der Schwellen- und Stempeldruckfestigkeit, weil bei den letzteren Beanspruchungen die zu unbelasteten Flächen weiterreichenden Randfasern einen Teil der Belastung aufnehmen. Sie vergrößern damit indirekt die Belastungsfläche (Bilder 1.32. und 1.33.b und c). Für die Beurteilung ist die Quetschgrenze wichtig. Das ist die Druckbeanspruchung, bei der im Spannungs-Stauchungs-Diagramm der gleichmäßige Anstieg der Verformung in den Bereich der starken Verdichtung übergeht (Bild 1.34.).

Die charakteristischen Werte der Querdruckfestigkeit hängen hauptsächlich davon ab, wie weit sich die Hölzer eindrücken dürfen (Bild 1.34.).

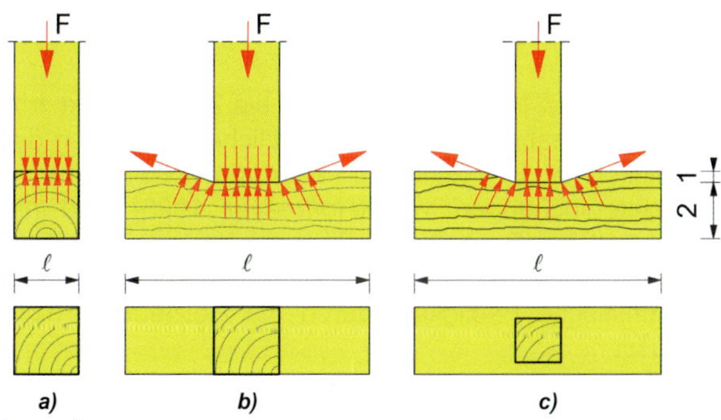

Legende
a) Würfeldruck
b) Schwellendruck
c) Stempeldruck
1 Eindrückung
2 Zusammenpressung

Bild 1.33. Druck senkrecht zur Faser

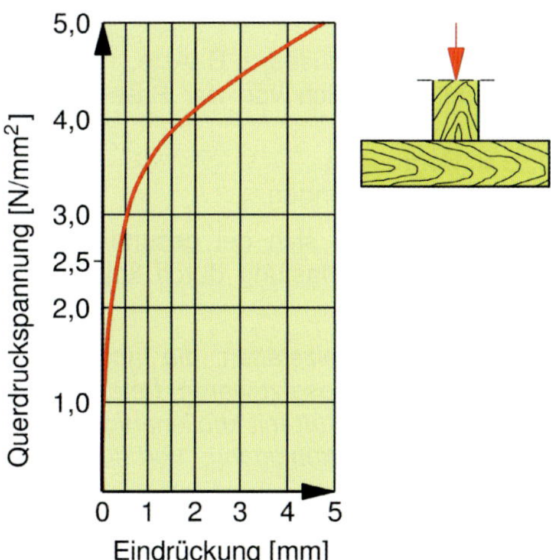

Bild 1.34. Zusammenhang von Querdruckspannung und Eindrückung (nach [*Dutko* u. a. 1976])

Die Druckfestigkeit $f_{c,90,k}$ rechtwinklig zur Faser sinkt ab, wenn die Druckübertragungsfläche mit der Fläche des gedrückten Holzes ganz oder an drei Kanten abschließt (Bild 1.35.).

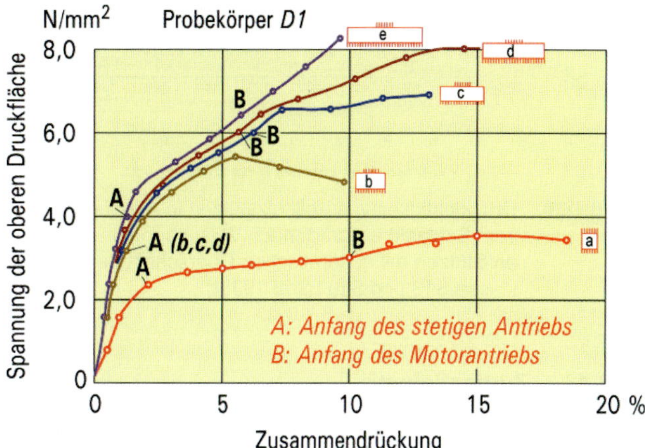

Legende
a) Probelänge = 150 mm
b) Probelänge = 300 mm
c) Probelänge = 450 mm
d) Probelänge = 600 mm
e) Probelänge = 750 mm
Druckplattenlänge = 150 mm

Bild 1.35. Einfluss der Überstandslänge auf die Spannung in der Druckfläche bei Querdruckversuchen mit Fichtenholz, nach [*Suenson* 1938]

Druckfestigkeit im Winkel α zur Faserrichtung
(s. Bild 1.16.)

Wirkt der Druck unter dem Winkel α zur Faserrichtung, so gilt:

$$f_{c,0} > f_{c,\alpha} > f_{c,90} .$$

Eine Druckbeanspruchung schräg zur Faserrichtung tritt z. B. bei Versatzen auf.

1.3.3. Knickfestigkeit

Wird ein druckbeanspruchtes Bauteil als Stütze verwendet, so besteht die Gefahr der Instabilität durch Ausknicken. Noch bevor die maximale Druckfestigkeit des Holzes erreicht wird, verbiegt sich der Stab und weicht seitlich aus. Die Gefährdung ist abhängig von der Schlankheit der Stütze.

Bild 1.36. zeigt Versuche von *Otto Graf* (1881–1956) aus dem Jahre 1938. Bis zu einer Schlankheit von $\lambda = 100$ ergibt sich ein linearer Abfall der Knickfestigkeit, analog der im Jahre 1901 von *Tetmajer* (1850–1905) durchgeführten Versuche.

Ab einer Schlankheit von 100 folgt der Abfall der von *Euler* (1707–1783) aufgestellten Gleichung für die Knickfestigkeit.

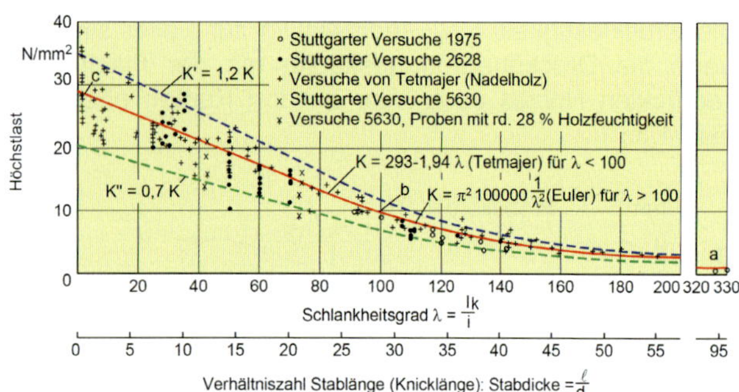

Bild 1.36. Druckfestigkeit von Vollholzstützen in Abhängigkeit vom Schlankheitsgrad (nach Versuchen von *Otto Graf* an Stützen mit quadratischen Querschnitt der Sortierklasse S13 und S10 [*Graf* 1938])

1.3.4. Zugfestigkeit

Infolge des anatomischen Aufbaus von Holz ist die Zugfestigkeit in Faserrichtung wesentlich größer als quer zu ihr (> 35 : 1 bezogen auf die charakteristische Festigkeit).

Längszugfestigkeit (Zugfestigkeit parallel zur Faser)

Versuche haben gezeigt, dass das Frühholz vor dem Spätholz reißt. Unregelmäßigkeiten des Wuchses treten eher in Erscheinung als bei Druckbeanspruchung. Als ein Zeichen guter Zugfestigkeit ist langfaseriger Bruch anzusehen. Geringwertiges Holz reißt kurz ab. Ästigkeit und Wuchsfehler mindern die Zugfestigkeit oft erheblich. Bild 1.37. zeigt die Abhängigkeit der Zugfestigkeit von der Ästigkeit bei Fichtenholz in Bauholzabmessungen. Ästigkeit und Wuchsfehler wie Schrägfaserigkeit wirken bei der Beanspruchung auf Zug mehr auf die Festigkeit ein, als dies bei Druck parallel zur Faser der Fall ist. Der Feuchtigkeitseinfluss ist geringer als bei Längsdruckfestigkeit. Die größte Festigkeit liegt bei etwa 8 % Holzfeuchtigkeit.

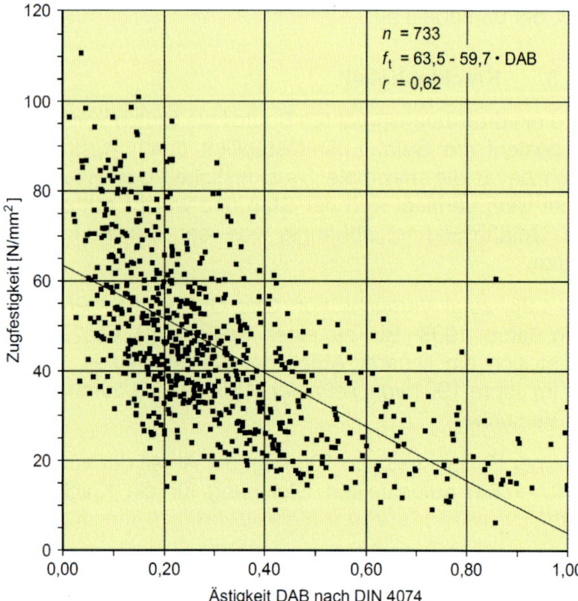

Bild 1.37. Abhängigkeit der Zugfestigkeit von der Ästigkeit DAB nach DIN 4074 bei Fichtenprobekörpern in Bauholzabmessungen (DAB = Kriterium Astansammlung in Brettern und Bohlen nach DIN 4074-1 – galt auch für die geprüften Kanthölzer); (aus [*Glos/Burger* 1995])

Die Größe der Zugfestigkeit wird beeinflusst von Holzart, Holzfeuchte, Dichte-, Holzstruktur und Größe des beanspruchten Holzvolumens.

Bei auf Zug beanspruchten ästigen Stäben verändert sich die Faserrichtung (Bild 1.38.); die Zugkraft wird umgeleitet, und es entsteht eine ausmittige Kraftwirkung (s. [*Glos/ Burger* 1995], S. 30). Die Zugfestigkeit ist geringer als bei astfreiem geradfaserigem Holz.

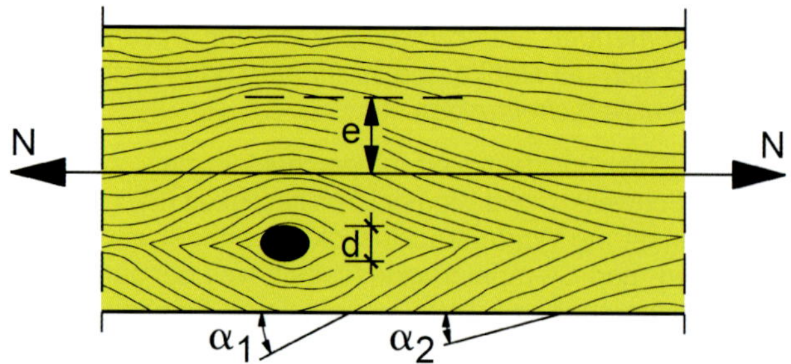

Bild 1.38. Veränderung der Faserrichtung infolge von Ästen, *e* = Außermittigkeit

Allgemein steigt die Zugfestigkeit

- mit zunehmender Rohdichte,
- mit größerem Spätholzanteil,
- mit sinkender Holzfeuchte,
- mit abnehmender Größe des Winkels zwischen Faserrichtung und Kraftrichtung,
- mit sinkender Ästigkeit.

Bei den üblichen Holzfeuchten von 8 bis 25 % bewirkt 1 % Holzfeuchteabnahme ein durchschnittliches Ansteigen der Zugfestigkeit von 3 % (gültig für fehlerfreie Holzproben). Nach Untersuchungen von [*Hoffmeyer* 1995] wird die Zugfestigkeit bei Bauteilen in Bauholzabmessungen (insbesondere bei geringerer Holzfeuchte), bezogen auf die charakteristische Festigkeit, durch die Holzfeuchte nicht beeinflusst.

Allgemein ist die Zugfestigkeit gerade gewachsener Bauhölzer bedeutend größer als die Längsdruckfestigkeit.

Für stark beanspruchte Zugstäbe sind astfreie Hölzer auszusuchen!

Brüche bei auf Zug beanspruchten Holzstäben

Ansatzpunkte für den Bruch sind u. a.

- Unregelmäßigkeiten des Wuchses, z. B. Äste,
- Kraftrichtung weicht wesentlich von der Faserrichtung des Holzes ab,
- Innenkerben, z. B. Bohrungen,
- Außenkerben, z. B. Ausklinkungen.

Statische Zugbrüche kündigen sich bei gesundem Holz und langsam zunehmender Belastung durch knisterndes Geräusch an.

Bei auf Zug beanspruchten Holzstäben, die langjährigen chemischen Einwirkungen ausgesetzt waren, treten kurzfaserige oder glatte Trennbrüche (oft mit knollenartiger Oberfläche), meistens ohne Vorankündigung, verbunden mit einem lauten Knall, auf.

Brüche infolge statischer **Dauerbelastung** zeigen ebenfalls knollenartige Bruchformen.

Innenkerben entstehen beim Bohren, Fräsen oder Ausstemmen. Sie bewirken eine ungleichmäßige Spannungsverteilung im beanspruchten Querschnitt. Besonders in der Umgebung der Kerbstellen entstehen nach [*Kollmann* 1951] Spannungsspitzen, die wegen der geringen Bruchdehnung und der fehlenden plastischen Verformung des Holzes nicht abgebaut werden können. Der Bruch geht daher von der Spannungsspitze der Kerbstelle aus. Ob die Folgen eines Zugbruchs lokal beschränkt bleiben, hängt von der Funktion des Stabes, von der Konstruktion und der Tragfähigkeit angrenzender Bauteile ab.

Zug im Winkel zur Faser (Zugfestigkeit schräg zur Faser)

Weit mehr als die Längsdruckfestigkeit ist die Zugfestigkeit in starkem Maße von der Lage der Kraftrichtung zur Faserrichtung abhängig (s. Bild 1.16.). Es ist zu erkennen, dass die Zugfestigkeit schon bei 15° Neigung der Kraftrichtung zur Faserrichtung weniger als die Hälfte der Festigkeit beträgt, die bei gerade gewachsenem Holz gleichlaufend zur Stammachse auftrat. Bei einem Winkel von 90° erreicht sie mit etwa 7 % ihren niedrigsten Wert.

Querzugfestigkeit (Zugfestigkeit senkrecht zur Faser)

Kennzeichnend für das Verhalten bei Querzugbeanspruchung (s. Bild 1.39.) ist ein ausgesprochen sprödes Bruchverhalten, abhängig von der jeweiligen Holzart, strukturellen Störungen, der Holzfeuchte und der Lastdauer.

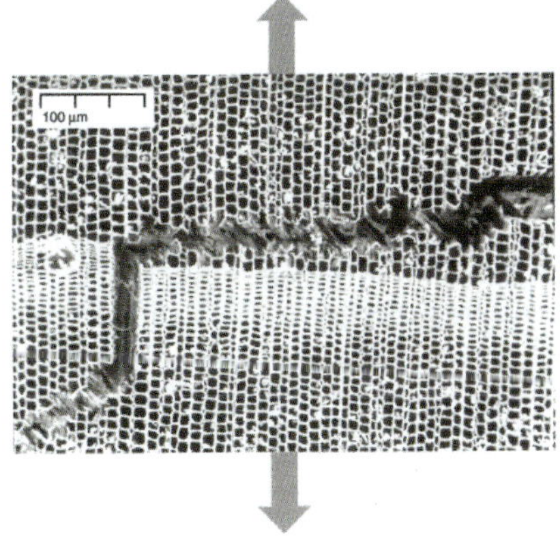

Bild 1.39. Querzugbruch Fichtenholz (aus [*Thelandersson/Larsen* 2003])

Die charakteristische Querzugfestigkeit von Vollholz C24 beträgt nur 1/35 der Zugfestigkeit parallel zur Faser (s. Bild 1.40.). Querzugbeanspruchungen sollten daher vermieden werden!

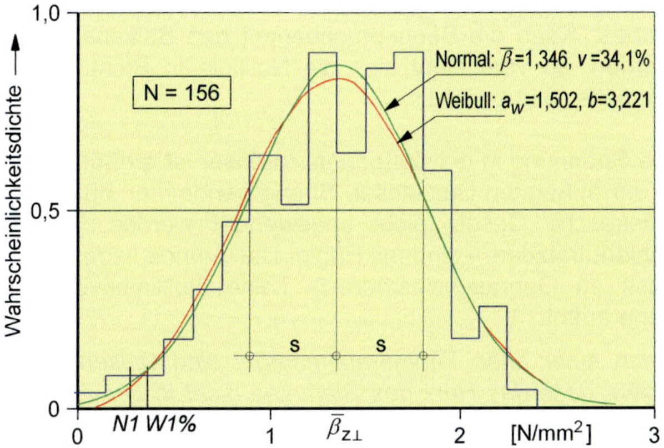

Bild 1.40. Histogramm der Querzugfestigkeit $\overline{\beta}_{z\perp}$ von Fichtenholz (aus [*Mistler* 1982])

Die Größe der Querzugfestigkeit wird vom beanspruchten Volumen wesentlich beeinflusst (s. Bild 1.19.).

Zugbeanspruchungen des Holzes senkrecht zur Faser sind möglichst zu vermeiden; sie führen dazu, dass das Holz aufreißt. Sind sie nicht zu umgehen, dann sind besondere konstruktive Vorkehrungen, z. B. durch örtliche Verstärkungen, zu treffen (s. auch Abschnitt 5.5.3. und 5.5.4.).

Querzugbeanspruchungen treten bei ausgeklinkten Trägern aus Brettschichtholz, satteldachförmigen Brettschichtholzträgern oder Queranschlüssen und Zapfenverbindungen auf und sind beim Entwurf derartiger Träger besonders zu untersuchen (s. a. Abschnitte 4, 5 und 9).

Zugfestigkeit bei Vollholz im Verhältnis zur Biegefestigkeit

In früheren Ausgaben der DIN EN 338 wurde das Verhältnis der charakteristischen Werte der Zugfestigkeit zur Biegefestigkeit unabhängig von der Festigkeitsklasse mit 60 % der Biegefestigkeit angegeben. Untersuchungen an Nadelholz (insbesondere Fichte) zeigten aber, dass dieses Verhältnis sich mit der Holzqualität (Festigkeitsklasse) ändert. Diese Änderung ist bei maschinell sortiertem Holz (Sortierung nach dem Biegeprinzip) besonders ausgeprägt. Da das Verhältnis Zug- zu Biegefestigkeit starke Streuungen aufweist, wurde für visuell und maschinell sortiertes Holz die Gleichung $f_{t,k} = 0{,}24 \cdot f_{m,k}^{0,28}$ festgelegt (s. auch Bild 1.41.) und die Verhältniswerte in der DIN EN 338 für Nadelvollholz angepasst. Aufgrund fehlender Untersuchungen blieben die Verhältniswerte für Laubholz unangetastet. [*Burger/Glos* 1997]

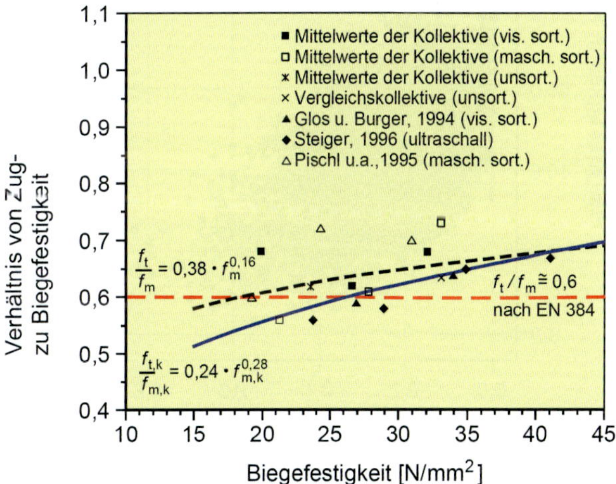

Bild 1.41. Abhängigkeit des Verhältnisses $f_{t,k}/f_{m,k}$ der charakteristischen Werte von Zug- zu Biegefestigkeit für Versuche nach EN 384 und EN 408 bzw. auf die 7,5-%-Fraktile der Biegefestigkeit bezogen (aus [*Glos/Burger* 1997])

1.3.5. Biegefestigkeit

Die Biegefestigkeit des Holzes ist eine oft genutzte Eigenschaft im Holzbau (z. B. beim Sparren, bei der Pfette, beim Balken, beim Träger, beim Binder).
Die Biegefestigkeit wird beeinflusst von

- der Holzart,
- der Holzstruktur,
- der Holzfeuchte,
- dem Verlauf der Jahrringe,
- dem Winkel zwischen Kraftrichtung und Faserrichtung,
- der Querschnittsform,
- dem beanspruchten Holzvolumen.

Äste und Wuchsfehler wirken sich besonders im Bereich der Maximalmomente sehr erheblich aus und mindern die Biegefestigkeit (s. Bild 1.42.) im zugbeanspruchten Querschnittsteil in hohem Maße; die Zugfasern zerreißen meistens zuerst (Bilder 1.42., 1.44., 1.45.).

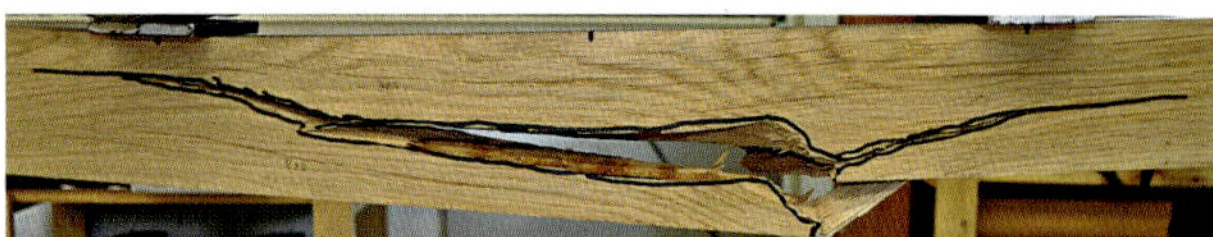

Bild 1.42. Zugbruch im Bereich schrägen Faserverlaufs (Holzart Eiche)

Erhöhte dauernde Holzfeuchte und Dauerbelastung wirken ebenfalls festigkeitsmindernd.

Bezogen auf die charakteristische Biegefestigkeit besteht bei Bauteilen in Bauholzabmessungen nur ein geringer Einfluss der Feuchte auf die Biegefestigkeit [*Hoffmeyer* 1995].

Äste sind Ausgangspunkte für Biegebrüche im Zugbereich. Bei astreichem Holz fällt die Biegezugfestigkeit erheblich ab (s. Bild 1.43. oder Bild 1.11. linkes Bild, vergleiche Kurve a = 0, keine Ästigkeit mit Kurve; a = 0,5, Ästigkeit 50 %)).

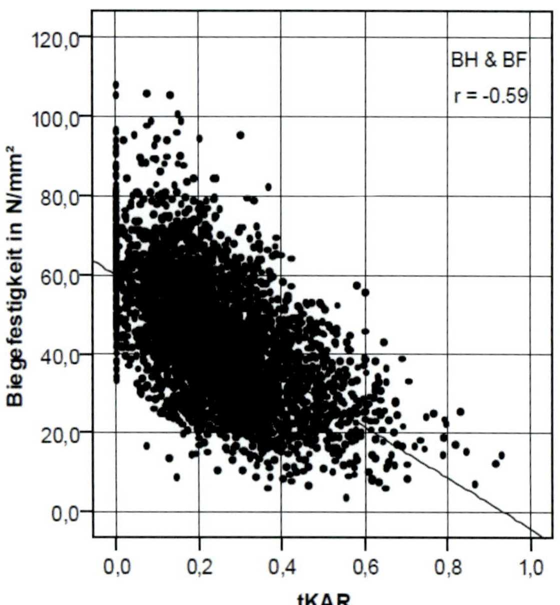

Bild 1.43. Einfluss der Ästigkeit auf die Biegefestigkeit von Fichtenholz in Bauholzabmessungen (tKAR = total Knot Area Ratio, berücksichtigt alle Äste in einer Querschnittsfläche innerhalb eines Bereiches von 150 mm), n-3899 PK (nach [*Denzler* 2007])

Abhängig von der Astgröße wird das Widerstands- und Trägheitsmoment des biegebeanspruchten Bauteils vermindert.

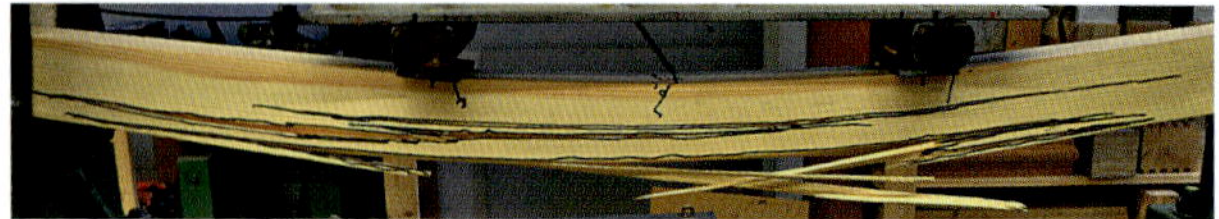

Bild 1.44. Biegebruch beginnend an der Zugseite (Holzart Kiefer)

Bild 1.45. Biegebruch, Versagen der Zugseite im Bereich eines Astes mit schrägem Faserverlauf (Holzart Kiefer)

Zimmermannsregel:

Balken so verlegen, dass die Äste in der Druckzone liegen (Bild 1.46.).

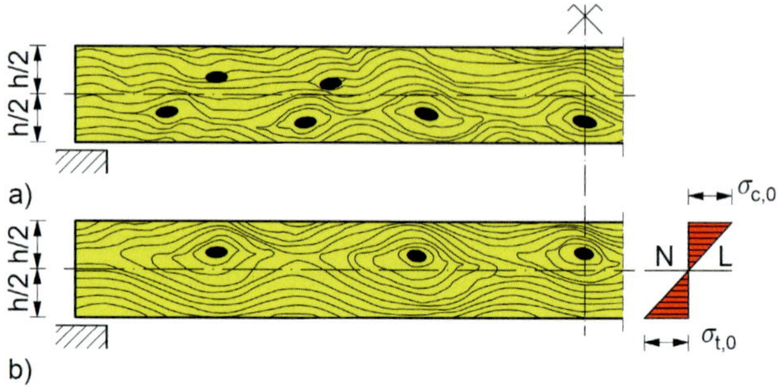

Legende
a) falsch verlegter Balken. Äste unterhalb der Nulllinie
b) richtig verlegter Balken. Äste im Druckbereich

Bild 1.46. Einfluss der Äste auf die Biegefestigkeit

Allgemein steigt die Biegefestigkeit

- mit wachsender Rohdichte,
- mit sinkender Feuchte,
- mit abnehmendem Winkel zwischen Kraftrichtung und Faserrichtung,
- mit sinkender Ästigkeit.

Allgemein wird bei der Berechnung von auf Biegung beanspruchten Holzstäben angenommen, dass die Nulllinie mit der Mittellinie des Stabes zusammenfällt. Bestände diese Annahme zu Recht, so müsste, da Holz mehr zug- als druckfest ist, die Zerstörung zuerst bei den auf Druck beanspruchten Faserschichten eintreten. Dies ist aber, wie die Erfahrung lehrt, nicht der Fall: Die Zerstörung erfolgt, weil die Zugfasern aufgrund von Strukturstörungen vorzeitig zerreißen (Bild 1.47.). Diese Tatsache lässt darauf schließen, dass bei Annäherung an die Bruchbelastung die Nulllinie zu der auf Zug beanspruchten Seite rückt und außerdem die Spannungen keinesfalls mehr proportional zum Abstand von der Nulllinie sind. Bei geringerer Beanspruchung verteilen sich die Spannungen (Bild 1.47.a) geradlinig über den Querschnitt des Biegestabes. Kann die Beanspruchbarkeit des Balkens erhöht werden, so verschiebt sich die Nulllinie in Richtung der Zugseite (Bild 1.47.b).

Die Spannung in der äußersten Zugfaser ist größer als die in der äußersten Druckfaser. Streng genommen dürfte das *Hooke*sche Gesetz nicht angewendet werden. Es geschieht trotzdem – und mit Erfolg! Die Gründe liegen darin, dass im Gebrauchslastbereich keine Nulllinienverschiebung auftritt.

Nach einer alten Zimmermannsregel sind Balken so zu legen, dass das Herz des Stammes nicht in der Zugzone liegt.

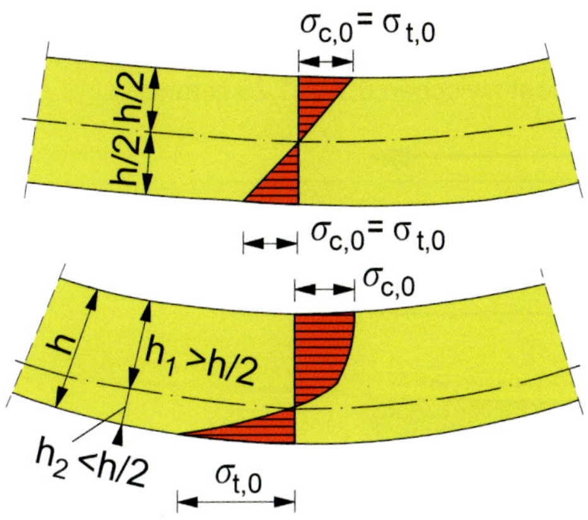

Legende
a) bei geringer Beanspruchung
b) bei größerer Beanspruchung

Bild 1.47. Spannungsverteilung bei Biegung

Versuche haben die Richtigkeit in der Regel bestätigt.
Die Biegedruckfestigkeit ist beim Bruch etwa 1,4- bis 2,0-mal so groß wie die Längsdruckfestigkeit und im Allgemeinen niedriger als die Zugfestigkeit.
Die höchste Biegefestigkeit wird nicht bei darrtrockenem Holz, sondern bei einer Holzfeuchte von etwa 6 % erreicht. Im Holzfeuchtebereich von 5 bis 25 % steigt die Biegefestigkeit um 4 % bei jeweils 1 % Feuchteabnahme (gültig für fehlerfreie Holzproben).

In vielen Fällen ist nicht die Biegespannung für die Bemessung maßgebend, sondern die Sicherung der Gebrauchstauglichkeit/Nutzungsfähigkeit durch Einhaltung von Grenzwerten für die Durchbiegung.

Biegefestigkeit und Faserabweichung

Die Abhängigkeit der Biegefestigkeit (Bruchfestigkeit) von der Lage der Kraftrichtung zur Faserrichtung zeigt Bild 1.16.
Auch hier ist ein wesentlicher Einfluss der Lastfaserrichtung auf die Festigkeit festzustellen. Schon bei 15° Faserneigung reduziert sich die Festigkeit um ca. 20 %.

Biegefestigkeit und Keilzinkenfestigkeit bei Brettschichtholz

Bei Brettschichtholz besteht eine signifikante Abhängigkeit der Biegefestigkeit von der Zugfestigkeit der Brettlamellen bzw. der Biegefestigkeit der Keilzinkenverbindungen. Eine Keilzinkung der Lamelle vermindert die Biegefestigkeit wesentlich, wenn sie unmittelbar in Feldmitte und in der äußeren Lage angeordnet ist. Sie wirkt dann wie ein großer Ast. Bild 1.48. zeigt die Abhängigkeit der charakteristischen Biegefestigkeit von Brettschichtholz von der charakteristischen Zugfestigkeit der Brettlamellen bzw. die charakteristische Biegefestigkeit der im Brett eventuell vorhandenen Keilzinkung.
Der Zusammenhang macht deutlich, dass hochwertiges Brettschichtholz (> GL28) nur mit Brettlagen mit hoher charakteristischer Zugfestigkeit, welches nur mittels einer maschinellen Sortierung bereitgestellt werden kann, in qualitativ gleichbleibender Güte hergestellt werden kann [*Colling* 1995-1 und -2].

1.3.6. Scherfestigkeit

Die Scherfestigkeit des Holzes ist relativ gering (> 1/5 der Druckfestigkeit parallel zur Faser bzw. 1/4 der Zugfestigkeit parallel zur Faser – bezogen auf die charakteristische Festigkeit – s. a. Bild 1.28.). Sie wird beeinflusst durch die Holzfeuchte, die Festigkeit des Frühholzes, durch die Schwindrisse, die Lage der Jahrringe zur Scherfuge und die Rohdichte.

Allgemein steigt die Scherfestigkeit

- mit steigender Rohdichte,
- mit sinkender Holzfeuchte,

bis die Scherfläche die Jahrringe unter 45° schneidet (Maximum bei 45°, s. Bild 1.49.).

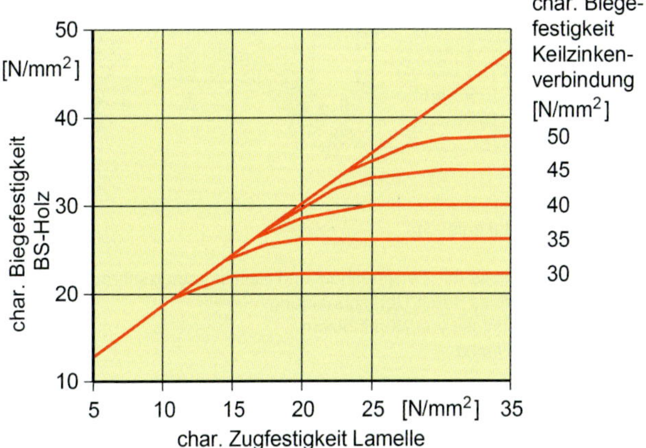

Bild 1.48. Abhängigkeit der Biegefestigkeit eines Brettschichtholzträgers von der Keilzinkenbiegefestigkeit und der Zugfestigkeit der Brettlamellen (aus [*Glos* 1995-3])

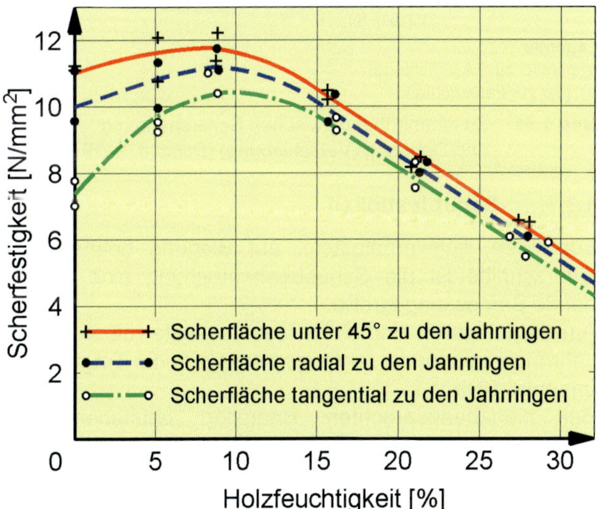

Bild 1.49. Scherfestigkeit von Kiefernholz in Abhängigkeit vom Feuchtigkeitsgehalt und von der Lage der Scherfläche zu den Jahrringen, nach [*Graf* 1938]

Die Scherfestigkeit kann bei Schwindrissen, die am Ende von stabförmigen Holzbauteilen in unmittelbarer Nähe von Scherfugen liegen, erheblich gemindert und bei kurzen Scherfugen oft fast ganz aufgehoben sein. Aus diesem Grunde gilt:

Bei allen auf Abscheren beanspruchten Bauteilen ist besonders auf Risse im Vorholz zu achten.

Die Scherfestigkeit wird bei vielen Holzkonstruktionen genutzt (Bild 1.50.).

Die Scherfestigkeit nimmt mit der Länge der Scherfuge ab, da die Spannungsverteilung über die Scherlänge ungleichmäßig ist. Die Spannung erreicht im Bereich des

Kraftangriffs über etwa 200 bis 300 mm Länge einen nahezu konstanten Maximalwert, der dann in der Beanspruchungsrichtung langsam auf null fällt. Den Zusammenhang zwischen Scherspannung und Dehnung (Verschiebung) zeigt Bild 1.51.

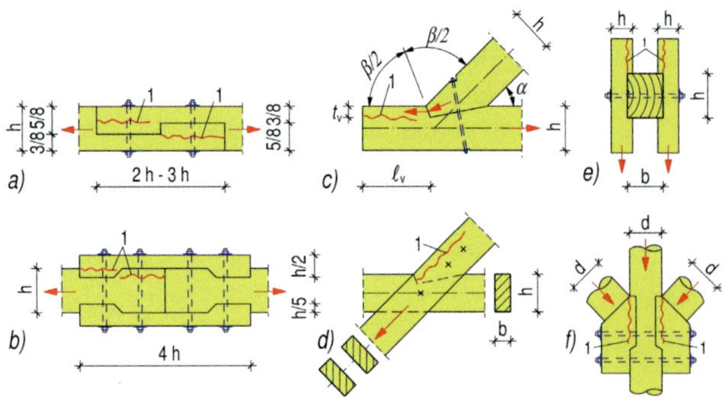

Legende
a) Hakenblatt
b) Zugstoß mit Hakenlasche
c) Stirnversatz
d) Zugstabanschluss mit Zwischenholz und Sechskantholzschrauben
e) Zugstabanschluss durch Überschneidung
f) Druckstabanschluss von Rundhölzern
1 abgescherte *Fläche*

Bild 1.50. Auf Abscheren beanspruchte Bauteile

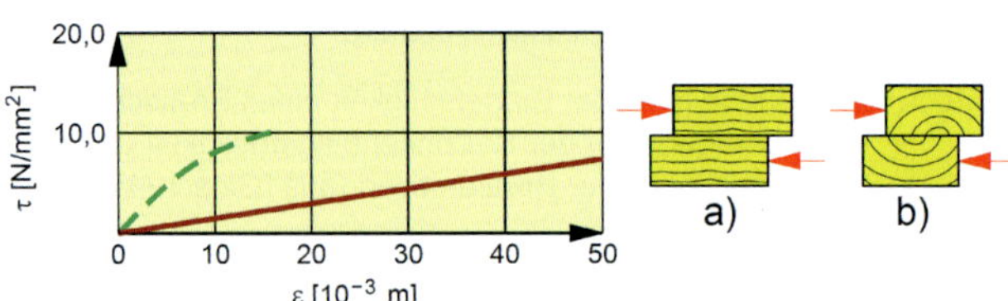

Legende
a) parallel zur Faserrichtung
b) quer zur Faserrichtung

Bild 1.51. Zusammenhang zwischen Scherspannung und Dehnung (Verschiebung) [*Dutko* u. a. 1976]

1.3.7. Schubfestigkeit

Für kurze, schwerbelastete, auf Biegung beanspruchte Querschnitte ist die Schubbeanspruchung eine maßgebende Bemessungsgröße.
Am tragfähigsten sind Vollholzquerschnitte mit stehenden Jahrringen; liegende Jahrringe verringern die Tragfähigkeit um etwa 10 %.
Bei biegebeanspruchten Bauteilen entstehen auch Schubspannungen mit Schubkräften, die senkrecht zur Balkenachse und gleichzeitig aus Gleichgewichtsgründen parallel zur Balkenachse wirken. Die Schubfestigkeit parallel zur Faserrichtung ist sehr viel kleiner als die Schubfestigkeit senkrecht zur Faser (s. a. Bild 1.28.). Im Prinzip wird dann die Scherfestigkeit des Holzes parallel zur Faser bei Schubbeanspruchung maßgebend, weshalb im Allgemeinen zwischen Schub- und Scherfestigkeit kein Unterschied besteht.
Die Schubfestigkeit ist abhängig vom beanspruchten Volumen, was aber bisher bei der Bemessung nicht berücksichtigt wird.
Die Schubspannungen im Bereich von auflagernahen Einzellasten sind geringer, als nach der Balkentheorie anzunehmen ist (s. a. Abschnitt 5).

1.3.8. Rollschub

Werden Brettsperrholzplatten senkrecht zur Plattenebene auf Biegung beansprucht, entsteht Rollschub in den senkrecht zu den äußeren Brettlagen verklebten Brettern (s. a. Bild 1.52.). Die Holzfasern dieser Bretter werden senkrecht zu ihrem Verlauf beansprucht. Die charakteristische Rollschubfestigkeit liegt zwischen 0,7 ...1,25 N/mm².

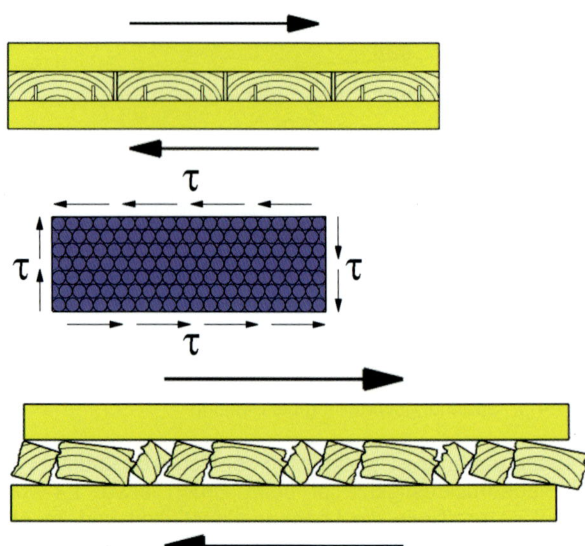

Bild 1.52. Rollschub bei Plattenbeanspruchung von Brettsperrholz (aus [*Schickhofer* u. a. 2010] und [*Fellmoser/Blaß* 2004])

1.3.9. Dauerfestigkeit (Einfluss der Lastdauer auf die Festigkeit)

Die Dauerfestigkeit von Holz unterliegt nach [*Ivanov* 1976], unabhängig von

- der Holzart,
- der Holzfeuchte und
- dem Spannungszustand

einer Gesetzmäßigkeit, dargestellt durch die Funktion $\sigma\,(\lg t)$.

Die in den vorhergehenden Abschnitten angegebenen Holzfestigkeiten gelten nur dann, wenn die Belastung, allmählich steigend, in wenigen Minuten aufgebracht wird. Bei lang dauernder statischer Belastung müssen sie weit unter den in üblicher Weise ermittelten Festigkeiten bleiben, wenn kein Bruch eintreten soll. Nach [*Graf* 1941] ist im letzteren Fall z. B. die Biegefestigkeit etwa mit 2/5 der gewöhnlichen Biegefestigkeiten anzunehmen (d. h. $k_d \approx 0{,}4$).
Dieser Zusammenhang wurde an fehlerfreien Proben ermittelt. An fehlerbehafteten Proben wurde bisher ein nicht so signifikanter Einfluss lang dauernder Belastungen festgestellt. Einen Vergleich bisheriger Untersuchungen zeigt Bild 1.53.

Ivanov zeigt in [*Ivanov* 1973] einen Weg, wie man aus stufenweiser Laststeigerung bei jeweils verhältnismäßig kurzer Lasteinwirkungsdauer auf die Dauerfestigkeit einer Konstruktion schließen kann. Dabei weist er aufgrund seiner Erfahrungen, die er bei einer großen Anzahl von Bruchversuchen an Holzkonstruktionen mit verschiedenen Verbindungsarten gewonnen hat, darauf hin, dass der **Bruch einer Holzkonstruktion** einen komplizierten Prozess darstellt. Dieser kann nicht immer in vollem Umfang reproduziert oder auf ein geringeres Belastungsniveau übertragen werden. Folgende Faktoren spielen in unterschiedlichem Maß eine Rolle:

- Verformungsgrößen des Werkstoffs,
- Verbindungspunkte,

- Spannungsanhäufungen,
- Stabilität und
- Festigkeitswerte.

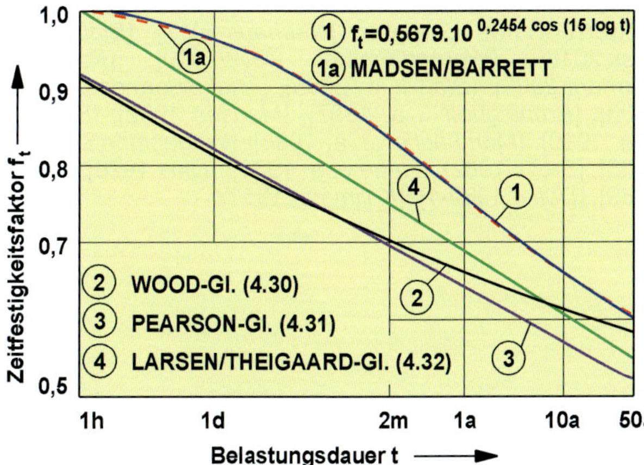

Bild 1.53. Zeitfestigkeitsfaktor von Holz in Abhängigkeit von der Belastungsdauer, nach [*Steck* 1982]

Die zerstörungsfreie Bestimmung der Dauerfestigkeit von Holzträgern aus dem rheologischen Verhalten unter Dauerlast beschreibt *Kalina* in [*Kalina* 1971]. Über den Zusammenhang zwischen Zeitfestigkeit und Belastungsdauer s. [*Gehri* 1981], [*Steck* 1982] und [*Madsen* 1992].

1.3.10. Festigkeit unter dynamischer Beanspruchung (Dynamische Festigkeit)

Allgemein gilt die Berechnungsnorm DIN EN 1995-1-1: 2010 ausschließlich für **vorwiegend ruhende Beanspruchungen.** Aus diesem Grund sind gegebenenfalls nach Abschnitt zu 1, NCI zu 1.1.2 (NA.6) in DIN EN 1995-1-1/ NA:2013 für den Entwurf, die Berechnung und die Bemessung von Holzbrücken und Hochbauten unter nicht vorwiegend ruhenden Einwirkungen zusätzliche Anforderungen zu berücksichtigen. Für Glockentürme wird auf DIN 4178 verwiesen.

Unter oftmals wiederkehrender und abwechselnd entgegengesetzt wirkender Biegebelastung beträgt die Biegefestigkeit nach *Otto Graf* nur noch 1/5 der ermittelten Festigkeit unter kurzzeitiger Beanspruchung (d. h. $k_d \approx 0{,}2$).
Zum Verhalten von Holzbauteilen und von Holzbauverbindungen liegen bis heute nur wenige Untersuchungen vor.

Für Glockenstühle ist nach DIN 4178:2005 deshalb für die Bemessung eine vereinfachte Annahme durch die Berücksichtigung eines Ermüdungsbeiwertes von $\mu = 2{,}5$ für alle dynamischen Anteile aus allen Beanspruchungen aus den Glockenlasten für die Holzbauteile und die Verbindungsmittel erlaubt. Die dynamischen Anteile aller Beanspruchungen sind mit dem Ermüdungsbeiwert zu erhöhen, was einer Herabsetzung der Festigkeit auf 40 % der anzunehmenden Festigkeit unter vorwiegend ruhender Beanspruchung entspricht. Die Bemessung erfolgt dann nach DIN EN 1995-1-1:2010. Für Holzbrücken wird nach DIN EN 1995-2:2010, Anhang A nach einem vereinfachten Modell ein Ermüdungsnachweis geregelt.
Zum Verhalten von Holzbauteilen und Holzbauverbindungen unter nicht ruhender Beanspruchung s. [*Kreuzinger/ Mohr* 1994]. In dieser Arbeit werden die Erkenntnisse der Holzbauforschung im Zeitraum 1920 bis 1990 aufgearbeitet und ausgewertet. Die Auswertung zeigt, dass eine schwellende Beanspruchung bei ca. 50 % und eine wechselnde Beanspruchung bei ca. 20 % der statischen Festigkeit unbeschadet aufgenommen werden kann (s. z. B. Bild 1.54.).

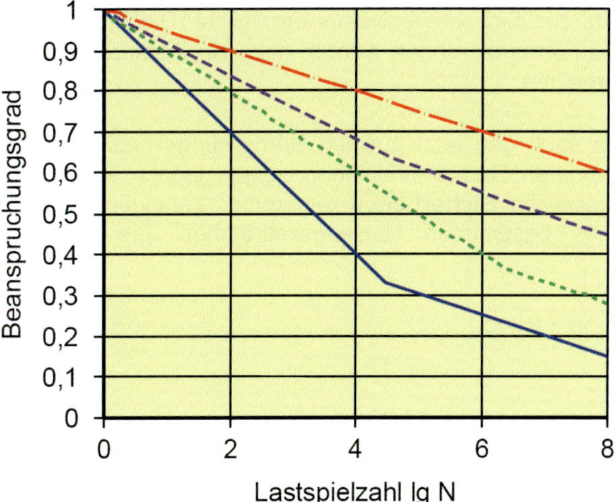

Legende
- — · — · — Druckschwellen (Ermüdungsklasse I)
- - - - - - Biegeschwellen, Zugschwellen (Ermüdungsklasse II)
- .... Schubschwellen (Ermüdungsklasse III)
- ———— Biegewechsel, Zug-Druck-Wechsel, Schubwechsel (Ermüdungsklasse II und III)

Bild 1.54. Bemessungskurven für oft wiederholte Beanspruchungen (aus [*Kreuzinger/Mohr* 1994])

Im Ergebnis der Erkenntnisanalyse wird ein Ermüdungsfaktor zur Modifikation der Festigkeit vorgeschlagen. [*Mohr* 2001] ergänzt die vorgenannte Untersuchung im Hinblick auf eine Interaktion zwischen Dauerstandfestigkeit und Dauerfestigkeit bzw. Ermüdung.

Der **elastische Baustoff Holz**, Rahmenkonstruktionen und die auf Zug und Biegung beanspruchbaren Verbindungen lassen Holzkonstruktionen starke bis stärkste Erschütterungen überstehen. Dies ist in vielen Erdbebengebieten ein großer Vorteil:

Richtig konstruierte Holzkonstruktionen haben sich als erdbebensicher erwiesen.

So haben Fertighäuser aus Holz Erdbeben, z. B. in Jugoslawien, der Türkei und Japan, ohne Schaden überstanden.
Diese gute Eigenschaft hat sich auch als günstig bei nachträglichen technologischen Einbauten in Holzkonstruktionen erwiesen, die diese in Schwingungen versetzen (z. B. Einbau von Förderbändern). Dies gilt jedoch nicht in jedem Fall bei genagelten Konstruktionen.

1.3.11. Hinweise zur Festigkeitslehre im Bauwesen

Die Statik und die Festigkeitslehre dienen zur Beurteilung, ob

- die Konstruktion mit der gegebenen (oder gewählten) Form,
- die gegebenen (oder gewählten) Querschnitte und
- die gegebenen (oder gewählten) Materialeigenschaften

den Ansprüchen der Belastung, Standsicherheit und Formänderungen entsprechen.

Die Berechnung von Holzkonstruktionen erfolgt bei Anwendung der DIN EN 1995-1-1:2010 nach dem **Verfahren der Grenzzustände** auf Grundlage der DIN EN 1990.

Durch die Verwendung von Teilsicherheitsbeiwerten wird gegenüber dem bis 2008 geltenden Verfahren nach zulässigen Spannungen dem stochastischen Charakter der Beanspruchungs- und Widerstandsgröße eher Rechnung getragen, was eine Differenzierung und größere Transparenz des Sicherheitsniveaus ermöglicht. Die Spannungen und Formänderungen werden nach der Elastizitätstheorie berechnet.

Die nach den jetzt gültigen Bemessungsvorschriften berechneten Baukonstruktionen zeigen jedoch sehr unterschiedliche **Sicherheiten** gegenüber Versagen innerhalb eines bestimmten Nutzungszeitraumes. Die Ursachen liegen in einer noch ungenügenden Berücksichtigung des stochastischen Charakters der Beanspruchung bzw. Beanspruchungsfähigkeit einer Konstruktion oder eines Konstruktionselements sowie der sie beeinflussenden Größen.

Weiterführende Literatur: [*Neuhaus* 2017], [*Blaß/Sandhass* 2016], [*Werner/Zimmer* 2009/2010], [*Porteous/Kermani* 2007], [*Blaß* u. a. 2005], [*Thelanders-son/Larsen* 2003], [*Brüninghoff* u. a. 1997], [*Madsen* 1992], [*Bloßfeld* u. a. 1990], [*Mombächer* u. a. 1988], [*Wagenführ/Scheiber* 1985], [*Steck* 1982], [*Gehri* u. a. 1981], [*Glos* 1978], [*Dutko* 1969], [*Dutko* 1969-1], [*Kollmann* 1951].

2. Grundlagen der Bemessung

2.1. Allgemeine Bemessungsregeln

Alle am Bauwerk angreifenden Kräfte (Lasten) müssen durch die einzelnen Bauwerksteile und deren Verbindungen, ohne die Bemessungswerte für Beanspruchungsfähigkeiten und Grenzwerte für Formänderungen zu überschreiten, sicher in den Baugrund abgeleitet werden.

*Die **Standsicherheit** (Tragsicherheit) ist die wichtigste Funktion eines Gebäudes. Sie ist durch eine ausreichende Bemessung der tragenden Bauteile zu garantieren. Dabei müssen die Bauwerke sowohl im Ganzen als auch in ihren Teilen standsicher sein (MBO § 12 (1), Fassung 2016); die Standsicherheit muss auch während der Errichtung bzw. beim Umbau bzw. Abbruch der Bauwerke gewährleistet sein.*

Bauschäden haben gelehrt, dass besonders im Holzbau fehlende oder unzureichend wirksame räumliche Aussteifungen der Konstruktionen Ursache größerer Mängel bzw. Schäden waren (Verformungen, Einstürze). Falls ein Bauteil versagt, sollte die Standsicherheit des Bauwerkes trotzdem erhalten bleiben. Dies ist bei der Wahl des statischen Systems zu beachten.

Zur räumlichen Aussteifung des Bauwerks werden Quer-, Längs-, Wind- und Knickverbände oder Scheiben herangezogen. Unterschätzt werden horizontale Winddruck-, aber auch Windsogkräfte, ebenso die Stabilisierung von Druckstäben und die Wirkung von Last verteilenden Querverbänden.

Brandschutz

Im Falle eines Brandes müssen die Tragwerke so bemessen und konstruiert sein, dass ihre Tragfähigkeit und Standsicherheit im Ganzen und in ihren einzelnen Teilen während der festgelegten Brandbeanspruchung garantiert sind.

Bauliche Anlagen sind so anzuordnen, zu errichten, zu ändern und instand zu halten, dass der Entstehung eines Brandes und der Ausbreitung von Feuer und Rauch (Brandausbreitung) vorgebeugt wird und bei einem Brand die Rettung von Menschen und Tieren sowie wirksame Löscharbeiten möglich sind. (MBO § 14, Fassung 2016)

2.2. Nachweise

Mit den verschiedenen Lastfällen sind folgende Nachweise zu führen:

Standsicherheit

Durch den Standsicherheitsnachweis ist die ausreichende Sicherheit gegen Abheben von Lagern und gegen Umkippen nachzuweisen.

Festigkeit/Tragfähigkeit

Durch einen Festigkeits-/Tragfähigkeitsnachweis ist nachzuweisen, dass die größten rechnerischen Beanspruchungen die Bemessungswerte der Festigkeiten bzw. Tragfähigkeiten für Bauteile und Anschlüsse nicht überschreiten. Der Spannungsnachweis darf durch den Nachweis ersetzt werden, dass Bemessungswerte der Beanspruchungsfähigkeit (z. B. Tragfähigkeit von Verbindungsmitteln bzw. Verbindungen) nicht überschritten werden.

Stabilität

Durch den Stabilitätsnachweis ist nachzuweisen, dass auf Druck beanspruchte Bauteile ausreichende Sicherheit gegen Knicken und Kippen aufweisen.

Formänderungen/Schwingungen

Durch den Formänderungsnachweis ist nachzuweisen, dass durch die Verformung die Funktion oder die Nutzung der Bauteile oder des gesamten Tragwerks nicht beeinträchtigt wird. Die in den Normen angegebenen Formänderungsgrenzwerte sind Empfehlungen und können in Abstimmung mit dem Bauherrn verändert bzw. festgelegt werden.
Die Regeln für erforderliche Schwingungsuntersuchungen sind einzuhalten.

Sonstige Nachweise

Die vom Tragwerk auf andere Tragteile, z. B. Außenwände und Fundamente, übertragenen Auflagerkräfte und Schnittgrößen sind getrennt für die einzelnen Lasten nach Größe, Richtung und Angriffspunkt anzugeben. Soweit andere Bauteile für die Ableitung der Kräfte innerhalb des Tragwerks mitbenutzt werden, z. B. Wände und Decken als Ersatz für Verbände oder zur Sicherung gegen Ausknicken, muss der rechnerische Nachweis hierfür erbracht werden, wenn nicht zweifelsfrei feststeht, dass diese Bauteile und ihre Anschlüsse für die dabei auftretenden Belastungen ausreichend tragfähig sind. Dies gilt auch für bauliche Zwischenzustände.

2.3. Bauvorlagen

Anforderungen an die bautechnischen Unterlagen enthalten die aktuellen Bemessungsvorschriften nicht mehr. Die nachfolgenden Hinweise entstammen Anforderungen in früheren Normen.

Zeichnungen

In den Zeichnungen sind übereinstimmend mit der statischen Berechnung darzustellen:

- das Tragwerk, seine Teile und Lage,
- insbesondere die Maße der tragenden Bauteile und ihrer Querschnitte; Art, Anzahl und Anordnung der Verbindungsmittel (werden durch Symbole gekennzeichnet),

- Überhöhungen,
- Anschlüsse, Verankerungen, Stöße,
- Anschlagstellen für die Montage der Bauteile,
- die Kopfseite der Nägel,
- die zu wählenden Baustoffe,
- die Positionsnummern der statischen Berechnung,
- wichtige Einzelheiten.

In der statischen Berechnung und den Zeichnungen werden **Kurzzeichen** gemäß Tabelle 2.1. geschrieben.

Tabelle 2.1. Holzwerkstoffe/Holzarten und die verwendeten Kurzzeichen

Holzarten	Benennung
Vollholz	VH
Konstruktionsvollholz	KVH
Balkenschichtholz	BASH
Brettschichtholz	BSH
Holzwerkstoffe	HW
Nadelholz (NH)	Fichte (FI) Tanne (TA) Kiefer (KI) Lärche (LA) Douglasie (DG)
Laubholz (LH)	Eiche (EI) Stieleiche (SEI) Traubeneiche (TEI) Rotbuche (BU)

Baubeschreibung

Die Holztragwerke werden immer komplizierter und weichen in größerem Umfang von traditionellen zimmermannsmäßigen Ausführungen ab. In solchen Fällen ist eine Baubeschreibung erforderlich, um die Prüfung der statischen Berechnung, der Konstruktionszeichnungen und die Montage zu erleichtern. In der Baubeschreibung sind u. a.

- die Lage des Bauwerks oder der Einsatzbereich des Tragwerks oder Tragwerksteils,
- zugrunde gelegte Lasten,
- vorgesehene Baustoffe (Holzarten, Sortierklassen),
- Besonderheiten der Konstruktion (Verbindungen, Anschlüsse, Stöße), der Verbindungsmittel,
- Lage und Anordnung der Aussteifungsverbände,
- Herstellung, Transport und Montage,
- Gewährleistung der Gebrauchstauglichkeit für die vorgesehene Nutzung (Schutz des Tragwerks vor Feuchtigkeit, holzschädigenden Pilzen und Insekten, vor Feuer, vor anderen, die Gebrauchstauglichkeit mindernden, Einflüssen – baulicher und chemischer Holzschutz)

zu erläutern.

Bezeichnungen

In der statischen Berechnung, auf den Zeichnungen, Positionsplänen usw. und gegebenenfalls in der Baubeschreibung sind alle Baustoffe und Bauteile mit der Bezeichnung nach der jeweils maßgebenden Norm zu bezeichnen. Symbole für Holz und Holzwerkstoffe werden in DIN EN 1438 geregelt.

Gliederung der statischen Berechnung

Sie ist freigestellt; empfohlen wird:

a) **Baubeschreibung**, dazu gehören ferner z. B. Gutachten, Zulassungen für Verbindungsmittel, Besonderheiten, z. B. des Bauverfahrens,
b) **Bauvorschriften**, Normen, Literaturangaben, Rechenhilfsmittel,
c) **Statische Berechnung**, aufgegliedert in Positionen,
d) **Positionspläne/Zeichnungen**.

Andere Baustoffe

Hierzu gehören **Verbindungsmittel** (s. DIN EN 14592, DIN EN 14545, DIN EN 912), die hauptsächlich aus Stahl oder Metallgussstoffen bestehen. Sie werden als Anschluss- und Auflagerteile sowie als Gelenke angewendet. In speziellen Fällen werden auch Gusseisenteile mit Erfolg für Knotenausbildungen verwendet.

Geschweißte Bauteile

Teilweise individuell für ein Bauobjekt angepasst, dienen dazu, Kräfte in verschiedenen Richtungen oder Ebenen zu übertragen, Bleche auszusteifen, Bauteile zu verspannen, auf- oder anzuhängen (Bild 2.1.). Für geschweißte Bauteile aus Stahl gilt DIN EN 1993. Zur normengerechten Ausführung ist ein Eignungsnachweis nach DIN EN 1090-2 erforderlich.

Werden geschweißte Bauteile von Betrieben ohne nachgewiesenen Eignungsnachweis entsprechend DIN EN 1090-2 hergestellt, dann gelten diese nicht als normgerecht ausgeführt.

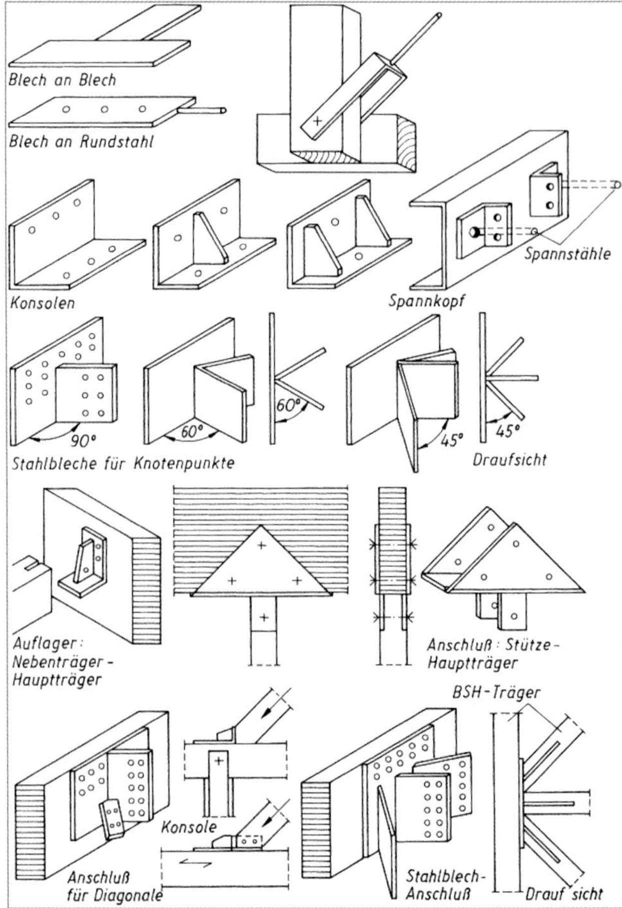

Bild 2.1. Beispiele für verschweißte Stahlblechteile

Für den **Korrosionsschutz von Stahlteilen** ist maßgebend:

- Holzbauten, allgemein: DIN EN 1995-1-1:2010, Abschnitt 4.2, Tabelle 4.1 und DIN SPEC 1052-100,
- Brücken: DIN EN 1995-2:2010, Abschnitt 4.2.

Die Mindestanforderungen nach DIN EN 1995-1-1:2010, Tabelle 4.1 (s. Tabelle 3.6.a) gelten in den verschiedenen Nutzungsklassen nur für unbedeutende oder geringe Korrosionsbelastung (Korrosionskategorien C1 und C2 nach DIN EN ISO 12944-2).

Für mäßige, starke oder sehr starke Korrosionsbelastungen (Korrosionskategorien C3, C4 und C5 nach DIN EN ISO 12944-2) können die Mindestanforderungen der DIN SPEC 1052-100 entnommen werden (s. Tabelle 3.6.b).

Für eingeklebte Stahlstäbe gelten für den Korrosionsschutz die Anforderungen für Bolzen und Stabdübel entsprechend Tabelle 4.1 (s. Tabelle 3.6.a) und DIN SPEC 1052-100 (s. Tabelle 3.6.b).

Bei Metallteilen, die unmittelbar Holzbauteile berühren, ist darauf zu achten, dass die Korrosionsschutzbehandlung mit dem vorgesehenen Holzschutzmittel verträglich ist. Bei holzschutzmittelbehandelten Hölzern sollten die Mindestanforderungen an den Korrosionsschutz nach DIN SPEC 1052-100 für sehr starke Korrosionsbelastung zugrunde gelegt werden.

Bei gerbstoffreichen Hölzern (z. B. Eiche oder Bongossi) wird die Verwendung geeigneter nichtrostender Stähle empfohlen (s. DIN EN 1995-1-1/NA:2013, Abschnitt zu 4.2). Tabelle 2.2. gibt einen Überblick über korrosionsfördernde Bestandteile in ausgewählten Holzarten.

Nach [*Gläser/Rüther* 2013] werden in Abhängigkeit von der Aggressivität der Holzinhaltsstoffe sogenannte Korrosivitätsklassen gebildet. Die Mindestanforderungen an den Korrosionsschutz für Stahlverbindungen werden dann in Abhängigkeit von der Nutzungsklasse und der Korrosivitätsklasse geregelt.

Tabelle 2.2. Korrosionsfördernde Bestandteile in ausgewählten Holzarten (Kernholz)

Holzart	korrosionsfördernder Bestandteil	Anteil (%)	pH-Wert
Fichte	Abietinsäure (Terpene bzw. Harzsäure)	11,2	4,0 – 5,3
	flüchtige Essigsäure	3,2	
	Gerbstoffe (Phlobatannine bzw. kondensierte Gerbstoffe)	0 gering vorhanden	
Tanne	keine Gerbsäure	0,1	5,5 – 6,1
Kiefer	Abietinsäure (Terpene)	15,8	4,5 – 5,1
	flüchtige Essigsäure	5,7	
Lärche	Abietinsäure (Terpene bzw. Harzsäure)	vorhanden	4,2 – 5,1
Douglasie	Abietinsäure (Terpene bzw. Harzsäure)	vorhanden	3,3 – 5,8
	Gerbsäure (Gallotannine bzw. hydrolisierte Gerbstoffe)	6 – 10	
Buche	flüchtige Essigsäure	5,9	5,14
Stiel-/ Traubeneiche	hoher Anteil Gerbsäure (Gallotannine bzw. hydrolisierte Gerbstoffe)	3 – (7) –13	3,3 – 3,9
	flüchtige Essigsäure	6,8	
(Edel-)Kastanie	Gerbstoffe	7 – (10) – 16	2,8
Robinie	phenolische Substanzen, hoher Anteil Gerbsäure	2 – 4	4,1 – 5,3
	Dihydrorobonitin (Flavonoide)	2 – 5	
Afzelia	keine Informationen verfügbar		3,95 – 5,4
Angelique	keine Informationen verfügbar		keine Angaben
Azobe (Bongossi)	Kieselsäure		4,1 – 4,6
Meranti	Pentosane, Alkylgruppen, Methoxyl	12,8	3,3 – 4,7 – 6,5
Ipe	keine Informationen verfügbar		4,65
Keruing	keine Informationen verfügbar		4,8
Merbau	keine Informationen verfügbar		4,0 – 4,8
Teak	keine Informationen verfügbar		5,1 – 5,4

2.4. Bemessung nach DIN EN 1995-1-1:2010 und DIN EN 1995-1-1/NA:2013 – Allgemeine Regeln und Regeln für den Holzbau

2.4.1. Allgemeines

Grundlage der Bemessungsregeln bildet die Methode der Grenzzustände, d. h. man ermittelt unter Verwendung probabilistischer Methoden Extremwerte der Beanspruchung und der Beanspruchungsfähigkeit und vergleicht diese.

Die ab 2012 in die deutsche Baupraxis eingeführten Eurocodes sind ein Ergebnis der Arbeiten des Europäischen Normeninstituts CEN, das die Verantwortung für die Herausgabe vereinheitlichter Berechnungs- und Bemessungsnormen trägt. Der in den 90er-Jahren des 20. Jahrhunderts angestrebte Zeitplan für die Einführung der Eurocodes in den einzelnen Ländern konnte nicht eingehalten werden (s. [*Mönck/Rug* 2000]).

Da der Eurocode 5 bis zum Jahr 2012 noch nicht endgültig in eine Europäische Norm überführt werden konnte, galt die im Jahre 2008 eingeführte letzte Fassung der DIN 1052 als zeitgemäßer Schritt in Richtung der europäischen Vereinheitlichung der Normen.

Diese Norm wurde mit Einführung der Eurocodes in die Baupraxis ab 01.07.2012 außer Kraft gesetzt.

Der Anwendungsbereich der DIN EN 1995-1-1:2010 umfasst den **Entwurf, die Bemessung von Konstruktionen von Hochbauten und Ingenieurbauwerke aus Holz (Vollholz), gesägt, gehobelt oder als Rundholz, Brettschichtholz oder andere Bauprodukte aus Holz für tragende Zwecke (wie z. B. Furnierschichtholz) oder Holzwerkstoffen, die mit Klebstoffen oder mechanischen Verbindungsmitteln zusammengefügt sind.** Behandelt werden ausschließlich Anforderungen an die Tragfähigkeit, die Gebrauchstauglichkeit und die Dauerhaftigkeit von Tragwerken. Regeln zum Wärme- und Schallschutz sind nicht enthalten. Anforderungen an die Ausführung und Bauüberwachung sind ausschließlich zielgerichtet auf die für die Bemessung wesentlichen Qualitätsanforderungen an die verwendeten Baustoffe und Bauteile.

DIN EN 1995-1-1:2010 gilt zusätzlich nach dem Nationalen Anhang zur Norm DIN EN 1995-1-1/NA:2013 auch für Holzkonstruktionen in Bauwerken aus überwiegend anderen Baustoffen, z. B. Massivbauten, Stahlbauten oder Bauten aus Mauerwerk und für **Fliegende Bauten, Bau- und Lehrgerüste, Absteifungen** und Schalungsunterstützungen und **sinngemäß für Bauten im Bestand**, soweit in den speziellen Normen nichts anderes bestimmt ist.

Zum Anwendungsbereich wird im Nationalen Anhang ergänzend festgestellt (s. DIN EN 1995-1-1/NA:2013, Abschnitt NA.1): Dieser Nationale Anhang enthält Nationale Festlegungen zur Bemessung und konstruktiven Ausführung von Holztragwerken, die bei der Anwendung der DIN EN 1995-1-1 in Deutschland zu berücksichtigen sind. Dieses Dokument gilt nur in Verbindung mit DIN EN 1995-1-1:2010.

Eine Übersicht der für Deutschland getroffenen nationalen Festlegungen zur Anwendung von DIN EN 1995-1-1:2010 enthält Abschnitt NA.2:
Allgemeines (Abschnitt NA.2.1)
DIN EN 1995-1-1:2010 weist an den folgenden Textstellen die Möglichkeit nationaler Festlegungen aus (NDP steht für Nationally Determined Parameter):

- 2.3.1.2 (2) P Zuordnung von Einwirkungen zu Klassen der Lasteinwirkungsdauer;
- 2.3.1.3 (1) P Zuordnung von Tragwerken zu Nutzungsklassen;
- 2.4.1 (1) P Teilsicherheitsbeiwerte für Baustoffeigenschaften;
- 6.1.7 (2) Schub;
- 6.4.3 (8) Satteldachträger, gekrümmte Träger und Satteldachträger mit gekrümmten Untergurt;
- 7.2 (2) Grenzwerte für Durchbiegungen;
- 7.3.3 (2) Grenzwerte für Schwingungen;
- 8.3.1.2 (4) Holz-Holz-Nagelverbindungen: Regeln für Nägel in Hirnholz;
- 8.3.1.2 (7) Holz-Holz-Nagelverbindungen: Holzarten, die empfindlich gegen Aufspalten sind;
- 9.2.4.1 (7) Nachweisverfahren für Wandscheiben;
- 9.2.5.3 (1) Modifikationsbeiwerte für die Aussteifung von Biegestäben und Fachwerksystemen;
- 10.9.2 (3) Montage von Nagelplattenbindern: Größtwert für die spannungslose seitliche Auslenkung;
- 10.9.2 (4) Montage von Nagelplattenbindern: Größtwert für die Schiefstellung.

Darüber hinaus enthält NA.2.2 ergänzende nicht widersprechende Angaben zur Anwendung von DIN EN 1995-1-1:2010. Diese sind durch ein vorgestelltes „NCI“ gekennzeichnet (NCI steht für Non-contradictory Complementary Information).

Nicht behandelt wird die Berechnung und Bemessung von Bauwerken, die über längere Zeit Temperaturen von über 60 °C ausgesetzt sind (s. DIN EN 1995-1-1:2010, Abschnitt 1.1.2 (3)).

DIN EN 1995-1-1:2010 enthält keine Regeln für die bautechnischen Unterlagen. Nach früheren Normen gehörten dazu: eine statische Berechnung, die wesentlichen Zeichnungen für die Bauausführung, eine Baubeschreibung, Prüfzeugnisse und bauaufsichtliche Zulassungen und bei Bauten im Bestand Unterlagen zum baulichen Bestand sowie Zustand der vorhandenen baulichen Anlagen (Bauaufnahme). In zeichnerischen Unterlagen sind alle erforderlichen Angaben zu den Baustoffen, den Maßen, der konstruktiven Durchbildung von Anschlüssen, Stößen und Verbindungen, der Art, Anzahl und der Anordnung der Verbindungsmittel einzutragen. Ausdrücklich hingewiesen wird an dieser Stelle auf die Beachtung weitergehender Anforderungen aus den Bauvorlageverordnungen der einzelnen Bundesländer (s. a. Abschnitt 2.3).

Grundlagen für den Entwurf nach DIN EN 1995-1-1:2010

Für die Anwendung der DIN EN 1995-1-1:2010 gilt das in DIN EN 1990:2010 und DIN EN 1990/NA:2010 festgelegte Sicherheitskonzept nach der Methode der Grenzzustände.

Als zusätzlicher besonderer Hinweis heißt es in DIN EN 1995-1-1:2010:
DIN EN 1995 behandelt die Grundsätze und Anforderungen an die Sicherheit, die Gebrauchstauglichkeit und die Dauerhaftigkeit von Holzbauwerken. Sie basiert auf dem Verfahren mit Grenzzuständen in Verbindung mit dem Verfahren der Teilsicherheitsbeiwerte.

Es ist vorgesehen, für die Bemessung und Konstruktion von neuen Tragwerken DIN EN 1995 zusammen mit DIN EN 1990:2010 und den maßgebenden Teilen der DIN EN 1991 unmittelbar anzuwenden.

Zahlenwerte für Teilsicherheitsbeiwerte und andere Zuverlässigkeitsparameter werden als Grundwerte empfohlen, für die ein hinreichendes Zuverlässigkeitsniveau besteht. Sie wurden unter der Annahme gewählt, dass ein hinreichendes Ausführungsniveau und Qualitätsmanagement gewährleistet sind. Wenn DIN EN 1995-1-1:2010 von anderen CEN/TCs als Grundlagendokument herangezogen wird, sind die gleichen Werte zu verwenden.

Während der Montage, dem Transport und der Lagerung dürfen Holzbauteile durch Bodenfeuchte, Niederschläge oder durch Austrocknung keine unzuträglichen Feuchteänderungen erfahren. Entsprechende Schutzvorkehrungen sind zu treffen (s. DIN EN 1995-1-1:2010, Abschnitt 10.2 (2) und DIN 68800-2:2012, Abschnitt 5.1). Immer wieder kommt es zu Bauschäden durch unsachgemäße Lagerung, Transport und Montage, insbesondere durch eine unzuträgliche Auffeuchtung während der einzelnen Phasen der Errichtung der Holzkonstruktion. Bei der Montage von Holzbauteilen sind Zwängungen auszuschließen.

Grundlegende Anforderungen gemäß DIN EN 1990:2010, Abschnitt 2.1

Ein Tragwerk ist so auszuführen und zu bemessen, dass die geforderten Gebrauchseigenschaften unter Berücksichtigung der vorgesehenen Nutzungsdauer und der Erstellungskosten gesichert sind; dass es den während der Ausführung und Nutzung auftretenden Einwirkungen und Einflüssen mit angemessener Zuverlässigkeit standhält, und dass eine ausreichende Dauerhaftigkeit im Verhältnis

zu den Unterhaltungskosten gewährleistet ist. Die Konstruktion sollte auch extremen Einflüssen (z. B. Explosionen, Anprall oder menschliches Versagen) widerstehen können. Mögliche Schädigungen sind bei der Ausbildung der Konstruktion zu berücksichtigen (Tabelle 2.3.).
Die Anforderungen sind durch entsprechende Werkstoffe, die Bemessung, die zweckmäßige bauliche Durchbildung sowie durch die Überwachung in der Fertigung, Ausführung und Nutzung des Bauwerkes sicherzustellen.

Tabelle 2.3. Maßnahmen zur Begrenzung möglicher Schädigungen beim Tragwerksentwurf (nach DIN EN 1990:2010, Abschnitt 2.1 (5))

– Verhinderung, Ausschaltung oder Minderung möglicher Gefährdungen während der Nutzung
– Auswahl eines Tragwerkes mit geringer Anfälligkeit gegen in Betracht zu ziehende Gefährdungen
– Auswahl eines „robusten" Tragwerkes, bei dem durch Ausfall eines Tragwerksteiles nicht das Gesamtsystem versagt
– Verwendung von Tragsystemen, die mit Vorankündigung versagen
– Herstellung tragfähiger Verbindungen der Tragelemente untereinander

Die grundlegenden Anforderungen an Entwurf, Berechnung und Bemessung nach DIN EN 1990:2010 fasst Tabelle 2.4. zusammen.

Tabelle 2.4. Grundlegende Anforderungen an Planung und Ausführung (nach DIN EN 1990:2010, Abschnitt 2.1)

– Nachweis, dass es den möglichen Einwirkungen und Einflüssen stand hält
– Nachweis, dass es die geforderten Anforderungen an die Gebrauchstauglichkeit erfüllt
– die Planung und Bauausführung erfolgt durch dafür entsprechend qualifiziertes Personal
– eine sachgerechte Güteüberwachung ist während der Planung und Ausführung sichergestellt
– das Tragwerk wird entsprechend den Planungsannahmen genutzt

Zuverlässigkeit nach DIN EN 1990:2010, Abschnitt 2.2

Die erforderliche Zuverlässigkeit ist für in den Geltungsbereich der DIN EN 1990 fallende Tragwerke immer dann sichergestellt, wenn der Entwurf und die Bemessung nach den Eurocodes (DIN EN 1990:2010 bis DIN EN 1999) erfolgt und Ausführungs- und Qualitätsmaßnahmen nach Tabelle 2.5. angewendet werden.

Tabelle 2.5. Überwachungsstufen (IL) für die Herstellung (entspricht Tabelle B.5 in DIN EN 1990:2010)

Überwachungsstufe	Merkmale	Anforderungen
IL 3 In Verbindung mit RC 3	Verstärkte Überwachung	Überwachung durch unabhängige Drittstelle (Fremdüberwachung)
IL 2 In Verbindung mit RC 2	Normale Überwachung	Überwachung durch Überwachungsstelle der eigenen Organisation
IL 1 in Verbindung mit RC 1	Normale Überwachung	Eigenüberwachung
ANMERKUNG Zusammen mit den Überwachungsstufen werden Prüfpläne für Bauprodukte und die Herstellung von Bauwerken definiert. Da diese baustoffabhängig sind, werden Einzelheiten in den jeweiligen Ausführungsnormen angegeben.		

Ein differenziertes Zuverlässigkeitsniveau für die Tragfähigkeit und Gebrauchstauglichkeit kann unter bestimmten Bedingungen zur Anwendung kommen (s. DIN EN 1990, Abschnitt 2.2.3 (3) und (4)).

Nutzungsdauer

Nach DIN EN 1990:2010, Abschnitt 2.3 sollte die geplante Nutzungsdauer festgelegt werden. Hierfür enthält die Norm eine Klassifizierung für die Festlegung der geplanten Nutzungsdauer (s. Tabelle 2.6.). Im Allgemeinen wird von einer Nutzungsdauer von 50 Jahren ausgegangen.

Tabelle 2.6. Klassifizierung der Nutzungsdauer (entspricht Tabelle 2.1 in DIN EN 1990:2010)

Klasse der Nutzungsdauer	Planungsgröße der Nutzungsdauer (in Jahren)	Beispiele
1	10	Tragwerke mit befristeter Standzeit[a]
2	10-25	Austauschbare Tragwerksteile, z. B Kranbahnträger, Lager
3	15-30	Landwirtschaftlich genutzte und ähnliche Tragwerke
4	50	Gebäude und andere gewöhnliche Tragwerke
5	100	Monumentale Gebäude, Brücken und andere Ingenieurbauwerke
a ANMERKUNG Tragwerke oder Teile eines Tragwerks, die mit der Absicht der Wiederverwendung demontiert werden können, sollten nicht als Tragwerke mit befristeter Standzeit betrachtet werden.		

Anforderungen an die Dauerhaftigkeit nach DIN EN 1990:2010, Abschnitt 2.4

Der Dauerhaftigkeit von Bauteilen wird als sicherheitsrelevanter Faktor in den Eurocodes eine besondere Bedeutung eingeräumt. Aus diesem Grund enthält die DIN EN 1990:2010 in Abschnitt 2.4 prinzipielle Anforderungen.
Grundsätzlich ist ein Tragwerk so zu bemessen, dass zeitabhängige Eigenschaftsänderungen die Dauerhaftigkeit und das Tragverhalten während der gesamten Nutzungszeit nicht unvorhergesehen beeinflussen.
Diese Forderung verpflichtet den Tragwerksplaner zur Erfassung der zu erwartenden Umweltbedingungen während der Nutzung und zur Planung geeigneter Schutzmaßnahmen. Neben den in der Planung zu ergreifenden Maßnahmen wird aber auch auf die Beachtung von Maßnahmen während der Errichtung (Qualität der Bauausführung und Bauüberwachung) und der Nutzung (laufende Schutzmaßnahmen und Instandhaltung) hingewiesen.

Tabelle 2.7. Einzelaspekte für die Planung angemessener dauerhafter Tragwerke nach DIN EN 1990:2010, Abschnitt 2.4 (2)

Einzelaspekt
– die vorgesehene oder vorhersehbare zukünftige Nutzung
– die geforderten Entwurfskriterien
– die erwarteten Umweltbedingungen
– die Zusammensetzung, Eigenschaften und Verhalten der Baustoffe und Bauprodukte
– die Eigenschaften des Baugrundes
– die Wahl des Tragsystems
– die Gestaltung der Bauteile und Anschlüsse
– die Qualität der Bauausführung und der Überwachungsaufwand
– besondere Schutzmaßnahmen
– die geplante Instandhaltung während der geplanten Nutzungszeit

Zur Gewährleistung einer ausreichenden Dauerhaftigkeit sind die in Bild 2.2. dargestellten Faktoren in ihrer kausalen Wirkung zu beachten.

Wesentlich für Holzbauten sind die Abschätzung der zukünftigen Umweltbedingungen und die passenden Vorkehrungen zum Schutz des Bauwerkes. Für die Beurteilung einer ausreichenden natürlichen Dauerhaftigkeit gilt die Norm DIN EN 351. Die Holzschutzmaßnahmen sind nach DIN 68800-1 bis -4 zu planen (s. a. Abschnitt 2.12.). DIN 68800-1 bis -3 ergänzt in Bezug auf die Standsicherheit und die Gebrauchstauglichkeit die DIN EN 1995-1-1: 2010 und den Nationalen Anhang (s. DIN 68800-1, Abschnitt 1). Gemäß DIN EN 1995-1-1/ NA:2013, NCI zu 4.1 gilt für die Dauerhaftigkeit gegenüber biologischen Organismen Absatz NA.2, dass vorbeugende Maßnahmen zum Schutz des Holzes entsprechend den Regeln nach DIN 68800 zu planen sind.

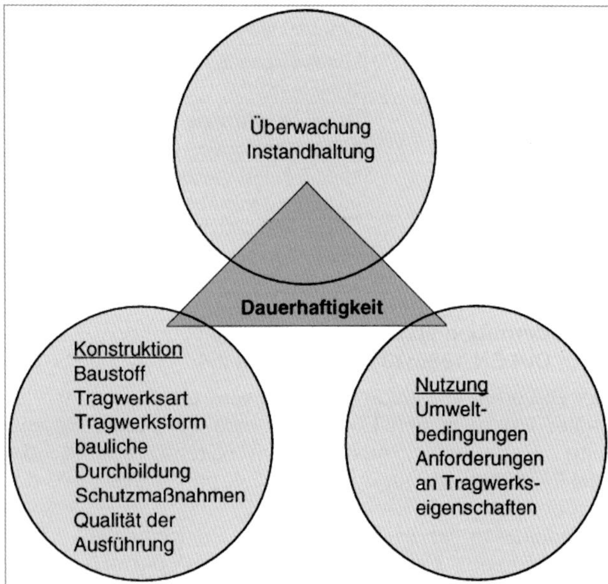

Bild 2.2. Wesentliche Faktoren zur Dauerhaftigkeit von Holzbauten

Die Dauerhaftigkeit sollte insbesondere durch baulich-konstruktive Maßnahmen (baulicher Holzschutz nach DIN 68800-2) sichergestellt werden. Als Anhaltswerte für die im Gebrauchszustand sich entwickelnde Gleichgewichtsfeuchte gelten die in Tabelle NA.6 in DIN EN 1995-1-1/ NA:2013 angegebenen Werte (s. Tabelle 2.8. bzw. 2.49.). Die zu erwartenden Gleichgewichtsfeuchten ergeben sich aus den in Tabelle 2.8. zusammengestellten Klimabedingungen der in DIN EN 1995-1-1:2010, Abschnitt 2.3.1.3. definierten Nutzungsklassen.

Durchgeführte Langzeitmessungen in Holzbauten verschiedener Nutzung ergaben erstmals genauere Ergebnisse zur Holzfeuchtebeanspruchung. Diese sind in Tabelle 2.9. zusammengefasst. Für beheizte Gebäude ergeben sich i. A. geringe Holzfeuchten zw. 4 ... 10 %.

Unbeheizte Hallen zeigten Holzfeuchten zw. 10 ... 19 %. Mit relativ hohen Holzfeuchten ist bei Eissporthallen oder Reithallen mit Bewässerung zw. 10 ... 24 % zu rechnen. Bei speziellen Nutzungen, wie z. B. Kompostieranlagen oder Düngemittellagerhallen, sind in jedem Einzelfall spezielle Untersuchungen zur möglichen Holzfeuchteentwicklung durchzuführen, weil hier Holzfeuchten, die weit über dem maximalen Grenzwert für Nutzungsklasse 3 erreicht werden können (siehe [*Mohrmann/Wiegand* 2015], [*Gamper* u. a. 2013-1], [*Gamper* u. a. 2013-2]). Die vorgenannten Ergebnisse geben einen Anhaltspunkt über zu erwartende Holzfeuchteentwicklungen in Abhängigkeit von der Nutzung. Jeder Planer sollte aber für das von ihm geplante Bauwerk die objektspezifischen Holzfeuchtebedingungen aus den zu erwartenden Klimarandbedingungen selbst ableiten, um Schäden aus der Nutzung zu vermeiden.

Holz und Holzwerkstoffe sollten mit der Holzfeuchte eingebaut werden, die der Gleichgewichtsfeuchte im Gebrauchszustand entspricht.

Wird Holz mit einer höheren Holzfeuchte, als die zu erwartende Ausgleichsfeuchte im Gebrauchszustand, eingebaut, so ist dies nur dann zulässig, wenn die Bauteile nachtrocknen können und die tragenden Bauelemente unempfindlich gegen eintretende Schwindverformungen sind (s. DIN EN 1995-1-1/NA:2013-08, Abschnitt NCI NA.3.1.6). In diesem Zusammenhang wird auf die DIN 4074-1 und DIN 4074-5 verwiesen. Das nach diesen Normen visuell sortierte Holz darf nur eine Messbezugsfeuchte von maximal 20 % haben. Wird Holz höherer Feuchte eingebaut, verliert es seinen Status als geregeltes Bauprodukt und muss mit entsprechend geschultem Personal in Bezug auf Schwindrisse und Krümmungen entsprechend den Anforderungen der DIN 4074-1 oder DIN 4974-5 nachsortiert werden.

Tabelle 2.8. Klimabedingungen in den Nutzungsklassen nach DIN EN 1995-1-1:2010, Abschnitt 2.3.1.3 und die zu erwartenden Ausgleichsfeuchten nach DIN EN 1995-1-1/NA:2013, Tabelle NA.6

Nutzugsklasse	1	2	3
Klimabedingungen Luftfeuchte	65 %[c])	85 %[c])	Alle Klimabedingungen, die zu höheren Holzfeuchten, als in Nutzungsklasse 2 führen.
Temperatur	20 °C	20 °C	
Holzfeuchte	5 bis 15 %[a])	10 bis 20 %[b])	12 bis 24 %[d])

a) In den meisten Nadelhölzern wird in der Nutzungsklasse 1 eine mittlere Ausgleichsfeuchte von 12 % nicht überschritten.
b) In den meisten Nadelhölzern wird in der Nutzungsklasse 2 eine mittlere Ausgleichsfeuchte von 20 % nicht überschritten.
c) Wert darf nur einige Wochen pro Jahr überschritten werden!
d) Nutzungsklasse 3 schließt auch Bauwerke ein, in denen sich höhere Gleichgewichtsfeuchten einstellen können.

Für den Korrosionsschutz von Stahlbauteilen und Verbindungsmittel sind je nach der Nutzungsklasse die in Tabelle 4.1 der DIN EN 1995-1-1:2010, Abschnitt 4.2 und die in DIN SPEC 1052-100 angegebenen Mindestanforderungen zu beachten. Zusätzliche Anforderungen für Brücken enthält DIN EN 1995-2, Abschnitt 4.2.

Weitere Anforderungen können hinzukommen bei bestimmter Nutzung, wie z. B. Salzlagerhallen, Gradierwerke und Produktionshallen mit aggressivem Klima (s. hierzu auch [*Rug/Lißner* 2011], [*Lißner/Rug* 2018].

Die Berechnungsmodelle basieren i. Allg. auf dem linear-elastischen Baustoffverhalten. Konstruktionen, die in der Lage sind, Einwirkungen umzuverteilen (z. B. statisch unbestimmte Rahmen), dürfen unter der Annahme elastisch-plastischen Materialverhaltens berechnet werden.

Tabelle 2.9. Zu erwartende Holzfeuchten in Gebäuden verschiedener Nutzung (aus [*Mohrmann/Wiegand* 2015] und Zuordnung zu den Nutzungsklassen nach EC5 (s. [*Gamper* u. a. 2013-1], [*Gamper* u. a. 2013-2]

	Nutzung	**Übliches Klima**	**Holzfeuchte** *u*	**Nutzungsklassen nach DIN EN 1955-1-1:2010, Abschnitt A.2.3.1.3 bzw. DIN EN 1955-1-1/ NA:2013, Tabelle NA.6**
niedrige Feuchtebeanspruchung	beheizte Gebäude	40 – 55 % rel. LF / 18 – 23 °C	8 – 10 %	1
	Sport- und Turnhallen	40 – 50 % rel. LF / 20 °C	8 – 10 %	1
	klimatisierte Schwimmbäder	50 – 60 % rel. LF / 27 – 30 °C konstante Verhältnisse	8 – 10 %	1
	Hallenbereiche oberhalb starker Wärmequellen, z.B. Öfen	20 – 30 % rel. LF / 30 °C	4 – 6 %	1
gemäßigte Feuchtebeanspruchung	geschlossene Halle, unbeheizt	55 – 80 % rel. LF / 3 – 22 °C	10 – 16 %	2
	offene Lagerhallen ohne feuchtes Lagergut	55 – 85 % rel. LF / –5 – 22 °C	10 – 19 %	2
	landwirtschaftliche Gebäude, z.B. Kaltluftstall	60 – 85 % rel. LF / 0 – 23 °C	12 – 19 %	2
	Eissporthallen[1], geschlossen, beheizt	60 – 80 % rel. LF / 5 – 9 °C relativ konstante Verhältnisse	12 -17 %	2
hohe Feuchtebeanspruchung	Eissporthallen[1], geschlossen, nicht beheizt	Winter 0 – 4 °C / 70 – 85 % rel. LF Sommer 15 – 18 °C / 50 – 70 % rel. LF	16 – 19 % 10 – 14 %	2
	Reithallen, geschlossen, bewässert	60 – 90 % rel. LF / 0 – 23° C	14 – 20 % (oberflächlich bis 23 %)	3
	Kompostieranlagen	bis 40 °C / bis zu 100 % rel. LF	> 24 %	gesonderte Untersuchung notwendig

1) Die Holzfeuchten an den zur Eisfläche gewandten Trägerunterseiten in Eissporthallen können bei geringem Abstand zur Eisfläche und ohne konstruktive Maßnahmen zur Vermeidung einer Auskühlung durch Wärmestrahlung u. U. höher sein.

2.4.2. Grenzzustände nach DIN EN 1990:2010, Abschnitt 3

Jeder rechnerische Tragwerksentwurf ist eine prognostische Betrachtung. Bei dem Verfahren nach Grenzzuständen werden Zustände definiert, bei denen ein Tragwerk die angenommenen Entwurfsanforderungen gerade noch erfüllt bzw. bei deren Überschreitung das Tragwerk die angenommenen Entwurfsanforderungen nicht länger erfüllt. Es werden unterschieden:

- Grenzzustand der Tragfähigkeit,
- Grenzzustand der Gebrauchstauglichkeit.

Tabelle 2.10. zeigt eine Zusammenstellung von möglichen Grenzzuständen.

Tabelle 2.10. Einteilung der Grenzzustände (s. auch DIN EN 1990:2010, Abschnitt 3)

1. Gruppe Grenzzustände der Tragfähigkeit	**2. Gruppe Grenzzustände der Gebrauchstauglichkeit**
– Verlust der Lagesicherheit (Kippen, Gleiten, Abheben) – allgemeiner Verlust der Stabilität (Knicken, Kippen und Beulen) – Verlust der Festigkeit (Bruch beliebiger Art, Materialermüdung) – Übergang in eine kinematische Kette (kinematisch veränderliches System) – Versagen des Tragwerks (infolge plastischer Verformungen, Gleiten in Verbindungen, Erweiterung von Rissen)	– unzulässige Verformungen, die das Erscheinungsbild, das Wohlbefinden der Nutzer oder die Funktion des Tragwerks beeinflussen – unzulässige Schwingungen – unzulässige Lageänderungen (Verschiebungen, Richtung, Länge und Weite von unzulässigen Rissen) – unzulässige Schäden, die das Erscheinungsbild, die Dauerhaftigkeit oder die Funktionsfähigkeit des Tragwerks nachteilig beeinflussen

2.4.3. Grenzzustand der Tragfähigkeit

Grenzzustände der Tragfähigkeit sind sicherheitsrelevante Bauzustände. Sie definieren Zustände, die im Zusammenhang mit dem Einsturz oder mit bestimmten Zuständen vor Eintritt eines Tragfähigkeitsversagens oder mit anderen Formen des Tragwerksversagens stehen und damit unmittelbar die Sicherheit von Personen und/oder die Sicherheit des Tragwerks betreffen. Darüber hinaus sind auch Grenzzustände, die den Schutz von Gegenständen in Tragwerken betreffen, als Grenzzustände der Tragfähigkeit einzustufen. Dies ist im Einzelfall mit dem Bauherrn und der zuständigen Behörde abzustimmen. Zustände vor Eintritt eines Bauteilversagens dürfen zur Vereinfachung als Grenzzustände der Tragfähigkeit eingestuft werden.

Tabelle 2.11. Bezeichnung in den Gleichungen für den Grenzzustand der Tragfähigkeit

Symbol [s. Norm]	Bezeichnung/Bedeutung
E_d [DIN EN 1990:2010, Abschn. 1.6]	Bemessungswert der Beanspruchungen (Auswirkung von Einwirkungen), ermittelt aus den Bemessungswerten der Einwirkungen, geometrischen Größen und maßgeblichen Werkstoffeigenschaften
$E_{d,dst}$, $E_{d,stb}$ [DIN EN 1990:2010, Abschn. 1.6]	Bemessungswert der Beanspruchung (Auswirkung von Einwirkungen) der ungünstigsten (destabilisierenden) oder günstigsten (stabilisierenden) Einwirkungen
G_K, Q_K, F_K [DIN EN 1990:2010, Abschn. 1.5.3.3 und 1.5.3.4]	Charakteristische Werte der Einwirkungen (G = ständig; Q = veränderliche Einwirkung) $Q_{K,1}$ = charakteristischer Wert einer vorherrschenden veränderlichen Einwirkung $Q_{K,2}$ = charakteristischer Wert einer weiteren veränderlichen Einwirkung
	Es gelten als charakteristische Werte die Werte der DIN EN 1991 oder Werte in bauaufsichtlichen Erlassen
$\gamma_{G,1}$; $\gamma_{Q,1}$ $\gamma_{G,i}$; $\gamma_{Q,i}$ [DIN EN 1990:2010, Abschn. 1.6]	Teilsicherheitsbeiwerte zur Berücksichtigung der unterschiedlichen Überschreitungswahrscheinlichkeit der Einwirkungen (G = ständige Einwirkung; Q = veränderliche Einwirkung)
$\psi_{0,i}$ [DIN EN 1990:2010, Abschn. 1.5.3.16]	Kombinationsbeiwert zur Berücksichtigung der verminderten Wahrscheinlichkeit des gleichzeitigen Auftretens mehrerer veränderlicher Einwirkungen
R_d [DIN EN 1990:2010, Abschn. 1.6]	Bemessungswert des Tragwiderstandes mit allen Tragwerkseigenschaften und den jeweiligen Bemessungswerten (Beanspruchbarkeit)
X_k [DIN EN 1990:2010, Abschnitt 6.3.3]	Charakteristischer Wert der Baustoffeigenschaft/Baustofffestigkeit; er kann auch aus Versuchen ermittelt werden
k_{mod} [DIN EN 1995-1-1:2010, Abschn. 2.4.1)]	Modifikationsbeiwert zur Berücksichtigung des Einflusses der Lasteinwirkungsdauer und der Holzfeuchte auf die Baustoffeigenschaften
γ_M [DIN EN 1990:2010, Abschn.1.6 und 6.3.3]	Teilsicherheitsbeiwert der Baustoffeigenschaft/ Festigkeitseigenschaft

Im Sinne der Methode der extremen Eingangswerte werden als extreme Größen die Rechenlast und die Rechenfestigkeit eingeführt (zu ausgewählten Bezeichnungen s. Tabelle 2.11.).

Nachweisbedingungen nach DIN EN 1990:2010-12, Abschnitt 6.4.2

a) *Grenzzustand des statischen Gleichgewichts bzw. Lagesicherheit*

$$E_{d,dst} \le R_{d,stb}$$ [DIN EN 1990, Gl. 6.7]

$$E_d = E(F_d,\ a_d, \ldots)$$

b) *Grenzzustand der Tragfähigkeit infolge Bruch, übermäßiger Verformung eines Querschnittes, Bauteils oder Verbindung bzw. durch Materialermüdung*

$$E_d \le R_d$$ [DIN EN 1990, Gl. 6.8]

c) *Grenzzustand der Lagesicherheit für eine Verankerung (s. DIN EN 1990/NA:2010, NDP zu A.1.3.1 (3))*

Beim Nachweis der Lagesicherheit werden die charakteristischen Werte aller destabilisierend wirkenden Anteile der ständigen Einwirkungen ($E_{d,dst}$) mit dem Faktor $\gamma_{G,dst}$ und die charakteristischen Werte aller stabilisierenden Anteile ($E_{d,stb}$) mit dem Faktor $\gamma_{G,stb}$ multipliziert. (Gemeint sind die Anteile des betrachteten Lastmodells).

Ist bei einem Nachweis der Lagesicherheit in der ständigen und/oder vorübergehenden Bemessungssituation (P/T), der Ansatz eines Bauteilwiderstands (Bemessungswert $R_{d,anch}$, z. B. für eine Zugverankerung) erforderlich, so ergibt sich beim Nachweis des Grenzzustands EQU:

$$E_{d,anch} = E_{d,dst} - E_{d,stb}$$ [DIN EN 1990/NA, Gl. (A.1)]

$E_{d,anch}$ der Bemessungswert der Verankerungskraft;

$E_{d,dst}$ der Bemessungswert der Beanspruchung infolge der destabilisierenden Einwirkungen, ermittelt mit Teilsicherheitsbeiwerten $\gamma_{G,dst}{}^*$ bzw. γ_Q;

$E_{d,stb}$ der Bemessungswert der Beanspruchung infolge der stabilisierenden Einwirkungen (ohne Bauteilwiderstand $R_{d,anch}$), ermittelt mit Teilsicherheitsbeiwerten $\gamma_{G,stb}{}^*$.

Bei linear-elastischer Berechnung des Tragwerks (Gültigkeit des Superpositionsprinzips) folgt daraus

[DIN EN 1990/NA, Gl. (A.2)]

$$E_{d,anch} = E_{Gk,dst} \cdot \gamma_{G,dst}{}^* + E_{Qk} \cdot \gamma_Q - E_{Gk,stb} \cdot \gamma_{G,stb}{}^*$$

Die Teilsicherheitsbeiwerte $\gamma_{G,dst}{}^*$ und γ_Q für die destabilisierenden ständigen und veränderlichen Einwirkungen ($E_{Gk,dst}$ und E_{Qk}) sowie $\gamma_{G,stb}{}^*$ für die stabilisierenden ständigen Einwirkungen ($E_{Gk,stb}$) sind Tabelle NA.A.1.2 (A) zu entnehmen.

Außerdem ist der Bemessungswert der Verankerungskraft bei günstiger Auswirkung aller ständigen Einwirkungen mit $\gamma_{G,inf}$ aus Tabelle NA.A.1.2 (B) zu bestimmen:

[DIN EN 1990/NA, Gl. (A.3)]

$$E_{d,anch} = \left(E_{Gk,dst} - E_{Gk,stb}\right) \cdot \gamma_{G,inf} + E_{Qk} \cdot \gamma_Q$$

Der größere Bemessungswert der Verankerungskraft aus den Gleichungen (A.1) bzw. (A.2) und (A.3) ist maßgebend. Der Grenzzustand der Bruchsicherheit des Verankerungsbauteils ist analog zu Gleichung (6.8) in DIN EN 1990 nachzuweisen:

$$E_{d,anch} \le R_{d,anch}$$ [DIN EN 1990/NA, Gl. (A.4)]

Bemessungswert der Einwirkungen F_d

Es werden direkte oder indirekte bzw. räumlich veränderliche Einwirkungen unterschieden (Tabelle 2.12.). Äußere Kräfte und Lasten aktivieren direkt den Bauteilwiderstand und beeinflussen so die Schnittgrößen des Bauwerkes. Indirekte Einwirkungen sind Einflüsse, die Zwängungen im Bauwerk hervorrufen, die je nach Verformungsbehinderung und Steifigkeit weitere Schnittgrößen verursachen können.

Aufgrund des stochastischen Charakters werden nach der zeitlichen Veränderlichkeit die Einwirkungen in drei Gruppen klassifiziert (Tabelle 2.13.). Die räumliche Veränderlichkeit wird durch ortsfeste und ortsveränderliche Einwirkungen charakterisiert.

Tabelle 2.12. Unterteilung der Einwirkungen (Abschnitt 4.1.1 (4) nach DIN EN 1990:2010)

Wirkung auf die Schnittgrößen eines Tragwerkes	Art der Einwirkung
direkt	Kräfte Lasten aufgezwungene oder behinderte Verformung
indirekt	Temperatur Setzungen Quellen, Schwinden

Tabelle 2.13. Klassifizierung der Einwirkungen nach ihrer zeitlichen und räumlichen Veränderlichkeit (Abschnitt 4.1.1 (1) und 4.1.1 (4) nach DIN EN 1990:2010)

Zeitliche Veränderlichkeit	Beispiele
ständige Einwirkungen (G)	Eigenlast von Tragwerken Ausrüstungen feste Einbauten haustechnische Anlagen
veränderliche Einwirkungen (Q)	Nutzlasten (Einwirkungen langer Dauer) Windlasten (Einwirkungen kurzer Dauer) Verkehrslasten, Decken (Einwirkungen mittlerer Dauer) Schneelasten (Einwirkungen kurzer Dauer) Einwirkungen sehr kurzer Dauer
außergewöhnliche Einwirkungen (A)	Explosion Anprall Erdbeben
Räumliche Veränderlichkeit	**Beispiele**
ortsfeste Einwirkungen	Eigenlast ständige Einwirkung aus oberen Stockwerken
freie Einwirkungen	bewegliche Nutzlasten Windlasten Schneelasten

Den Bemessungswert einer Einwirkung F_d erhält man aus dem Produkt des charakteristischen Wertes F_k mit dem Teilsicherheitsbeiwert γ_F. Die charakteristischen Werte F_k sind in DIN EN 1991 geregelt. Weiterhin können diese in bauaufsichtlichen Ergänzungen und Richtlinien festgelegt sein. Werte, die nicht in den EN-Normen oder in bauaufsichtlichen Richtlinien enthalten sind, müssen in Zusammenarbeit mit den zuständigen Baubehörden festgelegt werden.

Ständige Einwirkungen sind i. Allg. durch einen charakteristischen Wert definiert, der aus den Nennmaßen und der mittleren Dichte des Stoffes errechenbar ist. In Ausnahmefällen kann es aber angebracht sein, die ständige Einwirkung in ihrer möglichen Schwankungsbreite (d. h. ein unterer charakteristischer Wert = $G_{k,sup}$ oder ein oberer charakteristischer Wert = $G_{k,inf}$) zu berücksichtigen. Der Bemessungswert der ständigen Einwirkung ergibt sich dann zu

$$G_{d,sup} = \gamma_{G,sup} \cdot G_k$$

$$G_{d,inf} = \gamma_{G,inf} \cdot G_k$$

Die veränderlichen Einwirkungen sind den einschlägigen Vorschriften (DIN EN 1991) zu entnehmen, und diese sind ebenfalls i. Allg. durch einen charakteristischen Wert (Q_k) definiert. Müssen Schwankungen über eine bestimmte Nutzungsdauer berücksichtigt werden, wird auch hier ein unterer ($G_{k,sup}$) und oberer ($G_{k,inf}$) charakteristischer Wert festgelegt.

Außergewöhnliche Einwirkungen werden i. Allg. durch einen festgelegten charakteristischen Wert definiert.

Zur Bildung des maßgebenden Lastfalls in der jeweiligen Bemessungssituation sind die einzelnen Einwirkungen in ihrer ungünstigsten Wirkung (Laststellung) zu berücksichtigen. Dies geschieht häufig durch die Bildung von Lastfallkombinationen. Dafür werden so genannte repräsentative Werte der Einwirkungen gebildet. Zum einen ist der charakteristische Wert (G_k oder Q_k) ein wichtiger repräsentativer Wert. Weitere wichtige Werte ergeben sich aus dem Produkt des charakteristischen Wertes ($Q_{k,i}$) und dem Kombinationsbeiwert ψ_i.

Man unterscheidet dann

- Kombinationsbeiwert $\psi_0 \cdot Q_k$,
- häufiger Wert $\psi_1 \cdot Q_k$,
- quasi-ständiger Wert $\psi_2 \cdot Q_k$.

Die Kombinationsbeiwerte ψ_i sind in DIN EN 1990:2010, Tabelle A.1.1 enthalten.

Erst, wenn eine zweite veränderliche Last zu berücksichtigen ist, kommt bei der Berechnung der Einwirkungen der Kombinationsbeiwert ψ_2 zur Anwendung. Dieser reduziert i. Allg. den Bemessungswert, weil die Wahrscheinlichkeit, dass veränderliche Einwirkungen in extremer Intensität gleichzeitig auftreten, relativ gering ist.

Generell werden nach DIN EN 1990:2010, Abschnitt 3.2 vier Bemessungssituationen unterschieden. Die **ständige Bemessungssituation** repräsentiert den Zustand des Tragwerks unter üblichen Nutzungsbedingungen. Als **vorübergehende Bemessungssituation** definiert man zeitlich bedingte Zustände, wie z. B. während des Bauens oder der Instandsetzung. Die **außergewöhnliche Bemessungssituation** bezieht sich auf das Auftreten von außergewöhnlichen Einwirkungen, wie z. B. aus Brand, Explosion oder Anprall. Die Situation infolge **Erdbeben** definiert die vierte Bemessungssituation.

In Abhängigkeit von der Art des Grenzzustandes und der Anzahl der pro Lastfall zu berücksichtigenden Einwirkungen (s. DIN EN 1990:2010, Abschnitt 6.4.3 und DIN EN 1990/NA:2010, DIN EN 1990/NA/A1:2012) gelten Kombinationsregeln, die zu beachten sind. Der jeweils größte Wert aller Kombinationen ist maßgebend.

Nach DIN EN 1990/NA:2010, Abschnitt NDP zu A.1.2.1(1) Anmerkung 2 darf beim Auftreten von Schnee und Wind als Begleiteinwirkungen neben einer nichtklimatischen

Leiteinwirkung nur eine der beiden klimatischen Einwirkungen als Begleiteinwirkung in den Kombinationsregeln für Einwirkungen nach Abschnitt 6.4.3 und 6.5.3 angesetzt werden. Tritt jedoch eine der klimatischen Einwirkungen (Wind oder Schnee) als Leiteinwirkung auf, ist die andere als Begleiteinwirkung zu berücksichtigen.
In den Windzonen 3 und 4 darf bei der Kombination Wind/Schnee mit Wind als Leiteinwirkung auf die Kombination mit Schnee als Begleiteinwirkung verzichtet werden. Hingegen ist bei der Kombination Wind/Schnee mit Normalschnee als Leiteinwirkung der Wind als Begleiteinwirkung immer zu berücksichtigen. Bei dem Kombinationsfall mit Schnee als außergewöhnlicher Leiteinwirkung darf auf Wind als Begleiteinwirkung verzichtet werden. Davon unbenommen sind die Auswirkungen möglicher Schneeverwehungen auch für diesen Kombinationsfall zu prüfen.

Dies gilt sowohl für den Grenzzustand der Tragfähigkeit als auch für den Grenzzustand der Gebrauchstauglichkeit.

Es kann in der Regel nicht automatisch geschlussfolgert werden, dass der maximale Wert der charakteristischen Einwirkungen auch die tatsächlich vorhandene größte Beanspruchung des zu untersuchenden Tragwerkes darstellt, da die Widerstandsgrößen des Materials maßgeblich von der Klasse der Lasteinwirkungsdauer abhängig sind. Letztlich gibt nur der Vergleichswert E_d/k_{mod} als Bemessungswert der einzelnen Beanspruchungen (innere Kraft, Momente und Spannungen) Aufschluss über die maßgebende Beanspruchung des zu untersuchenden Bauteils. Weiterführende Literatur, s. [*Grünberg* 2004].

Tabelle 2.14. Regeln zur Kombination der Einwirkungen bei der Ermittlung der Bemessungswerte E_d der Beanspruchung nach DIN EN 1990:2010, Abschnitt 6.4.3.2 (ohne Vorspannung) für die ständige und vorübergehende Bemessungssituation (Grundkombination), DIN EN 1990/NA:2010, Abschnitt NCI zu 6.4.3.2(3) und NCI zu 6.5.3(2)

Bemessungssituation	Ständige Einwirkung		Veränderliche Einwirkung		
			eine vorherrschende		alle anderen
Grenzzustand der Tragfähigkeit Grundregel[1]) nach Gleichung (6.10 c) in DIN EN 1990/NA:2010	$E_d = \sum_{j\geq 1} \gamma_{G,j} \cdot E_{Gk,j}$	+	$\gamma_{Q,1} \cdot E_{Qk,1}$	+	$\sum_{i>1} \gamma_{Q,i} \cdot \psi_{0,i} \cdot E_{Qk,i}$
außergewöhnliche Bemessungssituation[2]) nach Gleichung (6.11 c) in DIN EN 1990/NA:2010	$E_{dA} = \sum_{j\geq 1} \gamma_{GA,j} \cdot E_{Gk,j} + E_{Ad}$	+	$\gamma_{QA,1} \cdot \psi_{1,1} \cdot E_{Qk,1}$	+	$\sum_{i>1} \gamma_{QA,1} \cdot \psi_{2,i} \cdot E_{Qk,i}$
Grenzzustand der Gebrauchstauglichkeit charakteristische (seltene) Kombination nach Gleichung (6.14 c) in DIN EN 1990/NA:2010	$E_{d,char} = \sum_{j\geq 1} E_{Gk,j}$	+	$E_{Qk,1}$ [3])	+	$\sum_{i>1} \psi_{0,i} \cdot E_{Qk,i}$
häufige Kombination nach Gleichung (6.15 c) in DIN EN 1990/NA:2010	$E_{d,frequ} = \sum_{j\geq 1} E_{Gk,j}$	+	$\psi_{1,1} \cdot E_{Qk,1}$	+	$\sum_{i>1} \psi_{2,i} \cdot E_{Qk,i}$
quasi-ständige Kombination nach Gleichung (6.16 c) in DIN EN 1990/NA:2010	$E_{d,perm} = \sum_{j\geq 1} E_{Gk,j}$			+	$\sum_{i\geq 1} \psi_{2,i} \cdot E_{Qk,i}$

\+ in Kombination mit
1) ständige und vorübergehende Bemessungssituation
2) sofern nicht anders angegeben, ist $\gamma = 1{,}0$
3) $Q_{k,1}$ ist die vorherrschende, also die am ungünstigsten wirkende Beanspruchung
Gleichungen ohne E_{pk} = charakteristischer Wert einer Vorspannkraft

2.4.4. Geometrische Größen

Die Bemessungswerte für geometrische Größen (s. DIN EN 1990:2010, Abschnitt 6.3.4) sind i. Allg. Nennwerte. Es gilt Gleichung 6.4:

$$a_d = a_{nom}$$

In einigen Fällen erhalten die Nennwerte Zuschläge, was in den entsprechenden Normen extra angegeben ist. Es gilt Gleichung 6.5:

$$a_d = a_{nom} \pm \Delta a$$

2.4.5. Bemessungswert der Baustoffeigenschaften

Den Bemessungswert der Baustoffeigenschaft (oder Produkteigenschaft) X_d erhält man nach DIN EN 1995:2010, Abschnitt 2.4 aus Gleichung 2.14:

$$X_d = k_{mod} \cdot \frac{X_k}{\gamma_M} \qquad \text{[DIN EN 1995-1-1, Gl. (2.14)]}$$

X_k charakteristischer Wert einer Festigkeitseigenschaft

γ_M Teilsicherheitsbeiwert für die Baustoffeigenschaft

k_{mod} Modifikationsbeiwert zur Berücksichtigung des Einflusses der Lasteinwirkungsdauer und der Holzfeuchte auf die Baustoffeigenschaft (s. Tabelle 3.1 in DIN EN 1995-1-1:2010)

Die charakteristischen Werte der Baustoffeigenschaften sind statistische Werte aus normierten Versuchen. Die genormten Baustoffkennwerte für Vollholz, Brettschichtholz, Sperrholz, Spanplatten, OSB-Platten, Faserplatten und Gipskartonplatten sind mit den Begleitvorschriften (wie z. B. Holzartenverwendung, Sortierung, Querschnittsaufbau, materialabhängige Verwendung) in gesonderten Normen geregelt. Für andere nicht enthaltene Baustoffe bedarf es einer bauaufsichtlichen Zulassung. Sie können nur über eine europäische technische Zulassung oder allgemeine bauaufsichtliche Zulassung in Verkehr gebracht werden.

Der Modifikationsbeiwert kombiniert den Einfluss der Holzfeuchte und der Lasteinwirkungsdauer auf die für den Bemessungswert der Tragfähigkeit maßgebende Materialeigenschaft. Aus der Nutzung ergibt sich eine Gleichgewichtsfeuchte, die für die drei Nutzungsklassen aus Tabelle NA.6 der DIN EN 1995-1-1/NA:2013 (als Anhaltswert) entnommen werden kann (s. a. Tabelle 2.8.).
Neben den Nutzungsklassen gibt es fünf Klassen der Lasteinwirkungsdauer (s. Tabelle 2.1 in DIN EN 1995-1-1: 2010).

Die Zuordnung von Lastarten und Wirkungsdauer enthält Tabelle NA.1 in DIN EN 1995-1-1/NA:2013. Die Klassen der Lasteinwirkungsdauer sind durch die Wirkung einer konstanten Last gekennzeichnet, die für eine bestimmte Zeitperiode innerhalb einer Lebensdauer auf ein Tragwerk einwirkt (s. DIN EN 1995-1-1, Abschnitt 2.3.1.2 (1) P).

Sind Lasten mit unterschiedlicher Einwirkungsdauer vorhanden, so ist beim Nachweis der Tragfähigkeit k_{mod} für die kürzere Lastwirkungsdauer maßgebend (s. DIN EN 1995-1-1:2010, Abschnitt 3.1.3).

Die Anwendung bestimmter Plattentypen von Flachpressplatten und Holzfaserplatten ist von den Nutzungsbedingungen abhängig. Hier gelten für den Entwurf die bisherigen Festlegungen in DIN EN 13986 in Verbindung mit DIN 20000-1 und die Festlegungen in DIN EN 1995-1-1/ NA:2013 (s. Tabelle 2.41. bis 2.46.).

2.4.6. Bemessungswert der Tragfähigkeit R_d (Beanspruchbarkeit)

Man erhält den Bemessungswert des Tragwiderstandes aus den Bemessungswerten der Baustoffeigenschaft, der geometrischen Größe und, sofern maßgebend, der Beanspruchungen. Es gilt Gleichung 2.17 in DIN EN 1995-1-1: 2010, Abschnitt 2.4.3:

$$R_d = k_{mod} \cdot \frac{R_k}{\gamma_M} \qquad \text{[DIN EN 1995-1-1, Gl. (2.17)]}$$

Dabei ist:

R_k charakteristischer Wert einer Beanspruchbarkeit;

γ_M Teilsicherheitsbeiwert für eine Baustoffeigenschaft;

k_{mod} Modifikationsbeiwert für Lasteinwirkungsdauer und Feuchtegehalt.

Man kann die charakteristischen Werte der Beanspruchbarkeit auch aus Versuchen ableiten. Die aus Versuchen abgeleiteten Bauteilwiderstände bedürfen der Zustimmung der zuständigen Bauaufsichtsbehörde im Rahmen einer in jeder Bauordnung geregelten Zustimmung im Einzelfall.

Beispiel 2.1. **(nach DIN EN 1995-1-1:2010)**

Für einen Sparren eines geschlossenen Schuppens mit Pultdach sollen die Bemessungswerte der Einwirkungen ermittelt werden.

gewählt:

Sparren (DN 7,0°), Vollholz $b/h = 60/160\,\text{mm}$; NH S10 nach DIN 4074-1 (C24 nach DIN EN 338, Tabelle 1) mit $e_{Sparren} = 0{,}8\,\text{m}$ (Sparrenabstand)
Dacheindeckung: Bitumen- und Polymerbitumen-Schweißbahn und Schalung, Nutzungsklasse: 2

Ermittlung der charakteristischen Werte der Einwirkungen, bezogen auf einen Sparren:

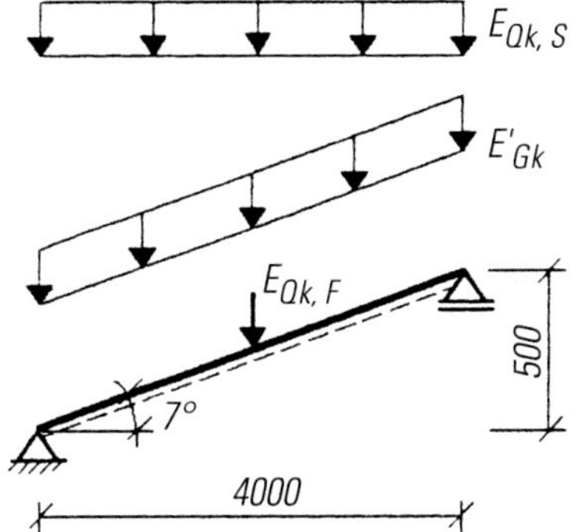

Bild 2.3. Beanspruchung (Wind s. Bild 2.4.)

– *Eigenlast:*

Nach DIN EN 1991-1-1:2010 und DIN EN 1991-1-1/NA:2010 Klasse der Lasteinwirkungsdauer (KLED) nach Tabelle NA.1, DIN EN 1991-1-1/NA:2010 = „ständig“

Sparren	$0{,}06\,\text{m} \cdot 0{,}16\,\text{m} \cdot 4{,}2\,\text{kN/m}^3$	$= 0{,}04\,\text{kN/m}$
Schalung	$0{,}022\,\text{m} \cdot 4{,}2\,\text{kN/m}^3 \cdot 0{,}8\,\text{m}$	$= 0{,}07\,\text{kN/m}$
Dachabdichtung*) (2-lagig)	$2 \cdot 0{,}07\,\text{kN/m}^2 \cdot 0{,}8\,\text{m}$	$= 0{,}11\,\text{kN/m}$
	E'_{Gk}	$= 0{,}22\,\text{kN/m Dfl}$

*) Bitumen- und Polymerbitumen- Schweißbahn nach DIN EN 13707, einschl. Klebemasse, in verlegtem Zustand

$$E_{Gk} = \frac{E'_{GK}}{\cos\alpha} = \frac{0{,}22}{\cos 7^\circ} = 0{,}22\,\text{kN/m Gfl}$$

– *Schneelast:*

Nach DIN EN 1991-1-3:2010 und DIN EN 1991-1-3/NA:2019 Klasse der Lasteinwirkungsdauer (KLED) nach Tabelle NA.1, DIN EN 1995-1-1/NA:2013 = „kurz“

für Schneelastzone 1; A = 455 m über NN →

nach DIN EN 1991-1-3/NA Gl. (NA.1)

$$s_k = 0{,}19 + 0{,}91 \cdot \left(\frac{A + 140}{760}\right)^2 \quad \text{(Bodenschneelast)}$$

$$s_k = 0{,}19 + 0{,}91 \cdot \left(\frac{455 + 140}{760}\right)^2 \approx 0{,}75\ \text{kN/m}^2$$

$\mu_1 = 0{,}8$ Formbeiwert nach DIN EN 1991-1-3, Tabelle 5.2.

für $0^\circ < \alpha < 30^\circ$ DN

$C_e = 1{,}0$ Umgebungskoeffizient nach DIN EN 1991-1-3/NA, NDP zu 5.2 (7)

$C_t = 1{,}0$ Temperaturbeiwert nach DIN EN 1991-1-3/NA, NDP zu 5.2 (8)

$$E_{Qk,s} = \mu_1 \cdot C_e \cdot C_t \cdot s_k \cdot e = 0{,}8 \cdot 1{,}0 \cdot 1{,}0 \cdot 0{,}75\,\text{kN/m}^2\ \text{Gfl} \cdot 0{,}8\,\text{m} = 0{,}48\,\text{kN/m}$$

$\psi_0 = 0{,}5$ Kombinationsbeiwert nach Tabelle NA.A1.1 in DIN EN 1990/NA:2010 für Orte bis NN +1000 m

– *Windlast:*

Nach DIN EN 1991-1-4:2010, KLED nach Tabelle NA.1 in DIN EN 1995-1-1/NA:2013 = „kurz/sehr kurz“

– Dachneigung < 25° nur Windsog

– $q_p = 0{,}5\,\text{kN/m}^2$ für Gebäudehöhe $h < 10{,}0\,\text{m}$ (Binnenland) nach Tabelle DIN EN 1991-1-4/NA:2010, NA.B.3

– erhöhte Sogbeiwerte im Randbereich nach DIN EN 1991-1-4:2010

$b = 5$ m (Länge des Daches)

$h = 2{,}8$ m (mittlere Höhe des Daches)

$e = \min\{b; 2 \cdot h\} = \min\{5; 2 \cdot 2{,}8\} = 5$ m

$e/4 = 5/4 = 1{,}25$ m

$e/10 = 5/10 = 0{,}5$ m

$E_{Qk,w} = c_{pe} \cdot q_p \cdot e_{Sparren}$

$c_{p,10} = -1{,}7$ nach Tabelle 7.3 a, DIN EN 1991-1-4:2010 (Bereich F)

$E_{Qk,w,F} = -1{,}7 \cdot 0{,}5 \cdot 0{,}8 = -0{,}68$ kN/m

$c_{p,10} = -1{,}2$ nach Tabelle 7.3 a, DIN EN 1991-1-4:2010 (Bereich G)

$E_{Qk,w,G} = -1{,}2 \cdot 0{,}5 \cdot 0{,}8 = -0{,}48$ kN/m

$c_{p,10} = -0{,}6$ nach Tabelle 7.3 a, DIN EN 1991-1-4:2010 (Bereich H)

$E_{Qk,w,H} = -0{,}6 \cdot 0{,}5 \cdot 0{,}8 = -0{,}24$ kN/m

Maßgebend Wind im Bereich F und H!
Auf die Bereiche für die Anströmrichtung $\Theta = 180°$ und $\Theta = 90°$ wird bei diesem Beispiel nicht eingegangen.

– *Mannlast:*

$E_{Qk,F} = 1{,}0$ kN nach DIN EN 1991-1-1/NA:2010, Tabelle 6.10 jedoch nicht gleichzeitig mit Schneelasten, Klasse der Lasteinwirkungsdauer (KLED) nach Tabelle NA.1 in DIN EN 1995-1-1/NA:2013 = „kurz"

$\psi_0 = 0{,}0$ Kombinationsbeiwert nach Tabelle A.1.1 in DIN EN 1990:2010

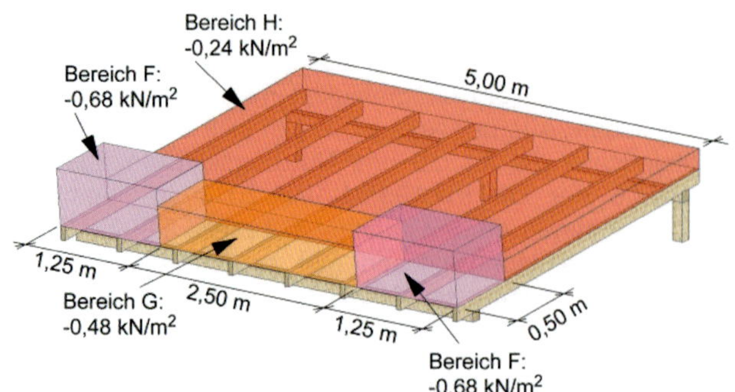

Bild 2.4. Beanspruchung aus Wind auf Traufe

Ermittlung der Bemessungswerte der Einwirkungen:

Lastkombinationen (Lk) im Grenzzustand der Tragfähigkeit Grundregel (s. Tabelle 2.13.):

[DIN EN 1990/NA, Gl. (6.10 c)]

$$E_d = \sum_{j \geq 1} \gamma_{G,j} \cdot E_{Gk,j} + \gamma_{Q,1} \cdot E_{Qk,1} + \sum_{i > 1} \gamma_{Q,i} \cdot \psi_{0,i} \cdot E_{Qk,i}$$

Hinweise zur Bildung der Lastkombinationen:

- Es muss zu jeder möglichen Lastkombination der Modifikationsbeiwert nach DIN EN 1995-1-1/NA:2013, Tabelle NA.1 beachtet werden. Ergeben sich beispielsweise Kombinationen mit unterschiedlichen Modifikationsbeiwerten (durch unterschiedliche Klassen der Lasteinwirkungsdauer), ist für die Kombination der Modifikationsbeiwert mit der kürzesten Klasse der Lasteinwirkungsdauer maßgebend (vgl. auch DIN EN 1995-1-1:2010, Abschnitt 3.1.3 (2)).
- Entlastende (günstig wirkende) Einwirkungen müssen mit dem Teilsicherheitsbeiwert für die einfache ständige Last kombiniert werden.

Unter Anwendung der Grundregel erhält man (Tabelle 2.15.):

Für den Nachweis der Tragfähigkeit sind die Lastkombinationen 2 und 5 maßgebend. Für den Nachweis der Verbindungsmittel gegen Abheben werden die Lastkombination 3 und 4 maßgebend.

Fortsetzung in Abschnitt 7.

Tabelle 2.15. Lastkombination im Grenzzustand der Tragfähigkeit

Kombinationen nach der Grundregel für ständige und vorübergehende Bemessungssituation nach DIN EN 1990:2010, Abschnitt 6.4.3.2

Lk	$\gamma_{G,j} \cdot E_{Gk}$	$\gamma_{Q,1} \cdot E_{Qk}$	$\gamma_{Q,i} \cdot \psi_{0,i} \cdot E_{Qk,i}$	k_{mod}	$E_d = \sum$	Nachweis erforderlich?
1	(Ständige Lasten) $1{,}35 \cdot 0{,}22$	–	–	0,60	0,30 kN/m	nein, da $0{,}30/0{,}6 < 1{,}02/0{,}9$
2	(Ständige Lasten) $1{,}35 \cdot 0{,}22$	(Schneelast) $1{,}5 \cdot 0{,}48$	–	0,90	1,02 kN/m	**ja**
3	(Ständige Lasten) $0{,}9^{1)} \cdot 0{,}22$	(Windlast Bereich F) $1{,}5 \cdot (-0{,}68)$	–	1,00[3)]	–0,82 kN/m	nein, da $0{,}82 < 1{,}13$; jedoch Abhebenachweis erforderlich
4		(Windlast Bereich H) $1{,}5 \cdot (-0{,}24)$			–0,16 kN/m	
5	(Ständige Lasten) $1{,}35 \cdot 0{,}22$	(Reparaturlast[2)]) $1{,}5 \cdot 1{,}0$	–	0,90	0,30 kN/m + 1,5 kN	**ja**, da die Lastkombination nicht direkt mit Lk 2 verglichen werden kann

1) $\gamma_{G,inf} = 0{,}9$ nach DIN EN 1990:2010, Tabelle A1.2 (A), da Einwirkung günstig
2) Reparaturlast nach DIN EN 1991-1-1/NA:2010 nicht gleichzeitig mit Schnee zu überlagern
3) $k_{mod} = 1{,}00$ nach DIN EN1995-1-1/NA, Tabelle NA.1 darf bei Wind das Mittel aus kurz und sehr kurz verwendet werden

Beispiel 2.2. (nach DIN EN 1995-1-1:2010)

Für den Sparren eines Wohnhauses sollen die Bemessungswerte der Einwirkungen ermittelt werden.

gewählt:

Sparren, Vollholz $b/h = 80/180\,\text{mm}$; NH S10 nach DIN 4074-1 (C24 nach DIN EN 338, Tabelle 1) mit $e_{\text{Sparren}} = 0{,}9\,\text{m}$ (Sparrenabstand) mit altdeutscher Schieferdeckung und gedämmtem Innenausbau

Ermittlung der charakteristischen Werte der Einwirkungen:

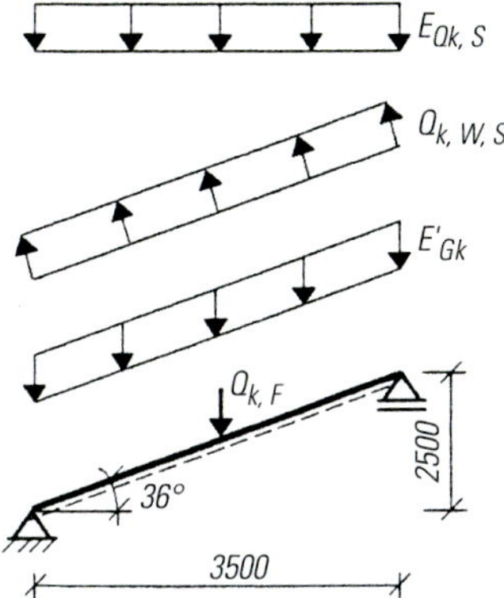

Bild 2.5. Beanspruchung (Wind s. Bild 2.6.)

– *Eigenlast*:

Nach DIN EN 1995-1-1:2010 bezogen auf den Sparren, Klasse der Lasteinwirkungsdauer (KLED) nach Tabelle NA.1 DIN EN 1995-1-1/NA:2013 = „ständig“

Ermittlung der charakteristischen Werte der Einwirkungen:

– *Eigenlast:*

Nach DIN EN 1991-1-1:2010 und DIN EN 1991-1-1/NA:2010 bezogen auf den Sparren, Klasse der Lasteinwirkungsdauer (KLED) nach Tabelle NA.1 in DIN EN 1995-1-1/NA:2013 = „ständig“

einfache Schieferdeckung und Schalung	$0{,}50\,\text{kN/m}^2 \cdot 0{,}9\,\text{m}$	$= 0{,}450\,\text{kN/m}$
Sparren	$0{,}08\,\text{m} \cdot 0{,}18 \cdot 4{,}2\,\text{kN/m}^3$	$= 0{,}06\,\text{kN/m}$
140 mm Mineralwolle	$14 \cdot 0{,}01\,\text{kN/m}^2 \cdot 0{,}9\,\text{m}$	$= 0{,}126\,\text{kN/m}$
PE-Folie, Lattung	$0{,}06\,\text{kN/m}^2 \cdot 0{,}9\,\text{m}$	$= 0{,}054\,\text{kN/m}$
95 mm Gipskarton	$0{,}09\,\text{kN/m}^2$ je cm $\cdot\, 0{,}95\,\text{cm}$	$= 0{,}086\,\text{kN/m}$
		$\sum E'_{GK} = 0{,}78\,\text{kN/m}$ bez. Dfl

$$E_{GK} = \frac{E'_{GK}}{\cos\alpha} = \frac{0{,}78}{\cos 36^\circ} = 0{,}96\,\text{kN/m bez. Gfl}$$

– *Schneelast:*

Nach DIN EN 1991-1-3 für Schneelastzone 1;

Höhe 455 m über NN $\rightarrow s_k = 0{,}75\,\text{kN/m}^2$ (s. Beispiel 2.1.), KLED nach Tabelle NA.1 in DIN EN 1995-1-1/NA:2013 = „kurz“

mit $\alpha = 36°$ DN

Formbeiwert nach DIN EN 1991-1-3:2010, Tabelle 5.2:

$$\mu_1 = \frac{0{,}8 \cdot (60 - \alpha)}{30} = \frac{0{,}8 \cdot (60 - 36^\circ)}{30} = 0{,}64$$

$C_e = 1{,}0$ Umgebungskoeffizient nach DIN EN 1991-1-3/NA, NDP zu 5.2 (7)

$C_t = 1{,}0$ Temperaturbeiwert nach DIN EN 1991-1-3/NA, NDP zu 5.2 (8)

$E_{Qk,S} = \mu_1 \cdot C_e \cdot C_t \cdot s_k \cdot e_{\text{Sparren}} = 0{,}64 \cdot 1{,}0 \cdot 1{,}0 \cdot 0{,}75 \cdot 0{,}9\,\text{m}$

$E_{Qk,S} = 0{,}43\,\text{kN/m}$

$\psi_0 = 0{,}5$ Kombinationsbeiwert nach Tabelle A.1.1, DIN EN 1990: 2010 für Orte bis NN $+1000\,\text{m}$

– *Windlast:*

Nach DIN EN 1991-1-4/NA:2010 Berücksichtigung von Winddruck und -sog notwendig, Klasse der Lasteinwirkungsdauer (KLED) nach DIN EN 1995-1-1/NA:2013, Tabelle NA.1 = „kurz/sehr kurz“

Gebäudehöhe < 10,0 m $\rightarrow q_p = 0{,}5\,\text{kN/m}^2$ (s. Tabelle NA.B.3), DIN EN 1995-1-1/NA:2013

$\psi_0 = 0{,}6$ Kombinationsbeiwert nach Tabelle A.1.1, DIN EN 1990:2010 für Windlasten

$E_{Qk,w} = c_{pe} \cdot q_p \cdot e_{\text{Sparren}}$

$b = 10\,\text{m}$ (Länge des Daches)

$h = 8{,}5\,\text{m}$ (Höhe bis zum First)

$e = \min\{b;\, 2 \cdot h\} = \min\{10;\, 2 \cdot 8{,}5\} = 10\,\text{m}$

$e/4 = 10/4 = 2{,}50\,\text{m}$

$e/10 = 10/10 = 1{,}0\,\text{m}$

Winddruck:

$c_{p,10} = +0{,}7$ nach Tabelle 7.4 a, DIN EN 1991-1-4 (Bereich F)

$E_{Qk,w,F} = +0{,}7 \cdot 0{,}5 \cdot 0{,}9 = +0{,}32\,\text{kN/m}$

$c_{p,10} = +0{,}7$ nach Tabelle 7.4 a, DIN EN 1991-1-4 (Bereich G)

$E_{Qk,w,G} = +0{,}7 \cdot 0{,}5 \cdot 0{,}9 = +0{,}32\,\text{kN/m}$

$c_{p,10} = +0{,}4$ nach Tabelle 7.4 a, DIN EN 1991-1-4 (Bereich H)

$E_{Qk,w,H} = +0{,}4 \cdot 0{,}5 \cdot 0{,}9 = +0{,}18\,\text{kN/m}$

$c_{p,10,I} = +0{,}0$ nach Tabelle 7.4 a, DIN EN 1991-1-4 (Bereich I)

$E_{Qk,w,I,J} = +0{,}0 \cdot 0{,}5 \cdot 0{,}9 = 0{,}0\,\text{kN/m}$

$c_{p,10,J} = +0{,}0$ nach Tabelle 7.4 a, DIN EN 1991-1-4 (Bereich J)

$E_{Qk,w,J} = +0{,}0 \cdot 0{,}5 \cdot 0{,}9 = 0{,}0\,\text{kN/m}$

Windsog:

$c_{p,10} = -0{,}4$ nach Tabelle 7.4 a, DIN EN 1991-1-4 (Bereich I)

$E_{Qk,w,I} = -0{,}4 \cdot 0{,}5 \cdot 0{,}9 = -0{,}18\,\text{kN/m}$

$c_{p,10} = -0{,}5$ nach Tabelle 7.4 a, DIN EN 1991-1-4 (Bereich J)

$E_{Qk,w,J} = -0{,}5 \cdot 0{,}5 \cdot 0{,}9 = -0{,}23\,\text{kN/m}$

Maßgebend für Windsog ist der Bereich J und für Winddruck der Bereich F. Die Bemessung wird für den Bereich F geführt.
Auf die Bereiche für die Anströmrichtung $\Theta = 90°$ wird bei diesem Beispiel nicht eingegangen.

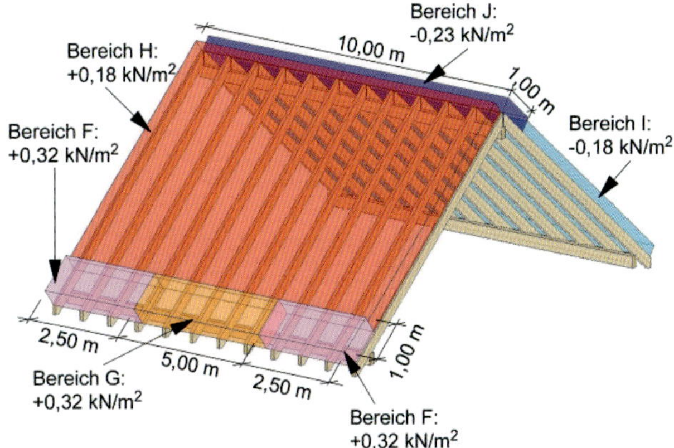

Bild 2.6. Beanspruchung aus Wind auf Traufe

Tabelle 2.16. Lastkombinationen im Grenzzustand der Tragfähigkeit (Wirkungsrichtung Wind auf Sparren)

Kombinationen nach der Grundregel für ständige und vorübergehende Bemessungssituation nach DIN EN 1990:2010, Abschnitt 6.4.3.2

Lk	$\gamma_{G,j} \cdot E_{Gk}$	$\gamma_{Q,1} \cdot E_{Qk,1}$	$\gamma_{Q,i} \cdot \psi_{0,i} \cdot E_{Qk,i}$	k_{mod}	$E_d = \sum$	Nachweis erforderlich?
1	(Ständige Lasten) $1{,}35 \cdot 0{,}63$	–	–	0,60	0,85 kN/m	nein, da $0{,}85/0{,}6 < 1{,}56/1{,}0$
2	(Ständige Lasten) $1{,}35 \cdot 0{,}63$	(Schneelast) $1{,}5 \cdot 0{,}28$	–	0,90	1,27 kN/m	nein, da kleiner als Lk 3
3	(Ständige Lasten) $1{,}35 \cdot 0{,}63$	(Schneelast) $1{,}5 \cdot 0{,}28$	(Winddruck) $1{,}5 \cdot 0{,}60 \cdot (+0{,}32)$	$1{,}00^{3)}$	1,56 kN/m	**ja**
4	(Ständige Lasten) $0{,}90 \cdot 0{,}63$	(Schneelast) $1{,}5 \cdot 0{,}28$	(Windsog) $1{,}5 \cdot 0{,}60 \cdot (-0{,}23)$	$1{,}00^{3)}$	0,78 kN/m	nein, da kleiner als Lk 3
5	(Ständige Lasten) $0{,}90^{1)} \cdot 0{,}63$	(Windsog) $1{,}5 \cdot (-0{,}23)$	–	$1{,}00^{3)}$	0,22 kN/m	nein, Abhebenachweis nicht erforderlich
6	(Ständige Lasten) $1{,}35 \cdot 0{,}63$	(Winddruck) $1{,}5 \cdot +0{,}32$	–	$1{,}00^{3)}$	1,33 kN/m	nein, da kleiner als Lk 3
7	(Ständige Lasten) $1{,}35 \cdot 0{,}63$	(Winddruck) $1{,}5 \cdot +0{,}32$	(Schneelast) $1{,}5 \cdot 0{,}50 \cdot 0{,}28$	$1{,}00^{3)}$	1,54 kN/m	nein, da kleiner als Lk 3
8	(Ständige Lasten) $0{,}90 \cdot 0{,}63$	(Windsog) $1{,}5 \cdot (-0{,}23)$	(Schneelast) $1{,}5 \cdot 0{,}50 \cdot 0{,}28$	$1{,}00^{3)}$	0,43 kN/m	nein, da kleiner als Lk 3
9	(Ständige Lasten) $1{,}35 \cdot 0{,}63$	(Reparaturlast[2])) $1{,}5 \cdot 0{,}81$	–	0,90	0,85 kN/m + 1,22 kN	**ja**, da die Lastkombination nicht direkt mit Lk 3 verglichen werden kann

Kombinationen nach den vereinfachten Regeln für den Holzbau nach DIN 1052:2008, A.5.2 (zu Vergleichszwecken)

Lk	$\gamma_{G,i} \cdot E_{Gk}$	Nur die ungünstigste veränderliche Einwirkung $1{,}5 \cdot E_{Qk,1}$	Sämtliche ungünstigen veränderlichen Einwirkungen $1{,}35 \cdot \sum E_{Qk,i}$	k_{mod}	$E_d = \sum$	Nachweis erforderlich?
1a	(Ständige Lasten) $1{,}35 \cdot 0{,}63$	–	–	0,60	0,85 kN/m	nein, da kleiner als Lk 3a
2a	(Ständige Lasten) $1{,}35 \cdot 0{,}63$	(Schneelast) $1{,}5 \cdot 0{,}28$	–	0,90	1,27 kN/m	nein, da kleiner als Lk 3a
3a	(Ständige Lasten) $1{,}35 \cdot 0{,}63$	–	(Schnee + Wind) $1{,}35 \cdot (0{,}28 + 0{,}32)$	1,10	1,66 kN/m	**ja**
4a	(Ständige Lasten) $0{,}90^{1)} \cdot 0{,}63$	(Windsog) $1{,}5 \cdot (-0{,}23)$	–	1,10	0,22 kN/m	nein, Abhebenachweis nicht erforderlich
5a	(Ständige Lasten) $1{,}35 \cdot 0{,}63$	(Reparaturlast[2])) $1{,}5 \cdot 0{,}81$	–	0,90	0,85 kN/m + 1,22 kN	**ja**, da die Lastkombination nicht direkt mit Lk 3a verglichen werden kann

1) $\gamma_{G,inf} = 0{,}90$ nach DIN EN 1990:2010, Tabelle A1.2 (A), da Einwirkung günstig

2) Reparaturlast nach DIN EN 1991-1-1/NA:2010, Tabelle 6.10 nicht gleichzeitig mit Schnee zu überlagern

3) $k_{mod} = 1{,}00$ nach DIN EN1995-1-1/NA, Tabelle NA.1 darf bei Wind das Mittel aus kurz und sehr kurz verwendet werden

Für die Nachweise im Grenzzustand der Tragfähigkeit ist bei Anwendung der Grundregel die Lastkombination 3 und 9 und bei Anwendung der vereinfachten Regel die Lastkombination 3a und 5a maßgebend.

– *Mannlast:*

$E_{Qk,F} = 1{,}0\,kN$ nach DIN EN 1991-1-1/NA:2010, Tabelle 6.10, jedoch nicht gleichzeitig mit Schneelasten (Abschnitt 6.3.4.2), KLED Tabelle NA.1, DIN EN 1995-1-1/NA:2013, neu = „kurz"

$\psi_0 = 0{,}0$ Kombinationsbeiwert nach Tabelle A.1.1, DIN EN 1990:2010

Berechnung der senkrecht zum Sparren wirkenden Beanspruchungskomponenten (s. Tabelle 7.6)

$$E_{Gk,\perp} = E'_{Gk} \cdot \cos\alpha = 0{,}78 \cdot \cos 36° = 0{,}63\,kN/m$$

$$E_{Qk,S,\perp} = E_{Qk,S} \cdot \cos^2\alpha = 0{,}43 \cdot \cos^2 36° = 0{,}28\,kN/m$$

$$E_{Qk,W,D} = 0{,}32\,kN/m$$

$$E_{Qk,F,\perp} = E_{Qk,F} \cdot \cos\alpha = 1{,}0 \cdot \cos 36° = 0{,}81\,kN$$

Ermittlung der Bemessungswerte der Einwirkungen:

- *Lastkombination im Grenzzustand der Tragfähigkeit (Wirkungsrichtung ⊥ zum Sparren):*
- Lastkombination im Grenzzustand der Tragfähigkeit unter Anwendung der Grundregel (s. Tabelle 2.16.) und im Vergleich dazu der vereinfachten Regeln (s. Tabelle 2.13.).

Für die Nachweise im Grenzzustand der Tragfähigkeit ist bei Anwendung der Grundregel die Lastkombination 3 und 9 und bei Anwendung der vereinfachten Regel die Lastkombination 3a und 5a maßgebend.

Fortsetzung in Abschnitt 8.

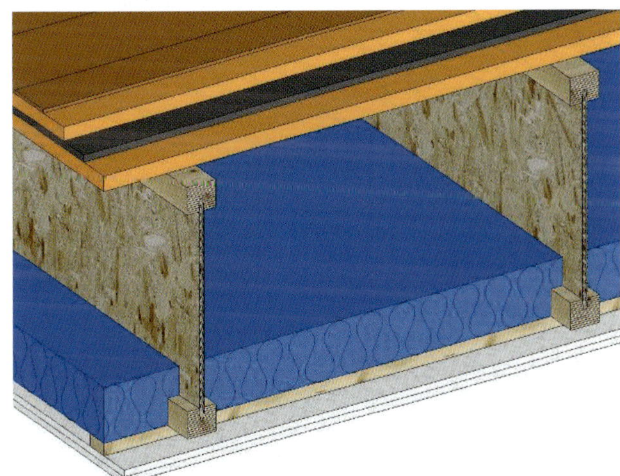

Bild 2.7. Deckenbalken Typ FJI_I 45/360 nach ETA-02/0026

Beispiel 2.3. **(nach DIN EN 1995-1-1:2010)**

Die statischen Nachweise der Erdgeschossdecke eines Einfamilienhauses sind zu führen. Als Deckenbalken sollen I-förmige Profilträger verwendet werden. Für die I-Balken liegt eine Europäische technische Zulassung auf der Grundlage der DIN EN 1995-1-1:2010 vor.

gewählt:

Deckenbalken Typ FJII 45/360, nach Europäische Technische Zulassung ETA-02/0026 (Furnierschichtholz Gurt und Steg aus OSB-Platte); Balkenabstand $e = 0{,}6$ m

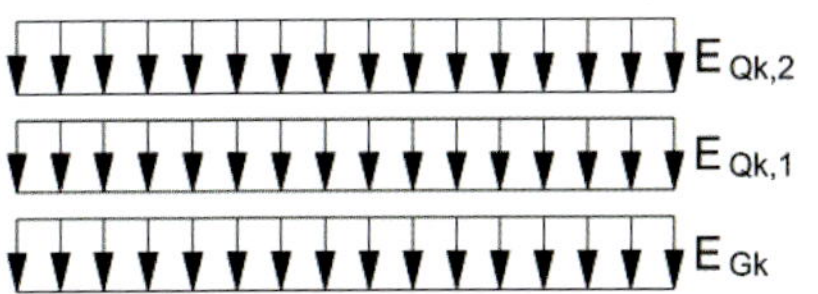

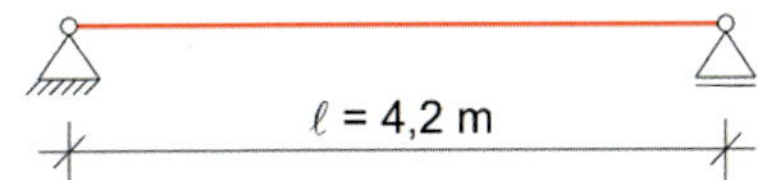

Bild 2.8.a Statisches System

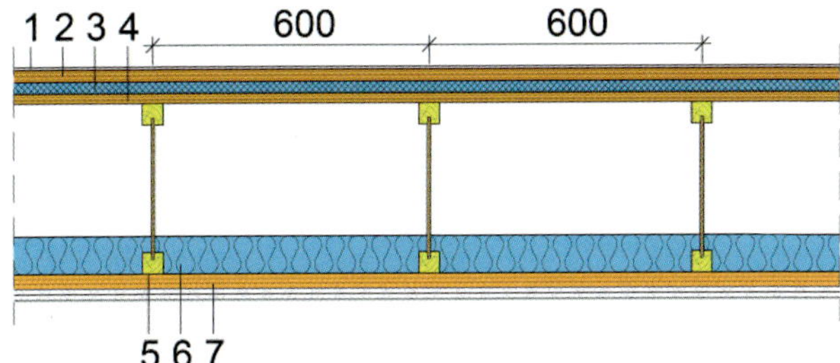

Legende

1. Belag
2. Fußbodenverlegeplatte (Spanplatte - V 100)
3. Trittschallmatte
4. 22 mm BFU Platte Kerto-Q
5. Profilbalken FJI 45
6. Mineralwolle 80 mm
7. Unterdecke mit GKF-Platten

Bild 2.8.b Deckenquerschnitt mit Typ FJI_I 45/360 nach ETA-02/0026

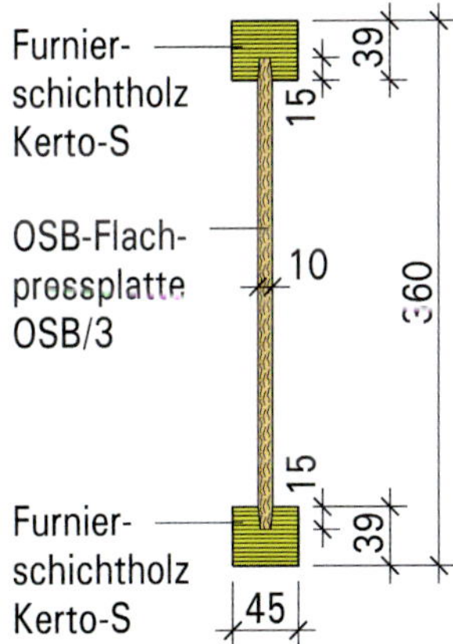

Bild 2.8.c Deckenbalken Typ FJI_I 45/360 nach ETA-02/0026

– *Eigenlast:*

Belag	$\approx 0{,}10\,kN/m^2$
Fußbodenverlegeplatte	$\approx 0{,}20\,kN/m^2$
Trittschallmatte	$\approx 0{,}05\,kN/m^2$
BFU 22 mm	$\approx 0{,}15\,kN/m^2$
Profilbalken	$\approx 0{,}10\,kN/m^2$
80 mm Mineralwolle	$\approx 0{,}08\,kN/m^2$
Unterdecke mit GKF-Platten	$\approx 0{,}20\,kN/m^2$
E_{Gk}	$= 0{,}88\,kN/m^2$

Ermittlung der charakteristischen Werte der Einwirkungen:

– *Verkehrslast:*

Decke ohne ausreichende Querverteilung der Lasten nach DIN EN 1991-1-1:2010, Tabelle 6.2

$$E_{Qk,1} = 2{,}0\,kN/m^2$$

– *Trennwandlast:*

Berücksichtigung der Lasten nicht tragender Trennwände nach DIN EN 1991-1-1, Abschnitt 6.3.1.2 durch Zuschlag zur Verkehrslast möglich

$E_{k,2} = 0{,}8\,\text{kN/m}^2$ für $E_{k,Wand} < 3{,}0\,\text{kN/m}$

– *Lastkombinationen im Grenzzustand der Tragfähigkeit unter Anwendung der Grundregel* (s. Tabelle 2.14.)

Lk 1: $E_d = \gamma_G \cdot E_{Gk} \cdot e = 1{,}35 \cdot 0{,}88 \cdot 0{,}6 = 0{,}71\,\text{kN/m}$

Lk 2: $E_d = \gamma_G \cdot E_{Gk} \cdot e + \gamma_Q \cdot (E_{Q1,k} + E_{Q2,k}) \cdot e$

$E_d = 0{,}71 + 1{,}5 \cdot (2{,}0 + 0{,}8) \cdot 0{,}6$

$E_d = 3{,}23\,\text{kN/m}$

Für die Nachweise im Grenzzustand der Tragfähigkeit ist die Lastkombination 3 maßgebend!

Fortsetzung des Beispiels: s. Abschnitt 6

Tabelle 2.17. Lastkombination im Grenzzustand der Tragfähigkeit (Beispiel 2.4)

Kombinationen nach der Grundregel für ständige und vorübergehende Bemessungssituation nach DIN EN 1990:2010, Abschnitt 6.4.3.2

Lk	$\gamma_G \cdot E_{Qk}$	$\gamma_{Q,1} \cdot E_{Qk,1}$	$\gamma_{Q,i} \cdot \psi_{0,i} \cdot E_{Qk,i}$	k_{mod}	$E_d = \sum$	**Nachweis erforderlich?**
1	(Ständige Lasten) $1{,}35 \cdot 0{,}53$	–	–	0,60	0,72 kN/m	nein, da $0{,}72/0{,}60 < 2{,}52/0{,}8$
2	(Ständige Lasten) $1{,}35 \cdot 0{,}53$	(Verkehr in beiden Feldern) $1{,}5 \cdot 1{,}20$	–	0,80	2,52 kN/m	**ja**
3	(Ständige Lasten) $1{,}35 \cdot 0{,}53$	(Verkehr in einem Feld) $1{,}5 \cdot 1{,}20$	–	0,80	2,52 kN/m	**ja**

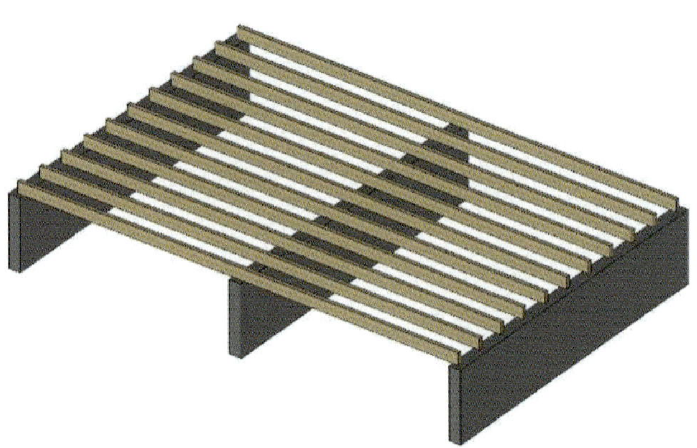

Bild 2.9. Holzbalkendecke

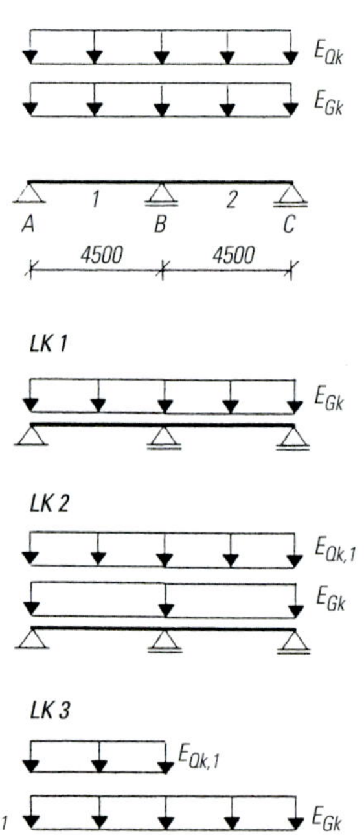

Bild 2.10. Beanspruchung

Beispiel 2.4. (nach DIN EN 1995-1-1:2010)

Beim Neubau eines Einfamilienhauses soll eine Holzbalkendecke über zwei gleichgroße Räume spannen (Bild 2.9).

gewählt:

Vollholzbalken $b/h = 80/220$ mm als Zweifeldträger,

Konstruktionsvollholz in Sortierklasse S 13 nach DIN 4074-1 (C40 nach DIN EN 338, Tabelle 1) mit Balkenabstand $e = 0{,}6$ m

Ermittlung der charakteristischen Werte der Einwirkungen:

– *Eigenlast:*

Deckenaufbau wie im Beispiel 2.3.

$E_{Gk} = 0{,}88\,\text{kN/m}^2 \cdot 0{,}6\,\text{m} = 0{,}53\,\text{kN/m}$

– *Verkehrslast:*

Keine ausreichende Querverteilung der Lasten; nach DIN EN 1991-1-1/NA:2010

$E_{Qk,1} = 2{,}0\,\text{kN/m}^2 \cdot 0{,}6\,\text{m} = 1{,}2\,\text{kN/m}$

Ermittlung der Bemessungswerte der Einwirkungen:

- Lastkombinationen im Grenzzustand der Tragfähigkeit (s. Tabelle 2.17.).
- Für den Bemessungswert des Stützmomentes und der Auflagerkraft B wird Lk 2 maßgebend.
- Den maßgebenden Bemessungswert des Feldmomentes und der Auflagerkraft A liefert die Lk 3.
- Minimale Auflagerkräfte liefern die Lk 1 und 3.
- Die gebildeten Lastkombinationen gleichen denen, die man nach den vereinfachten Regeln für den Hochbau bilden kann.

Fortsetzung des Beispiels: s. Abschnitt 6

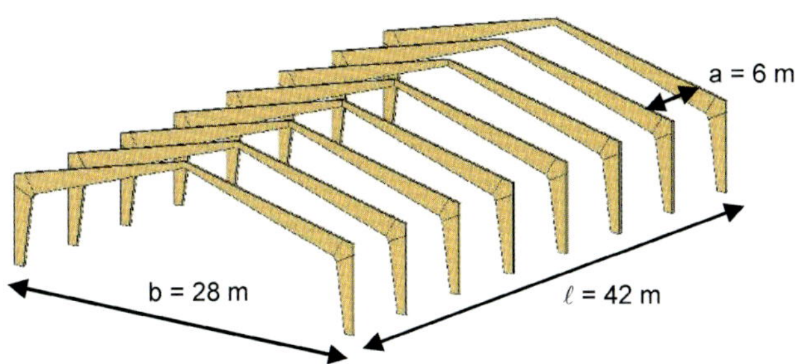

Bild 2.11. Produktionshalle

Beispiel 2.5. **(nach DIN EN 1995-1-1:2010)**

Die neu zu errichtende Produktionshalle von 28 × 42 m wird von Dreigelenkrahmen aus Brettschichtholz überspannt. Die Rahmen stehen in einem Rasterabstand von $a = 6{,}0$ m. Die Nachweise der Dach- und Wandverkleidung sowie der Sparrenpfetten sind nicht Gegenstand der Betrachtung und werden nur in ihren Wirkungen auf die primäre Tragkonstruktion berücksichtigt.

gewählt:

Riegel und Stütze GL32h nach DIN EN 1194, anstelle von 4,2 kN/m³ (DIN EN 1991-1-1:2010, Tabelle A.3) wird die charakteristische Wichte mit 5 kN/m³ (für Brettschicht- und Vollholz) angenommen.
Abschätzung der erforderlichen statischen Höhe in der Rahmenecke nach Tabelle 9.2. in Abschnitt 9

$$h \approx \frac{b}{20} = \frac{28}{20} = 1{,}4\,\text{m}$$

Querschnitte:

1-1	$b/d = 200/1400$ mm
2-2	$b/d = 200/1400$ mm
3-3	$b/d = 200/400$ mm

Lösung:

Ermittlung der charakteristischen Werte der Einwirkungen:

– *Eigenlast:*

Nach DIN EN 1991-1-1:2010
Dachsystem (selbsttragend) mit Wärmedämmung mit einer Flächenlast von $0{,}3\,\text{kN/m}^2$

$$E_{\text{Gk},1} = a \cdot 0{,}3\,\text{kN/m}^2 = 6 \cdot 0{,}3\,\text{kN/m}^2 \qquad = 1{,}80\,\text{kN/m}$$

Sparrenpfetten in $e = 2$ m; $b/h = 100/300$ mm

$$E_{\text{Gk},2} = b \cdot h \cdot \frac{5}{e} \cdot a = 0{,}1\,\text{m} \cdot 0{,}3\,\text{m} \cdot \frac{5\,\text{kN/m}^3}{2\,\text{m}} \cdot 6\,\text{m} \qquad = 0{,}45\,\text{kN/m}$$

$$\sum G_g = 2{,}25\,\text{kN/m}$$

$$E'_{\text{Gk},1} = b \cdot h \cdot 5 + E_{\text{Gk}} = 0{,}2 \cdot 0{,}7 \cdot 5 + 2{,}25 \qquad \text{(am Stützenfuß)}$$

$$E'_{\text{Gk},1} = 2{,}95\,\text{kN/m}$$

$$E'_{\text{Gk},2} = b \cdot h \cdot 5 + E_{\text{Gk}} = 0{,}2 \cdot 1{,}4 \cdot 5 + 2{,}25 \qquad \text{(in Rahmenecke)}$$

$$E'_{\text{Gk},2} = 3{,}65\,\text{kN/m}$$

$$E_{\text{Gk},1} = \frac{E'_{\text{Gk},1} + E_{\text{Gk},2}}{2} \cdot H = \frac{2{,}95 + 3{,}65}{2} \cdot 5{,}5 = 18{,}2\,\text{kN}$$

$$E_{\text{Gk},2} = \frac{E'_{\text{Gk},2}}{\cos 14°} = \frac{3{,}65}{0{,}9703} = 3{,}76\,\text{kN/m}$$

$$E'_{\text{Gk},3} = b \cdot h \cdot 5 + E_{\text{Gk}} = 0{,}2 \cdot 0{,}4 \cdot 5 + 2{,}25 \qquad \text{(im Firstpunkt)}$$

$$E'_{\text{Gk},3} = 2{,}65\,\text{kN/m}$$

$$E_{\text{Gk},3} = \frac{2{,}65}{\cos 14°} = 2{,}73\,\text{kN/m Gfl.}$$

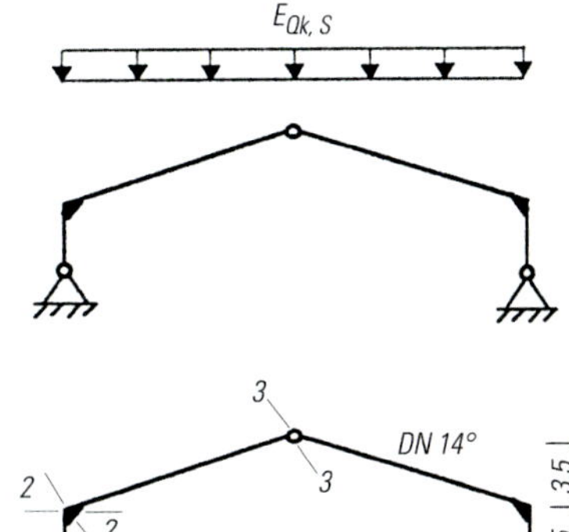

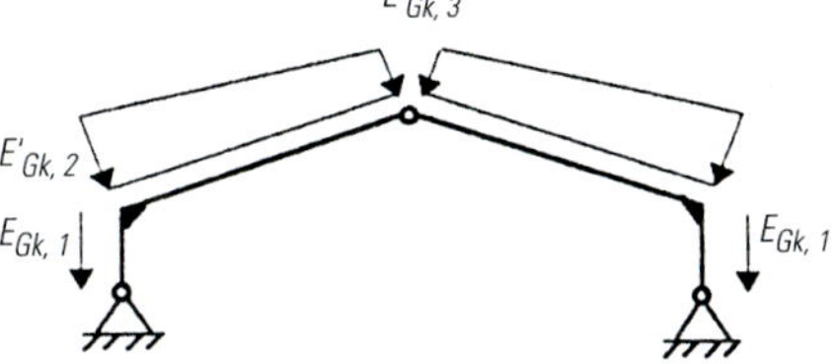

Bild 2.12. Statisches System und Lastfall Schnee- und Eigengewicht

– *Schneelast:*

Nach DIN EN 1991-1-3:2010

für Schneelastzone 1 ≤ 455 m über NN →

$E_{\text{Qk,S,0}} \cong 0{,}75\,\text{kN/m}^2$

$C_e = 1{,}0$	Umgebungskoeffizient nach DIN EN 1991-1-3/NA, NDP zu 5.2 (7)
$C_t = 1{,}0$	Temperaturbeiwert nach DIN EN 1991-1-3/NA, NDP zu 5.2 (8)

Formbeiwert nach DIN EN 1991-1-3:2010, Tabelle 5.2:
$\mu_1 = 1{,}0;\ \text{DN} = 14° < 30°$

$$s = \mu_1 \cdot C_e \cdot C_t \cdot s_k \qquad \text{[DIN EN 1991-1-3, Gl. (5.1)]}$$

$$E_{\text{Qk,S}} = C_e \cdot \mu_1 \cdot E_{\text{Qk,S,0}} \cdot a$$

$$E_{\text{Qk,S}} = 1{,}0 \cdot 1{,}0 \cdot 0{,}75 \cdot 6 = 4{,}5\,\text{kN/m Gfl}$$

$\psi_0 = 0{,}5$ Kombinationsbeiwert nach Tabelle NA.A.1.1,

DIN EN 1990/NA:2010 für Orte bis NN + 1000 m

Tabelle 2.18. Schnittkräfte

Kombinationen nach der Grundregel für ständige und vorübergehende Bemessungssituation nach DIN EN 1990/NA:2010

Lk	$\gamma_{G,i} \cdot E_{Gk}$	$E_{Qk,1}$	$\gamma_{Q,i} \cdot \psi_{0,i} \cdot E_{Qk,i}$	k_{mod}
1	(Ständige Lasten) $1{,}35 \cdot E_{Gk}$	–	–	0,60
2	(Ständige Lasten) $1{,}35 \cdot E_{Gk}$	(Schnee einseitig) $1{,}5 \cdot E_{Qk,S,e}$	–	0,90
3	(Ständige Lasten) $1{,}35 \cdot E_{Gk}$	(Schnee voll) $1{,}5 \cdot E_{Qk,S,v}$	–	0,90
4	(Ständige Lasten) $1{,}35 \cdot E_{Gk}$	(Schnee einseitig) $1{,}5 \cdot E_{Qk,S,e}$	(Wind) $1{,}5 \cdot 0{,}6 \cdot E_{Qk,W}$	1,0
5	(Ständige Lasten) $1{,}35 \cdot E_{Gk}$	(Schnee voll) $1{,}5 \cdot E_{Qk,S,v}$	(Wind) $1{,}5 \cdot 0{,}6 \cdot E_{Qk,W}$	1,0
6	(Ständige Lasten) $1{,}35 \cdot E_{Gk}$	(Wind) $1{,}5 \cdot E_{Qk,W}$	–	1,0
7	(Ständige Lasten) $1{,}35 \cdot E_{Gk}$	(Wind) $1{,}5 \cdot E_{Qk,W}$	(Schnee einseitig) $1{,}5 \cdot 0{,}5 \cdot E_{Qk,S,e}$	1,0
8	(Ständige Lasten) $1{,}35 \cdot E_{Gk}$	(Wind) $1{,}5 \cdot E_{Qk,W}$	(Schnee voll) $1{,}5 \cdot 0{,}5 \cdot E_{Qk,S,v}$	1,0
9	(Ständige Lasten) $1{,}00 \cdot E_{Gk}$	(Wind) $1{,}5 \cdot E_{Qk,W}$	–	1,0

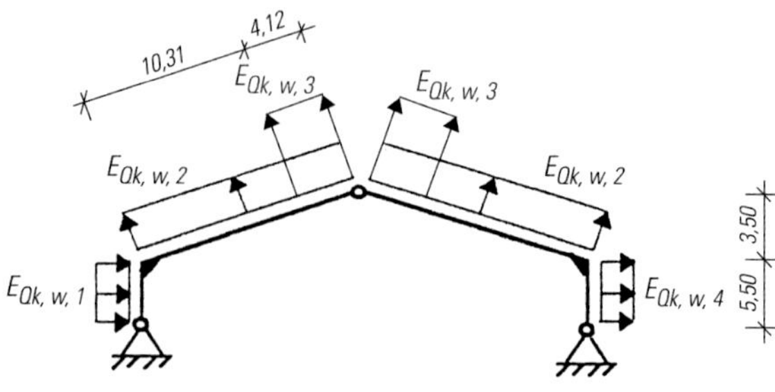

Bild 2.13. Lastfall Wind

– *Windlast:*

Nach DIN EN 1991-1-4:2010
keine Berücksichtigung von Sogspitzen im Rand- und Eckbereich

$E_{Qk,w,0} = 0{,}5\,\text{kN/m}^2$ für $h < 8$ m; $E_{Qk,w,0} = 0{,}8\,\text{kN/m}^2$ für $8\text{ m} < h < 20$ m (Staudruckwerte nach DIN 10558-4)

$E_{Qk,w,1} = c_p \cdot E_{Qk,w,0} \cdot a = 0{,}8 \cdot 0{,}5 \cdot 6 = 2{,}4\,\text{kN/m}\ (h < 10\text{ m})$

$E_{Qk,w,2} = c_p \cdot E_{Qk,w,0} \cdot a = -0{,}6 \cdot 0{,}5 \cdot 6 = -1{,}8\,\text{kN/m}\ (h < 10\text{ m})$

$E_{Qk,w,3} = c_p \cdot E_{Qk,w,0} \cdot a = -0{,}6 \cdot 0{,}8 \cdot 6 = -2{,}9\,\text{kN/m}\ (10\text{ m} < h < 18\text{ m})$

$E_{Qk,w,4} = c_p \cdot E_{Qk,w,0} \cdot a = -0{,}5 \cdot 0{,}5 \cdot 6 = -1{,}5\,\text{kN/m}\ (h < 10\text{ m})$

$\psi_0 = 0{,}6$ Kombinationsbeiwert nach Tabelle NA.A.1.1, DIN EN 1990/NA:2010

Die Schnittkräfte wurden mit einem EDV-Programm ermittelt. Hinsichtlich der Lastfallkombinationen ist zu beachten, dass hier aus Platzgründen nur die maßgeblichen LFk abgedruckt sind. Die Zahlenwerte der Lastfallkombinationen sind direkt vergleichbar, da die zugehörigen k_{mod}-Faktoren für Wind- und Schneeeinwirkung gleich sind.
Die Schnittgrößen im Punkt 3 dienen vorrangig der Abschätzung der für das Feldmoment im Riegel maßgebenden Lastfallkombination.

Fortsetzung des Beispiels: s. Abschnitt 9.7.

Tabelle 2.19. Lastkombination im Grenzzustand der Tragfähigkeit

	Ständige Last	Schnee einseitig	Schnee voll	Wind	Lastkombinationen $E_d = \sum$								
	E_{Gk}	$E_{Qk,S,e}$	$E_{Qk,S,v}$	$E_{Qk,W}$	1*)	2	3	4	5	6	7	8	9
V_1	69,2	47,3	63,7	31,7	*93,4*	164,4	187,9	192,9	216,5	141,0	176,4	188,2	116,8
H_1	38,3	24,5	49,7	36,6	*51,7*	88,5	125,2	121,4	158,1	106,6	125,0	143,4	93,2
V_2	40,1	39,9	49,2	–25,1	*54,1*	114,0	127,9	91,4	105,3	16,5	46,4	53,4	2,5
N_2	–49,5	–35,2	–62,8	30,4	*–66,8*	–119,6	–161,0	–92,3	–133,7	–21,2	–47,6	–68,3	–3,9
M_2	–211	–135	–270	165	*–284,9*	–487,4	–689,9	–338,9	–541,4	–37,4	–138,6	–239,9	36,5
V_3	1,84	–5,94	3,4	–5,03	*2,5*	–6,4	7,6	–11,0	3,1	–5,1	–9,5	–2,5	–5,7
N_3	–39,9	–23,8	–51,4	30,4	*–53,9*	–89,6	–131,0	–62,2	–103,6	–8,3	–26,1	–46,8	5,7
M_3	14,2	49,5	16,6	0,73	*19,2*	92,7	44,1	93,3	44,7	20,3	57,0	32,7	15,3
V_4	–9,29	–21,2	–11,9	5,43	*–12,5*	–44,3	–30,4	–39,5	–25,5	–4,4	–20,3	–13,3	–1,1
H_4	–37,1	–19,9	–47,5	30,4	*–50,1*	–79,9	–121,3	–52,6	–94,0	–4,5	–19,4	–40,1	8,5

*) für kursiv gedruckte Werte $k_{mod} = 0{,}6$, ansonsten $k_{mod} = 1{,}0$

2.5. Grenzzustand der Gebrauchstauglichkeit

Werden über die gesamte Nutzungszeit bestimmte Grenzwerte der Verformungen oder Schwingungen eingehalten, so ist die Gebrauchstauglichkeit gewährleistet. Dieser Nachweis ist stets ohne Berücksichtigung des Teilsicherheitsbeiwertes für die Einwirkungen (γ_F) und für die Baustoffeigenschaft (γ_M), d. h. generell für die charakteristischen Werte zu führen.

Es gilt nach DIN EN 1990:2010, Abschnitt 10 generell die Gleichung (6.13):

$$E_d \leq C_d$$

E_d Bemessungswert der Auswirkung der Einwirkungen in der Dimension des Gebrauchstauglichkeitskriteriums aufgrund der maßgebenden Einwirkungskombination

C_d Bemessungswert der Grenze für das maßgebende Gebrauchstauglichkeitskriterium.

Der Bemessungswert der Beanspruchung ergibt sich direkt aus den charakteristischen Werten der Einwirkungen. Es sind die in Tabelle 2.14. nach DIN EN 1990 vorgegebenen Lastkombinationen für die jeweilige Bemessungssituation zu untersuchen. Bei der charakteristischen (seltene) Bemessungssituation werden alle extremen Nutzungsbedingungen mit bleibenden Auswirkungen auf das Tragwerk untersucht. Damit sollen nach DIN EN 1990 Schäden an Trennwänden, Installationen oder Bekleidungen verhindert werden. In der quasi-ständigen Bemessungssituation wird vor allem der Einfluss der dauernd wirkenden Nutzungsbedingungen untersucht, d. h. alle ständig wirkenden Einwirkungen und die quasi-ständigen Anteile der veränderlichen Lasten mit möglichen Einflüssen auf das Kriechverhalten werden erfasst. Diese Nachweise gewährleisten die allgemeine Gebrauchstauglichkeit des Tragwerkes.

Verformungsnachweis nach DIN EN 1995-1-1:2010, Abschnitt 2.2.3 und 7.2

Unter ständig wirkenden Einwirkungen kommt es zur Zunahme von Formänderungen infolge plastischer Verformungen der Holzfasern, z. B. bei Biegeträgern zur Vergrößerung der Durchbiegung (s. a. Abschnitt 1.2.3).

Näherungsweise wird die Verformungszunahme durch Vergrößerung der rechnerisch ermittelbaren elastischen Verformung mit dem Faktor $(1 + k_{def})$. Dieser wird auch als Kriechfaktor bezeichnet. Das Kriechverhalten von Holzbauteilen ist von sehr verschiedenen Faktoren abhängig (s. a. Abschnitt 1.2.3). Wesentlich wird es bestimmt durch die Art des Holzbaustoffes und der Art der Beanspruchung, der Größe der ständigen bzw. quasi-ständigen Beanspruchung, den Umweltbedingungen, der Bauteilgröße und eventuell vorhandener Schutzsysteme auf den Bauteilen (s. Bild 2.14.).

Anders als in DIN 1052:1988/1996 ist der Einfluss des lastabhängigen Kriechens für den Eigenlastanteil unabhängig von seinem Anteil an der Gesamtlast zu berücksichtigen.

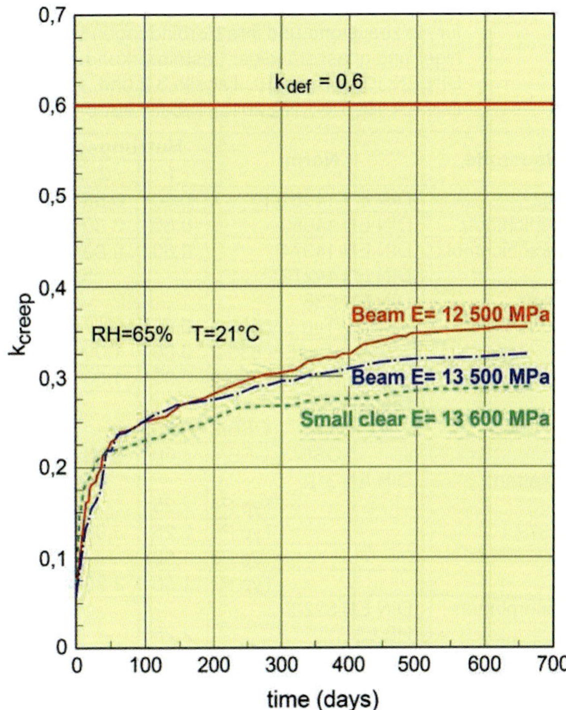

Bild 2.14. Kriechen von Biegeträgern (Vollholz 44/94 mm, Fichte), aus [*Ranta-Maunas* 1995]

Die Abschnitte 2.2.3 und 7.2 der DIN EN 1995-1-1 regeln die im Einzelnen für die jeweilige Bemessungssituation durchzuführenden Verformungsnachweise (s. Tabelle 2.21.).

In beiden Bemessungssituationen wird die kriecherzeugende Wirkung des quasi-ständigen Anteils der veränderlichen Last berücksichtigt. Dies erfolgt durch die Multiplikation des Beiwertes ψ_2 für den quasi-ständigen Anteil der veränderlichen Einwirkung mit den k_{def}-Werten (s. Tabelle 2.20.). Die ψ_2-Werte sind DIN EN 1990:2010, Tabelle A.1.1 zu entnehmen (s. Tabelle 2.24.). Sie liegen je nach Einwirkungsart zwischen 0,3 und 0,8 (1,0).

Die k_{def}-Werte aus DIN EN 1995-1-1:2010, Tabelle 3.2. und Tabelle NA.5 im nationalen Anhang enthält Tabelle 2.20.

Besteht ein Verbindung aus unterschiedlichen Baustoffen mit verschiedenen k_{def}-Werten (z. B. Träger aus Vollholzgurten und Holzwerkstoffstegen, s. Beispiel 2.3.), so ist der k_{def}-Wert nach Gl. (2.13) zu berechnen.

Es gilt Gl. (2.13):

$$k_{def} = 2 \cdot \sqrt{k_{def,1} \cdot k_{def,2}} \qquad \text{[DIN EN 1995-1-1, Gl. (2.13)]}$$

Nach DIN EN 1995-1-1/NA:2013 darf für Tragwerke, die aus Bauteilen, Komponenten und Verbindungen, mit gleichem Kriechverhalten unter Annahme eines linearen Zusammenhangs zwischen Einwirkungen und Verformungen die Endverformung $u_{net,fin}$ nach Gl. (NA.1) berechnet werden.

[DIN EN 1995-1-1/NA, Gl. (NA.1)]

$$u_{net,fin} = \left(u_{inst,G} + \sum_{i \geq 1} \psi_{2,i} \cdot u_{inst,Q,i} \right) \cdot (1 + k_{def}) - u_c$$

Tabelle 2.20. Rechenwerte für die Verformungsbeiwerte k_{def} für Holzbaustoffe und ihre Verbindungen bei ständiger und quasi-ständiger Lasteinwirkungen nach DIN EN 1995-1-1:2010, Tabelle 3.2 und DIN EN 1995-1-1/NA:2013, Tabelle NA.5

Baustoffe	Norm	Nutzungsklasse		
		1	2	3
Vollholz	DIN EN 14081-1	0,60	0,80	2,00
Brettschichtholz	DIN EN 14080	0,60	0,80	2,00
Furnierschichtholz (LVL)	DIN EN 14374, DIN EN 14279	0,60	0,80	2,00
Sperrholz	DIN EN 636			
	Typ EN 636-1	0,80	–	–
	Typ EN 636-2	0,80	1,00	-
	Typ EN 636-3	0,80	1,00	2,50
OSB	DIN EN 300			
	OSB/2	2,25	–	–
	OSB/3, OSB/4	1,50	2,25	–
Spanplatten	DIN EN 312			
	Typ P4	2,25	–	–
	Typ P5	2,25	3,00	–
	Typ P6	1,50	–	–
	Typ P7	1,50	2,25	–
Holzfaserplatten, hart	DIN EN 622-2 HB.LA	2,25	–	–
	HB.HLA1, HB.HLA2	2,25	3,00	–
Holzfaserplatten, mittelhart	DIN EN 622-3 MBH.LA1 MBH.LA2	3,00	–	–
	MBH.HLS1 MBH.HLS2	3,00	4,00	–
Holzfaserplatten, MDF	DIN EN 622-5 MDF.LA	2,25	–	–
	MDF.HLS	2,25	3,00	–
Balkenschichtholz	BAZ	0,60	0,80	–
Brettsperrholz	BAZ	3,00	4,00	–
Massivholzplatten	DIN EN 13986 in Verbindung mit DIN V 20000-1	2,25	3,00	–
Gipsplatten (Typen GKB, GKF)	DIN 18180, DIN EN 15283-2	3,00	–	–
Gipsplatten (Typen GKBI und GKFI), Gipsfaserplatten	DIN 18180, DIN EN 15283-2	3,00	4,00	–
Zementgebundene Spanplatten	DIN EN 13986 in Verbindung mit DIN V 20000-1 DIN EN 634-1, DIN EN 634-2	2,25	3,00	–

Durchbiegungsgrenzwerte

Die in Tabelle 2.21. nach DIN EN 1995-1-1/NA:2013, Abschnitt NDP zu 7.2 (2) empfohlenen Durchbiegungsgrenzwerte sind grundsätzlich Empfehlungen. Das heißt sie müssen vom Tragwerksplaner nicht mehr zwingend eingehalten werden. Es können auch andere Grenzwerte für die geplante Nutzung vereinbart werden. **Es wird empfohlen diese Vereinbarung mit dem Bauherrn oder seinem Architekten schriftlich festzuhalten.**

Für die Anwendung in Deutschland regelt DIN EN 1995-1-1/NA:2013 in NDP zu 7.2 (2) analog der bisherigen Praxis feste Grenzwerte nach Tabelle NA.13 (s. Tabelle 2.21.).

Bild 2.15. zeigt die nach DIN EN 1995-1-1:2010, Abschnitt 7.2 festgelegten Definitionen für die Verformungsanteile.

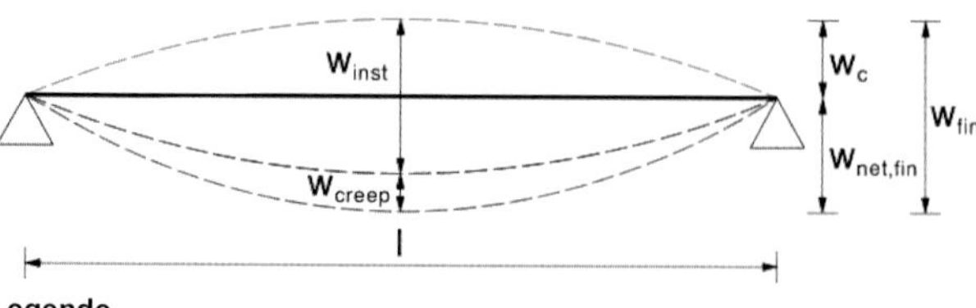

Legende

w_c Überhöhung im lastfreien Zustand (falls vorhanden)
w_{inst} Anfangsdurchbiegung
w_{creep} Durchbiegung infolge Kriechens
w_{fin} Enddurchbiegung
$w_{net,fin}$ gesamte Enddurchbiegung (Enddurchbiegung abzüglich Überhöhung)
$w_{net,fin} = w_{fin} - w_c$ gesamte Enddurchbiegung bezogen auf eine die Auflager verbindende Gerade

Bild 2.15. Anteile der Durchbiegung (nach DIN EN 1995-1-1:2010, Abschnitt 7.2, Bild 7.1)

Schwingungen

Die Gebrauchstauglichkeit eines Bauwerkes oder Bauteiles kann durch Schwingungen beeinträchtigt werden.

Nach DIN EN 1995-1-1:2010, Abschnitt 7.3. wird gefordert, dass eine Beeinträchtigung der Gebrauchstauglichkeit der Decke durch Schwingungen nicht eintritt.

Untersuchungen zum Schwingungsverhalten können durch Messung oder Berechnung durchgeführt werden. Zu berücksichtigen sind die erwartete **Steifigkeit** der Decke und der **Dämpfungsgrad**.

Schwingungen verursacht durch Maschinen

DIN EN 1995-1-1:2010 regelt in Abschnitt 7.3.2 Schwingungen verursacht durch Maschinen. Allerdings sind nur allgemeine Regeln enthalten

- durch rotierende Maschinen oder andere Anlagen ausgelöste Schwingungen sind für die ungünstigsten zu erwartenden Kombinationen von ständigen und veränderlichen Lasten zu begrenzen;
- ein zulässiges Niveau für andauernde Deckenschwingungen ist i. d. R. aus Bild 5a in Anhang A der ISO 2631-2 mit dem Multiplikationsfaktor 1,0 zu entnehmen.

Schwingungen von Wohnungsdecken

Nach DIN EN 1995-1-1/NA:2013, Abschnitt NCI zu 7.3.1 ist die generelle Forderung zu beachten, dass das Schwingungsverhalten von Decken, ebenso wie die Begrenzung von Durchbiegungen, immer im Hinblick auf die vorgesehene Nutzung zu beurteilen ist und dass die Anforderungen gegebenenfalls in Abstimmung mit den Bauherrn festgelegt werden.

Nach [*Winter* u. a. 2010] bzw. [*Hamm* 2012] werden Nachweise im Rahmen der genaueren Untersuchungen, insbesondere der Nachweis der Schwingbeschleunigung (Nachweis der Einheitsimpulsgeschwindigkeit nach Gl. (7.4) in DIN EN 1995-1-1:2010) nur bei relativ schweren Decken, wie z. B. Holz-Beton-Verbunddecken erfüllt. Deshalb sollte bei einer Eigenfrequenz unter 8 Hz generell die Steifigkeit der Decke erhöht werden.

Tabelle 2.21. Nachweisbedingungen für den Grenzzustand der Gebrauchstauglichkeit (Beschränkung der Durchbiegung nach DIN EN 1995-1-1:2010, Abschnitte 2.2.3 und 7.2 bzw. DIN EN 1995-1-1/NA:2013. Die Grenzwerte sind entsprechend der geplanten Nutzung **zu vereinbaren**, soweit sie nicht in anderen Normen geregelt sind!)

Durchbiegung[7])		**Grenzwert**[1]), [2]) Träger	Kragträger
Durchbiegung in der charakteristischen Bemessungssituation			
Elastische Anfangsdurchbiegung aus ständiger und veränderlicher Einwirkung (charakteristische Kombination) nach DIN EN 1990, 6.5.3 (2) a)			
a) Bauteile außer Bauteile nach Zeile b)	w_{inst}	$\le \ell/300$	$\le \ell/150$
b) überhöhte Bauteile, untergeordnete Bauteile, wie Bauteile in landwirtschaftlichen Gebäuden, Sparren und Pfetten	w_{inst}	$\le \ell/200$	$\le \ell/100$
Enddurchbiegung aus elastischer Anfangsdurchbiegung + plastischer Verformung aus Kriechen (quasiständige Kombination) nach DIN EN 1990, 6.5.3 (2) c)			
a) Bauteile außer Bauteile nach Zeile b)	w_{fin}	$\le \ell/200$	$\le \ell/100$
b) überhöhte Bauteile, untergeordnete Bauteile, wie Bauteile in landwirtschaftlichen Gebäuden, Sparren und Pfetten	w_{fin}	$\le \ell/150$	$\le \ell/75$

mit

- $w_{inst} = w_{inst,G} + w_{inst,Q,1} + \sum_{i \ge 1} \psi_{0,i} \cdot w_{inst,Q,i}$
- $w_{fin,G} = w_{inst,G} \cdot (1 + k_{def})^{3)}$
- $w_{fin} = w_{fin,G} + w_{fin,Q,1} + \sum w_{fin,Q,i}$ [nach DIN EN 1995-1-1, 2.2.3 (5)]
- $w_{fin,Q} = w_{fin,Q,1} + \sum_{i>1} w_{fin,Q,i}$
- $w_{fin,Q,1} = w_{inst,Q,1} \cdot \left(1 + \psi_{2,1} \cdot k_{def}\right)^{4)}$ [für eine führende veränderliche Einwirkung]
- $\sum_{i>1}^{n} w_{fin,Q,i} = \sum_{i>1}^{n} w_{inst,Q,i} \cdot \left(\psi_{0,i} + \psi_{2,i} \cdot k_{def}\right)^{5)}$ [für weitere begleitende Einwirkungen]

Durchbiegung in der quasi-ständigen Bemessungssituation			
Gesamtdurchbiegung „minus" Überhöhung-Nachweis nach DIN EN 1995-1-1:2010, Abschnitt 7.2			
a) Bauteile außer Bauteile nach Zeile b)	$w_{net,fin}$	$\le \ell/300$	$\le \ell/150$
b) überhöhte Bauteile, untergeordnete Bauteile, wie Bauteile in landwirtschaftlichen Gebäuden, Sparren und Pfetten	$w_{net,fin}$	$\le \ell/250$	$\le \ell/125$

nach DIN EN 1995-1-1:2010, Gl. (7.2) gilt für die gesamte Enddurchbiegung

$$w_{net,fin} = w_{inst} + w_{creep} - w_c = w_{fin} - w_c$$

$$w_{net,fin} - w_c$$

$$w_{fin} = \underbrace{w_{inst,G} \cdot \left(1 + k_{def}\right)}_{w_{fin,G}} + w_{fin,Q1} + w_{fin,Qi}$$

$$w_{fin,Q1} = w_{inst,Q1} \cdot \left(1 + \psi_{2,i} \cdot k_{def}\right)$$

$$w_{fin,Qi} = \sum_{i>1}^{n} w_{inst,Qi} \cdot \left(\psi_{0,i} + \psi_{2,i} \cdot k_{def}\right)$$

nach DIN EN 1995-1-1/NA:2013, Änderung in NCI zu 2.2.3 (NA.8) darf bei gleichem Kriechverhalten für alle Bauteilkomponenten Gl. (NA.1) verwendet werden (es gilt $u = w$): $w_{net,fin} = \left(w_{inst,G} + \sum_{i \ge 1} \psi_{2,i} \cdot w_{inst,Q,i} \right) \cdot \left(1 + k_{def}\right) - w_c$

1) Je nach Nutzung des Tragwerkes und Vorverformungen bei Bauteilen im Bestand können auch andere Anforderungen (größere oder kleinere Grenzwerte) vereinbart werden. Bei verformungsempfindlichen Konstruktionen können geringere Grenzwerte erforderlich werden.

2) **Empfehlung** für Grenzwerte, davon abhängig, welches Verformungsniveau als akzeptabel angesehen wird; für Fachwerkträger gültig für Durchbiegung Gesamtsystem und Einzelstäbe zwischen den Knotenpunkten

3) Endverformung infolge ständiger Einwirkungen (einschließlich Kriechen) nach DIN EN 1995-1-1:2010, Gl. (2.3), bei Anwendung dieser Gleichung, dann dürfen die ψ_2-Beiwerte in den Gl. (6.16a) und Gl. (6.16b) aus DIN EN 1990:2010 nicht angesetzt werden.

4) Führende veränderliche Einwirkung nach DIN EN 1995-1-1:2010, Gl. (2.4), bei Anwendung dieser Gleichung, dann dürfen die ψ_2-Beiwerte in den Gl. (6.16a) und Gl. (6.16b) aus DIN EN 1990:2010 nicht angesetzt werden.

5) Wenn weitere veränderliche Einwirkungen vorhanden sind nach DIN EN 1995-1-1:2010, Gl. (2.5), bei Anwendung dieser Gleichung, dann dürfen die ψ_2-Werte in den Gl. (6.16a) und Gl. (6.16b) aus DIN EN 1990:2010 nicht angesetzt werden.

6) nach DIN EN 1995-1-1:2010, Gl. (2.5)

7) vgl. auch DIN EN 1995-1-1:2010, Abschnitt 7.2

Berechnung Eigenfrequenz Einfeldträger nach Gl. (7.5):

$$f_{1\text{Balken}} = \frac{\pi}{2 \cdot \ell^2} \cdot \sqrt{\frac{(EI)_\ell}{m}} \quad \text{[DIN EN 1995-1-1, Gl. (7.5)]}$$

Dabei ist:

m die Masse je Flächeneinheit in kg/m² (es werden nur die ständigen Einwirkungen berücksichtigt ohne den quasi-ständigen Anteil);

ℓ die Deckenspannweite in m;

$(EI)_\ell$ die äquivalente Plattenbiegesteifigkeit der Decke um eine Achse rechtwinklig zur Balkenrichtung in Nm²/m.

mit $I = \frac{h^3 \cdot b_{\text{Balken}}}{12}$

Berechnung Eigenfrequenz Zweifeldträger nach [*Hamm* 2012] mit k_f nach Angaben in Tabelle 2.22.:

$$f_{1\text{Balken}} = k_f \cdot f_{1\text{Balken}}$$

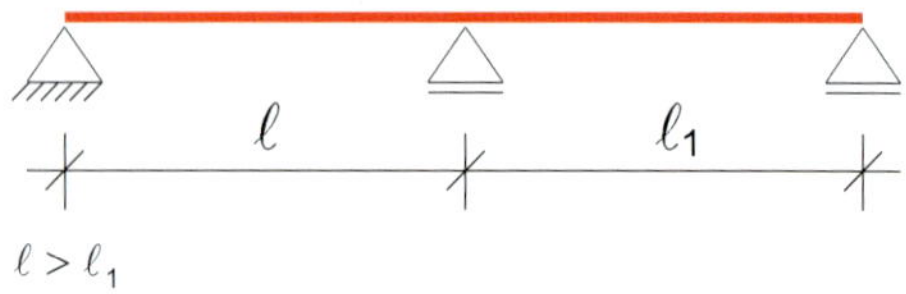

Bild 2.16. Zweifeldträger

Berechnung Eigenfrequenz einer Platte (z. B. Brettsperrholz):

$$f_{1,\text{Platten}} = f_{1\text{Balken}} \cdot \sqrt{1 + 1/\alpha^4} \quad mit \quad \alpha = \frac{b}{\ell} \cdot \sqrt[4]{\frac{(EI)_\ell}{(EI)_b}}$$

Dabei ist:

ℓ Spannweite beim Einfeldträger. Beim Mehrfeldträger: Spannweite des größten Feldes;

ℓ_1 beim Zweifeldträger: Spannweite des kleineren Feldes;

m Masse infolge Eigengewicht der Decke in [kg/m];

b Spannweite der Decke in Querrichtung oder Deckenfeldbreite;

$(EI)_\ell$ effektive Biegesteifigkeit in Längsrichtung je Meter Breite: Biegesteifigkeit der Decke + Biegesteifigkeit des Estrichs[1)];

$(EI)_b$ effektive Biegesteifigkeit in Querrichtung mit $(EI)_\ell > (EI)_b$: Biegesteifigkeit der Decke + Biegesteifigkeit des Estrichs[1)];

E_{Estrich} Zement-Estrich: E = 25000 N/mm²;
Anhydrit-Estrich: E = 14000 N/mm²;
Gussasphalt-Estrich: E = 10000 N/mm².

Falls noch nicht feststeht, welche Art von Nassestrich eingebaut wird, wird empfohlen mit E = 15000 N/mm² zu rechnen.

$EI_{\text{quer BST}}$ Brettstapel, genagelt oder gedübelt: $EI_{\text{quer}} = 0{,}0005\ EI_{\text{längs}}$
Brettstapel geklebt: $EI_{\text{quer}} = 0{,}03\ EI_{\text{längs}}$

1) Hinweis: Bei Installationsführung oder Fugen im Estrich oder Ausführung als Fertigteil mit Fugen ist die Biegefestigkeit des Estrichs entsprechend zu reduzieren. Nicht kraftschlüssig ausgeführte Stöße zwischen Elementen müssen bei der Ermittlung der Querbiegesteifigkeit berücksichtigt werden.

Als Frequenzkriterium für Wohnungsdecken unterscheidet DIN EN 1995-1-1:2010 zwei Fälle. Liegt die Eigenfrequenz der Decke unter 8 Hz, ist eine besondere Untersuchung notwendig, worauf in der Norm nicht weiter eingegangen wird.
Für Bauteile ohne nennenswerte Quersteifigkeit, z. B. einfache Holzbalkendecken kann die Schwingungsgeschwindigkeit nach DIN EN 1995-1-1/NA:2013, NCI zu 7.3.3 nach [*Blaß/Ehlbeck* 2005, Tabelle 9/4 und 9/5] ermittelt werden (s. Tabelle 2.23.).
Decken mit einer Eigenfrequenz von größer 8 Hz müssen nach DIN EN 1995-1-1:2010, Abschnitt 7.3.3 (2) zwei Anforderungen erfüllen (s. Tabelle 2.22. und 2.23.):

- Nachweis der Durchbiegung unter einer konzentrierten vertikalen Last F, es gilt Gl. (7.3)

$$\frac{w}{F} \leq a \quad [\text{mm/kN}]$$

Als Nachweis der Steifigkeit unter Berücksichtigung der Querverteilung der Last wird die Durchbiegung unter Einzellast F = 1 kN ermittelt und mit Grenzwerten verglichen. Bei Balkendecken ohne Querbiegesteifigkeit wirkt die Einzellast nur auf die Balken. Bei Platten wird eine mitwirkende Plattenbreite berücksichtigt. Die Durchbiegung wird berechnet:

$$w_{E=1kN} = \frac{F \cdot \ell^3}{48 \cdot (EI)_\ell \cdot b_{ef}} \leq a = \begin{matrix} 0{,}25 \text{ mm/kN bei hohen Anforderungen;} \\ 0{,}50 \text{ mm/kN bei normalen Anforderungen} \end{matrix}$$

mit

$$b_{ef} = \frac{\ell}{1{,}1} \cdot \sqrt[4]{\frac{(EI)_\ell}{(EI)_b}} = \frac{b}{1{,}1 \cdot \alpha}$$

Beim Nachweis der Durchbiegung unter Einzellast soll die Durchbiegung unter einer Einzellast von F = 1 kN kleiner sein als der Grenzwert a. Für den Grenzwert a gibt DIN EN 1995-1-1:2010 in einer Grafik Orientierungswerte an. Die Orientierungswerte werden in [*Hamm* 2012] präzisiert. Für hohe bzw. normale Anforderungen ergeben sich die vorgenannten Grenzwerte.
Voraussetzung ist, dass die Steifigkeit in Trägerrichtung deutlich größer ist als rechtwinklig dazu ($EI_\ell \gg EI_b$).

Bei Balkendecken ist die mitwirkende Breite gleich dem Balkenabstand anzunehmen. Bei Durchlaufträgern wird die Durchlaufwirkung nicht berücksichtigt. Es wird ein Einfeldträger mit der größten Spannweite des Zweifeldträgers berechnet (s. Tabelle 2.22.).

- Nachweis der Einheitsimpulsgeschwindigkeitsreaktion, es gilt Gl. (7.4)

$$v \leq b^{(f_1 \cdot \zeta - 1)} \quad \left[\text{m}/(\text{Ns}^2)\right].$$

Dabei ist:

w die größte vertikale Anfangsdurchbiegung infolge einer konzentrierten vertikalen statischen Einzellast F, an beliebiger Stelle wirkend und unter Berücksichtigung der Lastverteilung ermittelt;

v die Einheitsimpulsgeschwindigkeitsreaktion, d. h. der maximale Anfangswert der vertikalen Schwingungsgeschwindigkeitsamplitude der Decke (in m/s) infolge eines an derjenigen Stelle der Decke aufgebrachten idealen Einheitsimpulses (1 Ns), der die größte Eigenfrequenz erzeugt. Anteile über 40 Hz dürfen vernachlässigt werden;

ζ der modale Dämpfungsgrad.

Tabelle 2.22. Nachweis des Schwingungsverhaltens von Wohnungsdecken (nach DIN EN 1995-1-1:2010, Abschnitt 7.3.3)

Formel zur Abschätzung der Eigenfrequenz (Einfeldträger) nach Gl. (7.5) in DIN EN 1995-1-1:2010, Abschnitt 7.3.3 (4):

$$f_1 = \frac{\pi}{2 \cdot \ell^2} \cdot \sqrt{\frac{(E \cdot I)_\ell}{m}}$$

Formel Eigenfrequenz Zweifeldträger nach [*Hamm* 2012] mit k_f nach Tabelle 1

$$f_{1\,\text{Balken}} = k_f \cdot f_{1\,\text{Balken}}$$

ℓ ℓ_1

$\ell > \ell_1$

Tabelle: Faktor k_f zur Umrechnung der Eigenfrequenz von Einfeldträger auf Zweifeldträger nach [*Hamm* 2012]

ℓ_1/ℓ	1,0	0,9	0,8	0,7	0,6	0,5	0,4	0,3	0,2	0,1	0
k_f	1,0	1,09	1,15	1,20	1,24	1,27	1,30	1,33	1,38	1,42	1,56

Frequenzkriterium nach DIN EN 1995-1-1:2010, Abschnitt 7.3.3 (1):

Eigenfrequenz $f_1 \leq 8\,\text{Hz}$ besondere Untersuchung erforderlich (s. [*Blaß/Ehlbeck* u. a. 2005], [*Kreuzinger/Mohr* 1994], [*Ohlsson* in Step 1, 1995])

$f_1 > 8\,\text{Hz}$ Nachweis der Durchbiegung unter konzentrierter Last a), Nachweis der Geschwindigkeitsreaktion b)

bei $f_1 \geq 8(6)\,\text{Hz}$ zwei weitere Nachweise erforderlich:

a) Durchbiegung unter konzentrierter Last nach Gl. (7.3) in DIN EN 1995-1-1:2010, Abschnitt 7.3.3 (2) $\quad \frac{w}{F} \leq a \quad [\text{mm/kN}]$

b) Geschwindigkeitsreaktion nach Gl. (7.4) in DIN EN 1995-1-1:2010, Abschnitt 7.3.3 (2) $\quad v \leq b^{(f_1\zeta-1)} \quad [\text{m}/(\text{Ns}^2)]$

Symbol	**Bezeichnung**
f_1	Eigenfrequenz der Decke in Hz
K_f	Faktor zur Berücksichtigung der Lagerung und Spannweiten als Ergänzung in Gl. (7.5)
ℓ	Deckenspannweite in m $(\ell_{ges} = \ell_1 + \ell_2)$
m	Masse pro Flächeneinheit in kg/m^2
$(E \cdot I)$	äquivalente (Platten-)Biegesteifigkeit in Nm^2/m in Spannrichtung $= E \cdot I$ Balken/ Balkenabstand
w_{fin}	größte vertikale Durchbiegung
$v = \frac{4 \cdot (0{,}4 + 0{,}6 \cdot n_{40})}{m \cdot b \cdot \ell + 200}$	Geschwindigkeitsreaktion auf einen aufgebrachten Einheitsimpuls von 1 Ns nach Gl. (7.6) in DIN EN 1995-1-1:2010, Abschnitt 7.3.3 (5)
ζ	modaler Dämpfungsgrad $\zeta = 0{,}01$ falls kein geeigneter Wert vorhanden ist (s. DIN EN 1995-1-1:2010, Abschnitt 7.3.1 (3))

Weitere Werte für den modalen Dämpfungsgrad ζ für verschiedene Deckenkonstruktionen (aus [*Winter* u. a. *2010*])

(Holz-) Decken ohne schwimmenden Estrich	0,01
Decken aus geleimten Brettstapelelementen mit schwimmendem Estrich	0,02
Holzbalkendecken und mechanisch verbundene Brettstapeldecken mit schwimmendem Estrich	0,03
Brettsperrholzdecken ohne bzw. mit leichtem Aufbau, zweiseitig gelagert	0,025
Brettsperrholzdecken mit schwimmendem Estrich (schwerer Aufbau) auf Stahl oder punktförmig oder zweiseitig gelagert	0,025
Brettsperrholzdecken mit schwimmendem Estrich, vierseitig gelagert	0,035
Brettsperrholzdecken mit schwimmendem Estrich, vierseitig auf Holzwänden gelagert	0,040

$n_{40} = \left\{ \left[\left(\frac{40}{f_1} \right)^2 - 1 \right] \cdot \left(\frac{b}{\ell} \right)^4 \cdot \frac{(E \cdot I)_\ell}{(E \cdot I)_b} \right\}^{0{,}25}$	Anzahl der Schwingungen erster Ordnung mit einer Resonanzfrequenz unter 40 Hz nach Gl. (7.7) in DIN EN 1995-1-1:2010, Abschnitt 7.3.3 (5)
b	Deckenbreite in m
$(E \cdot I)_b$	äquivalente Plattenbiegesteifigkeit in Nm^2/m in Querrichtung $(E \cdot I)_b \ll (E \cdot I)_L$

Tabelle 2.23. Schwingungsnachweis von Holzbalken-, Holzplatten- und Holz-Beton-Verbunddecken nach DIN EN 1995-1-1:2010, Erläuterungen zu DIN 1052:2004 [*Hamm* 2012], [*Blaß/Ehlbeck* u. a. 2005] und [*Bathon/Bletz* 2007]

	Parameter bzw. Nachweis	**Holzbalkendecke**	**Holzplattendecke und Holz-Beton-Verbunddecke**
1	quasi-ständige Kombination der Einwirkungen	$q_{perm} = g_k + \psi_2 \cdot q_k$ (in kN/m²) [DIN EN 1990, Gl. (7.5)]	
2	Deckenmasse	$m = \left(q_{perm}/9{,}81\right) \cdot e$ (in kg/m²)	
3	effektive Längsbiegesteifigkeit	$(EI)_{längs} = E_{Balken} \cdot \frac{b_{Balken} \cdot h_{Balken}^3}{12}$ (in Nmm²)	$(EI)_{längs} = (EI)_{ef,t=0} + (EI)_{Estrich}$ (in Nmm²) mit $(EI)_{ef,t=0}$ nach DIN EN 1995-1-1, Gl. (B.1) und $(EI)_{Estrich} = E_{Estrich} \cdot \frac{b_{Estrich} \cdot h_{Estrich}^3}{12}$
4	effektive Querbiegesteifigkeit	$(EI)_{quer} = (E_{Balken} + E_{Estrich}) \cdot \frac{e \cdot h_{Estrich}^3}{12}$ (in Nmm²)	$(EI)_{quer} = (EI)_{Beton} + (EI)_{Estrich}$ (in Nmm²) mit $(EI)_{Beton} = E_{Beton} \cdot \frac{e \cdot h_{Beton}^3}{12}$ und $(EI)_{Estrich} = E_{Estrich} \cdot \frac{e \cdot h_{Estrich}^3}{12}$
		nach [*HAMM* 2012]: $E_{Estrich} = 25000$ N/mm² (Zement-Estrich) $E_{Estrich} = 14000$ N/mm² (Anhydrit-Estrich) $E_{Estrich} = 10000$ N/mm² (Gussasphalt-Estrich) $E_{Estrich} = 15000$ N/mm² (falls Art des Estrichs nicht feststeht)	
5	Nachweis der Anfangsdurchbiegung	$w_{G,inst} = \frac{5 \cdot (g_k + q_k) \cdot \ell^4}{384 \cdot (EI)_{längs}} \leq \frac{\ell}{300}$ (in mm) [DIN EN 1995-1-1, Tab. 7.2]	
6	Ermittlung der 1. Eigenfrequenz	$f_1 = \frac{\pi}{2\ell^2} \cdot \sqrt{\frac{(EI)_{längs}}{m}}$ (in Hz) [DIN EN 1995-1-1, Gl. (7.5)] Für $f_1 > 8$ Hz: Nachweise nach Zeile 7 und 8 Für $f_1 \leq 8$ Hz: Nachweise nach Zeile 9 und 10	
7	Durchbiegung infolge einer Einzellast *F* (*F* = 1 kN)	$w_F = \frac{F \cdot \ell^3}{48 \cdot (EI)_{längs}}$ (in mm) [DIN EN 1995-1-1, Gl. (7.3)] $\frac{w_F}{F} \leq a(0{,}5 \ldots 4{,}0)$ mm/kN $\frac{w}{F} \leq \begin{cases} a = 0{,}25\text{ mm} & \text{Decke zwischen unterschiedlichen Nutzungseinheiten} \\ a = 0{,}50\text{ mm} & \text{Decke innerhalb einer Nutzungseinheit} \end{cases}$	$w_F = \frac{F \cdot \ell^3}{48 \cdot (EI)_{längs}} \cdot \frac{1{,}1}{\ell \cdot \sqrt[4]{\frac{(EI)_{quer}}{(EI)_{längs}}}}$ (in mm) [DIN EN 1995-1-1, Gl. (7.3)] $\frac{w_F}{F} \leq a(0{,}5 \ldots 4{,}0)$ mm/kN $\frac{w}{F} \leq \begin{cases} a = 0{,}25\text{ mm} & \text{Decke zwischen unterschiedlichen Nutzungseinheiten} \\ a = 0{,}50\text{ mm} & \text{Decke innerhalb einer Nutzungseinheit} \end{cases}$
8	Schwinggeschwindigkeit[1] infolge eines Einheitsimpulses *I* (*I* = 1 Ns)	$v \approx \frac{1}{m \cdot \ell/2 \cdot \gamma + 50}$ (in m/s) [*Blaß/Ehlbeck* u. a. 2005, Tabelle 9/6, Zeile 5] mit γ nach Tabelle 9/4 in [*Blaß/Ehlbeck* u. a. 2005] $v \leq b^{((f_1 \cdot \zeta)-1)}$ [DIN EN 1995-1-1, Gl. (7.4)] mit $b = \begin{cases} 50 & \text{(leicht)} \\ 100 & \text{(mittel)} \\ 150 & \text{(streng)} \end{cases}$ [*Bathon/Bletz* 2007]	$v = \frac{4 \cdot (0{,}4 + 0{,}6 \cdot n_{40})}{m \cdot b \cdot \ell + 200}$ (in m/s) [DIN EN 1995-1-1, Gl. (7.6)] mit $n_{40} = \left\{ \left(\left(\frac{40}{f_1} \right)^2 - 1 \right) \cdot \left(\frac{b}{\ell} \right)^4 \cdot \frac{(EI)_{längs}}{(EI)_{quer}} \right\}^{0,25}$ [DIN EN 1995-1-1, Gl. (7.7)] $v \leq b^{((f_1 \cdot \zeta)-1)}$ [DIN EN 1995-1-1, Gl. (7.4)] mit $b = \begin{cases} 50 & \text{(leicht)} \\ 100 & \text{(mittel)} \\ 150 & \text{(streng)} \end{cases}$ [*Bathon/Bletz* 2007]

Tabelle 2.23. *(Fortsetzung)*

	Parameter bzw. Nachweis	Holzbalkendecke	Holzplatten oder Holzplattendecke und Holz-Beton-Verbunddecke
9	besondere Untersuchung: Schwinggeschwindigkeit[1)] infolge eines Fersenauftritts mit I = 55 Ns und t_i = 0,05 s 1) Bei Zweifeldträgern mit gleichen Spannweiten ist $\ell_1/\ell = 1$ 2) Bei links gelenkig und rechts eingespannt ist $\ell_1/\ell = 0$	$v \approx \frac{55}{m \cdot \ell/2 \cdot \gamma + 50}$ (in m/s) [*Blaß/Ehlbeck* u. a. 2005, Tabelle 9/6, Zeile 6] mit γ nach Tabelle 9/4 in [*Blaß/Ehlbeck* u. a. 2005] Tabelle: Beiwert γ ℓ_1/ℓ: 1,0 | 0,9 | 0,8 | 0,7 | 0,6 | 0,5 | 0,4 γ: 2,0 | 1,40 | 1,15 | 1,05 | 1,00 | 0,969 | 0,951 ℓ_1/ℓ: 0,3 | 0,2 | 0,1 | 0 γ: 0,934 | 0,927 | 0,918 | 0,912 $v \leq 6 \cdot b^{((f_1 \cdot \zeta)-1)}$ [*Blaß/Ehlbeck* u. a. 2005, Tabelle 9/6, Zeile 6] mit $b = \begin{cases} 50 & \text{(leicht)} \\ 100 & \text{(mittel)} \\ 150 & \text{(streng)} \end{cases}$ [*Bathon/Bletz* 2007]	$v = \frac{950 \cdot \alpha}{f_1 \cdot m \cdot b \cdot \ell \cdot \gamma}$ (in m/s) [*Blaß/Ehlbeck* u. a. 2005, Tabelle 9/5, Zeile 6] mit γ nach Tabelle 9/4 in [*Blaß/Ehlbeck* u. a. 2005] Tabelle: Beiwert γ ℓ_1/ℓ: 1,0 | 0,9 | 0,8 | 0,7 | 0,6 | 0,5 | 0,4 γ: 2,0 | 1,40 | 1,15 | 1,05 | 1,00 | 0,969 | 0,951 ℓ_1/ℓ: 0,3 | 0,2 | 0,1 | 0 γ: 0,934 | 0,927 | 0,918 | 0,912 $\alpha = \frac{b}{\ell} \cdot \sqrt[4]{\frac{(EI)_{\text{längs}}}{(EI)_{\text{quer}}}}$ $v \leq 6 \cdot b^{((f_1 \cdot \zeta)-1)}$ [*Blaß/Ehlbeck* u. a. 2005, Tabelle 9/6, Zeile 6] mit $b = \begin{cases} 50 & \text{(leicht)} \\ 100 & \text{(mittel)} \\ 150 & \text{(streng)} \end{cases}$ [*Bathon/Bletz* 2007]
10	besondere Untersuchung: Beschleunigung/ Resonanzuntersuchung[1)]	$a \approx \frac{56}{m \cdot b \cdot \ell \cdot \gamma} \cdot \frac{1}{\zeta}$ (in m/s²) [*Blaß/Ehlbeck* u. a. 2005, Tabelle 9/5, Zeile 7 und Tabelle 9/6, Zeile 7] mit γ nach Tabelle 9/4 in [*Blaß/Ehlbeck* u. a. 2005] $a \leq \begin{cases} 0{,}1\ \text{m/s}^2 & \text{(Wohlbefinden)} \\ 0{,}35-0{,}7\ \text{m/s}^2 & \text{(spürbar, nicht störend)} \end{cases}$ [*Bathon/Bletz* 2007]	
1) Gleichungen gelten für v [m/s]; a [m/s²]; m [kg/m³]; l [m]; b [m]; f [hz]			

Beim Nachweis der Geschwindigkeitsreaktion soll dieser kleiner sein als ein Wert, der von b (Deckenbreite), der Eigenfrequenz f_1 und dem modalen Dämpfungswert abhängig ist. Zu den empfohlenen Grenzbereichen für b gibt DIN EN 1995-1-1:2010 Empfehlungen (s. auch Tabelle 2.22.).

Während der erste Nachweis nach Gl. (7.3) eine ausreichende Steifigkeit bei niederfrequenten Belastungen sichert, wird mit dem zweiten Nachweis nach Gl. (7.4) eine ausreichende Masse gegenüber impulsartiger Belastung nachgewiesen.
Die Berechnung der Eigenfrequenz ist unter der Annahme einer Decke ohne Verkehrslasten zu führen. Die Masse m wird allein aus der Eigenmasse der Decke (kein Trennwandzuschlag oder quasiständiger Anteil aus Verkehrslasten) ermittelt. Da die Eigenfrequenzberechnung in DIN EN 1995-1-1:2010 auf Einfeldträger ausgerichtet ist, wird die Eigenfrequenz des Mehrfeldträgers näherungsweise mit der Eigenfrequenz des Einfeldträgers berechnet (s. Tabelle 2.22.). Es gilt nach [*Hamm* 2012]

$$f_{1\text{Balken}} = k_f \cdot f_{1\text{Balken}}$$

Das Schwingungsverhalten wird wesentlich beeinflusst von der Konstruktion der Decke und vom Deckenaufbau (s. [*Winter* u. a. 2010]). Maßgebend sind:

- Alle Decken sind mit schwimmendem Estrich auszuführen.
- Nassestriche sind wegen der höheren Masse und Biegesteifigkeit wirkungsvoller
- Schwere Schüttungen sind zu empfehlen (Flächenlast > 60 kg/m²).
- Brettstapeldecken mit besserem Quertragverhalten wirken sich positiv auf das Schwingverhalten aus.

Der Nachweis der Einheitsimpulsgeschwindigkeitsreaktion wird nach [*Hamm* 2012] nach neueren Untersuchungen nicht maßgebend, auch bei Rohdecken ohne Estrichaufbauten.

Nach [*Blaß/Ehlbeck* u. a. 2005] werden für den Fall, dass die Eigenfrequenz unter 8 Hz zwei Untersuchungen empfohlen:

- Schwinggeschwindigkeit infolge Fersenauftritt:
  $I = 55\ Ns;\ t_s = 0{,}05\ s$
  $v < 6 \cdot b^{(f_1 \cdot \xi - 1)}$
- Beschleunigung, Resonanzuntersuchung (Wohlbefinden)
  $a < 0{,}1\ m/s^2$
  $a < 0{,}35 \ldots 0{,}7\ m/s^2$.

Tabelle 2.23. fasst alle erforderlichen Nachweise zusammen. Die Schwingungseigenschaften einer Decke können auch durch Prüfverfahren nach DIN EN 16929 bestimmt werden.

Weitere Hinweise s. auch Beispiel 6.3. bis 6.5.

2.6. Bemessung nach DIN EN 1995-1-2 – Tragwerksbemessung für den Brandfall

2.6.1. Bemessungswert der Beanspruchung nach DIN EN 1990:2010 und DIN EN 1990/NA:2010

Nach DIN EN 1991-1-2/NA:2015, Absatz 4.3.1(P) ist die maßgebende Beanspruchung $E_{fi,d,t}$ während der Brandeinwirkung mit den Regeln für die Kombination der Einwirkungen für die außergewöhnliche Bemessungssituation zu ermitteln.

Für die außergewöhnliche Bemessungssituation erfolgt die Kombination der Einwirkungen, linear-elastische Berechnung vorausgesetzt, nach DIN EN 1990:2010 und DIN EN 1990/NA:2010 nach Gl. (6.11c).

[DIN EN 1990/NA:2010, Gl. (6.11c)]

$$E_{dA} = \sum_{j\geq 1} \gamma_{GA,j} \cdot E_{Gk,j} + E_{Pk} + E_{Ad} + \gamma_{QA,1} \cdot \psi_{1,1} \cdot E_{Qk,1} + \sum_{i>1} \gamma_{QA,i} \, \psi_{2,1} \cdot E_{Qk,i}$$

Es wird dann im Allgemeinen der häufige Wert der vorherrschenden veränderlichen Einwirkung $\psi_{1,1} \cdot Q_{k,1}$ verwendet.
Ist das nicht der Fall, so gilt für die Kombination der Einwirkungen Gl. (6.11e) mit dem Wert $\psi_{2,1} \cdot Q_{k,1}$.

[DIN EN 1990/NA:2010, Gl. (6.11e)]

$$E_{dA} = \sum_{j\geq 1} \gamma_{GA,j} \cdot E_{Gk,j} + E_{Pk} + E_{Ad} + \sum_{i>1} \gamma_{QA,i} \, \psi_{2,1} \cdot E_{Qk,i}$$

Nach DIN EN 1991-1-2/NA:2015, NDP zu 4.3.1(2) darf in der Regel die quasi-ständige Größe $\psi_{2,1} \cdot Q_{k,1}$ verwendet werden. Dies gilt nicht für Bauteile, deren Leiteinwirkung der Wind ist – dann ist für die Einwirkung aus Wind die häufige Größe $\psi_{1,1} \cdot Q_{k,1}$ zu verwenden.

Zu den Bezeichnungen der Symbole siehe Tabelle 2.11. Gemäß DIN EN 1990:2010, Abschnitt A.1.3.2(1) sind die Teilsicherheitsbeiwerte für die Einwirkungen beim Nachweis der Tragsicherheit mit $\gamma_{GA} = \gamma_{QA} = 1{,}0$ anzunehmen. Einwirkungen aus einer Vorspannkraft sind $E_{Pk} = 0$.
Die Berücksichtigung zusätzlicher außergewöhnlicher Einwirkungen ist in jedem Einzelfall zu überprüfen.

Die Zahlenwerte für die Kombinationsbeiwerte sind aus der Tabelle NA.A.1.1 in DIN EN 1991-1-2/NA:2010, NDP zu A.1.2.2 zu entnehmen, Tabelle NA.A.1.1 ersetzt die Tabelle A.1.1 in der DIN EN 1990:2010 (s. Tabelle 2.24.).

Die ermittelten Bemessungswerte können auch alternativ zu den vorgenannten Gleichungen aus den Einwirkungen bei Normaltemperatur bestimmt werden. Es gilt dann nach DIN EN 1995-1-2, Gl. (2.8):

$$E_{d,fi} = \eta_{fi} \cdot E_d$$

(s. auch Abschnitt 2.13.3).

Tabelle 2.24. Zahlenwerte für Kombinationsbeiwerte im Hochbau (Tabelle NA.A.1.1, DIN EN 1990/NA:2010)

Einwirkung		ψ_0	ψ_1	ψ_2
Nutzlasten im Hochbau (Kategorien siehe EN 1991-1-1) [a]				
– Kategorie A:	Wohn- und Aufenthaltsräume	0,7	0,5	0,3
– Kategorie B:	Büros	0,7	0,5	0,3
– Kategorie C:	Versammlungsräume	0,7	0,7	0,6
– Kategorie D:	Verkaufsräume	0,7	0,7	0,6
– Kategorie E:	Lagerräume	1,0	0,9	0,8
– Kategorie F:	Verkehrsflächen, Fahrzeuglast ≤ 30 kN	0,7	0,7	0,6
– Kategorie G:	Verkehrsflächen, 30 kN ≤ Fahrzeuglast ≤ 160 kN	0,7	0,5	0,3
– Kategorie H:	Dächer	0	0	0
Schnee- und Eislasten, siehe DIN EN 1991-1-3				
– Orte bis zu NN + 1 000 m		0,5	0,2	0
– Orte über NN + 1 000 m		0,7	0,5	0,2
Windlasten, siehe DIN EN 1991-1-4		0,6	0,2	0
Temperatureinwirkungen (nicht Brand), siehe DIN EN 1991-1-5		0,6	0,5	0
Baugrundsetzungen, siehe DIN EN 1997		1,0	1,0	1,0
Sonstige Einwirkungen [b, c]		0,8	0,7	0,5

a Abminderungsbeiwerte für Nutzlasten in mehrgeschossigen Hochbauten siehe DIN EN 1991-1-1.

b Flüssigkeitsdruck ist im Allgemeinen als eine veränderliche Einwirkung zu behandeln, für die die ψ-Beiwerte standortbedingt festzulegen sind. Flüssigkeitsdruck, dessen Größe durch geometrische Verhältnisse begrenzt ist, darf als eine ständige Einwirkung behandelt werden, wobei alle ψ-Beiwerte gleich 1,0 zu setzen sind.

c ψ-Beiwerte für Maschinenlasten sind betriebsbedingt festzulegen.

2.7. Geregelte Holzbaustoffe/Baustoffeigenschaften, Leistungsanforderungen, Materialkennwerte für Bauholz und Holzwerkstoffe

Holz und Holzwerkstoffe als geregeltes Bauprodukt

Holz und Holzwerkstoffe gelten als geregeltes Bauprodukt, soweit es für die einzelnen Produkte bekannt gemachte bautechnische Regeln in Normen (EU-Normen) gibt. Die bis 2017 vom DIBt jährlich herausgegebene Bauregelliste informierte über den Stand der Regelungen.
Mit Wirkung vom 01.04.2019 wurden diese Bauregellisten aufgehoben. An Ihre Stelle tritt die Muster-Verwaltungsvorschrift Technische Baubestimmungen (MVV TB).
Im Zusammenhang mit einer Änderung der Musterbauordnung (hier insbesondere § 16 a bis § 16 c, § 17 und § 85 a) wurden die bauaufsichtlichen Anforderungen in Form von technischen Regeln für die Planung, Bemessung und Ausführung von Bauwerken, Bauprodukten und Bauarten in der Muster-Verwaltungsvorschrift Technische Baubestimmungen (MVV TB) neu geregelt (s. auch *www.dibt.de*).
Die MVV TB besteht aus 4 Teilen:

- Teil A und B mit den wesentlichen Vorschriften für Planung, Bemessung und Ausführung von Bauwerken,
- Teil C mit den Regeln für die Verwendung von Bauprodukten, die nicht die Kennzeichnung nach der Bauproduktenverordnung (Verordnung (EU) Nr. 305/2011) tragen und mit Regelungen zu Bauprodukten und -arten, für die ein allgemeines bauaufsichtliches Prüfzeugnis vorgesehen ist,

- Teil D mit Informationen zu Bauprodukten für die kein bauaufsichtlicher Verwendbarkeitsnachweis erforderlich ist und mit Regelungen zu freiwilligen Herstellerangaben in Bezug auf wesentliche Merkmale harmonisierter Bauprodukte, die nicht von der CE-Kennzeichnung der zugrundeliegenden technischen Spezifikation erfasst sind.

Nach DIN EN 1995-1-1/NA:2013, NCI zu 3.1 ist hinsichtlich der Baustoffeigenschaften für Deutschland Folgendes zu beachten:

Die in Deutschland mit DIN EN 1995-1-1:2010 anwendbaren europäischen Produktnormen sind der jeweiligen Verwaltungsvorschrift Technischen Baubestimmung des in Frage kommenden Bundeslandes zu entnehmen. Bei der Anwendung von Produkten nach europäischen Produktregeln sind zusätzliche Anwendungsregeln (Anwendungsnormen der Normenreihe DIN 20000 oder bauaufsichtliche Verwendbarkeitsnachweise) zu beachten. Eine Zusammenstellung der ergänzenden Regeln in der Normenreihe DIN 20000 zeigt Tabelle 2.25.). Diese sind der Anlage zur DIN EN 1995-1-1:2010 der jeweiligen Verwaltungsvorschrift Technischen Baubestimmungen zu entnehmen. Diese Anwendungsregeln können die Anwendung für Deutschland auf bestimmte technische Klassen und Leistungsstufen beschränken.

Tabelle 2.25. Ergänzung Regelungen zu DIN EN 1995-1-1:2010 und DIN EN 1995-1-1/NA:2013

Norm	Bezeichnung
DIN 20000-1	Anwendung von Bauprodukten in Bauwerken – **Teil 1: Holzwerkstoffe**
DIN 20000-2	Anwendung von Bauprodukten in Bauwerken – **Teil 2: Industriell gefertigte Schalungsträger aus Holz**
DIN 20000-3	Anwendung von Bauprodukten in Bauwerken – **Teil 3: Brettschichtholz**
DIN 20000-4	Anwendung von Bauprodukten in Bauwerken – **Teil 4: Vorgefertigte tragende Bauteile mit Nagelplattenverbindungen nach DIN EN 14250**
DIN 20000-5	Anwendung von Bauprodukten in Bauwerken – **Teil 5: Nach Festigkeit sortiertes Bauholz für tragende Zwecke mit rechteckigem Querschnitt**
DIN 20000-6	Anwendung von Bauprodukten in Bauwerken – **Teil 6: Verbindungsmittel nach DIN EN 14592 und DIN EN 14545**
DIN 20000-7	Anwendung von Bauprodukten in Bauwerken – **Teil 7: Keilgezinktes Vollholz für tragende Zwecke nach DIN EN 15497**

Nationale Anforderungen an die Herstellung von Verbindungen und geklebten Produkten, die europäisch noch nicht geregelt sind, enthält zudem DIN 1052-10.

Güteforderungen für Bauholz

Güteforderungen für Bauholz finden wir in einer Reihe von Normen (s. Tabelle 2.26.) geregelt.

Festigkeitsklassen von Vollholz (Rückblick)

Untersuchungen von *Otto Graf* (1881–1956) führten 1939 zur Definition von Güteanforderungen für Bauholz – niedergelegt in der ersten Ausgabe der DIN 4074. In dieser Norm wurden Güteklassen festgelegt, die einzuhaltende Sollwerte für wichtige festigkeitsbeeinflussende Holzfehler definieren. Diese mussten visuell überprüft werden.

Statt der von *Otto Graf* eingeführten „Güteklassen" wird seit 1989 Bauholz in „Sortierklassen" eingeteilt.

Die Einstufung des Nadelschnittholzes erfolgt nicht mehr nach den bis 1996 gültigen Güteklassen I bis III, sondern bei der visuellen Sortierung von **Nadelschnittholz** nach **Sortierklassen** S7, S10 und S13. Dabei bedeuten die Ziffern die zulässige Biegespannung nach der früheren Norm DIN 1052, Teil 1:1988 und DIN 1052-1/A1:1996, Teil 1, Tabelle 5 [*Brüninghoff* u. a. 1997]. Für die maschinelle Sortierung ist neben MS7, MS10 und MS13 eine weitere Sortierklasse MS17 vorgesehen (vgl. Tabelle 2.27.).

Tabelle 2.26. Zusammenstellung der für die Sortierung von Bauholz für tragende Zwecke maßgebenden Normen

Norm	Bezeichnung
DIN EN 14081-1	Holzbauwerke – Nach Festigkeit sortiertes Bauholz für tragende Zwecke mit rechteckigem Querschnitt – **Teil 1: Allgemeine Anforderungen**
DIN EN 14081-2	Holzbauwerke – Nach Festigkeit sortiertes Bauholz für tragende Zwecke mit rechteckigem Querschnitt – **Teil 2: Maschinelle Sortierung, zusätzliche Anforderungen an die Erstprüfung**
DIN EN 14081-3	Holzbauwerke – Nach Festigkeit sortiertes Bauholz für tragende Zwecke mit rechteckigem Querschnitt – **Teil 3: Maschinelle Sortierung, zusätzliche Anforderungen an die werkseigene Produktionskontrolle**
DIN 20000-5	Anwendung von Bauprodukten in Bauwerken – **Teil 5: Nach Festigkeit sortiertes Bauholz für tragende Zwecke mit rechteckigem Querschnitt**
DIN 4074-1	Sortierung von Holz nach der Tragfähigkeit – **Teil 1: Nadelschnittholz**
DIN 4074-2	Bauholz für Holzbauteile – **Gütebedingungen für Baurundholz (Nadelholz)**
DIN 4074-5	Sortierung von Holz nach der Tragfähigkeit – **Teil 5: Laubschnittholz**
DIN EN 1912	Bauholz für tragende Zwecke – **Festigkeitsklassen – Zuordnung von visuellen Sortierklassen und Holzarten**
DIN EN 338	Bauholz für tragende Zwecke – **Festigkeitsklassen**
DIN 68365	Schnittholz für Zimmererarbeiten – **Sortierung nach dem Aussehen – Nadelholz**

Analoge Sortierkriterien für die visuelle Sortierung von **Laubschnittholz** enthält die DIN 4074-5. Die Sortierklassen werden mit LS7, LS10 und LS13 oder LS15 bezeichnet.

Nach DIN 4074-1 und -5 wird zwischen visueller und maschineller Sortierung unterschieden.

Inzwischen wurde die fünfte Fassung der DIN 4074 erarbeitet. Diese Fassung ist abgestimmt auf die neue DIN EN 1995-1-1:2010.

Die Festigkeitsklassen für Bauholz sind heute in DIN EN 338 geregelt. Visuell sortiertes Holz muss einer Festigkeitsklasse zugeordnet werden. Dies erfolgt nach DIN EN 1912 in Verbindung mit DIN 20000-5.

Tabelle 2.27. Sortierklassen nach DIN 4074-1, Nadelschnittholz

Visuelle Sortierung nach Sortierklassen (S)	
Klasse S7:	Schnittholz mit geringer Tragfähigkeit
Klasse S10:	Schnittholz mit üblicher Tragfähigkeit
Klasse S13:	Schnittholz mit überdurchschnittlicher Tragfähigkeit
Klasse S15 [1]:	Schnittholz mit überdurchschnittlicher Festigkeit
Maschinelle Sortierung für Schnittholz nach Sortierklassen (MS)	
Klasse MS7:	Schnittholz mit geringer Tragfähigkeit
Klasse MS10:	Schnittholz mit üblicher Tragfähigkeit
Klasse MS13:	Schnittholz mit überdurchschnittlicher Tragfähigkeit
Klasse MS17:	Schnittholz mit besonders hoher Tragfähigkeit

[1] Nach DIN 4074-1, Abschnitt 7.2 nach visuell und apparativ feststellbaren Merkmalen sortiert.

Die Anforderungen an visuell und maschinell sortiertes Bauholz regelt DIN EN 14081 (s. Tabelle 2.26.), wobei die Norm DIN EN 14081-1 die Sortierkriterien, die Konformitätsbewertung und die Regeln für die Kennzeichnung von visuell sortierten Bauholz enthält. Allerdings konnte man sich auf europäischer Ebene nicht auf vereinheitlichte Sortierkriterien einigen. Aus diesem Grund wird das Schnittholz weiter nach DIN 4074-1 und -5 visuell sortiert (s. DIN 20000-5:2016, Abschnitt 4.2).

Gemäß Tabelle 2.28. wird im Holzbau **Schnittholz** wie folgt eingeteilt.

Tabelle 2.28. Schnittholz-Einteilung (s. Tabelle 1 in DIN 4074-1)

Schnittholzart	Dicke *d* bzw. Höhe *h*	Breite *b*
Latte	$d \leq$ 40 mm	$b <$ 80 mm
Brett [a)] Bohle [a)]	$d \leq$ 40 mm [b)] $d >$ 40 mm	$b \geq$ 80 mm $b > 3\,d$
Kantholz	$b \leq h \leq 3\,b$	$b >$ 40 mm

a) Vorwiegend hochkant biegebeanspruchte Bretter und Bohlen sind wie Kantholz zu sortieren und entsprechend zu kennzeichnen (siehe Abschnitt 4 in DIN 4074-1).
b) Dieser Grenzwert gilt nicht für Bretter für Brettschichtholz.

Vollholz (VH)

Vollholz wird als Bauschnitthölzer aus Nadel- und Laubholz definiert.
Bauschnitthölzer werden unterschieden nach Kanthölzern, Bohlen, Brettern und Latten (s. Tabelle 2.28.). Bauschnitthölzer können keilgezinkt sein (DIN EN 1995-1-1/NA:2013, Abschnitt NCI Zu 1.5.2, s. auch keilgezinktes Vollholz).
Die **Festigkeitssortierung** von visuell sortiertem Bauholz basiert auch weiterhin auf der DIN 4074. Gemäß DIN 20000-5, Abschnitt 4.2 erfüllen DIN 4074-1 und -5 die Anforderungen zur visuellen Sortierung gemäß den Regeln von DIN EN 14081-1. Nach den Sortiernormen DIN 4074-1 und -5 ist es möglich, das Schnittholz visuell oder visuell in Verbindung mit apparativ feststellbaren Merkmalen zu sortieren. Die Gruppen der Nadel- und Laubhölzer werden nach genormten Kriterien visuell (d. h. durch Inaugenscheinnahme) sortiert. Die Sortiermerkmale sind an der für das Sortiermerkmal ungünstigsten Stelle im Schnittholz zu ermitteln.

Bei visueller Sortierung kann das Holz aber bei der Sortierung unterschiedlicher Holzarten (z. B. bei Nadelholz aus Fichte, Tanne, Lärche oder Douglasie) nicht nach einheitlichen Festigkeitseigenschaften klassifiziert werden. Die Sortiermethode korreliert nicht direkt und auf relativ niedrigem Niveau mit den Festigkeitseigenschaften (Korrelationskoeffizienten $r < 0{,}5$ (s. [*Glos* 1995])). Das Ergebnis der visuellen Sortierung entsprechend den Anforderungen in DIN 4074-1 und -5 sind Sortierklassen. Ihre Zuordnung zu den Festigkeitsklassen der DIN EN 338 erfolgt über Zuordnungstabellen in DIN EN 1912 (s. Tabelle 2.29.).

Tabelle 2.29. Zuordnung der in Deutschland geltenden Sortierklassen zu den Festigkeitsklassen nach DIN EN 1912

Visuell bestimmte Sortierklasse nach DIN 4074-1 und DIN 4074-5	Festigkeits-klasse nach DIN EN 338	Holzart
Nadelhölzer		
S7, S7K	C16	Douglasie, Tanne, Lärche
S7, S7K	C18	Fichte, Kiefer
S10, S10K	C24	Douglasie, Fichte, Kiefer, Tanne, Lärche
S13, S13K	C30 C35	Fichte, Kiefer, Tanne, Lärche Douglasie
Laubhölzer		
LS7	keine Zuordnung für einheimische Holzarten	
≥ LS10, LS10K und besser	C22	Pappel, Kastanie
LS13	C27	Pappel, Kastanie
≥ LS10, ≥ LS10K	D30	Eiche, Ahorn
≥ LS10, ≥ LS10K	D35	Buche
LS13, LS13K	D40	Buche
≥ LS10, ≥ LS10K	D40	Esche

Bei Anwendung der maschinellen Sortierung mit einer zertifizierten Sortiermaschine, die auf direktem Wege Festigkeitswerte des Holzes ermittelt, erhält man Holz, welches direkt den in DIN EN 338 angegebenen Festigkeitsklassen zugeordnet werden kann (s. Tabelle 2.29.). Dabei sind die Regeln der DIN EN 14081-1 bis -3 zu beachten.
Grundsätzlich kann mittels maschineller Sortierung das Holz in jede gewünschte Festigkeitsklasse sortiert werden. Eine maschinelle Sortierung in Festigkeitsklassen kann nur von geeigneten Betrieben und nur mit einer Sortiermaschine sortiert werden, die von einer dafür anerkannten Stelle nach DIN EN 14081-2 geprüft und zertifiziert worden ist.
Eine visuelle Sortierung darf nur von geschulten Fachkräften durchgeführt werden. Wird das Holz mit der entsprechenden Fachkunde nach den Anforderungen der DIN 4074 visuell sortiert, so ist bei Nadelholz eine Sortierung in die bekannten Sortierklassen S7, S10, S13 und S15 möglich. Neu ist, dass die Holzarten Fichte und Kiefer mit S7 nach DIN 20000-5, Abschnitt 4.2 jetzt in die Festigkeitsklasse C18 eingeordnet werden. Bei Laubschnittholz erhält man dann nach DIN 4074-5 die Klassen LS7, LS10, LS3 und LS15 (s. Tabelle 2.29.).
Es darf nur trockensortiertes Bauholz verwendet werden. Hiervon darf abgewichen werden bei:

- Holz in der Nutzungsklasse 3, wenn im Gebrauchszustand dauerhaft mit einer Holzfeuchte über 20 % gerechnet werden kann;
- Latten mit einem Querschnitt bis 40/60 mm. Diese müssen jedoch vor dem Einbau auf eine Holzfeuchte von ≤ 20 % getrocknet sein. Eine erneute Sortierung nach der Trocknung auf eine Holzfeuchte von ≤ 20 % ist nicht erforderlich.

Bezüglich der Einbaufeuchte von Bauholz gelten DIN EN 1995-1-1 und DIN 68800-2.
Nach Abschnitt 4.4: In DIN 20000-5 gilt ergänzend zum Abschnitt 5.5.2: Bauholz für tragende Zwecke mit Schutzmittelbehandlung, dass für Holzschutzmittel, die bei der Herstellung von Bauholz mit Schutzmittelbehandlung gegen biologischen Befall eingesetzt werden, die Hinweise der [MVV TB 2017, Anlage A 1.2.5/2] zur bauaufsichtlichen Anwendung der DIN 68800-1 und DIN 68800-2 zu beachten sind.
Nach Anlage A 1.2.5/2 der [MVV TB 2017] sind Bauwerksteile aus Holz, bei denen chemischer Holzschutz verwendet wird, so zu planen und auszuführen, dass das verwendete Mittel zum chemischen Holzschutz und seine Anwendungsbedingungen anhand der Zulassungsnummer der BAuA oder des DIBt nachvollziehbar ist. Bis zum Vorliegen der Biozid-Zulassung, die von der Bundesanstalt für Arbeitsschutz und Arbeitsmedizin (BAuA) erteilt wird, ist für das verwendete Holzschutzmittel eine allgemeine bauaufsichtliche Zulassung erforderlich.

Nach DIN 20000-5, Abschnitt 4.2 können charakteristische Werte abweichend von einer Festigkeitsklasse nach DIN EN 338 deklariert werden, dann sind jedoch die charakteristischen Werte für die Zugfestigkeit rechtwinklig zur Faser $f_{t,90,k}$ und der Schubfestigkeit $f_{v,k}$ rechnerisch auf die Werte zu begrenzen, die in DIN EN 338 für die nächst niedrigere Festigkeitsklasse bezogen auf die Biegefestigkeit $f_{m,k}$ gelten.

Die Sortierkriterien sind nach DIN 4074 auf eine Messbezugsfeuchte von maximal 20 % (Messbezugsfeuchte – Messung mit elektronischer Widerstandsmessung nach DIN EN 13183-2) bezogen. Als Holzfeuchte gilt nach DIN 4074-1 und -5, Abschnitt 5.12 ein Messwert, gemessen in 30 % der Dicke bzw. Breite, maximal in einer Tiefe von 40 mm und einem Abstand von mindestens 300 mm vom Hirnholz (oder in der Mitte bei einer Schnittholzlänge < 1 m).
DIN EN 338 enthält für Bauholz aus Nadelholz zwölf Festigkeitsklassen (s. Tabelle 2.30.) und für Bauholz aus Laubhölzer acht Festigkeitsklassen (s. Tabelle 2.31.).
Nach DIN EN 1995-1-1:2010, Abschnitt 3.2 (2) ist der Einfluss der Bauteilgröße auf die Biege- und Zugfestigkeit zu berücksichtigen, und es gilt für Vollholz mit einer charakteristischen Rohdichte $\rho_k \leq 700\,\text{kg/m}^3$ eine Bezugshöhe von 150 mm. Wird die Bezugshöhe von 150 mm unterschritten, dürfen die charakteristischen Werte für $f_{m,k}$ und $f_{t,0,k}$ mit dem Beiwert k_h nach Gl. (3.1) erhöht werden.

Es gilt:

$$k_h = \min\begin{cases}\left(\dfrac{150}{h}\right)^{0,2}\\ 1{,}3\end{cases} \qquad \text{[DIN EN 1995-1-1, Gl. (3.1)]}$$

mit

h = Querschnittshöhe bei Biegebeanspruchung bzw. Querschnittsdicke bei Zugbeanspruchung.

Das nach der Tragfähigkeit sortierte Holz muss seit dem 01.01.2012 vom Hersteller nach den Regeln der DIN EN 14081-1, Abschnitt ZA.3 mit dem CE-Zeichen (entweder als vereinfachte oder vollständige CE-Kennzeichnung) direkt auf dem Holz oder einem an der Verpackungseinheit aufgebrachten Aufkleber gekennzeichnet werden. Diese wichtige Regel ist eine wesentliche Voraussetzung für die Aufnahme von Vollholz als geregeltes Bauprodukt in [MVV TB 2017].
Es kann auch Vollholz verwendet werden, welches nach einer Sortiernorm anderer Länder visuell sortiert wurde. Voraussetzung ist, die ausländische Sortiernorm, wie auch die DIN 4074, erfüllt die Mindestanforderungen der europäischen Norm DIN EN 14081-1. Ist diese Voraussetzung erfüllt, kann das sortierte Holz über die DIN EN 1912 einer Festigkeitsklasse nach DIN EN 338, Tabelle 1 zugeordnet werden [*Blaß/Ehlbeck* u. a. 2005].
Die Maßhaltigkeit von Bauteilen aus Vollholz regelt die DIN EN 336.

Keilgezinktes Vollholz

Die Anforderungen an die Herstellung von keilgezinktem Vollholz sind in DIN EN 15497 geregelt.
Die maximalen Einschnittlängen für Vollhölzer betragen ca. 7,0 m. Will man größere Längen mittels Klebeverbindungen herstellen, so ist dies über Schäftung oder Keilzinkung möglich. Wegen der rationellen Herstellung wird hauptsächlich die Keilzinkenverbindung angewendet. Das Vollholz muss entsprechend den Verarbeitungsbedingungen des Klebstoffes zur Herstellung der Keilzinkung (i. Allg. $\leq$ 18 % Holzfeuchte) technisch vorgetrocknet werden. Werden die Hölzer anschließend weiter verklebt (z. B. zu Holztafel- oder Deckenelementen) darf die Holzfeuchte nur maximal 15 % betragen. Obwohl Keilzinkenverbindungen durch ihr Zinkenprofil eine Querschnittsminderung mit sich bringen, kann diese bei der statischen Anwendung der gewählten Sortierklasse bei Breiten bzw. Höhen bis 300 mm unberücksichtigt bleiben.
Nach DIN EN 1995-1-1/NA:2013 darf keilgezinktes Bauholz nur in Nutzungsklassen 1 und 2 verwendet werden (Zusätzliche Anforderungen DIN 20000-7).

Konstruktionsvollholz (KVH)

Als Konstruktionsvollholz (Produktbezeichnung KVH® und MH®) bezeichnet man einheimisches Nadelschnittholz, welches zusätzlich zu den Sortierkriterien der DIN 4074 weiteren Güteanforderungen genügt. Dazu zählen z. B. eine definierte Holzfeuchte von 15 % ± 3 % und ein herzgetrennter Einschnitt (s. Tabelle 2.32. und weitere Kriterien siehe *www.kvh.eu*).
Die Einhaltung der zusätzlichen Gütekriterien wird durch regelmäßige Eigen- und Fremdüberwachung kontrolliert, wobei bei keilgezinkten Hölzern eine zusätzliche Überwachung im Zusammenhang mit dem Nachweis der Eignung zum Kleben tragender Bauteile aus Holz erforderlich ist. Lieferbar sind beliebige Längen bis maximal 13 m, wenn die Hölzer über Keilzinkenverbindungen gestoßen werden. Konstruktionsvollholz wird in Vorzugsquerschnitten angeboten (s. Tabelle 2.33.).
Wird das Konstruktionsvollholz keilgezinkt, so dürfen die zu verbindenden Hölzer nur eine maximale Holzfeuchtedifferenz von 5 % aufweisen. Konstruktionsvollholz ohne Keilzinkung kann in allen Nutzungsklassen eingesetzt werden. Mit Keilzinkung darf das Holz nur in Nutzungsklasse 1 und 2 eingesetzt werden (s. [*Wiegand* 2019]).
Zur Fragen der Oberflächenqualität von Konstruktionsvollholz siehe [*Radovic/Wiegand* 2018].

Tabelle 2.30. Rechenwerte für die charakteristischen Festigkeits-, Steifigkeits- und Rohdichtekennwerte für Nadelholz der Festigkeitsklassen C14 bis C50 nach DIN EN 338, Tabelle 1

	1	2	3	4	5	6	7	8	9	10	11	12	13
1	**Festigkeitsklasse**	**C14**	**C16**	**C18**	**C20**	**C22**	**C24**	**C27**	**C30**	**C35**	**C40**	**C45**	**C50**
2	Zuordnung der Sortierklassen nach DIN 4074-1 gemäß in DIN EN 1912 (gilt für trocken sortiertes Holz) **„M" steht für maschinell sortiertes Holz**		**S7/ C16M**				**S10/ C24M**		**S13/ C30M**	**C35M**			
	Douglasie		S7				S10		S13				
	Fichte			S7			S10			S13			
	Kiefer			S7			S10			S13			
	Lärche		S7				S10			S13			
	Tanne		S7				S10			S13			
	Pappel[1)]					LS10		LS13					
	Kastanie[2)]						LS10						
	Festigkeitskennwerte in N/mm²												
3	Biegung $f_{m,k}$	14	16	18	20	22	24	27	30	35	40	45	50
4	Zug in Faserrichtung $f_{t,0,k}$	7,2	8,5	10	11,5	13	14,5	16,5	19	22,5	26	30	33,5
5	Zug rechtwinklig zur Faserrichtung $f_{t,90,k}$	0,4	0,4	0,4	0,4	0,4	0,4	0,4	0,4	0,4	0,4	0,4	0,4
6	Druck in Faserrichtung $f_{c,0,k}$	16	17	18	19	20	21	22	24	25	27	29	30
7	Druck rechtwinklig zur Faserrichtung $f_{c,90,k}$	2,0	2,2	2,2	2,3	2,4	2,5	2,6	2,7	2,7	2,8	2,9	3,0
8	Schub $f_{v,k}$	3,0	3,2	3,4	3,6	3,8	4,0	4,0	4,0	4,0	4,0	4,0	4,0
	Steifigkeitskennwerte in N/mm²												
9	Mittelwert des Elastizitätsmoduls in Faserrichtung $E_{m,0,mean}$	7000	8000	9000	9500	10000	11000	11500	12000	13000	14000	15000	16000
10	5-%-Quantile des Elastizitätsmoduls in Faserrichtung $E_{m,0,k}$	4700	5400	6000	6400	6700	7400	7700	8000	8700	9400	10100	10700
11	Mittelwert des Elastizitätsmoduls zur Faserrichtung $E_{m,90,mean}$	230	270	300	320	330	370	380	400	430	470	500	530
12	Mittelwert des Schubmoduls G_{mean}	440	500	560	590	630	690	720	750	810	880	940	1 000
	Rohdichtekennwerte in kg/m³												
13	Rohdichte ρ_k	290	310	320	330	340	350	360	380	390	400	410	430
14	Mittelwert der Rohdichte ρ_{mean}	350	370	380	390	400	420	430	460	470	480	490	520

ANMERKUNGEN 1 Die oben angegebenen Werte für die Zug-, Druck- und Schubfestigkeit, den charakteristischen Elastizitätsmodul bei Biegung, den Mittelwert des Elastizitätsmoduls rechtwinklig zur Faserrichtung und den Mittelwert des Schubmoduls wurden mit den in EN 384 angegebenen Gleichungen berechnet.

ANMERKUNGEN 2 Die Zugfestigkeitswerte wurden auf der sicheren Seite geschätzt, da die Sortierung für die Biegefestigkeit erfolgt.

ANMERKUNGEN 3 Die tabellierten Eigenschaften gelten für Holz mit einer bei 20 °C und 65 % relativer Luftfeuchte üblichen Holzfeuchte, die bei den meisten Holzarten einer Holzfeuchte von 12 % entspricht.

ANMERKUNGEN 4 Die charakteristischen Werte für die Schubfestigkeit werden entsprechend DIN EN 408 für Holz ohne Risse angegeben.

ANMERKUNGEN 5 Diese Klassen dürfen auch für Laubholz mit ähnlichen Festigkeits- und Dichteprofilen, wie z. B. Pappel oder Kastanie, verwendet werden.

ANMERKUNGEN 6 Die Hochkantbiegefestigkeit darf auch im Falle der Flachkantbiegung verwendet werden.

1) Pappel wird nach den Kriterien in DIN 4074-5 als Laubschnittholz sortiert und der Festigkeitsklasse C22 bzw. C27 für Nadelholz nach DIN EN 1912 zugeordnet.

2) Kastanie wird nach den Kriterien in DIN 4074-5 als Laubschnittholz sortiert und der Festigkeitsklasse C22 bzw. C27 für Nadelholz nach DIN EN 1912 zugeordnet.

Tabelle 2.31. Rechenwerte für die charakteristischen Festigkeits-, Steifigkeits- und Rohdichtekennwerte für Laubholz der Festigkeitsklassen D18 bis D80 nach DIN EN 338

	1	2	3	4	5	6	7	8	9	10	11	12	13	14	15
1	**Festigkeitsklasse**	**D18**	**D24**	**D27**	**D30**	**D35**	**D40**	**D45**	**D50**	**D55**	**D60**	**D65**	**D70**	**D75**	**D80**
2	Zuordnung der Sortierklassen nach DIN 4074-5 gemäß in DIN EN 1912 (gilt für trocken sortiertes Holz)														
	Eiche				≥ LS10, ≥ LS10K										
	Buche					≥ LS10, ≥ LS10K	LS13, LS13K								
	Ahorn				≥ LS10, ≥ LS10K										
	Esche						≥ LS10, ≥ LS10K								
	Festigkeitskennwerte in N/mm²														
3	Biegung $f_{m,k}$	18	24	27	30	35	40	45	50	55	60	65	70	75	80
4	Zug in Faserrichtung $f_{t,0,k}$	11	14	16	18	21	24	27	30	33	36	39	42	45	48
5	Zug rechtwinklig zur Faserrichtung $f_{t,90,k}$	0,6	0,6	0,6	0,6	0,6	0,6	0,6	0,6	0,6	0,6	0,6	0,6	0,6	0,6
6	Druck in Faserrichtung $f_{c,0,k}$	18	21	22	24	25	27	29	30	32	33	35	36	37	38
7	Druck rechtwinklig zur Faserrichtung $f_{c,90,k}$	4,8	4,9	5,1	5,3	5,4	5,5	5,8	6,2	6,6	10,5	11,3	12,0	12,8	13,5
8	Schub $f_{v,k}$	3,5	3,7	3,8	3,9	4,1	4,2	4,4	4,5	4,7	4,8	5,0	5,0	5,0	5,0
	Steifigkeitskennwerte in N/mm²														
9	Mittelwert des Elastizitätsmoduls in Faserrichtung $E_{m,0,mean}$	9500	10000	10500	11000	12000	13000	13500	14000	15500	17000	18500	20000	22000	24000
10	5-%-Quantile des Elastizitätsmoduls in Faserrichtung $E_{m,0,k}$	8000	8400	8800	9200	10100	10900	11300	11800	13000	14300	15500	16800	18500	20200
11	Mittelwert des Elastizitätsmoduls zur Faserrichtung $E_{m,90,mean}$	630	670	700	730	800	870	900	930	1030	1130	1230	1330	1470	1600
12	Mittelwert des Schubmoduls G_{mean}	590	630	660	690	750	810	840	880	970	1060	1160	1250	1380	1500
	Rohdichtekennwerte in kg/m³														
13	Rohdichte ρ_k	475	485	510	530	540	550	580	620	660	700	750	800	850	900
14	Mittelwert der Rohdichte ρ_{mean}	570	580	610	640	650	660	700	740	790	840	900	960	1020	1080

ANMERKUNGEN 1 Die oben angegebenen Werte für die Zug-, Druck- und Schubfestigkeit, den charakteristischen Elastizitätsmodul bei Biegung, den Mittelwert des Elastizitätsmoduls rechtwinklig zur Faserrichtung und den Mittelwert des Schubmoduls wurden mit den in EN 384 angegebenen Gleichungen berechnet.

ANMERKUNGEN 2 Die tabellierten Eigenschaften gelten für Holz mit einer bei 20 °C und 65 % relativer Luftfeuchte üblichen Holzfeuchte, die bei den meisten Holzarten einer Holzfeuchte von 12 % entspricht.

ANMERKUNGEN 3 Die charakteristischen Werte für die Schubfestigkeit werden entsprechend DIN EN 408 für Holz ohne Risse angegeben.

ANMERKUNGEN 4 Die Hochkantbiegefestigkeit darf auch im Falle der Flachkantbiegung verwendet werden.

Tabelle 2.32. Zusätzliches Sortiermerkmal für Konstruktionsvollholz [Vereinbarung zwischen VDS und Holzbau Deutschland/Überwachungsgemeinschaft Konstruktionsholz e. V.]

Zusätzliches Sortiermerkmal für Konstruktionsvollholz

Konstruktionsvollholz, nicht sichtbarer Bereich (KVHNSi), sichtbarer Bereich (KVHSi)

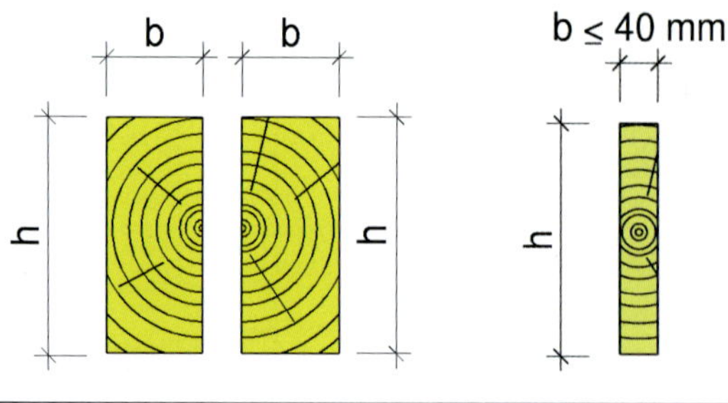

herzgetrennt **herzfrei**[1)]

1) Auf Wunsch kann eine Herzbohle mit ≤ 40 mm herausgetrennt werden.

Tabelle 2.33. Standardquerschnitte für Konstruktionsvollholz, KVH NSi aus Fichte/Tanne der Festigkeitsklasse C24/C24M (s. *www.kvh.eu*)

Breite (mm)	Höhe (mm)							
	100	120	140	160	180	200	220	240
60	■	■	■	■	■	■	■	■
80		■		■	■	■	■	■
100	■			■		■		■
120		■		■		■		■
140			■					

Balkenschichtholz

Die Leistungsanforderungen an Balkenschichtholz regelt DIN EN 14080. Zusätzlich ist DIN 20000-3 zu beachten. Balkenschichthölzer sind geklebte Holzbauteile aus Nadelholz, die entweder aus zwei (Duo-Balken) oder drei (Trio-Balken) miteinander verklebten Bohlen- oder Kanthölzern bestehen. Aufgrund der technischen Anforderungen an eine Verklebung mit ausreichender Qualität besitzen Balkenschichthölzer eine Holzfeuchte unter 15 %. Die Hersteller müssen ihre Eignung zum Kleben von tragenden Holzbauteilen nachweisen und mindestens die Bescheinigung B nach DIN 1052-10, Tabelle 2 besitzen. Balkenschichthölzer gibt es in Längen bis maximal 13 m (größere Längen sind auf Anfrage möglich) und in den in Tabellen 2.34. und 2.35. aufgeführten Vorzugsquerschnitten. Nach DIN EN 14080 dürfen die einzelnen Holzlagen eine Breite und Höhe von 280 mm nicht übersteigen.
Die allgemeine bauaufsichtliche Zulassung (Z 9.1-440) regelt zusätzlich zu Balkenschichtholz nach DIN EN 14080 bestimmte Balkenschichthölzer in Abweichung zur DIN EN 14080.
Sie werden zurzeit fast ausschließlich aus einheimischen Nadelholzarten (Fichte, Tanne, Kiefer, Lärche, Douglasie) der Sortierklasse S10 oder S13 nach DIN 4074-1 hergestellt. **Ihre Anwendung ist nach DIN EN 1995-1-1/NA:2013 auf die Nutzungsklasse 1 und 2 beschränkt** *(Zusätzliche Anforderungen DIN 20000-3, s. auch www.balkenschichtholz.org, www.kvh.eu oder [Wiegand 2019]).*

Tabelle 2.34. Standardquerschnitte für Duobalken und Triobalken (s. *www.kvh.eu* oder *www.balkenschichtholz.org*)

Breite (mm)	Höhe (mm)							
	100	120	140	160	180	200	220	240
60	■	■	■	■	■	■	■	■
80	■	■	■	■ •	■ •	■ •	■	■
100	■	■	■ •	■ •	■ •	■ •	■ •	■ •
120		■ •		■ •	■ •	■ •	■ •	■ •
140			■ •	■ •	■ •	■ •	■ •	■ •
160				■ •		■ •	■ •	■ •
180					■ •	■ •	■ •	■ •
200						■ •	■ •	■ •
240								■ •

Duo-Balken

Trio-Balken

■ = NSi = nicht sichtbarer Bereich • = Si = sichtbaren Bereich

Tabelle 2.35. Rechenwerte für die charakteristischen Festigkeits-, Steifigkeits- und Rohdichtekennwerte für homogenes Brettschichtholz aus Nadelholz der Festigkeitsklassen GL20h bis GL32h nach Tabelle 5 in DIN EN 14080:2013

		Festigkeitsklassen für homogenes Brettschichtholz						
Eigenschaften	**Symbol**	**GL20h**	**GL22h**	**GL24h**	**GL26h**	**GL28h**	**GL30h**	**GL32h**
Lamellen:		**T10 ($f_{m,j,k}$=25)** **T11 ($f_{m,j,k}$=22)**	**T13 ($f_{m,j,k}$=25)**	**T14 ($f_{m,j,k}$=30)**	**T16 ($f_{m,j,k}$=33)**	**T18 ($f_{m,j,k}$=36)**	**T21($f_{m,j,k}$=38)** **T22 ($f_{m,j,k}$=37)**	**T24 ($f_{m,j,k}$=41)** **T26 ($f_{m,j,k}$=38)**
Querschnitts-aufbau								
		Festigkeitskennwerte in N/mm²						
Biegefestigkeit	$f_{m,g,k}$	20	22	24	26	28	30	32
Zugfestigkeit parallel	$f_{t,0,g,k}$	16	17,6	19,2	20,8	22,3	24	25,6
Zugfestigkeit rechtwinklig	$f_{t,90,g,k}$	0,5						
Druckfestigkeit parallel	$f_{c,0,g,k}$	20	22	24	26	28	30	32
Druckfestigkeit rechtwinklig	$f_{c,90,g,k}$	2,5						
Schubfestigkeit (Schub und Torsion)	$f_{v,g,k}$	3,5						
Rollschub-festigkeit	$f_{r,g,k}$	1,2						
		Steifigkeitskennwerte in N/mm²						
Elastizitätsmodul parallel	$E_{0,g,mean}$	8400	10500	11500	12100	12600	13600	14200
	$E_{0,g,05}$	7000	8800	9600	10100	10500	11300	11800
rechtwinklig	$E_{90,g,mean}$	300						
	$E_{90,g,05}$	140						
Schubmodul	$G_{g,mean}$	650						
	$G_{g,05}$	540						
Rollschubmodul	$G_{r,g,mean}$	65						
	$G_{r,g,05}$	54						
		Rohdichtekennwerte in kg/m³						
Rohdichte	$\rho_{g,k}$	340	370	385	405	425	430	440
	$\rho_{g,mean}$	370	410	420	445	460	480	490

$f_{m,j,k}$ Keilzinkenbiegefestigkeit nach Tabelle 3 in DIN EN 14080

Brettschichtholz (BSH)

Die Leistungsanforderungen an Brettschichtholz regelt DIN EN 14080. Brettschichtholz besteht aus mindestens zwei miteinander verklebten Brettlagen. Je nach Pressentechnologie können unterschiedlich große und lange Querschnitte hergestellt werden. Überschreitet die Breite der Brettlage 220 mm, muss mindestens eine Entlastungsnut vorhanden sein. Die Brettdicke ist nach DIN EN 14080, Tabelle I.2 abhängig von der Nutzungsklasse. Bei Verwendung von Bauteilen in den Nutzungsklassen 1 und 2 kann die Brettdicke 6…45 mm betragen (Laubholz 40 mm). Bei Verwendung in Nutzungsklasse 3 beträgt die Brettdicke 6…35 mm (s. Tabelle I.2 in DIN EN 14080). In Deutschland gelten nach DIN 20000-3 Beschränkungen des Anwendungsbereiches in Abhängigkeit des verwendeten Klebstoffes.

Für gekrümmte Bauteile wird die Brettdicke in Abhängigkeit von dem Biegeradius und der charakteristischen Biegefestigkeit des endgültigen Bauteils berechnet (s. DIN EN 14080, Abschnitt I.5.1).

Es gilt Gl. (I.3):

$$t \le \frac{r}{250} \cdot \left(1 + \frac{f_{m,j,dc,k}}{150}\right)$$

Dabei ist:

t die endgültige Lamellendicke, in mm;

r der Radius der Lamelle mit dem kleinsten Radius des Bauteils, in mm;

$f_{m,j,dc,k}$ die angegebene charakteristische Biegefestigkeit der Keilzinkenverbindungen, in N/mm².

Bei besonderen Klimabeanspruchungen ist die Dicke der Lamellen in Abstimmung mit dem Hersteller festzulegen.

Für die Herstellung von Brettschichtholz aus Nadelholz werden vor allem visuell oder maschinell sortierte Brettlagen aus Fichte, Tanne und Kiefer verwendet. Auf Anforderung ist es auch möglich, Brettschichtholz aus den dauerhafteren Holzarten Lärche oder Douglasie herzustellen. Neuerdings wird auch Brettschichtholz aus sibirischer Lärche hergestellt.
Hinsichtlich des prinzipiellen Querschnittsaufbaues für Brettschichtholz aus Nadelholz (s. Tabellen 2.35. und 2.37.) unterscheidet man nach DIN EN 14080 kombinierten Aufbau (im jeweils äußeren Querschnittsbereich – Randbereich) sind Bretter einer definiert höheren Festigkeitsklasse angeordnet und im inneren Querschnittsbereich (Kern- und Zwischenbereich) sind Lagen niederer Festigkeit angeordnet – s. Tabelle 2.37) und homogenen Aufbau (alle Brettlagen entsprechen nur einer definierten Festigkeitsklasse – s. Tabelle 2.35.).
(weitere Informationen unter *www.brettschichtholz.de*)

Insgesamt stehen sieben Brettschichtholzklassen für Brettschichtholz aus Nadelholz zur Verfügung (jeweils für homogenes und kombiniertes Brettschichtholz). Die charakteristischen Festigkeiten gelten für die allgemein übliche Flachkantbiegung für Trägerhöhen $h > 600$ mm.
Prinzipiell gilt Absatz (3) in DIN EN 1995-1-1:2010. Für Brettschichtholz mit Rechteckquerschnitt beträgt die Bezugshöhe für den charakteristischen Wert der Biegefestigkeit und die Bezugsdicke für den charakteristischen Wert der Zugfestigkeit 600 mm. Bei einer Querschnittshöhe bei Biegung oder einer Querschnittsbreite bei Zug von Brettschichtholz, die weniger als 600 mm beträgt, dürfen die charakteristischen Werte für $f_{m,k}$ und $f_{t,0,k}$ mit dem Beiwert k_h erhöht in Ansatz gebracht werden, wobei:

$$k_h = \min\begin{cases}\left(\dfrac{600}{h}\right)^{0,1} \\ 1{,}1\end{cases} \qquad \text{[DIN EN 1995-1-1, Gl. (3.2)]}$$

Bei hochkant biegebeanspruchten Bauteilen (s. Bild 2.17.) darf der charakteristische Biegefestigkeitswert um 20 % erhöht werden (s. Tabelle DIN EN 1995-1-1/NA:2013, NCI zu 3.3 (NA.6)). Nach DIN 20000-3 gilt dies nicht für kombiniertes Brettschichtholz.

Brettschichtholz aus Nadelholz gibt es auch in Standardquerschnitten (s. Tabelle 2.36. und *www.brettschichtholz.de*).

Seit einigen Jahren kann auch Brettschichtholz aus Buche nach bauaufsichtlicher Zulassung-Nr.: Z-9.1-679 in den Festigkeitsklassen GL28 bis GL48 hergestellt und angewendet werden (s. *www.brettschichtholz.de*).

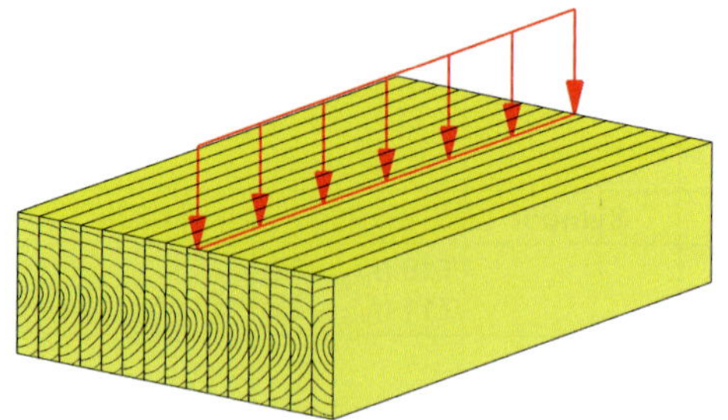

Bild 2.17. Hochkant-Biegung bei Brettschichtholz

Tabelle 2.36. Standardquerschnitte für Brettschichtholz aus Nadelholz

Breite (mm)	Höhe (mm)									
	100	120	140	160	200	240	280	320	360	400
60		■		■						
80	■	■		■	■					
100		■		■	■					
120		■		■	■	■	■	■		
140			■	■	■	■	■	■	■	
160				■	■	■	■	■	■	■
180					■			■	■	■

Die Tabellen 2.38. und 2.39. zeigen die Festigkeitsklassen für Buchenhybridbrettschichtholz und Buchenbrettschichtholz nach der allgemeinen bauaufsichtlichen Zulassung Z-9.1-679. Die Buchen-Hybridträger bestehen aus Randlagen aus Buchenbrettern und inneren Lagen aus Nadelholz.
Das Buchenbrettschichtholz besteht vollständig aus Buchenbrettern, wobei eine Festigkeitsklasse aus homogenen Lagen und fünf Festigkeitsklassen aus Randlagen höherer Festigkeit und inneren Lagen Buchenholz niedriger Festigkeit besteht.

Brettschichtholz Buche darf nur in Nutzungsklasse 1 verwendet werden.

Wegen des gegenüber Nadelholz sehr viel höheren E-Moduls in radialer und tangentialer Richtung kann es durch Klimaschwankungen zu hohen inneren Eigenspannungen mit Rissbildung kommen. Buchenbrettschichtholz kann mit einer Breite bis 160 mm, einer Höhe bis 600 mm (homogene Buchenbrettschichtholz) und bis 900 mm (als Hybridträger) geliefert werden. Durchbrüche sind nicht zulässig.

Literatur: [*Frese* 2012], [Blaß/*Frese* 2006], [*Frese* 2006], [*Blaß* u. a. 2005]

Nach bauaufsichtlicher Zulassung-Nr.: Z-9.1-704 bzw. ETA-13/0642 ist seit 2012 die Herstellung und Anwendung von Brettschichtholz aus Eichenholz möglich.

Eichenbrettschichtholz ist für eine Verwendung in Nutzungsklassen 1 und 2 zugelassen. Dabei ist zu beachten, dass bei einer Verwendung in Nutzungsklasse 2 die Druckfestigkeit parallel zur Faser um 1/3 abzumindern ist.
Bezüglich der Festigkeit wird das Eichenbrettschichtholz in GL33,5 eingeordnet.
Die Lamellendicke beträgt 20 mm, maximal ist die Herstellung von Bauteilen bis 160 mm Breite, 400 mm Querschnittshöhe und 12 m Länge möglich.

Literatur: [*Torno* u. a. 2017], [*Aicher/Ruckteschеall* 2012]

Tabelle 2.37. Rechenwerte für die charakteristischen Festigkeits-, Steifigkeits- und Rohdichtekennwerte für kombiniertes Brettschichtholz aus Nadelholz der Festigkeitsklassen GL20c bis GL32c nach Tabelle 4 in DIN EN 14080:2013

		Festigkeitsklassen für homogenes Brettschichtholz						
Eigenschaften[a]	**Symbol**	**GL20c**	**GL22c**	**GL24c**	**GL26c**	**GL28c** (weitere Varianten s. Tabelle 2 in DIN EN 14080)	**GL30c** (weitere Varianten s. Tabelle 2 in DIN EN 14080)	**GL32c** (weitere Varianten s. Tabelle 2 in DIN EN 14080)
Lamellen: Randbereich		**T13 ($f_{m,j,k}$=21) Anteil 2×33%**	**T13 ($f_{m,j,k}$=26) Anteil 2×33%**	**T14 ($f_{m,j,k}$=31) Anteil 2×33%**	**T16 ($f_{m,j,k}$=34) Anteil 2×33%**	**T18 ($f_{m,j,k}$=37) Anteil 2×25%**	**T22 ($f_{m,j,k}$=40) Anteil 2×17%**	**T24 ($f_{m,j,k}$=44) Anteil 2×17%**
Zwischenbereich		–	–	–	–	–	–	–
Kern		**T8 ($f_{m,j,k}$=18) Anteil 34%**	**T8 ($f_{m,j,k}$=18) Anteil 34%**	**T9 ($f_{m,j,k}$=19) Anteil 34%**	**T11 ($f_{m,j,k}$=22) Anteil 34%**	**T14 ($f_{m,j,k}$=28) Anteil 50%**	**T15 ($f_{m,j,k}$=27) Anteil 66%**	**T18 ($f_{m,j,k}$=31) Anteil 66%**
Querschnittsaufbau		T13 2×33% T8 34% T13 2×33%	T13 2×33% T8 34% T13 2×33%	T14 2×33% T9 34% T14 2×33%	T16 2×33% T11 34% T16 2×33%	T18 2×25% T14 50% T18 2×25%	T22 2×17% T15 66% T22 2×17%	T24 2×17% T18 66% T24 2×17%
		Festigkeitskennwerte in N/mm²						
Biegefestigkeit	$f_{m,g,k}$	20	22	24	26	28	30	32
Zugfestigkeit parallel	$f_{t,0,g,k}$	15	16	17	19	19,5	19,5	19,5
Zugfestigkeit rechtwinklig	$f_{t,90,g,k}$	0,5						
Druckfestigkeit parallel	$f_{c,0,g,k}$	18,5	20	21,5	23,5	24	24,5	24,5
Druckfestigkeit rechtwinklig	$f_{c,90,g,k}$	2,5						
Schubfestigkeit (Schub und Torsion)	$f_{v,g,k}$	3,5						
Rollschubfestigkeit	$f_{r,g,k}$	1,2						
		Steifigkeitskennwerte in N/mm²						
Elastizitätsmodul parallel	$E_{0,g,mean}$	10400	10400	11000	12000	12500	13000	13500
	$E_{0,g,05}$	8600	8600	9100	10000	10400	10800	11200
rechtwinklig	$E_{90,g,mean}$	300						
	$E_{90,g,05}$	250						
Schubmodul	$G_{g,mean}$	650						
	$G_{g,05}$	540						
Rollschubmodul	$G_{r,g,mean}$	65						
	$G_{r,g,05}$	54						
		Rohdichtekennwerte in kg/m³						
Rohdichte[b]	$\rho_{g,k}$	355	355	365	385	390	390	400
	$\rho_{g,mean}$	390	390	400	420	420	430	440

$f_{m,j,k}$ Keilzinkenbiegefestigkeit nach Tabelle 2 in DIN EN 14080

a Die in dieser Tabelle angegebenen Eigenschaften wurden nach Abschnitt 5.1.5 in DIN EN 14080 auf der Grundlage der Aufbauten nach Tabelle 2 in DIN EN 14080 berechnet.
Sofern unterschiedliche Aufbauten für eine bestimmte Festigkeitsklasse zu unterschiedlichen charakteristischen Werten führen, sind hier die geringsten Werte aufgeführt.

b Berechnet als das gewichtete Mittel der Rohdichten der verschiedenen Lamellenbereiche, siehe Abschnitt 5.1.5.3, 5. Absatz in DIN EN 14080.

Tabelle 2.38. Rechenwerte für die charakteristischen Festigkeits-, Steifigkeits- und Rohdichtekennwerte für Brettschichtholz mit einem Querschnitt aus Buche (äußere Lage) und Nadelholz (innere Lage) (Buche-Hybridholz) der Festigkeitsklassen GL28 bis GL48 nach Allgemeiner bauaufsichtlicher Zulassung Z-9.1-679 (Zulassung unter www.brettschichtholz.de)

	Brettschichtholz – Festigkeitsklassen					
	GL28 hyb[2)]	GL32 hyb[2)]	GL36 hyb[2)]	GL40 hyb[2)]	GL44 hyb[2)]	GL48 hyb[2)]
Sortierklasse der Lamellen nach DIN 4074-5						
äußere Lamellen (> H/5)	**LS10**[1)]	**LS13**[1)]	**LS13 + A**[1)]	**LS13 + E14**[1)]	**LS13 + E15**[1)]	**LS13 + A + E15**[1)]
E_{dyn}	–	–	–	**> 14000**	**> 15000**	**> 15000**
innere Lamellen	**S10**	**S10**	**S10**	**S10**	**S10**	**S10**
Biegefestigkeit der Keilzinkverbindungen aus Buche $f_{m,j,k}$ [N/mm²]	**≥ 50**	**≥ 59**	**≥ 61**	**≥ 65**	**≥ 68**	**≥ 72**
Biegefestigkeit der Keilzinkverbindungen aus Nadelholz $f_{m,j,k}$ [N/mm²]	**≥ 32**	**≥ 32**	**≥ 32**	**≥ 32**	**≥ 32**	**≥ 32**
Querschnittsaufbau (zusätzliche Sortierkriterien, s. Zulassung Z-9.1-679, Tabelle 1)	LS10 h/5 S10 3/5h LS10 h/5	LS13 h/5 S10 3/5h LS13 h/5	LS13 +A h/5 S10 3/5h LS13 +A h/5	LS13 + E14 h/5 S10 3/5h LS13 + E14 h/5	LS13 +E15 h/5 S10 3/5h LS13 + E15 h/5	LS13+ A+E15 h/5 S10 3/5h LS13+ A+E15 h/5
	Festigkeitskennwerte in N/mm²					
Biegung $f_{m,k}$ [a, b]						
Flachkant-Biegebeanspruchung der Lamellen $f_{m,y,k}$ [a]	28	32	36	40	44	48
Hochkant-Biegebeanspruchung der Lamellen $f_{m,z,k}$	28	32	32	32	32	32
Schub $f_{v,k}$	2,50					
	Steifigkeitskennwerte in N/mm²					
Elastizitätsmodul parallel $E_{0,mean}$	13200	13200	13200	14000	14700	14700
$E_{0,05}$	12400	12400	12400	13300	14200	14200
	Rohdichtekennwerte in kg/m³					
Rohdichte ρ_k	380					

1) jeweils 1/5 der Trägerhöhe auf beiden Seiten, mindestens jedoch zwei Lamellen

2) die Kernlamellen des Buche-Hybridträgers bestehen aus Nadelholz (mind. S10), die Außenlamellen aus Buchenholz

a Bei Flachkant-Biegebeanspruchung der Lamellen bei Trägern mit h < 600 mm darf der charakteristische Festigkeitswert mit dem Beiwert

$$k_h = \min\left\{\left(\frac{600}{h}\right)^{0,14}; 1,1\right\}$$ multipliziert werden.

b Die Werte gelten für Hochkant- und Flachkant-Biegebeanspruchung der Lamellen des Brettschichtholzes.

Für die nicht in der Tabelle 2.38. angegebenen Festigkeits- und Steifigkeitskennwerte sind die Werte für Brettschichtholz der Festigkeitsklasse GL24h nach DIN EN 14080, Abschnitt 5.1.4.3, Tabelle 5 anzusetzen.

Tabelle 2.39. Rechenwerte für die charakteristischen Festigkeits-, Steifigkeits- und Rohdichtekennwerte für Brettschichtholz mit einem Querschnitt vollständig aus Buchenholz der Festigkeitsklassen GL28 bis GL48 nach Allgemeiner bauaufsichtlicher Zulassung Z-9.1-679 (Zulassung unter www.brettschichtholz.de)

	Brettschichtholz – Festigkeitsklassen					
	GL28h[3)]	GL32c[2)]	GL36c[2)]	GL40c[2)]	GL44c[2)]	GL48c[2)]
Sortierklasse der Lamellen nach DIN 4074-5						
äußere Lamellen (> H/6)	**LS10**[1)]	**LS13**[1)]	**LS13 + A**[1)]	**LS13 + E14**[1)]	**LS13 + E15**[1)]	**LS13 + A + E15**[1)]
E_{dyn}	-	-	-	**> 14000**	**> 15000**	**> 15000**
innere Lamellen	**LS10**	**LS10**	**LS10**	**LS10 + E13**	**LS10+ E14**	**LS10+ E14**
E_{dyn}	-	-	-	**> 13000**	**> 14000**	**> 14000**
Biegefestigkeit der Keilzinkverbindungen $f_{m,j,k}$ [N/mm²]	**≥ 47**	**≥ 55**	**≥ 58**	**≥ 62**	**≥ 65**	**≥ 69**
Querschnitts-Aufbau (zusätzliche Sortierkriterien, s. Zulassung Z-9.1-679, Tabelle 1)	LS10 h/6 LS10 4/6h LS10 h/6	LS13 h/6 LS10 4/6h LS13 h/6	LS13 + A h/6 LS10 4/6h LS13 + A h/6	LS13 + E14 h/6 LS10 + E13 4/6h LS13 + E14 h/6	LS13 + E15 h/6 LS10 + E14 4/6h LS13 + E15 h/6	LS13 + A + E15 h/6 LS10 + E14 4/6h LS13 + A + E15 h/6
	Festigkeitskennwerte in N/mm²					
Biegung $f_{m,k}$ [a]	28	32	36	40	44	48
Zug parallel $f_{t,0,k}$	21					
Zug rechtwinklig $f_{t,90,k}$	0,5					
Druck parallel $f_{c,0,k}$	25					
Druck rechtwinklig $f_{c,90,k}$	8,4					
Schub $f_{v,k}$	3,4					
	Steifigkeitskennwerte in N/mm²					
Elastizitätsmodul parallel $E_{0,mean}$	13500	13500	13500	14300	15100	15100
$E_{0,05}$	12700	12700	12700	13700	14700	14700
rechtwinklig $E_{90,mean}$	690					
$E_{90,05}$	550					
Schubmodul G_{mean}	1000					
$G_{0,05}$	800					
	Rohdichtekennwerte in kg/m³					
Rohdichte ρ_k	650					

1) jeweils 1/6 der Trägerhöhe auf beiden Seiten, mindestens jedoch zwei Lamellen
2) kombiniertes *c* Brettschichtholz unter Verwendung von Lamellen aus zwei unterschiedlichen Festigkeitsklassen
3) homogenes *h* Brettschichtholz unter Verwendung von Lamellen einer Festigkeitsklasse
a Bei Flachkant-Biegebeanspruchung der Lamellen bei Trägern mit h < 600 mm darf der charakteristische Festigkeitswert mit dem Beiwert

$k_h = \min\left\{\left(\frac{600}{h}\right)^{0,14}; 1,1\right\}$ multipliziert werden.

Nach bauaufsichtlicher Zulassung Z-9.1-577 ist die Herstellung von Brettschichtholz aus Dark Red Meranti möglich. Die Lamellen bestehen vorwiegend aus kurzen keilgezinkten Brettern. Hergestellt werden Querschnitte mit einer Breite von 55 ... 145 mm, mit einer maximalen Höhe von 320 mm und einer Länge bis zu 6 m. Das Brettschichtholz wird in den Festigkeitsklassen GL32 und GL36 hergestellt. Das Brettschichtholz kann in Nutzungsklasse 1 bis 3 eingesetzt werden.

Die ETA-13/0642 regelt die Herstellung von Brettschichtholz aus Kastanie. Es können Höhen von 80 ... 400 mm, Breite von 70 ... 220 mm und Längen bis 13,5 m hergestellt werden.
Die Festigkeit wird mit GL30 definiert. Die Bauteile können in Nutzungsklasse 1 und 2 verwendet werden. Bei Einsatz in Nutzungsklasse 2 ist die Druckfestigkeit parallel zur Faser um 1/3 abzumindern.

In Zukunft wird man weitere noch nicht genutzte Holzarten für Brettschichtholz nutzen, wie z. B. Robinie, Esche oder sogar Birke.

Nach ETA-14/0354 ist die Herstellung von Brettschichtholz aus 40 bzw. 50 mm dicken Furnierschichtholzlamellen aus Buchenholz zugelassen. Mit dem Aufbau aus Furnierschichtholzlamellen wird eine charakteristische Biegefestigkeit von 75 N/mm² (GL75) erreicht. Die Bauteile können in Höhen von 80 ... 600 mm und Breiten von 50 ... 300 mm mit Längen von 18 m hergestellt werden. Unter der Bezeichnung Brettschichtholz XXL können nach der ETA auch Höhen von 80 ... 2500 mm und Breiten von 50 ... 600 mm mit Längen bis 36 m hergestellt werden.

Literatur: [*Bletz-Mühldorfer* u. a. 2018], [*Torno* u. a. 2017], [*Torno* u. a. 2017], [*Aicher* 2016], [*Jahnke/Flüshöh* 2016], [*Jeitler/Augustin* 2016], [*Strahm* 2016], [*Dill-Langer/Hamming* 2012]

Holzwerkstoffe als geregeltes Bauprodukt

Mit dem CE-Zeichen müssen seit 2004 alle Holzwerkstoffe, die in DIN EN 13986 geregelt sind (das betrifft alle Holzwerkstoffe in Bauteilen, wie Massivholzplatten, Furnierschichtholz, Sperrholz, OSB, kunstharzgebundene und zementgebundene Spanplatten, Faserplatten nach dem Nassverfahren, Platten nach dem Trockenverfahren) gekennzeichnet werden. Der Hersteller ist für das Anbringen des CE-Zeichens verantwortlich. Die CE-Kennzeichnung (mit Angaben der überwachenden Stelle, des Herstellers, dem Jahr der Kennzeichnung, der Nummer des CE-Konformitätszertifikates, der DIN EN 13986, der Technischen Klasse, des Brandverhaltens in der Euroklassifizierung, der Formaldehydklasse und des Gehaltes an Pentachlorphenol) ist auf dem Produkt selbst, auf der Verpackung, auf einem daran angebrachten Etikett oder in den Begleitpapieren aufzudrucken. Wie die Kennzeichnung im Einzelnen aussehen soll, ist für jede Plattenart exakt in DIN EN 13986 vorgeschrieben! Ob die ausgewählten Holzwerkstoffe für den verwendeten Verwendungszweck überhaupt geeignet sind, regelt, bezogen auf die Nutzungsklassen, DIN EN 1995-1-1/NA:2013 und DIN EN 13986 in Verbindung mit DIN 20000-1, was vom Planer und Ausführenden unbedingt zu beachten ist.
Eine Übersicht über Holzwerkstoffe, geregelt nach Normen oder geregelt nach einer bauaufsichtlichen Zulassung, enthält Tabelle 2.42.

Sperrholz

Sperrholz besteht aus kreuzweise verklebten Furnierlagen (Nadelholz oder Laubholz, z. B. Buche), die symmetrisch zur Mittelachse angeordnet werden. Übernimmt die Sperrholzplatte eine aussteifende Funktion, so ist mindestens dreilagiges Sperrholz zu verwenden. Bei tragender Funktion ist mindestens fünflagiges Sperrholz erforderlich. Sperrholz darf in allen drei Nutzungsklassen verwendet werden, wenn die Verklebung für die vorgesehene Nutzungsklasse geeignet ist (s. Tabelle 2.40.).

Sperrholz muss in seinen Eigenschaften der DIN 13986 in Verbindung mit der Produktnorm DIN EN 636 und DIN 20000-1 oder einer bauaufsichtlichen Zulassung entsprechen (s. Tabelle 2.42.). Erfüllt es die Anforderungen der europäischen Normen, so ist das Sperrholz mit dem CE-Zeichen zu kennzeichnen.
Sperrholz mit vom Hersteller deklarierten Festigkeitswerten kann verwendet werden, wenn nach DIN 20000-1 die rechnerischen Werte um 20 % abgemindert werden.

Tabelle 2.40. Verwendung von Sperrholz-Platten[1), 2)] nach DIN EN 13986 in Verbindung mit Produktnorm DIN EN 636 und DIN 20000-1 in den Nutzungsklassen nach DIN EN 1995-1-1/NA:2013

Plattentyp	**Nutzungsklasse nach DIN EN 1995-1-1:2010, Abschnitt 2.3.1.3**		
	1	**2**	**3**
Technische Klasse „trocken“		–	–
Technische Klasse „feucht“			–
Technische Klasse „außen“			

1) nur zu Aussteifungszwecken 3-lagig, alle anderen tragenden Bauteile mindestens fünflagig
2) bei Verwendung als mittragende Beplankung für Holzhäuser in Tafelbauart 3-lagig möglich, jedoch nicht bei Decken- und Dachscheiben, deren Scheibenwirkung bei der Bemessung zu berücksichtigen ist

Furnierschichtholz

Furnierschichtholz besteht aus 3 mm dicken Furnierlagen aus Nadelholz (z. B. Fichte oder Kiefer), deren Fasern alle in Längsrichtung ausgerichtet werden. Fehlstellen werden ausgekappt. Durch Verkleben mit Phenolharz entstehen 2,5 × 20 m große Platten, aus denen Balken oder Platten geschnitten werden können.
Bisher wurde Furnierschichtholz ausschließlich aus Nadelholz hergestellt. Neuerdings ist Furnierschichtholz aus Buchenholz verfügbar (s. Z.9.1-838). Aus derartigem Furnierschichtholz kann auch durch Verkleben von Lamellen von 40 mm Brettschichtholz hergestellt werden (s. ETA-14/0354). Das Brettschichtholz entspricht dann der Festigkeitsklasse GL75.
Nach DIN EN 1995-1-1:2010, Abschnitt 3.4 muss Furnierschichtholz für tragende Bauteile die Anforderungen der DIN EN 14374 erfüllen. Nach DIN EN 1995-1-1/NA:2013, NCI zu 3.4 hat Furnierschichtholz die Anforderungen nach DIN EN 13986, DIN 20000-1 und DIN EN 14279 oder DIN EN 14374 und DIN EN 13986 zu erfüllen.
Nach DIN EN 1995-1-1:2010, Abschnitt 3.4 ist bei Furnierschichtholz mit Rechteckquerschnitt, bei dem im Wesentlichen alle Furniere in einer Richtung verlaufen, der Einfluss der Querschnittsgröße auf die Biege- und Zugfestigkeit zu berücksichtigen.

Es gilt für den Höheneinfluss auf die Biegefestigkeit Absatz (3) der Norm, wonach die Bezugshöhe für den charakteristischen Wert der Biegefestigkeit 300 mm beträgt. Für biegebeanspruchte Bauteile und Querschnittshöhe, die nicht 300 mm betragen, ist in der Regel der charakteristische Wert für $f_{m,k}$ mit dem Beiwert k_h zu multiplizieren, wobei:

$$k_h = \min\begin{cases}\left(\dfrac{300}{h}\right)^s \\ 1{,}2\end{cases} \qquad \text{[DIN EN 1995-1-1, Gl. (3.3)]}$$

Dabei ist:

h die Bauteilhöhe in mm;

s der Exponent für den Größeneinfluss, s. Abschnitt 3.4 (5) P.

Außerdem gilt für den Längeneinfluss auf die Zugfestigkeit Absatz (4) der Norm, wonach die Bezugslänge bei Zugbeanspruchung 3000 mm beträgt. Bei Längen, die nicht 3000 mm betragen, ist der charakteristische Wert in der Regel für $f_{t,0,k}$ mit dem Beiwert k_ℓ zu multiplizieren, wobei:

$$k_\ell = \min\begin{cases}\left(\dfrac{3000}{\ell}\right)^{s/2} \\ 1{,}1\end{cases} \qquad \text{[DIN EN 1995-1-1, Gl. (3.4)]}$$

Dabei ist:

ℓ die Länge in mm.

Für den anzusetzenden Exponenten s gilt Absatz (5) P der Norm, wonach für den Exponenten s für den Größeneinfluss bei Furnierschichtholz der in Übereinstimmung mit dem in DIN EN 14374 deklarierte Wert anzunehmen ist.
Zur baulichen Verwendung in den Nutzungsklassen, s. Tabelle 2.41. Furnierschichtholz des Typs Q kann auch als ebenes Flächentragwerk angewendet werden. Bei diesem Material sind die Fasern der Furnierlagen längs und quer ausgerichtet. Der Nachweis der Verwendbarkeit erfolgt über eine allgemeine bauaufsichtliche Zulassung (s. Tabelle 2.42.).

Tabelle 2.41. Verwendung von Furnierschichtholz nach DIN EN 13986 in Verbindung mit DIN 20000-1 in den Nutzungsklassen nach DIN EN 1995-1-1/NA:2013, Abschnitt NCI zu 3.4

Plattentyp	Nutzungsklasse nach DIN EN 1995-1-1:2010, Abschnitt 2.3.1.3		
	1	2	3
LVL/1 nach EN 14279		–	–
LVL/2 nach EN 14279			–
LVL/3 nach EN 14279			
nach EN 14374			– [1)]

1) Für eine Verwendung in Nutzungsklasse 3 bedarf es eines bauaufsichtlichen Verwendbarkeitsnachweises.

Nach DIN EN 1995-1-1:2010, Abschnitt 3.4 (7) P ist bei Furnierschichtholz, bei dem im Wesentlichen alle Furnierlagen in einer Richtung verlaufen, der Einfluss der Bauteilgröße auf die Zugfestigkeit senkrecht zur Faser zu berücksichtigen.

Brettsperrholz

Brettsperrholz besteht aus miteinander verklebten Brettlagen (Holzart: Fichte oder Kiefer, Dicke 17...45 mm). Die Verwendung von minderwertigen Holzsortimenten ist möglich. Ähnlich dem Sperrholz sind die einzelnen Lagen kreuzweise angeordnet, und es entstehen fünf-, sieben- oder neunlagige Elemente.

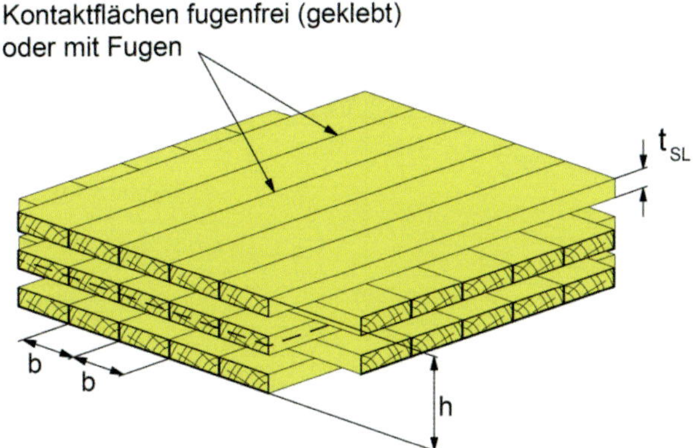

Bild 2.18. Prinzipieller Aufbau von Brettsperrholz

In Brettlängsrichtung sind die Bretter keilgezinkt. Die Leistungsanforderungen regelt DIN EN 16351. Brettsperrholz gibt es in Abmessungen mit Dicken zwischen 60 bis 500 mm, Breiten zwischen 500 bis 4800 mm und Längen bis 20 m (30 m). Es entsteht ein sehr massives Holzbauelement. Die Holzfeuchte der zu verklebenden Bretter darf nicht über 15 % betragen. Der Hersteller muss mindestens die Bescheinigung B des Nachweises der Eignung zum Kleben von tragenden Holzbauteilen besitzen, in DIN 1052-10. Aus Brettsperrholz lassen sich großformatige sehr formstabile Wand- und Deckenelemente für die Errichtung von mehrgeschossigen Gebäuden herstellen. International wurden damit bis zu zehngeschossige Gebäude hergestellt. Die Anwendung regelt eine allgemeine bauaufsichtliche Zulassung oder europäische technische Zulassung (s. Tabelle 2.42.). **Brettsperrholz darf nach DIN EN 1995-1-1/NA:2013 nur in Nutzungsklassen 1 und 2 verwendet werden (s. auch *www.brettsperrholz.org*).**

Zur Bemessung einschließlich der Verbindungen, s. die jeweilige bauaufsichtliche Zulassung. Neuere Untersuchungen zum Einsatz als Biegeträger bei Beanspruchung in Plattenebene, s. [*Flaig* 2013].

Weiterführende Literatur zur Anwendung von Brettsperrholz: [*Harris* u. a. 2013], [*Flaig* 2013], [*Blaß/Flaig* 2013], [*Bejtka* 2011], [*Wiegand* u. a. 2010], [*Schickhofer* u. a. 2010], [*Winter* u. a. 2008], [*Blaß/Uibel* 2007], [*Schickhofer* u. a. 2006].

Mehrschichtplatten

Mehrschichtplatten bestehen aus Decklagen bevorzugt aus Nadelholz (zwei parallel in Faserrichtung angeordnet und mindestens eine Lage kreuzweise) und mit einer Mittelschicht aus Holz in Latten oder Brettstärke. Es entsteht so eine drei- oder fünflagige 13 bis 80 mm dicke Holzplatte, die auch für tragende und aussteifende Zwecke genutzt werden kann (s. auch [*Blaß/Fellmoser* 2006]).

Tabelle 2.42. Zusammenstellung der wichtigsten Holzwerkstoffe, verwendbar für tragende und aussteifende Zwecke (Stand: 31.12.2019)

Holzwerkstoff (Kurzbezeichnung)	**Bezug** **Norm** [1)] (...) = Normbezug zur DIN EN 1995-1-1:2010 bzw. DIN EN 1995-1-1/NA:2013	**Allgemeine bauaufsichtliche Zulassung**[2)]	**Europäische technische Zulassung**[2)]	**Spezielle Literatur** zur Anwendung und Berechnung von Konstruktionen
Sperrholz: – Furniersperrholz (BFU)	DIN EN 13986 in Verbindung mit DIN 20000-1	Z-9.1-430 Z-9.1-455 Z-9.1-569		[*www.vhi.de*]
– Furniersperrholz – Buche (BFU-Bu)	DIN EN 13986 in Verbindung mit DIN 20000-1			[*www.vhi.de*]
Furnierschichtholz (FSH)		Z-9.1-100 Z-9.1-291 Z-9.1-811 Z-9.1-838 Z-9.1-842 Z-9.1-847 Z-9.1-870		
Spanplatten: – Flachpressplatten	DIN EN 312 DIN EN 312 DIN EN 13986 in Verbindung mit DIN 20000-1	Z-9.1-442 Z-9.1-454 Z-9.1-725		[*www.vhi.de*]
– OSB-Platten	DIN EN 300 DIN EN 13986 in Verbindung mit DIN 20000-1	Z-9.1-503 Z-9.1-618		[*www.vhi.de*]
– Zementgebundene Flachpressplatten	DIN EN 13986 in Verbindung mit DIN 20000-1	Z-9.1-285 Z-9.1-328 Z-9.1-816		
– Gipsgebundene Faserplatten		Z-9.1-434		
Holzfaserplatten: – Mittelharte Holzfaserplatten	DIN EN 622-3 DIN EN 13986 in Verbindung mit DIN 20000-1			[*www.holzfaser.org*]
– Harte Holzfaserplatten	DIN EN 622-2 DIN EN 13986 in Verbindung mit DIN 20000-1	Z-9.1-725		
Massivholzplatten: – *Holz-Mehrschicht-Platten*	DIN EN 13986 in Verbindung mit DIN 20000-1	Z-9.1-209 Z-9.1-242 Z-9.1-258 Z-9.1-320 Z-9.1-376 Z-9.1-401 Z-9.1-404 Z-9.1-612 Z-9.1-640		
Brettsperrholz		Z-9.1-534 – – Z-9.1-482 Z-9.1-501 Z-9.1-555 – – – Z-9.1-602 Z-9.1-576 – –	ETA-06/0009 ETA-11/0189 ETA-12/0327 ETA-06/0138 - - ETA-11/0189 ETA-11/0210 ETA-11/0500 - ETA-12/0281 ETA-12/0327 ETA-10/0241	[*www.brettsperrholz.org*]

1) Deutsches Institut für Normung e. V. (DIN), Burggrafenstraße 6, 10787 Berlin
2) Deutsches Institut für Bautechnik (DIBt), Kolonnenstraße 30, 10829 Berlin

Kunstharzgebundene Spanplatten

Kunstharzgebundene Spanplatten werden aus kleinen Holzspänen durch Verkleben mit Kunstharzklebstoffen hergestellt. Die Späne werden so angeordnet, dass sie parallel zur Plattenebene liegen. Entsprechend der Herstellungstechnologie unterscheidet man in Strangpress- oder Flachpressplatten. Ihre Herstellung erfolgt nach DIN EN 312. Für tragende und aussteifende Funktion werden nur Flachpressplatten verwendet. Sie werden je nach technischer Klasse entsprechend DIN EN 13986 nach DIN EN 1995-1-1:2010 in Nutzungsklassen 1 und 2 verwendet (s. Tabelle 2.43.).

Tabelle 2.43. Verwendung von kunstharzgebundenen Spanplatten nach DIN EN 13986 in Verbindung mit DIN EN 312 und DIN 20000-1 in den Nutzungsklassen nach DIN EN 1995-1-1/NA:2013, Abschnitt NCI zu 3.4

Plattentyp	Nutzungsklasse nach DIN EN 1995-1-1:2010, Abschnitt 2.3.1.3		
	1	2	3
Technische Klasse P4 und P6		–	–
Technische Klasse P5 und P7			–

Bei Anwendung als tragendes und aussteifendes Bauelement müssen die Platten den Anforderungen der DIN EN 13986 und der DIN 20000-1 entsprechen. DIN EN 13986 regelt nicht die Verwendbarkeit. Diese ist in DIN 20000-1 geregelt. Die Mindestdicke nach DIN EN 1995-1-1/NA:2013 für Platten mit tragender Funktion beträgt 8 mm, und bei nur aussteifender Funktion bei Holzhäusern in Tafelbauweise beträgt die Mindestdicke 6 mm. Spanplatten nach den vorgenannten europäisch harmonisierten Normen tragen als Nachweis ihrer Verwendbarkeit das CE- Zeichen mit den Mindestangaben nach DIN EN 13986.

OSB-Platten

OSB-Platten (s. Tabelle 2.42.) werden aus großflächigen 0,6 mm dicken und ca. 90 mm langen Spänen vorzugsweise aus der Schwach- und Restholzverwertung gepresst. In den Deckschichten sind die Späne parallel und in der Mittelschicht quer zur Plattenlängsseite angeordnet. Sie werden nach der Produktnorm DIN EN 300 hergestellt. OSB-Platten werden vorzugsweise in den Nutzungsklassen 1 und 2 verwendet. Bei Anwendung als tragendes und aussteifendes Bauelement müssen die Platten den Anforderungen der DIN EN 13986 und der DIN 20000-1 entsprechen. Für den Einsatz als tragender Baustoff existieren drei technische Klassen:

- OSB/2- für tragende Zwecke und Verwendung im Trockenbereich (Nutzungsklasse 1),
- OSB/3- für tragende Zwecke und Verwendung im Feuchtbereich (Nutzungsklassen 1 + 2),
- OSB/4- hochbelastbare Platte und Verwendung im Feuchtbereich (Nutzungsklassen 1 + 2).

Eine Anwendung von OSB-Platten in Nutzungsklasse 3 ist nach DIN EN 1995-1-1/NA:2013 nicht gestattet (s. Tabelle 2.44.).

Tabelle 2.44. Verwendung von OSB-Platten nach DIN 13986 in Verbindung mit DIN EN 300 und DIN 20000-1 in den Nutzungsklassen nach DIN EN 1995-1-1/NA:2013, Abschnitt NCI zu 3.4

Plattentyp	Nutzungsklasse nach DIN EN 1995-1-1:2010, Abschnitt 2.3.1.3		
	1	2	3
OSB/2		–	–
OSB/3			–
OSB/4			–

Übernimmt die OSB-Platte tragende Funktion, so beträgt die Mindestdicke 8 mm. Bei nur aussteifender Funktion bei Holztafeln in Holzhäusern in Tafelbauart können Platten mit mindestens 6 mm verwendet werden (s. DIN EN 1995-1-1/NA:2013). Die Platten müssen mit dem CE-Zeichen mit den Mindestangaben nach DIN EN 13986 gekennzeichnet sein.

Mineralischgebundene Holzwerkstoffplatten

Mineralischgebundene Holzwerkstoffplatten (s. Tabelle 2.42.) sind mehrschichtige Flachpressplatten aus Holzspänen und einem mineralischen Bindemittel, wie z. B. Zement oder Gips.
Mineralischgebundene Werkstoffe gelten i. Allg. als nicht brennbar (Baustoffklasse A2 nach DIN 4102).

Zementgebundene Spanplatten

Zementgebundene Spanplatten sind Flachpressplatten aus chemisch behandelten Holzspänen (Holzart: Fichte oder Tanne) und einem Bindemittel aus Portlandzement.
DIN EN 1995-1-1/NA:2013 regelt die charakteristischen Festigkeits-, Steifigkeits- und Rohdichtewerte für zementgebundene Spanplatten in Tabelle NA.8.
Zementgebundene Spanplatten können nach DIN EN 1995-1-1:2010 nur in Nutzungsklassen 1 und 2 verwendet werden (s. Tabelle 2.45.).

Tabelle 2.45. Verwendung von zementgebundenen Spanplatten nach DIN EN 13986 in Verbindung mit DIN EN 634-1+2 und DIN 20000-1 in den Nutzungsklassen nach DIN EN 1995-1-1/NA:2013, Abschnitt NCI zu 3.4

Plattentyp	Nutzungsklasse nach DIN EN 1995-1-1:2010, Abschnitt 2.3.1.3		
	1	2	3
Technische Klasse 1 und 2			–

Als tragendes Bauteil ist eine Mindestdicke von 8 mm vorgeschrieben. Bei Anwendung für tragende und aussteifende Zwecke müssen die Platten DIN EN 634-1, DIN EN 634-2, DIN EN 13986 und DIN 20000-1 entsprechen. Zementgebundene Spanplatten sind mit dem CE-Zeichen mit den Mindestangaben nach DIN EN 13986 zu kennzeichnen.

Gipsgebundene Spanplatten

Ihr Aufbau entspricht dem der zementgebundenen Spanplatten. Anstatt des Bindemittels Zement wird kalzinierter Gips verwendet. Die Holzspäne bestehen aus Fichte oder Espe.

Harte und mittelharte Faserplatten

Holzfaserplatten (s. Tabelle 2.42.) werden so hergestellt, dass holzeigene Bindungskräfte während des technologischen Prozesses aktiviert werden. Unter Ausnutzung eigener Bindungskräfte und einer Verfilzung der Holzfasern entsteht eine homogene feste Plattenstruktur. Hinsichtlich der Herstellung unterscheidet man nach dem Nass- und dem Trockenverfahren. Beim Nassverfahren werden (bevorzugt verwendet bei der Herstellung von harten Faserplatten) werden die verholzten Fasern durch hohe Pressdrücke ohne Zusatz von Klebstoffen gepresst, und die Fliesbildung erfolgt im Nassverfahren. Mittelharte Faserplatten werden bevorzugt im Trockenverfahren unter Zusatz von Klebstoff hergestellt. Die Fliesbildung erfolgt dann mit Luft. Faserplatten müssen bei der baulichen Verwendung den Anforderungen der DIN EN 622-2 und EN 622-3, der DIN EN 13986 und DIN 20000-1 entsprechen. Die technische Klasse MBH.LA2 nach DIN 13986 darf nur in Nutzungsklasse 1, und die Klasse HB.HLA2 nach DIN EN 13986 (s. Tabelle 2.46.) darf in Nutzungsklassen 1 und 2 verwendet werden. Die charakteristischen Festigkeits-, Steifigkeits- und Rohdichtewerte sind für die in Tabelle NA.9 angegebenen technischen Klassen in DIN EN 1995-1-1/NA:2013 geregelt. Die Platten sind mit dem CE-Zeichen zu kennzeichnen (s. *www.holzfaser.org*).

Tabelle 2.46. Verwendung von Holzfaserplatten nach DIN 13986 in Verbindung mit DIN EN 622-1+2 und DIN V 20000-1 in den Nutzungsklassen nach DIN EN 1995-1-1/ NA:2013, Abschnitt NCI Zu 3.4

Plattentyp	Nutzungsklasse nach DIN EN 1995-1-1:2010, Abschnitt 2.3.1.3		
	1	2	3
MBH.LA2 1)		–	–
HB.HLA2 1)			–

1) bei Verwendung für tragende und aussteifende Zwecke

Die Mindestdicke bei tragender und aussteifender Funktion beträgt für die Klasse HB.LA2 4 mm und für die Klasse MBH.LA2 6 mm.

Faserverstärkte Gipsplatten (Gipsfaserplatten)

Gipsfaserplatten bestehen wie Gipskartonplatten aus Gips. Sie besitzen aber keine Deckschichten aus Karton, sondern der Gips enthält einen bestimmten Anteil an Cellulosefasern aus der Altpapieraufbereitung. Ihr Einsatzgebiet ist ähnlich dem der Gipskartonplatten. In Ausnahmefällen ist eine Verwendung an der Außenseite von Außenwandelementen möglich. Sie müssen als tragendes Material den Anforderungen nach DIN EN 15283-2 entsprechen.

Gipskartonplatten

Gipskartonplatten bestehen aus einem Kern aus Gips und beidseitigen Deckschichten aus Karton. Die Eigenschaften der Platten werden wesentlich von der Verbundwirkung zwischen Kartonummantelung und Gipskern sowie den Eigenschaften des Kartonmaterials bestimmt. Sie werden als nicht tragende Beplankung bei Trockenbauwänden oder als aussteifende Beplankung im Holzbau eingesetzt. Je nach Plattentyp ist eine Verwendung in Nutzungsklasse 1 und/oder 2 möglich (s. Tabelle 2.47.).

Tabelle 2.47. Verwendung von Gipskartonplatten nach DIN 18180 in den Nutzungsklassen nach DIN EN 1995-1-1/ NA:2013, Abschnitt NCI Zu 3.4

Plattentyp	Nutzungsklasse nach DIN EN 1995-1-1:2010, Abschnitt 2.3.1.3		
	1	2	3
GKB 1)			–
GKBI 1), 3)			–
GKF 2)			–
GKFI 2), 3)			–

1) Bauplatte
2) Feuerschutzplatte
3) imprägniert wegen Feuchteschutz

Die charakteristischen Festigkeits- und Steifigkeitskennwerte sind für Gipskartonplatten nach DIN 18180 in DIN EN 1995-1-1/NA:2013, Tabelle NA.10 geregelt. Die nach DIN EN 1995-1-1/NA:2013 geforderte Mindestdicke für Beplankungen von Dach-, Wand- und Deckentafeln aus Gipskarton beträgt 12,5 mm.

Klebstoffe

Klebstoffverbindungen für tragende Zwecke sind entsprechend der Nutzungsklasse mit ausreichender Trag- und Funktionsfähigkeit über die gesamte Lebensdauer herzustellen. Es gelten die Regelungen nach DIN EN 1995-1-1: 2010, Abschnitt 3.6 und des Nationalen Anhangs.

Bei feuchten Nutzungsbedingungen dürfen ausschließlich hierfür geeignete Kunstharzklebstoffe verwendet werden. Klebstoffe des Typs 1 nach DIN EN 301 können für alle Nutzungsklassen eingesetzt werden. Nach DIN EN 1995-1-1/NA:2013 müssen die zur Anwendung kommenden Klebstoffe generell den Anforderungen an den Klebstofftyp 1 nach DIN EN 301 entsprechen. Klebstoffe des Typs 2 nach DIN EN 301 dürfen nicht mehr in Deutschland verwendet werden. Es dürfen auch Klebstoffe mit bauaufsichtlichen Verwendbarkeitsnachweis eingesetzt werden. Zusätzliche Anforderungen nach DIN 1052-10 sind zu beachten (weitere Ausführungen zu Klebstoffen, s. Abschnitt 3.2.).

Literatur: [*Becker/Radovic* 2019]

2.8. Mindestholzquerschnitte

Mindestholzquerschnitte sind in DIN EN 1995-1-1:2010 nicht mehr geregelt.

Eine Regelung für **Mindestholzquerschnitte** findet man in der zurückgezogenen DIN 1052:2008, Abschnitt 7.23. Geregelt als tragender einteiliger Einzelquerschnitt ist eine Mindestdicke von 24 mm erforderlich (Querschnittsfläche mindestens 14 cm^2; bei Lattung mindestens 11 cm^2). Als Orientierung können die früher geregelten Querschnittswerte weiterhin angenommen werden.

Die in DIN 1052:2008 festgelegten Mindestquerschnitte (Bild 2.19.) sollten jedoch aus konstruktiven und anderen Gründen möglichst größer gewählt werden, z. B. weil sich bei kleinen Querschnitten Fehlstellen, Wachstumsunregelmäßigkeiten (Faserabweichungen), auch kleine Äste, Vorkrümmungen und Schwinden stärker als bei größeren Querschnitten auswirken. Dies betrifft besonders Zugstäbe, aber auch andere tragende Holzbauteile wie Druckstäbe, Sparren, Pfetten und Deckentraghölzer sollte man mindestens 40 bis 60 mm dick ausführen, allein schon, um an ihnen andere Bauteile ordnungsgemäß befestigen zu können.

Bauteile mit Querschnittsverhältnissen $h/b \geq 2$ neigen nach [*Brüninghoff* u. a. 1997] leicht zu Verwindungen.

Dagegen enthält DIN EN 1995-2/NA:2011 Mindestmaße für tragende Holzbauteile im Brückenbau, die zu beachten sind (s. Tabelle 2.48.).

Tabelle 2.48. Mindestmaße für tragende Holzbauteile in Holzbrücken (Tabelle NA.2 in DIN EN 1995-2/NA:2011)

	1	2	3
	Bauteil	**Kleinste Querschnittsseite [mm]**	**Kleinste Querschnittsfläche [mm²]**
1	Hauptträger aus Vollholz, Brettschichtholz, Balkenschichtholz und Furnierschichtholz (ausgenommen Fachwerkträger, verbretterte Träger)	120	24000
2	Einteilige Stäbe aus Fachwerken	40	4800
3	Einzelne Querschnittsteile von zusammengesetzten Stäben und von verbretterten Trägern	30	360
4	Knotenplatten und Laschen sowie Stege aus Sperrholz (mindestens 5-lagig)	12	a
5	Tragbelag aus Vollholz, einlagig	50b	–
6	Tragbelag aus Vollholz, zweilagig	40b	–
7	Tragbelag aus Holzwerkstoffplatten	20	–

a Mindestbreite von Knotenplatten und Laschen: 120 mm.

b Für Geh- und Radwegbrücken 30 mm. Erforderlichenfalls ist eine Verschleißschicht nach Tabelle NA.3 in DIN EN 1995-2/NA:2011 hinzuzurechnen.

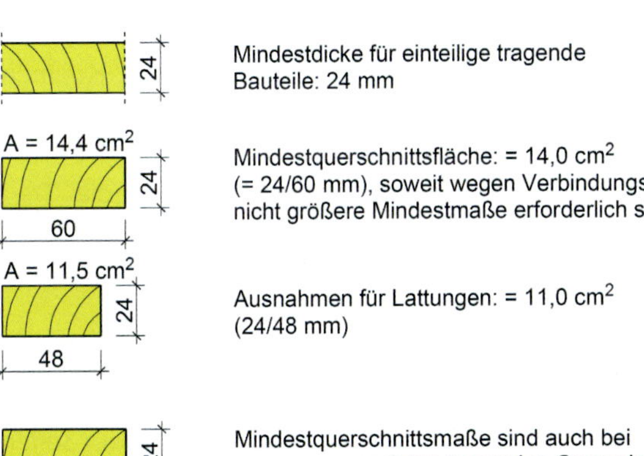

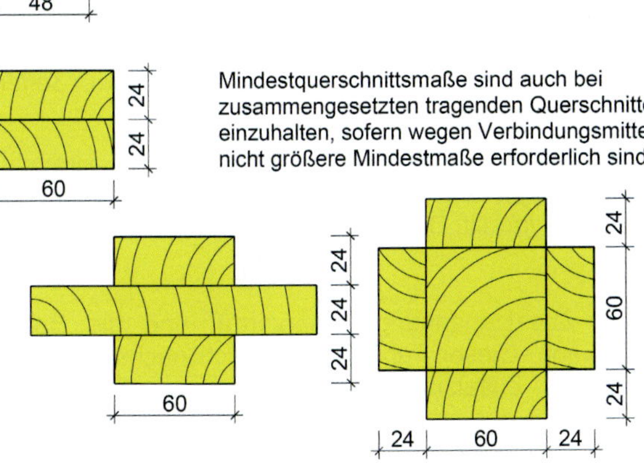

Bild 2.19. Mindestquerschnitt tragender Einzelquerschnitte von Vollholzteilen nach der zurückgezogenen DIN 1052:2008, Abschnitt 7.2.3

Für die Maßhaltigkeit gilt DIN EN 336. Als rechnerische Querschnittswerte gelten die Nennabmessungen (bezogen auf eine Holzfeuchte von 20 %).

2.9. Querschnittsschwächungen

Beim Spannungsnachweis sind Querschnittsschwächungen in Zugstäben und in der Zugzone von auf Biegung beanspruchten Bauteilen, die in einem Schnitt **rechtwinklig zur Kraftrichtung** liegen, zu berücksichtigen, wie Einschnitte, Bohrungen, Ausfräsungen.

Querschnittsschwächungen sind nach DIN EN 1995-1-1: 2010, Abschnitt 5.2 **generell zu berücksichtigen**, ausgenommen

- Nagellöcher von nicht vorgebohrten Nägeln bis 6 mm Dicke (s. Bild 2.20.a),
- Holzschrauben in nicht vorgebohrten Löchern mit Durchmesser bis 6 mm (s. Bild 2.20.a),
- Löcher in der Druckzone von Bauteilen mit Materialausfüllungen mit höherer Steifigkeit als das Holz des Bauteils.

Besteht eine Holzbauverbindung aus mehreren Verbindungsmittelreihen, so müssen nach DIN EN 1995-1-1: 2010, Abschnitt 5.2 bei der Berechnung des wirksamen Querschnittes alle Löcher, die sich innerhalb des halben Mindestabstandes der Verbindungsmittel in Faserrichtung befinden, berücksichtigt werden (s. DIN EN 1995-1-1: 2010, Abschnitt 5.2 (4)).

Beträgt die örtliche Schwächung maximal 10 % der Bruttoquerschnittsfläche, darf das Nettoträgheitsmoment mit Bezug auf die Schwerlinie des ungeschwächten Querschnittes bezogen werden.
Bei Trägerbreiten oder -höhen von mehr als 300 mm ist die Verschwächung durch eine Keilzinkung zu berücksichtigen. Nach [*Blaß/Ehlbeck* u. a. 2005] wird der Nettoquerschnitt nach folgender Formel berechnet:

$$A_{ef} = \left(1 - \frac{b_t}{p}\right) \cdot A = (1 - v) \cdot A$$

mit

v Verschwächungsgrad der Keilzinkung (s. Bild 2.21.).

Einseitige Querschnittsschwächungen bei Zugstäben nach Bild 2.22. führen zu ausmittigen Kraftwirkungen; sie können zu erheblichen Spannungserhöhungen führen.

Mit

$$\sigma_{t,0,d} = \frac{N_{t,0,d}}{A_{netto}} \text{ und } \sigma_{m,d} = \frac{N_{t,0,d} \cdot e}{W_{netto}}$$

sind dann die Nachweise nach Gl. (6.17) und Gl. (6.18) zu führen.

Schwächungen von Druckstäben und in den Druckzonen von Biegestäben müssen berücksichtigt werden, wenn

- sie nicht satt ausgefüllt sind (Bilder 2.23.a, b, c),
- der ausfüllende Werkstoff weicher ist als das geschwächte Holz oder
- Überblattungen, Verkämmungen usw. angewendet werden (Bild 2.23.e).

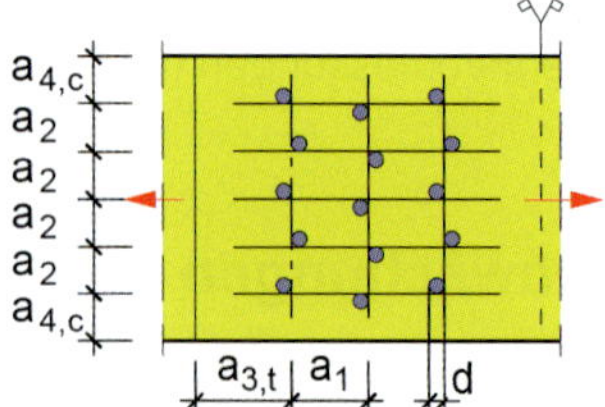

a) Nagellöcher und Holzschrauben in nicht vorgebohrten Löchern bis 6 mm werden als Querschnittsschwächung nicht berücksichtigt

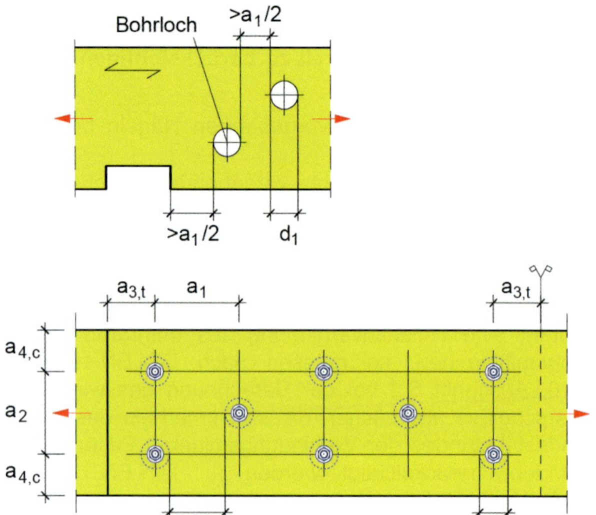

b) beträgt der lichte Abstand zwischen den Schwächungen > $a_1/2$, bleibt die jeweilige Querschnittsschwächung unberücksichtigt (unteres Bild: Passbolzenverbindung wegen Brandschutz versenkt)

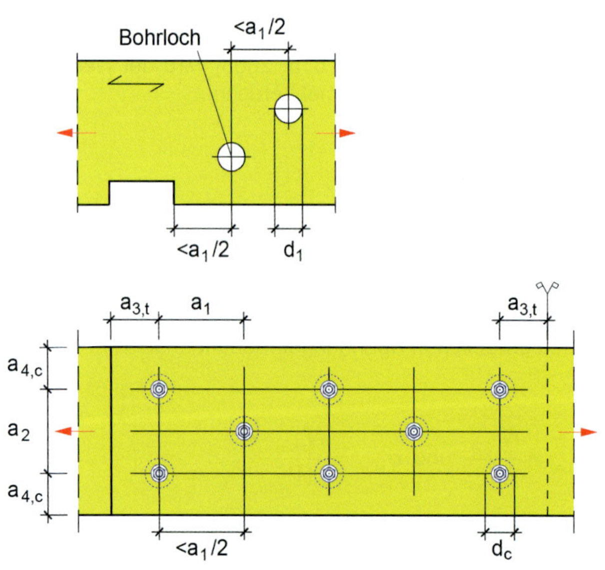

c) beträgt der Abstand zwischen den Schwächungen < $a_1/2$, so muss die in diesem Bereich befindliche Querschnittsschwächung berücksichtigt werden

Bild 2.20. Mindestabstände, bei denen in Faserrichtung Querschnittsschwächungen nicht berücksichtigt werden und Bestimmung des wirksamen Querschnittes innerhalb eines Abstandes von weniger als dem halben Mindestabstand in Faserrichtung des Holzes

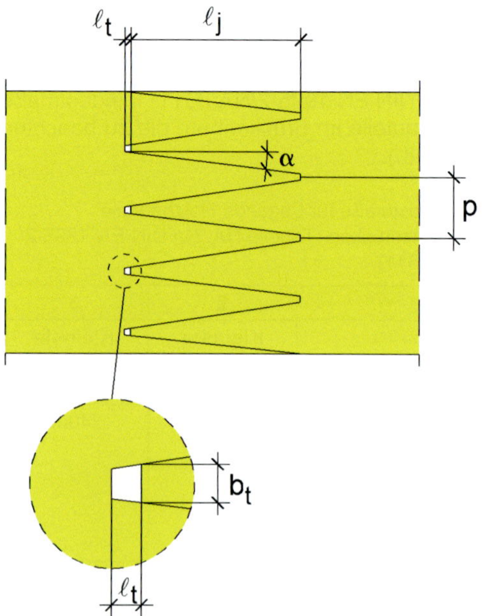

Legende
ℓ_j Zinkenlänge
p Zinkenteilung
α Flankenneigung
ℓ_t Zinkenspiel

Bild 2.21. Keilzinkenverbindung nach DIN EN 14080, Bild 3

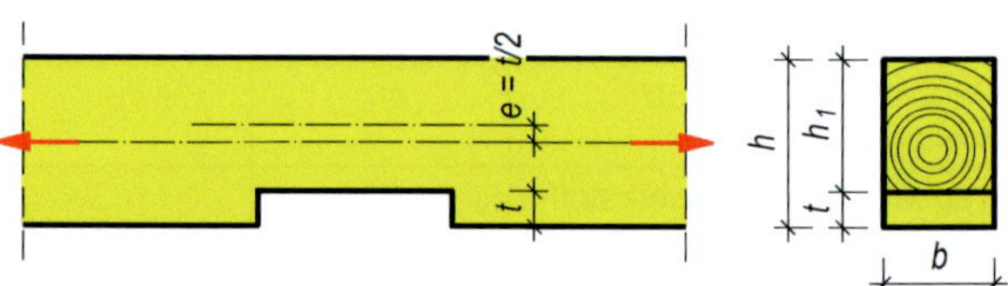

Bild 2.22. Zugstab mit einseitiger Querschnittsschwächung

2.10. Ausmittige Anschlüsse

Ausmittige Anschlüsse treten z. B. bei Streben, Kopfbändern, Verbänden und besonders bei Fachwerkträgern auf. Sie rufen meist **größere Zusatzspannungen** hervor.

Diese können Verformungen hervorrufen und die Tragsicherheit herabsetzen. Deshalb sind Spannungen, die durch ausmittige Anschlüsse entstehen, zu berücksichtigen.

Fachwerkstäbe sind möglichst mittig anzuschließen, sodass sich die Systemlinie und die tatsächliche Stabachse (Stabmittellinie) decken (Bild 2.24.): ordnungsgemäße Nagelverteilung zum Kraftangriff und von beiden Seiten, keine Ausmittigkeiten.

In Bild 2.24.b liegen die Systemlinien wohl übereinander, aber die Nägel sind exzentrisch zum Schnittpunkt der Stabachsen verteilt. Dadurch entsteht ein Moment

$M = F \cdot e,$

welches Zusatzspannungen hervorruft und die Bretter spalten kann. Dieser Fehler muss durch nachträglich eingeschlagene Zusatznägel behoben werden (Bild 2.24.c). Oft jedoch ist der exzentrische Anschluss von Füll- (oder Wand-)Stäben konstruktiv bedingt, weil nicht genügend Nagelfläche bei einem mittigen bzw. symmetrischen Anschluss vorhanden ist (Bild 2.24.d).

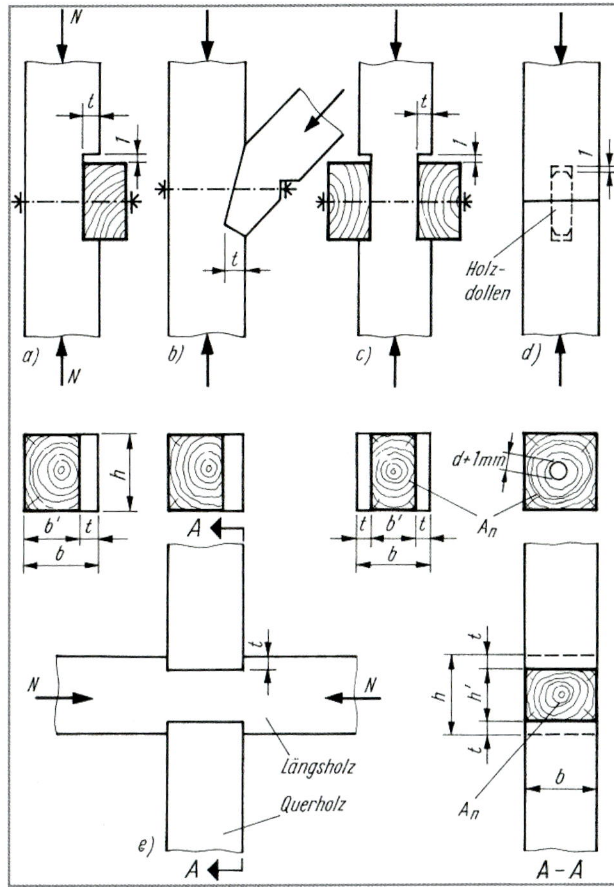

Legende
a), b) einseitige Schwächung
c) zweiseitige Schwächung
d) mittlere Schwächung
e) Schwächung durch eingekämmte Querhölzer

Bild 2.23. Druckstäbe, bei denen Querschnittsschwächungen zu berücksichtigen sind

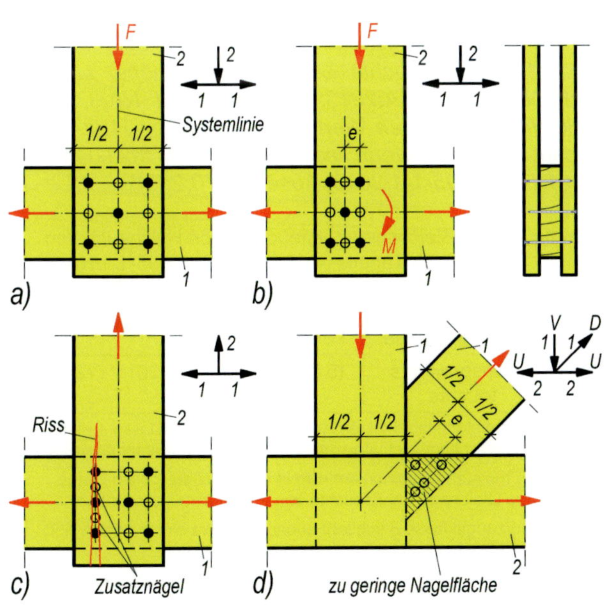

Legende
a) ordnungsgemäße Nagelverteilung
b) exzentrische Nagelverteilung (falsch)
c) Riss infolge Nagelung wegen Unterschreitung der Mindestabstände
d) zu geringe Nagelfläche für Stab D und exzentrische Nagelverteilung

Bild 2.24. Nagelanschluss und Systemlinie (Netzlinie); System- und Stabmittellinie schneiden sich im Knotenpunkt

In solchen Fällen sind Kompromisslösungen zu suchen, die darauf hinauslaufen, die Stabachsen so weit von den Systemlinien abweichend zu verlegen, dass

- eine ausreichende Nagelfläche vorhanden ist und
- die Ausmittigkeit e möglichst klein wird, nämlich nach Bild 2.25.c

$e_1 \leq \frac{h_G}{2}$ h_G Gurthöhe. Wird diese Bedingung bei Nagelverbindungen eingehalten, so kann der Einfluss der Biegemomente unberücksichtigt bleiben.

Bei Fachwerkbindern können sich im Bereich der ausmittigen Anschlüsse, die in den Bildern 2.26.a bis c dargestellten Bruchmechanismen (nach [*Fontana* 1984]) befinden. Die Schubbeanspruchung in den Gurten kann näherungsweise nachgewiesen werden mit

$$\tau_d = \frac{T_d}{A_G} \leq f_{v,d}$$

Mit

T_d Bemessungswert der Schubkraft in den Gurtstäben,

A_G Gurtfläche.

Wenn die Ausmittigkeit $e_1 > h_G/2$ wird, ist bei der Bemessung des Gurtes ein Zusatzmoment (Bild 2.27.) von

$M = 0{,}5 \cdot D_1 \cdot \sin\alpha_1 \cdot e_1$

$M = 0{,}5 \cdot D_2 \cdot \sin\alpha_2 \cdot e_2$

oder bei Nagel- oder Knotenplatten

$M = 0{,}5 \cdot (G_2 - G_1) \cdot e_2$

$M = 0{,}5 \cdot \Delta G \cdot e_2$

(nach [*Brüninghoff* u. a. 1997]) zu berücksichtigen.

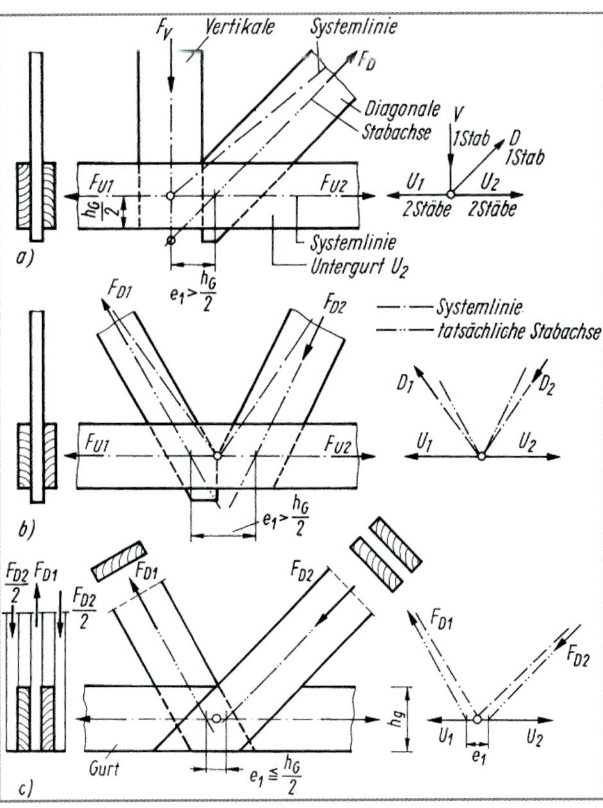

Bild 2.25. Abweichungen der Stabmittellinien von den Systemlinien

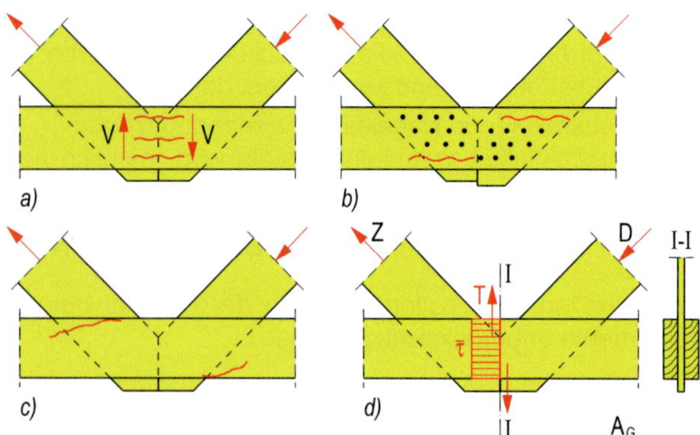

Legende
a) Schubbruch
b) Querzugbruch
c) Biegezugbruch
d) rechnerische Schubspannungsverteilung im Schnitt I–I

Bild 2.26. Bruchmechanismen und Rechenannahmen bei ausmittigem Anschluss (nach [*Fontana* 1984])

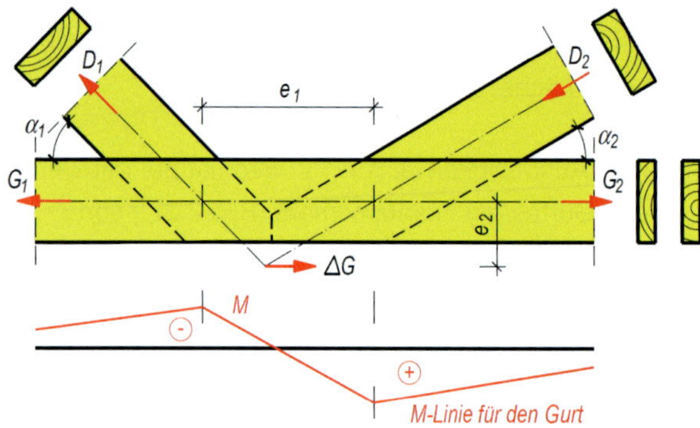

Bild 2.27. Annahme für den Momentenverlauf im Untergurt bei ausmittigem Stabanschluss (nach [*Brüninghoff* u. a. 1997])

Das Problem der Ausmittigkeit tritt auch bei anderen Verbindungsmitteln auf. Die für Nagelverbindungen hier dargelegten Zusammenhänge gelten generell auch für andere Verbindungsmittel.

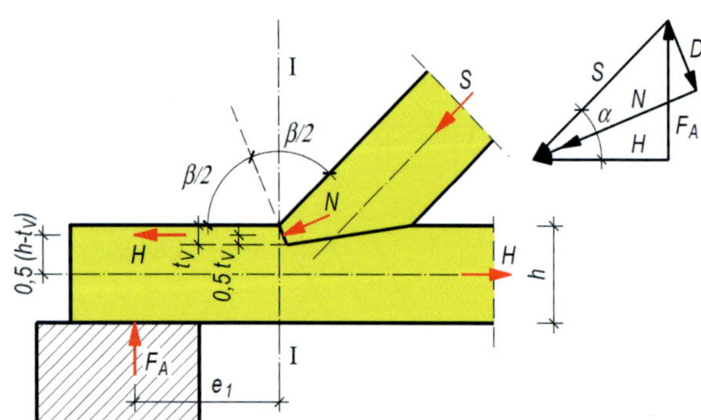

Bild 2.28. Auflager mit ausmittigem Strebenanschluss (einfacher Stirnversatz)

Das Bild 2.28. zeigt ein Auflager mit ausmittigem Strebenanschluss. Dieser lässt sich wegen des Vorholzes nicht vermeiden. Im Schnitt I–I kann das Moment nach der Gleichung (6.10) in DIN 1052:1988/1996 (als Zusatzmoment)

$$M = A \cdot e_1 - H \cdot 0{,}5 \cdot (h - t_v)$$

$$M = A \cdot e_1 - S \cdot \cos\alpha \cdot 0{,}5 \cdot (h - t_v)$$

angesetzt werden.

Werden Druckstäbe mit Versätzen angeschlossen, treten konstruktionsbedingt Ausmitten auf. Bei Stäben, bei den an den Anschlussenden Versatzmomente mit positiven und negativen Vorzeichen auftreten, muss die Biegebeanspruchung beim Knicknachweis nicht berücksichtigt werden. Bei Kopfbandstreben bleibt das Versatzmoment konstant über die Stablänge, dann ist der Stab auf Druck und Biegung nachzuweisen (s. [*Brüninghoff* u. a. 1997], Abschnitt 6.6 und Beispiel 5.39).

In Bild 2.29. sind Füllstäbe von Aussteifungsverbänden einseitig an die Gurte angeschlossen. Es treten Ausmittigkeiten auf, die bei der Bemessung der Füllstäbe zu berücksichtigen sind.
Die Berechnung von Kopfbändern, die einseitig mit einfachem Stirnversatz angeschlossen sind, wird im Abschnitt Kopfbandträger behandelt.

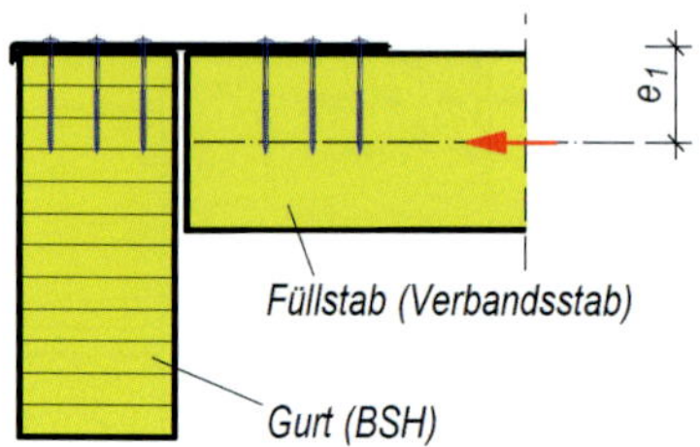

Bild 2.29. Ausmittiger Anschluss von Füllstäben (nach [*Brüninghoff* u. a. 1997])

2.11. Feuchte und Schwindmaße

Der **Gleichgewichtsfeuchtesatz** ω für den Gebrauchszustand darf für die jeweilige Nutzungsklasse nach DIN EN 1995-1-1/NA:2013, Abschnitt NCI NA.3.1.5 angenommen werden (s. Tabelle 2.49.). Durch Klimaeinwirkungen kann eine andere Einstufung zweckmäßig sein. Welche Holzfeuchte sich in Abhängigkeit vom Umgebungsklima einstellen wird, kann Bild 2.30. und 2.31. entnommen werden.

Für die Ausführung ist unbedingt die alte Regel zu beachten: Ist die Holzfeuchte ω beim Einbau höher als die in DIN EN 1995-1-1/NA:2013, Abschnitt NCI NA.3.1.5, Tabelle NA.6 genannten Werte, so darf dieses Holz nur eingebaut werden, wenn es nachträglich trocknen kann (s. DIN EN 1995-1-1:2010, Abschnitt 10.2 (3)).

Tabelle 2.49. Gleichsgewichtsfeuchten von Holzbaustoffen nach Tabelle NA.6 in DIN EN 1995-1-1/NA:2013

	1	2	3	4
1	**Nutzungsklasse**	1	2	3
2	Gleichsgewichts-feuchte	(5 bis 15) %[a]	(10 bis 20) %[b]	(12 bis 24) %[c]

a In den meisten Nadelhölzern wird in der Nutzungsklasse 1 eine mittlere Gleichsgewichtsfeuchte von 12 % nicht überschritten.

b In den meisten Nadelhölzern wird in der Nutzungsklasse 2 eine mittlere Gleichsgewichtsfeuchte von 20 % nicht überschritten.

c Die Nutzungsklasse 3 schließt auch Bauwerke ein, in denen sich höhere Gleichsgewichtsfeuchten einstellen können.

Schwinden oder Quellen des Holzes ist rechtwinklig zur Faserrichtung und für Holzwerkstoffe in Plattenebene zu berücksichtigen. Für eine Änderung des Feuchtesatzes um 1 % unterhalb des zwischen 25 ... 30 % liegenden Fasersättigungsbereiches gelten nach DIN EN 1995-1-1/NA:2013, Abschnitt NCI NA.3.1.6 die Werte für α_u der Tabelle NA.7 (s. Tabelle 2.50.).

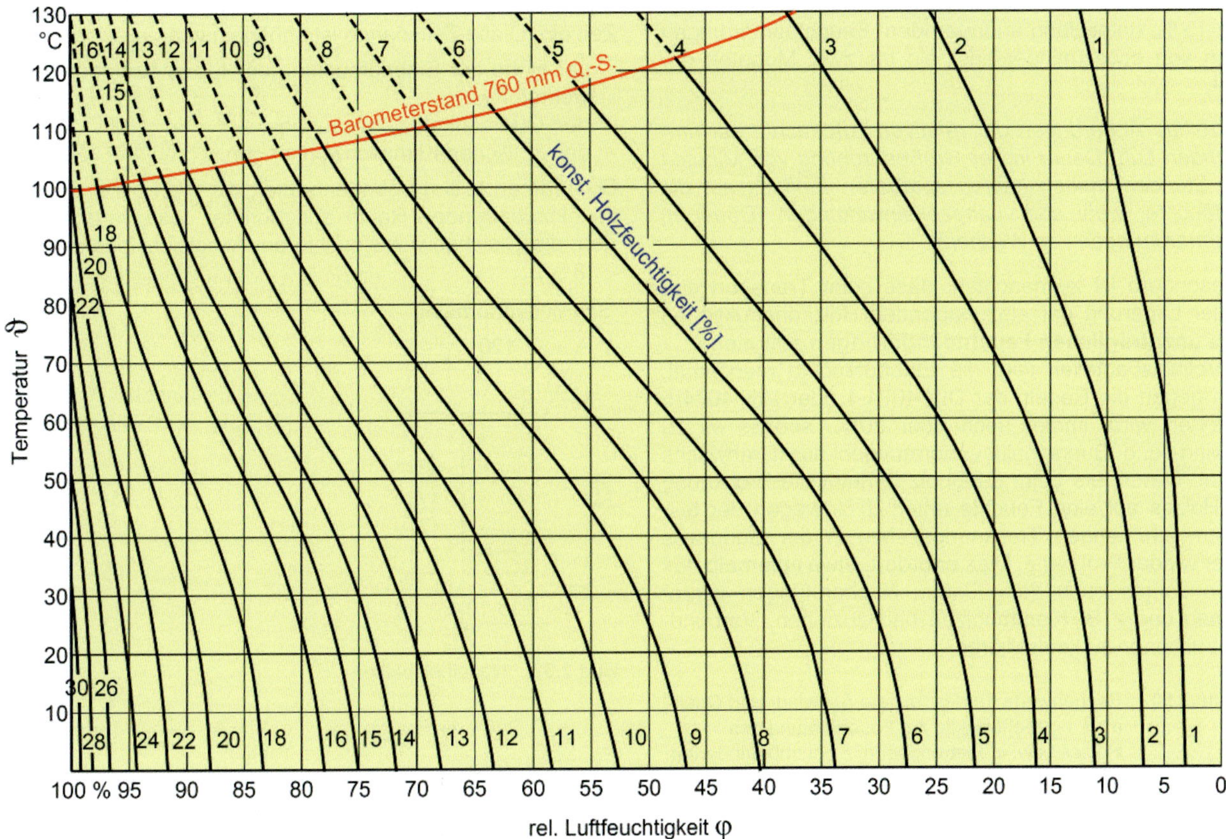

Bild 2.30. Hygroskopische Isothermen für Fichtenholz (Zusammenhang zwischen Umgebungsklima und sich einstellender Holzfeuchte ω) nach *Loughborough/Keylwert* (gilt mit hinreichender Genauigkeit für alle Holzarten, s. [*Kollmann* 1951])

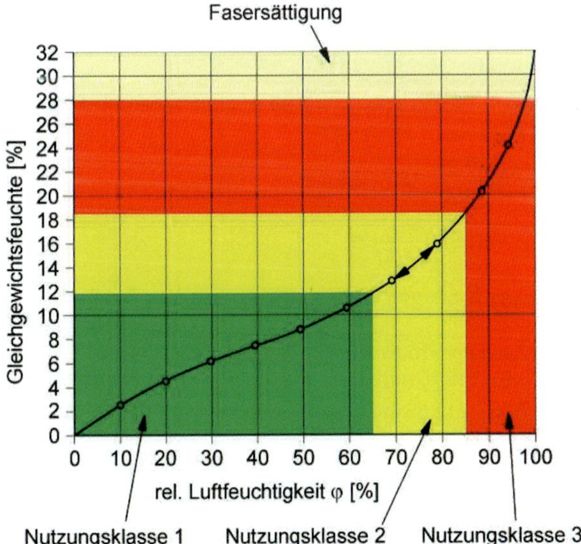

Bild 2.31. Sorptionstherme für Fichtenholz bei einer Temperatur von 20 °C (gilt mit hinreichender Genauigkeit und für andere Holzarten, aus [*Hoffmeyer* 1995])

Die Rechenwerte für die Schwind- und Quellmaße je Prozent Feuchteänderung gelten für unbehindertes Schwinden und Quellen.

Beim **behinderten Quellen und Schwinden** wird den beim Quellen und Schwinden auftretenden Verformungen entgegengewirkt. Dann können infolge Zwang geringere Quellmaße, als in Tabelle NA.7 (s. Tabelle 2.50.) angegeben, maßgebend werden. Nach [*Brüninghoff* u. a. 1997] dürfen die bei behinderter Verformung entstehenden Zwängungskräfte mit den halben Werten der Tabelle 2.50. berechnet werden. So können z. B. bei behindertem Schwinden bei Verwendung von Stahlblech-Verbindungen (besonders bei BSH), angeschlossen mit Passbolzen oder Stabdübeln, Querzugbrüche auftreten. Bekannter ist, dass Dachschalungen, Fußbodenbretter bei fehlenden Fugen (z. B. Randfugen) oder starre Randglieder bei zunehmender Holzfeuchte quellen und sich dann meist wellenförmig verformen.

Schwindungsverformungen eines Querschnittes werden dann berechnet:

$$\Delta h = \Delta\omega \cdot \alpha_u \cdot h$$

$$\Delta b = \Delta\omega \cdot \alpha_u \cdot b$$

Mit:

$$\Delta\omega = \left(\omega_{\text{Einbau}} - \omega_{\text{Nutzung}}\right)$$

α_u Quell-Schwindmaß für Änderung der Holzfeuchte um 1 % unterhalb des Fasersättigungswertes,

b/h Querschnittsmaße.

Das geringe Schwind- und Quellmaß in Faserrichtung des Holzes (rd. 0,01 %) braucht in der Regel nicht berücksichtigt zu werden. Aber es gibt Ausnahmen: Bei großen Bauteillängen, z. B. Brücken oder Binder mit durchgehenden Gurten, können bei größeren und lang andauernden Feuchteänderungen infolge der Längenänderungen Schäden an den Binderauflagern auftreten, wenn diese nicht beweglich gelagert sind.

Unter „größeren“ Feuchteänderungen sind etwa Werte von 5 bis 15 %, unter „lang andauernden“ Feuchteänderungen Zeiten von etwa (mindestens) ein bis zwei Monaten gemeint.

Kurzzeitige Änderungen der relativen Luftfeuchte der umgebenden Luft (Dauer in der Größenordnung von Minuten oder Stunden) haben keinen spürbaren Einfluss auf die Holzfeuchte, wohl aber Langzeiteinwirkungen (Dauer in Größenordnungen von Wochen).

Insbesondere ist zu beachten, dass beim Transport und bei der Lagerung der einzubauenden Holzkonstruktionen **keine unzuträglichen Feuchteänderungen** auftreten.
Bei Vollholzbauteilen liegt die Einbaufeuchte manchmal, wenn gegen die Regeln der DIN 4074-1 oder DIN 4074-5 verstoßen wird, immer noch über 20 %, sodass es zu Schwind- und Querschnittsverformungen aus Drehwuchs kommt. Besonders beim Laubholz bereitet die Trocknung des Holzes auf eine Feuchte unter 20 % wegen der teilweisen sehr langen Trocknungszeiten in der Baupraxis immer wieder Probleme. Dies erfordert, etwa innerhalb des ersten Jahres nach dem Einbau Nachprüfungen vorzunehmen und z. B. Klemmbolzen nachzuziehen, Verbundkonstruktionen zu kontrollieren.

Tabelle 2.50. Rechenwerte für das mittlere Schwind- und Quellmaß α_u rechtwinklig zur Faserrichtung des Holzes bzw. in Plattenebene[a, b] bei unbehindertem Quellen und Schwinden nach Tabelle NA.7 in DIN EN 1995-1-1/NA:2013

	1	2
Zeile	**Baustoff**	**Schwind- und Quellmaß in % für Änderung der Materialfeuchte um 1 % unterhalb der Fasersättigung**
1	Nadelholz	0,25
2	Laubholz[c]	0,35
3 a	Sperrholz in Plattenebene	0,02
3 b	Sperrholz rechtwinklig zur Plattenebene	0,32
3 c	Brettsperrholz, Massivholzplatten in Plattenebene	0,02
3 d	Brettsperrholz, Massivholzplatten rechtwinklig zur Plattenebene	0,25
4 a	Furnierschichtholz ohne Querfurniere – in Faserrichtung der Deckfurniere – rechtwinklig zur Faserrichtung der Deckfurniere	 0,01 0,32
4 b	Furnierschichtholz mit Querfurniere – in Faserrichtung der Deckfurniere – rechtwinklig zur Faserrichtung der Deckfurniere	 0,01 0,03
5	Kunstharzgebundene Spanplatten; Faserplatten	0,035
6	Zementgebundene Spanplatten	0,03
7 a	OSB-Platten, Typen OSB/2 und OSB/3	0,03
7 b	OSB-Platten, Typ OSB/4	0,015

a Werte gelten für etwa gleichförmige Feuchteänderung über dem Querschnitt.
b Für Hölzer nach den Zeilen 1 bis 4 gilt in Faserrichtung des Holzes ein Rechenwert von 0,01 %/%.
c Werte gelten auch für Balken- und Brettschichtholz aus diesen Holzarten.

Die **Gleichgewichtsfeuchte** stellt sich erst nach einiger Zeit ein. Diese Zeitspanne ist abhängig von

- der Höhe der Einbaufeuchte des Holzes bzw. der Holzwerkstoffe,
- den Querschnittsabmessungen,
- den zeitlichen Klimaschwankungen.

So nehmen z. B. Fußbodenbretter, die zwei bis drei Tage im einzubauenden Raum ausgebreitet, lose verlegt werden, die Gleichgewichtsfeuchte an (Ausgleichsfeuchte etwa < 18 %).

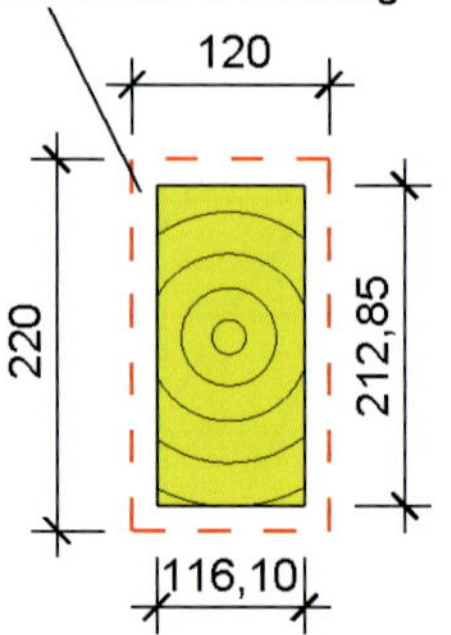

Bild 2.32. Nadelholzbalken

Beispiel 2.6. **(nach DIN EN 1995-1-1:2010)**

Ein Nadelholzbalken mit dem Querschnitt $b/h = 120/220$ mm mit einer Holzfeuchte von 28 % trocknet nach dem Einbau auf 15 % herunter. Wie groß sind die Schwindverformungen der Querschnittsseiten?

Lösung:

$$\Delta b = \left(\omega_{\text{Einbau}} - \omega_{\text{Nutzung}}\right) \cdot \frac{\alpha_u}{100} \cdot b$$

Schwindmaß lt. Tabelle 2.50. $\alpha_u = 0{,}25\,\%$ pro 1 % Feuchteänderung

$$\Delta b = (28 - 15) \cdot \frac{0{,}25}{100} \cdot 120 = 3{,}9\,\text{mm}$$

$$\Delta h = \left(\omega_{\text{Einbau}} - \omega_{\text{Nutzung}}\right) \cdot \frac{\alpha_u}{100} \cdot h$$

$$\Delta h = (28 - 15) \cdot \frac{0{,}25}{100} \cdot 220 = 7{,}15\,\text{mm}$$

Endmaße nach der Trocknung:

$b' = 120 - 3{,}9 = 116{,}10\,\text{mm}$

$h' = 220 - 7{,}15 = 212{,}85\,\text{mm}$

Querschnitt vor der Trocknung

$A_{u=28\%} = 120 \cdot 220 = 264 \cdot 10^2\,\text{mm}^2$

Querschnitt nach der Trocknung

$A_{u=28\%} = 116{,}10 \cdot 212{,}85 = 247 \cdot 10^2\,\text{mm}^2$

Flächenverlust

$$\frac{A_{u=15\,\%}}{A_{u=28\,\%}} = \frac{247}{264} \cdot 100 = 94\,\%\text{, d. h. } 6\,\% \text{ Querschnittsverlust}$$

Der Standsicherheitsnachweis wird jedoch generell mit dem ursprünglichen Querschnitt 120/220 mm geführt.

2.12. Schutz gegen Feuchtigkeit – Holzschutz

2.12.1. Grundlagen

Lang anhaltende Feuchteanreicherungen in Holzbauteilen fördern den biologischen Befall. Verursacher sind dabei Pilze und Insekten, die unter bestimmten Bedingungen (hohe Bauteilfeuchte und Temperaturen) die Holzsubstanz mehr oder weniger schnell angreifen und abbauen (s. Bild 2.33.).

Nach DIN 68800-1, Abschnitt 4.1.2 kann Holz durch holzzerstörende Pilze bei einer lokalen Holzfeuchte etwa ab Fasersättigung (Angaben zur Fasersättigungsfeuchte von einheimischen Holzarten enthält Anhang B in DIN 68800-1) eintreten, Insekten können sich auch bei geringerer Feuchte entwickeln (s. Bilder 2.34. und 2.35.).

Nach DIN 68800-1, Abschnitt 4.1.3 ist für Bauteile aus Brettschichtholz und Brettsperrholz in den Gebrauchsklassen 1 und 2 erfahrungsgemäß die Gefahr eines Bauschadens durch holzzerstörende Insekten **nicht** zu erwarten, bei Hölzern, die bei Temperaturen ≥ 55 °C technisch getrocknet werden, ist ein Befall als unbedeutend einzustufen (zu den Ergebnissen langjähriger Untersuchungen, s. [*Radovic* 2010], [*Radovic* 2008] und [*Radovic* 1994]).

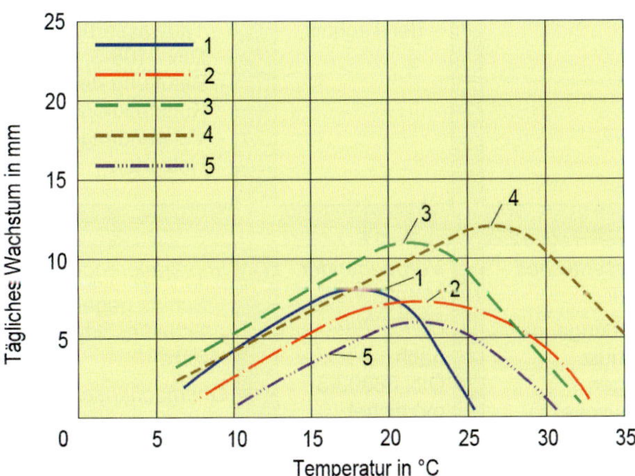

Legende
dargestellte Pilzarten:
1. Serpula lacrimans – Echter Hausschwamm
2. Serpula himantioides – Wilder Hausschwamm
3. Coniophora puteana – Brauner Kellerschwamm
4. Antrodia vaillantii – Weißer Porenschwamm
5. Daedalea quercina – Kiefernbaumschwamm)

Bild 2.33. Wachstumsgeschwindigkeit ausgewählter Pilze in Abhängigkeit von der Temperatur (aus [*Lißner/Rug* 2018])

Nach DIN 68800-1, Abschnitt 4.1.5 sieht DIN 68800-2 für Holzwerkstoffe nur Einsatzbereiche unter Feuchtebedingungen vor, bei denen kein Pilzbefall erfolgt. Für den Einsatz als Fassadenbekleidung benötigen plattenförmige Holzwerkstoffe einen bauaufsichtlichen Verwendbarkeitsnachweis.

Sollen Holzwerkstoffe in Bereichen verwendet werden, in denen sie einer erhöhten Feuchtebelastung außerhalb der in DIN 68800-2 angegebenen erforderlichen Feuchtebeständigkeit von Holzwerkstoffen ausgesetzt sind, ist für tragende Bauteile ein bauaufsichtlicher Verwendbarkeitsnachweis erforderlich.

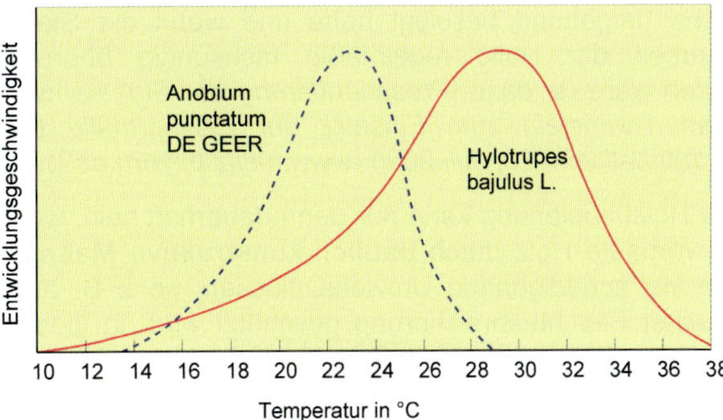

Bild 2.34. Unterschiedliche Abhängigkeit der Larvenentwicklung des gewöhnlichen Klopfkäfers (Anobium punctatum) und des Hausbocks (Hylotrupes bajulus) von der Temperatur nach *G. Becker* (1950) und *Schluch*, nach *Bavendamm* (aus [*Kothe* 1998])

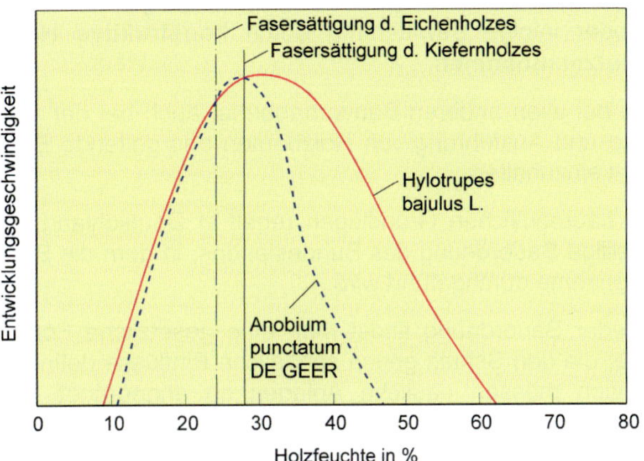

Bild 2.35. Abhängigkeit der Larvenentwicklung verschiedener holzzerstörender Käfer von der Feuchtigkeit; gewöhnlicher Klopfkäfers (Anobium punctatum) nach *G. Becker* (1950) und des Hausbocks (Hylotrupes bajulus) nach *Schluch*, nach *Bavendamm* (aus [*Kothe* 1998])

Feuchteanreicherungen im Zusammenhang mit Klimaveränderungen führen in der hygroskopisch veranlagten Zellstruktur des Holzes zu klimatisch bedingten Spannungen [*Lißner/Rug* 2007]. In deren Folge entstehen Risse im Holz, die die Querschnittstragfähigkeit des Bauteiles oder die Tragfähigkeit von Verbindungen wesentlich vermindern können.

Wird durch den Nutzer der Konstruktion nicht rechtzeitig in den fortschreitenden Schadensverlauf eingegriffen, kann es zur vollständigen Zerstörung des Bauteiles oder der Verbindungen oder zum Verlust der Tragfähigkeit und Funktionsfähigkeit bzw. Standsicherheit kommen. Spektakulärstes Beispiel hierfür ist der Einsturz der Eissporthalle in Bad Reichenhall im Januar 2006.

Durchfeuchtungsschäden sind bei fachgerechter Planung von Holzschutzmaßnahmen und bei regelmäßiger Erhaltung der Bauwerke im Allgemeinen vermeidbar. Allerdings setzt dies voraus, dass der Bauzustand der verbauten Holzkonstruktionen regelmäßig überprüft wird und bei der Durchführung von Maßnahmen zur Erhaltung der Bauwerke keine bautechnischen Fehler gemacht werden (s. a. [*ARGEBAU* 2006]).

So wäre der Einsturz der Eissporthalle Bad Reichenhall wahrscheinlich verhindert worden, wenn man die Ursachen für die immer wieder auftretenden Wassereinbrüche umgehend beseitigt hätte und wenn die Standsicherheit der Halle regelmäßig fachkundig überprüft worden wäre (s. dazu [*Presseerklärung der Staatsanwaltschaft Traunstein zum Einsturz der Eissporthalle Bad Reichenhall vom 20. Juli 2006* (*www.justiz.bayern.de*)]).

Eine Holzbauplanung kann nur dann dauerhaft sein, wenn das verbaute Holz durch **baulich-konstruktive Maßnahmen** vor schädigenden Umwelteinflüssen, so z. B. auch vor einer Feuchteanreicherung geschützt wird. In diesem Zusammenhang spricht die DIN 68800-2, Abschnitt 3 von einer ***unzuträglichen Veränderung des Feuchtegehaltes***.

Gemeint ist damit ein Feuchtegehalt, bei dem ein holzzerstörender Pilzbefall entsteht oder durch übermäßige Verformungen die Gebrauchstauglichkeit der Konstruktion beeinträchtigt wird. Im Wesentlichen geht es um die Vermeidung einer langandauernden Feuchteeinwirkung bzw. -entstehung (z. B. infolge Tauwasser, aufsteigende Feuchte oder infolge Bewitterung) durch **konstruktive Holzschutzmaßnahmen**.

Wie bei allen anderen Bauvorhaben ist auch bei der Planung und Ausführung von Holzbauten das geltende Baurecht einzuhalten.

Die baurechtlichen Grundlagen regelt in Deutschland die jeweilige Bauordnung des Bundeslandes, in dem die Baumaßnahme durchgeführt wird.

In jeder Bauordnung findet man eine gesetzliche Forderung, die den Schutz gegen schädliche Einflüsse definiert. Danach müssen bauliche Anlagen so angeordnet, beschaffen und gebrauchstauglich sein, dass durch Wasser, Feuchtigkeit, pflanzliche und tierische Schädlinge sowie andere chemische, pflanzliche und tierische Einflüsse keine Gefahren oder unzumutbare Belästigungen entstehen (s. a. Bild 2.36.). Allein daraus ergibt sich die bindende Verpflichtung an die am Bau Beteiligten zur Einhaltung konstruktiver Holzschutzmaßnahmen im Sinne eines dauerhaften Feuchteschutzes.

Eine weitere Spezifizierung zum konstruktiven Holzschutz enthalten die bauaufsichtlich eingeführten Normen (s. Tabelle 2.51.).

Mit der Einführung der Eurocodes in die deutsche Baupraxis wurden erstmals detaillierte Regeln zur Dauerhaftigkeit in alle baustoffbezogenen Bemessungsnormen aufgenommen. Da es sich bei den Bemessungsnormen um bauaufsichtlich eingeführte Normen handelt, sind diese Regeln für den Planer und den Bauausführenden baurechtlich zu beachten (s. Tabelle 2.51.).

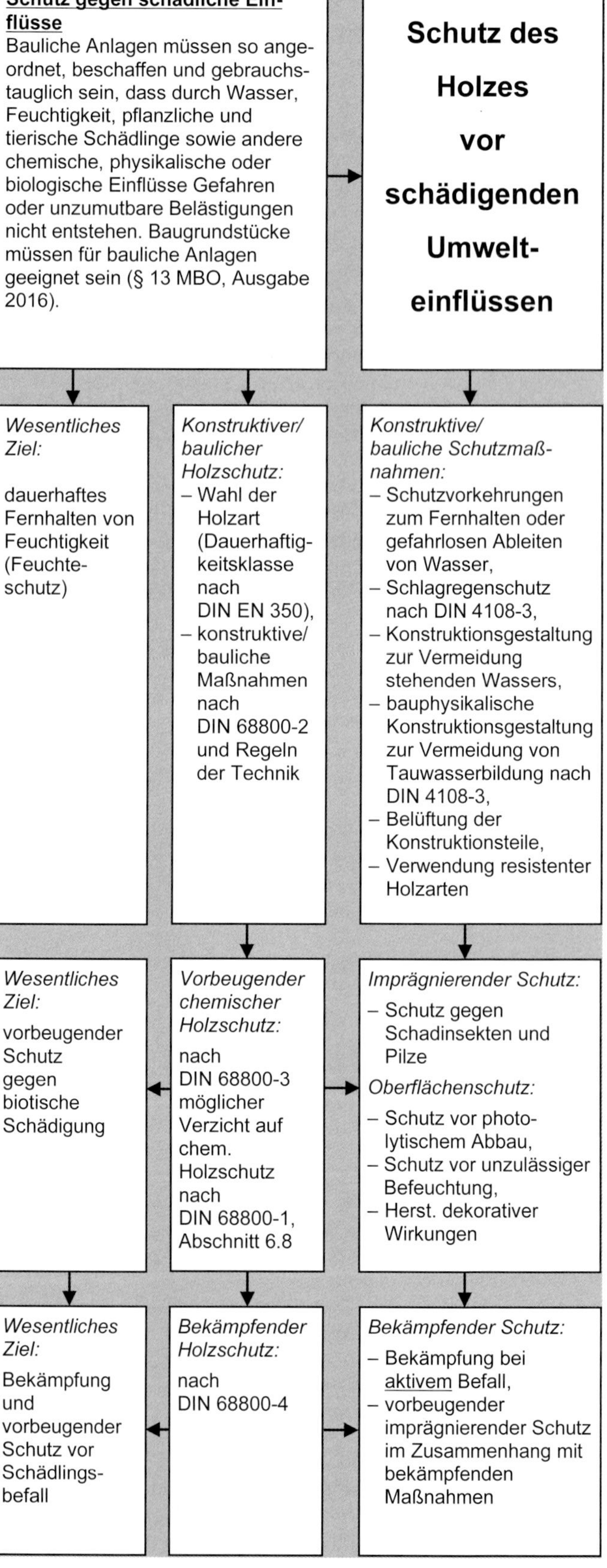

Bild 2.36. Ziel des baulichen, vorbeugenden und bekämpfenden Holzschutzes/Feuchteschutzes (aus [*Lißner/Rug* 2018])

Tabelle 2.51. Bauaufsichtlich eingeführte Normen mit Regeln zu baulich-konstruktiven Schutzmaßnahmen bei der Planung von Holzkonstruktionen (s. MVV TB)

Norm: Ausgabe	Titel	Maßgebender Abschnitt mit Ergänzung im Nationalen Anhang
DIN EN 1990:2010	Eurocode: Grundlagen der Tragwerksplanung	2.4
DIN EN 1995-1-1: 2010	Eurocode 5: Bemessung und Konstruktion von Holzbauten – Teil 1-1: Allgemeines – Allgemeine Regeln und Regeln für den Hochbau	4
DIN EN 1995-2: 2010	Eurocode 5: Bemessung und Konstruktion von Holzbauten – Teil 2: Brücken	4
DIN 4074-1: 2012	Sortierung von Holz nach der Tragfähigkeit – Teil 1: Nadelschnittholz	5.12 + 6.3
DIN 4074-5: 2008	Sortierung von Holz nach der Tragfähigkeit – Teil 5: Laubschnittholz	5.11 + 6.3
DIN 68800-1: 2011	Holzschutz im Hochbau – Teil 1: Allgemeines	6.2
DIN 68800-2: 2012	Holzschutz im Hochbau – Teil 2: Vorbeugende bauliche Maßnahmen im Hochbau	5 bis 10
DIN 68800-3: 2012	Holzschutz im Hochbau – Teil 3: Vorbeugender Schutz von Holz mit Holzschutzmitteln (nicht in MVV TB enthalten)	2
DIN 68800-4: 2012	Holzschutz im Hochbau – Teil 4: Bekämpfungs- und Sanierungsmaßnahmen gegen Holz zerstörende Pilze und Insekten (nicht in MVV TB enthalten)	4
DIN 4108-3: 2014	Wärmeschutz und Energie-Einsparung in Gebäuden – Teil 3: Klimabedingter Feuchteschutz – Anforderungen, Berechnungsverfahren und Hinweise für Planung und Ausführung	5
DIN 4109-1: 2018	Schallschutz im Hochbau – Teil 1: Mindestanforderungen	5, 6, 7, 8

2.12.2. Holzschutznormung

Mit der Fassung aus den Jahren 2006 definiert DIN EN 335-1 sieben Gebrauchsklassen (s. Tabelle 2.52.), welche die Gebrauchsbedingungen repräsentieren, denen Holz und Holzprodukte während ihrer Nutzung ausgesetzt sein können. Vor dieser Fassung der Norm nannte man die Gebrauchsklassen Gefährdungsklassen.
Je nach Feuchtebeanspruchung kann es in den einzelnen Gebrauchsklassen zum Befall von tierischen und pflanzlichen Schädlingen kommen.
Hierüber gibt Tabelle 2.53. aus DIN EN 335-1 einen Überblick. Welche holzschädigenden Organismen bei Holz und Holzwerkstoffen auftreten können, sind im Anhang A der DIN EN 335-1 aufgelistet (s. Tabelle 2.54.).

Für den Einsatz von Holzwerkstoffn in den verschiedenen Gebrauchsklassen gilt Tabelle 2.52.

Gemäß DIN EN 1995-1-1/NA, NCI zu 4.1: „Dauerhaftigkeit gegenüber biologischen Organismen“ gilt für vorbeugende Maßnahmen zum Schutz des Holzes DIN 68800 mit den in Tabelle 2.51. zusammengestellten vier Teilen.

Tabelle 2.52. Einsatz von Holzwerkstoffen in den verschiedenen Gebrauchsklassen (Tabelle C.1 in DIN 68800-1)

GK	Holzwerkstoffklasse nach DIN EN 13986
0	Trockenbereich Feuchtbereich[a]
1	Trockenbereich Feuchtbereich[a]
2	Feuchtbereich[a]
3.1	Außenbereich[b]
3.2	
4	Nicht anwendbar
5	Nicht anwendbar

a Feuchtbereich bezieht sich auf die Nutzungsklassen nach DIN EN 1995-1-1 und nicht auf die Gebrauchsklassen nach Abschnitt 5.
b Nur für hinterlüftete Fassadenbekleidungen aus Furnierschichtholz, Sperrholz, Massivholzplatten oder zementgebundenen Spanplatten bei Erfüllung der Kriterien für tragende Bauteile im Sinne der Definition nach Abschnitt 3.21 nur mit bauaufsichtlichem Verwendbarkeitsnachweis für den vorgesehenen Verwendungszweck.

DIN 68800-1 regelt die allgemeinen Voraussetzungen für den Schutz von verbautem Holz und Holzwerkstoffen gegen eine Wertminderung oder Zerstörung durch Organismen sowie für eventuell notwendige Bekämpfungsmaßnahmen. Ausdrücklich vermerkt ist im Abschnitt 1 in DIN 68800-1 **„Sie (DIN 68800) enthält die Verpflichtung bauliche Maßnahmen zu berücksichtigen.“**

Zusammen mit den Teilen 2 und 3 **ergänzt** DIN 68800 die DIN EN 1995-1-1:2010 und DIN EN 1995-1-1/NA:2013 in Bezug auf die Standsicherheit und die Gebrauchstauglichkeit während der Nutzungsdauer von Holzbauwerken.

In Anlehnung an DIN EN 1995-1-1:2010 und an DIN EN 335-1 definiert die im Jahre 2011/2012 in völlig neuer Überarbeitung erschienene DIN 68800 Gebrauchsklassen, die mögliche Einbausituationen repräsentieren.

Nach DIN 68800-1, Abschnitt 5.13 sind Bauteile aus Holz und Holzwerkstoffen einer Gebrauchsklasse (Beispiele hierfür enthält Anhang D der Norm, s. Tabelle 2.56.) zuzuordnen (s. Bild 2.37.), und ihre **Zuordnung ist (schriftlich) zu dokumentieren**. Für die Zuordnung zu den Gebrauchsklassen sind die Holzfeuchte im Gebrauchszustand und die allgemeinen Gebrauchsbedingungen nach Tabelle 2.56. (s. Bild 2.37.) der Norm entsprechend Bild D.1 maßgebend.

Kann ein Holzbauteil gleich mehreren Gebrauchsklassen zugeordnet werden (s. Tabelle 2.55. bzw. 2.56.), so ist die Auswahl der notwendigen Schutzmaßnahmen nach der höchsten Gebrauchsklasse zu treffen, wenn nicht die Bauteile für die einzelnen Klassen getrennt behandelt werden können.

Als wesentliche Maßnahmen zum Schutz des Holzes gegen Organismen regelt DIN 68800 den baulichen Holzschutz in DIN 68800-2 und den chemischen Holzschutz in DIN 68800-3.

Aus Gründen der Umweltverträglichkeit sollten bauliche Holzschutzmaßnahmen immer bevorzugt werden.

Tabelle 2.53. Auftreten von Organismen in den Gebrauchsklassen (nach Tabelle 1 in DIN EN 335)

Gebrauchsklasse	**Allgemeine Gebrauchsbedingungen**	**Beschreibung der Exposition gegenüber Befeuchtung während des Gebrauchs**	**Organismen**	
1	Innenbereich (unter Dach, nicht der Witterung ausgesetzt, keine Befeuchtung), abgedeckt	trocken	holzzerstörende Käfer	falls Termiten[1]) auch anwesend sein könnten, wird die Gebrauchsklasse als **1T** bezeichnet
2	Innenbereich oder abgedeckt (unter Dach, nicht der Witterung ausgesetzt, gelegentliche aber nicht dauerhafte Befeuchtung durch Klima)	gelegentlich feucht	wie oben + holzverfärbende Pilze	falls Termiten[1]) auch anwesend sein könnten, wird die Gebrauchsklasse als **2T** bezeichnet
3	**3.1** Außenbereich (nicht unter Dach, keine Erdkontakt, aber häufige Befeuchtung), ohne Erdkontakt, geschützt (vor Witterung)	gelegentlich feucht	+ holzverfärbende Pilze	falls Termiten[1]) auch anwesend sein könnten, wird die Gebrauchsklasse als **3.1T** bzw. **3.2T** bezeichnet
	3.2 Außenbereich (ständig einer Befeuchtung ausgesetzt), ohne Erdkontakt, ungeschützt (vor Witterung)	häufig feucht		
4	**4.1** Außenbereich (ständig einer Befeuchtung ausgesetzt), in Kontakt mit Erde und/oder Süßwasser	vorwiegend oder ständig feucht	wie oben + Weichfäule	falls Termiten[1]) auch anwesend sein könnten, wird die Gebrauchsklasse als **4.1T** bzw. **4.2T** bezeichnet
	4.2 Außenbereich, in Kontakt mit Erde (hohe Beanspruchung) und/oder Süßwasser	ständig feucht		
5	In Meerwasser (und ständiger Befeuchtung ausgesetzt)	ständig feucht	holzzerstörende Pilze Weichfäule Holzschädlinge im Meerwasser	**A** Teredinidae Limnoria **B** wie in A + teeröltolerante Limnoria **C** wie in B + Pholadidae

ANMERKUNG
Ein Schutz gegen alle aufgeführten Organismen ist nicht unbedingt erforderlich, da diese nicht unter allen Gebrauchsbedingungen an allen geographischen Standorten vorkommen oder wirtschaftlich von Bedeutung sind. Eine höhere Gebrauchsklasse kann angewendet werden, wenn zu erwarten ist, dass die Gebrauchsbedingungen sich verschärfen können, was zu einer unvorhergesehenen Befeuchtung des Holzes führt, z. B. als Folge von Konstruktionsfehlern, unsachgemäßem Einbau oder fehlender Instandhaltung.

1) Gemäß DIN 68800-1, Abschnitt 4.3.2 sind Termiten in Deutschland ohne Bedeutung.

Sollen holzschutztechnische Maßnahmen durchgeführt werden, die nicht in DIN 68800 geregelt sind, so bedarf dies bei tragenden Bauteilen eines bauaufsichtlichen Verwendbarkeitsnachweises.

Auf einen **chemischen Holzschutz kann verzichtet werden**, wenn Farbkernhölzer mit den entsprechenden Dauerhaftigkeitsklassen nach DIN EN 335 verwendet werden. Nach DIN 68800-1, Abschnitt 6.8.2.2. dürfen die in Tabelle 2.58. aufgeführten Holzarten ohne zusätzliche Holzschutzmaßnahmen verwendet werden.

Bei Gefährdung durch Pilzbefall gelten die in Tabelle 2.57. festgelegten Mindestanforderungen an die Dauerhaftigkeit der Farbkernhölzer, wenn keine zusätzlichen Holzschutzmaßnahmen getroffen werden.

Grundsätzlich ist splintfreies Kernholz anzuwenden, wobei nach DIN 68800-1, Abschnitt 6.8.2.1 Farbkernholz mit einem Splintholzanteil bis 5 % noch wie reines Kernholz eingestuft wird.

Teil 2 der DIN 68800 regelt vorbeugende bauliche Maßnahmen (baulicher Holzschutz) zur Sicherung der **Dauerhaftigkeit** von Bauteilen aus Holz oder Holzwerkstoffen. Der bauliche Holzschutz ist schon bei der Planung und Ausschreibung zu berücksichtigen. Eine rechtzeitige und sorgfältige Planung ist für den Erfolg unerlässlich.

Dieser Teil der Norm DIN 68800 gilt für die Errichtung von Neubauten sowie für die Modernisierung, Renovierung oder Instandsetzung von Bauwerken.

Bauliche Maßnahmen können bei bestimmten äußeren Bedingungen eine hohe Dauerhaftigkeit sicherstellen oder zum Erreichen einer niedrigeren Gebrauchsklasse führen. In Anhang A der Norm sind zahlreiche geregelte Beispiele aufgeführt, bei deren konstruktiven Umsetzung die Gebrauchsklasse 0 erfüllt ist.

Bauliche Maßnahmen nach DIN 68800-2 verhindern unzuträgliche Feuchteänderungen, die immer verbunden sind mit einer negativen Beeinflussung der Brauchbarkeit der Konstruktion. Hinsichtlich der baulichen Maßnahmen wird in Teil 2 der DIN 68800 unterschieden in

– grundsätzliche bauliche Maßnahmen,
– besondere bauliche Maßnahmen.

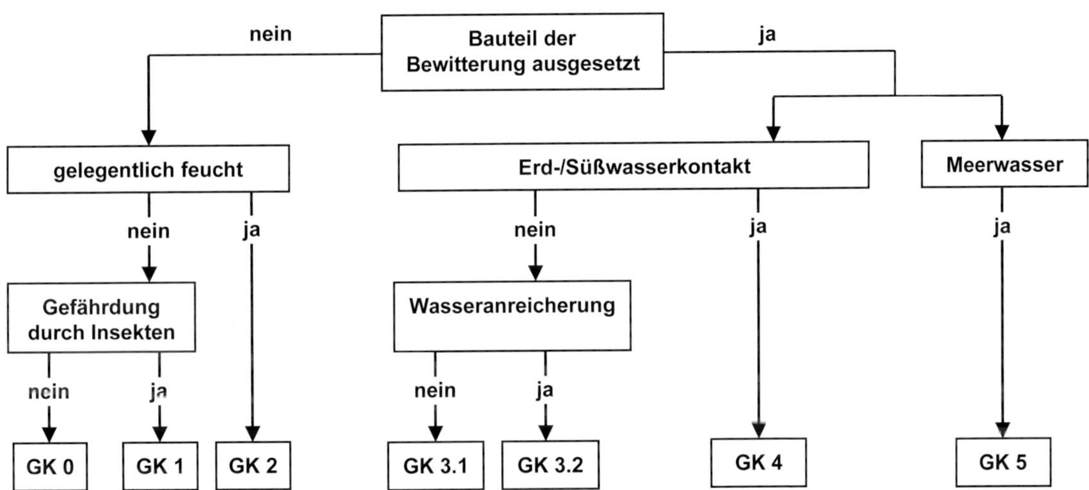

Bild 2.37. Vereinfachte Entscheidungsabfolge zur Zuordnung von Holzbauteilen zu einer Gebrauchsklasse (Bild D.1 in DIN 68880-1)

Tabelle 2.54. Holzzerstörende Organismen nach DIN EN 335-1

Holzzerstörende Organismen nach DIN EN 335:2013		
Holzzerstörende Pilze	**Holzzerstörende Basidiomyceten**	**Braunfäule:** Auch als Destruktionsfäule bezeichnet. Pilz, der vorwiegend Zellulose abbaut. Das Holz zerfällt in eine Würfelbruchstruktur. Der Abbau führt zum Verlust an Festigkeit und Masse. Der Abbauprozess ist mit einer Braunverfärbung verbunden, da das braune Lignin des Holzes erhalten bleibt. Braunfäulepilze sind z. B. Lärchenporling, Fichtenporling, Schwefelporling oder Bitterer Saftporling. **Weißfäule:** Auch als Korrosionsfäule bezeichnet. Pilz der vorwiegend Lignin abbaut. Kennzeichnend ist eine Weißfärbung des Holzes verbunden mit einer Zerfaserung des Holzes mit Festigkeitsverlust.
	Moderfäulepilze	**Moderfäulepilze:** Pilze, die für eine durch ein Erweichen der Oberfläche des Holzes charakterisierte Fäulnisart verantwortlich sind, obwohl sie auch eine Fäulnis im Holzinneren hervorrufen können. Diese Pilze benötigen eine höhere Holzfeuchte als Basidiomyceten. Sie haben besondere Bedeutung für Holz in Erdkontakt oder in Wasser.
Holzverfärbende Pilze	Pilze, die an Holz im Gebrauch Bläue und Schimmel hervorrufen. Diese Pilze sind nur im Hinblick auf das ästhetische Aussehen von praktischer Bedeutung. Sie können dekorative Beschichtungen zerstören.	
	Bläuepilze: Diese Pilze verursachen insbesondere im Splintholz bestimmter Holzarten bleibende blaue bis schwarze Verfärbung unterschiedlicher Intensität und Tiefe. Dies führt nicht zu einer wesentlichen Veränderung der mechanischen Eigenschaften, kann aber die Durchlässigkeit erhöhen.	
	Schimmelpilze: Diese Pilze treten als verschiedenfarbige Flecken auf der Oberfläche von feuchtem Holz auf und können vorkommen, wenn nur die Holzoberfläche einen Feuchtegehalt über 18 % aufweist (z. B. als Folge einer hohen relativen Luftfeuchte oder der Kondensation von Wasserdampf). Schimmelpilze verursachen keine wesentliche Veränderung der mechanischen Eigenschaften des Holzes. Derartige Pilze sind nicht spezifisch für Holz und können an jedem Material mit hohem Feuchtegehalt vorkommen.	
Insekten	**Coleoptera (Käfer)**	Fliegende Insekten, die ihre Eier in Poren oder Risse des Holzes legen und deren Larven das Holz angreifen. Sie sind in ganz Europa gegenwärtig, das Befallsrisiko schwankt jedoch stark von groß bis unbedeutend. Die wichtigsten sind: *Hylotrupes bajulus, Anobium punctatum* und *Lyctus brunneus.* Es existieren viele andere holzzerstörende Käfer von geringerer Bedeutung; Beispiele hierfür sind *Hesperophanes* und *Xestobium rufovillosum.*
		Hylotrupes bajulus (Hausbockkäfer): Insekt, das bis zu einer Höhe von annähernd 2000 m vorkommt, aber in Nord- und Nordwesteuropa weniger bedeutend ist. Vitalität und Lebensdauer hängen wesentlich von der Umgebungstemperatur und der Holzfeuchte ab. Es befällt viele Nadelholzarten und kann in einigen Fällen erhebliche Bauschäden verursachen.
		Anobium punctatum (Pochkäfer): Insekt, das für den Befall des Splintholzes von bestimmten Arten verantwortlich ist. Die hervorgerufene Zerstörung kann sich bei einigen Holzarten auf das Kernholz ausdehnen. Es kann in einigen Fällen erhebliche Bauschäden verursachen. Es wird insbesondere im Küstenklima und unter feuchten Bedingungen beobachtet.
		Lyctus brunneus (Splintholzkäfer): Insekt, das Splintholz von bestimmten, stärkehaltigen Laubhölzern befällt. Von Bedeutung in ganz Europa sowohl für europäische als auch für importierte Laubhölzer.
		Hesperophanes spp.: Insekt, das in Südeuropa vorkommt. Es tritt nur in Laubhölzern auf. Es befällt das Splintholz bestimmter Arten. Die hervorgerufene Zerstörung kann sich bei einigen Holzarten auch auf das Kernholz ausdehnen.
		Xestobium rufovillosum (Totenuhr): Insekt, das nur in pilzbefallenem Holz vorkommt. Es kann erhebliche Schäden an Konstruktionshölzern aus Laubholz hauptsächlich in alten Gebäuden in den meisten Gegenden von Europa verursachen.
	Isoptera (Termiten)	Soziale Insekten, die in verschiedene Familien eingeteilt werden. In Europa sind nur vier Arten von Bedeutung. Die gefährlichsten für Gebäude sind die Bodentermitenarten, insbesondere *Reticulitermes lucifugus* und *Reticulitermes santonensis.* Termiten werden in Europa nur in bestimmten, begrenzten geographischen Gebieten gefunden. In diesen Gebieten ist Holzschutz zusätzlich zu anderen Schutzmaßnahmen notwendig, die z. B. zum Schutz von Fußböden, Gründungen und Mauern vorgenommen werden.
Marine Organismen	Wirbellose Meerwasserorganismen, so *Limnoria spp., Teredo spp.* und Pholadidae, die einen gewissen Salzgehalt des Wassers benötigen und die das Holz durch ausgedehnte Gänge und Kavernen aushöhlen. Diese Organismen können an festen oder schwimmenden Bauwerken schwere Zerstörungen verursachen.	

Tabelle 2.55. Gebrauchsklassen (GK) (Tabelle 1 in DIN 68800-1)

GK		Holzfeuchte/ Exposition[a,b]	Allgemeine Gebrauchsbedingungen	Gefährdung durch				Auswaschbeanspruchung
				Insekten	Pilze[c]	Moderfäule	Holzschädlinge im Meerwasser	
1		2	3	4	5	6	7	8
0		trocken (ständig ≤ 20 %) mittlere relative Luftfeuchte bis 85 %[d]	Holz oder Holzprodukt unter Dach, nicht der Bewitterung und keiner Befeuchtung ausgesetzt, die Gefahr von Bauschäden durch Insekten kann entsprechend Abschnitt 5.2.1 ausgeschlossen werden	Nein	Nein	Nein	Nein	Nein
1		trocken (ständig ≤ 20 %) mittlere relative Luftfeuchte bis 85 %[d]	Holz oder Holzprodukt unter Dach, nicht der Bewitterung und keiner Befeuchtung ausgesetzt	Ja	Nein	Nein	Nein	Nein
2		gelegentlich feucht (> 20 %) mittlere relative Luftfeuchte über 85 %[d] oder zeitweise Befeuchtung durch Kondensation	Holz oder Holzprodukt unter Dach, nicht der Bewitterung ausgesetzt, eine hohe Umgebungsfeuchte kann zu gelegentlicher, aber nicht dauernder Befeuchtung führen	Ja	Ja	Nein	Nein	Nein
3	3.1	gelegentlich feucht (> 20 %) Anreicherung von Wasser im Holz, auch räumlich begrenzt, nicht zu erwarten	Holz oder Holzprodukt nicht unter Dach, mit Bewitterung, aber ohne ständigen Erd- oder Wasserkontakt, Anreicherung von Wasser im Holz, auch räumlich begrenzt, ist aufgrund von rascher Rücktrocknung nicht zu erwarten	Ja	Ja	Nein	Nein	Ja
	3.2	häufig feucht (> 20 %) Anreicherung von Wasser im Holz, auch räumlich begrenzt, zu erwarten	Holz oder Holzprodukt nicht unter Dach, mit Bewitterung, aber ohne ständigen Erd- oder Wasserkontakt, Anreicherung von Wasser im Holz, auch räumlich begrenzt, zu erwarten[e]	Ja	Ja	Nein	Nein	Ja
4		vorwiegend bis ständig feucht (> 20 %)	Holz oder Holzprodukt in Kontakt mit Erde oder Süßwasser und so bei mäßiger bis starker[f] Beanspruchung vorwiegend bis ständig einer Befeuchtung ausgesetzt	Ja	Ja	Ja	Nein	Ja
5		ständig feucht (> 20 %)	Holz oder Holzprodukt, ständig Meerwasser ausgesetzt	Ja	Ja	Ja	Ja	Ja

a Die Begriffe „gelegentlich", „häufig", „vorwiegend" und „ständig" zeigen eine zunehmende Beanspruchung an, ohne dass hierfür wegen der sehr unterschiedlichen Einflussgrößen genaue Zahlenangaben möglich sind.

b Der Wert von 20 % enthält eine Sicherheitsmarge (s. Abschnitt 4.2.2, Anmerkung 1).

c Holz zerstörende Basidiomyzeten (s. Abschnitt 4.2.2, Anmerkung 2) sowie Holz verfärbende Pilze (s. Abschnitt 4.2.3).

d Maßgebend für die Zuordnung von Holzbauteilen zu einer Gebrauchsklasse ist die jeweilige Holzfeuchte.

e Bauteile, bei denen über mehrere Monate Ablagerungen von Schmutz, Erde, Laub u. Ä. zu erwarten sind sowie Bauteile mit besonderer Beanspruchung, z. B. durch Spritzwasser, sind in GK4 einzustufen.

f „Mäßige" bzw. „starke" Beanspruchung bezieht sich auf das Gefährdungspotenzial für einen Pilzbefall (Feuchteverhältnisse, Bodenbeschaffenheit) sowie die Intensität einer Auswaschbeanspruchung.

Tabelle 2.56. Beispiele für die Zuordnung von Holzbauteilen zu einer Gebrauchsklasse (Tabelle D.1 in DIN 68800-1)

GK		Holzfeuchte/ Exposition[a,b]	Allgemeine Gebrauchsbedingungen	Zwei Beispiele
1		2	3	4
0		trocken (ständig ≤ 20 %) mittlere relative Luftfeuchte bis 85 %[c]	Holz oder Holzprodukt unter Dach, nicht der Bewitterung und keiner Befeuchtung ausgesetzt, die Gefahr von Bauschäden durch Insekten kann entsprechend Abschnitt 5.2.1 ausgeschlossen werden	– sichtbar bleibende Hölzer in Wohnräumen – allseitig insektendicht abgedeckte Holzbauteile nach DIN 68800-2
1		trocken (ständig ≤ 20 %) mittlere relative Luftfeuchte bis 85 %[c]	Holz oder Holzprodukt unter Dach, nicht der Bewitterung und keiner Befeuchtung ausgesetzt	– nicht insektendicht bekleidete Balken, soweit Abschnitt 5.2.1 nicht zutrifft – Sparren/Pfetten in unbeheizten Dachstühlen, soweit Abschnitt 5.2.1 nicht zutrifft
2		gelegentlich feucht (> 20 %) mittlere relative Luftfeuchte über 85 %[c] oder zeitweise Befeuchtung durch Kondensation	Holz oder Holzprodukt unter Dach, nicht der Bewitterung ausgesetzt, eine hohe Umgebungsfeuchte kann zu gelegentlicher, aber nicht dauernder Befeuchtung führen	– unzureichend wärmegedämmte Balkenköpfe in Altbauten – Brückenträger überdachter Brücken über Wasser
3	3.1	gelegentlich feucht (> 20 %) Anreicherung von Wasser im Holz, auch räumlich begrenzt, nicht zu erwarten	Holz oder Holzprodukt nicht unter Dach, mit Bewitterung, aber ohne ständigen Erd- oder Wasserkontakt, Anreicherung von Wasser im Holz, auch räumlich begrenzt, ist aufgrund von rascher Rücktrocknung, nicht zu erwarten	– bewitterte Stützen mit ausreichendem Bodenabstand – Zaunlatten
	3.2	Häufig feucht (> 20 %) Anreicherung von Wasser im Holz, auch räumlich begrenzt, zu erwarten	Holz oder Holzprodukt nicht unter Dach, mit Bewitterung, aber ohne ständigen Erd- oder Wasserkontakt, Anreicherung von Wasser im Holz, auch räumlich begrenzt, zu erwarten[d]	– bewitterte horizontale Handläufe – bewitterte Balkonbalken
4		vorwiegend bis ständig feucht (> 20 %)	Holz oder Holzprodukt in Kontakt mit Erde oder Süßwasser und so bei mäßiger bis starkere Beanspruchung vorwiegend bis ständig einer Befeuchtung ausgesetzt	– Palisaden – Hölzer für Uferbefestigungen
5		ständig feucht (> 20 %)	Holz oder Holzprodukt, ständig Meerwasser ausgesetzt	– Dalben – Kai- und Steganlagen

a Die Begriffe „gelegentlich“, „häufig“, „vorwiegend“ und „ständig“ zeigen eine zunehmende Beanspruchung an, ohne dass hierfür wegen der sehr unterschiedlichen Einflussgrößen genaue Zahlenangaben möglich sind.

b Der Wert von 20 % enthält eine Sicherheitsmarge (s. Abschnitt 4.2.2, Anmerkung 1).

c Maßgebend für die Zuordnung von Holzbauteilen zu einer Gebrauchsklasse ist die jeweilige Holzfeuchte.

d Bauteile, bei denen über mehrere Monate Ablagerungen von Schmutz, Erde, Laub u. Ä. zu erwarten sind sowie Bauteile mit besonderer Beanspruchung, z. B. durch Spritzwasser, sind in GK4 einzustufen.

e „Mäßige“ bzw. „starke“ Beanspruchung bezieht sich auf das Gefährdungspotenzial für einen Pilzbefall (Feuchteverhältnisse, Bodenbeschaffenheit) sowie die Intensität einer Auswaschbeanspruchung.

Tabelle 2.57. Mindestanforderungen an die Dauerhaftigkeit des splintfreien Farbkernholzes gegen Pilzbefall für den Einsatz in GK2 bis GK4 (Tabelle 4 nach DIN 68800-1)

GK	Dauerhaftigkeitsklasse nach DIN EN 350[a]			
	1	2	3	4
2	+	+	+	–
3.1	+	+	+	–
3.2	+	+	–	–
4	+	–	–	–

\+ Natürliche Dauerhaftigkeit ausreichend

\- Natürliche Dauerhaftigkeit **nicht** ausreichend

a Im Falle von Zwischenstufen (z. B. 1-2) ist für die geforderte Dauerhaftigkeit die Klasse mit der nächst niedrigeren Dauerhaftigkeit maßgebend.

Grundsätzliche bauliche Maßnahmen sind in jeden Fall anzuwenden. Erst wenn die Dauerhaftigkeit mit baulichen Maßnahmen nicht gesichert werden kann, sind chemische Maßnahmen nach DIN 68800-3 durchzuführen. Unter **besondere bauliche Maßnahmen** regelt die Norm konstruktive Voraussetzungen für eine Zuordnung von Bauteilen in die Gebrauchsklasse GK0, wenn mit grundsätzlichen baulichen Maßnahmen eine Zuordnung in Gebrauchsklasse GK0 nicht möglich wird.

Grundsätzliche bauliche Maßnahmen (s. DIN 68800-2, Abschnitt 5)

Dieser Abschnitt behandelt Regeln zum Schutz vor Feuchte während des Transports, der Lagerung, der Montage und des Einbaus und vor Feuchte im Gebrauchszustand.

***Transport, Lagerung, Montage*:** Es ist durch geeignete Maßnahmen sicherzustellen, dass sich der Feuchtegehalt der zur Anwendung kommenden Holzbaustoffe durch nachteilige Einflüsse, z. B. aus Bodenfeuchte, Niederschlägen, angrenzende Bauteile oder infolge Austrocknung nicht unzuträglich verändert.

Unter **unzuträglicher Veränderung des Feuchtegehaltes** definiert die Norm eine Veränderung des Feuchtegehaltes, der die Brauchbarkeit der Konstruktion durch Schwinden und Quellen wesentlich beeinträchtigt oder der Voraussetzungen für einen Befall von holzzerstörenden Pilzen schafft.

Tabelle 2.58. Gebrauchsklassen, in denen nach DIN EN 1995-1-1/NA:2013 verwendbare Holzarten ohne zusätzliche Holzschutzmaßnahmen verwendet werden dürfen (Tabelle 5 nach DIN 68800-1)

Holzart		**Gebrauchsklasse**	
Handelsname	**Wissenschaftlicher Name**	**Splintholz**	**Farbkernholz**
1	2	3	4
	Nadelhölzer		
Douglasie	Pseudotsuga menziesii	0	0, 1, 2, 3.1[a]
Fichte	Picea abies	0	0
Kiefer	Pinus sylvestris	0	0, 1, 2[a]
Lärche	Larix decidua[b]	0	0, 1, 2, 3.1[a]
Southern Pine	Pinus elliottii[b]	0	0, 1
Tanne	Abies alba	0	0
Western Hemlock	Tsuga heterophylla	0	0
Yellow Cedar	Chamaecyparis nootkatensis	0	0, 1, 2, 3.1
	Laubhölzer		
Afzelia	Afzelia bipindensis[b]	0, 1	0, 1, 2, 3.1, 3.2, 4
Azobé/Bongossi	Lophira alata	0, 1	0, 1, 2, 3.1, 3.2, 5
Buche	Fagus sylvatica	0	0
Eiche	Quercus robur Quercus petraea	0	0, 1, 2, 3.1, 3.2
Ipe	Tabebuia heptaphylla[b]	0, 1	0, 1, 2, 3.1, 3.2, 4
Teak	Tectona grandis	0, 1	0, 1, 2, 3.1, 3.2, 4[c]

a Das Farbkernholz von Douglasie und Lärche kann ohne zusätzliche Holzschutzmaßnahmen in GK2 und GK3.1 eingesetzt werden, unabhängig davon, dass es nur in Dauerhaftigkeitsklasse 3–4 eingestuft ist, da sich der Einsatz dieser beiden Holzarten in GK2 und GK3.1 seit der letzten Ausgabe von DIN 68800-3:1990-04 in der Praxis bewährt hat. Das Farbkernholz von Kiefer kann aus dem gleichen Grund in GK2 eingesetzt werden.

b Es kommen mehrere botanische Arten infrage. Genannt wird jeweils nur die häufigste Art.

c Teak aus Plantagen ist für GK4 nicht geeignet.

Einbau: Die Einbaufeuchte der Holzbauteile darf in den Gebrauchsklassen GK0, GK1, GK2, GK3.1 nicht höher als 20 % sein. Nach DIN 68800-2, Abschnitt 5.1.2.2 sind Holzbauteile zur Vermeidung von unzuträglichen Quell- und Schwindverformungen möglichst mit dem Feuchtegehalt einzubauen, der während der Nutzung zu erwarten ist.

Als Richtwert gelten für Holzbauteile die Werte in DIN EN 1995-1-1/NA:2013, Tabelle NA.6, gemessen nach DIN EN 13183-2 im eingebauten Zustand (s. Tabelle 2.59.).

Für Holzwerkstoffe gelten die Richtwerte gemäß Tabelle 2.59., die außer bei Holzwerkstoffen mit Phenolharzverklebung um 3-%-Punkte niedriger liegen als bei Bauteilen aus Holz.

Andere Baustoffe dürfen innerhalb des Bauteilquerschnittes die Feuchte der angrenzenden Hölzer und Holzwerkstoffe nicht unzuträglich erhöhen.

Holzwerkstoffe sind in den einzelnen Bauphasen unbedingt vor Niederschlägen zu schützen. Nach Abschnitt 5.1.2.5 in DIN 68800-2 ist eine unzuträgliche Feuchteerhöhung von Holz und Holzwerkstoffen als Folge einer hohen Baufeuchte, durch direkte (z. B. infolge Bewitterung) oder indirekte Feuchteeinwirkung (z. B. hohe relative Luftfeuchte) unbedingt zu verhindern. Aus diesem Grund sind bei Räumen mit hoher Luftfeuchte, Maßnahmen zur Reduzierung der hohen Baufeuchte (z. B. Lüften, Beheizung, technische Trocknen) durchzuführen.

Wurde Holz eingebaut, welches in Nutzungsklassen 1 und 2 nach DIN EN 1995-1-1:2010 während der Bauphase auf Werte $\geq$ 20 % aufgefeuchtet ist, so muss nachgewiesen werden, dass die Holzfeuchte $\leq$ 20 % innerhalb einer Zeitspanne von höchsten drei Monaten ohne Beeinträchtigung der gesamten Konstruktion erreicht wird (s. Abschnitt 5.1.2.6 in DIN 68800-2).

Feuchte im Gebrauchszustand: Niederschläge müssen von Holz und Holzwerkstoffen durch einen dauerhaft wirksamen Wetterschutz ferngehalten werden. Dies gilt insbesondere auch für Anschlüsse und Stöße in den Holzbauteilen und im Bereich der Übergänge zu anderen Bauteilen.

Bei hinterlüfteten Fassadenbekleidungen können Holzwerkstoffplatten nur eingesetzt werden, wenn sie für den vorgesehenen Verwendungszweck einen bauaufsichtlichen Verwendbarkeitsnachweis haben.

Ein dauerhafter Wetterschutz ist für die in Tabelle 2.60. zusammengestellten Bauteile nach DIN 688000-2 gegeben, wenn die dort vermerkten konstruktiven Voraussetzungen erfüllt ist.

Tabelle 2.59. Gleichgewichtsfeuchten von Holzbaustoffen (Tabelle NA.6 in DIN EN 1995-1-1/NA:2013)

	1	2	3	4
1	**Nutzugsklasse**	1	2	3
2	Gleichgewichtsfeuchte	(5 bis 15) %[a]	(10 bis 20) %[b]	(12 bis 24) %[c]

a In den meisten Nadelhölzern wird in der Nutzungsklasse 1 eine mittlere Gleichgewichtsfeuchte von 12 % nicht überschritten.

b In den meisten Nadelhölzern wird in der Nutzungsklasse 2 eine mittlere Gleichgewichtsfeuchte von 20 % nicht überschritten.

c Die Nutzungsklasse 3 schließt auch Bauwerke ein, in denen sich höhere Gleichgewichtsfeuchten einstellen können.

Besondere bauliche Maßnahmen: Kann durch grundsätzliche bauliche Maßnahmen eine Zuordnung in Gebrauchsklasse GK0 **nicht** getroffen werden, sind besondere bauliche Maßnahmen erforderlich. Grundsätzlich fordert die Norm die Einhaltung der Regeln für die grundsätzlichen baulichen Maßnahmen (Abschnitte 4 und 5 in der Norm) in jedem Einzelfall!

Besondere bauliche Maßnahmen sind zu **planen** und **nachzuweisen**. Zu den Nachweisverfahren sind drei Verfahren angegeben:

1. rechnerische und sonstige Nachweise zur Sicherstellung eines ausreichenden Holzschutzes entsprechend der Gefährdung und Gebrauchssituation oder
2. Nutzung der in der Norm geregelten Konstruktionsprinzipien aus den Abschnitten 7, 8, 9, erforderlichenfalls mit zusätzlichem Nachweis des Tauwasserschutzes mittels DIN EN 15026 bzw. wenn ausreichend DIN 4108-3 oder
3. Anwendung der in Anhang A der DIN 68800-2:2012 geregelten Konstruktionen, die die Anforderungen an die baulichen Maßnahmen für eine Einstufung in GK0 erfüllen. Bei den Konstruktionen nach Bild A.23 ist zusätzlich ein Tauwasserschutznachweis erforderlich.

DIN 68800-2:2012 ordnet Latten in Vorhangfassaden, Dach- und Konterlatten, Traufbohlen, Dachschalungen in Gebrauchsklasse GK0 ein. Das gilt ebenso für frei bewitterte Dachbauteile, wenn sie wirkungsvoll gegen unzuträgliche Auffeuchtungen abgedeckt wurden.

Tabelle 2.60. Konstruktive Voraussetzungen nach DIN 68800-2, Abschnitt 5.2 zur Sicherstellung eines dauerhaften wirksamen Wetterschutzes

Holzbauteile	konstruktive Voraussetzungen	
Wände	a)	hinterlüftete Außenwandbekleidung auf lotrechter Lattung oder auf waagerechter Lattung mit Konterlattung; Außenwandbekleidungen gelten im Sinne dieser Norm als ausreichend hinterlüftet, wenn die Bekleidungen mit einem Abstand von mindestens 20 mm von der Außenwand bzw. Dämmstoffschicht angeordnet werden. Der Abstand darf örtlich bis auf 5 mm reduziert werden. Es sind Be- und Entlüftungsöffnungen mit Querschnittsflächen von jeweils mindestens 50 cm^2 je 1 m Wandlänge vorzusehen.
	b)	belüftete Außenwandbekleidung auf lotrechter Lattung oder auf waagerechter Lattung mit Konterlattung; Außenwandbekleidungen gelten im Sinne dieser Norm als ausreichend belüftet, wenn die Bekleidungen mit einem Abstand von mindestens 20 mm von der Außenwand bzw. Dämmstoffschicht angeordnet werden. Die Belüftungsöffnungen sind unten anzuordnen. Sie müssen Querschnittsflächen von mindestens 100 cm^2 je 1 m Wandlänge aufweisen.
	c)	kleinformatige Außenwandbekleidungen, z. B. Bretter, Schindeln, Schiefer auf waagerechter oder senkrechter Lattung mit dahinter liegender Wasser ableitender Schicht (z. B. Unterdeckplatten, Unterdeckbahnen), Hohlraum ($d \geq 20$ mm) zwischen Wand und Bekleidung nicht belüftet;
	d)	verdeckt auf Holzständern befestigte Blockbohlenbekleidungen mit mindestens 50 mm Profildicke, Tropfkante und mindestens doppelter Nut-Feder oder gleichwertiger Verbindung, auf Bekleidung oder Beplankung mit diffusionsoffener, Wasser ableitender Schicht, entweder direkt aufliegend oder mit Lattung und nicht belüftetem Hohlraum ausgeführt. Längsstöße von Blockbohlen und Eckausbildungen sind formschlüssig und unter Vermeidung durchgehender Fugen von außen nach innen herzustellen;
	e)	offene Außenwandbekleidung auf senkrechter Lattung mit dahinterliegender dauerhaft wirksamer, Wasser ableitender und UV-beständiger Schicht. Die ausreichende UV-Beständigkeit von Folien oder ähnlichen Baustoffen ist durch einen bauaufsichtlichen Verwendbarkeitsnachweis nachzuweisen;
	f)	Wärmedämm-Verbundsystem oder Putzträgerplatten, deren Verwendbarkeit für diesen Anwendungsfall durch einen bauaufsichtlichen Verwendbarkeitsnachweis nachgewiesen sind;
	g)	Holzwolleplatten nach DIN EN 13168 mit dahinter angeordneter Wasser ableitender Schicht ($s_d \leq 0{,}3$ m) und Wasser abweisendem Außenputz nach DIN V 18550.
	h)	Mauerwerk-Vorsatzschale mit mindestens 40 mm dicker Luftschicht und Entwässerungsöffnungen nach DIN 1053-1:1996-11; auf der äußeren Wandbekleidung oder -beplankung bzw. auf der Massivholzwand – Wasser ableitende Schicht $s_d > 0{,}3$ m bis 1,0 m; oder – Hartschaumplatten nach DIN EN 13163, Mindestdicke 30 mm; oder – mineralischer Faserdämmstoff nach DIN EN 13162, Mindestdicke 40 mm, mit außen liegender Wasser ableitender Schicht mit $s_d \leq 0{,}3$ m; oder – Dämmstoff, dessen Verwendbarkeit für diesen Anwendungsfall durch einen bauaufsichtlichen Verwendbarkeitsnachweis nachgewiesen ist.
	i)	Außenwandbekleidungen bei Skelettkonstruktionen, z. B. Wellfaserzementplatten, Trapezbleche, Sandwichelemente.
Sockel	Bei Wänden mit einem dauerhaft wirksamen Wetterschutz nach Abschnitt 5.2.1.2 sind Sockelausbildungen mit folgenden Abständen zwischen Unterkante Holz und Oberkante Gelände ohne weiteren Nachweis zulässig: – ≥ 30 cm; oder – ≥15 cm, wenn zusätzlich ein Kiesbett (Korngröße mindestens 16/32) mit mindestens 15 cm Breite und einem Abstand Außenkante Kiesbett zur Außenkante Schwelle von mindestens 30 cm oder ein Wasser ableitender Belag mit mindestens 2 % Gefälle vorhanden ist; oder – ≥ 5 cm mit zusätzlichen geeigneten Abdichtungsmaßnahmen nach DIN 18195-4.	

Tabelle 2.60. *(Fortsetzung)*

<table>
<tr><th>Holzbauteile</th><th>Konstruktive Voraussetzungen</th></tr>
<tr><td>Dächer</td><td>Bei Dächern besteht ein dauerhaft wirksamer Wetterschutz aus:
– Dachdeckungen oder
– Dachabdichtungen, die nach den allgemein anerkannten Regeln der Technik ausgeführt sind.</td></tr>
<tr><td>Spritzwasserschutz</td><td>Um Holzbauteile nicht dem Spritzwasser auszusetzen, muss zwischen der Unterkante von direkt bewitterten Hölzern oder Holzbauteilen und dem Erdreich bzw. dem umgebenden Bodenbelag ein Abstand von mindestens 30 cm eingehalten werden (Spritzwasserfreiheit).

Der Abstand kann durch technische Maßnahmen zur Reduzierung der Spritzwasserbelastung (z. B. durch Kiesschüttung: Korngröße mindestens 16/32, Breite mindestens 15 cm ab Außenkante Holzbauteil) auf 15 cm reduziert werden.

Können diese Abstände nicht eingehalten werden, z. B. im Eingangs- oder Terrassenbereich, sind besondere Maßnahmen erforderlich, um dadurch eine unzuträgliche Feuchteerhöhung der Holzbauteile zu verhindern:
– durch Anordnung von ausreichend breiten Gitterrosten über Abläufen kann der Spritzwasserhorizont mindestens 30 cm tief abgesenkt und dadurch der Schutz des Holzbauteils gesichert werden; oder
– durch Schutz des Holzbauteils mittels Dachüberständen, so dass zwischen Vorderkante Dachüberstand und Unterkante Holz ein Winkel von höchstens 60°, bezogen auf die Horizontale, vorhanden ist.</td></tr>
<tr><td>Nutzungsfeuchte</td><td>In Bereichen von Bädern und Feuchträumen von Wohnungen ohne Bodenablauf mit mäßiger Beanspruchung, d. h. in Bereichen mit direkter Feuchtebeanspruchung der Oberfläche (z. B. Spritzwasser in Duschen), ist das Eindringen von unzuträglicher Feuchte in die Holzbauteile zu verhindern. Dazu sind die entsprechenden Oberflächen, Durchdringungen und Anschlüsse nach allgemein anerkannten Regeln der Technik wasserdicht auszuführen, z. B. mit einer Verbundabdichtung mit bauaufsichtlichem Verwendbarkeitsnachweis.
In Nassräumen (z. B. Bäder mit Fußbodenablauf) sind die Regelungen nach DIN 18195-5 einzuhalten.</td></tr>
<tr><td>Tauwasser</td><td>Eine unzuträgliche Veränderung des Feuchtegehaltes durch Tauwasser aus Wasserdampfdiffusion oder Wasserdampfkonvektion ist zu verhindern.

Es ist sicherzustellen, dass an Kaltwasser führenden Leitungen innerhalb von Bauteilen kein Tauwasser ausfällt.

Die Bauteile der Gebäudehülle sind gegen Wasserdampfkonvektion luftdicht auszubilden.

Der Tauwasserschutz für die raumseitige Oberfläche und für den Querschnitt der Bauteile ist nach DIN 4108-3 oder DIN EN 15026 nachzuweisen. Ein solcher Nachweis ist für die Konstruktionen nach Anhang A nicht erforderlich, mit Ausnahme der in Bild A.23 dargestellten Balkone/Terrassen.

Für beidseitig geschlossene Bauteile der Gebäudehülle ist bei der Berechnung mit den Verfahren nach DIN 4108-3 (Glaser-Verfahren) zur Berücksichtigung eines konvektiven Feuchteeintrages und von Anfangsfeuchten eine zusätzliche rechnerische Trocknungsreserve ≥ 250 g/(m^2a) bei Dächern und ≥ 100 g/(m^2a) bei Wänden und Decken nachzuweisen. Beim Nachweis mit numerischen Simulationsverfahren nach DIN EN 15026 ist der konvektive Feuchteeintrag entsprechend der geplanten Luftdurchlässigkeit mit dem q_{50}-Wert nach DIN 4108-7 in Rechnung zu stellen. Die rechnerische Berücksichtigung eines konvektiven Feuchteeintrages und von Anfangsfeuchten ist nicht erforderlich für Konstruktionen nach Anhang A und für Bauteile mit wasserdampfdiffusionsäquivalenten Luftschichtdicken nach Tabelle 1.

ANMERKUNG Bauteile der Gebäudehülle sind alle Bauteile, die an kältere Bereiche grenzen, wie z. B. Bauteile der Außenwände, der Dächer, der Wände oder Decken zum Erdreich, zu unbeheizten Kellern oder Dachräumen.

Anforderungen an wasserdampfdiffusionsäquivalente Luftschichtdicken (Tabelle 1 in DIN 68800-2:2012)
<table>
<tr><th>s_d-Wert außen</th><th>s_d-Wert innen</th></tr>
<tr><td>≤ 0,1 m</td><td>≥ 1,0 m</td></tr>
<tr><td>≤ 0,3 m</td><td>≥ 2,0 m</td></tr>
<tr><td>0,3 m[a] ≤ s_d ≤ 4,0 m[a]</td><td>6 × s_d außen[a]</td></tr>
<tr><td colspan="2">Dabei sind zusätzliche Dämmschichten auf der Raumseite bis 20 % des Gesamtwärmedurchlasswiderstandes zulässig.</td></tr>
<tr><td colspan="2">a Nur bei werksseitiger Vorfertigung nach Holztafelbaurichtlinie.</td></tr>
</table>
Die für den Nachweis nach DIN EN 15026 erforderlichen Kennwerte der Baustoffe sind den zugehörigen Baustoffnormen oder bauaufsichtlichen Verwendbarkeitsnachweisen zu entnehmen, andernfalls sind die vom Hersteller deklarierten Kennwerte zu verwenden.</td></tr>
</table>

Tabelle 2.61. Besondere bauliche Maßnahmen zur Vermeidung von Bauschäden durch holzzerstörende Pilze nach DIN 68800-2, Abschnitt 6.2.1 und 6.2.2

Bauteile	
unter Dach	Bei Bauten mit nach außen sichtbaren tragenden Holzkonstruktionen muss durch ausreichende Dachüberstände oder durch andere besondere bauliche Maßnahmen die Aufnahme unzuträglicher Feuchte vermieden werden. Ausreichende Dachüberstände liegen vor, wenn zwischen Vorderkante Dach und Unterkante Holz ein Winkel von höchstens 60°, bezogen auf die Horizontale, vorhanden ist. Bei zu erwartenden relativen Luftfeuchten von mehr als 85 % über längere Zeitspannen als eine Woche (z. B. in Kompostierungshallen, Eislaufhallen) sind besondere Maßnahmen vorzusehen, z. B. eine verstärkte Belüftung, die an den Holzbauteilen eine relative Luftfeuchte unterhalb von 85 % sicherstellt. Einige wenige Stunden im Monat lokal auftretender Tauwasserausfall ist bei ausreichender Rücktrocknungsmöglichkeit unkritisch.
bewitterte Bauteile ohne Erdkontakt	Bei den Bauteilen muss sichergestellt sein, dass die Holzfeuchte u = 20 % nicht übersteigt. Eine kurzfristige Erhöhung der Holzfeuchte im Bereich der Oberfläche ist unkritisch. Maßnahmen, die zur Holzfeuchtebegrenzung führen: – Begrenzung der Rissbildung durch Beschränkung der Querschnittsmaße und durch kerngetrennten Einschnitt bei Vollholz; – Verwendung von Brettschichtholz und technisch getrocknetem Vollholz; – gehobelte Oberfläche; – Stauwasser in den Anschlüssen muss verhindert werden; – Hirnholz muss abgedeckt werden; – Niederschlagswasser muss direkt abgeführt werden; – nicht vertikal stehende Bauteile sind oberseitig abzudecken. Bei Einhaltung der oben genannten Vorgaben kann eine Einstufung in die Gebrauchsklasse GK0 bei senkrecht stehenden direkt bewitterten Dach- oder Balkonstützen aus Brettschichtholz mit Querschnittsmaßen ≤ 20 cm × 20 cm oder Vollhölzern mit Querschnittsmaßen ≤ 16 cm × 16 cm erfolgen.

Besondere bauliche Maßnahmen zur Vermeidung von Bauschäden durch holzzerstörende Pilze

Hier gelten die in der Tabelle 2.61. zusammengefassten Regeln.

Besondere bauliche Maßnahmen zur Vermeidung von Bauschäden durch Insekten

Jede der in Tabelle 2.62. zusammengefassten Maßnahmen ist nach DIN 68800-2 alleine ausreichend, um Schädigungen durch Insekten zu vermeiden.

Tabelle 2.62. Alternative besondere bauliche Maßnahmen zur Vermeidung von Schäden durch Befall mit Insekten nach DIN 68800-2, Abschnitt 6.3

Besondere bauliche Maßnahmen	
a)	Einsatz von Holz in Räumen mit üblichem Wohnklima oder vergleichbaren Räumen oder Einsatz unter entsprechenden Bedingungen;
b)	Einsatz von Brettschichtholz, Brettsperrholz, technisch getrocknetem Bauholz oder Holzwerkstoffen mit einer Holzfeuchte u ≤ 20 % im Gebrauchszustand;
c)	eine allseitige insektenundurchlässige Abdeckung des zu schützenden Holzes;
d)	offene Anordnung des Holzes, sodass es kontrollierbar ist und an sichtbar bleibender Stelle dauerhaft ein Hinweis auf die Notwendigkeit einer regelmäßigen Kontrolle angebracht wird;
e)	Verwendung von Farbkernhölzern, die einen Splintholzanteil ≤ 10 % aufweisen.

Wenn die besonderen baulichen Maßnahmen nach Abschnitt 6 in DIN 68800-2 erfüllt sind, so regelt DIN 68800-2, Abschnitt 6.3 die Bauteile, Bauteilanschlüsse für Wand- und Dachaufbauten, bei denen die Bedingungen der Gebrauchsklasse GK0 erfüllt sind. Diese können dort entnommen werden.

Holzbauteilen in Nassbereichen können der Gebrauchsklasse GK0 zugeordnet werden, wenn sie dauerhaft geschützt werden und Durchdringungen und Anschlüsse wasserdicht ausgeführt sind. Zusätzlich gelten die Regelungen in DIN 18195-5.

Balkenköpfe in Außenwänden aus Mauerwerk oder Stahlbeton können der Gebrauchsklasse GK0 zugeordnet werden, wenn eine unzuträgliche Auffeuchtung durch Tauwasser durch zusätzliche Dämmmaßnahmen im Bereich des Balkenkopfes verhindert wird.

Holzwerkstoffe, die für den jeweiligen Feuchtebeständigkeitsbereich nach DIN EN 13986 geeignet sein müssen, sind der Gebrauchsklasse GK0 zuzuordnen, wenn sie nicht direkt bewittert werden und die in Tabelle 2.59. genannten Feuchten nicht überschritten werden.

Wichtig für den Einsatz von Holzwerkstoffen ist die Auswahl der erforderlichen Feuchtebeständigkeit für den vorgesehenen Anwendungsbereich. Hier enthält die Tabelle 2.63. für häufige Anwendungsfälle Festlegungen.

Der **Teil 3 der DIN 68800** regelt Maßnahmen zum vorbeugenden Schutz von Holz und Holzwerkstoffen mit Holzschutzmitteln (chemischer Holzschutz). Sie gilt in Verbindung mit DIN 68800-1. In dieser Norm ist auch die Verwendung von vorbeugend geschützten Bauteilen aus Holz und Holzwerkstoffen mit CE-Kennzeichnung geregelt. Nach DIN 68800-3, Abschnitt 4.1.2 sind bei der Planung der Anwendung von Holzschutzmitteln und der Verwendung von vorbeugend geschütztem Holz mit CE-Kennzeichnung folgende Aspekten zu beachten:

a) Durchführung möglichst aller Holzbearbeitungsschritte vor der Schutzbehandlung;
b) zu schützende Holzart im Hinblick auf ihre Tränkbarkeit und ihre Holzfeuchte zum Zeitpunkt der Tränkung;
c) Auswahl der Maßnahmen und des Holzschutzmittels bzw. des vorbeugend geschützten Holzes mit CE-Kennzeichnung im Hinblick auf den späteren Einsatz des Holzes in der jeweiligen Gebrauchsklasse (s. DIN 68800-1);

d) Durchführung der Maßnahmen nach Abschnitt 5, soweit zutreffend;
e) zeitliche Abstimmung im Rahmen des Baufortschritts (z. B. ausreichende Fixierung);
f) Nachbehandlung von unbehandelten Flächen, die durch Bearbeitung freigelegt wurden;
g) eventuell notwendige Nachbehandlung von Trockenrissen;
h) Kontrolle und Dokumentation der Durchführung im Tränkbetrieb (s. Abschnitt 6 und Anhang B, soweit zutreffend).

Tabelle 2.63. Erforderliche Feuchtebeständigkeit von Holzwerkstoffen in Abhängigkeit von dem Anwendungsbereich (Tabelle 3 in DIN 68800-2)

Zeile	Anwendungsbereich	Holzwerkstoffe für Anwendung im
1	Raumseitige Beplankung und Bekleidung von Wänden, Decken und Dächern in Wohngebäuden sowie in Gebäuden mit vergleichbarer Nutzung[a]	
1.1	Allgemein	Trockenbereich
1.2	Obere Beplankung sowie tragende Schalung von Decken unter nicht ausgebauten Dachgeschossen	
	a) belüftete Decken[b]	Trockenbereich
	b) nicht belüftete Decken – ohne Dämmschichtauflage – mit Dämmschichtauflage	 Feuchtbereich Trockenbereich
2	Außenbeplankung von Außenwänden	
2.1	Hohlraum zwischen Außenbeplankung und Vorhangschale (Wetterschutz) belüftet	Feuchtbereich
2.2	Vorhangschale aus kleinformatigen Bekleidungselementen als Wetterschutz, Hohlraum nicht ausreichend belüftet, Wasser ableitende Abdeckung der Beplankung oder Bekleidung	Feuchtbereich
2.3	Auf der Beplankung direkt aufliegendes Wärmedämm-Verbundsystem mit einem dauerhaft wirksamen Wetterschutz nach einem bauaufsichtlichen Verwendbarkeitsnachweis	Trockenbereich
2.4	Mauerwerk-Vorsatzschale nach Abschnitt 5.2.1.2 h), Abdeckung der Beplankung mit Wasser ableitender Schicht	Feuchtbereich
3	Obere Beplankung von Dächern, tragende Dachschalung	
3.1	Beplankung oder Schalung steht mit der Raumluft in Verbindung	
3.1.1	Mit aufliegender Wärmedämmschicht (z. B. in Wohngebäuden, beheizten Hallen)	Trockenbereich
3.1.2	Ohne aufliegende Wärmedämmschicht[c]	Feuchtbereich
3.2	Dachquerschnitt unterhalb der Beplankung oder Schalung belüftet[b] (s. Bild 13 a)	
3.2.1	Geneigtes Dach mit Dachdeckung	Feuchtbereich
3.2.2	Flachdach mit Dachabdichtung[c]	Feuchtbereich
3.3	Dachquerschnitt unterhalb der Beplankung oder Schalung nicht belüftet (s. Bild 13 b)	
3.3.1	Geneigtes Dach mit belüftetem Hohlraum oberhalb der Beplankung oder Schalung, Holzwerkstoff oberseitig mit Wasser abweisender Folie oder anderweitig ausreichend geschützt[d]	Feuchtbereich
3.3.2	Flachdach mit belüftetem Hohlraum oberhalb der Beplankung oder Schalung, Holzwerkstoff oberseitig mit Wasser abweisender Folie oder dergleichen abgedeckt[c]	Feuchtbereich
3.3.3	Keine Dampf sperrenden Schichten (z. B. Folien) unterhalb der Beplankung oder Schalung, Wärmeschutz überwiegend oberhalb der Beplankung oder Schalung	Feuchtbereich
3.3.4	Voll gedämmtes nicht belüftetes flach geneigtes Dach mit Abdichtung oder Metalleindeckung oberhalb der Beplankung oder Schalung[e]	Feuchtbereich
4	Untere Bekleidung/Beplankung von Decken über:	
4.1	– unbeheizten, abgedichteten Kellerräumen (s. Bild 11)	Feuchtbereich
4.2	– belüfteten Kriechkellern (s. Bild 12)	Feuchtbereich[f]
4.3	– Außenklima (s. Bild 8)	Feuchtbereich

a Dazu zählen auch nicht ausgebaute Dachräume von Wohngebäuden.

b Hohlräume in Decken und Dächern gelten im Sinne dieser Norm als ausreichend belüftet, wenn die Größe der Zu- und Abluftöffnungen mindestens je 2 % der zu belüfteten Fläche, bei Decken unter nicht ausgebauten Dachgeschossen mindestens jedoch 200 cm^2 je m Deckenbreite beträgt.

c Eine unzuträgliche Veränderung des Feuchtegehaltes durch Tauwasserbildung im Bereich der Holzwerkstoffe muss ausgeschlossen sein. Eine vorübergehende Auffeuchtung auf bis zu 20 % im Bereich der Holzwerkstoffe kann toleriert werden, sofern diese innerhalb von 3 Monaten rücktrocknen kann.

d Zusätzliche Wasser abweisende Schicht für Bekleidungen aus Unterdeckplatten nach DIN EN 14964 nicht notwendig.

e Bei aufliegenden Deckschichten (Begrünung oder Bekiesung) sind Dachschalungen aus Vollholz vorzuziehen.

f Für die unterseitige Kriechkellerbekleidung/-beplankung sollten zementgebundene Spanplatten verwendet werden.

Schon in der Planungsphase sind die konkreten baulichen Gegebenheiten, wie z. B. Einbausituation, Holzfeuchte, Schutzverfahren und Holzschutzmittel, aufeinander abzustimmen.

Die Holzschutzmaßnahmen sind von fachlich qualifizierten Firmen durchzuführen.

Es dürfen nur Holzschutzmittel angewendet werden, die nach dem geltenden Biozidrecht verkehrsfähig sind. **Für tragende Bauteile aus Holz und Holzwerkstoffen sind nur Holzschutzmittel zugelassen, die einen bauaufsichtlichen Verwendbarkeitsnachweis besitzen.**

DIN 68800-3, Abschnitt 5.3.4.1 bestimmt, dass die Auswahl der Holzschutzmittel unter Berücksichtigung der technischen Voraussetzungen, der Gebrauchsklasse im vorgesehenen Anwendungsbereich und der gegebenen Wirksamkeit zu treffen ist. Die Anforderung an das Holzschutzmittel hinsichtlich der pestiziden Wirksamkeit in Abhängigkeit der Gebrauchsklasse ist Tabelle 2.64. zu entnehmen.

Tabelle 2.64. Auswahl der Holzschutzmittel in Abhängigkeit von der Gebrauchsklasse (Tabelle 1 in DIN 68800-3)

Gebrauchsklasse (GK)	Anforderungen an das Holzschutzmittel	Kurzzeichen
0	Keine Holzschutzmittel erforderlich	
1	Insektenvorbeugend	Iv
2[a, b]	Insektenvorbeugend Pilzwidrig	Iv, P
3.1[b] 3.2[b]	Insektenvorbeugend Pilzwidrig Witterungsbeständig	Iv, P, W
4	Insektenvorbeugend Pilzwidrig Witterungsbeständig Moderfäulewidrig	Iv, P, W, E
5	Wie für GK4; zusätzlich Wirksamkeit gegen Holzschädlinge im Meerwasser	

a Bei Holzbauteilen, für die keine Gefährdung durch Insektenbefall vorliegt, kann auf eine insektenvorbeugende Wirkung verzichtet werden.

b Bei Gefährdung durch Bläuepilze an verbautem Holz in den Gebrauchsklassen 2 und 3 kann eine bläuewidrige Wirksamkeit (Kurzzeichen B) zweckmäßig sein; hierfür ist eine besondere Vereinbarung erforderlich.

Teil 4 der DIN 68800 regelt Maßnahmen zur Bekämpfung eines Befalls durch holzzerstörende Pilze und Insekten bei verbautem Holz und Holzwerkstoffen. Eingeschlossen sind auch Maßnahmen zur Behandlung von Mauerwerk gegen den Echten Hausschwamm. Grundsätzlich sind bei der Planung die vorgefundenen Bedingungen zu berücksichtigen, und es sind Schadensart und -umfang, Bauweise, Bauzustand, Bauteilfeuchte und Befallursachen zu erfassen, was eine fachkundige Begutachtung (Holzschutzsachverständiger) zum Schadensumfang erfordert. In Abhängigkeit von Umfang und Art der Schädigungen sind die Bekämpfungsmaßnahmen festzulegen. **Wichtig ist, dass die Schadensursachen mit der Sanierung beseitigt werden.**

Wird an den verbauten Bauteilen aus Holz und Holzwerkstoffen ein Befall mit zerstörenden Organismen vorgefunden, so sind geeignete Maßnahmen gegen einen Befall von zerstörenden Pilzen festzulegen. Bei Vorhandensein von zerstörenden Insekten gilt als Kriterium für notwendige Maßnahmen, dass es sich um **Lebendbefall** handelt. Bauteile ohne Lebendbefall, aber mit die Tragfähigkeit beeinflussenden Schädigungen, sind in die Sanierungsmaßnahmen einzubeziehen.
DIN 68800-4 regelt vor allem Maßnahmen zur Regelsanierung bei Befall durch Pilzen oder Insekten.

Literatur: [*Lißner/Rug* 2018], [*Schmidt* 2015], [*Niedermeyer* u. a. 2015], [*Marutzki/Willeitner/Radovic* u. a. 2013], [*Dinger* 2012], [*Radovic* 2009], [*Radovic* 2008], [*Lißner/Rug* 2007], [*Kothe* 1998], [*Radovic* 1994]

2.13. Schutz gegen Feuer/Brandschutz

Statistiken zur Anzahl der Brände zeigen, dass im Jahr 2010 3600 Brandtote in den Ländern der Europäischen Union vermeldet wurden und mehr als 36000 Menschen durch Brandverletzungen zu Schaden gekommen sind. Man schätzt in Europa die jährlichen Schäden auf ca. 1 % des Bruttoinlandproduktes (nach [*Lehmden* 2013].

In Deutschland sterben jährlich ca. 600 Menschen bei den 200000 gemeldeten Bränden, und ca. 6000 Menschen erleiden dabei schwere Brandverletzungen.

Aus den wenigen Daten wird die Bedeutung des Brandschutzes in der Gefahrenabwehr deutlich.

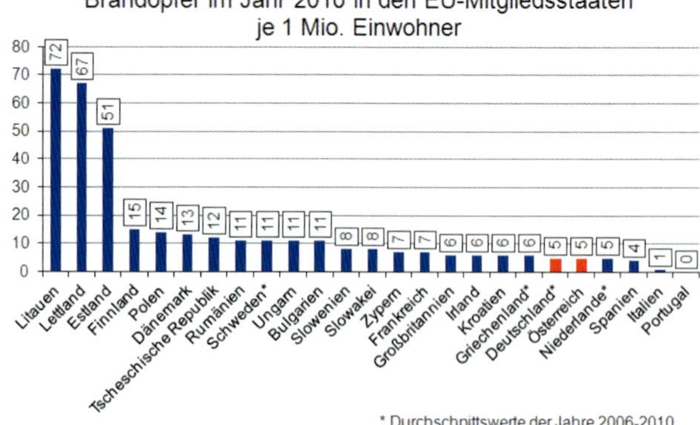

Bild 2.38. Brandtote 2010 in den EU-Mitgliedsländern pro 1 Mio. Einwohner [*Lehmden* u. a. 2013]

2.13.1. Brandschutz im Baurecht

Gegenstand des Brandschutzes ist die Gewährleistung einer ausreichenden Sicherheit für Menschen und deren Hab und Gut gegen Brand, s. Bild 2.39.
Grundsätzlich wird beim Brandschutz in vorbeugende und abwehrende Maßnahmen unterschieden, s. Bild 2.40.

Brandsicherheit für Menschen, Hab und Gut

Bauliche Anlagen sind so anzuordnen, zu errichten, zu ändern und instandzuhalten, dass der Entstehung eines Brandes und der Ausbreitung von Feuer und Rauch (Brandausbreitung) vorgebeugt wird und bei einem Brand die Rettung von **Menschen** und **Tieren** sowie wirksame Löscharbeiten möglich sind.

(*MBO*, Fassung 2016)

Erstellung der Risikoanalyse für den Katastrophenfall

Nicht brennbare Baustoffe	Sichere Evakuierung von Menschen im Brandfall Fluchtwege, Brennbarkeit, Feuerwiderstandsdauer	Verhinderung der Brandausbreitung Gebäudeabstände, Brandabschnitte, Brandmeldung, Zugang für Feuerwehr

Bild 2.39. Ziel und Weg für bauliche Brandschutzmaßnahmen

Ausgehend von der Voraussetzung für eine Brandentstehung, dem möglichen Brandverlauf und der Brandausbreitung sind die Anforderungen an den Brandschutz in Abhängigkeit von der Gebäudeklasse (s. Bild 2.41.), in den einzelnen Landesbauordnungen umfassend und klar geregelt.

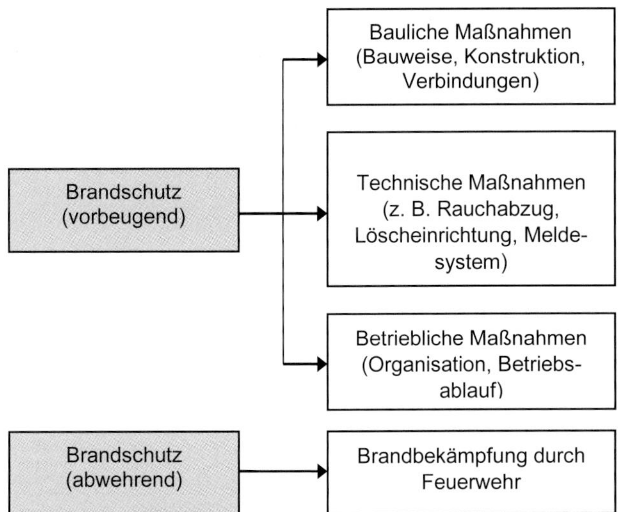

Bild 2.40. Struktur des vorbeugenden und abwehrenden Brandschutzes (aus [*Lißner/Rug* 2018])

Bauliche Anlagen normaler Art und Nutzung, wie z. B. Wohngebäude, werden detailliert in den Bauordnungen der Länder geregelt. Für bauliche Anlagen mit besonderer Art und Nutzung existieren Sonderverordnungen und Richtlinien, die zu beachten sind, s. Bild 2.41.

Bis zum Jahre 2002 war die Errichtung von mehrgeschossigen Gebäuden in Holzbauweise in den Landesbauordnungen auf die Gebäudeklasse 3 (Gebäude geringer Höhe $\leq$ 7 m) begrenzt. In der Fassung der Musterbauordnung aus dem Jahre 2002 wurde eine neue Gebäudeklasse (Gebäudeklasse 4 – Gebäude mittlerer Höhe $\leq$ 13 m) definiert, bei der die tragenden und aussteifenden Bauteile aus brennbaren Baustoffen bestehen können, wenn sie allseitig durch eine brandschutztechnisch wirksame Bekleidung aus nicht brennbaren Baustoffen geschützt sind und Dämmstoffe aus nicht brennbaren Baustoffen angewendet werden, (s. MBO §§ 26–28, Fassung 2016). Damit war in Deutschland die Errichtung von fünfgeschossigen Gebäuden in Holzbauweise möglich, s. Bild 2.42. In den meisten Bundesländern wurde diese Regelung im Zuge der Novellierungen ihrer Landesbauordnungen übernommen.

Im Zusammenhang mit der zunehmenden Bedeutung des ökologischen Bauens enthalten neuerdings einige Landesbauordnungen die Möglichkeit der Verwendung von tragenden Holzbauteilen auch in der Gebäudeklasse 5 (zu den Gebäudeklassen s. Bild 2.42.). Danach können Bauteile, die hochfeuerhemmend oder feuerbeständig sein müssen, auch aus brennbaren Baustoffen bestehen, wenn die geforderte Feuerwiderstandsdauer (F60-B oder F90-B) nachgewiesen wird (LBO B-W, LBO Berlin, LBO Hessen, LBO NRW).

In einigen Landesbauordnungen können dafür nur massive Holzbauweisen (z. B. Brettsperrholz) angewendet werden (z. B. LBO Hamburg). Diesem Trend trägt auch jetzt die Neufassung der Muster-Richtlinie über brandschutztechnische Anforderungen an Bauteile in Holzbauweise für Gebäude der Gebäudeklassen 4 und 5 – M-Holz Bau RL Rechnung. Sie gilt grundsätzlich für Gebäude der Gebäudeklassen 4 und 5 in Holzbauweise, deren tragende, aussteifende oder raumabschließende Bauteile hochfeuerhemmend oder feuerbeständig sein müssen sowie für Wände anstelle von Brandwänden in Gebäuden der Gebäudeklasse 3 gemäß § 30 Abs. 3 Satz 2 Nr. 2 der MBO.

Mit der Richtlinie werden die brandschutztechnischen Anforderungen an Bauelemente in Holzbauweise bei Anwendung in Gebäudeklasse 4 und 5 geregelt. Es wird in der Richtlinie unterschieden in Holzbauweise mit Hohlräumen (Abschnitt 4) und in Holzbauweise ohne Hohlräume bzw. ohne verfüllte Hohlräume (Abschnitt 5), der sogenannten Massivholzbauweise. Neben den Anforderungen an die Bauteile selbst, werden auch die Anforderungen an die Fugen zwischen den Bauteilen (zwischen zwei Bauteilen und Anschlüsse zwischen Wand/Decke) geregelt. Darüber hinaus enthält die Richtlinie auch Hinweise zu Außenwandbekleidungen und Gebäudeabschlusswänden.

Bauteile in Holzrahmen- und Holztafelbauweise:

Wie bisher können derartige Bauteile in Gebäudeklasse 4 aus brennbaren Baustoffen mit der Eigenschaft hochfeuerhemmend ausgeführt werden, sofern die Bauteile allseitig mit einer brandschutztechnisch wirksamen Bekleidung (d. h. die Entzündung von Holz muss über mindestens 60 Minuten verhindert werden) aus nichtbrennbaren Baustoffen und nicht brennbaren Dämmstoffen (Schmelzpunkt $>$ 1000 °C) ausgeführt werden. Die Feuerwiderstandsfähigkeit muss mindestens 60 Minuten betragen. Brandwände und Wände notwendiger Treppenräume dürfen in Holz hochfeuerhemmend ausgeführt werden, wofür aber eine Bauartgenehmigung gemäß § 16a MBO erforderlich ist. Die brandschutztechnisch wirksamen Bekleidungen sind mit versetzten Fugen auszuführen, i. A. sind zwei Lagen 2 $\times$ 18 mm GKF-platten oder Gipsfaserplatten mit einer Mindestrohdichte von 1000 kg/m^3 nach europäisch technischer Bewertung (ETA) ausreichend. (Hinweise zu Anschlüssen, Öffnungen und Einbauteilen s. [MHolzBauRL 2020]).

Bauteile in Massivholzbauweise:

Bauteile in Massivholzbauweise, wie. z. B. Brettsperrholz dürfen nicht nur in Gebäudeklasse 4 sondern auch in Gebäudeklasse 5 angewendet werden, sofern in den Gebäuden lediglich Nutzungseinheiten mit maximaler Größe von 250 m^2 vorhanden sind, oder bei großen Nutzungseinheiten, die durch Trennwände nach § 29 MBO in Abschnitten $\leq$ 200 m^2 unterteilt sind. Für die hochfeuerhemmenden oder feuerbeständigen Bauteile ist die Feuerwiderstandsfähigkeit nachzuweisen. Brennbare Bauteiloberflächen von Wänden und Decken sind mit nichtbrennbaren Baustoffen zu bekleiden, die eine Entzündung der Holzbaustoffe von mindestens 30 Minuten verhindern (GKF-Platte mindestens 18 mm, oder Gipsfaserplatten mit Mindestrohdichte 1000 kg/m^3).

Abweichend davon kann entweder die Decke oder mindestens 25 % aller Wände unverkleidet bleiben (holzsichtige Oberfläche).

Brandwände dürfen in Gebäudeklasse 4 aus Massivholzbauweise bestehen, wenn sie eine Feuerwiderstandsfähigkeit von 60 Minuten aufweisen. In Gebäudeklasse 5 sind Brandwände generell aus nicht brennbaren Baustoffen herzustellen.

Zur Gewährleistung einer Rauchdichtigkeit siehe [MHolzBauRL 2020]. Zu den Regeln für Außenwandbekleidungen siehe ebenfalls dort.

Die brandschutztechnischen Anforderungen für die einzelnen Gebäudekategorien gelten ausschließlich für Neubauten.

Die Baustoffe werden in DIN 4102-1 nach ihrem Brandverhalten in zwei Baustoffklassen eingeteilt.

Baustoffklasse A umfasst die nicht brennbaren Baustoffe und Baustoffklasse B die brennbaren Baustoffe, die hinsichtlich ihrer Entflammbarkeit weiter unterteilt werden, s. Bild 2.43. Nach Abschnitt 4.3.2 in DIN 4102-4 wird Holz mit einer Rohdichte von ≥ 400 kg/m³ und einer Dicke von $t > 2$ mm oder mit einer Rohdichte von ≥ 230 kg/m³ und einer Dicke von 5 mm < t < 22 mm in die Kategorie Baustoffklasse B2, normalentflammbare Baustoffe eingeordnet.

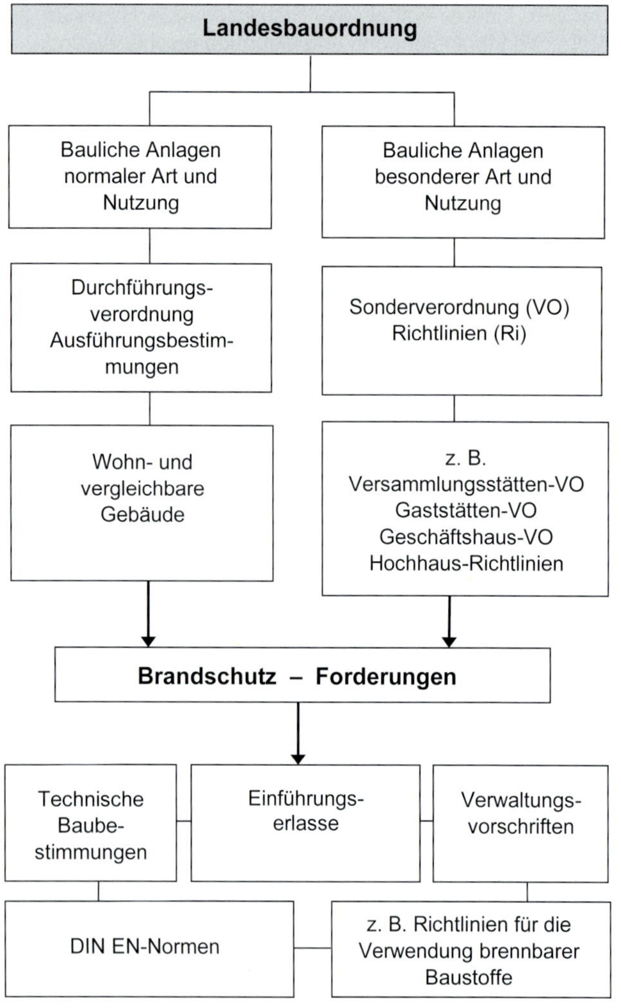

Bild 2.41. Bauordnungsrechtliche Zusammenhänge beim Brandschutz von Gebäuden

Die Europäische Kommission hat mit der Entscheidung 2000/147EC einheitliche Festlegungen zur Klassifizierung des Brandschutzes und der Prüfverfahren getroffen. Diese wurden der bisherigen Klassifizierung zugeordnet. Wie auch in anderen Bereichen erfolgt eine größere Differenzierung der bisherigen Klassifizierung, wobei auch Anforderungen an die Rauchentwicklung, Abtropfbarkeit oder bei Wänden an die raumabschließenden, tragenden bzw. wärmeisolierenden Funktionen festgelegt wurden, s. [*Herzog* 2004].

So sind nach DIN EN 13501 sieben Baustoffklassen zu beachten. Das bis 2010 in Deutschland geltende Klassifizierungssystem wird nunmehr durch das europäische System der Baustoffklassen abgelöst.

Gebäudeklassen					
1[1]	2	3	4	5	6
Wohngebäude		Gebäude			Hochhäuser
frei stehend	mit geringer Höhe Anleiterbarkeit OKRF[2] ≤ 7 m		7 m < OKRF ≤ 13 m	13 m < OKRF ≤ 22 m	OKRF > 22 m
≤ 2 NE[3] ≤ 400 m² [4]	≤ 2 NE ≤ 400 m²		≤ 400 m² pro Geschoss		
Feuerwehreinsatz mit Steckleitern					
	7 m		13 m	22 m	>22 m

[1] auch frei stehende landwirtschaftlich genutzte Gebäude
[2] OKRF = Oberkante Rohfußboden
[3] NE = Nutzungseinheit
[4] Brutto-Grundflächen, ausgenommen Flächen im Kellergeschoss

Bild 2.42. Gebäudeklassen zur Definition der brandschutztechnischen Anforderungen bei Wohngebäuden (nach [*MBO*, Fassung 2016])

Bauaufsichtliche Benennungen		**Zusatzanforderungen: kein Rauch**	**Zusatzanforderungen: kein brenn. Abfallen/Abtropfen**	**Europäische Klasse nach DIN EN 13501-1**	**Klasse nach DIN 4102-1**
Nicht brennbarer Baustoff		•	•	A1	A1
		•	•	A2 –s1[2], d0[3]	A2
Brennbarer Baustoff	Schwer entflamm-bar	•	•	B, C –s1, d0	B1
			•	A2, B, C –s2/–s3, d0	
		•		A2, B, C –s1, d1/d2	
				A2, B, C –s3, d2	
	Normal entflamm-bar		•	D –s1 bis –s3, d0 E	B2
				D –s1 bis –s3, d1 D –s1 bis –s3, d2	
				E –d2	
	Leicht entflamm-bar			F	B3

[1] Angaben über hohe Rauchentwicklung und brennendes Abtropfen/Abfallen im Verwendbarkeitsnachweis und in der Kennzeichnung
[2] Rauchklassen nach DIN EN 13501-1
s1 = SMOGRA 30 m²/s² und TSP_{600s} 50 m²;
s2 = SMOGRA 180 m²/s² und TSP_{600s} 200 m²;
s3 = nicht –s1 oder –s2.
mit **SMOGRA** = Geschwindigkeit der Rauchentwicklung und
$\mathbf{TSP_{600s}}$ = Rauchentwicklung insgesamt
[3] Klassen für das brennende Abtropfen/Abfallen DIN EN 13501-1
d0 = keine brennenden Tropfen/Teile in EN 13501-1 (SBI) in 600 s;
d1 = keine brennenden Tropfen/Teile mit einer Brenndauer > 10 s in DIN EN 13501-1 (SBI) in 600 s;
d2 = nicht d0 oder d1; Zündung des Papiers in DIN EN ISO 11925-2 führt zu einer Einstufung in d2

Bild 2.43. Klassifizierung der Baustoffe nach dem Brandverhalten entsprechend der bisher geltenden DIN 4102-1 und Zuordnung der europäischen Brandschutzklassifizierung nach [*Herzog* 2004]

Das Brandverhalten der Bauprodukte wird in zwei Bereiche untergliedert: den durch eine technische Baubestimmung geregelten Bereich, d. h. Baustoffe, Bauteile und Bauarten sind hinsichtlich ihres Brandverhaltens eingestuft (klassifiziert), und den nicht geregelten Bereich, in dem das Brandverhalten über Prüfzeugnisse, Gutachten anerkannter Materialprüfanstalten, bauaufsichtliche Zulassungen oder auch Zustimmungen im Einzelfall nachgewiesen werden muss, s. Bild 2.44.

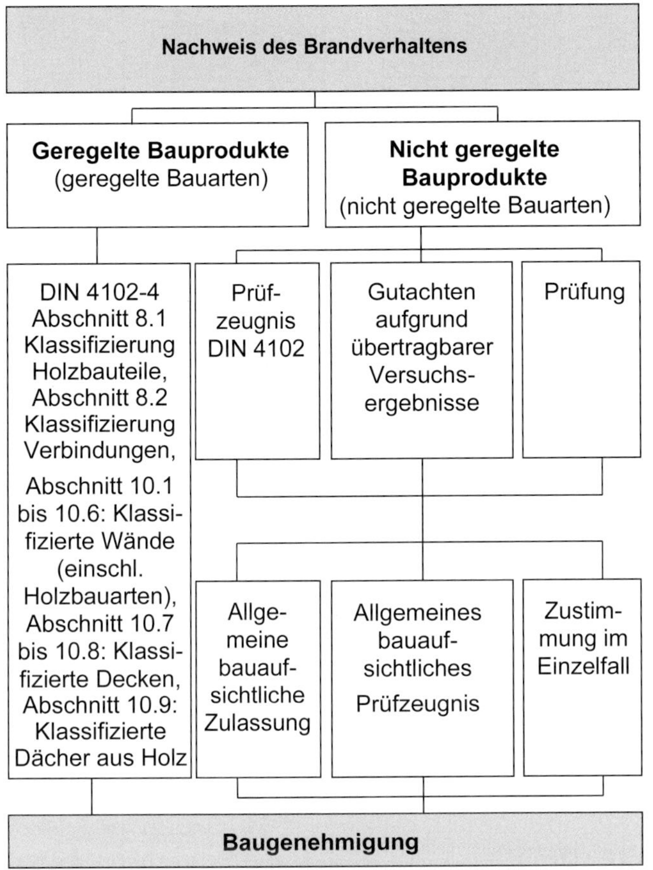

Bild 2.44. Nachweis des Brandverhaltens zur Erlangung einer Baugenehmigung (aus [*Rug/Lißner* 2018])

Nach gewählter Bauweise setzen die Bauteile im Falle eines Brandes einen unterschiedlichen Widerstand entgegen. Zur eindeutigen Unterscheidung wurden hierfür Feuerwiderstandsklassen (s. Bild 2.45.) festgelegt, die eine Zuordnung der Eigenschaften (z. B. nach der 2016 überarbeiteten DIN 4102-4) und den Schutzzielen nach jeweiliger Landesbauordnung gestatten.

Mit der Einführung einer neuen Gebäudeklasse in der Musterbauordnung wurde eine neue bauaufsichtliche Kennzeichnung für die Widerstandsfähigkeit der Baustoffe gegen Feuer festgelegt. Zukünftig unterscheidet man neben **feuerbeständigen** und **feuerhemmenden** Baustoffen auch **hochfeuerhemmende Baustoffe** (s. MBO § 26, Fassung 2016, s. auch Bild 2.45.).

Die Qualität der Bauausführung ist entscheidend für die dauerhafte Sicherstellung von Brandschutzmaßnahmen.

Eine sorgfältige Kontrolle der durchgeführten Arbeiten sei in jedem Fall angeraten. Dabei ist auch die Herstellung von brandsicheren Durchbrüchen in Wänden und Decken sowie von Brandverkleidungen und von bautechnischen Installationen entsprechend zu überwachen. Dies gilt auch für den Einbau von Lüftungsanlagen, die, wenn sie einzelne Brandabschnitte verbinden, brandschutztechnisch abzuschotten sind.

Bauaufsichtliche Anforderungen	**Klasse nach DIN 4102-2**		**Tragende Bauteile**		**Nicht tragende Innenwände**	**Nicht tragende Außenwände**	**Selbstständige Unterdecken**
	Benennung	**Kurzbezeichnung**	**ohne Raumabschluss**	**mit Raumabschluss**			
feuerhemmend	Feuerwiderstandsklasse F30	F30-B	R 30	REI 30	EI 30	E 30 (i→o) und EI 30 (i←o)	EI 30 (a↔b)
	Feuerwiderstandsklasse F30 und aus nicht brennbaren Baustoffen	F30-A					
hochfeuerhemmend	Feuerwiderstandsklasse F60 und in den wesentlichen Teilen aus nicht brennbaren Baustoffen	F60-AB	R 60	REI 60	EI 60	E 60 (i→o) und EI 60 (i←o)	EI 60 (a↔b)
	Feuerwiderstandsklasse F60 und aus nicht brennbaren Baustoffen	F60-A					
feuerbeständig[1)]	Feuerwiderstandsklasse F90 und in den wesentlichen Teilen aus nicht brennbaren Baustoffen	F90-AB[1)]	R 90	REI 90	EI 90	E 90 (i→o) und EI 90 (i←o)	EI 90 (a↔b)
	Feuerwiderstandsklasse F90 und aus nicht brennbaren Baustoffen	F90-A[1)]					
Feuerwiderstandsfähigkeit 120 Min.	–	–	R 120	REI 120	–	–	–
Brandwand	–	–	–	REI-M 90	EI-M 90	–	–

1) Nach bestimmten bauaufsichtlichen Verwendungsvorschriften einiger Länder auch F120 gefordert!

Bild 2.45. Feuerwiderstandsklassen von Bauteilen nach DIN EN 13501-2 und DIN EN 13501-3 sowie ihre Zuordnung zu den bauaufsichtlichen Benennungen (Klassifizierung nach DIN 4102), nach [*Herzog* 2004]

2.13.2. Brandverhalten und Feuerwiderstand von Holz

Obwohl Holz brennt, hat es einen berechenbaren Feuerwiderstand. Im Brandfall wird das Holz exotherm unter Abgabe von Gasen zersetzt, und es bildet sich die Holzkohle (s. Bild 2.46.), die je nach Holzart aufgrund ihrer zu dem Faktor 1,6 ... 3,8 geringeren Wärmeleitfähigkeit (Holzkohle = 0,07 W/(mK) im Vergleich zur Leitfähigkeit des Holzes (Fichte, Kiefer, Tanne = 0,13 W/(mK); Eiche, Buche = 0,21 W/(mK)) bei großen kompakten Querschnitten die Temperaturentwicklung in das Querschnittsinnere wesentlich verzögert. Durch die Holzkohleschicht wird der Abbrand zusätzlich gebremst (s. Bilder 2.46., 2.47. und 2.48.). Die Zeitdauer, in der während des Brandes ein statisch tragfähiger Querschnitt erhalten bleibt bzw. die Konstruktion nicht einstürzt, nennt man auch Feuerwiderstandsdauer.

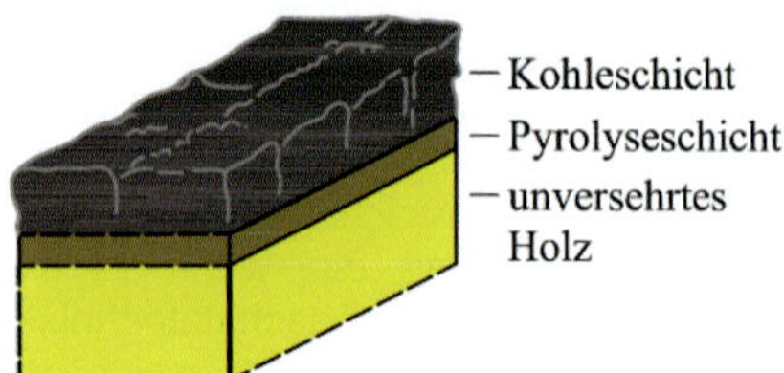

Bild 2.46. Schichtbildung beim Abbrand von Holz [*Ohne Autor* 1961]

Die langsam fortschreitenden Abbrandverluste sind weitgehend unabhängig von der Brandtemperatur, und es ergibt sich eine nahezu lineare Abbrandrate in Abhängigkeit von der Brandzeit (s. Bild 2.47.).

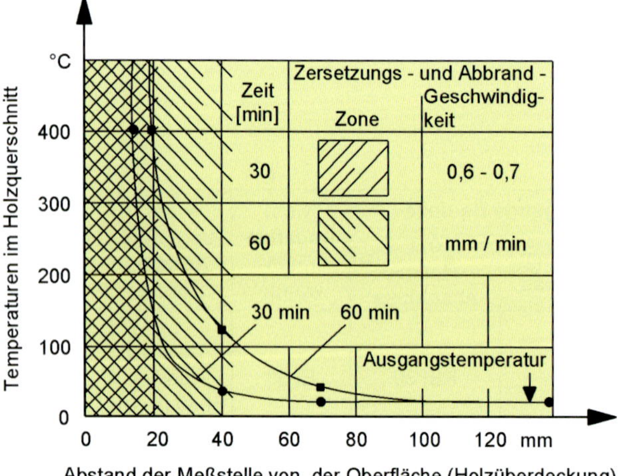

Bild 2.47. Temperaturverlauf, Zersetzungs- und Abbrandzone sowie Abbrandgeschwindigkeit bei brettschichtverleimtem Nadelholz ohne Verformungseinfluss (aus [*Kordina/Meyer-Ottens* 1994])

Im Verlauf von umfangreichen Untersuchungen im In- und Ausland wurden Abbrandgeschwindigkeiten β in DIN EN 1995-1-2:2010 festgelegt (s. Tabelle 2.65.), deren Werte in die brandschutztechnische Bemessung nach DIN EN 1995-1-2:2010 eingehen.

Dagegen ist Stahl nicht brennbar, hat aber dafür **keinen** nennenswerten Feuerwiderstand.
Durch die hohe Wärmeleitfähigkeit des Stahles steigen die Temperaturen von ungeschütztem Stahl in weniger als fünf Minuten auf eine kritische Temperatur von 500 bis 600 °C, und das Stahlbauteil verliert seine Festigkeit (s. Bild 2.49.).

Eine bestimmte Feuerwiderstandsdauer kann bei Stahl im Gegensatz zum Holz immer nur durch eine zusätzliche nicht brennbare Verkleidung oder einen schutzbildenden Anstrich mit bauaufsichtlicher Zulassung erreicht werden.

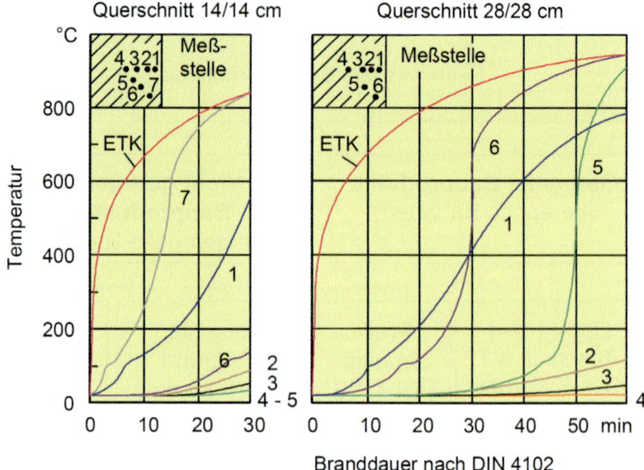

Bild 2.48. Temperatur-Zeit-Verlauf in brettschichtverleimtem Nadelholz ohne Verformungseinfluss (aus [*Kordina/Meyer-Ottens* 1994])

Tabelle 2.65. Bemessungswerte der Abbrandraten β_0 und β_n für Bauholz, Furnierschichtholz, Holzbekleidungen und Holzwerkstoffe nach DIN EN 1995-1-2:2010, Tabelle 3.1 in [mm/min]

Material	β_0 [mm/min]	β_n [mm/min]
a) **Nadelholz und Buche** Brettschichtholz mit einer charakteristischen Rohdichte $\rho_k \geq 290$ kg/m^3	0,65	0,7
Vollholz mit einer charakteristischen Rohdichte $\rho_k \geq 290$ kg/m^3	0,65	0,8
b) **Laubholz** Vollholz oder Brettschichtholz mit einer charakteristischen Rohdichte $\rho_k \geq 290$ kg/m^3	0,65	0,7
Vollholz oder Brettschichtholz mit einer charakteristischen Rohdichte $\rho_k \geq 450$ kg/m^3	0,50	0,55
c) **Furnierschichtholz** mit einer charakteristischen Rohdichte $\rho_k \geq 480$ kg/m^3	0,65	0,7
d) **Platten**		
– Holzbekleidungen	0,9[a]	–
– Sperrholz	1,0[a]	–
– Holzwerkstoffplatten außer Sperrholz	0,9[a]	–

a Die Werte gelten für eine charakteristische Rohdichte von 450 kg/m³ und eine Werkstoffdicke von 20 mm, für andere Werkstoffdicken und Rohdichten, s. Abschnitt 3.4.2 (9) in DIN EN 1995-1-2:2010.

Tabelle 2.66. zeigt einige brandschutztechnische Parameter für einen Unterzug aus Stahl oder Brettschichtholz bei etwa gleicher Tragfähigkeit.

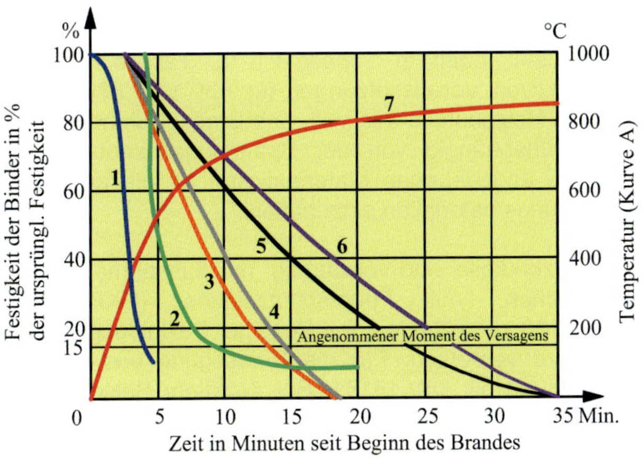

1 Aluminium - Konstruktion
2 Stahl - Konstruktion
3 Holzbinder 25,4 mm x 50,8 mm
4 Holz - Zugstab 25,4 mm x 50,8 mm
5 Holzbinder 50,8 mm x 101,6 mm
6 Hölzerner Zugstab 50,8 mm x 101,6 mm
7 Zeit - Temperatur - Kurve

Bild 2.49. Brandverhalten (Feuerwiderstand) verschiedener Bauteile und Bauweisen (Holz, Stahl, Aluminium) [*Ohne Autor* 1961]

2.13.3. Brandverhalten von Baustoffen und Bauteilen – Klassifizierte Baustoffe und Bauteile nach DIN 4102-4

In Deutschland kann das Brandverhalten bzw. die Feuerwiderstandstragfähigkeit auch durch in DIN 4102-4 geregelte klassifizierte Baustoffe, Bauteile und Sonderbauteile nachgewiesen werden. Voraussetzung ist, dass die in der Norm genannten Anwendungs- und Ausführungsregeln eingehalten werden und die unterstützenden und aussteifenden Bauteile, an denen die klassifizierten Bauteile angeschlossen sind, mindestens die gleiche Feuerwiderstandsfähigkeit aufweisen.

Die Norm wurde 2016 grundlegend überarbeitet, und für den Holzbau gelten die in Tabelle 2.67. zusammengestellten Abschnitte.

2.13.3.1. Klassifizierte Holzbauteile/ Feuerwiderstandsklassen

Die Klassifizierung der Holzbauteile gilt für statisch bestimmt oder unbestimmt gelagerte, freiliegende, auf Biegung oder Biegung mit Längskraft beanspruchte Holzbauteile mit Rechteckquerschnitt nach DIN EN 1995-1-1 aus Nadelschnittholz, Balkenschichtholz, keilgezinktem Vollholz, Laubschnittholz, Brettschichtholz oder Furnierschichtholz nach DIN EN 14374. Es wird grundsätzlich hinsichtlich der Brandbeanspruchung unterschieden in 4-seitige, 3-seitige, 2-seitige und 1-seitige Brandbeanspruchung.

3- bis 1-seitige Brandbeanspruchungen entstehen, wenn Querschnittsseiten durch andere Bauteile mit mindestens der gleichen Feuerwiderstandsklasse abgedeckt sind. Die Abdeckung kann erfolgen mit Betonbauteilen nach Abschnitt 5.4 oder 5.5, nicht hinterlüfteten Beplankungen bzw. Schalungen aus Holz oder Holzwerkstoffen nach Abschnitt 10.5.4 bzw. 10.7.3 oder Decken aus Holztafeln nach den Tabellen 10.11 bis 10.16 oder 10.18 der DIN 4102-4.

Tabelle 2.66. Brandschutztechnische Bewertung für einen Unterzug aus Stahl oder Brettschichtholz

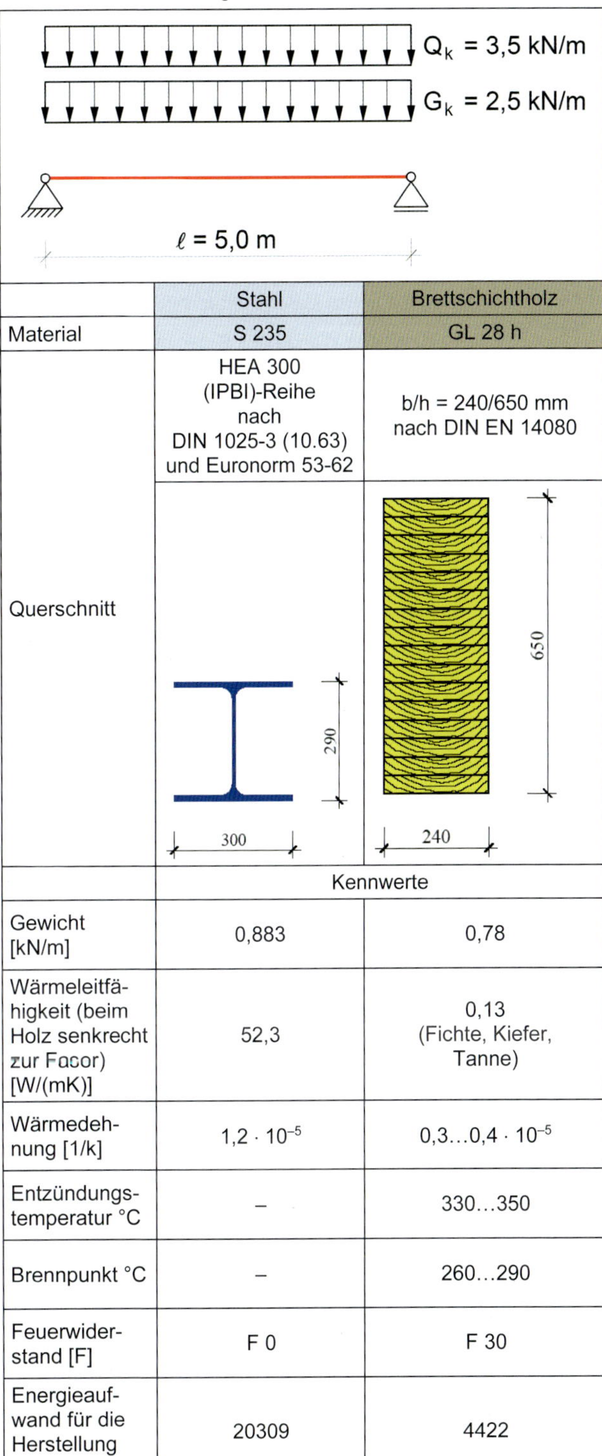

	Stahl	Brettschichtholz
Material	S 235	GL 28 h
Querschnitt	HEA 300 (IPBI)-Reihe nach DIN 1025-3 (10.63) und Euronorm 53-62	b/h = 240/650 mm nach DIN EN 14080
	Kennwerte	
Gewicht [kN/m]	0,883	0,78
Wärmeleitfähigkeit (beim Holz senkrecht zur Faser) [W/(mK)]	52,3	0,13 (Fichte, Kiefer, Tanne)
Wärmedehnung [1/k]	$1{,}2 \cdot 10^{-5}$	$0{,}3 \ldots 0{,}4 \cdot 10^{-5}$
Entzündungstemperatur °C	–	330…350
Brennpunkt °C	–	260…290
Feuerwiderstand [F]	F 0	F 30
Energieaufwand für die Herstellung [MJ]	20309	4422

Tabelle 2.67. Bauteilklassifikation nach DIN 4102-4:2016 für Holzbauteile

Abschnitt in DIN 4102-4	Bauteilklassifikation
8	Klassifizierte Holzbauteile
8.1	Feuerwiderstandsklassen von Holzbauteilen
8.2	Feuerwiderstandsklassen von Verbindungen nach DIN EN 1995-1-1:2010-12, Abschnitt 8 und DIN EN 1995-1-1/NA:2013-08, Abschnitt 12
10	Wand-, Dach- und Deckenkonstruktionen im Holzbau und Ausbau
10.1	Grundlagen zu klassifizierten Wänden
10.2	Klassifizierte Wände aus Gipsplatten
10.3	Klassifizierte 2-schalige Wände aus Holzwolleplatten mit Putz
10.4	Klassifizierte Fachwerkwände mit ausgefüllten Gefachen
10.5	Klassifizierte Wände in Holztafelbauart
10.6	Wände F 30-B aus Vollholz-Blockbalken
10.7	Klassifizierte Decken in Holztafelbauart
10.8	Klassifizierte Holzbalkendecken
10.9	Klassifizierte Dächer aus Holz und Holzwerkstoffen

Eine 4-seitige Brandbeanspruchung liegt vor, wenn die Oberseite freiliegt oder Abdeckungen mit unbedeutender Dicke, z. B. aus Stahl, Holz und Holzwerkstoffen oder aus Kunststoff besteht.
Eine weitere Voraussetzung für die Klassifizierung ist, dass die Holzbauteile keine Aussparungen enthalten. Zapfen- und Bolzenlöcher gelten nicht als Aussparungen. Für Durchbrüche gilt Abschnitt 8.1.2(6) in DIN 4102-4 (s. auch DIN 4102-4, Abschnitt 8.1.1).

2.13.3.2. Klassifizierung unbekleideter Holzbauteile

Bei einer angestrebten Feuerwiderstandsdauer von 30 Minuten ist bei planmäßiger Querzugbeanspruchung bei einer Mindestbreite von b = 160 mm und einem Seitenverhältnis $h/b \geq 3$ ein Nachweis nicht erforderlich. In allen anderen Fällen ist der Nachweis nach DIN EN 1995-1-1 für den verbleibenden Restquerschnitt unter Berücksichtigung des ideellen Abbrandes sowie einer zusätzlichen Querschnittsreduzierung von 20 mm je beflammter Querschnittsseite zu führen. Die Bemessung kann unter der Annahme erfolgen, dass die Festigkeits- und Steifigkeitseigenschaften nicht durch den Brand beeinflusst werden (s. DIN 4102-4, Abschnitt 8.1.2(2)).

Der Stabilitätsnachweis druck- und biegebeanspruchter Bauteile ist nach DIN EN 1995-1-1, Abschnitt 6.3, unter Verwendung des verbleibenden Restquerschnitts und einer Reduzierung der Festigkeits- und Steifigkeitsparameter zu führen. Ist das Bauteil ausgesteift und versagt die Aussteifung während der maßgebenden Brandbeanspruchung, ist der Nachweis wie für einen unausgesteiften Stab zu führen.

DIN 4102-4 legt in Abschnitt 8.1.2(4) die Mindestauflagertiefen für Holzbauteile bei einer Auflagerung auf Beton oder auf Mauerwerk fest:
Feuerwiderstandsfähigkeit 30 min ≥ 40 mm,
Feuerwiderstandsfähigkeit 60 min ≥ 80 mm.

2.13.3.3. Klassifizierung verkleideter Holzbauteile

DIN 4102-4 regelt in Tabelle 8.1 (s. Tabelle 2.68.) die konstruktiven Voraussetzungen für F30 und F60 für bekleidete Holzbauteile aus Voll- und Brettschichtholz. Diese gelten unabhängig von der Spannungsausnutzung. Es sind die angegebenen Materialdicken für die geregelten Bekleidungsmaterialien einzuhalten.

Die Holzbauteile sind vollständig, mit Ausnahme der Auflagerflächen, mit Feuerschutzplatten (GKF) nach DIN 18180 zu bekleiden. Bei 2-lagiger Bekleidung sind die Stöße zu versetzen. Für die Befestigung und die Verspachtelung gilt DIN 18181. Bei 4-seitiger Bekleidung ist die Oberseite entsprechend der Unterseite zu bekleiden.
Anstelle der vorgenannten Bekleidung aus Feuerschutzplatten GKF können auch die anderen in Tabelle 2.68. angegebenen Materialien verwendet werden. Als Befestigungsmittel sind Schrauben oder Nägel mit einer Einbindetiefe von mindestens 6 d zu verwenden. Holzwerkstoffplatten dürfen auch angeklebt werden.

2.13.3.4. Klassifizierung von Verbindungen nach DIN EN 1995-1-1, Abschnitt 8 und DIN EN 1995-1-1/NA, Abschnitt NCI NA.12

Für innenliegenden Stahl- und Stahlblechformteile, die durch Holz (Decklaschen) mit der Dicke c_{fi} überdeckt sind, gelten die nachfolgenden Mindestüberdeckungsdicken:

F30: $c_{fi} = 10$ mm

F60: $c_{fi} = 30$ mm

Werden Decklaschen mit Nägeln befestigt, ist eine Einschlagtiefe von mindestens $6 \cdot d$ einzuhalten. Gleichzeitig ist je 150 cm^2 Decklaschenfläche ein Befestigungsmittel vorzusehen. Die Randabstände sind nach DIN EN 1995-1-2, Abschnitt 7.2 einzuhalten.

Bei Verbindungen zur Lagesicherung, z. B. bei Auflagern und Kontaktstößen, sind für Feuerwiderstandsfähigkeiten von 30 min und 60 min unter Brandbeanspruchung nach ETK die folgenden Randabstände einzuhalten:

$$\min a_{3,t,fi} = a_{3,t} + c_{fi}$$

$$\min a_{4,t,fi} = a_{4,t} + c_{fi}$$

$$\min a_{3,c,fi} = a_{3,c} + c_{fi}$$

$$\min a_{4,c,fi} = a_{4,c} + c_{fi}$$

$a_{3,t}$, $a_{4,t}$, $a_{3,c}$ und $a_{4,c}$ nach DIN EN 1995-1-1, Abschnitt 8.3.1.2

c_{fi} nach DIN 4102-4, Abschnitt 8.2.1(1).

Wird bei biegebeanspruchten Zangen ein Kippen oder Abwölben der Zangen nicht durch konstruktive Maßnahmen (z. B. durch aufgenagelte Bohlen oder Anordnung von Klemmbolzen) behindert, so sind zum Schutz der Verbindung Futterhölzer nach Bild 2.50. (s. Bild 8.1 in DIN 4102-4) anzuordnen.
Ein Futterholz ist nicht erforderlich bei einer Auslastung der angrenzenden Bauteile nach DIN EN 1995-1-1 von weniger als 50 % und bei Verbindungen mit Bolzen und Sondernägeln.

Tabelle 2.68. Bekleidete Holzbauteile aus Voll- oder Brettschichtholz (s. Tabelle 8.1 in DIN 4102-4)

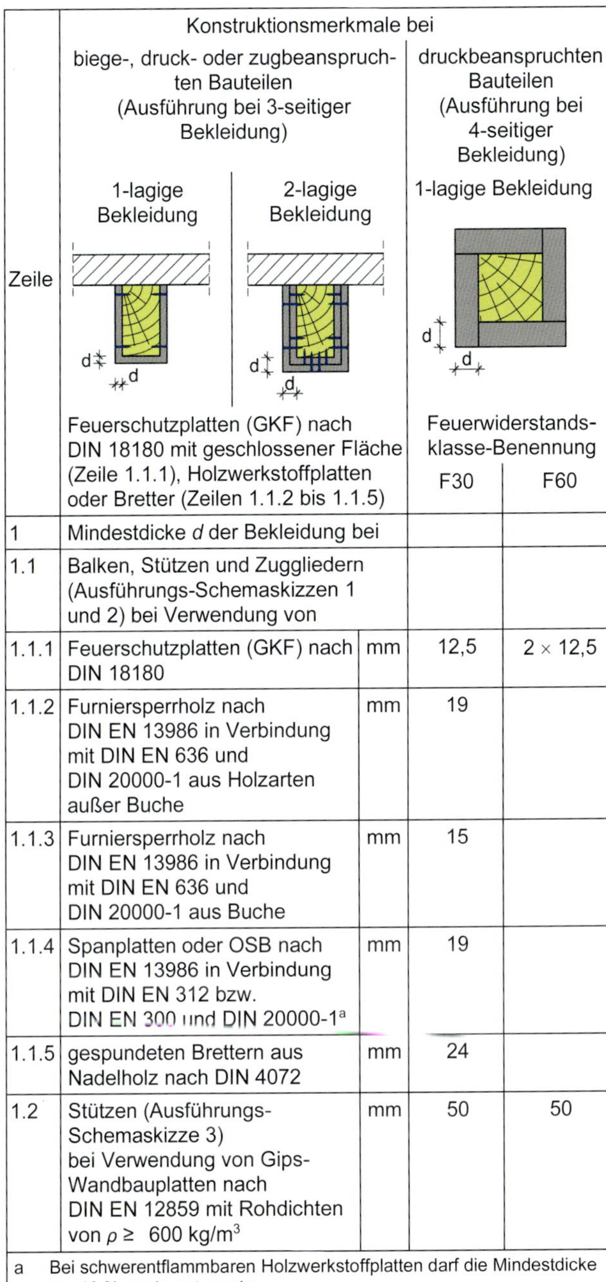

Zeile	Konstruktionsmerkmale bei biege-, druck- oder zugbeanspruchten Bauteilen (Ausführung bei 3-seitiger Bekleidung): 1-lagige Bekleidung / 2-lagige Bekleidung; druckbeanspruchten Bauteilen (Ausführung bei 4-seitiger Bekleidung): 1-lagige Bekleidung Feuerschutzplatten (GKF) nach DIN 18180 mit geschlossener Fläche (Zeile 1.1.1), Holzwerkstoffplatten oder Bretter (Zeilen 1.1.2 bis 1.1.5)		Feuerwiderstandsklasse-Benennung F30	F60
1	Mindestdicke *d* der Bekleidung bei			
1.1	Balken, Stützen und Zuggliedern (Ausführungs-Schemaskizzen 1 und 2) bei Verwendung von			
1.1.1	Feuerschutzplatten (GKF) nach DIN 18180	mm	12,5	2 × 12,5
1.1.2	Furniersperrholz nach DIN EN 13986 in Verbindung mit DIN EN 636 und DIN 20000-1 aus Holzarten außer Buche	mm	19	
1.1.3	Furniersperrholz nach DIN EN 13986 in Verbindung mit DIN EN 636 und DIN 20000-1 aus Buche	mm	15	
1.1.4	Spanplatten oder OSB nach DIN EN 13986 in Verbindung mit DIN EN 312 bzw. DIN EN 300 und DIN 20000-1[a]	mm	19	
1.1.5	gespundeten Brettern aus Nadelholz nach DIN 4072	mm	24	
1.2	Stützen (Ausführungs-Schemaskizze 3) bei Verwendung von Gips-Wandbauplatten nach DIN EN 12859 mit Rohdichten von $\rho \geq$ 600 kg/m^3	mm	50	50

a Bei schwerentflammbaren Holzwerkstoffplatten darf die Mindestdicke um 10 % verringert werden.

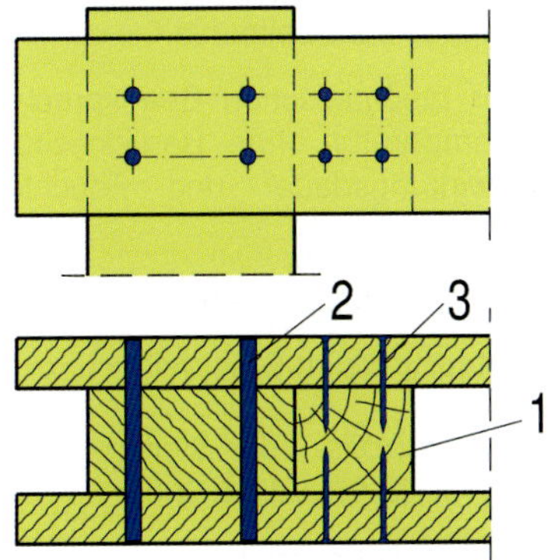

Legende
1 Futterholz
2 Stabdübel
3 Nägel

Bild 2.50. Zangenanschluss (Beispiel mit Futterholz), Darstellung der Stabdübel ohne Überstand (Nägel: glatte Nägel) (s. Bild 8.1 in DIN 4102-4)

2.13.4. Bemessung von Holzbauwerken für den Brandfall

DIN EN 1995-1-2:2010 und DIN EN 1995-1-2/NA:2010 regeln Entwurf, Berechnung und Bemessung von Holzbauwerken für die außergewöhnliche Situation einer Brandbeanspruchung (**Heiße Bemessung**).
Geregelt wird nur der bauliche Brandschutz. Verfahren zum abwehrenden Brandschutz sind **nicht** Gegenstände der enthaltenen Regeln.

Die Norm gilt nur in Verbindung mit DIN EN 1995-1-1:2010 und DIN EN 1991-1-2:2010. DIN EN 1995-2:2010 hat keinen Bezug zur Heißen Bemessung, da hier nur Unterschiede bzw. Ergänzungen zum Brückenbau zur DIN EN 1995-1-1:2010 abgehandelt werden.

Prinzipiell gilt DIN EN 1995-1-2:2010 für Bauwerke mit Anforderungen, die an ein vorzeitiges Versagen im Brandfall (Tragwerksversagen) und an eine Begrenzung der Brandausbreitung über bestimmte Bereiche hinaus gestellt werden.

Die Norm enthält Grundsätze und Anwendungsregeln für die Bemessung von Tragwerken im Brandfall, und sie gilt für alle Tragwerke bzw. Bauteile die in den Geltungsbereich der DIN EN 1995-1-1:2010 fallen.

Die Tragwerke müssen so bemessen und konstruiert sein, dass ihre Tragfähigkeit während der festgelegten Brandbeanspruchung garantiert ist.

Soll ein Brandabschnitt gebildet werden, müssen die den Brandabschnitt begrenzenden Bauteile einschließlich der Verbindungen so bemessen und konstruiert sein, dass sie ihre raumabschließende Funktion während der festgelegten Brandbeanspruchung beibehalten. Dabei muss, wenn erforderlich, sichergestellt sein:

- der Erhalt des Raumabschlusses,
- der Erhalt der thermischen Wärmedämmeigenschaften,
- die Begrenzung der Wärmestrahlung auf der feuerabgewandten Seite.

Nach DIN EN 1995-1-2:2010, Abschnitt 2.1.1 besteht **kein** Risiko einer Brandausbreitung infolge Wärmstrahlung, solange die feuerabgewandte Oberfläche Temperaturen unter 300 °C aufweist.

Bild 2.51. zeigt den Temperaturverlauf auf der feuerabgewandten Seite einer 15 mm dicken Gipskartonplatte während einer Brandbeanspruchung. Erst nach ca. 50 min überschreitet die Temperatur die 300-°C-Grenze. Die gute Schutzwirkung einer Gipskartonplatte ist auf den hohen Bindungsanteil von Wasser im Gips zurückzuführen. Dieses Wasser muss im Brandfall erst verdampfen, was Wärmeenergie bindet. Zusätzlich wirkt die Gipsschicht dämmend auf das Feuer.

Verformungskriterien müssen nur dann eingehalten werden, wenn die Art des Schutzes oder die Bemessungskriterien raumabschließender Bauteile die Berücksichtigung der Verformung des Tragwerks erfordern. Die Berücksichtigung der Verformungen ist nicht erforderlich, wenn schützende Bekleidungen angeordnet werden. Die raumabschließenden Bauteile erfüllen die Anforderungen bei nomineller Brandbeanspruchung.

Norminelle Brandbeanspruchung:
Bei Normbrandbeanspruchung müssen die Bauteile die Kriterien R, E, und I wie folgt erfüllen:

- nur raumabschließende Funktion: Raumabschluss (Kriterium E) und, wenn gefordert, Wärmedämmung (Kriterium I);
- nur tragende Funktion: Tragfähigkeit (Kriterium R);
- raumabschließende und tragen Funktion: Kriterium R, E und, wenn gefordert, I.

Kriterium R ist erfüllt, wenn die tragende Funktion während der Zeitdauer des Brandes erhalten bleibt. Kriterium I ist erfüllt, wenn die mittlere Temperatur auf der gesamten feuerabgewandten Seite auf 140 K beschränkt bleibt und der maximale Temperaturanstieg an jedem Punkt 180 K nicht übersteigt.

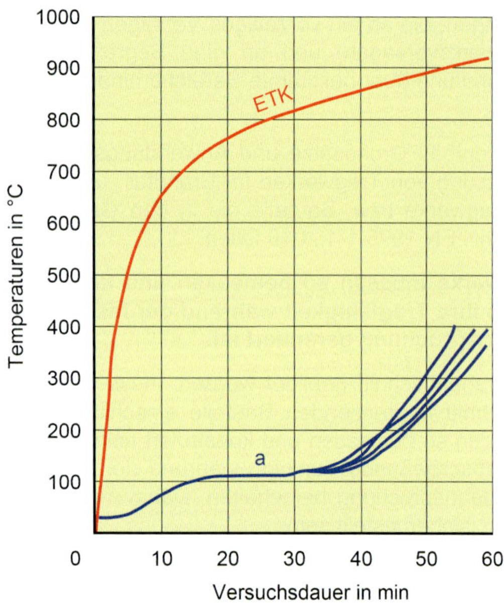

Legende
ETK Einheitstemperaturzeitkurve der Brandbeanspruchung
a Verlauf der Temperaturerhöhung auf der feuerabgewandten Seite einer Knauf-GFK-Platte 15 mm

Bild 2.51. Temperaturverlauf auf der feuerabgewandten Seite einer Knauf-Gips-Kartonplatte, 15 mm Dicke (entnommen *www.knauf.de*)

Parametrische Brandbeanspruchung:
Die tragende Funktion sollte für die gesamte Branddauer (einschließlich Abklingphase) aufrechterhalten bleiben. Für den Nachweis der raumabschließenden Funktion gilt unter Annahme einer Normaltemperatur von 20 °C:

- während der Aufheizphase sollte bis zum Erreichen der maximalen Brandraumtemperatur der mittlere Temperaturanstieg auf der feuerabgewandten Seite der Konstruktion auf 140 K beschränkt werden und der maximale Temperaturanstieg 180 K nicht überschreiten;
- auf der feuerabgewandten Seite der Konstruktion sollte während der Abklingphase der mittlere Temperaturanstieg $\Delta\Theta1$ den maximalen Temperaturanstieg $\Delta\Theta2$ nicht überschreiten.

Einwirkungen:
Die thermischen und mechanischen Einwirkungen sind nach DIN EN 1991-1-2:2010 zu bestimmen. Für Oberflächen aus Holz, Holzwerkstoffen und Gipsplatten sollte der Koeffizient der Emissivität mit 0,8 angenommen werden.

Bemessungswerte der Materialeigenschaften und -beanspruchbarkeiten nach DIN EN 1995-1-2:2010, Abschnitt 2.3:
Für den Nachweis der mechanischen Beanspruchbarkeit müssen die Bemessungswerte der Festigkeits- und Steifigkeitsparameter mit Gl. (2.1) und Gl. (2.3) berechnet werden.

$$f_{d,fi} = k_{mod,fi} \cdot \frac{f_{20}}{\gamma_{M,fi}}$$ [DIN EN 1995-1-2, Gl. (2.1)]

$$S_{d,fi} = k_{mod,fi} \cdot \frac{S_{20}}{\gamma_{M,fi}}$$ [DIN EN 1995-1-2, Gl. (2.2)]

Dabei ist:

$f_{d,fi}$	Bemessungswert der Festigkeit im Brandfall;
$S_{d,fi}$	Bemessungswert der Steifigkeitseigenschaft (Elastizitätsmodul $E_{d,fi}$ oder Schubmodul $G_{d,fi}$) im Brandfall;
f_{20}	20-%-Fraktile einer Festigkeitseigenschaft bei Normaltemperatur;
S_{20}	20-%-Fraktile einer Steifigkeitseigenschaft (Elastizitätsmodul $E_{0,2}$ oder Schubmodul $G_{0,2}$) bei Normaltemperatur;
$k_{mod,fi}$	Modifikationsbeiwert im Brandfall;
$\gamma_{M,fi}$	Teilsicherheitsbeiwert für Holz im Brandfall.

Der Modifikationsbeiwert $k_{mod,fi}$ berücksichtigt die Abminderung der Festigkeits- und Steifigkeitseigenschaften bei erhöhten Temperaturen. Der Modifikationsbeiwert $k_{mod,fi}$ ersetzt den in DIN EN 1995-1-1:2010 für Normaltemperatur angegebenen Modifikationsbeiwert k_{mod}.

Der empfohlene Teilsicherheitsbeiwert für Materialeigenschaften im Brandfall ist $\gamma_{M,fi} = 1{,}0$.

Der Bemessungswert der mechanischen Beanspruchbarkeit $R_{d,t,fi}$ (Tragfähigkeit) muss mit Gl. (2.3) berechnet werden.

$$R_{d,t,fi} = \eta \cdot \frac{R_{20}}{\gamma_{M,fi}}$$ [DIN EN 1995-1-2, Gl. (2.3)]

Dabei ist:

$R_{d,t,fi}$	Bemessungswert einer mechanischen Beanspruchbarkeit im Brandfall zum Zeitpunkt t;
R_{20}	20-%-Faktilwert einer mechanischen Beanspruchbarkeit bei Normaltemperatur ohne Berücksichtigung von Lasteinwirkungsdauer und Feuchte ($k_{mod} = 1$);
η	Umrechnungsfaktor;
$\gamma_{M,fi}$	Teilsicherheitsbeiwert für Holz im Brandfall.

Der 20-%-Fraktilwert einer Festigkeits- oder Steifigkeitseigenschaft errechnet sich aus Gl. (2.4) und Gl. (2.5).

$$f_{20} = k_{fi} \cdot f_k$$ [DIN EN 1995-1-2, Gl. (2.4)]

$$S_{20} = k_{fi} \cdot S_{05}$$ [DIN EN 1995-1-2, Gl. (2.5)]

Dabei ist:

f_{20} 20-%-Fraktile einer Festigkeitseigenschaft bei Normaltemperatur;

S_{20} 20-%-Fraktile einer Steifigkeitseigenschaft (Elastizitätsmodul $E_{0,2}$ oder Schubmodul $G_{0,2}$) bei Normaltemperatur;

S_{05} 5-%-Fraktile einer Steifigkeitseigenschaft (Elastizitätsmodul $E_{0,2}$ oder Schubmodul $G_{0,2}$) bei Normaltemperatur;

k_{fi} entsprechend Tabelle 2.1.

Tabelle 2.69. Werte für k_{fi} (Tabelle 2.1 in DIN EN 1995-1-2:2010)

Material	k_{fi}
Massivholz	1,25
Brettschichtholz	1,15
Holzwerkstoffe	1,15
Furnierschichtholz	1,1
Auf Abscheren beanspruchte Verbindungen mit Seitenteilen aus Holz oder Holzwerkstoffen	1,15
Auf Abscheren beanspruchte Verbindungen mit außen liegenden Stahlblechen	1,05
Auf Herausziehen beanspruchte Verbindungsmittel	1,05

Der 20-%-Fraktilwert der mechanischen Beanspruchbarkeit, R_{20}, einer Verbindung wird mit Gl. (2.6) berechnet.

$$R_{20} = k_{fi} \cdot R_k \qquad \text{[DIN EN 1995-1-2, Gl. (2.6)]}$$

Dabei ist:

k_{fi} entsprechend Tabelle 2.1 in DIN EN 1995-1-2:2010 (s. Tabelle 2.69.);

R_k charakteristische mechanische Beanspruchbarkeit einer Verbindung bei Normaltemperatur ohne Berücksichtigung der Lasteinwirkungsdauer und der Feuchte ($k_{mod} = 1$).

Nachweisverfahren nach DIN EN 1995-1-2:2010, Abschnitt 2.4:

Wie bei der kalten Bemessung gilt für den Brandfall, dass der Bemessungswert der Beanspruchung kleiner ist als der Bemessungswert der Beanspruchbarkeit. Es gilt Gl. (2.7)

$$E_{d,fi} \leq R_{d,t,fi} \qquad \text{[DIN EN 1995-1-2, Gl. (2.7)]}$$

Dabei ist:

$E_{d,fi}$ Bemessungswert der Beanspruchungen im Brandfall, entsprechend DIN EN 1991-1-2:2010, einschließlich der Auswirkungen von thermischen Dehnungen und Verformungen;

$R_{d,t,fi}$ zugehöriger Bemessungswert der Beanspruchbarkeit im Brandfall.

Die angenommene Modellbildung muss das Tragverhalten im Brandfall widerspiegeln und hat in Übereinstimmung mit DIN EN 1990:2010, Abschnitt 5.1.4 zu erfolgen.

Bei anderen Materialien aus Holz müssen die Auswirkungen auf thermische Dehnungen berücksichtigt werden.

Alternativ zur Bemessung der DIN EN 1995-1-2:2010 kann die Bemessung auf der Grundlage von Versuchen oder einer Kombination von beiden Methoden erfolgen.

Bauteilberechnung:

Die Beanspruchungen werden zunächst für den Zeitpunkt $t = 0$ wie bei der kalten Bemessung unter Verwendung der Kombinationsbeiwerte $\psi_{1,1}$; $\psi_{2,1}$ nach DIN EN 1991-1-2: 2002, Abschnitt 4.3.1 bestimmt.

Für den „Lastfall“ Brand dürfen die Bemessungswerte der Beanspruchung mit den Bemessungswerten unter Normalbrandtemperatur nach Gl. (2.8) ermittelt werden.

$$E_{d,fi} = \eta_{fi} \cdot E_d \qquad \text{[DIN EN 1995-1-2, Gl. (2.8)]}$$

Dabei ist:

E_d Bemessungswert der Beanspruchungen bei Normaltemperatur für die Grundkombination der Einwirkungen, s. DIN EN 1990:2010;

η_{fi} Abminderungsfaktor für den Bemessungswert der Einwirkungen im Brandfall.

Der Wert η_{fi} wird für die Lastkombination (6.10) nach DIN EN 1990:2010 nach Gl. (2.9) berechnet.

$$\eta_{fi} = \frac{G_k + \psi_{fi} \cdot Q_{k,1}}{\gamma_G \cdot G_k + \gamma_{Q,1} \cdot Q_{k,1}} \qquad \text{[DIN EN 1995-1-2, Gl. (2.9)]}$$

Für Lastkombinationen (6.10a) und (6.10b) nach DIN EN 1990:2002 ist der kleinste Wert aus den Berechnungen mit Gl. (2.9a) und Gl. (2.9b) anzunehmen.

$$\eta_{fi} = \frac{G_k + \psi_{fi} \cdot Q_{k,1}}{\gamma_G \cdot G_k + \gamma_{Q,1} \cdot Q_{k,1}} \qquad \text{[DIN EN 1995-1-2, Gl. (2.9a)]}$$

$$\eta_{fi} = \frac{G_k + \psi_{fi} \cdot Q_{k,1}}{\xi \cdot \gamma_G \cdot G_k + \gamma_{Q,1} \cdot Q_{k,1}} \qquad \text{[DIN EN 1995-1-2, Gl. (2.9b)]}$$

Dabei ist:

$Q_{k,1}$ charakteristischer Wert der vorherrschenden unabhängigen veränderlichen Einwirkung;

G_k charakteristischer Wert der ständigen Einwirkungen;

γ_G Teilsicherheitsbeiwert für ständige Einwirkungen;

$\gamma_{Q,1}$ Teilsicherheitsfaktor für die vorherrschende unabhängige veränderliche Einwirkung;

ψ_{fi} Kombinationsbeiwert für häufige Werte veränderlicher Einwirkungen im Brandfall, gegeben als $\psi_{1,1}$ oder $\psi_{2,1}$, s. DIN EN 1991-1-1;

ξ Abminderungsfaktor für ungünstige ständige Einwirkungen G.

Gemäß Anmerkung 2 in DIN EN 1995-1-2:2010, Abschnitt 2.4.2 wird zur Vereinfachung ein Wert $\eta_{fi} = 0{,}6$ empfohlen, mit Ausnahme für Bereiche mit größeren Nutzlasten entsprechend Kategorie E nach EN 1991-2-1:2002 (Flächen mit Anhäufungen von Gütern, einschließlich Zugangsbereichen), für die ein empfohlener Wert $\eta_{fi} = 0{,}7$ gilt.

Berechnung von Teilen des Tragwerks und des gesamten Tragwerks:

Eine Berechnung der gesamten Konstruktion im Brandfall muss folgende Sachverhalte einhalten:

- die maßgebende Versagensart bei Brand,
- die temperaturabhängigen Materialeigenschaften und Bauteilsteifigkeiten,
- die Auswirkung thermischer Dehnungen und Verformungen (indirekte Brandbeanspruchung).

Dies gilt prinzipiell auch für die Berechnung von Teilen des Tragwerkes.

Materialeigenschaften:
Grundsätzlich regelt DIN EN 1995-1-2:2010 in Abschnitt 3.1, dass die Baustoffeigenschaften als charakteristische Werte zu verwenden sind, wenn sie nicht als Bemessungswerte angegeben sind. Die mechanischen Eigenschaften von Holz bei 20 °C Normaltemperatur müssen den in DIN EN 1995-1-1:2010 anzuwendenden Normen entsprechen.
Die Abminderung von Steifigkeits- und Festigkeitsparameter im Brandfall regelt DIN EN 1995-1-2:2010 in den Abschnitten 4.1 bis 4.2 einschließlich der Anhänge A bis C. Wird für eine Bemessung im Brandfall eine Kombination aus Versuchen und Berechnung angewendet, so fordert die Norm immer dort, wo möglich, die thermische Eigenschaften durch Versuchsergebnisse zu kalibrieren.

Abbrandtiefe:
Nach DIN EN 1995-1-2:2010 ist ein Abbrand auf allen Oberflächen von Holz und Holzwerkstoffplatten mit direkter Brandbeanspruchung anzusetzen, auch wenn die Oberfläche anfänglich als geschützt gilt.
Die Abbrandtiefe wird berechnet aus der Dauer der Brandbeanspruchung und der maßgebenden Abbrandrate. Dabei wird die Abbrandtiefe einschließlich einer Eckausrundung ermittelt. Alternativ kann der Nennquerschnitt auch ohne Eckausrundungen berechnet werden. Die Eckausrundung definiert die Abbrandgrenze an der 300 °C Isotherme im Querschnitt.
Die Abbrandraten sind bei folgenden Fällen unterschiedlich:

- einer ungeschützten Oberfläche innerhalb der gesamten Zeitdauer der Brandbeanspruchung,
- einer anfänglich geschützten Oberfläche, bei der ein Abbrand noch vor dem Versagen der Schutzbekleidung beginnt,
- bei Oberflächen, die dem Feuer nach dem Versagen der Schutzbekleidung direkt ausgesetzt sind.

Abbrandtiefe bei ungeschützten Oberflächen:
Die Abbrandtiefe (s. Bild 2.52.) wird als konstant über die Zeit angenommen. Der Bemessungswert der Abbrandtiefe wird nach Gl. (3.1) berechnet.

$$d_{char,0} = \beta_0 \cdot t$$ [DIN EN 1995-1-2, Gl. (3.1)]

Dabei ist:

$d_{char,0}$ Bemessungswert der Abbrandtiefe für eindimensionalen Abbrand;

β_0 Bemessungswert der eindimensionale Abbrandrate bei Normbrandbeanspruchung (s. Tabelle 2.70.);

t Zeitdauer der Brandbeanspruchung.

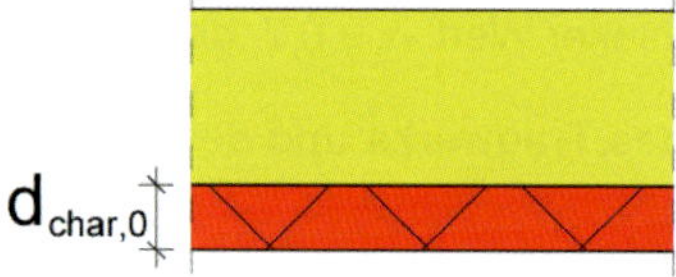

Bild 2.52. Eindimensionaler Abbrand eines breiten Querschnitts (einseitige Brandbeanspruchung) (Bild 3.1 in DIN EN 1995-1-2:2010)

Die Effekte der Eckausrundung und von Rissen (s. Bild 2.53.) wird bei der ideellen Abbrandrate (auch hier wird eine konstante Abbrandrate über die Zeit angenommen) berücksichtigt. Ihre Berechnung erfolgt nach Gl. (3.2).

$$d_{char,n} = \beta_n \cdot t$$ [DIN EN 1995-1-2, Gl. (3.2)]

Dabei ist:

$d_{char,n}$ Bemessungswert der ideellen Abbrandtiefe, einschließlich der Effekte aus Eckausrundungen und Rissen;

β_n Bemessungswert der ideellen Abbrandrate, einschließlich der Auswirkungen von Eckausrundungen und Rissen (s. Tabelle 2.70.).

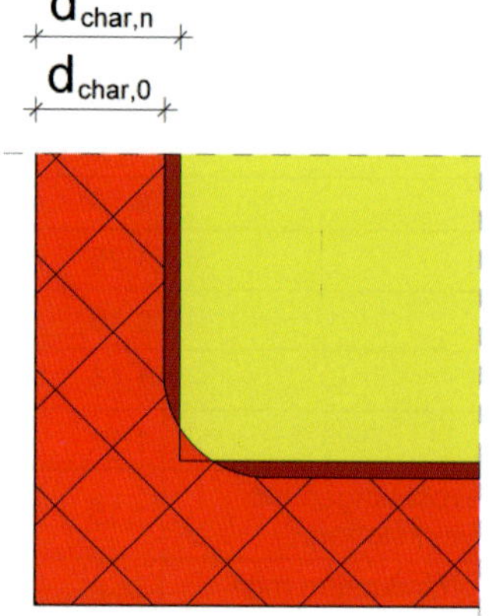

Bild 2.53. Bemessungswert der Abbrandtiefe $d_{char,0}$ für eindimensionalen Abbrand und die ideelle Abbrandtiefe $d_{char,n}$ (Bild 3.2 in DIN EN 1995-1-2:2010)

Erfüllt die Ausgangsbreite b_{min} des Querschnittes Gl. (3.3), so darf der Bemessungswert der eindimensionalen Abbrandrate unter Berücksichtigung des erhöhten Eckabbrandes angewendet werden.

[DIN EN 1995-1-2, Gl. (3.3)]

$$b_{min} = \begin{cases} 2 \cdot d_{char,0} + 80 & \text{für } d_{char,0} \geq 13\,\text{mm} \\ 8{,}15 \cdot d_{char,0} & \text{für } d_{char,0} < 13\,\text{mm} \end{cases}$$

Für Querschnitte die mit dem Bemessungswert der eindimensionalen Abbrandrate ermittelt werden, sollte der Ausrundungsradius an den Ecken entsprechend der Abbrandtiefe $d_{char,0}$ für eindimensionalen Abbrand angenommen werden.

Bei massivem Laubholz, außer Buche, mit einer charakteristischen Rohdichte zwischen 290 kg/m³ und 450 kg/m³ sind die Werte in Tabelle 2.70. zu interpolieren.
Für Buchenholz sind die Werte wie für Nadelvollholz anzunehmen. Abbrandraten für Furnierschichtholz (LVL) nach DIN EN 14374 sind in Tabelle 2.70. enthalten.
Tabelle 2.70. enthält auch die Abbrandrate für Holzwerkstoffplatten nach DIN EN 309, DIN EN 313-1, DIN EN 300 und DIN EN 316. Die dort angegebenen Werte gelten für eine charakteristische Rohdichte von 450 kg/m³ und eine Dicke von 20 mm. Die Abbrandraten sind zu korrigieren, wenn die Werkstoffdicken h_p kleiner und die charakteristische Rohdichte kleiner sind. Es gilt Gl. (3.4) mit Gl. (3.5) und Gl. (3.6).

$$\beta_{0,\rho,t} = \beta_0 \cdot k_\rho \cdot k_h$$ [DIN EN 1995-1-2, Gl. (3.4)]

$$k_\rho = \sqrt{\frac{450}{\rho_k}}$$ [DIN EN 1995-1-2, Gl. (3.5)]

$$k_h = \sqrt{\frac{20}{h_p}}$$ [DIN EN 1995-1-2, Gl. (3.6)]

Dabei ist:

$\beta_{0,\rho,t}$ korrigierte Abbrandrate;

ρ_k charakteristische Rohdichte, in kg/m^3;

h_p Werkstoffdicke, in mm.

Für Holzwerkstoffplatten werden charakteristische Rohdichten in DIN EN 12369 angegeben.

Tabelle 2.70. Bemessungswerte der Abbrandraten β_0 und β_n für Bauholz, Furnierschichtholz, Holzbekleidungen und Holzwerkstoffe (Tabelle 3.1 in DIN EN 1995-1-2:2010)

Material		β_0	β_n
a)	**Nadelholz und Buche**		
	Brettschichtholz mit einer charakteristischen Rohdichte von ≥ 290 kg/m^3	0,65	0,7
	Vollholz mit einer charakteristischen Rohdichte von ≥ 290 kg/m^3	0,65	0,8
b)	**Laubholz**		
	Vollholz oder Brettschichtholz mit einer charakteristischen Rohdichte von ≥ 290 kg/m^3	0,65	0,7
	Vollholz oder Brettschichtholz mit einer charakteristischen Rohdichte von ≥ 450 kg/m^3	0,50	0,55
c)	**Furnierschichtholz**	0,65	0,7
	mit einer charakteristischen Rohdichte von ≥ 480 kg/m^3		
d)	**Platten**		
	Holzbekleidungen	0,9[a]	–
	Sperrholz	1,0[a]	–
	Holzwerkstoffplatten außer Sperrholz	0,9[a]	–
a	Die Werte gelten für eine charakteristische Rohdichte von 450 kg/m^3 und eine Werkstoffdicke von 20 mm, für andere Werkstoffdicken und Rohdichten, s. Abschnitt 3.4.2 (9) in DIN EN 1995-1-2:2010		

Abbrandtiefe bei Oberflächen von anfänglich vor Brandeinwirkung geschützten Balken und Stützen nach DIN EN 1995-1-2:2010, Abschnitt 3.4.3:

Werden Holzbauteile durch Plattenwerkstoffe bekleidet (s. Bild 2.54.), können verbesserte brandschutztechnische Eigenschaften, wie z. B. eine höhere Feuerwiderstandsdauer erreicht werden.

Bild 2.55. zeigt den Einfluss der Plattendicke auf die Branddauer unterschiedlicher Plattenmaterialien. Bei einer Feuerwiderstandsdauer von 30 min sind i. A. Gipskartonplatten bis 18 mm oder Holzwerkstoffplatten mit Dicken bis 25 mm ausreichend. Eine höhere Feuerwiderstandsdauer, wie z. B. 60 min, kann nur durch eine zweilagige Beplankung mit Gipskartonplatten erreicht werden.
Da hier die Bekleidung den Brandwiderstand beeinflusst, spielt die statische Auslastung des Holzbauteiles bei der Feuerwiderstandsdauer keine Rolle mehr.

Sind die Oberflächen von brandbeanspruchten Holzbauteilen durch Bekleidungen oder andere Materialien geschützt (s. Bild 2.56.), so sind folgende nach DIN EN 1995-1-2: 2010, Abschnitt 3.4.3.1 (1) Aspekte zu berücksichtigen:

1. Die Zeitverzögerung t_{ch} des Abbrandes bis zum Beginn des Brandes.
2. Ein Versagen der Bekleidung nach dem Versagenszeitpunkt t_f mit verringerter Abbrandtiefe nach Tabelle 3.1 (s. Tabelle 2.70.).
3. Der Zeitpunkt t_a, bei dem die Abbrandtiefe den kleineren Wert entweder der Abbrandtiefe eines gleichen Bauteiles ohne Brandschutzbekleidungen oder 25 mm entspricht, die Abbrandrate wieder die Werte nach Tabelle 3 in DIN EN 1995-1-2:2010 annimmt.

Bild 2.54. Brandschutztechnische Verkleidung frei liegender Holzbauteile im Dachgeschoss eines mehrgeschossigen Wohnhauses (Anforderung F30-B)

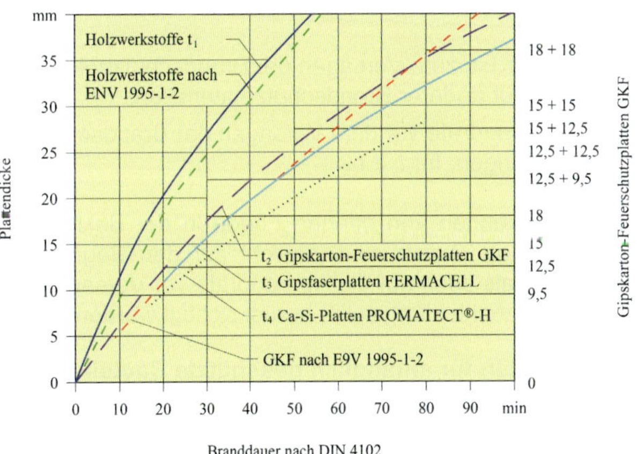

Bild 2.55. Charakterische Kurven für erforderliche Plattendicken von Beplankungen/Bekleidungen in Abhängigkeit von der Branddauer und des Plattenwerkstoffes, entnommen [*Kordina/Meyer-Ottens* 1994]

Unter anderen schützenden Materialien versteht die Norm auch dämmschichtbildende Anstriche und Imprägnierungen.
Ein Schutz durch andere Bauteile kann durch Ausfall, Einsturz oder übermäßige Verformung des schützenden Bauteils versagen.
Die verschiedenen Schutzzustände, der Zeitraum zwischen den Zuständen und die zugehörigen Abbrandraten sind in den Bildern 3.4 bis 3.6 dargestellt (s. Bilder 2.57. bis 2.59.).

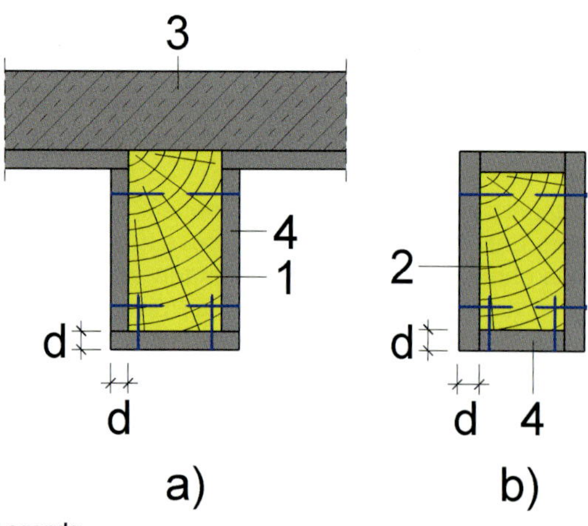

Legende
1 Balken
2 Stütze
3 oberer Deckenaufbau
4 Bekleidung

Bild 2.56. Beispiele für die Verwendung von Platten als Brandschutzbekleidung: a) Balken, b) Stützen (Bild 3.3 in DIN EN 1995-1-2:2010)

Die Regeln für Bauteile in Wand- und Deckenkonstruktionen mit nicht ausgefüllten Hohlräumen enthält Anhang D in DIN EN 1995-1-2:2010.

Die Norm legt fest, dass, wenn keine Regeln angegeben sind, folgende technische Gesichtspunkte auf der Grundlage von Versuchen zu ermitteln sind:

- die Zeit t_{ch} bis zum Beginn des Abbrandes des Bauteils;
- die Zeit t_f bis zum Versagen der Brandschutzbekleidung oder anderer Brandschutzmaterialien;
- die Abbrandrate vor dem Versagen der Brandschutzbekleidungen, für $t_f > t_{ch}$.

Die Auswirkungen von offenen Fugen in der Bekleidung, die größer als 2 mm sind, sowohl auf den Beginn des Abbrandes als auch auf die Abbrandrate vor Versagen der Brandschutzbekleidung sollte berücksichtigt werden.

Abbrandraten für anfänglich geschützte Bauteile nach DIN EN 1995-1-2:2010, Abschnitt 3.4.3.2:

Für einen Zeitraum $t_{ch} \leq t \leq t_f$ sind die in Tabelle 3.1 (s. Tabelle 2.70.) angegebenen Abbrandraten mit dem Faktor k_2 zu multiplizieren. Wird das Bauteil durch eine einlagige Bekleidung aus einer Gipsplatte (Typ F) geschützt, ist k_2 nach Gl. (3.7) zu berechnen.

$$k_2 = 1 - 0{,}018 \cdot h_p \qquad \text{[DIN EN 1995-1-2, Gl. (3.7)]}$$

Dabei ist:

h_p die Dicke der Bekleidung, in mm.

Besteht die Bekleidung aus mehreren Lagen Gipsplatten (Typ F), so ist für h_p die Dicke der inneren Lage einzusetzen.

Wenn das Holzbauteil durch Steinwollematten der Mindestdicke 20 mm, einer Mindestrohdichte von 26 kg/m^3 und einem Schmelzpunkt $T \geq 1000$ °C geschützt wird, darf k_2 der Tabelle 3.2 in der Norm (s. Tabelle 2.71.) entnommen werden. Für Dicken zwischen 20 mm und 45 mm dürfen die Werte linear interpoliert werden.

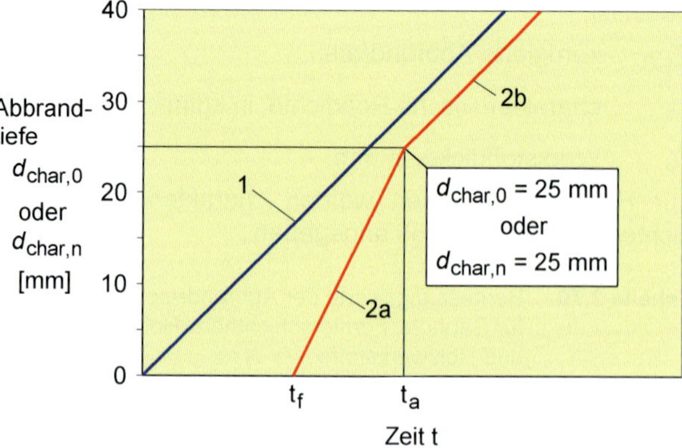

Legende
1 Verlauf für während der Branddauer ungeschützte Bauteile mit der ideellen Abbrandrate β_n (oder β_0)
2 Verlauf für anfänglich geschützte Bauteile nach dem Versagen der Brandschutzbekleidung
2a Nach dem Abfall der Brandschutzbekleidung, Beginn des Abbrandes mit erhöhten Werten
2b Nach Überschreiten der Abbrandtiefe von 25 mm reduziert sich die Abbrandrate auf die Werte der Tabelle

Bild 2.57. Darstellung der Abbrandtiefe in Abhängigkeit von der Zeit für $t_{ch} = t_f$ und einer Abbrandtiefe von 25 mm zum Zeitpunkt t_a (Bild 3.4 in DIN EN 1995-1-2:2010)

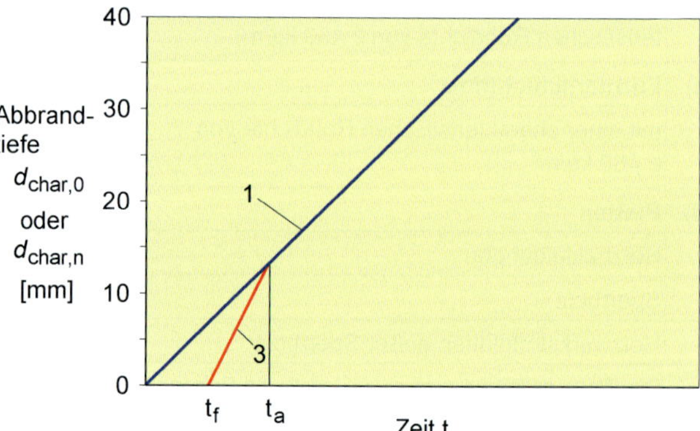

Legende
1 Verlauf für während der Branddauer ungeschützte Bauteile mit der ideellen Abbrandrate nach Tabelle 3.1
3 Verlauf für anfänglich geschützte Bauteile mit Versagenszeiten der Brandschutzbekleidung t_f und einem kleineren Zeitlimit t_a als nach Gleichung (3.8b) angegeben

Bild 2.58. Darstellung der Abbrandtiefe in Abhängigkeit von der Zeit für $t_{ch} = t_f$ und einer Abbrandtiefe von weniger als 25 mm zum Zeitpunkt t_a (Bild 3.5 in DIN EN 1995-1-2:2010)

Tabelle 2.71. Werte von k_2 für durch Steinwolleplatten geschütztes Bauholz (Tabelle 3.2 in DIN EN 1995-1-2:2010)

Dicke h_{ins} [mm]	**k_2**
20	1
≥ 45	0.6

Für den Zeitraum $t_f \leq t \leq t_a$ nach dem Versagen der Brandschutzbekleidung sollte die Abbrandrate aus Tabelle 3.1 (s. Tabelle 2.70.) mit dem Faktor k_3 = 2 multipliziert werden.

Für $t \geq t_a$ sollte die Abbrandrate aus Tabelle 3.1 in DIN EN 1995-1-2:2010 (s. Tabelle 2.70.) ohne Multiplikation mit k_3 angesetzt werden.

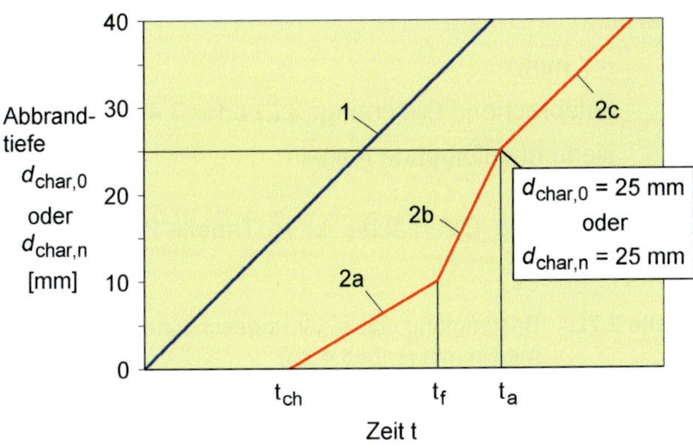

Legende

1 Verlauf für während der Branddauer ungeschützte Bauteile mit der ideellen Abbrandrate β_n (oder β_0)

2 Verlauf für anfänglich geschützte Bauteile, bei denen der Abbrand vor dem Versagen der Brandschutzbekleidung beginnt:

2a der Abbrand beginnt bei t_{ch} mit einer abgeminderten Rate, solange die Brandschutzbekleidung noch intakt ist,

2b nach Abfall der Brandschutzbekleidung beginnt der Abbrand mit erhöhter Rate,

2c nach Überschreiten der Abbrandtiefe von 25 mm reduziert sich die Abbrandrate auf die Werte der Tabelle 3.1

Bild 2.59. Darstellung der Abbrandtiefe in Abhängigkeit von der Zeit für $t_{ch} < t_f$ (Bild 3.6 in DIN EN 1995-1-2:2010)

Beginn des Abbrandes:

Für Brandschutzbekleidungen, bestehend aus einer oder mehreren Lagen Holzbekleidungen oder Holzwerkstoffplatten, sollte der Beginn des Abbrandes t_{ch} des geschützten Bauteils aus Gl. (3.10) ermittelt werden.

$$t_{ch} = \frac{h_p}{\beta_0}$$ [DIN EN 1995-1-2, Gl. (3.10)]

Dabei ist:

h_p Dicke der Platte, im Falle mehrerer Lagen deren Gesamtdicke;

t_{ch} der Zeitpunkt des Beginns des Abbrandes.

Für Bekleidungen aus einer Lage Gipsplatten vom Typ A, F oder H nach DIN EN 520 ist der Beginn des Abbrandes t_{ch} außerhalb von Stößen oder im Bereich von verspachtelten Stößen oder offenen Stößen mit einer Breite von ≤ 2 mm anzunehmen mit

$$t_{ch} = 2{,}8 \cdot h_p - 14$$ [DIN EN 1995-1-2, Gl. (3.11)]

Dabei ist:

h_p Plattendicke, in mm.

An Stellen im Bereich von offenen Stößen mit einer Breite von > 2 mm sollte der Beginn des Abbrandes aus Gl. (3.12) ermittelt werden.

$$t_{ch} = 2{,}8 \cdot h_p - 23$$ [DIN EN 1995-1-2, Gl. (3.12)]

Dabei ist:

h_p Plattendicke, in mm.

Gipsplatten der Typen E, D, R und I nach DIN EN 520 haben gleichwertige oder bessere thermische und mechanische Eigenschaften als die Typen A und H.
Für Bekleidungen aus zwei Lagen Gipsplatten, Typ A oder H, sollte der Beginn des Abbrandes t_{ch} nach Gleichung (3.11) bestimmt werden, wobei die Dicke h_p der Dicke der äußeren Lage und 50 % der Dicke der inneren Lage entspricht, vorausgesetzt, dass der Abstand der Verbindungsmittel der inneren Lage nicht größer ist als der Abstand der Verbindungsmittel der äußeren Lage.

Für Bekleidungen, bestehend aus zwei Lagen Gipsplatten, Typ F, sollte der Beginn des Abbrandes t_{ch} nach Gleichung (3.11) bestimmt werden, wobei die Dicke h_p der Dicke der äußeren Lage und 80 % der Dicke der inneren Lage entspricht, vorausgesetzt, dass der Abstand der Verbindungsmittel der inneren Lage nicht größer ist als der Abstand der Verbindungsmittel der äußeren Lage.

Für Balken und Stützen, die von Steinwollematten entsprechend Abschnitt 3.4.3.2 (3) geschützt werden, sollte der Beginn des Abbrandes aus Gl. (3.13) ermittelt werden.

$$t_{ch} = 0{,}07 \cdot (h_{ins} - 20) \cdot \sqrt{\rho_{ins}}$$ [DIN EN 1995-1-2, Gl. (3.13)]

Dabei ist:

t_{ch} Beginn des Abbrandes, in mm;

h_{ins} Dicke des Wärmedämmstoffs, in mm;

ρ_{ins} Rohdichte des Wärmedämmstoffs, in kg/m^3.

Das Versagen von Brandschutzbekleidungen kann abhängig sein von

- Abbrand oder mechanischem Abtrag des Bekleidungsmaterials;
- unzureichender Verankerungslänge der Verbindungsmittel im unverkohlten Bauholz;
- unzureichenden Abständen und Randabständen der Verbindungsmittel.

Für Brandschutzbekleidungen aus Holzbekleidungen und Holzwerkstoffplatten, die an Balken und Stützen befestigt sind, ist die Versagenszeit entsprechend Gl. (3.14) festgelegt.

$$t_f = t_{ch}$$ [DIN EN 1995-1-2, Gl. (3.14)]

Dabei wird t_{ch} entsprechend Gleichung (3.10) ermittelt.

Für Gipsplatten, Typen A und H, ist die Versagenszeit t_f entsprechend Gl. (3.14) festgelegt.

$$t_f = t_{ch}$$ [DIN EN 1995-1-2, Gl. (3.15)]

Dabei wird t_{ch} entsprechend Absatz 3.4.3.3 (3) ermittelt.

Es wird in DIN EN 1995-1-2:2010, Abschnitt 3.4.3.4 darauf hingewiesen, dass im Allgemeinen das Versagen durch mechanischen Abtrag von der Temperatur sowie der Größe und Ausrichtung der Platten abhängt. Im Normalfall ist eine vertikale Ausrichtung günstiger als eine horizontale.
Die Verankerungslänge ℓ_a der Verbindungsmittel in das unverkohlte Bauholz sollte mindestens 10 mm betragen.

Die geforderte Länge der Verbindungsmittel $\ell_{f,req}$ ergibt sich aus der Berechnung mit der Gl. (3.16).

$$\ell_{f,req} = h_p + d_{char,0} + \ell_a$$ [DIN EN 1995-1-2, Gl. (3.16)]

Dabei ist:

h_p Plattendicke, in mm;

$d_{char,0}$ Abbrandtiefe im Holzbauteil;

ℓ_a Mindestverankerungslänge der Verbindungsmittel in unverkohltem Holz.

Ein erhöhter Eckabbrand sollte berücksichtigt werden, vergleiche Abschnitt 3.4.2 (4) in DIN EN 1995-1-2:2010.

Klebstoffe:

Mit Klebstoffen für bauliche Anwendungen müssen Verbindungen herstellbar sein, die eine ausreichende Festigkeit und Dauerhaftigkeit der Klebefuge während der maßgebenden Feuerwiderstandsdauer gewährleisten. Zum Einfluss des Klebstoffes auf das Brandverhalten von Brettschichtholz, s. [*Klippel/Frangi* 2012].

Zum Verkleben von Holz auf Holz, Holz auf Holzwerkstoffen oder Holzwerkstoffen auf Holzwerkstoffen dürfen Klebstoffe der Typen Phenol-Formaldehyd und Aminoplaste Typ-1-Klebstoffe nach DIN EN 301 verwendet werden. Für Sperr- und Furnierschichtholz dürfen Klebstoffe nach DIN EN 314 verwendet werden.

Grundsätzlich ist bei der Anwendung der Klebstoffe die Erweichungstemperatur zu beachten, die bei einigen Klebstoffen unter der Verkohlungstemperatur des Holzes liegt.

Bemessungsverfahren für eine mechanische Beanspruchbarkeit bei Brandbeanspruchung nach DIN EN 1995-1-2:2010, Abschnitt 4:

Es werden zwei Berechnungsverfahren zugelassen:
1. Methode mit reduziertem Querschnitt
2. Methode mit reduzierten Eigenschaften.

Methode mit reduziertem Querschnitt:

Es wird vorausgesetzt, dass im Bereich der Abbrandes mit der Schichtdicke d_{ef} (s. Bild 2.60.) die Holzkohleschicht keine Festigkeit und Steifigkeit besitzt, dagegen aber der verbleibende Restquerschnitt noch über die materialspezifische Festigkeits- und Steifigkeitseigenschaft unverändert verfügt.

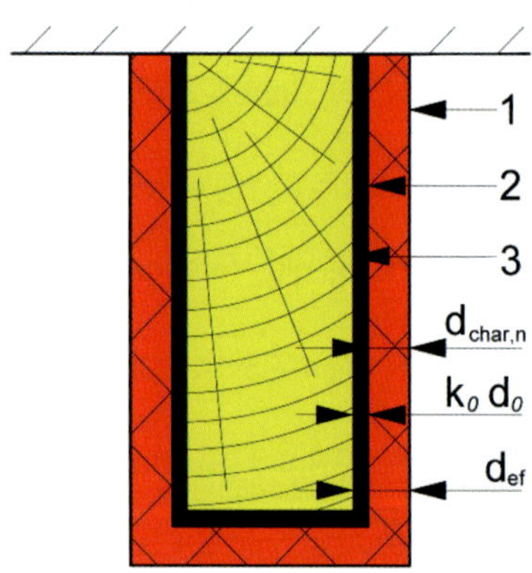

Legende
1 Anfängliche Oberfläche des Bauteils
2 Grenze des Restquerschnitts
3 Grenze des ideellen Querschnitts

Bild 2.60. Definition des verbleibenden Restquerschnitts und des ideellen Restquerschnitts (Bild 4.1 in DIN EN 1995-1-2:2010)

Die ideelle Abbrandtiefe wird berechnet aus der ideellen Abbrandrate, für ungeschützten Oberflächen nach Gl. (3.2) ermittelt, und eines Sicherheitszuschlages $k_0 \cdot d_0$, wobei d_0 mit 7 mm angenommen wird.

Es gilt Gl. (4.1)

$$d_{ef} = d_{char,n} + k_0 \cdot d_0 \qquad \text{[DIN EN 1995-1-2, Gl. (4.1)]}$$

Dabei ist:

d_0 = 7 mm;
$d_{char,n}$ entsprechend Gleichung (3.2) oder 3.4.3;
k_0 siehe nachfolgende Regeln.

Für ungeschützte Oberfläche ist k_0 Tabelle 2.72. zu entnehmen.

Tabelle 2.72. Bestimmung von k_0 für ungeschützte Oberflächen mit t in min (s. Bild 4.2a) (Tabelle 4.1 in DIN EN 1995-1-2:2010)

Zeit	k_0
t < 20 min	t/20
$t \geq$ 20 min	1,0

Für geschützte Oberflächen mit t_{ch} > 20 min wird für k_0 für den Zeitintervall t = 0 bis t = t_{ch} ein linearer Anstieg zwischen 0 und 1 angenommen (s. Bild 2.61.).

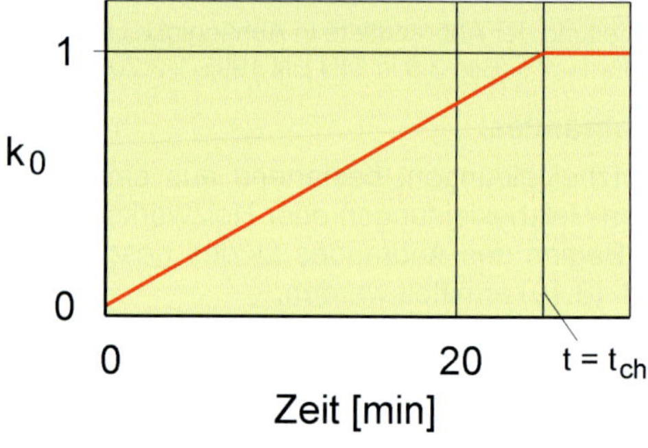

Bild 2.61. Von k_0: b) für geschützte Bauteile mit t_{ch} > 20 min (Bild 4.2b in DIN EN 1995-1-2:2010)

Methode mit reduzierten Eigenschaften:

Die Regeln der Norm gelten für Rechteckquerschnitte aus Nadelholz (dreiseitiger oder vierseitiger Brand) oder für Rundhölzer aus Nadelholz mit umseitigem Brand. Der Restquerschnitt (s. auch Bild 2.62.) ist nach den Regeln in Abschnitt 3.4 in DIN EN 1995-1-2:2010 zu berechnen.

Der Restquerschnitt wird ohne Sicherheitszuschlag berechnet. Die Abbrandtiefe kann mit oder ohne Eckausrundung ermittelt werden:

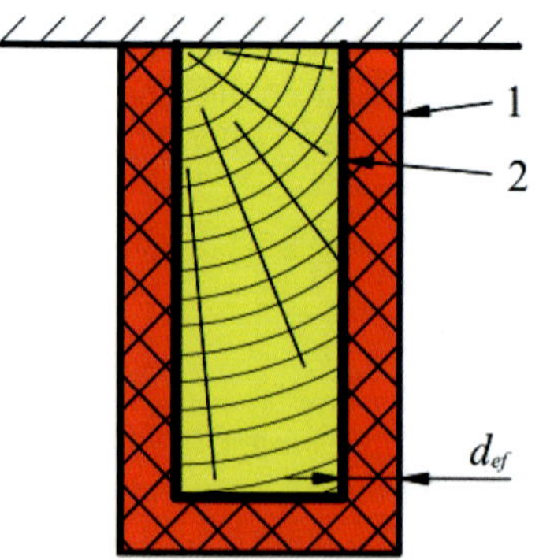

Legende
1 Ausgangsoberfläche des Stabes
2 Grenze des verbleibenden Restquerschnitts

Bild 2.62. Definition des verbleibenden Restquerschnittes nach dem Bemessungsverfahren mit reduzierten Eigenschaften

Für $t \geq 20$ min wird der $k_{mod,fi}$-Wert entsprechend den Gl. (4.2) bis Gl. (4.4) ermittelt.

– für Biegefestigkeit:

$$k_{mod,fi} = 1{,}0 - \frac{1}{200} \cdot \frac{p}{A_r}$$ [DIN EN 1995-1-2, Gl. (4.2)]

– für Druckfestigkeit:

$$k_{mod,fi} = 1{,}0 - \frac{1}{125} \cdot \frac{p}{A_r}$$ [DIN EN 1995-1-2, Gl. (4.3)]

– für Zugfestigkeit und E-Modul:

$$k_{mod,fi} = 1{,}0 - \frac{1}{330} \cdot \frac{p}{A_r}$$ [DIN EN 1995-1-2, Gl. (4.4)]

Dabei ist:

p Umfang des dem Feuer ausgesetzten Restquerschnitts, in m;

A_r Fläche des Restquerschnitts, in m^2.

Oder die Werte werden aus Bild 2.63. entnommen.

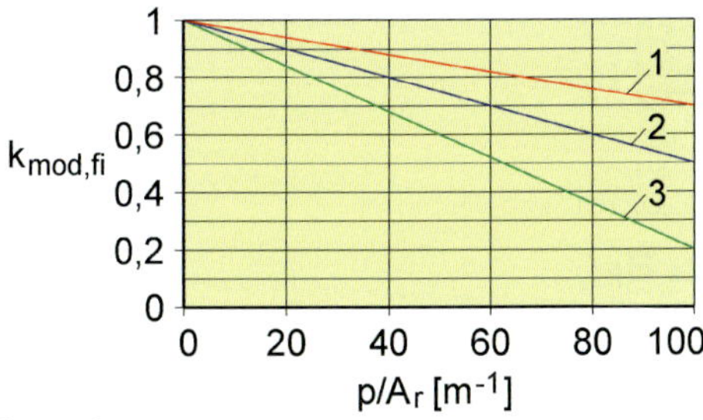

Legende
1 Zugfestigkeit, E-Modul
2 Biegefestigkeit
3 Druckfestigkeit

Bild 2.63. Kurvenverläufe entsprechend der Gleichungen (4.2) bis (4.4) (Bild 4.3 in DIN EN 1995-1-2:2010)

Zum Zeitpunkt $t = 0$ ist für ungeschützte bzw. geschützte Bauteile $k_{mod,fi} = 1$.

Für ungeschützte Bauteile darf der Modifikationsfaktor für $0 \leq t \leq 20$ min linear interpoliert werden.

DIN EN 1995-1-2:2010, Abschnitt 4.3 legt vereinfachte Regeln zur Berechnung tragender Bauteile und zusammengesetzter Bauteile fest, wie z. B.:

1. Druck rechtwinklig zur Faser wird vernachlässigt;
2. Schub in rechteckigen und runden Querschnitten wird vernachlässigt;
3. für ausgeklinkte Träger ist nachzuweisen, dass nach dem Brand ein Restquerschnitt von mindestens 60 % Anteil zum Ausgangsquerschnitt bei Normaltemperatur erhalten bleibt;
4. bei Aussteifungen, die durch Brand versagen, ist für den Balken ein Biegedrillknicknachweis wie für einen ungestützten Stab zu führen; das gilt auch für den Nachweis für Biegeknicken von Stützen;
5. bei durchlaufenden Stützen in einem Brandabschnitt gelten günstigere Lagerungsbedingungen; die Stützen dürfen im Obergeschoss am unteren Ende eingespannt und in Zwischengeschossen an beiden Seiten eingespannt, angenommen werden;
6. für mechanisch verbundene Bauteile ist der Verschiebungsmodul im Brandfall abzumindern, es gilt Gl. (4.5).

$$K_{fi} = K_u \cdot \eta_f$$ [DIN EN 1995-1-2, Gl. (4.5)]

Dabei ist:

K_{fi} Verschiebungsmodul im Brandfall, in N/mm;

K_u Verschiebungsmodul im Grenzzustand der Tragfähigkeit unter Normaltemperatur entsprechend DIN EN 1995-1-1, Abschnitt 2.2.2 (2), in N/mm;

η_f Umrechnungsfaktor entsprechend Tabelle 4.2 (s. Tabelle 2.73.).

Tabelle 2.73. Umrechnungsfaktor η_f (Tabelle 4.2 in DIN EN 1995-1-2:2010)

Verbindungsmittel	η_f
Nägel und Schrauben	0,2
Bolzen, Dübel und andere Verbindungsmittel	0,67

7. Für eine Aussteifung ist nachzuweisen, dass sie während des Brandes nicht versagt. Sie gilt als ausreichend tragfähig, wenn nach dem Brand mindestens 60 % der erforderlichen Dicke oder Querschnittsfläche bei Normaltemperatur noch erhalten sind und die Bauteile mit Nägeln, Schrauben oder Dübeln befestigt sind.

Allgemeine Berechnungsverfahren nach DIN EN 1995-1-2:2010, Abschnitt 4.4:

Allgemeine Berechnungsverfahren zur Ermittlung der mechanischen Beanspruchbarkeit und des Raumabschlusses müssen eine realistische Analyse der Konstruktionen unter Brandbeanspruchung erlauben. Weitergehende Grundsätze zu diesem Punkt enthält Anhang B. Im Wesentlichen sind das nach Anhang B:

1. Anwendbarkeit der allgemeinen Berechnungsverfahren für einzelne Bauteile und die gesamte Konstruktion.
2. Anwendung für Bestimmung der Abbrandtiefe, zeitliche Temperaturentwicklung und örtliche Temperaturverteilung, Ermittlung des Gesamttragverhaltens.
3. Thermisches Modell sollte auf der Theorie des Wärmeübergangs basieren und sollte die Veränderung der thermischen Eigenschaften beinhalten.
4. Holzfeuchte sollte in ihrer Einflusswirkung berücksichtigt werden.
5. Die Veränderung der mechanischen Eigenschaften und des thermischen Kriechens sollten bei dem allgemeinen Berechnungsverfahren berücksichtigen werden.
6. Bekleidung aus anderen Materialien als Holz sind in ihrer thermischen Dehnung und Spannung zu erfassen.
7. Das mechanische Modell sollte Effekte aus nicht linearem Verhalten berücksichtigen.

Für die Berücksichtigung der thermischen Eigenschaften und der mechanischen Eigenschaften gibt Anhang B Werte in Grafiken und Tabellen vor.

Bemessungsverfahren für Wand- und Deckenkonstruktionen nach DIN EN 1995-1-2:2010, Abschnitt 5:

Die Regeln dieses Abschnittes gelten für tragende Bauteile (*R*), raumabschließende Bauteile (*EI*) und Bauteile, die sowohl tragend als auch raumabschließend sind (*REI*). Bezüglich des Raumabschlusses gelten die Regeln nur für eine Feuerwiderstandsdauer von maximal 60 min.
Nicht raumabschließende, tragende Konstruktionen müssen für eine gleichzeitige Brandbeanspruchung auf beiden Seiten bemessen werden.

Für Wand- und Deckenkonstruktionen mit Hohlräumen, die vollständig mit Dämmmaterial gefüllt sind, wird ein Bemessungsverfahren in Anhang C angegeben.
Für Wand- und Deckenkonstruktionen mit nicht ausgefüllten Hohlräumen wird ein Bemessungsverfahren in Anhang D angegeben.
Bei der Bemessung sollten der Einfluss unterschiedlicher Materialien und ihre Lage im Bauteil berücksichtigt werden.
Ein Bemessungsverfahren ist in Anhang E angegeben.

Berechnung von Verbindungen im Brandfall nach DIN EN 1995-1-2:2010, Abschnitt 6:

Die Regeln für die Bemessung von Verbindungen im Brandfall gelten für Verbindungen von Bauteilen unter Normalbrandbeanspruchung und soweit nicht anders angegeben für eine Feuerwiderstandsdauer von 60 min. Behandelt werden Regeln für Nägel, Bolzen, Stabdübel, Schrauben, Ring- und Scheibendübel und Nagelplatten.
Die Regeln (nach DIN EN 1995-1-2:2010, Abschnitte 6.2 und 6.3) gelten für symmetrische, zweischnittige Verbindungen mit auf Abscheren beanspruchten Verbindungsmitteln. Der Abschnitt 6.4 behandelt auf Herausziehen beanspruchte Schrauben.

Bemessungsverfahren von Verbindungen mit Seitenteilen aus Holz für den Brandfall nach DIN EN 1995-1-2:2010, Abschnitt 6.2:

Es wird unterschieden in

- vereinfachte Berechnung für den Brandfall von ungeschützten und geschützten Verbindungen,
- Berechnung mit reduzierten Beanspruchungen von ungeschützten und geschützten Verbindungen.

Vereinfachte Berechnung von ungeschützten Verbindungen:

Für Holz-Holz-Verbindungen, die nach den Regeln der DIN EN 1995-1-2:2010 mit den dort festgelegten Mindestanforderungen an Materialdicken und Lochabständen konstruiert wurden, sind Angaben zur Mindest-Feuerwiderstandsdauer in Tabelle 2.74. angegeben.

Tabelle 2.74. Feuerwiderstandsdauer ungeschützter Verbindungen mit Seitenteilen aus Holz (Tabelle 6.1 in DIN EN 1995-1-2:2010)

Verbindungsmittel	Feuerwiderstandsdauer $t_{d,fi}$ [min]	Voraussetzung[a]
Nägel	15	$d \geq 2{,}8$ mm
Schrauben	15	$d \geq 3{,}5$ mm
Bolzen	15	$t_1 \geq 45$ mm
Dübel	20	$t_1 \geq 45$ mm
Verbindungsmittel entsprechend DIN EN 912	15	$t_1 \geq 45$ mm

a *d* ist der Durchmesser des Verbindungsmittels und t_1 ist die Dicke des Seitenteils.

Werden die Verbindungsmittel durch zusätzlich Holzdicken geschützt (s. Bild 2.64.), so ist die Länge der Schutzschicht nach Gl. (6.1) zu ermitteln.

$$a_{fi} = \beta_n \cdot k_{flux} \cdot \left(t_{req} - t_{d,fi}\right)$$ [DIN EN 1995-1-2, Gl. (6.1)]

Dabei ist:

β_n Abbrandrate entsprechend Tabelle 2.70.;
k_{flux} Koeffizient zur Berücksichtigung des erhöhten Wärmeflusses durch das Verbindungsmittel;
t_{req} erforderliche Feuerwiderstandsdauer bei Normbrandbeanspruchung;
$t_{d,fi}$ Feuerwiderstandsdauer der ungeschützten Verbindung nach Tabelle 2.74.

Für Verbindungen mit Stabdübeln, Nägeln oder Schrauben mit nicht überstehenden Köpfen werden größere Feuerwiderstandsdauern als für ungeschützte Verbindungen gemäß Tabelle 2.74. erreicht (maximale Feuerwiderstandsdauer < 30 min).

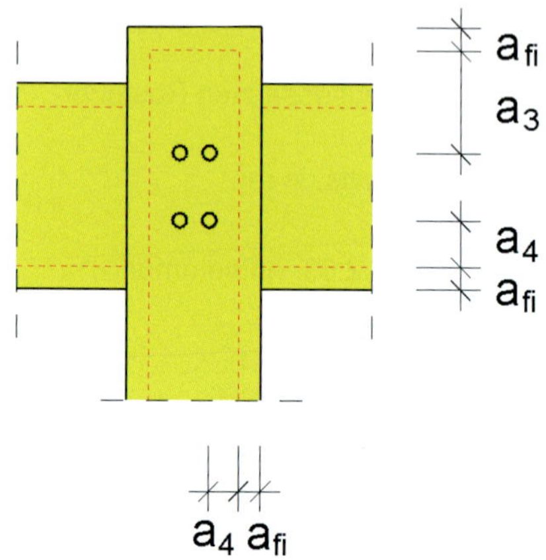

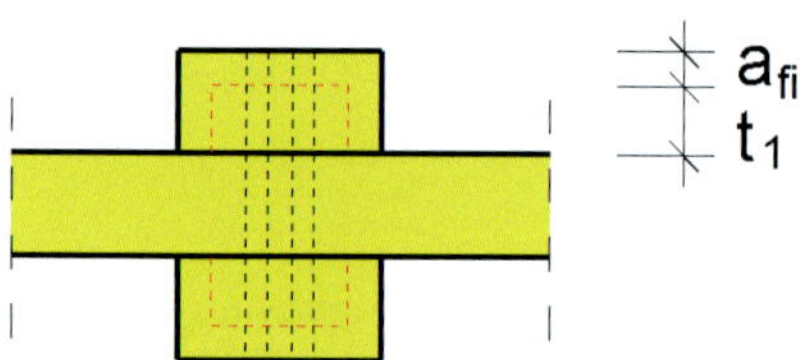

Bild 2.64. Zusätzliche Dicken und zusätzliche Randabstände der Verbindung (Bild 6.1 in DIN EN 1995-1-2)

Vereinfachte Berechnung von geschützten Verbindungen nach DIN EN 1995-1-2:2010, Abschnitt 6.2.1.2:

Verbindungen von Holzbauteilen sind ein wesentliches statisches Element in einer tragenden Holzkonstruktion. Bei Brandbeanspruchung müssen sie die gleiche Feuerwiderstandsdauer wie die durch sie verbundenen Holzbauteile garantieren.
Ingenieurmäßige Verbindungen sind aus Stahl hergestellt. Ungeschützte Stahlverbindungen reagieren dann im Brandfall wie ungeschützte Stahlteile mit einem Festigkeitsverlust in wenigen Minuten. Sind sie im Holz eingebettet, werden sie durch das Holz mit seiner relativ geringen Wärmeleitfähigkeit geschützt (s. Bild 2.65.). Einer direkten Erwärmung sind dann nur die aus dem Holz herausstehenden Verbindungsmittel, wie Muttern mit Schraubenenden oder Blechen ausgesetzt.
Mit einer Schutzschicht von 30 mm kann eine Feuerwiderstandsdauer von 60 min, mit einer Dicke von ca. 20 mm eine Feuerwiderstandsdauer von 30 min erreicht werden.

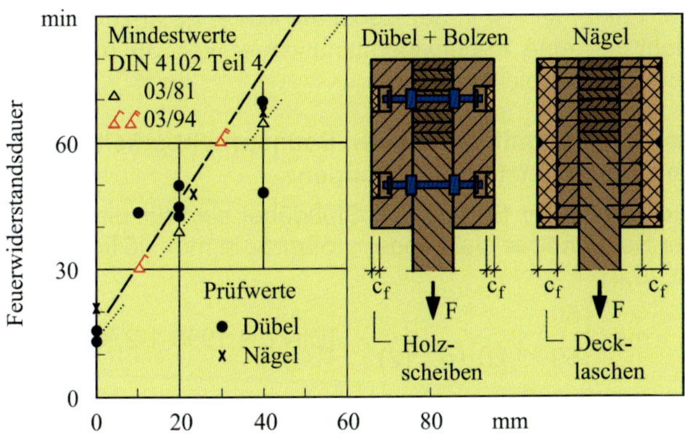

Bild 2.65. Verbesserung der Feuerwiderstandsdauer durch eingeklebte Holzscheiben oder aufgenagelte Decklaschen (aus [*Kordina/Meyer-Ottens* 1994])

Befinden sich Schutzschichten auf den brandbeanspruchten Bauteilen (zusätzliche Holzverkleidungen, Holzwerkstoffplatten oder Gipsplatten (Typ A oder K)), ist die Zeitdauer t_{ch} bis zum Beginn des Abbrandes nach Gl. (6.2) zu berechnen.

$$t_{ch} \geq t_{req} - 0{,}5 \cdot t_{d,fi} \qquad \text{[DIN EN 1995-1-2, Gl. (6.2)]}$$

Dabei ist:

t_{ch} Zeitdauer bis zum Beginn des Abbrandes eines geschützten Bauteils nach Abschnitt 3.4.3.3;

t_{req} erforderliche Feuerwiderstandsdauer bei Normbrandbeanspruchung;

$t_{d,fi}$ Feuerwiderstandsdauer der ungeschützten Verbindung nach Tabelle 2.74.

Bei einer Schutzschicht aus Gipsplatten (Typ F) gilt für die Zeitdauer t_{ch} bis zum Beginn des Abbrandes Gl. (6.3).

$$t_{ch} \geq t_{req} - 1{,}2 \cdot t_{d,fi} \qquad \text{[DIN EN 1995-1-2, Gl. (6.3)]}$$

Die zusätzliche Schutzbekleidung sollte so befestigt werden, dass ein vorzeitiges Versagen ausgeschlossen werden kann. Zusätzliche Bekleidungen aus Holzwerkstoffen und Gipsplatten dürfen nicht vor dem rechnerischen Beginn des Abbrand des Bauteils ($t = t_{ch}$) abfallen. Zusätzliche Beplankungen aus Gipsplatten, Typ F, sollten während der gesamten Feuerwiderstandsdauer nicht abfallen ($t = t_{req}$).

Zum Schutz von Bolzenverbindungen sollte der Bolzenkopf durch eine Schutzbekleidung der Dicke a_{fi} geschützt werden, s. Bild 2.66.

Zur Befestigung der zusätzlichen Bekleidung mit Nägeln oder Schrauben gilt:

- der Abstand zwischen den Verbindungsmitteln sollte nicht mehr als 100 mm entlang der Plattenränder und nicht mehr als 300 mm bei Befestigungen in der Fläche betragen;
- der Randabstand der Verbindungsmittel sollte gleich oder größer als a_{fi} entsprechend Gleichung (6.1) sein, s. Bild 2.67.

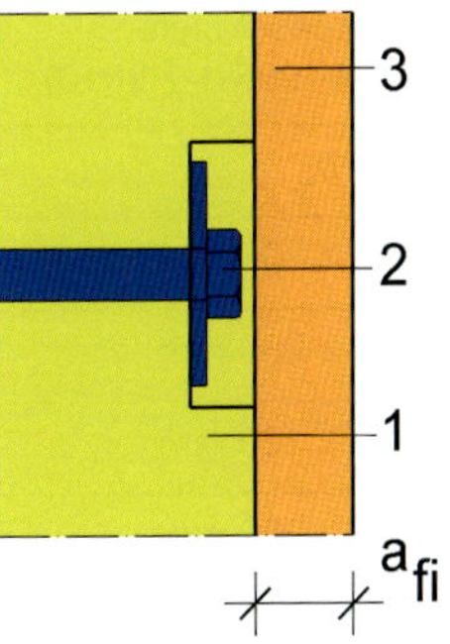

Legende
1 Bauteil
2 Bolzen
3 Schutzbekleidung

Bild 2.66. Beispiel für den Schutz eines Bolzenkopfes (Bild 6.3 in DIN EN 1995-1-2)

Schnitt 1-1

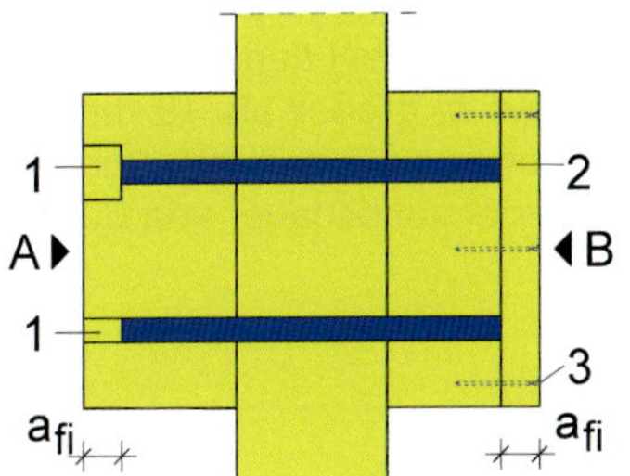

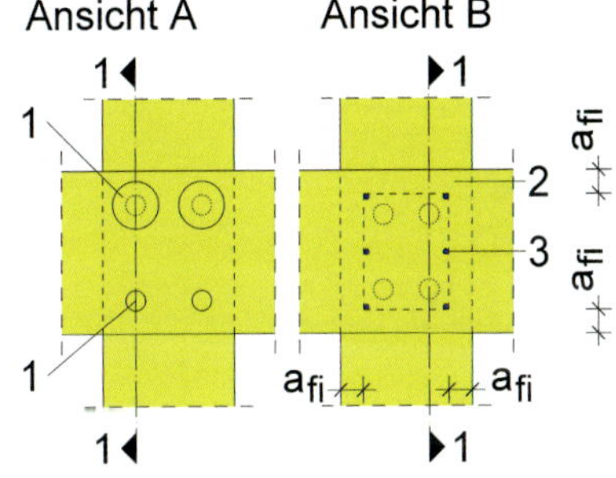

Legende
1 Eingeleimte Holzdübel,
2 Zusätzlicher Schutz durch Bekleidungen,
3 Verbindungsmittel zur Befestigung der zusätzlichen Schutzbekleidung

Bild 2.67. Beispiele für zusätzlichen Schutz durch eingeleimte Holzdübel oder durch Holzwerkstoff- oder Gipsplatten (der Schutz der Schmalseiten von Seiten- und Mittelteilen wird nicht dargestellt) (Bild 6.2 in DIN EN 1995-1-2)

Die Verankerungslänge der Verbindungsmittel zur Befestigung der zusätzlichen Schutzbekleidung aus Holz, Holzwerkstoffen oder Gipsplatten, Typ A oder H, sollte mindestens $6d$ betragen (d = Durchmesser des Verbindungsmittel). Bei Gipsplatten, Typ F, sollte die Verankerungslänge in das unverkohlte Holz (hinter der Abbrandgrenze) mindestens 10 mm betragen, s. Bild 2.70.b.

Zusätzliche Regeln bei der vereinfachten Berechnung von Verbindungen mit innen liegenden Stahlblechen nach DIN EN 1995-1-2:2010, Abschnitt 6.2.3.1:

Für Verbindungen mit innen liegenden Stahlblechen mit einer Dicke gleich oder größer als 2 mm, bei denen die Stahlplatten nicht über das Holz überstehen, sollte die Breite b_{st} des Stahlbleches die in Tabelle 2.75. aufgeführten Bedingungen erfüllen.

Tabelle 2.75. Breiten von Stahlblechen mit ungeschützten Rändern (Tabelle 6.2 in DIN EN 1995-1-2:2010)

Randbedingung		b_{st}
ungeschützte Ränder im Allgemeinen	*R* 30	≥ 200 mm
	R 60	≥ 280 mm
ungeschützte Ränder auf einer oder zwei Seiten	*R* 30	≥ 120 mm
	R 60	≥ 280 mm

Ränder von Stahlblechen mit einer kleineren Breite als die der Holzteile dürfen in den folgenden Fällen als geschützt angesehen werden (s. Bild 2.68.):

- Bleche mit einer Dicke von nicht mehr als 3 mm, bei denen die Spalttiefe d_g größer als 20 mm für eine Feuerwiderstandsdauer von 30 min bzw. größer als 60 mm für eine Feuerwiderstandsdauer von 60 min ist;
- Verbindungen mit eingeleimten Abdeckstreifen oder schützenden Holzwerkstoffplatten, bei denen die Spalttiefe d_g oder die Plattendicke h_p größer als 10 mm für eine Feuerwiderstandsdauer von 30 min bzw. größer als 30 mm für eine Feuerwiderstandsdauer von 60 min ist.

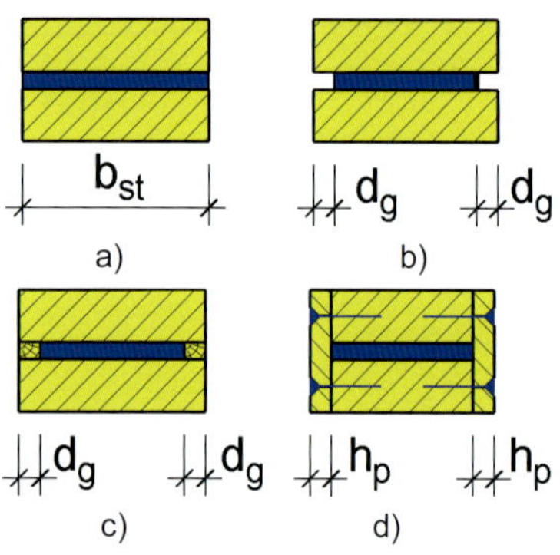

Legende
a) Ungeschützt
b) durch Spalte geschützt
c) durch eingeleimte Streifen geschützt
d) durch Beplankungen geschützt (Bild 6.4 in DIN EN 1995-1-2)

Bild 2.68. Schutz der Ränder von Stahlblechen (Verbindungsmittel nicht dargestellt)

Bei Verbindungsmitteln mit nicht überstehenden Köpfen, wie z. B. Stabdübel, Nägel oder Schrauben, kann eine größere Feuerwiderstandsdauer erreicht werden, wenn die Maße a_{fi} nach Gl. (6.1) erhöht werden:

- Dicke der Seitenteile;
- Breite der Seitenteile;
- End- und Randabstands des Verbindungsmittels.

$$a_{fi} = \beta_n \cdot k_{flux} \cdot \left(t_{req} - t_{d,fi}\right) \qquad \text{[DIN EN 1995-1-2, Gl. (6.1)]}$$

Dabei ist:

β_n Abbrandrate entsprechend Tabelle 3.1 in DIN EN 1995-1-2:2010 (s. Tabelle 2.70.);

k_{flux} Koeffizient zur Berücksichtigung des erhöhten Wärmeflusses durch das Verbindungsmittel;

t_{req} erforderliche Feuerwiderstandsdauer bei Normbrandbeanspruchung;

$t_{d,fi}$ Feuerwiderstandsdauer der ungeschützten Verbindung nach Tabelle 6.1 in DIN EN 1995-1-2:2010 (s. Tabelle 2.74.).

Der Faktor k_{flux} ist in der Regel mit k_{flux} = 1,5 anzunehmen. Mehr als eine Feuerwiderstandsdauer von 30 min kann aber nicht erreicht werden.

Berechnung mit reduzierten Beanspruchbarkeiten für ungeschützte Verbindungen:

Die Regeln für Bolzen und Stabdübel sind für eine Dicke der Seitenhölzer gleich oder größer t_1, in mm, gültig. Es gilt Gl. (6.4):

$$t_1 = \max\begin{cases}50\\ 50 + 1{,}25 \cdot (d - 12)\end{cases} \qquad \text{[DIN EN 1995-1-2, Gl. (6.4)]}$$

Dabei ist:

d Durchmesser des Bolzens oder Stabdübels, in mm.

Bei Normbrandbeanspruchung sollte der charakteristische mechanische Widerstand eines Verbindungsmittels auf Abscheren aus Gl. (6.5) ermittelt werden:

$$F_{v,Rk,fi} = \eta \cdot F_{v,Rk} \qquad \text{[DIN EN 1995-1-2, Gl. (6.5)]}$$

mit Gl. (6.6) für η

$$\eta = e^{-k \cdot t_{d,fi}} \qquad \text{[DIN EN 1995-1-2, Gl. (6.6)]}$$

Dabei ist:

$F_{v,Rk}$ charakteristische Beanspruchbarkeit der Verbindung mit auf Abscheren beanspruchten Verbindungsmitteln bei Normaltemperatur, s. DIN EN 1995-1-1:2010, Abschnitt 8;

η Umrechnungsfaktor;

k Parameter entsprechend Tabelle 6.3 (s. Tabelle 2.76.);

$t_{d,fi}$ Bemessungswert der Feuerwiderstandsdauer der ungeschützten Verbindung, in min.

Der Bemessungswert der Beanspruchbarkeit wird entsprechend Abschnitt 2.3 (2) P nach Gl. (2.3) ermittelt.

Der Bemessungswert der Feuerwiderstandsdauer der ungeschützten Verbindung, die mit den Beanspruchungen im Brandfall belastet wird (s. Abschnitt 2.4.2 der Norm) ist aus Gl. (6.7) zu berechnen.

[DIN EN 1995-1-2, Gl. (6.7)]

$$t_{d,fi} = -\frac{1}{k} \cdot \ln \cdot \frac{\eta_{fi} \cdot \eta_0 \cdot k_{mod} \cdot \gamma_{M,fi}}{\gamma_M \cdot k_{fi}}$$

Dabei ist:

k ein Parameter entsprechend Tabelle 2.76.;

η_{fi} der Abminderungsfaktor für den Bemessungswert der Einwirkungen bei Brandbeanspruchung, s. Abschnitt 2.4.2 (2) in DIN EN 1995-1-2;

η_0 der Nutzungsgrad bei Normaltemperatur;

k_{mod} der Modifikationsbeiwert nach DIN EN 1995-1-1, Abschnitt 3.1.3;

γ_M der Teilsicherheitsbeiwert für die Verbindung, s. DIN EN 1995-1-1, Abschnitt 2.4.1;

k_{fi} ein Faktor entsprechend Abschnitt 2.3 (4);

$\gamma_{M,fi}$ der Teilsicherheitsbeiwert für Holz für den Brandfall, s. Abschnitt 2.3 (1).

Für Dübel, die um mehr als 5 mm überstehen, sollten die *k*-Werte für Bolzen angenommen werden.

Für Verbindungen, die aus Bolzen und Stabdübeln bestehen, sollte die Beanspruchbarkeit der Verbindung als die Summe der Beanspruchbarkeit der jeweiligen Verbindungsmittel errechnet werden.

Tabelle 2.76. Parameter k (Tabelle 6.3 in DIN EN 1995-1-2:2010)

Verbindung mit	k	Maximale Gültigkeitsdauer für ungeschützte Verbindungen [min]
Nägeln und Schrauben	0,08	20
Bolzen, Holz-Holz mit $d \geq 12$ mm	0,065	30
Bolzen, Stahl-Holz mit $d \geq 12$ mm	0,085	30
Stabdübel, Holz-Holz[a] mit $d \geq 12$ mm	0,04	40
Stabdübel, Stahl-Holz[a] mit $d \geq 12$ mm	0,085	30
Verbindungsmittel entsprechend DIN EN 912	0,065	30
a Die Werte für Stabdübel gelten für Verbindungen mit einem Bolzen je vier Stabdübel.		

Für Verbindungen mit Nägeln oder Schrauben ohne überstehende Köpfe sollten für längere Feuerwiderstandsdauern als nach Gleichung (6.7) die Seitenteildicke und die End- und Randabstände um a_{fi} (s. Bild 2.69.) nach Gl. (6.8) erhöht werden.

$$a_{fi} = \beta_n \cdot (t_{req} - t_{d,fi}) \qquad \text{[DIN EN 1995-1-2, Gl. (6.8)]}$$

Dabei ist:

- β_n Bemessungswert der ideellen Abbrandtiefe entsprechend Tabelle 2.66.;
- t_{req} erforderliche Feuerwiderstandsdauer bei Normbrandbeanspruchung;
- $t_{d,fi}$ Feuerwiderstandsdauer der ungeschützten Verbindung, beansprucht mit dem Bemessungswert der Beanspruchung im Brandfall, s. Abschnitt 2.4.1 in DIN EN 1995-1-2.

Eine höhere Feuerwiderstandsdauer als 30 min ist nicht erreichbar.

Berechnung mit reduzierten Beanspruchungen für geschützte Verbindungen nach DIN EN 1995-1-2: 2010, Abschnitt 6.2.1.2:

Die Aussagen nach Abschnitt 6.2.1.2 gelten mit der Ausnahme, dass $t_{d,fi}$ entsprechend Gleichung (6.7) berechnet werden sollte.

Alternativ zum Schutz von End- und Seitenoberflächen der Bauteile dürfen die End- und Randabstände um a_{fi} gemäß Gleichung (6.1) vergrößert werden. Für Feuerwiderstandsdauern größer als 30 min sollten die Endabstände um $2 \cdot a_{fi}$ vergrößert werden. Dies gilt auch für gestoßene Mittelteile in einer Verbindung.

Regeln für Verbindungen mit außen liegenden Stahlblechen nach DIN EN 1995-1-2:2010, Abschnitt 6:

Ungeschützte Verbindungen

Die Beanspruchbarkeit der Stahlbleche sollte nach den Regeln entsprechend DIN EN 1993-1-2 bestimmt werden.

Für die Berechnung des Abschnittsfaktors der Stahlplatten entsprechend DIN EN 1993-1-2 darf angenommen werden, dass Stahloberflächen mit engem Kontakt zu Holz nicht brandbeansprucht sind.

Geschützte Verbindungen

Außen liegende Stahlbleche dürfen als geschützt angesehen werden, wenn sie vollständig von einer Bekleidung aus Holz oder Holzwerkstoffen der Mindestdicke a_{fi} nach Gleichung (6.1) mit $t_{d,fi} = 5$ min abgedeckt sind.

Die Auswirkungen anderer Brandschutzmaßnahmen sollten entsprechend DIN EN 1993-1-2 berechnet werden.

Vereinfachte Berechnung für auf Herausziehen beanspruchte Schrauben nach DIN EN 1995-1-2:2010, Abschnitt 6.4:

Die folgenden Regeln gelten für auf Herausziehen beanspruchte Schrauben, die vor direkter Brandbeanspruchung geschützt sind.

Der Bemessungswert der Beanspruchbarkeit von Schrauben sollte entsprechend Gleichung (2.3) berechnet werden.

Für Verbindungen, bei denen die Abstände a_2 und a_3 der Verbindungsmittel die Bedingungen der Gleichungen (6.9) und (6.10) erfüllen, s. Bild 2.69., sollte der Umrechnungsfaktor η für die Abminderung der Beanspruchbarkeit der Schraube auf Herausziehen im Brandfall entsprechend Gleichung (6.11) berechnet werden.

$$a_2 \geq a_1 + 40 \qquad \text{[DIN EN 1995-1-2, Gl. (6.9)]}$$

$$a_3 \geq a_1 + 20 \qquad \text{[DIN EN 1995-1-2, Gl. (6.10)]}$$

Dabei ist:

a_1, a_2 und a_3 Abstände, in mm.

[DIN EN 1995-1-2, Gl. (6.11)]

$$\eta = \begin{cases} 0 & \text{für } a_1 \leq 0{,}6 \cdot t_{d,fi} & \text{(a)} \\ \dfrac{0{,}44 \cdot a_1 - 0{,}264 \cdot t_{d,fi}}{0{,}2 \cdot t_{d,fi} + 5} & \text{für } 0{,}6 \cdot t_{d,fi} \leq a_1 \leq 0{,}8 \cdot t_{d,fi} + 5 & \text{(b)} \\ \dfrac{0{,}56 \cdot a_1 - 0{,}36 \cdot t_{d,fi} + 7{,}32}{0{,}2 \cdot t_{d,fi} + 23} & \text{für } 0{,}8 \cdot t_{d,fi} + 5 \leq a_1 \leq t_{d,fi} + 28 & \text{(c)} \\ 1{,}0 & \text{für } a_1 \geq t_{d,fi} + 28 & \text{(d)} \end{cases}$$

Dabei ist:

- a_1 seitliche Überdeckung, in mm, s. Bild 2.69.;
- $t_{d,fi}$ Feuerwiderstandsdauer der ungeschützten Verbindung, beansprucht mit dem Bemessungswert der Beanspruchung im Brandfall, s. Abschnitt 2.4.1 in DIN EN 1995-1-2.

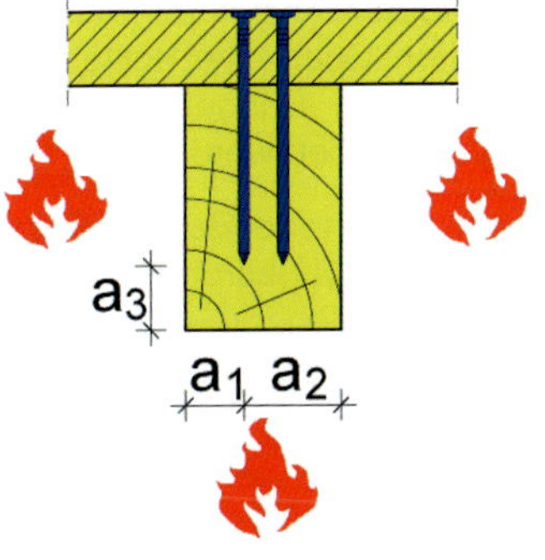

Bild 2.69. Querschnitt und Definition der Abstände (Bild 6.5 in DIN EN 1995-1-2:2010)

Der Umrechnungsfaktor η für Verbindungsmittel mit Randabständen $a_2 = a_1$ und $a_3 \geq a_1 + 20\,\text{mm}$ sollte entsprechend Gleichung (6.11) berechnet werden, wobei $t_{d,fi}$ durch $1{,}25 \cdot t_{d,fi}$ zu ersetzen ist.

Regeln zur konstruktiven Ausführung nach DIN EN 1995-1-2:2010, Abschnitt 7:

Unterschieden werden die Regeln für Wände und Decken und sonstige Bauteile.

Regeln für die konstruktive Ausführung von Wänden und Decken:

Der Abstand von Wandstielen und Deckenbalken sollte nicht größer als 625 mm sein.

Beplankungen von Wänden sollten jeweils eine Mindestdicke von

$$t_{p,min} = \max\begin{cases} \dfrac{l_p}{70} \\ 8 \end{cases} \qquad \text{[DIN EN 1995-1-2, Gl. (7.1)]}$$

haben.

Dabei ist:

$t_{p,min}$ Mindestdicke der Beplankung, in mm;

l_p Spannweite der Beplankung (lichter Abstand des Holzbauteile oder der Lattung), in mm.

Holzwerkstoffplatten in Konstruktionen mit einlagigen Beplankung auf jeder Seite sollten eine charakteristische Rohdichte von mindestens 350 kg/m³ haben.

Weiterhin werden Festlegungen für die Detailausführung von Plattenverbindungen geregelt:

Beplankungen sollten auf den Holzbauteilen oder auf Latten befestigt werden.

Bei Holzwerkstoffen und Holzbekleidungen sollte der größte Abstand an den Plattenrändern bei Nägeln 150 mm, bei Schrauben 250 mm betragen. Die Verankerungslänge sollte 8*d* bei tragenden und 6*d* bei nicht tragenden Beplankungen betragen.

Bei Gipsplatten Typ A und H ist es ausreichend, die Regelungen für die Bemessung und Konstruktion unter Normaltemperatur bezüglich Verankerungslänge, Abständen und Randabständen einzuhalten. Bei Schrauben sollte der Abstand am Plattenrand nicht größer als 200 mm und innerhalb der Platte nicht größer als 300 mm sein.

Bei Gipsplatten Typ F sollte die Verankerungslänge l_a der Verbindungsmittel in dem verbleibenden Restquerschnitt nicht weniger als 10 mm betragen, s. Bild 2.70.

Beplankungen sollten dicht gestoßen ausgeführt werden, mit einem maximal 1 mm breiten Spalt. Sie sollten an mindestens zwei gegenüberliegenden Rändern mit den Holzbauteilen oder der Lattung verbunden werden.

Bei mehrlagigen Beplankungen sollten die Beplankungsstöße um mindestens 60 mm versetzt angeordnet werden. Jede Platte sollte einzeln befestigt werden.

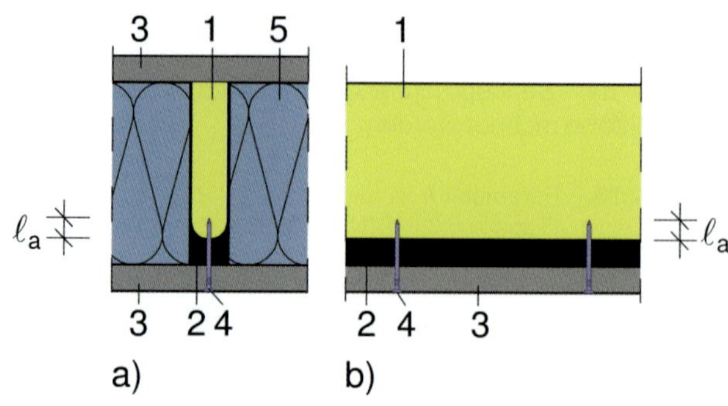

Legende
1 unverbranntes Bauholz
2 Kohleschicht
3 Bekleidung
4 Verbindungsmittel
5 Wärmedämmung

Bild 2.70. Durch Gipsplatten geschützte Holzbauteile – Beispiele für die Verankerungstiefe in unverbranntem Holz:
a) Holzbauteile mit Wärmedämmung in den Hohlräumen;
b) breite Holzbauteile im Allgemeinen
(Bild 7.1 in DIN EN 1995-1-2:2010)

Die Wärmedämmschichten oder -platten, die in der Berechnung angesetzt werden, sollten dicht eingepasst und mit den Holzbauteilen so verbunden werden, dass ein vorzeitiges Versagen oder Abfallen verhindert wird.

Konstruktive Ausführung für Sonstige Bauteile:

Brandschutzbekleidungen aus Holzwerkstoffen oder Holzbekleidungen von Balken oder Stützen sollten entsprechend Bild 2.71. befestigt werden. Die Bekleidungen sind an dem Bauteil selbst und nicht an anderen Bekleidungen zu befestigen.

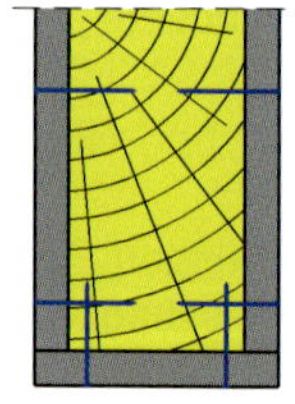

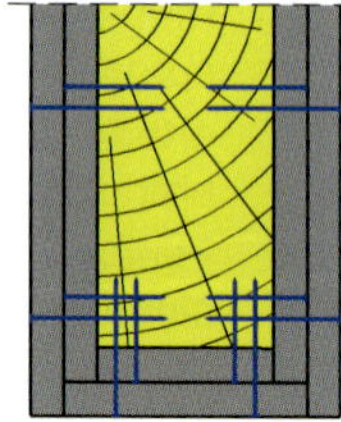

Bild 2.71. Beispiele für die Befestigung von Brandschutzbekleidungen an Balken und Stützen
(Bild 7.2 in DIN EN 1995-1-2:2010)

Bei Bekleidungen aus mehreren Lagen, ist jede Platte einzeln zu befestigen, und die Plattenstöße sind um mindestens 60 mm versetzt anzuordnen.
Der Abstand der Verbindungsmittel sollte nicht mehr als 200 mm oder die 17-fache Plattendicke h_p betragen, der kleinere Wert ist maßgebend. Für die Verankerungslänge gilt der im Bild 2.70. angegebene Wert ℓ_a. Der Randabstand ist nicht größer als $3 \cdot h_p$ und nicht kleiner als $1{,}5 \cdot h_p$ oder 15 mm zu wählen, der kleinere Wert ist maßgebend.

Literatur: [*Kampmeier* 2016], [*Klippel/Frangi* 2012], [*DGfH* 2009], [*Kordina/Meyer-Ottens* 1994]

3. Verbindungstechnik/Verbindungsmittel im Holzbau

3.1. Allgemeines

Seitdem man Holz für konstruktive Zwecke verwendet, bestehen Aufgabe und Schwierigkeit darin, die durch das natürliche Wachstum begrenzten Holzlängen und Holzquerschnitte zu einer tragfähigen Konstruktion zu verbinden.
Diese Eigenart des Baustoffs Holz erfordert, dass man der Verbindung und den Verbindungsmitteln größte Aufmerksamkeit schenkt. Von maßg
ebendem Einfluss auf die **Tragfähigkeit** und das **Verformungsverhalten von Verbindungsmitteln** sind u. a.

- Größe und Anzahl der Verbindungsmittel,
- Holzart,
- Holzfeuchte,
- Art der Belastung und Belastungsdauer,
- Geschwindigkeit der Belastungseintragung,
- Raumklima.

Übersicht über Verbindungsmittel im Holzbau

Da die Verbindungstechnik im Holzbau schon immer entscheidenden Einfluss auf die Wirtschaftlichkeit von Holzbauwerken hatte, haben sich im Laufe der Entwicklung viele Formen herausgebildet.

Grundsätzlich gibt es starre und nachgiebige Verbindungen. Zu den starren Verbindungen gehören ausschließlich geklebte Verbindungen. Die nachgiebigen Verbindungen unterscheidet man in zwei Gruppen, die zimmermannsmäßigen und die ingenieurmäßigen Verbindungen (s. Bild 3.1.).

3.1.1. Kurzer geschichtlicher Rückblick

Beim urzeitlichen Holzbau hat man, wie anzunehmen ist, „Holzknotenpunkte" im vollen Sinn des Wortes mit Seilen oder Stricken „verknotet", wie dies bei Behelfsbauten oder im Gerüstbau in Entwicklungsländern heute noch geschieht, wenn mitunter Rundholz oder Bambus verwendet wird (s. Bild 3.2.).

Solange von Hand behauene Hölzer eingebaut wurden, bis etwa 1860/70, wurden z. B. Sparren und Balken nicht gestoßen.
Schon vor unserer Zeitrechnung entwickelten Zimmerer Holzbauverbindungen, bei denen Holzstäbe mit gleichen oder verschiedenen Richtungen in Knotenpunkten zusammenstießen. Diese Verbindungen konnten keine nennenswerten Zugkräfte übertragen.

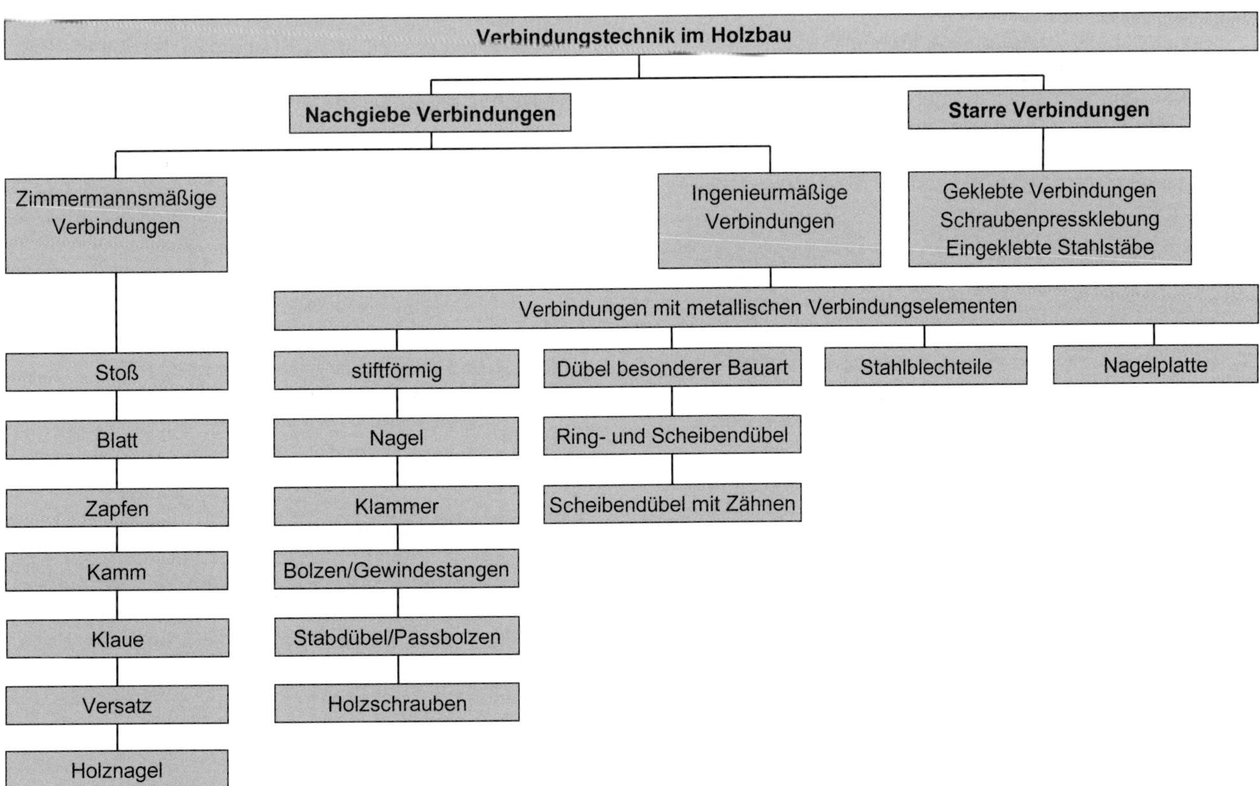

Bild 3.1. Verbindungstechnik/Verbindungsmittel im Holzbau

Bild 3.2. Gerüst aus Bambus mit Gerüstknoten, Zhujiajao/China

Als älteste Verbindung ist die Verkämmung bekannt. Zu den ältesten Verbindungen zählt auch die Verblattung. Sie wurde ursprünglich mit Keilen gesichert. Später wurden die unterschiedlichsten Zapfenverbindungen entwickelt, anfangs ebenfalls verkeilt, dann mit Holznägeln gesichert. Bei den zimmermannsmäßigen Holzbauverbindungen wurden die Kräfte über Druckspannungen in Kontaktflächen übertragen. Diese Holzbauverbindungen bestimmten Jahrhunderte lang die *Konstruktionsprinzipien der Zimmererkunst*:

- bevorzugte Verwendung von Druckstäben, die ihre Druckkraft an den Stabstirnen durch Stumpfstoß, Zapfen, später Zapfen mit Versatz (Stirnversatz) abgeben,
- bevorzugte Verwendung von Hänge- und Sprengwerken als Brückentragwerke oder Dachstuhlkonstruktionen im Hochbau. Diese Verbindungen wurden – oft allerdings unter erheblichem Holzaufwand – zu hoher Vollendung entwickelt.

Bis etwa Mitte des 19. Jahrhunderts setzte der Zimmerer den größten Ehrgeiz daran, alle Holzbauverbindungen ohne Eisenteile auszuführen. Diese Anschauung änderte sich, als die Eisenherstellung immer billiger und umfangreicher wurde und die Anforderungen an die Spannweiten und Lasten, z. B. im Brücken- und Hallenbau, stiegen. Von nun an wurden metallische Verbindungsmittel unterschiedlichster Art entwickelt (s. a. [*Lißner/Rug* 2018-1], [*Rug* 2003-1 bis 3], [*Seraphin* 2003], [*Brockstedt* 1994], [*Rug* 1994-3]). Diese gaben dem Holzbau eine andere Richtung und ermöglichten neue Entwicklungen; damit wurde der Holzbau, genauer gesagt, der Ingenieur-Holzbau, effizienter und gegenüber dem Stahlbau konkurrenzfähiger. Ziel der Entwicklung von Verbindungsmitteln waren u. a. die Übertragung größerer Kräfte, einfacher Einbau und günstiges Verformungsverhalten.
Typisch im Holzbau ist, dass sich die Stabquerschnitte meist aus den Anschlussmöglichkeiten der Verbindungen ergeben. Während historische Holzverbindungen mehr organischen, materialverdickenden Anschlüssen entsprechen, heben moderne metallische Anschlüsse optisch das „Verbindende“ auf.

DIN EN 1995-1-1:2010 regelt nur Verbindungen mit metallischen Verbindungsmitteln. Die Verbindungsmittel des Holzbaus werden jetzt unterteilt in:

- stiftförmige metallische Verbindungsmittel (Nägel, Klammern, Stabdübel/Passbolzen, Bolzen/Gewindestangen, Holzschrauben),
- Nagelplatten, Ring- und Scheibendübel ohne bzw. mit Zähnen und Dornen.

Die Anforderungen an stiftförmige Verbindungen, wie Prüfverfahren für die Werkstoffe, Geometrie, Festigkeit und Dauerhaftigkeit, einschließlich CE-Kennzeichnung, definiert DIN EN 14592 in Verbindung mit DIN 20000-6. Die Anforderungen von aus Stahl bzw. metallischen Legierungen hergestellte Verbindungselemente wie Ring- und Scheibendübel, Scheibendübel mit Zähnen, Nagelplatten und Lochbleche regelt DIN EN 14545 in Verbindung mit DIN 20000-6.
Unter dem Begriff **zimmermannsmäßige Verbindungen** werden in DIN EN 1995-1-1/NA:2013 Regeln für die Berechnung von Versätzen, Zapfen und Holznägeln zusammengefasst.

Dem Begriff geklebte Verbindungen sind in DIN EN 1995-1-1/NA:2013 verschiedene Klebeverbindungen zugeordnet, wie Universalkeilzinkenverbindungen, Schäftungen und Verbundbauteile aus Brettschichtholz. Ergänzt werden diese Regelungen durch die DIN 1052-10 mit zusätzlichen Anforderungen an Betonrippenstähle, Gewindestangen für den Holzbau, Stahlstäben mit Holzschraubengewinde, beharzte Klammern, profilierte Nägel und Regeln zur Schraubenpressklebung sowie zum Nachweis der Eignung zum Kleben tragender Holzbauteile.
Da heute ausschließlich Klebstoffe auf Kunstharzbasis Verwendung finden, wird im Folgenden der traditionelle Begriff *Leimverbindungen* durch den Begriff *Klebeverbindungen* ersetzt.

3.1.2. Kraft-Verschiebungs-Diagramm

Die Tragfähigkeit der Holzverbindungen und Verbindungsmittel und alle damit zusammenhängenden Fragen, wie z. B. Verschiebungswege, Zusammenwirken verschiedener Verbindungsmittel usw., werden durch Festigkeitsprüfungen mit verschiedenen Belastungsverfahren, Lastzunahme und -abnahme festgestellt.

Um die Güte der Verbindungsmittel zu überprüfen, wird das Kraft-Verschiebungs-Diagramm während des Versuches aufgezeichnet (s. Bild 3.4.). Maßgebend für die Prüfung von Verbindungen für Holzkonstruktionen ist die DIN EN 26891 (zur Lastaufbringung während des Versuches, s. Bild 3.3.).

Experimentell ermittelt werden

- *die Höchstlast* F_{max} *und*
- *das Verschiebungsmodul* K_{ser}.

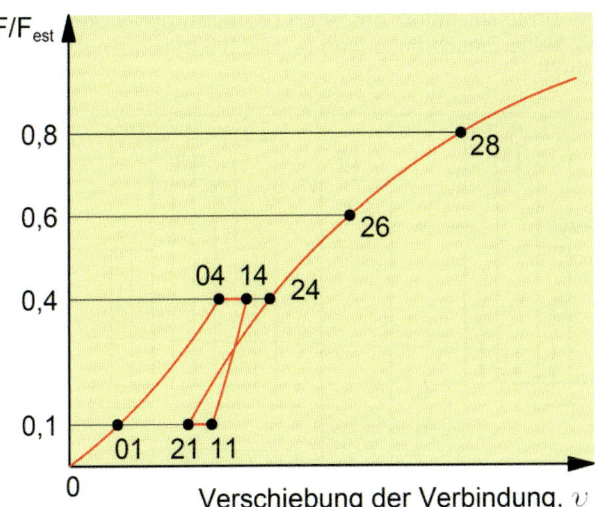

Bild 3.3. Idealisierte Lastverschiebungskurve und Messwerte (DIN EN 26891, dort Bild 2)

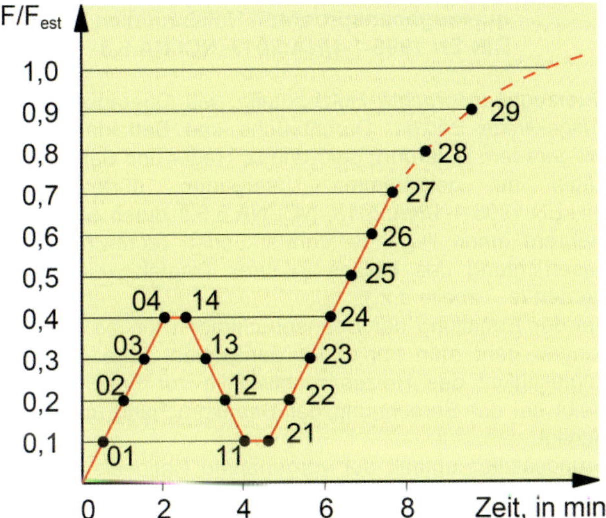

Bild 3.4. Belastungsverfahren (DIN EN 26891, dort Bild 1)

Nagel-, Stift-, Bolzen- und Dübelverbindungen übertragen die Kräfte an einzelnen Punkten vorwiegend über die Lochleibung in die verbundenen Hölzer. Dabei spielen die Festigkeit der Verbindungsmittel und die Lochleibungsfestigkeit des Holzes eine Rolle. Bei Belastung der Verbindunsmittel entstehen in den Lochleibungen des Holzes elastische und plastische Eindrückungen. Deswegen nennt man sie nachgiebige Verbindungen.

In Bild 3.5. sind die Kraft-Verschiebungs-Diagramme von Klebstoff-, Nagel-, Bolzen- und Dübelverbindungen einander gegenübergestellt. Bild 3.5. zeigt, dass Klebeverbindungen eine sehr hohe Lastaufnahme bei sehr kleinen Verschiebungen aufweisen (Kurve (a)). Bezogen auf die sehr kleinen Verformungen gelten sie als „starr". Die Bolzenverbindungen dagegen weisen die größten Verschiebungen auf, während eine Nagelverbindung mit vielen Nägeln, z. B. Nagelplattenverbindung, unter der Last nur geringe Verformungen zeigen (s. Bild 3.5., Kurve (f)).

Mit der Vereinheitlichung der europäischen Normen hat man auch einheitliche Regeln für Traglastversuche an Holzverbindungen mit mechanischen Verbindungsmitteln geschaffen, die in DIN EN 383, DIN EN 409, DIN EN 26891 und DIN EN 28970 niedergelegt sind. Das Belastungsverfahren nach DIN EN 26891 sieht vor, dass die Verbindung bei 40 % der zu erwartenden Bruchlast wieder entlastet wird und dann erst die Last kontinuierlich bis zum Bruch gesteigert wird (s. Bild 3.4.).

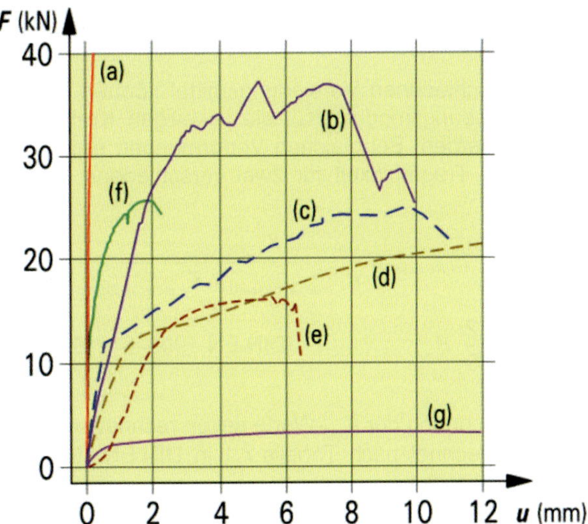

Bild 3.5. Last-Verformungs-Diagramme (s. [*Racher* 1995-3])

Nach DIN EN 1995-1-1:2010, Abschnitt 8.1.1 (1) P gilt als prinzipielle Regel für die Ermittlung der charakteristischen Tragfähigkeit und Steifigkeit auf der Grundlage von Versuchen: *„Wenn nachfolgend nichts anderes bestimmt wird, sind die charakteristische Tragfähigkeit und die Steifigkeit von Verbindungen auf der Grundlage von Versuchen in Übereinstimmung mit DIN EN 1075, DIN EN 1380, DIN EN 1381, DIN EN 26891 und DIN EN 28970 zu bestimmen. Falls in den entsprechenden Normen sowohl Zug- als auch Druckversuche beschrieben sind, dann müssen die Versuche zur Bestimmung der charakteristischen Tragfähigkeit als Zugversuche durchgeführt werden."*

Für eine optimale Verbindungsart ist nicht allein der Wirkungsgrad der Verbindung entscheidend, sondern auch das Verformungsverhalten über lange Zeit hinweg und unter variierenden Bedingungen (z. B. Feuchteänderungen, Änderungen der Lasteinwirkungsdauer, Änderung der Lastrichtung).

3.1.3. Zusammenwirken verschiedener Verbindungsmittel nach DIN EN 1995-1-1:2010, Abschnitt 8.1.2

Wird die in der Verbindung übertragene Kraft über verschiedene Verbindungsmittel übertragen, so sind in jedem Fall die unterschiedlichen Nachgiebigkeiten zu berücksichtigen (DIN EN 1995-1-1:2010, Abschnitt 8.1.2 (3)).

Die Verteilung der Belastung auf verschiedene Verbindungsmittel in einem Anschluss oder Stoß ist von der Nachgiebigkeit des jeweiligen Verbindungsmittels abhängig.

Extrem nachgiebige oder extrem starre Verbindungsmittel dürfen beim Zusammenwirken mit anderen Verbindungsmitteln rechnerisch nicht berücksichtigt werden.

Es können also nur Verbindungsmittel mit ausreichend gleich großen Verschiebungsmoduln effektiv zusammenwirken.
Für die verschiedenen Verbindungsmittel können mithilfe der Verschiebungsmoduln K_{ser} die jeweiligen Kraftanteile berechnet werden. Bei gleichen Verformungen ergibt sich die anteilige Tragfähigkeit für zwei verschiedene Verbindungsmittel:

$$F_{v,Rd,Verbmittel1} = F_{v,Rd,gesamt} \cdot \frac{K_{u,mean,Verbmittel1}}{K_{u,mean,Verbmittel1} + K_{u,mean,Verbmittel2}}$$

mit $K_{u,mean} = \frac{2}{3} \cdot K_{ser}$ [DIN EN 1995-1-1, Gl. (2.1)]

Für die Berechnung der K_{ser}-Werte gelten rechnerische Mittelwerte, berechnet nach Tabelle 7.1 in DIN EN 1995-1-1: 2010 (s. Tabelle 3.1.).

Tabelle 3.1. Werte für K_{ser} für stiftförmige Verbindungsmittel und Dübel besonderer Bauart in N/mm für Holz-Holz- und Holzwerkstoff-Holz-Verbindungen (DIN EN 1995-1-1:2010, Tabelle 7.1)

Verbindungsmittel	K_{ser}
Stabdübel Bolzen mit oder ohne Lochspiel[a] Schrauben Nägel (vorgebohrt)	$\rho_m^{1,5} d/23$
Nägel (nicht vorgebohrt)	$\rho_m^{1,5} d^{0,8}/30$
Klammern	$\rho_m^{1,5} d^{0,8}/80$
Ringdübel Typ A nach EN 912 Scheibendübel Typ B nach EN 912	$\rho_m d_c/2$
Scheibendübel mit Zähnen: – Dübeltyp C1 bis C9 nach EN 912 – Dübeltyp C10 und C11 nach EN 912	 $1,5\,\rho_m d_c/4$ $\rho_m d_c/2$

a Das Lochspiel ist zusätzlich zu der Verschiebung hinzuzurechnen.
$\rho_m = \rho_{mean}$ Mittelwert der Rohdichte für Vollholz nach DIN EN 338 oder für Brettschichtholz nach DIN EN 14080

Das Zusammenwirken von Klebstoffen und mechanischen Verbindungsmitteln ist wegen des stark abweichenden Last-Verformungs-Verhaltens (s. Bild 3.5.) unzulässig (DIN EN 1995-1-1/NA:2013, Abschnitt NCI zu 8.1.2 (NA.6)).

Für den **Anschluss von Stabverbreiterungen** dürfen nach früheren Regeln nachgiebige Verbindungsmittel eingesetzt werden, sofern

- auf die Stabverbreiterung der kleinere Teil der zu übertragenden Kraft entfällt und
- für die 1,5-fache anteilige Kraft bemessen ist, falls kein genauer Nachweis unter Berücksichtigung der Nachgiebigkeit der einzelnen Verbindungsmittel geführt wird.

Bei Versätzen und Kontaktdruckanschlüssen können Beihölzer aufgeklebt und damit als drucküberträgende Flächen angewendet werden.
Bedingungen bei Nadelvollholz (s. Bild 3.6.a):

- Dicke der aufzuklebenden Beihölzer $c/2 \leq 40$ mm,
- Dicke des zu verstärkenden Stabes $a \leq 60$ mm.

Bei Brettschichtholz bestehen bezüglich der Dicken a und $c/2$ keine Einschränkungen (s. Bild 3.6.b) [*Brüninghoff* u. a. 1997].

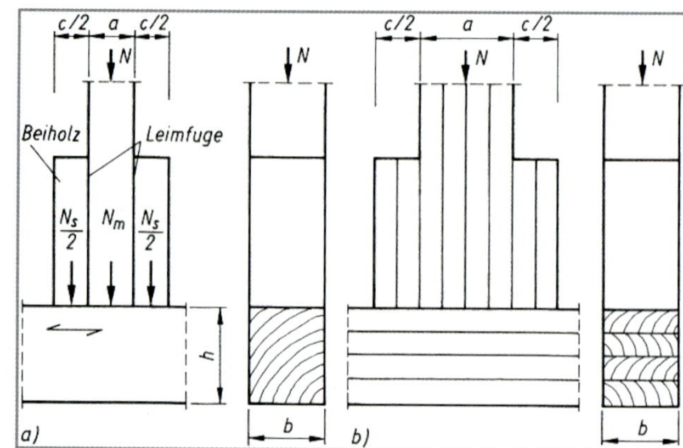

Bild 3.6. Kontaktdruckanschluss mit aufgeklebten Beihölzern

3.1.4. Allgemeine Regeln für Verstärkungen von querzugbeanspruchten Holzbauteilen nach DIN EN 1995-1-1/NA:2013, NCI NA.6.8

Querzugbeanspruchte Holzbauteile, wie Queranschlüsse, ausgeklinkte Balken, Durchbrüche und Satteldachträger mit geradem Untergurt, gekrümmte Träger und Satteldachträger mit gekrümmten Untergurten, dürfen nach DIN EN 1995-1-1/NA:2013, NCI NA.6.8.1 durch eine oder mehrere innen liegende Verstärkungen rechtwinklig zur Faserrichtung des Holzes in ihrer Tragfähigkeit erhöht werden (s. Tabelle 3.2.).
Bei der Ermittlung der Beanspruchungen für die Verstärkungen geht man von einer gerissenen Zone aus, die Zugfestigkeit des Holzes rechtwinklig zur Faserrichtung bleibt bei der Berechnung der Beanspruchung unberücksichtigt.
Grundsätzlich enthält der vorgenannte Nationale Anhang die bisher aus DIN 1052:2008 bekannten Verstärkungen:

1. Verstärkung innen liegend (s. Tabelle 3.2.) mit
   - eingeklebten Gewindebolzen nach DIN 976-1

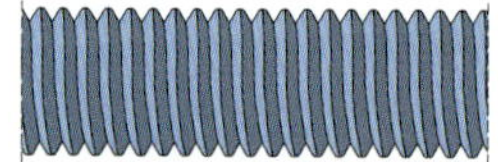

   - eingeklebten gerippten Betonstabstählen nach DIN 488-1

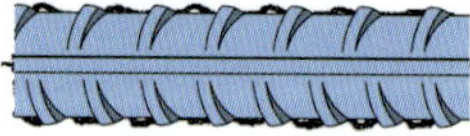

   - Holzschrauben mit einem Gewinde über die gesamte Schaftlänge (Vollgewindeschrauben mit bauaufsichtlicher Zulassung)

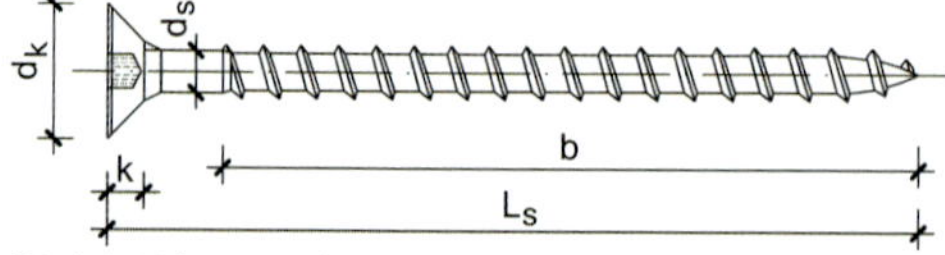

   - Stahlstäbe mit Holzschraubengewinde nach DIN 7998 mit bauaufsichtlicher Zulassung

2. Verstärkung außen liegend (s. Tabelle 3.3.) mit
   - aufgeklebtem Sperrholz nach DIN EN 13986 in Verbindung mit DIN EN 636 und DIN 20000-1,
   - aufgeklebtem Furnierschichtholz nach DIN EN 14374 oder nach DIN EN 13986 in Verbindung mit DIN EN 14279 und DIN 20000-1 oder mit bauaufsichtlichem Verwendbarkeitsnachweis,
   - aufgeklebten Brettern,
   - eingepressten Nagelplatten.

Querschnittsschwächungen durch innen liegende Verstärkungen sind in zugbeanspruchten Querschnittsbereichen zu berücksichtigen.

Die Mindestabstände bei Stahlstäben untereinander sind $\geq 3d_r$. Die Endabstände $a_{1,c}$ und Randabstände $a_{2,c}$ müssen mindestens $\geq 2{,}5d_r$ sein.

Außerdem ist die Zugfestigkeit der Stahlstäbe mit dem Spannungsquerschnitt bzw. bei Stahlstäben mit Holzschraubengewinde nach DIN 7998 mit dem Kernquerschnitt nachzuweisen.

Verstärkungen mit Schrauben mit Vollgewinde sind sinngemäß wie Verstärkungen mit eingeklebten Gewindebolzen nachzuweisen.

Außen liegende Verstärkungen werden immer beidseitig an der zu verstärkenden Stelle angeordnet. Für die Klebefugenspannung wird eine gleichmäßige Verteilung angenommen. Neben dem Nachweis der Klebefugenfestigkeit ist die Zugspannung in den Verstärkungswerkstoffen nachzuweisen. Die in der Verstärkung auftretenden ungleichmäßigen Spannungsverteilungen werden näherungsweise durch einen Korrekturwert k_k = 1,5 bei Queranschlüssen und k_k = 2,0 bei Ausklinkungen und Durchbrüchen auf der Lastseite berücksichtigt.

Für die Herstellung der Verklebung gelten die Regeln in DIN EN 1995-1-1/NA:2013, Abschnitt NCI NA.11 zu geklebten Verbindungen.

Verstärkungen von Queranschlüssen, Ausklinkungen, Durchbrüchen und Firstbereichen von Satteldachbindern sind auch in Nutzungsklasse 3 zulässig.

Literatur: [*Lißner/Rug* 2016]

3.2. Geklebte Verbindungen

3.2.1. Allgemeines

Durch die Brettschichtbauweise (bis in die 60er-Jahre des 20. Jahrhunderts auch nach dem Erfinder als ***Hetzer*bauweise** bezeichnet) hat der Holzbau einen großen Aufschwung erlebt. Geklebte Holzkonstruktionen für tragende Teile wurden vom Zimmermeister *Otto Hetzer* (1846–1911) zu Beginn des 20. Jahrhunderts entwickelt (s. Bild 3.7.) und am 20.06.1906 patentiert [*Rug* 2006]. Voraussetzung für die schnelle Entwicklung waren „wetter- und wasserfeste" sowie härtbare Kunstharzklebstoffe [*Rug* 2003-1], [*Rug* 1994-3], [*Rug/Rug* 1996], (s. a. *www.otto-hetzer.de*).

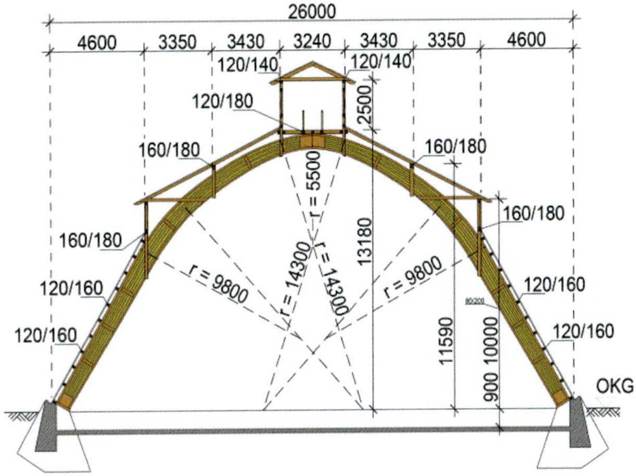

Bild 3.7. Binderansicht einer Lagerhalle in *Hetzer*bauweise, errichtet 1913

Tabelle 3.2. Regelungen für innen liegende Verstärkungen

Queranschluss	Rechtwinklige Ausklinkung	Durchbrüche	Satteldachbinder
A)	B)	C)	D)
F_{90}		$2{,}5d_r \leq a_{1,c} \leq 4d_r$ *Stahlstababstände wie beim rechteckigen Durchbruch*	innen liegende Verstärkung
Legende 1 Gefährdeter Bereich	Legende 1 Stahlstabdurchmesser Ø d	Legende 1 innen liegende Verstärkung	Innen liegende Verstärkungen am Satteldachträger mit gekrümmtem Untergurt mit veränderlicher Trägerhöhe

A) Teilauszug aus dem Bild NA.8 in DIN EN 1995-1-1/NA:2013
B) Teilauszug aus dem Bild NA.10 in DIN EN 1995-1-1/NA:2013
C) Teilauszug aus dem Bild NA.12 in DIN EN 1995-1-1/NA:2013

Tabelle 3.3. Regelungen für außen liegende Verstärkungen

Queranschluss	Rechtwinklige Ausklinkung	Durchbrüche	Satteldachbinder
A)	B)	C)	D)
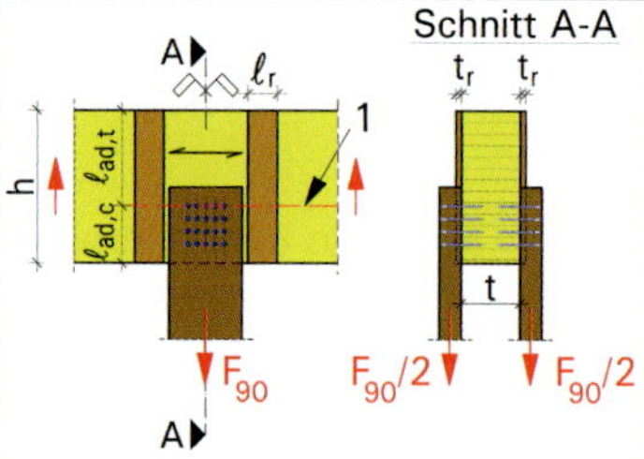 Schnitt A-A Legende 1 Gefährdeter Bereich	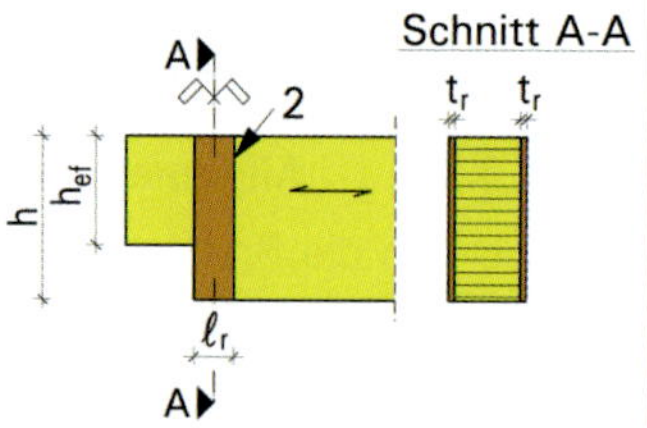 Schnitt A-A Legende 2 Verstärkungsplatten	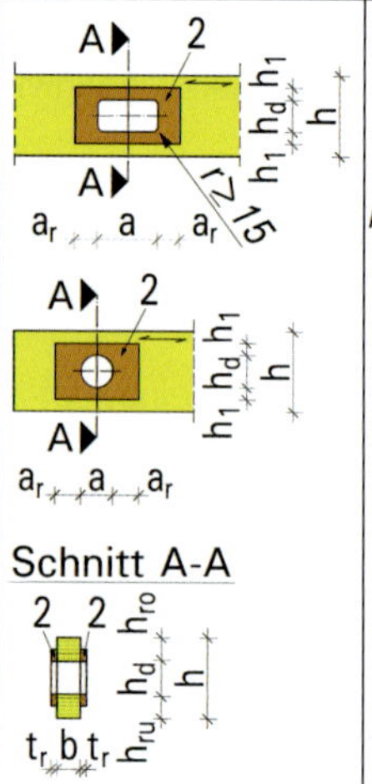 Schnitt A-A Legende 2 außen liegende Verstärkung	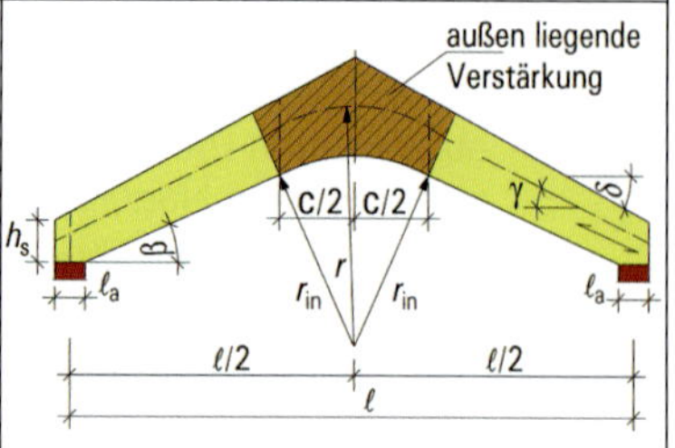 außen liegende Verstärkung Außen liegende Verstärkungen am Satteldachträger mit gekrümmtem Untergurt mit veränderlicher Trägerhöhe
A) Teilauszug aus dem Bild NA.8 in DIN EN 1995-1-1/NA:2013 B) Teilauszug aus dem Bild NA.10 in DIN EN 1995-1-1/NA:2013 C) Teilauszug aus dem Bild NA.12 in DIN EN 1995-1-1/NA:2013			

Ausgesuchte Bretter aus Nadelholz werden bei der heutigen Produktion von Brettschichtholz künstlich auf eine mittlere Feuchte von 10 % getrocknet.

Bei der Herstellung werden zunächst alle natürlichen Holzfehler, wie übergroße Äste, Baumkanten oder Rindeneinwüchse aus den einzelnen Schnittholzbrettern herausgesägt und die ausgewählten Brettstücke dann mit Keilzinken nach DIN EN 14080 zu Lamellen beliebiger Länge zusammengefügt. Dann erfolgt die Verklebung, in dem der Klebstoff in genauer Dosierung durch Auftragsmaschinen auf die Bretter gebracht wird. Danach werden die **Brettschichtträger** in gewünschter Höhe und Länge bei vorgeschriebenen Pressbedingungen (Temperaturen, Pressdruck, Pressdauer) erzeugt.
Querschnitt und Form der Brettschichtträger können allen vorkommenden statischen Beanspruchungen angepasst werden. Außer geraden Trägern lassen sich auch beliebig gebogene oder abgestufte Träger herstellen (s. a. Abschnitt 9.5.).
Anschließend werden die Bauteile von allen Seiten exakt auf Maß gehobelt.
Die Entwicklung der Brettschichtbauweise geht dahin, die Querschnitte durch Verwendung von Laubholzarten weiter zu vergüten, die Bauelemente rationeller herzustellen und die Produktion weitgehend zu mechanisieren.
Eine bessere Vergütung bietet die Verwendung von Brettschichtholz, hergestellt aus maschinell festigkeitssortierten Brettlagen. Brettschichtholz aus Laubholz (z. B. Buche, Eiche, Kastanie) kann neuerdings in Deutschland nach bauaufsichtlicher Zulassung hergestellt und angewendet werden (s. a. Abschnitt 2.7.).

3.2.2. Allgemeine Regeln für Brettschichtholz nach DIN EN 14080, DIN 20000-3 und DIN 1052-10

Brettschichtholz muss den Leistungsanforderungen nach DIN EN 14080, Abschnitt 5 genügen.

DIN EN 14080 regelt die allgemeinen Anforderungen für Brettschichtholz, Balkenschichtholz, Brettschichtholz mit Universal-Keilzinkenverbindungen und Verbundbauteile aus Brettschichtholz für tragende Zwecke, u. a. Bestimmung der Festigkeitseigenschaften, der Klebefestigkeit, der Konformitätsbewertung und der Kennzeichnung des Brettschichtholzes als geregeltes Bauprodukt.
DIN EN 14080 regelt auch die Werkstoffeigenschaften (Festigkeitsklassen) von Brettschichtholz in Abhängigkeit vom Querschnittsaufbau (Festigkeitsklasse der einzelnen Lagen).

Bauteile aus Brettschichtholz müssen außerdem den Anforderungen nach Abschnitt 5 in DIN 1052-10 genügen.
Abschnitt 5 in DIN 1052-10 regelt die Bedingungen und Anforderungen für die werkseigene Produktionskontrolle und Fremdüberwachung, die in Fortführung der bisherigen Praxis unter Beachtung geltender europaweit vereinheitlichter Normen durchzuführen ist.
Für den Nachweis der Eignung zum Kleben tragender Holzbauteile gilt nach DIN 1052-10, Tabelle 2 die Einteilung in sechs Gruppen (s. Tabelle 3.4.).

Je nach Bescheinigung darf der Hersteller auch geklebte Holztafeln, geklebte Rippentafeln aus Brettschichtholz und Platten aus Brettsperrholz, eingeklebte Stahlstangen, geklebte Verstärkungen oder andere keilgezinkte Holzbaustoffe ausführen.
Für das Verkleben von Bauteilen sind nur Klebstoffe geeignet, die als geregelte Bauprodukte gelten. Sind die Klebstoffe nicht in DIN EN 301 geregelt, bedarf ihre Anwendung der Regelung in einer bauaufsichtlichen Zulassung.
Die in Europa geltenden Festigkeitsklassen für Brettschichtholz regelt DIN EN 14080, Abschnitt 5.1 (s. a. Abschnitt 2.7. im Buch).

Tabelle 3.4. Bescheinigungen für den Nachweis der Eignung zum Kleben von tragenden Holzbauteilen[a, b] (DIN 1052-10, Tabelle 2)

	1	2
1	**Bescheinigung**	**Nachgewiesene Qualifikation**
2	A	Geklebte Verbundbauteile aus Brettschichtholz, sofern nicht in DIN EN 14080 geregelt, und vollflächig verklebte Rippenplatten aus Rippen aus Brettschichtholz und Platten aus Brettsperrholz mit einer Plattendicke größer oder gleich 60 mm[c]
3	B[d]	Geklebte Verbindungen und Verstärkungen in Form von – Eingeklebten Stahlstäben – Aufgeklebten Verstärkungen – Schäftungsverbindungen
4	C1	Bauprodukte und Bauarten mit allgemeiner bauaufsichtlicher Zulassung[e]
5	C2	Geklebte Holztafeln und Rippenplatten, sofern nicht in DIN EN 14372 geregelt
6	C3	Keilzinkenverbindungen in einteiligen Querschnitten aus Vollholz, sofern nicht in DIN EN 15497 geregelt
7	D[d]	Instandsetzung tragender Holzbauteile mittels – Rissverfüllung – eingeklebter Stahlstäbe – aufgeklebter Verstärkungen – Schäftungsverbindungen

a Die zulässige Bauteilgröße kann in den Bescheinigungen beschränkt werden.
b Für die Bauprodukte
- Brettschichtholz;
- Brettschichtholz mit Universalkeilzinkenverbindungen;
- Verbundbauteile aus Brettschichtholz mit rechteckförmigem Querschnitt;
- Balkenschichtholz;
- Keilgezinktes Vollholz;
- geklebte vorgefertigte tragende Wand-, Dach- und Deckenelemente; gilt bis zur bauaufsichtlichen Anwendbarkeit der entsprechenden harmonisierten Produktnormen DIN EN 14080, DIN EN 15497 und DIN EN 14732 noch DIN 1052:2008 als Produktnorm.

c Die Bauteile dürfen nur durch den Hersteller des Brettschichtholzes oder des Brettsperrholzes hergestellt werden.
d Für den Erwerb der Bescheinigungen B oder D ist der Nachweis aller Qualifikationen aus Spalte 2 erforderlich.
e In den Bescheinigungen wird angegeben, welche Zulassungen abgedeckt sind.

3.2.3. Allgemeine Anforderungen an geklebte Produkte, Verbindungen und Verstärkungen

Die Anforderungen regelt DIN 1052-10 in Abschnitt 6.1. Ein Klebstoff gilt für eine Klebeverbindung als geeignet, wenn er für den jeweiligen Anwendungsfall geeignet ist und es sich um ein geregeltes Bauprodukt nach DIN EN 301 und DIN 68141 handelt.
Ist dies nicht der Fall, bedarf es eines Nachweises zur Eignung dieses Klebstoffes für den vorgesehenen Anwendungsfall durch einen bauaufsichtlichen Verwendbarkeitsnachweis. Es dürfen nur Klebstoffe des Typs I nach DIN EN 301, Tabelle 1 verwendet werden. Folgende Holzbaustoffe dürfen miteinander verklebt werden:

1. Vollholz,
2. Brettschichtholz,
3. Balkenschichtholz,
4. Furnierschichtholz nach Maßgaben des bauaufsichtlichen Verwendbarkeitsnachweises,
5. Massivholzplatten (geklebt für tragende Zwecke),
6. Brettsperrholz,
7. Sperrholz,
8. OSB-Platten (geeignet zur Herstellung von Verklebungen),
9. Kunstharzgebundene Spanplatten (geeignet zum Herstellen von Verklebungen).

Bei flächigen Klebungen müssen die Oberflächen der miteinander zu verklebenden Bauteile glatt (z. B. gehobelt oder geschliffen) sein. Vor dem Kleben ist die Maßhaltigkeit der miteinander zu verklebenden Oberflächen zu prüfen. Die Oberflächenvorbehandlung darf i. d. R. höchstens 24 h vor der Verklebung erfolgen. Bei schwierig zu verklebenden Holzarten, wie z. B. Lärchenholz, darf die maximale Zeitspanne höchstens 6 h betragen.

Bei der flächigen Klebung von Bauteilen aus Holz soll der Anschnittswinkel zwischen Klebefuge und Faserrichtung des Holzes höchstens 15° betragen.

Die Raumtemperatur beim Kleben und Aushärten muss mindestens 20 °C betragen. Die Temperatur der Baustoffe muss mindestens 18 °C betragen.

Die Anweisungen des Klebstoffdatenblatts oder, sofern zutreffend, des bauaufsichtlichen Verwendbarkeitsnachweises sind zu beachten.

3.2.4. Anforderungen an Schraubenpressklebungen

Bei Schraubenpressklebungen wird der erforderliche Pressdruck nicht durch hydraulische Vorrichtungen aufgebracht, sondern allein durch selbtbohrende Teilgewindeschrauben. Die Schraubenpressklebung löst die aus DIN 1052:1988/1996, Teil 1 bekannte Nagelpressklebung ab.
Mit der Schraubenpressklebung können auch Verstärkungen nachträglich auf Bauteilen in Einbaulage aufgebracht werden. Derartige Arbeiten können nur von Betrieben durchgeführt werden, die einen Nachweis der Eignung zum Kleben von tragenden Holzbauteilen besitzen (s. a. Tabelle 3.4.).
Es können mittels Schraubenpressklebung Brettlamellen aus **Vollholz** bis zu einer Dicke von 45 mm und **Holzwerkstoffplatten** nach DIN EN 1995-1-1/NA:2013, NCI NA.6.8.1 (NA.4) bis zu einer Dicke von 50 mm verklebt werden. Das sind nach dem vorgenannten (NA.4) Verstärkungen aus

- Sperrholz nach DIN EN 13986 in Verbindung mit DIN EN 636 und DIN 20000-1,
- Furnierschichtholz nach DIN EN 14374 oder DIN EN 13986 in Verbindung mit DIN EN 14279 und DIN 20000-1 oder mit bauaufsichtlichem Verwendbarkeitsnachweis.

Es dürfen nur selbstbohrende Teilgewindeschrauben mit bauaufsichtlichem Verwendbarkeitsnachweis und einem Nenndurchmesser $d \geq 4$ mm verwendet werden.
Die Gewindelänge im Holzbauteil mit der Schraubentiefe muss mindestens 40 mm betragen, mindestens jedoch gleich der Plattendicke sein. Wichtig ist, in dem aufzuklebenen Material darf **kein** Schraubengewinde sein (s. Bilder 3.8. und 3.9. – Detail 1)!
Der Pressdruck wird über die Einflussfläche der Schraube erzeugt. Es ist mindestens eine Schraube pro 15000 mm² Fläche anzuordnen, bei einem maximalen Schraubenabstand von ≤ 150 mm (s. Bilder 3.8. und 3.9.).
Es können bei Einhaltung der vorgenannten Mindestdicken für die Verstärkungen mehrere Lagen geklebt werden, wenn die Schrauben in jeder Lage versetzt angeordnet werden.

Die Holzfeuchte der aufzuklebenden Verstärkungen darf höchtens 15 % mit einer maximalen Feuchtedifferenz von ≤ 4 % betragen.

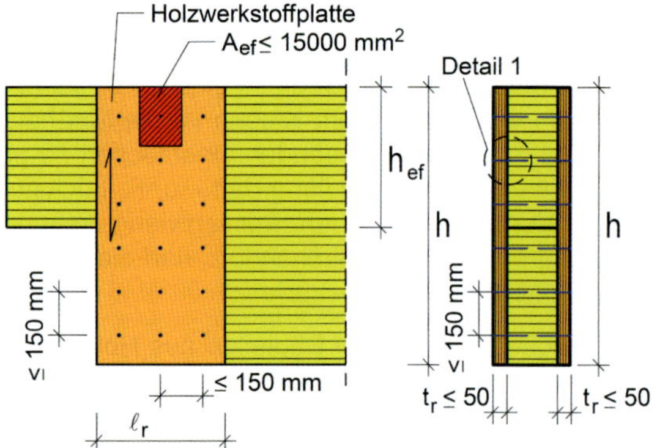

Detail 1

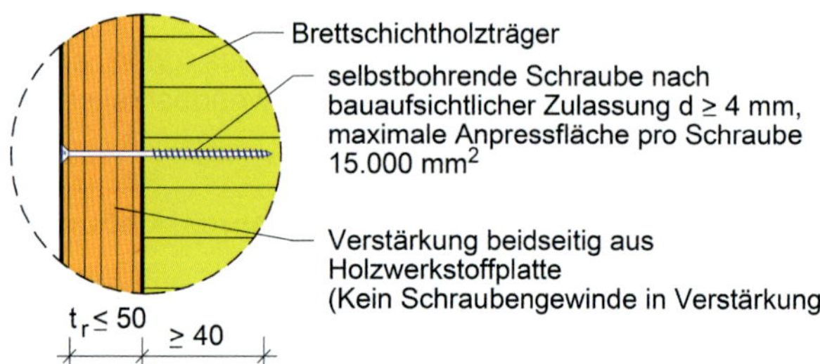

Bild 3.8. Anordnung einer Verstärkung mit Holzwerkstoffplatten mittels Schraubenpressklebung nach DIN 1052-10, Abschnitt 6.2

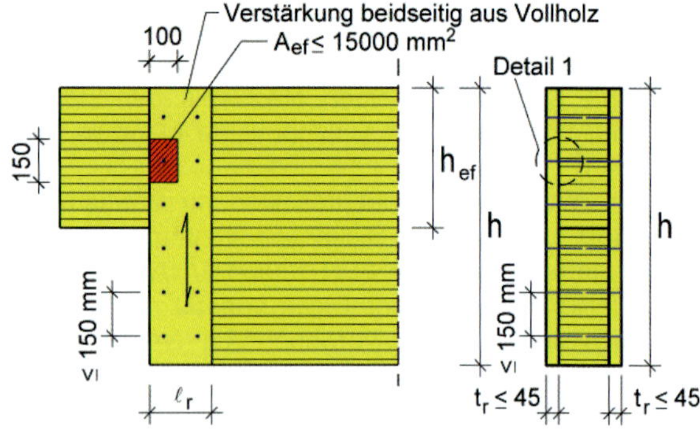

Detail 1

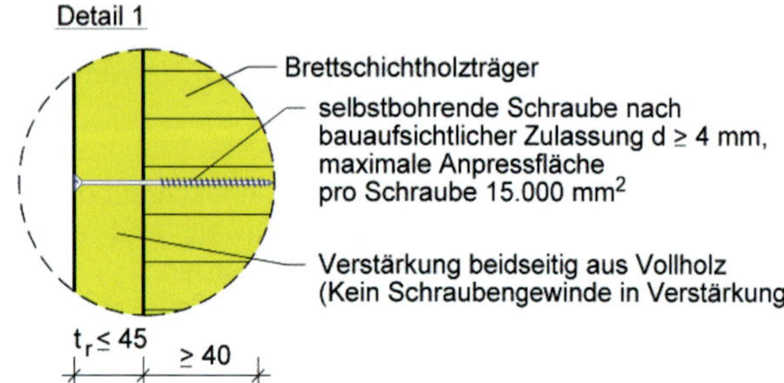

Bild 3.9. Anordnung einer Verstärkung mit Brettlamellen aus Vollholz mittels Schraubenpressklebung nach DIN 1052-10, Abschnitt 6.2

Für aufgeklebte Verstärkungen gelten nach DIN 1052-10, Abschnitt 6.3 folgende zusätzliche Regeln:

1. Durch Verklebung dürfen verstärkt werden: Vollholz, Brettschichtholz, Balkenschichtholz, Brettsperrholz, Furnierschichtholz, Massivholzplatten für tragende Zwecke.
2. Als Material für Verstärkungen dürfen verwendet werden: Vollholz, Furnierschichtholz, Massivholzplatten für tragende Zwecke, Sperrholz, OSB-Platten.
3. Es dürfen fugenfüllende Klebstoffe verwendet werden. Die maximale Klebfugendicke von ≤ 1,5 mm ist einzuhalten.
4. Die Verstärkung kann mittels Schraubenpressklebung aufgeklebt werden, wenn die vorgenannten konstruktiven Vorausetzungen eingehalten werden.

Bei einer Schraubenpressklebung unter Verwendung von HECO-UNIX-top Schrauben gilt die allgemeine bauaufsichtliche Zulassung Z-9.1-878.

Zur Herstellung einer Schraubenpressklebung mittels Nagelschrauben s. [*Rug/Gümmer/Gehring* 2010].

3.2.5. Klebstoffeigenschaften

Klebstoffe sind nicht metallische Werkstoffe, die Holzteile durch Oberflächenhaftung und innere Festigkeit (Adhäsion und Kohäsion) verbinden, ohne dass sich das Gefüge wesentlich ändert.

Vorteile:

- Der Querschnitt wird nicht durch das Verbindungsmittel geschwächt.
- Alle Werkstoffe lassen sich verkleben: dadurch sind bisher nicht bekannte oder mögliche Werkstoffkombinationen ausführbar.
- Die natürlichen Holzfehler verteilen sich, dadurch tritt eine Güteverbesserung ein (Einengung der Festigkeitsstreuungen).
- Zum Verkleben werden Bretter verwendet.
- Brettschichtkonstruktionen ermöglichen nahezu jede gewünschte architektonische Gestaltung und statisch günstige Formgebung.
- Brettschichtholz ist dimensionsstabil und passgenau. Es verdreht und verwindet sich nicht.
- Brettschichtholz kann in beliebigen Querschnitten hergestellt werden, in gekrümmten und gebogenen Formen für große Spannweiten.
- Brettschichtkonstruktionen sind sehr feuerwiderstandsfähig.
- Brettschichtbauteile lassen sich zu jeder Jahreszeit schnell und leicht montieren; es sind nur leichte Hebezeuge für verhältnismäßig kurze Zeit erforderlich.
- Seltene Nachbehandlung und Pflege des Holzes.
- Brettschichtholz unter Dach ist pflegefrei und bedarf keiner Behandlung mit chemischem Holzschutz.

Bauen mit Brettschichtholz heißt auch umweltfreundlich bauen, denn Holz kommt direkt aus der Natur, aus unseren Wäldern, und es wächst ständig nach – eine Rohstoffquelle, die nie versiegen wird, solange es Leben auf der Erde gibt, und die zu ihrer Entstehung das klimaschädliche CO_2 speichert.

Nachteile:

- Die unlösbare Klebstoffverbindung bedingt die Einhaltung der für die Klebetechnik notwendigen technologischen Bedingungen.
- Ausführungsfehler sind schwer oder nicht rechtzeitig erkennbar.
- Geklebte Flächen sind nicht durch rechtwinklig zu ihnen wirkende Zugkräfte beanspruchbar.

Die Vorteile überwiegen eindeutig!

Einteilung der Klebstoffe

Die Klebstoffe sind nach den zu erwartenden klimatischen und chemischen Einwirkungen auf das Bauwerk auszuwählen. Die Klebstoffe können nach verschiedenen Kriterien eingeteilt werden, z. B. nach

- dem Verwendungszweck (Art des Stoffes, der Verarbeitung und der Anwendung),
- der Konsistenz im Verarbeitungszustand, der Funktion des Lösungsmittels und dem Grundstoff,
- den Klebungsarten (Kalt-, Warm-, Heißklebung),
- der Reaktionsform (als chemische Unterscheidung),
- dem Kunstharztyp (wenn man vom Kaseinklebstoff absieht),
- der Lieferform (als technische Unterscheidung).

3.2.6. Klebstoffarten

Die Klebstoffqualität wird hauptsächlich unter dem Gesichtspunkt der technischen Brauchbarkeit, d. h. nach der Widerstandsfähigkeit der Klebstofffugen gegen die verschiedenen Beanspruchungen, bewertet.
Ausgehend von den Faktoren, die auf die Klebefuge in dem für die Anwendung von Holz zulässigen Temperaturbereich einwirken, können folgende Formen der Widerstandsfähigkeit unterschieden werden:

- Feuchtebeständigkeit,
- Widerstandsfähigkeit gegen Chemikalien,
- Temperaturbeständigkeit,
- Widerstandsfähigkeit gegen Mikroorganismen und Insekten.

Die Feuchtebeständigkeit hat die größte Bedeutung.

Bei der Wahl des Klebstoffes für tragende Bauelemente ist es sehr wichtig, dass seine besonderen Eigenschaften bekannt sind und beachtet werden.

Nach den Ausgangsstoffen und ihrer Widerstandsfähigkeit bei den verschiedenen Beanspruchungen der verbundenen Hölzer werden folgende Klebstoffe unterschieden:

- Polyvinylazetatklebstoff (PVAc-Klebstoff)
- Harnstoff-Formaldehydharzklebstoff (HF-Klebstoff)
- Melamin-Formaldehydharzklebstoff (MF-Klebstoff)
- Phenol-Formaldehydharzklebstoff (PF-Klebstoff)
- Resorcin-Formaldehydharzklebstoff (RF-Klebstoff)
- Polyurethanklebstoff (PUR-Klebstoff)
- Epoxydharzklebstoff (EP-Klebstoff)

Kaseinklebstoff

Kaseinklebstoff ist ein Klebstoff, der aus den Proteinen des tierischen Produktes Milch hergestellt wird.
Er eignet sich gut für Holzverklebung, wird kalt aufgetragen und ermöglicht längere Wartezeiten.
Die mit Kaseinen verklebten Bauteile sind nicht absolut „wasserfest“. Für Verklebungen in überdachten Bauwerken ist er geeignet. Seine Verwendung ist stark zurückgegangen.

Zur Festigkeit der Klebefuge von Kaseinverklebungen bei historischen Brettschichtholz nach 100 Jahren Nutzung, s. [*Rug/Linke/Winter* 2013].

Polyvinylazetatklebstoff (PVAc-Klebstoff)

Er wird als Kaltklebstoff benutzt. Dieser Klebstoff, der vollständig unempfindlich gegen Mikroorganismen ist, ist für Außenverklebungen nicht verwendbar. Die Widerstandskraft der Fuge wird durch Wärme und Feuchtigkeit stark vermindert. Seine Beständigkeit gegen Luftfeuchtigkeit ist besser als die von Kaseinklebstoff. PVAc-Klebstoffe gehören zu den physikalisch bindenden Klebstoffen.

Harnstoff-Formaldehydharzklebstoff (HF-Klebstoff)

Der HF-Klebstoff entwickelt seine vorteilhaften Eigenschaften als Heißbinder. Er eignet sich gut für die Fließfertigung. Die gehärteten Fugen sind starr, spröde und nicht mehr viskoseelastisch; der HF-Klebstoff zeigt auch bei Belastungen keine Brucherscheinungen. HF-Klebstoffe sind bakterienfest und widerstandsfähig gegen begrenzte klimatische Beanspruchungen, nicht aber gegen extreme Wechselbeanspruchungen.
HF-Klebstoffe sind ungeeignet für Bauteile, die dem direkten Einfluss der Witterung ausgesetzt sind. Sie können sehr gut für Bauteile im Inneren der Bauwerke (bei begrenzten bauphysikalischen Beanspruchungen), aber auch bei vor Regen und direkter Sonnenbestrahlung geschützten Konstruktionsteilen angewendet werden.
Um die Viskosität zu erhöhen und die Materialkosten zu verringern, werden Streckmittel benutzt.
Es können Fugendicken bis 1 mm geklebt werden. Durch Zugabe von Füllmitteln wird eine fugenfüllende Wirkung erzielt.
HF-Klebefolien werden bei sehr dünnen Schichten eingesetzt oder wenn flüssiger Klebstoffauftrag technisch nicht möglich ist.
Im Zusammenhang mit der Untersuchung der Ursachen für den Einsturz der Eissporthalle Bad Reichenhall im Jahre 2006 wurde festgestellt, dass eine maßgebliche Ursache in der langzeitigen hydrolysebedingten Leistungsreduzierung des dem Klebstofftyp II nach DIN EN 301 zuzuordnenden UF-Harz [*Aicher/Rothkopf* 2012], [*Aicher* 2012] zu finden ist. Die baurechtliche Konsequenz war, dass Klebstoffe des Klebstofftyps II nicht mehr in Deutschland verwendet werden dürfen. Gleichzeitig hat die ARGEBAU eine Sonderüberprüfung von baulichen Anlagen aus harnstoffharzverklebten Bauteilen angeordnet [*ARGEBAU* 2013]. Diese Sonderprüfung sollte vor allem bei Bauwerken der Kategorien 1 und 2 entsprechend den Hinweisen für die Überprüfung der Standsicherheit von baulichen Anlagen [*ARGEBAU* 2006] durchgeführt werden.
Allerdings zeigten Untersuchungen an bestehenden über 50 Jahre genutzten Brettschichtholzkonstruktionen, dass fachgerecht mittels UF-Klebstoffen hergestellte und bestimmungsgemäß genutzte BSH-Tragwerke (keine langanhaltende hohe Feuchte- und Temperaturbeanspruchung von 40 ... 60 °C, oder sehr hohe Temperaturen) **kein** wesentlich höheres Sicherheitsrisiko darstellen [*Aicher/Rothkopf* 2012], [*Aicher* 2012].

Melamin-Formaldehydharzklebstoff (MF-Klebstoff)

MF-Klebstoffe sind in ihrem chemischen Verhalten und ihrer praktischen Anwendung den HF-Klebstoffen ähnlich, sie besitzen allerdings eine höhere Wasserbeständigkeit.
Eine Mischung mit anderen Klebstoffen (Harnstoff-, Phenol- oder Resorzinharz) ist möglich.

Phenol-Formaldehydharzklebstoffe (PF-Klebstoff)

PF-Klebstoffe sind kochfest, reißen nicht und sind auch dauerhaft bei ständiger Bewitterung („wetterfeste“ Verklebung). PF-Klebstoffe sind teurer als HF-Klebstoffe und außerdem unbequemer zu verarbeiten. PF-Klebstoffe ermöglichen als Kaltklebstoff auch die Anwendung auf der Baustelle (bei 10 bis 20 °C, bei $_{zul}u = 16\,\%$), dürfen aber aufgrund der Säurehärtung nicht mit Stahl in Verbindung gebracht werden.

Resorcin-Formaldehydharzklebstoff (RF-Klebstoff)

RF-Klebstoffe härten bedeutend schneller als PF-Klebstoffe unter gleichen Bedingungen.
RF-Klebstoffe zeigen ausgezeichnete, dauerhafte, wetterbeständige Eigenschaften. Resorcinharzklebstoffe werden wegen ihrer Dauerhaftigkeit bei extremen Witterungsbedingungen und bei chemisch verunreinigter Luft bevorzugt. So werden z. B. über Schwimmhallen mit Resorcinharz geklebte Binder verlegt; sie haben sich ausgezeichnet bewährt.
Resorcinharzklebstoffe zeigen keine exotherme Reaktion und haben daher keine Veränderung der Topfzeit zur Folge. Sie sind auch besser mit der unterschiedlichen Holzfeuchtigkeit verträglich.
Vorteilhaft ist auch, dass zur Eindickung des Klebstoffs Füllmittel verwendet werden können.

Polyurethanklebstoff (PUR-Klebstoff)

Für die Herstellung von Brettschichtholz werden auch Einkomponentenpolyurethanklebstoffe verwendet (s. [*Radovic/Rotkopf* 2003]).
Sie entstehen als Kondensationsprodukte aus Isozyanaten mit mehrwertigen Alkoholen. Die Aushärtung erfolgt über die Feuchte der Raumluft. Polyurethanklebstoffe besitzen eine hohe Nass- und Trockenfestigkeit bei dünner Klebefuge. Die verwendeten Klebstoffe gestatten eine Fugendicke bis 0,3 mm. Die Verwendung von Polyurethan-Klebstoff ist zurzeit über eine bauaufsichtliche Zulassung geregelt. Als Zweikomponentenklebstoff kann PUR-Klebstoff auch zum Einkleben von Stahlstangen in Brettschichtholz, Furnierschichtholz und Konstruktionsvollholz verwendet werden (s. BAZ Z-9.1-707).

Epoxydharzklebstoffe (EP-Klebstoff)

Epoxydharzklebstoffe können kalt härtend hergestellt werden. Die Aushärtung kann ohne Pressdruck erfolgen.
Wegen des hohen Festkörpergehaltes sind sie für das Verkleben von unterschiedlich dicken Klebefugen geeignet. Mit Füllmitteln lässt sich zusätzlich eine fugenfüllende Wirkung erzielen. Die Klebstoffe werden vor allem bei der Reparatur und Instandsetzung [*Hezel/Stapf* 2012] von Holzbauteilen (BAZ-9.1-750), der faserparallelen Verklebung von Brettschichtholz, Balkenschichtholz und Brettsperrholz aus Nadelholz mit einer Klebstofffugendicke bis 4 mm (BAZ-9.1-876) oder zum Einkleben von Stahl- und GFK-Stäben (glasfaserverstärkte Kunststoffstäben) (BAZ-9.1-705, BAZ-9.1-778) bzw. zum Einkleben von kohlefaserverstärkten Kunststoffprofilen (CFK-Profilen) eingesetzt.

3.2.7. Wahl der Klebstoffe

Für Bauteile, die überdacht und der Nässe nicht ausgesetzt werden, können bewährte Kaseinklebstoffe und Kunstharzklebstoffe verwendet werden, Kaseinklebstoffe allerdings nur dann, wenn die Klebefugen bis zum Aufbringen der Dachhaut gegen Eindringen freien Wassers geschützt sind.
Für Bauteile, die kurzzeitig, jedoch nicht öfter wiederkehrend der Nässe oder Feuchtigkeit ausgesetzt sein können, dürfen Kunstharzklebstoffe auf Basis von Harnstoffformaldehyd oder Resorcinformaldehyd verwendet werden.
Bauteile, die der Nässe, sehr feuchtwarmen oder tropenähnlichen Klimabedingungen ausgesetzt sein können, dürfen nur mit Kunstharzklebstoffen geklebt werden.
Es sind Klebstoffe zu verwenden, die in dicken Fugen beständig sind (z. B. gefüllte Harnstoffharzklebstoffe, Klebstoffe auf Resorcinbasis), jedoch jeweils nur für den zugelassenen Klimabereich. Zur Überwachung der Eigenschaften der verwendeten Klebstoffe sind vor jedem Bauvorhaben Probeklebungen auszuführen, besonders auch vor dem Verarbeiten jeder neuen Sendung von Klebstoff, Härter usw., und die hergestellten Proben sind nach entsprechender Kennzeichnung fünf Jahre lang aufzubewahren.

3.2.8. Physikalische und chemische Grundlagen der Klebstofftechnik

Damit eine Klebeverbindung zustande kommt, müssen Kräfte wirken. Es sind molekulare Anziehungskräfte und ihre verschiedenen Auswirkungen, wie Adhäsion, Kohäsion, Benetzung u. a. Die physikalische und chemische Grundlage des Klebens bildet die mechanische und spezifische Adhäsion.
Die Begleitumstände, die während des Klebevorgangs auftreten und die das Ergebnis günstig oder ungünstig beeinflussen, sind z. B. die Holzfeuchte, die Oberfläche, die Auftragsmenge, die Benetzung, das Eindringen des Klebstoffs, die Presszeit, der Pressdruck und die Temperaturen.
Die Vorbehandlung des Holzes vor Beginn der Klebearbeiten ist wichtiger, als allgemein angenommen wird.

Die Norm DIN EN 302 Teile 1 bis 8 fixiert einzelne Prüfverfahren zur Scherfestigkeit und statischen Belastungsprüfung bzw. Feststellung bestimmter Gebrauchseigenschaften der Klebstoffe (s. Tabelle 3.5.).

3.2.9. Prüfung der Qualität der Verklebung

Nach DIN EN 1995-1-1:2010, Abschnitt 3.6 gelten folgende Anforderungen:

Klebstoffe für tragende Zwecke müssen so beschaffen sein, dass die mit ihnen hergestellten Verbindungen eine Festigkeit und Dauerhaftigkeit besitzen, die in der vorgesehenen Nutzungsklasse während der gesamten zu erwartenden Lebensdauer des Bauwerks voll erhalten bleibt (s. DIN EN 1995-1-1:2010, Abschnitt 3.6 (1) P).

Klebstoffe, die den Anforderungen des Typs I nach DIN EN 301 entsprechen, dürfen in allen Nutzungsklassen verwendet werden (s. DIN EN 1995-1-1: 2010, Abschnitt 3.6 (2)).

Klebstoffe, die den Anforderungen des Typs II nach DIN EN 301 entsprechen, dürfen nur in den Nutzungsklassen 1 und 2 verwendet werden und auch nur dann, wenn sie nicht über längere Zeit Temperaturen von über 50 °C ausgesetzt sind (s. DIN EN 1995-1-1:2010, Abschnitt 3.6 (3)).
Diese Regel wird durch DIN EN 1995-1-1/NA:2013, NCI zu 3.6 (NA.5) wieder eingeschränkt, wonach alle Klebstoffe dem Klebstofftyp I nach DIN EN 301 entsprechen müssen, d. h. in Deutschland ist nur noch die Verwendung von Klebstoffen des Klebstofftyps I zulässig!

Nach DIN EN 1995-1-1/NA:2013, NCI Zu 3.6 (NA.4) können in Deutschland auch Klebstoffe mit einem bauaufsichtlichen Verwendbarkeitsnachweis für den vorgesehenen Verwendungszweck verwendet werden.

Die erforderlichen Prüfungen für Klebstoffe für tragende Holzbauteile regelt DIN EN 301 (s. Tabelle 3.5.).
Auf europäischer Ebene wird die Prüfung der Qualität der Klebefugen von Brettschichtholz ebenfalls in DIN EN 14080 geregelt. Zu dem Stand der Normung auf dem Gebiet der Klebstoffe in Deutschland und in Europa s. [*Aicher/Rothkopf* 2012] und [*Dewitt* 2012].

3.2.10. Zubereitung der Klebstoffe

Sie hat nach den Gebrauchsanweisungen, nach genauen Bestandteilen (gewogen oder gemessen) in Gefäßen aus Glas, Porzellan, Steingut oder in mit Bitumen-Schutzlack versehenen Blechgefäßen zu erfolgen. PF-Klebstoff wird mit Toluolsulfonsäure als Härter im Untermischverfahren im Verhältnis 10:1 zu Klebstoff angesetzt. Es sind folgende Angaben festzuhalten:

- Tag der Verklebung,
- Menge des Klebstoffansatzes, getrennt nach Harz und Härter,
- Raumtemperatur,
- Viskosität des Klebstoffs,
- pH-Wert des Klebstoffs,
- pH-Wert des Härters.

Tabelle 3.5. Bestimmung der Gebrauchseigenschaften der Klebstoffe nach DIN EN 302-1 bis -8

Norm	Titel
DIN EN 302-1	Klebstoffe für tragende Holzbauteile – Prüfverfahren – Teil 1: Bestimmung der Längszugscherfestigkeit; Deutsche Fassung EN 302-1:2013
DIN EN 302-2	Klebstoffe für tragende Holzbauteile – Prüfverfahren – Teil 2: Bestimmung der Delaminierungsbeständigkeit; Deutsche Fassung EN 302-2:2017
DIN EN 302-3	Klebstoffe für tragende Holzbauteile – Prüfverfahren – Teil 3: Bestimmung des Einflusses von Säureschädigung der Holzfasern durch Temperatur- und Feuchtezyklen auf die Querzugfestigkeit; Deutsche Fassung EN 302-3:2017
DIN EN 302-4	Klebstoffe für tragende Holzbauteile – Prüfverfahren – Teil 4: Bestimmung des Einflusses von Holzschwindung auf die Scherfestigkeit; Deutsche Fassung EN 302-4:2013
DIN EN 302-5	Klebstoffe für tragende Holzbauteile – Prüfverfahren – Teil 5: Bestimmung der maximalen Wartezeit bei Referenzbedingungen; Deutsche Fassung EN 302-5:2013
DIN EN 302-6	Klebstoffe für tragende Holzbauteile – Prüfverfahren – Teil 6: Bestimmung der Mindestpresszeit bei Referenzbedingungen; Deutsche Fassung EN 302-6:2013
DIN EN 302-7	Klebstoffe für tragende Holzbauteile – Prüfverfahren – Teil 7: Bestimmung der Gebrauchsdauer bei Referenzbedingungen; Deutsche Fassung EN 302-7:2013
DIN EN 302-8	Klebstoffe für tragende Holzbauteile – Prüfverfahren – Teil 8: Statische Belastungsprüfung an Prüfkörpern mit mehreren Klebfugen bei Druck-Scherbeanspruchung; Deutsche Fassung EN 302-8:2017

3.3. Verbindungen mit metallischen Verbindungselementen

3.3.1. Duktiles Tragverhalten

Ein duktiles Tragverhalten zeichnet sich dadurch aus, dass sich die Verbindung unter Belastung plastisch verformt, bevor ein Versagen eintritt, d. h. das Versagen einer Verbindung wird durch zunehmende Verformungen angekündigt. Da Holz unter Zugbelastung ein sprödes Tragverhalten aufweist, kann ein duktiles Tragverhalten einer Verbindung nur durch plastische Verformung in den Stahlverbindungsmitteln erreicht werden. Dies setzt eine genügend große Schlankheit des Verbindungsmittels zur gewählten Holzdicke voraus.

Bild 3.10. zeigt den Einfluss der Schlankheit von Stabdübeln (*t* = Holzdicke des Mittelholzes; *d* = Stabdübeldurchmesser) auf das Tragverhalten einer Holz-Holz-Verbindung (zweischnittig) bei Zugbeanspruchung parallel zur Faser. Schlankheiten über 6 führen bei Stabdübeln zu duktilem Tragverhalten.

Nach DIN EN 1995-1-1/NA:2013, Abschnitt zu 8.1.2 (NA.7) darf bei verschiedenen Verbindungsmitteln mit einem duktilen Tragverhalten die unterschiedliche Verformung der Verbindungsmittel bei Erreichen der Traglast dadurch berücksichtigt werden, dass die Tragfähigkeit des Verbindungsmittels, auf das rechnerisch der kleinere Teil der zu übertragenden Kraft entfällt, auf zwei Drittel abgemindert wird.

Es gilt:

$$F_{v,d} = F_{v,d1} + \frac{2}{3} \cdot F_{v,d2} \quad (\textit{für } F_{v,d2} < F_{v,d1}).$$

Man geht dabei davon aus, dass durch das duktile Tragverhalten ein Zusammenwirken garantiert ist. Ist dies nicht gegeben, ist bei der Berechnung der Tragfähigkeit die unterschiedliche Nachgiebigkeit zu berücksichtigen (s. hierzu Abschnitt 3.1.3.).

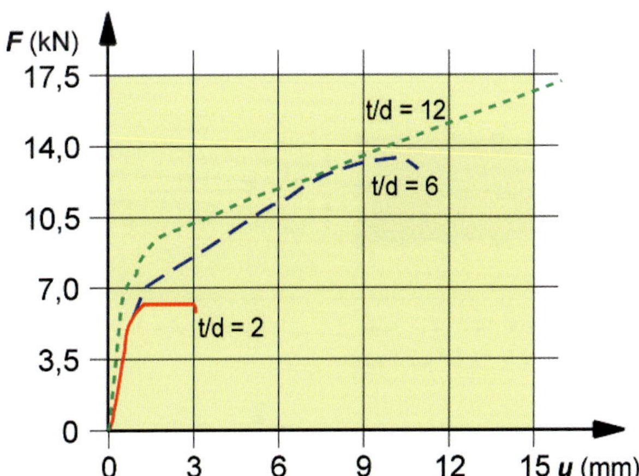

Bild 3.10. Einfluss der Stabdübelschlankheit auf das Lastverformungsverhalten einer Holz-Holz-Verbindung unter Zugbeanspruchung parallel zur Faser (aus [*Racher in Step 1* 1995]

In DIN EN 1995-1-1/NA:2013, Abschnitt NCI zu 8.1.2 (NA.8) wird definiert, welche Verbindungsmittel als duktil anzusehen sind:

- auf Abscheren beanspruchte Stifte, die nach den in NA.8.2.4, NA.8.2.5 und den in diesem Dokument zu 8.3 bis 8.7 angegebenen vereinfachten Regeln bemessen sind,
- auf Abscheren beanspruchte schlanke Stifte mit einem Verhältnis von Holzdicke zu Stiftdurchmesser von mindestens 6, die nach den genaueren Regeln nach Abschnitt 8.2 bemessen sind,
- Kontaktanschlüsse,
- Einpressdübel,
- Verbindungsmittel in Verbindungen, bei denen das Spalten des Holzes im Verbindungsbereich durch Querzugverstärkungen verhindert wird (s. Bild 3.12.).

Berechnung der charakteristischen Tragfähigkeit

Die Berechnung der charakteristischen Tragfähigkeit $F_{v,Rk}$ pro Scherfuge gilt unter der Voraussetzung, dass die Stifte unter Biegebeanspruchung und die zu verbindenden Holzwerkstoffe unter Lochleibungsbeanspruchung idealplastisches Verhalten aufweisen. Die Tragfähigkeit einer Holzbauverbindung mit stiftförmigen Verbindungsmitteln wird im Wesentlichen durch den Biegewiderstand des Verbindungsmittels und der Lochleibungsfestigkeit des zu verbindenden Holzes bestimmt. Allerdings wird ausdrücklich in Abschnitt 8.2.3 (5) der DIN EN 1995-1-1:2010 darauf hingewiesen, dass bei Stahl-Holz-Verbindungen die Tragfähigkeit auch durch Scherversagen des Holzes entlang der Verbindungsmittelreihe (Blockscherversagen von Verbindungen – s. Bild 3.11.) oder durch Zugversagen des Holzes begrenzt wird, was stets bei der Bemessung entsprechend den Regeln in Anhang A in DIN EN 1995-1-1:2010 zu berücksichtigen ist.

Blockscherversagen tritt hauptsächlich bei Stahl-Holz-Verbindungen auf. Es ist abhängig von der Zug- und der Schubfestigkeit des Holzes sowie vom duktilen Verhalten der Verbindungsmittel. Zur Nachweisführung siehe [*Blaß/Sandhaas* 2016].

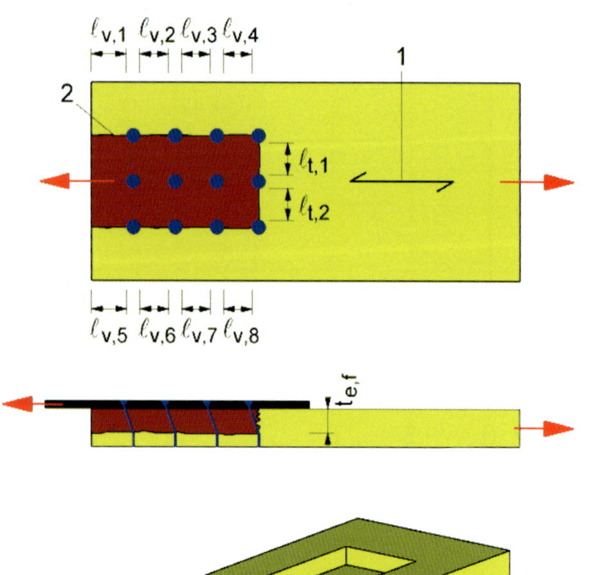

Bild 3.11. Gefährdete Holzfläche bei Blockscherversagen (nach Bild A.2 in DIN EN 1995-1-1:2010)

3.3.2. Tragfähigkeit von stiftförmigen metallischen Verbindungsmitteln bei Beanspruchung auf Abscheren nach DIN EN 1995-1-1:2010, Abschnitt 8.2

DIN EN 1995-1-1:2010 enthält Rechenregeln für stiftförmige Verbindungen. Zu den stiftförmigen Verbindungsmitteln zählen: Nägel, Stabdübel, Passbolzen, Bolzen, Gewindestangen (Gewindebolzen nach DIN 976-1), Gewindestangen mit Gewinde nach DIN 7998, Holzschrauben und Klammern. Es wird für die **Beanspruchung auf Abscheren** (Beanspruchung senkrecht zur Stiftachse) von einheitlichen Regeln für stiftförmige Verbindungsmittel ausgegangen. Die hierfür geltenden ingenieurtheoretischen Grundlagen basieren auf der Arbeit von *Johansen* [*Johansen* 1949]. Die Regeln nach *Johansen* gelten auch als **genaues Verfahren**, geregelt in DIN EN 1995-1-1: 2010, Abschnitte 8.2.2 und 8.2.3. In recht aufwendigen Formeln sollen möglichst viele das Tragvermögen bestimmende Parameter, wie Werkstoffdicke, Eindringtiefe, Durchmesser der Verbindungsmittel, die Abhängigkeit der Lochleibungsfestigkeit von der Rohdichte des Holzes und das idealplastische Tragvermögen des Stahles und des Holzes erfasst werden (s. a. [*Blaß/Ehlbeck* u. a. 2005], [*Racher und Hilson in Step 1*, 1995]). Weiterhin gibt es die Möglichkeit, mit **einem vereinfachten Verfahren** nach DIN EN 1995-1-1/NA:2013, Abschnitt NCI NA.8.2.4 und NCI NA.8.2.5 zu rechnen.

Weitere spezifische Regeln zu den einzelnen stiftförmigen Verbindungen (z. B. Mindesteindringtiefen, Holz- und Verbindungsmittelfestigkeiten, Mindestabstände) sind dann in speziellen Abschnitten geregelt. Diese müssen für jeden einzelnen Fall zusätzlich berücksichtigt werden.

Die **Beanspruchung auf Herausziehen** (Beanspruchung parallel zur Stiftachse) wird in Rechenregeln in den die einzelnen Verbindungsmittel behandelnden Abschnitten der Norm geregelt.

Abminderung (Verminderung) der charakteristischen Tragfähigkeit

Der Einfluss der Lasteinwirkungsdauer und der Holzfeuchte auf die Holzfestigkeit wird bei der Ermittlung des Bemessungswertes der Tragfähigkeit über den Modifikationsbeiwert k_{mod} berücksichtigt.

Bei Verbindungen mit vielen einzelnen Verbindungsmitteln hintereinander nimmt die Gefahr des Aufspaltens der gesamten Verbindung zu. Viele Verbindungsmittel erhöhen die Kerbwirkung im Holz und vermindern die Tragfähigkeit. Dies wird wie bisher auch über die Berechnung einer wirksamen Anzahl n_{ef} von Verbindungsmitteln berücksichtigt.

Für eine Verbindungsmittelreihe mit n_{ef} von in Faserrichtung hintereinander angeordneten Verbindungsmitteln wird die charakteristische Tragfähigkeit $F_{v,Rk}$ nach Gl. (8.1) in DIN EN 1995-1-1:2010 bestimmt.

$$F_{v,ef,Rk} = n_{ef} \cdot F_{v,Rk}$$

Dabei ist:

$F_{v,ef,Rk}$ die effektive charakteristische Tragfähigkeit parallel zu einer Verbindungsmittelreihe, deren Verbindungsmittel in Faserrichtung hintereinander liegend angeordnet sind;

n_{ef} die wirksame Anzahl der Verbindungsmittel, die in Faserrichtung hintereinander liegen;

$F_{v,Rk}$ die charakteristische Tragfähigkeit je Verbindungsmittel in Faserrichtung.

Für die Berechnung von n_{ef} gelten die Formeln in den Abschnitten 8.3.1 (8) und 8.5.1.1 (4) der DIN EN 1995-1-1: 2010.

Beträgt der Last-Faser-Winkel $\alpha = 0°$, so gelten vor allem bei bestimmten Verbindungsmitteln, wie z. B. Stabdübeln, Bolzen und Holzschrauben ab Durchmesser d > 8 mm, oder Nägel ab Durchmesser d > 8 mm die in den vorgenannten Abschnitten angegebenen Formeln für n_{ef}.

Bei Nägeln ist $n_{ef} = n$, wenn die hintereinander liegenden Nägel um mindestens $1 \cdot d$ versetzt angeordnet werden (s. DIN EN 1995-1-1:2010, Abschnitt 8.3.1.1 (8)).

Für Stabdübel- und Passbolzenverbindungen ist $n_{ef} = n$, wenn nach DIN EN 1995-1-1/NA:2013, Abschnitt NCI zu 8.6 (NA.9) durch eine Verstärkung rechtwinklig zur Faserrichtung das Spalten des Holzes verhindert wird (s. a. Abschnitt 3.7.3. dieses Buches). Nach DIN EN 1995-1-1/ NA:2013, Abschnitt NCI zu 8.5 (NA.7) gilt das auch für Bolzen und Gewindestangen.

Bild 3.12. zeigt Lastverformungskurven verstärkter Zugverbindungen mit Stabdübeln im Vergleich zu einer unverstärkten Verbindung (nach [*Blaß/Bejtka/Uibel* 2006]). Die quer zu den Stabdübeln angeordneten Holzschrauben verhindern ein Aufspalten und verstärken zusätzlich die eigentliche Stabdübelverbindung. Das Tragverhalten wird duktiler, je näher die Schrauben an den Stabdübeln angeordnet werden.

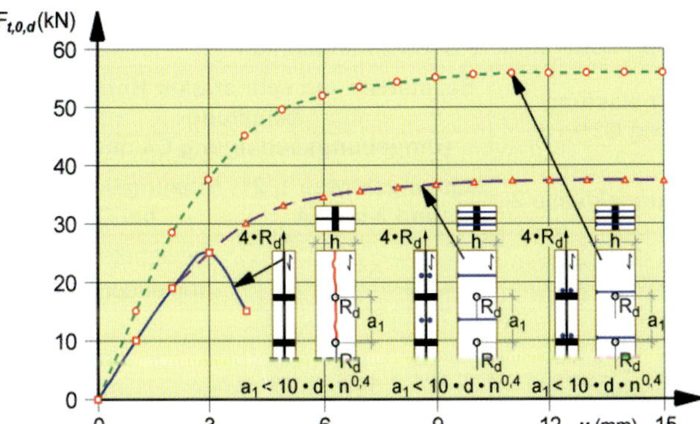

Bild 3.12. Lastverformungskurven von spaltgefährdeten und unterschiedlich verstärkten Stabdübelverbindungen (aus [*Blaß/Bejtka/Uibel* 2006])

Anordnung der stiftförmigen Verbindungsmittel

Es gilt der Grundsatz: *Die Anordnung, die Größe sowie ihre Abstände untereinander und von den Holzrändern parallel und rechtwinklig zur Faserrichtung sind so zu wählen, dass die erwartete Tragfähigkeit auch erreicht wird.* Die in der Norm festgelegten Mindestmaße sind einzuhalten (s. DIN EN 1995-1-1:2010, Abschnitt 8.1.2 (1) P). Wenn Nägel **nicht** um einen Durchmesser zur Risslinie versetzt angeordnet werden, ist auch für Nägel ein n_{ef} nach Gl. (8.17) in DIN EN 1995-1-1:2010 zu berücksichtigen (s. a. Abschnitt 3.4.4.).

Eine versetzte Anordnung ist mit Rücksicht auf die Kerbwirkung hintereinanderliegender Verbindungsmittel und die Spaltgefahr immer zu empfehlen.

Korrosionsschutz

Je nach klimatischer Beanspruchung und Einbaulage unterliegen metallische Bauteile und Verbindungsmittel der Korrosion. Zur Sicherung einer ausreichenden Dauerhaftigkeit der Holzkonstruktion, sind die metallischen Verbindungselemente gegen Korrosion zu schützen. Die Mindestanforderungen der DIN EN 1995-1-1:2010 enthält Tabelle 4.1 in der Norm (s. Tabelle 3.6.a).

Die Mindestanforderungen nach Tabelle 3.6.a gelten nur für unbedeutende oder geringe Korrisionsbelastungen (Korrosionskategorien C1 und C2 nach DIN EN ISO 12944-2), s. a. DIN EN 1995-1-1/NA:2013, NCI zu 4.2 (NA.4).

Ergänzend dazu zeigt Tabelle 3.6.b Beispiele für Mindestanforderungen an die Baustoffe oder den Korrosionschutz von Verbindungsmitteln für mäßige, starke oder sehr starke Korrosionsbelastungen nach DIN SPEC 1052-100.

Eine zusätzliche korrosive Wirkung kann durch die Verwendung von gerbstoffreichen Hölzern (z. B. Eiche, Kastanie oder Bongossi) entstehen (s. auch Tabelle 2.2.). Deshalb empfiehlt DIN EN 1995-1-1/NA:2013 (NA.6) bei Holzkonstruktionen aus Eiche oder Bongossi die Verwendung von geeigneten nicht rostenden Stählen.

Ab Nutzungsklasse 2 sollten bei Eichenholz stählerne Verbindungsmittel aus nichtrostbarem Stahl bestehen (s. [*Gläser/Rüther* u. a. 2013]). Wegen des gleichen ph-Wertes der Holzinhaltsstoffe gilt dies auch für Kastanienholz.

Auch bestimmte Holzschutzmittel in Hölzern wirken korrosionsfördernd. Die metallischen Verbindungsmittel sollten dann den Anforderungen der nach SPEC 1052-10 (s. Tabelle 3.6.b) für sehr starke Korrisionsbelastung genügen (s. DIN EN 1995-1-1/NA:2013, (NA.6)).

Für eingeklebte Stahlstäbe ist der Korrosionsschutz wie für Bolzen und Stabdübel nach Tabelle 3.6.a auszuführen (s. DIN EN 1995-1-1/NA:2013 (NA.5)).

Für Holzbrücken sind die zusätzlichen Regelungen in Abschnitt 4.2 in DIN EN 1995-2:2010 und in Abschnitt NCI NA.4.4.2 in DIN EN 1995-2/NA:2010 anzuwenden.

Zu beachten ist, dass bei speziellen Gebäuden (z. B. Hallen oder baulichen Anlagen mit aggressiven Medien) oder frei bewitterte Brücken u. U. höhere Anforderungen, als die in Tabelle 3.6.b zusammengestellten, gelten können.

3.3.3. Tragfähigkeit von stiftförmigen Verbindungsmitteln nach DIN EN 1995-1-1:2010, Abschnitt 8.2 bei Beanspruchung auf Abscheren – Genaues Verfahren

Nach DIN EN 1995-1-1:2010, Abschnitt 8.2 werden für Verbindungen mit stiftförmigen Verbindungsmitteln die maßgebenden Versagensmechanismen angegeben. Das Versagen ist dabei abhängig vom idealplastischen Materialverhalten, sowohl des Holzes als auch des Stiftes (z. B. des Nagels). Die Tragfähigkeit einer Verbindung mit stiftförmigen Verbindungen erreicht ihren Grenzzustand, wenn in mindestens einem der vorhandenen Holzbauteile die Lochleibungsfestigkeit ausgeschöpft ist und gleichzeitig Fließgelenke im Stift auftreten. Vorgegeben werden die Berechnungsregeln für einschnittige und zweischnittige Holz-Holz- bzw. Holz-Holzwerkstoff-Verbindungen sowie für ein- und zweischnittige Holz-Stahl-Verbindungen. Mehrschnittige Verbindungen werden auf zweischnittige Verbindungen zurückgeführt, deren Summe die Gesamttragfähigkeit der mehrschnittigen Verbindung ergibt (s. a. Abschnitt 3.3.5.).

Einflussgebend auf den sich einstellenden Versagensmechanismus sind die Geometrie der Verbindung und die Baustoffeigenschaften der zu verbindenden Werkstoffe sowie der Verbindungsmittel.

Bei der Ermittlung der Bemessungswerte der Tragfähigkeit pro Scherfuge für die im Einzelnen in Abschnitten 8.2.2 und 8.2.3 aufgeführten Versagensmechanismen (s. Tabellen 3.7. bis 3.11.) ist der kleinste ermittelte charakteristische Wert aus allen zu untersuchenden Versagensfällen maßgebend.

Die Gleichungen zur Ermittlung der charakteristischen Werte der Tragfähigkeit auf Abscheren sind für Holz-Holz- bzw. Holz-Holzwerkstoff-Verbindungen und Stahl-Holz-Verbindungen in den Tabellen 3.7. bis 3.11. zusammengefasst. Bild 3.13. zeigt die Übersicht über die für die einzelnen Verbindungsarten maßgebenden Tabellen.

Tabelle 3.6.a Beispiele für Mindestanforderungen an Baustoffe oder Korrosionsschutz für Verbindungsmittel (in Anlehnung an ISO 2081) nach DIN EN 1995-1-1:2010, Tabelle 4.1

Verbindungsmittel	**Nutzungsklasse[b]**		
	1	**2**	**3**
Nägel und Schrauben mit $d \leq 4$ mm	keine	Fe/Zn 12c[a]	Fe/Zn 25c[a]
Bolzen, Stabdübel, Nägel und Holzschrauben mit $d > 4$ mm	keine	keine	Fe/Zn 25c[a]
Klammern	Fe/Zn 12c[a]	Fe/Zn 12c[a]	nicht rostender Stahl
Nagelplatten und Stahlbleche bis 3 mm Dicke	Fe/Zn 12c[a]	Fe/Zn 12c[a]	nicht rostender Stahl
Stahlbleche über 3 mm bis zu 5 mm Dicke	keine	Fe/Zn 12c[a]	Fe/Zn 25c[a]
Stahlbleche über 5 mm Dicke	keine	keine	Fe/Zn 25c[a]

a Wenn Stahlbleche feuerverzinkt werden, ist Fe/Zn 12C durch Z275 und Fe/Zn 25C durch Z350 nach EN 10346 zu ersetzen. Wenn das Schmelztauchverfahren bei stiftförmigen Verbindungsmitteln verwendet wird, ist Fe/Zn 12C durch eine Zinkschicht von mindestens 39 μm und Fe/Zn 25C durch eine Zinkschicht von 49 μm nach EN ISO 1461 zu ersetzen.

b Bei besonderen korrosiven Bedingungen sollten dickere Feuerverzinkungen oder nicht rostender Stahl in Betracht gezogen werden.

Tabelle 3.6.b Beispiele für Mindestanforderungen an die Baustoffe oder den Korrosionsschutz von Verbindungsmitteln für mäßige, starke oder sehr starke Korrosionsbelastungen nach DIN SPEC 1052-100:2013, Tabelle 1

	Baustoffe, Verbindungsmittel	**Korrosionsschutz in Anlehnung an DIN EN ISO 2081 bzw. mittlere Zinkschichtdicke in [μm] und/oder andere Schutzmaßnahmen**			
		Bei mäßiger Korrosionsbelastung (Umgebungsbedingung C3[a])		**Bei starker und sehr starker Korrosionsbelastung (Umgebungsbedingung C4 und C5[a])**	
		Nutzungsklasse 1	**Nutzungsklasse 2**	**Nutzungsklasse 1, 2 und 3 bei C4**	**Nutzungsklasse 3 bei C5**
1	Nägel und Schrauben $d \leq 4$ mm	keine[d]	Fe/Zn 12c[b]	55	geeigneter nicht rostender Stahl[f]
2	Nägel d > 4 mm, Schrauben d > 4 mm, Dübel, Bolzen, Scheiben, Muttern, Stabdübel	keine[c,d]	keine[c,d]	55	
		Nutzungsklasse 1 und 2		**Nutzungsklasse 1, 2 und 3 für C4 und Nutzungsklasse 3 für C5**	
3	Klammern	geeigneter nicht rostender Stahl[f]		geeigneter nicht rostender Stahl[f]	
4	Nagelplatten[g] und Stahlbleche[g,h] mit einer Dicke bis zu 3 mm	Fe/Zn 12c[b]		geeigneter nicht rostender Stahl[f] oder Korrosionsschutz nach DIN 55634	
5	Stahlbleche mit einer Dicke zwischen 3 mm und 5 mm	30[i]		geeigneter nicht rostender Stahl[f] oder Korrosionsschutz nach DIN EN ISO 12944-5	
6	Stahlblech mit einer Dicke über 5 mm	Korrosionsschutz nach DIN EN 1090-2		Korrosionsschutz nach DIN EN 1090-2	

a Nach DIN EN ISO 12944-2.

b Bei Feuerverzinkungen ist in der Regel Fe/Zn 12c durch Z275 nach DIN EN 10346 zu ersetzen.

c Bei einseitigen Dübeln aus Stahlblech muss eine mittlere Zinkschichtdicke von mindestens 55 μm aufgebracht werden.

d Bei Stahlblech-Holzverbindungen mit außen liegenden Blechen müssen Nägel und Schrauben eine mittlere Zinkschichtdicke von mindestens 7 μm aufweisen.

e Bei Verbindungsmitteln, die in ihrem für die Tragfähigkeit relevanten Bereich von Holz oder Holzwerkstoffen vollständig umschlossen sind (z. B. Stabdübel, Vollgewindeschrauben), ist eine mittlere Zinkschichtdicke von mindestens 55 μm ausreichend.

f Z. B. nicht rostende Stähle für die entsprechenden Korrosionswiderstandsklassen nach allgemeiner bauaufsichtlicher Zulassung Z-30.3-6.

g Statt feuerverzinktem Blech darf auch Blech mit Zink-Aluminium-Überzügen gleicher Schichtdicke verwendet werden.

h Stahlbleche mit einer Dicke bis zu 3 mm dürfen auch mit geschnittenen, unverzinkten Kanten eingesetzt werden.

i Die übliche Mindestschichtdicke beim Stückverzinken beträgt 50 μm.

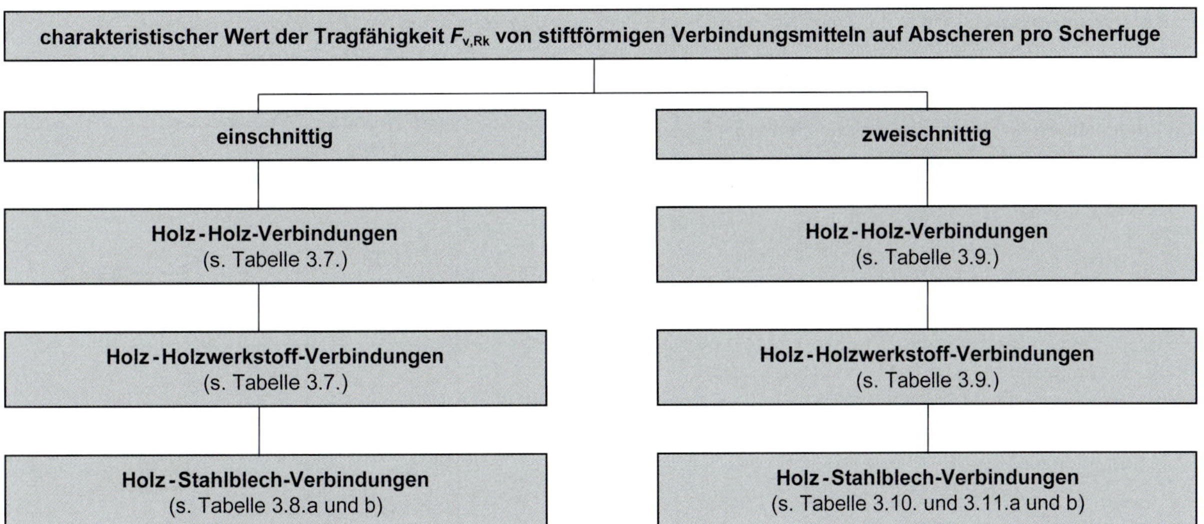

Bild 3.13. Berechnung der charakteristischen Werte der Tragfähigkeit von stiftförmigen Verbindungsmitteln auf Abscheren pro Scherfuge

Tabelle 3.7. Charakteristische Werte der Tragfähigkeit $F_{v,Rk}$ einer einschnittigen Verbindung pro Scherfuge von Bauteilen aus Holz/Holz bzw. Holz/Holzwerkstoffen gemäß DIN EN 1995-1-1:2010, Abschnitt 8.2.2
(maßgebend ist der kleinste Wert aus der Anwendung aller Gleichungen)

Berechnungsgleichung für den charakteristischen Wert $F_{v,Rk}$	Gleichungs-nummer	Versagensfall
$F_{v,Rk} = f_{h,1,k} \cdot t_1 \cdot d$	(8.6 (a))	
$F_{v,Rk} = f_{h,2,k} \cdot t_2 \cdot d$	(8.6 (b))	
$F_{v,Rk} = \frac{f_{h,1,k} \cdot t_1 \cdot d}{1+\beta} \left[\sqrt{\beta + 2 \cdot \beta^2 \left[1 + \frac{t_2}{t_1} + \left(\frac{t_2}{t_1} \right)^2 \right] + \beta^3 \cdot \left(\frac{t_2}{t_1} \right)^2} - \beta \cdot \left(1 + \frac{t_2}{t_1} \right) \right] + \frac{F_{ax,Rk}}{4}$	(8.6 (c))	
$F_{v,Rk} = 1{,}05 \cdot \frac{f_{h,1,k} \cdot t_1 \cdot d}{2+\beta} \left[\sqrt{2 \cdot \beta \cdot (1+\beta) + \frac{4 \cdot \beta \cdot (2+\beta) \cdot M_{y,Rk}}{f_{h,1,k} \cdot d \cdot t_1^2}} - \beta \right] + \frac{F_{ax,Rk}}{4}$	(8.6 (d))	
$F_{v,Rk} = 1{,}05 \cdot \frac{f_{h,1,k} \cdot t_2 \cdot d}{1+2\beta} \left[\sqrt{2 \cdot \beta^2 \cdot (1+\beta) + \frac{4 \cdot \beta \cdot (1+2\beta) \cdot M_{y,Rk}}{f_{h,1,k} \cdot d \cdot t_2^2}} - \beta \right] + \frac{F_{ax,Rk}}{4}$	(8.6 (e))	
$F_{v,Rk} = 1{,}15 \cdot \sqrt{\frac{2 \cdot \beta}{1+\beta}} \sqrt{2 \cdot M_{y,Rk} \cdot f_{h,1,k} \cdot d} + \frac{F_{ax,Rk}}{4}$	(8.6 (f))	

Tabelle 3.8.a Charakteristische Werte der Tragfähigkeit $F_{v,Rk}$ einer einschnittigen Verbindung pro Scherfuge von Bauteilen aus Stahlblech/Holz (Blechdicke $t \leq 0{,}5 \cdot d$ – dünnes Stahlblech) gemäß DIN EN 1995-1-1:2010, Abschnitt 8.2.3 **(maßgebend ist der kleinste Wert aus der Anwendung aller Gleichungen)**

Berechnungsgleichung für den charakteristischen Wert $F_{v,Rk}$	Gleichungs-nummer	Versagensart
$F_{v,Rk} = 0{,}4 \cdot f_{h,k} \cdot t_1 \cdot d$	(8.9 (a))	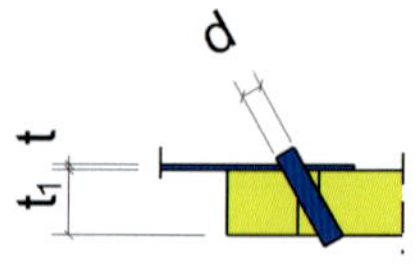
$F_{v,Rk} = 1{,}15 \cdot \sqrt{2 \cdot M_{y,Rk} \cdot f_{h,k} \cdot d} + \frac{F_{ax,Rk}}{4}$	(8.9 (b))	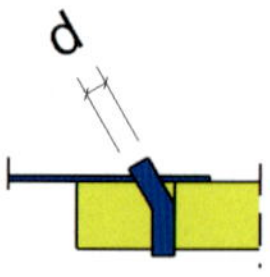

Tabelle 3.8.b Charakteristische Werte der Tragfähigkeit $F_{v,Rk}$ einer einschnittigen Verbindung pro Scherfuge von Bauteilen aus Stahlblech/Holz (Blechdicke $t \geq 0{,}5 \cdot d$ – dickes Stahlblech) gemäß DIN EN 1995-1-1:2010, Abschnitt 8.2.3 **(maßgebend ist der kleinste Wert aus der Anwendung aller Gleichungen)**

Berechnungsgleichung für den charakteristischen Wert $F_{v,Rk}$	Gleichungs-nummer	Versagensart
$F_{v,Rk} = f_{h,k} \cdot t_1 \cdot d$	(8.10 (c))	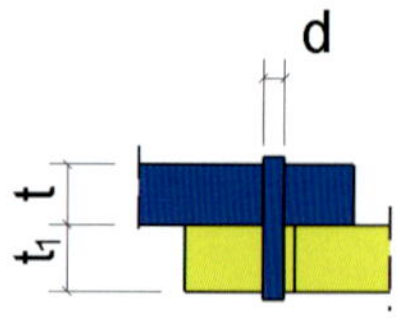
$F_{v,Rk} = f_{h,k} \cdot t_1 \cdot d \left[\sqrt{2 + \frac{4 \cdot M_{y,Rk}}{f_{h,k} \cdot d \cdot t_1^2}} - 1 \right] + \frac{F_{ax,Rk}}{4}$	(8.10 (d))	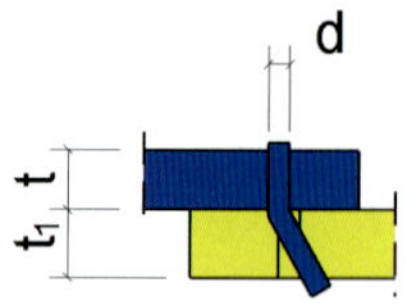
$F_{v,Rk} = 2{,}3\sqrt{M_{y,Rk} \cdot f_{h,k} \cdot d} + \frac{F_{ax,Rk}}{4}$	(8.10 (e))	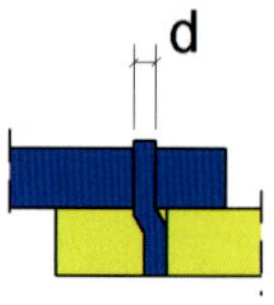

Für Blechdicken $0{,}5 \cdot d < t < d$ werden die kleinsten ermittelten Werte aus Tabelle 3.8.a und Tabelle 3.8.b geradlinig interpoliert.

Tabelle 3.9. Charakteristische Werte der Tragfähigkeit $F_{v,Rk}$ einer zweischnittigen Verbindung pro Scherfuge von Bauteilen aus Holz/Holz- bzw. Holz-/Holzwerkstoffen gemäß DIN EN 1995-1-1:2010, Abschnitt 8.2.2
(maßgebend ist der kleinste Wert aus der Anwendung aller Gleichungen)

Berechnungsgleichung für den charakteristischen Wert $F_{v,Rk}$	Gleichungs-nummer	Versagensart
$F_{v,Rk} = f_{h,1,k} \cdot t_1 \cdot d$	(8.7 (g))	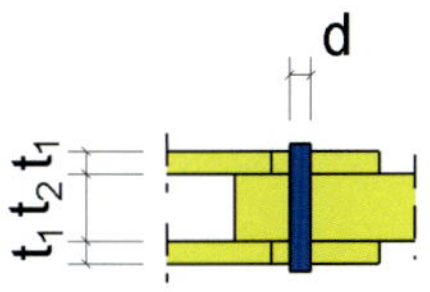
$F_{v,Rk} = 0{,}5 \cdot f_{h,2,k} \cdot t_2 \cdot d$	(8.7 (h))	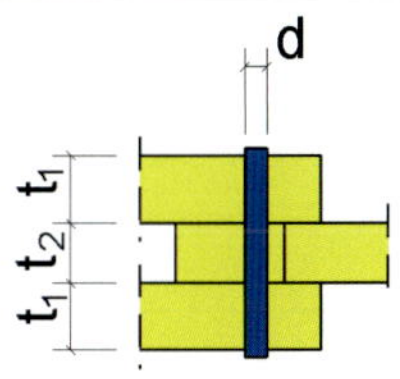
$F_{v,Rk} = 1{,}05 \cdot \frac{f_{h,1,k} \cdot t_1 \cdot d}{2+\beta} \left[\sqrt{2 \cdot \beta \cdot (1+\beta) + \frac{4 \cdot \beta \cdot (2+\beta) \cdot M_{y,Rk}}{f_{h,1,k} \cdot d \cdot t_1^2}} - \beta \right] + \frac{F_{ax,Rk}}{4}$	(8.7 (j))	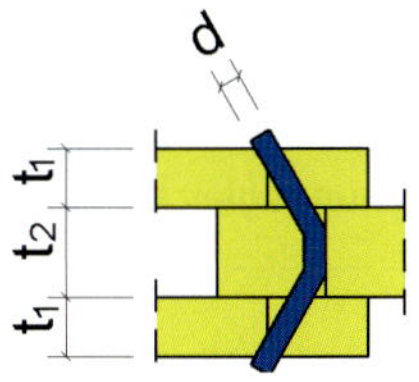
$F_{v,Rk} = 1{,}15 \cdot \sqrt{\frac{2 \cdot \beta}{1+\beta}} \sqrt{2 \cdot M_{y,Rk} \cdot f_{h,1,k} \cdot d} + \frac{F_{ax,Rk}}{4}$	(8.7 (k))	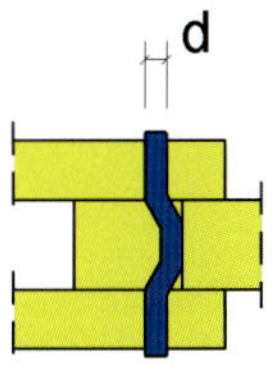

Tabelle 3.10. Charakteristische Werte der Tragfähigkeit $F_{v,Rk}$ einer zweischnittigen Verbindung pro Scherfuge von Bauteilen aus Stahlblech/Holz (Blech innen liegend) gemäß DIN EN 1995-1-1:2010, Abschnitt 8.2.3
(maßgebend ist der kleinste Wert aus der Anwendung aller Gleichungen)

Berechnungsgleichung für den charakteristischen Wert $F_{v,Rk}$	Gleichungs-nummer	Versagensart
$F_{v,Rk} = f_{h,1,k} \cdot t_1 \cdot d$	(8.11 (f))	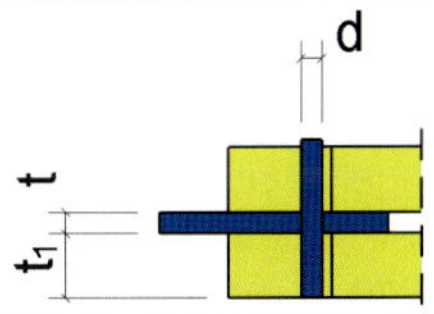
$F_{v,Rk} = f_{h,1,k} \cdot t_1 \cdot d \left[\sqrt{2 + \frac{4 \cdot M_{y,Rk}}{f_{h,1,k} \cdot d \cdot t_1^2}} - 1 \right] + \frac{F_{ax,Rk}}{4}$	(8.11 (g))	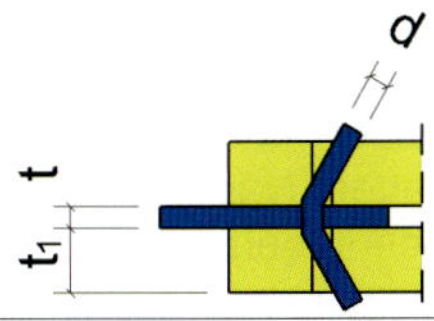
$F_{v,Rk} = 2{,}3 \sqrt{M_{y,Rk} \cdot f_{h,1,k} \cdot d} + \frac{F_{ax,Rk}}{4}$	(8.11 (h))	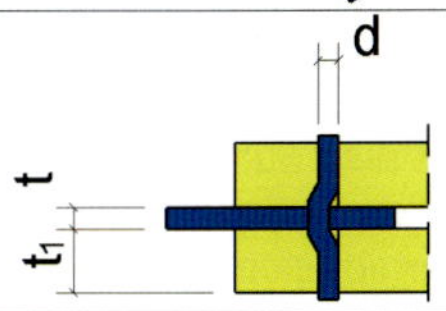

Tabelle 3.11.a Charakteristische Werte der Tragfähigkeit $F_{v,Rk}$ einer zweischnittigen Verbindung pro Scherfuge von Bauteilen aus Stahlblech/Holz (Blechdicke $t \leq 0{,}5 \cdot d$ – dünnes Stahlblech, außen liegend) gemäß DIN EN 1995-1-1:2010, Abschnitt 8.2.3 **(maßgebend ist der kleinste Wert aus der Anwendung aller Gleichungen)**

Berechnungsgleichung für den charakteristischen Wert $F_{v,Rk}$	Gleichungsnummer	Versagensart
$F_{v,Rk} = 0{,}5 \cdot f_{h,2,k} \cdot t_2 \cdot d$	(8.12 (j))	d; t; t_2; t
$F_{v,Rk} = 1{,}15 \cdot \sqrt{2 \cdot M_{y,Rk} \cdot f_{h,2,k} \cdot d} + \frac{F_{ax,Rk}}{4}$	(8.12 (k))	d; t; t_2; t

Tabelle 3.11.b Charakteristische Werte der Tragfähigkeit $F_{v,Rk}$ einer zweischnittigen Verbindung pro Scherfuge von Bauteilen aus Stahlblech/Holz (Blechdicke $t \geq 0{,}5 \cdot d$ – dickes Stahlblech, außen liegend) gemäß DIN EN 1995-1-1:2010, Abschnitt 8.2.3 **(maßgebend ist der kleinste Wert aus der Anwendung aller Gleichungen)**

Berechnungsgleichung für den charakteristischen Wert $F_{v,Rk}$	Gleichungsnummer	Versagensart
$F_{v,Rk} = 0{,}5 \cdot f_{h,2,k} \cdot t_2 \cdot d$	(8.13 (l))	d; t; t_2; t
$F_{v,Rk} = 2{,}3\sqrt{M_{y,Rk} \cdot f_{h,2,k} \cdot d} + \frac{F_{ax,Rk}}{4}$	(8.13 (m))	d; t; t_2; t

Für Blechdicken $0{,}5 \cdot d < t < d$ werden die kleinsten ermittelten Werte aus Tabelle 3.8.a und Tabelle 3.8.b geradlinig interpoliert.

Nach DIN EN 1995-1-1:2010, Abschnitte 8.2.2 (2) und 8.2.3 (4) wird bei einzelnen Gleichungen (Versagensfällen) die sogenannte „Seilwirkung" (s. Bild 3.14.) durch den Wert $F_{ax,Rk}/4$ berücksichtigt. Dieser Anteil ist zusätzlich auf folgende %-Anteile für die Tragfähigkeit auf Abscheren zu begrenzen:

- runde Nägel 15 %
- Nägel mit annähernd quadratischem Querschnitt 25 %
- andere Nägel 50 %
- Schrauben 100 %
- Bolzen 25 %
- Stabdübel 0 %

Es ist also zunächst die Tragfähigkeit nach den *Johansen*-Gleichungen zu bestimmen. Die Erhöhung der Tragfähigkeit ergibt sich dann als der nach DIN 1052:2008 bekannte $\Delta F_{v,Rk}$-Wert, z. B. für runde Nägel erhält man für $\Delta F_{v,Rk}$:

$$\Delta F_{v,Rk} = \min\{0{,}15 F_{v,Rk}\,; 0{,}25 F_{ax,Rk}\}.$$

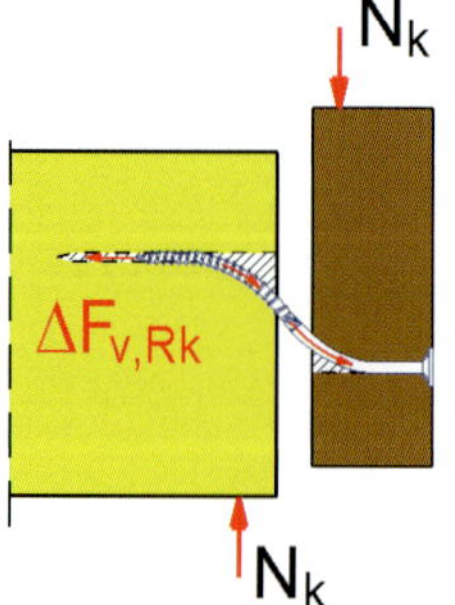

Bild 3.14. Beispiel für eine Seilwirkung bei einschnittig beanspruchten Schrauben

Bemessungswert der Tragfähigkeit

Für die Bemessungswerte der Tragfähigkeit pro Scherfuge und Verbindungsmittel gilt in Anlehnung an Gl. (2.17):

$$F_{v,Rd} = \frac{k_{mod} \cdot F_{v,Rk}}{\gamma_M}\,; \; \gamma_M = 1{,}3$$

k_{mod} erhält man aus Tabelle 3.1 in DIN EN 1995-1-1:2010 und Tabelle NA.4, γ_M ist in Tabelle NA.2 in DIN EN 1995-1-1/NA:2013 angegeben. **Es gilt jetzt, im Gegensatz zur DIN 1052:2008, generell ein Wert von $\gamma_M = 1{,}3$.**

Die Tragfähigkeit der Stahlbleche ist zusätzlich bei Stahlblech-Holz-Verbindungen nach DIN EN 1993 nachzuweisen.

3.3.4. Tragfähigkeit von stiftförmigen Verbindungsmitteln nach DIN EN 1995-1-1/NA:2013 bei Beanspruchung auf Abscheren – Näherungsverfahren

Zur Verminderung des Rechenaufwandes gegenüber dem genauen Verfahren enthält DIN EN 1995-1-1/NA:2013, Abschnitte NA.8.2.4 und NA.8.2.5 das schon aus DIN 1052:2008 bekannte vereinfachte Berechnungsverfahren für die Ermittlung der Tragfähigkeit. Dabei wird davon ausgegangen, dass sowohl für die Stifte als auch für die Bereiche der Lochleibungsbeanspruchungen Fließgelenke für die Tragfähigkeit maßgebend werden, d. h. die Tragfähigkeit der Verbindung wird im Wesentlichen durch die Festigkeit der Stifte begrenzt. Diese Annahme ist aber nur dann zutreffend, wenn bestimmte geometrische Verhältnisse (Schlankheit des Verbindungsmittels, Dicken der zu verbindenden Hölzer) eingehalten werden. Deshalb müssen bei Anwendung des Näherungsverfahrens Mindestholzdicken berechnet und eingehalten werden. Beim Näherungsverfahren unterscheidet man nach Holz/Holz-Verbindungen und Stahlblech/Holz-Verbindungen.

Holz-/Holz- oder Holz-/Holzwerkstoff-Verbindungen

Das Näherungsverfahren für eine einschnittige Holz-/Holz-Verbindung ist abgeleitet aus dem konkreten Versagensfall nach Gleichung (8.6 (f)) und für zweischnittige Holz-/Holz-Verbindungen aus dem konkreten Versagensfall nach Gl. (8.7 (k)) der exakten Bestimmung der Tragfähigkeit (s. Tabellen 3.7. und 3.9.). Tabelle 3.12. enthält die maßgebenden Formeln für die Berechnung der charakteristischen Tragfähigkeit und der einzuhaltenden Mindestholzdicken. Der Bemessungswert der Tragfähigkeit wird nach Gl. (NA.106) unter Berücksichtigung von k_{mod} (nach DIN EN 1995-1-1:2010, Tabelle 3.1 und DIN EN 1995-1-1/NA:2013, Tabelle NA.4) und dem Teilsicherheitsbeiwert für die Festigkeitseigenschaft $\gamma_M = 1{,}1$ ermittelt (s. Tabelle 3.11.).

Besteht eine Verbindung aus unterschiedlichen Holzbaustoffen mit verschiedenen k_{mod}-Werten, dann ist nach DIN EN 1995-1-1:2010, Abschnitt 2.3.2.1 (2) der k_{mod}-Wert nach Gl. (2.6) zu berechnen:

$$k_{mod} = \sqrt{k_{mod,1} \cdot k_{mod,2}}$$

Stahlblech-Holz-Verbindungen

Aus praktischen Gründen unterscheidet man zwei Fälle:

- Bleche innen liegend und dicke Bleche außen liegend (abgeleitet aus Gl. (8.11 (h) + 8.10 (e) + 8.13 (m), s. Tabellen 3.8.b, 3.10. und 3.11.b),
- dünne Bleche außen liegend (abgeleitet aus Gl. (8.9 (b) + 8.12 (k), s. Tabellen 3.8.a und 3.11.a).

Die Berechnungsformeln enthält Tabelle 3.13.

Tabelle 3.12. Formeln zur Berechnung des charakteristischen Wertes und des Bemessungswertes der Tragfähigkeit $F_{v,k}$, $F_{v,d}$ für stiftförmige Verbindungsmittel bei Beanspruchung auf Abscheren pro Scherfuge für Holz-/Holzwerkstoffverbindungen – Näherungsverfahren nach DIN EN 1995-1-1/NA:2013, Abschnitt NCI NA.8.2.4

Charakteristischer Wert der Tragfähigkeit R_k pro Scherfuge und Verbindungsmittel nach Gl. (NA.109)	Mindestholzdicke[1)] $t_{1,req}$ nach Gl. (NA.110)	$f_{h,1,k}$, $f_{h,2,k}$ = charakteristischer Wert der Lochleibungsfestigkeit im Holz 1 bzw. 2 $[N/mm^2]$ d = Durchmesser des Verbindungsmittels $[mm]$ $M_{y,Rk}$ = charakteristischer Wert des Fließmomentes des Verbindungsmittels $[Nmm]$ $t_{1,req}$, $t_{2,req}$ = Holz- oder Holzwerkstoffdicken oder Eindringtiefe des Verbindungsmittels (der kleinere Wert ist maßgebend, s. z. B. in Tabelle 3.17.)
$F_{v,Rk} = \sqrt{\frac{2 \cdot \beta}{1+\beta}} \cdot \sqrt{2 \cdot M_{y,Rk} \cdot f_{h,1,k} \cdot d}$	$t_{1,req} = 1{,}15 \cdot \left(2 \cdot \sqrt{\frac{\beta}{1+\beta}} + 2\right) \cdot \sqrt{\frac{M_{y,Rk}}{f_{h,1,k} \cdot d}}$	
β-Wert	Mindestholzdicke[1)] $t_{2,req}$ nach Gl. (NA.111)	einschnittig
$\beta = \frac{f_{h,2,k}}{f_{h,1,k}}$	$t_{2,req} = 1{,}15 \cdot \left(2 \cdot \frac{1}{\sqrt{1+\beta}} + 2\right) \cdot \sqrt{\frac{M_{y,Rk}}{f_{h,2,k} \cdot d}}$	t_1, t_2, d
Bemessungswert der Tragfähigkeit $F_{v,Rd}$ pro Scherfuge und Verbindungsmittel nach Gl. (NA.113)	Mindestholzdicke[1)] $t_{2,req}$ nach Gl. (NA.112)	zweischnittig
$F_{v,Rd} = \frac{k_{mod} \cdot F_{v,Rk}}{\gamma_M}$ $\gamma_M = 1{,}1$	$t_{2,req} = 1{,}15 \cdot \left(\frac{4}{\sqrt{1+\beta}}\right) \cdot \sqrt{\frac{M_{y,Rk}}{f_{h,2,k} \cdot d}}$	t_1, t_2, t_1, d

1) Sind die vorhandenen Holzdicken geringer als die rechnerisch erforderlichen, so muss der Wert $F_{v,Rk}$ um den kleineren Wert der Verhältniswerte $t_1/t_{1,req}$ oder $t_2/t_{2,req}$ vermindert werden!

Tabelle 3.13. Formeln zur Berechnung des charakteristischen Wertes und des Bemessungswertes der Tragfähigkeit $F_{v,k}$, $F_{v,d}$ für stiftförmige Verbindungsmittel bei Beanspruchung auf Abscheren pro Scherfuge für Stahlblech-Holz-Verbindungen – Näherungsverfahren nach DIN EN 1995-1-1/NA:2013, Abschnitt NCI NA.8.2.5

Charakteristischer Wert der Tragfähigkeit $F_{v,Rk}$ pro Scherfuge nach Gl. (NA.115)	Mindestholzdicke[1] t_{reg} nach Gl. (NA.116)	Blech innen liegend und außen liegend **(dickes Blech)**[2]
$F_{v,Rk} = \sqrt{2}\cdot\sqrt{2\cdot M_{y,RK}\cdot f_{h,k}\cdot d}$	$t_{req} = 1{,}15\cdot 4\cdot\sqrt{\frac{M_{y,Rk}}{f_{h,k}\cdot d}}$	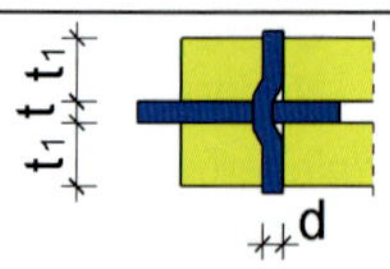 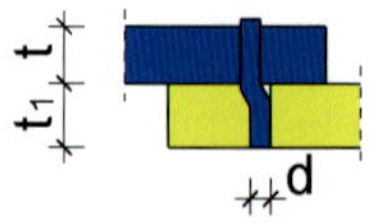 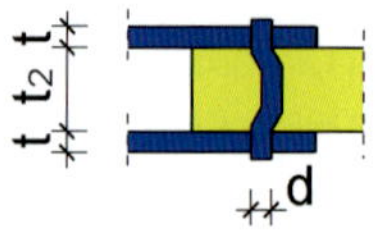
Bemessungswert der Tragfähigkeit $F_{v,Rd}$ pro Scherfuge und Verbindungsmittel nach Gl. (NA.113)		
$F_{v,Rd} = \frac{k_{mod}\cdot F_{v,Rk}}{\gamma_M}$ $\gamma_M = 1{,}1$		
Charakteristischer Wert der Tragfähigkeit $F_{v,Rk}$ pro Scherfuge nach Gl. (NA.117)	Mindestholzdicke[1] t_{reg}	Blech außen **(dünnes Blech)**[2]
$F_{v,Rk} = \sqrt{2\cdot M_{y,Rk}\cdot f_{h,k}\cdot d}$	Mittelholz bei zweischnittiger Beanspruchung nach Gl. (NA.118) $t_{req} = 1{,}15\cdot\left(2\cdot\sqrt{2}\right)\cdot\sqrt{\frac{M_{y,Rk}}{f_{h,k}\cdot d}}$	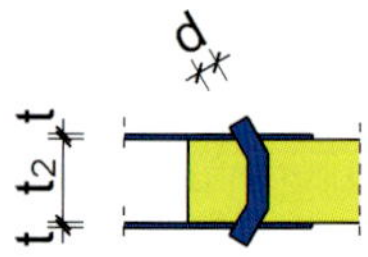
Bemessungswert der Tragfähigkeit $F_{v,Rd}$ pro Scherfuge und Verbindungsmittel nach Gl. (NA.113)	Seitenholz bei einschnittiger Beanspruchung nach Gl. (NA.119)	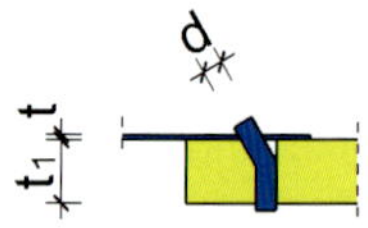
$F_{v,Rd} = \frac{k_{mod}\cdot F_{v,Rk}}{\gamma_M}$ $\gamma_M = 1{,}1$	$t_{req} = 1{,}15\cdot\left(2+\sqrt{2}\right)\cdot\sqrt{\frac{M_{y,Rk}}{f_{h,k}\cdot d}}$	

[1]) Sind die vorhandenen Holzdicken geringer als die rechnerisch erforderlichen, so muss der Wert $F_{v,Rk}$ nach Gl. (NA.115) oder Gl. (NA.117) um den Wert des Verhältniswertes t/t_{req} vermindert werden!

[2]) Der Nachweis für die Stahlteile ist zusätzlich nach DIN EN 1993 zu führen!

3.3.5. Mehrschnittige stiftförmige Verbindungsmittel

Um die Tragfähigkeit einer mehrschnittigen Verbindung berechnen zu können, legt die DIN EN 1995-1-1:2010 in Abschnitt 8.1.3 (1) fest, dass jede Scherfuge als Teil einer zweischnittigen Verbindung zu betrachten ist. Dabei ist nach DIN EN 1995-1-1 in Abschnitt 8.1.3 (2) zu beachten, dass bei Holz-Holz-Verbindungen die Versagensmechanismen (a), (b), (g) und (h) nicht mit anderen Versagensmechanismen kombiniert werden. Diese Regelung gilt bei Stahlblech-Holz-Verbindungen für die Versagensarten (c), (f) und (j/l).

Mehrschnittige Verbindungen werden in symmetrische und unsymmetrische Verbindungen eingeteilt. Eine symmetrische Verbindung liegt vor, wenn die Holzbauteile gleichmäßig beansprucht werden und eine gerade Anzahl an Scherfugen vorliegt. Bei unterschiedlicher Beanspruchung der Holzbauteile bzw. bei einer ungeraden Anzahl an Scherfugen sprechen wir von einer unsymmetrischen mehrschnittigen Verbindung.

Bei der Ermittlung der Tragfähigkeit von symmetrischen oder unsymmetrischen mehrschnittigen Verbindungen mit stiftförmigen Verbindungsmitteln ist entlang des Stiftes eine „plausible Abfolge möglicher Versagensmechanismen" [*IaFB* 2010] zu betrachten. Der vorherrschende Versagensmechanismus hat demnach mit allen anderen verträglich zu sein.

Bild 3.15. zeigt beispielhaft die möglichen Versagensmechanismen einer zwei-, vier- und sechsschnittigen symmetrischen Verbindung:

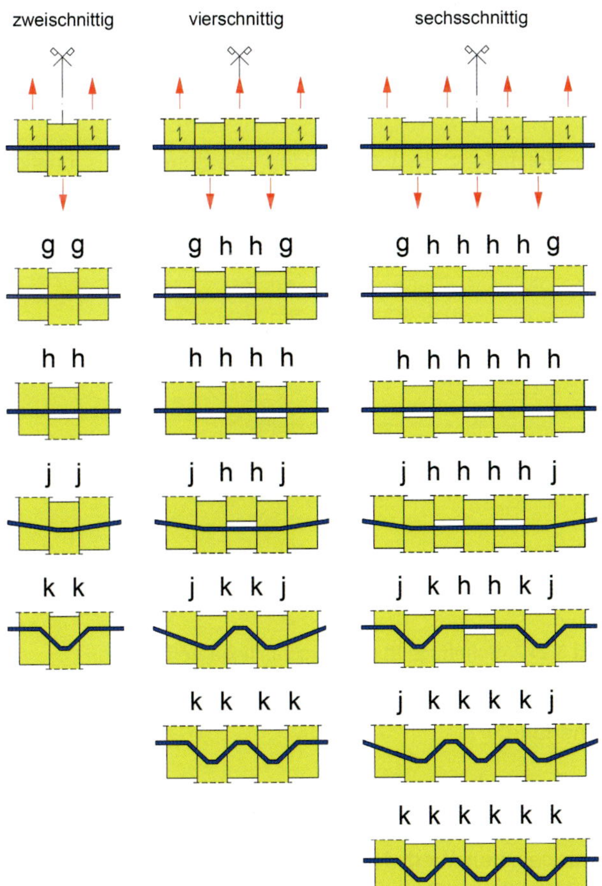

Bild 3.15. Versagensarten von symmetrischen mehrschnittigen Verbindungen [*Steck* 1997]

Aufgrund der Symmetrie der Verbindungen spiegeln sich die Versagensmechanismen jeweils am Mittelholz der Verbindung. Die Abbildung verdeutlicht die Verträglichkeit der Versagensarten untereinander. Der Versagensfall aus Gl. (8.7j) kann sich nur in Scherfugen einstellen, denen ein Randholz angeschlossen ist. Die Verformung aus Gl. (8.7j), bei der sich das Verbindungmittel schräg stellt, ist in den anderen Holzteilen physikalisch unmöglich, da sich hier weitere Scherfugen anschließen.

Bei unsymmetrischen mehrschnittigen Verbindungen (s. Bild 3.16.) können die Versagensfälle nicht gespiegelt werden, die ungleichmäßige Beanspruchung der Verbindungsmittel und Holzbauteile führt dazu, dass hier wesentlich mehr Versagensfälle zu untersuchen sind. Bild 3.16. zeigt mögliche Versagensfälle einer unsymmetrischen fünfschnittigen Verbindung:

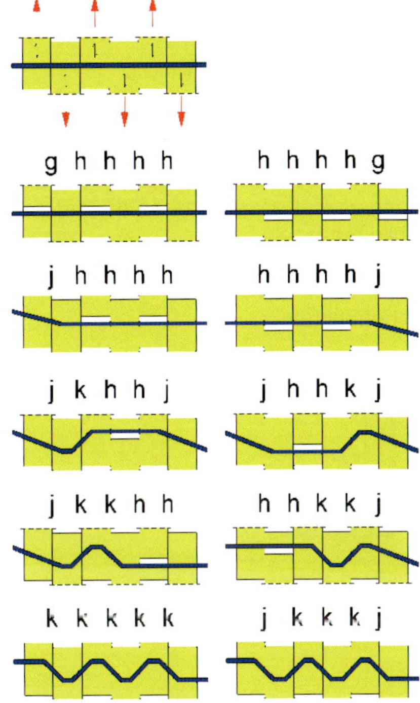

Bild 3.16. Versagensarten einer fünfschnittigen Verbindung [*IaFB* 2010]

Berechnung von symmetrischen, mehrschnittigen Holz-Holz-Verbindungen nach DIN EN 1995-1-1:2010, Abschnitt 8.2 – Genaues Verfahren

Nachfolgend wird der Berechnungsvorgang einer vierschnittigen symmetrischen Holz-Holz-Verbindung allgemein beschrieben (Bild 3.17.):

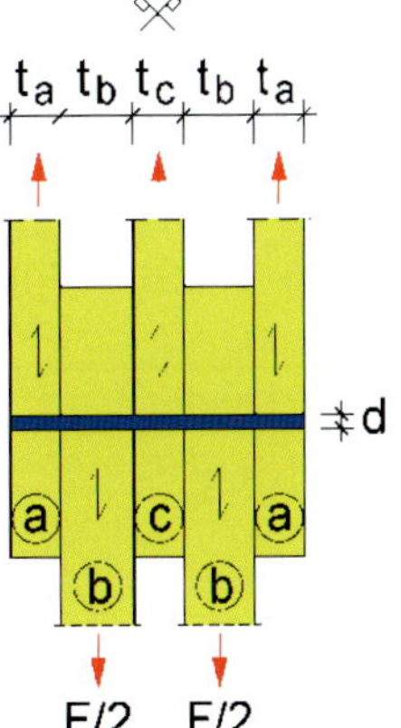

Bild 3.17. Vierschnittige Holz-Holz-Verbindung [*Steck* 1997]

Die vierschnittige Verbindung wird zunächst in drei zweischnittige Verbindungen aufgeteilt (s. Bild 3.18.). Aufgrund der Symmetrie stimmt die vierte Scherfuge mit der ersten überein und muss nicht gesondert nachgewiesen werden.

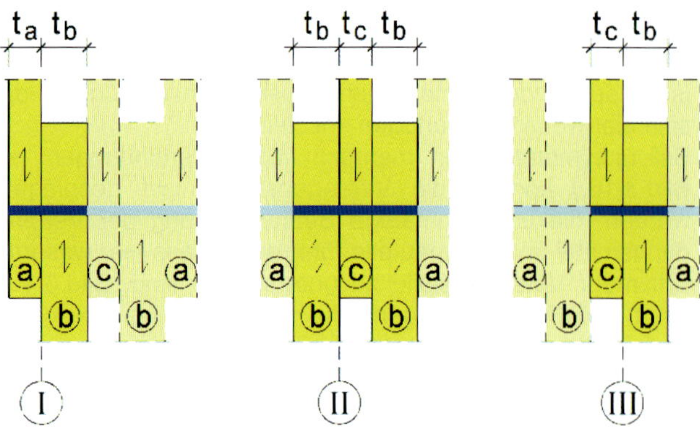

Bild 3.18. Aufteilung der vierschnittigen Verbindung in drei zweischnittige [*Steck* 1997]

Nun wird für jede Scherfuge der maßgebende Versagensfall ermittelt. Dabei ist zu beachten, dass nur die Holzbauteile in die Berechnung einfließen, welche an die betrachtete Scherfuge anschließen.
Die Holzteile a, b und c bilden die erste zweischnittige Verbindung (Bild 3.19.). Es wird die Scherfuge I zwischen den Hölzern a und b betrachtet.

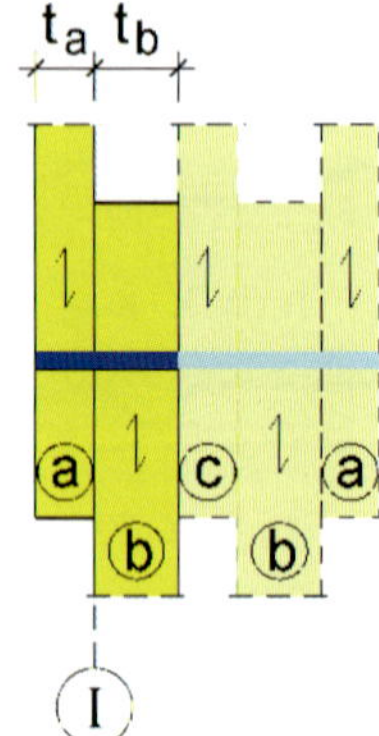

Bild 3.19. Scherfuge I der vierschnittigen Verbindung [*Steck* 1997]

Scherfuge I

$t_a = t_1,\ t_b = t_2$

Der maßgebende Wert der Tragfähigkeit ergibt sich aus dem kleinsten Wert der Gl. (8.7g) bis (8.7k):

$$F_{v,Rk,I} = f_{h,1,k} \cdot t_a \cdot d$$ [DIN EN 1995-1-1, Gl. (8.7g)]

$$F_{v,Rk,I} = 0{,}5 \cdot f_{h,2,k} \cdot t_b \cdot d$$ [DIN EN 1995-1-1, Gl. (8.7h)]

[DIN EN 1995-1-1, Gl. (8.7j)]

$$F_{v,Rk,I} = 1{,}05 \cdot \frac{f_{h,1,k} \cdot t_a \cdot d}{2+\beta} \cdot \left[\sqrt{2 \cdot \beta \cdot (1+\beta) + \frac{4 \cdot \beta \cdot (2+\beta) \cdot M_{y,Rk}}{f_{h,1,k} \cdot d \cdot t_a^2}} - \beta \right] + \frac{F_{ax,Rk}}{4}$$

[DIN EN 1995-1-1, Gl. (8.7k)]

$$F_{v,Rk,I} = 1{,}15 \cdot \sqrt{\frac{2 \cdot \beta}{1+\beta}} \cdot \sqrt{2 \cdot M_{y,Rk} \cdot f_{h,1,k} \cdot d} + \frac{F_{ax,Rk}}{4}$$

Die Holzteile b, c und b bilden die zweite zweischnittige Verbindung (Bild 3.20.). Es wird die Scherfuge II zwischen den Hölzern b und c betrachtet.

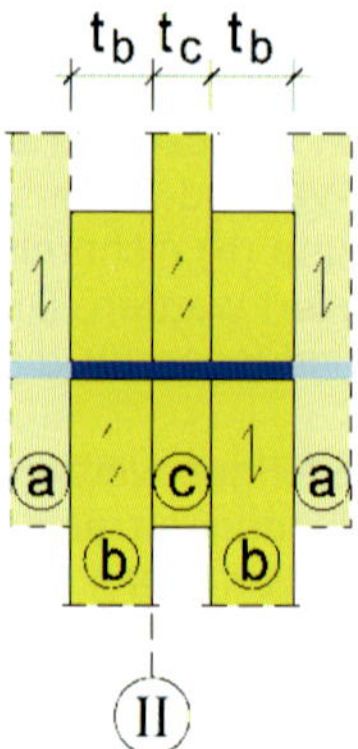

Bild 3.20. Scherfuge II der vierschnittigen Verbindung [*Steck* 1997]

Scherfuge II

$t_b = t_1,\ t_c = t_2$

Der maßgebende Wert der Tragfähigkeit ergibt sich aus dem kleinsten Wert der Gl. (8.7g), (8.7h) und (8.7k). Der Versagensfall aus Gl. (8.7j), kann sich hier nicht einstellen.

$$F_{v,Rk,II} = f_{h,1,k} \cdot t_b \cdot d$$ [DIN EN 1995-1-1, Gl. (8.7g)]

$$F_{v,Rk,II} = 0{,}5 \cdot f_{h,2,k} \cdot t_c \cdot d$$ [DIN EN 1995-1-1, Gl. (8.7h)]

[DIN EN 1995-1-1, Gl. (8.7k)]

$$F_{v,Rk,II} = 1{,}15 \cdot \sqrt{\frac{2 \cdot \beta}{1+\beta}} \cdot \sqrt{2 \cdot M_{y,Rk} \cdot f_{h,1,k} \cdot d} + \frac{F_{ax,Rk}}{4}$$

Die Holzteile c, b und a bilden die dritte zweischnittige Verbindung (Bild 3.21.). Es wird die Scherfuge III zwischen den Hölzern c und b betrachtet.

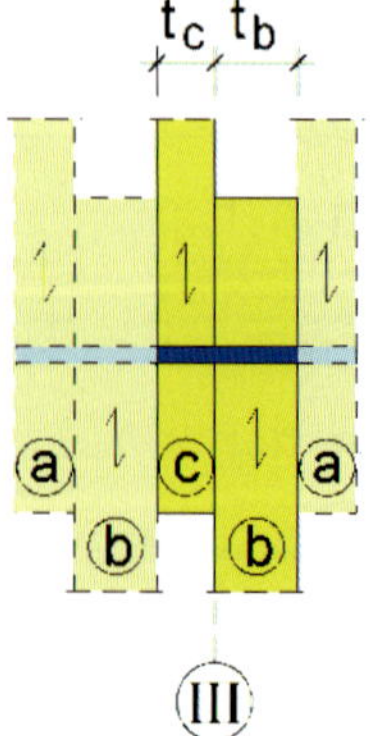

Bild 3.21. Scherfuge III der vierschnittigen Verbindung [*Steck* 1997]

Scherfuge III

$t_c = t_1,\ t_b = t_2$

Der maßgebende Wert der Tragfähigkeit ergibt sich aus dem kleinsten Wert der Gl. (8.7g), (8.7h) und (8.7k). Der Versagensfall aus Gl. (8.7j), kann sich hier nicht einstellen.

$$F_{v,Rk,III} = f_{h,1,k} \cdot t_c \cdot d$$ [DIN EN 1995-1-1, Gl. (8.7g)]

$$F_{v,Rk,III} = 0{,}5 \cdot f_{h,2,k} \cdot t_b \cdot d$$ [DIN EN 1995-1-1, Gl. (8.7h)]

[DIN EN 1995-1-1, Gl. (8.7k)]

$$F_{v,Rk,III} = 1{,}15 \cdot \sqrt{\frac{2 \cdot \beta}{1+\beta}} \cdot \sqrt{2 \cdot M_{y,Rk} \cdot f_{h,1,k} \cdot d} + \frac{F_{ax,Rk}}{4}$$

Nun kann die Gesamttragfähigkeit der Verbindung ermittelt werden. Der Wert kann nach folgender Gleichung berechnet werden:

$$F_{v,Rk} = 2 \cdot {}_{\min}F_{v,Rk,I} + 2 \cdot \min\left\{{}_{\min}F_{v,Rk,II};\ {}_{\min}F_{v,Rk,III}\right\}$$

Berechnung von symmetrischen, mehrschnittigen Stahl-Holz-Verbindungen nach DIN EN 1995-1-1:2010, Abschnitt 8.2 – Genaues Verfahren

Die Festlegungen für mehrschnittige Stahl-Holzverbindungen (Bild 3.22.) sind mit denen für mehrschnittige Holz-Holz-Verbindungen identisch. Die Vorgehensweise bei der Berechnung dieser Verbindungen erfolgt ebenfalls nach dem Prinzip der Zerlegung in zweischnittige Verbindungen.

Folgendes Beispiel erklärt den Berechnungvorgang einer symmetrischen, vierschnittigen Verbindung mit innen liegenden, eingeschlitzen Stahlblechen:

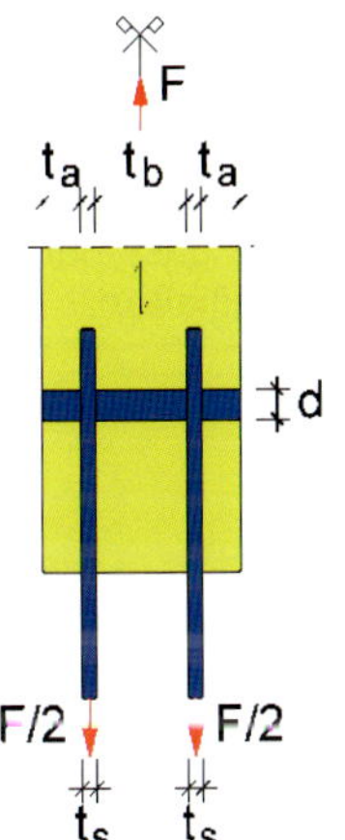

Bild 3.22. Vierschnittige Stahl-Holz-Verbindung [*Steck* 1997]

Die vierschnittige Verbindung wird wieder in drei zweischnittige Verbindungen aufgeteilt (Bild 3.23.). Aufgrund der Symmetrie stimmt die vierte Scherfuge mit der ersten überein und muss nicht gesondert nachgewiesen werden.

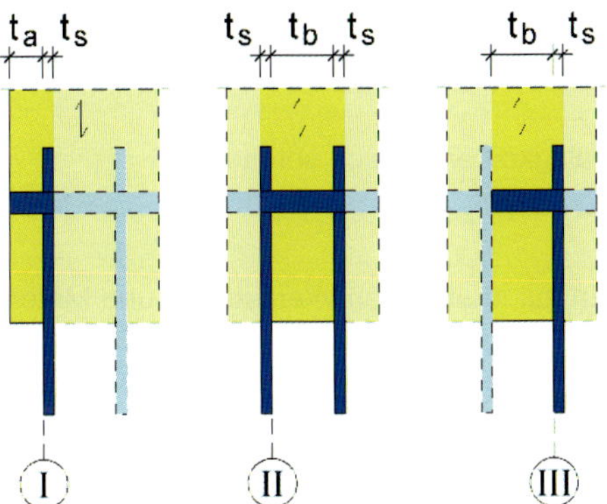

Bild 3.23. Aufteilung der vierschnittigen Verbindung in drei zweischnittige [*Steck* 1997]

Nun wird für jede Scherfuge der maßgebende Versagensfall ermittelt (Bilder 3.23. bis 3.25.).

Das Seitenteil t_a, das Blech t_s und das Mittelholz t_b bilden die erste zweischnittige Verbindung. Die Berechnung erfolgt nach DIN EN 1995-1-1:2010, Abschnitt 8.2.3 mit den Gleichungen für Stahlbleche als Mittelteil von Verbindungen. Es wird nur die Scherfuge zwischen t_a und t_s betrachtet.

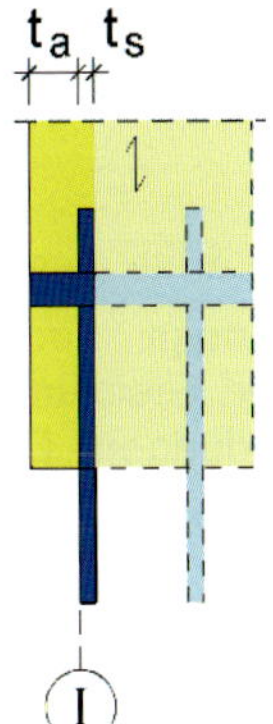

Bild 3.24. Scherfuge I der vierschnittigen Verbindung [*Steck* 1997]

<u>Scherfuge I</u>

$t_a = t_1$, $t_s =$ Dicke des Stahlblechs

Der maßgebende Wert der Tragfähigkeit ergibt sich aus dem kleinsten Wert der Gl. (8.11f) bis (8.11h):

$$F_{v,Rk,I} = f_{h,1,k} \cdot t_a \cdot d$$ [DIN EN 1995-1-1, Gl. (8.11f)]

[DIN EN 1995-1-1, Gl. (8.11g)]

$$F_{v,Rk,I} = f_{h,1,k} \cdot t_a \cdot d \cdot \left[\sqrt{2 + \frac{4 \cdot M_{y,Rk}}{f_{h,1,k} \cdot d \cdot t_a^2}} - 1\right] + \frac{F_{ax,Rk}}{4}$$

[DIN EN 1995-1-1, Gl. (8.11h)]

$$F_{v,Rk,I} = 2{,}3 \cdot \sqrt{M_{y,Rk} \cdot f_{h,1,k} \cdot d} + \frac{F_{ax,Rk}}{4}$$

Die Bleche t_s und das Mittelholz t_b bilden die zweite zweischnittige Verbindung. Die Berechnung erfolgt nach DIN EN 1995-1-1:2010, Abschnitt 8.2.3 mit den Gleichungen für außen liegende Stahlbleche. Es wird nur die gekennzeichnete Scherfuge zwischen t_s und t_b betrachtet.
Da sich der Versagensfall (8.12k) von dünnen Stahlblechen hier nicht einstellen kann, werden für die Verbindung dicke Stahlbleche angenommen.

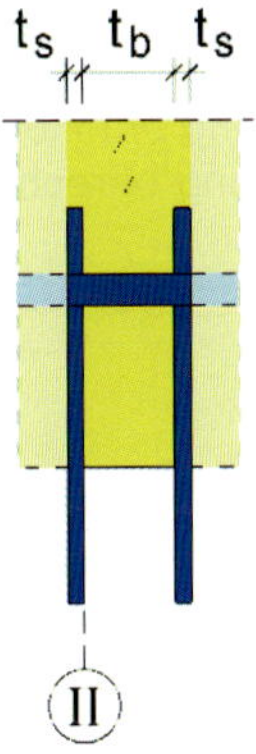

Bild 3.25. Scherfuge II der vierschnittigen Verbindung [*Steck* 1997]

Scherfuge II

$t_b = t_2$, t_s = Dicke des Stahlblechs

Der maßgebende Wert der Tragfähigkeit ergibt sich aus dem kleineren Wert der Gl. (8.13l) und (8.13m).

$$F_{v,Rk,II} = 0,5 \cdot f_{h,2,k} \cdot t_b \cdot d \qquad \text{[DIN EN 1995-1-1, Gl. (8.13l)]}$$

[DIN EN 1995-1-1, Gl. (8.13m)]

$$F_{v,Rk,II} = 2,3 \cdot \sqrt{M_{y,Rk} \cdot f_{h,2,k} \cdot d} + \frac{F_{ax,Rk}}{4}$$

Das Blech t_s und das Mittelholz t_b bilden die dritte zweischnittige Verbindung. Die Berechnung erfolgt nach DIN EN 1995-1-1:2010, Abschnitt 8.2.3 mit den Gleichungen für Stahlbleche als Mittelteil von Verbindungen. Es wird nur die gekennzeichnete Scherfuge zwischen t_b und t_s betrachtet.

Der Versagensfall aus (8.11g) kann sich hier nicht einstellen.

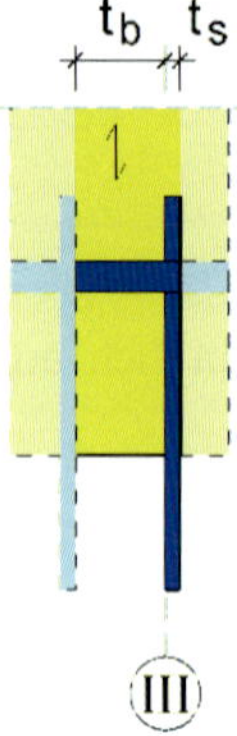

Bild 3.26. Scherfuge III der vierschnittigen Verbindung [*Steck* 1997]

Scherfuge III

$t_b = t_1$, t_s = Dicke des Stahlblechs

Der maßgebende Wert der Tragfähigkeit ergibt sich aus dem kleineren Wert der Gl. (8.11f) und (8.11h).

$$F_{v,Rk,III} = f_{h,1,k} \cdot t_b \cdot d \qquad \text{[DIN EN 1995-1-1, Gl. (8.11f)]}$$

[DIN EN 1995-1-1, Gl. (8.11h)]

$$F_{v,Rk,III} = 2,3 \cdot \sqrt{M_{y,Rk} \cdot f_{h,1,k} \cdot d} + \frac{F_{ax,Rk}}{4}$$

Nun kann die Gesamttragfähigkeit der Verbindung ermittelt werden. Der Wert kann nach folgender Gleichung berechnet werden:

$$F_{v,Rk} = 2 \cdot {}_{\min}F_{v,Rk,I} + 2 \cdot \min\left\{{}_{\min}F_{v,Rk,II}; {}_{\min}F_{v,Rk,III}\right\}$$

Berechnung von symmetrischen, mehrschnittigen Holz-Holz-Verbindungen nach DIN EN 1995-1-1/NA:2013, Abschnitt NCI NA.8.2.4 – Näherungsverfahren

Unter der Einhaltung von bestimmten Grundsätzen können mehrschnittige Verbindungen auch mit den vereinfachten Gleichungen aus dem Nationalen Anhang berechnet werden. Nach DIN EN 1995-1-1/NA:2013, NCI NA. 8.2.4 sind hierbei Mindestholzdicken der einzelnen Bauteile einzuhalten. Werden die Mindestdicken nicht erreicht, ist der charakteristische Wert der Tragfähigkeit jeder Scherfuge, nach DIN EN 1995-1-1/NA:2013, NCI NA. 8.2.4 (NA.2) mit dem kleineren der Verhältniswerte $\frac{t_1}{t_{1,req}}$ und $\frac{t_2}{t_{2,req}}$ zu multiplizieren.

Die Berechnung des im genauen Verfahren angeführten Beispiels geschieht dann wie folgt:

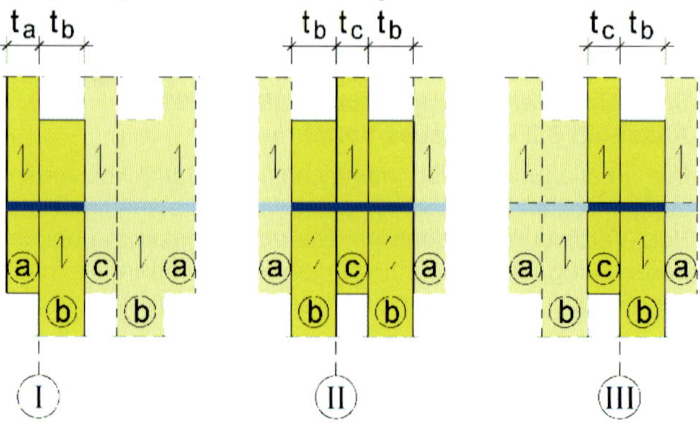

Bild 3.27. Aufteilung der vierschnittigen Verbindung in drei zweischnittige [*Steck* 1997]

Die Berechnung der charakteristischen Tragfähigkeit je Scherfuge erfolgt für jede der Scherfugen nach Gl. (NA.102). Dabei ist ebenfalls zu beachten, dass nur die angrenzenden Bauteile in die Berechnung einfließen.

Scherfuge I

$f_{h,a,k} = f_{h,1,k}$

$$F_{v,Rk,I} = \sqrt{\frac{2 \cdot \beta}{1+\beta}} \cdot \sqrt{2 \cdot M_{y,Rk} \cdot f_{h,a,k} \cdot d}$$

Scherfuge II

$f_{h,b,k} = f_{h,1,k}$

$$F_{v,Rk,II} = \sqrt{\frac{2 \cdot \beta}{1+\beta}} \cdot \sqrt{2 \cdot M_{y,Rk} \cdot f_{h,b,k} \cdot d}$$

Scherfuge III

$f_{h,c,k} = f_{h,1,k}$

$$F_{v,Rk,III} = \sqrt{\frac{2 \cdot \beta}{1+\beta}} \cdot \sqrt{2 \cdot M_{y,Rk} \cdot f_{h,c,k} \cdot d}$$

Die Gesamttragfähigkeit ergibt sich somit zu:

$$F_{v,Rk} = 2 \cdot F_{v,Rk,I} + 2 \cdot \min\left\{F_{v,Rk,II}; F_{v,Rk,III}\right\}$$

Bei Verbindungen mit identischen Werkstoffen und Materialdicken, d. h. bei $f_{h,1,k} = f_{h,2,k}$ und $\beta = 1$, und bei Einhaltung der Mindestholzdicken vereinfacht sich die Ermittlung der charakteristischen Tragfähigkeit noch weiter. Die Berechnung ist dann für jede Scherfuge gleich. Für die vierschnittige Verbindung ergibt sich

$$F_{v,Rk} = 4 \cdot \sqrt{\frac{2 \cdot \beta}{1+\beta}} \cdot \sqrt{2 \cdot M_{y,Rk} \cdot f_{h,k} \cdot d} \text{ je Verbindungsmittel.}$$

Abhängig vom gewählten Verbindungsmittel ist eine Erhöhung der Tragfähigkeit durch Berücksichtigung des „Seileffekts“ möglich.

Berechnung von symmetrischen, mehrschnittigen Stahl-Holz-Verbindungen nach DIN EN 1995-1-1/ NA:2013, Abschnitt NCI NA.8.2.5 – Näherungsverfahren (s. auch Beispiel 3.13.)

Die Bestimmungen bei der Berechnung von Stahl-Holz-Verbindungen mit dem Näherungsverfahren sind mit denen für Holz-Holz-Verbindungen identisch. Angaben zur Ermittlung der Mindestholzdicken und der charakteristischen Tragfähigkeit enthält der Abschnitt NCI NA.8.2.5 im Nationalen Anhang.
Die Berechnung des im genauen Verfahren angeführten Beispiels geschieht wie folgt:

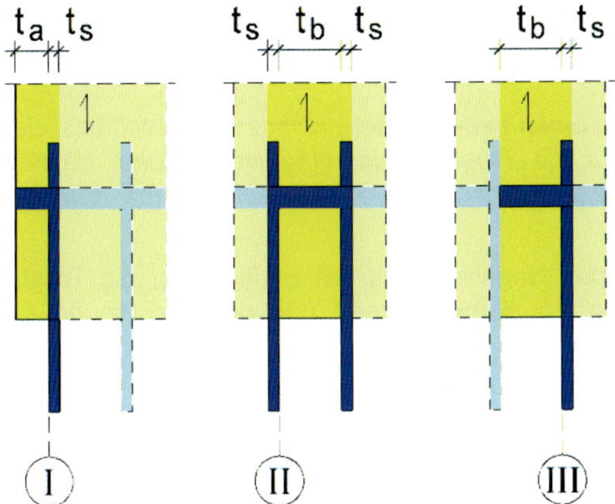

Bild 3.28. Aufteilung der vierschnittigen Verbindung in drei zweischnittige [*Steck* 1997]

Die Berechnung der charakteristischen Tragfähigkeit je Scherfuge erfolgt für jede Scherfuge nach Gl. (NA.108).

Scherfuge I

$$f_{h,a,k} = f_{h,k}$$

$$F_{v,Rk,I} = \sqrt{2} \cdot \sqrt{2 \cdot M_{y,Rk} \cdot f_{h,a,k} \cdot d}$$

Scherfuge II

In der Scherfuge II kann sich aufgrund der Symmetrie der Verbindung der Versagensfall, in dem eine Schrägstellung des Verbindungsmittels vorliegt, nicht einstellen. Daher wird mit der Gleichung für außen liegende dicke Stahlbleche gerechnet.

$$f_{h,b,k} = f_{h,k}$$

$$F_{v,Rk,II} = \sqrt{2} \cdot \sqrt{2 \cdot M_{y,Rk} \cdot f_{h,b,k} \cdot d}$$

Scherfuge III

$$f_{h,b,k} = f_{h,k}$$

$$F_{v,Rk,III} = \sqrt{2} \cdot \sqrt{2 \cdot M_{y,Rk} \cdot f_{h,b,k} \cdot d}$$

Die Gesamttragfähigkeit ergibt sich somit zu:

$$F_{v,Rk} = 2 \cdot F_{v,Rk,I} + 2 \cdot \min\{F_{v,Rk,II}; F_{v,Rk,III}\}$$

Literatur: [*Lißner/Rug* 2016], [*IaFB* 2010], [*Steck* 1997]

3.4. Nägel und Nagelverbindungen

3.4.1. Allgemeines

Nägel werden auch künftig für weite Anwendungsbereiche ihre Bedeutung nicht verlieren. Mithilfe von Druckluftnagelgeräten lassen sich Nagelverbindungen sehr wirtschaftlich herstellen.

Nägel sind punktförmige mechanische (stiftförmige) Verbindungsmittel. Nach DIN EN 14592, Abschnitt 6.1.1 gilt für die Maße, die Form und die Oberflächenbezüge DIN EN 10230-1.

Die Nägel haben eine relativ geringe Einzeltragkraft. Sie werden, auf eine möglichst große Fläche gleichmäßig verteilt, zu einer „Flächennagelung“ zusammengefasst und können dann bei sachgemäßer Anwendung große Kräfte übertragen. Nagelverbindungen wirken federnd, sodass die Nebenspannungen in vertretbaren Grenzen bleiben.

Nagelverbindungen sind elastisch, da in Faserrichtung ein geringer Schlupf entsteht (Kraft-Verschiebungs-Diagramm). In Bezug auf die Verschieblichkeit stehen Nagelverbindungen zwischen den Klebe- und Schraubenverbindungen.

Das Wesen der Nagelung besteht in der flächenförmigen Verbindung vieler Nägel mit beschränkter Tiefenwirkung.

Trotzdem zählen wir die Nagelverbindungen zu den punktförmigen Verbindungen. Hierin liegt kein Widerspruch, da der einzelne Nagel die anteilige Kraft nur punktförmig übertragen kann. Die Nägel sind mit Spitzen und Köpfen versehen. Verwendet werden Nägel mit rundem Querschnitt und mit glatter oder profilierter Schaftausbildung (s. Bild 3.29.):

Glattschaftiger Nagel (runder, glattschaftiger Draht- und Maschinenstift)

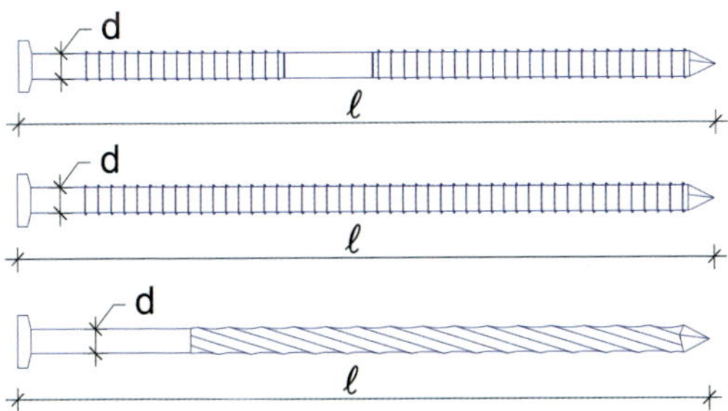

Profilierter Nagel, Sondernagel (Rillennagel, Schraubnagel)

Legende
Nagelmaße: $d \cdot \ell$
z. B. Nagel $4{,}2 \times 100$; $d = 4{,}2$ mm; $\ell = 100$ mm

Bild 3.29. Nägel für Nagelverbindungen von Holz und Holzwerkstoffen nach DIN EN 14592, Bild 1 (Nägel können rund oder quadratisch sein.)

- **Glattschaftige Nägel** sind runde Drahtstifte (Drahtnägel) mit Senkkopf (Anforderungen s. DIN EN 14592).
- **Runde Maschinenstifte** (Anforderungen s. DIN EN 14592) sind für Nagelungen mit automatischen Nageleintreibgeräten bestimmt.

– **Sondernägel** (Anforderungen s. DIN EN 14592), z. B. Schraubnägel, Rillennägel, sind Nägel mit profilierter Schaftausbildung. Sie werden entsprechend ihrer hohen Haftkraft in Nadelholz eingesetzt, wenn die Nägel auf Herausziehen in Schaftrichtung beansprucht werden.

Draht- und Maschinenstifte dürfen beharzt sein.

Nägel sollten je nach den Umweltbedingungen, z. B. aggressiven chemischen Einwirkungen einen Korrosionsschutz nach Tabelle 4.1 in DIN EN 1995-1-1:2010 oder Tabelle 1 in DIN SPEC 1052-100 erhalten (s. Tabelle 3.6.a und 3.7.b).

3.4.2. Kraftübertragung in einer Nagelverbindung bei Beanspruchung rechtwinklig zur Nagelachse

Bei einer Nagelverbindung wird die Kraft des einen Konstruktionsgliedes durch den Verformungswiderstand der Nägel in das andere Konstruktionsglied übertragen. Diese Kraft wird durch die Nägel übertragen und geht als Lochleibungsdruck in das Holz (Bild 3.30.).

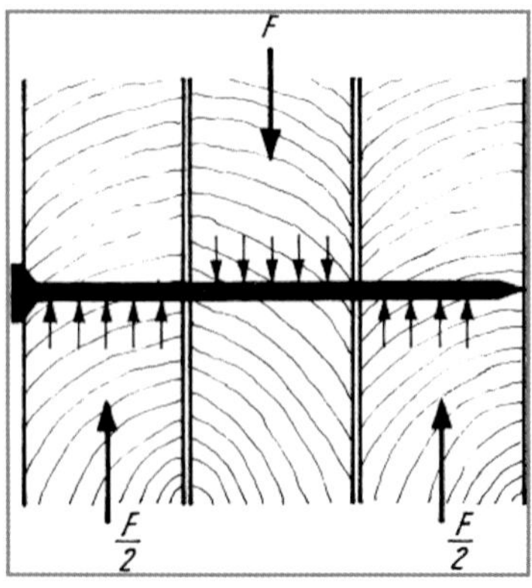

Bild 3.30. Kraftfluss einer zweischnittigen Nagelverbindung (nach [*Mlynek/Stoy* 1954])

Bei Nägeln, die rechtwinklig zu ihrer Achse statisch belastet werden, wächst die Tragfähigkeit der Nagelverbindung verhältnisgleich mit der Anzahl der Nägel.

Dabei muss man mit einer gewissen ungleichmäßigen Belastung der einzelnen Nägel rechnen. Trotzdem ist das Zusammenwirken aller Nägel gesichert.
Untersuchungen haben gezeigt, dass kein Einfluss der Anzahl hintereinander angeordneter Nägel auf die charakteristische Tragkraft pro Nagel feststellbar ist. Dies gilt mindestens bis zu einer Zahl von 40 Nägeln hintereinander. Die charakteristische Tragfähigkeit pro Nagel steigt mit der Zahl der Nagelreihen an [*Blaß* 1991 und *Blaß* 1991-1]. Die Tragfähigkeit pro Nagel muss bei steigender Anzahl in Kraftrichtung hintereinander angeordneten Nägeln nicht abgemindert werden. Bei Nadelholz konnte kein Einfluss der Holzgüte, des Jahrringverlaufs oder der Belastungsart (Druck- oder Zugbeanspruchung) auf die Tragfähigkeit von Nägeln festgestellt werden [*Lißner* 1988].
Wesentlich anders verhalten sich die Nägel **bei dynamischer Belastung**. Während sich die Nägel unter statischer Last erheblich verformen, aber nicht brechen, können sie oftmals bei wiederholter Belastung schon brechen, wenn die Last noch weit unter der bei statischer Belastung ermittelten Höchstlast liegt. Deshalb wird empfohlen:

Für dynamisch beanspruchte Tragwerke keine Nagelverbindungen verwenden.

Versuche [*Möhler* 1964] haben gezeigt, dass bei Nagelverbindungen, die dauernd mit der vollen zulässigen Last beansprucht werden, besonders während der ersten Belastungszeit mit großen, zunehmenden Verschiebungen zu rechnen ist. Bei sofortiger voller rechnerischer Belastung von feuchtem Holz kann die Verformung große Werte annehmen.
Daraus ist zu folgern:

Bei Verwendung von feuchtem Holz und bei Bauteilen, die dauernd die volle Belastung aufzunehmen haben, ist der Bemessungswert der Nageltragfähigkeit nicht auszunutzen.

Hinweise über das **Dauerstandsverhalten** von Nagelverbindungen in [*Möhler* 1966-2].

Egner und *Kolb* [*Egner/Kolb* 1963] untersuchten den Einfluss von Ästen im Bereich der Anschlüsse auf die Tragfähigkeit bei genagelten Bauteilen. Die Versuchsergebnisse zeigten:

Äste haben einen bedeutenden, nicht zu unterschätzenden Einfluss auf die Tragkraft der Nagelverbindung; deshalb sind bei hoch beanspruchten Teilen Hölzer mit Ästen zu vermeiden.

Die Form des Nagelschaftes hat Einfluss auf die Tragfähigkeit, den Ausziehwiderstand und die Verformung der Nägel. Der Nagelschaft soll einen hohen Auszieh-, aber nur einen geringen Einschlagwiderstand haben. Die Faserrichtung des Holzes hat keinen erkennbaren Einfluss auf die Nageltragfähigkeit.

Lochleibungsfestigkeit $f_{h,0,k}$

Um die Tragfähigkeit einer genagelten Holzverbindung rechnerisch bestimmen und beurteilen zu können, sind Kenntnisse der Lochleibungsfestigkeit erforderlich.
Die wichtigste Feststellung ist: Die Lochleibungsfestigkeit $f_{h,k}$ ist höher als die Druckfestigkeit $f_{c,0,k}$, weil bei einer Lochbeanspruchung das Holz gestützt wird und nicht ausweichen kann, ohne die benachbarten Fasern mit zum Tragen heranzuziehen [*Mlynek/Stoy* 1954]. Für die Verteilung der Lochleibungsbeanspruchung ist insbesondere die Lagerung des Nagels im Holz ausschlaggebend, handelt es sich z. B. um einen eingeschlagenen oder einen vorgebohrten Nagel.

Die charakteristische Lochleibungsfestigkeit von Nägeln wird in Abhänigkeit von der charakteristischen Rohdichte des zu verbindenen Holzes und des Nageldurchmessers berechnet. Bei vorgebohrten Nägeln wird eine optimale Einbettung des Nagels im Holz erreicht, weshalb die Lochleibungsfestigkeit dann ca. 50 % höher ist, als bei nicht vorbegohrten Nägeln (s. Bild 3.31.).
Die höhere Tragfähigkeit von vorgebohrten Nagelverbindungen wird zusätzlich durch geringere Mindestabstände honoriert.

Charakteristischer Wert des Fließmomentes $M_{y,k}$

Die Größe der charakteristischen Werte für das Fließmoment $M_{y,k}$ ist abhängig von der Querschnittsform des Nagels, des Nageldurchmessers und von der charakteristischen Zugfestigkeit des Nagelstahles. Nägel mit einem quadratischen Querschnitt haben bei gleicher Zugfestigkeit des Stahles einen höheren Wert für das Fließmonent.

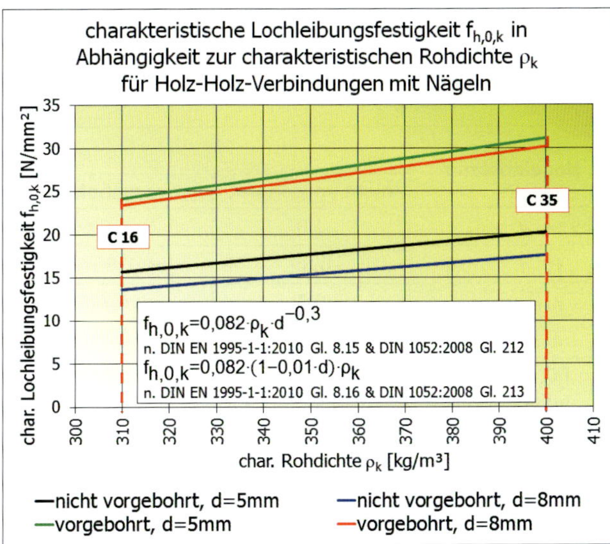

Bild 3.31. Lochleibungsfestigkeit vorgebohrter und nicht vorgebohrter Nägel

3.4.3. Tragfähigkeit rechtwinklig zur Nagelachse nach DIN EN 1995-1-1/NA:2013, Abschnitt NCI zu 8.3

Wenn die Tragfähigkeit nicht nach dem genauen Verfahren gemäß den Abschnitten 8.2 und 8.3 in DIN EN 1995-1-1:2010 berechnet wird, darf die charakteristische Tragfähigkeit pro Scherfläche und Nagel abweichend von Gl. (NA.109) (s. Tabelle 3.12.) je nach Art der Verbindung nach DIN EN 1995-1-1/NA:2013 wie folgt berechnet werden:

- für Holz-Holz-Verbindungen aus Nadelholz nach Gleichung (NA.120):

[DIN EN 1995-1-1/NA, Gl. (NA.120)]

$$F_{v,Rk} = \sqrt{2 \cdot M_{y,Rk} \cdot f_{h,1,k} \cdot d}$$

Als $f_{h,1,k}$ ist der größere charakteristische Wert der zu verbindenden Teile einzusetzen.
Werden Bohlen, Bretter oder Holzwerkstoffplatten ohne passfähige Berührungsfläche an Rundholz angeschlossen (s. Bild 3.32.), dürfen die charakteristischen Werte der Tragfähigkeit nur zu 2/3 in Rechnung gestellt werden.

- Für Holzwerkstoff- oder Gipswerkstoff-Holz-Nagelverbindungen nach Gl. (NA.123):

[DIN EN 1995-1-1/NA, Gl. (NA.123)]

$$F_{v,Rk} = A \cdot \sqrt{2 \cdot M_{y,Rk} \cdot f_{h,1,k} \cdot d}$$

Für A gelten je nach Holzwerkstoff die Werte in Tabelle 3.16. Weiterhin zu beachten sind die Mindestplattendicken bei Anordnung als außen oder innen liegende Platte (s. Tabelle 3.15.).

- Für Stahlblech-Nagel-Verbindungen mit Bauteilen aus Nadelvollholz, Brettschichtholz, Balkenschichtholz und Furnierschichtholz nach Gl. (NA.128):

[DIN EN 1995-1-1/NA, Gl. (NA.128)]

$$F_{v,Rk} = A \cdot \sqrt{2 \cdot M_{y,Rk} \cdot f_{h,k} \cdot d}$$

Für A gelten je nach Lage und Dicke der Bleche die in Tabelle 3.16. angegebenen Werte. Abweichend von den Gl. (NA.116), (NA.118) und (NA.119) (s. Tabelle 3.13.) dürfen die in Tabelle 3.16. angegebenen Mindestholzdicken verwendet werden.

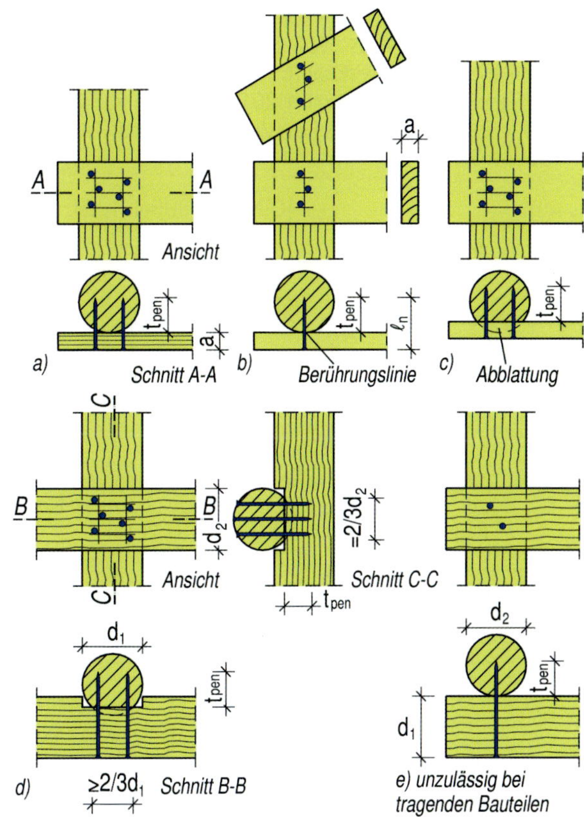

Legende
a) Bretter, Bohlen oder Platten an Rundholz
b) Nagelung auf der Berührungslinie
c) Rundholz, abgeplattet, zwei Nagelreihen
d) Rundholz an Rundholz, zwei Nagelreihen
e) unzulässige Ausführung bei tragenden Bauteilen (Rundholz an Rundholz)
t_{pen} = Eindringtiefe

Bild 3.32. Nagelanschlüsse bei Rundhölzern

Die charakteristische Tragfähigkeit pro Scherfläche erhöht sich proportional mit der Anzahl der Scherfläche (Bild 3.33.). Es gilt:

$$F_{v,Rk} = n_{Scherflächen} \cdot F_{v,Rk}$$

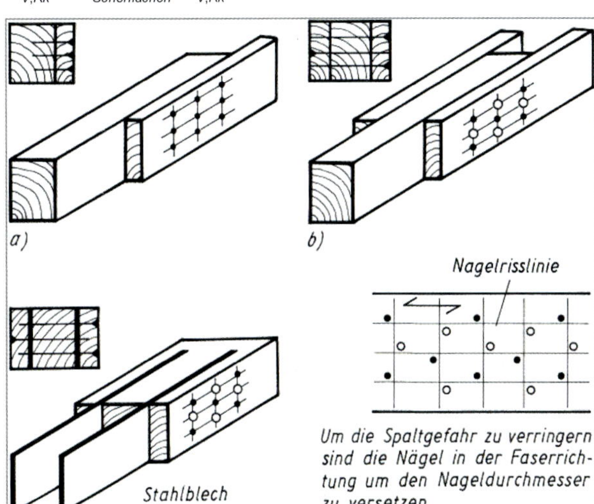

Legende
a) einschnittige Nagelung
b) zweischnittige Nagelung
c) vierschnittige Stahlblech-Holz-Nagelung

Bild 3.33. Beispiele zur Schnittigkeit der Nägel

Für mehrere hintereinander angeordnete Nägel, die nicht um mindestens $1 \cdot d$ versetzt angeordnet sind (s. Bild 3.34.), ist die wirksame Anzahl der Nägel nach Gl. (8.17) in DIN EN 1995-1-1:2010, Abschnitt 8.3 zu bestimmen. Es gilt Gl. (8.17) in Verbindung mit Tabelle 8.1 (s. Tabelle 3.14.):

$$n_{ef} = n^{k_{ef}}$$ [DIN EN 1995-1-1, Gl. (8.17)]

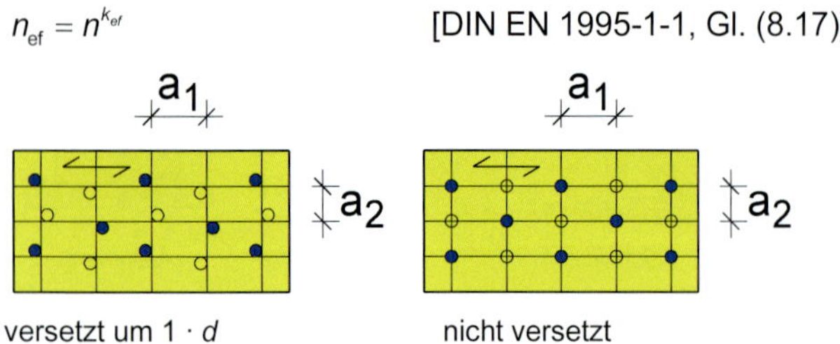

versetzt um $1 \cdot d$ nicht versetzt

Bild 3.34. Nägel in einer Reihe in Faserrichtung, rechwinklig zur Faserrichtung um 1*d* versetzt und nicht versetzt angeordnet (nach DIN EN 1995-1-1:2010)

Für Nagelabstände $a_1 \geq 14 \cdot d$ ist $n_{ef} = n$.

Tabelle 3.14. Werte für k_{ef} nach DIN EN 1995-1-1:2010, Tabelle 8.1

Nagelabstand[a]	k_{ef}	
	nicht vorgebohrt	**vorgebohrt**
$a_1 \geq 14 \cdot d$	1,0	1,0
$a_1 = 10 \cdot d$	0,85	0,85
$a_1 = 7 \cdot d$	0,7	0,7
$a_1 = 4 \cdot d$	-	0,5

[a] Für Zwischenwerte der Nagelabstände ist eine lineare Interpolation für k_{ef} zulässig.

Tabelle 3.15. Faktor A und Mindest-Holzwerkstoffdicken nach Tabelle NA.13 in DIN EN 1995-1-1/NA:2013

	1	2	3	4
1	**Holzwerkstoff**	**Faktor A in Gl. (NA.116)**	**Erforderliche Dicke t_{reg} für außen liegende Holzwerkstoff- oder Gipswerkstoffplatten (einschnittige Verbindung)**	**Erforderliche Dicke t_{reg} für innen liegende Holzwerkstoff- oder Gipswerkstoffplatten (zweischnittige Verbindung)**
2	Sperrholz der Biegefestigkeits- (F) und Biege-Elastizitätsmodul-Klassen (E) F20/10 E40/20 und F20/15 E30/25 nach DIN EN 13986 in Verbindung mit einer charakteristischen Rohdichte von mindestens 350 kg/m³	0,9	$7 \cdot d$	$6 \cdot d$
3	Sperrholz der Biegefestigkeits- (F) und Biege-Elastizitätsmodul-Klassen (E) F40/30 E60/40, F50/25 E70/25 und F60/10 E90/10 nach DIN EN 13986 in Verbindung mit einer charakteristischen Rohdichte von mindestens 600 kg/m³	0,8	$6 \cdot d$	$4 \cdot d$
4	OSB-Platten der technischen Klassen OSB/2, OSB/3 und OSB/4 nach DIN EN 13986	0,8	$7 \cdot d$	$6 \cdot d$
	Kunstharzgebundene Spanplatten der technischen Klassen P4, P5, P6 und P7 nach DIN EN 13986	0,8	$7 \cdot d$	$6 \cdot d$
	Zementgebundene Spanplatten der technischen Klassen 1 und 2 nach DIN EN 13986	0,9	$4 \cdot d$	$4 \cdot d$
5	Faserplatten der technischen Klasse HB.HLA2 nach DIN EN 13986	0,7	$6 \cdot d$	$4 \cdot d$
6	Gipsplatten nach DIN 18180	1,1	$10 \cdot d$	–

Tabelle 3.16. Faktor A und abweichend von Gl. (NA.109), (NA.111), (NA.112) anzunehmende Mindest-Holzdicken in Stahlblech-Holz-Nagelverbindungen nach Tabelle NA.14 in DIN EN 1995-1-1/NA:2013

	1	2	3	4
1	Stahlblech (vorgebohrt)	Faktor A in Gleichung (NA.121)	Erforderliche Mittelholzdicke t_{req} (zweischnittige Verbindung)	Erforderliche Dicke t_{req} in allen anderen Fällen
2	innen liegend oder dick und außen liegend	1,4	$10 \cdot d$	$10 \cdot d$
3	dünn und außen liegend	1,0	$7 \cdot d$	$9 \cdot d$

Zur Definition der dicken bzw. dünnen Stahlbleche, s. DIN EN 1995-1-1/NA:2013 (NA.6)

Tabelle 3.17. Ermittlung der charakteristischen Werte für die Lochleibungsfestigkeit der zu verbindenden Holzwerkstoffe und des Fließmomentes des Verbindungsmittels bei Nagelverbindungen (n. DIN EN 1995-1-1:2010, Abschnitt 8.3)

Festigkeit charakteristische Lochleibungsfestigkeit $f_{h,k}$	**Werkstoff der zu verbindenden Teile nach DIN EN 1995-1-1:2010**	**Nägel[1)] (d = 8 mm und alle Winkel zwischen Kraft- und Faserrichtung des Holzes)** Nicht vorgebohrt (Gl. in DIN EN 1995-1-1:2010, DIN EN 1995-1-1/NA:2013)	Vorgebohrt [2)] (Gl. in DIN EN 1995-1-1:2010, DIN EN 1995-1-1/NA:2013)
	Holz und Furnierschichtholz	$= 0{,}082 \cdot \rho_k \cdot d^{-0,3}$ (Gl. 8.15)	$= 0{,}082 \cdot (1 - 0{,}01 \cdot d)\rho_k$ (Gl. 8.16)
$f_{h,k}$ in [N/m²]	Sperrholz	$= 0{,}11 \cdot \rho_k \cdot d^{-0,3}$ (Gl. 8.20)	$= 0{,}11 \cdot (1 - 0{,}01d) \cdot \rho_k$ (Gl. NA.126)
(ρ_k in [kg/m³]	OSB-Platten	$= 65 \cdot d^{-0,7} \cdot t^{0,1}$ (Gl. 8.22)	$= 50 \cdot d^{-0,6} \cdot t^{0,2}$ (Gl. NA.127)
d in [mm] t in [mm])	Kunstharzgebundene Spanplatten	$= 65 \cdot d^{-0,7} \cdot t^{0,1}$ (Gl. 8.22)	
	Zementgebundene Spanplatten der technischen Klassen 1 und 2 nach DIN EN 13986	$= (75 + 1{,}9 \cdot d) \cdot d^{-0,5} + \frac{d}{10}$ (Gl. NA.124)	
	Harte Faserplatten nach DIN EN 622-2	$= 30 \cdot d^{-0,3} \cdot t^{0,6}$ (Gl. 8.21)	
	Gipskartonplatten	$= 3{,}9 \cdot d^{-0,6} \cdot t^{0,7}$ (Gl. NA.122)	
Charakteristischer Wert des Fließmomentes $M_{y,k}$		– **Nägel (Mindestzugfestigkeit[1)] $f_u = 600\ \text{N/mm}^2$)** – **Runder glattschaftiger Nagel**	– **Nagel mit rechteckigem[3)] oder quadratischem Querschnitt**
$M_{y,k}$ [Nmm]		$= 0{,}3 \cdot f_{u,k} \cdot d^{2,6}$ (Gl. 8.14)	$= 0{,}45 \cdot f_u \cdot d^{2,6}$ (Gl. 8.14)

d in [mm]; f_u in [N/mm²]

[1)] Nach DIN EN 14592, Abschnitt 6.1.1 gilt für Nägel nach DIN EN 10230-1, Abschnitt 6.1.2. Andere Nägel sind zulässig, wenn die Kopffläche mindestens $2{,}5 \cdot d^2$ beträgt. Die Länge der Nagelspitze muss gemäß Bild 2 in DIN EN 14592 $\geq 0{,}5 \cdot d$ und darf nur maximal $2 \cdot d$ betragen.

[2)] Bauholz mit $\rho_k > 500$ kg/m³ ist generell vorzubohren; Douglasienholz ist generell vorzubohren.

[3)] d = Kleinste Seitenlänge des Nagelquerschnittes in mm.

Wird eine Verbindung mit profilierten Nägeln einschnittig beansprucht hergestellt, so darf bei Holzwerkstoff-Holz-Verbindungen (jedoch nicht bei einer Gipskarton-Holz-Verbindung) der charakteristische Wert der Tragfähigkeit nach Gl. (NA.125) und bei Stahlblech-Holz-Verbindungen nach Gl. (NA.129) erhöht werden.

Es ist nach Gl. (NA.125) bzw. Gl. (NA.129) zu berechnen:

$${}_{\Delta}F_{v,Rk} = \min\{0{,}5 \cdot F_{v,Rk};\, 0{,}25 \cdot F_{ax,Rk}\}$$

mit $F_{ax,Rk}$ Ausziehwiderstand des profilierten Nagels nach Gl. (8.23) (s. Abschnitt 3.4.4.).

Für die Berechnung der Bemessungswerte der Tragfähigkeit wird für Nagelverbindungen der in den allgemeinen Gleichungen angegebene Wert für t_1 und t_2 wie folgt definiert (s. Tabelle 3.18. und Bild 3.35.).

Die charakteristischen Baustoffeigenschaften der Nagelverbindungen errechnen sich nach den in Tabelle 3.17. zusammengestellten Gleichungen. Die Lochleibungsfestigkeit ist abhängig vom Vorbohren, der Rohdichte des Holzes und dem Durchmesser des Verbindungsmittels. Die Gleichungen gelten für Nageldurchmesser bis 8 mm sowohl für glattschaftige Nägel als auch für Sondernägel.

Tabelle 3.18. Definition von t_1 und t_2 bei Nagelverbindungen (nach DIN EN 1995-1-1, Bild 8.4)

Verbindung einschnittig	mehrschnittig
d; t_1 t_2	d; t_1 t_2 t_1
t_2 = Einschlagtiefe	t_1 = kleinerer Wert der Holzdicke auf der dem Nagelkopf zugewandten Seite t_1 = Einschlagtiefe t_2 = Dicke des Mittelholzes
d bei rechteckigen Nägeln = die Seitenabmessung des Querschnitts	
${}_{min}t_2 = t_{req}$ nach Gl. (NA.114) für Nägel; mit rundem Querschnitt $\geq 9d$;	${}_{min}t_1 = t_{req}$ nach Gl. (NA.114) für Nägel mit rundem Querschnitt $\geq 9d$;
${}_{min}t_2 < 4d$ **ist nicht zulässig!**	${}_{min}t_1 < 4d$ **ist nicht zulässig!**

Die Mindestholzdicke t_{req} bzw. Mindesteinschlagtiefe für Nägel aus rundem Querschnitt t_{req} (s. Tabelle 3.18. bzw. Bild 3.35.) darf abweichend von Gl. (NA.110) und Gl. (NA.112) der Norm bei Nagelverbindungen in Nadelholz mit Gl. (NA.121) ermittelt werden:

$$t_{req} \geq 9 \cdot d$$

Wird diese Forderung unterschritten, ist der charakteristische Wert der Tragfähigkeit $F_{v,Rk}$ mit dem Verhältnis t_{vorh}/t_{req} abzumindern. Dabei ist der kleinere Wert aus Mindestholzdicke und Mindesteindringtiefe zugrunde zu legen.

Beträgt $t_{req} < 4 \cdot d$, so darf die der Nagelspitze nächstliegende Scherfuge nicht in Rechnung gestellt werden.

Bei **Nagelverbindungen ohne Vorbohren** sind zusätzlich zur vorgenannten Mindestholzdicke zum Erreichen der vollen Tragfähigkeit wegen der **Spaltgefahr des Holzes** Mindestholzdicken einzuhalten. Deshalb ist vorzubohren, wenn die gewählte Holzdicke kleiner ist, als der nach Gl. (8.18) berechnete Wert:

$$t = \max \begin{cases} 7 \cdot d \\ (13 \cdot d - 30) \cdot \rho_k / 400 \end{cases} \quad \text{[DIN EN 1995-1-1, Gl. (8.18)]}$$

Die Regel nach Gl. (8.18) ist insbesondere auf die Nadelholzart Kiefer anzuwenden, die als wenig spaltgefährdet gilt.

Besonders spaltgefährdete Hölzer sollen vorgebohrt werden, wenn die gewählte Holzdicke kleiner ist, als der rechnerische Wert nach Gl. (8.19):

$$t = \max \begin{cases} 14 \cdot d \\ (13 \cdot d - 30) \cdot \rho_k / 200 \end{cases} \quad \text{[DIN EN 1995-1-1, Gl. 8.19)]}$$

mit:

ρ_k charakteristische Rohdichte,
d Nageldurchmesser.

Zu den besonders spaltgefährdete Hölzern zählen gemäß DIN EN 1995-1-1:2010 die Weißtanne, die Douglasie und die Fichte und alle anderen Nadelholzarten außer Kiefer.

Die Gleichung (8.18) in der Norm gilt prinzipiell auch für andere Nadelholzarten, wenn die Mindestabstände zum Rand rechtwinklig zur Faser mindestens $a_4 \geq 10 \cdot d$ für $\rho_k \leq 420\,\text{kg/m}^3$ und mindestens $a_4 \geq 14 \cdot d$ für $420\,\text{kg/m}^3 \leq \rho_k \leq 500\,\text{kg/m}^3$ betragen.

Hinweise zur konstruktiven Durchbildung von Nagelverbindungen

Beträgt der Nenndurchmesser $d \leq 8$ mm, dann dürfen die zu verbindenden Teile mit $d \leq 0{,}8 \cdot d$ vorgebohrt werden. Bei Bauholz mit einer charakteristischen Rohdichte von über $500\,\text{kg/m}^3$ und bei Douglasienholz sind die Nagellöcher über die ganze Nagellänge vorzubohren. Der Bohrlochdurchmesser darf dann zwischen $0{,}6 \cdot d$ und $0{,}8 \cdot d$ betragen. Zementgebundene Spanplatten sind stets vorzubohren (s. DIN EN 1995-1-1/NA:2013, Abschnitt NCI zu 8.3.1.3 (NA.14)).

Bei Anschlüssen mit Stahlblechen darf das Loch im Blech mit $d + 1$ mm vorgebohrt werden.

Wird rechnerisch eine Einspannung des Nagels in ein dickes Stahlblech angesetzt, so gilt für das Loch im Stahlblech $d + 0{,}1 \cdot d$ (DIN EN 1995-1-1/NA:2013, Abschnitt NCI Zu 10.4.2).

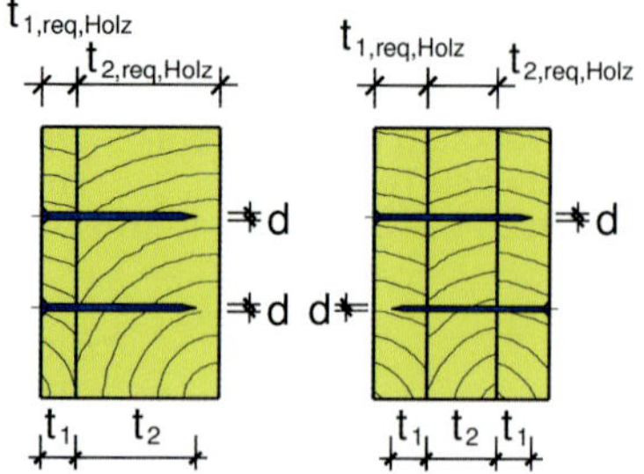

Legende
a) einschnittige Nagelverbindung
b) zweischnittige Nagelverbindung
( ) Bezeichnungen nach DIN EN 1995-1-1:2010

Bild 3.35. Einschlagtiefen t_1 bzw. t_2 und Holzdicken bei Nagelverbindungen

Jede Nagelverbindung muss mit mindestens zwei Nägeln hergestellt werden (s. Bild 3.36.). Ausgenommen hiervon sind Befestigungen von Schalungen, Trag- und Konterlattungen und Zwischenanschlüssen von Windrispen. Dies gilt auch nicht für Befestigungen von Sparren und Pfetten auf Bindern und Rähmen sowie von Querträgern auf Rahmenhölzern, wenn die Befestigung dieser Hölzer insgesamt kraftschlüssig mit mindestens zwei Nägeln erfolgt (s. DIN EN 1995-1-1/NA:2013, NCI Zu 8.3.1.2 (NA.10)).

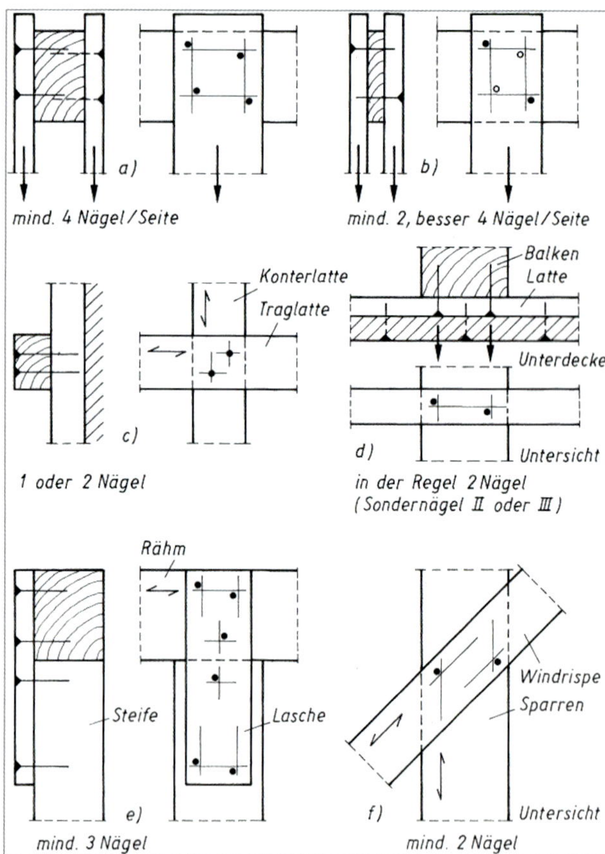

Legende
a) einschnittig, Nägel auf Abscheren beansprucht
b) zweischnittig, Nägel auf Abscheren beansprucht
c) Befestigung von Latten
d) Nägel auf Herausziehen beansprucht
e) Laschenbefestigung
f) Befestigung von Windrispen

Bild 3.36. Nagelverbindungen mit Beanspruchung rechtwinklig und parallel zur Nagelachse

Übergreifende Nägel in nicht vorgebohrten Löchern beeinflussen die Mindestdicke von Mittelhölzern. Ist $(t - t_2) > 4 \cdot d$, dann dürfen die Nägel übergreifen (Bild 3.37. – s. DIN EN 1995-1-1:2010, Abschnitt 8.3 (7)).

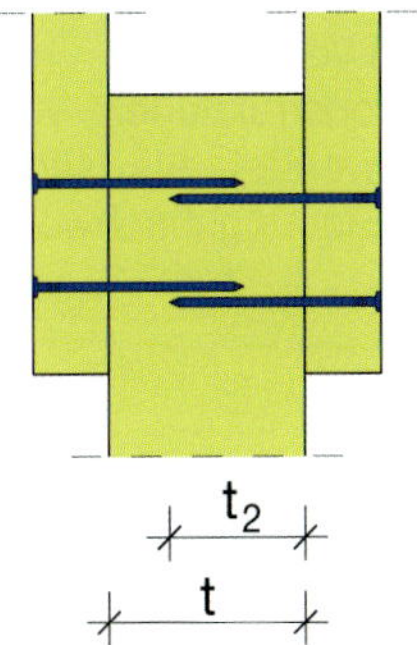

Bild 3.37. Übergreifende Nägel (nach DIN EN 1995-1-1:2010, Abschnitt 8.3.1, Bild 8.5)

Nägel sollen so eingeschlagen werden, dass der Kopf bündig mit der Holzoberfläche abschließt (s. DIN EN 1995-1-1:2010, Abschnitt 10.4.2 (1)). Das gilt prinzipiell auch für Holzwerkstoff-Holz-Verbindungen. Bei versenkter Anordnung der Nägel dürfen die Köpfe in der Holzwerkstoffplatte nicht mehr als 2 mm versenkt sein. Dann ist aber die Mindestdicke der Holzwerkstoffplatte um 2 mm zu erhöhen!

Die Mindestabstände nach Tabelle 3.19. sind unbedingt einzuhalten (s. auch Bild 3.38. und 3.39.). Für Brettschichtholz aus Nadelholz gelten die Abstände für Holz mit $\rho_k \leq 420\,\text{kg/m}^3$. Für Holzwerkstoff- Holz-Verbindungen gelten für a_1 und a_2 die 0,85-fachen Werte der Tabelle 3.19. Die Abstände zum Rand und zum Hirnholz bleiben unverändert.
Für Stahlblech-Holz-Verbindungen gelten für die Mindestabstände a_1 und a_2 die 0,7-fachen der in Tabelle 3.19. für nicht vorgebohrte Nägel angegebenen Werte. Die Abstände der Nägel zum Blechrand sind gemäß DIN EN 1993 festzulegen.

Die Mindestabstände für Holzwerkstoff-Holz-Nagelverbindungen zum Hirnholz und zum Rand nach DIN EN 1995-1-1:2010, Abschnitt 8.3.1.3

Die Mindestabstände zum Hirnholz und zu den Rändern sollten bei Bauteilen aus Sperrholz mit $3 \cdot d$ bei unbeanspruchtem Holzrand (oder Hirnholzende) und mit $(3 + 4 \cdot \sin\alpha)\ d$ bei beanspruchtem Holzrand (oder Hirnholzende) eingehalten werden, wobei α der Winkel zwischen der Kraftrichtung und des belastenden Randes (oder Hirnholzendes) ist.

Die Mindestrandabstände in OSB-Platten, kunstharzgebundenen Spanplatten und Faserplatten der technischen Klasse HB.HLA2 nach DIN EN 1995-1-1/NA:2013, Abschnitt NCI Zu 8.3.1.3 (NA.13)

Die Mindestrandabstände in OSB-Platten, kunstharzgebundenen Spanplatten und Faserplatten der technischen Klasse HB.HLA2 betragen $3 \cdot d$ und für Gipsplatten $7 \cdot d$ für den unbeanspruchten Rand, soweit nicht die Nagelabstände im Holz maßgebend werden. Vom beanspruchten Plattenrand dürfen die Abstände der Nägel $7 \cdot d$ bei OSB-Platten, kunstharzgebundenen Spanplatten und Faserplatten und $10 \cdot d$ bei Gipsplatten nicht unterschreiten.

Für faserverstärkte Gipsplatten sind die charakteristischen Werte zur Bemessung von Gipswerkstoff-Holz-Nagelverbindungen und die konstruktiven Regeln (Nagelabstände, Randabstände etc.) nach dem bauaufsichtlichen Verwendbarkeitsnachweis zu verwenden (s. DIN EN 1995-1-1/NA:2013, Abschnitt NCI zu 8.3.1.3 (NA.15)).

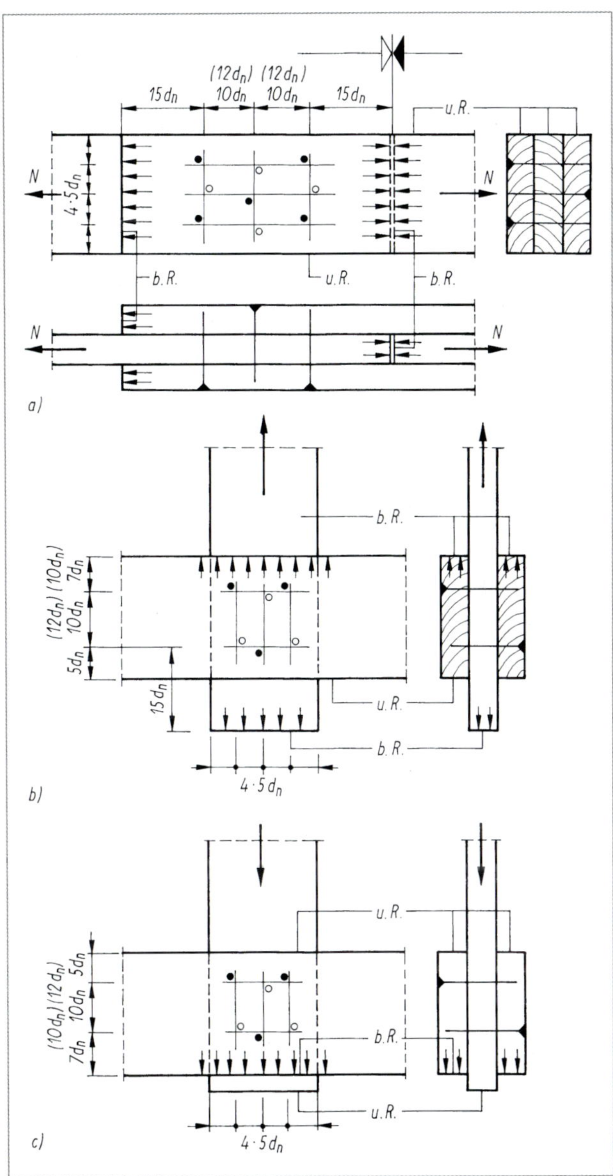

Legende
a) Zugstoß – Nägel $d_n < 5{,}2\,\text{mm}$ und $\rho_k \leq 420\,\text{kg/m}^3$ (eingeklammerte Werte für $d \geq 5\,\text{mm}$ und $\rho_k > 420\,\text{kg/m}^3$)
b) Anschluss eines Zugstabes (Vertikalstab)
c) Anschluss eines vertikalen Druckstabes
d Nagelkopf
s Nagelspitze
b. R. beanspruchter Rand
u. R. unbeanspruchter Rand
Nagelabstände: DIN EN 1995-1-1:2010, Tabelle 8.2

Bild 3.38. Beanspruchte Ränder und unbeanspruchte Ränder sowie Mindestnagelabstände nicht vorgebohrter Nagelungen

Der maximale Abstand in Faserrichtung des Holzes von tragenden Nägeln oder Heftnägeln beträgt wie bisher $40 \cdot d$ und rechtwinklig zur Faserrichtung $20 \cdot d$. Bei Holzwerkstoffplatten darf ein Abstand von $40 \cdot d$ in keiner Richtung zur Faser überschritten werden.

Für Gipsplatten-Holz-Verbindungen ist der Mindestabstand (abweichend von Abschnitt 8.3.1.3 (1) in DIN EN 1995-1-1: 2010 mit $a_1 = 20 \cdot d$ anzunehmen, der maximale Abstand beträgt $60 \cdot d$, jedoch höchstens 150 mm.

Werden die Holzwerkstoffplatten nur zur Aussteifung genutzt, kann der Abstand mit maximal $80 \cdot d$ festgelegt werden. Dies gilt auch für mittragende Beplankungen an Mittelrippen von Wandscheiben. Bei Gipskarton-Holz-Verbindungen darf der größte Abstand $60 \cdot d$, maximal jedoch nur 150 mm betragen (s. DIN EN 1995-1-1/NA:2013, Abschnitt NCI zu 8.3.1.3 (NA.11) und (NA.12)).

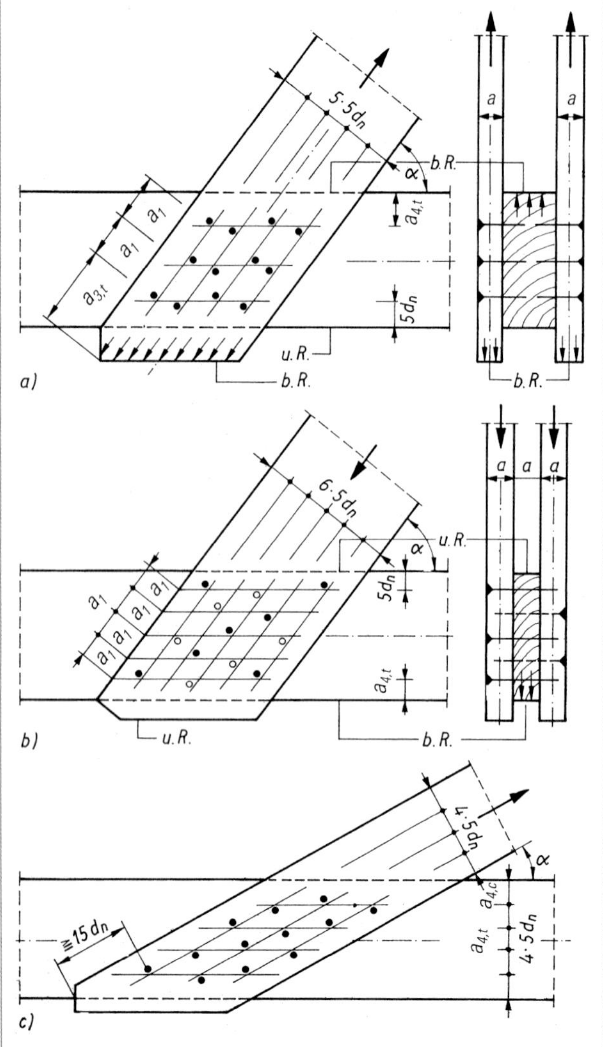

Legende

a) Anschluss einer Diagonalen (Zugstab), im Winkel α einschnittige Nagelung,

b) Anschluss einer Diagonalen (Druckstab), im Winkel α zweischnittige Nagelung,

c) Risslinienabstände bei Schräganschlus, im Winkel α einschnittige Nagelung

Bild 3.39. Beanspruchte Ränder und unbeanspruchte Ränder sowie Mindestnagelabstände nicht vorgebohrter Nagelungen nach DIN EN 1995-1-1:2010, Tabelle 8.2

Nägel in Hirnholz können keine Kräfte übertragen (s. DIN EN 1995-1-1/NA:2013, Abschnitt NDP zu 8.3.1.2 (4))! Die Regel nach Abschnitt 8.3.1.2 (4) in DIN EN 1995-1-1:2010 darf in Deutschland nicht angewendet werden.

Nagelung von Stahlteilen

Unter Stahlteilen sind alle Stahlprofile (L-, U-, T-, Z- und I-Profile, Stahl-Hohlprofile, geschweißte Stahlteile und kaltgeformte Stahlblechformteile (z. B. Lochbleche, Winkelverbinder, Sparrenpfettenanker, Bilder 3.40. und 3.41.) mit Blechdicken zwischen 2 bis 4 mm zu verstehen. Stahlblechformteile werden bei Holzkonstruktionen vorwiegend bei ruhender Belastung angewendet. Als Nägel werden meistens Sondernägel (mit Eignungsnachweis) angewendet.

Literatur: [*Lißner/Rug* 2016]

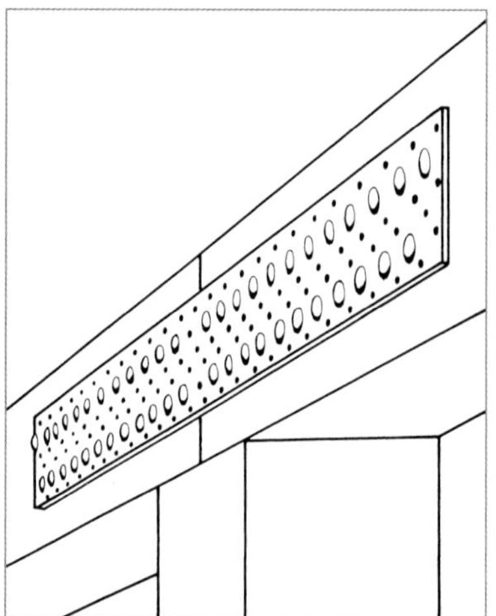

Bild 3.40. Sicherung eines Pfettenstoßes mit genagelten Lochstreifen (feuerverzinkt). Nagelanzahl nach statischer Berechnung oder konstruktivem Erfordernis ($t \geq 2$ mm). Nägel einschnittig beansprucht

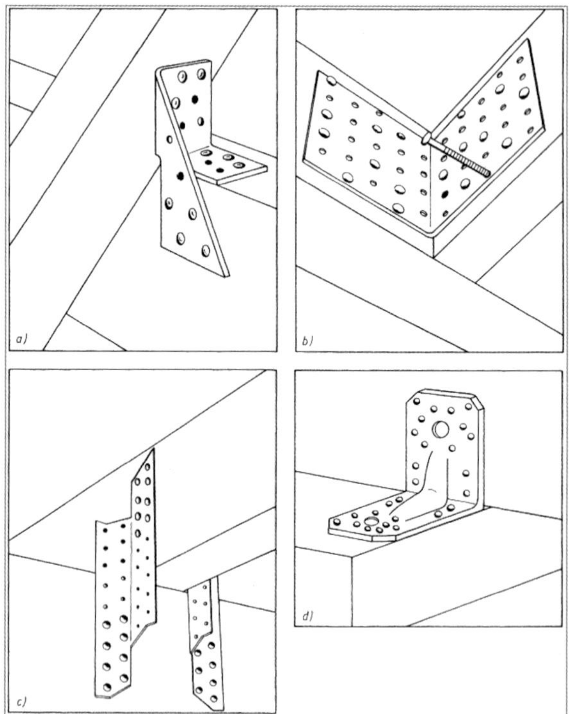

Legende

a) Universalverbinder

b) Lochplattenwinkel

c) Sparrenpfettenanker

d) Winkel-Holzverbinder

Bild 3.41. Beispiele für kaltgeformte genagelte Stahlblechformteile (s. a. Kataloge der Hersteller)

Tabelle 3.19. Mindestabstände für Nägel (nach DIN EN 1995-1-1:2010, Tabelle 8.2 und Bild 8.7)

Verbindungsmittelabstände (nach DIN EN 1995-1-1:2010, Bild 8.7)	**Legende**
a) a_2 a_2 a_1 a_1 2 1 a_2 a_2 a_1 a_1	a) Abstände in Faserrichtung innerhalb einer Reihe und rechtwinklig zur Faserrichtung zwischen den Reihen 1 Verbindungsmittel 2 Faserrichtung des Holzes
b) α $a_{3,t}$ $-90° \le \alpha \le 90°$ (1) α $a_{3,c}$ $-90° \le \alpha \le 270°$ (2) α $a_{4,t}$ $0° \le \alpha \le 180°$ (3) α $a_{4,c}$ $180° \le \alpha \le 360°$ (4)	b) Abstände vom Hirnholzende und vom Rand (1) beanspruchtes Hirnholzende (2) unbeanspruchtes Hirnholzende (3) beanspruchter Rand (4) unbeanspruchter Rand α = Winkel zwischen Kraft- und Faserrichtung

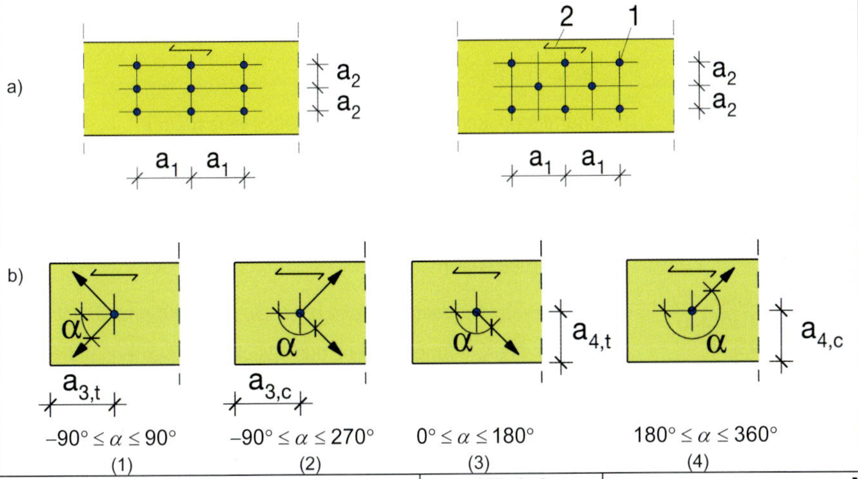

Abstände (s. DIN EN 1995-1-1, Bild 8.7)	**Winkel** α	**Mindestabstände**		
		Nicht vorgebohrte Nagellöcher		**Vorgebohrte Nagellöcher**
		$\rho_k \le 420\ \text{kg/m}^3$	$420\ \text{kg/m}^3 < \rho_k \le 500\ \text{kg/m}^3$	generell bei $\rho_k > 500$ kg/m³ und Douglasienholz
a_1 (Abstand in Faserrichtung)	$0° \le \alpha \le 360°$	$d < 5\ \text{mm}$: $(5 + 5\|\cos\alpha\|) \cdot d$ $d \ge 5\ \text{mm}$: $(5 + 7\|\cos\alpha\|) \cdot d$	$(7 + 8\|\cos\alpha\|) \cdot d$	$(4 + \|\cos\alpha\|) \cdot d$
a_2 (Abstand rechtwinklig zur Faserrichtung)	$0° \le \alpha \le 360°$	$5d$	$7d$	$(3 + \|\sin\alpha\|) \cdot d$
$a_{3,t}$ (beanspruchtes Hirnholzende)	$-90° \le \alpha \le 90°$	$(10 + 5\cos\alpha) \cdot d$	$(15 + 5\cos\alpha) \cdot d$	$(7 + 5\cos\alpha) \cdot d$
$a_{3,c}$ (unbeanspruchtes Hirnholzende)	$-90° \le \alpha \le 270°$	$10 \cdot d$	$15d$	$7d$
$a_{4,t}$ (beanspruchter Rand)	$0° \le \alpha \le 180°$	$d < 5\ \text{mm}$: $(5 + 2 \cdot \sin\alpha) \cdot d$ $d > 5\ \text{mm}$: $(5 + 5 \cdot \sin\alpha) \cdot d$	$d < 5\ \text{mm}$: $(7 + 2 \cdot \sin\alpha) \cdot d$ $d \ge 5\ \text{mm}$: $(7 + 5 \cdot \sin\alpha) \cdot d$	$d < 5\ \text{mm}$: $(3 + 2 \cdot \sin\alpha) \cdot d$ $d \ge 5\ \text{mm}$: $(3 + 4 \cdot \sin\alpha) \cdot d$
$a_{4,c}$ (unbeanspruchter Rand)	$180° \le \alpha \le 360°$	$5 \cdot d$	$7 \cdot d$	$3 \cdot d$

Ansicht

100
30 40 30
A
4 Nägel 3,4 x 90 mm nach DIN EN 10230-1
100 30 40 30
Mittelholz 40/100 mm, NH S10 nach DIN 4074-1/ C24 nach DIN EN 338
Seitenholz 30/100 mm, NH S10 nach DIN 4074-1/ C24 nach DIN EN 338
F
A

Schnitt A-A

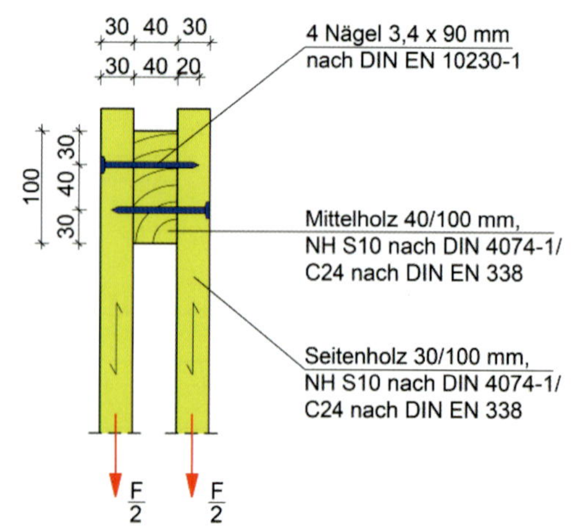

Bild 3.42. Zweischnittige Nagelverbindung

Beispiel 3.1. (nach DIN EN 1995-1-1:2010)

Es ist der Bemessungswert der Tragfähigkeit eines zweischnittigen runden Drahtstiftes $3{,}4 \times 90$ (s. Bild 3.42.), nicht vorgebohrt, zu ermitteln. Holzart Kiefer.

Vorhanden:
NH S10 nach DIN 4074 – 1 = C24, DIN EN 338, Tabelle 1
Holzart: **Kiefer,** NKL = 1 und KLED = mittel $\Rightarrow k_{mod} = 0{,}8$
(DIN EN 1995-1-1:2010, Tabelle 3.1)

$t_1 = 30$ mm; $t_1 = 20$ mm (Eindringtiefe des Nagels)

$t_2 = 40$ mm

nach Tabelle 1, DIN EN 338 ist für C24 $\rho_k = 350$ kg/m²

nach DIN EN 14592, Abschnitt 6.1.2 ist $f_u = 600$ N/mm²

Lösung A: Berechnung nach dem vereinfachten Verfahren

Mindesteinschlagtiefe:
nach DIN EN 1995-1-1/NA:2013, NCI zu 8.3.1.2 (NA.11)

$4 \cdot d < t_1$

$4 \cdot 3{,}4 < 20\,\text{mm}$

$13{,}6\,\text{mm} < 20\,\text{mm}$ Nachweis erfüllt!

Charakteristischer Wert des Fließmomentes:

$M_{y,Rk} = 0{,}3 \cdot f_u \cdot d^{2{,}6}$ [DIN EN 1995-1-1, Gl. (8.14)]

$M_{y,Rk} = 0{,}3 \cdot 600 \cdot 3{,}4^{2{,}6}$

$M_{y,Rk} = 4336{,}28$ Nmm

Charakteristischer Wert der Lochleibungsfestigkeit:

$f_{h,1,k} = 0{,}082 \cdot \rho_k \cdot d^{-0{,}3}$ [DIN EN 1995-1-1, Gl. (8.15)]

$f_{h,1,k} = 0{,}082 \cdot 350 \cdot 3{,}4^{-0{,}3}$

$f_{h,1,k} = 19{,}88\,\text{N/mm}^2 = f_{h,2,k}$

Berechnung Mindestholzdicke nach Gl. (NA.110) und Gl. (NA.112):

$\beta = 1{,}0$ (Verbindung besteht aus gleichen Holzarten und Festigkeitsklassen)

[DIN EN 1995-1-1/NA, Gl. (NA.110)]

$$t_{1,req} = 1{,}15 \cdot \left(2 \cdot \sqrt{\frac{\beta}{1+\beta}} + 2\right) \cdot \sqrt{\frac{M_{y,Rk}}{f_{h,1,k} \cdot d}}$$

$t_{1,req} = 1{,}15 \cdot 3{,}41 \cdot 8{,}01$

$t_{1,req} = 31{,}41\,\text{mm} > t_1 = 30\,\text{mm}$ **nicht erfüllt!**

[DIN EN 1995-1-1/NA, Gl. (NA.112)]

$$t_{2,req} = 1{,}15 \cdot \left(\frac{4}{\sqrt{1+\beta}}\right) \cdot \sqrt{\frac{M_{y,Rk}}{f_{h,1,k} \cdot d}}$$

$t_{2,req} = 1{,}15 \cdot 2{,}83 \cdot 8{,}01$

$t_{2,req} = 26{,}07\,\text{mm} < t_2 = 40\,\text{mm}$ **erfüllt!**

Abminderung aus Unterschreitung der Mindestholzdicke nach DIN EN 1995-1-1/NA:2013, NCI NA.8.2.4 (NA.2):

Bezogen auf die vorhandene Eindringtiefe des Nagels t_1 (s. Bild Tabelle 3.18.) ist die Tragfähigkeit abzumindern.

Zum Vergleich ermitteln wir die Mindestholzdicke bzw. Mindesteindringtiefe nach DIN EN 1995-1-1/NA:2013, Gl. (NA.121).
In Abweichung zu den Gleichungen (NA.110) und (NA.112) dürfen bei Nadelholz die Mindestholzdicke oder Mindesteindringtiefe des Nagels nach Gl. (NA.114) vereinfacht bestimmt werden (s. Tabelle 3.12.).

$t_{req} = 9 \cdot d$ [DIN EN 1995-1-1/NA, Gl. (NA.121)]

$t_{req} = 9 \cdot d = 30{,}6\,\text{mm} > t_1 = 30\,\text{mm}$, **nicht erfüllt!**

Abminderung aus Unterschreitung der Mindestholzdicke:

$t_1/t_{req} = 30/30{,}6 = 0{,}98$

Bezogen auf die Eindringtiefe des Nagels t_1 (s. Tabelle 3.18.) ist die Tragfähigkeit abzumindern – aus $t_1/t_{req} = 20/30{,}6 = 0{,}65$

Mindestholzdicke für Nägel ohne Vorbohren aus der Spaltgefahr des Holzes nach DIN EN 1995-1-1:2010, Gl. (8.18) und DIN EN 1995-1-1/NA:2013, NDP zu 8.3.1.2 (7) für Kiefernholz:

$$t = \max\left\{7 \cdot d;\, (13 \cdot d - 30) \cdot \frac{\rho_k}{400}\right\}$$ [DIN EN 1995-1-1, Gl. (8.18)]

$t = \max\{23{,}80\,\text{mm};\, 12{,}43\,\text{mm}\} = 23{,}8 < 30\,\text{mm}$ **erfüllt!**

Charakteristischer Wert der Tragfähigkeit $F_{v,Rk}$ pro Scherfläche:

[DIN EN 1995-1-1/NA, Gl. (NA. 120)]

$$F_{v,Rk} = \sqrt{2 \cdot M_{y,Rk} \cdot f_{h,1,k} \cdot d}$$

$$F_{v,Rk} = \sqrt{2 \cdot 4336,28 \cdot 19,88 \cdot 3,4} = 765,63\,\text{N}$$

Charakteristischer Wert der Tragfähigkeit $F_{v,Rk}$ pro Nagel:

Scherfläche 1: unter Berücksichtigung der Unterschreitung der Mindestholzdicke
Scherfläche 2: unter Berücksichtigung der Unterschreitung der Mindesteindringtiefe

Es wird mit den Ergebnissen aus Gl. (NA. 121) weitergerechnet.

$$F_{v,Rk} = 0,98 \cdot F_{v,Rk} + 0,65 + F_{v,Rk}$$

$$F_{v,Rk} = 0,98 \cdot 765,6 + 0,65 + 765,6$$

$$F_{v,Rk} = 1247,93 = 1,25\,\text{N}$$

Bemessungswert der Tragfähigkeit pro Nagel:

$$F_{v,Rd} = \frac{k_{mod} \cdot F_{v,Rk}}{\gamma_M}$$ [DIN EN 1995-1-1/NA, Gl. (NA. 113)]

$$F_{v,Rd} = \frac{0,8 \cdot 1247,93}{1,1} = 907,6\,\text{N} = 0,91\,\text{kN}$$

Bemessungswert der Tragfähigkeit bei vier Nägeln:

$$F_{v,Rd} = 4 \cdot 0,91 = 3,64\,\text{kN}$$

Lösung B: Berechnung nach dem genauen Verfahren

Übernahme aus Lösung A:

$$f_{h,k} = 19,88\,\text{N/mm}^2$$

$$M_{y,Rk} = 4336,28\,\text{Nmm}$$

$$\beta = 1,0$$

Charakteristischer Wert des Ausziehwiderstandes $F_{ax,Rk}$:

[DIN EN 1995-1-1, Gl. (8.24)]

$$F_{ax,Rk} = \min\left\{f_{ax,k} \cdot d \cdot t_{pen}; f_{ax,k} \cdot d \cdot t + f_{head,k} \cdot d_h^2\right\}$$

$$f_{ax,k} = 20 \cdot 10^{-6} \cdot \rho_k^2$$ [DIN EN 1995-1-1, Gl. (8.25)]

$$f_{head,k} = 70 \cdot 10^{-6} \cdot \rho_k^2$$ [DIN EN 1995-1-1, Gl. (8.26)]

$$f_{head,k} = 70 \cdot 10^{-6} \cdot \rho_k^2 = 70 \cdot 10^{-6} \cdot 350^2 = 8,575\,\text{N/mm}^2$$

$$t_{pen} = 60\,\text{mm}$$

$$t = 30\,\text{mm}$$

Da der Kopfdurchmesser nicht bekannt ist, wird er nach DIN EN 14592, Abschnitt 6.1.3 wie folgt bestimmt:

Bedingung: $A_h \geq 2,5 \cdot d^2 = 28,9\,\text{mm}^2$

$$A_h = \pi \cdot r^2$$

$$r = \sqrt{\frac{A_h}{\pi}} = \sqrt{\frac{28,9}{\pi}} = 3,03\,\text{mm}$$

Der Kopfdurchmesser wird angenommen zu:

$$d_k = 2 \cdot r = 2 \cdot 3,03 = 6,06 \approx 6,1\,\text{mm}$$

$$F_{ax,Rk} = \min\left\{f_{ax,k} \cdot d \cdot t_{pen}; f_{ax,k} \cdot d \cdot t + f_{head,k} \cdot d_k^2\right\}$$

$$F_{ax,Rk} = \min\left\{2,45 \cdot 3,4 \cdot 60; 2,45 \cdot 3,4 \cdot 30 + 8,575 \cdot 6,1^2\right\}$$

$$F_{ax,Rk} = \min\left\{499,8\,\text{N}; 646,41\,\text{N}\right\}$$

Charakteristischer Wert der Tragfähigkeit $F_{v,Rk}$ pro Scherfläche ($_{min}F_{v,Rk}$ aus Gl. (8.7g) bis Gl. (8.7k)):

$$F_{v,Rk} = f_{h,1,k} \cdot t_1 \cdot d$$ [DIN EN 1995-1-1, Gl. (8.7g)]

$$F_{v,Rk} = 19,88 \cdot 20 \cdot 3,4$$

$$F_{v,Rk} = 1351,84\,\text{N} = 1,35\,\text{kN}$$

$$F_{v,Rk} = 0,5 \cdot f_{h,2,k} \cdot t_2 \cdot d$$ [DIN EN 1995-1-1, Gl. (8.7h)]

$$F_{v,Rk} = 0,5 \cdot 19,88 \cdot 40 \cdot 3,4$$

$$F_{v,Rk} = 1351,84\,\text{N} = 1,35\,\text{kN}$$

[DIN EN 1995-1-1, Gl. (8.7j)]

$$F_{v,Rk} = 1,05 \cdot \frac{f_{h,1,k} \cdot t_1 \cdot d}{2+\beta} \cdot \left[\sqrt{2 \cdot \beta \cdot (1+\beta) + \frac{4 \cdot \beta \cdot (2+\beta) \cdot M_{y,Rk}}{f_{h,1,k} \cdot d \cdot t_1^2}} - \beta\right] + \frac{F_{ax,Rk}}{4}$$

$$F_{v,Rk} = 1,05 \cdot 450,61 \cdot 1,43$$

$F_{v,Rk} = 676,6\,\text{N} = 0,68\,\text{kN}$ **maßgebend mit** $\gamma_M = 1,3$

[DIN EN 1995-1-1, Gl. (8.7k)]

$$F_{v,Rk} = 1,15 \cdot \sqrt{\frac{2 \cdot \beta}{1+\beta}} \cdot \sqrt{2 \cdot M_{y,Rk} \cdot f_{h,1,k} \cdot d} + \frac{F_{ax,Rk}}{4}$$

$$F_{v,Rk} = 1,15 \cdot 1,0 \cdot 765,63$$

$$F_{v,Rk} = 880,47\,\text{kN} = 0,88\,\text{kN}$$

Nach DIN EN 1995-1-1:2010, Abschnitt 8.2.2 (2) wird der charakteristische Wert der Tragfähigkeit in Gl. (8.7j) um einen Anteil aus der Seilwirkung erhöht. Dieser ist für runde Nägel auf einen Anteil von 15 % der charakteristischen Tragfähigkeit auf Abscheren und auf einen Anteil von 25 % der charakteristischen Tragfähigkeit auf Herausziehen zu begrenzen.

$$F_{v,Rk} = F_{v,Rk} + \min\begin{Bmatrix}0,25 \cdot F_{ax,Rk} \\ 0,15 \cdot F_{v,Rk}\end{Bmatrix} = 676,6 + \min\begin{Bmatrix}0,25 \cdot 499,8 \\ 0,15 \cdot 676,6\end{Bmatrix}$$

$$F_{v,Rk} = 676,6 + 101,49 = 778,09\,\text{N}$$

Charakteristischer Wert der Tragfähigkeit $F_{v,Rk}$ pro Nagel:

$$F_{v,Rk} = n_{Scherflächen} + F_{v,Rk} = 2 \cdot 778,09 = 1556,18\,\text{N} = 1,56\,\text{kN}$$

Bemessungswert der Tragfähigkeit pro Nagel:

$$F_{v,Rd} = \frac{k_{mod} \cdot F_{v,Rk}}{\gamma_M}$$ [DIN EN 1995-1-1, Gl. (2.17)]

$$F_{v,Rd} = \frac{0,8 \cdot 1556,18\,\text{N}}{1,3}$$

$$F_{v,Rd} = 957,65\,\text{N} = 0,96\,\text{kN}$$

Bemessungswert der Tragfähigkeit bei vier Nägeln:

$$F_{v,Rd} = 4 \cdot 0,96 = 3,84\,\text{kN}$$

Mindestabstände für Beispiel 3.1.:

	Bezeichnung	DIN EN 1995-1-1:2010, Tabelle 8.2			
		Seitenholz α = 0°	mm	Mittelholz α = 90°	mm
untereinander in Faserrichtung	‖, a_1	$d < 5\,\text{mm}$: $(5+5\lvert\cos\alpha\rvert)\cdot d$	40 (34)	$d < 5\,\text{mm}$: $(5+5\lvert\cos\alpha\rvert)\cdot d$	40 (17)
untereinander rechtwinklig zur Faser	⊥, a_2	$5\cdot d$	40 (17)	$5\cdot d$	40 (17)
vom beanspruchten Hirnholzende	$a_{3,t}$	$(10+5\cos\alpha)\cdot d$	- (51)	$(10+5\cos\alpha)\cdot d$	- (34)
vom unbeanspruchten Hirnholzende	$a_{3,c}$	$10\cdot d$	50 (34)	$10\cdot d$	- (34)
vom beanspruchten Rand	$a_{4,t}$	$d < 5\,\text{mm}$: $(5+2\cdot\sin\alpha)\cdot d$	- (17)	$d < 5\,\text{mm}$: $(5+2\cdot\sin\alpha)\cdot d$	30 (24)
vom unbeanspruchten Rand	$a_{4,c}$	$5\cdot d$	30 (17)	$5\cdot d$	30 (17)

Nageldurchmesser *d* = 3,4 mm
α = Winkel zwischen Kraft und Faserrichtung = 0° (**Seitenholz) = 90° (Mittelholz)**
(…) rechnerische Werte

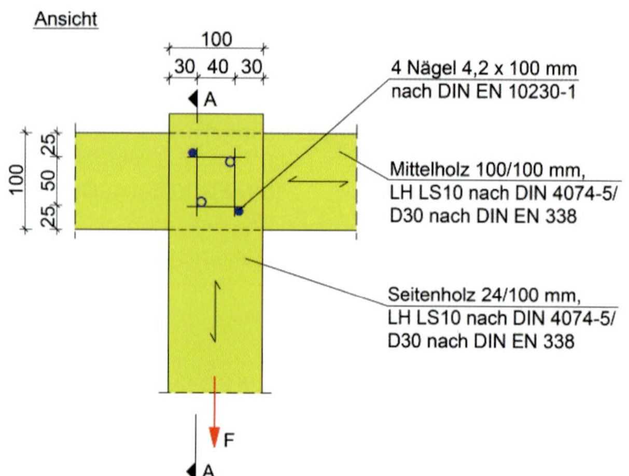

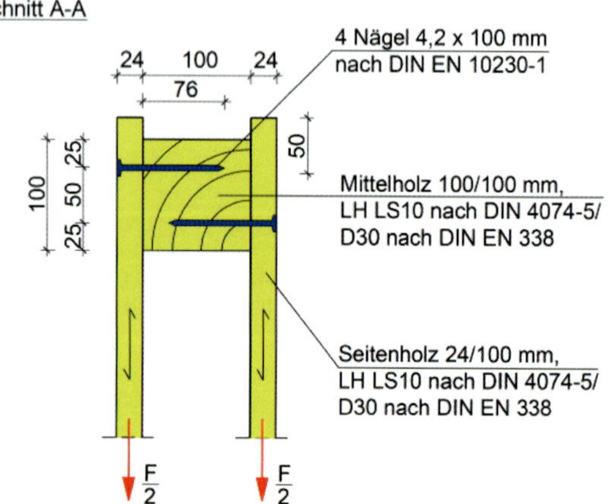

Bild 3.43. Einschnittige Nagelverbindung

Beispiel 3.2. (nach DIN EN 1995-1-1:2010)

Für eine einschnittige Nagelverbindung aus Eichenholz (Laubholz der Festigkeitsklasse LS10 nach DIN 4074-5 = D30 nach DIN EN 338, Tabelle 1) Bild 3.43., ist die Tragfähigkeit eines Nagels zu berechnen.

Vorhanden:

Einschnittiger runder Drahtstift $4{,}2\times100$, vorgebohrt

NKL = 1 und KLED = mittel $\Rightarrow k_{mod} = 0{,}8$ (DIN EN 1995-1-1:2010, Tabelle 3.1)

$t_1 = 24\,\text{mm}$

$t_2 = 100 - 24 = 76\,\text{mm}$ (Eindringtiefe des Nagels)

$\rho_k = 530\,\text{kg/m}^3$ (nach Tabelle 1 in DIN EN 338)

$f_u = 600\,\text{kg/m}^3$ (nach DIN EN 14592, Abschnitt 6.1.2)

Lösung A: Berechnung nach dem vereinfachten Verfahren

Charakteristischer Wert des Fließmomentes:

$M_{y,Rk} = 0{,}3\cdot f_u\cdot d^{2,6}$ [DIN EN 1995-1-1, Gl. (8.14)]

$M_{y,Rk} = 0{,}3\cdot 600\cdot 4{,}2^{2,6}$

$M_{y,Rk} = 7511{,}40\,\text{Nmm}$

Charakteristischer Wert der Lochleibungsfestigkeit:

$f_{h,1,k} = 0{,}082\cdot(1-0{,}1\cdot d)\cdot\rho_k$ [DIN EN 1995-1-1, Gl. (8.16)]

$f_{h,1,k} = 0{,}082\cdot(1-0{,}1\cdot 4{,}2)\cdot 530$

$f_{h,1,k} = 41{,}63\,\text{N/mm}^2 = f_{h,2,k}$

Mindesteinschlagtiefe:
nach DIN EN 1995-1-1/NA, NCI zu 8.3.1.2 (NA.11)

$4\cdot d < t_2$
$4\cdot 4{,}2 < 76\,\text{mm}$
$16{,}8 < 76\,\text{mm}$ **erfüllt!**

Mindestholzdicke:

$\beta = 0$ (Verbindung besteht aus gleichen Holzarten und Festigkeitsklassen)

[DIN EN 1995-1-1/NA, Gl. (NA. 110)]

$$t_{1,req} = 1{,}15\cdot\left(2\cdot\sqrt{\frac{\beta}{1+\beta}}+2\right)\cdot\sqrt{\frac{M_{y,Rk}}{f_{h,1,k}\cdot d}}$$

$t_{1,req} = 1{,}15\cdot 3{,}41\cdot 6{,}55$

$t_{1,req} = 25{,}69\,\text{mm} > t_1 = 24\,\text{mm}$ **nicht erfüllt!**

Abminderung aus Unterschreitung Mindestholzdicke:

$t_1/t_{1,req} = 24 / 25{,}69 = 0{,}93$

[DIN EN 1995-1-1/NA, Gl. (NA. 111)]

$$t_{2,req} = 1{,}15 \cdot \left(2 \cdot \frac{1}{\sqrt{1+\beta}} + 2\right) \cdot \sqrt{\frac{M_{y,Rk}}{f_{h,2,k} \cdot d}}$$

$$t_{2,req} = 1{,}15 \cdot 1{,}41 \cdot 6{,}55$$

$t_{2,req} = 10{,}62\,\text{mm} < t_2 = 100\,\text{mm}$ **erfüllt!**

Charakteristischer Wert der Tragfähigkeit $F_{v,Rk}$ pro Scherfläche:

Da es sich um eine Laubholzverbindung handelt, kann nicht mit Gl. (NA. 120), sondern es muss mit Gl. (NA. 109) gerechnet werden.

$\beta = 1{,}0$

[DIN EN 1995-1-1/NA, Gl. (NA.109)]

$$F_{v,Rk} = \sqrt{\frac{2 \cdot \beta}{1+\beta}} \cdot \sqrt{2 \cdot M_{y,Rk} \cdot f_{h,1,k} \cdot d}$$

$$F_{v,Rk} = 1 \cdot 1620\,\text{N}$$

$$F_{v,Rk} = 1620\,\text{N} = 1{,}62\,\text{kN}$$

Charakteristischer Wert der Tragfähigkeit $F_{v,Rk}$ pro Nagel:

$$F_{v,Rk} = \frac{t_1}{t_{1,req}} \cdot n_{Scherflächen} \cdot F_{v,Rk}$$

$$F_{v,Rk} = 0{,}93 \cdot 1 \cdot 1620{,}70 = 1507{,}25\,\text{N}$$

Bemessungswert der Tragfähigkeit pro Nagel:

$$F_{v,Rd} = \frac{k_{mod} \cdot F_{v,Rk}}{\gamma_M}$$ [DIN EN 1995-1-1/NA, Gl. (NA. 113)]

$$F_{v,Rd} = \frac{0{,}8 \cdot 1507{,}25}{1{,}1} = 1096{,}2\,\text{N} = 1{,}1\,\text{kN}$$

Bemessungswert der Tragfähigkeit bei vier Nägeln:

$$F_{v,Rd} = 4 \cdot 1{,}1 = 4{,}4\,\text{kN}$$

Lösung B: Berechnung nach dem genauen Verfahren

Übernahme aus Lösung A:

$f_{h,k} = 41{,}63\,\text{N/mm}^3$

$M_{y,Rk} = 7511{,}40\,\text{Nmm}$

$\beta = 1{,}0$

Charakteristischer Wert des Ausziehwiderstandes $F_{ax,Rk}$:

[DIN EN 1995-1-1, Gl. (8.24)]

$$F_{ax,Rk} = \min\left\{f_{ax,k} \cdot d \cdot t_{pen};\ f_{ax,k} \cdot d \cdot t + f_{head,k} \cdot d_h^2\right\}$$

$$f_{ax,k} = 20 \cdot 10^{-6} \cdot \rho_k^2$$ [DIN EN 1995-1-1, Gl. (8.25)]

$$f_{ax,k} = 20 \cdot 10^{-6} \cdot 530^2 = 5{,}618\,\text{N/mm}^2$$

$$f_{head,k} = 70 \cdot 10^{-6} \cdot \rho_k^2$$ [DIN EN 1995-1-1, Gl. (8.26)]

$$f_{head,k} = 70 \cdot 10^{-6} \cdot 530^2 = 19{,}663\,\text{N/mm}^2$$

$$t_{pen} = t_2 = 76\,\text{mm}$$

$$t = t_1 = 24\,\text{mm}$$

Da der Kopfdurchmesser nicht bekannt ist, wird er nach DIN EN 14592, Abschnitt 6.1.3 wie folgt bestimmt:

Bedingung: $A_h \geq 2{,}5 \cdot d^2 = 44{,}1\,\text{mm}^2$

$$A_h = \pi \cdot r^2$$

$$r = \sqrt{\frac{A_h}{\pi}} = \sqrt{\frac{44{,}1}{\pi}} = 3{,}75\,\text{mm}$$

Der Kopfdurchmesser wird angenommen zu:

$$d_k = 2 \cdot r = 2 \cdot 3{,}75 = 7{,}5\,\text{mm}$$

$$F_{ax,Rk} = \min\left\{5{,}618 \cdot 4{,}2 \cdot 76;\ 5{,}618 \cdot 4{,}2 \cdot 24 + 19{,}663 \cdot 7{,}5^2\right\}$$

$$F_{ax,Rk} = \min\left\{1793{,}27\,\text{N};\ 1672{,}34\,\text{N}\right\}$$

Charakteristischer Wert der Tragfähigkeit $F_{v,Rk}$ pro Scherfläche ($_{\min}F_{v,Rk}$ aus Gl. (8.6a) bis Gl. (8.6f)):

$$F_{v,Rk} = f_{h,1,k} \cdot t_1 \cdot d$$ [DIN EN 1995-1-1, Gl. (8.6a)]

$$F_{v,Rk} = 41{,}63 \cdot 24 \cdot 4{,}2$$

$$F_{v,Rk} = 4196{,}3\,\text{N} = 4{,}2\,\text{kN}$$

$$F_{v,Rk} = f_{h,1,k} \cdot t_2 \cdot d$$ [DIN EN 1995-1-1, Gl. (8.6b)]

$$F_{v,Rk} = 41{,}63 \cdot 76 \cdot 4{,}2$$

$$F_{v,Rk} = 13288{,}3\,\text{N} = 13{,}3\,\text{kN}$$

[DIN EN 1995-1-1, Gl. (8.6c)]

$$F_{v,Rk} = \frac{f_{h,1,k} \cdot t_1 \cdot d}{1+\beta} \cdot \left[\sqrt{\beta + 2 \cdot \beta^2 \cdot \left[1 + \frac{t_2}{t_1} + \left(\frac{t_2}{t_1}\right)^2\right] + \beta^3 \cdot \left(\frac{t_2}{t_1}\right)^2} - \beta \cdot \left(1 + \frac{t_2}{t_1}\right)\right] + \frac{F_{ax,Rk}}{4}$$

$$F_{v,Rk} = 2098{,}15 \cdot 2{,}11$$

$$F_{v,Rk} = 4427{,}1\,\text{N} = 4{,}43\,\text{kN}$$

[DIN EN 1995-1-1, Gl. (8.6d)]

$$F_{v,Rk} = 1{,}05 \cdot \frac{f_{h,1,k} \cdot t_1 \cdot d}{2+\beta} \cdot \left[\sqrt{2 \cdot \beta \cdot (1+\beta) + \frac{4 \cdot \beta \cdot (2+\beta) \cdot M_{y,Rk}}{f_{h,1,k} \cdot d \cdot t_1^2}} - \beta\right] + \frac{F_{ax,Rk}}{4}$$

$$F_{v,Rk} = 1{,}05 \cdot 1398{,}77 \cdot 1{,}22$$

$F_{v,Rk} = 1791{,}82\,\text{N} = 1{,}8\,\text{kN}$ **maßgebend, mit $\gamma_M = 1{,}3$!**

[DIN EN 1995-1-1, Gl. (8.6e)]

$$F_{v,Rk} = 1{,}05 \cdot \frac{f_{h,1,k} \cdot t_2 \cdot d}{1+2\beta} \cdot \left[\sqrt{2 \cdot \beta^2 \cdot (1+\beta) + \frac{4 \cdot \beta \cdot (1+2\beta) \cdot M_{y,Rk}}{f_{h,1,k} \cdot d \cdot t_2^2}} - \beta\right] + \frac{F_{ax,Rk}}{4}$$

$$F_{v,Rk} = 1{,}05 \cdot 4429{,}43 \cdot 1{,}02$$

$$F_{v,Rk} = 4743{,}92\,\text{N} = 4{,}74\,\text{kN}$$

[DIN EN 1995-1-1, Gl. (8.6f)]

$$F_{v,Rk} = 1{,}15 \cdot \sqrt{\frac{2 \cdot \beta}{1+\beta}} \cdot \sqrt{2 \cdot M_{y,Rk} \cdot f_{h,1,k} \cdot d} + \frac{F_{ax,Rk}}{4}$$

$$F_{v,Rk} = 1{,}15 \cdot 1 \cdot 1620{,}70$$

$$F_{v,Rk} = 1863{,}8\,\text{N} = 1{,}86\,\text{kN}$$

Nach DIN EN 1995-1-1:2010, Abschnitt 8.2.2 (2) wird der charakteristische Wert der Tragfähigkeit in Gl. (8.6d) um einen Anteil aus der Seilwirkung erhöht. Dieser ist für runde Nägel auf einen Anteil von 15 % der charakteristischen Tragfähigkeit auf Abscheren und auf einen Anteil von 25 % der charakteristischen Tragfähigkeit auf Herausziehen zu begrenzen.

$$F_{v,Rk} = F_{v,Rk} + \min\begin{Bmatrix} 0{,}15 \cdot F_{v,Rk} \\ 0{,}25 \cdot F_{ax,Rk} \end{Bmatrix} = 1791{,}82 + \min\begin{Bmatrix} 0{,}15 \cdot 1791{,}82 \\ 0{,}25 \cdot 1672{,}34 \end{Bmatrix}$$

$$F_{v,Rk} = 1791{,}82 + \min\begin{Bmatrix} 268{,}77 \\ 418{,}10 \end{Bmatrix}$$

$$F_{v,Rk} = 1791{,}82 + 268{,}77 = 2060{,}6\ \text{N}$$

Charakteristischer Wert der Tragfähigkeit $F_{v,Rk}$ pro Nagel:

$$F_{v,Rk} = n_{Scherflächen} \cdot F_{v,Rk} = 1 \cdot 2060{,}6 = 2060{,}6\ \text{N} = 2{,}06\ \text{kN}$$

Bemessungswert der Tragfähigkeit pro Nagel:

$$F_{v,Rd} = \frac{k_{mod} \cdot F_{v,Rk}}{\gamma_M}$$ [DIN EN 1995-1-1, Gl. (2.17)]

$$F_{v,Rd} = \frac{0{,}8 \cdot 2060{,}6\ \text{N}}{1{,}3}$$

$$F_{v,Rd} = 1268{,}06\ \text{N} = 1{,}27\ \text{kN}$$

Bemessungswert der Tragfähigkeit bei vier Nägeln:

$$F_{v,Rd} = 4 \cdot 1{,}27 = 5{,}08\ \text{kN}$$

Mindestabstände für Beispiel 3.2.

	Bezeichnung	**DIN EN 1995-1-1:2010, Tabelle 8.2**			
		Seitenholz α = 0°	**mm**	**Mittelholz α = 90°**	**mm**
untereinander in Faserrichtung	‖, a_1	$d < 5\,\text{mm}$: $(5+5\lvert\cos\alpha\rvert)\cdot d$	40 (21)	$d < 5\,\text{mm}$: $(5+5\lvert\cos\alpha\rvert)\cdot d$	40 (17)
untereinander rechtwinklig zur Faser	⊥, a_2	$5 \cdot d$	40 (13)	$5 \cdot d$	40 (17)
vom beanspruchten Hirnholzende	$a_{3,t}$	$(10+5\cos\alpha)\cdot d$	- (51)	$(10+5\cos\alpha)\cdot d$	- (30)
vom unbeanspruchten Hirnholzende	$a_{3,c}$	$10 \cdot d$	50 (30)	$10 \cdot d$	- (30)
vom beanspruchten Rand	$a_{4,t}$	$d < 5\,\text{mm}$: $(5+2\cdot\sin\alpha)\cdot d$	- (13)	$d < 5\,\text{mm}$: $(5+2\cdot\sin\alpha)\cdot d$	30 (21)
vom unbeanspruchten Rand	$a_{4,c}$	$5 \cdot d$	30 (13)	$5 \cdot d$	30 (13)

Nagel, Durchmesser *d* = 4,2 mm
α = Winkel zwischen Kraft und Faserrichtung = **0°** (**Seitenholz); 90° (Mittelholz)**
(...) rechnerische Werte

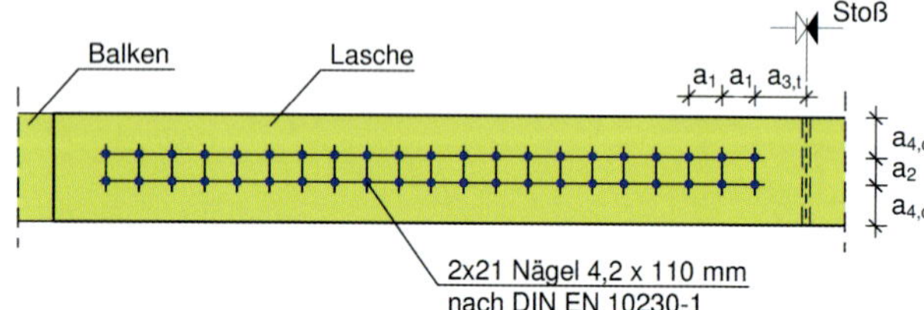

Bild 3.44. Darstellung Nagelanordnung

Beispiel 3.3. (nach DIN EN 1995-1-1:2010)

Bei einer Nagelverbindung werden in einer Reihe 21 Nägel hintereinander in Faserrichtung angeordnet. Die Nägel werden nicht um die Risslinie versetzt angeordnet.
Wie groß ist die wirksame Anzahl n_{ef} der Nägel pro Nagelreihe, wenn die Nägel nicht versetzt angeordnet werden?

n = 21 Nägel, nicht vorgebohrt, Ng $4{,}2 \times 110$

$n_{ef} = n^{k_{ef}}$

Der Faktor k_{ef} ist abhängig vom Verbindungsmittelabstand und wird nach DIN EN 1995-1-1, Tabelle 8.1 (s. Tabelle 3.14.) bestimmt:

a) für $a_1 \geq 14 \cdot d$ ist $k_{ef} = 1$

b) für $a_1 = 10 \cdot d$ ist $k_{ef} = 0{,}85$

c) für $a_1 = 7 \cdot d$ ist $k_{ef} = 0{,}7$

Für vorgebohrte und nicht vorgebohrte Nägel gelten die gleichen Werte.
Bei Zwischenwerten der Nagelabstände ist der Wert für k_{ef} linear zu interpolieren.

Ermittlung der effektiven Verbindungsmittelanzahl:

a) $a_1 = 14 \cdot d = 14 \cdot 4{,}2 = 58{,}8$ mm , gewählt $a_1 = 60$ mm

$n_{ef} = 21^1 = 21$

b) $a_1 = 10 \cdot d = 10 \cdot 4{,}2 = 42$ mm , gewählt $a_1 = 45$ mm

$n_{ef} = 21^{0{,}85} = 13{,}3 \approx 13$

c) $a_1 = 7 \cdot d = 7 \cdot 4{,}2 = 29{,}4$ mm , gewählt $a_1 = 30$ mm

$n_{ef} = 21^{0{,}7} = 8{,}4 \approx 8$

Fazit: Bei nicht versetzer Anordnung reduziert sich die wirksame Anzahl beträchtlich, sodass eine versetzte Anordnung immer zu empfehlen ist.

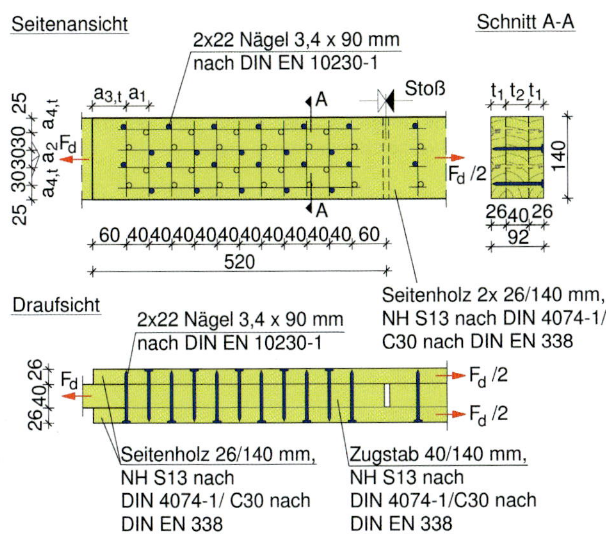

Bild 3.45. Zugstoß

Beispiel 3.4. **(nach DIN EN 1995-1-1:2010)**

Welche Kraft kann der mit $4 \cdot 11 = 44$ Nägeln (runde Drahtstifte $3{,}4 \times 90$) genagelte Zugstoß (Bild 3.45.) übertragen? Es sind elf Nägel in einer Reihe hintereinander angeordnet. Verwendet wird trockenes Nadelholz NH S13 (Kieferholz) nach DIN 4074-1 = C30 nach DIN EN 338, Tabelle 1. Laschen: $2 \cdot 26/140$ mm, Gurt: 40/140 mm Die Nägel werden nicht vorgebohrt.

NH S13 = C30; gew. Kiefer, NKL 1

KLED: kurz $\Rightarrow k_{mod} = 0{,}9$ (DIN EN 1995-1-1:2010, Tabelle 3.1)

Laschen: $t_1 = 26$ mm; $t_1 = 24$ mm (Nageleindringtiefe)

Gurt: $t_2 = 40$ mm

$\rho_k = 380$ kg/m^3 (nach Tabelle 1 in DIN EN 338)

$f_u = 600$ kg/m^3 (nach DIN EN 14592, Abschnitt 6.1.2)

Lösung A: Berechnung nach dem vereinfachten Verfahren

Mindesteinschlagtiefe:

min. Eindringtiefe: $t_1 = 4 \cdot d = 13{,}6 < 24$ mm, **erfüllt!**

Charakteristischer Wert des Fließmomentes:

$M_{y,Rk} = 0{,}3 \cdot f_u \cdot d^{2,6}$ [DIN EN 1995-1-1, Gl. (8.14)]

$M_{y,Rk} = 0{,}3 \cdot 600 \cdot 3{,}4^{2,6}$

$M_{y,Rk} = 4336{,}28$ Nmm

Charakteristischer Wert der Lochleibungsfestigkeit:

$f_{h,1,k} = 0{,}082 \cdot \rho_k \cdot d^{-0,3}$ [DIN EN 1995-1-1, Gl. (8.15)]

$f_{h,1,k} = 0{,}082 \cdot 380 \cdot 3{,}4^{-0,3}$

$f_{h,1,k} = 21{,}59 \text{ N/mm}^2 = f_{h,2,k}$

Mindestholzdicke und Mindesteindringtiefe für Nadelholz:

$t_{req} = 9 \cdot d$ [DIN EN 1995-1-1/NA, Gl. (NA.121)]

$t_{req} = 9 \cdot 3{,}4 = 30{,}6 \text{ mm} > 26$ mm

$t_{req} = 9 \cdot 3{,}4 = 30{,}6 \text{ mm} > 26$ mm Seitenholzdicke und > 24 mm vorhandene Nageleindringtiefe und < 40 mm Mittelholzdicke

Abminderung aus Unterschreitung Mindestholzdicke
nach DIN EN 1995-1-1/NA:2013, NCI NA.8.2.4 (NA.2)

bezogen auf die Seitenholzdicke:

$t_1/t_{req} = 26/30{,}6 = 0{,}85$

bezogen auf die Einschlagtiefe der Nägel:

$t_1/t_{req} = 24/30{,}6 = 0{,}78$

Mindestholzdicke bei Nägeln ohne Vorbohren aus der Spaltgefahr des Holzes nach DIN EN 1995-1-1:2010, Gl. (8.18) und DIN EN 1995-1-1/NA:2013, NDP zu 8.3.1.2 (7) für Kiefernholz:

$t = \max\{7 \cdot d; (13 \cdot d - 30) \cdot \rho_k/400\}$ [DIN EN 1995-1-1, Gl. (8.18)]

$t = \max\{23{,}80 \text{ mm}; 13{,}49 \text{ mm}\} < 26$ mm und < 40mm erfüllt!

Charakteristischer Wert der Tragfähigkeit $F_{v,Rk}$ pro Scherfläche:

$F_{v,Rk} = \sqrt{2 \cdot M_{y,Rk} \cdot f_{h,1,k} \cdot d}$ [DIN EN 1995-1-1/NA, Gl. (NA.120)]

$F_{v,Rk} = 797{,}88$ N

Charakteristischer Wert der Tragfähigkeit $F_{v,Rk}$ pro Nagel:

$F_{v,Rk} = 0{,}87 \cdot F_{v,Rk} + 0{,}78 \cdot F_{v,Rk} = 0{,}87 \cdot 797{,}88 + 0{,}78 \cdot 797{,}88$

$F_{v,Rk} = 1316{,}5 \text{ N} = 1{,}32$ kN

Bemessungswert der Tragfähigkeit pro Nagel:

$$F_{v,Rd} = \frac{k_{mod} \cdot F_{v,Rk}}{\gamma_M}$$ [DIN EN 1995-1-1/NA, Gl. (NA.113)]

$$F_{v,Rd} = \frac{0{,}9 \cdot 1316{,}5 \text{ N}}{1{,}1} = 1077{,}14 \text{ N} = 1{,}08 \text{ kN}$$

Bemessungswert der aufnehmbaren Zugkraft der Verbindung:

$F_{v,Rd} = n \cdot F_{v,Rd}$

$F_{v,Rd} = 44 \cdot 1077{,}14 \text{ N} = 47394{,}16 \text{ N} = 47{,}4$ kN

Lösung B: Berechnung nach dem genauen Verfahren

Übernahme aus Lösung A:

$f_{h,1,k} = f_{h,2,k} = 21{,}59 \text{ N/mm}^2$

$\beta = 1{,}0$

$M_{y,Rk} = 4336{,}28$ Nmm

Charakteristischer Wert des Ausziehwiderstandes $F_{ax,Rk}$:

[DIN EN 1995-1-1, Gl. (8.24)]

$F_{ax,Rk} = \min\{f_{ax,k} \cdot d \cdot t_{pen}; f_{ax,k} \cdot d \cdot t + f_{head,k} \cdot d_h^2\}$

$f_{ax,k} = 20 \cdot 10^{-6} \cdot \rho_k^2$ [DIN EN 1995-1-1, Gl. (8.25)]

$f_{ax,k} = 20 \cdot 10^{-6} \cdot 380^2 = 2{,}888 \text{ N/mm}^2$

$f_{head,k} = 70 \cdot 10^{-6} \cdot \rho_k^2$ [DIN EN 1995-1-1, Gl. (8.26)]

$f_{head,k} = 70 \cdot 10^{-6} \cdot \rho_k^2 = 70 \cdot 10^{-6} \cdot 380^2 = 10{,}108 \text{ N/mm}^2$

$t_{pen} = t_1 + t_2 = 24 + 40 = 64$ mm

$t = t_1 = 26$ mm

Da der Kopfdurchmesser nicht bekannt ist, wird er nach DIN EN 14592, Abschnitt 6.1.3 wie folgt bestimmt:

Bedingung: $A_h \geq 2{,}5 \cdot d^2 = 28{,}9 \text{ mm}^2$

$A_h = \pi \cdot r^2$

$$r = \sqrt{\frac{A_h}{\pi}} = \sqrt{\frac{28{,}9}{\pi}} = 3{,}03 \text{ mm}$$

Der Kopfdurchmesser wird angenommen zu:

$$d_k = 2 \cdot r = 2 \cdot 3{,}03 = 6{,}06 \approx 6{,}1\text{ mm}$$

$$F_{ax,Rk} = \min\left\{f_{ax,k} \cdot d \cdot t_{pen}; f_{ax,k} \cdot d \cdot t + f_{head,k} \cdot d_k^2\right\}$$

$$F_{ax,Rk} = \min\left\{2{,}888 \cdot 3{,}4 \cdot 64; 2{,}888 \cdot 3{,}4 \cdot 26 + 10{,}108 \cdot 6{,}1^2\right\}$$

Charakteristischer Wert der Tragfähigkeit $F_{v,Rk}$ pro Scherfläche:

$$F_{v,Rk} = f_{h,1,k} \cdot t_1 \cdot d \qquad \text{[DIN EN 1995-1-1, Gl. (8.7g)]}$$

$$F_{v,Rk} = 21{,}59 \cdot 24 \cdot 3{,}4$$

$$F_{v,Rk} = 1761{,}74\text{ N} = 1{,}76\text{ kN}$$

$$F_{v,Rk} = 0{,}5 \cdot f_{h,2,k} \cdot t_2 \cdot d \qquad \text{[DIN EN 1995-1-1, Gl. (8.7h)]}$$

$$F_{v,Rk} = 0{,}5 \cdot 21{,}59 \cdot 40 \cdot 3{,}4$$

$$F_{v,Rk} = 1468{,}12\text{ N} = 1{,}47\text{ kN}$$

[DIN EN 1995-1-1, Gl. (8.7j)]

$$F_{v,Rk} = 1{,}05 \cdot \frac{f_{h,1,k} \cdot t_1 \cdot d}{2+\beta} \cdot \left[\sqrt{2 \cdot \beta \cdot (1+\beta) + \frac{4 \cdot \beta \cdot (2+\beta) \cdot M_{y,Rk}}{f_{h,1,k} \cdot d \cdot t_1^2}} - \beta\right] + \frac{F_{ax,Rk}}{4}$$

$$F_{v,Rk} = 1{,}05 \cdot 587{,}25 \cdot 1{,}29$$

$F_{v,Rk} = 795{,}42\text{ N} = 0{,}79\text{ kN}$ **maßgebend mit** $\gamma_M = 1{,}3$**!**

[DIN EN 1995-1-1, Gl. (8.7k)]

$$F_{v,Rk} = 1{,}15 \cdot \sqrt{\frac{2 \cdot \beta}{1+\beta}} \cdot \sqrt{2 \cdot M_{y,Rk} \cdot f_{h,1,k} \cdot d} + \frac{F_{ax,Rk}}{4}$$

$$F_{v,Rk} = 1{,}15 \cdot 1 \cdot 797{,}88$$

$$F_{v,Rk} = 917{,}56\text{ N} = 0{,}92\text{ kN}$$

Nach DIN EN 1995-1-1:2010, Abschnitt 8.2.2 (2) wird der charakteristische Wert der Tragfähigkeit in Gl. (8.7j) um einen Anteil aus der Seilwirkung erhöht. Dieser ist für runde Nägel auf einen Anteil von 15 % der charakteristischen Tragfähigkeit auf Abscheren und auf einen Anteil von 25 % der charakteristischen Tragfähigkeit auf Herausziehen zu begrenzen.

$$F_{v,Rk} = F_{v,Rk} + \min\begin{Bmatrix} 0{,}15 \cdot F_{v,Rk} \\ 0{,}25 \cdot F_{ax,Rk} \end{Bmatrix} = 795{,}42 + \min\begin{Bmatrix} 0{,}15 \cdot 795{,}42 \\ 0{,}25 \cdot 628{,}43 \end{Bmatrix}$$

$$F_{v,Rk} = 795{,}42 + 119{,}3 = 914{,}72\text{ N}$$

Charakteristischer Wert der Tragfähigkeit $F_{v,Rk}$ pro Nagel:

$$F_{v,Rk} = n_{Scherflächen} \cdot F_{v,Rk} = 2 \cdot 914{,}72 = 1892{,}44\text{ N} = 1{,}83\text{ kN}$$

Bemessungswert der Tragfähigkeit $F_{v,Rd}$ pro Nagel:

$$F_{v,Rd} = \frac{k_{mod} \cdot F_{v,Rk}}{\gamma_M} \qquad \text{[DIN EN 1995-1-1, Gl. (2.17)]}$$

$$F_{v,Rd} = \frac{0{,}9 \cdot 1{,}83}{1{,}3} = 1{,}27\text{ kN}$$

Bemessungswert der aufnehmbaren Zugkraft der Verbindung:

$$F_{v,Rd} = n \cdot F_{v,Rd} = 44 \cdot 1{,}27 = 55{,}88\text{ kN}$$

Wirksame Anzahl der Verbindungsmittel in einer Verbindungsmittelreihe bei nicht versetzter Anordnung der Nägel.

Nach DIN EN 1995-1-1:2010, Abschnitt 8.3.1.1 (8) ist die Tragfähigkeit in Faserrichtung mit einer wirksamen Nagelanzahl zu berechnen, wenn die Nägel in einer Reihe nicht um mindestens 1 d gegeneinander versetzt angeordnet sind.

$$n_{ef} = n^{k_{ef}} \qquad \text{[DIN EN 1995-1-1, Gl. (8.17)]}$$

$$a_1 = 40\text{ mm}$$

Der Wert k_{ef} ist abhängig vom Verbindungsmittelabstand. Nach DIN EN 1995-1-1, Abschnitt 8.3.1.1, Tabelle 8.1 (s. Tabelle 3.14. im Buch) ergibt sich durch lineare Interpolation folgender Wert:

$$k_{ef} = 0{,}92$$

$$n_{ef} = 11^{0{,}92} = 9{,}08 \approx 9$$

Effektive charakteristische Tragfähigkeit $F_{v,ef,Rk}$ einer Verbindungsmittelreihe:

$$F_{v,ef,Rk} = n_{ef} \cdot F_{v,Rk} \qquad \text{[DIN EN 1995-1-1, Gl. (8.1)]}$$

$$F_{v,ef,Rk} = 9 \cdot 1829{,}44 = 16464{,}96\text{ N}$$

Charakteristischer Wert der Tragfähigkeit der Verbindung:

$$F_{v,Rk} = n_{Reihen} \cdot F_{v,ef,Rk}$$

$$F_{v,Rk} = 4 \cdot 16464{,}96\text{ N} = 65859{,}84\text{ N} = 65{,}86\text{ kN}$$

Bemessungswert der Tragfähigkeit der Verbindung:

$$F_{v,Rd} = \frac{k_{mod} \cdot F_{v,Rk}}{\gamma_M} \qquad \text{[DIN EN 1995-1-1 Gl. (2.17)]}$$

$$F_{v,Rd} == \frac{0{,}9 \cdot 65859{,}84}{1{,}3} = 45595{,}27\text{ N} = 45{,}6\text{ kN}$$

Spannungsnachweise in den Laschen und im Gurt:

Der Bemessungswert der Zugtragfähigkeit beträgt $F_{v,Rd} = 45{,}6$ kN. Nach DIN EN 1995-1-1:2010, Abschnitt 5.2 (3) bleiben Nagellöcher von nicht vorgebohrten Nägeln bis 6 mm Durchmesser bei der Berechnung von Querschnittsschwächungen unberücksichtigt.

Nachweis der Laschen:

Nach DIN EN 1995-1-1/NA:2013, Abschnitt 8.1.6 (NA.1) ist bei nicht vorgebohrten Nägeln der Bemessungswert der Zugtragfähigkeit der Laschen um 1/3 zu vermindern.

Bemessungswert der Zugfestigkeit des Holzes:

[DIN EN 1995-1-1, Gl. (2.14)]

$$f_{t,0,d} = \frac{k_{mod} \cdot f_{t,0,k}}{\gamma_M} = \frac{0{,}9 \cdot 18}{1{,}3} = 12{,}46\text{ N/mm}^2$$

Bemessungswert der Beanspruchung:

$$\sigma_{t,0,d} = \frac{F_{v,Rd}}{A_{netto}} = \frac{45{,}6 \cdot 10^3}{2 \cdot 26 \cdot 140} = 6{,}26\text{ N/mm}^2$$

Nachweis:

Der Bemessungswert der Beanspruchung muss kleiner als der um 1/3 abgeminderte Wert der Zugfestigkeit sein.

$$\sigma_{t,0,d} \le f_{t,0,d} \cdot 0{,}67 \qquad \text{[DIN EN 1995-1-1, Gl. (6.1)]}$$

$$6{,}26 \le 12{,}46 \cdot 0{,}67$$

$6{,}26\text{ N/mm}^2 \le 8{,}35\text{ N/mm}^2$ **Nachweis erfüllt!**

Nachweis des Gurtes:
Bemessungswert der Beanspruchung:

$$\sigma_{t,0,d} = \frac{F_{v,Rd}}{A_{netto}} = \frac{45{,}6 \cdot 10^3}{40 \cdot 140} = 8{,}14\ \text{N/mm}^2$$

Nachweis:

$\sigma_{t,0,d} \leq f_{t,0,d}$ [DIN EN 1995-1-1, Gl. (6.1)]

$8{,}14\ \text{N/mm}^2 \leq 12{,}46\ \text{N/mm}^2$ **Nachweis erfüllt!**

Mindestabstände für Beispiel 3.4.

	Bezeichnung	DIN EN 1995-1-1:2010, Tabelle 8.2	
		$\alpha = 0°$	mm
untereinander in Faserrichtung	$\parallel$, a_1	$d < 5\ \text{mm}$: $(5+5\lvert\cos\alpha\rvert)\cdot d$	40 (34)
untereinander rechtwinklig zur Faser	$\perp$, a_2	$5 \cdot d$	30 (17)
vom beanspruchten Hirnholzende	$a_{3,t}$	$(10+5\cos\alpha)\cdot d$	60 (51)
vom unbeanspruchten Hirnholzende	$a_{3,c}$	$10 \cdot d$	60 (34)
vom beanspruchten Rand	$a_{4,t}$	$d < 5\ \text{mm}$: $(5+2\cdot\sin\alpha)\cdot d$	20 (17)
vom unbeanspruchten Rand	$a_{4,c}$	$5 \cdot d$	20 (17)

Nagel, Durchmesser d = 3,4 mm
α = Winkel zwischen Kraft und Faserrichtung = **0°**
(...) rechnerische Werte

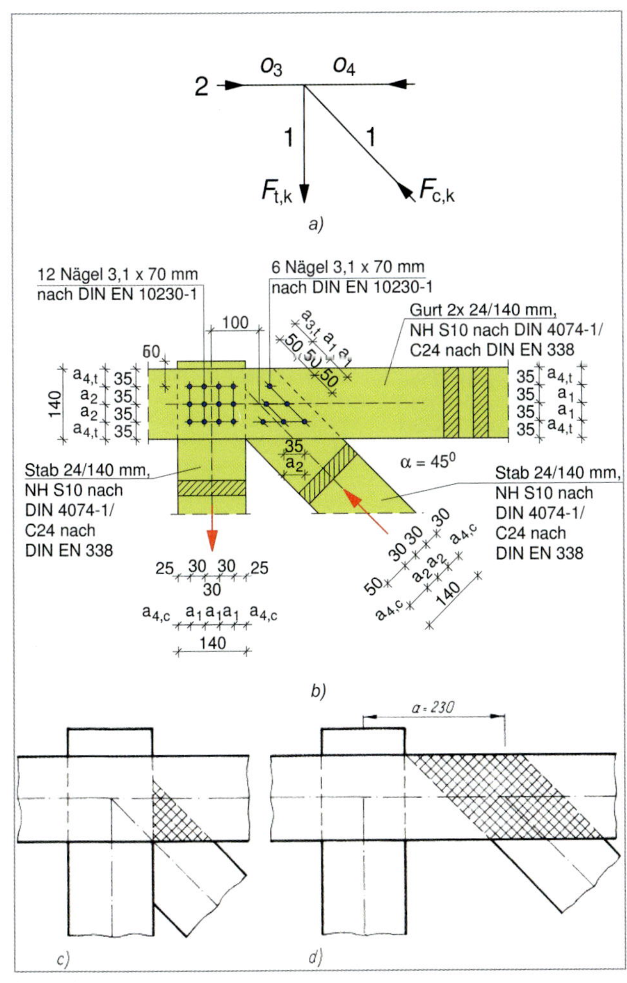

Legende
a) Systemskizze
b) Nagelbild (Ausführungszeichnung)
c) Diagonalstab ohne Ausmittigkeit (zu geringe Nagelfläche)
d) Diagonalstab mit großer Ausmittigkeit (größtmögliche Nagelfläche)

Bild 3.46. Knotenpunkt eines Brettbinders

Beispiel 3.5. **(nach DIN EN 1995-1-1:2010)**

Der Knotenpunkt eines genagelten Brettbinders ist zu bemessen.

Die beiden anzuschließenden Stäbe (Vertikale und Diagonale) sollen als einteilige Bretter vom Querschnitt 24/140 mm nebeneinander in die Spreizung des Obergurtes geführt werden. Der Gurt ist zweiteilig mit $2 \cdot 24/140$ mm auszuführen. Es wird trockenes (Nadelholz) C24 = NH S10 – Kiefernholz verwendet. Der Diagonalstab hat eine charakteristische Druckkraft von $F_{c,k} = 4\ \text{kN}$, der Vertikalstab hat eine charakteristische Zugkraft von $F_{t,k} = 8{,}5\ \text{kN}$ aufzunehmen. Es sind die erforderlichen Nägel zu berechnen, und das Nagelbild ist zu zeichnen (s. Bild 3.46.).

Vorhanden:

Zweischnittiger runder Drahtstift 3,1 x 70, nicht vorgebohrt, NH C24 nach DIN EN 338 = S10 nach DIN 4074-1

Holzart: **Kiefer**, NKL = 2 und KLED = kurz $\Rightarrow k_{mod} = 0{,}9$ (DIN EN 1995-1-1:2010, Tabelle 3.1)

Laschen: $t_1 = t_2 = 24$ mm; $t_1 = 22$ mm (Eindringtiefe Nagel)

$\rho_k = 350\ \text{kg/m}^3$ (nach Tabelle 1 in DIN EN 338)

$f_u = 600\ \text{kg/m}^3$ (nach DIN EN 14592, Abschnitt 6.1.2)

Bemessungswerte der Beanspruchungen:

Druckkraft im Diagonalstab nach der vereinfachten Regel in DIN 1052:2008, Gl. (1) und Gl. (2)

$F_{c,G,k} = 2{,}0\ \text{kN}$, $F_{c,Q1,k} = 1{,}5\ \text{kN}$, $F_{c,Q2,k} = 0{,}5\ \text{kN}$

$$F_{c,d} = \gamma_G \cdot F_{G,k} + 1{,}35 \cdot \sum_{i\geq 1} Q_{k,i}$$

$$F_{c,d} = 1{,}35 \cdot 2 + 1{,}35 \cdot (1{,}5 + 0{,}5) = 5{,}4\ \text{kN}$$

Zugkraft im Pfosten nach der vereinfachten Regel in DIN 1052:2008, Gl. (1) und Gl. (2)

$F_{t,G,k} = 4{,}0\ \text{kN}$, $F_{t,Q1,k} = 3{,}5\ \text{kN}$, $F_{t,Q2,k} = 1{,}0\ \text{kN}$

$$F_{t,d} = \gamma_G \cdot F_{G,k} + 1{,}35 \cdot \sum_{i\geq 1} Q_{k,i}$$

$$F_{t,d} = 1{,}35 \cdot 4 + 1{,}35 \cdot (3{,}5 + 1) = 11{,}48\ \text{kN}$$

Lösung A: Berechnung nach dem vereinfachten Verfahren

Mindesteindringtiefe Nagel:

min. Eindringtiefe $t = 4 \cdot d = 12{,}4 < 22\ \text{mm}$ **Nachweis erfüllt!**

Charakteristischer Wert des Fließmomentes:

$f_u = 600\,\text{N/mm}^2$ (nach DIN EN 14592, Abschnitt 6.1.2)

$M_{y,Rk} = 0{,}3 \cdot f_u \cdot d^{2,6}$ [DIN EN 1995-1-1, Gl. (8.14)]

$M_{y,Rk} = 0{,}3 \cdot 600 \cdot 3{,}1^{2,6}$

$M_{y,Rk} = 3410{,}46\,\text{Nmm}$

Charakteristischer Wert der Lochleibungsfestigkeit:

$f_{h,1,k} = 0{,}082 \cdot \rho_k \cdot d^{-0,3}$ [DIN EN 1995-1-1, Gl. (8.15)]

$f_{h,1,k} = 0{,}082 \cdot 350 \cdot 3{,}1^{-0,3}$

$f_{h,1,k} = 20{,}44\,\text{N/mm}^2 = f_{h,2,k}$

Mindestholzdicke und Mindesteindringtiefe des Nagels für Nadelholz:

$t_{req} = 9 \cdot d$ [DIN EN 1995-1-1/NA, Gl. (NA.121)]

$t_{req} = 9 \cdot d = 9 \cdot 3{,}1 = 27{,}9\,\text{mm} >$ vorhandene Seitenholzdicke 24 mm und > 22 mm vorhandene Eindringtiefe

Abminderung aus Unterschreitung der Mindestholzdicke:

Bezogen auf die Dicke der Laschen

$t_1/t_{req} = 24/27{,}9 = 0{,}86$

Bezogen auf die Eindringtiefe des Nagels

$t_1/t_{req} = 22/27{,}9 = 0{,}79$

Mindestholzdicke bei Nägel ohne Vorbohren aus der Spaltgefahr des Holzes nach DIN EN 1995-1-1, Gl. (8.18) und DIN EN 1995-1-1/NA:2013, NDP zu 8.3.1.2(7) für Kiefernholz:

$t = \max\{7 \cdot d; (13 \cdot d - 30) \cdot \rho_k/400\}$ [DIN EN 1995-1-1, Gl. (8.18)]

$t = \max\{21{,}70\,\text{mm}; 9{,}01\,\text{mm}\} = 21{,}70\,\text{mm} < 24\,\text{mm}$, **Nachweis erfüllt!**

Charakteristischer Wert der Tragfähigkeit $F_{v,Rk}$ pro Scherfläche:

$F_{v,Rk} = \sqrt{2 \cdot M_{y,Rk} \cdot f_{h,1,k} \cdot d}$ [DIN EN 1995-1-1/NA, Gl. (NA.120)]

$F_{v,Rk} = \sqrt{2 \cdot 3410{,}46 \cdot 20{,}44 \cdot 3{,}1}$

$F_{v,Rk} = 657{,}42\,\text{N}$

Charakteristischer Wert der Tragfähigkeit $F_{v,Rk}$ pro Nagel:

$F_{v,Rk} = 0{,}86 \cdot F_{v,Rk} + 0{,}79 \cdot F_{v,Rk}$

$F_{v,Rk} = 0{,}86 \cdot 657{,}42 + 0{,}79 \cdot 657{,}42$

$F_{v,Rk} = 1084{,}74\,\text{N} = 1{,}08\,\text{kN}$

Bemessungswert der Tragfähigkeit pro Nagel:

$F_{v,Rd} = \frac{k_{mod} \cdot F_{v,Rk}}{\gamma_M}$ [DIN EN 1995-1-1/NA, Gl. (NA.113)]

$F_{v,Rd} = \frac{0{,}9 \cdot 1084{,}74\,\text{N}}{1{,}1}$

$F_{v,Rd} = 887{,}52\,\text{N} = 0{,}89\,\text{kN}$

Lösung B: Berechnung nach dem genauen Verfahren

Übernahme aus Lösung A:

$f_{h,1,k} = 20{,}44\,\text{N/mm}^2 = f_{h,2,k}$

$\beta = 1{,}0$

$M_{y,Rk} = 3410{,}46\,\text{Nmm}$

Charakteristischer Wert des Ausziehwiderstandes $F_{ax,Rk}$:

[DIN EN 1995-1-1, Gl. (8.24)]

$F_{ax,Rk} = \min\{f_{ax,k} \cdot d \cdot t_{pen}; f_{ax,k} \cdot d \cdot t + f_{head,k} \cdot d_h^2\}$

$f_{ax,k} = 20 \cdot 10^{-6} \cdot \rho_k^2$ [DIN EN 1995-1-1, Gl. (8.25)]

$f_{ax,k} = 20 \cdot 10^{-6} \cdot 350^2 = 2{,}45\,\text{N/mm}^2$

$f_{head,k} = 70 \cdot 10^{-6} \cdot \rho_k^2$ [DIN EN 1995-1-1, Gl. (8.26)]

$f_{head,k} = 70 \cdot 10^{-6} \cdot \rho_k^2 = 70 \cdot 10^{-6} \cdot 350^2 = 8{,}575\,\text{N/mm}^2$

$t_{pen} = t_1 + t_2 = 22 + 24 = 46\,\text{mm}$

$t = t_2 = 24\,\text{mm}$

Da der Kopfdurchmesser nicht bekannt ist, wird er nach DIN EN 14592, Abschnitt 6.1.3 wie folgt bestimmt:

Bedingung: $A_h \geq 2{,}5 \cdot d^2 = 24{,}025\,\text{mm}^2$

$A_h = \pi \cdot r^2$

$r = \sqrt{\frac{A_h}{\pi}} = \sqrt{\frac{24{,}025}{\pi}} = 2{,}77\,\text{mm}$

Der Kopfdurchmesser wird angenommen zu:

$d_k = 2 \cdot r = 2 \cdot 2{,}77 = 5{,}54 \approx 5{,}6\,\text{mm}$

$F_{ax,Rk} = \min\{2{,}45 \cdot 3{,}1 \cdot 46; 2{,}45 \cdot 3{,}1 \cdot 24 + 8{,}575 \cdot 5{,}6^2\}$

$F_{ax,Rk} = \min\{349{,}37\,\text{N}; 451{,}19\,\text{N}\}$

Charakteristischer Wert der Tragfähigkeit $F_{v,Rk}$ pro Scherfläche:

$F_{v,Rk} = f_{h,1,k} \cdot t_1 \cdot d$ [DIN EN 1995-1-1, Gl. (8.7g)]

$F_{v,Rk} = 20{,}44 \cdot 22 \cdot 3{,}1$

$F_{v,Rk} = 1394{,}01\,\text{N}$

$F_{v,Rk} = 0{,}5 \cdot f_{h,2,k} \cdot t_2 \cdot d$ [DIN EN 1995-1-1, Gl. (8.7h)]

$F_{v,Rk} = 0{,}5 \cdot 20{,}44 \cdot 24 \cdot 3{,}1$

$F_{v,Rk} = 760{,}37\,\text{N}$

[DIN EN 1995-1-1, Gl. (8.7j)]

$$F_{v,Rk} = 1{,}05 \cdot \frac{f_{h,1,k} \cdot t_1 \cdot d}{2+\beta} \cdot \left[\sqrt{2 \cdot \beta \cdot (1+\beta) + \frac{4 \cdot \beta \cdot (2+\beta) \cdot M_{y,Rk}}{f_{h,1,k} \cdot d \cdot t_1^2}} - \beta\right] + \frac{F_{ax,Rk}}{4}$$

$F_{v,Rk} = 1{,}05 \cdot 464{,}67 \cdot 1{,}31$

$F_{v,Rk} = 639{,}16\,\text{N} = 0{,}64\,\text{kN}$ **maßgebend mit** $\gamma_M = 1{,}3$**!**

[DIN EN 1995-1-1, Gl. (8.7k)]

$$F_{v,Rk} = 1{,}15 \cdot \sqrt{\frac{2 \cdot \beta}{1+\beta}} \cdot \sqrt{2 \cdot M_{y,Rk} \cdot f_{h,1,k} \cdot d} + \frac{F_{ax,Rk}}{4}$$

$F_{v,Rk} = 1{,}15 \cdot 1 \cdot 657{,}42$

$F_{v,Rk} = 756{,}03\,\text{N}$

Nach DIN EN 1995-1-1:2010, Abschnitt 8.2.2 (2) wird der charakteristische Wert der Tragfähigkeit in Gl. (8.7j) um einen Anteil aus der Seilwirkung erhöht. Dieser ist für runde Nägel auf einen Anteil von 15 % der charakteristischen Tragfähigkeit auf Abscheren und auf einen Anteil von 25 % der charakteristischen Tragfähigkeit auf Herausziehen zu begrenzen.

$$F_{v,Rk} = F_{v,Rk} + \min\begin{Bmatrix} 0{,}15 \cdot F_{v,Rk} \\ 0{,}25 \cdot F_{ax,Rk} \end{Bmatrix} = 639{,}16 + \min\begin{Bmatrix} 0{,}15 \cdot 639{,}16 \\ 0{,}25 \cdot 349{,}37 \end{Bmatrix}$$

$$F_{v,Rk} = 639{,}16 + 87{,}34 = 726{,}5\,\text{N}$$

Charakteristischer Wert der Tragfähigkeit $F_{v,Rk}$ pro Nagel:

$$F_{v,Rk} = n_{Scherflächen} \cdot F_{v,Rk} = 2 \cdot 726{,}5 = 1453\,\text{N} = 1{,}45\,\text{kN}$$

Bemessungswert der Tragfähigkeit pro Nagel:

$$F_{v,Rd} = \frac{k_{mod} \cdot F_{v,Rk}}{\gamma_M}$$ [DIN EN 1995-1-1, Gl. (2.17)]

$$F_{v,Rd} = \frac{0{,}9 \cdot 1453}{1{,}3} = 1005{,}9\,\text{N} = 1{,}0\,\text{kN}$$

Nachweis Tragfähigkeit Verbindung:

Diagonalstab

Erforderliche Anzahl Nägel

$$n = F_{c,d} / F_{v,Rd} = 5{,}4/1 = 5{,}4$$

gewählt Anzahl Nägel: $n = 6$

Bemessungswert der Tragfähigkeit der Verbindung:

$$F_{v,Rd} = 6 \cdot 1{,}0\,\text{kN} = 6{,}0\,\text{kN}$$

Nachweis Tragfähigkeit Verbindungsmittel:

$$\frac{_{vorh}F_{c,d}}{F_{v,Rd}} = \frac{5{,}4}{6} = 0{,}9 \le 1{,}0$$

Vertikalstab

Erforderliche Anzahl Nägel

$$n = F_{t,d} / F_{v,Rd} = 11{,}48/1 = 11{,}48$$

$_{vorh}n = 12$ Nägel (ausgeführt 3×4 Nägel = 12 Nägel)

Bemessungswert der Tragfähigkeit der Verbindung:

$$F_{v,Rd} = 12 \cdot 1{,}0\,\text{kN} = 12{,}0\,\text{kN}$$

$$\frac{F_{t,d}}{F_{v,Rd}} = \frac{11{,}48}{12} = 0{,}95 \le 1{,}0$$

Nachweis Holzquerschnitt Pfosten (Zugstab):

Eine Querschnittsschwächung ist nach DIN EN 1995-1-1:2010, Abschnitt 5.2 (3) nicht zu berücksichtigen, da $d_n = 3{,}1 < 6$ mm (nicht vorgebohrt).

Nachweis Bemessungswert der Baustofffestigkeit nach DIN EN 1995-1-1:2010, Gl. (2.14):

$$f_{t,d} = \frac{k_{mod} \cdot f_{t,0,k}}{\gamma_M} = \frac{0{,}9 \cdot 14}{1{,}3} = 9{,}7\,\text{N/mm}^2$$

$$f_{m,d} = \frac{k_{mod} \cdot f_{m,k}}{\gamma_M} = \frac{0{,}9 \cdot 24}{1{,}3} = 16{,}6\,\text{N/mm}^2$$

Bemessungswert der Beanspruchung:

$$\sigma_{t,0,d} = \frac{F_{t,d}}{A_{netto}} = \frac{11{,}48 \cdot 10^3}{24 \cdot 140} = 3{,}41\,\text{N/mm}^2$$

Nachweis:

$$\sigma_{t,0,d} \le f_{t,0,d}$$ [DIN EN 1995-1-1, Gl. (6.1)]

$3{,}41\,\text{N/mm}^2 \le 9{,}7\,\text{N/mm}^2$ **Nachweis erfüllt!**

Berücksichtigung Versatzmoment wegen außermittigem Anschluss der Diagonalen

Anschlusswinkel:

$$\alpha = 45°$$

Bemessungswert der Vertikalkomponente der Diagonalkraft:

$$F_{c,d,y} = F_{c,d} / \sqrt{2} = 5{,}4/\sqrt{2} = 3{,}82\,\text{kN}$$

Bemessungswert des Versatzmomentes:

$$M_d = 3{,}82 \cdot 0{,}1 = 0{,}38\,\text{kN}$$

Querschnitt:

$$W = \frac{2 \cdot b \cdot h^2}{6} = \frac{2 \cdot 24 \cdot 140^2}{6} = 156{,}8 \cdot 10^3\,\text{mm}^3$$

[DIN EN 1995-1-1, Gl. (6.11)]

$$\frac{\frac{M_d}{W}}{f_{m,d}} = \frac{\frac{0{,}38 \cdot 10^6}{156{,}8 \cdot 10^3}}{16{,}6} = 0{,}15\,\text{N/mm}^2 < 1{,}0$$ **Nachweis erfüllt!**

Das Moment ist beim Nachweis des Obergurtstabes zu berücksichtigen.

Mindestabstände für Beispiel 3.5.

	Bezeichnung	DIN EN 1995-1-1:2010, Tabelle 8.2					
		Horizontalstab $\alpha = 90°$ (Anschluss vertikal)	**mm**	**Horizontalstab $\alpha = 45°$ (Anschluss diagonal)**	**mm**	**Vertikal-/ Diagonalstab $\alpha = 0°$**	**mm**
untereinander in Faserrichtung	$\parallel$, a_1	$d < 5\,\text{mm}$: $(5 + 5\lvert\cos\alpha\rvert) \cdot d$	30 (16)	$d < 5\,\text{mm}$: $(5 + 5\lvert\cos\alpha\rvert) \cdot d$	30 (27)	$d < 5\,\text{mm}$: $(5 + 5\lvert\cos\alpha\rvert) \cdot d$	35/50 (31)
untereinander rechtwinklig zur Faser	$\perp$, a_2	$5 \cdot d$	35 (16)	$5 \cdot d$	35 (16)	$5 \cdot d$	35/30 (16)
vom beanspruchten Hirnholzende	$a_{3,t}$	$(10 + 5\cos\alpha) \cdot d$	- (31)	$(10 + 5\cos\alpha) \cdot d$	- (58)	$(10 + 5\cos\alpha) \cdot d$	50 (47)
vom unbeanspruchten Hirnholzende	$a_{3,c}$	$10 \cdot d$	- (31)	$10 \cdot d$	- (47)	$10 \cdot d$	- (31)
vom beanspruchten Rand	$a_{4,t}$	$d < 5\,\text{mm}$: $(5 + 2 \cdot \sin\alpha) \cdot d$	35 (22)	$d < 5\,\text{mm}$: $(5 + 2 \cdot \sin\alpha) \cdot d$	35 (27)	$d < 5\,\text{mm}$: $(5 + 2 \cdot \sin\alpha) \cdot d$	- (16)
vom unbeanspruchten Rand	$a_{4,c}$	$5 \cdot d$	35 (16)	$5 \cdot d$	35 (22)	$5 \cdot d$	25 (16)

Nagel, Durchmesser d = 3,1 mm
α = Winkel zwischen Kraft und Faserrichtung = **0°, 45°, 90°**
(...) rechnerische Werte

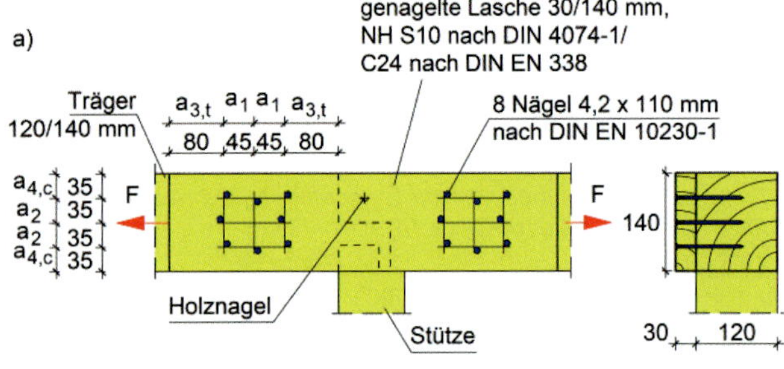

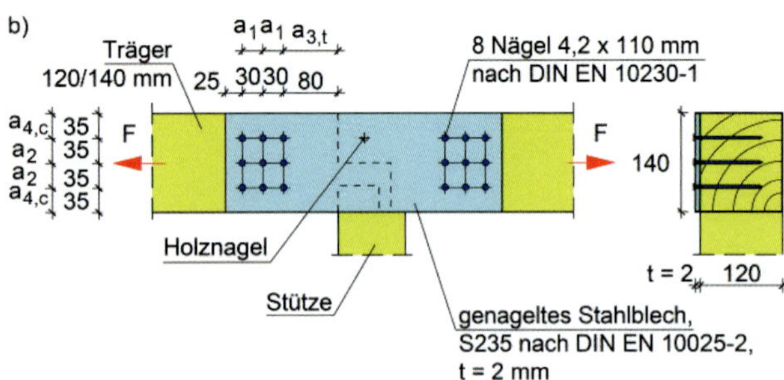

Legende
a) mit genagelter Lasche
b) mit genageltem Knotenblech

Bild 3.47. Nachträglich auf Zug verstärkter Pfettenstoß

Beispiel 3.6. (nach DIN EN 1995-1-1:2010)

Ein Pfettenstoß ist auf Zug auszubilden:

a) mit genagelter Holzlasche (Bild 3.47.a),
b) mit genageltem Stahlblech (Bild 3.47.b).

Welche Kräfte können jeweils bei gleicher Nagelzahl (8 Stk.) mit runden Drahtstiften 4,2 x 100 (nicht vorgebohrt), übertragen werden (Nägel gegenüber der Risslinie versetzt angeordnet)? Trockenes Holz, NH S10 nach DIN 4074-1, C24 nach EN 338, Lasche 30/140 mm, ebenes Blech $t = 2\,\text{mm}$.

Variante a) mit genagelter Holzlasche:

Lösung A: Berechnung nach dem vereinfachten Verfahren

Charakteristischer Wert des Fließmomentes:

$f_u = 600\,\text{N/mm}^2$ (nach DIN EN 14592, Abschnitt 6.1.2)

$M_{y,Rk} = 0{,}3 \cdot f_u \cdot d^{2{,}6}$ [DIN EN 1995-1-1, Gl. (8.14)]

$M_{y,Rk} = 0{,}3 \cdot 600 \cdot 4{,}2^{2{,}6}$

$M_{y,Rk} = 7511{,}40\,\text{Nmm}$

Charakteristischer Wert der Lochleibungsfestigkeit:

$f_{h,1,k} = 0{,}082 \cdot \rho_k \cdot d^{-0{,}3}$ [DIN EN 1995-1-1, Gl. (8.15)]

$f_{h,1,k} = 0{,}082 \cdot 350 \cdot 4{,}2^{-0{,}3}$

$f_{h,1,k} = 18{,}66\,\text{N/mm}^2 = f_{h,2,k}$

Mindestholzdicke und Mindesteindringtiefe des Nagels für Nadelholz:

$t_{req} = 9 \cdot d$ [DIN EN 1995-1-1/NA, Gl. (NA. 121)]

$t_{req} = 9 \cdot 4{,}2 = 37{,}8 > t_1 = 30\,\text{mm}$ und $< t_2 = 70\,\text{mm}$

Abminderung aus Unterschreitung der Mindestholzdicke:

$$\frac{t_1}{t_{req}} = \frac{30}{37{,}8} = 0{,}79$$

Charakteristischer Wert der Tragfähigkeit pro Nagel $F_{v,Rk}$:

[DIN EN 1995-1-1/NA, Gl. (NA. 120)]

$$F_{v,Rk} = \sqrt{2 \cdot M_{y,Rk} \cdot f_{h,1,k} \cdot d} \cdot \frac{t_1}{t_{1,req}}$$

$$F_{v,Rk} = \sqrt{2 \cdot 7511{,}40 \cdot 18{,}66 \cdot 4{,}2} \cdot 0{,}79$$

$$F_{v,Rk} = 857{,}15\,\text{N}$$

Charakteristischer Wert der Tragfähigkeit der Verbindung $F_{v,Rk}$:

$$F_{v,Rk} = n \cdot F_{v,Rk} = 8 \cdot 857{,}15\,\text{N} = 6857{,}2\,\text{N}$$

Bemessungswert der Tragfähigkeit der Verbindung:

$$F_{v,Rd} = \frac{k_{mod} \cdot F_{v,Rk}}{1{,}1}$$ [DIN EN 1995-1-1/NA, Gl. (NA. 113)]

$$F_{v,Rd} = \frac{0{,}8 \cdot 6857{,}2}{1{,}1} = 4987{,}05\,\text{N} = 4{,}99\,\text{kN}$$

Lösung B: Berechnung nach dem genauen Verfahren

Übernahme aus Lösung A:

$M_{y,Rk} = 7511{,}40\,\text{Nmm}$

$f_{h,1,k} = 18{,}66\,\text{N/mm}^2 = f_{h,2,k}$

Charakteristischer Wert des Ausziehwiderstandes $F_{ax,Rk}$:

[DIN EN 1995-1-1, Gl. (8.24)]

$$F_{ax,Rk} = \min\left\{f_{ax,k} \cdot d \cdot t_{pen};\ f_{ax,k} \cdot d \cdot t + f_{head,k} \cdot d_h^2\right\}$$

$f_{ax,k} = 20 \cdot 10^{-6} \cdot \rho_k^2$ [DIN EN 1995-1-1, Gl. (8.25)]

$f_{ax,k} = 20 \cdot 10^{-6} \cdot 350^2 = 2{,}45\,\text{N/mm}^2$

$f_{head,k} = 70 \cdot 10^{-6} \cdot \rho_k^2$ [DIN EN 1995-1-1, Gl. (8.26)]

$f_{head,k} = 70 \cdot 10^{-6} \cdot \rho_k^2 = 70 \cdot 10^{-6} \cdot 350^2 = 8{,}575\,\text{N/mm}^2$

$t_{pen} = t_2 = 70\,\text{mm}$

$t = t_1 = 30\,\text{mm}$

Da der Kopfdurchmesser nicht bekannt ist, wird er nach DIN EN 14592, Abschnitt 6.1.3 wie folgt bestimmt:

Bedingung: $A_h \geq 2{,}5 \cdot d^2 = 44{,}1\,\text{mm}^2$

$A_h = \pi \cdot r^2$

$$r = \sqrt{\frac{A_h}{\pi}} = \sqrt{\frac{44{,}1}{\pi}} = 3{,}75\,\text{mm}$$

Der Kopfdurchmesser wird angenommen zu:

$d_k = 2 \cdot r = 2 \cdot 3{,}75 = 7{,}5\,\text{mm}$

somit ergibt sich:

$$F_{ax,Rk} = \min\left\{2{,}45 \cdot 4{,}2 \cdot 70\ ;\ 2{,}45 \cdot 4{,}2 \cdot 30 + 8{,}575 \cdot 7{,}5^2\right\}$$

$$F_{ax,Rk} = \min\{720\,\text{N}; 791\,\text{N}\}$$

Charakteristischer Wert der Tragfähigkeit $F_{v,Rk}$ pro Scherfläche ($_{\min}F_{v,Rk}$ aus Gl. (8.6a) bis Gl. (8.6f)):

$F_{v,Rk} = f_{h,1,k} \cdot t_1 \cdot d$ [DIN EN 1995-1-1, Gl. (8.6a)]

$F_{v,Rk} = 18{,}66 \cdot 30 \cdot 4{,}2$

$F_{v,Rk} = 2351\,\text{N}$

$F_{v,Rk} = f_{h,2,k} \cdot t_2 \cdot d$ [DIN EN 1995-1-1, Gl. (8.6b)]

$F_{v,Rk} = 18{,}66 \cdot 70 \cdot 4{,}2$

$F_{v,Rk} = 5486\,\text{N}$

[DIN EN 1995-1-1, Gl. (8.6c)]

$$F_{v,Rk} = \frac{f_{h,1,k} \cdot t_1 \cdot d}{1+\beta} \cdot \left[\sqrt{\beta + 2 \cdot \beta^2 \cdot \left[1 + \frac{t_2}{t_1} + \left(\frac{t_2}{t_1}\right)^2\right] + \beta^3 \cdot \left(\frac{t_2}{t_1}\right)^2} - \beta \cdot \left(1 + \frac{t_2}{t_1}\right) \right] + \frac{F_{ax,Rk}}{4}$$

$$F_{v,Rk} = 1175{,}58 \cdot 1{,}56$$

$$F_{v,Rk} = 1833{,}9 \text{ N}$$

[DIN EN 1995-1-1, Gl. (8.6d)]

$$F_{v,Rk} = 1{,}05 \cdot \frac{f_{h,1,k} \cdot t_1 \cdot d}{2+\beta} \cdot \left[\sqrt{2 \cdot \beta \cdot (1+\beta) + \frac{4 \cdot \beta \cdot (2+\beta) \cdot M_{y,Rk}}{f_{h,1,k} \cdot d \cdot t_1^2}} - \beta \right] + \frac{F_{ax,Rk}}{4}$$

$$F_{v,Rk} = 1{,}05 \cdot 783{,}72 \cdot 1{,}3$$

$F_{v,Rk} = 1069{,}78$ N **maßgebend, mit γ_M = 1,3!**

DIN EN 1995-1-1, Gl. (8.6e)]

$$F_{v,Rk} = 1{,}05 \cdot \frac{f_{h,1,k} \cdot t_2 \cdot d}{1+2\beta} \cdot \left[\sqrt{2 \cdot \beta^2 \cdot (1+\beta) + \frac{4 \cdot \beta \cdot (1+2\beta) \cdot M_{y,Rk}}{f_{h,1,k} \cdot d \cdot t_2^2}} - \beta \right] + \frac{F_{ax,Rk}}{4}$$

$$F_{v,Rk} = 1{,}05 \cdot 1828{,}68 \cdot 1{,}06$$

$$F_{v,Rk} = 2035{,}32 \text{ N}$$

[DIN EN 1995-1-1, Gl. (8.6f)]

$$F_{v,Rk} = 1{,}15 \cdot \sqrt{\frac{2 \cdot \beta}{1+\beta}} \cdot \sqrt{2 \cdot M_{y,Rk} \cdot f_{h,1,k} \cdot d} + \frac{F_{ax,Rk}}{4}$$

$$F_{v,Rk} = 1{,}15 \cdot 1 \cdot 1085{,}1$$

$$F_{v,Rk} = 1247{,}87 \text{ N}$$

Nach DIN EN 1995-1-1:2010, Abschnitt 8.2.2 (2) wird der charakteristische Wert der Tragfähigkeit in Gl. (8.6d) um einen Anteil aus der Seilwirkung erhöht. Dieser ist für runde Nägel auf einen Anteil von 15 % der charakteristischen Tragfähigkeit auf Abscheren und auf einen Anteil von 25 % der charakteristischen Tragfähigkeit auf Herausziehen zu begrenzen.

$$F_{v,Rk} = F_{v,Rk} + \min\left\{\begin{matrix} 0{,}25 \cdot F_{ax,Rk} \\ 0{,}15 \cdot F_{v,Rk} \end{matrix}\right\} = 1069{,}8 + \min\left\{\begin{matrix} 0{,}25 \cdot 720 \\ 0{,}15 \cdot 1069{,}8 \end{matrix}\right\}$$

$$F_{v,Rk} = 1069{,}8 + \min\left\{\begin{matrix} 180 \\ 160{,}5 \end{matrix}\right\}$$

$$F_{v,Rk} = 1069{,}8 + 160{,}5 = 1230{,}3 \text{ N}$$

Charakteristischer Wert der Tragfähigkeit der Verbindung:

$$F_{v,Rk} = n \cdot F_{v,Rk}$$

$$F_{v,Rk} = 8 \cdot 1230{,}3 = 9842{,}4 \text{ N}$$

Bemessungswert der Tragfähigkeit der Verbindung:

$$F_{v,Rd} = \frac{k_{mod} \cdot F_{v,Rk}}{\gamma_M}$$ [DIN EN 1995-1-1, Gl. (6.1)]

$$F_{v,Rd} = \frac{0{,}8 \cdot 9842{,}4}{1{,}3} = 6056{,}9 \text{ N} = 6{,}06 \text{ kN}$$

Variante b) mit genagelten Stahlblechen:

Lösung A: Berechnung nach dem vereinfachten Verfahren

Übernahme aus Variante a):

$$M_{y,Rk} = 7511{,}40 \text{ Nmm}$$

$$f_{h,k} = 18{,}66 \text{ N/mm}^2$$

$t_1 = 100 - t_{Blech} = 100 - 2 = 98$ mm (Eindringtiefe des Nagels)

Mindestholzdicke:

Für außen liegende dünne Stahlbleche ist nach DIN EN 1995-1-1/ NA:2010, Tabelle NA.14 (s. Tabelle 3.16):

$$t_{req} = 9 \cdot d$$ [DIN EN 1995-1-1/NA, Gl. (NA. 121)]

$$t_{req} = 9 \cdot 4{,}2 = 37{,}8 < t_1 = 98 \text{ mm}$$

Charakteristischer Wert der Tragfähigkeit pro Nagel $F_{v,Rk}$:

Abweichend von Gleichung (NA.108) oder (NA. 110) darf der charakteristische Wert der Tragfähigkeit bei Nagelverbindungen mit Stahlblechen und Bauteilen aus Nadelvollholz vereinfachend nach Gl. (NA.121) ermittelt werden:

[DIN EN 1995-1-1/NA, Gl. (NA. 128)]

$$F_{v,Rk} = A \cdot \sqrt{2 \cdot M_{y,Rk} \cdot f_{h,k} \cdot d}$$

Faktor A ergibt sich aus Tabelle (NA. 14) (s. Tabelle 3.16.):

Für außen liegende dünne Stahlbleche ist: $A = 1{,}0$

$$F_{v,Rk} = 1{,}0 \cdot \sqrt{2 \cdot 7511{,}40 \cdot 18{,}66 \cdot 4{,}2}$$

$$F_{v,Rk} = 1085{,}07 \text{ N}$$

Charakteristischer Wert der Tragfähigkeit der Verbindung $F_{v,Rk}$:

$$F_{v,Rk} = n \cdot F_{v,Rk} = 8 \cdot 1085{,}07 \text{ N} = 8680{,}6 \text{ N}$$

Bemessungswert der Tragfähigkeit der Verbindung:

$$F_{v,Rd} = \frac{k_{mod} \cdot F_{v,Rk}}{\gamma_M}$$ [DIN EN 1995-1-1/NA, Gl. (NA.113)]

$$F_{v,Rd} = \frac{0{,}8 \cdot 8680{,}6}{1{,}1} = 6313{,}2 \text{ N} = 6{,}3 \text{ kN}$$

Variante b)

Lösung B: Berechnung nach dem genauen Verfahren

Übernahme aus Lösung A:

$$M_{y,Rk} = 7511{,}40 \text{ Nmm}$$

$$f_{h,k} = 18{,}66 \text{ N/mm}^2$$

Charakteristischer Wert des Ausziehwiderstandes $F_{ax,Rk}$:

[DIN EN 1995-1-1, Gl. (8.24)]

$$F_{ax,Rk} = \min\{f_{ax,k} \cdot d \cdot t_{pen}; f_{ax,k} \cdot d \cdot t + f_{head,k} \cdot d_h^2\}$$

$$f_{ax,k} = 20 \cdot 10^{-6} \cdot \rho_k^2$$ [DIN EN 1995-1-1, Gl. (8.25)]

$$f_{ax,k} = 20 \cdot 10^{-6} \cdot 350^2 = 2{,}45 \text{ N/mm}^2$$

$$t_{pen} = t_1 = 100 - t_{Blech} = 100 - 2 = 98 \text{ mm}$$

Bei Stahlblech-Holz-Verbindungen entfällt der Teil zur Berücksichtigung der Kopfdurchziehfestigkeit.

$$F_{ax,Rk} = f_{ax,k} \cdot d \cdot t_{pen}$$ [DIN EN 1995-1-1, Gl. (8.24a)]

$$F_{ax,Rk} = 2{,}45 \cdot 4{,}2 \cdot 98$$

$F_{ax,Rk} = 1008{,}4$ N 1,01 kN

Charakteristischer Wert der Tragfähigkeit $F_{v,Rk}$ pro Scherfläche ($_{min}F_{v,Rk}$ aus Gl. (8.9a) und Gl. (8.9b)):

$F_{v,Rk} = 0{,}4 \cdot f_{h,k} \cdot t_1 \cdot d$ [DIN EN 1995-1-1, Gl. (8.9a)]

$F_{v,Rk} = 0{,}4 \cdot 18{,}66 \cdot 98 \cdot 4{,}2$

$F_{v,Rk} = 3072{,}2\,\text{N}$

$F_{v,Rk} = 1{,}15 \cdot \sqrt{2 \cdot M_{y,Rk} \cdot f_{h,k} \cdot d}$ [DIN EN 1995-1-1, Gl. (8.9b)]

$F_{v,Rk} = 1{,}15 \cdot \sqrt{2 \cdot 7511{,}4 \cdot 18{,}66 \cdot 4{,}2}$

$F_{v,Rk} = 1247{,}8\,\text{N}$ **maßgebend, mit $\gamma_M = 1{,}3$!**

Nach DIN EN 1995-1-1:2010, Abschnitt 8.2.2 (2) wird der charakteristische Wert der Tragfähigkeit in Gl. (8.9b) um einen Anteil aus der Seilwirkung erhöht. Dieser ist für runde Nägel auf einen Anteil von 15 % der charakteristischen Tragfähigkeit auf Abscheren und auf einen Anteil von 25 % der charakteristischen Tragfähigkeit auf Herausziehen zu begrenzen.

$$F_{v,Rk} = F_{v,Rk} + \min\begin{Bmatrix} 0{,}25 \cdot F_{ax,Rk} \\ 0{,}15 \cdot F_{v,Rk} \end{Bmatrix} = 1247{,}8 + \min\begin{Bmatrix} 0{,}25 \cdot 1008{,}4 \\ 0{,}15 \cdot 1247{,}8 \end{Bmatrix}$$

$$F_{v,Rk} = 1247{,}8 + \min\begin{Bmatrix} 252{,}1 \\ 187{,}2 \end{Bmatrix}$$

$F_{v,Rk} = 1247{,}8 + 187{,}2 = 1435\,\text{N}$

Charakteristischer Wert der Tragfähigkeit der Verbindung:

$F_{v,Rk} = n \cdot F_{v,Rk}$

$F_{v,Rk} = 8 \cdot 1435 = 11480\,\text{N}$

Bemessungswert der Tragfähigkeit der Verbindung:

$$F_{v,Rd} = \frac{k_{mod} \cdot F_{v,Rk}}{\gamma_M}$$ [DIN EN 1995-1-1, Gl. (6.1)]

$$F_{v,Rd} = \frac{0{,}8 \cdot 11480}{1{,}3} = 7064{,}6\,\text{N} = 7{,}06\,\text{kN}$$

Der Spannungsnachweis in den Laschen wird hier nicht geführt. Das Blech ist mit $d_n = 4{,}2\,\text{mm}$ vorgebohrt, das Holz nicht.

Mindestabstände für Beispiel 3.6.

	Bezeichnung	**DIN EN 1995-1-1:2010, Tabelle 8.2**			
		Bild 3.47.a Holzlasche $\alpha = 0°$	**mm**	**Bild 3.47.b Stahlblech $\alpha = 0°$**	**mm**
untereinander in Faserrichtung	$\parallel$, a_1	$d < 5\,\text{mm}$: $(5 + 5\lvert\cos\alpha\rvert) \cdot d$	50 (42)	$d < 5\,\text{mm}$: $(5 + 5\lvert\cos\alpha\rvert) \cdot d$	50 (30)
untereinander rechtwinklig zur Faser	$\perp$, a_2	$5 \cdot d$	35 (21)	$5 \cdot d$	35 (15)
vom beanspruchten Hirnholzende	$a_{3,t}$	$(10 + 5\cos\alpha) \cdot d$	80 (63)	$(10 + 5\cos\alpha) \cdot d$	- (63)
vom unbeanspruchten Hirnholzende	$a_{3,c}$	$10 \cdot d$	80 (42)	$10 \cdot d$	80 (42)
vom beanspruchten Rand	$a_{4,t}$	$d < 5\,\text{mm}$: $(5 + 2 \cdot \sin\alpha) \cdot d$	- (21)	$d < 5\,\text{mm}$: $(5 + 2 \cdot \sin\alpha) \cdot d$	- (21)
vom unbeanspruchten Rand	$a_{4,c}$	$5 \cdot d$	35 (21)	$5 \cdot d$	35 (21)

Nagel, Durchmesser d = 4,2 mm
α = Winkel zwischen Kraft und Faserrichtung = **0°**
(...) rechnerische Werte

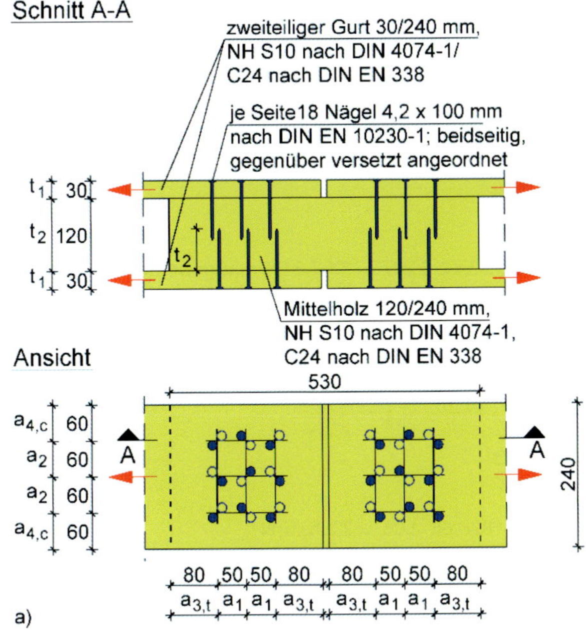

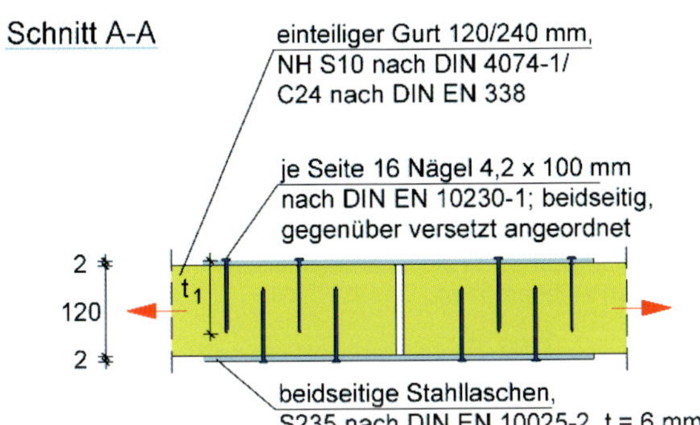

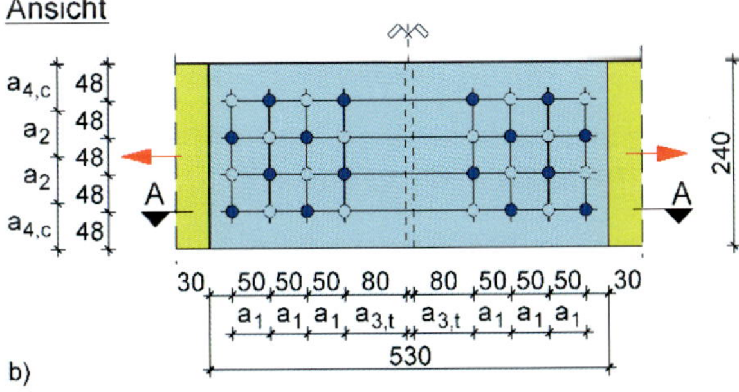

Bild 3.48. Zugstoß

Beispiel 3.7. **(nach DIN EN 1995-1-1:2010)**

Berechnet wird die Tragfähigkeit einer Nagelverbindung (einschnittig mit runden Nägeln, nicht vorgebohrt, Ng. 4,2 × 100) am Beispiel zweier Gurtstoßvarianten (Bild 3.48.).
Nutzungsklasse 1, KLED mittel

Variante a): Zweiteiliger Gurt (2 × 30/240 mm, NH S10 nach DIN 4074-1 = C24 nach DIN EN 338, Tabelle 1 – Kiefernholz) gestoßen mittels zwischen liegendem Mittelholz (120/240 mm, NH S10 nach DIN 4074-1 = C24 nach DIN EN 338, Tabelle 1 – Kiefernholz).

Variante b): Ein einteiliger Gurt (120/240 mm, NH S10 nach DIN 4074-1 = C24 nach DIN EN 338, Tabelle 1 – Kiefernholz wird mittels beidseitig angeordneten Stahllaschen (S235 nach DIN EN 10025-2), $t = 6$ mm gestoßen.

Variante a) zweiteiliger Gurt mit Mittelholz:

Lösung A: Berechnung nach dem vereinfachten Verfahren

Charakteristischer Wert des Fließmomentes:

$f_u = 600\ \text{N/mm}^2$ (nach DIN EN 14592, Abschnitt 6.1.2)

$M_{y,Rk} = 0{,}3 \cdot f_u \cdot d^{2,6}$ [DIN EN 1995-1-1, Gl. (8.14)]

$M_{y,Rk} = 0{,}3 \cdot 600 \cdot 4{,}2^{2,6}$

$M_{y,Rk} = 7511{,}40\ \text{Nmm}$

Charakteristischer Wert der Lochleibungsfestigkeit:

$f_{h,1,k} = 0{,}082 \cdot \rho_k \cdot d^{-0,3}$ [DIN EN 1995-1-1, Gl. (8.15)]

$f_{h,1,k} = 0{,}082 \cdot 350 \cdot 4{,}2^{-0,3}$

$f_{h,1,k} = 18{,}66\ \text{N/mm}^2 = f_{h,2,k}$

Mindesteinschlagtiefe des Nagels nach DIN EN 1995-1-1/NA:2013, NCI zu 8.3.1.2 (NA.11):

$4 \cdot d < t_2$

$4 \cdot 4{,}2 < 100 - 30$

$16{,}8\ \text{mm} < 70\ \text{mm}$ **Nachweis erfüllt!**

Mindestholzdicke:

$t_{req} = 9 \cdot d$ [DIN EN 1995-1-1/NA, Gl. (NA. 121)]

$t_{req} = 9 \cdot 4{,}2 = 37{,}8 > t_1 = 30$ mm, **Nachweis nicht erfüllt!**

< Einbindetiefe des Nagels $t_2 = 70$ mm, **Nachweis erfüllt!**

Abminderung aus Unterschreitung Mindestholzdicke nach DIN EN 1995-1-1/NA:2013, NCI NA 8.2.4 (NA.2):

$t_1/t_{req} = 30/37{,}8 = 0{,}79$

Mindestholzdicke bei Nägeln ohne Vorbohren aus der Spaltgefahr des Holzes nach DIN EN 1995-1-1:2010, Gl. (8.18) und DIN EN 1995-1-1/NA:2013, NDP zu 8.3.1.2(7) für Kiefernholz:

$t = \max\left\{7 \cdot d; (13 \cdot d - 30) \cdot \frac{\rho_k}{400}\right\}$ [DIN EN 1995-1-1, Gl. (8.18)]

$t = \max\left\{7 \cdot 4{,}2; (13 \cdot 4{,}2 - 30) \cdot \frac{350}{400}\right\}$

$t = \max\{29{,}4\ \text{mm}; 21{,}53\ \text{mm}\} = 29{,}4 < 30\ \text{mm}$ **erfüllt!**

Charakteristischer Wert der Tragfähigkeit $F_{v,Rk}$ pro Scherfläche:

[DIN EN 1995-1-1/NA, Gl. (NA. 120)]

$F_{v,Rk} = \sqrt{2 \cdot M_{y,Rk} \cdot f_{h,1,k} \cdot d}$

$F_{v,Rk} = \sqrt{2 \cdot 7511{,}40 \cdot 18{,}66 \cdot 4{,}2}$

$F_{v,Rk} = 1085{,}07\ \text{N}$

Charakteristischer Wert der Tragfähigkeit $F_{v,Rk}$ pro Nagel:

$F_{v,Rk} = \frac{t_1}{t_{1,req}} \cdot F_{v,Rk}$

$F_{v,Rk} = 0{,}79 \cdot 1085{,}07\ \text{N} = 857{,}2\ \text{N} = 0{,}86\ \text{kN}$

Bemessungswert der Tragfähigkeit pro Nagel:

$F_{v,Rd} = \frac{k_{mod} \cdot F_{v,Rk}}{\gamma_M}$ [DIN EN 1995-1-1/NA, Gl. (NA. 113)]

$F_{v,Rd} = \frac{0{,}8 \cdot 857{,}21}{1{,}1} = 623{,}4\ \text{N} = 0{,}62\ \text{kN}$

Bemessungswert der aufnehmbaren Zugkraft der Verbindung Nägel versetzt angeordnet:

$n_{ef} = n$

$F_{v,Rd} = n \cdot F_{v,Rd}$

$F_{v,Rd} = 18 \cdot 0{,}62\ \text{kN} = 11{,}16\ \text{kN}$

Variante a)

Lösung B: Berechnung nach dem genauen Verfahren

Übernahme aus Lösung A:

$f_{h,1,k} = 18{,}66\ \text{N/mm}^2 = f_{h,2,k}$

$M_{y,Rk} = 7511{,}40\ \text{Nmm}$

Charakteristischer Wert des Ausziehwiderstandes $F_{ax,Rk}$:

[DIN EN 1995-1-1, Gl. (8.24)]

$$F_{ax,Rk} = \min\left\{f_{ax,k} \cdot d \cdot t_{pen};\ f_{ax,k} \cdot d \cdot t + f_{head,k} \cdot d_h^2\right\}$$

$f_{ax,k} = 20 \cdot 10^{-6} \cdot \rho_k^2$ [DIN EN 1995-1-1, Gl. (8.25)]

$f_{ax,k} = 20 \cdot 10^{-6} \cdot 350^2 = 2{,}45\ \text{N/mm}^2$

$f_{head,k} = 70 \cdot 10^{-6} \cdot \rho_k^2$ [DIN EN 1995-1-1, Gl. (8.26)]

$f_{head,k} = 70 \cdot 10^{-6} \cdot 350^2 = 8{,}575\ \text{N/mm}^2$

$t_{pen} = t_2 = 70\ \text{mm}$

$t = t_1 = 30\ \text{mm}$

Da der Kopfdurchmesser nicht bekannt ist, wird er nach DIN EN 14592, Abschnitt 6.1.3 wie folgt bestimmt:

Bedingung: $A_h = 2{,}5 \cdot d^2 = 44{,}1\ \text{mm}^2$

$A_h = \pi \cdot r^2$

$$r = \sqrt{\frac{A_h}{\pi}} = \sqrt{\frac{44{,}1}{\pi}} = 3{,}75\ \text{mm}$$

Der Kopfdurchmesser wird angenommen zu:

$d_k = 2 \cdot r = 2 \cdot 3{,}75 = 7{,}5\ \text{mm}$

daraus ergibt sich:

$F_{ax,Rk} = \min\{2{,}45 \cdot 4{,}2 \cdot 70;\ 2{,}45 \cdot 4{,}2 \cdot 30 + 8{,}575 \cdot 7{,}5^2\}$

$F_{ax,Rk} = \min\{720{,}3\ \text{N};\ 791{,}04\ \text{N}\}$

$F_{ax,Rk} = 720{,}3\ \text{N}$

Charakteristischer Wert der Tragfähigkeit $F_{v,Rk}$ pro Scherfläche:

$F_{v,Rk} = f_{h,1,k} \cdot t_1 \cdot d$ [DIN EN 1995-1-1, Gl. (8.6a)]

$F_{v,Rk} = 18{,}66 \cdot 30 \cdot 4{,}2 = 2351{,}16\ \text{N}$

$F_{v,Rk} = f_{h,2,k} \cdot t_2 \cdot d$ [DIN EN 1995-1-1, Gl. (8.6b)]

$F_{v,Rk} = 18{,}66 \cdot 70 \cdot 4{,}2 = 5486{,}04\ \text{N}$

$F_{v,Rk} = 5486{,}04\ \text{N}$

[DIN EN 1995-1-1, Gl. (8.6c)]

$$F_{v,Rk} = \frac{f_{h,1,k} \cdot t_1 \cdot d}{1+\beta} \cdot \left[\sqrt{\beta + 2 \cdot \beta^2 \cdot \left[1 + \frac{t_2}{t_1} + \left(\frac{t_2}{t_1}\right)^2\right] + \beta^3 \cdot \left(\frac{t_2}{t_1}\right)^2} - \beta \cdot \left(1 + \frac{t_2}{t_1}\right)\right] + \frac{F_{ax,Rk}}{4}$$

$F_{v,Rk} = 1175{,}58 \cdot 1{,}56 = 1840{,}54\ \text{N}$

[DIN EN 1995-1-1, Gl. (8.6d)]

$$F_{v,Rk} = 1{,}05 \cdot \frac{f_{h,1,k} \cdot t_1 \cdot d}{2+\beta} \cdot \left[\sqrt{2 \cdot \beta \cdot (1+\beta) + \frac{4 \cdot \beta \cdot (2+\beta) \cdot M_{y,Rk}}{f_{h,1,k} \cdot d \cdot t_1^2}} - \beta\right] + \frac{F_{ax,Rk}}{4}$$

$F_{v,Rk} = 1{,}05 \cdot 783{,}72 \cdot 1{,}297 = 1067{,}31\ \text{N}$ **maßgebend mit** $\gamma_M = 1{,}3$

[DIN EN 1995-1-1, Gl. (8.6e)]

$$F_{v,Rk} = 1{,}05 \cdot \frac{f_{h,1,k} \cdot t_2 \cdot d}{1+2\beta} \cdot \left[\sqrt{2 \cdot \beta^2 \cdot (1+\beta) + \frac{4 \cdot \beta \cdot (1+2\beta) \cdot M_{y,Rk}}{f_{h,1,k} \cdot d \cdot t_2^2}} - \beta\right] + \frac{F_{ax,Rk}}{4}$$

$F_{v,Rk} = 1{,}05 \cdot 1828{,}68 \cdot 1{,}06 = 2035{,}32\ \text{N}$

[DIN EN 1995-1-1, Gl. (8.6f)]

$$F_{v,Rk} = 1{,}15 \cdot \sqrt{\frac{2 \cdot \beta}{1+\beta}} \cdot \sqrt{2 \cdot M_{y,Rk} \cdot f_{h,1,k} \cdot d} + \frac{F_{ax,Rk}}{4}$$

$F_{v,Rk} = 1{,}15 \cdot 1 \cdot 1085{,}7 = 1247{,}83\ \text{N}$

Nach DIN EN 1995-1-1:2010, Abschnitt 8.2.2 (2) wird der charakteristische Wert der Tragfähigkeit in Gl. (8.6d) um einen Anteil aus der Seilwirkung erhöht. Dieser ist für runde Nägel auf einen Anteil von 15 % der charakteristischen Tragfähigkeit auf Abscheren und auf einen Anteil von 25 % der charakteristischen Tragfähigkeit auf Herausziehen zu begrenzen.

$$F_{v,Rk} = F_{v,Rk} + \min\begin{Bmatrix} 0{,}25 \cdot F_{ax,Rk} \\ 0{,}15 \cdot F_{v,Rk} \end{Bmatrix} = 1067{,}31 + \min\begin{Bmatrix} 0{,}25 \cdot 720{,}3 \\ 0{,}15 \cdot 1067{,}31 \end{Bmatrix}$$

$F_{v,Rk} = 1067{,}31 + 160{,}1 = 1227{,}41\ \text{N}$

Charakteristischer Wert der Tragfähigkeit $F_{v,Rk}$ pro Nagel:

$F_{v,Rk} = n_{Scherflächen} \cdot F_{v,Rk}$

$F_{v,Rk} = 1 \cdot 1227{,}41 = 1227{,}41\ \text{N} = 1{,}23\ \text{kN}$

Bemessungswert der Tragfähigkeit pro Nagel:

$$F_{v,Rd} = \frac{k_{mod} \cdot F_{v,Rk}}{\gamma_M}$$ [DIN EN 1995-1-1, Gl. (2.17)]

$$F_{v,Rd} = \frac{0{,}8 \cdot 1227{,}41\ \text{N}}{1{,}3} = 755{,}33\ \text{N} = 0{,}76\ \text{kN}$$

Wirksame Nagelanzahl:

Nach DIN EN 1995-1-1 ist bei einer Reihe mit n Nägeln eine wirksame Anzahl n_{ef} zu berechnen, wenn die Nägel in dieser Reihe rechtwinklig zur Faserrichtung nicht um mindestens $1d$ gegeneinander versetzt angeordnet sind.

$n_{ef} = n^{k_{ef}}$ [DIN EN 1995-1-1, Gl. (8.17)]

$a_1 = 100\ \text{mm}$ – Abstand in Faserrichtung

Der Wert k_{ef} ist abhängig vom Verbindungsmittelabstand. Nach DIN EN 1995-1-1:2010, Abschnitt 8.3.1.1, Tabelle 8.1 (s. Tabelle 3.14. im Buch) ergibt sich folgender Wert:

Für $a_1 > 14 \cdot d$ ist $k_{ef} = 1$

$100\ \text{mm} > 14 \cdot 4{,}2 = 58{,}8\ \text{mm}$

$n_{ef} = n^1 = n = 16$

Bemessungswert der Tragfähigkeit pro Anschluss:

Eine wirksame Anzahl n_{ef} muss hier nicht berechnet werden, da die Nägel gegenüber den Risslinien um 1d versetzt angeordnet sind.

$$F_{v,Rd} = n \cdot F_{v,Rd}$$

$$F_{v,Rd} = 18 \cdot 0{,}76 = 13{,}68 \text{ kN}$$

Mindestholzdicke für Übergreifen der Nägel (s. Bild 3.37.):

Nach [DIN EN 1995-1-1, Abschnitt 8.3.1.1 (7)]

$$t_2 - l > 4 \cdot d$$

$$120 - 70 > 4 \cdot 4{,}2$$

$50 \text{ mm} > 16{,}8 \text{ mm}$ **Nachweis erfüllt!**

Nachweis ***zweiteilige Gurthölzer:***

Bei symmetrischen Zugverbindungen mit nicht vorgebohrten Nägeln wird die Zugtragfähigkeit der Gurthölzer vereinfachend (s. DIN EN 1995-1-1/NA:2013, Abschnitt 8.1.6 (NA.1)) um 1/3 abgemindert. Eine Querschnittsminderung durch die Nägel entfällt nach DIN EN 1995-1-1:2010, Abschnitt 5.2 (3).

Bemessungswert der Baustofffestigkeit:

Charakteristischer Wert der Baustofffestigkeit in Faserrichtung $f_{t,k} = 14$ N/mm² *(s. DIN EN 338, Tabelle 1):*

[DIN EN 1995-1-1, Gl. (2.14)]

$$f_{t,0,d} = \frac{k_{mod} \cdot f_{t,k}}{\gamma_M} = \frac{0{,}8 \cdot 14}{1{,}3} = 8{,}6 \text{ N/mm}^2$$

Nachweis Laschen:

Der Bemessungswert der Zugbeanspruchung in Faserrichtung $\sigma_{t,0,d}$ muss kleiner als der um 1/3 abgeminderte Bemessungswert der Zugfestigkeit des Holzes sein.

$$\sigma_{t,0,d} \le f_{t,0,d}$$ [DIN EN 1995-1-1, Gl. (6.1)]

$$\sigma_{t,0,d} \le f_{t,0,d} \cdot 0{,}67 = 8{,}6 \cdot 0{,}67 = 5{,}67 \text{ N/mm}^2$$

Der Bemessungswert der Zugbeanspruchung errechnet sich aus dem Bemessungswert der Tragfähigkeit $F_{v,Rd}$ und der auf Zug beanspruchten Querschnittsfläche A_n der Laschen.

$$\sigma_{t,0,d} = \frac{F_{v,Rd}}{A_n} = \frac{13{,}68 \cdot 10^3}{2 \cdot 30 \cdot 240} = 0{,}95 \text{ N/mm}^2$$

$0{,}95 \text{ N/mm}^2 < 5{,}67 \text{ N/mm}^2$ **Nachweis erfüllt!**

Nachweis Mittelholz:

Beim Nachweis des Mittelholzes muss der Bemessungswert der Zugfestigkeit des Holzes nicht abgemindert werden.

$$\sigma_{t,0,d} \le f_{t,0,d}$$ [DIN EN 1995-1-1, Gl. (6.1)]

$$\sigma_{t,0,d} = \frac{F_{v,Rd}}{A_n} = \frac{13{,}68 \cdot 10^3}{120 \cdot 240} = 0{,}475 \text{ N/mm}^2$$

$0{,}475 \text{ N/mm}^2 < 8{,}6 \text{ N/mm}^2$ **Nachweis erfüllt!**

Variante b) einteiliger Gurt mit Stahllaschen:

Lösung A: Berechnung nach dem vereinfachten Verfahren

Charakteristischer Wert des Fließmomentes:

$$M_{y,Rk} = 0{,}3 \cdot f_u \cdot d^{2,6}$$ [DIN EN 1995-1-1, Gl. (8.14)]

$$M_{y,Rk} = 0{,}3 \cdot 600 \cdot 4{,}2^{2,6}$$

$$M_{y,Rk} = 7511{,}40 \text{ Nmm}$$

Charakteristischer Wert der Lochleibungsfestigkeit:

$$f_{h,k} = 0{,}082 \cdot \rho_k \cdot d^{-0,3}$$ [DIN EN 1995-1-1, Gl. (8.15)]

$$f_{h,k} = 0{,}082 \cdot 350 \cdot 4{,}2^{-0,3}$$

$$f_{h,k} = 18{,}66 \text{ N/mm}^2 = f_{h,1,k}$$

Mindestholzdicken:

$$t_{1,req} = 1{,}15 \cdot 4 \cdot \sqrt{\frac{M_{y,Rk}}{f_{h,k} \cdot d}}$$ [DIN EN 1995-1-1/NA, Gl. (NA.116)]

$t_{1,req} = 1{,}15 \cdot 4 \cdot 9{,}79 = 45{,}03 \text{ mm} < 120 \text{ mm}$ **Nachweis erfüllt!**

In Abweichung zu Gl. NA. 109 darf $t_{1,req}$ auch nach Tabelle NA.14 in DIN EN 1995-1-1/NA:2013 ermittelt werden (s. Tabelle 3.16.).

$$t_{req} = 10 \cdot d$$

$t_{req} = 10 \cdot 4{,}2 = 42 \text{ mm} < 120 \text{ mm}$ **Nachweis erfüllt!**

Charakteristischer Wert der Tragfähigkeit $F_{v,Rk}$ pro Scherfläche:

(Blechdicke $6 \text{ mm} > 10 \cdot 4{,}2 = 42 \text{ mm}$ = dickes Blech!)

$A = 1{,}4$ nach Tabelle NA.14 in DIN EN 1995-1-1/NA:2013 – (dickes Blech s. Tabelle 3.16.)

[DIN EN 1995-1-1/NA, Gl. (NA.128)]

$$F_{v,Rk} = A \cdot \sqrt{2 \cdot M_{y,Rk} \cdot f_{h,k} \cdot d} = 1519{,}09 \text{ N} = 1{,}52 \text{ kN}$$

Charakteristischer Wert der Tragfähigkeit $F_{v,Rk}$ pro Nagel:

$$F_{v,Rk} = n_{Scherflächen} \cdot F_{v,Rk}$$

$$F_{v,Rk} = 1 \cdot 1519{,}09 = 1519{,}09 \text{ N} = 1{,}52 \text{ kN}$$

Bemessungswert der Tragfähigkeit pro Nagel:

$$F_{v,Rd} = \frac{k_{mod} \cdot F_{v,Rk}}{\gamma_M}$$ [DIN EN 1995-1-1/NA, Gl. (NA.113)]

$$F_{v,Rd} = \frac{0{,}8 \cdot 1519{,}09}{1{,}1} = 1105 \text{ N} = 1{,}11 \text{ kN}$$

Bemessungswert der Tragfähigkeit pro Anschluss:

$$F_{v,Rd} = n \cdot F_{v,Rd}$$

$$F_{v,Rd} = 16 \cdot 1{,}11 = 17{,}76 \text{ kN}$$

Variante b)

Lösung B: Berechnung nach dem genauen Verfahren

Übernahme aus Variante a):

$$f_{h,k} = 18{,}66 \text{ N/mm}^2 = f_{h,1,k}$$

$$M_{y,Rk} = 7511{,}40 \text{ Nmm}$$

Einschlagtiefe des Nagels: $t_1 = 100 \text{ mm} - t_{Blech}$
$t_1 = 100 \text{ mm} - 6 = 94 \text{ mm}$

Charakteristischer Wert des Ausziehwiderstandes $F_{ax,Rk}$:

[DIN EN 1995-1-1, Gl. (8.24)]

$$F_{ax,Rk} = \min\left\{f_{ax,k} \cdot d \cdot t_{pen};\ f_{ax,k} \cdot d \cdot t + f_{head,k} \cdot d_h^2\right\}$$

$$f_{ax,k} = 20 \cdot 10^{-6} \cdot \rho_k^2$$ [DIN EN 1995-1-1, Gl. (8.25)]

$$f_{ax,k} = 20 \cdot 10^{-6} \cdot 350^2 = 2{,}45 \text{ N/mm}^2$$

$$t_{pen} = t_1 = 94 \text{ mm}$$

Bei Stahlblech-Holz-Verbindungen entfällt der Teil zur Berücksichtigung der Kopfdurchziehfestigkeit.

$F_{ax,Rk} = 2,45 \cdot 4,2 \cdot 94$

$F_{ax,Rk} = 967,26\ \text{N}$

Charakteristischer Wert der Tragfähigkeit $F_{v,Rk}$ pro Scherfläche:

$F_{v,Rk} = f_{h,k} \cdot t_1 \cdot d$ [DIN EN 1995-1-1, Gl. (8.10c)]

$F_{ax,Rk} = 18,66 \cdot 94 \cdot 4,2 = 7366,97\ \text{N}$

[DIN EN 1995-1-1, Gl. (8.10d)]

$$F_{v,Rk} = f_{h,k} \cdot t_1 \cdot d \cdot \left[\sqrt{2 + \frac{4 \cdot M_{y,Rk}}{f_{h,k} \cdot d \cdot t_1^2}} - 1\right] + \frac{F_{ax,Rk}}{4}$$

$F_{ax,Rk} = 18,66 \cdot 94 \cdot 4,2 \cdot 0,43 = 3167,80\ \text{N}$

$F_{v,Rk} = 2,3 \cdot \sqrt{M_{y,Rk} \cdot f_{h,k} \cdot d} + \frac{F_{ax,Rk}}{4}$ [DIN EN 1995-1-1, Gl. (8.10e)]

$F_{v,Rk} = 2,3 \cdot \sqrt{7511,4 \cdot 18,66 \cdot 4,2} + \frac{F_{ax,Rk}}{4}$

$F_{v,Rk} = 1764,69\ \text{N}$ **maßgebend** mit $\boldsymbol{\gamma_M = 1,3}$**!**

Nach DIN EN 1995-1-1:2010, Abschnitt 8.2.2 (2) wird der charakteristische Wert der Tragfähigkeit in Gl. (8.10e) um einen Anteil aus der Seilwirkung erhöht. Dieser ist für runde Nägel auf einen Anteil von 15 % der charakteristischen Tragfähigkeit auf Abscheren und auf einen Anteil von 25 % der charakteristischen Tragfähigkeit auf Herausziehen zu begrenzen.

$$F_{v,Rk} = F_{v,Rk} + \min\begin{Bmatrix} 0,25 \cdot F_{ax,Rk} \\ 0,15 \cdot F_{v,Rk} \end{Bmatrix} = 1764,69 + \min\begin{Bmatrix} 0,25 \cdot 967,26 \\ 0,15 \cdot 1764,69 \end{Bmatrix}$$

$F_{v,Rk} = 1764,69 + 241,81 = 2006,5\ \text{N}$

Charakteristischer Wert der Tragfähigkeit $F_{v,Rk}$ pro Nagel:

$F_{v,Rk} = n_{Scherflächen} \cdot F_{v,Rk}$

$F_{v,Rk} = 1 \cdot 2006,5 = 2006,5\ \text{N} = 2,0\ \text{kN}$

Bemessungswert der Tragfähigkeit pro Nagel:

$F_{v,Rd} = \frac{k_{mod} \cdot F_{v,Rk}}{\gamma_M}$ [DIN EN 1995-1-1, Gl. (2.17)]

$F_{v,Rd} = \frac{0,8 \cdot 2006,5\ \text{N}}{1,3} F_{v,Rd} = \frac{0,8 \cdot 2006,5\ \text{N}}{1,3} = 1234,77\ \text{N} = 1,23\ \text{kN}$

Bemessungswert der Tragfähigkeit pro Anschluss:

Nägel nicht versetzt, aber ausreichender Abstand hintereinander.

$F_{v,Rd} = n \cdot F_{v,Rd}$

$F_{v,Rd} = 16 \cdot 1,23 = 19,68\ \text{kN}$

Mindestholzdicke für Übergreifen der Nägel (s. Bild 3.48.):

[DIN EN 1995-1-1, Abschnitt 8.3.1.1 (7)]

$(t_2 - l) = (120 - 96) = 24\ \text{mm} > 4 \cdot d = 4 \cdot 4,2 = 16,8\ \text{mm}$

Spannungsnachweise Holzbauteile:

Nachweis einteiliges Mittelholz:

Bemessungswert der Zugfestigkeit des Holzes:

[DIN EN 1995-1-1, Gl. (2.14)]

$f_{t,0,d} = \frac{k_{mod} \cdot f_{t,0,k}}{\gamma_M} = \frac{0,8 \cdot 14}{1,3} = 8,6\ \text{N/mm}^2$

Beim Nachweis des Mittelholzes muss der Bemessungswert der Zugfestigkeit des Holzes nicht abgemindert werden.

Der Bemessungswert der Zugtragfähigkeit beträgt $F_{v,Rd}$ = 19,7 kN. Nach DIN EN 1995-1-1:210, Abschnitt 5.2 (3) bleiben Nagellöcher von nicht vorgebohrten Nägeln bis 6 mm Durchmesser bei der Berechnung von Querschnittsschwächungen unberücksichtigt.

$\sigma_{t,0,d} \le f_{t,0,d}$ [DIN EN 1995-1-1, Gl. (6.1)]

$\sigma_{t,0,d} = \frac{F_{v,Rd}}{A_n} = \frac{19,68 \cdot 10^3}{120 \cdot 240} = 0,683\ \text{N/mm}^2$

$0,683\ \text{N/mm}^2 < 8,6\ \text{N/mm}^2$ **Nachweis erfüllt!**

Nachweis zweiteiliger Gurt:

Eine Abminderung des Bemessungswertes der Zugfähigkeit ist nicht erforderlich.

$\sigma_{t,0,d} \le f_{t,0,d}$ [DIN EN 1995-1-1, Gl. (6.1)]

$\sigma_{t,0,d} = \frac{19,68 \cdot 10^3}{2 \cdot 30 \cdot 240} = 1,37\ \text{N/mm}^2$

$1,37\ \text{N/mm}^2 \le 8,6\ \text{N/mm}^2$ **Nachweis erfüllt!**

Nach DIN EN 1995-1-1:2010, Abschnitt 8.2.3 (2) sind für die Stahlbleche Spannungsnachweise zu führen.

Bemessungswert der Zugbeanspruchbarkeit $N_{t,Rd}$ des Stahlblechs:

Nach DIN EN 1993-1-1:2010, Abschnitt 6.2.3 (2) wird der Bemessungswert der Zugbeanspruchbarkeit eines Querschnitts in der Regel als der kleinere der folgenden Werte angenommen:

a) der Bemessungwert der plastischen Beanspruchbarkeit des Bruttoquerschnitts

$N_{pl,Rd} = \frac{A \cdot f_y}{\gamma_{M0}}$ [DIN EN 1993-1-1, Gl. (6.6)]

b) der Bemessungswert der Zugbeanspruchbarkeit des Nettoquerschnitts längs der kritischen Risslinie durch die Löcher

$N_{u,Rd} = \frac{0,9 \cdot A_{net} \cdot f_u}{\gamma_{M2}}$ [DIN EN 1993-1-1, Gl. (6.7)]

Da die Querschnittschwächung durch die Nagellöcher unberücksichtigt bleibt, ist Gl. (6.6) maßgebend.

(für S235 ist $f_y = 235\ \text{N/mm}^2$ nach DIN EN 1993-1-1, Tabelle 3.1)

$N_{t,Rd} = N_{pl,Rd} = \frac{A \cdot f_y}{\gamma_{M0}} = \frac{(2 \cdot 6 \cdot 240) \cdot 235}{1,1} = 615273\ \text{N}$

Nachweis der Laschen:

Bedingung: $\frac{N_{Ed}}{N_{t,Rd}} \le 1$ [DIN EN 1993-1-1, Gl. (6.5)]

$\frac{N_{Ed} = F_{v,Rd}}{N_{t,Rd}} = \frac{19,68\ \text{kN}}{412,2\ \text{kN}} = 0,05 < 1$ **Nachweis erfüllt!**

Mindestabstände für Beispiel 3.7.

	Bezeichnung	DIN EN 1995-1-1:2010, Tabelle 8.2			
		Bild 3.48.a Holzlasche $\alpha = 0°$	**mm**	**Bild 3.48.b Stahlblech $\alpha = 0°$**	**mm**
untereinander in Faserrichtung	$\parallel$, a_1	$d < 5\,\text{mm}$: $(5+5\lvert\cos\alpha\rvert)\cdot d$	50 (42)	$d < 5\,\text{mm}$: $(5+5\lvert\cos\alpha\rvert)\cdot d$	50 (30)
untereinander rechtwinklig zur Faser	$\perp$, a_2	$5\cdot d$	60 (21)	$5\cdot d$	48 (15)
vom beanspruchten Hirnholzende	$a_{3,t}$	$(10+5\cos\alpha)\cdot d$	80 (63)	$(10+5\cos\alpha)\cdot d$	- (63)
vom unbeanspruchten Hirnholzende	$a_{3,c}$	$10\cdot d$	80 (42)	$10\cdot d$	80 (42)
vom beanspruchten Rand	$a_{4,t}$	$d < 5\,\text{mm}$: $(5+2\cdot\sin\alpha)\cdot d$	- (21)	$d < 5\,\text{mm}$: $(5+2\cdot\sin\alpha)\cdot d$	- (21)
vom unbeanspruchten Rand	$a_{4,c}$	$5\cdot d$	60 (21)	$5\cdot d$	48 (21)

Nagel, Durchmesser d = 4,2 mm
α = Winkel zwischen Kraft und Faserrichtung = **0°**
(…) rechnerische Werte

3.4.4. Beanspruchung parallel zur Nagelachse – Ausziehwiderstand von Nägeln

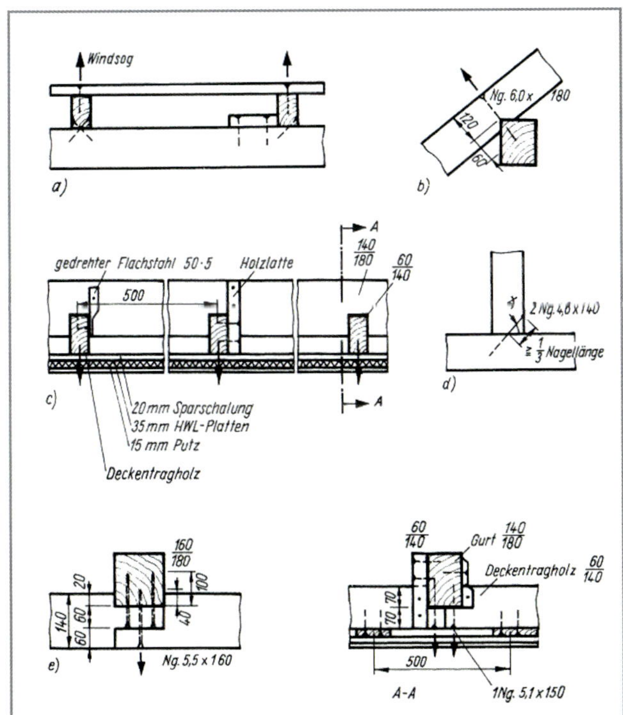

Legende
a) Schalnägel (durch Windsog beansprucht)
b) Sparrennägel (durch Windsog beansprucht)
c) untergehängte Zwischendecke (Nägel in Achsrichtung der Nägel auf Zug beansprucht)
d) Stichnägel
e) Variante zu c)

Bild 3.49. Auf Zug beanspruchte Nägel bei unterschiedlichen Konstruktionen

Nägel werden vielfach in ihrer Achsrichtung (Längsrichtung des Nagels) auf Zug (Herausziehen) beansprucht (Bild 3.49.). Den Widerstand, den sie dabei leisten, nennt man Ausziehwiderstand.

Bei der Bauausführung, z. B. bei Einschalungen, Absteifungen, Dachkonstruktionen, untergehängten Decken, werden die Nägel in der Praxis häufig in das Holz ohne Beachtung der Beanspruchung von erforderlichen Mindestdicken für das Material und von Mindestabständen eingeschlagen.
Verschiedene Schadensfälle, z. B. zu abfallenden Unterdecke (Bild 3.51.), geben Veranlassung,

1. auf die oft fehlerhafte und falsche Nagelung, die Nichtbeachtung von Mindestabständen und
2. auf die nicht auf Haften berechnete Nagelung

hinzuweisen.
Fehlerhafte Nagelungen bei Brettbindern (Bild 3.51.a) lassen sich dadurch einschränken, dass in die zweiteiligen Untergurte vorher Latten eingenagelt werden (Bild 3.51.b).

Glattschaftige runde Draht- und Maschinenstifte, die ständiger Lasteinwirkung auf Ausziehen ausgesetzt werden, sind ungeeignet und dürfen nicht angewendet werden.

Kraftübertragung in einer Nagelverbindung bei Beanspruchung parallel zur Nagelachse

Sondernägel (gewundene Nägel oder solche mit gerilltem Schaft) sind bedeutend wirksamer in Bezug auf Belastung und Ausziehwiderstand (Bild 3.50.) als solche mit glattem Schaft.

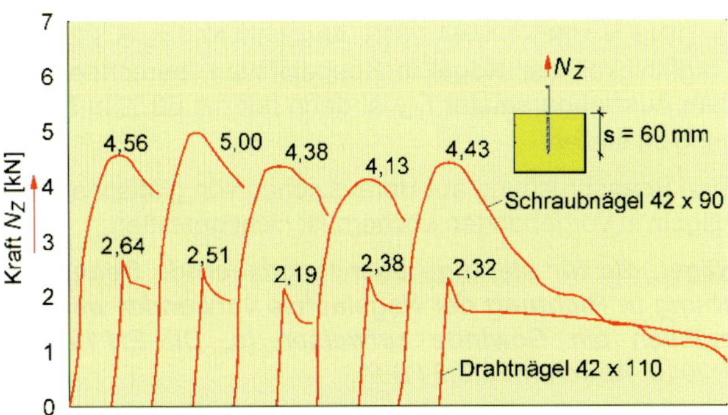

Bild 3.50. Kraft-Ausziehweg-Diagramme von Schraubnägeln und glattschaftigen Drahtnägeln (aus [*Ehlbeck* 1972])

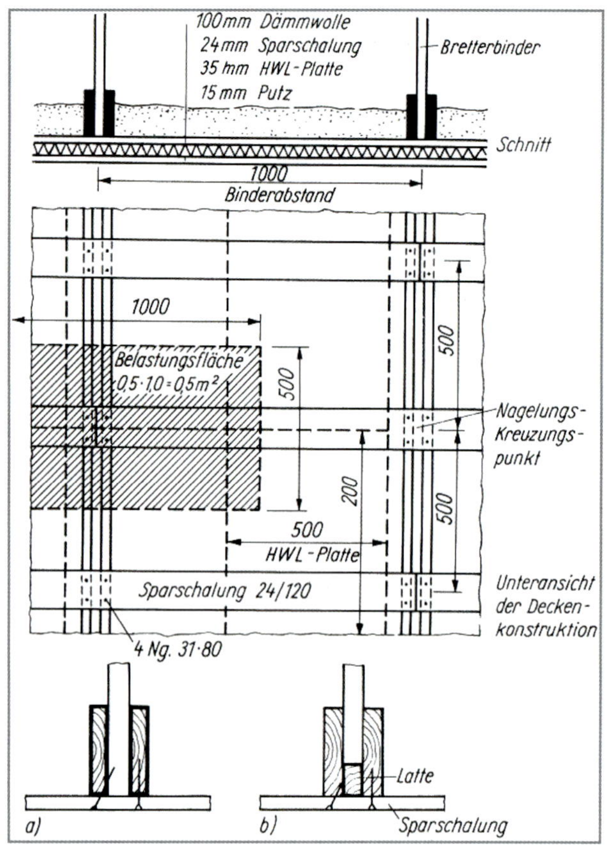

Legende

a) fehlerhafte Nagelung der Sparschaltung

b) unten mit Zwischenlatte, verbesserte Nagelmöglichkeit

Bild 3.51. Geputzte Decke unter einem Brettbinder

Der Ausziehwiderstand runder Drahtnägel mit glattem Schaft wird bei Nagelung ins nasse Holz mit zunehmender Austrocknung des Holzes vermindert (Bild 3.52.), während die Schraubnägel nicht an Tragkraft verlieren [*Ehlbeck* 1976], [*Möhler/Ehlbeck* 1973], [*Möhler* 1968]. Die früheren Normen berücksichtigten diese gesicherten wissenschaftlichen Erkenntnisse.

Seit dieser Zeit dürfen bei ständiger Beanspruchung auf Herausziehen runde Draht- und Maschinenstifte sowie Sondernägel der Tragfähigkeitsklasse I nicht mehr verwendet werden; sie dürfen nur kurzfristig (z. B. durch Windsogkräfte) auf Herausziehen beansprucht werden.

Glattschaftige Nägel und Sondernägel der Tragfähigkeitsklasse 1 dürfen bei ständiger und lang dauernder Lasteinwirkung nicht in Schaftrichtung beansprucht werden. Ausgenommen eine derartige Beanspruchung im Anschluss von Koppelpfetten bei einer Dachneigung von maximal 30° (s. DIN EN 1995-1-1/NA:2013, Abschnitt NCI zu 8.3.2). Die Tragfähigkeit der Nägel in Koppelpfetten, berechnet aus dem Ausziehparameter $f_{1,k}$, ist dann nur mit 60 % in Rechnung zu stellen.

Eine Beanspruchung auf Herausziehen von glattschaftigen Nägeln in vorgebohrten Löchern ist nicht gestattet.

Nägel, die für ständige oder langdauernde Beanspruchung in Richtung der Nagelachse verwendet werden, müssen ein Gewinde aufweisen (s. DIN EN 1995-1-1:2010, Abschnitt 8.3.2 (1) P).

Werden Holzbauteile und Holzwerkstoffe miteinander verbunden, so sind die Nägel von der Holzwerkstoffseite einzutreiben.

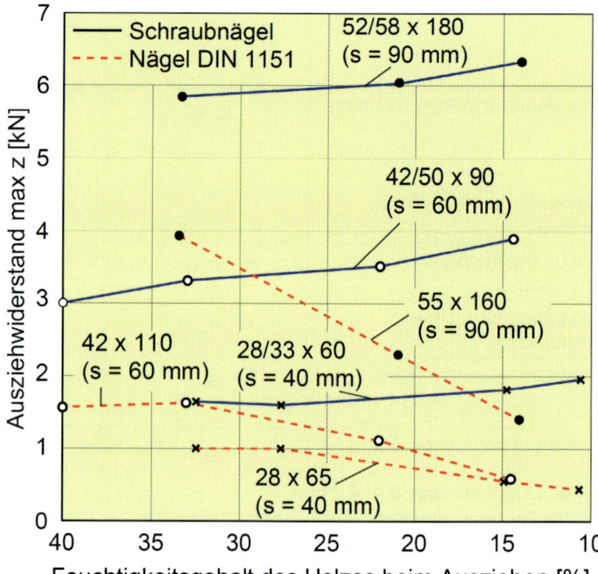

Bild 3.52. Ausziehwiderstand (Mittelwerte) in Abhängigkeit von der Holzfeuchtigkeit bei Einschlagen über dem Fasersättigungspunkt [*Möhler/Ehlbeck* 1973]

3.4.5. Tragfähigkeit von Nägeln in Schaftrichtung (Beanspruchung auf Herausziehen) nach DIN EN 1995-1-1:2010, Abschnitt 8.3.2 und DIN EN 1995-1-1/NA:2013, Abschnitt NCI zu 8.3.2

Die Beanspruchung in Richtung der Stiftachse ist durch zwei Versagensarten bestimmt, durch das Herausziehen des Schaftes und durch das Durchziehen des Kopfes. Während beim Kopfdurchziehen die Größe des Nagelkopfes maßgebend ist, ist die Tragfahigkeit auf Herausziehen von der Einbindetiefe und vom charakteristsichen Wert der Ausziehfestigkeit abhängig. Die Ausziehfestigkeit wiederum wird von dem Nagelprofil (glattschaftig oder gerillt) bestimmt. Gleichzeitig besteht eine Abhängigkeit der Ausziehfestigkeit von der Rohdichte des Holzes (s. Bild 3.53. für Versuche mit Rillennägel).

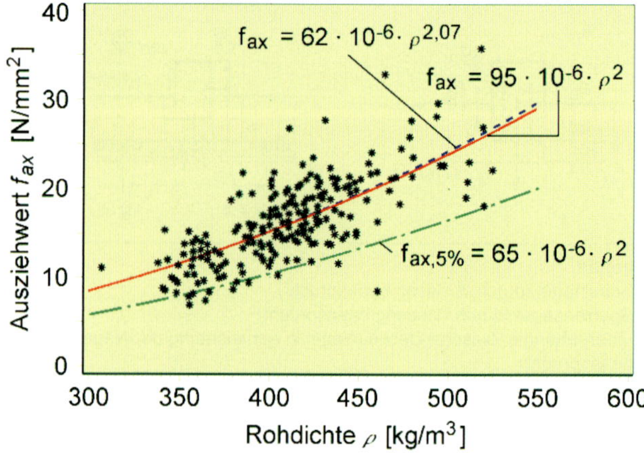

Bild 3.53. Ausziehwert f_{wd} der geprüften Rillennägel in Abhängigkeit von der Normalrohdichte ρ (aus [*Werner/Siebert* 1998])

Entsprechend ihrem Widerstand auf Herausziehen werden nach DIN EN 1995-1-1/NA:2013 Nägel nach DIN EN 14592, die nach DIN 1052-10 einer Tragfähigkeitsklassen 1, 2 oder 3 zugeordnet werden können, entsprechend ihrem Widerstand gegen Kopfdurchziehen in die Tragfähigkeitsklassen A, B, C, D, E und F eingeordnet. Die charakteristischen Werte für die Ausziehparameter und die Kopfdurchziehparameter können Tabelle 3.20. entnommen werden (s. Tabelle NA.16 in DIN EN 1995-1-1/ NA:2013).

Für die Erstprüfung von profilierten Nägeln enthält DIN 20000-6 Mindestwerte für die charakteristischen Ausziehparameter für die Einordnung in die Tragfähigkeitsklassen.

Die charakteristischen Werte, der durch Versuche ermittelten Parameter, sind in der jeweiligen CE-Kennzeichnung nach DIN EN 14592 angegeben (s. DIN EN 1995-1-1/ NA:2013, Abschnitt NCI zu 8.3.2 (NA.14)).
Bei glattschaftigen Nägeln ist die Eindringtiefe auf der Seite der Nagelspitze rechnerisch auf $t_{pen} = 20 \cdot d$ zu begrenzen (s. DIN EN 1995-1-1/NA:2013, Abschnitt NCI zu 8.3.2 (NA.16)).

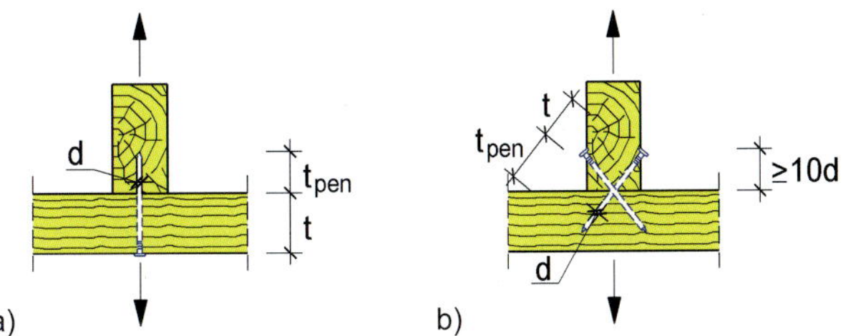

Legende
a) Nagelung rechtwinklig zur Faserrichtung
b) Schrägnagelung

Bild 3.54. Nagelung rechtwinklig zur Faserrichtung und Schrägnagelung (nach DIN EN 1995-1-1:2010, Bild 8.8)

Der **charakteristische Ausziehwiderstand** von Nägeln in der Anordnung nach Bild 3.54. ergibt sich aus Gl. (8.23) für Nägel mit **profilierten** Schaft und aus Gl. (8.24) für **glattschaftige** Nägel:

$$F_{ax,Rk} = \min\begin{cases} f_{ax,k} \cdot d \cdot t_{pen} & (a) \\ f_{head,k} \cdot d_h^2 & (b) \end{cases}$$ [DIN EN 1995-1-1 (Gl. 8.23)]

[DIN EN 1995-1-1 (Gl. 8.24)]

$$F_{ax,Rk} = \begin{cases} f_{ax,k} \cdot d \cdot t_{pen} & (a) \\ f_{ax,k} \cdot d \cdot t + f_{head,k} \cdot d_h^2 & (b) \end{cases}$$

Dabei ist:
- $f_{ax,k}$ charakteristischer Wert der Ausziehfestigkeit auf der Seite der Nagelspitze;
- $f_{head,k}$ charakteristischer Wert der Kopfdurchziehfestigkeit;
- d Nageldurchmesser nach Abschnitt 8.3.1.1 in DIN EN 1995-1-1:2010;
- t_{pen} Eindringtiefe auf der Seite der Nagelspitze oder Länge des profilierten Schaftteils im Bauteil mit der Nagelspitze, unter Abzug der Länge der Nagelspitze;
- t Dicke des Bauteils auf der Seite des Nagelkopfes;
- d_h Kopfdurchmesser des Verbindungsmittels.

Die konstruktiven Regeln zur Mindesteinschlagtiefe und zur wirksamen Einschlagtiefe gelten wie folgt:
Für glattschaftige Nägel sollte die Eindringtiefe t_{pen} mindestens $8 \cdot d$ betragen. Für Nägel mit einer Eindringtiefe auf der Seite der Nagelspitze unter $12 \cdot d$ sollte die Ausziehfestigkeit mit $(t_{pen}/4d - 2)$ multipliziert werden. Für Nägel mit profiliertem Schaft sollte die Eindringtiefe mindestens $6 \cdot d$ betragen. Für Nägel mit einer Eindringtiefe auf der Seite der Nagelspitze unter $8 \cdot d$ sollte die Ausziehfestigkeit mit $(t_{pen}/2d - 3)$ multipliziert werden (s. DIN EN 1995-1-1:2010, Abschnitt 8.3.2 (7)).

Zu beachten ist, dass nach DIN EN 1995-1-1:2010, Abschnitt 8.3.2 bei der Einhaltung der Mindesteinschlagtiefe die Nagelspitze abzuziehen ist. Nach DIN EN 14592 muss die Nagelspitze mindestens $0{,}5 \cdot d$ und maximal $1{,}5 \cdot d$ betragen. Daraus folgt, dass auf der sicheren Seite liegend bei der Bestimmung der wirksamen Einschlagtiefe $1{,}5 \cdot d$ von der Nagellänge abzuziehen sind, wenn die Länge der Nagelspitze nicht bekannt ist.

Für Bauholz, das mit einer der Fasersättigung entsprechenden oder diese übersteigenden Holzfeuchte eingebaut wird und voraussichtlich unter Lasteinwirkung austrocknet, sind die Werte von $f_{ax,k}$ und $f_{head,k}$ mit 2/3 zu multiplizieren (s. DIN EN 1995-1-1:2010, Abschnitt 8.3.2 (8)).

Die Abstände rechtwinklig zur Nagelachse beanspruchter Nägel gelten auch für in Schaftrichtung beanspruchte Nägel (s. DIN EN 1995-1-1:2010, Abschnitt 8.3.2 (9)).

Bei Schrägnagelung sollte der Abstand zum belasteten Hirnholzende mindestens $10 \cdot d$ betragen (s. Bild 8.8 (b) in DIN EN 1995-1-1:2010, s. Bild 3.54.). Es sollten mindestens zwei schräg eingeschlagene Nägel in einer Verbindung vorhanden sein (s. DIN EN 1995-1-1:2010, Abschnitt 8.3.2 (10)).

Bei Stahlblech-Holz-Verbindungen kann ein Nachweis gegen Kopfdurchziehen entfallen.

Bei Verbindungen mit profilierten Nägeln in vorgebohrten Nagellöchern darf der charakteristische Ausziehparameter $f_{ax,k}$ in Gleichung (8.23) nur zu 70 % in Ansatz gebracht werden, wenn der Bohrlochdurchmesser nicht größer als der Kerndurchmesser des profilierten Nagels ist. Bei größerem Bohrlochdurchmesser darf der profilierte Nagel nicht auf Herausziehen beansprucht werden. Für $f_{ax,k}$ und $f_{head,k}$ dürfen die in Tabelle NA.15 angegebenen Werte in Rechnung gestellt werden (s. DIN EN 1995-1-1/NA:2013, Abschnitt NCI zu 8.3.2 (NA.13)).

Tabelle 3.20. Charakteristische Werte für die Ausziehungsparameter $f_{ax,k}$ und die Kopfdurchziehparameter $f_{head,k}$ in N/mm^2 von Nägeln (s. DIN EN 1995-1-1/NA:2013, Tabelle NA.16) nach DIN EN 1995-1-1:2010, Abschnitt 8.3.2 für Nägel nach DIN EN 14592, die nach DIN 20000-6 einer Tragfähigkeitsklasse zugeordnet werden

	1	2	3	4
1	Nageltyp	$f_{ax,k}$ [1)]	Nageltyp	$f_{head,k}$ [1)]
2	Glattschaftige Nägel	$f_{ax,k} = 20 \cdot 10^{-6} \cdot \rho_k^2$ (Gl. (8.25))	Glattschaftige Nägel	$f_{head,k} = 70 \cdot 10^{-6} \cdot \rho_k^2$ (Gl. (8.26))
3	Profilierte Nägel einer Tragfähigkeitsklasse nach DIN 20000-6	$f_{ax,k}$	Profilierte Nägel einer Tragfähigkeitsklasse nach DIN 20000-6	$f_{head,k}$
4	1	$30 \cdot 10^{-6} \cdot \rho_k^2$	A	$60 \cdot 10^{-6} \cdot \rho_k^2$
5	2	$40 \cdot 10^{-6} \cdot \rho_k^2$	B	$80 \cdot 10^{-6} \cdot \rho_k^2$
6	3	$50 \cdot 10^{-6} \cdot \rho_k^2$	C	$100 \cdot 10^{-6} \cdot \rho_k^2$
7	-	-	D	$120 \cdot 10^{-6} \cdot \rho_k^2$
8	-	-	E	$140 \cdot 10^{-6} \cdot \rho_k^2$
9	-	-	F	$160 \cdot 10^{-6} \cdot \rho_k^2$

Charakteristische Rohdichte ρ_k in kg/m^3, jedoch höchstens $500\,kg/m^3$

[1)] Der charakteristische Wert der Parameter sind in den jeweiligen CE-Kennzeichnungen nach DIN EN 14592 enthalten!

Die volle rechnerische Tragfähigkeit wird nur erreicht, wenn bei Anschlüssen aus Massivholz-, Sperrholz-, OSB-Platten, kunstharzgebundenen Spanplatten oder zementgebundene Spanplatten die Platten mindestens 20 mm dick sind. Es darf in diesem Fall höchstens der Wert der Tragfähigkeitsklasse C für $f_{head,k}$ angesetzt werden. Die charakteristische Rohdichte ρ_k für die Ermittlung von $f_{head,k}$ ist dann mit 380 kg/m³ in Rechnung zu stellen. Wird die Plattendicke 12...20 mm unterschritten, so kann dann nur $f_{head,k} = 8\,N/mm^2$ (bei Plattendicken zwischen 12 und 20 mm) in Rechnung gestellt werden. Bei Plattendicken unter 12 mm Dicke darf für $F_{ax,Rk}$ nur ein Wert von 400 N angesetzt werden (s. nach DIN EN 1995-1-1/NA:2013, Abschnitt NCI zu 8.3.2 (NA.15)).

Kombinierte Beanspruchung von Nägeln

Nach DIN EN 1995-1-1/NA:2013, Abschnitt NCI zu 8.3.3 gelten für den Nachweis von Nägeln bei Beanspruchung in Richtung der Nagelachse $(F_{ax,Ed})$ und rechtwinklig zur Nagelachse $(F_{v,Ed})$ folgende Nachweise nach Gl. (8.27) und Gl. (8.28).

a) glattschaftige Nägel:

[DIN EN 1995-1-1, Gl. (8.27)]

$$\frac{F_{ax,Ed}}{F_{ax,Rd}} + \frac{F_{v,Ed}}{F_{v,Rd}} \leq 1{,}0$$

b) für Nägel mit nicht glattem Schaft, wie in DIN EN 14592 definiert:

[DIN EN 1995-1-1, Gl. (8.28)]

$$\left(\frac{F_{ax,Ed}}{F_{ax,Rd}}\right)^2 + \left(\frac{F_{v,Ed}}{F_{v,Rd}}\right)^2 \leq 1{,}0$$

Die vorgenannten Regeln werden in DIN EN 1995-1-1/NA:2013, Abschnitt NCI zu 8.3.3 für glattschaftige Nägel bei Koppelpfettenanschlüssen nach Gl. (NA.130) ergänzt.

[DIN EN 1995-1-1/NA, Gl. (NA.130)]

$$\left(\frac{F_{ax,Ed}}{F_{ax,Rd}}\right)^{1,5} + \left(\frac{F_{v,Ed}}{F_{v,Rd}}\right)^{1,5} \leq 1{,}0$$

Literatur: [*Lißner/Rug* 2016]

Ansicht

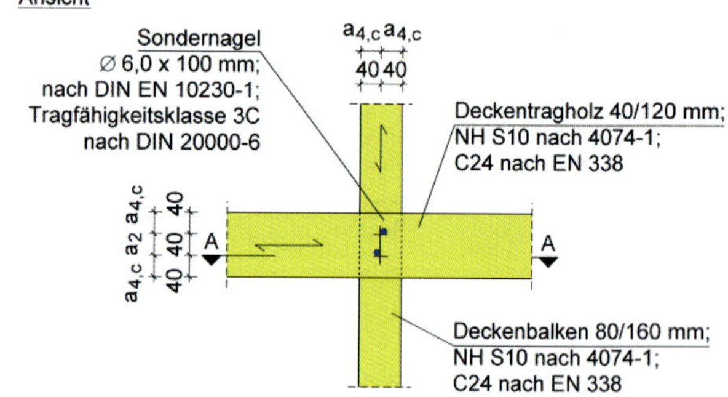

Schnitt A-A

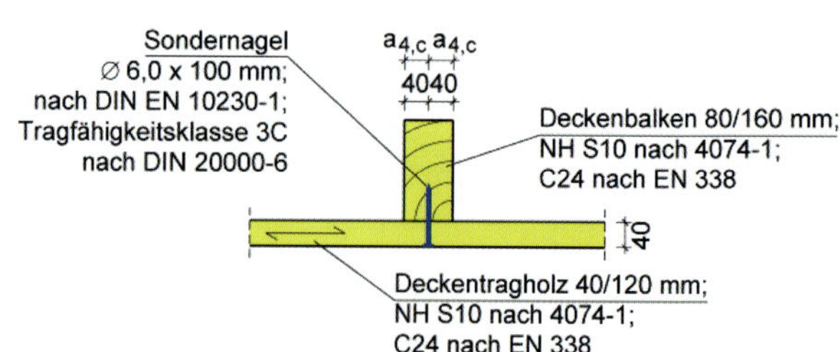

Bild 3.55. Befestigung Unterdecke

Beispiel 3.8. **(nach DIN EN 1995-1-1:2010)**

An eine vorhandene Holzkonstruktion (Binderabstand 4 m) soll eine Unterdecke nach Bild 3.55. angeschlossen werden, die eine Eigenlast von $0{,}6\,\text{kN/m}$ hat. Es ist nachzuweisen, ob zwei Sondernägel der Tragfähigkeitsklasse 3C nach DIN 20000-6 (Ng. $6{,}0 \times 100$) zur Befestigung der Traghölzer für die Unterdecke genügen. Abstand der Traghölzer a = 0,50 m.
Es wird trockenes Holz (NH S10 nach DIN 4074-1, C24 nach DIN EN 338) verwendet.

NKL = 2 und KLED = ständig $\Rightarrow k_{mod} = 0{,}6$
(DIN EN 1995-1-1:2010, Tabelle 3.1)

$\gamma_M = 1{,}3$

Anschlussgeometrie, s. Bild 3.55.:

- Binderabstand $e = 4{,}0\,\text{m}$
- Abstand der Deckentraghölzer s = 0,5 m, Querschnitt 60/140 mm
- Sondernägel der Tragfähigkeitsklasse 3 C, $6{,}0 \times 100$
- maximale Länge Nagelspitze $1{,}5 \cdot d = 1{,}5 \cdot 6 = 9\,\text{mm}$
- wirksame Einschlagtiefe $\ell_{ef} = 100 - 40 - 9 = 51\,\text{mm}$

Einwirkungen:

- Eigenlast Decke $G_d = 0{,}6\,\text{kN/m}^2$
- veränderliche Einwirkungen entfallen, Kombinationsbeiwerte entfallen
- Teilsicherheitsbeiwert $\gamma_G = 1{,}35$
- Bemessungswert der ständigen Einwirkung

$G_d = \gamma_G \cdot G_k = 1{,}35 \cdot 0{,}6 = 0{,}81\,\text{kN/m}^2$

$F_d = 0{,}50 \cdot 0{,}81 \cdot 4/2 = 0{,}81\,\text{kN}$

Baustoffeigenschaften:

Nägel, Tragfähigkeitsklasse nach DIN EN 1995-1-1/NA:2013, Tabelle NA.16; $6{,}0 \times 100\,\text{mm}$ (vorgebohrt) mit

$$f_{ax,k} = 50 \cdot 10^{-6} \cdot \rho_k^2$$

$$f_{head,k} = 100 \cdot 10^{-6} \cdot \rho_k^2$$

NH S10 nach DIN 4074-1 = C24 nach DIN EN 338, Tabelle 1, trocken, $\rho_k = 350\,\text{kg/m}^3$

Mindesteindringtiefe des Nagels:

$t_{pen} = 6 \cdot d = 36{,}0\,\text{mm}$, **erfüllt!**

ℓ_{ef} = 51 mm

Lösung:

Charakteristischer Wert des Ausziehwiderstandes $F_{ax,Rk}$:

$$F_{ax,Rk} = \begin{cases} f_{ax,k} \cdot d \cdot t_{pen} & (a) \\ f_{head,k} \cdot d_h^2 & (b) \end{cases} \qquad \text{[DIN EN 1995-1-1, Gl. (8.23)]}$$

Nach Tabelle NA.16 in DIN EN 1995-1-1/NA:2013:

$$f_{ax,k} = 50 \cdot 10^{-6} \cdot \rho_k^2$$

$$f_{ax,k} = 50 \cdot 10^{-6} \cdot 350^2 = 6{,}125\,\text{N/mm}^2$$

$$f_{head,k} = 100 \cdot 10^{-6} \cdot \rho_k^2$$

$$f_{head,k} = 100 \cdot 10^{-6} \cdot 350^2 = 12{,}25\,\text{N/mm}^2$$

$$t_{pen} = t_2 = 60\,\text{mm}$$

Da der Kopfdurchmesser nicht bekannt ist, wird er nach DIN EN 14592, Abschnitt 6.1.3 wie folgt bestimmt:

Bedingung: $A_h \geq 2{,}5 \cdot d^2 = 90$

$$A_h = \pi \cdot r^2$$

$$r = \sqrt{\frac{A_h}{\pi}} = \sqrt{\frac{90}{\pi}} = 5{,}35\,\text{mm}$$

Der Kopfdurchmesser wird angenommen zu:

$$d_k = 2 \cdot r = 2 \cdot 5{,}35 = 10{,}7\,\text{mm}$$

daraus folgt:

$$F_{ax,Rk} = \min\{6{,}125 \cdot 6 \cdot 60;\, 12{,}25 \cdot 10{,}7^2\}$$

$$F_{ax,Rk} = \min\{2205\,\text{N};\, 1402{,}5\,\text{N}\}$$

Bemessungswert des Ausziehwiderstandes:

$$F_{ax,Rd} = \frac{k_{mod} \cdot F_{ax,Rk}}{\gamma_M} = \frac{0{,}6 \cdot 1402{,}5}{1{,}3} \qquad \text{[DIN EN 1995-1-1 Gl. (2.17)]}$$

$$F_{ax,Rd} = 647{,}3\,\text{N} = 0{,}65\,\text{kN}$$

Nachweis:

$$\frac{F_d}{F_{ax,Rd}} = \frac{0{,}81}{2 \cdot 0{,}65} = 0{,}62 < 1{,}0$$ **Nachweis erfüllt!**

Mindestabstände für Beispiel 3.8.

	Bezeichnung	DIN EN 1995-1-1:2010, Tabelle 8.2	
		$\alpha = 90°$ (vorgebohrt)	
		Mindestabstände	mm
untereinander in Faserrichtung	$\parallel$, a_1	$d \geq 5\,\text{mm}$: $(5+7\lvert\cos\alpha\rvert)\cdot d$	40 (30)
untereinander rechtwinklig zur Faser	$\perp$, a_2	$5 \cdot d$	40 (30)
vom beanspruchten Hirnholzende	$a_{3,t}$	$(10+5\cos\alpha)\cdot d$	- (60)
vom unbeanspruchten Hirnholzende	$a_{3,c}$	$10 \cdot d$	- (60)
vom beanspruchten Rand	$a_{4,t}$	$d \geq 5\,\text{mm}$: $(5+5\cdot\sin\alpha)\cdot d$	- (60)
vom unbeanspruchten Rand	$a_{4,c}$	$5 \cdot d$	40 (30)

Nagel, Durchmesser d = 6,0 mm
α = Winkel zwischen Kraft und Faserrichtung = **90°**
(...) rechnerische Werte

3.5. Nagelplattenverbindungen

Tragwerke mit Nagelplattenkonstruktionen sind keine „zimmermannsmäßigen Konstruktionen", sondern solche, die konsequent ingenieurmäßig nach den geltenden technischen Regeln geplant und ausgeführt werden müssen" [*ARGEBAU* 2011].

3.5.1. Allgemeines

Nagelplatten bestehen aus mindestens 1,0 mm (bis 2,0 m) dicken verzinkten oder korrosionsbeständigen Stahlplatten mit nagelförmigen Ausstanzungen, die einseitig, rechtwinklig zur Plattenebene abgebogen sind (Bild 3.56.).

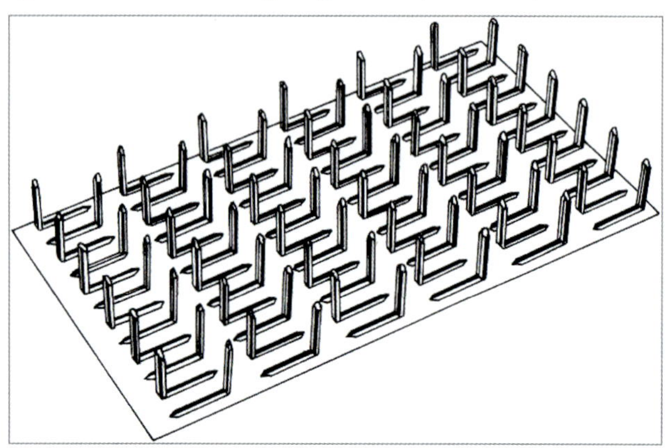

Bild 3.56. Nagelplatte

Es sind Holzverbindungsmittel für einteilige Holzquerschnitte. Sie werden als Knotenplatten, insbesondere für Holzfachwerkbinder, verwendet (Bild 3.57.).

Diese Bauweise ist in den 60er-Jahren des 20. Jahrhunderts aus den USA kommend in Europa eingeführt worden.

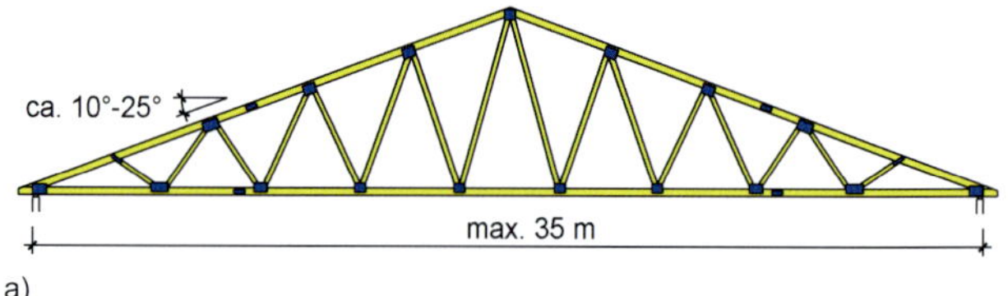

a)

b)

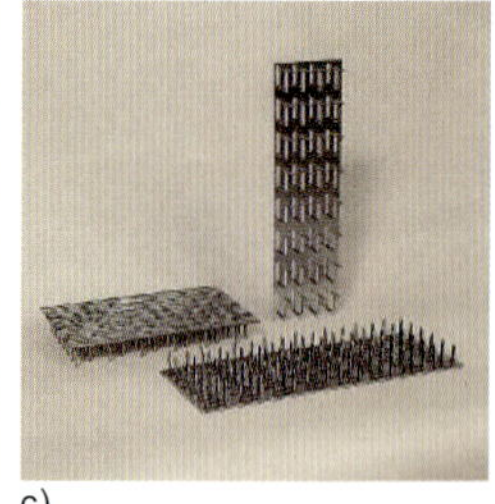

c)

Legende
a) Nagelplattenbinder
b) Knotenpunkt Untergurt
c) Nagelplatten

Bild 3.57. Binder mit Nagelplatten verbunden

Anwendung

Es können Holzkonstruktionen verschiedenster Art hergestellt werden (s. Bild 3.58.), so z. B.

- Fachwerkbinder für Dachkonstruktionen (s. Bild 3.57. und auch Abschnitt 9.4.11.),
- Zwei- oder Dreigelenkrahmen für Hallen kleiner und mittlerer Spannweite,
- Aussteifungsverbände,
- verdübelte Balken als Ein- oder Mehrfeldträger (s. Bild 3.58.),
- Wand- und Deckenelemente,
- Lehrgerüste für den Betonbau usw.

bei **vorwiegend ruhender Belastung**. Ein zusätzlicher Korrosionsschutz ist erforderlich, wenn die Nagelplattenbauweise im Freien oder in Räumen mit einem ständigen Anfall von Wasserdampf angewendet wird, Nutzungsklasse 3 (s. a. [*GIN* 2012]).

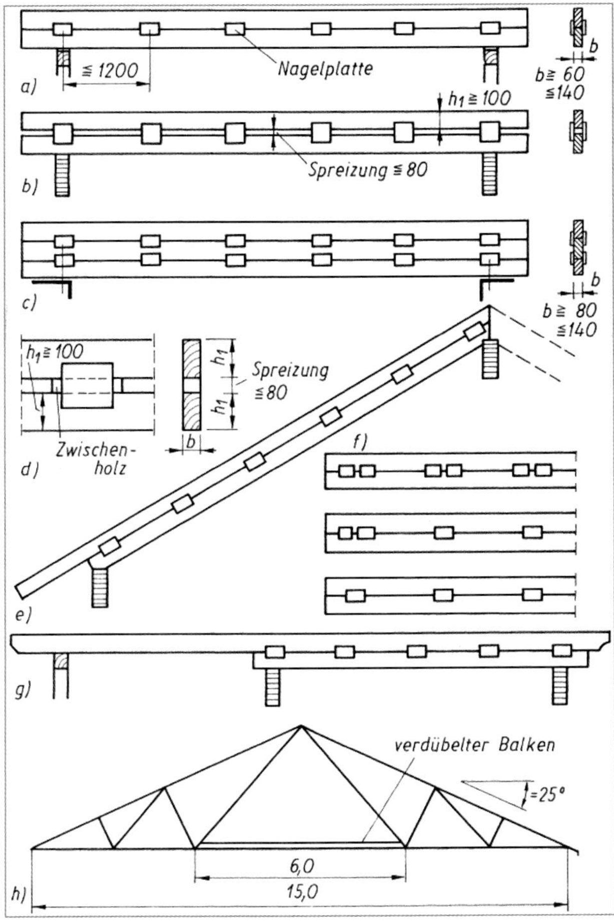

Legende
a) verdübelter Balken, Einfeldträger
b) gespreizter verdübelter Balken, zweiteilig
c) dreiteiliger verdübelter Balken
d) gespreizter Balken
e) Sparren als verdübelter Balken
f) Varianten: Nagelplattenanordnung
g) Pfette, örtlich verstärkt
h) örtlich verstärkter Fachwerkbinder

Bild 3.58. Anwendung von Nagelplatten-Balken (verdübelte Balken)

Konstruktion/Herstellung

Nagelplattenkonstruktionen werden nach EN-Normen und entsprechenden bauaufsichtlichen Zulassungen in Lizenzbetrieben hergestellt. Die Produktanforderungen an vorgefertigte Bauteile mit Nagelplatten regelt DIN EN 14250 in Verbindung mit DIN 20000-4.
DIN EN 14250 gilt für Fachwerkträger mit Längen bis 35 m und für weitere vorgefertigte tragende Bauteile mit Spannweiten bis 12 m.

Nagelplattenkonstruktionen bestehen aus festigkeitssortiertem Nadelholz nach DIN 4074-1 mit einer Holzfeuchte von maximal 20 %.

Entsprechend den Regeln in DIN EN 1995-1-1:2010, DIN EN 14250, DIN 20000-4, DIN 20000-6 (Literatur zur Planung [*Müller/Wiegand* 2005]) gelten die folgenden Festlegungen für die Konstruktion und Herstellung:

- Nach DIN EN 1995-1-1:2010, Abschnitt 8.8.1 (1) P dürfen Nagelplattenverbindungen nur Nagelplatten gleichen Typs, Größe und Orientierung enthalten, die auf beiden Seiten der Holzbauteile in gleicher Weise angeordnet sind.
- Nach DIN EN 1995-1-1/NA:2013, Abschnitt NCI Zu 8.8.1 (NA.3) sind bei Anwendung von Nagelplatten die Regeln der DIN 20000-4 und DIN 20000-6 einzuhalten.

DIN EN 14250:2010 definiert im Abschnitt 4 die zu erfüllenden Anforderungen an die zur Anwendung kommenden Werkstoffe:

1. Das Holz ist nach der Festigkeit nach den Sortierkriterien in DIN EN 14081-1 zu sortieren. Für die Sortierkriterien Längskrümmung der Schmalseite und der Breitseite gelten zusätzliche Festlegungen:
   a) Längskrümmung der Schmalseite max. 4 mm/2 m Länge
   b) Längskrümmung der Breitseite max. 6 mm/2 m Länge
   c) Verdrehung max. 2 mm/25 mm Breite und 2 m Länge
   d) Querkrümmung max. 2 mm/100 mm Fläche
2. Keilzinkverbindungen müssen den Anforderungen an DIN EN 15497 entsprechen.
3. Holz nach DIN EN 14081-1 erfüllt die Anforderungen an die Dimensionsstabilität.
4. Das Brandverhalten wird ohne weitere Prüfung in die Klasse D-s2, d0 eingestuft, wenn die Mindestrohdichte von 350 kg/m^3 mit einer Mindestdicke von 22 mm eingehalten sind (s. Tab. 1 in DIN EN 14250). Andernfalls kann eine Bewertung durch Prüfung nach der in DIN EN 13501-1 angegebenen Normen erfolgen.
5. Erhält das Holz keine Holzschutzmittelbehandlung, muss es eine ausreichende natürliche Dauerhaftigkeit für die vorgesehene Gebrauchsklasse nach DIN EN 335 besitzen. Wird Holz mit Holzschutzmittel behandelt, so sind die Dauerhaftigkeitsklasse, die Art des Holzschutzmittels, der maßgebliche Wert der Schutzmittelaufnahme und die Eindringtiefklasse nach DIN EN 15228 anzugeben.
6. Die zur Anwendung kommenden Nagelplatten müssen den Anforderungen nach DIN EN 14545 entsprechen. Ist das Holz mit Holzschutzmitteln getränkt, so ist der Korrosionsschutz der Stahlverbindungsmittel mit dem zur Anwendung kommenden Holzschutzmittel abzustimmen. Bei Schutzmitteln aus korrosionsfördernden Kupfersalzen oder organischen Substanzen sollten in der Gebrauchsklasse 1 und 2 die Nagelplatten aus austenitischem nichtrostendem oder verzinktem Stahl (Z 275 oder Z 350) ausgeführt werden.

Im Abschnitt 5 in DIN EN 14250 werden die Anforderungen an die vorgefertigten Bauteile geregelt.

1. Die Tragfähigkeit und Gebrauchstauglichkeit ist durch eine statische Berechnung des Herstellers nachgewiesen. Anschließend wird diese statische Berechnung durch einen Prüfingenieur bautechnisch geprüft.
2. Das Brandverhalten muss dem des Holzes entsprechen. Die Norm geht davon aus, dass Nagelplatten keine Auswirkungen auf das Brandverhalten haben.
3. Der Feuerwiderstand kann nach DIN EN 13501-2 geprüft werden, oder er wird nach DIN EN 1995-1-1 und DIN EN 1995-1-2 berechnet.

4. Für Toleranzen gilt Toleranzklasse 2 in DIN EN 336. Für die Holzquerschnitte gelten Mindestmaße, wie Dicke (Breite) $\geq$ 35 mm, Höhe Außenstäbe (Gurte) $\geq$ 68 mm und Höhe für Innenstäbe (Vertikal- oder Diagonalstäbe) > 58 mm. Die nach Definition im Abschnitt 3.1 festgelegte wirksame Dicke der Außenseite eines Gurtes muss mindestens 35 mm betragen.
5. Durch die Handhabung der Bauteile ist jeder Schaden zu verhindern, entweder durch Einhaltung der Regeln der DIN EN 1995-1-1 oder durch Einhaltung der Anforderung für die Mindestdicke b nach der Formel:

$$b = \frac{1{,}8 \cdot \ell^2}{f_{m,k}}$$ [DIN EN 1995-1-1/NA, Gl. (NA.151)]

ℓ = Gesamtlänge der Bauteile in m
$f_{m,k}$ = charakteristische Biegefähigkeit der Bauteile in N/mm²
6. Sowohl innerhalb der Fläche der Verbindungsmittel als auch innerhalb von Auflagerflächen darf keine Baumkante vorhanden sein.
7. Zum Zeitpunkt der Herstellung darf die durchschnittliche Breite der Fuge zwischen zwei zu verbindenden Teilen des vorgefertigten Holzbauteiles innerhalb der Nagelplatten 1,5 mm nicht überschreiten.
8. Zum Zeitpunkt der Herstellung darf die Holzfeuchte höchstens 22 % betragen. Die Holzfeuchtemessung ist nach DIN EN 13183-2 durchzuführen.
9. Für Maßabweichungen von horizontalen und vertikalen Gesamtmaßen gelten folgende Toleranzen:
$\ell \leq 10$ m ± 10 mm
$\ell > 10\ m \pm 1\ mm/m$
Innerhalb einer Charge dürfen sich die Maße um nicht mehr als 10 mm unterscheiden.
10. Falls erforderlich, sind Quell- und Schwindverformungen nach DIN EN 1995-1-1 zu berechnen.
11. Zum Zeitpunkt der Herstellung darf die Überhöhung um nicht mehr als 25 % von der in der statischen Berechnung festgelegten Überhöhung abweichen.
12. Eingewachsene Äste sind innerhalb der Anschlussflächen zulässig, wenn die Plattennägel zufriedenstellend und ohne sichtbare Verbiegungen der Nagelplatten oder Abspaltung von Holz außerhalb des Holzes eingepresst wurden.
13. Liegen Äste, Astlöcher oder Risse innerhalb der Anschlussfläche der Nagelplatten, so muss die Anzahl der wirksamen Plattennägel außerhalb der Äste, Astlöcher oder Risse der in der statischen Berechnung festgelegten Anzahl an Plattennägel entsprechen. Risse, die anscheinend durch einen Zahn, Dübel oder Nagel verursacht wurden und nicht länger als 50 mm sind, sind zu vernachlässigen.
14. Nagelplatten dürfen in alle Richtungen um nicht mehr als 10 mm versetzt gegenüber den festgelegten Lagen eingepresst werden.
15. Die Nagelplatte ist rechtwinklig zur Oberfläche des Holzes einzupressen. Die Platte darf nicht verbogen sein. Der Abstand zwischen der Plattenunterseite und der Holzoberfläche darf max. 1 mm betragen, und bei keinem der zu verbindenden Bauteilen darf mehr als 25 % der einzelnen Anschlussfläche auftreten.
16. Überstehende Nagelplatten über den Außenkanten sind unzulässig. Im Bereich eines Auflagers muss die Unterkante der Nagelplatten mindestens 3 mm vor der Unterkante des Holzstabes entfernt angeordnet werden.

Nach dem Zuschnitt wird das Holz bei entsprechender Gefährdung nach DIN 68800-3 mit einem amtlich zugelassenen Holzschutzmittel imprägniert.
Auf speziellen Vorrichtungstischen werden die Holzstäbe gleicher Dicke passgenau entsprechend der Binderform zusammengefügt. Hydraulische Spezialpressen drücken die beiderseitig angeordneten Nagelplatten gleichzeitig und gleichmäßig in das Holz, wodurch eine tragende Verbindung entsteht. Beim hydraulischen Einpressen der Nagelplatten werden die Hölzer nicht geschwächt.
Die Nagelplatten-Binder werden fertig auf die Baustelle geliefert.

3.5.2. Berechnung und Bemessung nach DIN EN 1995-1-1:2010, Abschnitt 8.8

Die Norm regelt die Bemessung von Nagelplattenverbindungen, insbesondere von Fachwerken. Nagelplattenverbindungen können aus Vollholz, Brettschichtholz, Balkenschichtholz oder Furnierschichtholz (ohne Querlagen) mit $\rho_k \leq 480\ \text{kg/m}^3$ hergestellt werden. Die Regeln der Norm sind einzuhalten und sind Voraussetzung für die Anwendung der in den bauaufsichtlichen Zulassungen für die Nagelplatten angegebenen Tragfähigkeitskennwerte.
Ihre Bemessung wird im Allgemeinen vom Hersteller mit speziellen Rechenprogrammen durchgeführt, weshalb in diesem Buch nur die grundlegenden Regeln, ohne Rechenbeispiele, dargelegt sind (zur Berechnung nach Eurocode siehe [*Hartmann* u. a. 2017], [*Hartmann* 2015]). Regeln für die Bemessung per Hand sind in Abschnitt 8.8 der Norm enthalten. Holzfeuchten über 20 % bei der Herstellung oder während der Nutzung sind bei der Bemessung der Verbindungen zu berücksichtigen. Transport- und Montagezustände sind nachzuweisen. Grundsätzlich gilt, dass zum Zeitpunkt der Herstellung die Holzfeuchte nur maximal 22 % betragen darf (s. DIN EN 14250, Abschnitt 5.4.4).
Besonderes Augenmerk ist bei der Planung und Ausführung auf die fachgerechte Aussteifung von Nagelplattenkonstruktionen zu richten (s. a. DIN EN 1995-1-1:2010, Abschnitt 10.9). Hier kam es durch eine nicht fachgerechte Ausführung immer wieder zu Mängeln, Schäden und sogar zu Einstürzen (s. hierzu [*ARGEBAU* 2011], [*Prietz/Enseleit* 2011], [*Dressel/Kraus* 2010], [*Prietz* 2010], [*VPI* 2009], [*Brünninghoff* 1999]).
Im Zusammenhang mit in den letzten Jahren eingetretenen Schadensfällen wurde von der ARGEBAU Hinweise zur Planung und Ausführung erlassen [*ARGEBAU* 2011], die besonders zu beachten sind.

Nach [*ARGEBAU* 2011] ist bei der Planung, Berechnung und Ausführung von Nagelplatten-Dachkonstruktionen insbesondere auf folgende Punkte erhöhtes Augenmerk zu richten:
- Beachtung des räumlichen Tragverhaltens, der Detailplanung und der Empfindlichkeit der Konstruktionen gegenüber Herstellungsungenauigkeiten;
- Beachtung der Holzsortierung sowie der Bedeutung der einzelnen Bauteile in der baulichen Anlage, z. B. Dachlatten, Diagonalstäbe, spannbare Windrispenbänder, Fachwerkfüllstäbe und Anschlüsse von Verbänden;

- Berücksichtigung der Doppelfunktion von Dachpfetten bzw. Dachlatten als Pfette und als Bestandteil der Dachaussteifung, in der Funktion als Verbandsauflager, als Verbandspfosten oder als Wind-, Erdbeben- und Stabilisierungslasten weiterleitendes Element;
- Knickaussteifung von schlanken gedrückten Bauteilen in Bereichen außerhalb der Dachebene. Betroffen sind Fachwerkfüllstäbe und, bei in der Höhe zweigeteilten Fachwerken, die Zwischengurte;
- Anschlüsse und Stöße der Dachlatten auf den Konterlatten bzw. Fachwerkobergurten, wenn die Dachlatten Bestandteil des räumlichen Aussteifungssystems sind;
- Anschlüsse von Konterlatten an die Fachwerkobergurte, wenn die Dachlatten Bestandteil des räumlichen Aussteifungssystems sind. Die Konterlatten schaffen den Hohlraum für die Dachhinterlüftung und werden durch die Unterspannbahn hindurch an die Fachwerkobergurte angeschlossen. Zwischen den Fachwerkobergurten und den Dachlatten müssen über die Konterlatten örtlich höhere Differenzkräfte aus dem Dachaussteifungssystem übertragen werden;
- Beachtung der notwendigen Biegesteifigkeit und des Verformungsverhaltens von Stößen in stabilitätsgefährdeten Fachwerkgurten;
- Berücksichtigung der Belange aus der technischen Gebäudeausrüstung – mögliche Beeinträchtigung der Konstruktion durch Ausbaumaßnahmen;
- Auswechselkonstruktionen im Bereich von Dacheinbauten;
- Anschlüsse von stehenden aussteifenden Sekundärfachwerken;
- Notwendigkeit der Sicherstellung der Evakuierung von Gebäuden im Brandfall durch robuste Konstruktionen.

Die projektbezogenen Standsicherheitsnachweise müssen eine vollständige statische Berechnung der gesamten Konstruktion sowie umfassende und aussagekräftige Ausführungspläne beinhalten, die sämtliche Detailausbildungen einbeziehen. Die Darstellung der Konstruktion muss in Übersichtszeichnungen und eindeutig zuordenbaren Detailzeichnungen erfolgen. Darüber hinaus ist es wegen der filigranen Bauweise und der damit verbundenen statischen Sensibilität der Nagelplattenkonstruktionen erforderlich, ausführliche objektbezogene Anleitungen für den Transport und die Montage zu erstellen.

In den allgemeinen bauaufsichtlichen Zulassungen für Nagelplatten sind Form, Materialwerte, die zugelassenen Belastungen, maximale Spannweiten der Bauteile, Mindestholzdicken, Transport- und Montagebestimmungen festgelegt.

Die Festlegungen in den Zulassungen sind stets zusammen mit den Bestimmungen der DIN EN 1995-1-1:2010 zu beachten.

Nagelplattenverbindungen dürfen nur bei Bauteilen angewendet werden, die vorwiegend ruhend belastet sind.

Die maximalen zulässigen Spannweiten der Bauteile sind in den bauaufsichtlichen Zulassungen geregelt. Es sind also keine beliebig großen Spannweiten möglich.

Nach DIN 20000-6 sind Bauteillängen über 35 m unzulässig (s. [*Gütegemeinschaft Nagelplattenprodukte* 2011]).

Transport und Montage

Nagelplattenkonstruktionen sind aufgrund ihrer wirtschaftlichen Optimierung sehr filigrane Konstruktionen. Deshalb ist die Forderung in DIN EN 1995-1-1:2010, Abschnitt 10.6 (1), dass eine Überbeanspruchung während der Lagerung, des Tranportes und der Monatge zu vermeiden ist, besonders zu beachten. Hinweise und Regeln für die Montage enthält insbesondere Abschnitt 10.9.2 in DIN EN 1995-1-1: 2010:

- Die Binder sollten vor Befestigung der endgültigen Aussteifungen auf Geradheit und lotrechte Ausrichtung überprüft werden.
- Bei der Binderherstellung sollten die Stäbe keine Verdrehungen und Krümmungen aufweisen, die die Grenzwerte nach DIN EN 14250 übersteigen. Wenn jedoch Stäbe, die sich zwischen der Herstellung und der Montage der Binder verformt haben, ohne Beschädigung des Holzes oder der Verbindungen wieder dauerhaft gerade gerichtet werden können, darf der Binder als gebrauchstauglich angesehen werden.
- Die größte Krümmungsamplitude a_{bow}, die nach der Montage eines jeden Binders auftreten kann, sollte begrenzt werden. Damit im fertigen Dachtragwerk hinreichend gesichert ist, dass die Krümmung nicht zunehmen kann, sollte der zulässige Größtwert des Krümmungsmaßes zu $a_{bow,perm}$ angenommen werden.

DIN EN 1995-1-1/NA:2013 enthält außerdem zusätzliche Regeln:

DIN EN 1995-1-1/NA:2013, Abschnitt NCI zu 10.6 (NA.2) bis (NA.8):

- Bei ebenen Rahmentragwerken und Fachwerkbindern in Nagelplattenbauweise darf der Nachweis der Transport- und Montagezustände inklusive dem Aufrichten von der liegenden in die stehende Lage als erfüllt angesehen werden, wenn die Anforderungen nach den Absätzen (NA.3) bis (NA.8) eingehalten sind.
- Für die Ermittlung der Bemessungswerte der Bauteilwiderstände darf für Transport- und Montagezustände die Klasse der Lasteinwirkungsdauer „sehr kurz" (s. Tabelle 2.1) zugrunde gelegt werden.
- Die Holzdicke der Stäbe beträgt mindestens

$$b = \frac{1{,}8 \cdot \ell^2}{f_{m,k}} \qquad \text{[DIN EN 1995-1-1/NA, Gl. (NA.151)]}$$

Dabei ist:

ℓ Gesamtlänge des Trägers, in m;

$f_{m,k}$ charakteristischer Wert der Biegefestigkeit des Holzes, in N/mm².

- Die Plattenbeanspruchungen von Firstknoten und von Stößen der Ober- und Untergurte sind nach den Gleichungen (8.53) bis (8.60) für eine Mindestzugkraft F_{Ed} je Nagelplatte zu bemessen, die rechtwinklig zur Fuge der zu verbindenden Gurte wirkt:

[DIN EN 1995-1-1/NA, Gl. (NA.152)]

$$F_{Ed} = 2{,}0 \cdot h \cdot \ell^2 \quad \text{N, je Nagelplatte}$$

Dabei ist:

h Gurthöhe, in mm;

ℓ Gesamtlänge des Trägers, in m.

- Bei Firstknoten und bei Stößen der Ober- und Untergurte sind die Anschlüsse jeder Nagelplatte an die Gurte für eine Mindestzugkraft F_{Ed} nach Gleichung (NA.141), und eine zusätzliche, in der Fuge, rechtwinklig zur Binderebene wirkende, Querkraft V_{Ed} nachzuweisen:

[DIN EN 1995-1-1/NA, Gl. (NA.153)]

$V_{Ed} = 1{,}25 \cdot b \cdot h \cdot \ell \cdot 10^{-3}$ N, je Nagelplatte

Dabei ist:

b, h Querschnittsabmessungen des Gurtes, in mm;

ℓ Gesamtlänge des Trägers, in m.

– Für die gleichzeitige Beanspruchung der Nägel auf Abscheren und Herausziehen ist folgende Bedingung einzuhalten:

$$\frac{\tau_{F,d}}{f_{a,\alpha,\beta,d}} + \frac{s_{ax,d}}{f_{ax,d}} \leq 1{,}0$$ [DIN EN 1995-1-1/NA, Gl. (NA.154)]

Dabei ist:

$\tau_{F,d}$ Bemessungswert der Nagelbelastung auf Abscheren mit F_{Ed} nach Gleichung (NA.141), $\tau_{F,d} = F_{Ed} / A_{ef}$;

$f_{a,\alpha,\beta,d}$ Bemessungswert des Widerstandes gegen Abscheren;

$s_{ax,d}$ Bemessungswert der Nagelbelastung auf Herausziehen mit V_{Ed} nach Gleichung (NA.142), $s_{ax,d} = V_{Ed} / \ell_{s,1}$;

$f_{ax,d}$ Bemessungswert des Widerstandes gegen Herausziehen;

$\ell_{s,1}$ Länge des von der Platte abgedeckten Bereichs der Fuge, gemessen in Fugenrichtung. Die Länge $\ell_{s,1}$ ist unter Berücksichtigung des Abzugs von Randstreifen mit einer Breite von 5 mm zu ermitteln, wenn der Randabstand der Nagelplatte zum freien Holzrand < 5 mm ist.

– Die charakteristischen Werte der Widerstände sind dem jeweiligen bauaufsichtlichen Verwendbarkeitsnachweis der Nagelplatten zu entnehmen.

DIN EN 1995-1-1/NA:2013, Abschnitt NCI zu 10.9.2 (3):

Der zulässige Größtwert für die spannungslose seitliche Auslenkung beträgt $a_{bow,perm,max}$ = min (ℓ/400; 50 mm). ℓ = Abstand zwischen den Auflagern (in mm). Die spannungslose seitliche Auslenkung ist bei der Ermittlung der Beanspruchungen und Verformungen der stabilisierenden Bauteile zu berücksichtigen.

DIN EN 1995-1-1/NA:2013, Abschnitt NCI zu 10.9.2 (4):

Der zulässige Größtwert für die Schiefstellung beträgt $a_{dev,perm,max}$ = 50 mm. Die Schiefstellung ist bei der Ermittlung der Beanspruchungen und Verformungen der stabilisierenden Bauteile zu berücksichtigen.

Literatur: [*Lißner/Rug* 2016], [*GIN* 2012], [*Kühl* 2012], [*Kessel/Kühl* 2012], [*Prietz/Enseleit* 2011], [*Kessel/Kühl* 2011], [*ARGEBAU* 2011], [*Gütegemeinschaft Nagelplattenprodukte* 2011], [*Prietz* 2010], [*Kessel* 2010], [Hartmann 2010], [*Gütegemeinschaft Nagelplattenprodukte* 2009], [*VPI* 2009], [*Müller/Wiegand* 2005], [*Brünninghoff* 1999].

3.5.3. Brandschutz bei Nagelplattenkonstruktionen

Nagelplattenbinder haben wegen den außenliegenden Nagelplatten und der relativ geringen Holzquerschnitte keinen nennenswerten Feuerwiderstand. Wie Brände, häufig durch Brandstiftung verursacht, in Supermärkten immer wieder zeigen, besteht für die Feurwehr eine besonders hohe Gefährdung, da die Dachkonstruktion schon nach wenigen Minuten einstürzt. Um das Leben der Feuerwehrleute nicht zu gefährden, beginnt die Feuerwehr erst gar nicht mit der Brandbekämpfung. Aus diesem Grunde haben die Herstellerverbände Untersuchungen zur Verbesserung des Feuerwiderstandes initiiert. Der Feuerwiderstand der Binderkonstruktionen lässt sich auf eine Feuerwiderstandsdauer > 30 Minuten / > R30 ertüchtigen, wenn entweder die außenliegenden Nagelplatten ein intumeszierendes Pad (Schutz durch aufschäumende Wirkung) und eine Kesseldruckimprägnierung mit einem Brandschutzmittel erhalten, oder die Nagelplatten durch nichtbrennbare Plattenmaterialien, z. B. aus 18 mm Gipsfaserplatten, geschützt werden und die Holzbauteile nach DIN EN 1995-1-2 auf Abbrand bemessen werden [*Nause/Meyerhoff* 2015], [*Stein* 2016-1].

Gleichzeitig wurde gerade für Verkaufsstätten mit Grundrissflächen zwischen 800 und 2000 m² Regeln für eine Verbesserung des Brandschutzes durch weitere bauliche Maßnahmen, wie eine Zonierung des Dachraumes mittels Brandbarriere mit geregelter Rauch- und Wärmenutzung entwickelt [*Stein* 2016-2].

3.6. Klammerverbindungen

Klammern sind mechanische Verbindungsmittel, die mit geeigneten Eintreibgeräten (Pressluftnaglern) verarbeitet werden.

Die Anwendung ist auf die Verbindung von Holzbauteilen aus Nadelholz (VH, Balkenschichtholz, BSH) und für tragende Verbindungen von Platten aus Holzwerkstoffen begrenzt.

3.6.1. Klammerverbindungen nach DIN EN 1995-1-1:2010, Abschnitt 8.4 – Beanspruchung auf Abscheren

Klammerverbindungen können als Holz-Holz-Verbindung oder Holz-Holzwerkstoff-Verbindung hergestellt werden. Die Regeln in Abschnitt 8.4 gelten für Klammern aus Stahldraht mit einer Querschnittsfläche zwischen 1,7 bis 3,5 mm². Die Mindestzugfestigkeit beträgt 800 N/mm². Die Breite b_R soll mindestens $6 \cdot d$ und die Länge der Klammer maximal $65 \cdot d$ betragen (s. Bild 3.59.). Ihre Eignung zur baulichen Verwendung ist auf der Grundlage des Anhangs A der DIN 1052-10 nachzuweisen.

Klammern sind als durch einen Metallsteg verbundene Doppelnägel anzusehen. Dabei ist der Bemessungswert der Tragfähigkeit bei Beanspruchung auf Abscheren gleich dem Bemessungswert der Tragfähigkeit zweier Nägel gleichen Durchmessers.

Hier gelten die Bestimmungen für Nagelverbindungen mit nicht vorgebohrten Nägeln.

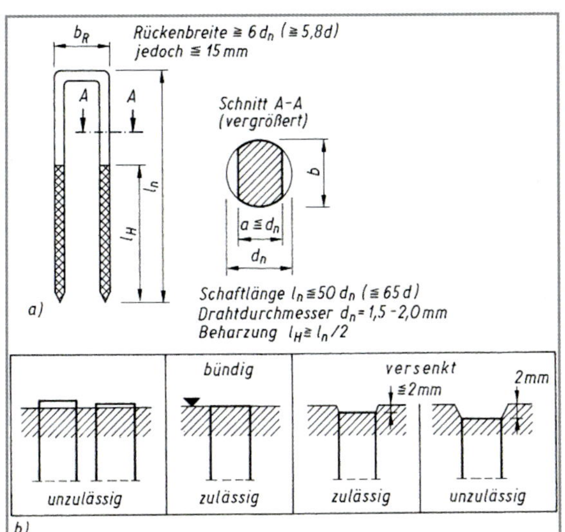

Legende

a) tragende Klammer

b) Höhenlage des Klammerrückens in Bezug auf die Holz- oder Holzwerkstoffoberfläche

() Werte nach DIN 1052:2008, Abschnitt 12.7

Bild 3.59. Klammern

Voraussetzung hierfür ist, dass der Winkel zwischen Klammerrücken und der Faserrichtung des Holzes mehr als 30° beträgt. Ist der Winkel $\alpha < 30°$, dann gilt der 0,7-fache Bemessungswert der Tragfähigkeit (s. Bild 3.60.).

Die Mindestabstände für Klammerverbindungen sind nach den in Tabelle 3.21. dargestellten Mindestanforderungen festzulegen.

Der charakteristische Wert des Fließmomentes für den Klammerschaft wird unter Anwendung von Gl. (8.29) berechnet:

$$M_{y,Rk} = 150 \cdot d^3$$

Dabei ist:

$M_{y,Rk}$ das charakteristische Fließmoment, in Nmm;

d der Durchmesser des Klammerschafts, in mm.

Bei einer Reihe von n Klammern in Faserrichtung hintereinander liegend, gilt nach den Regeln für Nägel die Tragfähigkeit unter Verwendung der wirksamen Anzahl.

$$n_{ef} = n$$

Dabei ist:

n_{ef} die wirksame Klammeranzahl (Nagelanzahl) in der Reihe hintereinander;

n die Anzahl der Klammern in der Reihe.

Die Breite b des Klammerrückens sollte mindestens $6 \cdot d$ und die Einbindetiefe t_2 mindestens $14 \cdot d$ betragen.

Für Gipsplatten-Holz-Verbindungen sind nur Klammern nach DIN 18182-2 zulässig. Für faserverstärkte Gipsplatten sind nur Klammern mit bauaufsichtlichem Verwendbarkeitsnachweis zulässig. Die charakteristischen Werte zur Bemessung der Klammerverbindungen und die konstruktiven Regeln (Klammerabstände, Randabstände etc.) sind dem bauaufsichtlichen Verwendbarkeitsnachweis zu entnehmen (s. DIN EN 1995-1-1/NA:2013, Abschnitt NCI zu 8.4 (NA.10).

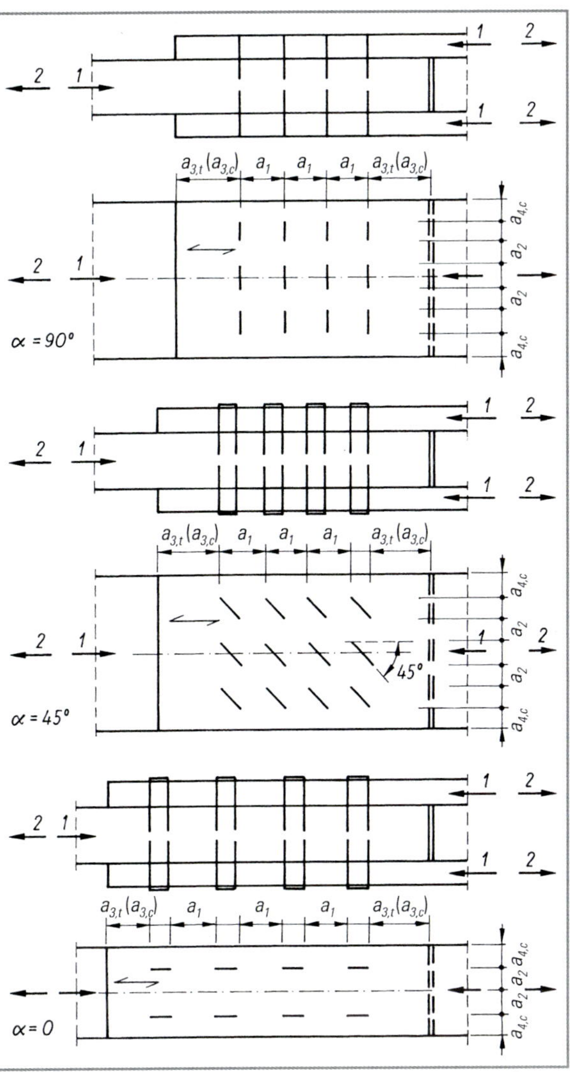

Legende

1 Druckbeanspruchung

2 Zugbeanspruchung

Bild 3.60. Mindestabstände bei Klammerverbindungen nach DIN EN 1995-1-1:2010, Tab. 8.3

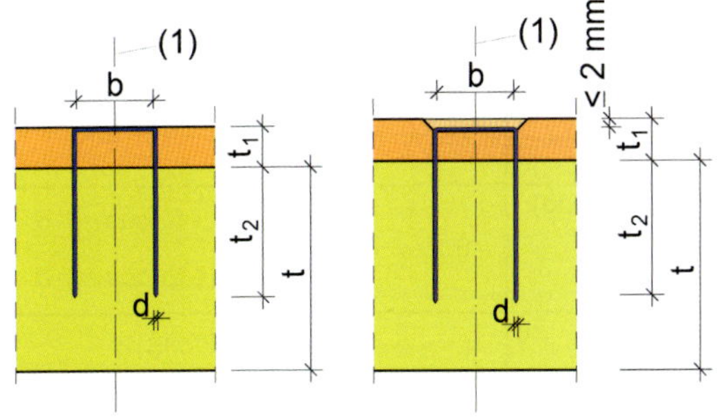

Legende

(1) Klammermittelpunkt

Bild 3.61. Klammerabmessungen (nach DIN EN 1995-1-1:2010, Abschnitt 8.4, Bild 8.9)

Bei Anschlüssen von Holzwerkstoffen dürfen die Klammerrücken nicht mehr als 2 mm tief versenkt werden, müssen jedoch mindestens bündig mit der Oberfläche des Holzwerkstoffes eingetrieben werden. Ein bündiger Abschluss des Klammerrückens mit der Plattenoberfläche gilt als nicht versenkt. Bei versenkter Anordnung der Klammerrücken müssen die Mindestdicken der Holzwerkstoffe um 2 mm erhöht werden (s. Bilder 3.59. und 3.61.).

Nach DIN 1052-10, Abschnitt 4.5 müssen beharzte Klammern aus Stahl mit einer Querschnittsfläche von $1{,}7\ \text{mm}^2 \le A_s \le 3{,}5\ \text{mm}^2$ (für tragende Holz-Holz-Holzwerkstoff-Holz-Verbindungen) bzw. von $0{,}78\ \text{mm}^2 \le d \le 2{,}0\ \text{mm}^2$ (für tragende Gipswerkstoff-Holz-Verbindungen) eine Prüfbescheinigung nach Anhang A in DIN 1052-10 haben.

Werden sie allerdings in der Klasse der Lasteinwirkungsdauer lang oder ständig auf Herausziehen beansprucht, können nur Klammern mit **bauaufsichtlichem Verwendbarkeitsnachweis** verwendet werden!

Klammern können nach DIN EN 1995-1-1/NA:2013, Abschnitt NCI zu 8.4 (NA.12) beharzt sein. DIN EN 14592 behandelt ausschließlich unbeharzte Klammern. Für die Bemessung der unbeharzten Klammern gilt DIN EN 1995-1-1:2010 in Verbindung mit DIN EN 1995-1-1/NA:2013. Für beharzte Klammern gilt *n.* DIN 20000-6, DIN 1052-10 und DIN EN 1995-1-1/NA:2013.

Die Tragfähigkeit von beharzten Klammern auf Abscheren ist höher als bei nicht beharzten Klammern. Auch bei Klammern ist ein sogenannter „Einhangeffekt" feststellbar, und der höhere Haftverbund der beharzten Klammern führt zu einer höheren Tragfähigkeit als bei nicht beharzten Klammern.

Abweichend von Abschnitten 8.2.2 und 8.2.3 in DIN EN 1995-1-1:2010 darf die Tragfähigkeit auf Abscheren von Klammerverbindungen auch nach den im Nationalen Anhang angegebenen vereinfachten Regeln für die Berechnung der chararkteristischen Tragfähigkeit für Nägel ermittelt werden.

Tabelle 3.21. Regeln für Mindestabstände bei Klammerverbindungen (nach DIN EN 1995-1-1:2010, Tabelle 8.3 und Bild 8.10)

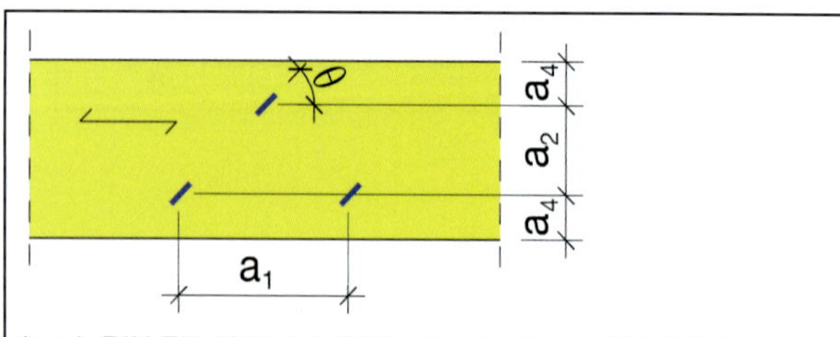

(nach DIN EN 1995-1-1:2010, Abschnitt 8.4, Bild 8.10)

	Abstände (s. DIN EN 1995-1-1:2010, Abschnitt 8.4, Bild 8.10)	Winkel	Mindestabstände
a_1	(in Faserrichtung) für $\theta \ge 30°$ für $\theta < 30°$	$0° \le \alpha \le 360°$	$(10 + 5 \cdot \lvert\cos\alpha\rvert) \cdot d$ $(15 + 5 \cdot \lvert\cos\alpha\rvert) \cdot d$
a_2	(rechtwinklig zur Faser)	$0° \le \alpha \le 360°$	$15 \cdot d$
$a_{3,t}$	(beanspruchtes Hirnholzende)	$-90° \le \alpha \le 90°$	$(15 + 5 \cdot \lvert\cos\alpha\rvert) \cdot d$
$a_{3,c}$	(unbeanspruchtes Hirnholzende)	$90° \le \alpha \le 270°$	$15 \cdot d$
$a_{4,t}$	(beanspruchter Rand)	$0° \le \alpha \le 180°$	$(15 + 5 \cdot \lvert\sin\alpha\rvert) \cdot d$
$a_{4,c}$	(unbeanspruchter Rand)	$180° \le \alpha \le 360°$	$10 \cdot d$

α ist der Winkel zwischen Kraft- und Faserrichtung

θ Winkel zwischen Klammerrücken und Faserrichtung

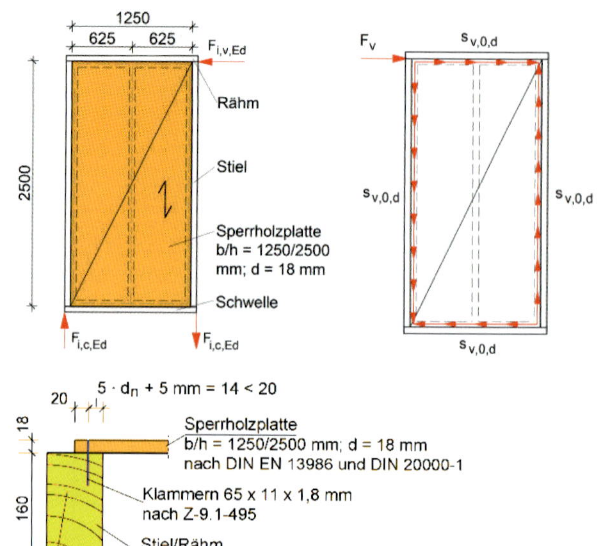

Bild 3.62. Klammerverbindung

Beispiel 3.9. (nach DIN EN 1995-1-1:2010)

Die einseitige Beplankung einer Wand in Holz-Rahmen-Bauart wird zur Gebäudeaussteifung herangezogen. Es ist der Nachweis für die horizontale Wandscheibenbeanspruchung für ein Element mit einer Breite von $b = 1{,}25\ \text{m}$ zu erbringen.

Verbindungsmittel:

Klammer $65 \times 11 \times 1{,}8$ mm, beharzt, nach bauaufsichtlicher Zulassung: Z-9.1-495 einschnittig beansprucht, $s = 70\ \text{mm}$, $\alpha = 0°$

Stiel/Rähm: NH C24 nach DIN EN 338, Tabelle 1 = S10 nach DIN 4074-1

$\rho_k = 350\ \text{kg/m}^3$

Beplankung:

Variante A:

Sperrholz nach DIN EN 13986 und DIN 20000-1, $t_1 = 18\ \text{mm}$;

b/h = 1,25/2,5 m

Sperrholzklasse F 50/25 E 70/25 nach DIN 20000-1 nach DIN EN 636 mit $\rho_k = 600\ \text{kg/m}^3$

Variante B:

Gipsfaserplatten „Fermacell", nach europäischer Zulassung ETA-03/0050; $t_1 = 18\ \text{mm}$

Eindringtiefe Klammer:

$t_2 = 47\ \text{mm}$

Mindestzugfestigkeit nach DIN EN 1995-1-1 Abschnitt 8.4 (6):

$f_u = 800\ \text{N/mm}^2$

NKL = 1 und KLED = kurz/sehr kurz

Nach DIN EN 1995-1-1/NA:2013, Tabelle NA.1 darf für k_{mod} der Mittelwert aus kurz und sehr kurz verwendet werden. k_{mod} ergibt sich somit zu $k_{mod} = \frac{0{,}9 + 1{,}1}{2} = 1{,}0$

Beanspruchung:

$F_k = Q_k = 2{,}55\ \text{kN}$ (aus Wind)

Bemessungswert der Horizontalkraft $F_{v,Ed}$ aus Windbeanspruchung

$F_{v,Ed} = \gamma \cdot Q_k = 1{,}5 \cdot 2{,}55\ \text{kN} = 3{,}825\ \text{kN}$

Lösung A: Berechnung nach dem vereinfachten Verfahren

Die Berechnung der Tragfähigkeit von Klammern erfolgt nach DIN EN 1995-1-1:2010, Abschnitt 8.4 (5) wie für 2 Nägel gleichen Durchmessers.

Mindesteindringtiefe nach DIN EN 1995-1-1 Abschnitt 8.4 (3)
min. Eindringtiefe = 14 · d_k = 25,2 mm < t_2 = 47 mm, erfüllt!

Charakteristischer Wert der Lochleibungsfestigkeit:

Sperrholz (nicht vorgebohrt)

$$f_{1,k} = 0{,}11 \cdot \rho_k \cdot d^{-0,3}$$ [DIN EN 1995-1-1,Gl. (8.20)]

$$f_{1,k} = 0{,}11 \cdot 600 \cdot 1{,}8^{-0,3}$$

$$f_{1,k} = 55{,}33\ \text{N/mm}^2$$

Schnittholz (nicht vorgebohrt)

$$f_{h,2,k} = 0{,}082 \cdot \rho_k \cdot d^{-0,3}$$ [DIN EN 1995-1-1,Gl. (8.15)]

$$f_{h,2,k} = 0{,}082 \cdot 350 \cdot 1{,}8^{-0,3}$$

$$f_{h,2,k} = 24{,}06\ \text{N/mm}^2$$

[DIN EN 1995-1-1, Gl. (8.8)]

Faktor β:

$$\beta = f_{h,2,k}/f_{h,1,k} = 24{,}06/55{,}33 = 0{,}43$$

Charakteristischer Wert des Fließmomentes:

$$M_{y,Rk} = 150 \cdot d^3$$ [DIN EN 1995-1-1,Gl. (8.29)]

$$M_{y,Rk} = 150 \cdot 1{,}8^3$$

$$M_{y,Rk} = 874{,}8\ \text{Nmm}$$

Mindestholzdicken:

[DIN EN 1995-1-1/NA, Gl. (NA.110)]

$$t_{1,req} = 1{,}15\left(2\sqrt{\frac{\beta}{1+\beta}}+2\right)\cdot\sqrt{\frac{M_{y,Rk}}{f_{h,1,k}\cdot d}}$$

$$t_{1,req} = 1{,}15 \cdot 3{,}1 \cdot 2{,}96$$

$t_{1,req}$ = 10,55 mm < t_1 = 18 mm; **Nachweis erfüllt!**

[DIN EN 1995-1-1/NA, Gl. (NA.111)]

$$t_{2,req} = 1{,}15\left(2\cdot\sqrt{\frac{1}{1+\beta}}+2\right)\cdot\sqrt{\frac{M_{y,Rk}}{f_{h,2,k}\cdot d}}$$

$$t_{2,req} = 1{,}15 \cdot 3{,}67 \cdot 4{,}49$$

$t_{2,req} = 18{,}97\ \text{mm} < t_2 = 120\ \text{mm}$ **Nachweis erfüllt!**

Charakteristischer Wert der Tragfähigkeit $F_{v,Rk}$ pro Scherfläche:

[DIN EN 1995-1-1/NA, Gl. (NA.109)]

$$F_{v,Rk} = \sqrt{\frac{2\cdot\beta}{1+\beta}}\cdot\sqrt{2\cdot M_{y,Rk}\cdot f_{h,1,k}\cdot d}$$

$$F_{v,Rk} = 0{,}78 \cdot 417$$

$$F_{v,Rk} = 325{,}6\ \text{N}$$

Charakteristischer Wert der Tragfähigkeit $F_{v,Rk}$ pro Klammer:

Nach DIN EN 1995-1-1:2010, Abschnitt 8.4 (5) ist der charakteristische Wert der Tragfähigkeit für eine Klammer mit dem Faktor 0,7 zu multiplizieren, wenn der Winkel zwischen Klammerrücken und Faserrichtung des Holzes weniger als 0° beträgt.
Der Faktor 2 ergibt sich aus der Anzahl der Scherflächen.

$$F_{v,Rk} = 325{,}6 \cdot 0{,}7 \cdot n_{Scherflächen}$$

n = 2, da 2 Schäfte

$$F_{v,Rk} = 325{,}6 \cdot 0{,}7 \cdot 2$$

$F_{v,Rk} = 455{,}8\ \text{N}$, Wert für eine Klammer

Bemessungswert der Tragfähigkeit pro Klammer:

$$F_{v,Rd} = \frac{k_{mod}\cdot F_{v,Rk}}{\gamma_M}$$ [DIN EN 1995-1-1/NA, Gl. (NA.113)]

$$F_{v,Rd} = \frac{1{,}0\cdot 455{,}8}{1{,}1} = 414\ \text{N} = 0{,}41\ \text{kN}$$

Lösung B: Berechnung nach dem genauen Verfahren

Variante A:

Übernahme Werte aus Lösung A:

$$f_{h,1,k} = 55{,}33\ \text{N/mm}^2$$

$$f_{h,2,k} = 24{,}06\ \text{N/mm}^2$$

[DIN EN 1995-1-1, Gl. (8.8)]

$$\beta = f_{h,2,k}/f_{h,1,k} = 24{,}06/55{,}33 = 0{,}43$$

$$M_{y,Rk} = 874{,}8\ \text{Nmm}$$

Schritt 1: Ermittlung der Tragfähigkeit der Verbindungsmittel

Charakteristischer Wert der Tragfähigkeit $F_{v,Rk}$ pro Scherfläche:

$$F_{v,Rk} = f_{h,1,k}\cdot t_1 \cdot d$$ [DIN EN 1995-1-1, Gl. (8.6a)]

$$F_{v,Rk} = 55{,}33 \cdot 18 \cdot 1{,}8$$

$$F_{v,Rk} = 1792{,}69\ \text{N}$$

$$F_{v,Rk} = f_{h,2,k}\cdot t_2 \cdot d$$ [DIN EN 1995-1-1, Gl. (8.6b)]

$$F_{v,Rk} = 24{,}06 \cdot 47 \cdot 1{,}8$$

$$F_{v,Rk} = 2035{,}48\ \text{N}$$

[DIN EN 1995-1-1, Gl. (8.6c)]

$$F_{v,Rk} = \frac{f_{h,1,k}\cdot t_1\cdot d}{1+\beta}\cdot\left\{\sqrt{\beta+2\cdot\beta^2\left[1+\frac{t_2}{t_1}+\left(\frac{t_2}{t_1}\right)^2\right]+\beta^3\cdot\left(\frac{t_2}{t_1}\right)^2}-\beta\cdot\left(1+\frac{t_2}{t_1}\right)\right\}$$

$$+\frac{F_{ax,Rk}}{4}$$

$$F_{v,Rk} = 1253{,}63 \cdot 0{,}65$$

$$F_{v,Rk} = 814{,}86\ \text{N}$$

[DIN EN 1995-1-1, Gl. (8.6d)]

$$F_{v,Rk} = 1{,}05\cdot\frac{f_{h,1,k}\cdot t_1\cdot d}{2+\beta}\cdot\left\{\sqrt{2\cdot\beta\cdot(1+\beta)+\frac{4\cdot\beta\cdot(2+\beta)\cdot M_{y,Rk}}{f_{h,1,k}\cdot d\cdot t_1^2}}-\beta\right\}$$

$$+\frac{F_{ax,Rk}}{4}$$

$$F_{v,Rk} = 1{,}05 \cdot 737{,}73 \cdot 0{,}73$$

$$F_{v,Rk} = 565{,}5\ \text{N}$$

[DIN EN 1995-1-1, Gl. (8.6e)]

$$F_{v,Rk} = 1{,}05\cdot\frac{f_{h,1,k}\cdot t_2\cdot d}{1+2\cdot\beta}\cdot\left[\sqrt{2\cdot\beta^2\cdot(1+\beta)+\frac{4\cdot\beta\cdot(1+2\beta)\cdot M_{y,Rk}}{f_{h,1,k}\cdot d\cdot t_2^2}}-\beta\right]$$

$$+\frac{F_{ax,Rk}}{4}$$

$$F_{v,Rk} = 1{,}05 \cdot 2516{,}62 \cdot 0{,}35$$

$$F_{v,Rk} = 936{,}7\ \text{N}$$

[DIN EN 1995-1-1, Gl. (8.6f)]

$$F_{v,Rk} = 1{,}15\cdot\sqrt{\frac{2\cdot\beta}{1+\beta}}\cdot\sqrt{2\cdot M_{y,Rk}\cdot f_{h,1,k}\cdot d}+\frac{F_{ax,Rk}}{4}$$

$$F_{v,Rk} = 1{,}15 \cdot 0{,}78 \cdot 417{,}43$$

$F_{v,Rk} = 374\ \text{N}$ **maßgebend!**

$$\gamma_M = 1{,}3$$

Nach DIN EN 1995-1-1:2010, Abschnitt 8.4 (5) ist der charakteristische Wert der Tragfähigkeit für eine Klammer mit dem Faktor 0,7 zu multiplizieren, wenn der Winkel zwischen Klammerrücken und Faserrichtung des Holzes weniger als 30° beträgt.
Der Faktor 2 ergibt sich aus der Anzahl der Scherflächen.

$$F_{v,Rk} = 374 \cdot 0{,}7 \cdot 2$$

$$F_{v,Rk} = 523{,}6\ \text{N},\ \text{Wert für eine Klammer}$$

Charakteristischer Wert des Ausziehwiderstandes:

Nach DIN EN 1995-1-1/NA:2013, NCI zu 8.4 (NA.13) sind Klammern bei Beanspruchung in Schaftrichtung wie 2 glattschaftige Nägel zu behandeln, wenn der Winkel zwischen Klammerrücken und Faserrichtung des Holzes $\alpha < 30°$ ist.

[DIN EN 1995-1-1, Gl. (8.24)]

$$F_{ax,Rk} = \min\begin{Bmatrix} f_{ax,k} \cdot d \cdot t_{pen} \\ f_{ax,k} \cdot d \cdot t + f_{head,k} \cdot d_h^2 \end{Bmatrix}$$

$$t_{pen} = t_2 = 47\ \text{mm}$$

Charakteristischer Wert der Ausziehfestigkeit auf der Seite der Nagelspitze:

Die Berechnung erfolgt wie für glattschaftige Nägel, da der Winkel zwischen Klammerrücken und Faserrichtung des Holzes $\alpha < 30°$ ist.

$$f_{ax,k} = 20 \cdot 10^{-6} \cdot \rho_k^2 \qquad \text{[DIN EN 1995-1-1, Gl. (8.25)]}$$

$$f_{ax,k} = 20 \cdot 10^{-6} \cdot 350^2$$

$$f_{ax,k} = 2{,}45\ \text{N/mm}^2$$

Charakteristischer Wert der Kopfdurchziehfestigkeit:

Nach DIN EN 1995-1-1/NA:2013, NCI zu 8.3.2 (NA.15) ist bei Platten mit einer Dicke zwischen 12 mm und 20 mm mit folgendem Wert zu rechnen:

$$f_{head,k} = 8\ \text{N/mm}^2$$

Bei Bestimmung des Ausziehwiderstandes nach Gl. (8.24) wird für die Klammern anstelle d_h^2 das Produkt aus Klammerdurchmesser und Klammerrückenbreite angesetzt.

[DIN EN 1995-1-1, Gl. (8.24)]

$$F_{ax,Rk} = \min\begin{Bmatrix} f_{ax,k} \cdot d \cdot t_{pen} \\ f_{ax,k} \cdot d \cdot t + f_{head,k} \cdot d \cdot b_{Klammer} \end{Bmatrix}$$

$$F_{ax,Rk} = \min\begin{Bmatrix} 2{,}45 \cdot 1{,}8 \cdot 47 \\ 2{,}45 \cdot 1{,}8 \cdot 18 + 8 \cdot 11 \cdot 1{,}8 \end{Bmatrix}$$

$$F_{ax,Rk} = \min\begin{Bmatrix} 207{,}3 \\ 237{,}8 \end{Bmatrix} = 207{,}3\ \text{N}\ \ \text{Wert für einen Klammerschaft}$$

$$F_{ax,Rk} = 2 \cdot 207{,}3\ \text{N} = 414{,}6\ \text{N}$$

Charakteristischer Wert der Tragfähigkeit $F_{v,Rk}$ pro Klammer:

Nach DIN EN 1995-1-1:2010, Abschnitt 8.2.2 (2) wird der charakteristische Wert der Tragfähigkeit in Gl. (8.6f) um einen Anteil aus der Seilwirkung erhöht. Dieser ist für Klammern, wie für runde Nägel, auf einen Anteil von 15 % der charakteristischen Tragfähigkeit auf Abscheren und auf einen Anteil von 25 % der charakteristischen Tragfähigkeit auf Herausziehen zu begrenzen.

$$F_{v,Rk} = F_{v,Rk} + \min\begin{Bmatrix} 0{,}25 \cdot F_{ax,Rk} \\ 0{,}15 \cdot F_{v,Rk} \end{Bmatrix} = 523{,}6 + \min\begin{Bmatrix} 0{,}25 \cdot 414{,}6 \\ 0{,}15 \cdot 523{,}6 \end{Bmatrix}$$

$$F_{v,Rk} = 523{,}6 + \min\begin{Bmatrix} 103{,}65 \\ 78{,}54 \end{Bmatrix}$$

$$F_{v,Rk} = 523{,}6 + 78{,}54 = 602{,}14\ \text{N}$$

Bemessungswert der Tragfähigkeit pro Klammer:

$$F_{v,Rd} = \frac{k_{mod} \cdot F_{v,Rk}}{\gamma_M} \qquad \text{[DIN EN 1995-1-1, Gl. (2.17)]}$$

$$F_{v,Rd} = \frac{1{,}0 \cdot 602{,}14}{1{,}3} = 463{,}18\ \text{N} = 0{,}46\ \text{kN}$$

Nachweis der Scheibe:

Die DIN EN 1995-1-1:2010 beschreibt für Wandscheiben in Abschnitt 9.2.4.2 ein vereinfachtes Nachweisverfahren zur Ermittlung der Scheiben-Beanspruchbarkeit. Im Zusammenhang mit dem Nationalen Anhang erfolgt der Nachweis vereinfacht als Schubspannungsnachweis in der Beplankung.
Nach DIN EN 1995-1-1/NA:2013, Abschnitt 9.2.4.2 (NA.16) ergibt sich die maximale Beanspruchung dabei aus dem Schubfluss, der der Tragfähigkeit der Verbindung zwischen Rippen und Beplankung enspricht.
Der Nationale Anhang weist unter Abschnitt 9.2.4.2 (NA.16) darauf hin, dass zusätzlich zum Schubfluss die Tragfähigkeit sowie das Beulverhalten der Beplankung nachzuweisen sind.
Der Bemessungswert der Wandscheibentragfähigkeit wird nach DIN EN 1995-1-1:2010, (Gl. 9.21) berechnet. Zunächst ist jedoch die längenbezogene Beanspruchbarkeit der Wandtafel auf Grundlage der vorgenannten Bemessungshinweise zu ermitteln.

(Hinweis: Die vorgenannten Regeln entsprechen denen in der DIN 1052:2008, Abschnitt 10.6 festgelegten Regeln. Deshalb erfolgt nachfolgend die Berechnung des Bemessungswertes der Beanspruchbarkeit nach der aus der DIN 1052:2008 bekannten Formel.)
Schritt 2: Ermittlung der längenbezogenen Beanspruchbarkeit

Die Ermittlung der längenbezogenen Beanspruchbarkeit $f_{v,0,d}$ der Beplankung unter Berücksichtigung der Tragfähigkeit der Verbindung und der Platten sowie des Beulens erfolgt mit folgenden Gleichungen:

$$f_{v,0,d} = n_{Beplankungen} \cdot \min\begin{Bmatrix} k_{v1} \cdot F_{v,Rd} / s \\ k_{v1} \cdot k_{v2} \cdot f_{t,d} \cdot t \\ k_{v1} \cdot k_{v2} \cdot f_{v,d} \cdot 35 \cdot t^2 / b_r \end{Bmatrix}$$

Die einzelnen Gleichungen berücksichtigen folgende Einflussfaktoren:

Zeile 1:
- die Verbindungsmitteltragfähigkeit im Zusammenhang mit der Anordnung der Verbindungsmittel

Zeile 2:
- die Beanspruchbarkeit auf Grundlage der Zugfestigkeit der Platten, da diese bei Scheibenbeanspruchung geringer sein kann als die Schubfestigkeit und somit für die Bemessung verwendet wird
- zusätzliche Beanspruchungen aus diskontinuierlichen und rechtwinklig zu den Rippenachsen gerichteten Kräften

Zeile 3:
- das Beulen der Beplankung

Der kleinste Wert ist für den Nachweis der Beanspruchbarkeit maßgebend.

Dabei ist:

$n_{Beplankungen}$	Anzahl der beplankten Scheibenseiten;
k_{v1}	Beiwert zur Berücksichtigung der Anordnung und Verbindungsart der Platten;
k_{v2}	Beiwert zur Berücksichtigung von Zusatzbeanspruchungen;
$F_{v,Rd}$	Bemessungswert der Beanspruchbarkeit auf Abscheren eines einzelnen Verbindungsmittels;
$f_{t,d}$	Bemessungswert der Zugfestigkeit der Platten;
$f_{v,d}$	Bemessungswert der Schubfestigkeit der Platten;
s	Verbindungsmittelabstand;
b_r	Rippenabstand;
t	Beplankungsdicke.

Anzahl der beplankten Scheibenseiten $n_{Beplankung}$:

$n_{Beplankung} = 1$

Beiwert zur Berücksichtigung der Anordnung und Verbindungsart der Platten k_{v1}:

Für Platten mit allseitig schubsteif ausgeführten Plattenrändern ist:
$k_{v1} = 1{,}0$

Beiwert zur Berücksichtigung von Zusatzbeanspruchungen k_{v2}:

Nach DIN EN 1995-1-1/NA:2013, Abschnitt 9.2.4.2 (NA.16) sind Zusatzbeanspruchungen bei einseitiger Beplankung zu berücksichtigen, indem die maximale Beanspruchung mit dem Faktor 0,33 multipliziert wird.
$k_{v2} = 0{,}33$

Bemessungswert der Zugfestigkeit der Platten $f_{t,d}$:

$f_{t,k} = 24 \text{ N/mm}^2$

(nach DIN V 20000-1, Tabelle 3 für Zug rechtwinklig zur Faserrichtung des Deckfurniers)

$$f_{t,d} = \frac{k_{mod} \cdot f_{t,k}}{\gamma_M} = \frac{1{,}0 \cdot 24}{1{,}3} = 18{,}5 \text{ N/mm}^2$$

Bemessungswert der Schubfestigkeit der Platten $f_{v,d}$:

$f_{v,k} = 11 \text{ N/mm}^2$

(nach DIN 20000-1, Tabelle 3)

$$f_{v,d} = \frac{k_{mod} \cdot f_{v,k}}{\gamma_M} = \frac{1{,}0 \cdot 11}{1{,}3} = 8{,}5 \text{ N/mm}^2$$

Rippenabstand b_r:

$$b_r = \frac{b}{2} = \frac{1250 \text{ mm}}{2} = 625 \text{ mm}$$

Die längenbezogene Beanspruchbarkeit ergibt sich somit zu:

$$f_{v,0,d} = 1 \cdot \min \begin{cases} 1{,}0 \cdot 463{,}18 / 70 \\ 1{,}0 \cdot 0{,}33 \cdot 18{,}5 \cdot 18 \\ 1{,}0 \cdot 0{,}33 \cdot 8{,}5 \cdot 35 \cdot 18^2 / 625 \end{cases}$$

$$f_{v,0,d} = 1 \cdot \min \begin{cases} 6{,}62 \\ 109{,}9 \\ 50{,}9 \end{cases}$$

$f_{v,0,d} = 6{,}62 \text{ N/mm}$

Die Tragfähigkeit des Verbindungsmittels wird maßgebend.

Schritt 3: Ermittlung der Beanspruchbarkeit einer Wandtafel

Die Beanspruchbarkeit einer Wandtafel ergibt sich, in Anlehnung an DIN EN 1995-1-1:2010, (Gl. 9.21), unter Berücksichtigung der Scheibenabmessungen nach (Gl. 9.21).

$F_{v,0,Rd} = f_{v,0,d} \cdot b \cdot c_i$

Faktor c_i zur Berücksichtigung der Schlankheit der Wandscheibe:

$$c = \begin{cases} 1 \text{ für } b \geq b_0 \\ \dfrac{b}{b_0} \text{ für } b < b_0 \end{cases}$$ DIN EN 1995-1-1, (Gl. 9.22)]

$b = 1{,}25 \text{ m}$ $b_0 = \frac{h}{2} = 1{,}25 \text{ m}$ $b = b_0 \rightarrow c = 1$

$F_{v,0,Rd} = 6{,}62 \cdot 1250 \cdot 1 = 8275 \text{ N} = 8{,}3 \text{ kN}$

Nachweis:
Die maximale Beanspruchung ergibt sich aus dem Schubfluss:

$$s_{v,0,d} = \frac{F_{v,Ed}}{b_{Spanplatte}} = \frac{3825}{1250} = 3{,}06 \text{ N/mm}$$

Nachweis der Tragfähigkeit:

$$\frac{s_{v,0,d}}{f_{v,0,d}} \leq 1$$

$$\frac{3{,}06 \text{ N/mm}}{6{,}62 \text{ N/mm}} = 0{,}46 < 1$$ **Nachweis erfüllt!**

Nachweis der Tragfähigkeit durch Vergleich der Wandtragfähigkeit:

$$\frac{F_{v,E,d}}{F_{v,Rd}} = \frac{3{,}83}{8{,}3} = 0{,}46 \leq 1$$ **Nachweis erfüllt!**

Variante B: *Beplankung mit Fermacell-Platten nach ETA-03/0050*

Übernahme aus Variante A:

$f_{h,2,k} = 24{,}06 \text{ N/mm}^2$

$M_{y,Rk} = 874{,}8 \text{ Nmm}$

NKL = 1 und KLED kurz/sehr kurz

$k_{mod} = 1{,}0 = k_{mod,1}$ für C24 (Beplankung)

Ermittlung des Modifikationsbeiwertes für die Beplankung:

Nach DIN EN 1995-1-1/NA:2013, Tabelle NA.1 darf für k_{mod} der Mittelwert aus kurz und sehr kurz verwendet werden.

Nach ETA-03/0050 Anhang 2:

$k_{mod} = 0{,}8$ für KLED kurz $\quad$ $k_{mod} = 1{,}1$ für KLED sehr kurz

$$k_{mod} = \frac{0{,}8 + 1{,}1}{2} = 0{,}95 = k_{mod,2}$$

Unterscheiden sich bei Holzwerkstoff-Holz-Verbindungen die Modifikationsbeiwerte der beiden verbundenen Bauteile, dann darf nach DIN EN 1995-1-1/NA:2013, NCI NA.8.2.4 folgender Wert angenommen werden:

$k_{mod} = \sqrt{k_{mod,1} \cdot k_{mod,2}}$ [DIN EN 1995-1-1/NA, Gl.(NA.107)]

$k_{mod} = \sqrt{1{,}0 \cdot 0{,}95} = 0{,}97$

Charakteristischer Wert der Lochleibungsfestigkeit:

Fermacell-Platten:

$f_{h,1,k} = 7 \cdot d^{-0{,}7} \cdot t^{0{,}9}$ [ETA-03/0050, Anhang 2]

$f_{h,1,k} = 7 \cdot 1{,}8^{-0{,}7} \cdot 18^{0{,}9}$

$f_{h,1,k} = 62{,}54 \text{ N/mm}^2$

Faktor β:

$\beta = f_{h,2,k} / f_{h,1,k} = 24{,}06 / 62{,}54 = 0{,}38$ [DIN EN 1995-1-1, Gl. (8.8)]

Schritt 1: Ermittlung der Tragfähigkeit der Verbindungsmittel

Charakteristischer Wert der Tragfähigkeit $F_{v,Rk}$ pro Scherfläche:

$F_{v,Rk} = f_{h,1,k} \cdot t_1 \cdot d$ [DIN EN 1995-1-1, Gl. (8.6a)]

$F_{v,Rk} = 62{,}54 \cdot 18 \cdot 1{,}8$

$F_{v,Rk} = 2026{,}3 \text{ N}$

$F_{v,Rk} = f_{h,2,k} \cdot t_2 \cdot d$ [DIN EN 1995-1-1, Gl. (8.6b)]

$F_{v,Rk} = 24{,}06 \cdot 47 \cdot 1{,}8$

$F_{v,Rk} = 2035{,}48 \text{ N}$

[DIN EN 1995-1-1, Gl. (8.6c)]

$$F_{v,Rk} = \frac{f_{h,1,k} \cdot t_1 \cdot d}{1+\beta} \cdot \left\{ \sqrt{\beta + 2 \cdot \beta^2 \left[1 + \frac{t_2}{t_1} + \left(\frac{t_2}{t_1}\right)^2\right] + \beta^3 \cdot \left(\frac{t_2}{t_1}\right)^2} - \beta \cdot \left(1 + \frac{t_2}{t_1}\right) \right\} + \frac{F_{ax,Rk}}{4}$$

$F_{v,Rk} = 1468,33 \cdot 0,57$

$F_{v,Rk} = 836,95\,\text{N}$

[DIN EN 1995-1-1, Gl. (8.6d)]

$$F_{v,Rk} = 1,05 \cdot \frac{f_{h,1,k} \cdot t_1 \cdot d}{2+\beta} \cdot \left\{ \sqrt{2 \cdot \beta \cdot (1+\beta) + \frac{4 \cdot \beta \cdot (2+\beta) \cdot M_{y,Rk}}{f_{h,1,k} \cdot d \cdot t_1^2}} - \beta \right\} + \frac{F_{ax,Rk}}{4}$$

$F_{v,Rk} = 1,05 \cdot 851,4 \cdot 0,68$

$F_{v,Rk} = 612,9\,\text{N}$

[DIN EN 1995-1-1, Gl. (8.6e)]

$$F_{v,Rk} = 1,05 \cdot \frac{f_{h,1,k} \cdot t_2 \cdot d}{1+2 \cdot \beta} \cdot \left[\sqrt{2 \cdot \beta^2 \cdot (1+\beta) + \frac{4 \cdot \beta \cdot (1+2\beta) \cdot M_{y,Rk}}{f_{h,1,k} \cdot d \cdot t_2^2}} - \beta \right] + \frac{F_{ax,Rk}}{4}$$

$F_{v,Rk} = 1,05 \cdot 3006,2 \cdot 0,30$

$F_{v,Rk} = 947,7\,\text{N}$

[DIN EN 1995-1-1, Gl. (8.6f)]

$$F_{v,Rk} = 1,15 \cdot \sqrt{\frac{2 \cdot \beta}{1+\beta}} \cdot \sqrt{2 \cdot M_{y,Rk} \cdot f_{h,1,k} \cdot d} + \frac{F_{ax,Rk}}{4}$$

$F_{v,Rk} = 1,15 \cdot 0,74 \cdot 443,8$

$F_{v,Rk} = 377,7\,\text{N}$ **maßgebend!**

$\gamma_M = 1,3$

Nach DIN EN 1995-1-1, Abschnitt 8.4 (5) ist der charakteristische Wert der Tragfähigkeit für eine Klammer mit dem Faktor 0,7 zu multiplizieren, wenn der Winkel zwischen Klammerrücken und Faserrichtung des Holzes weniger als 0° beträgt.

Der Faktor 2 ergibt sich aus der Anzahl der Scherflächen.

$F_{v,Rk} = 377,7 \cdot 0,7 \cdot 2$

$F_{v,Rk} = 528,7\,\text{N}$, Wert für eine Klammer

Charakteristischer Wert des Ausziehwiderstandes:

[Nach ETA-03/0050, Anhang 2]

$$R_{ax,k} = \min \left\{ \begin{matrix} 2 \cdot f_{1,k} \cdot d \cdot \ell_{ef} \\ f_{2,k} \cdot d \cdot b_{Klammern} \end{matrix} \right\} \quad \text{für Klammern}$$

$\ell_{ef} = t_2 = 47\,\text{mm}$; $d = 1,8\,\text{mm}$; $b_R = 11\,\text{mm}$

Charakteristischer Wert der Ausziehfestigkeit auf der Seite der Nagelspitze:

$f_{ax,k} = 20 \cdot 10^{-6} \cdot \rho_k^2$ [DIN EN 1995-1-1, Gl. (8.25)]

$f_{ax,k} = 20 \cdot 10^{-6} \cdot 350^2$

$f_{ax,k} = 2,45\,\text{N/mm}^2$

Charakteristischer Wert der Kopfdurchziehfestigkeit nach ETA-03/0050, Anhang 2:

$f_{head,k} = 15\,\text{N/mm}^2$

somit ergibt sich:

$$R_{ax,k} = \min \left\{ \begin{matrix} 2 \cdot f_{1,k} \cdot d \cdot \ell_{ef} \\ f_{2,k} \cdot d \cdot b_R \end{matrix} \right\}$$

$$R_{ax,k} = \min \left\{ \begin{matrix} 2 \cdot 2,45 \cdot 1,8 \cdot 47 \\ 15 \cdot 1,8 \cdot 11 \end{matrix} \right\}$$

$$R_{ax,k} = \min \left\{ \begin{matrix} 414,5 \\ 297 \end{matrix} \right\} = 297\,\text{N} \quad \text{Wert für eine Klammer}$$

Charakteristischer Wert der Tragfähigkeit $F_{v,Rk}$ pro Klammer:

Nach ETA-03/0050, Anhang 2 darf bei einschnittigen Verbindungen mit überwiegend kurzzeitiger Beanspruchung die charakteristische Tragfähigkeit erhöht werden.

Die Erhöhung, für Verbindungen mit Fermacell-Platten ist auf einen Anteil von 50 % der charakteristischen Tragfähigkeit auf Abscheren und auf einen Anteil von 25 % der charakteristischen Tragfähigkeit auf Herausziehen zu begrenzen.

$$F_{v,Rk} = F_{v,Rk} + \min \left\{ \begin{matrix} 0,25 \cdot F_{ax,Rk} \\ 0,50 \cdot F_{v,Rk} \end{matrix} \right\} = 528,7 + \min \left\{ \begin{matrix} 0,25 \cdot 297 \\ 0,50 \cdot 528,7 \end{matrix} \right\}$$

$$F_{v,Rk} = 528,7 + \min \left\{ \begin{matrix} 74,25 \\ 264 \end{matrix} \right\} = 528,7 + 74,25 = 603\,\text{N}$$

Bemessungswert der Tragfähigkeit pro Klammer:

$$F_{v,Rd} = \frac{k_{mod} \cdot F_{v,Rk}}{\gamma_M} \quad \text{[DIN EN 1995-1-1 Gl. (2.17)]}$$

$$F_{v,Rd} = \frac{0,97 \cdot 603}{1,3} = 450\,\text{N} = 0,45\,\text{kN}$$

Nachweis der Scheibe:

Übernahme aus Variante A:

$s_{v,0,d} = 3,06\,\text{N/mm}$

$b_r = \frac{b}{2} = \frac{1250\,\text{mm}}{2} = 625\,\text{mm}$

$n_{Beplankung} = 1$

$k_{v1} = 1,0$

$k_{v2} = 0,33$

Schritt 2: Ermittlung der längenbezogenen Beanspruchbarkeit

Die Ermittlung der längenbezogenen Beanspruchbarkeit $f_{v,0,d}$ der Beplankung unter Berücksichtigung der Tragfähigkeit der Verbindung und der Platten sowie des Beulens erfolgt mit folgenden Gleichungen:

$$f_{v,0,d} = n_{Beplankungen} \cdot \min \left\{ \begin{matrix} k_{v1} \cdot F_{v,Rd} \,/\, s \\ k_{v1} \cdot k_{v2} \cdot f_{t,d} \cdot t \\ k_{v1} \cdot k_{v2} \cdot f_{v,d} \cdot 35 \cdot t^2 \,/\, b_r \end{matrix} \right.$$

Der kleinste Wert ist für den Nachweis der Beanspruchbarkeit maßgebend.

Bemessungswert der Zugfestigkeit der Platten $f_{t,d}$:

$f_{t,k} = 2,3\,\text{N/mm}^2$ [nach ETA-03/0050, Anhang 1]

$$f_{t,d} = \frac{k_{mod,2} \cdot f_{t,k}}{\gamma_M} = \frac{0,95 \cdot 2,3}{1,3} = 1,68\,\text{N/mm}^2$$

Bemessungswert der Schubfestigkeit der Platten $f_{v,d}$:

$f_{v,k} = 3,4\,\text{N/mm}^2$ [nach ETA-03/0050, Anhang 1]

$$f_{v,d} = \frac{k_{mod,2} \cdot f_{v,k}}{\gamma_M} = \frac{0,95 \cdot 3,4}{1,3} = 2,48\,\text{N/mm}^2$$

Die längenbezogene Beanspruchbarkeit ergibt sich zu:

$$f_{v,0,d} = 1 \cdot \min \left\{ \begin{matrix} 1,0 \cdot 450 \,/\, 70 \\ 1,0 \cdot 0,33 \cdot 1,65 \cdot 18 \\ 1,0 \cdot 0,33 \cdot 2,45 \cdot 35 \cdot 18^2 \,/\, 625 \end{matrix} \right.$$

$$f_{v,0,d} = 1 \cdot \min \left\{ \begin{matrix} 6,42 \\ 9,8 \\ 14,67 \end{matrix} \right.$$

$f_{v,0,d} = 6,42\,\text{N/mm}$

Schritt 3: Ermittlung der Beanspruchbarkeit einer Wandtafel

Die Beanspruchbarkeit einer Wandtafel ergibt sich, in Anlehnung an DIN EN 1995-1-1:2010, (Gl. 9.21), unter Berücksichtigung der Scheibenabmessungen nach (Gl. 9.21).

$$F_{v,0,Rd} = f_{v,0,d} \cdot b \cdot c_i$$

Faktor c_i zur Berücksichtigung der Schlankheit der Wandscheibe:
[DIN EN 1995-1-1, (Gl. 9.22)]

$$c = \begin{cases} 1 & \text{für } b \geq b_0 \\ \dfrac{b}{b_0} & \text{für } b < b_0 \end{cases}$$

$$b = 1{,}25\,\text{m};\; b_0 = \frac{h}{2} = 1{,}25\,\text{m};\; b = b_0 \rightarrow c = 1$$

$$F_{v,0,Rd} = 6{,}42 \cdot 1250 \cdot 1 = 8035\,\text{N} = 8{,}04\,\text{kN}$$

Nachweis der Tragfähigkeit:

Bedingung:

$$\frac{s_{v,0,d}}{f_{v,0,d}} \leq 1$$

$$\frac{3{,}06\,\text{N/mm}}{6{,}42\,\text{N/mm}} = 0{,}48 < 1$$ **Nachweis erfüllt!**

Mindestabstände für Beispiel 3.9.

	Bezeichnung	DIN EN 1995-1-1:2010, Tabelle 8.3			
		Beplankung		Rippen/Stiele	
		Mindestabstände	mm	Mindestabstände	mm
untereinander in Faserrichtung	$\parallel$, a_1	$(10+5\cdot\lvert\cos\alpha\rvert)\cdot d$	70 (23)	$(10+5\cdot\lvert\cos\alpha\rvert)\cdot d$	70 (27)
untereinander rechtwinklig zur Faser	$\perp$, a_2	$15\cdot d$	- (23)	$15\cdot d$	- (27)
vom beanspruchten Hirnholzende	$a_{3,t}$	$(15+5\cdot\lvert\cos\alpha\rvert)\cdot d$	70 (13)	$(15+5\cdot\lvert\cos\alpha\rvert)\cdot d$	70 (35)
vom unbeanspruchten Hirnholzende	$a_{3,c}$	$15\cdot d$	70 (6)	$15\cdot d$	70 (27)
vom beanspruchten Rand	$a_{4,t}$	$(15+5\cdot\lvert\sin\alpha\rvert)\cdot d$	- (13)	$(15+5\cdot\lvert\sin\alpha\rvert)\cdot d$	- (32)
vom unbeanspruchten Rand	$a_{4,c}$	$10\cdot d$	20 (6)	$10\cdot d$	20 (18)

Klammern, Durchmesser d = 1,8 mm
α = Winkel zwischen Kraft und Faserrichtung = **0°**
$\theta = 30°$ Winkel zwischen Klammerrücken und Faserrichtung
(...) rechnerische Werte

3.6.2. Klammerverbindungen nach DIN EN 1995-1-1: 2010, Abschnitt 8.4 und DIN EN 1995-1-1/NA:2013, Abschnitt NCI zu 8.4, Beanspruchung auf Herausziehen

Beharzte Klammern haben eine höhere Ausziehfestigkeit als nicht beharzte Klammern, wenn sie in trockenem Holz eingetrieben werden. Bild 3.63. zeigt die Lastverformungskurve für beharzte Klammern.

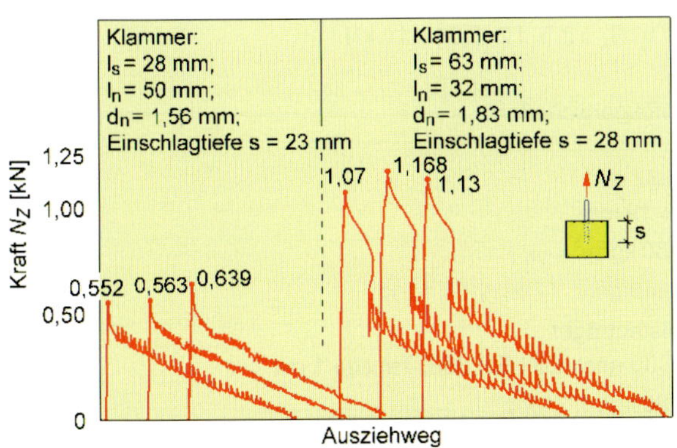

Bild 3.63. Kraft-Ausziehweg-Diagramm beharzter Heftklammern bei unterschiedlicher Einschlagtiefe (aus [*Ehlbeck* 1972])

Nach DIN EN 1995-1-1:2010, Abschnitt 8.4 gelten für die Beanspruchung auf Herausziehen die Regeln wie bei Nägeln des Abschnittes 8.3.2.

Bei der Bestimmung des Ausziehwiderstandes nach Gleichung (8.23) ist für Klammern anstelle d_h^2 das Produkt aus Klammerdurchmesser und Klammerrückenbreite anzusetzen.

Gl. (8.23) ist dann

[DIN EN 1995-1-1:2010, Gl. (8.23)]

$$F_{ax,Rk} = \begin{cases} f_{ax,k} \cdot d \cdot t_{pen} & (a) \\ f_{head,k} \cdot (d \cdot b_{Klammer}) & (b) \end{cases}$$

Nach DIN EN 1995-1-1/NA:2013, Abschnitt NCI zu 8.4 können Klammern bei Beanspruchung in Schaftrichtung wie zwei profilierte Nägel der Tragfähigkeitsklasse 2 des gleichen Durchmessers nach Tabelle NA.15 betrachtet werden, wenn sie beharzt sind und die Anforderungen nach DIN 1052-10, Abschnitt 4.5 erfüllen, vorausgesetzt, dass der Winkel zwischen dem Klammerrücken und der Faserrichtung des Holzes mindestens 30° beträgt. Andernfalls sind sie wie glattschaftige Nägel zu betrachten. Allerdings dürfen glattschaftige Nägel nicht für ständige oder lang dauernde Beanspruchungen verwendet werden.

Für Klammern darf in Bezug auf die Bestimmung der wirksamen Anzahl von Verbindungsmitteln n_{ef} eine versetzte Anordnung angenommen werden.

Für Platten mit einer Dicke zwischen 12 mm und 20 mm darf in allen Fällen nur mit $f_{head,k} = 8\,\text{N/mm}^2$ gerechnet werden. Bei geringeren Plattendicken als 12 mm darf mit $F_{ax,Rk} = 400\,\text{N}$ gerechnet werden.

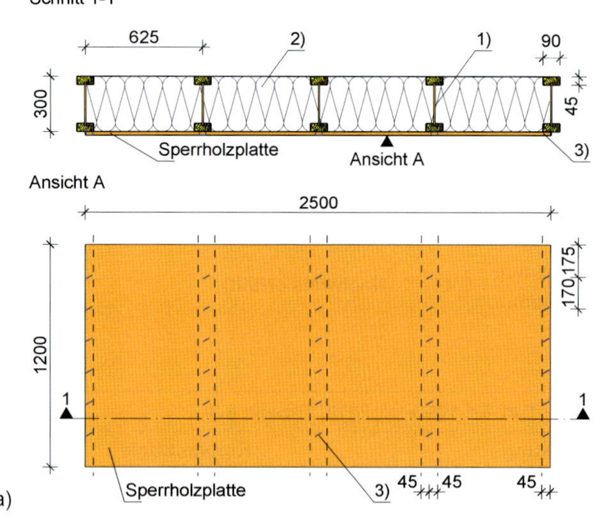

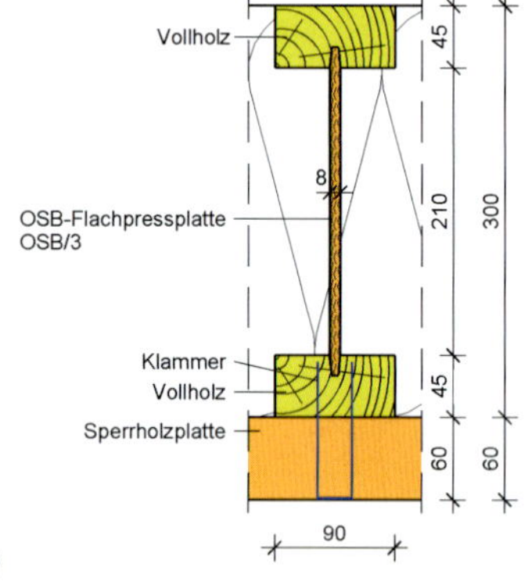

Legende

1) Doppelstegträger STEICO joist SJ90 nach ETA-06/0238
$h = 300$ mm, $b_{Steg} = 90$ mm, $h_{Steg} = 45$ mm, $e = 625$ mm,
$\rho_{k,Steg} = 380$ kg/m³
2) Mineralfaserdämmung
3) Klammer nach Z-9.1-737
a) Querschnitt und Unteransicht der Decke
b) Doppelstegträger STEICO joist SJ90 nach ETA-06/0238

Bild 3.64. Decke mit Doppelstegträger STEICO joist SJ90 nach ETA-06/0238 und Dämmung

Nach DIN EN 1995-1-1/NA:2013, Abschnitt NCI zu 8.4 (NA.16) gilt bei Beanspruchung auf Herausziehen Folgendes:

- Die wirksame Einschlagtiefe t_{pen} muss mindestens $12 \cdot d$ betragen. Dabei darf nicht mehr als die beharzte Länge, höchstens jedoch $20 \cdot d$, in Rechnung gestellt werden.
- Der charakteristische Wert $f_{ax,k}$ des Ausziehparameters muss bei Klammerverbindungen, die mit einer Holzfeuchte über 20 % hergestellt werden, auf 1/3 abgemindert werden.
- Beträgt der Winkel zwischen Holzfaserrichtuung und Klammerrücken weniger als 30°, darf der charakteristische Wert der Tragfähigkeit einer Klammer zu 70 % in Rechnung gestellt werden.
- Beim Anschluss von Massivholz-, Sperrholz- und Faserplatten darf der charakteristische Wert der Tragfähigkeit nur dann in Rechnung gestellt werden, wenn die Platten mindestens 6 mm dick sind, für OSB-Platten oder kunstharzgebundene Spanplatten, wenn die Platten mindestens 8 mm dick sind. Bei versenkter Anordnung der Klammerrücken sind die Mindestdicken der Holzwerkstoffplatten um 2 mm zu erhöhen (s. Bild 3.61.).
- Die Mindestabstände und Eindringtiefe sind wie bei rechtwinklig zu ihrer Achse beanspruchten Klammern einzuhalten.

Beharzte Klammern, die in der Klasse der Lasteinwirkungsdauer lang oder ständig auf Herausziehen beansprucht werden, können nur mit einer **bauaufsichtlichen Verwendbarkeitsnachweis** verwendet werden (s. a. DIN 1052-10, Abschnitt 4.5).

Beispiel 3.10. (nach DIN EN 1995-1-1:2010)

An der dargestellten Balkenlage aus Doppelstegträgern (Abstand 0,625 m, Spannweite 3,0 m) sollen an der Unterseite Sperrholz-Platten befestigt werden. Diese dienen als Unterkonstruktion für den weiteren Aufbau der Deckenkonstruktion. Die Befestigung einer Sperrholzplatte erfolgt mit 30 Stk. beharzten Klammern nach Z-9.1-737 mit Rechteckquerschnitt. Es ist der Nachweis der Tragfähigkeit zu führen (s. Bild 3.64.).

NKL = 2 und KLED = ständig $\Rightarrow$ $k_{mod} = 0{,}6$ (DIN EN 1995-1-1, Tabelle 3.1)

$\gamma_M = 1{,}3$

Einwirkungen:

- Eigenlast Decke $G_k = 0{,}4\ \text{kN/m}^2$,
- veränderliche Einwirkungen entfallen, Kombinationsbeiwerte entfallen,
- Teilsicherheitsbeiwert $\gamma_G = 1{,}35$.

Bemessungswert der ständigen Einwirkung:

$$G_d = \gamma_G \cdot G_k = 1{,}35 \cdot 0{,}4 = 0{,}54\ \text{kN/m}^2$$

Aufzunehmende Verbindungsmittelkraft je Sperrholzplatte:

$F_d = \ell \cdot b \cdot G_d = 2{,}5 \cdot 1{,}2 \cdot 0{,}54 = 1{,}6\ \text{kN}$

Baustoffeigenschaften:

Sperrholz mit:

$d = t_1 = 19\ \text{mm}$

$\rho_k = 350\ \text{kg/m}^3 = \rho_{k,1}$

Abmessungen: $\ell \times b = 2{,}5 \times 1{,}2$ m

Doppelstegträger

Steg: C30 nach DIN EN 338, Tabelle 1 mit

$\rho_k = 380\ \text{kg/m}^3 = \rho_{k,2}$

$h = 300\ \text{mm}$

Verbindungsmittel nach allgemeiner bauaufsichtlicher Zulassung Z-9.1-737:

Klammer $\ell \times \text{b} = 50 \times 12\ \text{mm} \times (1{,}36 \times 1{,}65)$

Klammerschaft mit Rechteckquerschnitt, beharzt

Anzahl der Verbindungsmittel je Sperrholzplatte:

$n_{Klammern} = 30$, 6 Stk. je Steg

$\alpha = 30°$-Winkel zwischen Klammerrücken und Faserrichtung des Holzes

Nach DIN EN 1995-1-1:2010, Abschnitt 8.4 (2) ist der Durchmesser des Klammerschaftes bei Klammern mit Rechteckquerschnitt als die Quadratwurzel aus dem Produkt beider Abmessungen zu wählen:

Schaftbreite: $a_s = 1{,}36$ mm

Schaftdicke: $b_s = 1{,}65$ mm

$d = \sqrt{a_s \cdot b_s} = \sqrt{1{,}36 \cdot 1{,}65} = 1{,}498 \approx 1{,}5$ mm

Klammerrückenbreite nach DIN EN 1995-1-1:2010, Abschnitt 8.4 (3):

$b \geq 6 \cdot d$

$12 \geq 6 \cdot 1{,}5$

12 mm $>$ 9 mm **Nachweis erfüllt!**

Mindesteindringtiefe nach DIN EN 1995-1-1:2010, Abschnitt 8.4 (3):

$t_2 \geq 14 \cdot d$

$\ell - t_1 \geq 14 \cdot 1{,}5$

$50 - 19 = 31$ mm > 21 mm **Nachweis erfüllt**

Lösung A*: Berechnung nach der allgemeinen bauaufsichtlichen Zulassung Z-9.1-737*

Nach Z-9.1-737, Abschnitt 3 beträgt der Bemessungswert der Tragfähigkeit je Klammer für langfristige oder ständige Beanspruchung auf Herausziehen 70 N.

Nachweis der Tragfähigkeit:

$$\frac{F_d}{F_{ax,Rd}} \leq 1 = \frac{F_d}{n_{Klammern} \cdot F_{ax,Rd}} \leq 1$$

$$\frac{1{,}6}{30 \cdot 0{,}07} = 0{,}76 < 1$$ **Nachweis erfüllt!**

Lösung B*: Berechnung nach DIN EN 1995-1-1:2010*

Charakteristischer Wert des Ausziehwiderstandes:

Nach DIN EN 1995-1-1/NA:2013, NCI zu 8.4 (NA.13) können Klammern bei Beanspruchung in Schaftrichtung wie zwei profilierte Nägel der Tragfähigkeitsklasse 2 nach Tabelle NA.16 betrachtet werden, wenn sie beharzt sind und $\alpha \geq 30°$ ist.

$$F_{ax,Rk} = \min\begin{Bmatrix} f_{ax,k} \cdot d \cdot t_{pen} \\ f_{head,k} \cdot d_h^2 \end{Bmatrix}$$ [DIN EN 1995-1-1, Gl. (8.23)]

$t_{pen} = 31$ mm

Charakteristischer Wert der Ausziehfestigkeit auf der Seite der Nagelspitze:

$f_{ax,k} = 40 \cdot 10^{-6} \cdot \rho_k^2$ [DIN EN 1995-1-1/NA, Tabelle NA.16]

$f_{ax,k} = 40 \cdot 10^{-6} \cdot 380^2$

$f_{ax,k} = 5{,}78\ \text{N/mm}^2$

Charakteristischer Wert der Kopfdurchziehfestigkeit:

Nach DIN EN 1995-1-1/NA:2013, NCI zu 8.3.2 (NA.15) ist bei Platten mit einer Dicke zwischen 12 mm und 20 mm mit folgendem Wert zu rechnen:

$f_{head,k} = 8\ \text{N/mm}^2$

Bei Bestimmung des Ausziehwiderstandes nach Gl. (8.23) ist nach DIN EN 1995-1-1/NA:2013, NCI zu 8.4 (NA.15) für Klammern anstelle d_h^2 das Produkt aus Klammerdurchmesser und Klammerrückenbreite anzusetzen.

$$F_{ax,Rk} = \min\begin{Bmatrix} f_{ax,k} \cdot d \cdot t_{pen} \\ f_{head,k} \cdot b \cdot d \end{Bmatrix}$$ [DIN EN 1995-1-1, Gl. (8.23)]

$$F_{ax,Rk} = \min\begin{Bmatrix} 5{,}78 \cdot 1{,}5 \cdot 31 \\ 8 \cdot 12 \cdot 1{,}5 \end{Bmatrix}$$

$$F_{ax,Rk} = \min\begin{Bmatrix} 268{,}8 \\ 144 \end{Bmatrix} = 144\ \text{N}$$ Wert für einen Klammerschaft

$F_{ax,Rk} = 2 \cdot 144\ \text{N} = 288\ \text{N}$

Bemessungswert des Ausziehwiderstandes:

$$F_{ax,Rd} = \frac{k_{mod} \cdot F_{ax,Rk}}{\gamma_M} = \frac{0{,}6 \cdot 288}{1{,}3}$$ [DIN EN 1995-1-1, Gl. (2.17)]

$F_{ax,Rd} = 132{,}9\ \text{N} = 0{,}13\ \text{kN}$

Nachweis der Tragfähigkeit:

$$\frac{F_d}{F_{ax,Rd}} \leq 1 = \frac{F_d}{n_{Klammern} \cdot F_{ax,Rd}} \leq 1$$

$$\frac{1{,}6}{30 \cdot 0{,}13} = 0{,}41 < 1$$ **Nachweis erfüllt!**

Mindestabstände für Beispiel 3.10. (Steico Doppel-T-Träger)

	Bezeichnung	DIN EN 1995-1-1:2010, Tabelle 8.3			
		Beplankung		Gurte	
		Mindestabstände	mm	Mindestabstände	mm
untereinander in Faserrichtung	$\parallel$, a_1	$(10 + 5 \cdot \lvert\cos\alpha\rvert) \cdot d$	170 (13)	$(10 + 5 \cdot \lvert\cos\alpha\rvert) \cdot d$	170 (15)
untereinander rechtwinklig zur Faser	$\perp$, a_2	$15 \cdot d$	- (20)	$15 \cdot d$	- (23)
vom beanspruchten Hirnholzende	$a_{3,t}$	$(15 + 5 \cdot \lvert\cos\alpha\rvert) \cdot d$	- (11)	$(15 + 5 \cdot \lvert\cos\alpha\rvert) \cdot d$	- (29)
vom unbeanspruchten Hirnholzende	$a_{3,c}$	$15 \cdot d$	170 (5,0)	$15 \cdot d$	170 (23)
vom beanspruchten Rand	$a_{4,t}$	$(15 + 5 \cdot \lvert\sin\alpha\rvert) \cdot d$	- (11)	$(15 + 5 \cdot \lvert\sin\alpha\rvert) \cdot d$	- (27)
vom unbeanspruchten Rand	$a_{4,c}$	$10 \cdot d$	170 (5,0)	$10 \cdot d$	170 (15)

Klammern, Durchmesser *d* = 1,5 mm

α = Winkel zwischen Kraft und Faserrichtung = 90°

$\theta = 30°$ Winkel zwischen Klammerrücken und Faserrichtung

(...) rechnerische Werte

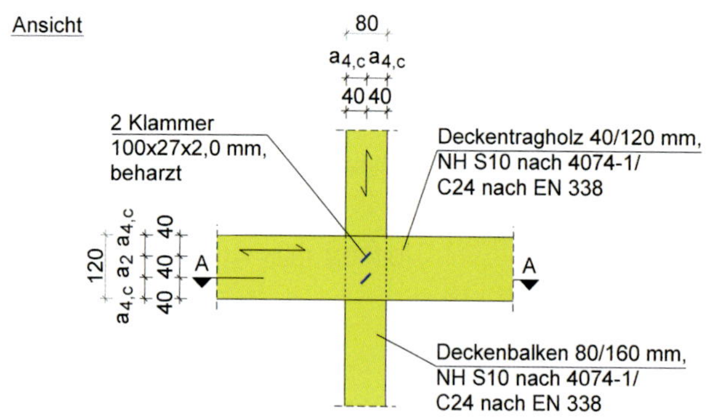

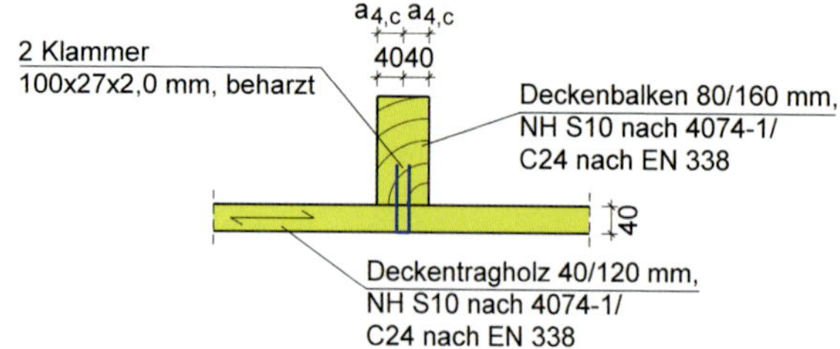

Bild 3.65. Befestigung Unterdecke

Beispiel 3.11. (nach DIN EN 1995-1-1:2010)

Die Tragkonstruktion aus Beispiel 3.8. soll mit Klammern mit rundem Schaft befestigt werden. Es ist zu ermitteln, wie viele Klammern notwendig sind, um eine ausreichende Tragfähigkeit zu gewährleisten.

NKL = 2 und KLED = ständig $\Rightarrow k_{mod} = 0{,}6$

$\gamma_M = 1{,}3$

Verbindungsmittel:
Klammer $100 \times 27 \times 2{,}0$, beharzt

Eindringtiefe Klammer:

$t_2 = 100 - 40\ \text{mm} = 60\ \text{mm}$

Mindestzugfestigkeit nach DIN EN 1995-1-1:2010, Abschnitt 8.4 (6):

$f_u = 800\ \text{N/mm}^2$

Bemessungswert der ständigen Einwirkung:

$F_d = 0{,}81\,\text{kN}$ (Übernahme aus Beispiel 3.8)

Baustoffeigenschaften:
NH S10 nach DIN 4074-1 = C24 nach EN 338, Tabelle 1, trocken,

$\rho_k = 350\ \text{kg/m}^3$

Lösung:
Mindesteindringtiefe:

nach DIN EN 1995-1-1:2010, 8.4 (3)

$t_2 \geq 14 \cdot d$

$\ell - t_1 \geq 14 \cdot 2{,}0$

$100 - 40 = 60\ \text{mm} > 28\ \text{mm}$ **Nachweis erfüllt!**

Klammerrückenbreite:

nach DIN EN 1995-1-1:2010, 8.4 (3)

$b \geq 6 \cdot d$

$27 \geq 6 \cdot 2{,}0$

$27\ \text{mm} > 12\ \text{mm}$ **Nachweis erfüllt!**

Charakteristischer Wert des Ausziehwiderstandes:

Nach DIN EN 1995-1-1/NA:2013, NCI zu 8.4 (NA.13) können Klammern bei Beanspruchung in Schaftrichtung wie zwei profilierte Nägel der Tragfähigkeitsklasse 2 nach Tabelle NA.15 betrachtet werden, wenn sie beharzt sind und $\alpha \geq 30°$ ist.

$$F_{ax,Rk} = \min\begin{Bmatrix} f_{ax,k} \cdot d \cdot t_{pen} \\ f_{head,k} \cdot d_h^2 \end{Bmatrix}$$ [DIN EN 1995-1-1, Gl. (8.23)]

$t_{pen} = t_2 = 60\ \text{mm}$

Charakteristischer Wert der Ausziehfestigkeit auf der Seite der Nagelspitze:

$f_{ax,k} = 40 \cdot 10^{-6} \cdot \rho_k^2$ [DIN EN 1995-1-1/NA, Tabelle NA.16]

$f_{ax,k} = 40 \cdot 10^{-6} \cdot 350^2$

$f_{ax,k} = 4{,}9\ \text{N/mm}^2$

Charakteristischer Wert der Kopfdurchziehfestigkeit:

$f_{head,k} = 100 \cdot 10^{-6} \cdot \rho_k^2$ [DIN EN 1995-1-1/NA, Tabelle NA.16]

$f_{head,k} = 100 \cdot 10^{-6} \cdot 350^2$

$f_{head,k} = 12{,}25\ \text{N/mm}^2$

Bei Bestimmung des Ausziehwiderstandes nach Gl. (8.23) ist nach DIN EN 1995-1-1/NA:2013, NA.15 für Klammern anstelle d_h^2 das Produkt aus Klammerdurchmesser und Klammerrückenbreite anzusetzen.

$$F_{ax,Rk} = \min\begin{Bmatrix} f_{ax,k} \cdot d \cdot t_{pen} \\ f_{head,k} \cdot b \cdot d \end{Bmatrix}$$ [DIN EN 1995-1-1, Gl. (8.23)]

$$F_{ax,Rk} = \min\begin{Bmatrix} 4{,}9 \cdot 2{,}0 \cdot 60 \\ 12{,}25 \cdot 27 \cdot 2{,}0 \end{Bmatrix}$$

$$F_{ax,Rk} = \min\begin{Bmatrix} 588 \\ 661{,}5 \end{Bmatrix} = 588\ \text{N}$$ Wert für einen Klammerschaft

$F_{ax,Rk} = 2 \cdot 588\ \text{N} = 1176\ \text{N}$

Bemessungswert des Ausziehwiderstandes:

$$F_{ax,Rd} = \frac{k_{mod} \cdot F_{ax,Rk}}{\gamma_M} = \frac{0{,}6 \cdot 1176}{1{,}3}$$ [DIN EN 1995-1-1, Gl. (2.17)]

$F_{ax,Rd} = 542{,}8\ \text{N} = 0{,}54\ \text{kN}$

Nachweis:

$$\frac{F_d}{n_{Klammern} \cdot F_{ax,Rd}} = \frac{0{,}81}{2 \cdot 0{,}54} = 0{,}75 < 1{,}0$$ **Nachweis erfüllt!**

Bei der Verwendung von 2 Klammern pro Anschluss ist eine ausreichende Tragfähigkeit gewährleistet.

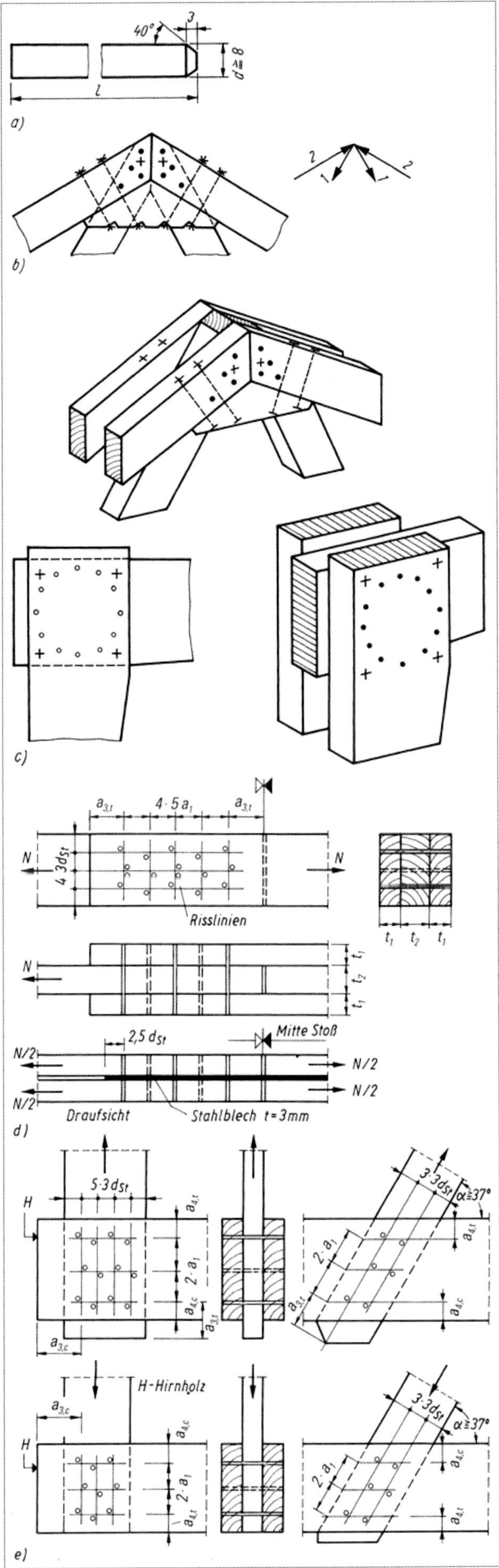

Legende

a) Stabdübel

b) Firstknoten eines Fachwerkbinders, Diagonalstäbe mit vier Stabdübeln angeschlossen, in der Mitte Klemmbolzen, Obergurte sind über eine Knagge mit Schraubenbolzen verbunden

c) biegesteife Rahmenecke, Klemmbolzen auch für Montage

d) Mindestabstände bei Beanspruchung parallel zur Faser

e) Mindestabstände bei Beanspruchung im Winkel zur Faser

Bild 3.66. Anwendungsbeispiele und Mindestabstände für Stabdübel und Passbolzen nach DIN EN 1995-1-1:2010

3.7. Stabdübel-, Passbolzen und Bolzen- bzw. Gewindestangenverbindungen

3.7.1. Allgemeines

Unter die Festlegungen für Stabdübel- und Bolzenverbindungen fallen alle zylindrischen Verbindungsmittel aus Stahl, die überwiegend auf Biegung beansprucht werden und im Holz Lochleibungsdruck hervorrufen.

Grundsätzlich ist zwischen Stabdübeln, Passbolzen, Bolzen und Gewindestangen (Gewindebolzen) zu unterscheiden.

Stabdübelverbindungen nach DIN EN 1995-1-1:2010, Abschnitt 1.5.2.2:

Verbindung, bestehend aus kreisrunden zylindrischen Stäben, meist aus Stahl, mit oder ohne Kopf, die passgenau in vorgebohrte Löcher eingebaut werden und für die Übertragung von Kräften rechtwinklig zur Stabdübelachse verwendet werden.

Stabdübel bestehen aus warm gewalztem oder blankem Rundstahl ohne Gewinde und Mutter. Sie sind an den Enden leicht abgefast, damit das Holz beim Eintreiben nicht splittert (Tabellen 3.22. und 3.24.). Die Durchmessertoleranz der verwendeten Stabdübel sollte –0/+0,1 mm betragen. Tabelle 3.22. zeigt die Vorzugsmaße für Stabdübel nach DIN 1052:2008.

Tabelle 3.22. Vorzugsmaße für Stabdübel nach DIN 1052:2008, Tabelle G.10

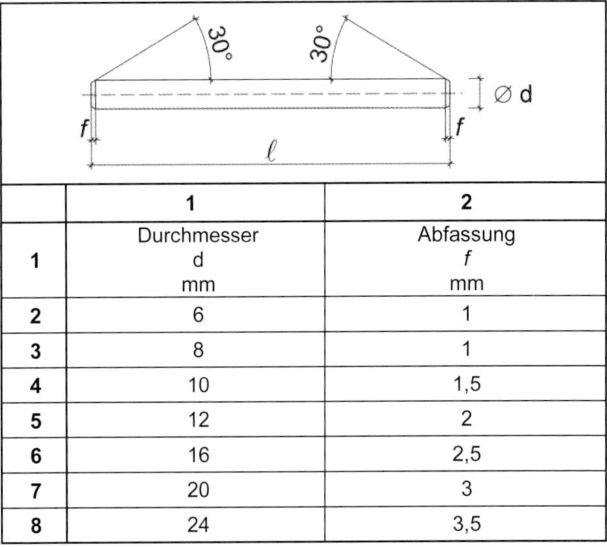

	1	2
1	Durchmesser d mm	Abfassung f mm
2	6	1
3	8	1
4	10	1,5
5	12	2
6	16	2,5
7	20	3
8	24	3,5

Bild 3.67. zeigt eine Anwendung von Stabdübeln bei der Reparatur einer historischen Dachkonstruktion.

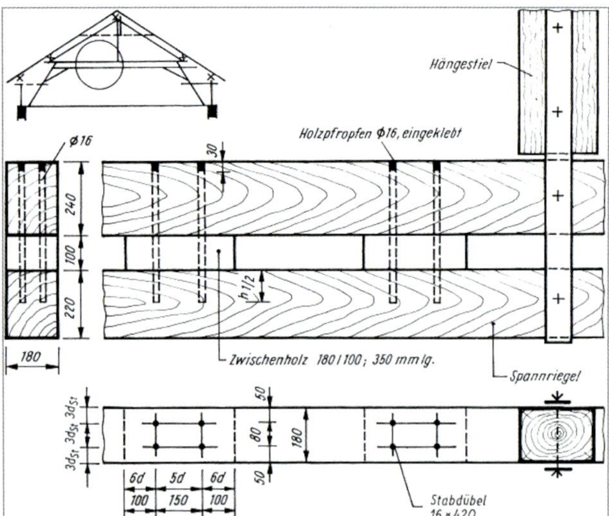

Bild 3.67. Nachträglich eingebaute Zwischenhölzer mit Stabdübeln verbunden (Mindestabstände nach DIN EN 1995-1-1:2010/FprA2:2013, Änderung zu 8.6, Tabelle 8.5), damit beide Spannriegel der Dachkonstruktion zusammenwirken, und eingeklebte Holzpfropfen aus brandschutztechnischen Gründen

Passbolzen sind mit Kopf und Mutter oder beiderseits mit Muttern und Scheiben versehen (Bild 3.68.). Sie wirken wie Stabdübel; sie dürfen deshalb mit Stabdübeln zusammenwirkend in einem Anschluss rechnerisch berücksichtigt werden.

Die Gewinde der Passbolzen werden kleiner als der Nenndurchmesser ausgeführt, z. B. Passbolzendurchmesser 20 mm, Gewinde M16.

Passbolzen werden angewendet, um z. B.
- außen liegende Stahlteile zu sichern
- zusätzliche Kräfte in Achsrichtung aufzunehmen
- die Klemmwirkung der Stabdübelverbindung zu erhöhen.

Passbolzen werden mit Passsitz ohne Spiel eingebaut, d. h. Bohrlochdurchmesser ist gleich Nenndurchmesser des Dübels.

Passbolzenverbindungen sind eine wichtige und leistungsfähige mechanische Verbindungsart.

Bolzen werden überwiegend als Schraubenbolzen (Sechskantschrauben mit Schaft nach DIN 601) ohne Passsitz (geringes Lochspiel von etwa 1 mm) eingebaut. Bolzenverbindungen sind lösbare, nachspannbare, punktförmige Verbindungen.

Bolzen erhalten beidseitig Unterlegscheiben, die bei außen liegenden Stahlteilen den Stahlbaunormen entsprechen. Verbinden die Bolzen Holzbauteile, so müssen die Unterlegscheiben wegen der möglichen Eindrückungen größer sein. Die Seitenlänge oder der Durchmesser soll nach DIN EN 1995-1-1:2010, Abschnitt 10.4.3 (2) mindestens $3 \cdot d$ betragen (d = Bolzendurchmesser oder Seitenlänge). Sie müssen auch eine gewisse Biegesteifigkeit haben. Deshalb ist festgelegt, dass die Dicke der Unterlegscheiben mindestens $0{,}3 \cdot d$ ist.

Für Holzbauscheiben gilt DIN EN ISO 7094. Bolzen und Passbolzen sind nach Festigkeitsklassen in DIN EN ISO 898-1 geregelt (s. Tabelle 3.26.).

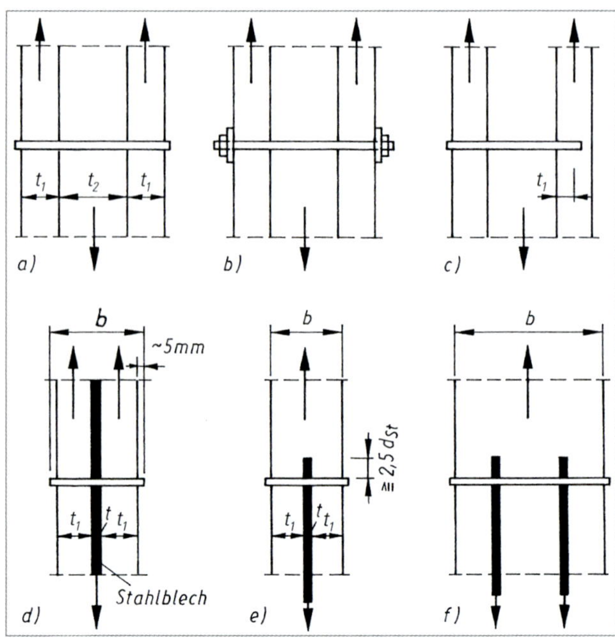

Legende
a) bis c) Holz-Holz-Verbindungen
d) bis f) Stahlblechverbindungen

Bild 3.68. Ausbildung von Stabdübel- und Passbolzenanschlüssen

Tabelle 3.23. Unterlegscheiben nach Bild 1 und Tabelle 1 in DIN EN ISO 7094 (Auszug)

h, ød_1, ød_2 — Maße in Millimeter

Nenngröße (Gewinde-Nenndurchmesser d)	Lochdurchmesser d_1		Außendurchmesser d_2		Dicke h		
	min.= Nennmaß	max.	max.= Nennmaß	min.	Nennmaß	max.	min.
6	6,60	6,96	22,0	20,7	2	2,3	1,7
8	9,00	9,36	28,0	26,7	3	3,6	2,4
10	11,0	11,43	34,0	32,4	3	3,6	2,4
12	13,5	13,93	44,0	42,4	4	4,6	3,4
16	17,5	18,2	56,0	54,1	5	6	4
20	22,00	22,84	72,0	70,1	6	7	5
24	26,00	26,84	85,0	82,8	6	7	5
30	33	34	105,0	102,8	6	7	5

Gewindebolzen

Anstelle von Bolzen dürfen auch Gewindestangen (Gewindebolzen) nach DIN 976-1 M6 bis M30 verwendet werden (s. DIN EN 1995-1-1/NA:2013, NCI NA.8.5.3 (NA.2)). Gewindestangen besitzen beidseitig Muttern mit Unterlegscheiben. Die Bohrlöcher für Gewindestangen und Bolzen dürfen 1 mm größer als der Bolzendurchmesser gebohrt werden.

Kraftübertragung bei Beanspruchung senkrecht zur Stiftachse

Stabdübel/Passbolzen/Gewindestangen und Bolzen werden hauptsächlich auf Abscheren beansprucht. Das Tragverhalten derartiger Verbindungen ist von folgenden Faktoren abhängig:

- Geometrie der Verbindung,
- Biegewiderstand des stiftförmigen Verbindungsmittels (= charakteristische Fließmoment $M_{y,k}$),
- Lochleibungsfestigkeit des Holzes.

Bezogen auf die Konstruktion der Verbindung kann die Tragfähigkeit durch eine Stahl-Holz-Verbindungen erhöht werden (s. Bild 3.69.).

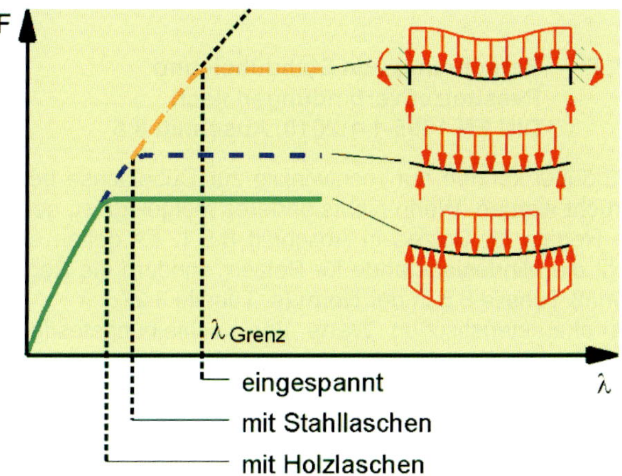

Bild 3.69. Einfluss der Lagerungsbedinungen auf die Grenzschlankheit des Bolzens, nach [*Gehri* 1981]

Stahllaschen bewirken je nach Blechdicke eine Einspannwirkung. Bei Verwendung des gleichen Bolzendurchmessers wie für eine Holz-Holz-Verbindung sind größere Tragfähigkeiten erreichbar. Gleichzeitig zeigt das Bild 3.69., dass größere Stiftschlankheiten möglich sind. Stähle mit höherer Festigkeit haben einen höheren Biegewiderstand (s. a. Bild 3.70.). Neuere Untersuchungen zeigen weitere Verbesserungen in der Tragfähigkeit und der erforderlichen Anzahl von Stabdübeln durch sehr hochfeste Feinkornstähle (s. [*Sandhaas* u. a. 2010], [*Kuilen* 2010], [*Kuilen* 2009]).

Die Lochleibungsfestigkeit ist abhängig vom Verbindungsmitteldurchmesser *d*, der charakteristischen Rohdichte und der Kraft-Faser-Richtung der Beanspruchung. Die Lochleibungsfestigkeit kann durch höherfestere Holzarten (z. B. Laubhölzer) gesteigert werden. Die Tragfähigkeit der Verbindungsmittel steigt mit wachsender Rohdichte (s. Bild 3.71.). Allerdings ist dabei zu berücksichtigen, dass das vom Holz umgebene stiftförmige Verbindungsmittel auf Druck beansprucht wird (s. Bild 3.72.) und je nach Verbindungsmitteldurchmesser auch Spaltkräfte bzw. Querspannungen entstehen. Außerdem verteilt sich die Lochleibungsspannung ungleichmäßig innerhalb der Verbindung (s. Bild 3.73.). Bild 3.74. zeigt verschiedene Vorschläge für die Berechnung der charakteristischen Lochleibungsfestigkeit bei Beanspruchung parallel zur Faser, abgeleitet aus Versuchen.

Das Lastverschiebungsbild von Bolzenverbindungen zeigt, dass sie von allen Verbindungsmitteln die größten Verschiebungen aufweisen (s. Bild 3.5.). Deshalb werden sie für freitragende Konstruktionen (Dauerbauten) oder Bauteile, bei denen nur geringe Verschiebungen zulässig sind, nicht angewandt.

Bolzen werden verwendet z. B. als

- Klemm- und Sicherungsschrauben (z. B. bei Dübelverbindungen, Versätzen, zur Lagesicherung von Bauteilen),
- tragende Schrauben (z. B. bei Gerüsten, Absteifungen und bei Hilfskonstruktionen auf der Baustelle, bei Fliegenden Bauten (DIN EN 13782 und DIN EN 13814), bei untergeordneten Bauten).

Deshalb sind die in Tabelle 1 der DIN EN ISO 7094 angegebene Vorzugsmaße maßgebend.

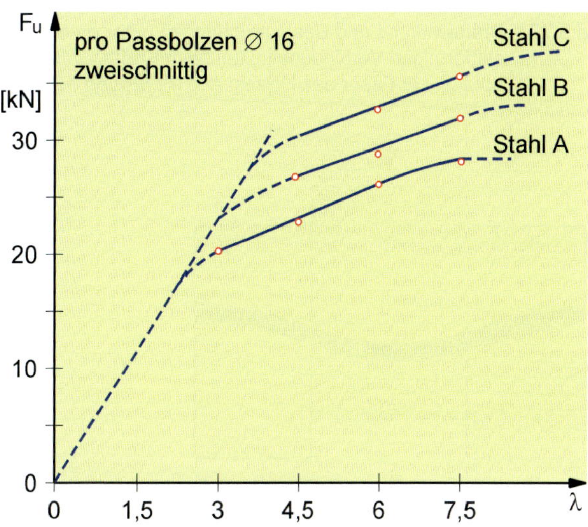

Stahleigenschaften (nach Zugversuchen)

Stahlsorte	σ_f [N/mm²]	σ_u [N/mm²]
A	262	404
B[1]	524	560
C[1]	915	1008
1) Proben auf Ø 13 mm abgearbeitet		

Bild 3.70. Einfluss der Stahlfestigkeit auf den Tragwiderstand von Passbolzen Ø 16 in zweischnittigen Verbindungen mit Brettschichtholz aus Fichte; Mittelwerte aus jeweils 3 Versuchen, nach [*Gehri* 1981]

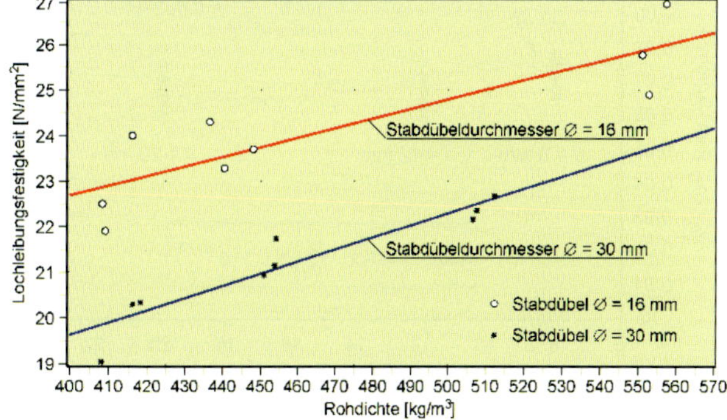

Bild 3.71. Lochleibungsfestigkeit in Abhängigkeit von der Rohdichte des Holzes, aus [*Beyersdorfer* u. a. 1987]

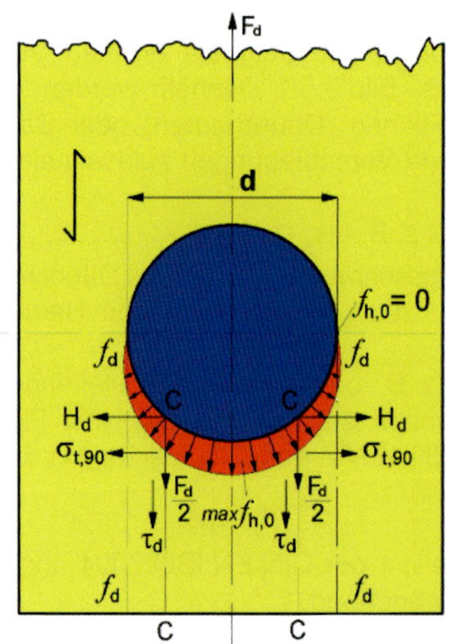

Bild 3.72. Kräftewirkung und Beanspruchungen unter einem stiftförmigen Verbindungsmittel beim Kraftangriff parallel zur Faser des Holzes, aus [*Fonrobert* 1960]

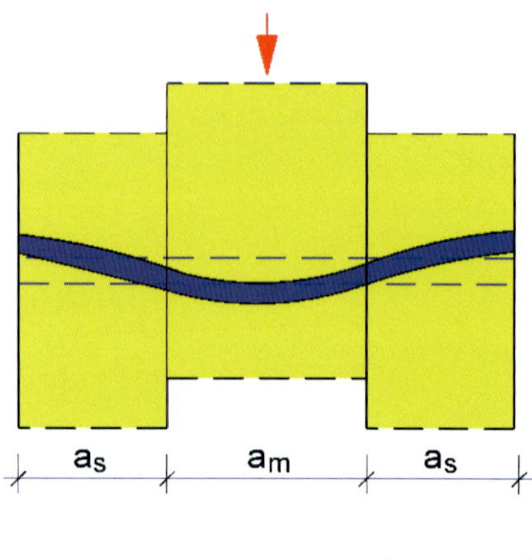

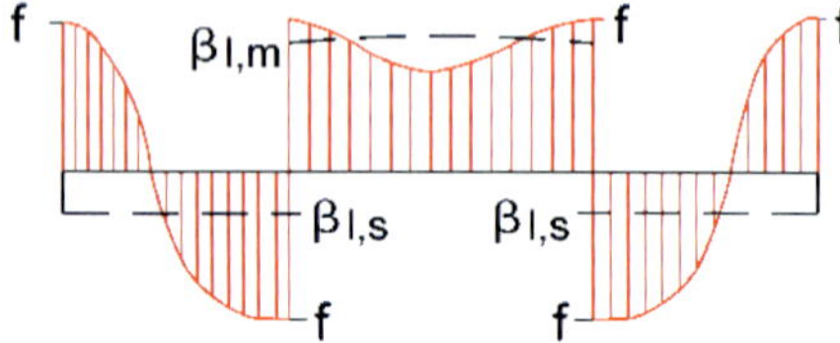

Bild 3.73. Qualitative Verteilung der Lochleibungsspannung ($\beta = 1$) [*Ehlbeck/Werner* 1988]

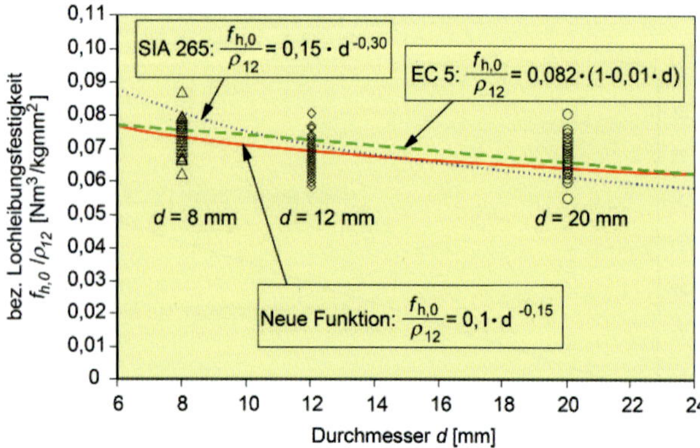

Bild 3.74. Bezogene Lochleibungsfestigkeit $f_{h,0}/\rho_{12\%}$ parallel zur Faserrichtung in Abhängigkeit des Stabdübeldurchmessers *d* [*Schickhofer* u. a. 2007]

Weiterführende Literatur: [*Lißner/Rug* 2016], [*Schickhofer* u. a. 2007], [*Blaß/Ehlbeck* u. a. 2005], [*Mischler* 1998], [*Brüninghoff* u. a. 1997], [*Werner* 1993], [*Kolb/Radovic* 1986], [*Kolb/Radovic* 1981]

Stabdübelähnliche Verbindungsmittel aus Kunstharzpressschichtholz oder Nadel- und Laubholz

Die mechanischen Verbindungsmittel im konstruktiven Holzbau bestehen vorwiegend aus Metall, die bei besonderen Bauaufgaben Nachteile haben, z. B. wegen ihrer Korrosionsanfälligkeit, ihres Brandverhaltens, aber auch aus ästhetischen Gründen. Holzhaltige Verbindungsmittel können diese Nachteile ausgleichen, sofern sie kostengünstig hergestellt und eingebaut werden können und das Trag- und Verformungsverhalten zuverlässig beschrieben und rechnerisch erfasst werden kann (s. a. Abschnitt 3.11.).

3.7.2. Berechnung von Stabdübel- und Passbolzenverbindungen nach DIN EN 1995-1-1:2010, Abschnitt 8.6

Stabdübel können nur rechtwinklig zur Dübelachse beansprucht werden. Wenn nichts anderes festgelegt ist, gelten die Regeln für Bolzen in Abschnitt 8.5.1. Es gelten aber nicht die Mindestabstände für Bolzen, sondern die Regeln gemäß Tabelle 8.5 in der Norm (s. Tabelle 3.27.).

Die charakteristischen Werte der Lochleibungsfestigkeit und des Fließmomentes sind nach den Gleichungen in Tabelle 3.25. zu berechnen. Wie dieser Tabelle zu entnehmen ist, muss bei der Berechnung des charakteristischen Wertes der Lochleibungsfestigkeit der Last-Faser-Winkel berücksichtigt werden.

Der charakteristische Wert der Tragfähigkeit pro Scherfuge und Verbindungsmittel berechnet sich nach dem Näherungsverfahren nach den in Tabelle 3.12. enthaltenen Formeln. Bei Berechnung nach dem genauen Verfahren gelten die Formeln in den Tabellen 3.7. bis 3.11. Für tragende Verbindungen müssen mindestens vier Scherflächen vorhanden sein, wobei mindestens zwei Stabdübel angeordnet werden müssen. Eine Verbindung mit nur einem Stabdübel ist möglich, wenn der charakteristische Wert der Tragfähigkeit nur zu 50 % ausgenutzt wird.

Nach DIN EN 1995-1-1:2010, Abschnitt 8.6 (2) müssen Stabdübel mindestens einen Durchmesser von 6 mm haben. Als oberer Grenzwert ist ein Durchmesser von 30 mm zugelassen.

Bei Verbindungen mit Blechen darf das Bohrloch im Stahlblech 1 mm größer gebohrt werden.

Grundsätzlich lassen sich Stabdübelverbindungen für Holz-Holz-Verbindungen, Holzwerkstoff-Holz-Verbindungen oder Stahl-Holz-Verbindungen verwenden. Vorerst können bei den Holzwerkstoff-Holz-Verbindungen nur Sperrholz-Holz-Verbindungen und OSB-Holz-Verbindungen bemessen werden, da für diese Materialien Rechenwerte für die Lochleibungsfestigkeit angegeben werden können (s. Tabelle 3.25.).

Die Stahlgüte für Stabdübel ist in drei Normstahlsorten vorgegeben. Ihre Stahlsorte muss der DIN EN 1993-3 entsprechen. Stabdübel müssen aus Stahl S 235, S 275 oder S 355 der vorgenannten Norm bestehen. Die charakteristischen Werte der Zugfestigkeit der einzelnen Stahlgüten können Tabelle 3.24. entnommen werden.

Tabelle 3.24. Charakteristischer Wert der Zugfestigkeit des Stahles für Stabdübel in [N/mm²]

Normstahlsorte nach DIN EN 10025-2	Charakteristische Festigkeit $f_{u,k}\left[N/mm^2\right]$
S 235	360
S 275	430
S 355	510

Besteht die Verbindung aus außen liegenden Blechen, so erhalten die Stabdübel eine Kopfausbildung mit Gewinde und Muttern, auch als **Passbolzen** bezeichnet. Es muss die volle Schaftdicke in der gesamten Verbindung stehen. Häufig werden Passbolzen auch bei großflächigen Verbindungen eingesetzt. Passbolzen haben unterschiedliche Festigkeiten, die Werte sind gleich denen von Bolzen (s. a. Tabelle 3.26.). Für Gewindebolzen nach DIN 976-1 sind die charakteristischen Festigkeitswerte in DIN 1052-10 angegeben, und die Werte können in Tabelle 3.26. entnommen werden.

Wegen der Spaltgefahr ist die Tragfähigkeit von Stabdübelverbindungen mit mehreren in Faserrichtung hintereinander angeordneten Stabdübeln mit der wirksamen Anzahl der Stabdübel nach Gl. (8.34) in DIN EN 1995-1-1:2010 zu bestimmen. Es gilt:

$$n_{ef} = \min\begin{cases} n \\ n^{0,9}\cdot\sqrt[4]{\dfrac{a_1}{13\cdot d}} \end{cases}$$

mit:

a_1 Abstand der Stabdübel untereinander in Faserrichtung,
n Anzahl der in Faserrichtung hintereinander angeordneten Stabdübel,
α Winkel zwischen Kraft- und Faserrichtung.

Gl. (8.34) ist nicht anzuwenden, wenn durch eine Verstärkung, rechtwinklig zur Faser angeordnet, ein Aufspalten des Holzes verhindert wird (s. Bild 3.12.). Dann ist $n_{ef} = n$. In biegesteifen Verbindungen mit einem Stabdübelkreis (s. Bild 3.66.c), in mehrteilig zusammengesetzten Bauteilen mit nachgiebigen Fugen und in Verbindungen zwischen Rippen und Beplankungen aussteifender Scheiben ist ebenfalls $n_{ef} = n$. In biegesteifen Verbindungen mit mehreren Dübelkreisen, z. B. Rahmenecken ist nach Gl. (NA.124) $n_{ef} = 0,85\cdot n$ ($n =$ Gesamtzahl der in den Kreisen befindlichen Stabdübel).

Tabelle 3.25. Berechnung charakteristischer Werte der Lochleibungsfestigkeit und des Fließmomentes für Stabdübel-, Passbolzen-, Bolzen- bzw. Gewindestangen-Verbindungen (nach DIN EN 1995-1-1:2010, Abschnitt 8.5)

Charakteristischer Wert der Lochleibungsfestigkeit			
Art der Verbindung	**Belastung im Winkel α zur Faser**		
	$\alpha = 0°$	$0° < \alpha < 90°$	
Holz/Holz	Gl. (8.32) $f_{h,0,k} = 0,082\cdot(1-0,01d)\rho_k\left[N/mm^2\right]$	Gl. (8.31) $f_{h,\alpha,k} = \dfrac{f_{h,0,k}}{k_{90}\cdot\sin^2\alpha+\cos^2\alpha}\left[N/mm^2\right]$ $k_{90} = 1,0$ für Stabdübel mit $d \le 8$ mm	
		Nadelholz Gl. (8.33) $k_{90} = 1,35+0,015d$ Furnierschichtholz Gl. (8.33) $k_{90} = 1,30+0,015d$	Laubholz Gl. (8.33) $k_{90} = 0,90+0,015d$
Holzwerkstoff/Holz Sperrholz	Gl. (8.36) $f_{h,k} = 0,11(1-0,01d)\rho_k\left[N/mm^2\right]$; $\rho_k\left[kg/m^3\right]$; d [mm]		
Spanplatten und OSB-Platten	Gl. (8.37) $f_{h,k} = 50\cdot d^{-0,6}\cdot t^{0,2}$ $t\left[mm\right]$		

Charakteristischer Wert des Fließmomentes

Gl. (8.30)

$$M_{y,Rk} = 0,3\cdot f_{u,k}\cdot d^{2,6}\left[N/mm\right]$$

$f_{u,k}$ = charakteristischer Wert der Zugfestigkeit des Stahles [N/mm²]

$d =$ Stabdübel- Pass-(Bolzen-) Durchmesser (bei Gewindestangen der Mittelwert aus Kern- und Gewindeaußendurchmesser)

Tabelle 3.26. Charakteristische Zugfestigkeit $\left[N/mm^2\right]$ für Passbolzen, Bolzen und Gewindebolzen nach DIN 976-1

Festigkeitsklasse nach DIN ISO 898-1	Passbolzen und Bolzen		Gewindebolzen nach DIN 976-1 (s. a. DIN 1052-10, Tabelle 1)	
	Charakteristische Festigkeit $f_{u,k}$ [N/mm²]	Charakteristische Streckgrenze $f_{v,k}$ [N/mm²]	Charakteristische Festigkeit $f_{u,k}$ [N/mm²]	Charakteristische Streckgrenze $f_{v,k}$ [N/mm²]
4.8	400	320	400	320
5.6	500	300	500	300
5.8	500	400	500	400
8.8	800	640	800	640

Bei Verbindungen mit **Passbolzen** darf der nach den in Tabelle 3.12. angegebenen vereinfachten Regeln berechnete, charakteristische Wert der Tragfähigkeit $F_{v,Rk}$ um einen Anteil $\Delta F_{v,Rk}$ erhöht werden:

[DIN EN 1995-1-1/NA, Gl. (NA.133)]

$$\Delta F_{v,Rk} = \min\left\{0{,}25 \cdot F_{v,Rk};\, 0{,}25 \cdot F_{ax,Rk}\right\}$$

Dabei ist $F_{ax,Rk}$ der charakteristische Wert der Tragfähigkeit des Passbolzens in Richtung der Bolzenachse.

Die Mindestabstände der Stabdübel enthält Tabelle 3.27.

Tabelle 3.27. Mindestabstände von Stabdübeln und Passbolzen (nach DIN EN 1995-1-1:2010/A2:2013, Ersatz für Tabelle 8.5 in DIN EN 1995-1-1:2010)

Verbindungsmittelabstände (nach DIN EN 1995-1-1:2010, Bild 8.7)

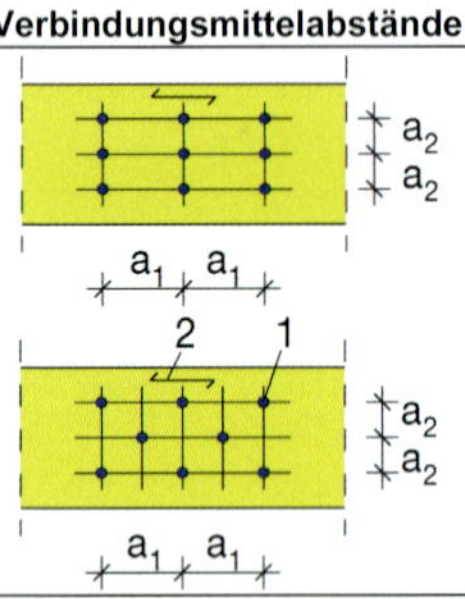

a) Abstände in Faserrichtung innerhalb einer Reihe und rechtwinklig zur Faserrichtung zwischen den Reihen

1 Verbindungsmittel

2 Faserrichtung des Holzes

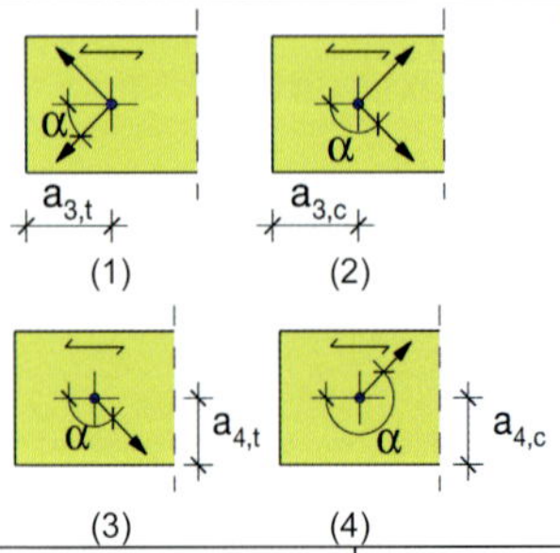

b) Abstände vom Hirnholzende und vom Rand

(1) beanspruchtes Hirnholzende

(2) unbeanspruchtes Hirnholzende

(3) beanspruchter Rand

(4) unbeanspruchter Rand

Abstände (s. Bild 8.7)	Winkel α	Mindestabstände
a_1 (in Faserrichtung)	$0° \le \alpha \le 360°$	$(3+2\cdot\lvert\cos\alpha\rvert)\cdot d$
a_2 (rechtwinklig zur Faser)	$0° \le \alpha \le 360°$	$3\cdot d$
$a_{3,t}$ (beanspruchtes Hirnholzende)	$-90° \le \alpha \le 90°$	$\max(7\cdot d;\, 80\,\text{mm})$
$a_{3,c}$ (unbeanspruchtes Hirnholzende)	$90° \le \alpha < 150°$	$a_{3,t}\cdot\lvert\sin\alpha\rvert$
	$150° \le \alpha < 210°$	$\max(3{,}5\cdot d;\, 40\,\text{mm})$
	$210° \le \alpha \le 270°$	$a_{3,t}\cdot\lvert\sin\alpha\rvert$
$a_{4,t}$ (beanspruchter Rand)	$0° \le \alpha \le 180°$	$\max\left[(2+2\cdot\sin\alpha)\cdot d;\, 3\cdot d\right]$
$a_{4,c}$ (unbeanspruchter Rand)	$180° \le \alpha \le 360°$	$3\cdot d$

Herstellungsverfahren von Stahlblech-Holzverbindungen

a) *Stahlbleche und Hölzer werden getrennt mit Durchmesser d_{st} gebohrt.*

Dabei dienen die zuerst gebohrten Stahlbleche als Schablone. Dann werden die Stahlbleche in die geschlitzten Hölzer eingeschoben und die Stabdübel von einer Seite eingetrieben.

b) *Stahlblech und Hölzer werden in einem Arbeitsgang gebohrt (Bohrdurchmesser = Nenndurchmesser)*

Die Stahlbleche werden in die geschlitzten Hölzer eingeschoben. Dann erfolgt das Bohren. Anschließend werden die Stabdübel von einer Seite eingetrieben.

c) *Stahlbleche und Hölzer werden getrennt gebohrt.*

Die Stahlbleche werden mit $\varnothing = (d_{st} + 1)$ mm, dann die Hölzer mit $\varnothing = d_{st}$ gebohrt. Nachfolgend werden die Stahlbleche in die Hölzer eingeschoben und die Stabdübel von einer Seite eingetrieben.
Für das Bohren der Hölzer haben sich Schablonen, z. B. Stahlbleche mit aufgeschweißten Rohrhülsen, bewährt.

Die Bilder 3.75. und 3.76. zeigen unterschiedliche Formen der Knotenbleche.
Stabdübelverbindungen mit innen liegenden Blechen erfordern eine hohe Passgenauigkeit. Die Bohrungen im Holz und in den Blechen müssen in mehreren Arbeitsgängen hergestellt werden. Hilfreich sind hier sogenannte selbstbohrende Stabdübel, die in einem Arbeitsgang durch das Holz und die im Holz eingelegten Bleche gebohrt werden. Ihre Anwendung erfolgt nach den Regelungen der DIN EN 1995-1-1:2010. Auf dem Markt gibt es Stabdübel mit 5 und 7 mm, die an ihrer Spitze eine Bohrspitze haben (s. a. Abschnitt 9.4.12.).

Es können maximal drei Bleche mit Dicken bis 5 mm pro Verbindung durchbohrt werden (s. *www.sfsintec.biz*).

In den Erläuteurngen zur DIN 1052:1988/1996 [*Brünninghoff* u. a. 1997] wurde für Stabdübelverbindungen mit mehr als 6 Stabdübeln empfohlen, sofern keine Klemmbolzen vorgesehen sind, zur Herstellung einer Klemmwirkung etwa jeden sechsten der statisch erforderlichen Stabdübel als Passbolzen auszuführen. Dieser Empfehlung sollte auch heute nachgekommen werden, da es infolge von Quell- und Schwindverformungen zur Öffnung der Verbindung mit einer Verminderung der Tragfähigkeit der Stabdübel kommen kann (s. Bild 3.76.).

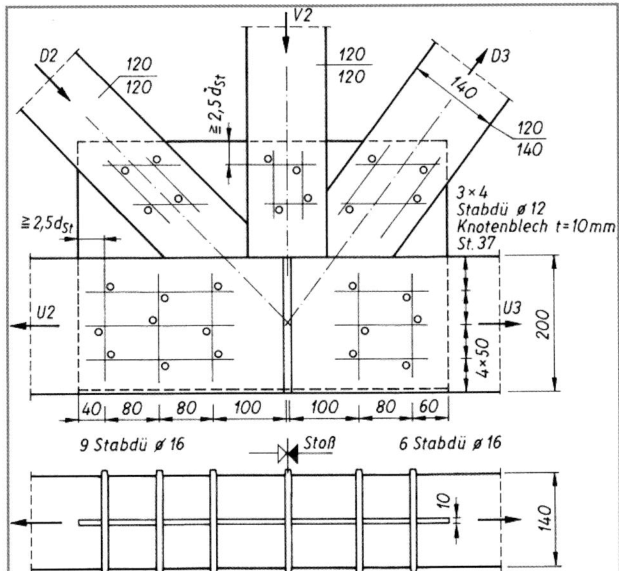

Bild 3.75. Kantholzbinder-Knotenpunkt mit einteiligen Stäben, die mit Stahl-Knotenblech nach DIN-Normen angeschlossen sind

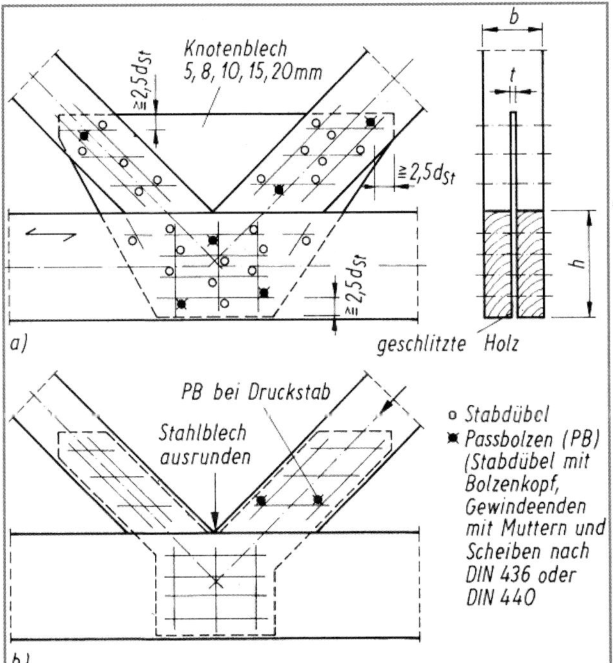

Bild 3.76. Knotenpunkt mit einteiligen Stäben, Anschluss mit Stahlblech, Stabdübeln und Passbolzen, Dübel zentrisch angeschlossen, verschiedene Formen des Blechs

3.7.3. Berechnung von Bolzen- und Gewindestangenverbindungen nach DIN EN 1995-1-1:2010, Abschnitt 8.5

Bolzenverbindungen können in zwei Richtungen beansprucht werden:

Beanspruchung rechtwinklig zur Bolzenachse

Bolzen sind nicht in Bauwerken zu verwenden, bei denen es auf Steifigkeit und Formbeständigkeit der Konstruktion ankommt.

Die Gleichungen für die Berechnung der charakteristischen Werte der Lochleibungsfestigkeit gelten für Bolzendurchmesser bis 30 mm. Als Holzwerkstoff kann Sperrholz und OSB eingesetzt werden. Die charakteristischen Werte der Zugfestigkeiten für die infrage kommenden Stahlfestigkeitsklassen für Bolzen bzw. Gewindestangen können der Tabelle 3.26. entnommen werden.

Für Bolzenverbindungen gelten im Vergleich zu Passbolzen andere Mindestabstände (s. Tabelle 3.28.).
Bei Verbindungen mit Bolzen darf der nach den in Tabelle 3.12. angegebenen vereinfachten Regeln berechnete, charakteristische Wert der Tragfähigkeit $F_{v,Rk}$ um einen Anteil $\Delta F_{v,Rk}$ erhöht werden:

[DIN EN 1995-1-1/NA, Gl. (NA.131)]

$$\Delta F_{v,Rk} = \min\{0{,}25 \cdot F_{v,Rk}; 0{,}25 \cdot F_{ax,Rk}\}$$

Dabei ist $F_{ax,Rk}$ der charakteristische Wert der Tragfähigkeit des Bolzens in Richtung der Bolzenachse.

Sind mehrere Bolzen in einer Verbindung in Kraftrichtung hintereinander angeordnet, so ist die Tragfähigkeit der Verbindung unter Berücksichtigung der wirksamen Bolzenanzahl zu ermitteln. Es gilt für n_{ef} die gleiche Gleichung wie für Stabdübel Gl. (8.34).

Zu den Mindestabständen von Bolzen und Gewindestangen, s. Tabelle 3.28. und Bild 3.78.

Das Fließmoment für Gewindestangen berechnet sich aus dem Mittelwert aus Außen- und Kerndurchmesser!

Bolzen sind stets fest anzuziehen (Bild 3.77.). Ist mit einem Schwinden des Holzes zu rechnen, müssen die Bolzen nachgezogen werden.

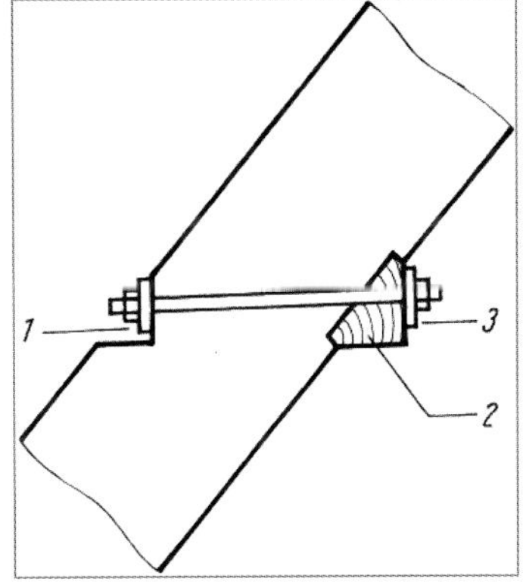

Legende
1 Holz ausgeklinkt
2 Hartholzzwischenstück (Unterfütterung)
3 Unterlegscheibe

Bild 3.77. Unterlegscheiben müssen voll anliegen

3.7.4. Verstärkung von Stabdübel- und Passbolzen-Verbindungen/Gewindestangen und Bolzenverbindungen

Stabdübel-, Passbolzen- und Bolzen- bzw. Gewindestangenverbindungen mit Vollgewindeschrauben können wirkungsvoll durch eine Verschraubung quer zur Stabdübelachse verstärkt werden.
Bild 3.79. zeigt die Lastverformungskurven verstärkter Zugverbindungen mit Stabdübeln im Vergleich zu einer unverstärkten Verbindung. Die quer zu den Stabdübeln angeordneten Vollgewindeschrauben verhindern ein Aufspalten.
Wird die Verstärkung direkt am Verbindungsmittel platziert, entsteht eine zusätzliche Stützung des Verbindungsmittels, und das Tragverhalten wird im Vergleich zur unverstärkten

Lösung wesentlich verbessert. Das Tragverhalten wird duktiler, je näher die Schrauben an den Stabdübeln angeordnet werden (s. a. [*Blaß/Bejtka/Uibel* 2006]).

Mit derartigen Verstärkungen kann die Bedingung nach DIN EN 1995-1-1/NA:2013, Abschnitt NCI NA.8.5.3 (NA.7) und NCI NA.8.6 (NA.9) erfüllt werden, und es kann $n_{ef} = n$ gesetzt werden.

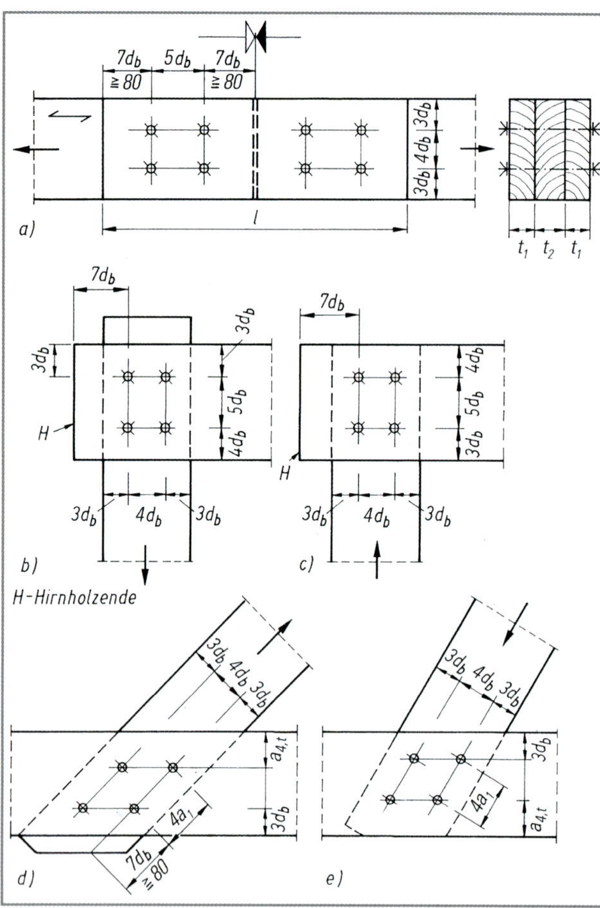

Bild 3.78. Mindestabstände bei tragenden Bolzen nach DIN EN 1995-1-1:2010, Abschnitt 8.4

Tabelle 3.28. Mindestabstände von Bolzen und Gewindestangen (nach DIN EN 1995-1-1:2010, Tabelle 8.4 und Bild 8.7)

Verbindungsmittelabstände (nach DIN EN 1995-1-1:2010, Bild 8.7)		
a) a_1, a_1, a_2, a_2; 1, 2		a) Abstände in Faserrichtung innerhalb einer Reihe und rechtwinklig zur Faserrichtung zwischen den Reihen 1 Verbindungsmittel 2 Faserrichtung des Holzes
b) $a_{3,t}$ (1), $a_{3,c}$ (2), $a_{4,t}$ (3), $a_{4,c}$ (4); α		b) Abstände vom Hirnholzende und vom Rand (1) beanspruchtes Hirnholzende (2) unbeanspruchtes Hirnholzende (3) beanspruchter Rand (4) unbeanspruchter Rand
Abstände (s. Bild 8.7)	**Winkel** α	**Mindestabstände**
a_1 (in Faserrichtung)	$0° \leq \alpha \leq 360°$	$(4+\lvert\cos\alpha\rvert)\cdot d$
a_2 (rechtwinklig zur Faser)	$0° \leq \alpha \leq 360°$	$4\cdot d$
$a_{3,t}$ (beanspruchtes Hirnholzende)	$-90° \leq \alpha \leq 90°$	$\max(7\cdot d; 80\ \text{mm})$
$a_{3,c}$ (unbeanspruchtes Hirnholzende)	$90° \leq \alpha < 150°$ $150° \leq \alpha < 210°$ $210° \leq \alpha \leq 270°$	$(1+6\cdot\sin\alpha)\cdot d$ $4\cdot d$ $(1+6\cdot\lvert\sin\alpha\rvert)\cdot d$
$a_{4,t}$ (beanspruchter Rand)	$0° \leq \alpha \leq 180°$	$\max[(2+2\cdot\sin\alpha)\cdot d; 3\cdot d]$
$a_{4,c}$ (unbeanspruchter Rand)	$180° \leq \alpha \leq 360°$	$3\cdot d$

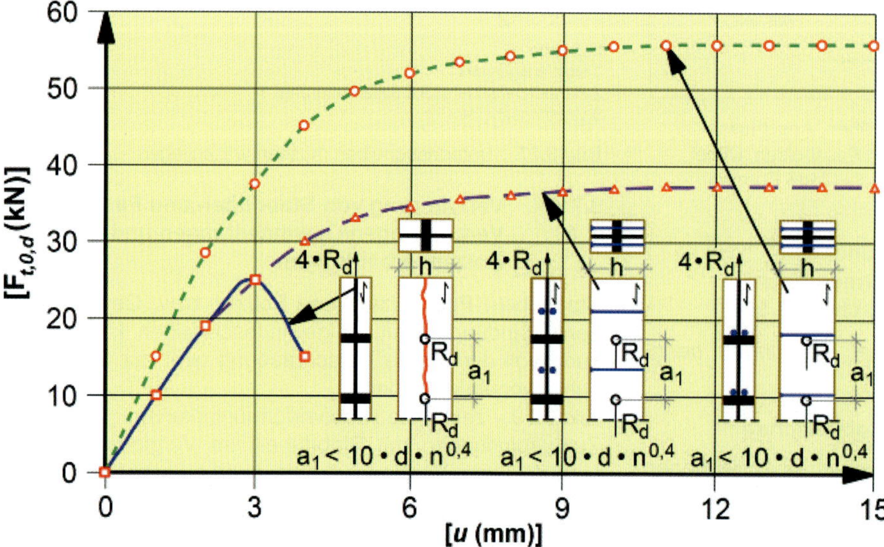

Bild 3.79. Lastverformungskurven von spaltgefährdeten und unterschiedlich verstärkten Stabdübelverbindungen (aus [*Blaß/Bejtka/Uibel* 2006])

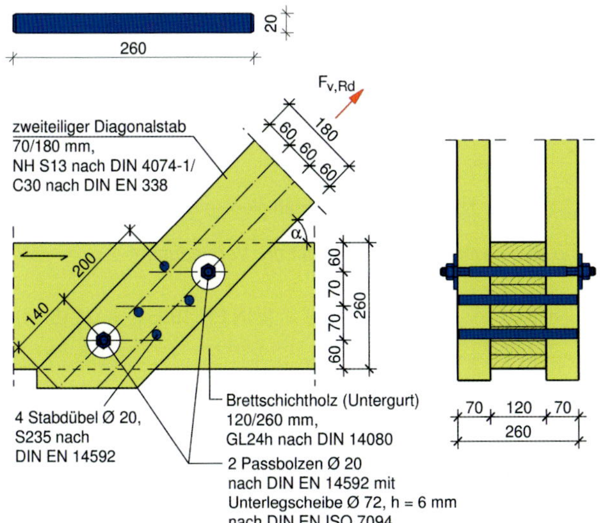

Bild 3.80. Anschluss eines zweiteiligen Diagonalstabs (aus VH) an einem einteiligen Untergurt (BSH) mit Stabdübeln und Passbolzen, $d_{St} = 20\,\text{mm}$, S235

Beispiel 3.12. **(nach DIN EN 1995-1-1:2010)**

An einem Untergurt (BSH, $b/h = 120/260\,\text{mm}$, $t_2 = 120\,\text{mm}$) ist ein zweiteiliger Diagonalstab (VH, NH, $b/h = 70/180\,\text{mm}$, $t_1 = 70\,\text{mm}$) anzuschließen. Der Knotenpunkt befindet sich zwischen den Auflagerpunkten. Der Bemessungswert der Tragfähigkeit der Verbindung ist zu berechnen.

Verbindungsmittel:
Stabdübel $d_{St} = 20\,\text{mm}$, S235

Kraft-Faser-Winkel $\alpha = 45°$ (Bild 3.80.). Gesucht die Tragfähigkeit der Verbindung.

Vorhanden:
Zweischnittiger Stabdübel, $d_{St} = 20\,\text{mm}$,
zweiteiliger Diagonalstab: NH S13 nach DIN 4074-1 = C30 nach DIN EN 338, Tabelle 1, $\rho_{k,1} = 380\,\text{kg/m}^3$
Untergurt: BSH; GL 24 h; $\rho_{k,2} = 385\,\text{kg/m}^3$ (DIN EN 14080, Tabelle 5),

$\rho_{k,1} = 380\,\text{kg/m}^3$, $\rho_{k,2} = 385\,\text{kg/m}^3$ [DIN EN 338, Tabelle 1]

$t_1 = 70\,\text{mm}$

$t_2 = 120\,\text{mm}$

$f_{u,k} = 360\,\text{N/mm}^2$ [DIN EN 1993-1-1, Tabelle 3.1]

$\alpha = 45°$

NKL = 2 und KLED = kurz $\Rightarrow k_{mod} = 0{,}9$

[DIN EN 1995-1-1, Tabelle 3.1]

Lösung A: Berechnung nach dem vereinfachten Verfahren

Charakteristischer Wert der Lochleibungsfestigkeit:
(Mittelholz $\alpha = 45°$)

$f_{h,0,k} = 0{,}082 \cdot (1 - 0{,}01 \cdot d) \cdot \rho_k$ [DIN EN 1995-1-1, Gl. (8.32)]

$f_{h,0,k} = 0{,}082 \cdot (1 - 0{,}01 \cdot 20) \cdot 385$

$f_{h,0,k} = 25{,}26\,\text{N/mm}^2$

$$f_{h,2,k} = \frac{f_{h,0,k}}{k_{90} \cdot \sin^2\alpha + \cos^2\alpha}$$ [DIN EN 1995-1-1, Gl. (8.31)]

$k_{90} = 1{,}35 + 0{,}015 \cdot d_{St}$ [DIN EN 1995-1-1, Gl. (8.33)]

$k_{90} = 1{,}35 + 0{,}015 \cdot 20$

$k_{90} = 1{,}65$

$f_{h,2,k} = 19{,}06\,\text{N/mm}^2$

Charakteristischer Wert der Lochleibungsfestigkeit:
(Seitenholz $\alpha = 0°$)

$f_{h,1,k} = 0{,}082 \cdot (1 - 0{,}01 \cdot d_{St}) \cdot \rho_k$ [DIN EN 1995-1-1, Gl. (8.32)]

$f_{h,1,k} = 0{,}082 \cdot (1 - 0{,}01 \cdot 20) \cdot 380$

$f_{h,1,k} = 24{,}93\,\text{N/mm}^2$

$\beta = f_{h,2,k}/f_{h,1,k} = 19{,}06/24{,}93 = 0{,}76$ [DIN EN 1995-1, Gl. (8.8)]

Charakteristischer Wert des Fließmomentes:

$f_{u,k} = 360\,\text{N/mm}^2$ (S235)

$M_{y,Rk} = 0{,}3 \cdot f_{u,k} \cdot d_{St}^{2,6}$ [DIN EN 1995-1-1, Gl. (8.30)]

$M_{y,Rk} = 0{,}3 \cdot 360 \cdot 20^{2,6}$

$M_{y,Rk} = 260676{,}42\,\text{Nmm}$

Mindestholzdicke:

[DIN EN 1995-1-1/NA, Gl. (NA.110)]

$$t_{1,req} = 1{,}15 \cdot \left(2\sqrt{\frac{\beta}{1+\beta}} + 2\right) \cdot \sqrt{\frac{M_{y,Rk}}{f_{h,1,k} \cdot d}}$$

$t_{1,req} = 1{,}15 \cdot 3{,}31 \cdot 22{,}87$

$t_{1,req} = 87{,}05\,\text{mm} > t_1 = 70\,\text{mm}$

Abminderung aus Unterschreitung der Mindestholzdicke:

$t_1/t_{1,req} = 70/87{,}05 = 0{,}80$

[DIN EN 1995-1-1/NA, Gl. (NA.112)]

$$t_{2,req} = 1{,}15 \cdot \left(\frac{4}{\sqrt{1+\beta}}\right) \cdot \sqrt{\frac{M_{y,Rk}}{f_{h,2,k} \cdot d}}$$

$t_{2,req} = 1{,}15 \cdot 3{,}02 \cdot 26{,}15$

$t_{2,req} = 90{,}82\,\text{mm} < t_2 = 120\,\text{mm}$, **erfüllt!**

Charakteristischer Wert der Tragfähigkeit $F_{v,Rk}$ pro Scherfläche:

[DIN EN 1995-1-1/NA, Gl. (NA.109)]

$$F_{v,Rk} = \sqrt{\frac{2 \cdot \beta}{1+\beta}} \cdot \sqrt{2 \cdot M_{y,Rk} \cdot f_{h,1,k} \cdot d}$$

$F_{v,Rk} = 0{,}93 \cdot 16122{,}86$

$F_{v,Rk} = 14994{,}26\,\text{N}$

Charakteristischer Wert der Tragfähigkeit $F_{v,Rk}$ pro Stabdübel:

($n_{Scherflächen} = 2$; Abminderung aus $t_1/t_{1,req} = 0{,}80$)

$F_{v,Rk} = 2 \cdot 0{,}8 \cdot 14994{,}26 = 23990{,}82\,\text{N} = 23{,}99\,\text{kN}$

Bemessungswert der Tragfähigkeit pro Stabdübel:

$$F_{v,Rd} = \frac{k_{mod} \cdot F_{v,Rk}}{\gamma_M}$$ [DIN EN 1995-1-1/NA, Gl. (NA.113)]

$$F_{v,Rd} = \frac{0{,}9 \cdot 23{,}99}{1{,}1}$$

$F_{v,Rd} = 19{,}63\,\text{kN}$ = Tragfähigkeit je Stabdübel

Bemessungswert der Tragfähigkeit der Verbindung:

Nach DIN EN 1995-1-1 ist für mehrere in Faserrichtung hintereinander angeordnete Stabdübel eine wirksame Anzahl n_{ef} zu berechnen; $a_1 = 100$ mm (Abstand der Verbindunsgmittel).

$$n_{ef} = \min\left\{n;\ n^{0,9}\cdot\sqrt[4]{\frac{a_1}{13\cdot d}}\right\}$$ [DIN EN 1995-1-1, Gl. (8.34)]

$$n_{ef} = \min\left\{3;\ 3^{0,9}\cdot\sqrt[4]{\frac{100}{13\cdot 20}}\right\} = \min\{3;\ 2,12\} = 2,12$$

$$F_{v,Rd} = n_{ef}\cdot F_{v,Rd} = 2,12\cdot 19,63 = 41,62\,\text{kN}$$

Lösung B: Berechnung nach dem genauen Verfahren

Übernahme aus Lösung A:

$f_{h,1,k} = 24,93\,\text{N/mm}^2$

$f_{h,2,k} = 19,06\,\text{N/mm}^2$

$\beta = 0,76$

$M_{y,Rk} = 260676,42\,\text{Nmm}$

Charakteristischer Wert der Tragfähigkeit $F_{v,Rk}$ pro Scherfläche:

$$F_{v,Rk} = f_{h,1,k}\cdot t_1\cdot d$$ [DIN EN 1995-1-1, Gl. (8.7g)]

$$F_{v,Rk} = 24,93\cdot 70\cdot 20$$

$$F_{v,Rk} = 34902\,\text{N} = 34,90\,\text{kN}$$

$$F_{v,Rk} = 0,5\cdot f_{h,2,k}\cdot t_2\cdot d$$ [DIN EN 1995-1-1, Gl. (8.7h)]

$$F_{v,Rk} = 0,5\cdot 19,06\cdot 120\cdot 20$$

$$F_{v,Rk} = 22872\,\text{N} = 22,87\,\text{kN}$$

[DIN EN 1995-1-1, Gl. (8.7j)]

$$F_{v,Rk} = 1,05\cdot\frac{f_{h,1,k}\cdot t_1\cdot d}{2+\beta}\cdot\left[\sqrt{2\cdot\beta\cdot(1+\beta)+\frac{4\cdot\beta\cdot(2+\beta)\cdot M_{y,Rk}}{f_{h,1,k}\cdot d\cdot t_1^2}}-\beta\right]+\frac{F_{ax,Rk}}{4}$$

$$F_{v,Rk} = 1,05\cdot 12624,9\cdot 1,14$$

$F_{v,Rk} = 15017\,\text{N} = 15,02\,\text{kN}$, **maßgebend!** $\gamma_M = 1,3$

[DIN EN 1995-1-1, Gl. (8.7k)]

$$F_{v,Rk} = 1,15\cdot\sqrt{\frac{2\cdot\beta}{1+\beta}}\cdot\sqrt{2\cdot M_{y,Rk}\cdot f_{h,1,k}\cdot d}+\frac{F_{ax,Rk}}{4}$$

$$F_{v,Rk} = 1,15\cdot 0,94\cdot 16122,86$$

$$F_{v,Rk} = 17259\,\text{N} = 17,26\,\text{kN}$$

Eine Beanspruchung auf Herausziehen ist für Stabdübel unzulässig. Daher kann der charakteristische Wert der Tragfähigkeit auf Abscheren hier nicht um einen Anteil aus der Seilwirkung erhöht werden.

Charakteristischer Wert der Tragfähigkeit $F_{v,Rk}$ pro Stabdübel:

($n_{\text{Scherflächen}} = 2$)

Eine Abminderung aus Unterschreitung der Mindestholzdicke entfällt beim genauen Verfahren.

$$F_{v,Rk} = 2\cdot 15,02\,\text{kN} = 30,04\,\text{kN}$$

Bemessungswert der Tragfähigkeit pro Stabdübel:

$$F_{v,Rd} = \frac{k_{mod}\cdot F_{v,Rk}}{\gamma_M}$$ [DIN EN 1995-1-1, Gl. (6.1)]

$$F_{v,Rd} = \frac{0,9\cdot 30040\,\text{N}}{1,3}$$

$F_{v,Rd} = 20796\ \text{N} = 20,8\,\text{kN}$ = Tragfähigkeit je Stabdübel

Bemessungswert der Tragfähigkeit der Verbindung:

$$n_{ef} = \min\left\{n;\ n^{0,9}\cdot\sqrt[4]{\frac{a_1}{13\cdot d}}\right\}$$ [DIN EN 1995-1-1, Gl. (8.34)]

$$n_{ef} = \min\left\{6;\ 3^{0,9}\cdot\sqrt[4]{\frac{100}{13\cdot 20}}\right\} = 2,12$$

$$F_{v,Rd} = n_{ef}\cdot F_{v,Rd} = 2,12\cdot 20,8 = 44,1\,\text{kN}$$

Nachweis der Zugspannungen in den Diagonalen für $F_{v,Rd} = 44,1\,\text{kN}$:

Die Querschnittsminderung durch die Stabdübellöcher ist zu berücksichtigen. $A_{netto} = 9800\,\text{mm}^2$.
Die Zugtragfähigkeit ist bei einseitig beanspruchten Bauteilen infolge von Zusatzmomenten um 60 % zu vermindern, wenn keine Maßnahmen zur Verhinderung der Verkrümmungen der Bauteile getroffen werden (z. B. Passbolzen, s. DIN EN 1995-1-1/NA, NCI NA.8.1.6 (NA.4)).

Bemessungswert der Baustofffestigkeit:

[DIN EN 1995-1-1, Gl. (2.14)]

$$f_{t,0,d} = \frac{k_{mod}\cdot f_{t,0,k}}{\gamma_M} = \frac{0,9\cdot 18}{1,3} = 12,5\,\text{N/mm}^2$$

Nachweis der Tragfähigkeit:

$$\sigma_{t,0,d} \le f_{t,0,d}\cdot 0,4$$ [DIN EN 1995-1-1, Gl. (6.1)]

$$\frac{F_{v,Rd}}{2\cdot A_{netto}} = \frac{44,1\cdot 10^3}{2\cdot 9800} = 2,25\ \text{N/mm}^2 < 12,5\cdot 0,4 = 5,0\ \text{N/mm}^2$$

Nachweis erfüllt!

Laut dem Kommentar zur DIN 1052:1988/1996, Teil 2, Abschnitt E, 5.1 ist bei Stabdübelanschlüssen mit mehr als sechs Stabdübeln etwa jeder sechste der statisch erforderlichen Stabdübel als Passbolzen auszuführen, um die Klemmwirkung zu erhöhen. Diese Regel wird hier angewendet. Die Ausführung des Anschlusses erfolgt nach Bild 3.80. Es werden Passbolzen der FK 4.8 mit $f_{u,k} = 400\,\text{N/mm}^2$ (s. Tabelle 3.26.) verwendet. Die Erhöhung der Tragfähigkeit bei den Passbolzen durch die etwas höhere Stahlfestigkeit gegenüber dem Stabdübel und durch den Einhangeffekt wird hier nicht weiter berücksichtigt.
Eine Abminderung der Tragfähigkeit um 60 % kann daher entfallen. Es gilt dann NCI NA.8.1.6 in DIN EN 1995-1-1/ NA:2013, in dem das Zusatzmoment vereinfacht dadurch berücksichtigt wird, dass die Zugtragfähigkeit um 1/3 abgemildert wird.

Nachweis der Tragfähigkeit:

$F_{t,0,d} \le f_{t,0,d}\cdot 0,67$

$4,19 \le 12,5\cdot 0,67 = 8,38\,\text{N/mm}^2$

Bei einer wirkenden Kraft unter einem Winkel zur Faserrichtung ist nach DIN EN 1995-1-1:2010, Abschnitt 8.1.4 die Gefahr des Querzugversagens infolge der Querzugkraft zu berücksichtigen (s. Fortführung des Beispiels als Beispiel 4.17. in Abschnitt 4.).

Mindestabstände für Beispiel 3.12.

	Bezeichnung	DIN EN 1995-1-1:2010/A2:2014, Änderung Zu 8.6, Tabelle 8.5			
		Mittelholz α = 45°	**mm**	**Seitenholz α = 0°**	**mm**
untereinander in Faserrichtung	$\parallel$, a_1	$(3+2\lvert\cos\alpha\rvert)\cdot d$	100 (89)	$(3+2\lvert\cos\alpha\rvert)\cdot d$	100 (100)
untereinander rechtwinklig zur Faser	$\perp$, a_2	$3\cdot d$	70 (60)	$3\cdot d$	60 (60)
vom beanspruchten Hirnholzende	$a_{3,t}$	$\max(7\cdot d; 80\,\text{mm})$	- (140)	$\max(7\cdot d; 80\,\text{mm})$	- (140)
vom unbeanspruchten Hirnholzende	$a_{3,c}$	$a_{3,t}\cdot\lvert\sin\alpha\rvert$	- (99)	$\max(3{,}5\cdot d; 40\,\text{mm})$	120 (70)
vom beanspruchten Rand	$a_{4,t}$	$\max[(2+2\cdot\sin\alpha)\cdot d; 3\cdot d]$	70 (69)	$\max[(2+2\cdot\sin\alpha)\cdot d; 3\cdot d]$	- (60)
vom unbeanspruchten Rand	$a_{4,c}$	$3\cdot d$	60 (60)	$3\cdot d$	60 (60)

Stabdübel , Durchmesser ∅ = 20 mm
α = Winkel zwischen Kraft und Faserrichtung = **0°, 45°**
(...) rechnerische Werte

Seitenansicht

6 Stabdübel ø 18 mm, Stahlsorte S 235 +
3 Passbolzen ø 20 mm (FK 4.8) nach
DIN EN 14592 mit Unterlegscheiben nach
DIN EN ISO 7094

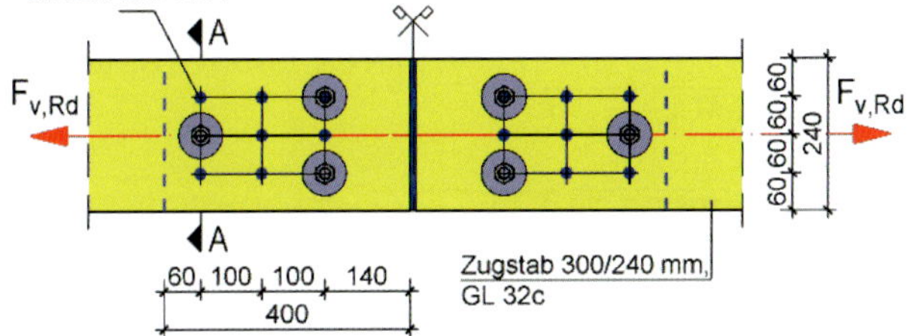

Draufsicht

2 x Stahlblech 20 x 240-400 mm, S 235 verzinkt

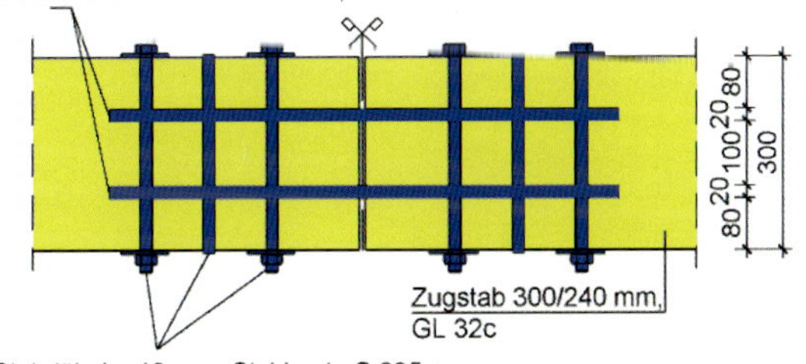

6 Stabdübel ø 18 mm, Stahlsorte S 235 +
3 Passbolzen ø 20 mm (FK 4.8) nach DIN EN 14592 mit Unterlegscheiben nach DIN EN ISO 7094

Schnitt A-A

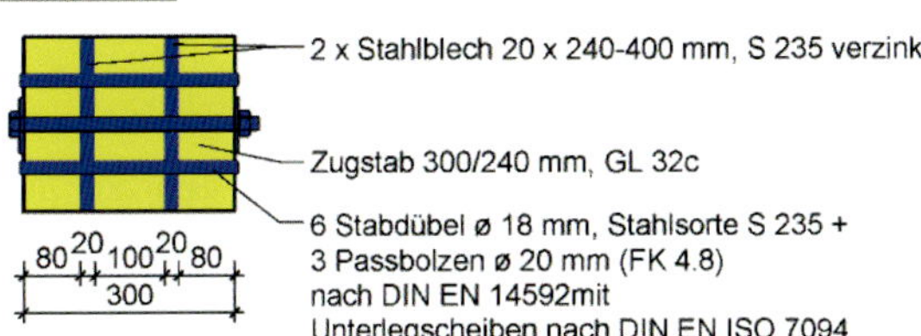

Bild 3.81. Mehrschnittiger Zugstoß einer Stahlblech-Holz-Verbindung mit Stabdübel

Beispiel 3.13. (nach DIN 1995-1-1:2010)

Für die in Bild 3.81. dargestellte vierschnittige Stabdübelverbindung ist der Bemessungswert der Tragfähigkeit zu berechnen.

Lösung A: Berechnung nach dem genauen Verfahren

Gesucht ist der Bemessungswert der Tragfähigkeit der Verbindung.
Vorhanden:
4-schnittige Zugstoßverbindung mit innen liegenden Stahlblechen; NKL 2, KLED: mittel

Verbindungmittel: Stabdübel mit: $d = 18$ mm, $f_{u,k} = 360$ N/mm²

Stahlbleche: S235JR; $t_s = 20$ mm

Die höhere Tragfähigkeit der Passbolzen infolge höherer Stahlfestigkeit und Einhangeffekt wird auf der sicheren Seite liegend nicht berücksichtigt.

BSH GL32c nach EN 14080, Tabelle 4 mit $\rho_k = 400$ kg/m³

Seitenhölzer: $t_1 = 80$ mm

Mittelholz: $t_2 = 100$ mm

Charakteristische Lochleibungsfestigkeit:

$f_{h,0,k} = f_{h,1,k} = f_{h,2,k}$

$f_{h,0,k} = 0{,}082\cdot(1-0{,}01\cdot d)\cdot\rho_k$ [DIN EN 1995-1-1, Gl. (8.32)]

$f_{h,0,k} = 0{,}082\cdot(1-0{,}01\cdot 18)\cdot 400$

$f_{h,0,k} = 26{,}90$ N/mm²

Fließmoment des Verbindungsmittels:

$f_{u,k} = 360$ N/mm² (S235) [s. Tabelle 3.24.]

$M_{y,Rk} = 0{,}3\cdot f_{u,k}\cdot d^{2,6}$ [DIN EN 1995-1-1, Gl. (8.30)]

$M_{y,Rk} = 0{,}3\cdot 360\cdot 18^{2,6}$

$M_{y,Rk} = 198213$ Nmm

Charakteristische Tragfähigkeit je Verbindungsmittel:

Um die Tragfähigkeit eines Verbindungsmittels in einer mehrschnittigen Verbindung zu ermitteln, ist nach DIN EN 1995-1-1: 2010, Abschnitt 8.1.3 (1) jede Scherfuge als Teil einer Reihe von zweischnittigen Verbindungen zu berechnen.
Die einzelnen Scherfugen der Verbindung werden also zunächst getrennt beachtet:

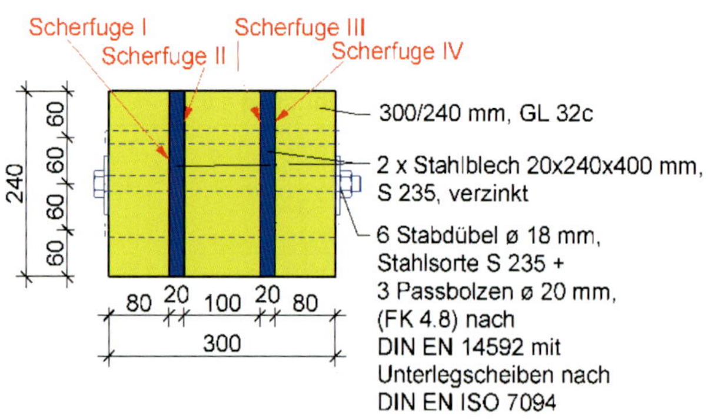

Bild 3.82. Schnitt durch die mehrschnittige Verbindung mit Ansicht der Scherfugen

Zur Berechnung der Scherfugen I und IV wird angenommen, dass sie Teil einer zweischnittigen Verbindung mit innen liegenden dicken Stahlblechen sind. Aufgrund der Symmetrie der Verbindung ist die Berechnung für beide Scherfugen gleich. Es wird nur die Scherfuge zwischen dem Seitenholz und dem Stahlblech betrachtet.

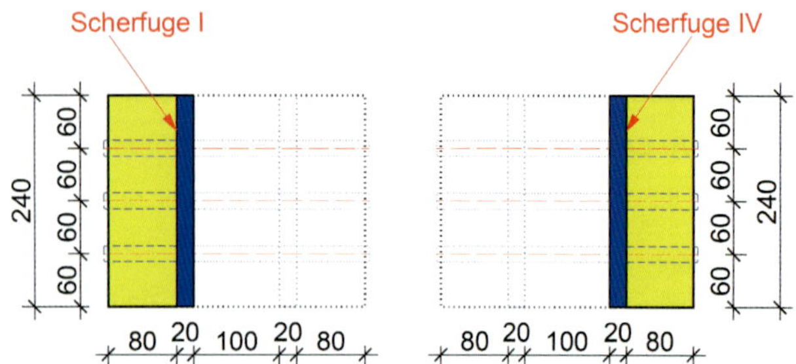

Bild 3.83. Scherfugen I und IV der mehrschnittigen Verbindung

Charakteristische Tragfähigkeit der Scherfugen I und IV:

Der kleinere Wert aus den Gleichungen (8.11f) bis (8.11h) ist maßgebend:

$F_{v,Rk,I}$ = charakteristische Tragfähigkeit auf Abscheren für einen Stabdübel in der Scherfuge 1

$F_{v,Rk,IV}$ = charakteristische Tragfähigkeit auf Abscheren für einen Stabdübel in der Scherfuge 4

$F_{v,Rk,I} = f_{h,1,k} \cdot t_1 \cdot d$ [DIN EN 1995-1-1, Gl. (8.11f)]

$F_{v,Rk,I} = 26{,}9 \cdot 80 \cdot 18$

$F_{v,Rk,I} = 38736 \text{ N}$

[DIN EN 1995-1-1, Gl. (8.11g)]

$$F_{v,Rk,I} = f_{h,1,k} \cdot t_1 \cdot d \cdot \left[\sqrt{2 + \frac{4 \cdot M_{y,Rk}}{f_{h,1,k} \cdot d \cdot t_1^2}} - 1\right]$$

$$F_{v,Rk,I} = 26{,}9 \cdot 80 \cdot 18 \cdot \left[\sqrt{2 + \frac{4 \cdot 198213}{26{,}9 \cdot 18 \cdot 80^2}} - 1\right]$$

$F_{v,Rk,I} = 38736 \cdot 0{,}5$

$F_{v,Rk,I} = 19368 \text{ N} = F_{v,Rk,IV}$ maßgebend!

[DIN EN 1995-1-1, Gl. (8.11g)], Gl. (8.11h)]

$F_{v,Rk,I} = 2{,}3 \cdot \sqrt{M_{y,Rk} \cdot f_{h,1,k} \cdot d}$

$F_{v,Rk,I} = 2{,}3 \cdot \sqrt{198213 \cdot 26{,}9 \cdot 18}$

$F_{v,Rk,I} = 22532 \text{ N}$

Scherfuge II

Zur Berechnung der Scherfuge II wird angenommen, dass sie Teil einer zweischnittigen Verbindung mit außen liegenden dicken Stahlblechen ist.

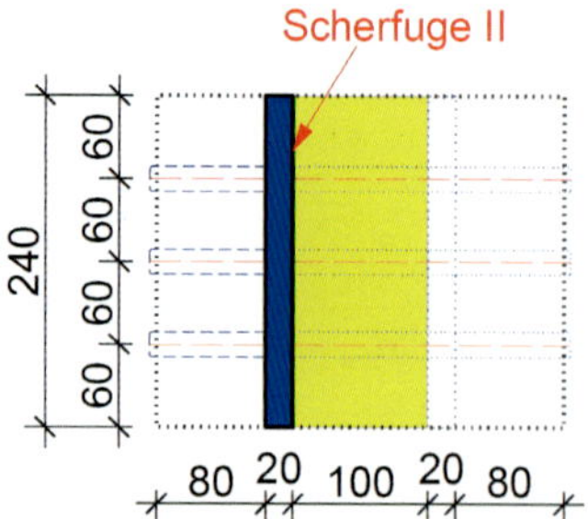

Bild 3.84. Scherfuge II der mehrschnittigen Verbindung

Charakteristische Tragfähigkeit der Scherfuge II:

Der maßgebende Wert der Tragfähigkeit ergibt sich aus dem kleineren Wert der Gleichungen (8.13l) und (8.13m).

$F_{v,Rk,II}$ = charakteristische Tragfähigkeit auf Abscheren für einen Stabdübel in der Scherfuge 2

$F_{v,Rk,II} = 0{,}5 \cdot f_{h,2,k} \cdot t_2 \cdot d$ [DIN EN 1995-1-1, Gl. (8.13l)]

$F_{v,Rk,II} = 0{,}5 \cdot 26{,}9 \cdot 100 \cdot 18$

$F_{v,Rk,II} = 24210 \text{ N}$

[DIN EN 1995-1-1, Gl. (8.13m)]

$F_{v,Rk,II} = 2{,}3 \cdot \sqrt{M_{y,Rk} \cdot f_{h,2,k} \cdot d}$

$F_{v,Rk,II} = 2{,}3 \cdot \sqrt{198213 \cdot 26{,}9 \cdot 18}$

$F_{v,Rk,II} = 22532 \text{ N}$ maßgebend!

Scherfuge III

Zur Berechnung der Scherfuge III wird angenommen, dass sie Teil einer zweischnittigen Verbindung mit innen liegenden dicken Stahlblechen ist.

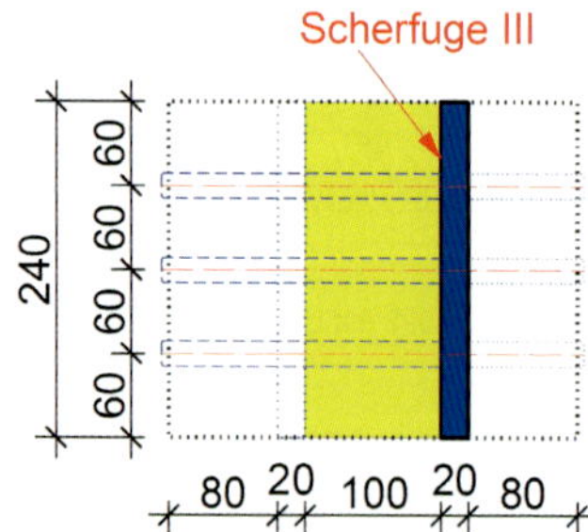

Bild 3.85. Scherfuge III der mehrschnittigen Verbindung

Der maßgebende Wert der Tragfähigkeit ergibt sich aus dem kleineren Wert der Gleichungen (8.11f) und (8.11h).

$t_2 = t_1$

$F_{v,Rk,III} = f_{h,1,k} \cdot t_1 \cdot d$ [DIN EN 1995-1-1, Gl. (8.11f)]

$F_{v,Rk,III} = 26{,}9 \cdot 100 \cdot 18$

$F_{v,Rk,III} = 48420 \text{ N}$

$F_{v,Rk,III} = 2{,}3 \cdot \sqrt{M_{y,Rk} \cdot f_{h,1,k} \cdot d}$ [DIN EN 1995-1-1, Gl. (8.11h)]

$F_{v,Rk,III} = 2{,}3 \cdot \sqrt{198213 \cdot 26{,}9 \cdot 18}$

$F_{v,Rk,III} = 22532 \text{ N}$ maßgebend!

Charakteristische Gesamttragfähigkeit pro Stabdübel:

$$F_{v,Rk} = 2 \cdot {}_{\min}F_{v,Rk,I} + 2 \cdot \min\{{}_{\min}F_{v,Rk,II}; {}_{\min}F_{v,Rk,III}\}$$

$$F_{v,Rk} = 2 \cdot 19368 + 2 \cdot \min\{22532; 22532\}$$

$$F_{v,Rk} = 83800 \text{ N} = 83,8 \text{ kN}$$

Wirksame Stabdübelanzahl pro Reihe:

Nach DIN EN 1995-1-1, Abschnitt 8.6 (1) und Abschnitt 8.5.1.1 (4) ist für die Stabdübel für Kräfte in Faserrichtung des Holzes eine wirksame Anzahl zu bestimmen.

$$n_{ef} = \min\left\{n; n^{0,9} \cdot \sqrt[4]{\frac{a_1}{13 \cdot d}}\right\}$$ [DIN EN 1995-1-1, Gl. (8.34)]

$$n_{ef} = \min\left\{3; 3^{0,9} \cdot \sqrt[4]{\frac{100}{13 \cdot 18}}\right\}$$

$$n_{ef} = \min\{3; 2,17\} = 2,17$$

Charakteristische Tragfähigkeit der Verbindungsmittel auf Abscheren:

$$F_{v,Rk} = n_{ef} \cdot n_{\text{Reihen}} \cdot F_{v,Rk}$$

$$F_{v,Rk} = 2,17 \cdot 3 \cdot 83800$$

$$F_{v,Rk} = 545538 \text{ N} = 545,5 \text{ kN}$$

Bemessungswert der Tragfähigkeit der Verbindungsmittel auf Abscheren:

$$F_{v,Rd} = \frac{k_{\text{mod}} \cdot F_{v,Rk}}{\gamma_M}$$

$$F_{v,Rd} = \frac{0,8 \cdot 545,5}{1,3} = 335,7 \text{ kN}$$

Zugfestigkeit des Holzes:

$$f_{t,0,g,k} = 19,5 \text{ N/mm}^2$$ [DIN EN 14080, Tabelle 2]

Bemessungswert der Zugfestigkeit:

$$f_{t,0,g,d} = \frac{0,8 \cdot 19,5}{1,3} = 12 \text{ N/mm}^2$$

Bemessungswert der Zugtragfähigkeit der Seitenhölzer:

Die Querschnittschwächung durch die Stabdübellöcher ist zu berücksichtigen.

$$F_{t,0,d} = \left[(2 \cdot A_{SH}) - \Delta A_{SH}\right] \cdot f_{t,0,g,d}$$

$$F_{t,0,d} = \left[(2 \cdot 240 \cdot 80) - (2 \cdot 3 \cdot 18 \cdot 80)\right] \cdot 12$$

$$F_{t,0,d} = 437472 \text{ N} = 437,5 \text{ kN}$$

Nach DIN EN 1995-1-1/NA:2013-12, Abschnitt NCI NA.8.1.6 (NA.4) ist bei Zuganschlüssen, ohne Maßnahmen zur Verhinderung der Verkrümmung, die Zugtragfähigkeit um 60 % abzumindern. Um die Verkrümmung der einseitig beanspruchten Bauteile zu verhindern und damit die Tragfähigkeit zu erhöhen, werden in der letzten Verbindungsmittelreihe drei Passbolzen M20 (FK 4.8) angeordnet. Somit kann nach DIN EN 1995-1-1/NA, NCI NA.8.1.6 (NA.2) der Nachweis nach DIN EN 1995-1-1/NA, NCI NA.8.1.6 (NA.1) geführt werden. Die Zugtragfähigkeit wird um ein Drittel abgemindert.

Es ergibt sich für die Zugtragfähigkeit der einseitig beanspruchten Seitenhölzer:

$$F_{t,0,d} = \frac{2}{3} \cdot 437,5 \text{ kN} = 291,67 \text{ kN}$$

Bemessungswert der Zugtragfähigkeit des Mittelholzes:

Die Querschnittschwächung durch die Stabdübellöcher ist zu berücksichtigen.

$$F_{t,0,d} = (A_{MH} - \Delta A_{MH}) \cdot f_{t,0,g,d}$$

$$F_{t,0,d} = \left[(240 \cdot 100) - (3 \cdot 18 \cdot 100)\right] \cdot 12$$

$$F_{t,0,d} = 223200 \text{ N} = 223,2 \text{ kN}$$

Zugtragfähigkeit der ausziehfesten Verbindungsmittel:

Nach DIN EN 1995-1-1/NA, NCI NA.8.1.6 (NA.3) sind ausziehfeste Verbindungsmittel für eine in Richtung der Stiftachse wirkende Zugkraft $F_{t,d}$ zu bemessen.

$$F_{t,d} = \frac{F_{t,d} \cdot t}{2 \cdot n \cdot a}$$ [DIN EN 1995-1-1/NA, Gl. (NA.108)]

Dabei ist:

- $F_{t,d}$ die Normalkraft der einseitig beanspruchten Lasche,
- n die Anzahl der zur Übertragung der Scherkraft in Richtung der Kraft F_d hintereinander angeordneten Verbindungsmittel, ohne die ausziehfesten Verbindungsmittel,
- t die Dicke der Lasche,
- a der Abstand der auf Herausziehen beanspruchten Verbindungsmittel von der nächsten Verbindungsmittelreihe.

Für die Normalkraft F_d wird die maximale Beanspruchbarkeit der Seitenhölzer angenommen.

$$F_{t,d} = \frac{F_{t,d} \cdot t}{2 \cdot n \cdot a}$$

$$F_{t,d} = \frac{291,67 \cdot 10^3 \cdot 80}{2 \cdot 2 \cdot 100}$$

$$F_{t,d} = 58334 \text{ N} = 58,3 \text{ kN}$$

Für einen Passbolzen ergibt sich eine aufzunehmende Zugkraft von:

$$F_{t,d} = \frac{F_{t,d}}{n_{Pb}} = \frac{58,3}{3} = 19,4 \text{ kN}$$

Charakteristischer Wert der Tragfähigkeit eines Passbolzens auf Herausziehen:

Nach DIN EN 1995-1-1:2010, Abschnitt 8.5.2 (1) wird die Tragfähigkeit eines Bolzens auf Herausziehen als der kleinere der beiden folgenden Werte angenommen:

– Zugfestigkeit des Bolzens $f_{u,k} \cdot A_k$

– Tragfähigkeit der Unterlegscheibe $3 \cdot f_{c,90,g,k} \cdot A_{e,f}$

$$F_{ax,Rk} = \min\{f_{u,k} \cdot A_k; 3 \cdot f_{c,90,g,k} \cdot A_{e,f}\}$$

$$F_{ax,Rk} = \min\{f_{u,k} \cdot A_k; 3 \cdot f_{c,90,g,k} \cdot A_{e,f}\}; f_{u,k} = 400 \text{ N/mm}^2$$

$f_{c,90,g,k} = 2,5 \text{ N/mm}^2$ (nach DIN EN 14080, Tabelle 2)

$$A_{e,f} = \pi \cdot \left(\left(\frac{d_2}{2}\right)^2 - \left(\frac{d_1}{2}\right)^2\right)$$

$$A_{ef} = \pi \cdot \left(\left(\frac{72}{2}\right)^2 - \left(\frac{22}{2}\right)^2\right) = 4054,23 \text{ mm}^2$$

$$F_{ax,Rk} = \min\left\{400 \cdot \pi \cdot \left(\frac{20}{2}\right)^2; 3 \cdot 2,5 \cdot 4054,23\right\}$$

$$F_{ax,Rk} = \min\{125663; 30407\} = 30,41 \text{ kN}$$

Bemessungswert der Tragfähigkeit eines Passbolzens auf Herausziehen:

$$F_{v,Rd} = \frac{k_{\text{mod}} \cdot F_{v,Rk}}{\gamma_M}$$

$$F_{v,Rd} = \frac{0,8 \cdot 30,41}{1,3} = 18,71 \text{ kN}$$

Nachweis der ausziehfesten Verbindungsmittel:

Bedingung:

$F_{t,d} < F_{v,Rd}$

$14{,}6\ \text{kN} < 18{,}71\ \text{kN}$ **Nachweis nicht erfüllt!**

Es wird je Seite ein weiterer Paßbolzen angeordnet.
Die auzunehmende Zugkraft ergibt sich zu:

$$F_{t,d} = \frac{F_{t,d}}{n_{Pb}} = \frac{58{,}3}{4} = 14{,}6\ \text{kN}$$

Nachweis:

$19{,}4\ \text{kN} < 14{,}6\ \text{kN}$ **Nachweis erfüllt!**

Bemessungswert der Zugbeanspruchbarkeit $N_{t,Rd}$ des Stahlblechs:

Nach DIN EN 1993-1-1:2010, Abschnitt 6.2.3 (2) wird der Bemessungswert der Zugbeanspruchbarkeit eines Querschnitts in der Regel als der kleinere der folgenden Werte angenommen:
(Die Teilsicherheitsbeiwerte sind empfohlene Werte nach DIN EN 1993-1-1, Abschnitt 6.1 (1))

a) der Bemessungwert der plastischen Beanspruchbarkeit des Bruttoquerschnitts
(für S235 ist $f_y = 235\ \text{N/mm}^2$ nach DIN EN 1993-1-1, Tabelle 3.1; $\gamma_{M0} = 1{,}0$)

$$N_{pl,Rd} = \frac{A \cdot f_y}{\gamma_{M0}} = \frac{(2 \cdot 20 \cdot 240) \cdot 235}{1{,}0}$$ [DIN EN 1993-1-1, Gl. (6.6)]

$$N_{pl,Rd} = 2256000\ \text{N} = 2256\ \text{kN}$$

b) der Bemessungswert der Zugbeanspruchbarkeit des Nettoquerschnitts längs der kritischen Risslinie durch die Löcher
(für S235 ist $f_u = 360\ \text{N/mm}^2$ nach DIN EN 1993-1-1, Tabelle 3.1; $\gamma_{M2} = 1{,}25$)

[DIN EN 1993-1-1, Gl. (6.7)]

$$N_{u,Rd} = \frac{0{,}9 \cdot A_{net} \cdot f_u}{\gamma_{M2}} = \frac{0{,}9 \cdot (A - \Delta A) \cdot f_u}{\gamma_{M2}}$$

$$N_{u,Rd} = \frac{0{,}9 \cdot ((2 \cdot 20 \cdot 240) - (2 \cdot 3 \cdot 18 \cdot 20)) \cdot f_u}{\gamma_{M2}}$$

$$N_{u,Rd} = \frac{0{,}9 \cdot (9600 - 2160) \cdot 360}{1{,}25} = 1928448\ \text{N} = 1928\ \text{kN}$$

maßgebend!

Zusammenfassung der Bemessungswerte:

$F_{v,Rd} = 335{,}7\ kN$

$F_{t,0,d,SH} = 291{,}67\ \text{kN}$

$F_{t,0,d,MH} = 223{,}2\ \text{kN}$

$N_{u,Rd} = 1928\ \text{kN}$

Die Tragfähigkeit des Anschlusses wird durch die Zugtragfähigkeit des Mittelholzes begrenzt.

Lösung B: Berechnung nach dem vereinfachten Verfahren

Übernahme aus Lösung A:

Vorhanden:

4-schnittige Zugstoßverbindung mit innen liegenden Stahlblechen; NKL 2, KLED: mittel

Verbindungmittel: Stabdübel mit: $d = 18\ \text{mm}, f_{u,k} = 360\ \text{N/mm}^2$

Stahlbleche: S235JR; $t_s = 20\ \text{mm}$

BSH GL32c nach DIN EN 14080, Tabelle 4 mit $\rho_k = 400\ \text{kg/m}^3$

Seitenhölzer: $t_1 = 80\ \text{mm}$

Mittelholz: $t_2 = 100\ \text{mm}$

$f_{h,0,k} = f_{h,1,k} = f_{h,2,k}$

$f_{h,0,k} = 26{,}90\ \text{N/mm}^2$

$M_{y,Rk} = 198213\ \text{Nmm}$

Mindestholzdicken:

Nach DIN EN 1995-1-1/NA, NCI NA.8.2.5 Gl. (NA.116)

$$t_{req} = 1{,}15 \cdot 4 \cdot \sqrt{\frac{M_{y,Rk}}{f_{h,k} \cdot d}}$$ [DIN EN 1995-1-1/NA, Gl. (NA.116)]

$$t_{req} = 1{,}15 \cdot 4 \cdot \sqrt{\frac{198213}{26{,}90 \cdot 18}}$$

$$t_{req} = 1{,}15 \cdot 4 \cdot \sqrt{409{,}36} = 93{,}07\ \text{mm}$$

$t_1 = 80\ \text{mm} < 93{,}07\ \text{mm}$ **nicht eingehalten!**

$t_2 = 100\ \text{mm} > 93{,}07\ \text{mm}$ **eingehalten!**

Abminderungsfaktor für Nichteinhaltung der Mindestholzdicke:

Nach DIN EN 1995-1-1/NA:2013, NCI NA.8.2.5 (NA.4)

$$\frac{t_1}{t_{req}} = \frac{80}{93{,}07} = 0{,}86$$

Berechnung der charakteristischen Tragfähigkeit für einen Stabdübel:

Die Berechnung der charakteristischen Tragfähigkeit je Scherfuge erfolgt für jede der Scherfugen nach Gleichung (NA.115).

Scherfuge I

Der Abminderungsfaktor aus Unterschreitung der Mindestholzdicke ist zu berücksichtigen.

[DIN EN 1995-1-1/NA, Gl. (NA.115)]

$$F_{v,Rk,I} = \sqrt{2} \cdot \sqrt{2 \cdot M_{y,Rk} \cdot f_{h,k} \cdot d} \cdot \frac{t_1}{t_{req}}$$

$$F_{v,Rk,I} = \sqrt{2} \cdot \sqrt{2 \cdot 198213 \cdot 36{,}90 \cdot 18} \cdot \frac{80}{93{,}07}$$

$$F_{v,Rk,I} = \sqrt{2} \cdot 13854 \cdot 0{,}86$$

$$F_{v,Rk,I} = 16849{,}6\ \text{N}$$

Scherfuge II

[DIN EN 1995-1-1/NA, Gl. (NA.115)]

$$F_{v,Rk,II} = \sqrt{2} \cdot \sqrt{2 \cdot M_{y,Rk} \cdot f_{h,k} \cdot d}$$

$$F_{v,Rk,II} = \sqrt{2} \cdot \sqrt{2 \cdot 198213 \cdot 26{,}90 \cdot 18}$$

$$F_{v,Rk,II} = \sqrt{2} \cdot 13854$$

$$F_{v,Rk,II} = 19592{,}5\ \text{N}$$

Scherfuge III

[DIN EN 1995-1-1/NA, Gl. (NA.115)]

$$F_{v,Rk,III} = \sqrt{2} \cdot \sqrt{2 \cdot M_{y,Rk} \cdot f_{h,k} \cdot d}$$

$$F_{v,Rk,III} = \sqrt{2} \cdot \sqrt{2 \cdot 198213 \cdot 26{,}90 \cdot 18}$$

$$F_{v,Rk,III} = \sqrt{2} \cdot 13854$$

$$F_{v,Rk,III} = 19592{,}5\ \text{N}$$

Charakteristische Gesamttragfähigkeit auf Abscheren für einen Stabdübel:

$$F_{v,Rk} = 2 \cdot F_{v,Rk,I} + 2 \cdot \min\{F_{v,Rk,II}; F_{v,Rk,III}\}$$

$$F_{v,Rk} = 2 \cdot 16849{,}6 + 2 \cdot \min\{19592{,}5; 19592{,}5\}$$

$$F_{v,Rk} = 33699 + 39185 = 72884 \text{ N}$$

Wirksame Stabdübelanzahl pro Reihe:

Übernahme aus Lösung A:

$$n_{ef} = \min\{3; 2{,}17\} = 2{,}17$$

Charakteristische Tragfähigkeit der Verbindungsmittel auf Abscheren:

$$F_{v,Rk} = n_{ef} \cdot n_{Reihen} \cdot F_{v,Rk}$$

$$F_{v,Rk} = 2{,}17 \cdot 3 \cdot 72884 \text{ N}$$

$$F_{v,Rk} = 474474{,}8 \text{ N} = 474{,}5 \text{ kN}$$

Bemessungswert der Tragfähigkeit der Verbindungsmittel auf Abscheren:

$$F_{v,Rd} = \frac{k_{mod} \cdot F_{v,Rk}}{\gamma_M}$$ [DIN EN 1995-1-1/NA, Gl. (NA.113)]

$$F_{v,Rk} = \frac{0{,}8 \cdot 474{,}5 \text{ N}}{1{,}1} = 345{,}1 \text{ kN}$$

Mindestabstände für Beispiel 3.13.

	Bezeichnung	DIN EN 1995-1-1:2010/A2:2014, Änderung Zu 8.6, Tabelle 8.5	
		Mindestabstände	mm
untereinander in Faserrichtung	$\parallel$, a_1	$(3+2\lvert\cos\alpha\rvert) \cdot d$	100 (90)
untereinander rechtwinklig zur Faser	$\perp$, a_2	$3 \cdot d$	60 (54)
vom beanspruchten Hirnholzende	$a_{3,t}$	$\max(7 \cdot d; 80 \text{ mm})$	140 (126)
vom unbeanspruchten Hirnholzende	$a_{3,c}$	$\max(3{,}5 \cdot d; 40 \text{ mm})$	- (63)
vom beanspruchten Rand	$a_{4,t}$	$\max[(2+2 \cdot \sin\alpha) \cdot d; 3 \cdot d]$	- (54)
vom unbeanspruchten Rand	$a_{4,c}$	$3 \cdot d$	60 (54)

Stabdübel , Durchmesser Ø = 18 mm
α = Winkel zwischen Kraft und Faserrichtung = **0°**
(...) rechnerische Werte

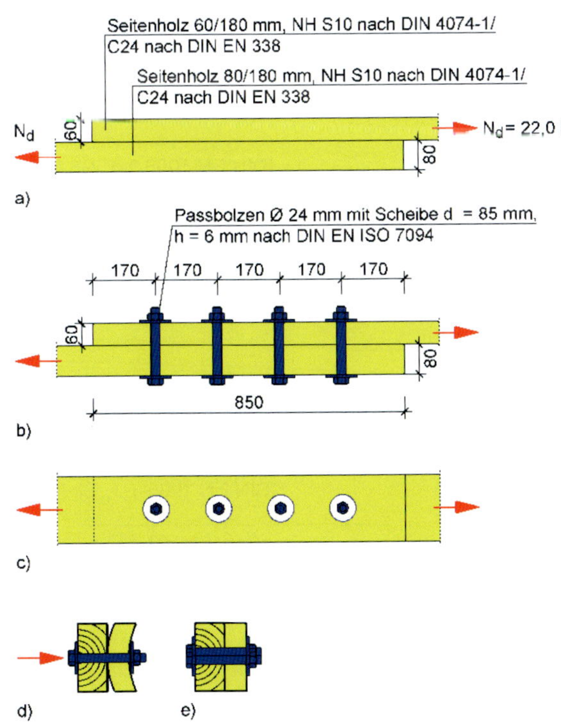

Legende
a) Belastungschema
b) konstruktive Lösung
c) Ansicht
d) mittig angeschlossene Hölzer können sich werfen
e) verbesserte Ausführung

Bild 3.86. Anordnung der Passbolzen

Beispiel 3.14. **(nach DIN EN 1995-1-1:2010)**

Zwei Stäbe (Bild 3.86.) vom Querschnitt 60/180 mm und 80/180 mm sollen miteinander durch Passbolzen verbunden werden. Der Bemessungswert der Tragfähigkeit der Verbindung ist zu berechnen. Der Bemessungswert der Beanspruchung beträgt $N_d = 22{,}0$ kN.

Einwirkung:

$N_d = 22{,}0$ kN

Vorhanden:

Einschnittiger Passbolzen, Festigkeitsklasse 4.8

$d_B = 24$ mm

NH S10 nach DIN 4074-1 = C24 nach DIN EN 338, Tabelle 1

$t_1 = 60$ mm

$t_2 = 80$ mm

$\rho_k = 350 \text{ kg/m}^3$ [DIN EN 338, Tabelle 1]

$f_{u,k} = 400 \text{ N/mm}^2$ [s. Tabelle 3.26.]

NKL = 1 und KLED = mittel $\Rightarrow k_{mod} = 0{,}8$

Lösung A: Berechnung nach dem vereinfachten Verfahren

Charakteristischer Wert der Lochleibungsfestigkeit:

$$f_{h,1,k} = 0{,}082 \cdot (1 - 0{,}01 \cdot d) \cdot \rho_k$$ [DIN EN 1995-1-1 Gl. (8.32)]

$$f_{h,1,k} = 0{,}082 \cdot (1 - 0{,}01 \cdot 24) \cdot 350$$

$$f_{h,1,k} = 21{,}81 \text{ N/mm}^2 = f_{h,2,k}$$

Charakteristischer Wert des Fließmomentes:

$M_{y,Rk} = 0{,}3 \cdot f_{u,k} \cdot d^{2,6}$ [DIN EN 1995-1-1, Gl. (8.30)]

$M_{y,Rk} = 0{,}3 \cdot 400 \cdot 24^{2,6}$

$M_{y,Rk} = 465297\ \text{Nmm}$

$\beta = 1{,}0$ (Die Verbindung besteht aus gleicher Holzart und Festigkeitsklasse)

Mindestholzdicke:

[DIN EN 1995-1-1/NA, Gl. (NA.110)]

$$t_{1,req} = 1{,}15 \cdot \left(2 \cdot \sqrt{\frac{\beta}{1+\beta}} + 2\right) \cdot \sqrt{\frac{M_{y,Rk}}{f_{h,1,k} \cdot d}}$$

$t_{1,req} = 1{,}15 \cdot 3{,}41 \cdot 29{,}8\ \text{mm}$

$t_{1,req} = 116{,}9 > t_1 = 60\ \text{mm}$, **nicht erfüllt!**

Abminderung $t_1/t_{1,req} = 60/116{,}9 = 0{,}51$

[DIN EN 1995-1-1/NA, Gl. (NA.111)]

$$t_{2,req} = 1{,}15 \cdot \left(2 \cdot \sqrt{\frac{1}{1+\beta}} + 2\right) \cdot \sqrt{\frac{M_{y,Rk}}{f_{h,2,k} \cdot d}}$$

$t_{2,req} = 1{,}15 \cdot 3{,}41 \cdot 29{,}8\ \text{mm}$

$t_{2,req} = 116{,}9 > t_2 = 80\ \text{mm}$, **nicht erfüllt!**

Abminderung $t_2/t_{2,req} = 80/116{,}9 = 0{,}68$

Charakteristischer Wert der Tragfähigkeit $F_{v,Rk}$ *pro Scherfläche:*

[DIN EN 1995-1-1/NA, Gl. (NA.109)]

$$F_{v,Rk} = \sqrt{\frac{2 \cdot \beta}{1+\beta}} \cdot \sqrt{2 \cdot M_{y,Rk} \cdot f_{h,1,k} \cdot d}$$

$F_{v,Rk} = 1 \cdot 22070\ \text{N}$

$F_{v,Rk} = 22070\ \text{N}$

Charakteristischer Wert der Tragfähigkeit $F_{v,Rk}$ *pro Passbolzen:*

($n_{\text{Scherflächen}} = 1$)

Der kleinere Wert der Abminderung ${}_{\text{vorh}}t/t_{\text{req}}$ ist maßgebend!
nach DIN EN 1995-1-1/NA:2013, NCI NA.8.2.4 (NA.2)

$F_{v,Rk} = 0{,}51 \cdot 22070\ \text{N} = 11327\ \text{N} = 11{,}33\ \text{kN}$

Erhöhung der charakteristischen Tragfähigkeit

(Berechnung Ausziehwiderstand: s. genaues Verfahren):

[DIN EN 1995-1-1/NA, Gl. (NA.131)]

$F_{v,Rk} = F_{v,Rk} + \min\{0{,}25 \cdot F_{v,Rk}; 0{,}25 \cdot F_{ax,Rk}\}$

$F_{v,Rk} = 11327 + \min\{0{,}25 \cdot 11327; 0{,}25 \cdot 38576\}$

$F_{v,Rk} = 14158 = 14{,}19\ \text{kN}$

Bemessungswert der Tragfähigkeit $F_{v,Rd}$ *pro Passbolzen:*

[DIN EN 1995-1-1/NA, Gl. (NA.113)]

$$F_{v,Rd} = \frac{k_{mod} \cdot F_{v,Rk}}{\gamma_M} = \frac{0{,}8 \cdot 14{,}19}{1{,}1} = 10{,}32\ \text{kN}$$

Bemessungswert der Tragfähigkeit $F_{v,Rd}$ *pro Verbindung:*

Nach DIN EN 1995-1-1, Gl. (8.34) ist ab zwei Passbolzen hintereinander n_{ef} zu berechnen; $\alpha = 0$, $a_1 = 170\ \text{mm}$

$$n_{ef} = \left[\min\left\{n; n^{0,9} \cdot \sqrt[4]{\frac{a_1}{13 \cdot d}}\right\}\right]$$

$$n_{ef} = \left[\min\left\{4; 4^{0,9} \cdot \sqrt[4]{\frac{170}{13 \cdot 24}}\right\}\right] = 2{,}99$$

$F_{v,Rd} = n_{ef} \cdot F_{v,Rd} = 2{,}99 \cdot 10{,}32 = 30{,}86\ \text{kN}$

Nachweis Verbindungsmittel:

$$\frac{N_d}{F_{v,Rd}} = \frac{22}{30{,}86} = 0{,}71 < 1{,}0$$ **Nachweis erfüllt!**

Lösung B: Berechnung nach dem genauen Verfahren

Übernahme aus Lösung A:

$f_{h,1,k} = 21{,}81\ \text{N/mm}^2 = f_{h,2,k}$

$M_{y,Rk} = 465297\ \text{Nmm}$

$\beta = 1{,}0$

Charakteristischer Wert der Tragfähigkeit pro Scherfläche:

$F_{v,Rk} = f_{h,1,k} \cdot t_1 \cdot d$ [DIN EN 1995-1-1, Gl. (8.6a)]

$F_{v,Rk} = 21{,}81 \cdot 60 \cdot 24$

$F_{v,Rk} = 31406{,}40\ \text{N} = 31{,}41\ \text{kN}$

$F_{v,Rk} = f_{h,1,k} \cdot t_2 \cdot d$ [DIN EN 1995-1-1, Gl. (8.6b)]

$F_{v,Rk} = 21{,}81 \cdot 80 \cdot 24$

$F_{v,Rk} = 41875{,}20\ \text{N} = 41{,}88\ \text{kN}$

[DIN EN 1995-1-1, Gl. (8.6c)]

$$F_{v,Rk} = \frac{f_{h,1,k} \cdot t_1 \cdot d}{1+\beta} \cdot \left\{\sqrt{\beta + 2 \cdot \beta^2 \cdot \left[1 + \frac{t_2}{t_1} + \left(\frac{t_2}{t_1}\right)^2\right] + \beta^3 \cdot \left(\frac{t_2}{t_1}\right)^2} - \beta \cdot \left(1 + \frac{t_2}{t_1}\right)\right\} + \frac{F_{ax,Rk}}{4}$$

$F_{v,Rk} = 15703{,}2 \cdot 0{,}987$

$F_{v,Rk} = 15499{,}06\ \text{N} = 15{,}50\ \text{kN}$ **maßgebend!** $\gamma_M = 1{,}3$

[DIN EN 1995-1-1, Gl. (8.6d)]

$$F_{v,Rk} = 1{,}05 \cdot \frac{f_{h,1,k} \cdot t_1 \cdot d}{2+\beta} \cdot \left[\sqrt{2 \cdot \beta \cdot (1+\beta) + \frac{4 \cdot \beta \cdot (2+\beta) \cdot M_{y,Rk}}{f_{h,1,k} \cdot d \cdot t_1^2}} - \beta\right] + \frac{F_{ax,Rk}}{4}$$

$F_{v,Rk} = 1{,}05 \cdot 10468{,}80 \cdot 1{,}39$

$F_{v,Rk} = 15315\ \text{N} = 15{,}32\ \text{kN}$

[DIN EN 1995-1-1, Gl. (8.6e)]

$$F_{v,Rk} = 1{,}05 \cdot \frac{f_{h,1,k} \cdot t_2 \cdot d}{1+2 \cdot \beta} \cdot \left[\sqrt{2 \cdot \beta^2 \cdot (1+\beta) + \frac{4 \cdot \beta \cdot (1+2\beta) \cdot M_{y,Rk}}{f_{h,1,k} \cdot d \cdot t_2^2}} - \beta\right] + \frac{F_{ax,Rk}}{4}$$

$$F_{v,Rk} = 1{,}05 \cdot 13958{,}40 \cdot 1{,}23$$

$$F_{v,Rk} = 18027\ \text{N} = 18{,}03\ \text{kN}$$

[DIN EN 1995-1-1, Gl. (8.6f)]

$$F_{v,Rk} = 1{,}15 \cdot \sqrt{\frac{2 \cdot \beta}{1+\beta}} \cdot \sqrt{2 \cdot M_{y,Rk} \cdot f_{h,1,k} \cdot d} + \frac{F_{ax,Rk}}{4}$$

$$F_{v,Rk} = 1{,}15 \cdot 1 \cdot 22070$$

$$F_{v,Rk} = 25380\ \text{N} = 25{,}38\ \text{kN}$$

Charakteristischer Wert des Ausziehwiderstandes:

$$F_{ax,Rk} = \min\{f_{u,k} \cdot A_k; 3 \cdot f_{c,90,k} \cdot A_{ef}\};\ f_{u,k} = 400\ \text{N/mm}^2$$

$$A_{ef} = \pi \cdot \left(\left(\frac{d_2}{2}\right)^2 - \left(\frac{d_1}{2}\right)^2\right)$$

d_1, d_2 entnehmen wir Tabelle 5 in DIN EN ISO 7094.

$$A_{ef} = \pi \cdot \left(\left(\frac{85}{2}\right)^2 - \left(\frac{26}{2}\right)^2\right) = 5143{,}57\ \text{mm}^2$$

$$F_{ax,Rk} = \min\left\{400 \cdot \pi \cdot \left(\frac{24}{2}\right)^2; 3 \cdot 2{,}5 \cdot 5143{,}57\right\}$$

$$F_{ax,Rk} = \min\{180955; 38576\} = 38{,}58\ \text{kN}$$

Nach DIN EN 1995-1-1, Abschnitt 8.2.2 (2) wird der charakteristische Wert der Tragfähigkeit in Gl. (8.6c) um einen Anteil aus der Seilwirkung erhöht. Dieser ist für Passbolzen auf einen Anteil von 25 % der charakteristischen Tragfähigkeit und auf einen Anteil von 25 % des charakteristischen Ausziehwiderstandes zu begrenzen.

$$F_{v,Rk} = F_{v,Rk} + \min\begin{Bmatrix} 0{,}25 \cdot F_{ax,Rk} \\ 0{,}25 \cdot F_{v,Rk} \end{Bmatrix} = 15500 + \min\begin{Bmatrix} 0{,}25 \cdot 38576 \\ 0{,}25 \cdot 15500 \end{Bmatrix}$$

Charakteristischer Wert der Tragfähigkeit pro Passbolzen:

$$F_{v,Rk} = 15500 + 3875 = 19375\ \text{N}$$

Bemessungswert der Tragfähigkeit $F_{v,Rd}$ pro Passbolzen:

[DIN EN 1995-1-1, Gl. (2.17)]

$$F_{v,Rd} = \frac{k_{mod} \cdot F_{v,Rk}}{\gamma_M} = \frac{0{,}8 \cdot 19{,}38}{1{,}3} = 11{,}93\ \text{kN}$$

Bemessungswert der Tragfähigkeit $F_{v,Rd}$ pro Verbindung:

Wie bei Lösung A ist: nach Gl (8.34)

$$n_{ef} = \left[\min\left\{n; n^{0,9} \cdot \sqrt[4]{\frac{a_1}{13 \cdot d}}\right\}\right]$$

$$n_{ef} = \left[\min\left\{4; 4^{0,9} \cdot \sqrt[4]{\frac{170}{13 \cdot 24}}\right\}\right] = 2{,}99$$

$$F_{v,Rd} = n_{ef} \cdot F_{v,Rd} = 2{,}99 \cdot 11{,}93 = 35{,}67\ \text{kN}$$

Nachweis Verbindungsmittel:

$$\frac{N_d}{F_{v,Rk}} = \frac{22}{35{,}67} = 0{,}62 < 1{,}0$$ **Nachweis erfüllt!**

Spannungsnachweis im Stab 60/180 mm:

Wirksame Querschnittsfläche unter Berücksichtigung der Schwächung durch die Passbolzenlöcher:

$$A_n = 60 \cdot 180 - 1 \cdot 24 \cdot 60 = 9{,}36 \cdot 10^3\ \text{mm}^2$$

Bemessungswert der Baustofffestigkeit:

$$f_{t,0,d} = \frac{k_{mod} \cdot f_{t,0,k}}{\gamma_M} = \frac{0{,}8 \cdot 14}{1{,}3} = 8{,}61$$

Nachweis Holz:

Nettoquerschnitt

$$A_{netto} = 60 \cdot (180 - 24) = 9360\ \text{mm}^2$$

$$\frac{N_d}{A_{netto}} = \frac{22 \cdot 10^3}{9{,}36 \cdot 10^3} = 2{,}35 < 8{,}61\ \text{N/mm}^2$$ **Nachweis erfüllt!**

$\sigma_{t,0,d} < f_{t,0,d}$ [DIN EN 1995-1-1, Gl. (6.1)]

$$\frac{N_d}{A_{netto}} = \frac{22 \cdot 10^3}{9{,}36 \cdot 10^3} = 2{,}35 < 8{,}61\ \text{N/mm}^2$$ **Nachweis erfüllt!**

Die einschnittige Bolzenverbindung ist nur bedingt zu empfehlen. Der Spannungsnachweis ergibt eine trügerisch geringe Zugspannung. Durch den einseitigen Anschluss bedingt, versuchen die beiden verbundenen Hölzer beim Kraftangriff ihre Systemachse in die Wirkungslinie zu bringen (Bild 3.87.).

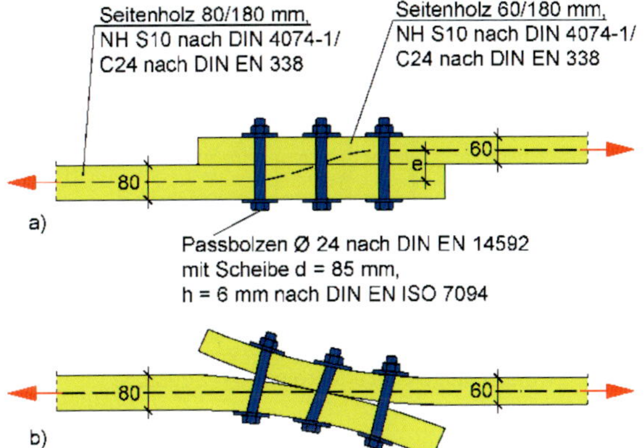

Legende
a) vor Kraftwirkung
b) unter Belastung
e Schwerlinienabstand

Bild 3.87. Einschnittige Bolzenverbindung unter Kraftwirkung

Es wirkt also noch ein Moment von der Größe

$$M_d = N_d \cdot e = N_d \cdot \left(\frac{t_1}{2} + \frac{t_2}{2}\right)$$

$$M_d = 22000 \cdot \left(\frac{60}{2} + \frac{80}{2}\right) = 1540 \cdot 10^3\ \text{Nmm}$$

Der Hebelarm e ist der Mittenabstand beider Hölzer. Bei Abminderung des Widerstandsmomentes um 20 % (Berücksichtigung der nicht schubfesten Verbindung) ergibt sich überschlägig:

$$W = 0{,}8 \cdot \frac{180 \cdot (60 + 80)^2}{6} = 470 \cdot 10^3\ \text{mm}^3$$

Damit wird die tatsächliche, zumindest annähernd im Holz 60/180 mm vorhandene Zugspannung:

$$\sigma_{t,0,d} = \frac{N_d}{A_n} + \frac{M_d}{W}$$

$$\sigma_{t,0,d} = 2{,}35 + \frac{1540 \cdot 10^3}{470 \cdot 10^3} = 5{,}62\ \text{N/mm}^2$$

Spannungsnachweis:

$\sigma_{t,0,d} < f_{t,0,d}$ [DIN EN 1995-1-1, Gl. (6.1)]

$5{,}62 < 8{,}61\ \text{N/mm}^2$ **Nachweis erfüllt!**

Das Beispiel zeigt deutlich, dass nur symmetrische Anschlüsse im Holzbau sinnvoll sind.

Mindestabstände für Beispiel 3.14.

	Bezeichnung	DIN EN 1995-1-1:2010/A2:2014, Änderung Zu 8.6, Tabelle 8.5	
		Mindestabstände	**mm**
untereinander in Faserrichtung	$\parallel$, a_1	$(3+2\lvert\cos\alpha\rvert)\cdot d$	170 (120)
untereinander rechtwinklig zur Faser	$\perp$, a_2	$3\cdot d$	- (72)
vom beanspruchten Hirnholzende	$a_{3,t}$	$\max(7\cdot d; 80\text{ mm})$	- (168)
vom unbeanspruchten Hirnholzende	$a_{3,c}$	$\max(3{,}5\cdot d; 40\text{ mm})$	170 (84)
vom beanspruchten Rand	$a_{4,t}$	$\max[(2+2\cdot\sin\alpha)\cdot d; 3\cdot d]$	- (72)
vom unbeanspruchten Rand	$a_{4,c}$	$3\cdot d$	90 (72)

Passbolzen , Durchmesser Ø = 24 mm
α = Winkel zwischen Kraft und Faserrichtung = **0°**
(...) rechnerische Werte

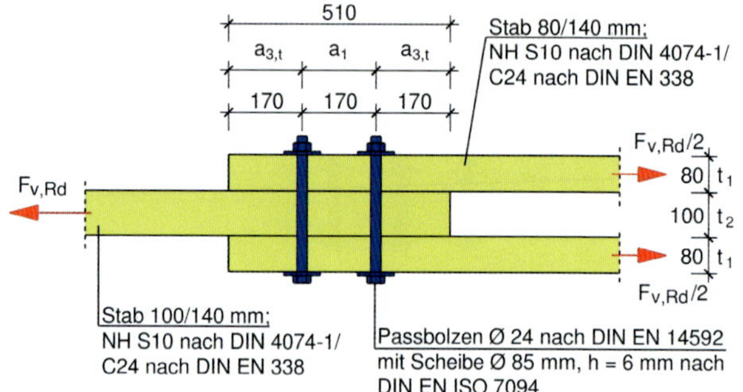

Bild 3.88. Zweischnittige Bolzenverbindung (Zugstoß)

Beispiel 3.15. (nach DIN EN 1995-1-1:2010)

Welche Kraft kann die zweischnittige Passbolzenverbindung bei einem landwirtschaftlichen Gebäude nach Bild 3.88. übertragen?

Vorhanden:

Zweischnittiger Passbolzen der Festigkeitsklasse 4.8

$d_b = 24\text{ mm}$

NH S10 nach DIN 4074-1 = C24 nach DIN EN 338, Tabelle 1

$t_1 = 80\text{ mm}$

$t_2 = 100\text{ mm}$

$\rho_k = 350\text{ kg/m}^3$ [DIN EN 338, Tabelle 1]

$f_{u,k} = 400\text{ N/mm}^2$ [s. Tabelle 3.26.]

NKL = 1 und KLED = mittel $\Rightarrow k_{\text{mod}} = 0{,}8$

Lösung A: Berechnung nach dem vereinfachten Verfahren

Charakteristischer Wert der Lochleibungsfestigkeit:

$f_{h,0,k} = 0{,}082\cdot(1-0{,}01\cdot d)\cdot\rho_k$ [DIN EN 1995-1-1, Gl. (8.32)]

$f_{h,0,k} = 0{,}082\cdot(1-0{,}01\cdot 24)\cdot 350$

$f_{h,0,k} = 21{,}81\text{ N/mm}^2 = f_{h,1,k} = f_{h,2,k}$

Charakteristischer Wert des Fließmomentes:

$M_{y,Rk} = 0{,}3\cdot f_{u,k}\cdot d^{2,6}$ [DIN EN 1995-1-1, Gl. (8.30)]

$M_{y,Rk} = 0{,}3\cdot 400\cdot 24^{2,6}$

$M_{y,Rk} = 465297\text{ Nmm}$

$\beta = 1{,}0$ (Die Verbindung besteht aus gleicher Holzart und Festigkeitsklasse)

Mindestholzdicken:

[DIN EN 1995-1-1/NA, Gl. (NA.110)]

$$t_{1,req} = 1{,}15\cdot\left(2\cdot\sqrt{\frac{\beta}{1+\beta}}+2\right)\cdot\sqrt{\frac{M_{y,Rk}}{f_{h,1,k}\cdot d}}$$

$t_{1,req} = 1{,}15\cdot 3{,}41\cdot 29{,}8\text{ mm}$

$t_{1,req} = 116{,}9 > t_1 = 80\text{ mm}$ **nicht erfüllt!**

Abminderung aus $t_1/t_{1,req} = 80/116{,}9 = 0{,}68$

[DIN EN 1995-1-1/NA, Gl. (NA.112)]

$$t_{2,req} = 1{,}15\cdot\left(\frac{4}{\sqrt{1+\beta}}\right)\cdot\sqrt{\frac{M_{y,Rk}}{f_{h,2,k}\cdot d}}$$

$t_{2,req} = 1{,}15\cdot 2{,}83\cdot 29{,}8\text{ mm}$

$t_{2,req} = 97{,}03\text{ mm} < t_2 = 100\text{ mm}$ **erfüllt!**

Charakteristischer Wert der Tragfähigkeit $F_{v,Rk}$ pro Scherfläche:

[DIN EN 1995-1-1/NA, Gl. (NA.109)]

$$F_{v,Rk} = \sqrt{\frac{2\cdot\beta}{1+\beta}}\cdot\sqrt{2\cdot M_{y,Rk}\cdot f_{h,1,k}\cdot d}$$

$F_{v,Rk} = 1\cdot 22070\text{ N} = 22{,}07\text{ kN}$

Charakteristischer Wert pro Passbolzen ($n_{Scherflächen} = 2$):
Abminderung $t/t_{1,req}$ ist zu berücksichtigen

$F_{v,Rk} = 2\cdot(0{,}68\cdot F_{v,Rk})$

$F_{v,Rk} = 2\cdot 15008 = 30016\text{ N} = 30{,}02\text{ kN}$

Erhöhung der charakteristischen Tragfähigkeit

(Berechnung Ausziehwiderstand, s. genaues Verfahren):

[DIN EN 1995-1-1/NA, Gl. (NA.131)]

$F_{v,Rk} = F_{v,Rk} + \min\{0{,}25\cdot F_{v,Rk}; 0{,}25\cdot F_{ax,Rk}\}$

$F_{v,Rk} = 30016 + \min\{0{,}25\cdot 30016; 0{,}25\cdot 38576\}$

$F_{v,Rk} = 37520 = 37{,}52\text{ kN}$

Bemessungswert der Tragfähigkeit $F_{v,Rd}$ pro Passbolzen:

[DIN EN 1995-1-1/NA, Gl. (NA.113)]

$$F_{v,Rd} = \frac{k_{mod} \cdot F_{v,Rk}}{\gamma_M} = \frac{0,8 \cdot 37,52}{1,1} = 27,29\,\text{kN}$$

Bemessungswert der Tragfähigkeit $F_{v,Rd}$ pro Verbindung:

Nach DIN 1995-1-1:2010, Gl. (8.34) ist ab zwei Bolzen hintereinander n_{ef} zu berechnen; $\alpha = 0$, $a_1 = 170\,\text{mm}$

$$n_{ef} = \left[\min\left\{n; n^{0,9} \cdot \sqrt[4]{\frac{a_1}{13 \cdot d}}\right\}\right]$$

$$n_{ef} = \left[\min\left\{2; 2^{0,9} \cdot \sqrt[4]{\frac{170}{13 \cdot 24}}\right\}\right] = 1,6$$

$$F_{v,Rd} = n_{ef} \cdot F_{v,Rd} = 1,6 \cdot 27,29 = 43,66\,\text{kN}$$

Lösung B: Berechnung nach dem genauen Verfahren

Übernahme aus Lösung A:

$$f_{h,0,k} = 21,81\,\text{N/mm}^2 = f_{h,1,k} = f_{h,2,k}$$

$$M_{y,Rk} = 465297\,\text{Nmm}$$

$$\beta = 1,0$$

Charakteristischer Wert der Tragfähigkeit pro Scherfläche:

$$F_{v,Rk} = f_{h,1,k} \cdot t_1 \cdot d \qquad \text{[DIN EN 1995-1-1, Gl. (8.7g)]}$$

$$F_{v,Rk} = 21,81 \cdot 80 \cdot 24$$

$$F_{v,Rk} = 41875,20\,\text{N} = 41,87\,\text{kN}$$

$$F_{v,Rk} = 0,5 \cdot f_{h,2,k} \cdot t_2 \cdot d \qquad \text{[DIN EN 1995-1-1, Gl. (8.7h)]}$$

$$F_{v,Rk} = 0,5 \cdot 21,81 \cdot 100 \cdot 24$$

$$F_{v,Rk} = 26172\,\text{N} = 26,17\,\text{kN}$$

[DIN EN 1995-1-1, Gl. (8.7j)]

$$F_{v,Rk} = 1,05 \cdot \frac{f_{h,1,k} \cdot t_1 \cdot d}{2+\beta} \cdot \left[\sqrt{2 \cdot \beta \cdot (1+\beta) + \frac{4 \cdot \beta \cdot (2+\beta) \cdot M_{y,Rk}}{f_{h,1,k} \cdot d \cdot t_1^2}} - \beta\right] + \frac{F_{ax,Rk}}{4}$$

$$F_{v,Rk} = 1,05 \cdot 13958,40 \cdot 1,23$$

$F_{v,Rk} = 18027\,\text{N} = 18,03\,\text{kN}$ **maßgebend!** $\gamma_M = 1,3$

[DIN EN 1995-1-1, Gl. (8.7k)]

$$F_{v,Rk} = 1,15 \cdot \sqrt{\frac{2 \cdot \beta}{1+\beta}} \cdot \sqrt{2 \cdot M_{y,Rk} \cdot f_{h,1,k} \cdot d} + \frac{F_{ax,Rk}}{4}$$

$$F_{v,Rk} = 1,15 \cdot 1 \cdot 22070$$

$$F_{v,Rk} = 25380 = 25,38\,\text{kN}$$

Charakteristischer Wert des Ausziehwiderstandes:

$$F_{ax,Rk} = \min\{f_{u,k} \cdot A_k; 3 \cdot f_{c,90,k} \cdot A_{netto}\}$$

$$A_{ef} = \pi \cdot \left(\left(\frac{d_2}{2}\right)^2 - \left(\frac{d_1}{2}\right)^2\right)$$

d_1, d_2 entnehmen wir Tabelle 5 in DIN EN ISO 7094.

$$A_{ef} = \pi \cdot \left(\left(\frac{85}{2}\right)^2 - \left(\frac{26}{2}\right)^2\right) = 5143,57\,\text{mm}^2$$

$$F_{ax,Rk} = \min\left\{400 \cdot \pi \cdot \left(\frac{24}{2}\right)^2; 3 \cdot 2,5 \cdot 5143,57\right\}$$

$$F_{ax,Rk} = \min\{180955; 38576\} = 38,58\,\text{kN}$$

Nach DIN EN 1995-1-1:2010, Abschnitt 8.2.2 (2) wird der charakteristische Wert der Tragfähigkeit in Gl. (8.7j) um einen Anteil aus der Seilwirkung erhöht. Dieser ist für Bolzen auf einen Anteil von 25 % der charakteristischen Tragfähigkeit und auf einen Anteil von 25 % des charakteristischen Ausziehwiderstandes zu begrenzen.

$$F_{v,Rk} = F_{v,Rk} + \min\begin{Bmatrix} 0,25 \cdot F_{ax,Rk} \\ 0,25 \cdot F_{v,Rk} \end{Bmatrix} = 18027 + \min\begin{Bmatrix} 0,25 \cdot 38576 \\ 0,25 \cdot 18027 \end{Bmatrix}$$

Charakteristischer Wert der Tragfähigkeit pro Scherfläche:

$$F_{v,Rk} = 18027 + 4506 = 22534\,\text{N}$$

Charakteristischer Wert der Tragfähigkeit $F_{v,Rk}$ pro Passbolzen:

($n_{Scherflächen} = 2$)

Abminderung aus Unterschreitung Mindestholzdicke entfällt:

$$F_{v,Rk} = 2 \cdot 22534\,\text{N} = 45,07\,\text{kN}$$

Bemessungswert der Tragfähigkeit $F_{v,Rd}$ pro Passbolzen:

[DIN EN 1995-1-1, Gl. (2.17)]

$$F_{v,Rd} = \frac{k_{mod} \cdot F_{v,Rk}}{\gamma_M} = 0,8 \cdot 45,07 / 1,3 = 27,74\,\text{kN}$$

Bemessungswert der Tragfähigkeit $F_{v,Rd}$ pro Verbindung:
wie bei Lösung A:

$$n_{ef} = \left[\min\left\{n; n^{0,9} \cdot \sqrt[4]{\frac{a_1}{13 \cdot d}}\right\}\right]$$

$$n_{ef} = \left[\min\left\{2; 2^{0,9} \cdot \sqrt[4]{\frac{170}{13 \cdot 24}}\right\}\right] = 1,6$$

$$F_{v,Rd} = n_{ef} \cdot F_{v,Rd} = 1,6 \cdot 27,74 = 44,37\,\text{kN}$$

Würde man einen Passbolzen mit höherer Festigkeitsklasse einbauen, z. B. FK 8.8 mit $f_{u,k} = 800\,\text{N/mm}^2$ erhöht sich die Tragfähigkeit der Verbindung bezogen auf die Berechnung nach dem genauen Verfahren wie folgt:

$$k_{f_{u,k}} = \sqrt{\frac{f_{u,k}}{400}} \cdot \sqrt{\frac{800}{400}} = 1,41$$

Pro Scherfläche erhält man:

$$F_{v,Rk,8.8} = k_{f_{u,k}} \cdot F_{v,Rk,4.8} = 1,41 \cdot 18,03 = 25,42\,\text{kN}$$

Berücksichtigung des Seileffekts:

$$F_{v,Rk} = F_{v,Rk} + \min\begin{Bmatrix} 0,25 \cdot F_{ax,Rk} \\ 0,25 \cdot F_{v,Rk} \end{Bmatrix} = 30820 + \min\begin{Bmatrix} 0,25 \cdot 38576 \\ 0,25 \cdot 25420 \end{Bmatrix}$$

Charakteristischer Wert der Tragfähigkeit pro Scherfläche:

$$F_{v,Rk} = 25420 + 6355 = 31775\,\text{N}$$

Charakteristischer Wert der Tragfähigkeit $F_{v,Rk}$ pro Passbolzen ($n_{Scherflächen} = 2$):

$$F_{v,Rk} = 2 \cdot 31,78 = 63,55\,\text{kN}$$

Bemessungswert der Tragfähigkeit $F_{v,Rd}$ pro Passbolzen:

$$F_{v,Rd} = \frac{k_{mod} \cdot F_{v,Rk}}{\gamma_M} = \frac{0,8 \cdot 63,55}{1,3} = 39,11 \text{kN}$$

Bemessungswert der Tragfähigkeit $F_{v,Rd}$ pro Verbindung:

$$n_{ef} = 1,6$$

$$F_{v,Rd,8.8} = 1,6 \cdot 39,11 = 62,5 \text{ kN}$$

Tragfähigkeitserhöhung:

$$\frac{F_{v,Rd,8.8}}{F_{v,Rd,4.8}} = \frac{62,5}{44,4} = 1,41!$$

Nachweis Laschen für $F_{v,Rd} = 39,11$ kN

Die Querschnittsminderung durch das Bolzenloch ist zu berücksichtigen. $A_{netto} = 9200 \text{ mm}^2$. Die Zugtragfähigkeit der einseitig beanspruchten Laschen ist um 1/3 abzumindern.

$f_{h,0,k}$ für C24 $= 14 \text{ N/mm}^2$

Bemessungswert der Baustofffestigkeit:

[DIN EN 1995-1-1, Gl. (2.14)]

$$f_{t,0,d} = \frac{k_{mod} \cdot f_{t,0,k}}{\gamma_M} = \frac{0,8 \cdot 14}{1,3} = 8,62 \text{ N/mm}^2$$

Nachweis Laschen:

$\sigma_{t,0,d} \leq f_{t,0,d} \cdot 0,67$ [DIN EN 1995-1-1, Gl. (6.1)]

$$\frac{F_{v,Rd}}{A_{netto}} = \frac{39,11 \cdot 10^3}{2 \cdot 9200} = 2,13 \text{ N/mm}^2 \leq 5,78 \text{ N/mm}^2$$

Nachweis erfüllt!

Nachweis Mittelholz:

$$A_{netto} = 11500 \text{ mm}^2$$

$\sigma_{t,0,d} \leq f_{t,0,d}$ [DIN EN 1995-1-1, Gl. (6.1)]

$$\frac{F_{v,Rd}}{A_{netto}} = \frac{39,11 \cdot 10^3}{11500} = 3,4 \text{ N/mm}^2 \leq 8,62 \text{ N/mm}^2$$

Nachweis erfüllt!

Werden die Verbindungsmittel mit der berechneten Belastbarkeit beansprucht, ist eine ausreichende Festigkeit der Holzbauteile gegeben.

Mindestabstände für Beispiel 3.15.

	Bezeichnung	**DIN EN 1995-1-1:2010/A2:2014, Änderung zu 8.6, Tabelle 8.5**	
		Mindestabstände	**mm**
untereinander in Faserrichtung	$\parallel$, a_1	$(3+2\|\cos\alpha\|) \cdot d$	170 (120)
untereinander rechtwinklig zur Faser	$\perp$, a_2	$3 \cdot d$	- (72)
vom beanspruchten Hirnholzende	$a_{3,t}$	$\max(7 \cdot d; 80 \text{ mm})$	- (168)
vom unbeanspruchten Hirnholzende	$a_{3,c}$	$\max(3,5 \cdot d; 40 \text{ mm})$	170 (84)
vom beanspruchten Rand	$a_{4,t}$	$\max[(2+2 \cdot \sin\alpha) \cdot d; 3 \cdot d]$	- (72)
vom unbeanspruchten Rand	$a_{4,c}$	$3 \cdot d$	80 (72)

Passbolzen , Durchmesser Ø = 24 mm
α = Winkel zwischen Kraft und Faserrichtung = **0°**
(...) rechnerische Werte

Ansicht

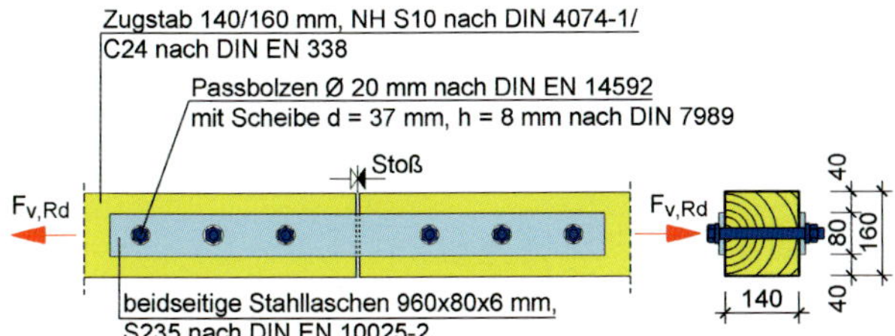

Draufsicht

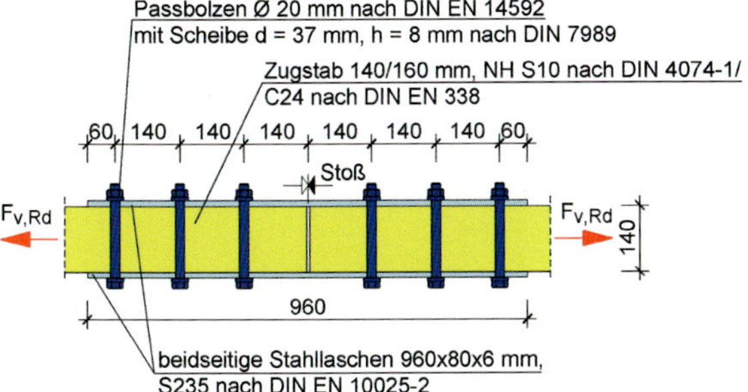

Bild 3.89. Bolzenverbindung mit Stahllaschen

Beispiel 3.16. (nach DIN EN 1995-1-1:2010)

Welche Kraft kann die Passbolzenverbindung nach Bild 3.89. übertragen?

Vorhanden:
Zweischnittiger Passbolzen; FK 4.8

$d_b = 20\text{ mm}$

NH S10 nach DIN 4074-1, C24 nach DIN EN 338
Blechdicke $t_b = 6\text{ mm}$

$d_1 = 140\text{ mm}$

$t_{Blech} = 6\text{ mm}$; dünnes Blech, da
$t = 6\text{ mm} < 0{,}5 \cdot d = 0{,}5 \cdot 20 = 10\text{ mm}$

$t_1 = 140\text{ mm}$

$\rho_k = 350\text{ kg/mm}^3$ (DIN EN 338, Tabelle 1)

$f_{u,k} = 400\text{ N/mm}^2$ (Mindestzugfestigkeit nach DIN 976-1)

NKL = 1 und KLED = mittel $\Rightarrow k_{mod} = 0{,}8$

$\gamma_M = 1{,}1$

Lösung A: Berechnung nach dem vereinfachten Verfahren

Charakteristischer Wert der Lochleibungsfestigkeit:

$f_{h,0,k} = 0{,}082 \cdot (1 - 0{,}01 \cdot d) \cdot \rho_k$ [DIN EN 1995-1-1, Gl. (8.32)]

$f_{h,0,k} = 0{,}082 \cdot (1 - 0{,}01 \cdot 20) \cdot 350$

$f_{h,0,k} = 22{,}96\text{ N/mm}^2$

Charakteristischer Wert des Fließmomentes:

$M_{y,Rk} = 0{,}3 \cdot f_{u,k} \cdot d^{2{,}6}$ [DIN EN 1995-1-1, Gl. (8.30)]

$M_{y,Rk} = 0{,}3 \cdot 400 \cdot 20^{2{,}6}$

$M_{y,Rk} = 289640\text{ Nmm}$

Mindestholzdicken:

[DIN EN 1995-1-1/NA, Gl. (NA.118)]

$t_{req} = 1{,}15 \cdot \left(2 \cdot \sqrt{2}\right) \cdot \sqrt{\frac{M_{y,Rk}}{f_{h,k} \cdot d}}$

$t_{req} = 1{,}15 \cdot 2{,}83 \cdot 25{,}11\text{ mm}$

$t_{req} = 81{,}74\text{ mm} < t_1 = 140\text{ mm}$, **erfüllt!**

Charakteristischer Wert der Tragfähigkeit $F_{v,Rk}$ pro Scherfläche:

$F_{v,Rk} = \sqrt{2 \cdot M_{y,Rk} \cdot f_{h,k} \cdot d}$ [DIN EN 1995-1-1/NA, Gl. (NA.117)]

$F_{v,Rk} = 16309\text{ N} = 16{,}31\text{ kN}$

Charakteristischer Wert des Ausziehwiderstandes:

$F_{ax,Rk} = \min\left\{f_{u,k} \cdot A_k;\ 3 \cdot f_{c,90,k} \cdot A_{netto}\right\}$

Die Tragfähigkeit des Stahlbleches wird auf diejenige einer kreisrunden Unterlegscheibe mit dem kleineren aus folgenden Werten als Durchmesser begrenzt:

$$d = \min\begin{Bmatrix} 12 \cdot t_{Blech} \\ 4 \cdot d_B \end{Bmatrix} = \min\begin{Bmatrix} 12 \cdot 6 \\ 4 \cdot 20 \end{Bmatrix} = 72\text{ mm}$$

$$A_{netto} = \pi \cdot \left(\frac{d}{2}\right)^2 = \pi \cdot \left(\frac{72}{2}\right)^2 = 4071{,}5\text{ mm}^2$$

$$F_{ax,Rk} = \min\left\{400 \cdot \pi \cdot \left(\frac{20}{2}\right)^2;\ 3 \cdot 2{,}5 \cdot 4071{,}5\right\}$$

$F_{ax,Rk} = \min\{125663;\ 30536{,}25\} = 30{,}5\text{ kN}$

Bei Verbindungen mit Passbolzen darf nach DIN EN 1995-1-1/NA:2013, Abschnitt NCI Zu 8.6 (NA.12) der in Abschnitt NCI Zu 8.2.5 angegebene Vereinfachte Regeln berechnete charakteristische Wert der Tragfähigkeit $F_{v,Rk}$ um einen Anteil $\Delta F_{v,Rk}$ erhöht werden. Es gilt Gl. (NA.133)

[DIN EN 1995-1-1/NA, Gl. (NA.133)]

$\Delta F_{v,Rk} = \min\{0{,}25 \cdot F_{v,Rk};\ 0{,}25 \cdot F_{ax,Rk}\}$

$\Delta F_{v,Rk} = \min\{0{,}25 \cdot 16{,}31;\ 0{,}25 \cdot 30{,}5\}$

$\Delta F_{v,Rk} = \min\{4{,}08;\ 7{,}625\}$

$F_{v,Rk} = F_{v,Rk} + \Delta F_{v,Rk}$

$F_{v,Rk} = 16{,}31 + 4{,}08 = 20{,}39\text{ kN}$

Charakteristischer Wert der Tragfähigkeit $F_{v,Rk}$ pro Passbolzen: ($n_{Scherflächen} = 2$)

Keine Abminderung, Mindestholzdicke erfüllt.

$F_{v,Rk} = 2 \cdot 20{,}39\text{ kN} = 40{,}78\text{ kN}$

Bemessungswert der Tragfähigkeit $F_{v,Rd}$ pro Passbolzen:

$$F_{v,Rd} = \frac{k_{mod} \cdot F_{v,Rk}}{\gamma_M}$$ [DIN EN 1995-1-1/NA, Gl. (NA.113)]

$F_{v,Rd} = \frac{0{,}8 \cdot 40{,}78}{1{,}1} = 29{,}66\text{ kN}$ = Tragfähigkeit je *Passbolzen:*

Bemessungswert der Tragfähigkeit $F_{v,Rd}$ pro Verbindung:

Nach DIN 1995-1-1 Gl. (8.34) ist ab zwei Bolzen hintereinander n_{ef} zu berechnen; $\alpha = 0$, $a_1 = 140\text{ mm}$

$$n_{ef} = \left[\min\left\{3;\ 3^{0{,}9} \cdot \sqrt[4]{\frac{140}{13 \cdot 20}}\right\}\right] = 2{,}3$$

$F_{v,Rd} = n_{ef} \cdot F_{v,Rd} = 2{,}3 \cdot 29{,}66 = 68{,}22\text{ kN}$

Lösung B: Berechnung nach dem genauen Verfahren

Übernahme aus Lösung A:

$$f_{h,0,k} = 22{,}96\ \text{N/mm}^2 = f_{h,2,k} = f_{h,k}$$

$$M_{y,k} = 289640\ \text{Nmm}$$

Charakteristischer Wert der Tragfähigkeit $F_{v,Rk}$ pro Scherfläche:

$$F_{v,Rk} = 0{,}5 \cdot f_{h,2,k} \cdot t_2 \cdot d \qquad \text{[DIN EN 1995-1-1, Gl. (8.12j)]}$$

$$F_{v,Rk} = 0{,}5 \cdot 22{,}96 \cdot 140 \cdot 20$$

$$F_{v,Rk} = 32144\ \text{N} = 32{,}14\ \text{kN}$$

$$F_{v,Rk} = 1{,}15 \cdot \sqrt{2 \cdot M_{y,Rk} \cdot f_{h,2,k} \cdot d} + \frac{F_{ax,Rk}}{4} \qquad \text{[DIN EN 1995-1-1, Gl. (8.12k)]}$$

$$F_{v,Rk} = 1{,}15 \cdot 1 \cdot 16309$$

$$F_{v,Rk} = 18755\ \text{N} = 18{,}76\ \text{kN} \quad \textbf{maßgebend!} \quad \gamma_M = 1{,}3$$

Nach DIN EN 1995-1-1:2010, Abschnitt 8.2.2 (2) wird der charakteristische Wert der Tragfähigkeit in Gl. (8.12k) um einen Anteil aus der Seilwirkung erhöht. Dieser ist für Passbolzen auf einen Anteil von 25 % der charakteristischen Tragfähigkeit und auf einen Anteil von 25 % des charakteristischen Ausziehwiderstandes zu begrenzen.

$$F_{ax,Rk} = 30{,}5\ \text{kN}$$

$$F_{v,Rk} = F_{v,Rk} + \min\left\{\begin{matrix} 0{,}25 \cdot F_{ax,Rk} \\ 0{,}25 \cdot F_{v,Rk} \end{matrix}\right\} = 18755 + \min\left\{\begin{matrix} 0{,}25 \cdot 30536{,}25 \\ 0{,}25 \cdot 18755 \end{matrix}\right\}$$

$$F_{v,Rk} = 18755 + 4689 = 23443\ \text{N}$$

Charakteristischer Wert der Tragfähigkeit pro Passbolzen: ($n_{\text{Scherflächen}} = 2$)

$$F_{v,Rk} = 2 \cdot 23443\ \text{N} = 46887\ \text{N} = 46{,}9\ \text{kN}$$

Bemessungswert der Tragfähigkeit pro Passbolzen:

$$F_{v,Rd} = \frac{k_{\text{mod}} \cdot F_{v,Rk}}{\gamma_M} \qquad \text{[DIN EN 1995-1-1, Gl. (2.17)]}$$

$$F_{v,Rd} = \frac{0{,}8 \cdot 46{,}9}{1{,}3} = 28{,}86\ \text{kN}$$ = Tragfähigkeit je *Pass*bolzen

Bemessungswert der Tragfähigkeit $F_{v,Rd}$ pro Verbindung wie bei Lösung A:

$$n_{ef} = \left[\min\left\{n;\ n^{0,9} \cdot \sqrt[4]{\frac{a_1}{13 \cdot d}}\right\}\right]$$

$$n_{ef} = \left[\min\left\{3;\ 3^{0,9} \cdot \sqrt[4]{\frac{140}{13 \cdot 20}}\right\}\right] = 2{,}3$$

$$F_{v,Rd} = n_{ef} \cdot F_{v,Rd} = 2{,}3 \cdot 28{,}86 = 66{,}38\ \text{kN}$$

Nachweis Mittelholz für $F_{v,Rd} = 66{,}38\ \text{kN}$

Bemessungswert der Baustofffestigkeit:

$$f_{t,0,d} = \frac{k_{\text{mod}} \cdot f_{t,0,k}}{\gamma_M} = \frac{0{,}8 \cdot 14}{1{,}3} = 8{,}62\ \text{N/mm}^2$$

$$A_{netto} = 19460\ \text{mm}^2$$

$$\sigma_{t,0,d} \le f_{t,0,d} \qquad \text{[DIN EN 1995-1-1, Gl. (6.1)]}$$

$$\frac{F_{v,Rd}}{A_{netto}} = \frac{66{,}38 \cdot 10^3}{19460} = 3{,}41\ \text{N/mm}^2 \le 8{,}62\ \text{N/mm}^2$$ **Nachweis erfüllt!**

Nachweis Stahllaschen:

Der Nachweis erfolgt nach DIN 18800-1.

$$F_{v,Rd} = 66{,}38\ \text{kN}$$

$$\frac{A_{Brutto}}{A_{Netto}} = \frac{A}{A - \Delta A} = \frac{2 \cdot 6 \cdot 80}{(2 \cdot 6 \cdot 80) - (2 \cdot 6 \cdot 20)} = \frac{960}{720}$$

Bedingung zur Berücksichtigung der Querschnittschwächung:

$$\frac{960}{720} = \underline{1{,}33} > \frac{f_{u,k}}{1{,}25 \cdot f_{y,k}} = \frac{360}{1{,}25 \cdot 240} = \underline{1{,}2}$$

→ Der Lochabzug ist zu berücksichtigen.

Tragsicherheitsnachweis für den ungelochten Querschnitt:

$$\frac{F_{v,Rd}}{N_{R,d}} = \frac{F_{v,Rd}}{A \cdot f_{y,d}} = \frac{66380}{960 \cdot 218} = 0{,}32 < 1$$ **Nachweis erfüllt!**

Tragsicherheitsnachweis für den gelochten Querschnitt

$$\frac{F_{v,Rd}}{N_{R,d}} = \frac{F_{v,Rd}}{A \cdot f_{u,d}} = \frac{66380}{720 \cdot 262} = 0{,}35 < 1$$ **Nachweis erfüllt!**

Mindestabstände für Beispiel 3.16.

	Bezeichnung	DIN EN 1995-1-1:2010/A2:2014, Änderung zu 8.6, Tabelle 8.5	
		Mindestabstände	**mm**
untereinander in Faserrichtung	$\parallel,\ a_1$	$(3 + 2\lvert\cos\alpha\rvert) \cdot d$	140 (100)
untereinander rechtwinklig zur Faser	$\perp,\ a_2$	$3 \cdot d$	- (60)
vom beanspruchten Hirnholzende	$a_{3,t}$	$\max(7 \cdot d;\ 80\ \text{mm})$	140 (140)
vom unbeanspruchten Hirnholzende	$a_{3,c}$	$\max(3{,}5 \cdot d;\ 40\ \text{mm})$	140 (70)
vom beanspruchten Rand	$a_{4,t}$	$\max[(2 + 2 \cdot \sin\alpha) \cdot d;\ 3 \cdot d]$	- (60)
vom unbeanspruchten Rand	$a_{4,c}$	$3 \cdot d$	80 (60)

Passbolzen , Durchmesser ∅ = 20 mm
α = Winkel zwischen Kraft und Faserrichtung = **0°**
(...) rechnerische Werte

Beanspruchung in Bolzenschaftrichtung

Im Gegensatz zu Stabdübeln können Passbolzen, Gewindestangen und Bolzen in Schaftrichtung Kräfte übertragen. In diesem Fall ist zu prüfen, ob die Zugfestigkeit des Verbindungsmittels und die Dicke der Unterlegscheibe ausreichend sind. Es gilt:

a) *Nachweis Tragfähigkeit des Bolzens nach DIN EN 1993-1-8, Tabelle 3.4:*

$$\frac{F_{t,E,d}}{F_{t,R,d}} \leq 1{,}0 \text{ mit}$$

$$F_{t,R,d} = \frac{k_2 \cdot A_S \cdot f_{u,k}}{\gamma_{M,2}}$$

mit $k_2 = 0{,}9$

$\sigma_{1,R,d}$ Bemessungswert der Schraubenfestigkeit im Grenzzustand der Tragfähigkeit,
$F_{t,R,d}$ Grenzzugkraft des Bolzens (s. Tabelle 5.35.a nach DIN EN 1993-1-8 in [*Holschemacher* u. a. 2015],
A_S Spannungsquerschnittsfläche des Bolzens,
$f_{u,k}$ Zugfestigkeit des Bolzens (s. Tabelle 3.26.),
$\gamma_{M,2}$ Teilsicherheitsbeiwert nach DIN EN 1993-1/NA:2018 ist $\gamma_{M,2} = 1{,}25$,
k_2 Korrekturbeiwert.

b) *Nachweis Tragfähigkeit des Holzes unter der Unterlegscheibe:*

Die Tragfähigkeit des Bolzens wird in den meisten Fällen durch die Beanspruchungsfähigkeit des Holzes unter der Unterlegscheibe begrenzt. Der charakteristische Wert der Tragfähigkeit berechnet sich nach Umstellung der Gl. (6.3) in DIN EN 1995-1-1:2010.

$$\sigma_{c,90,d} \leq k_{c,90} \cdot f_{c,90,d}$$

mit $\sigma_{c,90,d}$ nach Gl. (6.4)

$$\sigma_{c,90,d} = \frac{F_{c,90,d}}{A_{ef}}$$

$$\frac{F_{c,90,d}}{A_{ef}} \leq f_{c,90,d}$$

$$F_{c,90,d} \leq f_{c,90,d} \cdot A_{ef}$$

mit $k_{c,90} = 1{,}0$

Nach DIN EN 1995-1-1:2010, Abschnitt 8.5.2 (2) ist die Querdruckfestigkeit des Holzes unter einer Unterlegscheibe unter der Annahme eines charakteristischen Wertes der Druckfestigkeit in der Berührungsfläche von $3{,}0 \cdot f_{c,90,k}$ zu ermitteln. Damit entfällt die Berechnung eines A_{ef} wie in DIN 1052:2008.

Die Gleichung für die Tragfähigkeit lautet dann

$$F_{c,90,d} \leq 3{,}0 \cdot f_{c,90,d} \cdot A_{ef}$$

mit A_{ef} für den Bolzen

$$A_{ef} = \frac{\pi}{4} \cdot \left(d_2^2 - d_1^2\right)$$

d_2 Außendurchmesser der Unterlegscheibe nach DIN EN ISO 7094,
d_1 Innendurchmesser der Unterlegscheibe nach DIN EN ISO 7094.

Die Tragfähigkeit eines Stahlbleches sollte auf diejenige einer kreisrunden Unterlegscheibe mit dem kleineren Wert als

- 12 · *t*, mit *t* als Stahlblechdicke;
- 4 · *d*, mit *d* als Bolzendurchmesser

als Durchmesser begrenzt werden (s. DIN EN 1995-1-1: 2010, Abschnitt 8.5.2 (3)).

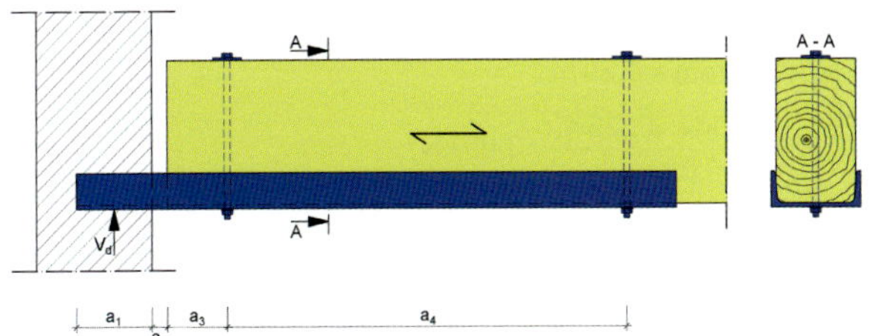

Legende
a_1 = 150 mm; a_2 = 30 mm; a_3 = 120 mm; a_4 = 800 mm

Bild 3.90. Brandwandauflager mit unten liegendem Stahlträger (U-Profil)

Beispiel 3.17. **(nach DIN EN 1995-1-1:2010)**

Für das in Bild 3.90. dargestellte Brandwandauflager sollen die Nachweise im Grenzzustand der Tragfähigkeit geführt werden.

Gegeben:

Holzbalken: NH S10 nach DIN 4074-1:2012 bzw. C24 nach DIN EN 338

$b/h = 160/280\,\text{mm}$

$f_{c,90,k} = 2{,}5\,\text{N/mm}^2$

$\gamma_M = 1{,}3$

Nutzungsklasse 1

$k_{mod} = 0{,}80$

Stahlprofil: Profil: U180 (unten angeordnet, Querschnittsklasse 3) S235 nach DIN 1026-1

$f_{y,k} = 250\,\text{N/mm}^2$ [DIN EN 1993-1-1]

$\gamma_{M0} = 1{,}0$

Bolzen: M12, Fk. 4.8 mit Scheibe Ø 58 mm

$f_{u,k} = 400\,\text{N/mm}^2$ [s. Tabelle 3.26.]

$\gamma_{M2} = 1{,}25$

Mauerwerk: Leichtbeton-Vollblöcke SFK 2 nach DIN EN 1996-3/NA, Tab. NA.D.7, Normalmörtel MG III

$f_k = 1{,}9\,\text{N/mm}^2$

$\gamma_M = 1{,}50$

Bemessungswert der Einwirkung:

$V_d = F_d = 11{,}0\,\text{kN}$

Folgende Nachweise werden geführt:

- Nachweis der Querdrucktragfähigkeit unter der Unterlegscheibe
- Nachweis der Zugtragfähigkeit des Bolzens
- Nachweis der Biegetragfähigkeit des Stahlträgers
- Nachweis der Querdrucktragfähigkeit des Mauerwerks

Schnittreaktionen:

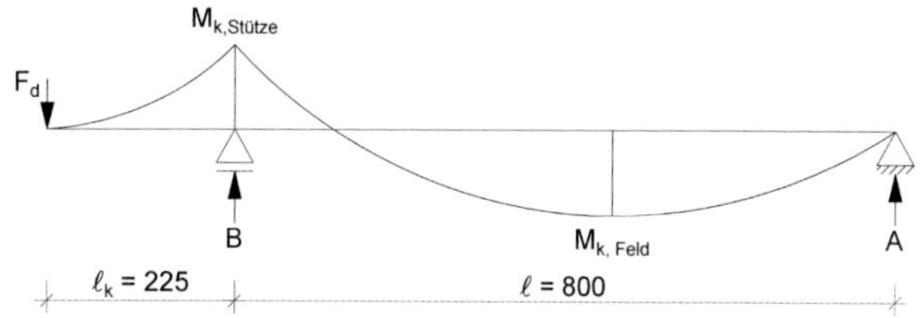

Auflagerkräfte:

$$A = -\frac{F_d \cdot \ell_k}{\ell} \text{ und } B = \left(1 + \frac{\ell_k}{\ell}\right) \cdot F_d$$

$$\ell_k = \frac{a_1}{2} + a_2 + a_3 = \frac{150\,\text{mm}}{2} + 30\,\text{mm} + 120\,\text{mm} = 225\,\text{mm} = 0{,}225\,\text{m}$$

$$\ell = a_4 = 800\,\text{mm} = 0{,}80\,\text{m}$$

$$A_d = -\frac{-11{,}0\,\text{kN} \cdot 0{,}225\,\text{m}}{0{,}80\,\text{m}} = 3{,}09\,\text{kN}$$

$$B_d = \left(1 + \frac{0{,}225\,\text{m}}{0{,}80\,\text{m}}\right) \cdot -11{,}0\,\text{kN} = -14{,}09\,\text{kN}$$

Biegemomente:

$$M_d = -F \cdot \ell_k = \max M$$

$$M_d = -(-11{,}0\,\text{kN}) \cdot 0{,}225\,\text{m} = 2{,}475\,\text{kNm}$$

Nachweis der Querdrucktragfähigkeit unter der Unterlegscheibe:

Wirksame Querdruckfläche:

$$A_{ef} = \frac{\pi}{4}\left(d_2^2 - d_1^2\right)$$

$$A_{ef} = \frac{\pi}{4}\left((58\,\text{mm})^2 - (14\,\text{mm})^2\right) = 2488\,\text{mm}^2$$

Bemessungswert der Querdruckbeanspruchung:

$$F_{c,90,d} = A = 3{,}09\,\text{kN}$$

Vorhandene Querdruckspannung:

$$\sigma_{c,90,d} = \frac{F_{c,90,d}}{3{,}0 \cdot A_{ef}}$$

$$\sigma_{c,90,d} = \frac{3090\,\text{N}}{3{,}0 \cdot 2488\,\text{mm}^2} = 0{,}41\,\text{N/mm}^2$$

Querdruckfestigkeit:

$$f_{c,90,d} = \frac{k_{mod} \cdot f_{c,90,k}}{\gamma_M}$$

$$f_{c,90,d} = \frac{0{,}80 \cdot 2{,}5\,\text{N/mm}^2}{1{,}3} = 1{,}54\,\text{N/mm}^2$$

Nachweis:

$$\frac{\sigma_{c,90,d}}{k_{c,90} \cdot f_{c,90,d}} \leq 1{,}0$$

$$k_{c,90} = 1{,}0$$

$$\frac{0{,}41\,\text{N/mm}^2}{1{,}0 \cdot 1{,}54\,\text{N/mm}^2} = 0{,}27 < 1{,}00 \text{ Nachweis erbracht.}$$

Nachweis der Zugtragfähigkeit des Bolzens:

Bemessungswert der Zugbeanspruchung:

$$F_{t,Ed} = A = 3{,}09\,\text{kN}$$

Bemessungswert der Zugtragfähigkeit:

$$F_{t,Rd} = \frac{k_2 \cdot f_{ub} \cdot A_S}{\gamma_{M2}}$$ [DIN EN 1993-1-8:2010, Tab. 3.4]

$$k_2 = 0{,}90$$

$$A_S = 84{,}3\,\text{mm}^2$$

$$F_{t,Rd} = \frac{0{,}90 \cdot 400\,\text{N/mm}^2 \cdot 84{,}3\,\text{mm}^2}{1{,}25} = 24278{,}4\,\text{N} \approx 24{,}3\,\text{kN}$$

Nachweis:

$$\frac{F_{V,d}}{F_{r,Rd}} \leq 1{,}0$$ [DIN EN 1993-1-8:2010, Tab. 3.2]

$$\frac{3{,}09\,\text{kN}}{24{,}3\,\text{kN}} = 0{,}13 < 1{,}00 \text{ Nachweis erbracht.}$$

Nachweis der Biegetragfähigkeit des Stahlträgers:

Bemessungswert der Biegebeanspruchung:

$$M_{Ed} = M_d = 2{,}475\,\text{kNm}$$

Bemessungswert der Biegebeanspruchbarkeit:

$$M_{c,Rd} = \frac{W_{el,min} \cdot f_{y,k}}{\gamma_{M0}}$$ [DIN EN 1993-1-1:2010, Gl. (6.13)]

$$W_{el,min} = W_z = 22400\,\text{mm}^3 \text{ (Tabellenwert)}$$

$$M_{c,Rd} = \frac{22400\,\text{mm}^3 \cdot 250\,\text{N/mm}^2}{1{,}0} = 5600000\,\text{Nmm} \mathrel{\hat{=}} 5{,}6\,\text{kNm}$$

Nachweis:

$$\frac{M_{Ed}}{M_{c,Rd}} \leq 1{,}0$$ [DIN EN 1993-1-1:2010, Gl. (6.12)]

$$\frac{2{,}48\,\text{kNm}}{5{,}6\,\text{kNm}} = 0{,}44 < 1{,}00 \text{ Nachweis erbracht.}$$

Nachweis der Querdrucktragfähigkeit des Mauerwerks:

Wirksame Querdruckfläche:

$$A_b = b \cdot \ell_A$$

$$A_b = 180\,\text{mm} \cdot 150\,\text{mm} = 27000\,\text{mm}^2$$

Bemessungswert der Querdruckbeanspruchung:

$$N_{Edc} = F_{v,d} = 11\,\text{kN}$$

Bemessungswert der Querdruckbeanspruchbarkeit:

$$N_{Rd,c} = \beta \cdot A_b \cdot f_d$$ [DIN EN 1996-1-1:2013, Gl. (6.10)]

$$\beta = 1{,}0$$

$$N_{Rd,c} = \beta \cdot A_b \cdot f_d = 1{,}0 \cdot A_b \cdot f_k/\gamma_M$$

$$N_{Rd,c} = 1{,}0 \cdot 27000\,\text{mm}^2 \cdot 1{,}90\,\text{N/mm}^2/1{,}50 = 34200\,\text{N} \mathrel{\hat{=}} 34{,}2\,\text{kN}$$

Nachweis:

$$\frac{N_{Edc}}{N_{Rdc}} \leq 1{,}0$$ [DIN EN 1996-1-1:2013, Gl. (6.9)]

$$\frac{11\,\text{kN}}{34{,}2\,\text{kN}} = 0{,}32 < 1{,}00 \text{ Nachweis erbracht.}$$

3.8. Holzschraubenverbindungen

3.8.1. Allgemeines

Holzschrauben werden in vielfältiger Weise vor allem für einschnittige Verbindungen verwendet.

3.8.2. Tragverhalten

In den letzten 20 Jahren hat sich in Europa die Schraubentechnik rasant weiterentwickelt. Die Schrauben bestehen aus hochfesten Stählen, und die Gewindegestaltung bietet einen verbesserten Haftverbund als die traditionellen Holzschrauben mit Gewinde nach DIN 7998.
Das hat dazu geführt, dass ihre Zugtragfähigkeit sehr viel höher ist als bei einer Beanspruchung auf Abscheren. Bild 3.91. zeigt diesen Zusammenhang für die Traglast in Abhängigkeit vom Einschraubwinkel. Bei den hier durchgeführten Versuchen wurde die höchste Traglast bei einem Einschraubwinkel von β = 60° erreicht (ca. 50 % höhere Tragfähigkeit als bei der Beanspruchung auf Abscheren).
Dies ist der Grund, weshalb derartige Schrauben vor allem schräg zur Wirkungsrichtung der Beanspruchung (im Winkel 30° ... 60°) eingeschraubt und damit auf Herausziehen beansprucht werden.

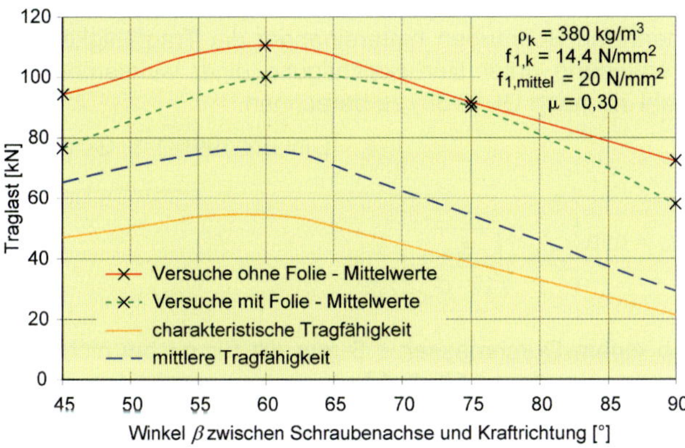

Bild 3.91. Traglasten in Abhängigkeit vom Einschraubinkel β (aus [*Blaß/Bejtka* 2003-2]

Holzschrauben nach allgemeiner bauaufsichtlicher Zulassung oder Europäischer technischer Zulassung (Bewertung)

In der Holzbaupraxis werden zunehmend Holzschrauben verwendet, die ohne Vorbohren (sogenannte selbstbohrende Schrauben) in das Holz geschraubt werden. Selbstbohrende Schrauben gibt es bis 12 mm Durchmesser und bis 1000 mm Länge. Durch eine Härtung des Gewindes nach der Herstellung besitzen derartige Schrauben eine höhere Festigkeit und Tragfähigkeit, als die bisher in DIN 1052:2008 geregelten traditionellen Holzschrauben mit Gewinde nach DIN 7998. Die charakteristischen Werte der Lochleibungsfestigkeit werden nach den Gleichungen für nicht vorgebohrte Nägel berechnet. Die charakteristischen Werte des Fließmomentes sind den jeweiligen bauaufsichtlichen Zulassungen zu entnehmen.
Es besteht inzwischen eine große Formenvielfalt bei der Gewindegestaltung der selbstbohrenden Holzschrauben. Gegenüber den traditionellen Holzschrauben mit Gewinde nach DIN 7998 sind die wesentlichen Unterschiede in Tabelle 3.29. zusammengestellt.
Die Anforderungen an die Herstellung regelt die jeweilige bauaufsichtliche Zulassung. Holzschrauben mit bauaufsichtlichem Verwendbarkeitsnachweis unterliegen einer strengeren Kontrolle (Eigen- und Fremdüberwachung) bei der Herstellung als Schrauben nach DIN EN 14592.

Tabelle 3.29. Art der Schrauben

Art der Schraube	Verhältnis d_k/d	$f_{u,k}$ [N/mm²]	Verhältnis A_{Kern}/A_{gesamt}	Winkel Gewinde	Gewindesteigung
Schraube mit Gewinde nach DIN 7998 (genormt in DIN 1052:2008)	0,68… 0,75	300	0,46… 0,56	60°	0,7…70
selbstbohrende Vollgewindeschraube (s. a. [*Ayoubi/Trautz* 2012])	0,56… 0,69	850… 1080	0,37… 0,4	~ 40°	2,6… 5,8

Kennzeichnend für die selbstbohrenden Schrauben ist der größere Profilflächenanteil des Schraubengewindes, was eine größere Kraftübertragung zwischen Schraube und umgebenen Holz erlaubt.
Nach der Gewindeherstellung werden die Schrauben gehärtet und damit die Zugfestigkeit, Torsionsfestigkeit und Biegefestigkeit der Schraube erhöht. Die höhere Festigkeit gestattet ein Eindrehen ohne Vorbohren bei verhältnismäßig großem Durchmesser von 8, 10 und 12 mm.

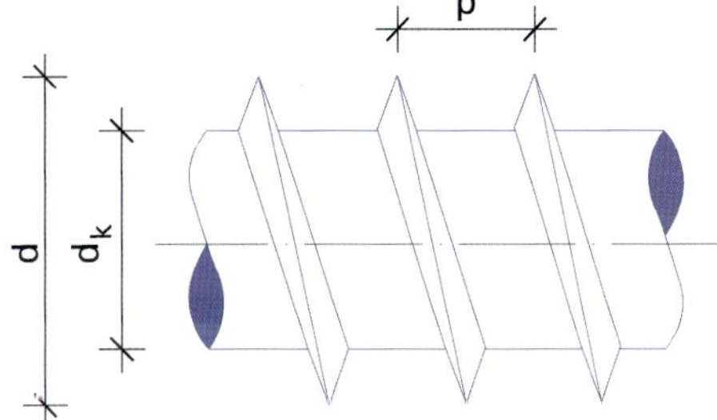

Bild 3.92. Detail eines Schraubengewindes: Bezeichnungen Nenndurchmesser d, Gewinde-Innendurchmesser d_k und Gewindesteigung p

Holzschrauben nach DIN EN 1995-1-1:2010, DIN EN 14592 und DIN 20000-6

Die Anforderungen an die Herstellung und die Werkstoffe an Schrauben regelt DIN EN 14592, Abschnitt 6.3.1 und Abschnitt 6.3.2. in Verbindung mit DIN 20000-6.
Für tragende Verbindungen bei Bauholz dürfen Schrauben mit einem Nenndurchmesser (= Gewinde-Außendurchmesser d) von 2,4 bis maximal 24 mm eingesetzt werden. Zur Geometrie der Schraube, s. Bild 3.93.

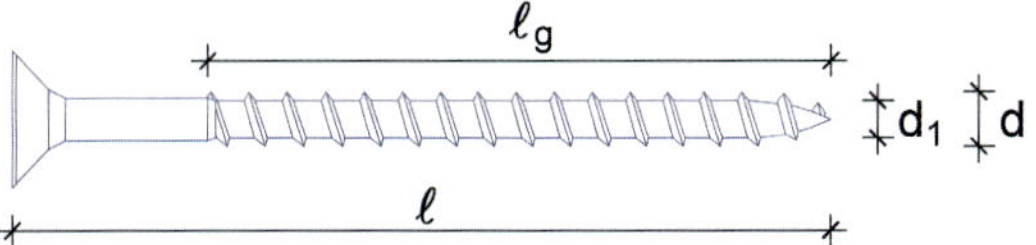

Bild 3.93. Geometrie von Schrauben nach DIN EN 14592, Bild 3

Der Gewinde-Innendurchmesser d_1 von Schrauben muss mindestens 60 % und darf höchstens 90 % des Gewinde-Außendurchmessers ($0{,}6 \cdot d \le d_1 \le 0{,}9$) betragen. Mindestlänge des Gewindes der Schraube beträgt $\ell_g \ge 4 \cdot d$.
Zur Bestimmung der Festigkeits- und Steifigkeitswerte, s. Abschnitt 6.3.4 in DIN EN 14592.

3.8.3. Beanspruchung auf Abscheren nach DIN EN 1995-1-1:2010, Abschnitt 8.7

Auch bei selbstbohrenden Schrauben darf der charakteristische Wert der Tragfähigkeit auf Abscheren $F_{v,Rk}$ nach den Regeln in DIN EN 1995-1-1:2010 und dem Nationalen Anhang berechnet werden (s. [*Lißner/Rug* 2016]).

Nach DIN EN 1995-1-1:2010, Abschnitt 8.7.1 (1) ist der Einfluss des Schraubengewindes bei der Berechnung der Tragfähigkeit über die Definierung eines wirksamen Schraubendurchmessers d_{ef} zu berücksichtigen. Bei Schrauben mit teilweise glattem Schaft, bei denen der Außendurchmesser des Gewindeteils gleich dem Schaftdurchmesser ist, ist für die Berechnung zu beachten, dass

a) der Durchmesser des glatten Schafts als wirksamer Durchmesser d_{ef} angenommen wird;
b) die Einbindetiefe des glatten Schaftes in das Holz mit der Schraubenspitze $\geq 4d$ beträgt.

Sind die vorgenannten Bedingungen nicht erfüllt, ist die Tragfähigkeit der Schraube mit $d_{ef} = 1{,}1 \cdot d_1$ (d_1 = Gewindekerndurchmessers) zu berechnen.

Schrauben mit einem Durchmesser ≤ 6 mm zeigen ein analoges Tragverhalten wie Nägel. Deshalb gelten für die Berechnung von $F_{v,Rk}$ die Bestimmungen wie für Nagelverbindungen. Es kann nach dem genauen Verfahren in DIN EN 1995-1-1:2010, Abschnitt 8.2.2 und 8.2.3 oder mit dem vereinfachten Verfahren nach DIN EN 1995-1-1/NA:2013, Abschnitt NCI zu 8.3 gerechnet werden.
Hat die Schraube einen Durchmesser von ≥ 6 mm, so sind wegen des gleichartigen Tragverhaltens die Bestimmungen für die Berechnung von $F_{v,Rk}$ von Bolzen anzuwenden. Die Berechnung erfolgt dann entweder nach dem genauen Verfahren in DIN EN 1995-1-1:2010, Abschnitt 8.2.2 und 8.2.3 oder mit dem vereinfachten Verfahren nach DIN EN 1995-1-1/NA:2013, Abschnitt NCI zu 8.5.

Tabelle 3.30. fasst die maßgebenden Berechnungsformeln zusammen.

Die Anwendung der Formeln in Tabelle 3.30. ist an folgende Voraussetzungen gebunden (s. DIN EN 1995-1-1:2010, Abschnitt 10.4.5):

1. Bei selbstbohrenden Schrauben in Nadelholz mit einem Durchmesser des glatten Schaftteils von $d \leq 6$ mm ist ein Vorbohren nicht erforderlich. Bei Schrauben in Laubholz und bei Schrauben in Nadelholz mit einem Durchmesser von $d > 6$ mm ist das Vorbohren mit folgenden Anforderungen erforderlich:
   - das Führungsloch für den Schaft sollte den gleichen Durchmesser wie der Schaft und die gleiche Tiefe wie die Länge des gewindefreien Schaftteils aufweisen;
   - das Führungsloch für den Gewindeteil sollte einen Durchmesser von etwa 70 % des Schaftdurchmessers aufweisen.
2. Bei Rohdichten des Holzes über 500 kg/m^3 sollte der erforderliche Durchmesser für das Vorbohren durch Prüfungen ermittelt werden.
3. Wenn das Vorbohren auf selbstbohrende Schrauben angewendet wird, darf der Durchmesser des Führungslochs nicht größer als der Innendurchmesser des Gewindes d_1 sein.

Tragende Schraubenverbindungen müssen aus mindestens zwei Schrauben bestehen (s. DIN EN 1995-1-1/NA:2013, Abschnitt NCI zu 8.7.1).
Dies gilt nicht für die Befestigung von Schalungen, Latten (Trag- und Konterlatten) und Windrispen, auch nicht für die Befestigung von Sparren, Pfetten und dergleichen auf Bindern und Rähmen sowie von Querriegeln an Rahmenhölzern, wenn das Bauteil mit mindestens zwei Holzschrauben angeschlossen ist.
Für Gipswerkstoff-Holz-Verbindungen sind bei Gipsplatten nur Schnellbauschrauben nach DIN 1052-10 zulässig. Für faserverstärkte Gipsplatten sind nur Schrauben mit bauaufsichtlichem Verwendbarkeitsnachweis zulässig.
Die charakteristischen Werte zur Bemessung der Schraubenverbindungen und die konstruktiven Regeln (Schraubenabstände, Randabstände etc.) sind dem bauaufsichtlichen Verwendbarkeitsnachweis zu entnehmen.
Ab einem Durchmesser von > 6 mm ist bei Anordnung von mehreren Schrauben hintereinander die Tragfähigkeit der Verbindung unter Berücksichtigung einer wirksamen Anzahl n_{ef} nach Gl. (8.34) zu berechnen.

[DIN EN 1995-1-1, Gl. (8.34)]

$$n_{ef} = \min \begin{cases} n \\ n^{0,9} \cdot \sqrt[4]{\dfrac{a_1}{13 \cdot d}} \end{cases}$$

Ab einem Durchmesser < 6 mm gilt für n_{ef} bei nicht versetzter Anordnung Gl. (8.17).

$$n_{ef} = n^{k_{ef}}$$ [DIN EN 1955-1-1:2010, Gl. (8.17)]

Es gelten für $d \leq 6$ mm die Mindestabstände für nicht vorgebohrte Nägel unter Beachtung der Regeln für die Mindestabstände bei Holzwerkstoff- und Gipskartonplatten (s. Tabelle 3.19.). Eine sinngemäße Anwendung gilt auch für die maximalen Abstände von Nägeln.

Bei Verbindungen mit einschnittig beanspruchten Holzschrauben darf der nach den in Tabelle 3.12. angegebenen vereinfachten Regeln berechnete charakteristische Wert der Tragfähigkeit $F_{v,Rk}$ um einen Anteil $\Delta F_{v,Rk}$ erhöht werden:

[DIN EN 1995-1-1/NA, Gl. (NA.134)]

$$\Delta F_{v,Rk} = \min\{F_{v,Rk};\ 0{,}25 \cdot F_{ax,Rk}\}$$

Dabei ist $F_{ax,Rk}$ der charakteristische Wert des Ausziehwiderstandes der Schraube nach Gl. (8.38) bzw. (8.40a) sowie (8.40b). Bei Stahlblech-Holz-Verbindungen darf der Fall des Kopfdurchziehens unbeachtet bleiben.

Tabelle 3.30. Berechnung der charakteristischen Werte der Lochleibungsfestigkeit und Stahlfestigkeit für Verbindungen mit Holzschrauben nach DIN EN 1995-1-1:2010 (Beanspruchung auf Abscheren)

Schrauben-durchmesser	$d \le 6$ mm Es gelten die Regeln nach Abschnitt 8.3.1 für Nägel.		$d > 6$ mm Es gelten die Regeln nach Abschnitt 8.5.1 für Bolzen.	
Verbindung	**Löcher**		**Winkel α zur Faserrichtung**	
	Nicht vorgebohrt	**Vorgebohrt**	**0**	**> 0**
Holz/Holz	$f_{h,k} = 0{,}082 \cdot \rho_k \cdot d^{-0,3}$ [Gl. (8.15)]	$f_{h,k} = 0{,}082 \cdot (1 - 0{,}1 \cdot d) \cdot \rho_k$ [Gl. (8.16)]	$f_{h,0,k} = 0{,}082 \cdot (1 - 0{,}01d)\,\rho_k$ [Gl. (8.32)]	$f_{h,\alpha,k} = \frac{f_{h,0,k}}{k_{90} \cdot \sin^2\alpha + \cos^2\alpha}$ [Gl. (8.31)] $k_{90} = 1{,}35 + 0{,}015d$ Nadelholz [Gl. (8.33)] $k_{90} = 0{,}90 + 0{,}015d$ Laubholz [Gl. (8.33)]
Sperrholz	$f_{1,k} = 0{,}11 \cdot \rho_k \cdot d^{-0,3}$ [Gl. (8.20)]	$f_{h,k} = 0{,}11(1 - 0{,}01d)\,\rho_k$ [Gl. (8.36)]	$f_{h,k} = 0{,}11(1 - 0{,}01d)\,\rho_k$ [Gl. (8.36)]	
OSB und kunstharz-gebundene Spanplatten	$f_{h,k} = 0{,}65 \cdot d^{-0,7} \cdot t^{0,1}$ [Gl. (8.22)]	$f_{h,k} = 50 \cdot d^{-0,6} \cdot t^{0,2}$ [Gl. (8.37)]	$f_{h,k} = 50 \cdot d^{-0,6} \cdot t^{0,2}$ [Gl. (8.37)]	
Faserplatte der technischen Klasse HB.HLA2	$f_{h,k} = 30 \cdot d^{-0,3} \cdot t^{0,6}$ [Gl. (8.21)]		–	
Gipsplatten nach DIN 18180	$f_{h,k} = 3{,}9 \cdot d^{-0,6} \cdot t^{0,7}$ [Gl. (NA.122)]			
Stahl	$M_{y,Rk} = 0{,}3 \cdot f_u \cdot d^{2,6}$ [Gl. (8.14)]		$M_{y,Rk} = 0{,}3 \cdot f_u \cdot d^{2,6}$ [Gl. (8.30)]	

$f_{h,k}$, f_u [N/mm²]; ρ_k [kg/m³]; d [mm]; $M_{y,k}$ [N mm]

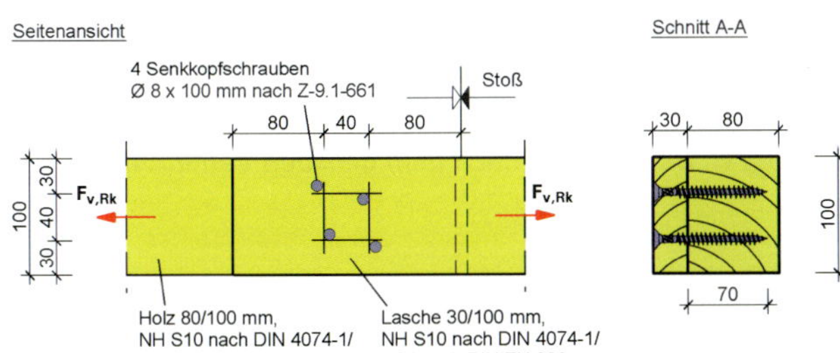

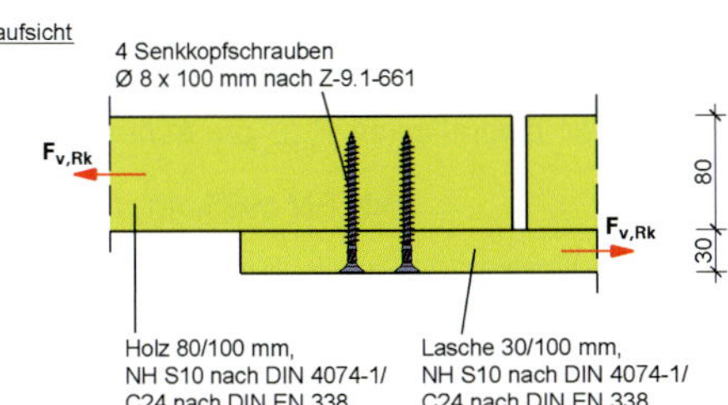

Bild 3.94. Einschnittige Holzschraubenverbindungen bei Kraft-Faserrichtung $\alpha = 0°$ (Schrauben nach bauaufsichtlicher Zulassung Z-9.1-661)

Beispiel 3.18. (nach DIN 1995-1-1:2010)

Es ist die Tragkraft der Holzschraubenverbindung nach Bild 3.94. zu berechnen. Der Anschluss erfolgt mit 4 Holzschrauben (vorgebohrt) nach bauaufsichtlicher Zulassung Z-9.1-661, Paneltwistec $\varnothing$ 8,0 × 100 mm Senkkopfschrauben, einschnittig beansprucht, Kraftrichtung gleich Faserrichtung.

Vorhanden:

Einschnittige Holzschraube $\varnothing$ 8,0 × 100 mm nach allgemeiner bauaufsichtlicher Zulassung Z-9.1-661

C24 nach DIN EN 338, Tabelle 1 = NH S10 nach DIN 4074-1

$t_1 = 30$ mm ; $t_2 = 70$ mm (Eindringtiefe Schraube)

$t_2 = 80$ mm

$\rho_k = 350$ kg/m³ (nach Tabelle 1 in DIN EN 338)

NKL = 1 und KLED = mittel $\Rightarrow k_{mod} = 0{,}8$

min. Eindringtiefe $= 4 \cdot d = 40 < 70$, **erfüllt!**

Nach DIN EN 1995-1-1:2010, Abschnitt 8.7.1 (4) gelten für Holzschrauben mit $d > 6$ mm, bei Beanspruchung auf Abscheren, die Bestimmungen nach Abschnitt 8.5.1, Verbindungen mit Bolzen sinngemäß!

Lösung A: Berechnung nach dem vereinfachten Verfahren

Charakteristischer Wert der Lochleibungsfestigkeit:

$f_{h,1,k} = 0{,}082(1 - 0{,}01 \cdot d) \cdot \rho_k$ [DIN EN 1995-1-1, Gl. (8.32)]

$f_{h,1,k} = 0{,}082(1 - 0{,}01 \cdot 8) \cdot 350$

$f_{h,1,k} = 26{,}40$ N/mm² $= f_{h,2,k}$

Charakteristischer Wert des Fließmoments:

Nach Z-9.1-661, Tabelle 2.

$M_{y,Rk} = 20000$ Nmm

$\beta = 1{,}0$

(Verbindung besteht aus gleicher Holzart und Festigkeitsklasse)

Mindestholzdicke:

[DIN EN 1995-1-1/NA, Gl. (NA.110)]

$$t_{1,req} = 1{,}15 \cdot \left(2 \cdot \sqrt{\frac{\beta}{1+\beta}} + 2\right) \cdot \sqrt{\frac{M_{y,Rk}}{f_{h,1,k} \cdot d}}$$

$$t_{1,req} = 1{,}15 \cdot 3{,}41 \cdot 9{,}73\ \text{mm}$$

$$t_{1,req} = 38{,}2\ \text{mm} > t_1 = 30\ \text{mm}$$

Abminderung um $t_1 / t_{1,req}$ = 30/38,2 = 0,79

[DIN EN 1995-1-1/NA, Gl. (NA.111)]

$$t_{2,req} = 1{,}15 \cdot \left(2 \cdot \sqrt{\frac{1}{1+\beta}} + 2\right) \cdot \sqrt{\frac{M_{y,Rk}}{f_{h,2,k} \cdot d}}$$

$$t_{2,req} = 1{,}15 \cdot 3{,}41 \cdot 9{,}73\ \text{mm}$$

$$t_{2,req} = 38{,}2\ \text{mm} < t_2 = 80\ \text{mm},\quad \textbf{erfüllt!}$$

Charakteristischer Wert der Tragfähigkeit $F_{v,Rk}$ pro Scherfläche:

[DIN EN 1995-1-1/NA, Gl. (NA.109)]

$$F_{v,Rk} = \sqrt{\frac{2 \cdot \beta}{1+\beta}} \cdot \sqrt{2 \cdot M_{y,Rk} \cdot f_{h,1,k} \cdot d}$$

$$F_{v,Rk} = 1 \cdot 2906{,}5\ \text{N}$$

$$F_{v,Rk} = 2906{,}5\ \text{N} = 2{,}9\ \text{kN}$$

(Abminderung aus Unterschreitung der Mindestholzdicke $t/t_{req} = 0{,}79$; $n_{\text{Scherflächen}} = 1$)

$$F_{v,Rk} = 2906 \cdot 0{,}79 = 2295\ \text{N} = 2{,}3\ \text{kN}$$

Bei einschnittigen Verbindungen mit Schrauben darf $F_{v,Rk}$ nach DIN EN 1995-1-1/NA:2013, Abschnitt 8.7.1 (NA.11) um einen Anteil $\Delta F_{v,Rk}$ erhöht werden:

$$\Delta F_{v,Rk} = \min\left\{F_{v,Rk}; 0{,}25 \cdot F_{ax,Rk}\right\}$$ [DIN EN 1995-1-1/NA, Gl. (NA.134)]

Die Ermittlung des Ausziehwiderstandes erfolgt nach der allgemeinen bauaufsichtlichen Zulassung Z-9.1-661, Abschnitt 3.2.2:

Es sind folgende Versagensfälle zu untersuchen:

- Herausziehen,
- Kopfdurchziehen,
- Zugversagen der Schraube.

Charakteristischer Wert des Ausziehwiderstandes:

$$R_{ax,k,1} = f_{1,\alpha,k} \cdot \ell_{ef} \cdot d_1$$ [Z-9.1-661, Gl. (1)]

$$f_{1,\alpha,k} = \frac{80 \cdot 10^{-6} \cdot \rho_k^2}{\sin^2\alpha + \frac{4}{3} \cdot \cos^2\alpha} = \frac{80 \cdot 10^{-6} \cdot 350^2}{\sin^2 90 + \frac{4}{3} \cdot \cos^2 90}$$

$$f_{1,\alpha,k} = \frac{9{,}8}{1} = 9{,}8$$

$\ell_{ef} = 80$ mm, nach Z-9.1-661, Anlage 32

$d_1 = 7{,}6$ mm, nach Z-9.1-661, Anlage 32

$$R_{ax,k,1} = 9{,}8 \cdot 80 \cdot 7{,}6 = 5958{,}4\ \text{N}$$ [Z-9.1-661, Gl. (1)]

Charakteristischer Wert des Durchziehwiderstandes:

$$R_{ax,k,2} = 60 \cdot 10^{-6} \cdot \rho_k^2 \cdot d_k^2$$ [Z-9.1-661, Gl. (4)]

$d_k = 13$ mm, nach Z-9.1-661, Anlage 32

$$R_{ax,k,2} = 60 \cdot 10^{-6} \cdot 350^2 \cdot 13^2 = 1242{,}15\ \text{N}$$

Zugtragfähigkeit der Schraube:

Nach Z-9.1-661, Tabelle 3.

$$R_{t,u,k} = 20100\ N$$

Charakteristicher Wert für die Beanspruchung auf Herausziehen:

$$R_{ax,k} = \min\left\{R_{ax,k,1}; R_{ax,k,2}; R_{t,u,k}\right\}$$

$$R_{ax,k} = \min\left\{5958; 1242; 20100\right\}$$

$$R_{ax,k} = 1242\ \text{N} = 1{,}24\ \text{kN}$$

Erhöhung der charakteristischen Tragfähigkeit pro Schraube:

$$\Delta F_{v,Rk} = \min\left\{2295; 0{,}25 \cdot 1242\right\} = 310{,}5\ \text{N}$$

$$F_{v,Rk} = F_{v,Rk} + \Delta F_{v,Rk}$$

$$F_{v,Rk} = F_{v,Rk} + \Delta F_{v,Rk} = 2295 + 310{,}5 = 2605{,}5\ \text{N}$$

Charakteristischer Wert der Tragfähigkeit $F_{v,Rk}$ der Verbindung:

Nach Gl. (8.34) ist bei diesem Durchmesser ein n_{ef} für mehrere in Faserrichtung hintereinander angeordnete Schrauben zu berechnen, $\alpha = 0$; $a_1 = 50$, $n = 2$

$$n_{ef} = \min\left\{n; n^{0,9} \cdot \sqrt[4]{\frac{a_1}{13 \cdot d}}\right\}$$

$$n_{ef} = \min\left\{2; 2^{0,9} \cdot \sqrt[4]{\frac{50}{13 \cdot 8}}\right\} = 1{,}55$$

$$F_{v,Rk} = n_{\text{Reihen}} \cdot n_{ef} \cdot F_{v,Rk} = 2 \cdot 1{,}55 \cdot 2605{,}5 = 8077{,}1\text{N}$$

Bemessungswert der Tragfähigkeit $F_{v,Rd}$ der Verbindung:

$$F_{v,Rd} = \frac{k_{\text{mod}} \cdot F_{v,Rk}}{\gamma_M}$$ [DIN EN 1995-1-1/NA, Gl. (NA.113)]

$$F_{v,Rd} = \frac{0{,}8 \cdot 8077{,}1}{1{,}1} = 5874\ \text{N} = 5{,}87\ \text{kN}$$

Lösung B: Berechnung nach dem genauen Verfahren

Übernahme aus Lösung A:

$$f_{h,0,k} = 26{,}40\ \text{N/mm}^2 = f_{h,1,k} = f_{h,2,k}$$

$$M_{y,Rk} = 20000\ \text{Nmm}$$

$$\beta = 1{,}0$$

$$F_{ax,Rk} = 1242\ \text{N}$$

Charakteristischer Wert der Tragfähigkeit $F_{v,Rk}$ pro Scherfläche:

$$F_{v,Rk} = f_{h,1,k} \cdot t_1 \cdot d$$ [DIN EN 1995-1-1, Gl. (8.6a)]

$$F_{v,Rk} = 26{,}4 \cdot 30 \cdot 8 = 6336\ \text{N}$$

$$F_{v,Rk} = f_{h,2,k} \cdot t_2 \cdot d$$ [DIN EN 1995-1-1, Gl. (8.6b)]

$$F_{v,Rk} = 26{,}4 \cdot 70 \cdot 8 = 14784\ \text{N}$$

[DIN EN 1995-1-1, Gl. (8.6c)]

$$F_{v,Rk} = \frac{f_{h,1,k} \cdot t_1 \cdot d}{1+\beta} \cdot \left[\sqrt{\beta + 2 \cdot \beta^2 \cdot \left[1 + \frac{t_2}{t_1} + \left(\frac{t_2}{t_1}\right)^2\right] + \beta^3 \cdot \left(\frac{t_2}{t_1}\right)^2} - \beta \cdot \left(1 + \frac{t_2}{t_1}\right)\right] + \frac{F_{ax,Rk}}{4}$$

$$F_{v,Rk} = 3168 \cdot 1{,}56 = 4942\ \text{N}$$

[DIN EN 1995-1-1, Gl. (8.6d)]

$$F_{v,Rk} = 1{,}05 \cdot \frac{f_{h,1,k} \cdot t_1 \cdot d}{2+\beta} \cdot \left[\sqrt{2 \cdot \beta \cdot (1+\beta) + \frac{4 \cdot \beta \cdot (2+\beta) \cdot M_{y,Rk}}{f_{h,1,k} \cdot d \cdot t_1^2}} - \beta \right] + \frac{F_{ax,Rk}}{4}$$

$F_{v,Rk} = 1{,}05 \cdot 2112 \cdot 1{,}29 = 2869$ N **maßgebend!**

$\gamma_M = 1{,}3$

[DIN EN 1995-1-1, Gl. (8.6e)]

$$F_{v,Rk} = 1{,}05 \cdot \frac{f_{h,1,k} \cdot t_2 \cdot d}{1+2\beta} \cdot \left[\sqrt{2 \cdot \beta^2 \cdot (1+\beta) + \frac{4 \cdot \beta \cdot (1+2\beta) \cdot M_{y,Rk}}{f_{h,1,k} \cdot d \cdot t_2^2}} - \beta \right] + \frac{F_{ax,Rk}}{4}$$

$F_{v,Rk} = 1{,}05 \cdot 4928 \cdot 1{,}06 = 5470$ N

[DIN EN 1995-1-1, Gl. (8.6f)]

$$F_{v,Rk} = 1{,}15 \cdot \sqrt{\frac{2 \cdot \beta}{1+\beta}} \cdot \sqrt{2 \cdot M_{y,Rk} \cdot f_{h,1,k} \cdot d} + \frac{F_{ax,Rk}}{4}$$

$F_{v,Rk} = 1{,}15 \cdot 1 \cdot 2906 = 3342$ N

Erhöhung der charakteristischen Tragfähigkeit:

Nach DIN EN 1995-1-1, Abschnitt 8.2.2 (2) wird der charakteristische Wert der Tragfähigkeit in Gl. (8.6d) um einen Anteil aus der Seilwirkung erhöht. Dieser ist für Schrauben auf einen Anteil von 100 % der charakteristischen Tragfähigkeit und auf einen Anteil von 25 % des charakteristischen Ausziehwiderstandes zu begrenzen.

$$F_{v,Rk} = F_{v,Rk} + \min\begin{Bmatrix} 0{,}25 \cdot F_{ax,Rk} \\ 1{,}00 \cdot F_{v,Rk} \end{Bmatrix} = 2869 + \min\begin{Bmatrix} 0{,}25 \cdot 1242 \\ 1{,}00 \cdot 2869 \end{Bmatrix}$$

$F_{v,Rk} = 2869 + 310{,}5 = 3179{,}5$ N

Bemessungswert der Tragfähigkeit pro Schraube:

$$F_{v,Rd} = \frac{k_{mod} \cdot F_{v,Rk}}{\gamma_M}$$

$$F_{v,Rd} = \frac{0{,}8 \cdot 3179{,}5}{1{,}3} = 1956 \text{ N} = 1{,}96 \text{ kN}$$

Bemessungswert der Tragfähigkeit für den Anschluss mit 4 Schrauben ($n_{Reihen} = 2$):

$$n_{ef} = \min\left\{ n;\ n^{0,9} \cdot \sqrt[4]{\frac{a_1}{13 \cdot d}} \right\}$$ [DIN EN 1995-1-1, Gl. (8.34)]

$$n_{ef} = \min\left\{ 2;\ 2^{0,9} \cdot \sqrt[4]{\frac{50}{13 \cdot 8}} \right\} = 1{,}55$$

$F_{v,Rd} = n_{Reihen} \cdot n_{ef} \cdot F_{v,Rd} = 2 \cdot 1{,}55 \cdot 1{,}96 = 6{,}1$ kN

Nachweis Lasche für $F_{v,Rd} = 6{,}1$ kN :

Die Querschnittsschwächung durch die Schraube ist zu berücksichtigen ($d = 8{,}0 \text{ mm} > 6{,}0 \text{ mm}$ s. DIN EN 1995-1-1/NA:2013, NCI NA.8.1.6). Die Zugtragfähigkeit der Lasche ist um 1/3 abzumindern (s. DIN EN 1995-1-1/NA:2013, NCI NA.8.1.6).

Bemessungswert der Zugfestigkeit des Holzes:

[DIN EN 1995-1-1, Gl. (2.14)]

$$f_{t,0,d} = \frac{k_{mod} \cdot f_{t,0,k}}{\gamma_M} = \frac{0{,}8 \cdot 14}{1{,}3} = 8{,}6 \text{ N/mm}^2$$

Abminderung:

$f_{t,0,d} = 0{,}67 \cdot 8{,}6 = 5{,}76 \text{ N/mm}^2$

$A_{netto} = 30 \cdot (100 - 2 \cdot 8) = 2520 \text{ mm}^2$

Nachweis Tragfähigkeit:

$F_{t,0,d} \le 0{,}67 \cdot f_{t,0,d}$ [DIN EN 1995-1-1, Gl. (6.1)]

$$\frac{F_{v,Rd}}{A_{netto}} = \frac{6{,}1 \cdot b^3}{2520} = 2{,}42 \le 5{,}76 \text{ N/mm}^2$$ **Nachweis erfüllt!**

Mindestabstände für Beispiel 3.18.

	Bezeichnung	Mindestabstände		
		α = 0° (vorgebohrt)		
		DIN EN 1995-1-1:2010, Tabelle 8.4		**Z-9.1-661, Abschnitt 4.4**
untereinander in Faserrichtung	$\parallel$, a_1	$(4+\lvert\cos\alpha\rvert) \cdot d$	40 (40)	100 (96)
untereinander rechtwinklig zur Faser	$\perp$, a_2	$4 \cdot d$	40 (32)	40 (40)
vom beanspruchten Hirnholzende	$a_{3,t}$	$\max(7 \cdot d; 80 \text{ mm})$	80 (80)	120 (120)
vom unbeanspruchten Hirnholzende	$a_{3,c}$	$4 \cdot d$	40 (32)	120 (120)
vom beanspruchten Rand	$a_{4,t}$	$\max[(2+2 \cdot \sin\alpha) \cdot d; 3 \cdot d]$	30 (24)	40 (40)
vom unbeanspruchten Rand	$a_{4,c}$	$3 \cdot d$	30 (24)	40 (40)

Schraube, Durchmesser d = 8,0 mm
α = Winkel zwischen Kraft und Faserrichtung = **0°**
(...) rechnerische Werte

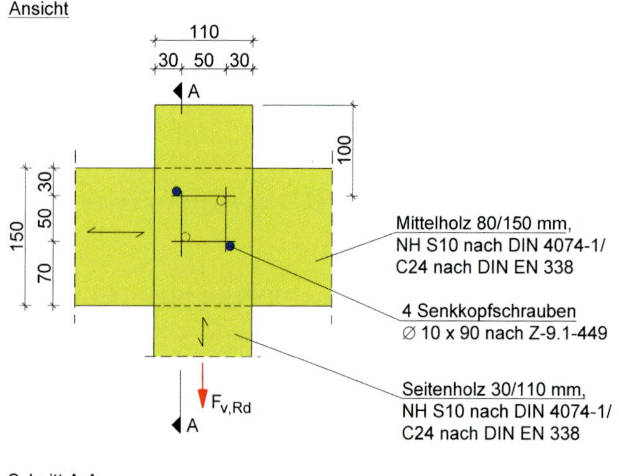

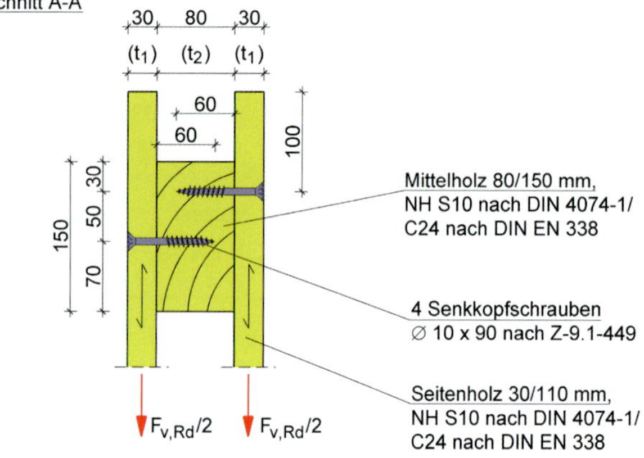

Bild 3.95. Einschnittige Holzschraubenverbindungen bei Kraft-Faserrichtung $\alpha = 0°$

Beispiel 3.19. (nach DIN EN 1995-1-1:2010)

Es ist die Tragkraft der Holzschraubenverbindung nach Bild 3.95.) zu berechnen. Der Anschluss erfolgt mit 4 Senkkopfschrauben ∅ 10×90 mm nach allgemeiner bauaufsichtlicher Zulassung Z-9.1-449, einschnittig beansprucht, Kraftrichtung im Winkel von 90° zur Faserrichtung.

Vorhanden:

Einschnittige Senkkopfschraube ∅ 10 × 90 mm nach Z-9.1-449

Kraftrichtung unter 90°, NKL = 1 und KLED = mittel $\Rightarrow k_{mod} = 0{,}8$

NH S10 nach DIN 4074-1 = C24 nach DIN EN 338, Tabelle 1

$t_1 = 30\,\text{mm};$

$t_2 = 80\,\text{mm};\; t_2 = 60\,\text{mm}$ (Eindringtiefe der Schraube)

$\rho_k = 350\,\text{kg/m}^3$

$\alpha = 90°$ (Mittelholz)

Mindesteindringtiefe:

Min. Eindringtiefe $t = 4 \cdot d = 40 < 60$ mm, **erfüllt!**

Ab einem Schraubendurchmesser von $d > 6$ mm gelten die Bestimmungen gemäß Abschnitt 8.5.1, Bolzen, Beanspruchung auf Abscheren. Der Winkel Kraft zur Faserrichtung ist dann im Gegensatz zur Nagelverbindung zu beachten!

A: Berechnung nach dem vereinfachten Verfahren

Charakteristischer Wert der Lochleibungsfestigkeit unter Berücksichtigung des Last-Faser-Winkels:

$$f_{h,2,\alpha,k} = \frac{f_{h,0,k}}{k_{90} \cdot \sin^2\alpha + \cos^2\alpha}$$ [DIN EN 1995-1-1, Gl. (8.31)]

$$f_{h,0,k} = 0{,}082 \cdot (1 - 0{,}01 \cdot d)\,\rho_k$$ [DIN EN 1995-1-1, Gl. (8.32)]

$$f_{h,0,k} = 0{,}082 \cdot (1 - 0{,}01 \cdot 10) \cdot 350$$

$$f_{h,0,k} = 25{,}83\ \text{N/mm}^2 = f_{h,1,k}$$

$$k_{90} = 1{,}35 + 0{,}015 \cdot d$$ [DIN EN 1995-1-1, Gl. (8.33)]

$$k_{90} = 1{,}35 + 0{,}015 \cdot 10$$

$$k_{90} = 1{,}5$$

$$f_{h,2,\alpha,k} = 17{,}22\ \text{N/mm}^2$$

$$\beta = f_{h,2,\alpha,k} / f_{h,1,0,k} = 17{,}22/25{,}83 = 0{,}67$$

Charakteristischer Wert des Fließmomentes:

Nach Z-9.1-449, Tabelle 3.

$M_{y,Rk} = 30000\,\text{Nmm}$

Mindestholzdicken:

[DIN EN 1995-1-1/NA, Gl. (NA.110)]

$$t_{1,req} = 1{,}15 \cdot \left(2 \cdot \sqrt{\frac{\beta}{1+\beta}} + 2\right) \cdot \sqrt{\frac{M_{y,Rk}}{f_{h,1,k} \cdot d}}$$

$$t_{1,req} = 1{,}15 \cdot 3{,}27 \cdot 10{,}8\,\text{mm}$$

$t_{1,req} = 40{,}61\,\text{mm} > t_1 = 30\,\text{mm}$ **nicht erfüllt!**

Abminderung um $t_1/\ t_{1,req}$ = 30/49,64 = 0,60

[DIN EN 1995-1-1/NA, Gl. (NA.111)]

$$t_{2,req} = 1{,}15 \cdot \left(2 \cdot \sqrt{\frac{1}{1+\beta}} + 2\right) \cdot \sqrt{\frac{M_{y,Rk}}{f_{h,2,k} \cdot d}}$$

$$t_{2,req} = 1{,}15 \cdot 3{,}55 \cdot 13{,}2\,\text{mm}$$

$t_{2,req} = 49{,}6\,\text{mm} < t_2 = 80\,\text{mm}$ **erfüllt!**

Charakteristischer Wert der Tragfähigkeit $F_{v,Rk}$ pro Scherfläche:

$$F_{v,Rk} = \sqrt{\frac{2 \cdot \beta}{1+\beta}} \cdot \sqrt{2 \cdot M_{y,Rk} \cdot f_{h,1,k} \cdot d}$$ [DIN EN 1995-1-1/NA, Gl. (NA.109)]

$$F_{v,Rk} = 0{,}9 \cdot 3936{,}8\,\text{N}$$

$$F_{v,Rk} = 3543{,}1\,\text{N} = 3{,}54\,\text{kN}$$

(Abminderung aus Unterschreitung der Mindestholzdicke $t/t_{req} = 0{,}60;\ n_{\text{Scherflächen}} = 1$)

$$F_{v,Rk} = 3543{,}1 \cdot 0{,}60 = 2125\,\text{N} = 2{,}13\,\text{kN}$$

Bei einschnittigen Verbindungen mit Schrauben, die nach den vereinfachten Regeln bemessen sind, darf $F_{v,Rk}$ nach DIN EN 1995-1-1/NA:2013, Abschnitt NCI zu 8.7.1 (NA.11) um einen Anteil $\Delta F_{v,Rk}$ erhöht werden:

$$\Delta F_{v,Rk} = \min\{F_{v,Rk};\, 0{,}25 \cdot F_{ax,Rk}\}$$ [DIN EN 1995-1-1/NA, Gl. (NA.134)]

Die Ermittlung des Ausziehwiderstandes erfolgt nach der allgemeinen bauaufsichtlichen Zulassung Z-9.1-449, Abschnitt 3.2.2:

Es sind folgende Versagensfälle zu untersuchen:

- Herausziehen,
- Kopfdurchziehen,
- Zugversagen der Schraube.

Charakteristischer Wert des Ausziehwiderstandes:

$R_{ax,k,1} = k_{ax} \cdot f_{1,k} \cdot \ell_{ef} \cdot d_1$ [Z-9.1-449, Gl. (3)]

mit:

$f_{1,k} = 80 \cdot 10^{-6} \cdot \rho_k^2 = 80 \cdot 10^{-6} \cdot 350^2$

$f_{1,k} = 9,8$

$\ell_{ef} = 80$ mm, nach Z-9.1-449, Anlage 1

$d_1 = 10,0$ mm, nach Z-9.1-449, Anlage 1

$k_{ax} = 1,25$

$R_{ax,k,1} = 1,25 \cdot 9,8 \cdot 80 \cdot 10$ [Z-9.1-449, Gl. (3)]

$R_{ax,k,1} = 9800\ \text{N}$

Charakteristischer Wert des Durchziehwiderstandes:

$R_{ax,k,2} = f_{2,k} \cdot d_k^2$ [Z-9.1-449, Gl. (9)]

$d_k = 18,6$ mm, nach Z-9.1-449, Anlage 1

$f_{2,k} = 80 \cdot 10^{-6} \cdot \rho_k^2$

$R_{ax,k,2} = 80 \cdot 10^{-6} \cdot 350^2 \cdot 18,6^2 = 3390\ \text{N}$

Zugtragfähigkeit der Schraube:

Nach Z-9.1-449, Tabelle 1.

$R_{t,u,k} = 28000\ \text{N}$

Charakteristischer Wert für die Beanspruchung auf Herausziehen:

$R_{ax,k} = \min\{R_{ax,k,1};\ R_{ax,k,2};\ R_{t,u,k}\}$

$R_{ax,k} = \min\{9800;\ 3390;\ 28000\}$

$R_{ax,k} = 3390\ \text{N} = 3,39\ \text{kN}$

Erhöhung der charakteristischen Tragfähigkeit:

$\Delta F_{v,Rk} = \min\{2125;\ 0,25 \cdot 3390\} = 847,5\ \text{N}$

$F_{v,Rk} = F_{v,Rk} + \Delta F_{v,Rk}$

$F_{v,Rk} = 2125 + 847,5 = 2972,5\ \text{N}$

Charakteristischer Wert der Tragfähigkeit $F_{v,Rk}$ der Verbindung:

$F_{v,Rk} = n \cdot F_{v,Rk} = 4 \cdot 2972,5 = 11890\ \text{N}$

Bemessungswert der Tragfähigkeit $F_{v,Rd}$ der Verbindung:

$$F_{v,Rd} = \frac{k_{mod} \cdot F_{v,Rk}}{\gamma_M}$$ [DIN EN 1995-1-1/NA, Gl. (NA.113)]

$$F_{v,Rd} = \frac{0,8 \cdot 11890}{1,1} = 8647\ \text{N} = 8,65\ \text{kN}$$

Lösung B: Berechnung nach dem genauen Verfahren

Übernahme aus Lösung A:

$f_{h,1,k} = 25,83\ \text{N/mm}^2$

$f_{h,2,\alpha,k} = 17,22\ \text{N/mm}^2$

$\beta = f_{h,2,\alpha,k} / f_{h,1,\alpha,k} = 0,67$

$F_{ax,Rk} = 3390\ \text{N}$

Charakteristischer Wert der Tragfähigkeit $F_{v,Rk}$ pro Scherfläche (min $F_{v,Rk}$ aus Gl. (8.6a) bis (8.6f)):

$F_{v,Rk} = f_{h,1,k} \cdot t_1 \cdot d$ [DIN EN 1995-1-1, Gl. (8.6a)]

$F_{v,Rk} = 25,83 \cdot 30 \cdot 10 = 7749,8\ \text{N}$

$F_{v,Rk} = f_{h,2,k} \cdot t_2 \cdot d$ [DIN EN 1995-1-1, Gl. (8.6b)]

$F_{v,Rk} = 17,22 \cdot 60 \cdot 10 = 10332\ \text{N}$

[DIN EN 1995-1-1, Gl. (8.6c)]

$$F_{v,Rk} = \frac{f_{h,1,k} \cdot t_1 \cdot d}{1+\beta} \cdot \left[\sqrt{\beta + 2 \cdot \beta^2 \cdot \left[1 + \frac{t_2}{t_1} + \left(\frac{t_2}{t_1}\right)^2\right] + \beta^3 \cdot \left(\frac{t_2}{t_1}\right)^2} - \beta \cdot \left(1 + \frac{t_2}{t_1}\right)\right] + \frac{F_{ax,Rk}}{4}$$

$F_{v,Rk} = 4640,12 \cdot 0,85 = 3944,1\ \text{N}$

[DIN EN 1995-1-1, Gl. (8.6d)]

$$F_{v,Rk} = 1,05 \cdot \frac{f_{h,1,k} \cdot t_1 \cdot d}{2+\beta} \cdot \left[\sqrt{2 \cdot \beta \cdot (1+\beta) + \frac{4 \cdot \beta \cdot (2+\beta) \cdot M_{y,Rk}}{f_{h,1,k} \cdot d \cdot t_1^2}} - \beta\right] + \frac{F_{ax,Rk}}{4}$$

$F_{v,Rk} = 1,05 \cdot 2902,25 \cdot 1,10 = 3372\ \text{N}$ **maßgebend!**

[DIN EN 1995-1-1, Gl. (8.6e)]

$$F_{v,Rk} = 1,05 \cdot \frac{f_{h,1,k} \cdot t_2 \cdot d}{1+2\beta} \cdot \left[\sqrt{2 \cdot \beta^2 \cdot (1+\beta) + \frac{4 \cdot \beta \cdot (1+2\beta) \cdot M_{y,Rk}}{f_{h,1,k} \cdot d \cdot t_2^2}} - \beta\right] + \frac{F_{ax,Rk}}{4}$$

$F_{v,Rk} = 1,05 \cdot 6623,08 \cdot 0,63 = 4369\ \text{N}$

$\gamma_M = 1,3$

[DIN EN 1995-1-1, Gl. (8.6f)]

$$F_{v,Rk} = 1,15 \cdot \sqrt{\frac{2 \cdot \beta}{1+\beta}} \cdot \sqrt{2 \cdot M_{y,Rk} \cdot f_{h,1,k} \cdot d} + \frac{F_{ax,Rk}}{4}$$

$F_{v,Rk} = 1,15 \cdot 0,9 \cdot 3936 = 4049\ \text{N}$

Erhöhung der charakteristischen Tragfähigkeit:

Nach DIN EN 1995-1-1:2010, Abschnitt 8.2.2 (2) wird der charakteristische Wert der Tragfähigkeit in Gl. (8.6e) um einen Anteil aus der Seilwirkung erhöht. Dieser ist für Schrauben auf einen Anteil von 100 % der charakteristischen Tragfähigkeit und auf einen Anteil von 25 % des charakteristischen Ausziehwiderstandes zu begrenzen.

$$F_{v,Rk} = F_{v,Rk} + \min\begin{Bmatrix} 0,25 \cdot F_{ax,Rk} \\ 1,00 \cdot F_{v,Rk} \end{Bmatrix} = 3372 + \min\begin{Bmatrix} 0,25 \cdot 3390 \\ 1,00 \cdot 3372 \end{Bmatrix}$$

$F_{v,Rk} = 3372 + 847,5 = 4219,5\ \text{N}$

Bemessungswert der Tragfähigkeit pro Schraube:

$$F_{v,Rd} = \frac{k_{mod} \cdot F_{v,Rk}}{\gamma_M}$$

$$F_{v,Rd} = \frac{0,8 \cdot 4,2}{1,3} = 2,59\ \text{kN}$$

Bemessungswert der Tragfähigkeit der Verbindung:

$F_{v,Rd} = n \cdot F_{v,Rd} = 4 \cdot 2,59 = 10,36\ \text{kN}$

Mindestabstände von Schrauben für Beispiel 3.19.

	Bezeichnung	Mindestabstände		
		DIN EN 1995-1-1:2010, Tabelle 8.4		
			$\alpha = 0°$ Seitenholz	$\alpha = 90°$ Mittelholz
untereinander in Faserrichtung	$\parallel$, a_1	$(4+\|\cos\alpha\|)\cdot d$	50 (50)	50 (40)
untereinander rechtwinklig zur Faser	$\perp$, a_2	$4\cdot d$	50 (40)	50 (40)
vom beanspruchten Hirnholzende	$a_{3,t}$	$\max(7\cdot d; 80\,\text{mm})$	100 (80)	- (80)
vom unbeanspruchten Hirnholzende	$a_{3,c}$	$4\cdot d$	- (40)	- (70)
vom beanspruchten Rand	$a_{4,t}$	$\max[(2+2\cdot\sin\alpha)\cdot d; 3\cdot d]$	- (30)	70 (40)
vom unbeanspruchten Rand	$a_{4,c}$	$3\cdot d$	30 (30)	30 (30)

Schraube, Durchmesser d = 8,0 mm
α = Winkel zwischen Kraft und Faserrichtung = **0°/90°**
(...) rechnerische Werte

3.8.4. Beanspruchung von Schrauben in Schaftrichtung auf Herausziehen nach DIN EN 1995-1-1:2010, Abschnitt 8.7.2

Tragverhalten

Holzschrauben auf Herausziehen beansprucht, zeigen folgenden Versagensarten:

- Herausziehen aus dem Holz (Ausziehfestigkeit, Ausziehwiderstand),
- Kopfdurchziehen (Durchziehwiderstand),
- Bruch des Stahles (Bruchfestigkeit Stahl, Abreißwiderstand des Schraubenkopfes oder Zugwiderstand des Schraubenschaftes).

Die wesentlichen holztechnologischen Kenngrößen sind

- die Ausziehfestigkeit $f_{ax,k}$,
- die Kopfdurchziehparameter $f_{head,k}$.

Die Ausziehfestigkeit als holztechnologische Kenngröße ist abhängig von der charakteristischen Rohdichte und von den durch die Profilierung der Schrauben herstellbaren Verbindungskräften zwischen Schrauben und Holz. Die nach DIN EN 1382 (Holzbauwerke – Prüfverfahren – Ausziehtragfähigkeit von Holzverbindungsmitteln) ermittelbare Last-Verformung-Kurve weist ein „sprödes“ Tragverhalten auf (s. Bild 3.96.).

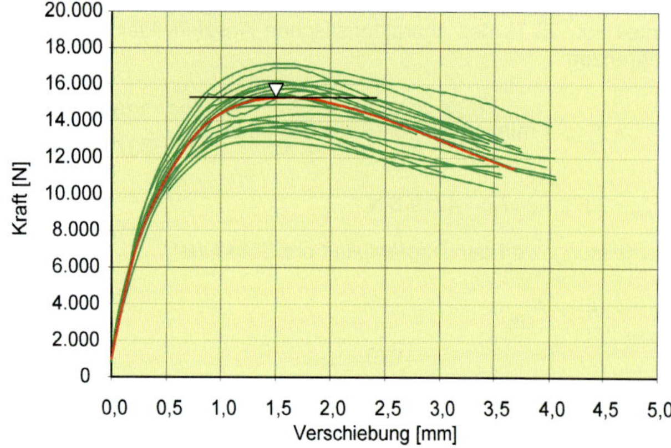

Bild 3.96. Last-Verschiebungs-Kurven von Ausziehversuchen an Teilgewindeschrauben (aus [*Schickhofer* u. a. 2007]

DIN EN 1995-1-1:2010 gibt in Abschnitt 8.7.2 (4) eine Formel für die charakteristische Ausziehfestigkeit (charakteristischer Ausziehparameter) (Gl. 8.39) an:

$$f_{ax,k} = 0{,}52\cdot d^{-0,5}\cdot l_{ef}^{-0,1}\cdot \rho_k^{0,8} \quad \text{[DIN EN 1995-1-1, Gl. (8.39)]}$$

Nach DIN 20000-6 gilt der hier angegebene charakteristische Wert des Ausziehparameters für Nadelvollholz, Brettschichtholz aus Nadelholz und Balkenschichtholz aus Nadelholz. Es muss mit dem deklarierten Wert, höchstens jedoch mit dem Wert nach Gl. (8.39) in Rechnung gestellt werden.

Gl. (8.39) gilt für folgende Bedingungen: 6 mm ≤ d ≤ 12 mm

Die Ausziehfestigkeit $f_{ax,k}$ ist abhängig von (s. Tabelle 3.31.):

- Nenndurchmesser der Schrauben = Gewindeaußendurchmesser,
- Winkel zwischen Schraubenachse und Faserrichtung des Holzes,
- charakteristische Rohdichte,
- Gewindeteil im Holz = ℓ_{ef} = wirksame Einschraubtiefe
- Schraubenmorphologie = Gewindeprofilierung (i. Allg. ist d_{gk}/d = 0,63...0,73).

Für $\alpha \geq 45°$ Einschraubwinkel ist mit einer konstanten charakteristischen Ausziehfestigkeit zu rechnen!

Maßgebende Kenngröße ist die Ausziehfestigkeit.

Nach neueren Untersuchungen von [*Frese* u. a. 2010] liegt Gl. (8.39) auf der sicheren Seite. Nach den bisherigen Untersuchungen wären gegenüber Gl. (8.39) bis zu 30 % höhere Tragfähigkeit möglich.

Der **Durchziehwiderstand** einer Schraube ist abhängig vom Durchmesser des Kopfes und der Rohdichte. Zusätzlich ist die Zugtragfähigkeit aus der Stahlfestigkeit eine einflussgebende Größe auf das Tragverhalten.

Berechnung der Tragfähigkeit auf Herausziehen

Nach DIN EN 1995-1-1:2010, Abschnitt 8.7.2 (1) P müssen beim Nachweis der Beanspruchbarkeit von in Richtung der Schraubenachse beanspruchten Schrauben die folgenden Versagensmechanismen berücksichtigt werden:

1. das Ausziehversagen des eingeschraubten Gewindeteiles der Schraube;
2. das Abreißversagen des Kopfes der Schraube, die in Verbindung mit Stahlblechen verwendet werden; der Abreißwiderstand des Schraubenkopfes sollte größer sein als die Zugfestigkeit der Schraube;
3. das Durchziehversagen des Schraubenkopfes;
4. das Abreißen der Schraube auf Zug;
5. das Knickversagen der Schraube bei Druckbelastung;
6. das Scherversagen entlang des Umfanges einer Gruppe von Schrauben, die in Verbindung mit Stahlblechen verwendet wurde (Blockscherversagen).

Die Mindestabstände für schräg angeordnete Schrauben regelt Tabelle 8.6 in DIN EN 1995-1-1:2010 (s. Tabelle 3.32. und Bild 3.97.).

Tabelle 3.31. Charakteristische Werte der Ausziehparameter für Schrauben nach DIN EN 1995-1-1:2010, Gl. (8.39) bei verschiedenen Holzarten

Charakteristischer Wert des Ausziehparameters $f_{ax,k}$	**$f_{ax,k}$ für verschiedene Holzbaustoffe in Abhängigkeit von d, $\ell_{ef} = 100$ mm in N/mm²**								
DIN EN 1995-1-1, Gl. (8.39)	C24 $\rho_k = 350$			D30 $\rho_k = 530$			GL28 h $\rho_k = 410$		
	6	8	12	6	8	12	6	8	12
$f_{ax,k} = 0{,}52 \cdot d^{-0{,}5} \cdot \ell_{ef}^{-0{,}1} \cdot \rho_k^{0{,}8}$	14,53	12,58	10,3	20,25	17,53	14,36	16,49	14,28	11,7

In Würth ETA-11/0190 für $\rho_k = 350$ kg/m³ sind folgende Werte angegeben:

$f_{ax,k}$ = 11,5 N/mm² Ø 6 ≤ d ≤ 7 mm
$f_{ax,k}$ = 11,0 N/mm² d = 8 mm
$f_{ax,k}$ = 10,0 N/mm² d ≥ 10 mm

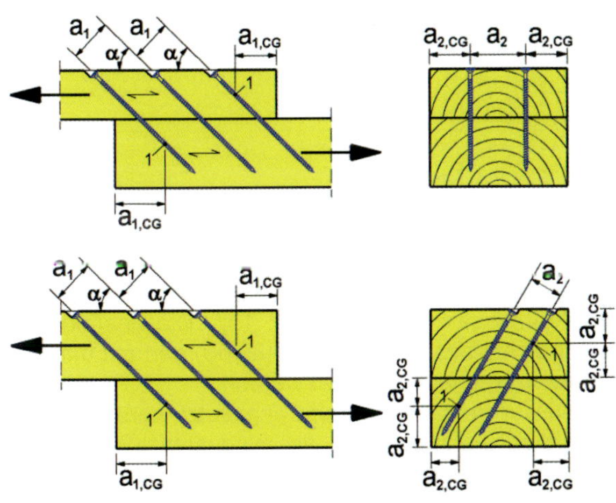

Bild 3.97. Abstände untereinander sowie von Hirnholzenden und Rändern (nach DIN EN 1995-1-1:2010, Bild 8.11.a)

Tabelle 3.32. Mindestabstände untereinander sowie von Hirnholzenden und Rändern bei in Richtung der Schraubenachse beanspruchten Schrauben (DIN EN 1995-1-1:2010, Tabelle 8.6)

Mindest-Schrauben-abstand in einer parallel zur Faserrichtung und Schrauben-achse liegenden Ebene a_1	**Mindest-Schrauben-abstand rechtwinklig zu einer parallel zur Faserrichtung und Schrauben-achse liegenden Ebene** a_2	**Mindestabstand der Hirnholz-enden zum Schwerpunkt des Schrau-bengewindes im Bauteil** $a_{1,CG}$	**Mindestrand-abstand des Schwer-punkts des Schrauben-gewindes im Bauteil** $a_{2,CG}$
$7d$	$5d$	$10d$	$4d$

Zur Modellbildung für die Berechnung, s. [*Frese/Fellmoser/Blaß* 2010].

Die charakteristischen Werte für die Ausziehparameter und für das Kopfdurchziehen enthält Tabelle 3.33. Verbindungen von Holzwerkstoffen mit Holz und Stahlblech-Holzwerkstoff-Verbindungen können mit den nachfolgenden Regeln berechnet werden, wenn Abplatzungen auf der Oberfläche der Holzwerkstoffe durch konstruktive Maßnahmen verhindert werden.

Der charakteristische Wert des Ausziehwiderstandes von Holzschrauben, die in einem Winkel $\alpha \geq 30°$ zwischen Schraubenachse und der Faserrichtung zur Faserrichtung in das Holz eingeschraubt sind, wird nach Gl. (8.38) in der Norm ermittelt:

$$F_{ax,\alpha,Rk} = \frac{n_{ef} \cdot f_{ax,k} \cdot d \cdot \ell_{ef} \cdot k_d}{1{,}2 \cdot \cos^2\alpha + \sin^2\alpha}$$

mit:

$$f_{ax,k} = 0{,}52 \cdot d^{-0{,}5} \cdot \ell_{ef}^{-0{,}1} \cdot \rho_k^{0{,}8} \quad \text{[DIN EN 1995-1-1, (Gl. (8.39)]}$$

$$k_d = \min\begin{cases} \dfrac{d}{8} \\ 1 \end{cases} \quad \text{[DIN EN 1995-1-1, (Gl. (8.40)]}$$

$F_{ax,\alpha,Rk}$ der charakteristische Wert des Ausziehwiderstands der Verbindung unter einem Winkel α zur Faserrichtung, in N;
$f_{ax,k}$ charakteristischer Wert der Ausziehfestigkeit rechtwinklig zur Faserrichtung, in N/mm^2;
n_{ef} die wirksame Anzahl von Schrauben, s. Abschnitt 8.7.2 (8) der Norm;
ℓ_{ef} Eindringtiefe des Gewindeteils, in mm;
ρ_k charakteristische Wert der Rohdichte, in kg/m^3;
α Winkel zwischen der Schraubenachse und der Faserrichtung, mit $\alpha \geq 30°$.

Vorausetzung ist:

- die Schrauben entsprechen den Anforderungen in DIN EN 14592,
- $6\,\text{mm} \le d \le 12\,\text{mm}$,
- $0{,}6 \le d_1/d \le 0{,}75$

wobei

d = Außendurchmesser des Gewindes ist;

d_1 = Innendurchmesser des Gewindes ist.

Sind die Voraussetzungen für den Außen- und Innendurchmesser des Gewindes nicht erfüllt, z. B. $d_1/d > 0{,}75$, gilt Gl. (8.40a) für die Tragfähigkeit auf Herausziehen.

[DIN EN 1995-1-1, Gl. (8.40a)]

$$F_{ax,\alpha,Rk} = \frac{n_{ef} \cdot f_{ax,k} \cdot d \cdot \ell_{ef}}{1{,}2 \cdot \cos^2\alpha + \sin^2\alpha} \cdot \left(\frac{\rho_k}{\rho_a}\right)^{0{,}8}$$

Dabei ist:

$f_{ax,k}$ der nach DIN EN 14592 bestimmte charakteristische Ausziehparameter rechtwinklig zur Faserrichtung für die zugehörige Rohdichte ρ_a;

ρ_a die zugehörige Rohdichte für $f_{ax,k}$ in kg/m³.

Ergänzend zur DIN EN 14592 legt DIN 20000-6 für Schrauben mit $d_1/d > 0{,}75$ fest, dass der charakteristische Wert des Ausziehparameters mit dem deklarierten Wert, höchstens jedoch mit dem um ein Drittel (0,67) reduzierten Wert nach DIN EN 1995-1-1:2010, Gl. (8.39) anzunehmen ist.

[DIN EN 1995-1-1, Gl. (8.39)]

$$f_{ax,k} = 0{,}67 \cdot 0{,}52 \cdot d^{-0{,}5} \cdot \ell_{ef}^{-0{,}1} \cdot \rho_k^{0{,}8}$$

Tabelle 3.33. Charakteristische Werte für die Ausziehparameter $f_{ax,k}$ und die Kopfdurchziehparameter $f_{head,k}$ nach Gl. (8.39) in DIN EN 1995-1-1:2010 für Holzschrauben ($6 \le d \le 12$ mm)

	1	2	3	4
	Bedingung	Charakteristischer Ausziehparameter $f_{ax,k}$	Charakteristischer Kopfdurchziehparameter[1)] $f_{head,k}$	Charakteristischer Zugwiderstand $f_{head,k}$
1	$0{,}6 \le d_1/d \le 0{,}75$	$0{,}52 \cdot d^{-0{,}5} \cdot \ell_{ef}^{-0{,}1} \cdot \rho_k^{0{,}8}$	10 N/mm²	$f_{tens,k} = 300 \cdot \pi \cdot \frac{d_1^2}{4}$
2	$d_1/d \le 0{,}75$	$f_{ax,k} = 0{,}67 \cdot (0{,}52 \cdot d^{-0{,}5} \cdot \ell_{ef}^{-0{,}1} \cdot \rho_k^{0{,}8})$	10 N/mm²	$f_{tens,k} = 300 \cdot \pi \cdot \frac{d_1^2}{4}$

d_1 = Kernduchmesser (Gewindeinnendurchmesser) der Schraube, in mm

d_h = Kopfdurchmesser

1) mit den deklarierten Werten, höchstens jedoch 10 N/mm², bezogen auf eine Rohdichte von 350 kg/m³ (gilt nur für d_h / d ≥ 1,8).

Der Bemessungswert der Tragfähigkeit auf Herausziehen wird analog nach Gl. (2.17) berechnet

$$F_{ax,\alpha,Rd} = \frac{k_{mod} \cdot F_{ax,\alpha,Rk}}{\gamma_M} \quad \text{[DIN EN 1995-1-1, Gl. (2.17)]}$$

mit $\gamma_M = 1{,}3$.

Der charakteristische Durchziehwiderstand von Schrauben, die in Richtung der Schraubenachse beansprucht werden, wird nach Gl. (8.40b) ermittelt.

[DIN EN 1995-1-1, (Gl. (8.40b)]

$$F_{ax,Rk} = n_{ef} \cdot f_{head,k} \cdot d_h^2 \cdot \left(\frac{\rho_k}{\rho_a}\right)^{0{,}8}$$

Dabei ist:

$F_{ax,\alpha,Rk}$ der charakteristische Durchziehwiderstand der Verbindung unter einem Winkel α zur Faserrichtung, in N, mit $\alpha = 30°$;

$f_{head,k}$ der charakteristische Durchziehparameter der Schraube, bestimmt nach DIN EN 14592 für die zugehörige Rohdichte ρ_a;

d_h der Durchmesser des Schraubenkopfes;

ρ_k der charakteristische Wert der Rohdichte, in kg/m³;

n_{ef} die wirksame Anzahl von Schrauben, s. Abschnitt 8.7.2 (8) der Norm;

ρ_a die zugehörige Rohdichte für $f_{ax,k}$ in kg/m³.

Nach DIN 20000-6, Abschnitt 3.3.3.3 ist für den charakteristischen Wert des Kopfdurchziehparameters der deklarierte Wert, höchstens jedoch 10 N/mm², bezogen auf eine charakteristische Rohdichte von 350 kg/m³ in Rechnung zu stellen (Voraussetzung ist: $d_h/d \ge 1{,}8$). Die charakteristische Rohdichte des Holzes in Gl. (8.40b) darf mit maximal 500 kg/m³ in Rechnung gestellt werden.
Es dürfen nur deklarierte Werte angesetzt werden, sofern der Kopfdurchziehparameter an mindestens 20 Prüfkörpern bei der Erstprüfung ermittelt wurden.

Für den Nachweis der Zugtragfestigkeit der Schrauben gilt für $f_{tens,k}$ Gl. (8) in DIN 20000-6

$$f_{tens,k} = 300 \cdot \pi \cdot \frac{d_1^2}{4}$$

mit d_1 = Kerndurchmesser der Schraube, in mm (Gewinde-Innendurchmesser).

Nach DIN EN 1995-1-1:2010 ist die charakteristische Zugfestigkeit der Schrauben (Abreißwiderstand des Schraubkopfes oder Zugwiderstand des Schaftes) $F_{t,Rk}$ nach Gl. (8.40 c) zu berechnen:

$$F_{t,Rk} = n_{ef} \cdot f_{tens,k} \quad \text{[DIN EN 1995-1-1, Gl. (8.40 c)]}$$

Dabei ist:

$f_{tens,k}$ der charakteristische Zugwiderstand der Schraube, bestimmt nach DIN EN 14592;

n_{ef} die wirksame Anzahl der Schrauben, s. Abschnitt 8.7.2 (8) der Norm.

Die wirksame Anzahl der Holzschrauben bei einer Schraubengruppe, die durch eine Kraftkomponente in Schaftrichtung beansprucht wird, ist nach Gl. (8.41) zu bestimmen:

$$n_{ef} = n^{0,9}$$

Dabei ist:

n_{ef} die wirksame Anzahl der Schrauben;

n die Anzahl der Schrauben, die in einer Verbindung zusammenwirken.

Den Bemessungswert der Schraubenfestigkeit erhält man dann mit

$$F_{t,Rd} = \frac{F_{t,Rk}}{\gamma_M} \text{ mit } \gamma_M = 1{,}3.$$

Holzschrauben nach allgemeiner bauaufsichtlicher Zulassung oder europäischer technischer Zulassung (Bewertung)

Holzschrauben nach bauaufsichtlicher Zulassung

Für eine Beanspruchung auf Herausziehen bei Beanspruchung parallel zur Schraubenachse und einem Einschraubwinkel $45° \leq \alpha \leq 90°$ gelten die in Abschnitt 8.7.2 angegebenen Gleichungen (8.38) bis (8.40b) der DIN EN 1995-1-1:2010. Die charakteristischen Werte für den Ausziehparameter $f_{ax,k}$ und für den Kopfdurchziehparameter $f_{head,k}$ sind der bauaufsichtlichen Zulassung zu entnehmen.

Kommen Stahlstangen mit einem Holzschraubengewinde nach DIN 7998 zur Anwendung, so gelten nach DIN 1052-10, Abschnitt 4.4 folgende Regeln:

1. Stahlstäbe mit Holzschraubengewinde sind aus Stahl einer Festigkeitsklassenach DIN EN ISO 898-1 anzufertigen.
2. Wird kein Stahl einer Festigkeitsklasse nach DIN EN ISO 898-1 verwendet, sind die charakteristischen Festigkeitswerte $f_{u,k}$ und $f_{v,k}$ durch eine bauaufsichtliche Verwendbarkeitsnachweis zu belegen.
3. Für den Nachweis der Zugtragfähigkeit des Schraubenwerkstoffs ist der Kernquerschnitt maßgebend.

Nach DIN EN 1995-1-1/NA:2013, Abschnitt NCI NA.6.8.5 und NCI NA.6.8.6 dürfen Stahlstangen mit Holzschraubengewinde nach DIN 7998 als Verstärkung im querzugbeanspruchten Bereich für Satteldachträger mit geradem Untergurt, gekrümmtem Träger und Satteldachträger mit gekrümmtem Untergurt verwendet werden.
Der charakteristische Wert des Ausziehparameters wird hierfür in DIN EN 1995-1-1/NA:2013, Abschnitt NCI NA.6.85 mit $f_{u,k} = 22 \cdot 10^6 \cdot f_k^2$ angegeben.
Sehr viel höhere Ausziehparameter können beim Einsatz als Verstärkung aus den jeweiligen allgemeinen bauaufsichtlichen Zulassungen entnommen weren.

Schrauben in geneigter Anordnung – einschnittig auf Zug und Abscheren beansprucht

Die nachfolgenden Regeln basieren auf grundlegenden Forschungen zu Beginn des Jahres 2000. Sie wurden in der Folgezeit in die jeweiligen bauaufsichtlichen Zulassungen übernommen.
Sofern in bauaufsichtlichen Zulassungen nichts anderes geregelt ist, oder eine Berechnung nach DIN EN 1995-1-1: 2010 nicht möglich ist, können Schrauben in schräger Anordnung entsprechend den nachfolgenden Regeln berechnet werden.

Werden die Schrauben schräg zur Beanspruchung angeordnet, ist ihre Tragfähigkeit höher, weil je nach Winkel die Beanspruchung auf Zug zunimmt und dagegen die Beanspruchung auf Abscheren abnimmt. Gegenüber der klassischen Anordnung der Schrauben bei Beanspruchung auf Abscheren im Winkel 90° zur Faser können bis zu 2-fache Tragfähigkeiten und eine bis zu 12-fache Steifigkeit genutzt werden. Der Grund ist, dass selbstbohrende Schrauben eine höhere Tragfähigkeit bei Beanspruchung auf Zug (Beanspruchung parallel zum Schaft) als bei Beanspruchung auf Abscheren (senkrecht zum Schaft) haben.
Bei der Bemessung der Tragfähigkeit unterscheidet man zwei Fälle:

- Schräge und parallele Anordnung der Schrauben,
- Schräge und gekreuzte Anordnung der Schrauben.

In der Tabelle 3.34. sind die maßgebenden Formeln für die Berechnung der Tragfähigkeit zusammengestellt. Die Mindestholzdicken werden nach den Gleichungen (NA.110), (NA.111) und (NA.112) berechnet.

Tabelle 3.34. Charakteristische Tragfähigkeit von selbstbohrenden Schrauben bei Zugscherbeanspruchung nach [*Blaß, Bejtka* [2003-1 + 2]

Schraubenanordnung
$30° \le \alpha \le 90°$

Schräg parallele Anordnung	Schräg gekreuzte Anordnung
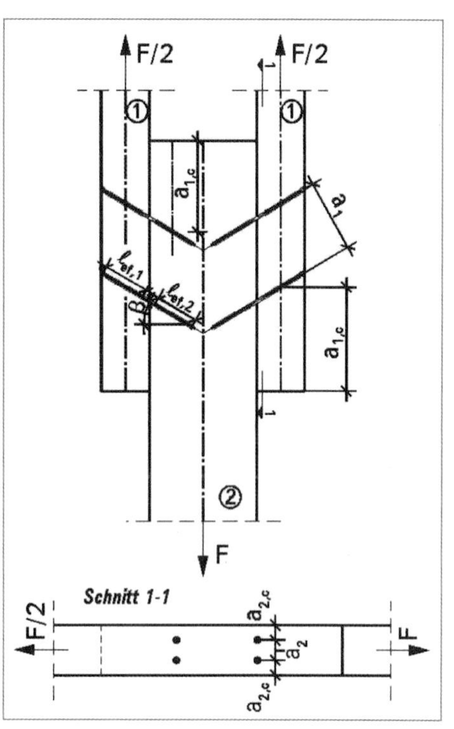	
$a_1 \geq 5 \cdot d$ $a_{1,c} \geq 5 \cdot d$ $a_{2,c} \geq 4 \cdot d$ $a_1 \cdot a_2 \geq 25 \cdot d^2$	$a_1 \geq 2{,}5 \cdot d$ $a_{1,c} \geq 5 \cdot d$ $a_{2,c} \geq 4 \cdot d$ $a_1 \cdot a_2 \geq 25 \cdot d^2$
R_{Rk} pro Schraube und Scherfuge	R_{Rk} pro Schraubenpaar und Scherfuge
$R_{\beta,Rk} = F_{ax,\beta,Rk} \cdot (\cos\beta + \mu \sin\beta)$	$R_{k\beta,Rk} = 2 \cdot R_{k\,ax,\beta,Rk} \cdot \cos\beta$

$$\text{mit } R_{ax,\beta,Rk} = \min \begin{Bmatrix} \dfrac{f_{1,k} \cdot d \cdot \ell_{ef}}{\sin^2\beta + \frac{4}{3} \cdot \cos^2\beta} \\ R_{t,u,Rk} \end{Bmatrix} \text{ in N}$$

$R_{ax,Rk}$ = charakteristischer Wert des in Schaftrichtung wirkenden Ausziehwiderstandes oder des Widerstandes gegen Hineindrücken
$R_{t,u,Rk}$ = charakteristischer Wert der Zugtragfähigkeit der Schraube
$f_{1,k}$ = charakteristischer Wert des Ausziehparameters in N/mm^2 nach bauaufsichlicher Zulassung
d = Nenndurchmesser in mm
ℓ_{ef} = Gewindelänge im Holzteil 1 oder 2 (kleinere Länge ist massgebend) in mm
β = Winkel zwischen Achse der Schraube und Holzfaserrichtung
μ = Reibbeiwert zwischen den zu verbindenden Teilen (ist dieser nicht bekannt, darf $\mu = 0{,}25$ angenommen werden)
Bei druckbeanspruchten Schrauben ist zur Verhinderung des Ausknickens der Schraube die Bedingung einzuhalten:

$\ell_{ef,i} \leq 11500 \cdot \left(\dfrac{d}{\rho_k}\right)^{1,1}$; l_{ef} = anrechenbare Gewindelänge im Holzteil

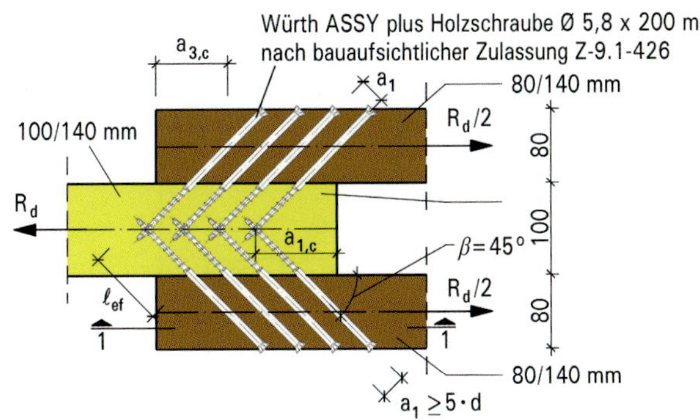

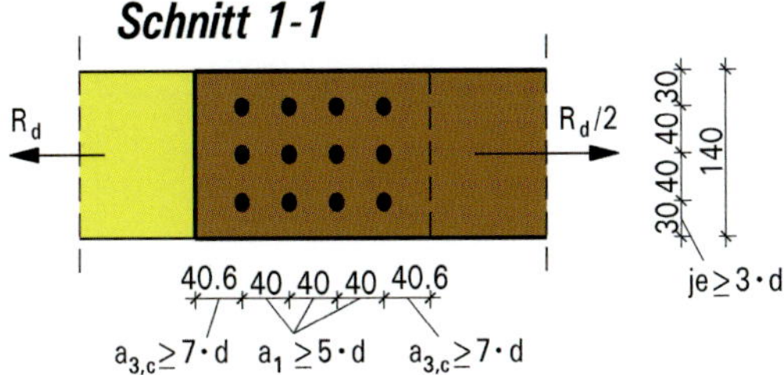

Bild 3.98. Zugstoß mit selbstbohrenden Schrauben

Beispiel 3.20. (nach DIN EN 1995-1-1:2010)

Der in Beispiel 3.15 berechnete Zuganschluss soll alternativ zu der dort verwendeten Bolzenverbindung mit selbstbohrenden Schrauben ausgeführt werden. Jede Lasche wird mit Schrauben $5{,}8 \times 200$ nach bauaufsichtlicher Zulassung Z-9.1-426 (schräg angeordnet $\beta = 45°$) angeschlossen und bemessen. Der Bemessungswert der Tragfähigkeit ist zu berechnen.

Vorhanden:

Einschnittige Schraube, die Berechnung erfolgt nach der bauaufsichltichen Zulassung Z-9.1-426

NH S10 = C24 nach DIN 4074-1

$t_1 = 80\,\text{mm}$

$t_2 = 100\,\text{mm}$

$\rho_k = 350\,\text{kg/m}^3$ nach DIN EN 338, Tabelle 1

NKL 1 und KLED mittel $\rightarrow k_{mod} = 0{,}8$

$\ell_{ef} = 74\,\text{mm}$ (s. Bild 3.98.)

Lösung:

Charakteristischer Wert des Ausziehparameters:

Aus Zulassung Z9.1-426

$f_{1,k} = 80 \cdot 10^{-6} \cdot \rho_k^2 = 80 \cdot 10^{-6} \cdot 350^2 = 9{,}8\,\text{N/mm}^2$

Charakteristischer Wert der Zugtragfähigkeit der Schraube:

$R_{t,u,k} = 6{,}1\,\text{kN}$ aus Tabelle 4 in Z-9.1-426

Charakteristischer Wert des Ausziehwiderstandes in Schaftrichtung:

$$R_{ax,\beta,k} = \min\left\{\frac{f_{1,k} \cdot d \cdot \ell_{ef}}{\sin^2\beta + \frac{4}{3}\cos^2\beta};\ R_{t,u,k}\right\} \qquad \text{[Z9.1-426, Gl. (6)]}$$

$$R_{ax,\beta,k} = \min\begin{cases}\dfrac{9{,}8 \cdot 5{,}8 \cdot 74}{\sin^2 45° + \frac{4}{3}\cos^2 45°} = 3604{,}25\,\text{N} = 3{,}6\,\text{kN}\\ R_{t,u,k} = 6{,}1\,\text{kN}\end{cases}$$

$R_{ax,\beta,k} = 3{,}6\,\text{kN}$

Charakteristischer Wert der Tragfähigkeit pro Schraube und Scherfuge (s. Tabelle 3.34.):

$R_{\beta,k} = R_{ax,\beta,k} \cdot (\cos\beta + \mu \cdot \sin\beta)$

$R_{\beta,k} = 3{,}6 \cdot (\cos 45° + 0{,}25 \cdot \sin 45°) = 3{,}18\,\text{kN}$

Bemessungswert der Tragfähigkeit pro Schraube:

$$R_{\beta,d} = \frac{k_{mod} \cdot R_{\beta,k}}{\gamma_M} = \frac{0{,}8 \cdot 3{,}18}{1{,}3} = 1{,}96\,\text{kN}$$

Bemessungswert der Tragfähigkeit des Anschlusses:

Erforderliche Anzahl der Schrauben bei gleicher Tragfähigkeit wie Beispiel 3.15.

$$n = \frac{F_{v,Rd,\text{Beispiel3.22}}}{R_{\beta,d}} = \frac{44{,}37}{1{,}96} = 22{,}64\ \text{Stück}$$

gewählt: 24 Stück, je Lasche 12 Stück (s. Bild 3.98)

Mindestabstände:

$a_1 = 40\,\text{mm} > 5 \cdot d = 5 \cdot 5{,}8 = 29\,\text{mm}$

$a_{1,c} = 40\,\text{mm} > 5 \cdot d = 5 \cdot 5{,}8 = 29\,\text{mm}$

$a_{2,c} = 40\,\text{mm} > 4 \cdot d = 4 \cdot 5{,}8 = 23{,}2\,\text{mm}$

$a_1 \cdot a_2 = 1600\,\text{mm}^2 > 25 \cdot d^2 = 25 \cdot 5{,}8^2 = 841\,\text{mm}^2$

3.8.5. Hirnholzverbindungen mit selbstbohrenden Schrauben – Anschlüsse an Balken

Mit schräg angeordneten Schrauben lassen sich auch tragfähige und wirtschaftliche Neben- und Hauptträgeranschlüsse herstellen [*Blaß, Bejtka* 2003-1 + 2]. Man unterscheidet zwei Fälle (s. Tabelle 3.35.):

- Nebenträgeranschluss an einen eingespannt gelagerten Hauptträger,
- Nebenträgeranschluss an einen gelenkig gelagerten Hauptträger.

Die charakteristischen Werte für die aufzunehmende Querkraft sind nach den in Tabelle 3.35. angegebenen Formeln zu berechnen.

Es dürfen nur Vollgewindeschrauben nach bauaufsichtlicher Zulassung bzw. europäischer technischer Zulassung (Bewertung) verwendet werden.

Tabelle 3.35. Neben- und Hauptträgeranschlüsse, Berechnung der aufnehmbaren Querkraft

Anordnung der Schrauben für $a \geq 30°$			
Eine schräg angeordnete Schraube		**Zwei schräg angeordnete Schrauben**	
		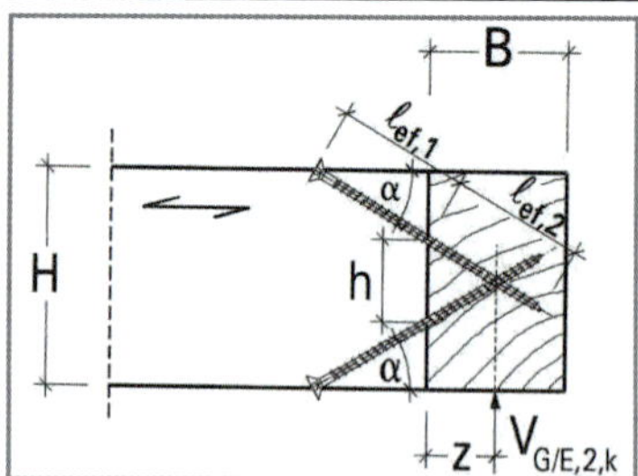	
Hauptträger gelenkig gelagert	Hauptträger eingespannt gelagert	Hauptträger gelenkig gelagert	Hauptträger eingespannt gelagert
$V_{G,1,k} = R_{ax,\alpha,k} \cdot (\sin\alpha + \mu \cdot \cos\alpha)$ Voraussetzung $\alpha \leq \arctan\frac{H-y}{z}$	$V_{E,1,k} = R_{ax,\alpha,k} \cdot (\sin\alpha + \mu \cdot \cos\alpha)$	$V_{G,2,k} = 2 \cdot R_{ax,\alpha,k} \cdot \sin\alpha$ Voraussetzung $\alpha = \arctan\frac{h}{2 \cdot z}$	$V_{E,2,k} = 2 \cdot R_{ax,\alpha,k} \cdot \sin\alpha$

$$\text{mit } R_{ax,\alpha,k} = \min\left\{\begin{array}{l} \dfrac{f_{1,k} \cdot d \cdot \ell_{ef}}{\sin^2\alpha + \frac{4}{3} \cdot \cos^2\alpha} \\ R_{t,u,k} \end{array}\right\} \text{ in N}$$

$V_{E,i,k}$ = charakteristischer Wert der aufnehmbaren Querkraft für eingespannte Träger mit $i = 1$ oder $i = 2$ Schrauben $(z = 0)$
$V_{G,i,k}$ = charakteristischer Wert der aufnehmbaren Querkraft für gelenkig gelagerte Hauptträger mit $i = 1$ oder $i = 2$ Schrauben $(z = B/2)$
$R_{ax,k}$ = charakteristischer Wert des in Schaftrichtung wirkenden Ausziehwiderstandes oder des Widerstandes gegen Hineindrücken
$R_{t,u,k}$ = charakteristischer Wert der Tragfähigkeit des Schraubenwerkstoffes bei Zugbeanspruchung
$f_{1,k}$ = charakteristischer Wert des Ausziehparameters in N/mm^2 nach bauaufsichtlicher Zulassung
d = Nenndurchmesser in mm
$\ell_{ef,i}$ = Gewindelänge im Holzteil $i = 1$ oder $i = 2$ (kleinere Länge ist massgebend) in mm
α = Winkel zwischen Schraubenachse und Faserrichtung des Nebenträgers
$z: z = 0$ für eingespannt gelagerte Hauptträger
$z = B/2$ für gelenkig gelagerte Hauptträger
H = Höhe Nebenträger in mm
μ = Reibbeiwert zwischen den zu verbindenden Teilen bei Anschlüssen mit nur einer Schraube! (ist dieser nicht bekannt, darf $\mu = 0{,}25$ angenommen werden)

SFS-Schraube WT-T- 8,2 x 220 mm
nach bauaufsichtlicher Zulassung Z-9.1-472

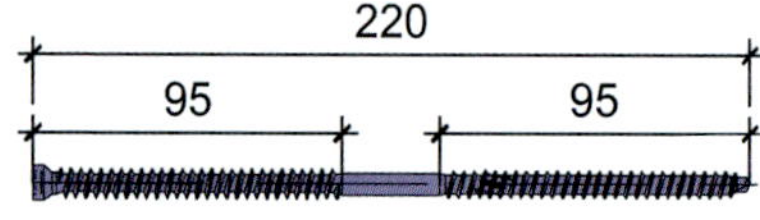

SFS-Schraube WT-T- 8,2 x 220 mm
nach Z-9.1-472

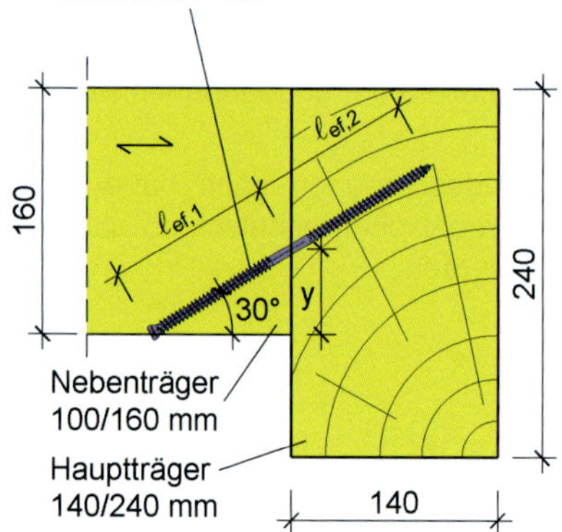

Bild 3.99. Anschluss Haupt-/Nebenträger

Beispiel 3.21. **(nach DIN EN 1995-1-1:2010)**

Über einem Gastraum wird ein hölzernes Flachdach errichtet, welches gleichzeitig als Terrasse genutzt wird. Zwischen den Hauptträgern (KVH C24 TS 140/240 mm) werden Nebenträger 100/160 mm angeordnet, die über einseitig schräg angeordnete Schrauben mit den Hauptträger kraftschlüssig verbunden sind (s. Bild 3.99.). Die Verbindungsmittel sind nachzuweisen. Der Bemessungswert der aufzunehmenden Querkraft beträgt für den maßgebenden Lastfall $V_d = 4{,}2\,kN$.

Nachweis des Anschlusses:

SFS-Schrauben WT-T-8,2 x 220 mm, nach bauaufsichtlicher Zulassung Z-9.1-472 und Anschlussskizze ergeben sich folgende Werte:

$\ell_{ef,1} = \ell_{ef,2} = 95\,mm$

$d = 8{,}2\,mm$

$d_{Kopf} = 10\,mm$

$M_{y,Rk,Schaft} = 25000\,Nmm$

$R_{t,u,k} = 22\,kN$

$V_d = 4{,}2\,kN$

$\alpha = 30°$

$f_{1,k} = 90 \cdot 10^{-6} \cdot \rho_k^2 = 90 \cdot 10^{-6} \cdot 350^2 = 11{,}025\ \text{N/mm}^2$

maßgebendes l_{ef}

$$\ell_{ef} = \min\begin{Bmatrix} \ell_{ef,1} \\ \ell_{ef,2} \end{Bmatrix} = \min\begin{Bmatrix} 95 \\ 95 \end{Bmatrix} = 95\ \text{mm}$$

a) <u>Berechnung nach der Allgemeinen bauaufsichtlichen Zulassung</u>

Charakteristischer Wert des Ausziehwiderstandes der Schraube in Schaftrichtung:

$$R_{ax,k} = k_{ax} \cdot f_{1,k} \cdot \ell_{ef} \cdot d_1 \qquad \text{[Z-9.1-472, Gl. (3)]}$$

$$k_{ax} = 0{,}3 + \frac{0{,}7 \cdot \alpha}{45°} = 0{,}77$$

$$R_{ax,k} = 0{,}77 \cdot 11{,}025 \cdot 95 \cdot 8{,}2 = 6613{,}13\ \text{N} = 6{,}6\ \text{kN}$$

Bemessungswert des Ausziehwiderstandes der Schraube:

$$R_{ax,d} = \frac{k_{mod} \cdot R_{ax,k}}{\gamma_M} = \frac{0{,}8 \cdot 6{,}6\ \text{kN}}{1{,}3} = 4{,}1\ \text{kN}$$

Nach der allgemeinen bauaufsichtlichen Zulassung Z-9.1-472, Abschnit 3.3.3 darf der Bemessungswert der Zugtragfähigkeit der Schraube nicht überschritten werden:

$$R_{t,u,d} = \frac{k_{mod} \cdot R_{t,u,k}}{\gamma_M} = \frac{0{,}8 \cdot 22\ \text{kN}}{1{,}3} = 13{,}54\ \text{kN}$$

Der Bemessungswert des Ausziehwiderstandes der Schraube ergibt sich aus dem kleineren Wert aus $R_{t,u,d}$ und $R_{ax,d}$.

$$R_{ax,\alpha,d} = \min\{R_{t,u,d};\ R_{ax,d}\}$$

$$R_{ax,\alpha,d} = \min\{13{,}54;\ 4{,}1\} = 4{,}1\ \text{kN}$$

Bemessungswert der aufnehmbaren Verbindungsmittelkraft (Hauptträger eingespannt gelagert, s. Tabelle 3.35.):

$$V_{E,1,d} = R_{ax,d} \cdot (\sin\alpha + \mu \cdot \cos\alpha)$$

$$V_{E,1,d} = 4{,}1 \cdot (0{,}5 + 0{,}25 \cdot 0{,}87) = 4{,}1 \cdot 0{,}72 = 2{,}94\ \text{kN}$$

Nachweis der Tragfähigkeit der Verbindungsmittel:

$$\frac{V_d}{V_{E,1,d}} = \frac{4{,}2}{2{,}94} = 1{,}43 > 1{,}0 \quad \textbf{Nachweis nicht erfüllt!}$$

b) <u>Ermittlung der Tragfähigkeit nach Tabelle 3.35</u>

$$R_{ax,\alpha,k} = \min\begin{Bmatrix} \dfrac{f_{1,k} \cdot d \cdot \ell_{ef}}{\sin^2\alpha + \frac{4}{3} \cdot \cos^2\alpha} \\ R_{t,u,k} \end{Bmatrix}$$

$$R_{ax,\alpha,k} = \min\begin{Bmatrix} \dfrac{11{,}025 \cdot 8{,}2 \cdot 95}{\sin^2 30 + \frac{4}{3} \cdot \cos^2 30} \\ 22\ kN \end{Bmatrix}$$

$$R_{ax,\alpha,k} = \min\begin{Bmatrix} \dfrac{8588}{1{,}25}\ \text{N} \\ 22000\ \text{N} \end{Bmatrix} = \min\begin{Bmatrix} 6870\ \text{N} \\ 22000\ \text{N} \end{Bmatrix}$$

$$R_{ax,\alpha,k} = 6870\ \text{N}$$

Charakteristischer Wert der aufnehmbaren Verbindungsmittelkraft (Hauptträger eingespannt gelagert, s. Tabelle 3.35.):

$$V_{E,1,k} = R_{ax,\alpha,k} \cdot (\sin\alpha + \mu \cdot \cos\alpha)$$

$$V_{E,1,k} = 6{,}87 \cdot (0{,}5 + 0{,}25 \cdot 0{,}87) = 6{,}87 \cdot 0{,}72 = 4{,}95\ \text{kN}$$

Bemessungswert der aufnehmbaren Verbindungsmittelkraft:

$$V_{G,2,d} = \frac{k_{mod} \cdot V_{E,1,k}}{\gamma_M} = \frac{0{,}8 \cdot 4{,}95}{1{,}3} = 3{,}04\ \text{kN}$$

Nachweis der Tragfähigkeit der Verbindungsmittel:

$$\frac{V_d}{V_{G,2,d}} = \frac{4{,}2}{3{,}04} = 1{,}4 > 1{,}0 \quad \textbf{Nachweis nicht erfüllt!}$$

c) <u>Zum Vergleich wird die Tragfähigkeit nach DIN 1995-1-1:2010 berechnet:</u>

Charakteristischer Wert des Ausziehwiderstandes der Verbindung:

$$d_1 = d_{innen} = 5{,}4\ \text{mm}$$

$$d = d_{außen} = 8{,}2\ \text{mm}$$

$$\frac{d_1}{d} = \frac{5{,}4}{8{,}2} = 0{,}66$$

Bedingung für Gl. (8.38):

$0{,}6 \le d_1 / d \le 0{,}75$ ist erfüllt

$$F_{ax,\alpha,Rk} = \frac{n_{ef} \cdot f_{ax,k} \cdot d \cdot \ell_{ef} \cdot k_d}{1{,}2 \cdot \cos^2\alpha + \sin^2\alpha} \qquad \text{[DIN EN 1995-1-1, Gl. (8.38)]}$$

$$f_{ax} = 0{,}52 \cdot d^{-0{,}5} \cdot \ell_{ef}^{-0{,}1} \cdot \rho_k^{0{,}8} \qquad \text{[DIN EN 1995-1-1, Gl. (8.39)]}$$

$$f_{ax} = 0{,}52 \cdot 8{,}2^{-0{,}5} \cdot 95^{-0{,}1} \cdot 350^{0{,}8} = 12{,}49\ \text{N/mm}^2$$

$$k_d = \min\left\{\frac{d}{8};1\right\} \qquad \text{[DIN EN 1995-1-1, Gl. (8.40)]}$$

$$k_d = \min\left\{\frac{8{,}2}{8};1\right\} = 1$$

$$n_{ef} = n^{0{,}9} = 1^{0{,}9} = 1{,}0 \qquad \text{[DIN EN 1995-1-1, Gl. (8.41)]}$$

$$F_{ax,\alpha,Rk} = \frac{1{,}0 \cdot 12{,}49 \cdot 8{,}2 \cdot 95 \cdot 1}{1{,}2 \cdot \cos^2 30 + \sin^2 30} = \frac{9729{,}71}{1{,}15} = 8460{,}62\ \text{N} = 8{,}46\ \text{kN}$$

Charakteristischer Wert der aufnehmbaren Verbindungsmittelkraft:

$$V_{E,1,k} = F_{ax,Rk} \cdot (\sin\alpha + \mu \cdot \cos\alpha)$$

$$V_{E,1,k} = 8{,}46 \cdot (0{,}5 + 0{,}25 \cdot 0{,}87) = 8{,}46 \cdot 0{,}72 = 6{,}1\ \text{kN}$$

Bemessungswert der aufnehmbaren Verbindungsmittelkraft:

$$V_{E,1,d} = \frac{k_{mod} \cdot V_{E,1,k}}{\gamma_M} = \frac{0{,}8 \cdot 6{,}1}{1{,}3} = 3{,}75\ \text{kN}$$

Nachweis der Tragfähigkeit der Verbindungsmittel:

$$\frac{V_d}{V_{E,1,d}} = \frac{4{,}2}{3{,}75} = 1{,}12 > 1{,}0 \quad \textbf{Nachweis nicht erfüllt!}$$

Der Anschluss ist mit 2 Schrauben auszuführen, siehe Beispiel 3.22.

SFS-Schraube WT-T- 8,2 x 220 mm
nach bauaufsichtlicher Zulassung Z-9.1-472

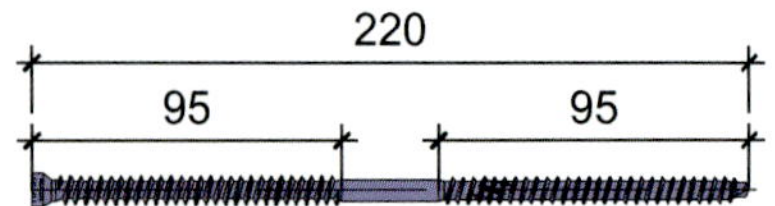

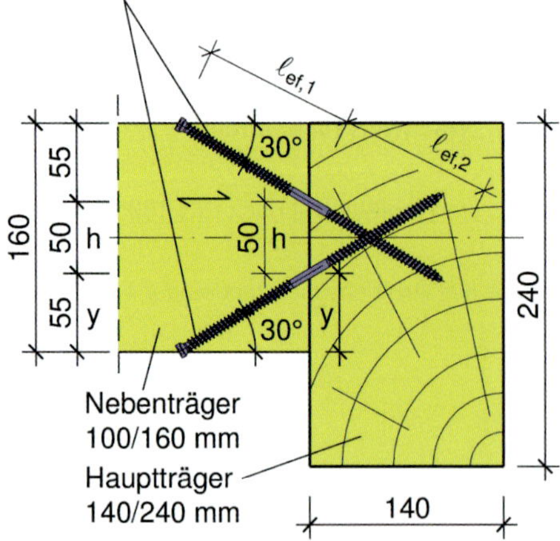

Bild 3.100. Haupt-/Nebenträgeranschluss mit zwei Schrauben

Beispiel 3.22. (nach DIN EN 1995-1-1:2010)

Variante zu Beispiel 3.21.

Der im Beispiel 3.21. beschriebene Anschluss wird nun mit zwei gekreuzten, schräg angeordneten Schrauben ausgeführt. Bei dieser Anordnung ist zusätzlich die Beanspruchbarkeit der Schrauben auf Druck zu berücksichtigen.

$$R_{c,\alpha,d} = \min\begin{Bmatrix} R_{ax,d} \\ R_{ki,d} \end{Bmatrix}$$ [Z-9.1-472, Gl. (5)]

Charakteristischer Wert der Tragfähigkeit der Schraube auf Druck darf höchstens mit folgendem Wert in Rechnung gestellt werden:

$$R_{ki,k} = \kappa_c \cdot N_{pl,k}$$ [Z-9.1-472, Gl. (6)]

Beiwert κ_c

$\kappa_c = 1$ für $\overline{\lambda_k} \le 0{,}2$

$$\kappa_c = \frac{1}{k + \sqrt{k^2 - \overline{\lambda_k}^2}} \quad \text{für } \overline{\lambda_k} > 0{,}2$$

relativer Schlankheitsgrad:

$$\overline{\lambda_k} = \sqrt{\frac{N_{pl,k}}{N_{ki,k}}}$$

Charakteristischer Wert der plastischen Normaltragfähigkeit des Nettoquerschnitts

$$N_{pl,k} = \pi \cdot \frac{d_{Kern}^2}{4} \cdot f_{y,k}$$

$f_{y,k} = 900\ \text{N/mm}^2$ nach Z-9.1-472, 3.3.4

$$N_{pl,k} = \pi \cdot \frac{5{,}4^2}{4} \cdot 900 = 20612\ \text{N}$$

Charakteristischer Wert der idealen elastischen Knicklast

$$N_{ki,k} = \sqrt{c_h \cdot E_s \cdot I_s}$$

mit:

$$c_h = (0{,}19 + 0{,}012 \cdot d_1) \cdot \rho_k \cdot \left(\frac{90^\circ + \alpha}{180^\circ}\right)$$

$$c_h = (0{,}19 + 0{,}012 \cdot 8{,}2) \cdot 350 \cdot \left(\frac{90^\circ + \alpha}{180^\circ}\right)$$

$$c_h = 67{,}3\ \text{N/mm}^2$$

$$E_s = 210000\ \text{N/mm}^2$$

$$I_s = \frac{\pi}{64} \cdot d_{Kern}^4 = \frac{\pi}{64} \cdot 5{,}4^4 = 41{,}74\ \text{mm}^4$$

$$N_{ki,k} = \sqrt{67{,}3 \cdot 210000 \cdot 41{,}74} = 24288{,}09\ \text{N}$$

relativer Schlankheitsgrad

$$\overline{\lambda_k} = \sqrt{\frac{N_{pl,k}}{N_{ki,k}}} = \sqrt{\frac{20612}{24288{,}09}} = 0{,}92$$

daraus folgt:

$$\kappa_c = \frac{1}{k + \sqrt{k^2 - \overline{\lambda_k}^2}} \quad \text{für } \overline{\lambda_k} > 0{,}2$$

$$k = 0{,}5 \cdot \left[1 + 0{,}49 \cdot \left(\overline{\lambda_k} - 0{,}2\right) + \overline{\lambda_k^2}\right]$$

$$k = 0{,}5 \cdot \left[1 + 0{,}49 \cdot \left(\overline{0{,}92} - 0{,}2\right) + \overline{0{,}92^2}\right] = 1{,}1$$

$$\kappa_c = \frac{1}{1{,}1 + \sqrt{1{,}1^2 - \overline{0{,}92}^2}} = \frac{1}{1{,}7} = 0{,}59$$

Charakteristischer Wert der Drucktragfähigkeit der Schraube:

$$R_{ki,k} = \kappa_c \cdot N_{pl,k}$$

$$R_{ki,k} = 0{,}59 \cdot 20612 = 12161{,}08\ \text{N}$$

Bemessungswert der Drucktragfähigkeit der Schraube:

$$R_{ki,d} = \frac{k_{mod} \cdot R_{ki,k}}{\gamma_M} = \frac{0{,}8 \cdot 12161{,}08}{1{,}1} = 8844{,}4\ \text{N} = 8{,}84\ \text{kN}$$

Bemessungswert der Tragfähigkeit der Schraube bei Beanspruchung auf Druck:

$$R_{c,\alpha,d} = \min\begin{Bmatrix} R_{ax,d} \\ R_{ki,d} \end{Bmatrix} = \min\begin{Bmatrix} 4{,}1\ \text{kN} \\ 8{,}84\ \text{kN} \end{Bmatrix} = 4{,}1\ \text{kN}$$

Am Beispiel 3.21. für die Zugbeanspruchte Schraube

$R_{ax,d} = R_{c,\alpha,d} = 4{,}1\ \text{kN}$, sodass nach Tabelle 3.35

$$V_{E,2,d} = 2 \cdot R_{ax,d} \cdot \sin\alpha = 2 \cdot 4{,}1 \cdot \sin 30^\circ = 4{,}1\ \text{kN}$$

Nachweis der Tragfähigkeit der Verbindungsmittel:

$$\frac{V_d}{V_{E,2,d}} = \frac{4{,}2}{4{,}1} = 1{,}02 \approx 1{,}0$$ **Nachweis erfüllt!**

3.8.6. Bemessungswert der Beanspruchung bei kombinierter Lastwirkung nach DIN EN 1995-1-1:2010, Abschnitt 8.7.3

Kombinierte Beanspruchungen treten häufig bei Anschlüssen mit Stahlteilen auf. Liegt die Wirkungslinie der Beanspruchung außerhalb der Achse des anzuschließenden Bauteils, treten Versatzmomente auf, die zu einer gleichzeitigen Beanspruchung der Holzschrauben auf Abscheren und Herausziehen führen.

Für kombinierte Beanspruchung gilt die Gleichung (8.28)

$$\left(\frac{F_{ax,Ed}}{F_{ax,Rd}}\right)^2+\left(\frac{F_{v,Ed}}{F_{v,Rd}}\right)^2\leq 1{,}0$$

mit:

$F_{ax,Rd}$ Bemessungswert der Tragfähigkeit auf Herausziehen;

$F_{v,Rd}$ Bemessungswert der Tragfähigkeit auf Abscheren.

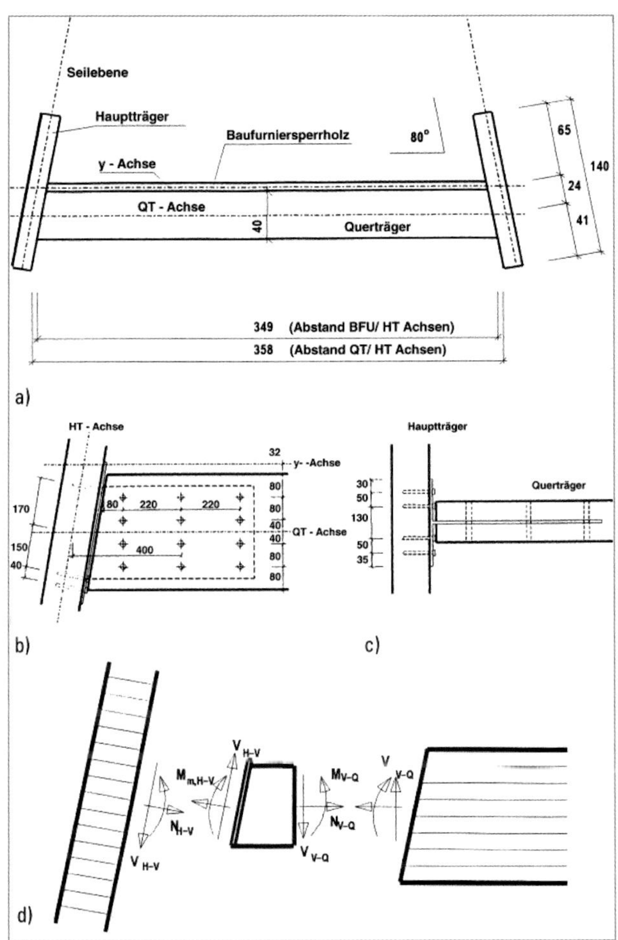

Legende
a) Brückenquerschnitt
b) Detail A
c) Detail A – Draufsicht
d) Schnittkräfte

Bild 3.101. Querschnitt der Brücke und Details

Beispiel 3.23. (nach DIN EN 1995:2010)

Aus der geneigten Anordnung der Hauptträger einer Schrägkabelbrücke (s. Bild 3.101.) resultieren horizontale Druckkräfte und Momente, die durch die Verbindungsmittel der Haupt- und Querträger übertragen werden müssen.

Die zu übertragenden Momente resultieren aus dem außermittigen Anschluss (zur Schwerachse des Hauptträgers), der Stabilisierung der Hauptträger und den Windeinwirkungen.

Nachweis der Verbindungsmittel Hauptträger (H) – Verbindungsmittel (V):

Einwirkungen: $N_{V,H,d}=-115{,}0\text{ kN}$

$V_{V,H,d}=30{,}0\text{ kN}$

$M_{V,H,d}=25{,}0\text{ kN}$

Nachweis der Holzschraubenverbindungen (V an H) nach DIN EN 1995-1-1:2010, Abschnitt 8.7:

Holzschraube nach DIN EN 14592 in Verbindung mit DIN 20000-6, 10×120 mm (vorgebohrt)

Nutzungsklasse 3, KLED mittel ⇨ $k_{mod}=0{,}65$

Hauptträger BSH GL30h nach DIN EN 14080, Tabelle 5,
$\rho_k=430\text{ kg/m}^3$, $b=140$ mm

$d=10$ mm $\rightarrow$ Es gilt für die Beanspruchung auf Abscheren DIN EN 1995-1-1:2010, Abschnitt 8.5.1 (Bolzenverbindungen) sinngemäß.

Es gilt der Nenndurchmesser mit $d=10$ mm;

$\alpha=90°$ (Kraft-/Faserwinkel)

$d=t_s=10$ mm ($\rightarrow$ gemäß Abschnitt 8.2.3 dickes Stahlblech da $t_s=10\text{ mm}\geq 0{,}5\cdot d=5\text{ mm}$)

Schraubeneindringtiefe:

$t_{1,\text{vorh}}=120-10=110\text{ mm}>4\cdot d=40\text{ mm}$

$l_{ef}=70$ mm (Gewindelänge)

Lösung:

Beanspruchbarkeit rechtwinklig zur Schraubenachse (Abscheren):

Charakteristischer Wert der Lochleibungsfestigkeit:

$f_{h,1,0,k}=0{,}082\cdot(1-0{,}01\cdot d)\cdot\rho_k$ [DIN EN 1995-1-1, Gl. (8.32)]

$f_{h,1,0,k}=0{,}082\cdot(1-0{,}01\cdot 10)\cdot 430=31{,}7\text{ N/mm}^2$

$k_{90}=1{,}35+0{,}015\cdot d$ [DIN EN 1995-1-1, Gl. (8.33)]

$$f_{h,1,\alpha,k}=\frac{f_{h,1,0,k}}{k_{90}\cdot\sin^2\alpha+\cos^2\alpha}$$ [DIN EN 1995-1-1, Gl. (8.31)]

$f_{h,1,\alpha,k}=21{,}13\text{ N/mm}^2$

Charakteristischer Wert des Fließmomentes der Schraube nach DIN 20000-6, Abschnitt 3.3.3 ist $f_{u,k}=400\text{ N/mm}^2$:

$M_{y,Rk}=0{,}3\cdot f_{u,k}\cdot d^{2{,}6}$ [DIN EN 1995-1-1, Gl. (8.30)]

$M_{y,Rk}=0{,}3\cdot 400\cdot 10^{2{,}6}$

$M_{y,Rk}=47772{,}86\text{ Nmm}$

Mindestholzdicke:

$$t_{req}=1{,}15\cdot 4\cdot\sqrt{\frac{M_{y,Rk}}{f_{h,1,\alpha,k}\cdot d}}=1{,}15\cdot 4\cdot\sqrt{\frac{47772{,}86}{21{,}13\cdot 10}}$$

[DIN EN 1995-1-1/NA, Gl. (NA.116)]

$t_{req}=69{,}17<t_{vorh}=110\text{ mm}$ **erfüllt!**

Charakteristische Tragfähigkeit der Beanspruchung auf Abscheren pro Scherfläche (Vereinfachtes Verfahren):

$F_{v,Rk}=A\cdot\sqrt{2\cdot M_{y,Rk}\cdot f_{h,1,\alpha,k}\cdot d}$ [DIN EN 1995-1-1/NA, Gl. (NA.128)]

mit $A=1{,}4$

$F_{v,Rk}=1{,}41\cdot\sqrt{2\cdot 47772{,}86\cdot 21{,}13\cdot 10}$

$F_{v,Rk}=6354{,}34\text{ N}=6{,}36\text{ kN}$

Bei einschnittigen Verbindungen mit Schrauben, die nach den vereinfachten Regeln bemessen sind, darf $F_{v,Rk}$ nach DIN EN 1995-1-1/NA:2013, Abschnitt NCI zu 8.7.1 (NA.11) um einen Anteil $\Delta F_{v,Rk}$ erhöht werden:

[DIN EN 1995-1-1/NA, Gl. (NA.A123)]

$$\Delta F_{v,Rk} = \min\{F_{v,Rk}; 0,25 \cdot F_{ax,Rk}\}$$

Bedingung für Gl. (8.38):

$$0,6 \le d_1/d \le 0,75$$

$$F_{ax,Rk} = \frac{f_{ax,k} \cdot d \cdot l_{ef} \cdot k_d}{1,2 \cdot \cos^2\alpha + \sin^2\alpha}$$ [DIN EN 1995-1-1, Gl. (8.38)]

$$f_{ax,k} = 0,52 \cdot d^{-0,5} \cdot l_{ef}^{-0,1} \cdot \rho_k^{0,8}$$ [DIN EN 1995-1-1, Gl. (8.39)]

$$f_{ax,k} = 0,52 \cdot 10^{-0,5} \cdot 70^{-0,1} \cdot 350^{0,8} = 13,75\ \text{N/mm}^2$$

$$k_d = \min\left\{\frac{d}{8}; 1\right.$$ [DIN EN 1995-1-1, Gl. (8.40)]

$$k_d = \min\left\{\frac{10}{8}; 1 = 1\right.$$

[DIN EN 1995-1-1, Gl. (8.38)]

$$F_{ax,Rk} = \frac{13,75 \cdot 10 \cdot 60 \cdot 1}{1,2 \cdot \cos^2 90° + \sin^2 90°} = \frac{9624,24}{1} = 9624,24\ \text{N}$$

$$\Delta F_{v,Rk} = \min\{6354,6; 0,25 \cdot 9624,24\} = 2406,06\ \text{N}$$

Erhöhung der charakteristischen Tragfähigkeit pro Scherfläche und Schraube:

$$F_{v,Rk} = F_{v,Rk} + \Delta F_{v,Rk}$$

$$F_{v,Rk} = F_{v,Rk} + \Delta F_{v,Rk} = 6354,34 + 2406,06 = 8760,4\ \text{N}$$

Kopfdurchziehen kann nicht maßgebend sein, da Stahlblech vorhanden.

Bemessungswert der Tragfähigkeit auf Abscheren pro Scherfläche und Schraube:

$$F_{v,Rd} = \frac{k_{mod} \cdot F_{v,Rk}}{\gamma_M}$$ [DIN EN 1995-1-1/NA, Gl.(NA.113)]

$$F_{v,Rd} = \frac{0,65 \cdot 8760,4}{1,1} = 5176,6\ \text{N} = 5,18\ \text{kN}$$

Beanspruchbarkeit in Schraubenschaftrichtung:

Charakteristischer Wert der Tragfähigkeit auf Herausziehen:

$$R_{ax,k} = 9060\ \text{N}$$

Bemessungswert der Tragfähigkeit auf Herausziehen pro Schraube:

$$F_{ax,Rd} = \frac{k_{mod} \cdot F_{ax,Rk}}{\gamma_M} = \frac{0,65 \cdot 9,62}{1,3} = 4,81\ \text{kN}$$

Gewählt: 12 Holzschrauben mit Gewinde nach DIN 7998; $d = 10$ mm (davon 8 Schrauben unten)

Nachweis:

- Normalkräfte werden durch Kontaktdruck, Zug- und Querkräfte werden durch Schrauben übertragen,
- die resultierende Zugkraft aus Moment und Normalkraft ergibt sich mit $e = 170$ mm zu:

$$F_{ax,d} = \frac{M_{H-V,d}}{2e} - N_{c,H-V,d}$$

$$F_{ax,d} = \frac{25,0}{2 \cdot 0,17} - \frac{115}{2} = 16,1\ \text{kN}$$

Beanspruchung auf Herausziehen (nur die unteren 8 Schrauben):

$$\sum F_{ax,Rd} = 8 \cdot 4,81 = 38,48\ \text{kN} > F_{ax,d} = 16,1\ \text{kN}$$

Beanspruchung auf Abscheren:

$$\sum F_{v,Rd} = 12 \cdot 5,18 = 62,16\ \text{kN} > V_{H-V,d} = 30,0\ \text{kN}$$

Nachweis für „kombinierte Beanspruchung":

- Berücksichtigung der gleichzeitigen Beanspruchung in rechtwinklig und in Schaftrichtung nach Abschnitt 8.7.3, DIN EN 1995-1-1
- Nachweis erfolgt für die unteren Schrauben

$$\left(\frac{F_{ax,Ed}}{F_{ax,Rd}}\right)^2 \pm \left(\frac{F_{v,Ed}}{F_{v,Rd}}\right)^2 \le 1,0$$ [DIN EN 1995-1-1, Gl. (8.28)]

$$\left[\frac{16,1}{38,48}\right]^2 + \left[\frac{30}{62,16}\right]^2$$

$0,41 \le 1,0$ **Nachweis erfüllt!**

Nachweis für Kontaktdruck zwischen Hauptträger und Verbindungsmittel:

Querdruckbeanspruchung Holz unter der Stahlplatte:

Abmessungen der Stahlplatte: 500 x 300 x 10 mm

$$\sigma_{c,d} = -\frac{N_d}{A} \pm \frac{M_d}{W}$$

$$\sigma_{c,d} = -\frac{115 \cdot 10^3}{500 \cdot 300} \pm \frac{25 \cdot 10^6 \cdot 6}{300 \cdot 500^2} = -2,76\ \text{N/mm}^2$$

$$\sigma_{t,d} = 1,23\ \text{N/mm}^2$$

$$\sigma_{c,d} = 2,76\ \text{MN/mm}^2 > R_{c,90,d}$$

$$R_{c,90,d} = \frac{f_{c,90,k} \cdot k_{mod}}{\gamma_M} = \frac{3,3 \cdot 0,65}{1,25} = 1,72\ \text{N/mm}^2$$

Nachweis nicht erfüllt. Die Stahlplatte muss vergrößert werden.

Mindestabstände der Schrauben nach Tab 8.4 in DIN EN 1995-1-1:2010:

- parallel zur Faserrichtung

  $a_1 = (4 + |\cos 90°|) \cdot d = 40\ \text{mm} < 50\ \text{mm}$ **Nachweis erfüllt!**

- rechtwinklig zur Faserrichtung

  $a_2 = 4 \cdot d = 40\ \text{mm} \le 40\ \text{mm}$ **Nachweis erfüllt!**

Mindestabstände für Beispiel 3.23.

	Bezeichnung	Mindestabstände			
		Stabdübel d = 10 mm		Holzschraube d = 10 mm	
		DIN EN 1995-1-1:2010, Tabelle 8.5		DIN EN 1995-1-1:2010, Tabelle 8.4	
untereinander in Faserrichtung	$\parallel$, a_1	$(3+2\lvert\cos\alpha\rvert)\cdot d$	220 (30)	$(4+\lvert\cos\alpha\rvert)\cdot d$	50 (40)
untereinander rechtwinklig zur Faser	$\perp$, a_2	$3\cdot d$	80 (30)	$4\cdot d$	40 (40)
vom beanspruchten Hirnholzende	$a_{3,t}$	$\max(7\cdot d; 80\ \text{mm})$	- (80)	$\max(7\cdot d; 80\ \text{mm})$	- (80)
vom unbeanspruchten Hirnholzende	$a_{3,c}$	$a_{3,t}\cdot\lvert\sin\alpha\rvert$	80 (80)	$4\cdot d$	- (70)
		$\max(3{,}5\cdot d; 40\ \text{mm})$	-	$\max[(2+2\cdot\sin\alpha)\cdot d; 3\cdot d]$	-
		$a_{3,t}\cdot\lvert\sin\alpha\rvert$	-	$3\cdot d$	-
vom beanspruchten Rand	$a_{4,t}$	$\max[(2+2\cdot\sin\alpha)\cdot d; 3\cdot d]$	80 (40)	$(4+\lvert\cos\alpha\rvert)\cdot d$	- (40)
vom unbeanspruchten Rand	$a_{4,c}$	$3\cdot d$	80 (30)	$4\cdot d$	- (30)

Stabdübel/Holzschraube, Durchmesser d = 10 mm
α = Winkel zwischen Kraft und Faserrichtung = 90°
(...) rechnerische Werte

3.8.7. Eingeklebte Stahlstäbe

Allgemeines

Eingeklebte Stahlstäbe gehören im internationalen Holzbau schon seit den 80er-Jahren des 20. Jahrhunderts zum Stand der Technik (s. a. Abschnitt 5.12.3). Mit eingeklebten Stahlstäben können relativ große Kräfte übertragen werden. Je nach Art der Einklebung (Stabachse zur Holzfaser) können sie dabei auf Abscheren und Zug oder bei einer Kombination der Kräfte auf Zug und Abscheren beansprucht werden.
Die größten Kräfte können bei einer Beanspruchung auf Zug und faserparalleler Einklebung aufgenommen werden.

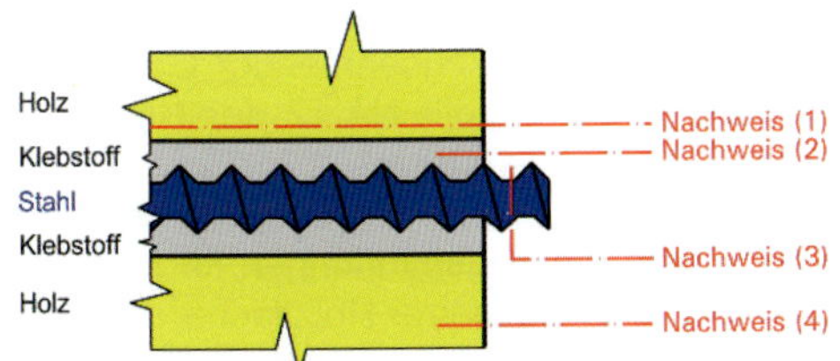

Bild 3.102. Verbundsystem „eingeklebte Stahlstange“ nach [*Schickhofer* u. a. 2007]

Tragverhalten

Innerhalb der Verbundsysteme „eingeklebte Stahlstäbe“ treten dann folgende Versagensarten auf (Bild 3.102):

- Schubversagen Holz unmittelbar neben der Klebefuge (Scherfestigkeit Holz – Nachweis (1)),
- Schubversagen Klebefuge (Scherfestigkeit Klebstoff – Nachweis (2)),
- Überschreitung Tragvermögen Stahlstange (Nachweis (3)),
- Versagen des Holzquerschnittes (Zugversagen Holz – Nachweis (4)).

Bei faserparalleler Einklebung ist die charakteristische Ausziehfestigkeit $f_{ax,k}$ von der Holzrohdichte abhängig.
Aus Versuchen wurde eine Formel für Mittelwerte der Ausziehfestigkeit für parallel zur Faser eingeklebte Einzelstahlstäbe abgeleitet.

$$f_{k0,mean} = 7{,}8\cdot\left(\frac{\rho_k}{480}\right)^{0,6}\cdot\left(\frac{\lambda}{10}\right)^{-0,3} \quad [\text{N/mm}^2]$$

$$\lambda = \frac{\ell_e}{d_n}$$

ρ = Rohdichte des Holzes [kg/m³] (Formel gilt für ρ_k = 350...500 kg/m³);

ℓ_e = Einklebelänge.

Mit größer werdender Klebefläche sinkt die Ausziehfestigkeit (s. Bild 3.103.).

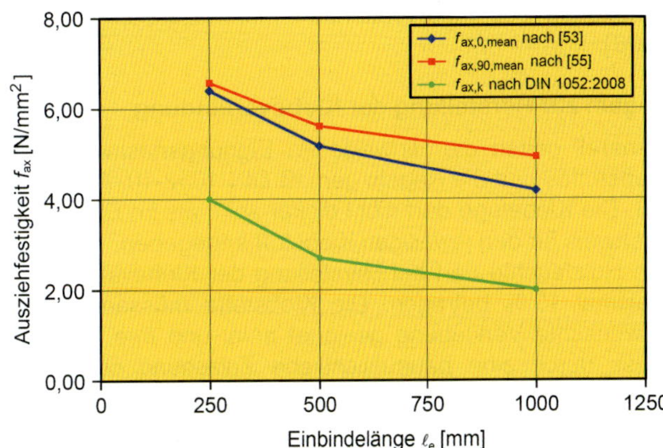

$f_{ax,90,mean} = 0{,}045\cdot 10^3\cdot(d_n\cdot\pi\cdot\ell_e)^{-0,2}$ [N/mm²]

d_n = Bohrlochdurchmesser

Bild 3.103. Darstellung der Abhängigkeit der Ausziehfestigkeit f_{ax} von der Einbindelänge ℓ_e, GL24h für $\rho_k = 380$ kg/m³, $d = 16$ *mm* nach [*Schickhofer* u. a. 2007]

Geklebte Verbindungen gelten als starr (unnachgiebig). Will man bei eingeklebten Stahlstäben ein duktiles Tragverhalten erreichen, so kann das nur über den Stahl erreicht werden, wenn der Stahlquerschnitt reduziert wird. Dies ist möglich, wenn $d_{red} \cong 0{,}7 \cdot d$ und $\ell_v = 5 \cdot \mathrm{d}$ ist.

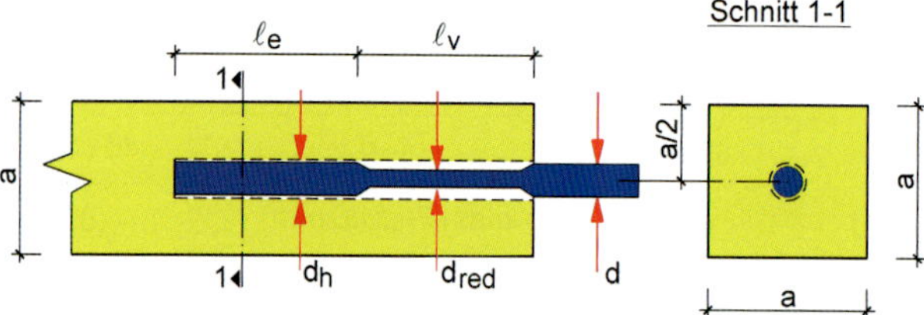

ℓ_v = verbundloser Bereich

Bild 3.104. Eingeklebte Stahlstangen mit reduziertem Querschnitt und „Versenkung" (s. [*Schickhofer* u. a. 2007])

Eine derartige Verbindung kann mit der bauaufsichtlichen Zulassung Z-9.1-778 hergestellt werden.

Stählerne Gewindebolzen mit metrischem Gewinde nach DIN 976-1 und Betonrippenstähle nach DIN 488-1 mit einem Nenndurchmesser von mindestens 6 mm bis 30 mm können sowohl Zug- und Druckkräfte als auch Kräfte quer zur Stabachse übertragen.

Gewindebolzen nach DIN 976-1.

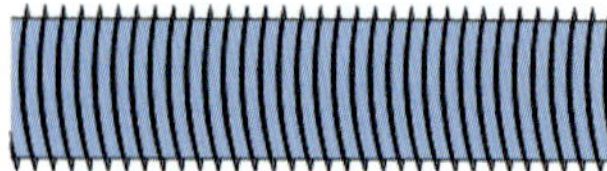

Betonrippenstahl nach DIN 488-1 mit Nenndurchmesser d

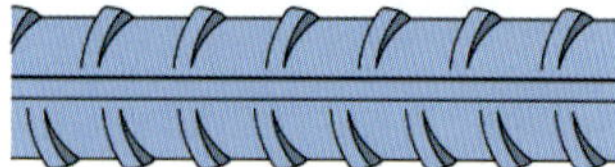

mit Ø 6...30 mm

Bild 3.105. Stahlstäbe für geklebte Verbindungen nach Abschnitt NCI NA.11.2 (NA.1) in DIN EN 1995-1-1/NA:2013

Zum Verbund zwischen eingeklebten stiftförmigen Kunststoffstäben aus faserverstärkten Materialien, s. [*Pörtner* 2006].

Regeln zur Herstellung der Klebeverbindung

Generell gelten die Hinweise im Eignungsnachweis des Klebstoffes und die Regeln gemäß DIN 1052-10, Abschnitt 6.3. Die Klebefuge darf nicht dicker sein, als im Eignungsnachweis für den jeweiligen Klebstoff angegeben.
Die Holzfeuchte darf bei Herstellung der Klebeverbindung maximal 15 % betragen. Die Klebstoffe müssen für die gewünschte Verklebung geeignet sein, und ihre Eignung muss durch eine bauaufsichtliche Zulassung oder eine bauaufsichlich eingeführte Norm nachgewiesen sein.
Eingeklebte Stahlstäbe lassen sich in vielfältiger Weise verwenden, so auch für Verschraubungen von Stahlteilen. Besteht ein Bauteil aus mehreren Verschraubungen, die z. B. ein Stahlbauteil halten, dann sind die Muttern so anzuziehen, dass alle Stäbe gleichförmig beansprucht werden. Die Muttern sind deshalb mit einem Drehmomentenschlüssel mit jeweils gleich großem Drehmoment anzuziehen (s. DIN 1052-10, Abschnitt 6.3).

Berechnung eingeklebter Stahlstäbe

Die Berechnung ist jetzt in Abschnitt NCI NA.11.2 der DIN EN 1995-1-1/NA:2013 geregelt. Es können Tragfähigkeiten für folgende Beanspruchungen berechnet werden:

- Beanspruchung senkrecht zur Stabachse (Abscheren) bei parallel oder senkrecht zur Faser des Holzes eingeklebten Stäben (s. Tabelle 3.36.),
- Beanspruchung parallel zur Stabachse (Zugbeanspruchung) bei parallel oder senkrecht zur Faser des Holzes eingeklebten Stäben (s. Tabelle 3.37.).

Beanspruchung senkrecht zur Stabachse (Abscheren)

Die Tabelle 3.36 fasst die Berechnungsformeln für die einzelnen Fälle zusammen. Je nach Art der Einklebung erhält man unterschiedliche Tragfähigkeiten. Werden die Stäbe parallel zur Faser eingeklebt, erhält man eine relativ niedrige Tragfähigkeit. Es darf nur 10 % der charakteristischen Lochleibungsfestigkeit, berechnet nach Abschnitt 8.5 in DIN EN 1995-1-1:2010, in Rechnung gestellt werden. Anders verhält es sich beim Einkleben des Stahls senkrecht zur Holzfaser. In diesem Fall darf die charakteristische Lochleibungsfestigkeit, berechnet nach Abschnitt 8.5 in DIN EN 1995-1-1:2010, um 25 % erhöht werden.

Beanspruchung parallel zur Stabachse (Zugbeanspruchung)

Die Tragfähigkeitsberechnung berücksichtigt die drei möglichen Versagensfälle (s. Tabelle 3.37.):

- Versagen des Stahlstabes,
- Versagen des Holzes im Bereich der Verklebung und/oder der Klebefuge,
- Versagen des Holzes.

Während beim Versagen des Stahlstabes die Steckgrenze des Stahls und die wirksame Querschnittsfläche die Tragfähigkeit begrenzen, ist es beim Versagen des Holzes bzw. der Klebefuge die Größe der Klebefläche und die Klebefugenfestigkeit.
Ganz allgemein geht man davon aus, dass bei Verklebungen die Klebefuge immer eine höhere Festigkeit als das Holz aufweist. Für Klebelängen bis 1000 mm gibt die Norm charakteristische Werte für die Klebefugenfestigkeit an. Die Klebefugenfestigkeit fällt mit zunehmender Größe der Klebefläche ab, was in der Tabelle NA.12 der Norm berücksichtigt wurde (s. a. Tabelle 3.37.).
Werden die Stäbe parallel zur Holzfaser eingeklebt, so sind am Ende der Stäbe die Zugspannungen im Holz zusätzlich nachzuweisen. Als wirksame Holzfläche darf maximal ein Querschnitt pro Stahlstab von $36 \cdot d^2$ in Rechnung gestellt werden (ein Beispiel findet man in Kapitel 9).
Kann bei Beanspruchung in Richtung der Stabachse eine ungleichmäßige Beanspruchung nicht ausgeschlossen werden, so muss nach DIN EN 1995-1-1/NA:2013 NCI NA 11.2.3 (NA.2) für die Tragfähigkeit der Verbindung die Tragfähigkeit des Stahlstabes und nicht die Festigkeit des Holzes oder der Klebefuge maßgebend sein.
Gemäß Gl. (NA.155) gilt dann

$$F_{ax,Rd} = f_{y,d} \cdot A_{ef} > \pi \cdot d \cdot \ell_{ad} \cdot f_{k1,d}$$

Die Verbindung verhält sich dann duktil und kann bei ungleichmäßiger Beanspruhcung der Stäbe durch plastische Dehnungen ausgleichend wirken.

Dienen eingeklebte Stahlstäbe zur Herstellung von Queranschlüssen, dann ist ein Nachweis für die auftretenden Querzugspannungen nach Gl. (8.4) in DIN EN 1995-1-1: 2010 zu führen. Für h_e ist dann die projizierte Einklebelänge $\ell_{ad} \cdot \sin \alpha$ zu verwenden.

Eingeklebte Stahlstäbe bei kombinierter Beanspruchung

Wird die Verbindung gleichzeitig auf Abscheren und Herausziehen beansprucht, gilt nach DIN EN 1995-1-1/NA:2013, NCI NA.11.2.4, Gl. (NA.157) folgender Nachweis:

$$\left(\frac{F_{la,Ed}}{F_{la,Rd}}\right)^2 + \left(\frac{F_{ax,Ed}}{F_{ax,Rd}}\right)^2 \leq 1{,}0$$

Weiterführende Literatur: [*Lißner/Rug* 2016], [*Steiger* 2012], [*Bathon* 2010], [*Blaß* u. a. 2005], [*Lippert* 2002], [*Blaß* 2000], [*Schatz* 2000], [*Johansen* in STEP 1, 1995], [*Kangas* 1993 und 1994], [*Slavik/ Turkowsky* u. a. 1993], [*Gerold* 1992], [*Zubarev* 1990], [*Turkowsky* 1990], [*Möhler/Hemmer* 1981].

Tabelle 3.36. Berechnung von eingeklebten Stahlstäben bei Beanspruchung rechtwinklig zur Stabachse (Abscheren) nach DIN EN 1995-1-1/NA:2013, Abschnitt NCI NA.11.2.1

Art der Einklebung (Stabachse) zur Holzfaser	
Rechtwinklig zur Holzfaser	**Parallel zur Holzfaser** (DIN EN 1995-1-1/NA:2013, Bild NA.14)
$a_{2,c}$, a_2, $a_{2,c}$; a_1, $a_{1,t}$; e, ℓ_{ad}	$a_{2,c}$, a_2, $a_{2,c}$; $a_{2,c}$, a_2, a_2, a_2, $a_{2,t}$; e, ℓ_{ad}
Charakteristischer Wert der Tragfähigkeit pro Scherfläche nach Gl. (NA.109), in N $F_{v,Rk} = \sqrt{\frac{2\cdot\beta}{1+\beta}}\cdot\sqrt{2\cdot M_{y,Rk}\cdot f_{h,1,k}\cdot d}$	
Charakteristischer Wert der Lochleibungsfestigkeit nach Gl. (8.32) $f_{h,0,k} = 0{,}082\cdot(1-0{,}01d)\rho_k \; [\text{N/mm}^2]$ Nach DIN EN 1995-1-1/NA:2013, NCI NA 11.2.2 (NA.4) darf der charakteristische Wert der Lochleibungsfestigkeit um 25 % erhöht werden. $f_{h,0,k} = 1{,}25\cdot[0{,}082\cdot(1-0{,}01\cdot d)\cdot\rho_k]$	Charakteristischer Wert der Tragfähigkeit pro Scherfläche nach Gl. (8.32) $f_{h,0,k} = 0{,}082\cdot(1-0{,}01d)\rho_k \; [\text{N/mm}^2]$ Nach DIN EN 1995-1-1/NA:2013, NCI NA 11.2.2 (NA.5) dürfen die charakteristischen Werte der Lochleibungsfestigkeit zu 10 % den entsprechenden Werten bei rechtwinklig zur Faserrichtung eingeklebter Stahlstäbe angenommen werden. $f_{h,0,k} = 0{,}1\cdot[0{,}082\cdot(1-0{,}01\cdot d)\cdot\rho_k]$
Bei Neigung der Stäbe gilt Gl. (8.31). $f_{h,\alpha,k} = \frac{f_{h,0,k}}{k_{90}\cdot\sin^2\alpha+\cos^2\alpha}$	
Charakteristischer Wert für das Fließmoment des Stahlstabes nach Gl. (8.30) in Nmm $M_{y,Rk} = 0{,}3\cdot f_{u,k}\cdot d^{2{,}6}$	

Mindestabstände			
Richtung	Abstand	Richtung	Abstand
a_2	$3\cdot d$	a_2	$5\cdot d$
$a_{2,c}$	$3\cdot d$	$a_{2,c}$	$2{,}5\cdot d$
$a_{2,t}$	$3\cdot d$	$a_{2,t}$	$4\cdot d$

Bemerkungen

Es gelten die Bestimmungen in DIN EN 1995-1-1:2010, Abschnitte 8.5 sinngemäß.

Bei Betonrippenstählen ist d = Nenndurchmesser des Stahlstabes, in mm.

Ist der Stab schräg angeordnet (Winkel zwischen Faser und Achse des Stahlstabes zwischen 0° und 90°), darf der charakteristische Wert der Lochleibungsfestigkeit durch lineare Interpolation bestimmt werden.

Greift die Beanspruchung im Abstand e von der Holzoberfläche an, so ist das bei der Berechnung zu berücksichtigen.

ℓ_{ad} = Einklebelänge des Stahles, in mm.

Tabelle 3.37. Berechnung von eingeklebten Stahlstäben bei Beanspruchung parallel zur Stabachse (Zugbeanspruchung) nach DIN EN 1995-1-1/NA:2013, Abschnitt NCI NA.11.2.3

Art der Einklebung (Stabachse) zur Holzfaser (DIN EN 1995-1-1/NA:2013, Bild NA.15)

Rechtwinklig zur Holzfaser	**Parallel zur Holzfaser**

Bemessungswert des Ausziehwiderstandes eines Stahlstabes, in N

$F_{ax,Rd} = \min\{f_{y,d} \cdot A_{ef};\ \pi \cdot d \cdot \ell_{ad} \cdot f_{k1,d}\}$ [Gl. (NA.155)]

mit einer Mindesteinklebelänge von

$\ell_{ad,min} = \max\{0{,}5 \cdot d^2;\ 10 \cdot d\}$ [Gl. (NA.156)]

Bemessungswert der Klebefugenfestigkeit, in N/mm²

$$f_{k1,d} = \frac{k_{mod} \cdot f_{k1,k}}{\gamma_M}$$

mit $f_{k1,k}$ nach Tabelle NA.12 in DIN EN 1995-1-1/NA:2013

Die Werte für $f_{k1,k}$ dürfen nur verwendet werden, wenn die Eignung des Klebstoffes nachgewiesen ist (bauaufsichtliche Zulassung)	Wirksame Einklebelänge ℓ_{ad} des Stahlstabes		
	≤ 250 mm	$250\text{ mm} < \ell_{ad} \leq 500\text{ mm}$	$500\text{ mm} < \ell_{ad} \leq 1000\text{ mm}$
$f_{k1,k}$ in N/mm²	4,0	$5{,}25 - 0{,}005 \cdot \ell_{ad}$	$3{,}5 - 0{,}0015 \cdot \ell_{ad}$

Mindestabständeabstände

Richtung	Abstand	Richtung	Abstand
a_1	$4 \cdot d$	a_2	$5 \cdot d$
a_2	$4 \cdot d$	$a_{2,c}$	$2{,}5 \cdot d$
$a_{1,c}$	$2{,}5 \cdot d$		
$a_{2,c}$	$2{,}5 \cdot d$		

Bemerkungen

$f_{y,d}$ = Bemessungswert der Streckgrenze des Stahlstabes in N/mm²
A_{ef} = Spannungsquerschnitt des Stahlstabes in mm²
ℓ_{ad} = Einklebelänge des Stahlstabes in mm
$f_{k1,d}$ = Bemessungswert der Klebefugenfestigkeit in N/mm² nach Tabelle NA.12
d = Nenndurchmesser des Stahlstabes in mm

Für parallel zur Faserrichtung eingeklebte zugbeanspruchte Stahlstäbe ist die Zugspannung im Holz am Ende des Stahlstabes nachzuweisen. Als wirksame Querschnittsfläche des Holzes darf dabei je Stahlstab höchstens eine Fläche von $36 \cdot d^2$ angesetzt werden.

Werden eingeklebte Stahlstäbe für Queranschlüsse verwendet, sind die durch die Kraftkomponente rechtwinklig zur Faserrichtung verursachten Querzugspannungen im Bauteil nach Gl. (8.4) nachzuweisen. Für h_e ist die projizierte Einklebelänge $\ell_{ad} \cdot \sin\alpha$ zu verwenden.

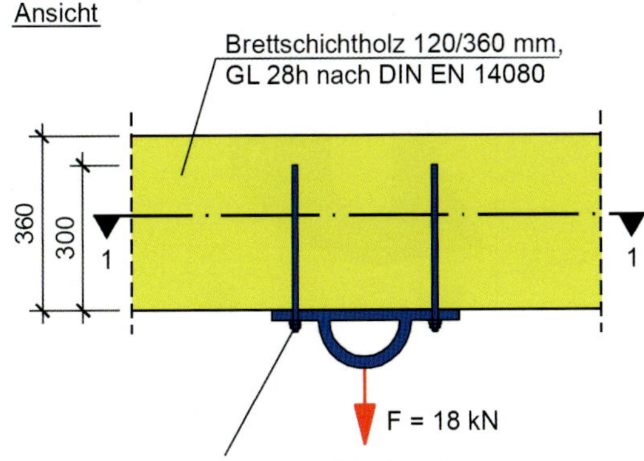

Gewindebolzen M12 nach DIN 976-1;
Festigkeitsklasse 4.8 nach DIN EN ISO 4018
mit $f_{y,k}$ = 320 N/mm^2; Klebstoff: EP 20 VP1 nach Z-9.1-750
oder CR 421 nach Z-9.1-707

Schnitt 1-1

Gewindebolzen M12 nach DIN 976-1;
Festigkeitsklasse 4.8 nach DIN EN ISO 4018
mit $f_{y,k}$ = 320 N/mm^2; Klebstoff: EP 20 VP1 nach Z-9.1-750
oder CR 421 nach Z-9.1-707

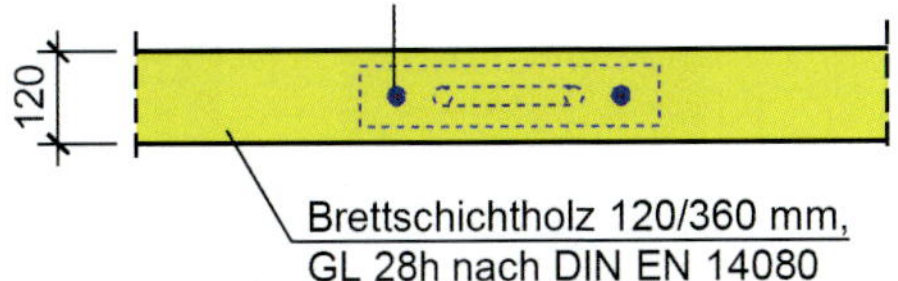

Bild 3.106. Anschluss mit Gewindebolzen

Beispiel 3.24. (nach DIN EN 1995-1-1:2010)

An einem Brettschichtholzträger einer Hallendachkonstruktion sollen Sportgeräte befestigt werden. Hierzu wird eine Metallplatte mit zwei eingeklebten Gewindestangen unterseitig am Brettschichtholzträger befestigt.

Verbindungsmittel:
Gewindebolzen M12 nach DIN 976-1, Festigkeitsklasse 4.8 nach DIN EN ISO 898-1:2009
mit

$f_{y,k} = 320$ N/mm^2,

Klebstoff Typ I nach DIN EN 301:2006, Tabelle 1.

Holzwerkstoff:
Brettschichtholz, GL28h nach DIN EN 14080, b/h = 120/360 mm

Einwirkung:

$F_d = 18000\text{ N} = 18\text{ kN}$

$k_{mod} = 0{,}6$

NKL 1, KLED: ständig.

Nach DIN EN 1995-1-1/NA:2013, NCI NA.11.2.3 (NA.1) sind beim Nachweis der Tragfähigkeit eingeklebter Stahlstäbe, die in Richtung der Stabachse beansprucht werden, drei Versagensfälle zu berücksichtigen:

- Versagen des Stahlstabes,
- Versagen der Klebestofffuge bzw. des Holzbauteils entlang der Bohrlochwandung,
- Versagen des Holzbauteils.

Versagen des Stahlstabes und der Klebefuge

Bemessungswert des Ausziehwiderstandes $F_{ax,Rd}$ nach DIN EN 1995-1-1/NA:2013, Gl. (NA.155):

$$F_{ax,Rd} = \min\{f_{y,d} \cdot A_{ef}; \pi \cdot d \cdot \ell_{ad} \cdot f_{k1,d}\}$$

Mit dem ersten Teil der Gleichung wird das Versagen des Stahlstabes untersucht. Der zweite Teil beinhaltet die Festigkeit der Klebefuge.

Bemessungswert der Streckgrenze $f_{y,d}$ des Gewindebolzen:

$$f_{y,d} = \frac{k_{mod} \cdot f_{y,k}}{\gamma_M} = \frac{0{,}6 \cdot 320}{1{,}25} = 153{,}6\text{ N/mm}^2$$

Spannungsquerschnitt A_{ef} des Stahlstabes:

$$A_{ef} = \pi \cdot r^2 = \pi \cdot \left(\frac{12}{2}\right)^2 = 113{,}1\text{ mm}^2$$

Bemessungswert der Klebfugenfestigkeit $f_{k1,d}$:

$$f_{k1,k} = 5{,}25 - 0{,}005 \cdot 300 = 3{,}75\text{ N/mm}^2$$

nach DIN EN 1995-1-1/NA:2013, Tabelle (NA.12)

$$f_{k1,d} = \frac{k_{mod} \cdot f_{k1,k}}{\gamma_M} = \frac{0{,}6 \cdot 3{,}75}{1{,}3} = 1{,}73\text{ N/mm}^2$$

Bemessungswert des Ausziehwiderstandes $F_{ax,Rd}$ nach DIN EN 1995-1-1/NA:2013 Gl. (NA.155):

$$F_{ax,Rd} = \min\{f_{y,d} \cdot A_{ef}; \pi \cdot d \cdot \ell_{ad} \cdot f_{k1,d}\}$$

$$F_{ax,Rd} = \min\{153{,}6 \cdot 113{,}1; \pi \cdot 12 \cdot 300 \cdot 1{,}73\}$$

$$F_{ax,Rd} = \min\{17372; 19565\}$$

$$F_{ax,Rd} = 17372\text{ N} = 17{,}37\text{ kN}$$

Das Stahlversagen ist maßgebend für den Wert des Ausziehwiderstandes.

Versagen des Holzbauteils

Charakteristischer Wert der Querzugtragfähigkeit $F_{90,Rk}$ nach Gl. (8.4):

$$F_{90,Rk} = 14bw \cdot \sqrt{\frac{h_e}{\left(1 - \frac{h_e}{h}\right)}}$$

mit $b = 120$ mm und $h_e = 300$ mm

Modifikationsbeiwert w nach Gl. (8.5):

$$w = \begin{cases} \max\begin{cases}\left(\frac{w_{pl}}{100}\right)^{0{,}35} \\ 1\end{cases} & \text{für Nagelplatten} \\ 1 & \text{für alle anderen Verbindungen}\end{cases}$$

Charakteristischer Wert der Querzugtragfähigkeit $F_{90,Rk}$:

$$F_{90,Rk} = 14 \cdot 120 \cdot 1 \cdot \sqrt{\frac{300}{\left(1 - \frac{300}{360}\right)}} = 71276\text{ N}$$

Bemessungswert der Querzugtragfähigkeit $F_{90,Rd}$:

$$F_{90,Rd} = \frac{k_{mod} \cdot F_{90,Rk}}{\gamma_M} = \frac{0{,}6 \cdot 71276}{1{,}3} = 32896\text{ N} = 32{,}9\text{ kN}$$

Bemessungswert der Tragfähigkeit der Verbindung:

$$F_{Rd} = \min\{2 \cdot F_{ax,Rd}; F_{90,Rd}\} = 32{,}9\text{ kN}$$

$$F_{Rd} = \min\{2 \cdot 17{,}37; 32{,}9\} = 32{,}9\text{ kN}$$

Nachweis:

$$\frac{F_d}{F_{Rd}} < 1$$

$$\frac{18{,}0}{32{,}9} = 0{,}55 < 1$$ **Nachweis erfüllt!**

3.9. Mechanische Holzverbinder und Verbindungsmittel

Mechanische Holzverbinder, bestehen aus feuerverzinktem Stahlblech, aus Edelstahl (rost- und säurebeständig) oder aus kunststoffversiegeltem Stahlblech, hergestellt in unterschiedlichen, häufig gestanzten Formen. Mechanische Holzverbinder werden mit Sondernägeln (Spezialnägel), Sechskantschrauben, Sechskantholzschrauben oder mit selbst bohrenden Holzschrauben befestigt.
Stahlblechformteile werden als kalt geformte Stahlblechteile mit Blechdicken bis maximal 4 mm, mit denen zusammen mit stiftförmigen Verbindungsmitteln kraftschlüssige Verbindungen herstellbar sind, hergestellt. Kann die Tragfähigkeit solcher Verbindungen rechnerisch nicht eindeutig bestimmt werden, ist ihre Verwendbarkeit durch bauaufsichtliche Zulassungen zu regeln.
Mechanische Holzverbinder werden für unterschiedliche Zwecke und Befestigungspunkte angewendet, z. B. für

- die Lagesicherung von Holzbauteilen,
- die Ableitung von Windsogkräften,
- statisch beanspruchte Anschlusspunkte.

Zur Anwendung, Tragfähigkeit und Konstruktion, s. [Planungsinformationen der Holzverbinderhersteller und die jeweilige bauaufsichtliche Zulassung].

Tabelle 3.38. Mechanische Holzberbinder (Fa. Simpson Strong-Tie) (Stand: 2014)

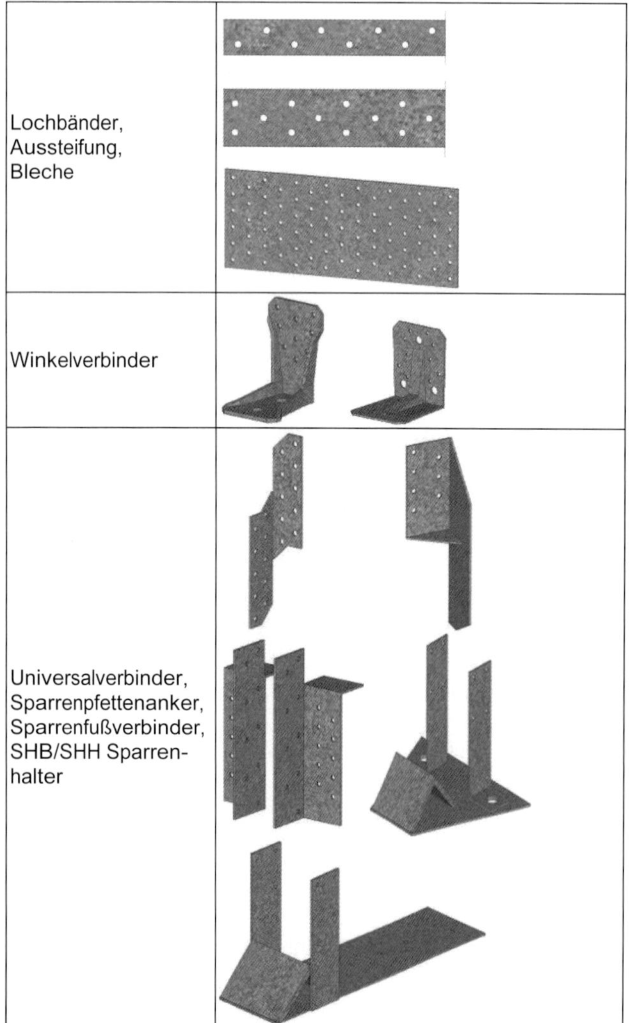

Lochbänder, Aussteifung, Bleche	
Winkelverbinder	
Universalverbinder, Sparrenpfettenanker, Sparrenfußverbinder, SHB/SHH Sparrenhalter	
Balkenanschlüsse	
Gerberverbinder	
Stützenfüße	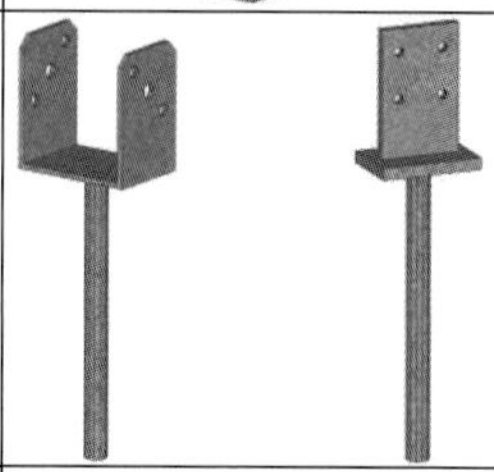
Zuganker	
HE- und Profilanker, Anschlussprofile	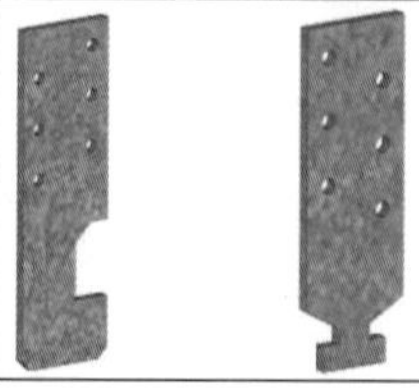

3.10. Dübelverbindungen

3.10.1. Allgemeines

Geschichtliches

Die Idee der Dübelverbindung ist alt. Seit langem ist der „Zimmermannsdübel“ (ein rechteckiger Hartholzdübel) vielfältig angewendet worden (z. B. als Längsdübel, Zahndübel, als keilförmiger Querdübel). Bereits im 19. Jh. wurden gusseiserne Dübel im Holzbrückenbau eingesetzt. Die z. T. heute noch verwendeten Dübel besonderer Bauart wurden zwischen 1890 und 1930 im Zusammenhang mit dem Bau immer größerer Tragkonstruktionen in Holzbauweise entwickelt. Dübelkonstruktionen wurden erfolgreich für weit gespannte Fachwerkkonstruktionen eingesetzt. Sie ermöglichen eine Zentrierung der Systemachsen. Dübelverbindungen mit Dübeln besonderer Bauart wurden besonders für größere Holzkonstruktionen des Hallen- und Brückenbaus mit Spannweiten bis 60 m angewendet, auch für Turmkonstruktionen bis 190 m Höhe und für stark belastete Lehrgerüste [*Rug* 2003-1].
Von der ehemals großen Palette an Dübeln besonderer Bauart werden heute nur noch wenige angewendet.

Dübelarten

Unter Dübelverbindungen versteht man Verbindungsmittel, die überwiegend auf Druck und Abscheren beansprucht werden.

Dübel, deren Bemessungswerte der Tragfähigkeit nach früherer Norm (s. [*Brünninghoff* u. a. 1997]) rechnerisch ermittelt werden kann, z. B.:

- rechteckige Dübel aus Hartholz oder Stahl (auf Verbindungslaschen aus Stahlblech oder -profilen, Bild 3.107.),
- T-förmige Metalldübel (s. Bild 3.108.).

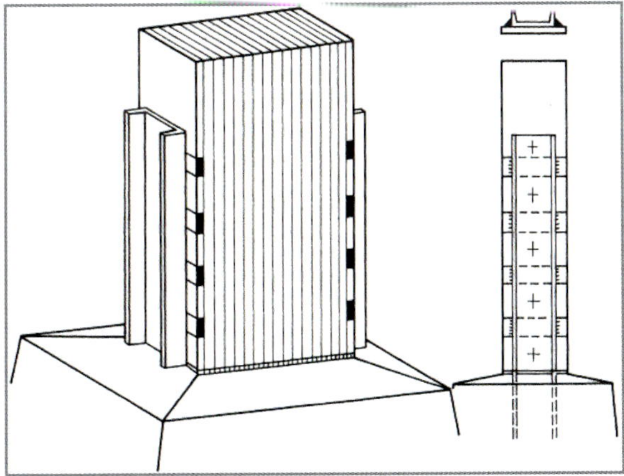

Bild 3.107. Flachstahldübel an Stahlprofil angeschweißt, Beispiel: im Fundament eingespannte Brettschichtholzstütze

3.10.2. Konstruktion und Berechnung von Rechteck-Einlassdübeln und T-förmigen Metalldübeln

Derartige Verbindungen sind in DIN EN 1995-1-1:2010 nicht enthalten. Sie werden heute kaum noch verwendet. Ihre Hauptanwendung lag in der Zeit von 1870 bis 1960 bei der Herstellung von verdübelten Balken. Aus diesem Grund wird an dieser Stelle auf die Regeln in früheren Normen hingewiesen (s. [*Brünningshoff* u. a. 1997], z. B. in [*Rug* 2016]).

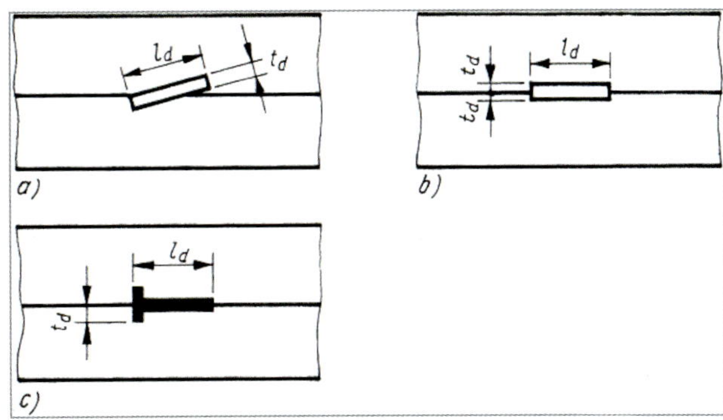

Legende
a) Hartholz-Rechteckdübel (Zahndübel)
b) Hartholz-Rechteckdübel (Längsdübel)
c) T-förmiger Stahldübel

Bild 3.108. Dübel, deren Tragkraft rechnerisch ermittelt wird

3.10.3. Konstruktion und Berechnung von Dübeln besonderer Bauart

Zu diesen Dübeln gehören:

- Einlassdübel/Ring- und Scheibendübel (Bild 3.109.),
- Einpressdübel/Scheibendübel mit Zähnen (Tabelle 3.39.),
- Einlass-Einpressdübel/Scheibendübel mit Dornen (Bild 3.110.).

Einlassdübel/Ring- und Scheibendübel werden in besonders vorbereitete, passende Vertiefungen eingelegt.
Einpressdübel/Scheibendübel mit Zähnen werden in das Holz eingepresst.
Einlass-Einpressdübel/Scheibendübel mit Dornen werden teils eingelassen, teils eingepresst.

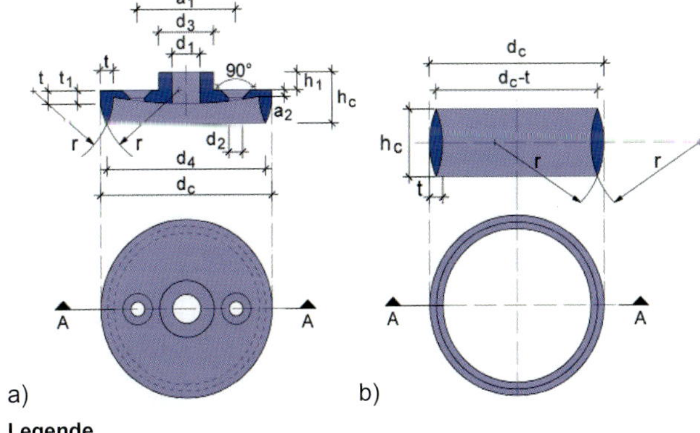

Legende
a) Scheibendübel Typ B1
b) Ringdübel Typ A1

Bild 3.109. Einseitiger Scheibendübel des Typs B1 und zweiseitiger Ringdübel des Typs A1 nach DIN EN 912

Alle Dübelverbindungen müssen durch Schraubenbolzen (mit Scheiben unter Kopf und Mutter) zusammengehalten werden. Dabei muss jeder Dübel mit einem Bolzen gesichert sein.

Die Spannschrauben $(M \geq 12\,\text{mm})$ haben die Aufgabe, die aus dem Kippmoment resultierenden Zugkräfte aufzunehmen. Darüber hinaus sind bei Verbindungen mit Dübeln, deren Durchmesser oder Seitenlänge ≥ 130 mm sind, wenn zwei oder mehr Dübel in Kraftrichtung hintereinander liegen, an den Außenhölzern nach Tabelle 3.41. zusätzliche Klemmbolzen anzuordnen.

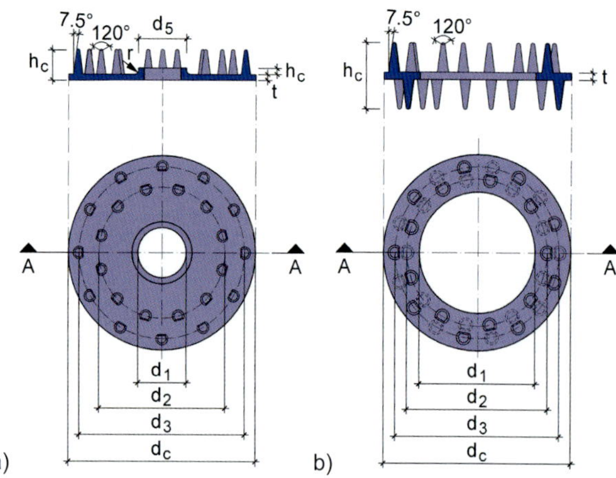

Legende
a) Scheibendübel mit Dornen des Typs C11
b) Scheibendübel mit Dornen des Typs C10

Bild 3.110. Ein- und zweiseitige Scheibendübel mit Dornen (Typ C10 und Typ C11 nach DIN EN 912)

Tabelle 3.39. Ring- und Scheibendübel, Scheibendübel mit Zähnen und Dornen nach DIN EN 1995-1-1:2010

Übersicht über die in DIN EN 1995-1-1:2010 und DIN EN 1995-1-1/NA:2013 geregelten Dübel besonderer Bauart			
Benennung	Bild	Geometrie nach DIN EN 912	Berechnung nach DIN EN 1995-1-1:2010 und DIN EN 1995-1-1/NA:2013, Abschnitt
Ringdübel Typ A1 (System APPEL)		Abschnitt A1 Ø 65...190 mm	Abschnitt 8.9 und Verbindungen in Hirnholz nach Abschnitt NA.8.11
Scheibendübel Typ B1 (System APPEL)		Abschnitt B1 Ø 65...190 mm	Abschnitt 8.9
Scheibendübel mit Zähnen Typ C1 (System BULLDOG)		Abschnitt C1 Ø 50...165 mm	Abschnitt 8.10 und Verbindungen in Hirnholz nach Abschnitt NA.8.11
Scheibendübel mit Zähnen Typ C2 (System BULLDOG)		Abschnitt C2 Ø 50...117 mm	Abschnitt 8.10
Scheibendübel mit Zähnen Typ C3 (System BULLDOG)		Abschnitt C3 73x130 mm	Abschnitt 8.10
Scheibendübel mit Zähnen Typ C4 (System BULLDOG)		Abschnitt C4 73x 130 mm	Abschnitt 8.10

Tabelle 3.39. *(Fortführung)*

Benennung	Bild	Geometrie nach DIN EN 912	Berechnung nach DIN EN 1995-1-1:2010 und DIN EN 1995-1-1/NA:2013,
Scheibendübel mit Zähnen Typ C5 (System BULLDOG)		Abschnitt C5 100x100 mm 130x130 mm	Abschnitt 8.10
Scheibendübel mit Dornen Typ C10 (System GEKA)		Abschnitt C10 Ø 50...115 mm	Abschnitt 8.10 und Verbindungen in Hirnholz nach Abschnitt NA.8.11
Scheibendübel mit Dornen Typ C11 (System GEKA)		Abschnitt C11 Ø 50...115 mm	Abschnitt 8.10

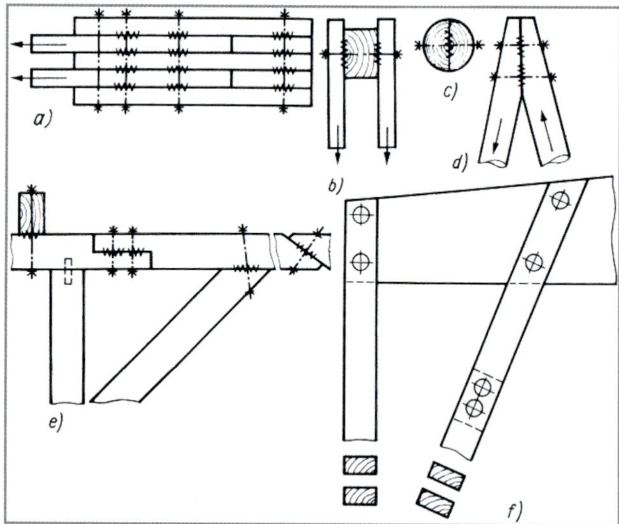

Legende
a) Zugstoß
b) Zugstabanschluss
c) Verbindung zweier Rundhölzer
d) Verbindung eines Pfahlkopfes
e) verschiedene Anwendung
f) Verbindung von Vollholzstreben an Brettschichtträger

Bild 3.111. Anwendungsmöglichkeiten für Einpressdübel

Die DIN EN 1995-1-1 regelt eine neue Unterteilung der Dübel besonderer Bauart. Tabelle 3.39. zeigt die neue Einteilung. Alle Dübel besonderer Bauart sind jetzt in DIN EN 912 hinsichtlich Maße und Werkstoffe genormt. Die Anforderungen an die Dübel (Prüfverfahren für Werkstoffe, Geometrie und Festigkeit, Dauerhaftigkeit und Kennzeichnung) enthält DIN EN 14545.

Mit den Ring- und Scheibendübeln können Anschlüsse von Holzquerschnitten aus Vollholz, Brettschichtholz, Balkenschichtholz und Furnierschichtholz (mit $\rho_k < 500\,\text{kg/m}^3$) an Brettschichtholz hergestellt werden. Einpressdübel bzw. Scheibendübel mit Zähnen oder Dornen lassen sich in Laubholz nicht einpressen, weshalb für Laubholzverbindungen nur Ring- und Scheibendübel anwendbar sind.

In Ergänzung zu den Ringdübeln hat ein Zimmerermeister einen Einlass-Distanzdübel entwickelt (s. BAZ Z-9.1-726, Bild 3.112.). Dieser garantiert, dass nach dem Zusammenbau zwischen den zu verbindenden Teilen 10 mm Abstand entsteht, sodass die Bauteile luftumspült im unmittelbaren Bereich der Verbindung sind. Zusätzlich wird durch die Form des Dübels eindringendes Wasser vom Anschluss weggeleitet.
Schadensfälle bei freibewitterten Holzkonstruktionen mit Scheibendübeln aus Aluminiumlegierung haben zur Anwendungsbeschränkung nur bis zur Nutzungsklasse 2 geführt (s. DIN EN 1995-1-1/NA, NCI Zu 8.9 (NA.16). Mit dem Distanzdübel können auch Holzkonstruktionen in Nutzungsklasse 3 ausgeführt werden.

Bild 3.112. Distanzdübel nach BAZ Z-9.1-726 (Bildquelle: nowa@hubert-nowack.de)

3.10.4. Konstruktion und Berechnung von Ring- und Scheibendübeln (Dübel besonderer Bauart) nach DIN EN 1995-1-1:2010, Abschnitte 8.9 und 8.10

Tragverhalten von Ring- und Scheibendübeln

In das Holz eingelassene Dübel versagen im Zugversuch in der Regel infolge Abscheren des Holzes am Verbindungsende (s. Bild 3.113.). Damit beeinflusst die Größe der Scherfläche vor dem Einlassdübel und der Scherfestigkeit des Holzes das Tragverhalten wesentlich.

Bild 3.113. Scherversagen im Mittel- und Seitenholz einer auf Zug beanspruchten Einlassdübelverbindung [*Blaß* 1995-3]

Das in der Norm enthaltene Rechenmodell legt diese Versagensart zugrunde. Gleichzeitig wird von einer gleichmäßigen Lochleibungsspannung ausgegangen. Eine mittragende Wirkung der Spannbolzen konnte bei Ring- und Scheibendübeln in Versuchen nicht festgestellt weren.
Grundsätzlich zeigten Versuche unter Zugbelastung, dass bei der Herstellung der Verbindungen mit besonders großer Sorgfalt vorzugehen ist. Passungenauigkeiten und Strukturstörungen im Verbindungsbereich, z. B. größere Äste und Schrägfaserigkeiten führten zum frühen Versagen in Form von Aufspalten entlang der hintereinanderliegenden Verbindungsmittel oder zum Versagen im Nettoquerschnitt (s. [*Blaß/Ehlbeck* u. a. 1997].
Die Autoren der Studien fordern sogar bei Zugverbindungen mit Dübeln besonderer Bauart einen genaueren Spannungsnachweis für außenliegende Laschen unter Berücksichtigung des örtlichen Biegemoments aus der Exzentrizität der Lastweiterleitung im Nettoquerschnitt (zum Nachweis s. [*Blaß/Ehlbeck* u. a. 1997]).

Dübel besonderer Bauart werden in DIN EN 1995-1-1: 2010, in Abschnitt 8.10 in Verbindung mit DIN EN 912 und DIN EN 14545 geregelt.

Wie auch in der früheren Norm müssen alle Dübelverbindungen durch nachziehbare Bolzen gesichert werden (zum Nachziehen, s. Abschnitt 10.4.3 (3) in DIN EN 1995-1-1: 2010). Jeder Dübel ist durch einen Bolzen zu sichern. Dübel und Bolzen bilden eine Verbindungseinheit (zur Definition einer Verbindungseinheit, s. DIN EN 1995-1-1/ NA:2013, Abschnitt NA.1.5.2.26).

Hinsichtlich des Mindestdurchmessers für den Bolzen gelten die Angaben in DIN EN 1995-1-1:2010, Abschnitt 10.4.3 (4), Tabelle 10.1 (s. Tabelle 3.40.).

Sind die Durchmesser der Dübel $>$ 130 mm, so sind ab zwei Dübel hintereinander zusätzliche Sicherungsbolzen an den Enden der Verbindungen anzuordnen. Die anziehbaren Bolzen können bei Ringdübeln und zweiseitigen Scheibendübeln mit Zähnen und Dornen durch Gewindestangen oder Holzschrauben mit entsprechenden Durchmessern ersetzt werden. Dies ist auch bei einseitigen Scheibendübeln mit Zähnen oder Dornen möglich, wenn die Verschiebungsmoduln nach DIN EN 1995-1-1: 2010, Tabelle 7.1, Zeilen 4 und 5 um 30 % abgemindert werden.

Die Bolzen können nach DIN EN 1995-1-1/NA:2013, Abschnitt NCI zu 8.9 durch profilierte Nägel oder Holzschrauben ersetzt werden, wenn folgende Bedingungen eingehalten sind (Bild 3.114.):

- Es ist ein Anschluss von Vollholz-, Brettschichtholz-, Balkenschichtholz- oder Furnierschichtholzquerschnitten an Brettschichtholz.
- Es werden Ringdübel mit $d_c \leq 95$ mm oder zweiseitige Scheibendübel mit Zähnen und Dornen mit $d_c \leq 117$ mm verwendet.
- Es werden Scheibendübel des Typs B1 oder einseitige Scheibendübel mit Zähnen bzw. Dornen verwendet.
- Für die Schrauben bzw. Sondernägel muss $F_{ax,Rk} \geq 0{,}25 \cdot F_{v,Rk}$ mm sein (bei Scheibendübeln mit Zähnen und Dornen darf $F_{v,b,0,Rd}$ bzw. $F_{v,b,\alpha,Rk}$ nicht in Rechnung gestellt werden).

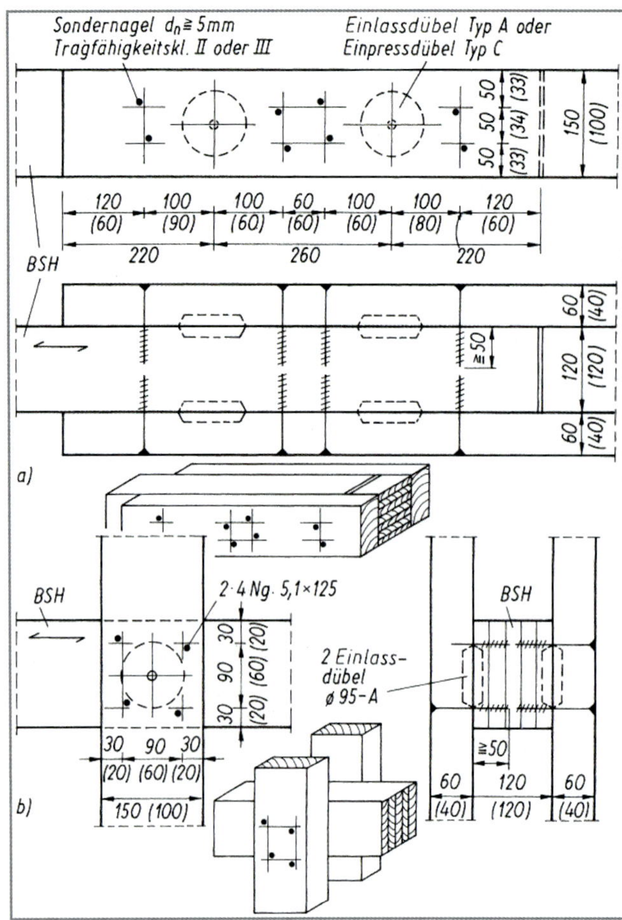

Bild 3.114. Anordnung profilierter Nägel bzw. Holzschrauben als Ersatz für die zu einer Verbindungseinheit gehörenden Bolzen bei Ringdübeln $d_c \le 95$ mm oder Scheibendübeln mit Zähnen und Dornen $d_c \le 117$ mm nach DIN EN 1995-1-1/NA:2013, Abschnitt NCI zu 8.9

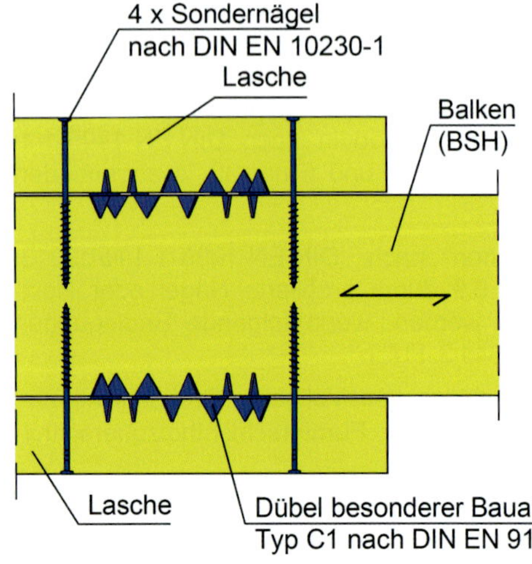

Bild 3.115. Vier Sondernägel bzw. Holzschrauben anstelle von Schraubenbolzen zur Dübelsicherung bringen Zeitgewinn und ein günstigeres Brandverhalten

Rechenwerte für Querschnittsschwächungen (Dübelfehlflächen) enthält die Tabelle NA.16 der DIN EN 1995-1-1/NA:2013, NCI zu 8.9 (NA.15). Weitere Schwächungen, z. B. durch Bolzen sind zusätzlich zu berücksichtigen.

Nach DIN EN 1995-1-1/NA:2013, NCI zu 8.9 (NA.16) dürfen Dübel besonderer Bauart aus Aluminiumlegierung nur in Nutzungsklassen 1 und 2 verwendet werden.

Berechnung der Tragfähigkeit von Ringdübeln

Die charakteristische Tragfähigkeit pro Verbindungseinheit wird nach Gl. (8.61) berechnet:

[DIN EN 1995-1-1, Gl. (8.61)]

$$F_{c,0,Rk} = \min\begin{cases} k_1 \cdot k_2 \cdot k_3 \cdot k_4 \cdot \left(35 \cdot d_c^{1,5}\right) & (a) \\ k_1 \cdot k_3 \cdot h_e \cdot \left(31{,}5 \cdot d_c\right) & (b) \end{cases} \quad [\text{N}]$$

mit d_c und h_e, in mm.

Voraussetzung für die Gültigkeit der Formel ist:

- Kraft-Faser-Winkel $\alpha = 0$,
- charakteristische Rohdichte der miteinander verbundenen Bauteile beträgt mindestens $\rho_k = 350\ \text{kg/m}^3$,
- der Endabstand $a_{1,t}$ des Dübels vom beanspruchten Holzende in Faserrichtung beträgt mindestens $a_{1,t} = 2 \cdot d_c$,
- die Dicke des Seitenholzes t_1 beträgt mindestens $t_1 = 3 \cdot h_e$,
- die Dicke des Mittelholzes t_2 (Verbindung zwei- und mehrschnittig) beträgt mindestens $t_2 = 5 \cdot h_e$,
- der Randabstand $a_{2,t(c)}$ des Dübels vom Holzrand senkrecht zur Faser beträgt mindestens $a_{2,t(c)} = 0{,}6 \cdot d_c$.

Die Beiwerte k berücksichtigen mögliche Abweichungen von den konstruktiven Gegebenheiten, so z. B. eine höhere/niedrigere Rohdichte oder eine Unterschreitung von Mindestholzdicken/Mindestrandabständen von den der Gl. (8.61) zugrunde liegenden konstruktiven Bedingungen.

Für andere Werte α ist $k_2 = 0$.

k_1 Beiwert zur Berücksichtigung der Holzdicke

$$k_1 = \min\begin{cases} 1 \\ \dfrac{t_1}{3 \cdot h_e} \\ \dfrac{t_2}{5 \cdot h_e} \end{cases} \qquad \text{[DIN EN 1995-1-1, Gl. (8.62)]}$$

k_2 Beiwert zur Berücksichtigung des Abstandes zum beanspruchten Hirnholzrand $(-30° \le \alpha \le 30°)$ wird nach Gl. (8.63) berechnet.

$$k_2 = \min\begin{cases} k_a \\ \dfrac{a_{3,t}}{2 \cdot d_c} \end{cases} \qquad \text{[DIN EN 1995-1-1, Gl. (8.63)]}$$

DIN EN 1995-1-1, Gl. (8.64):

$k_a = 1{,}25$ bei Verbindungen mit einem Dübel pro Scherfuge,

$k_a = 1{,}0$ bei Verbindungen mit mehr als einem Dübel pro Scherfuge,

$a_{3,t}$ nach den Angaben s. Tabelle 8.7 in DIN EN 1995-1-1:2010,

k_3 Beiwert zur Berücksichtigung der Rohdichte nach Gl. (8.65) für $\rho_k = 350\ \text{kg/m}^3$ (bei unterschiedlich großen Rohdichten in einer Verbindung ist der kleinere Wert maßgebend).

$$k_3 = \min\begin{cases} 1{,}75 \\ \dfrac{\rho_k}{350} \end{cases} \qquad \text{[DIN EN 1995-1-1, Gl. (8.65)]}$$

k_4 Beiwert zur Berücksichtigung der Materialart der Verbindung. Es gilt Gl. (8.66):

$$k_4 = \begin{cases} 1{,}0 & \text{für Holz-Holz-Verbindungen} \\ 1{,}1 & \text{für Stahlblech-Holz-Verbindungen} \end{cases}$$

Holzdicken $t_1 < 2{,}25\, h_e$ und $t_2 < 3{,}75\, h_e$ sind unzulässig!

Besteht die Verbindung aus einem Dübel je Scherfuge, darf bei unbeanspruchtem Hirnholzende $(150 \le \alpha \le 210°)$ die Bedingung a) in Gleichung (8.61) unbeachtet bleiben.

Liegt eine Beanspruchung im Winkel α zur Faser vor, so wird die charakteristische Tragfähigkeit nach Gl. (8.67) berechnet:

[DIN EN 1995-1-1, Gl. (8.67)]

$$F_{v,\alpha,Rk} = \frac{F_{v,0,Rk}}{k_{90} \cdot \sin^2\alpha + \cos^2\alpha}$$

$F_{v,0,Rk}$ der charakteristische Wert der Tragfähigkeit je Dübel und Scherfuge für Kraftrichtung in Faserrichtung nach (8.61),

α Winkel zwischen Kraft- und Faserrichtung und mit k_{90} nach Gl. (8.68):

[DIN EN 1995-1-1, Gl. (8.68)]

$$k_{90} = 1{,}3 + 0{,}001 \cdot d_c$$

d_c Dübeldurchmesser, in mm.

Bei versetzter Anordnung (s. Bild 3.116.) gelten nach DIN EN 1995-1-1:2010, Abschnitt 8.9 (10) die Mindestabstände nach Gl. (8.69).

$$(k_{a1})^2 + (k_{a2})^2 \ge 1 \quad \text{mit} \begin{cases} 0 \le k_{a1} \le 1 \\ 0 \le k_{a2} \le 1 \end{cases}$$

Dabei ist:

k_{a1} der Abminderungsbeiwert für den Mindestabstand a_1 in Faserrichtung;

k_{a2} der Abminderungsbeiwert für den Mindestabstand a_2 rechtwinklig zur Faserrichtung.

Der Abstand in Faserrichtung $k_{a1}\,a_1$ darf zusätzlich um einen Faktor $k_{s,red}$ mit $0{,}5 \le k_{s,red} \le 1$ verringert werden, vorausgesetzt, dass die Tragfähigkeit mit dem Faktor nach Gl. (8.70) abgemindert wird.

[DIN EN 1995-1-1, Gl. (8.70)]

$$k_{R,red} = 0{,}2 + 0{,}8 k_{s,red}$$

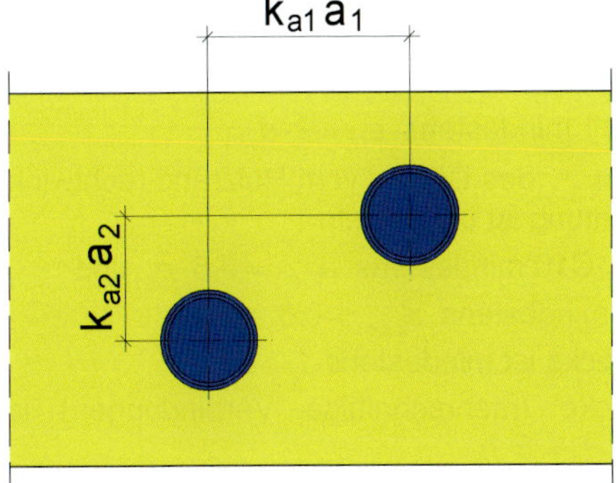

Bild 3.116. Verringerte Abstände für Dübel besonderer Bauart (nach DIN EN 1995-1-1:2010, Abschnitt 8.9, Bild 8.13)

Bemessungswert der Tragfähigkeit

Der Bemessungswert der Tragfähigkeit pro Verbindungseinheit wird nach Gl. (2.14) ermittelt:

$$F_{c,0(\alpha),Rd} = \frac{k_{mod} \cdot F_{c,0(\alpha),Rk}}{\gamma_M} \quad \text{mit } \gamma_M = 1{,}3.$$

Enthält die Holzbauverbindung mehrere Verbindungseinheiten mit Ring- und Scheibendübeln, so ergibt sich die Gesamttragfähigkeit aus der Summe der Einzeltragfähigkeiten pro Verbindungseinheit. Sind mehrere Verbindungseinheiten in Kraft-Faser-Richtung hintereinander angeordnet, ist die Gesamttragfähigkeit

$$F_{v,Rk} = n_{ef} \cdot F_{c,0(\alpha),d}$$

Wie in der früheren Holzbaunorm DIN 1052 ist die Anzahl der in Rechnung zu stellenden Dübel zwischen zwei und zehn abzumindern. Hierfür gilt Gl. (8.71):

$$n_{ef} = 2 + \left(1 - \frac{n}{20}\right) \cdot (n - 2)$$

Für Bolzen in Ring- und Scheibendübeln gelten die Regeln in DIN EN 1995-1-1:2010, Abschnitt 10.4.3.

Bolzenlöcher in Holz sollten nicht mehr als 1 mm größer als der Bolzendurchmesser sein. Bolzenlöcher in Stahlblechen sollten einen Durchmesser haben, der nicht mehr als 2 mm oder $0{,}1 \cdot d$ (der größere Wert ist maßgebend) größer als der Bolzendurchmesser d ist.

Unter dem Kopf und unter der Mutter sollten Unterlegscheiben mit einer Seitenlänge oder einem Durchmesser von mindestens $3d$ und einer Dicke von mindestens $0{,}3 \cdot d$ angeordnet werden. Die Unterlegscheiben sollten vollflächig anliegen (s. Tabelle 3.23.).

Bolzen und Schlüsselschrauben sollten derart angezogen werden, dass die Bauteile eng aneinander liegen. Damit die Tragfähigkeit und die Steifigkeit der Konstruktion gewährleistet sind, sollten sie bei Bedarf nachgezogen werden, wenn das Holz die Ausgleichsfeuchte erreicht hat.

Die Anforderungen an die kleinsten Durchmesser in Tabelle 10.1 in DIN EN 1995-1-1:2010 (Tabelle 3.40.) gelten für Bolzen mit Dübeln besonderer Bauart, mit:

d_c Durchmesser des Dübels besonderer Bauart, in mm;
d Durchmesser des Bolzens, in mm;
d_1 Durchmesser des Bolzenloches im Dübel besonderer Bauart.

Tabelle 3.40. Anforderungen an Bolzendurchmesser bei Verwendung mit Dübeln besonderer Bauart (DIN EN 1995-1-1:2010, Abschnitt 10.4.3 (4), Tabelle 10.1))

Dübeltyp nach EN 912	d_c [mm]	d mindestens [mm]	d höchstens [mm]
A1 – A6	≤ 130	12	24
A1, A4, A6	> 130	$0{,}1 \cdot d_c$	24
B		$d_1 - 1$	d_1

Die konstruktiven Mindestabstände sind Tabelle 3.40. zu entnehmen.

Tabelle 3.41. Empfohlene Mindestabstände von Ring- und Scheibendübeln (nach DIN EN 1995-1-1/ A2:2014, Änderung zu 8.9, Tabelle 8.7)

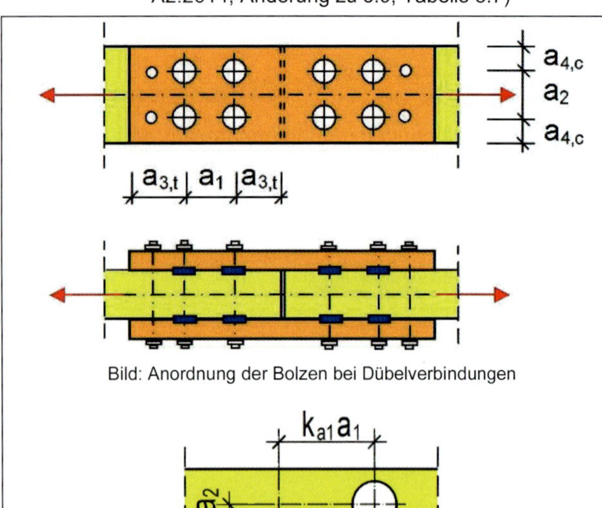

Bild: Anordnung der Bolzen bei Dübelverbindungen

Bild: Verringerte Abstände für Dübel besonderer Bauart (nach DIN EN 1995-1-1:2010, Bild 8.13)

	Abstände	Winkel α	Mindest-abstände
a_1	(in Faserrichtung)	$0° \le \alpha \le 360°$	$(1{,}2 + 0{,}8\,\lvert\cos\alpha\rvert)\cdot d_c$
a_2	(rechtwinklig zur Faser)	$0° \le \alpha \le 360°$	$1{,}2 d_c$
$a_{3,t}$	(beanspruchtes Hirnholzende)	$-90° \le \alpha \le 90°$	$2{,}0 d_c$
$a_{3,c}$	(unbeanspruchtes Hirnholzende)	$90° \le \alpha < 150°$ $150° \le \alpha < 210°$ $210° \le \alpha \le 270°$	$(0{,}4 + 1{,}6\,\lvert\sin\alpha\rvert)\cdot d_c$ $1{,}2 d_c$ $(0{,}4 + 1{,}6\,\lvert\sin\alpha\rvert)\cdot d_c$
$a_{4,t}$	(beanspruchter Rand)	$0° \le \alpha \le 180°$	$(0{,}6 + 0{,}2\,\lvert\sin\alpha\rvert)\cdot d_c$
$a_{4,c}$	(unbeanspruchter Rand)	$180° \le \alpha \le 360°$	$0{,}6 d_c$

3.10.5. Berechnung vom Scheibendübeln mit Zähnen oder Dornen

Tragverhalten von Scheibendübeln mit Zähnen oder Dornen

Im Gegensatz zu Einlassdübeln werden Einpressdübel nicht in vorgefräste Vertiefungen eingelassen, sondern in das Holz eingepresst. Je höher die Rohdichte des Holzes, umso schwieriger wird das Einpressen.

Der Grenzwert der Rohdichte für die Anwendung von Einpressdübeln, bezogen auf den charakteristischen Wert, liegt daher bei 500 kg/m³.

Einpressdübel haben eine nicht so große Steifigkeit wie Einlassdübel. Deshalb treten u. U. erhebliche plastische Verformungen an Verbindungen mit Einpressdübeln besonders vor Erreichen der Bruchlast auf. Wesentlichen Einfluss auf das Tragverhalten hat die Lochleibungsfestigkeit des Holzes. Während bei den Einlassdübeln kein Zusammenwirken zwischen Bolzen und Dübel auftritt, ist ein Zusammenwirken zwischen Bolzen und Dübel bei Einpressdübeln bei der Modellbildung für die Tragfähigkeit zu berücksichtigen. Im Gegensatz zur DIN 1052:1988/ 1996 können jetzt je nach Dübeltyp verschieden große Bolzendurchmesser verwendet werden. Der maximal mögliche Bolzendurchmesser ergibt sich aus der Größe des Durchmessers des Dübel-Mittelloches (s. Tabelle 3.43.). Zu beachten ist, dass für die Dübel mit Zähnen und Dornen und für die Bolzen unterschiedliche Mindestholzdicken gelten. Im Allgemeinen sind die Mindestdicken für die Bolzen größer.

Grundsätzlich zeigten Versuche unter Zugbelastung, dass bei der Herstellung der Verbindungen mit besongers großer Sorgfalt vorzugehen ist. Passungenauigkeiten und Strukturstörungen im Verbindungsbereich, z. B. größere Äste und Schrägfaserigkeiten, führten zu einem frühen Versagen in Form von Aufspalten entlang der hintereinander liegenden Verbindungsmittel oder zum Versagen im Nettoquerschnitt (s. [*Blaß/Ehlbeck* u. a. 1997]).

Die Autoren der Studien fordern sogar bei Zugverbindungen mit Dübeln besonderer Bauart einen genaueren Spannungsnachweis für außen liegende Laschen unter Berücksichtigung des örtlichen Biegemoments aus Exzentrizität der Lastweiterleitung im Nettoquerschnitt (zum Nachweis, s. [*Blaß/Ehlbeck* u. a. 1997]).

Berechnung der Tragfähigkeit von Scheibendübeln mit Zähnen und Dornen

Der charakteristische Wert der Tragfähigkeit bestimmt sich daher aus zwei Anteilen, einem Anteil für den Einpressdübel und einem Anteil für den Bolzen. Es gilt nach DIN EN 1995-1-1:2010, Abschnitt 8.10 (1):

$$F_{v,Rk} = F_{v,c,Rk} + F_{v,b,0,Rk}$$

$F_{v,Rk}$ charakteristische Festigkeit der Dübelverbindung;

$F_{v,b,0,Rk}$ charakteristische Tragfähigkeit des Bolzens (Berechnung nach Abschnitt 3.7.3.);

$F_{v,c,Rk}$ charakteristische Tragfähigkeit des Einpressdübels nach Tabelle 3.42.

Die in Tabelle 3.42. zusammengestellten Formeln gelten unter folgender Voraussetzung:

- Kraft-Faser-Winkel $\alpha = 0°$,
- charakteristischer Wert der Rohdichte der miteinander zu verbindenden Bauteile ist mindestens $\rho_k = 350\ \mathrm{kg/m^3}$ und maximal $\rho_k = 525\ \mathrm{kg/m^3}$,
- Endabstand $a_{1,t}$ des Dübels vom beanspruchten Holzende in Faserrichtung ist bei Dübeln
  - → C1, C2, C5 mindestens $a_{1,t} = 1{,}5 \cdot d_c$,
  - → C3, C4 mindestens $a_{1,t} = 1{,}5 \cdot a_2$ und
  - → C10 und C11 mindestens $a_{1,t} = 2 \cdot d_c$,
- Randabstand $a_{2,t(c)}$ des Dübels vom Holzrand rechtwinklig zur Faserrichtung ist bei Dübeln
  - → C1, C2, C5, C10 mindestens $a_{2,t(c)} = 0{,}6 \cdot d_c$ und
  - → C3 und C4 mindestens $a_{2,t(c)} = 0{,}6 \cdot a_2$,
  - → Seitenholzdicke ist mindestens $t_1 = 3 \cdot h_e$,
  - → Mittelholzdicke (mehrschnittige Verbindungen) ist mindestens $t_2 = 5 \cdot h_e$.

Tabelle 3.42. Formeln zur Berechnung der charakteristischen Tragfähigkeit von Scheibendübeln mit Zähnen nach DIN EN 1995-1-1:2010, Abschnitt 8.10

Dübelart/-typ nach DIN EN 912:2011	**Charakteristische Tragfähigkeit $F_{v,Rk}$ einer Verbindungseinheit d_c in mm**	
C1 bis C9 nach Gl. (8.72) für Dübel C3 und C4 ist $d_c = \sqrt{a_1 \cdot a_2}$ für Dübel C5 ist $d_c = d$	$F_{v,Rk} = 18 \cdot k_1 \cdot k_2 \cdot k_3 \cdot d_c^{1,5}$ [N]	
C10 bis C11 nach Gl. (8.72)	$F_{v,Rk} = 25 \cdot k_1 \cdot k_2 \cdot k_3 \cdot d_c^{1,5}$ [N]	
Einfluss Randabstand		
Einfluss Holzdicke nach Gl. (8.73)	$k_1 = \min\begin{cases} 1 \\ \frac{t_1}{3h_e} \\ \frac{t_1}{5h_e} \end{cases}$	
Dübeltyp	Dübeltyp C1 bis C9 für C3 und C5 ist $d_c = a_2$	Dübeltyp C10 bis C11
	nach Gl. (8.74) $k_2 = \min\begin{Bmatrix} 1 \\ \frac{a_{3,t}}{1,5d_c} \end{Bmatrix}$ für $a_{3,t}$ gilt Gl. (8.75) $a_{3,t} = \max\begin{cases} 1,1d_c \\ 7d \\ 80\ \text{mm} \end{cases}$	nach Gl. (8.76) $k_2 = \min\begin{Bmatrix} 1 \\ \frac{a_{3,t}}{2,0d_c} \end{Bmatrix}$ für $a_{3,t}$ gilt Gl. (8.77) $a_{3,t} = \max\begin{cases} 1,5d_c \\ 7d \\ 80\ \text{mm} \end{cases}$
Beiwerte für Rohdichteeinfluss nach Gl. (8.78)	$k_3 = \min\begin{cases} 1,5 \\ \frac{\rho_k}{350} \end{cases}$	

d_c Dübeldurchmesser, in mm
h_e Einbindetiefe der Zähne des Dübels
t_1 Seitenholzdicke
t_2 Mittelholzdicke
h_c Dübelhöhe bei zweiseitigen und zweifache Dübelhöhe bei einseitigen Einpressdübeln
d_b Bolzendurchmesser, in mm

Bemessungswert der Tragfähigkeit

Der Bemessungswert der Tragfähigkeit wird für die Dübel analog nach Gl. (2.14) ermittelt:

$$F_{v,Rd} = k_{mod} \cdot \frac{F_{v,Rk}}{\gamma_M} \text{ mit } \gamma_M = 1,3.$$

Der Bemessungswert der Tragfähigkeit wird für den Bolzen analog bei Anwendung des Näherungsverfahrens nach Gl. (NA.109) ermittelt:

$$F_{v,Rk} = \sqrt{\frac{2 \cdot \beta}{1+\beta}} \cdot \sqrt{2 \cdot M_{y,Rk} \cdot f_{h,1,k} \cdot d} \text{ mit } \gamma_M = 1,1.$$

Die Gesamttragfähigkeit mehrerer Verbindungseinheiten in einer Holzbauverbindung ergibt sich aus der Summe der Einzeltragfähigkeiten. Für mehrere Dübel in Kraftrichtung hintereinander angeordnet gilt analog den Regeln für Ring- und Scheibendübeln eine rechnerisch verminderte Anzahl.

$$F_{v,Rd} = n_{ef} \cdot F_{v,Rd}$$

Für n_{ef} gilt die gleiche Gleichung (8.71) wie für Ring- und Scheibendübel.

ρ_k charakteristische Rohdichte des Holzes, in kg/m^3;
α Winkel zwischen Kraft- und Faserrichtung.

Bei der Wahl der möglichen Bolzendurchmesser werden die Werte in Tabelle 3.43. empfohlen.

Tabelle 3.43. Anforderungen an die Geometrie der Bolzen für Scheibendübel mit Zähnen oder Dornen nach DIN EN 912

Dübeltyp	**d_c [mm]**	**min d_b [mm]**	**max d_b [mm]**
C1	≤ 75	10	24
C1	≥ 95	10	30
C2	-	10	24
C3	-	10	24
C4	-	19	24
C5	-	10	30
C10	-	10	30
C11	-	12	24

Die geometrischen Mindestabstände enthalten die Tabellen 3.44. und 3.45.

Wenn Scheibendübel mit Zähnen der Typen C1, C2, C6 und C7 mit kreisrunder Form versetzt angeordnet werden, gilt DIN EN 1995-1-1:2010, Abschnitt 8.9 (10).
Für Bolzen in Verbindung mit Scheibendübeln mit Zähnen gilt DIN EN 1995-1-1:2010, Abschnitt 10.4.3.

Tabelle 3.44. Empfohlene Mindestabstände von Scheibendübeln mit Zähnen der Typen C1 bis C9 (nach DIN EN 1995-1-1/A2:2014, Änderung zu 8.10, Tabelle 8.8)

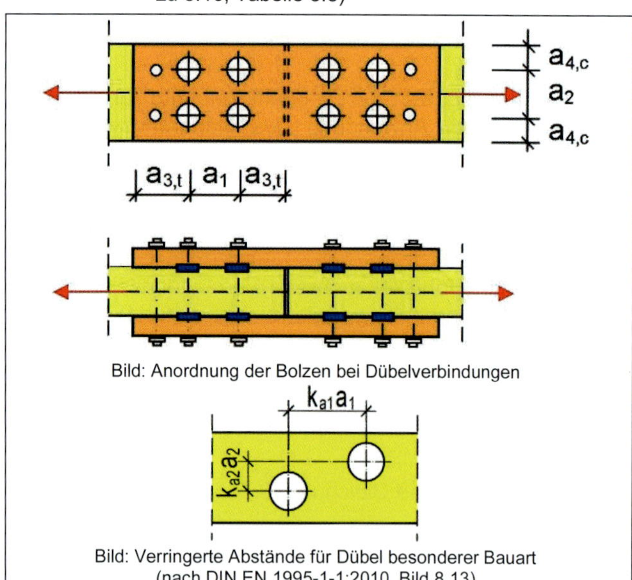

Bild: Anordnung der Bolzen bei Dübelverbindungen

Bild: Verringerte Abstände für Dübel besonderer Bauart (nach DIN EN 1995-1-1:2010, Bild 8.13)

	Abstände	Winkel α	Mindestabstände
a_1	(in Faserrichtung)	$0° \le \alpha \le 360°$	$(1{,}2 + 0{,}3 \lvert\cos\alpha\rvert) \cdot d_c$
a_2	(rechtwinklig zur Faser)	$0° \le \alpha \le 360°$	$1{,}2 d_c$
$a_{3,t}$	(beanspruchtes Hirnholzende)	$-90° \le \alpha \le 90°$	$1{,}5 d_c$
$a_{3,c}$	(unbeanspruchtes Hirnholzende)	$90° \le \alpha < 150°$ $150° \le \alpha < 210°$ $210° \le \alpha \le 270°$	$(0{,}9 + 0{,}6 \lvert\sin\alpha\rvert) \cdot d_c$ $1{,}2 d_c$ $(0{,}9 + 0{,}6 \lvert\sin\alpha\rvert) \cdot d_c$
$a_{4,t}$	(beanspruchter Rand)	$0° \le \alpha \le 180°$	$(0{,}6 + 0{,}2 \lvert\sin\alpha\rvert) \cdot d_c$
$a_{4,c}$	(unbeanspruchter Rand)	$180° \le \alpha \le 360°$	$0{,}6 d_c$

Tabelle 3.45. Empfohlene Mindestabstände von Scheibendübeln mit Dornen der Typen C10 bis C11 nach DIN EN 1995-1-1:2010, Tabelle 8.9)

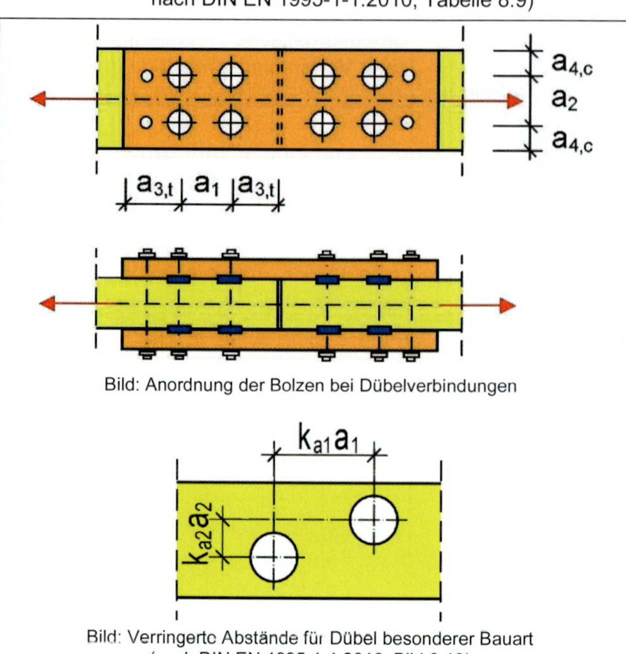

Bild: Anordnung der Bolzen bei Dübelverbindungen

Bild: Verringerte Abstände für Dübel besonderer Bauart (nach DIN EN 1995-1-1:2010, Bild 8.13)

	Abstände	Winkel α	Mindestabstände
a_1	(in Faserrichtung)	$0° \le \alpha \le 360°$	$(1{,}2 + 0{,}8 \cdot \lvert\cos\alpha\rvert) \cdot d_c$
a_2	(rechtwinklig zur Faser)	$0° \le \alpha \le 360°$	$1{,}2 d_c$
$a_{3,t}$	(beanspruchtes Hirnholzende)	$-90° \le \alpha \le 90°$	$2{,}0 d_c$
$a_{3,c}$	(unbeanspruchtes Hirnholzende)	$90° \le \alpha < 150°$ $150° \le \alpha < 210°$ $210° \le \alpha \le 270°$	$(0{,}4 + 1{,}6 \lvert\sin\alpha\rvert) \cdot d_c$ $1{,}2 d_c$ $(0{,}4 + 1{,}6 \lvert\sin\alpha\rvert) \cdot d_c$
$a_{4,t}$	(beanspruchter Rand)	$0° \le \alpha \le 180°$	$(0{,}6 + 0{,}2 \lvert\sin\alpha\rvert) \cdot d_c$
$a_{4,c}$	(unbeanspruchter Rand)	$180° \le \alpha \le 360°$	$0{,}6 d_c$

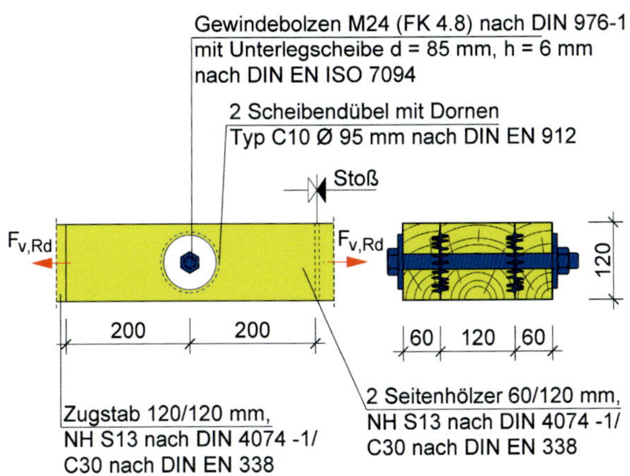

Bild 3.117. Dübelanschluss bei einer Zugstabverbindung, Laschen 2 × 60/120 mm

Beispiel 3.25. (nach DIN EN 1995-1-1:2010)

Für eine zweischnittige Zugstabverbindung (s. Bild 3.117.) ist die Querschnittsschwächung durch zwei Dübel ∅ 95-Typ C10 nach DIN EN 912 zu berechnen. Als Bolzen wird ein Bolzen M24 angeordnet.
Der Bohrlochdurchmesser beträgt $d_{BL} = 25$ mm. Nach DIN EN 1995-1-1/NA:2013, NCI zu 8.9 (NA.15) sind bei der Berechnung von Querschnittsschwächungen die Dübelfehlflächen und die Schwächung durch die Bohrlöcher für die Verbolzung zu berücksichtigen. Die Länge der Bohrlöcher wird dabei rechnerisch um die Einlasstiefe h_e der Dübel verringert.
Die Dübelfehlfläche entnehmen wir Tabelle NA.17 der DIN EN 1995-1-1/NA:2013, mit $\Delta A_{Dübel} = 900$ mm²

Querschnittsminderung Mittelholz:

$$\Delta A_{n,MH} = A_{Bolzen,MH} + 2 \cdot \Delta A_{Dübel}$$

$h_e = 12$ mm (nach DIN EN 912, Tabelle C.10)

$$\Delta A_{n,MH} = (b_{MH} - 2 \cdot h_e) \cdot d_{BL} + 2 \cdot \Delta A_{Dübel}$$

$$\Delta A_{n,MH} = (120 - 2 \cdot 12) \cdot 25 + 2 \cdot 900 = 4200 \text{ mm}^2$$

Nettoquerschnitt Mittelholz:

$$A_{n,MH} = 120 \cdot 120 = 14400 \text{ mm}^2$$

$$A_{n,MH,neu} = A_{n,MH} - \Delta A_{n,MH}$$

$$A_{n,MH,neu} = 14400 - 4200 = 10200 \text{ mm}^2$$

Querschnittsminderung für die Seitenhölzer:

$$\Delta A_{n,SH} = 2 \cdot (A_{Bolzen,SH} + \Delta A_{Dübel})$$

$$\Delta A_{n,SH} = 2 \cdot [(b_{SH} - h_e) \cdot d_{BL} + \Delta A_{Dübel}]$$

$$\Delta A_{n,SH} = 2 \cdot [(60 - 12) \cdot 25 + 900] = 4200 \text{ mm}^2$$

Nettoquerschnitt Seitenhölzer:

$$A_{n,SH} = 2 \cdot 60 \cdot 120 = 14400 \text{ mm}^2$$

$$A_{n,SH,neu} = A_{n,SH} - \Delta A_{n,SH}$$

$$A_{n,SH,neu} = 14400 - 4200 = 10200 \text{ mm}^2$$

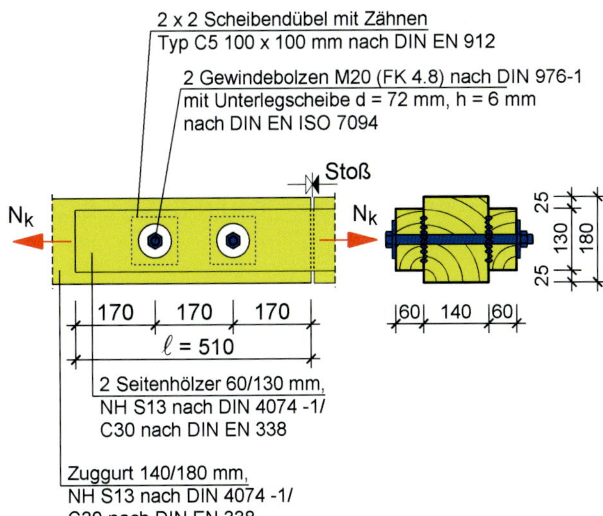

Bild 3.118. Varianten bei einem Zugstoß, Gurtquerschnitt $b/h = 140/180$ mm sowie Zugkraft $Z = 65{,}0$ kN und Einlassdübel vorgesehen

Beispiel 3.26. (nach DIN EN 1995-1-1:2010)

Ein Zuggurt, Vollholzquerschnitt $b/h = 140/180$ mm, belastet mit $N_k = 65$ kN, ist zu stoßen. Es sollen Scheibendübel mit Zähnen verwendet werden. NH S13 nach DIN 4074-1, LF H.

Gefordert werden:
Ermittlung der Größe und Anzahl der Dübel sowie der Bemessungswert der Tragfähigkeit (Bild 3.118.).

Es ist die Tragfähigkeit der Verbindung zu berechnen:

Vorhanden: (s. Bild 3.118.):
Zuggurt $b/h = 140/180$ mm, $t_2 = 140$ mm

Charakteristische Werte der Einwirkungen:

$G_k = 40$ kN, $Q_k = 25$ kN

Bemessungswerte der Einwirkungen:

$$E_d = 1{,}35 \cdot 40 \text{ kN} + 1{,}5 \cdot 25 \text{ kN} = 91{,}5 \text{ kN}$$

NH S13 nach DIN 4074-1 = C30 nach DIN EN 338, Tabelle 1

$\rho_k = 380$ kg/m³ (DIN EN 338, Tabelle 1)

Scheibendübel mit Zähnen, zweiseitig, quadratisch:
C5 100 x 100 mm (DIN EN 912, Tabelle C.5),

Bolzen M20 Festigkeitsklasse 4.8 mit Unterlegscheibe nach DIN EN ISO 7094.

Seitenholz: $2 \cdot (60/130 \text{ mm})$, $t_1 = 60$ mm

NKL = 1 und KLED = mittel $\Rightarrow k_{mod} = 0{,}8$

Bemessungswert der Tragfähigkeit $F_{v,Rd}$ pro Verbindungseinheit:

Nach DIN EN 1995-1-1:2010, Abschnitt 8.10 (1) wird die Tragfähigkeit einer Verbindung mit Scheibendübeln mit Zähnen als die Summe der Tragfähigkeit des Scheibendübels und die Tragfähigkeit des Bolzens nach Abschnitt 8.5 angenommen.

$$F_{j,0,Rd} = F_{c,Rd} + F_{b,0,Rd}$$

Konstruktive Voraussetzungen für Dübel Typ C5:
Nach DIN EN 1995-1-1:2010, Abschnitt 8.9 (2):

$d_c = d = 100$ mm; $h_c = 16$ mm; $h_e = 7{,}3$ mm

$t_{1,req} = 2{,}25 \cdot h_e = 16{,}43$ mm < 60 mm, **erfüllt!**

$t_{2,req} = 3{,}75 \cdot h_e = 27{,}38$ mm < 140 mm, **erfüllt!**

Bolzen M20 der Festigkeitsklasse 4.8:

$f_{u,k} = 400\ \text{N/mm}^2$

$d_b = 20\ \text{mm}$

Berechnung der charakteristischen Tagfähigkeit des Bolzens:

Charakteristischer Wert der Lochleibungsfestigkeit:

$f_{h,0,k} = 0{,}082 \cdot (1 - 0{,}01 \cdot d_b) \cdot \rho_k$ [DIN EN 1995-1-1, Gl. (8.31)]

$f_{h,0,k} = 0{,}082 \cdot (1 - 0{,}01 \cdot 20) \cdot 380$

$f_{h,0,k} = 24{,}93\ \text{N/mm}^2 = f_{h,1,k} = f_{h,2,k}$

(gleiche Holzart in einer Verbindung! $\beta = 1$)

Charakteristischer Wert des Fließmomentes:

$f_{u,k} = 400\ \text{N/mm}^2$ (Tabelle 3.26)

$M_{y,Rk} = 0{,}3 \cdot f_{u,k} \cdot d^{2,6}$ [DIN EN 1995-1-1, Gl. (8.30)]

$M_{y,Rk} = 0{,}3 \cdot 400 \cdot 20^{2,6}$

$M_{y,Rk} = 289640\ \text{Nmm}$

Mindestholzdicke:

[DIN EN 1995-1-1/NA, Gl. (NA.110)]

$$t_{1,req} = 1{,}15 \cdot \left(2 \cdot \sqrt{\frac{\beta}{1+\beta}} + 2\right) \cdot \sqrt{\frac{M_{y,Rk}}{f_{h,1,k} \cdot d}}$$

$t_{1,req} = 1{,}15 \cdot 3{,}41 \cdot 24{,}10\ \text{mm}$

$t_{1,req} = 94{,}52\ \text{mm} > t_1 = 60\ \text{mm}$ **nicht erfüllt!**

Abminderung um $t_1/t_{1,req} = 60/94{,}52 = 0{,}63$

[DIN EN 1995-1-1/NA, Gl. (NA.112)]

$$t_{2,req} = 1{,}15 \cdot \left(\frac{4}{\sqrt{1+\beta}}\right) \cdot \sqrt{\frac{M_{y,Rk}}{f_{h,2,k} \cdot d}}$$

$t_{2,req} = 1{,}15 \cdot 2{,}83 \cdot 24{,}10\ \text{mm}$

$t_{2,req} = 78{,}44\ \text{mm} < t_2 = 140\ \text{mm}$

Charakteristischer Wert der Tragfähigkeit $F_{v,Rk}$ pro Scherfläche:

[DIN EN 1995-1-1/NA, Gl. (NA.109)]

$$F_{v,Rk} = \sqrt{\frac{2 \cdot \beta}{1+\beta}} \cdot \sqrt{2 \cdot M_{y,Rk} \cdot f_{h,1,k} \cdot d}$$

$F_{v,Rk} = 1 \cdot 16994\ \text{N} = 16994\ \text{N} = 16{,}99\ \text{kN}$

Charakteristischer Wert der Tragfähigkeit $F_{b,0,Rk}$ pro Scherfläche unter Berücksichtigung der Unterschreitung der Mindestholzdicke:

$t_1/t_{1,req} = 0{,}63$

$F_{b,0,Rk} = 0{,}63 \cdot F_{v,Rk} = 0{,}63 \cdot 16994$

$F_{b,0,Rk} = 10787\ \text{N} = 10{,}78\ \text{kN}$

Nach DIN EN 1995-1-1/NA:2013, NCI zu 8.5 (NA.9) darf der nach den vereinfachten Regeln berechnete charakteristische Wert $F_{v,Rk}$ um einen Anteil $\Delta F_{v,Rk}$ erhöht werden

[DIN EN 1995-1-1/NA, Gl. (NA.131)]

$\Delta F_{v,Rk} = \min\{0{,}25 \cdot F_{v,Rk};\ 0{,}25 \cdot F_{ax,Rk}\}$

mit $F_{ax,Rk}$ Tragfähigkeit des Bolzens in Richtung der Stiftachse.

Charakteristischer Wert des Ausziehwiderstandes:

$F_{ax,Rk} = \min\{f_{u,k} \cdot A_k; 3 \cdot f_{c,90,k} \cdot A_{ef}\}$

$f_{c,90,k} = 2{,}7\ \text{N/mm}^2$ (nach DIN EN 338)

$$A_{ef} = \pi \cdot \left(\left(\frac{d_2}{2}\right)^2 - \left(\frac{d_1}{2}\right)^2\right)$$

d_1, d_2 entnehmen wir Tabelle 5 in EN ISO 7094

$$A_{ef} = \pi \cdot \left(\left(\frac{72}{2}\right)^2 - \left(\frac{22}{2}\right)^2\right) = 3691{,}37\ \text{mm}^2$$

$$F_{ax,Rk} = \min\left\{400 \cdot \pi \cdot \left(\frac{20}{2}\right)^2; 3 \cdot 2{,}7 \cdot 3691{,}37\right\}$$

$F_{ax,Rk} = \min\{125663; 29900\} = 29{,}9\ \text{kN}$

$\Delta F_{v,Rk} = \min\{0{,}25 \cdot 10787; 0{,}25 \cdot 29900\}$

$\Delta F_{v,Rk} = \min\{2696{,}8; 7475\} = 2696{,}8\ \text{N}$

Charakteristischer Wert der Tragfähigkeit $F_{b,0,Rk}$ pro Scherfläche:

$F_{b,0,Rk} = 10787 + 2696{,}8\ \text{N} = 13483{,}8\ \text{N} = 13{,}48\ \text{kN}$

Bemessungswert der Tragfähigkeit des Bolzens pro Scherfläche:

$$F_{b,0,Rd} = \frac{k_{mod} \cdot F_{b,0,Rk}}{\gamma_M}$$ [DIN EN 1995-1-1/NA:2013, Gl. (NA.113)]

$$F_{b,0,Rd} = \frac{0{,}8 \cdot 13484}{1{,}1} = 9807\ \text{N} = 9{,}81\ \text{kN}$$

Charakteristischer Wert der Tragfähigkeit pro Dübel mit Zähnen, Typ C5:

$F_{c,Rk} = 18 \cdot k_1 \cdot k_2 \cdot k_3 \cdot d_c^{1,5}$ [DIN EN 1995-1-1, Gl. (8.72)]

$$k_1 = \min\left\{1; \frac{t_1}{3 \cdot h_e}; \frac{t_2}{5 \cdot h_e}\right\}$$ [DIN EN 1995-1-1, Gl. (8.73)]

$$k_1 = \min\left\{1; \frac{60}{3 \cdot 7{,}3}; \frac{140}{5 \cdot 7{,}3}\right\} = \min\{1; 2{,}73; 3{,}83\} = 1$$

$$k_2 = \min\left\{1; \frac{a_{3,t}}{1{,}5 \cdot d_c}\right\}$$ [DIN EN 1995-1-1, Gl. (8.74)]

mit:

$a_{3,t} = \max\{1{,}1 \cdot d_c;\ 7 \cdot d; 80\ \text{mm}\}$ [DIN EN 1995-1-1, Gl. (8.75)]

$a_{3,t} = \max\{1{,}1 \cdot 100;\ 7 \cdot 20; 80\ \text{mm}\}$

$a_{3,t} = \max\{110; 140; 80\ \text{mm}\} = 140$

$$k_2 = \min\left\{1; \frac{140}{1{,}5 \cdot 100}\right\} = \min\{1; 0{,}933\} = 0{,}933$$

$$k_3 = \min\left\{1{,}5; \frac{\rho_k}{350}\right\}$$ [DIN EN 1995-1-1, Gl. (8.78)]

$$k_3 = \min\left\{1{,}5; \frac{380}{350}\right\} = \min\{1{,}5; 1{,}086\} = 1{,}086$$

Charakteristischer Wert der Tragfähigkeit pro Dübel mit Zähnen, Typ C5:

$F_{c,Rk} = 18 \cdot k_1 \cdot k_2 \cdot k_3 \cdot d_c^{1,5}$ [DIN EN 1995-1-1, Gl. (8.72)]

$F_{c,Rk} = 18 \cdot 1 \cdot 0{,}933 \cdot 1{,}086 \cdot 100^{1,5}$

$F_{c,Rk} = 18238{,}3\ \text{N} = 18{,}24\ \text{kN}$

Bemessungswert der Tragfähigkeit pro Dübel mit Zähnen, Typ C5:

$$F_{c,Rd} = \frac{k_{mod} \cdot F_{c,Rk}}{\gamma_M}$$

$$F_{c,Rd} = \frac{0{,}8 \cdot 18{,}24}{1{,}3}$$

$$F_{c,Rd} = 11{,}22 \text{ kN}$$

Bemessungswert der Tragfähigkeit einer Verbindungseinheit:

$$F_{j,0,Rd} = F_{c,Rd} + F_{b,0,Rd}$$

$$F_{j,0,Rd} = 11{,}22 \text{ kN} + 9{,}81 \text{ kN}$$

$F_{j,0,Rd} = 21{,}03$ kN = Tragfähigkeit je Verbindungseinheit bzw. je Scherfläche:

Bemessungswert der Tragfähigkeit pro Verbindung:

$$n_{ef} = 2 + \left(1 - \frac{n}{20}\right) \cdot (n-2) = 2$$ [DIN EN 1995-1-1, Gl. (8.71)]

$$F_{j,0,Rd} = n_{Reihen} \cdot n_{ef} \cdot F_{j,0,Rd}$$

$$F_{j,0,Rd} = 2 \cdot 2 \cdot 21{,}03 = 84{,}12 \text{ kN}$$

Nachweis der Tragfähigkeit der Verbindung:

$E_d / F_{j,0,Rd} = 91{,}5/84{,}12 = 1{,}09 > 1{,}0$ **Tragfähigkeit nicht ausreichend!**

Es wird ein Bolzen M24 gewählt, Festigkeitsklasse 4.8

Charakteristischer Wert der Lochleibungsfestigkeit:

$$f_{h,0,k} = 0{,}082(1 - 0{,}01 \cdot d_b) \cdot \rho_k$$ [DIN EN 1995-1-1, Gl. (8.31)]

$$f_{h,0,k} = 0{,}082(1 - 0{,}01 \cdot 24) \cdot 380$$

$$f_{h,0,k} = 23{,}68 \text{ N/mm}^2 = f_{h,1,k} = f_{h,2,k}$$

(gleiche Holzart in einer Verbindung! $\beta = 1$)

Charakteristischer Wert des Fließmomentes:

$$M_{y,Rk} = 0{,}3 \cdot f_{u,k} \cdot d^{2,6}$$ [DIN EN 1995-1-1, Gl. (8.30)]

$$M_{y,Rk} = 0{,}3 \cdot 400 \cdot 24^{2,6}$$

$$M_{y,Rk} = 465297 \text{ Nmm}$$

Mindestholzdicke:

[DIN EN 1995-1-1/NA, Gl. (NA.110)]

$$t_{1,req} = 1{,}15 \cdot \left(2 \cdot \sqrt{\frac{\beta}{1+\beta}} + 2\right) \cdot \sqrt{\frac{M_{y,Rk}}{f_{h,1,k} \cdot d}}$$

$$t_{1,req} = 1{,}15 \cdot 3{,}41 \cdot 27{,}88$$

$t_{1,req} = 109{,}33 \text{ mm} > t_1 = 60 \text{ mm}$ **nicht erfüllt!**

Abminderung um $t_1/t_{1,req} = 60/109{,}33 = 0{,}55$

[DIN EN 1995-1-1/NA, Gl. (NA.111)]

$$t_{2,req} = 1{,}15 \cdot \left(\frac{4}{\sqrt{1+\beta}}\right) \cdot \sqrt{\frac{M_{y,Rk}}{f_{h,2,k} \cdot d}}$$

$$t_{2,req} = 1{,}15 \cdot 2{,}83 \cdot 27{,}88 \text{ mm}$$

$$t_{2,req} = 90{,}76 \text{ mm} < 140 \text{ mm}$$

Charakteristischer Wert der Tragfähigkeit $F_{v,Rk}$ pro Scherfläche:

[DIN EN 1995-1-1/NA, Gl. (NA.109)]

$$F_{v,Rk} = \sqrt{\frac{2 \cdot \beta}{1+\beta}} \cdot \sqrt{2 \cdot M_{y,Rk} \cdot f_{h,1,k} \cdot d}$$

$$F_{v,Rk} = 1 \cdot 23596 \text{ N} = 23596 \text{ N} = 23{,}60 \text{ kN}$$

Charakteristischer Wert der Tragfähigkeit $F_{b,0,Rk}$ pro Scherfläche unter Berücksichtigung der Unterschreitung der Mindestholzdicke:

$$t_1/t_{1,req} = 0{,}55$$

$$F_{b,0,Rk} = 0{,}55 \cdot F_{v,Rk} = 0{,}55 \cdot 23596$$

$$F_{b,0,Rk} = 12945 \text{ N} = 12{,}95 \text{ kN}$$

Nach DIN EN 1995-1-1/NA:2013, NCI zu 8.5 (NA.9) darf der nach den vereinfachten Regeln berechnete charakteristische Wert $F_{v,Rk}$ um einen Anteil $\Delta F_{v,Rk}$ erhöht werden.

[DIN EN 1995-1-1/NA, Gl. (NA.131)]

$$\Delta F_{v,Rk} = \min\{0{,}25 \cdot F_{v,Rk};\ 0{,}25 \cdot F_{ax,Rk}\}$$

mit $F_{ax,Rk}$ Tragfähigkeit des Bolzens in Richtung der Stiftachse.

Charakteristischer Wert des Ausziehwiderstandes:

Die Tragfähigkeit in Richtung der Bolzenachse wird nach DIN EN 1995-1-1 als der kleinere Wert aus Zugfestigkeit des Bolzens und Tragfähigkeit der Unterlegscheibe angenommen.

$$F_{ax,Rk} = \min\{f_{u,k} \cdot A_k; 3 \cdot f_{c,90,k} \cdot A_{ef}\}$$

$$A_{ef} = \pi \cdot \left(\left(\frac{d_2}{2}\right)^2 - \left(\frac{d_1}{2}\right)^2\right)$$

d_1, d_2 entnehmen wir Tabelle 1 in EN ISO 7094

$$A_{ef} = \pi \cdot \left(\left(\frac{85}{2}\right)^2 - \left(\frac{26}{2}\right)^2\right) = 5143{,}57 \text{ mm}^2$$

$$F_{ax,Rk} = \min\left\{400 \cdot \pi \cdot \left(\frac{24}{2}\right)^2; 3 \cdot 2{,}7 \cdot 5143{,}57\right\}$$

$$F_{ax,Rk} = \min\{180955; 41663\} = 41{,}66 \text{ kN}$$

$$\Delta F_{v,Rk} = \min\{0{,}25 \cdot 12945; 0{,}25 \cdot 41663\}$$

$$\Delta F_{v,Rk} = \min\{3236{,}02; 10415{,}8\} = 3236 \text{ N}$$

Charakteristischer Wert der Tragfähigkeit $F_{b,0,Rk}$ pro Scherfläche:

$$F_{b,0,Rk} = 12945 + 3236 \text{ N} = 16181 \text{ N} = 16{,}18 \text{ kN}$$

Bemessungswert der Tragfähigkeit des Bolzens pro Scherfläche:

$$F_{b,0,Rd} = \frac{k_{mod} \cdot F_{b,0,Rk}}{\gamma_M}$$ [DIN EN 1995-1-1/NA, Gl. (NA.113)]

$$F_{b,0,Rd} = \frac{0{,}8 \cdot 16{,}88}{1{,}1} = 11{,}77 \text{ kN}$$

Charakteristischer Wert der Tragfähigkeit pro Dübel mit Zähnen, Typ C5:

Durch die Änderung der Größe des Bolzens ändert sich der Beiwert k_2:

$$k_2 = \min\left\{1; \frac{a_{3,t}}{1{,}5 \cdot d_c}\right\}$$ [DIN EN 1995-1-1, Gl. (8.74)]

mit:

$$a_{3,t} = \max\{1{,}1 \cdot d_c; 7 \cdot d; 80 \text{ mm}\}$$ [DIN EN 1995-1-1, Gl. (8.75)]

$$a_{3,t} = \max\{1{,}1 \cdot 100;\ 7 \cdot 24; 80 \text{ mm}\}$$

$$a_{3,t} = \max\{110; 168; 80 \text{ mm}\} = 168$$

$$k_2 = \min\left\{1; \frac{168}{1{,}5 \cdot 100}\right\} = \min\{1; 1{,}12\} = 1$$

$F_{c,Rk} = 18 \cdot k_1 \cdot k_2 \cdot k_3 \cdot d_c^{1,5}$ [DIN EN 1995-1-1, Gl. (8.72)]

$F_{c,Rk} = 18 \cdot 1 \cdot 1 \cdot 1{,}086 \cdot 100^{1,5} = 19548$ N

Bemessungswert der Tragfähigkeit pro Dübel mit Zähnen, Typ C5:

$$F_{c,Rd} = \frac{k_{mod} \cdot F_{c,Rk}}{\gamma_M}$$

$$F_{c,Rd} = \frac{0{,}8 \cdot 19{,}55}{1{,}3}$$

$F_{c,Rd} = 12{,}03$ kN

Bemessungswert der Tragfähigkeit einer Verbindungseinheit:

$F_{j,0,Rd} = F_{c,Rd} + F_{b,0,Rd}$

$F_{j,0,Rd} = 12{,}03\ \text{kN} + 11{,}77\ \text{kN}$

$F_{j,0,Rd} = 23{,}80$ kN = Tragfähigkeit je Verbindungseinheit bzw. je Scherfläche

Bemessungswert der Tragfähigkeit pro Verbindung:

$n_{ef} = 2 + \left(1 - \frac{n}{20}\right) \cdot (n-2) = 2$ [DIN EN 1995-1-1, Gl. (8.71)]

$F_{j,0,Rd} = n_{Reihen} \cdot n_{ef} \cdot F_{j,0,Rd}$

$F_{j,0,Rd} = 2 \cdot 2 \cdot 23{,}26 = 95{,}2$ kN

Nachweis der Tragfähigkeit der Verbindung:

$E_d / F_{j,0,Rd} = 91{,}5/95{,}2 = 0{,}96 < 1{,}0$ **Nachweis erfüllt!**

Mindestabstände für Beispiel 3.26.

	Bezeich-nung	Mindestabstände DIN EN 1995-1-1:2010/A2:2014 Tabelle 8.8		
			$\alpha = 0°$ Seitenholz	$\alpha = 0°$ Mittelholz
untereinander in Faserrichtung	$\parallel$, a_1	$(1{,}2 + 0{,}3\lvert\cos\alpha\rvert) \cdot d_c$	170 (150)	170 (150)
untereinander rechtwinklig zur Faser	$\perp$, a_2	$1{,}2d_c$	- (120)	- (120)
vom beanspruchten Hirnholzende	$a_{3,t}$	$1{,}5d_c$	170 (150)	170 (150)
vom unbeanspruchten Hirnholzende	$a_{3,c}$	$1{,}2d_c$	- (120)	- (120)
vom beanspruchten Rand	$a_{4,t}$	$(0{,}6 + 0{,}2\lvert\sin\alpha\rvert) \cdot d_c$	- (60)	- (60)
vom unbeanspruchten Rand	$a_{4,c}$	$0{,}6d_c$	60 (60)	60 (60)

d_c = Dübeldurchmesser = 100 mm
α = Winkel zwischen Kraft und Faserrichtung = **0°**
(...) rechnerische Werte

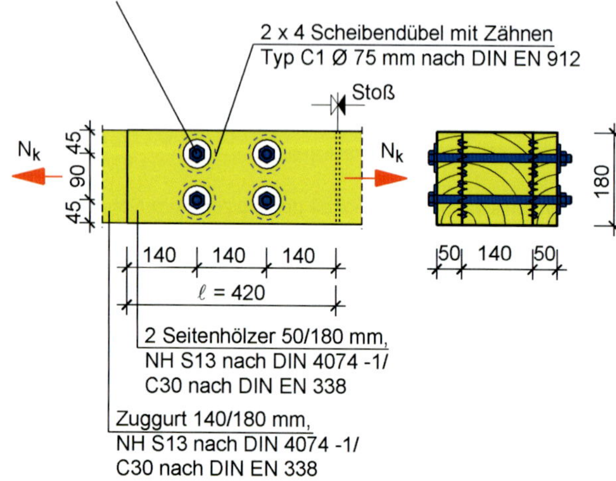

Bild 3.119. Varianten bei einem Zugstoß, Gurtquerschnitt $b/h = 140/180$ mm sowie Zugkraft $Z = 65{,}0$ kN und Einlassdübel vorgesehen

Beispiel 3.27. (nach DIN EN 1995-1-1:2010)

Ein Zuggurt, Vollholzquerschnitt $b/h = 140/180$ mm, belastet mit $N_k = 65$ kN, ist zu stoßen. Es sollen Scheibendübel mit Zähnen verwendet werden. NH S13 nach DIN 4074-1, LF H.

Gefordert:
Ermittlung der Größe und Anzahl der Dübel sowie der Bemessungswert der Tragfähigkeit (Bild 3.119.).

Vorhanden: (s. Bild 3.119.):
Zuggurt $b/h = 140/180$ mm, $t_1 = 140$ mm

Charakteristische Werte der Einwirkungen:

$G_k = 40$ kN, $Q_k = 25$ kN

Bemessungswerte der Einwirkungen:

$E_d = 1{,}35 \cdot 40\ \text{kN} + 1{,}5 \cdot 25\ \text{kN} = 91{,}5$ kN

NH S13 nach DIN 4074-1 = C30 nach DIN EN 338, Tabelle 1

$\rho_k = 380\ \text{kg/m}^3$ (DIN EN 338, Tabelle 1)

Scheibendübel mit Zähnen, zweiseitig, rund: C1 Ø $= 75$ mm (DIN EN 912, Tabelle C1),

Bolzen M16 Festigkeitsklasse 4.8 mit Unterlegscheibe nach EN ISO 7094, Tabelle 5

Seitenholz : $2 \cdot (50/180\ \text{mm})$, $t_1 = 50$ mm

NKL = 1 und KLED = mittel $\Rightarrow k_{mod} = 0{,}8$

Bemessungswert der Tragfähigkeit $F_{r,Rd}$ pro Verbindungseinheit:

Nach DIN EN 1995-1-1, Abschnitt 8.10 (1) wird die Tragfähigkeit einer Verbindung mit Scheibendübeln mit Zähnen als die Summe der Tragfähigkeit des Scheibendübels und die Tragfähigkeit des Bolzens nach Abschnitt 8.5 angenommen.

$F_{j,0,Rd} = F_{c,Rd} + F_{b,0,Rd}$

Konstruktive Bedingungen für den Dübel Typ C1:

Nach DIN EN 1995-1-1, Abschnitt 8.9 (2):

$d_c = d = 75$ mm ; $h_c = 19{,}5$ mm ; $h_e = 9{,}1$ mm

$t_{1,req} = 2{,}25 \cdot h_e = 20{,}475\text{ mm} < 50\text{ mm}$, **erfüllt!**

$t_{2,req} = 3{,}75 \cdot h_e = 34{,}125\text{ mm} < 140\text{ mm}$, **erfüllt!**

Bolzen M16 der Festigkeitsklasse 4.8,

$f_{u,k} = 400\text{ N/mm}^2$

$d_b = 16\text{ mm}$

Charakteristischer Wert der Tragfähigkeit $F_{v,Rk}$ des Bolzens:

Charakteristischer Wert der Lochleibungsfestigkeit:

$f_{h,0,k} = 0{,}082 \cdot (1 - 0{,}01 \cdot d_b) \cdot \rho_k$ [DIN EN 1995-1-1, Gl. (8.31)]

$f_{h,0,k} = 0{,}082 \cdot (1 - 0{,}01 \cdot 16) \cdot 380$

$f_{h,0,k} = 26{,}17\text{ N/mm}^2 = f_{h,1,k} = f_{h,2,k} \qquad \beta = 1{,}0$

Charakteristischer Wert des Fließmomentes:

$f_{u,k} = 400\text{ N/mm}^2$ (Tabelle 3.26)

$M_{y,Rk} = 0{,}3 \cdot f_{u,k} \cdot d^{2,6}$ [DIN EN 1995-1-1, Gl. (8.30)]

$M_{y,Rk} = 0{,}3 \cdot 400 \cdot 16^{2,6}$

$M_{y,Rk} = 162141\text{ Nmm}$

Mindestholzdicken:

$\beta = 1{,}0$
(Verbindung besteht aus gleicher Holzart und Festigkeitsklasse)

[DIN EN 1995-1-1/NA, Gl. (NA.110)]

$$t_{1,req} = 1{,}15 \cdot \left(2 \cdot \sqrt{\frac{\beta}{1+\beta}} + 2\right) \cdot \sqrt{\frac{M_{y,Rk}}{f_{h,1,k} \cdot d}}$$

$t_{1,req} = 1{,}15 \cdot 3{,}41 \cdot 19{,}68\text{ mm}$

$t_{1,req} = 77{,}18\text{ mm} > t_1 = 50\text{ mm}$ **nicht erfüllt!**

Abminderung um $t_1/t_{1,req} = 50/77{,}18 = 0{,}65$

[DIN EN 1995-1-1/NA, Gl. (NA.111)]

$$t_{2,req} = 1{,}15 \cdot \left(\frac{4}{\sqrt{1+\beta}}\right) \cdot \sqrt{\frac{M_{y,Rk}}{f_{h,2,k} \cdot d}}$$

$t_{2,req} = 1{,}15 \cdot 2{,}83 \cdot 20{,}16\text{ mm}$

$t_{2,req} = 65{,}62\text{ mm} < 140\text{ mm}$ **erfüllt!**

Charakteristischer Wert der Tragfähigkeit $F_{v,Rk}$ pro Scherfläche:

[DIN EN 1995-1-1/NA, Gl. (NA.109)]

$$F_{v,Rk} = \sqrt{\frac{2 \cdot \beta}{1+\beta}} \cdot \sqrt{2 \cdot M_{y,Rk} \cdot f_{h,1,k} \cdot d}$$

$F_{v,Rk} = 1 \cdot 11373\text{ N} = 11373\text{ N} = 11{,}37\text{ kN}$

Charakteristischer Wert der Tragfähigkeit $F_{b,0,Rk}$ pro Scherfläche unter Berücksichtigung der Unterschreitung der Mindestholzdicke:

$t_1/t_{1,req} = 0{,}65$

$F_{b,0,Rk} = 0{,}65 \cdot F_{v,Rk} = 0{,}65 \cdot 11373$

$F_{b,0,Rk} = 7392{,}5\text{ N} = 7{,}40\text{ kN}$

Nach DIN EN 1995-1-1/NA:2013, NCI zu 8.5 (NA.9) darf der nach den vereinfachten Regeln berechnete charakteristische Wert $F_{v,Rk}$ um einen Anteil $\Delta F_{v,Rk}$ erhöht werden.

[DIN EN 1995-1-1/NA:2013, Gl. (NA.131)]

$\Delta F_{v,Rk} = \min\{0{,}25 \cdot F_{v,Rk};\ 0{,}25 \cdot F_{ax,Rk}\}$

mit:

$F_{ax,Rk}$ Tragfähigkeit des Bolzens in Richtung der Stiftachse.

Charakteristischer Wert des Ausziehwiderstandes:

Die Tragfähigkeit in Richtung der Bolzenachse wird nach DIN EN 1995-1-1:2010 als der kleinere Wert aus Zugfestigkeit des Bolzens und Tragfähigkeit der Unterlegscheibe angenommen.

$F_{ax,Rk} = \min\{f_{u,k} \cdot A_k;\ 3 \cdot f_{c,90,k} \cdot A_{ef}\}$

$$A_{ef} = \pi \cdot \left(\left(\frac{d_2}{2}\right)^2 - \left(\frac{d_1}{2}\right)^2\right)$$

d_1, d_2 entnehmen wir Tabelle 1 in EN ISO 7094

$$A_{ef} = \pi \cdot \left(\left(\frac{56}{2}\right)^2 - \left(\frac{17{,}5}{2}\right)^2\right) = 2222{,}48\text{ mm}^2$$

$$F_{ax,Rk} = \min\left\{400 \cdot \pi \cdot \left(\frac{16}{2}\right)^2;\ 3 \cdot 2{,}7 \cdot 2222{,}48\right\}$$

$F_{ax,Rk} = \min\{80424;\ 18002\} = 18{,}0\text{ kN}$

$\Delta F_{v,Rk} = \min\{0{,}25 \cdot 7194;\ 0{,}25 \cdot 18002\}$

$\Delta F_{v,Rk} = \min\{1798{,}5;\ 4500\} = 1798{,}5\text{ N}$

Charakteristischer Wert der Tragfähigkeit $F_{b,0,Rk}$ pro Scherfläche:

$F_{b,0,Rk} = 7194 + 1798{,}5\text{ N} = 8992\text{ N} = 8{,}99\text{ kN}$

Bemessungswert der Tragfähigkeit des Bolzens pro Scherfläche:

$$F_{b,0,Rd} = \frac{k_{mod} \cdot F_{b,0,Rk}}{\gamma_M}$$ [DIN EN 1995-1-1/NA, Gl. (NA.113)]

$$F_{b,0,Rd} = \frac{0{,}8 \cdot 8{,}99}{1{,}1} = 6{,}54\text{ kN}$$

Charakteristischer Wert der Tragfähigkeit des Dübels mit Zähnen, Typ C1:

$F_{c,Rk} = 18 \cdot k_1 \cdot k_2 \cdot k_3 \cdot d_c^{1,5}$ [DIN EN 1995-1-1, Gl. (8.72)]

$$k_1 = \min\left\{1;\ \frac{t_1}{3 \cdot h_e};\ \frac{t_2}{5 \cdot h_e}\right\}$$ [DIN EN 1995-1-1, Gl. (8.73)]

$$k_1 = \min\left\{1;\ \frac{50}{3 \cdot 9{,}1};\ \frac{140}{5 \cdot 9{,}1}\right\} = \min\{1;\ 1{,}83;\ 3{,}08\} = 1$$

$$k_2 = \min\left\{1;\ \frac{a_{3,t}}{1{,}5 \cdot d_c}\right\}$$ [DIN EN 1995-1-1, Gl. (8.74)]

mit:

$a_{3,t} = \max\{1{,}1 \cdot d_c;\ 7 \cdot d;\ 80\text{ mm}\}$ [DIN EN 1995-1-1, Gl. (8.75)]

$a_{3,t} = \max\{1{,}1 \cdot 75;\ 7 \cdot 24;\ 80\text{ mm}\}$

$a_{3,t} = \max\{82{,}5;\ 168;\ 80\text{ mm}\} = 168$

$$k_2 = \min\left\{1;\ \frac{168}{1{,}5 \cdot 75}\right\} = \min\{1;\ 1{,}5\} = 1$$

$$k_3 = \min\left\{1{,}5;\ \frac{\rho_k}{350}\right\}$$ [DIN EN 1995-1-1, Gl. (8.78)]

$$k_3 = \min\left\{1{,}5;\ \frac{380}{350}\right\} = \min\{1{,}5;\ 1{,}086\} = 1{,}086$$

Charakteristischer Wert der Tragfähigkeit pro Dübel mit Zähnen, Typ C5:

$F_{c,Rk} = 18 \cdot k_1 \cdot k_2 \cdot k_3 \cdot d_c^{1,5}$ [DIN EN 1995-1-1, Gl. (8.72)]

$F_{c,Rk} = 18 \cdot 1 \cdot 1 \cdot 1{,}086 \cdot 75^{1,5}$

$F_{c,Rk} = 12696{,}8\text{ N} = 12{,}7\text{ kN}$

Bemessungswert der Tragfähigkeit des Dübels mit Zähnen:

$$F_{c,Rd} = \frac{k_{mod} \cdot F_{c,Rk}}{\gamma_M}$$

$$F_{c,Rd} = \frac{0,8 \cdot 12,7}{1,3}$$

$$F_{c,Rd} = 7,82\,\text{kN}$$

Bemessungswert der Tragfähigkeit einer Verbindungseinheit:

$$F_{j,0,Rd} = F_{c,Rd} + F_{b,0,Rd}$$

$$F_{j,0,Rd} = 7,82\,\text{kN} + 6,54\,\text{kN}$$

$F_{j,0,Rd} = 14,36\,\text{kN}$ = Tragfähigkeit je Verbindungseinheit bzw. je Scherfläche

Bemessungswert der Tragfähigkeit pro Verbindung:

$$n_{ef} = 2 + \left(1 - \frac{n}{20}\right) \cdot (n-2) = 2$$ [DIN EN 1995-1-1, Gl. (8.71)]

$$F_{j,0,Rd} = n_{Reihen} \cdot n_{ef} \cdot F_{j,0,Rd}$$

$$F_{j,0,Rd} = 4 \cdot 2 \cdot 14,36 = 114,9\,\text{kN}$$

Nachweis der Tragfähigkeit der Verbindung:

$\frac{E_d}{F_{j,0,Rd}} = 91,5/114,9 = 0,80 < 1,0$ **Nachweis erfüllt!**

Mindestabstände für Beispiel 3.27.

	Bezeichnung	Mindestabstände DIN EN 1995-1-1:2010/A2:2014, Tabelle 8.8		
			α = Seitenholz	α = Mittelholz
untereinander in Faserrichtung	∥, a_1	$(1,2 + 0,3\lvert\cos\alpha\rvert) \cdot d_c$	140 (113)	140 (113)
untereinander rechtwinklig zur Faser	⊥, a_2	$1,2d_c$	90 (90)	90 (90)
vom beanspruchten Hirnholzende	$a_{3,t}$	$1,5d_c$	140 (112,5)	140 (112,5)
vom unbeanspruchten Hirnholzende	$a_{3,c}$	$1,2d_c$	- (90)	- (90)
vom beanspruchten Rand	$a_{4,t}$	$(0,6 + 0,2\lvert\sin\alpha\rvert) \cdot d_c$	- (45)	- (45)
vom unbeanspruchten Rand	$a_{4,c}$	$0,6d_c$	45 (45)	45 (45)

d_c = Dübeldurchmesser = 75 mm
α = Winkel zwischen Kraft und Faserrichtung = **0°**
(...) rechnerische Werte

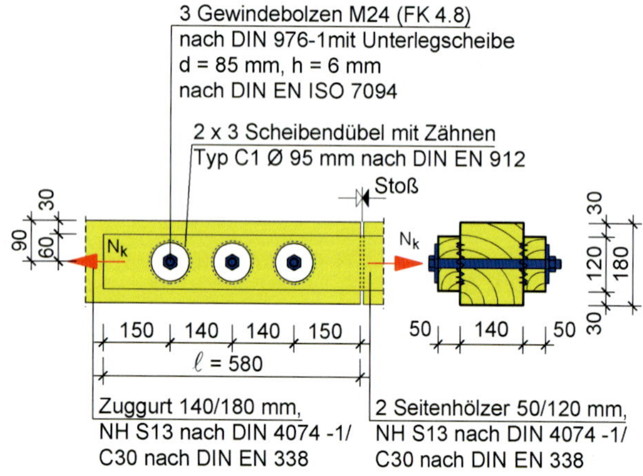

Bild 3.120. Varianten bei einem Zugstoß, Gurtquerschnitt $b/h = 140/180$ mm sowie Zugkraft $Z = 65,0$ kN und Einlassdübel vorgesehen

Beispiel 3.28. **(nach DIN EN 1995-1-1:2010)**

Ein Zuggurt, Vollholzquerschnitt $b/h = 140/180\,\text{mm}$, belastet mit $N_k = 65\,\text{kN}$, ist zu stoßen. Es sollen Scheibendübel mit Zähnen verwendet werden. NH S13 nach DIN 4074-1, LF H.

Gefordert werden:
Ermittlung der Größe und Anzahl der Dübel sowie der Bemessungswert der Tragfähigkeit (Bild 3.120.).

Vorhanden: (s. Bild 3.120.)
Zuggurt $b/h = 140/180\,\text{mm}$, $t_2 = 140\,\text{mm}$

NH S13 nach DIN 4074-1 = C 30 nach DIN EN 338, Tabelle 1,

$\rho_k = 380\,\text{kg/m}^3$

Bemessungswerte der Einwirkungen:

$E_d = 1,35 \cdot 40\,\text{kN} + 1,5 \cdot 25\,\text{kN} = 91,5\,\text{kN}$

Scheibendübel mit Zähnen, zweiseitig, rund: C1 ∅ = 95 mm (DIN EN 912, Tabelle C1),
Bolzen: M24, Festigkeitsklasse 3.6

Seitenholz: $2 \cdot (50/120\,\text{mm})$, $t_1 = 50\,\text{mm}$

NKL = 1 und KLED = mittel $\Rightarrow k_{mod} = 0,8$

Bemessungswert der Tragfähigkeit $F_{r,Rd}$ pro Verbindungseinheit:

Nach DIN EN 1995-1-1:2010, Abschnitt 8.10 (1) wird die Tragfähigkeit einer Verbindung mit Scheibendübeln mit Zähnen als die Summe der Tragfähigkeit des Scheibendübels und die Tragfähigkeit des Bolzens nach Abschnitt 8.5 angenommen.

$$F_{j,0,Rd} = F_{c,Rd} + F_{b,0,Rd}$$

Konstruktive Bedingungen für den Dübel Typ C1:

Nach DIN EN 1995-1-1:2010, Abschnitt 8.9 (2):

$d_c = 95\,\text{mm}$; $h_c = 24\,\text{mm}$; $h_e = 11,3\,\text{mm}$

$t_{1,req} = 2,25 \cdot h_e = 25,425\,\text{mm} < 50\,\text{mm}$, **erfüllt!**

$t_{2,req} = 3,75 \cdot h_e = 42,375\,\text{mm} < 140\,\text{mm}$, **erfüllt!**

Bolzen M24 der Festigkeitsklasse 4.8,

$f_{u,k} = 400\,\text{N/mm}^2$

$d_b = 24\,\text{mm}$

Charakteristischer Wert der Tragfähigkeit $F_{v,Rk}$ des Bolzens:

Charakteristischer Wert der Lochleibungsfestigkeit:

$f_{h,0,k} = 0{,}082 \cdot (1 - 0{,}01 \cdot d_b) \cdot \rho_k$ [DIN EN 1995-1-1, Gl. (8.31)]

$f_{h,0,k} = 0{,}082 \cdot (1 - 0{,}01 \cdot 24) \cdot 380$

$f_{h,0,k} = 23{,}68\ \text{N/mm}^2 = f_{h,1,k} = f_{h,2,k} \qquad \beta = 1{,}0$

Charakteristischer Wert des Fließmomentes:

$f_{u,k} = 400\ \text{N/mm}^2$ (Tabelle 3.26)

$M_{y,Rk} = 0{,}3 \cdot f_{u,k} \cdot d^{2,6}$ [DIN EN 1995-1-1, Gl. (8.30)]

$M_{y,Rk} = 0{,}3 \cdot 400 \cdot 24^{2,6}$

$M_{y,Rk} = 465297\ \text{Nmm}$

Mindestholzdicken:

$\beta = 1{,}0$
(Verbindung besteht aus gleicher Holzart und Festigkeitsklasse)

[DIN EN 1995-1-1/NA:2013, Gl. (NA.110)]

$$t_{1,req} = 1{,}15 \cdot \left(2 \cdot \sqrt{\frac{\beta}{1+\beta}} + 2\right) \cdot \sqrt{\frac{M_{y,Rk}}{f_{h,1,k} \cdot d}}$$

$t_{1,req} = 1{,}15 \cdot 3{,}41 \cdot 28{,}61\ \text{mm}$

$t_{1,req} = 112{,}19\ \text{mm} > t_1 = 50\ \text{mm}$ **nicht erfüllt!**

Abminderung um $t_1/t_{1,req} = 50/112{,}19 = 0{,}45$

[DIN EN 1995-1-1/NA:2013, Gl. (NA.112)]

$$t_{2,req} = 1{,}15 \cdot \left(\frac{4}{\sqrt{1+\beta}}\right) \cdot \sqrt{\frac{M_{y,Rk}}{f_{h,2,k} \cdot d}}$$

$t_{2,req} = 1{,}15 \cdot 2{,}83 \cdot 28{,}61\ \text{mm}$

$t_{2,req} = 93\ \text{mm} < 140\ \text{mm}$

Charakteristischer Wert der Tragfähigkeit $F_{v,Rk}$ pro Scherfläche:

[DIN EN 1995-1-1/NA:2013, Gl. (NA.109)]

$$F_{v,Rk} = \sqrt{\frac{2 \cdot \beta}{1+\beta}} \cdot \sqrt{2 \cdot M_{y,Rk} \cdot f_{h,1,k} \cdot d}$$

$F_{v,Rk} = 1 \cdot 22997\ \text{N} = 22997\ \text{N} = 23\ \text{kN}$

Charakteristischer Wert der Tragfähigkeit $F_{b,0,Rk}$ pro Scherfläche unter Berücksichtigung der Unterschreitung der Mindestholzdicke:

$t_1/t_{1,req} = 0{,}45$

$F_{b,0,Rk} = 0{,}45 \cdot F_{v,Rk} = 0{,}45 \cdot 22997$

$F_{b,0,Rk} = 10358\ \text{N} = 10{,}36\ \text{kN}$

Nach DIN EN 1995-1-1/NA:2013, NCI zu 8.5 (NA.9) darf der nach den vereinfachten Regeln berechnete charakteristische Wert $F_{v,Rk}$ um einen Anteil $\Delta F_{v,Rk}$ erhöht werden.

[DIN EN 1995-1-1/NA:2013, Gl. (NA.131)]

$$\Delta F_{v,Rk} = \min\{0{,}25 \cdot F_{v,Rk};\ 0{,}25 \cdot F_{ax,Rk}\}$$

mit:

$F_{ax,Rk}$ Tragfähigkeit des Bolzens in Richtung der Stiftachse.

Charakteristischer Wert des Ausziehwiderstandes:

Die Tragfähigkeit in Richtung der Bolzenachse wird nach DIN EN 1995-1-1:2010 als der kleinere Wert aus Zugfestigkeit des Bolzens und Tragfähigkeit der Unterlegscheibe angenommen.

$$F_{ax,Rk} = \min\{f_{u,k} \cdot A_k;\ 3 \cdot f_{c,90,k} \cdot A_{ef}\}$$

$$A_{ef} = \pi \cdot \left(\left(\frac{d_2}{2}\right)^2 - \left(\frac{d_1}{2}\right)^2\right)$$

d_1, d_2 entnehmen wir Tabelle 1 in EN ISO 7094

$$A_{ef} = \pi \cdot \left(\left(\frac{85}{2}\right)^2 - \left(\frac{26}{2}\right)^2\right) = 5143{,}57\ \text{mm}^2$$

$$F_{ax,Rk} = \min\left\{400 \cdot \pi \cdot \left(\frac{24}{2}\right)^2;\ 3 \cdot 2{,}7 \cdot 5143{,}57\right\}$$

$F_{ax,Rk} = \min\{180955;\ 41663\} = 41{,}66\ \text{kN}$

$\Delta F_{v,Rk} = \min\{0{,}25 \cdot 10358;\ 0{,}25 \cdot 41663\}$

$\Delta F_{v,Rk} = \min\{2589{,}11;\ 10415\} = 2589{,}11\ \text{N}$

Charakteristischer Wert der Tragfähigkeit $F_{b,0,Rk}$ pro Scherfläche:

$F_{b,0,Rk} = 10358 + 2589{,}11\ \text{N} = 12947{,}11\ \text{N} = 12{,}95\ \text{kN}$

Bemessungswert der Tragfähigkeit des Bolzens pro Scherfläche:

$$F_{b,0,Rd} = \frac{k_{mod} \cdot F_{b,0,Rk}}{\gamma_M}$$ [DIN EN 1995-1-1/NA:2013, Gl. (NA.113)]

$$F_{b,0,Rd} = \frac{0{,}8 \cdot 12{,}95}{1{,}1} = 9{,}42\ \text{kN}$$

Charakteristischer Wert der Tragfähigkeit des Dübels mit Zähnen, Typ C1:

$F_{c,Rk} = 18 \cdot k_1 \cdot k_2 \cdot k_3 \cdot d_c^{1,5}$ [DIN EN 1995-1-1, Gl. (8.72)]

$k_1 = \min\left\{1;\ \frac{t_1}{3 \cdot h_e};\ \frac{t_2}{5 \cdot h_e}\right\}$ [DIN EN 1995-1-1, Gl. (8.73)]

$$k_1 = \min\left\{1;\ \frac{50}{3 \cdot 11{,}3};\ \frac{140}{5 \cdot 11{,}3}\right\} = \min\{1;\ 1{,}48;\ 2{,}48\} = 1$$

$k_2 = \min\left\{1;\ \frac{a_{3,t}}{1{,}5 \cdot d_c}\right\}$ [DIN EN 1995-1-1, Gl. (8.74)]

mit:

$a_{3,t} = \max\{1{,}1 \cdot d_c;\ 7 \cdot d;\ 80\ \text{mm}\}$ [DIN EN 1995-1-1, Gl. (8.75)]

$a_{3,t} = \max\{1{,}1 \cdot 95;\ 7 \cdot 24;\ 80\ \text{mm}\}$

$a_{3,t} = \max\{104{,}5;\ 168;\ 80\ \text{mm}\} = 168$

$$k_2 = \min\left\{1;\ \frac{168}{1{,}5 \cdot 95}\right\} = \min\{1;\ 1{,}17\} = 1$$

$k_3 = \min\left\{1{,}5;\ \frac{\rho_k}{350}\right\}$ [DIN EN 1995-1-1, Gl. (8.78)]

$$k_3 = \min\left\{1{,}5;\ \frac{380}{350}\right\} = \min\{1{,}5;\ 1{,}086\} = 1{,}086$$

Charakteristischer Wert der Tragfähigkeit pro Dübel mit Zähnen, Typ C5:

$F_{c,Rk} = 18 \cdot k_1 \cdot k_2 \cdot k_3 \cdot d_c^{1,5}$ [DIN EN 1995-1-1, Gl. (8.72)]

$F_{c,Rk} = 18 \cdot 1 \cdot 1 \cdot 1{,}086 \cdot 95^{1,5}$

$F_{c,Rk} = 18100{,}4\ \text{N} = 18{,}1\ \text{kN}$

Bemessungswert der Tragfähigkeit des Dübels mit Zähnen:

$$F_{c,Rd} = \frac{k_{mod} \cdot F_{c,Rk}}{\gamma_M}$$

$$F_{c,Rd} = \frac{0{,}8 \cdot 18{,}1}{1{,}3}$$

$$F_{c,Rd} = 11{,}14\,\text{kN}$$

Bemessungswert der Tragfähigkeit einer Verbindungseinheit:

$$F_{j,0,Rd} = F_{c,Rd} + F_{b,0,Rd}$$

$$F_{j,0,Rd} = 11{,}14\,\text{kN} + 9{,}42\,\text{kN}$$

$F_{j,0,Rd} = 20{,}56\,\text{kN}$ = Tragfähigkeit je Verbindungseinheit bzw. je Scherfläche

Bemessungswert der Tragfähigkeit pro Verbindung:

$$n_{ef} = 2 + \left(1 - \frac{n}{20}\right) \cdot (n-2) = 2{,}85 \qquad \text{[DIN EN 1995-1-1, Gl. (8.71)]}$$

$$F_{j,0,Rd} = n_{Reihen} \cdot n_{ef} \cdot F_{j,0,Rd}$$

$$F_{j,0,Rd} = 2 \cdot 2{,}85 \cdot 20{,}56 = 117{,}2\,\text{kN}$$

Nachweis der Tragfähigkeit der Verbindung:

$\frac{E_d}{F_{j,0,Rd}} = 91{,}5/117{,}2 = 0{,}78 < 1{,}0$ **Nachweis erfüllt!**

Nachweis Tragfähigkeit der Holzquerschnitte für die Konstruktionsvariante nach Bild 3.120.

Berechnung Nettofläche:

Nach DIN EN 1995-1-1:2010, Abschnitt 5.2 (4) sind bei der Bestimmung des wirksamen Querschnitts alle Querschnittschwächungen zu berücksichtigen, die um diesen Querschnitt in einem Abstand von weniger als dem halben Mindestabstand in Faserrichtung des Holzes liegen. Die Fehlfläche für den Dübel mit Zähnen erhalten wir aus Tabelle 16 der Norm mit $\Delta A = 670\,\text{mm}^2$.

Nachweis der Tragfähigkeit für die Seitenhölzer:

Wirksamer Querschnitt der Seitenhölzer:

$$A_{n,SH} = 2\left[A_{SH} - \Delta A_{Dübel} - \Delta A_{Bolzen}\right]$$

$$A_{n,SH} = 2\left[(50 \cdot 120) - 670 - (1 \cdot 50 \cdot 25)\right] = 8160\,\text{mm}^2$$

Nach DIN EN 1995-1-1/NA, NCI NA.8.1.6 (NA.1) ist die Zugtragfähigkeit des Holzes um 1/3 abzumindern.

Bemessungswert der Zugfestigkeit:

$f_{t,0,k} = 18\,\text{N/mm}^2$ (aus DIN EN 338, Tabelle 1)

$$f_{t,0,d} = \frac{k_{mod} \cdot f_{t,0,k}}{\gamma_M}$$

$$f_{t,0,d} = \frac{0{,}8 \cdot 18}{1{,}3}$$

$$f_{t,0,d} = 11{,}08\,\text{N/mm}^2$$

Der Bemessungswert der Zugbeanspruchung in Faserrichtung $\sigma_{t,0,d}$ muss kleiner als der um 1/3 abgeminderte Bemessungswert der Zugfestigkeit des Holzes sein.

$\sigma_{t,o,d} \le f_{t,o,d} \cdot 0{,}67$ [DIN EN 1995-1-1, Gl. (6.1)]

$$f_{t,o,d} \cdot 0{,}67 = 11{,}08 \cdot 0{,}67 = 7{,}42\,\text{N/mm}^2$$

Der Bemessungswert der Zugbeanspruchung errechnet sich aus dem Bemessungswert der Tragfähigkeit $F_{j,0,Rd}$ und der auf Zug beanspruchten Querschnittsfläche A_n der Laschen.

$$\sigma_{t,o,d} = \frac{F_{j,0,Rd}}{A_n} = \frac{117{,}2 \cdot 10^3}{8160} = 14{,}36\,\text{N/mm}^2$$

$14{,}36\,\text{N/mm}^2 > 7{,}42\,\text{N/mm}^2$ **Nachweis nicht erfüllt!**

Es wird ein Querschnitt für die Seitenhölzer von 60/180 mm gewählt:

$$A_{n,SH} = 2\left[(60 \cdot 180) - 670 - (1 \cdot 60 \cdot 25)\right] = 17260\,\text{mm}^2$$

$$\sigma_{t,o,d} = \frac{F_{j,0,Rd}}{A_n} = \frac{117{,}2 \cdot 10^3}{17260} = 6{,}79\,\text{N/mm}^2$$

$6{,}79\,\text{N/mm}^2 < 7{,}42\,\text{N/mm}^2$ **Nachweis erfüllt!**

Nachweis der Tragfähigkeit für das Mittelholz:

Wirksamer Querschnitt des Mittelholzes:

$$A_{n,MH} = 2\left[A_{MH} - \Delta A_{Dübel} - \Delta A_{Bolzen}\right]$$

$$A_{n,MH} = (140 \cdot 180) - (2 \cdot 670) - (140 \cdot 25) = 20360\,\text{mm}^2$$

Beim Nachweis des Mittelholzes muss der Bemessungswert der Zugfestigkeit des Holzes nicht abgemindert werden.

$\sigma_{t,o,d} \le f_{t,o,d}$ [DIN EN 1995-1-1, Gl. (6.1)]

$$\sigma_{t,o,d} = \frac{F_{j,0,Rd}}{A_n} = \frac{117{,}2 \cdot 10^3}{20360} = 5{,}76\,\text{N/mm}^2$$

$5{,}76\,\text{N/mm}^2 < 11{,}08\,\text{N/mm}^2$ **Nachweis erfüllt!**

Mindestabstände für Beispiel 3.28.

	Bezeichnung	**Mindestabstände**		
		DIN EN 1995-1-1:2010/A2:2014, Tabelle 8.8		
			$\alpha = 0°$ Seitenholz	$\alpha = 60°$ Mittelholz
untereinander in Faserrichtung	$\parallel$, $\boldsymbol{a_1}$	$(1{,}2 + 0{,}3\lvert\cos\alpha\rvert) \cdot d_c$	140 (143)	140 (143)
untereinander rechtwinklig zur Faser	$\perp$, $\boldsymbol{a_2}$	$1{,}2d_c$	(114)	(114)
vom beanspruchten Hirnholzende	$a_{3,t}$	$1{,}5d_c$	150 (142,5)	150 (142,5)
vom unbeanspruchten Hirnholzende	$a_{3,c}$	$1{,}2d_c$	- (114)	- (114)
vom beanspruchten Rand	$a_{4,t}$	$(0{,}6 + 0{,}2\lvert\sin\alpha\rvert) \cdot d_c$	- (57)	- (57)
vom unbeanspruchten Rand	$a_{4,c}$	$0{,}6d_c$	60 (57)	90 (57)

d_c = Dübeldurchmesser = 95 mm
α = Winkel zwischen Kraft und Faserrichtung = **0°**
(...) rechnerische Werte

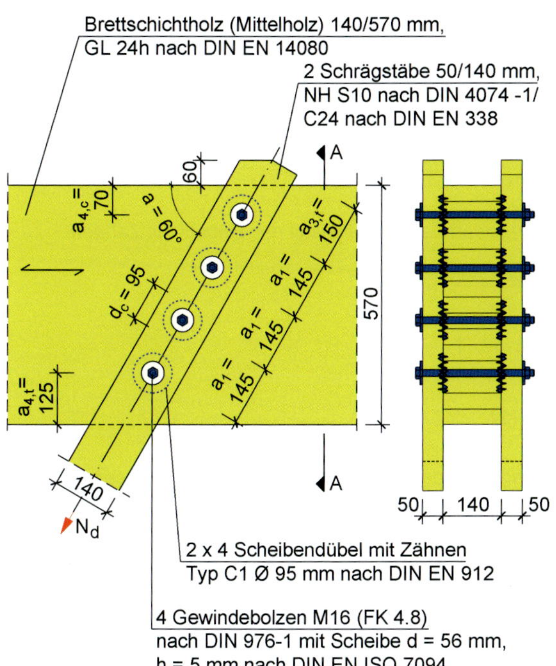

Bild 3.121. Einreihiger, schräger Dübelanschluss, Vollholz (VH) an Brettschichtholz-Riegel (BSH)

Beispiel 3.29. (nach DIN EN 1995-1-1:2010)

Vorhanden: (s. Bild 3.121.):
Schräganschluss mit $2 \times 4 = 8$ runde Einpressdübel, $\varnothing$ 95 mm – Typ C1
Riegel: Mittelholz: $140/570$ mm, $t_2 = 140$ mm, GL24h nach Tabelle 5 in DIN EN 14080: $\rho_k = 385$ kg/m^3,
Schrägstab: $2 \cdot (50/140$ mm$)$, $t_1 = 50$ mm, NH S10 nach DIN 4074-1 = C24 nach DIN EN 338, $\rho_k = 350$ kg/m^3, Last-Faser-Winkel für Mittelholz $\alpha = 60°$
Gewählt: Scheibendübel mit Zähnen, zweiseitig, rund: Typ C1
Bolzen: M16 Festigkeitsklasse 4.8, $f_{u,k} = 400$ N/mm^2, $d_b = 16$ mm

NKL = 1 und KLED = mittel $\Rightarrow$ $k_{mod} = 0{,}8$

Bemessungswert der Beanspruchung $N_d = 70$ kN

Bemessungswert der Tragfähigkeit $F_{v,Rd}$ *pro Verbindungseinheit:*

Nach DIN EN 1995-1-1:2010, Abschnitt 8.10 (1) wird die Tragfähigkeit einer Verbindung mit Scheibendübeln mit Zähnen als die Summe der Tragfähigkeit des Scheibendübels und die Tragfähigkeit des Bolzens nach Abschnitt 8.5 angenommen.

$$F_{j,\alpha,Rd} = F_{c,Rd} + F_{b,\alpha,Rd}$$

Konstruktive Bedingungen für Dübel Typ C1, $\varnothing$ 95 mm

$d_c = 95$ mm ; $h_c = 24$ mm ; $h_e = 11{,}3$ mm

Nach DIN EN 1995-1-1, Abschnitt 8.9 (2):

$t_{1,req} = 2{,}25 \cdot h_e = 25{,}425$ mm < 50 mm, **erfüllt!**

$t_{2,req} = 3{,}75 \cdot h_e = 42{,}375$ mm < 140 mm, **erfüllt!**

Charakteristischer Wert der Tragfähigkeit $F_{v,Rk}$ *pro Scherfläche und Bolzen:*

Charakteristischer Wert der Lochleibungsfestigkeit Mittelholz:

$f_{h,0,k} = 0{,}082 \cdot (1 - 0{,}01 \cdot d_b) \cdot \rho_k$ [DIN EN 1995-1-1, Gl. (8.32)]

$f_{h,0,k} = 0{,}082 \cdot (1 - 0{,}01 \cdot 16) \cdot 385$

$f_{h,0,k} = 26{,}52$ N/mm^2

$f_{h,\alpha,k} = \dfrac{f_{h,0,k}}{k_{90} \cdot \sin^2 \alpha + \cos^2 \alpha}$ [DIN EN 1995-1-1, Gl. (8.31)]

$k_{90} = 1{,}35 + 0{,}015 \cdot d_b$ [DIN EN 1995-1-1, Gl. (8.33)]

$k_{90} = 1{,}35 + 0{,}015 \cdot 16$

$k_{90} = 1{,}59$

$f_{h,\alpha,k} = 18{,}38$ N/mm$^2 = f_{h,2,k}$

Charakteristischer Wert der Lochleibungsfestigkeit Seitenholz:

$f_{h,1,k} = 0{,}082 \cdot (1 - 0{,}01 \cdot d_b) \cdot \rho_k$ [DIN EN 1995-1-1, Gl. (8.32)]

$f_{h,,k} = 0{,}082 \cdot (1 - 0{,}01 \cdot 16) \cdot 350$

$f_{h,1,k} = 24{,}11$ N/mm^2

$\beta = f_\alpha / f_{h,1,k} = 18{,}38/24{,}11 = 0{,}76$

Charakteristischer Wert des Fließmomentes:

$f_{u,k} = 400$ N/mm^2 (Tabelle 3.26)

$M_{y,Rk} = 0{,}3 \cdot f_{u,k} \cdot d^{2{,}6}$ [DIN EN 1995-1-1, Gl. (8.30)]

$M_{y,Rk} = 0{,}3 \cdot 400 \cdot 16^{2{,}6}$

$M_{y,Rk} = 162141$ Nmm

Mindestholzdicken:

[DIN EN 1995-1-1/NA, Gl. (NA.110)]

$$t_{1,req} = 1{,}15 \cdot \left(2 \cdot \sqrt{\frac{\beta}{1+\beta}} + 2\right) \cdot \sqrt{\frac{M_{y,Rk}}{f_{h,1,k} \cdot d}}$$

$t_{1,req} = 1{,}15 \cdot 3{,}31 \cdot 20{,}5$ mm

$t_{1,req} = 78{,}1$ mm $> t_1 = 50$ mm ; **nicht erfüllt!**

Abminderung um $t_1/t_{1,req} = 50/78{,}1 = 0{,}64$

[DIN EN 1995-1-1/NA, Gl. (NA.112)]

$$t_{2,req} = 1{,}15 \cdot \left(\frac{4}{\sqrt{1+\beta}}\right) \cdot \sqrt{\frac{M_{y,Rk}}{f_{h,2,k} \cdot d}}$$

$t_{2,req} = 1{,}15 \cdot 3{,}02 \cdot 23{,}48$ mm

$t_{2,req} = 81{,}55$ mm $< t_2 = 140$ mm, **erfüllt!**

Charakteristischer Wert der Tragfähigkeit $F_{v,Rk}$ *pro Scherfläche:*

[DIN EN 1995-1-1/NA, Gl. (NA.109)]

$$F_{v,Rk} = \sqrt{\frac{2 \cdot \beta}{1+\beta}} \cdot \sqrt{2 \cdot M_{y,Rk} \cdot f_{h,1,k} \cdot d}$$

$F_{v,Rk} = 0{,}9 \cdot 97$ N $= 8807$ N $= 8{,}81$ kN

Charakteristischer Wert der Tragfähigkeit $F_{b,0,Rk}$ *pro Scherfläche unter Berücksichtigung der Unterschreitung der Mindestholzdicke:*

$t_1/t_{1,req} = 0{,}64$

$F_{b,\alpha,Rk} = 0{,}64 \cdot F_{v,Rk} = 0{,}64 \cdot 8807$

$F_{b,0,Rk} = 5636{,}5$ N $= 5{,}64$ kN

Nach DIN EN 1995-1-1/NA:2013, NCI zu 8.5 (NA.9) darf der nach den vereinfachten Regeln berechnete charakteristische Wert $F_{v,Rk}$ um einen Anteil $\Delta F_{v,Rk}$ erhöht werden.

[DIN EN 1995-1-1/NA, Gl. (NA.131)]

$$\Delta F_{v,Rk} = \min\{0{,}25 \cdot F_{v,Rk};\ 0{,}25 \cdot F_{ax,Rk}\}$$

mit:

$F_{ax,Rk}$ Tragfähigkeit des Bolzens in Richtung der Stiftachse.

Charakteristischer Wert des Ausziehwiderstandes:

Die Tragfähigkeit in Richtung der Bolzenachse wird nach DIN EN 1995-1-1:2010 als der kleinere Wert aus Zugfestigkeit des Bolzens und Tragfähigkeit der Unterlegscheibe angenommen.

$$F_{ax,Rk} = \min\{f_{u,k} \cdot A_k; 3 \cdot f_{c,90,k} \cdot A_{ef}\}$$

$$A_{ef} = \pi \cdot \left(\left(\frac{d_2}{2}\right)^2 - \left(\frac{d_1}{2}\right)^2\right)$$

d_1, d_2 entnehmen wir Tabelle 1 in EN ISO 7094

$$A_{ef} = \pi \cdot \left(\left(\frac{56}{2}\right)^2 - \left(\frac{17{,}5}{2}\right)^2\right) = 2222{,}48 \text{ mm}^2$$

$$F_{ax,Rk} = \min\left\{400 \cdot \pi \cdot \left(\frac{16}{2}\right)^2; 3 \cdot 2{,}5 \cdot 2222{,}48\right\}$$

$$F_{ax,Rk} = \min\{80424; 16669\} = 16{,}67 \text{ kN}$$

$$\Delta F_{v,Rk} = \min\{0{,}25 \cdot 5989; 0{,}25 \cdot 16669\}$$

$$\Delta F_{v,Rk} = \min\{1497; 4167\} = 1497 \text{ N}$$

Charakteristischer Wert der Tragfähigkeit $F_{b,\alpha,Rk}$ pro Scherfläche:

$$F_{b,\alpha,Rk} = 5640 + 1497 \text{ N} = 7137 \text{ N} = 7{,}14 \text{ kN}$$

Bemessungswert der Tragfähigkeit des Bolzens pro Scherfläche:

$$F_{b,\alpha,Rd} = \frac{k_{mod} \cdot F_{b,\alpha,Rk}}{\gamma_M}$$ [DIN EN 1995-1-1/NA:2013, Gl. (NA.113)]

$$F_{b,0,Rd} = \frac{0{,}8 \cdot 7{,}14}{1{,}1} = 5{,}19 \text{ kN}$$

Charakteristischer Wert der Tragfähigkeit des Dübels mit Zähnen, Typ C1:

$$F_{c,Rk} = 18 \cdot k_1 \cdot k_2 \cdot k_3 \cdot d_c^{1{,}5}$$ [DIN EN 1995-1-1, Gl. (8.72)]

$$k_1 = \min\left\{1; \frac{t_1}{3 \cdot h_e}; \frac{t_2}{5 \cdot h_e}\right\}$$ [DIN EN 1995-1-1, Gl. (8.73)]

$$k_1 = \min\left\{1; \frac{50}{3 \cdot 11{,}3}; \frac{140}{5 \cdot 11{,}3}\right\} = \min\{1; 1{,}48; 2{,}48\} = 1$$

$$k_2 = \min\left\{1; \frac{a_{3,t}}{1{,}5 \cdot d_c}\right\}$$ [DIN EN 1995-1-1, Gl. (8.74)]

mit:

$$a_{3,t} = \max\{1{,}1 \cdot d_c; 7 \cdot d; 80 \text{ mm}\}$$ [DIN EN 1995-1-1, Gl. (8.75)]

$$a_{3,t} = \max\{1{,}1 \cdot 95;\ 7 \cdot 16; 80 \text{ mm}\}$$

$$a_{3,t} = \max\{104{,}5; 112; 80 \text{ mm}\} = 112$$

$$k_2 = \min\left\{1; \frac{112}{1{,}5 \cdot 95}\right\} = \min\{1; 0{,}79\} = 0{,}79$$

$$k_3 = \min\left\{1{,}5; \frac{\rho_k}{350}\right\}$$ [DIN EN 1995-1-1, Gl. (8.78)]

Da die Verbindung aus Holz unterschiedlicher Rohdichten besteht, wird der geringere Wert der beiden Rohdichten zugrunde gelegt.

$$k_3 = \min\left\{1{,}5; \frac{350}{350}\right\} = \min\{1{,}5; 1\} = 1$$

Charakteristischer Wert der Tragfähigkeit pro Dübel mit Zähnen, Typ C1:

$$F_{c,Rk} = 18 \cdot k_1 \cdot k_2 \cdot k_3 \cdot d_c^{1{,}5}$$ [DIN EN 1995-1-1, Gl. (8.72)]

$$F_{c,Rk} = 18 \cdot 1 \cdot 0{,}79 \cdot 1 \cdot 95^{1{,}5}$$

$$F_{c,Rk} = 13167 \text{ N} = 13{,}17 \text{ kN}$$

Bemessungswert der Tragfähigkeit des Dübels mit Zähnen:

$$F_{c,Rd} = \frac{k_{mod} \cdot F_{c,Rk}}{\gamma_M}$$

$$F_{c,Rd} = \frac{0{,}8 \cdot 13{,}17}{1{,}3}$$

$$F_{c,Rd} = 8{,}1 \text{kN}$$

Bemessungswert der Tragfähigkeit einer Verbindungseinheit:

$$F_{j,\alpha,Rd} = F_{c,Rd} + F_{b,\alpha,Rd}$$

$$F_{j,\alpha,Rd} = 8{,}1 \text{kN} + 5{,}19 \text{kN}$$

$F_{j,\alpha,Rd} = 13{,}3 \text{ kN}$ = Tragfähigkeit je Verbindungseinheit bzw. je Scherfläche

Bemessungswert der Tragfähigkeit pro Verbindung:

$$n_{ef} = 2 + \left(1 - \frac{n}{20}\right) \cdot (n-2) = 3{,}6$$ [DIN EN 1995-1-1, Gl. (8.71)]

$$F_{j,\alpha,Rd} = n_{Reihen} \cdot n_{ef} \cdot F_{j,0,Rd}$$

$$F_{j,\alpha,Rd} = 2 \cdot 3{,}6 \cdot 13{,}3 = 95{,}76 \text{ kN}$$

Nachweis Verbindungsmittel:

$$\frac{N_d}{F_{v,Rd}} = \frac{70}{102{,}8} = 0{,}68 < 1{,}0$$ **Nachweis erfüllt!**

Nachweis Tragfähigkeit Seitenholz:

Berechnung Nettofläche:

Nach DIN EN 1995-1-1:2010, Abschnitt 5.2 (4) sind bei der Bestimmung des wirksamen Querschnitts alle Querschnittschwächungen zu berücksichtigen, die um diesen Querschnitt in einem Abstand von weniger als dem halben Mindestabstand in Faserrichtung des Holzes liegen. Die Fehlfläche für den Dübel mit Zähnen erhalten wir aus Tabelle NA.17 der Norm mit $\Delta A = 670 \text{ mm}^2$.

Nachweis der Tragfähigkeit für die Seitenhölzer:

Wirksamer Querschnitt der Seitenhölzer:

$$A_{n,SH} = 2[A_{SH} - \Delta A_{Dübel} - \Delta A_{Bolzen}]$$

$$A_{n,SH} = 2[(50 \cdot 140) - 670 - (1 \cdot 50 \cdot 17)] = 10960 \text{ mm}^2$$

Nach DIN EN 1995-1-1/NA, NCI NA 8.1.6 (NA.1) ist die Zugtragfähigkeit des Holzes um 1/3 abzumindern.

Bemessungswert der Zugfestigkeit:

$f_{t,0,k} = 14 \text{ N/mm}^2$ (aus DIN EN 338, Tabelle 1)

$$f_{t,0,d} = \frac{k_{mod} \cdot f_{t,0,k}}{\gamma_M}$$

$$f_{t,0,d} = \frac{0{,}8 \cdot 14}{1{,}3}$$

$$f_{t,0,d} = 8{,}62 \text{ N/mm}^2$$

Der Bemessungswert der Zugbeanspruchung in Faserrichtung $\sigma_{t,0,d}$ muss kleiner als der um 1/3 abgeminderte Bemessungswert der Zugfestigkeit des Holzes sein.

$\sigma_{t,o,d} \leq f_{t,o,d} \cdot 0{,}67$ [DIN EN 1995-1-1, Gl. (6.1)]

$f_{t,0,d} \cdot 0{,}67 = 8{,}62 \cdot 0{,}67 = 5{,}8 \text{ N/mm}^2$

Der Bemessungswert der Zugbeanspruchung errechnet sich aus dem Bemessungswert der Beanspruchung $N_d = 70{,}0 \text{ kN}$ und der auf Zug beanspruchten Querschnittsfläche A_n der Laschen.

$$\sigma_{t,o,d} = \frac{F}{A_n} = \frac{70 \cdot 10^3}{10960} = 6{,}39 \text{ N/mm}^2$$

$6{,}39 \text{ N/mm}^2 > 5{,}8 \text{ N/mm}^2$ **nicht erfüllt!**

Es wird ein Querschnitt für die Seitenhölzer von 50/220 mm gewählt:

$$A_{n,SH} = 2\left[(50 \cdot 220) - 670 - (1 \cdot 50 \cdot 17)\right] = 18960 \text{ mm}^2$$

$$\sigma_{t,o,d} = \frac{F_{j,\alpha,Rd}}{A_n} = \frac{70 \cdot 10^3}{18960} = 3{,}69 \text{ N/mm}^2$$

$3{,}69 \text{ N/mm}^2 < 5{,}8 \text{ N/mm}^2$ **Nachweis erfüllt!**

Nachweis des Mittelholzes:

Bei einer wirkenden Kraft unter einem Winkel zur Faserrichtung ist nach DIN EN 1995-1-1:2010, Abschnitt 8.1.4 die Gefahr des Querzugversagens infolge der Querzugkraft zu berücksichtigen.

Bedingung: $F_{v,Ed} \leq F_{90,Rd}$ [DIN EN 1995-1-1, Gl. (8.2)]

$F_{v,Ed} = F_{Ed} \cdot \sin\alpha = 70 \cdot \sin 60 = 60{,}62 \text{ kN}$

Charakteristischer Wert der Querzugtragfähigkeit:

$$F_{90,Rk} = 14 \cdot b \cdot w \cdot \sqrt{\frac{h_e}{\left(1 - \frac{h_e}{h}\right)}}$$ [DIN EN 1995-1-1, Gl. (8.4)]

mit:

$b = 140 \text{ mm}$,

$h = 570 \text{ mm}$,

Modifikationsbeiwert *w*.

[DIN EN 1995-1-1, Gl. (8.5)]

$$w = \begin{cases} \max\left\{\left(\frac{w_{pl}}{100}\right)^{0,35}; 1\right. & \text{für Nagelplatten} \\ 1 & \text{für alle anderen Verbindungsmittel} \end{cases}$$

$w = 1$

Abstand h_e des am entferntesten angeordneten Verbindungsmittels vom beanspruchten Rand

$h_e = 500 \text{ mm}$

$$F_{90,Rk} = 14 \cdot 140 \cdot 1 \cdot \sqrt{\frac{500}{\left(1 - \frac{500}{570}\right)}} = 125063 \text{ N} = 125{,}06 \text{ kN}$$

Bemessungswert der Querzugtragfähigkeit:

$$F_{90,Rd} = \frac{0{,}8 \cdot 125063 \text{ N}}{1{,}25} = 80040{,}32 \text{ N} = 80{,}04 \text{ kN}$$

Nachweis

$\frac{60{,}62}{80{,}04} = 0{,}76$ **Nachweis erfüllt!**

Mindestabstände von Schrauben aus Beispiel 3.29.

	Bezeich-	Mindestabstände DIN EN 1995-1-1:2010/A2:2014, Tabelle 8.8		
			α = 0° Seitenholz	α = 60° Mittelholz
untereinander in Faserrichtung	$\parallel$, a_1	$(1{,}2 + 0{,}3\lvert\cos\alpha\rvert) \cdot d_c$	145 (142,5)	- (128,3)
untereinander rechtwinklig zur Faser	$\perp$, a_2	$1{,}2 d_c$	- (114)	- (114)
vom beanspruchten Hirnholzende	$a_{3,t}$	$1{,}5 d_c$	150 (142,5)	- (142,5)
vom unbeanspruchten Hirnholzende	$a_{3,c}$	$90° \leq \alpha < 150°$ $(0{,}9 + 0{,}6\lvert\sin\alpha\rvert) \cdot d_c$	-	- (134,9)
		$150° \leq \alpha < 210°$ $1{,}2 d_c$	- (114)	-
		$210° \leq \alpha \leq 270°$ $(0{,}9 + 0{,}6\lvert\sin\alpha\rvert) \cdot d_c$	-	-
vom beanspruchten Rand	$a_{4,t}$	$(0{,}6 + 0{,}2\lvert\sin\alpha\rvert) \cdot d_c$	- (57)	125 (73,5)
vom unbeanspruchten Rand	$a_{4,c}$	$0{,}6 d_c$	70 (57)	70 (57)

d_c = Dübeldurchmesser = 95 mm
α = Winkel zwischen Kraft und Faserrichtung = **0°/60°**
(...) rechnerische Werte

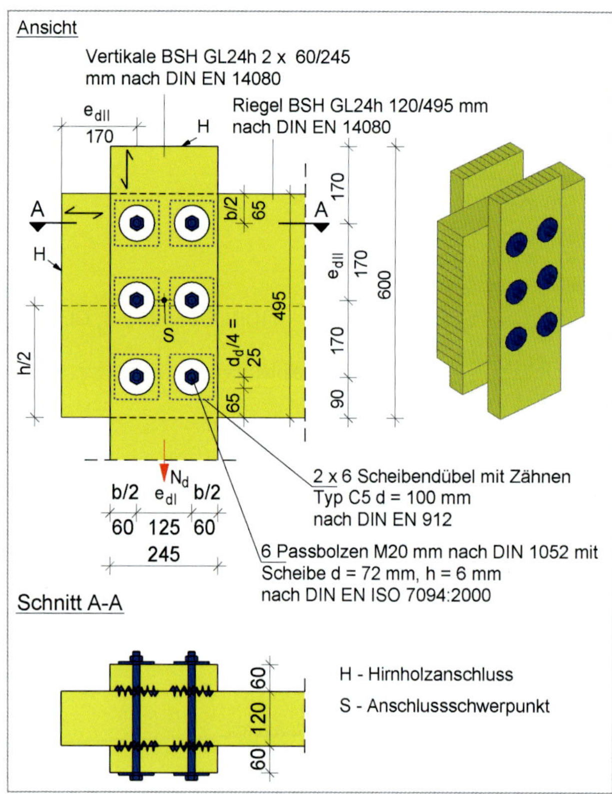

Bild 3.122. Zweireihiger Anschluss mit Einpressdübel Typ C5, Vertikale zweiteilig und Riegel einteilig aus Brettschichtholz (BSH)

Beispiel 3.30. (nach DIN EN 1995-1-1:2010)

Die Tragfähigkeit des Anschlusses mit zweireihig angeordneten 2 x 6 Einpressdübeln $d_d = 100\,\text{mm}$ (quadratisch) ist nach Bild 3.122. zu berechnen.
Vertikale und Riegel aus BSH (GL24h nach DIN EN 14080, Tabelle 5)

Vorhanden:
Anschluss mit 2 × 6 quadratischen Einpressdübeln, zweireihig

Riegel:
120/495 mm; $t_2 = 120$ mm; GL24h;
$\rho_k = 385\,\text{kg/m}^3$

Vertikale:
2 · (60/245) mm; $t_1 = 60$ mm; GL24h;
$\rho_k = 385\,\text{kg/m}^3$

Last-Faser-Winkel Mittelholz $\alpha = 90°$

Beanspruchung $N_d = 180\,\text{kN}$

Gewählt:
Scheibendübel mit Zähnen, zweiseitig, quadratisch: Typ C5
Bolzen M20 der Festigkeitsklasse 4.8,
$f_{u,k} = 400\,\text{N/mm}^2$; $d_c = 20\,\text{mm}$
NKL = 1 und KLED = mittel $\Rightarrow k_{mod} = 0{,}8$

Bemessungswert der Tragfähigkeit $F_{v,RD}$ pro Verbindungseinheit:

Nach DIN EN 1995-1-1:2010, Abschnitt 8.10 (1) wird die Tragfähigkeit einer Verbindung mit Scheibendübeln mit Zähnen als die Summe der Tragfähigkeit des Scheibendübels und die Tragfähigkeit des Bolzens nach Abschnitt 8.5 angenommen.

$$F_{j,0,Rd} = F_{c,Rd} + F_{b,0,Rd}$$

Konstruktive Bedingungen für Dübel mit Zähnen, Typ C5:

$d_c = 100\,\text{mm}$; $h_c = 16\,\text{mm}$; $h_e = 7{,}3\,\text{mm}$

Nach DIN EN 1995-1-1, Abschnitt 8.9 (2):

$t_{1,req} = 2{,}25 \cdot h_e = 16{,}43\,\text{mm} < 60\,\text{mm}$, **erfüllt!**

$t_{2,req} = 3{,}75 \cdot h_e = 27{,}38\,\text{mm} < 120\,\text{mm}$, **erfüllt!**

Berechnung der charakteristischen Tagfähigkeit des Bolzens:

Charakteristischer Wert der Lochleibungsfestigkeit:

$f_{h,0,k} = 0{,}082 \cdot (1 - 0{,}01 \cdot d_b) \cdot \rho_k$ [DIN EN 1995-1-1, Gl. (8.32)]

$f_{h,0,k} = 0{,}082 \cdot (1 - 0{,}01 \cdot 20) \cdot 385$

$f_{h,0,k} = 25{,}26\,\text{N/mm}^2$

$$f_{h,\alpha,k} = \frac{f_{h,0,k}}{k_{90} \cdot \sin^2\alpha + \cos^2\alpha}$$ [DIN EN 1995-1-1, Gl. (8.31)]

$k_{90} = 1{,}35 + 0{,}015 \cdot d_b$ [DIN EN 1995-1-1, Gl. (8.33)]

$k_{90} = 1{,}35 + 0{,}015 \cdot 20$

$k_{90} = 1{,}65$

$f_{h,\alpha,k} = 15{,}31\,\text{N/mm}^2 = f_{h,2,k}$

Charakteristischer Wert der Lochleibungsfestigkeit Seitenholz:

$f_{h,1,k} = 0{,}082 \cdot (1 - 0{,}01 \cdot d_b) \cdot \rho_k$ [DIN EN 1995-1-1, Gl. (8.32)]

$f_{h,,k} = 0{,}082 \cdot (1 - 0{,}01 \cdot 20) \cdot 385$

$f_{h,1,k} = 25{,}26\,\text{N/mm}^2$

$\beta = f_{h,2,k}/f_{h,1,k} = 15{,}31/25{,}26 = 0{,}61$

Charakteristischer Wert des Fließmomentes:

$f_{u,k} = 400\,\text{N/mm}^2$ (Tabelle 3.26.)

$M_{y,Rk} = 0{,}3 \cdot f_{u,k} \cdot d^{2{,}6}$ [DIN EN 1995-1-1, Gl. (8.30)]

$M_{y,Rk} = 0{,}3 \cdot 400 \cdot 20^{2{,}6}$

$M_{y,Rk} = 289640\,\text{Nmm}$

Mindestholzdicken:

[DIN EN 1995-1-1/NA:2013, Gl. (NA.110)]

$$t_{1,req} = 1{,}15 \cdot \left(2 \cdot \sqrt{\frac{\beta}{1+\beta}} + 2\right) \cdot \sqrt{\frac{M_{y,Rk}}{f_{h,1,k} \cdot d}}$$

$t_{1,req} = 1{,}15 \cdot 3{,}23 \cdot 23{,}94\,\text{mm}$

$t_{1,req} = 88{,}93\,\text{mm} > t_1 = 60\,\text{mm}$; **nicht erfüllt!**

Abminderung um $t_1/t_{1,req} = 60/88{,}93 = 0{,}67$

[DIN EN 1995-1-1/NA:2013, Gl. (NA.112)]

$$t_{2,req} = 1{,}15 \cdot \left(\frac{4}{\sqrt{1+\beta}}\right) \cdot \sqrt{\frac{M_{y,Rk}}{f_{h,2,k} \cdot d}}$$

$t_{2,req} = 1{,}15 \cdot 3{,}15 \cdot 30{,}76 = 111{,}41\,\text{mm} < t_2 = 120\,\text{mm}$

Charakteristischer Wert der Tragfähigkeit $F_{v,Rk}$ pro Scherfläche:

[DIN EN 1995-1-1/NA:2013, Gl. (NA.109)]

$$F_{v,Rk} = \sqrt{\frac{2 \cdot \beta}{1+\beta}} \cdot \sqrt{2 \cdot M_{y,Rk} \cdot f_{h,1,k} \cdot d}$$

$F_{v,Rk} = 0{,}87 \cdot 13318\,\text{N} = 11586\,\text{N} = 11{,}59\,\text{kN}$

Charakteristischer Wert der Tragfähigkeit $F_{b,\alpha,Rk}$ pro Scherfläche unter Berücksichtigung der Unterschreitung der Mindestholzdicke:

$t_1/t_{1,req} = 0{,}67$

$F_{b,\alpha,Rk} = 0{,}67 \cdot F_{v,Rk} = 0{,}67 \cdot 11586$

$F_{b,\alpha,Rk} = 7813\,\text{N} = 7{,}81\,\text{kN}$

Nach DIN EN 1995-1-1/NA:2013, NCI zu 8.5 (NA.9) darf der nach den vereinfachten Regeln berechnete charakteristische Wert $F_{v,Rk}$ um einen Anteil $\Delta F_{v,Rk}$ erhöht werden.

[DIN EN 1995-1-1/NA:2013, Gl. (NA.131)]

$$\Delta F_{v,Rk} = \min\{0,25 \cdot F_{v,Rk}; 0,25 \cdot F_{ax,Rk}\}$$

mit:

$F_{ax,Rk}$ Tragfähigkeit des Bolzens in Richtung der Stiftachse.

Charakteristischer Wert des Ausziehwiderstandes:

$$F_{ax,Rk} = \min\{f_{u,k} \cdot A_k; 3 \cdot f_{c,90,k} \cdot A_{ef}\}$$

$$A_{ef} = \pi \cdot \left(\left(\frac{d_2}{2}\right)^2 - \left(\frac{d_1}{2}\right)^2\right)$$

d_1, d_2 entnehmen wir Tabelle 1 in EN ISO 7094

$$A_{ef} = \pi \cdot \left(\left(\frac{72}{2}\right)^2 - \left(\frac{22}{2}\right)^2\right) = 3691,37 \text{ mm}^2$$

$$F_{ax,Rk} = \min\left\{400 \cdot \pi \cdot \left(\frac{20}{2}\right)^2; 3 \cdot 2,5 \cdot 3691,37\right\}$$

$$F_{ax,Rk} = \min\{125663; 27685\} = 27,69 \text{ kN}$$

$$\Delta F_{v,Rk} = \min\{0,25 \cdot 7813; 0,25 \cdot 27685\}$$

$$\Delta F_{v,Rk} = \min\{1953; 6921\} = 1953 \text{ N}$$

Charakteristischer Wert der Tragfähigkeit $F_{b,\alpha,Rk}$ pro Scherfläche:

$$F_{b,\alpha,Rk} = 7813 + 1953 \text{ N} = 9766 \text{ N} = 9,77 \text{ kN}$$

Bemessungswert der Tragfähigkeit des Bolzens pro Scherfläche:

$$F_{b,\alpha,Rd} = \frac{k_{mod} \cdot F_{b,\alpha,Rk}}{\gamma_M}$$ [DIN EN 1995-1-1/NA:2013, Gl. (NA.113)]

$$F_{b,\alpha,Rd} = \frac{0,8 \cdot 9766}{1,1} = 6010 \text{ N} = 6,01 \text{ kN}$$

Charakteristischer Wert der Tragfähigkeit pro Dübel mit Zähnen, Typ C5:

$$F_{c,Rk} = 18 \cdot k_1 \cdot k_2 \cdot k_3 \cdot d_c^{1,5}$$ [DIN EN 1995-1-1, Gl. (8.72)]

$$k_1 = \min\left\{1; \frac{t_1}{3 \cdot h_e}; \frac{t_2}{5 \cdot h_e}\right\}$$ [DIN EN 1995-1-1, Gl. (8.73)]

$$k_1 = \min\left\{1; \frac{60}{3 \cdot 7,3}; \frac{120}{5 \cdot 7,3}\right\} = \min\{1; 2,73; 3,28\} = 1$$

$$k_2 = \min\left\{1; \frac{a_{3,t}}{1,5 \cdot d_c}\right\}$$ [DIN EN 1995-1-1, Gl. (8.74)]

mit:

$$a_{3,t} = \max\{1,1 \cdot d_c; 7 \cdot d; 80 \text{ mm}\}$$ [DIN EN 1995-1-1, Gl. (8.75)]

$$a_{3,t} = \max\{1,1 \cdot 100; 7 \cdot 20; 80 \text{ mm}\}$$

$$a_{3,t} = \max\{110; 140; 80 \text{ mm}\} = 140$$

$$k_2 = \min\left\{1; \frac{140}{1,5 \cdot 100}\right\} = \min\{1; 0,933\} = 0,933$$

$$k_3 = \min\left\{1,5; \frac{\rho_k}{350}\right\}$$ [DIN EN 1995-1-1, Gl. (8.78)]

$$k_3 = \min\left\{1,5; \frac{380}{350}\right\} = \min\{1,5; 1,086\} = 1,086$$

Charakteristischer Wert der Tragfähigkeit pro Dübel mit Zähnen, Typ C5:

$$F_{c,Rk} = 18 \cdot k_1 \cdot k_2 \cdot k_3 \cdot d_c^{1,5}$$ [DIN EN 1995-1-1, Gl. (8.72)]

$$F_{c,Rk} = 18 \cdot 1 \cdot 0,933 \cdot 1,086 \cdot 100^{1,5}$$

$$F_{c,Rk} = 18238,3 \text{ N} = 18,24 \text{ kN}$$

Bemessungswert der Tragfähigkeit pro Dübel mit Zähnen, Typ C5:

$$F_{c,Rd} = \frac{k_{mod} \cdot F_{c,Rk}}{\gamma_M}$$

$$F_{c,Rd} = \frac{0,8 \cdot 18,24}{1,3}$$

$$F_{c,Rd} = 11,22 \text{ kN}$$

Bemessungswert der Tragfähigkeit einer Verbindungseinheit:

$$F_{j,\alpha,Rd} = F_{c,Rd} + F_{b,\alpha,Rd}$$

$$F_{j,\alpha,Rd} = 11,22 \text{ kN} + 6,01 \text{ kN}$$

$F_{j,0,Rd} = 17,23 \text{ kN}$ = Tragfähigkeit je Verbindungseinheit bzw. je Scherfläche

Bemessungswert der Tragfähigkeit pro Verbindung:

$$n_{ef} = 2 + \left(1 - \frac{n}{20}\right) \cdot (n-2) = 2,85$$ [DIN EN 1995-1-1, Gl. (8.71)]

$$F_{j,\alpha,Rd} = n_{Spalten} \cdot n_{Reihen} \cdot n_{ef} \cdot F_{j,\alpha,Rd}$$

$$F_{j,0,Rd} = 2 \cdot 2 \cdot 2,85 \cdot 17,23 = 196,4 \text{ kN}$$

Nachweis Verbindungsmittel:

$\frac{N_d}{F_{v,Rd}} = \frac{180}{196,4} = 0,92 < 1,0$ **Nachweis erfüllt!**

Nachweis der Tragfähigkeit der Holzquerschnitte:

Berechnung Nettofläche:

Nach DIN EN 1995-1-1:2010, Abschnitt 5.2 (4) sind bei der Bestimmung des wirksamen Querschnitts alle Querschnittschwächungen zu berücksichtigen, die um diesen Querschnitt in einem Abstand von weniger als dem halben Mindestabstand a_1 in Faserrichtung des Holzes liegen. Die Fehlfläche für den Dübel mit Zähnen erhalten wir aus Tabelle 17 der Norm mit $\Delta A = 430 \text{ mm}^2$.

Nachweis der Tragfähigkeit für die Seitenhölzer:

Wirksamer Querschnitt der Seitenhölzer:

$$A_{n,SH} = 2[A_{SH} - \Delta A_{Dübel} - \Delta A_{Bolzen}]$$

$$A_{n,SH} = 2[(60 \cdot 245) - (2 \cdot 430) - (2 \cdot 60 \cdot 21)] = 22640 \text{ mm}^2$$

Nach DIN EN 1995-1-1/NA, NCI NA.8.1.6 (NA.1) ist die Zugtragfähigkeit des Holzes um 1/3 abzumindern.

Bemessungswert der Zugfestigkeit:

$f_{t,0,k} = 19,2 \text{ N/mm}^2$ (aus DIN EN 14080, Tabelle 5)

$$f_{t,0,d} = \frac{k_{mod} \cdot f_{t,0,k}}{\gamma_M}$$

$$f_{t,0,d} = \frac{0,8 \cdot 19,2}{1,3}$$

$$f_{t,0,d} = 11,81 \text{ N/mm}^2$$

Der Bemessungswert der Zugbeanspruchung in Faserrichtung $\sigma_{t,0,d}$ muss kleiner als der um 1/3 abgeminderte Bemessungswert der Zugfestigkeit des Holzes sein.

$$\sigma_{t,o,d} \le f_{t,o,d} \cdot 0,67$$ [DIN EN 1995-1-1, Gl. (6.1)]

$$f_{t,0,d} \cdot 0,67 = 11,81 \cdot 0,67 = 7,91 \text{ N/mm}^2$$

Der Bemessungswert der Zugbeanspruchung errechnet sich aus dem Bemessungswert der Beanspruchung F und der auf Zug beanspruchten Querschnittsfläche A_n der Laschen.

$$\sigma_{t,o,d} = \frac{N_d}{A_n} = \frac{180 \cdot 10^3}{22640} = 7,9 \text{ N/mm}^2$$

$7,9 \text{ N/mm}^2 = 7,91 \text{ N/mm}^2$ **Nachweis erfüllt!**

Berechnung der Querzugtragfähigkeit:

Für Queranschlüsse mit mehreren Verbindungsmittelspalten muss die Querzugtragfähigkeit nach DIN EN 1995-1-1/NA:2013, NCI zu 8.1.4 berechnet werden.

Nachweis ist nötig für: $\frac{h_e}{h} \leq 0{,}7$

$\frac{h_e}{h} = \frac{430}{495} = 0{,}87 \geq 0{,}7$ **Nachweis nicht erforderlich!**

Mindestabstände für Beispiel 3.30.

	Bezeichnung	Mindestabstände DIN EN 1995-1-1:2010/A2:2014, Tabelle 8.8		
			α = 0° Seitenholz	α = 90° Mittelholz
untereinander in Faserrichtung	$\parallel$, a_1	$(1{,}2 + 0{,}3\,\lvert\cos\alpha\rvert) \cdot d_c$	170 (150)	125 (120)
untereinander rechtwinklig zur Faser	$\perp$, a_2	$1{,}2 d_c$	125 (120)	170 (150)
vom beanspruchten Hirnholzende	$a_{3,t}$	$1{,}5 d_c$	170 (150)	- (150)
vom unbeanspruchten Hirnholzende	$a_{3,c}$	$90° \leq \alpha < 150°$ $(0{,}9 + 0{,}6\,\lvert\sin\alpha\rvert) \cdot d_c$	-	- (150)
		$150° \leq \alpha < 210°$ $1{,}2 d_c$	- (120)	-
		$210° \leq \alpha \leq 270°$ $(0{,}9 + 0{,}6\,\lvert\sin\alpha\rvert) \cdot d_c$	-	-
vom beanspruchten Rand	$a_{4,t}$	$(0{,}6 + 0{,}2\lvert\sin\alpha\rvert) \cdot d_c$	- (60)	90 (80)
vom unbeanspruchten Rand	$a_{4,c}$	$0{,}6 d_c$	60 (60)	65 (60)

***d* = Dübel Typ C5, d = 100 mm**
α = Winkel zwischen Kraft und Faserrichtung = **0°/90°**
(...) rechnerische Werte

3.10.6. Berechnung von Hirnholzanschlüssen mit Dübeln besonderer Bauart nach DIN EN 1995-1-1/NA:2013, Abschnitt 8.11

Mit folgenden Dübeln besonderer Bauart dürfen nach dem Nationalen Anhang zu DIN EN 1995-1-1 Hirnholzanschlüsse ausgeführt werden:

- Ringdübel Typ A1 (∅ ≤ 126 mm),
- Scheibendübel mit Zähnen Typ C1 (∅ ≤ 140 mm),
- Scheibendübeln mit Dornen Typ C10.

Hirnholzanschlüsse dürfen in Vollholz, Brettschichtholz oder Balkenschichtholz ausgeführt werden. Bei der Herstellung der Verbindung muss Vollholz eine Holzfeuchte unterhalb von 20 % besitzen.

Es gelten die Formeln und konstruktiven Bedingungen nach Tabelle 3.46.

Die Bemessungswerte der Tragfähigkeit von Hirnholzanschlüssen mit Ring- und Scheibendübeln ist nach Gl. (NA.137) zu berechnen.

[DIN EN 1995-1-1/NA, Gl. (NA.137)]

$$F_{v,H,Rd} = n_C \cdot \frac{k_{mod} \cdot F_{v,H,Rk}}{\gamma_M} \quad \text{mit } \gamma_M = 1{,}3.$$

Dabei ist:

$F_{v,H,Rk}$ der charakteristische Wert der Tragfähigkeit einer Verbindungseinheit nach der Gl. (NA.135) bzw. (NA.136);

n_C die Anzahl der Verbindungseinheiten in einem Anschluss, mit $n_C \leq 5$;

γ_M der Teilsicherheitsbeiwert für Verbindungen nach Tabelle NA.2 oder Tabelle NA.3.

Tabelle 3.46. Formeln zur Berechnung der charakteristischen Trägfähigkeit von Hirnholzverbindungen mit Dübeln besonderer Bauart nach DIN EN 1995-1-1/NA:2013, Abschnitt NCI NA.8.11

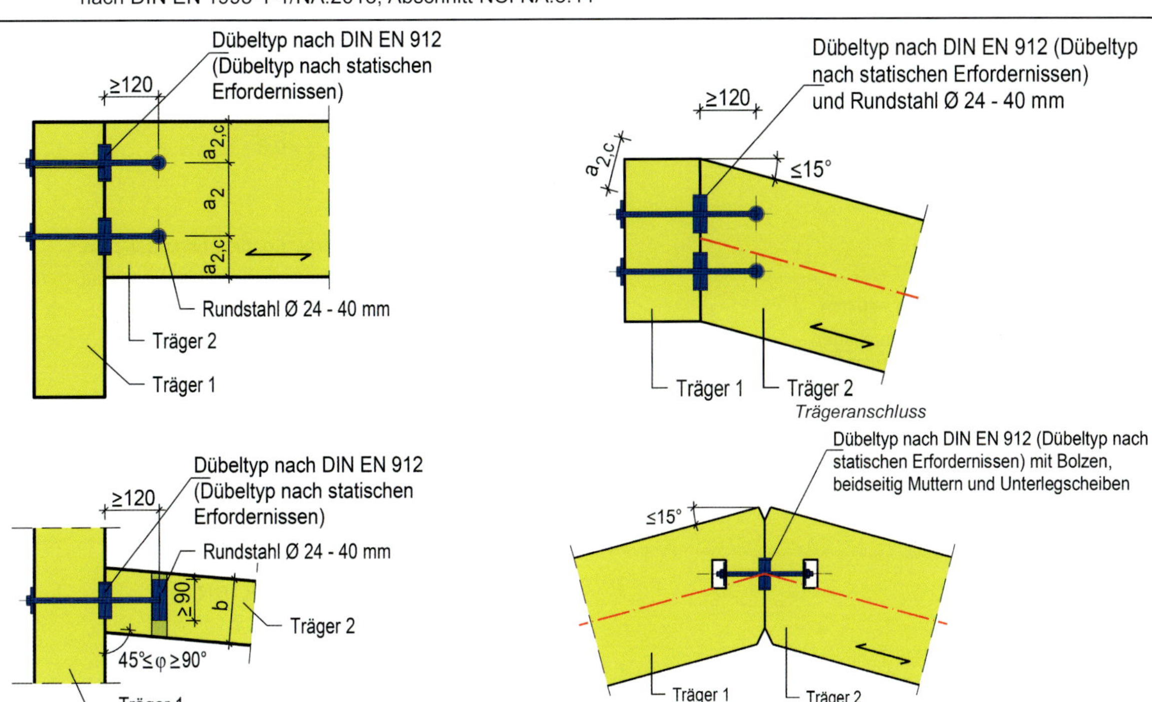

Anwendung nach DIN EN 1995-1-1/NA:2013, Abschnitt NCI NA.8.11 (NA.1) für Vollholz, Brettschichtholz oder Balkenschichtholz.

Dübel Typ A 1 nach Gl. (NA.135)

$$F_{v,H,Rk} = \frac{k_H}{(1{,}3 + 0{,}001 \cdot d_c)} \cdot F_{v,0,Rk} \quad [\text{N}] \qquad [\text{Gl. (NA.135)}]$$

nach Gl. (NA.125)
mit $k_H = 0{,}65$ bei einem oder zwei Dübeln hintereinander

mit $k_H = 0{,}8$ bei drei, vier oder fünf Dübeln hintereinander

$$F_{v,0,Rk} = \min\begin{cases} 35 \cdot d_c^{1{,}5} \\ 31{,}5 \cdot d_c \cdot h \end{cases} \quad [\text{N}] \qquad [\text{Gl. (8.61)}]$$

Dübel Typ C 1 und Dübel Typ C 10 nach Gl. (NA.136)

$$F_{v,H,Rk} = 14 \cdot d_c^{1{,}5} + 0{,}8 \cdot F_{b,90,Rk} \quad [\text{N}] \qquad [\text{Gl. (NA.136)}]$$

$$F_{b,90,Rk} = \sqrt{2 \cdot M_{y,Rk} \cdot f_{h,d,k}} \cdot d \quad [\text{N}] \qquad [\text{Gl. (NA.117)}]$$

$$f_{h,\alpha,k} = \frac{f_{h,0,k}}{k_{90} \cdot \sin^2\alpha + \cos^2\alpha} \quad [\text{N}] \qquad [\text{Gl. (8.31)}]$$

$$k_{90} = \begin{cases} 1{,}35 + 0{,}015 \cdot d & \textit{für Nadelhölzer} \\ 1{,}30 + 0{,}015 \cdot d & \textit{für Furnierschichtholz LVL} \\ 0{,}90 + 0{,}015 \cdot d & \textit{für Laubhölzer} \end{cases} \qquad [\text{Gl. (8.33)}]$$

für $350 \le f_k \le 500\ \text{kg/m}^3$

Bedingungen:
- Einhaltung der Mindestholzbreiten gemäß Tabelle NA.20 der DIN EN 1995-1-1/NA:2013
- Mittige Anordnung der Dübel in der Hirnholzfläche
- Charakteristische Rohdichte der miteinander verbundenen Bauteile mindestens $\rho_k = 350\ \text{kg/m}^3$, Werte darunter sind unzulässig!

Bezeichnungen:

$F_{v,0,Rk}$ = charakteristischer Wert der Tragfähigkeit einer Verbindungseinheit nach Gl. (8.61)

k_H = Beiwert zur Berücksichtigung des Einflusses des Hirnholzes des anzuschließenden Trägers

d_c = Dübeldurchmesser, in mm, Anforderungen an die Bolzendurchmesser nach Tabelle NA.18 für einseitige Ringdübel und nach Tabelle NA.19 für Scheibendübeln mit Zähnen oder Dornen

$F_{b,90,Rk}$ = charakteristische Tragfähigkeit des Bolzens oder Gewindestange nach Gl. (NA.117) mit charakteristischen Lochleibungsfestigkeit $f_{h,1,k}$ nach Gl. (8.31) für $\alpha = 90°$

Ansicht

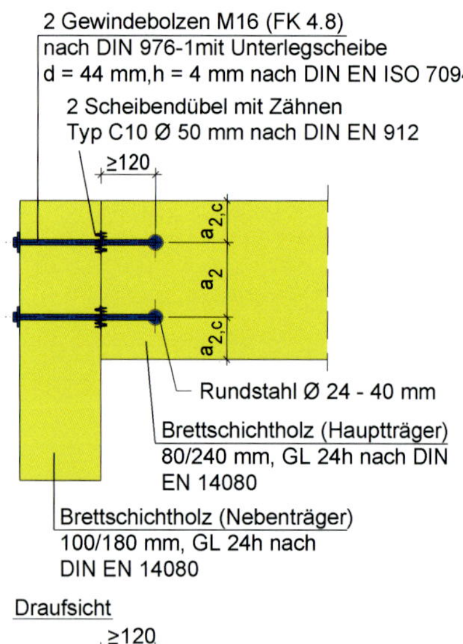

Draufsicht

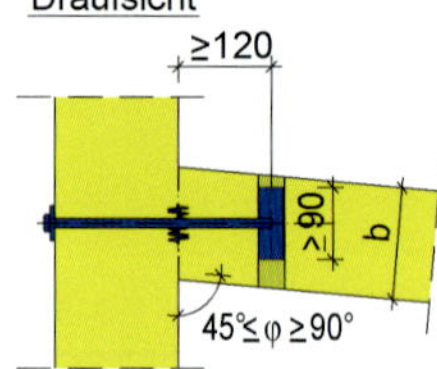

Bild 3.123. Hirnholzanschluss mit Scheibendübeln mit Zähnen Typ C10 nach DIN EN 912 bei Brettschichtholz (BSH)

Beispiel 3.31. (nach DIN EN 1995-1-1:2010)

Der in Bild 3.123. gezeigte Haupt-Nebenträger-Anschluss einer Wohnungsdecke wird als Hirnholzanschluss mit Dübeln besonderer Bauart ausgeführt.
Die Tragfähigkeit des Anschlusses ist für eine Belastung von 8,0 kN (Bemessungswert der Beanspruchung) nachzuweisen.

Verbindungsmittel:
Bolzen M12 nach DIN 976-1, Festigkeitsklasse 4.8 nach DIN EN ISO 898-1:2009
mit $f_{y,k} = 320\ \text{N/mm}^2$ und $f_{u,k} = 400\ \text{N/mm}^2$

Dübel Typ C10 nach DIN EN 912
mit:
$d_c = 50$ mm
$h_e = 6$ mm
$\Delta A = 460\ \text{mm}^2$ nach DIN EN 1995-1-1/NA:2013, Tabelle NA.17
$n_c = 2$

Holzwerkstoff:

Hauptträger*:* Brettschichtholz, GL24h nach DIN EN 14080, Tabelle 5, b_{HT}/h_{HT} = 80/240 mm

Nebenträger*:* Brettschichtholz, GL24h nach DIN EN 14080, Tabelle 5, b_{NT}/h_{NT} = 100/180 mm

$\rho_k = 385\ \text{kg/m}^3$

Einwirkung:
$V_d = 8000\ \text{N} = 8\ \text{kN}$
NKL 1, KLED: mittel, $k_{mod} = 0{,}8$

Bolzentragfähigkeit

Charakteristischer Wert der Lochleibungsfestigkeit:

[DIN EN 1995-1-1, Gl. (8.32)]

$$f_{h,0,k} = 0{,}082 \cdot (1 - 0{,}01 \cdot d_b) \cdot \rho_k$$

$$f_{h,0,k} = 0{,}082 \cdot (1 - 0{,}01 \cdot 12) \cdot 385 = 27{,}78\ \text{N/mm}^2$$

$$f_{h,1,k} = \frac{f_{h,0,k}}{k_{90} \cdot \sin^2\alpha + \cos^2\alpha}$$ [DIN EN 1995-1-1, Gl. (8.31)]

$$k_{90} = 1{,}35 + 0{,}015 \cdot d = 1{,}53\ \text{N/mm}^2$$ [DIN EN 1995-1-1, Gl. (8.33)]

$$f_{h,1,k} = \frac{27{,}78}{1{,}53 \cdot \sin^2 90 + \cos^2 90} = 18{,}16\ \text{N/mm}^2$$

Charakteristischer Wert des Fließmoments:

[DIN EN 1995-1-1, Gl. (8.30)]

$$M_{y,Rk} = 0{,}3 \cdot f_{u,k} \cdot d_b^{2,6} = 0{,}3 \cdot 400 \cdot 12^{2,6} = 76745\ \text{Nmm}$$

Charakteristischer Wert der Tragfähigkeit pro Scherfläche:

[DIN EN 1995-1-1/NA, Gl. (NA.117)]

$$F_{b,90,Rk} = \sqrt{2 \cdot M_{y,Rk} \cdot f_{h,1,k} \cdot d_b}$$

$$F_{b,90,Rk} = \sqrt{2 \cdot 76745 \cdot 18{,}16 \cdot 12} = 5783\ \text{N}$$

Tragfähigkeit einer Verbindungseinheit

Charakteristischer Wert der Tragfähigkeit einer Verbindungseinheit im Hirnholzende:

[DIN EN 1995-1-1/NA, Gl. (NA.136)]

$$F_{v,H,Rk} = 14 \cdot d_c^{1,5} + 0{,}8 \cdot F_{b,90,Rk}$$

$$F_{v,H,Rk} = 14 \cdot 50^{1,5} + 0{,}8 \cdot 5783 = 9576\ \text{N} = 9{,}58\ \text{kN}$$

Charakteristischer Wert der Tragfähigkeit des Hirnholzanschlusses:

$$F_{v,H,Rd} = n_c \cdot \frac{k_{mod} \cdot F_{v,H,Rk}}{\gamma_M}$$ [DIN EN 1995-1-1/NA, Gl. (NA.137)]

$$F_{v,H,Rd} = 2 \cdot \frac{0{,}8 \cdot 9576}{1{,}3} = 11786\ \text{N} = 11{,}79\ \text{kN}$$

Nachweis:

$$\frac{V_d}{F_{v,H,Rd}} = \frac{8{,}0}{11{,}79} = 0{,}68 < 1$$ **Nachweis erfüllt!**

3.11. Hölzerne Verbindungsmittel

Um die Haltbarkeit bei den Holzverbindungen zu gewährleisten und um die Verschiebungen der einzelnen Bauteile zu verhindern, verwendet der Zimmermann noch hölzerne Verbindungsmittel. Diese hölzernen Hilfsmittel, wie Holznägel, Keile, Dollen und Federn, stellt er selbst her (Bild 3.124.).

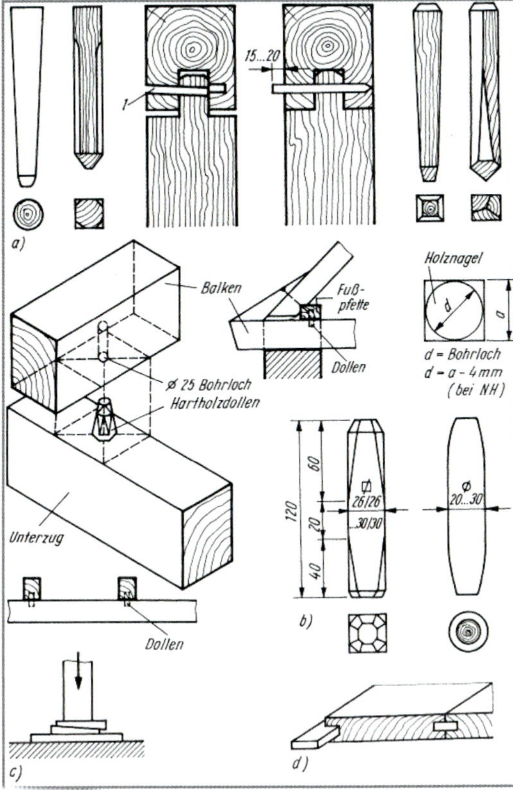

Legende
a) Holznägel
b) Hartholzdollen
c) Keile
d) Federn
1 Loch schräg gebohrt (auf Zug vorgebohrter Holznagel)

Bild 3.124. Hölzerne Verbindungsmittel

Holznägel

In den vergangenen Jahrhunderten bis in unsere heutige Zeit wurden Holznägel aus Eichen- oder Nadelholz als Verbindungsmittel besonders bei Dachkonstruktionen und beim Fachwerkbau, aber auch auf anderen Gebieten des Bauwesens eingesetzt, z. B. zur Sicherung von Zapfenverbindungen.

Üblich sind kantige, gefaste Holznägel, aber es wurden früher auch runde Holznägel verwendet (Bild 3.124.). Bei konischen Holznägeln entfällt die Abfasung. Eine gute Haftfestigkeit wird erzielt, wenn Holznägel mit quadratischem Querschnitt in rund vorgebohrte Löcher eingetrieben werden. Die Holznägel dürfen beiderseitig überstehen (15 bis 20 mm), zumindest außen bei Fachwerkwänden.

Bei bestimmten Verbindungen, z. B. Fachwerk und Dachkonstruktionen, empfiehlt es sich, die Löcher schräg zu bohren, damit der Holznagel diese zusammenzieht.

Verwendet werden Eiche, Kiefer, Fichte, Esche, Akazie, früher auch Birke, Weide, Linde (weil sie weich, zäh sind und sich zusammenpressen lassen).

Man sollte quadratische Eichenholznägel mit einem Querschnitt von etwa 16/16 bis maximal 40/40 mm verwenden (einseitig anspitzen). Das Bohrloch ist etwas kleiner zu wählen (bei Nadelhölzern), damit sich der Vierkant-Holznagel beim Eintreiben fest anpresst.

Für Dach- und Fachwerkkonstruktionen hat sich ein Querschnitt von 18/18 bis 24/24 mm bewährt. Holznägel dieser Art werden nicht berechnet.

Heute verwendet man Holznägel, außer bei Instandsetzungsarbeiten, vor allem im Wasserbau und in der chemischen Industrie, wenn hoch aggressive Medien einwirken. Für solche Fälle sind Eichenholznägel zweckmäßig, denn

- Holznägel lassen sich leicht selbst in den erforderlichen Abmessungen herstellen und
- Holznägel korrodieren nicht.

Anstelle von Holznägeln sind auch schon Glasfaserstäbe verwendet worden.

Berechnung der charakteristischen Tragfähigkeit tragender Holznagelverbindungen (nach DIN EN 1995-1-1/NA:2010, Abschnitt 12.3)

Der Nationale Anhang regelt in Abschnitt 12.3 die Berechnung von Holznägeln aus Eichenholz mit Durchmessern zwischen 20 und 30 mm. Den charakteristischen Wert der Tragfähigkeit pro Scherfläche erhält man aus Gl. (NA.165)

$$F_{Rk} = 9{,}5 \cdot d^2 \quad [\mathrm{N}]$$

Die Formel gilt für Bauteile mit $\rho_k > 350\,\mathrm{kg/m^3}$ unabhängig vom Winkel zwischen Kraft- und Faserrichtung.

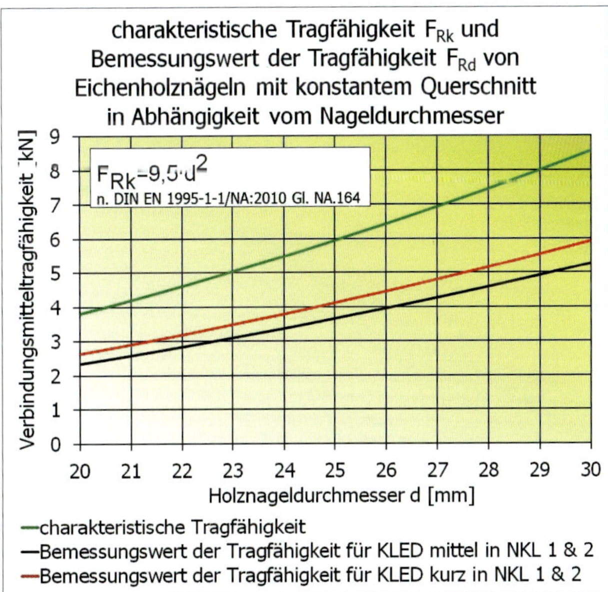

Bild 3.125. Charakteristische Tragfähigkeit F_{Rk} und Bemessungswert der Tragfähigkeit F_{Rd} von Eichenholznägeln in Abhängigkeit vom Nageldurchmesser

Die Gl. (NA.165) kann auch für Holznägel aus Buche verwendet werden, da Buchennägel eine höhere Tragfähigkeit als Eichennägel haben. Dabei ist die Mindestholzdicke von $2 \cdot d$ einzuhalten. Wird die Mindestdicke unterschritten, ist F_{Rk} mit dem kleineren Wert von $k_{t,1} = t_1/t_{1,\mathrm{req}}$, $k_{t,2} = t_2/t_{2,\mathrm{req}}$ abzumindern. Für die Mindestabstände untereinander und zu den Holzrändern gilt unabhängig von der Faserrichtung ebenfalls $2 \cdot d$.

Bei Nägeln aus anderen Holzarten, z. B. Robinie, Esche oder auch Buche und eventuell Nägeln mit anderen Durchmessern, kann die Tragfähigkeit mit der allgemeinen Formel für stiftförmige Verbindungsmittel (Näherungsverfahren) berechnet werden.

Weitere Literatur: [*Lißner/Rug* 2016], [*Blaß/Ernst/Werner* 1999], [*Ehlbeck/ Hättich* 1988], [*Kessel/Augustin* 1990], [*Kessel/Augustin* 1994]

Holzdollen (Holzdorne)

Vom Handwerklichen her ist der Holznagel der Vorgänger des Dollens.

Diese werden 20 bis 30 mm im Durchmesser oder quadratisch und 80 bis 140 mm lang ausgebildet. Sie dienen zur Verbindung rechtwinklig aufeinander liegender Hölzer anstelle der Verkämmung. Das Hartholz wird dazu konisch abgedreht und in vorgebohrte Hölzer eingeschlagen. Der Querschnitt wird von der Mitte nach oben und unten verjüngt, die Hirnholzfläche abgefast (Bild 3.124.b).

Sie sind vielseitig anwendbar.

Federn

Federn sind schmale Holzstreifen. Sie dienen zur Verbindung von genuteten Bauteilen (Bild 3.124.d).

Keile

Sie dienen dazu, die Holzverbindungen zusammenzutreiben oder zu verspannen. Es werden einfache oder doppelte Keile verwendet.

Keilverbindungen sind lösbare kraftschlüssige Verbindungen. Keile verspannen durch zwei gegenüberliegende Flächen (Bauch- und Rückenfläche genannt) die zu verbindenden Teile gegeneinander. Die Rückenfläche ist geneigt. Die Größe der Neigung bezeichnet man als Anzug. Er ist das Verhältnis des Höhenunterschiedes zur Keillänge (Bild 3.126.).

Die Keilkraft zerlegt sich in: F_N Normalkraft und F_V Verspannkraft. Die Rückenkraft ist umso größer, je kleiner die Neigung des Keils ist. Beim Eintreiben des Keils entstehen an Bauch- und Rückenflächen Flächenpressungen.

Im Holzbau werden bei gering belasteten Bauteilen Nadelholzkeile, bei hoch belasteten Eichenholzkeile, gelegentlich auch Stahlkeile verwendet (z. B. bei Absteifungen).

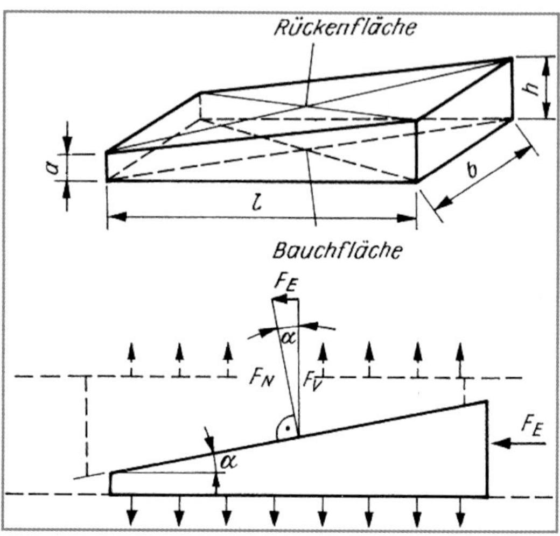

Bild 3.126. Kraftwirkungen am Keil

4. Verbindungen, Anschlüsse und Stöße im Holzbau

4.1. Konstruktive und technologische Forderungen

Die konstruktive Funktion einer statisch beanspruchten Holzverbindung ist, die Holzbauteile dauerhaft und unverschieblich miteinander zu verbinden.

In der Regel sind dazu **Verbindungsmittel** erforderlich. Sie haben die Aufgabe, die Verbindungsteile zu einer Konstruktion zu vereinigen.
Die **Schlussart** einer Verbindung entspricht dem Wirkungsprinzip zur Übertragung der Kräfte von Verbindungsteil zu Verbindungsteil.
Danach werden unterschieden:

- **formschlüssige Verbindung**, z. B. Hakenblatt,
- **kraftschlüssige Verbindung**, z. B. Nagelung, Verschraubung, Verkeilung,
- **stoffschlüssige Verbindung**, z. B. Verklebung.

An eine Holzverbindung werden folgende Forderungen gestellt:

- direkte Kraftübertragung,
- einfache und kostengünstige Ausführung,
- geringe Schwächung der zu verbindenden Holzteile.

Verbindung nach DIN EN 1995-1-1/NA:2013, Abschnitt NCI Zu 1.5.2, NA.1.5.2.25:

Verbindung, bei der mehrere Stäbe durch einen Anschluss (direkt) oder durch je einen Anschluss an mindestens ein Verbindungselement (indirekt) zusammengefügt werden.

Anschluss nach DIN EN 1995-1-1/NA:2013, Abschnitt NCI Zu 1.5.2, NA.1.5.2.11:

Anschluss, bei dem ein Stab mit einem Stab oder ein Stab mit einem Verbindungselement durch mechanische Verbindungsmittel, Kontakt oder Klebung verbunden wird.

Unter einem Stoß versteht man im Allgemeinen die Verbindung zweier Stäbe identischen Querschnitts mit gerade durchlaufender Stabachse (DIN EN 1995-1-1/NA:2013, Abschnitt NCI Zu 1.5.2, NA.1.5.2.24).

Die Verbindungsmittel sind möglichst gleichmäßig verteilt und symmetrisch zur Stabachse des anzuschließenden Stabes oder der zu stoßenden Stäbe anzuordnen. Laschen von Anschlüssen und Stößen sind symmetrisch zur Stabachse anzuordnen.

4.2. Druckstöße und Druckanschlüsse

4.2.1. Allgemeine Hinweise, Begriffe

Ihre Gliederung ist Tabelle 4.1. zu entnehmen.

***Druckstöße** sind solche Verbindungen, bei denen auf Druck beanspruchte Stäbe in ihrer Längsachse (Kraftrichtung) zusammentreffen.*

***Druckanschlüsse** sind solche Verbindungen, bei denen auf Druck beanspruchte Stäbe unter einem rechten oder spitzen Winkel mit anderen Stäben zusammenstoßen.*

4.2.2. Druckstöße

Es sind möglichst Kontaktstöße mit Passschnitt (auch als Passstoß bezeichnet) senkrecht zur Stabachse (d. h. senkrecht zur Kraftrichtung) auszuführen, damit die Kraft gleichmäßig auf die Stoßfläche verteilt wird.

Kontaktstöße bzw. Passstöße müssen einwandfrei aufeinander passen, damit eine vollflächige Druckübertragung ermöglicht wird.

Nach der Ausführung werden unterschieden:

- Kontakt- oder Passstöße,
- kontaktlose Stöße.

Kontaktstöße (Passstöße) sind kontaktlosen Druckstößen eindeutig überlegen und benötigen weniger Material und einen geringeren Arbeitsaufwand.

Es treten geringfügige Einpressungen der Jahrringe auf. Stöße sind so nahe wie möglich an abgestützte Stellen zu legen.

Kontaktstöße in den äußeren Vierteln der Knicklänge (nicht knickgefährdeter Bereich)

Bei Kontakt- oder Passstößen genügt es, die verbundenen Teile durch Laschen in ihrer gegenseitigen Lage zu sichern. Die Verbindungsmittel dürfen für die halbe Druckkraft bemessen werden.
Hinweise für die Festlegung der Knicklänge in Bild 4.1.

Tabelle 4.1. Verbindungen von Druckstäben – Allgemeines

Grundsätzliche Aufgabe	Anschluss eines Druckstabes, der winkelrecht auf einen anderen Holzstab trifft	Anschluss eines Druckstabes, der unter einem spitzen Winkel α auf einen anderen Holzstab trifft	Zwei auf Druck beanspruchte Holzstäbe treffen in ihrer Längsachse zusammen und sind zu stoßen	Zwei auf Druck beanspruchte Holzstäbe treffen unter einem stumpfen Winkel zusammen und sind zu stoßen
Systemskizze	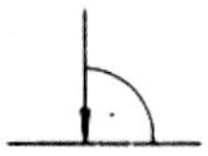	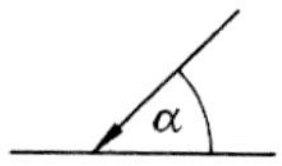 α		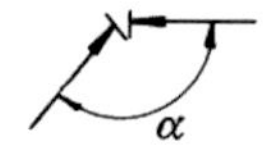 α
Benennung	Druckanschluss rechtwinklig zur Faser	Druckanschluss unter einem spitzen Winkel (Versatz)	Druckstoß	Druckstoß unter einem stumpfen Winkel
Besondere Merkmale	Hirnholz trifft auf Langholz. Langholzfasern werden zusammengedrückt.	Hirnholz trifft unter einem spitzen Winkel auf Langholz. Langholzfasern werden eingedrückt, Vorholz wird auf Abscheren beansprucht.	Hirnholz trifft Hirnholz. Hirnholz drückt sich bei Kontaktstößen in Hirnholz.	Hirnholz trifft mit Hirnholz oder mit Langholz unter einem stumpfen Winkel zusammen. Hirnholz drückt sich geringfügig in Hirnholz.
Anwendungsbeispiele	Rundholz- und Kantholzstützenanschlüsse an Schwellen	Strebenanschluss mit Versatz	Stoß einer Rundholz- oder Kantholzstütze im Schalungs- und Gerüstbau	Verbindung zweier Druckstäbe bei einem Dachbinder, Lehrgerüst, Brücke

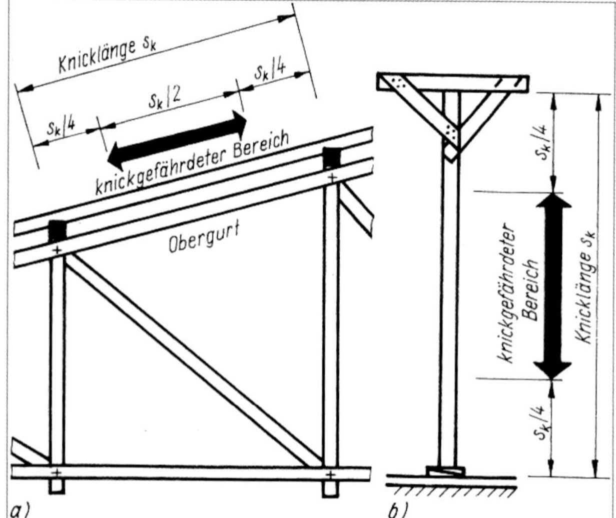

Legende

a) bei einem auf Druck beanspruchten Obergurt eines Fachwerkbinders
b) bei der Steife eines Schalungsgerüstes

Bild 4.1. Festlegung des knickgefährdeten Bereiches

Damit ergeben sich bei genagelten Laschen:

– *Kontaktstoß (Passstoß)*

erforderliche Nagelanzahl $n = \frac{1}{2} \cdot \frac{N_d}{F_{v,Rd}}$

– *kontaktloser Stoß*

erforderliche Nagelanzahl $n = \frac{N_d}{F_{v,Rd}}$

Die gestoßenen Stabenden sind im Regelfall mit Holzlaschen in ihrer gegenseitigen Lage zu sichern (Bilder 4.2.b, c). Oft genügen Stahldollen oder Verblattungen (Bilder 4.2.a, d) mit Verschraubungen. Holzlaschen sind mit mindestens vier Nägeln je Stoßseite zu befestigen.

Bild 4.3. zeigt einen ausgeführten Passstoß in genagelter Ausführung. Wegen der vier Laschen ist die Nagelung zusätzlich durch zwei Passbolzen Ø 12 gesichert.

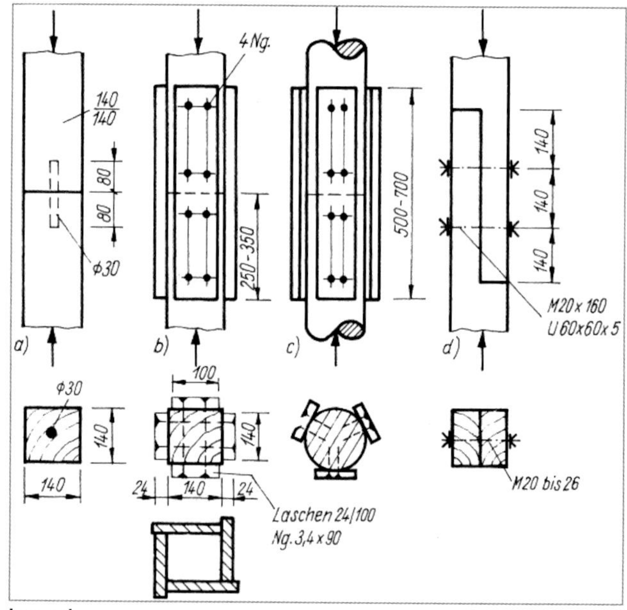

Legende

a) Lagesicherung durch Stahldollen
b) Lagesicherung bei Kanthölzern durch vier Laschen, breitere Laschen überstehen lassen
c) Lagesicherung bei Rundhölzern durch drei Laschen
d) verblatteter Stoß, Sicherung durch Schrauben

Bild 4.2. Kontaktstöße von Druckstäben, die nicht im knickgefährdeten Bereich liegen

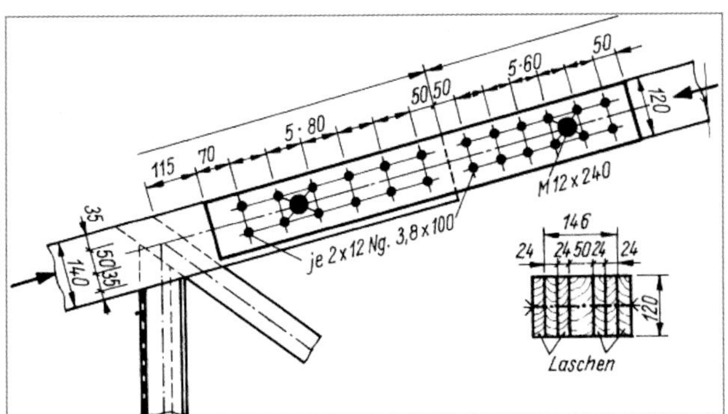

Bild 4.3. Genagelter Druckstoß (Passstoß) eines Obergurtes, als Passstoß ausgeführt vier Laschen 24/120/900; die Nagelung wird zusätzlich durch zwei Passbolzen ∅ 12 gesichert

Verformung bei Kontaktstößen

Holzstäbe, die auf Druck beansprucht werden, verformen (verkürzen) sich.
So verkürzt sich ein Nadelholz mit einem Elastizitätsmodul $E_{0,mean} = 11000\,\text{N/mm}^2$ (NH S10 nach DIN 4074-1/C24 nach DIN EN 338) und $\sigma_{c,0,d} = 5{,}5\,\text{N/mm}^2$ ($\Delta \sim 38\,\%$ von $f_{c,0,d} = 14{,}5\,\text{N/mm}^2$) um 0,5 mm/m.
Im Stoßbereich von zwei Hölzern (Kontaktstoß mit Passstoß senkrecht zur Stabachse) tritt bei $\sigma_{c,90,d} = 3{,}7\,\text{N/mm}^2$ und $E_{90,mean} = 370\,\text{N/mm}^2$ eine Verformung von 1 mm und bei $\sigma_{c,90,d} = 7{,}4\,\text{N/mm}^2$ eine solche von ca. 2 mm auf (Höhe h = 100 mm).
Im Lehrgerüstbau ist diese Verformung unerwünscht, sie muss durch eine entsprechende Überhöhung ausgeglichen werden, um die festgelegten Höhen einzuhalten.
Um diese Zusammendrückung zu verringern, werden z. B. bei untergeordneten Bauteilen die Bemessungswerte der Spannungen $f_{c,0,d}$ $(f_{c,90,d})$ nicht voll ausgenutzt.

4.3. Druckstöße

4.3.1. Druck parallel zur Faser nach DIN EN 1995-1-1:2010, Abschnitt 6.1.4

DIN EN 1995-1-1:2010 unterscheidet nicht in Kontakt- bzw. Passstöße und Stöße ohne Kontakt. Ist der Druckstoß kraftschlüssig hergestellt (z. B. Kontakt- oder Passstoß), so gilt als Nachweis nach DIN EN 1995-1-1:2010, Gl. (6.2):

$$\sigma_{c,0,d} \leq f_{c,0,d}$$

Wird durch einen Druckstoß das Verformungsverhalten des Druckstabes verändert, dann ist dieser Einfluss bei der Berechnung zu berücksichtigen.
Der Einfluss der Verformungen musste bisher nicht berücksichtigt werden, wenn der Stoß im äußeren Viertel der Knicklänge liegt, dieser mittels Laschen konstruktiv gesichert wird und die Verbindungsmittel der Verlaschung mindestens 50 % der am Stoß zu übertragenden Kraft aufnehmen können.
Bei Stößen, die mehr als $0{,}25\,s_k$ vom Stabende entfernt sind (s. Bild 4.1.), müssen die stoßdeckenden Teile (Laschen) sowohl bei *Kontaktstößen* als auch bei *kontaktlosen Stößen* so ausgebildet sein, dass sie an der Stoßstelle die Querschnittsfläche und das Trägheitsmoment (Flächenmoment 2. Grades) voll ersetzen.

Druckstöße im knickgefährdeten Bereich sind möglichst zu vermeiden! Druckstöße, die im knickgefährdeten Bereich liegen, müssen eine volle (vierseitige) Stoßdeckung erhalten.

Das heißt, die Laschen müssen das vorhandene Trägheitsmoment voll decken. Druckstöße in diesem Bereich sollten grundsätzlich nur als Kontaktstöße (Passstöße) ausgebildet werden.

Es gilt:

$$EI_{\text{Stoß}} \geq EI_{\text{Stab}}$$

$$\frac{\dfrac{N_d}{A_{\text{Stoß}}}}{k_{c,y} \cdot f_{c,0,d}} \leq 1$$

Die Verbindungsmittel sind für die ganze Druckkraft zu bemessen.
Liegt der Stoß im knickgefährdeten Bereich, dann ist der Einfluss der Verformungen zu berücksichtigen. Der Druckstoß wird dann innerhalb des vorliegenden statischen Systems als Drehfeder modelliert (s. Beispiel 4.3.).

Beispiel 4.1. (nach DIN EN 1995-1-1:2010)

Welche Druckkraft kann der nach Bild 4.2.a ausgebildete Kontakt-Druckstoß, der nicht im knickgefährdeten Bereich liegt, ohne Berücksichtigung des Knickbeiwertes übertragen?
Stabquerschnitt: 140/140 mm, Stahldollen 30 mm Durchmesser, NH (Kiefer) S10 nach DIN 4074-1, nach DIN EN 14081-1 in Verbindung mit DIN 20005-1 erfolgt über DIN EN 1912 eine Einordnung in C24 nach DIN EN 338, Tabelle 1
Nutzungsklasse 1, KLED „mittel“

Lösung:

Der Dollenquerschnitt wird nicht vom tragenden Holzquerschnitt abgezogen, da er das Bohrloch satt ausfüllt und eine höhere Festigkeit hat, als die zu verbindenden Hölzer.
Druck in Faserrichtung wird nach Gl. (6.2) nachgewiesen.

$\sigma_{c,0,d} \leq f_{c,0,d}$ [DIN EN 1995-1-1, Gl. (6.2)]

mit $\sigma_{c,0,d} = \dfrac{F_{c,0,d}}{A}$

Gleichung für $\sigma_{c,0,d}$ wird in Gl. (6.2) eingesetzt

$$\frac{F_{c,0,d}}{A} \leq f_{c,0,d}$$

die Gleichung wird nach $F_{c,0,d}$ umgestellt

$$F_{c,0,Rd} = A \cdot f_{c,0,d}$$

Baustoffkennwerte nach DIN EN 338, Tabelle 1 für C24:

$f_{c,0,k} = 21\,\text{N/mm}^2$

Bemessungswert der Druckfestigkeit nach Gl. (2.14):

$k_{\text{mod}} = 0{,}8$ [DIN EN 1995-1-1, Tabelle 3.1]

[DIN EN 1995-1-1, Gl. (2.14)]

$$f_{c,0,d} = \frac{k_{\text{mod}} \cdot f_{c,0,k}}{\gamma_M} = \frac{0{,}8 \cdot 21}{1{,}3} = 12{,}92\,\text{N/mm}^2$$

Bemessungswert der übertragbaren Druckkraft:

$$F_{c,0,Rd} = A \cdot f_{c,0,d} = 140 \cdot 140 \cdot 12{,}92$$

$$F_{c,0,Rd} = 253232\,\text{N} = 253{,}23\,\text{kN}$$

Kontaktloser Stoß in den äußeren Vierteln der Knicklänge

Bei kontaktlosen Stößen müssen die symmetrisch angeordneten Laschen und die Verbindungsmittel die *volle Druckkraft* übertragen (s. Beispiel 4.2.).

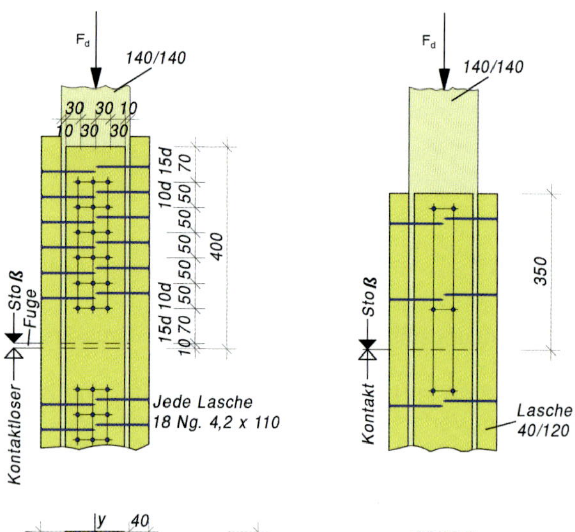

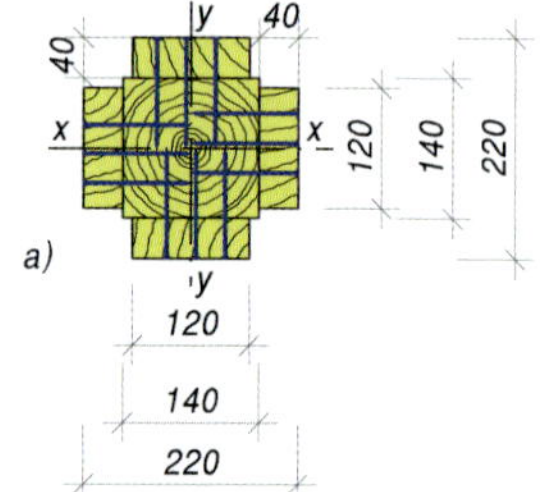

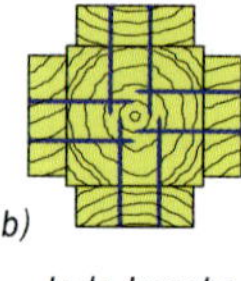

Legende
a) kontaktloser Stoß
b) Kontaktstoß (Variante zu a)

Bild 4.4. Druckstoß

Beispiel 4.2. (nach DIN EN 1995-1-1:2010)

Ein Druckstab (Bild 4.4.a) mit dem Querschnitt 140/140 mm aus NH S10 nach DIN 4074-1 hat eine Druckkraft von $N_d = 44{,}0\,\text{kN}$ zu übertragen. Der Druckstoß liegt nicht im knickgefährdeten Bereich. Es sollen genagelte Laschen verwendet werden, kontaktloser Stoß.

Lösung:

Gewählt: 4 Laschen 40/120 mm NH S10 nach DIN 4074-1/C24 nach DIN EN 338, Tabelle 1 (Holzart Kiefer) und Nägel $4{,}2 \times 110$ nach DIN EN 10230-1 (nicht vorgebohrt), KLED mittel, Nutzungsklasse 2

Ermittlung der Tragfähigkeit des Nagels nach Gl. (NA.120):

$$F_{v,Rk} = \sqrt{2 \cdot M_{y,Rk} \cdot f_{h,1,k} \cdot d} \qquad \text{[DIN EN 1995-1-1/NA, Gl. (NA.120)]}$$

Charakteristischer Wert der Lochleibungsfestigkeit:

$$f_{h,1,k} = 0{,}082 \cdot \rho_k \cdot d^{-0,3} \qquad \text{[DIN EN 1995-1-1, Gl. (8.15)]}$$

$$f_{h,1,k} = 0{,}082 \cdot 350 \cdot 4{,}2^{-0,3}$$

$$f_{h,1,k} = 18{,}66\,\text{N/mm}^2$$

Charakteristisches Fließmoment für den Nagel mit $f_u = 600\,\text{N/mm}^2$ nach DIN EN 14592, Abschnitt 6.1.2:

$$M_{y,Rk} = 0{,}3 \cdot f_u \cdot d^{2,6} \qquad \text{[DIN EN 1995-1-1, Gl. (8.14)]}$$

$$M_{y,Rk} = 0{,}3 \cdot 600 \cdot 4{,}2^{2,6}$$

$$M_{y,Rk} = 7511{,}40\,\text{N/mm}^2$$

Charakteristische Tragfähigkeit $F_{v,Rk}$ pro Nagelscherfläche:

[DIN EN 1995-1-1/NA, Gl. (NA.120)]

$$F_{v,Rk} = \sqrt{2 \cdot 7511{,}40 \cdot 18{,}66 \cdot 4{,}2}$$

$$F_{v,Rk} = 1085{,}06\,\text{N} = 1{,}085\,\text{kN}$$

Mindestholzdicke/Mindesteindringtiefe des Nagels:

$t_{vorh} = 40\,\text{mm}$ Holzdicke /Laschendicken

$$t_{req} = 9 \cdot d \qquad \text{[DIN EN 1995-1-1/NA, Gl. (NA.121)]}$$

$$t_{req} = 9 \cdot d = 9 \cdot 4{,}2 = 37{,}8\,\text{mm} < t_{vorh}$$

$t_{vorh} = 110 - 40 = 70\,\text{mm}$ Nageleindringtiefe

Mindestholzdicke/Spaltgefährdung Kiefernholz – nicht besonders spaltgefährdete Holzart:

$$t = \max\begin{cases} 7 \cdot d \\ (13 \cdot d - 30) \cdot \dfrac{\rho_k}{400} \end{cases} \qquad \text{[DIN EN 1995-1-1, Gl. (8.18)]}$$

$$t = \max\begin{cases} 7 \cdot 4{,}2 & = 29{,}4 \\ (13 \cdot 4{,}2 - 30) \cdot \dfrac{350}{400} & = 21{,}53 \end{cases} = 29{,}4 \approx 30\,\text{mm} < t_{vorh}$$

Bemessungswert der Tragfähigkeit des Nagels pro Scherfläche:

$$F_{v,Rd} = \frac{k_{mod} \cdot F_{v,Rk}}{\gamma_M} \qquad \text{[DIN EN 1995-1-1/NA, Gl. (NA.113)]}$$

mit $\gamma_M = 1{,}1$ nach DIN EN1995-1-1/NA:2013 für die Berechnung nach dem vereinfachten Verfahren

$$F_{v,Rd} = \frac{0{,}8 \cdot 1{,}085}{1{,}1} = 0{,}79\,\text{kN}$$

Die Nägel sind in den gegenüberliegenden Laschen auf gleicher Höhe, in den anderen beiden Laschen auf halber Höhe einzutreiben. In Bild 4.4.b ist derselbe Druckstoß als Kontaktstoß dargestellt; dabei wird die Einsparung an Verbindungsmitteln und Arbeitsaufwand offensichtlich.

Berechnung erforderliche Nagelanzahl:

$$\text{erf } n = \frac{N_d}{F_{v,Rd}} = \frac{44{,}0}{0{,}79} = 55{,}7 \textit{ Nägel}$$

Ausgeführt: $4 \cdot 18 = 72$ *Nägel* (je Lasche und Stoßseite 18 Nägel/6 Nägel hintereinander). Die Nägel werden nicht versetzt genagelt, damit wird n_{ef} nach Gl. (8.17) berechnet (s. DIN EN 1995-1-1:2010, Abschnitt 8.3.1.1(8)). Bei $a_1 = 50\,\text{mm}$ ist $k_{ef} = 0{,}94$

$$n_{ef} = n^{k_{ef}} = 6^{0,94} = 5{,}4\,\text{Nägel}$$

Bemessungswert der Tragfähigkeit der Nägel:

$$F_{v,Rd} = 3 \cdot 5{,}4 \cdot 4 = 64{,}8\,\text{kN}$$

Nachweis der Tragfähigkeit:

$$\frac{N_d}{F_{v,Rd}} = \frac{44{,}0}{64{,}8} = 0{,}68 < 1{,}0 \quad \textbf{Nachweis erfüllt!}$$

Spannungsnachweis in den Laschen:

$$f_{c,0,k} = 21\,\text{N/mm}^2$$

$$f_{c,0,d} = \frac{k_{mod} \cdot f_{c,0,k}}{\gamma_M} = \frac{0{,}8 \cdot 21}{1{,}3} = 12{,}92\,\text{N/mm}^2$$

$$\text{vorh } \sigma_{c,0,d} = \frac{N_d}{4 \cdot A_{Lasche}}$$

$$\text{vorh } \sigma_{c,0,d} = \frac{44{,}0 \cdot 10^3}{4 \cdot 30 \cdot 120} = 3{,}06\,\text{N/mm}^2 < f_{c,0,d} = 12{,}92\,\text{N/mm}^2$$

Nachweis erfüllt!

Mindestabstände für Beispiel 4.2

	Bezeichnung	DIN EN 1995-1-1:2010, Tabelle 8.2			
		Seitenholz $\alpha = 0°$	**mm**	**Druckstab $\alpha = 0°$**	**mm**
untereinander in Faserrichtung	$\parallel,\ a_1$	$d < 5\,\text{mm}:$ $(5+5\lvert\cos\alpha\rvert)\cdot d$	50 (42)	$d < 5\,\text{mm}:$ $(5+5\lvert\cos\alpha\rvert)\cdot d$	50 (42)
untereinander rechtwinklig zur Faser	$\perp,\ a_2$	$5\cdot d$	30 (21)	$5\cdot d$	30 (21)
vom beanspruchten Hirnholzende	$a_{3,t}$	$(10+5\cos\alpha)\cdot d$	70 (63)	$(10+5\cos\alpha)\cdot d$	70 (63)
vom unbeanspruchten Hirnholzende	$a_{3,c}$	$10\cdot d$	- (42)	$10\cdot d$	- (42)
vom beanspruchten Rand	$a_{4,t}$	$d < 5\,\text{mm}:$ $(5+2\cdot\sin\alpha)\cdot d$	- (21)	$d < 5\,\text{mm}:$ $(5+2\cdot\sin\alpha)\cdot d$	- (21)
vom unbeanspruchten Rand	$a_{4,c}$	$5\cdot d$	30 (21)	$5\cdot d$	40 (21)

Nageldurchmesser d = 4,2 mm
α = Winkel zwischen Kraft und Faserrichtung = **0°**
(...) rechnerische Werte

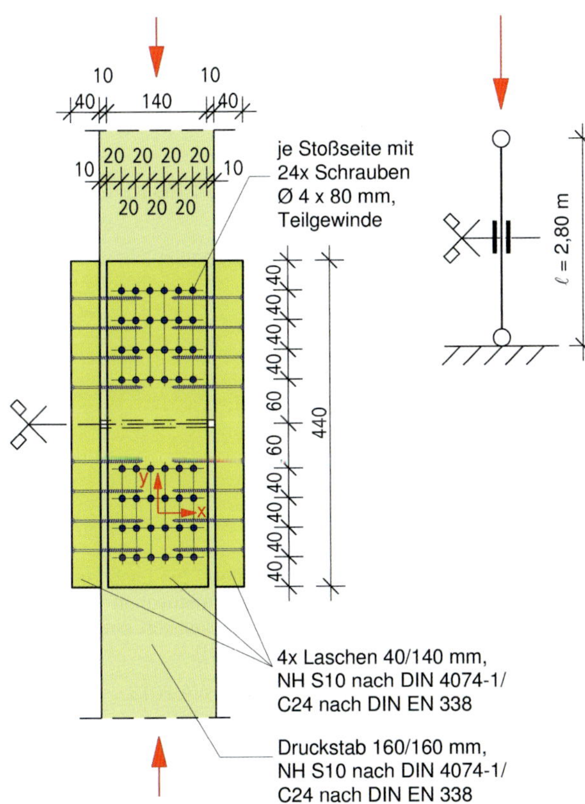

Bild 4.5. Verstärkung Druckstab

Beispiel 4.3. (nach DIN EN 1995-1-1:2010)

Ein Druckstab (b/h = 160/160 mm, ℓ = 2,80 m, NH S10 nach DIN 4074-1/C24 nach DIN EN 338) ist an beiden Seiten gelenkig gelagert. Der Stab ist mittig gestoßen. Der Stoß ist umlaufend mit vier Laschen (b/h = 40/140 mm, NH S10 nach DIN 4074-1/C24 nach DIN EN 338) gesichert. Die Laschen werden jeweils mit 24 Schrauben 4,0 x 80 mm am Stab befestigt.
Die Tragfähigkeit des Druckstabes ist nachzuweisen. Der Druckstoß wird als Drehfeder modelliert, um die Zusatzbeanspruchungen aus den Biegemomenten zu berücksichtigen.

System:

Druckstab; C24/S10 mit $\rho_k = 350$ kg/m^3

$\ell = 2{,}8$ m $b/h = 160/160$ mm

Laschen; C24/S10 mit $\rho_k = 350$ kg/m^3

$\ell = 220$ mm $b/h = 40/140$ mm

Schrauben; 4,0 × 80 mm mit

$F_{v,RK} = 708$ N pro Schraube (durch vorherige Berechnung ermittelt)

Beanspruchung:

$F_{Rd} = 36000$ N = 36 kN

Baustoffeigenschaften:

NH S10 nach DIN 4074-1/C24 nach DIN EN 338, Tabelle 1

Nutzungsklasse: 2 [DIN EN 1995-1-1, Abschnitt 2.3.1.3]

KLED "kurz" [DIN EN 1995-1-1/NA, Tabelle NA.1]

$k_{mod} = 0{,}9$ [DIN EN 1995-1-1, Tabelle 3.1]

$\gamma_M = 1{,}3$ [DIN EN 1995-1-1/NA, Tabelle NA.2]

$f_{c,0,k} = 21$ N/mm^2 [DIN EN 338, Tabelle 1]

$f_{c,90,k} = 2{,}5$ N/mm^2 [DIN EN 338, Tabelle 1]

Für die Berechnung der Nachgiebigkeit der Verbindung ist die Drehfedersteifigkeit der Verbindungsmittelgruppe zu berechnen. Hierfür wird das polare Trägheitsmoment benötigt.

$$\sum x^2 = n_x \cdot \left(r_1^2 + r_2^2 + r_3^2\right) + n_{gesamt} \cdot r_4^2$$

$$\sum x^2 = 12 \cdot \left(10^2 + 30^2 + 50^2\right) + 48 \cdot 80^2$$

$$\sum x^2 = 349200 \text{ mm}^2$$

Die Schrauben werden nicht versetzt angeordnet, damit wird n_{ef} für die Schrauben in y-Richtung (in Faserrichtung) nach Gl. (8.17) berechnet (s. DIN EN 1995-1-1:2010, Abschnitt 8.3.1.1 (8)). Bei $a_1 = 40\text{ mm} = 10 \cdot d$ ist $k_{ef} = 0{,}85$

$$n_{ef} = n^{k_{ef}} = 4^{0{,}85} = 3{,}25 \text{ Schrauben}$$

$$\sum y^2 = n_y \cdot \left(r_1^2 + r_2^2\right)$$

$$\sum y^2 = 6 \cdot 3{,}25 \cdot \left(20^2 + 80^2\right)$$

$$\sum y^2 = 132600 \text{ mm}^2$$

Verschiebungsmodul K_u:

$$K_u = \frac{2}{3} \cdot \frac{\rho_k^{1{,}5} \cdot d^{0{,}8}}{25} = \frac{2}{3} \cdot \frac{350^{1{,}5} \cdot 4{,}0^{0{,}8}}{25}$$

$$K_u = 529 \text{ N/mm}$$

Federkonstante der elastischen Einspannung:

$$K_\varphi = \frac{K_u}{\gamma_M} \cdot \sum (x^2 + y^2) = \frac{529}{1{,}3} \cdot (349200 + 132600)$$

$$K_\varphi = 1{,}96 \cdot 10^8 \text{ Nmm}$$

Elastizitätsmodul:

$$E = \frac{11000}{\gamma_M} = 8461 \text{ N/mm}^2$$

Flächenmoment:

$$I = \frac{b^4}{12} = \frac{160^4}{12} = 5{,}46 \cdot 10^7 \text{ N/mm}^2$$

1. Möglichkeit der Berechnung

In den Erläuterungen zur DIN 1052:1988/1996 wird eine Möglichkeit angegeben, die Knicklänge eines auf Druck beanspruchten Stabes mit Stoß im knickgefährdeten Bereich zu ermitteln (s. Tabelle 5.5. im Buch).

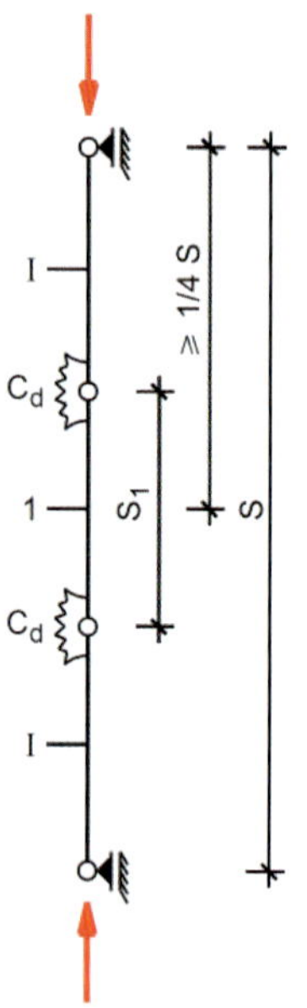

Bild 4.6. Statisches System zur Berechnung der Knicklängen eines Druckstabes mit mittigem Laschenstoß nach DIN 1052:1988/1996, Bild 9/13

Hierbei wird zur Berücksichtigung der Nachgiebigkeit der Verbindung die Knicklänge näherungsweise mit folgender Gleichung bestimmt:

[DIN 1052:1988/1996, Teil 1, Gl. (9.26)]

$$s_k \approx s \cdot \sqrt{1 + \left(2 - \frac{s_1}{s}\right) \cdot \frac{2 \cdot E \cdot I}{s \cdot C_d}}$$

mit:

$$C_d = K_\varphi$$

$$s_k \approx 2800 \cdot \sqrt{1 + \left(2 - \frac{200}{2800}\right) \cdot \frac{2 \cdot 8461 \cdot 5{,}46 \cdot 10^7}{2800 \cdot 1{,}96 \cdot 10^8}}$$

$$s_k \approx 2800 \cdot 2{,}06 \approx 5769 \text{ mm} \approx 5{,}77 \text{ m}$$

Für das Beispiel des Druckstabes mit Stoß ergeben sich unter Berücksichtigung der neuen Knicklänge folgende Werte zur Ermittlung der Tragfähigkeit:

1. Bemessungswert der Tragfähigkeit des Druckstabes mit Stoß

Knicklänge des Druckstabes mit Stoß:

$$\ell_{ef} = s_k = 5{,}77 \text{ m}$$

Trägheitsradius:

$$i = \sqrt{\frac{I}{A}} = \sqrt{\frac{5{,}46 \cdot 10^7}{160 \cdot 160}} = 46{,}2$$

Schlankheitsgrad:

$$\lambda = \frac{\ell_{ef}}{i} = \frac{5770}{46{,}2} = 124{,}90$$

Bezogener Schlankheitsgrad:

[DIN EN 1995-1-1, Gl. (6.21)]

$$\lambda_{rel,c} = \frac{\lambda}{\pi} \cdot \sqrt{\frac{f_{c,0,k}}{E_{0,05}}} = \frac{\lambda}{\pi} \cdot \sqrt{\frac{21{,}0}{\frac{2}{3} \cdot E_{0,mean}}}$$

$$\lambda_{rel,c} = \frac{124{,}90}{\pi} \cdot \sqrt{\frac{21{,}0}{\frac{2}{3} \cdot 11000}} = 2{,}13$$

Faktor k:

[DIN EN 1995-1-1, Gl. (6.27)]

$$k = 0{,}5 \cdot \left[1 + \beta_c \cdot (\lambda_{rel,c} - 0{,}3) + \lambda_{rel,c}^2\right]$$

$\beta_c = 0{,}2$ für Vollholz [DIN EN 1995-1-1, Gl. (6.29)]

$$k = 0{,}5 \cdot \left[1 + 0{,}2 \cdot (2{,}13 - 0{,}3) + 2{,}13^2\right]$$

$$k = 2{,}95$$

Knickbeiwert:

[DIN EN 1995-1-1, Gl. (6.25)]

$$k_c = \min\left\{\frac{1}{k + \sqrt{k^2 - \lambda_{rel,c}^2}}; 1\right\}$$

$$k_c = \min\left\{\frac{1}{2{,}95 + \sqrt{2{,}95^2 - 2{,}13^2}}; 1\right\} = \min\{0{,}200; 1\}$$

$$k_c = 0{,}200$$

Bemessungswert der Tragfähigkeit:

$$F_{Rd} = k_c \cdot \frac{k_{mod}}{\gamma_M} \cdot \frac{f_{c,0,k}}{1000} \cdot b^2$$

$$F_{Rd} = 0{,}200 \cdot \frac{0{,}9}{1{,}3} \cdot \frac{21{,}0}{1000} \cdot 160^2 = 74{,}44 \text{ kN}$$

2. Möglichkeit der Berechnung

Der Stoß im Druckstab ist mittig angeordnet. Die Laschen werden einheitlich befestigt. Aufgrund dieser symmetrischen Anordnung wird je eine Hälfte des Druckstabes als elastisch eingespannter Stab betrachtet (s. [*Blaß/Ehlbeck* u. a. 2005]).

Knicklängenbeiwert nach DIN EN 1995-1-1/NA:2013, Tabelle NA.24 Zeile 2 (s. Tabelle 5.5. im Buch):

$$\beta = \sqrt{4 + \frac{\pi^2 \cdot E \cdot I}{h \cdot K_\varphi}}$$

$$h = \frac{\ell}{2} = 1400 \text{ mm}$$

$$\beta = \sqrt{4 + \frac{\pi^2 \cdot 8461 \cdot 5{,}46 \cdot 10^7}{1400 \cdot 1{,}96 \cdot 10^8}} = 4{,}54$$

1. Bemessungswert der Tragfähigkeit des Druckstabes mit Stoß

Knicklänge des Druckstabes mit Stoß:

$$\ell_{ef} = \beta \cdot h = 4{,}54 \cdot 1{,}4 = 6{,}35 \text{ m}$$

Trägheitsradius:

$$i = \sqrt{\frac{I}{A}} = \sqrt{\frac{5{,}46 \cdot 10^7}{160 \cdot 160}} = 46{,}2$$

Schlankheitsgrad:

$$\lambda = \frac{\ell_{ef}}{i} = \frac{6350}{46{,}2} = 137{,}45$$

Bezogener Schlankheitsgrad:

[DIN EN 1995-1-1, Gl. (6.21)]

$$\lambda_{rel,c} = \frac{\lambda}{\pi} \cdot \sqrt{\frac{f_{c,0,k}}{E_{0,05}}} = \frac{\lambda}{\pi} \cdot \sqrt{\frac{21{,}0}{\frac{2}{3} \cdot E_{0,mean}}}$$

$$\lambda_{rel,c} = \frac{137{,}45}{\pi} \cdot \sqrt{\frac{21{,}0}{\frac{2}{3} \cdot 11000}} = 2{,}34$$

Faktor k:

[DIN EN 1995-1-1, Gl. (6.27)]

$$k = 0{,}5 \cdot \left[1 + \beta_c \cdot \left(\lambda_{rel,c} - 0{,}3\right) + \lambda_{rel,c}^2\right]$$

$\beta_c = 0{,}2$ für Vollholz [DIN EN 1995-1-1, Gl. (6.29)]

$$k = 0{,}5 \cdot \left[1 + 0{,}2 \cdot (2{,}34 - 0{,}3) + 2{,}34^2\right]$$

$$k = 3{,}44$$

Knickbeiwert:

$$k_c = \min\left\{\frac{1}{k + \sqrt{k^2 - \lambda_{rel,c}^2}}; 1\right\}$$ [DIN EN 1995-1-1, Gl. (6.25)]

$$k_c = \min\left\{\frac{1}{3{,}44 + \sqrt{3{,}44^2 - 2{,}34^2}}; 1\right\} = \min\{0{,}168; 1\}$$

$$k_c = 0{,}168$$

Bemessungswert der Tragfähigkeit:

$$F_{Rd} = k_c \cdot \frac{k_{mod}}{\gamma_M} \cdot \frac{f_{c,0,k}}{1000} \cdot b^2$$

$$F_{Rd} = 0{,}168 \cdot \frac{0{,}9}{1{,}3} \cdot \frac{21{,}0}{1000} \cdot 160^2 = 62{,}53 \text{ kN}$$

2. Bemessungswert der Tragfähigkeit des Druckstabes ohne Stoß

Knicklängenbeiwert nach DIN EN 1995-1-1/NA:2013, Tabelle NA.24 Zeile 1:

$$\beta = 1$$

$$\ell_{ef} = h = 2800 \text{ mm}$$

Trägheitsradius:

$$i = \sqrt{\frac{I}{A}} = \sqrt{\frac{5{,}46 \cdot 10^7}{160 \cdot 160}} = 46{,}2$$

Schlankheitsgrad:

$$\lambda = \frac{\ell_{ef}}{i} = \frac{2800}{46{,}2} = 60{,}6$$

Bezogener Schlankheitsgrad:

[DIN EN 1995-1-1, Gl. (6.21)]

$$\lambda_{rel,c} = \frac{\lambda}{\pi} \cdot \sqrt{\frac{f_{c,0,k}}{E_{0,05}}} = \frac{\lambda}{\pi} \cdot \sqrt{\frac{21{,}0}{\frac{2}{3} \cdot E_{0,mean}}}$$

$$\lambda_{rel,c} = \frac{60{,}6}{\pi} \cdot \sqrt{\frac{21{,}0}{\frac{2}{3} \cdot 11000}} = 1{,}03$$

Faktor k:

[DIN EN 1995-1-1, Gl. (6.27)]

$$k = 0{,}5 \cdot \left[1 + \beta_c \cdot \left(\lambda_{rel,c} - 0{,}3\right) + \lambda_{rel,c}^2\right]$$

$\beta_c = 0{,}2$ für Vollholz [DIN EN 1995-1-1, Gl. (6.29)]

$$k = 0{,}5 \cdot \left[1 + 0{,}2 \cdot (1{,}03 - 0{,}3) + 1{,}03^2\right]$$

$$k = 1{,}10$$

Knickbeiwert:

$$k_c = \min\left\{\frac{1}{k + \sqrt{k^2 - \lambda_{rel,c}^2}}; 1\right\}$$ [DIN EN 1995-1-1, Gl. (6.25)]

$$k_c = \min\left\{\frac{1}{1{,}10 + \sqrt{1{,}10^2 - 1{,}03^2}}; 1\right\} = \min\{0{,}673; 1\}$$

$$k_c = 0{,}673$$

Bemessungswert der Tragfähigkeit:

$$F_{Rd} = k_c \cdot \frac{k_{mod}}{\gamma_M} \cdot \frac{f_{c,0,k}}{1000} \cdot b^2$$

$$F_{Rd} = 0{,}673 \cdot \frac{0{,}9}{1{,}3} \cdot \frac{21{,}0}{1000} \cdot 160^2 = 250 \text{ kN}$$

Mit Stoß sinkt die Tragfähigkeit auf ca. 25 %.

3. Nachweis der Verbindung

Beanspruchung einer Schraube durch die Druckkraft:

$$F_{la,d} = \frac{F_{Rd}}{n} = \frac{36000}{96} = 375 \text{ N}$$

Beanspruchung einer Schraube durch das Zusatzmoment in der elastischen Feder nach DIN EN 1995-1-1/NA:2013, Gleichung (NA.171):

$$M = F_{Rd} \cdot \frac{h}{6} \cdot \left(\frac{1}{k_c} - 1\right)$$

$$M = 36000 \cdot \frac{0{,}16}{6} \cdot \left(\frac{1}{0{,}168} - 1\right) = 4{,}75 \text{ kNm}$$

$$F_{la} = \frac{M \cdot r_{max}}{\sum\left(x^2 + y^2\right)} = \frac{4{,}75 \cdot 10^6 \cdot 80}{481800} = 788 \text{ N}$$

Resultierende Beanspruchung der maßgebenden Schraube:

$$F_{la,d,res} = 788 - 375 = 413 \text{ N}$$

Bemessungswert der Schraubentragfähigkeit:

[DIN EN 1995-1-1, Gl. (6.1)]

$$F_{v,Rd} = \frac{k_{mod} \cdot F_{v,Rk}}{\gamma_M}$$

$$F_{v,Rd} = \frac{0{,}9 \cdot 708}{1{,}3} = 490{,}2 \text{ N}$$

Nachweis der Schrauben:

$$\frac{F_{la,d,res}}{F_{v,Rd}} = \frac{413}{490{,}2} = 0{,}84 < 1$$ **Nachweis erfüllt!**

4.3.2. Druck rechtwinklig zur Faser nach DIN EN 1995-1-1:2010, Abschnitt 6.1.5

Hier ist der Bemessungswert der Beanspruchungsfähigkeit abhängig von der Länge der Aufstandsfläche und dem Randabstand zum Schwellenende (s. Bild 4.7. und Tabelle 4.2.). Für den Nachweis gilt DIN EN 1995-1-1:2010, Gl. (6.3):

$$\sigma_{c,90,d} \leq k_{c,90} \cdot f_{c,90,d}$$

mit $k_{c,90}$ Querdruckbeiwert nach Tabelle 4.2. und

$$\sigma_{c,90,d} = \frac{F_{c,90,d}}{A_{ef}}$$ [DIN EN 1995-1-1:2010, Gl. (6.4)]

A_{ef} wirksame Querdruckfläche, diese ergibt sich aus der tatsächlichen Aufstandsfläche zuzüglich einer Breite in Faserrichtung von 30 mm (s. Bilder 4.7.a und c für Schwellendruck bzw. Bilder 4.7.b und d für Auflagerdruck),

$k_{c,90}$ = Querdruckbeiwert (s. Tabelle 4.2.).

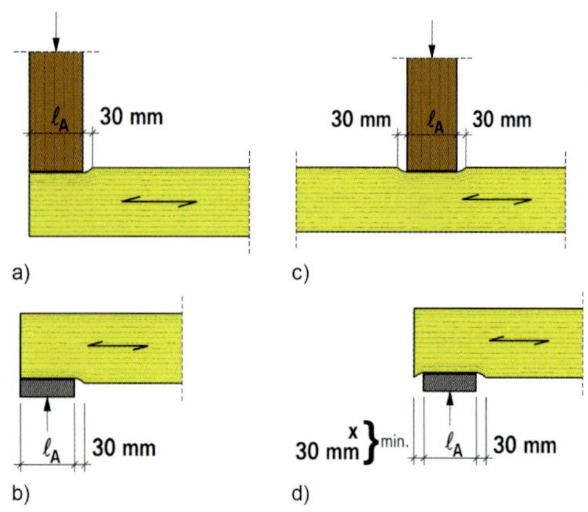

Legende

a) Schwellendruck am Rand: $A_{ef} = (\ell_A + 30) \cdot b$

b) Schwellendruck vom Rand entfernt: $A_{ef} = (\ell_A + 2 \cdot 30) \cdot b$

c) Auflagerdruck; Randlage: $A_{ef} = (\ell_A + 30) \cdot b$

d) Auflagerdruck mit Überstand:

$$A_{ef} = \left(\ell_A + 30 + \min \begin{Bmatrix} x \\ 30 \end{Bmatrix} \right) \cdot b$$

Bild 4.7. Berechnung der wirksamen Querdruckfläche

Die Vergrößerung der Aufstandsfläche in Faserrichtung resultiert aus der mittragenden Wirkung der unmittelbar an der Aufstandsfläche in Längsrichtung verlaufenden Holzfasern (s. a. Bild 1.29. in Abschnitt 1.3.2. dieses Buches sowie [*Blaß, Görlacher* 2004]).

Reicht die vorhandene Querschnittsfläche des Druckstabes nicht aus, so kann in traditioneller Weise die Aufstandsfläche durch Knaggen, Laschen oder Zwischenhölzer vergrößert werden; sie sind gegen seitliches Verschieben zu sichern (s. Bild 4.8.). Sinnvoll und wirtschaftlich ist auch eine örtliche Verstärkung der Querdruckflächen durch selbstbohrende Vollgewindeschrauben nach allgemeiner bauaufsichtlicher Zulassung oder eingeklebten Stahlstäben (s. hierzu auch Abschnitt 4.3.3.).

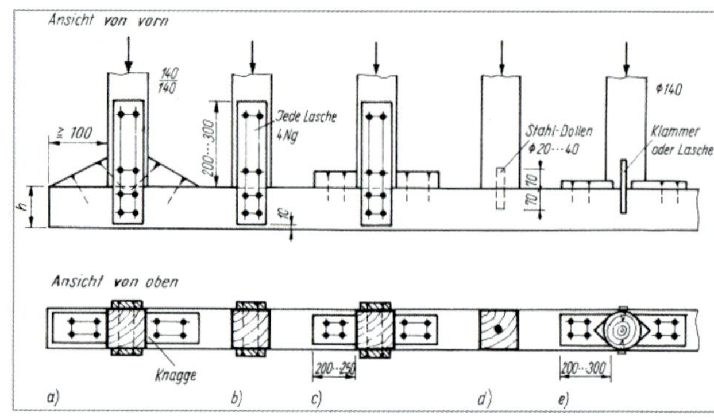

Bild 4.8. **Traditionelle** Druckanschlüsse rechtwinklig zur Faser

Tabelle 4.2. Querdruckbeiwerte $k_{c,90}$ nach DIN EN 1995-1-1:2010, Abschnitt 6.15 und DIN EN 1995-1-1/NA:2013, Abschnitt NCI zu 6.15

Schwellendruck	**Auflagerdruck**
a, ℓ, ℓ_1, ℓ, h, h, b Bauteil auf kontinuierlicher Lagerung (DIN EN 1995-1-1:2010, Bild 6.2 b)	ℓ_1, ℓ, h, h, b, a, ℓ Bauteil auf Einzellagerung (DIN EN 1995-1-1:2010, Bild 6.2 b)

$k_{c,90}$	**Holzart**	**konstruktive Bedingungen**
1,0	Nadelvollholz	$\ell_1 < 2 \cdot h$
	Brettschichtholz	
	Laubholz	keine
1,25	**Nadelvollholz bei Schwellendruck**	$\ell_1 \geq 2 \cdot h$
1,5	**Brettschichtholz aus Nadelholz bei Schwellendruck**	$\ell_1 \geq 2 \cdot h$
1,5	**Nadelvollholz bei Auflagerdruck**	$\ell_1 \geq 2 \cdot h$
1,75	**Brettschichtholz aus Nadelholz bei Auflagerdruck**	$\ell_1 \geq 2 \cdot h$ und $\ell \leq 400$ mm
1,75 [1)]	**Brettschichtholz aus Nadelholz bei Auflagerdruck**	$\ell_1 > 2 \cdot h$ und $\ell > 400$ mm
1,5 [1)]	Auflagerknoten von Stabwerken mit indirekten Verbindungen	

[1)] Nach NCI zu 6.1.5 (NA.5) und (NA.6) in DIN EN 1995-1-1/NA:2013

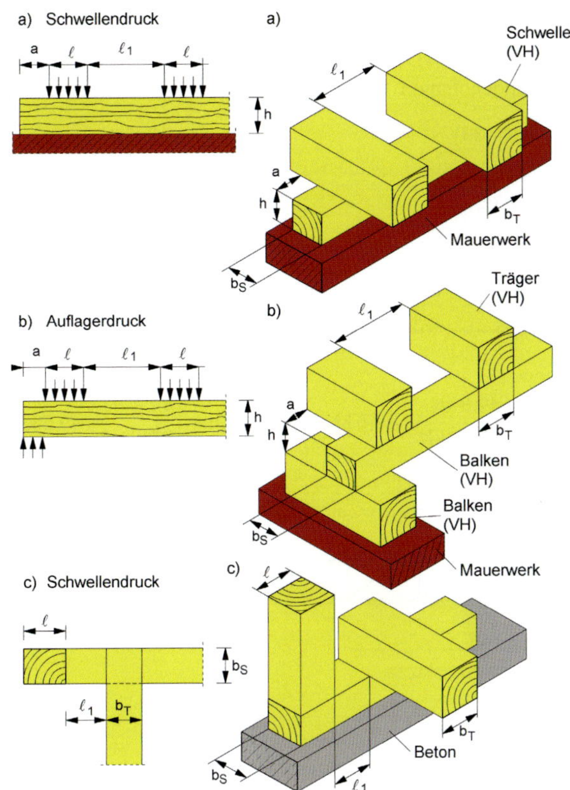

Legende
a) Schwellendruck, Schwelle und Träger mit Überstand,
b) Auflagerdruck,
c) Schwellendruck, Schwelle und Träger ohne Überstand

Bild 4.9. Belastungsanordnung bei Druck rechtwinklig zur Faser nach DIN EN 1995-1-1:2010, Abschnitt 6.1.5 (3)

Beispiel 4.4. (nach DIN EN 1995-1-1:2010)

Welche Auflagerkraft F_d kann ein Träger (Vollholz – VH) $b/h = 120/220$ mm ($b_T = 120$ mm) auf eine Schwelle $b/h = 180/140$ mm ($b_S = 180$ mm) übertragen, wenn der Überstand $a = 120$ mm beträgt. NH S10 nach DIN 4074-1/C24 nach DIN EN 338, Tabelle 1, KLED „mittel“ $\Rightarrow k_{mod} = 0{,}8$ (DIN EN 1995-1-1:2010, Tabelle 3.1), Nutzungsklasse 1, Lagerung nach Bild 4.9.a.

Lösung:

Charakteristische Querdruckfestigkeit:

$f_{c,90,k} = 2{,}5\ \text{N/mm}^2$ [DIN EN 338, Tabelle 1]

Bemessungswert der Querdruckfestigkeit:

$$f_{c,90,d} = \frac{k_{mod} \cdot f_{c,90,k}}{\gamma_M}$$ [DIN EN 1995-1-1, Gl. (2.14)]

$$f_{c,90,d} = \frac{0{,}8 \cdot 2{,}5}{1{,}3} = 1{,}54\ \text{N/mm}^2$$

Bemessungswert der Querdruckspannung:

$$\sigma_{c,90,d} = \frac{F_d}{A_{ef}}$$ [DIN EN 1995-1-1, Gl. (6.4)]

$$A_{ef} = (b_T + 2 \cdot 30) \cdot b_s = (120 + 60) \cdot 180 = 3{,}24 \cdot 10^4\ \text{mm}^2$$

Nachweis nach DIN EN 1995-1-1:2010, Gl. (6.3):

$\sigma_{c,90,d} \le k_{c,90} \cdot f_{c,90,d}$ [DIN EN 1995-1-1:2010, Gl. (6.3)]

Die Gl. (6.4) wird in Gl. (6.3) eingesetzt und nach F_d umgestellt.

$$F_d \ge k_{c,90} \cdot f_{c,90,d} \cdot A_{ef}$$

Für $k_{c,90}$ erhält man $k_{c,90} = 1{,}25$ nach Tabelle 4.2.

$$F_d \ge 1{,}25 \cdot 1{,}54 \cdot 3{,}24 \cdot 10^4 = 62370\ \text{N}$$

$$F_d \ge 62{,}37\ \text{kN}$$

Beispiel 4.5. (nach DIN EN 1995-1-1:2010)

Zwei Träger $b/h = 120/220$ mm liegen auf einer Schwelle $b/h = 120/100$ mm, seitlicher Überstand $a = 50$ mm, $\ell_1 = 150$ mm. VH, NH S10 nach DIN 4074-1/C24 nach DIN EN 338, Tabelle 1, $F_d = 20{,}0$ kN, KLED „mittel“ $\Rightarrow k_{mod} = 0{,}8$ (DIN EN 1995-1-1:2010, Tabelle 3.1), Nutzungsklasse 1. Wie groß ist die vorhandene Druckspannung? Lagerung nach Bild 4.9.a

Lösung:

Weil $\ell_1 = 150 < \ell_1 = 2 \cdot h = 2 \cdot 100 = 200$ mm, ist für Schwellendruck $k_{c,90} = 1{,}0$ (s. Tabelle 4.2).

Wirksame Querdruckfläche:

$$A_{ef,Schwelle} = b_S \cdot (b_T + 2 \cdot 30) = 120 \cdot (120 + 2 \cdot 30) = 2{,}16 \cdot 10^4\ \text{mm}^2$$

Charakteristische Querdruckfestigkeit:

$f_{c,90,k} = 2{,}5\ \text{N/mm}^2$ [DIN EN 338, Tabelle 1]

Bemessungswert der Festigkeit.

[DIN EN 1995-1-1, Gl. (2.14)]

$$f_{c,90,d} = \frac{k_{mod} \cdot f_{c,90,k}}{\gamma_M} = \frac{0{,}8 \cdot 2{,}5}{1{,}3} = 1{,}54\ \text{N/mm}^2$$

Nachweis der Querdruckspannung:

$$\sigma_{c,90,d} = \frac{F_d}{A_{ef,Schwelle}} = \frac{20{,}0 \cdot 10^3}{2{,}16 \cdot 10^4} = 0{,}93\ \text{N/mm}^2$$

$$\sigma_{c,90,d} = 0{,}93\ \text{N/mm}^2 < k_{c,90} \cdot f_{c,90,d} < 1{,}0 \cdot 1{,}54 = 1{,}54\ \text{N/mm}^2$$

Beispiel 4.6. (nach DIN EN 1995-1-1:2010)

Welche maximale Last F_d kann der Stiel C_1 nach Bild 4.9.c auf die Schwelle ohne Überstand übertragen?
VH, NH S10 nach DIN 4074-1, C24 nach DIN EN 338, Tabelle 1, Schwelle 140/100 mm, Stiel 140/140 mm, KLED „kurz“ $\Rightarrow k_{mod} = 0{,}9$ (DIN EN 1995-1-1:2010, Tabelle 3.1), Nutzungsklasse 2.

Lösung:

Weil $a = 0$ (seitlicher Überstand) kann die Druckfläche nur einseitig um 30 mm vergrößert werden.

Wirksame Querdruckfläche:

$$A_{ef,Schwelle} = b_S \cdot (\ell + 30) = 140 \cdot (140 + 30) = 2{,}38 \cdot 10^4\ \text{mm}^2$$

Charakteristische Querdruckfestigkeit:

$f_{c,90,k} = 2{,}5\ \text{N/mm}^2$ [DIN EN 338, Tabelle 1]

Bemessungswert der aufnehmbaren Querdruckkraft:

$$\sigma_{c,90,d} = \frac{F_d}{A_{ef}} \le k_{c,90} \cdot f_{c,90,d}$$ [DIN EN 1995-1-1, Gl. (6.3)]

$$F_d \le k_{c,90} \cdot f_{c,90,d} \cdot A_{ef}$$

Bemessungswert der Querdruckfestigkeit:

[DIN EN 1995-1-1, Gl. (2.14)]

$$f_{c,90,d} = \frac{k_{mod} \cdot f_{c,90,k}}{\gamma_M} = \frac{0{,}9 \cdot 2{,}5}{1{,}3} = 1{,}73\ \text{N/mm}^2$$

Bemessungswert der aufnehmbaren Querdruckkraft:

für $\ell_1 > 2 \cdot 100 = 200$ mm ist $k_{c,90} = 1{,}25$

$$F_d \le 1{,}25 \cdot 1{,}73 \cdot 2{,}38 \cdot 10^4 = 5{,}15 \cdot 10^4\ \text{N} = 51{,}5\ \text{kN}$$

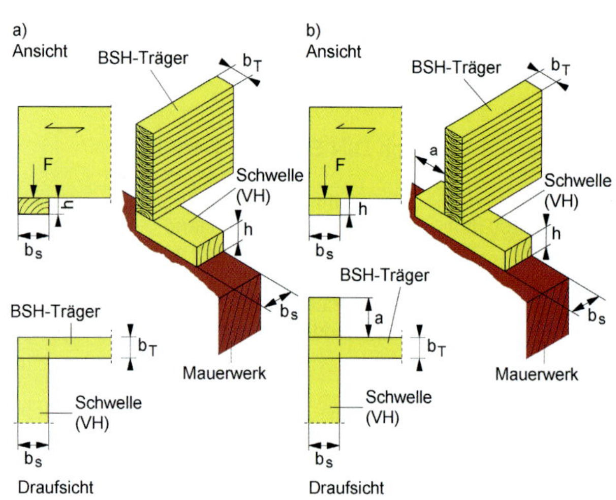

Legende
a) Schwelle und Träger ohne Überstand,
b) Schwelle mit Überstand, Träger ohne Überstand

Bild 4.10. Brettschichtholzträger auf Vollholzschwellen

Beispiel 4.7. (nach DIN EN 1995-1-1:2010)

Es ist die maximale zulässige Auflagerkraft F_d der Brettschichtholzträger (GL28h nach DIN EN 14080) auf Vollholzschwellen $b/h = 200/100\,\text{mm}$, NH S10 nach DIN 4074-1/C24 nach DIN EN 338, Tabelle 1 und den Bildern 4.11.a und 4.11.b zu ermitteln, $b_T = 140\,\text{mm}$, KLED „mittel" $\Rightarrow k_{mod} = 0{,}8$ (DIN EN 1995-1-1:2010, Tabelle 3.1), Nutzungsklasse 1.

Lösung:

Bild a:
Schwelle und Träger ohne Überstand

Träger (BSH):

$$F_{c,90,d} \le k_{c,90} \cdot f_{c,90,d} \cdot A_{ef}$$

$$f_{c,90,k} = 2{,}5\,\text{N/mm}^2$$

$$f_{c,90,d} = \frac{k_{mod} \cdot f_{c,90,k}}{\gamma_M}$$

$$f_{c,90,d} = \frac{0{,}8 \cdot 2{,}5}{1{,}3} = 1{,}54\,\text{N/mm}^2$$

für $\ell_1 = 0$ und $a = 0$ wird auf der sicheren Seite liegend

$k_{c,90} = 1{,}0$ angenommen

$$A_{ef} = b_T \cdot (b_S + 30)$$

$$A_{ef} = 140 \cdot (200 + 30)$$

$$A_{ef} = 3{,}22 \cdot 10^4\,\text{mm}^2$$

$$F_{c,90,d} \le k_{c,90} \cdot f_{c,90,d} \cdot A_{ef}$$

$$F_{c,90,d} \le 1{,}0 \cdot 1{,}54 \cdot 3{,}22 \cdot 10^4$$

$$F_{c,90,d} = 4{,}96 \cdot 10^4 = 49{,}6\,\text{kN}$$

Schwelle (VH):

$$F_{c,90,d} \le k_{c,90} \cdot f_{c,90,d} \cdot A_{ef}$$

$$f_{c,90,k} = 2{,}5\,\text{N/mm}^2$$

$$f_{c,90,d} = \frac{k_{mod} \cdot f_{c,90,k}}{\gamma_M}$$

$$f_{c,90,d} = \frac{0{,}8 \cdot 2{,}5}{1{,}3} = 1{,}54\,\text{N/mm}^2$$

für

für $\ell_1 = 0$ und $a = 0$ wird auf der sicheren Seite liegend

$k_{c,90} = 1{,}0$ angenommen

$$A_{ef} = b_S \cdot (b_T + 30)$$

$$A_{ef} = 200 \cdot (140 + 30)$$

$$A_{ef} = 3{,}40 \cdot 10^4\,\text{mm}^2$$

$$F_{c,90,d} \le k_{c,90} \cdot f_{c,90,d} \cdot A_{ef}$$

$$F_{c,90,d} \le 1{,}0 \cdot 1{,}54 \cdot 3{,}40 \cdot 10^4$$

$$F_{c,90,d} = 5{,}236 \cdot 10^4 = 52{,}36\,\text{kN}$$

Maßgebend:

$$F_{c,90,d} = \min\begin{cases}49{,}6\,\text{kN}\\52{,}36\,\text{kN}\end{cases} = 49{,}6\,\text{kN}$$

Bild b:
Schwelle mit und Träger ohne Überstand

Träger (BSH):

$$F_{c,90,d} \le k_{c,90} \cdot f_{c,90,d} \cdot A_{ef}$$

$$f_{c,90,k} = 2{,}5\,\text{N/mm}^2$$

$$f_{c,90,d} = \frac{k_{mod} \cdot f_{c,90,k}}{\gamma_M}$$

$$f_{c,90,d} = \frac{0{,}8 \cdot 2{,}5}{1{,}3} = 1{,}54\,\text{N/mm}^2$$

für $\ell_1 = 0$ und $a = 0$ wird auf der sicheren Seite liegend

$k_{c,90} = 1{,}0$ angenommen

$$A_{ef} = b_T \cdot (b_S + 30)$$

$$A_{ef} = 140 \cdot (200 + 30)$$

$$A_{ef} = 3{,}22 \cdot 10^4\,\text{mm}^2$$

$$F_{c,90,d} \le k_{c,90} \cdot f_{c,90,d} \cdot A_{ef}$$

$$F_{c,90,d} \le 1{,}0 \cdot 1{,}54 \cdot 3{,}22 \cdot 10^4$$

$$F_{c,90,d} = 4{,}96 \cdot 10^4 = 49{,}6\,\text{kN}$$

Schwelle (VH):

$$F_{c,90,d} \le k_{c,90} \cdot f_{c,90,d} \cdot A_{ef}$$

$$f_{c,90,k} = 2{,}5\,\text{N/mm}^2$$

$$f_{c,90,d} = \frac{k_{mod} \cdot f_{c,90,k}}{\gamma_M}$$

$$f_{c,90,d} = \frac{0{,}8 \cdot 2{,}5}{1{,}3} = 1{,}54\,\text{N/mm}^2$$

für $\ell_1 > 2 \cdot h$ und $a = 250$ wird auf der sicheren Seite liegend

$k_{c,90} = 1{,}25$ angenommen

$$A_{ef} = b_S \cdot (b_T + 2 \cdot 30)$$

$$A_{ef} = 200 \cdot (140 + 2 \cdot 30)$$

$$A_{ef} = 4{,}0 \cdot 10^4\,\text{mm}^2$$

$$F_{c,90,d} \le k_{c,90} \cdot f_{c,90,d} \cdot A_{ef}$$

$$F_{c,90,d} \le 1{,}25 \cdot 1{,}54 \cdot 4{,}0 \cdot 10^4$$

$$F_{c,90,d} = 7{,}7 \cdot 10^4 = 77\,\text{kN}$$

Maßgebend:

$$F_{c,90,d} = \min\begin{cases}49{,}6\,\text{kN}\\77\,\text{kN}\end{cases} = 49{,}6\,\text{kN}$$

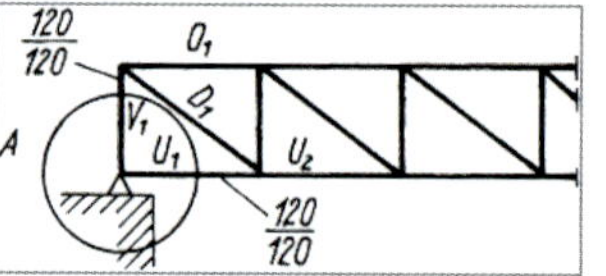

Bild 4.11. Systemskizze

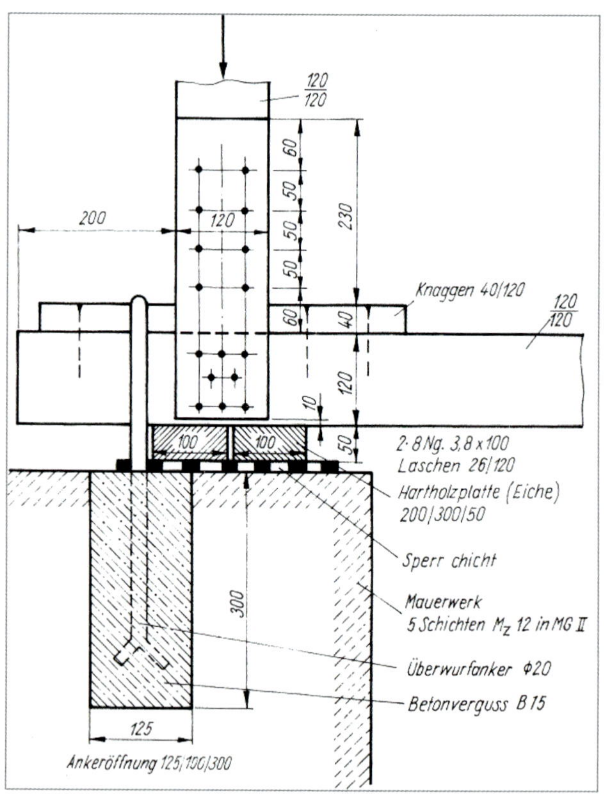

Bild 4.12. Auflager eines Parallelfachwerkträgers

Beispiel 4.8. (nach DIN EN 1995-1-1:2010)

Die charakteristische Auflagerkraft eines Parallelfachwerkträgers (Kantholzbinder) beträgt 34 kN (Bilder 4.12., 4.13.). Der Binder liegt auf einer 490 mm dicken Ziegelmauer (Steinfestigkeitsklasse 12, MG II).
Querschnitt von U_1 und V_1: 120/120 mm; NH (Kiefer) S10 nach DIN 4074-1:2008, Nutzungsklasse 2, KLED „kurz"
Der Auflagerpunkt ist zu berechnen!

Berechnet wird die Verstärkung eines Binderfußpunktes analog zu Bild 4.12.

Charakteristischer Wert der Einwirkungen:

$G_k = 10$ kN und
$Q_{k,1} = 24$ kN (aus Schnee Höhe über NN < 1000 m).

Bemessungswert der Einwirkungen:

$$\sum \gamma_{G,j} \cdot G_{k,j} + \gamma_{Q,1} \cdot Q_{k,1}$$

Maßgebende Lastkombination:

$$F_{c,90,d} = 1{,}35 \cdot 10{,}0 + 1{,}5 \cdot 24 = 49{,}5\,\text{kN}$$

$$A_{Stiel} = 120 \cdot 120 = 1{,}44 \cdot 10^4\ \text{mm}^2$$

Baustoffeigenschaften:

- NH S10 nach DIN 4074-1/C 24 nach DIN EN 338, Tabelle 1, Holzart: C24/Kiefer $\rho_k = 350\ \text{kg/m}^3$
- Nutzungsklasse: NKL 1 [DIN EN 1995-1-1, Abschnitt 2.3.1.3]
- KLED Lasteinwirkungsdauer: kurz $\Rightarrow k_{mod} = 0{,}9$ [DIN EN 1995-1-1, Tabelle 3.1]

$\gamma_{M,Holz} = 1{,}3$, $\gamma_{M,Stahl} = 1{,}1$ [DIN EN 1995-1-1/NA, Tabelle NA.2]

Lösung:
Bemessungswerte der Druckspannung:

$k_{c,90} = 1{,}0$ (da $l_1 < 2 \cdot h = 0$) [DIN EN 1995-1-1, Abschnitt 6.1.5]

$f_{c,90,k} = 2{,}5\ \text{N/mm}^2$ [DIN EN 338, Tabelle 1]

$$f_{c,90,d} = \frac{k_{mod} \cdot f_{c,90,k}}{\gamma_M}$$ [DIN EN 1995-1-1, Gl. (2.14)]

$$f_{c,90,d} = \frac{0{,}9 \cdot 2{,}5}{1{,}3} = 1{,}73\ \text{N/mm}^2$$

$$A_{ef} = b \cdot (l + 2 \cdot 30) = 120 \cdot (120 + 2 \cdot 30) = 2{,}16 \cdot 10^4\ \text{mm}^2$$

$$\sigma_{c,90,d} = \frac{F_{c,90,d}}{A_{ef}}$$ [DIN EN 1995-1-1, Gl. (6.4)]

$$\sigma_{c,90,d} = \frac{49{,}5 \cdot 10^3}{2{,}16 \cdot 10^4} = 2{,}3\ \text{N/mm}^2$$

Nachweis nach DIN EN 1995-1-1:2010, Gl. (6.3)

$\sigma_{c,90,d} \le k_{c,90} \cdot f_{c,90,d}$ [DIN EN 1995-1-1, Gl. (6.3)]

$2{,}3 \ge 1{,}0 \cdot 1{,}73 = 1{,}33$ **nicht erfüllt**

Bemessung der seitlichen Laschen:

Anschlussgeometrie, s. Bild 4.12.
Laschen: NH S10 nach DIN 4074-1/C24 nach DIN EN 338, Tabelle 1, 35/120 mm
Nägel: (DIN EN 10230-1) 3,8 × 100

Bemessungswert der einwirkenden Kraft:

$$F_{d(Stiel)} = f_{c,90,d} \cdot A_{ef} = 1{,}73 \cdot 2{,}16 \cdot 10^4 = 37368\,\text{N} = 37{,}37\,\text{kN}$$

Bemessungswert der von den Laschen aufzunehmenden Kraft:

$$\Delta F_d = 49{,}5 - 37{,}37 = 12{,}13\,\text{kN} = F_{d(Lasche)}$$

$$A_{(Lasche)} = 2 \cdot b \cdot h = 2 \cdot 35 \cdot 120 = 8{,}4 \cdot 10^3\ \text{mm}$$

Bemessungswert der durch die Laschen aufzunehmenden Beanspruchung:

$$\sigma_{c,0,d} = \frac{\Delta F_d}{A_{Lasche}} = \frac{12{,}13 \cdot 10^3}{6{,}24 \cdot 10^3} = 1{,}94\ \text{N/mm}^2$$

Bemessungswert der Holzfestigkeit:

$f_{c,0,d} = 21\ \text{N/mm}^2$ [DIN EN 338, Tabelle 1]

$$f_{c,0,d} = \frac{k_{mod} \cdot f_{c,0,k}}{\gamma_M}$$ [DIN EN 1995-1-1, Gl. (2.14)]

$$f_{c,0,d} = \frac{0{,}9 \cdot 21}{1{,}3} = 14{,}54\ \text{N/mm}^2$$

Nachweis:

$\sigma_{c,0,d} \le f_{c,0,d}$

$1{,}94 \le 14{,}54$ **⇒ Laschen ausreichend tragfähig!**

Bemessung der Nägel:

Gewählt:
einschnittiger runder Drahtstift 3,8 × 100 (nicht vorgebohrt)
NH Nadelholz (Kiefer) = S10 nach DIN 4074-1/Festigkeitsklasse C24 nach Tabelle 1 in DIN EN 338,
NKL = 1 und KLED = kurz $\Rightarrow k_{mod} = 0{,}9$

$\ell = 65\,\text{mm}$ Eindringtiefe des Nagels

$t_1 = 35\,\text{mm}$

$t_1 = 120\,\text{mm}$

$\rho_k = 350\ \text{kg/m}^3$ (nach Tabelle 1 in DIN EN 338)

$f_u = 600\ \text{N/mm}^2$ Mindestzugfestigkeit nach DIN EN 14592, Abschnitt 6.1.2

Mindestholzdicke:

wegen Spaltgefahr (Holzart: Kiefer)

$$t = \max \begin{cases} 7 \cdot d = 26{,}6\,\text{mm} < t_1 = 35\,\text{mm} \\ (13 \cdot d - 30)\dfrac{\rho_k}{400} = 16{,}98\,\text{mm} \end{cases}$$

[DIN EN 1995-1-1, Gl. (8.18)]

Überprüfung der Überlappung:

$(t_2 - \ell) > 4 \cdot d$ [DIN EN 1995-1-1, Abschnitt 8.3.1.1 (7)]

$(120 - 65) > 4 \cdot 3{,}8$

$55\,\text{mm} > 15{,}2\,\text{mm}$

***Lösung A:* Berechnung nach dem vereinfachten Verfahren**

Mindesteinschlagtiefe:

min. Eindringtiefe $= 4 \cdot d = 15{,}2 < 65$ mm, **erfüllt!**

Charakteristischer Wert der Lochleibungsfestigkeit:

$$f_{h,1,k} = 0{,}082 \cdot \rho_k \cdot d^{-0{,}3}$$ [DIN EN 1995-1-1, Gl. (8.15)]

$$f_{h,1,k} = 0{,}082 \cdot 350 \cdot 3{,}8^{-0{,}3} = 19{,}23\ \text{N/mm}^2$$

Charakteristischer Wert des Fließmomentes:

$f_u = 600\ \text{N/mm}^2$ nach DIN EN 14592, Abschnitt 6.1.2

$$M_{y,Rk} = 0{,}3 \cdot f_u \cdot d^{2{,}6}$$ [DIN EN 1995-1-1, Gl. (8.14)]

$$M_{y,Rk} = 0{,}3 \cdot 600 \cdot 3{,}8^{2{,}6} = 5790{,}42\,\text{Nmm}$$

Mindestholzdicke:

$\beta = 1{,}0$

(Die Verbindung besteht aus gleichen Holzarten und Festigkeitsklassen)

[DIN EN 1995-1-1/NA, Gl. (NA.110)]

$$t_{1,req} = 1{,}15 \cdot \left(2 \cdot \sqrt{\frac{\beta}{1+\beta}} + 2\right) \cdot \sqrt{\frac{M_{y,Rk}}{f_{h,1,k} \cdot d}} \qquad t_{1,req} = 1{,}15 \cdot 3{,}41 \cdot 8{,}9$$

$t_{1,req} = 34{,}91\,\text{mm} < {}_{vorh}t_1 = 35\,\text{mm}$ **erfüllt!**

[DIN EN 1995-1-1/NA, Gl. (NA.111)]

$$t_{2,req} = 1{,}15 \cdot \left(2 \cdot \frac{1}{\sqrt{1+\beta}} + 2\right) \cdot \sqrt{\frac{M_{y,Rk}}{f_{h,2,k} \cdot d}}$$

$$t_{2,req} = 1{,}15 \cdot 3{,}41 \cdot 8{,}9$$

$$t_{2,req} = 34{,}91\ \text{mm} < {}_{vorh}t_2 = 120\ \text{mm}$$

Zum Vergleich die Berechnung von t_{req} nach DIN EN 1995-1-1/NA:2013, Gl. (NA.121)

[DIN EN 1995-1-1/NA, Gl. (NA.121)]

$$t_{req} = 9 \cdot d = 9 \cdot 3{,}8 = 34{,}2\ \text{mm}$$

Charakteristischer Wert der Tragfähigkeit $F_{v,Rk}$ pro Scherfläche:

$\beta = 1{,}0$

[DIN EN 1995-1-1/NA, Gl. (NA.109)]

$$F_{v,Rk} = \sqrt{\frac{2 \cdot \beta}{1+\beta}} \cdot \sqrt{2 \cdot M_{y,Rk} \cdot f_{h,1,k} \cdot d}$$

$$F_{v,Rk} = 1 \cdot 919{,}92$$

$$F_{v,Rk} = 919{,}92\ \text{N} = 0{,}92\ \text{kN}$$

Charakteristischer Wert der Tragfähigkeit pro Nagel:

(Nagel einschnittig, keine Abminderung aus Unterschreitung Mindestholzdicke)

$$F_{v,Rk} = n_{Scherfläche} \cdot F_{v,Rk} = 1 \cdot 919{,}92\ \text{N} = 919{,}92\ \text{N}$$

Bemessungswert der Tragfähigkeit pro Nagel:

$$F_{v,Rd} = \frac{k_{mod} \cdot F_{v,Rk}}{\gamma_M}$$ [DIN EN 1995-1-1, Gl. (113)]

$$F_{v,Rd} = \frac{0{,}9 \cdot 919{,}92}{1{,}1} = 752{,}66\ \text{N} = 0{,}75\ \text{kN}$$

***Lösung B:* Berechnung nach dem genauen Verfahren**

Übernahme aus Lösung A:

$$f_{h,1,k} = 19{,}23\ \text{N/mm}^2$$

$$M_{y,Rk} = 5790{,}42\ \text{Nmm}$$

$$\beta = 1{,}0$$

Charakteristischer Wert der Tragfähigkeit pro Scherfläche (genaues Verfahren):

(${}_{min}F_{v,Rk}$ aus Gl. (G.1) bis Gl. (G.6))

Der Anteil $F_{\alpha,Rk}/4$ bleibt, auf der sicheren Seite liegend, bei der Berechnung unberücksichtigt.

$$F_{v,Rk} = f_{h,1,k} \cdot t_1 \cdot d$$ [DIN EN 1995-1-1, Gl. (8.6(a))]

$$F_{v,Rk} = 19{,}23 \cdot 35 \cdot 3{,}8$$

$$F_{v,Rk} = 2557{,}59\ \text{N} = 2{,}56\ \text{kN}$$

$$F_{v,Rk} = f_{h,1,k} \cdot t_2 \cdot d$$ [DIN EN 1995-1-1, Gl. (8.6(b))]

$$F_{v,Rk} = 19{,}23 \cdot 65 \cdot 3{,}8 \cdot 1{,}0$$

$$F_{v,Rk} = 4749{,}81\ \text{N} = 4{,}75\ \text{kN}$$

[DIN EN 1995-1-1, Gl. (8.6 (c))]

$$F_{v,Rk} = \frac{f_{h,1,k} \cdot t_1 \cdot d}{1+\beta} \cdot \left[\sqrt{\beta + 2 \cdot \beta^2 \cdot \left[1 + \frac{t_2}{t_1} + \left(\frac{t_2}{t_1}\right)^2\right] + \beta^3 \cdot \left(\frac{t_2}{t_1}\right)^2} - \beta \cdot \left(1 + \frac{t_2}{t_1}\right)\right] + \frac{F_{ax,Rk}}{4}$$

$$F_{v,Rk} = 1278{,}80 \cdot 1{,}273$$

$$F_{v,Rk} = 1627{,}91\ \text{N} = 1{,}63\ \text{kN}$$

[DIN EN 1995-1-1, Gl. (8.6 (d))]

$$F_{v,Rk} = 1{,}05 \cdot \frac{f_{h,1,k} \cdot t_1 \cdot d}{2+\beta} \cdot \left[\sqrt{2 \cdot \beta \cdot (1+\beta) + \frac{4 \cdot \beta \cdot (2+\beta) \cdot M_{y,Rk}}{f_{h,1,k} \cdot d \cdot t_1^2}} - \beta\right] + \frac{F_{ax,Rk}}{4}$$

$$F_{v,Rk} = 852{,}53 \cdot 1{,}185$$

$F_{v,Rk} = 1010{,}59\ \text{N} = 1{,}01\ \text{kN}$ **maßgebend**

[DIN EN 1995-1-1, Gl. (8.6 (e))]

$$F_{v,Rk} = 1{,}05 \cdot \frac{f_{h,1,k} \cdot t_2 \cdot d}{1+2 \cdot \beta} \cdot \left[\sqrt{2 \cdot \beta^2 \cdot (1+\beta) + \frac{4 \cdot \beta \cdot (1+2\beta) \cdot M_{y,Rk}}{f_{h,1,k} \cdot d \cdot t_2^2}} - \beta\right] + \frac{F_{ax,Rk}}{4}$$

$$F_{v,Rk} = 1{,}05 \cdot 1583{,}27 \cdot 1{,}06$$

$$F_{v,Rk} = 1754{,}69\ \text{N} = 1{,}75\ \text{kN}$$

[DIN EN 1995-1-1, Gl. (8.6 (f))]

$$F_{v,Rk} = 1{,}15 \cdot \sqrt{\frac{2 \cdot \beta}{1+\beta}} \cdot \sqrt{2 \cdot M_{y,Rk} \cdot f_{h,1,k} \cdot d} + \frac{F_{ax,Rk}}{4}$$

$$F_{v,Rk} = 1{,}15 \cdot 1 \cdot 919{,}92\ \text{N}$$

$$F_{v,Rk} = 1057{,}91\ \text{N} = 1{,}06\ \text{kN}$$

$$\gamma_M = 1{,}3$$

Charakteristischer Wert der Tragfähigkeit $F_{v,Rk}$ pro Nagel (eine Scherfläche):

$$F_{v,Rk} = n_{Scherfläche} \cdot F_{v,Rk} = 1 \cdot 1{,}01\ \text{kN} = 1{,}01\ \text{kN}$$

Bemessungswert der Tragfähigkeit pro Nagel:

$$F_{v,Rd} = \frac{k_{mod} \cdot F_{v,Rk}}{\gamma_M}$$ [DIN EN 1995-1-1, Gl. (2.14)]

$$F_{v,Rd} = \frac{0{,}9 \cdot 1{,}01}{1{,}3} = 0{,}70\ \text{kN}$$

Bemessungswert der Tragfähigkeit der Verbindung n_{ef}:

Nägel nicht versetzt angeordnet, $a_1 \approx 14 \cdot d = 53{,}2 = 50\ \text{mm}$

daher $n_{ef} = (2 \cdot 4 + 1) \cdot 2 = 18$

$$F_{v,Rd} = n_{Nägel} \cdot F_{v,Rd} = 18 \cdot 0{,}70\ \text{kN} = 12{,}60\ \text{kN}$$

Nachweis Verbindungsmittel:

$\frac{F_{d(Lasche)}}{F_{v,Rd}} = \frac{12{,}13\ \text{kN}}{12{,}60\ \text{kN}} = 0{,}96 < 1{,}00$ ⇒ **Nägel ausreichend tragfähig!**

Mindestabstände für Beispiel 4.8

	Bezeichnung	DIN EN 1995-1-1:2010, Tabelle 8.2	
		Seitenholz α = 0°	mm
untereinander in Faserrichtung	$\parallel$, a_1	$d < 5\,\text{mm}$: $(5+5\lvert\cos\alpha\rvert)\cdot d$	50 (38)
untereinander rechtwinklig zur Faser	$\perp$, a_2	$5 \cdot d$	60 (19)
vom beanspruchten Hirnholzende	$a_{3,t}$	$(10+5\cos\alpha)\cdot d$	60 (57)
vom unbeanspruchten Hirnholzende	$a_{3,c}$	$10 \cdot d$	40 (38)
vom beanspruchten Rand	$a_{4,t}$	$d < 5\,\text{mm}$: $(5+2\cdot\sin\alpha)\cdot d$	- (19)
vom unbeanspruchten Rand	$a_{4,c}$	$5 \cdot d$	30 (19)

Nageldurchmesser d = 3,8 mm
α = Winkel zwischen Kraft und Faserrichtung = **0°**
(...) rechnerische Werte

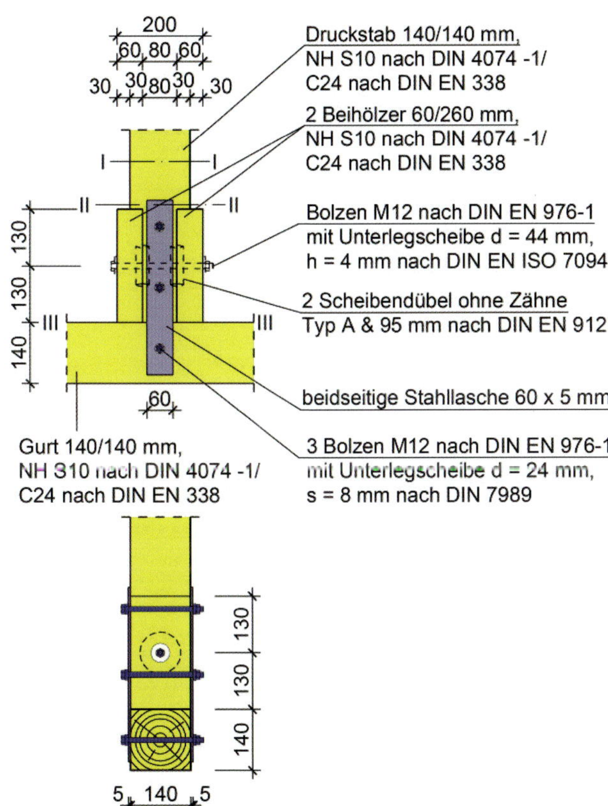

Bild 4.13. Druckanschluss senkrecht zur Faser mit vergrößerter Aufstandsfläche (mit gedübelten Beihölzern)

Beispiel 4.9. (nach DIN EN 1995-1-1:2010)

Ein Druckstab mit dem Querschnitt 140/140 mm hat eine Kraft von $F_d = 56{,}0\,\text{kN}$ auf einen Gurt von 140/140 mm Querschnitt zu übertragen. Der Druckanschluss ist zu berechnen und konstruktiv auszubilden (Bild 4.13.). Es wird NH S10 nach DIN 4074-1, C24 nach DIN EN 338, Tabelle 1 verwendet, KLED „kurz" $\Rightarrow k_{mod} = 0{,}9$ (DIN EN 1995-1-1:2010, Tabelle 3.1), Nutzungsklasse 2.

Lösung:

Eine erste Berechnung zeigt, dass der Anschluss von $140 \cdot 140 = 196{,}0 \cdot 10^2\,\text{mm}^2$ nicht ausreicht.

Charakteristische Querdruckfestigkeit:

$f_{c,90,k} = 2{,}5\,\text{N/mm}^2$ [DIN EN 338, Tabelle 1]

Bemessungswert der Querdruckfestigkeit:

$$f_{c,90,d} = \frac{k_{mod} \cdot f_{c,90,k}}{\gamma_M}$$ [DIN EN 1995-1-1, Gl. (2.14)]

$$f_{c,90,d} = \frac{0{,}9 \cdot 2{,}5}{1{,}3} = 1{,}73\,\text{N/mm}^2$$

$$\sigma_{c,90,d} = \frac{F_{c,90,d}}{A_{ef}}$$ [DIN EN 1995-1-1, Gl. (6.4)]

$$\sigma_{c,90,d} = \frac{F_{c,90,d}}{A_{ef}} = \frac{56{,}0 \cdot 10^3}{140 \cdot 140} = 2{,}86\,\text{N/mm}^2 > f_{c,90,d} = 1{,}73\,\text{N/mm}^2.$$

Aus der Gleichung

$$F_d = x \cdot b \cdot f_{c,90,d}$$

erhalten wir mit $f_{c,90,d} = 1{,}73\,\text{N/mm}^2$ die Breite der Aufschieblinge:

$$x = \frac{F_d}{b \cdot f_{c,90,d}} = \frac{56{,}0 \cdot 10^3}{140 \cdot 1{,}73} = 231\text{ mm.}$$

Bei 30 mm tiefen Einschnitten sind Beihölzer mit einem Querschnitt 60/140 mm, aus NH C24 nach DIN EN 338, Tabelle 1 erforderlich.

$${}_{vorh}x = 60 + 80 + 60 + 2 \cdot 30 = 260\,\text{mm}$$

Die Druckspannung im Schnitt I-I beträgt

$$\sigma_{c,90,d} = \frac{56{,}0 \cdot 10^3}{140 \cdot 260} = 1{,}54\,\text{N/mm}^2 < f_{c,90,d} = 1{,}73\,\text{N/mm}^2.$$

Damit überträgt jeder Aufschiebling die Kraft

$$F_{c,90,d} = 60 \cdot 140 \cdot 1{,}73 = 14532\,\text{N} = 14{,}53\,\text{kN}. .$$

In dem 30 mm tiefen Einschnitt des Beiholzes (Schnitt II-II) ist dann eine Spannung von

$$f_{c,0,k} = 21\,\text{N/mm}^2$$

$$f_{c,0,d} = \frac{k_{mod} \cdot f_{c,0,k}}{\gamma_M}$$

$$f_{c,0,d} = \frac{0,9 \cdot 21}{1,3} = 14,54 \text{ N/mm}^2$$

$$\sigma_{c,0,d} = \frac{F_{c,0,d}}{A_{ef}} = \frac{14,563 \cdot 10^3}{300 \cdot 140} = 3,45 \text{ N/mm}^2 < f_{c,0,d} = 14,5 \text{ N/mm}^2$$

vorhanden.

Dem Spannungsunterschied zwischen Schnitt I-I (1,54 N/mm²) und dem Schnitt II-II (3,45 N/mm²) wird konstruktiv dadurch begegnet, dass Dübel besonderer Bauart eingebaut werden.

Vorhandene Anschlusskraft pro Dübel:

$$N_d = \left(\sigma_{c,0,d} - \sigma_{c,90,d}\right) \cdot A_{ii}$$

$$N_d = \left(3,45 - 1,54\right) \cdot 30 \cdot 140 = 8022 \text{ N} \approx 8,0 \text{ kN}$$

Für die Bemessung der Dübel wird die 1,-5fache anteilige Stabkraft zugrunde gelegt:

$N_d = 1,5 \cdot 8,0 = 12,0$ kN.

Als Verbindungsmittel werden Scheibendübel ohne Zähne nach DIN EN 912 (Typ A), ∅ 95.
Der Anschluss wird mit 2 Stahllaschen 60/5 mm gegen Verschiebung gesichert.

Vorholzlänge: bei Holzdübel $e_{dII} = 130$ mm
bei Einlassdübel $e_{dII} = 150$ mm

Berechnung Dübeltragfähigkeit:

Die charakteristische Tragfähigkeit wird nach DIN EN 1995-1-1:2010, Gl. (8.61) ermittelt:

[DIN EN 1995-1-1, Gl. (8.61)]

$$F_{v,0,Rk} = \min \begin{cases} k_1 \cdot k_2 \cdot k_3 \cdot k_4 \cdot (35 \cdot d_c^{1,5}) \\ k_1 \cdot k_3 \cdot h_e \cdot (31,5 \cdot d_c) \end{cases}$$

mit $k_1 = 1,0;\ k_2 = 1,0;\ k_3 = 1,0;\ k_4 = 1,0$

$$F_{v,0,Rk} = \min \begin{cases} 1,0 \cdot 1,0 \cdot 1,0 \cdot (35 \cdot 95^{1,5}) = 32408 \text{ N} \\ 1,0 \cdot 1,0 \cdot 15 \cdot (31,5 \cdot 95) = 44888 \text{ N} \end{cases}$$

$$F_{v,0,Rk} = \min \begin{cases} 35 \cdot 95^{1,5} = 32408 \text{ N} \\ 15 \cdot \left(31,5 \cdot 95^{1,5}\right) = 44887,5 \text{ N} \end{cases} = 32,4 \text{ kN pro Dübel}$$

Bemessungswert der Tragfähigkeit pro Dübel:

$$F_{v,0,Rd} = \frac{k_{mod} \cdot F_{v,0,Rk}}{\gamma_M}$$ [DIN EN 1995-1-1, Gl. (2.14)]

$$F_{v,0,Rd} = \frac{0,9 \cdot 32,41}{1,3} = 22,43 \text{ kN pro Dübel} > N_d = 12,0 \text{ kN}$$

Dübel ausreichend Tragfähigkeit!

4.3.3. Querdruckverstärkungen

Ist der Nachweis der Querdruckspannung nach Gl. (6.3)

$$\sigma_{c,90,d} \le k_{c,90} \cdot f_{c,90,d}$$

nicht erfüllt, muss verstärkt werden!

Querdruckverstärkung mit selbstbohrenden Schrauben (Vollgewindeschrauben mit allgemeiner bauaufsichtlicher Zulassung oder europäischer technischer Zulassung (Bewertung))

Grundsätze:
Anzustreben ist eine gleichmäßige Lasteinleitung über die Schrauben in das Holz. Damit das gelingt, gelten folgende Bedingungen:

1. Eine gleichmäßige Verteilung der Schrauben über die Auflagerfläche.
2. Es dürfen nur Vollgewindeschrauben verwendet werden. Querdruckverstärkungen können nach den Regeln in den jeweiligen allgemeinen bauaufsichtlichen Zulassungen oder europäisch technischen Zulassungen für die zur Anwendung kommenden Vollgewindeschrauben berechnet werden.
3. Alle Schraubenköpfe müssen bündig mit der Holzoberfläche liegen.
4. Mindestabstände entsprechen den Abständen bei Beanspruchung auf Herausziehen.

Bei welchen Holzwerkstoffen eine Querdruckverstärkung durchgeführt werden kann, ist der bauaufsichtlichen Zulassung oder europäisch technischen Zulassung (Bewertung) zu entnehmen.

Nachweise der Tragfähigkeit der Verstärkung
Den Bemessungswert der Auflagertragfähigkeit erhält man aus einem Anteil Tragfähigkeit der zur Verfügung stehenden Auflagerfläche und einem Anteil Tragfähigkeit der Schrauben, beansprucht auf Hineindrücken.

$$F_{c,90,Rd} \le n \cdot F_{ax,90,Rd} + k_{c,90} \cdot A_{ef} \cdot f_{c,90,d}$$

mit $A_{ef} = \ell_{ef} \cdot b$

und

$\ell_{ef} = \left(\ell + 30\right)$ *für Endauflager*

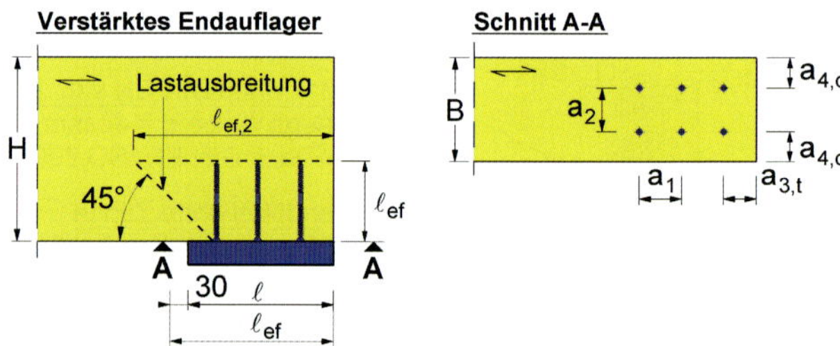

$\ell_{ef} = \left(\ell + 2 \cdot 30\right)$ *für Zwischenauflager*

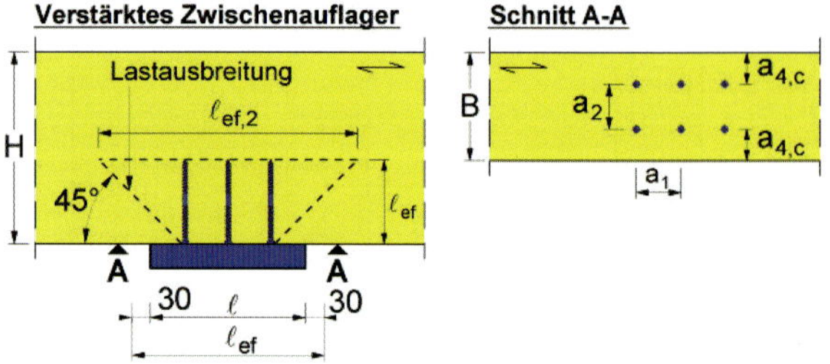

Bild 4.14. Querdruckverstärkung an einem Endauflager und an einem Zwischenauflager

$$\frac{F_{c,90,Rd}}{k_{c,90} \cdot A_{ef} \cdot f_{c,90,d}} \le 1,0$$

mit $A_{ef,2} = b \cdot \ell_{ef,2}$

$$\ell_{ef,2} = \left\{\ell_{ef} + \left(n_0 - 1\right) \cdot a_1 + \min\left(\ell_{ef};\ a_{1,c}\right)\right\} \text{ für Endauflager}$$

$$\ell_{ef,2} = \left\{2 \cdot \ell_{ef} + \left(n_0 - 1\right) \cdot a_1\right\} \text{ für Zwischenauflager}$$

$F_{90,d}$ = Bemessungswert der Auflagerkraft rechtwinklig zur Holzfaser,
N = Schraubenanzahl, $n = n_0 \cdot n_{90}$,
n_0 = Anzahl der in Faserrichtung hintereinander liegenden Verstärkungsschrauben,
n_{90} = Anzahl der senkrecht zur Faser hintereinander liegenden Verstärkungsschrauben,

$k_{c,90}$ = Beiwert zur Berücksichtigung der Teilflächenpressung,
$f_{c,90,d}$ = Bemessungswert der Querdruckfestigkeit,
b = Auflagerbreite,
ℓ = Auflagerlänge parallel zur Holzfaser,
$F_{ax,90,Rd}$ = Bemessungswert der axialen Schraubentragfähigkeit.

Für A_{ef} darf ℓ_{ef} an jedem Rand um min{≤ 30; 30} vergrößert werden

Zusätzlich ist nachzuweisen, dass die Druckspannung rechtwinklig zur Holzfaser oberhalb der Schraubenspitzen bei 45° Lastausbreitung eingehalten ist (s. Bild 4.14.):

$k_{c,90}$ wird dann nicht angesetzt. $k_{c,90} = 1{,}0$

Berechnung der axialen Schraubentragfähigkeit $F_{90,d}$ im Holz

$F_{90,d}$ ergibt sich aus dem kleineren Wert der Tragfähigkeit auf Hineindrücken $F_{ax,90,Rk}$ und der Tragfähigkeit der Schrauben aus Knicken der Schraube $F_{c,90,Rd}$, wenn in den allgemeinen bauaufsichtlichen Zulassungen nicht anders geregelt:

$$F_{90,d} = \min\left\{F_{ax,90,Rd};\, F_{Rd}\right\}$$

$F_{ax,90,Rk}$ = Bemessungswert der axialen Schraubentragfähigkeit berechnet nach DIN 1995-1-1:2010, Abschnitt 8.7.2, Gl. (8.38), für Schrauben 6 mm ≤ d ≤ 12 mm
$0{,}6 \le d_1/d \le 0{,}75$
d_1 = Außendurchmesser des Gewindes;
d = Innendurchmesser des Gewindes.

$$F_{ax,90,Rk} = \frac{n_{ef} \cdot f_{ax,k} \cdot d \cdot \ell_{ef} \cdot k_d}{1{,}2\cos^2\alpha + \sin^2\alpha}$$ [DIN EN 1995-1-1, Gl. (8.38)]

für $\alpha = 90°$ ist $F_{ax,90,Rk} = n_{ef} \cdot f_{ax,k} \cdot d \cdot \ell_{ef} \cdot k_d$

mit $f_{ax,k}$ nach Gl. (8.39):

$$f_{ax,k} = 0{,}52 \cdot d^{-0,5} \cdot \ell_{ef}^{-0,1} \cdot \rho_k^{0,8}$$ [DIN EN 1995-1-1, Gl. (8.39)]

und k_d nach Gl. (8.40):

$$k_d = \min\begin{cases} \frac{d}{8} \\ 1 \end{cases}$$ [DIN EN 1995-1-1, Gl. (8.40)]

Ist $d_1/d > 0{,}75$ gilt Gl. (8.39) nach DIN 20000-6, Abschnitt 3.3.3.2, mit einem um 1/3 reduzierten Wert

[DIN EN 1995-1-1, Gl. (8.39)]

$$f_{ax,k} = (0{,}66) \cdot 0{,}52 \cdot d^{-0,5} \cdot \ell_{ef}^{-0,1} \cdot \rho_k^{0,8}$$

und es gilt dann Gl. (8.40a) und für $\alpha = 90°$ ist

[DIN EN 1995-1-1, Gl. (8.40a)]

$$F_{ax,90,Rk} = n_{ef} \cdot f_{ax,k} \cdot d \cdot \ell_{ef} \cdot k_d \cdot \left(\frac{\rho_k}{\rho_a}\right)^{0,8}$$

$f_{ax,k}$ = nach DIN EN 14592 bestimmter charakteristischer Ausziehparameter rechtwinklig zur Faserrichtung für die zugehörige Rohdichte ρ_a;

ρ_a = zugehörige Rohdichte für $f_{ax,k}$ in kg/m³.

Nach DIN 20000-6, Abschnitt 3.3.2 darf die charakteristische Rohdichte mit höchstens $\rho_k = 500$ kg/m³ in Rechnung gestellt werden.

$F_{ax,90,Rd}$ ergibt sich aus Gl. (2.14):

[DIN EN 1995-1-1, Gl. (2.14)]

$$F_{ax,90,Rd} = \frac{k_{mod} \cdot F_{ax,90,Rk}}{\gamma_M} \quad mit \quad \gamma_M = 1{,}3$$

Berechnung der Tragfähigkeit aus Knicken der Schraube $R_{c,d}$ aus bauaufsichtlicher Zulassung oder nach [*Blaß/Bejtka* 2004]:

$$F_{c,Rk} = \kappa_c \cdot N_{pl,k}$$

$$F_{c,Rd} = \frac{k_{mod} \cdot F_{c,Rk}}{\gamma_m} \quad mit\ \gamma_m = 1{,}1$$

für κ_c gilt:

$$\kappa_c = 1{,}0 \quad für\ \bar{\lambda}_k \le 0{,}2$$

$$\kappa_c = \frac{1}{k + \sqrt{k^2 - \bar{\lambda}^2}} \quad für\ \bar{\lambda}_k > 0{,}2$$

mit $k = 0{,}5 \cdot \left[1 + 0{,}49 \cdot \left(\bar{\lambda}_k - 0{,}2\right) + \bar{\lambda}_k^{\,2}\right]$

und einer bezogenen Schlankheit bei Druckbeanspruchung von

$$\bar{\lambda}_k = \sqrt{\frac{N_{pl,k}}{N_{Ki,k}}}$$

$N_{pl,k}$ = charakteristischer Wert der Normalkraft im vollplastischen Zustand bezogen auf den Schraubenkern;

$$N_{pl,k} = A_{Kern} \cdot f_{y,k} = \pi \cdot \frac{(0{,}7 \cdot d)^2}{4} \cdot f_{y,k};$$

d = Nenndurchmesser [mm];
$f_{y,k}$ = charakteristischer Wert der Streckgrenze [N/mm²] nach Angaben der bauaufsichtlichen Zulassung;
$N_{Ki,k}$ = charakteristischer Wert der kleinsten Verzweigungslast nach der Elastizitätstheorie in Abhängigkeit von d und der Gewindelänge und von der charakteristischen Rohdichte des Holzes unter Berücksichtigung der elastischen Bettung der Schrauben und einer dreiecksförmigen Normalkraftverteilung in der Schraube nach [*Blaß/Beijtka* 2004].

In den allgemeinen bauaufsichtlichen Zulassungen ist die Tragfähigkeit hinsichtlich Knicken der Schrauben häufig als Tabellenwert geregelt.

Die Berechnung der axialen Schraubenfähigkeit erfolgt in den bauaufsichtlichen Zulassungen durch Berechnung des Ausziehwiderstandes der Schraube mit gesonderten Gleichungen.

Literatur: [*Lißner/Rug* 2016], [*Blaß/Beijtka* 2004], [*Blaß/Görlacher* 2004], [*Beijtka* 2003], [*Colling* 2001], [*Möhler/Freiseis* 1982]

Beispiel 4.10. (nach DIN EN 1995-1-1:2010)

Die Hauptträger (Brettschichtholz GL32h, 200/1800 mm) einer überdachten Fußgängerbrücke lagern auf Stützen mit Querriegeln aus Brettschichtholz (s. Bild 4.15.).
Die größte Spannweite der Brückenträger beträgt 23,0 m. Die maximale Beanspruchung der Träger beträgt $E_d = 18{,}4$ kN/m.

KLED „kurz" $\Rightarrow k_{\text{mod}} = 0{,}7$ (DIN EN 1995-1-1:2010, Tabelle 3.1), Nutzungsklasse 3,

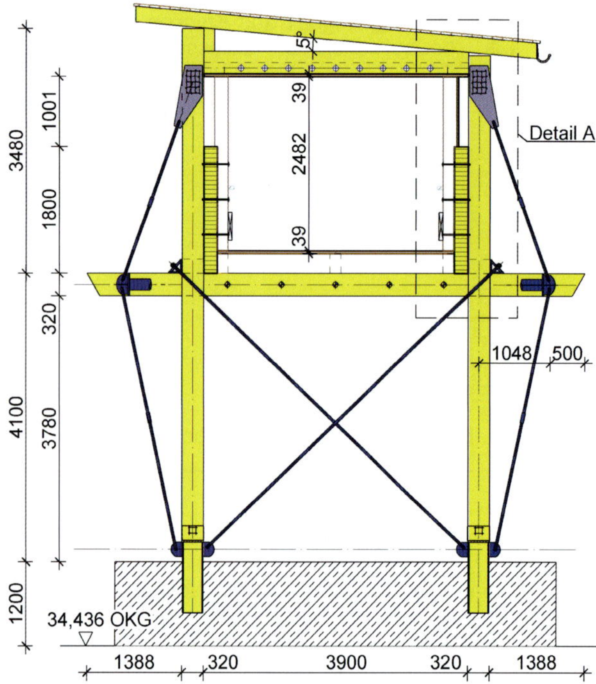

Bild 4.15. Querschnitt des Brückenkörpers

Die Zangen bestehen aus drei Querschnitten Kerto-Q nach bauaufsichtlicher Zulassung.

Lösung:

Nachweise im Grenzzustand der Tragfähigkeit für den Brückenträger (Hauptträger)

Baustoffwerte Hauptträger:

Brettschichtholz GL32h nach DIN EN 14080, Tabelle 5

$f_{m,k} = 32\,\text{N/mm}^2$

$f_{c,90,k} = 2{,}5\,\text{N/mm}^2$

$f_{v,k} = 3{,}5\,\text{N/mm}^2$

$f_k = 440\,\text{kg/m}^3$

Bemessungswerte der Festigkeiten nach DIN EN 1995-1-1:2010, Gl. (2.14):

$$f_{m,d} = \frac{k_{\text{mod}} \cdot f_{m,k}}{\gamma_M} = \frac{0{,}7 \cdot 32}{1{,}3} = 17{,}23\,\text{N/mm}^2$$

$$f_{c,90,d} = \frac{k_{\text{mod}} \cdot f_{c,90,k}}{\gamma_M} = \frac{0{,}7 \cdot 2{,}5}{1{,}3} = 1{,}35\,\text{N/mm}^2$$

$$f_{v,d} = \frac{k_{\text{mod}} \cdot f_{v,k}}{\gamma_M} = \frac{0{,}7 \cdot 3{,}5}{1{,}3} = 1{,}89\,\text{N/mm}^2$$

Nachweis der Biegebeanspruchung:

$$M_d = \frac{E_d \cdot \ell^2}{8} = \frac{18{,}4 \cdot 23{,}0^2}{8} \approx 1220\,\text{kNm}$$

Statisches System mit Einwirkungen

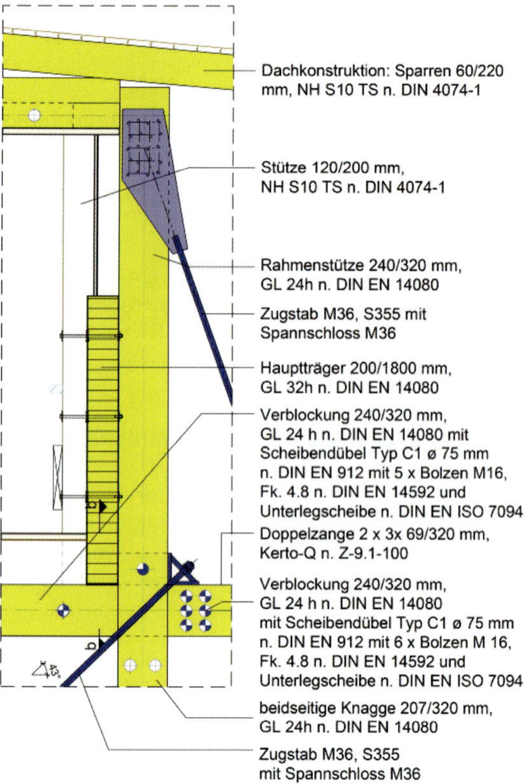

Bild 4.16. Detail A

$$\sigma_{m,d} = \frac{M_d}{W} = \frac{6 \cdot 1220 \cdot 10^6}{200 \cdot 1800^2} = 11{,}3\,\text{N/mm}^2$$

$$\frac{\sigma_{m,d}}{f_{m,d}} = \frac{11{,}3}{17{,}23} = 0{,}66 < 1{,}0$$

Nachweis der Schubbeanspruchung:

$$V_d = \frac{E_d \cdot \ell}{2} = \frac{18{,}4 \cdot 23{,}0}{2} = 212\,\text{kN}$$

$$b_{ef} = k_{cr} \cdot b$$

Laut DIN EN 1995-1-1/NA:2013, NCI zu 3.3 (NA.10) ist für Brettschichtholz $f_{v,k} = 3{,}5\,\text{N/mm}^2$ anzusetzen.

$$k_{cr} = \frac{2{,}5}{f_{v,k}} = \frac{2{,}5}{3{,}5} = 0{,}71$$

$$b_{ef} = 0{,}71 \cdot 200 = 142{,}9\,\text{mm}$$

$$\tau_{v,d} = 1{,}5 \cdot \frac{V_d}{A_{ef}} = 1{,}5 \cdot \frac{V_d}{b_{ef} \cdot h} = 1{,}5 \cdot \frac{212 \cdot 10^3}{142{,}9 \cdot 1800} = 1{,}24\,\text{N/mm}^2$$

$$\frac{\tau_{v,d}}{f_{v,d}} = \frac{1{,}24}{2{,}05} = 0{,}60 < 1{,}0$$

Nachweis der Auflagerpressung Brückenträger GL32h

Baustoffwerte GL32h nach DIN DIN EN 14080, Tabelle 5

$f_{c,90,d} = 1{,}35\,\text{N/mm}^2$

Schnitt b-b zu Detail A; M 1:10 in mm

Arbeitsfuge 20 mm
Hauptträger 200/1800 mm, GL 32h n. DIN EN 14080
Platte 200x207x10 mm, S235 mit SFS Befestiger n. Z-9.1-472 (Ausführung s. Schnitt c-c und d-d)
Doppelzange 2 x 3x 69/320 mm, Kerto-Q n. Z-9.1-100
Verblockung 240/320 mm, GL 24h n. DIN EN 14080
beidseitige Knagge 207/320 mm, GL 24h n. DIN EN 14080 (Befestigung s. Schnitt a-a)
Rahmenstütze 240/320 mm, GL 24h n. DIN EN 14080
20, 320, c, c, 53.5, 50, 53.5, 50, 207, 240, 207

Schnitt c-c zum Schnitt b-b; M 1:10 in mm

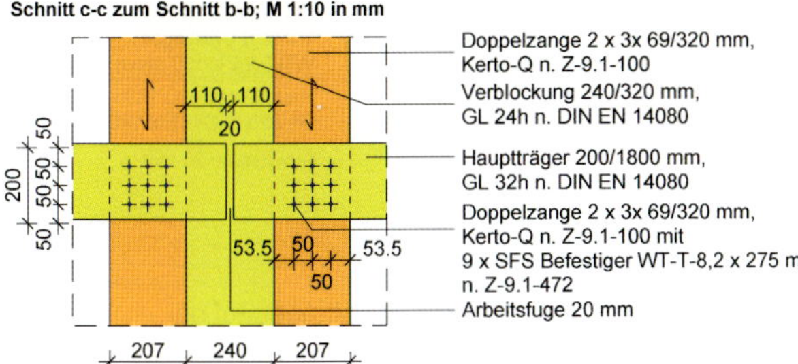

Bild 4.17. Auflagerdetail

$$\sigma_{c,90,d} = \frac{V_d}{A_{ef}}$$

$A_{ef} = b \cdot (\ell_A + 30)$ [DIN EN 1995-1-1:2010, Abschnitt 6.1.5]

$$A_{ef} = 200 \cdot (207 + 30) = 47400 \text{ mm}^2$$

$$\sigma_{c,90,d} = \frac{V_d}{A_{ef}} = \frac{212000}{47400} = 4{,}47 \text{ N/mm}^2$$

$\ell_A = 200 \text{ mm} < 400 \text{ mm}$; $\ell_1 >> 2 \cdot h = 3600 \text{ mm}$; $\rightarrow k_{c,90} = 1{,}75$

$$\frac{\sigma_{c,90,d}}{k_{c,90} \cdot f_{c,90,d}} = \frac{4{,}47}{1{,}75 \cdot 1{,}35} = 1{,}89 > 1{,}0 \rightarrow \text{Verstärkung erforderlich}$$

Gewählt: Querdruckverstärkung mit WT-T-8,2 x 190 nach bauaufsichtlicher Zulassung Z-9.1-472 bzw. ETA-12/0063 mit Stahlplatte 200 x 200, *t* = 10 mm, S235 (s. Bild 4.17.)

ohne Verstärkung aufnehmbare Kraft:

$$V_{d,lim} = A_{ef} \cdot k_{c,90} \cdot f_{c,90,d} = 47400 \cdot 1{,}75 \cdot 1{,}35 = 1119{,}83 \text{ N} = 112{,}0 \text{ kN}$$

Laut Firmeninformationen (s. Datenblatt Nr. 09, gilt für BSH GL24, Wert liegt bezogen auf BSH GL32h auf der sicheren Seite) ist das Ausknicken der Schraube maßgebend mit $F_{2,Rk} = 12{,}9 \text{ kN}$

$$F_{2,Rd} = \frac{F_{2,Rk}}{\gamma_M} = \frac{12{,}9}{1{,}1} = 11{,}73 \text{ kN}$$

$$erf.\,n = \frac{V_d - V_{d,lim}}{F_{2,Rd}} = \frac{212 - 112}{11{,}73} = 8{,}5 \rightarrow \textbf{gewählt: 9}$$

Abstände:

II zur Faser, untereinander a_1 = 80 mm > 41 mm
II zur Faser, zum Rand $a_{1,c}$ = 60 mm > 41 mm
⊥ zur Faser, untereinander a_2 = 80 mm > 41 mm
⊥ zur Faser, zum Rand $a_{2,c}$ = 60 mm ≥ 25 mm

Skizze:

Stahlplatte: $d = 2{,}7 \cdot \sqrt{F_{2,Rd}} = 2{,}7 \cdot \sqrt{11{,}73} = 9{,}3 \rightarrow 10 \text{ mm}$

(gemäß Dimensionierung im Datenblatt Nr. 09, Querdruckverstärkungen, SFS intec)

Querdrucknachweis im Bereich der Schraubenspitze:

Prinzip:

Teilschnitt b-b; M 1:10 in mm

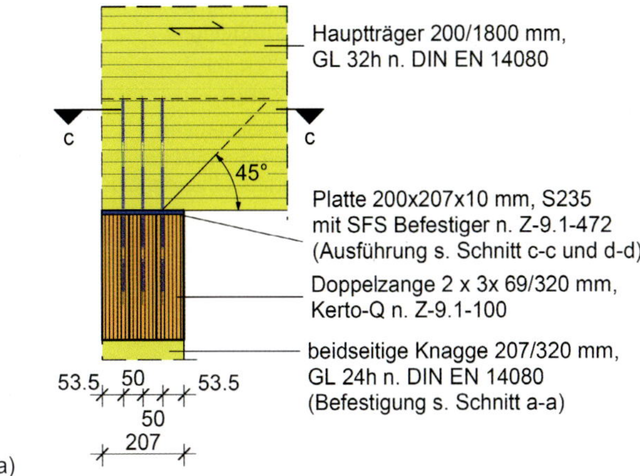

a)

Schnitt c-c zum Schnitt b-b; M 1:10 in mm

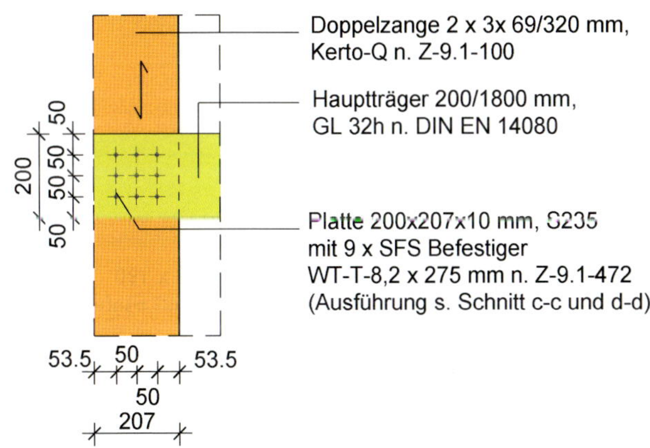

b)

Bild 4.18. a) Teilschnitt b-b und b) Schnitt c-c

$$\ell_{ef,2} = \{\ell_{ef} + (n_0 - 1) \cdot a_1 + \ell_{ef}\}$$

$$\ell_{ef,2} = \{(270 + 30) + (3 - 1) \cdot 60 + 275\} = 632 \text{ mm}$$

$$A_{ef} = b \cdot (\ell_{ef,2} + 30) = 200 \cdot (632 + 30) = 132400 \text{ mm}^2$$

$$\sigma_{c,90,d} = \frac{V_d}{A_{ef}} = \frac{212000}{132400} = 1{,}6 \text{ N/mm}^2$$

$k_{c,90} = 1{,}0$ (Oberhalb der Schraubenspitze wird $k_{c,90}$ nicht angesetzt.)

$$\frac{\sigma_{c,90,d}}{k_{c,90} \cdot f_{c,90,d}} = \frac{1{,}6}{1{,}0 \cdot 1{,}35} = 1{,}185 > 1{,}0 \text{ **Nachweis nicht erfüllt!**}$$

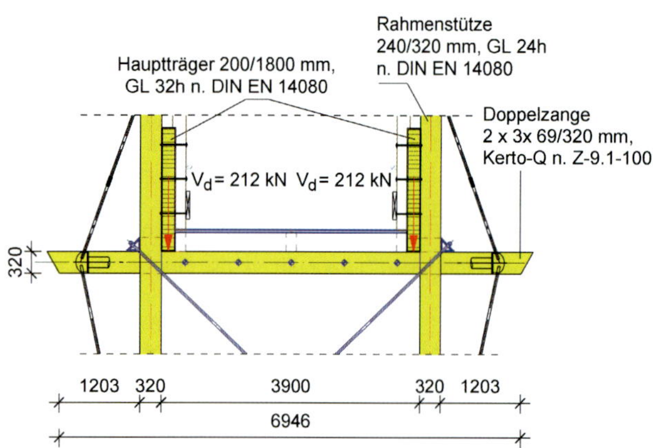

Bild 4.19. Statisches System mit Einwirkungen

Nachweis der Beanspruchung der Zange

Die Zangen bestehen aus Brettschichtholz GL24h.
Die Zangen dienen als Auflager für den Hauptträger. Maßgebend für die Zangenbeanspruchung ist in erster Linie die Querkraftbeanspruchung.

Baustoffwerte GL24h nach DIN EN 14080, Tabelle 5:

$f_{m,k} = 24$ N/mm²

$f_{c,90,k} = 2{,}5$ N/mm²

$f_{v,k} = 3{,}5$ N/mm²

Bemessungswerte der Festigkeiten nach DIN EN 1995-1-1:2010, Gl. (2.14):

[DIN EN 1995-1-1, Gl. (2.14)]

$$f_{m,d} = \frac{k_{mod} \cdot f_{m,k}}{\gamma_M} = \frac{0{,}7 \cdot 24}{1{,}3} = 12{,}92\ \text{N/mm}^2$$

$$f_{c,90,d} = \frac{k_{mod} \cdot f_{c,90,k}}{\gamma_M} = \frac{0{,}7 \cdot 2{,}5}{1{,}3} = 1{,}35\ \text{N/mm}^2$$

$$f_{v,d} = \frac{k_{mod} \cdot f_{v,k}}{\gamma_M} = \frac{0{,}7 \cdot 3{,}5}{1{,}3} = 1{,}89\ \text{N/mm}^2$$

Nachweis der Querdruckbeanspruchung

Gewählt: Querdruckverstärkung mit WT-T-8,2 x 190 nach bauaufsichtlicher Zulassung Z-9.1-472 mit Stahlplatte 200 x 200, t = 10 mm, S235

Ohne Verstärkung aufnehmbare Kraft:

$\ell_1 \geq 2 \cdot h \rightarrow k_{c,90} = 1{,}5$

$V_d = A_{ef} \cdot k_{c,90} \cdot f_{c,90,d} = 52000 \cdot 1{,}5 \cdot 1{,}35 = 105300\ \text{N} = 105{,}3\ \text{kN}$

$F_{2,Rd} = 11{,}73$ kN (wie vorher)

$$\text{erf. n} = \frac{V_d - V_{d,\text{lim}}}{F_{2,Rd}} = \frac{212 - 105{,}3}{11{,}73} = 9{,}1 \rightarrow \textbf{gewählt: 9}$$

Abstände:

II zur Faser, untereinander	a_1	= 50 mm > 41 mm
II zur Faser, zum Rand	$a_{1,c}$	= 50 mm > 41 mm
⊥ zur Faser, untereinander	a_2	= 50 mm > 41 mm
⊥ zur Faser, zum Rand	$a_{2,c}$	= 25 mm = 25 mm

Skizze:

Stahlplatte: $d = 2{,}7 \cdot \sqrt{F_{2,Rd}} = 2{,}7 \cdot \sqrt{11{,}73} = 9{,}25 \rightarrow 10$ mm

(gemäß Dimensionierung im Datenblatt Nr. 09, Querdruckverstärkungen, SFS intec)

Querdrucknachweis im Bereich der Schraubenspitzen:

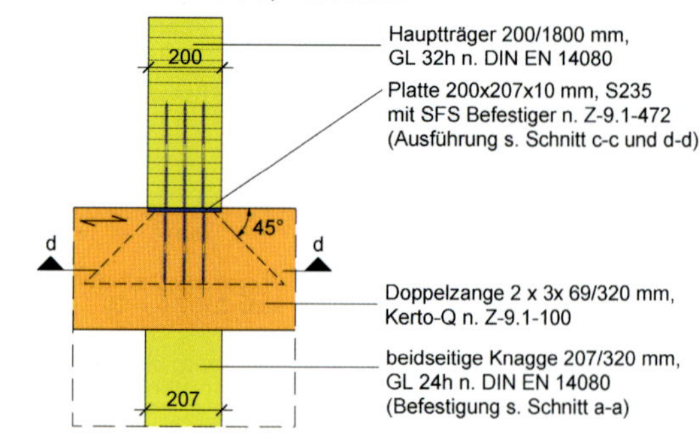

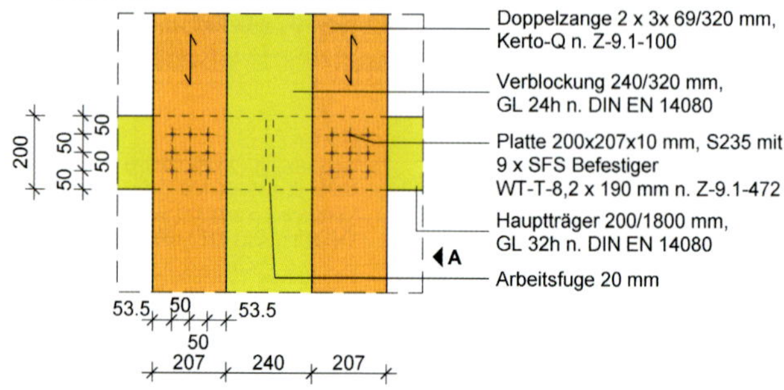

Bild 4.20. Verstärkung Auflager Hauptträger auf der Doppelzange

$$\ell_{ef,2} = (n_{Reihen} - 1) \cdot a_1 + 2 \cdot \ell_s = (3-1) \cdot 50 + 2 \cdot 190 = 480\ \text{mm}$$

$$A_{ef} = b \cdot (\ell_{ef,2} + 2 \cdot 30) = 200 \cdot (480 + 2 \cdot 30) = 108000\ \text{mm}^2$$

$$\sigma_{c,90,d} = \frac{V_d}{A_{ef}} = \frac{212000}{108000} = 1{,}96\ \text{N/mm}^2$$

$$\frac{\sigma_{c,90,d}}{k_{c,90} \cdot f_{c,90,d}} = \frac{1{,}96}{1{,}00 \cdot 1{,}9} = 1{,}03 \approx 1{,}0$$

Nachweis der Querkraftbeanspruchung:

$b_{ef} = k_{cr} \cdot b$

Berechnung der reduzierten Querkraft:

$$V_{red,d} = V_d \cdot \frac{e}{2{,}5 \cdot h} = 212 \cdot \frac{200}{2{,}5 \cdot 320} = 53\ \text{kN}$$

Laut DIN EN 1995-1-1/NA:2013, NCI zu 3.3 (NA.10) ist für Brettschichtholz $f_{v,k} = 3{,}5$ N/mm² anzusetzen.

$$k_{cr} = \frac{2{,}5}{f_{v,k}} = \frac{2{,}5}{3{,}5} = 0{,}71$$

$b_{ef} = 0{,}71 \cdot 200 = 142{,}9$ N/mm²

$$\tau_{v,d} = 1{,}5 \cdot \frac{V_d}{A_{ef}} = 1{,}5 \cdot \frac{V_d}{b_{ef} \cdot h} = 1{,}5 \cdot \frac{212 \cdot 10^3}{142{,}9 \cdot 1800} = 1{,}24\ \text{N/mm}^2$$

$$\frac{\tau_{v,d}}{f_{v,d}} = \frac{1{,}24}{2{,}05} = 0{,}60 < 1{,}0$$

$$\tau_{v,d} = 1{,}5 \cdot \frac{V_{red,d}}{A_{ef}} = 1{,}5 \cdot \frac{53 \cdot 10^3}{142{,}9 \cdot 320} = 1{,}74\ \text{N/mm}^2$$

$\dfrac{\tau_{v,d}}{f_{v,d}} = \dfrac{1{,}78}{1{,}45} = 1{,}74 > 1{,}0$ **Nachweis nicht erfüllt!**

HINWEIS: Die Zange wird aus Furnierschichtholz (Kerto-Q) nach bauaufsichtlicher Zulassung Z-9.1-100 ausgeführt.

- **-> Kerto Q 69/320 besitzt eine größere Schubtragfähigkeit.**
- **-> Die Zangen werden aus drei Querschnitten Kerto-Q, Dicke 69 mm hergestellt.**
- **-> Eine tragende Verklebung der Querschnitte ist nicht notwendig. Eine konstruktive Verklebung wird jedoch empfohlen.**

Nachweis der Querkraftbeanspruchung:

$f_{v,k} = 4{,}8\ \text{N/mm}^2$ (Zulassung Z-9.1-100, Tabelle 1)

$$f_{v,d} = \frac{k_{mod} \cdot f_{v,k}}{\gamma_M} = \frac{0{,}7 \cdot 4{,}8}{1{,}3} = 2{,}60\ \text{N/mm}^2$$

$$b_{ef} = k_{cr} \cdot b$$

$$k_{cr} = 1{,}0$$

$$b_{ef} = 1{,}0 \cdot 3{,}69 = 207\ \text{mm}$$

$$\tau_{v,d} = 1{,}5 \cdot \frac{V_d}{A_{ef}} = 1{,}5 \cdot \frac{V_d}{b_{ef} \cdot h} = 1{,}5 \cdot \frac{53 \cdot 10^3}{207 \cdot 320} = 1{,}20\ \text{N/mm}^2$$

$$\frac{\tau_{v,d}}{f_{v,d}} = \frac{1{,}2}{2{,}6} = 0{,}46 < 1{,}0$$

Nachweis der Querdruckbeanspruchung:

$$\sigma_{c,90,d} = \frac{V_d}{A_{ef}}$$

$$A_{ef} = b \cdot (\ell_A + 2 \cdot 30)$$

$$A_{ef} = 207 \cdot (200 + 2 \cdot 30) = 53820\ \text{mm}^2$$

$$\sigma_{c,90,d} = \frac{V_d}{A_{ef}} = \frac{212000}{53820} = 3{,}14\ \text{N/mm}^2$$

$k_{c,90} = 1{,}0$ (für Holzwerkstoffe s. DIN EN 1995-1-1, Abschnitt 6.1.7)

$$f_{c,90,k} = 9\ \text{N/mm}^2$$

$$f_{c,90,d} = \frac{k_{mod} \cdot f_{c,90,k}}{\gamma_M} = \frac{0{,}7 \cdot 9}{1{,}3} = 4{,}85\ \text{N/mm}^2$$

$\frac{\sigma_{c,90,d}}{k_{c,90} \cdot f_{c,90,d}} = \frac{3{,}94}{1{,}0 \cdot 4{,}85} = 0{,}81 < 1{,}0 \rightarrow$ **keine Verstärkung erforderlich**!

Die für das Brettschichtholz notwendige Querdruckverstärkung wird auch bei der Ausführung in Funierschichtholz beibehalten.

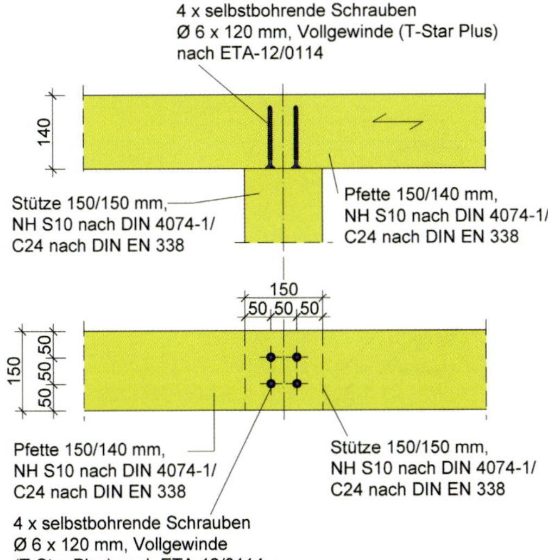

Bild 4.21. Mittelauflager einer Pfette

Beispiel 4.11. (nach DIN EN 1995-1-1:2010)

Die Kontaktfläche eines Mittelauflagers (Bild 4.21) einer Pfette soll verstärkt werden. Für die Querdruckverstärkung werden Spax-Schrauben nach der europäischen Zulassung ETA-12/0114 verwendet. Es ist die Tragfähigkeit der verstärkten Kontaktfläche zu berechnen.

Vorhanden:

Spax-Schraube, 6,0 x 120 mm, Vollgewinde

$f_{y,k} = 1000\ \text{N/mm}^2$

Pfette: $\rho_k = 350\ \text{kg/m}^3$ nach DIN EN 338, Tabelle 1

NKL 1 und KLED mittel $\rightarrow$

Charakteristischer Wert der Tragfähigkeit der verstärkten Kontaktfläche:

$$F_{90,Rk} = \min \begin{cases} k_{c,90} \cdot B \cdot \ell_{ef,1} \cdot f_{c,90,k} + n \cdot F_{ax,Rk} \\ B \cdot \ell_{ef,2} \cdot f_{c,90,k} \end{cases}$$

Druckbeiwert $k_{mod} = 0{,}8$ $k_{c,90}$ *senkrecht zur Faserrichtung:*

$k_{c,90} = 1{,}5$ nach DIN EN 1995-1-1, Abschnitt 6.1.5 (1) (s. Tabelle 4.2.)

Auflagerbreite B:

B = 150 mm

Wirksame Auflagerlänge $\ell_{ef,1}$:

Nach DIN EN 1995-1-1:2010, Abschnitt 6.1.5 (1) wird die wirksame Kontaktfläche ermittelt, indem die tatsächliche Kontaktlänge zu beiden Seiten um 30 mm erhöht wird.

$$\ell_{ef,1} = \ell + 2 \cdot 30\ \text{mm} = 150 + 60 = 210\ \text{mm}$$

Effektive Auflagerlänge $\ell_{ef,2}$ *in der Ebene der Schraubenspitzen nach ETA-12/0114 Anhang C:*

$$\ell_{ef,2} = 2 \cdot \ell_{ef} + (n_{Reihen} - 1) \cdot a_1$$

$a_1 = 50$ mm (Abstand der Schrauben in Faserrichtung)

$\ell_{ef} = 120$ mm (spitzenseitige Einschraubtiefe)

$$\ell_{ef,2} = 2 \cdot 120 + (2 - 1) \cdot 50 = 290\ \text{mm}$$

Charakteristische Druckfestigkeit $f_{c,90,k}$ *rechtwinklig zur Faserrichtung:*

$f_{c,90,k} = 2{,}5\ \text{N/mm}^2$ nach EN 338, Tabelle 1

Anzahl der Verstärkungsschrauben n:

$$n = n_{Spalten} \cdot n_{Reihen} = 2 \cdot 2 = 4$$

Charakteristische Drucktragfähigkeit $F_{ax,Rk}$ *(nach ETA-12/0114 Abschnitt 2.1):*

$$F_{ax,Rk} = \min\{f_{ax,k} \cdot d \cdot \ell_{ef}; \kappa_c \cdot N_{pl,k}\}$$

$f_{ax,k} = 12\ \text{N/mm}^2$ nach ETA-12/0114, Abschnitt 2.1 für Schrauben mit: $6{,}0 \le d \le 8{,}0$ mm

Beiwert κ_c:

$\kappa_c = 1$ für $\bar{\lambda}_k \le 0{,}2$

$\kappa_c = k + \sqrt{k^2 - \bar{\lambda}_k^2}$ für $\bar{\lambda}_k > 0{,}2$

Relativer Schlankheitsgrad:

$$\bar{\lambda}_k = \sqrt{\frac{N_{pl,k}}{N_{ki,k}}}$$

Charakteristischer Wert der plastischen Normalkrafttragfähigkeit des Nettoquerschnitts:

$$N_{pl,k} = \pi \cdot \frac{d_1^2}{4} \cdot f_{y,k} \qquad \text{[ETA-12/0114]}$$

$$N_{pl,k} = \pi \cdot \frac{3{,}8^2}{4} \cdot 1000 = 11341\ \text{N}$$

Charakteristischer Wert der idealen elastischen Knicklast:

$$N_{ki,k} = \sqrt{c_h \cdot E_s \cdot I_s} \qquad \text{[ETA-12/0114]}$$

mit:

$$c_h = (0{,}19 + 0{,}012 \cdot d) \cdot \rho_k \cdot \left(\frac{90^\circ + \alpha}{180^\circ}\right)$$

$$c_h = (0{,}19 + 0{,}012 \cdot 6{,}0) \cdot 350 \cdot \left(\frac{90^\circ + 90}{180^\circ}\right)$$

$$c_h = 91{,}7\ \text{N/mm}^2$$

$$E_s = 210000\ \text{N/mm}^2$$

$$I_s = \frac{\pi}{64} \cdot d_1^4 = \frac{\pi}{64} \cdot 3{,}8^4 = 10{,}2\ \text{mm}^4 \qquad \text{[ETA-12/0114]}$$

$$N_{ki,k} = \sqrt{91{,}7 \cdot 210000 \cdot 10{,}2} = 14015\ \text{N}$$

Relativer Schlankheitsgrad:

$$\bar{\lambda}_k = \sqrt{\frac{N_{pl,k}}{N_{ki,k}}} = \sqrt{\frac{11341}{14015}} = 0{,}9 \qquad \text{[ETA-12/0114]}$$

Daraus folgt:

$$\kappa_c = k + \sqrt{k^2 - \bar{\lambda}_k^2} \quad \text{für } \bar{\lambda}_k > 0{,}2$$

$$k = 0{,}5 \cdot \left[1 + 0{,}49 \cdot (\bar{\lambda}_k - 0{,}2) + \bar{\lambda}_k^2\right]$$

$$k = 0{,}5 \cdot \left[1 + 0{,}49 \cdot (0{,}9 - 0{,}2) + 0{,}9^2\right] = 2{,}153$$

$$\kappa_c = 2{,}153 + \sqrt{2{,}153^2 - 0{,}9^2} = 4{,}11$$

Charakteristische Drucktragfähigkeit $F_{ax,Rk}$ (nach ETA-12/0114, Abschnitt 2.1):

$$F_{ax,Rk} = \min\{f_{ax,k} \cdot d \cdot \ell_{ef}; \kappa_c \cdot N_{pl,k}\}$$

$$F_{ax,Rk} = \min\{12 \cdot 6{,}0 \cdot 120; 4{,}11 \cdot 11341\}$$

$$F_{ax,Rk} = \min\{8640\ \text{N}; 46611\ \text{N}\}$$

$$F_{ax,Rk} = 8640\ \text{N}$$

Charakteristischer Wert der Tragfähigkeit der verstärkten Kontaktfläche:

$$F_{90,Rk} = \min\begin{Bmatrix} k_{c,90} \cdot B \cdot \ell_{ef,1} \cdot f_{c,90,k} + n \cdot F_{ax,Rk} \\ B \cdot \ell_{ef,2} \cdot f_{c,90,k} \end{Bmatrix}$$

$$k_{c,90} = 1{,}5 \quad \text{da } \ell_1 \geq 2 \cdot h$$

$$F_{90,Rk} = \min\begin{Bmatrix} 1{,}5 \cdot 150 \cdot 210 \cdot 2{,}5 + 4 \cdot 8640 \\ 150 \cdot 290 \cdot 2{,}5 \end{Bmatrix}$$

$$F_{90,Rk} = \min\begin{Bmatrix} 152685 \\ 108750 \end{Bmatrix} = 108750\ \text{N}$$

Charakteristischer Wert der unverstärkten Kontaktfläche:

$$F_{90,Rk} = k_{c,90} \cdot f_{c,90,k} \cdot B^2$$

$$F_{90,Rk} = 1{,}5 \cdot 2{,}5 \cdot 150^2 = 84375\ \text{N}$$

Die Kontaktfläche erreicht mit den Schrauben eine um 24,4 kN höhere Tragfähigkeit.

4.3.4. Druck unter einem Winkel zur Faser nach EN 1995-1-1:2010, Abschnitt 6.2.2

Es sind grundsätzlich zwei Lösungen möglich: Die Strebe wird nach Bild 4.22.a rechtwinklig zur Stabachse abgeschnitten, oder die Stäbe werden auf Gehrung (Winkelhalbierende) geschnitten (Bild 4.22.b): Passschnitt im Gehrungswinkel.

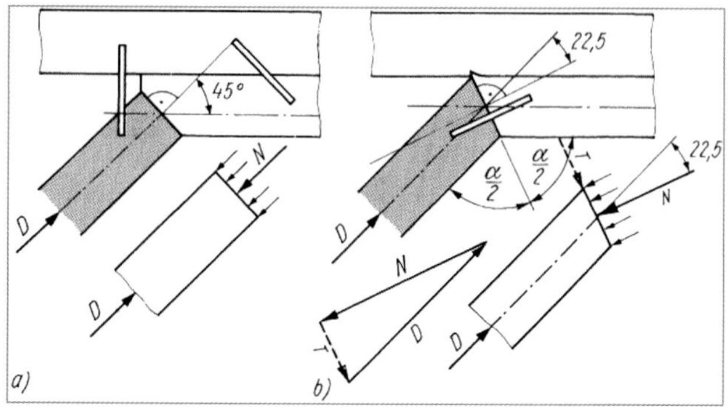

Legende
a) Strebe, rechtwinklig zur Stabachse abgeschnitten (im Beispiel durch Klammern gesichert
b) Strebe, auf Gehrung (Winkel $\alpha/2$) geschnitten

Bild 4.22. Kraftzerlegung bei einem Druckstoß unter einem Winkel

Komplizierter ist die Lösung, wenn Druck- und Zugstäbe in einem Knotenpunkt zusammengeführt werden. Ihre Lage wird durch Hartholz-Zwischenhölzer, Dollen, Flachstähle oder Sechskantschrauben gesichert (Bild 4.23.).

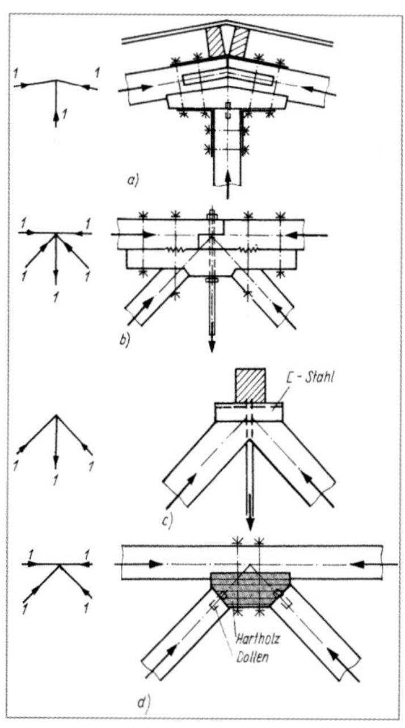

Legende
a) unter Verwendung eines Stemmklotzes und von Flachstahlbändern
b) bei einem Parallelfachwerkträger
c) bei einem Hängewerk
d) bei einer Holzbrücke, Strebe rechtwinklig zur Stabachse geschnitten

Bild 4.23. Druckstöße unter einem Winkel

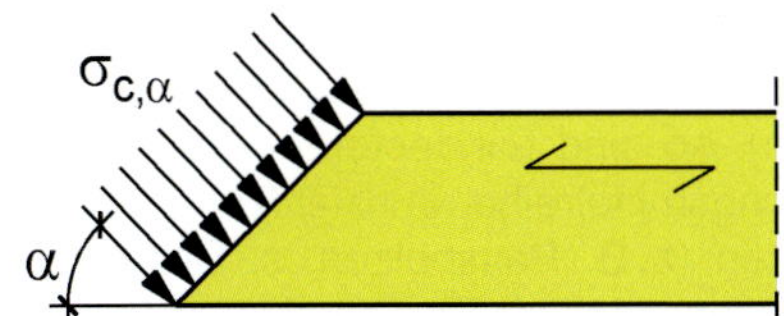

Bild 4.24. Druckspannungen unter einem Winkel zur Faserrichtung (entspricht Bild 6.7 in DIN EN 1995-1-1:2010)

Greift eine Druckkraft in einem Winkel zur Faser des Holzes von $0° < \alpha < 90°$ an (s. Bild 4.24.), so ist nach DIN EN 1995-1-1:2010 der Nachweis nach Gl. (6.16) zu führen:

$$\sigma_{c,\alpha,d} \leq \frac{f_{c,0,d}}{\frac{f_{c,0,d}}{k_{c,90} \cdot f_{c,90,d}} \cdot \sin^2 \alpha + \cos^2 \alpha}$$

mit:

α Winkel zwischen Beanspruchungs- und Faserrichtung des Holzes oder bei Holzwerkstoffen (z. B. Sperrholz) Winkel zwischen Beanspruchungsrichtung und Faser- oder Spanrichtung der Decklage.

Bild 4.25. zeigt den Einfluss der Kraft-Faser-Richtung auf die Druckfestigkeit im Vergleich zu experimentellen Untersuchungen.

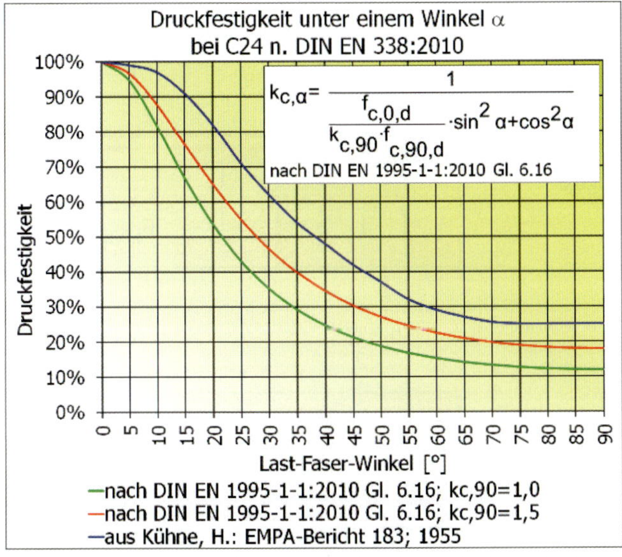

Bild 4.25. Einfluss des Last-Faser-Winkels auf die Druckfestigkeit von Nadelholz C24 (nach DIN EN 338) nach DIN EN 1995-1-1:2010, Gl. (6.16) im Vergleich zu Versuchen an fehlerfreien Hölzern [*Kühne* 1955]

Der Bemessungswert der Beanspruchung in der Druckfläche wird berechnet:

$$\sigma_{c,\alpha,d} = \frac{N_d}{A_{ef}}$$

A_{ef} wirksame Querschnittsfläche entsprechend DIN EN 1995-1-1:2010, Abschnitt 6.1.5, die nach Bild 4.26. ermittelt wird.

Mit $k_{c,90}$ nach DIN EN 1995-1-1:2010, Abschnitt 6.1.5 (s. Tabelle 4.2.).

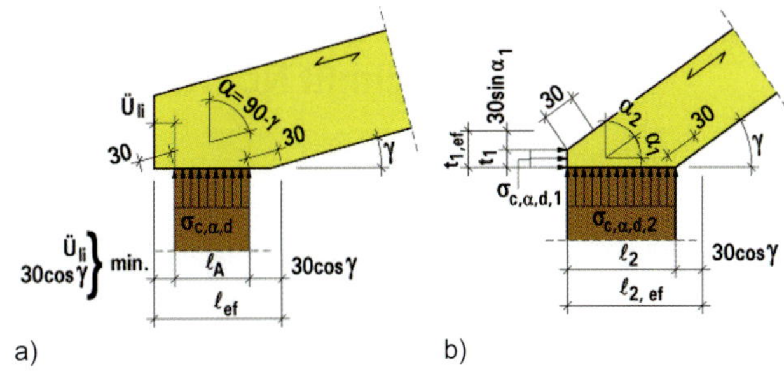

Legende
a) Trägerauflager mit $A_{ef} = b \cdot \ell_{ef}$
b) Kontaktanschluss mit $A_{1,ef} = b \cdot t_{1,ef}$ und $A_{2,ef} = b \cdot \ell_{2,ef}$

Bild 4.26. Ermittlung der wirksamen Fläche nach DIN EN 1995-1-1/NA:2013, Abschnitt NCI zu 6.2.2

Beispiel 4.12. **(nach DIN EN 1995-1-1:2010)**

Gemäß Bild 4.22.b ist bei einem Sprengwerk eine Strebenkraft von $N_d = 100$ kN zu übertragen. Die Strebe besteht aus NH (Lärche) S13 nach DIN 4074-1/C30 nach DIN EN 338, Querschnitt 200/200 mm, Strebenneigung $\alpha = 45°$.

Es ist der Nachweis der Spannung in der Berührungsfläche zu führen.

Lösung:

Baustoffeigenschaften:
NH S13 nach DIN 4074-1/C30 nach DIN EN 338, Tabelle 1
Nutzungsklasse: 3 [DIN EN 1995-1-1, Abschnitt 2.3.1.3]
KLED: mittel [DIN EN 1995-1-1/NA, Tabelle NA.1]
$k_{mod} = 0{,}65$ [DIN EN 1995-1-1, Tabelle 3.1]
$\gamma_M = 1{,}3$ [DIN EN 1995-1-1/NA, Tabelle NA.3]
$f_{c,0,k} = 23\ \text{N/mm}^2$ [DIN EN 338, Tabelle 1]
$f_{c,90,k} = 2{,}7\ \text{N/mm}^2$ [DIN EN 338, Tabelle 1]
$k_{c,90} = 1{,}5$

Bemessungswert der Festigkeiten nach Gl. (2.14):

[DIN EN 1995-1-1, Gl. (2.14)]

$$f_{t,0,d} = \frac{k_{mod} \cdot f_{t,0,k}}{\gamma_M} = \frac{0{,}65 \cdot 23}{1{,}3} = 11{,}5\ \text{N/mm}^2$$

$$f_{t,90,d} = \frac{k_{mod} \cdot f_{t,90,k}}{\gamma_M} = \frac{0{,}65 \cdot 2{,}7}{1{,}3} = 1{,}35\ \text{N/mm}^2$$

Bemessungswert der Spannung in der Druckübertragungsfläche:

Bemessungswert der Druckkraft $N_{d,\alpha}$:

Last-Faser-Winkel $\alpha / 2 = 22{,}5°$

$$\cos \alpha / 2 = \frac{N_{c,\alpha,d}}{N_d}$$

$$N_{c,\alpha,d} = N_d \cdot \cos \alpha / 2 = 100 \cdot \cos 22{,}5° = 92{,}4\ \text{kN}$$

$$\sigma_{c,\alpha,d} = \frac{N_{c,\alpha,d}}{A_{ef}} = \frac{92{,}4 \cdot 10^3}{200 \cdot 200} = 2{,}31\ \text{N/mm}^2$$

Nachweis nach Gl. (6.16):

[DIN EN 1995-1-1, Gl. (6.16)]

$$\sigma_{c,\alpha,d} \leq \frac{f_{c,0,d}}{\frac{f_{c,0,d}}{k_{c,90} \cdot f_{c,90,d}} \cdot \sin^2 \alpha + \cos^2 \alpha}$$

$$2{,}31 \leq \frac{11{,}5}{\frac{11{,}5}{1{,}5 \cdot 1{,}35} \cdot \sin^2 45° + \cos^2 45°}$$

$$2{,}31 \leq \frac{11{,}5}{1{,}685} \leq 6{,}82\ \text{N/mm}^2$$ **Nachweis erfüllt!**

4.4. Zugstöße nach DIN EN 1995-1-1/ NA:2013, Abschnitt NCI NA.8.1.6

4.4.1. Allgemeine Hinweise

Zugstöße sind möglichst an die Stellen zu legen, an denen Querschnittsüberschuss vorhanden ist, d. h. an Stellen, an denen keine Querschnittsschwächungen auftreten oder nur geringe Zugkräfte zu übertragen sind.

Die stoßdeckenden Teile sind symmetrisch anzuordnen.

Für die gebräuchlichsten Zugstöße gelten die in Tabelle 4.3. angegebenen Lastanteile für die Querschnittsbemessung. Bei einseitig beanspruchten Zugstäben oder äußeren zugbeanspruchten Laschen in Zugstößen tritt infolge der Lastumlenkung zusätzlich zur Zugkraft ein örtliches Moment auf (s. Bild 4.27.). Dies wird näherungsweise durch Abminderung der Zugfestigkeit des Laschenmaterials berücksichtigt.

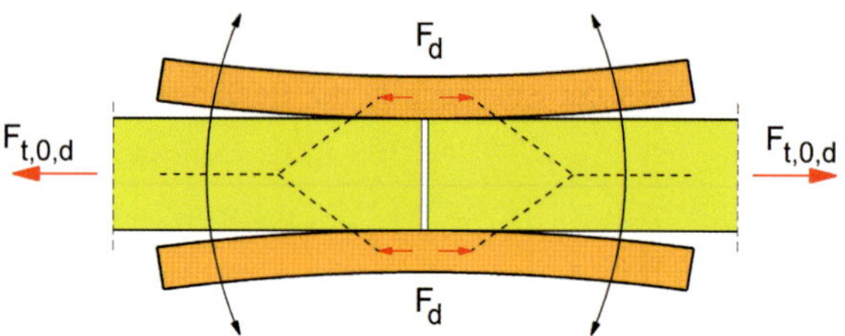

Bild 4.27. Einseitig beanspruchte Laschen bei einem Zugstoß

Laschen zwischen den zu verbindenden Teilen brauchen nicht mit abgeminderten Zugfestigkeiten bemessen zu werden (Tabelle 4.3.d). Stahllaschen sind grundsätzlich für die auftretende Zugkraft zu bemessen. Die Verbindungsmittel werden sowohl bei Holzlaschen als auch bei Futterhölzern oder Stahllaschen nur für die tatsächlich auftretenden Stabkräfte bemessen.
Als Verbindungsmittel eignen sich, abhängig von der Bauaufgabe, den zu übertragenden Kräften und den vorhandenen Holzquerschnitten, Nägel, Stabdübel, Passbolzen und Dübel sowie Klebstoffe.

Für Baustellenstöße sind Stahllaschen mit Schrauben die einfachste Verbindung. Alle Zugstöße sind sorgfältig auszuführen. Für Holzlaschen ist astreines Holz zu verwenden.

Wird eine Zugverbindung symmetrisch mit Schrauben, Bolzen, Passbolzen und nicht vorgebohrten Nägeln ausgeführt, so darf für den Nachweis der Tragfähigkeit der einseitig beanspruchten Bauteile (Seitenlasche) das Zusatzmoment vereinfacht durch eine Verminderung des Bemessungswertes der Zugtragfähigkeit **um ein Drittel** berücksichtigt werden.
Der Nachweis in den Seitenhölzern ist dann nach Gl. (6.1) zu führen.

$$\sigma_{t,0,d} \leq 0{,}67 \cdot f_{t,0,d} \qquad \text{[DIN EN 1995-1-1, Gl. (6.1)]}$$

Werden andere als die vorgenannten Verbindungsmittel verwendet, so gilt die vereinfachte Nachweisführung nur dann, wenn ein Verkrümmen der einseitig beanspruchten Bauteile durch Verbindungsmittel verhindert wird, die auf Herausziehen beansprucht werden können.

Besteht die Verbindung aus anderen als den vorgenannten stiftförmigen Verbindungsmitteln (z. B. vorgebohrten Nägeln oder Stabdübeln), so sind mindestens in der ersten und letzten Verbindungsmittelreihe ausziehfeste Verbindungsmittel anzuordnen (z. B. Passbolzen, s. Bild 4.28.). Bei anderen Verbindungsmitteln (z. B. Dübeln besonderer Bauart) sind vor bzw. hinter dem eigentlichen Anschluss zusätzliche ausziehfeste Verbindungsmittel anzuordnen (s. Bild 4.28.).

Die ausziehfesten Verbindungsmittel müssen für eine in Richtung ihrer Stiftachse wirkende Zugkraft $F_{t,d}$ nach Gl. (NA.101) bemessen werden

$$F_{t,d} = \frac{F_d \cdot t}{2 \cdot n \cdot a}$$

mit:

- $F_{t,d}$ Bemessungswert der aufnehmbaren Normalkraft im einseitig beanspruchten Bauteil (z. B. Lasche);
- n Anzahl der in Richtung von F_d zur Übertragung der Scherkraft hintereinander angeordneten Verbindungsmittel, ohne die zusätzlichen ausziehfesten Verbindungsmittel;
- t Dicke des einseitig beanspruchten Bauteiles (z. B. der Lasche);
- a Abstand der auf Herausziehen beanspruchten Verbindungsmittel (ausziehfesten Verbindungsmittel) von der nächsten Verbindungsmittelreihe (s. Bild 4.28.).

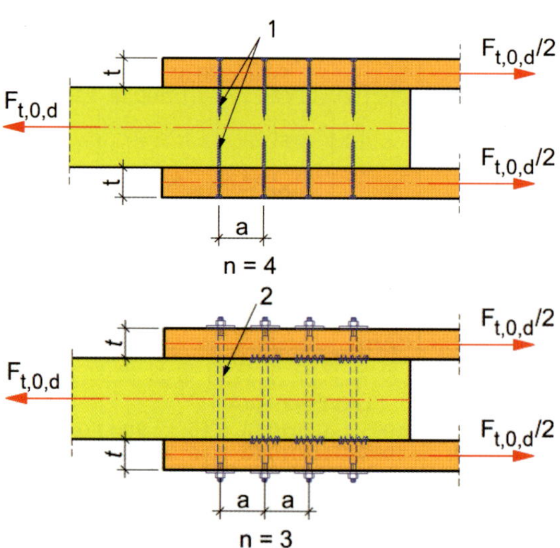

Legende
1 ausziehfeste Verbindungsmittel
2 zusätzliche ausziehfeste Verbindungsmittel

Bild 4.28. Konstruktive Maßnahmen zur Verhinderung von Verkrümmungen bei einseitig beanspruchten Bauteilen in Zuganschlüssen nach Bild NA.14 in DIN EN 1995-1-1/NA:2013

Für den Nachweis der Tragfähigkeit gilt: $F_{t,d} \leq F_{ax,Rd}$.

Nach DIN EN 1995-1-1/NA:2013, Abschnitt NCI NA.8.1.6 (NA.4) muss bei anderen als den vorgenannten Verbindungsmitteln <u>**ohne**</u> Maßnahmen zur Verhinderung von Verkrümmungen in den einseitig beanspruchten Bauteilen (z. B. Verbindungen unter ausschließlicher Verwendung von Stabdübeln oder vorgebohrten Nägeln) der Bemessungswert der Zugtragfähigkeit des Bauteiles um 60 % abgemindert werden.

Tabelle 4.3. Gebräuchliche Zugstöße

Zugstoß	**Nachweis der Zugspannungen nach den Regeln der DIN EN 1995-1-1:2010**		**Schemazeichnung mit Lastverteilung (Draufsicht)**
a) Geklebter Schäftstoß Nach DIN 1052-10:2012, Abschnitt 6.5 dürfen Schäftungen in Vollholz, Balkenschichtholz und Brettschichtholz ausgeführt werden. Nach DIN EN 1995-1-1/NA:2013, Abschnitt NCI NA.11.4 (NA.3) nur in Nutzungsklasse 1 und 2 anwendbar. Nach DIN EN 1995-1-1/NA: 2013, Abschnitt NCI NA.11.4 (NA.2) gelten die Bemessungswerte der Tragfähigkeit für den ungeschwächten Querschnitt.	$\sigma_{t,0,d} = \frac{N_d}{A} \leq f_{t,0,d}$		Neigung h/ℓ ≤ 10%
b) Geklebter Keilzinkstoß Leistungsanforderungen und Anforderungen an die Herstellung nach DIN EN 14080	$\sigma_{t,0,d} = \frac{N_d}{A_{netto}} \leq f_{t,0,d}$ $A_{netto} = (1-\vartheta) \cdot A$ $W_{netto} = (1-\vartheta) \cdot W$		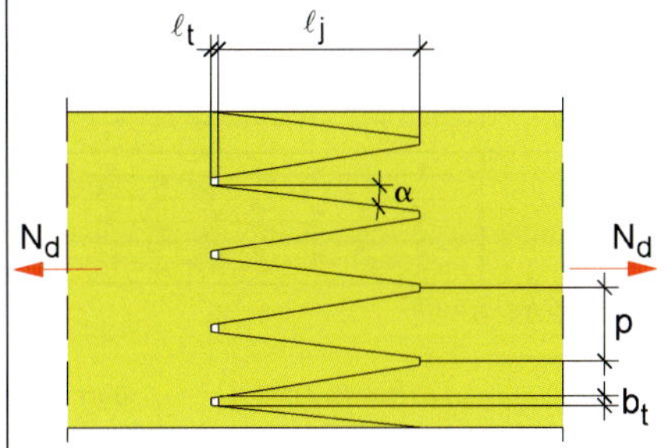 *Legende* ℓ_j Zinkenlänge p Zinkenteilung b_t Breite des Zinkengrundes ℓ_t Zinkenspiel α Flankenneigung **Keilzinkverbindung nach DIN EN 14080, Bild 3**
c) Stoß mit Seitenlaschen 1) Nachweis Laschen bei Schrauben, Bolzen, Passbolzen, nicht vorgebohrten Nägeln und wenn bei anderen Verbindungsmitteln zusätzliche auf Herausziehen beanspruchbare Verbindungsmittel vorhanden sind (s. DIN EN 1995-1-1/NA:2013, NCI NA.8.1.6) 2) Nachweis Laschen ohne Maßnahme zur Verhinderung auf Herausziehen	Seitenlaschen	$\sigma_{t,0,d} = \frac{N_d}{2A_{netto}}$ 1) $\sigma_{t,0,d} \leq 0{,}67 \cdot f_{t,0,d}$ 2) $\sigma_{t,0,d} \leq 0{,}4 \cdot f_{t,0,d}$	Lasche, Gurt
	Gurt	$\sigma_{t,0,d} = \frac{N_d}{2A_{netto}} \leq f_{t,0,d}$	
d) Stoß mit Mittellasche	Seitengurt	$\sigma_{t,0,d} = \frac{N_d}{2A_{netto}} \leq f_{t,0,d}$	Gurt, Lasche
	Mittellaschen	$\sigma_{t,0,d} = \frac{N_d}{A_{netto}} \leq f_{t,0,d}$	
e) Stoß mit Seiten- und Mittellasche 1) Nachweis Laschen bei Schrauben, Bolzen, Passbolzen, nicht vorgebohrten Nägeln und wenn bei anderen Verbindungsmitteln zusätzliche auf Herausziehen beanspruchbare Verbindungsmittel vorhanden sind (s. DIN EN 1995-1-1/NA:2013, NCI NA.8.1.6) 2) Nachweis Laschen ohne Maßnahme zur Verhinderung auf Herausziehen	Seitenlaschen	$\sigma_{t,0,d} = \frac{N_d}{4A_{netto}}$ 1) $\sigma_{t,0,d} \leq 0{,}67 \cdot f_{t,0,d}$ 2) $\sigma_{t,0,d} \leq 0{,}4 \cdot f_{t,0,d}$	Lasche, Gurt
	Mittellaschen	$\sigma_{t,0,d} = \frac{N_d}{2A_{netto}} \leq f_{t,0,d}$	
	Gurt	$\sigma_{t,0,d} = \frac{N_d}{2A_{netto}} \leq f_{t,0,d}$	

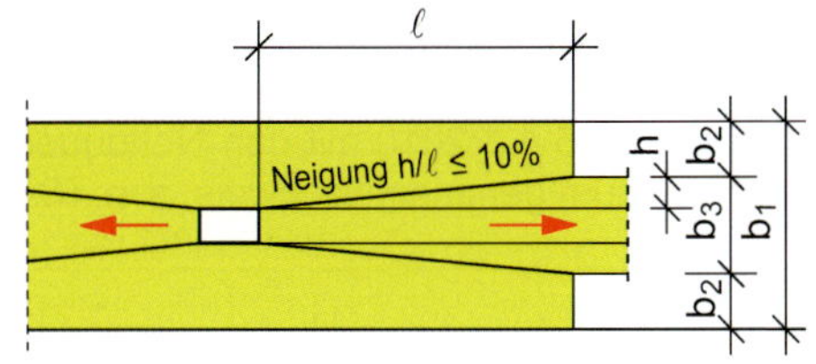

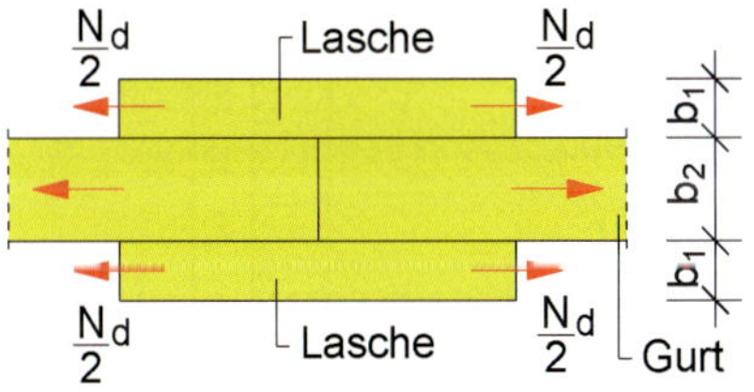

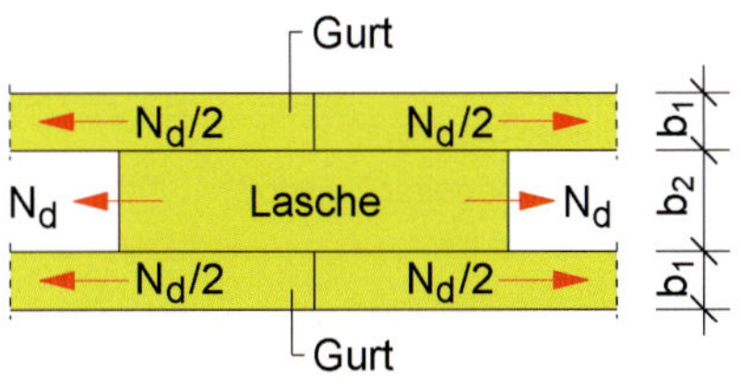

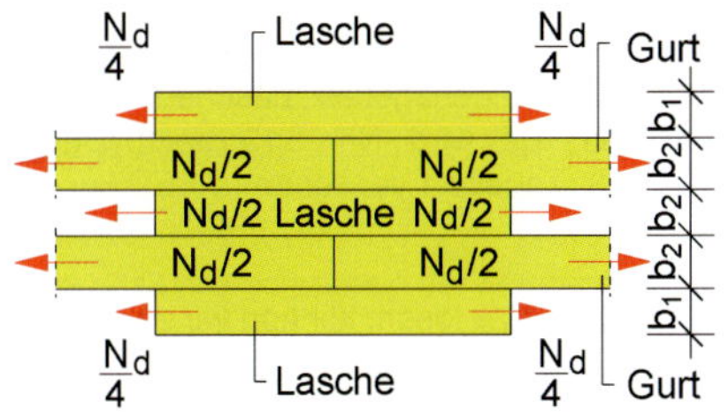

Der Nachweis ist nach Gl. (6.1) zu führen:

$\sigma_{t,0,d} \leq 0{,}4 \cdot f_{t,0,d}$ [DIN EN 1995-1-1, Gl. (6.1)]

Anstatt der vereinfachten Berücksichtigung des Versatzmomentes in den äußeren Seitenhölzern/Laschen kann jedoch auch ein genauer Nachweis nach Abschnitt 6.2.3 in DIN EN 1995-1-1:2010 mit den Nettoquerschnitten geführt werden (zum genauen Nachweis, s. a. [*Steck* 2002]).

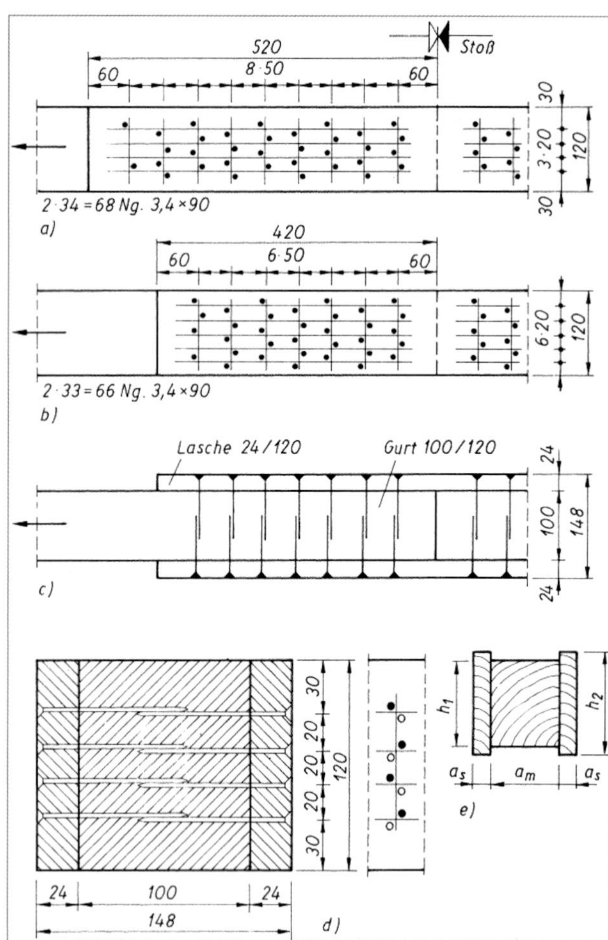

Legende
a) Ansicht
b) Variante zu a)
c) Draufsicht
d) Schnitt zu Ansicht a)
e) überstehende Laschen

Bild 4.29. Genagelter Zugstoß

Beispiel 4.13. (nach DIN EN 1995-1-1:2010)

Der 100/120 mm große Untergurt eines Kantholzbinders hat eine Zugkraft von $N_{t,0,d} = 40$ kN zu übertragen und ist zu stoßen. Der Zugstoß ist mit genagelten Laschen (Nägel nicht vorgebohrt) auszuführen. Es wird NH S13 nach DIN 4074-1, C30 nach DIN EN 338, Tabelle 1 verwendet, KLED kurz, Nutzungsklasse 1.

Lösung:

Um die Aufgabe zu lösen, können wir zwei Wege gehen:

1. Es wird ein Querschnitt gewählt (geschätzt), die entsprechende Nagelgröße festgelegt und der Spannungsnachweis geführt. Diese Methode kann Wiederholungsrechnungen erfordern. Sie hat den Vorteil, dass der weniger Geübte sicher zum Ziel kommt (Bild 4.29.).
2. Der zweite Weg führt auf kürzestem Wege zum Ziel: Ermittlung des erforderlichen Laschenquerschnitts mit

$\sigma_{t,0,d} = 0{,}67 \cdot f_{t,0,d}$

$\sigma_{t,0,d} = \frac{N_d}{A}$

daraus ermitteln wir durch Umstellung

${}_{erf}A_n = \frac{N_d}{0{,}67 \cdot f_{t,0,d}}$

Charakteristischer Wert der Zugfestigkeit:

$f_{t,0,k} = 18\ \text{N/mm}^2$

Bemessungswert der Zugfestigkeit:

$f_{t,0,d} = \frac{k_{mod} \cdot f_{t,0,k}}{\gamma_M}$

$f_{t,0,d} = \frac{0{,}9 \cdot 18}{1{,}3} = 12{,}46\ \text{N/mm}^2$

$\rho_k = 380\ \text{kg/m}^3$

Mindern wir den nutzbaren Querschnitt bei einem genagelten Zugstoß um 10 % ab, so erhalten wir

$${}_{erf}A_n = \frac{N_d}{0{,}9 \cdot 0{,}67 \cdot f_{t,0,d}} = \frac{40 \cdot 10^3}{0{,}9 \cdot 0{,}67 \cdot 12{,}46} = 5323{,}84\ \text{mm}^2$$

$${}_{erf}A_n = \frac{5323{,}84}{2} = 2662\ \text{mm}^2$$

Bei 24 mm dicken Laschen ist eine Bretthöhe von

$${}_{erf}h = \frac{{}_{erf}A_n}{d_{Brett}} = \frac{2662}{24} = 111{,}0\ \text{mm erforderlich.}$$

Gewählt: 2 Laschen 24/120 mm
Nägel 3,4 ÷ 90 (nicht vorgebohrt),
$f_{u,k} = 600\ \text{N/mm}^2$ (nach DIN EN 14592, Abschnitt 6.1.2)

Mindesteinschlagtiefe/Mindestholzdicken:

$t_{req} = 9 \cdot d = 9 \cdot 3{,}4 = 30{,}6$ mm;

$t_{vorh} = 90 - 24 = 66\ \text{mm} > 30{,}6$ mm

Charakteristisches Fließmoment nach Gl. (8.14):

$f_u = 600\ \text{N/mm}^2$ nach DIN EN 14592, Abschnitt 6.1.2

$M_{y,Rk} = 0{,}3 \cdot f_u \cdot d^{2,6}$ [DIN EN 1995-1-1, Gl. (8.14)]

$M_{y,Rk} = 0{,}3 \cdot f_u \cdot d^{2,6}$

$M_{y,Rk} = 0{,}3 \cdot 600 \cdot 3{,}4^{2,6}$

$M_{y,Rk} = 4336{,}3\ \text{N/mm}^2$

Charakteristische Tragfähigkeit Nagels pro Scherfläche:

[DIN EN 1995-1-1/NA:2013, Gl. (NA.120)]

$F_{v,Rk} = \sqrt{2 \cdot M_{y,Rk} \cdot f_{h,1,k} \cdot d}$

Charakteristische Lochleibungsfestigkeit nach Gl. (8.15):

$f_{h,1,k} = 0{,}082 \cdot \rho_k \cdot d^{-0,3}$ [DIN EN 1995-1-1, Gl. (8.15)]

$f_{h,1,k} = 0{,}082 \cdot 380 \cdot 4{,}2^{-0,3}$

$f_{h,1,k} = 21{,}5\ \text{N/mm}^2$

$F_{v,Rk} = \sqrt{2 \cdot 4336{,}3 \cdot 21{,}59 \cdot 3{,}4}$

$F_{v,Rk} = 797{,}89\ \text{N} = 0{,}79\ \text{kN}$

Bemessungswert der Tragfähigkeit pro Nagelscherfläche Nagel nach Gl. (NA.113):

[DIN EN 1995-1-1/NA.2013, Gl. (NA.113)]

$$F_{v,Rd} = \frac{k_{mod} \cdot F_{v,Rk}}{\gamma_M} = \frac{0{,}9 \cdot 0{,}79}{1{,}1} = 0{,}65\ \text{kN}$$

Mindestholzdicke nach DIN EN 1995-1-1:2010, Abschnitt 8.3.1.2 (7) (nicht besonders spaltgefährdete Holzart Kiefer):

$$t = \max\begin{cases} 7 \cdot d \\ (13 \cdot d - 30) \cdot \dfrac{\rho_k}{400} \end{cases}$$ [DIN EN 1995-1-1, Gl. (8.18)]

$$t = \max\begin{cases} 7 \cdot 3{,}4 & = 23{,}8 \\ (13 \cdot 3{,}4 - 30) \cdot \dfrac{380}{400} = 13{,}49 \end{cases} = 23{,}8 \approx 24 \text{ mm} < t_{vorh}$$

$${}_{erf}\, n = \frac{40}{0{,}65} = 62 \text{ Ng};$$ (ausgeführt: 68 Ng-Variante a) oder ausgeführt: 66 Ng-Variante b))

Nachweis für übergreifende Nägel bei beidseitiger Nagelung (nach DIN EN 1995-1-1:2010, Bild 8.5 maßgebend)

$$(t - t_2) = (100 - 66) = 44 > 4 \cdot d = 4 \cdot 3{,}4 = 13{,}6$$

Für $n = n_{ef}$ ist ein Versetzen nach dem genannten Bild 8.6 in DIN EN 1995-1-1:2010, Abschnitt 8.3.1.2 (7) erforderlich

Spannungsnachweis in den Seitenlaschen:
Nicht vorgebohrte Nägel gelten als auszugfeste Verbindungsmittel und die Zugfestigkeit der Seitenlaschen ist nach DIN EN 1995-1-1/ NA:2013, NCI NA.8.1.6 (NA.1) um 1/3 abzumindern.

$$A_n = (24 - 120) - 4 \cdot (3{,}4 \cdot 24) = 25{,}5 \cdot 10^2 \text{ mm}^2$$

$$\sigma_{t,0,d} = \frac{N_{t,0,d}}{2 \cdot A_{n,Laschen}} < 0{,}66 \cdot f_{t,0,d} = 0{,}66 \cdot 12{,}46 = 8{,}22 \text{ N/mm}^2$$

$$\sigma_{t,0,d} = \frac{40 \cdot 10^3}{2 \cdot 25{,}5 \cdot 10^2} = 7{,}84 \text{ N/mm}^2 < f_{t,0,d} = 8{,}22 \text{ N/mm}^2$$

Nachweis erfüllt!

Spannungsnachweis im Gurt:

$$A_n = 100 \cdot 120 - 4 \cdot 3{,}4 \cdot 100 = 106{,}4 \cdot 10^2 \text{ mm}^2$$

$$\sigma_{t,0,d} = \frac{N_{t,0,d}}{A_{n,Gurt}} \le f_{t,0,d}$$

$$\sigma_{t,0,d} = \frac{40 \cdot 10^3}{106{,}4 \cdot 10^2} = 3{,}76 < f_{t,0,d} = 12{,}46 \text{ N/mm}^2$$ **Nachweis erfüllt!**

Hinweise zur Ausführung

Für die Laschen sind astfreie Bretter zu wählen. Es werden zwei Ausführungen gegenübergestellt (Bild 4.29.a und b). Nach Bild 4.29.a wird der Mindestrandabstand senkrecht zur Holzfaser von erforderlich $5 \cdot d = 5 \cdot 3{,}4 = 17$ mm auf 30 mm erhöht. Dadurch können nur vier Nagelreihen untergebracht werden. Bei der Ausführung nach Bild 4.29.b ist der Mindestrandabstand auf 20 mm gerundet. Jetzt sind fünf Nagelreihen möglich, und die Laschenlänge verringert sich.

Sofern genügend Platz zur Verfügung steht, wird eine Ausführung nach Bild 4.29.a empfohlen.

Die Holzlaschen können auch höher als der Zugstab gewählt werden. Sie benötigen dann eine geringere Dicke, und es lassen sich kleinere Nägel verwenden (Bild 4.29.e).

Mindestabstände für Beispiel 4.13.

	Bezeichnung	**DIN EN 1995-1-1:2010, Tabelle 8.2**					
				Variante a)		**Variante b)**	
		Mindestabstände	**mm**	**Lasche mm**	**Gurt mm**	**Lasche mm**	**Gurt mm**
untereinander in Faserrichtung	$\parallel$, a_1	$d < 5$ mm: $(5 + 5\lvert\cos\alpha\rvert) \cdot d$	(34)	50	50	50	50
untereinander rechtwinklig zur Faser	$\perp$, a_2	$5 \cdot d$	(17)	20	20	20	20
vom beanspruchten Hirnholzende	$a_{3,t}$	$(10 + 5\cos\alpha) \cdot d$	(51)	-	60	-	60
vom unbeanspruchten Hirnholzende	$a_{3,c}$	$10 \cdot d$	(34)	60	-	60	-
vom beanspruchten Rand	$a_{4,t}$	$d < 5$ mm: $(5 + 2 \cdot \sin\alpha) \cdot d$	(17)	-	-	-	-
vom unbeanspruchten Rand	$a_{4,c}$	$5 \cdot d$	(17)	30	30	30	30

Nageldurchmesser d = 3,4 mm
α = Winkel zwischen Kraft und Faserrichtung = **0°**
(...) rechnerische Werte

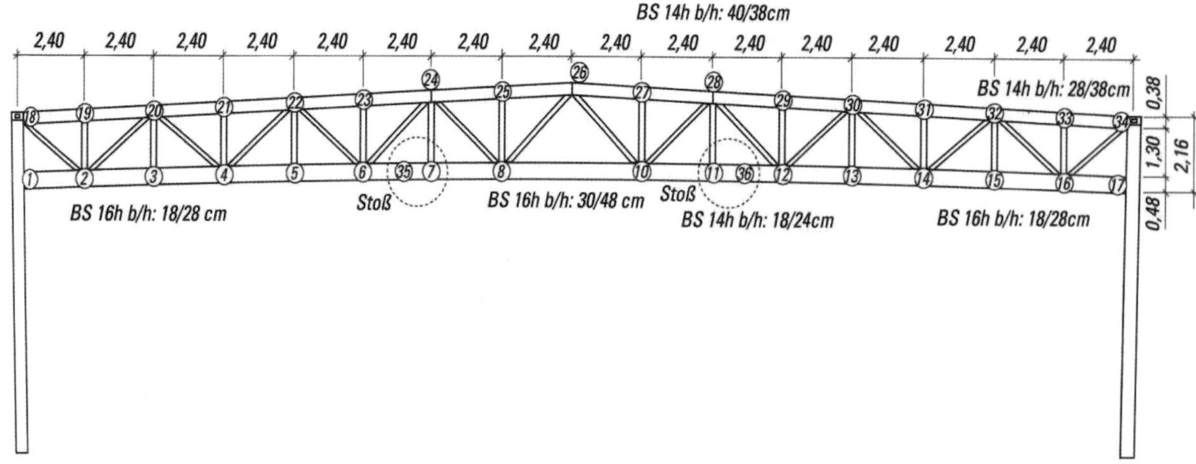

Bild 4.30. Fachwerkbinder mit zwei Zugstößen im Untergurt

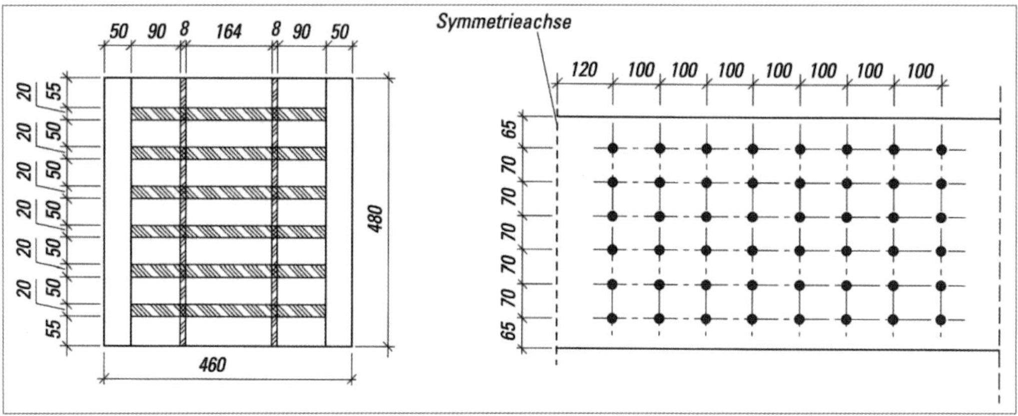

Bild 4.31. Zugstoß im Untergurt eines Fachwerkbinders

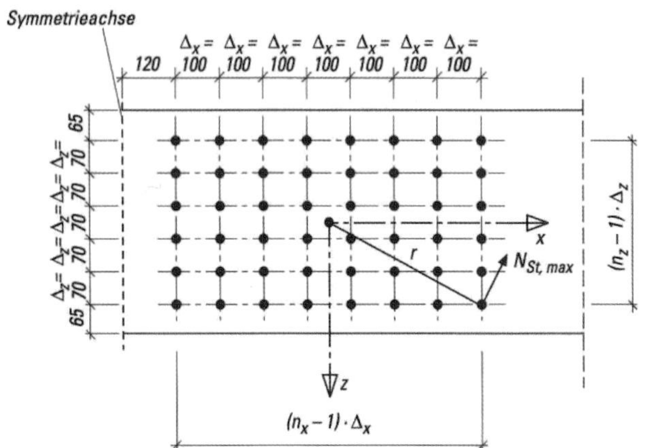

Bild 4.32. Berechnung des polaren Trägheitsmoments der Verbindungsmittelgruppe

Beispiel 4.14. (nach DIN EN 1995-1-1:2010)

Zugstoß eines Fachwerkbinders

Der Untergurt eines Fachwerkbinders mit 36 m Spannweite aus Brettschichtholz wird in zwei Punkten gestoßen (s. Bild 4.30.). Der Zugstoß ist für die maßgebenden Beanspruchungen nachzuweisen.

Der Zugstoß besitzt folgende Geometrie (s. Bild 4.31.)

Aus der Berechnung mit einem Stabwerksprogramm ergeben sich für die maßgebende Lastfallkombination folgende Schnittgrößen:

Bemessungsschnittgrößen am Knoten (Einwirkungskombination $1{,}35 \cdot G_k + 1{,}5 \cdot Q_{S,k}$)
$N_d = 1508$ kN
$M_d = 41{,}7$ kNm
$V_d =$ vernachlässigbar!

Die Höhe des Untergurtstabes beträgt 480 mm. Gemäß früherer Norm DIN 1052:1988/1996, Abschnitt 8.4.3 galt die Regel, dass die Höhe des Untergurtes bei Annahme gelenkiger Anschlüsse maximal 1/7 der Tragwerkshöhe aufweist. In unserem Fall wären das 314 mm. Da die Forderungen der DIN nicht eingehalten sind, müssen die Momentenbeanspruchungen berücksichtigt werden. Der Binder wurde mithilfe eines Stabwerkprogrammes mit unterschiedlichen Annahmen für die Knotensteifigkeiten untersucht. Zur Erfassung der Biegespannungen in den Gurten wurde auf der sicheren Seite liegend von starren Knotenverbindungen zwischen den Stäben ausgegangen. Der Zugstoß muss deshalb nicht nur die Untergurtzugkraft aufnehmen, sondern auch das im Stab befindliche Moment. Das Schnittkraftmoment erzeugt aus Gleichgewichtsgründen ein Reaktionsmoment innerhalb der Verbindungsmittelgruppe. Dadurch werden besonders die äußeren Stabdübel einer Reihe zusätzlich senkrecht zur Faser des Holzes beansprucht.

Baustoffwerte:

Mehrschnittiger Stabdübel Stahlgüte S235 nach DIN EN 10025
Brettschichtholz = Festigkeitsklasse GL32h nach Tabelle 5 in DIN EN 14080 (Bild 4.30. enthält noch die Bezeichnungen nach DIN 1052:1988/1996).

$\rho_k = 440\ \mathrm{kg/m^3}$ nach Tabelle 5 in DIN EN 14080.

NKL = 1

KLED = kurz $\Rightarrow k_{mod} = 0{,}9$

Bemessungswert der Beanspruchung des maximal belasteten Stabdübels:

Berechnung mithilfe des polaren Trägheitsmomentes der Verbindungsmittelgruppe, vgl. Schneider BT, 20. Auflage, Seite 8.78 [*Schneider* 2012], (Bild 4.32.)

Effektive Stabdübelanzahl in Faserrichtung:

[DIN EN 1995-1-1, Gl. (8.34)]

$$n_{x,ef} = \min\begin{cases} n \\ n^{0,9} \cdot \sqrt[4]{\dfrac{a_1}{13 \cdot d}} \end{cases} = \min\begin{cases} 8 \\ 8^{0,9} \cdot \sqrt[4]{\dfrac{100}{13 \cdot d}} \end{cases} = 5{,}12$$

$$n_z = 6$$

$$n_{ef} = n_{x,ef} \cdot n_z = 5{,}12 \cdot 6 = 30{,}72$$

Bemessungswert der Beanspruchung für die Stabdübel unter Berücksichtigung der Momentenbeanspruchung im Untergurt (s. [*Schneider* 2008, S. 8.78]):

$$I_p = \frac{n_{ef}}{12}\left[\left(n_{x,ef}^2 - 1\right) \cdot \Delta_x^2 + \left(n_z^2 - 1\right) \cdot \Delta_z^2\right]$$

$$I_p = \frac{30{,}72}{12}\left[\left(5{,}12^2 - 1\right) \cdot 100^2 + \left(6^2 - 1\right) \cdot 70^2\right] = 1084528{,}6 \text{ mm}^2$$

mit:

$n_{x,ef} = 5{,}12$ Anzahl der Schrauben einer Reihe in x-Richtung;

$\Delta_x = 100$ mm Abstand der Schrauben in x- Richtung;

$n_z = 6$ Anzahl der Schrauben in einer Reihe in z-Richtung;

$\Delta_z = 70$ mm Abstand der Schrauben in z- Richtung;

$V_d = 0$ Querkraftbeanspruchung wird vernachlässigt, $V_d / n = 0$.

$$F_{St,d,\max} = \sqrt{\left[\frac{V_d}{n_{ef}} + \frac{M_d}{I_p} \cdot \frac{(n_{x,ef} - 1) \cdot \Delta_x}{2}\right]^2 + \left[\frac{N_d}{n_{ef}} + \frac{M_d}{I_p} \cdot \frac{(n_z - 1) \cdot \Delta_z}{2}\right]^2}$$

$$F_{St,d,\max} = \sqrt{\left[\frac{41{,}7 \cdot 10^6}{1084528{,}6} \cdot \frac{(5{,}12 - 1) \cdot 100}{2}\right]^2 + \left[\frac{1508 \cdot 10^3}{30{,}72} + \frac{41{,}7 \cdot 10^6}{1084528{,}6} \cdot \frac{(6 - 1) \cdot 70}{2}\right]^2}$$

$$F_{St,d,\max} = \sqrt{[7920{,}68]^2 + [55817{,}3]^2} = 56307{,}2 \text{ N} = 56{,}31 \text{ kN}$$

Kraft-Faser-Winkel der Resultierenden:

$$\alpha = \arctan\left(\frac{F_{la,x,d}}{F_{la,z,d}}\right) = \arctan\left(\frac{7920{,}68}{55817{,}3}\right) = 8{,}08°$$

wird vernachlässigt!

Charakteristischer Wert des Fließmomentes des Stabdübels S235:

$$M_{y,Rk} = 0{,}3 \cdot f_{u,k} \cdot d^{2,6} \quad \text{[DIN EN 1995-1-1, Gl. (8.30)]}$$

$$M_{y,Rk} = 0{,}3 \cdot 360 \cdot d^{2,6}$$

$$M_{y,Rk} = 260676{,}4 \text{ Nmm}$$

Charakteristischer Wert der Lochleibungsfestigkeit des Holzes:

$$f_{h,0,k} = 0{,}082 \cdot (1 - 0{,}01 \cdot d) \cdot \rho_k \quad \text{[DIN EN 1995-1-1, Gl. (8.32)]}$$

$$f_{h,0,k} = 0{,}082 \cdot (1 - 0{,}01 \cdot 20) \cdot 440 = 28{,}9 \text{ N/mm}^2$$

Überprüfung der Mindestholzdicke:

Es sind die Ansätze für innen liegende Stahlbleche zu verwenden.

$$t_{req} = 1{,}15 \cdot 4 \cdot \sqrt{\frac{M_{y,Rk}}{f_{h,k} \cdot d}} \quad \text{[DIN EN 1995-1-1/NA:2013, Gl. (NA.116)]}$$

$$t_{req} = 1{,}15 \cdot 4 \cdot \sqrt{\frac{260676{,}4}{28{,}9 \cdot 20}} = 97{,}70 > t_{vorh} = 89 \text{ mm}$$

[DIN EN 1995-1-1/NA:2013, Abschnitt NCI NA.8.2.5 (NA.4)]

$$k_{t,req} = \frac{t_{vorh}}{t_{req}} = \frac{89}{97{,}7} = 0{,}91$$

Charakteristische Tragfähigkeit eines Stabdübels pro Scherfuge:

Stahlblech innen liegend

[DIN EN 1995-1-1/NA:2013, Gl. (NA.115)]

$$F_{v,Rk} = k_{t,req} \cdot \sqrt{2} \cdot \sqrt{2 \cdot M_{y,Rk} \cdot f_{h,k} \cdot d}$$

$$F_{v,Rk} = 0{,}92 \cdot \sqrt{2} \cdot \sqrt{2 \cdot 260767{,}4 \cdot 28{,}9 \cdot 20} = 22277{,}5 \text{ N} = 22{,}28 \text{ kN}$$

Bemessungswert der Tragfähigkeit eines Stabdübels:
($n_{Scherfugen} = 4$)

$$F_{v,Rd} = \frac{k_{mod} \cdot F_{v,Rk}}{\gamma_M} \quad \text{[DIN EN 1995-1-1/NA:2013, Gl. (NA.113)]}$$

$$F_{v,Rd} = n_{Scherfugen} \cdot \frac{k_{mod} \cdot F_{v,Rk}}{\gamma_M}$$

$$F_{v,Rd} = 4 \cdot \frac{0{,}9 \cdot 22{,}28}{1{,}3} = 61{,}70 \text{ kN}$$

Nachweis für den maximal beanspruchten Stabdübels:

$$\frac{F_{St,d,\max}}{F_{v,Rd}} = \frac{52{,}4}{61{,}7} = 0{,}85 < 1{,}0$$

Nachweis des Holzes:

Es ergeben sich folgende Nettoquerschnitte (Bild 4.33.):

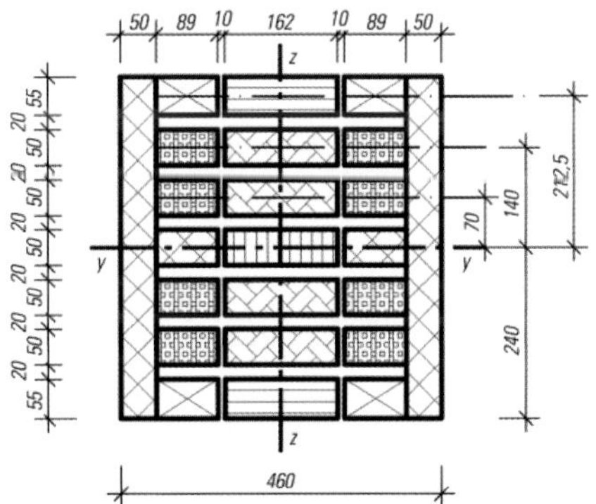

Bild 4.33. Holzquerschnitt-Nettofläche

Seitenhölzer:

$$A_n = (50 + 89) \cdot 480 - 6 \cdot 20 \cdot 89 = 5{,}604 \cdot 10^4 \text{ mm}^2$$

$$I_n = \sum I_{n,i} = 4{,}4454 \cdot 10^8 + 2{,}2175 \cdot 10^8 + 9{,}2552 \cdot 10^8 = 1{,}5918 \cdot 10^9 \text{ mm}^4$$

$$W_n = \frac{I_n}{y_{\max}} = \frac{1{,}5918 \cdot 10^9}{240} = 6{,}632 \cdot 10^6 \text{ mm}^3$$

Mittelholz:

$$A_n = 162 \cdot 480 - 6 \cdot 20 \cdot 162 = 5{,}832 \cdot 10^4 \text{ mm}^2$$

$$I_n = \sum I_{n,i} = 8{,}0917 \cdot 10^8 + 4{,}0365 \cdot 10^8 + 1{,}68 \cdot 10^6 = 1{,}2145 \cdot 10^9 \text{ mm}^4$$

$$W_n = \frac{I_n}{y_{\max}} = \frac{1{,}2145 \cdot 10^9}{240} = 5{,}06 \cdot 10^6 \text{ mm}^3$$

Aufteilung der Kraft je zur Hälfte auf die Bleche, dadurch ergibt sich:

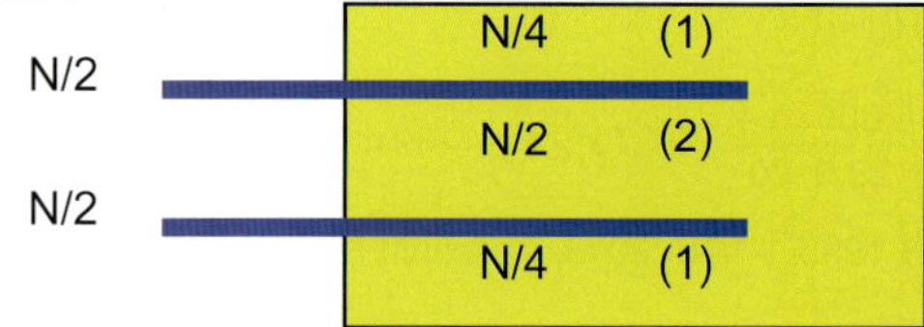

Bild 4.34. Kraftaufteilung

$$N_{d,(1)} = \frac{1}{4} \cdot N_d = \frac{1}{4} \cdot 1508 = 377\,\text{kN}$$

$$N_{d,(2)} = \frac{1}{2} \cdot N_d = \frac{1}{2} \cdot 1508 = 754\,\text{kN}$$

$$M_{d,(1)} = \frac{1}{4} \cdot M_d = \frac{1}{4} \cdot 41 = 10{,}3\,\text{kNm}$$

$$M_{d,(2)} = \frac{1}{2} \cdot M_d = \frac{1}{2} \cdot 41 = 20{,}5\,\text{kNm}$$

Bemessungswert der Tragfähigkeit des Holzes:

$f_{m,k} = 32\,\text{N/mm}^2$, $f_{t,0,k} = 25{,}6\,\text{N/mm}^2$ [DIN EN 14080, Tabelle 5]

[DIN EN 1995-1-1, Gl. (2.14)]

$$f_{m,d} = \frac{k_{\text{mod}}}{\gamma_M} \cdot f_{m,k} = \frac{0{,}9}{1{,}3} \cdot 32 = 22{,}15\,\text{N/mm}^2$$

[DIN EN 1995-1-1, Gl. (2.14)]

$$f_{t,0,d} = \frac{k_{\text{mod}}}{\gamma_M} \cdot f_{t,0,k} = \frac{0{,}9}{1{,}3} \cdot 25{,}6 = 17{,}7\,\text{N/mm}^2$$

Tragfähigkeitsnachweis Bauteil (1):

Nach DIN EN 1995-1-1/NA:2010, Abschnitt NCI NA.8.1.6 dürfen einseitig belastete Verbindungsteile ohne Maßnahmen zur Verhinderung der Verkrümmung durch Abminderung der Zugtragfähigkeit um 60 % bemessen werden. Der Nachweis erfolgt nach Gl. (6.17) und (6.18) in Abschnitt 10.2.7

$$\frac{\sigma_{t,0,d}}{0{,}4 \cdot f_{t,0,d}} + \frac{\sigma_{m,y,d}}{f_{m,y,d}} + k_m \frac{\sigma_{m,z,d}}{f_{m,z,d}} \le 1{,}0$$ [DIN EN 1995-1-1, Gl. (6.17)]

$$\frac{\sigma_{t,0,d}}{0{,}4 \cdot f_{t,0,d}} + k_m \frac{\sigma_{m,y,d}}{f_{m,y,d}} + \frac{\sigma_{m,z,d}}{f_{m,z,d}} \le 1{,}0$$ [DIN EN 1995-1-1, Gl. (6.18)]

mit $\sigma_{m,z,d} = 0$, $k_{red} = 0{,}7$ für BSH (s. EN 1995-1-1:2010, Abschnitt 6.1.6 (2)) erhält man nach Gl. (6.17)

$$\frac{\frac{377 \cdot 10^3}{56040}}{0{,}4 \cdot 17{,}7} + \frac{\frac{10{,}3 \cdot 10^6}{6632 \cdot 10^3}}{22{,}15} = 0{,}95 + 0{,}07 = 1{,}02 \approx 1{,}0$$

und für Gl. (6.18)

$$\frac{\frac{377 \cdot 10^3}{56040}}{0{,}4 \cdot 17{,}7} + 0{,}7 \cdot \frac{\frac{10{,}3 \cdot 10^6}{6632 \cdot 10^3}}{22{,}15} = 0{,}95 + 0{,}05 = 0{,}99 < 1{,}0$$

Nachweise erfüllt!

Tragfähigkeitsnachweis Bauteil (2) nach Gl. (6.17) und (6.18):

$$\frac{\sigma_{t,0,d}}{f_{t,0,d}} + \frac{\sigma_{m,y,d}}{f_{m,y,d}} + k_m \frac{\sigma_{m,z,d}}{f_{m,z,d}} \le 1{,}0$$ [DIN EN 1995-1-1, Gl. (6.17)]

$$\frac{\sigma_{t,0,d}}{f_{t,0,d}} + k_m \frac{\sigma_{m,y,d}}{f_{m,y,d}} + \frac{\sigma_{m,z,d}}{f_{m,z,d}} \le 1{,}0$$ [DIN EN 1995-1-1, Gl. (6.18)]

Mit $\sigma_{m,z,d} = 0$, $k_{red} = 0{,}7$ für BSH (s. EN 1995-1-1:2010, Abschnitt 6.1.6 (2)) erhält man nach Gl. (6.17)

$$\frac{\frac{754 \cdot 10^3}{58320}}{17{,}7} + \frac{\frac{20{,}3 \cdot 10^6}{5060 \cdot 10^3}}{22{,}15} = 0{,}73 + 0{,}18 = 0{,}91 < 1{,}0$$

und für Gl. (6.18)

$$\frac{\frac{754 \cdot 10^3}{58320}}{17{,}7} + 0{,}7 \cdot \frac{\frac{20{,}5 \cdot 10^6}{5060 \cdot 10^3}}{22{,}15} = 0{,}73 + 0{,}13 = 0{,}86 < 1{,}0$$

Nachweise erfüllt!

Mindestabstände für Beispiel 4.14.

	Bezeichnung	DIN EN 1995-1-1:2004/FprA2:2013, Änderung Zu 8.6, Tabelle 8.5	
		Seitenholz α = 0°	**mm**
untereinander in Faserrichtung	$\parallel$, a_1	$(3+2\lvert\cos\alpha\rvert) \cdot d$	100 (100)
untereinander rechtwinklig zur Faser	$\perp$, a_2	$3 \cdot d$	70 (60)
vom beanspruchten Hirnholzende	$a_{3,t}$	$\max(7 \cdot d; 80\,\text{mm})$	- (140)
vom unbeanspruchten Hirnholzende	$a_{3,c}$	$\max(3{,}5 \cdot d; 40\,\text{mm})$	120 (70)
vom beanspruchten Rand	$a_{4,t}$	$\max[(2+2 \cdot \sin\alpha) \cdot d; 3 \cdot d]$	- (60)
vom unbeanspruchten Rand	$a_{4,c}$	$3 \cdot d$	65 (60)

Stabdübel , Durchmesser Ø = 20 mm
α = Winkel zwischen Kraft und Faserrichtung = **0°**
(...) rechnerische Werte

4.4.2. Geklebte Zugstöße

Maßgebend ist DIN EN 1995-1-1/NA:2013, Abschnitt NCI NA.11.3 und NCI NA.11.4 „Längsstöße". Längsstöße sind durch

- Schäftung (Tabelle 4.3.a) oder
- Keilzinkenverbindung (Tabelle 4.3.b)

auszuführen.

Klebefugen können nur Scherspannungen übertragen.

Dementsprechend sind alle geklebten Zugstöße auszubilden. Die Festigkeit der Klebefuge ist bei sachgemäßer Ausführung immer größer als die der benachbarten Holzfasern.
Bei geklebten Zugstößen nach Tabelle 4.3.a brauchen die Laschen nur für die einfache Zugkraft angeschlossen zu werden, da sie keine Zusatzspannungen infolge Momentenbelastung erhalten.

Schäftung

Schäftungen sind nach DIN EN 1995-1-1/NA:2013, NCI NA.11.4 (NA.1) faserparallele Stöße in Holzbauteilen mit Klebefugenneigungen von höchstens 1/10.
Es handelt sich um eine schräge Verbindung mit sehr flacher Neigung. Diese flache Neigung wird deshalb gewählt, weil bei Übertragung einer Zugkraft in die Klebefläche Querzugspannungen in den Klebefugen entstehen, die wie folgt berechnet werden können:

$$\sigma_{t,\alpha,d} = F_{t,0,d} \cdot \sin\alpha / \left(A / \sin\alpha\right) = \frac{F_{t,0,d}}{A} \cdot \sin^2\alpha = \sigma_{t,0,d} \cdot \sin^2\alpha$$

Die zu übertragende Zugkraft verursacht in den Klebefugen eine Scherspannung:

$$\tau_{\alpha,d} = F_{t,0,d} \cdot \cos\alpha / \left(A / \sin\alpha\right) = \frac{F_{t,0,d}}{A} \cdot \sin\alpha = \sigma_{t,0,d} \cdot \sin\alpha \cdot \cos\alpha$$

die mit größerem Winkel α anwächst. Um beide Spannungen klein zu halten, ist es notwendig, die Neigung sehr flach zu wählen (s. Bild 4.36.). Für die festgelegte maximale Neigung von 1/10 ($\alpha \leq 5{,}7°$) beträgt $\sigma_{t,\alpha,d} = 0{,}01 \cdot \sigma_{t,0,d}$ und $\max \tau_{\alpha,d} \approx 0{,}1 \cdot \sigma_{t,0}$.

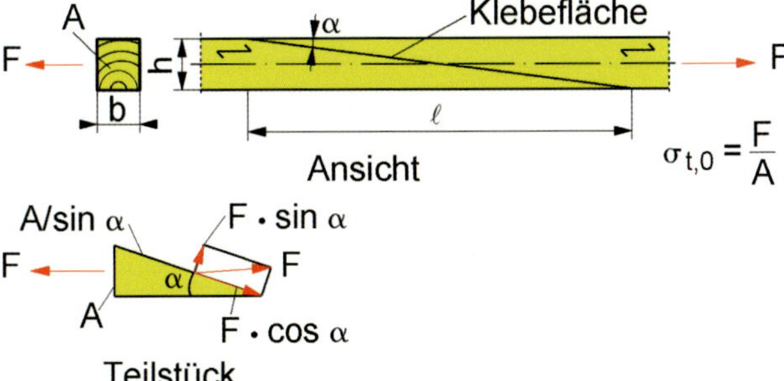

Bild 4.35. Schäftung als geklebter tragender Längsstoß von dünnen Holzbauteilen und Platten, Beispiel; Klebfuge bzw. -fläche unter Zugbeanspruchung, Klebfugenneigungen $h/\ell \leq 1/10$ ($\alpha \leq 5{,}7°$) nach DIN EN 1995-1-1/ NA:2013, Abschnitt NCI NA.11.4, Winkel α zwischen Klebfuge und Faserrichtung des Holzes [aus *Neuhaus* 2009]

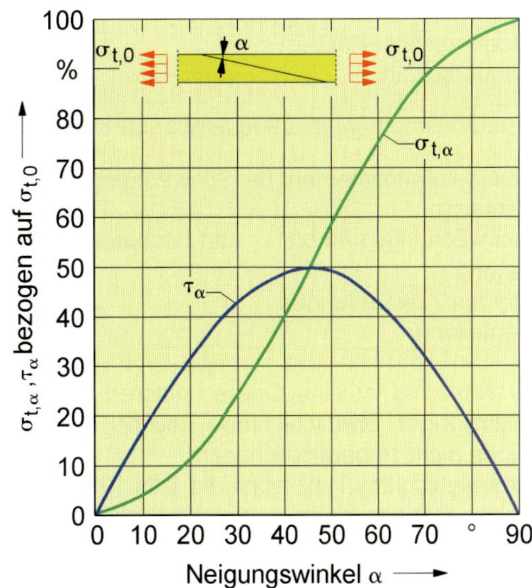

Bild 4.36. Spannungsverläufe in der Klebfläche bzw. -fuge einer Schäftung, Querspannungen $\sigma_{t,\alpha}$ (normal zur Klebfugenrichtung) und Scherspannungen τ_α (in Richtung der Klebfuge) in Abhängigkeit vom Neigungswinkel α (oder Winkel zwischen Klebfuge und Faserrichtung des Holzes), bezogen auf eine aufgebrachte Zugspannung $\sigma_{t,0}$; Angaben in % Holzes [aus *Neuhaus* 2009]

Für geklebte Schäftstöße nach Tabelle 4.3.a ist der nutzbare Querschnitt gleich dem ungeschwächten Stoßteil (DIN EN 1995-1-1/NA:2013, Abschnitt NCI NA.11.4 (NA.2).
Nach DIN EN 1995-1-1/NA:2013, Abschnitt NCI NA.11.4 (NA.1) dürfen Schäftverbindungen in Vollholz, Balkenschichtholz und Brettschichtholz ausgeführt werden. Bauteile mit Schaftungsverbindungen dürfen nur in Nutzungsklassen 1 und 2 angewendet werden.
Zum Zeitpunkt der Herstellung der Verbindungen muss nach DIN 1052-10, Abschnitt 6.5 die Holzfeuchte $\omega \leq 15\,\%$ betragen. Für den Holzfeuchteunterschied zwischen den Verbindungsteilen gilt $_\Delta\omega \leq 4$ %. Die zu verklebenden Flächen dürfen keine Verschmutzungen haben und müssen plan sein. Die Verbindung kann nur mit einem fugenfüllenden Klebstoff von einer Firma, die die erforderliche Bescheinigung für den Nachweis zur Eignung zum Kleben von tragenden Holzbauteilen gemäß DIN 1052-10, Tabelle 2 besitzt, ausgeführt werden (s. a. Tabelle 3.3. in Abschnitt 3.).

Keilzinkenverbindungen

Längsstöße von Balkenschichtholz und Brettschichtholz werden derzeit ausschließlich durch Keilzinkung nach den Anforderungen in DIN EN 14080 hergestellt.
Keilgezinktes Vollholz für tragende Zwecke ist nach den Leistungsanforderungen in DIN EN 15497 herzustellen.
Zugstöße mit Keilzinkenverbindung sind dem derzeitigen Entwicklungsstand der Technik am besten angepasst. Die Keilzinkenverbindung wird maschinell hergestellt. Auf diese Art können lange Hölzer (beliebiger Länge) aus kurzen Holzstücken hergestellt werden.
Beim geklebten Keilzinkenstoß (nach Tabelle 4.3.b) war nach früher Normung die Querschnittsschwächung zu berücksichtigen [*Brüninghoff* u. a. 1997]:

$$A_{netto} = (1 - \upsilon) \cdot A$$

$$W_{netto} = (1 - \upsilon) \cdot W$$

mit:

A = Bruttoquerschnittsfläche;
A_{netto} = Nettoquerschnitt;
W = Widerstandsmoment (Bruttoquerschnitt) = $\frac{b \cdot h^2}{6}$;
W_{netto} = Nettowiderstandsmoment bei Schwächung durch Keilzinkung;
υ = Verschwächungsgrad b/t (υ darf höchstens 0,18 betragen);
b = Breite des Zinkengrundes;
t = Zinkenteilung.

Nach neuerer Normung ist eine Querschnittsreduzierung durch die Keilzinkung in Brettschichtholz und bei Vollholz bis 300 mm Höhe nicht zu berücksichtigen.
Zurzeit gilt für keilgezinktes Holz noch die DIN 1052:2008 als Produktnorm. Danach müssen die Keilzinkenverbindungen den Forderungen in DIN EN 14080 entsprechen (s. *www.brettschichtholz.de*).

Baustellenstöße für weitspannende Brettschichtholzkonstruktionen nach BAZ, Z-9.1-775

Zur Verbesserung der Wirtschaftlichkeit der Brettschichtbauweise hat eine deutsche Firma einen patentierten Montagestoß entwickelt, der es erlaubt, Brettschichtbauteile in begrenzten Längen beliebig lange statisch tragfähig zu verbinden. So kann eine weitgespannte Konstruktion in gut transportierbaren Längen (ca. 10 bis 20 m Länge) proportioniert werden und anschließend auf den Baustellen zur endgültigen Länge zusammengesetzt werden. Der Montagestoß besteht dabei aus einer Generalkeilzinkenverbindung, der im Zugbereich mittels eines Schaftungskeils aus hochfestem Brettschichtholz verstärkt wird (s. Bilder 4.37. bis 4.39.).

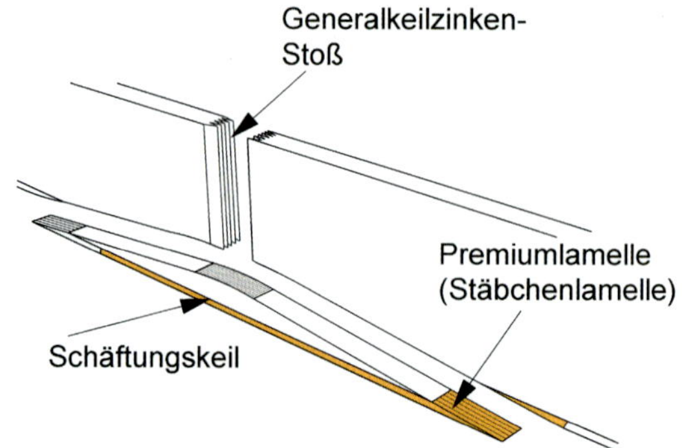

Bild 4.37. Keilstoß-System HESS-LIMITLESS nach BAZ Z-9.1-775 (s. [*Golinski* 2012])

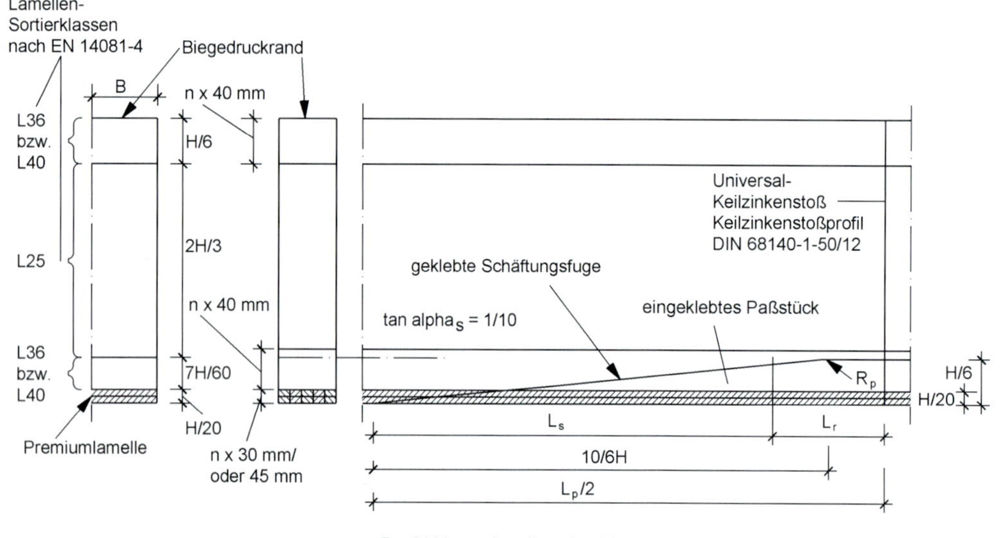

Bild 4.38. Stoßgeometrie und Querschnittsaufbau des Keilstoßsystems HESS LIMITLESS nach BAZ, Z Z-9.1-775 (s. auch [*Aicher* 2011])

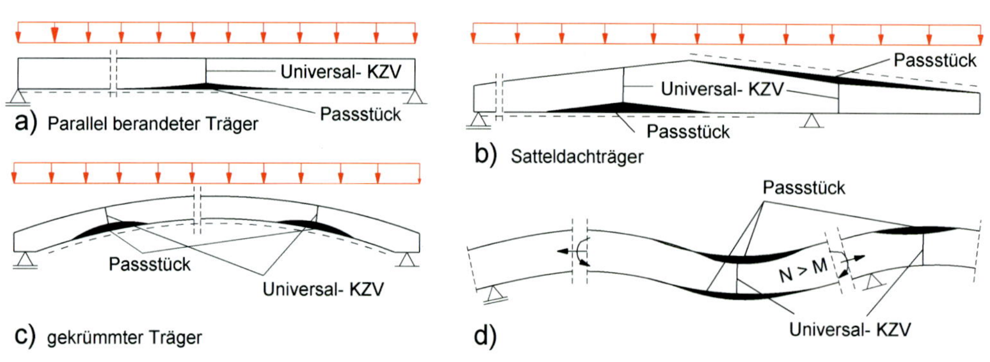

Legende
a - c) Passstücke ausschließlich am Biegezugrand
d) Ein- und beidseitig eingesetzte Passstücke bei Trägern mit Biege- und Zugbeanspruchungen

Bild 4.39. Ausführungsvarianten des Keilstoßsystems HESS LIMITLESS nach BAZ, Z-9.1-775 (s. auch [*Aicher* 2011])

So war es z. B. möglich, in Georgien eine 500 m lange Holzbrücke zu bauen und die 48 m langen Fachwerkstäbe in 13,5 m lange Teilstücke kostengünstig von Deutschland nach Georgien zu transportieren und vor Ort dann zur erforderlichen Länge zusammenzusetzen (s. [*Golinski* 2012], [*Golinski/Stahl/Müller-Braun 2012*]).

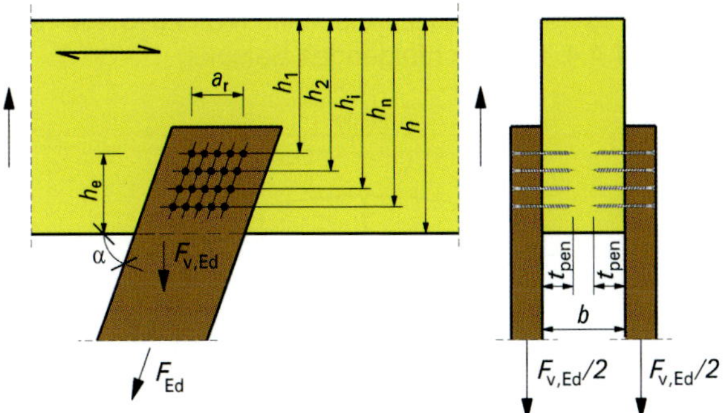

Bild 4.40. Queranschluss mit Bezeichnungen nach [Bild NA.13 in DIN EN 1995-1-1/NA:2013]

4.4.3. Zuganschluss mit Beanspruchung senkrecht zur Faser nach EN 1995-1-1/NA:2013, Abschnitt NCI NA.6.8.2

Abschnitt 6.8.2 im Nationalen Anhang regelt die Nachweisführung bei Anschlüssen an Holzbauteilen mit Rechteckquerschnitten. **DIN EN 1995-1-1/NA:2013, Abschnitt 6.8.2 regelt ausschließlich verstärkte Queranschlüsse.** Zu unverstärkten Zuganschlüssen siehe Abschnitt 4.4.4.

Verstärkungen von Queranschlüssen sind prinzipiell nach NCI NA. 6.8.1 (NA.9) auch in Nutzungsklasse 3 zulässig.

Generell wird wegen der hohen Rissgefahr die Anwendung von verstärkten Anschlüssen empfohlen.

Querzugverstärkungen für Queranschlüsse nach DIN EN 1995-1-1/NA:2013, Abschnitt NCI NA 6.8.2

Die Verstärkung wird für die Zugkraft $F_{t,90,d}$ nach Gl. (NA.69) nachgewiesen:

[DIN EN 1995-1-1/NA, Gl. (NA.69)]

$$F_{t,90,d} = \left[1 - 3 \cdot \alpha^2 + 2 \cdot \alpha^3\right] \cdot F_{90,d}$$

$F_{90,d}$ = Bemessungswert der Anschlusskraft rechtwinklig zur Faserrichtung des Holzes

$$\alpha = \frac{a}{h}$$

Nachweis für innen liegende Verstärkung durch eingeklebte Stahlstäbe nach DIN EN 1995-1-1/NA:2013 (Bild 4.41.)

Beim Nachweis wird eine gleichmäßig verteilte Klebefugenspannung angenommen und der Nachweis nach Gl. (NA.70) geführt.

$$\frac{\tau_{ef,d}}{f_{k1,d}} \leq 1$$

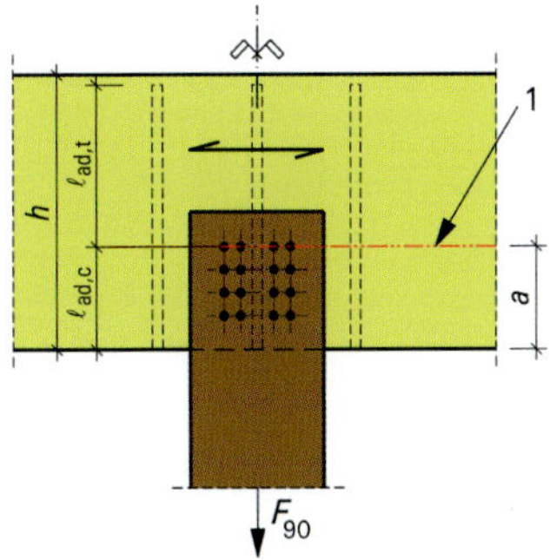

Legende
1 Gefährdeter Bereich

Bild 4.41. Innen liegende Verstärkung (Teilauszug aus dem Bild NA.8 in DIN EN 1995-1-1/NA:2013)

Die Klebefugenspannung wird nach Gl. (NA.71) berechnet:

$$\tau_{ef,d} = \frac{F_{t,90,d}}{n \cdot d \cdot \pi \cdot \ell_{ad}}$$

$$\ell_{ad} = \min\{\ell_{ad,c}; \ell_{ad,t}\}$$

n = Anzahl der Stahlstäbe, es darf nur ein Stab in Trägerlängsrichtung in Rechnung gestellt werden;

$f_{k1,d}$ = Bemessungswert der Klebefugenfestigkeit, berechnet aus dem charakteristischen Wert, angegeben in Tabelle NA.12;

d = Stahlstabaußendurchmesser.

<u>**Nachweis der Zugfestigkeit des Stahles**</u>

Die Tragfähigkeit des Stahlstabes ist nachzuweisen.

Nachweis für außen liegende Verstärkung durch aufgeklebte Holzwerkstoffplatten nach DIN EN 1995-1-1/ NA:2013 (Bild 4.42.)

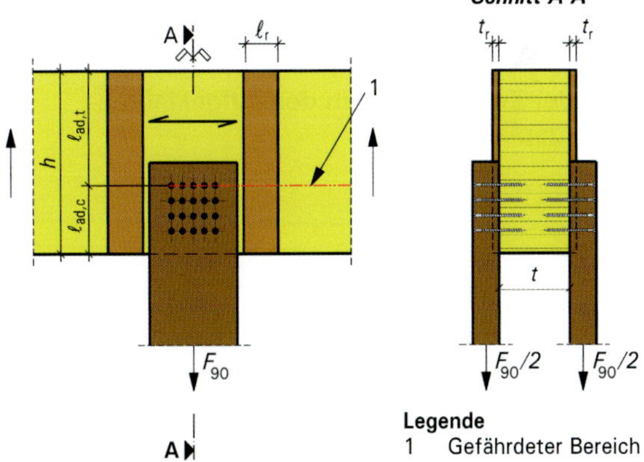

Bild 4.42. Außen liegende Verstärkung (Teilauszug aus dem Bild NA.8 in DIN EN 1995-1-1/NA:2013)

<u>**Nachweis der Klebefestigkeit**</u>

Der Nachweis erfolgt unter der Annahme einer gleichmäßig verteilten Klebefugenspannung nach Gl. (72).

$$\frac{\tau_{ef,d}}{f_{k2,d}} \leq 1$$

Die Klebefugenspannung wird nach Gl. (NA.73) berechnet:

$$\tau_{ef,d} = \frac{F_{t,90,d}}{4 \cdot \ell_{ad} \cdot \ell_r}$$

$$\ell_{ad} = \min\{\ell_{ad,c}; \ell_{ad,t}\}$$

ℓ_r = Breite der Verstärkungsplatte;
$f_{k2,d}$ = Bemessungswert der Klebefugenfestigkeit, berechnet aus dem charakteristischen Wert, angegeben in Tabelle NA.12.

Tabelle 4.4. Rechenwerte für charakteristische Festigkeitskennwerte in N/mm² für Klebfugen bei Verstärkungen[a] (Tabelle NA.12 in DIN EN 1995-1-1/NA:2013)

	1	2	3		
1		Charakteristischer Festigkeitskennwert [N/mm²]	Wirksame Einkleblänge ℓ_{ad} des Stahlstabes [mm]		
			≤ 250	250 < ℓ_{ad} ≤ 500	500 < ℓ_{ad} ≤ 1000
2	Klebefuge zwischen Stahlstab und Bohrlochwandung	$f_{k1,k}$	4,0	5,25 – 0,005 · ℓ_{ad}	3,5 – 0,0015 · ℓ_{ad}
3	Klebefuge zwischen Trägeroberfläche und Verstärkungsplatte	$f_{k2,k}$	0,75		
4	Klebefuge zwischen Trägeroberfläche und Verstärkungsplatte bei gleichmäßiger Einleitung der Schubspannung	$f_{k3,k}$	1,50		

a Die Angaben der Tabelle dürfen nur angewendet werden, wenn die Eignung des Klebstoffsystems nachgewiesen ist.

Nachweis der Zugfestigkeit in den aufgeklebten Verstärkungsplatten

Es gilt Gl. (NA.74):

$$k_k \cdot \frac{\sigma_{t,d}}{f_{t,d}} \leq 1$$

mit Zugspannung nach Gl. (NA.75)

$$\sigma_{t,d} = \frac{F_{t,90,d}}{n_r \cdot t_r \cdot \ell_r}$$

n_r = Anzahl der Verstärkungsplatte (i. Allg. n = 4);
t_r = Dicke der Verstärkungsplatte;
k_k = Beiwert zur Berücksichtigung einer ungleichmäßigen Spannungsverteilung; ohne genaueren Nachweis darf k_k = 1,5 angenommen werden;
$f_{t,d}$ = Bemessungswert der Zugfestigkeit des Plattenwerkstoffes in Richtung der Zugkraft $F_{90,d}$.

Das geometrische Verhältnis nach Gl. (NA.76) ist einzuhalten.

$$0,25 \leq \frac{\ell_r}{\ell_{ad}} \leq 0,5$$

Bei Verstärkungen mit Nagelplatten ist sinngemäß zu verfahren.

DIN EN 1995-1-1/NA:2013 gestattet nach Abschnitt NCI NA 6.7 (NA.5) auch die Ausführung von **unverstärkten Queranschlüssen**. Hierfür gelten die Regeln in DIN EN 1995-1-1:2010, Abschnitt 8.1.4 und DIN EN 1995-1-1/NA:2013, Abschnitt NCI zu 8.1.4 (s. a. Abschnitt 4.4.4. und nachfolgendes Beispiel).

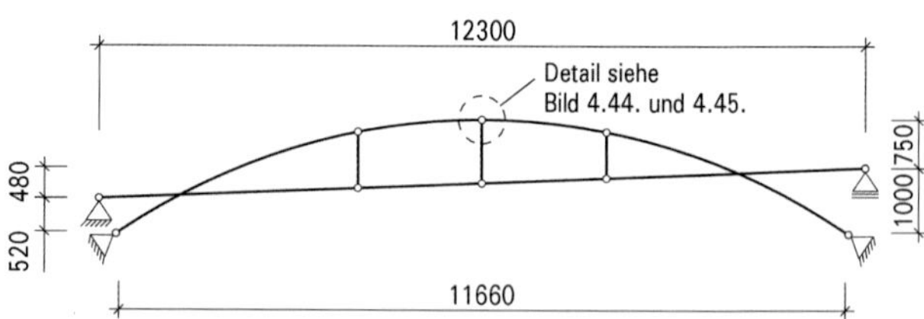

Bild 4.43. Statisches System der Brücke

Beispiel 4.15. **(nach DIN EN 1995-1-1:2010)**

Bei einer Brückenkonstruktion sollen die Querträger über Zugstangen an den Hauptträger, einen Bogen, angeschlossen werden. Es sind die Nachweise für einen unverstärkten Anschluss zu führen.
Die vorhandene Bemessungslast aus einer Berechnung beträgt $F_{v,Ed} = 185\,\text{kN}$ bei KLED „kurz“. Das Bauwerk wird in Nutzungsklasse 3 eingeordnet.
Es wird folgende Anschlussgeometrie zugrunde gelegt:

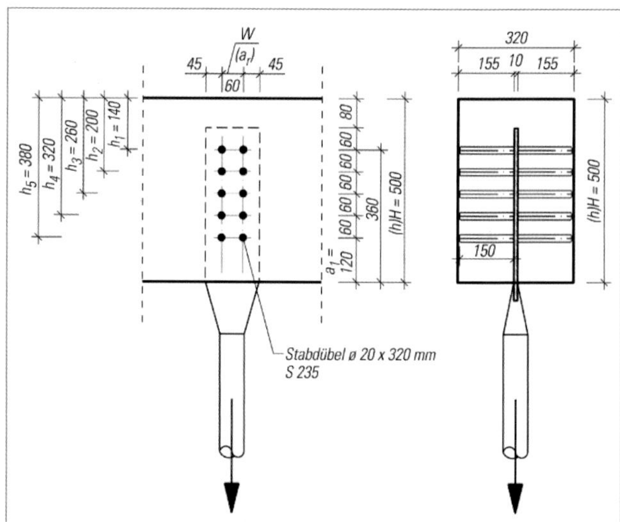

Bild 4.44. Anschluss Zugstab an Bogenbinder

Baustoffkennwerte:

Queranschluss der Brücke
Zweischnittige Stabdübel, Stahlgüte S235 nach DIN EN 10025-2
Brettschichtholz Festigkeitsklasse GL 32h nach Tabelle 5 in DIN EN 14080 (Anschlussgeometrie s. Bild 4.44.)

$\rho_{g,k} = 440\,\text{kg/m}^3$, $f_{t,90,g,k} = 0,5\,\text{N/mm}^2$ nach Tabelle 5

$$\frac{h_e}{h} = \frac{360}{500} = 0,72 > 0,70,$$

d. h. nach DIN EN 1995-1-1/NA:2013, NCI zu 8.1.4 (NA.6) braucht ein Querzugnachweis nicht geführt zu werden. Der Nachweis wird nachfolgend trotzdem geführt.

Bemessungswert der Querzugtragfähigkeit nach Gl. (NA.104):

$$F_{90,Rd} = k_s \cdot k_r \cdot \left(6{,}5 + \frac{18 \cdot h_e^2}{h^2}\right) \cdot (t_{ef} \cdot h)^{0{,}8} \cdot f_{t,90,d}$$

Nach Gl. (NA.105) wird k_s berechnet.

$$k_s = \max\begin{Bmatrix} 1{,}0 \\ 0{,}7 + \frac{1{,}4 \cdot a_r}{h} \end{Bmatrix} = \begin{Bmatrix} 1{,}0 \\ 0{,}7 + \frac{1{,}4 \cdot 60}{500} = 0{,}868 \end{Bmatrix} = 1{,}0$$

Nach Gl. (NA.106) wird k_r berechnet.

$$k_{r,2} = \frac{n}{\sum_{i=1}^{n}\left(\frac{h_1}{h_i}\right)^2}$$

$$k_{r,2} = \frac{5}{\left(\frac{140}{140}\right)^2 + \left(\frac{140}{200}\right)^2 + \left(\frac{140}{260}\right)^2 + \left(\frac{140}{320}\right)^2 + \left(\frac{140}{380}\right)^2}$$

$$k_{r,2} = 2{,}373$$

Aus Tabelle 4.5. entnehmen wir für t_{ef} für Stabdübel, mittig angeschlossen:

$$t_{ef} = \min\begin{Bmatrix} b \\ 2t_{pen} \\ 12d \end{Bmatrix} = \min\begin{Bmatrix} 320 \\ 2 \cdot 150 = 300 \\ 12 \cdot 20 = 240 \end{Bmatrix} = 240 \text{ mm}$$

Bemessungswert der Holzfestigkeit, Nutzungsklasse 3,
KLED Kurz $\Rightarrow$ $k_{mod} = 0{,}7$ nach Tabelle 3.1 der DIN EN 1995-1-1:2010,
$\gamma_M = 1{,}3$ nach DIN EN 1995-1-1/NA:2013, Tabelle NA.2

[DIN EN 1995-1-1, Gl. (6.1)]

$$f_{t,90,g,d} = \frac{k_{mod}}{\gamma_M} \cdot f_{t,90,g,k} = \frac{0{,}7}{1{,}3} \cdot 0{,}5 = 0{,}269 \text{ N/mm}^2$$

Bemessungswert der Querzugtragfähigkeit:

$$F_{90,Rd} = 1{,}0 \cdot 2{,}373 \cdot \left(6{,}5 + \frac{18 \cdot 360^2}{500^2}\right) \cdot (240 \cdot 500)^{0{,}8}\ 0{,}269$$

$$F_{90,Rd} = 116925 \text{ N} = 117 \text{ kN}$$

Nachweis der Tragfähigkeit:

$$\frac{F_{v,Ed}}{F_{90,Rd}} = \frac{185}{117} = 1{,}58 > 1{,}0$$ $\Rightarrow$ **Nachweis nicht erfüllt!**

Verbesserte Konstruktion (Bild 4.45.)

$$\frac{h_e}{h} = \frac{440}{520} = 0{,}84 > 0{,}70,$$

d. h. nach DIN EN 1995-1-1/NA:2013, NCI zu 8.1.4 (NA.6) braucht ein Querzugnachweis nicht geführt zu werden. Der Nachweis wird nachfolgend trotzdem geführt.

Bemessungswert der Querzugtragfähigkeit nach Gl. (NA.104):

$$F_{90,Rd} = k_s \cdot k_r \cdot \left(6{,}5 + \frac{18 \cdot h_e^2}{h^2}\right) \cdot (t_{ef} \cdot h)^{0{,}8} \cdot f_{t,90,d}$$

Nach Gl. (NA.105) wird k_s berechnet.

$$k_s = \max\begin{Bmatrix} 1{,}0 \\ 0{,}7 + \frac{1{,}4 \cdot a_r}{h} \end{Bmatrix} = \max\begin{Bmatrix} 1{,}0 \\ 0{,}7 + \frac{1{,}4 \cdot 60}{520} = 0{,}862 \end{Bmatrix} = 1{,}0$$

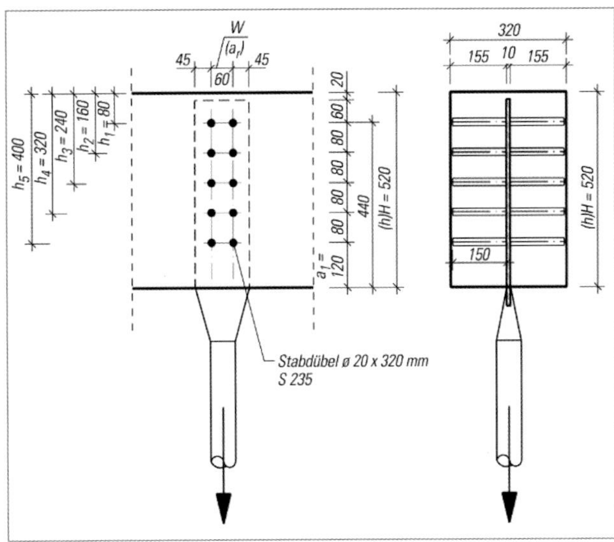

Bild 4.45. Neue Anschlussgeometrie

Nach Gl. (NA.106) wird k_r berechnet.

$$k_r = \frac{n}{\sum_{i=1}^{n}\left(\frac{h_1}{h_i}\right)^2}$$

$$k_r = \frac{5}{\left(\frac{80}{80}\right)^2 + \left(\frac{80}{160}\right)^2 + \left(\frac{80}{240}\right)^2 + \left(\frac{80}{320}\right)^2 + \left(\frac{80}{400}\right)^2}$$

$$k_r = 3{,}416$$

Aus Tabelle 4.5. entnehmen wir für t_{ef} für Stabdübel, mittig angeschlossen

$$t_{ef} = \min\begin{Bmatrix} b \\ 2t_{pen} \\ 12d \end{Bmatrix} = \min\begin{Bmatrix} 320 \\ 2 \cdot 150 = 300 \\ 12 \cdot 20 = 240 \end{Bmatrix} = 240 \text{ mm}$$

Bemessungswert der Holzfestigkeit, Nutzungsklasse 3,
KLED Kurz $\Rightarrow$ $k_{mod} = 0{,}7$ nach Tabelle 3.1 der DIN EN 1995-1-1:2010,
$\gamma_M = 1{,}3$ nach DIN EN 1995-1-1/NA:2013, Tabelle NA.2

[DIN EN 1995-1-1, Gl. (6.1)]

$$f_{t,90,g,d} = \frac{k_{mod}}{\gamma_M} \cdot f_{t,90,g,k} = \frac{0{,}7}{1{,}3} \cdot 0{,}5 = 0{,}269 \text{ N/mm}^2$$

Bemessungswert der Querzugtragfähigkeit:

$$F_{90,Rd} = 1{,}0 \cdot 3{,}416 \cdot \left(6{,}5 + \frac{18 \cdot 440^2}{520^2}\right) \cdot (240 \cdot 520)^{0{,}8} \cdot 0{,}269$$

$$F_{90,Rd} = 212698 \text{ N} = 212{,}70 \text{ kN}$$

Nachweis der Tragfähigkeit:

$$\frac{F_{v,Ed}}{F_{90,Rd}} = \frac{185{,}0}{212{,}7} = 0{,}87 > 1{,}0$$ $\Rightarrow$ **Nachweis erfüllt!**

Auch wenn die Nachweise in diesem Fall erbracht werden können, wird mit Bezug auf DIN EN 1995-1-1/NA:2013, Abschnitt NCI NA.6.81 (NA.9) ein verstärkter Anschluss für die hier vorliegende Nutzungsklasse 3 empfohlen.

Mindestabstände für Beispiel 4.15.

	Bezeichnung	DIN EN 1995-1-1:2004/FprA2:2013, Änderung zu 8.6, Tabelle 8.5	
		$\alpha = 90°$	mm
untereinander in Faserrichtung	$\parallel$, a_1	$(3+2\lvert\cos\alpha\rvert)\cdot d$	60 (60)
untereinander rechtwinklig zur Faser	$\perp$, a_2	$3\cdot d$	60 (60)
vom beanspruchten Hirnholzende	$a_{3,t}$	$\max(7\cdot d; 80\,\text{mm})$	-
vom unbeanspruchten Hirnholzende	$a_{3,c}$	$a_{3,t}\cdot\lvert\sin\alpha\rvert$	-
vom beanspruchten Rand	$a_{4,t}$	$\max[(2+2\cdot\sin\alpha)\cdot d; 3\cdot d]$	120 (80)
vom unbeanspruchten Rand	$a_{4,c}$	$3\cdot d$	80 (60)

Stabdübel , Durchmesser Ø = 20 mm
α = Winkel zwischen Kraft und Faserrichtung = **90°**
(...) rechnerische Werte

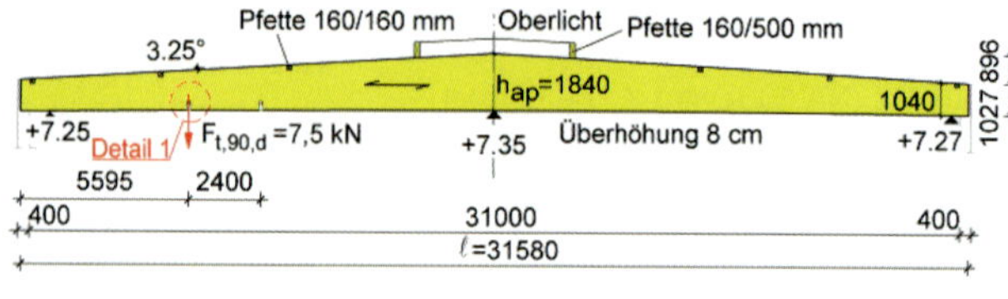

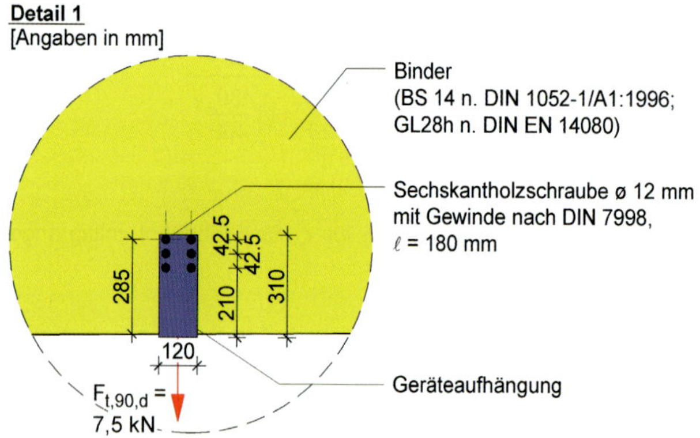

Bild 4.46. Hallenbinder mit Anhängung an Untergurt

Beispiel 4.16. (nach DIN EN 1995-1-1:2010)

Bei der im Bild 4.46. dargestellten Brettschichtholzbinderkonstruktion (GL28c nach DIN EN 14080) einer Sporthalle treten durch Anhängungen im Bereich des Binderuntergurtes örtliche Querzugbeanspruchungen an den Stellen der Sportgeräteaufhängungen auf:

Vorbemerkungen:

Folgende Geräteaufhängungen sind in der Halle an verschiedenen Stellen vorhanden:
Basketballgerät zwischen Achse 1 und 2, 4 und 5 sowie 7 und 8

1. Klettertaue Achse 2
2. Trennvorhänge Achsen 3 und 6
3. Ringe Achse 8

Dabei wird von einem Verhältnis *a/h* von 0,2 ausgegangen. Aus den vorliegenden Unterlagen lassen sich folgende Beanspruchungen an den Anhängepunkten abschätzen:

a) Anhängung Basketballkorb $F_{t,90,k}$ = 4 kN an zwei Punkten = $F_{t,90,k}$ = 2 kN,
b) Aufhängung Ringe $F_{t,90,k}$ = 5 kN/ je Tau und Verbindungspunkt,
c) Vorhang lt. Statik 0,5 kN/m an vier Punkten über Binderlänge aufgehangen $F_{t,90,k}$ = 0,5 · 31,4/4 ≈ 4 kN.

Für die Anhängung nach a) und b) erhält man eine maximale charakteristische Beanspruchung von 5 kN. Der Bemessungswert der Beanspruchung beträgt $F_{t,90,d}$ = 1,5 · 5 = 7,5 kN.
Das Verhältnis a/h muss dabei ≥ 0,2 sein. Der Wert a/h liegt bei den in der Halle vorhandenen Anhängungen für die Ringe zwischen 0,21 und 0,24, bei den Anhängungen für die Vorhänge bei 0,39 und bei den Anhängungen für den Basketballkorb bei 0,19 und 0,2. Da exakte Werte für eine Beanspruchung an den Stellen der Abhängung nicht bekannt sind, wird eine Verstärkung der Anschlüsse mittels selbstbohrender Vollgewindeschrauben vorgeschlagen.

Lösung:

Für ein Verhältnis von $\alpha = a/h = 0{,}2$ erhält man nach DIN EN 1995-1-1/NA:2013, Gl. (NA.69) eine Bemessungskraft für die Verstärkung von

$$F_{t,90,d} = \left[1-3\cdot\alpha^2+2\cdot\alpha^3\right]\cdot F_{Ed} \quad \text{[DIN EN 1995-1-1/NA, Gl. (NA.69)]}$$

$$F_{t,90,d} = \left[1-3\cdot 0{,}2^2+2\cdot 0{,}2^3\right]\cdot 7{,}5 = 0{,}90\cdot 7{,}5 = 6{,}75\,\text{kN}$$

mit
$\alpha = a/h$

Die Verstärkung wird an jedem Knoten gleich ausgeführt, mit zwei Vollgewindeschrauben Ø 10 x 600 mm mit $_{\min}\ell_{ad}$ = 290 mm, z. B. SPAX ABC-Schrauben nach bauaufsichtlicher Zulassung Z-9.1-519.
Nach bauaufsichtlicher Zulassung Seite 11 erhält man folgende Tragfähigkeit für die Verstärkung:

Charakteristischer Wert des Ausziehparameters mit ρ_k= 380 kg/m³ (für GL28c nach DIN EN 14080 mit ρ_k = 390 kg/m³):

$$f_{1,k} = 80\cdot 10^{-6}\cdot\rho_k^2 = 80\cdot 10^{-6}\cdot 390^2 = 12{,}17\,\text{N/mm}^2$$

Charakteristischer Wert des Kopfdurchziehparameters für Tellerkopfschraube:

$$f_{2,k} = 100\cdot 10^{-6}\cdot\rho_k^2 = 100\cdot 10^{-6}\cdot 380^2 = 14{,}44\,\text{N/mm}^2$$

Charakteristische Tragfähigkeit auf Herausziehen für $\alpha \geq 90°$ für eine Schraube mit Tellerkopf (für $\alpha \geq 45°$ ist $k_{ax} = 1{,}0$):

$$R_{ax,k} = \max\begin{cases} f_{2,k}\cdot d_k^2 = 14{,}44\cdot 25^2 = 9025\,\text{N} = 9{,}03\,\text{kN} \\ k_{ax}\cdot f_{1,k}\cdot \ell_{ef,k}\cdot d_1 = 1{,}0\cdot 12{,}17\cdot 290\cdot 10 = \\ 35287{,}2\,\text{N} = 35{,}3\,\text{kN}\end{cases}$$

Es wird die Zugtragfähigkeit nach Tabelle 1 in der Zulassung mit $R_{t,u,k} = 28\,\text{kN}$ maßgebend.

Bemessungswert der Schraube für KLED „kurz“ und NKL 1 mit $k_{mod} = 0{,}9$

$$R_{ax,d} = \frac{k_{mod} \cdot R_{ax,k}}{\gamma_M} = \frac{0{,}9 \cdot 28{,}0}{1{,}3} = 19{,}40\ \text{kN}$$

Gewählt zwei Schrauben pro Anschluss

$$R_{ax,d} = 2 \cdot 19{,}4 = 38{,}8\ \text{kN}$$

Nachweis

$$\frac{F_{t,90,d}}{R_{ax,d}} = \frac{6{,}75}{38{,}8} = 0{,}17 < 1 \ \textbf{Nachweis erfüllt!}$$

Binderansicht (links)
Darstellung der Geräteaufhängung (Basketballkorb), Bolzenanordnung [Angaben in mm]

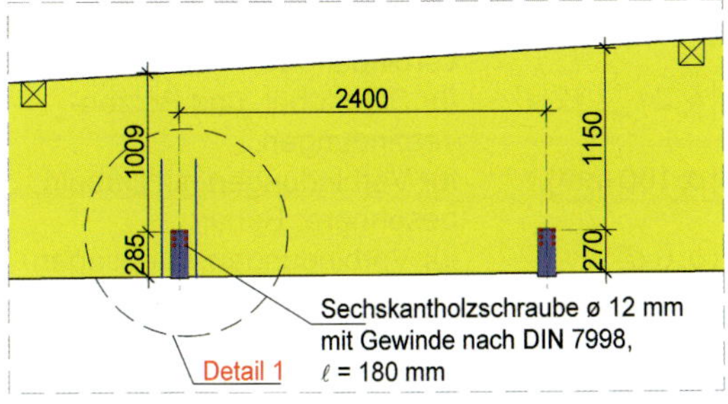

Detail 1
[Angaben in mm]

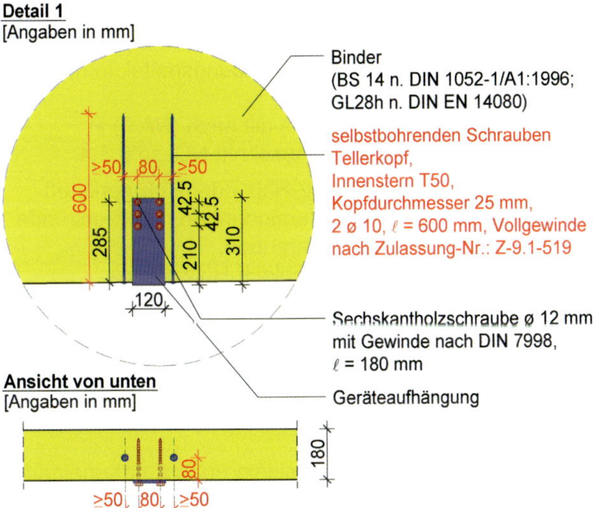

Bild 4.47. Verstärkungslösung

4.4.4. Zuganschluss mit Beanspruchung im Winkel zur Faser

Nach DIN EN 1995-1-1:2010, Abschnitt 8.1.4 ist für Beanspruchung in Verbindungen, die im Winkel zur Faserrichtung angreifen (s. Bild 4.48.), ein Querzugnachweis zu führen.

Es muss die Bedingung nach Gl. (8.2) erfüllt sein:

$$F_{v,Ed} \leq F_{90,Rd} \qquad \text{[DIN EN 1995-1-1, Gl. (8.2)]}$$

mit:

$$F_{v,Ed} = \max \begin{cases} F_{v,Ed,1} \\ F_{v,Ed,2} \end{cases} \qquad \text{[DIN EN 1995-1-1, Gl. (8.3)]}$$

Dabei ist:

$F_{90,Rd}$ der Bemessungswert der Querzugtragfähigkeit, ermittelt aus der charakteristischen Querzugtragfähigkeit $F_{90,Rk}$ nach Abschnitt 2.4.3;

$F_{v,Ed,1}$, $F_{v,Ed,2}$ die Bemessungswerte der Querkraft auf beiden Seiten der Verbindung (s. Bild 8.1).

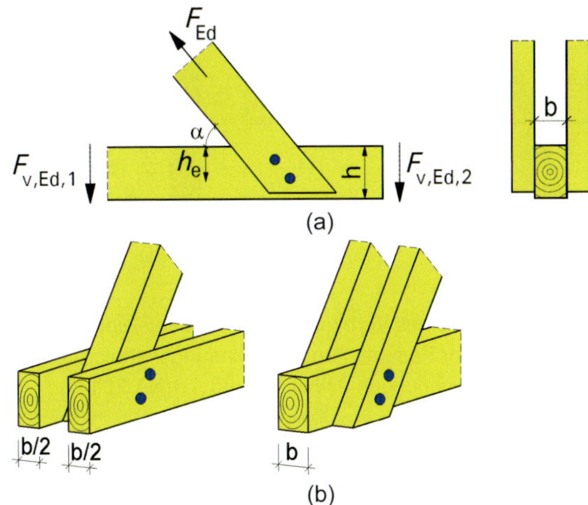

Bild 4.48. Durch eine Verbindung übertragene schräg angreifende Kraft (Schräganschluss) (DIN EN 1995-1-1:2010, Bild 8.1)

Für Nadelhölzer kann die charakteristische Beanspruchbarkeit auf Querzug nach Bild 4.48. und nach Gl. (8.4) berechnet werden.

$$F_{90,Rk} = 14 b w \cdot \sqrt{\frac{h_e}{\left(1 - \frac{h_e}{h}\right)}} \qquad \text{[DIN EN 1995-1-1, Gl. (8.4)]}$$

Dabei ist:

[DIN EN 1995-1-1, Gl. (8.5)]

$$w = \begin{cases} \max \begin{cases} \left(\frac{w_{pl}}{100}\right)^{0,35} \\ 1 \end{cases} & \text{für Nagelplatten} \\ 1 & \text{für alle anderen Verbindungen} \end{cases}$$

$F_{90,Rk}$ der charakteristische Wert der Beanspruchbarkeit auf Querzug, in N;

w der Modifikationsbeiwert;

h_e der Abstand des am entferntesten angeordneten Verbindungsmittels oder Nagelplattenrandes vom beanspruchten Holzrand, in mm;

h die Höhe des Holzbauteils, in mm;

b die Dicke des Holzbauteils, in mm;

w_{pl} die Breite der Nagelplatte parallel zur Faserrichtung, in mm.

Nach DIN EN 1995-1-1/NA:2013, Abschnitt NCI zu 8.1.4 (NA.5) wird ergänzend festgestellt, dass für die nicht in Bild 8.1 erwähnten Fälle (z. B. Anschlüsse mit mehreren Verbindungsmittelspalten (s. Bild 4.49.), die Beanspruchbarkeit mit den früheren Regeln für unverstärkte Queranschlüsse zu berechnen ist. Im Einzelnen sind die Regeln (NA.6) bis (NA.13) zu beachten:

Werden Bauteile mit Rechteckquerschnitt durch eine Krafteinleitung unter einem Winkel zur Holzfaserrichtung beansprucht (s. z. B. Bild 4.49. und Tabelle 4.5.), dürfen die durch eine Querzugkraft $F_{v,Ed} = F_{ed} \cdot \sin\alpha$ verursachten Querzugspannungen wie folgt berücksichtigt werden:

Für Queranschlüsse mit $h_e/h > 0{,}7$ ist ein Nachweis nicht erforderlich. Queranschlüsse mit $h_e/h < 0{,}2$ dürfen nur durch kurze Lasteinwirkungen (z. B. Windsogkräfte) beansprucht werden (s. (NA.5) in DIN EN 1995-1-1/NA:2013).

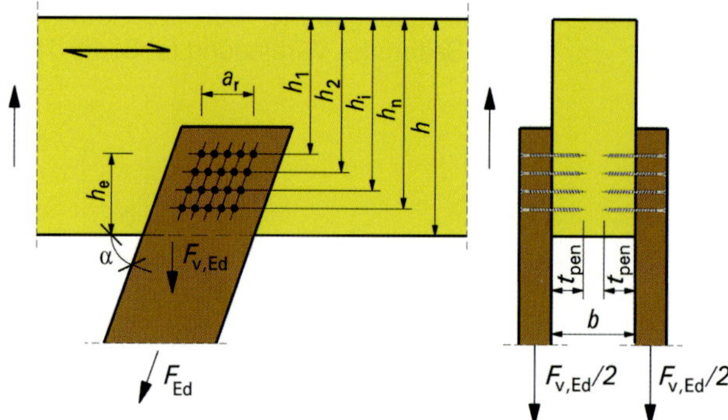

Bild 4.49. Beispiele eines Verbindungsmittels unter einem Winkel zur Faserrichtung (Verbindungsmittelgruppe) mit Bezeichnungen (DIN EN 1995-1-1/NA:2013, Bild NA.13)

Für Queranschlüsse mit $h_e/h \leq 0{,}7$ ist die folgende Bedingung einzuhalten (s. Abschnitt NCI zu 8.1.4 in DIN EN 1995-1-1/NA:2013):

[DIN EN 1995-1-1/NA, Gl. (NA.103)]

$$\frac{F_{v,Ed}}{F_{90,Rd}} \leq 1$$

mit:

[DIN EN 1995-1-1/NA, Gl. (NA.104)]

$$F_{90,Rd} = k_s \cdot k_r \cdot \left(6{,}5 + \frac{18 \cdot h_e^2}{h^2}\right) \cdot \left(t_{ef} \cdot h\right)^{0,8} \cdot f_{t,90,d}$$

wobei

[DIN EN 1995-1-1/NA, Gl. (NA.105)]

$$k_s = \max\left\{1; 0{,}7 + \frac{1{,}4 \cdot a_r}{h}\right\}$$

und

$$k_r = \frac{n}{\sum_{i=1}^{n}\left(\frac{h_1}{h_i}\right)^2}$$ [DIN EN 1995-1-1/NA, Gl. (NA.106)]

Queranschlüsse mit $a_r/h > 1$ und $F_{v,Ed} > 0{,}5 \cdot F_{90,Rd}$ sind zu verstärken (Zu Verstärkungen, s. DIN EN 1995-1-1/NA:2013, Abschnitt NCI NA.6.9.2).

Dabei ist:

- $F_{v,Ed}$ Bemessungswert der Kraftkomponente rechtwinklig zur Faserrichtung, in N;
- $F_{90,Rd}$ Bemessungswert der Querzugtragfähigkeit des Bauteils, in N, ermittelt aus der charakteristischen Querzugtragfähigkeit $F_{90,Rk}$ nach Abschnitt 2.4.3;
- k_s Beiwert zur Berücksichtigung mehrerer nebeneinander angeordneter Verbindungsmittel;
- k_r Beiwert zur Berücksichtigung mehrerer übereinander angeordneter Verbindungsmittel (für eingeklebte Stahlstäbe, s. Abschnitt NCI NA.11.2.3 (NA.7); gilt sinngemäß auch für profilierte Stahlstäbe;
- h_e Abstand des vom beanspruchten Holzrand am weitesten entfernt angeordneten Verbindungsmittels, in mm;
- a_r Abstand der beiden äußersten Verbindungsmittel (s. Bild 4.49.), der Abstand der Verbindungsmittel untereinander in Faserrichtung des querzuggefährdeten Holzes darf $0{,}5 \cdot h$ nicht überschreiten;
- h Höhe des Bauteils, in mm;
- t_{ef} wirksame Anschlusstiefe, in mm;
- n Anzahl der Verbindungsmittelreihen;
- h_i Abstand der jeweiligen Verbindungsmittelreihe vom unbeanspruchten Bauteilrand (s. Bild NA.13).

Bei beidseitigem oder mittigem Queranschluss gilt nach (NA.8) in DIN EN 1995-1-1/NA:2013, Abschnitt NCI zu 8.1.4:

$t_{ef} = \min\{b; 2\,t_{pen}; 24\,d\}$	für Holz-Holz- oder Holzwerkstoffverbindungen mit Nägeln oder Holzschrauben,
$t_{ef} = \min\{b; 2\,t_{pen}; 30\,d\}$	für Stahlblech-Holz-Nagelverbindungen,
$t_{ef} = \min\{b; 2\,t_{pen}; 12\,d\}$	für Stabdübel- und Bolzenverbindungen,
$t_{ef} = \min\{b; 100\,\text{mm}\}$	für Verbindungen mit Dübeln besonderer Bauart,
$t_{ef} = \min\{b; 6\,d\}$	für Verbindungen innenliegenden, profilierten Stahlstäben.

Dabei ist:

- b die Dicke des Holzbauteils, in mm;
- d der Verbindungsmitteldurchmesser, in mm;
- t_{pen} die Eindringtiefe der Verbindungsmittel, in mm.

Bei einseitigem Queranschluss gilt nach (NA.9) in DIN EN 1995-1-1/NA:2013, Abschnitt NCI zu 8.1.4:

$t_{ef} = \min\{b; t; 12\,d\}$	für Holz-Holz-oder Holzwerkstoff-Holz-Verbindungen mit Nägeln oder Holzschrauben,
$t_{ef} = \min\{b; t; 15\,d\}$	für Stahlblech-Holz-Nagelverbindungen,
$t_{ef} = \min\{b; t; 6\,d\}$	für Stabdübel- und Bolzenverbindungen,
$t_{ef} = \min\{b; 50\,\text{mm}\}$	für Verbindungen mit Dübeln besonderer Bauart.

Sind mehrere Verbindungsmittelgruppen nebeneinander angeordnet, darf der Bemessungswert der Tragfähigkeit $F_{90,Rd}$ für eine Verbindungsmittelgruppe nach Gl. (NA.104) ermittelt werden, wenn der lichte Abstand in Faserrichtung zwischen den Verbindungsmittelgruppen mindestens $2 \cdot h$ beträgt (s. (NA.10) in DIN EN 1995-1-1/NA:2013, Abschnitt NCI zu 8.1.4).

Beträgt der lichte Abstand in Faserrichtung zwischen mehreren nebeneinander angeordneten Verbindungsmittelgruppen nicht mehr als $0{,}5 \cdot h$, sind die Verbindungsmittel dieser Gruppen als eine Verbindungsmittelgruppe zu betrachten (s. (NA.11) in DIN EN 1995-1-1/NA:2013, Abschnitt NCI zu 8.1.4).

Beträgt der lichte Abstand in Faserrichtung von zwei nebeneinander angeordneten Verbindungsmittelgruppen mindestens $0{,}5 \cdot h$ und weniger als $2 \cdot h$, ist der Bemessungswert der Tragfähigkeit $F_{90,Rd}$ nach Gl. (NA.104) je Verbindungsmittelgruppe mit dem Beiwert k_g zu reduzieren (s. (NA.12) in DIN EN 1995-1-1/NA:2013, Abschnitt NCI zu 8.1.4:

$$k_g = \frac{\ell_g}{4 \cdot h} + 0{,}5$$ [DIN EN 1995-1-1/NA, Gl. (NA.107)]

Dabei ist:

ℓ_g der lichte Abstand zwischen den Verbindungsmittelgruppen.

Sind mehr als zwei Verbindungsmittelgruppen mit $\ell_g < 2 \cdot h$ nebeneinander angeordnet, bei denen der Bemessungswert der Kraftkomponente rechtwinklig zur Faserrichtung $F_{v,Ed}$ größer ist als die Hälfte des mit dem Beiwert k_g reduzierten Bemessungswertes der Tragfähigkeit $F_{90,Rd}$, sind die Querzugkräfte durch Verstärkungen (s. DIN EN 1995-1-1/NA:2013, Abschnitt NCI NA.6.9.2) aufzunehmen. Dies gilt ebenfalls für Queranschlüsse mit $F_{v,Ed} > 0{,}5 \cdot F_{90,Rd}$, deren lichter Abstand von einem Kragarmende weniger als die Trägerhöhe h beträgt (s. (NA.13) in DIN EN 1995-1-1/NA:2013, Abschnitt NCI zu 8.1.4).

Tabelle 4.5. Konstruktive Regeln für den Querzugnachweis bei Schräganschlüssen mit einer Verbindungsmittelgruppe mit mehreren Verbindungsmittelspalten nach DIN EN 1995-1-1/NA:2013

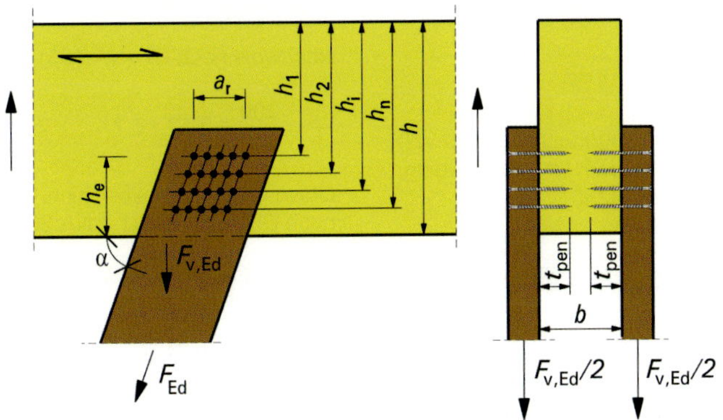

Beispiele eines Queranschlusses mit Bezeichnungen (DIN EN 1995-1-1/NA:2013, Bild NA.13)

Wirksame Anschlusstiefe: t_{ef}

Verbindungsmittel beidseitig oder Anschluss mittig		Verbindungsmittel einseitig = einseitiger Anschluss	
$t_{ef} = \min\{b; 2t; 24d\}$	für Holz-Holz- oder Holzwerkstoff-Holz-Verbindungen mit Nägeln oder Holzschrauben	$t_{ef} = \min\{b; 2t; 12d\}$	für Holz-Holz- oder Holzwerkstoff-Holz-Verbindungen mit Nägeln oder Holzschrauben
$t_{ef} = \min\{b; 2t; 30d\}$	für Stahlblech-Holz-Nagelverbindungen	$t_{ef} = \min\{b; 2t; 15d\}$	für Stahlblech-Holz-Nagelverbindungen
$t_{ef} = \min\{b; 2t; 12d\}$	für Stabdübel- und Bolzenverbindungen	$t_{ef} = \min\{b; t; 6d\}$	für Stabdübel- und Bolzenverbindungen
$t_{ef} = \min\{b; 100\text{ mm}\}$	für Verbindungen mit Dübeln besonderer Bauart	$t_{ef} = \min\{b; 100\text{ mm}\}$	für Verbindungen mit Dübeln besonderer Bauart
$t_{ef} = \min\{b; 6d\}$	für Verbindungen mit eingeklebten Stahlstäben		

Bezeichnungen:

Symbol	Bezeichnung
$F_{90.d}$	Bemessungswert der Kraftkomponente rechtwinklig zur Faserrichtung, in N,
$R_{90.d}$	Bemessungswert der Tragfähigkeit des Bauteils, in N,
k_s	Beiwert zur Berücksichtigung mehrerer nebeneinander angeordneter Verbindungsmittel,
k_r	Beiwert zur Berücksichtigung mehrerer nebeneinander angeordneter Verbindungsmittel,
a	Abstand des (obersten) Verbindungsmittels vom beanspruchten Rand, in mm,
a_s	Abstand der beiden äußersten Verbindungsmittel; der Abstand der Verbindungsmittel untereinander in Faserrichtung des
H	Höhe des Bauteils, in mm,
t_{ef}	wirksame Anschlusstiefe, in mm,
n	Anzahl der Verbindungsmittelreihen,
h_i	Abstand der jeweiligen Verbindungsmittelreihe vom unbeanspruchten Bauteilrand,
b	Breite des Bauteils,
d	Verbindungsmitteldurchmesser,
t	Eindringtiefe der Verbindungsmittel.

Weiterführende Literatur: [*Lißner/Rug* 2016], [*Aicher/Finn* 2005], [*Borth* u. a. 2003], [*Borth* 2002], [*Ehlbeck* u. a. 1992], [*Möhler, Siebert* 1981], [*Möhler, Siebert* 1980], [*Möhler/Lautenschläger* 1978].

Zu Verstärkungen mit Vollgewindeschrauben, s. [*Blaß, Bejtke* 2003].

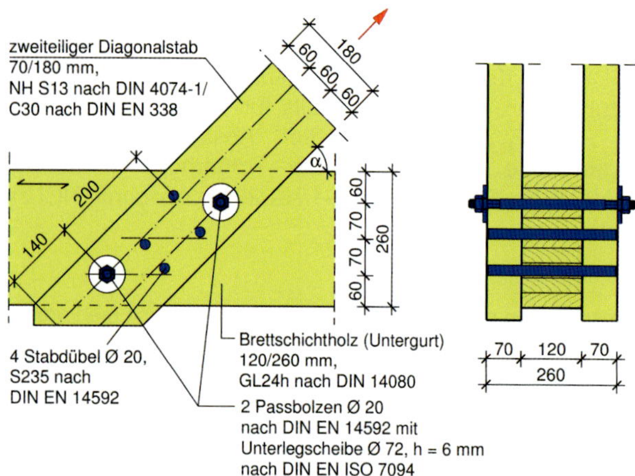

Bild 4.50. Anschluss eines zweiteiligen Diagonalstabs (aus VH) an einem einteiligen Untergurt (BSH) mit Stabdübeln und Passbolzen, $d_{St} = 20$ mm, S235

Beispiel 4.17. (nach DIN EN 1995-1-1:2010)

Fortführung des Beispiels 3.12.

Bei einer wirkenden Kraft unter einem Winkel zur Faserrichtung ist nach DIN EN 1995-1-1:2010, Abschnitt 8.1.4 die Gefahr des Querzugversagens infolge der Querzugkraft zu berücksichtigen.

Bedingung: $F_{v,Ed} \leq F_{90,Rd}$ [DIN EN 1995-1-1, Gl. (8.2)]

$F_{v,Ed} = \max\{F_{v,Ed,1}; F_{v,Ed,2}\}$ [DIN EN 1995-1-1, Gl. (8.3)]

$F_{v,Ed,1} = F_{v,Ed,2} = F_{Ed} \cdot \sin\alpha = 81{,}65 \cdot \sin 45 = 57{,}74$ kN

$F_{v,Ed} = F_{90,d}$ (Anschlusskraft rechtwinklig zur Faserrichtung)

Charakteristischer Wert der Querzugtragfähigkeit:

$$F_{90,Rk} = 14 \cdot b \cdot w \cdot \sqrt{\frac{h_e}{\left(1 - \frac{h_e}{h}\right)}}$$ [DIN EN 1995-1-1, Gl. (8.4)]

mit:

b = 120 mm,

h = 260 mm,

Modifikationsbeiwert w.

[DIN EN 1995-1-1, Gl. (8.5)]

$$w = \begin{cases} \max\left\{\left(\frac{w_{pl}}{100}\right)^{0,35}; 1\right. & \text{für Nagelplatten} \\ 1 & \text{für alle anderen Verbindungsmittel} \end{cases}$$

$w = 1$

Abstand h_e des am entferntesten angeordneten Verbindungsmittels vom beanspruchten Rand

$h_e = 200$ mm

$$F_{90,Rk} = 14 \cdot 120 \cdot 1 \cdot \sqrt{\frac{200}{\left(1 - \frac{200}{260}\right)}} = 49457\text{ N} = 49{,}46\text{ kN}$$

Bemessungswert der Querzugtragfähigkeit:

$$F_{90,Rd} = \frac{0{,}9 \cdot 49457\text{ N}}{1{,}25} = 35609{,}04\text{ N} = 35{,}61\text{ kN}$$

$57{,}74 > 35{,}61$ kN **Nachweis nicht erfüllt!**

Nachweis nach DIN EN 1995-1-1/NA:2013, da mehrere Verbindungsmittel im Vergleich zu Bild 8.1 in DIN EN 1995-1-1:2010.

Für Schräganschlüsse mit mehreren Verbindungsmittelspalten (s. Bild 4.49.) soll der Nachweis mit den aus DIN 1052:2008 bekannten Verfahren für unverstärkte Queranschlüsse geführt werden, was zu genaueren Ergebnissen führen soll. Nachfolgend wird der Nachweis mit den in NCI zu 8.1.4 in DIN EN 1995-1-1/NA:2013 geregelten Verfahren geführt.

Berechnung der Querzugtragfähigkeit nach DIN EN 1995-1-1/NA:2013, NCI zu 8.1.4:

Übernahme aus vorhergehender Rechnung:

$F_{v,Ed,1} = 57{,}74$ kN

Nachweis nach Gl. (NA.103) ist nötig für: $\frac{h_e}{h} \leq 0{,}7$

$$\frac{h_e}{h} = \frac{200}{260} = 0{,}77 \geq 0{,}7$$

Obwohl ein Nachweis nicht erforderlich ist, wird er nachfolgend nach DIN EN 1995-1-1/NA:2013, Abschnitt NCI zu 8.1.4 geführt:

$$k_s = \max\left\{1; 0{,}7 + \frac{1{,}4 \cdot a_r}{h}\right\}$$

$$k_s = \max\left\{1; 0{,}7 + \frac{1{,}4 \cdot 60}{260}\right\}$$

Querzugbeanspruchung:

$F_{v,Ed} = 57{,}74$ kN

NKL 2, KLED: kurz → $k_{mod} = 0{,}9$

Querzugtragfähigkeit (s. Tabelle 4.5.) nach DIN EN 1995-1-1/ NA:2013, NCI zu 8.1.4:

[DIN EN 1995-1-1/NA, Gl. (NA.104)]

$$F_{v,90,d} = k_s \cdot k_r \cdot \left(6{,}5 + \frac{18 \cdot h_e^2}{h^2}\right) \cdot (t_{ef} \cdot h)^{0,8} \cdot f_{t,90,d}$$

[DIN EN 1995-1-1/NA, Gl. (NA.105)]

$$k_s = \max\left\{1; 0{,}7 + \frac{1{,}4 \cdot a_r}{h}\right\}$$

$$k_s = \max\left\{1; 0{,}7 + \frac{1{,}4 \cdot 60}{260}\right\}$$

$$k_s = \max\{1; 1{,}023\} = 1{,}023$$

$$k_r = \frac{n}{\sum_{i=1}^{n}\left(\frac{h_1}{h_i}\right)^2}$$ [DIN EN 1995-1-1/NA, Gl. (NA.106)]

$$k_r = \frac{3}{\left(\frac{h_1}{h_1}\right)^2 + \left(\frac{h_1}{h_2}\right)^2 + \left(\frac{h_1}{h_3}\right)^2}$$

$$k_r = \frac{3}{\left(\frac{60}{60}\right)^2 + \left(\frac{60}{130}\right)^2 + \left(\frac{60}{200}\right)^2} = \frac{3}{1{,}3} = 2{,}3$$

Nach DIN EN 1995-1-1/NA:2013, Abschnitt NCI zu 8.1.4 (NA.8) für beidseitige oder mittige Queranschlüsse:

$t_{ef} = \min\{b; 2 \cdot t_{pen}; 12 \cdot d\}$ für Stabdübel- und Bolzenverbindungen

$t_{ef} = \min\{120; 2 \cdot 120; 12 \cdot 20\}$

$t_{ef} = 120$

Bemessungswert der Querzugsteifigkeit:

$\gamma_M = 1{,}30$ für Brettschichtholz nach DIN EN 1995-1-1/NA:2013, Tabelle NA.3

$$f_{t,90,d} = \frac{k_{mod} \cdot f_{t,90,k}}{\gamma_M} \qquad \text{[DIN EN 1995-1-1, Gl. (2.17)]}$$

$f_{t,90,k} = 0{,}5$ nach DIN EN 14080, Tabelle 5 für BSH GL24h

$$f_{t,90,d} = \frac{0{,}9 \cdot 0{,}5}{1{,}3}$$

$$f_{t,90,d} = 0{,}35\ \text{N/mm}^2$$

Querzugtragfähigkeit:

[DIN EN 1995-1-1/NA, Gl. (NA.104)]

$$F_{v,90,d} = 1{,}023 \cdot 2{,}3 \cdot \left(6{,}5 + \frac{18 \cdot 200^2}{260^2}\right) \cdot (120 \cdot 260)^{0{,}8} \cdot 0{,}35$$

$$F_{v,90,d} = 55626{,}5\ \text{N} = 55{,}63\ \text{kN}$$

Nachweis:

$$\frac{F_{v,Ed}}{F_{90,d}} = \frac{57{,}74\ \text{kN}}{55{,}63\ \text{kN}} = 1{,}04 \approx 1{,}0!$$ **Nachweis gerade so erfüllt!**

Vergleich Nachweis nach DIN EN 1995-1-1:2010, Abschnitt 8.1.4:

$$\frac{F_{v,Ed}}{F_{90,d}} = \frac{57{,}74\ \text{kN}}{35{,}61\ \text{kN}} = 1{,}62 > 1{,}26$$ **Nachweis nicht erfüllt!**

Durch den genaueren Nachweis ist der Querzugnachweis im Vergleich zum vereinfachten Nachweis erfüllt.

Um die Querzugtragfähigkeit zu erhöhen, wird in diesem Beispiel der BSH-Träger durch vier innen liegende Vollgewindeschrauben des Typs WT-T-8.2 × 220 mm des Herstellers SFS verstärkt. Die Nachweisführung erfolgt nach DIN 1995-1-1:2010 in Verbindung mit der allgemeinen bauaufsichtlichen Zulassung Z-9.1-472.

Die Verstärkung des Queranschlusses darf für eine Zugkraft $F_{t,90,d}$ bemessen werden:

[DIN EN 1995-1-1/NA, Gl. (NA.69)]

$$F_{t,90,d} = \left[1 - 3 \cdot \alpha^2 + 2 \cdot \alpha^3\right] \cdot F_{90,d}$$

mit $\alpha = \frac{a}{h} = \frac{200}{260} = 0{,}77$

$$F_{t,90,d} = \left[1 - 3 \cdot \frac{200^2}{260} + 2 \cdot \frac{200^3}{260}\right] \cdot 57740 = 7805{,}54\ \text{N} = 7{,}8\ \text{kN}$$

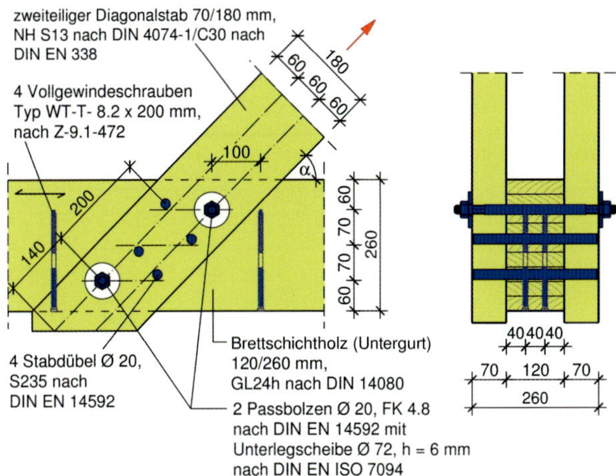

Bild 4.51. Anschluss mit Stabdübeln und Passbolzen, $d_{St} = 20$ mm, S235 und Querzugverstärkung

Charakteristischer Wert des Ausziehwiderstandes $F_{ax,90,Rk}$ nach bauaufsichtlicher Zulassung Z-9.1-472:

$$F_{ax,90,Rk} = k_{ax} \cdot (100 \cdot 10^{-6} \cdot \rho_k^2) \cdot d_1 \cdot \ell_{ef} \qquad \text{[Z-9.1-472, Gl. (3)]}$$

k_{ax} Reduzierungsfaktor zur Berücksichtigung des Einschraubwinkels

$k_{ax} = 1$ für $\alpha = 90°$ (s. Zulassung)

$\ell_{ef} = \min\{\ell_{ad,c}; \ell_{ad,t}\} = \min\{60, 95\} = 60$ mm (s. Bild NA.8)

$$F_{ax,90,Rk} = 1 \cdot (100 \cdot 10^{-6} \cdot 380^2) \cdot 8{,}2 \cdot 60 = 7104{,}48\ \text{N}$$

Bemessungswert des Ausziehwiderstandes $F_{ax,90,Rd}$:

$$F_{ax,90,Rd} = \frac{k_{mod} \cdot F_{ax,90,Rk}}{\gamma_M} = \frac{0{,}9 \cdot 7104{,}48}{1{,}3} = 4918\ \text{N} = 4{,}92\ \text{kN}$$

Nachweis der Schrauben:

Bedingung Herausziehen:

$$\frac{F_{t,90,d}}{F_{ax,90,Rd} \cdot n_{Schr}} \le 1$$

$$\frac{7800}{4920 \cdot 4} = 0{,}4 < 1$$ **Nachweis erfüllt!**

Nachweis der Zugfestigkeit der Schrauben:
($R_{t,u,k}$ = 22 kN aus Tabelle 3 der allgemeinen bauaufsichtlichen Zulassung Z-9.1-472 für SFS Befestiger)

$$R_{t,u,d} = \frac{k_{mod} \cdot R_{t,u,k}}{\gamma_M} = \frac{0{,}9 \cdot 22}{1{,}3} = 15{,}23\ \text{kN}$$

$$\frac{F_{t,90,d}}{R_{t,90,d} \cdot n} = \frac{7{,}8}{15{,}23 \cdot 4} = 0{,}12 < 1{,}0$$ **Nachweis erfüllt!**

Mindestabstände für Beispiel 4.17.

	Bezeichnung	DIN EN 1995-1-1:2010/A2:2014, Änderung zu 8.6, Tabelle 8.5			
		Mittelholz α = 45°	**mm**	**Seitenholz α = 0°**	**mm**
untereinander in Faserrichtung	$\parallel$, a_1	$(3+2\lvert\cos\alpha\rvert)\cdot d$	100 (89)	$(3+2\lvert\cos\alpha\rvert)\cdot d$	100 (100)
untereinander rechtwinklig zur Faser	$\perp$, a_2	$3\cdot d$	70 (60)	$3\cdot d$	60 (60)
vom beanspruchten Hirnholzende	$a_{3,t}$	$\max(7\cdot d; 80\,\text{mm})$	- (140)	$\max(7\cdot d; 80\,\text{mm})$	- (140)
vom unbeanspruchten Hirnholzende	$a_{3,c}$	$a_{3,t}\cdot\lvert\sin\alpha\rvert$	- (99)	$\max(3{,}5\cdot d; 40\,\text{mm})$	120 (70)
vom beanspruchten Rand	$a_{4,t}$	$\max[(2+2\cdot\sin\alpha)\cdot d; 3\cdot d]$	70 (69)	$\max[(2+2\cdot\sin\alpha)\cdot d; 3\cdot d]$	- (60)
vom unbeanspruchten Rand	$a_{4,c}$	$3\cdot d$	60 (60)	$3\cdot d$	60 (60)

Stabdübel , Durchmesser Ø = 20 mm
α = Winkel zwischen Kraft und Faserrichtung = **0°, 45°**
(...) rechnerische Werte

4.5. Gerade biegesteife Stöße

Allgemeines

Biegestöße können mit

- Zug- und Drucklaschen (Bilder 4.52.c und 4.53.),
- Seitenlaschen (Bilder 4.52.a, 4.52.b und 4.54.) oder
- Kunstharzbeton und Bewehrung

ausgeführt werden.

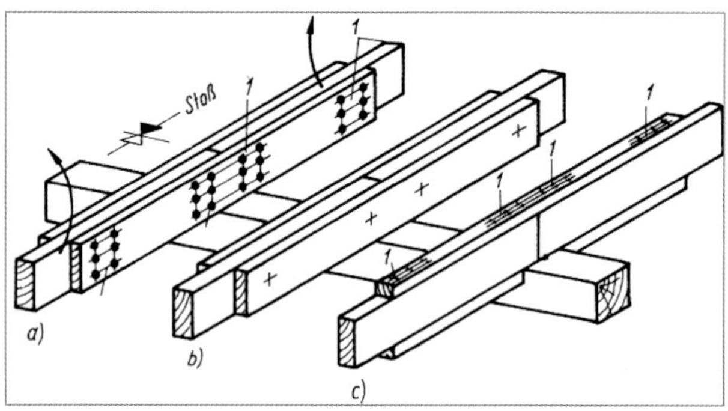

Legende
a) mit seitlich angenagelten Laschen
b) mit seitlich angeschraubten Laschen
c) mit genagelten Zug- und Drucklaschen
1 Nagelgruppe

Bild 4.52. Gerade biegesteife Stöße

Die letzte Methode wird besonders bei der Instandsetzung von Balkenköpfen angewendet (s. bauaufsichtliche Zulassung Z-10.7-2-41).

Biegestöße sind möglichst außerhalb des Bereiches des maximalen Biegemoments anzuordnen. Sie sind so auszubilden, dass im Stoß vorhandene Querkräfte und Biegemomente unter Einhaltung der Bemessungswerte der Festigkeiten übertragen werden.

In der Regel werden im Holzbau Anschlüsse zweier Holzbauteile als gelenkige Verbindungen ausgeführt. Die Entwicklung im Holzbau zu neuen Holzwerkstoffen und der immer häufigere Einsatz von Brettschichtholz führten zu Tragwerkskonstruktionen, welche mit biegesteifen Eckverbindungen wirtschaftlich ausführbar sind. Die Ausbildung biegesteifer Verbindungen erfordert besondere Sorgfalt. Die Biegesteifigkeit der Verbindung ist über nachgiebige Verbindungsmittel zu gewährleisten.

Stöße sind im Allgemeinen als biegesteif zu betrachten, wenn die tatsächliche Verdrehung unter einer Belastung keine wesentliche Auswirkung auf die Schnittgröße hat. Diese Bedingung ist im Allgemeinen erfüllt für:

- Stöße mit einer Tragfähigkeit, die mindestens dem 1,5-Fachen der angreifenden Schnittgrößenkombination entspricht,
- Stöße mit einer Tragfähigkeit, die mindestens der angreifenden Schnittgrößenkombination entspricht, vorausgesetzt, dass
  - die Biegespannung aus dem in der Verbindung zu übertragenden Moment höchstens 30 % der Biegefestigkeit des Stabes beträgt und
  - das Tragwerk stabil wäre, wenn alle diese Stöße als Gelenke wirken würden.

Der Einfluss der Verschiebungen ist zu berücksichtigen (zur Berechnung und Konstruktion, s. [*Racher* in Step 1; 1995]).

Zu beachten ist, dass die Geometrie der Verbindung wesentlichen Einfluss auf die Belastung einzelner Verbindungsmittel hat. Die Kräfteverteilung erfolgt entsprechend der Anordnung der Verbindungsmittel, dabei ergeben sich Beanspruchungen parallel und rechtwinklig zur Faserrichtung.

Grundsätzlich kann davon ausgegangen werden, dass sich die Kräfte bei rechtwinkliger Verbindungsmittelanordnung wesentlich ungünstiger verteilen (s. [*Ehlbeck/Werner* 1995-1]). Dies kann insbesondere am Bauteilrand zur Spaltgefahr führen. Unter Umständen sind hier örtliche Verstärkungen notwendig.

Zur Übertragung der Anschlusskräfte werden in biegesteifen Verbindungen häufig stiftförmige Verbindungsmittel (Nägel, Stabdübel und Schrauben) verwendet. Bei der Bemessung ist die Abhängigkeit der Lochleibungsfestigkeit vom Winkel zwischen Kraft- und Holzfaserrichtung zu berücksichtigen. Wird die biegesteife Verbindung über einen Dübelkreis realisiert, so liegt eine günstigere Beanspruchung des Holzes im Bereich der Dübel vor (s. [*Racher* in 1997-4]).

Wesentlich für die Wirksamkeit des Verbindungsmittels und damit auch des ganzen Anschlusses ist die Lochleibungsfestigkeit, welche nicht nur als Materialeigenschaft, sondern auch als Systemeigenschaft zu betrachten ist. Als Einflussgrößen sind Rohdichte des Holzes, Verbindungsmitteldurchmesser, Winkel zwischen Kraft und Holzfaser, Reibung zwischen Holz und Verbindungsmittel zu beachten. Weiterhin sind Passgenauigkeit der Verbindungsmittel (Ausführungsqualität) und Holzqualität, insbesondere im Anschlussbereich, sicherzustellen. Bei statisch unbestimmten Systemen ist bei veränderlicher Steifigkeit der Verbindungsmittel mit veränderten Schnittgrößenverteilungen zu rechnen.
Neben dem Verbindungsmittelnachweis ist für biegesteife Stöße die Querkraft im Anschluss nachzuweisen.

Biegesteife Stöße mit Zug- und Drucklaschen

Die oberen und unteren Laschen werden infolge der Momentenbelastung verformt und dabei auf Druck und Zug beansprucht. Sie haben zusätzlich Biegemomente aufzunehmen, die dazu führen können, dass die Laschen zerbrechen.

Damit sich die äußeren Nägel der Zuglasche und die inneren Nägel der Drucklasche nicht herausziehen, sind die Laschen lang genug zu wählen (Bild 4.53.a).

Die Spannungen in den Laschen dürfen die Bemessungswerte der Zug- und Druckfestigkeiten (in den Randfasern) nicht überschreiten. Sie werden wie bei einem steglosen I-Querschnitt ermittelt.
Die Verbindungsmittel werden kontinuierlich angeordnet. Nach Bild 4.53.b gilt:

$$N_d = D_d = Z_d = \frac{M_d}{h_2} \quad \text{in kN}$$

$${}_{\text{erf}}n = \frac{N_d}{F_{v,R_d}} \quad \text{(erforderliche Nagelanzahl).}$$

Spannungsnachweis in der Zuglasche nach Gl. (6.1) in DIN EN 1995-1-1:2010, Abschnitt 6.1.2 in Verbindung mit den Regeln nach Abschnitt NCI NA.8.1.6 in DIN EN 1995-1-1/ NA:2013.

$$\sigma_{t,0,d} \leq f_{t,0,d} \qquad \text{[DIN EN 1995-1-1, Gl. (6.1)]}$$

Treten außer dem Moment noch Querkräfte oder Normalkräfte auf, sind diese bei der Ermittlung der Nagelanzahl zu berücksichtigen.

Biegesteife Stöße mit Seitenlaschen

Um das Moment aufnehmen zu können, werden die Verbindungsmittel in zwei Gruppen im Abstand e auf jeder Stoßseite angeordnet (Bild 4.54.a), deren Schwerpunktabstand $S_1 - S_2$ möglichst groß sein soll ($e = 300$ bis 700 mm).
S_1 bzw. S_2 sind die Schwerpunkte der jeweiligen Verbindungsmittel. Seitenlaschen können auch mit nur einer Verbindungsmittelgruppe angeschlossen werden (Bild 4.54.c).
Bei Stößen mit Seitenlaschen (genagelt, verschraubt oder mit Stabdübeln befestigt) treten quer zur Faserrichtung Querzugspannungen (Querzug) auf, die zu Rissen führen können. Diese können durch die Laschenlänge und richtig angeordnete Verbindungsmittel günstig beeinflusst werden.

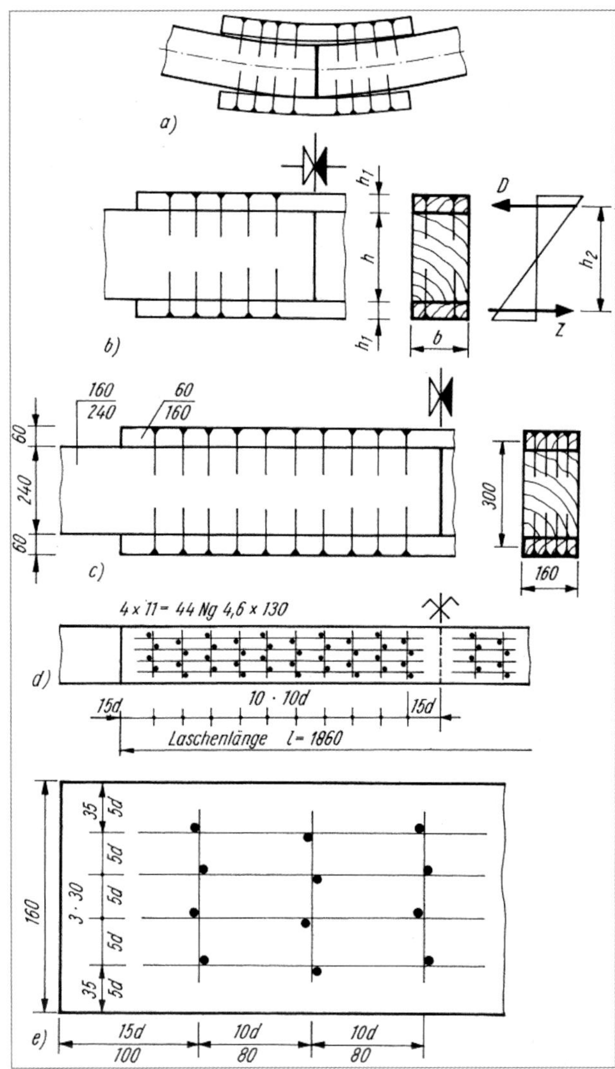

Legende
a) verformter Zustand
b) Bezeichnungen und Spannungsdiagramm
c) Berechnungsbeispiel, Ansicht und Querschnitt
d) Berechnungsbeispiel, Draufsicht
e) Draufsicht der versetzten und mit 4 mm ∅ vorgebohrten Nägel

Bild 4.53. Biegesteife Stöße mit Zug- und Drucklaschen

Je länger die Laschen sind und je weiter die Verbindungsmittel auseinander liegen, desto weniger Verbindungsmittel sind erforderlich, und desto geringer werden die Laschen auf Querzug beansprucht.

Dieser Sachverhalt wird nachfolgend an genagelten Verbindungen erläutert:
Die Nägel beteiligen sich an der Aufnahme der Momente mit Kräften, die sich verhältnisgleich wie die Abstände r vom gesamten Nagelschwerpunkt S verhalten. Die Nägel 1 (Bild 4.54.a) werden mehr beansprucht als die Nägel 2, 3 und 4.
Zerlegt man die anteilige Nagelkraft $F_{v,Rd}$

- in eine Seitenkraft rechtwinklig zur Holzfaser $N_{S,d}$ und
- in eine Seitenkraft parallel zur Holzfaser $N_{H,d}$, so kann man bei genügend großem r annehmen, dass der Anteil $N_{H,d}$ an der Momentenübertragung sehr gering ist und $N_{S,d} \approx F_{v,Rd}$ wird.

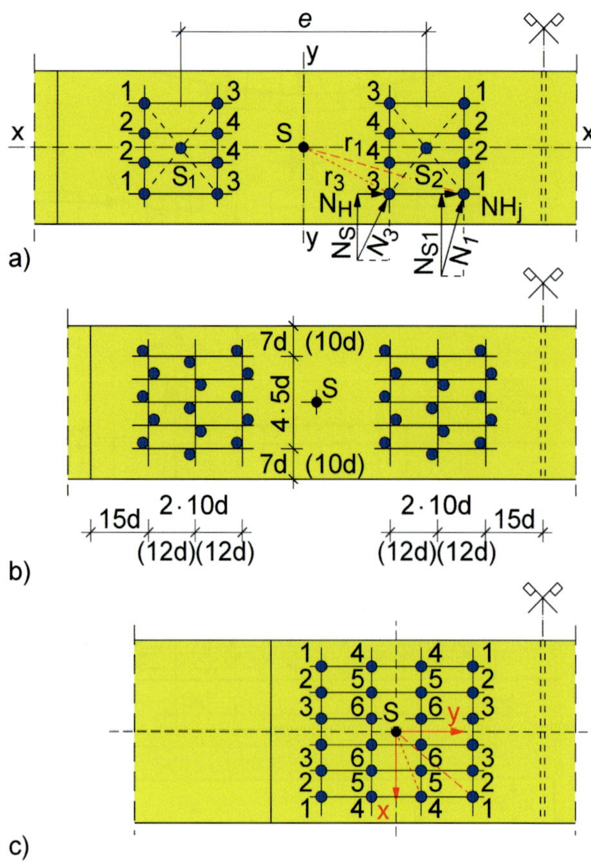

Legende

a) Bezeichnungen zur Berechnung der Verbindungsmittel
b) Mindestnagelabstände für Nägel $d < 5$ mm, $\rho \leq 420$ kg/m³ (Klammerwert gilt für $d \geq 5$ mm)
c) Stoß mit einer Verbindungsmittelgruppe (S = Schwerpunkt)

Bild 4.54. Biegesteife Stöße mit Seitenlaschen

Nach der getroffenen Annahme kann man $N_{S,d}$ annähernd errechnen zu:

$$N_{S,d} = \frac{M_d}{0{,}85 \cdot n \cdot e} \quad \text{in N}$$

M_d Bemessungswert des Momentes, in Nmm;
n Nagelanzahl pro Verbindungsmittelgruppe;
e Abstand der Nagelgruppen;
0,85 Abminderungsfaktor.

Berücksichtigt man die Auflockerung der Nagelgruppen durch einen Beiwert, so kann man vereinfacht aus der Beziehung Moment = Kraft · Hebelarm setzen

$$M_d = 0{,}85 \cdot n \cdot F_{v,R_d} \cdot e$$

M_d Bemessungswert des Momentes, in Nmm;
$F_{v,Rd}$ Bemessungswert der Tragfähigkeit einschnittiger Nagel, in N;
0,85 Abminderungsfaktor (berücksichtigt die reduzierte Momentenaufnahmefähigkeit infolge Nagelverschiebung);
e Abstand der Nagelgruppen, in mm;
n Anzahl der Nägel pro Verbindungsmittelgruppe.

Aus dieser Gleichung lässt sich, sofern zwei Werte bekannt sind, der andere bestimmen:

Erforderliche Nagelanzahl:

$$_{erf}n = \frac{M_d}{0{,}85 \cdot F_{v,Rd} \cdot e}$$

Nagelgruppenabstand:

$$e = \frac{M_d}{0{,}85 \cdot F_{v,Rd} \cdot n} \quad \text{in mm.}$$

Bei Balken- und Sparrenstößen empfiehlt sich, $e = l/5$ bzw. $s/5$ zu wählen.
Durch Probeberechnungen ist das richtige Verhältnis zwischen Laschenlänge und Nagelanzahl zu finden.
Treten außer den Momenten auch noch Querkräfte und Normalkräfte auf, so sind diese gleichmäßig auf die Verbindungsmittel zu verteilen; gegebenenfalls ist die Anzahl der Verbindungsmittel zu erhöhen. Mit der Laschenlänge ist nicht zu sparen!
Näherungsweise erhält man bei Aufnahme des Momentes durch ein Kräftepaar bei zwei Verbindungsmittelgruppen dann bei Momenten- und Querkraftbeanspruchung

$$N_{S,d} \cong \frac{M_d}{0{,}85 \cdot n \cdot e} + \frac{V_d}{2 \cdot n}$$

Etwas genauere Werte, als bei der vorhergehenden Näherung erhält man bei langen Anschlüssen mit zwei Verbindungsmittelgruppen unter Vernachlässigung von $N_{x,j}^{M_{ges}}$

$$\max N_1 = N_{y,1} = \frac{1}{2} \cdot \frac{M_{ges} \cdot x_1}{\sum_{i=1}^{n} x_i^2} + \frac{V_d}{2 \cdot n}$$

Bei seitlich genagelten Laschen werden quer zur Faserrichtung wirkende Kräfte hervorgerufen, die zu Querzugspannungen und damit zum Aufreißen der Hölzer führen können. Aus diesem Grund wird empfohlen, folgende Nagelabstände einzuhalten (Bild 4.54.b):

- in Faserrichtung: 10d (bzw. 12d bei d > 4,2 mm),
- Randabstand in Faserrichtung: 15d,
- rechtwinklig zur Faserrichtung und untereinander: 5d,
- rechtwinklig zur Faserrichtung, Randabstand: 7d (bzw. 10d bei d d > 4,2 mm).

Die Querzugspannungen bei einem Biegestoß mit genagelten Seitenlaschen errechnen sich näherungsweise (nach [*Göggel* 2000]) zu:

$$\sigma_{t,90,d} = \frac{N_{S,d}}{24 \cdot d_n \cdot b} \leq f_{t,90,d}$$

für NH S10 nach DIN 4074-1/C24 nach DIN EN 338.
$N_{S,d}$ Seitenkraft, in N;
d_n Nageldurchmesser, in mm;
b Laschendicke, in mm.

Für eine genaue Untersuchung geht man davon aus, dass pro Verbindungsmittelgruppe jedes Verbindungsmittel zum Schwerpunkt der Verbindungsmittelgruppe einen Radius r_i hat. Aus der Gleichgewichtsbedingung $\sum M = 0$ für den Schwerpunkt S folgt die Gleichung

$$M_d = \sum_{i=1}^{n} N_{i,d}^{n} \cdot r_i \,.$$

Die Verbindungsmittelkräfte unter Momentbeanspruchung wachsen proportional zur Größe des Radius zum Schwerpunkt der Gruppe.

$$N^M_{n,d} = N^M_{i,d} \cdot \frac{r_n}{r_1}$$

Wird r aus den Koordinatenabständen in x_i und z_i berechnet, ergibt sich für jedes Verbindungsmittel die Beanspruchung in x- und y-Richtung.

$$N^M_{x,j,d} = \frac{M_d \cdot z_j}{\sum_{i=1}^{n}(x_i^2 + z_i^2)} \text{ bzw. } N^M_{2,j,d} = \frac{M_d \cdot x_j}{\sum_{i=1}^{n}(x_i^2 + z_i^2)}$$

Aus der Verbindungsmittelbeanspruchung in x- und y-Richtung kann dann die resultierende Beanspruchung $N^{Mx}_{j,d}$ mit $N^{Mx}_{j,d} = \sqrt{(N^M_{x_{j,d}})^2 + (N^M_{z_{j,d}})^2}$ berechnet werden.

Bei Verbindungsmitteln im Holzbau, z. B. Stabdübel, Passbolzenverbindungen, ist die Last-Faser-Richtung zu beachten, diese erhält man

a) bezogen auf die x-Achse: $\alpha_{j,x} = \text{arc tan}\left(\frac{N^M_{z,j,d}}{N^M_{x,j,d}}\right)$

b) bezogen auf die y-Achse: $\alpha_{j,z} = arc \tan\left(\frac{N^M_{x,j,d}}{N^M_{z,j,d}}\right)$

In den meisten Fällen sind neben der Momentenbeanspruchung auch noch Quer- und Längskräfte vorhanden. Die in Stoßmitte angreifende Querkraft erhöht auf der rechten Stoßseite das Moment um den Anteil

$\left(M_v = V_{m,d} \cdot e_s\right)$.

Bezogen auf den Schwerpunkt der Verbindungsmittelgruppen erhält man $M_{ges} = M_{m,d} + V_{m,d} \cdot e_s$

e_s = Abstand von Stoßmitte zum Schwerpunkt der Verbindungsmittelgruppe.

Die Beanspruchung aus Quer- und Längskraft wird gleichmäßig auf alle vorhandenen Verbindungsmittel aufgeteilt. Die Längskraft M_d erhöht die x-Komponente der Verbindungsmittelbeanspruchung, und die Querkraft V_d erhöht die z-Komponente der Verbindungsmittelbeanspruchung.

$$\max N^{Mges}_{x,j} = N^{Mges}_{x,j} + N^H_j = \frac{M_{ges,d} \cdot z_j}{\sum_{i=1}^{n}(x_i^2 + z_i^2)} + \frac{H_d}{2 \cdot n}$$

$$\max N^{Mges}_{y,j} = N^{Mges}_{x,j} + N^V_j = \frac{M_{ges,d} \cdot x_j}{\sum_{i=1}^{n}(x_i^2 + z_i^2)} + \frac{V_d}{2 \cdot n}$$

n = Anzahl der Verbindungsmittel pro Verbindungsmittelgruppe.

Die restliche Gesamtbelastung der einzelnen Verbindungsmittel ist dann wieder

$$\max N_{j,d} = \sqrt{(\max N^{M_{ges}}_{x,j,d})^2 + (\max N^{M_{ges}}_{z,j,d})^2}.$$

Auch im Stahlbau sind bei Stoßausbildungen mit Schraubengruppen ähnliche Berechnungen durchzuführen. Hierfür findet man in entsprechenden Tabellenwerken fertige Formeln (s. [*Schneider* 2008], S. 8,78/s. a. Beispiel 4.14.)

Zur Berechnung und Konstruktion s. [*Werner/Zimmer* 2009/2010], [*Neuhaus* 2009], [*Göggel* 2000], [*Kessel/Willemsen* 1992].

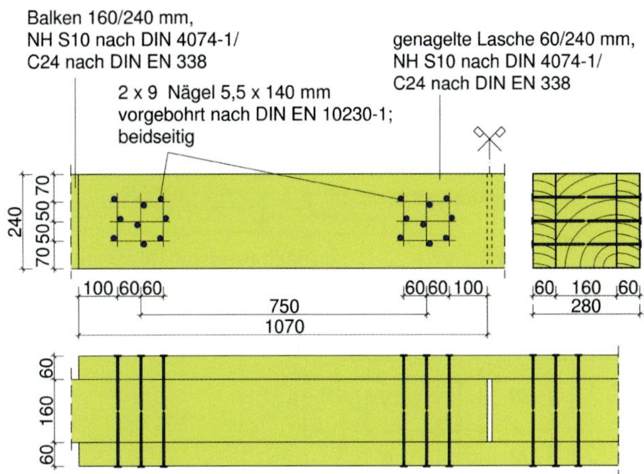

Bild 4.55. Biegesteife Stöße mit Seitenlaschen

Beispiel 4.18. **(nach DIN EN 1995-1-1:2010)**

Bei einer Instandsetzung ist ein Balken, Querschnitt 160/240 mm, zu stoßen. Der Stoß hat ein Moment $M = 10{,}8$ kNm und eine Querkraft $Q = 3{,}5$ kN aufzunehmen. Es soll ein Biegestoß mit genagelten Seitenlaschen ausgeführt werden. NH S10 nach DIN 4074-1, C24 nach DIN EN 338, Tabelle 1, KLED mittel, Nutzungsklasse 1.

Anschlussgeometrie: s. Bild 4.55.

- Nägel 5,5 × 140 (vorgebohrt)
- Laschen NH S10,C24, 60/240 mm
- Mittelholz NH S10, C24, 160/240 mm

Charakteristische Werte der Schnittkräfte:

$M_{G,k} = 7{,}1$ kNm

$M_{Q,k} = 3{,}7$ kNm

$V_{G,k} = 2{,}3$ kN

$V_{Q,k} = 1{,}2$ kN

$M_d = \gamma_G \cdot M_{G,k} + \gamma_Q \cdot M_{Q,k}$

$M_d = 1{,}35 \cdot 7{,}1 + 1{,}5 \cdot 3{,}7 = 15{,}1$ kNm

$V_d = \gamma_G \cdot V_{G,k} + \gamma_Q \cdot V_{Q,k}$

$V_d = 1{,}35 \cdot 2{,}3 + 1{,}5 \cdot 1{,}2 = 4{,}9$ kN

Verbindungsmittelabstände:

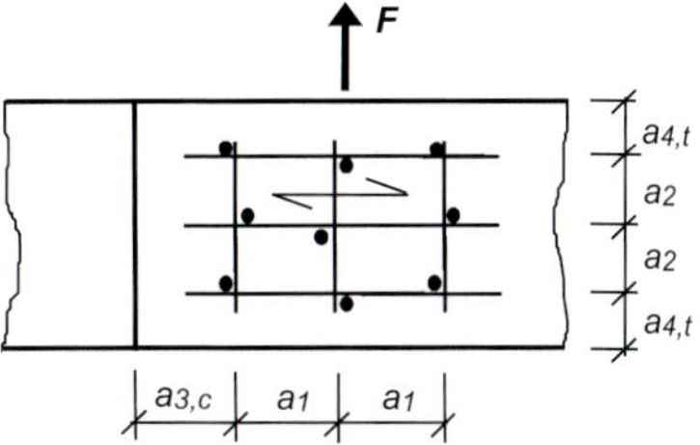

Bild 4.56. Verbindungsmittelabstände

$\alpha = 90°$; $d = 5{,}5$ mm (vorgebohrt)

$a_{4,t} = (3 + 4 \cdot \sin\alpha) \cdot d = 16{,}5 \text{ mm} < {}_{\text{vorh}}a_{4,t} = 70$ mm

$a_2 = 3 \cdot d = 16{,}5\text{ mm} < {}_{\text{vorh}}a_2 = 50\text{ mm}$

$a_{3,c} = 7 \cdot d = 38{,}5\text{ mm} < {}_{\text{vorh}}a_{3,c} = 100\text{ mm}$

$a_1 = (3+2) \cdot d = 27{,}5\text{ mm} < {}_{\text{vorh}}a_1 = 60\text{ mm}$

Statisches System:

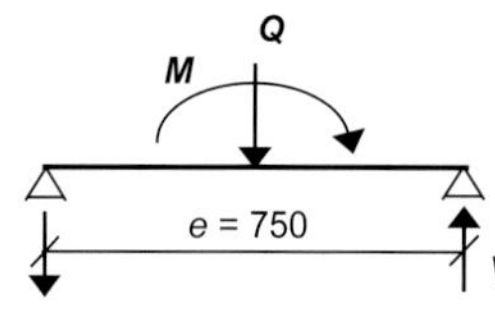

Maximale Verbindungsmittelkraft:

$$I_P = 4 \cdot \sum_{i=1}^{mx} \sum_{i=1}^{my} \left(x_{i,j}^2 + y_{i,j}^2\right)$$

(nach [*Kessel/Willemsen* 1992])

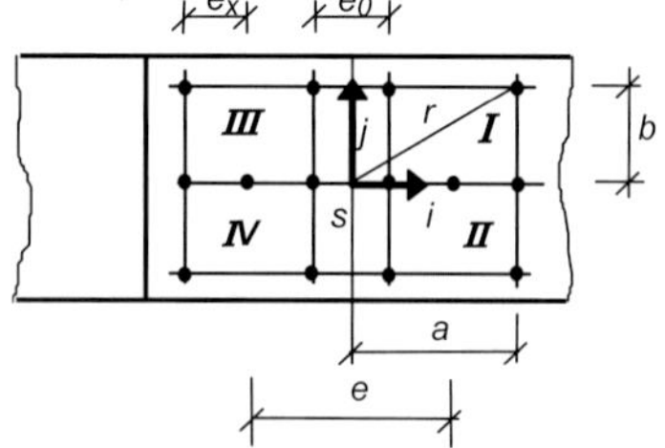

Bild 4.57. Verbindungsmittel im Koordinatensystem

mx Anzahl der Spalten eines Quadranten
my Anzahl der Reihen eines Quadranten

$${}_{\max} r = \sqrt{435^2 + 50^2} = 437\text{ mm}$$

n Anzahl der Verbindungsmittel mit gleichem Radius

Nr.	$x^2\,[\text{cm}^2]$	$y^2\,[\text{cm}^2]$	$\sum(x^2+y^2)\,[\text{cm}^2]$	n	$n\,(x^2+y^2)$
1	1892	25	1917	4	7668
2	1992	25	1017	4	4068
3	1892	20	1892	2	3784
4	1406	20	1406	2	1406
5	1992	20	1992	2	1985

$$I_p = \sum = 18911 \cdot 2 = 37822\text{ cm}^2 = 3{,}7822 \cdot 10^6\text{ mm}^2$$

Anschlussgeometrie:

s. Bild 4.55.

Bemessung Nägel, einschnittig

Vorhanden:

Einschnittiger runder Drahtstift $5{,}5 \times 140$, vorgebohrt
NH Nadelholz = Festigkeitsklasse S10 (Holzart Kiefer) nach DIN 4074-1 = C24 nach DIN EN 338.
Laschen: $60/240$ mm
Mittelholz: $160/240$ mm
NKL = 1 und KLED = mittel $\Rightarrow k_{\text{mod}} = 0{,}8$
$t_2 = 80$ mm = Eindringtiefe des Nagels
$t_1 = 60$ mm
$t_2 = 160$ mm
$\rho_k = 350\text{ kg/m}^3$ (nach DIN EN 338, Tabelle 1)
$f_{u,k} = 600\text{ N/mm}^2$ (nach DIN EN 14592, Abschnitt 6.1.2)

Lösung A: Berechnung nach dem vereinfachten Verfahren

Mindesteinschlagtiefe:

min. Eindringtiefe $= 4 \cdot d = 4 \cdot 22 < {}_{\text{vorh}}t_2 = 80\text{ mm} \Rightarrow$ **erfüllt!**

Charakteristische Lochleibungsfestigkeit (Nagel vorgebohrt):

$$f_{h,1,k} = 0{,}082 \cdot (1 - 0{,}01 \cdot d) \cdot \rho_k$$ [DIN EN 1995-1-1, Gl. (8.15)]

$$f_{h,1,k} = 0{,}082 \cdot (1 - 0{,}01 \cdot 5{,}5) \cdot 350$$

$$f_{h,1,k} = 27{,}12\text{ N/mm}^2 = f_{h,2,k}$$

Charakteristischer Wert des Fließmomentes:

$$M_{y,Rk} = 0{,}3 \cdot f_{u,k} \cdot d^{2,6}$$ [DIN EN 1995-1-1, Gl. (8.14)]

$$M_{y,Rk} = 0{,}3 \cdot 600 \cdot 5{,}5^{2,6}$$

$$M_{y,Rk} = 15143{,}13\text{ Nmm}$$

Mindestholzdicke:

$\beta = 1{,}0$

(Verbindung besteht aus gleichen Holzarten und Festigkeitsklassen)

[DIN EN 1995-1-1/NA:2013, Gl. (NA.110)]

$$t_{1,\text{req}} = 1{,}15 \cdot \left(2 \cdot \sqrt{\frac{\beta}{1+\beta}} + 2\right) \cdot \sqrt{\frac{M_{y,Rk}}{f_{h,1,k} \cdot d}}$$

$$t_{1,\text{req}} = 1{,}15 \cdot 3{,}41 \cdot 10{,}08\text{ mm}$$

$t_{1,\text{req}} = 39{,}53\text{ mm} < {}_{\text{vorh}}t_1 = 60\text{ mm}$ **erfüllt!**

[DIN EN 1995-1-1/NA:2013, Gl. (NA.111)]

$$t_{2,\text{req}} = 1{,}15 \cdot \left(2 \cdot \frac{1}{\sqrt{1+\beta}} + 2\right) \cdot \sqrt{\frac{M_{y,Rk}}{f_{h,2,k} \cdot d}}$$

$$t_{2,\text{req}} = 1{,}15 \cdot 3{,}41 \cdot 10{,}08\text{ mm}$$

$t_{2,\text{req}} = 39{,}53\text{ mm} < {}_{\text{vorh}}t_2 = 160\text{ mm}$, **erfüllt!**

Charakteristischer Wert der Tragfähigkeit $F_{v,Rk}$ pro Scherfläche:

$\beta = 1{,}0$

[DIN EN 1995-1-1/NA:2013, Gl. (NA.109)]

$$F_{v,Rk} = \sqrt{\frac{2 \cdot \beta}{1+\beta}} \cdot \sqrt{2 \cdot M_{y,Rk} \cdot f_{h,1,k} \cdot d}$$

$$F_{v,Rk} = 1 \cdot 2125{,}46\text{ N}$$

$$F_{v,Rk} = 2125{,}46\text{ N} = 2{,}13\text{ kN}$$

Charakteristischer Wert der Tragfähigkeit pro Nagel:

(Nagel einschnittig, keine Abminderung aus Unterschreitung der Mindestholzdicke)

$$F_{v,Rk} = n_{\text{Scherfläche}} \cdot F_{v,Rk} = 1{,}0 \cdot 2125{,}46 = 2125{,}46\text{ N}$$

Bemessungswert der Tragfähigkeit pro Nagel:

$$F_{v,Rd} = \frac{k_{\text{mod}} \cdot F_{v,Rk}}{\gamma_M}$$ [DIN EN 1995-1-1/NA:2013, Gl. (NA.113)]

$$F_{v,Rd} = \frac{0{,}8 \cdot 2125{,}46}{1{,}1}$$

$$F_{v,Rd} = 1545{,}78\text{ N} = 1{,}55\text{ kN}$$

Lösung B: Berechnung nach dem genauen Verfahren

Übernahme aus Lösung A:

$f_{h,1,k} = f_{h,2,k} = 27{,}12\text{ N/mm}^2$

$M_{y,k} = 15143{,}13\text{ Nmm}$

$\beta = 1{,}0$

Charakteristischer Wert der Tragfähigkeit pro Scherfläche (genaues Verfahren):

($F_{v,Rk}$, auf der sicheren Seite liegend, aus Gl. (8.6 (a)) bis Gl. (8.6 (f))):

Der Anteil $\frac{F_{ax,Rk}}{4}$ bleibt unberücksichtigt.

$$F_{v,Rk} = f_{h,1,k} \cdot t_1 \cdot d$$ [DIN EN 1995-1-1, Gl. (8.6 (a))]

$$F_{v,Rk} = 27{,}12 \cdot 60 \cdot 5{,}5$$

$$F_{v,Rk} = 8949{,}5\text{ N} = 8{,}95\text{ kN}$$

$F_{v,Rk} = f_{h,1,k} \cdot t_2 \cdot d$ [DIN EN 1995-1-1, Gl. (8.6 (b))]

$F_{v,Rk} = 27{,}12 \cdot 80 \cdot 5{,}5 \cdot 1$

$F_{v,Rk} = 11932{,}80\ \text{N} = 11{,}93\ \text{kN}$

[DIN EN 1995-1-1, Gl. (8.6 (c))]

$$F_{v,Rk} = \frac{f_{h,1,k} \cdot t_1 \cdot d}{1+\beta} \cdot \left[\sqrt{\beta + 2\cdot\beta^2 \cdot \left[1 + \frac{t_2}{t_1} + \left(\frac{t_2}{t_1}\right)^2\right] + \beta^3 \cdot \left(\frac{t_2}{t_1}\right)^2} - \beta \cdot \left(1 + \frac{t_2}{t_1}\right)\right] + \frac{F_{ax,Rk}}{4}$$

$F_{v,Rk} = 4474{,}8 \cdot 0{,}984$

$F_{v,Rk} = 4403{,}20\ \text{N} = 4{,}4\ \text{kN}$

[DIN EN 1995-1-1, Gl. (8.6 (d))]

$$F_{v,Rk} = 1{,}05 \cdot \frac{f_{h,1,k} \cdot t_1 \cdot d}{2+\beta} \cdot \left[\sqrt{2\cdot\beta\cdot(1+\beta) + \frac{4\cdot\beta\cdot(2+\beta)\cdot M_{y,Rk}}{f_{h,1,k}\cdot d\cdot t_1^2}} - \beta\right] + \frac{F_{ax,Rk}}{4}$$

$F_{v,Rk} = 1{,}05 \cdot 2983{,}17 \cdot 1{,}08$

$F_{v,Rk} = 3380{,}81\ \text{N} = 3{,}38\ \text{kN}$

[DIN EN 1995-1-1, Gl. (8.6 (e))]

$$F_{v,Rk} = 1{,}05 \cdot \frac{f_{h,1,k} \cdot t_2 \cdot d}{1+2\cdot\beta} \cdot \left[\sqrt{2\cdot\beta^2\cdot(1+\beta) + \frac{4\cdot\beta\cdot(1+2\beta)\cdot M_{y,Rk}}{f_{h,1,k}\cdot d\cdot t_2^2}} - \beta\right] + \frac{F_{ax,Rk}}{4}$$

$F_{v,Rk} = 1{,}05 \cdot 3977{,}60 \cdot 1{,}05$

$F_{v,Rk} = 4385{,}3\ \text{N} = 4{,}39\ \text{kN}$

[DIN EN 1995-1-1, Gl. (8.6 (f))]

$$F_{v,Rk} = 1{,}15 \cdot \sqrt{\frac{2\cdot\beta}{1+\beta}} \cdot \sqrt{2\cdot M_{y,Rk}\cdot f_{h,1,k}\cdot d} + \frac{F_{ax,Rk}}{4}$$

$F_{v,Rk} = 1{,}15 \cdot 1 \cdot 2125{,}46$

$F_{v,Rk} = 2444{,}30\ \text{N} = 2{,}44\ \text{kN}$ ⇒ **maßgebend** $\gamma = 1{,}3$

Charakteristischer Wert der Tragfähigkeit R_k pro Nagel (Nagel einschnittig):

$R_k = n_{\text{Scherfläche}} \cdot F_{v,Rk} = 1{,}0 \cdot 2{,}44\ \text{kN} = 2{,}44\ \text{kN}$

Bemessungswert der Tragfähigkeit pro Nagel:

$F_{v,Rd} = k_{mod} \cdot \frac{F_{v,Rk}}{\gamma_M}$ [DIN EN 1995-1-1, Gl. (2.17)]

$F_{v,Rd} = 0{,}8 \cdot \frac{2{,}44}{1{,}3}$

$F_{v,Rd} = 1{,}50\ \text{kN}$

Einwirkungen je Verbindungsmittel nach [Kessel/Willemsen 1992] für Anschlüsse mit zwei Verbindungsmittelgruppen:

$${}_{max}F_{M,d} = \frac{{}_{max}r \cdot M_d}{I_p} = \frac{4{,}37\cdot 10^2 \cdot 15{,}1\cdot 10^6}{3{,}7822\cdot 10^6}$$

${}_{max}F_{M,d} = 1744{,}67\ \text{N} = 1{,}75\ \text{kN}$

${}_{max}F_{V,d} = \frac{V_d}{n} = \frac{4{,}9\ \text{kN}}{36} = 0{,}136\ \text{kN}$

${}_{max}F_{N,d} = \frac{N_d}{n} = 0$, keine Normalkraft vorhanden

$${}_{max}F_d = \sqrt{\left({}_{max}F_V + {}_{max}F_M \cdot \frac{a}{{}_{max}r}\right)^2 + \left({}_{max}F_M \cdot \frac{b}{{}_{max}r}\right)^2}$$

$${}_{max}F_d = \sqrt{\left(0{,}136 + 1{,}75 \cdot \frac{435}{437}\right)^2 + \left(1{,}75 \cdot \frac{50}{437}\right)^2}$$

${}_{max}F_d = 1{,}88\ \text{kN}$

Nachweis der Tragfähigkeit des Verbindungsmittels:

$\frac{F_d}{F_{v,Rd}} = \frac{1{,}88}{1{,}50} = 1{,}25 > 1{,}0$ **nicht erfüllt!**

Neu gewählt: 18 Nägel 6,0 × 180 *nach dem vereinfachten Verfahren in DIN EN 1995-1-1/NA:2013:*

Mindestholzdicke nach Gl. (NA.121):

[DIN EN 1995-1-1/NA, Gl. (NA.121)]

$t_{reg} = 9 \cdot d = 9 \cdot 6 = 54\ \text{mm} < t_{vorh} = 60\ \text{mm}$

Charakteristischer Wert der Lochleibungsfestigkeit:

$f_{h,1,k} = 0{,}082 \cdot (1 - 0{,}01 \cdot d) \cdot \rho_k$ [DIN EN 1995-1-1, Gl. (8.16)]

$f_{h,1,k} = 0{,}082 \cdot (1 - 0{,}01 \cdot 6{,}0) \cdot 350$

$f_{h,1,k} = 26{,}98\ \text{N/mm}^2 = f_{h,2,k}$

Charakteristischer Wert des Fließmomentes:

$M_{y,Rk} = 0{,}3 \cdot f_{u,k} \cdot d^{2{,}6}$ [DIN EN 1995-1-1, Gl. (8.14)]

$M_{y,Rk} = 0{,}3 \cdot 600 \cdot 6{,}0^{2{,}6}$

$M_{y,Rk} = 18987{,}41\ \text{Nmm}$

Charakteristischer Wert der Tragfähigkeit pro Scherfläche:

[DIN EN 1995-1-1/NA, Gl. (NA.109)]

$$F_{v,Rk} = \sqrt{\frac{2\cdot\beta}{1+\beta}} \cdot \sqrt{2\cdot M_{y,Rk}\cdot f_{h,1,k}\cdot d}$$

$F_{v,Rk} = 1 \cdot 2479{,}39$

$F_{v,Rk} = 2479{,}39\ \text{N} = 2{,}48\ \text{kN}$

Charakteristischer Wert der Tragfähigkeit $F_{v,Rk}$ pro Nagel (einschnittiger Nagel):

$F_{v,Rk} = n_{\text{Scherfläche}} \cdot F_{v,Rk} = 1 \cdot 2{,}48\ \text{kN}$

Bemessungswert der Tragfähigkeit pro Nagel:

$F_{v,Rd} = \frac{k_{mod} \cdot F_{v,Rk}}{\gamma_M}$ [DIN EN 1995-1-1/NA:2013, Gl. (NA.113)]

$F_{v,Rd} = \frac{0{,}8 \cdot 2{,}48}{1{,}1}$

Mit $\gamma_M = 1{,}1$ nach DIN EN 1995-1-1/NA:2013 für die Berechnung nach dem vereinfachten Verfahren:

$F_{v,Rd} = 1{,}80\ \text{kN}$

Nachweis der Tragfähigkeit des Verbindungsmittels:

$\frac{F_d}{F_{v,Rd}} = \frac{1{,}88}{1{,}80} = 1{,}04 > 1{,}0$ ⇒ geringe Überschreitung unbedenklich

Maximale Querkraft im Anschluss:

$V_{i,j,y}$ y-Komponente der Verbindungsmittelkraft $V_{i,j}$

$V_{i,j,y} = V_{i,1} \cdot \frac{x_{i,j}}{r_{i,j}} \Rightarrow V_{i,j,y} = \frac{M}{I_P} \cdot x_{i,j}$

$$V_{A_d} = 2 \cdot \left(m_y - \frac{1}{2}\right) \cdot \frac{M}{I_p} \cdot \sum_{i=1}^{mx}\left[\frac{e_0}{2} + \left(i - \frac{1}{2}\right) \cdot e_x\right] - \frac{Q}{2}$$

mit $m_y = 2$

$$V_{A_d} = 3 \cdot \frac{15{,}1 \cdot 100}{37822}\left[\left(\frac{63}{2} + 9{,}0\right) + \left(\frac{63}{2} + 15\right) + \left(\frac{63}{2} + 3{,}0\right)\right] - \frac{4{,}9}{2}$$

$V_{A_d} = 14{,}55 - \frac{4{,}9}{2} = 12{,}1\ \text{kN}$

$A_{netto} = 2 \cdot 6 \cdot 24 - (0{,}55 \cdot 6 \cdot 2) = 281\ \text{cm}^2$

$\tau = 0{,}046\ \text{kN/cm}^2 < {}_{zul}\tau = 0{,}09\ \text{kN/cm}^2$

Nachweis Nagelabstände:

$10 \cdot d_n = 10 \cdot 5{,}5 = 55\,\text{mm} < 100\,\text{mm}$

$5 \cdot d_n = 27{,}5\,\text{mm} < 50\,\text{mm}$

$7 \cdot d_n = 38{,}5\,\text{mm} < 70\,\text{mm}$

$15 \cdot d_n = 82{,}5\,\text{mm} < 100\,\text{mm}$

Nachweis der Querkraft:

$V_{A,d} = 12{,}1\,\text{kN}$

$A_n = 2 \cdot 60 \cdot 240 - \left(2{,}7 \cdot 10^4 \cdot 60\right) = 28140 = 27720\,\text{mm}^2$

nach NDP zu 6.1.7 (2) in DIN EN 1995-1-1/NA:2013 ist

$$k_{cr} = \frac{2{,}0}{f_{v,k}} = \frac{2{,}0}{4{,}0} = 0{,}5\,\text{N/mm}^2$$

$$\tau_d = 1{,}5 \cdot \frac{V_{A,d}}{k_{cr} \cdot A_n} = 1{,}5 \cdot \frac{12{,}1 \cdot 10^3}{0{,}5 \cdot 2{,}7 \cdot 10^4} = 1{,}34\,\text{N/mm}^2$$

$f_{v,k} = 4{,}0\,\text{N/mm}^2$ [DIN EN 338, Tabelle 1]

$$f_{v,d} = \frac{k_{\text{mod}} \cdot f_{v,k}}{\gamma_M} = \frac{0{,}8 \cdot 4{,}0}{1{,}3} = 2{,}46\,\text{N/mm}^2$$

$$\frac{\tau_d}{f_{v,d}} = \frac{1{,}34\,\text{N/mm}^2}{2{,}46\,\text{N/mm}^2} = 0{,}55 < 1{,}0$$ **Nachweis erfüllt!**

Mindestabstände für Beispiel 4.18.

	Bezeichnung	**DIN EN 1995-1-1:2010, Tabelle 8.2**	
		Seitenholz α = 0°	**mm**
untereinander in Faserrichtung	$\parallel$, a_1	$(4 + \lvert\cos\alpha\rvert) \cdot d$	60 (27,5)
untereinander rechtwinklig zur Faser	$\perp$, a_2	$(3 + \lvert\sin\alpha\rvert) \cdot d$	50 (16,5)
vom beanspruchten Hirnholzende	$a_{3,t}$	$(7 + 5\cos\alpha) \cdot d$	100 (66)
vom unbeanspruchten Hirnholzende	$a_{3,c}$	$7 \cdot d$	- (38,5)
vom beanspruchten Rand	$a_{4,t}$	$d \geq 5$ mm: $(3 + 4 \cdot \sin\alpha) \cdot d$	70 (16,5)
vom unbeanspruchten Rand	$a_{4,c}$	$3 \cdot d$	- (16,5)

Nageldurchmesser *d* = 5,5 mm (vorgebohrt)
α = Winkel zwischen Kraft und Faserrichtung = **0°**
(...) rechnerische Werte

4.6. Handwerkliche (zimmermannsmäßige) Holzverbindungen

4.6.1. Allgemeines

Der traditionelle Zimmermanns-Holzbau ist durch die Verbindungen geprägt, mit denen Holzstäbe (Balken, Sparren, Pfetten, Schwellen usw. aus Kant- oder Rundhölzern) zum Tragwerk „verbunden“ wurden. Diese Verbindungen waren **„Kontaktverbindungen“**, bei denen die aufzunehmenden Kräfte nur durch Druckkontakt und gegebenenfalls durch Reibung übertragen werden.

Die traditionellen Holzverbindungen beruhen speziell in Mitteleuropa auf einer hoch entwickelten Zimmermannskunst. Diese sah ihren größten Stolz darin, handwerklich saubere Verbindungen nach fest vorgeschriebenen Regeln herzustellen. Im zimmermannsmäßigen Holzbau sind die Arbeitsweisen und Verbindungen durch jahrhundertelange Erfahrungen geprüft und haben sich den Eigenschaften des Baustoffs Holz bestens angepasst.

Andererseits dürfen die reinigenden Einflüsse des ingenieurmäßigen Holzbaus nicht übersehen werden. Er hat unzweckmäßige und überlebte Verbindungen beseitigt. Nachteile der historischen Holzverbindungen:

- Die Hölzer werden sehr geschwächt und lassen keine volle statische Nutzung zu.
- Die Verbindungen erfordern größere Holzlängen als im abgebundenen Zustand.
- Die Verbindungen sind sehr arbeits- und kostenaufwendig.
- Zum Abbund und zur Montage (Richten) sind Facharbeiter mit solider Zimmermannsausbildung erforderlich.

Etwa mit Beginn des 20. Jh. wurden neue Verbindungsmittel, deren Tragkraft berechnet oder experimentell ermittelt werden konnte, z. B. Nägel, Stabdübel (Stahlstifte) sowie Dübel „besonderer Bauart“ (Einpress- und Einlassdübel) usw., eingeführt (s. [*Rug* 2003]).
Die meisten zimmermannsmäßigen Holzverbindungen wurden im Laufe von etwa 100 Jahren bis auf wenige Ausnahmen bei Neubauten durch die neuen „mechanischen Verbindungsmittel“ ersetzt.
Behauptet haben sich die einfachen Versätze, Zapfen- und einfache Blattverbindungen. Sie wurden und werden weiterhin im Ingenieurholzbau angewendet, weil ihre Tragfähigkeit rechnerisch ausreichend genau erfasst werden kann.

Bei der Instandsetzung historischer Holzkonstruktionen sind die Tragfähigkeit und die Verformung der zimmermannsmäßigen Holzverbindungen zu begutachten, und oft sind solche Holzverbindungen wieder auszuführen. Dies betrifft besonders denkmalgeschützte Bauwerke. Aus experimentellen Untersuchungen zur Tragfähigkeit und zum Tragverhalten traditioneller Holzverbindungen wurden Bemessungs- und Konstruktionsempfehlungen abgeleitet.

Weiterführende Literatur: [*Lißner/Rug* 2018], [*Lißner/Rug* 2016], [*Müller u. a.* 2016], [*Wallner u. a.* 2014], [*Zwerger* 1997], [*Gerner* 1992], [*Heimeshoff* u. a. 1988], [*Blaß* u. a. 1987], [*Graubner* 1986], [*Martin* 1982], [*Hempel* 1968], [*Theuerkorn* 1953], [*Frick/Knöll* 1951], [*Kersten* 1926], [*Stade* 1904], [*Warth/Breymann* 1900].

Tabelle 4.6. Längsverbindungen

Längsverbindungen — **Darstellung der Verbindung**

Sie dienen dazu, Schwellen, Pfosten, Balken usw. zu stoßen. Das Blatt in seinen verschiedenen Ausführungsformen findet am meisten Anwendung. Eine Unterstützung des Stoßes ist nicht unbedingt notwendig. Für Gelenkpfetten findet das schräge Blatt oder das schräge Hakenblatt Verwendung. Es werden Blattstöße (a–h), blattlose Stöße (i–k) unterschieden.

a) gerades Blatt
b) gerades Langblatt
c) einfacher Zapfenblattstoß
d) gerades Blatt mit einfachem Schwalbenschwanz
e) schräges Blatt
f) gerades Hakenblatt
g) schräges Hakenblatt mit Doppelkeil
h) Bogenschloss mit Keilen
i) stumpfer Stoß mit aufgeschraubten Seitenlaschen
j) Zapfenstoß
k) Schwalbenschwanzstoß

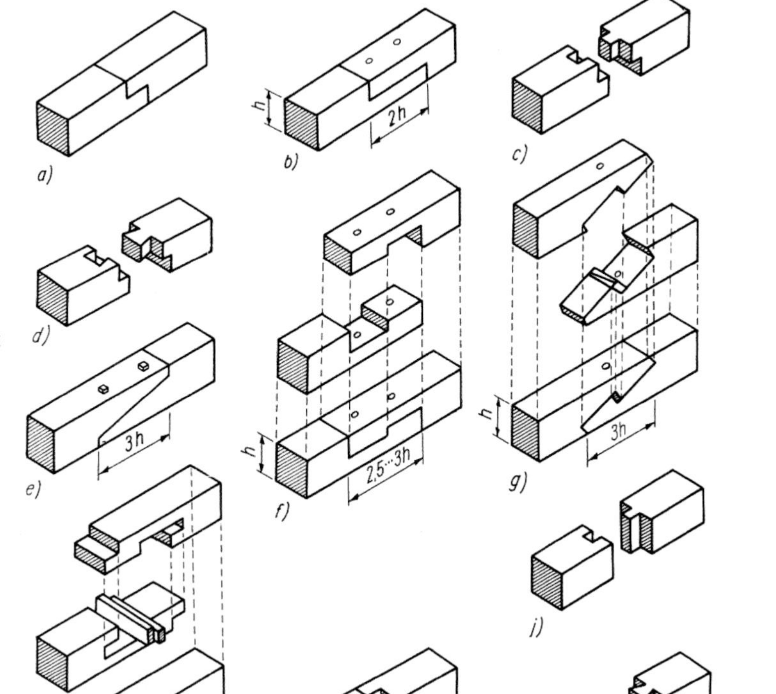

Tabelle 4.7. Querverbindungen, Eckverbindungen

Querverbindungen — **Darstellung der Verbindung**

Überschneiden sich zwei Hölzer waagerecht, senkrecht oder geneigt, so dass beide Hölzer in ihrer Unter- und Oberseite bündig sind, werden Verblattungen angewendet. Man unterscheidet Endverblattungen und Überblattungen. Der Nachteil all dieser Verbindungen ist, dass die Hölzer sehr geschwächt werden. Die meiste Verwendung findet das gerade Blatt.

a) gerades Blatt
b) Hakenblatt
c) Schwalbenschwanz mit Brüstung, verdeckt
d) Schwalbenschwanz
e) Weißschwanz
f) Weißschwanz mit Brüstung, verdeckt

Eckverbindungen

Sie kommen z. B. bei Schwellen vor. Am häufigsten sind das gerade Eckblatt, die Ecküberblattung mit schrägem Schnitt und die haken- und schwalbenschwanzförmige Ecküberblattung. Oftmals werden auch die Hölzer nur stumpf auf Gehrung zusammengestoßen. Dollen oder Bandstahl verhindern, dass sie sich verschieben.

a) glattes Eckblatt
b) Scherblatt
c) Hakenblatt
d) Druckblatt

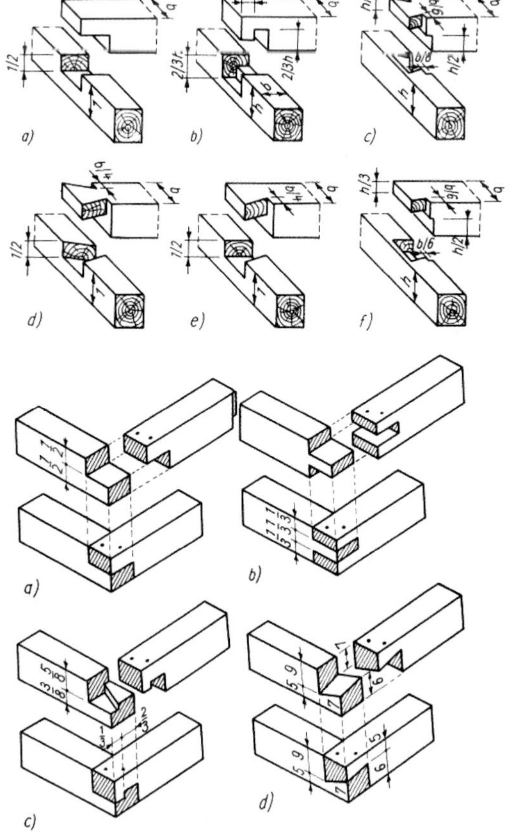

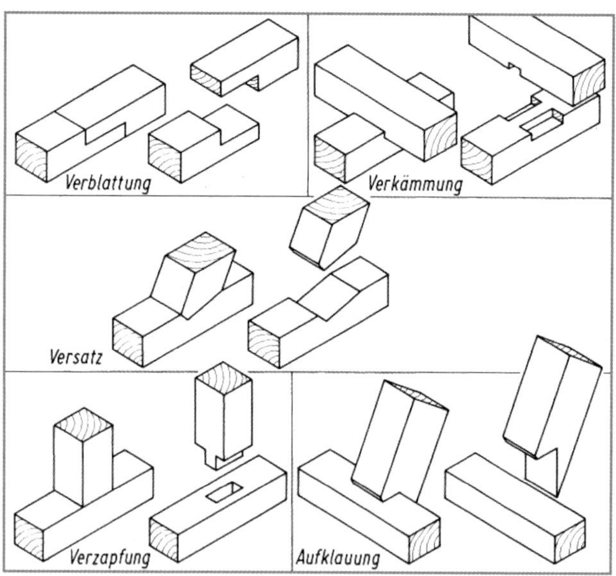

Bild 4.58. Beispiele für die Grundtypen der Knotenpunkte

4.6.2. Grundtypen handwerklicher Holzverbindungen

Als Längs-, Quer-, Eck- und Anschlussverbindungen in historischen Holzkonstruktionen wurden im Laufe der Jahrhunderte die fünf **Grundtypen** (Grundformen) (Bild 4.58.)

- Verblattung (das Blatt)
- Verzapfung (der Zapfen)
- Versatzung (der Versatz)
- Verkämmung (der Kamm)
- Aufklauung (die Klaue)

sowie zahlreiche Varianten dieser Grundtypen und Mischformen aus mehreren Grundtypen entwickelt (Bild 4.59.). In den Tabellen 4.6. bis 4.9. werden Beispiele von Längs-, Eck-, Quer- und Zapfenverbindungen sowie Verkämmungen gebracht.

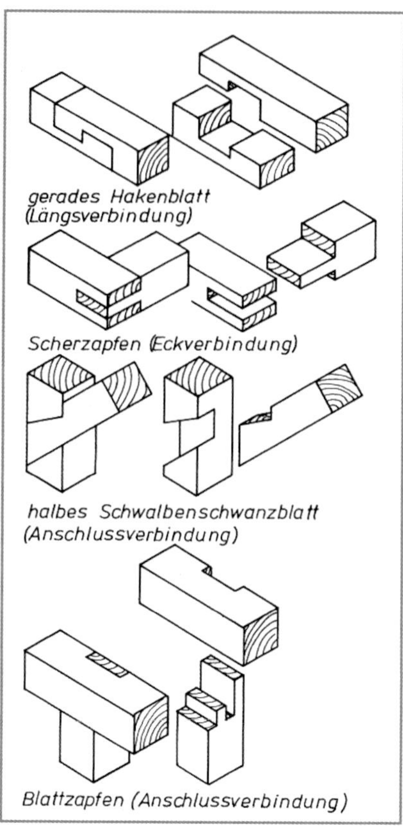

Bild 4.59. Beispiele für Varianten einiger Grundtypen

4.6.3. Versätze nach DIN EN 1995-1-1/NA:2013, Abschnitt NCI NA.12.1

Allgemeines

Der Anschluss von Druckstreben unter einem spitzen Winkel an einen anderen Stab durch Versatz (Tabelle 4.11.) hat sich über Jahrhunderte bewährt. Der Versatz stellt eine Verzahnung der zu verbindenden Stäbe dar. Die maximale Einschnitttiefe ist vom Anschlusswinkel abhängig.
Von den verschiedenen Möglichkeiten, Versätze auszuführen, kommt dem einfachen **Stirnversatz**, dem **Rückversatz** und dem **doppelten Versatz** die größte Bedeutung zu (s. Tabelle 4.11.).

Wegen des geringen Arbeitsaufwandes sollte bevorzugt der einfache ausgeführt werden; Rückversatz und doppelter Versatz erfordern eine höhere Passgenauigkeit.

Bei größeren anzuschließenden Kräften sind erweiterte Versätze erforderlich (Tabelle 4.10.). Bei diesen wird die wirksame Versatzfläche durch Laschen oder Futterhölzer vergrößert. Übliche Versätze und Berechnungsformeln sind in Tabelle 4.11. aufgeführt.

Anwendungsbeispiele:

Anschluss von Druckstreben, Kopfbändern, Sparrenfüßen beim Sparren- und Kehlbalkendach, Druckdiagonalen von Fachwerkbindern.

Tabelle 4.8. Schrägverbindungen und Verkämmungen

Schrägverbindungen und Verkämmungen	Darstellung der Verbindung
Schrägverbindungen Sind nur geringe Kräfte aufzunehmen, dann kann die Strebe mit schrägem Zapfen angeschlossen werden. Besser ist noch die Lösung eines schrägen Zapfens mit Versatzung. Doppelte Versatzungen sollen nicht ausgeführt werden! Die Zapfen erhalten einen Holznagel, damit sie geringe Zugkräfte aufnehmen können. a) glatter Zapfen, abgestirnt b) Stirnversatz (schräger Zapfen mit Versatz) **Verkämmungen** Auf Balken liegende Schwellen, die sich kreuzen, werden 2 bis 3 cm tief ineinander verkämmt. Statt der Verkämmungen, die die verbindenden Hölzer nur geringfügig schwächen, werden oftmals mit geringerem Arbeitsaufwand Dollen aus Stahl oder Hartholz eingebaut. a) einfacher Kamm b) doppelte Verkämmung c) schwalbenschwanzförmige Verkämmung d) schräge Endverkämmung e) Eckverkämmung f) Dollenverbindung	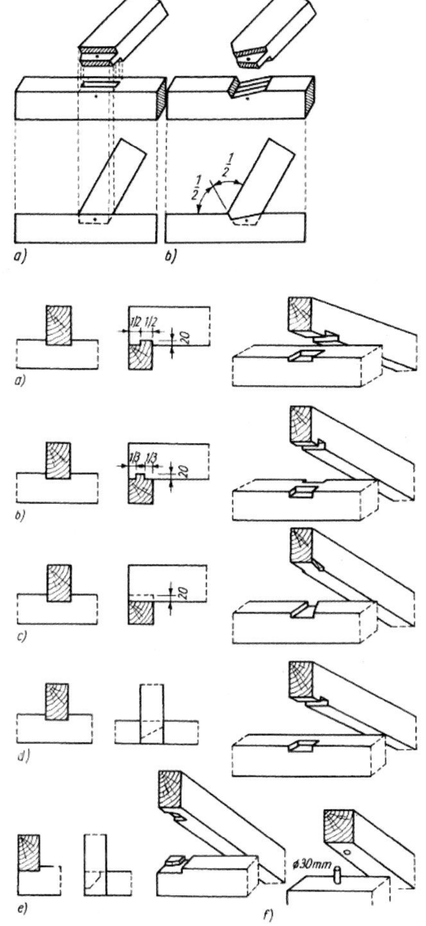

Versätze haben ihre Bedeutung insbesondere bei der Instandsetzung der Altbausubstanz, nicht nur bei denkmalgeschützten Holzkonstruktionen, behalten.

Einteilung der Versätze:

- **einfache Versätze**
  z. B.
  Stirnversatz
  Rückversatz
  Brustversatz
- **erweiterte Versätze**
  z. B.
  doppelter Versatz
  Versatz mit Beihölzern
  Versatz mit tragenden Laschen.

Allgemeine Grundsätze für die Ausführung:

- Die Stirnflächen müssen satt ansitzen und dürfen nach keiner Seite kanten.
- Bei doppelten Versätzen müssen beide Stirnflächen gleichmäßig anliegen, damit die gesamte Fläche die Kraft überträgt.
- Das Vorholz muss einwandfrei rissfrei (keine waagerechten Risse) sein sowie keine Unregelmäßigkeiten und möglichst keine Äste aufweisen.
- Die Sicherungsschrauben sollen die Stäbe bereits bei der Montage zusammenhalten, bevor die Stabkraft wirksam wird.

Tabelle 4.9. Zapfenverbindungen

Zapfenverbindungen	**Darstellung der Verbindung**

Anwendung findet auch der Zapfen. Er dient zur Sicherung der gegenseitigen Lage zweier Hölzer. Nennenswerte Lasten können solche Verbindungen nicht übertragen.
Einfach herzustellen ist der Schlitzzapfen (oder auch Scherzapfen). Letzterer wird bei Dachsparren, die nicht im Firstpunkt durch Pfetten unterstützt sind, verwendet.
Gelegentlich sind Blattzapfen im Lehrgerüstbau zu empfehlen. Im Fachwerkbau (Restaurationsarbeiten) bedient man sich des Zapfens mit Versatzung und des schrägen Zapfens.

a) einfacher Zapfen
b) geächselter Zapfen
c) schräger Zapfen
d) Scherzapfen
e) Türzapfen
f) Brüstungszapfen
g) glatter (einfacher) Zapfen
h) Winkelzapfen
i) Blattzapfen
j) geächselter Zapfen
k) Druckstoß mit Eichendollen
l) Brustzapfen mit schräger Brust
m) Brustzapfen mit gerader Brust
n) Wechselzapfen

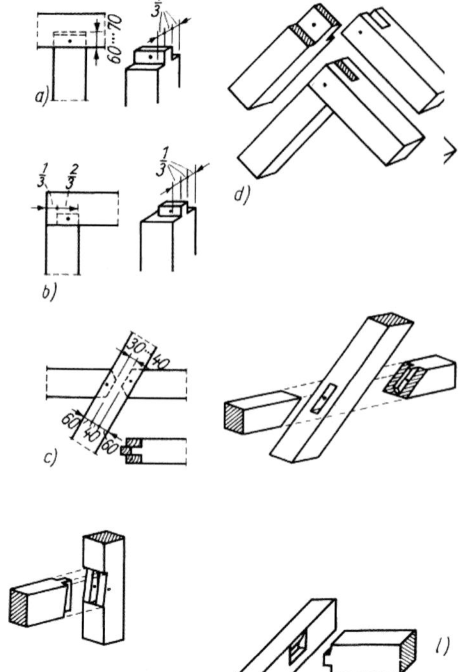

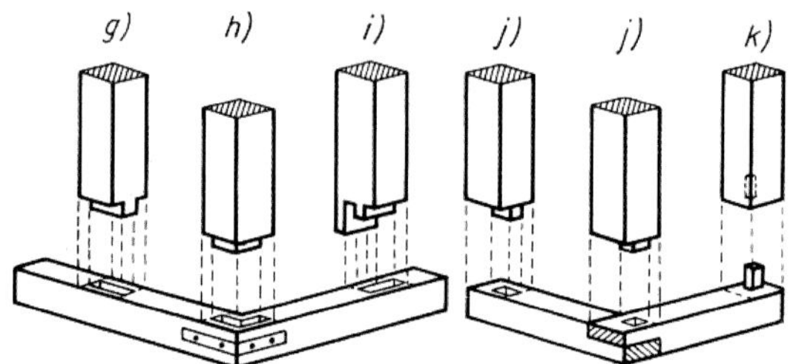

e) f) l) m) n)

Die dazu benutzten Schrauben oder Nägel werden im Allgemeinen nicht zur Kraftübertragung herangezogen. In Bezug auf den Arbeitsaufwand sind genagelte Holzlaschen am günstigsten. Stahllaschen sind auf Sonderfälle zu beschränken. Nach Bild 4.60. sind bei einem Binder die doppelten Versätze mit mehreren Laschen gesichert. Dadurch entstehen rahmenartig wirkende Knotenpunkte.
Eine typische Auflagerausbildung zeigt Bild 4.60. Die erforderliche Vorholzlänge bedingt oft Mauerpfeiler, die nach außen oder innen vorspringen können. Damit der Gurtkopf nicht verfaulen kann, ist mindestens eine 1/2 Stein dicke Vormauerung mit einer Wärmedämmplatte vorzusehen. Sie soll die Tauwasserbildung verhindern.

Zwischen der Wärmedämmplatte und dem Hirnholz sind etwa 20 mm Luft zu lassen.

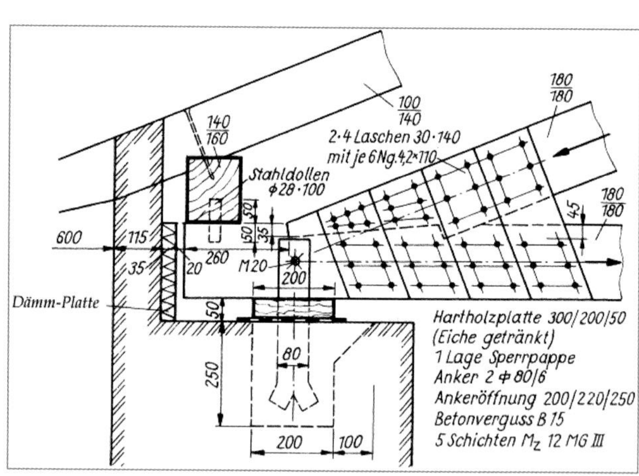

Bild 4.60. Binderauflager mit Verankerung

Tabelle 4.10. Erweiterte Versätze

Versatzart, Erläuterungen	Konstruktion
a) **Doppelter Versatz auf einem Sattelholz** Um die Auflagerlänge zu verkürzen und die Gurthöhe zu vergrößern, werden Beihölzer (oder wie hier Sattelhölzer) mit Einpress- oder Einlassdübeln angeordnet. Im Beispiel wurden Zimmermannsdübel verwendet. Die Dübelvorholzlängen sind nach der Zeichnung genau einzuhalten.	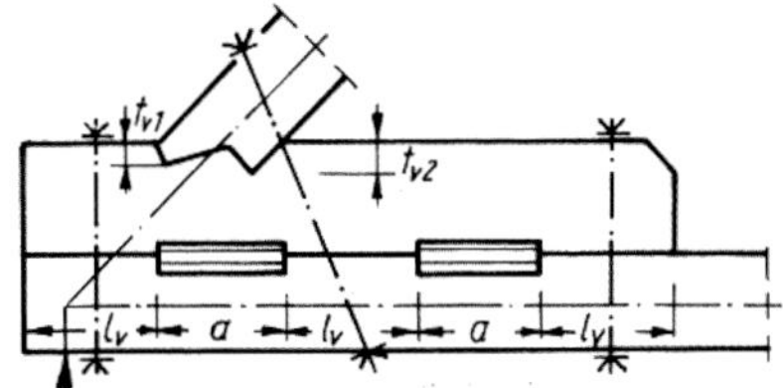
b) **Doppelter Versatz mit angedübelten Beihölzern** Seitlich angedübelte Beihölzer erhöhen die übertragbare Anschlusskraft der Streben im Zusammenwirken mit dem Versatz. Im Beispiel sind Einpressdübel angeordnet.	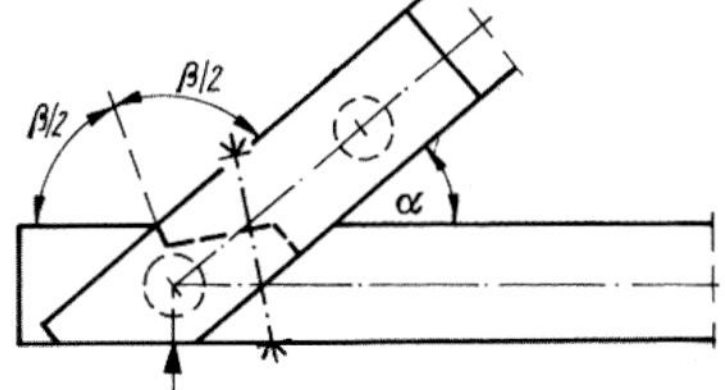
c) **Versatz mit aufgenageltem Vorholz** Statt die erforderliche Versatztiefe im Untergrund auszuschneiden, wird ein Beiholz von der Dicke f_V aufgelegt und durch Dübel oder Nägel an der Verschiebung gehindert. Die Lösung eignet sich gut bei schwachen Hölzern, Abstützungen und Behelfskonstruktionen.	
d) **Versatz mit Stemmklotz** (Frosch) Durch Stemmklötze am Strebenfuß lassen sich größere Strebenkräfte übertragen. Die Einschnitttiefen sind mindestens um 10 bis 15 mm unterschiedlich zu halten, damit zwei Seitenflächen entstehen. Stemmklotz oft aus Hartholz, mit Schrauben am Verschieben hindern.	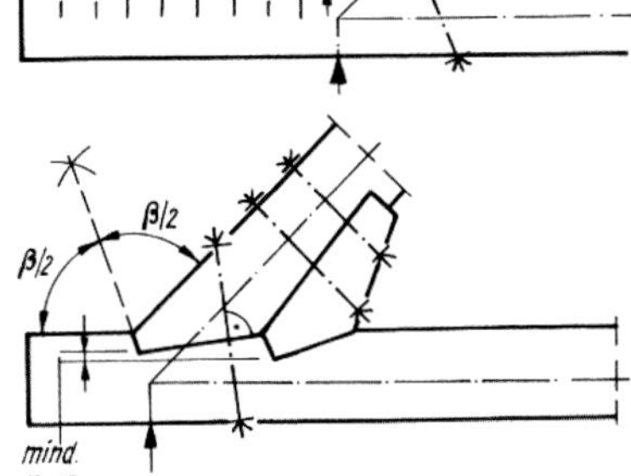
e) **Stirnversatz mit Dübeln in der langen Versatzfläche** Sie erhöhen auf einfachste Weise die übertragbare Anschlusskraft der Strebe. Hierzu Einpressdübel verwenden. Die Schraube ist dick genug zu wählen (M20 bis M22); mit ihr wird der Einpressdübel eingedrückt.	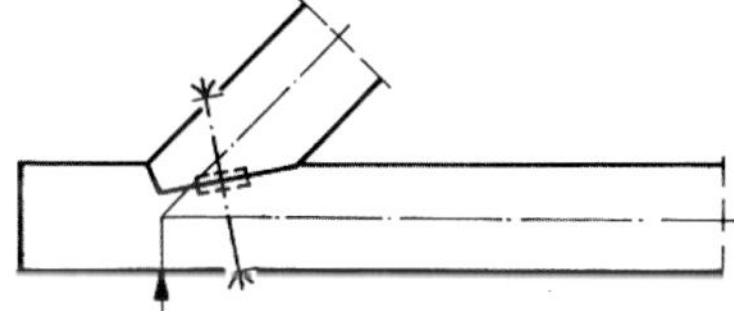

Grundlagen der Konstruktion und Berechnung

Die Einschnitttiefe (Versatztiefe) t_v sollte nach DIN EN 1995-1-1/NA:2013, Abschnitt NCI NA.12.1 betragen:

- mindestens: 15 mm,
- höchstens bei *einseitigem* Anschluss
  Winkel α bis 50° $h/4$
  über 50°...60° $h/5$
  über 60° $h/6$,
- bei *zweiseitigem* Versatzeinschnitt, unabhängig vom Anschlusswinkel (Bild 4.61.): $h/6$.

Die Vorholzlänge (ℓ_V) ist bei hoch belasteten Versätzen mindestens 120 mm auszuführen. Die anzuschließende Stabkraft ist der Versatzstirn zuzuweisen.

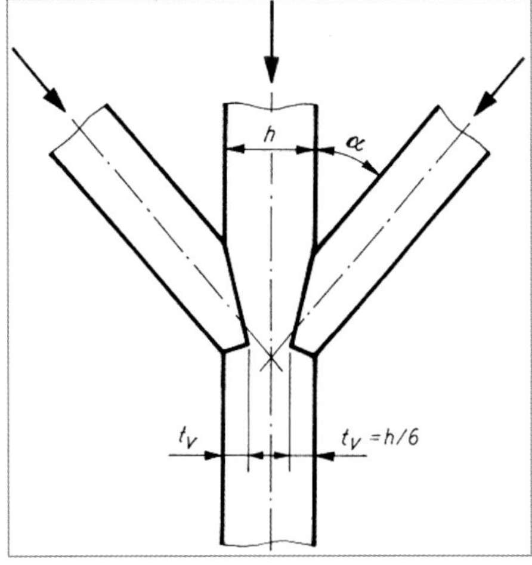

Bild 4.61. Maximale Einschnitttiefe bei gegenüberliegenden Anschlüssen

Tragverhalten

Das Tragverhalten von einfachen Stirnversätzen wird im Wesentlichen von zwei Versagensarten bestimmt:

1. Überschreitung der Druckfestigkeit in der Stirnfläche des Versatzes (s. Bilder 4.62. und 4.63.).
2. Überschreitung der Scherfestigkeit im Vorholz (s. Bild 4.64.).

Während bei der Scherfestigkeit in durchgeführten Versuchen (s. [*Görlacher/Kromer* 1991]) kein Einfluss der Rohdichte auf die Festigkeit festgestellt wurde, besteht bei der Druckfestigkeit ein deutlicher Einfluss der Rohdichte. Liegen also sowohl bei der Strebe als auch beim Gurt innerhalb des Versatzes eine höhere Rohdichte vor, so wirkt sich das wesentlich auf die Tragfähigkeit aus.
Risse im Bereich des Vorholzes beeinflussen die Scherfestigkeit. Durch den Einbau von trockenem Bauholz kann die Rissbildung wesentlich vermindert werden.

Bild 4.62. Traglastversuch Stirnversatz

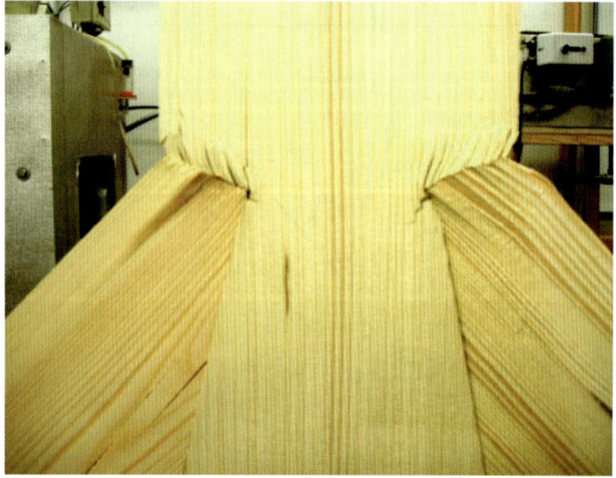

Bild 4.63. Überschreitung der Festigkeit in der Stirnfläche

Bild 4.64. Gleichzeitig Überschreitung der Festigkeit in der Stirnfläche und der Festigkeit in der linken Scherfläche

Berechnung von Versätzen nach DIN EN 1995-1-1/NA:2013, Abschnitt NCI NA.12.1

Bei einer zu geringen Einschnitttiefe tritt zwar eine örtliche Spannungsspitze auf, aber sie löst keine bedrohlichen Zustände aus. Bei einer zu kurzen Vorholzlänge kann es jedoch zu großen Verschiebungen kommen oder das Vorholz abscheren!
Die Tabelle 4.11. zeigt die Bemessungsformeln für die gebräuchlichsten Versatzarten.
In Abweichung zu den Regeln in Abschnitt 6.2.2 in DIN EN 1995-1-1:2010 erfolgt der Nachweis für die Tragfähigkeit der Stirnfläche des Versatzes nach DIN EN 1995-1-1/NA:2013, Gl. (NA.161).

$$\frac{\sigma_{c,\alpha,d}}{f_{c,\alpha,d}} \leq 1{,}0$$

Der Bemessungswert der Beanspruchung der Stirnfläche des Versatzes berechnet sich nach Gl. (NA.162).

$$\sigma_{c,\alpha,d} = \frac{F_{c,\alpha,Ed}}{A}$$

Für $A = t_v \cdot b$ (Stirnfläche des Versatzes), d. h., die Druckfläche wird in Faserrichtung nicht um 30 mm vergrößert.
Der Bemessungswert der Festigkeit des Versatzes wird nach Gl. (NA.163) berechnet.

$$f_{c,a,d} = \frac{f_{c,0,d}}{\sqrt{\left(\frac{f_{c,0,d}}{2 \cdot f_{c,90,d}} \cdot \sin^2\alpha\right)^2 + \left(\frac{f_{c,0,d}}{2 \cdot f_{v,d}} \cdot \sin\alpha \cdot \cos\alpha\right)^2 + \cos^4\alpha}}$$

Bild 4.65. zeigt die Abminderung der Holzfestigkeit bei Beanspruchung im Winkel zur Faser bei Versätzen im Vergleich zum Druck schräg zur Faser (s. [*Lißner/Rug* 2016]).

Tabelle 4.11. Versätze, Bezeichnungen und Berechnungsformeln für die Nachweisführung nach DIN EN 1995-1-1:2010

Versatzart; Konstruktion	**Stirnversatz**	**Fersenversatz**	**Doppelversatz**
$\beta = (180 - \alpha)$	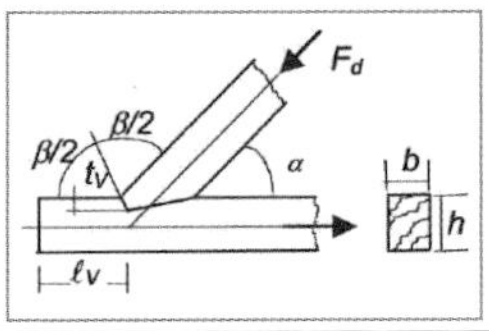	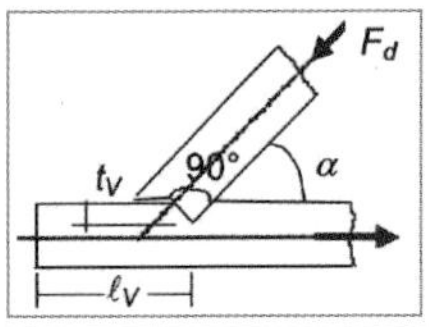	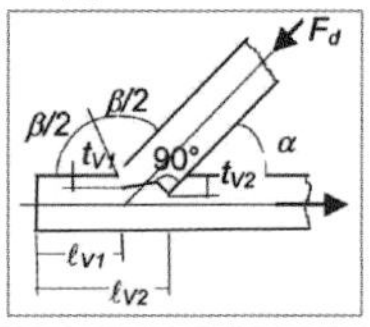
Kraftzerlegung	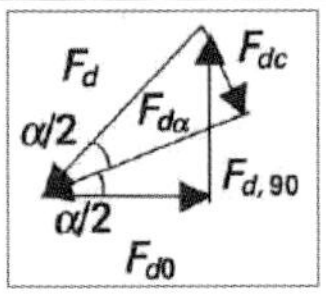	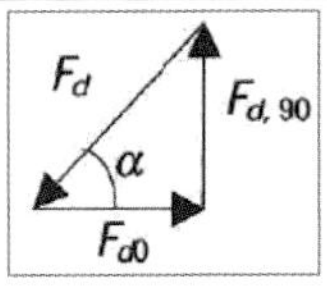	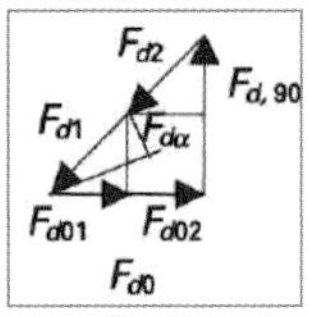
Berechnungsformeln: – erf. Versatztiefe	$t_{V,\min} \ge \frac{F_d \cdot \cos^2\alpha/2}{b \cdot f_{c,\alpha/2,d}}$	$t_{V,\min} \ge \frac{F_d \cdot \cos\alpha}{b \cdot f_{c,\alpha,d}}$	$t_{V1} \ge \frac{F_{d1} \cdot \cos^2\alpha/2}{b \cdot f_{c,\alpha/2,d}}$ $t_{V2} \ge \frac{F_{d2} \cdot \cos\alpha}{b \cdot f_{c,\alpha,d}}$
– erf. Vorholzlänge	$\ell_{V,\min} \ge \frac{F_d \cdot \cos\alpha}{b_{ef} \cdot f_{V,d}}$	$\ell_{V,\min} \ge \frac{F_d \cdot \cos\alpha}{b_{ef} \cdot f_{V,d}}$	$\ell_{V1,\min} \ge \frac{F_{d1} \cdot \cos\alpha}{b_{ef} \cdot f_{V,d}}$ $\ell_{V2,\min} \ge \frac{F_{d2} \cdot \cos\alpha}{b_{ef} \cdot f_{V,d}}$
vorhandene Beanspruchung: – Versatz	$\sigma_{c,\alpha,d} = \frac{F_d \cdot \cos^2\alpha/2}{b \cdot t_V}$	$\sigma_{c,\alpha,d} = \frac{F_d \cdot \cos\alpha}{b \cdot t_V}$	$\sigma_{c,\alpha,d1} = \frac{F_d \cdot \cos^2\alpha/2}{b \cdot t_{V1}}$
– Vorholz	$\tau_d = \frac{F_d \cdot \cos\alpha}{b_{ef} \cdot \ell_V}$	$\tau_d = \frac{F_d \cdot \cos\alpha}{b_{ef} \cdot \ell_V}$	$\sigma_{c,\alpha,d2} = \frac{F_d \cdot \cos\alpha}{b_{ef} \cdot t_{V2}}$
Bemessungswert der Tragfähigkeit:	$R_{SV,d}$ $R_{SV,d} = \frac{b \cdot t_V \cdot f_{c,\alpha/2,d}}{\cos\alpha/2}$	$R_{FV,d}$ $R_{FV,d} = \frac{b \cdot t_V \cdot f_{c,\alpha,d}}{\cos\alpha}$	$R_{DV,d} = R_{SV,d} + R_{FV,d}$
Nachweis Grenzzustand der Tragfähigkeit – Stirnfläche	$\frac{F_d}{R_d} \le 1$ oder $\frac{\sigma_{c,\alpha,d}}{f_{c,\alpha,d}}$ nach Gl. (NA.163) nach DIN EN 1995-1-1/NA:2013 $f_{c,\alpha,d} = \frac{f_{c,0,d}}{\sqrt{\left(\frac{f_{c,0,d}}{2 \cdot f_{c,90,d}} \cdot \sin^2\alpha\right)^2 \cdot \left(\frac{f_{c,0,d}}{2 \cdot f_{V,d}} \cdot \sin\alpha \cdot \cos\alpha\right)^2 + \cos^4\alpha}}$		$\frac{F_{d_1}}{R_{DV,d}} \le 1$ und $\frac{F_{d_2}}{R_{FV,d}} \le 1$ oder $\frac{\sigma_{c,\alpha,d_1}}{f_{c,\alpha,d_1}} \le 1$ und $\frac{\sigma_{c,\alpha,d_2}}{f_{c,\alpha,d_2}} \le 1$
– Vorholz	$\frac{F_d \cdot \cos\alpha}{b_{ef} \cdot \ell_V \cdot f_{V,d}} \le 1{,}0$ $\alpha = \alpha/2$		$\frac{F_{d1} \cdot \cos\alpha/2}{b_{ef} \cdot \ell_V \cdot f_{V,d}} \le 1{,}0$ $\frac{F_{d2} \cdot \cos\alpha}{b_{ef} \cdot \ell_V \cdot f_{V,d}} \le 1{,}0$
– Ausmitte [1)]	$e = \frac{1}{2} \cdot (h - t_v)$	$e = \frac{1}{2} \cdot \left(h - \frac{t_v}{\cos\alpha}\right)$	$e = \infty$

$R_{SV,d}$ Bemessungswert der Tragfähigkeit des Stirnversatzes;
$R_{FV,d}$ Bemessungswert der Tragfähigkeit des Fersenversatzes;
$R_{DV,d}$ Bemessungswert der Tragfähigkeit des Doppelversatzes;
1) [*Heimeshoff* u. a. 1988]

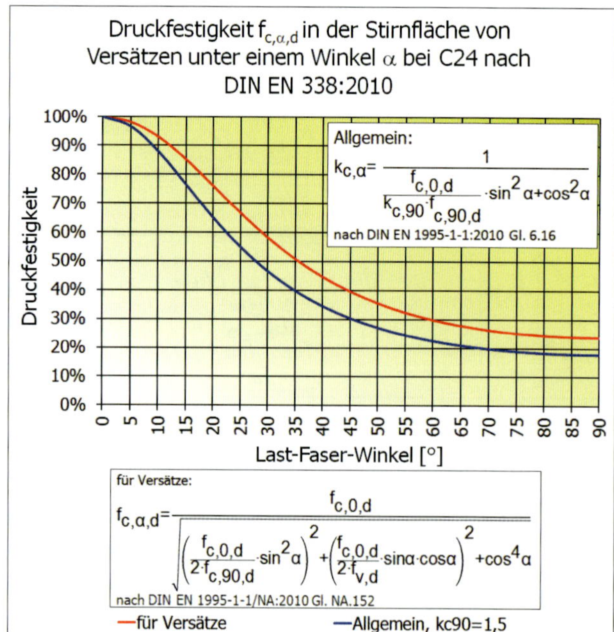

Bild 4.65. Druckfestigkeit $f_{c,\alpha,k}$ unter der Stirnfläche von Versätzen in Abhängigkeit vom Last-Faser-Winkel α für Nadelholz C24 nach DIN EN 338:2016

Im Vergleich zum einfachen Fall des Drucks schräg zur Faser nach Gl. (6.16) wurde die Gl. (NA.163) derart modifiziert, dass höhere Bemessungswerte für Versätze erreicht werden.

Aus der schrägen Strebenkraft entsteht in der Versatzfläche eine parallel zur Faser wirkende Druckkomponente, die Scherspannungen im Vorholz verursacht. Diese dürfen nach DIN EN 1995-1-1/NA:2013, Abschnitt NCI NA.12.1 (NA.4) als gleichmäßig verteilt angenommen werden. Vorholzlängen $> 8 \cdot t_v$ dürfen dann nicht mehr in Rechnung gestellt werden.

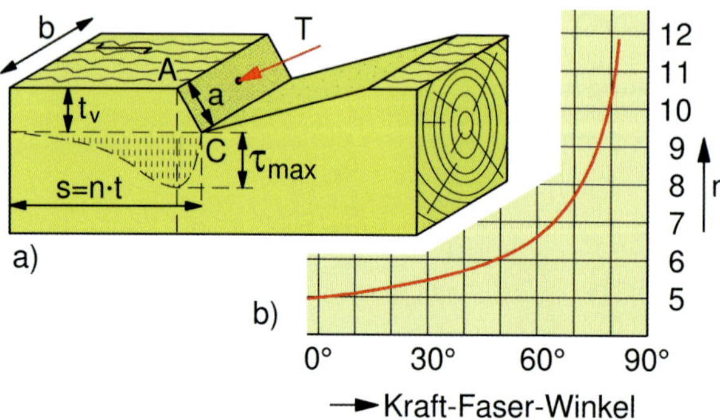

Bild 4.66. Schubspannungen im Vorholz [*Troche* 1951-2]

Nach [*Troche* 1951-2] verteilt sich die Scherspannung im Vorholz ungleichmäßig und hat ihren Größtwert unmittelbar im Bereich der Lasteinleitungsfläche (s. Bild 4.66.). Die Länge der Spannungsfläche beträgt ungefähr $n \cdot t$, wobei n eine von der Strebenneigung abhängige Zahl ist (für eine Strebenneigung von 45° ist $n \approx 6$).
Der Nachweis der Scherspannung im Vollholz lautet dann

$$\frac{\tau_{v,0,d}}{f_{v,0,d}} \leq 1$$

mit:

$$\tau_d = \frac{F_d \cdot \cos\alpha}{b_{ef} \cdot \ell_v}$$

b_{ef} ist nach Gl. (6.13a) in DIN EN 1995-1-1:2010, Abschnitt 6.1.7 unter Beachtung von DIN EN 1995-1-1/NA:2013, Abschnitt NDP zu 6.1.7 (2) zu berechnen.

Hinweise zum Entwurf von Stirnversätzen

Der günstigste Versatzwinkel wird dann erreicht, wenn die kurze Versatzfläche in Richtung der Winkelhalbierenden des Ergänzungswinkels von Strebe und Gurtholz liegt (Bild 4.67.).

Es ergibt sich dann ein Winkel zwischen der Kraft N und der Holzfaser sowohl des Gurtes als auch der Strebe von $\alpha/2$. Das ist der kleinste Winkel, der sich erreichen lässt.

Wie bekannt, hängt die Druckfestigkeit bei schrägem Kraftangriff von dem Winkel α (Winkel der Kraftrichtung zur Faserrichtung) ab. Je größer der Winkel ist, umso geringer sind die Druckfestigkeiten. Für die Kraftübertragung wird nur die kurze Versatzfläche angesetzt. Die lange Versatzfläche wird bei der Berechnung nicht berücksichtigt.

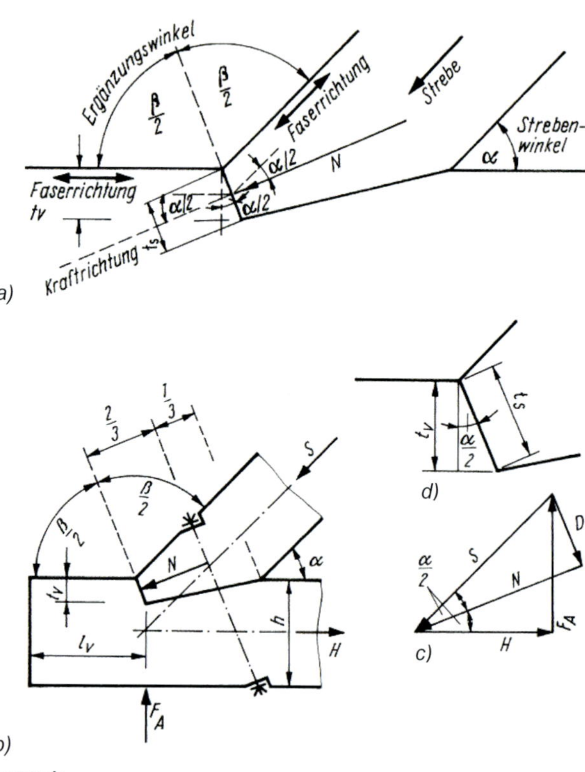

Legende
a) Bezeichnungen am Versatz
b) Bezeichnungen
c) Zerlegung der Kräfte
d) kurze Versatzfläche (vergrößert)

Bild 4.67. Stirnversatz

Hinweise zum Entwurf von Fersenversätzen

Der Fersenversatz ist statisch ungünstig, da zwischen der Strebe und der Holzfaser des Gurtes der Winkel α zu berücksichtigen ist (d. h., die Druckfestigkeit ist geringer als bei α_2). Ein weiterer Nachteil dieses Versatzes ist, dass schon bei einer geringen Strebenverdrehung die vordere Spitze der Strebe überbeansprucht werden kann und sich Risse bilden können.

Der Fersenversatz wird angewendet bei beschränkter Auflagerlänge.

Hinweise zum Entwurf von erweiterten Versätzen

Wird die Versatztiefe unzulässig groß, so kann man die Tragkraft des Anschlusses u. a. durch folgende Maßnahmen erhöhen (Tabelle 4.10.):

- Anwendung des doppelten Versatzes,
- Verbreiterung des Strebenfußes und des Gurtes durch seitliche Beihölzer,
- Beihölzer unter oder über dem Gurt (z. B. bei nachträglichen Verstärkungen),
- Anordnung von Dübeln,
- seitlich tragende Laschen (z. B. bei Baureparaturen),
- Ausbildung eines stählernen Schuhs u. a.

Hinweise zum Entwurf von doppelten Versätzen

Den doppelten Versatz kann man sich als aus einem Stirnversatz und einem Fersenversatz zusammengesetzten Versatz vorstellen.
Es ist üblich, den vorderen Versatz in der Winkelhalbierenden und den hinteren Versatz rechtwinklig zur Stabachse auszuführen. Varianten sind dahingehend möglich, dass z. B. beide Versatzflächen dieselbe Neigung erhalten.

Die Einschnitttiefe $t_{v,2}$ des hinteren Versatzes muss mindestens 10 mm größer sein als die des vorderen Versatzes $t_{v,1}$, damit zwei Scherflächen entstehen.

Variante zum doppelten Versatz

Beim doppelten Versatz erhalten beide vorderen Einschnitte dieselbe Neigung parallel zur Winkelhalbierenden des Ergänzungswinkels. Damit eine Spitzenlagerung des rückwärtigen Versatzes vermieden wird und die Versatzspitze nicht abbrechen kann, erhält er eine etwa 30 mm lange sogenannte Standfläche. Auf diese Standfläche kann verzichtet werden, wenn die rückwärtige Stirnfläche und der Versatzrücken etwa einen rechten Winkel bilden. Vorteilhaft ist die größere Tragkraft dieses doppelten Versatzes. Nachteilig ist der größere Arbeitsaufwand.

Berücksichtigung der Ausmittigkeit beim Anschluss mit Stirnversatz

Beim Anschluss durch den Stirnversatz nach Bild 4.68.a entsteht infolge der nicht zentrischen Kraftübertragung eine ausmittige Beanspruchung des Stabes in jedem Querschnitt, die bei der Berechnung zu berücksichtigen ist. Nach Bild 4.68.b ändert sich durch die Verdrehung der Kraftangriffsfläche gegenüber der Stabachse der Anschlusswinkel α in α_1, der kleiner als α ist. Es darf jedoch mit α gerechnet werden. Der Stab erhält in Stabmitte keine zusätzlichen Biegemomente, jedoch an den Stabenden; diese bleiben aber unberücksichtigt. Die Ausmittigkeit der Kraft beträgt nach Bild 4.68.a

$$e = \frac{h}{2} - \frac{t_v}{2} = \frac{1}{2} \cdot (h - t_v).$$

Das Biegemoment hat die Größe

$$M_d = S_d \cdot e = S_d \cdot \frac{1}{2} (h - t_v).$$

Für den Stab ist der Nachweis für das Biegeknicken nach Gl. (6.23) und Gl. (6.24), DIN EN 1995-1-1:2010 zu führen:

$$\frac{\sigma_{c,0,d}}{k_{c,y} \cdot f_{c,0,d}} + \frac{\sigma_{m,y,d}}{f_{m,y,d}} + k_m \cdot \frac{\sigma_{m,z,d}}{f_{m,z,d}} \leq 1 \qquad \text{[Gl. (6.23)]}$$

$$\frac{\sigma_{c,0,d}}{k_{c,z} \cdot f_{c,0,d}} + k_m \cdot \frac{\sigma_{m,y,d}}{f_{m,y,d}} + \frac{\sigma_{m,z,d}}{f_{m,z,d}} \leq 1 \qquad \text{[Gl. (6.24)]}$$

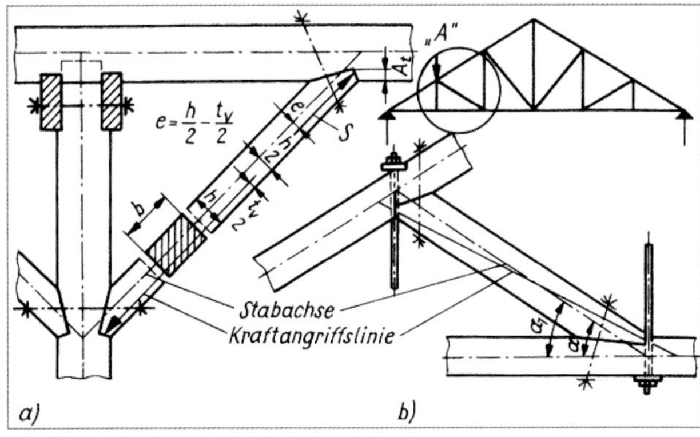

Legende
a) Kopfbandanschluss mit Stirnversatz
b) Anschluss einer Druckstrebe im Punkt A

Bild 4.68. Berücksichtigung des ausmittigen Anschlusses

Hinweise zum Entwurf von Rundholzversätzen

Anwendungsmöglichkeiten

Mit Rundholz lassen sich nur einfache Versätze – Stirnversätze, Brustversätze oder Fersenversätze – ausführen.

Bei gleicher Stabkraft sind beim Rundholzversatz größere Einschnitttiefen erforderlich als bei Kantholz.

Ermittlung der Tragkraft eines einfachen Stirnversatzes (Bild 4.69.)

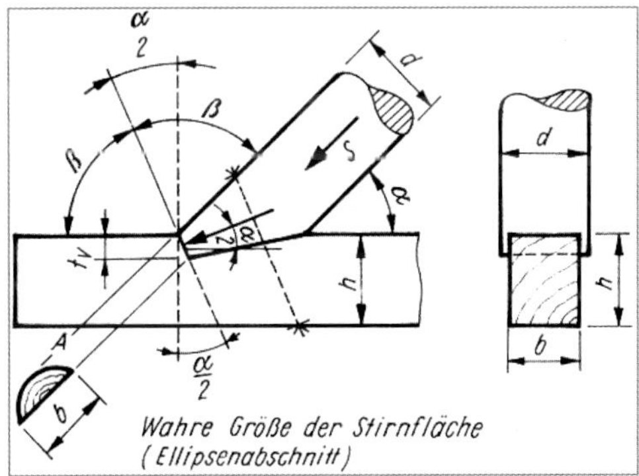

Bild 4.69. Stirnversatz einer Rundholzstrebe

Es wird angenommen, dass ein Kantholz mit einer bekannten Breite b und ein Rundholz mit gegebenem Durchmesser d zur Verfügung stehen. Ferner sind bekannt: die Einschnitttiefe t_v, α und β und damit ${}_{\text{zul}}\alpha_{D\angle\alpha}$ bzw. ${}_{\text{zul}}\alpha_{D\angle\alpha/2}$. Die schräge Versatzfläche des Rundholzes ist ein Ellipsenabschnitt, dessen Flächeninhalt sich aus

$$A = \frac{d^2 \cdot \eta}{\sin \beta}$$

berechnen lässt. Der Faktor η ist abhängig von dem Verhältnis c/d und Tabelle 4.12. zu entnehmen.

Den Wert c ermitteln wir aus der Gleichung

$$c = 2\sqrt{d t_v - t_v^2}.$$

Aus dem ermittelten A der kurzen Versatzflächen (Stirnfläche) des Rundholzes berechnen wir den Bemessungswert der Tragfähigkeit

$$F_{v,Rd} = A \cdot f_{c,\alpha,d}$$

oder, da $F_d = \dfrac{F_{v,Rd}}{\cos \alpha/2}$ ist,

$$F_d = \frac{A \cdot f_{c,\alpha,d}}{\cos \alpha/2}.$$

Die Anwendung von Tabelle 4.12. ist auch für die Flächenberechnung von Ellipsenabschnitten möglich, wenn zwei Rundhölzer mittels eines Stirnversatzes verbunden sind, da diese auch unter der Winkelhalbierenden zusammenstoßen.

Tabelle 4.12. Werte zur Ermittlung von Ellipsenabschnitten

c/d	η	c/d	η	c/d	η
0,0872	0,00020	0,5446	0,02970	0,8746	0,16050
0,1045	0,00025	0,5592	0,03250	0,8829	0,16740
0,1219	0,00030	0,5736	0,03520	0,8910	0,17400
0,1392	0,00050	0,5878	0,03824	0,8988	0,18100
0,1564	0,00075	0,6018	0,04125	0,9063	0,18800
0,1736	0,00100	0,6157	0,04450	0,9135	0,19550
0,1908	0,00125	0,6293	0,04800	0,9205	0,20250
0,2079	0,00150	0,6428	0,05140	0,9272	0,21000
0,2250	0,00200	0,6561	0,05500	0,9336	0,21800
0,2419	0,00250	0,6691	0,05890	0,9455	0,23300
0,2588	0,00300	0,6820	0,06300	0,9511	0,24040
0,2756	0,00350	0,6947	0,06690	0,9563	0,24850
0,2924	0,00425	0,7071	0,07125	0,9613	0,25700
0,3090	0,00500	0,7193	0,07575	0,9659	0,26450
0,3256	0,00600	0,7314	0,08040	0,9703	0,27300
0,3420	0,00700	0,7413	0,08525	0,9744	0,28100
0,3584	0,00800	0,7547	0,09000	0,9781	0,28950
0,3746	0,00925	0,7660	0,09500	0,9816	0,29850
0,3907	0,01050	0,7771	0,10025	0,9848	0,30600
0,4067	0,01175	0,7880	0,10550	0,9877	0,31450
0,4226	0,01325	0,7986	0,11100	0,9903	0,32400
0,4384	0,01500	0,8090	0,11690	0,9925	0,33200
0,4540	0,01675	0,8192	0,12250	0,9945	0,34050
0,4695	0,01850	0,8290	0,12880	0,9962	0,34900
0,4848	0,02050	0,8387	0,13480	0,9976	0,35800
0,5000	0,02280	0,8480	0,14100	0,9986	0,36650
0,5150	0,02500	0,8572	0,14230	0,9994	0,37500
0,5299	0,02725	0,8660	0,15370	0,9998	0,38350
				1,0000	0,39225

Als Schätzungsformel für normales Nadelholz wird folgende Gleichung empfohlen:

$$t_v = \frac{F_d}{10{,}0 \cdot b} \quad (F_d \text{ in } N,\ t_v \text{ und } d \text{ in mm}).$$

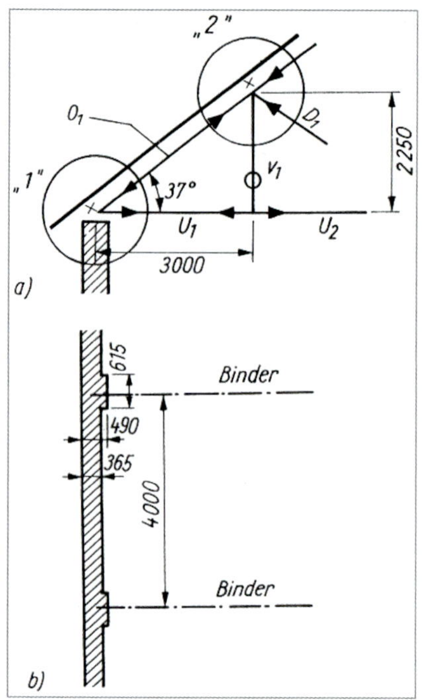

Bild 4.70. Systemskizze

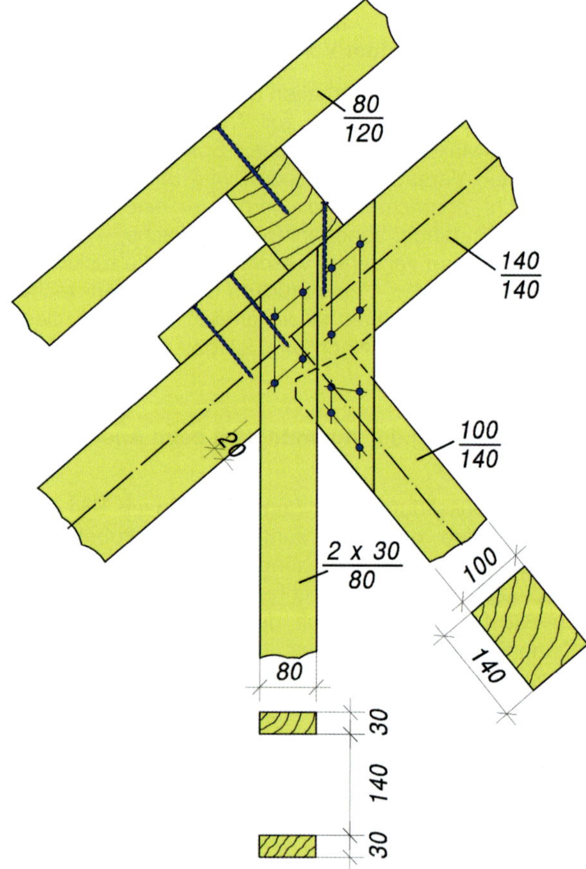

Bild 4.71. Konstruktion des Knotenpunktes „2" (Knoten 2, Bild 4.70.)

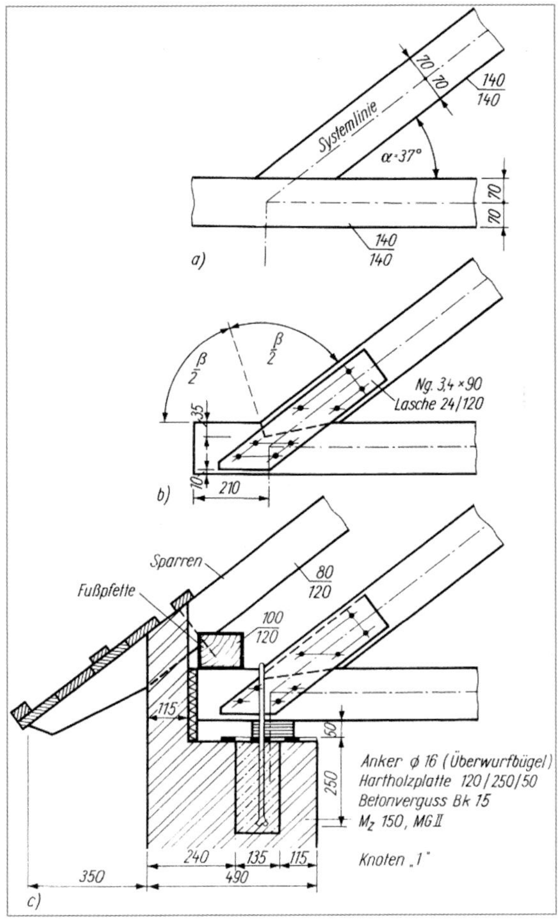

Legende
a) 1. Konstruktionsschritt
b) 2. Konstruktionsschritt
c) 3. Konstruktionsschritt

Bild 4.72. Darstellung der Konstruktionsschritte bei einem einfachen Stirnversatz (Knoten 1, Bild 4.70.)

Beispiel 4.19. (nach DIN EN 1995-1-1:2010)

Der Stab O_1 eines Fachwerkbinders (Bild 4.71.) hat eine Druckkraft von $F_d = 47{,}0\,\text{kN}$ aufzunehmen. Es ist der Anschluss am Auflager zu bemessen und zu konstruieren. Für O_1 und U_1 steht ein Querschnitt von 140/140 mm zur Verfügung (s. Bild 4.71.). Es wird NH S10 nach DIN 4074-1, C24 nach DIN EN 338, Tabelle 1 verwendet, KLED kurz, Nutzungsklasse 2:
Die Binder ruhen auf Ziegelmauerwerk; Grundriss Bild 4.70.b.

Lösung (Bild 4.71.):

Aus der Entwurfslösung sind bekannt:

- die Binderform, Binderart, Binderabstand,
- Stabkräfte und Stabquerschnitte.

1. Schritt – Wahl der Versatzart:

Es soll ein einfacher Stirnversatz ausgeführt werden; als Lagesicherung werden genagelte Laschen angeordnet.

2. Schritt – Ermittlung der maximalen Einschnitttiefe nach DIN EN 1995-1-1//NA:2013, Abschnitt NCI NA.12.1

$$\max t_v \text{ (für } \alpha = 37°) \le \frac{140}{4} = 35\,\text{mm}$$

3. Schritt – Ermittlung der erforderlichen Einschnitttiefe:

Nach Schätzformel ist für NH S10

$$t_{v,req} = \frac{F_d}{10 \cdot b} = \frac{47{,}0 \cdot 10^3}{10 \cdot 140} = 33{,}6\,\text{mm} < 35\,\text{mm}$$

4. Schritt – Festlegung der Einschnitttiefe:

$$t_{v,req} = \max t_v$$

5. Schritt – Ermittlung der erforderlichen Vorholzlänge:

Da H nicht vorhanden ist, muss sie erst ermittelt werden.

$$H = F_d \cdot \cos\alpha = 47{,}0 \cdot 0{,}798 = 37{,}51\,\text{kN}$$

6. Schritt – Konstruktion zeichnen:

Vorholzlänge (Bild 4.71.b) auftragen

7. Schritt – Konstruktion zeichnen:

Zur Lagesicherung werden Holzlaschen NH S10 nach DIN 4074-1 24/120 mm vorgesehen, befestigt mit 2×4 2 Ng 3,4×80 (nicht vorgebohrt – Bild 4.71.b). Lösung ist leicht ausführbar.

8. Schritt – Berechnung der vorhandenen Beanspruchung nach Tabelle 4.11.:

a) In der Stirnfläche des Versatzes:

Da die erforderliche Einschnitttiefe t_V nach einer Näherungsformel in Tabelle 4.11. ermittelt wurde, ist der Spannungsnachweis zu führen für

$$\tan\alpha = \frac{2{,}25}{3{,}00} = 0{,}75\,;\quad \alpha = 37°;\quad \alpha/2 = 18{,}5°$$

$$\sin 37° = 0{,}602$$
$$\cos 37° = 0{,}798$$
$$\sin 18{,}5° = 0{,}317$$
$$\cos 18{,}5° = 0{,}948$$

aus Tabelle 4.11. ist

$$\sigma_{c,\alpha,d} = \frac{F_d \cdot \cos^2 \alpha/2}{b \cdot t_v} = \frac{47 \cdot 10^3 \cdot 0{,}948^2}{140 \cdot 35}$$

$$\sigma_{c,\alpha,d} = 8{,}62\,\text{N/mm}^2$$

b) In der Vorholzfläche des Versatzes:

${}_{vorh}\tau_d$ nach Tabelle 4.11.

$$b_{ef} = k_{cr} \cdot b \qquad \text{[DIN EN 1995-1-1, Gl. (6.13c)]}$$

$$k_{cr} = \frac{2{,}0}{f_{v,k}} = \frac{2{,}0}{4{,}0} = 0{,}5 \qquad \text{[DIN EN 1995-1-1/NA, NCI zu 6.1.7.(2)]}$$

$$b_{ef} = 0{,}5 \cdot 140 = 70\,\text{mm}$$

$$\ell_v = 210\,\text{mm} < 8 \cdot t_v = 280\,\text{mm}$$

$$\tau_d = \frac{F_d \cdot \cos\alpha}{\ell_v \cdot b_{ef}} = \frac{47 \cdot 10^3 \cdot 0{,}798}{210 \cdot 70} = 2{,}55\,\text{N/mm}^2$$

9. Schritt – Nachweis der Tragfähigkeit:

a) in der Stirnfläche des Versatzes

Der Bemessungswert der Druckfestigkeit $f_{c,\alpha,d}$

$$f_{c,\alpha,d} = 11{,}45\,\text{N/mm}^2$$

Druckspannung für den Winkel $\alpha/2 = 18{,}5°$ beträgt

$$\frac{\sigma_{c,\alpha,d}}{f_{c,\alpha,d}} \le 1{,}0$$

$$\frac{8{,}62}{11{,}45} = 0{,}75 < 1{,}0$$

b) In der Scherfläche:

$$\frac{\tau_d}{f_{v,d}} \le 1{,}0$$

Charakteristischer Wert der Scherfestigkeit $f_{v,k} = 4{,}0\ \text{N/mm}^2$:

Bemessungswert der Scherfestigkeit:

$$f_{v,d} = \frac{k_{\text{mod}} \cdot f_{v,k}}{\gamma_M} = \frac{0{,}9 \cdot 4{,}0}{1{,}3} = 2{,}77\ \text{N/mm}^2$$

$$\frac{\tau_d}{f_{v,d}} = \frac{2{,}55}{2{,}77} = 0{,}94 < 1{,}0$$

Nachweis der Tragfähigkeit der gewählten Auflagerung

Da dieser Knotenpunkt gleichzeitig der Auflagerpunkt ist, ist die Pressung senkrecht zur Faser nachzuweisen:

Vorhandene Auflagerkraft

$$F_{A,d} = F_d \cdot \sin\alpha = 47 \cdot 10^3 \cdot 0{,}602$$

$$F_{A,d} = 28294\ \text{N} = 28{,}29\ \text{kN}$$

Pressung des Untergurtes auf der Hartholzplatte:

$$\sigma_{c,90,d} = \frac{28{,}29 \cdot 10^3}{120 \cdot 140} = 1{,}68\ \text{N/mm}^2$$

$f_{c,90,k} = 2{,}5\ \text{N/mm}^2$ für C24 nach DIN EN 338, Tabelle 1

Bemessungswert der Querdruckfestigkeit:

$$f_{c,90,d} = \frac{k_{\text{mod}} \cdot f_{c,90,k}}{\gamma_M} = \frac{0{,}9 \cdot 2{,}5}{1{,}3} = 1{,}73\ \text{N/mm}^2$$

Nachweis nach DIN EN 1995-1-1:2010, Gl. (6.3):

$$\sigma_{c,90,d} \le k_{c,90} \cdot f_{c,90,d}$$ [DIN EN 1995-1-1, Gl. (6.3)]

mit $k_{c,90} = 1{,}5$

$$1{,}68 \le 1{,}5 \cdot 1{,}73 = 2{,}6\ \text{N/mm}^2$$

10. Schritt – Zeichnung erstellen:

Die zeichnerische Darstellung nach Bild 4.71.c wird erstellt.

11. Schritt – Kurze Beschreibung der konstruktiven Lösung:

Der Stirnversatz wird mit $t_v = 35$ mm und $l_v = 210$ mm ausgeführt. Zur Lagesicherung dienen zwei Laschen 24/120 mm, die 10 mm über Unterkante des Untergurtes enden, damit der Gurt, nicht die Lasche, die Auflagerkraft überträgt. Der Untergurt liegt auf einer Eichenholzplatte (LS10 nach DIN 4074-5) 120/250/50 mm auf. Der Binder wird mit einem Überwurfbügel ∅ 16 mm mit dem Mauerwerk verankert. Das Ankerloch wird mit Beton B15 vergossen. Die letzten fünf Schichten des Auflagermauerwerks sind mit Steinfestigkeitsklasse 12 in MG II zu mauern. Vor dem Kopf des Untergurtes ist eine Holzwolle-Leichtbauplatte zur Wärmedämmung anzuordnen. Die Fußschwelle kann mit dem Untergurt verdollt werden.

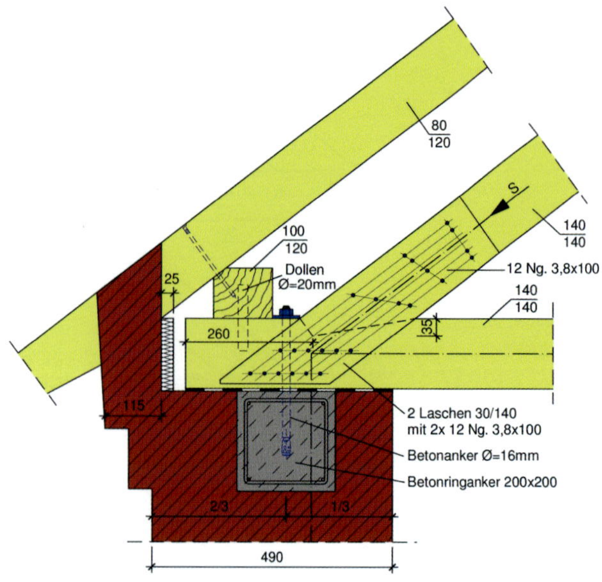

Bild 4.73. Stirnversatz mit tragenden Laschen

Beispiel 4.20. (nach DIN EN 1995-1-1:2010)

Der Stab O_l eines Fachwerkbinders (Bild 4.73.) hat eine Druckkraft von $F_d = 70{,}0$ kN aufzunehmen.
Der Anschluss ist als Versatz auszuführen und zu bemessen. Für O_l und U_l steht ein Querschnitt von 140/140 mm zur Verfügung. Es wird NH S10 nach DIN 4074-1 (Kiefernholz) verwendet, KLED kurz, Nutzungsklasse 2.

Lösung:

Bei der Lösung wollen wir den aufgestellten Algorithmus in Bild 4.67. in verkürzter Form anwenden:

1. Der Stab O_1 soll mit einem Stirnversatz angeschlossen werden

2. Für $\alpha = 37°$

$$t_v \le \begin{cases} h/4 & \text{für } \gamma \le 50° \\ h/6 & \text{für } \gamma > 60° \end{cases}$$ [DIN EN 1995-1-1/NA, Gl. (NA.160)]

$$_{\max}t_v \le \frac{140}{4} = 35\ \text{mm}$$ [DIN EN 1995-1-1/NA, Gl. (NA.160)]

3. $$t_{v,\min} \ge \frac{F_d \cdot \cos^2 \alpha/2}{b \cdot f_{c,\alpha/2,d}}$$ [Tabelle 4.11.]

$$f_{c,\alpha,d} = 11{,}45\ \text{N/mm}^2$$

$$t_{v,\min} \ge \frac{F_d \cdot \cos^2 \alpha/2}{b \cdot f_{c,\alpha/2,d}} = \frac{70{,}0 \cdot \cos 18{,}5 / 2^2}{140 \cdot 11{,}45} \ge 39{,}27\ \text{mm}$$

4. $_{\text{erf}}t_v > {}_{\max}t_v$.

Folgerung: Da die maximale Einschnitttiefe überschritten wird, beginnen wir erneut bei Schritt 1.

Der Stab O_1 wird mit einem Stirnversatz mit tragenden Laschen angeschlossen. Die Laschen müssen einen Teil der Kraft übertragen und hierfür nachgewiesen werden. Eine weitere Überlegung ergibt, dass wir den aufgestellten Algorithmus nicht mehr anwenden können.

Wir gehen jetzt rückwärts vor, indem wir von der zulässigen Einschnitttiefe die aufnehmbare Kraft errechnen und die restliche Kraft dann den Laschen zuweisen. Aus Beispiel 4.19. übernehmen wir:

$$f_{c,\alpha,d} = 11{,}45\ \text{N/mm}^2$$

für $\alpha = 37°$: $\cos\ 37° = 0{,}798$;

für $\alpha/2 = 18{,}5°$: $\cos 18{,}5° = 0{,}948$

$$F_d \le \frac{f_{c,\alpha,d} \cdot b \cdot t_v}{\cos^2 18{,}5}$$

$$F_d \le \frac{11{,}45 \cdot 140 \cdot 35}{0{,}948^2} = 62428{,}79\ \text{N} = 62{,}43\ \text{kN}$$

Es verbleibt eine noch zu übertragende Restkraft von

$$F_d = 70{,}0 - 62{,}43 = 7{,}57\ \text{kN}$$

pro Seite $F_d = \frac{7{,}57}{2} = 3{,}8\ \text{kN}$

gewählt: 2 Laschen 30/140 mm NH S10 (Kiefernholz) nach DIN 4074-1; Ng 3,8 × 100 mm (nicht vorgebohrt)

Mindestdicke des Holzes:

[DIN EN 1995-1-1/NA, Gl. (NA.121)]

$$t_{req} = 9 \cdot d = 9 \cdot 3{,}8 = 34{,}2\ \text{mm} > t_{vorh} = 30\ \text{mm}$$

Abminderung Nageltragfähigkeit

$$\frac{t_{vorh}}{t_{req}} = \frac{30}{34{,}2} = 0{,}88$$

t_{req} aus Spaltgefahr (Holzart Kiefer)

$$t = \max\begin{cases} 7 \cdot d = 7 \cdot 3{,}8 = 26{,}6 < t_{vorh} = 30\ \text{mm} \\ (13d - 30) \cdot \frac{\rho_k}{400} = (13 \cdot 3{,}8 - 30) \cdot \frac{350}{400} = 17{,}0 \end{cases}$$

Eindringtiefe des Nagels:

$$t_{vorh} = 100 - 30 = 70\ \text{mm} > t_{reg} = 9 \cdot d_n = 34{,}2\ \text{mm}$$

$F_{v,Rk} = 919\ \text{N}$ Nageltragfähigkeit nach [*Holschemacher* 2015]

Abminderung Tragfähigkeit aus Nichterfüllung erforderliche Mindestdicke Holz

$$F_{v,Rk} = 0{,}88 \cdot 919 = 842\ \text{N} = 0{,}84\ \text{kN}$$

$$F_{v,Rd} = \frac{k_{mod} \cdot F_{v,Rk}}{\gamma_M} = \frac{0{,}9 \cdot 0{,}84}{1{,}1} = 0{,}69\ \text{N/mm}^2$$

$${}_{erf}n = \frac{1{,}5 \cdot 3{,}8}{0{,}69} = 8{,}3\ \text{Ng},$$ *gewählt:* 12 Ng/Lasche.

Die erforderliche Vorholzlänge ℓ_V wird aus dem Bemessungswert der Anschlusskraft $F_d = 62{,}43\ \text{kN}$ ermittelt.

$$F_{H,d} = F_d \cdot \sin\alpha = 62{,}43 \cdot 10^3 \cdot 0{,}798 = 49{,}82\ \text{kN}$$

$$f_{v,d} = \frac{k_{mod} \cdot f_{v,k}}{\gamma_M} = \frac{0{,}9 \cdot 4{,}0}{1{,}3} = 2{,}77\ \text{N/mm}^2$$

$b_{ef} = k_{cr} \cdot b$ [DIN EN 1995-1-1, Gl. (6.13c)]

$k_{cr} = \frac{2{,}0}{4{,}0} = 0{,}5$ [DIN EN 1995-1-1/NA, NDP zu 6.1.7.(2)]

$$b_{ef} = 0{,}5 \cdot 140 = 70\ \text{mm}$$

$$\ell_{v,\min} = \frac{F_{H,d}}{b_{ef} \cdot f_{v,d}} = \frac{49{,}82 \cdot 10^3}{70 \cdot 2{,}77} = 257{,}0\ \text{mm} < 8 \cdot t_v = 8 \cdot 35 = 280\ \text{mm}$$

gewählt $\ell_v = 260\ \text{mm}$

Nach Empfehlungen in [*Heimeshoff* u. a. 1988] soll aus konstruktiven Gründen die Vorholzlänge mindestens 200 mm betragen, was erfüllt ist.

Mindestabstände für Beispiel 4.20.

	Bezeichnung	**DIN EN 1995-1-1:2010, Tabelle 8.2**		
		Mindestabstände	**Lasche/Stab α = 0° mm**	**Gurt α = 37° mm**
untereinander in Faserrichtung	‖, a_1	$d < 5$ mm: $(5 + 5\lvert\cos\alpha\rvert) \cdot d$	min 60 (38)	40 (35)
untereinander rechtwinklig zur Faser	⊥, a_2	$5 \cdot d$	min 20 (19)	60 (19)
vom beanspruchten Hirnholzende	$a_{3,t}$	$(10 + 5\cos\alpha) \cdot d$	100 (57)	100 (54)
vom unbeanspruchten Hirnholzende	$a_{3,c}$	$10 \cdot d$	40 (38)	- (38)
vom beanspruchten Rand	$a_{4,t}$	$d < 5$ mm: $(5 + 2 \cdot \sin\alpha) \cdot d$	- (19)	45 (24)
vom unbeanspruchten Rand	$a_{4,c}$	$5 \cdot d$	20 (19)	35 (19)

Nageldurchmesser *d* = 3,8 mm
α = Winkel zwischen Kraft und Faserrichtung = **0° (Lasche/Stab), 37° (Gurt)**
(...) rechnerische Werte

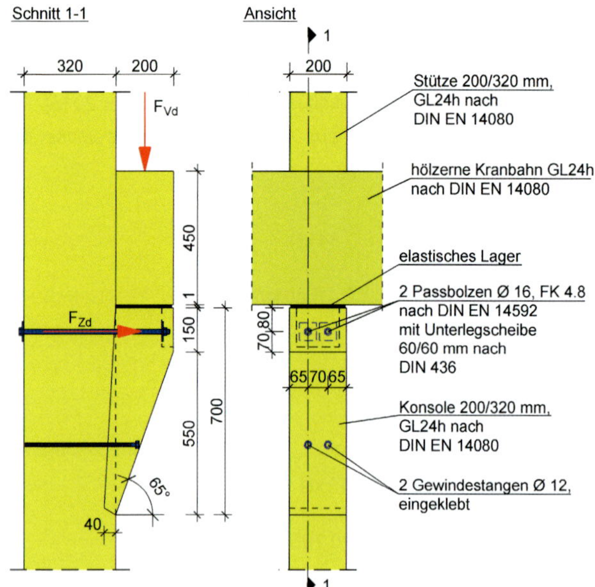

Bild 4.74. Konsole

Beispiel 4.21. (nach DIN EN 1995-1-1:2010)

Der Träger einer hölzernen Kranbahn ist auf einer Konsole auf Brettschichtholz aufgelagert, welche mit einem einfachen Stirnversatz an den Stützen angeschlossen ist. Aufgrund des Kranregimes tritt keine dynamische Beanspruchung auf (Bild 4.74.).

Welche Druckkraft kann dieser Anschluss übertragen?

Lösung:

Stirnversatz

Anschlussgeometrie:

$\alpha = 65°$

$\alpha/2 = 32{,}5°$

$t_V = 40\,\text{mm}$

$\ell_V = 8 \cdot t_v$ [DIN EN 1995-1-1/NA, NCI NA.12.1 (NA.4)]

$\ell_V = 8 \cdot 40\,\text{mm} = 320\,\text{mm}$

Stütze: GL24h nach DIN EN 14080, Tabelle 5, 200/320 mm
Konsole: GL24h nach DIN EN 14080, Tabelle 5, 200/320 mm

Bemessungswert der Beanspruchung:

$F_{Vd} = 71{,}25\,\text{kN}$

Baustoffeigenschaften:

GL24h nach DIN EN 14080, Tabelle 5;
Nutzungsklasse: 1 [DIN EN 1995-1-1, Abschnitt 2.3.1.3]
KLED Lasteinwirkungsdauer: kurz (Lasteinwirkung aus Kranbetrieb ist maßgebend!)

$k_{mod} = 0{,}90$ [DIN EN 1995-1-1, Tabelle 3.1]

$\gamma_{M,Holz} = 1{,}3$ [DIN EN 1995-1-1/NA, Tabelle NA.3]

Charakteristische Werte und Bemessungswerte der Druck- und Schubfestigkeit nach DIN EN 14080, Tabelle 5:

$$f_d = \frac{k_{mod} \cdot f_k}{\gamma_M}$$ [DIN EN 1995-1-1, Gl. (2.14)]

$f_{c,0,k} = 24\,\text{N/mm}^2$

$$f_{c,0,d} = \frac{k_{mod} \cdot f_{c,0,k}}{\gamma_M} = \frac{0{,}90 \cdot 24}{1{,}3} = 16{,}62\,\text{N/mm}^2$$

$f_{c,90,k} = 2{,}5\,\text{N/mm}^2$

$$f_{c,90,d} = \frac{k_{mod} \cdot f_{c,90,k}}{\gamma_M} = \frac{0{,}9 \cdot 2{,}5}{1{,}3} = 1{,}73\,\text{N/mm}^2$$

$f_{v,k} = 3{,}5\,\text{N/mm}^2$

$$f_{v,d} = \frac{k_{mod} \cdot f_{v,k}}{\gamma_M} = \frac{0{,}9 \cdot 3{,}5}{1{,}3} = 2{,}42\,\text{N/mm}^2$$

Bemessungswert der Beanspruchungsfähigkeit in der Stirnfläche nach Gl. (NA.163) in DIN EN 1995-1-1/NA:2013:

[DIN EN 1995-1-1/NA, Gl. (NA.163)]

$$f_{c,\alpha/2,d} = \frac{f_{c,0,d}}{\sqrt{\left(\frac{f_{c,0,d}}{2 \cdot f_{c,90,d}} \cdot \sin^2 \alpha/2\right)^2 + \left(\frac{f_{c,0,d}}{2 \cdot f_{v,d}} \cdot \sin\alpha/2 \cdot \cos\alpha/2\right)^2 + \cos^4 \alpha/2}}$$

$$f_{c,\alpha/2,d} = \frac{16{,}61}{\sqrt{\left(\frac{16{,}61}{2 \cdot 1{,}73} \cdot \sin^2 32{,}5\right)^2 + \left(\frac{16{,}61}{2 \cdot 2{,}42} \cdot \sin 32{,}5 \cdot \cos 32{,}5\right)^2 + \cos^4 \cdot 32{,}5}}$$

$f_{c,\alpha/2,d} = 7{,}55\,\text{N/mm}^2$

Bemessungswert der Beanspruchung in der Stirnfläche nach Tabelle 4.12.:

$$\sigma_{c,\alpha/2,d} = \frac{F_{Vd} \cdot \cos^2 \alpha/2}{b \cdot t_v} = \frac{71{,}25 \cdot 10^3 \cdot \cos^2 32{,}5}{200 \cdot 40} = 6{,}34\,\text{N/mm}^2$$

Nachweis der Tragfähigkeit in der Stirnfläche nach Tabelle 4.11.:

$$\frac{\sigma_{c,\alpha/2,d}}{f_{c,\alpha/2,d}} = \frac{6{,}34}{7{,}55} = 0{,}84 < 1{,}0$$ **Nachweis erfüllt!**

Bemessungswert der Beanspruchung in der Scherfläche:

${}_{vorh}\tau_d$ nach Tabelle 4.11

$b_{ef} = k_{cr} \cdot b$

$$k_{cr} = \frac{2{,}5}{f_{v,k}}$$ [DIN EN 1995-1-1/NA, NDP zu 6.1.7 (2) P]

$$k_{cr} = \frac{2{,}5}{3{,}5} = 0{,}71$$

$b_{ef} = 0{,}71 \cdot 200 = 142\,\text{mm}$

$$\tau_d = \frac{F_d \cdot \cos\alpha}{\ell_v \cdot b_{ef}}$$

$$\tau_{v,d} = \frac{F_d \cdot \cos\alpha}{b_{ef} \cdot \ell_v} = \frac{71{,}25 \cdot 10^3 \cdot \cos 65°}{142 \cdot 320} = 0{,}66\,\text{N/mm}^2$$

Bemessungswert der Beanspruchungsfähigkeit:

$f_{v,d} = 2{,}42\,\text{N/mm}^2$

Nachweis der Tragfähigkeit in der Scherfläche nach Tabelle 4.11.:

$$\frac{\tau_{v,d}}{f_{v,d}} \le 1{,}0 = \frac{0{,}66}{2{,}42} = 0{,}27 < 1{,}0$$ **Nachweis erfüllt!**

Durch den Lasteintrag entsteht ein Versatzmoment. Zur Aufnahme des Versatzmomentes werden Passbolzen FK 4.8 angeordnet (s. Bild 4.71.).

Bemessungswert des Versatzmomentes:

Hebelarm der Vertikalkraft: $a = 100\,\text{mm}$

$M_{Versatz,d} = F_{Vd} \cdot a = 71{,}25\,\text{kN} \cdot 0{,}1\,\text{m} = 7{,}125\,\text{kNm}$

Bemessungswert der Zugkraft in einem Passbolzen:

$z = 600\,\text{mm}$

$$F_{Zd} = \frac{M_{Versatz,d}/z}{2} = \frac{7{,}125\,\text{kNm}/0{,}60\,\text{m}}{2} = 5{,}9375\,\text{kN}$$

Bemessungswert der Zugtragfähigkeit eines Passbolzens nach DIN EN 1993-1-8:2010, Tabelle 3.4:

$$F_{t,Rk} = k_2 \cdot f_{ub} \cdot A_S$$

$$F_{t,Rk} = 0{,}9 \cdot 400\ \text{N/mm}^2 \cdot 157\ \text{mm}^2 = 56520\ \text{N}$$

$$F_{t,Rd} = \frac{F_{t,Rk}}{\gamma_{M2}} = \frac{56520\ \text{N}}{1{,}25} = 45216\ \text{N}$$

Nachweis der Tragfähigkeit eines Passbolzens:

$$\frac{F_{Zd}}{F_{Rd}} \le 1{,}0 = \frac{5{,}9375\ \text{kN}}{45{,}216\ \text{kN}} = 0{,}13 < 1{,}0 \quad \textbf{Nachweis erfüllt!}$$

Bemessungswert der Querdruckbeanspruchung unter einer Unterlegscheibe:

Querdruckfläche unter einer Unterlegscheibe

$$A_{Scheibe} = a^2 - \left(\pi \cdot \left(\frac{d_{Bolzen} + 1\ \text{mm}}{2}\right)^2\right) = 60^2 - \left(\pi \cdot \left(\frac{16+1}{2}\right)^2\right)$$

$$A_{Scheibe} = 3373{,}02\ \text{mm}^2$$

$$\sigma_{c,90,d} = \frac{F_{Zd}}{A_{Scheibe}} = \frac{5937{,}5\ \text{N}}{3373{,}02\ \text{mm}^2} = 1{,}76\ \text{N/mm}^2$$

Bemessungswert der Querdruckfestigkeit:

$$f_{c,90,k} = 2{,}5\ \text{N/mm}^2$$

Laut DIN EN 1995-1-1:2010, 8.5.2 (2) darf der charakteristische Wert der Querdruckfestigkeit mit dem Faktor 3,0 erhöht werden.

$$f_{c,90,d} = \frac{k_{mod} \cdot 3 \cdot f_{c,90,k}}{\gamma_M} = \frac{0{,}9 \cdot 3 \cdot 2{,}5}{1{,}3} = 5{,}19\ \text{N/mm}^2$$

Nachweis der Querdrucktragfähigkeit unter einer Unterlegscheibe:

$$\frac{\sigma_{c,90,d}}{f_{c,90,d}} \le 1{,}0 = \frac{1{,}76}{5{,}19} = 0{,}34 < 1{,}0 \quad \textbf{Nachweis erfüllt!}$$

Beispiel 4.22. (nach DIN EN 1995-1-1:2010)

Bei Umbauten muss für bestehende Konstruktionen sehr häufig die Tragkraft eines Druckstabes von den ausgeführten Verbindungen abgeleitet werden.

Ein Druckstab ist mit einem einfachen Stirnversatz angeschlossen:
Druckstab 140/140 mm; Gurt 140/160 mm;
$t_V = 40\ \text{mm}$; $\ell_V = 200\ \text{mm}$; $\alpha = 45°$.
Lagesicherung durch eine Schraube M20. Durch eine Festigkeitssortierung vor Ort wird qualifiziert festgestellt, dass das Altholz der Sortierklasse NH S10 nach DIN 4074-1 zugeordnet werden kann. Welche Druckkraft kann dieser Anschluss übertragen?

Lösung:

Stirnversatz
Anschlussgeometrie:

$\alpha = 45°$

$\alpha/2 = 22{,}5°$

$t_V = 40\ \text{mm}$

$\ell_V = 200\ \text{mm}$

Strebe: NH S10 nach DIN 4074-1 = C24 nach DIN EN 338, Tabelle 1, 140/140 mm
Gurt: NH S10 nach DIN 4074-1 = C24 nach DIN EN 338, Tabelle 1, 140/160 mm

Bemessungswert der Beanspruchung:

$G_k = 23{,}5\ \text{kN}$; $Q_k = 12{,}15\ \text{kN}$;

$\gamma_G = 1{,}35$; $\gamma_Q = 1{,}5$

$$F_d = \gamma_G \cdot G_k + \gamma_Q \cdot Q_k$$

$$F_d = 1{,}35 \cdot 23{,}5 + 1{,}5 \cdot 12{,}15 = 50\ \text{kN}$$

Baustoffeigenschaften:

NH S10 nach DIN 4074-1/C24 nach DIN EN 338, Tabelle 1;
Nutzungsklasse: 1 [DIN EN 1995-1-1, Abschnitt 2.3.1.3]
KLED Lasteinwirkungsdauer: mittel

$k_{mod} = 0{,}8$ [DIN EN 1995-1-1, Tabelle 3.1]

$\gamma_{M,Holz} = 1{,}3$ [DIN EN 1995-1-1/NA:2013, Tabelle NA.3]

Charakteristische Werte und Bemessungswerte der Druck- und Schubfestigkeit nach DIN EN 338, Tabelle 1:

$$f_{c,0,k} = 21\ \text{N/mm}^2$$

$$f_{c,0,d} = \frac{k_{mod} \cdot f_{c,0,k}}{\gamma_M} = \frac{0{,}8 \cdot 21}{1{,}3} = 12{,}92\ \text{N/mm}^2$$

$$f_{c,90,k} = 2{,}5\ \text{N/mm}^2$$

[DIN EN 1995-1-1, Gl. (2.14)]

$$f_{c,90,d} = \frac{k_{mod} \cdot f_{c,90,k}}{\gamma_M} = \frac{0{,}8 \cdot 2{,}5}{1{,}3} = 1{,}54\ \text{N/mm}^2$$

$$f_{v,k} = 4{,}0\ \text{N/mm}^2$$

[DIN EN 1995-1-1, Gl. (2.14)]

$$f_{v,d} = \frac{k_{mod} \cdot f_{v,k}}{\gamma_M} = \frac{0{,}8 \cdot 4{,}0}{1{,}3} = 2{,}46\ \text{N/mm}^2$$

Bemessungswert der Beanspruchung in der Stirnfläche nach Tabelle 4.12.:

$$\sigma_{c,\alpha/2,d} = \frac{F_d \cdot \cos^2 \alpha/2}{b \cdot t_v} = \frac{50 \cdot 10^3 \cdot \cos^2 22{,}5}{140 \cdot 40} = 7{,}62\ \text{N/mm}^2$$

Bemessungswert der Beanspruchungsfähigkeit in der Stirnfläche nach Gl. (NA.163) in DIN EN 1995-1-1/NA:2013:

[DIN EN 1995-1-1/NA:2013, Gl. (NA.163)]

$$f_{c,\alpha/2,d} = \frac{f_{c,0,d}}{\sqrt{\left(\frac{f_{c,0,d}}{2 \cdot f_{c,90,d}} \cdot \sin^2 \alpha/2\right)^2 + \left(\frac{f_{c,0,d}}{2 \cdot f_{v,d}} \cdot \sin\alpha/2 \cdot \cos\alpha/2\right)^2 + \cos^4 \alpha/2}}$$

$$f_{c,\alpha/2,d} = \frac{12{,}92}{\sqrt{\left(\frac{12{,}92}{2 \cdot 1{,}54} \cdot \sin^2 22{,}5\right)^2 + \left(\frac{12{,}92}{2 \cdot 2{,}46} \cdot \sin 22{,}5 \cdot \cos 22{,}5\right)^2 + \cos^4 \cdot 22{,}5}}$$

$$f_{c,\alpha/2,d} = 9{,}22\ \text{N/mm}^2$$

Nachweis der Tragfähigkeit in der Stirnfläche nach Tabelle 4.11.:

$$\frac{\sigma_{c,\alpha/2,d}}{f_{c,\alpha/2,d}} = \frac{7{,}62}{9{,}22} = 0{,}83 < 1{,}0 \quad \textbf{Nachweis erfüllt!}$$

Bemessungswert der Beanspruchung in der Scherfläche:

${}_{vorh}\tau_d$ nach Tabelle 4.12.

$$b_{ef} = k_{cr} \cdot b$$

$$k_{cr} = \frac{2{,}0}{4{,}0} = 0{,}5$$

$$b_{ef} = 0{,}5 \cdot 140 = 70\ \text{mm}$$

$$\tau_d = \frac{F_d \cdot \cos\alpha}{\ell_v \cdot b_{ef}}$$

$$\tau_{v,d} = \frac{F_d \cdot \cos\alpha}{b_{ef} \cdot \ell_v} = \frac{50 \cdot 10^3 \cdot \cos 45°}{70 \cdot 200} = 2{,}53\ \text{N/mm}^2$$

Bemessungswert der Beanspruchungsfähigkeit:

$$f_{v,d} = 1{,}23\ \text{N/mm}^2$$

Nachweis der Tragfähigkeit in der Scherfläche nach Tabelle 4.11.:

$$\frac{\tau_{v,d}}{f_{v,d}} \leq 1{,}0 = \frac{2{,}53}{2{,}46} = 1{,}03 \approx 1{,}0$$ **Nachweis erfüllt, geringe Überschreitung unbedenklich!**

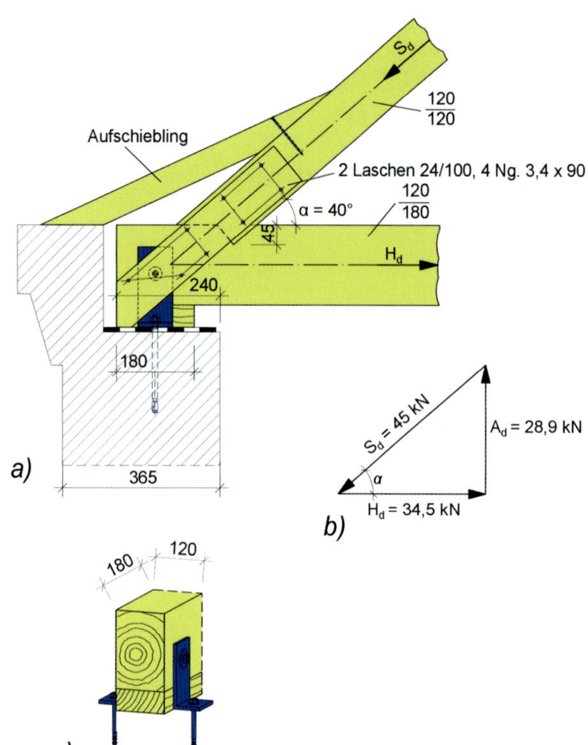

Legende
a) konstruktive Ausbildung
b) Zerlegung der Kräfte
c) axiomische Darstellung

Bild 4.75. Rückversatz (Fersenversatz)

Beispiel 4.23. (nach DIN EN 1995-1-1:2010)

Eine Strebe vom Querschnitt 120/120 mm, $S_d = 45\ \text{kN}$ und $\alpha = 40°$ ist an einen Zuggurt (Untergurt) vom Querschnitt 120/180 mm mit einem Fersenversatz anzuschließen (Bild 4.75.), NH S10 nach DIN 4074-1/C24 nach DIN EN 338, Tabelle 1, KLED kurz, Nutzungsklasse 2.

Lösung:

Charakteristische Werte und Bemessungswerte der Druck- und Schubfestigkeit:

$$f_{c,0,k} = 21\ \text{N/mm}^2$$ [DIN EN 338, Tabelle 1]

$$f_{c,0,d} = \frac{k_{mod} \cdot f_{c,0,k}}{\gamma_M}$$ [DIN EN 1995-1-1, Gl. (2.14)]

$$f_{c,0,d} = \frac{0{,}9 \cdot 21}{1{,}3} = 14{,}54\ \text{N/mm}^2$$

$$f_{c,90,k} = 2{,}5\ \text{N/mm}^2$$ [DIN EN 338, Tabelle 1]

$$f_{c,90,d} = \frac{k_{mod} \cdot f_{c,90,k}}{\gamma_M}$$ [DIN EN 1995-1-1, Gl. (2.14)]

$$f_{c,90,d} = \frac{0{,}9 \cdot 2{,}5}{1{,}3} = 1{,}73\ \text{N/mm}^2$$

$$f_{v,k} = 4{,}0\ \text{N/mm}^2$$

$$f_{v,d} = \frac{k_{mod} \cdot f_{v,k}}{\gamma_M} = \frac{0{,}9 \cdot 4{,}0}{1{,}3} = 2{,}76\ \text{N/mm}^2$$

Bemessungswert der Beanspruchungsfähigkeit in der Stirnfläche:

Berechnung des Bemessungswertes der Festigkeit in der Stirnfläche nach Gl. (NA.163) in DIN EN 1995-1-1/NA:2013:

[DIN EN 1995-1-1/NA:2013, Gl. (NA.163)]

$$f_{c,\alpha,d} = \frac{f_{c,0,d}}{\sqrt{\left(\frac{f_{c,0,d}}{2 \cdot f_{c,90,d}} \cdot \sin^2\alpha\right)^2 + \left(\frac{f_{c,0,d}}{2 \cdot f_{v,d}} \cdot \sin\alpha \cdot \cos\alpha\right)^2 + \cos^4\alpha}}$$

$$f_{c,40°,d} = \frac{14{,}54}{\sqrt{\left(\frac{14{,}54}{2 \cdot 1{,}73} \cdot \sin^2 40°\right)^2 + \left(\frac{14{,}54}{2 \cdot 2{,}76} \cdot \sin 40° \cdot \cos 40°\right)^2 + \cos^4 \cdot 40°}}$$

$$f_{c,40°,d} = \frac{14{,}54}{\sqrt{3{,}015 + 1{,}68 + 0{,}344}}$$

$$f_{c,40°,d} = 6{,}47\ \text{N/mm}^2$$

Berechnung der erforderlichen Einschnitttiefe nach Tabelle 4.11.:

$$_{erf}t_v = \frac{F_d \cdot \cos\alpha}{b \cdot f_{c,\alpha,k}}$$

$$_{erf}t_v = \frac{45 \cdot 10^3 \cdot 0{,}766}{120 \cdot 6{,}47} = 44{,}4\ \text{mm}$$

[DIN EN 1995-1-1/NA, Abschnitt NCI NA12.1 (NA.1)]

Konstruktive Bedingung:

$$_{max}t_v = \frac{180}{4} = 45\ \text{mm}$$

Gewählt: $t_v = 45\ \text{mm}$

Berechnung erforderlichen Vorholzlänge nach Tabelle 4.11.:

$$b_{ef} = k_{cr} \cdot b$$

$$k_{cr} = \frac{2{,}0}{4{,}0} = 0{,}5$$

$$b_{ef} = 0{,}5 \cdot 120 = 60\ \text{mm}$$

$$_{erf}\ell_v = \frac{S_d \cdot \cos\alpha}{b_{ef} \cdot f_{v,d}} = \frac{45 \cdot 10^3 \cdot 0{,}766}{60 \cdot 2{,}76} = 208{,}2\ \text{mm}$$

Gewählt: $\ell_v = 240\ \text{mm}$.

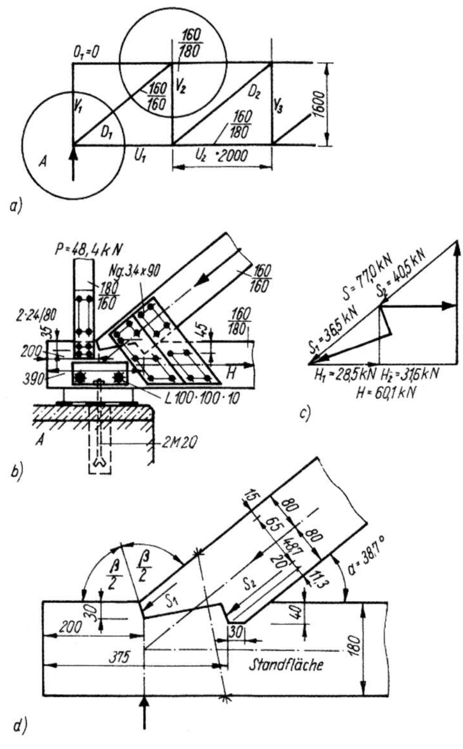

Legende
a) Übersichtsskizze
b) konstruktive Ausbildung des Auflagerpunktes A
c) Kraftzerlegung
d) Variante zu b)

Bild 4.76. Auflagerpunkt eines Parallelfachwerkträgers

Beispiel 4.24. (nach DIN EN 1995-1-1:2010)

Der Diagonalstab $D_{1,d}$ des in Bild 4.76.a gezeigten Ausschnitts aus einem Parallelfachwerkträger hat einen Querschnitt von 160/160 mm und erhält $D_{1,d} = 110$ kN Druck. Es ist der Knotenpunkt *A* zu bemessen. Die Ober- und Untergurte erhalten Stäbe vom Querschnitt 160/180 mm. Es wird NH S10 nach DIN 4074-1/ C24 nach DIN EN 338, Tabelle 1 verwendet, KLED kurz/sehr kurz, Nutzungsklasse 1. Der Stab D_1 soll durch einen Versatz angeschlossen werden.

Lösung:

$D_{1,d} = 110\ \text{kN}$

$\tan\alpha = \dfrac{160}{200} = 0{,}8;\quad \alpha = 38{,}7°;\quad \sin\alpha = 0{,}6252;\quad \cos\alpha = 0{,}7804;$

Ein einfacher Stirnversatz benötigt nach Tabelle 4.11. die Einschnitttiefe von:

Charakteristische Werte und Bemessungswerte der Druck- und Schubfestigkeit:

k_{mod} *aus kurz/sehr kurz*

$$k_{\text{mod}} = \frac{1{,}1 + 0{,}9}{2} = 1{,}0$$

$f_{c,0,k} = 21\ \text{N/mm}^2$ [DIN EN 338, Tabelle 1]

$$f_{c,0,d} = \frac{k_{\text{mod}} \cdot f_{c,0,k}}{\gamma_M}$$ [DIN EN 1995-1-1, Gl. (2.14)]

$$f_{c,0,d} = \frac{1{,}0 \cdot 21}{1{,}3} = 16{,}15\ \text{N/mm}^2$$

$f_{c,90,k} = 2{,}5\ \text{N/mm}^2$ [DIN EN 338, Tabelle 1]

$$f_{c,90,d} = \frac{k_{\text{mod}} \cdot f_{c,90,k}}{\gamma_M}$$ [DIN EN 1995-1-1, Gl. (2.14)]

$$f_{c,90,d} = \frac{1{,}0 \cdot 2{,}5}{1{,}3} = 1{,}92\ \text{N/mm}^2$$

$f_{v,k} = 4{,}0\ \text{N/mm}^2$

$$f_{v,d} = \frac{k_{\text{mod}} \cdot f_{v,k}}{\gamma_M} = \frac{1{,}0 \cdot 4{,}0}{1{,}3} = 3{,}07\ \text{N/mm}^2$$

Bemessungswert der Beanspruchungsfähigkeit in der Stirnfläche:

Berechnung des Bemessungswertes der Festigkeit in der Stirnfläche (Stirnversatz) nach Gl. (NA.163) in DIN EN 1995-1-1/NA:2013:

[DIN EN 1995-1-1/NA, Gl. (NA.163)]

$$f_{c,\alpha/2,d} = \frac{f_{c,0,d}}{\sqrt{\left(\dfrac{f_{c,0,d}}{2 \cdot f_{c,90,d}} \cdot \sin^2 \alpha/2\right)^2 + \left(\dfrac{f_{c,0,d}}{2 \cdot f_{v,d}} \cdot \sin\alpha/2 \cdot \cos\alpha/2\right)^2 + \cos^4 \alpha/2}}$$

$$f_{c,\alpha/2,d} = \frac{16{,}15}{\sqrt{\left(\dfrac{16{,}15}{2 \cdot 1{,}92} \cdot \sin^2 19{,}35°\right)^2 + \left(\dfrac{16{,}15}{2 \cdot 3{,}07} \cdot \sin 19{,}35° \cdot \cos 19{,}35°\right)^2 + \cos^4 \cdot 19{,}35°}}$$

$$f_{c,\alpha/2,d} = \frac{16{,}15}{\sqrt{0{,}213 + 0{,}676 + 0{,}792}}$$

$$f_{c,\alpha/2,d} = 0{,}771 \cdot 16{,}15 = 12{,}45\ \text{N/mm}^2$$

Berechnung der erforderlichen Einschnitttiefe nach Tabelle 4.12.:

$$t_{v,\min} \geq \frac{F_d \cdot \cos^2 \alpha/2}{b \cdot f_{c,\alpha/2,d}} = \frac{110 \cdot 10^3 \cdot \cos\alpha}{160 \cdot 12{,}45} = 49{,}16\ \text{mm} > \frac{180}{4} = 45\ \text{mm}$$

Bei 180 mm Gurthöhe ist der einfache Versatz nicht ausführbar. Wir berechnen daher den Anschluss als doppelten Versatz. Stirn- und Fersenversatz sollen etwa die gleiche Kraft übertragen.

Berechnung des Bemessungswertes der Festigkeit in der Stirnfläche (Fersenversatz) nach Gl. (NA.163) in DIN EN 1995-1-1/NA:2013:

[DIN EN 1995-1-1/NA, Gl. (NA.163)]

$$f_{c,\alpha,d} = \frac{f_{c,0,d}}{\sqrt{\left(\dfrac{f_{c,0,d}}{2 \cdot f_{c,90,d}} \cdot \sin^2 \alpha\right)^2 + \left(\dfrac{f_{c,0,d}}{2 \cdot f_{v,d}} \cdot \sin\alpha \cdot \cos\alpha\right)^2 + \cos^4 \alpha}}$$

$$f_{c,\alpha,d} = \frac{16{,}15}{\sqrt{\left(\dfrac{16{,}15}{2 \cdot 1{,}92} \cdot \sin^2 38{,}7°\right)^2 + \left(\dfrac{16{,}15}{2 \cdot 3{,}07} \cdot \sin 38{,}7° \cdot \cos 38{,}7°\right)^2 + \cos^4 \cdot 38{,}7°}}$$

$$f_{c,\alpha,d} = \frac{14{,}54}{\sqrt{2{,}703 + 1{,}65 + 0{,}371}}$$

$$f_{c,\alpha,d} = 0{,}46 \cdot 16{,}15 = 7{,}43\ \text{N/mm}^2$$

Beanspruchung im Fersenversatz:

$S_{2,d} = 0{,}5 \cdot S_d = 0{,}5 \cdot 110 = 55{,}0\ \text{kN}$

Versatztiefe:

$$t_{v,2} \geq \frac{F_{d,2} \cdot \cos\alpha}{b \cdot f_{c,\alpha,d}} = \frac{110 \cdot 10^3 \cdot \cos 38{,}7°}{160 \cdot 7{,}43} \geq 36{,}11\ \text{mm}$$

$\Rightarrow$ ausgeführt $t_{v,2} = 45$ mm.

Nach Bild 4.76.b erhalten wir

$$\cos\alpha = \frac{t_{v,2}}{t_{S,2}};\quad t_{S,2} = \frac{t_{v,2}}{\cos\alpha} = \frac{45}{0{,}78} = 57{,}7\ \text{mm}.$$

Der hintere Versatz kann daher

$S_{2,d} = t_{s_2} \cdot b \cdot f_{c,\alpha,d} = 57{,}7 \cdot 160 \cdot 7{,}43 = 68594\ \text{N} = 68{,}59\ \text{kN}$

aufnehmen.

Für den vorderen Versatz verbleibt

$$S_{1,d} = S_d - S_{2,d} = 110 - 68{,}59 = 41{,}41\,\text{kN}$$

Die Einschnitttiefe beträgt nach Tabelle 4.12.

$$t_{v,\min} \geq \frac{F_d \cdot \cos^2 \alpha / 2}{b \cdot f_{c,\alpha/2,d}} \geq \frac{41{,}41 \cdot 10^3 \cdot \cos^2 19{,}35°}{160 \cdot 12{,}45} \geq 18{,}41\text{ mm}$$

Ermittlung der Vorholzlängen:

$$H_{1,d} = S_{1,d} \cdot \cos\alpha = 41{,}41 \cdot \cos 38{,}7° = 32{,}31\text{ kN}$$

$$H_{2,d} = S_{2,d} \cdot \cos\alpha = 68{,}59 \cdot \cos 38{,}7° = 53{,}50\,\text{kN}$$

$$H_d = H_{1,d} + H_{2,d} = 32{,}31 + 53{,}50 = 85{,}81\text{ kN}$$

$$b_{ef} = k_{cr} \cdot b$$

$$k_{cr} = \frac{2{,}0}{4{,}0} = 0{,}5$$

$$b_{ef} = 0{,}5 \cdot 160 = 80\text{ mm}$$

$$\ell_{v,1,\min} = \frac{H_{1,d} \cdot \cos\alpha}{b_{ef} \cdot f_{v,d}} = \frac{32{,}31 \cdot 10^3 \cdot \cos 38{,}7°}{80 \cdot 3{,}07} = 102{,}67\text{ mm}$$

$$\ell_{v,1,\min} = 102{,}67\text{ mm} < 8 \cdot t_v = 8 \cdot 30 = 240\text{ mm}$$

Gewählt $\ell_{v,1} = 200$ mm (nach Empfehlungen von [*Heimeshoff* u. a. 1988]).

$$\ell_{v,2,\min} = \frac{H_{2,d} \cdot \cos\alpha}{b_{ef} \cdot f_{v,d}} = \frac{53{,}50 \cdot 10^3 \cdot \cos 38{,}7°}{80 \cdot 3{,}07} = 170\text{ mm}$$

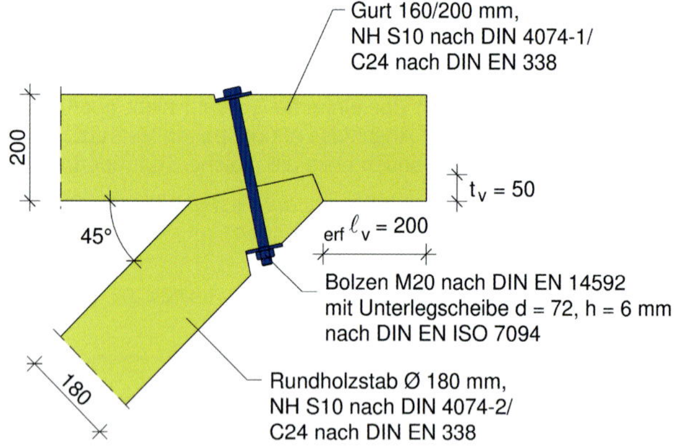

Bild 4.77. Stirnversatz

Beispiel 4.25. **(nach DIN EN 1995-1-1:2010)**

Ein Rundholzstab von $d = 180$ mm $\varnothing$ bei einem Strebenwinkel von $\alpha = 45°$ ist in einem Gurt von $b/h = 160/200$ mm mit $t_V = 50$ mm eingelassen. Es ist zu ermitteln, welche Strebenkraft S der Versatz aufnehmen kann.
Es wird für das Rundholz NH S10 (Gkl. II) nach DIN 4074-2 verwendet, KLED mittel, Nutzungsklasse 3.

Lösung:

$$c = 2 \cdot \sqrt{d \cdot t_v - t_v^2} = 2 \cdot \sqrt{180 \cdot 50 - 50^2} = 161\text{ mm}$$

$$\frac{c}{d} = \frac{161}{180} = 0{,}895$$

$$\beta = 90° - \alpha/2 = 90° - 22{,}5° = 67{,}5\,.$$

Dafür entnehmen wir nach Interpolation aus Tabelle 4.12.

$\eta = 0{,}178$.

Berechnung der Stirnfläche:

$$A = \frac{d^2 \cdot \eta}{\sin\beta} = \frac{18^2 \cdot 0{,}178}{0{,}924} = 62{,}42 \cdot 10^2\text{ mm}$$

Berechnung der zulässigen Stabkraft aus der Tragfähigkeit des Versatzes:

Charakteristische Werte und Bemessungswerte der Druck- und Schubfestigkeit:

$k_{mod} = 0{,}65$ [DIN EN 1995-1-1, Tabelle 3.1]

$f_{c,0,k} = 21\text{ N/mm}^2$ [DIN EN 338, Tabelle 1]

$f_{c,0,d} = \dfrac{k_{mod} \cdot f_{c,0,k}}{\gamma_M}$ [DIN EN 1995-1-1, Gl. (2.14)]

$$f_{c,0,d} = \frac{0{,}65 \cdot 21}{1{,}3} = 10{,}5\text{ N/mm}^2$$

$f_{c,90,k} = 2{,}5\text{ N/mm}^2$ [DIN EN 338, Tabelle 1]

$f_{c,90,d} = \dfrac{k_{mod} \cdot f_{c,90,k}}{\gamma_M}$ [DIN EN 1995-1-1, Gl. (2.14)]

$$f_{c,90,d} = \frac{0{,}65 \cdot 2{,}5}{1{,}3} = 1{,}25\text{ N/mm}^2$$

$$f_{v,k} = 4{,}0\text{ N/mm}^2$$

$$f_{v,d} = \frac{k_{mod} \cdot f_{v,k}}{\gamma_M} = \frac{0{,}65 \cdot 4{,}0}{1{,}3} = 2{,}0\text{ N/mm}^2$$

Berechnung des Bemessungswertes der Festigkeit in der Hirnfläche (Stirnversatz) nach Gl. (NA.163) in DIN EN 1995-1-1/NA:2013:

[DIN EN 1995-1-1/NA, Gl. (NA.163)]

$$f_{c,\alpha/2,d} = \frac{f_{c,0,d}}{\sqrt{\left(\frac{f_{c,0,d}}{2 \cdot f_{c,90,d}} \cdot \sin^2\alpha/2\right)^2 + \left(\frac{f_{c,0,d}}{2 \cdot f_{v,d}} \cdot \sin\alpha/2 \cdot \cos\alpha/2\right)^2 + \cos^4\alpha/2}}$$

$$f_{c,\alpha/2,d} = \frac{10{,}15}{\sqrt{\left(\frac{10{,}15}{2 \cdot 1{,}25} \cdot \sin^2 22{,}5°\right)^2 + \left(\frac{10{,}15}{2 \cdot 2{,}0} \cdot \sin 22{,}5° \cdot \cos 22{,}5°\right)^2 + \cos^4 \cdot 22{,}5°}}$$

$$f_{c,\alpha/2,d} = \frac{10{,}15}{\sqrt{0{,}378 + 0{,}8613 + 0{,}7286}} = \frac{10{,}15}{1{,}403} = 7{,}50\text{ N/mm}^2$$

$$F_d > \frac{A \cdot f_{c,\alpha/2,d}}{\cos\alpha/2} = \frac{62{,}42 \cdot 10^2 \cdot 7{,}5}{\cos 22{,}5°} = 50665{,}6\text{ N} = 50{,}67\text{ kN}$$

Gewählt:

$${}_{\max}t_v = \frac{200}{4} = 50\text{ mm}$$

$${}_{\text{erf}}t_S = \frac{t_v}{\cos\alpha/2} = \frac{50}{0{,}924} = 54\text{ mm}$$

Nachweis der Tragfähigkeit im Versatz:

$$N = F_d \cdot \cos\alpha/2 = 50{,}67 \cdot \cos 22{,}5° = 46{,}81\text{ kN}$$

$$A = \frac{d^2 \cdot \eta}{\sin\beta} = \frac{180^2 \cdot 0{,}178}{0{,}924} = 62{,}42 \cdot 10^2\text{ mm}^2$$

$$\sigma_{c,\alpha/2,d} = \frac{N_d}{A} = \frac{46{,}81 \cdot 10^3}{62{,}42 \cdot 10^2} = 7{,}5\text{ N/mm}^2$$

$$\frac{\sigma_{c,\alpha/2,d}}{f_{c,\alpha/2,d}} = \frac{7{,}5}{7{,}5} = 1{,}0 = 1{,}0$$ **Nachweis erfüllt!**

Vorholzlänge/Scherfläche:

Sicherheitsschraube M20 mit U 60/60/5 mm.

⇒ maßgebend ist $_{\text{erf}}\ell_{v,1}$ mit 200 mm.

4.6.4. Querkraftbelastete Zapfenverbindungen nach DIN EN 1995-1-1/NA:2013, Abschnitt NCI NA.12.1

Einfache historische, querkraftbelastete Zapfenverbindungen z. B. für Balkenauswechselungen können durch Querzugbeanspruchung am unteren Zapfenansatz versagen (wie bei rechtwinkliger Ausklinkung, Kerbwirkung – Bild 4.78.); Lagesicherung mit Holznagel.

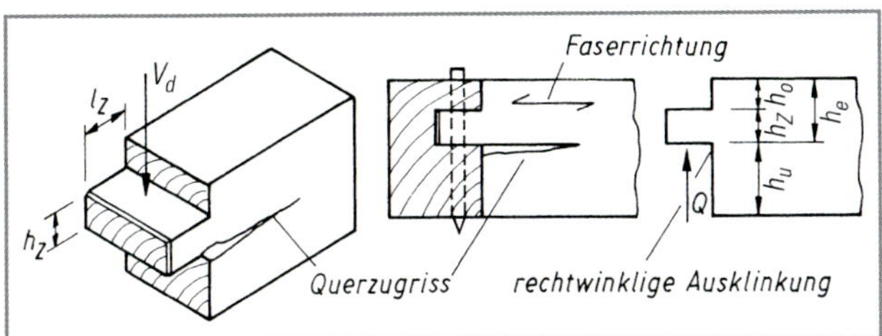

Legende
l Zapfenlänge
h_Z Zapfendicke
$V = F_L$, Belastung des Zapfens bzw. Zapfenloches
(...) Werte = Bezeichnungen nach DIN EN 1995-1-1/NA:2013

Bild 4.78. Einfache historische Zapfenverbindungen versagen infolge Querzugriss, weil h_u und l_z zu groß und h_e zu klein sind

Bei großer Belastung erfolgte die Ausbildung mit Brustzapfen (Bilder 4.79.a, b). Nachteile:

- Zapfen mit Verstärkung schwächt den Haupt- oder Wechselbalken,
- hoher Arbeitsaufwand.

Entwicklungen haben zu einem Zapfenanschluss mit veränderter Geometrie geführt, der maschinell hergestellt werden kann.
Vorteile:

- günstige Tragkraft,
- geringer Arbeits- und damit Kostenaufwand (Bild 4.79.d).

Geometrie der einfachen historischen Zapfen

Zapfenlänge: $\ell_Z = 2/6\,b$ bis 1/2 b; bei Lagesicherung mit Holznägel = 60 mm

Zapfendicke: $h_Z = 1/4\,h$ (Bilder 4.79.a bis c)

Geometrie der neuen geraden Zapfen

Zapfenlänge: $\ell_Z = 40$ mm, max. 50 mm

Zapfendicke: $h_Z \geq h/3$

Zapfenloch: $t_L = 50$ mm, nicht durchstemmen oder durchfräsen

Zapfenlage:
- mittiger Zapfen (Bild 4.80.a)
- variable Höhenlage (Bild 4.80.b)
- untenliegender Zapfen (Bild 4.80.c)

Gravierend ist gegenüber der historischen Ausführung, dass die Zapfendicke h_Z auf $\geq h/3$ erhöht wurde und die Zapfenlänge auf 40 bis 50 mm verkürzt wurde; Lagesicherung mit Sondernägeln.

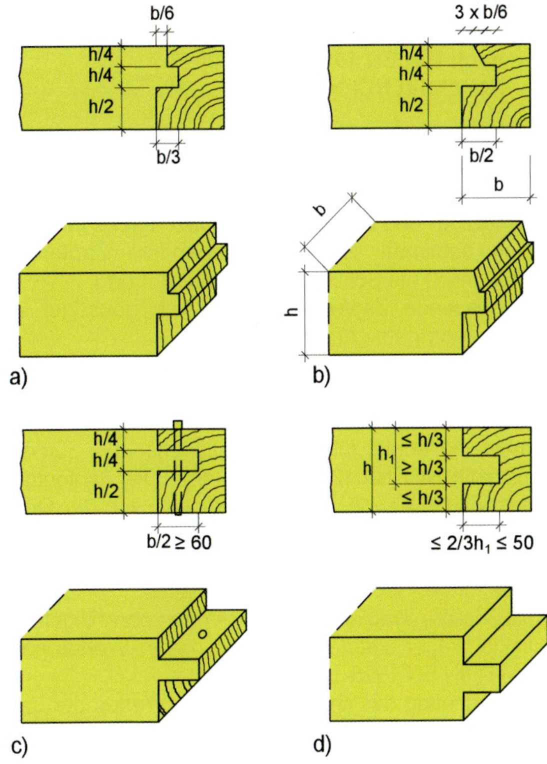

Legende
a) Brustzapfen mit gerader Brust
b) Brustzapfen mit schräger Brust
c) einfacher gerader Zapfen, Lagesicherung mit Holznagel
d) moderner mittiger gerader Zapfen mit Maschinen ausführbar, tragfähiger als c), Lagesicherung mit Eisennagel. Zur Ausführung empfohlen (nach [*Heimeshoff* u. a. 1988])

Bild 4.79. Historische Zapfenverbindungen, querkraftbelastet für Balkenauswechslungen

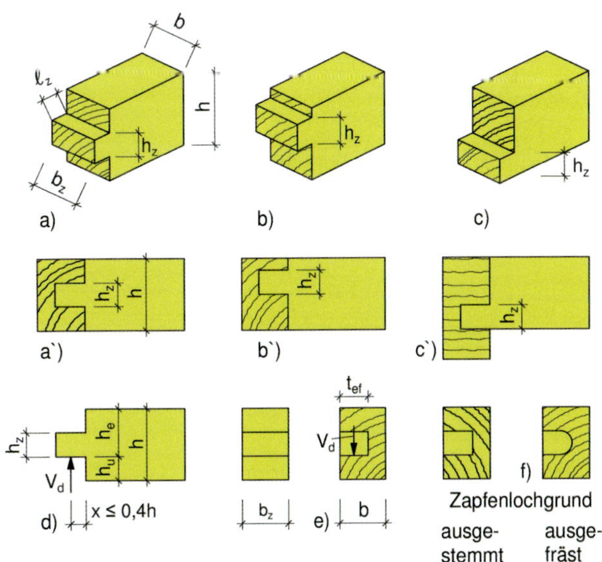

Legende

a) mittiger Zapfen	l_Z Zapfenlänge
b) variable Höhenlage	h_Z Zapfenhöhe
c) unterliegend	t_L Zapfenlochtiefe
d) Zapfenbelastung, V_d	V_d Querkraft
e) Zapfenlochbelastung	V_d Belastung des Zapfenloches
f) Zapfenlochgrund, V_d	(nach [Schelling/Hinkes 1985])

Bild 4.80. Zapfenverbindungen mit geraden Zapfen, Arten

4.6.5. Ermittlung des Bemessungswertes der Tragfähigkeit für Zapfenverbindungen nach DIN EN 1995-1-1/NA:2013, Abschnitt NCI NA.12.2

Allgemein gilt:

- Die Tragfähigkeit von mittig angeordneten geraden Zapfen und Zapfenlöchern wird im Wesentlichen von der Querzug- und Schubfestigkeit des Holzes im Kerbbereich bestimmt. Bei unten liegendem Zapfen ist hauptsächlich die Schubfestigkeit maßgebend.
- Unten liegende Zapfen verhalten sich günstiger als mittig angeordnete gerade Zapfen.
- Die Tragfähigkeit der Zapfenlöcher liegt im Mittel höher als die der zugehörenden Zapfen.

Die Bemessung erfolgt für Querschnittshöhen bis 300 mm nach Abschnitt NCI NA.12.2 in der Norm. Die Zapfentragfähigkeit ist abhängig von der Scherfestigkeit, von der Querdruckfestigkeit des Zapfens sowie der Zapfengeometrie und der Lage des Zapfens. Die in der Norm angegebenen Grenzwerte für die Geometrie sind einzuhalten.
Die Ermittlung der Tragfähigkeit erfolgt nach den Regeln für ausgeklinkte Träger unter Verwendung des K_v-Wertes nach Gl. (6.62) in DIN EN 1995-1-1:2010.
Für die Berechnung des charakteristischen Wertes der Zapfentragfähigkeit gilt Gl. (NA.164):

$$F_{Rk} = \min\left\{\begin{matrix} \frac{2}{3}\cdot b_{ef}\cdot h_e\cdot k_z\cdot k_v\cdot f_{v,k} \\ 1{,}7\cdot b\cdot \ell_{z,ef}\cdot f_{c,90,k}\end{matrix}\right\}$$

Hierbei ist:

$$\ell_{z,ef} = \min\left\{\begin{matrix} \ell_z + 30\,\text{mm} \\ 2\cdot \ell_z\end{matrix}\right\}$$

$$k_z = \beta\left[1+2\cdot(1-\beta)^2\right]\cdot(2-\alpha)$$

mit $\alpha = \frac{h_e}{h}$ und $\beta = \frac{h_z}{h_e}$

nach Gl. (6.62) ist k_v zu berechnen

[DIN EN 1995-1-1, Gl. (6.62)]

$$k_v = \min\left\{\begin{matrix} 1 \\ \dfrac{k_n\cdot\left(1+\dfrac{1{,}1\cdot i^{1{,}5}}{\sqrt{h}}\right)}{\sqrt{h}\cdot\left(\sqrt{\alpha(1-\alpha)}+0{,}8\cdot\dfrac{x}{h}\cdot\sqrt{\dfrac{1}{\alpha}-\alpha^2}\right)}\end{matrix}\right.$$

i Neigung der Ausklinkung;

h Höhe des Biegestabes, in mm;

x Abstand der Wirkungslinie der Auflagerkraft von der Ausklinkungsecke, da Zapfen keine Neigung wie bei Ausklinkungen haben, vereinfachte sich Gl. (6.61) für $i = 0$

[DIN EN 1995-1-1, Gl. (6.62)]

$$k_v = \min\left\{\begin{matrix} 1 \\ \dfrac{k_n}{\sqrt{h}\cdot\left(\sqrt{\alpha(1-\alpha)}+0{,}8\cdot\dfrac{x}{h}\cdot\sqrt{\dfrac{1}{\alpha}-\alpha^2}\right)}\end{matrix}\right.$$

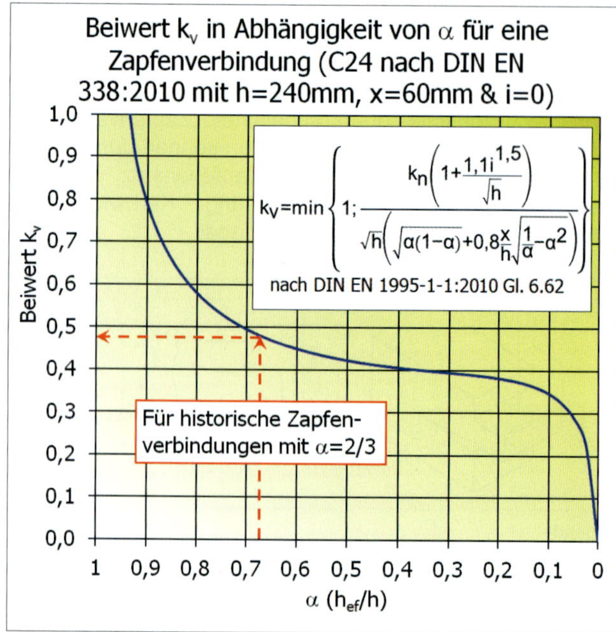

Bild 4.81. Beiwert k_v in Abhänigkeit von α

Für unten liegende Zapfen (ohne untere Ausklinkung) ist $k_v = 1{,}0$.

k_n ist abhängig von der Art des verwendeten Holzwerkstoffes:

$k_n = 4{,}5$ für Furnierschichtholz
$k_n = 5$ für Vollholz und Balkenschichtholz
$k_n = 6{,}5$ für Brettschichtholz

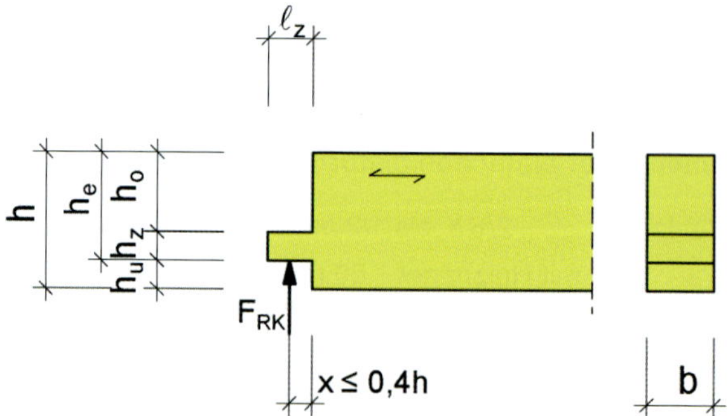

Bild 4.82. Zapfen (Geometrie entspricht Bild NA.19 in DIN EN 1995-1-1/NA:2013)

Nach DIN EN 1995-1-1/NA:2013, Abschnitt NCI NA.12.2 gelten für die Zapfenkonstruktion Mindest- und Höchstmasse, die einzuhalten sind:

$15\,\text{mm} \le \ell_z \le 60\,\text{mm}$

$1{,}5 \le h/b \le 2{,}5$

$h_o \ge h_u$

$h_u/h \le 1/3$

$h_z \ge h/6$

Den Bemessungswert der Tragfähigkeit erhält man analog Gl. (2.14):

[DIN EN 1995-1-1, Gl. (2.14)]

$$F_{Rd} = k_{\text{mod}} \cdot \frac{F_{Rk}}{\gamma_M}$$

mit $\gamma_M = 1{,}3$.

Der Nachweis für das Zapfenloch erfolgt unter Anwendung die Regelungen für Queranschlüsse (s. Abschnitt 4.4.4.). Dabei ist für b die Zapfenlänge ℓ_z einzusetzen.

Es gilt für Queranschlüsse mit $h_e/h \le 0{,}7$ die Gl. (NA.103)

$$\frac{F_{v,Ed}}{F_{90,Rd}} \le 1 \qquad \text{[DIN EN 1995-1-1/NA, Gl. (NA.103)]}$$

$F_{90,Rd}$ wird nach Gleichung Gl. (NA.104) berechnet

[DIN EN 1995-1-1/NA, Gl. (NA.104)]

$$F_{90,Rd} = k_s \cdot k_r \cdot \left(6{,}5 + \frac{18 \cdot h_e^2}{h^2}\right) \cdot (t_{ef} \cdot h)^{0{,}8} \cdot f_{t,90,d}$$

Nach [*Blaß/Ehlbeck* u. a. 2005] gelten für Zapfenlöcher folgende Annahmen:

1. Das Loch versagt am unteren Rand, h_e ist damit der Abstand zum unteren Rand, $a = h - h_e$.
2. Die wirksame Zapfenlänge entspricht der Zapfenlänge, es ist $t_{ef} = \ell_{z,ef}$.
3. k_s nach Gl. (NA.105) ist = 1, da eine Spannungsausbreitung von nebeneinander angeordneten Verbindungen nicht auftritt.
4. k_r nach Gl. (NA.106) ist = 1, da keine mehrere übereinander liegenden Verbindungsmittel, deren Auswirkung durch k_r erfasst wird, vorhanden sind.

   Gl. (NA.104) vereinfacht sich zu:

$$F_{90,Rd} = \left(6{,}5 + \frac{18 \cdot a^2}{h^2}\right) \cdot (\ell_{z,ef} \cdot h)^{0{,}8} \cdot f_{t,90,d}$$

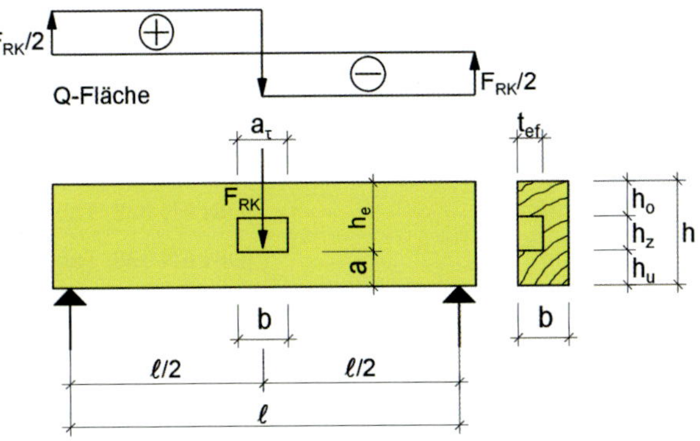

Bild 4.83. Querschnittsverhältnisse mittiger Zapfenlöcher (in $\ell/2$) mit $h_Z = h/3$

Literatur: [*Lißner/Rug* 2016]

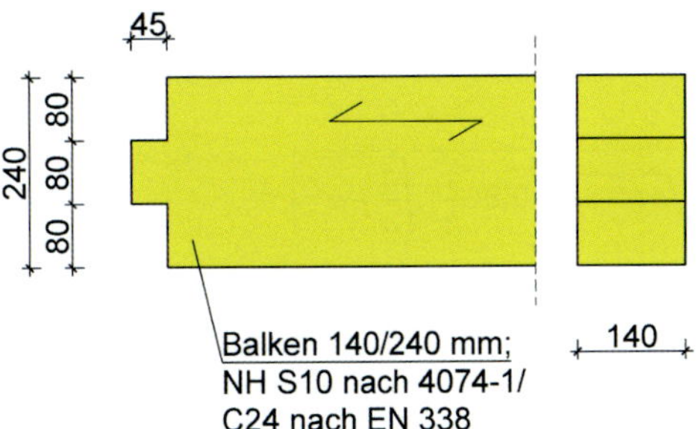

Bild 4.84. Zapfen

Beispiel 4.26. (nach DIN EN 1995-1-1:2010)

Es ist ein Balken mit dem Querschnitt $b/h = 140/240$ mm mit einem geraden mittigen Zapfen anzuschließen (Bild 4.84).
NH S10 nach DIN 4074-1/C24 nach DIN EN 338, Tabelle 1.
Wie groß ist $R_{d,Zapfen}$, d. h. die Zapfenbelastung, und wie groß ist $R_{d,Zapfenloch}$, d. h. der Bemessungswert der Tragfähigkeit eines mittig angeordneten Zapfens?

Mittig angeordneter Zapfen

Anschlussgeometrie: s. Bild 4.85.

Lösung:

$h = 240$ mm $<$ max $h = 300$ mm

$h_o = h_u = h_z = 80$ mm

$h_e = h_o + h_z = 160$ mm

$h_Z = \frac{240}{3} = 80$ mm (Zapfendicke)

$\ell_Z = 45$ mm (Zapfenlänge)

$t_L = 50$ mm (Länge Zapfenloch)

$b = 140$ mm (Breite Träger)

$h_o = h_u = 80$ mm

Baustoffeigenschaften:

NH S10 nach DIN 4074-1 = C24 nach DIN EN 338, Tabelle 1, 140/240 mm,

$\rho_k = 350$ kg/m³ [DIN EN 338, Tabelle 1]
NKL (Nutzungsklasse): 1 [DIN EN 1995-1-1, Abschnitt 2.3.1.3]
KLED (Lasteinwirkungsdauer): mittel

$k_{\text{mod}} = 0{,}8$ [DIN EN 1995-1-1, Tabelle 3.1]

$\gamma_{M,\text{Holz}} = 1{,}3$ [DIN EN 1995-1-1/NA, Tabelle NA.2]

Charakteristischer Wert der Scher-, Querzug- und Druckfestigkeit senkrecht zur Faser:

$f_{v,k} = 4{,}0$ N/mm² [DIN EN 338, Tabelle 1]

$f_{t,90,k} = 0{,}4$ N/mm² [DIN EN 338, Tabelle 1]

$f_{c,90,k} = 2{,}5$ N/mm² [DIN EN 338, Tabelle 1]

Gesucht: Bemessungswert der Tragfähigkeit F_{Rd}

Es gilt als konstruktive Voraussetzung:

$\ell_z = 45$ mm < 60 mm

$h/b = 1{,}7 \ge 1{,}5$ und $\le 2{,}5$;

$h_o = h_u$; $h_u/h = 1{,}3$;

$h_z = 80$ mm $\ge h/6 = 40$ mm

$$\alpha = \frac{h_e}{h} = \frac{160}{240} = 0{,}67$$

$$\beta = \frac{h_z}{h_e} = \frac{80}{160} = 0{,}5$$

k_V nach Gl. (6.62) für $i = 0$

[DIN EN 1995-1-1, Gl. (6.62)]

$$k_v = \min\left\{\frac{1{,}0}{\sqrt{h}\cdot\left(\sqrt{\alpha(1-\alpha)}+0{,}8\cdot\frac{x}{h}\cdot\sqrt{\frac{1}{\alpha}-\alpha^2}\right)}\right.$$

$$k_V = \min\left\{\frac{1{,}0}{\sqrt{240}\cdot\left(\sqrt{0{,}67\cdot(1-0{,}67)}+0{,}8\cdot 0{,}075\sqrt{\frac{1}{0{,}67}-0{,}67^2}\right)}\right. = 0{,}12$$

$$k_Z = 0{,}5\cdot\left[1+2\cdot(1-0{,}5)^2\right]\cdot(2-0{,}67) = 0{,}998$$

$$\ell_{z,ef} = \min\left\{\begin{matrix}45+30\text{ mm}=75\text{ mm}\\ 2\cdot 45=90\text{ mm}\end{matrix}\right\} = 75\text{ mm}$$

Charakteristischer Wert der Zapfentragfähigkeit nach Gl. (NA.164):

$$b_{ef} = k_{cr}\cdot b$$

$$k_{cr} = \frac{2{,}0}{4{,}0} = 0{,}5$$

$$b_{ef} = 0{,}5\cdot 140 = 70\text{ mm}$$

[DIN EN 1995-1-1/NA, Gl. (NA.164)]

$$F_{Rk} = \min\left\{\begin{matrix}\frac{2}{3}\cdot b_{ef}\cdot h_e\cdot k_Z\cdot k_v\cdot f_{v,k}\\ 1{,}7\cdot b\cdot \ell_{z,ef}\cdot f_{c,90,k}\end{matrix}\right\}$$

$$F_{Rk} = \min\left\{\begin{matrix}\frac{2}{3}\cdot 70\cdot 160\cdot 0{,}998\cdot 0{,}559\cdot 4{,}0\\ 1{,}7\cdot 140\cdot 75\cdot 2{,}5\end{matrix}\right\}$$

$$F_{Rk} = \min\left\{\begin{matrix}\frac{2}{3}\cdot 70\cdot 160\cdot 0{,}998\cdot 0{,}559\cdot 4{,}0\\ 1{,}7\cdot 140\cdot 75\cdot 2{,}5\end{matrix}\right\}$$

$$F_{Rk} = \min\left\{\begin{matrix}=16662{,}08\text{ N}=16{,}66\text{ kN}\leftarrow\text{maßgebend}\\ =44625\text{ N}=44{,}63\text{ kN}\end{matrix}\right\}$$

Bemessungswert der Zapfentragfähigkeit:

$$F_{Rd} = \frac{k_{mod}\cdot F_{Rk}}{\gamma_M} = \frac{0{,}8\cdot 16{,}66}{1{,}3} = 10{,}25\text{ kN}$$

Gesucht: Bemessungswert der Tragfähigkeit des Zapfenloches:

Bemessungswert der Querzugfestigkeit:

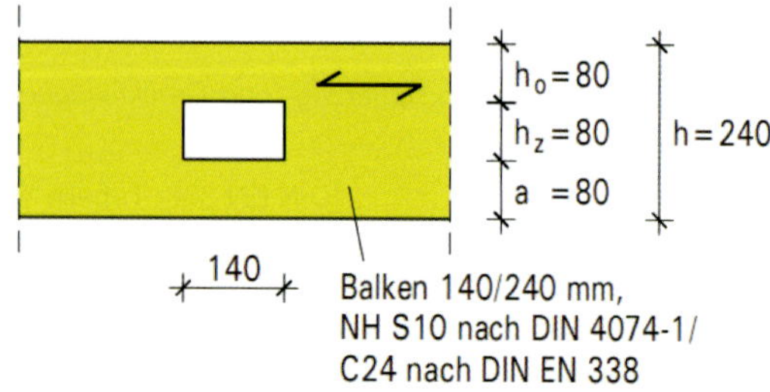

Bild 4.85. Zapfenloch

$$f_{t,90,d} = \frac{k_{mod}\cdot f_{t,90,k}}{\gamma_M}$$ [DIN EN 1995-1-1, Gl. (2.14)]

$$f_{t,90,d} = \frac{0{,}8\cdot 0{,}4}{1{,}3} = 0{,}25\text{ N/mm}^2$$

$$F_{90,Rd} = \left(6{,}5+\frac{18\cdot a^2}{h^2}\right)\cdot(\ell_{z,ef}\cdot h)^{0{,}8}\cdot f_{t,90,d}$$

$$F_{90,Rd} = \left(6{,}5+\frac{18\cdot 80^2}{240^2}\right)\cdot(45\cdot 240)^{0{,}8}\cdot 0{,}25$$

$$F_{90,Rd} = 3581{,}77\text{ N} = 3{,}58\text{ kN}$$

Maßgebende Tragfähigkeit:

$$F_{Rd} = \min\left\{\begin{matrix}F_{Rd} & =10{,}25\\ F_{90,Rd} & =3{,}58\end{matrix}\right. = 3{,}58\text{ kN}$$

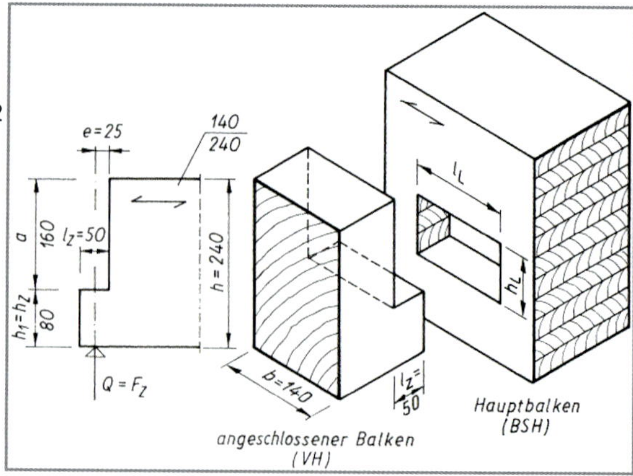

Bild 4.86. Angeschlossener Balken mit unten liegendem geraden Zapfen

Beispiel 4.27. (nach DIN EN 1995-1-1:2010)

Ein Balken mit einem Querschnitt $b/h = 140/120$ mm ist mit einem unten liegenden Zapfen anzuschließen (Bild 4.86.), Nebenträger: NH S10 nach DIN 4074-1/C24 nach DIN EN 338, Tabelle 1. Hauptträger: BSH GL24h nach DIN EN 14080, Tabelle 5. Wie groß ist F_{Rd} ?

Anschlussgeometrie: s. Bild 4.80.

Lösung:

Baustoffeigenschaften:

Angeschlossener Balken:

NH S10 nach DIN 4074-1/C24 nach DIN EN 338, Tabelle 1

140/240 mm ,

$\rho_k = 350\text{ kg/m}^3$ [DIN EN 338, Tabelle 1]

BSH GL24h nach DIN EN 14080, Tabelle 5, 160/320 mm,

$\rho_k = 385\text{ kg/m}^3$ [DIN EN 14080, Tabelle 5]

NKL (Nutzungsklasse): 1 [DIN EN 1995-1-1, Abschnitt 2.3.1.3]

KLED (Lasteinwirkungsdauer): mittel

$\Rightarrow k_{mod} = 0{,}8$ [DIN EN 1995-1-1, Tabelle 3.1]

$\gamma_{M,\text{Holz}} = 1{,}3$ [DIN EN 1995-1-1/NA:2013, Tabelle NA.2]

Charakteristischer Wert der Scher- und Druckfestigkeit senkrecht zur Faser:

$f_{v,k} = 4{,}0\text{ N/mm}^2$ [DIN EN 338, Tabelle 1]

$f_{t,90,k} = 0{,}4\text{ N/mm}^2$ [DIN EN 338, Tabelle 1]

$f_{c,90,k} = 2{,}5\text{ N/mm}^2$ [DIN EN 338, Tabelle 1]

Gesucht: Bemessungswert der Tragfähigkeit des Zapfens

$$\alpha = \frac{h_e}{h} = \frac{240}{240} = 1{,}0\ ;\ k_n = 5\ (\text{Vollholz})$$

$$\beta = \frac{h_z}{h_e} = \frac{80}{240} = 0{,}33$$

Für unten liegende Zapfen ist $k_v = 1{,}0$

$$k_Z = 0{,}33\cdot\left[1+2\cdot(1-0{,}33)^2\right]\cdot(2-0{,}33) = 0{,}296$$

$$\ell_{z,ef} = \min\left\{\begin{matrix}50+30\text{ mm}=80\text{ mm}\\ 2\cdot 50=100\text{ mm}\end{matrix}\right\} = 80\text{ mm}$$

$h = 240\text{ mm} < \max h = 300\text{ mm}$

Charakteristischer Wert der Zapfentragfähigkeit:

$$b_{ef} = k_{cr} \cdot b$$

$$k_{cr} = \frac{2{,}0}{4{,}0} = 0{,}5$$

$$b_{ef} = 0{,}5 \cdot 140 = 70 \text{ mm}$$

[DIN EN 1995-1-1/NA, Gl. (NA.164)]

$$F_{Rk} = \min\begin{Bmatrix} \frac{2}{3} \cdot b_{ef} \cdot h_e \cdot k_Z \cdot k_v \cdot f_{v,k} \\ 1{,}7 \cdot b \cdot \ell_{z,ef} \cdot f_{c,90,k} \end{Bmatrix}$$

$$F_{Rk} = \min\begin{Bmatrix} \frac{2}{3} \cdot 70 \cdot 240 \cdot 0{,}63 \cdot 1{,}0 \cdot 4{,}0 \\ 1{,}7 \cdot 140 \cdot 80 \cdot 2{,}5 \end{Bmatrix}$$

$$F_{Rk} = \min\begin{Bmatrix} = 28224 \text{ N} = 28{,}22 \text{ kN} \rightarrow \text{maßgebend} \\ = 47600 \text{ N} = 47{,}60 \text{ kN} \end{Bmatrix}$$

Bemessungswert der Zapfentragfähigkeit:

$$F_{Rd} = \frac{k_{mod} \cdot F_{Rk}}{\gamma_M} = \frac{0{,}8 \cdot 28{,}22}{1{,}3} = 17{,}37 \text{ kN}$$

Charakteristische Tragfähigkeit des Zapfenloches:

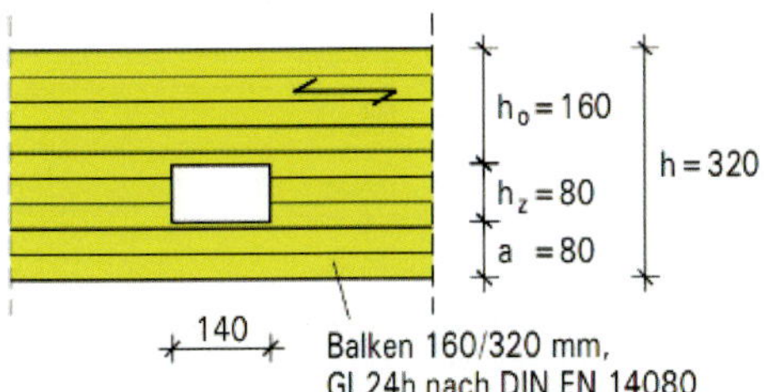

Bild 4.87. Zapfenloch

$$f_{t,90,d} = \frac{k_{mod} \cdot f_{t,90,k}}{\gamma_M}$$

[DIN EN 1995-1-1, Gl. (2.14)]

$$f_{t,90,d} = \frac{0{,}8 \cdot 0{,}5}{1{,}3} = 0{,}31 \text{ N/mm}^2$$

$$F_{90,Rd} = \left(6{,}5 + \frac{18 \cdot a^2}{h^2}\right) \cdot (\ell_{z,ef} \cdot h)^{0{,}8} \cdot f_{t,90,d}$$

$$F_{90,Rd} = \left(6{,}5 + \frac{18 \cdot 80^2}{320^2}\right) \cdot (45 \cdot 320)^{0{,}8} \cdot 0{,}31$$

$$F_{90,Rd} = 5015{,}24 \text{ N} = 5{,}02 \text{ kN}$$

Maßgebende Tragfähigkeit:

$$F_{Rd} = \min\begin{Bmatrix} F_{Rd} = 17{,}37 \\ F_{90,Rd} = 5{,}02 \end{Bmatrix} = 5{,}02 \text{ kN}$$

4.6.6. Abgestirnter Zapfen

Abgestirnte Zapfenverbindungen (Bild 4.88.) wurden vom Zimmermann als Verbindung zwischen schrägen und horizontalen Stäben verwendet (z. B. Kopfbänder, Sparrenanschlüsse – s. Tabelle 4.8.).

Zum Tragverhalten derartiger Verbindungen wurden in letzter Zeit grundlegende Untersuchungen durchgeführt [*Koch* 2011]. Zur Bemessung derartiger Verbindungen, s. [*Koch/Seim* 2012].

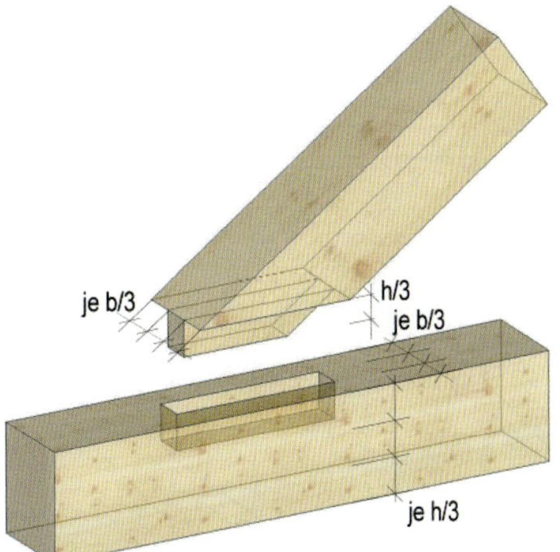

Bild 4.88. Abgestirnter Zapfen – Bezeichnungen und Prüfkörpergeometrie (aus [*Koch/Seim* 2012]

4.6.7. Schwalbenschwanzverbindung (Verblattungen/Zapfenverbindungen)

Sie dienten im traditionellen Zimmermanns-Holzbau nicht dazu, planmäßig Kräfte zu übertragen (Bilder 4.89.a bis d). Sie sollten eine ausreichende räumliche Aussteifung bewirken. Im Fachwerkbau wurden Anblattungen bereits im 16. Jh. verboten (wahrscheinlich wegen der großen Verformungen) und durch Zapfen ersetzt.

Anwendung im Ingenieurholzbau

Druckbelastung:

Es können geringe Druckkräfte übertragen werden, ein Versatz jedoch ist tragfähiger und wirtschaftlich günstiger herstellbar.

Zugbelastung:

Bei Dauerbelastung auf Zug treten sehr große Verformungen auf. Für Dauerbauten, die steif und formbeständig sein müssen, können Schwalbenschwanzverbindungen in traditioneller Ausführung nach [*Heimeshoff* u. a. 1988] nicht empfohlen werden. Bereits bei Verringerung der Holzfeuchte um 1 % tritt ein Schlupf der Verbindung auf.

Bei einer Ausführung nach Bild 4.89.e (genagelte Verbindung) können auch bei Dauerbauten Zugkräfte übertragen werden.

Bei **Dachkonstruktionen** in zimmermannsmäßiger Bauweise dürfen solche Verbindungen keine Dauerbelastungen auf Zug haben.

Bei **denkmalgeschützten Fachwerkbauten** ist eine solide Ausführung und Lagesicherung mit Hartholznägeln wichtig.

Allgemeine Forderung

- Bereits beim Abbund sollte die Holzfeuchte der Gleichgewichtsfeuchte entsprechen ($_{vorh}u = u_{gl}$).
- Es ist trockenes Holz (mittlere Feuchte ≤ 20 %) zu verwenden.
- Keine planmäßige Dauerbelastung auf Zug.
- Kerbtiefe t: 30…60 mm
- Breite b_2: 30…60 mm
- Hohe Passgenauigkeit bei der Herstellung erforderlich.

Ein Zuganschluss mit mechanischen Verbindungsmitteln ist im Allgemeinen vorzuziehen.

Für die Übertragung von kurzfristig wirkenden Zugkräften kann die Tragfähigkeit nach den ergänzenden Erläuterungen für Bauten im Bestand in [*Blaß/Ehlbeck* u. a. 2005] berechnet werden.

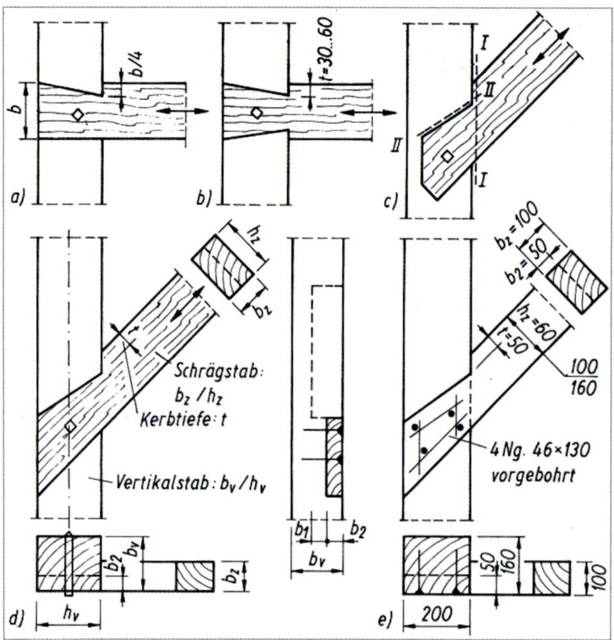

Legende

a) halber Schwalbenschwanz (Weichschwanz)
b) Schwalbenschwanz, halb überblattet
c) schräger Schwalbenschwanz; I, II Reibungsflächen
d) schräge Verbindung, z. B. Kopfbandanschluss
e) Verbindung, für Dauerbauten geeignet, kann geringe Zugkräfte übertragen

Bild 4.89. Schwalbenschwanzverbindung

Schwalbenschwanz-Zapfenverbindung

Mit modernen Abbundanlagen können alle gewünschten zimmermannsmäßigen Verbindungen hergestellt werden. Für die Zimmerer ist das eine große Erleichterung, da zeitaufwendige Handarbeit entfällt. Anschlüsse von Haupt- und Nebenträger können mit auf CNC-gesteuerten Abbundmaschinen hergestellten Schwalbenschwanz-Zapfenverbindungen mit folgenden Vorteilen verbunden werden:

- einfache Montage auf der Baustelle durch Steckverbindungen,
- hohe Genauigkeit in der Herstellung,
- Sichtverbindung,
- keine metallischen Verbindungsmittel erforderlich.

Die Breite der Nebenträger muss mindestens 80 mm, die Breite der Hauptträger sollte mindestens 100 mm, die Querschnittshöhe des Hauptträgers sollte mindestens 160 mm bei einer maximalen Querschnittshöhe von 280 mm betragen. Bemessung und Konstruktion regelt eine allgemeine bauaufsichtliche Zulassung Z-9.1-649.

Der Nachweis der Verbindung erfolgt wie für einen ausgeklinkten Träger (für den Nebenträger) und beim Hauptträger analog der Berechnung der Tragfähigkeit eines Zapfenloches bei Zapfenverbindungen. Reicht die Tragfähigkeit nicht aus, kann die Verbindung durch gekreuzte Schrauben oder Querzugverstärkung verstärkt werden.

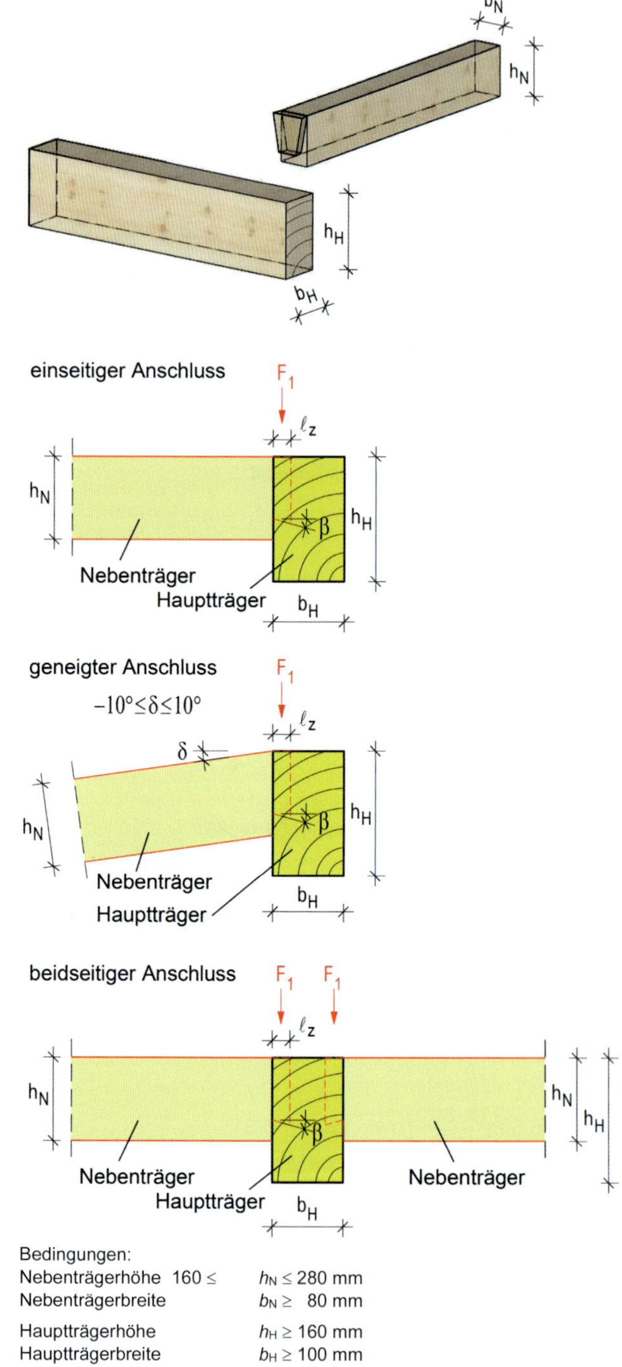

Bild 4.90. Anschlussbedingungen nach BAZ, Z-9.1-649

Der Nebenträger kann auch schräg angeschlossen werden. Zahlreiche experimentelle Untersuchungen zeigten folgende Versagensarten (s. [*Werner* 2001]):

- Versagen des Nebenträgers infolge Querzug und Schubbeanspruchung,
- Versagen des Hauptträgers infolge Querzug im Bereich der Ausrundung.

Draufsicht

b_N

Nebenträger

Hauptträger

ℓ_z b_H β b_z

Nebenträger Seitenansicht

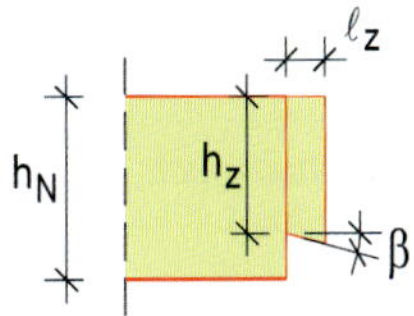

Nebenträger Vorderansicht

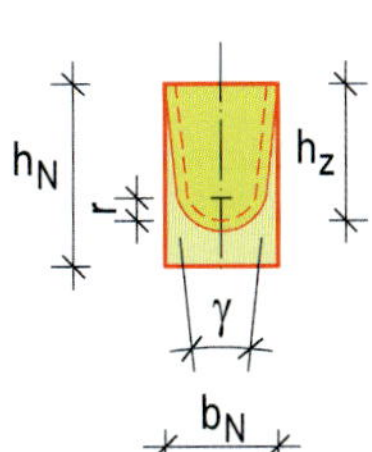

Hauptträger Seitenansicht

Hauptträger Vorderansicht

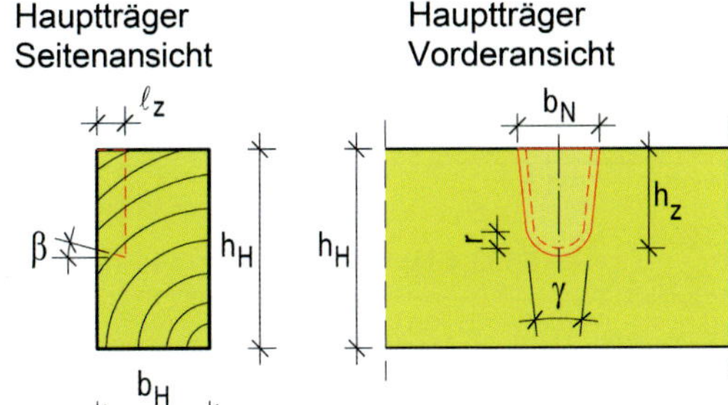

Legende

Zapfen in der Fuge	$25 \leq r \leq 60$ mm
Zapfenhöhe	h_z
Zapfenbreite (kleinerer Wert)	b_z
Zapfenlänge	$25 \leq \ell_z \leq 30$ mm
Zapfenkonuswinkel	$4° \leq \gamma \leq 12°$
Zapfenfräswinkel	$10° \leq \beta \leq 18°$
Zapfenlochtiefe	ℓ_z
Zapfenlochradius in der Fuge	$25 \leq r \leq 60$ mm
Maßtoleranz	+/– 0,2 mm

Bild 4.91. Schwalbenschwanz-Zapfenverbindung nach BAZ, Z-9.1-649

Nachweis im Grenzzustand der Tragfähigkeit nach BAZ, Z-9.1-649

Bemessung von Schwalbenschwanz-Verbindungen des Verbandes HIGH-TECH-ABBUND im Zimmererhandwerk e. V. nach DIN EN 1995-1-1:2010 (in Verbindung mit dem Nationalen Anwendungsdokument).

[Z-9.1-649, Gl. (1)]

$$F_{90,Rd} = \min \begin{Bmatrix} k_{ab} \cdot \dfrac{h_Z}{h_Z - r} \cdot \left(6{,}5 + \dfrac{18 \cdot (h_H + h_Z + r)^2}{h_H^2}\right) \cdot (t_{ef} \cdot h_H)^{0{,}8} \cdot f_{t,90,d} \\ \dfrac{k_v \cdot b_N \cdot (h_Z - r)}{1{,}5} \cdot f_{v,d} \end{Bmatrix}$$

$F_{90,Rd}$ in N

Hierin bedeuten:

- h_H Höhe des Hauptträgers, in mm;
- b_H Breite des Hauptträgers, in mm;
- h_z Zapfenhöhe, in mm;
- r Zapfenlochradius, in mm;
- t_{ef} wirksame Anschlusstiefe, in mm, t_{ef} = 100 mm für ein- und beidseitige Anschlüsse.

$$k_{ab} = \min \begin{Bmatrix} 1 \\ b_h / 200 \end{Bmatrix}$$

[Z-9.1-649, Gl. (2)]

$$k_v = \min \begin{Bmatrix} 1 \\ \dfrac{k_n}{\sqrt{h_n} \cdot \left(\sqrt{\alpha \cdot (1-\alpha)} + 0{,}4 \cdot \dfrac{\ell_Z}{h_n} \cdot \sqrt{\dfrac{1}{\alpha} - \alpha^2}\right)} \end{Bmatrix} \quad \text{(in N)}$$

- h_N Höhe des Nebenträgers, in mm;
- b_N Breite des Nebenträgers, in mm;
- ℓ_z Zapfenlochtiefe;
- α = $(h_z - r)/h_N$, Ausklinkungsverhältnis;
- k_n = 5 für Balkenschichtholz;
- k_n = 6,5 für Brettschichtholz;
- $f_{t,90,d}$ Bemessungswert der Querzugfestigkeit, $f_{t,90,d} = f_{t,90,k} \cdot k_{mod}/\gamma_M$;
- $f_{t,90,k}$ = 0,5 N/mm²;
- k_{mod} Beiwert zur Berücksichtigung der Lasteinwirkungsdauer und der Holzfeuchte nach DIN EN 1995-1-1, Anhang F, Tabelle 1 mit DIN EN 1995-1-1/NA:2013
- γ_M = 1,3; Teilsicherheitsbeiwert für die Festigkeitseigenschaften nach DIN EN 1995-1-1:2010;
- $f_{v,d}$ Bemessungswert der Schubfestigkeit, $f_{v,d} = f_{v,k} \cdot k_{mod}/\gamma_M$;
- $f_{v,k}$ = 2,5 N/mm².

Literatur: Die wichtigsten deutschsprachigen Untersuchungen werden in [*Werner* 2001] ausgewertet. Weitere Literatur s. [*Bobacz* u. a. 2004], [*Tannert* u. a. 2011].

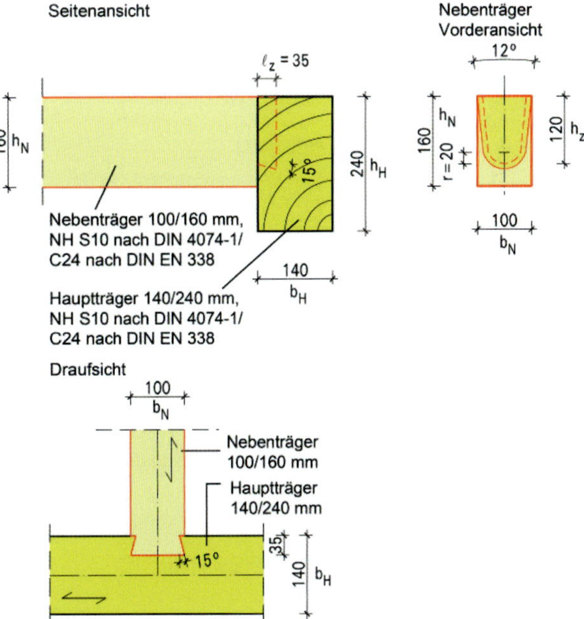

Bild 4.92. Nebenträger/Hauptträger nach BAZ, Z-9.1-679 (Angaben in mm)

Beispiel 4.28. **(nach DIN EN 1995-1-1:2010 und Z-9.1-649)**

Variante zu Beispiel 3.21:

Der im Beispiel 3.21. beschriebene Anschluss soll nun mit einem Schwalbenschwanz-Zapfen nach Z-9.1-649 ausgeführt werden (Bild 4.92.).
Der Bemessungswert der aufzunehmenden Querkraft beträgt für den maßgebenden Lastfall $V_d = 4{,}2$ kN.

Verbindungsgeometrie:

Abmessungen des Haupt- und Nebenträgers:

$h_H = 240$ mm; $b_H = 140$ mm

$h_N = 160$ mm; $b_N = 100$ mm

Abmessungen des Schwalbenschwanz-Zapfens:

$h_Z = 120\,\text{mm}$

$\ell_Z = 35\,\text{mm}$

$r = 20\,\text{mm}$

$\delta = 0°$

Wirksame Anschlusstiefe:

$t_{ef} = \min\{b_H;\,100\,\text{mm}\} = \min\{140\,\text{mm};\,100\,\text{mm}\}$
$t_{ef} = 100\,\text{mm}$

Ausklinkungsverhältnis:

$$\alpha = \cos\delta \cdot \frac{(h_Z - r)}{h_N} = \cos 0° \cdot \frac{(120-20)}{160}$$
$$\alpha = 0{,}625$$

Beiwert zur Berücksichtigung ein- oder beidseitiger Anschlüsse:

$$k_{ab} = \begin{cases} 1 & \text{bei einseitigen Anschlüssen} \\ \min\{1;\ b_H/200\} & \text{bei beidseitigen Anschlüssen} \end{cases}$$
$$k_{ab} = 1$$

Beiwert zur Berücksichtigung der Ausklinkung im Nebenträger:

[Z-9.1-649, Gl. (2)]

$$k_v = \min\left\{\begin{array}{l} 1 \\ \dfrac{k_n}{\sqrt{h_N}\cdot\left(\sqrt{\alpha\cdot(1-\alpha)} + 0{,}4\cdot\dfrac{\ell_Z}{h_N}\cdot\sqrt{\dfrac{1}{\alpha}-\alpha^2}\right)} \end{array}\right\}$$

mit $k_n = 5$ (*für Vollholz aus Nadelholz*)

$$k_v = \min\left\{\begin{array}{l} 1 \\ \dfrac{5{,}0}{\sqrt{160}\cdot\left(\sqrt{0{,}625\cdot(1-0{,}625)} + 0{,}4\cdot\dfrac{35}{160}\cdot\sqrt{\dfrac{1}{0{,}625}-0{,}625^2}\right)} \end{array}\right\}$$

$$k_v = \min\left\{\begin{array}{l} 1 \\ 0{,}687 \end{array}\right\}$$

Bemessungswerte der Festigkeitseigenschaften nach DIN EN 1995-1-1:2010, Gl. (2.14):

Charakteristische Werte der Festigkeitseigenschaften nach DIN EN 338:2016, Tabelle 1:

$f_{t,90,k} = 0{,}4\,\text{N/mm}^2$; $f_{v,k} = 4{,}0\,\text{N/mm}^2$

Bemessungswert der Festigkeitseigenschaften:

$$f_{t,90,d} = \frac{k_{\text{mod}}\cdot f_{t,90,k}}{\gamma_M} = \frac{0{,}8\cdot 0{,}4}{1{,}3} = 0{,}25\,\text{N/mm}^2$$

$$f_{v,d} = \frac{k_{\text{mod}}\cdot f_{v,k}}{\gamma_M} = \frac{0{,}8\cdot 4{,}0}{1{,}3} = 2{,}46\,\text{N/mm}^2$$

Bemessungswert der Tragfähigkeit der Schwalbenschwanz-Verbindung nach Z-9.1-649, Gl. (1):

[Z-9.1-649, Gl. (1)]

$$R_{90,d} = \min\left\{\begin{array}{l} k_{ab}\cdot\dfrac{h_Z}{h_Z - r}\cdot\left(6{,}5 + \dfrac{18\cdot(h_H - h_Z + r)^2}{h_H^2}\right)\cdot(t_{ef}\cdot h_H)^{0{,}8}\cdot f_{t,90,d} \\ \dfrac{k_v\cdot b_N\cdot(h_Z - r)}{1{,}5}\cdot f_{v,d} \end{array}\right\}$$

In Anlehnung an die DIN EN 1995-1-1:2010, Abschnitt 6.1.7 (2) wird die Breite des Nebenträgers mit dem Beiwert k_{cr} multipliziert, um den Einfluss von Rissen zu berücksichtigen.

$$R_{90,d} = \min\left\{\begin{array}{l} k_{ab}\cdot\dfrac{h_Z}{h_Z - r}\cdot\left(6{,}5 + \dfrac{18\cdot(h_H - h_Z + r)^2}{h_H^2}\right)\cdot(t_{ef}\cdot h_H)^{0{,}8}\cdot f_{t,90,d} \\ \dfrac{k_v\cdot b_N\cdot k_{cr}\cdot(h_Z - r)}{1{,}5}\cdot f_{v,d} \end{array}\right\}$$

Der Beiwert k_{cr} ergibt sich für Vollholz aus Nadelholz nach DIN EN 1995-1-1/NA:2013, NDP zu 6.1.7(2) wie folgt:

$$k_{cr} = \frac{2{,}0}{f_{v,k}} = \frac{2{,}0}{4{,}0} = 0{,}5$$

$$R_{90,d} = \min\left\{\begin{array}{l} 1\cdot\dfrac{120}{120-20}\cdot\left(6{,}5 + \dfrac{18\cdot(240-120+20)^2}{240^2}\right)\cdot \\ (100\cdot 240)^{0{,}8}\cdot 0{,}25 \\ \dfrac{0{,}687\cdot 100\cdot 0{,}5\cdot(120-20)}{1{,}5}\cdot 2{,}46 \end{array}\right\}$$

$$R_{90,d} = \min\left\{\begin{array}{l} 12092{,}7\,\text{N} \\ 5633{,}4\,\text{N} \end{array}\right\} = 5633{,}4\,\text{N} = 5{,}63\,\text{kN}$$

Nachweis der Tragfähigkeit der Verbindung:

$$\frac{V_d}{R_{90,d}} = \frac{4{,}2}{5{,}63} = 0{,}75 < 1{,}0$$ **Nachweis erfüllt!**

4.6.8. Blattlängsverbindungen

Im traditionellen Zimmermanns-Holzbau wurden viele unterschiedliche Blattlängsverbindungen ausgeführt (s. Tabelle 4.6.). Die passgerechte Ausführung erforderte einen hohen Arbeitsaufwand. Im Ingenieur-Holzbau werden Stäbe in der Regel mithilfe von Holzlaschen und mechanischen Verbindungsmitteln verlängert. Verblattungen in historischer Ausführung waren die Ausnahme, weil sie nur geringe Zugkräfte übertragen können. Die Bilder 4.93.a, b und c zeigen gerade Blattverbindungen und Lagesicherungen mit Holznägeln. Sie können keine nennenswerten Zugkräfte übertragen.

Gerades Blatt

Das gerade Blatt ist einfach herzustellen. Nach Untersuchungen von [*Heimeshoff* u. a. 1988] hat das mit Sondernägeln, mit Dübeln oder anderen mechanischen Verbindungsmitteln verstärkte gerade Blatt, ebenso auch das gerade Hakenblatt, ein günstiges Trag- und Verformungsverhalten (Bilder 4.93.d, e, f).
Denken wir uns bei Belastung die Hölzer nach Bild 4.94.b gelöst und die Kräfte angetragen, so wird im Schnitt II–II das Blatt auf Biegung und Zug beansprucht, und im Schnitt III–III treten Scherspannungen und Querzugspannungen auf. Werden die geringen Querzugspannungen überschritten, dann sind sie als Querzugrisse sichtbar. Diese Risse können zum Versagen der Verbindung führen (Bild 4.94.).

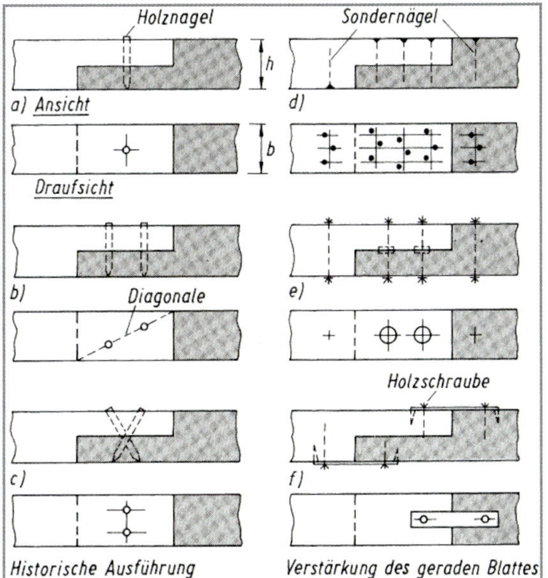

Legende
a) mittiger Holznagel
b) zwei Holznägel in der Diagonalen der Blattfläche
c) gekreuzte Holznägel
d) Verstärkung mit Sondernägeln
e) Verstärkung mit Einpressdübel
f) Sicherung mit verschraubten Bauklammern

Bild 4.93. Gerades Blatt, auf Zug beansprucht – Lagesicherung durch Holz- oder Drahtnägel bzw. mechanische Holzverbindungsmittel

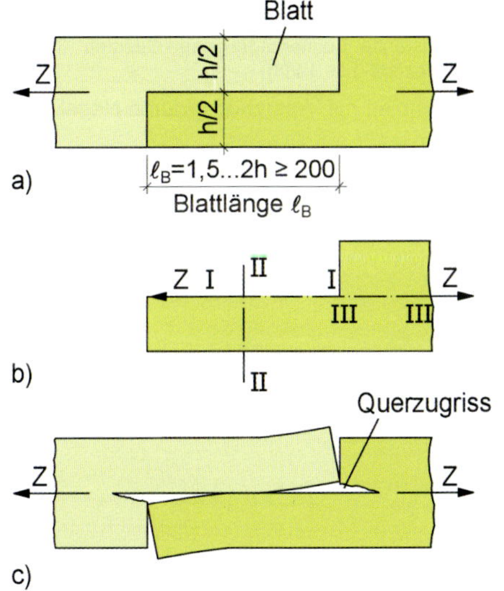

Legende
a) Bezeichnungen
b) Wirkungsweise, Schnittbezeichnungen (nach [*Theuerkorn* 1953/54])
c) Verformungen des geraden Blattes ohne Verstärkung

Bild 4.94. Gerades Blatt

Um das gerade Blatt tragfähig auf Zug zu verstärken, müssen

- **für die zu übertragende Zugkraft** mechanische Verbindungsmittel und
- **gegen die Querzugrisse** auf Zug beanspruchbare Verbindungsmittel, z. B. Sondernägel oder Schraubenbolzen,

vorgesehen werden. Das Bild 4.95. zeigt die Verstärkung eines geraden Blattes; die Zugkraft wird von üblichen Nägeln übertragen, gegen Querzugrisse sind Sondernägel oder Holzschrauben anzuordnen. Mindestnagelabstände beachten.

Bemessungsgleichungen für das verstärkte gerade Blatt sind in [*Heimeshoff* u. a. 1988] veröffentlicht (s. auch [*Lißner/Rug* 2018]).

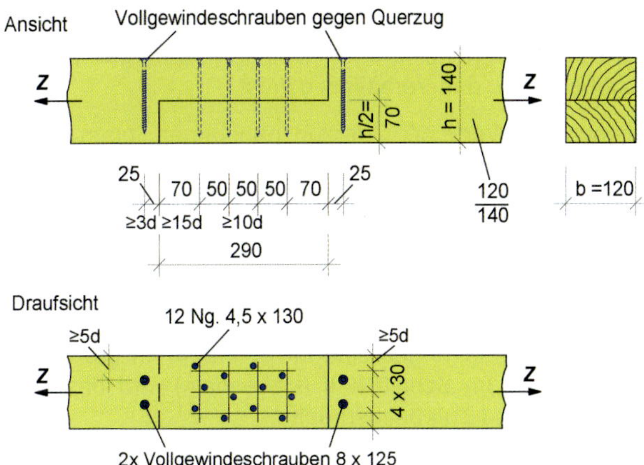

Bild 4.95. Verstärkung eines geraden Blattes mit Nägeln (nehmen Zugkräfte auf) und Vollgewindeschrauben (gegen Querzugrisse)

Gerades Hakenblatt

Mit dem historischen geraden Hakenblatt können bei ausreichender Lagesicherung der Verbindung Zugkräfte übertragen werden. Bei einer Lagesicherung mit 1 oder 2 Nägeln/Blatt (Bilder 4.96.b, c) oder durch eine ausreichende Auflast senkrecht zur Kraftrichtung (Bilder 4.96.d, e) wird bereits die Tragfähigkeit erhöht (konstruktive Lösung).

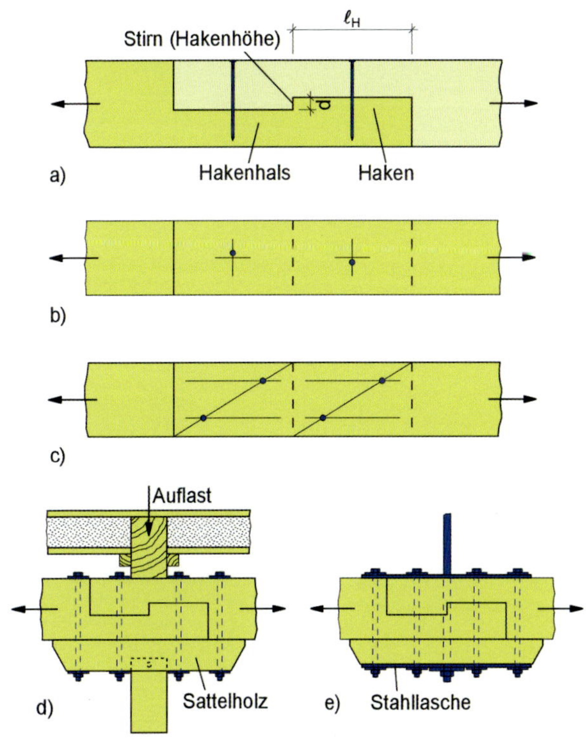

Legende
a) Ansicht
b) Draufsicht, Lagesicherung durch je einen Nagel
c) Draufsicht, Lagesicherung durch je zwei Nägel in der Diagonalen
d) Verformungsbehinderung durch Bolzenverbindungen
e) Verformungsbehinderung durch verschraubte Stahllaschen
Hakenlänge $\ell_H = 150\cdots250$ mm (Empfehlung $\ell_H = 200$ mm bei $h \geq 140$ mm)
Hakenhöhe $d = 20\cdots40$ mm (Empfehlung: 20 mm)
Geometrisches Verhältnis $d/h: 0{,}1\cdots0{,}25$
Geometrisches Verhältnis $\ell_H/h: 1{,}0\cdots1{,}5$

Bild 4.96. Gerades Hakenblatt ohne Verstärkung

Bei Zugbeanspruchung des nicht verstärkten geraden Blattes treten Verformungen nach Bild 4.97.a auf. In den Schnitten I–I und III–III (Bild 4.97.b) wirken Querzug- und Querdruckspannungen.

Diese Spannungen sind umso kleiner, je geringer die Hakenhöhe *d* bzw. das Verhältnis *d*/*h* ist.

Die höchsten Werte der Querzugspannungen liegen in den inneren Ecken. Diese Querzugspannungen lösen Querzugrisse aus, wenn die Bruchwerte überschritten werden.

Aus konstruktiven Gründen ist $d \geq 20$ mm auszuführen. Die Querzugspannungen lösen Querzugrisse aus, die bei dieser Form des Hakenblattes den Bruch herbeiführen.

Die Querzugspannungen sind im Schnitt III–III größer als im Schnitt I–I. Im Schnitt II–II (Hakenhals) wird das Holz auf Biegung und Zug beansprucht.

Um die Tragfähigkeit des geraden Hakenblattes zu erhöhen, wurde nach [*Heimeshoff* u. a. 1988] ein verstärktes Hakenblatt entwickelt, dessen Tragkraft rechnerisch zu ermitteln ist (Bilder 4.97.c, d).

Bei der Betrachtung des Tragverhaltens dieser Verbindung sind die Gleichgewichtsbedingungen und das Verformungsverhalten zu betrachten. Bemessungsgleichungen für das verstärkte Hakenblatt sind in [*Heimeshoff* u. a. 1988] veröffentlicht (s. auch [*Lißner/Rug* 2018]).

Das Bild 4.98. zeigt ein gerades Hakenblatt nach Zimmermannsregeln von 1940 angerissen; es entspricht in seinen geometrischen Maßen den derzeitigen Erkenntnissen.

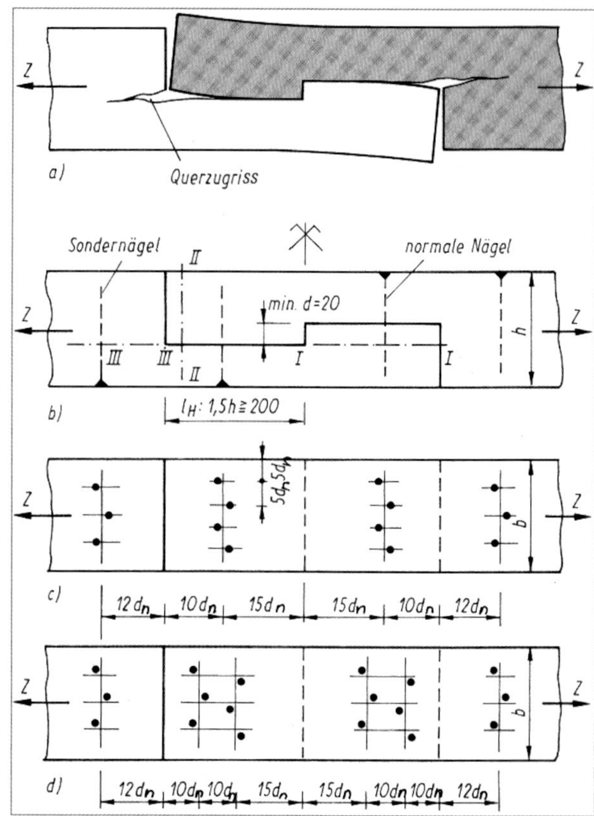

Legende

a) Verformung des geraden Hakenblattes ohne Verstärkung
b) Ansicht
c) Draufsicht, Mindestnagelabstände, Sondernägel gegen Querzug
d) Variante zu c) (nach [*Heimeshoff* u. a. 1988])

Bild 4.97. Gerades Hakenblatt mit Verstärkung durch Nägel

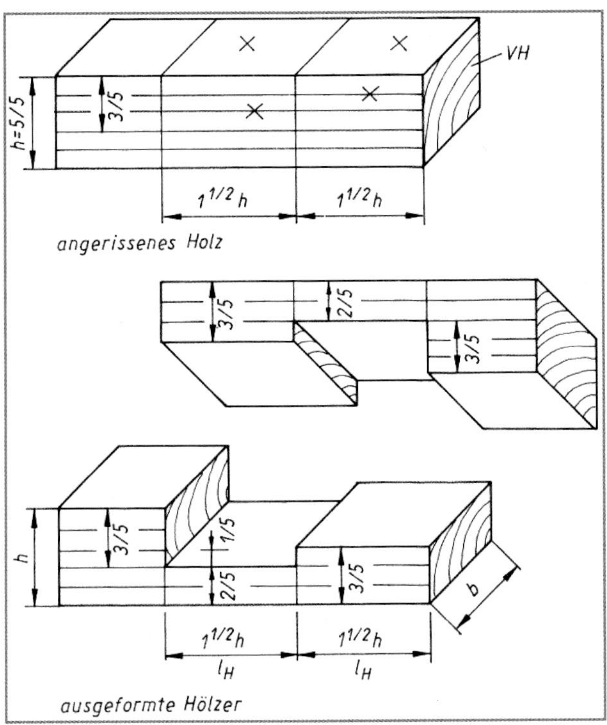

Bild 4.98. Hakenblatt (bereits 1940), einfache Anreißmethode

Schräges Hakenblatt

Es ist nur tragfähig, wenn senkrecht zur Zugkraft durch eine Auflast oder durch konstruktive Maßnahmen verhindert wird, dass die Verbindung auseinander klafft oder sich verformt (Bild 4.99.). Bei Umbauten oder Instandsetzungen ist darauf zu achten, dass bei historischen schrägen Hakenblättern vorhandene Auflasten, z. B. Balken, Stützen, nicht ersatzlos ausgebaut werden. Das schräge Hakenblatt hat eine geringere Tragfähigkeit als das gerade Hakenblatt.

Vorläufer des schrägen Hakenblattes ist das schräge Blatt (Bild 4.99.b); es lässt sich auch mit mechanischen Verbindungsmitteln verstärken, z. B. mit Einpressdübeln.

Holznagelverbindungen, s. hierzu in Abschnitt 3.12. des Buches.

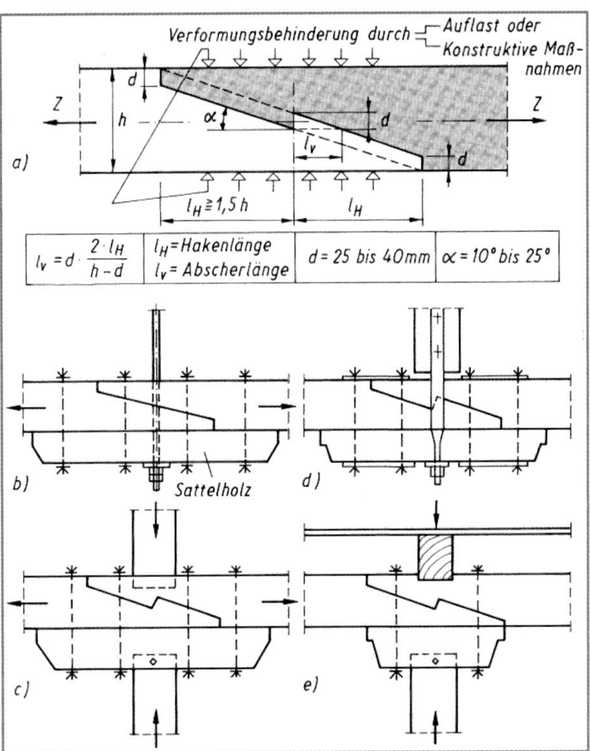

Legende

a) Geometrie (nach [*Heimeshoff* u. a. 1988])
b) schräges Hakenblatt, Vorläufer des schrägen Hakenblattes
c), e) Auflast, um Verformung und Auseinanderklaffen zu verhindern
d) konstruktive Maßnahmen, um Verformung und Auseinanderklaffen zu verhindern

Bild 4.99. Schräges Hakenblatt

Weiterführende Literatur: [*Lißner/Rug* 2018], [*Lißner/Rug* 2016], [*Müller u. a.* 2016], [*Wallner u. a.* 2014], [*Koch/Seim* 2012], [*Koch* 2011], [*Lißner* u. a. 2010], [*Heimeshoff* u. a. 1988] und [*Hömmerich* 1988].

5. Bemessung der Tragglieder

5.1. Allgemeines

Nachdem die Schnittkräfte ermittelt sind, werden die Querschnittsabmessungen der Konstruktionsglieder und die Anzahl der erforderlichen Verbindungsmittel bestimmt.
Bevor die Querschnittsabmessungen endgültig festgelegt werden, ist zu prüfen, ob sich die erforderlichen Verbindungsmittel in den Anschlüssen unterbringen lassen. Neben dem Gestalten und Bemessen der Tragglieder ist das Bewerten eine der grundsätzlichen Aufgaben. Die Bewertung soll auch dazu dienen, mehrere Varianten zu vergleichen, um die optimale Lösung zu finden. Zuvor sind Bewertungskriterien festzulegen.
Dies realisiert der Tragwerksplaner heute mit Hilfe leistungsfähiger Computerprogramme.

5.2. Zugstäbe

Unter Zugstäben versteht man solche Holzstäbe, die parallel zu ihrer Faserrichtung durch Zugkräfte beansprucht werden. Sie können ein- oder mehrteilig ausgebildet sein. Es werden unterschieden:

- mittiger Zug,
- ausmittiger Zug.

Während bei Druckstäben die Knicklänge eine bedeutsame Rolle spielt, hat die Systemlänge bei Zugstäben keine große Bedeutung. Der Konstrukteur wählt deshalb im Holzbau, z. B. bei Fachwerkbindern, möglichst solche Systeme, bei denen die längeren Stäbe auf Zug und die kürzeren auf Druck beansprucht werden.

5.2.1. Bemessung von Zugstäben nach DIN EN 1995-1-1:2010, Abschnitte 6.1.2, 6.1.3, 6.2.3 und DIN EN 1995-1-1/NA:2013, Abschnitt NCI NA.6.2.5

Es wird in DIN EN 1995-1-1:2010 hinsichtlich der Beanspruchung unterschieden in

- Zug in Faserrichtung (Zugstab mittig beansprucht),
- Zug rechtwinklig zur Faser,
- Zug unter einem Winkel α,
- Zug und Biegebeanspruchung (Zugstab außermittig beansprucht).

Zugstäbe mittig beansprucht:

Es gilt für Bauteile der Nachweis nach Gl. (6.1) für Beanspruchung in Faserrichtung

$$\sigma_{t,0,d} \leq f_{t,0,d} \qquad \text{[DIN EN 1995-1-1:2010, Gl. (6.1)]}$$

mit $\sigma_{t,0,d} = \dfrac{F_{t,d}}{A_{netto}}$

$\sigma_{t,0,d}$ Bemessungswert der Zugspannung in Faserrichtung;
$f_{t,0,d}$ Bemessungswert der Zugfestigkeit in Faserrichtung;
A_{netto} Nettoquerschnitt;
$F_{t,d}$ Bemessungswert der Zugkraft.

DIN EN 1995-1-1:2010 regelt in den Abschnitten 3.2 und 3.3 einen Einfluss der Bauteilgröße (Volumeneinfluss – s. a. Abschnitt 1.2.2. im Buch) auf die Zugfestigkeit parallel zur Faser von Voll- und Brettschichtholz. Nach Abschnitt 3.2 (2) und Abschnitt 3.3 (2) darf der Einfluss der Bauteilgröße auf die Festigkeit berücksichtigt werden.

Einfluss Bauteilgröße bei Vollholz:

Bei Vollholz mit Rechteckquerschnitt und einer charakteristischen Rohdichte $\rho_k < 700\ \text{kg/m}^3$ beträgt die Bezugshöhe für den charakteristischen Wert der Zugfestigkeit 150 mm, d. h. bei Höhen von weniger als 150 mm (gemeint ist hier die größte Querschnittsabmessung von *b/h*) darf der charakteristische Wert für die Zugfestigkeit $f_{t,0,k}$ mit dem Beiwert k_h nach Gl. (3.1) erhöht werden.

$$k_h = \min\begin{cases}\left(\dfrac{150}{h}\right)^{0,2}\\ 1{,}3\end{cases} \qquad \text{[DIN EN 1995-1-1, Gl. (3.1)]}$$

Dabei ist:

h die Querschnittshöhe bei Biegung bzw. Querschnittsdicke bei Zug des Bauteiles, in mm.

Einfluss Bauteilgröße bei Brettschichtholz:

Bei Brettschichtholz mit Rechteckquerschnitt beträgt die Bezugshöhe für den charakteristischen Wert der Zugfestigkeit 600 mm. Bei kleineren Werten als 600 mm für die Bezugshöhe darf der charakteristische Wert der Zugfestigkeit mit k_h nach Gl. (3.2) erhöht werden.

$$k_h = \min\begin{cases}\left(\dfrac{600}{h}\right)^{0,1}\\ 1{,}1\end{cases} \qquad \text{[DIN EN 1995-1-1, Gl. (3.2)]}$$

Dabei ist:

h die Querschnittshöhe bei Biegung bzw. die Querschnittsdicke bei Zug des Bauteiles, in mm.

Einfluss Bauteilgröße bei Furnierschichtholz:

Bei Furnierschichtholz nach den Anforderungen der DIN EN 14374 ist bei rechteckigem Querschnitt und wenn alle Furniere in einer Richtung verlaufen, der Einfluss der Querschnittsgröße auf die Biege- und Zugfestigkeiten in dieser Richtung zu berücksichtigen (DIN EN 1995-1-1: 2010, Abschnitt 3.4 (1) und (2)).

Dabei beträgt die Bezugshöhe für die charakteristische Biegefestigkeit 300 mm. Bei Werten unter 300 mm gilt für k_h Gl. (3.3).
Mit diesem Wert ist die charakteristische Biegefestigkeit $f_{m,k}$ zu multiplizieren.

$$k_h = \min\begin{cases}\left(\frac{300}{h}\right)^s \\ 1{,}2\end{cases}$$ [DIN EN 1995-1-1, Gl. (3.3)]

mit:

h = Bauteilhöhe, in mm;

s = Exponent für den Größeneinfluss. Ein Wert, der in Übereinstimmung mit DIN EN 14374 deklariert wurde.

Für den Längeneinfluss bei der Zugfestigkeit gilt eine Bezugslänge von 3000 mm. Bei Längen unter 3000 mm wird die charakteristische Zugfestigkeit mit k_ℓ multipliziert.

$$k_\ell = \min\begin{cases}\left(\frac{3000}{\ell}\right)^{s/2} \\ 1{,}1\end{cases}$$ [DIN EN 1995-1-1, Gl. (3.4)]

mit:

ℓ = Länge, in mm.

Außerdem ist bei Furnierschichtholz mit ausschließlicher Ausrichtung aller Furniere in einer Richtung der Einfluss der Bauteilgröße bei Querzugbeanspruchung zu berücksichtigen.

Zugstäbe außermittig beansprucht (Biegung und Zug):

Es sind bei außermittiger Zugbeanspruchung zwei Nachweisbedingungen zu erfüllen. Es gelten hierfür die Gl. (6.17) und Gl. (6.18):

$$\frac{\sigma_{t,0,d}}{f_{t,0,d}} + \frac{\sigma_{m,y,d}}{f_{m,y,d}} + k_m \frac{\sigma_{m,z,d}}{f_{m,z,d}} \le 1{,}0$$ [DIN EN 1995-1-1, Gl. (6.17)]

$$\frac{\sigma_{t,0,d}}{f_{t,0,d}} + k_m \frac{\sigma_{m,y,d}}{f_{m,y,d}} + \frac{\sigma_{m,z,d}}{f_{m,z,d}} \le 1{,}0$$ [DIN EN 1995-1-1, Gl. (6.18)]

Mit k_m als Beiwert, mit dem die Spannungsverteilungen im Stab in Verbindung mit dem inhomogenen Aufbau des Baustoffes Holz berücksichtigt wird:

k_m = 0,7 für Rechteckquerschnitte aus Vollholz, Brettschichtholz und Furnierschichtholz;
k_m = 1,0 für andere Querschnitte als Rechteckquerschnitte;
k_m = 1,0 für andere tragende Holzwerkstoffe, bei allen Querschnitten.

Zug rechtwinklig zur Faserrichtung:
Nach DIN EN 1995-1-1:2010, Abschnitt 6.1.7 (1) P ist bei Zugbeanspruchung rechtwinklig zur Faser der Einfluss der Bauteilgröße zu berücksichtigen. Weitere Regeln sind in Abschnitt 6.1.3 nicht angegeben.
Zug rechtwinklig zur Faser sollte grundsätzlich vermieden werden.

Zug unter einem Winkel α:

Die Zugfestigkeit von **Holzwerkstoffen** ist abhängig vom Last-Faser-Winkel, bezogen auf die Fasern der Decklagen. Holzwerkstoffplatten sollten möglichst immer so eingebaut werden, dass die Beanspruchung parallel zur Faser- oder Spanrichtung der Decklage verläuft. Kann das nicht realisiert werden, so schreibt DIN EN 1995-1-1/NA:2013, Abschnitt NCI NA.6.2.5 für Sperrholz, Brettsperrholz, OSB- Platten und Furnierschichtholz mit Querlagen bei einem Winkel zwischen Beanspruchungsrichtung und Faserrichtung bzw. Spanrichtung der Decklagen von 0° < α < 90° den Nachweis nach Gl. (NA.58) vor:

$$\frac{\sigma_{t,\alpha,d}}{k_\alpha \cdot f_{t,0,d}} \le 1{,}0$$ [DIN EN 1995-1-1/NA, Gl. (NA.58)]

k_α wird nach Gl. (NA.59) berechnet

[DIN EN 1995-1-1/NA, Gl. (NA.59)]

$$k_\alpha = \frac{1}{\frac{f_{t,0,d}}{f_{t,90,d}} \cdot \sin^2\alpha + \frac{f_{t,0,d}}{f_{v,d}} \cdot \sin\alpha \cdot \cos\alpha + \cos^2\alpha}$$

α Winkel zwischen Beanspruchungsrichtung und Faserrichtung bzw. Spanrichtung der Decklage (0° < α < 90°).

Ermittlung der Querschnittsfläche:

Da die Querschnittsschwächungen infolge der Verbindungsmittel im Entwurfsstadium noch nicht bekannt sind, können nach [*Göggel* 1999 und DIN 1052:1988/1996, Teil 1, E 7.1] näherungsweise folgende Fehlflächen ΔA angenommen werden:

Tabelle 5.1. Näherungsweise Berücksichtigung der Fehlfläche von Verbindungsmitteln

Verbindungsmittel	Durchmesser	Fehlfläche $\Delta A \approx$	Abminderungsfaktor k_n
Nägel	d = 3,1–3,8	0,14 · A	0,86
	d = 4,0–8,0	0,11 · A	0,89
Schraubenbolzen	M12 – M27	0,15 · A	0,85
Spezialdübel[1])	Einpressdübel	0,21 · A	0,79
	Einlassdübel	0,28 · A	0,72

[1]) exakte Werte: DIN 1052:1988/1996, Teil 2, Tabelle 4

Allgemein ist $A_{netto} = k_n \cdot A$ oder durch Umstellung der Gleichung und einsetzen für A_{netto} erhält man die Gleichung für den Nettoquerschnitt

$$_{erf}A_{netto} = \frac{N_{t,d}}{k_n \cdot f_{t,0,d}}.$$

($_{erf}A_{netto}$ in mm²; $N_{t,d}$ in N; $f_{t,0,d}$ in N/mm²).

Erst bei der endgültigen Berechnung werden Schwächungen, die durch mechanische Verbindungsmittel usw. auftreten, exakt berücksichtigt.

Beispiel: Der erforderliche Bruttoquerschnitt für einen Zugstabanschluss mit Nägeln 4,6 × 130 beträgt etwa

$$_{erf}A_{netto} = \frac{N_{t,d}}{0{,}89 \cdot f_{t,0,d}}$$

Hinweise zur Ausführung:

Bei Fachwerkbindern ist insbesondere der auf Zug beanspruchte Untergurt möglichst aus astreinem, einwandfreiem Holz ohne Fehler herzustellen.

Zugstäbe können bei hoch beanspruchten Konstruktionen gegebenenfalls aus Holz der Sortierklasse S13/MS13 oder MS17 nach DIN 4074-1 bestehen.

In bestimmten Fällen ist der Einsatz von zugbeanspruchten Stäben aus Furnierschichtholz sinnvoll.
Die Zugstäbe müssen in den Anschlusspunkten scharfkantig sein.

Der Anschluss einteiliger Zugstäbe an einteilige Gurte ist traditionell nur mit Laschen aus Holz oder Stahl möglich (Bilder 5.1.).

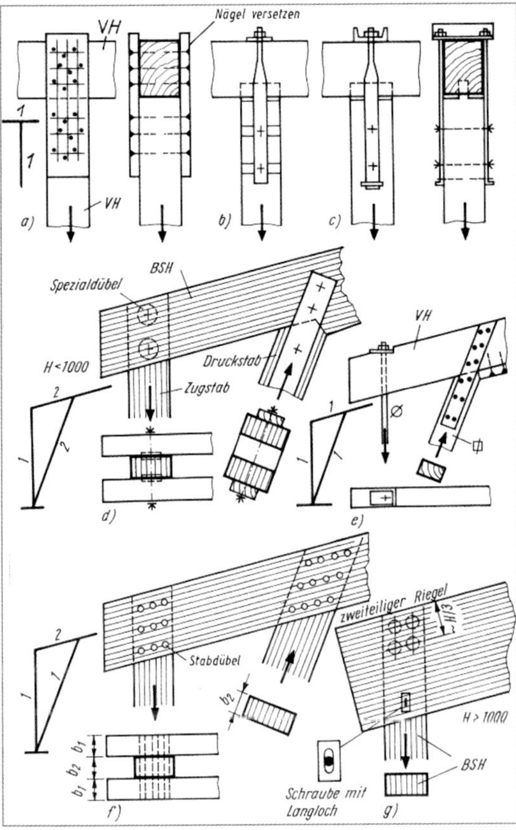

Legende
a) Holzlaschen, genagelt
b) Flachstahl mit Stahl-Druckstücken
c) Flachstahl, verschraubt, Zugstab mit Schwebezapfen
d) Dübel besonderer Bauart, zwischen zweiteiligem Riegel, BSH-Rahmenecke, aufgelöster Rahmenstiel
e) einteiliger Riegel, Zugstab aus Rundstahl
f) zweiteiliger Riegel, Verbindung mit Stabdübel, BSH, aufgelöster Rahmenstiel
g) bei BSH-Riegelhöhe > 1000 mm ist der Schraubenbolzen mit Langloch anzuschließen

Bild 5.1. Einteilige Zugstäbe, Anschlusslösungen

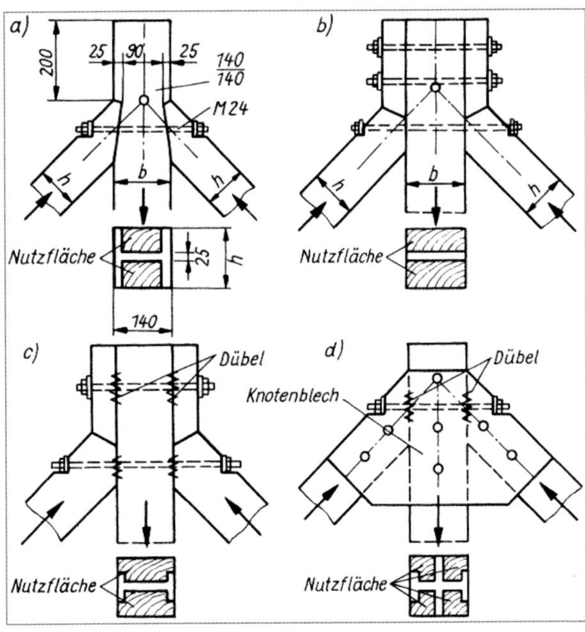

Legende
a) Streben mit Versätzen angeschlossen
b) Streben mit Beihölzern angeschlossen
c) Streben mit verdübelten Beihölzern angeschlossen
d) Streben mit Dübeln und Knotenblechen angeschlossen

Bild 5.2. Oberer Punkt einer Hängesäule, Darstellung der nutzbaren Fläche

Beispiel 5.1. (nach DIN EN 1995-1-1:2010)

Für eine Hängesäule einer unten offenen Dachkonstruktion über einer historischen Industriehalle, in dem mit einer ständigen Holzfeuchtigkeit von ≤ 22 % zu rechnen ist, soll der Bemessungswert der Tragfähigkeit ermittelt werden (Bild 5.2.a).

Gegeben:

Anschlussgeometrie:

Vorholzlänge der Versätze: $\ell_V = 200$ mm

Versatztiefe: $t_V = 25$ mm

Anschlusswinkel: $\alpha_V = 45°$

Querschnitt: b/h = 140 mm/140 mm

Baustoffeigenschaften:

NH S10 nach DIN 4074-1= C24 nach DIN EN 338, Tabelle 1

Nutzungsklasse: 3 [DIN EN 1995-1-1, Abschnitt 2.3.1.3]

KLED: kurz [DIN EN 1995-1-1/NA, Tabelle NA.1]

$k_{mod} = 0{,}70$ [DIN EN 1995-1-1, Tabelle 3.2]

$\gamma_M = 1{,}3$ [DIN EN 1995-1-1/NA, Tabelle NA.2]

Charakteristische Werte der Holzfestigkeit und charakteristische Rohdichte nach DIN EN 338, Tabelle 1:

$$\rho_k = 350\,\text{kg/m}^3$$

$$f_{v,k} = 4{,}0\,\text{N/mm}^2$$

$$f_{c,0,k} = 21{,}0\,\text{kN/mm}^2$$

$$f_{t,0,k} = 14{,}0\,\text{kN/mm}^2$$

$$f_{c,90,k} = 2{,}5\,\text{kN/mm}^2$$

Bemessungswerte der Holzfestigkeit nach Gl. (2.14) der DIN EN 1995-1-1:2010:

$$f_{t,0,d} = \frac{k_{mod} \cdot f_{t,0,k}}{\gamma_M} = \frac{0{,}7 \cdot 14}{1{,}3} = 7{,}54\,\text{N/mm}^2$$

$$f_{c,0,d} = \frac{k_{mod} \cdot f_{c,0,k}}{\gamma_M} = \frac{0{,}7 \cdot 21}{1{,}3} = 11{,}30\,\text{N/mm}^2$$

$$f_{c,90,d} = \frac{k_{mod} \cdot f_{c,90,k}}{\gamma_M} = \frac{0{,}7 \cdot 2{,}5}{1{,}3} = 1{,}35\ \text{N/mm}^2$$

$$f_{V,d} = \frac{k_{mod} \cdot f_{V,k}}{\gamma_M} = \frac{0{,}7 \cdot 4{,}0}{1{,}3} = 2{,}15\ \text{N/mm}^2$$

1. Bemessungswert der Tragfähigkeit der Hängesäule $R_{t,0,d}$ in Bezug auf die vorhandene nutzbare Fläche im Zugstab:

Maßgebende Nettofläche:

$$A_{netto} = A_{Holz} - 2 \cdot A_{Versatz} - A_{Bohrung}$$

$$A_{netto} = 140 \cdot 140 - 2 \cdot (25 \cdot 140) - 90 \cdot 25 = 10\,350\ \text{mm}^2$$

Bemessungswert der Tragfähigkeit der Hängesäule:

Die Zugfestigkeit darf nach Gl. (3.1) mit k_h erhöht werden, da $b/h = 140/140$ mm $< b/h = 150/150$ mm.

$$k_h = \min\begin{cases}\left(\frac{150}{h}\right)^{0,2} \\ 1{,}3\end{cases} = \min\begin{cases}1{,}01 \\ 1{,}3\end{cases} = 1{,}01 \quad \text{[DIN EN 1995-1-1, Gl. (3.1)]}$$

Von der sehr geringen Erhöhung wird in der nachfolgenden Berechnung kein Gebrauch gemacht.

$$R_{t,0,d} = A_{netto} \cdot f_{t,0,d}$$

$$R_{t,0,d} = 10\,350 \cdot 7{,}54 = 78039\ \text{N} = 78{,}04\ \text{kN}$$

2. Tragfähigkeit der Hängesäule in Bezug auf die Tragfähigkeit der Stirnversätze:

a) Bemessungswert der Tragfähigkeit des Versatzes $R_{c,0,d}$:

Umstellen der Formel in Tabelle 4.11. nach $R_{c,\alpha,d}$:

$$R_{c,\alpha,d} = \frac{t_v \cdot f_{c,\alpha,d} \cdot b}{\cos^2 \alpha}$$

Nach Gl. (NA.163) ist $f_{c,\alpha,d}$ *für* $\alpha = 45°/2 = 22{,}5°$

[DIN EN 1995-1-1, Gl. (NA.163)]

$$f_{c,\alpha,d} = \frac{f_{c,0,d}}{\sqrt{\left(\frac{f_{c,0,d}}{2 \cdot f_{c,90,d}} \cdot \sin^2 \alpha\right)^2 + \left(\frac{f_{c,0,d}}{2 \cdot f_{V,d}} \cdot \sin \alpha \cdot \cos \alpha\right)^2 + \cos^4 \alpha}}$$

$$f_{c,\alpha,d} = \frac{11{,}30}{\sqrt{\left(\frac{11{,}30}{2 \cdot 1{,}35} \cdot \sin^2 22{,}5°\right)^2 + \left(\frac{11{,}30}{2 \cdot 2{,}15} \cdot \sin 22{,}5° \cdot \cos 22{,}5°\right)^2 + \cos^4 22{,}5°}}$$

$$f_{c,\alpha,d} = 7{,}81\ \text{N/mm}^2$$

$$R_{c,\alpha,d} = \frac{25 \cdot 7{,}81 \cdot 140}{\cos^2 22{,}5°} = 32009{,}0\ \text{N} = 32{,}01\ \text{kN}$$

$$R_{t,d,tot} = 2 \cdot R_{c,\alpha,d} \cdot \cos \alpha$$

$$R_{t,d,tot} = 2 \cdot 32{,}01 \cdot 0{,}7071 = 45{,}27\ \text{kN}$$

b) Bemessungswert der Tragfähigkeit des Vorholzes $R_{v,d}$:

Nach DIN EN 1995-1-1/NA:2013, Abschnitt NCI NA.12.1, Absatz (NA.4) werden die Scherspannungen als gleichmäßig verteilt angenommen und Vorholzlängen $> 8 \cdot t_V$ rechnerisch nicht berücksichtigt.

Nach DIN EN 1995-1-1/NA:2013, Abschnitt NDP zu 6.1.7 (2) ist

$$k_{cr} = \frac{2{,}0}{4{,}0} = 0{,}5$$

und nach DIN EN 1995-1-1:2010, Abschnitt 6.1.7 (2) gilt für b_{ef} die Gl. (6.13a):

$$b_{ef} = k_{cr} \cdot b = 0{,}5 \cdot 140 = 70\ \text{mm.}$$

$$R_{v,d} = \frac{\ell_v \cdot b_{ef} \cdot f_{v,d}}{\cos \alpha} = \frac{200 \cdot 70 \cdot 2{,}15}{\cos 45°}$$

$$R_{v,d} = 42567{,}8\ \text{N} = 42{,}57\ \text{kN}$$

$$R_{t,0,d,tot} = 2 \cdot R_{v,d} = 2 \cdot 42{,}57 = 85{,}14\ \text{kN}$$

Maßgebend ist die Tragfähigkeit des Versatzes. Der minimale Bemessungswert der Tragfähigkeit beträgt

$$R_{t,d,tot} = \min\begin{cases}78{,}04 \\ 45{,}27 \\ 85{,}14\end{cases} = 45{,}27\ \text{kN}$$

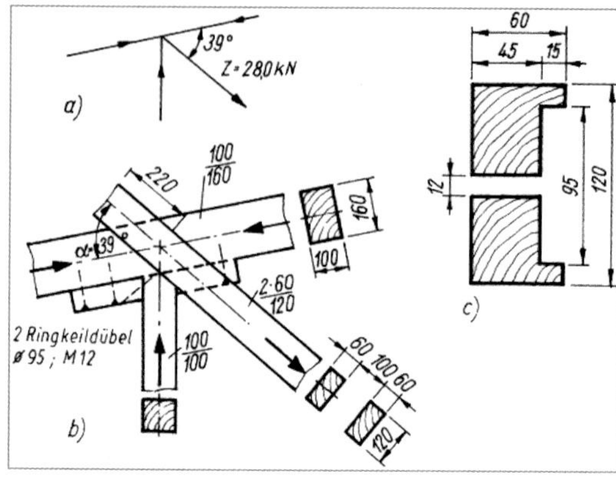

Legende
a) Systemskizze
b) Konstruktion
c) nutzbarer Querschnitt des Zugstabes

Bild 5.3. Zugstab mit Ringkeil-Dübel angeschlossen

Beispiel 5.2. (nach DIN EN 1995-1-1:2010)

Ein Zugstab eines Kantholz-Fachwerkbinders mit dem Querschnitt 2 x 160/120 mm hat 28,0 kN zu übertragen. Der Anschluss erfolgt mit zwei zweiseitigen Ringdübeln ∅ 95 mm nach DIN EN 912, Typ A mit Bolzen M12 (Bohrung 13 mm). NH S10 nach DIN 4074-1. Es sind die Tragkraft der Dübel und die vorhandene Zugspannung im Holzquerschnitt nachzuweisen (Bild 5.3.).

Gegeben:

Baustoffeigenschaften:

Gewählt:

NH S10 nach DIN 4074-1 = C24 nach DIN EN 338, Tabelle 1

Ringdübel (Typ A) ∅ 95 mm [DIN EN 912, Tabelle A1]

Dübelfehlfläche [DIN EN 1995-1-1/NA, Tabelle NA.17]

$\Delta A = 1430\ \text{mm}^2$

Nutzungsklasse: 1 [DIN EN 1995-1-1, Abschnitt 2.3.1.3, Abs. (1)]

KLED: kurz [DIN EN 1995-1-1/NA, Tabelle NA.1]

$k_{mod} = 0{,}90$ [DIN EN 1995-1-1, Tabelle 3.1]

$\gamma_M = 1{,}3$ [DIN EN 1995-1-1/NA, Tabelle NA.2]

Charakteristische Werte der Holzfestigkeit und charakteristische Rohdichte nach EN 338, Tabelle 1:

$$f_{t,0,k} = 14\ \text{N/mm}^2$$

$$\rho_k = 350\ \text{kg/m}^3$$

Einwirkungen:

Charakteristischer Wert der Einwirkungen:

Die Anteile aus Eigenlast und veränderliche Verkehrslast betragen:

$$G_{k,1} = 14{,}0\ \text{kN}; \quad Q_{k,1} = 14{,}0\ \text{kN}$$

Teilsicherheitsbeiwerte für die Einwirkungen nach DIN EN 1990/NA, Tabelle NA.A.1.2 B:

$\gamma_{G,1} = 1{,}35$; $\gamma_{Q,1} = 1{,}5$

Bemessungswert der Einwirkung nach Gl. (6.10) in DIN EN 1990:2010:

$$F_d = \gamma_{G,1} \cdot G_{k,1} + \gamma_{Q,1} \cdot Q_{k,1}$$

$$F_d = 1{,}35 \cdot 14{,}0 + 1{,}5 \cdot 14{,}0 = 39{,}9\,\text{kN}$$

1. Bemessungswert der Tragfähigkeit für die Ringkeildübel $F_{v,0,Rk}$:

Einhaltung konstruktiver Bedingungen:

Mindestdübelabstände:

Nach DIN EN 1995-1-1:2010, Tabelle 8.7

vom beanspruchten Hirnholzende

$$a_{3,t} = 1{,}5 \cdot d_c$$

$a_{3,t} = 1{,}5 \cdot 95 = 142{,}5\,\text{mm} \leq {}_{\text{vorh}}a_{1,t} = 220\,\text{mm}$ **erfüllt!**

vom unbeanspruchten Rand

$$a_{4,c} = 0{,}6 \cdot d_c$$

$a_{4,c} = 0{,}6 \cdot 95 = 57\,\text{mm} \leq {}_{\text{vorh}}a_{2,t} = 60\,\text{mm}$ **erfüllt!**

vom beanspruchten Rand des Gurtes

$$a_{4,t} = (0{,}6 + 0{,}2 \cdot |\sin\alpha|) \cdot d_c$$

$$a_{4,t} = (0{,}6 + 0{,}2 \cdot |\sin 39°|) \cdot 95$$

$a_{4,t} = 68{,}95\,\text{mm} \leq {}_{\text{vorh}}a_{4,t} = 80\,\text{mm}$ **erfüllt!**

Mindestholzdicken:

Nach DIN EN 1995-1-1:2010, Abschnitt 8.9 (3)

Beiwert Einhalt Mindestholzdicken nach Gl. (8.62):

Nach DIN EN 912, Tabelle A.1 ist für:
$d_c = 95\,\text{mm}$, $h_c = 30\,\text{mm}$, $h_e = h_c/2 = 15\,\text{mm}$

[DIN EN 1995-1-1, Gl. (8.62)]

$$k_1 = \min\begin{cases} 1 \\ \dfrac{t_1}{3 \cdot h_e} = \dfrac{60}{3 \cdot 15} = \dfrac{60}{45} = 1{,}33 \\ \dfrac{t_2}{5 \cdot h_e} = \dfrac{100}{5 \cdot 15} = \dfrac{100}{75} = 1{,}33 \end{cases} = 1$$

Beiwert k_2 für beanspruchtes Hirnholzende

k_2 nach Gl. (8.63) entfällt.

Beiwert k_3 für Rohdichte nach Gl. (8.65)

$$k_3 = \min\begin{cases} 1{,}75 \\ \dfrac{\rho_k}{350} \end{cases}$$ [DIN EN 1995-1-1, Gl. (8.65)]

$$k_3 = \min\begin{cases} 1{,}75 \\ \dfrac{\rho_k}{350} = \dfrac{350}{350} = 1{,}0 \end{cases} = 1{,}0$$

Beiwert k_4 für unterschiedliche Verbindungen nach Gl. (8.66)

[DIN EN 1995-1-1, Gl. (8.66)]

$$k_4 = \begin{cases} 1{,}0 & \text{für Holz-Holz-Verbindungen} \\ 1{,}1 & \text{für Stahlblech-Holz-Verbindungen} \end{cases}$$

$$k_4 = 1{,}0$$

Charakteristischer Wert der Tragfähigkeit (Tragfähigkeit pro Dübel-Verbindungseinheit-Last-Faser-Winkel = 0°) nach Abschnitt 8.9 in DIN EN 1995-1-1:2010):

Zweiseitige Ringdübel des Typs A nach DIN EN 912, $d_c = 95\,\text{mm}$, $h_e = 30\,\text{mm}$ nach DIN EN 912, Tabelle A.1, Bolzen, $d_b = 12\,\text{mm} \Rightarrow$ Bohrung: $d = 13\,\text{mm}$, mit Unterlegscheibe nach DIN EN ISO 7094.

Nach DIN EN 1995-1-1:2010, Gl. (8.61) ist:

$$F_{v,0,Rk} = \min\begin{cases} k_1 \cdot k_3 \cdot k_4 \cdot (35 \cdot d_c^{1,5}) \\ k_1 \cdot k_3 \cdot h_e \cdot (31{,}5 \cdot d_c) \end{cases}$$ [DIN EN 1995-1-1, Gl. (8.61)]

$$F_{v,0,Rk} = \min\begin{cases} 1{,}0 \cdot 1{,}0 \cdot 1{,}0 \cdot (35 \cdot 95^{1,5}) = 32408\,\text{N} \\ 1{,}0 \cdot 1{,}0 \cdot 15 \cdot (31{,}5 \cdot 95) = 44888\,\text{N} \end{cases}$$

$F_{v,0,Rk} = 32{,}41$ kN pro Verbindungseinheit für Last-Faser-Winkel $\alpha = 0°$

Berücksichtigung Last-Faser-Winkel α = 39° (Gurt)

Nach DIN EN 1995-1-1:2010, Gl. (8.67) und Gl. (8.68) ist:

$k_{90} = 1{,}3 + 0{,}001 \cdot d_c$ [DIN EN 1995-1-1, Gl. (8.68)]

$$k_{90} = 1{,}3 + 0{,}001 \cdot 95 = 1{,}395$$

$$F_{v,\alpha,Rk} = \frac{F_{v,0,Rk}}{k_{90} \cdot \sin^2\alpha + \cos^2\alpha}$$ [DIN EN 1995-1-1, Gl. (8.67)]

$$F_{v,\alpha,Rk} = \frac{32{,}41}{1{,}395 \cdot \sin^2 39° + \cos^2 39°} = \frac{32{,}41}{1{,}1564} = 28{,}03\,\text{kN}$$

Bemessungswert der Tragfähigkeit pro Verbindungseinheit:

$$F_{v,\alpha,Rd} = \frac{k_{\text{mod}} \cdot F_{v,0,Rk}}{\gamma_M} = \frac{0{,}9 \cdot 28{,}03}{1{,}3} = 19{,}4\,\text{kN}$$

Bemessungswert der Tragfähigkeit pro Anschluss (n = 1 Dübel pro Scherfuge, vorhanden):

$$n_{Scherfuge} = 2$$

$$F_{v,\alpha,Rd,gesamt} = n_{Scherfuge} \cdot F_{v,\alpha,Rd} = 2 \cdot 19{,}4 = 38{,}80\,\text{kN}$$

Nachweis der Tragfähigkeit der Ringdübel Vorbindung:

$$\frac{F_d}{F_{v,\alpha,Rd,gesamt}} = \frac{39{,}9}{38{,}8} = 1{,}03 \cong 1{,}0$$

Nachweis erfüllt: geringe Überschreitung unbedenklich.

2. Nachweis der Tragfähigkeit des Zugstabquerschnittes:

Dübelfehlfläche nach DIN EN 1995-1-1/NA:2013, Tabelle NA.17

$${}_{\Delta}A_{\text{Dübel}} = 1430\,\text{mm}^2$$

Nettofläche des Zugstabes:

$$A_{\text{netto}} = 2 \cdot \left(A_{\text{Holz}} - {}_{\Delta}A_{\text{Dübel}} - A_{\text{Bohrung}}\right)$$

$$A_{\text{netto}} = 2\left(60 \cdot 120 - 1430 - 13 \cdot 45\right) = 10370\,\text{mm}^2$$

Bemessungswert der Holzfestigkeit nach Gl. (2.14):

$$f_{t,0,d} = \frac{k_{\text{mod}} \cdot f_{t,0,k}}{\gamma_M} = \frac{0{,}9 \cdot 14}{1{,}3} = 9{,}7\,\text{N/mm}^2$$

Bemessungswert der Beanspruchung im Zugstab:

$$\sigma_{t,0,d} = \frac{F_{t,0,d}}{A_n} = \frac{39{,}9 \cdot 10^3}{10370} = 3{,}85\,\text{N/mm}^2$$

Nachweis der Tragfähigkeit des Zugstabes nach DIN EN 1995-1-1:2010, Gl. (6.1) ist nachzuweisen:

$\sigma_{t,0,d} \leq f_{t,0,d}$ [DIN EN 1995-1-1, Gl. (6.1)]

$3{,}85 \leq 9{,}7\,\text{N/mm}^2$ **Nachweis erfüllt!**

Zweiteilige Zugstäbe

Konstruktionshinweise zu zweiteiligen Zugstäben

Das Bild 5.4. zeigt die Anwendung von Brettschichtholz (BSH).

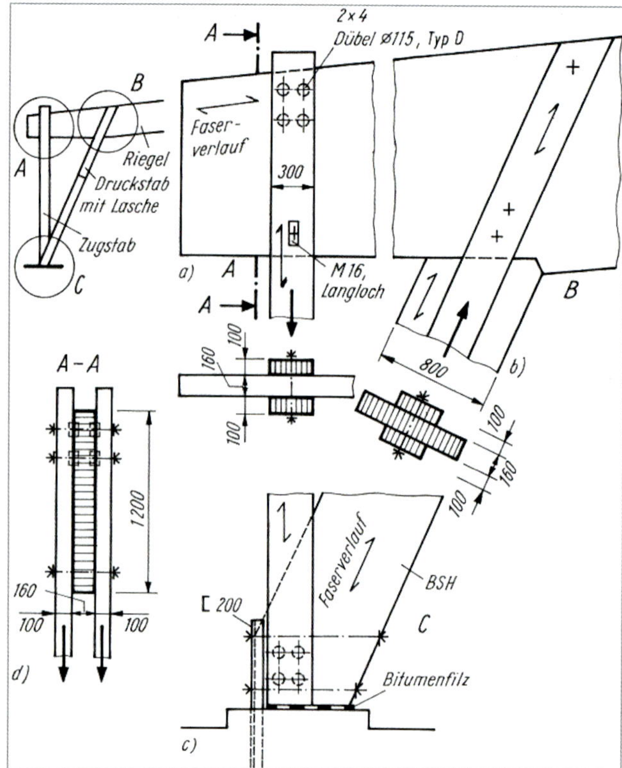

Bild 5.4. Halle mit Zweigelenkrahmen, einteilige Riegel 160/1200 mm aufgelöster Rahmenstiel (Zugstab, zweiteilig) 100/300 mm und Druckstab (einteilig) 100/800 mm mit Laschen (Verstärkung) 100/300 mm Zugstäbe mit Dübel (∅ 115 mm, Dübeltyp D) im oberen Bereich des Riegels angeschlossen. Der Mittelteil des Druckstabes ist mit einem Stirnversatz am Riegel angeschlossen. Alle tragenden Teile aus BSH

Da die hohen BSH-Träger (im Beispiel ein Riegel eines Zweigelenkrahmens) schwinden, ist ab Höhen über 1000 mm der untere Schraubenbolzen (Bild 5.4.a) mit einem Langloch im Holz und der Scheibe einzubauen. Die zweiteiligen Zugstäbe (Bild 5.4.d) bilden gleichzeitig eine gabelartige Lagerung, die im Zusammenhang mit der Längsaussteifung des Bauwerkes wirkt und zu bemessen ist.

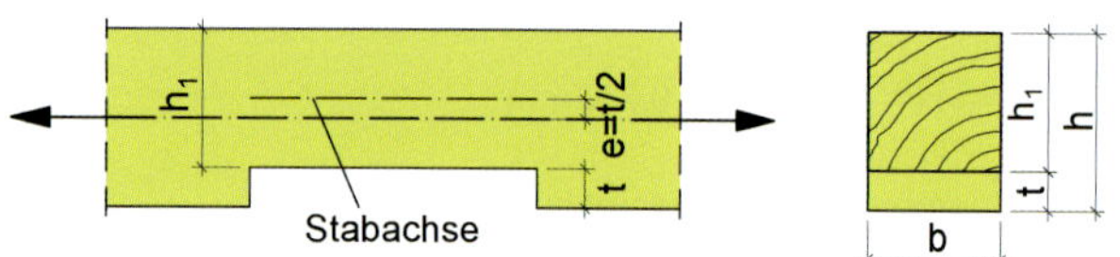

Bild 5.5. Ausmittigkeit durch einseitige Querschnittsschwächung bei einem auf Zug beanspruchten Stab (nach [*Halász/ Scheer* 1974])

Beispiel 5.3. **(nach DIN EN 1995-1-1:2010)**

Ein Zugstab mit dem Querschnitt *b/h* = 140/180 mm mit einer Querschnittsschwächung *t* = 40 mm (s. Bild 5.5.) hat eine Zugkraft von N_k = 95 kN aufzunehmen. Es ist der Spannungsnachweis zuführen.

Gegeben:
Baustoffeigenschaften:
Gewählt:
NH S10 nach DIN 4074-1/C24 nach DIN EN 338, Tabelle 1
$b/h = 140/180\,\text{mm}$
Nutzungsklasse: 2 [DIN EN 1995-1-1, Abschnitt 2.3.1.3, Abs. (3) P]
KLED: mittel [DIN EN 1995-1-1/NA, Tabelle NA.1]
$k_{mod} = 0{,}80$ [DIN EN 1995-1-1, Tabelle. 3.1]
$\gamma_M = 1{,}3$ [DIN EN 1995-1-1/NA, Tabelle NA.2]

Charakteristische Werte der Holzfestigkeit und charakteristische Rohdichte aus DIN EN 338, Tabelle 1:

$\rho_k = 350\,\text{kg/m}^3$

$f_{t,0,k} = 14{,}0\,\text{N/m}^2$

$f_{m,k} = 24{,}0\,\text{N/m}^2$

Einwirkungen:

Charakteristische Werte der Einwirkungen:

Die Anteile aus Eigenlast und veränderliche Verkehrslast betragen
$G_{k,1} = 47{,}5\,\text{kN}$; $Q_{k,1} = 47{,}5\,\text{kN}$

Bemessungswert der Einwirkung:

Lastkombination nach DIN EN 1990:2010, Gl. (6.10)

$F_d = \gamma_{G,1} \cdot G_{k,1} + \gamma_{Q,1} \cdot Q_{k,1}$

$\gamma_{G,1} = 1{,}35;\ \gamma_{Q,1} = 1{,}5$ [DIN EN 1990, Tabelle NA.A.1.2 (B)]

$F_d = 1.35 \cdot 47{,}5 + 1{,}5 \cdot 47{,}5 = 135{,}37\,\text{kN}$

Nachweis für den Grenzzustand der Tragfähigkeit unter Zugbeanspruchung:
Nettoquerschnitt:

$A_{netto} = A_{brutto} - A_{Schwächung} = 180 \cdot 140 - 40 \cdot 140 = 19600\,\text{mm}$

$$W_{n,y} = \frac{b \cdot h^2}{6} = \frac{140 \cdot 140^2}{6} = 457333\,\text{mm}^3$$

Bemessungswert der Biegebeanspruchung aus Versatzmoment:

Hebelarm $e = t/2 = 40/2 = 20\,\text{mm}$

$M_{y,d} = 135{,}37 \cdot 0{,}02 = 2{,}71\,\text{kNm}$

Bemessungswert der Holzfestigkeit nach Gl. (2.14):

a) Bemessungswert der Zugfestigkeit:

$$f_{t,0,d} = \frac{k_{mod} \cdot f_{t,0,k}}{\gamma_M} = \frac{0{,}8 \cdot 14}{1{,}3} = 8{,}61\,\text{N/mm}^2$$

b) Bemessungswert der Biegefestigkeit: y-Achse:

$$f_{m,y,d} = \frac{k_{mod} \cdot f_{m,y,k}}{\gamma_M} = \frac{0{,}8 \cdot 24}{1{,}3} = 14{,}77\,\text{N/mm}^2$$

Bemessungswert der Beanspruchung:

a) Zugbeanspruchung:

$$\sigma_{t,0,d} = \frac{F_d}{A_n} = \frac{135{,}37 \cdot 10^3}{196 \cdot 10^2} = 6{,}9\,\text{N/mm}^2$$

b) Biegebeanspruchung:

$$\sigma_{m,y,d} = \frac{M_{y,d}}{W_n} = \frac{2{,}7137 \cdot 10^6}{457333} = 5{,}93\,\text{N/mm}^2$$

Nachweis der Tragfähigkeit nach DIN EN 1995-1-1:2010, Abschnitt 6.2.3, Gl. (6.17) und Gl. (6.18):

$$\frac{\sigma_{t,0,d}}{f_{t,0,d}} + \frac{\sigma_{m,y,d}}{f_{m,y,d}} + k_{red} \cdot \frac{\sigma_{m,z,d}}{f_{m,z,d}} \leq 1{,}0$$

$$\frac{\sigma_{t,0,d}}{f_{t,0,d}} + k_{red} \cdot \frac{\sigma_{m,y,d}}{f_{m,y,d}} + \frac{\sigma_{m,z,d}}{f_{m,z,d}} \leq 1{,}0$$

$k_{red} = 0{,}7$ für Rechteckquerschnitte aus Vollholz nach DIN EN 1995-1-1:2010, Abschnitt 6.1.6

Es liegt keine Doppelbiegung vor, d. h. $\sigma_{m,z,d} = 0$

a) *Nachweis nach Gl. (6.17):*

$$\frac{6{,}9}{8{,}61} + \frac{5{,}93}{14{,}77} = 1{,}2 > 1{,}0$$

b) *Nachweis nach Gl. (6.18):*

$$\frac{6{,}9}{8{,}61} + 0{,}7 \cdot \frac{5{,}93}{14{,}77} = 1{,}08 > 1{,}0$$

Nachweise a) und b) nicht erfüllt, neu gewählt Vollholz C30 nach DIN EN 338, Tabelle 1 mit:

$f_{t,0,k} = 18\,\text{N/mm}^2$ und $f_m = 30\,\text{N/mm}^2$

Bemessungswert der Holzfestigkeit nach Gl. (2.14):

a) *Bemessungswert der Zugfestigkeit:*

$$f_{t,0,d} = \frac{k_{mod} \cdot f_{t,0,k}}{\gamma_M} = \frac{0{,}8 \cdot 18}{1{,}3} = 11{,}08\,\text{N/mm}^2$$

b) *Bemessungswert der Biegefestigkeit:*

$$f_{m,y,d} = \frac{k_{mod} \cdot f_{m,y,k}}{\gamma_M} = \frac{0{,}8 \cdot 30}{1{,}3} = 18{,}46\,\text{N/mm}^2$$

a) *Nachweis nach Gl. (6.17):*

$$\frac{6{,}9}{11{,}08} + \frac{5{,}93}{18{,}46} = 0{,}94 < 1{,}0$$

b) *Nachweis nach Gl. (6.18):*

$$\frac{6{,}9}{11{,}08} + 0{,}7 \cdot \frac{5{,}93}{18{,}46} = 0{,}85 < 1{,}0$$ **Nachweise erfüllt!**

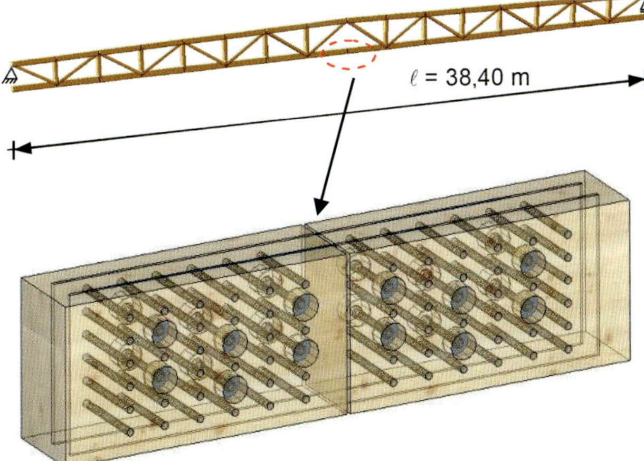

Bild 5.6. Fachwerkbinder mit Lage des Zugstoßes

Beispiel 5.4. **(nach DIN EN 1995-1-1:2010)**

Bei einem Fachwerkbinder mit 38,40 m Spannweite wurde in Untergurtmitte ein Montagestoß (Zugstoß) angeordnet (Bild 5.6.). Der Untergurt besteht aus Brettschichtholz GL28c. Die maßgebenden Lasten für den Binder betragen $G_k = 5{,}88\,\text{kN/m}$ und $Q_{k,s} = 4{,}13\,\text{kN/m}$. Die Schnittgrößen wurden mit einem Stabwerksprogramm berechnet.
Die Verbindungen zwischen Pfosten und Diagonalen wurden als ideale Gelenke bei durchlaufenden Gurten angenommen.
Für den Zugknoten ergibt sich ein charakteristischer Wert der Normalkraft von $N_k = 971$ kN und ein Bemessungswert der Normalkraft von $N_d = 1363$ kN. Der Modifikationsbeiwert beträgt für die maßgebende Lastkombination $E_d = 1{,}35 \cdot G_k + 1{,}50 \cdot Q_{k,s}$ (Schnee als führende veränderliche Einwirkung), $k_{mod} = 0{,}9$.

Nachfolgend wird die Tragfähigkeit des Zugstoßes untersucht.

Spannungsnachweis nach DIN EN 1995-1-1:2010 mit der Brutto-Querschnittsfläche nach Gl. (6.1):

Spannung im Querschnitt:

$$\sigma_{t,90,d} = \frac{N_d}{A_{brutto}} = \frac{1363 \cdot 10^3}{240 \cdot 420} = 13{,}52\,\text{N/mm}^2$$

Bemessungswert der Zugfestigkeit nach DIN EN 1995-1-1:2010, Gl. (2.14):

Nach DIN EN 14080, Tabelle 4 ist für GL28c:

$f_{t,0,g,k} = 19{,}5\,\text{N/mm}^2$

[DIN EN 1995-1-1, Gl. (2.14)]

$$f_{t,90,d} = \frac{k_{mod} \cdot f_{t,0,g,k}}{\gamma_M} = \frac{0{,}9 \cdot 19{,}5}{1{,}3} = 13{,}5\,\text{N/mm}^2$$

Nachweis nach DIN EN 1995-1-1:2010, Gl. (6.1):

$\sigma_{t,0,d} \leq f_{t,0,d}$ [DIN EN 1995-1-1, Gl. (6.1)]

$13{,}52 \approx 13{,}5\,\text{N/mm}^2$

Der Nachweis ist gerade so erfüllt!

Spannungsnachweis nach DIN EN 1995-1-1:2010 mit der Netto-Querschnittsfläche nach Gl. (6.1):

Nach DIN EN 1995-1-1:2010, Abschnitt 5.2 (2) P muss der Nettoquerschnitt berücksichtigt werden!

DIN EN 1995-1-1:2010, Abschnitt 5.2 (4) fordert:

Bei der Bestimmung des wirksamen Querschnitts im Bereich von Verbindungen mit mehreren Verbindungsmitteln sind in der Regel alle Querschnittsschwächungen als in diesem Querschnitt vorhanden zu betrachten, die um diesen Querschnitt in einem Abstand von weniger als dem halben Mindestabstand in Faserrichtung des Holzes liegen.

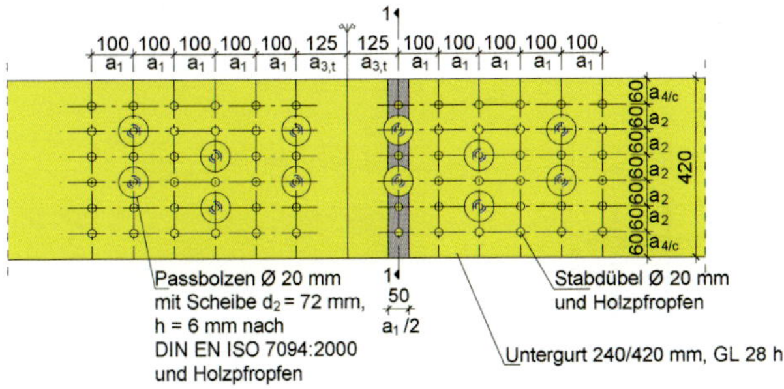

Bild 5.7. Anordnung der Verbindungsmittel im Zugstoß und Ort der Bestimmung der Nettofläche mit $a_1/2$ (a_1 = Mindestabstand der Verbindungsmittel in Faserrichtung, lt. Tabelle 8.5 $a_1 = 5 \cdot d = 5 \cdot 20 = 100$ mm);
1. Möglichkeit zur Berechnung der Nettofläche

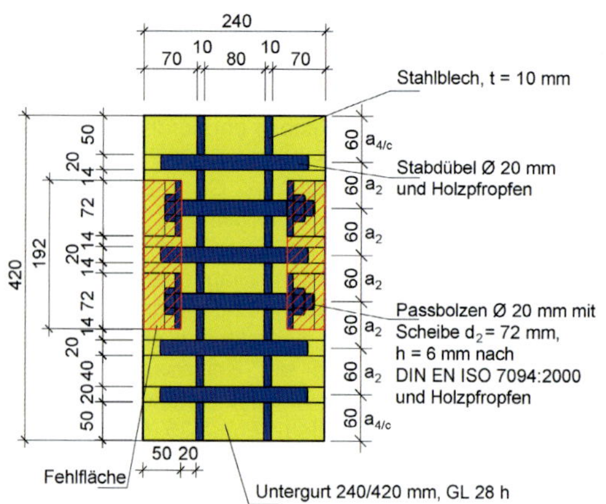

Bild 5.8. Schnitt 1-1 von Bild 5.6. Zugstoß mit Darstellung der zu berücksichtigenden Fehlflächen

Es ergeben sich zwei Möglichkeiten für die Ermittlung der Nettofläche:

Möglichkeit 1 gemäß Bild 5.7./Bild 5.8:

$$A_{\text{netto}} = A_{\text{brutto}} - A_{Pb,\text{Einlass}} - A_{Pb,\text{Bohrung}} - A_{\text{Blech}} - A_{\text{Stabdübel}} + A_{\text{Blech/Stabdübel}}$$

$$A_{\text{netto}} = 240\cdot420 - 4\cdot50\cdot72 - 4\cdot20\cdot140 - 2\cdot10\cdot420 - 4\cdot20\cdot240 + \underbrace{2\cdot6\cdot10\cdot20}_{\text{Schnittfläche Blech/Dübel einmal zuviel abgezogen}}$$

$$A_{\text{netto}} = 50000\ \text{mm}^2$$

$$\frac{A_{\text{netto}}}{A_{\text{brutto}}} = \frac{50000}{100800} = 0{,}496 \approx 50\,\%$$

$$\frac{\sigma_{t,0,d}}{0{,}496\cdot f_{t,0,d}} = \frac{13{,}54}{0{,}496\cdot13{,}50} = 2{,}0 > 1{,}0$$

Möglichkeit 2 zur Berechnung der Nettofläche gemäß Bild 5.9.:

$$A_{\text{netto}} = A_{\text{brutto}} - A_{\text{Blech}} - A_{\text{Stabdübel}} + A_{\text{Blech/Stabdübel}}$$

$$A_{\text{netto}} = 240\cdot420 - 2\cdot10\cdot420 - 6\cdot20\cdot240 + \underbrace{2\cdot6\cdot10\cdot20}_{\text{Schnittfläche Blech/Dübel einmal zuviel abgezogen}}$$

$$A_{\text{netto}} = 66000\ \text{mm}^2$$

$$\frac{A_{\text{netto}}}{A_{\text{brutto}}} = \frac{66000}{100800} = 0{,}655 \approx 65{,}5\,\%$$

$$\frac{\sigma_{t,0,d}}{0{,}655\cdot f_{t,0,d}} = \frac{13{,}52}{0{,}655\cdot13{,}50} = 1{,}53 > 1{,}0$$ **Nachweis nicht erfüllt!**

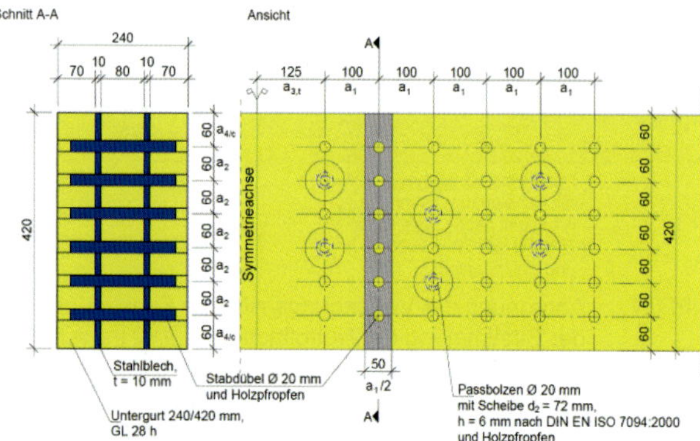

Bild 5.9. Schnitt durch den Zugstoß mit Darstellung der zu berücksichtigenden Fehlflächen, im Bereich $a_1/2$ (2. Möglichkeit)

Nach DIN EN 1995-1-1/NA:2013, Abschnitt NCI NA.8.1.6 (NA.2) muss der Bemessungswert der Zugtragfähigkeit der Seitenhölzer ohne genaueren Nachweis um 1/3 vermindert werden, wenn zusätzlich zu den Stabdübelverbindungen auszugfeste Verbindungsmittel wie Passbolzen angeordnet werden. Wird angenommen, dass die Kraft sich je zur Hälfte in die Seitenhölzer und das Mittelholz aufteilt, ergibt sich beim Nachweis eines Seitenholzes:

Berechnung Nettofläche nach Bild 5.8.:

$$A_{\text{netto},SH} = A_{\text{brutto}} - A_{Pb,\text{Einlass}} - A_{Pb,\text{Bohrung}} - A_{\text{Stabdübel}}$$

$$A_{\text{netto},SH} = 70\cdot420 - 2\cdot50\cdot72 - 2\cdot20\cdot20 - 4\cdot20\cdot70 = 15800\ \text{mm}^2$$

$$\sigma_{t,0,d} = \frac{N_{d,SH}}{A_{\text{netto},SH}} = \frac{\frac{1}{4}N_d}{A_{\text{netto},SH}} = \frac{\frac{1}{4}\cdot1363\cdot10^3}{15800} = 21{,}57\ \text{N/mm}^2$$

Bemessungswert der Zugfestigkeit für GL28h nach Gl. (2.14):

[DIN EN 1995-1-1, Gl. (2.14)]

$$f_{t,0,d} = \frac{2}{3}\cdot\frac{k_{\text{mod}}\cdot f_{t,0,k}}{\gamma_M} = \frac{2}{3}\cdot\frac{0{,}9\cdot19{,}5}{1{,}3} = 9{,}0\ \text{N/mm}^2$$

Nachweis nach Gl. (6.1):

$$\frac{\sigma_{t,0,d}}{f_{t,0,d}} = \frac{21{,}57}{9{,}0} = 2{,}4 >> 1{,}0$$ **Nachweis nicht erfüllt!**

Die rechnerische Spannungsüberschreitung erreicht Werte, die im Bereich der Zugbruchspannung des Brettschichtholzes liegen. Tatsächlich versagte ein Fachwerkbinder einer bestehenden Hallenkonstruktion zwei Jahre nach Errichtung wegen Überbeanspruchung, weil beim Nachweis der Zugbeanspruchung nicht der Nettoquerschnitt berücksichtigt wurde.

5.3. Druckstäbe

5.3.1. Allgemeines

Druckstäbe sind solche Konstruktionsteile, die parallel zu ihrer allgemeinen Faserrichtung auf Druck beansprucht werden, deren Querschnittsabmessung im Verhältnis zur Knicklänge sehr klein ist und die daher auf Knicken zu untersuchen sind.

Wir unterscheiden ein- und mehrteilige Druckstäbe (unterteilt in Stäbe ohne Spreizung und Stäbe mit Spreizung). Reicht ein Stab nicht zur Lastaufnahme aus, so werden mehrere zusammengefügt.

Es werden hauptsächlich Nadelhölzer der Sortierklasse S10, in Ausnahmefällen auch S13, MS13 nach DIN 4074-1 oder Eichenholz LS10 oder LS13 nach DIN 4074-5 (z. B. für hoch belastete Stützen), verwendet. Für einteilige Druckstäbe eignen sich am besten Rundhölzer nach DIN 4074-2 oder Hölzer mit quadratischen oder annähernd quadratischen Querschnittsabmessungen nach DIN 4074-1 und DIN 4074-5. Für mehrteilige Druckstäbe kommen Halbhölzer infrage.

In bestimmten Fällen ist die Verwendung von Brettschichtholz oder Furnierschichtholz zweckmäßig.

Die Tragfähigkeit von ein- und mehrteiligen Druckstäben wird durch das Ausknicken begrenzt. Einteilige Druckstäbe verhalten sich infolge der verhältnismäßig hohen Druckfestigkeit parallel zur Faser und infolge der großen Biegefestigkeit sehr günstig. Anders dagegen sind zusammengesetzte Querschnitte zu beurteilen.

Viele Bauschäden sind schon dadurch entstanden, dass die seitliche **Aussteifung** von auf Druck beanspruchten Stäben (z. B. die Gurte weit gespannter frei tragender Fachwerkkonstruktionen) weder statisch noch konstruktiv genügend beachtet wurde.

Zur räumlichen Aussteifung eignen sich Verbände, Scheiben oder Abstützungen (s. Abschnitt 5.4.). Die Anschlüsse sind zu berechnen.

Ein auf Druck beanspruchter würfelförmiger Holzkörper wird durch Zerquetschen zerstört. Die dabei auftretende charakteristische Druckfestigkeit wird mit $f_{c,0,k}$ bezeichnet. Ein schlanker Holzstab verliert seine Tragfähigkeit bereits bei einer Spannung σ_k, die weit unter der statischen Bruchfestigkeit liegt (s. Bild 1.33.). Diese Spannung wird als Knickspannung σ_k bezeichnet.

Das Knicken ist der plötzliche Übergang der ursprünglich geraden Achse eines schlanken stabförmigen Körpers in eine gekrümmte Form unter dem Einfluss einer Druckkraft.

Die dabei vorhandene Last bezeichnet man als Knicklast F_k.

Der Widerstand eines Bauteils gegenüber Knicken ist eine Stabilitätserscheinung und neben der Druckfestigkeit $f_{c,0,d}$ vom Schlankheitsgrad abhängig.

5.3.2. Berechnung planmäßiger mittig gedrückter einteiliger Stäbe nach DIN EN 1995-1-1:2010, Abschnitt 6.3.2 (Ersatzstabverfahren)

Nach DIN EN 1995-1-1:2010, Abschnitt 6.3.2 (2) sind für bezogene Schlankheiten von $\lambda_{rel,z} \leq 0,3$ bzw. $\lambda_{rel,y} \leq 0,3$ die Nachweise nach der Gl. (6.19) und Gl. (6.20) durchzuführen. Knicken ist dann nicht maßgebend:

[DIN EN 1995-1-1, Gl. (6.19)]

$$\left(\frac{\sigma_{c,0,d}}{f_{c,0,d}}\right)^2 + \frac{\sigma_{m,y,d}}{f_{m,y,d}} + k_m \cdot \frac{\sigma_{m,z,d}}{f_{m,z,d}} \leq 1$$

[DIN EN 1995-1-1, Gl. (6.20)]

$$\left(\frac{\sigma_{c,0,d}}{f_{c,0,d}}\right)^2 + k_m \cdot \frac{\sigma_{m,y,d}}{f_{m,y,d}} + \frac{\sigma_{m,z,d}}{f_{m,z,d}} \leq 1$$

Die Traglastberechnung von Druckstäben nach dem Ersatzstabverfahren (für $\lambda_{rel,y} > 0,3$; $\lambda_{rel,z} > 0,3$) beruht auf der Plastizitätstheorie II. Ordnung. Das Arbeitsvermögen des Holzes unter Druckbeanspruchung im plastischen Bereich geht damit in den Tragwerksentwurf ein.

Der Nachweis wird prinzipiell unter Anwendung der Imperfektionsformel geführt. In den Formeln wurden strukturelle Vorkrümmungen von *l*/500 für Brettschichtholz und *l*/300 für Vollholz berücksichtigt [*Blaß/Sandhaas* 2016], [*Blaß/Ehlbeck* u. a. 2005], [*Blaß* 1995], [*Blaß* 1987].

Beim Nachweis von Druckstäben nach dem Ersatzstabverfahren wird der Nachweis gegen Knicken als Spannungsnachweis mit einer durch den Knickbeiwert abgeminderten Druckfestigkeit geführt.

Der Nachweis nach DIN EN 1995-1-1:2010 ist als Knicknachweis für Doppelbiegung und Druckkraft nach Gl. (6.23) und Gl. (6.24) in der Norm geregelt:

[DIN EN 1995-1-1, Gl. (6.23)]

$$\frac{\sigma_{c,0,d}}{k_{c,y} \cdot f_{c,0,d}} + \frac{\sigma_{m,y,d}}{f_{m,y,d}} + k_m \cdot \frac{\sigma_{m,z,d}}{f_{m,z,d}} \leq 1$$

[DIN EN 1995-1-1, Gl. (6.24)]

$$\frac{\sigma_{c,0,d}}{k_{c,z} \cdot f_{c,0,d}} + k_m \cdot \frac{\sigma_{m,y,d}}{f_{m,y,d}} + \frac{\sigma_{m,z,d}}{f_{m,z,d}} \leq 1$$

mit:

k_c als Knickbeiwert in Abhängigkeit von λ und berechnet für die Beanspruchungsfähigkeit der gewählten Holzart nach Gl. (6.25) und Gl. (6.26).

$$k_{c,y} = \frac{1}{k_y + \sqrt{k_y^2 - \lambda_{rel,y}^2}}$$ [DIN EN 1995-1-1, Gl. (6.25)]

$$k_{c,z} = \frac{1}{k_z + \sqrt{k_z^2 - \lambda_{rel,z}^2}}$$ [DIN EN 1995-1-1, Gl. (6.26)]

Nach Gl. (6.27) und Gl. (6.28) wird der *k*-Wert berechnet:

[DIN EN 1995-1-1, Gl. (6.27)]

$$k_y = 0,5 \cdot \left[1 + \beta_c \cdot \left(\lambda_{rel,y} - 0,3\right) + \lambda_{rel,y}^2\right]$$

[DIN EN 1995-1-1, Gl. (6.28)]

$$k_z = 0,5 \cdot \left[1 + \beta_c \cdot \left(\lambda_{rel,z} - 0,3\right) + \lambda_{rel,z}^2\right]$$

mit:

$\beta_c = 0,2$ für Vollholz und Balkenschichtholz (β als Imperfektionsbeiwert entsprechend den Angaben in DIN EN 1995-1-1:2010, Abschnitt 10);

$\beta_c = 0,1$ für Brettschichtholz und Furnierholz (β als Imperfektionsbeiwert entsprechend den Angaben in DIN EN 1995-1-1:2010, Abschnitt 10);

k_m
- für Vollholz, Brettschichtholz und Furnierschichtholz:
  bei Rechteckquerschnitten: $k_m = 0,7$
  bei anderen Querschnitten: $k_m = 1,0$
- für andere tragende Holzwerkstoffe, bei allen Querschnitten: $k_m = 1,0$;

$\lambda_{rel,c}$ bezogene Schlankheiten nach Gl. (6.21) und Gl. (6.22);

$$\lambda_{rel,y} = \frac{\lambda_y}{\pi} \sqrt{\frac{f_{c,0,k}}{E_{0,05}}}$$ [DIN EN 1995-1-1, Gl. (6.21)]

$$\lambda_{rel,z} = \frac{\lambda_z}{\pi} \cdot \sqrt{\frac{f_{c,0,k}}{E_{0,05}}}$$ [DIN EN 1995-1-1, Gl. (6.22)]

λ_y und $\lambda_{rel,y}$ der Schlankheitsgrad für Biegung um die *y*-Achse (Ausbiegung/Knicken in *z*-Richtung);

λ_z und $\lambda_{rel,z}$ der Schlankheitsgrad für Biegung um die *z*-Achse (Ausbiegung/Knicken in *y*-Richtung);

$f_{c,0,k}$ charakteristische Druckfestigkeit parallel zur Faser;

$E_{0,05}$ 5-%-Quantil des Elastizitätsmoduls in Faserrichtung (Die Knickzahlen wurden unter Verwendung der 5-%-Quantilwerte ermittelt – der 50-%-Quantilwert $\left(E_{0,mean}\right)$ muss nicht durch den γ_M-Wert nach Gl. (2.15) dividiert werden.
Für die Berechnung der Systemwerte, z. B. Knicklängenbeiwerte (s. Tabellen 5.4. und 5.5.) nach DIN EN 1995-1-1/NA:2013, Abschnitt NCI NA.13 sind die Modulwerte nach Gl. (NA.166) durch γ_M zu dividieren.).

mit $\lambda_y = \frac{\ell_{ef}}{i_y}$ und $\lambda_z = \frac{\ell_{ef}}{i_z}$

ℓ_{ef} Knicklänge in Abhängigkeit von den Lagerungsbedingungen des Stabes (Eulerfälle I bis IV);

i_y; i_z Trägheitsradius, zur Berechnung, s. Tabelle 5.2.;

$\sigma_{c,0,d}$ Bemessungswert der Druckspannung;

$$\sigma_{c,0,d} = \frac{N_d}{A}\,;\ \sigma_{c,0,d} = \frac{N_d}{A_{netto}}$$

$\sigma_{m,y,d}$; $\sigma_{m,z\,d}$ Bemessungswert der Biegespannung;

$$\sigma_{m,y,d} = \frac{M_{y,d}}{W_y}\,;\ \sigma_{m,y,d} = \frac{M_{y,d}}{W_{y,netto}}$$

$$\sigma_{m,z,d} = \frac{M_{z,d}}{W_z}\,;\ \sigma_{m,z,d} = \frac{M_{z,d}}{W_{z,netto}}$$

$f_{c,0,d}$ Bemessungswert der Druckfestigkeit parallel zur Faser.

Querschnittsschwächungen werden im Allgemeinen bei Druckstäben nicht berücksichtigt, da sie das Knickverhalten, vorausgesetzt es sind Querschnittsschwächungen kleineren Ausmaßes und sie befinden sich außerhalb des mittleren Drittels der Ersatzstablänge, nicht wesentlich beeinflussen. Hiervon ausgenommen sind Querschnittsschwächungen innerhalb des mittleren Drittels der Knicklänge. Dann sind sie bei der Ermittlung der Spannungen zu berücksichtigen. Die durch die Schwächung hervorgerufene außermittige Beanspruchung kann nicht mehr vernachlässigt werden (s. a. Bild 5.33.).
Grundsätzlich gilt hier die Empfehlung, derartige Schwächungen unbedingt zu vermeiden.

Einfluss des Kriechens auf das Tragverhalten von Druckstäben

Kriechverformungen vergrößern die Ausbiegung von Druckstäben. Je höher die ständige Last und je höher die Holzfeuchte im Druckstab, umso großer sind die Auswirkungen auf das Tragverhalten. DIN EN 1995-1-1/NA:2013 fordert daher im Abschnitt NCI NA 5.9 (NA.1) für druckbeanspruchte Bauteile in den Nutzungsklassen 2 und 3 eine Berücksichtigung des Einflusses des Kriechens beim Knicknachweis, wenn der Bemessungswert des ständigen und des quasi-ständigen Lastanteiles 70 % des Bemessungswertes der Gesamtlast überschreitet. Die Berücksichtigung darf durch eine Abminderung der Steifigkeit um den Faktor $1/(1 + k_{def})$ erfolgen.

Wird der Knicknachweis mit dem Ersatzstabverfahren geführt, ist der charakteristrische 5-%-Quantilwert und bei der Nachweisführung nach Theorie II. Ordnung ist der Mittelwert der Steifigkeitswerte abzumindern. Die Abminderung durch $1/(1 + k_{def})$ erhöht den bezogenen Schlankheitsgrad λ_{rel}.

Literatur: [*Lißner/Rug* 2016], [*Blaß/Ehlbeck* u. a. 2005], [*Becker* 2002], [*Rautenstrauch/ Becker* 1998], [*Blaß* 1988]

Gemäß NCI zu 6.3.1 in DIN EN 1995-1-1/NA:2013 gelten Druck- oder biegebeanspruchte Rippen in Wand-, Dach- und Deckentafeln als in Scheibenebene ausreichend gegen Kippen und Knicken gesichert, wenn

- sie mit einer beidseitigen angeordneten aussteifenden Beplankung kontinuierlich über Verbindungsmittel verbunden sind,
- der Rippenabstand nicht größer als das 50-Fache der Beplankungsdicke ist.

Dies gilt auch für eine einseitige aussteifende Beplankung, die auf Rippen mit Rechteckquerschnitt von $h/b \leq 4$ befestigt ist.

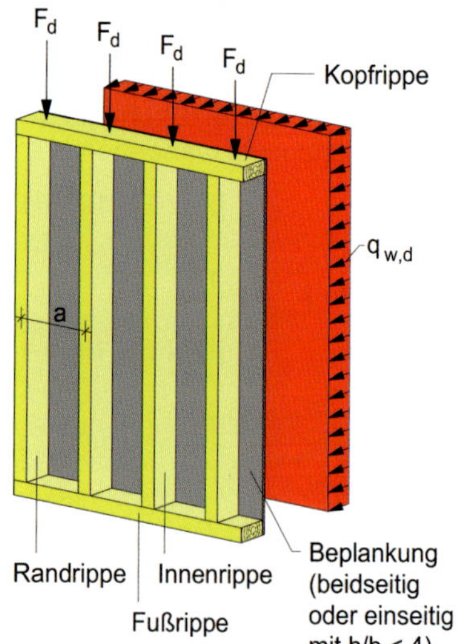

Bild 5.10. Wandtafel mit druck- und biegebeanspruchten Rippen, beidseitig beplankt oder einseitig beplankt mit $h/b \leq 4$ und $a \leq 50 \cdot t_{Beplankung}$ (für einen Abstand a von 625 mm ist mindestens eine Beplankungsdicke von 12,5 mm erforderlich) (s. Bild K.90 aus [*Lißner/Rug* 2016])

Tabelle 5.2. Flächenmomente 2. Grades, Flächen und Trägheitsradien bei verschiedenen Querschnitten

Querschnitt	$I_{y,tot,ef}$ [mm⁴]	$I_{z,tot,ef}$ [mm⁴]	A_{tot} [mm²]	i_y [mm]	i_z [mm]
h, b	$\frac{b \cdot h^3}{12}$	$\frac{b^3 \cdot h}{12}$	$h \cdot b$	$\frac{b}{\sqrt{12}} \approx 0{,}289 \cdot b$	$\frac{h}{\sqrt{12}} \approx 0{,}289 \cdot h$
d	$\frac{\pi \cdot d^4}{64}$	$\frac{\pi \cdot d^2}{64}$		$\frac{d}{4}$	
$E_1 \cdot A_1$, $E_2 \cdot A_2$, $E_3 \cdot A_3$	$\sum n_i \cdot I_{y,i} + \sum \left(\gamma_i \cdot n_i \cdot A_i \cdot a_{y,i}^2 \right)$	$\sum n_i \cdot I_{z,i} + \sum \left(\gamma_i \cdot n_i \cdot A_i \cdot a_{z,i}^2 \right)$	$\sum (n_i \cdot A_i)$	$\sqrt{\frac{I_{y,tot,ef}}{A_{tot}}}$	$\sqrt{\frac{I_{z,tot,ef}}{A_{tot}}}$
$E_1 \cdot A_1$, $E_2 \cdot A_2$, $E_3 \cdot A_3$, y – y	$\sum n_i \cdot I_{y,i} + \sum \left(\gamma_i \cdot n_i \cdot A_i \cdot a_{y,i}^2 \right)$	$\sum n_i \cdot I_{z,i} + \sum \left(\gamma_i \cdot n_i \cdot A_i \cdot a_{z,i}^2 \right)$	$\sum (n_i \cdot A_i)$	$\sqrt{\frac{I_{y,tot,ef}}{A_{tot}}}$	$\sqrt{\frac{I_{z,tot,ef}}{A_{tot}}}$
$E_1 \cdot A_1$, $E_3 \cdot A_3$, $E_2 \cdot A_2$, y – y, b, d_{ges}	$\sum n_i \cdot I_{y,i}$	$\sum n_i \cdot I_{z,i}$	$\sum (n_i \cdot A_i)$	$\sqrt{\frac{I_{y,tot,ef}}{A_{tot}}}$	$\sqrt{\frac{I_{z,tot,ef}}{A_{tot}}}$

Festlegung der Knicklängen

Die Knicklänge ist als Abstand zwischen zwei benachbarten Wendepunkten in der Knickbiegelinie druckbeanspruchter Stäbe definiert. Auch bei der DIN EN 1995-1-1: 2010 gelten die vier Grundfälle des Knickens nach *Leonhard Euler* (1707–1783).
Im Holzbau kommen der 3. Eulerfall ($s_k = h_s \cdot \sqrt{2}$, $\beta = \sqrt{2}$) und der 4. Eulerfall mit $s_k = s/2$ ($\beta = 0{,}5$) selten vor.

In Bild 5.12. (nach [*Werner/Zimmer* 2009/2010]) sind einige Beispiele für Knicklängen von Stützen, abhängig davon, ob sie an den Enden eingespannt, gelenkig gelagert und wie sie ausgesteift sind, angegeben.

Bild 5.11. zeigt einen Fachwerkbinder, bei dem alle Gurtstäbe mit $s_k = s$ berechnet werden, wobei allerdings die Knoten rechtwinklig zur Binderebene ausgesteift sein müssen.
Die linke Stütze ist mit $s_k = 2\ h_u$; $(\beta = 2)$ zu bemessen.
Für die rechte Rahmenstütze darf die Knicklänge für das Knicken in der Rahmenebene näherungsweise mit

$$s_k = 2\ h_u + 0{,}7\ h_o$$

eingesetzt werden, wenn $h_o \leq h_u$ ist.

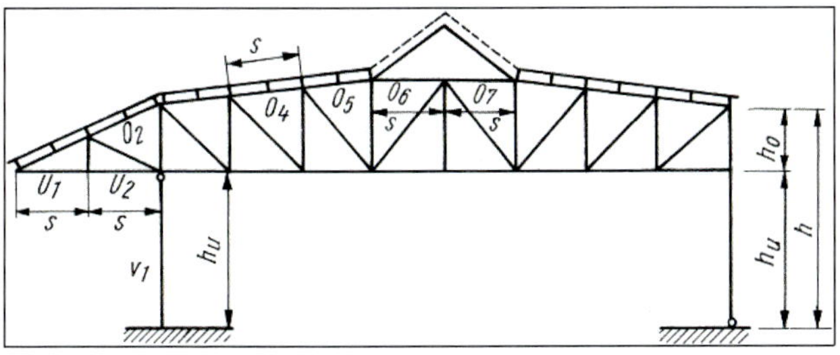

Bild 5.11. Fachwerkbinder, Beispiel für unterschiedliche Knicklängen

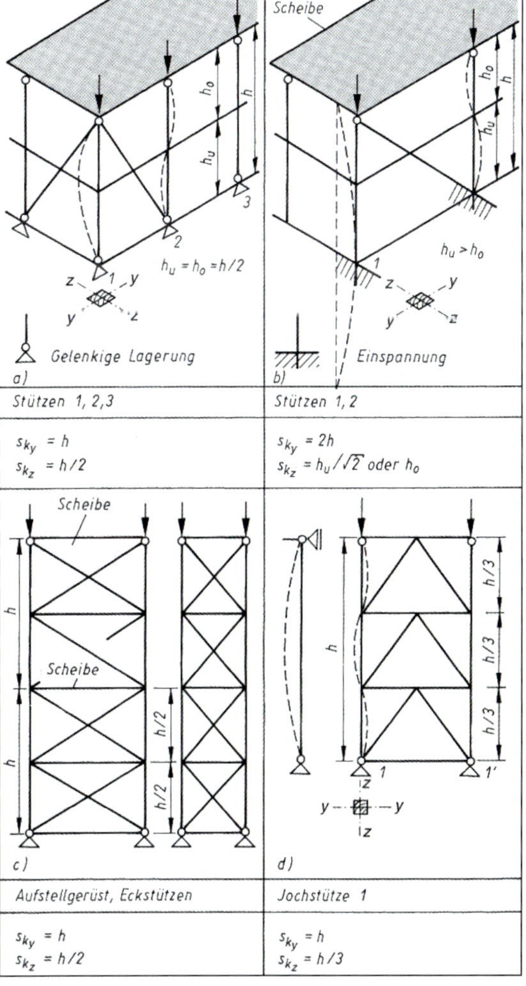

Bild 5.12. Knicklängen von Stützen (a, b, d nach [*Werner/Zimmer* 2009/2010])

Die auf den gelenkig gelagerten Knickstab ausgerichteten Ersatzknicklängen können mit den in DIN EN 1995-1-1/NA:2013, Abschnitt NCI NA.13 angegebenen Knicklängenbeiwerten berechnet werden. Dabei ist für die Ersatzstablänge nach Gl. (NA.167) $\ell_{ef} = \beta \cdot s$ oder $\ell_{ef} = \beta \cdot h$ zu setzen.

Biegesteife Verbindungen mit mechanischen Verbindungsmitteln von Stützen im Einspannbereich weisen in Abhängigkeit von der Steifigkeit eine gewisse Nachgiebigkeit auf, die sich vergrößernd auf die Knicklänge auswirkt. Dies ist bei eingespannten Stützen und Rahmensystemen zu beachten. Nach Abschnitt NCI NA.13, Tabelle NA.23 des Nationalen Anhangs kann eine Nachgiebigkeit bei der Berechnung des Knicklängenbeiwertes für einige baupraktische Fälle berücksichtigt werden (s. Tabellen 5.4. und 5.5. in diesem Buch und Beispiele 5.18. und 5.19. sowie auch [*Blaß* 1995] und [*Blaß/Ehlbeck* u. a. 2005]).

*Bei Fachwerkbindern werden die **Gurtstäbe** in der Regel für das Knicken in der Fachwerkebene mit der Knicklänge $s_k = s$ berechnet (β = 1,0). Sind die Fachwerkstäbe nicht gelenkig angeschlossen, gilt für den Knicklängenbeiwert β = 0,8.*

Die Bilder 5.13. und 5.14. zeigen Beispiele gelenkiger Anschlüsse und von Anschlüssen mit nachgiebigen Einspannungen.

Bei **Füllstäben** (Wandstäben) ist in der Binderebene mit der Knicklänge $s_k = s$ (Netzlinie) zu rechnen, wenn sie mit Versatz, Dübel mit einem Schraubenbolzen oder nur mit Schraubenbolzen angeschlossen sind (Bild 5.13.).

***Füllstäbe**, die mit Nägeln, Knotenblech oder einer Dübelgruppe angeschlossen (also nachgiebig eingespannt) sind, dürfen in der Fachwerkebene mit $s_k = 0{,}8 \cdot s$ berechnet werden (Bild 5.14.). Die Knicklängen bei **Kopfbandstützen** zeigt Bild 5.15.*

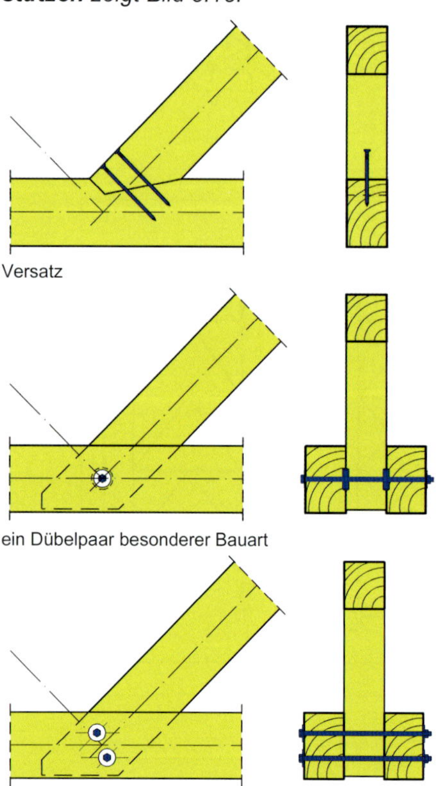

Bild 5.13. Gelenkige Anschlüsse von Fachwerkstäben β = 1 (aus [*Lißner u. a.* 2010])

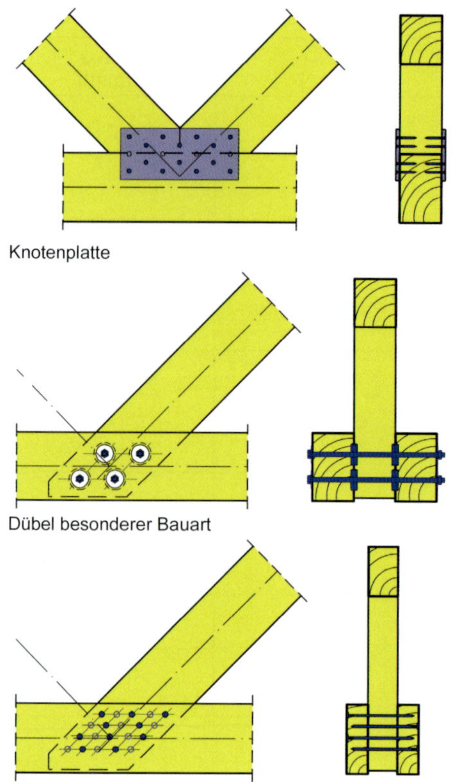

Bild 5.14. Fachwerkstäbe mit nachgiebiger Einspannung β = 0,8 (aus [*Lißner* u. a. 2010])

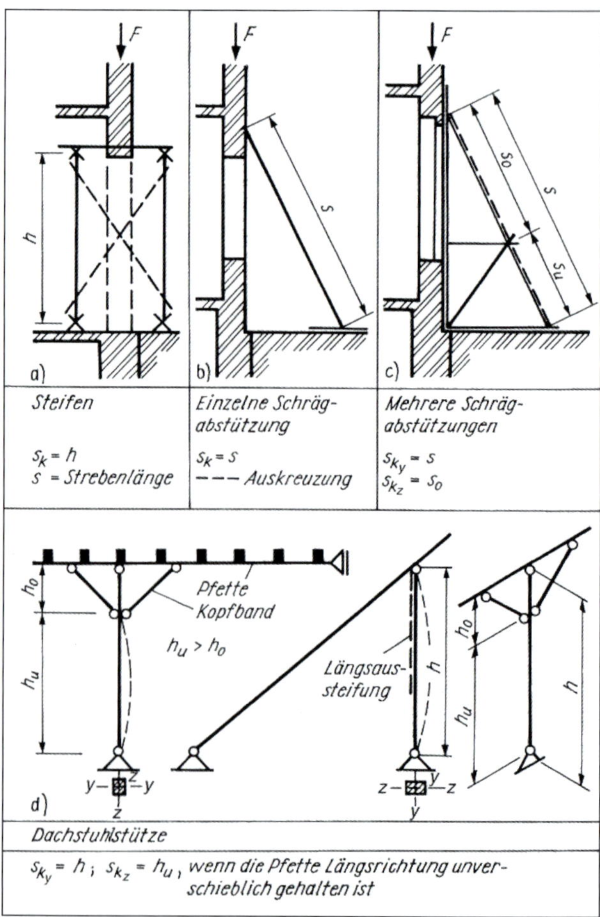

Bild 5.15. Knicklängen von Steifen und Stützen

Eine Zusammenfassung von Formeln zur Berechnung von Knicklängenbeiwerten zeigen die Tabellen 5.3. bis 5.5.

Tabelle 5.3. Knicklängenbeiwerte für Stützen mit Auskragungen und zweifeldrige Stütze mit Lastangriffen an den Knoten nach [*Lißner* u. a. 2010]

System	Knicklänge
F_d; I_2; I_1; ℓ_2; ℓ_1	$\ell_{ef} = \pi \cdot \sqrt{\frac{5+4\cdot\frac{\ell_1}{\ell_2}\cdot\frac{I_2}{I_1}}{12}} \cdot \ell_2$
$F_{d,1}$; $F_{d,2}$; I_2; I_1; ℓ_2; ℓ_1	$N_1 = F_{d,1} + F_{d,2}$; $N_2 = F_{d,1}$ $\ell_{ef,1} = \beta_1 \cdot \ell_1$; $\ell_{ef,2} = \beta_2 \cdot \ell_2$ $\lambda = \frac{\ell_2}{\ell_1}$; $c = \frac{\ell_2}{\ell_1}\cdot\frac{I_1}{I_2}$; $n = \frac{N_2}{N_1}$ $k = 0{,}5 + \lambda \cdot n \cdot (1{,}65 + 2 \cdot c)$ $\beta_1 = \sqrt{k + \sqrt{k^2 - \lambda \cdot n \cdot (1{,}35 + 4 \cdot c)}}$ $\beta_2 = \frac{\beta_1}{\sqrt{\lambda \cdot c \cdot n}}$
$F_{d,1}$; $F_{d,2}$; I_2; I_1; ℓ_2; ℓ_1	$N_1 = F_{d,1} + F_{d,2}$; $N_2 = F_{d,1}$ $\ell_{ef,1} = \beta_1 \cdot \ell_1$; $\ell_{ef,2} = \beta_2 \cdot \ell_2$ $\lambda = \frac{\ell_2}{\ell_1}$; $c = \frac{\ell_2}{\ell_1}\cdot\frac{I_1}{I_2}$; $n = \frac{N_2}{N_1}$ $k = \frac{0{,}49 + c + \lambda \cdot c \cdot n \cdot (1 + 0{,}49 \cdot c)}{2 \cdot (1 + c)}$ $\beta_1 = \sqrt{k + \sqrt{k^2 - 0{,}49 \cdot \lambda \cdot c \cdot n}}$ $\beta_2 = \frac{\beta_1}{\sqrt{\lambda \cdot c \cdot n}}$

Tabelle 5.4. Knicklängenbeiwerte β für verschiedene Systeme nach DIN EN 1995-1-1/NA:2013, Tabelle NA.24 und Bild NA.24

System	Knicklänge
N; E I; h; N	$\beta = 1$
N; E I; h; K_φ; N	$\beta = \sqrt{4 + \frac{\pi^2 \cdot E \cdot I}{h \cdot K_\varphi}}$ K_φ: Federkonstante der elastischen Einspannung (Kraft x Länge/Winkel)

Tabelle 5.4. *(Fortsetzung)*

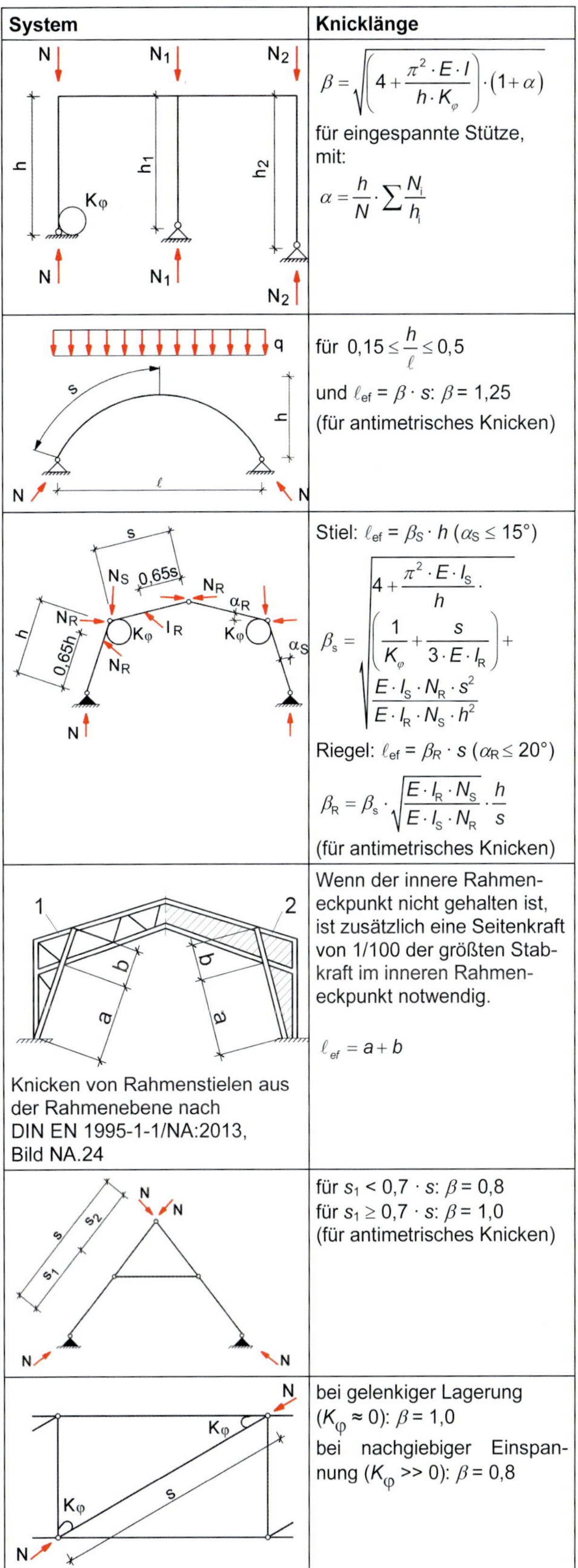

System	Knicklänge
N; N_1; N_2; h; h_1; h_2; K_φ	$\beta = \sqrt{\left(4 + \frac{\pi^2 \cdot E \cdot I}{h \cdot K_\varphi}\right) \cdot (1 + \alpha)}$ für eingespannte Stütze, mit: $\alpha = \frac{h}{N} \cdot \sum \frac{N_i}{h_i}$
q; s; h; ℓ; N	für $0{,}15 \le \frac{h}{\ell} \le 0{,}5$ und $\ell_{ef} = \beta \cdot s$: $\beta = 1{,}25$ (für antimetrisches Knicken)
s; N_S; 0,65s; N_R; α_R; K_φ; I_R; h; 0,65h; α_S; N	Stiel: $\ell_{ef} = \beta_S \cdot h$ ($\alpha_S \le 15°$) $\beta_S = \sqrt{\left(4 + \frac{\pi^2 \cdot E \cdot I_S}{h} \cdot \left(\frac{1}{K_\varphi} + \frac{s}{3 \cdot E \cdot I_R}\right)\right) + \frac{E \cdot I_S \cdot N_R \cdot s^2}{E \cdot I_R \cdot N_S \cdot h^2}}$ Riegel: $\ell_{ef} = \beta_R \cdot s$ ($\alpha_R \le 20°$) $\beta_R = \beta_S \cdot \sqrt{\frac{E \cdot I_R \cdot N_S}{E \cdot I_S \cdot N_R}} \cdot \frac{h}{s}$ (für antimetrisches Knicken)
1; 2; a; b Knicken von Rahmenstielen aus der Rahmenebene nach DIN EN 1995-1-1/NA:2013, Bild NA.24	Wenn der innere Rahmeneckpunkt nicht gehalten ist, ist zusätzlich eine Seitenkraft von 1/100 der größten Stabkraft im inneren Rahmeneckpunkt notwendig. $\ell_{ef} = a + b$
s; s_1; s_2; N	für $s_1 < 0{,}7 \cdot s$: $\beta = 0{,}8$ für $s_1 \ge 0{,}7 \cdot s$: $\beta = 1{,}0$ (für antimetrisches Knicken)
N; K_φ; s	bei gelenkiger Lagerung ($K_\varphi \approx 0$): $\beta = 1{,}0$ bei nachgiebiger Einspannung ($K_\varphi >> 0$): $\beta = 0{,}8$

Nach DIN EN 1995-1-1/NA:2013, Abschnitt NCI NA.13.2 (NA.9) ist bei den Systemen in Zeilen 2, 3 und 5 in Tabelle 5.4. in der elastischen Feder ein Zusatzmoment nach Gl. (NA.171) zu berücksichtigen.

$$M = N \cdot \frac{h}{6} \cdot \left(\frac{1}{k_c} - 1\right)$$

mit:

h = Querschnittshöhe des an die Feder angeschlossenen Stabes;

k_c = der Knickbeiwert nach Abschnitt 6.3.2, Gleichungen (6.25) und (6.26) des an die Feder angeschlossenen Stabes.

Das Zusatzmoment geht auf Untersuchungen von [*Moers* 1977] zurück, wonach bei einer Berechnung mit dem Ersatzstabverfahren ein größeres Moment für die Bemessung der Verbindung an der Einspannung notwendig ist. Bei dem System in Zeile 5 in Tabelle 5.4. ist das Moment für den Stiel und den Riegel zu berechnen, wobei das größte maßgebend ist.

Tabelle 5.5. Knicklängen für verschiedene Systeme nach [*Lißner* u. a. 2010]

Tragsystem	**Knicklänge s_k**
Einhüftiger Rahmen	
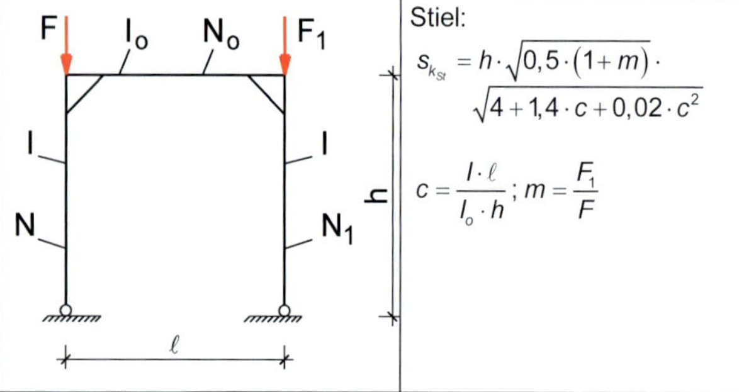	$s_k = h \cdot \sqrt{4 + 2{,}8 \cdot c + 0{,}08 \cdot c^2}$ $c = \frac{I \cdot \ell}{I_o \cdot h}$
Zweigelenkrahmen	
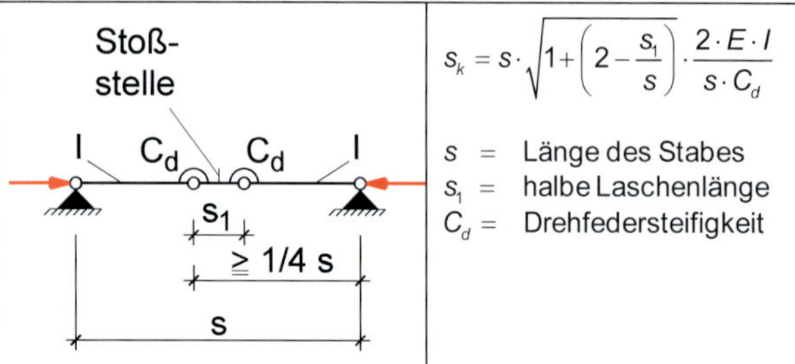	Stiel: $s_{k_{St}} = h \cdot \sqrt{0{,}5 \cdot (1 + m)} \cdot \sqrt{4 + 1{,}4 \cdot c + 0{,}02 \cdot c^2}$ $c = \frac{I \cdot \ell}{I_o \cdot h}$; $m = \frac{F_1}{F}$
Laschenstoß eines Druckstabes im knickgefährdeten Bereich	
Stoß-stelle I C_d C_d I s_1 ≥ 1/4 s s	$s_k = s \cdot \sqrt{1 + \left(2 - \frac{s_1}{s}\right) \cdot \frac{2 \cdot E \cdot I}{s \cdot C_d}}$ s = Länge des Stabes s_1 = halbe Laschenlänge C_d = Drehfedersteifigkeit

Beispiel 5.5. **(nach DIN EN 1995-1-1:2010)**

In einem Fachwerkbinder hat der Diagonalstab D_i eine Druckkraft von $F_{c,0,k} = 78{,}0\ \text{kN}$ aufzunehmen. Die Systemlänge, die der Knicklänge gleichzusetzen ist (gelenkiger Anschluss), beträgt $s_k = 3{,}15\ \text{m}$. Als Baustoff wird NH S10 nach DIN 4074-1 verwendet. Es ist ein quadratischer Querschnitt von 140 x 140 mm nachzuweisen.

Gegeben:
Baustoffeigenschaften:
Gewählt:

NH S10 nach DIN 4074-1 = C24 nach DIN EN 388, Tabelle 1

Nutzungsklasse: 1 [DIN EN 1995-1-1, Abschnitt 2.3.1.3]

KLED: kurz [DIN EN 1995-1-1, Tabelle 2.2]

$k_{mod} = 0{,}9$ [DIN EN 1995-1-1, Tabelle 3.1]

$\gamma_M = 1{,}3$ [DIN EN 1995-1-1/NA, Tabelle NA.2]

Charakteristische Festigkeits- und Steifigkeitskennwerte und charakteristische Rohdichte aus Tabelle 1 in DIN EN 388:

$\rho_k = 350\ \text{kg/m}^3$; $f_{c,0,k} = 21{,}0\ \text{N/m}^2$

$E_{0,mean} = 11000\ \text{N/mm}^2$; $E_{0,05} = 7400\ \text{N/mm}^2$

Einwirkungen nach DIN EN 1990:2010:

Charakteristische Werte der Einwirkungen:

Die Anteile aus Eigenlast und veränderliche Verkehrslast betragen:

$G_{k,1} = 39\ \text{kN}$; $Q_{k,1} = 39\ \text{kN}$

Bemessungswert der Einwirkungen (Teilsicherheitsbeiwerte für die Einwirkungen nach DIN EN 1990/NA:2010, Tabelle NA.A.1.2 (B)):

$$F_{c,0,d} = \gamma_{G,j} \cdot G_{k,1} + \gamma_{Q,1} \cdot Q_{k,1}$$

$$\gamma_{G,1} = 1{,}35 ; \ \gamma_{Q,1} = 1{,}5$$

$$F_{c,0,d} = 1{,}35 \cdot 39{,}0 + 1{,}5 \cdot 39{,}0 = 111{,}15\ \text{kN}$$

Geometrie:
Gewählt:

$$b/h = 140/140\ \text{mm}$$

$$A = b \cdot h = 140 \cdot 140 = 19{,}6 \cdot 10^3\ \text{mm}^2$$

$\beta = 1$ [DIN EN 1995-1-1, Tabelle NA.24]

Stablänge:

$$s = 3{,}15\ \text{m}$$

Ersatzstablänge:

[DIN EN 1995-1-1, Gl. (NA.167)]

$$l_{ef} = \beta \cdot s = 1{,}0 \cdot 3{,}15 = 3{,}15\ \text{m}$$

Trägheitsradius:

$$i_y = 0{,}289 \cdot b = 0{,}289 \cdot 140 = 40{,}46\ \text{mm} = i_z$$

Schlankheit:

$$\lambda = \frac{l_{ef}}{i} = \frac{3150}{40{,}46} = 77{,}85 ; \ \lambda_y = \lambda_z$$

Bezogene Schlankheit nach Gl. (6.21):

[DIN EN 1995-1-1, Gl. (6.21)]

$$\lambda_{rel,y} = \frac{\lambda_y}{\pi} \cdot \sqrt{\frac{f_{c,0,k}}{E_{0,05}}} = \frac{77{,}85}{\pi} \cdot \sqrt{\frac{21{,}0}{7400}} = 1{,}32$$

Für $\beta_c = 0{,}2$ erhält man für $k_y = k_z$ nach Gl. (6.27):

$k_y = 0{,}5 \cdot \left[1 + \beta_c \cdot \left(\lambda_{rel,y} - 0{,}3\right) + \lambda_{rel,y}^2\right]$ [DIN EN 1995-1-1, Gl. (6.27)]

$$k_y = 0{,}5\left[1 + 0{,}2 \cdot (1{,}32 - 0{,}3) + 1{,}32^2\right] = 1{,}47$$

Knickbeiwert k_c für $k_{c,y} = k_{c,z}$ nach Gl. (6.25):

$k_{c,y} = \frac{1}{k_y + \sqrt{k_y^2 - \lambda_{rel,y}^2}}$ [DIN EN 1995-1-1, Gl. (6.25)]

$$k_{c,y} = \frac{1}{1{,}47 + \sqrt{1{,}47^2 - 1{,}32^2}} = 0{,}47$$

Bemessungswert der Beanspruchung:

$$\sigma_{c,0,d} = \frac{F_d}{A} = \frac{111{,}15 \cdot 10^3}{19{,}6 \cdot 10^3} = 5{,}67\ \text{N/mm}^2$$

Bemessungswert der Holzfestigkeit nach Gl. (2.14):
[DIN EN 1995-1-1, Gl. (2.14)]

$$f_{c,0,d} = \frac{k_{mod} \cdot f_{c,0,k}}{\gamma_M} = \frac{0{,}9 \cdot 21}{1{,}3} = 14{,}54\ \text{N/mm}^2$$

Knicknachweis nach DIN EN 1995-1-1:2010, Abschnitt 6.3:
Es müssen Gl. (6.23) und Gl. (6.24) erfüllt sein:

$$\frac{\sigma_{c,0,d}}{k_{c,y} \cdot f_{c,0,d}} + \frac{\sigma_{m,y,d}}{f_{m,y,d}} + k_m \cdot \frac{\sigma_{m,z,d}}{f_{m,z,d}} \le 1$$ [DIN EN 1995-1-1, Gl. (6.23)]

$$\frac{\sigma_{c,0,d}}{k_{c,z} \cdot f_{c,0,d}} + k_m \cdot \frac{\sigma_{m,y,d}}{f_{m,y,d}} + \frac{\sigma_{m,z,d}}{f_{m,z,d}} \le 1$$ [DIN EN 1995-1-1, Gl. (6.24)]

$\sigma_{m,y,d} = 0$; $\sigma_{m,z,d} = 0$ (keine Biegebeanspruchung)

$$\frac{\sigma_{c,0,d}}{k_c \cdot f_{c,0,d}} \le 1{,}0$$

$$\frac{5{,}67}{0{,}47 \cdot 14{,}54} = 0{,}83 < 1{,}0$$ **Nachweis erfüllt!**

Beispiel 5.6. (nach DIN EN 1995-1-1:2010)

Eine unten eingespannte Stütze (s. Bild 5.12.b Stütze 1) aus Eichenholz der Sortierklasse LS10 nach DIN 4074-5 erhält eine Last $F_{c,0,k} = 108\ \text{kN}$. Die Höhe des Stieles beträgt $h_u = s = 3{,}0\ \text{m}$. Der Querschnitt soll ein Verhältnis $h/b = 1{,}5$ erhalten.

Gegeben:
Baustoffeigenschaften:
Gewählt:
LH LS10 nach DIN 4074-5 = D30 nach DIN EN 388, Tabelle 1
Nutzungsklasse: 1 [DIN EN 1995-1-1, Abschnitt 2.3.1.3]
KLED. mittel [DIN EN 1995-1-1, Tabelle 2.2]
$k_{mod} = 0{,}80$ [DIN EN 1995-1-1, Tabelle 3.1]
$\gamma_M = 1{,}3$ [DIN EN 1995-1-1:NA, Tabelle NA.2]

Charakteristische Festigkeits- und Steifigkeitskennwerte und charakteristische Rohdichte aus Tabelle 1 in DIN EN 388:

$\rho_k = 530\ \text{kg/m}^3$; $f_{c,0,k} = 24{,}0\ \text{N/m}^2$

$E_{0,mean} = 11000\ \text{N/mm}^2$; $E_{0,05} = 9200\ \text{N/mm}^2$

Einwirkungen nach DIN EN 1990:2010:

Charakteristische Werte der Einwirkungen:

Die Anteile aus Eigenlast und veränderliche Verkehrslast betragen:

$G_{k,1} = 50\ \text{kN}$; $Q_{k,1} = 58\ \text{kN}$

Bemessungswert der Einwirkungen (Teilsicherheitsbeiwerte für die Einwirkungen nach DIN EN 1990/NA:2010, Tabelle NA.A.1.2 (B)):

$$F_{c,0,d} = \gamma_{G,j} \cdot G_{k,1} + \gamma_{Q,1} \cdot Q_{k,1}$$

$\gamma_{G,1} = 1{,}35$; $\gamma_{Q,1} = 1{,}5$

$$F_{c,0,d} = 1{,}35 \cdot 50{,}0 + 1{,}5 \cdot 58{,}0 = 154{,}5\ \text{kN}$$

Geometrie:

$b/h = 180/260\ \text{mm}$

$$A = b \cdot h = 180 \cdot 260 = 46{,}8 \cdot 10^3\ \text{mm}^2$$

$\beta = 2$

Stablänge:

$s = h = 3{,}0\ \text{m}$

Ersatzstablänge:

$$l_{ef} = \beta \cdot s = 2 \cdot 3{,}0 = 6{,}0\ \text{m}$$

Trägheitsradius:

$$i_z = 0{,}289 \cdot b = 0{,}289 \cdot 180 = 52{,}02\ \text{mm}$$

$$i_y = 0{,}289 \cdot h = 0{,}289 \cdot 260 = 75{,}14\ \text{mm}$$

Schlankheit:

$$\lambda_z = \frac{l_{ef}}{i_z} = \frac{6000}{52{,}02} = 115{,}34$$

$$\lambda_y = \frac{l_{ef}}{i_y} = \frac{6000}{75{,}14} = 78{,}85$$

Für die weitere Rechnung ist die größere Schlankheit λ_z maßgebend bezogene Schlankheit nach Gl. (6.22):

[DIN EN 1995-1-1, Gl. (6.22)]

$$\lambda_{rel,z} = \frac{\lambda_z}{\pi} \cdot \sqrt{\frac{f_{c,0,k}}{E_{0,05}}} = \frac{115{,}34}{\pi} \cdot \sqrt{\frac{24{,}0}{9200}} = 1{,}88$$

Für $\beta_c = 0{,}2$ erhält man nach Gl. (6.28) den *k*-Wert für die Berechnung des Knickbeiwertes $k_{c,z}$:

[DIN EN 1995-1-1, Gl. (6.28)]

$$k_z = 0{,}5\left[1 + \beta_c \cdot (\lambda_{rel,z} - 0{,}3) + \lambda_{rel,z}^2\right]$$

$$k_z = 0{,}5\left[1 + 0{,}2 \cdot (1{,}88 - 0{,}3) + 1{,}88^2\right] = 2{,}42$$

Knickbeiwert $k_{c,z}$ nach Gl. (6.26):

$$k_{c,z} = \frac{1}{k_z + \sqrt{k_z^2 - \lambda_{rel,z}^2}}$$ [DIN EN 1995-1-1, Gl. (6.26)]

$$k_{c,z} = \frac{1}{2{,}42 + \sqrt{2{,}42^2 - 1{,}88^2}} = 0{,}25$$

Bemessungswert der Beanspruchung:

$$\sigma_{c,0,d} = \frac{F_d}{A} = \frac{154{,}5 \cdot 10^3}{46{,}8 \cdot 10^3} = 3{,}3\ \text{N/mm}^2$$

Bemessungswert der Holzfestigkeit nach Gl. (2.14):

$$f_{c,0,d} = \frac{k_{mod} \cdot f_{c,0,k}}{\gamma_M} = \frac{0{,}8 \cdot 24{,}0}{1{,}3} = 14{,}77\ \text{N/mm}^2$$

Knicknachweis nach DIN EN 1995-1-1:2010, Abschnitt 6.3:
Es müssen Gl. (6.23) und Gl. (6.24) erfüllt sein:

$$\frac{\sigma_{c,0,d}}{k_{c,y} \cdot f_{c,0,d}} + \frac{\sigma_{m,y,d}}{f_{m,y,d}} + k_m \cdot \frac{\sigma_{m,z,d}}{f_{m,z,d}} \le 1$$ [DIN EN 1995-1-1, Gl. (6.23)]

$$\frac{\sigma_{c,0,d}}{k_{c,z} \cdot f_{c,0,d}} + k_m \cdot \frac{\sigma_{m,y,d}}{f_{m,y,d}} + \frac{\sigma_{m,z,d}}{f_{m,z,d}} \le 1$$ [DIN EN 1995-1-1, Gl. (6.24)]

Es gilt $\sigma_{m,y,d} = 0$; $\sigma_{m,z,d} = 0$ (keine Biegebeanspruchung), somit wird Gl. (6.23) bzw. Gl. (6.24) zu

$$\frac{\sigma_{c,0,d}}{k_{c,z} \cdot f_{c,0,d}} \le 1{,}0$$

$$\frac{3{,}3}{0{,}25 \cdot 14{,}77} = 0{,}89 < 1{,}0$$ **Nachweis erfüllt!**

Im Zuge der Berechnung ändern sich die Lastanteile wie folgt:

$G_{k,1} = 90\,\text{kN}$; $Q_{k,1} = 18\,\text{kN}$

Die Nutzungsklasse ändert sich ebenfalls von NKL1 auf NKL 2.

Lösung:

$$F_{c,0,7} = (1{,}35 \cdot 90 + 1{,}5 \cdot 18) \cdot 0{,}7 = 103{,}95\,\text{kN}$$

$$F_{quasi-ständ.} = 1{,}35 \cdot 90 = 121{,}50\,\text{kN}$$

$$F_{c,0,7} = 103{,}95\,\text{kN} < F_{quasi-ständ.} = 121{,}50\,\text{kN}$$

Kriechen ist zu berücksichtigen (s. DIN EN 1995-1-1/NA, NCI NA. 5.9)!

Maßgebende Lastkombinationen:

Eigenlast: $\frac{1{,}35 \cdot 90}{0{,}6} = 202{,}50\,\text{kN}$

Eigen- und veränd. Last: $\frac{1{,}35 \cdot 90 + 1{,}5 \cdot 18}{0{,}8} = 108{,}63\,\text{kN}$

Maßgebende Lastkombination: Eigenlast

$F_{c,0,d} = 202{,}50\,\text{kN}$; $k_{mod} = 0{,}6$

Schlankheit:

$$\lambda_y = \frac{6000}{0{,}289 \cdot 180} = 115{,}34$$

Bezogene Schlankheit nach Gl. (6.22):

$k_{def} = 0{,}8$ [DIN EN 1995-1-1, Tabelle 3.2]

Das Kriechen darf durch die Abminderung der Steifigkeit

$E_{0,05} \cdot \frac{1}{1 + k_{def}}$ berücksichtigt werden.

[DIN EN 1995-1-1, Gl. (6.22)]

$$\lambda_{rel,z} = \frac{\lambda_z}{\pi} \cdot \sqrt{\frac{f_{c,0,k}}{E_{0,05}}} = \frac{115{,}34}{\pi} \cdot \sqrt{\frac{24{,}0}{9200 \cdot \frac{1}{1+0{,}8}}} = 2{,}50$$

[DIN EN 1995-1-1, Gl. (6.28)]

$$k_z = 0{,}5 \cdot \left[1 + \beta_c \cdot (\lambda_{rel,z} - 0{,}3) + \lambda_{rel,z}^2\right]$$

$$k_z = 0{,}5 \cdot \left[1 + 0{,}2 \cdot (2{,}5 - 0{,}3) + 2{,}5^2\right] = 3{,}85$$

$$k_{c,z} = \frac{1}{k_z + \sqrt{k_z^2 - \lambda_{rel,z}^2}}$$ [DIN EN 1995-1-1, Gl. (6.26)]

$$k_{c,z} = \frac{1}{3{,}85 + \sqrt{3{,}85^2 - 2{,}5^2}} = 0{,}15$$

Nachweis:

$$f_{c,0,d} = \frac{k_{mod} \cdot f_{c,0,k}}{\gamma_M} = \frac{0{,}6 \cdot 24{,}0}{1{,}3} = 11{,}08\,\text{N/mm}^2$$

$$\sigma_{c,0,d} = \frac{F_{c,0,d}}{A} = \frac{202{,}5 \cdot 10^3}{180 \cdot 260} = 4{,}33\,\text{N/mm}^2$$

$$\eta = \frac{\sigma_{c,0,d}}{k_{c,z} \cdot f_{c,0,d}} = \frac{4{,}33}{0{,}15 \cdot 11{,}08} = 2{,}61 > 1{,}0$$

Die Stütze ist nicht tragfähig! Es ist deutlich sichtbar, dass die Berücksichtigung des Kriechens zu größeren Querschnitten führt.

Die Nachweise zur Konstruktion der Einspannung werden hier nicht geführt. Gegebenenfalls ist der Einfluss der Nachgiebigkeit der Verbindungsmittel auf die Knicklänge zu berücksichtigen (s. Beispiel 5.18. und 5.19.).

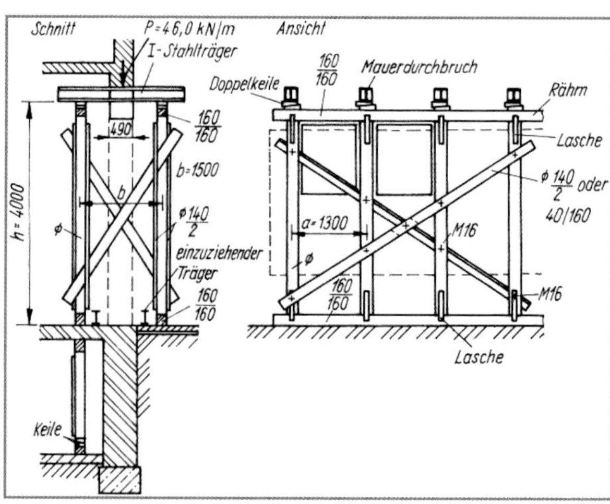

Bild 5.16. Absteifung einer Wand

Beispiel 5.7. (nach DIN EN 1995-1-1:2010)

Bei einem Ladenumbau ist eine 490 mm dicke Wand abzufangen. Steifenabstand senkrecht zur Wand 1,50 m, parallel zur Wand $\ell = 1{,}30\,\text{m}$. Abzusteifende Höhe $s = 4{,}0\,\text{m}$. Die abzufangende Wand überträgt eine Last von $q = 46{,}0\,\text{kN/m}$ (Bild 5.16.). Es sind Rundholzsteifen zu berechnen.
Verwendet wird NH S10 nach DIN 4074-2.

Gegeben:

Baustoffeigenschaften:

Gewählt:

NH S10 nach DIN 4074-2 = C24 nach DIN EN 388, Tabelle 1

Nutzungsklasse: 1 [DIN EN 1995-1-1, Abschnitt 2.3.1.3]

KLED: kurz (Gerüst steht nur eine Woche) [DIN EN 1995-1-1, Tabelle 2.2]

$k_{mod} = 0{,}90$ [DIN EN 1995-1-1:2010, Tabelle 3.1]

$\gamma_M = 1{,}3$ [DIN EN 1995-1-1/NA, Tabelle NA.2]

Charakteristische Festigkeits- und Steifigkeitskennwerte und charakteristische Rohdichte aus Tabelle 1 in DIN EN 388:

$\rho_k = 350\,\text{kg/m}^3$; $f_{c,0,k} = 21{,}0\,\text{N/mm}^2$

Entgegen DIN 1052:2008 darf die Druckfestigkeit und der Elastizitätsmodul von Rundholz nicht mehr als um 20 % erhöht werden.

$E_{0,05} = 7400\,\text{N/mm}^2$

Einwirkungen nach DIN EN 1990:2010:

Charakteristische Werte der Einwirkungen:

Die Anteile aus Eigenlast und veränderlicher Verkehrslast betragen:

$G_{k,1} = 15\,\text{kN}$; $Q_{k,1} = 15\,\text{kN}$

Bemessungswert der Einwirkungen (Teilsicherheitsbeiwerte für die Einwirkungen nach DIN EN 1990/NA:2010, Tabelle NA.A.1.2 (B)):

$$F_{c,0,d} = \gamma_{G,1} \cdot G_{k,1} + \gamma_{Q,1} \cdot Q_{k,1}$$

$\gamma_{G,1} = 1{,}35$; $\gamma_{Q,1} = 1{,}5$

$$F_{c,0,d} = 1{,}35 \cdot 15 + 1{,}5 \cdot 15 = 42{,}75\,\text{kN}$$

Geometrie:

$d = 140\,\text{mm}$

$$A = \frac{\pi}{4} \cdot d^2 = \frac{\pi}{4} \cdot 140^2 = 15{,}39 \cdot 10^3\,\text{mm}^2$$

$\beta = 1$ [DIN EN 1995-1-1/NA, Tabelle NA.24]

Stablänge:

$s = 4{,}0\ \text{m}$

Ersatzstablänge:

[DIN EN 1995-1-1/NA, Gl. (NA.167)]

$l_{ef} = \beta \cdot s = 1{,}0 \cdot 4{,}0 = 4{,}0\ \text{m}$

Trägheitsradius:

$$i = \frac{d}{4} = \frac{140}{4} = 35\ \text{mm}$$

Schlankheit:

$$\lambda = \frac{l_{ef}}{i} = \frac{4000}{35} = 114{,}30$$

Bezogene Schlankheit nach Gl. (6.21):

[DIN EN 1995-1-1, Gl. (6.21)]

$$\lambda_{rel,y} = \frac{\lambda_y}{\pi} \cdot \sqrt{\frac{f_{c,0,k}}{E_{0,05}}} = \frac{114{,}30}{\pi} \cdot \sqrt{\frac{21{,}0}{7400}} = 1{,}94$$

Für $\beta_c = 0{,}2$ erhält man nach Gl. (6.27):

$$k_y = 0{,}5 \cdot \left[1 + \beta_c \cdot \left(\lambda_{rel,y} - 0{,}3\right) + \lambda_{rel,y}^2\right] \quad \text{[DIN EN 1995-1-1, Gl. (6.27)]}$$

$$k_y = 0{,}5\left[1 + 0{,}2(1{,}94 - 0{,}3) + 1{,}94^2\right] = 2{,}55$$

Knickbeiwert k_c für $k_{c,y} = k_{c,z}$ nach Gl. (6.25):

$$k_{c,y} = \frac{1}{k_y + \sqrt{k_y^2 - \lambda_{rel,y}^2}} \quad \text{[DIN EN 1995-1-1, Gl. (6.25)]}$$

$$k_c = \frac{1}{2{,}55 + \sqrt{2{,}55^2 - 1{,}94^2}} = 0{,}24$$

Bemessungswert der Beanspruchung:

$$\sigma_{c,0,d} = \frac{F_{c,0,d}}{A} = \frac{42{,}75 \cdot 10^3}{15{,}39 \cdot 10^3} = 2{,}78\ \text{N/mm}^2$$

Bemessungswert der Holzfestigkeit nach Gl. (2.14):

[DIN EN 1995-1-1, Gl. (2.14)]

$$f_{c,0,d} = \frac{k_{mod} \cdot f_{c,0,k}}{\gamma_M} = \frac{0{,}9 \cdot 21}{1{,}3} = 14{,}54\ \text{N/mm}^2$$

Knicknachweis nach DIN EN 1995-1-1:2010, Abschnitt 6.3:
Es müssen Gl. (6.23) und Gl. (6.24) erfüllt sein:

$$\frac{\sigma_{c,0,d}}{k_{c,y} \cdot f_{c,0,d}} + \frac{\sigma_{m,y,d}}{f_{m,y,d}} + k_m \cdot \frac{\sigma_{m,z,d}}{f_{m,z,d}} \le 1 \quad \text{[DIN EN 1995-1-1, Gl. (6.23)]}$$

$$\frac{\sigma_{c,0,d}}{k_{c,z} \cdot f_{c,0,d}} + k_m \cdot \frac{\sigma_{m,y,d}}{f_{m,y,d}} + \frac{\sigma_{m,z,d}}{f_{m,z,d}} \le 1 \quad \text{[DIN EN 1995-1-1, Gl. (6.24)]}$$

Es gilt $\sigma_{m,y,d} = 0$; $\sigma_{m,z,d} = 0$ (keine Biegebeanspruchung), somit wird Gl. (6.23) bzw. Gl. (6.24) zu

$$\frac{\sigma_{c,0,d}}{k_c \cdot f_{c,0,d}} \le 1{,}0$$

$$\frac{2{,}78}{0{,}24 \cdot 14{,}54} = 0{,}80 < 1{,}0$$ **Nachweis erfüllt!**

Nachweis Druck senkrecht zur Faser im Bereich Ständer Schwelle oder Rähm nach Gl. (6.3):

$$\sigma_{c,90,d} \le k_{c,90} \cdot f_{c,90,d} \quad \text{[DIN EN 1995-1-1:2010, Gl. (6.3)]}$$

Bemessungswert der Beanspruchung nach Gl. (6.4):

$$\sigma_{c,90,d} = \frac{F_{c,90,d}}{A_{ef}} \quad \text{[DIN EN 1995-1-1, Gl. (6.4)]}$$

Von der Möglichkeit der Vergrößerung der wirksamen Druckfläche um beidseitig 30 mm wird nicht Gebrauch gemacht.

$A = A_{ef} = 15{,}39 \cdot 10^3\ \text{mm}^2$

$$\sigma_{c,90,d} = \frac{F_{c,90,d}}{A_{ef}} = \frac{42{,}75 \cdot 10^3}{15{,}39 \cdot 10^3} = 2{,}78\ \text{N/mm}^2$$

Bemessungswert der Festigkeit mit $f_{c,90,k} = 2{,}5\ \text{N/mm}^2$:

$$f_{c,90,d} = \frac{k_{mod} \cdot f_{c,90,k}}{\gamma_M} = \frac{0{,}9 \cdot 2{,}5}{1{,}3} = 1{,}73\ \text{N/mm}^2$$

Nachweis mit $k_{c,90} = 1{,}0$

$$\frac{\sigma_{c,90,d}}{k_{c,90} \cdot f_{c,90,d}} = \frac{2{,}78}{1{,}0 \cdot 1{,}73} = 1{,}61 > 1{,}0$$

Nachweis ist nicht erfüllt. Durch eine Zwischenlage (z. B. eine Bohle 60 × 160 × 250 mm aus Eiche LHD30 mit $f_{c,90,k} = 4{,}92\ \text{N/mm}^2$) wird die Tragfähigkeit vergrößert.

Der Querdrucknachweis ist dann erfüllt.

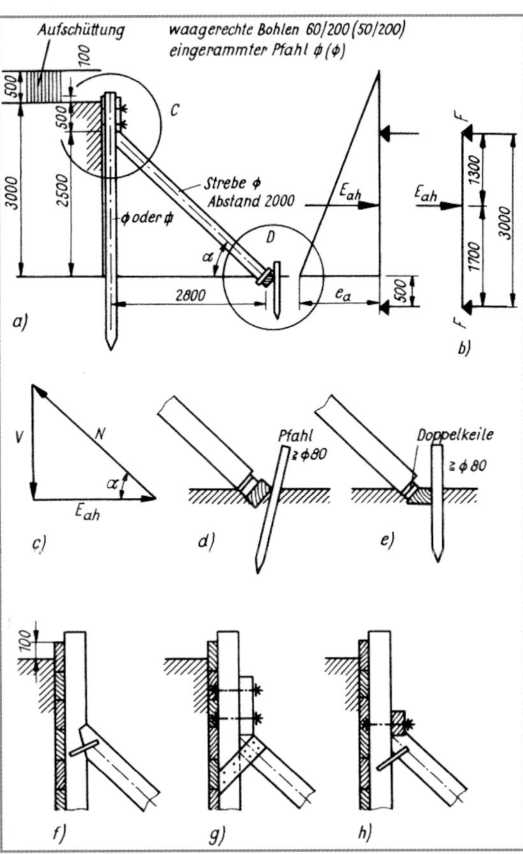

Legende
a) Konstruktion
b) statisches System (mit Belastung)
c) Kraftzerlegung
d) Fußpunkte
e) Fußpunkte
f) Versatz (mit Klammern gesichert)
g) angeschraubte oder angenagelte Knagge
h) angeschraubter durchgehender Holm

Hinweise zur Ausführung: Der Anschlusspunkt in Punkt C kann nach f, g, h abhängig von der anzuschließenden Kraft erfolgen:

1 mit Versatz und Bauklammern oder Laschen zur Lagesicherung
2 mit angeschraubten oder angenagelten Knaggen und Laschen zur Lagesicherung
3 mit einem angeschraubten durchgehenden Holm. Die Strebenkraft muss in den Boden geleitet werden (Punkt D)

Bild 5.17. Schräg abgesteifte Baugrubenwand

Beispiel 5.8. **(nach DIN EN 1995-1-1:2010)**

Für eine schräg abgesteifte Baugrubenwand sind die Streben aus NH S10 nach DIN 4074-2 als Rundhölzer zu berechnen. Strebenabstand 2,0 m (Bild 5.17.).

Gegeben:
Baustoffeigenschaften:
Gewählt:
NH S10 nach DIN 4074-2 = C24 nach DIN EN 388, Tabelle 1
Nutzungsklasse: 1 [DIN EN 1995-1-1, Abschnitt 2.3.1.3]
KLED: mittel [DIN EN 1995-1-1, Tabelle 2.2]

Es wird davon ausgegangen, dass die Baugrubenwand nicht länger als 6 Monate $\Rightarrow$ KLED mittel (s. Tabelle 2.2, DIN EN 1995-1-1: 2010) notwendig ist. Anderenfalls wäre KLED lang maßgebend.

$k_{mod} = 0{,}8$ [DIN EN 1995-1-1, Tabelle 3.1]

$\gamma_M = 1{,}3$ [DIN EN 1995-1-1/NA, Tabelle NA.2]

Charakteristische Festigkeits- und Steifigkeitskennwerte und charakteristische Rohdichte aus Tabelle 1 in DIN EN 388:

Entgegen DIN 1052:2008 darf die Druckfestigkeit und der Elastizitätsmodul von Rundholz nicht mehr als um 20 % erhöht werden.

$f_{c,0,k} = 21\,\text{N/mm}^2;\ E_{0,05} = 7400\,\text{N/mm}^2$

Charakteristischer Wert der Einwirkungen:

$N_{k,1} = 60{,}94\,\text{kN}$

Bemessungswert der Einwirkungen (Teilsicherheitsbeiwert für die Einwirkung nach DIN EN 1990/NA:2010, Tabelle NA.A.1.2(B)):

$F_{c,0,d} = \gamma_{G,1} \cdot G_{k,1}$

$\gamma_{G,j} = 1{,}35$

$F_{c,0,d} = 1{,}35 \cdot 60{,}9 = 82{,}20\,\text{kN}$

Geometrie:

$d = 160\,\text{mm}$

$$A = \frac{\pi}{4} \cdot d^2 = \frac{\pi}{4} \cdot 160^2$$

$A = 20{,}1 \cdot 10^3\,\text{mm}^2;\quad s = 3{,}75\,\text{m}$

$\beta = 1$ [DIN EN 1995-1-1/NA, Tabelle NA.24]

Stablänge:

$s = 3{,}75\,\text{m}$

Ersatzstablänge:

[DIN EN 1995-1-1/NA, Gl. (NA.167)]

$l_{ef} = \beta \cdot s = 1{,}0 \cdot 3{,}75 = 3{,}75\,\text{m}$

Trägheitsradius:

$$i = \frac{d}{4} = \frac{160}{4} = 40\,\text{mm}$$

Schlankheitsgrad:

$$\lambda = \frac{l_{ef}}{i} = \frac{3750}{40{,}0} = 93{,}75$$

Bezogene Schlankheit nach Gl. (6.21):

[DIN EN 1995-1-1, Gl. (6.21)]

$$\lambda_{rel,y} = \frac{\lambda_y}{\pi} \cdot \sqrt{\frac{f_{c,0,k}}{E_{0,05}}} = \frac{93{,}75}{\pi} \cdot \sqrt{\frac{21{,}0}{7400}} = 1{,}59$$

Für $\beta_c = 0{,}2$ erhält man nach Gl. (6.27):

$k_y = 0{,}5 \cdot \left[1 + \beta_c \cdot \left(\lambda_{rel,y} - 0{,}3\right) + \lambda_{rel,y}^2\right]$ [DIN EN 1995-1-1, Gl. (6.27)]

$k_y = 0{,}5 \cdot \left[1 + 0{,}2(1{,}59 - 0{,}3) + 1{,}59^2\right] = 1{,}89$

Knickbeiwert k_c nach für $k_{c,y} = k_{c,z}$ nach Gl. (6.25):

$$k_{c,y} = \frac{1}{k_y + \sqrt{k_y^2 - \lambda_{rel,y}^2}}$$ [DIN EN 1995-1-1, Gl. (6.25)]

$$k_{c,y} = \frac{1}{1{,}89 + \sqrt{1{,}89^2 - 1{,}59^2}} = 0{,}34$$

Bemessungswert der Beanspruchung:

$$\sigma_{c,0,d} = \frac{F_{c,0,d}}{A} = \frac{82{,}20 \cdot 10^3}{20{,}1 \cdot 10^3} = 4{,}09\,\text{N/mm}^2$$

Bemessungswert der Holzfestigkeit nach Gl. (2.14):

[DIN EN 1995-1-1, Gl. (2.14)]

$$f_{c,0,d} = \frac{k_{mod} \cdot f_{c,0,k}}{\gamma_M} = \frac{0{,}8 \cdot 21{,}0}{1{,}3} = 12{,}92\,\text{N/mm}^2$$

Knicknachweis nach DIN EN 1995-1-1:2010, Abschnitt 6.3:
Es müssen Gl. (6.23) und Gl. (6.24) erfüllt sein:

$$\frac{\sigma_{c,0,d}}{k_{c,y} \cdot f_{c,0,d}} + \frac{\sigma_{m,y,d}}{f_{m,y,d}} + k_m \cdot \frac{\sigma_{m,z,d}}{f_{m,z,d}} \le 1$$ [DIN EN 1995-1-1, Gl. (6.23)]

$$\frac{\sigma_{c,0,d}}{k_{c,z} \cdot f_{c,0,d}} + k_m \cdot \frac{\sigma_{m,y,d}}{f_{m,y,d}} + \frac{\sigma_{m,z,d}}{f_{m,z,d}} \le 1$$ [DIN EN 1995-1-1, Gl. (6.24)]

Es gilt $\sigma_{m,y,d} = 0$; $\sigma_{m,z,d} = 0$ (keine Biegebeanspruchung), somit wird Gl. (6.23) bzw. Gl. (6.24) zu

$$\frac{\sigma_{c,0,d}}{k_c \cdot f_{c,0,d}} \le 1{,}0$$

$$\frac{4{,}09}{0{,}34 \cdot 12{,}92} = 0{,}93 < 1{,}0$$ **Nachweis erfüllt!**

5.3.3. Mehrteilige mittig gedrückte Druckstäbe

Allgemeine Betrachtungen

Bei größeren Knicklängen und Lasten wurden bis in die sechziger Jahre des 20. Jahrhunderts sehr häufig mehrteilige Druckstäbe (Bild 5.18.) verwendet. Die Anschlusspunkte sind mit mehreren Einzelstäben meistens gut zu lösen.

Für mehrteilige Druckstäbe kommt scharfkantig geschnittenes Holz infrage. Mit Vorliebe werden mehrteilige Druckstäbe aus Einzelstäben mit denselben Abmessungen in gleichen Abständen angeordnet. Die Abstände der Stäbe sind bei Fachwerkbindern durch die Gurtstäbe festgelegt.

Damit mehrteilige Druckstäbe als eine einheitliche tragende Konstruktion zusammenwirken, sind Zwischen- oder Bindehölzer einzubauen.

Das **Zusammenwirken** von mehrteiligen Holzstäben, die auf Druck (oder Biegung) beansprucht werden, ist in erster Linie von der Art der Verbindungsmittel abhängig, die die Einzelelemente zu einem Verbundstab zusammenfügen.

Die Steifigkeit der Verbindungsmittel bestimmt das Gesamtverhalten des zusammengesetzten Stabes.

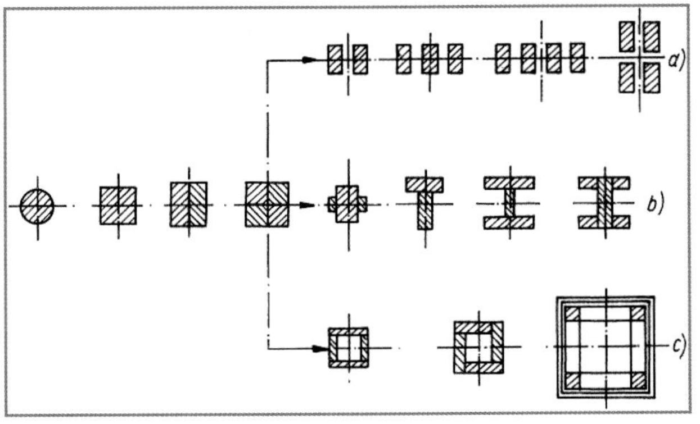

Legende
a) mehrteilige Druckstäbe aus Halbhölzern
b) mehrteilige Druckstäbe in I-Form
c) mehrteilige Druckstäbe aus Hohlkästen

Bild 5.18. Entwicklung der mehrteiligen Druckstäbe

Auch die **Stützlänge** hat einen ausschlaggebenden Einfluss auf das Zusammenwirken der Einzelelemente. Zu den schon länger bekannten mehrteiligen Druckstäben mit Rechteckquerschnitten in gleichem Abstand sind die in I-Form oder in Kastenform gebauten Druckstäbe hinzugekommen (Bild 5.19.). Die letztgenannten Konstruktionsglieder sind vielfach geklebt oder genagelt worden. Mehrteilige Druckstäbe werden für Fachwerkbinder, für Wandstiele, Stützen und auch für Maste bzw. Türme verwendet.

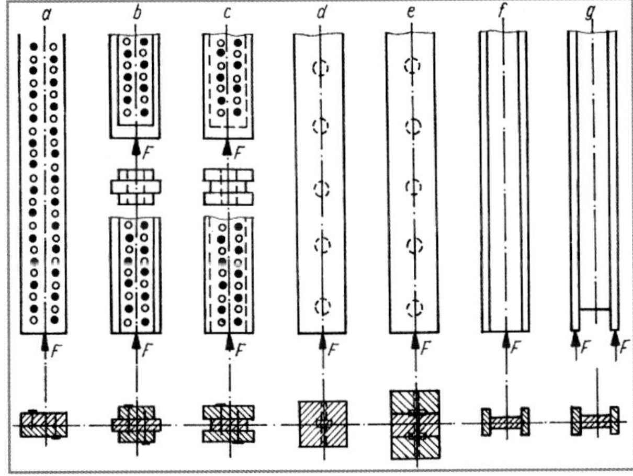

Legende
a), b), c) Formen für genagelte Druckstäbe
d), e) Formen für verdübelte Druckstäbe
f), g) Formen für geklebte Druckstäbe

Bild 5.19. Mehrteilige Druckstäbe ohne Spreizung

Wichtig für die weitere Betrachtung ist die Frage, für welche Lasten die Einzelstäbe anzuschließen sind. Eine zentrisch einwandfreie Belastung der Druckstäbe, die jedem Einzelstab die jeweils anteilige Last zuweist, ist nur theoretisch, niemals praktisch möglich. Es muss daher mit einem **ausmittigen Kraftangriff** gerechnet werden. Dadurch werden Biegemomente und Querkräfte ausgelöst.
Diese **ungewollte Ausmittigkeit** wird hervorgerufen durch

- Ungenauigkeiten der Querschnittsform,
- den Verlauf der Stabachse,
- die Bauausführung.

Die Querkräfte sind von den Zwischen- oder Bindehölzern aufzunehmen, die mit den Einzelstäben vernagelt, verdübelt oder auch geklebt werden können.

Nach dem **Berechnungsverfahren** unterscheiden wir

1. mehrteilige Druckstäbe ohne Spreizung (Bild 5.19.),
2. mehrteilige Druckstäbe mit Spreizung (Bilder 5.26. und 5.27.)

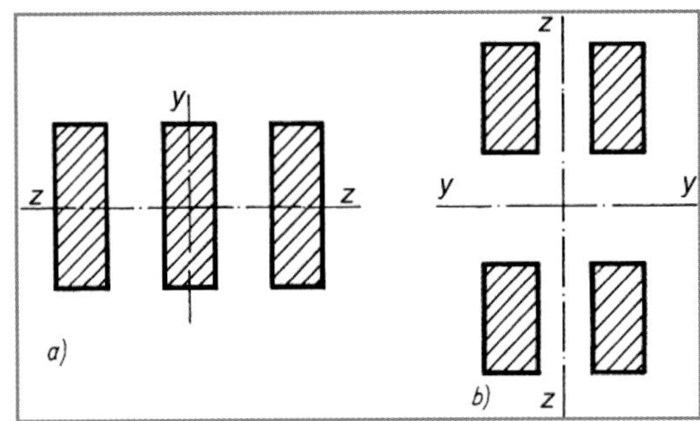

Legende
a) dreiteiliger gespreizter Druckstab aus Halbhölzern
b) vierteiliger Druckstab

Bild 5.20. Mehrteilige gespreizte Druckstäbe (besonders bei älteren Fachwerkkonstruktionen)

Mehrteilige gespreizte Druckstäbe in Gerüsten sind genauso zu berechnen wie bei Dauerbauten.
Bei der Ausführung mehrteiliger Druckstäbe ist die gegenüber einteiligen Stäben größere Verformbarkeit infolge der Nachgiebigkeit der Verbindungsmittel zu beachten.

Das wirksame Trägheitsmoment wird in Abhängigkeit von der Bauart, der Spreizung und den Verbindungsmitteln bestimmt.

Als **Verbindungsmittel** sind Nägel, Dübel und Klebstoff zugelassen. Werden Bolzen als Verbindungsmittel gewählt, so darf nicht damit gerechnet werden, dass die Einzelstäbe zusammenwirken; eine Ausnahme bilden Gerüste.

Unzureichend ausgeführte Querverbindungen waren schon oft die Ursache von Bauschäden; deshalb sind sie sehr gewissenhaft auszuführen [Benz 1984].

Knicknachweis für mehrteilige Druckstäbe

Es wird unterschieden zwischen

- **nicht gespreizten zusammengesetzten Stäben** (Querschnittstypen in DIN EN 1995-1-1:2010, Anhang C2) und
- **gespreizten zusammengesetzten Stäben** (DIN EN 1995-1-1:2010, Anhang C3, s. Bild 5.21.).

Als **Spreizung** wird der lichte Abstand zwischen den Richtungen des Ausknickens rechtwinklig zur *y*- bzw. *z*-Achse bei Querverbindungen bezeichnet.

Als **Verbindungsmittel** werden eingesetzt:

- bei Zwischenhölzern: Klebstoff, Nägel, Dübel, Holzschrauben, Klammern und Stabdübel,
- bei Bindehölzern: Klebstoff, Nägel, Holzschrauben und Klammern.

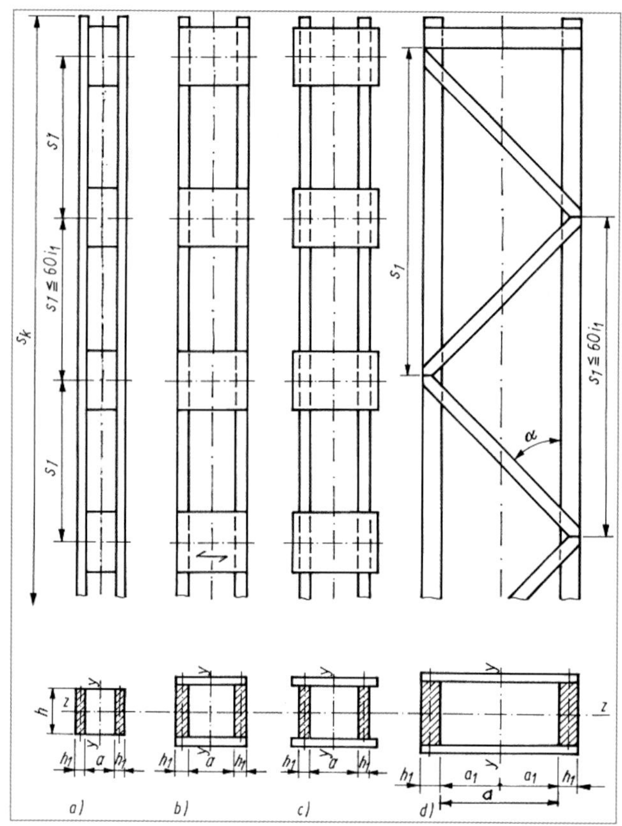

Legende
a) Zwischenhölzer geklebt
b) Bindehölzer geklebt
c) Bindehölzer genagelt
d) Gitterstab; nach DIN EN 1995-1-1:2010, Anhang C ist $s_k = \ell$, $s_1 = \ell_1$, $h_1 = h$

Bild 5.21. Beispiele zu den Bauarten von Rahmen- und Gitterstäben

Bauliche Ausbildung und Berechnung der Querverbindungen

Bei mehrteiligen Druckstäben mit Spreizung ist die bei Querverbindungen mit Zwischen- oder Bindehölzern auf eine Querverbindung entfallende Schubkraft T_d je nach Anzahl der Stäbe ($m = 2$ bis $m = 4$) mit der Gleichung (C.13) – DIN EN 1995-1-1:2010, Anhang C3 – zu ermitteln.

Querverbindungen mindestens in den Drittelpunkten, allgemein ≥ 3 Felder. An den Enden sind immer Querverbindungen anzuordnen (Bilder 5.28. und 5.30.), wenn sie nicht durch mindestens zwei hintereinander liegende Dübel oder vier in einer Nagelreihe hintereinander liegende Nägel angeschlossen sind.

Die Länge von geklebten Zwischenhölzern muss mindestens $2 \cdot a$ betragen. Der Nachweis der Biegebeanspruchung der Zwischenhölzer infolge der Schubkraft T_d darf bei Spreizung $a \leq 2 \cdot h_1$ entfallen. Die Diagonalen sind mit mindestens 4 Nägeln oder 1 Dübel je Scherfuge anzuschließen.

Bei Baugerüsten und fliegenden Bauten dürfen Zwischenhölzer auch mit Bolzen angeschlossen werden, wenn die Muttern entsprechend dem Schwinden der Hölzer nachgezogen werden. In DIN EN 1995-1-1:2010, Gl. (C.10) ist in diesem Fall $n = 3{,}0$ einzusetzen.

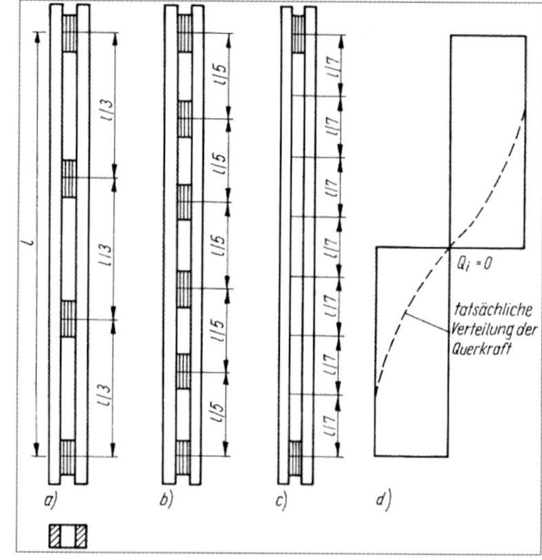

Legende
a) in den Drittelpunkten
b) in den Fünftelpunkten
c) in den Siebentelpunkten
d) Verlauf der Querkraft

Bild 5.22. Anordnung der Querverbindungen

Hinweise zur Berechnung der Querverbindungen beim zweiteiligen Stab

(Zum drei- und vierteiligen Stab s. [*Brüninghoff* u. a. 1997, Abschnitt 9.3.3.4].) Obwohl sich die Querkraft V_d auf die Knicklänge etwa kosinusförmig verteilt (Bild 5.22.d), ist V_d konstant anzunehmen und sind alle Querverbindungen gleich auszubilden.

a) mit Bindehölzern (s. Bild 5.23.a)

$$T_d = \frac{V_d \cdot \ell_1}{a_1}$$

(Bemerkung: $e = a + h_1$, s. Bild 5.21.).

Voraussetzung ist die Einhaltung der vorgenannten konstruktiven Bedingungen.
Da auf jeder Seite ein Bindeholz vorhanden ist, wird

$$T_d' = \frac{T_d}{2} = \frac{V_d \cdot \ell_1}{2 \cdot a_1}$$

Im Bindeholz tritt ein Moment von $M_{\mathrm{Bi,d}} = T_d' \cdot \frac{z}{2}$ auf.

Das Widerstandsmoment beträgt

$$W_{\mathrm{Bi}} = \frac{t \cdot g^2}{6}$$

Damit wird $\sigma_{B,d} = \frac{M_{\mathrm{Bi,d}}}{W_{\mathrm{Bi}}}$.

In einem Verbindungsmittel des Bindeholzes (z. B. Schraube oder Nagel) treten auf:

$$N_{v,1,d} = \frac{T_d}{2 \cdot n} = \frac{V_d \cdot \ell_1}{2 \cdot a_1 \cdot n}$$

$$N_{h1,d} = \frac{M_{\mathrm{Bi,d}}}{2 \cdot c \cdot n} = \frac{V_d \cdot \ell_1}{2 \cdot 2 \cdot c \cdot n} = \frac{V_d \cdot \ell_1}{4c \cdot n}$$

n Anzahl der Verbindungsmittel,
c Abstand in Stablängsrichtung zwischen den Dübeln oder Schwerpunkten der Nagelgruppen (Bild 5.23.).

Je Schraube oder Nagel ergibt sich die resultierende Scherkraft zu

$$N_d = \sqrt{N_{v1,d}^2 + N_{h1,d}^2}$$

b) mit Zwischenhölzern (s. Bild 5.23.b)

Schubspannung $\tau = \dfrac{T_d}{h \cdot g}$.

Die Verbindungsmittel der Zwischenhölzer werden durch

$$N_{v1,d} = \frac{T_d}{n} = \frac{V_d \cdot \ell_1}{z \cdot n}$$

auf Abscheren und durch

$$N_{h1,d} = \frac{T_d \cdot a}{c \cdot n} = \frac{V_d \cdot \ell_1 \cdot a}{z \cdot c \cdot n}$$

auf Herausziehen beansprucht. Die Bilder 5.23. und 5.24. zeigen die konstruktive Ausführung von Querverbindungen.
Hinweis: Bei zweiteiligen Rahmenstäben darf bei bestimmten konstruktiven Voraussetzungen mit einer abgeminderten Schubkraft gerechnet werden (s. [*Brüninghoff* u. a. 1997, S. 83]).

Berechnung mehrteiliger planmäßig mittig gedrückter Druckstäbe nach DIN EN 1995-1-1:2010, Anhang C

Es gelten die Berechnungsregeln nach DIN EN 1995-1-1:2010, Anhang C. Allgemein wird angenommen, dass

- die Druckstäbe der Länge ℓ beidseits unverschieblich gelenkig gelagert sind,
- der Druckstab in seinen Einzelteilen ungestoßen ist,
- die Normalkraft ($F_{c,d}$) mittig (im geometrischen Schwerpunkt des Stabquerschnitts) angreift.

Nach DIN EN 1995-1-1:2010 folgt man den Berechnungsgrundlagen und der Einteilung mehrteiliger Druckstäbe analog der DIN 1052:2008:

- zusammengesetzte, nicht gespreizte Stäbe mit kontinuierlicher Verbindung,
- mehrteilig gespreizte Stäbe (Rahmenstäbe),
- Gitterstäbe mit Klebstoff- oder Nagelverbindungen.

Für den zusammengesetzten Druckstab ist der Knicknachweis zu führen. In Richtung der *y*-Achse (knicken um die *z*-Achse) gilt es, die Schlankheit über die gesamte Stablänge zu berücksichtigen.
Die Tragfähigkeit wird bei Knicken in Richtung der *y*-Achse als Summe der Tragfähigkeit der Einzelstäbe angenommen.

In Richtung der *z*-Achse (knicken um die *y*-Achse) wird eine wirksame Schlankheit $\lambda_{ef} = \lambda$ berechnet, die je nach Ausführungsart und Steifigkeit der Verbindungsmittel unterschiedlich sein kann.

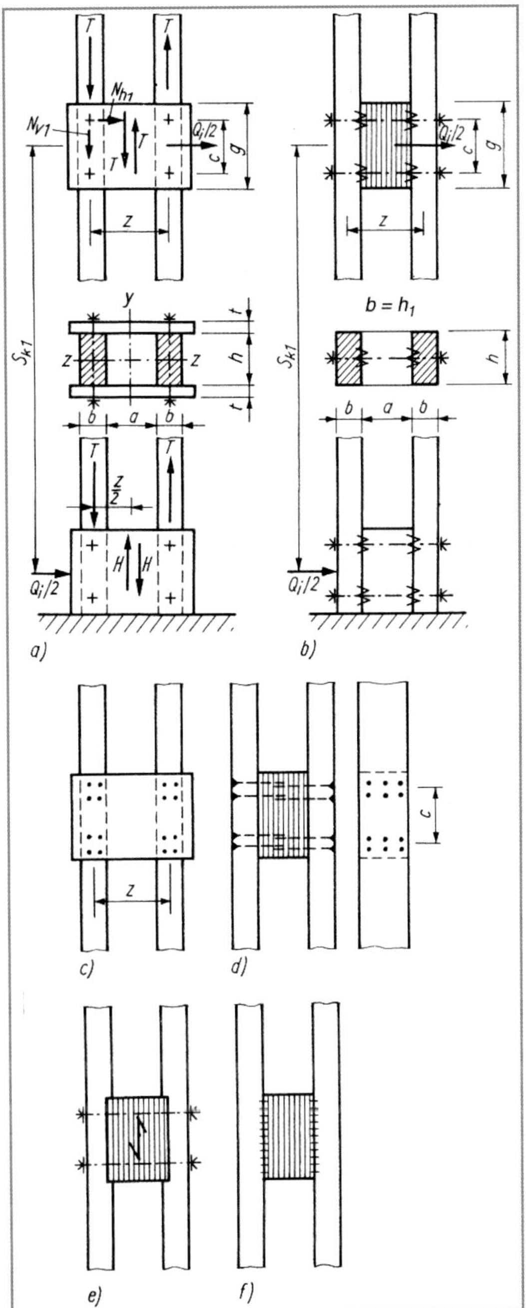

Legende
a) Querverbindung mit Bindehölzern
b) Querverbindung mit verdübeltem Zwischenholz
c) genageltes Bindeholz
d) genageltes Zwischenholz
e) verschraubtes Zwischenholz (Hartholz)
f) geklebtes Zwischenholz; nach DIN EN 1995-1-1:2010, Anhang C ist $S_{k1} = \ell_1$, $g = \ell_2$

Bild 5.23. Querverbindung beim zweiteiligen Stab. Sie kann geklebt, genagelt oder verdübelt sein. Schrauben sind nur für Querverbindungen bei Gerüsten und ähnlichen Bauwerken zugelassen

Für das Ausknicken in *z*-Richtung gilt der Nachweis nach DIN EN 1995-1-1:2010, Anhang C.1.2, Gl. (C.1)

$$\sigma_{c,0,d} \le k_c \cdot f_{c,0,d} \qquad \text{[DIN EN 1995-1-1, Gl. (C.1)]}$$

mit Gl. (C.2)

$$\sigma_{c,0,d} = \frac{F_{c,d}}{A_{tot}} \qquad \text{[DIN EN 1995-1-1, Gl. (C.2)]}$$

Dabei ist:

A_{tot} die Gesamtquerschnittsfläche;

k_c wird nach Abschnitt 6.3.2 mit einer bezogenen Schlankheit λ_{ef} nach den Abschnitten C.2 bis C.4 bestimmt.

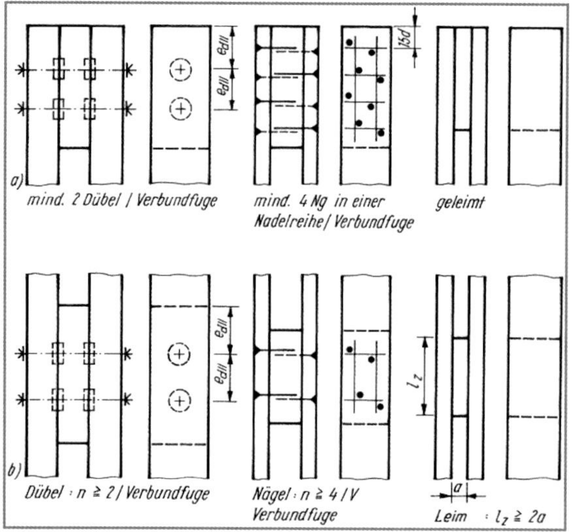

Legende
a) Stabende
b) Zwischenhölzer

Bild 5.24. Bauliche Ausbildung mehrteiliger Druckstäbe mit Spreizung

Zusammengesetzte nicht gespreizte Druckstäbe mit kontinuierlicher Verbindung (Querschnittstypen nach DIN EN 1995-1-1:2010, Anhang B)

Für das Ausknicken senkrecht zur *y*-Achse werden die Nachweise wie für einteilige Querschnitte geführt.
Beim Ausknicken senkrecht zur *z*-Achse wirkt der Stabquerschnitt wie ein nachgiebig zusammengesetzter Querschnitt. Dann ist der Knickbeiwert k_c mit dem wirksamen Schlankheitsgrad λ_{ef} nach Gl. (C.3) zu ermitteln:

$$\lambda_{ef} = \ell \cdot \sqrt{\frac{A_{tot}}{I_{ef}}}$$ [DIN EN 1995-1-1, Gl. (C.3)]

Dabei ist nach Gl. (C.4)

$$I_{ef} = \frac{(EI)_{ef}}{E_{mean}}$$ [DIN EN 1995-1-1, Gl. (C.4)]

Wobei $(EI)_{ef}$ berechnet wird nach Anhang B für die hier geregelten Querschnittsformen. Nach Gl. (2.15) ist E_{mean} durch γ_M zu dividieren.

λ_{ef} kann auch weiterhin nach der DIN 1052:2008 bekannten Gleichung (110) berechnet werden:

$$\lambda_{ef} = \frac{\ell_y}{\sqrt{\frac{(E \cdot I)_{ef}}{(E \cdot A)_{tot}}}}$$ [DIN 1052, Gl. (110)]

Die für die nachgiebig verbundenen Biegestäbe angegebenen Annahmen in Anhang B, Abschnitt B.1.2 müssen erfüllt sein.

Der Knicknachweis nach dem Ersatzstabverfahren wird dann, wie vorher beschrieben, nach Gl. (6.23) und Gl. (6.24) geführt (s. Abschnitt 5.3.2. dieses Buches).

Mehrteilige gespreizte Druckstäbe (Rahmen- und Gitterstäbe) nach DIN EN 1995-1-1:2010, Anhang C.3

Die Annahmen in DIN EN 1995-1-1:2010, Abschnitt C.3.1 müssen erfüllt sein (s. Tabelle 5.6.).

Für das Ausknicken senkrecht zur *y*-Achse werden die Nachweise wie für einteilige Querschnitte geführt.

Bei Rahmenstäben wird für das Ausknicken senkrecht zur *z*-Achse die wirksame Schlankheit λ_{ef} mit der Gl. (C.10) berechnet:

Bei Druckstäben mit zwei Einzelstäben werden A_{tot} und I_{tot} nach Gl. (C.6) und (C.7) berechnet:

$$A_{tot} = 2 \cdot A$$ [DIN EN 1995-1-1, Gl. (C.6)]

$$I_{tot} = \frac{b \cdot \left[(2 \cdot h + a)^3 - a^3\right]}{12}$$ [DIN EN 1995-1-1, Gl. (C.7)]

Bei Druckstäben mit drei Einzelstäben werden A_{tot} und I_{tot} nach Gl. (C.8) und (C.9) berechnet:

$$A_{tot} = 3 \cdot A$$ [DIN EN 1995-1-1, Gl. (C.8)]

[DIN EN 1995-1-1, Gl. (C.9)]
$$I_{tot} = \frac{b \cdot \left[(3 \cdot h + 2 \cdot a)^3 - (h + 2 \cdot a)^3 + h^3\right]}{12}$$

$$\lambda_{ef} = \sqrt{\lambda^2 + \eta \cdot \frac{n}{2} \cdot \lambda_1^2}$$ [DIN EN 1995-1-1, Gl. (C.10)]

λ der Schlankheitsgrad eines einteiligen Druckstabes derselben Länge und Querschnittsfläche (A_{tot}) und demselben Wert des Flächenmoments 2. Grades (I_{tot}).

Mit λ nach Gl. (C.11)

$$\lambda = \ell \cdot \sqrt{A_{tot} / I_{tot}}$$ [DIN EN 1995-1-1, Gl. (C.11)]

λ_1 Schlankheitsgrad eines Einzelstabes, der mit einem Wert von mindestens 30 in die Gleichung (C.10) eingesetzt wird.

Mit λ_1 nach Gl. (C.12)

$$\lambda_1 = \sqrt{12} \cdot \frac{\ell_1}{h}$$ [DIN EN 1995-1-1, Gl. (C.12)]

n Anzahl der Einzelstäbe;

$\ell_y = \beta \cdot \ell$ Knicklänge für Ausknicken senkrecht zur *y*-Achse und β nach DIN EN 1995-1-1/NA:2013, NCI NA.13.2 (NA.1);

η Beiwert für Rahmenstäbe nach Tabelle C.1 in der DIN EN 1995-1-1:2010 (s. Tabelle 5.6.);

$a_1 = a + h$ Schwerpunkt der Einzelstäbe.

Der Knicknachweis nach dem Ersatzstabverfahren wird dann, wie vorher beschrieben, nach Gl. (6.23) und Gl. (6.24) geführt (s. Abschnitt 5.3.2 dieses Buches).
Nach dem Knicknachweis ist der Nachweis der Verbindungsmittel zu führen (s. Tabelle 5.6.).

Tabelle 5.6. Nachweis der Tragfähigkeit von zusammengesetzten Druckstäben nach DIN EN 1995-1-1:2010, Abschnitt 6.3 und Anhang C

<table>
<tr><th rowspan="2">Nachweise</th><th colspan="3">Ausführungsarten</th></tr>
<tr><th>nicht gespreizt</th><th>gespreizte Stäbe
(Klebstoff-, Nagel-, Dübel besondere Bauart)</th><th>Gitterstäbe
(Klebstoff- oder Nagelverbindungen)</th></tr>
<tr><td></td><td>Querschnittstypen Bild B.1 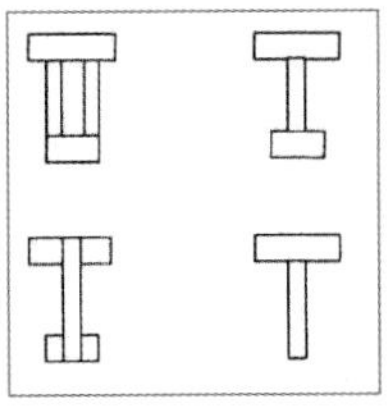</td><td> 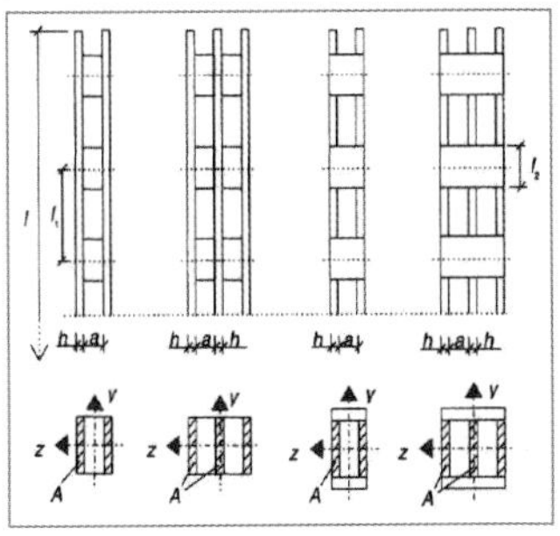</td><td> 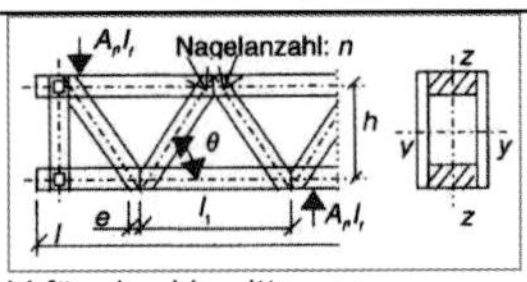V-förmige Vergitterung 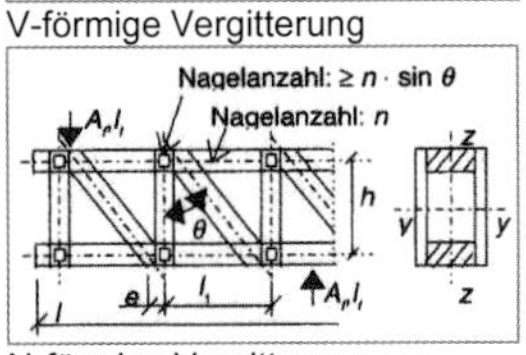
Nagelanzahl: ≥ $n \cdot \sin\theta$
Nagelanzahl: n
N-förmige Vergitterung</td></tr>
<tr><td>Nachweis Tragfähigkeit Stab z-z</td><td colspan="3">nach Gl. (C.1) $\sigma_{c,0,d} \leq k_{c,z} \cdot f_{c,0,d}$ mit Gl. (C.2) für $\sigma_{c,0,d} = \frac{F_{c,d}}{A_{tot}}$
mit $i_z = \sqrt{\frac{I_z}{A_{tot}}}$ und $\lambda_z = \frac{l_{ef}}{i_z}$ mit $k_{c,z}$ nach Gl. (6.26), k_z nach Gl. (6.28), $\lambda_{rel,c,z}$ nach Gl. (6.22)</td></tr>
<tr><td rowspan="2">Stab y-y</td><td>mit $\lambda_{ef,y}$ nach Gl. (C.3)
$\lambda_{ef,y} = \ell \cdot \sqrt{\frac{A_{tot}}{I_{ef}}}$ oder
Gl. (110) in DIN 1052:2008
$\lambda_{ef,y} = \frac{\ell_y}{\sqrt{\frac{(E \cdot I)_{ef}}{(E \cdot A)_{tot}}}}$
mit Gl. (C.4): $I_{ef} = \frac{(EI)_{ef}}{E_{mean}}$</td><td>mit $\lambda_{ef,y}$ nach Gl. (C.10)
$\lambda_{ef,y} = \sqrt{\lambda_y^2 + \eta \frac{n}{2} \lambda_1^2}$
mit Gl. (C.11)
$\lambda_y = \ell \cdot \sqrt{A_{tot} / I_{tot}}$</td><td>mit $\lambda_{ef,y}$ nach Gl. (C.14)
$\lambda_{ef,y} = \max \begin{cases} \lambda_{tot} \cdot \sqrt{1+\mu} \\ 1{,}05 \cdot \lambda_{tot} \end{cases}$
mit Gl. (C.15)
$\lambda_{tot,y} \approx \sqrt{\frac{2 \cdot \ell}{h}}$</td></tr>
<tr><td colspan="3">nach Gl. (C.1) $\sigma_{c,0,d} \leq k_{c,y} \cdot f_{c,0,d} \leq 1{,}0$ mit $k_{c,y}$ nach Gl. (6.25), k_y nach Gl. (6.27), $\lambda_{rel,c,y}$ nach Gl. (6.21)</td></tr>
<tr><td>Beanspruchung Verbindungsmittel Bemessungswert V_d</td><td colspan="3">$V_d = \begin{cases} F_{c,d}/(120 k_c) & \text{für } \lambda_{ef} < 30 \\ F_{c,d}\,\lambda_{ef}/(3600 k_c) & \text{für } 30 \leq \lambda_{ef} < 60 \\ F_{c,d}/(60 k_c) & \text{für } 60 \leq \lambda_{ef} \end{cases}$ [DIN EN 1995-1-1:2010, Gl. (C.5)]</td></tr>
<tr><td rowspan="2">Annahmen</td><td>$E_1 = E_2 = E_3 = E = E_{mean}$
– Querschnitsverbund mit mechanischen Verbindungsmitteln mit Verschiebungsmodul K
– Beanspruchung hauptsächlich in z-Richtung und erzeugt ein sinusförmig oder parabolisch veränderliche Biegemoment M = M(x) und einer Querkraft V = V(x)
$I_{ef} = \sum I_i + \gamma_i \cdot A_i \cdot a_i^2$
$\gamma_i = \frac{1}{1 + \frac{\pi^2 \cdot E_i \cdot A_i \cdot s_i}{K_i \cdot l^2}}$</td><td>– Verwendung gleich großer Einzelstäbe
– generell doppelsymmetrischer Querschnitt
– mindestens 3 Gitterfelder; je eine Querverbindung (mindestens am Ende und in den Drittelpunkten)
– in jeder Fuge Querverbindung/Stab mindestens zwei Dübel oder mindestens vier Nägel
Rahmenstäbe mit Zwischenhölzern:
– Länge des Zwischenholzes $= \ell_2/a \geq 1{,}5$
Rahmenstäbe mit Bindehölzern:
– Länge ℓ_2 der Bindehölzer $= \ell_2/a \geq 2$
– Druckstäbe werden durch Normalkräfte beansprucht</td><td>– symmetrischer Querschnitt zur z- und y-Achse
– mindestens 3 Gitterstäbe pro Gesamtstab (mind. drei Felder)
– Stabenden sind stets mit Querhölzern zu schließen
– Gurtschlankheit $\lambda_1 \leq 60$
lokales Ausknicken der Gurte mit den Knicklängen ist ausgeschlossen
– Nagelanzahl in den Pfosten (N-Vergitterung) $> n \cdot \sin\theta$
($n \geq$ Nagelanzahl je Strebenanschluss;
$\theta =$ Strebenneigungswinkel)</td></tr>
<tr><td colspan="3">– gelenkige Lagerung (unverschieblich) an beiden Seiten
– Einzelstäbe ungestoßen über gesamte Länge
– Belastung F_d greift mittig im Querschnittsschwerpunkt an</td></tr>
<tr><td>Nachweis Tragfähigkeit Verbindungsmittel</td><td colspan="3">$\frac{V_d}{F_{v,Rd}} \leq 1{,}0$</td></tr>
</table>

Tabelle 5.6. *(Fortsetzung)*

Bezeichnungen Symbol	Bedeutung
$\sigma_{c,0,d}$	Bemessungswert der Beanspruchung $\sigma_{c,0,d} = f_{c,0,d} / A_{tot}$
$f_{c,0,d}$	Bemessungswert der Bauteilfestigkeit
A_{tot}	Gesamtquerschnittsfläche
I_{tot}	Gesamtträgheitsmoment
k_c	wird nach DIN EN 1995-1-1:2010 mit einem wirksamen Schlankheitsgrad λ_{ef} mit Gl. (6.21), Gl. (6.22) ermittelt
λ	Schlankheitsgrad des einteiligen Druckstabes derselben Länge und Querschnittsfläche (A_{tot}) und mit demselben Wert des Flächenmomentes 2. Grades $\left(I_{tot}\ \lambda = l_{ef} / \sqrt{A_{tot}/I_{tot}}\right)$
λ_1	Schlankheitsgrad eines Einzelstabes: für Rahmenstäbe $\lambda_1 = \max\left\{30;\ \frac{\ell_1 \cdot \sqrt{12}}{h}\right\}$; für Gitterstäbe $\lambda_1 = \ell_1 / i_{min} < 60$
l_y	Knicklänge für Ausknicken in z-Richtung (Knicken um die y-Achse), β nach DIN EN 1995-1-1/NA:2010, Tabelle NA.23, $l_y = \beta \cdot \ell$
n	Anzahl der Einzelstäbe
η	Beiwert für Rahmenstäbe in Abhängigkeit von der Art der Querverbindung
α_1	Schwerpunktabstand der Einzelstäbe $a_1 = a + h$

Beiwert η nach Tabelle C.1 in DIN EN 1995-1-1:2010

Klasse der Lasteinwirkungsdauer	Zwischenhölzer/Verbindung			Bindehölzer/Verbindung	
	Klebstoff	Nägel	Dübel	Klebstoff	Nägel
ständig/lang andauernde Belastung	1	4	3,5	3	6
mittellange/kurz andauernde Belastung	1	3	2,5	2	4,5

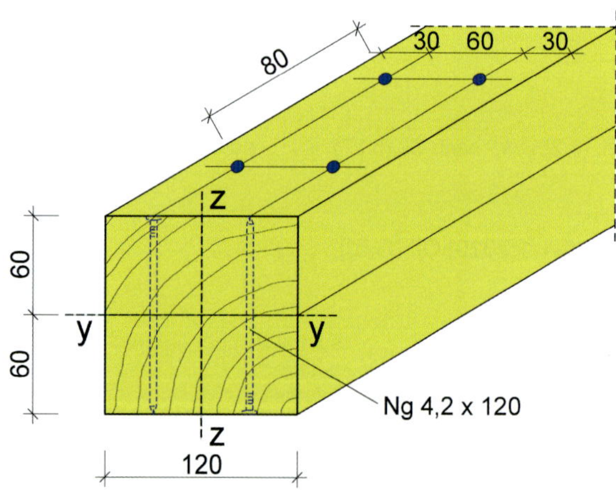

Bild 5.25. Zweiteiliger genagelter Druckstab ohne Spreizung

Beispiel 5.9. **(nach DIN EN 1995-1-1:2010)**

Es ist der Bemessungswert der Tragkraft des zweiteiligen genagelten Druckstabes ohne Spreizung (Bild 5.25.) zu ermitteln. Gegeben: Kanthölzer $2 \times 60/120$ mm, NH S10 nach DIN 4074-1, Nutzungsklasse 2 $u \leq 18\,\%$, $E = 10000\ \text{N/mm}^2$; $s_k = 3{,}50$ m, Ng. 4,2×120.

Gegeben:
Baustoffeigenschaften:
Gewählt:

NH S10 nach DIN 4074-1 = C24 nach DIN EN 388, Tabelle 1
Kanthölzer: $b/h = 2 \times 60/120$ mm
Nägel nach DIN EN 10230: 4,2120 (glattschaftig, rund und nicht vorgebohrt)
$u \leq 18\,\% \Rightarrow$
Nutzungslasse: 2 [DIN EN 1995-1-1, Abschnitt 2.3.1.3]
KLED: mittel [DIN EN 1995-1-1, Tabelle 2.2]
$k_{mod} = 0{,}80$ [DIN EN 1995-1-1, Tabelle 3.1]
$\gamma_M = 1{,}3$ [DIN EN 1995-1-1/NA, Tabelle NA.2]

Charakteristische Festigkeits- und Steifigkeitswerte und Mittelwert der Rohdichte nach Tabelle 1 in DIN EN 388:

$\rho_m = \rho_{mean} = 420\ \text{kg/m}^3$; $\rho_k = 350\ \text{kg/m}^3$; $f_{c,90,k} = 2{,}5\ \text{N/mm}^2$;

$f_{c,0,k} = 21\ \text{N/mm}^2$; $f_{m,k} = 24\ \text{N/mm}^2$

$E = 11000\ \text{N/mm}^2$; $E_{0,05} = 7400\ \text{N/mm}^2$

Geometriewerte:

$l = 3{,}5$ m

$\beta = 1$ [DIN EN 1995-1-1/NA, Tabelle NA.24]

Ersatzstablänge: [DIN EN 1995-1-1/NA, Gl. (NA.167)]

$$l_{ef} = \beta \cdot s = 1{,}0 \cdot 3{,}5 = 3{,}5\ \text{m}$$

$$A_{tot} = 2 \cdot b \cdot h = 2 \cdot 60 \cdot 120 = 144 \cdot 10^2\ \text{mm}^2$$

Nagelabstand $e = 80$ mm in 2 Reihen

$$s_1 = \frac{e}{n} = \frac{80}{2} = 40\ \text{mm}$$

a) Knicken um die z-Achse $I_{z,1} = I_{z,2}$

$$I_z = 2 \cdot I_{z,1} = 2 \cdot \frac{60 \cdot 120^3}{12} = 1728 \cdot 10^4\ \text{mm}^4$$

$$i_z = \sqrt{\frac{I_z}{A}} = \sqrt{\frac{1728 \cdot 10^7}{1{,}44 \cdot 10^4}} = 34{,}64\ \text{mm}$$

$$\lambda_z = \frac{\ell_{ef}}{i_z} = \frac{3500}{34{,}64} = 101$$

b) Knicken um die y-Achse

Verschiebungsmodul der Nägel (nicht vorgebohrt) nach DIN EN 1995-1-1:2010, Tabelle 7.1:

$$K_{ser} = \frac{\rho_m^{1{,}5}}{30} \cdot d^{0{,}8} = \frac{420^{1{,}5}}{30} \cdot 4{,}2^{0{,}8} = 904{,}4\ \text{N/mm}$$

$$K_u = K_{u,\text{mean}} = \frac{2}{3} \cdot K_{ser} = \frac{2}{3} \cdot 904{,}4 = 602{,}93 \text{ N/mm}$$

Faktor γ nach Gl. (B.5) nach DIN EN 1995-1-1:2010, Abschnitt 2.3.2.2 in der Norm ist einzusetzen:

$$E_1 = \frac{E_{0,\text{mean}}}{\gamma_M} = \frac{11000}{1{,}3} = 8461{,}54 \text{ N/mm}^2$$

$$K_1 = \frac{K_{u,\text{mean}}}{\gamma_M} = \frac{602{,}93}{1{,}3} = 463{,}79 \text{ N/mm}$$

$$\gamma_1 = \frac{1}{1 + \frac{\pi^2 \cdot E_1 \cdot A_1 \cdot s_1}{K_1 \cdot \ell^2}}$$ [DIN EN 1995-1-1, Gl. (B.5)]

$$\gamma_1 = \frac{1}{1 + \frac{\pi^2 \cdot 8461{,}54 \cdot (60 \cdot 120) \cdot 40}{463{,}79 \cdot 3500^2}} = 0{,}19$$

Wirksame Bauteilsteifigkeit:

$$(EI)_{ef} = \sum_{i=1}^{3} \left(E_i \cdot I_i + \gamma_i \cdot E_i \cdot A_i \cdot a_i^2\right)$$ [DIN EN 1995-1-1, Gl. (B.1)]

Für einen zweiteiligen Stab ergibt sich aus Gl. (B1):

$$(E \cdot I)_{ef,y} = E_1 \cdot \left(2 \cdot I_{1,y} + 2 \cdot \gamma_1 \cdot A_1 \cdot a_1^2\right)$$

$$(E \cdot I)_{ef,y} = 8461{,}54 \cdot \left(2 \cdot \frac{120 \cdot 60^3}{12} + 2 \cdot 0{,}19 \cdot 60 \cdot 120 \cdot 30^2\right)$$

$$(E \cdot I)_{ef,y} = 5{,}739 \cdot 10^{10} \text{ Nmm}^2.$$

$$(E \cdot A)_{tot} = 8461{,}54 \cdot 1{,}44 \cdot 10^4 = 1{,}219 \cdot 10^8 \text{ N}$$

Wirksame Schlankheit nach Gl. (110) in DIN 1052:2008:

$$\lambda_{ef,y} = \frac{\ell_y}{\sqrt{\frac{(E \cdot I)_{ef,y}}{(E \cdot A)_{tot}}}} = \frac{3500}{\sqrt{\frac{5{,}739 \cdot 10^{10}}{1{,}219 \cdot 10^8}}} = 161{,}31 > \lambda_z = 101$$

d. h. Knicken um die *y*-Achse ist maßgebend.
Nach Gl. (6.21):

$$\lambda_{rel,y} = \frac{\lambda_y}{\pi} \cdot \sqrt{\frac{f_{c,0,k}}{E_{0,05}}}$$ [DIN EN 1995-1-1, Gl. (6.21)]

$$\lambda_{rel,y} = \frac{161{,}31}{\pi} \cdot \sqrt{\frac{21}{7400}} = 2{,}74$$

Nach Gl. (6.27):

$$k_y = 0{,}5 \cdot \left[1 + \beta_c \cdot \left(\lambda_{rel,y} - 0{,}3\right) + \lambda_{rel,y}^2\right]$$ [DIN EN 1995-1-1, Gl. (6.27)]

$\beta = 0{,}2$ für Vollholz

$$k_y = 0{,}5 \cdot \left[1 + 0{,}2 \cdot (2{,}74 - 0{,}3) + 2{,}74^2\right] = 4{,}50$$

Knickbeiwert nach Gl. (6.25):

$$k_{c,y} = \frac{1}{k_y + \sqrt{k_y^2 - \lambda_{rel,y}^2}}$$ [DIN EN 1995-1-1, Gl. (6.25)]

$$k_{c,y} = \frac{1}{4{,}50 + \sqrt{4{,}50^2 - 2{,}74^2}} = 0{,}12$$

Bemessungswert der Tragfähigkeit der Stütze:

Nach Gl. (C.1) ist:

$$\sigma_{c,0,d} \le k_c \cdot f_{c,0,d} \quad \text{mit} \quad \sigma_{c,0,d} = \frac{N_{c,d}}{A_{tot}}$$

Bemessungswert der Holzfestigkeit nach Gl. (2.14):

[DIN EN 1995-1-1, Gl. (2.14)]

$$f_{c,0,d} = \frac{k_{mod} \cdot f_{c,0,k}}{\gamma_M} = \frac{0{,}8 \cdot 21}{1{,}3} = 12{,}92 \text{ N/mm}^2$$

Durch Umstellung von Gl. (C.1) ergibt sich der Bemessungswert der Tragfähigkeit $N_{c,d} = R_{c,0,d}$:

$$\sigma_{t,0,d} = \frac{N_{c,0,d}}{A_{tot}}$$

$$R_{c,0,d} = k_{c,y} \cdot f_{c,0,d} \cdot A_{tot}$$

$$R_{c,0,d} = 0{,}12 \cdot 12{,}92 \cdot 144 \cdot 10^2 = 22{,}33 \cdot 10^3 \text{ N} = 22{,}33 \text{ kN}$$

Vergleichende Ermittlung der Tragfähigkeit eines ungeteilten Vollholzquerschnittes mit $b/h = 120/120$ mm:

Geometrie:

Trägheitsradius:

$$i_z = 0{,}289 \cdot b = 0{,}289 \cdot 120 = 34{,}68 \text{ mm} = i_y$$

Schlankheit:

$$\lambda_y = \frac{\ell_{ef,y}}{i} = \frac{3500}{34{,}68} = 100{,}9$$

Nach Gl. (6.21):

$$\lambda_{rel,y} = \frac{\lambda_y}{\pi} \cdot \sqrt{\frac{f_{c,0,k}}{E_{0,05}}}$$ [DIN EN 1995-1-1, Gl. (6.21)]

$$\lambda_{rel,y} = \frac{100{,}9}{\pi} \cdot \sqrt{\frac{21}{7400}} = 1{,}71$$

Nach Gl. (6.27) ist für $\beta = 0{,}2$:

$$k_y = 0{,}5 \cdot \left[1 + \beta_c \cdot \left(\lambda_{rel,y} - 0{,}3\right) + \lambda_{rel,y}^2\right]$$ [DIN EN 1995-1-1, Gl. (6.27)]

$$k_y = 0{,}5 \cdot \left[1 + 0{,}2 \cdot (1{,}71 - 0{,}3) + 1{,}71^2\right] = 2{,}10$$

Knickbeiwert $k_{c,y}$ nach Gl. (6.25):

$$k_{c,y} = \frac{1}{k_y + \sqrt{k_y^2 - \lambda_{rel,y}^2}}$$ [DIN EN 1995-1-1, Gl. (6.25)]

$$k_{c,y} = \frac{1}{2{,}10 + \sqrt{2{,}10^2 - 1{,}71^2}} = 0{,}3$$

Bemessungswert der Tragfähigkeit:

$$R_{c,0,d} = k_{c,y} \cdot f_{c,0,d} \cdot A$$

$$R_{c,0,d} = 0{,}3 \cdot 12{,}92 \cdot 144 \cdot 10^2 = 55{,}81 \cdot 10^3 \text{ N} = 55{,}81 \text{ kN}$$

Vergleich der Tragfähigkeiten:

$$\frac{22{,}33 \cdot 100}{55{,}81} = 40\,\%$$

Die Tragfähigkeit des genagelten Bauteiles beträgt 61 % vom ungenagelten Querschnitt.

Nachweis der Verbindungsmittel:

Die Nageltragfähigkeit $F_{v,Rd}$ wird mit dem Näherungsverfahren nach Gl. (NA.109) in DIN EN 1995-1-1/NA:2013, Abschnitt NCI NA.8.2.4 berechnet.

Mindestholzdicke wegen Spaltgefahr des Holzes nach Gl. (8.19), Nagelverbindungen nicht vorgebohrt:

$$t = \max \begin{Bmatrix} 14 \cdot d = 14 \cdot 4{,}2 = 58{,}8 \text{ mm} = \max < {}_{\text{vorh}}a = 60 \text{ mm} \\ (13 \cdot d - 30) \cdot \frac{\rho_k}{200} = (13 \cdot 4{,}2 - 30) \cdot \frac{350}{200} = 43{,}05 \text{ mm} \end{Bmatrix}$$

*Die Mindestdicke wird um wenige mm unterschritten. Das Bauteil sollte aus **Kiefernholz** hergestellt werden. Anderenfalls müsste das Holz vorgebohrt werden.*

Charakteristischer Wert der Lochleibungsfestigkeit nach Gl. (8.15):

$$f_{h,1,k} = 0{,}082 \cdot p \cdot d^{-0{,}3}$$

$$f_{h,1,k} = 0{,}082 \cdot 350 \cdot 4{,}2^{-0{,}3} = 18{,}66\ \text{N/mm}^2$$

$f_{h,1,k} = f_{h,2,k}$, da identische Werkstoffe

Charakteristischer Wert des Fließmomentes nach Gl. (8.14):

Mindestzugfestigkeit der Nägel $f_{u,k} = 600\ \text{N/mm}^2$

$$M_{y,k} = 0{,}3 \cdot f_{u,k} \cdot d^{2{,}6}$$

$$M_{y,k} = 0{,}3 \cdot 600 \cdot 4{,}2^{2{,}6} = 7511{,}4\ \text{Nmm}$$

$$\beta = \frac{f_{h,2,k}}{f_{h,1,k}} = \frac{18{,}66}{18{,}66} = 1$$

Mindestholzdicken nach Gl. (NA.110) und Gl. (NA.111) zur Sicherung der vollen Tragfähigkeit nach Gl. (NA.109):

[DIN EN 1995-1-1/NA, Gl. (NA.110)]

$$t_{1,\text{req}} = 1{,}15\left(2 \cdot \sqrt{\frac{\beta}{1+\beta}} + 2\right) \cdot \sqrt{\frac{M_{y,k}}{f_{h,1,k} \cdot d}}$$

$$t_{1,\text{req}} = 1{,}15\left(2 \cdot \sqrt{\frac{1}{1+1}} + 2\right) \cdot \sqrt{\frac{7511{,}4}{18{,}66 \cdot 4{,}2}} = 38{,}44\ \text{mm}$$

[DIN EN 1995-1-1/NA, Gl. (NA.111)]

$$t_{2,\text{req}} = 1{,}15 \cdot \left(2 \cdot \frac{1}{\sqrt{1+\beta}} + 2\right) \cdot \sqrt{\frac{M_{y,k}}{f_{h,2,k} \cdot d}}$$

$$t_{2,\text{req}} = 1{,}15\left(2 \cdot \frac{1}{\sqrt{1+1}} + 2\right) \cdot \sqrt{\frac{7511{,}4}{18{,}66 \cdot 4{,}2}} = 38{,}44\ \text{mm}$$

$$t_{1,\text{req}} = t_{2,\text{req}} = 38{,}44 < {}_{\text{vorh}}t = 60\ \text{mm}$$

Charakteristische Nageltragfähigkeit pro Scherfläche $F_{v,Rk}$ *nach Gl. (NA.109):*

[DIN EN 1995-1-1/NA, Gl. (NA.109)]

$$F_{v,Rk} = \sqrt{\frac{2 \cdot \beta}{1+\beta}} \cdot \sqrt{2 \cdot M_{y,Rk} \cdot f_{h,1,k} \cdot d}$$

$$F_{v,Rk} = \sqrt{\frac{2 \cdot \beta}{1+\beta}} \cdot \sqrt{2 \cdot 7511{,}4 \cdot 18{,}66 \cdot 4{,}2} = 1085{,}07\ \text{N} = 1{,}09\ \text{kN}$$

Bemessungswert der Tragfähigkeit pro Scherfläche nach Gl. (NA.113):

[DIN EN 1995-1-1/NA, Gl. (NA.113)]

$$F_{v,Rd} = \frac{k_{\text{mod}} \cdot F_{v,Rk}}{\gamma_M} = \frac{0{,}8 \cdot 1{,}09}{1{,}1} = 0{,}79\ \text{kN/Scherfläche}$$

Bemessungswert der Beanspruchung der maßgebenden Querkraft. Für $\lambda_{ef} \geq 60$ ist die maßgebende Querkraft für das Verbindungsmittel nach Gl. (C.5) zu berechnen:

$$V_d = \frac{F_{c,d}}{60 \cdot k_c} = \frac{33{,}86}{60 \cdot 0{,}3} = 1{,}88\ \text{kN}$$ [DIN EN 1995-1-1, Gl. (C.5)]

Bemessungswert der Schubkraft in der Fuge nach Gl. (B.10):

$a = 30\ \text{mm}$; $s = 40\ \text{mm}$

$$F_i = \frac{\gamma_i \cdot E_i \cdot A_i \cdot a_i \cdot s_i}{(EI)_{ef}} \cdot V_{d,\max}$$ [DIN EN 1995-1-1, Gl. (B.10)]

Dabei ist $i = 1$.

$$F_{1,d} = \frac{\gamma_1 \cdot E_1 \cdot A_1 \cdot a_1 \cdot s_1}{(E \cdot I)_{ef,y}} \cdot V_{d,\max}$$

$$F_{1,d} = \frac{0{,}19 \cdot 8461{,}54 \cdot 7200 \cdot 30 \cdot 40}{5{,}739 \cdot 10^{10}} \cdot 1{,}88 \cdot 10^3$$

$$F_{1,d} = 455{,}0\ N = 0{,}46\ kN$$

Nachweis der Tragfähigkeit der Nägel:

(in 2 Reihen à 2 Nägel)

$$\frac{F_{1,d}}{F_{v,Rd}} = \frac{0{,}46}{0{,}79} = 0{,}60 < 1{,}0$$ **Nachweis erfüllt!**

Ermittlung der Tragfähigkeit $F_{c,90,d}$ *des zusammengesetzten Stabes über den Spannungsnachweis in der Aufstandsfuge:*

Der Druckstab belastet eine Fußschwelle rechtwinklig zur Faserrichtung.

Bemessungswert der Holzfestigkeit nach Gl. (2.14):

[DIN EN 1995-1-1, Gl. (2.14)]

$$f_{c,90,d} = \frac{k_{\text{mod}} \cdot f_{c,90,k}}{\gamma_M} = \frac{0{,}8 \cdot 2{,}5}{1{,}3} = 1{,}54\ \text{N/mm}^2$$

$$R_{c,90,d} = f_{c,90,d} \cdot A_{ef}$$

In Faserrichtung darf die Aufstandsfläche um jeweils 30 mm verbreitert werden:

$$R_{c,90,d} = 1{,}54 \cdot 120 \cdot (120 + 2 \cdot 30)$$

$$R_{c,90,d} = 33{,}26 \cdot 10^3\ N = 33{,}26\ \text{kN}$$

Die Tragfähigkeit, bezogen auf Knicken aus der schwachen Achse, ist maßgebend.

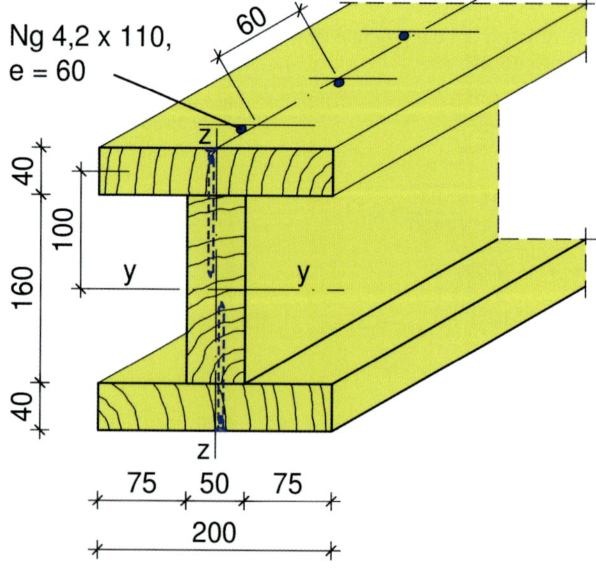

Bild 5.26. Dreiteilig genagelter Druckstab ohne Spreizung

Beispiel 5.10. **(nach DIN EN 1995-1-1:2010)**

Es ist ein dreiteilig genagelter Druckstab ohne Spreizung nach Bild 5.26. zu berechnen.

Gegeben:
Baustoffeigenschaften:
Gewählt:
NH S13 nach DIN 4074-1 = C30 nach DIN EN 388, Tabelle 1
Nutzungsklasse: 2 [DIN EN 1995-1-1, Abschnitt 2.3.1.3]
KLED: mittel [DIN EN 1995-1-1, Tabelle 2.2]
$k_{mod} = 0,8$ [DIN EN 1995-1-1, Tabelle 3.1]
$\gamma_M = 1,3$ [DIN EN 1995-1-1/NA, Tabelle NA.2]

Charakteristische Festigkeits- und Steifigkeitswerte und Mittelwert der Rohdichte aus Tabelle 1 in DIN EN 388:

$\rho_m = \rho_{mean} = 460\,\text{kg/m}^3$; $\rho_k = 380\,\text{kg/m}^3$;

$f_{c,0,k} = 23\,\text{N/mm}^2$; $f_{m,k} = 30\,\text{N/mm}^2$

$E_{0,05} = 8000\,\text{N/mm}^2$; $E_{0,mean} = 12000\,\text{N/mm}^2$

Nägel: $4,2 \times 110$ nach DIN EN 10230 (glattschaftig, rund und nicht vorgebohrt)

Bemessungswert der Einwirkung:

Die Anteile aus Eigenlast und veränderlicher Verkehrslast betragen (Teilsicherheitsbeiwerte für die Einwirkungen nach DIN EN 1990/NA:2010, Tabelle NA.A.1.2 (B)):

$G_k = 35,0\,\text{kN}$; $Q_k = 35,0\,\text{kN}$

$\gamma_{G,1} = 1,35$; $\gamma_{Q,1} = 1,50$

$$F_{c,0,d} = \gamma_{G,1} \cdot G_{k,1} + \gamma_{Q,1} \cdot Q_{k,1}$$

$$F_{c,0,d} = 1,35 \cdot 35,0 + 1,5 \cdot 35,0 = 99,75\,\text{kN}$$

Geometrie:

$s_k = 4,20\,m,\ \beta = 1$ [DIN EN 1995-1-1/NA, Tabelle NA.24]

Ersatzstablänge:

[DIN EN 1995-1-1/NA, Gl. (NA.167)]

$$l_{ef} = \beta \cdot s_k = 1,0 \cdot 4,2 = 4,2\,\text{m}$$

$$A_1 = a_1 \cdot b_1 = 40 \cdot 200 = 8 \cdot 10^3\,\text{mm}^2$$

$$A_{tot} = 2 \cdot A_{Gurt} + A_{Steg}$$

$$A_{tot} = 2 \cdot (40 \cdot 200) + 50 \cdot 160 = 24,0 \cdot 10^3\,\text{mm}^2$$

$s_1 = 60\,\text{mm}$ (Nagelabstand in einer Reihe)

$a = 100\,\text{mm}$

Knicken um die z-Achse:

$$I_z = 2 \cdot I_{z,Gurt} + I_{z,Steg}$$

$$I_z = 2 \cdot \frac{40 \cdot 200^3}{12} + \frac{160 \cdot 50^3}{12} = 55 \cdot 10^6\,\text{mm}^4$$

Trägheitsradius:

$$i_z = \sqrt{\frac{I_z}{A_{tot}}} = \sqrt{\frac{55 \cdot 10^6}{24 \cdot 10^3}} = 47,87\,\text{mm}$$

Schlankheit:

$$\lambda_z = \frac{l_{ef}}{i_z} = \frac{4200}{47,87} = 87,74$$

Nach Gl. (6.22) ist:

$$\lambda_{rel,z} = \frac{\lambda_z}{\pi} \cdot \sqrt{\frac{f_{c,0,k}}{E_{0,05}}}$$ [DIN EN 1995-1-1, Gl. (6.22)]

$$\lambda_{rel,z} = \frac{87,74}{\pi} \cdot \sqrt{\frac{23}{8000}} = 1,50$$

Nach Gl. (6.28) ist:

$\beta = 0,2$ für Vollholz

$$k_z = 0,5\left[1 + \beta_c \cdot (\lambda_{rel,z} - 0,3) + \lambda_{rel,z}^2\right]$$ [DIN EN 1995-1-1, Gl. (6.28)]

$$k_z = 0,5 \cdot \left[1 + 0,2 \cdot (1,50 - 0,3) + 1,50^2\right] = 1,75$$

Knickbeiwert nach Gl. (6.26):

$$k_{c,z} = \frac{1}{k_z + \sqrt{k_z^2 - \lambda_{rel,z}^2}}$$ [DIN EN 1995-1-1, Gl. (6.26)]

$$k_{c,z} = \frac{1}{1,75 + \sqrt{1,75^2 - 1,50^2}} = 0,38$$

Nachweis- Knicken um z-Achse nach Gl. (C.1)

$$\sigma_{c,0,d} \le k_{c,z} \cdot f_{c,0,d}$$ [DIN EN 1995-1-1, Gl. (C.1)]

Bemessungswert der Beanspruchung:

$$\sigma_{c,0,d} = \frac{F_{c,0,k}}{A} = \frac{99,75 \cdot 10^3}{24 \cdot 10^3} = 4,16\,\text{N/mm}^2$$

Bemessungswert der Holzfestigkeit nach Gl. (2.14):

$$f_{c,0,d} = \frac{k_{mod} \cdot f_{c,0,k}}{\gamma_M} = \frac{0,8 \cdot 23}{1,3} = 14,15\,\text{N/mm}^2$$

Nachweis nach Gl. (C.1) ist:

$$\sigma_{c,0,d} \le k_{c,z} \cdot f_{c,0,d}$$

$4,16 \le 0,38 \cdot 14,15 \le 5,38\,\text{N/mm}^2$ **Nachweis erfüllt!**

Knicken um die y-Achse:

Verschiebungsmodul Nägel (nicht vorgebohrt) nach DIN EN 1995-1-1: 2010, Tabelle 7.1, Zeile 2:

$$K_{ser} = \frac{\rho_m^{1,5}}{30} \cdot d^{0,8} = \frac{460^{1,5}}{30} \cdot 4,2^{0,8} = 1036,6\,\text{N/mm}$$

Nach Gl. (NA.2):

$$K_d = \frac{K_u}{\gamma_M}$$ [DIN EN 1995-1-1/NA, Gl. (NA.2)]

$$K_u = K_{u,mean} = \frac{2}{3} \cdot K_{ser} = \frac{2}{3} \cdot 1036,6 = 691,10\,\text{N/mm}$$

Faktor γ nach Gl. (B.5) nach DIN EN 1995-1-1:2010, Abschnitt B.2 in der Norm ist einzusetzen:

$$E_1 = \frac{E_{0,mean}}{\gamma_M} = \frac{12\,000}{1,3} = 9230,80\,\text{N/mm}^2$$

$$K_1 = \frac{K_{u,mean}}{\gamma_M} = \frac{691,10}{1,3} = 531,6\,\text{N/mm}$$

$$\gamma_1 = \frac{1}{1 + \frac{\pi^2 \cdot E_1 \cdot A_1 \cdot s_1}{K_1 \cdot \ell^2}}$$ [DIN EN 1995-1-1, Gl. (B.5)]

$$\gamma_1 = \frac{1}{1 + \frac{\pi^2 \cdot 9230,80 \cdot (40 \cdot 200) \cdot 60}{531,6 \cdot 4200^2}} = 0,177$$

Wirksame Bauteilsteifigkeit:

Für einen dreiteiligen symmetrischen Querschnitt ergibt sich aus Gl. (B1):

$$(EI)_{ef} = \sum_{i=1}^{3}\left(E_i \cdot I_i + \gamma_i \cdot E_i \cdot A_i \cdot a_i^2\right) \qquad \text{[DIN EN 1995-1-1, Gl. (B.1)]}$$

$$(E \cdot I)_{ef,y} = E_1 \cdot \left(2 \cdot I_{y,Gurt} + 2 \cdot \gamma_i \cdot A_{1,Gurt} \cdot a_1^2 + I_{y,Steg}\right)$$

$$(E \cdot I)_{ef,y} = 9230{,}80 \cdot \begin{pmatrix} 2 \cdot \dfrac{200 \cdot 40^3}{12} + 2 \cdot 0{,}177 \cdot 40 \cdot 200 \cdot 100^2 \\ + \dfrac{50 \cdot 160^3}{12} \end{pmatrix}$$

$$(E \cdot I)_{ef,y} = 9230{,}80 \cdot 4{,}752 \cdot 10^7 = 4{,}386 \cdot 10^{11}\ \text{Nmm}^2$$

$$(E \cdot A)_{tot} = 9230{,}80 \cdot 24 \cdot 10^3 = 2{,}215 \cdot 10^8\ \text{N}$$

Wirksame Schlankheit:

$$\lambda_{ef} = \ell \sqrt{\frac{A_{tot}}{I_{ef}}} \qquad \text{[DIN EN 1995-1-1, Gl. (C.3)]}$$

$$I_{ef} = \frac{(E \cdot I)_{ef,y}}{E_{0,mean}} = \frac{4{,}386 \cdot 10^{11}}{12000} = 3{,}655 \cdot 10^7$$

$$\lambda_{ef} = 4200\sqrt{\frac{24 \cdot 10^3}{3{,}655 \cdot 10^7}} = 107{,}62$$

Nach Gl. (6.21):

$$\lambda_{rel,y} = \frac{\lambda_y}{\pi} \cdot \sqrt{\frac{f_{c,0,k}}{E_{0,05}}} \qquad \text{[DIN EN 1995-1-1, Gl. (6.21)]}$$

$$\lambda_{rel,y} = \frac{99{,}40}{\pi} \cdot \sqrt{\frac{23}{8000}} = 1{,}61$$

Nach Gl. (6.27) ist mit $\beta = 0{,}2$ (s. Abschnitt 6.3.2):

$$k_y = 0{,}5 \cdot \left[1 + \beta_c \cdot (\lambda_{rel,y} - 0{,}3) + \lambda_{rel,y}^2\right] \qquad \text{[DIN EN 1995-1-1, Gl. (6.27)]}$$

$$k_y = 0{,}5 \cdot \left[1 + 0{,}2 \cdot (1{,}61 - 0{,}3) + 1{,}61^2\right] = 1{,}93$$

Knickbeiwert nach Gl. (6.25):

$$k_{c,y} = \frac{1}{k_y + \sqrt{k_y^2 - \lambda_{rel,y}^2}} \qquad \text{[DIN EN 1995-1-1, Gl. (6.25)]}$$

$$k_{c,y} = \frac{1}{1{,}93 + \sqrt{1{,}93^2 - 1{,}61^2}} = 0{,}33$$

Bemessungswert der Holzfestigkeit nach Gl. (2.14):

[DIN EN 1995-1-1, Gl. (2.14)]

$$f_{c,0,d} = \frac{k_{mod} \cdot f_{c,0,k}}{\gamma_M} = \frac{0{,}8 \cdot 23}{1{,}3} = 14{,}15\ \text{N/mm}^2$$

Bemessungswert der Beanspruchung:

$$\sigma_{c,0,d} = \frac{F_{c,0,d}}{A_{tot}} = \frac{99{,}75 \cdot 10^3}{24 \cdot 10^3} = 4{,}16\ \text{N/mm}^2$$

Nachweis nach Gl. (C.1) ist:

$$\sigma_{c,0,d} \le k_{c,y} \cdot f_{c,0,d} \quad \text{mit} \quad \sigma_{c,0,d} = \frac{N_{c,d}}{A_{tot}}$$

$$4{,}16 \le 0{,}33 \cdot 14{,}15 \approx 4{,}67\ \text{N/ mm}^2$$

Nachweis erfüllt, geringe Überschreitung unbedenklich

Nachweis der Verbindungsmittel

Gesucht:

Bemessungswert der Nageltragfähigkeit $F_{v,Rd}$ nach dem Näherungsverfahren nach Gl. (NA.109) in DIN EN 1995-1-1/NA:2013, Abschnitt NCI NA.8.2.4 Nagelverbindungen nicht vorgebohrt:

Mindestholzdicken im Hinblick auf die Spaltgefahr nach Gl. (8.19) für Nadelholz:

$$t = \max\begin{Bmatrix} 14 \cdot d \\ (13 \cdot d - 30) \cdot \dfrac{\rho_k}{200} \end{Bmatrix} \qquad \text{[DIN EN 1995-1-1, Gl. (8.19)]}$$

$$t = \max\begin{Bmatrix} 14 \cdot 4{,}2 \\ (13 \cdot 4{,}2 - 30) \cdot \dfrac{380}{200} \end{Bmatrix} = 58{,}8\ \text{mm} > t_{vorh} = 40\ \text{mm}$$

Es wird mit Bezug auf die Spaltgefahr die **Holzart Kiefer** gewählt, nach Gl. (8.18) ist:

$$t = \max\begin{Bmatrix} 7 \cdot d \\ (13 \cdot d - 30) \cdot \dfrac{\rho_k}{400} \end{Bmatrix} \qquad \text{[DIN EN 1995-1-1, Gl. (8.18)]}$$

$$t = \max\begin{Bmatrix} 7 \cdot 4{,}2 = 29{,}4 \\ (13 \cdot 4{,}2 - 30) \cdot \dfrac{350}{400} = 21{,}5 \end{Bmatrix} = 29{,}4\ \text{mm} < t_{vorh} = 40\ \text{mm}$$

Mindestdicke Seitenholz 2 nach Gl. (NA.110) ergibt den gleichen Wert. Die Mindestdicken $t_{1,req}$ und $t_{2,req}$ werden eingehalten, sodass die charakteristische Tragfähigkeit ohne Abminderung der Tragfähigkeit wie folgt berechnet werden kann:

Bemessungswert der Lochleibungsfestigkeit nach Gl. (8.15):

$$f_{h,1,k} = 0{,}082 \cdot \rho_k \cdot d^{-0{,}3} = 0{,}082 \cdot 380 \cdot 4{,}2^{-0{,}3} = 20{,}26\ \text{N/mm}^2$$

$f_{h,1,k} = f_{h,2,k}$ da identischer Werkstoff

Charakteristischer Wert des Fließmomentes nach Gl. (8.14):

Mindestzugfestigkeit der Nägel: $f_{u,k} = 600\ \text{N/mm}^2$

$$M_{y,k} = 0{,}3 \cdot f_{u,k} \cdot d^{2{,}6} = 0{,}3 \cdot 600 \cdot 4{,}2^{2{,}6} = 7511{,}4\ \text{Nmm.}$$

Mindestdicke nach Gl. (NA.110) und Gl. (NA.111):

$$\beta = \frac{f_{h,2,k}}{f_{h,1,k}} = \frac{20{,}26}{20{,}26} = 1{,}0$$

[DIN EN 1995-1-1/NA, Gl. (NA.110)]

$$t_{1,req} = 1{,}15 \cdot \left(2 \cdot \sqrt{\frac{\beta}{1+\beta}} + 2\right) \cdot \sqrt{\frac{M_{y,Rk}}{f_{h,1,k} \cdot d}}$$

$$t_{1,req} = 1{,}15 \cdot \left(2 \cdot \sqrt{\frac{1}{1+1}} + 2\right) \cdot \sqrt{\frac{7511{,}4}{20{,}26 \cdot 4{,}2}}$$

$$t_{1,req} = 36{,}89\ \text{mm} < t_{vorh} = 40\ \text{mm}$$

[DIN EN 1995-1-1/NA, Gl. (NA.111)]

$$t_{2,req} = 1{,}15 \cdot \left(2 \cdot \frac{1}{\sqrt{1+\beta}} + 2\right) \cdot \sqrt{\frac{M_{y,Rk}}{f_{h,2,k} \cdot d}}$$

Charakteristischer Wert der Nageltragfähigkeit pro Scherfläche nach Gl. (NA.109):

[DIN EN 1995-1-1/NA, Gl. (NA.109)]

$$F_{v,Rk} = \sqrt{\frac{2 \cdot \beta}{1+\beta}} \cdot \sqrt{2 \cdot M_{y,Rk} \cdot f_{h,1,k} \cdot d}$$

$$F_{v,Rk} = \sqrt{\frac{2 \cdot 1}{1+1}} \cdot \sqrt{2 \cdot 7511{,}4 \cdot 20{,}26 \cdot 4{,}2}$$

$$F_{v,Rk} = 1130{,}6\ \text{N} = 1{,}13\ \text{kN}$$

Bemessungswert der Nageltragfähigkeit nach Gl. (NA.113) pro Scherfläche:

[DIN EN 1995-1-1/NA, Gl. (NA.113)]

$$F_{v,Rd} = \frac{k_{mod} \cdot F_{v,Rk}}{\gamma_M} = \frac{0,8 \cdot 1,13}{1,1} = 0,82\,\text{kN/Scherfläche}$$

Maßgebender Bemessungswert der Querkraft für $\lambda_{ef} > 60$ nach Gl. (C.5):

[DIN EN 1995-1-1, Gl. (C.5)]

$$V_d = \begin{cases} F_{c,d}/(120 k_c) & \text{für} \quad \lambda_{ef} < 30 \\ F_{c,d}\,\lambda_{ef}/(3600 k_c) & \text{für} \quad 30 \le \lambda_{ef} < 60 \\ F_{c,d}/(60 k_c) & \text{für} \quad 60 \le \lambda_{ef} \end{cases}$$

$$V_d = \frac{F_{c,d}}{60 \cdot k_c} = \frac{99,75}{60 \cdot 0,318} = 5,23\,\text{kN}$$

Bemessungswert der in der Fuge auf ein Verbindungsmittel wirkenden Kraft nach Gl. (B.10):

$a = 100\,\text{mm}$; $s = 60\,\text{mm}$

$$F_i = \frac{\gamma_i \cdot E_i \cdot A_i \cdot a_i \cdot s_i}{(EI)_{ef}} \cdot V$$ [DIN EN 1995-1-1, Gl. (B.10)]

Dabei ist $i = 1$ bzw. 3.

$$F_{1,d} = \frac{V_{d,\max} \cdot \gamma_1 \cdot E_1 \cdot A_1 \cdot a_1 \cdot s_1}{(E \cdot I)_{ef,y}}$$

$$F_{1,d} = \frac{5,23 \cdot 10^3 \cdot 0,177 \cdot 9230,8 \cdot 8000 \cdot 101,4 \cdot 60}{4,386 \cdot 10^{11}}$$

$$F_{1,d} = 948,25\,\text{N} = 0,95\,\text{kN}$$

mit dem Nagelabstand $e' = 60\,\text{mm}$ (in 1 Reihe)

Nachweis der Tragfähigkeit der Nagelverbindung:

$$\frac{F_{1,d}}{F_{v,Rd}} = \frac{0,95}{0,82} = 1,16 > 1,0$$

Der Nachweis ist nicht erfüllt. Der Abstand zwischen den Nägeln sollte auf 45 mm verringert werden.

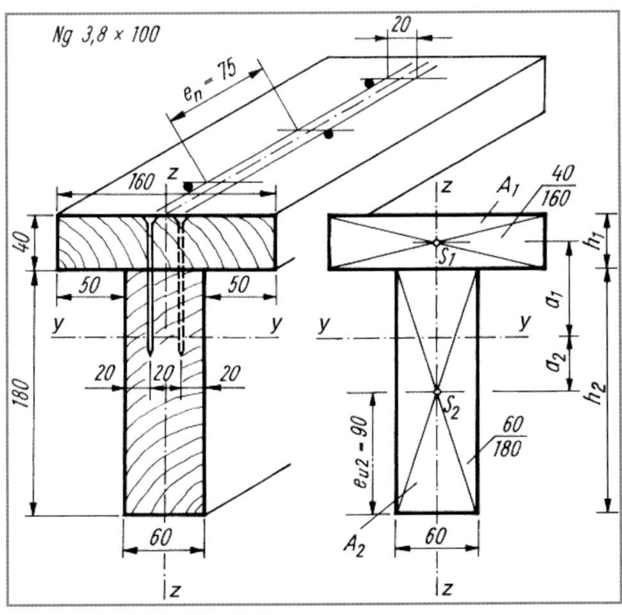

Bild 5.27. Zweiteiliger Druckstab ohne Spreizung, genagelt

Beispiel 5.11. (nach DIN EN 1995-1-1:2010)

Der zweiteilige nicht symmetrische Druckstab ohne Spreizung ist nach Bild 5.27. zu berechnen.

Gegeben:

Baustoffeigenschaften:

Gewählt:

NH S10 nach DIN 4074-1 = C24 nach DIN EN 388, Tabelle 1

Nutzungsklasse: 2 [DIN EN 1995-1-1, Abschnitt 2.3.1.3]

KLED: mittel [DIN EN 1995-1-1, Tabelle 2.2]

$k_{mod} = 0,80$ [DIN EN 1995-1-1, Tabelle 3.1]

$\gamma_M = 1,1$ [DIN EN 1995-1-1/NA, Tabelle NA.2]

Charakteristische Festigkeits- und Steifigkeitswerte und charakteristische Rohdichte aus Tabelle F.5:

$\rho_m = \rho_{mean} = 420\,\text{kg/m}^3$; $\rho_k = 350\,\text{kg/m}^3$;

$f_{c,0,k} = 21\,\text{N/mm}^2$; $f_{m,k} = 24\,\text{N/mm}^2$

$E_{0,mean} = 11000\,\text{N/mm}^2$; $E_{0,05} = 7400\,\text{N/mm}^2$

Nägel: $4,2 \times 110$ nach DIN EN 10230-1 (glattschaftig, rund und nicht vorgebohrt), $\gamma_M = 1,1$

Bemessungswert der Einwirkung:

Die Anteile aus Eigenlast und veränderlicher Verkehrslast betragen (Teilsicherheitsbeiwerte für die Einwirkungen nach DIN 1990/NA:2010, Tabelle NA.A.1.2 (B)):

$G_{k,1} = 23,0\,\text{kN}$; $Q_{k,1} = 10,0\,\text{kN}$

$\gamma_{G,1} = 1,35$; $\gamma_{Q,1} = 1,50$

$$F_{c,0,d} = \gamma_{G,1} \cdot G_{k,1} + \gamma_{Q,1} \cdot Q_{k,1}$$

$$F_{c,0,d} = 1,35 \cdot 23 + 1,5 \cdot 10 = 46,05\,\text{kN}$$

Geometriewerte:

$s_k = 4,2\,\text{m}$; $\beta = 1$ [DIN EN 1995-1-1/NA, Tabelle NA.24]

[DIN EN 1995-1-1/NA, Gl. (NA.167)]

$$l_{ef} = \beta \cdot s = 1,0 \cdot 4,2 = 4,2\,\text{m}$$

$$A_1 = 40 \cdot 160 = 6,4 \cdot 10^3\,\text{mm}^2$$

$$A_2 = 60 \cdot 180 = 10,8 \cdot 10^3\,\text{mm}^2$$

$$A_{tot} = A_1 + A_2 = 6,4 \cdot 10^3 + 10,8 \cdot 10^3 = 17,2 \cdot 10^3\,\text{mm}^2$$

Knicken um die z-Achse:

$$I_z = I_{1,z} + I_{2,z}$$

$$I_z = \frac{40 \cdot 160^3}{12} + \frac{180 \cdot 60^3}{12} = 1,689 \cdot 10^7\,\text{mm}^4$$

Trägheitsradius:

$$i_z = \sqrt{\frac{I_z}{A_{tot}}} = \sqrt{\frac{1,689 \cdot 10^7}{17,2 \cdot 10^3}} = 31,34\,\text{mm}$$

Schlankheit:

$$\lambda_z = \frac{l_{ef}}{i_z} = \frac{3800}{31,34} = 121$$

Nach Gl. (6.22) ist

[DIN EN 1995-1-1, Gl. (6.22)]

$$\lambda_{rel,z} = \frac{\lambda_z}{\pi} \cdot \sqrt{\frac{f_{c,0,k}}{E_{0,05}}}$$

$$\lambda_{rel,z} == \frac{121}{\pi} \cdot \sqrt{\frac{21}{7400}} = 2,05$$

Nach Gl. (6.28) ist:

$$\beta = 0{,}2$$

$$k_z = 0{,}5 \cdot \left[1 + \beta_c \cdot \left(\lambda_{rel,z} - 0{,}3\right) + \lambda_{rel,z}^2\right]$$ [DIN EN 1995-1-1, Gl. (6.28)]

$$k_z = 0{,}5 \cdot \left[1 + 0{,}2 \cdot (2{,}05 - 0{,}3) + 2{,}05^2\right] = 2{,}78$$

Knickbeiwert nach Gl. (6.26):

$$k_{c,z} = \frac{1}{k_z + \sqrt{k_z^2 - \lambda_{rel,z}^2}}$$ [DIN EN 1995-1-1, Gl. (6.26)]

$$k_{c,z} = \frac{1}{2{,}78 + \sqrt{2{,}78^2 - 2{,}05^2}} = 0{,}22$$

Knicknachweis – Knicken um die z-Achse nach Gl. (C.1):

$$\sigma_{c,0,d} \leq k_{c,z} \cdot f_{c,0,d}$$ [DIN EN 1995-1-1, Gl. (C.1)]

Bemessungswert der Beanspruchung:

$$\sigma_{c,0,d} = \frac{F_{c,0,d}}{A} = \frac{46{,}05 \cdot 10^3}{17{,}2 \cdot 10^3} = 2{,}68\ \text{N/mm}^2$$

$$2{,}28 \leq 0{,}22 \cdot 12{,}92 \leq 2{,}84\ \text{N/mm}^2$$

Knicken um die y-Achse:

Lage der Schwerachse:

Verschiebungsmodul Verbindungsmittel der Nägel (nicht vorgebohrt) nach DIN EN 1995-1-1:2010, Tabelle 7.1:

$$K_{ser} = \frac{\rho_k^{1,5}}{30} d^{0,8} = \frac{420^{1,5}}{30} \cdot 4{,}2^{0,8} = 904{,}4\ \text{N/mm}$$

$$K_{u,mean} = \frac{2}{3} \cdot K_{ser} = 458{,}60\ \text{N/mm}$$

Faktor γ nach Gl. (B.5) nach DIN EN 1995-1-1:2010, Abschnitt 2.3.2.2; nach DIN EN 1995-1-1/NA, NCI NA.13.1 nach Gl. (NA.166) einzusetzen:

$$E = \frac{E_{0,mean}}{\gamma_M};\ G = \frac{G_{mean}}{\gamma_M}$$ [DIN EN 1995-1-1/NA, Gl. (NA.166)]

$$K = \frac{\frac{2}{3} \cdot K_{ser}}{\gamma_M}$$

$$E_1 = \frac{E_{0,mean}}{\gamma_M} = \frac{11000}{1{,}3} = 8461{,}54\ \text{N/mm}$$

$$K_1 = \frac{\frac{2}{3} \cdot K_{ser}}{\gamma_M} = \frac{\frac{2}{3} \cdot 904{,}4}{\gamma_M} = 463{,}79\ \text{N/mm}$$

$$\gamma_1 = \frac{1}{1 + \frac{\pi^2 \cdot E_1 \cdot A_1 \cdot s_1}{K_1 \cdot l^2}}$$

$$\gamma_1 = \frac{1}{1 + \frac{\pi^2 \cdot 8461{,}54 \cdot 6{,}4 \cdot 10^3 \cdot 75}{463{,}79 \cdot 3800^2}} = 0{,}143$$

Berechnung von a_2 nach Gl. (B.6) für zweiteiligen Querschnitt: [DIN EN 1995-1-1, Gl. (B.6)]

$$a_2 = \frac{\gamma_1 \cdot E_1 \cdot A_1 \cdot (h_1 + h_2) - \gamma_3 \cdot E_3 \cdot A_3 \cdot (h_2 + h_3)}{2 \sum_{i=1}^{3} \gamma_i \cdot E_i \cdot A_i}$$

mit $\gamma_1 = 0{,}143$ und $\gamma_2 = 1{,}0$

$$a_2 = \frac{\gamma_1 \cdot E_1 \cdot A_1 \cdot (h_1 + h_2)}{2 \cdot (\gamma_1 \cdot E_1 \cdot A_1 + \gamma_2 \cdot E_2 \cdot A_2)}$$

$$a_2 = \frac{0{,}143 \cdot 8461{,}54 \cdot 6{,}4 \cdot 10^3 \cdot (40 + 180)}{2 \cdot (0{,}143 \cdot 8461{,}54 \cdot 6{,}4 \cdot 10^3 + 1{,}0 \cdot 8461{,}54 \cdot 10{,}8 \cdot 10^3)}$$

$$a_2 = \frac{1{,}704 \cdot 10^9}{1{,}9825 \cdot 10^8} = 8{,}60\ \text{mm}$$

$$a_1 = \left(\frac{h_2}{2} + \frac{h_1}{2}\right) - a_2 = (90 + 20) - 8{,}6 = 101{,}4\ \text{mm}$$

Wirksame Bauteilsteifigkeit:

$$(EI)_{ef} = \sum_{i=1}^{3} \left(E_i \cdot I_i + \gamma_i \cdot E_i \cdot A_i \cdot a_i^2\right)$$ [DIN EN 1995-1-1, Gl. (B.1)]

Für einen zweiteiligen Stab ergibt sich aus Gl. (B1) mit $\gamma_2 = 1{,}0$:

$$(E \cdot I)_{ef,y} = E_1 \cdot \left(I_1 + \gamma_1 \cdot A_1 \cdot a_1^2 + I_2 + \gamma_2 \cdot A_2 \cdot a_2^2\right)$$

$$(E \cdot I)_{ef,y} = 8461{,}54 \cdot \left(\begin{array}{l} \frac{160 \cdot 40^3}{12} + 0{,}143 \cdot 6{,}4 \cdot 10^3 \cdot 101{,}4^2 + \\ \frac{60 \cdot 180^3}{12} + 1{,}0 \cdot 10{,}8 \cdot 10^3 \cdot 8{,}6^2 \end{array}\right)$$

$$(E \cdot I)_{ef,y} = 8461{,}54 \cdot 4{,}02 \cdot 10^7 = 3{,}40 \cdot 10^{11}\ \text{Nmm}^2$$

$$(E \cdot A)_{tot} = 8461{,}54 \cdot 17{,}2 \cdot 10^3 = 1{,}455 \cdot 10^8\ \text{N}$$

Wirksame Schlankheit nach Gl. (110) in DIN 1052:2008:

$$\lambda_{ef} = \frac{\ell_y}{\sqrt{\frac{(E \cdot I)_{ef}}{(E \cdot A)_{tot}}}}$$ [DIN 1052, Gl. (110)]

$$\lambda_{ef,y} = \frac{\ell_y}{\sqrt{\frac{(E \cdot I)_{ef,y}}{(E \cdot A)_{tot}}}} = \frac{3800}{\sqrt{\frac{3{,}40 \cdot 10^{11}}{1{,}455 \cdot 10^8}}} = 78{,}61$$

Nach Gl. (6.21) ist:

$$\lambda_{rel,y} = \frac{\lambda_y}{\pi} \cdot \sqrt{\frac{f_{c,0,k}}{E_{0,05}}}$$ [DIN EN 1995-1-1, Gl. (6.21)]

$$\lambda_{rel,y} = \frac{78{,}61}{\pi} \cdot \sqrt{\frac{21}{7400}} = 1{,}33$$

Nach Gl. (6.27) ist:

$$\beta = 0{,}2$$

$$k_y = 0{,}5 \cdot \left[1 + \beta_c \cdot \left(\lambda_{rel,y} - 0{,}3\right) + \lambda_{rel,y}^2\right]$$ [DIN EN 1995-1-1, Gl. (6.27)]

$$k_y = 0{,}5 \cdot \left[1 + 0{,}2 \cdot (1{,}33 - 0{,}3) + 1{,}33^2\right] = 1{,}50$$

Knickbeiwert nach Gl. (6.25):

$$k_{c,y} = \frac{1}{k_y + \sqrt{k_y^2 - \lambda_{rel,y}^2}}$$ [DIN EN 1995-1-1, Gl. (6.25)]

$$k_{c,y} = \frac{1}{1{,}50 + \sqrt{1{,}50^2 - 1{,}33^2}} = 0{,}46$$

Bemessungswert der Holzfestigkeit nach Gl. (2.14): [DIN EN 1995-1-1, Gl. (2.14)]

$$f_{c,0,d} = \frac{k_{mod} \cdot f_{c,0,k}}{\gamma_M} = \frac{0{,}8 \cdot 21}{1{,}3} = 12{,}92\ \text{N/mm}^2$$

Bemessungswert der Beanspruchung:

$$\sigma_{c,0,d} = \frac{F_{c,0,d}}{A} = \frac{46{,}05 \cdot 10^3}{17{,}2 \cdot 10^3} = 2{,}68\ \text{N/mm}^2$$

Nachweis nach Gl. (6.23) und Gl. (6.24) für $\sigma_{m,y,d} = 0$ bzw. $\sigma_{m,z,d} = 0$ gilt dann

$$\frac{\sigma_{c,0,d}}{k_{c,y} \cdot f_{c,0,d}} + \frac{\sigma_{m,y,d}}{f_{m,y,d}} + k_m \cdot \frac{\sigma_{m,z,d}}{f_{m,z,d}} \leq 1$$ [DIN EN 1995-1-1, Gl. (6.23)]

$$\frac{\sigma_{c,0,d}}{k_{c,z} \cdot f_{c,0,d}} + k_m \cdot \frac{\sigma_{m,y,d}}{f_{m,y,d}} + \frac{\sigma_{m,z,d}}{f_{m,z,d}} \leq 1$$ [DIN EN 1995-1-1, Gl. (6.24)]

$$\frac{\sigma_{c,0,d}}{k_{c,y} \cdot f_{c,0,d}} \leq 1{,}0$$

$$\frac{2{,}68}{0{,}46 \cdot 12{,}92} = 0{,}45 < 1{,}0$$ **Nachweis erfüllt!**

Nachweis der Verbindungsmittel:

Gesucht:
Bemessungswert der Nageltragfähigkeit:

$F_{v,Rd}$ wird nach dem Näherungsverfahren nach Gl. (NA.109) in DIN EN 1995-1-1/NA:2013, Abschnitt NCI NA.8.2.4 berechnet (Nagelverbindung nicht vorgebohrt):

Mindestholzdicken im Hinblick auf die Spaltgefahr nach Gl. (8.19) für Nadelholz:

[DIN EN 1995-1-1, Gl. (8.19)]

$$t = \max\begin{Bmatrix} 14 \cdot d \\ (13 \cdot d - 30) \cdot \frac{\rho_k}{350} \end{Bmatrix} = \max\begin{Bmatrix} 14 \cdot 3{,}8 = 53{,}2 \\ (13 \cdot 3{,}8 - 30) \cdot \frac{350}{350} = 19{,}4 \end{Bmatrix}$$

$$t = 53{,}2 > t_{vorh} = 40\ \text{mm}$$

Mit Bezug auf die Spaltgefahr ist die erforderliche Mindestdicke nicht eingehalten. Es wird **Kiefernholz** gewählt. Nach Gl. (8.18) berechnet sich die Mindestdicke

[DIN EN 1995-1-1, Gl. (8.18)]

$$t = \max\begin{Bmatrix} 7 \cdot d \\ (13 \cdot d - 30) \cdot \frac{\rho_k}{400} \end{Bmatrix} = \max\begin{Bmatrix} 7 \cdot 3{,}8 = 26{,}2 \\ (13 \cdot 3{,}8 - 30) \cdot \frac{350}{400} = 16{,}98 \end{Bmatrix}$$

$$t = 26{,}6 < t_{vorh} = 40\ \text{mm}$$

Bemessungswert der Lochleibungsfestigkeit nach Gl. (8.15):

$$f_{h,1,k} = 0{,}082 \cdot \rho_k \cdot d^{-0{,}3}$$

$$f_{h,1,k} = 0{,}082 \cdot 350 \cdot 3{,}8^{-0{,}3} = 19{,}23\ \text{N/mm}^2$$

$f_{h,1,k} = f_{h,2,k}$, da identische Werkstoffe

Charakteristischer Wert des Fließmomentes nach Gl. (*8.14*):

Mindestzugfestigkeit der Nägel $f_{u,k} = 600\ \text{N/mm}^2$

$$M_{y,k} = 0{,}3 \cdot f_{u,k} \cdot d^{2{,}6} = 0{,}3 \cdot 600 \cdot 3{,}8^{2{,}6} = 5790{,}4\ \text{Nmm}$$

Mindestdicke nach Gl. (NA.110) und Gl. (NA.111) bei voller Tragfähigkeit der Nägel nach Gl. (109):

$$\beta = \frac{f_{h,2,k}}{f_{h,1,k}} = \frac{19{,}23}{19{,}23} = 1$$

[DIN EN 1995-1-1/NA, Gl. (NA.110)]

$$t_{1,req} = 1{,}15\left(2 \cdot \sqrt{\frac{\beta}{1+\beta}} + 2\right) \cdot \sqrt{\frac{M_{y,Rk}}{f_{h,1,k} \cdot d}}$$

$$t_{1,req} = 1{,}15\left(2 \cdot \sqrt{\frac{1}{1+1}} + 2\right) \cdot \sqrt{\frac{5790{,}4}{19{,}23 \cdot 3{,}8}}$$

$$t_{1,req} = 34{,}95\ \text{mm} < t_{vorh} = 40\ \text{mm}$$

Mindestdicke Seitenholz 2 nach Gl. (*NA.110*) ergibt den gleichen Wert. Die Mindestdicken $t_{1,req}$ und $t_{2,req}$ werden eingehalten, sodass die charakteristische Tragfähigkeit ohne Abminderung wie folgt berechnet werden kann:

Charakteristische Nageltragfähigkeit pro Scherfläche nach Gl. (NA.109):

[DIN EN 1995-1-1/NA, Gl. (NA.109)]

$$F_{v,Rk} = \sqrt{\frac{2 \cdot \beta}{1+\beta}} \cdot \sqrt{2 \cdot M_{y,Rk} \cdot f_{h,1,k} \cdot d}$$

$$F_{v,Rk} = \sqrt{\frac{2 \cdot \beta}{1+\beta}} \cdot \sqrt{2 \cdot 5790{,}4 \cdot 19{,}23 \cdot 4{,}2}$$

$$F_{v,Rk} = 919{,}92\ \text{N} = 0{,}92\ \text{kN}$$

Bemessungswert der Nageltragfähigkeit pro Scherfläche nach Gl. (NA.113):

[DIN EN 1995-1-1/NA, Gl. (NA.113)]

$$F_{v,Rd} = \frac{k_{mod} \cdot F_{v,Rk}}{\gamma_M} = \frac{0{,}8 \cdot 0{,}91}{1{,}1} = 0{,}66\ \text{kN/Scherfläche}$$

Maßgebender Bemessungswert der Querkraft für $\lambda_{ef} > 60$ *nach Gl. (C.5):*

$$V_d = \frac{F_{c,d}}{60 \cdot k_c} = \frac{46{,}05}{60 \cdot 0{,}56} = 1{,}37\ \text{kN}$$ [DIN EN 1995-1-1, Gl. (C.5)]

Bemessungswert der in der Fuge auf ein Verbindungsmittel wirkenden Kraft nach Gl. (B.10) für $a_1 = 69$ *mm mit* $s_{1(3)} = 150/2 = 75$ mm*:*

$$F_i = \frac{\gamma_i \cdot E_i \cdot A_i \cdot a_i \cdot s_i}{(EI)_{ef}} \cdot V$$ [DIN EN 1995-1-1, Gl. (B.10)]

Dabei ist $i = 1$ bzw. 3.

$$F_{1,d} = \frac{\gamma_1 \cdot E_1 \cdot A_1 \cdot a_1 \cdot s_1}{(E \cdot I)_{ef,y}} \cdot V_{d,max}$$

$$F_{1,d} = \frac{0{,}143 \cdot 8461{,}54 \cdot 6{,}4 \cdot 10^3 \cdot 101{,}4 \cdot 75}{3{,}4 \cdot 10^{11}} \cdot 1{,}37 \cdot 10^3$$

$$F_{1,d} = 273{,}30\ \text{N} = 0{,}237\ \text{kN}$$

Nachweis der Tragfähigkeit der Nagelverbindung mit dem Nagelabstand $s = 75$ mm*:*

$$\frac{F_{1,d}}{F_{v,Rd}} = \frac{0{,}237}{0{,}66} = 0{,}36 < 1{,}0$$ **Nachweis erfüllt!**

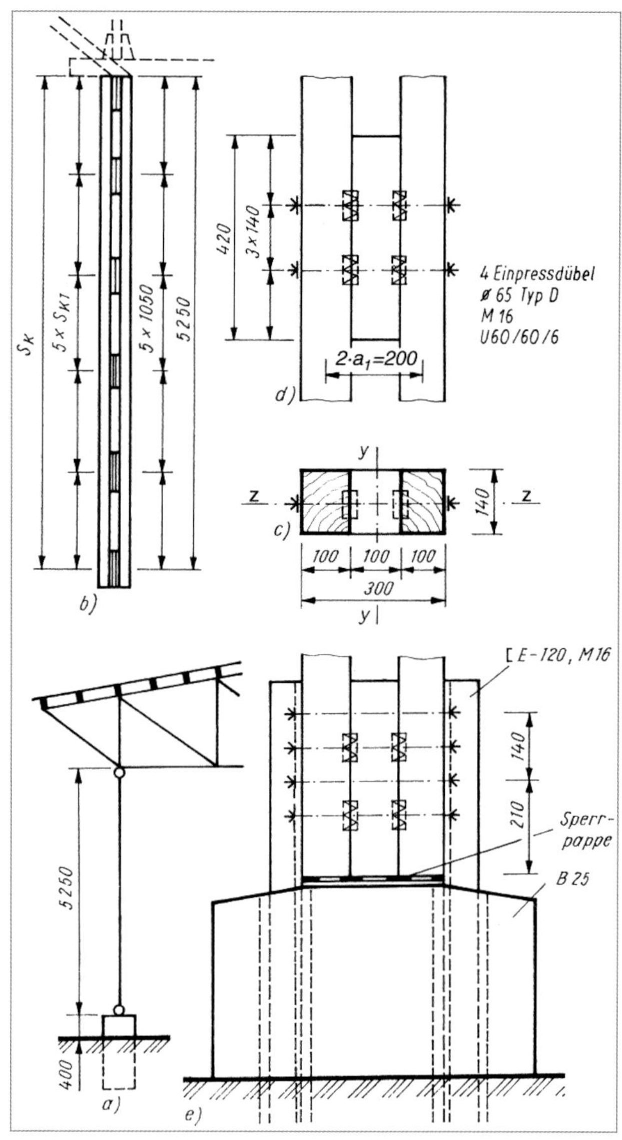

Legende
a) Systemskizze
b) Aufteilung der Zwischenhölzer
c), d) Detail vom Zwischenholz
e) Stützenfuß nach DIN EN 1995-1-1:2010, Anhang C ist $S_k = \ell$, $S_{k1} = \ell_1$

Bild 5.28. Zweiteilige Kantholzstütze (Pendelstütze)

Beispiel 5.12. (nach DIN EN 1995-1-1:2010)

Für eine Halle ist eine zweiteilige Kantholzstütze $2 \times 100 \times 40$ mm zu berechnen (Bild 5.28.).

Anschlussgeometrie: s. Bild 5.29.

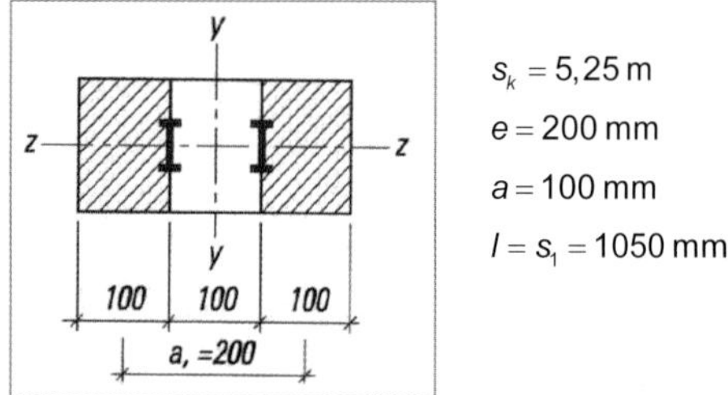

$s_k = 5{,}25$ m
$e = 200$ mm
$a = 100$ mm
$l = s_1 = 1050$ mm

Bild 5.29. Querschnitt der Stütze

Bemessungswert der Einwirkung:

Die Anteile aus Eigenlast und veränderlicher Verkehrslast betragen

$$G_k = 22{,}5\,\text{kN}\,; \qquad Q_k = 22{,}5\,\text{kN}$$

$$\gamma_{G,1} = 1{,}35\,; \qquad \gamma_{Q,1} = 1{,}50$$

$$F_{c,0,d} = \gamma_{G,1} \cdot G_{k,1} + \gamma_{Q,1} \cdot Q_{k,1}$$

$$F_{c,0,d} = 1{,}35 \cdot 22{,}5 + 1{,}5 \cdot 22{,}5 = 64{,}12\,\text{kN}$$

Baustoffeigenschaften:
Gewählt:
NH S10 nach DIN 4074-1 = C24 nach DIN EN 388, Tabelle 1
Nutzungsklasse: 1 [DIN EN 1995-1-1, Abschnitt 2.3.1.3]
KLED: mittel [DIN EN 1995-1-1, Tabelle 2.2]
$k_{mod} = 0{,}80$ [DIN EN 1995-1-1, Tabelle 3.1]
$\gamma_M = 1{,}3$ [DIN EN 1995-1-1/NA, Tabelle NA.2]

Charakteristische Festigkeits- und Steifigkeitwerte und charakteristische Rohdichte aus Tabelle F.5:

$$\rho_m = \rho_{mean} = 420\,\text{kg/m}^3;\ \rho_k = 350\,\text{kg/m}^3;$$

$$f_{c,0,k} = 21\,\text{N/mm}^2;\ f_{m,k} = 24\,\text{N/mm}^2$$

$$E_{0,mean} = 11000\,\text{N/mm}^2;\ E_{0,05} = 7400\,\text{N/mm}^2$$

Geometrie:

$\ell = 5{,}25$ m ; $\beta = 1$ [DIN EN 1995-1-1/NA, Tabelle NA.24]

Ersatzstablänge:

[DIN EN 1995-1-1/NA, Gl. (NA.167)]

$$\ell_{ef} = \beta \cdot \ell = 1{,}0 \cdot 5{,}25 = 5{,}25\,\text{m}$$

$$h/b = 100/140\,\text{mm}$$

$$n = 2$$

$$a = 100\,\text{mm}$$

Gewählt:

Scheibendübel, Typ C1, 2-seitig nach DIN EN 912:2011:

$$d_c = 75\,\text{mm}$$

$$h_c = 19{,}5\,\text{mm}$$

$$h_e = 9{,}1\,\text{mm}$$

$$d_b = 26\,\text{mm}$$

Knicken um die z-Achse:

$$A = 2 \cdot A_1 = 2 \cdot (140 \cdot 100) = 28 \cdot 10^3\,\text{mm}^2$$

$$I_z = 2 \cdot I_{z,1} = 2 \cdot \frac{100 \cdot 140^3}{12} = 4573 \cdot 10^4\,\text{mm}^4$$

Trägheitsradius:

$$i_z = 0{,}289 \cdot h = 0{,}289 \cdot 140 = 40{,}46\,\text{mm}$$

Schlankheit:

$$\lambda_z = \frac{\ell_{ef}}{i_z} = \frac{5250}{40{,}46} = 129{,}75$$

Nach Gl. (6.22) ist:

$$\lambda_{rel,z} = \frac{\lambda_z}{\pi} \cdot \sqrt{\frac{f_{c,0,k}}{E_{0,05}}}$$ [DIN EN 1995-1-1, Gl. (6.22)]

$$\lambda_{rel,z} = \frac{129{,}75}{\pi} \cdot \sqrt{\frac{21}{7400}} = 2{,}20$$

Nach Gl. (6.28) ist für $\beta = 0{,}2$:

$$k_z = 0{,}5\left[1+\beta_c\cdot\left(\lambda_{\text{rel},z}-0{,}3\right)+\lambda_{\text{rel},z}^2\right]$$ [DIN EN 1995-1-1, Gl. (6.28)]

$$k_z = 0{,}5\cdot\left[1+0{,}2\cdot(2{,}20-0{,}3)+2{,}20^2\right]=3{,}11$$

Knickbeiwert $k_{c,z}$ nach Gl. (6.26):

$$k_{c,z}=\frac{1}{k_z+\sqrt{k_z^2-\lambda_{\text{rel},z}^2}}$$ [DIN EN 1995-1-1, Gl. (6.26)]

$$k_{c,z}=\frac{1}{3{,}11+\sqrt{3{,}11^2-2{,}20^2}}=0{,}188$$

Knicknachweis nach Gl. (C.1):

$$\sigma_{c,0,d}\le k_{c,z}\cdot f_{c,0,d}$$ [DIN EN 1995-1-1, Gl. (C.1)]

Bemessungswert der Beanspruchung:

$$\sigma_{c,0,d}=\frac{F_{c,0,d}}{A_n}=\frac{64{,}12\cdot10^3}{28\cdot10^3}=2{,}29\ \text{N/mm}^2$$

Bemessungswert der Holzfestigkeit nach G. (2.14):

[DIN EN 1995-1-1, Gl. (2.14)]

$$f_{c,0,d}=\frac{k_{\text{mod}}\cdot f_{c,0,k}}{\gamma_M}=\frac{0{,}8\cdot21}{1{,}3}=12{,}92\ \text{N/mm}^2$$

Nachweis nach Gl. (C.1) ist:

$$\sigma_{c,0,d}\le k_{c,z}\cdot f_{c,0,d}$$

$2{,}29\le0{,}188\cdot12{,}92\le2{,}43\ \text{N/mm}^2$ **Nachweis erfüllt!**

Knicken um die y-Achse:

Ersatzstablänge:

$$\ell_{\text{ef},y}=\beta\cdot\ell=1{,}0\cdot5250=5250\ \text{mm}$$

Einzelstab:

$$\ell_1=\frac{5250}{5}=1050\ \text{mm}$$

Wirksame Schlankheit:

Nach Gl. (112) in DIN 1052:2008 ist:

$$\lambda=\ell_{ef,y}\cdot\sqrt{\frac{12}{h^2+3\cdot a_1^2}}$$ [DIN 1052, Gl. (112)]

$$\lambda=5250\cdot\sqrt{\frac{12}{100^2+3\cdot200^2}}=50{,}44$$

Schlankheitsgrad des Einzelstabes nach Gl. (114) in DIN 1052:2008:

$$\lambda_1=\max\left\{30;\ \frac{\ell_1\cdot\sqrt{12}}{h}\right\}$$ [DIN 1052, Gl. (114)]

$$\lambda_1=\max\left\{30:\frac{1050\cdot\sqrt{12}}{100}\right\}=\max\{30:36{,}37\}=36{,}37$$

Beiwert für Verbindungsart der Rahmenstäbe nach Tabelle C1 $\eta=2{,}5$ (KLED: mittel):

Wirksame Schlankheit nach Gl. (C.10):

$$\lambda_{\text{ef}}=\sqrt{\lambda^2+\eta\cdot\frac{n}{2}\cdot\lambda_1^2}$$ [DIN EN 1995-1-1, Gl. (C.10)]

$$\lambda_{\text{ef}}=\sqrt{50{,}44^2+2{,}5\cdot\frac{2}{2}\cdot36{,}37^2}=76{,}85$$

Nach Gl. (6.21) ist:

$$\lambda_{\text{rel},y}=\frac{\lambda_y}{\pi}\cdot\sqrt{\frac{f_{c,0,k}}{E_{0,05}}}$$ [DIN EN 1995-1-1, Gl. (6.21)]

$$\lambda_{\text{rel},y}=\frac{\lambda_y}{\pi}\cdot\sqrt{\frac{f_{c,0,k}}{E_{0,05}}}=\frac{76{,}85}{\pi}\cdot\sqrt{\frac{21}{7400}}=1{,}3$$

Nach Gl. (6.27) ist:

$$k_y=0{,}5\cdot\left[1+\beta_c\cdot\left(\lambda_{\text{rel},y}-0{,}3\right)+\lambda_{\text{rel},y}^2\right]$$ [DIN EN 1995-1-1, Gl. (6.27)]

$$k_y=0{,}5\cdot\left[1+\beta_c\cdot\left(\lambda_{\text{rel},c,y}-0{,}3\right)+\lambda_{\text{rel},c,y}^2\right]$$

$$k_y=0{,}5\cdot\left[1+0{,}2\cdot(1{,}3-0{,}3)+1{,}3^2\right]=1{,}45$$

Knickbeiwert nach Gl. (6.25):

$$k_{c,y}=\frac{1}{k_y+\sqrt{k_y^2-\lambda_{\text{rel},y}^2}}$$ [DIN EN 1995-1-1, Gl. (6.25)]

$$k_{c,y}=\frac{1}{1{,}45+\sqrt{145^2-1{,}3^2}}=0{,}48$$

Knicknachweis nach Gl. (6.23) bzw. Gl. (6.24) für $\sigma_{m,y,d}=0$; $\sigma_{m,z,d}$ erhält man:

$$\frac{\sigma_{c,0,d}}{k_{c,y}\cdot f_{c,0,d}}+\frac{\sigma_{m,y,d}}{f_{m,y,d}}+k_m\cdot\frac{\sigma_{m,z,d}}{f_{m,z,d}}\le1$$ [DIN EN 1995-1-1, Gl. (6.23)]

$$\frac{\sigma_{c,0,d}}{k_{c,z}\cdot f_{c,0,d}}+k_m\cdot\frac{\sigma_{m,y,d}}{f_{m,y,d}}+\frac{\sigma_{m,z,d}}{f_{m,z,d}}\le1$$ [DIN EN 1995-1-1, Gl. (6.24)]

Es gilt $\sigma_{m,y,d}=0$; $\sigma_{m,z,d}=0$ (keine Biegebeanspruchung), somit wird Gl. (6.23) bzw. Gl. (6.24) zu

$$\frac{\sigma_{c,0,d}}{k_{c,y}\cdot f_{c,0,d}}\le1{,}0$$

Bemessungswert der Beanspruchung:

$$\sigma_{c,0,d}=\frac{F_{c,0,d}}{A_n}=\frac{64{,}12\cdot10^3}{28\cdot10^3}=2{,}29\ \text{N/mm}^2$$

Nachweis:

$\frac{\sigma_{c,0,d}}{k_{c,0}\cdot f_{c,0,d}}=\frac{2{,}29}{0{,}48\cdot12{,}92}=0{,}37<1{,}0$ **Nachweis erfüllt!**

Nachweis der Verbindungsmittel

Mindestdübelabstände nach Tabelle 8.8:

a) vom beanspruchten Hirnholzende

$$a_{1,t}=1{,}5\cdot d_c=1{,}5\cdot75=112{,}5\ \text{mm}$$

b) vom unbeanspruchten Rand

$$a_{4,t}=0{,}6\cdot d_c=0{,}6\cdot75=45\ \text{mm}$$

Mindestdicke der Hölzer nach Abschnitt 8.10:

Beiwert k_1 nach Gl. (8.73):

[DIN EN 1995-1-1, Gl. (8.73)]

$$k_1=\min\begin{cases}1\\ \dfrac{t_1}{3\cdot h_e}\\ \dfrac{t_2}{5\cdot h_e}\end{cases}=\min\begin{cases}1\\ \dfrac{100}{3\cdot9{,}1}=3{,}7\\ \dfrac{100}{5\cdot9{,}1}=2{,}2\end{cases}=1{,}0$$

Charakteristischer Wert der Tragfähigkeit pro Verbindungseinheit nach Gl. (8.72), Abschnitt 8.10 (1):

[DIN EN 1995-1-1, Gl. (8.72)]

$$F_{v,Rk} = \begin{cases} 18 \cdot k_1 \cdot k_2 \cdot k_3 \cdot d_c^{1,5} & \text{für Typen C1 bis C9} \\ 25 \cdot k_1 \cdot k_2 \cdot k_3 \cdot d_c^{1,5} & \text{für Typen C10 bis C11} \end{cases}$$

$$F_{i,0,k} = F_{v,Rk,Dübel} + F_{v,Rk,Bolzen}$$

Charakteristischer Wert der Tragfähigkeit der Scheibendübel Typ C1 (ø 75 mm) nach Gl. (8.72) mit $k_1 = k_2 = k_3 = 1{,}0$:

$$F_{i,0,k} = k_1 \cdot k_2 \cdot k_3 \cdot 18 \cdot d_c^{1,5} = 1{,}0 \cdot 1{,}0 \cdot 1{,}0 \cdot 18 \cdot 75_c^{1,5} = 11{,}69 \cdot 10^3 \text{ N}$$

Charakteristischer Wert der Tragfähigkeit des Bolzens nach Gl. (NA.102):

Charakteristischer Wert der Lochleibungsfestigkeit nach Gl. (8.32):

$$f_{h,1,k} = 0{,}082 \cdot (1 - 0{,}01 \cdot d_b) \cdot \rho_k$$ [DIN EN 1995-1-1, Gl. (8.32)]

$$f_{h,1,k} = 0{,}082 \cdot (1 - 0{,}01 \cdot 16) \cdot 350 = 24{,}11 \text{ N/mm}^2$$

$f_{h,1,k} = f_{h,2,k}$, da identische Werkstoffe

Charakteristischer Festigkeitskennwerte für Gewindestangen der Festigkeitsklasse 4.8 nach Tabelle 1 in DIN 1052-10:2012:

$$f_{u,k} = 400 \text{ N/mm}^2$$

$$f_{y,k} = 320 \text{ N/mm}^2$$

Mindestholzdicken zur Sicherung der rechnerischen Tragfähigkeit nach Gl. (NA.110) und Gl. (NA.111):

$$\beta = \frac{f_{h,2,k}}{f_{h,1,k}} = \frac{24{,}11}{24{,}11} = 1$$

[DIN EN 1995-1-1/NA, Gl. (NA.110)]

$$t_{1,\text{req}} = 1{,}15 \left(2 \cdot \sqrt{\frac{\beta}{1+\beta}} + 2 \right) \cdot \sqrt{\frac{M_{y,Rk}}{f_{h,1,k} \cdot d}}$$

$$t_{1,\text{req}} = 1{,}15 \left(2 \cdot \sqrt{\frac{1}{1+1}} + 2 \right) \cdot \sqrt{\frac{162 \cdot 10^3}{24{,}11 \cdot 16}}$$

$$t_{1,\text{req}} = 80{,}46 \text{ mm} < {}_{\text{vorh}}t = 100 \text{ mm}$$

Wegen identischer Werkstoffe in einer Verbindung ist nach Gl. (NA.111):

[DIN EN 1995-1-1/NA, Gl. (NA.111)]

$$t_{2,\text{req}} = 1{,}15 \cdot \left(2 \cdot \frac{1}{\sqrt{1+\beta}} + 2 \right) \cdot \sqrt{\frac{M_{y,Rk}}{f_{h,2,k} \cdot d}} = 80{,}46 \text{ mm}$$

Charakteristische Tragfähigkeit der Bolzen nach Gl. (NA.109) pro Scherfläche:

[DIN EN 1995-1-1/NA, Gl. (NA.109)]

$$F_{v,Rk} = \sqrt{\frac{2 \cdot \beta}{1+\beta}} \cdot \sqrt{2 \cdot M_{y,Rk} \cdot f_{h,1,k} \cdot d}$$

$$F_{v,Rk} = \sqrt{\frac{2 \cdot 1}{1+1}} \cdot \sqrt{2 \cdot 162 \cdot 10^3 \cdot 24{,}11 \cdot 162}$$

$$F_{v,Rk} = 11180 \text{ N} = 11{,}18 \text{ kN}$$

Bemessungswert der Tragfähigkeit einer Verbindungseinheit aus Bolzen und Scheibendübel Typ C1:

Nach Gl. (NA.113) ist für jeden Bolzen:

[DIN EN 1995-1-1/NA, Gl. (NA.113)]

$$F_{v,Rd} = \frac{k_{\text{mod}} \cdot F_{v,Rk}}{\gamma_M} = \frac{0{,}8 \cdot 11{,}18 \cdot 10^3}{1{,}1} = 8131 \text{N} = 8{,}131 \text{ kN}$$

Nach Gl. (2.17) ist für den Dübel:

[DIN EN 1995-1-1, Gl. (2.17)]

$$F_{v,Rd} = \frac{k_{\text{mod}} \cdot F_{v,Rk}}{\gamma_M} = \frac{0{,}8 \cdot 11{,}69 \cdot 10^3}{1{,}3} = 7194 \text{ N} = 7{,}194 \text{ kN}$$

Nach Abschnitt 8.10 (1) ist für den Bolzen:

$$F_{i,0,d} = F_{v,Rd,Dübel} + F_{v,Rd,Bolzen} = 7{,}194 + 8{,}131 = 15{,}32 \text{ kN}$$

Bemessungswert der maßgebenden Querkraft für $60 \leq \lambda_{ef}$ nach Gl. (C.5):

$$V_d = \frac{F_{c,d}}{60 \cdot k_c} = \frac{64{,}12 \cdot 10^3}{60 \cdot 0{,}48} = 2226 \text{ N}$$ [DIN EN 1995-1-1, Gl. (C.5)]

Bemessungswert der in einer Verbindungsfuge wirkenden Schubkraft nach Gl. (C.13):

[DIN EN 1995-1-1, Gl. (C.13)]

$$T_d = \frac{V_d \cdot \ell_1}{a_1} = \frac{2226 \cdot 1050}{200} = 11688 \text{ N} = 11{,}69 \text{ kN}$$

Nachweis der Tragfähigkeit der Verbindungsmittel, in einer Verbindungsfuge sind zwei Dübel $n_{ef} = 2$:

$$\frac{T_d}{n_{ef} \cdot R_{j,0,d}} \leq 1{,}0$$

$$\frac{11{,}69 \cdot 10^3}{2 \cdot 15{,}32 \cdot 10^3} = 0{,}38 < 1{,}0$$ **Nachweis erfüllt!**

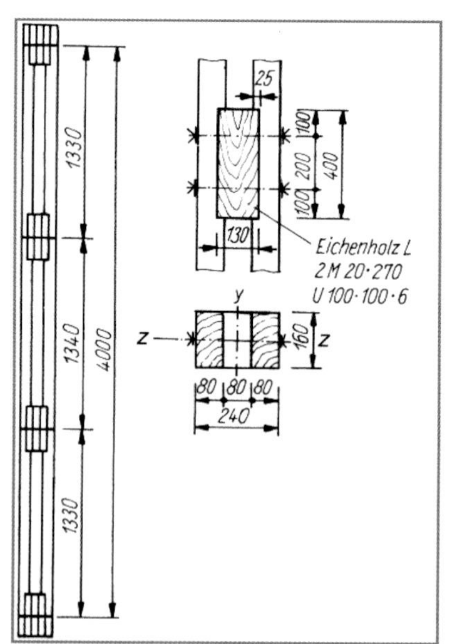

Bild 5.30. Zweiteilige Stütze mit Hartholzdübel als Verbindungsmittel

Beispiel 5.13. (nach DIN EN 1995-1-1:2010)

Eine zweiteilige Stütze mit dem Querschnitt $2 \cdot 80/160$ mm und der Spreizung $a = 80$ mm hat eine Kraft von $F_{c,0,k} = 65{,}0$ kN aufzunehmen. Die Zwischenhölzer sollen mit Zimmermannsdübeln aus Eichenholz (LS10 nach DIN 4074-5) ausgeführt werden. Knicklänge $s_k = 4{,}0$ m (Bild 5.30.). Es ist der Spannungsnachweis zu führen und die Verbindung der Zwischenhölzer zu berechnen.

Bemessungswert der Einwirkung:

Die Anteile aus der Eigenlast und der veränderlichen Verkehrslast betragen (Teilsicherheitsbeiwerte für die Einwirkungen nach DIN EN 1990/NA, Tabelle NA.A.1.2 B):

$G_{k,1} = 40{,}0$ kN ; $Q_{k,1} = 25{,}0$ kN

$\gamma_{G,1} = 1{,}35$; $\gamma_{Q,1} = 1{,}50$

Bemessungswert der Einwirkung nach Gl. (6.10) in DIN EN 1990:2010:

$$F_{c,0,d} = \gamma_{G,1} \cdot G_{k,1} + \gamma_{Q,1} \cdot Q_{k,1}$$

$$F_{c,0,d} = 1{,}35 \cdot 40{,}0 + 1{,}5 \cdot 25{,}0 = 91{,}5 \text{ kN}$$

Baustoffeigenschaften:

Gewählt:

NH S10 nach DIN 4074-1 = C24 nach DIN EN 338, Tabelle 1

Nutzungsklasse: 1 [DIN EN 1995-1-1, Abschnitt 2.3.1.3, Abs. (1)]

KLED: mittel [DIN EN 1995-1-1/NA, Tabelle NA.1]

$k_{mod} = 0{,}80$ [DIN EN 1995-1-1, Tabelle 3.1]

$\gamma_M = 1{,}3$ [DIN EN 1995-1-1/NA, Tabelle NA.2]

Charakteristische Festigkeits- und Steifigkeitswerte und charakteristische Rohdichte aus Tabelle 1 in DIN EN 338:

$\rho_m = \rho_{mean} = 420 \text{ kg/m}^3$; $\rho_k = 350 \text{ kg/m}^3$; $f_{c,0,k} = 21 \text{ N/mm}^2$;

$f_{m,k} = 24 \text{ N/mm}^2$; $f_{v,k} = 4{,}0 \text{ N/mm}^2$

$E = 11000 \text{ N/mm}^2$; $E_{0,05} = 7400 \text{ N/mm}^2$

Geometrie:

$s_k = \ell = 4$ m ; $\beta = 1$ [DIN EN 1995-1-1/NA, Tabelle NA.24]

Ersatzstablänge:

[DIN EN 1995-1-1/NA, Gl. (NA.167)]

$$\ell_{ef} = \beta \cdot \ell = 1{,}0 \cdot 4{,}0 = 4{,}0 \text{ m}$$

$h/b = 2 \cdot 80/160$ mm

$n = 2$

$a = 80$ mm

$a_1 = a + h = 80 + 80 = 160$ mm

Gewählt:

Hartholzdübel (Eiche LS10 nach DIN 4074-5 = D30 nach Tabelle 1 in DIN EN 388)

Knicken um die z-Achse:

$$A = 2 \cdot A_1 = 2 \cdot (80 \cdot 160) = 25{,}6 \cdot 10^3 \text{ mm}^2$$

$$I_z = 2 \cdot I_{z,1} = 2 \cdot \frac{80 \cdot 160^3}{12} = 5{,}46 \cdot 10^7 \text{ mm}^4$$

Trägheitsradius:

$$i_z = 0{,}289 \cdot h = 0{,}289 \cdot 160 \le 46{,}24 \text{ mm}$$

$$\lambda_z = \frac{\ell_{ef}}{i_z} = \frac{4000}{46{,}24} = 86{,}51$$

Nach Gl. (6.22) ist:

$$\lambda_{rel,z} = \frac{\lambda_z}{\pi} \cdot \sqrt{\frac{f_{c,0,k}}{E_{0,05}}}$$ [DIN EN 1995-1-1, Gl. (6.22)]

$$\lambda_{rel,z} = \frac{86{,}51}{\pi} \cdot \sqrt{\frac{21}{7400}} = 1{,}47$$

Nach Gl. (6.28) ist:

$$k_z = 0{,}5\left[1 + \beta_c \cdot (\lambda_{rel,z} - 0{,}3) + \lambda_{rel,z}^2\right]$$ [DIN EN 1995-1-1, Gl. (6.28)]

$$k_z = 0{,}5 \cdot \left[1 + 0{,}2 \cdot (1{,}47 - 0{,}3) + 1{,}47^2\right] = 1{,}7$$

Knickbeiwert nach Gl. (6.26):

$$k_{c,z} = \frac{1}{k_z + \sqrt{k_z^2 - \lambda_{rel,z}^2}}$$ [DIN EN 1995-1-1, Gl. (6.26)]

$$k_{c,z} = \frac{1}{1{,}7 + \sqrt{1{,}7^2 - 1{,}47^2}} = 0{,}39$$

Knicknachweis nach Gl. (C.1):

$$\sigma_{c,0,d} \le k_{c,z} \cdot f_{c,0,d}$$ [DIN EN 1995-1-1, Gl. (C.1)]

Bemessungswert der Beanspruchung:

$$\sigma_{c,0,d} = \frac{F_{c,0,d}}{A} = \frac{91{,}5 \cdot 10^3}{25{,}6 \cdot 10^3} = 3{,}57 \text{ N/mm}^2$$

Bemessungswert der Festigkeit nach G. (2.14):

[DIN EN 1995-1-1, Gl. (2.14)]

$$f_{c,0,d} = \frac{k_{mod} \cdot f_{c,0,k}}{\gamma_M} = \frac{0{,}8 \cdot 21}{1{,}3} = 12{,}92 \text{ N/mm}^2$$

Nachweis nach Gl. (C.1) ist:

$$\sigma_{c,0,d} \le k_{c,z} \cdot f_{c,0,d}$$

$3{,}57 \le 0{,}39 \cdot 12{,}92 \le 5{,}04 \text{ N/mm}^2$ **Nachweis erfüllt!**

Knicken um die y-Achse:

$$l_y = \beta \cdot l_y = 1 \cdot 4000 = 4000 \text{ mm}$$

$$I_y = \frac{160 \cdot 240^3}{12} - \frac{160 \cdot 80^3}{12} = 1{,}775 \cdot 10^8 \text{ mm}^4$$

Wirksame Schlankheit:

Nach Gl. (C.11) in DIN EN 1995-1-1:2010 ist:

$$\lambda = \ell \cdot \sqrt{A_{tot} / I_{tot}}$$ [DIN EN 1995-1-1, Gl. (C.11)]

$$\lambda = 4000 \cdot \sqrt{25{,}6 \cdot 10^3 / 1{,}775 \cdot 10^8} = 48{,}04$$

Schlankheitsgrad des Einzelstabes nach Gl. (C.12):

$$\lambda_1 = \sqrt{12} \cdot \frac{\ell_1}{h}$$ [DIN EN 1995-1-1, Gl. (C.12)]

$$\ell_1 = \frac{4000}{3} = 1333 \text{ mm}$$

$$\lambda_1 = \sqrt{12} \cdot \frac{1333}{80} = 57{,}72$$

Beiwert für Verbindungsart der Rahmenstäbe nach Tabelle 6 η = 2,5 (KLED: mittel):

Wirksame Schlankheit nach Gl. (C.10):

$$\lambda_{ef,y} = \sqrt{\lambda^2 + \eta \cdot \frac{n}{2} \cdot \lambda_1^2}$$ [DIN EN 1995-1-1, Gl. (C.10)]

$$\lambda_{ef,y} = \sqrt{48{,}04^2 + 2{,}5 \cdot \frac{2}{2} \cdot 57{,}72^2} = 103{,}14$$

Nach Gl. (6.21) ist:

$$\lambda_{rel,y} = \frac{\lambda_y}{\pi} \cdot \sqrt{\frac{f_{c,0,k}}{E_{0,05}}}$$ [DIN EN 1995-1-1, Gl. (6.21)]

$$\lambda_{rel,y} = \frac{103{,}14}{\pi} \cdot \sqrt{\frac{21}{7400}} = 1{,}75$$

Nach Gl. (6.27) ist:

$$k_y = 0{,}5 \cdot \left[1 + \beta_c \cdot \left(\lambda_{rel,y} - 0{,}3\right) + \lambda_{rel,y}^2\right]$$ [DIN EN 1995-1-1, Gl. (6.27)]

$$k_y = 0{,}5 \cdot \left[1 + 0{,}2 \cdot (1{,}75 - 0{,}3) + 1{,}75^2\right] = 2{,}2$$

Knickbeiwert nach Gl. (6.25):

$$k_{c,y} = \frac{1}{k_y + \sqrt{k_y^2 - \lambda_{rel,y}^2}}$$ [DIN EN 1995-1-1, Gl. (6.25)]

$$k_{c,y} = \frac{1}{2{,}2 + \sqrt{2{,}2^2 - 1{,}75^2}} = 0{,}28$$

Knicknachweis nach Gl. (6.23) und Gl. (6.24) für $\sigma_{m,y,d} = 0$;

$\sigma_{m,z,d} = 0$ vereinfacht sich der Nachweis:

$$\frac{\sigma_{c,0,d}}{k_{c,y} \cdot f_{c,0,d}} + \frac{\sigma_{m,y,d}}{f_{m,y,d}} + k_m \cdot \frac{\sigma_{m,z,d}}{f_{m,z,d}} \le 1$$ [DIN EN 1995-1-1, Gl. (6.23)]

$$\frac{\sigma_{c,0,d}}{k_{c,z} \cdot f_{c,0,d}} + k_m \cdot \frac{\sigma_{m,y,d}}{f_{m,y,d}} + \frac{\sigma_{m,z,d}}{f_{m,z,d}} \le 1$$ [DIN EN 1995-1-1, Gl. (6.24)]

Es gilt $\sigma_{m,y,d} = 0$; $\sigma_{m,z,d} = 0$ (keine Biegebeanspruchung), somit wird Gl. (6.23) bzw. Gl. (6.24) zu:

$$\frac{\sigma_{c,0,d}}{k_{c,y} \cdot f_{c,0,d}} \le 1{,}0$$

Bemessungswert der Beanspruchung:

$$\sigma_{c,0,d} = \frac{F_{c,0,d}}{A} = \frac{91{,}5 \cdot 10^3}{25{,}6 \cdot 10^3} = 3{,}57\ \text{N/mm}^2$$

Bemessungswert der Festigkeit:

$$f_{c,0,d} = \frac{0{,}8 \cdot 21}{1{,}3} = 12{,}92\ \text{N/mm}^2$$

Nachweis:

$$\frac{\sigma_{c,0,d}}{k_{c,0} \cdot f_{c,0,d}} \le 1{,}0$$

$$\frac{3{,}57}{0{,}28 \cdot 12.92} = 0{,}99 < 1{,}0$$ **Nachweis erfüllt!**

Nachweis der Verbindungsmittel

Bemessungswert der maßgebenden Querkraft für $60 \le \lambda_{ef}$ nach Gl. (C.5):

[DIN EN 1995-1-1, Gl. (C.5)]

$$V_d = \frac{F_{c,d}}{60 \cdot k_{c,y}} = \frac{91{,}5 \cdot 10^3}{60 \cdot 0{,}28} = 5446{,}43\ \text{N} = 5{,}45\ \text{kN}$$

Bemessungswert der in einer Verbindungsfuge wirkenden Schubkraft nach Gl. (C.13):

[DIN EN 1995-1-1, Gl. (C.13)]

$$T_d = \frac{V_d \cdot \ell_1}{a_1} = \frac{5450 \cdot 1333}{160} = 45405{,}3\ \text{N} = 45{,}41\ \text{kN}$$

Nachweis der Tragfähigkeit der Verbindungsmittel, in einer Verbindungsfuge sind zwei Dübel:

Erforderliche Einschnitttiefe bei Einhaltung der Druckfestigkeit in der Stirnfläche:

$$f_{c,0,d} = \frac{k_{mod} \cdot f_{c,0,k}}{\gamma_M} = \frac{0{,}8 \cdot 21}{1{,}3} = 12{,}92\ \text{N/mm}^2$$

$$_{erf}t = \frac{T_d}{b \cdot f_{c,0,d}} = \frac{45{,}41}{160 \cdot 12{,}92} = 21{,}97\ \text{mm}$$

Gewählt: $t = 25$ mm

Erforderliche Dübellänge bei Einhaltung der Scherfestigkeit in dem Hartholzdübel

$$erf\ \ell_{Dübel} = \frac{T_d}{b_{ef} \cdot f_{v,d}}$$

$$b_{ef} = k_{cr} \cdot b$$

$$k_{cr} = \frac{2{,}0}{4{,}0} = 0{,}5$$

$$b_{ef} = 0{,}5 \cdot 160\ \text{mm} = 80\ \text{mm}$$

Bemessungswert der Scherfestigkeit:

$$f_{v,d} = \frac{k_{mod} \cdot f_{v,k}}{\gamma_M} = \frac{0{,}8 \cdot 4{,}0}{1{,}3} = 2{,}46\ \text{N/mm}^2$$

$$erf\ \ell_{Dübel} = \frac{45{,}41 \cdot 10^3}{80 \cdot 2{,}46} = 230{,}74\ \text{mm}$$

Gewählt: $\ell_{Dübel} = 400$ mm

Nachweis Bolzen:

Zugkraft im Bolzen nach DIN 1052:1988/1996, Gl. (E.9.19):

$$F_{t,d} = \frac{3 \cdot T_d \cdot a}{4 \cdot \ell_{Dübel}} = \frac{3 \cdot 45{,}41 \cdot 10^3 \cdot 80}{4 \cdot 400}$$

$$F_{t,d} = 6811{,}5\ \text{N} = 6{,}81\ \text{kN} < N_{R,d} = 70{,}6\ \text{kN}$$

für M20 FK 4.6 nach [*Holschemacher* 2012]

5.3.4. Ausmittig belastete einteilige Druckstäbe (Druck und Biegung) nach DIN EN 1995-1-1:2010, Abschnitt 6.3.2

Allgemeines

Als ausmittig belastete Druckstäbe gelten

- gerade Stäbe mit planmäßig ausmittigem Kraftangriff,
- gerade Stäbe mit mittigem Kraftangriff und zusätzlicher Biegebeanspruchung,
- Stäbe mit planmäßiger Krümmung ihrer Achse im lastfreien Zustand,
- Stäbe mit ausmittiger Kraftwirkung infolge Querschnittsschwächung (s. Bild 5.32.a).

Beispiele für ausmittig belastete Druckstäbe

- Obergurte von Fachwerkträgern, die unmittelbar durch die Dachhaut belastet werden (Bild 5.31.a),
- die durch Wind belasteten Außenwandstützen von Hallen (Bild 5.31.b),
- Kopfbänder wegen des nicht zentrischen Stabanschlusses mittels Stirnversatzes (Bild 5.31.d),
- Stützen des Kopfbandträgers bei unterschiedlicher Feldbelastung (Bild 5.31.c),
- Druckstäbe mit größeren Querschnittsschwächungen (Bild 5.31.e).

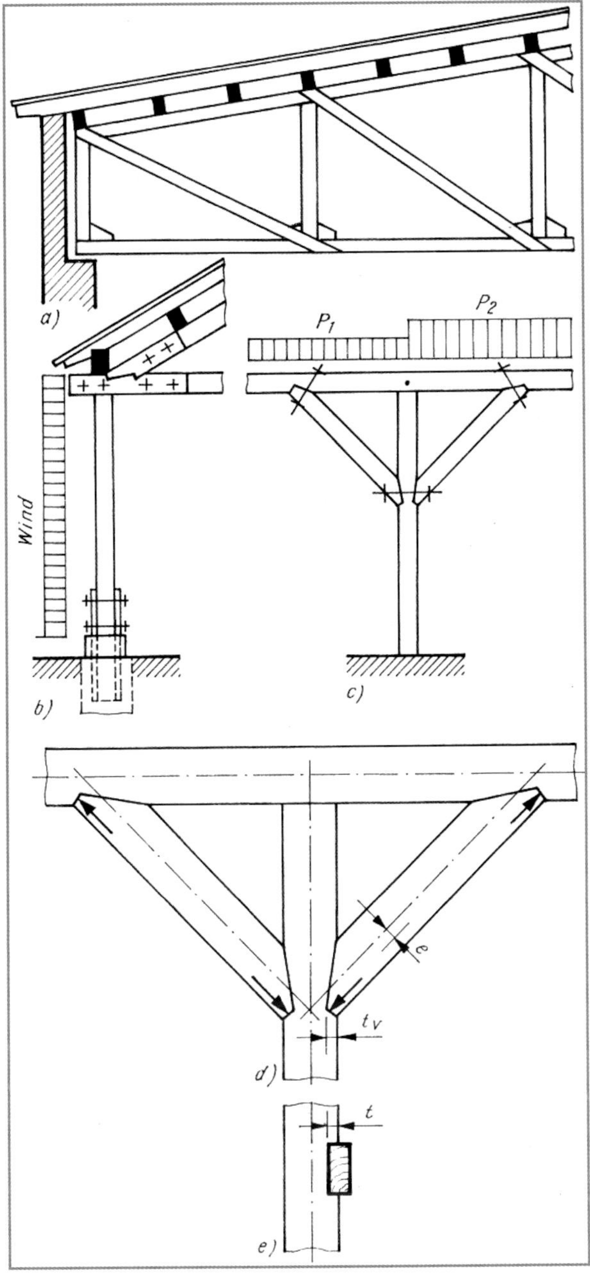

Legende
a) Obergurt des Fachwerkträgers
b) auf Druck und Biegung beanspruchte Stütze
c) Stützen des Kopfbandträgers bei unterschiedlicher Belastung in angrenzenden Feldern
d) Kopfbänder, wegen des nichtzentrischen Stabanschlusses mit Stirnversatz
e) Druckstäbe mit größeren Einschnitten

Bild 5.31. Beispiele für planmäßig ausmittig gedrückte Stäbe

Berechnungsgleichungen, Beispiel nach Bild 5.32.a

Der Druckstab nach Bild 5.32.a wird im Ganzen planmäßig mittig beansprucht. Der einseitige Einschnitt in Stabmitte bewirkt nicht nur örtlich verminderte Querschnittswerte, sondern sie rufen auch ein zusätzliches Biegemoment hervor:

$$M_{A,d} = N_d \cdot t/2\,; \qquad A_{netto} = b \cdot (h-t)\,;$$

$$W_{netto} = \frac{b \cdot (h-t)^2}{6}$$

Bemessungswert der Spannungen in Stabmitte:

$$\sigma_{c,0,d} = \frac{N_d}{b \cdot (h-t)}$$

$$\sigma_{m,y,d} = \frac{N_d \cdot t \cdot 6}{2 \cdot b \cdot (h-t)^2}$$

Fehlflächen kleineren Ausmaßes dürfen unberücksichtigt bleiben, z. B. Schraubenlöcher.
Beim Spannungsnachweis beim Stab nach Bild 5.32.b wird das zusätzliche Biegemoment

$$M_{F,d} = \frac{N_d \cdot t}{2 + \frac{F_d \cdot l}{4}} \quad \text{erzeugt.}$$

Größere Schwächungen, z. B. Ausklinkungen, Einschnitte, setzen die Tragkraft und damit die Knicksicherheit herab, besonders dann, wenn sie in dem Stabbereich liegen, der am meisten beansprucht wird (Fehlfläche befindet sich innerhalb des mittleren Drittels der Knicklänge). Dies sind z. B.

- beim Eulerfall II (häufigster Fall) die Stabmitte,
- beim Eulerfall I im Anschluss an die Einspannstelle.

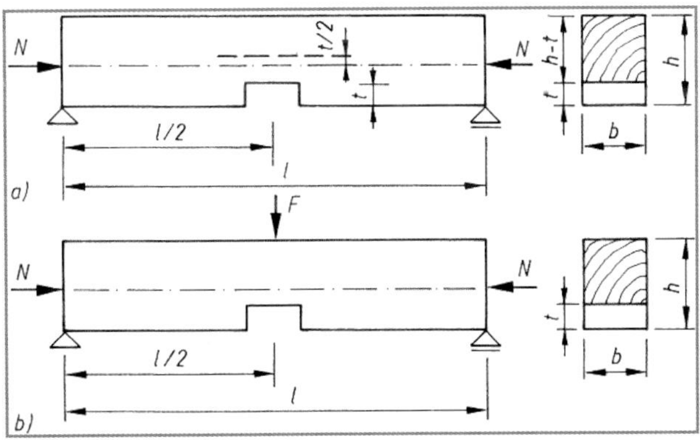

Legende
a) infolge Querschnittsschwächung
b) wie a) und zusätzlicher Biegebeanspruchung durch F

Bild 5.32. Ausmittig belastete Druckstäbe (Druck und Biegung)

Solche Querschnittsschwächungen sind auch beim Stabilitätsnachweis zu berücksichtigen. Zu Knickbiegelinien mit Bruchgefahr bei Stützen mit Querschnittsschwächungen, s. Bild 5.33.

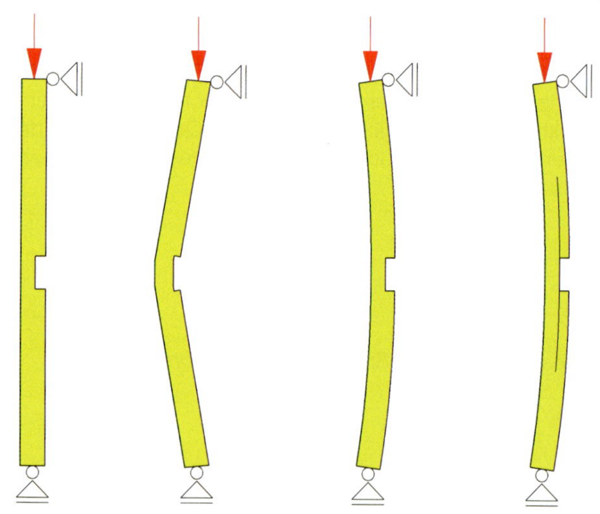

Bild 5.33. Knickbiegelinien mit Bruchflächen bei Stäben mit Einschnitten in Stützenmitte (aus [*Lißner* u. a. 2010])

Solange sich die Querschnittsschwächungen nur über einen kurzen Teil der Stablänge erstrecken, darf die Knickzahl auch in diesen Fällen aus dem ungeschwächten Querschnitt bestimmt werden. Zum Einfluss von Querschnittsschwächungen auf die aufnehmbare Druckkraft bei Druckstäben, s. in [*Blaß/Ehlbeck* u. a. 2005] Abschnitt E.10.2.8.
Die Querschnittsschwächung wird durch die Ausklinkung (z. B. nach Bild 5.32.b) mit eingepasstem Holz mindestens gleicher Festigkeit ausgefüllt. Das Passstück ist so einzusetzen, dass es dauerhaft Druckspannungen übertragen kann. Dann braucht die Querschnittsschwächung weder beim Knick- noch beim Spannungsnachweis berücksichtigt zu werden (s. in [*Brüninghoff* u. a. 1997], Abschnitt E.9.4 bzw. in [*Blaß/Ehlbeck* 2005], Abschnitt 10.2.8).

Der Stabilitätsnachweis für Stützen mit Druck und Biegung erfolgt nach den bekannten Gl. (6.23) und (6.24):

$$\frac{\sigma_{c,0,d}}{k_{c,y}\cdot f_{c,0,d}}+\frac{\sigma_{m,y,d}}{f_{m,y,d}}+k_m\cdot\frac{\sigma_{m,z,d}}{f_{m,z,d}}\le 1$$ [DIN EN 1995-1-1, Gl. (6.23)]

$$\frac{\sigma_{c,0,d}}{k_{c,z}\cdot f_{c,0,d}}+k_m\cdot\frac{\sigma_{m,y,d}}{f_{m,y,d}}+\frac{\sigma_{m,z,d}}{f_{m,z,d}}\le 1$$ [DIN EN 1995-1-1, Gl. (6.24)]

Literatur: [*Lißner/Rug* 2016], [*Lißner* u. a. 2010], [*Werner/Zimmer* 2009/ 2010], [*Blaß/Ehlbeck* u. a. 2005], [*Göggel* 1999], [*Brüninghoff* u. a. 1997], [*Scheer/Andresen* 1985], [*Benz* 1984], [*Dröge/Stoy* 1981], [*Pischl* 1980], [*Ehlbeck* u. a. 1967]

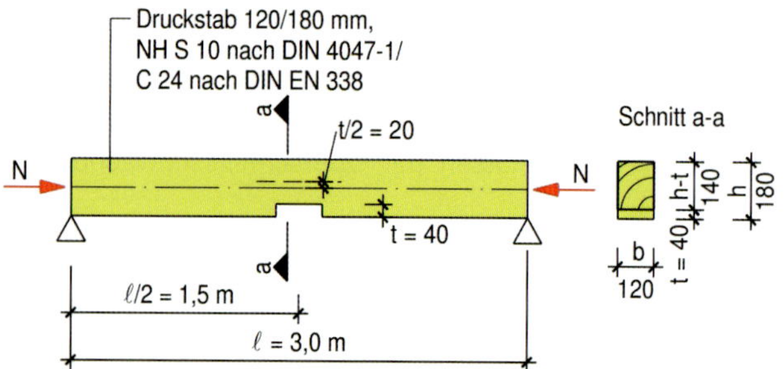

Bild 5.34. Ausmittig belastete Druckstäbe infolge Querschnittsschwächung (Druck und Biegung)

Beispiel 5.14. (nach DIN EN 1995-1-1:2010)

Berechnung eines Druckstabes (Eulerfall II) mit einseitiger Schwächung (s. Bild 5.34.).

Gegeben: VH mit $b/h = 120/180$ mm, NH S10 nach DIN 4074-1, LF: H

Gegeben:
Baustoffeigenschaften:
Gewählt:
NH S10 nach DIN 4074-1 = C24 nach DIN EN 388, Tabelle 1
Nutzungsklasse: 1 [DIN EN 1995-1-1, Abschnitt 2.3.1.3]
KLED: mittel [DIN EN 1995-1-1, Tabelle 3.1]
$k_{mod} = 0{,}80$ [DIN EN 1995-1-1/NA, Tabelle NA.2]
$\gamma_M = 1{,}3$ [DIN EN 1995-1-1/NA, Tabelle NA.2]
$\beta = 1$ [DIN EN 1995-1-1/NA, Tabelle NA.24]

Charakteristische Festigkeits- und Steifigkeitswerte und charakteristische Rohdichte nach Tabelle 1 in DIN EN 388:

$\rho_k = 350\ \text{kg/m}^3$; $f_{c,0,k} = 21\ \text{N/mm}^2$; $f_{m,k} = 24\ \text{N/mm}^2$

$E_{0,mean} = 11000\ \text{N/mm}^2$; $E_{0,05} = 7400\ \text{N/mm}^2$

Charakteristischer Wert der Einwirkung:

$F_{c,0,k} = N = 52{,}0$ kN

Die Anteile aus Eigenlast und veränderlicher Verkehrslast betragen:

$G_{k,1} = 26$ kN ; $Q_{k,1} = 26$ kN

Bemessungswert der Beanspruchung:

$\gamma_{G,1} = 1{,}35$; $\gamma_{Q,1} = 1{,}50$

$F_{c,0,d} = \gamma_{G,1}\cdot G_{k,1} + \gamma_{Q,1}\cdot Q_{k,1}$

$F_{c,0,d} = 1{,}35\cdot 26{,}0 + 1{,}5\cdot 26{,}0 = 74{,}1$ kN

$t = 40$ mm (Ausmittigkeit)

$\ell = 3{,}0$ m

Ersatzstablänge:

[DIN EN 1995-1-1/NA, Gl. (NA.167)]

$\ell_{ef} = \beta\cdot s = 1{,}0\cdot 3{,}0 = 3{,}0$ m

$b/h = 120/180$ mm

$i_z = 0{,}289\cdot b = 0{,}289\cdot 120 = 34{,}68$ mm

$i_y = 0{,}289\cdot(h-t) = 0{,}289\cdot 140 = 40{,}46$ mm

Bei gleichem s_k ist i_y maßgebend

$A_{netto} = 120\cdot(180-40) = 16{,}80\cdot 10^3\ \text{mm}^2$

$$W_{y,netto} = \frac{120\cdot 140^2}{6} = 392\cdot 10^3\ \text{mm}^3$$

Bemessungswert des Versatzmomentes:

$M_{y,d} = F_{c,0,d}\cdot 0{,}5\cdot t = 74{,}1\cdot 10^3\cdot 20$

$M_{y,d} = 1482\cdot 10^3$ Nmm $= 1{,}48$ kNm

$E_{0,05} = 7400\ \text{N/mm}^2$

Knicknachweis:

Ermittlung der Knickbeiwerte $k_{c,y}$ und $k_{c,z}$:

Schlankheit:

$$\lambda_z = \frac{\ell_{ef}}{i_z} = \frac{3000}{34{,}68} = 86{,}51$$

$$\lambda_y = \frac{\ell_{ef}}{i_y} = \frac{3000}{40{,}46} = 74{,}15$$

$$\lambda_{rel,z} = \frac{\lambda_z}{\pi} \cdot \sqrt{\frac{f_{c,0,k}}{E_{0,05}}}$$ [DIN EN 1995-1-1, Gl. (6.22)]

$$\lambda_{rel,z} = \frac{86{,}51}{\pi} \cdot \sqrt{\frac{21}{7400}} = 1{,}47$$

$$\lambda_y = \frac{\ell_{el}}{i_y} = \frac{3000}{40{,}46} = 74{,}15$$

$$\lambda_{rel,y} = \frac{\lambda_y}{\pi} \cdot \sqrt{\frac{f_{c,0,k}}{E_{0,05}}}$$ [DIN EN 1995-1-1, Gl. (6.21)]

$$\lambda_{rel,y} = \frac{74{,}15}{\pi} \cdot \sqrt{\frac{21}{7400}} = 1{,}26$$

Knickbeiwert mit β = 0,2:

$$k_z = 0{,}5\left[1 + \beta_c \cdot (\lambda_{rel,z} - 0{,}3) + \lambda_{rel,z}^2\right]$$ [DIN EN 1995-1-1, Gl. (6.28)]

$$k_z = 0{,}5\left[1 + 0{,}2 \cdot (1{,}47 - 0{,}3) + 1{,}47^2\right] = 1{,}7$$

$$k_y = 0{,}5 \cdot \left[1 + \beta_c \cdot (\lambda_{rel,y} - 0{,}3) + \lambda_{rel,y}^2\right]$$ [DIN EN 1995-1-1, Gl. (6.27)]

$$k_y = 0{,}5\left[1 + 0{,}2 \cdot (1{,}26 - 0{,}3) + 1{,}267^2\right] = 1{,}4$$

$$k_{c,z} = \frac{1}{k_z + \sqrt{k_z^2 - \lambda_{rel,z}^2}}$$ [DIN EN 1995-1-1, Gl. (6.26)]

$$k_{c,z} = \frac{1}{1{,}7 + \sqrt{1{,}7^2 - 1{,}47^2}} = 0{,}39$$

$$k_{c,y} = \frac{1}{k_y + \sqrt{k_y^2 - \lambda_{rel,y}^2}}$$ [DIN EN 1995-1-1, Gl. (6.25)]

$$k_{c,y} = \frac{1}{1{,}4 + \sqrt{1{,}4^2 - 1{,}26^2}} = 0{,}5$$

Bemessungswert der Holzfestigkeit nach Gl. (2.14):

[DIN EN 1995-1-1, Gl. (2.14)]

$$f_{c,0,d} = \frac{k_{mod} \cdot f_{c,0,k}}{\gamma_M} = \frac{0{,}8 \cdot 21}{1{,}3} = 12{,}92\ \text{N/mm}^2$$

$$f_{m,d} = \frac{k_{mod} \cdot f_{m,k}}{\gamma_M} = \frac{0{,}8 \cdot 24}{1{,}3} = 14{,}77\ \text{N/mm}^2$$

Bemessungswert der Beanspruchung:

$$\sigma_{c,0,d} = \frac{F_{c,0,d}}{A_{netto}} = \frac{74{,}1 \cdot 10^3}{16{,}8 \cdot 10^3} = 4{,}41\ \text{N/mm}^2$$

$$\sigma_{m,y,d} = \frac{M_{c,0,d}}{W_{y,netto}} = \frac{1{,}48 \cdot 10^6}{392 \cdot 10^3} = 3{,}78\ \text{N/mm}^2$$

Nachweisbedingungen:

Die folgenden Bedingungen nach Gl. (6.23) und Gl. (6.24) müssen für $\sigma_{m,z,d} = 0$ erfüllt sein:

Mit $k_m = 0{,}7$ für Vollholz mit Rechteckquerschnitt:

$$\frac{\sigma_{c,0,d}}{k_{c,y} \cdot f_{c,0,d}} + \frac{\sigma_{m,y,d}}{f_{m,y,d}} + k_m \cdot \frac{\sigma_{m,z,d}}{f_{m,z,d}} \leq 1$$ [DIN EN 1995-1-1, Gl. (6.23)]

$$\frac{\sigma_{c,0,d}}{k_{c,y} \cdot f_{c,0,d}} + \frac{\sigma_{m,y,d}}{f_{m,y,d}} \leq 1$$

$$\frac{4{,}41}{0{,}5 \cdot 12{,}92} + \frac{3{,}78}{14{,}77} = 0{,}94 < 1{,}0$$ **Nachweis erfüllt!**

$$\frac{\sigma_{c,0,d}}{k_{c,z} \cdot f_{c,0,d}} + k_m \cdot \frac{\sigma_{m,y,d}}{f_{m,y,d}} + \frac{\sigma_{m,z,d}}{f_{m,z,d}} \leq 1$$ [DIN EN 1995-1-1, Gl. (6.24)]

$$\frac{\sigma_{c,0,d}}{k_{c,z} \cdot f_{c,0,d}} + k_m \cdot \frac{\sigma_{m,y,d}}{f_{m,y,d}} \leq 1{,}0$$

$$\frac{4{,}41}{0{,}39 \cdot 12{,}92} + 0{,}7 \cdot \frac{3{,}78}{14{,}77} = 1{,}05 > 1{,}0$$

Das heißt, der Stab ist überlastet. Die Rechnung ist mit veränderten Werten (Querschnitt, Holzgüte, verringertem *t* usw.) zu wiederholen.

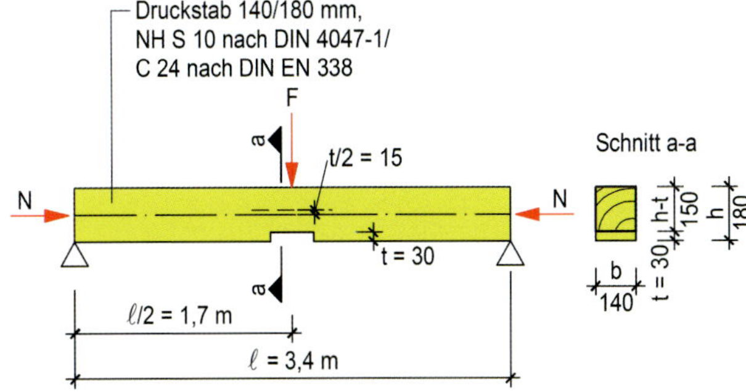

Bild 5.35. Ausmittig belastete Druckstäbe infolge Querschnittsschwächung und zusätzlicher Biegebeanspruchung durch *F* (Druck und Biegung)

Beispiel 5.15. (nach DIN EN 1995-1-1:2010)

Ein einseitig geschwächter Druckstab, der zusätzlich durch ein Moment $M_{F,d}$ beansprucht wird, ist zu berechnen (Bild 5.35.). Es sind zwei Fälle durchzurechnen:

a) Die Schwächung in der Zugzone ist satt ausgefüllt (mit Holz).

b) Die Schwächung in der Zugzone ist nicht satt ausgefüllt.

Gegeben:
Baustoffeigenschaften:
Gewählt:
NH S10 nach DIN 4074-1/C24 nach DIN EN 338, Tabelle 1
$b/h = 140/180\ \text{mm}$
KLED: mittel [DIN EN 1995-1-1, Tabelle 2.2]
Nutzungslasse: 1 [DIN EN 1995-1-1, Abschnitt 2.3.1.3]
$k_{mod} = 0{,}80$ [DIN EN 1995-1-1, Tabelle 3.1]
$\gamma_M = 1{,}3$ [DIN EN 1995-1-1/NA, Tabelle NA.2]

Gesucht:

- Spannungsnachweis,
- Knicknachweis.

Charakteristische Festigkeits- und Steifigkeitswerte und charakteristische Rohdichte:

$\rho_k = 350\ \text{kg/m}^3$; $f_{c,0,k} = 21\ \text{N/mm}^2$; $f_{m,y,k} = 24\ \text{N/mm}^2$

$E_{0,mean} = 11000\ \text{N/mm}^2$; $E_{0,05} = 7400\ \text{N/mm}^2$

$$E_{0,05} = \frac{2}{3} \cdot E_{0,mean} = \frac{2}{3} \cdot 11000 = 7333\ \text{N/mm}^2$$

$G_{mean} = 690\ \text{N/mm}^2$;

[DIN EN 1995-1-1/NA, Gl. (NA.3)]

$$G_{0,05} = \frac{2}{3} \cdot G_{mean} = \frac{2}{3} \cdot 690 = 460\ \text{N/mm}^2$$

Die Anteile bei der Druckkraft aus Eigenlast und veränderliche Verkehrslast betragen:

$G_{k,1} = 5{,}0\ \text{kN}$; $Q_{k,1} = 5{,}0\ \text{kN}$

$\gamma_{G,1} = 1{,}35$; $\gamma_{Q,1} = 1{,}50$

Bemessungswert der Druckkraft:

$$N_d = \gamma_{G,1} \cdot G_{k,1} + \gamma_{Q,1} \cdot Q_{k,1}$$

$$N_d = 1{,}35 \cdot 5{,}0 + 1{,}5 \cdot 5{,}0 = 14{,}25\ \text{kN}$$

Die Anteile bei der zusätzlichen seitlichen Beanspruchung aus Eigenlast und veränderliche Verkehrslast betragen:

$$G_{k,1} = 2{,}25\ \text{kN}\ ; \qquad Q_{k,1} = 2{,}25\ \text{kN}$$

$$\gamma_{G,1} = 1{,}35\ ; \qquad \gamma_{Q,1} = 1{,}50$$

Bemessungswert der seitlichen Beanspruchung:

$$F_d = \gamma_{G,1} \cdot G_{k,1} + \gamma_{Q,1} \cdot Q_{k,1}$$

$$F_{c,0,d} = 1{,}35 \cdot 2{,}25 + 1{,}5 \cdot 2{,}25 = 6{,}41\ \text{kN}$$

Geometrie:

$$b/h = 140/180\ \text{mm}$$

$$t = 30\ \text{mm}$$

$$\ell = 3{,}4\ \text{m}$$

$$\beta = 1$$ [DIN EN 1995-1-1/NA, Tabelle NA.24]

Ersatzstablänge:

[DIN EN 1995-1-1/NA, Gl. (NA.167)]

$$l_{ef} = \beta \cdot \ell = 1{,}0 \cdot 3{,}4 = 3{,}4\ \text{m}$$

Fläche:

$$A = b \cdot h = 140 \cdot 180 = 25{,}2 \cdot 10^3\ \text{mm}^2$$

$$W_{n,y} = \frac{b \cdot (h-t)^2}{6} = \frac{140 \cdot 150^2}{6} = 525 \cdot 10^3\ \text{mm}^3$$

$$W_y = \frac{b \cdot h^2}{6} = \frac{140 \cdot 180^2}{6} = 756 \cdot 10^3\ \text{mm}^3$$

Bemessungswert der Biegebeanspruchung aus F_d:

$$M_{y,d} = \frac{F_d \cdot l^2}{4} = \frac{6{,}41 \cdot 10^3 \cdot 3400}{4} = 5{,}45\ \text{kNm}$$

Knicknachweis nach Gl. (6.23) und Gl. (6.24):

a) *Die Schwächung in der Zugzone ist satt ausgefüllt (Voraussetzung: exakte Einpassung des Füllstückes und dauerhafte Druckübertragung möglich):*

Trägheitsradien:

$$i_y = 0{,}289 \cdot h = 0{,}289 \cdot 180 = 52{,}02\ \text{mm}$$

$$i_z = 0{,}289 \cdot b = 0{,}289 \cdot 140 = 40{,}46\ \text{mm}$$

Schlankheit:

$$\lambda_z = \frac{l_{ef}}{i_z} = \frac{3400}{40{,}46} = 84{,}03$$

$$\lambda_y = \frac{l_{ef}}{i_y} = \frac{3400}{52{,}02} = 65{,}34$$

Knicken um die z-Achse:

Bezogene Schlankheit nach Gl. (6.22):

$$\lambda_{rel,z} = \frac{\lambda_z}{\pi} \cdot \sqrt{\frac{f_{c,0,k}}{E_{0,05}}}$$ [DIN EN 1995-1-1, Gl. (6.22)]

$$\lambda_{rel,z} = \frac{84{,}03}{\pi} \cdot \sqrt{\frac{21}{7400}} = 1{,}43$$

Nach Gl. (6.28) ist für β = 0,2:

$$k_z = 0{,}5\left[1 + \beta_c \cdot \left(\lambda_{rel,z} - 0{,}3\right) + \lambda_{rel,z}^2\right]$$ [DIN EN 1995-1-1, Gl. (6.28)]

$$k_z = 0{,}5\left[1 + 0{,}2 \cdot (1{,}43 - 0{,}3) + 1{,}43^2\right] = 1{,}64$$

Knickbeiwert $k_{c,z}$ nach Gl. (6.26):

$$k_{c,z} = \frac{1}{k_z + \sqrt{k_z^2 - \lambda_{rel,z}^2}}$$ [DIN EN 1995-1-1, Gl. (6.26)]

$$k_{c,z} = \frac{1}{1{,}64 + \sqrt{1{,}64^2 - 1{,}43^2}} = 0{,}41$$

Knicken um die y-Achse:

Bezogene Schlankheit nach Gl. (6.21):

$$\lambda_{rel,y} = \frac{\lambda_y}{\pi} \cdot \sqrt{\frac{f_{c,0,k}}{E_{0,05}}}$$ [DIN EN 1995-1-1, Gl. (6.21)]

$$\lambda_{rel,y} = \frac{65{,}36}{\pi} \cdot \sqrt{\frac{21}{7400}} = 1{,}11$$

Nach Gl. (6.27) ist für $\beta = 0{,}2$:

$$k_y = 0{,}5 \cdot \left[1 + \beta_c \cdot \left(\lambda_{rel,y} - 0{,}3\right) + \lambda_{rel,y}^2\right]$$ [DIN EN 1995-1-1, Gl. (6.27)]

$$k_y = 0{,}5\left[1 + 0{,}2 \cdot (1{,}11 - 0{,}3) + 1{,}11^2\right] = 1{,}197 = 1{,}2$$

Knickbeiwert $k_{c,y}$ nach Gl. (6.25):

$$k_{c,y} = \frac{1}{k_y + \sqrt{k_y^2 - \lambda_{rel,y}^2}}$$ [DIN EN 1995-1-1, Gl. (6.25)]

$$k_{c,y} = \frac{1}{1{,}2 + \sqrt{1{,}2^2 - 1{,}11^2}} = 0{,}60$$

Bemessungswert der Holzfestigkeit nach Gl. (2.14):

[DIN EN 1995-1-1, Gl. (2.14)]

$$f_{c,y,d} = \frac{k_{mod} \cdot f_{c,0,k}}{\gamma_M} = \frac{0{,}8 \cdot 21}{1{,}3} = 12{,}92\ \text{N/mm}^2$$

$$f_{m,y,d} = \frac{k_{mod} \cdot f_{m,y,k}}{\gamma_M} = \frac{0{,}8 \cdot 24}{1{,}3} = 14{,}77\ \text{N/mm}^2$$

Ermittlung des Kippbeiwertes nach Gl. (6.30):

$$\lambda_{rel,m} = \sqrt{\frac{f_{m,k}}{\sigma_{m,crit}}}$$ [DIN EN 1995-1-1, Gl. (6.30)]

$$\sigma_{m,crit} = \frac{0{,}78 \cdot b^2}{h \cdot \ell_{ef}} \cdot E_{0,05} = \frac{0{,}78 \cdot 120^2}{180 \cdot 3400} \cdot 7400 = 135{,}81\ \text{N/mm}^2$$

$$\lambda_{rel,m,y} = \sqrt{\frac{f_{m,k}}{\sigma_{m,crit}}} = \sqrt{\frac{24}{135{,}81}} = 0{,}42$$

$$\lambda_{rel,m,y} = 0{,}42 < 0{,}75 \Rightarrow k_{m,y} = 1$$

Nachweis nach Gl. (NA.60) und Gl. (NA.61) für $\sigma_{m,z,d} = 0$ und DIN EN 1995-1-1/NA:2013 mit linearer Superposition:

[DIN EN 1995-1-1/NA, Gl. (NA.60)]

$$\frac{\sigma_{c,0,d}}{k_{c,y} \cdot f_{c,o,d}} + \frac{\sigma_{m,y,d}}{k_{crit} \cdot f_{m,y,d}} \le 1{,}0$$

[DIN EN 1995-1-1/NA, Gl. (NA.61)]

$$\frac{\sigma_{c,0,d}}{k_{c,z}\cdot f_{c,o,d}}+\left(\frac{\sigma_{m,y,d}}{k_{crit}\cdot f_{m,y,d}}\right)^2\leq 1{,}0$$

mit $\sigma_{c,0,d}=\dfrac{N_d}{A_n}$ und $\sigma_{m,y,d}=\dfrac{M_{y,d}}{W_y}$

$$\frac{\dfrac{14{,}25\cdot 10^3}{25{,}2\cdot 10^3}}{0{,}60\cdot 12{,}92}+\frac{\dfrac{545\cdot 10^4}{756\cdot 10^3}}{1{,}0\cdot 14{,}77}=0{,}56<1{,}0$$

$$\frac{\dfrac{14{,}25\cdot 10^3}{25{,}2\cdot 10^3}}{0{,}41\cdot 12{,}92}+\left(\frac{\dfrac{545\cdot 10^4}{756\cdot 10^3}}{1{,}0\cdot 14{,}77}\right)^2=0{,}35<1{,}0$$

b) Die Schwächung in der Zugzone ist nicht satt ausgefüllt:

Außermittigkeit:

$$e=\frac{t}{2}=\frac{30}{2}=15\,\text{mm}$$

Bemessungswert der Biegebeanspruchung unter Berücksichtigung des Versatzmomentes:

$$M_{y,d}=M_{\text{Versatz}}+{}_{\text{vorh}}M_{y,d}$$

$$M_{y,d}=14{,}25\cdot 10^4\cdot 15+545\cdot 10^4$$

$$M_{y,d}=566\cdot 10^4\,\text{Nmm}$$

Nettoquerschnitt:

$$A_n=b\cdot(h-t)=140\cdot(180-30)=21\cdot 10^3\,\text{mm}^2$$

$$W_{n,y}=\frac{b\cdot(h-t)^2}{6}=\frac{140\cdot 150^2}{6}=525\cdot 10^3\,\text{mm}^3$$

Knicknachweis nach Gl. (NA.60) und Gl. (NA.61)

$k_{c,z}$ wie bei Fall a):

Berechnung von $k_{c,y}$:

$$i_y=0{,}289\cdot(h-t)=0{,}289\cdot(180-30)=43{,}35\,\text{mm}$$

Schlankheit:

$$\lambda_y=\frac{l_{ef}}{i_y}=\frac{3400}{43{,}35}=78{,}43$$

Bezogene Schlankheit nach Gl. (6.21):

$$\lambda_{\text{rel},y}=\frac{\lambda_y}{\pi}\cdot\sqrt{\frac{f_{c,0,k}}{E_{0,05}}}$$ [DIN EN 1995-1-1, Gl. (6.21)]

$$\lambda_{\text{rel},y}=\frac{78{,}45}{\pi}\cdot\sqrt{\frac{21}{7400}}=1{,}33$$

Nach Gl. (6.27) ist für β = 0,2:

$$k_y=0{,}5\cdot\left[1+\beta_c\cdot(\lambda_{\text{rel},y}-0{,}3)+\lambda_{\text{rel},y}^2\right]$$ [DIN EN 1995-1-1, Gl. (6.27)]

$$k_y=0{,}5\cdot\left[1+0{,}2\cdot(1{,}33-0{,}3)+1{,}33^2\right]=1{,}5$$

Knickbeiwert $k_{c,y}$ nach Gl. (6.25):

$$k_{c,y}=\frac{1}{k_y+\sqrt{k_y^2-\lambda_{\text{rel},y}^2}}$$ [DIN EN 1995-1-1, Gl. (6.25)]

$$k_{c,y}=\frac{1}{1{,}5+\sqrt{1{,}5^2-1{,}33^2}}=0{,}46$$

Kippbeiwert: $k_B=1$ wie bei Fall a):

Nachweis nach Gl. (NA.60) und Gl. (NA.61) für $\sigma_{m,z,d}=0$ und DIN EN 1995-1-1/NA:2013:

[DIN EN 1995-1-1/NA, Gl. (NA.60)]

$$\frac{\sigma_{c,0,d}}{k_{c,y}\cdot f_{c,o,d}}+\frac{\sigma_{m,y,d}}{k_{crit}\cdot f_{m,y,d}}\leq 1{,}0$$

[DIN EN 1995-1-1/NA, Gl. (NA.61)]

$$\frac{\sigma_{c,0,d}}{k_{c,z}\cdot f_{c,o,d}}+\left(\frac{\sigma_{m,y,d}}{k_{crit}\cdot f_{m,y,d}}\right)^2\leq 1{,}0$$

mit $\sigma_{c,0,d}=\dfrac{N_d}{A_n}$ und $\sigma_{m,y,d}=\dfrac{M_{y,d}}{W_{n,y}}$

$$\frac{\dfrac{14{,}25\cdot 10^3}{21\cdot 10^3}}{0{,}46\cdot 12{,}92}+\frac{\dfrac{566\cdot 10^4}{525\cdot 10^3}}{1{,}0\cdot 14{,}77}=0{,}84<1{,}0$$ **Nachweis erfüllt!**

$$\frac{\dfrac{14{,}25\cdot 10^3}{21\cdot 10^3}}{0{,}41\cdot 12{,}92}+\left(\frac{\dfrac{566\cdot 10^4}{525\cdot 10^3}}{1{,}0\cdot 14{,}77}\right)^2=0{,}66<1{,}0$$ **Nachweis erfüllt!**

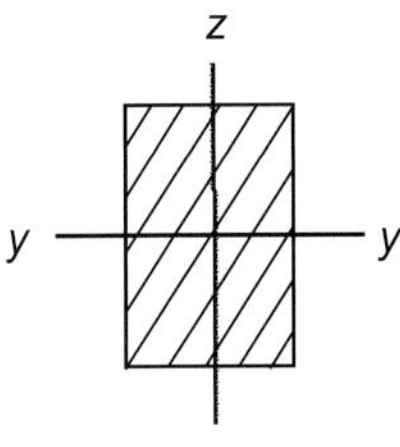

Stütze: NH S10 nach DIN 4074-1 = C24 nach DIN EN 388, Tabelle 1, Querschnitt 80/160 mm, $e=0{,}265\,\text{m}$

Bild 5.36. Querschnitt des Wandstiels

statisches System: Eigengewicht: F_k = 0,1 kN

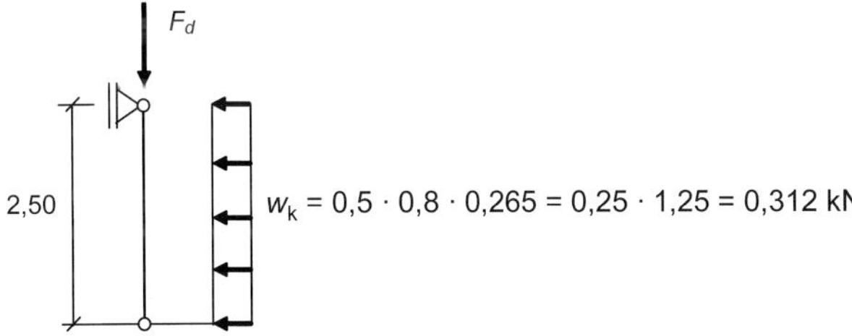

Bild 5.37. Vertikale und horizontale Beanspruchung des Wandstiels

Beispiel 5.16. (nach DIN EN 1995-1-1:2010)

Gegenstand des nachstehenden Beispiels ist die Bemessung eines durch vertikale und horizontale Kräfte belasteten Wandstiels (einteilige Stütze, Bild 5.36.) in einem Holztafelelement oder einem Element der Holz-Rahmen-Bauart (s. Bild 5.37.). Auf der Grundlage der DIN 1990:2010 werden die Bemessungswerte der Einwirkungen unter Berücksichtigung der Teilsicherheitsbeiwerte kombiniert. Für den maßgebenden Lastfall wird der Tragsicherheitsnachweis geführt. In der Bemessung wird davon ausgegangen, dass die Stütze in Richtung der z-Achse durch die befestigte Beplankung auf der gesamten Länge kontinuierlich gehalten wird (s. NCI zu 6.3.1 in DIN EN 1995-1-1/NA:2013).

Belastung der Stütze:

Charakteristische Werte der Einwirkungen (nach DIN EN 1991-1-1:2010):

Ständige Einwirkungen (vertikal):

- aus dem Dach (Ausbau + Eigenlast) 4,0 kN
- Wand + Stützengewicht (Eigenlast) 0,1 kN
- aus Deckenbalken (Eigenlast) 1,4 kN

$G_K = 5,5$ kN

Veränderliche Einwirkungen (vertikal):

- Dach (Schnee) $Q_{k,1} = 2,40$ kN
- Decke (Verkehr) $Q_{k,2} = 4,81$ kN
- Wind $Q_{k,3} = 1,50$ kN

$\sum Q_{k,i} = 8,71$ kN

Veränderliche Einwirkungen (horizontal):

aus Wind nach DIN EN 1991-1-4
Charakteristischer Staudruck $q_k = 0,5\,\text{kN/m}^2$
(Windzone 1, Tabelle NA.B.3)
Druckbeiwerte nach Tabelle NA.1 $c_p = 0,8$
Abstand der Stiele $e = 0,6525$ m

Erhöhung für Einzelbauteile nach Abschnitt 5.2.2., DIN 1055 um 25 % ist nicht mehr in DIN EN 1991-1-4 enthalten. Für dieses Beispiel wird die Erhöhung beibehalten.

$w_k = 0,5 \cdot 0,8 \cdot 0,625 \cdot 1,25 = 0,31\,\text{kN/m}$

Lastkombination:

[nach DIN EN 1990:2010, Gl. (6.10)]

$$F_d = \sum_{j \geq 1} \gamma_{G,j} \cdot G_{k,j} + \gamma_{Q,1} \cdot Q_{k,1J} + \sum_{i>1} \gamma_{Q,i} \cdot \psi_{0,i} \cdot Q_{k,i}$$

Kombinationsbeiwerte:

[DIN EN 1990/NA:2010, Tabelle NA.A.1.1]

$\psi_{0,1} = 0,7$ (Decke)

$\psi_{0,2} = 0,6$ (Wind)

$\psi_{0,3} = 0,7$ (Schnee Standort des Gebäudes über NN $+ 1000$ m)

Teilsicherheitsbeiwerte Einwirkungen:

[nach DIN EN 1990:2010, Tabelle A 1.2 (A)]

$\gamma_G = 1,35$; ständige Einwirkungen

$\gamma_Q = 1,5$; veränderliche Einwirkungen

Lastfallkombinationen (fettgedruckte Belastung = vorherrschende Einwirkung):

Kombination 1 (Eigengewicht + **Verkehr** + Schnee + Wind)

$F_d = 1,35 \cdot 5,5\,\text{kN} + 1,5 \cdot 4,81\,\text{kN} + 1,5 \cdot 0,7 \cdot 2,4\,\text{kN} + 1,5 \cdot 0,6 \cdot 1,5\,\text{kN}$

$F_d = 18,51\,\text{kN}$

$w_d = 1,5 \cdot 0,6 \cdot 0,31 = 0,28\,\text{kN/m}$

Kombination 2 (Eigengewicht + **Schnee** + Verkehr + Wind)

$F_d = 1,35 \cdot 5,5\,\text{kN} + 1,5 \cdot 2,4\,\text{kN} + 1,5 \cdot 0,7 \cdot 4,81\,\text{kN} + 1,5 \cdot 0,6 \cdot 1,5\,\text{kN}$

$F_d = 17,42\,\text{kN}$

$w_d = 1,5 \cdot 0,6 \cdot 0,31 = 0,28\,\text{kN/m}$

Kombination 3 (Eigengewicht, **Wind,** Verkehr, Schnee)

$F_d = 1,35 \cdot 5,5 + 1,5 \cdot 1,5 + 1,5 \cdot 0,7 \cdot 4,81\,\text{kN} + 1,5 \cdot 0,7 \cdot 2,4\,\text{kN}$

$F_d = 17,25\,\text{kN}$

$w_d = 1,5 \cdot 0,31 = 0,468\,\text{kN/m}$

Maßgebende Kombination: 3

$F_d = 17,25\,\text{kN}$

$$M_d = \frac{0,468 \cdot 2,5^2}{8} = 0,366\,\text{kNm}$$

Baustoffeigenschaften:

NH S10 nach DIN 4074-1 = C24 nach DIN EN 388, Tabelle 1

Charakteristische Werte der Festigkeit und Rohdichte:

$f_{c,0,k} = 21\,\text{N/mm}^2$; $f_{m,k} = 24\,\text{N/mm}^2$

$E_{0,mean} = 11000\,\text{N/mm}^2$; $E_{0,05} = 7400\,\text{N/mm}^2$

Nutzungsklasse: 1

	KLED	k_{mod}
– für Eigenlasten:	ständig	0,6
– für Verkehr:	mittel	0,8
– für Wind:	kurz/sehr kurz	$\frac{0,9+1,1}{2} = 1,0$
– für Schnee:	kurz 0,9	[nach DIN EN 1995/NA, Tabelle NA.1]

Nach DIN EN 1995-1-1:2010, Abschnitt 3.1.3 (2) ist k_{mod} für kurze/sehr kurze Belastung maßgebend.

Maßgebender k_{mod}-Wert: 1,0

Gemäß DIN EN 1995-1-1/NA:2013, Abschnitt NCI Zu 6.3.1 (NA.5) gelten Druck- und biegebeanspruchte Rippen in Wandtafeln als in Scheibenebene ausreichend gegen Knicken gesichert, wenn sie mit einer beidseitig aussteifenden Beplankung kontinuierlich verbunden sind und der Rippenabstand nicht größer als das 50-Fache der Beplankungsdicke ist. Dies gilt auch für Rippen mit einer einseitigen Beplankung, wenn die Rippen rechteckige Querschnitte mit h/b ≤ 4 haben. Es wird deshalb nur Knicken in y-Richtung untersucht (s. auch Bild 5.10.).

Trägheitsradius:

$i_y = 0,289 \cdot h = 0,289 \cdot 160 = 46,24\,\text{mm}$

Ersatzstablänge mit $\beta = 1$ *:*

$\ell_{ef} = \beta \cdot s = 1,0 \cdot 2,5 = 2,5\,\text{m}$

$A_{netto} = b \cdot h = 80 \cdot 160 = 12,8 \cdot 10^3\,\text{mm}^2$

$$W_{y,netto} = \frac{b \cdot h^2}{6} = \frac{80 \cdot 160^2}{6} = 341 \cdot 10^3\,\text{mm}^3$$

Schlankheit:

$$\lambda_y = \frac{\ell_{ef}}{i_y} = \frac{2500}{46,24} = 54,1$$

Bezogene Schlankheit nach Gl. (6.21):

$$\lambda_{rel,y} = \frac{\lambda_y}{\pi} \cdot \sqrt{\frac{f_{c,0,k}}{E_{0,05}}}$$ [DIN EN 1995-1-1, Gl. (6.21)]

$$\lambda_{rel,y} = \frac{54,1}{\pi} \cdot \sqrt{\frac{21}{7400}} = 0,92$$

Nach Gl. (6.27) ist $\beta_c = 0,2$ *(für Vollholz):*

$$k_y = 0,5 \cdot \left[1 + \beta_c \cdot \left(\lambda_{rel,y} - 0,3\right) + \lambda_{rel,y}^2\right]$$ [DIN EN 1995-1-1, Gl. (6.27)]

$$k_y = 0,5\left[1 + 0,2 \cdot (0,92 - 0,3) + 0,92^2\right] = 0,99$$

Knickbeiwert $k_{c,y}$ *nach Gl. (6.25):*

$$k_{c,y} = \frac{1}{k_y + \sqrt{k_y^2 - \lambda_{rel,y}^2}}$$ [DIN EN 1995-1-1, Gl. (6.25)]

$$k_{c,y} = \frac{1}{0,99 + \sqrt{0,99^2 - 0,92^2}} = 0,74$$

Bemessungswert der Holzfestigkeit nach Gl. (2.14):

$\gamma_M = 1,3$; $k_{mod} = 1,0$

$$f_{m,y,d} = \frac{k_{mod} \cdot f_{m,y,k}}{\gamma_M} = \frac{1,0 \cdot 24}{1,3} = 18,46\,\text{N/mm}^2$$

[DIN EN 1995-1-1, Gl. (2.14)]

$$f_{c,0,d} = \frac{k_{mod} \cdot f_{c,0,k}}{\gamma_M} = \frac{1{,}0 \cdot 21}{1{,}3} = 16{,}15\,\mathrm{N/mm^2}$$

Knick*nachweis nach Gl. (6.23) und Gl. (6.24) für* $\sigma_{m,z,d} = 0$:

$$k_m = 0{,}7 \quad \text{mit} \quad \sigma_{c,o,d} = \frac{N_d}{A_{netto}} \quad \text{und} \quad \sigma_{m,y,d} = \frac{M_{y,d}}{W_{y,netto}};\ \sigma_{m,z,d} = 0$$

$$\frac{\sigma_{c,0,d}}{k_{c,y} \cdot f_{c,0,d}} + \frac{\sigma_{m,y,d}}{f_{m,y,d}} + k_m \cdot \frac{\sigma_{m,z,d}}{f_{m,z,d}} \le 1 \qquad \text{[DIN EN 1995-1-1, Gl. (6.23)]}$$

$$\frac{\sigma_{c,0,d}}{k_{c,y} \cdot f_{c,0,d}} + \frac{\sigma_{m,y,d}}{f_{m,y,d}} \le 1{,}0$$

$$\frac{\frac{17{,}25 \cdot 10^3}{12{,}80 \cdot 10^3}}{0{,}74 \cdot 16{,}15} + \frac{\frac{36{,}5 \cdot 10^4}{34{,}1 \cdot 10^4}}{18{,}46} = 0{,}17 < 1{,}0 \quad \textbf{Nachweis erfüllt!}$$

Der Nachweis nach Gl. (6.24) entfällt, da die Stütze bei Knicken um die z-Achse kontinuierlich gehalten ist.

5.3.5. Stützenfußausbildungen

In statischer Hinsicht werden an die Stützenfüße folgende **Anforderungen** gestellt:

- Aufnahme von Druckkräften,
- Verankerung gegen Zugkräfte (Windsog),
- Verankerung zur Aufnahme der Einspannmomente und
- Schutz gegen seitliche Verschiebung (Lagesicherung).

Diese Anforderungen können einzeln oder kombiniert auftreten.

Die Stützenfüße können gelenkig oder eingespannt ausgebildet werden.

Unabhängig von der statischen Annahme der Stützenlagerung muss jeder Stützenfuß durch eine geeignete Konstruktion gegen seitliche Verschiebung gesichert sein.

Wichtige konstruktive Forderungen an Stützenfüße:

- Schutz vor aufsteigender Feuchtigkeit, Regen- und Spritzwasser nach DIN 68800-2,
- Vermeidung von Wassersäcken (stauendes Wasser),
- Korrosionsschutz der Stahlteile,
- luftumspülte Lagerung,
- Radabweiser (zum Schutz gegen Anfahren) bei Einfahrten,
- Verankerung mit dem Fundament.

Der Stützenfuß ist der Punkt, wo die Feuchtigkeit das Holz über das Hirnholz am leichtesten angreifen kann.

Der Stützenfuß ist insbesondere durch bauliche Maßnahmen **gegen Feuchtigkeit zu schützen** durch

- Sperrschicht (Zinkblech, Pappe),
- Fundament über Spritzwasserhöhe (mind. 300 mm),
- abgeschrägte Fundamentoberfläche,
- genügend Abstand des Stützenfußes von der Fundamentoberfläche (Beispiel Bild 5.38.a).

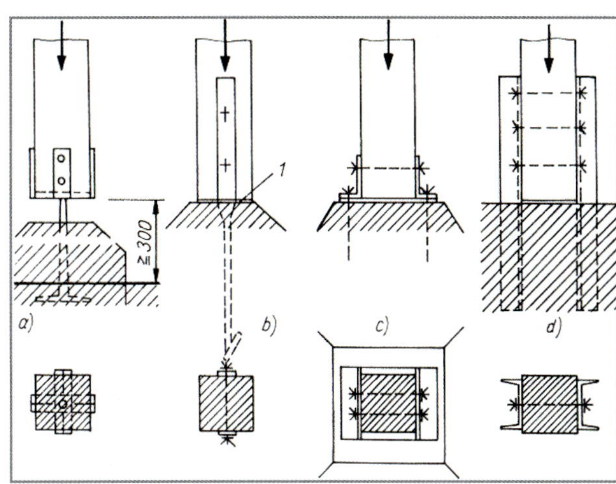

Legende
a) Stützenfuß über Spritzwasserhöhe
b) Stütze, durch verschraubte Flachstähle verankert
c) Stütze, auf Stahlplatten mit Stahlwinkel verankert
d) Stütze, durch eingelassene U-Stähle verankert (eingespannt)
1 Sperrpappe

Bild 5.38. Stützenfußausbildung

Gelenkig ausgebildete Stützenfüße

Bei einfacher Ausführung (z. B. bei untergeordneten Bauwerken) wird das Gelenk durch Auflagerplatten, Sperrpappen oder andere Einlagen gebildet (Bilder 5.38. und 5.39.).

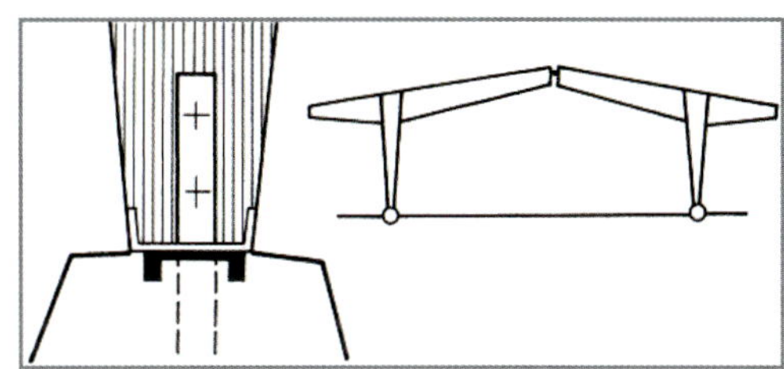

Bild 5.39. Stützenfuß mit gelenkartiger Ausbildung

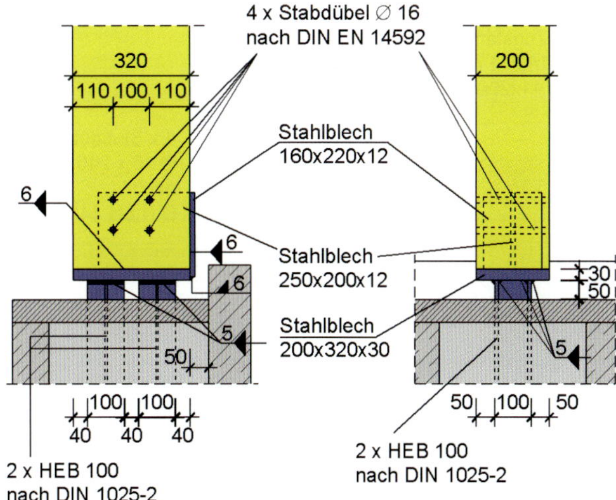

Bild 5.40. Gelenkiger Stützenfuß (Hallen-Innenstütze)

Das Bild 5.40. zeigt eine bewährte Ausführung der Verankerung eines Stützenfußes einer Innenstütze bei Hallenbauten. Bild 5.41. zeigt die Fußausbildung für die Eckstütze der vorgenannten Halle. In Bild 5.42. sind Stützenfüße für eine Brückenkonstruktion dargestellt.

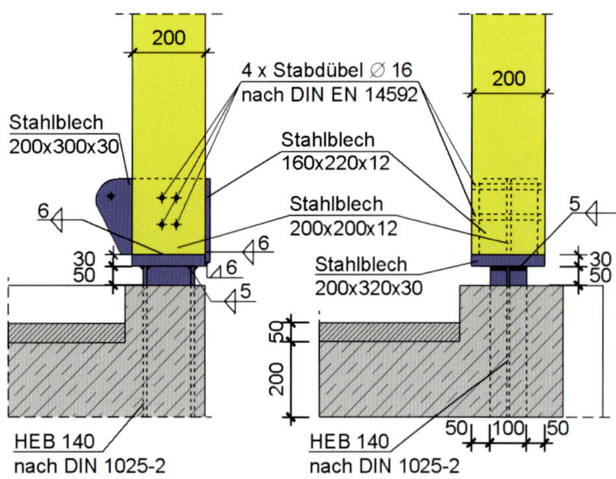

Bild 5.41. Gelenkiger Stützenfuß (Hallen-Eckstütze)

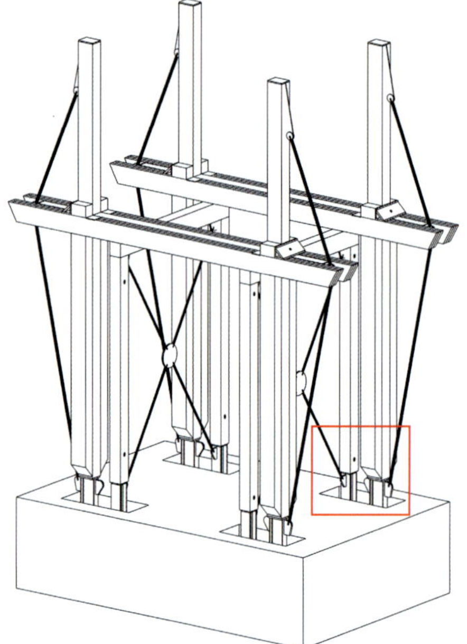

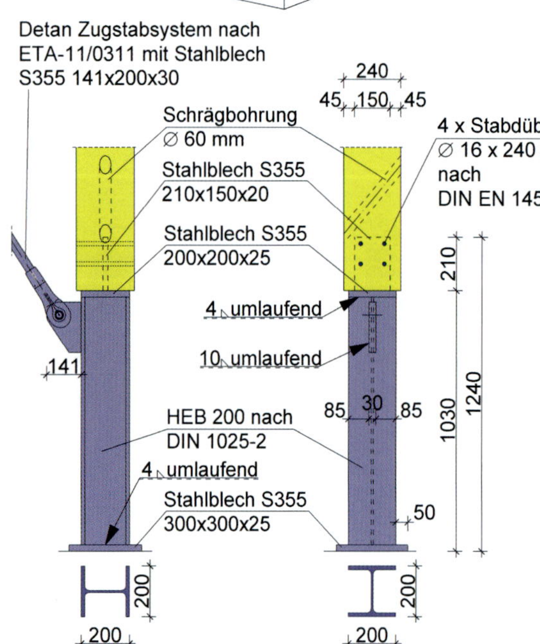

Bild 5.42. Gelenkige Stützenfußausbildung (links: Aussteifungskonstruktion in Brückenlängsrichtung, rechts: Rahmenstütze zur Aufnahme der Kräfte in Brückenquerrichtung und der vertikalen Lasten)

Berechnungs- und Konstruktionshinweise in [*Brünninghoff* u. a. 2000], [*Hempel* 1968], [*EGH-Bericht* 1979].

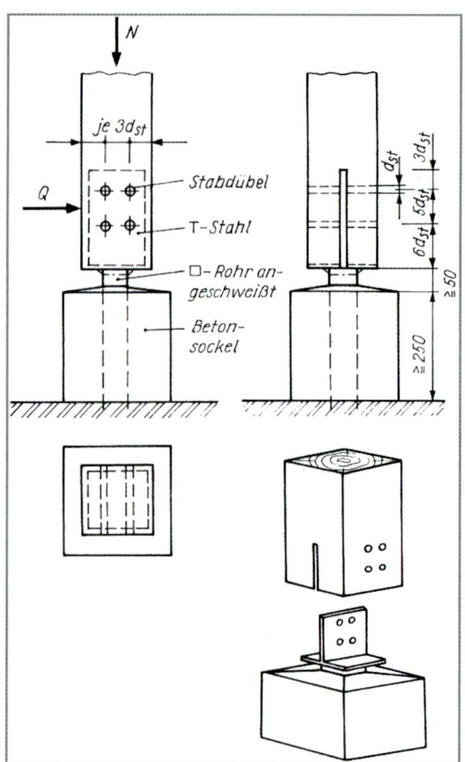

Bild 5.43. Fuß einer gelenkig gelagerten Holzstütze im Freien, Verbindungsmittel mindestens vier Stahldübel

Beispiel 5.17. (nach DIN EN 1995-1-1:2010)

Es ist der Fußpunkt einer einteiligen, gelenkig angeschlossenen Vollholzstütze, belastet mit einer Druck- und Querkraft, zu berechnen (s. Bild 5.43.). Aus Gründen des Spritzwasserschutzes wird ein Mindestabstand zwischen Unterkante Stütze und dem Erdreich von ≥ 300 mm eingehalten (s. DIN 68800-2, Abschnitt 5.2.1.5).

Gegeben:

$N_{G,k} = 25{,}0\,\text{kN}$; $N_{Q,k} = 20{,}0\,\text{kN}$; $V_{Q,k} = 8{,}0\,\text{kN}$;

$\gamma_G = 1{,}35$; $\gamma_Q = 1{,}5$; $b/h = 160/160\,\text{mm}$

NH C24 nach DIN EN 388, Tabelle 1/S10 nach DIN 4074-1

NKL 1, KLED kurz $\Rightarrow$ $k_{mod} = 0{,}9$

Gesucht:

- Berechnung des Fußanschlusses
- Ausbildung des Stützenfußes

Lösung:

Bemessungswert der Beanspruchung-Längskraft:

$$E_{N,d} = \gamma_{G,1} \cdot N_{G,k} + \gamma_{Q,1} \cdot N_{Q,k} = 1{,}35 \cdot 25 + 1{,}5 \cdot 20 = 63{,}75\,\text{kN}$$

Bemessungswert der Beanspruchung-Querkraft:

$$E_{V,d} = \gamma_{Q,1} \cdot V_{Q,k} = 1{,}5 \cdot 8 = 12\,\text{kN}$$

a) Nachweis Tragfähigkeit Holz (Druck parallel zur Faser):

Fußplatte 100×100 mm , Stahlgüte S235 nach DIN EN 10025

Bemessungswert der Beanspruchung:

$$\sigma_{c,0,d} = \frac{E_{N,d}}{A_{\text{Fußplatte}}} = \frac{63{,}75 \cdot 10^3}{100 \cdot 10^2} = 6{,}38\,\text{N/mm}^2$$

Bemessungswert der Holzfestigkeit $f_{c,0,k} = 21\,N/mm^2$ nach Tabelle 1 in DIN EN 388:

$$f_{c,0,d} = \frac{k_{mod} \cdot f_{c,o,k}}{\gamma_M} = \frac{0,9 \cdot 21}{1,3} = 14,54\,N/mm^2$$

Nachweis nach Gl. (6.2):

$\sigma_{c,0,d} \le f_{c,0,d}$ [DIN EN 1995-1-1, Gl. (6.22)]

$6,38\,N/mm^2 \le 14,54\,N/mm^2$

b) Nachweis Tragfähigkeit Quadratrohr nach DIN EN 1993-1-1:2010:

Quadratrohr gewählt: 60/3,0 mm nach DIN EN 10210-2, S235; $A = 6,47 \cdot 10^2\,mm^2$

$$\sigma_d = \frac{E_{N,d}}{A_{Rohr}} = \frac{63,75 \cdot 10^3}{6,74 \cdot 10^2} = 94,58 < \frac{f_{y,k}}{\gamma_M} = \frac{240}{1,1} = 218\,N/mm^2$$

Bemessungswert der Beanspruchbarkeit:

$$\sigma_{Rd} = \frac{f_y}{\gamma_M} = \frac{235}{1,0} = 235\,N/mm^2$$

Nachweis:

$$\frac{\sigma_d}{\sigma_{Rd}} = \frac{218}{235} = 0,93 < 1,0$$ **Nachweis erfüllt!**

c) Nachweis Biegung im Blech nach DIN EN 1993:2010:

Überstand der Fußplatte: $ü = (100 - 60)/2 = 20\,mm$
Biegung in der Fußplatte: ($b = 10\,mm$)

$$M_d = \frac{\sigma_{c,0,d} \cdot ü^2 \cdot 10}{2} = \frac{6,38 \cdot 20^2 \cdot 10}{2} = 12\,760\,Nmm/10\,mm$$

$$W = \frac{b \cdot t^2}{6} = \frac{10 \cdot 10^2}{6} = 166,7 = 0,167 \cdot 10^3\,mm^3/10\,mm$$

$$\sigma_b = \frac{M_d}{W} = \frac{12700}{0,167 \cdot 10^3} = 76,41\,N/mm^2$$

Bemessungswert der Beanspruchbarkeit:

$$\sigma_{Rd} = \frac{f_y}{\gamma_M} = \frac{235}{1,0} = 235\,N/mm^2$$

Nachweis:

$$\frac{\sigma_d}{\sigma_{Rd}} = \frac{76,41}{235} = 0,33 < 1,0$$ **Nachweis erfüllt!**

d) Nachweis Stabdübel nach DIN EN 1995-1-1:2010, Abschnitt 8.6:

Charakteristischer Wert der Lochleibungsfestigkeit nach Gl. (8.31) für $\alpha = 90°$ mit $\rho_k = 350\,kg/m^3$:

[DIN EN 1995-1-1, Gl. (8.31)]

$$f_{h,\alpha,k} = \frac{f_{h,0,k}}{k_{90} \cdot \sin^2\alpha + \cos^2\alpha}$$

Nach Gl. (8.32) ist:

[DIN EN 1995-1-1, Gl. (8.32)]

$$f_{h,0,k} = 0,082 \cdot (1 - 0,01 \cdot d) \cdot p_k = 0,082 \cdot (1 - 0,01 \cdot 10) \cdot 350$$

$$f_{h,0,k} = 25,83\,N/mm^2$$

Nach Gl. (8.33) ist für Nadelholz:

$$k_{90} = 1,35 + 0,015 \cdot d = 1,35 + 0,015 \cdot 10 = 1,5$$

$$f_{h,\alpha,k} = \frac{25,83}{1,5 \cdot \sin^2 90° + \cos^2 90°} = 17,22\,N/mm^2$$

Charakteristischer Wert des Fließmomentes nach Gl. (8.30) mit $f_{u,k} = 360\,N/mm^2$, (S235) nach DIN EN 10025-2:

[DIN EN 1995-1-1, Gl. (8.30)]

$$M_{y,Rk} = 0,3 \cdot f_{u,k} \cdot d^{2,6} = 0,3 \cdot 360 \cdot 10^{2,6} = 42995,57\,Nmm$$

Mindestholzdicke nach Gl. (NA.116):

[DIN EN 1995-1-1/NA, Gl. (NA.116)]

$$t_{req} = 1,15 \cdot 4 \cdot \sqrt{\frac{M_{y,Rk}}{f_{h,k} \cdot d}} = 1,15 \cdot 4 \cdot \sqrt{\frac{42995,57}{17,22 \cdot 10}}$$

$$t_{req} = 72,68 < \frac{(160 - 10)}{2} = 75\,mm$$

Charakteristischer Wert der Tragfähigkeit pro Scherfläche nach Gl. (NA.115):

[DIN EN 1995-1-1/NA, Gl. (NA.115)]

$$F_{v,Rk} = \sqrt{2} \cdot \sqrt{2 \cdot M_{y,Rk} \cdot f_{h,k} \cdot d}$$

$$F_{v,Rk} = \sqrt{2} \cdot \sqrt{2 \cdot 42995,57 \cdot 17,22 \cdot 10} = 5425,78\,N = 5,4\,kN$$

Bemessungswert der Tragfähigkeit pro Scherfläche nach Gl. (NA.113):

[DIN EN 1995-1-1/NA, Gl. (NA.113)]

$$F_{v,Rd} = \frac{k_{mod} \cdot F_{v,Rk}}{\gamma_M} = \frac{0,9 \cdot 5,4}{1,1} = 4,42\,kN$$

Bemessungswert der Tragfähigkeit pro Verbindung:

$n_{Scherflächen} = 2$, $n_{Dübel} = 4$

$n_{Dübel} = 2$ hintereinander in Kraftrichtung $\alpha = 90°$

Nach DIN EN 1995-1-1:2010, Abschnitt 8.5.1.1. (4) ist bei $\alpha = 90°$ $n_{ef} = n$.

$$F_{v,Rd,gesamt} = n_{Dübel} \cdot n_{Scherflächen} \cdot F_{v,Rd} = 4 \cdot 2 \cdot 4,42 = 35,36\,kN$$

Nachweis Stabdübel:

$$\frac{E_{V,d}}{F_{v,Rd,gesamt}} = \frac{12}{35,36} = 0,34 < 1,0$$ **Nachweis erfüllt!**

Kann der Mindestabstand zur Spritzwasserfreiheit nicht eingehalten werden, ist DIN 68800-2, Abschnitt 5.2.1.5 zu beachten.

Eingespannte Stützenfüße

Sie werden häufig zur Stabilisierung von Tragkonstruktionen, insbesondere bei Hallen angewendet (Bild 5.44.). Vorteil: Die Innenräume von Hallen bleiben frei von Streben oder Rahmeneckenkonstruktionen. Die Standfestigkeit einer solchen Konstruktion hängt von der sorgfältigen Einspannung der Stütze im Fundament ab.

Die aus einem Einspannmoment am Stützenfuß resultierenden Zugkräfte werden über geeignete Verbindungsmittel (z. B. einseitige Einpressdübel, Stahldübel, Stiftschrauben) an Stahlprofile (z. B. Flachstähle, [-, I-, L-Stähle, Nagelbleche) angeschlossen und über diese in das Fundament geleitet, in vorbereitete Aussparungen gestellt und mit Beton vergossen.

Die Druckkräfte werden entweder durch Kontakt direkt auf das Betonfundament (Passstoß) oder über die angeschlossenen Stahlteile übertragen.

Die Horizontalkräfte am Fuß werden ebenfalls durch die Stahlprofile in das Fundament abgeleitet.

Wenn der Stützenfuß dauernd oder zeitweise befeuchtet wird, ist bei Innenstützen ein Luftspalt ≥ 50 mmvorzusehen (Bild 5.47.). In diesem Fall ist die Normalkraft (Druck) in die Stahlteile einzuleiten.

Anschluss einteiliger eingespannter Vollholzstützen

Einfachste Lösungen zeigen die Bilder 5.38.d und 5.39.; die übertragbaren Zugkräfte sind gering. Ebenfalls einfache Ausführungen sind in den Bild 5.45. dargestellt. Nach Bild 5.46. werden Stahllaschen in vorgefräste Nuten eingelegt, Verbindungsmittel Stabdübel oder Kombinationen von Stabdübeln mit Pass- oder Schraubenbolzen (Bild 5.46.c).

Aus Gründen des bautechnischen Brand- und Korrosionsschutzes können die Stahlteile mit eingeklebten Holzstopfen und Leisten abgedeckt werden (Bild 5.46.b).

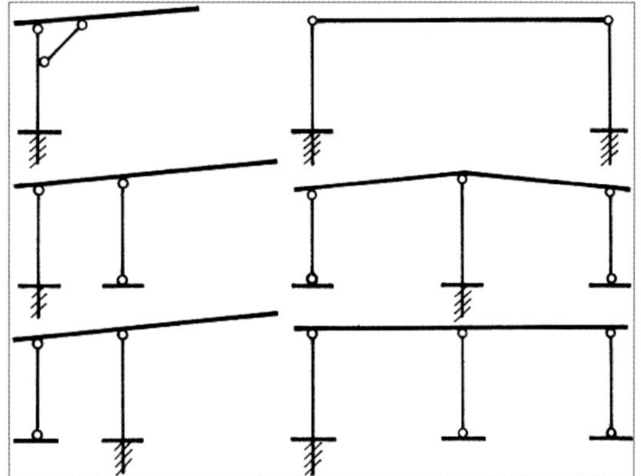

Bild 5.44. Beispiele für eingespannte Stützen bei Kragträgern, Durchlaufträgern und Rahmen (statische Systeme)

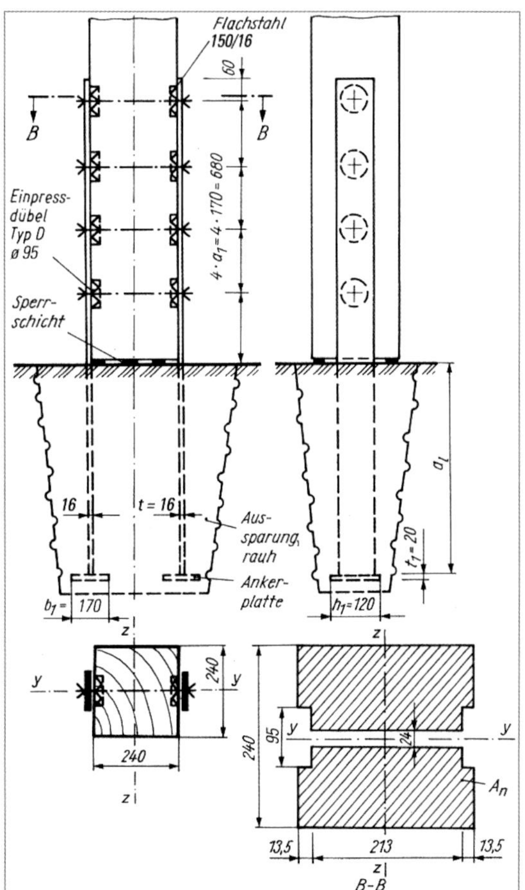

Bild 5.45. Fußanschluss einer einteiligen eingespannten Vollholzstütze mit Kontakt auf dem Betonfundament. Verbindungsmittel: Flachstahl mit einseitigen Einpressdübeln (Dübeltyp D)

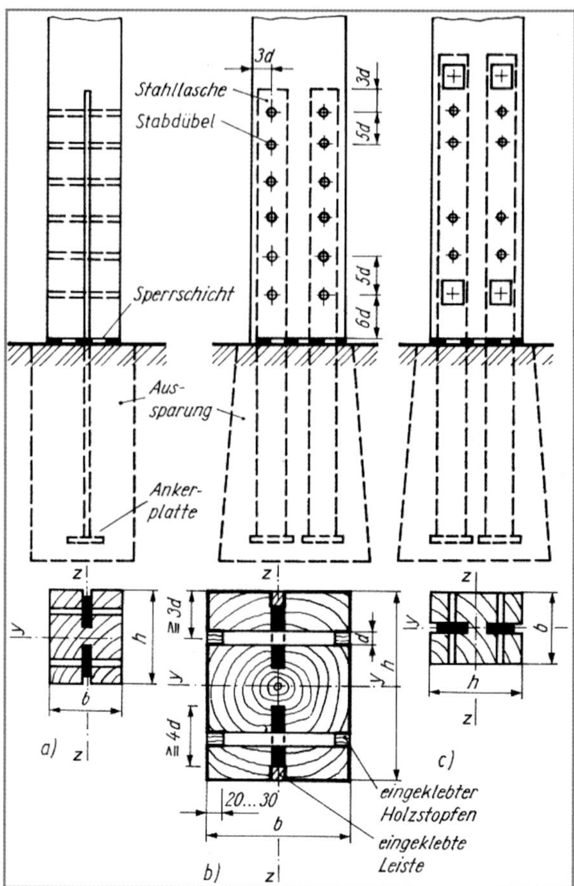

Legende

a) Stahllaschen in eingefräster Nut

b) Variante zu Bild a): Stabdübel und Stahllaschen mit Holz abgedeckt (Korrosionsschutz, Brandschutz)

c) VBM: Stabdübel mit Passschrauben (Variante zu Bild a))

Bild 5.46. Fußanschluss einer einteiligen eingespannten Vollholzstütze mit Kontakt auf dem Betonfundament; Verbindungsmittel: Stabdübel

Anschluss zweiteiliger eingespannter Vollholzstützen

Meistens werden aus zwei Einzelhölzern bestehende Stützen am Fuß an den Steg eines T-Stahlprofils mit einseitigen Dübeln oder Stahlstiften angeschlossen (Bild 5.47.).

Anschluss eingespannter Stützen aus Brettschichtholz

Das Bild 5.48. zeigt unterschiedliche Ausführungen von Innenstützen. Bei Außenstützen sind die Konstruktionen entsprechend den jeweiligen Anforderungen anzupassen.

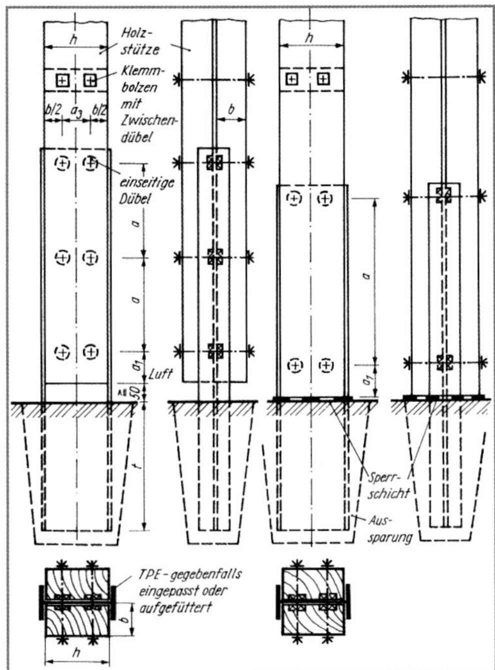

Bild 5.47. Fußanschluss zweiteiliger eingespannter Stützen (VH) mit und ohne Kontakt mit dem Betonfundament (nach [*EGH-Bericht* 1979])

Nach Bild 5.48.c wird die Einspannung mit genagelten Blechen bewirkt. Durch Nagelverbindungen lassen sich kurze Anschlusslängen an die Stützen erreichen.
Bei angekanteten Profilen ist darauf zu achten, dass die Nagelabstände in den Eckbereichen eingehalten werden. Wichtig ist ein sehr guter Korrosionsschutz der Nagelbleche. Das Bild 5.48.b zeigt eine Einspannung mit Ankerschrauben. Diese Lösung bietet den Vorteil, dass sie sich leicht justieren lässt. Einspannmomente können in *x*- und *y*-Richtung übertragen werden; dies ist für die Montage vorteilhaft. Bei kleineren Anker-Zugkräften können statt der einbetonierten Schrauben auch Ankerdübel angewendet werden (nach [*EGH-Bericht* 1979]).

Einspannung von Brettschichtholzstützen durch Verguss in Betonfundamenten nach BAZ Z-9.1-136

Biegesteife Anschlüsse von Holzstützen an Fundamente erfolgten bisher unter Verwendung von Stahlteilen. Wirtschaftlicher ist es, die Holzstützen unmittelbar in die Betonfundamente einzuspannen (Bild 5.49.).
Diese Möglichkeit gibt es schon seit 1993. Bei fachgerechter Ausführung haben sich in der Vergangenheit keine Mängel oder Schäden an Holzteilen gezeigt [*Heimeshoff/Eglinger* 1983-1].

Feuchtigkeitsschutz der Holzstützen

Um den Stützenfuß vor eindringender Feuchtigkeit zu schützen, ist der gesamte Einspannbereich ***mit*** *Epoxidharz zu beschichten.*
Es sind nur die in der bauaufsichtlichen Zulassung angegebene Epoxidharze zu verwenden.

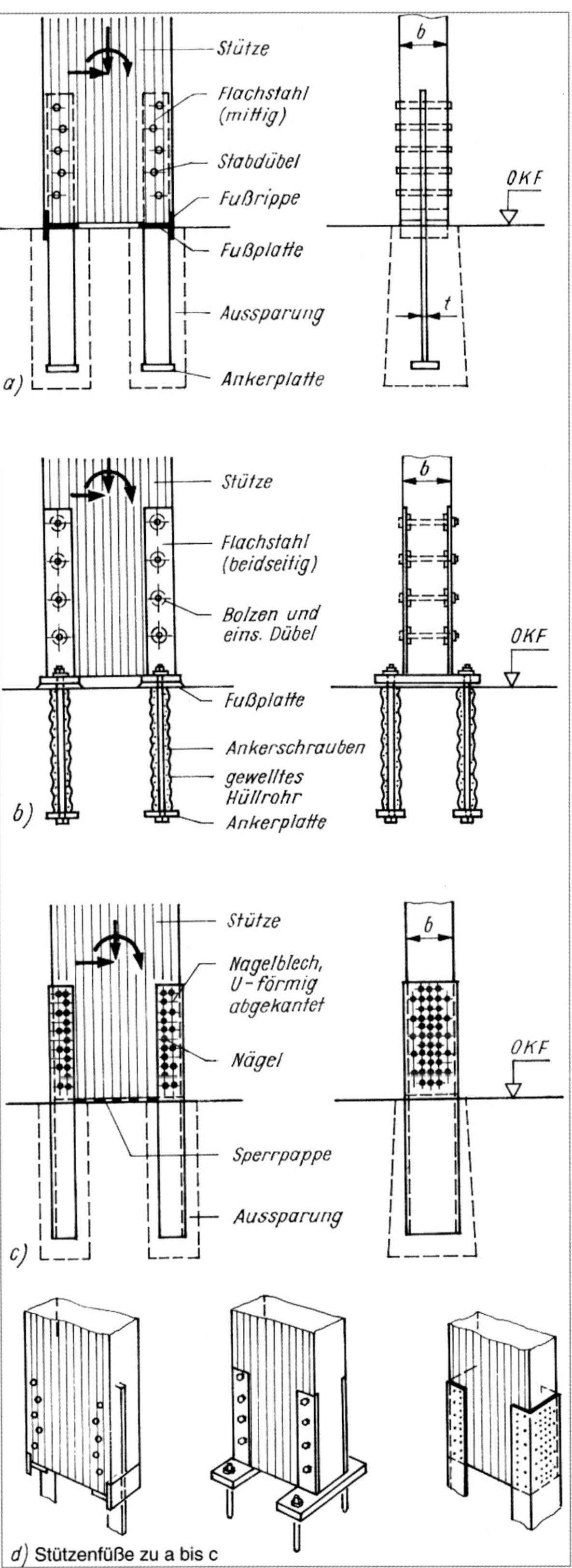

Bild 5.48. Fußpunkte eingespannter einteiliger Innenstützen aus Brettschichtholz (nach [*EGH-Bericht* 1977])

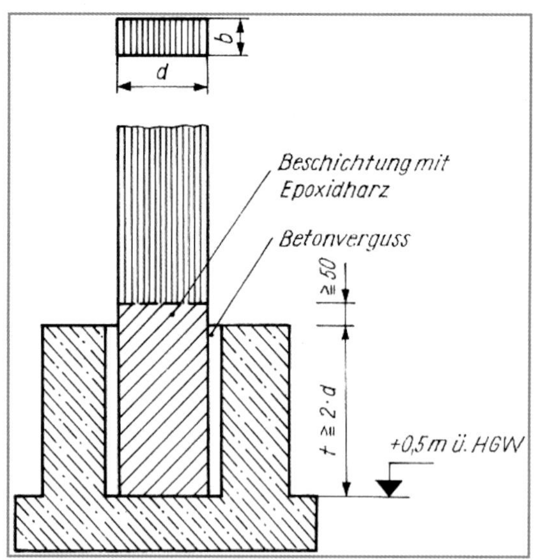

Bild 5.49. Brettschichtholzstütze durch Verguss in Stahlbeton-Hülsenfundament eingespannt, s. a. bauaufsichtliche Zulassung Z-9.1-136)

Als Träger für die Beschichtung werden Glasfasermatten (Gewicht: 400 bis 500 g/m²) verwendet. Alternativ dazu können auch Glasfaserschnitzel beigemischt werden. Anstatt der Ummantelung mit Epoxidharz ist auch eine Blechummantelung nach den konstruktiven Vorgaben der bauaufsichtlichen Zulassung möglich (s. Abschnitt 2.2.1.4 in BAZ Z-9.1-136).

Folgende **Forderungen** sind einzuhalten:

- Kanten im Einspannbereich abrunden (Radius ca. 30 mm),
- Beschichtung bis OK Fußboden, mind. aber 50 mm über OK Fundament,
- Beschichtung bzw. Blechummantelung darf bei Transport und Montage der Stützen sowie beim Vergießen nicht beschädigt werden,
- die Stützen sollen Regen und Nässe nicht unmittelbar ausgesetzt werden,
- Fundamentsohle mind. 0,5 m über höchstem Grundwasserstand.

Zur Bemessung an der Einspannstelle, s. allgemeine bauaufsichtliche Zulassung Z-9.1-136, **Einsatz der Stützen nur in Hallen mit Nutzungsklassen 1 und 2.**
Die Anforderungen an die Herstellung, werkseigene Produktionskontrolle, Abnahmeprüfung und Ausführung regelt die allgemeine bauaufsichtliche Zulassung (BAZ) Z-9.1-136 (Zulassung unter *www.brettschichtholz.de*)!

Holzstützen mit nachgiebigem Anschluss

Bei Skelettbauten von geringer Höhe ist es ökonomisch, die Stützen am Fußpunkt einzuspannen, um das Bauwerk auszusteifen. Am freien Stützenkopf greifen in der Regel eine Normalkraft (Druckkraft) und eine kleinere Horizontalkraft an. Die am Fuß eingespannten Holzstützen werden meistens durch nachgiebige Verbindungsmittel an Stahlteile angeschlossen. Diese werden in Betonfundamente eingegossen; sie sind somit mit diesen starr verbunden.
Die bisherigen Bemessungen gehen von der vereinfachenden, aber nicht zutreffenden **Annahme** aus, dass die Stützen eingespannt sind und sich nicht verdrehen (Bild 5.50.a). Sie berücksichtigen nicht die Einflüsse infolge Vorkrümmung, Schiefstellung, Ausmittigkeit, Richtung der Belastung, Nachgiebigkeit des Anschlusses am Stützenfuß sowie Kriechen und Holzfeuchtigkeit.
Zum Einfluss der Nachgiebigkeit der Verbindungsmittel (s. a. Literaturhinweise). Hier kann nur auf die Fragen aufmerksam gemacht und auf die weiterführende Literatur hingewiesen werden.
Das Bild 5.51. gibt das statische System für nachgiebig eingespannte mit baupraktisch bedingten Imperfektionen behaftete Holzstützen wieder.

Als **Vorkrümmung** gilt für Holzstäbe
$e = 0{,}0025 \cdot \ell = \ell/400$.
Für baupraktisch unvermeidbare **Schiefstellung** wird in DIN EN 1995-1-1:2010, Abschnitt 5.4.4 ein Wert für ψ im Bodenmaß von $\psi = 0{,}005$ ($h \le 5$ m) und
$\psi = 0{,}005 \cdot \sqrt{5/h}$ ($h > 5$ m) festgelegt. h ist gleich der Höhe des Tragwerks.
Eine **exzentrische Krafteinleitung** hat einen großen Einfluss auf die Tragfähigkeit: Sie vermindert die Bruchlast. Der Einfluss der Exzentrizität nimmt bei zunehmender Schlankheit ab. So können z. B. durch ungleichmäßige Auflagerpressungen eines Binders oder nicht exakt mittig verlegte Binder die Lasten exzentrisch eingetragen werden.
Die **Nachgiebigkeit** der Stahlanschlussteile und des Fundamentes ist klein im Vergleich zur Nachgiebigkeit der Verbindungsmittel an der Anschlussstelle. Die in den Vorschriften angegebenen Verschiebungsmoduln der infrage kommenden Verbindungsmittel können nicht ohne weiteres verwendet werden, da diese nur für die zulässigen Belastungen für Beanspruchung längs der Holzfaserrichtung und für die Verbindung von Holzteilen untereinander ausgelegt sind. Bei nachgiebigem Fußanschluss wird aber das Holz senkrecht zur Faser beansprucht.

Die Kraft wird bei einem Anschluss nach Bild 5.50.c (ohne Kontakt mit dem Fundament) quer zur Holzfaserrichtung eingeleitet, wenn das Einspannmoment über ein Kräftepaar mit dem Hebelarm a längs der Stabachse aufgenommen wird.
Wird die Kraft nach Bild 5.50.d längs zur Faser eingeleitet, dann können zur näherungsweisen Berechnung die Verschiebungsmoduln der DIN EN 1995-1-1:2010 zugrunde gelegt werden. Die Berechnung erfordert die Kenntnis der Drehsteifigkeit und der zulässigen Belastung des Fußanschlusses [*EGH-Bericht* 1977], [*Möhler/Freiseis* 1983].

Einfluss der Horizontalkraft

Für die am Fußpunkt eingespannte Stütze ergeben sich Horizontallasten aus Wind, Schiefstellung bzw. Abstützung von Nachbarstützen. Bei üblichen Hallenbauten beträgt die Summe der Horizontallasten nach [*Lischke/Ewald* 1983] etwa 5 bis 10 % der Vertikallasten. Die Horizontallasten verringern die aufnehmbaren Vertikallasten erheblich. Es ist jedoch falsch, die Resultierende (als schräg gerichtete Kraft) aus den Komponenten der Horizontal- und Vertikallast zu bilden und die Stütze mit vergrößerter Knicklänge zu berechnen. Bei dieser Betrachtungsweise wird nach [*Heimeshoff* 1983] die Tragfähigkeit unterschätzt.
Zusammenfassung: Bei der am Fußpunkt eingespannten Stütze wird die Bruchlast infolge der Vorkrümmung, der Schiefstellung, der ausmittigen Krafteinleitung, der Horizontallast, der nachgiebigen Einspannung, der Holzfeuchte sowie auch durch Kriechen gemindert. Diese Einflüsse haben unterschiedliche Bedeutung auf die rechnerische Bruchlast. Den größten Einfluss haben exzentrische Krafteinleitungen und die Horizontalkraft [*Lischke/Ewald* 1983].

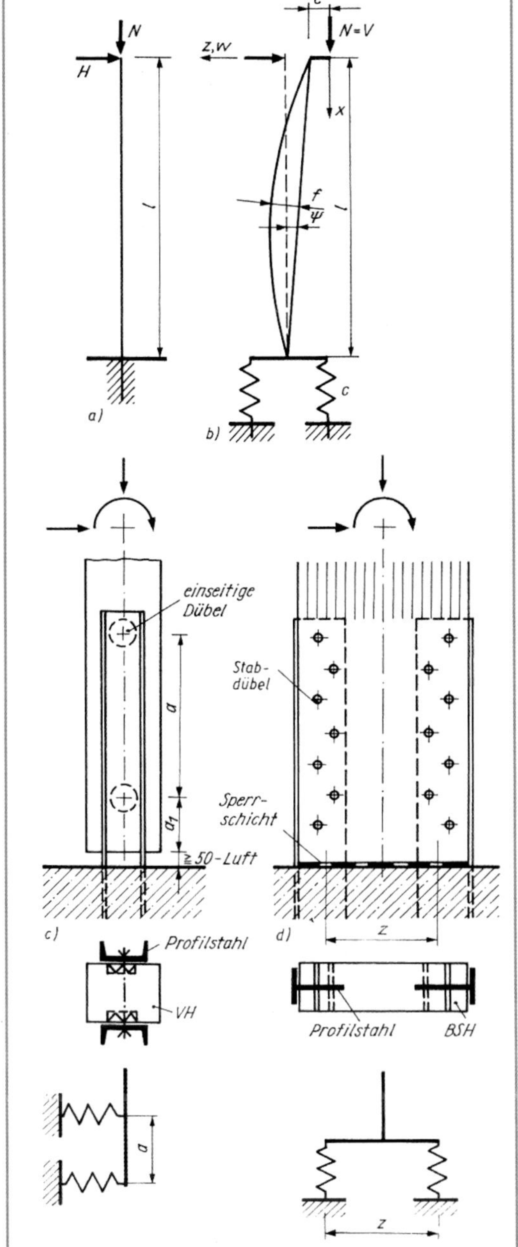

Legende

a) übliche vereinfachte Annahme für fest eingespannte Stützen

b) nachgiebig eingespannte Stütze mit bautechnisch bedingten Imperfektionen behaftet (nach Lischke/Ewald 1983)

c) Holzstütze (aus Vollholz) ohne Kontakt mit dem Betonfundament

d) Stütze (aus Brettschichtholz), Kontakt mit dem Betonfundament

f Vorkrümmung,

ψ Schiefstellung,

e Exzentrizität der Belastung,

c Nachgiebigkeit am Stützenfuß

Bild 5.50. a, b) Statische Systeme für am Fuß eingespannte Stützen aus Holz; c, d) Anschlusskonstruktionen am Fußpunkt und zugehörige statische Systeme (mit nachgiebigen Fußanschlüssen) (nach [*Lischke/Ewald* 1983])

Nachweis der Tragfähigkeit eingespannter Stützen nach dem Ersatzstabverfahren gemäß DIN EN 1995-1-1:2010 unter Berücksichtigung der Nachgiebigkeit der Einspannkonstruktion

Verändern sich die Schnittkräfte im Grenzzustand der Tragfähigkeit gegenüber einem starr angeschlossenen Stab um mehr als 10 %, ist die Nachgiebigkeit des Anschlusses zu berücksichtigen (s. Abschnitt NCI NA.5.7 in DIN EN 1995-1-1/NA:2013). Der Einfluss von Baugrundverformungen ist ebenfalls zu berücksichtigen, wenn sie sich wesentlich auf die Schnittkräfte im Grenzzustand der Tragfähigkeit auswirken (Richtwert 10 %) (s. Abschnitt NCI NA.5.8 in DIN EN 1995-1-1/NA:2013).
Für ausgewählte Tragwerke können die Knicklängenbeiwerte unter Berücksichtigung der Nachgiebigkeit nach den Formeln in NCI NA.13, Tabelle NA.24 der Norm berechnet werden (s. Tabelle 5.4. [*Lißner/Rug* 2016], [*Blaß/Ehlbeck* u. a. 2005], [*Blaß* 1995-2]).

Nach [*Blaß/Ehlbeck* u. a. 2005] ist eine Vergrößerung der Schnittgröße um mehr als 10 % nicht zu erwarten, wenn die folgende Gleichung

$$\ell_{ef} \cdot \sqrt{\frac{N_d \cdot \gamma_M}{E_{mean} \cdot I}} \leq 1{,}0$$

eingehalten ist,

mit:

N_d Druckkraft im Stab;

ℓ_{ef} Ersatzstablänge, berechnet nach Tabelle NA.24.

Bei eingespannten Stützen ist außerdem noch das Baugrundverhalten zu berücksichtigen.
Für die anzunehmenden Federkonstruktion gilt dann

$$\frac{1}{K_\varphi} = \frac{1}{K_{\varphi,Stütze}} + \frac{1}{K_{\varphi,Baugrund}}$$

Wird die Knicklängenbestimmung nach den Formeln in Tabelle NA.24, Zeilen 2 und 3 durchgeführt (s. Tabelle 5.4.), ist K_φ der Wert für die genannte elastische Einspannung!

Zur Berücksichtigung der Nachgiebigkeit kann nach [*Milbrandt* 1991] verfahren werden. Dann ist für $C_d = K$ einzusetzen, mit

$$K = \frac{K_{u,mean}}{\gamma_M} = \frac{2}{3} \cdot \frac{K_{ser}}{\gamma_M} \text{ und } \gamma_M = 1{,}3.$$

Formeln für die Berechnung der K_{ser}-Werte enthält Tabelle 7.1 in DIN EN 1995-1-1:2010.

Literatur: [*Lißner/Rug* 2016], [*Lißner* u. a. 2010], [*Werner/Zimmer* 2009/ 2010], [*Blaß/Ehlbeck* u. a. 2005], [*Andresen/Laschinski* 1996], [*Blaß* 1995-2], [*Pischl* 1986], [*Heimeshoff* 1983], [*Heimeshoff/Eglinger* 1983-1], [*Lischke/Ewald* 1983], [*Möhler/Freiseis* 1983-1], [*EGH-Bericht* 1979], [*Heimeshoff* 1979-1], [*Heimeshoff* 1979-2], [*Moers* 1977], [*EGH-Bericht* 1977], [*Pischl* 1972-2], [*Hempel* 1968], [*Möhler* 1967]

Ansicht

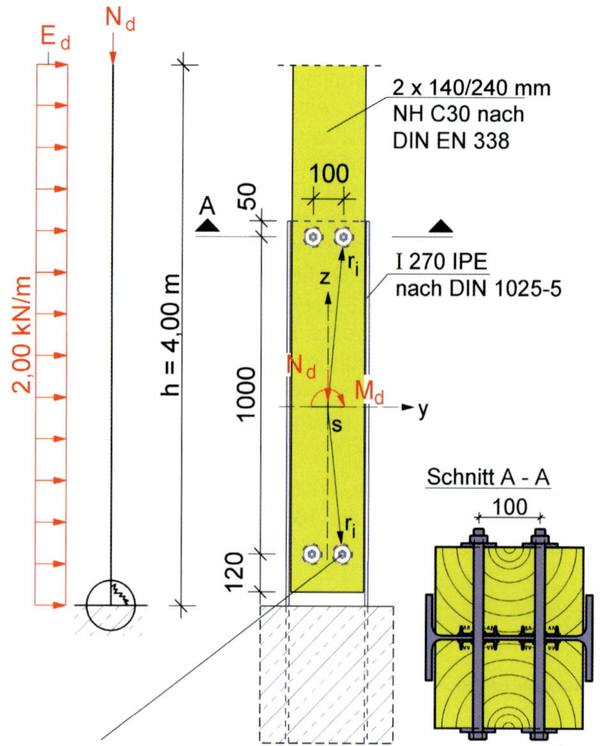

2 x 4 Dübel Scheibendübel mit Zähnen Typ C11 Ø 65 mm nach DIN EN 912 und Bolzen M16 nach DIN EN 14592 mit Unterlegscheibe d = 56 mm, h = 5 mm nach DIN EN ISO 7094

Bild 5.51. Eingespannte zweiteilige Vollholzstütze

Beispiel 5.18. **(nach DIN EN 1995-1-1:2010)**

Für eine eingespannte zweiteilige Vollholzstütze, die mit einer Druckkraft und einer Gleichlast beansprucht wird, ist der Knicklängenbeiwert β zu berechnen. Der Einfluss der Nachgiebigkeit der Verbindungsmittel an der Einspannstelle auf den Knicklängenbeiwert β ist zu berücksichtigen.

Gegeben:
Baustoff:

Stütze aus C30 DIN EN 338 (mit $\rho_{mean} = 460 \text{kg/m}^3$;

$E_{mean} = 12000 \text{ N/mm}^2$; $E_{0,05} = 8000 \text{ N/mm}^2$; $f_{c,0,k} = 23 \text{ N/mm}^2$)

2 x 4 Dübel besonderer Bauart Typ C11, Ø 65 mm nach DIN EN 912:2011
Stahl I 270 IPE nach DIN 1025-5
Stützenhöhe 4,00 m
Nutzungsklasse: 2
KLED „Kurz“

Gesucht:
Knicklänge zur Berechnung des Grenzzustandes der Tragfähigkeit unter Berücksichtigung der Nachgiebigkeit der Verbindungsmittel und der Einspannstelle

Lösung:
Berechnung der Ersatzstablänge ℓ_{ef}

$\ell_{ef} = \beta \cdot h$ [DIN EN 1995-1-1/NA, Gl. (NA.167)]

Berechnung des Knicklängenbeiwertes β nach DIN EN 1995-1-1/NA:2013, Tabelle NA.24, Zeile 2 (s. Tabelle 5.4., Zeile 2):

$$\beta = \sqrt{4 + \frac{\pi^2 \cdot E \cdot I}{h \cdot K_\varphi}}$$

mit

K_φ = Federkonstante der elastischen Einspannung

Nach [Milbrandt 1991] wird K_φ für diesen Fall wie folgt berechnet:

$$K_\varphi = \frac{K_{u,mean}}{\gamma} \cdot I_\rho$$

mit I_ρ für polaren Trägheitsmoment

$$I_\rho = \Sigma r_i^2 = \Sigma x_i^2 + \Sigma y_i^2$$

und der Beanspruchung für einen Dübel

$$N_{i,d} = \frac{M_d}{I_\rho} \cdot r_i$$

Berechnung des Verschiebungsmoduls pro Dübel:

$K_{ser} = \rho_{mean} \cdot d_c / 2$ [DIN EN 1995-1-1, Tabelle 7.1]

$K_{ser} = 460 \cdot 65 / 2 = 14950 \text{ N/mm}$

$K_{u,mean} = \frac{2}{3} \cdot K_{ser}$ [DIN EN 1995-1-1; Gl. (2.1)]

$$K_{u,mean} = \frac{2}{3} \cdot 14950 = 9967 \text{ N/mm}$$

[DIN EN 1995-1-1/NA,GL. (NA.163)]

$$K = \frac{K_{u,mean}}{\gamma_M} = \frac{9967}{1,3} = 7666,7 \text{ N/mm}$$

$$E = \frac{E_{mean}}{\gamma_M} = \frac{12000}{1,3} = 9230,8 \text{ N/mm}$$

Berechnung polarer Trägheitsmoment aller Dübel:

$$I_\rho = \Sigma x_i^2 + \Sigma y_i^2$$

$x_1 = x_2 = 500 \text{ mm}$ $\quad y_1 = 50 \quad y_2 = -50$
$x_3 = x_4 = 500 \text{ mm}$ $\quad y_3 = 50 \quad y_4 = -50$

$$I_\rho = 2 \cdot (4 \cdot 500^2 + 4 \cdot 50^2) = 2,02 \cdot 10^6 \text{ mm}^2$$

Federsteifigkeit für den Nachweis im Grenzzustand der Tragfähigkeit:

$$K_\varphi = K \cdot I_\rho = 7666,7 \cdot 2,02 \cdot 10^6 = 1,55 \cdot 10^{10} \text{ Nmm}$$

Knicklängenbeiwert β:

[DIN EN 1995-1-1/NA,Tabelle NA.24, Zeile 2]

$$\beta = \sqrt{4 + \frac{\pi^2 \cdot E \cdot I}{h \cdot K_\varphi}}$$

$h = 4,0 \text{ m}$

$$I = 2 \cdot \frac{b \cdot h^3}{12} = 2 \cdot \frac{140 \cdot 240^3}{12} = 3,23 \cdot 10^8 \text{ mm}^4$$

$E = 9230,8 \text{ N/mm}^2$

$$\beta = \sqrt{4 + \frac{\pi^2 \cdot 9230,8 \cdot 3,23 \cdot 10^8}{4000 \cdot 1,55 \cdot 10^{10}}}$$

$$\beta = \sqrt{4,474}$$

$$\beta = 2,115$$

Der Knicklängenbeiwert liegt nahe bei dem Wert für eine starre Einspannung β = 0,2.

Zum Vergleich 4 Stabdübel ∅ 24 mm pro Scherfugen:

$$K_{ser} = \rho_{mean}{}^{1,5} \cdot d/23$$

$$K_{ser} = 460^{1,5} \cdot 24/23 = 10294{,}85 \text{ N/mm}$$

$$K_{u,mean} = \frac{2}{3} \cdot K_{ser} = 6863{,}23 \text{ N/mm}$$

$$K = \frac{K_{u,mean}}{\gamma_M} = \frac{6863{,}23}{1{,}3} = 5279{,}4$$

$$K_\varphi = K \cdot I_\rho = 5279{,}4 \cdot 2{,}02 \cdot 10^6 = 1{,}285 \cdot 10^9$$

$$\beta = \sqrt{4 + \frac{\pi^2 \cdot 9230{,}8 \cdot 3{,}23 \cdot 10^8}{4000 \cdot 1{,}285 \cdot 10^9}}$$

$$\beta = \sqrt{4 + 5{,}725} = 3{,}12$$

Zu beachten ist, dass für den Nachweis der Verbindung das Zusatzmoment nach DIN EN 1995-1-1/NA:2013, Gl. (NA.171) zu berücksichtigen ist.

Beispiel 5.19. (nach DIN EN 1995-1-1:2010)

Eine Werkstatthalle besteht aus einer mittig angeordneten elastisch eingespannten Stütze und zwei äußeren Pendelstützen (Bild 5.52.). Es ist der Knicklängenbeiwert β für die elastisch eingespannte Holzstütze zu ermitteln (Bild 5.53.).

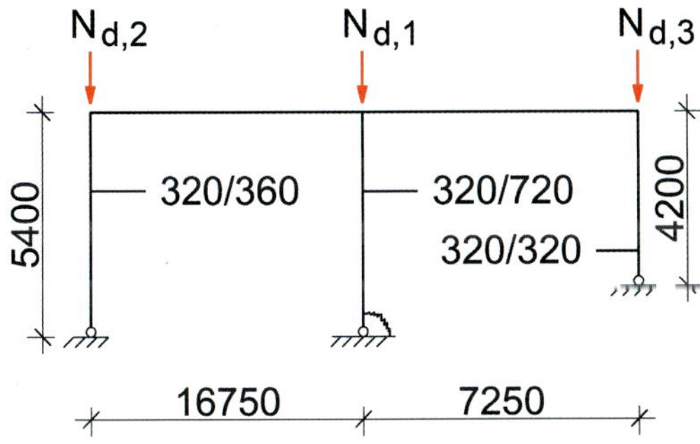

Bild 5.52. Systemskizze

Gegeben:
vorh. Belastung:

$N_{d,1} = 216$ kN
$N_{d,2} = 139$ kN
$N_{d,3} = 77$ kN

Baustoff:
Stütze aus Brettschichtholz GL24h nach DIN EN 14080

$E_{o,g,mean} = 11600$ N/mm²

$\rho_k = 380$ kg/m³

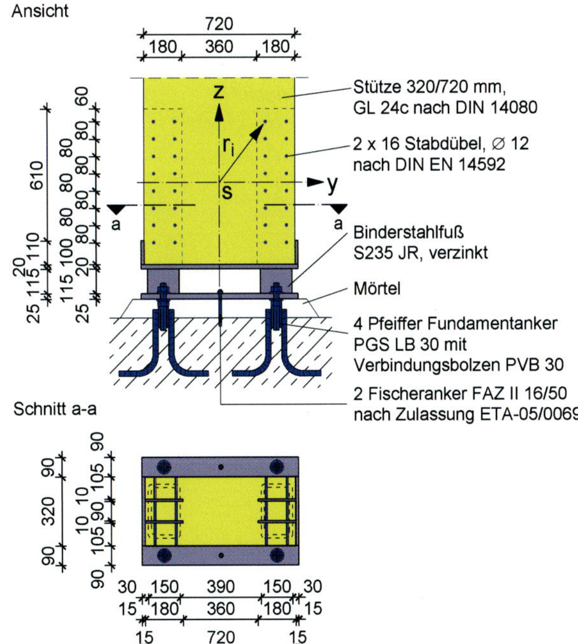

Bild 5.53. Eingespannten Holzstütze

Berechnung des polaren Trägheitsmomentes:

$$r_i = \sqrt{y_i^2 + z_i^2}$$

$$r_1 = \sqrt{205^2 + 40^2} = 209 \text{ mm}$$
$$r_2 = \sqrt{205^2 + 120^2} = 238 \text{ mm}$$
$$r_3 = \sqrt{205^2 + 200^2} = 286 \text{ mm}$$
$$r_4 = \sqrt{205^2 + 280^2} = 347 \text{ mm}$$
$$r_5 = \sqrt{305^2 + 40^2} = 308 \text{ mm}$$
$$r_6 = \sqrt{305^2 + 120^2} = 328 \text{ mm}$$
$$r_7 = \sqrt{305^2 + 200^2} = 365 \text{ mm}$$
$$r_0 = \sqrt{305^2 + 280^2} = 414 \text{ mm}$$

I_p = polares Flächenmoment = $\sum r_i^2$

$$I_p = 4 \cdot \left(209^2 + 238^2 + 286^2 + 347^2 + 308^2 + 328^2 + 365^2 + 414^2\right)$$

$$I_p = 4 \cdot 80599 = 3{,}238 \cdot 10^6 \text{ mm}^2$$

K_φ = Drehfeder

$\gamma_M = 1{,}3$ [DIN EN 1995-1-1/NA, Tabelle NA.3]

$$E = \frac{E_{0,mean}}{\gamma_M} = \frac{11600}{1{,}3} = 8923 \text{ N/mm}^2$$

$$I_y = \frac{32 \cdot 72^3}{12} = 995328 \text{ cm}^4$$

Berechnung Verschiebungsmodul:

[DIN EN 1995-1-1, Tabelle 7.1]

$$K_{ser} = \frac{\rho_k^{1,5}}{23} \cdot d = \frac{380^{1,5}}{23} \cdot 12 = 3864{,}81 \text{ N/mm}$$

$$K = \frac{\frac{2}{3} \cdot K_{ser}}{\gamma_M} = \frac{\frac{2}{3} \cdot 3864{,}81}{1{,}3} = 1982{,}0 \text{ N/mm}$$

$$K_\varphi = K \cdot I_p$$

Stabdübel vierschnittig beansprucht:

$$K_{\varphi} = 4 \cdot 2015 \cdot 3{,}238 \cdot 10^{6} = 2{,}61 \cdot 10^{10}\ \text{Nmm/rad}$$

Berechnung Knicklängenbeiwert β nach DIN EN 1995-1-1/NA:2013, Tabelle NA.24, Zeile 3:

Für eingespannte Stützen gilt:

Berechnung:

$$\alpha = \frac{h}{w} \cdot \sum \frac{N_i}{h_i}$$

$$\alpha = \frac{540}{216} \cdot \left(\frac{139}{540} + \frac{77}{420} \right) = 1{,}10$$

$$\beta = \sqrt{\left(4 + \frac{\pi^2 \cdot E \cdot I}{h \cdot K_{\varphi}}\right) \cdot (1+\alpha)}$$

$$\beta = \sqrt{\left(4 + \frac{\pi^2 \cdot 8923 \cdot 995328 \cdot 10^4}{5400 \cdot 2{,}61 \cdot 10^{10}}\right) \cdot (1+1{,}10)}$$

$$\beta = \sqrt{(4+6{,}22) \cdot (2{,}10)} = 4{,}63$$

$$\mapsto h_k = \beta \cdot h_s = 4{,}63 \cdot 5{,}40 = 25{,}0\ \text{m}$$

Zum Vergleich erhält man mit allgemeiner Formel aus [Lißner u. a. *2010]:*

ε = Einspannungsgrad (gem. Praxis-Handbuch, Holzbau, 2. Auflage 2010, Seite 415)

$$\varepsilon_a = \frac{h_a \cdot K_{\varphi,a}}{h_a \cdot K_{\varphi,a} + 3 \cdot E_a \cdot I_a}$$

$$\varepsilon_a = \frac{5400 \cdot 2{,}61 \cdot 10^{10}}{5400 \cdot 2{,}61 \cdot 10^{10} + 3 \cdot 8923 \cdot 995328 \cdot 10^4}$$

$$\varepsilon_a = 0{,}346$$

$\varepsilon_i = \varepsilon_2 = 0$ gelenkig, gelagert

$$\kappa_a = 0{,}50 + 0{,}11 \cdot \varepsilon_a = 0{,}50 + 0{,}11 \cdot 0{,}346 = 0{,}538 < 0{,}608$$

$$\kappa_1 = \kappa_2 = 0{,}50 + 0{,}11 \cdot 0 = 0{,}50$$

$$I_1 = \frac{32 \cdot 36^3}{12} = 124416\ \text{cm}^4$$

$$I_2 = \frac{32 \cdot 32^3}{12} = 87381$$

$$\beta_a = \frac{1}{0{,}39} \cdot \sqrt{\frac{\sum \frac{F_{d,i}}{F_{d,a}} \cdot \frac{h_a}{h_i} \cdot \kappa_i}{\sum \frac{E_i \cdot I_i}{E_a \cdot I_a} \cdot \left(\frac{h_a}{h_i}\right)^3 \cdot \varepsilon_i}}$$

$$\beta_a = \frac{1}{0{,}39} \cdot \sqrt{\frac{\frac{139}{216} \cdot \frac{540}{540} \cdot 0{,}5 + \frac{77}{216} \cdot \frac{540}{420} \cdot 0{,}5 + \frac{216}{216} \cdot \frac{540}{540} \cdot 0{,}538}{\frac{124416 \cdot 8923}{995328 \cdot 8923} \cdot \left(\frac{540}{540}\right)^3 \cdot 0 + \frac{89651 \cdot 8923}{995328 \cdot 8923} \cdot \left(\frac{540}{420}\right)^3 \cdot 0 + 1{,}0 \cdot 0{,}346}}$$

$$\beta_a = \frac{1}{0{,}39} \cdot \sqrt{\frac{1{,}09}{0{,}346}} = 4{,}55$$

Zum Vergleich der Knicklängenbeiwert β, wenn nur die eingespannte Mittelstütze betrachtet wird. Der Knicklängenbeiwert β wird dann nach DIN EN 1995-1-1/NA:2013, Tabelle NA.24, Zeile 2 berechnet.

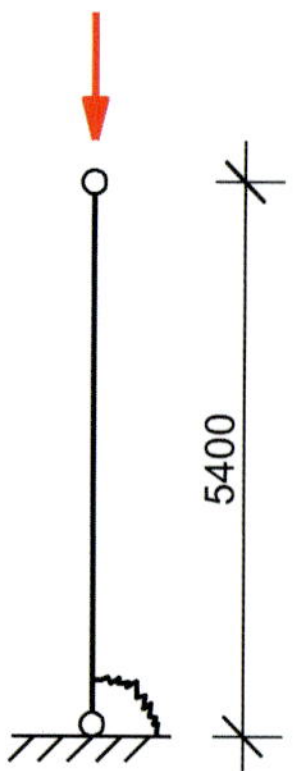

Skizze

$$K = \frac{\frac{2}{3} \cdot K_{ser}}{\gamma_M} = \frac{\frac{2}{3} \cdot 3928}{1{,}3} = 2015\ \text{N/mm}$$

$$I_p = 4 \cdot \left(209^2 + 238^2 + 286^2 + 347^2 + 308^2 + 328^2 + 365^2 + 414^2\right)$$

$$I_p = 4 \cdot 80599 = 3{,}238 \cdot 10^6\ \text{mm}^2$$

Stabdübelverbindung 4-schnittig:

$$K_{\varphi} = 4 \cdot 2015 \cdot 3{,}238 \cdot 10^6 = 2{,}61 \cdot 10^{10}\ \text{Nmm/rad}$$

(gem. Praxis-Handbuch, Holzbau, 2. Auflage 2010, Punkt 7.116)

$$\beta = \sqrt{\left(4 + \frac{\pi^2 \cdot E \cdot I}{h \cdot K_{\varphi}}\right)}$$

$$\beta = \sqrt{\left(4 + \frac{\pi^2 \cdot 8923 \cdot 995328 \cdot 10^4}{5400 \cdot 2{,}61 \cdot 10^{10}}\right)}$$

$$\beta = \sqrt{(4+6{,}22)} = 3{,}20$$

bzw. über Formel mit ε *und* κ

$$\varepsilon = 0{,}346$$

$$\kappa_a = 0{,}50 + 0{,}11 \cdot \varepsilon_a = 0{,}50 + 0{,}11 \cdot 0{,}346 = 0{,}538 < 0{,}608$$

$$\beta_a = \frac{1}{0{,}39} \cdot \sqrt{\frac{\frac{216}{216} \cdot \frac{540}{540} \cdot 0{,}538}{1{,}0 \cdot 0{,}346}}$$

$$\beta_a = \frac{1}{0{,}39} \cdot 1{,}297 = 3{,}20$$

Zu beachten ist, dass beim Nachweis der Verbindung das Zusatzmoment nach DIN EN 1995-1-1/NA:2013, Gl. (NA. 171) zu berücksichtigen ist.

5.4. Abstützungen, Verbände und Scheiben

5.4.1. Abstützungen und Verbände nach DIN EN 1995-1-1:2010, Abschnitt 9.2.5

Abstützungen nach DIN EN 1995-1-1:2010, Abschnitt 9.2.5

Sind Tragwerke unzureichend ausgesteift, so sind sie derart auszusteifen, dass die Standsicherheit und die Gebrauchstauglichkeit während der Nutzung gewährleistet sind. Die Aussteifung ist so zu bemessen, dass neben den Spannungen aus den Beanspruchungen des Tragwerks auch die Spannungen aus geometrischen und strukturellen Imperfektionen sowie aus Verformungen nach der Theorie II. Ordnung einschließlich der Anteile aus Verschiebungen in Verbindungen Berücksichtigung finden.

Einzelabstützungen von Druckstäben

Der Bemessungswert der infolge von Imperfektionen auf die Abstützung wirkenden statischen Last (Stabilisierungskraft F_d) ist nach Gl. (9.35) mit folgenden Mindestwerten einzusetzen:

a) für Vollholz und Balkenschichtholz:

$$F_d = \frac{N_d}{k_{f,1}} = \frac{N_d}{50} \quad \text{[DIN EN 1995-1-1, Gl. (9.35)]}$$

b) für Brett- und Furnierschichtholz:

$$F_d = \frac{N_d}{k_{f,2}} = \frac{N_d}{80} \quad \text{[DIN EN 1995-1-1, Gl. (9.35)]}$$

N_d Bemessungswert der mittleren Normalkraft im Druckstab,

$k_{f,1}$ / $k_{f,2}$ Modifikationsbeiwert nach Tabelle NA.21 in DIN EN 1995-1-1/NA:2013 (s. Tabelle 5.7.).

Jede Einzelabstützung muss eine Mindestfedersteifigkeit nach Gl. (9.34) aufweisen:

$$C = k_s \cdot \frac{N_d}{a} \quad \text{[DIN EN 1995-1-1, Gl. (9.34)]}$$

mit

k_s Modifikationsbeiwert nach Tabelle 5.7.,

a Stablänge (s. Bild 5.63.).

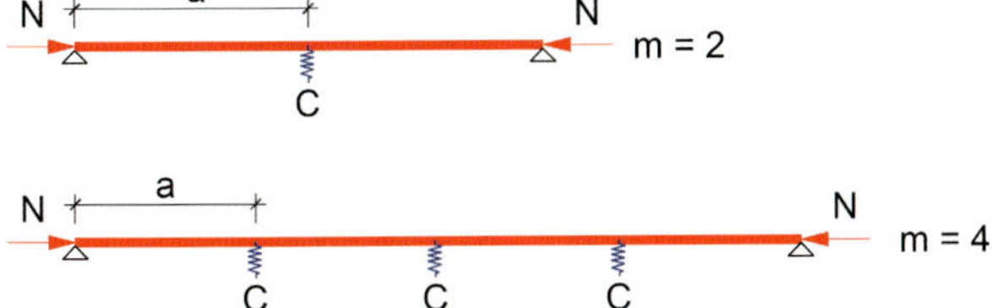

Bild 5.54. Beispiele für druckbeanspruchte Einzelbauteile mit seitlichen Abstützungen (Bild 9.9 nach DIN EN 1995-1-1:2010)

Nach Abschnitt NDP zu 9.2.5.3 (1) in DIN EN 1995-1-1/NA:2013, Absatz (NA.1) gilt die Regel, dass für die Anwendung der Gleichungen (9.34), (9.35) und (9.37) die Modifikationsbeiwerte $k_{f,1}$ und $k_{f,2}$ der Tabelle NA.21 zu entnehmen sind (s. Tabelle 5.7.).

Tabelle 5.7. Modifikationsbeiwerte k_s und $k_{f,i}$ nach Tabelle NA.21 in DIN EN 1995-1-1/NA:2013

1	Modifikationsbeiwert	Wert
2	k_s	5
3	$k_{f,1}$	50
4	$k_{f,2}$	80
5	$k_{f,3}$	30

Einzelabstützungen von Druckgurten von Biegestäben

Für Einzelabstützungen von Druckgurten von Biegeträgern mit Rechteckquerschnitt erhält man den Bemessungswert der maximalen Druckkraft N_d nach Gl. (9.36):

$$N_d = (1 - k_{crit}) \cdot \frac{M_d}{h}$$

mit:

k_{crit} Kippbeiwert nach Gl. (6.34) in Abschnitt 6.3.4 (4) der DIN EN 1995-1-1:2010 für den nicht gestützten Biegestab,

M_d Bemessungswert des größten Biegemoments,

h Trägerhöhe,

N_d Bemessungswert der mittleren Druckkraft.

Die infolge Imperfektionen durch den Druckgurt des Biegestabes verursachten Einwirkungen F_d auf die abstützende Konstruktion erhält man dann aus Gl. (9.35). Die Federsteifigkeit der Einzelabstützung muss mindestens der Gl. (9.34) entsprechen.

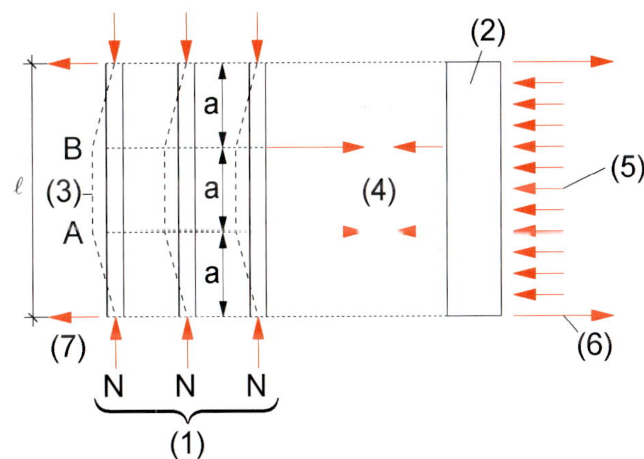

Legende
(1) *n* Trägersysteme
(2) Aussteifungsverband
(3) Durchbiegung des Trägersystems infolge von Imperfektionen und Verformungen aus Theorie II. Ordnung
(4) Aussteifungskräfte
(5) Äußere Einwirkung auf den Aussteifungsverband
(6) Reaktionskräfte des Aussteifungsverbands aus äußerer Einwirkung
(7) Reaktionskräfte des Trägersystems aus Aussteifungskräften

Bild 5.55. Träger- oder Fachwerksystem mit seitlichem Aussteifungsverband (Bild 9.10 nach DIN EN 1995-1-1:2010)

Verbände von Biege- und Fachwerkträgern nach DIN EN 1995-1-1:2010, Abschnitt 9.2.5.3

Bei paralleler Anordnung von Biege- und Fachwerkträgern hintereinander sind seitliche Aussteifungskonstruktionen (Bild 5.55) anzuordnen, die nach Gl. (9.37) und Gl. (9.38) zusätzlich zu äußeren Einwirkungen (s. (5) in Bild 5.55.) auf das Tragwerk mit einer Aussteifungslast q_d als Gleichstreckenlast zu bemessen sind:

Für $k_{f,3}$ erhält man nach Tabelle 5.7. $k_{f,3} = 30$.

$$q_d = k_\ell \cdot \frac{n \cdot N_d}{k_{f,3} \cdot \ell} = k_\ell \cdot \frac{n \cdot N_d}{30 \cdot \ell}$$ [DIN EN 1995-1-1, Gl. (9.37)]

mit Gl. (9.38) für

$$k_\ell = \min \begin{cases} 1{,}0 \\ \sqrt{\frac{15}{\ell}} \end{cases}$$ [DIN EN 1995-1-1, Gl. (9.38)]

N_d Bemessungswert der mittleren Druckkraft im aussteifenden Biege- oder Fachwerkträger mit der Spannweite ℓ;

n Anzahl der ausgesteiften Biege- oder Fachwerkträger;

$k_{f,3}$ Modifikationsbeiwert nach Tabelle NA.21 in DIN EN 1995-1-1/NA:2013 (s. Tabelle 5.7.);

ℓ Gesamtlänge des Aussteifungsverbands, in m.

Nach NDP zu 9.2.5.3 (1) in DIN EN 1995-1-1/NA:2013 sind die horizontalen Ausbiegungen mit den Steifigkeiten nach Gl. (2.15) und Gl. (2.16) und den Verschiebungsmoduln nach Gl. (2.1) zu berechnen:

$$E_d = \frac{E_{mean}}{\gamma_M}$$ [DIN EN 1995-1-1, Gl. (2.15)]

$$G_d = \frac{G_{mean}}{\gamma_M}$$ [DIN EN 1995-1-1, Gl. (2.16)]

$$K_u = \frac{2}{3} \cdot K_{ser}$$ [DIN EN 1995-1-1, Gl. (2.1)]

Nach DIN EN 1995-1-1/NA:2013, NCI NA.5.7 dürfen für einachsig auf Biegung beanspruchte Stäbe die Schnittgrößen nach Theorie I. Ordnung berechnet werden (Bemessung nach dem Ersatzstabverfahren nach Abschnitt 6.3.3 in DIN EN 1995-1-1:2010). Nach DIN EN 1995-1-1/NA:2013, NCI NA.5.7 (NA.1) darf eine Bemessung nach Theorie I. Ordnung erfolgen, wenn die Schnittgröße sich durch die Berücksichtigung des geometrischen nichtlinearen Verhaltens nicht um mehr als 10 % vergrößert.

Grundsätzlich sind bei allen Auflagern von Biegestäben konstruktive Vorkehrungen zu treffen (Gabellagerung), sodass die dort entstehenden Torsionsmomente, berechnet nach Gl. (NA.129), aufgenommen und weitergeleitet werden können.

Gabellagerung

An den Auflagern sind Biegeträger durch entsprechende konstruktive Maßnahmen gegen Verdrehen (Torsion) zu sichern. Zur Schaffung der konstruktiven Voraussetzungen gelten die Regeln gemäß DIN EN 1995-1-1/NA:2013, NCI zu 9.2.5.3 (NA.4), wonach die Auflagerkonstruktion von Biegestäben so zu bemessen ist, dass je Auflager ein Moment nach Gl. (NA.140) durch die Gabellagerung oder durch einen entsprechenden Verband aufgenommen wird.

[DIN EN 1995-1-1/NA, Gl. (NA.140)]

$$M_{tor,d} = M_d / 80$$

M_d Bemessungswert des größten Biegemoments im Stab.

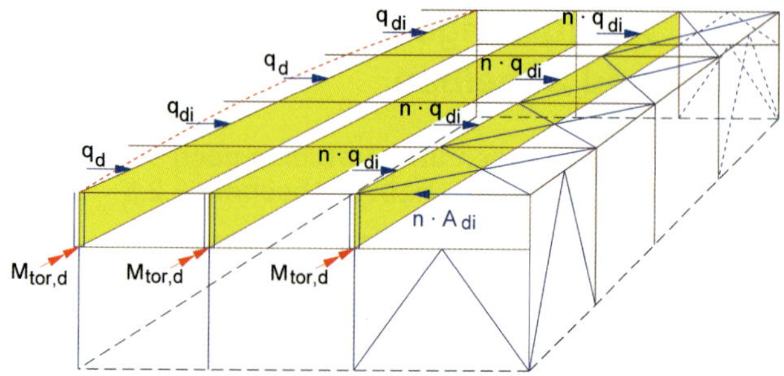

Bild 5.56. Gabellagerung ohne Aussteifungskonstruktion am Auflager [*Blaß/Ehlbeck* u. a. 2005]

Ist keine Aussteifungskonstruktion am Auflager vorhanden, ist das Torsionsmoment durch die Gabelkonstruktion aufzunehmen (s. Bild 5.57.)

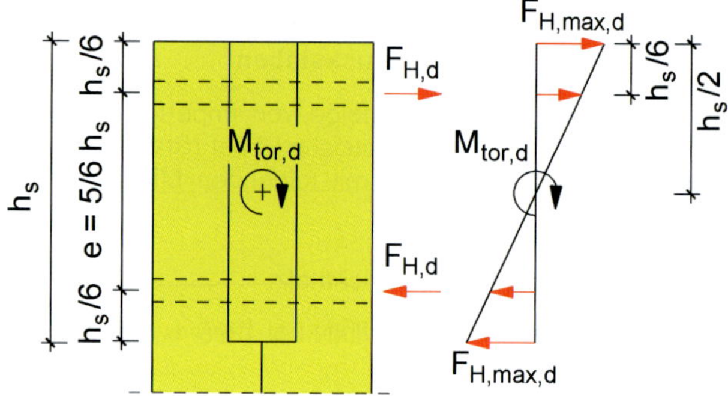

Bild 5.57. Lastabtrag Gabelmoment durch Stützenanschluss (Zur Lagesicherung werden Bolzen in den äußeren Sechstelpunkten der Gabelhöhe angeordnet.)

Die Verbindungsmittel sind auf Zug bzw. Querdruck unter der Unterlegscheibe nachzuweisen.

Es gilt $F_{H,d} = \frac{M_{tor,d}}{e}$

Gleichzeitig ist die Gabelkonstruktion nachzuweisen.

Wird am Auflager eine Aussteifungskonstruktion in Form eines Verbandes oder einer Scheibe ausgeführt (s. Bild 5.58.), nimmt diese die Torsionsmomente aller Binder auf und leitet sie weiter.

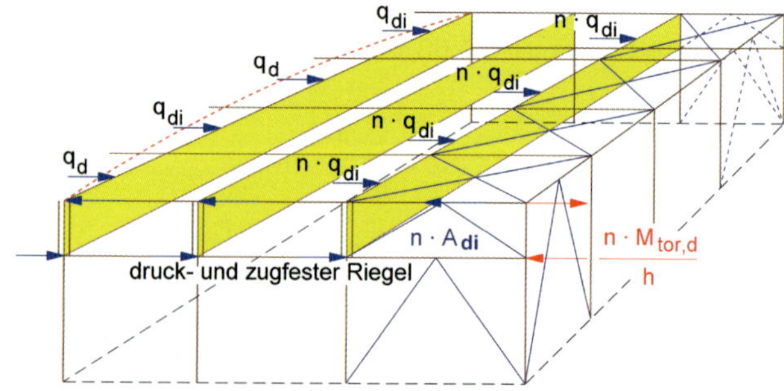

Bild 5.58. Aussteifungskonstruktion am Auflager [*Blaß/Ehlbeck* u. a. 2005]

Wenn die mit der Ersatzstablänge ℓ_{ef} ermittelte Kippschlankheit $\lambda_{ef} = \frac{\ell_{ef} \cdot h}{b^2} \leq 225$ ist und die Stabilisierungskräfte im Bereich der Auflagergabel abgeleitet werden, darf bei dem Nachweis der Querschnittstragfähigkeit der Gabelkonstruktion der Torsionsspannungsanteil aus dem Gabelmoment vernachlässigt werden.

Für den Grenzzustand der Gebrauchstauglichkeit der Aussteifungskonstruktion in horizontaler Richtung gilt für die rechnerische Ausbiegung aus q_d folgender Grenzwert:

$u_{fin} \leq \ell / 500$

(Lastfall: Aussteifungslast + äußere Einwirkungen mit den Steifigkeitskennwerten und Verschiebungsmoduln nach Gl. (2.15) und Gl. (2.16) sowie Gl. (2.1)).

Der Nachweis der Durchbiegung ist in der Regel entbehrlich, wenn das Verhältnis Höhe der Aussteifungskonstruktion zur Spannweite des Aussteifungsverbandes $\geq$ 1/6 ist (s. *Brünninghoff* u. a. 1997, Abschnitt E zu 10.2.5).

Aussteifungen mit Brettschalungen und Dachlatten nach DIN EN 1995-1-1/NA:2013, NCI NA.13.2 (NA.3)

Zur Aussteifung von Dachsparren und Gurten von Fachwerkbindern dürfen Dachlatten (s. Bilder 5.59. und 5.60.) und Brettschalungen (s. Bilder 5.61. und 5.62.) im Zusammenwirken mit Aussteifungsverbänden (z. B. Sparren und Windrispen) ohne weiteren rechnerischen Nachweis herangezogen werden, wenn folgende Bedingungen erfüllt sind:

- Spannweite des auszusteifenden Bauteiles $\leq$ 15 m,
- Abstand der Aussteifungsverbände untereinander $\leq$ 10 m,
- Sparren- bzw. Gurtbreite $b \geq 40$ mm,
- Sparren- bzw. Gurthöhe $h \leq 4 \cdot b$,
- Abstand zwischen Binder oder Sparren $\leq$ 1,25 m,
- versetzte Latten- oder Brettstöße bei einer maximalen Stoßbreite von 1 m um mindestens 2 Binderabstände.

Um parallel zur Lattung bzw. Brettrichtung wirkende Windlasten aufzunehmen, sind gesonderte Verbände anzuordnen.

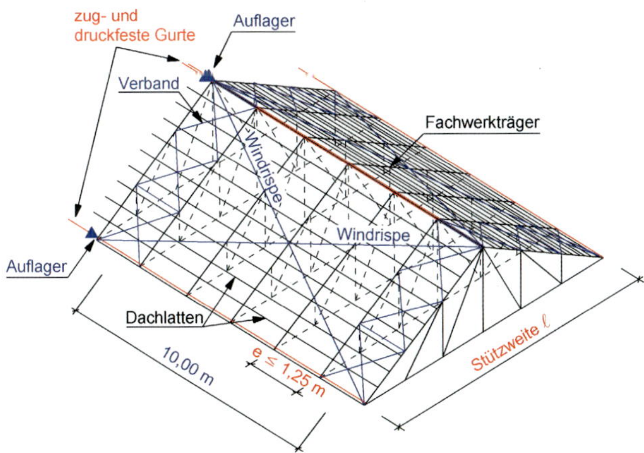

Bild 5.59. Bedingungen der Anwendung der Dachlatten bei einem Dach mit dreieckförmigen Fachwerkträgern (aus [*Lißner/Rug/Steinmetz* 2009])

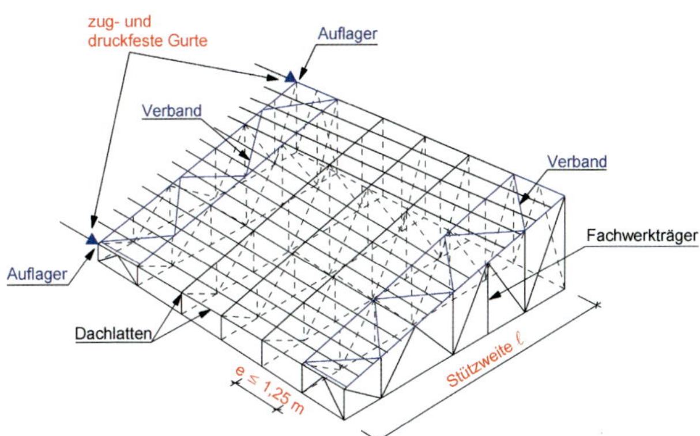

Bild 5.60. Bedingungen der Anwendung der Dachlatten bei einem Dach mit pultförmigen Fachwerkträgern (aus [*Lißner/Rug/Steinmetz* 2009])

Als wesentliche konstruktive Voraussetzungen gelten:

- eine wirksame Aussteifung durch Wind- und Stabilisierungsverbände,
- eine tragfähige Anbindung der Aussteifungsverbände an der Traufe und am First (z. B. durch Windrispenbändern),
- eine zug- und druckfeste Verbindung der Binder, sowohl an der Traufe als auch am First (dort auf jeder Seite der Dachfläche) mit Stößen, die verformungsarm für die 1,5-fache Kraft zu bemessen und auszubilden sind.

Wie schwerwiegende Bauschäden, insbesondere bei weit gespannten Nagelplattenbindern, beweisen, ist die Annahme, dass parallel verlegte Dachschalung **(ohne die Schalungsstöße zu versetzen)** die auf Druck beanspruchten Obergurte ausreichend gegen seitliches Ausweichen aussteift, falsch. Gleiches gilt für eine aussteifende Wirkung von Dachlatten. Hinzu kommt, dass bei der Nagelung der Dachschalung oder der Dachlatten die erforderlichen Randabstände für die Nägel sowohl bei Zwischenbefestigungen als auch besonders bei Brett oder Lattenstößen oft nicht eingehalten werden können. Der Grund sind zu geringere Gurtbreiten bei den Bindern. Dies hat zur Folge, dass sich die Dachschalung oder -lattung vom Obergurt löst, die Obergurte wellenförmig ausknicken und schließlich brechen. Das Bild 5.61. zeigt die richtige Ausführung für Dachschalungen.

Die Mindestabstände für die Verbindungsmittel sind nach DIN EN 1995-1-1:2010 unbedingt einzuhalten (Bilder 5.61.d bis f). Dies erfordert bei vorhandenen Brettbindern nachträglich z. B. bei Instandsetzungen

- ein Kopfbrett auf dem Obergurt zu befestigen (Bild 5.62.b) oder
- im Stoßbereich der Dachschalung seitlich Verstärkungslatten anzubringen (Bild 5.62.a).

Gespundete Schalung hat sich gut bewährt.
Für die Bemessung der Dachschalung ist die „Mannlast" F_k = 1,0 kN maßgebend. Aus statischen und wirtschaftlichen Gründen ist diese Einzellast auf mehrere benachbarte Bretter zu verteilen. Das Problem ist, wie können die Bretter zum gemeinschaftlichen Tragen gebracht werden und wie groß ist die mittragende Breite?

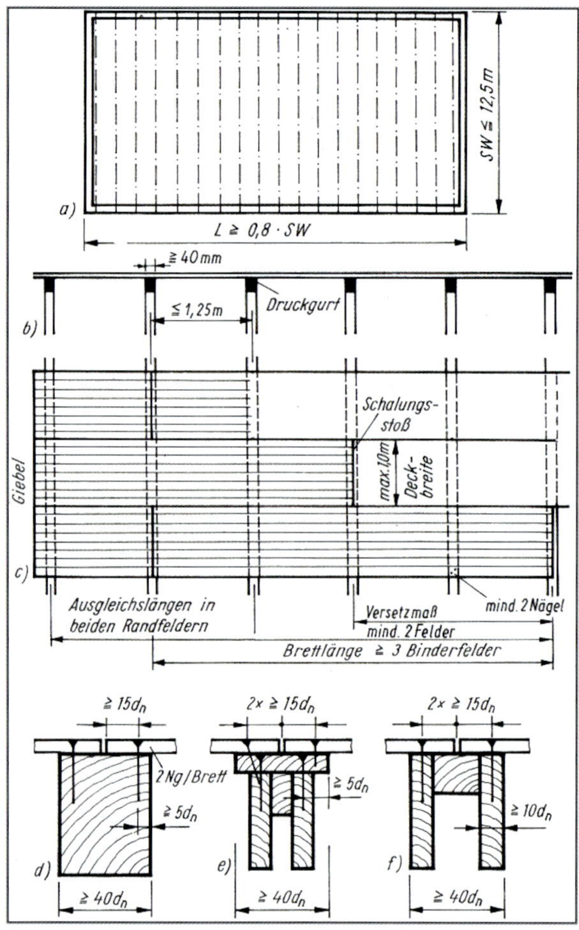

Legende
a) Grundriss
b) Querschnitt
c) Draufsicht
d) bis f) Nagelung an den Brettstößen

Bild 5.61. Dachschalung aus Einzelbrettern zur seitlichen Abstützung von Druckgurten

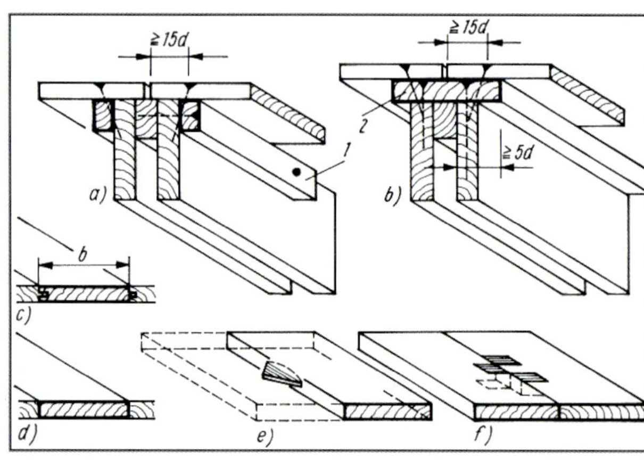

Legende
a) Verstärkungslatten im Stoßbereich der versetzten Schalungsstöße
b) Kopfbretter auf Obergurt genagelt
c) Spundung
d) verleimte Schalbretter
e) Verbindung der Schalung mit Federn aus Buchenholz
f) Verbindung der Schalung aus Stahlblech
1 Latte 30/40 bis 40/50 mm; *2* Kopfbrett: $b \geq 40 \cdot d_n$

Bild 5.62. Verbesserungsmöglichkeiten, die Dachschalung zur seitlichen Abstützung von Druckgurten, z. B. bei Brettbindern, heranzuziehen

Über Versuche zu dieser Frage wird in [*Mucha* 1978], [*Möhler* 1962], [*Egner/Marten* 1953], [*Seitz* 1939] berichtet. Nach Untersuchungen in [*Möhler* u. a. 1979] werden besonders im Hinblick auf eine einfache Montage folgende Verbindungsmittel empfohlen:

- Spundung (Bild 5.62.c),
- gehobelte und geklebte Schmalseiten (Bild 5.62.d),
- Federn aus Buchenholz, nach [*Werner/Zimmer* 2009/2010] (Bild 5.62.e),
- Steckverbinder aus Stahlblech (S 235) (Bild 5.62.f).

(s. a. Hinweise in DIN 1052:1988/1996, Teil 1, Abschnitt 8.1.4 „Lasteintragungsbreiten" bei Dach- und Deckenschalungen aus Brettern oder Bohlen, die durch Nut und Feder oder gleichwertige Maßnahmen miteinander verbunden sind)

Diagonal aufgebrachte Dachschalung ist in technologischer und materialökonomischer Beziehung nachteilig. Weitere Hinweise und Erläuterungen zur aussteifenden Wirkung genagelter Brettscheiben und von Dachlatten werden in [*Kessel/Kühl* 2012], [*Heckeroth* 1969], [*Becker/Schneider* 1969], [*Heiße* 1968] gegeben.
Auch bei Verwendung von Dachlatten auf Nagelplattenbindern kann der Mindestabstand für die Verbindungsmittel, insbesondere an den Lattenstößen, nicht eingehalten werden. Bild 5.63. zeigt eine handwerklich einfache Lösung über eine seitliche Stoßverstärkung bei Einhaltung der Mindestabstände. Die Anzahl der seitlich angeordneten Nägel ist nach statischen Erfordernissen festzulegen.

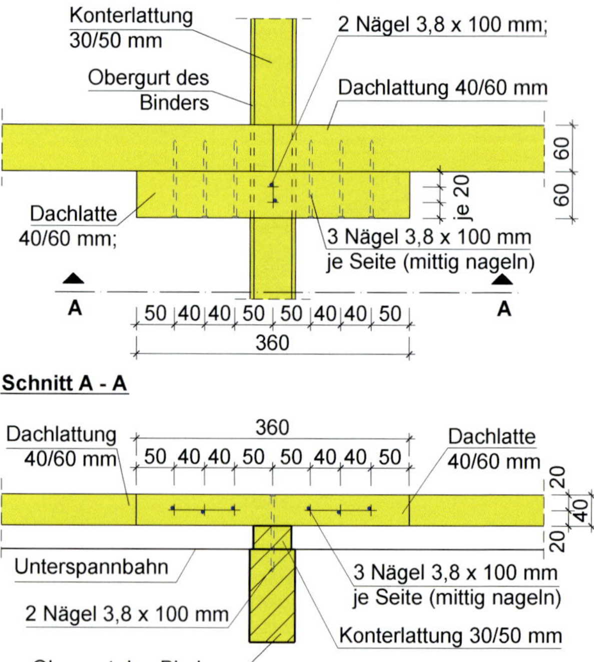

Bild 5.63. Lattenstoß zur Einhaltung der Mindestabstände bei einer Dachlattung aus 40/60 mm

Liegt die Dachlattung auf einer Konterlattung (Bild 5.64.), so ist die Gesamthöhe (Gurthöhe + Höhe der Konterlattung) für die Sparren- bzw. Gurthöhe *h* einzusetzen. Die Konterlatte ist neben der üblichen Befestigung (Dachschub, Windsog) zusätzlich für die 1,5-fache Seitenlast anzuschließen. Die Breite der Konterlattung muss mindestens 40 mm betragen.

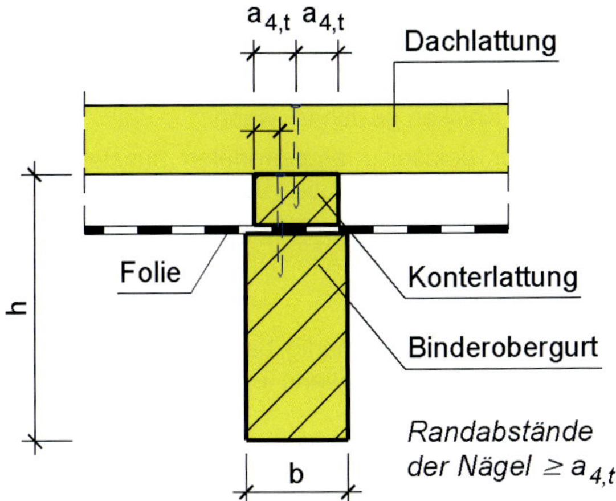

Bild 5.64. Dachlatte über die Konterlatte auf dem Binderobergurt (kein Stoß), Bedingung $h/b \leq 4$; hier h = Gurthöhe + Höhe der Konterlatte (aus [*Lißner/Rug/Steinmetz* 2009])

Die Norm macht keine Angaben über die Befestigung der Schalung bzw. der Lattung. Da es sich um für die Standsicherheit der Dachkonstruktion wesentlich tragende Bauteile handelt, sollten die Schalung bzw. die Lattung mit mindestens zwei Nägeln an jedem Binder angeschlossen werden.

Dies gilt auch für die Stöße von Dachschalungen und Dachlatten. Reicht die Gurt- bzw. Sparrenbreite zur Einhaltung der Mindestnagelabstände nicht aus, sind an den Stoßstellen Beihölzer anzuordnen (s. Bilder 5.62. und 5.63.). An den Verbänden sind die Schalung bzw. die Lattung für die Kraft $E_d \cdot e$ (E_d = Einwirkung auf den Verband; e = Brettbreite oder Lattenabstand) anzuschließen (Bild 5.65.).

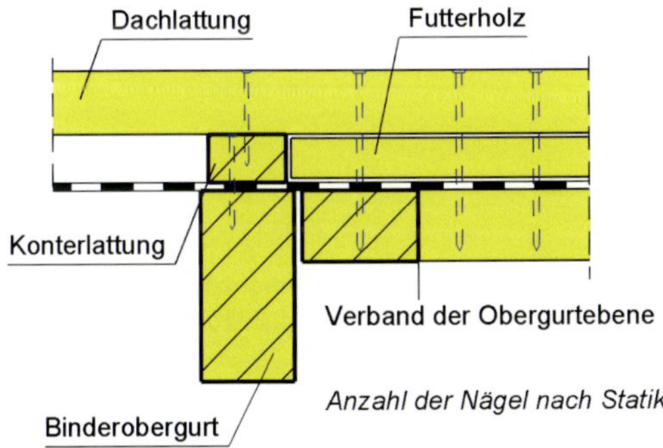

Bild 5.65. Anschluss der Dachlatte am Verband (aus [*Lißner/Rug/Steinmetz* 2009])

5.4.2. Scheiben nach DIN EN 1995-1-1:2010, Abschnitte 9.2.3 und 9.2.4

Gebäude in Holztafelbauweise oder Holz-Rahmen-Bauweise bestehen aus Wand- und Deckenkonstruktionen mit Stäben aus Holz (Rippen, Schwellen, Rähme) und einseitigen oder beidseitigen Beplankungen aus Gips- oder Holzwerkstoffplatten. Derartige Konstruktionen können nur dann horizontale Lasten aufnehmen und abtragen, wenn sie in einzelnen Wand- und Deckenbereichen scheibenartig beansprucht werden können (s. Bilder 5.66. und 5.67.).

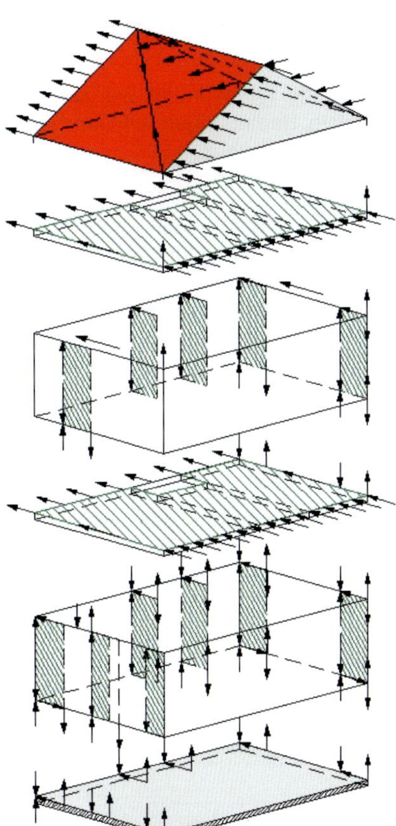

Bild 5.66. Lastabtrag horizontaler Beanspruchungen durch Scheiben (Wind auf Giebel nach [*Steinmetz* 1992])

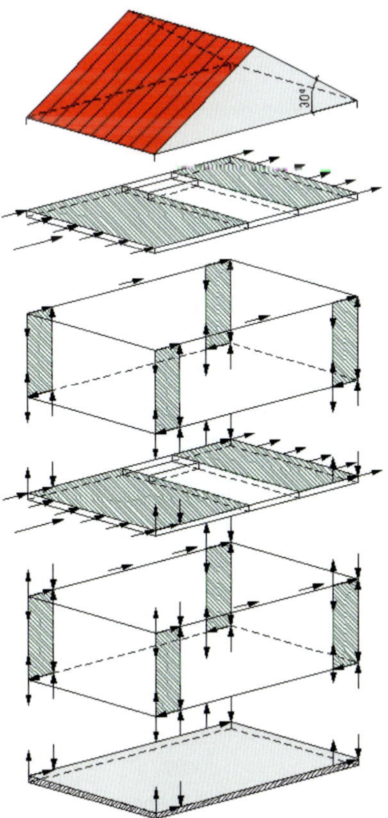

Bild 5.67. Lastabtrag horizontaler Beanspruchungen durch Scheiben (Wind auf Traufe nach [*Steinmetz* 1992])

Konstruktive Voraussetzungen für Scheibenartig beanspruchte Tafeln

Tafeln können scheibenartig beansprucht werden, wenn sie bestimmte konstruktive Bedingungen erfüllen. Grundsätzlich gilt:

1. Alle Ränder der Tafeln sind durch Randrippen begrenzt.
2. Alle Lagerkräfte und Beanspruchungen werden über ausreichend bemessene Verbindungsmittel (z. B. Klammern, Nägel oder Schrauben), die einen Verbund zwischen Rippen und Beplankung herstellen, von den Rippen (Rand- und Innenrippen) kontinuierlich in Richtung der Rippenachse in die tragende Beplankung eingetragen.

Im Holzbau werden hauptsächlich rechteckige Tafeln realisiert. Aufgrund der zur Verfügung stehenden Plattengröße der Beplankungsmaterialien entstehen zwangsläufig Stöße. **Dabei ist zwingend zu beachten, dass notwendige Beplankungsstöße immer auf den Innenrippen erfolgen müssen (s. Bild 5.68.).** Eine scheibenartige Wirkung der Tafeln kann nur gesichert werden, wenn durch die Konstruktion ein kontinuierlicher Schubfluss garantiert ist und dieser durch ausreichend bemessene Verbindungsmittel übertragen werden kann. Eine sorgfältige Ausführung entsprechend den konstruktiven Bedingungen der Norm sichert die ausreichende Aussteifung des Gebäudes.

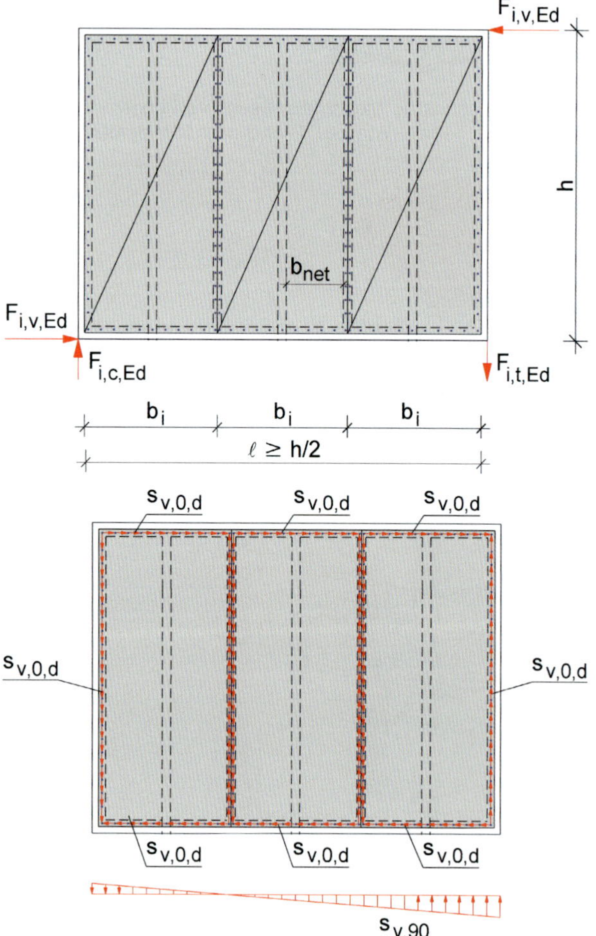

Bild 5.68. Wandtafel unter horizontaler Scheibenbeanspruchung

Die Rippen werden auf Druck und Biegung beansprucht. Bei beidseitiger Beplankung sind die Rippen über die kontinuierlich angeordneten Verbindungsmittel in Scheibenebene ausreichend gegen Knicken und Kippen gehalten.

Gemäß NCI zu 6.3.1 in DIN EN 1995-1-1/NA:2013 gelten Druck- oder biegebeanspruchte Rippen in Wand-, Dach- und Deckentafeln als in Scheibenebene ausreichend gegen Kippen und Knicken gesichert, wenn

- sie mit einer beidseitig angeordneten aussteifenden Beplankung kontinuierlich über Verbindungsmittel verbunden sind,
- der Rippenabstand nicht größer als das 50-Fache der Beplankungsdicke ist.

Auch bei einseitiger scheibenartig beanspruchter Beplankung ist dies gewährleistet, wenn der Rippenquerschnitt $h/b \leq 4$ beträgt.
Für die Anordnung der Holzwerkstoffplatten gibt es zwei Möglichkeiten (s. Bild 5.69.):

a) senkrecht zu den Innenrippen mit Stoßdeckung auf den Innenrippen in Plattenquerrichtung (s. Bild 5.69., linke Seite),
b) parallel zu den Innenrippen mit Stoßdeckung auf den Innenrippen in Plattenlängsrichtung (s. Bild 5.69., rechte Seite).

Dabei entstehen freie Plattenränder, die ungestützt sind oder durch Stoßhölzer unterstützt und über entsprechende Verbindungsmittel schubfest verbunden werden.

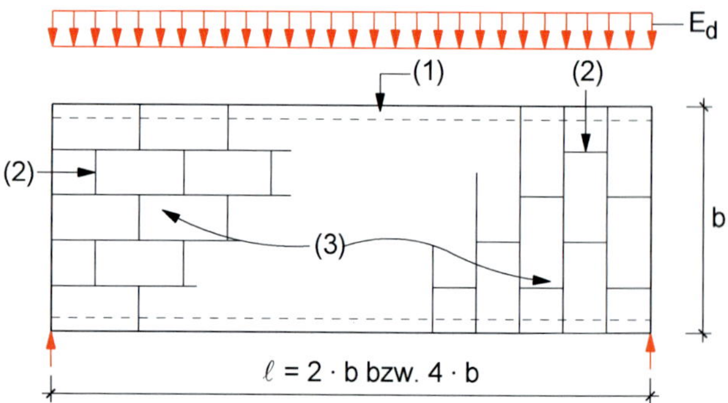

Legende
(1) Randbalken
(2) nicht durchgehende Stöße
(3) Plattenanordnungen
(b) Scheibenhöhe

Bild 5.69. Scheibenbeanspruchung und versetzte Plattenanordnungen (DIN EN 1995-1-1:2010, Bild 9.4)

Grundsätzlich werden zwei Arten von scheibenartig beanspruchbaren Tafeln zur wirksamen Aussteifung von Gebäuden unterschieden

- Dach- und Deckenscheiben (geregelt nach Abschnitt 9.2.3 in DIN EN 1995-1-1:2010 und DIN EN 1995-1-1/NA:2013) und
- Wandscheiben (geregelt nach Abschnitt 9.2.4 in DIN EN 1995-1-1:2010 und DIN EN 1995-1-1/NA:2013).

Dach- und Deckenscheiben nach DIN EN 1995-1-1: 2010, Abschnitt 9.2.3 und DIN EN 1995-1-1/NA:2013

Die Festlegungen in der DIN EN 1995-1-1:2010 sind eingeschränkt auf einfach unterstütze Dach- und Deckenscheiben aus Holzwerkstoffen (s. Bild 5.69.), die über mechanische Verbindungsmittel mit einem Holz-Rippenwerk verbunden sind.

Vereinfachter Nachweis von Dach- und Deckenscheiben nach DIN EN 1995-1-1:2010, Abschnitt 9.2.3.2 und DIN EN 1995-1-1/NA:2013

Scheiben dürfen vereinfacht berechnet werden, wenn folgende Voraussetzungen erfüllt sind (s. Bild 5.69.):

- die Scheiben sind durch eine Gleichstreckenlast beansprucht,
- die Spannweite ℓ beträgt $\ell = 2 \cdot b....6 \cdot b$ mit b als Scheibenhöhe,
- für die Bemessung im Grenzzustand der Tragfähigkeit ist das Versagen der Verbindungsmittel (nicht der Beplankungen) maßgebend,
- die Beplankungen werden nach den Detailregelungen in Abschnitt 10.8.1 in DIN EN 1995-1-1:2010 befestigt (s. Bild 5.70.).

Das in Abschnitt 9.2.3.2 angegebene vereinfachte Rechenverfahren geht davon aus, dass Beplankungen, die nicht auf Rippen oder Querhölzern gestoßen sind, miteinander z. B. durch Rahmenhölzer verbunden sind, wie in Bild 5.70. nach den Vorgaben in DIN EN 1995-1-1:2010 im Abschnitt 10.8 (Besondere Regeln für Scheiben) dargestellt. Es sollten andere als glattschaftige Nägel nach DIN EN 14592 oder Schrauben verwendet werden. Der Größtabstand entlang der Ränder der Beplankung sollte 150 mm betragen. In anderen Bereichen sollte der Größtabstand 300 mm betragen.

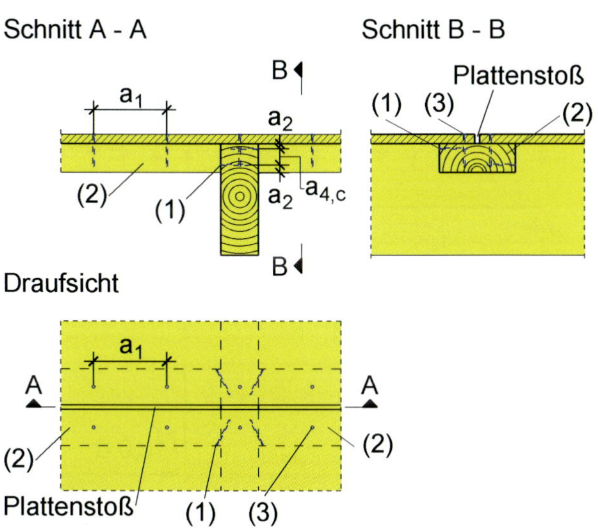

Legende
(1) Rahmenholz, durch Schrägnagelung an Rippen oder Querhölzer angeschlossen
(2) Rahmenholz
(3) Beplankung auf Rahmenholz genagelt

Bild 5.70. Beispiele für die Verbindung einer Beplankung bei Decken- und Dachscheiben, die nicht auf einer Rippe oder einem Querholz gestoßen ist (Bild 10.1, DIN EN 1995-1-1:2010)

Stoßhölzer müssen außer der Übertragung der Schubkräfte auch die Plattenränder unterstützen (z. B. das Ausbeulen verhindern). Sie sind daher an den Rippen konstruktiv zu befestigen. Als Verbindungsmittel können dort schräg eingeschlagene Nägel oder Schrauben verwendet werden. Die Stoßhölzer selbst sind in DIN EN 1995-1-1:2010 konstruktiv in ihrer erforderlichen Größe nicht definiert. Es wird empfohlen, die in Bild 5.71. dargestellten Abmessungen zu verwenden. Die Breite b ergibt sich aus den Mindestabständen der Nägel und einer Beplankung aus Holzwerkstoffplatten (außer Gipskartonplatten). Die Angaben gelten auch für Schrauben mit $d \leq 8$ mm.

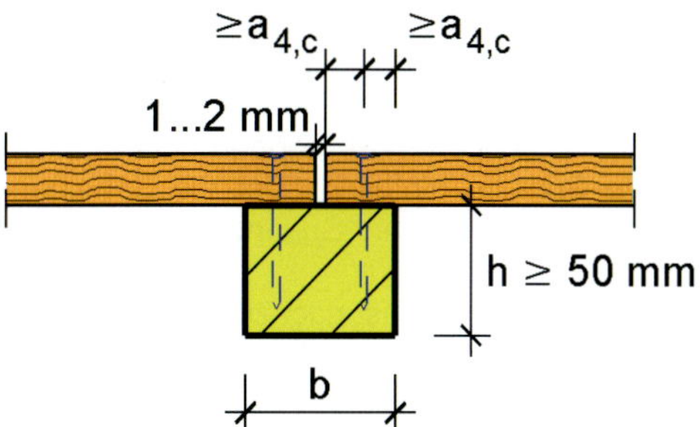

Breite b ≥ 16 d +
Fugenbreite ≥ 60 mm

Bild 5.71. Empfohlene Abmessungen für das Stoßholz bei Nagelung (aus [*Lißner/Rug/Steinmetz* 2010])

Plattenstreifen aus Holzwerkstoffplatten nach Bild 5.72. sind als Stoßhölzer wegen der fehlenden Biegesteifigkeit und Tragfähigkeit nicht geeignet.

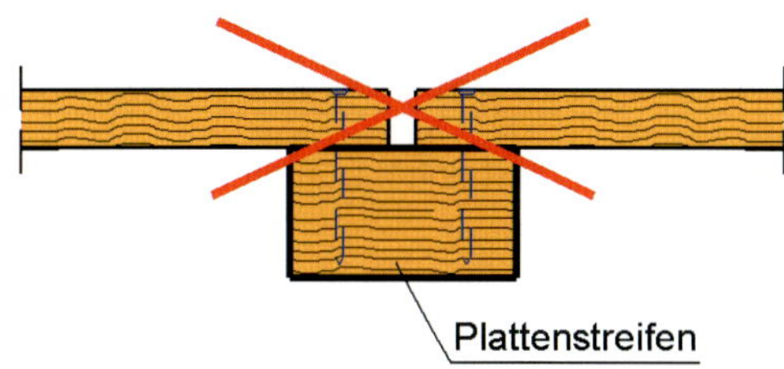

Bild 5.72. Ungeeignete Unterstützung des Beplankungsstoßes durch Plattenstreifen als Stoßholz

An die direkte Verbindung der Platten untereinander, wie sie in DIN 1052:1988/1996 noch gefordert wurde, werden in DIN EN 1995-1-1:2010 in statischer Hinsicht keine Anforderungen gestellt. Werden Anforderungen an die Winddichtheit der Ebene gestellt, wird empfohlen, alle Plattenränder mit Nut- und Federverbindungen auszuführen (Bild 5.73.).

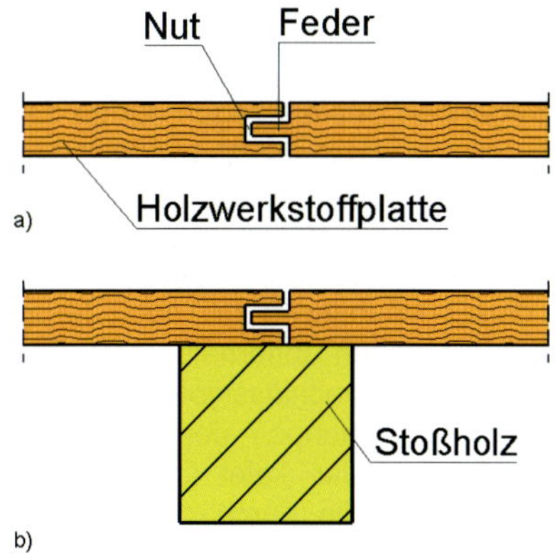

Bild 5.73. Plattenrand Nut- und Federverbindung

Wenn die Holzwerkstoffplatten versetzt angeordnet sind (s. Bild 5.69.), darf der Nagelabstand entlang den nicht durchlaufenden Plattenstößen mit dem Faktor 1,5 (bis zu einem Größtwert von 150 mm) ohne Reduzierung der Tragfähigkeit erhöht werden.

Nach DIN EN 1995-1-1/NA:2013, Abschnitt NCI zu 9.2.3.2 (NA.5) bis (NA.13) gelten weitere Regeln für den vereinfachten Nachweis von Dach- und Deckenscheiben:

Auch Scheiben mit einer Spannweite ℓ kleiner $2b$ dürfen nach dem in diesem Abschnitt angegebenen vereinfachten Verfahren berechnet werden, wenn in Lastrichtung über die Scheibenhöhe durchgehende Rippen die Lasten gleichmäßig in die Scheibe einleiten oder die Scheibenhöhe rechnerisch nur zur halben Spannweite der Tafel angenommen wird.
Die Lasteinleitung in die Scheibe ist nachzuweisen.
Im Lasteinleitungsbereich darf die auftretende Beanspruchung $s_{v,90}$ vernachlässigt werden, wenn die konstruktiven Bedingungen für die Tafelhöhen eingehalten werden (s. (NA.8) in DIN EN 1995-1-1/NA:2013).

Der Nachweis der Einleitung konstanter Linienlasten kann entfallen, wenn eine der folgenden Kriterien zutrifft:

- bei Einleitung von Druckkräften über Rippen in Lastrichtung,
- wenn die Scheibenhöhe b kleiner $\ell/4$ ist oder wenn bei größerer Scheibenhöhe der Nachweis mit einer rechnerischen Scheibenhöhe von $b = \ell/4$ geführt wird,
- bei auf den oberen und unteren Rand gleich verteilter Last, wenn die Scheibenhöhe b kleiner $\ell/2$ ist oder wenn bei größerer Scheibenhöhe der Nachweis mit einer rechnerischen Scheibenhöhe von $b = \ell/2$ geführt wird,
- bei verteilt über die Scheibenhöhe angreifenden Lasten.

Als Randabstände der Verbindungsmittel für Platten und Rippen darf bei Tafeln mit allseitig schubsteif verbundenen Plattenrändern das Maß $a_{4,c}$ gewählt werden. In Randbereichen, in denen die Rippen rechtwinklig zu ihrer Stabachse beansprucht werden, können andere Randabstände erforderlich sein. Bei allen Tafeln mit freien Plattenrändern nach DIN EN 1995-1-1/NA:2013, Abschnitt NCI zu 9.2.3.2 (NA.10) muss als Randabstand der Verbindungsmittel das Maß $a_{4,t}$ für $\alpha = 90°$ gewählt werden.

Die Randrippen von Scheiben dürfen nicht gestoßen sein, oder die Stöße sind verformungsarm auszuführen. Stöße sind verformungsarm in diesem Sinne, wenn der Bemessungswert der Tragfähigkeit des Stoßes größer als der 1,5-fache Bemessungswert der Beanspruchung ist.

Aussparungen in mittragenden Beplankungen dürfen beim Nachweis der Spannungen vernachlässigt werden, wenn auf einer Fläche von 2,5 m² einer Tafel die Gesamtfläche aller Aussparungen höchstens 300 cm² beträgt. Dabei darf die größte Ausdehnung der einzelnen Öffnung 200 mm nicht überschreiten; dieser Höchstwert gilt auch für die Summe aller Aussparungsbreiten innerhalb des Querschnitts einer Tafel. Bei nicht vernachlässigbaren Aussparungen oder anderen Unterbrechungen der Beplankung rechtwinklig zur Spannrichtung der Tafel (z. B. Beplankungsstöße) dürfen höchstens die durch die Unterbrechung begrenzten Teilfeldlängen eingesetzt werden (Bild 5.74.).

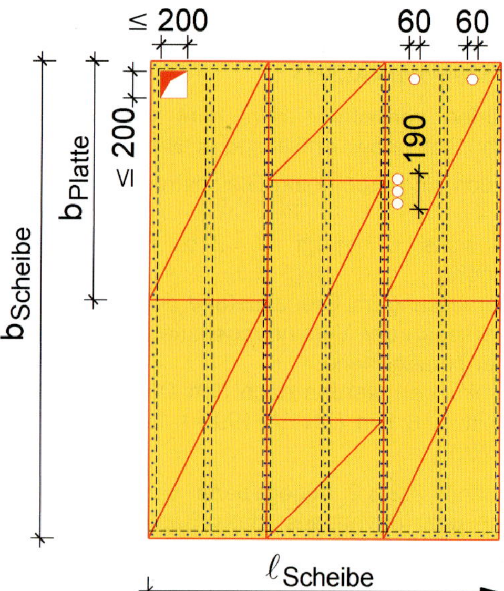

Bild 5.74. Zulässige Öffnungen in Deckenscheiben (ohne Nachweis erlaubte Aussparungen der Beplankung am Beispiel einer tragenden Deckenscheibe)

Die Tragwirkung von Deckenscheiben entspricht der von Holzträgern mit Stegen aus Holzwerkstoffen und Gurten aus z. B. Vollholz, wenn bestimmte konstruktive Bedingungen eingehalten werden und die Verbindungsmittel und nicht die Holzwerkstoffe für den Grenzzustand der Tragfähigkeit maßgebend sind (s. Bild 5.75.).

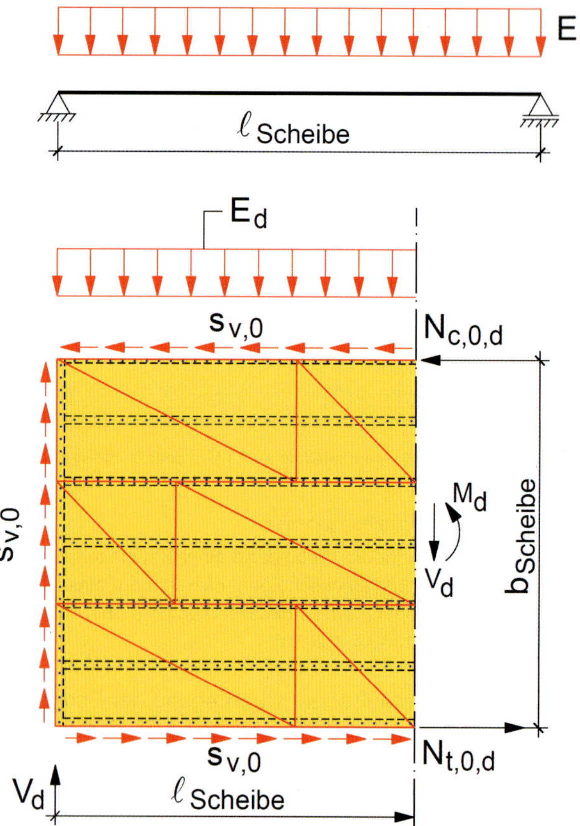

Bild 5.75. Statisches System

Falls kein genauer Nachweis geführt wird, sollten die Randrippen (Randbalken) für die Aufnahme des größten Biegemomentes in der Scheibe bemessen werden (s. Bild 5.75.).
Die Schubkräfte in den Scheiben werden als gleichmäßig über die Scheibenhöhe verteilt angenommen.

Es sind folgende Nachweise für den Holzwerkstoffträger zu führen:

- Nachweis der Tragfähigkeit, falls kein genauer Nachweis geführt wird – s. Absatz (2) in DIN EN 1995-1-1:2010, Abschnitt 9.2.3.2, der Randbalken (Gurte) infolge Druck- und Zugkraft, berechnet aus dem maximalen Biegemoment,

$$N_{c,d,\text{Gurt}} = -\frac{_{\max}M_d}{b_{\text{Scheibe}}}$$

$$N_{t,d,\text{Gurt}} = +\frac{_{\max}M_d}{b_{\text{Scheibe}}}$$

Für Dach- und Deckenscheiben ist ein Nachweis der Tragfähigkeit der Platten zu führen. Wenn kein genauerer Nachweis geführt wird, darf der Nachweis vereinfacht als Schubspannungsnachweis in der Beplankung geführt werden. Der Schubfluss darf über die Scheibenhöhe als konstant angenommen werden.

- Nachweis der Beplankung für den Schubfluss $s_{v,0}$ (berechnet aus der maximalen Querkraft) bei Annahme eines konstanten Schubflusses über die Tafelhöhe.

$$_{\max}V_d = \frac{E_d \cdot \ell_{\text{Scheibe}}}{2}$$

$$s_{v,0,d} = \frac{_{\max}V_d}{b_{\text{Scheibe}}}$$

Die aus dem Abstand von Rippenachsen und Beplankungsmittelflächen und aus diskontinuierlichen und rechtwinklig zu den Rippenachsen gerichteten Kräften resultierenden zusätzlichen Beanspruchungen der Beplankung dürfen durch eine Verringerung der Schubtragfähigkeit der Platten mit dem Faktor 0,5 bei beidseitiger und 0,33 bei einseitiger Beplankung berücksichtigt werden.

Das Beulen der Beplankung ist bei Plattendicken t kleiner 1/35 des Rippenabstands b_r durch eine Verminderung der Tragfähigkeit mit dem Faktor $35t/b_r$ zu berücksichtigen.

Die Beanspruchbarkeit der Beplankung kann nach DIN EN 1995-1-1/NA:2013, NCI zu 9.2.3.2 (NA.6) vereinfacht als Schubspannungsnachweis analog DIN 1052: 2008, Gl. (123) geführt.

$$f_{v,0,d} = \min\begin{cases} k_{v,1} \cdot \dfrac{F_{f,Rd}}{s} \\ k_{v,1} \cdot k_{v,2} \cdot f_{v,d} \cdot t \\ k_{v,1} \cdot k_{v,2} \cdot f_{v,d} \cdot 35 \cdot \dfrac{t^2}{a_r} \end{cases} \qquad \text{[DIN 1052:2008, Gl. (123)]}$$

Es gelten die Bezeichnungen:

$s_{v,0,d}$ Bemessungswert des Schubflusses der Beplankung, in N/mm;

$f_{v,0,d}$ Bemessungswert der längenbezogenen Schubfestigkeit der Beplankung unter Berücksichtigung der Tragfähigkeit der Verbindung und der Platten sowie des Beulens, in N/mm²;

$s_{v,90,d}$ Bemessungswert der längenbezogenen Beanspruchung der Beplankung, in N/mm;

$f_{v,90,d}$ Bemessungswert der längenbezogenen Festigkeit der Beplankung unter Berücksichtigung der Tragfähigkeit der Verbindung und der Platten sowie des Beulens, in N/mm²;

$f_{c,d}$ Bemessungswert der Druckfestigkeit der Platten, in N/mm²;

$F_{f,Rd}$ Bemessungswert der Tragfähigkeit eines Verbindungsmittels auf Abscheren, in N;

s Abstand der Verbindungsmittel untereinander, in mm;

$k_{v,1}$ Beiwert zur Berücksichtigung der Anordnung und Verbindungsart der Platten;

$k_{v,2}$ Beiwert zur Berücksichtigung der Zusatzbeanspruchung nach Abschnitt NCI zu 9.2.4.2 (NA.16);

t Dicke der Platten, in mm;

a_r Abstand der Rippen in mm.

Für die nach Abschnitt 8 in DIN EN 1995-1-1:2010 nachgewiesenen Verbindungsmittel darf die berechnete Tragfähigkeit mit dem Faktor 1,2 erhöht werden.

- Die zur Lagerung dienenden Randrippen sind für die Auflagerkräfte zu bemessen, und die Weiterleitung der Auflagerkräfte in aussteifenden Wänden oder Bauteile ist nachzuweisen.

Freie Plattenränder vermindern die scheibenartige Wirkung wesentlich.
Freie Plattenränder sind unter Beachtung bestimmter Bedingungen nur bei Dach- und Deckentafeln zulässig.

Grundsätzlich dürfen freie Plattenränder nach DIN EN 1995-1-1/NA:2013, Abschnitt NCI zu 9.2.3.2 (NA.9) nur quer zu den Rippen angeordnet werden, wenn zusätzlich die nachfolgenden genannten Bedingungen der Norm eingehalten werden (Bilder 5.76. und 5.77.):

- die Platten sind um mindestens einen Rippenabstand a_r versetzt angeordnet,
- der Rippenabstand a_r beträgt höchstens das 0,75-Fache der Seitenlänge der Platten in Rippenrichtung,
- die Platten sind auch an die Rippen, auf denen die Platten nicht gestoßen sind, mit Nägeln im Abstand a_1 angeschlossen,
- die Stützweite ℓ der Tafel beträgt weniger als 12,5 m oder es sind höchstens drei Plattenreihen vorhanden,
- die Tafelhöhe b in Lastrichtung beträgt mindestens $\ell/4$,
- der Bemessungswert der Einwirkungen ist nicht größer als 5,0 kN/m,
- die Schubtragfähigkeit der Tafel wird mit dem Faktor 2/3 vermindert.

Bei über mehrere Felder durchlaufenden Tafeln können die Stützkräfte näherungsweise ohne Berücksichtigung der Durchlaufwirkung berechnet werden. Oder wie nachfolgend beschrieben, über die gleichmäßige Aufteilung der Gesamtkraft auf die Wandscheiben ermittelt werden.

Ein Nachweis der Tafeldurchbiegung ist nach DIN EN 1995-1-1/NA:2013, Abschnitt NCI zu 9.2.3.2 (NA.12) nicht erforderlich, wenn

- die Tafelhöhe mindestens $= \ell/4$ beträgt,
- die Seitenlänge der Beplankungs-Platten mindestens 1 m beträgt,

- der Verbindungsmittelabstand a_1 an allen nicht freien Plattenrändern der Tafel eingehalten ist,
- die Erhöhung der charakteristischen Werte der Tragfähigkeit der Verbindungsmittel nach Abschnitt 9.2.3.1 (2) in DIN EN 1995-1-1:2010 nicht in Anspruch genommen wird.

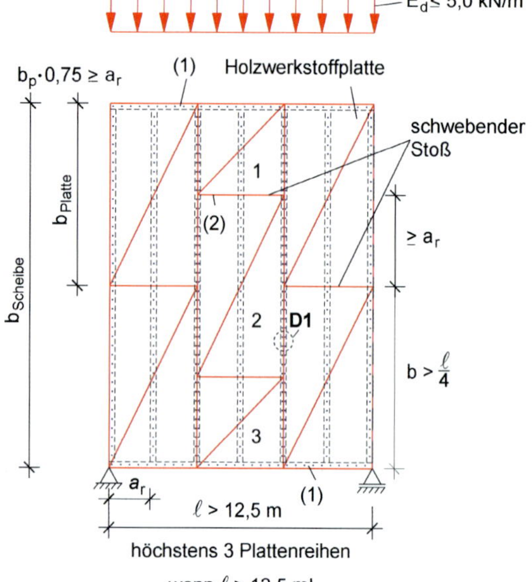

Legende
(1) Randbalken
(2) Nicht durchgehender Stoß

Bild 5.76. Anforderungen an Deckenscheiben mit freien Plattenrändern längs zu den Rippen gemäß DIN EN 1995-1-1/NA:2010, Abschnitt NCI zu 9.2.3 (NA.9); Detail D1 s. Bild 5.78., Voraussetzung Stützweite ℓ der Tafel beträgt mehr als 12,5 m

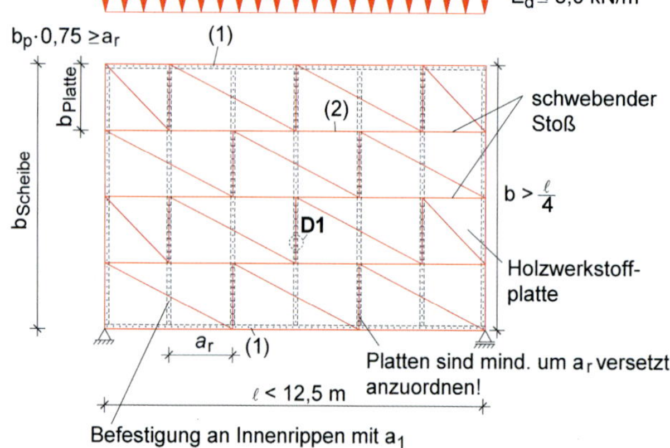

Legende
(1) Randbalken
(2) Nicht durchgehender Stoß

Bild 5.77. Anforderungen an Deckenscheiben mit freien Plattenrändern quer zu den Rippen gemäß DIN EN 1995-1-1/NA:2010, Abschnitt NCI zu 9.2.3 (NA.9), Voraussetzung Stützweite ℓ der Tafel beträgt weniger als 12,5 m

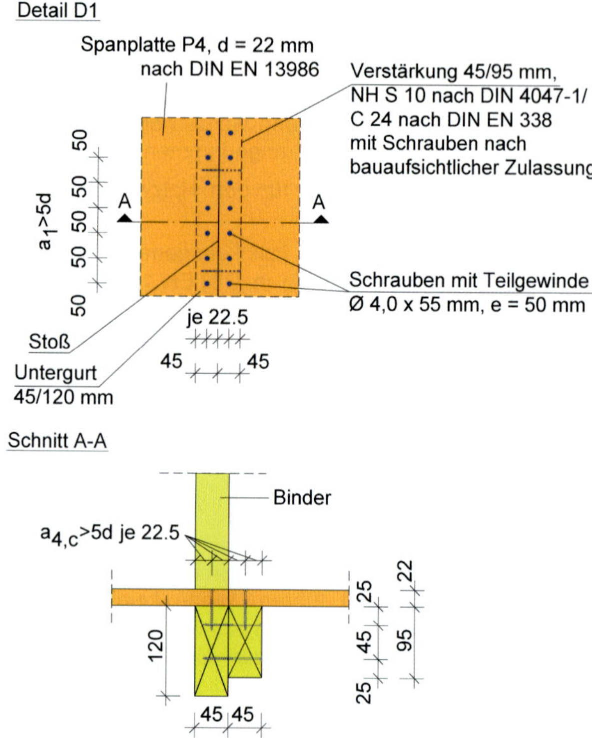

Bild 5.78. Plattenstoß, Detail 1 und Schnitt A-A

Berechnung der Auflagerkräfte der Dach- und Deckenscheiben zur Weiterleitung auf tragende Wandscheiben

Die horizontalen Beanspruchungen (z. B. aus Wind) auf ein Gebäude werden über die scheibenartig beanspruchten Deckentafeln in tragende Wandtafeln geleitet, die über ihre Scheibenwirkung in Beanspruchungsrichtung die horizontalen Lasten bis in die Fundamente ableiten.

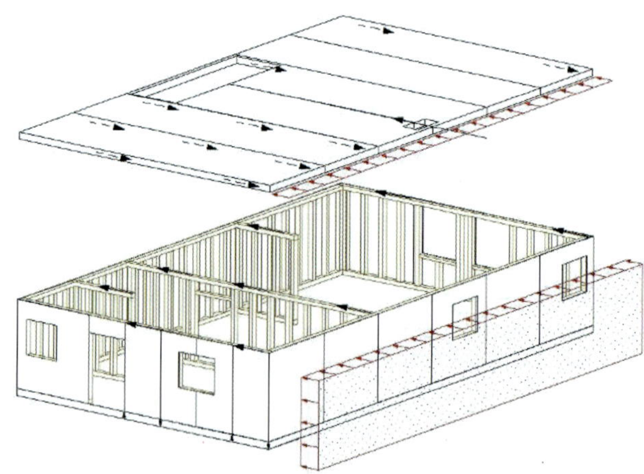

Bild 5.79. Gebäudestabilität in Querrichtung (Wind auf Traufe)

Je nach Grundrissgestaltung stehen für die Lastverteilung der horizontalen Beanspruchungen aus der Deckenscheibe unterschiedlich große und steife Wandtafeln zur Verfügung.

Die Stützkräfte der Deckenscheibe sind mit den Beanspruchungen auf die Wandtafeln identisch. Zusätzlich werden auch die vertikalen Lasten aus den oberen Geschossen auf die Wandtafeln übertragen.

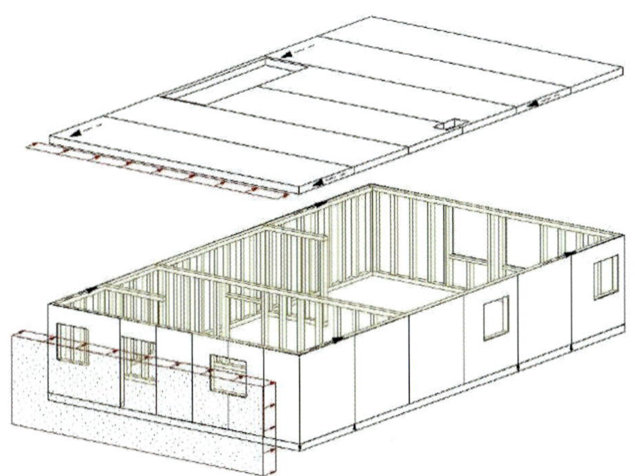

Bild 5.80. Gebäudestabilität in Längsrichtung (Wind auf Giebel)

Wandscheibenanordnung mit geringer Exzentrizität

Sind bei Gebäuden bis **zwei Vollgeschossen** in allen vier Wänden nahezu symmetrisch angeordnete aussteifende Wandscheiben vorhanden, kann die Exzentrizität der Windlastresultierenden bezogen auf den Scheibenschwerpunkt im Grundriss des Gebäudes, vernachlässigt werden. Sowohl die Deckentafeln als auch die Wandtafeln verfügen über genügend große Tragfähigkeitsreserven, um kleinere Exzentrizität auszugleichen. Die Beanspruchungen werden dann gleichmäßig auf die vorhandenen in Beanspruchungsrichtung stehenden Scheiben aufgeteilt.

Für die einzelne Scheibe ergibt sich die anteilige Kraft

$$F_{v,i,d} = \frac{b_i}{\sum_{i=1}^{n} b_i} \cdot F_{v,\text{gesamt},d} \quad \text{in kN}$$

und für den Schubfluss

$$s_{v,0,d} = \frac{1}{\sum_{i=1}^{n} b_i} \cdot F_{v,\text{gesamt},d} \quad \text{in kN/m.}$$

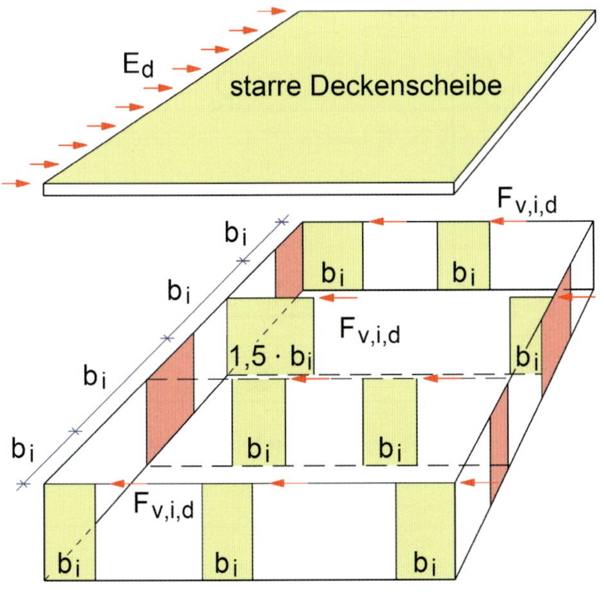

Bild 5.81. Ermittlung der Scheibenkräfte [*Steinmetz* 1992]

Beispiel 5.20. (nach DIN EN 1995-1-1:2010)

Beispielrechnung zum Nachweis der symmetrischen Anordnung von Wandscheiben

Unter folgenden Voraussetzungen dürfen die Exzentrizität des Scheibenschwerpunktes und die Exzentrizität des Windes vernachlässigt werden:

1. max. 2 Vollgeschosse mit Dachgeschoss,
2. aussteifende Wandscheiben in allen 4 Außenwänden,
3. nahezu symmetrische Anordnung der aussteifenden Wandscheiben.

Anordnung der Wandscheiben

in *x*-Richtung in [m]		
	$b_{x,i}$	*yi*
$W_{x,1}$	1,25	8,10
$W_{x,2}$	1,25	8,10
$W_{x,3}$	1,25	0
$W_{x,4}$	1,25	0

in *y*-Richtung in [m]		
	$b_{y,i}$	*xi*
$W_{y,1}$	1,25	11,00
$W_{y,2}$	1,875	11,00
$W_{y,3}$	1,25	0
$W_{y,4}$	1,875	0

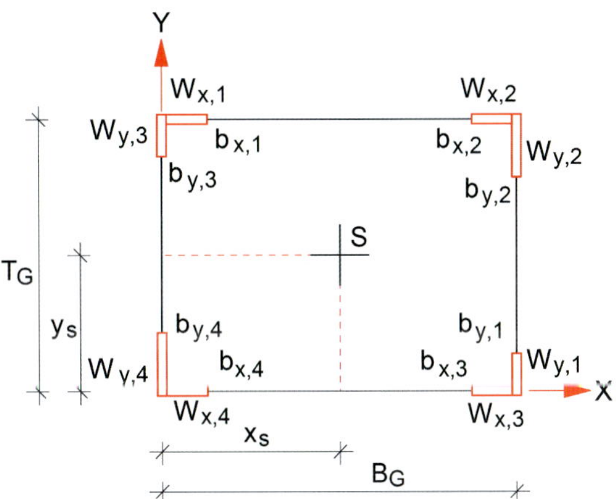

Bild 5.82. Wandstellung mit geringer Exzentrizität

Nachweis für nahezu symmetrische Anordnung der Wandscheiben durch Ermittlung der geometrischen Exzentrizität:

Wandscheibenschwerpunkt:

$$x_S = \frac{\sum b_{y,i} \cdot x_i}{\sum b_{y,i}} = 5{,}5 \text{ m}$$

$$y_S = \frac{\sum b_{x,i} \cdot y_i}{\sum b_{x,i}} = 4{,}05 \text{ m}$$

Geometrische Exzentrizität des Wandscheibenschwerpunktes:

$$e_{x,S} = x_S - \frac{B_G}{2} = 0$$

$$e_{y,S} = y_S - \frac{T_G}{2} = 0$$

Nachweis:

Bedingungen nach [BDZ 2007]:

$|e_{x,S}| \leq 0{,}1 \cdot B_G \quad 0 \leq 1{,}1$ **erfüllt!**

$|e_{y,S}| \leq 0{,}1 \cdot T_G \quad 0 \leq 0{,}81$ **erfüllt!**

Wandscheibenanordnung mit großer Exzentrizität

Eine große Exzentrizität ist immer dann gegeben, wenn bei einer Außenwand keine aussteifende Tafel vorhanden ist. Dann sind die Beanspruchungen auf die vorhandenen Wandscheiben durch eine genauere Berechnung zu ermitteln. Aufgrund der Exzentrizität zwischen Schwerpunkt der Scheiben und Wirkungslinie der horizontalen Gesamtkraft entsteht ein Moment, welches nur von den quer zu den betrachteten Wandscheiben stehenden Wänden aufgenommen werden kann.

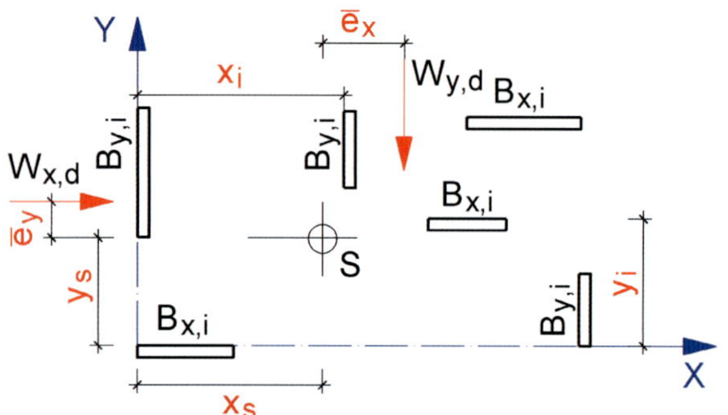

Bild 5.83. Definition der ideellen Steifigkeiten und der Wandabstände bei Wandstellungen mit großer Exzentrizität (nach [*Steinmetz* 1992])

Es gilt für die Berechnung der Lage des Schwerpunktes:

$$x_s = \frac{\sum b_{y,i} \cdot x_i}{\sum b_{y,i}} \text{ und } y_s = \frac{\sum b_{x,i} \cdot y_i}{\sum b_{x,i}}$$

Die Momente errechnen sich dann zu:

$$M_{x,d} = W_{x,d} \cdot e_y \text{ und } M_{y,d} = W_{y,d} \cdot e_x$$

Zu den Hebelarmen $\overline{e_x}$ und $\overline{e_y}$, die vom Lastangriffspunkt zum Schwerpunkt gemessen werden, ist, falls erforderlich, jeweils noch die Windausmitte lt. DIN EN 1991-1-4 $0{,}075 \cdot a$ bzw. $0{,}075 \cdot b$ zuzuschlagen.

Die Verteilung der Gesamtwindlast auf die einzelnen Wandscheiben errechnet sich dann zu:

Für die Windlast $W_{x,d}$:

$$F_{x,i,v,Ed} = \frac{B_{x,i}}{\sum B_{x,i}} \cdot F_x + \frac{F_{x,d} \cdot e_y \cdot s_{y,i} \cdot B_{x,i}}{\sum B_{x,i} \cdot s_{y,i}^2 + \sum B_{y,i} \cdot s_{x,i}^2}$$

und

$$F_{y,i,v,Ed} = \frac{F_{x,d} \cdot e_y \cdot s_{x,i} \cdot B_{y,i}}{\sum B_{x,i} \cdot s_{y,i}^2 + \sum B_{y,i} \cdot s_{x,i}^2}$$

mit $s_{x,i} = (x_i \cdot x_s)$ und $s_{y,i} = (y_i \cdot y_s)$

Für die Windlast $W_{y,d}$:

$$F_{x,i,v,Ed} = \frac{F_{y,d} \cdot e_x \cdot s_{y,i} \cdot B_{x,i}}{\sum B_{x,i} \cdot s_{y,i}^2 + \sum B_{y,i} \cdot s_{x,i}^2}$$

und

$$F_{y,i,v,Ed} = \frac{B_{y,i}}{\sum B_{y,i}} \cdot F_y + \frac{F_{y,d} \cdot e_x \cdot s_{x,i} \cdot B_{y,i}}{\sum B_{x,i} \cdot s_{y,i}^2 + \sum B_{y,i} \cdot s_{x,i}^2}$$

Nach DIN 1052 darf die Steifigkeit der Wandtafeln in Verbindung mit der Tafellänge b_i angesetzt werden. Damit vereinfachen sich die Gleichungen. In die Gleichungen sind dann einzusetzen:

$b_{x,i}$ für $B_{x,i}$ und $b_{y,i}$ für $B_{y,i}$.

Für die Windlast $W_{x,d}$:

$$F_{x,i,v,Ed} = \frac{b_{x,i}}{\sum b_{x,i}} \cdot F_x + \frac{F_{x,d} \cdot e_y \cdot s_{y,i} \cdot b_{x,i}}{\sum b_{x,i} \cdot s_{y,i}^2 + \sum b_{y,i} \cdot s_{x,i}^2}$$

und

$$F_{y,i,v,Ed} = \frac{F_{x,d} \cdot e_y \cdot s_{x,i} \cdot b_{y,i}}{\sum b_{x,i} \cdot s_{y,i}^2 + \sum b_{y,i} \cdot s_{x,i}^2}$$

mit $s_{x,i} = (x_i \cdot x_s)$ und $s_{y,i} = (y_i \cdot y_s)$

Für die Windlast $W_{y,d}$:

$$F_{x,i,v,Ed} = \frac{F_{y,d} \cdot e_x \cdot s_{y,i} \cdot b_{x,i}}{\sum b_{x,i} \cdot s_{y,i}^2 + \sum b_{y,i} \cdot s_{x,i}^2}$$

und

$$F_{y,i,v,Ed} = \frac{b_{y,i}}{\sum b_{y,i}} \cdot F_y + \frac{F_{y,d} \cdot e_x \cdot s_{x,i} \cdot b_{y,i}}{\sum b_{x,i} \cdot s_{y,i}^2 + \sum b_{y,i} \cdot s_{x,i}^2}$$

Beispiel 5.21. (nach DIN EN 1995-1-1:2010)

Unsymmetrische Anordnung von Wandscheiben
Anordnung der Wandscheiben

in *x*-Richtung		
	$b_{x,i}$	*yi*
$b_{x,1}$	2,50	8,10
$b_{x,2}$	1,25	8,10
$b_{x,3}$	2,50	8,10
$b_{x,4}$	1,25	0

in *y*-Richtung		
	$b_{y,i}$	*xi*
$b_{y,1}$	1,25	0
$b_{y,2}$	1,25	0
$b_{y,3}$	2,50	11,00
$b_{y,4}$	1,25	11,00

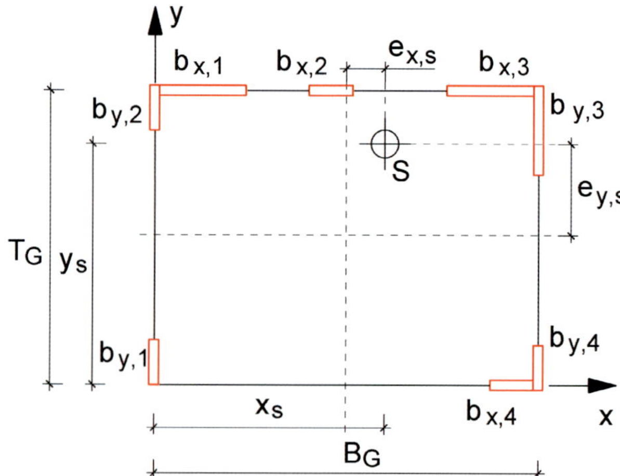

Bild 5.84. Wandstellung mit großer Exzentrizität

Nachweis für nahezu symmetrische Anordnung der Wandscheiben durch Ermittlung der geometrischen Exzentrizität:

Wandscheibenschwerpunkt:

$$x_S = \frac{\sum b_{y,i} \cdot x_i}{\sum b_{y,i}} = \frac{b_{y,1} \cdot x_1 + b_{y,2} \cdot x_2 + b_{y,3} \cdot x_3 + b_{y,4} \cdot x_4}{b_{y,1} + b_{y,2} + b_{y,3} + b_{y,4}}$$

$$x_S = \frac{1{,}25 \cdot 0 + 1{,}25 \cdot 0 + 2{,}5 \cdot 11 + 1{,}25 \cdot 11}{6{,}25} = 6{,}6 \text{ m}$$

$$y_S = \frac{\sum b_{x,i} \cdot y_i}{\sum b_{x,i}} = \frac{b_{x,1} \cdot y_1 + b_{x,2} \cdot y_2 + b_{x,3} \cdot y_3 + b_{x,4} \cdot y_4}{b_{x,1} + b_{x,2} + b_{x,3} + b_{x,4}}$$

$$y_S = \frac{2{,}5 \cdot 8{,}1 + 1{,}25 \cdot 8{,}1 + 2{,}5 \cdot 8{,}1 + 1{,}25 \cdot 0}{7{,}5} = 6{,}75 \text{ m}$$

Geometrische Exzentrizität des Wandscheibenschwerpunktes:

$$e_{x,S} = x_S - \frac{B_G}{2}$$

$$e_{x,S} = 6{,}6 - \frac{11{,}0}{2} = 1{,}1 \text{ m}$$

$$e_{y,S} = y_S - \frac{T_G}{2}$$

$$e_{y,S} = 6{,}75 - \frac{8{,}1}{2} = 2{,}7 \text{ m}$$

Tabelle 5.8. Berechnung von Zusatzmomenten (aus [*Colling* 2011])

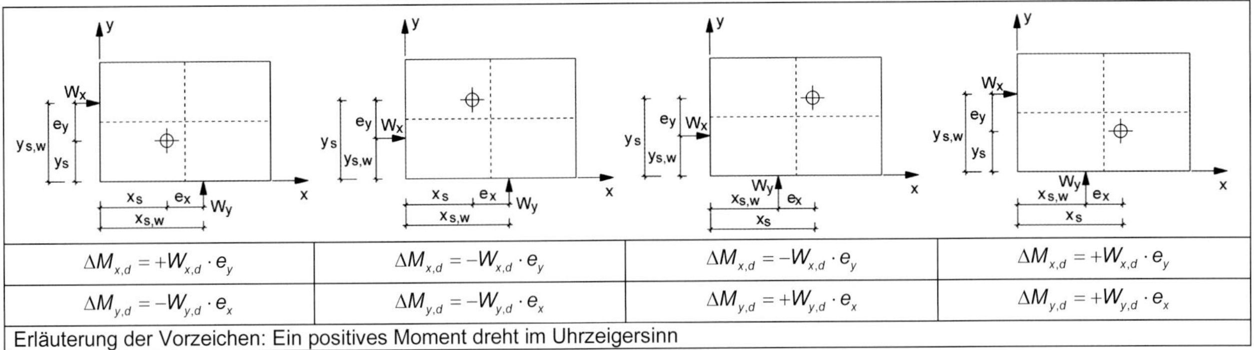

$\Delta M_{x,d} = +W_{x,d} \cdot e_y$	$\Delta M_{x,d} = -W_{x,d} \cdot e_y$	$\Delta M_{x,d} = -W_{x,d} \cdot e_y$	$\Delta M_{x,d} = +W_{x,d} \cdot e_y$
$\Delta M_{y,d} = -W_{y,d} \cdot e_x$	$\Delta M_{y,d} = -W_{y,d} \cdot e_x$	$\Delta M_{y,d} = +W_{y,d} \cdot e_x$	$\Delta M_{y,d} = +W_{y,d} \cdot e_x$
Erläuterung der Vorzeichen: Ein positives Moment dreht im Uhrzeigersinn			

Nachweis:
Bedingungen nach [BDZ 2007]:

$|e_{x,S}| \leq 0{,}1 \cdot B_G$ $\quad 1{,}1 = 1{,}1$ **erfüllt!**

$|e_{y,S}| \leq 0{,}1 \cdot T_G$ $\quad 2{,}7 \geq 0{,}81$ **nicht erfüllt!**

Berechnung der Gesamt-Exzentrizitäten

Die Gesamtexzentrizität berücksichtigt eine geringe Ausmitte des Windangriffspunktes. Nach DIN EN 1991-1-4:2010, Abschnitt 7 wird ein Versatz der Windlast mit dem Faktor 0,075 × der Gebäudebreite bzw. -länge angesetzt.

$$e_x = |e_{x,S}| + 0{,}075 \cdot B_G$$

$$e_x = 1{,}1 + 0{,}075 \cdot 11 = 1{,}925 \text{ m}$$

$$e_y = |e_{y,S}| + 0{,}075 \cdot T_G$$

$$e_y = 2{,}7 + 0{,}075 \cdot 8{,}1 = 3{,}31 \text{ m}$$

Berechnung der Zusatzmomente infolge Exzentrizitäten

Nach DIN EN 1991-1-4:2010 sind die Zusatzmomente für den Fall der symmetrischen Volllast und für den Fall des exzentrischen Windangriffs zu berücksichtigen. Der jeweils größere Wert wird maßgebend.
Die Tabelle 5.8. zeigt die zu verwendenden Formeln in Abhängigkeit vom Wandscheibenschwerpunkt:

1. Fall: symmetrische Volllast

$M_{x,d} = -W_{x,d} \cdot e_y$ mit $e_y = e_{y,S}$

$M_{x,d} = -22{,}5 \cdot 2{,}7 = -60{,}8$ kNm maßgebend!

$M_{y,d} = W_{y,d} \cdot e_x$ mit $e_x = e_{x,S}$

$M_{x,d} = 27{,}8 \cdot 1{,}1 = 30{,}58$ kNm

2. Fall: exzentrischer Windangriff

Für den Fall des exzentrischen Windangriffs wird die Windlast nur mit 70 % in Rechnung gestellt.

$$M_{x,d} = -(W_{x,d} \cdot 0{,}7) \cdot e_y$$

$$M_{x,d} = -(22{,}5 \cdot 0{,}7) \cdot 2{,}7 = -52{,}13 \text{ kNm}$$

$$M_{y,d} = (W_{y,d} \cdot 0{,}7) \cdot e_x$$

$M_{x,d} = 27{,}8 \cdot 0{,}7 \cdot 1{,}1 = 37{,}5$ kNm **maßgebend!**

Berechnung der Wandscheibenkräfte infolge Exzentrizität:

Ermittlung des polaren Trägheitsmomentes der Wandscheiben um den Rotationsmittelpunkt:

$$I_P = \sum b_{x,i} \cdot (y_i - y_s)^2 + \sum b_{y,i} \cdot (x_S - x_i)^2$$

$$I_P = \begin{bmatrix} b_{x,1} \cdot (y_1 - y_s)^2 + b_{x,2} \cdot (y_2 - y_s)^2 + b_{x,3} \cdot (y_3 - y_s)^2 + \\ b_{x,4} \cdot (y_4 - y_s)^2 \end{bmatrix} + \begin{bmatrix} b_{y,1} \cdot (x_S - x_1)^2 + b_{y,2} \cdot (x_S - x_2)^2 + b_{y,3} \cdot (x_S - x_3)^2 + \\ b_{y,4} \cdot (x_S - x_4)^2 \end{bmatrix}$$

$$I_P = \begin{bmatrix} 2{,}5 \cdot (8{,}1 - 6{,}75)^2 + 1{,}25 \cdot (8{,}1 - 6{,}75)^2 + \\ 2{,}5 \cdot (8{,}1 - 6{,}75)^2 + 1{,}25 \cdot (0 - 6{,}75)^2 \end{bmatrix} + \begin{bmatrix} 1{,}25 \cdot (6{,}6 - 0)^2 + 1{,}25 \cdot (6{,}6 - 0)^2 + \\ 2{,}5 \cdot (6{,}6 - 11)^2 + 1{,}25 \cdot (6{,}6 - 11)^2 \end{bmatrix}$$

$$I_P = 249{,}8 \text{ m}^3$$

Kräfte der Wandscheiben bei Wind in x-Richtung:

Wandscheiben in x-Richtung:

$$F_{x,v,1,d} = \frac{b_{x,1}}{\sum b_{x,i}} \cdot W_{x,d} + \frac{M_{x,d} \cdot (y_1 - y_S) \cdot b_{x,1}}{I_P}$$

$$F_{x,v,1,d} = \frac{2{,}5}{7{,}5} \cdot 22{,}5 + \frac{-60{,}8 \cdot (8{,}1 - 6{,}75) \cdot 2{,}5}{249{,}8}$$

$$F_{x,v,1,d} = 7{,}5 + (-0{,}82) = 6{,}68 \text{ kN}$$

$$F_{x,v,2,d} = \frac{b_{x,2}}{\sum b_{x,i}} \cdot W_{x,d} + \frac{M_{x,d} \cdot (y_2 - y_S) \cdot b_{x,2}}{I_P}$$

$$F_{x,v,2,d} = \frac{1{,}25}{7{,}5} \cdot 22{,}5 + \frac{-60{,}8 \cdot (8{,}1 - 6{,}75) \cdot 1{,}25}{249{,}8}$$

$$F_{x,v,2,d} = 3{,}75 + (-0{,}79) = 2{,}96 \text{ kN}$$

$$F_{x,v,3,d} = F_{x,v,1,d}$$

$$F_{x,v,4,d} = \frac{b_{x,4}}{\sum b_{x,i}} \cdot W_{x,d} + \frac{M_{x,d} \cdot (y_4 - y_S) \cdot b_{x,4}}{I_P}$$

$$F_{x,v,4,d} = \frac{1{,}25}{7{,}5} \cdot 22{,}5 + \frac{-60{,}8 \cdot (0 - 6{,}75) \cdot 1{,}25}{249{,}8}$$

$$F_{x,v,4,d} = 3{,}75 + 2{,}06 = 5{,}81 \text{ kN}$$

Wandscheiben in y-Richtung:

$$F_{y,v,1,d} = \frac{M_{x,d} \cdot (x_S - x_1) \cdot b_{y,1}}{I_P}$$

$$F_{y,v,1,d} = \frac{-60{,}8 \cdot (6{,}6 - 0) \cdot 1{,}25}{249{,}8} = -2{,}01 \text{ kN}$$

$$F_{y,v,2,d} = F_{y,v,1,d}$$

$$F_{y,v,3,d} = \frac{M_{x,d} \cdot (x_S - x_3) \cdot b_{y,3}}{I_P}$$

$$F_{y,v,3,d} = \frac{-60{,}8 \cdot (6{,}6 - 11) \cdot 2{,}5}{249{,}8} = 2{,}68 \text{ kN}$$

$$F_{y,v,4,d} = \frac{M_{x,d} \cdot (x_S - x_4) \cdot b_{y,4}}{I_P}$$

$$F_{y,v,4,d} = \frac{-60{,}8 \cdot (6{,}6 - 11) \cdot 1{,}25}{249{,}8} = 1{,}34 \text{ kN}$$

Kräfte der Wandscheiben bei Wind in y-Richtung:
Wandscheiben in x-Richtung:

$$F_{x,v,1,d} = \frac{M_{y,d} \cdot (y_1 - y_s) \cdot b_{x,1}}{I_P}$$

$$F_{x,v,1,d} = \frac{37{,}5 \cdot (8{,}1 - 6{,}75) \cdot 2{,}5}{249{,}8} = 0{,}51 \text{ kN}$$

$$F_{x,v,2,d} = \frac{M_{y,d} \cdot (y_2 - y_s) \cdot b_{x,2}}{I_P}$$

$$F_{x,v,2,d} = \frac{37{,}5 \cdot (8{,}1 - 6{,}75) \cdot 1{,}25}{249{,}8} = 0{,}26 \text{ kN}$$

$$F_{x,v,3,d} = F_{x,v,1,d}$$

$$F_{x,v,4,d} = \frac{M_{y,d} \cdot (y_4 - y_s) \cdot b_{x,4}}{I_P}$$

$$F_{x,v,4,d} = \frac{37{,}5 \cdot (0 - 6{,}75) \cdot 1{,}25}{249{,}8} = -1{,}27 \text{ kN}$$

Wandscheiben in y-Richtung:

$$F_{y,v,1,d} = \frac{b_{y,1}}{\sum b_{y,i}} \cdot W_{y,d} + \frac{M_{y,d} \cdot (x_s - x_1) \cdot b_{y,1}}{I_P}$$

$$F_{y,v,1,d} = \frac{1{,}25}{6{,}25} \cdot 27{,}8 + \frac{37{,}5 \cdot (6{,}6 - 0) \cdot 1{,}25}{249{,}8}$$

$$F_{y,v,1,d} = 5{,}56 + 1{,}24 = 6{,}80 \text{ kN}$$

$$F_{y,v,2,d} = F_{y,v,1,d}$$

$$F_{y,v,3,d} = \frac{b_{y,3}}{\sum b_{y,i}} \cdot W_{y,d} + \frac{M_{y,d} \cdot (x_s - x_3) \cdot b_{y,3}}{I_P}$$

$$F_{y,v,3,d} = \frac{2{,}5}{6{,}25} \cdot 27{,}8 + \frac{37{,}5 \cdot (6{,}6 - 11) \cdot 2{,}5}{249{,}8}$$

$$F_{y,v,3,d} = 11{,}12 + (-1{,}65) = 9{,}47 \text{ kN}$$

$$F_{y,v,4,d} = \frac{b_{y,4}}{\sum b_{y,i}} \cdot W_{y,d} + \frac{M_{y,d} \cdot (x_s - x_4) \cdot b_{y,4}}{I_P}$$

$$F_{y,v,3,d} = \frac{1{,}25}{6{,}25} \cdot 27{,}8 + \frac{37{,}5 \cdot (6{,}6 - 11) \cdot 1{,}25}{249{,}8}$$

$$F_{y,v,3,d} = 5{,}56 + (-0{,}83) = 4{,}73 \text{ kN}$$

Zusammenfassung der resultierenden Wandscheibenkräfte

Wände in x-Richtung			[kn] Wandscheibenkräfte $F_{v,xi,d}$ *bzw.* $F_{v,yi,d}$	
	$b_{x,i}$	*yi*	Wind in *x*-R	Wind in *y*-R
$W_{x,1}$	2,50	8,1	6,68	0,51
$W_{x,2}$	1,25	8,1	3,34	0,26
$W_{x,3}$	2,50	8,1	6,68	0,51
$W_{x,4}$	1,25	0	5,78	-1,27

Wände in *y*-Richtung			[kn] Wandscheibenkräfte $F_{v,xi,d}$ *bzw.* $F_{v,yi,d}$	
	$b_{y,i}$	*xi*	Wind in *x*-R	Wind in *y*-R
$W_{y,1}$	1,25	0	-2,01	6,8
$W_{y,2}$	1,25	0	-2,01	6,8
$W_{y,3}$	2,50	11,0	2,68	9,47
$W_{y,4}$	1,25	11,0	1,34	4,73

Wandscheiben nach DIN EN 1995-1-1:2010, Abschnitt 9.2.4 und DIN EN 1995-1-1/NA:2013

Bei Holzhäusern werden über Wandscheiben horizontale und vertikale Lasten in die Fundamente abgetragen.

Sie sind sowohl für horizontale als auch für vertikale Lasten zu bemessen.

Die Wandscheibentragfähigkeit kann durch Plattenwerkstoffe, Diagonalaussteifungen oder biegesteife Verbindungen hergestellt werden.

Die Wandscheibe muss angemessen gehalten werden, sodass diese weder kippen noch gleiten kann.

Wandscheiben sind rechteckige Bauteile mit einer Gesamtlänge ℓ und einer Höhe *h*. Horizontale Fuß- und Kopfrippen bilden zusammen mit senkrechten in regelmäßigen Abständen angeordneten lotrechten Rippen das Grundgerüst der Scheiben.

Die Mindestbreite der Platten beträgt $\ell_{Platte} \geq h/4$. Zusammen mit den mittels nachgiebigen Verbindungsmitteln oder Klebstoffen befestigten ein- oder beidseitigen Beplankungen bilden die Wandscheiben ein schubsteifes Element.

Wandtafeln wirken bei Beanspruchung durch horizontale Kräfte statisch als Kragträger (Bild 5.85.).

Die Wandscheibe wird in ihrer Ebene über die Kopfrippe durch die horizontal wirkende Kraft $F_{i,v,Ed}$ und vertikal durch die Gleichlast E_d beansprucht. Die Beplankung wird aus über die volle Tafelhöhe durchgehenden Platten hergestellt. Auf den vertikalen Rippen werden die Platten gestoßen. Jede Stoßseite ist mit entsprechenden Verbindungsmitteln schubfest zu verbinden. Für Tafeln gilt, dass sie horizontal einmal gestoßen werden dürfen, wenn die freien Plattenränder schubsteif verbunden sind.

Die charakteristische Tragfähigkeit einer Wandscheibe kann auch durch Versuche nach DIN EN 594 bestimmt werden.

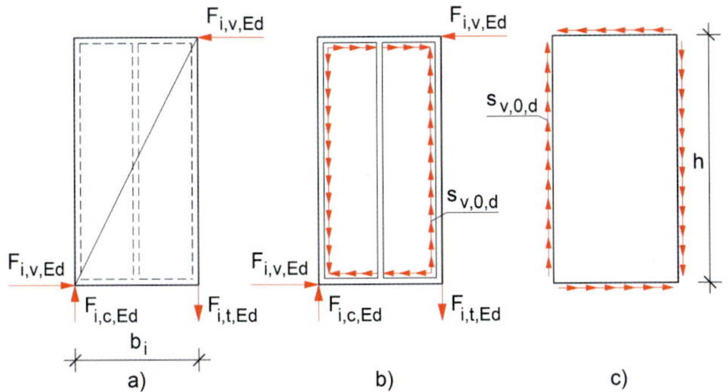

Bild 5.85. Einwirkende Kräfte auf: a) Wandscheibe; b) Stabwerk; c) Beplankung (Bild 9.5 in DIN EN 1995-1-1:2010)

Für Wandscheiben werden in DIN EN 1995-1-1:2010, Abschnitt 9.2.4.1 zwei alternative vereinfachte Nachweisverfahren angegeben.

Nach dem nationalen Anwendungsdokument gilt in Deutschland nur das Nachweisverfahren nach den Regeln in DIN EN 1995-1-1:2010, Abschnitt 9.2.4.2 (vereinfachte Nachweise für Wandscheiben – Verfahren A).

Wandtafeln mit horizontaler Scheibenbeanspruchung nach DIN EN 1995-1-1:2010, Abschnitt 9.2.4 – Verfahren A und DIN EN 1995-1-1/NA:2013

Das in Abschnitt 9.2.4.3 in DIN EN 1995-1-1:2010 geregelte vereinfachte Rechenverfahren geht von folgenden konstruktiven Voraussetzungen aus (s. Besondere Regeln für Scheiben in Abschnitt 10.8.2).

1. Für die Befestigung der Beplankung gilt ein maximaler Verbindungsmittelabstand entlang der Ränder von 150 mm für Nägel und 200 mm für Schrauben.
2. Bei Zwischenpfosten beträgt der maximale Verbindungsmittelabstand nicht mehr als das Doppelte der Abstände bei den Randpfosten (jedoch nicht mehr als 300 mm).

Legende
(1) Nagelabstand auf Zwischenpfosten höchstens s ≤ 300 mm
(2) Plattenrand
(3) Nagelabstand höchstens s ≤ 150 mm (Schraubenabstand s ≤ 200 mm)

Bild 5.86. Befestigung der Beplankung (Bild 10.2 in DIN EN 1995-1-1:2010)

Einzelne Öffnungen in der Beplankung dürfen bei Wandscheiben bei der Berechnung der Beanspruchungen vernachlässigt werden, wenn sie kleiner als 200 x 200 mm sind. Bei mehreren Öffnungen muss hierbei die Summe der Längen kleiner als 10 % der Tafellänge und die Summe der Höhen kleiner als 10 % der Tafelhöhe sein (Bild 5.87.). Die Auswirkungen größerer Öffnungen sind nachzuweisen.

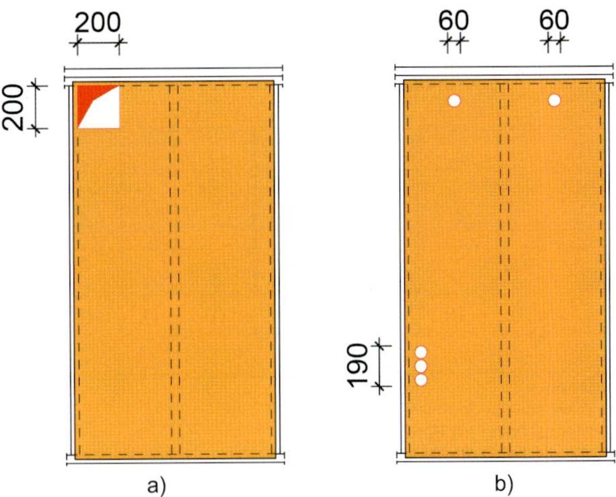

Legende
a) eine einzelne Aussparung
b) mehrere Aussparungen in einer Tafel

Bild 5.87. Aussparungen in der Beplankung nach DIN EN 1995-1-1:2010 (ohne Nachweis erlaubte Aussparungen der Beplankung am Beispiel einer tragenden Wandtafel)

Das vereinfachte Berechnungsverfahren A) nach Abschnitt 9.2.4.2 in DIN EN 1995-1-1:2010 ist nur anwendbar, wenn die Wandscheiben mit Endverankerungen versehen sind, d. h. an den Scheibenenden werden die vertikalen Kräfte unmittelbar und direkt in die Unterkonstruktion abgeleitet (s. Bild in Tabelle 5.9. oder z. B. Bild 5.93. und Bild 5.94.). Das vereinfachte Verfahren regelt die Berechnung des Bemessungswertes der Wandscheibentragfähigkeit $F_{v,Rd}$ für eine aus mehreren Wandtafeln zusammengesetzte Wandscheibe. Es gilt Gl. (9.20):

$$F_{v,Rd} = \sum F_{i,v,Rd} \qquad \text{[DIN EN 1995-1-1, Gl. (9.20)]}$$

Dabei ist:

$F_{i,v,Rd}$ Bemessungswert der Wandscheibentragfähigkeit der Wandtafel nach Abschnitt 9.2.4.2 (4) und Abschnitt 9.2.4.2 (5).

Die Regel gilt für Wände aus einer oder mehreren Tafeln mit jeweils **einer** einseitigen Beplankung auf einem Holzrahmen. Es wird weiterhin vorausgesetzt, dass

- der Abstand der Verbindungsmittel entlang des Umfanges jeder Platten konstant ist,
- die Breite einer jeden Platte beträgt mindestens $h/4$ ($b \geq h/4$).

Die Berechnungsformeln für die Ermittlung der Bemessungswerte der Beanspruchung für die Rand- und Innenrippen und den Schubfluss sind in der Tabelle 5.9. enthalten. Für eine gemeinsam wirkende Gruppe von Tafelelementen mit durchgehender Kopf- und Fußrippe ergeben sich für die Rippen und die Beplankungen gleich große Beanspruchungen. Die Beanspruchungen ergeben sich aus den Gleichungen aus Tabelle 5.9. Dabei ist ℓ gleich der Summe der Einzellängen ℓ_i der gemeinsam wirkenden Tafelelemente.

Tabelle 5.9. Näherungsweise Berechnung für Wandscheiben nach DIN EN 1995-1-1:2010, Abschnitt 9.2.4.2

Anordnung einer typischen Wandscheibe

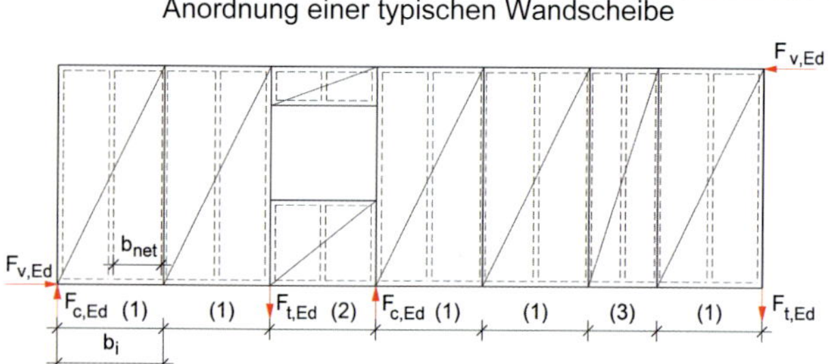

Legende
(1) Wandscheibe (normale Breite)
(2) Wandscheibe mit Fenster
(3) Wandscheibe (kleinere Breite)

Beispiel für die Zusammensetzung von Wandscheiben mit einer Wandtafel mit Fensteröffnung und einer Wandscheibe geringerer Breite (Bild 9.6 in DIN EN 1995-1-1:2010)

Wandscheiben mit Öffnungen bleiben beim Nachweis im Grenzzustand der Tragfähigkeit unberücksichtigt
(Öffnungen sind zu vernachlässigen; Wandscheiben sind **grundsätzlich** aus öffnungslosen Elementen zu bilden.)

Bemessungswert	**Tafel (einseitig beplankt)**	Gleichung (Nr.) nach DIN EN 1995-1-1:2010
Beanspruchung: Normalkraft in der der Randrippen für Anschluss an die Fußschwelle[1]	$F_{i,c,Ed} = F_{i,t,Ed} = \frac{F_{i,v,Ed}\, h}{b_i}$	Gl. (9.23)
Schubfluss in der Fuge zw. Beplankung und Rippen	$s_{v,0,d} = \frac{F_{i,v,Ed}}{b_i}$	
Beanspruchungsfähigkeit: Wandscheibentragfähigkeit $F_{v,Rd}$ einer Wand aus einzelnen Tafeln bestehend	$F_{v,Rd} = \sum F_{i,v,Rd}$	Gl. (9.20)
Tragfähigkeit einer Wandtafel $F_{i,v,Rd}$ (Tragfähigkeit der Verbindungsmittel maßgebend) mit c_i nach	$F_{i,v,Rd} = \frac{F_{f,Rd}\, b_i c_i}{s}$	Gl. (9.21)
	$c_i = \begin{cases} 1 & \text{für } b_i \geq b_0 \\ \frac{b_i}{b_0} & \text{für } b_i < b_0 \end{cases}$	Gl. (9.22)

[1] (Schwellenpressung)

Für den Nachweis der horizontalen Verformung unter Berücksichtigung von Schrägstellungen aus Imperfektionen ist für Wandtafeln (s. Bild 5.88.) eine Berücksichtigung der Auswirkungen von Imperfektionen in Form einer Schrägstellung und ein Nachweis der horizontalen Verformung entbehrlich, wenn folgende Bedingungen erfüllt sind:

a) $\ell \geq h/3$,
b) Breite der Platten mindestens $h/4$ (s. DIN EN 1995-1-1/NA:2013, Abschnitt NCI zu 9.2.4.2 (NA.18)),
c) die Tafel lagert direkt in einer steifen Unterkonstruktion,
d) eine Erhöhung der Tragfähigkeit der Verbindungsmittel nach Abschnitt 9.2.4.2 (5) wird nicht in Ansatz gebracht (die Tragfähigkeit von stiftförmigen Verbindungsmitteln darf bei schubsteifen Verbindungen von Platten und Rippen um 20 % erhöht werden).

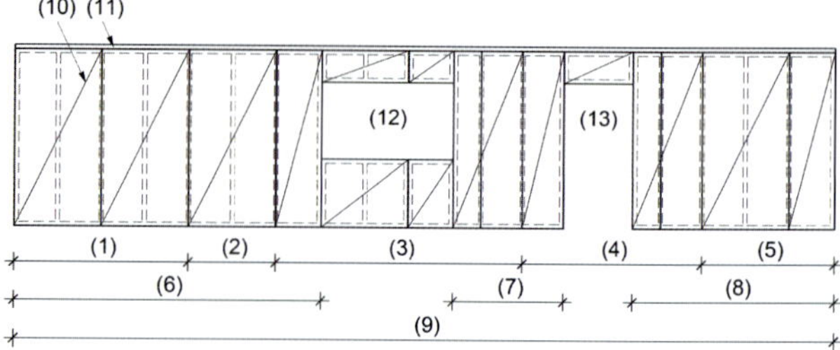

Legende
(1) Wandtafel 1
(2) Wandtafel 2
(3) Wandtafel 3
(4) Wandtafel 4
(5) Wandtafel 5
(6) Wand 1
(7) Wand 2
(8) Wand 3
(9) Wandscheibe
(10) Beplankung
(11) Kopfrippe
(12) Fenster
(13) Tür

Bild 5.88. Beispiel für eine Wandscheibe bestehend aus mehreren Wandtafeln (Bild 9.7 in DIN EN 1995-1-1:2010)

Nachweis der Tragfähigkeit bei Scheibenbeanspruchung nach DIN EN 1995-1-1/NA:2013, Abschnitt NCI zu 9.2.4.2

Der Nachweis der Scheibenbeanspruchung von Tafeln erfolgt mit den nach vereinfachten Regeln berechneten Beanspruchungen. Der Nachweis entspricht der Nachweisführung nach Gl. (122) in DIN 1052:2008, mit

$$\frac{s_{v,0,d}}{f_{v,0,d}} \leq 1{,}0.$$

Die Beanspruchbarkeit der Tafeln ergibt sich aus DIN EN 1995-1-1/NA:2013, Abschnitt NCI zu 9.2.4.2 (NA.16) als vereinfachte Schubspannungsnachweis in der Beplankung. Da die Nachweisführung der früheren DIN 1052:2008 entspricht, erfolgt der Nachweis nach Gl. (123) in DIN 1052:2008.

$$f_{v,0,d} = n_{Bepl.} \cdot \min \begin{cases} k_{v,1} \cdot \frac{F_{f,Rd}}{s} \\ k_{v,1} \cdot k_{v,2} \cdot f_{v,d} \cdot t \\ k_{v,1} \cdot k_{v,2} \cdot f_{v,d} \cdot 35 \cdot \frac{t^2}{b_{red}} \end{cases}$$

Der Rechenwert der Schubfestigkeit des Plattenwerkstoffes darf nicht höher als die niedrigste Zugfestigkeit des Plattenmaterials für Scheibenbeanspruchung angesetzt werden.

Es gelten die Bezeichnungen:

$n_{Bepl.}$ Anzahl der Beplankungen;
$s_{v,0,d}$ Bemessungswert des Schubflusses der Beplankung, in N/mm;
$f_{v,0,d}$ Bemessungswert der längenbezogenen Schubfestigkeit der Beplankung unter Berücksichtigung der Tragfähigkeit der Verbindung und der Platten sowie des Beulens, in N/mm²;
$s_{v,90,d}$ Bemessungswert der längenbezogenen Beanspruchung der Beplankung, in N/mm;
$f_{v,90,d}$ Bemessungswert der längenbezogenen Festigkeit der Beplankung unter Berücksichtigung der Tragfähigkeit der Verbindung und der Platten sowie des Beulens, in N/mm²;

$f_{c,d}$ Bemessungswert der Druckfestigkeit der Platten, in N/mm²;
$F_{f,Rd}$ Bemessungswert der Tragfähigkeit eines Verbindungsmittels auf Abscheren, in N;
s Abstand der Verbindungsmittel untereinander, in mm;
$k_{v,1}$ Beiwert zur Berücksichtigung der Anordnung und Verbindungsart der Platten;
$k_{v,2}$ Beiwert zur Berücksichtigung der Zusatzbeanspruchung nach Abschnitt NCI zu 9.2.4.2 (NA.16);
t Dicke der Platten, in mm;
a_r Abstand der Rippen, in mm.

Bei Tafeln mit allseitig schubsteif verbundenen Plattenrändern ist $k_{v,1} = 1$. Trifft dies nicht zu, ist $k_{v,1} = 0{,}66$.
Die Beplankung erhält zusätzliche Beanspruchung, einmal aus dem Abstand von Rippenachsen und Beplankungsmittelflächen und außerdem aus den diskontinuierlichen und rechtwinklig zu den Rippenachsen gerichteten Kräften. Näherungsweise wird dieser Sachverhalt durch den $k_{v,2}$-Wert berücksichtigt.
Es ist nach DIN EN 1995-1-1/NA:2013, Abschnitt NCI zu 9.2.4.2 für $k_{v,2}$ anzunehmen

a) $k_{v,2} = 0{,}33$ bei einseitiger Beplankung,
b) $k_{v,2} = 0{,}5$ bei beidseitiger Beplankung.

Die charakteristische Tragfähigkeit stiftförmiger Verbindungsmittel für den Anschluss der Beplankung an die Rippen darf um 20 % erhöht werden, wenn die Tafeln allseitig umlaufend schubfest verbunden sind (s. DIN EN 1995-1-1:2010, Abschnitt 9.2.4.2 (5)). Bei der Ermittlung des Verbindungsmittelabstandes für die zur Anwendung kommenden stiftförmigen Verbindungsmittel sind die Ränder als unbeansprucht anzunehmen.
In mehrgeschossigen Bauten werden häufig Rippendruckkräfte durch quer verlaufende Schwellen durchgeleitet, dann darf für den nach DIN EN 1995-1-1:2010, Abschnitt 9.2.4.2 (14) geforderten Querdrucknachweis der charakteristische Wert der Querdruckfestigkeit um 20 % erhöht werden (s. DIN EN 1995-1-1/NA:2013, NCI zu 9.2.4.2 (NA.21)).
Grundsätzlich werden bei Tafeln mit beidseitiger Beplankung beide Seiten aus gleichen Materialien (s. DIN EN 1995-1-1:2010, Abschnitt 9.2.4.2 (7)) und mit gleichen Verbindungsmitteln hergestellt. Dann beteiligen sich die Beplankungen zu gleichen Teilen an der Tragfähigkeit der Tafel. Werden verschiedene Platten und Verbindungsmittel verwendet, so ist die Tragfähigkeit der schwächeren Seite mit **75 %** anzusetzen. Voraussetzung ist, es werden Verbindungsmittel mit ähnlichen Verschiebungsmodulen verwendet. Haben die Verbindungsmittel keine ähnlichen Verschiebungsmodule kann für die Tragfähigkeit der schwächeren Seite nur ein Anteil von 50 % in Rechnung gestellt werden (s. DIN EN 1995-1-1:2010, Abschnitt 9.2.4.2 (7)).
Wandtafeln dürfen mit einem horizontalen Stoß ausgeführt werden (Voraussetzung: Plattenränder des Stoßes sind auf einem Rahmenholz schubsteif verbunden!). Besitzt die Platte einen Stoß mit schubsteifer Verbindung auf einem Rahmenholz und ist die Plattenbreite $\leq 0{,}5 \cdot h$, so ist der Bemessungswert der Tragfähigkeit unter Horizontallast für die Tafel um 1/6 abzumindern (s. DIN EN 1995-1-1/NA:2013, NCI zu 9.2.4.2 (NA.20)).

Wandtafeln unter vertikaler Scheibenbeanspruchung

Auch bei der Abtragung von vertikalen Lasten wirkt die Tafel wie ein Verbundelement. Die Lasten werden über die Rippen und die Beplankung im Verhältnis ihrer Beanspruchbarkeiten der Einzelelemente abgetragen. Aus der Ableitung der Kräfte resultieren dann in den Kontaktflächen zwischen horizontalen Kopf- und Fußrippen Bemessungswerte der Beanspruchung $F_{c,d}$ und in den Verbindungsfugen Bemessungswerte der Beanspruchung für die Verbindungen $s_{v,90,d}$.

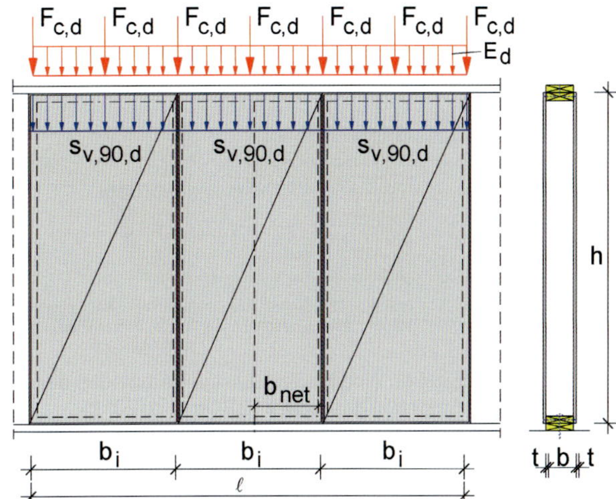

Bild 5.89. Wandtafel mit vertikaler Scheibenbeanspruchung

In DIN EN 1995-1-1:2010 werden hierzu keine Angaben gemacht. Eine Übertragung von vertikalen Lasten über den Verbund zwischen Rippen und Beplankung ist nicht vorgesehen, weiteres dazu in [*Colling* 2017].

Wandtafeln mit diagonaler Brettschalung nach DIN EN 1995-1-1/NA:2013, Abschnitt NCI NA.9.2.4.4

Wandtafeln können anstelle einer Holzwerkstoffbeplankung auch mit einer diagonalen Brettschalung beplankt werden.
Die durch eine horizontal wirkende Kraft $F_{v,d}$ hervorgerufene Beanspruchung wird dann mit einem Fachwerkmodell berechnet. Das Fachwerk besteht aus den Randrippen und einer Diagonalen aus der Brettbeplankung. Die vereinfachte Berechnung mit dem Fachwerkmodell gilt nur für Tafellängen von $2 \cdot h \geq \ell \geq 0{,}5 \cdot h$. Die Brettschalung und der Anschluss der Bretter an die Rippen sind für die Kraft der Diagonalen nachzuweisen. Für den Nachweis der Tragfähigkeit der Schalung ist eine ideelle Breite von $b_{d,\text{Schalung}} = 0{,}2 \cdot \ell$ (jedoch nur maximal $b_{d,\text{Schalung}} = 0{,}2 \cdot h$) anzunehmen.

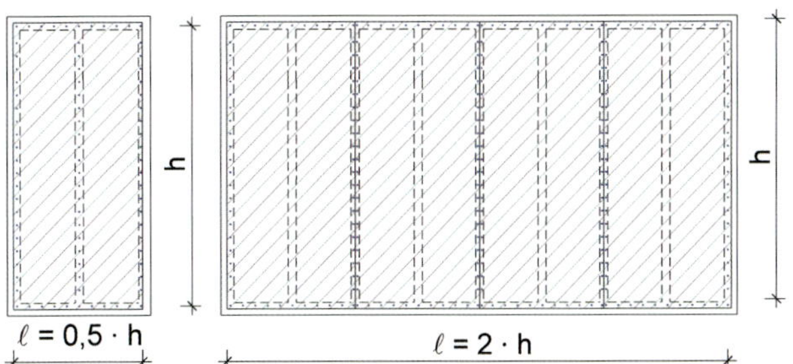

Legende
a) kleinste Tafellänge (größte Steigung der Diagonalen)
b) größte Tafellänge (geringste Steigung der Diagonalen)

Bild 5.90. Wandtafeln mit diagonalen Scheiben [*Lißner* u. a. 2010]

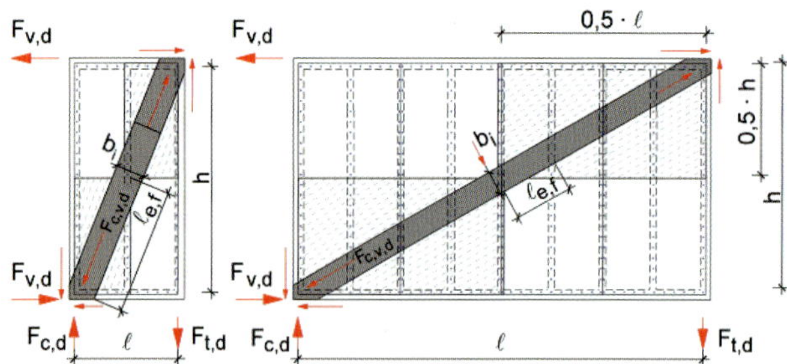

Bild 5.91. Wandtafeln mit diagonalen Scheiben; Angaben der Breite der ideellen Diagonalen, Länge der Verteilung der Verbindungsmittel und Knicklänge der Bretter [*Lißner* u. a. 2010]

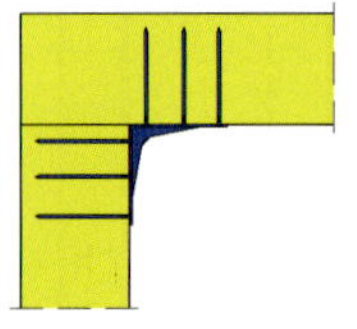

Winkel mit Sondernägen

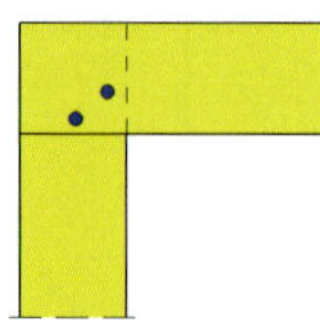

Schlitz mit Zapfen mit Nägeln oder Stabdübeln

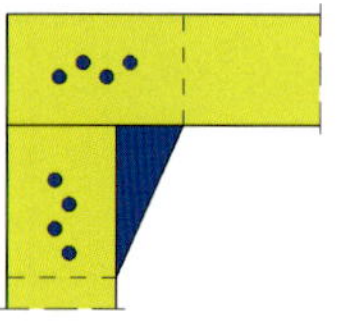

Blech oder Bau- Sperrholz eingeschlitzt mit Nägeln oder Stabdübeln

Bild 5.92. Beispiele für eine kraftschlüssige Verbindung der Randrippen in den Ecken [*Lißner* u. a. 2010]

Die Brettbeplankung ist im Bereich der ganzen Tafel mit den gleichen Materialien und gleichen Anschlüssen herzustellen. Jedes Brett muss mit mindestens zwei Verbindungsmitteln pro Anschluss befestigt werden. Die rechnerisch erforderlichen Verbindungsmittel sind auf die Länge $\ell/2 + h/2$ gleichmäßig zu verteilen. Diese Verteilung ist umlaufend über die ganze Tafel anzuordnen.
Alle Randrippen sind in den Ecken druck- und zugfest zu verbinden.

Wandtafeln mit aufgeklebten Beplankungen nach Abschnitt 9.1.2 in DIN EN 1995-1-1:2010, DIN EN 1995-1-1/NA:2013 und DIN 1052-10:2012

Tafeln mit aufgeklebten Beplankungen werden häufig im Holz-Tafelbau verwendet, da bei ihrer industriellen Herstellung die für das Verkleben notwendigen Fertigungsbedingungen eingehalten werden können.
Die fertigungstechnologischen Bedingungen regelt DIN 1052-10, Abschnitt 6.7:

- Die nachfolgenden Regeln gelten für geklebte Tafelelemente nach DIN EN 1995-1-1:2010, Abschnitt 9.1.2 und DIN EN 1995-1-1/NA:2013, Abschnitt NCI zu 9.1.2.
- Die Feuchte der Holzrippe von Holztafelelementen nach DIN EN 1995-1-1/NA:2013, Abschnitt NCI zu 9.1.2 darf höchstens 15 %, die Feuchtedifferenz der einzelnen Hölzer höchstens 4 % betragen.
- Die Dickendifferenz der Holzrippen darf höchstens 0,6 mm betragen. Werden fugenfüllende Klebstoffe nach bauaufsichtlichem Verwendungsnachweis verwendet, darf die Dickendifferenz der Holzrippen höchstens 1,0 mm betragen.
- Als Rippenbaustoffe dürfen verwendet werden:
  - Vollholz;
  - Brettschichtholz;
  - Balkenschichtholz;
  - Furnierschichtholz, mit faserparallen Furnierlagen nach den Festlegungen des bauaufsichtlichen Verwendbarkeitsnachweises.
- Als Beplankungsmaterial dürfen verwendet werden:
  - Furnierschichtholz nach den Festlegungen des bauaufsichtlichen Verwendbarkeitsnachweises;
  - Massivholzplatten nach DIN EN 13986 für tragende Zwecke;
  - Brettsperrholz mit $d \leq 60$ mm nach den Festlegungen des bauaufsichtlichen Verwendbarkeitsnachweises;
  - Sperrholz;
  - OSB-Platten, sofern die zu verklebenden Flächen geschliffen sind;
  - kunstharzgebundene Spanplatten, die nachweislich zum Verkleben geeignet sind.
- Der Pressdruck darf auch durch Schraubenpressklebung aufgebracht werden. Die Vorgaben von Abschnitt 6.2 in DIN 1052-10:2012 sind hierbei zu beachten.

Tafeln mit geklebten Rändern werden sinngemäß wie Tafeln mit nachgiebigen Verbindungsmitteln konstruktiv durchgebildet. Zur Berechnung, s. DIN EN 1995-1-1:2010, Abschnitt 9.1.2.
Allerdings sind wegen des unterschiedlichen Tragverhaltens bei statisch unbestimmt gelagerten Tafeln und bei gemeinsam wirkenden Tafeln die Steifigkeiten der einzelnen Elemente zu berücksichtigen.

Weiterleitung der Auflagerkräfte bei Wandtafeln

Der Nachweis der Weiterleitung der Wandbeanspruchungen in die Fundamentplatten erfolgt nach folgender Gleichung

$$F_{t,d,\mathrm{dst}} - F_{c,d,\mathrm{stb}} \leq R_d$$

mit:

$F_{t,d,\mathrm{dst}}$ Zugkraft aus destabilisierenden Einwirkungen (z. B. Wind);

$F_{c,d,\mathrm{stb}}$ Druckkraft aus stabilisierenden Einwirkungen (z. B. ständigen Einwirkungen aus Eigengewicht);

R_d Bemessungswert der Tragfähigkeit der Verankerung.

Der Bemessungswert der Zugkraft wird mit $\gamma = 1{,}5$ aus den charakteristischen Werten ermittelt. Die Druckkraft aus der stabilisierenden Einwirkung wird aus den charakteristischen ständigen Lasten mit $\gamma = 0{,}9$ ermittelt.

Die Gleichung lautet dann

$$1{,}5 \cdot F_{t,k,dst} - 0{,}9 \cdot F_{c,k,Stb} \leq R_d$$

Regellösungen für Verankerungen mit dem Untergrund zeigen die Bilder 5.93. und 5.94. Diese werden häufig bei Ein- und Zweifamilienhäusern angewendet.

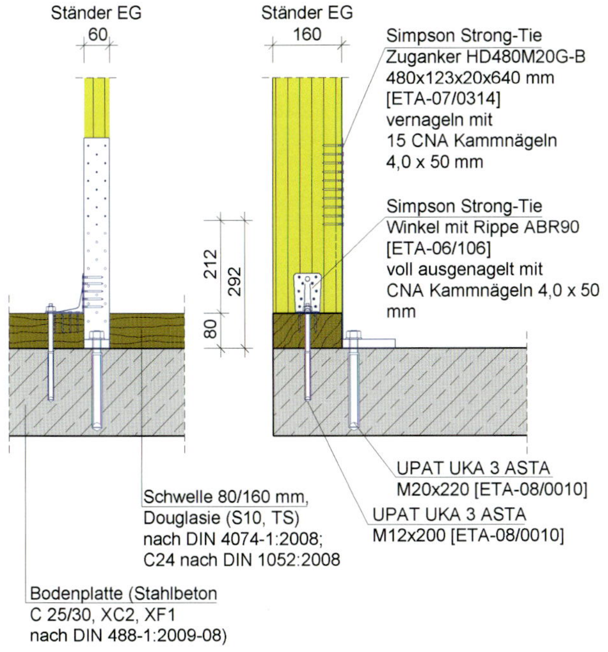

Bild 5.93. Anker mit biegesteifem Anschluss an die Betondecke

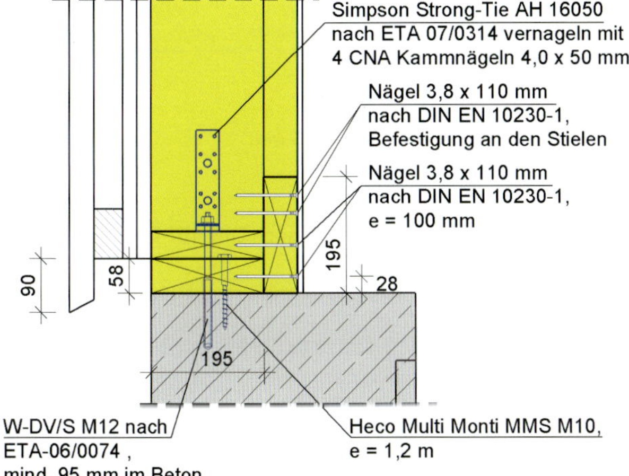

Bild 5.94. Angabe der Abmessungen der Stahlteile, der Nagelabstände sowie der zu verankernden Kraft

Beispiel 5.22. (nach DIN EN 1995-1-1:2010)

Nachweis: Verankerung von Wandscheiben (Bild 5.94.)

Wandlänge: $b_x = 2{,}5$ m

Wandhöhe: $h_x = 2{,}5$ m

Beanspruchung am Wandkopf: $F_{v,d} = 7{,}3$ kN

Eigengewicht: $g_1 = 2{,}5$ kN/m

Einwirkung aus Deckenbalken: $g_2 = 1{,}8$ kN/m

Zugkraft am Fußpunkt der Wandscheibe:

$$F_{t,d} = F_{v,d} \cdot \frac{h_x}{b_x}$$

$$F_{t,d} = 7{,}3 \cdot \frac{2{,}5}{2{,}5} = 7{,}3 \text{ kN}$$

Stabilisierende Last:

$$F_{stb,d} = 0{,}9 \cdot 0{,}5 \cdot (g_1 + g_2) \cdot b_x$$

$$F_{stb,d} = 0{,}9 \cdot 0{,}5 \cdot (2{,}5 + 1{,}8) \cdot 2{,}5$$

$$F_{stb,d} = 4{,}84 \text{ kN}$$

Destabilisierende Last (Verankerungskraft):

$$F_{dst,d} = F_{t,d} - F_{stb,d}$$

$$F_{dst,d} = 7{,}3 - 4{,}84 = 2{,}46 \text{ kN}$$

Die Randrippen (Pfosten) der Wandscheibe sind am Fundament zu verankern.

Gewählte Zuganker:

Simpson Strong Tie AH 16050 nach ETA 07/0314 mit CNA Kammnägeln 4,0 × 50 mm
k_{mod} = 1,0 für KLED: kurz/sehr kurz; NKL 1

Anschluss Zuganker an Randrippe:

Gewählt: 4 CNA Kammnägel 4,0 x 50 mm

mit: $F_{v,Rk}$ = 2,22 kN pro Nagel (Hersteller: Simpson Strong-Tie, Ausgabe 14/15, S. 185))

$$F_{v,Rd} = \frac{(4 \cdot 2{,}22 \text{ kN}) \cdot k_{mod}}{\gamma_M}$$

$$F_{v,Rd} = \frac{8{,}88 \cdot 1{,}0}{1{,}3} = 6{,}88 \text{ kN}$$

$$\frac{2{,}46 \text{ kN}}{6{,}88 \text{ kN}} = 0{,}36 < 1$$

Anschluss Zuganker an Fundament:

Gewählt:
Würth W-VD/S M12 Verbundanker-Patronensystem nach Europäischer Zulassung ETA-06/0074 mit: $F_{d,zul}$ = 15,9 kN

$$\frac{2{,}46 \text{ kN}}{15{,}9 \text{ kN}} = 0{,}16 < 1$$

Der Wert gilt für die Befestigung in ungerissenem Beton C20/25.

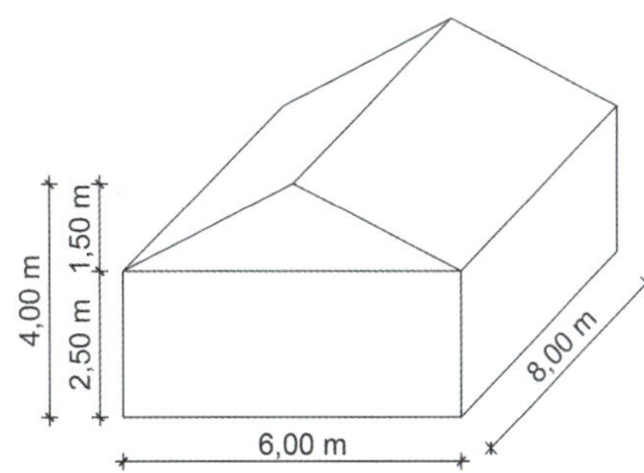

Bild 5.95. Geometrie des Gebäudes

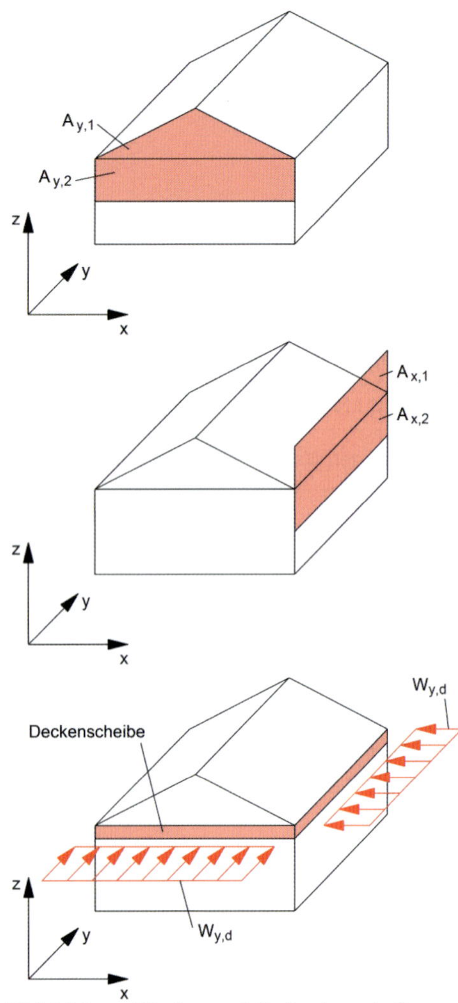

Bild 5.96. Windlast auf die Deckenscheibe

Beispiel 5.23. (nach DIN EN 1995-1-1:2010)

Berechnung einer Decken- und Wandscheibe

Ein eingeschossiges Ferienhaus soll in Holzrahmenbauart ausgeführt werden. Es hat im Grundriss 6 x 8 m und eine Gesamthöhe von 4,0 m. Auf das Dach entfällt dabei eine Höhe von 1,5 m. Die Deckenbalken sowie die Sparren verlaufen in *x*-Richtung. Die Deckenscheibe wird mit OSB-Platten auf den Deckenbalken angeordnet. Die Deckenscheibe sowie die aussteifenden Wandscheiben sind zu bemessen (s. Bilder 5.95. und 5.96.).

Beanspruchung aus Wind auf Giebel:

$$W_{y,d} = 1{,}5 \cdot c_{pe} \cdot q \cdot A_{ref,1}$$

$$W_{y,d} = 1{,}5 \cdot (0{,}5 + 0{,}8) \cdot 0{,}61 \cdot (A_{y,1} + A_{y,2})$$

$$W_{y,d} = 1{,}5 \cdot 1{,}3 \cdot 0{,}61 \cdot [(0{,}5 \cdot 2{,}50 \cdot 6{,}00) + (0{,}5 \cdot 6{,}00 \cdot 1{,}5)]$$

$$W_{y,d} = 14{,}27 \text{ kN}$$

$$w_{y,d} = \frac{14{,}27 \text{ kN}}{6{,}0 \text{ m}} = 2{,}38 \text{ kN/m} = q_{y,d}$$

Beanspruchung aus Wind auf Traufe:

$$W_{x,d} = 1{,}5 \cdot c_{pe} \cdot q \cdot A_{ref,2}$$

$$W_{x,d} = 1{,}5 \cdot (0{,}5 + 0{,}8) \cdot 0{,}61 \cdot (A_{x,1} + A_{x,2})$$

$$W_{x,d} = 1{,}5 \cdot 1{,}3 \cdot 0{,}61 \cdot (0{,}5 \cdot 2{,}5 \cdot 8{,}0 + 1{,}5 \cdot 8{,}0)$$

$$W_{x,d} = 26{,}16 \text{ kN}$$

$$w_{x,d} = \frac{26{,}16 \text{ kN}}{8{,}0 \text{ m}} = 3{,}27 \text{ kN/m} = q_{x,d}$$

Beanspruchung der Beplankung in der Deckenscheibe:

$$s_{v,0,d} = \max\{s_{v,x,0,d};\, s_{v,res}\}.$$

$$s_{v,x,0,d} = \frac{q_{x,d} \cdot h_y / 2}{h_x} = \frac{3{,}27 \cdot 8/2}{6} = 2{,}18$$

$$s_{v,res} = s_{v,y,0,d} \cdot \sqrt{1 + \left(\frac{2 \cdot h_y}{h_x}\right)^2}$$

$$s_{v,y,0,d} = \frac{q_{y,d} \cdot h_x / 2}{h_y}$$

$$s_{v,y,0,d} = \frac{2{,}38 \cdot 6/2}{8} = 0{,}89 \text{ kN/m}$$

$$s_{v,res} = s_{v,y,0,d} \cdot \sqrt{1 + \left(\frac{2 \cdot h_y}{h_x}\right)^2} = 2{,}53 \text{ kN/m} = 2{,}53 \text{ N/mm}$$

Bei Berechnung des resultierenden Schubflusses infolge Beanspruchung rechtwinklig zu den Rippen ($s_{v,90,d}$) kann auf eine Verminderung der rechnerischen Scheibenhöhe verzichtet werden. (Regelung nach DIN 1052:2008).

Geometrie und Baustoffe:

Geometrie:

Scheibenhöhe in x-Richtung:

$h_x = 6{,}0$ m

Scheibenhöhe in y-Richtung:

$h_y = 8{,}0$ m

Rippenbreite/-dicke/-abstand:

$b_r = 120$ mm; $h_r = 180$ mm; $a_r = 625$ mm

Rippen:

Nadelholz, C24 nach EN 338, S10 nach DIN 4074-1

$\rho_k = 350$ kg/m^3

Beplankung:

OSB/3; einseitig

Plattendicke:

$t = 15{,}0$ mm

Zugfestigkeit:

$f_{t,k} = 7{,}0$ N/mm^2

Schubfestigkeit:

$f_{v,k} = 6{,}8$ N/mm^2

Verbindungsmittel:

Klammer, 1,53 x 50 mm

Abstand:

$a_v = 150$ mm

Durchmesser:

$d = 1{,}53$ mm

Länge:

$\ell = 50$ mm

Stiftfaktor:

$n = 2$

Beanspruchbarkeit:

$$f_{v,0,d} = \min\begin{cases} k_{v,1} \cdot F_{v,Rd} / a_v \\ k_{v,1} \cdot k_{v,2} \cdot f_{v,d} \cdot t \\ k_{v,1} \cdot k_{v,2} \cdot f_{v,d} \cdot 35 \cdot t^2 / a_r \end{cases}$$

$$f_{v,0,d} = \min \begin{cases} 0{,}66 \cdot 452 / 150 \\ 0{,}66 \cdot 0{,}33 \cdot 4{,}71 \cdot 15 \\ 0{,}66 \cdot 0{,}33 \cdot 4{,}71 \cdot 35 \cdot 15^2 / 625 \end{cases}$$

$$f_{v,0,d} = \min \begin{cases} 3{,}01 \\ 24{,}01 = 3{,}01 \text{ N/mm} \\ 19{,}58 \end{cases}$$

Nachweis:

$$\frac{f_{v,r}}{f_{v,0,d}} = \frac{2{,}53 \text{ N/mm}}{3{,}01 \text{ N/mm}} = 0{,}84 < 1$$

Beanspruchung der Beplankung der Wandscheibe:

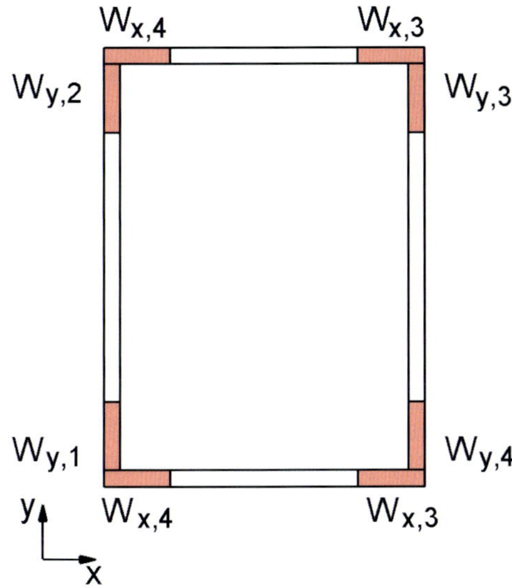

Bild 5.97. Aussteifende Wandscheibe

Anordnung der Wandscheiben

in x-Richtung		
	$b_{x,i}$	y_i [m]
$W_{x,1}$	1,25	0
$W_{x,2}$	1,25	0
$W_{x,3}$	1,25	6,0
$W_{x,4}$	1,25	6,0

in y-Richtung		
	$b_{y,i}$	x_i [m]
$W_{y,1}$	1,25	0
$W_{y,2}$	1,25	0
$W_{y,3}$	1,25	8,0
$W_{y,4}$	1,25	8,0

Da die Wandscheiben gleich dimensioniert und in jeder Gebäudeecke angeordnet sind, kann die Exzentrizität des Scheibenschwerpunktes sowie die Exzentrizität des Windes vernachlässigt werden.

Ausführung der Wandscheiben:

Geometrie und Baustoffe:

Geometrie:

Scheibenhöhe:

$h = 2{,}5$ m

Scheibenlänge:

$b = 1{,}25$ m

Rippenbreite/-dicke/-abstand:

$b_r = 60$ mm $h_r = 180$ mm $a_r = 625$ mm

Rippen:

Nadelholz, C24 nach EN 338, S10 nach DIN 4074-1

$\rho_k = 350$ kg/m³

Beplankung:

OSB/3; einseitig

Plattendicke:

$t = 15{,}0$ mm

Zugfestigkeit

$f_{t,k} = 7{,}0$ N/mm²

Schubfestigkeit:

$f_{v,k} = 6{,}8$ N/mm²

Verbindungsmittel:

Klammer, 1,53 x 50 mm

Abstand:

$a_v = 150$ mm

Durchmesser:

$d = 1{,}53$ mm

Länge:

$\ell = 50$ mm

Stiftfaktor:

$n = 2$

Beanspruchung der Wandscheiben am Wandkopf:

$$F_{x,v,d} = \frac{b_{x,i}}{\sum b_{x,i}} \cdot W_{x,d} = \frac{1{,}25}{4 \cdot 1{,}25} \cdot 26{,}16$$

$F_{x,v,d} = 6{,}54$ kN

$$F_{y,v,d} = \frac{b_{y,i}}{\sum b_{y,i}} \cdot W_{y,d} = \frac{1{,}25}{4 \cdot 1{,}25} \cdot 14{,}27$$

$F_{y,v,d} = 3{,}57$ kN

Nachweis Wandscheibentragfähigkeit:

Schubfluss:

$$s_{v,0,d} = \max\{s_{v,x,0,d}; s_{v,y,0,d}\}$$

$$s_{v,x,0,d} = \frac{F_{x,v,d}}{b_x} = \frac{6{,}54}{1{,}25} = 5{,}23 \text{ N/mm}$$

$$s_{v,y,0,d} = \frac{F_{y,v,d}}{b_y} = \frac{3{,}57}{1{,}25} = 2{,}86 \text{ N/mm}$$

$$s_{v,0,d} = \max\{5{,}23; 2{,}86\}) = 2{,}86 \text{ N/mm}$$

Schubtragfähigkeit:

$$f_{v,0,d} = \min \begin{cases} k_{v,1} \cdot c \cdot F_{v,Rd} / a_v \\ k_{v,1} \cdot k_{v,2} \cdot f_{v,d} \cdot t \\ k_{v,1} \cdot k_{v,2} \cdot f_{v,d} \cdot 35 \cdot t^2 / a_r \end{cases}$$

$$f_{v,0,d} = \min \begin{cases} 1{,}0 \cdot 1 \cdot 452 / 80 \\ 1{,}0 \cdot 0{,}33 \cdot 4{,}71 \cdot 15 \\ 1{,}0 \cdot 0{,}33 \cdot 4{,}71 \cdot 35 \cdot 15^2 / 625 \end{cases}$$

$$f_{v,0,d} = \min \begin{cases} 5{,}65 \\ 24{,}01 = 5{,}65 \text{ N/mm} \\ 19{,}58 \end{cases}$$

$$\frac{s_{v,0,d}}{f_{v,0,d}} = \frac{5{,}23 \text{ N/mm}}{5{,}65 \text{ N/mm}} = 0{,}93 < 1$$

Wandscheibenverankerung:

Der Nachweis erfolgt für die maximal beanspruchten Wände

Wandlänge: $b_x = 1{,}25$ m

Wandhöhe: $h_x = 2{,}5$ m

Beanspruchung am Wandkopf: $F_{v,d} = 6{,}54$ kN

Eigengewicht: $g_1 = 3{,}2$ kN/m

Einwirkung aus Deckenbalken und Dachkonstruktion:

$g_2 = 5{,}0$ kN/m

Zugkraft am Fußpunkt der Wandscheibe:

$$F_{t,d} = F_{v,d} \cdot \frac{h_x}{b_x}$$

$$F_{t,d} = 6{,}54 \cdot \frac{2{,}5}{1{,}25} = 13{,}08 \text{ kN}$$

Stabilisierende Last:

$$F_{stb,d} = 0{,}9 \cdot 0{,}5 \cdot (g_1 + g_2) \cdot b_x$$

$$F_{stb,d} = 0{,}9 \cdot 0{,}5 \cdot (3{,}2 + 5{,}0) \cdot 1{,}25$$

$$F_{stb,d} = 4{,}62 \text{ kN}$$

Destabilisierende Last (Verankerungskraft):

$$F_{dst,d} = F_{t,d} - F_{stb,d}$$

$$F_{dst,d} = 13{,}08 - 4{,}62 = 8{,}46 \text{ kN}$$

Die Randrippen (Pfosten) der Wandscheibe sind am Fundament zu verankern.

Gewählte Zuganker:

Simpson Strong Tie AH 16050 nach ETA 07/0314
mit CNA Kammnägeln 4,0 x 50 mm
k_{mod} = 1,0 für KLED: kurz/sehr kurz; NKL 1

Anschluss Zuganker an Randrippe:

Gewählt: 6 CNA Kammnägel 4,0 x 50 mm

mit: $F_{v,Rk}$ = 2,22 kN pro Nagel (Hersteller: Simpson Strong-Tie, Ausgabe 14/15, S. 185)

$$F_{v,Rd} = \frac{(6 \cdot 2{,}22 \text{ kN}) \cdot k_{mod}}{\gamma_M}$$

$$F_{v,Rd} = \frac{13{,}32 \cdot 1{,}0}{1{,}3} = 10{,}25 \text{ kN}$$

$$\frac{8{,}46 \text{ kN}}{10{,}25 \text{ kN}} = 0{,}83 < 1$$

Anschluss Zuganker an Fundament:

Gewählt:

Würth W-VD/S M12 Verbundanker-Patronensystem nach Europäischer Zulassung ETA-06/0074

mit: $F_{d,zul}$ = 15,9 kN

$$\frac{8{,}46 \text{ kN}}{15{,}9 \text{ kN}} = 0{,}53 < 1$$

Der Wert gilt für die Befestigung in ungerissenem Beton C20/25.

Literatur: [*Colling* 2017], [*Lißner/Rug* 2016], [*Hall* 2012], *Colling* 2011, [*Lißner, Felkel,Hemmer* u. a. 2010], [*Kessel* 2010], [*Krämer/Peter* u. a. 2007], [*Kammer* 2006], [*Blaß* u. a. 2005], [*Kessel* 2003], [*Dettmann* 2003], [*Kessel* 2001], [BDZ 2000], [*Gebhard, Schulze* 1996], [*Steinmetz* 1992], [*Källsner* 1983], [*Wagner* 1982].

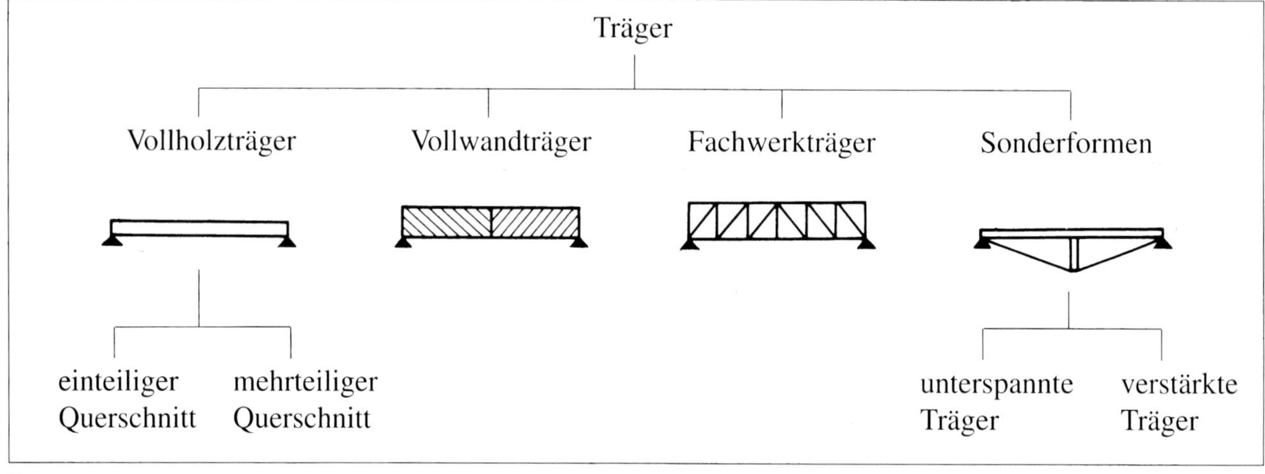

Übersicht 5.1. Konstruktive Einteilung der Trägerarten

5.5. Biegestäbe

Biegestäbe werden auch als Träger bezeichnet. Im statischen Sinn ist ein Träger ein waagerecht oder schräg liegendes Bauteil, das sich auf Auflager stützt und seine Eigenlast und eine aufgebrachte Belastung trägt. Träger können nach der Form, dem Baustoff, der Verwendung sowie nach statischen und konstruktiven Gesichtspunkten unterschieden werden.
In statischer Hinsicht wird unterschieden in

- statisch bestimmte Träger und
- statisch unbestimmte Träger.

Die Unterscheidung in konstruktiver Hinsicht zeigt die Übersicht 5.1.
Der allgemein als „Balken" bezeichnete Vollholzträger ist nur eine Form des Trägers.

Stützweiten

Bei frei aufliegenden Einfeld- und Durchlaufträgern gilt die Entfernung der Auflagermitten als Stützweite. Liegen die Träger direkt auf Mauerwerk auf, so dürfen als Stützweite angenommen werden

- bei Einfeldträgern $1{,}05 \cdot \ell_W$,
- bei Durchlaufträgern im Endfeld $1{,}025 \cdot \ell_W + 0{,}5$ der Auflagerlänge auf der Zwischenstütze.

Bretter und Bohlen sind als frei drehbar, auf zwei Stützen gelagert, zu berechnen, auch wenn sie über mehrere Felder verlaufen. Als Stützweite gilt im Höchstfall der Achsabstand der Unterstützungen. Dies gilt auch für Dachlatten und Dachschalung.

Träger aus Voll-, Balkenschicht-, Furnierschicht- oder Brettschichtholz

Der Holzträger (als Balken, Sparren, Pfette, Unterzug u. a.) hat schon immer im konstruktiven Holzbau eine bedeutende Rolle gespielt. Vollhölzer sind nur für begrenzte Spannweiten und Belastungen verwendbar. Bei größeren Spannweiten und Belastungen der Biegestäbe sind aus mehreren Einzelteilen zusammengesetzte Querschnitte zweckmäßig, da sie bei geringem Holzaufwand größere statische Werte ergeben. Diese Art von Trägern erfordert schubfeste Verbindungsmittel, wie z. B. Nägel, Dübel oder Schrauben.
Zusammengesetzte Balken werden heute wegen ihres Aufwandes bei der Herstellung kaum noch verwendet. Alternativen sind Träger aus Brettschichtholz, Balkenschichtholz, Furnierschichtholz oder Hybridträger mit Stegen aus Holzwerkstoffen (s. Tabelle 5.16.).
Sind größere Spannweiten zu überbrücken, erfüllt der geklebte Brettschichtträger sowohl in statischer als auch in technologischer Hinsicht am besten die Forderungen (s. a. Abschnitt 9.5. – Konstruktionen aus Brettschichtholz).
Übersicht 5.2. zeigt, wie aus kurzen Holzträgern durchlaufende Träger entstehen können. Weitere Entwicklungen gehen dahin, Holzquerschnitte mit Stahl oder hochfesten faserverstärkten Kunststoffen in geeigneter Form zu bewehren, um die Tragfähigkeit und Steifigkeit der Träger zu erhöhen und die Eigenschaftsstreuungen auszugleichen. Die Tragfähigkeit eingebauter Balken kann durch Stahl-Elemente (z. B. [-Profile) erhöht werden (s. Abschnitt 5.8.2.).
Andere Entwicklungen führen zu Verbundkonstruktionen im Holzbau, insbesondere für Bauteile, die auf Biegung beansprucht werden. Dabei werden Verbundquerschnitte, wie z. B. Holz-Beton-Verbundkonstruktionen wichtig, die sich u. a. zu Scheiben- und Plattentragwerken mit statisch günstiger mitwirkender Plattenbreite zusammensetzen lassen (s. a. Abschnitt 5.13. – Verbundkonstruktionen im Holzbau).

Spannungsermittlung beim geraden Biegestab

Dem äußeren Moment $M_{a,d}$ muss das innere Moment $M_{i,d}$ entsprechen:

$$M_{i,d} = M_{a,d}\,.$$

Das innere Moment (allgemein nur $M_{i,d}$ genannt) wird durch die Zug- und Druckkräfte des Holzstabes gebildet, wobei wir annehmen, dass die Nulllinie in Stabmitte verläuft und die Druckspannungen genauso groß sind wie die Zugspannungen.
(Bemerkung: Streng genommen verschiebt sich die Nulllinie bei größerer Belastung in Richtung der größeren Festigkeit, nämlich zur Zugseite.)

$$M_{i,d} = M_{a,d} = M_d\,.$$

Die Druckkraft D_d bzw. Zugkraft Z_d ist gleich dem Inhalt des Spannungskörpers (Bild 5.98.).

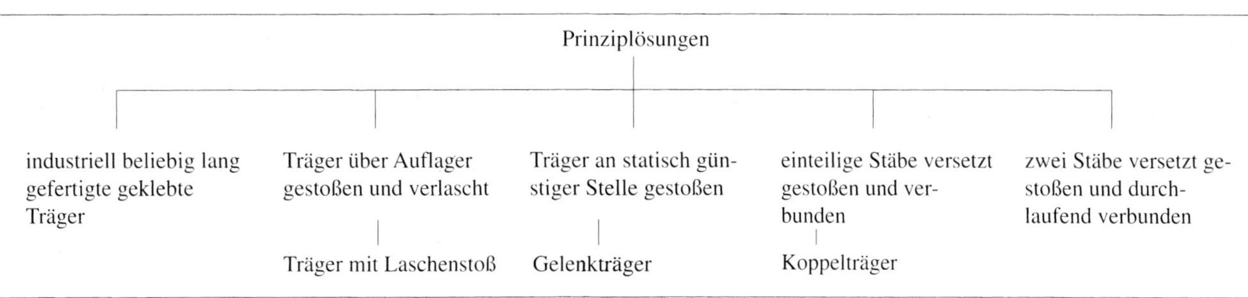

Übersicht 5.2. Prinziplösungen, um aus kurzen Holzträgern Durchlaufträger zu bilden

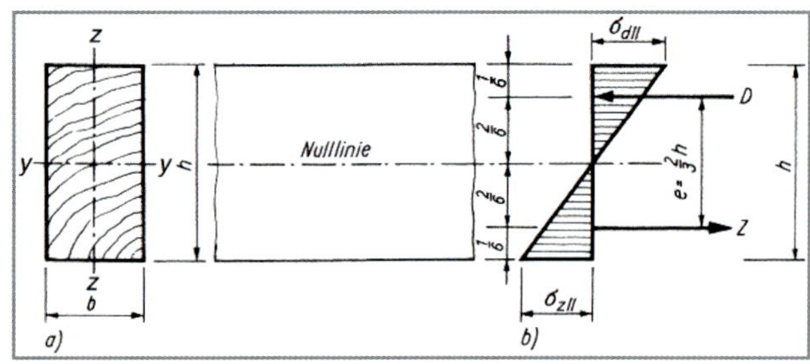

Legende
a) Querschnitt
b) Spannungsdiagramm

Bild 5.98. Bezeichnungen am Holzquerschnitt

$$D_d = Z_d = \sigma_d \cdot \frac{h}{2} \cdot \frac{b}{2}$$

Aus der Beziehung Moment = Kraft × Hebelarm ergibt sich

$$M_d = D_d \cdot \frac{2}{3} h = Z_d \cdot \frac{2}{3} h = \frac{\sigma_d \cdot h \cdot b \cdot 2 \cdot h}{2 \cdot 2 \cdot 3}$$

$$M_d = \frac{\sigma_d \cdot b \cdot h^2}{6}$$

Der Ausdruck $\frac{b \cdot h^2}{6}$ ist das Widerstandsmoment des Rechteckquerschnitts, bezogen auf die *x*-Achse. Aus den bekannten Gleichungen

$$M_d = \sigma_{m,d} \cdot W_y \quad \text{und} \quad W_y = \frac{I_y}{e}$$

errechnen wir

$$_{\text{erf}}W_y = \frac{M}{\sigma_{m,d}}$$

(W_y in mm³, M_d in Nmm, $\sigma_{m,d}$ in N/mm²).

Die größte Randspannung beträgt:

$$_{\max}\sigma_{t,0,d} = \sigma_{c,0,d} = \sigma_{m,d} = \pm \frac{M_d \cdot e}{I_y}$$

($\sigma_{c,0,d}$, $\sigma_{m,d}$, $\sigma_{t,0,d}$ in N/mm², M_d in Nmm, I_y in mm⁴, *W* in mm³, *e* in mm).

Schubspannungen, allgemein

Wegen der geringen Schubfestigkeit des Holzes in Richtung der Faser ist die Ermittlung der Schubspannungen besonders bei der Berechnung von Doppel-T-Trägern wichtig. Die Stege der Doppel-T-Träger müssen in der Regel allein aufgrund der erforderlichen Schubfestigkeit bemessen werden. In der Nullachse (Biegeachse) wird die Schubspannung τ_d am größten, weil das statische Moment *S* dort den größten Wert erreicht. Im Abstand *z* von der *y*-Achse ist

$$\tau_d = \frac{V_d \cdot S_y}{b_{ef} \cdot I_y}$$

V_d Querkraft, in N;

S_y statisches Moment, in mm³;

b_{ef} wirksame Breite der Schubfuge, in mm;

I_y Trägheitsmoment, in mm⁴.

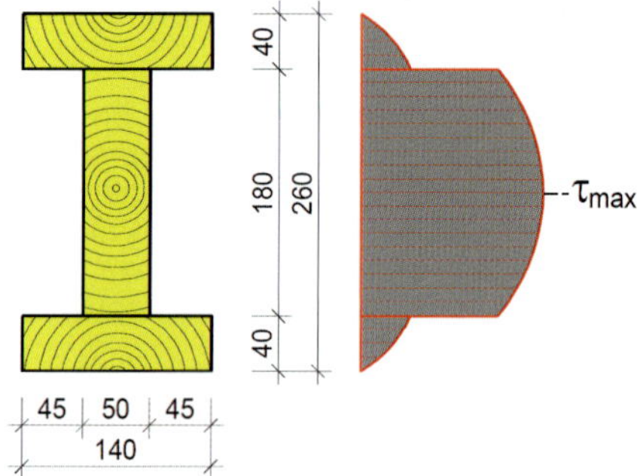

Bild 5.99. Schubspannungsverteilung beim Doppel-T-Träger

Für den Rechteckquerschnitt ist

$$\tau_d = 1{,}5 \cdot \frac{V_d}{A_{ef}} = \frac{1{,}5 \cdot V_d}{b_{ef} \cdot h} = \max \tau_d \,.$$

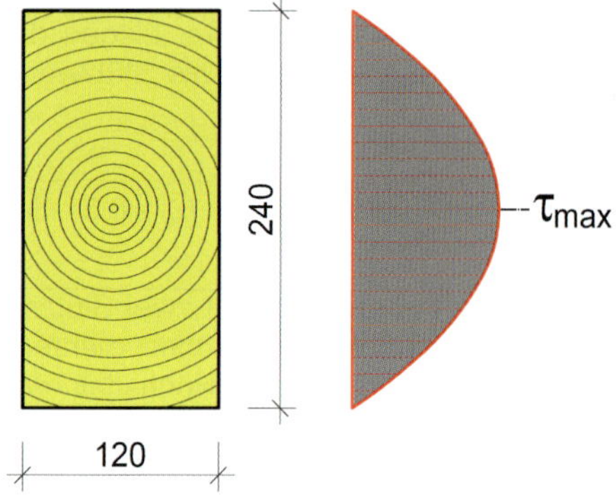

Bild 5.100. Schubspannungsverteilung beim Rechteckquerschnitt

5.5.1. Bemessungsregeln für biegebeanspruchte Bauglieder nach DIN EN 1995-1-1:2010, Abschnitt 6 und DIN EN 1995-1-1/NA:2013

Im Grenzzustand der Tragfähigkeit sind nachzuweisen:

- Biegung (nach Abschnitt 6.1.6),
- Schub aus Querkraft (nach Abschnitt 6.1.7),
- Torsion (nach Abschnitt 6.1.8),
- Biegung und Zug (nach Abschnitt 6.2.3),
- Biegung und Druck (nach Abschnitt 6.2.4),
- Biegedrillknicken von Biegestäben (nach Abschnitt 6.3.3).

Nachweis Biegung

Es gelten die Gl. (6.11) und Gl. (6.12):

$$\frac{\sigma_{m,y,d}}{f_{m,y,d}} + k_m \cdot \frac{\sigma_{m,z,d}}{f_{m,z,d}} \le 1{,}0$$ [DIN EN 1995-1-1, Gl. (6.11)]

$$k_m \cdot \frac{\sigma_{m,y,d}}{f_{m,y,d}} + \frac{\sigma_{m,z,d}}{f_{m,z,d}} \le 1{,}0$$ [DIN EN 1995-1-1, Gl. (6.12)]

mit:

$\sigma_{m,y,d}$, $\sigma_{m,z,d}$ = Bemessungswerte der Biegespannungen um die Querschnittshauptachsen, in N/mm²;

$f_{m,y,d}$, $f_{m,z,d}$ = Bemessungswerte der Beigefestigkeit, in N/mm².

$k_m = 0{,}7$ für Rechteckquerschnitte aus Vollholz, Brettschichtholz und Balkenschichtholz

$k_m = 1{,}0$ für andere Querschnitte und Holzwerkstoffplatte

$k_m = 1{,}0$ für andere tragende Holzwerkstoffe bei allen anderen Querschnitten

Zusätzlich sind Stabilitätsnachweise zu führen (s. Abschnitt 6.3 in DIN EN 1995-1-1:2010).

Einfluss der Bauteilgröße bei Vollholz:

Für Vollholz mit Rechteckquerschnitt und einer charakteristischen Rohdichte $\rho_k \leq 700$ kg/m³ beträgt die Bezugshöhe für den charakteristischen Wert der Biegefestigkeit 150 mm. Für Bauteile aus Vollholz mit Rechteckquerschnitten und Querschnittshöhen bei Biegung, die weniger als 150 mm betragen, dürfen die charakteristischen Werte für $f_{m,k}$ mit dem Beiwert k_h erhöht werden, mit:

$$k_h = \min \begin{cases} \left(\frac{150}{h}\right)^{0,2} \\ 1{,}3 \end{cases}$$ [DIN EN 1995-1-1, Gl. (3.1)]

Dabei ist:

h die Querschnittshöhe bei Biegung des Bauteiles, in mm.

Einfluss der Bauteilgröße bei Brettschichtholz:

Für Brettschichtholz mit Rechteckquerschnitt beträgt die Bezugshöhe für den charakteristischen Wert der Biegefestigkeit 600 mm. Bei einer Querschnittshöhe bei Biegung von Brettschichtholz, die weniger als 600 mm beträgt, dürfen die charakteristischen Werte für $f_{m,k}$ mit dem Beiwert k_h erhöht in Ansatz gebracht werden. Es gilt Gl. (3.2):

$$k_h = \min \begin{cases} \left(\frac{600}{h}\right)^{0,1} \\ 1{,}1 \end{cases}$$ [DIN EN 1995-1-1, Gl. (3.2)]

Dabei ist:

h die Querschnittshöhe bei Biegung des Bauteiles, in mm.

Nachweis Schub aus Querkraft:

Für Schub mit Spannungskomponenten in Faserrichtung (s. Bild 5.101. (a)) oder Schub mit beiden Spannungskomponenten rechtwinklig zur Faserrichtung (s. Bild 5.101. (b)) muss die folgende Bedingung nach Gl. (6.13) erfühlt sein.

$$\tau_d \leq f_{v,d}$$

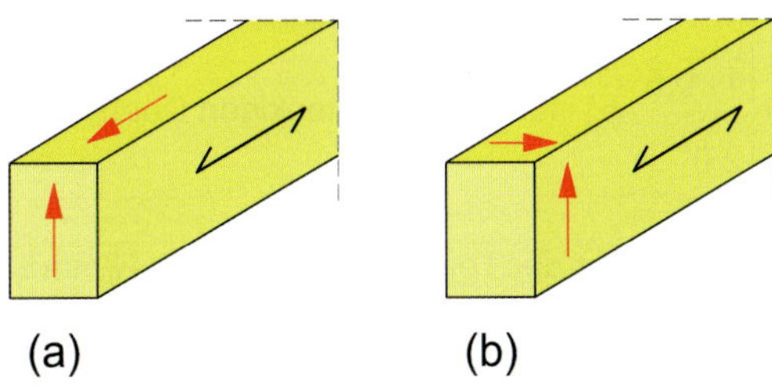

Legende
(a) Bauteil mit einer Schubspannungskomponente in Fasserrichtung
(b) Bauteil mit beiden Spannungskomponenten rechtwinklig zur Faserrichtung (Rollschub)

Bild 5.101. Bauteile mit Schubspannungskomponenten [Bild 6.5 in DIN EN 1995-1-1:2010]

Beim Nachweis der Schubfestigkeit ist bei biegebeanspruchten Bauteilen der Einfluss von Rissen zu berücksichtigen. Auftretende Risse werden durch einen Faktor k_{cr} berücksichtigt. Dieser vermindert nach Gl. (6.13a) die Bauteilbreite.

$$b_{ef} = k_{cr} \cdot b$$ [DIN EN 1995-1-1, Gl. (6.13a)]

b Breite des Bauteils im Bereich des Nachweises, in mm.

Nach DIN EN 1995-1-1/NA:2013, Abschnitt NDP zu 6.1.7 (2) dient der k_{cr}-*Wert* dazu, Risse, die nach längerer Standdauer entstehen können, zu berücksichtigen, d. h. die Schubfestigkeiten für Bauholz in DIN EN 338 oder für Brettschichtholz in DIN EN 14080 berücksichtigen keine Rissbildung. Er ist aber keinesfalls als zulässige Risstiefe anzusehen!

k_{cr} ist nach DIN EN 1995-1-1:2010, Abschnitt 6.1.7 anzunehmen mit

$k_{cr} = 0{,}67$ für Vollholz und Brettschichtholz,

$k_{cr} = 1{,}0$ für andere Holzwerkstoffe nach DIN EN 13986 (Holzwerkstoffe) und DIN EN 14374 (Furnierschichtholz).

Nach DIN EN 1995-1-1/NA:2013, Abschnitt NDP zu 6.1.7 (2) werden die Angaben für k_{cr} für Deutschland wie folgt präzisiert:

- die vorgenannten Werte gelten für Holzwerkstoffe nach DIN EN 13986 (Holzwerkstoffe) und DIN EN 14374 (Furnierschichtholz) und für Vollholz aus Laubholz,
- für Vollholz und Balkenschichtholz aus Nadelholz
  gilt in Deutschland $k_{cr} = \frac{2{,}0}{f_{v,k}}$; $f_{v,k}\left[\text{N/mm}^2\right]$,
- für Brettschichtholz
  gilt in Deutschland $k_{cr} = \frac{2{,}5}{f_{v,k}}$; $f_{v,k}\left[\text{N/mm}^2\right]$,
- für Brettsperrholz gilt $k_{cr} = 1{,}0$.

Nach DIN EN 1995-1-1/NA:2013, Abschnitt NCI zu 3.3, (NA.10) darf bei Anwendung von Brettschichtholz aus Nadelholz für alle Festigkeitsklassen ein charakteristischer Wert der Schubfestigkeit von $f_{v,k}$ = 3,5 N/mm² angesetzt werden.
Die Regelungen zum Rissfaktor k_{cr} ergeben sich dann zu

$$k_{cr} = \frac{2{,}5}{3{,}5} = 0{,}71.$$

Nach DIN EN 1995-1-1/NA:2013, Abschnitt NDP zu 6.1.7 (2) dürfen bei Nadelschnittholz die k_{cr}-Werte um 30 % erhöht werden, wenn die Stabbereiche mindestens 1,5 m vom Hirnholzende entfernt liegen.

Im Bereich von End- und Zwischenauflagern nach DIN EN 1995-1-1/NA:2013, Abschnitt NCI zu 6.1.7 (3) darf der Nachweis der Schubspannung und gegebenenfalls von Schubverbindungsmitteln im Bereich von End- und Zwischenauflagern mit einer reduzierten Querkraft geführt werden, wenn der Lastangriff am oberen Trägerrand erfolgt und keine Ausklinkungen oder Durchbrüche am Auflager vorhanden sind. Als maßgebende Querkraft gilt die Querkraft im Abstand h (h = Trägerhöhe in Auflagermitte). Für Biegestäbe mit einer Ausklinkung auf der Gegenseite des Auflagers gilt dann h_{ef} (s. Bild 5.102.b).

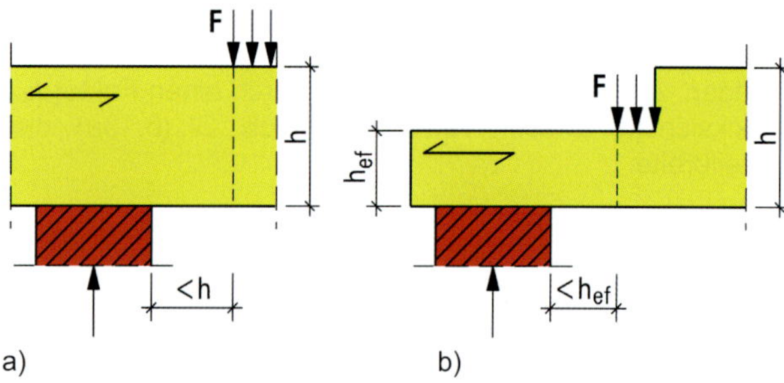

Legende

a) Einzellast (es gilt Querschnittshöhe h)

b) Einzellast (es gilt Querschnittshöhe h_{ef})

Bild 5.102. Bedingungen am Auflager, bei denen die Einzellasten F bei der Berechnung der Schubkraft vernachlässigt werden dürfen (entspricht Bild 6.6 in DIN EN 1995-1-1:2010)

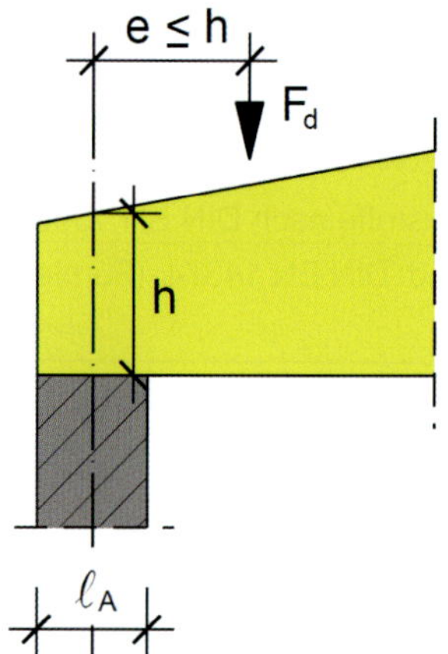

Bild 5.103. Biegeträger mit auflagernaher Einzellast ($e \leq h$)

V_{Fd} = Querkraft infolge auflagernaher Einzellast ($e \leq h$)

$$V_{Fd} = F_d \cdot (\ell - e)/\ell$$

$$V_{red,d} = V_{Fd} \cdot e/(2{,}5 \cdot h)$$

Sinngemäß ist das auch für Linienlasten anzunehmen. Bei Trägern mit geneigtem Rand wird die Bauteilhöhe über der Symmetrieachse des Auflagers angesetzt (s. Bild 5.103.).

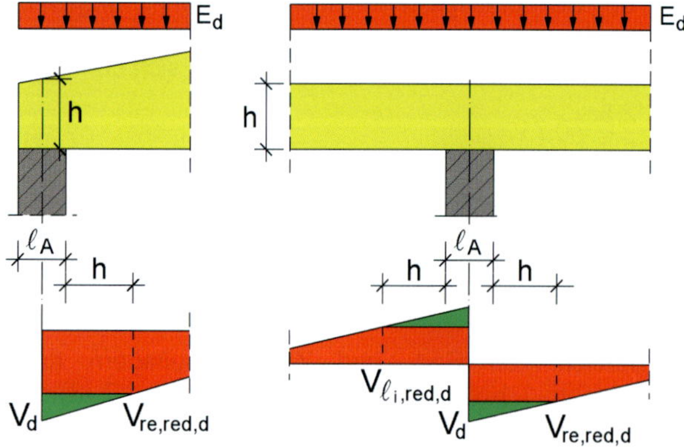

Bild 5.104. Schub mit reduzierten Querkräften/Linienlasten

Bei einer Gleichlast ist $V_{red,d}$ bei Einfeldträgern:

$$V_{red,d} = 0{,}5 \cdot E_d \cdot (\ell - \ell_A - 2 \cdot h)$$

Der Schubnachweis bei Doppelbiegung in Rechteckquerschnitten ist nach DIN EN 1995-1-1/NA:2013, Abschnitt NCI zu 6.1.7 Gl. (NA.55) zu führen

$$\left(\frac{\tau_{y,d}}{f_{v,d}}\right)^2 + \left(\frac{\tau_{z,d}}{f_{v,d}}\right)^2 \leq 1{,}0$$

Nachweis Torsion:

Eine Torsionsbeanspruchung sollte wegen der geringen Querzugfestigkeit des Holzes möglichst vermieden werden. Eine zur Erfüllung der Gleichgewichtsbedingungen notwendige Torsionsbeanspruchung ist grundsätzlich zu vermeiden (s. Bilder 5.105. und 5.106. und [*Ewald/Lischke* 1984]).

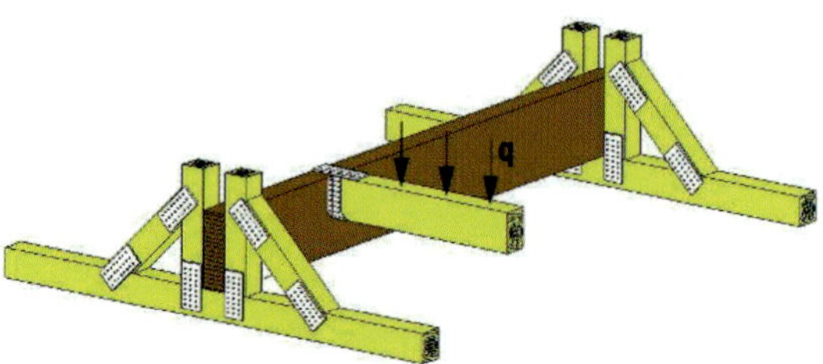

Bild 5.105. Eine zur Erfüllung des Gleichgewichts notwendige Torsionsbeanspruchung (nach [*Ewald/Lischke* 1984])

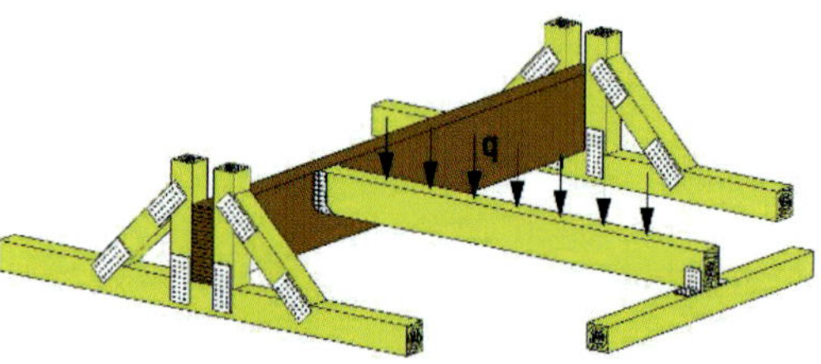

Bild 5.106. Eine aus der Verträglichkeit der Verformungen aufgezwungene Torsionsbeanspruchung (nach [*Ewald/ Lischke* 1984])

Kann eine derartige Beanspruchung nach Bild 5.106. nicht umgangen werden, so gilt unter der Annahme eines isotropen Materialverhaltens für den Holzquerschnitt der Nachweis nach DIN EN 1995-1-1:2010, Gl. (6.14).

$$\tau_{tor,d} \leq k_{shape} \cdot f_{v,d} \qquad \text{[DIN EN 1995-1-1, Gl. (6.14)]}$$

mit:

k_{shape} nach Gl. (6.15)

[DIN EN 1995-1-1, Gl. (6.15)]

$$k_{shape} = \begin{cases} 1{,}2 & \text{für einen runden Querschnitt} \\ \min\begin{cases} 1 + 0{,}5 \cdot \dfrac{h}{b} \\ 2{,}0 \end{cases} & \text{für einen rechteckigen Querschnitt} \end{cases}$$

$\tau_{tor,d}$ Bemessungswert der Torsionsspannung, in N/mm²;

$f_{v,d}$ Bemessungswert der Schubfestigkeit, in N/mm²;

k_{shape} Beiwert in Abhängigkeit von der Querschnittsform;

h größere Querschnittsabmessung, in N/mm²;

b kleinere Querschnittsabmessung, in N/mm².

Nachweis Schub aus Querkraft und Torsion:

Bei Kombination aus Schub, aus Querkraft und Torsion gilt der Nachweis nach DIN EN 1995-1-1/NA:2013, Gl. (NA.56)

$$\frac{\tau_{tor,d}}{k_{shape} \cdot f_{v,d}} + \left(\frac{\tau_{y,d}}{f_{v,d}}\right)^2 + \left(\frac{\tau_{z,d}}{f_{v,d}}\right)^2 \leq 1{,}0$$

Der Faktor k_{cr} ist für die Einwirkung rechtwinklig zur möglichen Rissebene anzusetzen.

Literatur: [*Lißner/Rug* 2016], [*Blaß/Ehlbeck* u. a. 2005], [*Ewald/Lischke* 1984], [*Möhler/Hemmer* 1977-1]

Nachweis Biegung und Zug (ohne Kippgefahr):

Nach DIN EN1995-1-1:2010, Abschnitt 6.2.3 müssen die Gl. (6.17) und Gl. (6.18) erfüllt sein:

[DIN EN 1995-1-1, Gl. (6.17)]

$$\frac{\sigma_{t,0,d}}{f_{t,0,d}} + \frac{\sigma_{m,y,d}}{f_{m,y,d}} + k_m \cdot \frac{\sigma_{m,z,d}}{f_{m,z,d}} \leq 1{,}0$$

[DIN EN 1995-1-1, Gl. (6.18)]

$$\frac{\sigma_{t,0,d}}{f_{t,0,d}} + k_m \cdot \frac{\sigma_{m,y,d}}{f_{m,y,d}} + \frac{\sigma_{m,z,d}}{f_{m,z,d}} \leq 1{,}0$$

mit k_m nach den Regeln in DIN EN1995-1-1:2010, Abschnitt 6.1.6 (2).

Der Wert für den Beiwert k_m ist in der Regel anzunehmen:

- für Vollholz, Brettschichtholz und Furnierschichtholz: bei Rechteckquerschnitten mit: k_m = 0,7,
- bei anderen Querschnitten mit: k_m = 1,0,
- für andere tragende Holzwerkstoffe, bei allen Querschnitten mit: k_m = 1,0.

Nachweis Biegung und Druck (ohne Kippgefahr):

Nach DIN EN1995-1-1:2010, Abschnitt 6.2.4 müssen die folgenden Bedingungen nach Gl. (6.19) und Gl. (6.20) erfüllt sein:

[DIN EN 1995-1-1, Gl. (6.19)]

$$\left(\frac{\sigma_{c,0,d}}{f_{c,0,d}}\right)^2 + \frac{\sigma_{m,y,d}}{f_{m,y,d}} + k_m \cdot \frac{\sigma_{m,z,d}}{f_{m,z,d}} \leq 1$$

[DIN EN 1995-1-1, Gl. (6.20)]

$$\left(\frac{\sigma_{c,0,d}}{f_{c,0,d}}\right)^2 + k_m \cdot \frac{\sigma_{m,y,d}}{f_{m,y,d}} + \frac{\sigma_{m,z,d}}{f_{m,z,d}} \leq 1$$

mit k_m nach den Regeln in DIN EN1995-1-1:2010, Abschnitt 6.1.6 (2).

Der Wert für den Beiwert k_m ist in der Regel anzunehmen:

- für Vollholz, Brettschichtholz und Furnierschichtholz: bei Rechteckquerschnitten mit: k_m = 0,7,
- bei anderen Querschnitten mit: k_m = 1,0,
- für andere tragende Holzwerkstoffe, bei allen Querschnitten mit: k_m = 1,0.

Berechnung von Vollholz-Biegeträgern in Altbauten

Mit Rücksicht auf Modernisierungs- und Instandsetzungsarbeiten muss bei der statischen Berechnung bei Altbauten zwischen dem Einbau von neuem Schnittholz und dem statischen Nachweis von vorhandenem altem Bauholz unterschieden werden. Bei neuem Bauholz werden die charakteristischen Festigkeiten nach DIN EN 338 angewendet.
Sowohl bei Neuholz als auch bei altem Bauholz ist eine Festigkeitssortierung durchzuführen. Bei verbautem Altholz ist eine umfassende visuelle Bewertung infolge des zum Teil verdeckten Einbaus nur eingeschränkt möglich ([*Lißner/Rug* 2018], [*Lißner/Rug* 2008], [*Rug/Held* 1995], [*Winter/Held* 1996]). Mit der Aufnahme der DIN EN 14081-1 als Produktnorm in die Bauregelliste B gilt in Verbindung mit DIN 20000-5 das nach den festgelegten Sortierkriterien sortierte Bauholz als geregeltes Bauprodukt. Die Übereinstimmung der Sortierung in DIN 4074-1 und DIN 4074-5 nach den bauaufsichtlichen Regeln ist durch ein CE-Zeichen entsprechend der Regeln der DIN EN 14081-1 zu kennzeichnen. Aufgrund der Spezifik der Altbausanierung treten hierbei Probleme auf ([*Lißner/Rug* 2018], [*Rug* 2014], [*Lißner/Rug* 2008]).

Literatur: [*Lißner/Rug* 2018], [*Rug* 2014], [*Lißner/Rug* 2008], [*Lißner/Rug* 2005]

Nachweis der Gebrauchstauglichkeit bei Biegeträgern nach DIN EN 1995-1-1:2010, Abschnitt 2.2.3 und Abschnitt 7.2 und DIN EN 1995-1-1/NA:2013

Die Gebrauchstauglichkeit wird nachgewiesen durch Begrenzung der Durchbiegung. Die Durchbiegungen werden mit den **charakteristischen Werten der Einwirkungen und den Mittelwerten der Steifigkeitswerte ermittelt. Die einzuhaltenden Grenzverformungen stellen Empfehlungen dar (s. Tabelle 5.10.)**. Für trägerartige Bauteile gilt der Nachweis entsprechend der Gleichung (7.2):

Tabelle 5.10. Empfohlene Grenzwerte der Durchbiegungen von Biegestäben (s. Tabelle NA.13 in DIN EN 1995-1-1/NA:2013)

		w_{inst}	$w_{net,fin}$ berechnet nach Gleichung (NA.1)	w_{fin}
1	Bauteile, außer Bauteile nach Zeile 2	$\ell/300^a$ ($\ell/150$)	$\ell/300^a$ ($\ell/150$)	$\ell/200^a$ ($\ell/100$)
2	Überhöhte Bauteile, Untergeordnete Bauteile, wie Bauteile landwirtschaftlicher Gebäude, Sparren und Pfetten	$\ell/200^a$ ($\ell/100$)	$\ell/250^a$ ($\ell/125$)	$\ell/150^a$ ($\ell/75$)
a	Bei verformungsempfindlichen Konstruktionen können geringere Grenzwerte erforderlich werden.			

Besondere Beachtung verdient die Überhöhung von Holzbauteilen. Brettschichtholzträger, zusammengesetzte Biegebauteile und Fachwerkträger sind in der Regel mindestens um das Maß der rechnerischen Durchbiegung zu überhöhen.

Bemessungsverfahren nach der Durchbiegung

Für den häufigsten vorkommenden Fall der Belastung eines Vollholz-Trägers auf zwei Stützen durch eine gleichmäßig verteilte Last E_k (charakteristischer Wert der Beanspruchung) ist

$$w_{inst} = \frac{5 \cdot E_k \cdot \ell^4}{384 \cdot E_{0,mean} \cdot I_y} = \frac{0{,}013 \cdot E_k \cdot \ell^4}{E_{0,mean} \cdot I_y} = \frac{E_k \cdot \ell^4}{77 \cdot E_{0,mean} \cdot I_y}.$$

Setzt man $w_{inst} = w_{limit}$, so erhält man für $w_{limit} = \ell/300$.

$$_{\text{erf}}I_y = \frac{5 \cdot 300 \cdot E_k \cdot \ell^3}{384 \cdot E} = 3{,}91 \frac{E_k \cdot \ell^3}{E}$$

Mit $E_{0,mean} = 11000\ \text{N/mm}^2$ (für Vollholz NH S10 nach DIN 4074-1/C24 nach DIN EN 338, Tabelle 1) ergibt sich:

$$_{\text{erf}}I_y = 0{,}355 \cdot E_k \cdot \ell^3 \cdot 10^6$$

Bei gegebenem Trägheitsmoment ist

$$w_{inst} = 0{,}130 \cdot \frac{E_k \cdot \ell^4 \cdot 10^7}{_{\text{vorh}}I_y}$$

Man beachte die festgelegten Dimensionen der einzusetzenden Werte!

(I_y in mm^4, ℓ in m, E_k in kN/m, w in mm)

Für die Durchbiegungsbegrenzungen $w_{limit} = \ell/200$, $w_{limit} = \ell/300$ und $w_{limit} = \ell/400$ des Trägers auf zwei Stützen mit gleichmäßig verteilter Belastung sind die Werte nachfolgend zusammengefasst.

w_{limit}	$w_{limit} = \ell/200$	$w_{limit} = \ell/300$	$w_{limit} = \ell/400$
$_{\text{erf}}I_y$ [1])	$0{,}260 \cdot E_k \cdot \ell^3 \cdot 10^6$	$0{,}355 \cdot E_k \cdot \ell^3 \cdot 10^6$	$0{,}520 \cdot E_k \cdot \ell^3 \cdot 10^6$
w_{inst} [1])	$0{,}130 \cdot \frac{E_k \cdot \ell^4 \cdot 10^7}{_{\text{vorh}}I_y}$	$0{,}130 \cdot \frac{E_k \cdot \ell^4 \cdot 10^7}{_{\text{vorh}}I_y}$	$0{,}130 \cdot \frac{E_k \cdot \ell^4 \cdot 10^7}{_{\text{vorh}}I_y}$

(I_y in mm^4, ℓ in m, E_k in kN/m, w in mm).

[1]) Die Formeln sind auch für andere Holzarten anwendbar, wenn das Ergebnis mit dem Faktor $k_E = 11000/E_{\text{Holzart}}$ korrigiert wird.

Die Durchbiegung von durchlaufenden Trägern bei gleichmäßig verteilter Vollbelastung sämtlicher Felder ist nach folgender Gleichung zu ermitteln:

$$w = k \cdot E_k \cdot \frac{\ell^4 \cdot 10^7}{I_y}$$ (E_k in kN/m, ℓ in m, I_y in mm^4, w in mm)

Der Faktor k ist je nach Feldanzahl Bild 5.107. zu entnehmen. Auch hier kann das Ergebnis mit k_E für andere Holzarten als S10/C24 korrigiert werden.

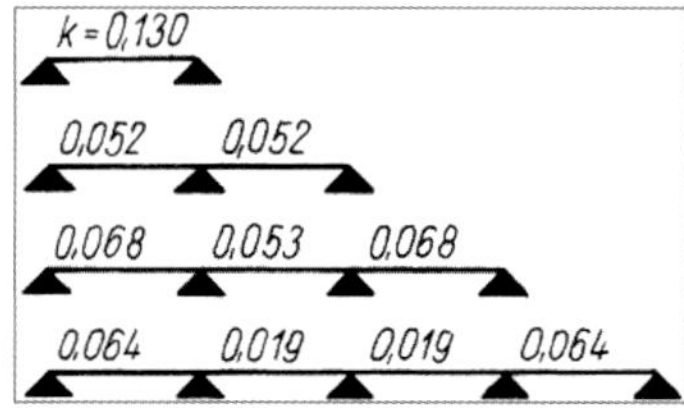

Bild 5.107. *k*-Faktoren zur Ermittlung der Durchbiegung bei gleicher Spannweite und gleichmäßig verteilter Belastung

Weitere Berechnungsformeln in [*Holschemacher* u. a. 2015].

Nachweis Schwingungen bei Wohnungsdecken

Ein Schwingungsnachweis ist gefordert für Wohnungsdecken und wird empfohlen unter Turn-, Sport- oder Tanzräumen. Bei derartigen Nutzungen sind genauere Untersuchungen notwendig (s. a. Abschnitte 2. und 6.).

Bei Decken unter Wohnräumen regelte die frühere DIN 1052:2008 die Einhaltung einer Mindeststeifigkeit der Decke, um Unbehagen verursachende Schwingungen zu vermeiden. Festgelegt war, dass die am ideellen Einfeldträger ermittelte Durchbiegung kleiner 6 mm beträgt $w_{G,\text{inst}} + \psi_2 \cdot w_{Q,\text{inst}} \leq 6$ mm (aus ständiger und quasiständiger Einwirkung).

Als Spannweite des Einfeldträgers ist bei Mehrfeldträgern die maximale Feldweite einzusetzen. Die elastische Einspannung darf bei der Durchbiegungsberechnung berücksichtigt werden (s. Abschnitt 2 und Beispiel in Abschnitt 6).

Für den Einfeldträger kann bei konstanter Linienlast für eine überschlägige Betrachtung für Nadelholz C24 nach DIN EN 338 das erforderliche Trägheitsmoment bei Einhaltung der 6-mm-Regel näherungsweise berechnet werden. Andere Holzarten können berücksichtigt werden, wenn das Ergebnis mit dem Faktor $k = 11000/E_{\text{Holzart}}$ korrigiert wird.

$$_{\text{erf}}I_y \geq 1{,}97 \cdot E_K \cdot \ell^4 \cdot 10^5$$ (ℓ in m, E_K in kN/m)

mit dem charakteristischen Wert der Beanspruchung

$$E_K = G_K + \psi_2 \cdot Q_K$$

Zum Nachweis der Schwingungen, s. Beispiele im Buch in Abschnitt 6. und weiterführende Erläuterungen in Abschnitt 2.

Literatur: [*Lißner/Rug* 2016], [*Hamm* 2012], [*Hamm* 2010], [*Mohr* 2010], [*Hamm/Richter* 2009], [*Hamm* 2008], *Hamm* 2006], [*Hamm* 2005], [*Blaß/Ehlbeck* u. a. 2005], [*Mohr* 2001]

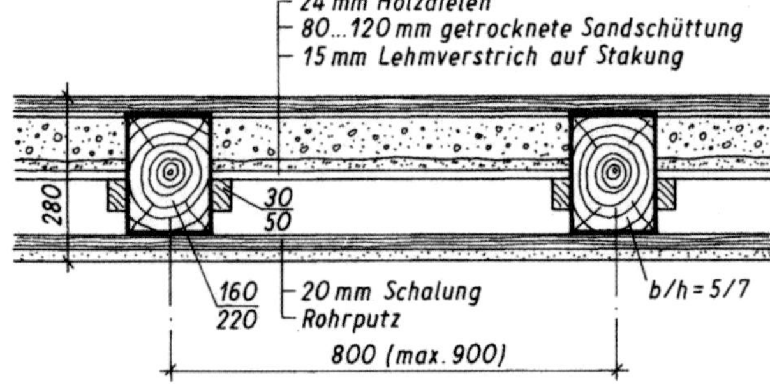

Bild 5.108. Einschubdecke mit Lehmfüllung (s. Tabelle 6.1.)

Beispiel 5.24.

Für ein Wohngebäude ist eine vorhandene (alte) Einschubdecke nachzurechnen (konstruktives Beispiel Einschubdecke mit Lehmfüllung, s. Tabelle 6.1.).

Eine fachkundige handnahe Bauzustandsbesichtigung ergab, dass das Altholz der Balken den Bedingungen der Festigkeitsklasse NH S10 nach DIN 4074-1, C24 nach DIN EN 388, Tabelle 1 entspricht, KLED mittel, Nutzungsklasse 1.

$\ell_w = 4{,}40$ m ; Balkenabstand: $a = 0{,}70$ m ;

Nutzlast nach DIN EN 1991-1-1, Kategorie A, DIN EN 1991-1-1/NA, Tabelle 6.1DE: $Q_K = 2{,}00\ \text{kN/m}^2$

Lösung:

Lastannahme nach DIN EN 1991-1-1-1:

1. Kiefernfußboden 24 mm: $0{,}024 \cdot 5 = 0{,}12\,\text{kN/m}^2$
2. Balken: 180/240 mm $0{,}10 \cdot 0{,}24 \cdot 5 \cdot \frac{1{,}0}{0{,}70} = 0{,}17\,\text{kN/m}^2$
3. Latten 30/50 mm $= 0{,}02\,\text{kN/m}^2$
   Schwarten $= 0{,}13\,\text{kN/m}^2$
   Lehmverstrich $= 0{,}10\,\text{kN/m}^2$
   Lehmauffüllung 100 mm $= 1{,}60\,\text{kN/m}^2$
   $\Sigma = 1{,}85\,\text{kN/m}^2$
4. Schalung 20 mm; $0{,}02 \cdot 5 = 0{,}10\,\text{kN/m}^2$
5. Rohrputz $= 0{,}30\,\text{kN/m}^2$

$G_k = 2{,}54\,\text{kN/m}^2$

Nutzlast: $Q_k = 2{,}00\,\text{kN/m}^2$

Stützweite: $\ell = 1{,}05 \cdot \ell_w = 1{,}05 \cdot 4{,}40 = 4{,}62\,\text{m}$

Berechnung pro Balkenträger kN/m:

$G_k = 2{,}54 \cdot 0{,}7 = 1{,}78\,\text{kN/m}$

$Q_k = 2{,}00 \cdot 0{,}7 = 1{,}4\,\text{kN/m}$

Bemessungswert der Beanspruchung:

$E_d = \gamma_G \cdot G_K + \gamma_Q \cdot Q_k$

$E_d = 1{,}35 \cdot 1{,}78 + 1{,}5 \cdot 1{,}4$

$E_d = 2{,}4 + 2{,}1 = 4{,}5\,\text{kN/m}$

Biegemoment:

$$_{\max}M_d = \frac{E_d \cdot \ell^2}{8} = \frac{4{,}5 \cdot 4{,}62^2}{8} = 12{,}0\,\text{kNm}$$

Erforderliches Widerstands- und Trägheitsmoment:

Bemessungswert der Biegefestigkeit:

$k_{\text{mod}} = 0{,}8$ [DIN EN 1995-1-1, Tabelle 3.1)]

$f_{m,k} = 24\,\text{N/mm}^2$ nach DIN EN 338

[DIN EN 1995-1-1, Gl. (2.14)]

$$f_{m,d} = \frac{k_{\text{mod}} \cdot f_{m,k}}{\gamma_M} = \frac{0{,}8 \cdot 24}{1{,}3} = 14{,}77\,\text{N/mm}^2$$

$$_{\text{erf}}W_y = \frac{M_d}{f_{m,d}} = \frac{12{,}0 \cdot 10^6}{14{,}77} = 8{,}12 \cdot 10^5\,\text{mm}^3$$

$$_{\text{erf}}I_y = 0{,}355 \cdot E_d \cdot \ell^3 = 0{,}355 \cdot 4{,}5 \cdot 4{,}62^3 \cdot 10^6 = 1{,}58 \cdot 10^8\,\text{mm}^4$$

Vorhanden: Balken 180/240 mm mit

$$I_y = \frac{b \cdot h^3}{12} = \frac{180 \cdot 240^3}{12} = 2{,}074 \cdot 10^8\,\text{mm}^4$$

$$W_y = \frac{b \cdot h^2}{6} = \frac{180 \cdot 240^2}{6} = 1{,}728 \cdot 10^6\,\text{mm}^3$$

$$A = b \cdot h = 180 \cdot 240 = 4{,}32 \cdot 10^4\,\text{mm}^2$$

Bemessungswert der Biegespannung nach Gl. (6.11) und (6.12) für $\sigma_{m,z,d} = 0$ und $k_m = 0{,}7$:

$$\sigma_{m,y,d} = \frac{M_d}{W_y} = \frac{12{,}0 \cdot 10^6}{1{,}728 \cdot 10^6} = 6{,}94\,\text{N/mm}^2$$

$\frac{\sigma_{m,y,d}}{f_{m,y,d}} \le 1{,}0$ [DIN EN 1995-1-1, Gl. (6.11)]

$k_m \cdot \frac{\sigma_{m,y,d}}{f_{m,y,d}} \le 1{,}0$ [DIN EN 1995-1-1, Gl. (6.12)]

Spannungsnachweis:

Für $\sigma_{m,z,d} = 0$ vereinfacht sich der Spannungsnachweis

$$\frac{\sigma_{m,y,d}}{f_{m,y,d}} = \frac{6{,}94}{14{,}77} = 0{,}47 < 1{,}0$$

Nachweis Durchbiegung für $E_k = 454 \cdot 0{,}7 = 3{,}2\,\text{N/mm}^2$

$$w_{inst} = 0{,}130 \cdot \frac{E_k \cdot \ell^4 \cdot 10^7}{I_y} = 0{,}130 \cdot \frac{3{,}2 \cdot 4{,}62^4 \cdot 10^7}{2{,}074 \cdot 10^8} = 9{,}14\,\text{mm}$$

$$w_{inst} = 9{,}14\,mm < w_{limit} = \frac{4600}{300} = 15{,}3\,\text{mm}$$

Beispiel 5.25. **(nach DIN EN 1995-1-1:2010)**

Für das Schalgerüst einer monolithischen Stahlbetondecke sind die Schalhölzer zu berechnen. Die Stahlbetondecke hat eine Dicke von 500 mm; die Unterzüge der Schalhölzer liegen im Abstand von 1,20 m. Es wird NH S10 nach DIN 4074-1 verwendet;

$$w_{limit} \le \frac{\ell}{300}.$$

NH S10 nach DIN 4074-1/C24 nach DIN EN 388, Tabelle 1

Nutzungslasse: 3 [DIN EN 1995-1-1, Abschnitt 2.3.1.3]

KLED: mittel [DIN EN 1995-1-1/NA, Tabelle NA.1]

$k_{\text{mod}} = 0{,}65$ [DIN EN 1995-1-1, Tabelle 3.1]

$f_{m,k} = 24\,\text{N/mm}^2$ [DIN EN 338, Tabelle 1]

Lösung:

Belastungsannahme nach DIN EN 1991-1-1-1

500 mm Stahlbeton $0{,}50 \cdot 25 = 12{,}50\,\text{kN/m}^2$

Schalhölzer (60 mm geschätzt) $0{,}60 \cdot 0{,}625 = 0{,}40\,\text{kN/m}^2$

$g_k = 12{,}90\,\text{kN/m}^2$

Charakteristische Schnittkraftmoment pro Meter Schalung:

$$M_k = \frac{g_k \cdot \ell^2}{8} = \frac{12{,}90 \cdot 1{,}2^2}{8} = 2{,}32\,\text{kNm/m}$$

Bemessungswert der Schnittkraftmomente:

$$M_d = 1{,}35 \cdot M_k = 1{,}35 \cdot 2{,}32 = 3{,}13\,\text{kNm/m}$$

a) Bemessung der Schalholzdicke bei Einhaltung des Bemessungswertes der Biegefestigkeit:

$$\sigma_{m,d} = \frac{M_d}{W_y} \le f_{m,d}$$

Bemessungswert der Biegefestigkeit nach Gl. (2.14):

[DIN EN 1995-1-1, Gl. (2.14)]

$$f_{m,d} = \frac{k_{\text{mod}} \cdot f_{m,k}}{\gamma_M} = \frac{0{,}65 \cdot 24}{1{,}3} = 12\,\text{N/mm}^2$$

Die Formel wird nach W_y umgestellt und für $\sigma_{m,d} = f_{m,d}$ gesetzt.

$$_{\text{erf}}W_y = \frac{M_d}{f_{m,d}} = \frac{3{,}13 \cdot 10^6}{12} = 2{,}608 \cdot 10^5\,\text{mm}^3$$

$$_{\text{erf}}W_y = \frac{b \cdot h^2}{6} \quad \text{oder} \quad h^2 = \frac{W_y \cdot 6}{b} \quad \text{oder} \quad _{\text{erf}}h = \sqrt{\frac{_{\text{erf}}W_y \cdot 6}{b}}.$$

für $b = 1{,}00\,\text{m}$ eingesetzt, ergibt sich

$$_{\text{erf}}h = \sqrt{\frac{2{,}608 \cdot 10^5 \cdot 6}{10^3}} = 16{,}15\,\text{mm}.$$

b) *Bemessung der Schalholzdicke bei Einhaltung der Grenzdurchbiegung:*

$$w_{limit} \leq \frac{\ell}{300}$$

$$_{erf}I_y = 0{,}355 \cdot g_k \cdot \ell^3 \cdot 10^6$$

$$_{erf}I_y = 0{,}355 \cdot 12{,}9 \cdot 1{,}2^3 \cdot 10^6 = 549{,}54 \cdot 10^4 \text{ mm}^4$$

$$I_y = \frac{b \cdot h^3}{12} \quad \text{oder} \quad h^3 = \frac{I_y \cdot 12}{b} \quad \text{oder} \quad _{erf}h = \sqrt[3]{\frac{_{erf}I_y \cdot 12}{b}}$$

$$_{erf}h = \sqrt[3]{\frac{549{,}54 \cdot 10^4 \cdot 12}{10^3}} = 40{,}40 \text{ mm}$$

Gewählt: 50 mm dicke Schalbohlen

Nachweis der Tragfähigkeit:

$$_{vorh}I_y = \frac{10^3 \cdot 50^2}{12} = 1042 \cdot 10^4 \text{ mm}^4$$

$$_{vorh}W_y = \frac{I_y}{e} = \frac{1042 \cdot 10^4}{25} = 41{,}6 \cdot 10^4 \text{ mm}^3$$

Nachweis:

$$\sigma_{m,d} \leq f_{m,d}$$

$$\sigma_{m,d} = \frac{3{,}13 \cdot 10^6}{41{,}6 \cdot 10^4} = 7{,}52 \text{ N/mm}^2$$

$$5{,}36 \leq 12 \text{ N/mm}^2$$

Nachweis Durchbiegung:

$$w_{inst} = 0{,}13 \cdot \frac{g_k \cdot \ell^4}{_{vorh}I_y}$$

$$w_{inst} = 0{,}13 \cdot \frac{12{,}9 \cdot 1{,}2^4 \cdot 10^7}{1{,}042 \cdot 10^7} = 3{,}34 < w_{limit} \leq \frac{\ell}{300} = \frac{1200}{300} = 4 \text{ mm}$$

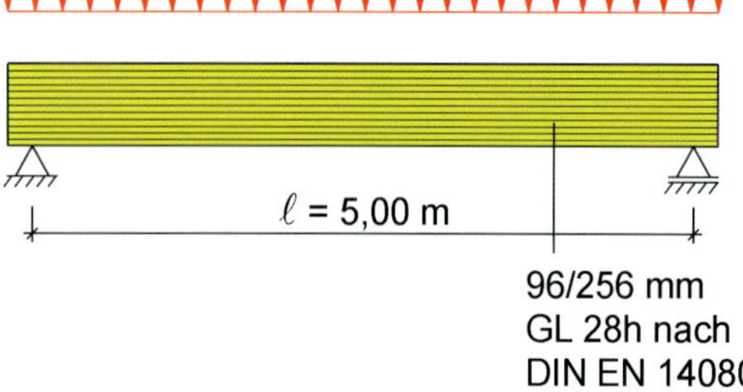

Bild 5.109. Brettschichtholzbalken

Beispiel 5.26. (nach DIN EN 1995-1-1:2010)

Welche gleichmäßig verteilte Belastung E_k trägt ein Brettschichtholzbalken aus Brettschichtholz GL28h nach DIN EN 14080 bei einer Spannweite $\ell = 5{,}0$ m, vorhandener Querschnitt $b = 96$ mm, $h = 256$ mm.

Nutzungsklasse: 1 [DIN EN 1995-1-1, Abschnitt 2.3.1.3]
KLED: mittel [DIN EN 1995-1-1/NA, Tabelle NA.1]

$f_{m,g,k} = 28$ N/mm² [DIN EN 14080, Tabelle 5]

$E_{0,mean} = 12600$ N/mm² [DIN EN 14080, Tabelle 5]

$$w_{limit} \leq \frac{\ell}{300} = \frac{5000}{300} = 16{,}7 \text{ mm}$$

Baustoffwerte:

Lösung:

Statische Werte:

$$A = b \cdot h = 96 \cdot 256 = 246 \cdot 10^2 \text{ mm}^2$$

$$W_y = \frac{b \cdot h^2}{6} = \frac{96 \cdot 256^2}{6} = 1049 \cdot 10^3 \text{ mm}^3$$

$$I_y = W_y \cdot \frac{h}{2} = 1049 \cdot 10^3 \cdot 128 = 13427 \cdot 10^4 \text{ mm}^4$$

$$E_k = G_k + Q_k,$$

Wichte für Holz nach DIN EN 1991-1-1:2010, Tabelle A.3:

$$E_k = 4{,}0 \text{ kN/m}^3$$

$$G_k = 0{,}096 \text{ m} \cdot 0{,}256 \text{ m} \cdot 4{,}0 \text{ kN/m}^3 \cong 0{,}10 \text{ kN/m}.$$

Durch Umformen der Gleichungen nach E_k

$$M_k = \frac{E_k \cdot \ell^2}{8} \quad \text{und} \quad M_{y,k} = W_y \cdot \sigma_{m,y,k} \quad \text{mit} \quad \sigma_{m,y,k} = f_{m,g,k}$$

ergibt sich die Tragfähigkeit bei Einhaltung der charakteristischen Biegefestigkeit:

$$f_{m,g,k} = 28 \text{ N/mm}^2$$

$$E_{k,limit} = \frac{8 \cdot W_y \cdot f_{m,g,k}}{\ell^2 \cdot 10^6} = \frac{8 \cdot 1049 \cdot 10^3 \cdot 28{,}0}{5{,}0^2 \cdot 10^6} = 9{,}4 \text{ N/mm} = 9{,}4 \text{ kN/m}$$

Die Tragfähigkeit nach der Grenzdurchbiegung errechnet sich bei

$w_{limit} \leq \frac{\ell}{300} = 16{,}7$ mm und Umstellung der Gleichung

$$w_{limit} = \frac{5 \cdot E_k \cdot \ell^4}{384 \cdot E_{0,mean} \cdot I_y}$$

nach E_k

$$E_{k,limit} = \frac{w_{limit} \cdot 384 \cdot E_{0,mean} \cdot I_y}{5 \cdot \ell^4 \cdot 10^{12}}$$

$$E_{k,limit} = \frac{16{,}7 \cdot 384 \cdot 12600 \cdot 13\,427 \cdot 10^4}{5 \cdot 5^4 \cdot 10^{12}} = 3{,}47 \text{ kN/m}$$

Der Balken kann höchstens

$$Q_k = 9{,}4 - G_{k,Träger} = 3{,}47 - 0{,}10 = 3{,}37 \text{ kN/m}$$

aufnehmen.

5.5.2. Biegedrillknicken von Biegeträgern nach dem Ersatzstabverfahren nach DIN EN 1995-1-1:2010, Abschnitt 6.3.3 und DIN EN 1995-1-1/NA:2013, Abschnitt NCI zu 6.3.3

Biegedrillknicken, auch als Kippen bezeichnet, ist der Lastzustand, bei dem insbesondere schlanke biegebeanspruchte Träger im Bereich des druckbeanspruchten Trägerrandes seitlich ausweichen. Dabei verdreht sich der Träger und kippt um seine Lage. Je größer *h/b* ist, umso größer ist die Kippgefahr. Der Kippgefahr kann durch Aussteifungen mit ausreichender Steifigkeit und Tragfähigkeit für die entstehenden Stabilisierungslasten begegnet werden.

Der Nachweis einer möglichen Instabilität wird nach Abschnitt 6.3.3 näherungsweise als Spannungsnachweis mit dem Ersatzstabverfahren geführt. Die Forderungen nach Berücksichtigung der spannungslosen Vorkrümmung und eventueller planmäßiger Außermittigkeiten und Verformungen nach Theorie II. Ordnung sind, wenn die Bedingungen nach Abschnitt 10 in DIN EN 1995-1-1:2010 eingehalten sind (d. h. die in Bauteilmitte messbare

Krümmungsamplitude soll $\ell/500$ bei Brettschichtholz und $\ell/300$ bei Vollholz nicht überschreiten), in einem Faktor k_{crit} berücksichtigt. Der Nachweis lautet dann nach Gl. (6.33):

$$\sigma_{m,d} \leq k_{crit} \cdot f_{m,d}$$

mit:

$\sigma_{m,d}$ = Bemessungswert der Biegebeanspruchung;
$f_{m,d}$ = Bemessungswert der Biegefestigkeit;
k_{crit} = Beiwert zur Berücksichtigung der zusätzlichen Spannungen infolge des seitlichen Ausweichens.

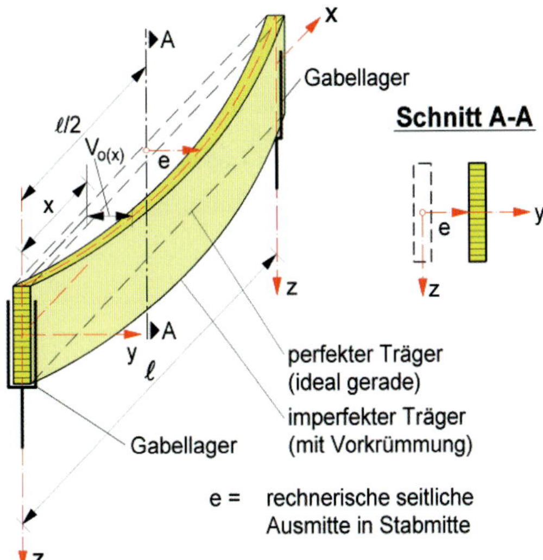

Bild 5.110. Gabelgelagerter BSH-Einfeldträger mit Rechteckquerschnitt ohne Belastung mit ungewollter seitlicher sinusförmiger Vorkrümmung [*Reyer/Stojic* 1992]

Bei Biegestäben mit Rechteckquerschnitt und $\frac{\ell_{ef} \cdot h}{b^2} \leq 140$ durfte nach DIN 1052:2008 $k_{crit} = 1$ gesetzt werden, d. h. der Träger ist nicht kippgefährdet. Für eine schnelle Überprüfung der Kippgefahr ist diese Gleichung auch weiterhin zu empfehlen.

Ist diese Bedingung nicht erfüllt, wird der Kippbeiwert k_{crit} nach Gl. (6.34) berechnet

$$k_{crit} = \begin{cases} 1 & \text{für } \lambda_{rel,m} \leq 0{,}75 \\ 1{,}56 - 0{,}75 \cdot \lambda_{rel,m} & \text{für } 0{,}75 < \lambda_{rel,m} \leq 1{,}4 \\ \frac{1}{\lambda_{rel,m}^2} & \text{für } 1{,}4 < \lambda_{rel,m} \end{cases}$$

$\lambda_{rel,m}$ ist der bezogene Kippschlankheitsgrad berechnet nach Gl. (6.30)

$$\lambda_{rel,m} = \sqrt{\frac{f_{m,k}}{\sigma_{m,crit}}}$$

$\sigma_{m,crit}$ kritische Biegedruckspannung, berechnet mit den 5-%-Quantilwerten der Steifigkeitskennwerte, in N/mm²;

$\sigma_{m,crit}$ wird nach Gl. (6.31) berechnet;

$$\sigma_{m,crit} = \frac{M_{y,crit}}{W_y} = \frac{\pi\sqrt{E_{0,05} \cdot I_z \cdot G_{0,05} \cdot I_{tor}}}{l_{ef} \cdot W_y};$$

$M_{y,crit}$ ist das Moment, bei dem der Träger instabil wird.

Die unter der Annahme eines ideal elastischen und isotropen Materials entwickelten Gleichungen für $M_{y,crit}$ können auch auf den anisotropen Baustoff Holz angewendet werden (s. [*Möhler* 1977]).

Bei **Biegestäben aus Brettschichtholz** gilt nach DIN EN 1995-1-1/NA:2013, Abschnitt NCI zu 6.3.3 (2) eine Erhöhung des Produktes der 5-%-Quantilen der Steifigkeitswerte um den Faktor 1,4. Es gilt dann für Gl. (6.31):

$$\sigma_{m,crit} = \frac{M_{y,crit}}{W_y} = \frac{\pi \cdot \sqrt{1{,}4 \cdot E_{0,05} \cdot I_z \cdot G_{0,05} \cdot I_{tor}}}{\ell_{ef} \cdot W_y}$$

berechnet mit

$E_{0,05}$ 5-%-Quantilwerten des Elastizitätsmoduls in Faserrichtung, in N/mm²;

$G_{0,05}$ 5-%-Quantilwerten des Schubmoduls in Faserrichtung, in N/mm²;

I_z Flächenmoment II. Grades um die z-Achse, in mm⁴;

I_{tor} Torsionsträgheitsmoment, in mm⁴;

ℓ_{ef} wirksame Trägerlänge, in mm. Für den gabelartig gehaltenen Einfeldträger mit konstantem Moment ist $\ell_{ef} = \ell$ (Stützweite des Trägers). Für eine andere Lagerung und anderer Einwirkung, ist die Ersatzstablänge nach Tabelle 6.1 der Norm zu berechnen (s. Tabelle 5.11.);

W_y Widerstandsmoment um die y-Achse, in mm³.

Die Abhängigkeit des kritischen Momentes von den Belastungsfällen, Lastanordnungen und Auflagerbedingungen wird durch das Verhältnis ℓ_{ef}/ℓ^a berücksichtigt (s. Tabelle 5.11.).

Tabelle 5.11. Wirksame Länge als Quotient der Stützweite nach DIN EN 1995-1-1:2010, Tabelle 6.1

Art des Biegestabes	Art der Belastung	ℓ_{ef}/ℓ^a
Einfach unterstützt	Konstantes Biegemoment	1,0
	Gleichmäßig verteilte Belastung	0,9
	Einzellast in Feldmitte	0,8
Auskragend	Gleichmäßig verteilte Belastung	0,5
	Einzellast am freien Kragende	0,8
a	Der Quotient aus wirksamer Länge ℓ_{ef} und der Stützweite ℓ gilt für einen Biegestab, der an den Auflagern ausreichend gegen Verdrehen gesichert ist, und Lasteintragung in der Schwerachse des Querschnitts. Greift die Last am Druckrand des Biegestabes an, dann sollte ℓ_{ef} um $2h$ erhöht werden. ℓ_{ef} darf um $0{,}5h$ verringert werden, wenn die Last am Zugrand des Biegestabes angreift.	

Die Berechnung von ℓ_{ef} mit den Angaben laut Tabelle 5.11. gilt als Näherungslösung. Nach DIN EN 1995-1-1/NA:2013, Abschnitt NCI NA 13.3 kann ℓ_{ef} mit Gl. (NA.172) genauer berechnet werden.

Das Torsionswiderstandsmoment und das Torsionstragfähigkeitsmoment für ein Holzbauteil mit Rechteckquerschnitt wird nach [*Möhler/Hemmer* 1977-3] bzw. [*Möhler/Hemmer* 1977-2] wie folgt berechnet:

$$W_T = \frac{h \cdot b^2}{3 \cdot \eta_2}$$

$$I_T = \frac{h \cdot b^3}{3} \cdot \eta_1$$

Für $\alpha = h/b$ können die Werte η_1 bzw. η_2 aus der folgenden Tabelle 5.12. entnommen werden.

Tabelle 5.12. Beiwerte η_1 und η_2 zur Berechnung des Torsionstragfähigkeitsmomentes und des Torsionswiderstandsmomentes von Rechteckquerschnitten

α=h/b	1	2	3	4	5	6	7	8	9	10	12
η_1	0,422	0,686	0,790	0,842	0,874	0,895	0,910	0,921	0,930	0,937	0,947
η_2	1,609	1,356	1,247	1,183	1,144	1,117	1,099	1,086	1,075	1,067	1,055
Zwischenwerte können gradlinig eingeschaltet werden.											

Für einen gabelartig gehaltenen Einfeldträger mit konstantem Moment aus Nadelholz mit vollem Rechteckquerschnitt kann $\sigma_{m,\text{crit}}$ nach Gl. (6.32) berechnet werden:

$$\sigma_{m,\text{crit}} = \frac{0{,}78 \cdot b^2}{h \cdot \ell_{ef}} \cdot E_{0,05}$$

b Querschnittsbreite,

h Querschnittshöhe.

Nachweis bei Doppelbiegung und Druck

Nach DIN EN 1995-1-1/NA:2013, Abschnitt NCI zu 6.3.3 gelten für Doppelbiegung mit Druckkraft (Knick- und Kippgefahr) folgende Nachweisgleichungen nach Gl. (NA.60) und Gl. (NA.61)

[DIN EN 1995-1-1/NA, Gl. (NA.60)]

$$\frac{\sigma_{c,0,d}}{k_{c,y} \cdot f_{c,0,d}} + \frac{\sigma_{m,y,d}}{k_{crit} \cdot f_{m,y,d}} + \left(\frac{\sigma_{m,z,d}}{f_{m,z,d}}\right)^2 \leq 1$$

[DIN EN 1995-1-1/NA, Gl. (NA.61)]

$$\frac{\sigma_{c,0,d}}{k_{c,z} \cdot f_{c,0,d}} + \left(\frac{\sigma_{m,y,d}}{k_{crit} \cdot f_{m,y,d}}\right)^2 + \frac{\sigma_{m,z,d}}{f_{m,z,d}} \leq 1$$

$k_{c,y}$ Knickbeiwert nach DIN EN 1995-1-1:2010, Gl. (6.25) für Knicken um die *y*-Achse;

$k_{c,z}$ Knickbeiwert nach DIN EN 1995-1-1:2010, Gl. (6.26) für Knicken um die *z*-Achse;

k_{crit} Knickbeiwert nach DIN EN 1995-1-1:2010, Gl. (6.34).

Nachweis Gabellagerung

Pro Auflager sind die konstrukiven Voraussetzungen für die Aufnahme eines Torsionsmonentes durch eine Gabellagerung des Trägers zu schaffen (s. a. Abschnitt 5.4.1 im Buch).

Literatur: [*Lißner/Rug* 2016], [*Kessel/Hörsting* 2008], [*Blaß/Ehlbeck* u. a. 2005], [*Choo* 1995]

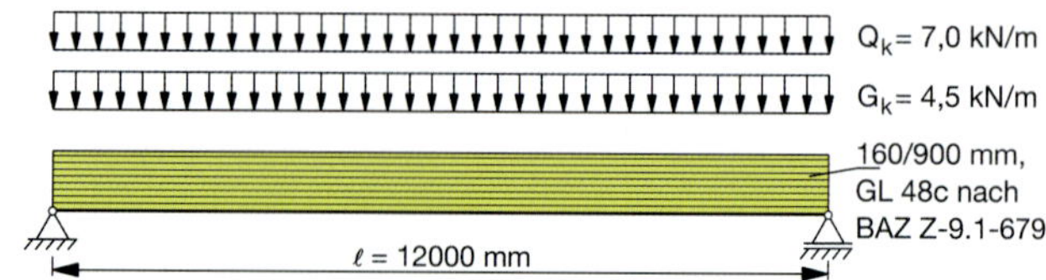

Bild 5.111. Statisches System des Unterzuges

Beispiel 5.27. **(nach DIN EN 1995-1-1:2010)**

Für einen Unterzug aus Brettschichtholz aus Buchenholz (kombinierter Aufbau) sind die Nachweise für den Grenzzustand der Tragfähigkeit und der Gebrauchstauglichkeit zu führen. Über seine gesamte Länge ist er gegen Kippen nicht gehalten.

Gegeben:

Brettschichtholz b/h = 160/900 mm, GL 48c nach BAZ Z-9.1-679, ℓ = 12 m, KLED mittel, Nutzungsklasse 1,
ℓ_{Auflager} = 200 mm, keine Abstützung des Trägers über die Länge

Charakteristische Werte der Materialfestigkeiten nach BAZ Z-9.1-679, Tabelle 4 (s. Tabelle 2.39.):

$$f_{m,g,k} = 48\ \text{N/mm}^2$$

$$f_{v,g,k} = 3{,}4\ \text{N/mm}^2$$

$$f_{c,90,g,k} = 8{,}4\ \text{N/mm}^2$$

$$E_{0,g,mean} = 15100\ \text{N/mm}^2$$

$$E_{0,g,05} = 14700\ \text{N/mm}^2$$

Charakteristische Werte der Beanspruchung:

$$G_k = 4{,}5\ \text{kN/m}$$

$$Q_k = 7{,}0\ \text{kN/m}$$

Bemessungswert der Beanspruchung:

Lastfallkombination 1

$$E_d = \gamma_G \cdot G_K = 1{,}35 \cdot 4{,}5 = 6{,}08\ \text{kN/m}$$

Lastfallkombination 2

$$E_d = \gamma_G \cdot G_K + \gamma_Q \cdot Q_k$$

$$E_d = 1{,}35 \cdot 4{,}5 + 1{,}5 \cdot 7{,}0 = 16{,}58\ \text{kN/m}$$

Bemessungswerte der Schnittkräfte für LFK 2

Stützkräfte:

$$A_d = B_d = \frac{E_d \cdot \ell}{2} = \frac{16{,}58 \cdot 12}{2} = 99{,}48\ \text{kNm}$$

Biegemoment:

$$_{\max} M_d = \frac{E_d \cdot \ell^2}{8} = \frac{16{,}58 \cdot 4{,}62^2}{8} = 298{,}44\ \text{kNm}$$

Querkraft:

$$\max Q = \frac{E_d \cdot \ell}{2} = \frac{16{,}58 \cdot 12}{2} = 99{,}48\ \text{kNm}$$

Reduzierte Querkraft:

$$Q_{d,red} = 0{,}5 \cdot E_d \cdot (\ell - \ell_A - 2 \cdot h) = 0{,}5 \cdot 16{,}58 \cdot (12 - 0{,}2 - 2 \cdot 0{,}9)$$

$$Q_{d,red} = 82{,}90\ \text{kN}$$

Bemessungswert der Spannungen:

Biegespannung:

$$W_y = \frac{b \cdot h^2}{6} = \frac{160 \cdot 900^2}{6} = 2{,}16 \cdot 10^7\ \text{mm}^3$$

$$\sigma_{m,y,d} = \frac{M_d}{W_y} = \frac{2{,}984 \cdot 10^8}{2{,}16 \cdot 10^7} = 13{,}82\ \text{N/mm}^2$$

Schubspannung:

$A_{ef} = b_{ef} \cdot b$; $b_{ef} = k_{cr} \cdot b$

$k_{cr} = 1{,}0$ nach BAZ Z-9.1-679, Abschnitt 3.1.3

$b_{ef} = k_{cr} \cdot b = 1{,}0 \cdot 160 = 160\,\text{mm}$

$A_{ef} = 160 \cdot 900 = 14{,}4 \cdot 10^4\,\text{mm}^2$

$$\tau_d = 1{,}5 \cdot \frac{Q_{d,red}}{A_{ef}} = 1{,}5 \cdot \frac{82{,}9 \cdot 10^3}{14{,}4 \cdot 10^4} = 0{,}86\,\text{N/mm}^2$$

Nachweis Schubspannungen nach Gl. (6.13):

Bemessungswert der Schubfestigkeit:

[DIN EN 1995-1-1, Gl. (2.14)]

$$f_{v,d} = \frac{k_{mod} \cdot f_{v,g,k}}{\gamma_M} = \frac{0{,}8 \cdot 3{,}4}{1{,}3} = 2{,}09\,\text{N/mm}^2$$

Nachweis:

$\tau_d \le f_{v,d}$ [DIN EN 1995-1-1, Gl. (6.13)]

$0{,}86 \le 2{,}09\,\text{N/mm}^2$ **Nachweis erfüllt!**

Nachweis Biegespannungen:

Bemessungswert der Biegefestigkeit:

[DIN EN 1995-1-1, Gl. (2.14)]

$$f_{m,d} = \frac{k_{mod} \cdot f_{m,g,k}}{\gamma_M} = \frac{0{,}8 \cdot 48}{1{,}3} = 29{,}54\,\text{N/mm}^2$$

Nachweis nach Gl. (6.11) und (6.12), keine Doppelbiegung

$\sigma_{m,z,d} = 0$

nach DIN EN 1995-1-1:2010, Abschnitt 6.1.6 $k_m = 0{,}7$

$\frac{\sigma_{m,y,d}}{f_{m,y,d}} \le 1{,}0$ [DIN EN 1995-1-1, Gl. (6.11)]

$\frac{11{,}18}{29{,}54} = 0{,}38 \le 1{,}0$ **Nachweis erfüllt!**

$k_m \cdot \frac{\sigma_{m,y,d}}{f_{m,y,d}} \le 1{,}0$ [DIN EN 1995-1-1, Gl. (6.12)]

$0{,}7 \cdot \frac{11{,}18}{29{,}54} = 0{,}26 \le 1{,}0$ **Nachweis erfüllt!**

Nachweis Stabilität:

Baustoffwerte nach BAZ Z-9.1-679:

GL 48c, $f_{m,g,k} = 48\,\text{N/mm}^2$, $E_{0,g,05} = 14700\,\text{N/mm}^2$,

$G_{g,05} = 800\,\text{N/mm}^2$

Querschnittswerte:

Torsionsträgheitsmoment:

$$I_{tor} = \frac{b^3 \cdot h}{3} \cdot \eta_1$$

$$\alpha = \frac{h}{b} = \frac{1000}{160} = 6{,}25$$

lt. Tabelle:

$\alpha \cong 6{,}25 \rightarrow \eta_1 \cong 0{,}89$

$$I_{tor} = \frac{b^3 \cdot h}{3} \cdot \eta_1 = \frac{160^3 \cdot 1000}{3} \cdot 0{,}89 = 1{,}215 \cdot 10^9\,\text{mm}^4$$

Widerstandsmoment y-Achse:

$$W_y = \frac{b \cdot h^2}{6} = \frac{160 \cdot 1000^2}{6} = 2{,}67 \cdot 10^7\,\text{mm}^3$$

Trägheitsmoment z-Achse:

$$I_z = \frac{h \cdot b^3}{12} = \frac{900 \cdot 160^3}{12} = 3{,}072 \cdot 10^8\,\text{mm}^4$$

ℓ_{ef} lt. DIN EN 1995-1-1:2010, Tabelle 6.1:

$\ell_{ef} = 0{,}9 \cdot \ell = 0{,}9 \cdot 12 = 10{,}8\,\text{m}$

Der Quotient aus wirksamer Länge ℓ_{ef} und der Stützweite ℓ gilt lt. Tabelle 6.1 in DIN EN 1995-1-1:2010 (s. Tabelle 5.11.) für einen Biegestab, der an den Auflagern ausreichend gegen Verdrehen gesichert ist, und einer Lasteintragung in der Schwerachse des beanspruchten Querschnitts. Da die Last am Druckrand des Biegestabes angreift, ist ℓ_{ef} lt. Tabelle 6.1 um 2 *h* zu erhöhen.

$\ell_{ef} = 0{,}9 \cdot \ell + 2 \cdot h = 0{,}9 \cdot 12 + 2 \cdot 1{,}0 = 12{,}8\,\text{m}$

Berechnung kritische Biegedruckspannungen nach Gl. (6.31) einschließlich Erhöhung der 5-%-Quantilwerte der Steifigkeiten um 1.3 (s. BAZ Z-9.1-679, Abschnitt 3.1.4):

[DIN EN 1995-1-1, Gl. (6.31)]

$$\sigma_{m,crit} = \frac{M_{y,crit}}{W_y} = \frac{\pi \cdot \sqrt{1{,}4 \cdot E_{0,g,05} \cdot I_z \cdot G_{g,05} \cdot I_{tor}}}{\ell_{ef} \cdot W_y}$$

$$\sigma_{m,crit} = \frac{\pi \cdot \sqrt{1{,}4 \cdot 14700 \cdot 3{,}41 \cdot 10^8 \cdot 800 \cdot 1{,}215 \cdot 10^9}}{10800 \cdot 2{,}67 \cdot 10^7}$$

$$\sigma_{m,crit} = \frac{\pi \cdot \sqrt{6{,}821 \cdot 10^{24}}}{10800 \cdot 2{,}67 \cdot 10^7} = 28{,}44\,\text{N/mm}^2$$

Zum Vergleich $\sigma_{m,crit}$ nach Gl. (6.32):

$\sigma_{m,crit} = \frac{0{,}78 \cdot b^2}{h \cdot \ell_{ef}} \cdot E_{0,05}$ [DIN EN 1995-1-1, Gl. (6.32)]

$$\sigma_{m,crit} = \frac{0{,}78 \cdot 160^2}{1000 \cdot 10800} \cdot 14700 = 27{,}18\,\text{N/mm}^2$$

Berechnung der bezogenen Kippschlankheit nach Gl. (6.30):

$\lambda_{rel,m} = \sqrt{\frac{f_{m,g,k}}{\sigma_{m,crit}}}$ [DIN EN 1995-1-1, Gl. (6.30)]

$$\lambda_{rel,m} = \sqrt{\frac{48}{28{,}44}} = 1{,}30$$

Berechnung k_{crit} nach Gl. (6.34):

[DIN EN 1995-1-1, Gl. (6.34)]

$$k_{crit} = \begin{cases} 1 & \text{für } \lambda_{rel,m} \le 0{,}75 \\ 1{,}56 - 0{,}75 \cdot \lambda_{rel,m} & \text{für } 0{,}75 < \lambda_{rel,m} \le 1{,}4 \\ \frac{1}{\lambda_{rel,m}^2} & \text{für } 1{,}4 < \lambda_{rel,m} \end{cases}$$

für $0{,}75 < \lambda_{rel,m} < 1{,}4$ ist

$k_{crit} = 1{,}56 - 0{,}75 \cdot \lambda_{rel,m} = 1{,}56 - 0{,}75 \cdot 1{,}30 = 0{,}59$

Nachweis $\sigma_{m,d}$ nach Gl. (6.33):

$\sigma_{m,d} \le k_{crit} \cdot f_{m,d}$ [DIN EN 1995-1-1, Gl. (6.33)]

$11{,}18 \le 0{,}59 \cdot 29{,}54$

$11{,}18 \le 17{,}43\,\text{N/mm}^2$ **Nachweis erfüllt!**

Nachweis Querkraft am Auflager (Querdruck) nach Gl. (6.3):

$k_{c,90} = 1{,}0$ (BAZ Z-9.1-679, Abschnitt 3.1.7)

$$\sigma_{c,90,d} = \frac{F_{c,90,d}}{A_{ef}}$$

$A_{ef} = b \cdot (\ell_{Auflager} + 30\,\text{mm}) = 160 \cdot (200 + 30) = 3{,}68 \cdot 10^4\,\text{mm}^2$

$$\sigma_{c,90,d} = \frac{99{,}48 \cdot 10^3}{3{,}68 \cdot 10^4} = 2{,}7\,\text{N/mm}^2$$

Bemessungswert der Querdruckfestigkeit nach Gl. (2.14) mit:

$f_{c,90,g,k} = 8{,}4\ \text{N/mm}^2$

[DIN EN 1995-1-1, Gl. (2.14)]

$$f_{c,90,d} = \frac{k_{mod} \cdot f_{c,90,g,k}}{\gamma_M} = \frac{0{,}8 \cdot 8{,}4}{1{,}3} = 5{,}16\ \text{N/mm}^2$$

Nachweis nach Gl. (6.3):

$\sigma_{c,90,d} \le k_{c,90} \cdot f_{c,90,d}$ [DIN EN 1995-1-1, Gl. (6.3)]

$2{,}7 \le 1{,}0 \cdot 5{,}16 = 5{,}16\ \text{N/mm}^2$ **Nachweis erfüllt!**

$k_{c,90} = 1{,}0$ [BAZ Z-9.1-679, Abschnitt 3.1.7]

Nachweis Gabellagerung nach DIN EN 1995-1-1/NA:2013, Abschnitt NCI zu 9.2.5.3 (NA.4):

Pro Auflager ist ein Torsionsmoment nach Gl. (NA.140) von

$M_{tor,d} = M_d / 80$ [DIN EN 1995-1-1/NA, Gl. (NA.140)]

$M_{tor,d} = 298{,}44/80 = 3{,}73\ \text{kNm}$

aufzunehmen.

Der Unterzug wird im Mauerwerk aufgelagert und ist so eingemauert, dass ein Verdrehen verhindert wird. Weitere Nachweise sind nicht erforderlich.

Nachweis der Gebrauchstauglichkeit:

Erforderlicher Querschnitt für $w_{limit} \le \ell/300$

$E_k = 11{,}5\ \text{kN/m}$; $E_{G,k} = 4{,}5\ \text{kN/m}$; $E_{Q,k} = 7{,}0\ \text{kN/m}$

Nachweise:

$$I_y = \frac{b \cdot h^3}{12} = \frac{160 \cdot 900^3}{12} = 9{,}72 \cdot 10^9\ \text{mm}^4$$

Grenzzustand der Gebrauchstauglichkeit:

$E_{0,g,mean} = 15100\ \text{N/mm}^2$

$k_{def} = 0{,}6$; $\psi_2 = 0{,}3$ [DIN EN 1990/NA, Tabelle NA.A.1.1]

$$w_{inst,G} = \frac{5 \cdot E_{G,k} \cdot \ell^4}{384 \cdot E_{0,g,mean} \cdot I_y} = \frac{5 \cdot 4{,}5 \cdot 12000^4}{384 \cdot 15100 \cdot 9{,}72 \cdot 10^9} = 8{,}28\ \text{mm}$$

$$w_{fin,G} = w_{inst,G} \cdot (1 + k_{def}) = 8{,}28\ \text{mm} \cdot (1 + 0{,}6) = 13{,}25\ \text{mm}$$

$$w_{inst,Q} = \frac{E_{Q,k}}{E_{G,k}} \cdot w_{inst,G} = \frac{7{,}0}{4{,}5} \cdot 8{,}28 = 12{,}88\ \text{mm}$$

$$w_{inst} = w_{inst,G} + w_{inst,Q} = 8{,}28 + 12{,}88 = 21{,}16\ \text{mm}$$

$$w_{fin,Q} = w_{inst,Q1} \cdot (1 + \psi_2 \cdot k_{def}) = 12{,}88\ \text{mm} \cdot (1 + 0{,}3 \cdot 0{,}6) = 15{,}20\ \text{mm}$$

$$w_{fin} = w_{fin,G} + w_{fin,Q} = 13{,}25 + 15{,}2 = 28{,}45\ \text{mm}$$

Durchbiegung in der charakteristischen Bemessungssituation:

$w_{inst} = 21{,}16\ \text{mm} \le \ell/300 = 12000/300 = 40\ \text{mm}$

$w_{fin} = 28{,}45\ \text{mm} \le \ell/200 = 12000/200 = 60\ \text{mm}$

Durchbiegung in der quasi-ständigen Bemessungssituation:

$w_{net,fin} = w_{fin} - w_c$

der Unterzug wird um > 60 mm überhöht

$w_{net,fin} = 28{,}45 - 60\ \text{mm} = -31{,}55\ \text{mm} < \ell/300 = 40\ \text{mm}$

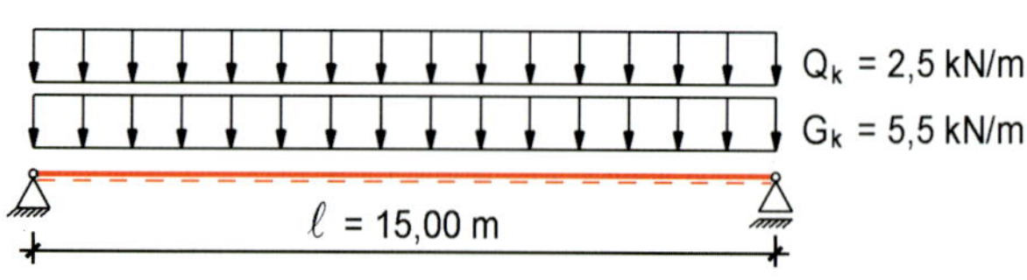

Bild 5.112. Statisches System

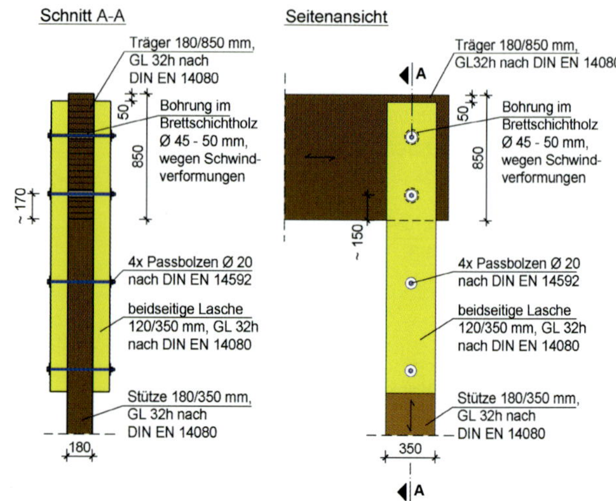

Bild 5.113. Konstruktionsdetail zur Auflagerausbildung

Beispiel 5.28. (nach DIN EN 1995-1-1:2010)

Es ist für den nicht ausgesteiften Brettschichtholzträger der Kippnachweis zu führen.
Es ist die Beanspruchung in der Gabel zu ermitteln.
Die Konstruktion für die Gabel ist aus Holz auf einer Holzstütze.

Gegeben:

Baustoff/Geometrie:	GL32h nach DIN EN 14080; *b/h* = 180/850 mm
Auflagerbreite auf der Stütze:	*b* = 180 mm
Stütze aus Brettschichtholz:	GL24h nach DIN EN 14080; KLED kurz, Nutzungsklasse 1

Lösung:

Baustoffkennwerte nach DIN EN 14080, Tabelle 5 für GL32h

$f_{m,g,k} = f_{m,k} = 32\ \text{N/mm}^2$; $f_{v,g,k} = 3{,}5\ \text{N/mm}^2$; $E_{0,g,k} = 11800\ \text{N/mm}^2$;

$E_{g,05} = 540\ \text{N/mm}^2$

Maßgebende Schnittkräfte

$$M_{G,k} = \frac{G_k \cdot \ell^2}{8} = \frac{5{,}5 \cdot 15^2}{8} = 154{,}69\ \text{kNm}$$

$$M_{Q,k} = \frac{Q_k \cdot \ell^2}{8} = \frac{2{,}5 \cdot 15^2}{8} = 70{,}31\ \text{kNm}$$

$$M_d = (\gamma_G \cdot M_{G,k} + \gamma_Q \cdot M_{Q,k}) = (1{,}35 \cdot 154{,}69 + 1{,}5 \cdot 70{,}31)$$

$$M_d = 208{,}83 + 105{,}47 = 314{,}30\ \text{kNm}$$

$$V_{G,k} = \frac{G_k \cdot \ell}{2} = \frac{5{,}5 \cdot 15}{2} = 41{,}25\ \text{kNm}$$

$$V_{Q,k} = \frac{Q_k \cdot \ell}{2} = \frac{2{,}5 \cdot 15}{2} = 18{,}75\ \text{kNm}$$

$$V_d = (\gamma_G \cdot V_{G,k} + \gamma_Q \cdot V_{Q,k}) = (1{,}35 \cdot 41{,}25 + 1{,}5 \cdot 18{,}75)$$

$$V_d = 55{,}69 + 28{,}13 = 83{,}82\ \text{kNm}$$

Nachweis Biegung ohne Druckkraft nach dem Ersatzstabverfahren nach DIN EN 1995-1-1:2010

Berechnung der bezogenen Kippschlankheit nach DIN EN 1995-1-1:2010, Gl. (6.30):

$$\lambda_{\mathrm{rel},m} = \sqrt{\frac{f_{m,k}}{\sigma_{m,\mathrm{crit}}}}$$

Querschnittswerte: 180/850 mm

Torsionsmoment:

$$I_{tor} = \frac{b^3 \cdot h}{12} \cdot \eta_1$$

$$\alpha = \frac{h}{b} = \frac{850}{180} = 4{,}72 \rightarrow \text{lt. Tabelle 5.13.} \quad \eta_1 = 0{,}87$$

$$I_{tor} = \frac{b^3 \cdot h}{3} \cdot \eta_1 = \frac{180^3 \cdot 850}{3} \cdot 0{,}87 = 1{,}438 \cdot 10^9 \text{ mm}^4$$

Widerstandsmoment y-Achse:

$$W_y = \frac{b \cdot h^2}{6} = \frac{180 \cdot 850^2}{6} = 2{,}1675 \cdot 10^7 \text{ mm}^4$$

Trägheitsmoment z-Achse:

$$I_z = \frac{h \cdot b^3}{12} = \frac{850 \cdot 180^3}{12} = 4{,}131 \cdot 10^8 \text{ mm}^4$$

ℓ_{ef} lt. DIN EN 1995-1-1:2010, Tabelle 6.1:

$$\ell_{ef} = 0{,}9 \cdot \ell = 0{,}9 \cdot 15 \text{ m} = 13{,}5 \text{ m}$$

lt. Tabelle 6.1 in DIN EN 1995-1-1:2010 (s. Tabelle 5.11.)

$$\ell_{ef} = 0{,}9 \cdot \ell + 2 \cdot h = 0{,}9 \cdot 15 + 2 \cdot 0{,}85 = 15{,}2 \text{ m}$$

Berechnung der kritischen Biegedruckspannung nach Gl. (6.31) einschließlich Erhöhung der 5-%-Quantilwerte der Steifigkeiten um 1.4 (s. DIN EN 1995-1-1/NA:2013, NCI zu 6.3.3 (2)):

[DIN EN 1995-1-1, Gl. (6.31)]

$$\sigma_{m,\mathrm{crit}} = \frac{\pi \sqrt{E_{0,05} \cdot I_z \cdot G_{0,05} \cdot I_{tor}}}{\ell_{ef} \cdot W_y}$$

$$\sigma_{m,\mathrm{crit}} = \frac{\pi \sqrt{1{,}4 \cdot 11800 \cdot 4{,}131 \cdot 10^8 \cdot 540 \cdot 1{,}438 \cdot 10^9}}{15{,}2 \cdot 10^3 \cdot 2{,}1675 \cdot 10^7}$$

$$\sigma_{m,\mathrm{crit}} = \frac{\pi \sqrt{5{,}3 \cdot 10^{24}}}{15{,}2 \cdot 10^3 \cdot 2{,}1675 \cdot 10^7}$$

$$\sigma_{m,\mathrm{crit}} = 21{,}95 \text{ N/mm}^2$$

$$\ell_{ef} = \ell = 15 \text{ m}$$

$$h = 850 \text{ mm}$$

$$b = 180 \text{ mm}$$

[DIN EN 1995-1-1, Gl. (6.30)]

$$\lambda_{\mathrm{rel},m} = \sqrt{\frac{f_{m,k}}{\sigma_{m,\mathrm{crit}}}} = \sqrt{\frac{32}{21{,}95}} = 2{,}21$$

Berechnung k_{crit} nach DIN EN 1995-1-1:2010, Abschnitt 6.3.3 (4), Gl. (6.34):

[DIN EN 1995-1-1, Gl. (6.34)]

$$k_{crit} = \begin{cases} 1 & \text{für } \lambda_{\mathrm{rel},m} \le 0{,}75 \\ 1{,}56 - 0{,}75 \cdot \lambda_{\mathrm{rel},m} & \text{für } 0{,}75 < \lambda_{\mathrm{rel},m} \le 1{,}4 \\ \dfrac{1}{\lambda_{\mathrm{rel},m}^2} & \text{für } 1{,}4 < \lambda_{\mathrm{rel},m} \end{cases}$$

$$k_{crit} = 1{,}56 - 0{,}75 \cdot 2{,}21 = 0{,}65$$

Bemessungswert der Biegefestigkeit nach Gl. (2.14):

[DIN EN 1995-1-1, Gl. (2.14)]

$$f_{m,d} = \frac{k_{\mathrm{mod}} \cdot f_{m,k}}{\gamma_M} = \frac{0{,}9 \cdot 32}{1{,}3} = 22{,}15 \text{ N/mm}^2$$

Bemessungswert der Biegespannung:

$$\sigma_{m,d} = \frac{M_d}{W_y} = \frac{3{,}143 \cdot 10^8}{2{,}1675 \cdot 10^7} = 14{,}50 \text{ N/mm}^2$$

Nachweis $\sigma_{m,d}$ nach Gl. (6.33):

$$\sigma_{m,d} \le k_{crit} \cdot f_{m,d}$$ [DIN EN 1995-1-1, Gl. (6.33)]

$$\sigma_{m,d} \le k_{crit} \cdot f_{m,d}$$

$$14{,}5 \le 0{,}65 \cdot 22{,}15$$

$$14{,}5 \approx 14{,}40$$

geringe Überschreitung unbedenklich

Der Querschnitt wird in der Breite auf b = 220 mm erhöht.

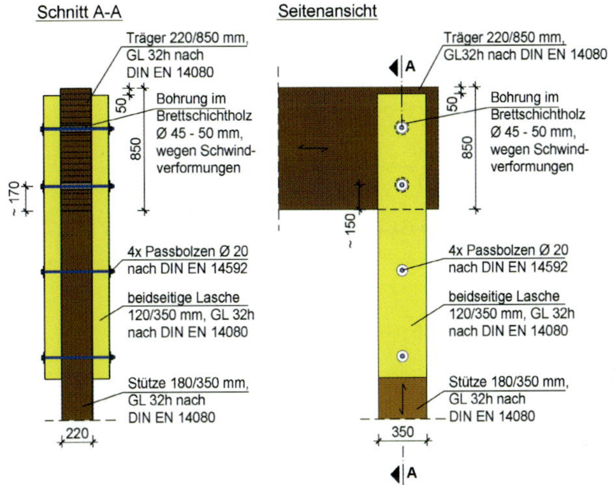

Bild 5.114. Konstruktionsdetail zur Auflagerausbildung

Neue Querschnittswerte: 220/850 mm

Torsionsmoment

$$I_{tor} = \frac{b^3 \cdot h}{3} \cdot \eta_1$$

$$\alpha = \frac{h}{b} = \frac{850}{220} = 3{,}86 \rightarrow \text{lt. Tabelle 5.13.} \quad \eta_1 = 0{,}85$$

$$I_{tor} = \frac{b^3 \cdot h}{3} \cdot \eta_1 = \frac{220^3 \cdot 850}{3} \cdot 0{,}85 = 2{,}56 \cdot 10^9 \text{ mm}^4$$

Widerstandsmoment y-Achse:

$$W_y = \frac{b \cdot h^2}{6} = \frac{220 \cdot 850^2}{6} = 2{,}65 \cdot 10^7 \text{ mm}^4$$

Trägheitsmoment z-Achse:

$$I_z = \frac{h \cdot b^3}{12} = \frac{850 \cdot 220^3}{12} = 7{,}54 \cdot 10^8 \text{ mm}^4$$

ℓ_{ef} lt. DIN EN 1995-1-1:2010, Tabelle 6.1

$$\ell_{ef} = 0{,}9 \cdot \ell + 2 \cdot h = 0{,}9 \cdot 15 \text{ m} + 2 \cdot 0{,}85 = 15{,}2 \text{ m}$$

Kritische Biegespannung:

[DIN EN 1995-1-1, Gl. (6.31)]

$$\sigma_{m,\mathrm{crit}} = \frac{\pi \sqrt{E_{0,05} \cdot I_z \cdot G_{0,05} \cdot I_{tor}}}{\ell_{ef} \cdot W_y}$$

$$\sigma_{m,\mathrm{crit}} = \frac{\pi \sqrt{1{,}4 \cdot 11800 \cdot 7{,}54 \cdot 10^8 \cdot 540 \cdot 2{,}56 \cdot 10^9}}{15{,}2 \cdot 10^3 \cdot 2{,}65 \cdot 10^7}$$

$$\sigma_{m,crit} = \frac{\pi\sqrt{1{,}72\cdot 10^{25}}}{15{,}2\cdot 10^{3}\cdot 2{,}65\cdot 10^{7}} = 32{,}35\ \text{N/mm}^2$$

[DIN EN 1995-1-1, Gl. (6.30)]

$$\lambda_{rel,m} = \sqrt{\frac{f_{m,k}}{\sigma_{m,crit}}} = \sqrt{\frac{32}{32{,}35}} = 0{,}99$$

[DIN EN 1995-1-1, Gl. (6.34)]

$$k_{crit} = \begin{cases} 1 & \text{für } \lambda_{rel,m} \le 0{,}75 \\ 1{,}56 - 0{,}75\cdot\lambda_{rel,m} & \text{für } 0{,}75 < \lambda_{rel,m} \le 1{,}4 \\ \frac{1}{\lambda_{rel,m}^2} & \text{für } 1{,}4 < \lambda_{rel,m} \end{cases}$$

für $0{,}75 < \lambda_{rel,m} < 1{,}4$ ist

$$k_{crit} = 1{,}56 - 0{,}75\cdot\lambda_{rel,m} = 1{,}56 - 0{,}75\cdot 0{,}99 = 0{,}82$$

Bemessungswert der Biegefestigkeit nach Gl. (2.14):

[DIN EN 1995-1-1, Gl. (2.14)]

$$f_{m,d} = \frac{k_{mod}\cdot f_{m,k}}{\gamma_M} = \frac{0{,}9\cdot 32}{1{,}3} = 22{,}15\ \text{N/mm}^2$$

Bemessungswert der Biegespannung:

$$\sigma_{m,d} = \frac{M_d}{W} = \frac{3{,}143\cdot 10^{8}}{2{,}65\cdot 10^{7}} = 11{,}86\ \text{N/mm}^2$$

Nachweis $\sigma_{m,d}$ nach Gl. (6.33):

$\sigma_{m,d} \le k_{crit}\cdot f_{m,d}$ [DIN EN 1995-1-1, Gl. (6.33)]

$$\sigma_{m,d} \le k_{crit}\cdot f_{m,d} = 11{,}86 \le 0{,}82\cdot 22{,}15 = 18{,}16\ \text{N/mm}^2$$

Nachweis erfüllt!

Nachweis Schub nach DIN EN 1995-1-1:2010, Abschnitt 6.1.7.

$\max V_d = 83{,}82\ \text{kNm}$

$A_{ef} = b_{ef}\cdot h$; $f_{v,k} = 3{,}5\ \text{N/mm}^2$; $b_{ef} = k_{cr}\cdot b$

$$k_{cr} = \frac{2{,}5}{f_{v,k}} = \frac{2{,}5}{3{,}5} = 0{,}71$$

$b_{ef} = 0{,}71\cdot 220 = 156{,}2\ \text{mm}$

$A_{ef} = 156{,}2\cdot 850 = 1{,}34\cdot 10^{5}\ \text{mm}^2$

$$\tau_d = 1{,}5\cdot\frac{\max V_d}{A_{ef}}$$

$$\tau_d = 1{,}5\cdot\frac{83{,}82\cdot 10^{3}}{1{,}34\cdot 10^{5}} = 0{,}94\ \text{N/mm}^2$$

Bemessungswert der Schubfestigkeit nach Gl. (2.14):

[DIN EN 1995-1-1, Gl. (2.14)]

$$f_{v,d} = \frac{k_{mod}\cdot f_{v,k}}{\gamma_M} = \frac{0{,}9\cdot 3{,}5}{1{,}3} = 2{,}42\ \text{N/mm}^2$$

Nachweis nach Gl. (6.13):

[DIN EN 1995-1-1, Gl. (6.13)]

$\tau_d \le f_{v,d} = 0{,}94 \le 2{,}42\ \text{N/mm}^2$ **Nachweis erfüllt!**

Torsionsmoment für die Gabellagerung nach DIN EN 1995-1-1/NA:2010, Gl. (NA.140)

[DIN EN 1995-1-1/NA, Gl. (NA.140)]

$$M_{tor,d} = \frac{M_d}{80} = \frac{314{,}3}{80} = 3{,}93\ \text{kNm}$$

Nachweis Schub aus Querkraft und Torsion nach DIN EN 1995-1-1/NA:2010, Abschnitt NCI NA.6.1.9

für $\tau_{z,d} = 0$

$$\frac{h}{b} = \frac{850}{220} = 3{,}86$$

aus Tabelle 5.12 $\eta_2 = 1{,}19$

$$W_T = \frac{h\cdot b^2}{3\cdot\eta_2} = \frac{850\cdot 220^2}{3\cdot 1{,}19} = 1{,}15\cdot 10^{7}\ \text{mm}^3$$

$$\tau_{tor,d} = \frac{M_{tor,d}}{W_T} = \frac{3{,}93\cdot 10^{6}}{1{,}15\cdot 10^{7}} = 0{,}34\ \text{N/mm}^2$$

k_{shape} nach Gl. (6.15)

[DIN EN 1995-1-1, Gl. (6.15)]

$$k_{shape} = \min\begin{cases} 1+0{,}5\cdot\frac{h}{b} \\ 2{,}0 \end{cases} = \min\begin{cases} 1+0{,}5\cdot\frac{850}{220} = 2{,}93 \\ 2{,}0 \end{cases}$$

$k_{shape} = 2{,}0$

Nachweis nach DIN EN 1995-1-1/NA:2013, Gl. (NA.56) für $\tau_{z,d} = 0$:

[DIN EN 1995-1-1/NA, Gl. (NA.56)]

$$\left(\frac{\tau_{tor,d}}{k_{shape}\cdot f_{v,d}}\right) + \left(\frac{\tau_{y,d}}{f_{v,d}}\right)^2 = \left(\frac{0{,}34}{2{,}0\cdot 2{,}42}\right) + \left(\frac{0{,}67}{2{,}42}\right)^2 \le 1{,}0$$

$0{,}07 + 0{,}077 = 0{,}147 \le 1{,}0$ **Nachweis erfüllt!**

Beanspruchung aus Torsionsmoment auf die Gabel/Verbindungsmittel

Das Auflager soll so bemessen werden, dass je Auflager das $M_{tor,d}$ aufgenommen werden kann.

[DIN EN 1995-1-1/NA, Gl. (NA.140)]

$$M_{tor,d} = \frac{M_d}{80} = \frac{314{,}3}{80} = 3{,}93\ \text{kNm}$$

Das Moment muss über die Schrauben als Kräftepaar und über Biegebeanspruchung in der Gabelkonstruktion aufgenommen werden, e = 500 mm.

$$F_{H,d} = \frac{M_{tor,d}}{e} = \frac{3{,}93}{0{,}50} = 7{,}86\ \text{kN}$$

5.5.3. Ausklinkungen bei Biegeträgern mit Rechteckquerschnitten aus Vollholz, Brettschichtholz und Furnierschichtholz

Allgemeine Betrachtungen

Bei allen Baugliedern, die auf Biegung beansprucht werden, sind Schwächungen der äußeren Faser im gefährdeten Querschnitt und in dessen Nähe möglichst zu vermeiden (s. Bild 5.115.).

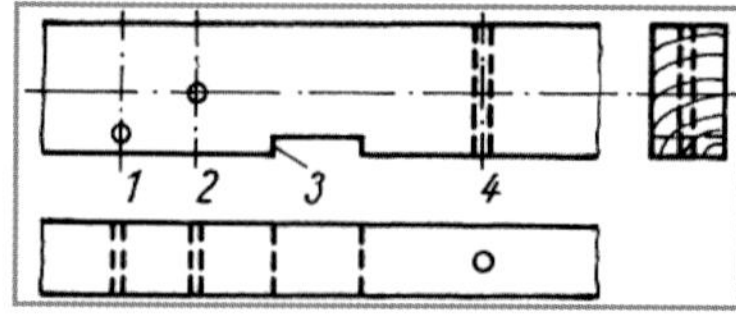

Legende
1 ungünstig
2 tragbar
3 ungünstig
4 tragbar

Bild 5.115. Biegestab mit Schwächungen

Ausklinkungen und Auskerbungen in hölzernen Biegestäben entstehen u. a. durch

- unbeabsichtigtes oder zu tiefes Einsägen und Einfräsen
- planmäßige Bearbeitung der Hölzer, z. B. bei Balkenauflagern, -verbindungen, -kreuzungen, -auswechslungen, bei den Auflagern von Gelenkpfetten sowohl bei Neubauten als auch bei Baureparaturen und Modernisierungsarbeiten.

Bauteile mit einspringenden Ecken (Bild 5.116.) büßen nicht nur infolge der Querschnittsschwächung an Tragfähigkeit ein, sondern vor allem wegen der in einspringenden Ecken auftretenden Spannungskonzentrationen. Wird die einspringende Ecke (Kerbe, Ausklinkung) mit dem Radius $r \geq 0{,}15 \cdot h$ ausgerundet, so werden die Spannungskonzentrationen beträchtlich abgebaut. Es scheint, als ob die plötzliche Querschnittsschwächung und damit die Bauteilgeometrie verantwortlich für die hohen Spannungen im Bereich der Innenecke ist. Diese Erfahrung trifft für alle Baustoffe zu.

Grundsätzlich sollten derartige Querschnittsschwächungen vermieden werden.

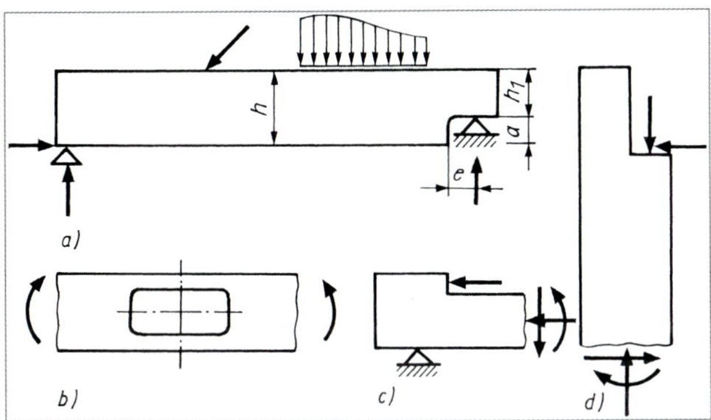

Legende
a) ausgeklinkte Biegeträger im Auflagerbereich
b) durchbrochene Träger
c) idealisierter Versatz
d) Konsolstütze

Bild 5.116. Beispiele für Holzbauteile mit einspringenden Ecken (Ausklinkungen) (nach [*Henrici* 1984])

Ausklinkungen von Biegeträgern nach DIN EN 1995-1-1:2010, Abschnitt 6.5.2

Ausklinkungen werden häufig am Auflager angeordnet und stören den Kraftverlauf im Bereich des Auflagers. In der Ausklinkungsecke treten dann relativ hohe Querzug- und Schubspannungen auf, die zu Rissbildung führen und die Tragfähigkeit an dieser Stelle sehr stark herabsetzen (s. Bild 5.116. und Bild 5.117.). Der Bruch kommt plötzlich, ohne große Verformungen oder vorherige sichtbare Ankündigungen (Sprödbruch). Zusätzlich können klimabedingte Querzugspannungen durch im Holzquerschnitt auftretende behinderte Schwindverformungen auftreten. Im Extremfall kann das zum plötzlichen Einsturz der Konstruktion führen.

Deshalb dürfen unverstärkte Ausklinkungen nur in Nutzungsklassen 1 und 2 ausgeführt werden.

Wie aus dem Bild 5.117. ersichtlich, ist bei schräg verlaufender Ausklinkung die Querzugbeanspruchung sehr viel geringer, als bei senkrechtem Verlauf der Ausklinkung. Trotzdem verweist *Möhler* auf ein generelles Problem bei derartigen Konstruktionen: „... *Die geringe Querzugfestigkeit auch des Brettschichtholzes, die durch Schwindspannungen oder Trockenrisse meist gerade an angeschnittenen Hirnenden herabgesetzt wird, lässt es aber ratsam erscheinen, diese* ***Konstruktionsform zu vermeiden****, oder von vornherein* ***wirksame Verstärkungsmaßnahmen*** *vorzusehen ...*" [*Möhler* 1976].

Diese schon 1976 von *Möhler* ausgesprochenen Empfehlungen sollten unbedingt bei der Planung derartiger Konstruktionen berücksichtigt werden.

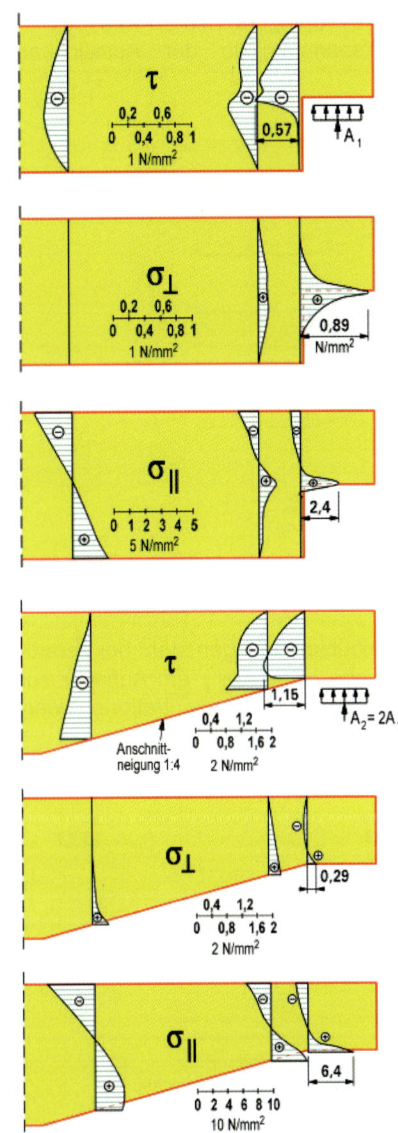

Bild 5.117. Untersuchungen zur Spannungsverteilung (Schub-, Querzug- und Längsspannungen) an ausgeklinkten Brettschichtholzträgern unter der Annahme eines vollelastischen, anisotropen Werkstoffverhaltens (s. [*Möhler* 1976]).

Auch in [*Gustafsson* 1995] wird darauf hingewiesen, dass Ausklinkungen schon beim Entwurf der Konstruktion vermieden werden sollten.

Die Berücksichtigung des gestörten Kraftverlaufes in Ausklinkungen beim rechnerischen Nachweis der Tragfähigkeit nach DIN EN 1995-1-1:2010, Abschnitt 6.5 basiert auf einem bruchmechanischen Ansatz (s. [*Gustafsson* 1995]).

Berechnung von Ausklinkungen nach DIN EN 1995-1-1:2010, Abschnitt 6.5.2

Der Einfluss der Spannungskonzentration in der Ausklinkung ist beim Tragfähigkeitsnachweis zu berücksichtigen.

Der Einfluss der Spannungskonzentration darf in folgenden Fällen vernachlässigt werden:

1. Zug oder Druck in Faserrichtung,
2. Biegung mit Zugspannungen in der Ausklinkung, wenn eine schräge Ausklinkung mit einer Neigung nicht steiler als 1:10 (d. h. i ≥ 10) vorliegt (s. Bild 5.118.a)),
3. Biegung mit Druckspannung in der Ausklinkung (s. Bild 5.118.b)).

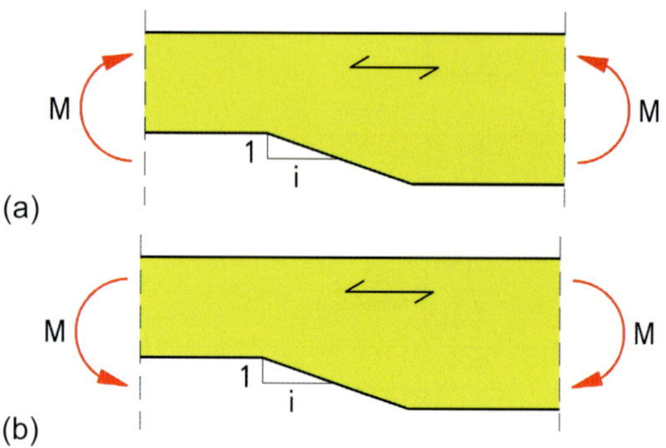

Legende
a) mit Zugspannungen in der Ausklinkung
b) mit Druckspannungen in der Ausklinkung

Bild 5.118. Biegung in einer Ausklinkung (entspricht Bild 6.10 in DIN EN 1995-1-1:2010)

Für die Aufnahme der Schubspannungen steht bei derartigen Trägern eine reduzierte Höhe (h_{ef}) am Auflager zur Verfügung. Auftretende Spannungskonzentrationen werden durch einen Faktor k_v berücksichtigt.

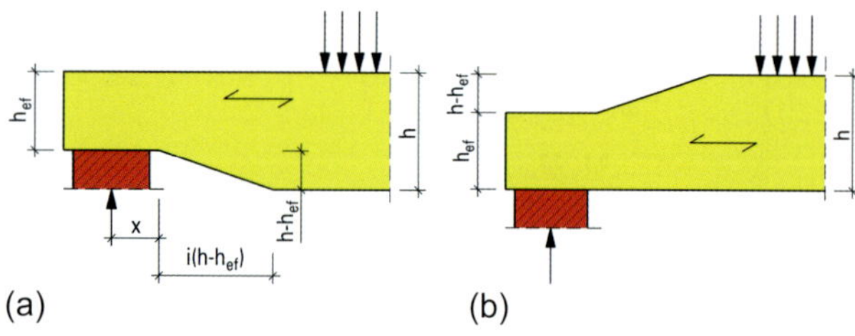

Legende
(a) an der Auflagerseite ausgeklinkte Biegestäbe
(b) auf der Gegenseite des Auflagers ausgeklinkte Biegestäbe

Bild 5.119. Endausklinkungen von Biegestäben (entspricht Bild 6.11 in DIN EN 1995-1-1:2010)

Unverstärkte Ausklinkungen dürfen nach Norm nur in Nutzungsklasse 1 und 2 verwendet werden.
Bei Nutzungsklassen 3 ist die Ausklinkung immer zu verstärken!

Der Nachweis der Schubspannung lautet dann nach Gl. (6.60):

$$\tau_d = \frac{1{,}5 \cdot V}{b_{ef} \cdot h_{ef}} \le k_v \cdot f_{v,d}$$

mit k_v nach Gl. (6.62) für an der Auflagerseite ausgeklinkte Biegeträger

$$k_v = \min \begin{cases} 1 \\ \dfrac{k_n \cdot \left(1 + \dfrac{1{,}1 \cdot i^{1{,}5}}{\sqrt{h}}\right)}{\sqrt{h} \cdot \left(\sqrt{\alpha \cdot (1-\alpha)} + 0{,}8 \cdot \dfrac{x}{h} \cdot \sqrt{\dfrac{1}{\alpha} - \alpha^2}\right)} \end{cases}$$

i	Neigung des ausgeklinkten Abschnittes;
h	Höhe des Biegestabes, in mm;
x	Abstand zwischen Kraftwirkungslinie der Auflagerkraft und Ausklinkungsecke, in mm.

$$\alpha = \frac{h_{ef}}{h}$$

$$k_n = \begin{cases} 4{,}5 & \text{für Furnierschichtholz} \\ 5{,}0 & \text{für Vollholz} \\ 6{,}5 & \text{für Brettschichtholz} \end{cases}$$

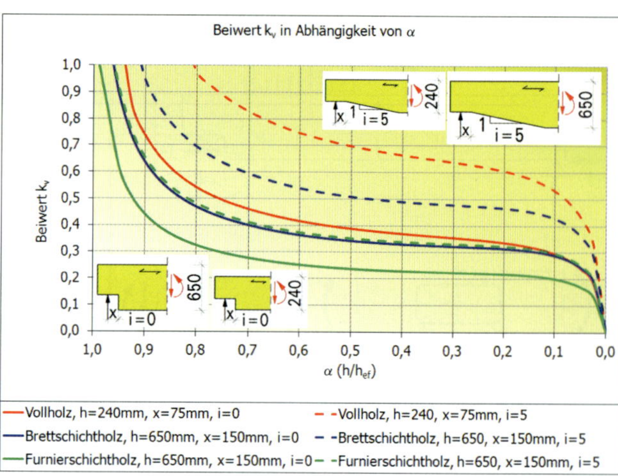

Bild 5.120. Beiwert k_v nach Gl. (6.62) in Abhängigkeit von α

Bild 5.120. zeigt, dass schon bei einem geringen Ausklinkungsverhältnis $(\alpha = 0{,}8)$ der k_v-Wert relativ klein wird ($k_v = 0{,}32$ für Furnierschichtholz mit rechteckigen Ausklinkungen, $k_v = 0{,}48/0{,}53$ für Brettschicht- bzw. Vollholz mit rechteckigen Ausklinkungen).

Nach der früheren Norm DIN 1052:2008 war der Nachweis an die geometrischen Bedingungen geknüpft, dass $\alpha \ge 0{,}5$ und $c/h \le 0{,}4$ ist!
Eine Begrenzung ist jetzt nicht mehr in der Norm gefordert. Aus praktischen Erwägungen erscheint diese Empfehlung aber zweckmäßig und sollte weiterhin eingehalten werden.

$k_v = 1{,}0$ Abminderungsbeiwert nach Gl. (6.61) für auf der Gegenseite des Auflagers ausgeklinkte Biegestäbe (s. Bild 5.119.b).

Nach DIN EN 1995-1-1/NA:2013, Abschnitt NCI zu 6.5.2, (NA.3) darf bei Trägern mit Ausklinkungen auf der Gegenseite des Auflagers (s. Bild 5.119.b), wenn $x < h_{ef}$ ist, k_v nach Gl. (NA.62) berechnet werden.

$$k_v = \left(\frac{h}{h_{ef}}\right) \cdot \left[1 - \frac{(h - h_{ef}) \cdot x}{h \cdot h_{ef}}\right]$$

Dabei ist:

x = Abstand zwischen Kraftwirkungslinie der Auflagerkraft und Ausklinkungsecke, in mm.

Für Bauteile mit einer Voute sind zusätzlich der kombinierte Spannungsnachweis am angeschnittenen Rand und der Schubspannungsbachweis im Voutenquerschnitt mit der minimalen Höhe zu führen (s. DIN EN 1995-1-1/NA:2013, NCI zu 6.5.2 (NA.3)).

Verstärkung ausgeklinkter Trägerenden bei Biegestäben nach DIN EN 1995-1-1/NA:2013, Abschnitt NCI NA.6.8.3

Zur Vermeidung von Schadensfällen, z. B. eine Rissbildung infolge klimabedingter Schwindverformungen, wird generell eine Verstärkung von Ausklinkungen auch in den Nutzungsklassen 1 und 2 empfohlen!

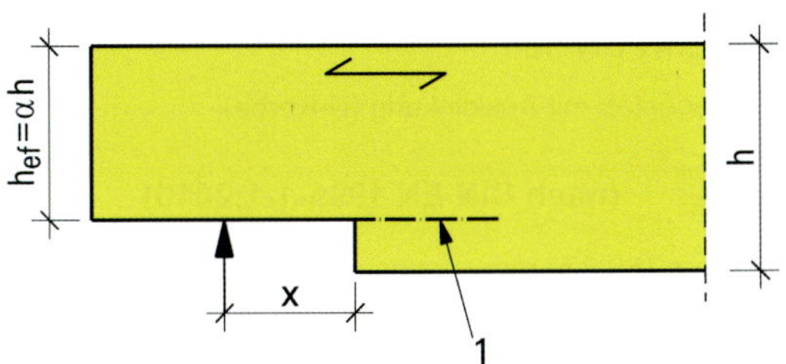

Legende
1) gefährdeter Bereich

Bild 5.121. Rechtwinklige Ausklinkung auf der belasteten Trägerseite (s. Bild NA.9 in DIN EN 1995-1-1/NA:2013)

Der Bemessungswert, der durch die Verstärkung aufzunehmenden Zugkraft, wird nach Gl. (NA.77) berechnet:

$$F_{t,90,d} = 1{,}3 \cdot V_d \cdot \left[3 \cdot (1-\alpha)^2 - 2 \cdot (1-\alpha)^3\right]$$

V_d Bemessungswert der Querkraft;

$\alpha = \frac{h_{ef}}{h}$ Verhältnis der Höhe an der Ausklinkung zur Gesamthöhe des Trägers (s. Bild 5.121.).

Verstärkungen mit innen liegenden eingeklebten Stahlstäben nach DIN EN 1995-1-1/NA:2013, Abschnitt NCI NA.6.8.3

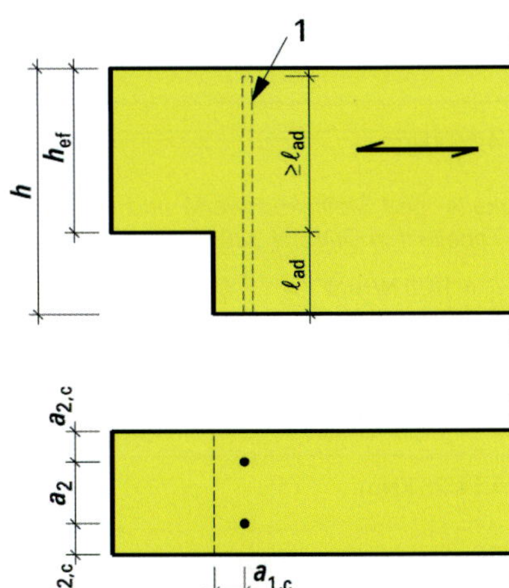

Legende
1) Stahlstabdurchmesser Ø d_r

Bild 5.122. Verstärkung der Ausklinkung durch eingeklebte Stahlstäbe (s. Bild NA.10 in DIN EN 1995-1-1/NA:2013)

Die innere Verstärkung mit einem maximalen Außendurchmesser von 20 mm ist umso wirkungsvoller, je näher sie zur Ausklinkung angeordnet wird Deshalb darf auch nur der unmittelbar zum Ausklinkungsrand befindliche Verstärkungsstab als Verstärkung herangezogen werden. Zum Ausklinkungsrand ist der Mindestabstand von $a_{1,c} = 2{,}5\ d_r$ einzuhalten. Über die Trägerbreite können weitere Stäbe angeordnet werden, wenn die Abstände zum Rand mit $a_{2,c} = 2{,}5\ d_r$ und untereinander mit $a_2 = 3\ d_r$ eingehalten werden (s. Bild NA.8 in DIN EN 1995-1-1/NA:2013).

Mit einer inneren Verstärkung kann die Tragfähigkeit wesentlich erhöht werden (s. Bild 5.123.).

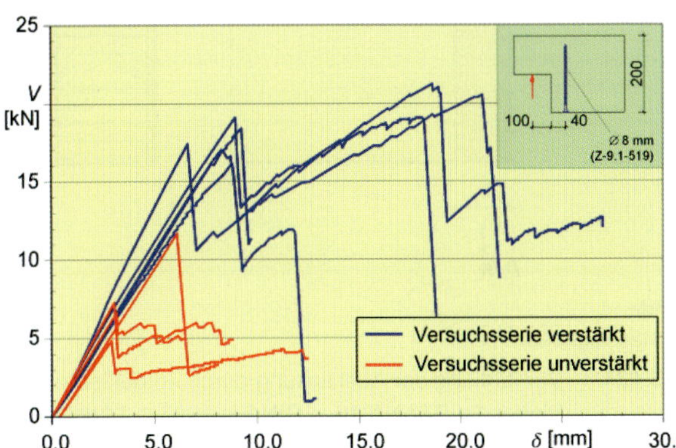

Bild 5.123. Einfluss einer inneren Verstärkung bei einer Ausklinkung (Vollholz, α = 0,5) auf die Tragfähigkeit (aus [*Franke* 2008])

Das Bruchverhalten bleibt weiterhin spröde, aber die Tragfähigkeit kann wesentlich gesteigert werden.

Die Mindestlänge eines Stahlstabes beträgt $2 \cdot \ell_{ad}$.

Es dürfen nur Stäbe bis 20 mm Durchmesser verwendet werden!

Der Nachweis der Klebefugenfestigkeit erfolgt nach Gl. (NA.78). Es wird eine gleichmäßig verteilte Klebefugenspannung vorausgesetzt.

$$\frac{\tau_{ef,d}}{f_{k,1,d}} \leq 1{,}0$$

Der Bemessungswert der Klebefugenspannung ergibt sich aus Gl. (NA.79)

$$\tau_{ef,d} = \frac{F_{t,90,d}}{n \cdot d_r \cdot \pi \cdot \ell_{ad}}$$

ℓ_{ad} wirksame Verankerungslänge (s. Bild 5.122.), in mm;

n Anzahl der Stahlstäbe, in Trägerlängsrichtung darf nur ein Stab in Rechnung gestellt werden!;

d_r Außendurchmesser des Stahlstabes, in mm; (≤ 20 mm);

$f_{k,1,d}$ Bemessungswert der Klebefugenfestigkeit nach Gl. (2.14) (Charakteristische Werte sind Tabelle NA.12 zu entnehmen, s. Tabelle 5.15).

Nachweis der Zugfestigkeit des Stahles

Die Zugfestigkeit des Stahles ist nachzuweisen.
Als innen liegende Verstärkung können auch Vollgewindeschrauben oder Gewindestangen mit Gewinde nach DIN 7998 nach allgemeiner bauaufsichtlicher Zulassung verwendet werden.

Verstärkungen für außen liegende Verstärkungen nach DIN EN 1995-1-1/NA:2013, Abschnitt NCI NA.6.8.3

Die Anordnung der Platten erfolgt stets beidseitig und entsprechend Bild 5.124. Es gilt für die Plattenbreite ℓ_r die konstruktive Bedingung nach Gl. (NA.84).

$$0{,}25 \leq \frac{\ell_r}{h - h_{ef}} \leq 0{,}5\,.$$

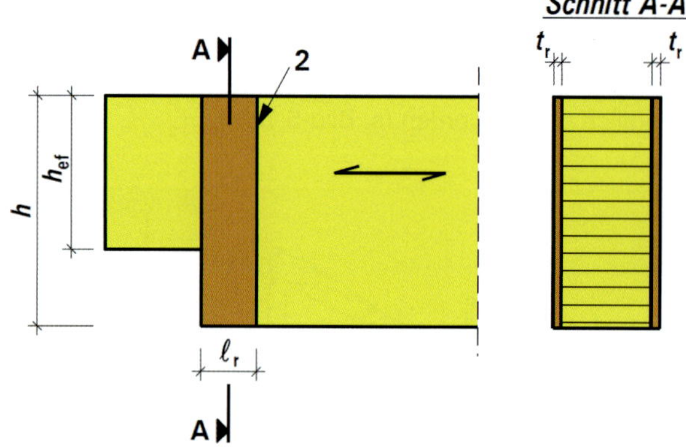

Legende
2) Verstärkungsplatten

Bild 5.124. Verstärkung der Ausklinkung durch aufgeklebte Platten (s. Bild NA.10 in DIN EN 1995-1-1/NA:2013)

Der Nachweis der Klebefugenfestigkeit erfolgt gemäß Gl. (NA.80).

$$\frac{\tau_{ef,d}}{f_{k,2,d}} \leq 1{,}0$$

Nach Gl. (NA.81) erfolgt die Berechnung des Bemessungswertes der Klebefugenspannung, die als gleichmäßig verteilt angenommen wird.

$$\tau_{ef,d} = \frac{F_{t,90,d}}{2 \cdot (h - h_{ef}) \cdot \ell_r}$$

$F_{t,90,d}$ Bemessungswert der Zugkraft nach Gl. (NA.77);
h, h_{ef} nach Bild 5.124.;
ℓ_r Plattenbreite;
$f_{k,2,d}$ Bemessungswert der Klebefugenfestigkeit nach Gl. (2.14) (Charakteristische Werte aus Tabelle NA.12-s. Tabelle 5.15.).

Außerdem ist die Festigkeit der Platten nach Gl. (NA.82) nachzuweisen.

$$k_k \cdot \frac{\sigma_{t,d}}{f_{t,d}} \leq 1{,}0$$

Der Bemessungswert der Zugspannung in den Platten ist nach Gl. (NA.83)

$$\sigma_{t,d} = \frac{F_{t,90,d}}{2 \cdot t_r \cdot \ell_r}$$

t_r Dicke der Verstärkungsplatten, in mm;
k_k Beiwert der die Ungleichmäßigkeit der Klebefugenspannung berücksichtigt, sofern kein genauer Nachweis erfolgt, ist $k_k = 2$;
$f_{t,d}$ Bemessungswert der Zugfestigkeit des Plattenwerkstoffes in Richtung der Zugkraft $F_{t,90,d}$, in N/mm².

Verstärkungen mit Nagelplatten sind sinngemäß nachzuweisen und anzuordnen.

Literatur: [*Lißner/Rug* 2016], [*Blaß/Ehlbeck* u. a. 2005], [*Steck* 2000], [*Blaß/Steck* 1999], [*Gustafsson* 1995]

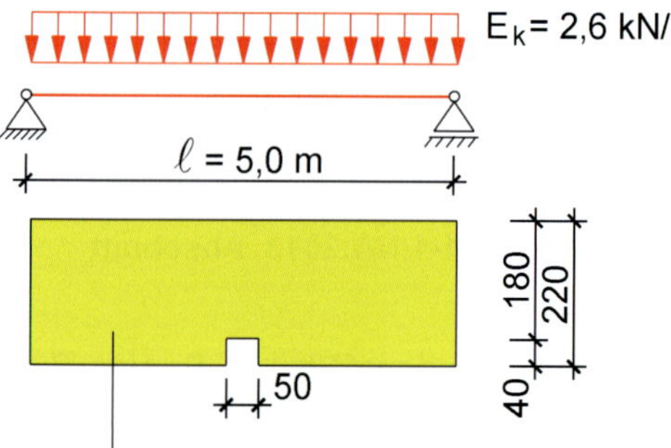

Bild 5.125. Biegestab mit Ausklinkung (U-Kerbe)

Beispiel 5.29. (nach DIN EN 1995-1-1:2010)

Ein Balken b/h = 160/220 mm, belastet mit einer Gleichlast $E_k = 2{,}6$ kN/m, sei in Feldmitte $a = 40$ mm tief und 50 mm breit ausgeklinkt (s. Bild 5.125.).

Gegeben:
Baustoffeigenschaften:
Gewählt:
NH S10 nach DIN 4074-1 = C24 nach DIN EN 338, Tabelle 1
Nutzungsklasse: 2 [DIN EN 1995-1-1:2010, Abschnitt 2.3.1.3, Abs. (1)]
KLED: mittel [DIN EN 1995-1-1/NA, Tabelle NA.1]
$k_{mod} = 0{,}80$ [DIN EN 1995-1-1:2010, Tabelle 3.1]
$\gamma_M = 1{,}3$ [DIN EN 1995-1-1/NA, Tabelle NA.3]

Bemessungswerte der Einwirkungen:

Die Anteile aus Eigenlast und veränderlicher Verkehrslast betragen

$$G_{k,1} = 1{,}6 \text{ kN/m}$$

$$Q_{k,1} = 1{,}6 \text{ kN/m}$$

$$E_d = \gamma_{G,1} \cdot G_{k,1} + \gamma_{Q,1} \cdot Q_{k,1}$$

$$\gamma_{G,1} = 1{,}35\,;\; \gamma_{Q,1} = 1{,}5$$

$$E_d = 1{,}35 \cdot 1{,}6 + 1{,}5 \cdot 1{,}6 = 4{,}56 \text{ kN/m}$$

Charakteristische Festigkeits- und Steifigkeitswerte und charakteristische Rohdichte aus Tabelle 1 in DIN EN 338:

$f_{v,k} = 4{,}0$ N/mm²; $f_{t,0,k} = 14{,}0$ N/mm²; $f_{c,0,k} = 21{,}0$ N/mm²

$f_{m,k} = 24$ N/mm²; $E_{0,mean} = 11000$ N/mm²

Bemessungswerte des Biegemomentes:

$$M_{y,d} = \frac{E_d \cdot l^2}{8} = \frac{4{,}56 \cdot 5^2}{8} = 14{,}25 \text{ kNm}$$

Bemessungswert der Festigkeit nach Gl. (2.14):

[DIN EN 1995-1-1, Gl. (2.14)]

$$f_{m,y,d} = \frac{k_{mod} \cdot f_{m,y,k}}{\gamma_M} = \frac{0{,}8 \cdot 24}{1{,}3} = 14{,}77 \text{ N/mm}^2$$

$$W_{y,netto} = \frac{b \cdot h_1^2}{6} = \frac{160 \cdot 180^2}{6} = 864 \cdot 10^3 \text{ mm}^3$$

Bemessungswert der Biegespannung:

$$\sigma_{m,y,d} = \frac{M_{y,d}}{W_{y,netto}} = \frac{14,25 \cdot 10^6}{864 \cdot 10^3} = 16,49 \text{ N/mm}^2$$

Spannungsnachweis nach Gl. (6.11) und Gl. (6.12) für $\sigma_{m,z,d} = 0$ und mit $k_{red} = 0,7$ für Vollholz mit Rechteckquerschnitt (s. DIN EN 1995-1-1:2010, Abschnitt 6.1.6 (2)):

$$\frac{\sigma_{m,y,d}}{f_{m,y,d}} + k_{red} \cdot \frac{\sigma_{m,z,d}}{f_{m,z,d}} \le 1,0$$

$$k_{red} \cdot \frac{\sigma_{m,y,d}}{f_{m,y,d}} + \frac{\sigma_{m,z,d}}{f_{m,z,d}} \le 1,0$$

Nachweis nach Gl. (6.11):

$$\frac{\sigma_{m,y,d}}{f_{m,y,d}} = \frac{16,49}{14,77} = 1,12 > 1,0$$ **Nachweis nicht erfüllt!**

Nachweis nach Gl. (6.12):

$$k_{red} \cdot \frac{\sigma_{m,y,d}}{f_{m,y,d}} = 0,7 \cdot \frac{16,49}{14,77} = 0,78 < 1,0$$ **Nachweis erfüllt!**

Der Nachweis nach Gl. (6.11) ist nicht erfüllt.
Es ist eine höhere Festigkeitsklasse zu wählen.

Gewählt: C30 nach DIN EN 338, Tabelle 1

Bemessungswert der Festigkeit nach Gl. (2.14):

$f_{m,y,k} = 30 \text{ N/mm}^2$

[DIN EN 1995-1-1, Gl. (2.14)]

$$f_{m,y,d} = \frac{k_{mod} \cdot f_{m,y,k}}{\gamma_M} = \frac{0,8 \cdot 30}{1,3} = 18,46 \text{ N/mm}^2$$

Nach Gl. (6.11):

$$\frac{\sigma_{m,y,d}}{f_{m,y,d}} = \frac{16,49}{18,46} = 0,89 < 1,0$$ **Nachweis erfüllt!**

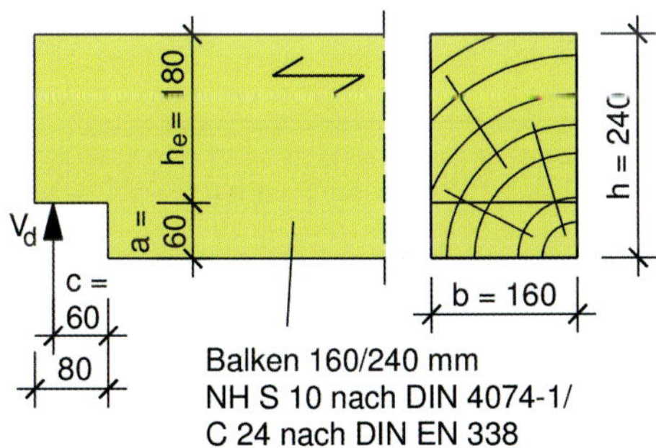

Bild 5.126. Endauflager eines Vollholzbalkens

Beispiel 5.30. (nach DIN EN 1995-1-1:2010)

Bei einer Baureparatur ist ein Balken $b/h = 160/240$ mm am Auflager (nach Bild 5.126.) rechtwinklig auf $a = 60$ mm auszuklinken. $Q = 6,5$ kN. Vor Beginn der Bauarbeiten wurde fachkundig geprüft, ob der Altholzbalken nach den Kriterien der DIN 4074-1 in die Festigkeitsklasse NH S10 nach DIN 4074-1 eingeordnet werden kann.
Es ist der statische Nachweis zu führen.

Gegeben:
Baustoffeigenschaften:
Gewählt:
NH S10 nach DIN 4074-1 = C24 nach DIN EN 388, Tabelle 1
Nutzungsklasse: 2 [DIN EN 1995-1-1:2010, Abschnitt 2.3.1.3]
KLED: mittel [DIN EN 1995-1-1/NA, Tabelle. NA.1]
$k_{mod} = 0,80$ [DIN EN 1995-1-1, Tabelle 3.1]
$\gamma_M = 1,3$ [DIN EN 1995-1-1/NA, Tabelle NA.3]

Bemessungswerte der Einwirkungen:

Die Anteile aus Eigenlast und veränderlicher Verkehrslast betragen (Teilsicherheitsbeiwerte für die Einwirkungen nach DIN EN 1990/NA:2010, Tabelle NA.A.1.2 (B)):

$V_{G,k,1} = 4$ kN

$V_{Q,k,1} = 2,5$ kN

$V_d = \gamma_{G,1} \cdot V_{G,k,1} + \gamma_{Q,1} \cdot V_{Q,k,1}$

$\gamma_{G,1} = 1,35$; $\gamma_{Q,1} = 1,5$

$V_d = 1,35 \cdot 4 + 1,5 \cdot 2,5 = 9,15$ kN

Geometrie und Charakteristischer Festigkeitswert aus Tabelle 1 in DIN EN 388:

$h_{ef} = 180$ mm; $h = 240$ mm; $c = 80$ mm;

$$\frac{x}{h} = \frac{80}{240} = 0,33$$

$f_{v,k} = 4,0 \text{ N/mm}^2$; $\alpha = \frac{h_{ef}}{h} = \frac{180}{240} = 0,75$

Bemessungswert der Festigkeit nach Gl. (2.14):

[DIN EN 1995-1-1, Gl. (2.14)]

$$f_{v,d} = \frac{k_{mod} \cdot f_{v,k}}{\gamma_M} = \frac{0,8 \cdot 4,0}{1,3} = 2,46 \text{ N/mm}^2$$

Nachweis der Schubspannung am reduzierten Querschnitt nach Gl. (6.60):

$$\tau_d = \frac{1,5 \cdot V}{b_{ef} \cdot h_{ef}} \le k_v \cdot f_{v,d}$$ [DIN EN 1995-1-1, Gl. (6.60)]

Mit Gl. (6.62) für k_v:

[DIN EN 1995-1-1, Gl. (6.62)]

$$k_v = \min \begin{cases} 1 \\ \dfrac{k_n \cdot \left(1 + \dfrac{1,1 \cdot i^{1,5}}{\sqrt{h}}\right)}{\sqrt{h} \cdot \left(\sqrt{\alpha \cdot (1-\alpha)} + 0,8 \cdot \dfrac{x}{h} \cdot \sqrt{\dfrac{1}{\alpha} - \alpha^2}\right)} \end{cases}$$

Für an der Ausklinkung nicht angeschrägte Träger ist
$k_n = 5$ für Vollholz und $i = 0$
Gl. (6.62) wird dann berechnet

$$k_v = \min \begin{cases} 1 \\ \dfrac{k_n}{\sqrt{h} \cdot \left(\sqrt{\alpha \cdot (1-\alpha)} + 0,8 \cdot \dfrac{x}{h} \cdot \sqrt{\dfrac{1}{\alpha} - \alpha^2}\right)} \end{cases}$$

$$k_v = \min \begin{cases} 1 \\ \dfrac{5}{\sqrt{240} \cdot \left(\sqrt{0,75 \cdot (1-0,75)} + 0,8 \cdot 0,33 \cdot \sqrt{\dfrac{1}{0,75} - 0,75^2}\right)} \end{cases}$$

$$k_v = \min \begin{cases} 1 \\ \dfrac{5}{15,49 \cdot (0,43 + 0,232)} \end{cases} = \min \begin{cases} 1 \\ 0,49 \end{cases} = 0,49$$

Nachweis der Schubspannung am reduzierten Querschnitt nach Gl. (6.60):

$$\tau_d = \frac{1{,}5 \cdot V}{b_{ef} \cdot h_{ef}} \le k_v \cdot f_{v,d}$$ [DIN EN 1995-1-1, Gl. (6.60)]

$$b_{ef} = k_{cr} \cdot b$$

$$k_{cr} = \frac{2{,}0}{f_{v,k}} = \frac{2{,}0}{4{,}0} = 0{,}5$$

$$b_{ef} = 0{,}5 \cdot 160 = 80 \text{ mm}$$

$$\tau_d = \frac{1{,}5 \cdot 9{,}15 \cdot 10^3}{80 \cdot 180} \le 0{,}55 \cdot 2{,}46 \text{ N/mm}^2$$

$\tau_d = 0{,}953 \le 1{,}35 \text{ N/mm}^2$ **Nachweis erfüllt!**

Keine Verstärkungen erforderlich.

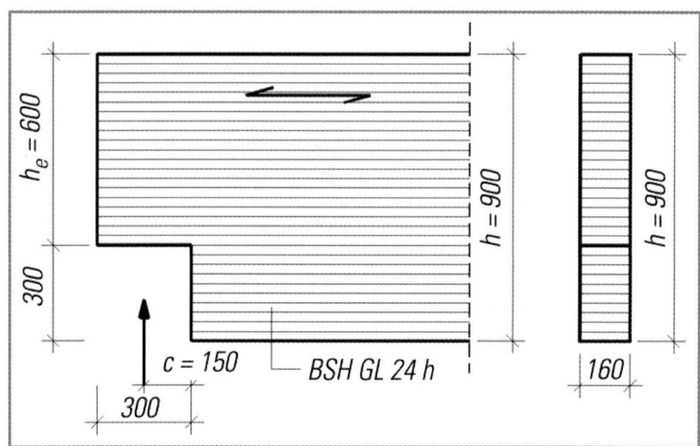

Bild 5.127. Ausgeklinkter Brettschichtholzträger

Beispiel 5.31. (nach DIN EN 1995-1-1:2010)

Ein Brettschichtholzträger aus GL24h nach DIN EN 14080 ist am Auflager (nach Bild 5.127.) unten rechtwinklig ausgeklinkt $(a = 300 \text{ mm})$, $h_{ef} = 600 \text{ mm}$.

Gegeben:
Baustoffeigenschaften:
Gewählt:

BSH GL24h	nach DIN EN 14080
Nutzungsklasse: 2	[DIN EN 1995-1-1, Abschnitt 2.3.1.3]
KLED: mittel	[DIN EN 1995-1-1/NA, Tabelle NA.1]
$k_{mod} = 0{,}80$	[DIN EN 1995-1-1, Tabelle 3.1]
$\gamma_M = 1{,}3$	[DIN EN 1995-1-1/NA, Tabelle NA.3]

Bemessungswerte der Einwirkungen:

Die Anteile aus Eigenlast und veränderlicher Verkehrslast betragen (Teilsicherheitsbeiwerte für die Einwirkungen nach DIN EN 1990/NA:2010, Tabelle NA.A.1.2 (B)):

$$V_{G,k,1} = 40 \text{ kN}$$

$$V_{Q,k,1} = 32 \text{ kN}$$

$$V_d = \gamma_{G,1} \cdot V_{G,k,1} + \gamma_{Q,1} \cdot V_{Q,k,1}$$

$$\gamma_{G,1} = 1{,}35; \quad \gamma_{Q,1} = 1{,}5$$

$$V_d = 1{,}35 \cdot 40 + 1{,}5 \cdot 32 = 102 \text{ kN}$$

Charakteristische Festigkeit aus Tabelle 5 in DIN EN 14080 und Geometrie:

$h = 900$ mm; $h_{ef} = 600$ mm; $x = 150$ mm; $b = 160$ mm (s. Bild 5.127.)

$$\frac{x}{h} = \frac{150}{900} = 0{,}17;$$

$k_n = 6{,}5$ (Gl. (6.63) für Brettschichtholz)

$$f_{v,g,k} = 3{,}5 \text{ N/mm}^2; \quad \alpha = \frac{h_{ef}}{h} = \frac{600}{900} = 0{,}67$$

Bemessungswert der Festigkeit nach Gl. (2.14):

$$f_{v,d} = \frac{k_{mod} \cdot f_{v,g,k}}{\gamma_M} = \frac{0{,}8 \cdot 3{,}5}{1{,}3} = 2{,}15 \text{ N/mm}^2$$

Nachweis der Schubspannung am reduzierten Querschnitt nach Gl. (6.60):

$$\tau_d = \frac{1{,}5 \cdot V}{b_{ef} \cdot h_{ef}} \le k_v \cdot f_{v,d}$$ [DIN EN 1995-1-1, Gl. (6.60)]

Mit Gl. (6.62) für k_v:

[DIN EN 1995-1-1, Gl. (6.62)]

$$k_v = \min\left\{\begin{array}{l} 1 \\ \dfrac{k_n \cdot \left(1 + \dfrac{1{,}1 \cdot i^{1{,}5}}{\sqrt{h}}\right)}{\sqrt{h} \cdot \left(\sqrt{\alpha \cdot (1-\alpha)} + 0{,}8 \cdot \dfrac{x}{h} \cdot \sqrt{\dfrac{1}{\alpha} - \alpha^2}\right)} \end{array}\right.$$

Für an der Ausklinkung nicht angeschrägte Träger ist $i = 0$ und $k_n = 6{,}5$ für Brettschichtholz:
Berechnung k_v nach Gl. (6.62) für $i = 0$

$$k_v = \min\left\{\begin{array}{l} 1 \\ \dfrac{k_n}{\sqrt{h} \cdot \left(\sqrt{\alpha \cdot (1-\alpha)} + 0{,}8 \cdot \dfrac{x}{h} \cdot \sqrt{\dfrac{1}{\alpha} - \alpha^2}\right)} \end{array}\right.$$

$$k_v = \min\left\{\begin{array}{l} 1 \\ \dfrac{6{,}5}{\sqrt{900} \cdot \left(\sqrt{0{,}67 \cdot (1-0{,}67)} + 0{,}8 \cdot 0{,}17 \cdot \sqrt{\dfrac{1}{0{,}67} - 0{,}67^2}\right)} \end{array}\right.$$

$$k_v = \min\left\{\begin{array}{l} 1 \\ \dfrac{6{,}5}{30 \cdot (0{,}47 + 0{,}139)} \end{array}\right. = \min\left\{\begin{array}{l} 1 \\ 0{,}36 \end{array}\right. = 0{,}36$$

Nachweis der Schubspannung am reduzierten Querschnitt nach Gl. (6.60):

$$\tau_d = \frac{1{,}5 \cdot V}{b_{ef} \cdot h_{ef}} \le k_v \cdot f_{v,d}$$ [DIN EN 1995-1-1, Gl. (6.60)]

$$b_{ef} = k_{cr} \cdot b$$

$$k_{cr} = \frac{2{,}5}{f_{v,g,k}} = \frac{2{,}5}{3{,}5} = 0{,}71$$

$$b_{ef} = 0{,}71 \cdot 160 = 114{,}3 \text{ mm}$$

$$\tau_d = \frac{1{,}5 \cdot 102 \cdot 10^3}{114{,}3 \cdot 600} \le 0{,}36 \cdot 2{,}15$$

$$\tau_d = 2{,}23 > k_v \cdot f_{v,d} = 0{,}36 \cdot 2{,}15 = 0{,}77 \text{ N/mm}^2$$

Nachweis nicht erfüllt!

Der Nachweis ist nicht erfüllt, die vorhandene Beanspruchung kann nicht aufgenommen werden.
Es ist eine Verstärkung erforderlich. Diese ist nach Abschnitt NCI NA.6.8.3 in DIN EN 1995-1-1/NA:2013 nachzuweisen. Für ausgeklinkte Träger ergibt sich der maßgebende Bemessungswert der Zugkraft für die Verstärkung nach Gl. (NA.77).

$$F_{t,90,d} = 1{,}3 \cdot V_{d,\text{vorh}} \cdot \left[3 \cdot (1-\alpha)^2 - 2 \cdot (1-\alpha)^3\right]$$

$$F_{t,90,d} = 1{,}3 \cdot 102 \cdot \left[3 \cdot (1-0{,}67)^2 - 2 \cdot (1-0{,}67)^3\right] = 33{,}79 \text{ kN}$$

Als Verstärkungen werden drei Varianten untersucht:

1. Variante: Eingeklebte Stahlstäbe (s. Bild 5.128.) 2 x Ø 12 mm (Betonstäbe).

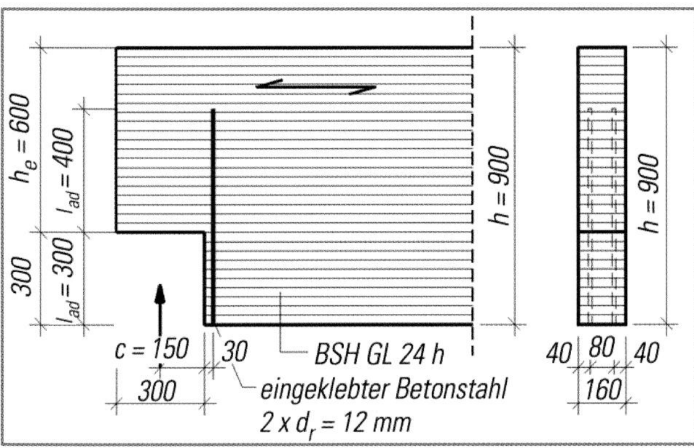

Bild 5.128. Verstärkung der Ausklinkung mit zwei Betonstählen

Es gilt der Nachweis nach Gl. (NA.68).

$$\frac{\tau_{ef,d}}{f_{k,1,d}} \leq 1{,}0 \qquad \text{[DIN EN 1995-1-1/NA, Gl. (NA.68)]}$$

Mit Gl. (NA.69) für die wirksame Scherbeanspruchung in der Klebefuge.

$$\tau_{ef,d} = \frac{F_{t,90,d}}{n \cdot d_r \cdot \pi \cdot \ell_{ad}} \qquad \text{[DIN EN 1995-1-1/NA, Gl. (NA.69)]}$$

Mit $\ell_{ad} = 400$ mm und $d_c = 12 \text{ mm} < 20 \text{ mm}$ erhalten wir die wirksame Scherbeanspruchung.

$$\tau_{ef,d} = \frac{F_{t,90,d}}{n \cdot d_r \cdot \pi \cdot \ell_{ad}}$$

$$\tau_{ef,d} = \frac{33{,}79 \cdot 10^3}{2 \cdot 12 \cdot \pi \cdot 400} = 1{,}12 \text{ N/mm}^2$$

Der charakteristische Wert der Klebefugenfestigkeit ist nach Tabelle NA.12 für Einklebelängen $250 < \ell_{ad} < 500$ mm.

$f_{k,1,k} = 5{,}25 - 0{,}005 \cdot \ell_{ad} = 5{,}25 - 0{,}005 \cdot 400 = 3{,}25 \text{ N/mm}^2$;

Bemessungswert der Klebefugenfestigkeit nach Gl. (2.14):

[DIN EN 1995-1-1, Gl. (2.14)]

$$f_{k,1,d} = \frac{k_{mod} \cdot f_{k,1,k}}{\gamma_M} = \frac{0{,}8 \cdot 3{,}25}{1{,}3} = 2{,}0 \text{ N/mm}^2$$

Nachweis nach Gl. (NA.68):

$$\frac{\tau_{ef,d}}{f_{k,1,d}} = \frac{1{,}12}{2{,}0} = 0{,}56 < 1{,}0 \qquad \text{[DIN EN 1995-1-1/NA, Gl. (NA.68)]}$$

Nachweis erfüllt!

2. Variante: Verstärkung mit außen aufgeklebten Sperrholzplatten (s. Bild 5.129.)

Gewählt: Sperrholz, Biegefestigkeitsklasse F 25/10 nach DIN 636 nach Tabelle 1 in DIN 20000-1

$f_{t,0,k} = 9 \text{ N/mm}^2$ (Beanspruchung parallel zur Faser des Deckfurniers)

Als Nachweis gilt die Bedingung nach Gl. (NA.70).

$$\frac{\tau_{ef,d}}{f_{k,2,d}} < 1{,}0 \qquad \text{[DIN EN 1995-1-1/NA, Gl. (NA.70)]}$$

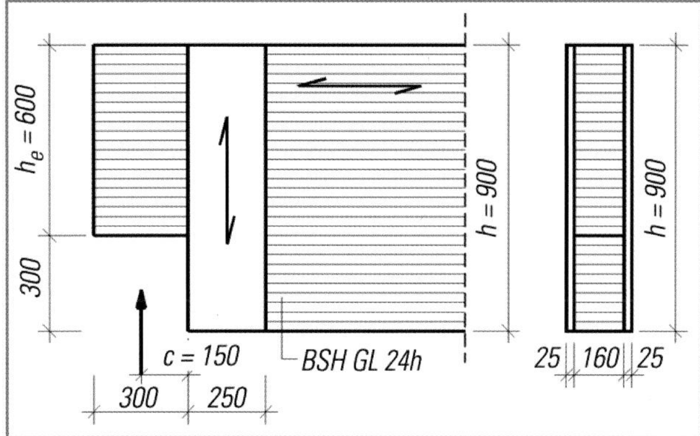

Bild 5.129. Verstärkung mit aufgeklebten Sperrholzplatten

Die wirksame Scherbeanspruchung erhält man für $l_r = 250$ mm aus Gl. (NA.71)

$$\tau_{ef,d} = \frac{F_{t,90,d}}{2 \cdot (h - h_e) \cdot \ell_r} \qquad \text{[DIN EN 1995-1-1/NA, Gl. (NA.71)]}$$

$$\tau_{ef,d} = \frac{33{,}79 \cdot 10^3}{2 \cdot (900 - 600) \cdot 250} = 0{,}23 \text{ N/mm}^2$$

Aus Tabelle NA.12 ist $f_{k,2,k} = 0{,}75 \text{ N/mm}^2$ und $t_c = 25$ mm

Bemessungswert der Klebefugenfestigkeit nach Gl. (2.14):

[DIN EN 1995-1-1, Gl. (2.14)]

$$f_{k,2,d} = \frac{k_{mod} \cdot f_{k,2,k}}{\gamma_M} = \frac{0{,}8 \cdot 0{,}75}{1{,}3} = 0{,}46 \text{ N/mm}^2$$

Nachweis für die Klebefuge nach Gl. (NA.70):

$$\frac{\tau_{ef,d}}{f_{k,2,d}} = \frac{0{,}23}{0{,}46} = 0{,}5 < 1{,}0 \qquad \text{[DIN EN 1995-1-1/NA, Gl. (NA.70)]}$$

Nachweis erfüllt!

Weiterhin ist die Zugspannung in den Platten nachzuweisen nach Gl. (*NA.72*).

$$k_k \cdot \frac{\sigma_{t,d}}{f_{t,d}} \leq 1{,}0 \qquad \text{[DIN EN 1995-1-1/NA, Gl. (NA.72)]}$$

Mit Gl. (NA.73) für den Bemessungswert der Beanspruchung und $k_k = 2$

[DIN EN 1995-1-1/NA, Gl. (NA.73)]

$$\sigma_{t,d} = \frac{F_{t,90,d}}{2 \cdot t_r \cdot \ell_r} = \frac{33{,}79}{2 \cdot 25 \cdot 250} = 2{,}7 \text{ N/mm}^2$$

Bemessungswert der Plattenfestigkeit nach Gl. (2.14):

[DIN EN 1995-1-1, Gl. (2.14)]

$$f_{k,0,d} = \frac{k_{mod} \cdot f_{k,0,k}}{\gamma_M} = \frac{0{,}8 \cdot 9{,}0}{1{,}3} = 5{,}54 \text{ N/mm}^2$$

Nachweis nach Gl. (NA.72):

$$k_k \cdot \frac{\sigma_{t,d}}{f_{t,d}} = 2 \cdot \frac{2{,}7}{5{,}54} = 0{,}97 < 1{,}0 \qquad \text{[DIN EN 1995-1-1/NA, Gl. (NA.72)]}$$

Nachweis erfüllt!

3. Variante: Verstärkung mit Vollgewindeschrauben nach allgemeiner bauaufsichtlicher Zulassung (BAZ)

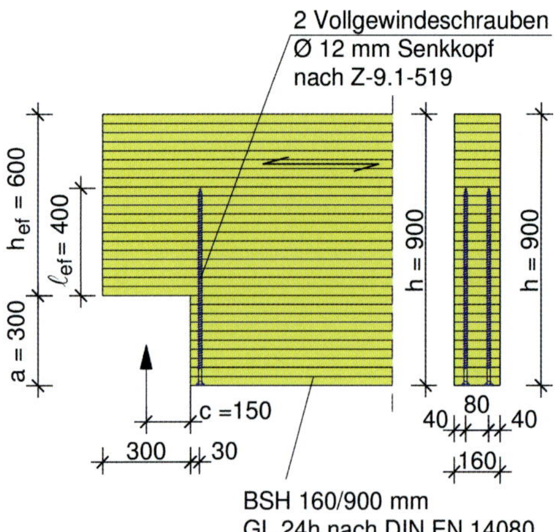

Bild 5.130. Verstärkung der Ausklinkung mit zwei Vollgewindeschrauben

Gewählt: Vollgewindeschrauben nach allgemeiner bauaufsichtlicher Zulassung (BAZ) Z-9.1-519, 2 × ∅ 12 mm Senkkopf, $\ell_{ef} = 400$ mm

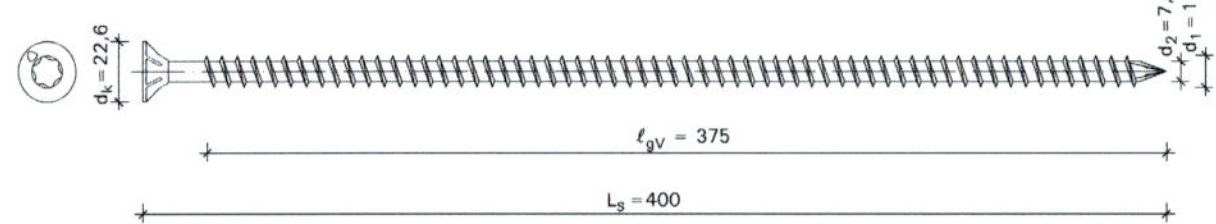

Bild 5.131. Vollgewindeschrauben nach allgemeiner bauaussichtlicher Zulassung (BAZ) Z-9.1-519

Charakteristischer Wert des Ausziehwiderstandes der Schrauben nach Gl. (3) in der Zulassung (BAZ) Z-9.1-519 lt. DIN EN 14080, Tabelle 5:

$$\rho_{g,k} = 385\ \text{kg/m}^3$$

$$R_{ax,k} = k_{ax} \cdot f_{1,k} \cdot \ell_{ef} \cdot d_1 \qquad \text{[Z-9.1-519, Gl. (3)]}$$

mit

$$k_{ax} = 1{,}0 \ \text{für}\ \alpha \geq 45°$$

$$f_{1,k} = 80 \cdot 10^{-6} \cdot \rho_k^{\,2} \qquad \text{[Z-9.1-519, Gl. (5)]}$$

$$f_{1,k} = 80 \cdot 10^{-6} \cdot 385^2 = 11{,}86\ \text{N/mm}^2$$

$$R_{ax,k} = 1{,}0 \cdot 11{,}86 \cdot 400 \cdot 12{,}0 = 56928\ \text{N} = 56{,}92\ \text{kN}$$

Charakteristischer Wert für Kopfdurchziehen:

$$R_{ax,k} = \max \begin{cases} f_{2,k} \cdot d_k^2 \\ k_{ax} \cdot f_{1,k} \cdot \ell_{ef,k} \cdot d_1 \end{cases} \qquad \text{[Z-9.1-519, Gl. (10)]}$$

mit

$$d_k = 22{,}6\ \text{mm}$$

$$k_{ax} = 1{,}0$$

$$f_{2,k} = 100 \cdot 10^{-6} \cdot \rho_k^{\,2} \qquad \text{[Z-9.1-519, Gl. (11)]}$$

$$f_{2,k} = 100 \cdot 10^{-6} \cdot 385^2 = 14{,}82\ \text{N/mm}^2$$

$$R_{ax,k} = \max \begin{cases} 14{,}82 \cdot 22{,}6^2 & = 7570{,}74\ \text{N maßgebend} \\ 1{,}0 \cdot 11{,}86 \cdot 400 \cdot 12{,}0 & = 56928\ \text{N} \end{cases}$$

Bemessungswert der Zugtragfähigkeit der Schrauben (Versagen Schraubenwerkstoff) nach Tabelle 1 in der Zulassung-Nr.: Z-9.1-519:

$$R_{t,u,k} = 38\ \text{kN}$$

Nachweis auf Herausziehen Ausziehwiderstand maßgebender charakteristischer Wert:

$$R_{ax,k} = 71{,}75\ \text{kN}$$

Bemessungswert der Ausziehtragfähigkeit:

[DIN EN 1995-1-1, Gl. (2.17)]

$$R_{ax,d} = \frac{k_{mod} \cdot R_{ax,k}}{\gamma_M} = \frac{0{,}8 \cdot 71{,}75}{1{,}3} = 44{,}15\ \text{kN}$$

Nachweis der Ausziehtragfähigkeit:

$$\frac{F_{t,90,d}}{n \cdot R_{ax,d}} = \frac{33{,}79}{2 \cdot 44{,}15} = 0{,}38 < 1{,}0$$ **Nachweis erfüllt!**

Nachweis aus der Zugtragfähigkeit des Schraubenwerkstoffes:

$$\frac{F_{t,90,d}}{n \cdot R_{t,u,k}} = \frac{33{,}79}{2 \cdot 38} = 0{,}44 < 1{,}0$$ **Nachweis erfüllt!**

Alternativ gewählt wurden Vollgewindeschrauben nach europäischer technischer Zulassung ETA-12/0132.

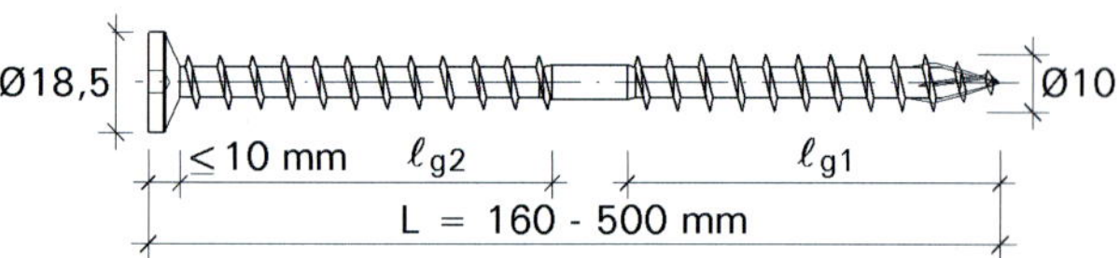

Bild 5.132. Heco-Topix-T-Schrauben nach europäischer technischer Zulassung ETA-12/0132

Gewählt: Heco-Topix-T-Schrauben 2 × Ø 10 mm, $d = 10$ mm, $d_h = 18{,}5$ mm nach Gl. (1.2) berechnet sich der charakteristische Wert der Ausziehtragfähigkeit

$$F_{ax,\alpha,Rk} = \max \begin{cases} f_{head,k} \cdot d_h^2 \cdot \left(\frac{\rho_k}{350}\right)^{0,8} \\ f_{ax,k} \cdot \ell_{ef,k} \cdot d \end{cases} \qquad \text{[ETA-12/0132, Gl. (1.2)]}$$

$$F_{ax,\alpha,Rk} = \max \begin{cases} 9{,}4 \cdot 18{,}5^2 \cdot \left(\frac{385}{350}\right)^{0,8} \\ 10{,}5 \cdot 400 \cdot 10 \end{cases}$$

$$F_{ax,\alpha,Rk} = \max \begin{cases} 3472{,}0\ \text{N} \\ 42000\ \text{N} \end{cases} = 42000\ \text{N} = 42\ \text{kN}$$

Bemessungswert der Ausziehtragfähigkeit:

[DIN EN 1995-1-1, Gl. (2.17)]

$$F_{ax,Rd} = \frac{k_{mod} \cdot F_{ax,Rk}}{\gamma_M} = \frac{0{,}8 \cdot 42{,}0}{1{,}3} = 25{,}85\ \text{kN}$$

Charakteristische Tragfähigkeit des Schraubenwerkstoffes nach ETA-12/0132, Tabelle 1.1:

$$F_{tens,Rd} = 25\ \text{kN}$$

Nachweis:

$$\frac{F_{t,90,d}}{n \cdot F_{ax,Rd}} = \frac{33{,}79}{2 \cdot 25{,}85} = 0{,}65 < 1{,}0$$ **Nachweis erfüllt!**

5.5.4. Durchbrüche bei Biegeträgern nach DIN EN 1995-1-1/NA: 2013, Abschnitt NCI NA.6.8.4

Öffnungen mit $d \leq 50$ mm gelten nicht als Durchbrüche. **Als Querschnittsschwächung dürfen sie jedoch nicht vernachlässigt werden.** Öffnungen mit $d > 50$ mm im lichten Maß werden nach der Norm als Durchbrüche definiert.
Durchbrüche in Biegeträgern führen zu Kraftumlagerungen mit hohen Querzug- und Schubspannungen im Bereich der Öffnungen. Der Verlauf der Schub- und Biegespannungen im Träger ist gestört. Im Bereich der Ecken entstehen deutlich erhöhte Biegerandspannungen.

Rechteckige Durchbrüche provozieren an den gegenüberliegenden Ecken Querzugbeanspruchungen (s. Bild 5.133.)

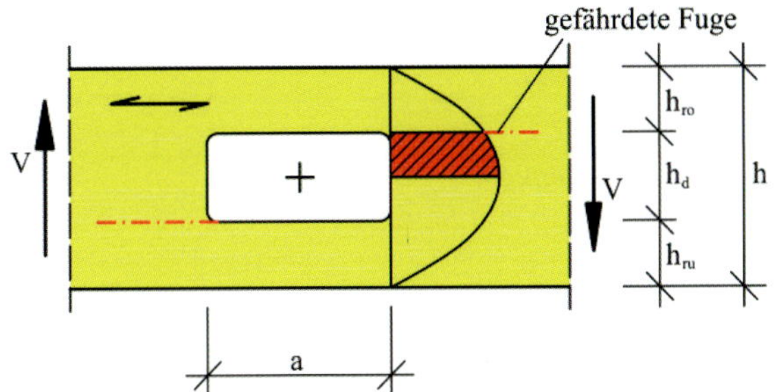

Bild 5.133. Ermittlung der Querzugkraft über die zugeordneten Schubspannungen für rechteckige Durchbrüche [*Blaß/Steck* 1999]

Runde Durchbrüche erhalten Querzugbeanspruchungen am Kreisrand, an dem der unter 45° geneigte Kreisdurchmesser den Durchbruchsrand schneidet (s. Bild 5.134.)

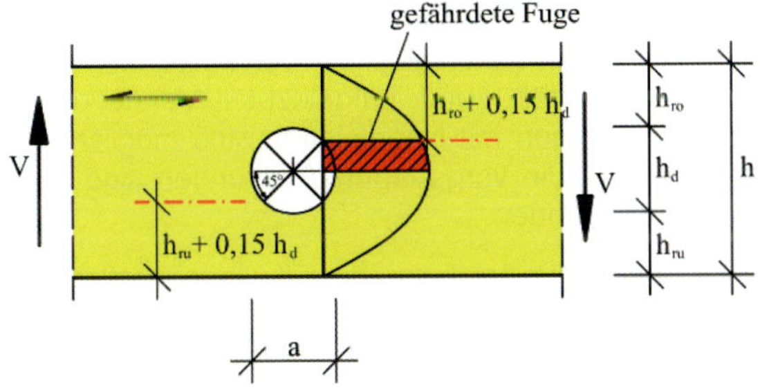

Bild 5.134. Ermittlung der Querzugkraft über die zugeordneten Schubspannungen für runde Durchbrüche [*Blaß/Steck* 1999]

Die an den Rändern entstehende Querzugkraft $F_{t,V,d}$, die nach DIN EN 1995-1-1/NA:2013, Gl. (NA.67) berechnet wird, entspricht in etwa der schraffierten Fläche in den dargestellten Schubspannungsdiagrammen.
Die lastbedingten Querzug- und Schubspannungen werden durch klimatisch bedingte Spannungen überlagert, in deren Folge Risse auftreten, und es kann zu plötzlichen Brüchen kommen, die ohne Ankündigung und sichtbare Verformungen eintreten (sprödes Bruchverhalten). Deshalb gelten bei Durchbrüchen die gleichen Empfehlungen wie für Ausklinkungen. **Sie sollten möglichst vermieden werden**, oder wenn nicht möglich **immer verstärkt ausgeführt** werden. Die Hirnholzseite der Durchbrüche sollten versiegelt werden. Über das Hirnholz nimmt das Holz fünf- bis zwanzigmal mehr Wasser auf, als radial bzw. tangential zur Faser!

Nachweis der Tragfähigkeit für unverstärkte Durchbrüche nach DIN EN 1995-1-1/NA:2013, Abschnitt 6.7

In Trägerbereichen mit planmäßiger Querzugbeanspruchung dürfen Durchbrüche nicht angeordnet werden (z. B. im querzuggefährdeten Bereich von Satteldachträgern)!
Die festgelegten Mindest- und Höchstmaße für unverstärkte Durchbrüche sind Tabelle 5.13. zu entnehmen. **Diese sind unbedingt einzuhalten!** Die folgenden Regeln gelten nur für unverstärkte Durchbrüche in Brettschichtholz und Furnierschichtholz.

Nach Norm dürfen nur in Nutzungsklassen 1 und 2 **unverstärkte Durchbrüche** verwendet werden. In Nutzungsklasse 3 sind nur **verstärkte Durchbrüche** zulässig.

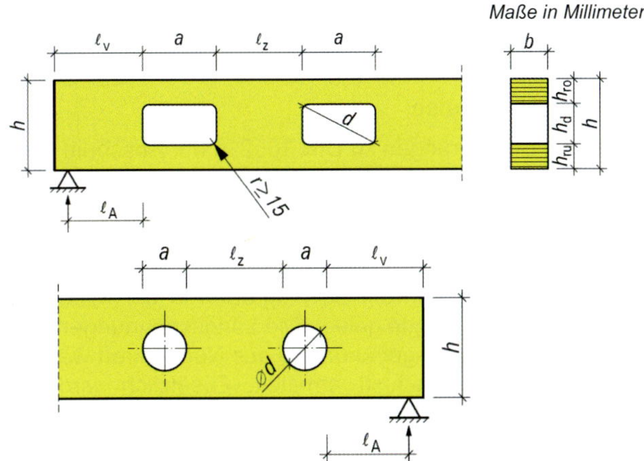

Bild 5.135. Unverstärkte Durchbrüche (entspricht Bild NA.7 in DIN EN 1995-1-1/NA:2013)

Tabelle 5.13. Geometrische Randbedingungen für unverstärkte Durchbrüche nach Abschnitt NCI NA.6.7 in DIN EN 1995-1-1/NA:2013

$\ell_V \geq h$	$\ell_Z \geq 1{,}5 \cdot h$, mindestens jedoch 300 mm	$\ell_A \geq h/2$
$h_{ro(ru)} \geq 0{,}35 \cdot h$	$a \leq 0{,}4 \cdot h$	$h_d \leq 0{,}15 \cdot h$

Bei unverstärkten Durchbrüchen muss die Bedingung nach Gl. (NA.63) erfüllt sein:

$$\frac{F_{t,90,d}}{0{,}5 \cdot \ell_{t,90} \cdot b \cdot f_{t,90,d}} \leq 1{,}0$$

mit:

$\ell_{t,90}$ nach Gl. (NA.64) und Gl. (NA.65);

$\ell_{t,90} = 0{,}5 \cdot (h_d + h)$ für rechteckige Querschnitte;

$\ell_{t,90} = 0{,}353 \cdot h_d + 0{,}5 \cdot h$ für kreisförmige Querschnitte;

$F_{t,90,d}$ ist mit Gl. (NA.66) bis Gl. (NA.67) zu berechnen:

$$F_{t,90,d} = F_{t,V,d} + F_{t,M,d}$$

$$F_{t,V,d} = \frac{V_d \cdot h_d}{4 \cdot h} \cdot \left[3 - \frac{h_d^2}{h^2}\right]$$

$$F_{t,M,d} = 0{,}008 \cdot \frac{M_d}{h_r}$$

Für runde Durchbrüche darf bei der vorgenannten Gleichung anstelle von h_d der Wert $0{,}7 \cdot h_d$ gesetzt werden.

Bezeichnungen:

V_d Betrag des Bemessungswertes der Querkraft am Durchbruchsrand, in N;

b Trägerbreite, in mm;

$F_{t,90,d}$ Bemessungswert der Zugfestigkeit des Brett- und Furnierschichtholzes rechtwinklig zur Faserrichtung, in N und Querkraft (positiv ausrichten);

M_{d,V_d} Betrag des Bemessungswertes des Biegemomentes am Durchbruchsrand;

$h_r = \min\{h_{ro}; h_{ru}\}$ für rechteckige Durchbrüche;

$h_r = \min\{h_{ro} + 15 \cdot h_d; h_{ru} + 15 \cdot h_d\}$ für kreisförmige Durchbrüche.

Ist der Nachweis nach Gl. (NA.61) nicht eingehalten, ist der Durchbruch zu verstärken!

Sonstige Nachweise:

Nach den Erläuterungen zu DIN 1052:2008, Abschnitt 11.3 (s. dort Abschnitt E.11.3. [*Blaß/Ehlbeck* u. a. 2005]) sollten die im Bereich von **rechteckigen Durchbrüchen** aus der Rahmenwirkung der Durchbrüche auftretenden hohen Biegerandspannungen näherungsweise nachgewiesen werden. Dazu werden die Schnittgrößen in der Mitte des Durchbruches zugrunde gelegt. Die Längsspannungen aus Biegemoment und gegebenenfalls aus Normalkraft werden mit dem Nettoquerschnitt ermittelt. Zusätzlich wird die Querkraft an der Schnittstelle anteilig entsprechend der Querschnittshöhe der Restquerschnitte auf die jeweiligen Restquerschnitte aufgeteilt, und es wird außerdem ein örtliches Moment aus der anteiligen Querkraft und dem halben Durchbruchsdurchmesser berechnet.

Die Spannungen werden mit den Einzelquerschnitten der ober- bzw. unterhalb vorhandenen Holzquerschnitte ermittelt:

- Schnittkräfte in Durchbruchsmitte M_d; V_d,
- Ermittlung des Nettowiderstandsmomentes zur Aufnahme des Biegemomentes an der Stelle der Durchbruchsmitte

$$W_{netto} = \frac{b \cdot (h^3 - h_d^{\,3})}{6 \cdot h}$$

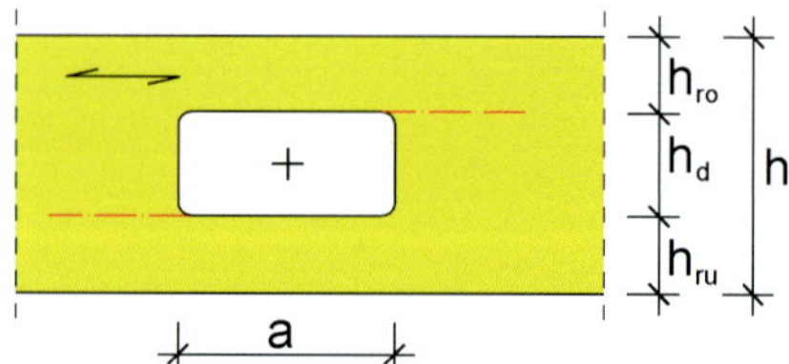

Bild 5.136. Ermittlung des Nettowiderstandsmomentes

Restquerschnitt zur Aufnahme des örtlichen Momentes aus der anteiligen Querkraft:

$$A_{ro} = b \cdot h_{ro}$$

$$A_{ru} = b \cdot h_{ru}$$

$$A_{r,gesamt} = A_{ro} + A_{ru}$$

$$W_{ro} = \frac{b \cdot h_{ro}^{\,2}}{6}$$

$$W_{ru} = \frac{b \cdot h_{ru}^{\,2}}{6}$$

Anteilige Aufteilung von V_d entsprechend den Querschnittsflächen:

$$V_{ro,d} = \frac{A_{ro}}{A_{r,gesamt}} \cdot V_d$$

$$V_{ru,d} = \frac{A_{ru}}{A_{r,gesamt}} \cdot V_d$$

Örtliches Moment aus anteiliger V_d:

$$M_{ro,d} = \frac{V_{ro,d} \cdot a}{2}$$

$$M_{ru,d} = \frac{V_{ru,d} \cdot a}{2}$$

Bemessungswert der Biegespannungen:

$$\sigma_{ro,m,d} = \frac{M_d}{W_{netto}} + \frac{M_{ro,d}}{W_{ro}}$$

$$\sigma_{ru,m,d} = \frac{M_d}{W_{netto}} + \frac{M_{ru,d}}{W_{ru}}$$

Nachweise Tragfähigkeit:

$$\frac{\sigma_{ro,m,d}}{f_{m,d}} \le 1$$

$$\frac{\sigma_{ru,m,d}}{f_{m,d}} \le 1$$

Verstärkung von Durchbrüchen nach DIN EN 1995-1-1/NA:2013, Abschnitt NCI NA 6.8.4

Zur Vermeidung von Schadensfällen wird eine Verstärkung von Durchbrüchen und Versiegelung von Hirnholzenden an Durchbrüchen auch in Nutzungsklassen 1 und 2 empfohlen!

Die Norm regelt die Verstärkung von Durchbrüchen mittels eingeklebter Stahlstäbe und aufgeklebter Verstärkungsplatten. Verstärkungen mit Nagelplatten sind möglich. Die Bestimmungen für die vorgenannten Lösungen sind dann sinngemäß anzuwenden.

Die größte Steigerung der Tragfähigkeit wird mit schräger Schraubenanordnung bei innen liegende Verstärkung erreicht (s. Bild 5.137.).

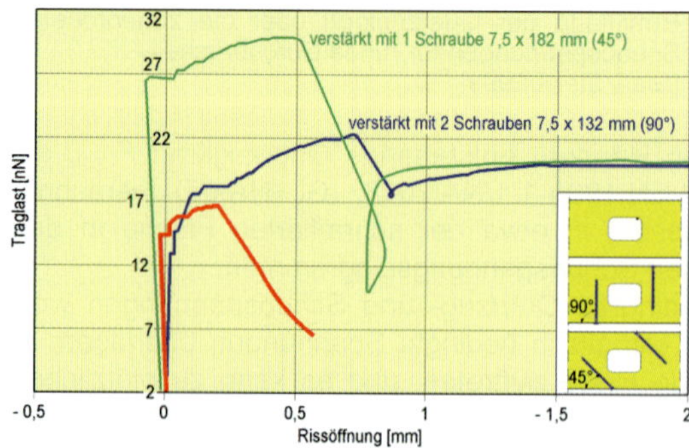

Bild 5.137. Einfluss einer inneren Verstärkung auf die Tragfähigkeit von rechteckigen Durchbrüchen (aus [*Blaß/Beijtka* 2003])

Die Verstärkung eines Durchbruchs, der die festgelegten Randbedingungen erfüllt, ist für eine Zugkraft nach DIN EN 1995-1-1/NA:2013, Gl. (NA.66) zu bemessen. Bild 5.138. zeigt den Ort der Beanspruchung durch $F_{t,90,d}$.

$F_{t,90,d}$ ist nach DIN EN 1995-1-1/NA:2013 mit Gl. (NA.64) bis Gl. (NA.66) zu berechnen:

[DIN EN 1995-1-1/NA, Gl. (NA.66)]

$$F_{t,90,d} = F_{t,V,d} + F_{t,M,d}$$

[DIN EN 1995-1-1/NA, Gl. (NA.67)]

$$F_{t,V,d} = \frac{V_d \cdot h_d}{4 \cdot h} \cdot \left[3 - \frac{h_d^2}{h^2} \right]$$

[DIN EN 1995-1-1/NA, Gl. (NA.68)]

$$F_{t,M,d} = 0{,}008 \cdot \frac{M_d}{h_r}$$

Es gelten nach DIN EN 1995-1-1/NA:2013, NCI NA.6.8.4 folgende geometrische Randbedingungen für die verstärkten Durchbrüche.

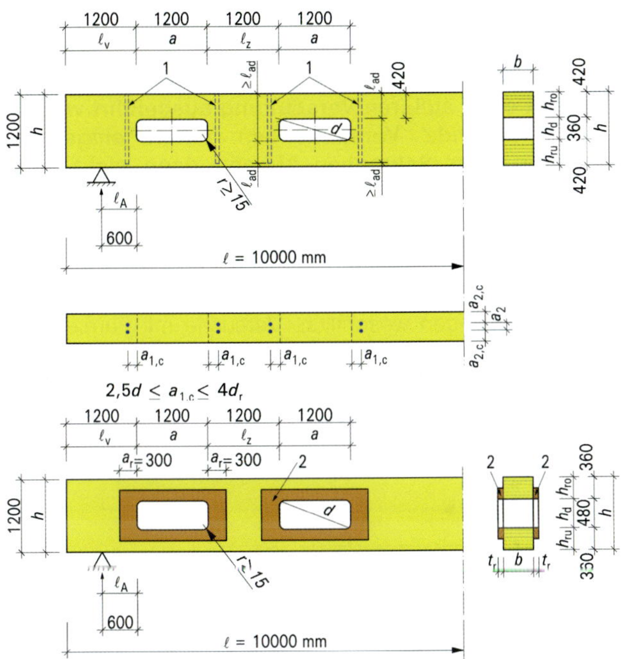

Legende
1 innen liegende Verstärkung
2 außen liegende Verstärkung

Bild 5.138. Beispiele für Verstärkungen von rechteckigen Durchbrüchen für die querzugbeanspruchten Bereiche 1 und 2 nach Bild NA.12 (entspricht Bild NA.11 in DIN EN 1995-1-1/NA:2013)

Tabelle 5.14. Geometrische Randbedingungen für verstärkte Durchbrüche

$\ell_v \geq h$	$\ell_z \geq h$, jedoch mindestens 300 mm[c]	$\ell_A \geq h/2$	$h_{ro(ru)} \geq 0{,}25 \cdot h$	$a \leq h$ $a / h_d \leq 2{,}5$	$h_d \leq 0{,}3 \cdot h^a$ $h_d \leq 0{,}4 \cdot h^b$
a	bei innen liegender Verstärkung				
b	bei außen liegender Verstärkung				
c	für ℓ_z s. Bild NA.6 in DIN EN 1995-1-1/NA:2013				

$\ell_A \geq h/2$; $a \leq h$; $h_{ro} \geq h/4$; $h_{ru} \geq h/4$

Verstärkung mit eingeklebten Stahlstäben (s. Bild 5.139.):

Es wird eine gleichmäßige Spannung in der Klebefuge vorausgesetzt. Die Mindestlänge jedes Stahlstabes beträgt $2 \cdot \ell_{ad}$.

Der Durchmesser darf 20 mm nicht überschreiten.

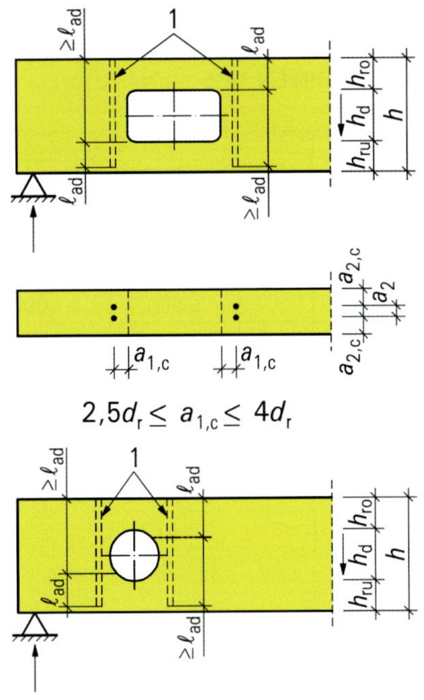

Legende
1) innen liegende Verstärkung; Stahlstab mit Durchmesser ≤ 20 mm

Bild 5.139. Verstärkung von Durchbrüchen mit eingeklebten Stahlstäben (Bild NA.12 in DIN EN 1995-1-1/NA:2013)

Die innere Verstärkung mit einem maximalen Außendurchmesser von 20 mm ist umso wirkungsvoller, je näher sie zum Durchbruchrand angeordnet wird. Deshalb darf auch nur der unmittelbar zum Durchbruchrand befindliche Verstärkungsstab als Verstärkung herangezogen werden. Zum Durchbruchrand ist der Mindestabstand von $a_{1,c} = 2{,}5\ d_r$ einzuhalten. Über die Trägerbreite können weitere Stäbe angeordnet werden, wenn die Abstände zum Rand mit $a_{2,c} = 2{,}5\ d_r$ und untereinander mit $a_2 = 3\ d_r$ eingehalten werden (s. Bild 5.139.).

Für den Nachweis gilt Gl. (NA.85):

$$\frac{\tau_{ef,d}}{f_{k,1,d}} \leq 1$$ [DIN EN 1995-1-1/NA, Gl. (NA.85)]

$\tau_{ef,d}$ wird nach Gl. (NA.86) berechnet:

[DIN EN 1995-1-1/NA, Gl. (NA.86)]

$$\tau_{ef,d} = \frac{F_{t,90,d}}{n \cdot d_r \cdot \pi \cdot \ell_{ad}}$$

Bezeichnungen:

$\ell_{ad} = h_{ru} + 0{,}15 \cdot h_d$ oder

$\ell_{ad} = h_{ro} + 0{,}15 \cdot h_d$ für kreisförmige Querschnitte;

$\ell_{ad} = h_{ru}$ oder $\ell_{ad} = h_{ro}$ für rechteckige Querschnitte;

n Anzahl der Stahlstäbe, es ist je Durchbruchsseite in Trägerlängsrichtung nur ein Stab in Rechnung zu stellen!;

d_r Außendurchmesser des Stahlstabes $(d \leq 20\,\text{mm})$;

$f_{k,1,d}$ Bemessungswert der Klebefugenfestigkeit berechnet aus dem charakteristischen Wert der Klebefugenfestigkeit laut Tabelle NA.12.

Tabelle 5.15. Rechenwerte für charakteristische Festigkeitskennwerte in N/mm² für Klebfugen bei Verstärkungen[a] nach DIN EN 1995-1-1/NA:2013, Tabelle NA.12

	1	2	3		
		Charakteristischer Festigkeitskennwert [N/mm²]	**Wirksame Einklebelänge ℓ_{ad} des Stahlstabes** [mm]		
1			≤ 250	250 < ℓ_{ad} ≤ 500	500 < ℓ_{ad} ≤ 1000
2	Klebefuge zwischen Stahlstab und Bohrlochwandung	$f_{k1,d}$	4,0	5,25 – 0,005 · ℓ_{ad}	3,5 – 0,0015 · ℓ_{ad}
3	Klebefuge zwischen Trägeroberfläche und Verstärkungsplatte	$f_{k2,d}$	0,75		
4	Klebefuge zwischen Trägeroberfläche und Verstärkungsplatte bei gleichmäßiger Einleitung der Schubspannung	$f_{k3,d}$	1,50		

[a] Die Angaben der Tabelle dürfen nur angewendet werden, wenn die Eignung des Klebstoffsystems nachgewiesen ist.

Weitere notwendige Nachweise für innen liegende Verstärkungen nach DIN EN 1995-1-1/NA:2013, Abschnitt NCI NA.6.8.4 (NA.4):

Nach DIN EN 1995-1-1/NA:2013, Abschnitt NCI NA.6.8.4 (NA.4) sind bei rechteckigen Durchbrüchen mit innen liegenden Verstärkungen die erhöhten Schubspannungen im Bereich der Durchbruchsecken nachzuweisen.

Die infolge der Umlenkung der Schubkräfte in den Durchbruchsecken entstehenden erhöhten Schubspannungen können ein Vielfaches der an dieser Stelle ohne Durchbrüche zu erwartenden Schubspannungen betragen (s. Bild 5.140.).

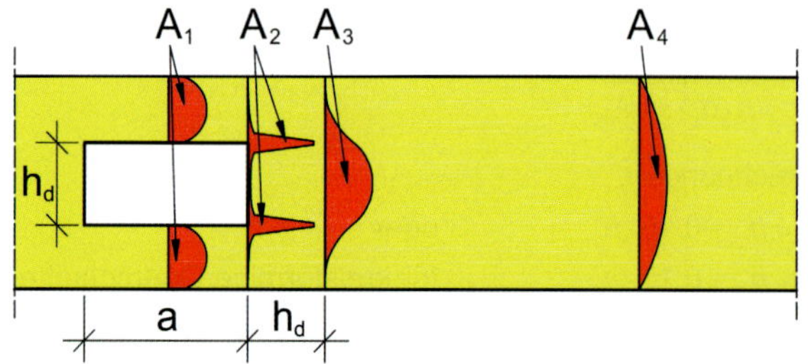

Bild 5.140. Verteilung der Schubspannungen im gestörten Bereich [*Blaß/Bejtka* 2003]

Die erhöhten Schubspannungen an den Ecken werden nach [*Blaß/Beijtka* 2004], wie folgt berechnet:

Nachweis der erhöhten Schubspannungen:

$$\tau_2 = \tau_{\max} = \kappa \cdot \frac{1{,}5 \cdot V_d}{b \cdot (h - h_d)}$$

$$\text{mit } \kappa = 1{,}84 \cdot \left[1 + \frac{a}{h}\right] \cdot \left(\frac{h_d}{h}\right)^{0{,}2}$$

$$\text{mit } 0{,}1 \cdot h \leq a/h \leq 1{,}0 \quad \textit{und} \quad 0{,}1 \leq h_d/h \leq 0{,}4$$

Nachweis:

$$\frac{\tau_{\max}}{f_{v,d}} \leq 1$$

Nach den Erläuterungen zur DIN 1052:2008, Abschnitt E.14.4.4. wird der Nachweis auch für runde Durchbrüche empfohlen.

Ist der Nachweis nicht erfüllt, kann der Durchbruch nur mit einer äußeren Verstärkung ausgeführt werden. Innen liegende Verstärkungen durch eingeklebte Stangen oder Schrauben können dann nicht angewendet werden!

Verstärkung mit aufgeklebten Platten (s. Bild 5.141.):

Aufgeklebte Verstärkungsplatten reduzieren die Querzugbeanspruchungen wesentlich. Versuche mit Furniersperrholzplatten zeigten eine Reduzierung um bis zu 75 %. Für die Längsspannung ergab sich eine Reduzierung um 10 % und für die Schubspannungen um maximal 20 % (s. [*Kolb/Epple* 1985]).

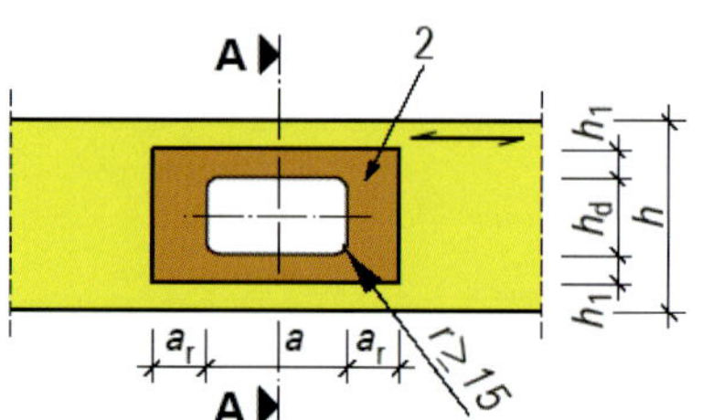

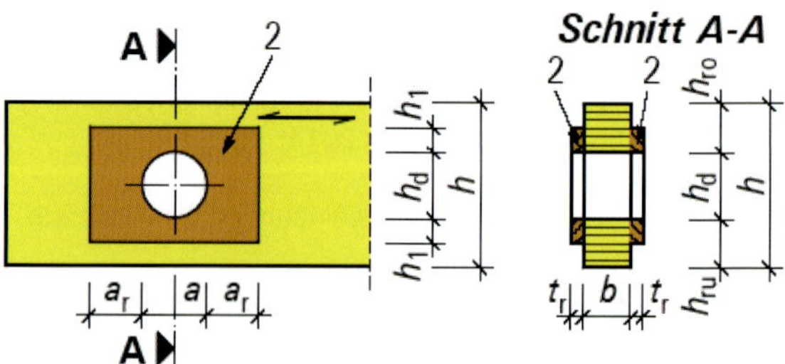

Legende

2 außen liegende Verstärkung

Bild 5.141. Verstärkung von Durchbrüchen mit aufgeklebten Platten (Bild NA.12 in DIN EN 1995-1-1/NA:2013)

Die Anordnung der Platten muss den Bedingungen in Bild 5.141. entsprechen. Der Nachweis der Verstärkung erfolgt nach Gl. (NA.87).

$$\frac{\tau_{ef,d}}{f_{k,2,d}} \leq 1{,}0 \qquad \text{[DIN EN 1995-1-1/NA, Gl. (NA.87)]}$$

Nach Gl. (NA.88) wird $\tau_{ef,d}$ berechnet:

$$\tau_{ef,d} = \frac{F_{t,90,d}}{2 \cdot a_r \cdot h_{ad}} \qquad \text{[DIN EN 1995-1-1/NA, Gl. (NA.88)]}$$

Die Festigkeit der Platten ist mit Gl. (NA.89) nachzuweisen.

$$k_k \cdot \frac{\sigma_{t,d}}{f_{t,d}} \leq 1{,}0 \qquad \text{[DIN EN 1995-1-1/NA, Gl. (NA.89)]}$$

Die Beanspruchung in den Platten ergibt sich aus Gl. (NA.90).

$$\sigma_{t,d} = \frac{F_{t,90,d}}{2 \cdot a_r \cdot t_r} \qquad \text{[DIN EN 1995-1-1/NA, Gl. (NA.90)]}$$

Bezeichnungen:

$h_{ad} = h_1$ für rechteckige Durchbrüche;

$h_{ad} = h_1 + 0{,}15 \cdot h_d$ für kreisförmige Durchbrüche;

k_k Beiwert zur Berücksichtigung der ungleichmäßigen Spannungsverteilung, ohne genaueren Nachweis ist $k_k = 2$ einzusetzen;

$f_{t,d}$ Bemessungswert der Zugfestigkeit des Plattenwerkstoffes in Richtung der Zugkraft $F_{t,90}$;

$f_{k,2,d}$ Bemessungswert der Klebefugenfestigkeit, berechnet mit dem charakteristischen Wert nach Angaben in Tabelle NA.12 (s. Tabelle 5.15).

Literatur: [*Lißner/Rug* 2016], [*Franke* 2008], [*Blaß/Ehlbeck* u. a. 2005], [*Höfflin* 2005], [*Blaß/Beijtka* 2004], [*Blaß/Bejtka* 2003], [*Aicher/Höfflin* 2002], [*Steck* 2000], [*Blaß/Steck* 1999], [*Steck* 1989], [*Möhler/Siebert* 1987], [*Milbrandt* 1979/86], [*Kolb/Epple* 1985], [*Henrici* 1984], [*Ehlbeck* 1984], [*Möhler/Mistler* 1979-1 + 2], [*Möhler* 1976], [*Karlsen* u. a. 1975], [*Kollmann* 1951]

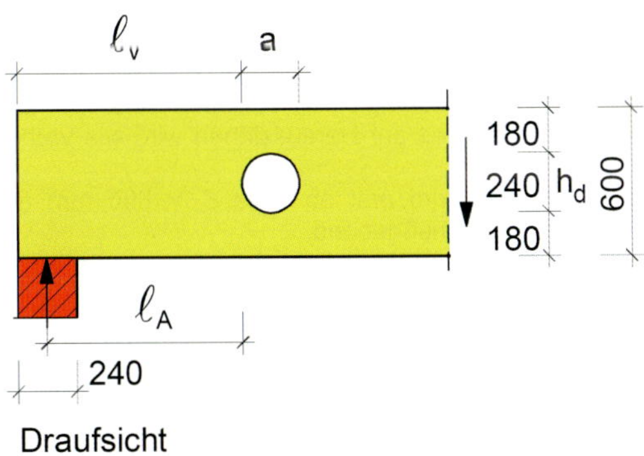

Bild 5.142. Geometrie des Durchbruches

Beispiel 5.32. (nach DIN EN 1995-1-1:2010)

In einem Brettschichtholzträger soll ein kreisförmiger Durchbruch angeordnet werden. Es ist zu überprüfen, ob die an den Rändern des Durchbruches entstehenden Querkräfte aufgenommen werden können.

Gegeben:

- geschlossenes beheiztes Gebäude: Nutzungsklasse 1
- KLED „mittel“
- $V_{G,k}$= 16,0 kN; $V_{Q,k}$= 20,0 kN
- Bemessungswert der Einwirkungen
- $V_d = \gamma_G \cdot V_{G,k} + \gamma_Q \cdot V_{Q,k}$ = 1,35 · 16,0 + 1,5 · 20,0 = 51,6 kN
- Trägermaterial BSH GL28h nach DIN EN 14080,Tabelle 5, ρ_k = 425 kg/m³.

Nachweis des unverstärkten Durchbruchs:

1. *Überprüfung der geometrischen Randbedingungen nach DIN EN 1995-1-1/NA:2013, Abschnitt NCI NA.6.7:*
   - ℓ_V = 240 + 360 = 600 ≥ h = 600 mm erfüllt
   - ℓ_Z ist nicht vorhanden, da nur ein Durchbruch
   - ℓ_A= 240/2 + 360 = 480 ≥ h/2 = 300 mm erfüllt
   - a = 240 ≤ 0,4 · h = 0,4 · 600 = 240 mm erfüllt
   - h_d = 240 ≤ 0,15 · h = 0,15 · 600 = 90 mm **nicht erfüllt!**
2. *Vorwerte:*
   - $f_{t,90,g,k}$ = 0,5 N/mm² für Brettschichtholz, k_{mod} = 0,8, γ_M = 1,3
   - $f_{t,90,d}$ = 0,8 · 0,5/1,3 = 0,31 N/mm²
   - V_d = 51,6 kN
   - $M_d = V_d \cdot$ (0,24/2 + 0,36 + 0,24) = 37,15 kNm
   - ℓ_t = 0,353 · h_d + 0,5 · h = 0,353 · 240 + 0,5 · 600 = 385 mm
   - h_r = min {(h_{ro} + 0,15 · h_d) = 180 + 0,15 · 600 = 216
   - $h_{ru} = h_{ru}$ + 0,15 · h_d= 160 + 0,15 · 240) = 196} = 196 mm
   - $k_{t,90}$ = min {1; (450/h)^{0,5}} = {1; 0,866} = 0,866

Bemessungswert der Zugbeanspruchung aus Querkraft nach Gl. (NA.67):

→ in Gl. (NA.67) wird für h_d = 0,7 · h_d eingesetzt

$$F_{t,V,d} = \frac{V_d \cdot h_d}{4 \cdot h} \cdot \left[3 - \frac{h_d^2}{h^2}\right]$$

$$F_{t,V,d} = \frac{51{,}6 \cdot 0{,}7 \cdot 180}{4 \cdot 600} \cdot \left[3 - \frac{(0{,}7 \cdot 180)^2}{600^2}\right] = 8{,}0 \text{ kN}$$

Bemessungswert der Zugbeanspruchung aus Moment nach Gl. (NA.68):

$$F_{t,M,d} = 0{,}008 \cdot \frac{M_d}{h_r} = 0{,}008 \cdot \frac{37{,}15}{0{,}217} = 1{,}37 \text{ kN}$$

Bemessungswert der Zugbeanspruchung nach Gl. (NA.66):

$$F_{t,90,d} = F_{t,V,d} + F_{t,M,d} = 8{,}0 + 1{,}37 = 9{,}38 \text{ kN}$$

Nachweis der Tragfähigkeit nach Gl. (NA.63):

$$\frac{F_{t,90,d}}{0{,}5 \cdot \ell_{t,90} \cdot b \cdot k_{t,90} \cdot f_{t,90,d}}$$

$$= \frac{9{,}37 \cdot 10^3}{0{,}5 \cdot (0{,}353 \cdot 180 + 0{,}5 \cdot 600) \cdot 160 \cdot 0{,}866 \cdot 0{,}31} = 1{,}20 > 1$$

Nachweis nicht erfüllt, der Durchbruch muss verstärkt werden!

Nachweis des verstärkten Durchbruches

1. *Überprüfung der geometrischen Randbedingungen nach DIN EN 1995-1-1/NA:2013, Abschnitt NCI NA.6.8.4:*
   - ℓ_V = 240 + 360 = 600 ≥ 600 mm erfüllt
   - ℓ_Z ist nicht vorhanden, da nur ein Durchbruch
   - ℓ_A = 240/2 + 360 = 480 ≥ h/2 = 300 mm erfüllt
   - h_{ro} = 180 ≥ 0,25 · 600 = 150 mm erfüllt
   - h_{ru} = 160 ≥ 0,25 · 600 = 150 mm erfüllt
   - a = 240 ≤ h = 600 bzw. 240/240 = 1≤ 2,5 erfüllt
   - h_d = 240 ≤ 0,3 · 600 = 180 **nicht erfüllt!**

→ der Durchbruch wird von 240 mm auf 180 mm reduziert!

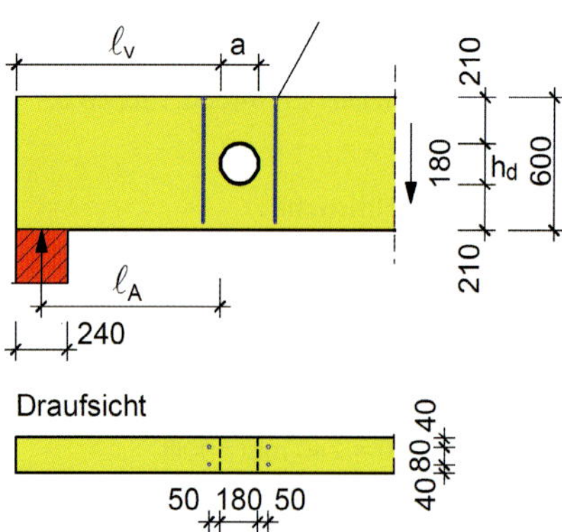

Bild 5.143. Durchbruch mit innen liegender Verstärkung mit zwei eingeklebten Gewindestangen

Lösung A: Anordnung von 2 eingeklebte Gewindestangen M12-4.6 pro Seite

1. *Überprüfung der geometrischen Randbedingungen nach DIN EN 1995-1-1/NA:2013, Abschnitt NCI NA.6.8.4:*
   - $a_2 \geq\ 3 \cdot d_r = 2 \cdot 12 = 36$ mm, gewählt 80 mm
   - $a_{1,c} \geq\ 2{,}5 \cdot d_r = 2{,}5 \cdot 12 = 30$ mm, gewählt 50 mm
   - $a_{2,c} \geq\ 2{,}5 \cdot d_r = 2{,}5 \cdot 12 = 30$ mm, gewählt 40 mm
2. *Vorwerte:*
   - ${}_{\min}\ell_{ad} = h_{ru} + 0{,}15 \cdot h_d = 210 + 0{,}15 \cdot 180 = 237$ mm
   - $d_r = 12$ mm, $n = 2$
   - $f_{k1,k} = 4{,}0$ N/mm², aus Tabelle NA.12, für $\ell_{ad} = 250$ mm
   - $f_{k1,d} = 0{,}8 \cdot 4{,}0/1{,}3 = 2{,}46$ N/mm²

Nachweis der Klebefuge:

Bemessungswert der Klebefugenspannung nach Gl. (NA.86):

$$\tau_{ef,d} = \frac{F_{t,d}}{n \cdot d_r \cdot \pi \cdot \ell_{ad}} = \frac{9{,}37 \cdot 10^3}{2 \cdot 12 \cdot \pi \cdot 237} = 0{,}52\ \text{N/mm}^2$$

Nachweis Klebefugenspannung nach Gl. (NA.85):

$$\frac{\tau_{ef,d}}{f_{k1,d}} = \frac{0{,}52}{2{,}46} = 0{,}21 < 1 \ \textbf{Nachweis erfüllt!}$$

Mögliche Risse in der gefährdeten Fuge gehen vom Trägerrand aus. Um diese Risse zu vermeiden, ist es konstruktiv sinnvoll, die beiden Gewindestangen möglichst nahe an den beiden seitlichen Trägerrändern anzuordnen.

Lösung B: Anordnung von einer Gewindestange pro gefährdeter Seite mit Gewinde nach DIN 7998

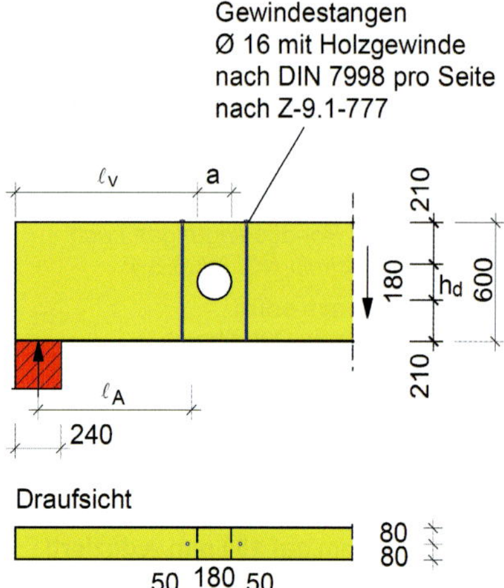

Bild 5.144. Durchbruch mit innen liegender Verstärkung mit einer Gewindestange

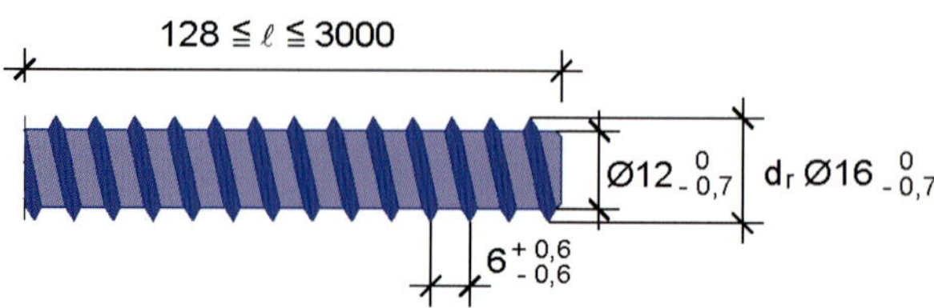

Bild 5.145. Gewindestange nach DIN 1052-10:2010 mit Gewinde nach Zulassung-Nr.: Z-9.1-777, z. B. ∅ 16 SFS Befestiger WB-T-16

Gewählt: 1 × SFS-Gewindestange mit Holzgewinde nach DIN 7998 pro Seite nach allgemeiner bauaufsichtlicher Zulassung (BAZ) Nr.: Z-9.1-777, Außendurchmesser $d_1 = 16$ mm,
$d_{kern} = 12$ mm
$\ell_{ef} = \ell_{ad} = 237$ mm
$\rho_k = 425$ kg/m³

Charakteristischer Wert der Tragfähigkeit auf Herausziehen nach Gl. (1):

$$R_{ax,k} = f_{1,k} \cdot d \cdot \ell_{ef} = 70 \cdot 10^{-6} \cdot \rho_k^{\ 2} \cdot d \cdot \ell_{ef} \qquad \text{[Z-9.1-777, Gl. (1)]}$$

$$R_{ax,k} = 70 \cdot 10^{-6} \cdot 425^2 \cdot 16 \cdot 237 = 47945{,}10\ \text{N} = 47{,}95\ \text{kN}$$

Bemessungswert der Tragfähigkeit:

$$R_{ax,d} = \frac{k_{mod} \cdot R_{ax,k}}{\gamma_M} = \frac{0{,}8 \cdot 47{,}95}{1{,}3} = 29{,}51\ \text{kN}$$

Nachweis der Tragfähigkeit auf Herausziehen:

$$\frac{F_{t,90,d}}{R_{ax,d}} = \frac{9{,}38}{29{,}51} = 0{,}32 \leq 1 \ \textbf{Nachweis erfüllt!}$$

Charakteristische Tragfähigkeit der Schraube (Stahlversagen) nach BAZ (Z-9.1-777), Tabelle 1:

$$R_{t,u,k} = 91{,}5\ \text{kN}$$

Bemessungswert der Tragfähigkeit der Schraube (Stahlversagen):

$$R_{ax,d} = \frac{R_{t,u,k}}{\gamma_M} = \frac{91{,}5}{1{,}25} = 73{,}2\ \text{kN}$$

Nachweis der Tragfähigkeit (Stahlversagen):

$$\frac{F_{t,90,d}}{R_{ax,d}} = \frac{9{,}38}{73{,}2} = 0{,}13 \leq 1 \ \textbf{Nachweis erfüllt!}$$

Oder gewählt: ABC-Gewindestange $d = 16$ mm von SPAX. Die charakteristische Tragfähigkeit auf Herausziehen wird wie vorher gezeigt berechnet.
Laut Firmeninformationen wird erst ab etwa $\ell_{ef} = 600$ mm die Tragfähigkeit der Schraube maßgebend.
Weitere Nachweise sind nicht notwendig!

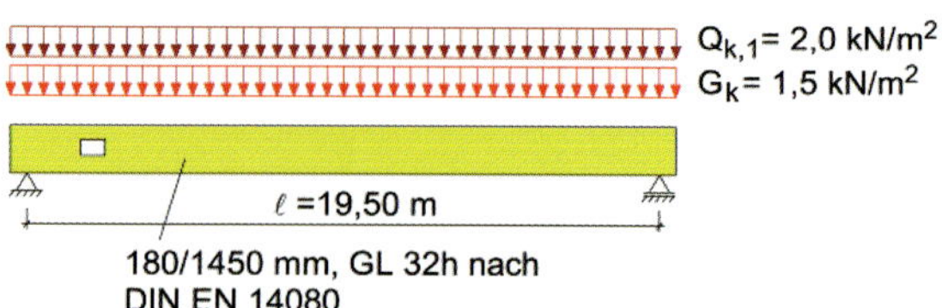

Bild 5.146. Statisches System

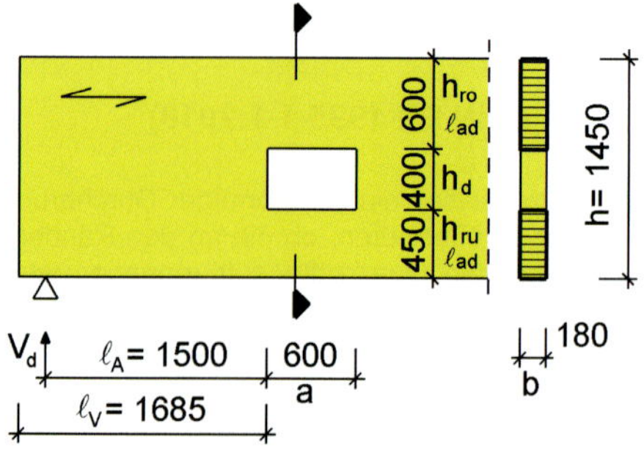

Bild 5.147. Unverstärkter Durchbruch

Beispiel 5.33. **(nach DIN EN 1995-1-1:2010)**

Der in den Bildern 5.146. und 5.147. dargestellte Binder ist statisch zu untersuchen. Dabei sind folgende Fragen zu klären:

a) In welchem Abstand muss der Träger seitlich gehalten werden, damit Kippen nicht maßgebend wird?

b) Nachweise aller maßgebenden Grenzzustände der Tragfähigkeit. Bei Nichteinhaltung sind innere und alternativ dazu äußere Verstärkungsmaßnahmen vorzuschlagen und nachzuweisen.

c) Für den Grenzzustand der Gebrauchstauglichkeit ist ein Maß für die Überhöhung festzulegen.

Gegeben: BSH GL32h nach DIN EN 14080,
KLED „mittel“, Nutzungsklasse 2,
Abstand zwischen den BSH-Trägern e = 4,5 m

Eigenlast des BSH-Trägers:

Charakteristische Rohwichte:

$\gamma_k = 4{,}5\,\text{kg/m}^3$ nach DIN EN 1991-1-1

$G_{k,Binder} = 0{,}18 \cdot 1{,}45 \cdot 5{,}0/4{,}5 = 0{,}29\,\text{kN/m}^2$

Bemessungswerte der Belastung:

Grundregel nach DIN EN 1990:2010, Tabelle A2.4:

LFk 2:

$E_d = \gamma_G \cdot G_k + \gamma_Q \cdot Q_{k,1} = 1{,}35 \cdot (1{,}5 + 0{,}29) + 1{,}5 \cdot 2{,}0 = 5{,}42\,\text{kN/m}^2$

pro Träger mit e = 4,50 m:

$E_d = 5{,}42\,\text{kN/m}^2 \cdot 4{,}5\,\text{m} = 24{,}39\,\text{kN/m}$

Bemessungswerte der Schnittkräfte:

$$V_{d,\max} = \frac{E_d \cdot \ell}{2} = \frac{24{,}39 \cdot 19{,}5}{2} = 237{,}80\,\text{kN}$$

$$M_{d,\max} = \frac{E_d \cdot \ell^2}{8} = \frac{24{,}39 \cdot 19{,}5^2}{8} = 1159{,}29\,\text{kN/m}$$

Bestimmung des maximalen Abstandes für die Kippaussteifung, sodass Kippen nicht maßgebend wird:

Nach Abschnitt 10.3.2 in DIN 1052:2008 kann dieser wie folgt ermittelt werden:

Es darf $k_{crit} = k_m = 1$ *gesetzt werden, wenn die folgende Bedingung eingehalten ist:*

$$\frac{\ell_{ef} \cdot h}{b^2} \leq 140$$

umgestellt nach ℓ_{ef} erhält man:

$$\ell_{ef} \leq \frac{140 \cdot b^2}{h} \leq \frac{140 \cdot 180^2}{1450} \leq 3128{,}28\,\text{mm} \leq 3{,}13\,\text{m}$$

→ Der Träger wird mindestens alle 3 m über die Trägerlänge gegen seitliches Ausweichen gehalten.

Nachweis der Tragfähigkeit für den BSH-Träger

Biegefestigkeit

Bemessungswert der Biegebeanspruchung:

$$W_y = \frac{b \cdot h^2}{6} = \frac{180 \cdot 1450^2}{6} = 6{,}3075 \cdot 10^7\,\text{mm}^3$$

$$\sigma_d = \frac{M_d}{W_y} = -\frac{1159{,}29 \cdot 10^6}{6{,}3075 \cdot 10^7} = 18{,}38\,\text{N/mm}^2$$

Bemessungswert der Biegefestigkeit nach Gl. (2.14) in DIN EN 1995-1-1:2010:

BSH GL32h, $f_{m,k} = 32\,\text{N/mm}^2$, $\rho_k = 440\,\text{kg/m}^3$ nach DIN EN 14080, Tabelle 5

Nutzungsklasse 1 → k_{mod} = 0,8 nach Tabelle 3.1 (DIN EN 1995-1-1:2010)

$f_{m,d} = \frac{k_{mod} \cdot f_{m,k}}{\gamma_M} = \frac{0{,}8 \cdot 32}{1{,}3} = 19{,}69\,\text{N/mm}^2$ **Nachweis erfüllt!**

Nachweis der Tragfähigkeit nach Gl. (6.33) mit $k_{crit} = 1$:

$\sigma_{m,d} \leq k_{crit} \cdot f_{m,d}$

$18{,}39 \leq 1{,}0 \cdot 19{,}69 \leq 19{,}69\,\text{N/mm}^2$

Schubspannung

Bemessungswert der Schubbeanspruchung:

$f_{v,k} = 3{,}5\,\text{Nmm}^2$ aus Tabelle 5 in DIN EN 14080

b_{ef} nach Gl. (6.13a):

$b_{ef} = k_{cr} \cdot b$

$k_{cr} = \frac{2{,}5}{f_{v,k}} = \frac{2{,}5}{3{,}5} = 0{,}71$ für Brettschichtholz

$b_{ef} = 0{,}71 \cdot 180 = 127{,}80\,\text{mm}$

$A = b_{ef} \cdot h = 127{,}80 \cdot 1450 = 1{,}85 \cdot 10^5\,\text{mm}^2$

$$\tau_d = 1{,}5 \cdot \frac{V_d}{A} = 1{,}5 \cdot \frac{237{,}8 \cdot 10^3}{1{,}85 \cdot 10^5} = 1{,}93\,\text{N/mm}^2$$

Bemessungswert der Schubfestigkeit nach Gl. (2.14):

[DIN EN 1995-1-1, Gl. (2.14)]

$$f_{v,d} = \frac{k_{mod} \cdot f_{v,k}}{\gamma_M} = \frac{0{,}8 \cdot 3{,}5}{1{,}3} = 2{,}15\,\text{N/mm}^2$$

Nachweis nach Gl. (6.13):

$\tau_d \leq f_{v,d}$

$1{,}93 \leq 2{,}15\,\text{N/mm}^2$ **Nachweis erfüllt!**

Druck senkrecht zur Faser am Auflager nach Gl. (6.3):

Breite des Auflagers $b_A = 440\,\text{mm}$

$A_{ef} = (b_A + 30\,\text{mm}) \cdot b_{Träger} = (440 + 30) \cdot 180 = 8{,}46 \cdot 10^4\,\text{mm}^2$

Bemessungswert der Beanspruchung:

$$\sigma_{c,90,d} = \frac{V_u}{A_{ef}} = -\frac{237{,}8 \cdot 10^3}{8{,}46 \cdot 10^4} = 2{,}81\,\text{N/mm}^2$$

$f_{c,90,k} = 2{,}5\,/\text{mm}^2$ nach DIN EN 14080, Tabelle 5

$$f_{c,90,d} = \frac{k_{mod} \cdot f_{c,90,k}}{\gamma_M} = \frac{0{,}8 \cdot 2{,}5}{1{,}3} = 1{,}54\,\text{N/mm}^2$$

Nachweis nach Gl. (6.3):

$k_{c,90} = 1{,}75$

$\sigma_{c,90,d} \leq k_{c,90} \cdot f_{c,90,d}$ [DIN EN 1995-1-1, Gl. (6.3)]

$2{,}81 \leq 1{,}75 \cdot 1{,}54 = 2{,}70\,\text{N/mm}^2$ geringe Überschreitung unbedenklich

Querzugbeanspruchung im Bereich der Durchbruchsecken:

Es werden die Schnittkräfte für die Stelle 1 (x_1 = 1,5 m) und 2 (x_2 = 2,1 m) ermittelt:

$$V_{d(x_1)} = E_d \cdot \left(\frac{\ell}{2} - x_1\right) = 24{,}39 \cdot \left(\frac{19{,}5}{2} - 1{,}5\right) = 201{,}22\,\text{kN}$$

$$V_{d(x_2)} = E_d \cdot \left(\frac{\ell}{2} - x_2\right) = 24{,}39 \cdot \left(\frac{19{,}5}{2} - 2{,}1\right) = 186{,}58\,\text{kN}$$

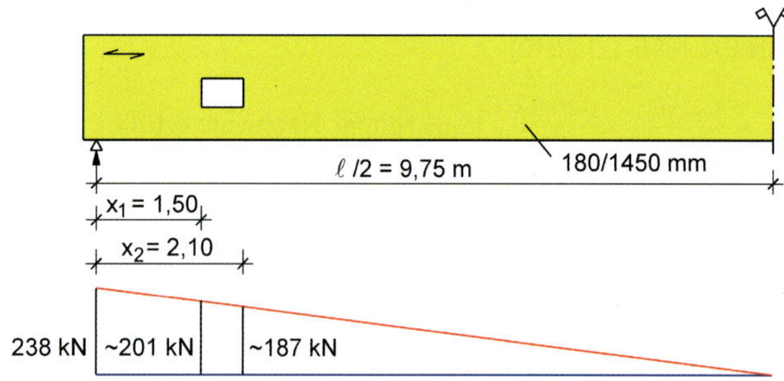

Bild 5.148. Querkraftlinie

$$M_{d(x_1)} = \frac{E_d \cdot x_1}{2}(\ell - x_1) = \frac{24{,}39 \cdot 1{,}5}{2}(19{,}5 - 1{,}5) = 329{,}27\ \text{kNm}$$

$$M_{d(x_2)} = \frac{E_d \cdot x_2}{2}(\ell - x_2) = \frac{24{,}39 \cdot 2{,}1}{2}(19{,}5 - 2{,}1) = 445{,}6\ \text{kNm}$$

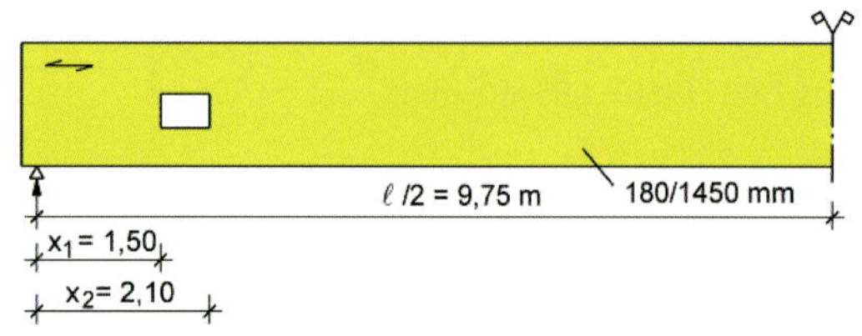

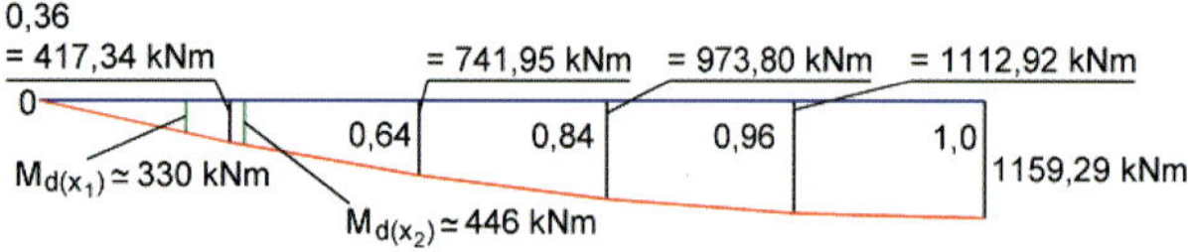

Bild 5.149. Momentenlinie

Überprüfung Mindest- und Höchstmaße für den unverstärkten Durchbruch

$\ell_V = 1685 \geq h = 1450\ \text{mm}$	**erfüllt!**
$\ell_Z = \text{entfällt}$	
$\ell_A = 1500 \geq h/2 = 1450/2 = 725\ \text{mm}$	**erfüllt!**
$h_{ro} = 600 \geq 0{,}35 \cdot 1450 = 507{,}5\ \text{mm}$	**erfüllt!**
$h_{ru} = 450 \geq 0{,}35 \cdot 1450 = 507{,}5\ \text{mm}$	**nicht erfüllt!**
$a = 600 \leq 0{,}4 \cdot 1450 = 580\ \text{mm}$	**nicht erfüllt!**
$h_d = 400 \leq 0{,}15 \cdot 1450 = 217{,}50\ \text{mm}$	**nicht erfüllt!**

Bemessungswert der aufzunehmenden Zugkraft $F_{t,90,d}$ nach Gl. (NA.67) bis Gl. (NA.68):

[DIN EN 1995-1-1/NA, Gl. (NA.67)]

$$F_{t,V,d(x_1)} = \frac{V_{d(x_1)} \cdot h_d}{4 \cdot h}\left[3 - \frac{h_d^2}{h^2}\right] = \frac{201{,}22 \cdot 0{,}4}{4 \cdot 1{,}45}\left[3 - \frac{0{,}4^2}{1{,}45^2}\right] = 40{,}56\ \text{kN}$$

[DIN EN 1995-1-1/NA, Gl. (NA.68)]

$$F_{t,M,d(x_1)} = 0{,}008 \cdot \frac{M_{d(x_1)}}{h_r} = 0{,}008 \cdot \frac{329{,}27}{0{,}45} = 5{,}85\ \text{kN}$$

$$F_{t,90,d(x_1)} = F_{t,V,d(x_1)} + F_{t,M,d(x_1)} = 40{,}56 + 5{,}85 = 46{,}41\ \text{kN}$$ **maßgebend!**

[DIN EN 1995-1-1/NA, Gl. (NA.67)]

$$F_{t,V,d(x2)} = \frac{V_{d(x_2)} \cdot h_d}{4 \cdot h}\left[3 - \frac{h_d^2}{h^2}\right] = \frac{186{,}58 \cdot 0{,}4}{4 \cdot 1{,}45}\left[3 - \frac{0{,}4^2}{1{,}45^2}\right] = 37{,}62\ \text{kN}$$

[DIN EN 1995-1-1/NA, Gl. (NA.68)]

$$F_{t,M,d(x_2)} = 0{,}008 \cdot \frac{M_{d(x_2)}}{h_r} = 0{,}008 \cdot \frac{445{,}6}{0{,}45} = 7{,}92\ \text{kN}$$

$$F_{t,90,d(x_2)} = F_{t,V,d(x_2)} + F_{t,M,d(x_2)} = 37{,}62 + 7{,}92 = 45{,}54\ \text{kN}$$

Bemessungswert der Querzugfestigkeit:

$f_{t,90,k} = 0{,}5\ \text{N/mm}^2$ aus Tabelle 5 in DIN EN 14080

$$f_{t,90,d} = \frac{k_{mod} \cdot f_{t,90,k}}{\gamma_M} = \frac{0{,}8 \cdot 0{,}5}{1{,}3} = 0{,}31\ \text{N/mm}^2$$

Nachweis Tragfähigkeit des unverstärkten Durchbruches nach DIN EN 1995-1-1/NA:2013, Gl. (NA.63):

$$k_{t,90} = \min\begin{cases}1\\ \left(\dfrac{450}{h}\right)^{0{,}5}\end{cases} = \min\begin{cases}1\\ 0{,}557\end{cases} = 0{,}557$$

$\ell_{t,90}$ nach Gl. (NA.64):

$$\ell_{t,90} = 0{,}5 \cdot (h_d + h) = 0{,}5 \cdot (0{,}4 + 1{,}45) = 0{,}925$$

$$\frac{F_{t,90,d}}{0{,}5 \cdot \ell_{t,90} \cdot b \cdot k_{t,90} \cdot f_{t,90,d}} = \frac{46{,}41 \cdot 10^3}{0{,}5 \cdot 925 \cdot 180 \cdot 0{,}557 \cdot 0{,}31} = 3{,}23 > 1{,}0$$

Nachweis nicht erfüllt!

→ **Der Träger muss im Bereich des Durchbruches verstärkt werden.**

Nachweise für den verstärkten Durchbruch

Überprüfung der Mindest- und Höchstmaße für verstärkte Durchbrüche:

$\ell_V = 1685 \geq h = 1450\ \text{mm}$	**erfüllt!**
$\ell_Z = \text{entfällt}$	
$\ell_A = 1500 \geq h/2 = 1450/2 = 725\ \text{mm}$	**erfüllt!**
$h_{ro} = 600 \geq 0{,}25 \cdot 1450 = 362{,}5\ \text{mm}$	**erfüllt!**
$h_{ru} = 450 \geq 0{,}25 \cdot 1450 = 362{,}5\ \text{mm}$	**erfüllt!**
$a = 600 < 1450\ \text{mm}$	**erfüllt!**
$a/h_d = 600/400 = 0{,}15 \leq 2{,}5$	**erfüllt!**
$h_d = 400 \leq 0{,}3 \cdot 1450 = 435\ \text{mm}$	**erfüllt!** (für innen liegende Verstärkung)
$h_d = 400 \leq 0{,}4 \cdot 1450 = 580\ \text{mm}$	**erfüllt!** (für außen liegende Verstärkung)
$h/h_d = 1450/580 = 2{,}5 \leq 2{,}5$	**erfüllt!**

Lösung A: Innen liegende Verstärkung – Eingeklebte Stahlstäbe

Nachweis der erhöhten Schubspannungen an den Ecken nach [*Blaß/Beijtka* 2004]:

Bemessungswert der Schubspannungen:

$$\max \tau = \kappa_{max} \cdot \frac{1{,}5 \cdot V_d}{b_{ef} \cdot (h - h_d)}$$

$$\kappa_{max} = 1{,}84 \cdot \left[1 + \frac{a}{h}\right] \cdot \left(\frac{h_d}{h}\right)^{0{,}2} = 1{,}84 \cdot \left[1 + \frac{600}{1450}\right] \cdot \left(\frac{400}{1450}\right)^{0{,}2}$$

$$\kappa_{max} = 1{,}84 \cdot 1{,}414 \cdot 0{,}773 = 2{,}01$$

mit a/h = 600/1450 = 0,41 > $h \cdot 0{,}1$ = 145 mm < 0,4 **erfüllt**
h_d/h = 400/1450 = 0,28 > 0,1 und < 0,4, **erfüllt**

$$b_{ef} = 128{,}57\ \text{mm}$$

$$\max \tau = \kappa_{max} \cdot \frac{1{,}5 \cdot V_d}{b_{ef} \cdot (h - h_d)} = 2{,}01 \cdot \frac{1{,}5 \cdot 201{,}22 \cdot 10^3}{128{,}57 \cdot (1450 - 400)} = 4{,}49\ \text{N/mm}^2$$

Bemessungswert der Schubfestigkeit:

$$f_{v,d} = 2{,}15\ \text{N/mm}^2$$

Nachweis:

$$\frac{\tau_{max}}{f_{c,d}} = \frac{4{,}49}{2{,}15} = 2{,}09 > 1{,}0 \quad \textbf{Nachweis nicht erfüllt!}$$

→ **Verstärkungen mit innen liegenden Stäben sind <u>nicht</u> durchführbar!**

Lösung B: Äußere Verstärkung – Aufgeklebte Holzwerkstoffplatten

Geometrische Voraussetzung:

$$\ell_{t,90} = 0{,}5 \cdot (h_d + h) = 0{,}5 \cdot (400 + 1450) = 925 \text{ mm}$$

$$0{,}25 \cdot a = 0{,}25 \cdot 600 = 150 \text{ mm} \leq a_r \leq 0{,}6 \cdot \ell_{t,90} = 0{,}6 \cdot 925 = 555 \text{ mm}$$

Gewählt: $a_r = 250$ mm, $h_1 = 250$ mm, $h_{ad} = h_1 = 250$ mm

Bemessungswert der Klebefugenbeanspruchung in der Platte nach Gl. (NA.88):

$$\tau_{ef,d} = \frac{F_{t,90,d}}{2 \cdot a_r \cdot h_{ad}} = \frac{46{,}41 \cdot 10^3}{2 \cdot 250 \cdot 250} = 0{,}37 \text{ N/mm}^2$$

Charakteristischer Wert der Klebefugenfestigkeit:

$f_{k2,k} = 0{,}75$ N/mm² (nach Tabelle NA.12)

Bemessungswert der Klebefugenfestigkeit nach Gl. (2.14):

$$f_{k2,d} = \frac{k_{mod} \cdot f_{k2,k}}{\gamma_M} = \frac{0{,}8 \cdot 0{,}75}{1{,}3} = 0{,}46 \text{ N/mm}^2$$

Nachweis der Tragfähigkeit der Klebefuge nach Gl. (NA.87):

$$\frac{\tau_{ef,d}}{f_{k2,d}} = \frac{0{,}37}{0{,}46} = 0{,}80 < 1{,}0 \quad \textbf{Nachweis erfüllt!}$$

<u>Nachweis der Tragfähigkeit des gewählten Plattenwerkstoffes</u>

Gewählt: Sperrholz nach Tabelle 3 in DIN 20000-1,

$\rho_k = 600$ kg/m³

Klasse F 40/30, E 60/40, größte Zugfestigkeit bei Beanspruchung senkrecht zur Faserrichtung des Deckfurniers

$f_{t,k} = 31$ N/mm², gewählt $t_r = 12$ mm

Bemessungswert der Plattenbeanspruchung nach Gl. (NA.90):

$$\sigma_{t,d} = \frac{F_{t,90,d}}{2 \cdot a_r \cdot t_r} = \frac{40{,}41 \cdot 10^3}{2 \cdot 250 \cdot 12} = 7{,}74 \text{ N/mm}^2$$

Bemessungswert der Zugfestigkeit der Platten nach Gl. (2.14):

$$f_{t,d} = \frac{k_{mod} \cdot f_{t,k}}{\gamma_M} = \frac{0{,}8 \cdot 31}{1{,}3} = 19{,}08 \text{ N/mm}^2$$

Nachweis Tragfähigkeit nach Gl. (NA.89):

$$k_k \cdot \frac{\sigma_{t,d}}{f_{t,d}} = 2 \cdot \frac{7{,}74}{19{,}08} \cong 0{,}81 < 1{,}0 \quad \textbf{Nachweis erfüllt!}$$

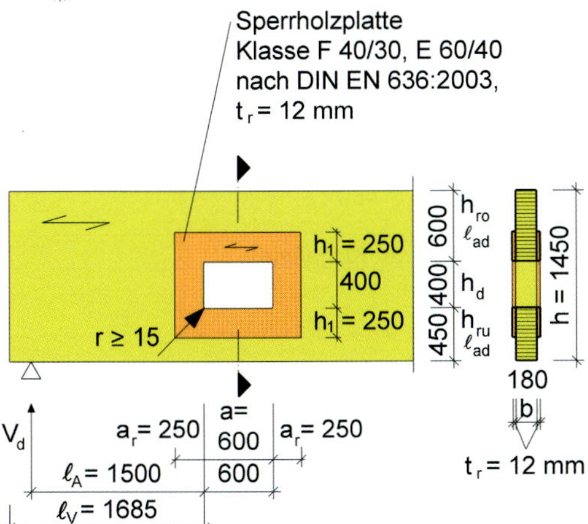

Bild 5.150. Außen liegende Verstärkung

Weitere notwendige Nachweise:

Nachweis der erhöhten Biegespannungen im Eckbereich in Anlehnung an Erläuterungen zu DIN 1052:2008 [*Blaß/Ehlbeck* u. a. 2005]

Bemessungswert der Schubkraft:

$$V_d = \frac{V_{d,x1} + V_{d,x2}}{2} = \frac{201{,}22 + 186{,}58}{2} = 193{,}9 \text{ kN}$$

Bemessungswert des Biegemomentes:

$$M_d = \frac{M_{d,x1} + M_{d,x2}}{2} = \frac{329{,}27 + 445{,}6}{2} = 387{,}44 \text{ kNm}$$

Querschnittsanteile:

$$A_{ro} = b \cdot h_{ro} = 180 \cdot 600 = 1{,}08 \cdot 10^5 \text{mm}^2$$

$$A_{ru} = b \cdot h_{ru} = 180 \cdot 450 = 8{,}1 \cdot 10^4 \text{mm}^2$$

$$A_{r,gesamt} = A_{ro} + A_{ru} = 1{,}08 \cdot 10^5 + 8{,}1 \cdot 10^4 = 1{,}89 \cdot 10^5 \text{ mm}^2$$

$$W_{ro} = \frac{b \cdot h_{ro}^2}{6} = \frac{180 \cdot 600^2}{6} = 10{,}8 \cdot 10^6 \text{ mm}^3$$

$$W_{ru} = \frac{b \cdot h_{ru}^2}{6} = \frac{180 \cdot 450^2}{6} = 6{,}075 \cdot 10^6 \text{ mm}^3$$

Anteilige Querkraft:

$$V_{ro,d} = \frac{A_{ro}}{A_{r,gesamt}} \cdot V_d = \frac{1{,}08 \cdot 10^5}{1{,}89 \cdot 10^5} \cdot 193{,}9 = 110{,}5 \text{ kN}$$

$$V_{ru,d} = \frac{A_{ru}}{A_{r,gesamt}} \cdot V_d = \frac{8{,}1 \cdot 10^5}{1{,}89 \cdot 10^5} \cdot 193{,}9 = 83{,}38 \text{ kN}$$

Örtliche Momente aus V_d:

$$M_{ro,d} = \frac{V_{ro,d} \cdot a}{2} = \frac{110{,}5 \cdot 0{,}6}{2} = 33{,}15 \text{ kNm}$$

$$M_{ru,d} = \frac{V_{ru,d} \cdot a}{2} = \frac{83{,}38 \cdot 0{,}6}{2} = 25{,}01 \text{ kNm}$$

Bemessungswert der Biegebeanspruchung:

$$W_{netto} = \frac{b \cdot (h^3 - h_d^3)}{6 \cdot h} = \frac{180 \cdot (1450^3 - 400^3)}{6 \cdot 1450} = 6{,}175 \cdot 10^7 \text{mm}^3$$

$$\sigma_{ro,m,d} = \frac{M_d}{W_{netto}} + \frac{M_{ro,d}}{W_{ro}} = \frac{3{,}874 \cdot 10^8}{6{,}175 \cdot 10^7} + \frac{3{,}315 \cdot 10^7}{10{,}8 \cdot 10^6}$$

$$\sigma_{ro,m,d} = 6{,}23 + 3{,}07 = 9{,}3 \text{ N/mm}^2$$

$$\sigma_{ru,m,d} = \frac{M_d}{W_{netto}} + \frac{M_{ru,d}}{W_{ru}} = \frac{3{,}874 \cdot 10^8}{6{,}175 \cdot 10^7} + \frac{2{,}501 \cdot 10^7}{6{,}075 \cdot 10^6}$$

$$\sigma_{ru,m,d} = 6{,}23 + 4{,}12 = 10{,}35 \text{ N/mm}^2$$

Nachweise:

$$\frac{\sigma_{ro,m,d}}{f_{m,d}} = \frac{9{,}7}{19{,}69} = 0{,}47 < 1{,}0 \quad \textbf{Nachweis erfüllt!}$$

$$\frac{\sigma_{ru,m,d}}{f_{m,d}} = \frac{10{,}35}{19{,}69} = 0{,}53 < 1{,}0 \quad \textbf{Nachweis erfüllt!}$$

<u>Lösung mit innen liegenden Verstärkungen:</u>

Wenn nur **<u>eine innen liegende Verstärkung</u>** vom Bauherrn oder Architekten akzeptiert wird, muss V_d reduziert werden, d. h. der Durchbruch ist weiter zur Trägermitte hin anzuordnen.

Der Durchbruch wird an den Stellen x_1= 5,65 m und x_2 = 6,25 m angeordnet:

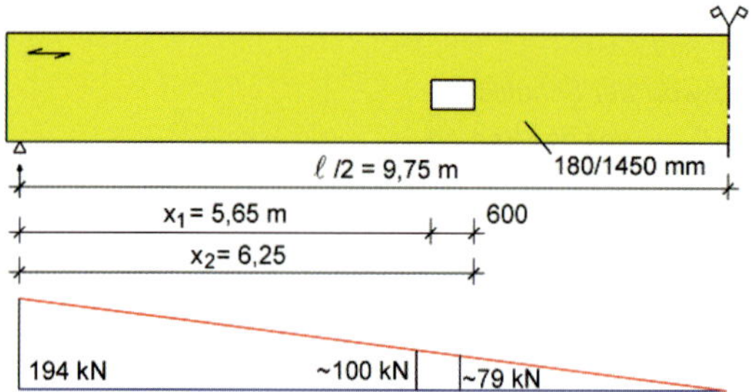

Bild 5.151. Querkraftlinie

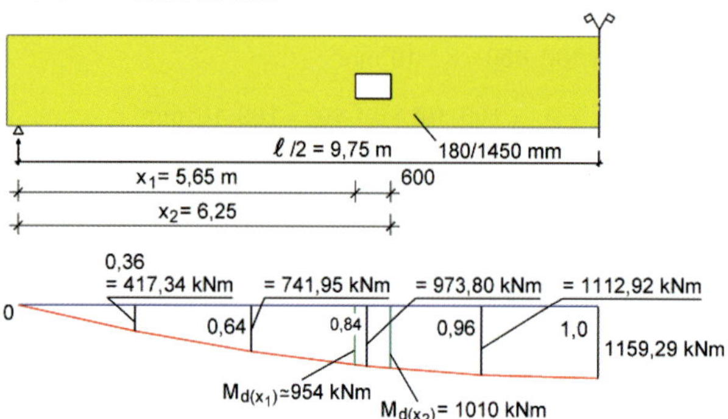

Bild 5.152. Momentenlinie

Querzugbeanspruchung im Bereich der Durchbruchsecken:

Es werden die Schnittkräfte für die Stelle 1 (x_1 = 5,65 m) und Stelle 2 (x_2 = 6,25 m) ermittelt:

$$V_{d(x_1)} = E_d \cdot \left(\frac{\ell}{2} - x_1\right) = 24{,}39 \cdot \left(\frac{19{,}5}{2} - 5{,}65\right) = 100{,}0\,\text{kN}$$

$$V_{d(x_2)} = E_d \cdot \left(\frac{\ell}{2} - x_2\right) = 24{,}39 \cdot \left(\frac{19{,}5}{2} - 6{,}25\right) = 79{,}26\,\text{kN}$$

$$M_{d(x_1)} = \frac{E_d \cdot x_1}{2}(\ell - x_1) = \frac{24{,}39 \cdot 5{,}65}{2}(19{,}5 - 5{,}65) = 954{,}28\,\text{kNm}$$

$$M_{d(x_2)} = \frac{E_d \cdot x_2}{2}(\ell - x_2) = \frac{24{,}39 \cdot 6{,}25}{2}(19{,}5 - 6{,}25) = 1009{,}9\,\text{kNm}$$

Bemessungswert der aufzunehmenden Zugkraft $F_{t,90,d}$ nach Gl. (NA.66) bis Gl. (NA.68):

[DIN EN 1995-1-1/NA, Gl. (NA.67)]

$$F_{t,V,d(x_1)} = \frac{V_{d(x_1)} \cdot h_d}{4 \cdot h}\left[3 - \frac{h_d^2}{h^2}\right] = \frac{100 \cdot 0{,}4}{4 \cdot 1{,}45}\left[3 - \frac{0{,}4^2}{1{,}45^2}\right] = 20{,}17\,\text{kN}$$

[DIN EN 1995-1-1/NA, Gl. (NA.68)]

$$F_{t,M,d(x_1)} = 0{,}008 \cdot \frac{M_{d(x_1)}}{h_r} = 0{,}008 \cdot \frac{954{,}28}{0{,}45} = 16{,}92\,\text{kN}$$

[DIN EN 1995-1-1/NA, Gl. (NA.66)]

$$F_{t,90,d(x_1)} = F_{t,V,d(x_1)} + F_{t,M,d(x_1)} = 20{,}17 + 16{,}92 = 37{,}13\,\text{kN}$$

maßgebend!

$$F_{t,V,d(x2)} = \frac{V_{d(x_2)} \cdot h_d}{4 \cdot h}\left[3 - \frac{h_d^2}{h^2}\right] = \frac{79{,}26 \cdot 0{,}4}{4 \cdot 1{,}45}\left[3 - \frac{0{,}4^2}{1{,}45^2}\right] = 15{,}98\,\text{kN}$$

$$F_{t,M,d(x_2)} = 0{,}008 \cdot \frac{M_{d(x_2)}}{h_r} = 0{,}008 \cdot \frac{1009{,}9}{0{,}45} = 17{,}95\,kN$$

$$F_{t,90,d(x_2)} = F_{t,V,d(x_2)} + F_{t,M,d(x_2)} = 15{,}98 + 17{,}95 = 33{,}98\,\text{kN}$$

Nachweis der erhöhten Schubspannungen an den Ecken nach [*Blaß/Beijtka* 2004]:

Bemessungswert der Schubspannungen:

$$\max\tau = \kappa_{\max} \cdot \frac{1{,}5 \cdot V_d}{b_{ef} \cdot (h - h_d)}$$

$$\kappa_{\max} = 1{,}84 \cdot \left[1 + \frac{a}{h}\right] \cdot \left(\frac{h_d}{h}\right)^{0,2} = 1{,}84 \cdot \left[1 + \frac{600}{1450}\right] \cdot \left(\frac{400}{1450}\right)^{0,2}$$

$$\kappa_{\max} = 1{,}84 \cdot 1{,}414 \cdot 0{,}773 = 2{,}01$$

$$\max\tau = \kappa_{\max} \cdot \frac{1{,}5 \cdot V_d}{b_{ef} \cdot (h - h_d)} = 2{,}01 \cdot \frac{1{,}5 \cdot 100{,}0 \cdot 10^3}{127{,}8 \cdot (1450 - 400)} = 2{,}25\,\text{N/mm}^2$$

Bemessungswert der Schubfestigkeit:

$f_{v,d} = 2{,}15\,\text{N/mm}^2$

Nachweis:

$$\frac{\tau_{\max}}{f_{v,d}} = \frac{2{,}25}{2{,}15} = 1{,}05 > 1{,}0$$

geringe Überschreitung unbedenklich.

→ **Verstärkungen mit innen liegenden Stäben ist jetzt möglich!**

Variante A: Gewählt 2 Betonstähle Ø 10 mm, BST 500 mit $f_{y,k} = 500\,\text{N/mm}^2$

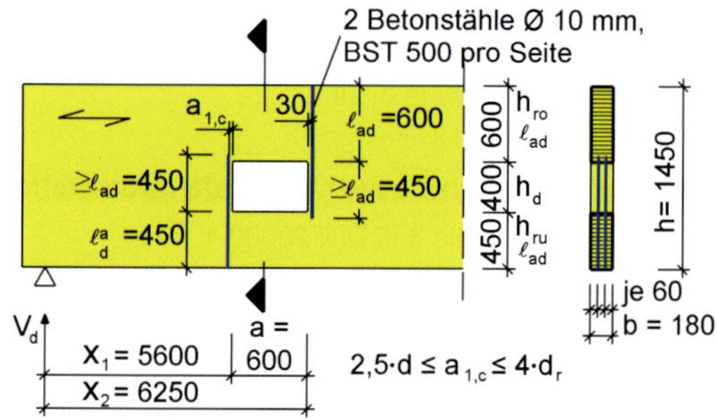

Bild 5.153. Innen liegende Verstärkung mit Betonstählen

Bemessungswert der Klebefugenfestigkeit nach Tabelle NA.12:

$f_{k1,k} = 5{,}25 - 0{,}05 \cdot \ell_{ad} = 5{,}25 - 0{,}05 \cdot 450 = 3{,}0\,\text{N/mm}^2$ (nach Tabelle NA.12)

$$f_{k1,d} = \frac{k_{mod} \cdot f_{k1,k}}{\gamma_M} = \frac{0{,}8 \cdot 3{,}0}{1{,}3} = 1{,}85\,\text{N/mm}^2$$

Bemessungswert der Klebefugenbeanspruchung nach Gl. (NA.83):

$\ell_{ad} = h_{ru} = 450\,\text{mm}$ maßgebend

$\ell_{ad} = h_{ro} = 600\,\text{mm}$

$$\tau_{ef,d} = \frac{F_{t,90,d}}{n \cdot d_r \cdot \pi \cdot \ell_{ad}} = \frac{37{,}13 \cdot 10^3}{2 \cdot 10 \cdot \pi \cdot 450} = 1{,}31\,\text{N/mm}^2$$

Nachweis der Tragfähigkeit der Klebefuge:

$$\frac{\tau_{ef,d}}{f_{k1,d}} = \frac{1{,}31}{1{,}85} = 0{,}71 < 1{,}0$$

Tragfähigkeit des Betonstahles mit $\gamma_S = 1{,}15$:

$$f_{y,d} = \frac{f_{y,k}}{\gamma_S} = \frac{500}{1{,}15} = 434{,}78\,\text{N/mm}^2$$

Beanspruchung des Stahles:

$$A = \frac{\pi}{4} \cdot d^2 = \frac{\pi}{4} \cdot 10^2 = 78{,}53\ \text{N/mm}^2$$

$$\sigma_t = \frac{F_{t,90,d}}{n \cdot A} = \frac{37{,}13 \cdot 10^3}{2 \cdot 78{,}53} = 236{,}41\ \text{N/mm}^2$$

Nachweis der Tragfähigkeit der gewählten Stahlstäbe:

$$\frac{\sigma_t}{f_{y,d}} = \frac{236{,}41}{434{,}78} = 0{,}54 < 1{,}0$$ **Nachweis erfüllt!**

Variante B: Innen liegende Verstärkung – Gewindestangen nach allgemeiner bauaufsichtlicher Zulassung (BAZ) Nr.: Z-9.1-777

Gewählt: Gewindestange Ø 16 pro Seite, z. B. von SFS nach BAZ Z-9.1-777

$\ell_{ef} = \ell_{ad} = 450\ \text{mm}$

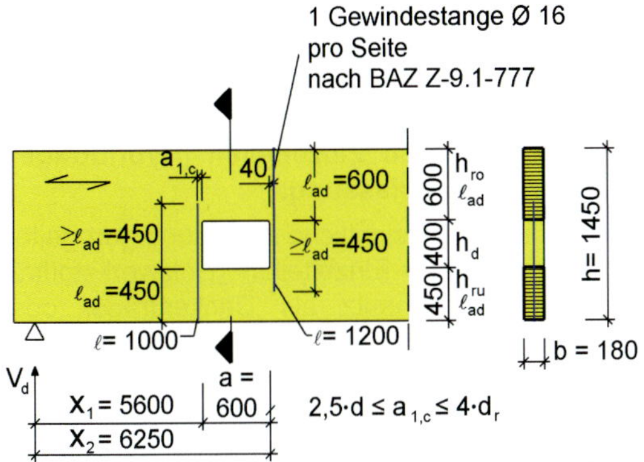

Bild 5.154. Innen liegende Verstärkung mit Gewindestangen

Charakteristischer Wert der Tragfähigkeit auf Herausziehen mit

$\rho_k = 430\ \text{kg/m}^3$ *nach Gl. (1):*

$$R_{ax,k} = f_{1,k} \cdot d \cdot \ell_{ef} = 70 \cdot 10^{-6} \cdot \rho_k^{\ 2} \cdot d \cdot \ell_{ef}$$ [Z-9.1-777, Gl. (1)]

$$R_{ax,k} = 70 \cdot 10^{-6} \cdot 430^2 \cdot 16 \cdot 450 = 93189{,}6\ \text{N} = 93{,}19\ \text{kN}$$

Charakteristischer Wert der Zugtragfähigkeit des Schraubenwerkstoffes $R_{t,d,k} = 91{,}5$ kN, *maßgebend für Bemessung:*

Bemessungswert der Tragfähigkeit auf Herausziehen:

$$R_{ax,d} = \frac{k_{mod} \cdot R_{ax,k}}{\gamma_M} = \frac{0{,}8 \cdot 91{,}5}{1{,}3} = 56{,}31\ \text{kN}$$

$\gamma = 1{,}3$

Nachweis Tragfähigkeit aus Herausziehen:

$$\frac{F_{t,90,d}}{R_{ax,d}} = \frac{37{,}12}{56{,}31} = 0{,}66 < 1{,}0$$ **Nachweis erfüllt!**

Weitere notwendige Nachweise:

Nachweis der erhöhten Biegerandspannung in Anlehnung an Erläuterungen zu DIN 1052:2008 [*Blaß/Ehlbeck* u. a. 2005]

Bemessungswert der Schubkraft:

$$V_d = \frac{V_{d,x1} + V_{d,x2}}{2} = \frac{100 + 79{,}26}{2} = 89{,}63\ \text{kN}$$

Bemessungswert des Biegemomentes:

$$M_d = \frac{M_{d,x1} + M_{d,x2}}{2} = \frac{954{,}28 + 1009{,}9}{2} = 982{,}09\ \text{kNm}$$

Querschnittsanteile:

$$A_{ro} = b \cdot h_{ro} = 180 \cdot 600 = 1{,}08 \cdot 10^5\text{mm}^2$$

$$A_{ru} = b \cdot h_{ru} = 180 \cdot 450 = 8{,}1 \cdot 10^4\text{mm}^2$$

$$A_{r,gesamt} = A_{ro} + A_{ru} = 1{,}08 \cdot 10^5 + 8{,}1 \cdot 10^4 = 1{,}89 \cdot 10^5\text{mm}^2$$

$$W_{ro} = \frac{b \cdot h_{ro}^{\ 2}}{6} = \frac{180 \cdot 600^2}{6} = 10{,}8 \cdot 10^6\ \text{mm}^3$$

$$W_{ru} = \frac{b \cdot h_{ru}^{\ 2}}{6} = \frac{180 \cdot 450^2}{6} = 6{,}075 \cdot 10^6\ \text{mm}^3$$

Anteilige Querkraft:

$$V_{ro,d} = \frac{A_{ro}}{A_{r,gesamt}} \cdot V_d = \frac{1{,}08 \cdot 10^5}{1{,}89 \cdot 10^5} \cdot 89{,}63 = 51{,}18\ \text{kN}$$

$$V_{ru,d} = \frac{A_{ru}}{A_{r,gesamt}} \cdot V_d = \frac{8{,}1 \cdot 10^5}{1{,}89 \cdot 10^5} \cdot 89{,}63 = 38{,}54\ \text{kN}$$

Örtliche Momente aus V_d*:*

$$M_{ro,d} = \frac{V_{ro,d} \cdot a}{2} = \frac{51{,}18 \cdot 0{,}6}{2} = 15{,}35\ \text{kNm}$$

$$M_{ru,d} = \frac{V_{ru,d} \cdot a}{2} = \frac{38{,}54 \cdot 0{,}6}{2} = 11{,}56\ \text{kNm}$$

Bemessungswert der Biegebeanspruchung:

$$W_{netto} = \frac{b \cdot (h^3 - h_d^{\ 3})}{6 \cdot h} = \frac{180 \cdot (1450^3 - 400^3)}{6 \cdot 1450} = 6{,}175 \cdot 10^7\text{mm}^3$$

$$\sigma_{ro,m,d} = \frac{M_d}{W_{netto}} + \frac{M_{ro,d}}{W_{ro}} = \frac{9{,}82 \cdot 10^8}{6{,}175 \cdot 10^7} + \frac{1{,}535 \cdot 10^7}{10{,}8 \cdot 10^6}$$

$$\sigma_{ro,m,d} = 15{,}9 + 1{,}42 = 17{,}32\ \text{N/mm}^2$$

$$\sigma_{ru,m,d} = \frac{M_d}{W_{netto}} + \frac{M_{ru,d}}{W_{ru}} = \frac{9{,}82 \cdot 10^8}{6{,}175 \cdot 10^7} + \frac{1{,}156 \cdot 10^7}{6{,}075 \cdot 10^6}$$

$$\sigma_{ru,m,d} = 15{,}9 + 1{,}9 = 17{,}8\ \text{N/mm}^2$$

Nachweise:

$$\frac{\sigma_{ro,m,d}}{f_{m,d}} = \frac{17{,}32}{19{,}69} = 0{,}88 < 1{,}0$$ **Nachweis erfüllt!**

$$\frac{\sigma_{ru,m,d}}{f_{m,d}} = \frac{17{,}80}{19{,}69} = 0{,}89 < 1{,}0$$ **Nachweis erfüllt!**

Maße der Überhöhung für den Grenzzustand der Gebrauchstauglichkeit:

Der Träger soll um den Wert ℓ/300 = 19500/300 = 65 mm überhöht werden.

5.5.5. Biegeträger aus geklebten Einzelteilen nach DIN EN 1995-1-1:2010, Abschnitt 9.1.1 mit schmalen Stegen

Holzträger aus geklebten Vollholz-Einzelteilen

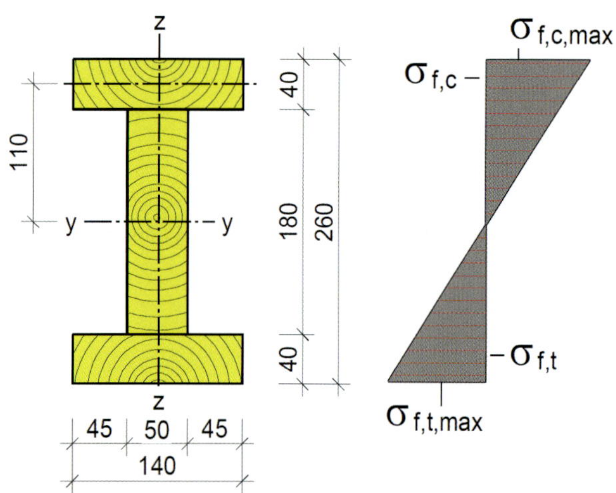

Bild 5.155. Beispiel für einen geklebten Holzträger (Decke)

Traditionelle geklebte Biegeträger nach Bild 5.155. sind aus einzelnen rechteckigen Teilen schubfest mittels Klebstoff zusammengesetzt. Die Klebverbindungen gelten als starre Verbindungen. Derartige Träger sind mit dem in DIN EN 1995-1-1:2010, Anhang B geregelten Verfahren für nachgiebig verbundene Biegeträger mit $\gamma = 1$ zu bemessen.

Bei der Herstellung sind u. a.

- genügend trockene Hölzer einzusetzen,
- die Kernseite der Hölzer bei allen Gurten nach oben bzw. nach unten zu legen; im Steg wird Splintseite an Splintseite geklebt.

Weil bei Biegeträgern üblicherweise der Bruch im Zuggurt eingeleitet wird, darf der Bemessungswert der Zugfestigkeit $f_{t,0,d}$ im Zuggurt nicht überschritten werden, auch wenn der Bemessungswert der Biegerandfestigkeit $f_{m,d}$ eingehalten wird.

Für die Druckseiten des geklebten Biegeträgers gilt diese Einschränkung nicht; hier ist stets der Bemessungswert der Biegerandfestigkeit $f_{m,d}$ maßgebend.

Holzträger mit Stegen aus Holzwerkstoffplatten

Man bezeichnet derartige Träger auch als Hybridträger. Hybridträger sind Träger oder Balken aus unterschiedlichen Werkstoffen. Ziel der Werkstoffkombination ist eine höhere Leistungsfähigkeit und Wirtschaftlichkeit als vergleichbare Träger aus Vollholz oder Brettschichtholz.
Die in Bild 5.156. dargestellten Träger wurden in den 70er-Jahren des 20. Jahrhunderts für weit gespannte Tragwerke bis 40 m Spannweite eingesetzt.

Aus statischen und funktionellen Gründen wurden für Spannweiten über 10 m torsionssteife Hohlkastenträger bevorzugt.

Anwendungsbereich: verdeckte und sichtbare Biegeträger, insbesondere für Flachdächer.

Spannweiten: 10 bis 40 m
Bauhöhen: bis etwa 2,50 m

Bild 5.156. Holzwerkstoffträger für größere Spannweiten im Hallenbau

Biegeträger aus geklebten Einzelteilen (Hybridträger) nach bauaufsichtlicher Zulassung:

Die heute über eine bauaufsichtliche Zulassung geregelten Biegeträger aus geklebten Einzelteilen (Holzwerkstoffträger) mit vorrangigem Einsatz als Deckenträger oder Wandstiel zeigt Tabelle 5.16. Dabei handelt es sich ausschließlich um Doppel-T-Träger. Sie werden vor allem in ein- oder zweigeschossigen Wohnbauten und in Geschossbauten als Decken, Dachsparren und Wandträger bei vorwiegend ruhenden Belastungen eingesetzt.

Vorteilhaft sind solche Träger durch ihr sehr geringes Gewicht, einen sehr geringen Materialverbund, durch die Möglichkeit von Stegdurchbrüchen und eine hohe Maßhaltigkeit.

Bei der Verwendung als Rippen in aussteifenden Decken- und Wandscheiben ist bei Beplankungsstößen auf den Rippen auf die Mindestrandabstände der Verbindungsmittel besonders zu achten, da die Gurtbreiten relativ schmal sind.

Einige Träger dürfen auch als Stiel im Hausbau eingesetzt werden, wenn sie im eingebauten Zustand beidseitig beplankt sind. Ihre Anwendung ist gemäß den bauaufsichtlichen Zulassungen auf die Nutzungsklassen 1 und 2 beschränkt.

Holzwerkstoffträger werden auch im modernen Beton-Schalungsbau eingesetzt. Ihre ausschließliche Verwendung für die bei Betonschalungen auftretenden Beanspruchungen ist in speziellen bauaufsichtlichen Zulassungen geregelt. Die nachfolgenden Hinweise gelten nicht für Holzwerkstoffträger im Schalungsbau.

Herstellung/Material/Verbindung

Die Gurte bestehen aus Nadelvollholz oder Brettschichtholz und bei zwei Trägern aus Furnierschichtholz. Die Vollholzgurte sind in der Länge durch Keilzinkenverbindungen gestoßen. Die Stegmaterialien sind sehr unterschiedlich und reichen von harten Holzfaserplatten (Dicke 8 mm), Spanplatten (Dicke 8 bis 10 mm), OSB-Platten (Dicke 8 bis 12 mm) oder in einem Fall besteht der Steg aus profiliertem Stahlblech (Dicke 0,5 mm). Je nach statischer Beanspruchung stehen Trägerhöhen zwischen 160 und 600 mm zur Verfügung (Tabelle 5.16.).

Wissenswertes zur Planung

Die Holzwerkstoffträger sind hinsichtlich ihrer Tragfähigkeit und Gebrauchstauglichkeit nach DIN EN 1995-1-1:2010 nachzuweisen. Sofern die Festigkeitswerte für die in den Trägern verbauten Werkstoffe nicht in der Norm enthalten sind, können sie der jeweiligen Zulassung entnommen werden. Für die Planung stehen Bemessungshilfen in Form von Tragfähigkeitstabellen oder spezieller Bemessungssoftware zur Verfügung. Alle Hersteller bieten auch Regeldetails für die Planung von Konstruktionen, einschließlich von speziellen Verbindungen, an.

In der Detailplanung sind besondere Maßnahmen hinsichtlich der Erfüllung von Wärmschutz, Brandschutz oder Schallschutz erforderlich, wobei die einzelnen Planungshandbücher Hinweise enthalten.

Kennzeichnung

Die Hersteller geklebter Hybridträger müssen über einen gültigen Nachweis zum Kleben tragender Holzbauteile nach DIN 1052-10 verfügen.

Die Fertigung von Doppel-T-Trägern erfolgt mit Eigen- und Fremdüberwachung. Die Träger werden bei Herstellung nach einer allgemeinen Zulassung mit dem ÜZ-Zeichen mit den Angaben des Herstellers, der Zulassung und der fremdüberwachenden Stelle auf den Trägern gekennzeichnet. Werden die Träger nach einer europäischen technischen Zulassung (Bewertung) hergestellt, erfolgt die Kennzeichnung mit dem CE-Zeichen nach den Regeln der ETA.

Berechnung von Biegeträgern aus geklebten Einzelteilen

Die Berechnung erfolgt als geklebte dünnstegige Träger in der DIN EN 1995-1-1:2010, Abschnitt 9.1.1. Die Berechnung erfolgt unter der Annahme, dass die Dehnungsverteilung über die Trägerhöhe geradlinig verläuft (s. Bild 5.157.).

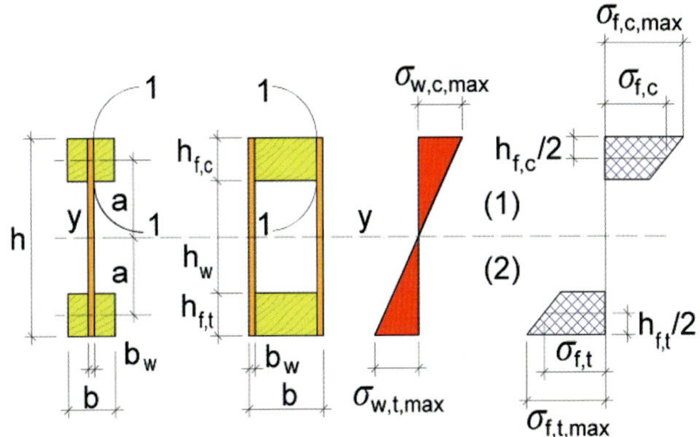

Legende
(1) Druck
(2) Zug

Bild 5.157. Dünnstegige Biegestäbe (Stegträger) (entspricht Bild 9.1 in DIN EN 1995-1-1:2010)

Für den **Grenzzustand der Tragfähigkeit** sind folgende Nachweise zu führen:

1. Nachweis der Nichtüberschreitung der Gurt-Randspannung nach Gl. (9.1) und Gl. (9.2)

$\sigma_{f,c,max,d} \leq f_{m,d}$ [DIN EN 1995-1-1:2010, Gl. (9.1)]

$\sigma_{f,t,max,d} \leq f_{m,d}$ [DIN EN 1995-1-1:2010, Gl. (9.2)]

– Die Gurt-Randspannung wird berechnet:

$$\sigma_{f,c,max,d} = \sigma_{f,t,max,d} = \frac{M_d}{E \cdot I_{ef,y}} \cdot \frac{h}{2} \cdot E_f$$

Tabelle 5.16. Hybridträger für den Holzbau mit allgemeiner bauaufsichtlicher Zulassung bzw. europäisch technische Zulassung (Stand 30.06.2020)

Zulassungs-nummer	**Material**			**Trägerhöhe H in mm**	**Anwendung/Hersteller**
	Steg-dicke b_w in mm	**Steg**	**Gurt b_f/h_f in mm/mm**		Gurt, Steg, b_f, $h_{f,c}$, b_w, h_w, h, $h_{f,t}$
ETA-12/0018 ab 14.08.2018	10	OSB 3 Spanplatte	Vollholz 45…98 /45…60 C18, C24+, C30+	Vollholz: 150 – 500	Balken/Deckenbalken/Dachsparren/Wandstiel, Länge nach Statik Fa. Masonite Beams AB, Schweden, *www.masonitebeams.se*
	8…10	OSB 3 Spanplatte	Vollholz 45…70 / 45…55 C18	Stiele: 150 – 400	
ETA-10/0415 ab 25.02.2016	0,5	Stahlblech (Einzel- oder Doppelsteg) 0,5 mm	Vollholz C24 / BSH GL 24 80…200 / 50…120	210 – 590	Deckenbalken/Dachsparren/Wandstiel, Fa. Meiser Vogtland OHG Länge nach Statik *www.meiser.de*
ETA-02/0026 ab 30.06.2018	10 12	OSB	Kerto LVL (Furnierschichtholz) 38…96 / 36…45	160 – 600	Länge nach Statik Fa. Metsäliitto Cooperative, Finnland *www.metsawood.com*
ETA-06/0238 ab 28.10.2019	8.0 8.5 10	Hartfaser OSB	Vollholz T11, T22 Furnierschichtholz 1,6 E; 2,0 E 45…90 / 45…45	160 – 500	Bau- oder Rahmenelemente in Wänden, Dächern, Decken, Fassaden und Dachstühlen Länge nach Statik Fa. Steico, Deutschland *www.steico.com*

2. Nachweis der Nichtüberschreitung der Schwerpunktspannung in den Gurten nach Gl. (9.3) und Gl. (9.4)

für die Druckseite:

$\sigma_{f,c,d} \leq k_c \cdot f_{c,0,d}$ [DIN EN 1995-1-1:2010, Gl. (9.3)]

für die Zugseite:

$\sigma_{f,t,d} \leq f_{t,0,d}$ [DIN EN 1995-1-1:2010, Gl. (9.4)]

– Die Gurt-Schwerpunktspannung wird berechnet:

$$\sigma_{f,c,d} = \sigma_{f,t,d} = \frac{M_d}{E \cdot I_{ef,y}} \cdot a \cdot E_f$$

Bezeichnungen:

$\sigma_{f,c,max,d}$ Bemessungswert der Randspannung im Druckgurt;

$\sigma_{f,t,max,d}$ Bemessungswert der Randspannung im Zuggurt.

Dabei ist I_y wie für eine starre Verbindung zu berechnen.

$\sigma_{f,c,d}$ Bemessungswert der Schwerpunktspannung im Druckgurt;

$\sigma_{f,t,d}$ Bemessungswert der Schwerpunktspannung im Zuggurt;

k_c Knickbeiwert nach Gl. (6.25) in DIN EN 1995-1-1:2010, ermittelt aus dem Schlankheitsgrad $\lambda_z = \ell_c/0{,}289 \cdot b$.
Mit k_c wird das Kippen der Träger in vereinfachter Form berücksichtigt (Der Druckgurt wird als Druckstab mit Knicken um die z-Achse betrachtet. Die wirksame Knicklänge ist der Abstand zwischen den seitlichen Abstützungen, an denen der Druckgurt gehalten ist.).

Der Knickbeiwert k_c darf (konservativ besonders für Kastenträger) nach Abschnitt 6.3.2 der Norm mit Gl. (9.5) berechnet werden. $\lambda_z = \sqrt{12} \cdot \left(\frac{\ell_c}{b}\right)$;

ℓ_c Abstand zwischen denjenigen Querschnitten, bei denen ein seitliches Ausweichen des Druckgurtes verhindert wird;

$f_{m,d}$ Bemessungswert der Biegefestigkeit des Gurtwerkstoffes;

$f_{c,0,d}$ / $f_{t,0,d}$ Bemessungswert der Druck- und Zugfestigkeit der Gurtwerkstoffe.

3. Nachweis der Nichtüberschreitung der Steg-Normalspannungen erfolgt nach Gl. (9.6) und Gl. (9.7)

für die Druckseite:

$\sigma_{w,c,d} \leq f_{c,w,d}$ [DIN EN 1995-1-1:2010, Gl. (9.6)]

für die Zugseite:

$\sigma_{w,t,d} \leq f_{t,w,d}$ [DIN EN 1995-1-1:2010, Gl. (9.7)]

Steg-Normalspannung wird berechnet:

$$\sigma_{w,c,\max,d} = \sigma_{w,t,\max,d} = \frac{M_d}{E \cdot I_{ef,y}} \cdot \frac{h_w}{2} \cdot E_w$$

$\sigma_{w,c,d}$ und $\sigma_{w,t,d}$ die Bemessungswerte der Druck- und Zugspannungen in den Stegen;

$f_{c,w,d}$ und $f_{t,w,d}$ die Bemessungswerte der Biegedruck- und Biegezugfestigkeiten der Stegewerkstoffe.

4. Wird kein genauer Nachweis gegen Ausbeulen (Biege- und Schubbeulen) des Steges geführt, so gelten hierfür die Bedingungen gemäß den Gl. (9.8) und Gl. (9.9)

[DIN EN 1995-1-1:2010, Gl. (9.8) und Gl. (9.9)]

$$h_w \leq 70 \cdot b_w$$

$$F_{v,w,Ed} \leq \begin{cases} b_w \cdot h_w \cdot \left(1 + \dfrac{0{,}5 \cdot (h_{f,t} + h_{f,c})}{h_w}\right) \cdot f_{v,0,d} & \text{für } h_w \leq 35 \cdot b_w \\ 35 \cdot b_w^2 \cdot \left(1 + \dfrac{0{,}5 \cdot (h_{f,t} + h_{f,c})}{h_w}\right) \cdot f_{v,0,d} & \text{für } 35 \cdot b_w \leq h_w \leq 70 \cdot b_w \end{cases}$$

Bezeichnungen:

h_w , $h_{f,c}$, $h_{f,t}$, b_w (s. Bild 5.157.);

h_w lichte Steghöhe;

$h_{f,c}$ Druckgurthöhe;

$h_{t,c}$ Zuggurthöhe;

b_w Stegdicke jedes des Steges;

$F_{v,w,Ed}$ Bemessungswert der Schubbeanspruchung in jedem Steg;

$f_{v,0,d}$ Bemessungswert der Schubfestigkeit bei Scheibenbeanspruchung.

5. Nachweis der Nichtüberschreitung der Schubbeanspruchung in den Stegen in Schnitt 1-1

$\tau_{w,d,\max} \leq f_{w,v,0,d}$

$f_{w,v,0,d}$ der Bemessungswert der Rollschubfestigkeit des Stegmaterials.

Der Bemessungswert der Schubspannung wird berechnet:

$$\tau_{w,d,\max} = \frac{V_d \cdot (E \cdot S_{ef,y})}{(E \cdot I_{ef,y}) \cdot b_w \cdot n}$$

6. Nachweis der Nichtüberschreitung der Klebefugenfestigkeit zwischen Steg und Gurt erfolgt nach

$$\tau_{w,d} \leq f_{w,v,90,d} \cdot \tau_{mean,d} \leq \begin{cases} f_{v,90,d} & \text{für } h_f \leq 4 \cdot b_{ef} \\ f_{v,90,d} \cdot \left(\dfrac{4 \cdot b_{ef}}{h_f}\right)^{0,8} & \text{für } h_f > 4 \cdot b_{ef} \end{cases}$$

Es wird vorausgesetzt, dass sich der Schubfluss über die Klebefugenhöhe h_f gleichmäßig verteilt.

Der Bemessungswert der Klebefugenspannung wird berechnet:

$$\tau_{w,d} = \frac{V_d \cdot (E \cdot S_{ef,f,y})}{2 \cdot h_{glue} \cdot (E \cdot I_{ef,f,y})}$$

Bezeichnungen:

n Anzahl der Stege mit jeweils der Stegdicke b_w ;

$\tau_{w,d}$ Bemessungswert der Schubspannung in der Klebefuge;

$f_{v,d}$ Bemessungswert der Schubfestigkeit des Gurtes oder des Stegmaterials bei **Plattenbeanspruchung** (Es ist der kleinere Wert maßgebend);

V_d maßgebende, maximale Querkraft;

S statisches Moment, bezogen auf die Querschnittsschwerachse;

S_f statisches Moment des anzuschließenden Teils, bezogen auf die Schwerachse des Gesamtquerschnittes ($S_1 = A_1 \cdot a_1$);

$f_{v,90,d}$ Bemessungswert der Rollschubfestigkeit des Steges

In vielen Fällen werden Holzwerkstoffe (z. B. Hartfaser, OSB, Spanplatte) als Stegmaterial (seltener als Material für die Gurte, z. B. aus Furnierschichtholz) verwendet. Da Holzwerkstoffe gegenüber Vollholz ein sehr viel ausgeprägteres Kriechverhalten aufweisen, kommt es zu nicht mehr vernachlässigbaren Schnittkraftumlagerungen. In diesem Fall sind die Schnittkräfte und Nachweise im Anfangszustand $(t=0)$ und im Endzustand $(t=\infty)$ zu ermitteln bzw. zu führen. Nach Abschnitt 2.4.1 (2) in DIN EN 1995-1-1:2010 sind für die Berechnung der Schnittkräfte im Anfangszustand $(t=0)$ die Elastizitäts- und Schubmoduln nach Gl. (2.15) und Gl. (2.16) zugrunde zu legen. Für den Nachweis im Endzustand ($t = \infty$) gilt nach Abschnitt 2.3.2.2 die Regel, dass die nach Gl. (2.15) und Gl. (2.16) ermittelten Elastizitäts- und Schubmoduln nach Gl. (2.10) und Gl. (2.11) vereinfacht durch die Werte $(1+\psi_2 \cdot k_{def})$ dividiert werden. Dabei ist der k_{def}-Wert für das jeweilige Material und der im Gebrauchszustand zu erwartenden Nutzungsklasse für die **Lasteinwirkungsdauer „ständig“** einzusetzen.

Für den **Grenzzustand der Gebrauchstauglichkeit** gilt:

Zur Ermittlung der elastischen Anfangsverschiebung w_{inst} sind die Mittelwerte der Steifigkeitsmoduln in die Gleichungen einzusetzen. k_{def} ist ein Beiwert, der die Zunahme der Verformung mit der Zeit als Folge des kombinierten Einflusses des Kriechens und der Feuchte berücksichtigt. Die zu verwendenden k_{def}-Werte sind in DIN EN 1995-1-1:2010, Tabelle 3.2 und in DIN EN 1995-1-1/NA:2013, Tabelle NA.5 aufgelistet.

Bei der Verwendung von Materialien mit unterschiedlichen Kriecheigenschaften sind die Steifigkeitsmoduln durch die jeweiligen Werte von $(1+k_{def})$ abzumindern.

Nach DIN EN 1995-1-1:2010, Abschnitt 2.3.2.2 sollten für den Grenzzustand der Gebrauchstauglichkeit die Endwerte der Mittelwerte der entsprechenden Elastizitätsmoduln $E_{mean,fin}$ der Schubmoduln $G_{mean,fin}$ und der Verschiebungsmoduln $k_{ser,fin}$ nach Gl. (2.7), Gl. (2.8) und Gl. (2.9) berechnet werden.
Besteht eine Lastkombination aus Einwirkungen, die zu verschiedenen Klassen der Lasteinwirkungsdauer gehören, dann sind die Durchbiegungsanteile aus den verschiedenen Einwirkungen mit den jeweils entsprechenden Werten für k_{def} zu berechnen. Nach [*Möhler* 1976] ist bei geklebten dünnstegigen Trägern die Schubverformung zu berücksichtigen.
Deutlich wird das am Bild 5.158. Der Anteil der Schubdurchbiegung an der Gesamtdurchbiegung kann allenfalls beim Vollholz- oder Brettschichtholzträger bei einer Trägerschlankheit $\ell/h>10$ vernachlässigt werden.
Näherungsweise wird die Durchbiegung aus dem Schubanteil mit dem Querschnittsanteil aus dem Steg berechnet:

$$w_{inst,v}=\frac{1{,}2\cdot E_k\cdot\ell^2}{8\cdot G_{mean}\cdot A_w}=\frac{\max M_k}{G\cdot A_w}$$

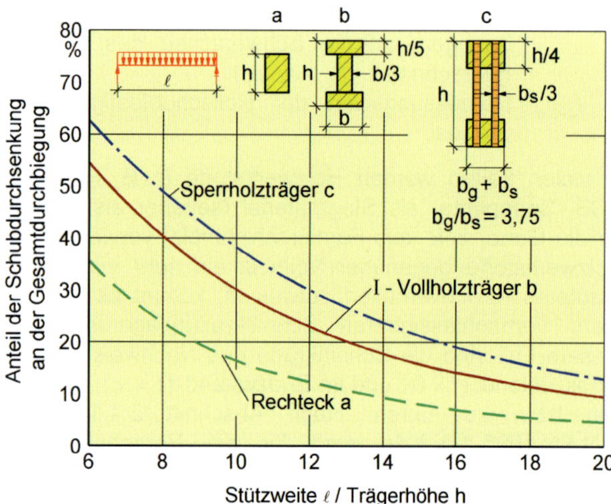

Bild 5.158. Einfluss der Schubverformung auf die Durchbiegung bei verschiedenen Trägerquerschnitten mit *E* und *G* nach DIN 1052:1988/1996 [*Brüninghoff* u. a. 1997]

Die Kippsicherheit und die Sicherheit gegen Beulen müssen gegeben sein [*Dutko* 1969], [*Brüninghoff* u. a. 1997]. Ausführliches Beispiel, s. Beispiel 6.3. in Abschnitt 6.

Literatur: [*Lißner/Rug* 2016], [*Blaß/Sandhaas* 2016], [*Blaß/Ehlbeck* u. a. 2005], [*Steck* 1997], [*Solli* 1995], [*Steck* 1998], [*Möhler/Steck* 1979], [*Halasz/Cziesielski* 1966]

5.5.6. Geklebte biegebeanspruchte Tafelelemente nach DIN EN 1995-1-1:2010, Abschnitt 9.1.2

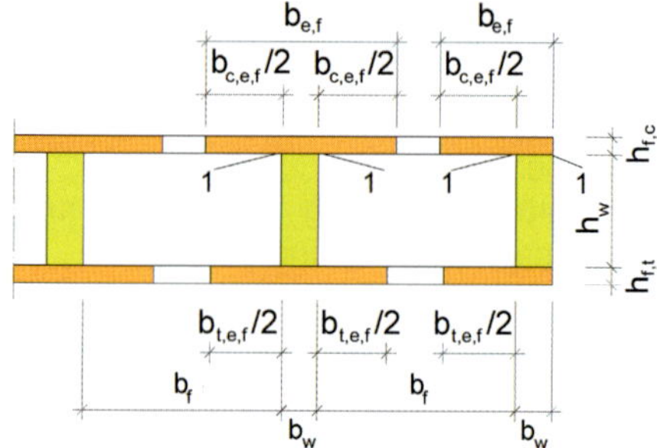

Bild 5.159. Tafelelement (entspricht Bild 9.2 nach DIN EN 1995-1-1:2010)

Falls kein genauerer Nachweis geführt wird, erfolgt die Berechnung analog den Grundlagen für geklebte dünnstegige Träger, wobei der Gurtquerschnitt aus einer Beplankungsbreite b_{ef} ermittelt wird. Für b_{ef} gelten Gl. (9.12) und Gl. (9.13):

für I-Querschnitte:

[DIN EN 1995-1-1:2010, Gl. (9.12)]

$$b_{ef}=b_{c,ef}+b_w \quad (\text{oder } b_{t,ef}+b_w)$$

für U-Querschnitte:

[DIN EN 1995-1-1:2010, Gl. (9.13)]

$$b_{ef}=0{,}5\cdot b_{c,ef}+b_w \quad (\text{oder } 0{,}5\cdot b_{t,ef}+b_w)$$

Das Tafelelement ist als eine Anzahl von I- bzw. [-Trägern zu betrachten (s. Bild 5.159. nach DIN EN 1995-1-1:2010). Die Größtwerte der wirksamen Breite b_{ef} unter Berücksichtigung der Schubverformung und des Ausbeulens sind in Tabelle 9.1 der DIN EN 1995-1-1:2010 zusammengestellt.

Tabelle 5.17. Größtwerte der wirksamen Beplankungsbreiten unter Berücksichtigung des Einflusses der Schubverformung und des Ausbeulens (Tabelle 9.1 in DIN EN 1995-1-1:2010)

Beplankung	Schubverformung	Ausbeulen
Sperrholz mit der Faserrichtung der Deckfurniere: – parallel zu den Stegen – rechtwinklig zu den Stegen	$0{,}10\,\ell$ $0{,}10\,\ell$	$20\,h_f$ $25\,h_f$
OSB-Platten	$0{,}15\,\ell$	$25\,h_f$
Holzspanplatten oder Holzfaserplatten mit beliebiger Faserorientierung	$0{,}20\,\ell$	$30\,h_f$

Zu weiteren geometrischen Bedingungen und der Berücksichtigung von Öffnungen, s. DIN EN 1995-1-1:2010.

Für den **Grenzzustand der Tragfähigkeit** gelten die folgenden Nachweise:

1. Nachweis des Nichtüberschreitens der Normalspannung in der Beplankung nach Gl. (9.15) und Gl. (9.16)

$\sigma_{f,c,d} \leq f_{f,c,d}$ [DIN EN 1995-1-1:2010, Gl. (9.15)]

$\sigma_{f,t,d} \leq f_{f,t,d}$ [DIN EN 1995-1-1:2010, Gl. (9.16)]

2. Nachweis der Nichtüberschreitung der Rollschubfestigkeit nach Gl. (9.14) (im Schnitt 1-1 in Bild 5.175.)

[DIN EN 1995-1-1:2010, Gl. (9.14)]

$$\tau_{mean,d} \leq \begin{cases} f_{v,90,d} & \text{für } b_w \leq 8 \cdot h_f \\ f_{v,90,d} \cdot \left(\dfrac{8 \cdot h_f}{b_w}\right)^{0,8} & \text{für } b_w > 8 \cdot h_f \end{cases}$$

$\tau_{mean,d}$ Bemessungswert der Schubspannung im Schnitt 1-1 bei gleichmäßig verteilt angenommener Spannungsverteilung;

$f_{v,90,d}$ Bemessungswert der Rollschubfestigkeit der Beplankung.

3. Nachweis des Nichtüberschreitens der Schubspannung in der Klebefuge (s. DIN EN 1995-1-1:2010, Abschnitt 9.1.2 (8) P)

$\tau_{ef,d} \leq f_{v,d}$

Bezeichnungen:

$\tau_{ef,d}$ Bemessungswert der Klebefugenspannung;

$f_{v,d}$ Bemessungswert der Schubfestigkeit der Beplankung bei Plattenbeanspruchung.

Nach DIN EN 1995-1-1:2010, Abschnitt 9.1.2 (8) müssen für die Normalspannungen in den Rippen die Bedingungen der Gl. (9.6) und (9.7) nach Abschnitt 9.1.1 erfüllt sein:

$\sigma_{w,c,d} \leq f_{c,w,d}$ [DIN EN 1995-1-1, Gl. (9.6)]

$\sigma_{w,t,d} \leq f_{t,w,d}$ [DIN EN 1995-1-1, Gl. (9.7)]

Dabei ist:

$\sigma_{w,c,d}$ und $\sigma_{w,t,d}$ die Bemessungswerte der Druck- und Zugspannungen in den Stegen;

$f_{c,w,d}$ und $f_{t,w,d}$ die Bemessungswerte der Biegedruck- und Biegezugfestigkeiten der Stege.

Eine Beplankung aus Furnierschichtholz, darf wie eine Sperrholzbeplankung behandelt werden.

Für den **Grenzzustand der Gebrauchstauglichkeit** gilt:

Die Ermittlung der elastischen Anfangsdurchbiegung für geklebte Tafelelemente erfolgt auf der Grundlage der elastischen Biegetheorie für die jeweiligen statischen Systeme und Lastarten. Analog zur Berechnung geklebter Träger ist mit den Mittelwerten der Steifigkeitsmoduln zu rechnen.

Sie ist nach DIN EN 1995-1-1:2010, Abschnitt 7.2 zu führen. Zusätzlich zum Biegeverformungsanteil ist der Schubverformungsanteil mit

$$w_{inst,v} = \frac{_{max}M}{G \cdot A_{Steg}}$$

zu berücksichtigen.

G Schubmodul des Stegmaterials

Literatur: [*Lißner*/*Rug* 2016], [*Blaß* u. a. 2005], [*Solli* 1995]

5.6. Biegeträger aus nachgiebig miteinander verbundenen Querschnittsteilen nach DIN EN 1995-1-1:2010, Abschnitt 9.1.3

Solche zusammengesetzten Biegeträger werden als

- verdübelte Balken (aus zwei oder drei gleichen Voll- oder Brettschichthölzern),
- genagelte Träger (aus Bohlen oder Brettern) oder als
- Deckentafeln

ausgeführt. Als Verbindungsmittel dienen Nägel, Schrauben, Nagelplatten, Stabdübel und Dübel.

Tragverhalten:

- Bei Belastung verschieben sich die Einzelteile in den Verbindungsfugen des zusammengesetzten Querschnittes und beeinflussen dadurch das Tragverhalten.
- Das Flächenmoment 2. Grades (Trägheitsmoment) I_{starr} ist nicht voll wirksam, es ist kleiner ($_{ef}I < I_{starr}$).
- Die Aufgabe besteht darin, die Nachgiebigkeit mit dem Abminderungswert γ rechnerisch mithilfe der Gleichungen (B.1) bis (B.5) (nach DIN EN 1995-1-:2010) zu erfassen.

Dem im Anhang B der DIN EN 1995-1-1:2010 zugrunde liegenden Rechenverfahren (*Möhler*-Verfahren, Berechnungsverfahren entwickelt von *Karl Möhler* (1912–1993), [*Möhler* 1956]) liegen folgende Annahmen zugrunde:

- Die Belastung wirkt in z-Richtung mit sinusförmig oder parabolisch veränderlichem $M_d = M(x)$ und einer Querkraft $V_d = V(x)$.
- Die Biegeträger spannen über ein Feld mit der Spannweite ℓ. (Für Durchlaufträger ist $\ell = 4/5\,\ell'$ (ℓ'= Stützweite des jeweiligen Feldes) und für Kragträger ist $\ell = 2 \cdot \ell_k$ (ℓ_k = Kraglänge).)
- Die Holz- oder Holzwerkstoffeinzelteile laufen über die volle Länge durch oder sind über Klebeverbindungen miteinander gestoßen.
- Die Einzelquerschnitte sind über mechanische Verbindungsmittel mit einem Verschiebungsmodul K untereinander verbunden.
- Die Verbindungsmittel sind gleichmäßig verteilt angeordnet oder entsprechend der Querkraftlinie zwischen s_{min} und s_{max} mit $s_{max} \leq 4 s_{min}$ abgestuft (s. dazu Abschnitt 8.6.2 (2)).

Im Anhang B von DIN EN 1995-1-1:2010 werden die in Bild B.1 gezeigten Querschnittsformen behandelt (s. Bild 5.160.).

Bei Einhaltung der für das Verfahren geltenden Voraussetzungen liefert es ausreichend genaue Ergebnisse.

Der Einfluss der Nachgiebigkeit auf das Tragverhalten von Biegeträgern aus mehreren Einzelteilen, die mittels mechanischer Verbindungsmittel verbunden sind, wird bei der Bemessung berücksichtigt. Das Bemessungsverfahren gilt für mehrteilige Holzquerschnitte, die aus Holz und anderen Baustoffen bestehen können. Ein Beispiel für einen biegebeanspruchten Querschnitt aus unterschiedlichen Baustoffen (Holz-Beton-Verbund-Querschnitt) findet man im Abschnitt 5.13.

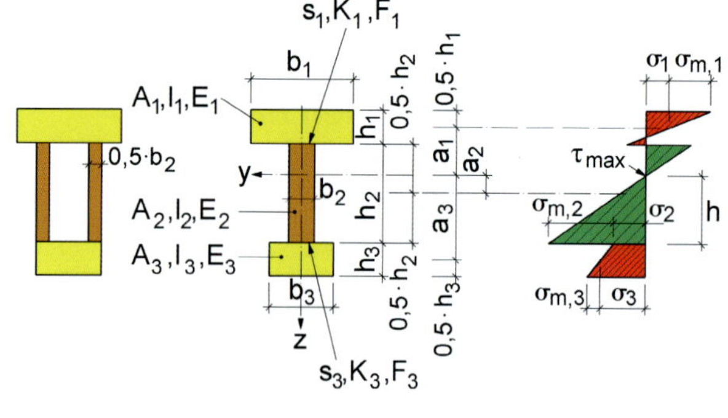

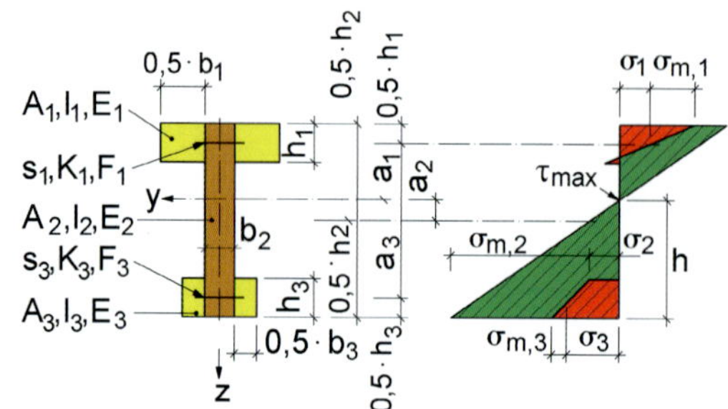

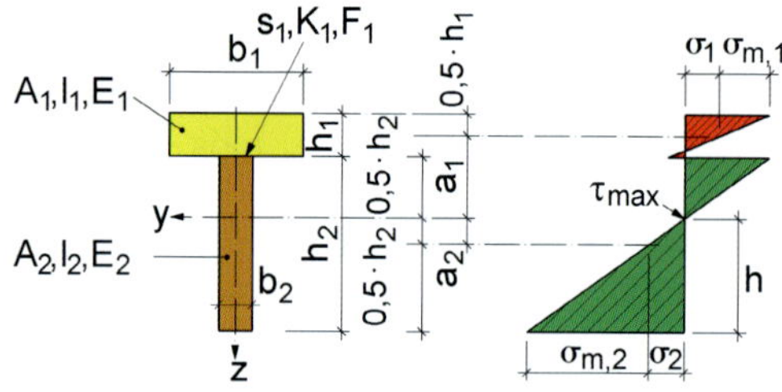

Legende

(1) Abstand: s_1 Verschiebungsmodul: K_1 Kraft: F_1

(2) Abstand: s_3 Verschiebungsmodul: K_3 Kraft: F_3

Bild 5.160. Querschnitt (links) und Verteilung der Biegespannungen (rechts). Alle Maße sind positiv, ausgenommen a_2, das in der dargestellten Richtung positiv ist (Bild B.1 in DIN EN 1995-1-1: 2010)

Die wirksame Biegesteifigkeit wird nach Gl. (B.1) in DIN EN 1995-1-1:2010 berechnet:

[DIN EN 1995-1-1, Gl. (B.1)]

$$(EI)_{ef} = \sum_{i=1}^{3}\left(E_i \cdot I_i + \gamma_i \cdot E_i \cdot A_i \cdot a_i^2\right)$$

mit Gl. (B.2) für A_i

$$A_i = b_i \cdot h_i \qquad \text{[DIN EN 1995-1-1, Gl. (B.2)]}$$

mit Gl. (B.3) für I_i

$$I_i = \frac{b_i \cdot h_i^3}{12} \qquad \text{[DIN EN 1995-1-1, Gl. (B.3)]}$$

mit Gl. (B.4) für

$$\gamma_2 = 1 \qquad \text{[DIN EN 1995-1-1, Gl. (B.4)]}$$

mit Gl. (B.5) für γ_1

$$\gamma_i = \frac{1}{1 + \dfrac{\pi^2 \cdot E_i \cdot A_i \cdot s_i}{K_i \cdot \ell^2}} \qquad \text{[DIN EN 1995-1-1, Gl. (B.5)]}$$

mit $i = 1$ und $i = 3$

für den Verschiebungsmodul gelten folgende Regeln:

- für Berechnungen im Grenzzustand der Gebrauchstauglichkeit gilt $K_i = K_{ser}$,
- für Berechnungen im Grenzzustand der Tragfähigkeit gilt $K_i = K_{u,i}$.

Bei T-Querschnitt gilt $h_3 = 0$.

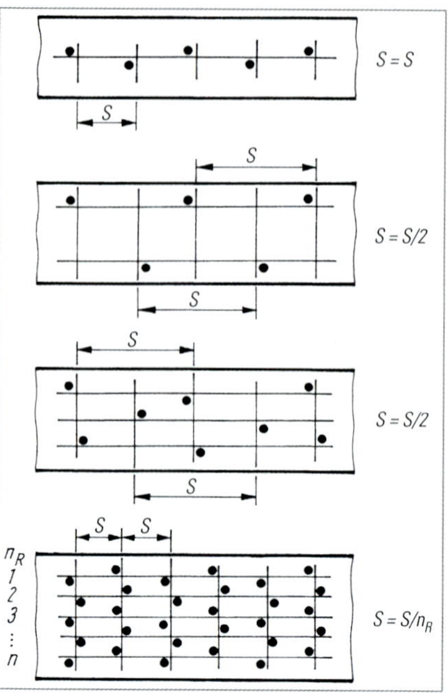

Legende

n_R Anzahl der Reihen der Verbindungsmittel

Bild 5.161. Maßgebender Abstand der Verbindungsmittel

DIN EN 1995-1-1:2010, Abschnitt B.1.4 legt fest, dass bei Trägern, mit zwei Gurten angeschlossen an einem Steg, oder wenn ein Steg aus zwei Teilen besteht (z. B. Kastenträger), der Abstand s_i der Verbindungsmittel sich aus der Summe der Verbindungsmittel in den beiden Anschlussflächen je Längeneinheit bestimmt.

Der Abstand $s_{i(3)}$ wird definiert als der Abstand, der in eine Reihe geschoben gedachten Verbindungsmittel der Fuge, über die das Querschnittsteil 1 (3) an das Querschnittsteil 2 angeschlossen ist. Der konstante Verbindungsmittelabstand s ergibt sich z. B. bei zwei Reihen von Verbindungsmitteln $s_{i(3)} = s/2$ oder bei drei Reihen von Verbindungsmitteln $s_{i(3)} = s/3$ (s. Bild 5.161.).

Der Abstand a_2 zur Hauptträgheitsachse berechnet sich nach Gl. (B.6).

[DIN EN 1995-1-1, Gl. (B.6)]

$$a_2 = \frac{\gamma_1 \cdot E_1 \cdot A_1 \cdot (h_1 + h_2) - \gamma_3 \cdot E_3 \cdot A_3 \cdot (h_2 + h_3)}{2\sum_{i=1}^{3} \gamma_i \cdot E_i \cdot A_i}$$

Die Bemessungswerte der größten Schubspannungen treten auf, wo die Normalspannungen zu 0 werden.

[DIN EN 1995-1-1/A2, Gl. (B.9)]

$$\tau_{2,max,d} = \frac{\gamma_3 \cdot E_3 \cdot A_3 \cdot a_3 + 0{,}5 \cdot E_2 \cdot b_2 \cdot h_2}{b_2 \cdot (EI)_{ef}} \cdot V_d$$

Der Bemessungswert der Beanspruchung eines Verbindungsmittels wird nach Gl. (B.10) ermittelt.

$$F_{i,d} = \frac{\gamma_i \cdot E_i \cdot A_i \cdot a_i \cdot s_i}{(EI)_{ef}} \cdot V_d \qquad \text{[DIN EN 1995-1-1, Gl. (B.10)]}$$

Dabei ist $i = 1$ bzw. $i = 3$.

Für $s_i = s_i(x)$ als Abstände der Verbindungsmittel gilt die Regel nach B.1.3 (1).

Für den **Grenzzustand der Tragfähigkeit** sind folgende Nachweise zu führen:

1. Nachweis der Nichtüberschreitung der Gurt-Randspannung nach Gl. (9.1) und Gl. (9.2)

$\sigma_{f,c,\max,d} \leq f_{m,d}$ [DIN EN 1995-1-1, Gl. (9.1)]

$\sigma_{f,t,\max,d} \leq f_{m,d}$ [DIN EN 1995-1-1, Gl. (9.2)]

– Der Bemessungswert der Gurt-(Steg-)Randspannung wird berechnet:

$$\sigma_{m,i,d} = \frac{0{,}5 \cdot E_i \cdot h_i \cdot M_d}{(EI)_{ef}}$$ [DIN EN 1995-1-1, Gl. (B.8)]

– Der Bemessungswert der Gesamt-Randspannung ist dann:

$$\sigma_{m,d} = \sigma_{i,d} + \sigma_{m,i,d}$$

2. Nachweis der Nichtüberschreitung der Schwerpunkt-Spannung in den Gurten nach Gl. (9.3) und Gl. (9.4)
für die Druckseite:

$\sigma_{f,c,d} \leq k_c \cdot f_{c,0,d}$ [DIN EN 1995-1-1, Gl. (9.3)]

für die Zugseite:

$\sigma_{f,t,d} \leq f_{t,0,d}$ [DIN EN 1995-1-1, Gl. (9.4)]

– Die Gurt-Schwerpunktspannung wird berechnet:

$$\sigma_{i,d} = \frac{\gamma_i \cdot E_i \cdot a_i \cdot M_d}{(EI)_{ef}}$$ [DIN EN 1995-1-1, Gl. (B.7)]

Bezeichnungen:

$\sigma_{f,c,\max,d}$ Bemessungswert der Randspannung im Druckgurt,

$\sigma_{f,t,\max,d}$ Bemessungswert der Randspannung im Zuggurt,

$\sigma_{f,c,d}$ Bemessungswert der Schwerpunktspannung im Druckgurt,

$\sigma_{f,t,d}$ Bemessungswert der Schwerpunktspannung im Zuggurt,

k_c Knickbeiwert nach Gl. (6.25) in DIN EN 1995-1-1:2010, ermittelt aus dem Schlankheitsgrad $\lambda_z = \ell_c / 0{,}289 \cdot b$,
Mit k_c wird das Kippen der Träger in vereinfachter Form berücksichtigt (Der Druckgurt wird als Druckstab mit Knicken um die z-Achse betrachtet. Die wirksame Knicklänge ist der Abstand zwischen den seitlichen Abstützungen, an denen der Druckgurt gehalten ist.),

ℓ_c Abstand zwischen denjenigen Querschnitten, bei denen ein seitliches Ausweichen des Druckgurtes verhindert wird.

3. Nachweis der Nichtüberschreitung der Steg-Normalspannungen nach Gl. (9.6) und Gl. (9.7)
für die Druckseite:

$\sigma_{w,c,d} \leq f_{c,w,d}$ [DIN EN 1995-1-1, Gl. (9.6)]

für die Zugseite:

$\sigma_{w,t,d} \leq f_{t,w,d}$ [DIN EN 1995-1-1, Gl. (9.7)]

Der Bemessungswert der Steg-Normalspannung wird berechnet:

$$\sigma_{m,i,d} = \frac{0{,}5 \cdot E_i \cdot h_i \cdot M_d}{(EI)_{ef}}$$ [DIN EN 1995-1-1, Gl. (B.8)]

$\sigma_{w,c,d}$ und $\sigma_{w,t,d}$ die Bemessungswerte der Druck- und Zugspannungen in den Stegen;

$f_{c,w,d}$ und $f_{t,w,d}$ die Bemessungswerte der Biegedruck- und Biegezugfestigkeiten der Stegewerkstoffe.

4. Nachweis der Nichtüberschreitung der maximalen Schubspannung in den Querschnittsteilen *i*

$\tau_{i,\max,d} \leq f_{i,v,d}$

Der Bemessungswert der größten Schubspannung wird berechnet:

[DIN EN 1995-1-1/A2, Gl. (B.9)]

$$\tau_{2,\max,d} = \frac{\gamma_3 \cdot E_3 \cdot A_3 \cdot a_3 + 0{,}5 \cdot E_2 \cdot b_2 \cdot h^2}{b_2 \cdot (EI)_{ef}} \cdot V_d$$

für bz gilt nach Gl. (6.13a)

$b_z = b_{ef} = k_{cr} \cdot b$

5. Nachweis der Nichtüberschreitung der Tragfähigkeit der Verbindungsmittel nach Gl. (109)

$F_{i,d} \leq R_{i,d}$

$R_{i,d}$ Bemessungswert der Tragfähigkeit des Verbindungsmittels in der Fuge *i*.

Der Bemessungswert der Beanspruchung eines Verbindungsmittels wird nach Gl. (B.10) berechnet.

[DIN EN 1995-1-1, Gl. (B.10)]

$$F_{i,d} = \frac{\gamma_i \cdot E_i \cdot A_i \cdot a_i \cdot s_i}{(EI)_{ef}} \cdot V_d$$

für *i* = 1 bzw. *i* = 3

Örtliche Spannungserhöhungen, verursacht durch Schwächungen des Querschnittes, werden näherungsweise durch Multiplikation der Brutto/Netto-Verhältnisse berücksichtigt.

Es gilt:

Für die Schwerpunktspannungen ist σ_j mit

$\frac{A_i}{A_{i,\text{netto}}}$ zu multiplizieren.

Für die Biegespannungen ist $\sigma_{m,i}$ mit

$\frac{I_i}{I_{i,\text{netto}}}$ zu multiplizieren.

Die Formeln für die Querschnittswerte, Biegesteifigkeiten und Beanspruchungen der Querschnittsteile sind für vier gebräuchliche Querschnittstypen (s. Bild 5.160.) der DIN EN 1995-1-1:2010, Anhang B zu entnehmen.
In manchen Fällen werden Holzwerkstoffe als Stegmaterial (seltener als Material für die Gurte) verwendet. Da Holzwerkstoffe gegenüber Vollholz ein sehr viel ausgeprägteres Kriechverhalten aufweisen, kommt es zu nicht mehr vernachlässigbaren Schnittkraftumlagerungen. In diesem Fall sind die Schnittkräfte und Nachweise im Anfangszustand $(t = 0)$ und im Endzustand $(t = \infty)$ zu ermitteln bzw. zu führen. Nach Abschnitt 2.2.2 (1) P sind für die Berechnung der Schnittkräfte im Anfangszustand $(t = 0)$

die Elastizitäts-, Schub- und Verschiebungsmoduln nach Gl. (NA.166) zugrunde zu legen. Für den Nachweis im Endzustand gilt nach Abschnitt 2.3.2.2 die Regel, dass die Elastizitäts-, Schub- und Verschiebungsmoduln nach Gl. (2.10) bis (2.12) in DIN EN 1995-1-1:2010 vereinfacht durch die Werte $(1+\psi_2 \cdot k_{def})$ dividiert werden. Dabei ist der k_{def}-Wert für das jeweilige Material und im Gebrauchszustand zu erwartende Nutzungsklasse für die Lasteinwirkungsdauer „ständig" einzusetzen.

Verbundbauteile aus nachgiebig miteinander zusammengesetzten Einzelteilen können auch nach dem in DIN EN 1995-1-1/NA:2010, Abschnitt NCI NA.5.6.3 angegebenen Verfahren der Schubanalogie bemessen werden.

Im **Grenzzustand der Gebrauchstauglichkeit** ist der Nachweis unter Berücksichtigung der wirksamen Biegesteifigkeit zu führen. Zur Ermittlung der elastischen Anfangsverschiebung w_{inst} sind die Mittelwerte der Steifigkeitsmoduln sowie der Anfangsverschiebungsmodul für den Grenzzustand der Gebrauchstauglichkeit k_{ser}, berechnet nach den Formeln in Tabelle 7.1., in die Gleichungen einzusetzen. k_{def} ist ein Beiwert, der die Zunahme der Verformung mit der Zeit als Folge des kombinierten Einflusses des Kriechens und der Feuchte berücksichtigt. Die zu verwendenden k_{def}-Werte sind in DIN EN 1995-1-1/NA:2013, Tabelle NA.5 aufgelistet.
Bei der Verwendung von Materialien mit unterschiedlichen Kriecheigenschaften sind die Steifigkeitsmoduln durch die jeweiligen Werte von $(1+k_{def})$ abzumindern (s. Abschnitt 2.3.2.2 (1)). Besteht eine Lastkombination aus Einwirkungen, die zu verschiedenen Klassen der Lasteinwirkungsdauer gehören, dann sind die Durchbiegungsanteile aus den verschiedenen Einwirkungen mit den jeweils entsprechenden Werten für k_{def} zu berechnen. Bei Trägern mit Stegen aus Holzwerkstoffen ist die Schubverformung zu berücksichtigen.

Literatur: [*Lißner*/*Rug* 2016], [*Blaß/Ehlbeck* u. a. 2005]

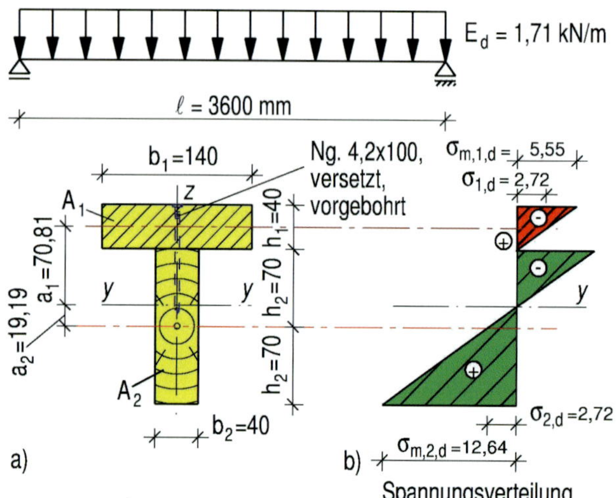

Legende
a) Querschnitt
b) Spannungsdiagramm

Bild 5.162. Zusammengesetzter genagelter Träger

Beispiel 5.34. **(nach DIN EN 1995-1-1:2010)**

Berechnung eines zweiteiligen genagelten Biegeträgers. Es ist die Tragfähigkeit und Gebrauchstauglichkeit nachzuweisen. Dazu gehören: Nachweis der maßgebenden Spannungen, der Verbindungsmittel und der Durchbiegung.

Gegeben:

Bemessungswert der Einwirkung:

(Teilsicherheitsbeiwerte für die Einwirkungen nach DIN EN 1990/NA:2010, Tabelle NA.A.1.2 (A))

$G_{k,1} = 0{,}6$ kN/m ; $Q_{k,1} = 0{,}6$ kN/m ;

$E_d = \gamma_{G,1} \cdot G_{k,1} + \gamma_{Q,1} \cdot Q_{k,1}$

$\gamma_{G,1} = 1{,}35$; $\gamma_{Q,1} = 1{,}5$

$E_d = 1{,}35 \cdot 0{,}6 + 1{,}5 \cdot 0{,}6 = 1{,}71$ kN/m

Baustoffeigenschaften:
Gewählt: NH S10 nach DIN 4074-1 = C24 nach DIN DIN EN 338, Tabelle 1

Nutzungsklasse:	[DIN EN 1995-1-1, Abschnitt 2.3.1.3]
KLED: mittel	[DIN EN 1995-1-1, Tabelle 2.2]
$k_{mod} = 0{,}8$	[DIN EN 1995-1-1, Tabelle 3.1]
$\gamma_M = 1{,}3$	[DIN EN 1995-1-1/NA, Tabelle NA.2]

Charakteristische Festigkeits- und Steifigkeitswerte und charakteristische Rohdichte für C24 (Kiefer) nach Tabelle 1 in DIN EN 388:

$f_{v,k} = 4{,}0$ kN/mm² ; $f_{t,0,k} = 14{,}0$ kN/mm² ;

$\rho_k = 350$ kg/m³ ; $\rho_{mean} = \rho_m = 420$ kg/m³

$f_{c,0,k} = 21{,}0$ kN/mm² ; $f_{m,k} = 24{,}0$ kN/mm² ;

$E_{0,mean} = 11000$ N/mm² $= E_1 = E_2$

Bemessungswerte der Schnittgrößen aus gleichmäßig verteilter Last:

$$M_{y,d} = \frac{E_d \cdot l^2}{8} = \frac{1{,}71 \cdot 3{,}6^2}{8} = 2{,}77 \text{ kNm}$$

$$V_d = \frac{E_d \cdot l}{2} = \frac{1{,}71 \cdot 3{,}6}{2} = 3{,}08 \text{ kN}$$

$$A_1 = A_2 = 140 \cdot 40 = 56 \cdot 10^2 \text{ mm}^2$$

Geometrie:

$$I_{y,1} = \frac{140 \cdot 40^3}{12} = 7{,}4667 \cdot 10^5 \text{ mm}^4$$

$$I_{y,2} = \frac{40 \cdot 140^3}{12} = 9{,}1467 \cdot 10^6 \text{ mm}^4$$

$l = 3{,}60$ m

Bohlen: $b/h = 40/140$ mm
Nägel: $4{,}2 \times 100$ (glattschaftig rund und **vorgebohrt**),
$s_1 = 60$ mm

Verschiebungsmodul nach Tabelle 7.1.

$$K_{ser} = \frac{\rho_m^{1,5}}{23} \cdot d = \frac{420^{1,5}}{23} \cdot 4{,}2 = 1571{,}79 \text{ N/mm}$$

Nach Gl. (5) ist

$$K_{u,mean} = \frac{2}{3} \cdot K_{ser} = \frac{2}{3} \cdot 1571{,}79 = 1047{,}86 \text{ N/mm}$$

Faktor γ nach Gl. (B.5)

Nach Abschnitt 2.4.1 in DIN EN 1995-1-1:2010 ist für den Grenzzustand der Tragfähigkeit einzusetzen:

$$E_1 = E_2 = \frac{E_{0,mean}}{\gamma_M} = \frac{11000}{1{,}3} = 8462 \text{ N/mm}$$

Für $s_i = s_i(x)$ als Abstände der Verbindungsmittel gilt die Regel nach B.1.3 (1).

Für den **Grenzzustand der Tragfähigkeit** sind folgende Nachweise zu führen:

1. Nachweis der Nichtüberschreitung der Gurt-Randspannung nach Gl. (9.1) und Gl. (9.2)

$\sigma_{f,c,\max,d} \leq f_{m,d}$ [DIN EN 1995-1-1, Gl. (9.1)]

$\sigma_{f,t,\max,d} \leq f_{m,d}$ [DIN EN 1995-1-1, Gl. (9.2)]

– Der Bemessungswert der Gurt-(Steg-)Randspannung wird berechnet:

$$\sigma_{m,i,d} = \frac{0{,}5 \cdot E_i \cdot h_i \cdot M_d}{(EI)_{ef}}$$ [DIN EN 1995-1-1, Gl. (B.8)]

– Der Bemessungswert der Gesamt-Randspannung ist dann:

$$\sigma_{m,d} = \sigma_{i,d} + \sigma_{m,i,d}$$

2. Nachweis der Nichtüberschreitung der Schwerpunkt-Spannung in den Gurten nach Gl. (9.3) und Gl. (9.4)
für die Druckseite:

$\sigma_{f,c,d} \leq k_c \cdot f_{c,0,d}$ [DIN EN 1995-1-1, Gl. (9.3)]

für die Zugseite:

$\sigma_{f,t,d} \leq f_{t,0,d}$ [DIN EN 1995-1-1, Gl. (9.4)]

– Die Gurt-Schwerpunktspannung wird berechnet:

$$\sigma_{i,d} = \frac{\gamma_i \cdot E_i \cdot a_i \cdot M_d}{(EI)_{ef}}$$ [DIN EN 1995-1-1, Gl. (B.7)]

Bezeichnungen:

$\sigma_{f,c,\max,d}$ Bemessungswert der Randspannung im Druckgurt,

$\sigma_{f,t,\max,d}$ Bemessungswert der Randspannung im Zuggurt,

$\sigma_{f,c,d}$ Bemessungswert der Schwerpunktspannung im Druckgurt,

$\sigma_{f,t,d}$ Bemessungswert der Schwerpunktspannung im Zuggurt,

k_c Knickbeiwert nach Gl. (6.25) in DIN EN 1995-1-1:2010, ermittelt aus dem Schlankheitsgrad $\lambda_z = \ell_c / 0{,}289 \cdot b$,
Mit k_c wird das Kippen der Träger in vereinfachter Form berücksichtigt (Der Druckgurt wird als Druckstab mit Knicken um die *z*-Achse betrachtet. Die wirksame Knicklänge ist der Abstand zwischen den seitlichen Abstützungen, an denen der Druckgurt gehalten ist.),

ℓ_c Abstand zwischen denjenigen Querschnitten, bei denen ein seitliches Ausweichen des Druckgurtes verhindert wird.

3. Nachweis der Nichtüberschreitung der Steg-Normalspannungen nach Gl. (9.6) und Gl. (9.7)
für die Druckseite:

$\sigma_{w,c,d} \leq f_{c,w,d}$ [DIN EN 1995-1-1, Gl. (9.6)]

für die Zugseite:

$\sigma_{w,t,d} \leq f_{t,w,d}$ [DIN EN 1995-1-1, Gl. (9.7)]

Der Bemessungswert der Steg-Normalspannung wird berechnet:

$$\sigma_{m,i,d} = \frac{0{,}5 \cdot E_i \cdot h_i \cdot M_d}{(EI)_{ef}}$$ [DIN EN 1995-1-1, Gl. (B.8)]

$\sigma_{w,c,d}$ und $\sigma_{w,t,d}$ die Bemessungswerte der Druck- und Zugspannungen in den Stegen;

$f_{c,w,d}$ und $f_{t,w,d}$ die Bemessungswerte der Biegedruck- und Biegezugfestigkeiten der Stegewerkstoffe.

4. Nachweis der Nichtüberschreitung der maximalen Schubspannung in den Querschnittsteilen *i*

$\tau_{i,\max,d} \leq f_{i,v,d}$

Der Bemessungswert der größten Schubspannung wird berechnet:

[DIN EN 1995-1-1/A2, Gl. (B.9)]

$$\tau_{2,\max,d} = \frac{\gamma_3 \cdot E_3 \cdot A_3 \cdot a_3 + 0{,}5 \cdot E_2 \cdot b_2 \cdot h^2}{b_2 \cdot (EI)_{ef}} \cdot V_d$$

für b_z gilt nach Gl. (6.13a)

$$b_z = b_{ef} = k_{cr} \cdot b$$

5. Nachweis der Nichtüberschreitung der Tragfähigkeit der Verbindungsmittel nach Gl. (109)

$F_{i,d} \leq R_{i,d}$

$R_{i,d}$ Bemessungswert der Tragfähigkeit des Verbindungsmittels in der Fuge *i*.

Der Bemessungswert der Beanspruchung eines Verbindungsmittels wird nach Gl. (B.10) berechnet.

[DIN EN 1995-1-1, Gl. (B.10)]

$$F_{i,d} = \frac{\gamma_i \cdot E_i \cdot A_i \cdot a_i \cdot s_i}{(EI)_{ef}} \cdot V_d$$

für *i* = 1 bzw. *i* = 3

Örtliche Spannungserhöhungen, verursacht durch Schwächungen des Querschnittes, werden näherungsweise durch Multiplikation der Brutto/Netto-Verhältnisse berücksichtigt.

Es gilt:

Für die Schwerpunktspannungen ist σ_j mit

$\frac{A_i}{A_{i,\text{netto}}}$ zu multiplizieren.

Für die Biegespannungen ist $\sigma_{m,i}$ mit

$\frac{I_i}{I_{i,\text{netto}}}$ zu multiplizieren.

Die Formeln für die Querschnittswerte, Biegesteifigkeiten und Beanspruchungen der Querschnittsteile sind für vier gebräuchliche Querschnittstypen (s. Bild 5.160.) der DIN EN 1995-1-1:2010, Anhang B zu entnehmen.
In manchen Fällen werden Holzwerkstoffe als Stegmaterial (seltener als Material für die Gurte) verwendet. Da Holzwerkstoffe gegenüber Vollholz ein sehr viel ausgeprägteres Kriechverhalten aufweisen, kommt es zu nicht mehr vernachlässigbaren Schnittkraftumlagerungen. In diesem Fall sind die Schnittkräfte und Nachweise im Anfangszustand $(t = 0)$ und im Endzustand $(t = \infty)$ zu ermitteln bzw. zu führen. Nach Abschnitt 2.2.2 (1) P sind für die Berechnung der Schnittkräfte im Anfangszustand $(t = 0)$

die Elastizitäts-, Schub- und Verschiebungsmoduln nach Gl. (NA.166) zugrunde zu legen. Für den Nachweis im Endzustand gilt nach Abschnitt 2.3.2.2 die Regel, dass die Elastizitäts-, Schub- und Verschiebungsmoduln nach Gl. (2.10) bis (2.12) in DIN EN 1995-1-1:2010 vereinfacht durch die Werte $(1+\psi_2 \cdot k_{def})$ dividiert werden. Dabei ist der k_{def}-Wert für das jeweilige Material und im Gebrauchszustand zu erwartende Nutzungsklasse für die Lasteinwirkungsdauer „ständig" einzusetzen.

Verbundbauteile aus nachgiebig miteinander zusammengesetzten Einzelteilen können auch nach dem in DIN EN 1995-1-1/NA:2010, Abschnitt NCI NA.5.6.3 angegebenen Verfahren der Schubanalogie bemessen werden.

Im **Grenzzustand der Gebrauchstauglichkeit** ist der Nachweis unter Berücksichtigung der wirksamen Biegesteifigkeit zu führen. Zur Ermittlung der elastischen Anfangsverschiebung w_{inst} sind die Mittelwerte der Steifigkeitsmoduln sowie der Anfangsverschiebungsmodul für den Grenzzustand der Gebrauchstauglichkeit k_{ser}, berechnet nach den Formeln in Tabelle 7.1., in die Gleichungen einzusetzen. k_{def} ist ein Beiwert, der die Zunahme der Verformung mit der Zeit als Folge des kombinierten Einflusses des Kriechens und der Feuchte berücksichtigt. Die zu verwendenden k_{def}-Werte sind in DIN EN 1995-1-1/NA:2013, Tabelle NA.5 aufgelistet.
Bei der Verwendung von Materialien mit unterschiedlichen Kriecheigenschaften sind die Steifigkeitsmoduln durch die jeweiligen Werte von $(1+k_{def})$ abzumindern (s. Abschnitt 2.3.2.2 (1)). Besteht eine Lastkombination aus Einwirkungen, die zu verschiedenen Klassen der Lasteinwirkungsdauer gehören, dann sind die Durchbiegungsanteile aus den verschiedenen Einwirkungen mit den jeweils entsprechenden Werten für k_{def} zu berechnen. Bei Trägern mit Stegen aus Holzwerkstoffen ist die Schubverformung zu berücksichtigen.

Literatur: [*Lißner/Rug* 2016], [*Blaß/Ehlbeck* u. a. 2005]

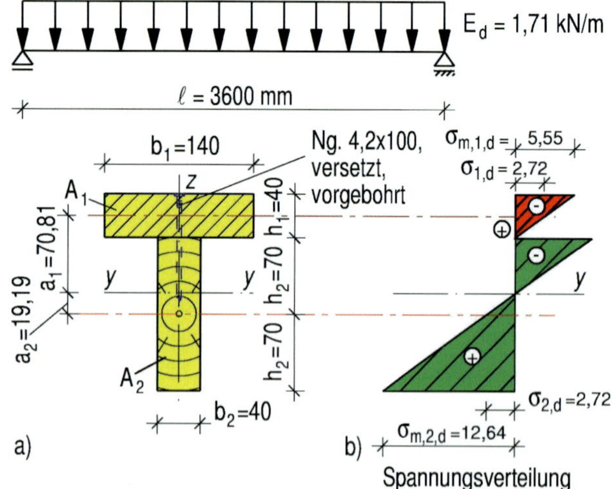

Legende
a) Querschnitt
b) Spannungsdiagramm

Bild 5.162. Zusammengesetzter genagelter Träger

Beispiel 5.34. **(nach DIN EN 1995-1-1:2010)**

Berechnung eines zweiteiligen genagelten Biegeträgers. Es ist die Tragfähigkeit und Gebrauchstauglichkeit nachzuweisen. Dazu gehören: Nachweis der maßgebenden Spannungen, der Verbindungsmittel und der Durchbiegung.

Gegeben:

Bemessungswert der Einwirkung:

(Teilsicherheitsbeiwerte für die Einwirkungen nach DIN EN 1990/NA:2010, Tabelle NA.A.1.2 (A))

$G_{k,1} = 0{,}6 \text{ kN/m}$; $Q_{k,1} = 0{,}6 \text{ kN/m}$;

$E_d = \gamma_{G,1} \cdot G_{k,1} + \gamma_{Q,1} \cdot Q_{k,1}$

$\gamma_{G,1} = 1{,}35$; $\gamma_{Q,1} = 1{,}5$

$E_d = 1{,}35 \cdot 0{,}6 + 1{,}5 \cdot 0{,}6 = 1{,}71 \text{ kN/m}$

Baustoffeigenschaften:

Gewählt: NH S10 nach DIN 4074-1 = C24 nach DIN DIN EN 338, Tabelle 1

Nutzungsklasse: [DIN EN 1995-1-1, Abschnitt 2.3.1.3]
KLED: mittel [DIN EN 1995-1-1, Tabelle 2.2]
$k_{mod} = 0{,}8$ [DIN EN 1995-1-1, Tabelle 3.1]
$\gamma_M = 1{,}3$ [DIN EN 1995-1-1/NA, Tabelle NA.2]

Charakteristische Festigkeits- und Steifigkeitswerte und charakteristische Rohdichte für C24 (Kiefer) nach Tabelle 1 in DIN EN 388:

$f_{v,k} = 4{,}0 \text{ kN/mm}^2$; $f_{t,0,k} = 14{,}0 \text{ kN/mm}^2$;

$\rho_k = 350 \text{ kg/m}^3$; $\rho_{mean} = \rho_m = 420 \text{ kg/m}^3$

$f_{c,0,k} = 21{,}0 \text{ kN/mm}^2$; $f_{m,k} = 24{,}0 \text{ kN/mm}^2$;

$E_{0,mean} = 11000 \text{ N/mm}^2 = E_1 = E_2$

Bemessungswerte der Schnittgrößen aus gleichmäßig verteilter Last:

$$M_{y,d} = \frac{E_d \cdot l^2}{8} = \frac{1{,}71 \cdot 3{,}6^2}{8} = 2{,}77 \text{ kNm}$$

$$V_d = \frac{E_d \cdot l}{2} = \frac{1{,}71 \cdot 3{,}6}{2} = 3{,}08 \text{ kN}$$

$A_1 = A_2 = 140 \cdot 40 = 56 \cdot 10^2 \text{ mm}^2$

Geometrie:

$$I_{y,1} = \frac{140 \cdot 40^3}{12} = 7{,}4667 \cdot 10^5 \text{ mm}^4$$

$$I_{y,2} = \frac{40 \cdot 140^3}{12} = 9{,}1467 \cdot 10^6 \text{ mm}^4$$

$l = 3{,}60$ m

Bohlen: $b/h = 40/140$ mm
Nägel: $4{,}2 \times 100$ (glattschaftig rund und **vorgebohrt**),
$s_1 = 60$ mm

Verschiebungsmodul nach Tabelle 7.1.

$$K_{ser} = \frac{\rho_m^{1,5}}{23} \cdot d = \frac{420^{1,5}}{23} \cdot 4{,}2 = 1571{,}79 \text{ N/mm}$$

Nach Gl. (5) ist

$$K_{u,mean} = \frac{2}{3} \cdot K_{ser} = \frac{2}{3} \cdot 1571{,}79 = 1047{,}86 \text{ N/mm}$$

Faktor γ nach Gl. (B.5)

Nach Abschnitt 2.4.1 in DIN EN 1995-1-1:2010 ist für den Grenzzustand der Tragfähigkeit einzusetzen:

$$E_1 = E_2 = \frac{E_{0,mean}}{\gamma_M} = \frac{11000}{1{,}3} = 8462 \text{ N/mm}$$

Nach DIN EN 1995-1-1/NA:2010, NCI zu 2.4.1 (1) P, Gl. (NA.1) ist für den Grenzzustand der Tragfähigkeit einzusetzen:

$$K_1 = \frac{K_{u,mean}}{\gamma_M} = \frac{1047,86}{1,3} = 806,05 \text{ N/mm}$$

$$\gamma_1 = \frac{1}{1+\frac{\pi^2 \cdot E_1 \cdot A_1 \cdot s_1}{K_1 \cdot \ell^2}}$$ [DIN EN 1995-1-1, Gl. (B.5)]

$$\gamma_1 = \frac{1}{1+\frac{\pi^2 \cdot 8462 \cdot 56 \cdot 10^2 \cdot 60}{806,05 \cdot 3600^2}} = 0,271$$

Nach Gl. (B.6) ergibt sich die Lage der Spannungsnullebene für $\gamma_2 = 1,0$ und $\gamma_3 = 0$:

[DIN EN 1995-1-1, Gl. (B.6)]

$$a_2 = \frac{\gamma_1 \cdot E_1 \cdot A_1 \cdot (h_1 + h_2) - \gamma_3 \cdot E_3 \cdot A_3 \cdot (h_2 + h_3)}{2\sum_{i=1}^{3} \gamma_i \cdot E_i \cdot A_i}$$

$$a_2 = \frac{1}{2} \cdot \frac{\gamma_1 \cdot E_1 \cdot A_1 \cdot (h_1 + h_2)}{\gamma_1 \cdot E_1 \cdot A_1 + \gamma_2 \cdot E_2 \cdot A_2}$$

$$a_2 = \frac{1}{2} \cdot \frac{0,271 \cdot 8,46 \cdot 10^3 \cdot 56 \cdot 10^2 \cdot (40 + 140)}{0,271 \cdot 8,46 \cdot 10^3 \cdot 56 \cdot 10^2 + 1,0 \cdot 8,46 \cdot 10^3 \cdot 56 \cdot 10^2}$$

$$a_2 = \frac{1}{2} \cdot \frac{2,311 \cdot 10^9}{6,021 \cdot 10^7}$$

$$a_2 = 19,19 \text{ mm}$$

$$a_1 = \frac{h_2}{2} - a_2 + \frac{h_1}{2} = \frac{140}{2} - 19,19 + \frac{40}{2} = 70,81 \text{ mm}$$

Wirksame Biegesteifigkeit nach Gl. (B.1) mit $\gamma_2 = 1,0$ und $\gamma_3 = 0$ für den zweiteiligen Querschnitt:

[DIN EN 1995-1-1, Gl. (B.1)]

$$(E \cdot I)_{ef} = E \cdot \left(I_{y,1} + I_{y,2} + \gamma_1 \cdot A_1 \cdot a_1^2 + \gamma_2 \cdot A_2 \cdot a_2^2\right)$$

$$(F \cdot I)_{ef} = 8,46 \cdot 10^3 \cdot (74,67 \cdot 10^4 + 914,67 \cdot 10^4 + 0,271 \cdot 5600 \cdot 70,81^2 + 1,0 \cdot 5600 \cdot 19,19^2)$$

$$(E \cdot I)_{ef} = 8,46 \cdot 10^3 \cdot 1,96 \cdot 10^7 \text{ Nmm}^2$$

$$(E \cdot I)_{ef} = 1,654 \cdot 10^{11} \text{ Nmm}^2$$

Nachweis der Normalspannungen im Gurt:

Bemessungswert der Holzfestigkeit nach Gl. (2.14):

[DIN EN 1995-1-1, Gl. (2.14)]

$$f_{c,0,d} = \frac{k_{mod} \cdot f_{c,0,k}}{\gamma_M} = \frac{0,8 \cdot 21}{1,3} = 12,92 \text{ N/mm}^2$$

Bemessungswert der Schwerpunktspannung im Gurt nach Gl. (B.7):

$$\sigma_{1,d} = \frac{\gamma_1 \cdot E_1 \cdot a_1 \cdot M_d}{(EI)_{ef}}$$ [DIN EN 1995-1-1, Gl. (B.7)]

$$\sigma_{1,d} = \frac{0,271 \cdot 8462 \cdot 70,81 \cdot 2,77 \cdot 10^6}{1,654 \cdot 10^{11}}$$

$$\sigma_{1,d} = 2,72 \text{ N/mm}^2$$

Nachweis:

$$\frac{\sigma_{1,c,0,d}}{f_{c,0,d}} = \frac{2,72}{12,92} = 0,21 \leq 1,0$$

Nachweis der Normalspannungen im Steg:

Bemessungswert der Normalkraft im Steg nach Gl. (B.7):

$$\sigma_{2,d} = \frac{\gamma_2 \cdot E_2 \cdot a_2 \cdot M_d}{(EI)_{ef}}$$ [DIN EN 1995-1-1, Gl. (B.7)]

$$\sigma_{2,d} = \frac{0,271 \cdot 8462 \cdot 70,81 \cdot 2,77 \cdot 10^6}{1,654 \cdot 10^{11}}$$

$$\sigma_{2,d} = 2,72 \text{ N/mm}^2$$

Bemessungswert der Holzfestigkeit:

$$f_{t,0,d} = \frac{k_{mod} \cdot f_{c,0,k}}{\gamma_M} = \frac{0,8 \cdot 14}{1,3} = 8,6 \text{ N/mm}^2$$

Nachweis:

$$\frac{\sigma_{2,t,0,d}}{f_{t,0,d}} = \frac{2,72}{8,6} = 0,31 < 1,0$$

Nachweis der maximalen Randspannungen (Gurt):

Bemessungswert der Holzfestigkeit:

$$f_{m,d} = \frac{k_{mod} \cdot f_{m,k}}{\gamma_M} = \frac{0,8 \cdot 24}{1,3} = 14,77 \text{ N/mm}^2$$

Bemessungswert der Randspannung im Gurt nach Gl. (B.8):

$$\sigma_{m,1,d} = \frac{0,5 \cdot E_1 \cdot h_1 \cdot M_d}{(EI)_{ef}}$$ [DIN EN 1995-1-1, Gl. (B.8)]

$$\sigma_{m,1,d} = \frac{0,5 \cdot 8462 \cdot 40 \cdot 2,77 \cdot 10^6}{1,654 \cdot 10^{11}}$$

$$\sigma_{m,1,d} = 2,83 \text{ N/mm}^2$$

Bemessungswert der Randspannung im Gurt:

$$\sigma_{1,m,d} = \sigma_{1,d} + \sigma_{m,1,d}$$

$$\sigma_{1,m,d} = 2,72 + 2,83 = 5,55 \text{ N/mm}^2$$

Nachweis:

$$\frac{\sigma_{1,m,d}}{f_{m,d}} = \frac{5,55}{14,77} = 0,38 < 1$$

Nachweis der maximalen Randspannungen (Steg):

Bemessungswert der Randspannungen nach Gl. (B.8):

$$\sigma_{m,2,d} = \frac{0,5 \cdot E_2 \cdot h_2 \cdot M_d}{(EI)_{ef}}$$ [DIN EN 1995-1-1, Gl. (B.8)]

$$\sigma_{m,2,d} = \frac{0,5 \cdot 8462 \cdot 140 \cdot 2,77 \cdot 10^6}{1,654 \cdot 10^{11}}$$

$$\sigma_{m,2,d} = 9,92 \text{ N/mm}^2$$

Bemessungswert der Randspannung:

$$\sigma_{2,m,d} = \sigma_{2,d} + \sigma_{m,2,d}$$

$$\sigma_{2,m,d} = 2,72 + 9,92 = 12,64 \text{ N/mm}^2$$

Nachweis:

$$\frac{\sigma_{2,m,d}}{f_{m,d}} = \frac{12,64}{14,77} = 0,86 < 1,0$$ **Nachweis erfüllt!**

Schubspannungen:

Die maximale Schubspannung nach Gl. (B.9) entsteht im Steg (s. Bild B.1 in DIN EN 1995-1-1:2010-Bild 5.160).

[DIN EN 1995-1-1/A2, Gl. (B.9)]

$$\tau_{2,max,d} = \frac{\gamma_3 \cdot E_3 \cdot A_3 \cdot a_3 + 0,5 \cdot E_2 \cdot b_2 \cdot h^2}{b_2 \cdot (EI)_{ef}} \cdot V_d$$

nach Gl. (6.13a) ist

$$b_z = b_{ef} = k_{cr} \cdot b = \frac{2,0}{4,0} \cdot 40 = 20 \text{ mm}$$

$$\tau_{2,max,d} = \frac{\begin{pmatrix} 0,271 \cdot 8,46 \cdot 10^3 \cdot 56 \cdot 10^2 \cdot 70,81 \\ + 0,5 \cdot 8,46 \cdot 10^3 \cdot 20 \cdot 70^2 \end{pmatrix}}{1,654 \cdot 10^{11} \cdot 20} \cdot 3,08 \cdot 10^3$$

$$\tau_{2,max,d} = \frac{4{,}077 \cdot 10^{12}}{3{,}308 \cdot 10^{12}}$$

$$\tau_{2,max,d} = 1{,}23 \text{ N/mm}^2$$

Nachweis nach Gl. (6.13):

$$\frac{\tau_d}{f_{v,d}} \leq 1{,}0$$

Bemessungswert der Holzfestigkeit nach Gl. (2.14):

[DIN EN 1995-1-1, Gl. (2.14)]

$$f_{v,d} = \frac{k_{mod} \cdot f_{v,k}}{\gamma_M} = \frac{0{,}8 \cdot 4{,}0}{1{,}3} = 2{,}5 \text{ N/mm}^2$$

$\frac{1{,}23}{2{,}5} = 0{,}50 \leq 1{,}0$ **Nachweis erfüllt!**

Bemessung der Verbindungsmittel:

Maßgebende Kraft pro Verbindungsmittel nach Gl. (B.10) mit $i = 1$

$$F_{1,d} = \frac{\gamma_1 \cdot E_1 \cdot A_1 \cdot a_1 \cdot s_1}{(EI)_{ef}} \cdot V$$ [DIN EN 1995-1-1, Gl. (B.10)]

$$F_{1,d} = \frac{0{,}271 \cdot 8{,}46 \cdot 10^3 \cdot 56 \cdot 10^2 \cdot 70{,}81 \cdot 60}{1{,}654 \cdot 10^{11}} \cdot 3{,}08 \cdot 10^3$$

$$F_{1,d} = 1015{,}75 = 1{,}016 \text{ kN}$$

Tragfähigkeit der Verbindungsmittel:

Charakteristischer Wert der Lochleibungsfestigkeit nach Gl. (8.16) – Nagel vorgebohrt:

$$f_{h,1,k} = 0{,}082 \cdot (1 - 0{,}01 \cdot d)\rho_k$$ [DIN EN 1995-1-1, Gl. (8.16)]

$$f_{h,1,k} = 0{,}082 \cdot (1 - 0{,}01 \cdot 4{,}2) \cdot 350 = 27{,}50 \text{ N/mm}^2$$

$$f_{h,1,k} = f_{h,2,k}$$

Charakteristischer Wert des Fließmomentes des Verbindungsmittels nach Gl. (8.14):

Mindestzugfestigkeit der Nägel: $f_{u,k} = 600 \text{ N/mm}^2$

$$M_{y,k} = 0{,}3 \cdot f_{u,k} \cdot d^{2{,}6} = 0{,}3 \cdot 600 \cdot 4{,}2^{2{,}6} = 7511{,}40 \text{ Nmm}$$

Mindestholzdicke nach Gl. (NA.121):

$$t_{reg} \geq 9 \cdot d \geq 9 \cdot 4{,}2 = 37{,}8 < {}_{vorh}t_1 = 40 \text{ mm}$$

Charakteristischer Wert der Tragfähigkeit des Nagels pro Scherfläche nach Gl. (NA.109): .

[DIN EN 1995-1-1/NA, Gl. (NA.109)]

$$F_{v,Rk} = \sqrt{\frac{2 \cdot \beta}{1+\beta}} \cdot \sqrt{2 \cdot M_{y,Rk} \cdot f_{h,1,k} \cdot d}$$

$$F_{v,Rk} = \sqrt{\frac{2 \cdot 1}{1+1}} \cdot \sqrt{2 \cdot 7511{,}40 \cdot 27{,}50 \cdot 4{,}2} = 1317{,}25 \text{ N}$$

Bemessungswert der Tragfähigkeit pro Scherfläche nach Gl. (113):

$$F_{v,Rd} = \frac{k_{mod} \cdot F_{v,Rk}}{\gamma_M} = \frac{0{,}8 \cdot 1317{,}25}{1{,}1} = 958 \text{ N}$$

Nachweis Tragfähigkeit:

Die folgende Bedingung muss erfüllt sein:

$$\frac{F_{1,d}}{F_{v,Rd}} \leq 1{,}0$$

$\frac{1016}{958} = 1{,}06 > 1{,}0$ **Nachweis nicht erfüllt!**

Durch Verringerung des Nagelabstandes kann das Ergebnis verbessert werden, z. B. s_1 = 50 mm. Die vorgehenden Berechnungen sind zu wiederholen.

Nachweis der Gebrauchstauglichkeit:

$$E = 11000 \text{ N/mm}^2 = E_1 = E_2$$

$$K_{ser} = 834{,}8 \text{ N/mm} = K_1$$

$$\gamma_1 = \frac{1}{1 + \frac{\pi^2 \cdot E_1 \cdot A_1 \cdot s_1}{K_1 \cdot \ell^2}}$$ [DIN EN 1995-1-1, Gl. (B.5)]

$$\gamma_1 = \frac{1}{1 + \frac{\pi^2 \cdot 11000 \cdot 56 \cdot 10^2 \cdot 60}{834{,}8 \cdot 3600^2}} = 0{,}23$$

[DIN EN 1995-1-1, Gl. (B.6)]

$$a_2 = \frac{\gamma_1 \cdot E_1 \cdot A_1 \cdot (h_1 + h_2) - \gamma_3 \cdot E_3 \cdot A_3 \cdot (h_2 + h_3)}{2\sum_{i=1}^{3} \gamma_i \cdot E_i \cdot A_i}$$

mit $\gamma_2 = 1{,}0$ und $\gamma_3 = 0$

$$a_2 = \frac{1}{2} \cdot \frac{\gamma_1 \cdot E_1 \cdot A_1 \cdot (h_1 + h_2)}{\gamma_1 \cdot E_1 \cdot A_1 + \gamma_2 \cdot E_2 \cdot A_2}$$

$$a_2 = \frac{1}{2} \cdot \frac{0{,}23 \cdot 11000 \cdot 56 \cdot 10^2 \cdot (40 + 140)}{0{,}23 \cdot 11000 \cdot 56 \cdot 10^2 + 1{,}0 \cdot 11000 \cdot 56 \cdot 10^2} = \frac{1}{2} \cdot \frac{2{,}55 \cdot 10^9}{7{,}576 \cdot 10^7}$$

$$a_2 = 16{,}83 \text{ mm}$$

$$a_1 = \frac{h_2}{2} - a_2 + \frac{h_1}{2} = \frac{140}{2} - 16{,}83 + \frac{40}{2} = 73{,}17 \text{ mm}$$

Wirksame Biegesteifigkeit nach Gl. (B.1) mit $\gamma_2 = 1{,}0$ *und* $\gamma_3 = 0$:

[DIN EN 1995-1-1, Gl. (B.1)]

$$(E \cdot I)_{ef} = E \cdot (I_{y,1} + I_{y,2} + \gamma_1 \cdot A_1 \cdot a_1^2 + \gamma_2 \cdot A_2 \cdot a_2^2)$$

$$(E \cdot I)_{ef} = 11000 \cdot (74{,}67 \cdot 10^4 + 914{,}67 \cdot 10^4 + 0{,}23 \cdot 5600 \cdot 73{,}17^2 + 1{,}0 \cdot 5600 \cdot 16{,}83^2)$$

$$(E \cdot I)_{ef} = 11000 \cdot (1{,}8375 \cdot 10^7) = 2{,}02 \cdot 10^{11} \text{ Nmm}^2$$

Die Durchbiegungen werden mit den charakteristischen Werten der Beanspruchungen berechnet (s. Abschnitt 2.2.3 in DIN EN 1995-1-1:2010).

Maßgebende Momente:

$$M_{y,G,k} = \frac{E_{G,k} \cdot l^2}{8} = \frac{0{,}6 \cdot 3{,}6^2}{8} = 0{,}97 \text{ kNm} = M_{y,Q,k}$$

$$w_{G,inst} = \frac{5}{48} \cdot \frac{M_{y,G,k} \cdot l^2}{(E \cdot I_y)_{ef}} = w_{Q,inst}$$

$$w_{G,inst} = \frac{5}{48} \cdot \frac{0{,}97 \cdot 10^6 \cdot 3600^2}{2{,}02 \cdot 10^{11}} = 6{,}50 \text{ mm} = w_{Q,inst}$$

$$w_{inst} = w_{G,inst} + w_{Q,inst}$$

$$w_{inst} = 6{,}5 + 6{,}5 = 13{,}0 \text{ mm}$$

$$w_{G,fin} = w_{G,ins} \cdot (1 + k_{def})$$

$$w_{G,fin} = 6{,}5 \cdot (1 + 0{,}6) = 10{,}4 \text{ mm}$$

$w_{Q,1,fin}$ *in der charakteristisch seltenen Bemessungssituation:*

$$w_{Q,1,fin} = w_{Q,1,inst} \cdot (1 + \psi_{2,1} \cdot k_{def})$$

$$w_{Q,1,fin} = 6{,}5 \cdot (1 + 0{,}3 \cdot 0{,}6) = 7{,}67 \text{ mm}$$

Weitere veränderliche Lasten sind nicht vorhanden.

w_{fin} *in der charakteristisch seltenen Bemessungssituation:*

$$w_{fin} = w_{G,fin} + w_{Q,1,fin} = 10{,}4 + 7{,}67 = 18{,}07 \text{ mm}$$

$w_{Q,i,fin}$ *in der quasi-ständigen Bemessungssituation:*

$$w_{Q,1,fin} = \psi_{2,1} \cdot w_{Q,1,inst} \cdot (1 + k_{def})$$

$$w_{Q,1,fin} = 0{,}3 \cdot 6{,}50 \cdot (1 + 0{,}6) = 3{,}12 \text{ mm}$$

w_{fin} *in der quasi-ständigen Bemessungssituation:*

$$w_{fin} = w_{G,fin} + w_{Q,fin} = 10,4 + 3,12 = 13,52\,\text{mm}$$

Nachweis der Durchbiegungen nach Abschnitt 7.2:

Charakteristisch seltene Bemessungssituation:

$w_{inst} = 13,0 < \ell / 300 \leq 12\,\text{mm}$ (geringe Überschreitung unbedenklich)

$$w_{fin} < \ell / 200 = 12\,\text{mm} = 18,07 \leq 18\,\text{mm}$$

Quasiständige Bemessungssituation:

$$w_{net,fin} = 13,52 < \ell / 300 = 16\,\text{mm}$$

Der empfohlenen Grenzwerte für die Durchbiegung werden eingehalten.

Nachweis Schwingungen vereinfacht nach DIN 1052:2008, Abschnitt 9.3:

$$w_{G,inst} + \psi_2 \cdot w_{Q,inst} = 6,14 + 0,3 \cdot 6,14 = 7,98 > 6\,\text{mm}$$

Der empfohlene Durchbiegungsgrenzwert für den vereinfachten Schwingungsnachweis wird überschritten. Die Steifigkeit des Trägers müsste erhöht werden. Durch Verwendung von maschinell sortiertem Holz mit höherem E-Modul, z. B. NH C35 nach DIN 4074-1, wird der Nachweis erfüllt.

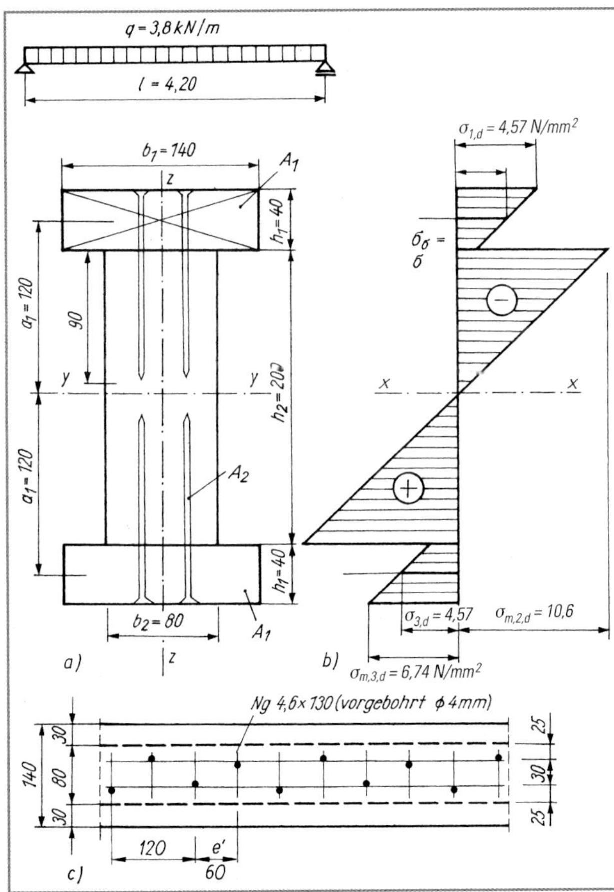

Legende
a) Querschnitt
b) Spannungsdiagramm
c) Ansicht von oben

Bild 5.163. Zusammengesetzter genagelter Träger

Beispiel 5.35. (nach DIN EN 1995-1-1:2010)

Es ist ein zusammengesetzter genagelter Träger zu berechnen. Querschnitt Bild 5.163.

Gegeben:
Baustoffeigenschaften:
Gewählt: NH S10 nach DIN 4074-1 = C24 nach DIN EN 338, Tabelle 1
Nutzungsklasse: 2 [DIN EN 1995-1-1, Abschnitt 2.3.1.3, Abs. (3) P]
KLED: kurz [DIN EN 1995-1-1/NA, Tabelle NA.1]
$k_{mod} = 0,80$ [DIN EN 1995-1-1, Tabelle 3.1]
$\gamma_M = 1,3$ [DIN EN 1995-1-1, Tabelle 3.1]
$\gamma_M = 1,1$ (Nägel) [DIN EN 1995-1-1/NA, Tabelle NA.2]
Nägel: $4,6 \times 130$ (glattschaftig <u>und **vorgebohrt**</u>)

Charakteristische Festigkeits- und Steifigkeitswerte der Rohdichte nach Tabelle 1 in DIN EN 338:

$$\rho_k = 350\,\text{kg/m}^3\,;\quad \rho_{mean} = \rho_m = 420\,\text{kg/m}^3$$

$$f_{v,k} = 4,0\,\text{kN/mm}^2\,;\quad f_{t,0,k} = 14,0\,\text{kN/mm}^2\,;$$

$$f_{c,0,k} = 21,0\,\text{kN/mm}^2$$

$$f_{m,k} = 24\,\text{kN/mm}^2\,;\quad E_{0,mean} = 11000\,\text{N/mm}^2$$

Bemessungswerte der Einwirkungen:

Die Anteile aus Eigenlast und veränderlicher Verkehrslast betragen (Teilsicherheitsbeiwerte für die Einwirkungen nach DIN EN 1990/NA:2010, Tabelle NA.A.1.2 (B).

$$G_{k,1} = 1,9\,\text{kN/m}$$

$$Q_{k,1} = 1,9\,\text{kN/m}$$

$$\gamma_{G,1} = 1,35;\quad \gamma_{Q,1} = 1,5$$

$$E_d = \gamma_{G,1} \cdot G_{k,1} + \gamma_{Q,1} \cdot Q_{k,1}$$

$$E_d = 1,35 \cdot 1,9 + 1,5 \cdot 1,9 = 5,42\,\text{kN/m}$$

Schnittgrößen aus gleichmäßig verteilter Last:

$$M_{y,d} = \frac{E_d \cdot l^2}{8} = \frac{5,42 \cdot 4,2^2}{8} = 11,95\,\text{kNm}$$

$$V_d = \frac{E_d \cdot l}{2} = \frac{5,42 \cdot 4,2}{2} = 11,33\,\text{kN}$$

Geometrie:

$$l = 4,20\,\text{m}$$

$$A_1 = b_1 \cdot h_1 = 140 \cdot 40 = 56 \cdot 10^2\,\text{mm}^2 = A_3$$

$$A_2 = b_2 \cdot h_2 = 200 \cdot 80 = 160 \cdot 10^2\,\text{mm}^2$$

$$A_{gesamt} = 2 \cdot A_1 + A_2 = 27,2 \cdot 10^3\,\text{mm}^2$$

$s_1 = 50\,\text{mm}$ (geschätzt)

Nach Tabelle 7.1 in DIN EN 1995-1-1: 2010 ist für Nägel in <u>**vorgebohrten**</u> Löchern

$$\Rightarrow K_{ser} = \frac{\rho_m^{1,5}}{23} \cdot d = \frac{420^{1,5}}{23} \cdot 4,6 = 1721,4\,\text{N/mm}$$

$$K_{u,mean} = \frac{2}{3} \cdot K_{ser} = \frac{2}{3} \cdot 1721,4 = 1147,6\,\text{N/mm}$$

Faktor γ nach Gl. (B.5):

[DIN EN 1995-1-1, Gl. (B.5)]

$$\gamma_i = \frac{1}{1+\pi^2 \cdot \frac{E_i \cdot A_i \cdot s_i}{K_i \cdot \ell^2}} \quad \text{für } i = 1 \text{ und } i = 3$$

Nach Abschnitt 2.4.1, DIN EN 1995-1-1:2010 ist für E_1 einzusetzen

$$E_1 = E_2 = E_3 = \frac{E_{0,\text{mean}}}{\gamma_M} = \frac{11000}{1,3} = 8,46 \cdot 10^3 \text{ N/mm}^2$$

Nach DIN EN 1995-1-1/NA:2010, NCI zu 2.4.1 (1) P, Gl. (NA.1) ist für den Grenzzustand der Tragfähigkeit einzusetzen:

$$K_1 = \frac{K_{u,\text{mean}}}{\gamma_M} = \frac{1147,6}{1,3} = 882,77 \text{ N/mm}$$

$$\gamma_{1(3)} = \frac{1}{1+\pi^2 \cdot \frac{E_1 \cdot A_1 \cdot s_1}{K_1 \cdot \ell^2}} \qquad \text{[DIN EN 1995-1-1, Gl. (B.5)]}$$

$$\gamma_{1(3)} = \frac{1}{1+\pi^2 \cdot \frac{8,46 \cdot 10^3 \cdot 56 \cdot 10^2 \cdot 50}{882,81 \cdot 4200^2}} = 0,36$$

$$I_{y,1} = \frac{140 \cdot 40^3}{12} = 74,67 \cdot 10^4 \text{ mm}^4 = I_{y,3}$$

$$I_{y,2} = \frac{80 \cdot 200^3}{12} = 5333 \cdot 10^4 \text{ mm}^4$$

$$a_1 = a_3 = 120 \text{ mm}, \quad a_2 = 0$$

Wirksame Steifigkeit nach Gl. (B.1) für $E_1 = E_3$:

$$(EI)_{ef} = \sum_{i=1}^{3} \left(E_i \cdot I_i + \gamma_i \cdot E_i \cdot A_i \cdot a_i^2\right) \qquad \text{[DIN EN 1995-1-1, Gl. (B.1)]}$$

Für den dreiteiligen Querschnitt ist

$$(E \cdot I)_{ef} = 2 \cdot E \cdot I_1 + E \cdot I_2 + 2 \cdot \gamma_1 \cdot E \cdot A_1 \cdot a_1^2$$

$$(E \cdot I)_{ef} = 2 \cdot 8,46 \cdot 10^3 \cdot 74,67 \cdot 10^4 + 8,46 \cdot 10^3 \cdot 5333 \cdot 10^4 + 2 \cdot 0,36 \cdot 8,46 \cdot 10^3 \cdot 56 \cdot 10^2 \cdot 120^2$$

$$(E \cdot I)_{ef} = 9,5499 \cdot 10^{11} \text{ Nmm}^2$$

Querschnittsschwächungen sind auf der Zugseite zu berücksichtigen.
Nach DIN EN 1995-1-1:2010, Abschnitt 5.2 (3) müssen Querschnittsschwächungen von vorgebohrten Nägeln berücksichtigt werden.
Nach bisheriger Praxis wurde die Spannungserhöhung näherungsweise berücksichtigt durch die Multiplikation von Korrekturwerten aus den Brutto-Netto-Verhältnissen. Korrektur der Biegespannungen $\sigma_{m,i}$ mit den Werten $I_{y,1}/I_{y,1,n} = 1,03$ und $I_{y,2}/I_{y,2,n} = 1,03$ bzw. Korrektur der Schwerpunktspannungen σ_i mit $A_{1(3)}/A_{1(3),n} = 1,03$.

Nachweis der Normalspannungen im Gurt (Zugseite):
Bemessungswert der Normalspannung im Gurt nach Gl. (B.7):

$$\sigma_i = \frac{\gamma_i \cdot E_i \cdot a_i \cdot M_d}{(EI)_{ef}} \qquad \text{[DIN EN 1995-1-1, Gl. (B.7)]}$$

$$\sigma_{1(3),d} = \frac{0,36 \cdot 8,46 \cdot 10^3 \cdot 120 \cdot 11,95 \cdot 10^4}{9,5499 \cdot 10^{11}}$$

$$\sigma_{1(3),d} = 4,57 \text{ N/mm}^2$$

Bemessungswert der Zugfestigkeit nach Gl. (2.14):

Nachweis:

$$f_{t,0,d} = \frac{0,8 \cdot 14,0}{1,3} = 8,6 \text{ N/mm}^2 \qquad \text{[DIN EN 1995-1-1, Gl. (2.14)]}$$

Berücksichtigung der Nagelfehlfläche im Zuggurt

$$\frac{A_3}{A_{3,n}} \cdot \frac{\sigma_{3,t,0,d}}{f_{t,0,d}} = 1,03 \cdot \frac{4,57}{8,6} = 0,55 < 1,0$$

Nachweis der maximalen Randspannungen im Gurt:
Bemessungswert der Biegefestigkeit nach Gl. (2.14):

[DIN EN 1995-1-1, Gl. (2.14)]

$$f_{m,d} = \frac{k_{\text{mod}} \cdot f_{m,k}}{\gamma_M} = \frac{0,8 \cdot 24}{1,3} = 14,77 \text{ N/mm}^2$$

Bemessungswert der Biegebeanspruchung nach Gl. (B.8):

$$\sigma_{m,i} = \frac{0,5 \cdot E_i \cdot h_i \cdot M}{(EI)_{ef}} \qquad \text{[DIN EN 1995-1-1, Gl. (B.8)]}$$

$$\sigma_{m,2(3),d} = \frac{0,5 \cdot 8,46 \cdot 10^3 \cdot 40 \cdot 11,95 \cdot 10^6}{9,5499 \cdot 10^{11}}$$

$$\sigma_{m,2(3),d} = 2,17 \text{ N/mm}^2$$

Bemessungswert der Spannung:

$$\sigma_{m,2(3),d} = \sigma_{3,d} + \frac{I_3}{I_{3,n}} \cdot \sigma_{m,3,d} = 4,57 + 1,03 \cdot 2,11$$

$$\sigma_{m,2(3),d} = 4,57 + 2,17 = 6,74 \text{ N/mm}^2$$

Nachweis:

$$\frac{\sigma_{m,2(3),d}}{f_{m,d}} = \frac{6,74}{14,77} = 0,46 < 1,0$$ **Nachweis erfüllt!**

Nachweis der maximalen Randspannungen im Steg:
Bemessungswert der Randspannungen nach Gl. (B.8):

$$\sigma_{m,2,d} = \frac{0,5 \cdot E_2 \cdot h_2 \cdot M_d}{(EI)_{ef}} \qquad \text{[DIN EN 1995-1-1, Gl. (B.8)]}$$

$$\sigma_{m,2,d} = \frac{0,5 \cdot 8,46 \cdot 10^3 \cdot 200 \cdot 11,95 \cdot 10^6}{9,5499 \cdot 10^{11}}$$

$$\sigma_{m,2,d} = 10,60 \text{ N/mm}^2$$

$$\frac{\sigma_{2,m,d}}{f_{m,d}} = \frac{10,60}{14,77} = 0,72 < 1,0$$ **Nachweis erfüllt!**

Schubspannungsnachweis:

Die maximale Schubspannung nach Gl. (B.9) entsteht im Steg.
Nach Gl. (6.13a) ist

$$b_z = b_{ef} = k_{cr} \cdot b = \frac{2,0}{4,0} \cdot 80 = 40 \text{ mm}$$

[DIN EN 1995-1-1/A2, Gl. (B.9)]

$$\tau_{2,\max,d} = \frac{\gamma_3 \cdot E_3 \cdot A_3 \cdot a_3 + 0,5 \cdot E_2 \cdot b_2 \cdot h^2}{b_2 \cdot (EI)_{ef}} \cdot V$$

$$\gamma_1 = \gamma_3 = 0,36$$

$$\tau_{2,\max,d} = \frac{\begin{pmatrix} 0,36 \cdot 8,46 \cdot 10^3 \cdot 5600 \cdot 120 \\ +0,5 \cdot 8,46 \cdot 10^3 \cdot 40 \cdot 100^2 \end{pmatrix}}{9,5499 \cdot 10^{11} \cdot 40} \cdot 11,38 \cdot 10^3$$

$$\tau_{2,\max,d} = \frac{3,74 \cdot 10^9}{9,549 \cdot 10^{11} \cdot 40} \cdot 11,38 \cdot 10^3$$

$$\tau_{2,\max,d} = 1,11 \text{ N/mm}^2$$

Nachweis der Schubspannung nach Gl. (6.13):

$$\frac{\tau_d}{f_{v,d}} \leq 1,0$$

Bemessungswert der Festigkeit nach Gl. (2.14):

[DIN EN 1995-1-1, Gl. (2.14)]

$$f_{v,d} = \frac{k_{mod} \cdot f_{v,k}}{\gamma_M} = \frac{0{,}8 \cdot 4{,}0}{1{,}3} = 2{,}5\,\text{kN/mm}^2$$

$$\frac{1{,}11}{2{,}5} = 0{,}44 < 1{,}0$$

Nachweis der Verbindungsmittel:

Maßgebende Kraft pro Verbindungsmittel nach Gl. (B.10)

$$F_{i,d} = \frac{\gamma_i \cdot E_i \cdot A_i \cdot a_i \cdot s_i}{(EI)_{ef}} \cdot V$$ [DIN EN 1995-1-1, Gl. (B.10)]

i = 1 bzw. 3

$$F_{1(3),d} = \frac{0{,}36 \cdot 8{,}46 \cdot 10^3 \cdot 56 \cdot 10^2 \cdot 120 \cdot 50}{9{,}5499 \cdot 10^{11}} \cdot 11{,}38 \cdot 10^3$$

$$F_{1(3),d} = 1219{,}4\,\text{N} = 1{,}22\,\text{kN}$$

Bemessungswert der Lochleibungsfestigkeit nach Gl. (8.16) – Nagel vorgebohrt:

$$f_{h,1,k} = 0{,}082 \cdot (1 - 0{,}01 \cdot d)\,\rho_k$$ [DIN EN 1995-1-1, Gl. (8.16)]

$$f_{h,1,k} = 0{,}082 \cdot (1 - 0.01 \cdot 4{,}6) \cdot 350 = 27{,}38\,\text{N/mm}^2$$

$$f_{h,1,k} = f_{h,2,k}$$

Bemessungswert des Fließmomentes des Verbindungsmittels nach Gl. (8.14):

Mindestzugfestigkeit der Nägel: $f_{u,k} = 600\,\text{N/mm}^2$

[DIN EN 1995-1-1, Gl. (8.14)]

$$M_{y,Rk} = 0{,}3 \cdot f_u \cdot d^{2{,}6} = 0{,}3 \cdot 600 \cdot 4{,}6^{2{,}6} = 9515{,}8\,\text{Nmm}$$

Charakteristischer Wert der Tragfähigkeit pro Nagelscherfläche nach Gl. (NA.109):

[DIN EN 1995-1-1/NA, Gl. (NA.109)]

$$F_{v,Rk} = \sqrt{\frac{2 \cdot \beta}{1+\beta}} \cdot \sqrt{2 \cdot M_{y,Rk} \cdot f_{h,1,k} \cdot d}$$

$$F_{v,Rk} = \sqrt{\frac{2 \cdot 1}{1+1}} \cdot \sqrt{2 \cdot 9515{,}8 \cdot 27{,}38 \cdot 4{,}6} = 1548{,}2\,\text{N}$$

Bemessungswert der Tragfähigkeit pro Scherfläche nach Gl. (NA.113):

[DIN EN 1995-1-1/NA, Gl. (NA.113)]

$$F_{v,Rd} = \frac{k_{mod} \cdot F_{v,Rk}}{\gamma_M} = \frac{0{,}8 \cdot 1548{,}2}{1{,}1} = 1126\,\text{N} = 1{,}13\,\text{kN}$$

Nachweis der Tragfähigkeit:

Die folgende Bedingung muss erfüllt sein:

$$\frac{F_{1,d}}{F_{v,Rd}} \leq 1{,}0$$

$\frac{1{,}22}{1{,}13} = 1{,}08 > 1{,}0$ **Nachweis nicht erfüllt.**

Berechnung des erforderlichen Verbindungsmittelabstandes in Anlehnung an DIN 1052:1988/1996:

$$S_1 = A_1 \cdot a_1 = 5600 \cdot 120 = 6{,}72 \cdot 10^5\,\text{mm}^3$$

$$t_{ef} = \frac{\max V_d}{(E \cdot I)_d} \cdot \gamma_1 \cdot E_1 \cdot S_1 = \frac{11{,}38 \cdot 10^3}{9{,}5499 \cdot 10^{11}} \cdot 0{,}36 \cdot 8{,}46 \cdot 10^3 \cdot 6{,}72 \cdot 10^5$$

$$t_{ef} = 24{,}40\,\text{N/mm}$$

$$e' = \frac{F_{v,Rd}}{t_{ef}} = \frac{1{,}13 \cdot 10^3}{24{,}40} = 46{,}33\,\text{mm}$$

Erforderlich ist ein Abstand von $e' = 45\,\text{mm}$.

Der Nagelabstand ist zu verkleinern auf s_1 = 45 mm und die Berechnung zu wiederholen.

Nachweis der Gebrauchstauglichkeit:

$E = 11000\,\text{N/mm}^2 = E_1 = E_2 = E_3$,

$I_1 = I_3$, $\psi_{1,2} = 0{,}3$ (s. DIN EN 1995-1-1, Tabelle 7.1)

$$K_1 = K_{ser} = \frac{\rho_m^{1{,}5}}{23} \cdot d = \frac{420^{1{,}5}}{23} \cdot 4{,}6 = 1721{,}5\,\text{N/mm}$$

Faktor γ nach Gl. (B.5) mit $e' = 45\,\text{mm}$

$$\gamma_1 = \frac{1}{1 + \frac{\pi^2 \cdot E_1 \cdot A_1 \cdot s_1}{K_1 \cdot \ell^2}}$$ [DIN EN 1995-1-1, Gl. (B.5)]

$$\gamma_1 = \frac{1}{1 + \frac{\pi^2 \cdot 11 \cdot 10^3 \cdot 56 \cdot 10^2 \cdot 45}{1721{,}5 \cdot 4200^2}} = 0{,}53$$

$a_1 = a_3 = 120\,\text{mm}$, $a_2 = 0$

Wirksame Steifigkeit nach Gl. (B.1) für $E_1 = E_3$:

[DIN EN 1995-1-1, Gl. (B.1)]

$$(E \cdot I)_{ef} = 2 \cdot E \cdot I_1 + E \cdot I_2 + 2 \cdot \gamma_1 \cdot E \cdot A_1 \cdot a_1^2$$

$$(E \cdot I)_{ef} = 2 \cdot 11 \cdot 10^3 \cdot 74{,}67 \cdot 10^4 + 11 \cdot 10^3 \cdot 5333 \cdot 10^4 + 2 \cdot 0{,}53 \cdot 11 \cdot 10^3 \cdot 56 \cdot 10^2 \cdot 120^2$$

$$(E \cdot I)_{ef} = 1{,}5433 \cdot 10^{12}\,\text{Nmm}^2$$

Die Durchbiegung wird mit den charakteristischen Werten der Einwirkungen berechnet.

$$M_{G,k} = \frac{G_k \cdot l^2}{8} = \frac{1{,}9 \cdot 4{,}2^2}{8} = 4{,}19\,\text{kNm}$$

$$w_{G,inst} = \frac{5}{48} \cdot \frac{M_{G,k} \cdot l^2}{(E \cdot I)_{ef,y}}$$

$$w_{G,inst} = \frac{5}{48} \cdot \frac{4{,}19 \cdot 10^6 \cdot 4200^2}{1{,}5433 \cdot 10^{12}} = 5{,}00\,\text{mm} = w_{Q,inst}$$

Charakteristisch seltene Bemessungssituation:

$$w_{inst} = w_{G,inst} + w_{Q,inst} = 5{,}0 + 5{,}0 = 10{,}0\,\text{mm}$$

$$w_{G,fin} = w_{G,inst} \cdot (1 + k_{def})$$

$$w_{G,fin} = 5{,}00 \cdot (1 + 0{,}6) = 8{,}0\,\text{mm}$$

$w_{Q,fin}$ *in der charakteristisch seltenen Bemessungssituation:*

$$w_{Q,fin} = w_{Q,inst} \cdot (1 + \psi_{2,1} \cdot k_{def})$$

$$w_{Q,fin} = 5{,}00 \cdot (1 + 0{,}3 \cdot 0{,}6) = 5{,}90\,\text{mm}$$

Weitere veränderliche Einwirkungen sind nicht vorhanden.

$$w_{fin} = w_{G,fin} + w_{Q,fin} = 8{,}00 + 5{,}90 = 13{,}9\,\text{mm}$$

$w_{Q,fin}$ *in der quasi-ständigen Bemessungssituation:*

$$w_{Q,1,fin} = \psi_{2,1} \cdot w_{Q,inst} \cdot (1 + k_{def})$$

$$w_{Q,1,fin} = 0{,}3 \cdot 5{,}00 \cdot (1 + 0{,}6) = 2{,}4\,\text{mm}$$

$$w_{fin} = w_{G,fin} + w_{Q,fin} = 8{,}00 + 2{,}4 = 10{,}4\,\text{mm}$$

Nachweis charakteristisch seltene Bemessungssituation:

$$w_{inst} = 10{,}0 < l/300 = 14\,\text{mm}$$

$$w_{fin} = 13{,}9 < l/200 = 21\,\text{mm}$$

Quasiständige Bemessungssituation:

$$w_{fin} - w_0 = 13{,}9 - 0 = 13{,}9 < l/300 = 14\,\text{mm}$$

Nachweis Schwingungen vereinfacht nach DIN 1052:2008, Abschnitt 9.3:

$$w_{G,inst} + \psi_2 \cdot w_{Q,inst} = 5{,}21 + 0{,}3 \cdot 5{,}21 = 6{,}8 > 6\,\text{mm}$$

Der empfohlene Durchbiegungsgrenzwert wird überschritten. Die Steifigkeit des Trägers müsste erhöht werden. Durch Verwendung von Holz mit höherem E-Modul, z. B. visuell sortiertem NH C30 nach DIN EN 338, wird der Nachweis erfüllt.

5.7. Durchlaufträger

5.7.1. Gelenkträger

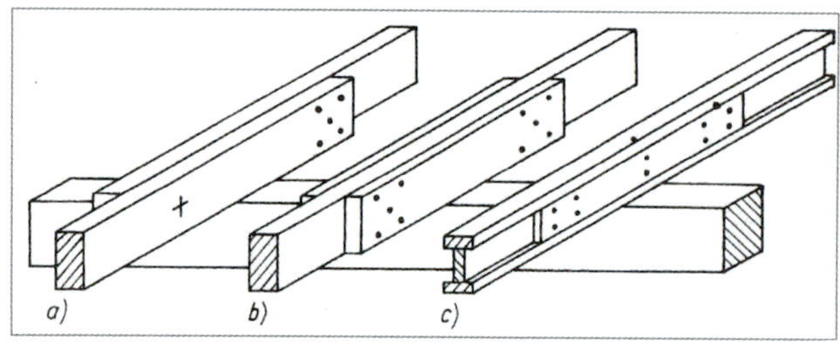

Legende
a) Koppelträger mit Nagel- bzw. Schraubenanschluss
b) seitliche Verstärkungen
c) seitliche Flanschverstärkung

Bild 5.164. Durchlaufträger

Gelenkträger sind statisch bestimmte Träger. Sie vereinigen den statischen Vorteil der geringen Momente des durchlaufenden Trägers und der kurzen Länge des Trägers auf zwei Stützen in sich.
Sie benötigen etwa die gleiche Holzmenge wie durchlaufende Träger. Spannweiten bei Gelenkpfetten sind 4,5 bis 7,5 m.

Der Gelenkträger wurde erstmalig bereits im 19. Jahrhundert von *H. Gerber* (1832–1912) angewendet; deshalb nennt man ihn auch „Gerberträger".

In statischer Hinsicht bestehen Vollholz-Gelenkträger aus Kragträgern und eingehängten Trägern (Bild 5.165.c). Die Gelenkpunkte – es sind die Momentennullpunkte des Durchlaufträgers – können grafisch oder analytisch ermittelt werden (Bild 5.165.b).
Für den Holzbau begnügt man sich mit der angenäherten Lösung und wählt die Gelenkpunkte bei Pfetten $x = \frac{\ell}{7}$ (bei $M_d = -\frac{E_d \cdot \ell^2}{16}$ von den Mittelstützen entfernt (große Durchbiegung).
Die kleinste Durchbiegung trifft auf die Gelenklage

$x = 0{,}21 \cdot l$, dann aber bei $_{\max}M_d = -\frac{E_d \cdot \ell^2}{12}$

Bei gleichen Binderentfernungen treten dann im Endfeld etwas größere Momente als in den Mittelfeldern auf. Damit die Pfettenhöhe beibehalten werden kann, wird die Pfettenbreite im Endfeld vergrößert. Soll ein vollständiger Momentenausgleich erzielt werden, so wird das Endfeld auf etwa $6/7 \cdot \ell$ verkürzt.

Übliche **Gelenkausbildungen** zeigt Bild 5.166. Sind die benötigten Vollholzquerschnitte nicht zu beschaffen, so können auch genagelte Bretter oder Bohlen zu Gelenkträgern ausgebildet werden (Bild 5.167.); deren Durchbiegungen sind geringer als Vollholzgelenkträger üblicher Ausführung.

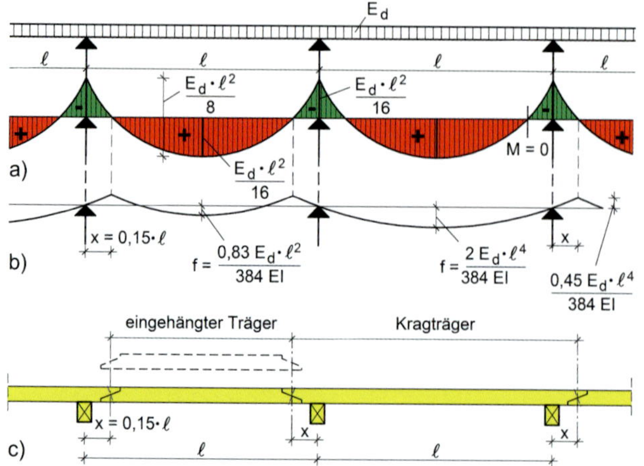

Legende
a) Momente,
b) Ermittlung der Gelenkpunkte aus den Momentennullpunkten und den Durchbiegungen des Gelenkträgers,
c) Schemaskizze von der Ausführung

Bild 5.165. Gelenkträger

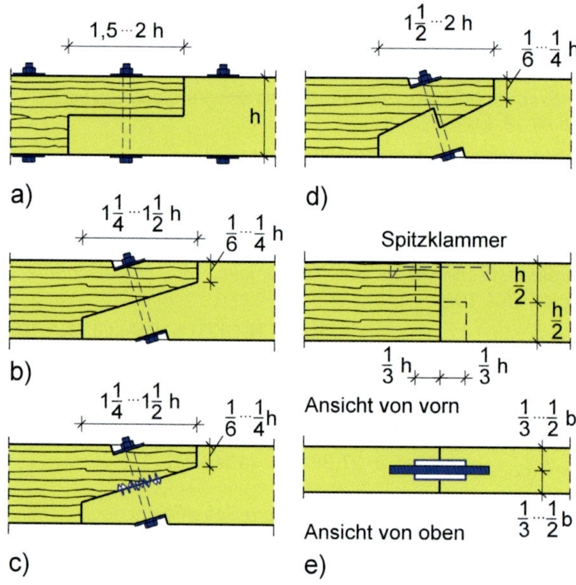

Legende
a) mit geradem Blatt
b) mit schrägem Blatt
c) schräges Blatt mit Einpressdübel
d) schräges Hakenblatt
e) mit Blattzapfen

Bild 5.166. Gelenkausbildung

5.7.2. Koppelträger

Koppelträger sind Träger auf zwei Stützen, die zu einem durchlaufenden Trägerzug verbunden sind (Bild 5.168.). Koppelträger sind bei Binderabständen $\leq 6{,}5$ mm wirtschaftlich. Dem geringeren Holzverbrauch gegenüber dem Träger auf zwei Stützen steht ein erhöhter Arbeitsaufwand für die Koppelverbindungen gegenüber.

Die Koppelträger, die den Vorteil des durchlaufenden Trägers (geringe Momente) mit dem des Trägers auf zwei Stützen (geringe Baulänge) vereinen, haben in Feldmitte einen einfachen und über der Stütze einen doppelten Querschnitt. Trotzdem nimmt man das Trägheitsmoment über die ganze Trägerlänge als konstant an und lässt den Doppelquerschnitt über den Stützen unberücksichtigt. Dies wird mit dem Schlupf der Verbindungsmittel an den Anschlussstellen begründet.

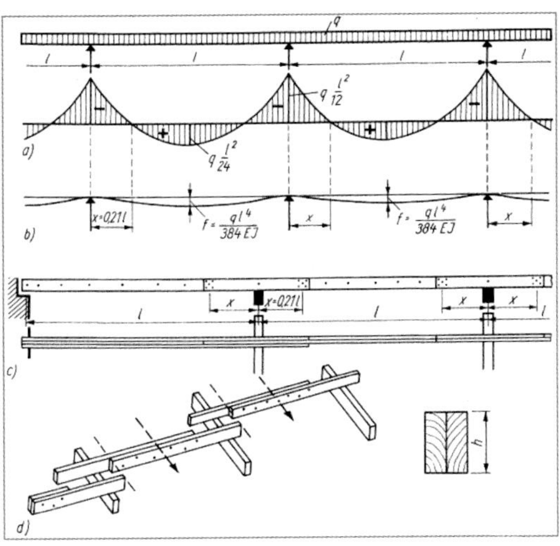

Legende
a) Momente
b) Durchbiegung des Bretter- oder Bohlengelenkträgers
c) Ansicht und Draufsicht
d) Isometrie vom Zusammenbau

Bild 5.167. Bretter- oder Bohlengelenkträger (nach [*Botschkarew* 1961])

Koppelträger haben sich besonders im Hallenbau gut bewährt. Nachteilig ist, dass sie nicht in einer Flucht liegen. Bei Koppelträgern über zwei oder mehr Felder mit gleichen Stützweiten und gleichmäßig verteilter Belastung kann eine näherungsweise Berechnung mit folgenden Werten vorgenommen werden:

Berechnungswerte für Koppelträger

Felderzahl	Moment		Abstände a		Anschlusskräfte P	
	Endfeld	Mittelfeld	Endfeld	Mittelfeld	Endfeld	Mittelfeld
2	$E_d \cdot \frac{\ell^2}{11}$	–	$0{,}10 \cdot \ell$	–	$0{,}625 \cdot E_d \cdot \ell$	–
3	$E_d \cdot \frac{\ell^2}{11}$	$E_d \cdot \frac{\ell^2}{15}$	$0{,}10 \cdot \ell$	$0{,}18 \cdot \ell$	$0{,}25 \cdot E_d \cdot \ell$	$0{,}42 \cdot E_d \cdot \ell$

Weitere Hinweise und Werte in [*Scheer/Knauf* 1996].
Die Bemessung erfolgt nach den Feldmomenten. Die Querschnittshöhe wird in allen Feldern gleich gehalten, in den Endfeldern wählt man eine größere Breite als in den Mittelfeldern.

Der **statische Nachweis** über die Stützen erübrigt sich, wenn die Verbindung nach Bild 5.168. mit einem Bolzen M12 erfolgt oder auf jeder Seite mindestens vier Nägel eingeschlagen werden. Die Durchbiegung wird dann wie bei durchlaufenden Trägern berechnet.

Koppelträger als Sparrenpfetten sind mit dem Tragwerk oder der unterstützenden Konstruktion ausreichend gegen Windsog und Verschiebung zu verankern.
Sturmschäden, die insbesondere bei leichten Flachdach-Holzkonstruktionen durch Windsog aufgetreten sind, haben als Ursache unzureichende Verankerungen mit der Tragkonstruktion.

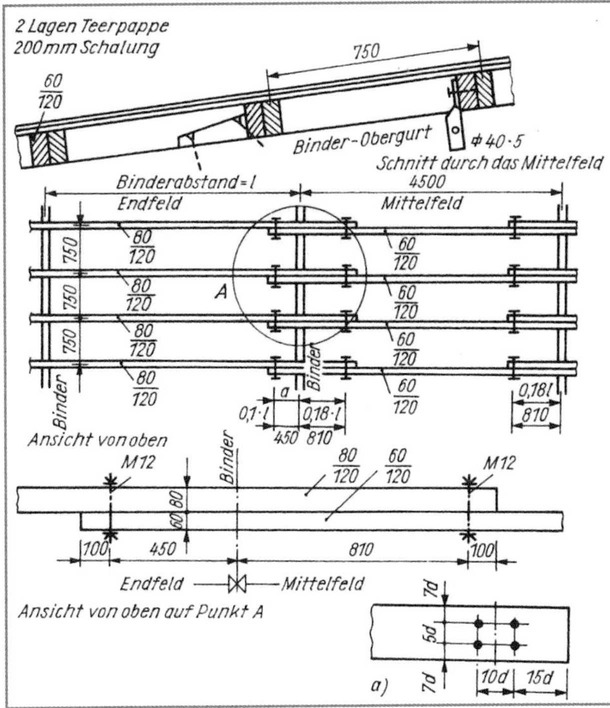

Legende
a) Nagelabstände

Bild 5.168. Sparrenpfetten als Koppelträger

Beispiel 5.36. (nach DIN EN 1995-1-1:2010)

Für ein Flachdach von 12 % Dachneigung sind die Sparrenpfetten zu berechnen. Auf den Sparrenpfetten liegt eine 20 mm dicke Schalung, darauf die Abdichtung aus doppellagiger Bitumenpappe. Binderabstand 4,50 m, Abstand der Sparrenpfetten $a = 0{,}75\,\text{m}$, NH S10 nach DIN 4074-1/C24 nach DIN EN 338, Tabelle 1, KLED „kurz", Nutzungsklasse 2.

Vergleichsweise sollen die Sparrenpfetten
a) als Träger auf zwei Stützen (über dem Binder gestoßen) und
b) als Koppelpfetten berechnet werden (Bild 5.168.).

Lösung:

Die Sparrenpfetten werden trotz der geringen Dachneigung auf zweiachsige Biegung untersucht.
Dachneigung: $\alpha \approx 7°$; $\sin\alpha = 0{,}121$
Höhe des Gebäudes über Gelände 7,0 m, Höhe über NN 455 m

Belastungsannahmen:

Eigenlast:

Doppellagig Bitumen-Schweißbahn $2 \cdot 0{,}07 = 0{,}14\,\text{kN/m}^2$ Dfl.

24 mm Dachschalung $0{,}024 \cdot 4{,}2 = 0{,}10\,\text{kN/m}^2$ Dfl.

Sparrenpfetten (geschätzt)

$$0{,}08 \cdot 0{,}16 \cdot 4{,}2 \cdot \frac{1{,}0}{0{,}75} = 0{,}07\,\text{kN/m}^2\ \text{Dfl.}$$

$$G'_k = 0{,}31\,\text{kN/m}^2\ \text{Dfl.}$$

mit: $G_k = G'_k \cdot a = 0{,}31\,\text{kN/m}^2\ \text{Dfl.} \cdot 0{,}75\,\text{m} = 0{,}23\,\text{kN/m}$ Gfl.

Wegen der geringen Dachneigung unterbleibt die Umrechnung der Eigenlast und Schneelast auf die Grundfläche.

Schneelast:

nach DIN EN 1991-1-3:2010 und DIN EN 1991-1-3/NA:2019, Klasse der Lasteinwirkungsdauer (KLED) nach Tabelle NA.1, DIN EN 1995-1-1/NA:2013 = „kurz"

für Schneelastzone 1 ≤ 455 m über NN →

$s_k = 0{,}75\,\text{kN/m}^2$ nach DIN EN 1991-1-3/NA, Abs. 4 (NA.1);

$\mu_1 = 0{,}8$ nach DIN EN 1991-1-3, Tabelle 5.2.

mit $\alpha = 7° < 30°$ DN

$$Q_{k,S} = \mu_1 \cdot C_e \cdot C_t \cdot s_k \cdot e = 0{,}8 \cdot 1{,}0 \cdot 1{,}0 \cdot 0{,}75\,\text{kN/m}^2 \cdot 0{,}75\,\text{m}$$
$$Q_{k,S} = 0{,}45\,\text{kN/m}$$

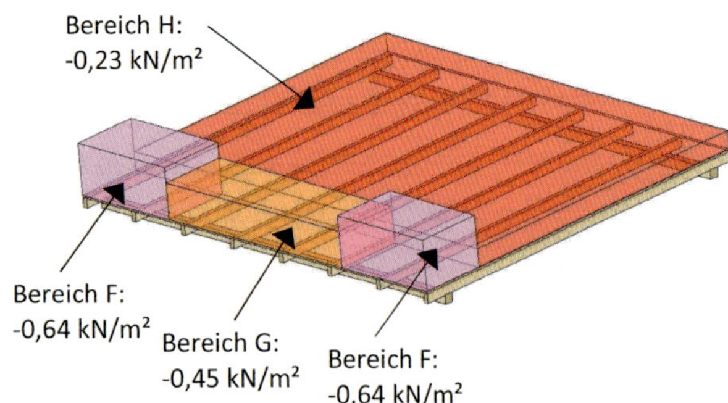

Bild 5.169. Beanspruchung aus Wind auf Traufe

Windlast:

Aufgrund der vorhandenen Dachneigung von $\alpha = 7°$ wird die Bedingung mit $\alpha < \pm 5°$ für Flachdächer nach DIN EN 1991-1-4, Abs. 7.2.3 (1) nicht eingehalten. Demzufolge werden die Windlastbereiche für ein Pultdach angenommen.

Windsog nach DIN EN 1991-1-4:2010, KLED nach Tabelle NA.1 DIN EN 1995-1-1/NA:2013 = „kurz/sehr kurz"
– Dachneigung $< 25°$ nur Windsog
– $q_p = 0{,}5\,\text{kN/m}^2$ für $h < 10{,}0\,\text{m}$ (Binnenland) nach Tabelle NA.B.3

$$Q_{we,k} = c_{pe} \cdot q_p \cdot e$$

$c_{p,10} = -1{,}7$ nach Tabelle 7.3a, DIN EN 1991-1-4:2010 (Bereich F)

$$Q_{k,w,F} = -1{,}7 \cdot 0{,}5 \cdot 0{,}75 = -0{,}64\,\text{kN/m}^2$$

$c_{p,10} = -1{,}2$ nach Tabelle 7.3a, DIN EN 1991-1-4:2010 (Bereich G)

$$Q_{k,w,G} = -1{,}2 \cdot 0{,}5 \cdot 0{,}75 = -0{,}45\,\text{kN/m}^2$$

$c_{p,10} = -0{,}6$ nach Tabelle 7.3a in DIN EN 1991-1-4:2010 (Bereich H)

$$Q_{k,w,H} = -0{,}6 \cdot 0{,}5 \cdot 0{,}75 = -0{,}23\,\text{kN/m}^2$$

Maßgebend Windsog im Bereich F!
Auf die Bereiche für die Anströmrichtung $\Theta = 180°$ und $\Theta = 90°$ wird bei diesem Beispiel nicht eingegangen.

Teilsicherheitsbeiwerte für die Einwirkungen nach DIN EN 1990/NA:2010, Tabelle NA.A.1.2 (A):

$\gamma_{G,1} = 1{,}35$; $\gamma_{Q,1} = 1{,}5$

$$E_d = \sum_{j \geq 1} \gamma_{G,j} \cdot E_{Gk,j} + \gamma_{Q,1} \cdot Q_{k,1} + \sum_{i > 1} \gamma_{Q,i} \cdot \psi_{0,i} \cdot E_{Qk,i}$$

Bei Dächern ist der Kombinationsbeiwert $\psi_{0,i} = 0$ nach DIN EN 1990, Tabelle A.1.1

$$\rightarrow E_d = \gamma_{G,1} \cdot G_{k,1} + \gamma_{Q,1} \cdot Q_{k,1}$$

Lastfallkombination 1: Eigenlast + Schnee

$$E_{1,d} = \gamma_{G,1} \cdot G_{k,1} + \gamma_{Q,1} \cdot Q_{k,1} = 1{,}35 \cdot 0{,}23 + 1{,}50 \cdot 0{,}45 \cong 0{,}99\,\text{kN/m}$$

Lastfallkombination 2: Eigenlast + Windsog (ungünstig)

$$E_d = \gamma_{G,1,inf} \cdot G_{k,1,inf} + \gamma_{Q,1} \cdot Q_{k,1}$$

$$E_{2,d} = 0{,}9 \cdot 0{,}23 + \left(1{,}5 \cdot (-0{,}64)\right) = -0{,}75\,\text{kN/m}$$

$$Lk1 = E_{1d} / k_{mod(kurz)} = 0{,}99 / 0{,}90 = 1{,}10$$

$$Lk2 = E_{2d} / k_{mod(kurz)} = |-0{,}75| / 0{,}90 = 0{,}83\,\text{kN/m}$$

Für die Bemessung der Sparrenpfetten ist die Lastkombination 1 maßgebend, jedoch ist ein Abhebenachweis erforderlich!

a) Sparrenpfetten über den Bindern gestoßen (Träger auf zwei Stützen)

Moment aus Eigenlast und Bemessungswert der Einzellast (Mannlast $Q_k = 1{,}0\,\text{kN}$) nach DIN EN 1991-1-1/NA:2010, Tabelle 6.10 DE

$$Q_{d,2} = 1{,}5 \cdot 1{,}0 = 1{,}5\,\text{kN}$$

***Spannungsnachweis bei Doppelbiegung** nach DIN EN 1995-1-1:2010, Abschnitt 6.1.6 (1) P:*

$$\frac{\sigma_{m,y,d}}{f_{m,y,d}} + k_m \cdot \frac{\sigma_{m,z,d}}{f_{m,z,d}} \qquad \text{[DIN EN 1995-1-1, Gl. (6.11)]}$$

$$k_m \cdot \frac{\sigma_{m,y,d}}{f_{m,y,d}} + \frac{\sigma_{m,z,d}}{f_{m,z,d}} \qquad \text{[DIN EN 1995-1-1, Gl. (6.12)]}$$

Ermittlung der Lastkomponenten auf die Sparrenpfetten:

$$G_{y,d} = E_{1,d} \cdot \cos\alpha = 0{,}99\,\text{kN/m} \cdot \cos 7° = 0{,}98\,\text{kN/m}$$

$$G_{z,d} = E_{1,d} \cdot \sin\alpha = 0{,}99\,\text{kN/m} \cdot \sin 7° = 0{,}12\,\text{kN/m}$$

Maximale Biegemomente:

$$M_{y,d} = \frac{G_{y,d} \cdot \ell^2}{8} = \frac{0{,}99 \cdot 4{,}5^2}{8} = 2{,}51\,\text{kNm}$$

$$M_{z,d} = \frac{G_{z,d} \cdot \ell^2}{8} = \frac{0{,}12 \cdot 4{,}5^2}{8} = 0{,}30\,\text{kNm}$$

Ermittlung der Widerstandsmomente:

$$W_y = \frac{b \cdot h^2}{6} = \frac{80 \cdot 160^2}{6} = 341 \cdot 10^3\,\text{mm}^3$$

$$W_z = \frac{h \cdot b^2}{6} = \frac{160 \cdot 80^2}{6} = 171 \cdot 10^3\,\text{mm}^3$$

Ermittlung der Flächenträgheitsmomente:

$$I_y = \frac{b \cdot h^3}{12} = \frac{80 \cdot 160^3}{12} = 2{,}731 \cdot 10^7\,\text{mm}^4$$

$$I_z = \frac{h \cdot b^3}{12} = \frac{160 \cdot 80^3}{12} = 0{,}683 \cdot 10^7\,\text{mm}^4$$

Ermittlung der Biegespannungen:

$$\sigma_{m,y,d} = \frac{M_{y,d}}{W_y} = \frac{2{,}48 \cdot 10^6\,\text{Nmm}}{341 \cdot 10^3\,\text{mm}^3} = 7{,}27\,\text{N/mm}^2$$

$$\sigma_{m,z,d} = \frac{M_{z,d}}{W_z} = \frac{0{,}30 \cdot 10^6\,\text{Nmm}}{171 \cdot 10^3\,\text{mm}^3} = 1{,}75\,\text{N/mm}^2$$

Ermittlung des Bemessungswertes Biegefestigkeit für C24 nach DIN EN 338, Tabelle 1:

$$f_{y,m,d} = f_{z,m,d} = \frac{k_{mod} \cdot f_{m,k}}{\gamma_M} = \frac{0{,}9 \cdot 24}{1{,}3} = 16{,}62\,\text{N/mm}^2$$

Spannungsnachweis nach Gl. (6.11) und Gl. (6.12) mit

$k_m = 0{,}7$ nach 6.1.6(2):

$$\frac{7{,}27}{16{,}62} + 0{,}7 \cdot \frac{1{,}75}{16{,}62} = 0{,}51 < 1 \qquad \text{[DIN EN 1995-1-1, Gl. (6.11)]}$$

Nachweis erfüllt!

$$0{,}7 \cdot \frac{7{,}27}{16{,}62} + \frac{1{,}75}{16{,}62} = 0{,}41 < 1 \qquad \text{[DIN EN 1995-1-1, Gl. (6.12)]}$$

Nachweis erfüllt!

Schubspannungsnachweis nach Gl. (6.13):

$$V_d = \frac{E_d \cdot \ell}{2} = \frac{0{,}99 \cdot 4{,}5}{2} = 2{,}23\,\text{kN}$$

$$V_{y,d,E} = V_{d,E} \cdot \cos\alpha = 2{,}23\,\text{kN} \cdot \cos 7° = 2{,}21\ \text{kN}$$

$$V_{z,d,E} = V_{d,E} \cdot \sin\alpha = 2{,}23\,\text{kN} \cdot \sin 7° = 0{,}27\,\text{kN}$$

Nachweis Schub: nach DIN EN 1995-1-1:2010, Abschnitt 6.1.7

$$\tau_{y,d} = 1{,}5 \cdot \frac{V_{y,d,E}}{A_{ef}} = 1{,}5 \cdot \frac{2{,}21 \cdot 10^3}{8{,}576 \cdot 10^3} = 0{,}39\,\text{N/mm}^2$$

$$\tau_{z,d} = 1{,}5 \cdot \frac{V_{z,d,E}}{A_{ef}} = 1{,}5 \cdot \frac{0{,}27 \cdot 10^3}{8{,}576 \cdot 10^3} = 0{,}05\,\text{N/mm}^2$$

mit:

$$A_{ef} = b_{ef} \cdot h = 53{,}6\,\text{mm} \cdot 160\,\text{mm} = 8576\,\text{mm}^2$$
$$b_{ef} = k_{cr} \cdot b = 0{,}67 \cdot 80\,\text{mm} = 53{,}6\,\text{mm}$$

Charakteristische Schubfestigkeit:

$f_{V,k} = 4{,}0\,\text{N/mm}^2$ nach DIN EN 338, Tabelle 1

Bemessungswert der Schubfestigkeit:

$$f_{V,d} = \frac{f_{V,k} \cdot k_{\text{mod}}}{\gamma_M} = \frac{4{,}0 \cdot 0{,}9}{1{,}3} = 2{,}77\,\text{N/mm}^2$$

Nachweis Schub bei Doppelbiegung nach Gl. (NA.55):

$$\left(\frac{\tau_{y,d}}{f_{V,d}}\right)^2 + \left(\frac{\tau_{z,d}}{f_{V,d}}\right)^2 \le 1$$

$$\left(\frac{0{,}39}{2{,}77}\right)^2 + \left(\frac{0{,}05}{2{,}77}\right)^2 = 0{,}020 + 0{,}0003 = 0{,}02 \le 1{,}0$$

Nachweis erfüllt!

Grenzzustand der Gebrauchstauglichkeit

Elastische Anfangsverformung infolge ständiger Einwirkung:

$$G_{k,1} = 0{,}23\,\text{kN/m}$$
$$G_{y,k} = G_k \cdot \cos\alpha = 0{,}23\,\text{kN/m} \cdot \cos 7° = 0{,}23\,\text{kN/m}$$
$$G_{z,k} = G_k \cdot \sin\alpha = 0{,}23\,\text{kN/m} \cdot \sin 7° = 0{,}03\,\text{kN/m}$$

$$w_{y,g,inst} = \frac{5 \cdot G_{y,k} \cdot l^4}{384 \cdot E_{0,\text{mean}} \cdot I_y} = \frac{5 \cdot 0{,}23 \cdot 4500^4}{384 \cdot 11 \cdot 10^3 \cdot 2{,}731 \cdot 10^7} = 4{,}09\,\text{mm}$$

$$w_{z,g,inst} = \frac{5 \cdot G_{z,k} \cdot l^4}{384 \cdot E_{0,\text{mean}} \cdot I_y} = \frac{5 \cdot 0{,}03 \cdot 4500^4}{384 \cdot 11 \cdot 10^3 \cdot 0{,}683 \cdot 10^7} = 2{,}13\,\text{mm}$$

$$w_{G,inst} = \sqrt{w_{y,g,inst}{}^2 + w_{z,g,inst}{}^2} = 4{,}61\text{mm}$$

Elastische Anfangsverformung infolge veränderlicher Einwirkung:

$$Q_{k,1} = 0{,}45\,\text{kN/m}$$
$$Q_{y,k} = Q_{k,1} \cdot \cos\alpha = 0{,}45\,\text{kN/m} \cdot \cos 7° = 0{,}45\,\text{kN/m}$$
$$Q_{z,k} = Q_{k,1} \cdot \sin\alpha = 0{,}45\,\text{kN/m} \cdot \sin 7° = 0{,}06\,\text{kN/m}$$

$$w_{y,q,inst} = \frac{5 \cdot Q_{y,k} \cdot l^4}{384 \cdot E_{0,\text{mean}} \cdot I_y} = \frac{5 \cdot 0{,}45 \cdot 4500^4}{384 \cdot 11 \cdot 10^3 \cdot 2{,}731 \cdot 10^7} = 8{,}00\,\text{mm}$$

$$w_{z,q,inst} = \frac{5 \cdot Q_{z,k} \cdot l^4}{384 \cdot E_{0,\text{mean}} \cdot I_y} = \frac{5 \cdot 0{,}06 \cdot 4500^4}{384 \cdot 11 \cdot 10^3 \cdot 0{,}683 \cdot 10^7} = 4{,}26\,\text{mm}$$

$$w_{Q,1,inst} = \sqrt{w_{y,q,inst}{}^2 + w_{z,q,inst}{}^2} = 9{,}06\,\text{mm}$$

$$w_{inst} = w_{G,inst} + w_{Q,1,inst} + \sum \Psi_0 \cdot w_{Q,i,inst}$$ [DIN EN 1990, Gl. (6.14b)]

$$w_{inst} = 4{,}61\,\text{mm} + 9{,}06\,\text{mm} + 0$$

$$w_{inst} = 13{,}67\,\text{mm}$$

Berechnung Endverformung in der quasi-ständigen Bemessungssituation:

$$w_{fin} = w_{G,fin} + \sum \Psi_{2,i} \cdot w_{Q,i,fin}$$ [DIN EN 1990, Gl. (6.16b)]

$$w_{fin} = w_{G,inst} \cdot (1 + k_{def}) + \Psi_{2,1} \cdot w_{Q,1,fin} + \Psi_{2,i} \cdot w_{Q,i,fin}$$

$\psi_{2,1} = 0$ nach DIN EN 1990, Tabelle A.1.1

$\psi_{2,i} = 0$ nach DIN EN 1990, Tabelle A.1.1

$$w_{fin} = w_{G,inst} \cdot (1 + k_{def}) + 0 + 0$$

$$w_{fin} = 4{,}61\text{mm} \cdot (1 + 0{,}8)$$

$$w_{fin} = 8{,}30\,\text{mm}$$

Nachweis Durchbiegung in der charakteristischen (seltenen) Bemessungssituation:

$$w_{inst} = 13{,}67\,\text{mm} < l/300 = 15{,}00\,\text{mm}$$

$$w_{fin} = 8{,}30\,\text{mm} < l/200 = 22{,}5\,\text{mm}$$

Nachweis Durchbiegung in der quasi-ständigen Bemessungssituation:

$$w_{net,fin} = w_{fin} - w_c = 8{,}30 - 0 = 8{,}30 < l/300 = 15{,}0\,\text{mm}$$

$\Rightarrow$ **Der Nachweis der Gebrauchstauglichkeit ist erfüllt!**

b) Sparrenpfetten als Koppelpfetten

– *Endfeld:*

Bemessungswert des Momentes aus Eigenlast und Mannlast:

$$Q_{d,2} = 1{,}5\,\text{kN}$$

$$M_d = \frac{E_{G,d} \cdot \ell^2}{11} + 0{,}17 \cdot Q_{d,2} \cdot \ell$$

$$M_d = \frac{0{,}31 \cdot 4{,}5^2}{11} + 0{,}17 \cdot 1{,}5 \cdot 4{,}5 = 1{,}72 < 1{,}82\,\text{kNm}$$

$$M_{d,E} = \frac{E_d \cdot \ell^2}{11} = \frac{0{,}99 \cdot 4{,}5^2}{11} = 1{,}82\,\text{kNm}$$ (maßgebend)

$$M_{y,d,E} = M_{d,E} \cdot \cos\alpha = 1{,}82\,\text{kNm} \cdot \cos 7° = 1{,}81\ \text{kNm}$$

$$M_{z,d,E} = M_{d,E} \cdot \sin\alpha = 1{,}82\,\text{kNm} \cdot \sin 7° = 0{,}22\,\text{kNm}$$

– *Mittelfeld:*

Bemessungswert des Momentes aus Eigenlast und Mannlast

$$Q_{d,2} = 1{,}5\,\text{kN}$$

$$M_d = \frac{E_{G,d} \cdot \ell^2}{15} + 0{,}116 \cdot Q_{d,2} \cdot \ell$$

$$M_d = \frac{0{,}31 \cdot 4{,}5^2}{15} + 0{,}116 \cdot 1{,}5 \cdot 4{,}5 = 1{,}20 < 1{,}34\,\text{kNm}$$

$$M_{d,l} = \frac{E_d \cdot \ell^2}{15} = \frac{0{,}99 \cdot 4{,}5^2}{15} = 1{,}34\,\text{kNm}$$ (maßgebend)

$$M_{y,d,l} = M_{d,l} \cdot \cos\alpha = 1{,}34\,\text{kNm} \cdot \cos 7° = 1{,}33\,\text{kNm}$$

$$M_{z,d,l} = M_{d,l} \cdot \sin\alpha = 1{,}34\,\text{kNm} \cdot \sin 7° = 0{,}16\,\text{kNm}$$

Endfeld 80/160 mm, Nadelholz S10 nach DIN 4074-1/C24 nach Tabelle 1 in DIN EN 338
Mittelfeld 80/160 mm. (gewählt: wegen gleicher Pfettenhöhe bei der Kopplung der einzelnen Pfetten → ebene Dachfläche)

$$I_y = \frac{b \cdot h^3}{12} = \frac{80 \cdot 160^3}{12} = 2{,}731 \cdot 10^7\,\text{mm}^4$$

$$W_y = \frac{b \cdot h^2}{6} = \frac{80 \cdot 160^2}{6} = 341 \cdot 10^3\,\text{mm}^3$$

$$I_z = \frac{h \cdot b^3}{12} = \frac{160 \cdot 80^3}{12} = 0{,}683 \cdot 10^7 \text{ mm}^4$$

$$W_z = \frac{h \cdot b^2}{6} = \frac{160 \cdot 80^2}{6} = 171 \cdot 10^3 \text{ mm}^3$$

Spannungsnachweise:

– ***Endfeld:***

Ermittlung der Biegespannungen:

$$\sigma_{m,y,d} = \frac{M_{y,d}}{W_y} = \frac{1{,}81 \cdot 10^6 \text{ Nmm}}{341 \cdot 10^3 \text{ mm}^3} = 5{,}31 \text{N/mm}^2$$

$$\sigma_{m,z,d} = \frac{M_{z,d}}{W_z} = \frac{0{,}22 \cdot 10^6 \text{ Nmm}}{171 \cdot 10^3 \text{ mm}^3} = 1{,}29 \text{ N/mm}^2$$

Ermittlung der Bemessungswerte für C24 nach DIN EN 338, Tabelle 1:

$$f_{y,m,d} = f_{z,m,d} = \frac{k_{mod} \cdot f_{m,k}}{\gamma_M} = \frac{0{,}9 \cdot 24}{1{,}3} = 16{,}62 \text{ N/mm}^2$$

Spannungsnachweis nach Gl. (6.11) und Gl. (6.12) mit $k_m = 0{,}7$ nach Abschnitt 6.1.6 (2):

$$\frac{5{,}31}{16{,}62} + 0{,}7 \cdot \frac{1{,}29}{16{,}62} = 0{,}37 < 1 \qquad \text{[DIN EN 1995-1-1, Gl. (6.11)]}$$

$$0{,}7 \cdot \frac{5{,}31}{16{,}62} + \frac{1{,}29}{16{,}62} = 0{,}30 < 1 \qquad \text{[DIN EN 1995-1-1, Gl. (6.12)]}$$

Nachweis erfüllt!

Schubspannungsnachweis nach Gl. (6.13):

$$V_{d,E} = 0{,}25 \cdot E_d \cdot \ell = 0{,}25 \cdot 0{,}99 \cdot 4{,}5 = 1{,}11 \text{ kN}$$

$$V_{y,d,E} = V_{d,E} \cdot \cos\alpha = 1{,}11 \text{kN} \cdot \cos 7° = 1{,}11 \text{ kN}$$

$$V_{z,d,E} = V_{d,E} \cdot \sin\alpha = 1{,}11 \text{kN} \cdot \sin 7° = 0{,}13 \text{ kN}$$

Nachweis Schub nach DIN EN 1995-1-1:2010, Abschnitt 6.1.6:

$$\tau_{y,d} = 1{,}5 \cdot \frac{V_{y,d,E}}{A_{ef}} = 1{,}5 \cdot \frac{1{,}11 \cdot 10^3}{8{,}576 \cdot 10^3} = 0{,}19 \text{ N/mm}^2$$

$$\tau_{z,d} = 1{,}5 \cdot \frac{V_{z,d,E}}{A_{ef}} = 1{,}5 \cdot \frac{0{,}13 \cdot 10^3}{8{,}576 \cdot 10^3} = 0{,}02 \text{ N/mm}^2$$

mit:

$$A_{ef} = b_{ef} \cdot h = 53{,}6 \text{ mm} \cdot 160 \text{ mm} = 8576 \text{ mm}^2$$
$$b_{ef} = k_{cr} \cdot b = 0{,}67 \cdot 80 \text{ mm} = 53{,}6 \text{ mm}$$

Charakteristische Schubfestigkeit:

$f_{V,k} = 4{,}0 \text{ N/mm}^2$ nach DIN EN 338, Tabelle 1

Bemessungswert der Schubfestigkeit:

$$f_{V,k} = \frac{f_{V,k} \cdot k_{mod}}{\gamma_M} = \frac{4{,}0 \cdot 0{,}9}{1{,}3} = 2{,}77 \text{ N/mm}^2$$

Nachweis Schub nach Gl. (NA.55):

$$\left(\frac{\tau_{y,d}}{f_{V,d}}\right)^2 + \left(\frac{\tau_{z,d}}{f_{V,d}}\right)^2 = \left(\frac{0{,}14}{2{,}77}\right)^2 + \left(\frac{0{,}02}{2{,}77}\right)^2 = 4{,}7 \cdot 10^{-3} + 7{,}22 \cdot 10^{-3}$$
$$= 1{,}2 \cdot 10^{-2} < 1{,}0$$

⇒ **Der Spannungsnachweis ist für das Endfeld erfüllt!**

Grenzzustand der Gebrauchstauglichkeit nach [*Scheer/Knauf* 1996]

$$q_1 = E_d = 0{,}99 \text{ kN/m}$$

$$_{\text{zul}}f = \ell/200 = 22{,}5 \text{ mm}$$

$$_{\text{vorh}}f = 0{,}064 \cdot \frac{q_1 \cdot \ell^4 \cdot 10^7}{I_y}$$

$$_{\text{vorh}}f = 0{,}064 \cdot \frac{0{,}99 \cdot 4{,}5^4 \cdot 10^7}{2713 \cdot 10^4} = 9{,}58 < {_{\text{zul}}f} = 22{,}5 \text{ mm}$$

⇒ ***Nachweis der Durchbiegung ist für das Endfeld erfüllt!***

Spannungsnachweise:

– ***Mittelfeld:***

Ermittlung der Biegespannungen:

$$\sigma_{m,y,d} = \frac{M_{y,d}}{W_y} = \frac{1{,}33 \cdot 10^6 \text{ Nmm}}{341 \cdot 10^3 \text{ mm}^3} = 3{,}90 \text{ N/mm}^2$$

$$\sigma_{m,z,d} = \frac{M_{z,d}}{W_z} = \frac{0{,}16 \cdot 10^6 \text{ Nmm}}{171 \cdot 10^3 \text{ mm}^3} = 0{,}94 \text{ N/mm}^2$$

Ermittlung der Bemessungswerte für C24 nach DIN EN 338, Tabelle 1:

$$f_{y,m,d} = f_{z,m,d} = \frac{k_{mod} \cdot f_{m,k}}{\gamma_M} = \frac{0{,}9 \cdot 24}{1{,}3} = 16{,}62 \text{ N/mm}^2$$

Spannungsnachweis nach Gl. (6.11) und Gl. (6.12) mit $k_m = 0{,}7$ nach 6.1.6 (2):

$$\frac{3{,}90}{16{,}62} + 0{,}7 \cdot \frac{0{,}94}{16{,}62} = 0{,}27 < 1 \qquad \text{[DIN EN 1995-1-1, Gl. (6.11)]}$$

$$0{,}7 \cdot \frac{3{,}90}{16{,}62} + \frac{0{,}94}{16{,}62} = 0{,}22 < 1 \qquad \text{[DIN EN 1995-1-1, Gl. (6.12)]}$$

Nachweis erfüllt!

Schubspannungsnachweis nach Gl. (6.13):

$$V_{d,E} = 0{,}42 \cdot E_d \cdot \ell = 0{,}42 \cdot 0{,}99 \cdot 4{,}5 = 1{,}87 \text{ kN}$$

$$V_{y,d,E} = V_{d,E} \cdot \cos\alpha = 1{,}87 \text{ kN} \cdot \cos 7° = 1{,}86 \text{ kN}$$

$$V_{z,d,E} = V_{d,E} \cdot \sin\alpha = 1{,}87 \text{ kN} \cdot \sin 7° = 0{,}23 \text{ kN}$$

Nachweis Schub nach DIN EN 1995-1-1:2010, Abschnitt 6.1.6:

$$\tau_{y,d} = 1{,}5 \cdot \frac{V_{y,d,E}}{A_{ef}} = 1{,}5 \cdot \frac{1{,}86 \cdot 10^3}{8{,}576 \cdot 10^3} = 0{,}33 \text{ N/mm}^2$$

$$\tau_{z,d} = 1{,}5 \cdot \frac{V_{z,d,E}}{A_{ef}} = 1{,}5 \cdot \frac{0{,}23 \cdot 10^3}{8{,}576 \cdot 10^3} = 0{,}04 \text{ N/mm}^2$$

mit:

$$A_{ef} = b_{ef} \cdot h = 53{,}6 \text{ mm} \cdot 160 \text{ mm} = 8576 \text{ mm}^2$$
$$b_{ef} = k_{cr} \cdot b = 0{,}67 \cdot 80 \text{ mm} = 53{,}6 \text{ mm}$$

Charakteristische Schubfestigkeit:

$f_{V,k} = 4{,}0 \text{ N/mm}^2$ nach DIN EN 338, Tabelle 1

Bemessungswert der Schub nach Gl. (NA.55):

$$f_{V,k} = \frac{f_{V,k} \cdot k_{mod}}{\gamma_M} = \frac{4{,}0 \cdot 0{,}9}{1{,}3} = 2{,}77 \text{ N/mm}^2$$

Nachweis Schubfestigkeit:

$$\left(\frac{\tau_{y,d}}{f_{V,d}}\right)^2 + \left(\frac{\tau_{z,d}}{f_{V,d}}\right)^2 = \left(\frac{0{,}33}{2{,}77}\right)^2 + \left(\frac{0{,}04}{2{,}77}\right)^2 = 1{,}42 \cdot 10^{-2} + 2{,}09 \cdot 10^{-4}$$
$$= 1{,}44 \cdot 10^{-2} < 1{,}0$$

⇒ **Der Spannungsnachweis ist für das Mittelfeld erfüllt!**

Grenzzustand der Gebrauchstauglichkeit nach *[Scheer/Knauf* 1996]

$q_1 = E_d = 0{,}99\,\text{kN/m}$

$_{\text{zul}}f = \ell/200 = 22{,}5\,\text{mm}$

$$_{\text{vorh}}f = 0{,}019 \cdot \frac{q_1 \cdot \ell^4 \cdot 10^7}{I_y}$$

$$_{\text{vorh}}f = 0{,}019 \cdot \frac{0{,}99 \cdot 4{,}5^4 \cdot 10^7}{2713 \cdot 10^4} = 2{,}84 < {}_{\text{zul}}f = 22{,}5\,\text{mm}$$

$\Rightarrow$ ***Nachweis der Durchbiegung ist für das Mittelfeld erfüllt!***

Überdeckungslängen der Koppelpfetten

Endfeld: $a = 0{,}10 \cdot \ell = 0{,}10 \cdot 4500 = 450\,\text{mm}$

Mittelfeld: $a = 0{,}18 \cdot \ell = 0{,}18 \cdot 4500 = 810\,\text{mm}$

Als Verbindungsmittel gewählt: M12.
In jedem Feld sind die Koppelpfetten mit angeschraubten Sparren- Pfetten- Holzverbindern gegen Windsog mit dem Obergurt des Binders zu verankern (Bild 5.168.).

5.8. Verstärkte Balken

5.8.1. Unterspannte Balken

Die Tragfähigkeit biegebeanspruchter Balken kann durch ein unterspanntes Zugband erheblich gesteigert werden. Durch die Unterspannung erhält der Träger ein oder mehrere elastische Zwischenauflager, welche die Biegemomente verringern. Eine derartige Anordnung kann für einzelne Fälle in Betracht gezogen werden; sie ist besonders wirtschaftlich bei weitgespannten Balken, Pfetten, Dachträgern oder Brückenträgern.

Die Unterspannung kann auch nachträglich zur Verstärkung überlasteter Träger eingebaut werden.

Berechnung

In statischer Hinsicht entspricht der unterspannte Balken (Bild 5.170.) dem Stabbogen und dessen Sonderfällen, dem ein- und zweifachen Hängewerk, jedoch mit dem Unterschied, Stäbe, die beim Stabbogen Druck erhalten, werden beim unterspannten Balken auf Zug beansprucht und umgekehrt.

Unterspannte Balken werden gleichzeitig auf Biegung und Druck beansprucht. Der Tragbalken besteht je nach Erfordernis aus Vollholz oder Brettschichtholz. Die Unterspannung besteht in der Regel aus Rund- oder Flachstählen oder bauaufsichtlich zugelassenen Zugstäben.

Systemhöhe: $f = \ell/12$

Bei mehrfach unterspannten Trägern liegen die Knickpunkte auf einer Parabel mit der Pfeilhöhe *f* (Bild 5.170.c).
Der beiderseitig frei aufliegende Träger ist äußerlich statisch bestimmt und innerlich einfach statisch unbestimmt.

Symmetrisch belastete Träger mit kleineren Spannweiten werden mit nachfolgenden Formeln (s. Tabelle 5.18.) näherungsweise berechnet (nach [*Milbrandt* 1981/85]).

Für große Spannweiten und/oder unsymmetrische Belastungen sind genaue Berechnungsverfahren anzuwenden, bei denen gegebenenfalls die Nachgiebigkeit der Verbindungsmittel, Temperaturdehnung der Zugbänder usw. berücksichtigt werden [*EGH-Bericht* 1986]. Die Nährungsberechnungen liegen auf der sicheren Seite.

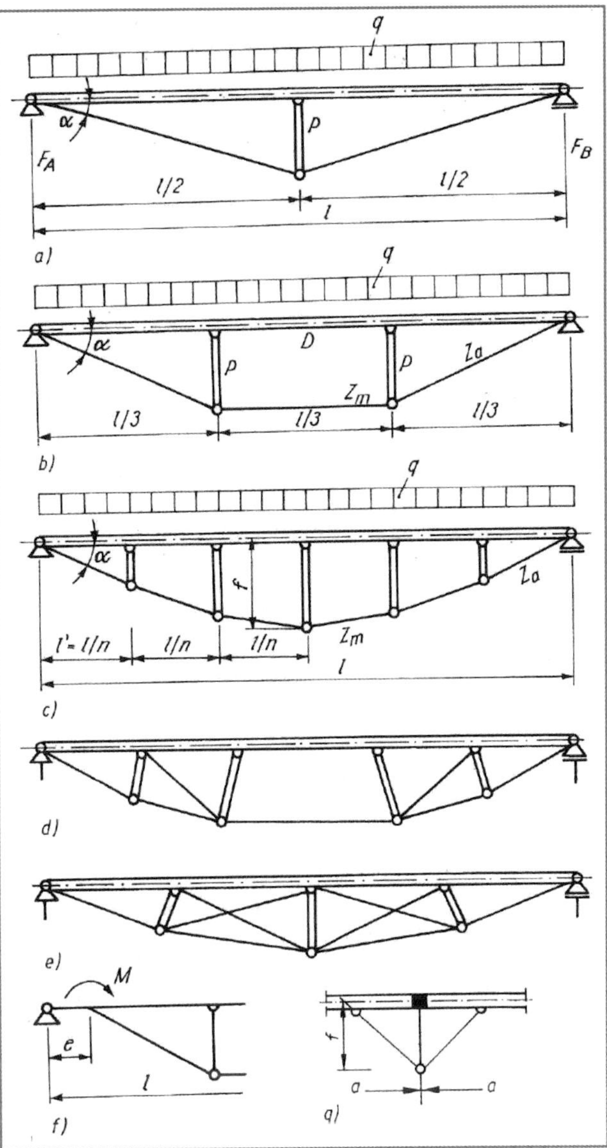

Legende
a) einfach unterspannter Träger
b) doppelt unterspannter Träger
c) mehrfach unterspannter Träger
d), e) statische Systeme für weit gespannte Träger (nach [Mucha 1986])
f) Unterspannung endet nicht unmittelbar über dem Auflager
g) Querstabilisierung durch Kopfbänder

Bild 5.170. Unterspannte Träger

Konstruktion und Herstellung

- Die Systemlinien von Zugband, Tragbalken und Auflager sollten sich in einem Punkt schneiden. Endet die Unterspannung nicht unmittelbar über diesem Schnittpunkt (Bild 5.170.f), dann ist im Tragbalken ein zusätzliches Moment von der Größe

  $M_d = F_{A,d} \cdot e$ bzw. $M_d = F_{B,d} \cdot e$

  zu berücksichtigen.
- Stählerne Zugbänder sind mit Spannschlössern zu versehen, um sie nachspannen zu können. Damit können rechnerisch nicht erfasste Einflüsse infolge Schwindens und Schlupfs ausgeschaltet und die vorgesehenen Überhöhungen eingehalten werden.
- Die Träger werden bei der Herstellung mit $\ell/200$ bis $\ell/300$ überhöht hergestellt, indem die Zugbänder gespannt werden.

- Der Tragbalken und die Pfosten sind gegen seitliches Ausknicken z. B. durch Kopfbänder zu sichern (Querstabilisierung, Bild 5.170.g).
- Der Anschluss der Überspannung am Träger ist sorgfältig auszubilden.

Tabelle 5.18. Formeln für die näherungsweise Berechnung der Schnittkräfte

Berechnungsgröße	Einfach unterspannter Träger Bild 5.170.a	Doppelt unterspannter Träger Bild 5.170.b	Mehrfach unterspannter Träger Bild 5.170.c
Biegemomente im Tragbalken	${}_{\max}M_{d,\text{Feld}} = \frac{9}{512} \cdot E_d \cdot \ell^2$ ${}_{\min}M_{d,\text{Stütze}} = -\frac{1}{32} \cdot E_d \cdot \ell^2$	${}_{\max}M_{d,\text{Feld}} = +\frac{1}{112{,}5} \cdot E_d \cdot \ell^2$ ${}_{\min}M_{d,\text{Stütze}} = -\frac{1}{90} \cdot E_d \cdot \ell^2$	${}_{\max}M_{d,\text{Feld}} \approx +\frac{E_d \cdot \ell^2}{12 \cdot n^2}$ ${}_{\min}M_{d,\text{Stütze}} \approx -\frac{E_d \cdot \ell^2}{9 \cdot n^2}$
Längskräfte	$Z_d = +\frac{5}{16} \cdot \frac{E_d \cdot \ell}{\sin\alpha}$ $D_d = -\frac{5}{16} \cdot \frac{E_d \cdot \ell}{\tan\alpha}$ $F_d = -\frac{5}{8} \cdot E_d \cdot \ell$	$Z_{m,d} = +\frac{11}{30} \cdot \frac{E_d \cdot \ell}{\tan\alpha}$ $Z_{a,d} = +\frac{11}{30} \cdot \frac{E_d \cdot \ell}{\sin\alpha}$ $D_d = -\frac{11}{30} \cdot \frac{E_d \cdot \ell}{\tan\alpha}$ $F_d = -\frac{11}{30} \cdot E_d \cdot \ell$	$Z_{m,d} = +\frac{E_d \cdot \ell \cdot (n-1)}{2 \cdot n \cdot \tan\alpha}$ $Z_{a,d} = +\frac{E_d \cdot \ell \cdot (n-1)}{2 \cdot n \cdot \sin\alpha}$ $D_d = +\frac{E_d \cdot \ell \cdot (n-1)}{2 \cdot n \cdot \tan\alpha}$ $F_d = -\frac{E_d \cdot \ell}{n}$

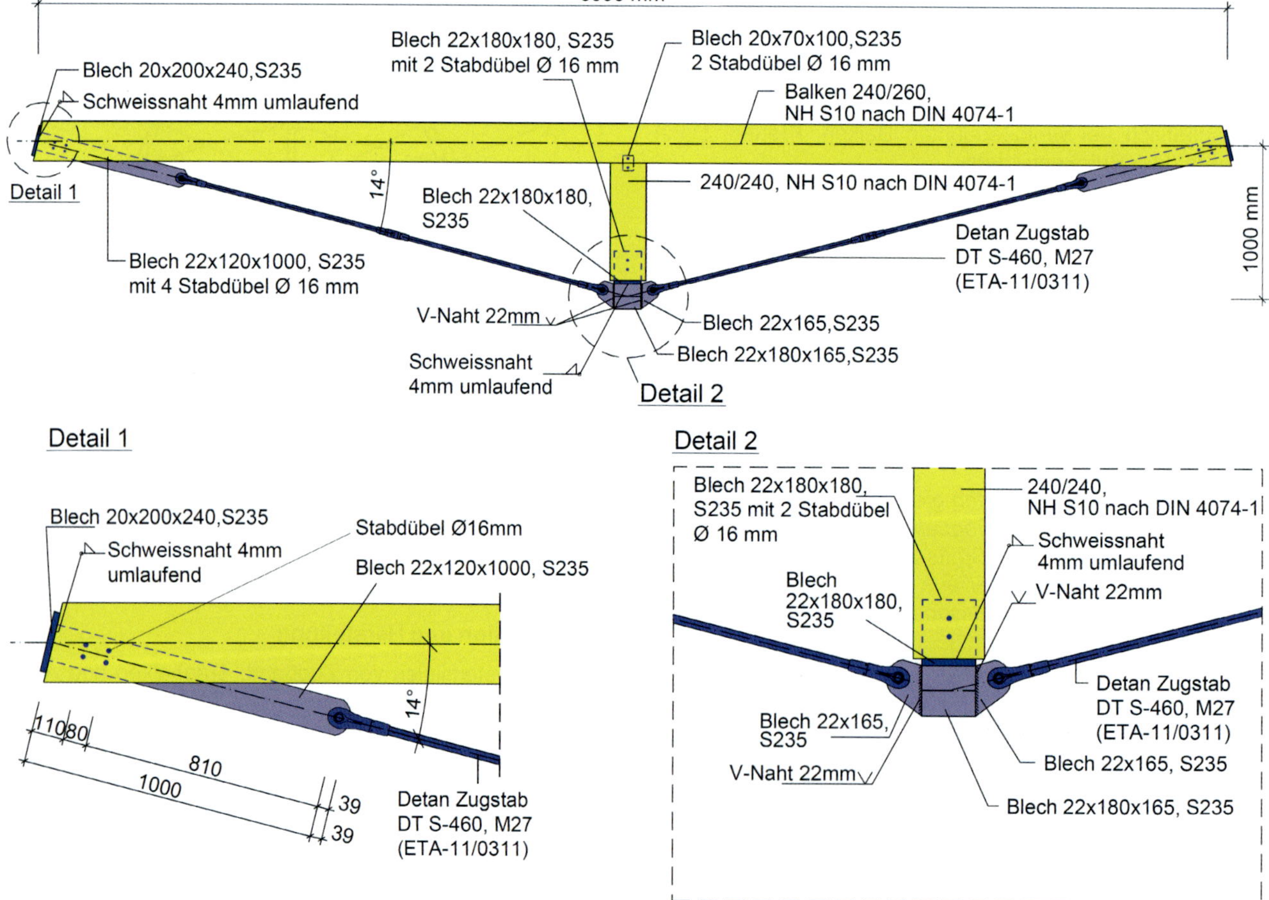

Bild 5.171. Unterspannter Balken

Beispiel 5.37. **(nach DIN EN 1995-1-1:2010)**

Der einfach unterspannte Balken nach Bild 5.171. ist zu berechnen.

Der einfach unterspannte Balken ist statisch nachzuweisen.
Spannweite: $\ell = 8{,}0\ \text{m}$
Abstand Unterspannung: $f = 1{,}0\ \text{m}$
Unterspannung: Typisierte Zugstäbe nach bauaufsichtlicher Zulassung Z.14.4-432

Charakteristische Werte der Beanspruchung:

$G_k = 5{,}0\ \text{kN/m}$

$Q_{k,1} = 5{,}0\ \text{kN/m}$ (keine weiteren veränderlichen Einwirkungen)

Maßgebender Bemessungswert der Beanspruchung:

(Teilsicherheitsbeiwerte für die Einwirkungen nach DIN EN 1990/NA:2013, Tabelle NA.A.1.1.2 (A))

$\gamma_G = 1{,}35$; $\gamma_Q = 1{,}5$

$$E_d = \gamma_G \cdot G_k + \gamma_Q \cdot Q_{k,1} = 1{,}35 \cdot 5 + 1{,}5 \cdot 5 = 14{,}25\ \text{kN/m}$$

Näherungsweise Berechnung der Bemessungswerte der Schnittgrößen lt. Tabelle F.5

Momente:

$$_{\max}M_{y,\text{Feld}} = \frac{9}{512} \cdot E_d \cdot \ell^2 = \frac{9}{512} \cdot 14{,}25 \cdot 8{,}0^2 = 16{,}03\ \text{kNm}$$

$$_{\min}M_{y,\text{Stütze}} = -\frac{1}{32} \cdot E_d \cdot \ell^2 = -\frac{1}{32} \cdot 14{,}25 \cdot 8{,}0^2 = -28{,}5\ \text{kNm}$$

Stabkräfte:

Zugkraft in der Unterspannung

$$N_{t,d} = \frac{5}{16} \cdot \frac{E_d \cdot \ell}{\sin\alpha} = \frac{5}{16} \cdot \frac{14{,}25 \cdot 8}{\sin 14°} = 147{,}26\ \text{kN}$$

Druckkraft im Balken

$$N_{c,d} = -\frac{5}{16} \cdot \frac{E_d \cdot \ell}{\tan\alpha} = -\frac{5}{16} \cdot \frac{14{,}25 \cdot 8}{\tan 14°} = -142{,}9\ \text{kN}$$

Druckkraft im Pfosten

$$N_{c,d} = -\frac{5}{8} \cdot E_d \cdot \ell = -\frac{5}{8} \cdot 14{,}25 \cdot 8 = -71{,}25\ \text{kN}$$

Gewählt: Balkenquerschnitt: 240/280 mm
Aus Konstruktionsvollholz S10 nach DIN 4074-1 = C24 nach DIN EN 338, Tabelle 1, KLED mittel, NKL1

Charakteristische Festigkeitswerte lt. Tabelle 1 nach DIN EN 338:

$f_{m,k} = 24\ \text{N/mm}^2$

$f_{c,0,k} = 21\ \text{N/mm}^2$

$f_{c,90,k} = 2{,}5\ \text{N/mm}^2$

$f_{v,k} = 4{,}0\ \text{N/mm}^2$

$E_{0,\text{mean}} = 11000\ \text{N/mm}^2$

$$E_{0,05} = \frac{2}{3} \cdot E_{0,\text{mean}} = \frac{2}{3} \cdot 11000 = 7333{,}33\ \text{N/mm}^2$$

Bemessungswerte der Festigkeiten:

$$f_{m,d} = \frac{k_{\text{mod}} \cdot f_{m,k}}{\gamma_M} = \frac{0{,}8 \cdot 24}{1{,}3} = 14{,}77\ \text{N/mm}^2$$

$$f_{c,0,d} = \frac{k_{\text{mod}} \cdot f_{c,0,k}}{\gamma_M} = \frac{0{,}8 \cdot 21}{1{,}3} = 12{,}92\ \text{N/mm}^2$$

$$f_{c,90,d} = \frac{k_{\text{mod}} \cdot f_{c,90,k}}{\gamma_M} = \frac{0{,}8 \cdot 2{,}5}{1{,}3} = 1{,}54\ \text{N/mm}^2$$

$$f_{v,d} = \frac{k_{\text{mod}} \cdot f_{v,k}}{\gamma_M} = \frac{0{,}8 \cdot 4{,}0}{1{,}3} = 2{,}5\ \text{N/mm}^2$$

Der Balken wird auf Biegung und Druck beansprucht.

$M_{y,d,\text{Feld}} = 16{,}03\ \text{kNm}$

$M_{y,d,\text{Stütze}} = -28{,}5\ \text{kNm}$

$N_{c,0,\text{Balken}} = -142{,}9\ \text{kN}$

Gegen Knicken und Kippen ist der Balken in Trägermitte gegen seitliches Ausweichen gehalten. Es sind daher zwei Nachweise zu führen:
a) Nachweis Stabilität bei $x = 2\ \text{m}$
b) Nachweis Spannungen bei $x = 4\ \text{m}$

Nachweis a) – Stabilität:

Ersatzstablänge mit $\beta = 1{,}0$:

$$\ell_{\text{ef}} = \frac{\beta \cdot \ell}{2} = \frac{1{,}0 \cdot 8}{2} = 4\ \text{m}$$

$i_y = 0{,}289 \cdot h = 0{,}289 \cdot 260 = 75{,}14\ \text{mm}$

$i_z = 0{,}289 \cdot b = 0{,}289 \cdot 240 = 69{,}36\ \text{mm}$

Überprüfung Kippgefahr nach Abschnitt 10.3.2:

$$\frac{\ell_{\text{ef}} \cdot h}{b^2} = \frac{4000 \cdot 260}{240^2} = 18{,}1 < 140 \Rightarrow k_m = 1{,}0$$

Schlankheiten:

$$\lambda_y = \frac{\ell_{\text{ef}}}{i_y} = \frac{4000}{75{,}14} = 53{,}23$$

$$\lambda_z = \frac{\ell_{\text{ef}}}{i_z} = \frac{4000}{69{,}36} = 57{,}67$$

Nach Gl. (6.21) und Gl. (6.22) erhält man:

$$\lambda_{\text{rel},y} = \frac{\lambda_y}{\pi} \cdot \sqrt{\frac{f_{c,0,k}}{E_{0,05}}}$$ [DIN EN 1995-1-1, Gl. (6.21)]

$$\lambda_{\text{rel},y} = \frac{53{,}23}{\pi} \cdot \sqrt{\frac{21}{7333{,}33}} = 0{,}907$$

$$\lambda_{\text{rel},z} = \frac{\lambda_z}{\pi} \cdot \sqrt{\frac{f_{c,0,k}}{E_{0,05}}}$$ [DIN EN 1995-1-1, Gl. (6.22)]

$$\lambda_{\text{rel},z} = \frac{57{,}67}{\pi} \cdot \sqrt{\frac{21}{7333{,}33}} = 0{,}98$$

Berechnung k-Wert nach Gl. (6.27) und Gl. (6.28) mit $\beta_c = 0{,}2$:

$$k_y = 0{,}5 \cdot \left[1 + \beta_c \cdot \left(\lambda_{\text{rel},y} - 0{,}3\right) + \lambda_{\text{rel},y}^2\right]$$ [DIN EN 1995-1-1, Gl. (6.27)]

$$k_y = 0{,}5 \cdot \left[1 + 0{,}2(0{,}907 - 0{,}3) + 0{,}907^2\right] = 0{,}971$$

$$k_z = 0{,}5 \cdot \left[1 + \beta_c \cdot \left(\lambda_{\text{rel},z} - 0{,}3\right) + \lambda_{\text{rel},z}^2\right]$$ [DIN EN 1995-1-1, Gl. (6.28)]

$$k_z = 0{,}5 \cdot \left[1 + 0{,}2(0{,}98 - 0{,}3) + 0{,}98^2\right] = 1{,}05$$

Berechnung Knickbeiwerte nach Gl. (6.25) und Gl. (6.26):

$$k_{c,y} = \frac{1}{k_y + \sqrt{k_y^2 - \lambda_{\text{rel},y}^2}}$$ [DIN EN 1995-1-1, Gl. (6.25)]

$$k_{c,y} = \frac{1}{0{,}97 + \sqrt{0{,}97^2 - 0{,}907^2}} = 0{,}76$$

$$k_{c,z} = \frac{1}{k_z + \sqrt{k_z^2 - \lambda_{\text{rel},z}^2}}$$ [DIN EN 1995-1-1, Gl. (6.26)]

$$k_{c,z} = \frac{1}{1{,}05 + \sqrt{1{,}05^2 - 0{,}98^2}} = 0{,}70$$

Nachweis nach Gl. (NA.58) und (NA.59) für $\sigma_{m,z,d} = 0$:

[DIN EN 1995-1-1/NA, Gl. (NA.58)]

$$\frac{\sigma_{c,0,d}}{k_{c,y} \cdot f_{c,0,d}} + \frac{\sigma_{m,y,d}}{k_{crit} \cdot f_{m,y,d}} + \left(\frac{\sigma_{m,z,d}}{f_{m,z,d}}\right)^2 \leq 1$$

$$\frac{\sigma_{c,0,d}}{k_{c,y} \cdot f_{c,0,d}} + \frac{\sigma_{m,y,d}}{k_{crit} \cdot f_{m,y,d}} = \frac{\frac{N_{c,d}}{A}}{k_{c,y} \cdot f_{c,0,d}} + \frac{\frac{M_{y,d}}{W_y}}{k_{crit} \cdot f_{m,y,d}}$$

$$= \frac{\frac{142,9 \cdot 10^3}{6,24 \cdot 10^4}}{0,76 \cdot 12,92} + \frac{\frac{16,03 \cdot 10^6}{2,704 \cdot 10^6}}{1,0 \cdot 14,77}$$

$= 0,23 + 0,4 = 0,63 \leq 1,0$ **Nachweis erfüllt!**

[DIN EN 1995-1-1/NA, Gl. (NA.59)]

$$\frac{\sigma_{c,0,d}}{k_{c,z} \cdot f_{c,0,d}} + \left(\frac{\sigma_{m,y,d}}{k_{crit} \cdot f_{m,y,d}}\right)^2 + \frac{\sigma_{m,z,d}}{f_{m,z,d}} \leq 1$$

$$\frac{\sigma_{c,0,d}}{k_{c,z} \cdot f_{c,0,d}} + \left(\frac{\sigma_{m,y,d}}{k_{crit} \cdot f_{m,y,d}}\right)^2 =$$

$$\frac{\frac{N_{c,d}}{A}}{k_{c,z} \cdot f_{c,0,d}} + \left(\frac{\frac{M_{y,d}}{W_y}}{k_m \cdot f_{m,y,d}}\right)^2 =$$

$$= \frac{\frac{142,9 \cdot 10^3}{6,24 \cdot 10^4}}{0,70 \cdot 12,92} + \left(\frac{\frac{16,03 \cdot 10^6}{2,704 \cdot 10^6}}{1,0 \cdot 14,77}\right)^2$$

$= 0,25 + 0,162$

$= 0,41 \leq 1,0$ **Nachweis erfüllt!**

Nachweis b) – Spannungsnachweis nach Gl. (6.35):

$$\left(\frac{\sigma_{m,d}}{k_{crit} \cdot f_{m,d}}\right)^2 + \frac{\sigma_{c,0,d}}{k_{c,z} \cdot f_{c,0,d}} \leq 1$$ [DIN EN 1995-1-1, Gl. (6.35)]

Nachweis Zugstäbe:

$_{vorh}N_{t,d} = 147,26\ \text{kN}$

Gewählt: DETAN- Zugstab DT-S 460 nach Zulassung Z-14.4-432

Bemessungswert der Zugtragfähigkeit nach Herstellerangaben:

$R_{t,d} = 209\ \text{kN} > {}_{vorh}N_{t,d} = 147,26\ \text{kN}$

Nachweis Druck senkrecht zur Faser Anschluss Pfosten/Balken:

$N_{c,d} = -71,25\ \text{kN}$

$A_{ef} = (b + 2 \cdot 30) \cdot h = (240 + 60) \cdot 240 = 7,2 \cdot 10^4\ \text{mm}^2$

Nachweis nach Gl. (6.3) mit $k_{c,90} = 1,0$:

$\sigma_{c,90,d} \leq k_{c,90} \cdot f_{c,90,d}$ [DIN EN 1995-1-1, Gl. (6.3)]

$\frac{71,25 \cdot 10^3}{7,2 \cdot 10^4} = 1,00 < 1,5 \cdot 1,54 = 2,31\ \text{N/mm}^2$ **Nachweis erfüllt!**

Nachweis Druck parallel zur Faser Anschluss Pfosten/Stahlteil:

$A_{ef} = b \cdot h = 240 \cdot 240 = 5,766 \cdot 10^4\ \text{mm}^2$

$$\frac{\frac{\sigma_{c,90,d}}{A_{ef}}}{f_{c,0,d}} = \frac{\frac{71,25 \cdot 10^3}{5,766 \cdot 10^4}}{12,92} = 0,10 < 1,0$$

Nachweis Anschluss Unterspannung:

Beanspruchung im Last-Faser-Winkel $\alpha = 14°$
Blechgröße = Druckfläche

$A_{brutto} = 200 \cdot 240 = 4,8 \cdot 10^4\ \text{mm}^2$

$A_{netto} = (240 - 22 - 4) \cdot 200 = 4,28 \cdot 10^4\ \text{mm}^2$

$N_{c,\alpha,d} = N_{t,d} = 147,26\ \text{kN}$

$$\sigma_{c,\alpha,d} = \frac{N_{c,\alpha,d}}{A_{Blech}} = \frac{147,26 \cdot 10^3}{4,28 \cdot 10^4} = 3,43\ \text{N/mm}^2$$

Nachweis nach Gl. (6.16):

$$\sigma_{c,\alpha,d} \leq \frac{f_{c,0,d}}{\frac{f_{c,0,d}}{k_{c,90} \cdot f_{c,90,d}} \cdot \sin^2\alpha + \cos^2\alpha}$$ [DIN EN 1995-1-1, Gl. (6.16)]

mit $k_{c,90} = 1$ nach Gl. (6.16)

$$3,43 \leq \frac{12,92}{\frac{12,92}{1,0 \cdot 1,54} \cdot \sin^2 14° + \cos^2 14°} \leq \frac{12,92}{1,43} = 9,03\ \text{N/mm}^2$$

Nachweis erfüllt!

Der Nachweis für Stahlbleche und Schweißnähte wird an dieser Stelle nicht geführt! Konstruktion des unterspannten Balkens, s. Bild 5.171.

Weitere **Literatur**: [*Lißner* u. a. 2010], [*Herzog/Natterer* u. a. 2003], [*Dittrich/Göhl* 1987], [*EGH-Bericht* 1986], [*Karlsen* u. a. 1975]

5.8.2. Balkenverstärkung bei Umbauten – Aufgaben der Balkenverstärkung

Bei Umbauten oder Sanierungsmaßnahmen besteht oftmals die Aufgabe, die Tragfähigkeit eingebauter Holzbalken durch zusätzliche Tragglieder zu verstärken.
Die Gründe hierfür können sehr verschieden sein (z. B. Last aus einer zusätzlichen Zwischenwand, aus technischen Einbauten). Die zu lösenden Probleme sind mannigfacher Art und unabhängig von verschiedenen Faktoren, so z. B.

- vom Zustand der Konstruktion,
- davon, ob der Balken in seiner Lage verbleiben muss,
- davon, ob sich zusätzliche Tragelemente anbringen lassen,
- von den zur Verfügung stehenden Baustoffen.

Konstruktive Lösung

Vollholzbalken können durch

- seitlich, über oder unter den Balken angebrachte Bohlen oder Kanthölzer,
- seitlich angeschraubte Stahlprofile oder andere Stahlelemente,
- Unterspannung

verstärkt werden.

Die Art und Weise der zweckmäßigsten Lösung hängt u. a. von der Balkenanzahl, der Funktion, der Belastung und dem Bauzustand ab. So sind bei Holzbalkenlagen, z. B. bei der Instandsetzung der Altbau-Wohnsubstanzen, erforderliche Verstärkungen mit genagelten Bohlen konstruktiv richtig und ökonomisch.

Ist die Tragfähigkeit einzelner Balken, z. B. unter einer neu einzubauenden Trennwand, wirksam zu erhöhen, wäre eine Verstärkung mit I-Stahl-Profilen zweckmäßig.

Lösungen nach Bildern 5.172. und 5.175. sind holzaufwendig und bringen statisch (bei großen Schnittkräften) keinen Gewinn. Statisch ist es gleichgültig, ob die Verstärkung auf oder unter dem Balken angebracht ist; die Lage ist davon abhängig, wo die Verstärkung am besten nachträglich angebracht werden kann (Folgewirkungen beachten).

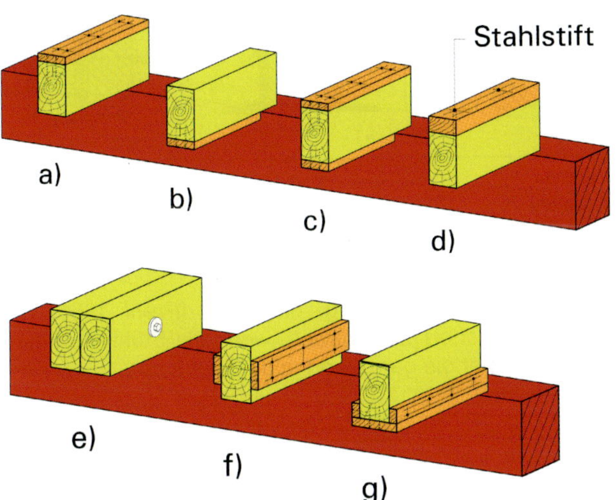

Legende
a) Bohlenverstärkung an der Oberseite
b) Bohlenverstärkung an der Unterseite
c) Bohlenverstärkung an der Ober- und Unterseite
d) Kantholzverstärkung an der Oberseite mit Stahlstiften
e) Doppelbalken mit Bolzen
f) beidseitige Verstärkung mit Bohlen
g) Verstärkung von unten und beidseitig mit Bohlen

Bild 5.172. Balkenverstärkungen

Verstärkung von Vollholzbalken mit Stahlprofilen

Verstärkungen mit Stahlträgern sind statisch effektiv; es lassen sich damit nennenswerte Lasten aufnehmen. Es zeichnen sich zwei Gruppen ab.

Bisher war es üblich, die Stahlträger nach Bild 5.173. nur an wenigen Stellen mit dem Holzbalken zu verschrauben. Damit wird die idealisierte rechnerische Annahme einer kontinuierlichen Verbindung zwischen Stahl und Holz illusorisch.

Eine konstruktive Verbesserung bedeutet, die Stahlträger durch einseitige Einpressdübel mit den Hölzern zu verbinden.

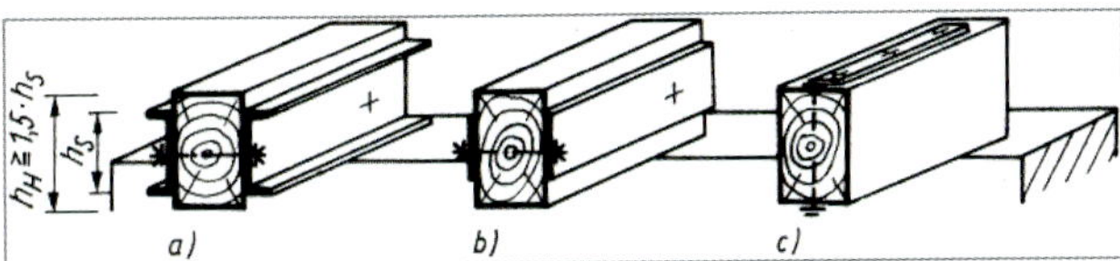

Legende
a) volle Ausnutzung der Biegespannung des Holzbalkens wird erreicht, wenn $h_{Holz} \geq 1{,}5 \cdot h_{Stahl}$

Bild 5.173. Verstärkung von Holzbalken durch Stahlteile

Die Stahlverstärkungen können

1. im Bereich der Größtmomente angeordnet werden, wo die Tragkraft der Holzbalken nicht mehr ausreicht (Bild 5.174.)
2. über die gesamte Spannweite durchlaufen und am Auflager unterstützt werden.

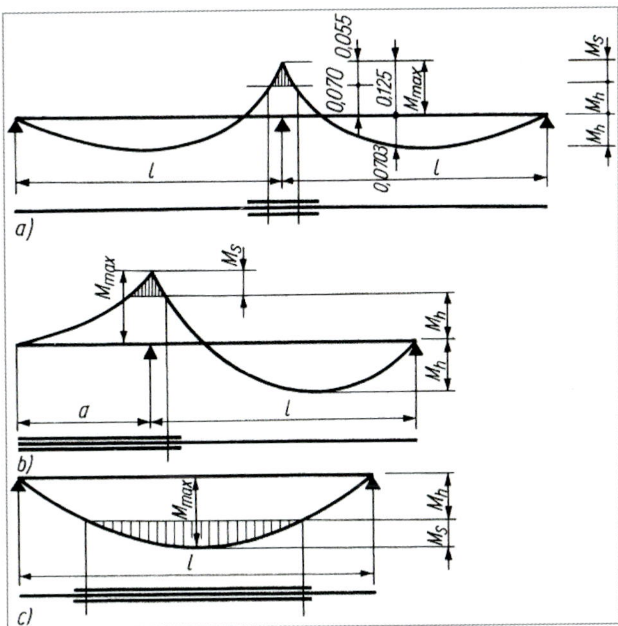

Legende
a) Träger auf drei Stützen mit gleichmäßig verteilter Belastung
b) Träger mit Kragarm
c) Träger auf zwei Stützen
M_k Moment durch Holzträger aufnehmbar,
M_s Moment durch Verstärkung aufnehmen

Bild 5.174. Balkenverstärkung im Bereich der Größtmomente

Aus Gründen der Baustoff- und Kosteneinsparung wird der erste Fall dem zweiten vorzuziehen sein. Statisch sind beide unterschiedlich zu behandeln.

Aufgaben der Verbindungsmittel sind:

- Übertragung der Verbundkräfte zwischen Holz und Stahl,
- Verhinderung der Verschiebung an den Verbundstellen und
- Verhinderung der Querschnittsverdrehung.

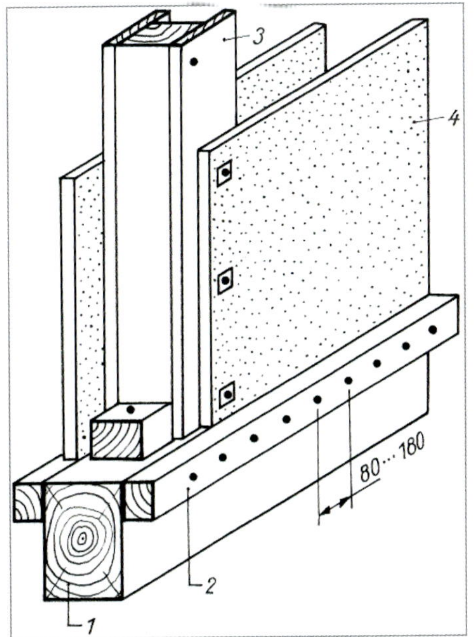

Legende
1 Balken
2 angenagelte Latten
3 Brett
4 Bekleidung

Bild 5.175. Balkenverstärkungen, z. B. Einbau einer Trennwand

Bei einer Lösung nach Bild 5.176. ist der Stahlträger so zu legen, dass ${}_{\Delta}f > {}_{\max}f$ wird. Der Zwischenraum ist mit plastischem Material auszufüllen.

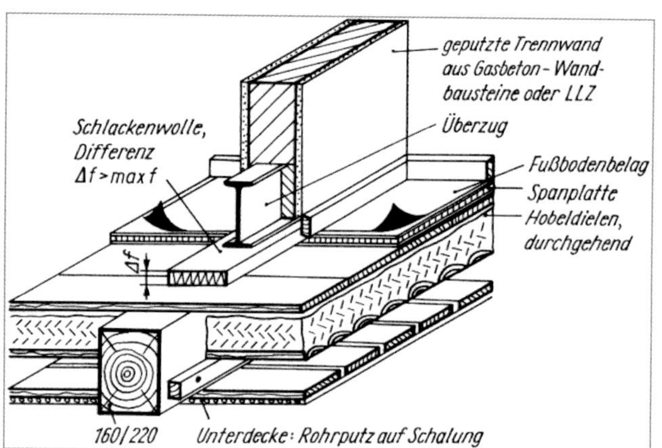

Bild 5.176. Einbau einer Trennwand auf vorhandener Holzbalkendecke

Statische Berechnung:
Es lassen sich unterscheiden:

1. angenäherte Verfahren (am meisten angewendet), es wird als die bisherige Berechnungsweise bezeichnet [*Lehmann/Stolze* 1975] und
2. genauere Berechnung [*Prehl* 1966].

Bei der *bisherigen Berechnungsweise* von zusammengesetzten Querschnitten aus Holz und Stahl ging man davon aus, dass

1. der unterschiedliche Elastizitätsmodul berücksichtigt werden muss,
2. Holz und Stahl sich in gleichem Maße durchbiegen,
3. die Verstärkungsstähle kontinuierlich mit dem Holz verbunden auf der gesamten Länge durchlaufen und an den Enden unterstützt sind.

Für den Träger auf zwei Stützen mit

$E_{\text{Stahl}} = 210000\ \text{N/mm}^2$ und $E_{\text{Holz}} = 10000\ \text{N/mm}^2$

worin die Indizes *Stahl* auf den Stahlquerschnitt und *Holz* auf den Holzquerschnitt hinweisen, ergibt sich dann

$$\frac{E_{\text{Stahl}}}{E_{\text{Holz}}} = 21 = n; \quad \frac{E_{\text{Stahl}}}{E_{\text{Holz}}} = \frac{1}{21}; \quad \varphi = \frac{I_{\text{Holz}}}{I_{\text{Stahl}}}; \quad \rho = \frac{I_{\text{Stahl}}}{I_{\text{Holz}}}$$

Die anteiligen Belastungen betragen

$$\frac{q_{\text{Stahl}}}{q_{\text{Holz}}} = \frac{E_{\text{Stahl}} \cdot I_{\text{Stahl}}}{E_{\text{Holz}} \cdot I_{\text{Holz}}} = n \cdot \rho \quad \text{oder} \quad \frac{q_{\text{Holz}}}{q_{\text{Stahl}}} = \frac{E_{\text{Holz}} \cdot I_{\text{Holz}}}{E_{\text{Stahl}} \cdot I_{\text{Stahl}}} = \frac{1}{21} \cdot \varphi$$

$$q = q_{\text{Stahl}} + q_{\text{Holz}}.$$

Bei der Wahl der Stahlträger für die Verstärkung kann die volle Biegespannung des Holzes nur erreicht werden, wenn

$$h_{\text{Holz}} \geq 1{,}5 \cdot h_{\text{Stahl}}$$

ist. In Bild 5.177. ist daher die Ausführung nach *b* und *c* ungünstig. Der Anwendungsbereich dieser „Handformel" ist begrenzt!

Bei unzulässigen vorhandenen Durchbiegungen oder Konstruktionsänderungen werden mehrere Probeberechnungen notwendig. Um den Rechenaufwand zu verringern und den statischen Nachweis zu vereinfachen, sind von *Bätz* [*Bätz* 1976] auf der Grundlage der vorliegenden Ableitungen Lastverteilungszahlen errechnet worden, die von der Summe der Belastungen ausgehen und Gleich- und Einzellasten an beliebiger Stelle berücksichtigen.

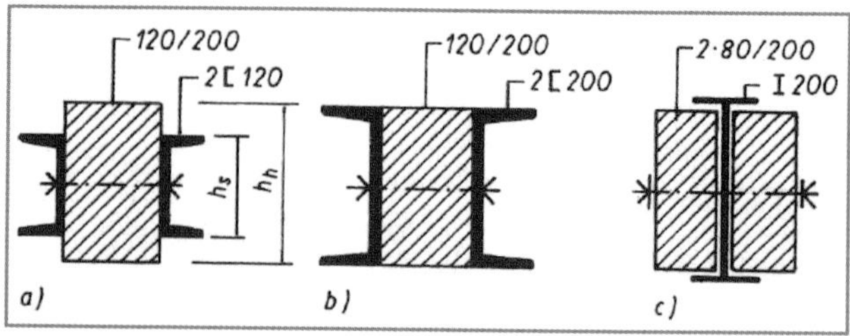

Legende
a) günstig
b), c) ungünstige Lösungen

Bild 5.177. Verstärkung von Holzbalken durch Stahlträger

Die **genaue Berechnung**, die *Prehl* [*Prehl* 1966] entwickelt hat, ist empfehlenswert, wenn die Stahlverstärkungen nicht über die ganze Länge durchlaufen.

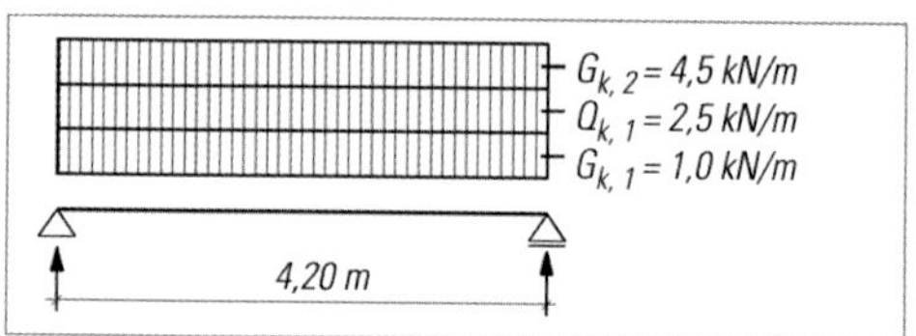

Bild 5.178. Statisches System und charakteristische Werte der Beanspruchung

Beispiel 5.38. (nach DIN EN 1995-1-1)

Ein Deckenbalken mit dem Querschnitt 140/200 mm, Spannweite $\ell = 4{,}20$ m, mit einer Belastung aus ständigen und veränderlichen Lasten von $E_k = G_{k,1} + Q_{k,1} = 3{,}5\ \text{kN/m}$ hat infolge Umbauarbeiten die Eigenlast einer Zwischenwand mit $G_{k,2} = 4{,}5\ \text{kN/m}$ zusätzlich aufzunehmen. Es sollen zwei [-Stähle angeschraubt werden, die über die gesamte Länge durchlaufen.

Ein Deckenbalken mit einem Querschnitt 140/200 mm soll verstärkt werden. Die Spannweite beträgt $\ell = 4{,}20$ m. Der Balken ist beidseitig 2× [120 kontinuierlich über Passbolzen mit dem Balken verbunden (s. Bild 5.179.).

Holzbalken C24 Materialwerte nach DIN EN 388, Tabelle 1/S10 nach DIN 4074-1, KLED mittel, NKL1, $k_{\text{mod}} = 0{,}8$,

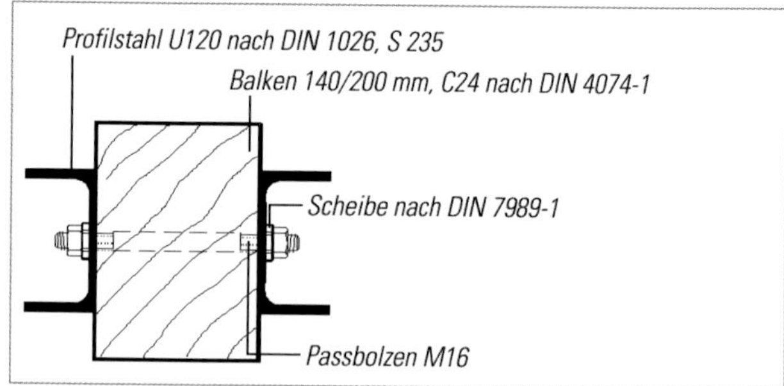

Bild 5.179. Verstärkter Deckenbalken-Querschnitt

$\gamma_M = 1{,}3$

$f_{y,m,k} = 24\ \text{N/mm}^2$

$E_{0,\text{mean,Holz}} = 11000\ \text{N/mm}^2$

$\rho_k = 350\ \text{kg/m}^3$

Stahl Materialwerte:

S235, 2× [120 nach DIN 1026-1]

$\gamma_M = 1{,}1$

$f_{y,k} = 240\ \text{N/mm}^2$

Querschnitt:

Holz:

$$W_{y,\text{Holz}} = \frac{b \cdot h^2}{6} = \frac{140 \cdot 200^2}{6} = 9{,}333 \cdot 10^5\ \text{mm}^3$$

$$I_{y,\text{Holz}} = \frac{b \cdot h^3}{12} = \frac{140 \cdot 200^3}{12} = 9{,}333 \cdot 10^7\ \text{mm}^4$$

Stahl:

$$W_{y,\text{Stahl}} = 2 \cdot W_{y,\sqsubset 120} = 6 \cdot 6{,}07 \cdot 10^4 = 12{,}14 \cdot 10^4\ \text{mm}^3$$

$$I_{y,\text{Stahl}} = 2 \cdot I_y = 2 \cdot 3{,}64 \cdot 10^6 = 7{,}28 \cdot 10^6\ \text{mm}^4$$

Annahme der charakteristischen Werte der Beanspruchung:

$G_{k,1} = 1{,}0\ \text{kN/m}$

$Q_{k,1} = 2{,}5\ \text{kN/m}$

Zusätzlich zu dieser Beanspruchung soll der Balken die Eigenlast einer neuen Zwischenwand mit $G_{k,2} = 4{,}5\ \text{kN/m}$ aufnehmen.

Bemessungswert der Beanspruchung (Bild 5.178.):

(Teilsicherheitsbeiwerte für die Einwirkungen nach DIN EN 1990, A.1.3, Tabelle A1.2 (A))

$\gamma_G = 1{,}35$; $\gamma_Q = 1{,}5$

$$E_d = \gamma_G \cdot (G_{k,1} + G_{k,2}) + \gamma_Q \cdot Q_{k,1}$$ [DIN EN 1990, Gl. (6.10)]

$$E_d = 1{,}35 \cdot (1{,}0 + 4{,}5) + 1{,}5 \cdot 2{,}5 = 11{,}18\ \text{kN/m}$$

Bei gleichen Dehnungen der beiden Materialien erhält man folgende Lastaufteilung:

$$E_{d,\text{Stahl}} = n \cdot \frac{I_{\text{Stahl}}}{I_{\text{Holz}}} \cdot E_{d,\text{Holz}} \quad \text{mit} \quad n = \frac{E_{\text{mean,Stahl}}}{E_{0,\text{mean,Holz}}} = \frac{210000}{11000} = 19{,}09$$

$$E_{d,\text{Stahl}} = 19{,}09 \cdot \frac{7{,}28 \cdot 10^6}{9{,}33 \cdot 10^7} \cdot E_{d,\text{Holz}} = 1{,}49 \cdot E_{d,\text{Holz}}$$

$$E_{d,\text{gesamt}} = E_{d,\text{Stahl}} + E_{d,\text{Holz}}$$

Für $E_{d,\text{Stahl}}$ eingesetzt ergibt

$$E_d = 1{,}49 \cdot E_{d,\text{Holz}} + E_{d,\text{Holz}} = 2{,}49 \cdot E_{d,\text{Holz}}$$

Gleichung umgestellt nach $E_{d,\text{Holz}}$

$$E_{d,\text{Holz}} = \frac{E_d}{2{,}49} = \frac{11{,}18}{2{,}49} = 4{,}49\ \text{kN/m}$$

und

$$E_{d,\text{Stahl}} = 1{,}49 \cdot E_{d,\text{Holz}} = 1{,}49 \cdot 4{,}49 = 6{,}69\ \text{kN/m}$$

Kontrolle

$$E_{d,\text{gesamt}} = E_{d,\text{Stahl}} + E_{d,\text{Holz}} = 4{,}49 + 6{,}69 = 11{,}18\ \text{kN/m}$$

Anteil an Gesamtlast

$$K_{d,\text{Holz}} = \frac{E_{d,\text{Holz}}}{E_{d,\text{gesamt}}} = \frac{4{,}49}{11{,}18} = 0{,}4$$

$$K_{d,\text{Stahl}} = \frac{E_{d,\text{Stahl}}}{E_{d,\text{gesamt}}} = \frac{6{,}69}{11{,}18} = 0{,}6$$

Bemessungswerte der Schnittkraftmomente entsprechend den Lastanteilen:

$$M_{d,\text{Holz}} = \frac{E_{d,\text{Holz}} \cdot \ell^2}{8} = \frac{4{,}49 \cdot 4{,}2^2}{8} = 9{,}9\ \text{kNm}$$

$$M_{d,\text{Stahl}} = \frac{E_{d,\text{Stahl}} \cdot \ell^2}{8} = \frac{6{,}69 \cdot 4{,}2^2}{8} = 14{,}75\ \text{kNm}$$

Bemessungswerte der Biegebeanspruchungen:

$$\sigma_{m,y,d,\text{Holz}} = \frac{M_{d,\text{Holz}}}{W_{y,\text{Holz}}} = \frac{9{,}9 \cdot 10^6}{9{,}333 \cdot 10^5} = 10{,}61\ \text{N/mm}^2$$

$$\sigma_{m,y,d,\text{Stahl}} = \frac{M_{d,\text{Stahl}}}{W_{y,\text{Stahl}}} = \frac{14{,}75 \cdot 10^6}{12{,}14 \cdot 10^4} = 121{,}50\ \text{N/mm}^2$$

Bemessungswerte der Biegefestigkeiten:

$$f_{m,y,d,\text{Holz}} = \frac{k_{\text{mod}} \cdot f_{m,y,k}}{\gamma_M} = \frac{0{,}8 \cdot 24}{1{,}3} = 14{,}77\ \text{N/mm}^2$$

$$f_{m,y,d,\text{Stahl}} = \frac{f_{y,k}}{\gamma_M} = \frac{240}{1{,}1} = 218{,}18\ \text{N/mm}^2$$

Nachweis der Biegespannungen:

$$\frac{\sigma_{m,y,d,\text{Holz}}}{f_{m,y,d,\text{Holz}}} = \frac{10{,}61}{14{,}77} = 0{,}72 < 1{,}0$$

$$\frac{\sigma_{m,y,d,\text{Stahl}}}{f_{m,y,d,\text{Stahl}}} = \frac{121{,}5}{218{,}18} = 0{,}56 < 1{,}0$$

Tragfähigkeit der Verbindungsmittel:

Damit die Stahlprofile ihre anteilige Last auch aufnehmen, wird eine kontinuierliche Verbindung mit Passbolzen M16, Fk. 4.6 im Abstand von 800 mm angeordnet. Die Beanspruchung eines Verbindungsmittels beträgt:

$$N_d = 0{,}5 \cdot E_{d,\text{Stahl}} \cdot a_{\text{Bolzen}} = 0{,}5 \cdot 6{,}69 \cdot 0{,}8 = 2{,}68\ \text{kN}$$

Mindestholzdicke nach Gl. (NA.111):

$f_{u,k} = 400\ \text{N/mm}^2$; $d = 16\ \text{mm}$; $\rho_k = 350\ \text{kg/m}^2$

$$M_{y,k} = 0{,}3 \cdot f_{u,k} \cdot d^{2,6} = 0{,}3 \cdot 400 \cdot 16^{2,6} = 1{,}62 \cdot 10^5\ \text{Nmm}$$

$$f_{h,0,k} = 0{,}082 \cdot (1 - 0{,}01 \cdot d) \cdot \rho_k$$

$$f_{h,0,k} = 0{,}082 \cdot (1 - 0{,}01 \cdot 16) \cdot 350 = 24{,}11\ \text{N/mm}^2$$

$$t_{\text{req}} = 1{,}15 \cdot \left(2 \cdot \sqrt{2}\right) \cdot \sqrt{\frac{M_{y,k}}{f_{h,0,k} \cdot d}}$$

$$t_{\text{req}} = 66{,}72 < t_{\text{vorh}} = 140\ \text{mm}$$

Charakteristischer Wert der Tragfähigkeit des Verbindungsmittels nach Gl. (NA.117):

Blechdicke dünn $\Rightarrow$ $t = s = 7\ \text{mm} < 0{,}5 \cdot d = 0{,}5 \cdot 16 = 8\ \text{mm}$

[DIN EN 1995-1-1/NA, Gl. (NA.117)]

$$F_{v,Rk} = \sqrt{2 \cdot M_{y,Rk} \cdot f_{h,k} \cdot d}$$

Pro Scherfläche

$$F_{v,Rk} = \sqrt{2 \cdot 1{,}62 \cdot 10^5 \cdot 24{,}11 \cdot 16} = 10609{,}7\ \text{N} = 10{,}61\ \text{kN}$$

Für einen Bolzen n = 2 Scherflächen

$$F_{v,Rk} = n \cdot F_{v,Rk} = 2 \cdot 10{,}61 = 21{,}2\ \text{kN}$$

Bemessungswert der Tragfähigkeit nach Gl. (2.14):

[DIN EN 1995-1-1, Gl. (2.14)]

$$F_{v,Rd} = \frac{k_{\text{mod}} \cdot F_{v,Rk}}{\gamma_M} = \frac{0{,}8 \cdot 21{,}2}{1{,}1} = 15{,}43\ \text{kN}$$

Nachweis Tragfähigkeit:

$$\frac{N_d}{F_{v,Rd}} = \frac{2{,}68}{15{,}43} = 0{,}174 < 1{,}0$$

Nachweis der Gebrauchstauglichkeit:

$$E_{G,k} = G_{k,1} + G_{k,2} = 1{,}0 + 4{,}5 = 5{,}5\ \text{kN/m}$$

$$E_{Q,k} = Q_{k,1} = 2{,}5\ \text{kN/m}$$

$$E_{k,\text{gesamt}} = E_{G,k} + E_{Q,k} = 5{,}5 + 2{,}5 = 8\ \text{kN/m}$$

$$E_{k,\text{gesamt}} = 2{,}49 \cdot E_{k,\text{Holz}}$$

$$E_{k,\text{Holz}} = \frac{E_{k,\text{gesamt}}}{2{,}49} = \frac{8}{2{,}49} = 3{,}21\ \text{kN/m}$$

$$w_{G,\text{inst,Holz}} = \frac{5 \cdot (0{,}4 \cdot E_{G,k}) \cdot \ell^4}{384 \cdot E_{0,\text{mean}} \cdot I_{\text{Holz}}} = \frac{5 \cdot (0{,}4 \cdot 5{,}5) \cdot 4200^4}{384 \cdot 11000 \cdot 9{,}333 \cdot 10^7} = 8{,}68\ \text{mm}$$

$$w_{G,\text{inst,Stahl}} = \frac{5 \cdot (0{,}6 \cdot E_{G,k}) \cdot \ell^4}{384 \cdot E_{0,\text{mean}} \cdot I_{\text{Stahl}}} = \frac{5 \cdot (0{,}6 \cdot 5{,}5) \cdot 4200^4}{384 \cdot 21000 \cdot 7{,}28 \cdot 10^6} = 8{,}74\ \text{mm}$$

$$w_{Q,\text{inst,Holz}} = \frac{5 \cdot (0{,}4 \cdot E_{G,k}) \cdot \ell^4}{384 \cdot E_{0,\text{mean}} \cdot I_{\text{Holz}}} = \frac{5 \cdot (0{,}4 \cdot 2{,}5) \cdot 4200^4}{384 \cdot 11000 \cdot 9{,}33 \cdot 10^7} = 3{,}95\ \text{mm}$$

Charakteristische seltene Kombination:

$$w_{inst} = w_{G,\text{inst}} + w_{Q,1,inst} + \sum \Psi_0 \cdot w_{Q,i,inst} \qquad \text{[DIN EN 1990, Gl. (6.14b)]}$$

$$w_{inst} = 8{,}68\ \text{mm} + 3{,}95\ \text{mm} + 0$$

$$w_{\text{inst}} = 12{,}63\ \text{mm}$$

Quasi-ständige Bemessungssituation:

$$w_{fin} = w_{G,fin} + \sum \Psi_{2,i} \cdot w_{Q,i,fin} \qquad \text{[DIN EN 1990, Gl. (6.16b)]}$$

$$w_{fin} = w_{G,inst} \cdot (1 + k_{def}) + \Psi_{2,1} \cdot w_{Q,1,fin} + \Psi_{2,i} \cdot w_{Q,i,fin}$$

$\psi_{2,1} = 0{,}3$ *nach DIN EN 1990, Tabelle A.1.1:*

$$w_{Q,1,fin} = W_{Q,1,\text{inst}} \cdot (1 + \psi_{2,1} \cdot k_{def})$$

$$w_{Q,1,fin} = 3{,}95 \cdot (1 + 0{,}3 \cdot 0{,}6)$$

$$w_{Q,1,fin} = 4{,}66\ \text{mm}$$

$$w_{fin} = w_{G,inst} \cdot (1 + k_{def}) + \Psi_{2,1} \cdot w_{Q,1,fin} + \Psi_{2,i} \cdot w_{Q,i,fin}$$

$$w_{fin} = 8{,}68\ \text{mm} \cdot (1 + 0{,}6) + 0{,}3 \cdot 4{,}66\ \text{mm}$$

$$w_{fin} = 15{,}29\ \text{mm}$$

Quasi-ständige Bemessungssituation:

Berechnung von $w_{\text{net,fin}}$ nach Gl. (NA.1) mit $u = w$

[DIN EN 1995-1-1/NA:2013, Gl. (NA.1)]

$$w_{\text{net,fin}} = \left(w_{\text{inst,G}} + \sum_{i \geq 1} \psi_{2,i} \cdot w_{\text{inst,Q},i} \right) \cdot (1 + k_{\text{def}}) - w_c$$

$$w_{\text{net,fin}} = (8{,}68 + (0{,}3 \cdot 3{,}95)) \cdot (1 + 0{,}6) - 0 = 10{,}58\ \text{mm}$$

Nachweis Durchbiegung in der charakteristisch (seltenen) Bemessungssituation:

$$w_{\text{inst}} = 12{,}63 < \frac{\ell}{300} = 14\ \text{mm}$$

Nachweis Durchbiegung in der quasi-ständigen Bemessungssituation:

$$w_{\text{fin}} = 15{,}29 < \frac{\ell}{200} = 21\ \text{mm}$$

$$w_{\text{net,fin}} = 10{,}58 < \frac{\ell}{300} = 14\ \text{mm}$$

5.8.3. Verdübelte/verzahnte Balken

Allgemeine Hinweise

Reichen die normalen Balkenquerschnitte für einen auf Biegung beanspruchten Träger nicht aus, dann werden mehrere Balken aufeinander gelegt und zu einer Verbundkonstruktion ausgebildet. Werden die einzelnen Balken nur lose aufeinander gelegt, so biegt sich jeder Balken einzeln durch, weil sie sich in der Berührungsfläche gegeneinander verschieben können. Deshalb werden sie miteinander verdübelt oder wie schon in der Antike verzahnt.

Zähne oder Dübel haben die Aufgabe, die Schubkräfte zu übertragen.

Eine Verschiebung in der Verbindungsfuge von zwei Balken ergibt sich aus der Verschiebung der Verbindungsmittel bei Lastangriff.

Unter der Wirkung der Schubkräfte tritt eine geringe Verschiebung der Balken in der Berührungsfläche auf, die u. a. durch Schwinden und Arbeitsungenauigkeiten hervorgerufen wird. Deshalb müssen die Trägheitsmomente abgemindert werden (s. Abschnitt 5.7.1.).

Die Tragfähigkeit eines verdübelten Balkens hängt ab

- von der Art der Verdübelung oder Verbindung,
- von der Güte der Arbeit, z. B. vom Passsitz der Dübel.

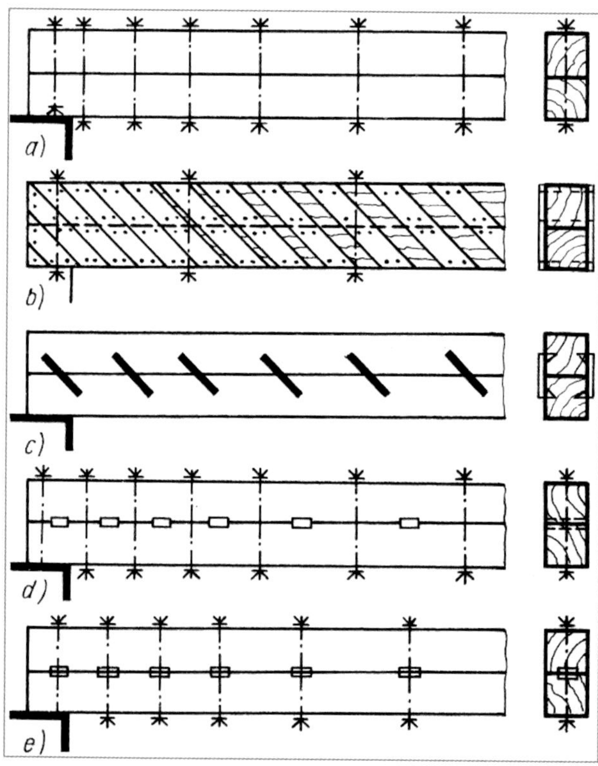

Legende

a) verschraubter Balken (mit Splittzwischenlage)
b) verbretterter Balken (genagelt)
c) verklammerter Balken
d) verdübelter Balken mit Hartholz-(Zimmermanns-) Dübel
e) verdübelter Balken mit Einlass- oder Einpressdübel

Bild 5.180. Verdübelte Balken (Schemata)

Die Verdübelung kann auf verschiedene Weise ausgeführt werden:

Verschraubte Balken (Bild 5.180.a) lassen sich schnell zusammenbauen.

Verbretterte Balken (Bild 5.180.b)
Damit beide Balkenteile an der Kraftübertragung beteiligt sind, werden sie mit genagelten Brettlaschen, fallend zur Mitte des Balkens, versehen. Am Ende werden sie voll verbrettert; zur Mitte hin können die Bretter mit Abstand angebracht werden. Jedes Brett ist mit mindestens vier Nägeln zu befestigen.

Verklammerte Balken (Bild 5.180.c)
Sie sind nur für Bauteile geeignet, die nur kurze Zeit ihren Zweck erfüllen sollen. Zur Mitte hin werden die Klammern weiter als am Balkenende gesetzt.

Verdübelte Balken
Nach Bild 5.180.d werden Zimmermannsdübel aus Eichenholz sowie Spezialdübel nach Bild 5.180.e (am besten Einpressdübel oder Stabdübel) verwendet. Man kann auch mehrere Balken durch außen aufgenagelte Bleche zu einem Verbundträger verbinden. Er hat gegenüber verdübelten Balken eine größere Steifigkeit.

Der verdübelte Balken erhält eine Überhöhung von $\ell/200$ der Spannweite, bevor er zusammengebaut und verlegt wird. Die zulässige Durchbiegung von verdübelten Balken darf höchstens $\ell/300$ betragen.

Mehr als drei Balkenlagen dürfen nicht in Rechnung gestellt werden.

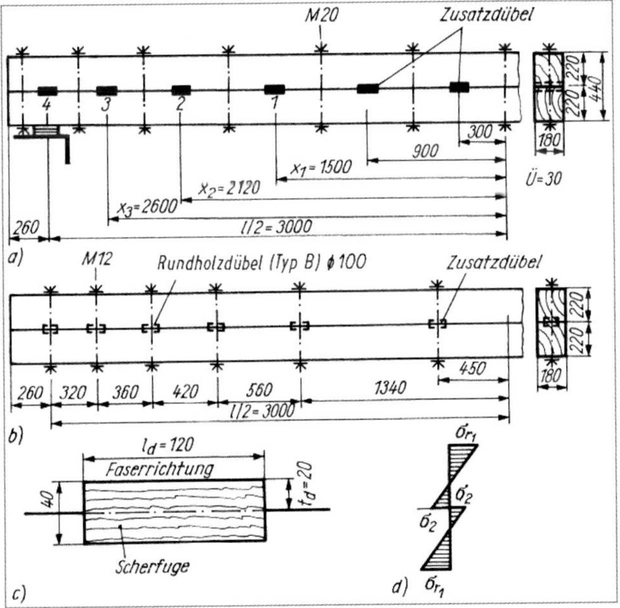

Legende
a) mit Zimmermannsdübel
b) mit Rundholzdübel
c) Detail vom Zimmermannsdübel
d) Spannungsdiagramm

Bild 5.181. Verdübelte Balken

Verdübelte Balken mit Zimmermannsdübeln
(Bild 5.181., Berechnungsbeispiel, s. [*Mönck* 1993])

Dübelaufteilung
Zweck ist es, die Dübel so anzuordnen, dass die berechnete Schubkraft anteilig auf jeden Dübel verteilt wird.

1. Grafische Aufteilung:
Die Schubspannungsfläche wird in die der Dübelanzahl entsprechenden Teilflächen grafisch geteilt. Jedem Dübel wird eine Teilfläche zugewiesen. Die Aufteilung beginnt in Auflagermitte. Der Dübelabstand e soll bei überwiegend ruhenden Lasten $e \leq 30 \cdot t$, bei häufig wechselnden Lasten $e \leq 20 \cdot t$ betragen. In der Balkenmitte werden diese Abstände leicht überschritten, sodass Zusatzdübel einzufügen sind.

2. Analytische Aufteilung nach den früheren Regeln der DIN 1052:1988/1996, Teil 1, Abschnitt 8.3.3

$$x_m = \frac{\ell}{2} \cdot \sqrt{\frac{m}{n}}$$

x_m	Dübelabstand von der Balkenmitte;
ℓ	Balkenlänge;
m	Dübelnummer (von Balkenmitte aus);
n	Dübelanzahl je Balkenhälfte.

Nach DIN 1052:1988/1996, Teil 1, Abschnitt 8.3.3 sind die Verbindungsmittel in der Regel unabhängig vom Verlauf der Querkraftlinie gleichmäßig verteilt über die Trägerlänge anzuordnen. Werden jedoch die Abstände der Verbindungsmittel entsprechend der Querkraftlinie abgestuft angeordnet und sind die maximalen Abstände

$${}_{\max}e'_{1,3} \leq 4 \cdot {}_{\min}e'_{1,3}$$

so darf für $e'_{1,3}$ der jeweilige Verbindungsmittelabstand

$$\bar{e}_{1,3} = 0{,}75 \cdot {}_{\min}e'_{1,3} + 0{,}25 \cdot {}_{\max}e'_{1,3}$$

in Gleichung (38) (nach DIN 1052:1988/1996, Teil 1) eingesetzt werden.

Dieser Zusammenhang ist auch in DIN EN 1995-1-1:2010, Abschnitt 9.3.1 gültig. Allerdings gelten andere Bezeichnungen:

$$e_{1,3} = s_{ef}$$

$${}_{\min}e'_{1,3} = s_{\min}$$

$${}_{\max}e'_{1,3} = s_{\max}$$

Verzahnte Balken
Bei verzahnten Balken handelt es sich um einen aus mehreren Balken zusammengesetzten Verbundquerschnitt, bei dem die horizontalen Berührungsflächen zwischen den Balken sägezahnartig eingeschnitten werden [*Rug* u. a. 2012]. Die Technik der verzahnten Balken ist bereits an Darstellungen antiker römischer Holzbrücken zu finden. *Leonardo da Vinci* (1452–1519) verwendete sie bei Verteidigungsanlagen und bei Brückenprojekten.

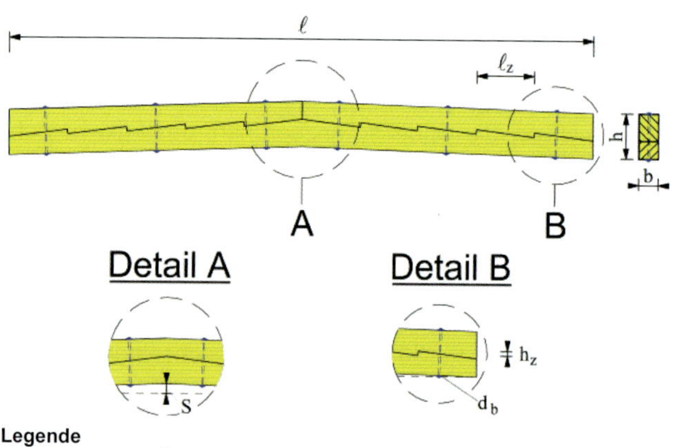

Legende

S – Sprengung/Überhöhung
d_b – Durchmesser des Bolzens
ℓ – Länge des Zahnbalkens
h_z – Höhe der Zähne
h – Höhe des Zahnbalkens
ℓ_z – Länge der Zähne
b – Balkenbreite

Bild 5.182. Zahnbalken – weitere Ausführungen zur Konstruktion und Berechnung in [*Rug* u. a. 2012]

Die verzahnten Balken fanden bis zum Ende des 19. Jahrhunderts Anwendung bei repräsentativen Gebäuden wie Rathäusern, Kirchen und Schlössern, wenn große Deckenspannweiten mit hohen Belastungen realisiert werden sollten. Seit dem Mittelalter wurden verzahnte Träger auch bei Brücken und Dachkonstruktionen mit Spannweiten bis 70 m eingesetzt.

Für die Berechnung steht das Verfahren nach *Möhler* in Anhang B der DIN EN 1995-1-1:2010 oder das Verfahren nach der Schubanalogie in DIN EN 1995-1-1/NA:2013, Abschnitt NCI NA.5.6.3 zur Verfügung.
Weiterhin ist eine Berechnung mithilfe von Stabwerkprogrammen [*Kneidl/Hartmann* 1995] möglich. Voraussetzung ist, dass Rechenwerte für den Verschiebungsmodul in DIN EN 1995-1-1:2010 oder in allgemeinen bauaufsichtlichen Zulassungen bauaufsichtlich geregelt sind. Für Zahnverbindungen sind derartige Werte nicht geregelt. Eine Anwendung ist somit nur über eine Zustimmung im Einzelfall möglich, s. [*Rug* u. a. 2012].

5.8.4. Vollwandbalken (besondere Art)

Besäumte Rundhölzer für Behelfsbrücken werden zweckmäßig mit Einpressdübeln (Bild 5.183.a) schubfest verbunden. Für Brücken können auch die Querbohlen nach Bild 5.183.b, mit Einpressdübeln verbunden, zum Tragen herangezogen werden.
Eine ehemals weit verbreitete Art des verdübelten Balkens war der Klötzelträger (Bilder 5.183.c bis e). Die Balken sind durch Klötzel so getrennt, dass

- eine größere materialsparende Gesamthöhe erreicht wird und
- die Hölzer gut belüftet sind.

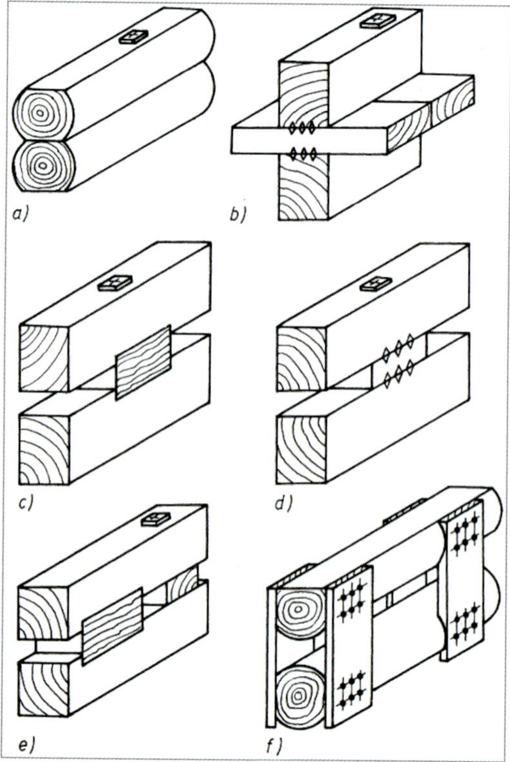

Legende

a) besäumte Rundhölzer, verdübelt mit Einpressdübeln (nach [5.47])
b) Verbundquerschnitt (Brücke) aus Kanthölzern und Querbohlen, verdübelt mit Einpressdübel (nach [*Mucha* 1986])
c) Klötzelträger, Klötzel eingelassen
d) Klötzel mit Einpressdübel angeschlossen (nach [*Mucha* 1986])
e) Klötzel eingelassen und verschraubt
f) Klötzelträger mit seitlich aufgenagelten Laschen (nach *Möhler*)

Bild 5.183. Vollwandbalken

Bei eingelassenen Klötzeln müssen diese mit den Fasern des Balkens parallel verlaufen; dies ist bei alten vorhandenen Verbundbalken nicht immer der Fall.
Für Behelfskonstruktionen ist eine Lösung mit besäumten Rundhölzern und seitlich aufgenagelten Laschen nach Bild 5.183.f zweckmäßig.
Die Klötzelträger hat man wiederentdeckt und aus Bongossiholz mit Stabdübeln ausgeführt (s. [*Mucha* 1986]).

5.8.5. Beiderseitig verbretterte Balken

Derartige Balken wurden vor allem in holzarmen Zeiten, so z. B. zwischen 1940...1955, ausgeführt. Regeln für die Konstruktion und Bemessung finden sich daher nur in älteren Bemessungsnormen, so z. B. in DIN 1052:1988/1996, Teil 1, Abschnitt 8.4.2.
Die Balken können teilweise oder voll verbrettert werden. Für Baustellenzwecke bzw. Brückenkonstruktionen ist diese Konstruktion einfach auszuführen (Bild 5.184.).

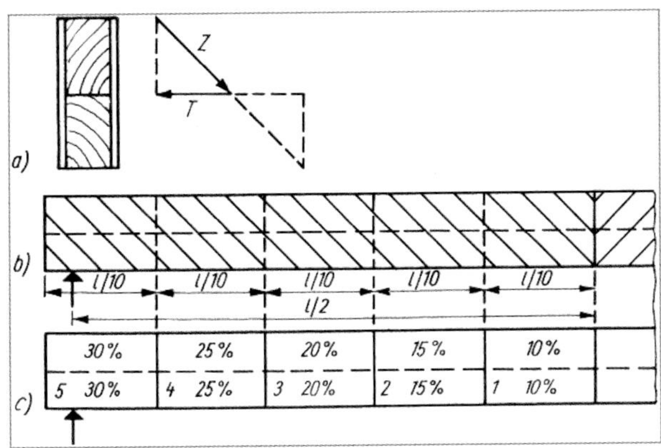

Legende
a) Zerlegung der Schubkraft
b) Ansicht
c) prozentuale Nagelverteilung je Teilstrecke (1/10)

Bild 5.184. Beiderseitig verbretterter Balken

Die Bretter in Dicken von 18 bis 30 mm, je nach Zweck und Beanspruchung, werden bei der Ermittlung des Trägheitsmomentes nicht berücksichtigt. Ermittlung der Nagelanzahl: Die waagerechte Schubkraft T wird in eine schräge Kraft in Richtung der Bretter (allgemein unter 45°) und in eine lotrechte Kraft zerlegt, die in der Berührungsfuge der Balken rechtwinklig zur Faser wirkt. Die gesamte schräge Zugkraft Z_d wird bei $\alpha = 45°$

$$Z_d = T_d\sqrt{2}$$

Zahl der erforderlichen Nägel

$$n = \frac{Z_d}{N_{1,d}}$$

für die beiden Brettlagen auf einer oberen oder unteren Balkenhälfte (beide Seiten zusammen).
Nagelverteilung prozentual nach Bild 5.184.c.

5.9. Kopfbandträger

Kopfbandträger sind Träger, die über mindestens zwei Felder durchlaufen, über den Stützen zugfest gestoßen sind und durch Kopfbänder oder Streben unterstützt werden (Bild 5.185.).

Die Kopfbänder

- verkürzen die Spannweite der Träger,
- verringern die Durchbiegung der Träger,
- steifen die Tragfunktion in Längsrichtung der Träger aus und
- bewirken eine Art rahmenförmiger Ausbildung zwischen Stiel und Träger.

Der Kopfbandträger ist ein kompliziertes statisches Gebilde. Durch die Anordnung der Kopfbänder entsteht ein Durchlaufträger, der auf den Kopfbändern nachgiebig aufgelagert ist. Die üblichen Berechnungen erfassen die wirklichen Verhältnisse nur näherungsweise. Strenge, exakte Berechnungen sind aufwendig und im normalen Holzbau meistens nicht gerechtfertigt.

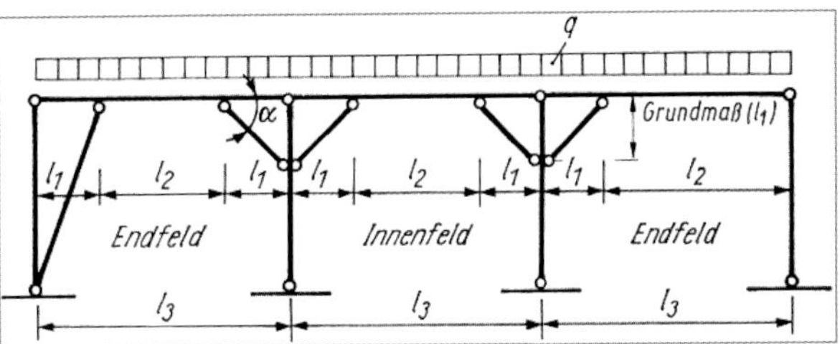

Legende
l_1 Grundmaß, $\alpha = 45°$

Bild 5.185. Kopfbandträger mit gleichen Stützweiten und Gleichlast q

DIN EN 1995-1-1:2010 enthält keine Regeln für Kopfbandträger. Es wird empfohlen, bei der Schnittkraftermittlung nach den vereinfachten Regeln der DIN 1052:1988/1996, Teil 1 zu verfahren.
Kopfbandträger dürfen vereinfacht als frei drehbar gelagerte Träger auf zwei Stützen berechnet werden, sofern folgende Bedingungen erfüllt sind:

- Belastungen in allen Feldern vorwiegend gleichmäßig verteilt,
- ${}_{\max}\ell_2 / {}_{\min}\ell_2 \leq 1{,}2$,
- Ausführung der Kopfbänder in allen Innenfeldern gleich.

Als Stützweite ist ${}_{\max}\ell_2$ des ganzen Trägerstranges einzusetzen (Bild 5.185.).

Empfehlung:

- Anschlusswinkel der Kopfbänder an die Träger $\alpha \geq 45°$.
- Anschlüsse von Kopfbändern und Streben für eine Zugkraft von 10 % der Druckkraft anzuschließen.
- Kopfbänder zug- und druckfest anzuschließen; ebenso Stöße im Trägerstrang.

Bei Pfetten und Balken mit Sattelhölzern ohne Kopfbänder ist als Stützweite ℓ der Achsabstand der Unterstützungen einzusetzen (Bild 5.186.a).

Berechnung

Im Normalfall werden die Kopfbandbalken als Träger auf zwei Stützen berechnet. Dienen die Kopfbandbalken als Dachpfetten, dann sind sie auf Doppelbiegung zu untersuchen. Für die Berechnung der Durchbiegung ist die rechnerische Stützweite maßgebend. Bei Balken mit erheblichen Verkehrslasten kann auch eine genaue Berechnung infrage kommen, z. B. als Rahmen. Hierbei ist der Einfluss einseitiger Belastung auf die Stützen, Balken und Pfetten zu verfolgen. Die Schwächung der Stiele darf je Versatzung höchstens 1/6 der Querschnittshöhe betragen (Bild 5.188.). Die Stöße der Kopfbandträger sind entsprechend den auftretenden Horizontalkräften (von Kopfbändern oder Streben) auszubilden. Kopfbandträger mit Sattelhölzern sind auf die gleiche Art zu behandeln.

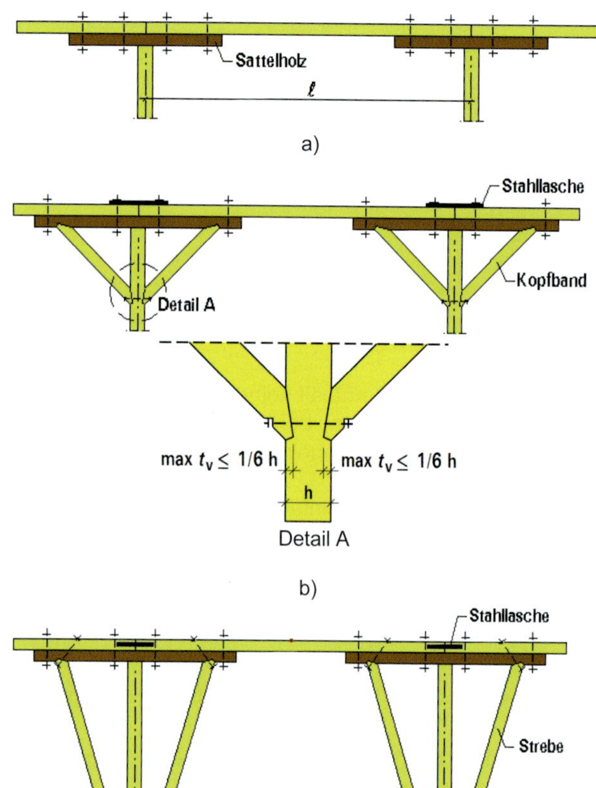

Legende
a) Sattelholz ohne Unterstützung
b) Sattelholz mit Kopfbändern
c) Sattelholz mit Streben

Bild 5.186. Kopfbandträger mit Sattelholz

Kraftwirkungen am Kopfbandbalken

(bei gleichen Stützenabständen ℓ_2 bzw. ℓ_3 und Gleichlast q, Bilder 5.185. und 5.187. (nach [*Göggel* 1999]))

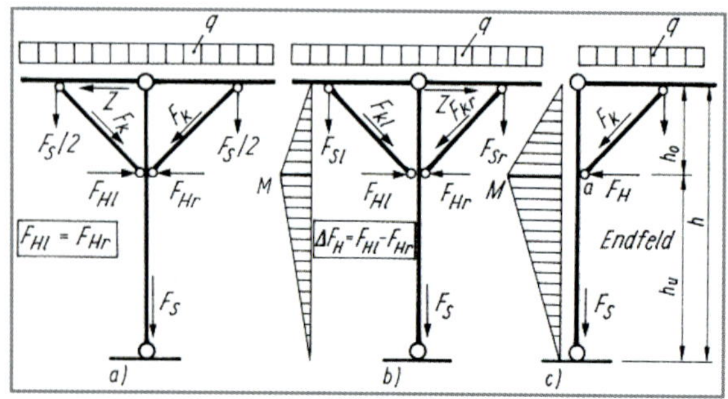

Legende
F_S Druckkraft im Stiel
F_K Druckkraft im Kopfband
F_H Horizontalkraft am Stiel
Z Zugkraft am Pfettenstoß

Bild 5.187. Kräfte am Kopfbandträger bei Gleichlast (nach [*Göggel* 1999])

Unter der ungünstigsten Annahme, dass die Last des Kopfbandbalkens die Kopfbänder voll belastet und demnach die Stützenköpfe keine Auflagerlast erhalten, wird $F_{S,d}/2 = E_d \cdot \ell/2$ (Bild 5.188.).

Infolge Kraftzerlegung wird

$$F_{K,d} = F_{S,d}/2 \cdot \sqrt{2} \quad \text{bzw.} \quad \frac{F_{S,d}}{2 \cdot \sin\alpha}$$

Die Zugkraft Z im Kopfbandbalken (in den Stößen) wird

$$Z_d = F_{S,d}/2 = F_{H,d} = \frac{F_{K,d}}{\sqrt{2}} \quad (\text{bei } \alpha = 45°)$$

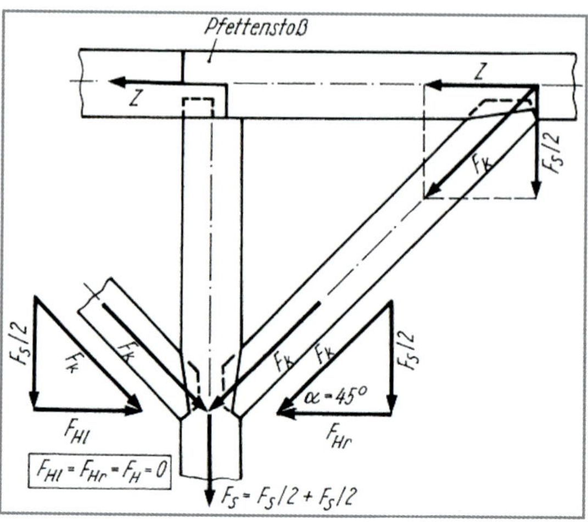

Legende
$F_{S,d}$ Druckkraft im Stiel
$F_{K,d}$ Druckkraft im Kopfband
$F_{H,d}$ Horizontalkraft am Stiel
Z Zugkraft am Pfettenstoß

Bild 5.188. Kräfte am Pfettenstoß und Kopfband (nach [*Göggel* 1999])

$F_{K,d}$ wird vom Kopfband (beiderseitig im Normalfall) auf die Stütze geleitet. Wenn $F_{Hl,d} = F_{Hr,d}$ ist, heben sich die Horizontalkräfte auf: $F_{H,d} = 0$ (Bild 5.188., nach [*Göggel* 1999]). Sofern die Stützkraft $F_{Sl,d} = F_{Sr,d}$, wird auch $F_{Hl,d} = F_{Hr,d}$ und damit $F_{H,d} = 0$.
Solche Stützen werden durch $F_{S,d} = F_{Sl,d}/2 + F_{Sr,d}/2$ nur auf Druck beansprucht (Bild 5.187.a).
Endstützen werden durch die Kraft $F_{H,d}$ auf Biegung und durch $F_{S,d}$ auf Druck beansprucht (Bild 5.187.c). Dies führt häufig zur ungünstigen Verformung der Stütze. Deshalb ist es empfehlenswert, im Endfeld an der Außenseite statt eines Kopfbandes eine Strebe einzuziehen (s. Bild 5.190.). Die Innenstützen (nach Bild 5.190.) haben eine Kraft von

$$F_{S,d} = q \cdot (2 \cdot \ell_1 + \ell_2)$$

zu übertragen.

$$_{\max}M_d = E_d \cdot \ell_{2,3}^2 \cdot 0{,}125 \quad \text{(Kopfbandbalken)}$$

Die Kopfbandbalken werden auf Biegung bemessen; Stöße im Trägerstrang sollten für Z (auf Zug) gesichert werden. Am Endstiel angeschlossene einseitige Kopfbänder bewirken an der Stelle (a) ein Moment

$$M_d = \frac{F_{H,d} \cdot h_u \cdot h_o}{h} \quad \text{(Bild 5.187.c)}$$

Bei ungleichen Stützweiten ℓ und Gleichlast werden $F_{Sl,d}$ und F_{Sr} ungleich.

$$F_{Sl,d} = E_d \cdot \left(\ell_1 + \frac{\ell_2}{2}\right)$$

$$F_{Sr,d} = E_d \cdot \left(\ell_2 + \frac{\ell_3}{2} \right)$$

$$F_{S,d} = F_{Sl,d} + F_{Sr,d}$$

Dies bewirkt, dass sich die Horizontalkräfte $F_{Hl,d}$ und $F_{Hr,d}$ nicht aufheben, es verbleibt $_{\Delta}F_{H,d}$. Die Stütze hat dann außer $F_{S,d}$ (Druck) ein Biegemoment von

$$M_d = \frac{_{\Delta}F_{H,d} \cdot h_u \cdot h_o}{h}$$ aufzunehmen (Bild 5.187.b).

Konstruktive Durchbildung

Verblattete Kopfbänder finden sich bei älteren Bauwerken. Es ist mit der Stützweite ℓ (Bild 5.189.a) zu rechnen (reduzierte Stützweite nicht anwendbar). Verblattete Kopfbänder können nur geringe Druckkräfte übertragen. Überlastete Kopfbänder können sich nach Bild 5.189.d erheblich verschieben; ein Versagen ist möglich. Infolge Schwinden der Hölzer werden nur ganz geringe Zugkräfte übertragen; deshalb bei Instandsetzungsarbeiten getrocknete Hölzer verwenden. Bereits Ende des 16. Jh. wurde im süddeutschen Raum die Anblattung verboten und Zapfenverbindungen gefordert. Lagesicherung anfangs durch Keile, später mit Holznägeln, Neigung: 50°...60°.

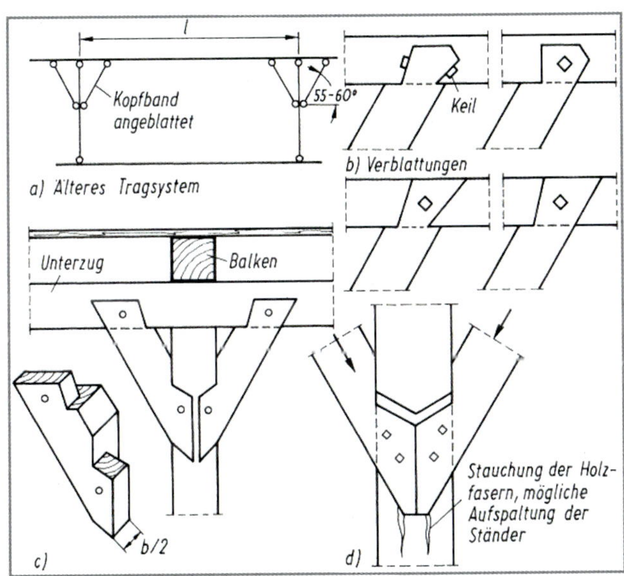

Bild 5.189. Angeblattete Kopfbänder

Die von den Kopfbändern in den Kopfbandbalken erzeugte Längskraft (Zug) ist an der Stoßstelle durch geeignete konstruktive Maßnahmen (angenagelte Brettlaschen, Lochbleche usw.) aufzunehmen.

Weitere Literatur: [*Brünninghoff* u. a. 1997]; [*Seitz* 1951]

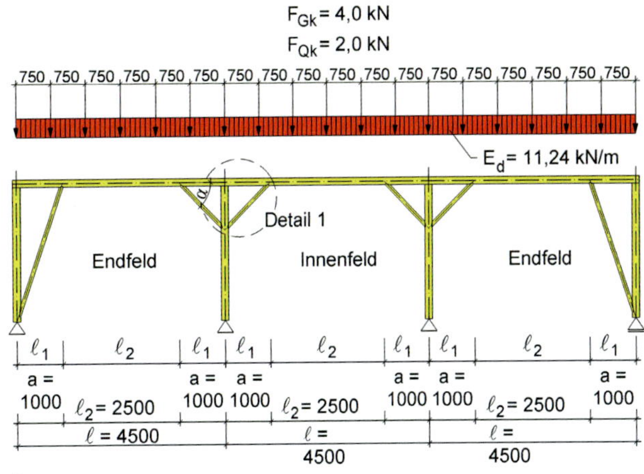

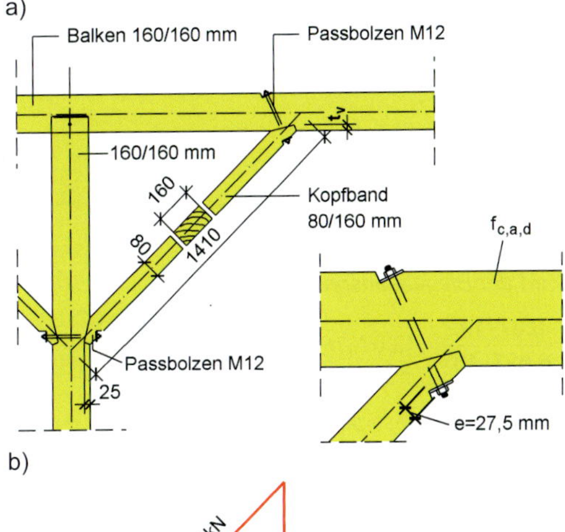

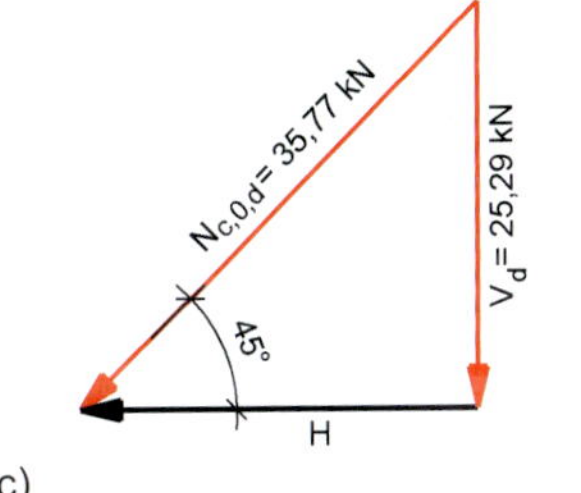

Legende
a) statische Systemskizze
b) konstruktive Ausbildung (Detail 1)
c) Zerlegung der Kraft F_a

Bild 5.190. Kopfbandanschluss mit Stirnversatz

Beispiel 5.39. (nach DIN EN 1995-1-1:2010)

Ein Kopfbandbalken (160/160 mm) nimmt die Stützkräfte von Balken auf. Zwischen den aufliegenden Balken besteht ein Abstand von 0,75 m (Bild 5.190.). Die Stützkräfte betragen pro Balken 6 kN (und $Q_K = 2\,\text{kN}$). Der Kopfbandbalken hat eine Spannweite von 4,5 m. Durch Kopfbänder (160/80 mm) wird die Spannweite auf 2,5 m verkürzt. Die Stütze besteht aus einem Querschnitt 160/160 mm. Holz: Nadelholz S10 nach DIN 4074-1 = C24 nach DIN EN 388, Tabelle 1

Charakteristische Werte der Beanspruchung:

$F_{G,k} = 4{,}0\,\text{kN}$; $F_{Q,k} = 2{,}0\,\text{kN}$

Die regelmäßig auftretenden Einzellasten können in eine konstante Linienlast umgewandelt $G_k = 4$ kN/m werden.

$$G_{k,1} = \frac{F_{G,k} \cdot n}{\ell} = \frac{4{,}0 \cdot 6}{4{,}5} = 5{,}33\,\text{kN/m}$$

$$Q_{k,1} = \frac{F_{Q,k} \cdot n}{\ell} = \frac{2{,}0 \cdot 6}{4{,}5} = 2{,}67\,\text{kN/m}$$

Berücksichtigung Eigenlast des Balkens:

$$G_{k,2} = 0{,}16 \cdot 0{,}16 \cdot 4{,}2 = 0{,}108 \text{ kN/m}$$

Bemessungswerte der Einwirkungen (Teilsicherheitsbeiwerte für die Einwirkungen nach DIN EN 1990/NA:2010, Tabelle NA.A.1.2 (B)):

$$\gamma_G = 1{,}35\,;\ \gamma_Q = 1{,}5$$

$$E_d = \gamma_G \cdot (G_{k,1} + G_{k,2}) + \gamma_Q \cdot Q_{k,1}$$

$$E_d = 1{,}35 \cdot (5{,}33 + 0{,}108) + 1{,}5 \cdot 2{,}67 = 11{,}35 \text{ kN/m}$$

KLED mittel, NKL1 $\Rightarrow k_{mod} = 0{,}8$

Bemessungswert des Biegemomentes:

$$M_d = \frac{E_d \cdot \ell_2^2}{8} = \frac{11{,}35 \cdot 2{,}5^2}{8} = 8{,}87 \text{ kNm}$$

Querschnitt:

$$A = b \cdot h = 160 \cdot 160 = 2{,}56 \cdot 10^4 \text{ mm}^2$$

$$W_y = \frac{b \cdot h^2}{6} = \frac{160 \cdot 160^2}{6} = 6{,}827 \cdot 10^5 \text{ mm}^3$$

$$I_y = \frac{b \cdot h^3}{12} = \frac{160 \cdot 160^3}{12} = 5{,}461 \cdot 10^7 \text{ mm}^4$$

Bemessungswert der Biegebeanspruchung:

$$\sigma_{m,y,d} = \frac{M_d}{W_y} = \frac{8{,}87 \cdot 10^6}{6{,}827 \cdot 10^5} = 13{,}0 \text{ N/mm}^2$$

Bemessungswert der Biegefestigkeit:

$$f_{m,y,d} = \frac{k_{mod} \cdot f_{m,y,k}}{\gamma_M} = \frac{0{,}8 \cdot 24}{1{,}3} = 14{,}77 \text{ N/mm}^2$$

Nachweis Biegespannung im Kopfbandbalken nach Gl. (6.11) und Gl. (6.12):

$$\frac{\sigma_{m,y,d}}{f_{m,y,d}} + k_m \cdot \frac{\sigma_{m,z,d}}{f_{m,z,d}} \le 1{,}0$$ [EN 1995-1-12, Gl. (6.11)]

$$k_m \cdot \frac{\sigma_{m,y,d}}{f_{m,y,d}} + \frac{\sigma_{m,z,d}}{f_{m,z,d}} \le 1{,}0$$ [EN 1995-1-12, Gl. (6.12)]

$$\sigma_{m,z,d} = 0 \quad \text{und} \quad k_m = 0{,}7$$

$$\frac{\sigma_{m,y,d}}{f_{m,y,d}} = \frac{13{,}0}{14{,}77} = 0{,}88 < 1{,}0$$

$$k_m \cdot \frac{\sigma_{m,y,d}}{f_{m,y,d}} = 0{,}7 \cdot \frac{13{,}0}{14{,}77} = 0{,}62 < 1{,}0$$

Bemessungswert der Kopfbandbeanspruchung:

Es wird vereinfacht angenommen, dass die Beanspruchung aus dem Balken vollständig von den Kopfbändern aufgenommen wird. Winkel Kopfband $\alpha = 45°$

$$N_{c,d} = \frac{E_d \cdot \ell_1}{2 \cdot \sin\alpha} = \frac{11{,}35 \cdot 4{,}5}{2 \cdot \sin 45°} = 36{,}12 \text{ kN}$$

Anschluss Kopfband/ Balken

Gewählt: Stirnversatz $t_v = 25 \text{ mm} < h/6 = 26{,}7 \text{ mm}$

Bemessungswert der Beanspruchung in der Stirnfläche nach Formel in Tabelle 4.11:

$$\sigma_{c,\alpha/2,d} = \frac{N_{c,d} \cdot \cos^2 \alpha/2}{b \cdot t_v}$$

$$\sigma_{c,\alpha/2,d} = \frac{36{,}12 \cdot \cos^2 22{,}5°}{160 \cdot 25} = 7{,}71 \text{ N/mm}^2$$

Bemessungswert der Festigkeit in der Stirnfläche, Last-Faser-Winkel $\alpha/2 = 22{,}5°$ nach Gl. (NA.163):

[DIN EN 1995-1-1/NA, Gl. (NA.163)]

$$f_{c,\alpha/2,d} = \frac{f_{c,0,d}}{\sqrt{\left(\frac{f_{c,0,d}}{2 \cdot f_{c,90,d}} \cdot \sin^2 \alpha/2\right)^2 + \left(\frac{f_{c,0,d}}{2 \cdot f_{v,d}} \cdot \sin\alpha/2 \cdot \cos\alpha/2\right)^2 + \cos^4 \alpha/2}}$$

Charakteristische Werte der Festigkeiten aus Tabelle 1 und Änderung A1 für C24 nach DIN EN 338:

$$f_{c,0,k} = 21 \text{ N/mm}^2$$

$$f_{c,90,k} = 2{,}5 \text{ N/mm}^2$$

$$f_{v,k} = 4{,}0 \text{ N/mm}^2$$

Bemessungswert der Festigkeiten nach Gl. (2.14):

$$f_{c,0,d} = \frac{k_{mod} \cdot f_{c,0,k}}{\gamma_M} = \frac{0{,}8 \cdot 21}{1{,}3} = 12{,}92 \text{ N/mm}^2$$

$$f_{c,90,d} = \frac{k_{mod} \cdot f_{c,90,k}}{\gamma_M} = \frac{0{,}8 \cdot 2{,}5}{1{,}3} = 1{,}54 \text{ N/mm}^2$$

$$f_{v,d} = \frac{k_{mod} \cdot f_{v,k}}{\gamma_M} = \frac{0{,}8 \cdot 4{,}0}{1{,}3} = 2{,}5 \text{ N/mm}^2$$

Bemessungswert der Festigkeit im Winkel zur Faser:

$$f_{c,\alpha/2,d} = \frac{12{,}92}{\sqrt{\left(\frac{12{,}92}{2 \cdot 1{,}54} \cdot \sin^2 22{,}5\right)^2 + \left(\frac{12{,}92}{2 \cdot 2{,}5} \cdot \sin 22{,}5 \cdot \cos 22{,}5\right)^2 + \cos^4 22{,}5}}$$

$$f_{c,\alpha/2,d} = 9{,}28 \text{ N/mm}^2$$

Nachweis der Tragfähigkeit in der Stirnfläche:

$$\frac{\sigma_{c,\alpha/2,d}}{f_{c,\alpha/2,d}} = \frac{7{,}71}{9{,}28} = 0{,}83 < 1{,}0$$

Die Tragfähigkeit der Stirnfläche reicht aus.

Eine maximale Druckkraft für das Kopfband: (b/h = 160/80 mm; C24) mit einer Versatztiefe von $t_V = 25$ mm der Stirnversätze beträgt nach Tabelle 4.12.

$$_{max}N_{c,d} = \frac{t_v \cdot b \cdot f_{c,\alpha/2,d}}{\cos^2 \alpha/2} = \frac{25 \cdot 160 \cdot 9{,}28}{\cos^2 22{,}5} = 43{,}5 \text{ kN} > 36{,}12 \text{ kN}.$$

Tragfähigkeitsnachweis des Kopfbandes nach DIN EN 1995-1-1:2010, Abschnitt 6.3.2:

Außermittigkeit:

$$e = \frac{1}{2} \cdot (h - t_v) = \frac{1}{2} \cdot (80 - 25) = 27{,}5 \text{ mm}$$

Momentenbeanspruchung im Kopfband aus Außermittigkeit:

$$M_{y,d} = N_{c,0,d} \cdot e = 36{,}12 \cdot 0{,}0275 = 0{,}99 \text{ kNm}$$

Nachweis Tragfähigkeit des Kopfbandes:

Berechnung von $k_{c,y}$ nach Gl. (6.25):

$$i_y = \sqrt{\frac{I_y}{A}} = 0{,}289 \cdot h = 0{,}289 \cdot 80 = 23{,}12 \text{ mm}$$

Ersatzstablänge:

[DIN EN 1995-1-1/NA, Gl. (NA.167)]

$$\ell_{ef} = \beta \cdot s_{Kopfband} = 1{,}0 \cdot 1410 = 1410 \text{ mm}$$

Schlankheit:

$$\lambda_y = \frac{\ell_{ef}}{i_y} = \frac{1410}{23{,}2} = 61{,}04$$

$$E_{0,mean} = 11000 \text{ N/mm}^2$$

$$E_{0,05} = \frac{2}{3} \cdot E_{0,mean} = \frac{2}{3} \cdot 11000 = 7333,33\ \text{N/mm}^2$$

$\lambda_{rel,y}$ *nach Gl. (6.21):*

$$\lambda_{rel,y} = \frac{\lambda_y}{\pi} \cdot \sqrt{\frac{f_{c,0,k}}{E_{0,05}}}$$ [DIN EN 1995-1-1, Gl. (6.21)]

$$\lambda_{rel,y} = \frac{61,04}{\pi} \cdot \sqrt{\frac{21}{7333,33}} = 1,04$$

k_y *nach Gl. (6.27) mit* β_c *= 0,2:*

$$k_y = 0,5 \cdot \left[1 + \beta_c \cdot \left(\lambda_{rel,y} - 0,3\right) + \lambda_{rel,y}^2\right]$$ [DIN EN 1995-1-1, Gl. (6.27)]

$$k_y = 0,5 \cdot \left[1 + 0,2 \cdot (1,04 - 0,3) + 1,04^2\right] = 1,11$$

$k_{c,y}$ *nach Gl. (6.25):*

$$k_{c,y} = \frac{1}{k_y + \sqrt{k_y^2 - \lambda_{rel,y}^2}}$$ [DIN EN 1995-1-1, Gl. (6.25)]

$$k_{c,y} = \frac{1}{1,11 + \sqrt{1,11 - 1,04}} = 0,67$$

Berechnung von $k_{c,z}$ *nach Gl. (6.26):*

$$i_z = \sqrt{\frac{I_z}{A}} = 0,289 \cdot b = 0,289 \cdot 160 = 46,24\ \text{mm}$$

Ersatzstablänge:

$$\ell_{ef} = \beta \cdot s_{Kopfband} = 1,0 \cdot 1410 = 1410\ \text{mm}$$

Schlankheit:

$$\lambda_z = \frac{\ell_{ef}}{i_z} = \frac{1410}{46,24} = 30,5$$

$\lambda_{rel,c,z}$ nach Gl. (6.22):

$$\lambda_{rel,z} = \frac{\lambda_z}{\pi} \cdot \sqrt{\frac{f_{c,0,k}}{E_{0,05}}}$$ [DIN EN 1995-1-1, Gl. (6.22)]

$$\lambda_{rel,c,z} = \frac{\lambda_z}{\pi} \cdot \sqrt{\frac{f_{c,0,k}}{E_{0,05}}} = \frac{30,5}{\pi} \cdot \sqrt{\frac{21}{7333,33}} = 0,52$$

k_z *nach Gl. (6.28) mit* β_c *= 0,2:*

$$k_z = 0,5\left[1 + \beta_c \cdot \left(\lambda_{rel,z} - 0,3\right) + \lambda_{rel,z}^2\right]$$ [DIN EN 1995-1-1, Gl. (6.28)]

$$k_z = 0,5 \cdot \left[1 + 0,2 \cdot (0,52 - 0,3) + 0,52^2\right] = 0,66$$

$k_{c,z}$ *nach Gl. (6.26):*

$$k_{c,z} = \frac{1}{k_z + \sqrt{k_z^2 - \lambda_{rel,z}^2}}$$ [DIN EN 1995-1-1, Gl. (6.26)]

$$k_{c,z} = \frac{1}{0,66 + \sqrt{0,66^2 - 0,52^2}} = 0,94$$

Bemessungswerte der Spannungen im Kopfband:

Querschnitt:

$$A = b \cdot h = 80 \cdot 160 = 1,28 \cdot 10^4\ \text{mm}^2$$

$$W_y = \frac{b \cdot h^2}{6} = \frac{160 \cdot 80^2}{6} = 1,707 \cdot 10^5\ \text{mm}^3$$

$$I_y = \frac{b \cdot h^3}{12} = \frac{160 \cdot 80^3}{12} = 6,827 \cdot 10^6\ \text{mm}^4$$

Spannung aus Normalkraft:

$$\sigma_{c,0,d} = \frac{N_{c,d}}{A} = \frac{36,12 \cdot 10^3}{1,28 \cdot 10^4} = 2,82\ \text{N/mm}^2$$

Spannung aus Moment:

$$\sigma_{m,y,d} = \frac{M_{y,d}}{W_y} = \frac{0,99 \cdot 10^6}{1,707 \cdot 10^5} = 5,8\ \text{N/mm}^2$$

Bemessungswerte der Festigkeiten:

$$f_{c,0,d} = 12,92\ \text{N/mm}^2$$

$$f_{m,y,d} = \frac{k_{mod} \cdot f_{m,y,k}}{\gamma_M} = \frac{0,8 \cdot 24}{1,3} = 14,77\ \text{N/mm}^2$$

Nachweis der Tragfähigkeit des Kopfbandes

nach Gl. (6.23) und Gl. (6.24) mit:

$$\frac{\sigma_{c,0,d}}{k_{c,y} \cdot f_{c,0,d}} + \frac{\sigma_{m,y,d}}{f_{m,y,d}} + k_m \cdot \frac{\sigma_{m,z,d}}{f_{m,z,d}} \leq 1$$ [DIN EN 1995-1-1, Gl. (6.23)]

$$\frac{\sigma_{c,0,d}}{k_{c,z} \cdot f_{c,0,d}} + k_m \cdot \frac{\sigma_{m,y,d}}{f_{m,y,d}} + \frac{\sigma_{m,z,d}}{f_{m,z,d}} \leq 1$$ [DIN EN 1995-1-1, Gl. (6.24)]

$\sigma_{m,z,d} = 0$; $k_m = 0,7$ nach DIN EN 1995-1-1:2010, Abschnitt 6.1.6

$$\frac{\sigma_{c,0,d}}{k_{c,y} \cdot f_{c,0,d}} + \frac{\sigma_{m,y,d}}{f_{m,y,d}}$$

$$\frac{2,82}{0,67 \cdot 12,92} + \frac{5,8}{14,77} = 0,72 < 1,0$$

$$\frac{\sigma_{c,0,d}}{k_{c,z} \cdot f_{c,0,d}} + k_m \cdot \frac{\sigma_{m,y,d}}{f_{m,y,d}}$$

$$\frac{2,82}{0,94 \cdot 12,92} + 0,7 \cdot \frac{5,8}{14,77} = 0,51 < 1,0$$

Nachweis erbracht!

5.10. Doppelbiegung

5.10.1. Bemessung

Die Pfette nach Bild 5.191. wird durch Winddruck auf Doppelbiegung beansprucht.

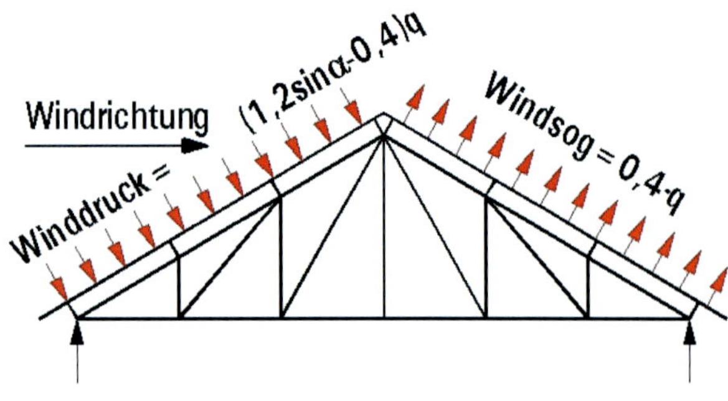

a)

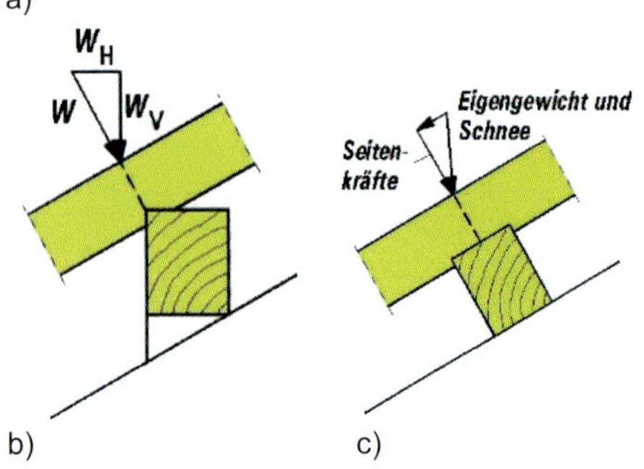

b) c)

Legende
a) statisches System
b) lotrecht stehende Pfette
c) senkrecht zur Dachebene stehende Pfette

Bild 5.191. Auf Doppelbiegung beanspruchte Pfetten

Dazu ist bei der Pfettenberechnung noch die senkrechte Belastung aus Eigengewicht und Schnee zu berücksichtigen. Die Pfetten können nach Bild 5.191.b mit ihrer Mittelachse lotrecht stehen; dann ist die Windlast, weil sie lotrecht zur Dachfläche wirkt, in eine waagerechte und eine lotrechte Seitenkraft zu zerlegen. Vielfach wird die Pfette senkrecht zur Dachfläche gelegt (Bild 5.192.c).

Dann sind Eigengewicht und Schnee in zwei Seitenkomponenten (parallel bzw. senkrecht zur Dachfläche) zu zerlegen (Bild 5.192.).

$$E_{d,z} = E_d \cdot \sin\alpha$$
$$E_{d,y} = E_d \cdot \cos\alpha$$

mit $k = \dfrac{h}{b} \approx 1{,}2 \ldots 1{,}4$

kann ${}_{erf}W_y$ geschätzt werden

$$_{erf}W_y = \frac{M_{y,d} + k \cdot M_{z,d}}{f_{m,d}}$$

Der Nachweis für den Grenzzustand der Tragfähigkeit von biegebeanspruchten einteiligen Stäben ist nach DIN EN 1995-1-1:2010 schon unter Berücksichtigung einer mehrachsigen Beanspruchung zu führen (s. Abschnitt 5.5.).

Es gelten die Gleichungen Gl. (6.11) und Gl. (6.12):

$$\frac{\sigma_{m,y,d}}{f_{m,y,d}} + k_m \cdot \frac{\sigma_{m,z,d}}{f_{m,z,d}} \leq 1{,}0 \qquad \text{[EN 1995-1-12, Gl. (6.11)]}$$

$$k_m \cdot \frac{\sigma_{m,y,d}}{f_{m,y,d}} + \frac{\sigma_{m,z,d}}{f_{m,z,d}} \leq 1{,}0 \qquad \text{[EN 1995-1-12, Gl. (6.12)]}$$

Für den Nachweis im Grenzzustand der Gebrauchstauglichkeit gilt:

$$w_{fin} = \sqrt{w_{z,fin}^2 + w_{y,fin}^2} \leq \text{Grenzwert der Durchbiegung.}$$

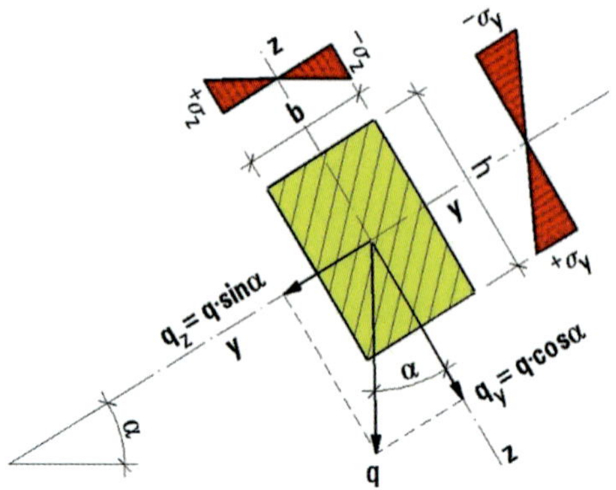

Bild 5.192. Zerlegung der Belastung q in die Komponenten

Das Bild 5.193. zeigt das Spannungsdiagramm bei Doppelbiegung. Für die Momentenberechnung sind, wenn Kopfbänder angebracht werden, zwei verschiedene Stützlängen (ℓ_y und ℓ_z) maßgebend. Um beide Stützlängen gleich groß zu halten, werden waagerecht liegende Kopfbänder eingebaut, die als Windversteifung dienen. In der Berechnung bezeichnen wir gemäß den Achsen des Querschnitts die eine Ebene als x-Ebene, die andere als y-Ebene (Bild 5.194.).

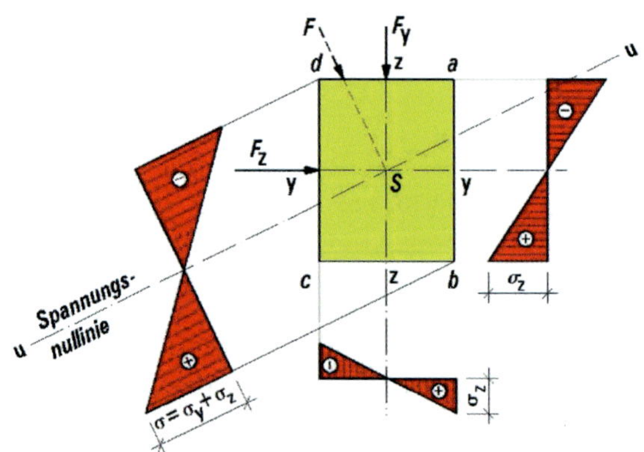

Bild 5.193. Spannungsdiagramm bei Doppelbiegung

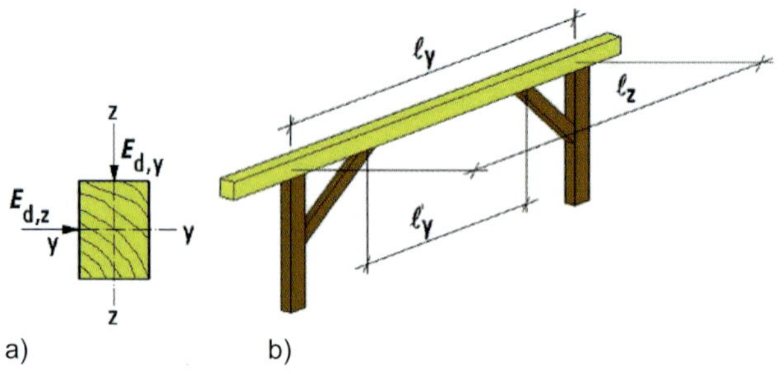

a) b)

Legende
a) Pfettenquerschnitt
b) isometrische Darstellung der Pfette mit Kopfband

Bild 5.194. Bezeichnung der Ebenen der auf Doppelbiegung beanspruchten Pfetten

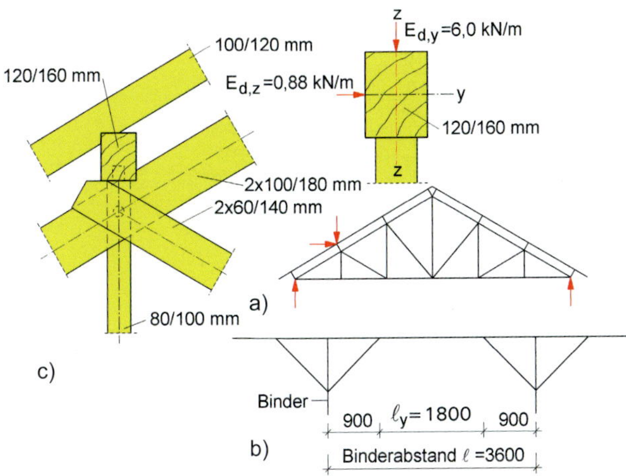

Legende
a) statisches System
b) Stützweiten
c) konstruktive Ausführung

Bild 5.195. Auf Doppelbiegung beanspruchte Pfette

Beispiel 5.40. (nach DIN EN 1995-1-1:2010)

Auf einem frei tragenden Fachwerkbinder mit 3,60 m Binderabstand stehen in den Knotenpunkten Pfetten lotrecht mit ihren Mittelachsen (Bild 5.195.a). Es wurden Pfetten vom Querschnitt 129/160 mm aus NH S10 nach DIN 4074-1 eingebaut. In der Berechnung soll nachgeprüft werden, ob die Pfetten ausreichend bemessen sind; KLED „kurz"; Nutzungsklasse 2.

Lösung:

Der statischen Berechnung entnehmen wir folgende Belastungen:

$E_{y,d}$ (Eigenlast des Daches + Schneelast + Windkomponente + Pfetteneigenlast) $= 6{,}0\,\text{kN/m}$

$E_{z,d}$ (Wind horizontal) $= 0{,}88\,\text{kN/m}$.

Damit ergeben sich folgende Momente:

$$M_{y,d} = \frac{E_{y,d} \cdot \ell_{0,y}^2}{8} = \frac{6{,}0 \cdot 1{,}8^2}{8} = 2{,}43\,\text{kNm}$$

$$M_{z,d} = \frac{E_{z,d} \cdot \ell_z^2}{8} = \frac{0{,}88 \cdot 3{,}6^2}{8} = 1{,}42\,\text{kNm}$$

Vorhandene Pfette 120/160 mm mit

$$A = b \cdot h = 120 \cdot 160 = 192 \cdot 10^2\,\text{mm}^2$$

$$I_y = \frac{b \cdot h^3}{12} = \frac{120 \cdot 160^3}{12} = 4096 \cdot 10^4\,\text{mm}^4$$

$$I_z = \frac{h \cdot b^3}{12} = \frac{160 \cdot 120^3}{12} = 2304 \cdot 10^4\,\text{mm}^4$$

$$W_y = \frac{b \cdot h^2}{6} = \frac{120 \cdot 160^2}{6} = 512 \cdot 10^3\,\text{mm}^3$$

$$W_z = \frac{h \cdot b^2}{6} = \frac{160 \cdot 120^2}{6} = 384 \cdot 10^3\,\text{mm}^3$$

$$f_{m,d} = \frac{k_{\text{mod}} \cdot f_{m,k}}{\gamma_m} = \frac{0{,}9 \cdot 24}{1{,}3} = 16{,}6\,\text{N/mm}^2 = f_{m,y,d} = f_{m,z,d}$$

$$_{\text{vorh}}\sigma_{m,y,d} = \frac{M_{y,d}}{W_y} = \frac{2{,}43 \cdot 10^6}{512 \cdot 10^3} = 4{,}75\,\text{N/mm}^2$$

$$_{\text{vorh}}\sigma_{m,z,d} = \frac{M_{z,d}}{W_z} = \frac{1{,}42 \cdot 10^6}{384 \cdot 10^3} = 3{,}7\,\text{N/mm}^2$$

Nachweis nach Gl. (6.11) und Gl. (6.12):

$$\frac{\sigma_{m,y,d}}{f_{m,y,d}} + k_m \cdot \frac{\sigma_{m,z,d}}{f_{m,z,d}} \le 1{,}0$$

$$\frac{4{,}76}{16{,}6} + 0{,}7 \cdot \frac{3{,}7}{16{,}6} = 0{,}44 \le 1{,}0$$

$$k_m \cdot \frac{\sigma_{m,y,d}}{f_{m,y,d}} + \frac{\sigma_{m,z,d}}{f_{m,z,d}} \le 1{,}0$$

$$0{,}7 \cdot \frac{4{,}76}{16{,}6} + \frac{3{,}7}{16{,}6} = 0{,}43 \le 1{,}0 \quad \textbf{Nachweis erfüllt!}$$

Ermittlung der Durchbiegung:

$$\ell = \frac{\ell_{0,y} + \ell}{2} = \frac{1{,}8 + 3{,}6}{2} = 2{,}7\,\text{m}$$

$$_{\text{zul}}f = \frac{\ell}{200} = \frac{2700}{200} = 13{,}5\,\text{mm}$$

$$_{\max}f = \sqrt{f_y^2 + f_z^2}$$

$$f_y = 0{,}130 \cdot \frac{q_y \cdot \ell_y^4}{I_y} = 0{,}130 \cdot \frac{6{,}0 \cdot 1{,}8^4 \cdot 10^7}{4096 \cdot 10^4} = 2{,}0\,\text{mm}$$

$$f_z = 0{,}130 \cdot \frac{q_z \cdot \ell_z^4}{I_z} = 0{,}130 \cdot \frac{0{,}88 \cdot 3{,}6^4 \cdot 10^7}{2304 \cdot 10^4} = 8{,}3\,\text{mm}$$

$$_{\max}f = \sqrt{2{,}0^2 + 8{,}3^2} = 8{,}54\,\text{mm} < {}_{\text{zul}}f = \frac{\ell}{200} = 13{,}5\,\text{mm}$$

Die Nachrechnung zeigt, dass die Pfetten ausreichend bemessen wurden.

Für die direkte Querschnittsbemessung lässt sich die allgemeine Gleichung

$$\sigma_{m,d} = \frac{M_{y,d}}{W_y} + \frac{M_{z,d}}{W_z}$$

nicht ohne Weiteres verwenden.

Setzt man jedoch das Verhältnis der Widerstandsmomente (nach [*Tietjen* 1977]):

$$c = \frac{W_y}{W_z} \quad \text{oder} \quad W_z = \frac{W_y}{c}$$

in die obige Gleichung ein, so ergibt sich:

$$\sigma_{m,d} = \frac{M_{y,d}}{W_y} + \frac{M_{z,d}}{W_z/c} = \frac{W_y + c \cdot M_{z,d}}{W_y}$$

bzw.

$$_{\text{erf}}W_y = \frac{M_{y,d} + c \cdot M_{z,d}}{\sigma_{m,d}}$$

für $\sigma_{m,d}$ wird $\sigma_{m,d} = f_{m,d}$ gesetzt

$$_{\text{erf}}W_y = \frac{M_{y,d} + c \cdot M_{z,d}}{f_{m,d}}.$$

Für Rechteckquerschnitt wird:

$$c = \frac{b \cdot h^2}{6} : \frac{h \cdot b^2}{6} = \frac{b \cdot h^2 \cdot 6}{6 \cdot h \cdot b^2} = \frac{h}{b} \approx 1{,}2 \ldots 1{,}4$$

Im Beispiel ergäben sich mit c = 1,3 (angenommen):

$$_{\text{erf}}W_y = \frac{2{,}43 \cdot 10^6 + 1{,}3 \cdot 1{,}42 \cdot 10^6}{10{,}0} = 427{,}6 \cdot 10^3\,\text{mm}^3.$$

Mit $b = 120\,\text{mm}$ wird $h = 1{,}3 \cdot 120 = 156 \approx 160\,\text{mm}$.

Dann folgt der Spannungsnachweis wie bekannt. Es ist zu beachten, dass die c-Werte nur näherungsweise zutreffen.

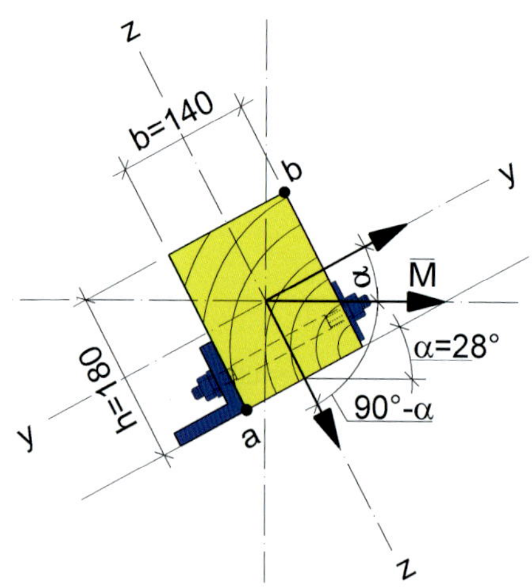

Bild 5.196. Auf Biegung beanspruchte schrägliegende Pfette

Beispiel 5.41. (nach DIN EN 1995-1-1:2010)

Es ist zu prüfen, ob die Pfette nach Bild 5.196., auf die ein Moment von $M_d = 9{,}00\,\text{kNm}$ in vertikaler Ebene wirkt, dies aufnehmen kann.

Neigung der Pfette: $\alpha = 28°$
Pfettenquerschnitt: 140/180 mm
Holzgüte: NH S10 nach DIN 4074-1/C24 nach DIN EN 388, Tabelle 1

Es soll geprüft werden, ob die Pfette mit dem Querschnitt 140/180 mm eine Momentenbeanspruchung in vertikaler Richtung aufnehmen kann. Die Pfette ist aufgrund ihrer Lage auf einem geneigten Obergurt um 28° geneigt und wird dadurch auf Doppelbiegung beansprucht.

Neigung Pfette: $\alpha = 28°$
Pfettenquerschnitt: 140/180 mm
Holzgüte: NH S10 nach DIN 4074-1 = C24 nach DIN EN 338, Tabelle 1

NKL.1
KLED kurz
$k_{mod} = 0{,}9$

Charakteristischer Wert der Beanspruchung:

$$M_{k,G} = 3{,}0\,\text{kNm}$$

$$M_{k,Q} = 6{,}0\,\text{kNm}$$

Bemessungswert der Beanspruchung (Teilsicherheitsbeiwerte für die Einwirkungen nach DIN EN 1990/NA:2010, Tabelle NA.A.1.2 (A)):

$$\gamma_G = 1{,}35\,; \qquad \gamma_Q = 1{,}5$$

$$M_d = \gamma_G \cdot M_{k,G} + \gamma_Q \cdot M_{k,Q}$$

$$M_d = 1{,}35 \cdot 3{,}0 + 1{,}5 \cdot 6{,}0 = 13{,}05\,\text{kNm}$$

Das Moment wird auf die Trägheitsachsen des Querschnittes bezogen und in axial wirkende Teilmomente aufgeteilt.

$$M_{y,d} = M_d \cdot \cos\alpha = 13{,}05 \cdot \cos 28° = 11{,}52\,\text{kNm}$$

$$M_{z,d} = M_d \cdot \sin\alpha = 13{,}05 \cdot \sin 28° = 6{,}13\,\text{kNm}$$

Bemessungswerte der Biegebeanspruchung:

Querschnittswerte:

$$W_y = \frac{b \cdot h^2}{6} = \frac{140 \cdot 180^2}{6} = 7{,}56 \cdot 10^5\,\text{mm}^3$$

$$W_z = \frac{h \cdot b^2}{6} = \frac{180 \cdot 140^2}{6} = 5{,}88 \cdot 10^5\,\text{mm}^3$$

Biegespannungen:

$$\sigma_{m,y,d} = \frac{M_{y,d}}{W_y} = \frac{11{,}52 \cdot 10^6}{7{,}56 \cdot 10^5} = 15{,}24\,\text{N/mm}^2$$

$$\sigma_{m,z,d} = \frac{M_{z,d}}{W_z} = \frac{6{,}13 \cdot 10^6}{5{,}88 \cdot 10^5} = 10{,}43\,\text{N/mm}^2$$

Bemessungswert der Festigkeit nach Gl. (2.14):

Nach Tabelle 1 in DIN EN 338 mit

$$f_{m,k} = 24\,\text{N/mm}^2$$

[DIN EN 1995-1-1, Gl. (2.14)]

$$f_{m,d} = \frac{k_{mod} \cdot f_{m,k}}{\gamma_M} = \frac{0{,}9 \cdot 24}{1{,}3} = 16{,}62\,\text{N/mm}^2$$

$$f_{m,d} = f_{m,y,d} = f_{m,z,d}$$

Nachweis der Tragfähigkeit nach Gl. (6.11) und Gl. (6.12) mit $k_m = 0{,}7$:

$$\frac{\sigma_{m,y,d}}{f_{m,y,d}} + k_m \cdot \frac{\sigma_{m,z,d}}{f_{m,z,d}} = \frac{15{,}24}{16{,}62} + 0{,}7 \cdot \frac{10{,}43}{16{,}62} = 1{,}36 > 1{,}0$$

$$k_m \cdot \frac{\sigma_{m,y,d}}{f_{m,y,d}} + \frac{\sigma_{m,z,d}}{f_{m,z,d}} = 0{,}7 \cdot \frac{15{,}24}{16{,}62} + \frac{10{,}43}{16{,}62} = 1{,}27 > 1{,}0$$

Der Nachweis ist bei beiden Gleichungen nicht erfüllt. Die Pfette kann die Beanspruchung nicht aufnehmen. Es soll ermittelt werden, welche Grenzbeanspruchung möglich ist.

$$\frac{{}_{\text{max}}M_d}{f_{m,d}} = \frac{{}_{\text{vorh}}M_d}{{}_{\text{vorh}}\sigma_{m,d}}$$

Die Gleichung wird nach ${}_{\text{max}}M_d$ umgestellt:

$${}_{\text{max}}M_d = \frac{{}_{\text{vorh}}M_d \cdot f_{m,d}}{{}_{\text{vorh}}\sigma_{m,d}}$$

Die Gesamtbiegespannung beträgt:

$$\sigma_{m,d} = \sigma_{m,y,d} + \sigma_{m,z,d} = 15{,}24 + 10{,}43 = 25{,}67\,\text{N/mm}^2$$

$${}_{\text{max}}M_d = \frac{{}_{\text{vorh}}M_d \cdot f_{m,d}}{{}_{\text{vorh}}\sigma_{m,d}}$$

$${}_{\text{max}}M_d = \frac{13{,}05 \cdot 10^6 \cdot 16{,}62}{25{,}67} = 8{,}45 \cdot 10^6\,\text{Nmm} = 8{,}45\,\text{kNm}$$

Nachweis der Tragfähigkeit:

$$M_{y,d} = M_d \cdot \cos\alpha = 8{,}45 \cdot \cos 28° = 7{,}46\,\text{kNm}$$

$$M_{z,d} = M_d \cdot \sin\alpha = 8{,}45 \cdot \sin 28° = 3{,}97\,\text{kNm}$$

$$\sigma_{m,y,d} = \frac{M_{y,d}}{W_y} = \frac{7{,}46 \cdot 10^6}{7{,}56 \cdot 10^5} = 9{,}87\,\text{N/mm}^2$$

$$\sigma_{m,z,d} = \frac{M_{z,d}}{W_z} = \frac{3{,}97 \cdot 10^6}{5{,}88 \cdot 10^5} = 6{,}75\,\text{N/mm}^2$$

Nachweis nach Gl. (6.11):

$$\frac{\sigma_{m,y,d}}{f_{m,y,d}} + k_m \cdot \frac{\sigma_{m,z,d}}{f_{m,z,d}} = \frac{9{,}87}{16{,}62} + 0{,}7 \cdot \frac{6{,}75}{16{,}62} = 0{,}88 < 1{,}0$$

Nachweis nach Gl. (6.12) kann entfallen.

5.11. Vollwandträger in genagelter Ausführung

Derartige Träger wurden in holzarmen Zeiten (z. B. in den 30er bis 50er Jahren des 20. Jahrhunderts) ausgeführt. Sie sind in einigen Fällen im Altbau zu finden. Ihre Berechnung erfolgte bis 2009 nach DIN 1052:1988/1996, Teil 1, Abschnitt 8.4.2 [*Brüninghoff* u. a. 1997].
Kreuzen sich beide Brettlagen rechtwinklig, dann spricht man von kreuzweise verbretterten Vollwandträgern; sind sie gleichgerichtet, von einsinnig verbretterten Vollwandträgern. Die Grundformen der Vollwandträger sind der I- und der Hohlträger. Die Gurte und Pfosten bestehen dabei aus Kanthölzern (Bild 5.197.). Wirtschaftliche Höhe:

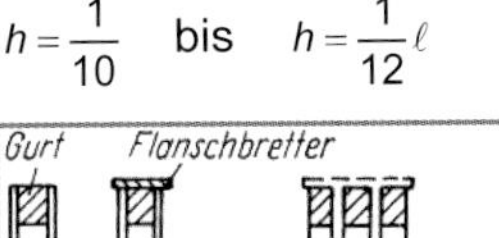

$$h=\frac{1}{10} \quad \text{bis} \quad h=\frac{1}{12}\ell$$

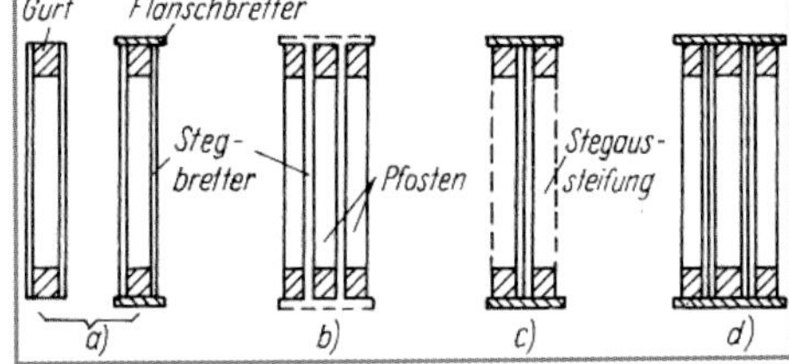

Legende
a) Hohlträger
b) Hohlträger
c) von innen genagelter I-Querschnitt
d) von innen genagelter Hohlträger

Bild 5.197. Grundformen genagelter Vollwandträger

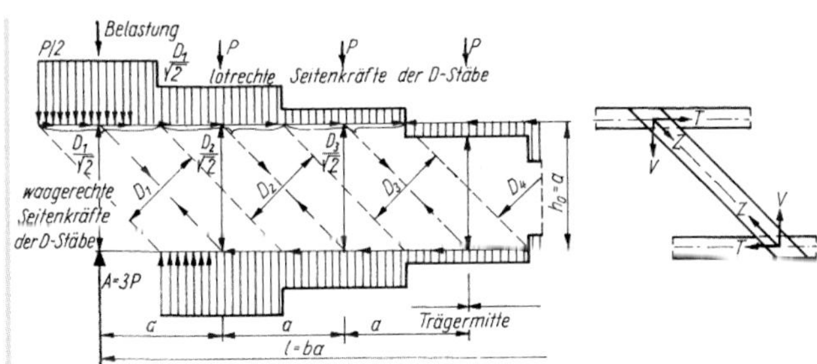

Bild 5.198. Zusätzliche Belastung der Gurte durch Flächenschrägen

5.11.1. Einsinnig verbretterte Hohlträger

Sie sind als Fachwerkträger mit Flächendiagonalen zu betrachten. Brettneigung $\alpha = 30°$ bis 45°; flachere Neigungen führen zu größeren Vertikalabständen und zu geringeren Zusatzspannungen in den Gurten, jedoch zu höheren Brettbeanspruchungen. Die Bretter werden bei Anordnung nach den Bildern 5.198. und 5.199. auf Zug beansprucht. Brettdicken $d = 20$ bis 30 mm.

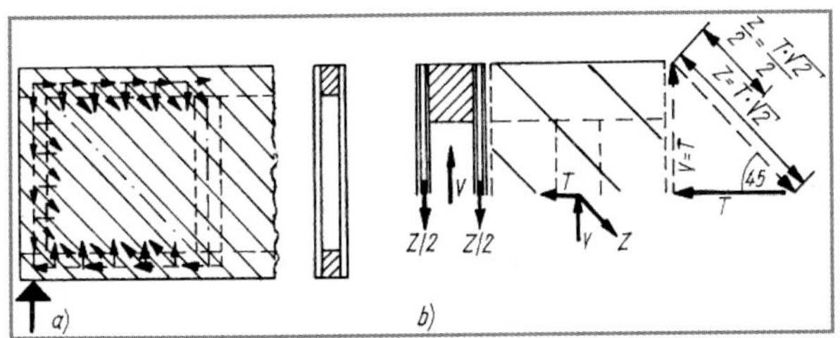

Legende
a) Zusatzkraft in den Gurten
b) Kraftzerlegung

Bild 5.199. Kraftwirkung bei einsinniger Verbretterung

Die Druckgurte sind unverschieblich auszusteifen. Die Vertikalen sind statisch immer erforderlich, Abstand möglichst $a_0 = h_0/t_{g,\alpha}$. Für die Bemessung der Pfosten ist weniger Knicken maßgebend als vielmehr der Druck senkrecht zur Faser des Gurtes. Unter größeren Einzellasten sind stets Pfosten anzuordnen. Um die Brettstöße gut vernageln zu können, sind an der Stoßstelle möglichst breite Pfosten zu setzen.

Bei der Berechnung der einseitig verbretterten Vollwandträger gibt es zwei Varianten zur Schnittkraftermittlung:

- *Ritter*'sches Schnittverfahren bzw. *Cremona*plan,
- Durchlaufträger auf elastischer Stützung.

Danach sind für den Anschluss der Bretter an den Ober- bzw. Untergurt zwei Varianten möglich.

1. Variante

Analog zum Parallelfachwerkträger wird unter Beachtung der Mindestnagelabstände ein Brett (der Vorder- bzw. Rückseite) über der jeweiligen Systemlinie der Diagonalen mit der höchstmöglichen Nagelanzahl angeschlossen. Die restlichen erforderlichen Nägel sind in den benachbarten Brettern der Flächendiagonale unterzubringen. Dabei ist jedes Brett mindestens mit vier Nägeln anzuschließen. Durch diese Anordnung werden Zusatzspannungen in den Gurten weitgehend vermieden.

2. Variante

Wird eine gleichmäßige Nagelverteilung gewünscht, so sind die Bretter einer Flächendiagonalen mit der anteiligen Nagelanzahl anzuschließen.

Dadurch werden die Gurte durch die lotrechten Komponenten der Brettdiagonalen auf Biegung beansprucht. Ober- und Untergurt stellen nach dieser Annahme einen durchlaufenden Träger auf mehreren elastischen Stützen dar. Die Lastannahme zeigt Bild 5.198.

Während die lotrechten Komponenten der Flächendiagonalen durch die Pfostenkräfte ins Gleichgewicht gesetzt werden, gehen die waagerechten unmittelbar in den Gurt ein (Bild 5.199.). Die Gurte können als Durchlaufträger genau oder annähernd berechnet werden. Im Druckgurt muss die Schwerpunktspannung (gewöhnlicher Spannungsnachweis) sein:

[DIN EN 1995-1-1, Gl. (6.19)]

$$\left(\frac{\sigma_{c,0,d}}{f_{c,0,d}}\right)^2 + \frac{\sigma_{m,y,d}}{f_{m,y,d}} + k_m \cdot \frac{\sigma_{m,z,d}}{f_{m,z,d}} \leq 1$$

[DIN EN 1995-1-1, Gl. (6.20)]

$$\left(\frac{\sigma_{c,0,d}}{f_{c,0,d}}\right)^2 + k_m \cdot \frac{\sigma_{m,y,d}}{f_{m,y,d}} + \frac{\sigma_{m,z,d}}{f_{m,z,d}} \leq 1$$

Wollte man auch die Flächendiagonale D_1 im Auflagerfeld voll an den Obergurt anschließen, so müsste diese um das Maß $a/2$ über den theoretischen Auflagerpunkt hinausreichen. Das ist praktisch meist nicht durchführbar; deshalb schließt man die überstehenden Schrägbretter an den letzten Pfosten an. Der Pfosten erhält dadurch eine zusätzliche waagerechte Belastung und wird auf Biegung beansprucht. Außerdem entsteht ein waagerechter Auflagerdruck in den Gurten.

Um den Endpfosten zu entlasten, kann eine Druckschräge nach Bild 5.200.a oder eine Flächenschräge nach Bild 5.200.b ausgeführt werden.

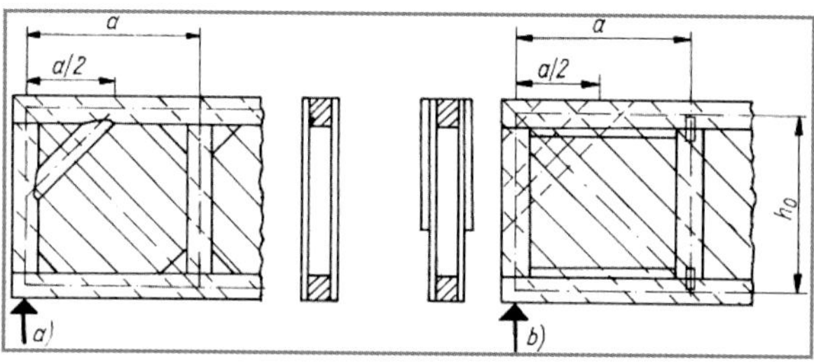

Legende
a) durch Eckschräge
b) durch Eckverbretterung; nur die rückwärtige Brettlage ist gezeichnet

Bild 5.200. Entlastung des Endpfostens

In Bild 5.200.b ist die Verstärkung bis zum nächsten Vertikalstab vorgesehen. Damit kann der Gurt im letzten Feld größere Biegemomente aufnehmen.
Bei der Berechnung der Durchbiegung von einsinnig verbretterten Vollwandträgern ist zwischen einer Näherungsberechnung, bei der nur die elastische Verformung der Gurtstäbe berücksichtigt wird, und einer genauen Berechnung, bei der die elastische Verformung sämtlicher Stäbe und die Nachgiebigkeit aller Verbindungen berücksichtigt werden, zu unterscheiden.

Eine Überhöhung von $\ddot{u} = \ell / 200$ bis $\ell /300$ ist empfehlenswert.

5.11.2. Vollwandträger mit gekreuzten Brettlagen

Allgemeine Hinweise

Bei verbretterten I-Trägern, Hohlträgern I-Hohlträgern mit genagelten, gekreuzten Brettlagen sind höchstens zwei Gurthölzer in die Rechnung mit einzubeziehen.

Steghöhe: $h_s = 1/10 \ldots 1/12 \cdot \ell$;
i. Allg. ist $h_s \geq 7 \cdot h_1$ zu wählen.

Bretter: $d = 20 \ldots 30$ mm.

Der Nagelabstand ist, über die Trägerlänge verteilt, abschnittsweise entsprechend dem Querschnittsverlauf abzustufen.
Beim Hohlträger mit kreuzweiser Verbretterung ohne Vertikale sind die aus den Brettkräften entstehenden Torsionsmomente zu berücksichtigen. Bei Hohlträgern sind die Stegbretter für die Brettkräfte D, nicht aber für den Schubfluss t_w anzuschließen [*Halász/Scheer* 1974].

Zur Konstruktion und Berechnung in: [*Brüninghoff* u. a. 1997], [*Mönck* 1993], [*Avramenko* 1973], [*Troche* 1951], [*Wille* 1950].

5.12. Bewehrte und vorgespannte Holzkonstruktionen

5.12.1. Allgemeines

Die Suche nach Möglichkeiten, das Holz höher als bisher zu veredeln, richtet sich sowohl auf die Erschließung noch nicht genutzter Materialsortimente und Holzarten, neuer Werkstoffkombinationen bzw. Hybridkonstruktionen, neuer materialgerechter Konstruktionen und komplettierter Erzeugnisse als auch auf die verbesserte Nutzung vorhandener Technologien und Verfahren.

Dabei stellt die Anwendung bewehrter und vorgespannter Holz-Biegeträger einen möglichen Schritt dar.

Bei bewehrten Holzquerschnitten wird der feste Verbund zwischen zwei Materialien genutzt, wobei der flächenmäßig kleinste Bewehrungsquerschnitt eine möglichst große Festigkeit haben sollte.
Beim Vorspannen wird der aus der Beanspruchung resultierende Spannungs- und Formänderungszustand beeinflusst, um diese zu vermindern. Darüber hinaus kann das Spannglied gleichzeitig als Bewehrung genutzt werden, wenn ein Verbund nach dem Vorspannen hergestellt wird.

Technisch-ökonomische Vorteile:

- erhöhte Tragfähigkeit und Steifigkeit, besonders von Brettschichtholz,
- verringerter spezifischer Holzverbrauch,
- Einsatz von Holz minderer Güte (Möglichkeit, bisher nicht zugelassener Holzgüten [Sortierklasse S7 nach DIN 4074-1 und schlechter] und Holzarten (wie z. B. Pappelholz) einzusetzen,
- Eigenschaftsstreuungen (Festigkeit) des Holzes auszugleichen,
- Kriecheigenschaften des Holzes zu verringern,
- wirtschaftliche Verstärkung bestehender Bauteile,
- verbesserte Sicherheit und Zuverlässigkeit.

Damit kann das Holz besser als bisher ausgenutzt werden.

5.12.2. Holzträger mit eingeklebter Bewehrung

Die oben genannten Vorteile werden bei schlaff bewehrten Trägern durch schubfest eingeklebte Rund-, Quadrat-, Flach- oder Oval-Stähle erreicht (Bilder 5.201., 5.202., 5.203.a, b, 5.204.), die in passend ausgefräste Nuten (in der Zug- als auch Druckzone) eingelegt werden. Diese Idee ist vom Stahlbetonbau modifiziert übernommen und wurde seit den 1960er-Jahren des 20. Jahrhunderts im Holzbau untersucht und angewendet (s. Bild 5.202.). Solche bewehrten Holzquerschnitte werden aus konstruktiven und technologischen Gründen bevorzugt bei geklebten Brettschichtträgern oder -bögen angewendet.
Ihre Tragfähigkeit und Nutzungsdauer hängen hauptsächlich davon ab, wie es gelingt, die Verbundwirkung zwischen Holz und Bewehrung herzustellen und dauerhaft zu erhalten sowie den Stahl vor Korrosion und im Brandfall vor höheren Temperaturen zu schützen.
Die Kunstharzklebstoffe haben diese Entwicklung begünstigt.
Auch Verbundbauarten zwischen Aluminium und Holz sowie zwischen Glasfaserbaustoffen und Holz wurden erprobt [*Rug* 1986-1].

Bewehrungselemente (Bild 5.203.):

- linienförmige (Rund-, Quadrat-, Ovalstäbe aus Stahl, Kunststoffstäbe aus Glas- oder Kohlefasern),
- flächenförmige (Bandstähle, Faserverbundkunststoffbänder aus Glas-, Carbon- oder Aramidfasern u. Ä.).

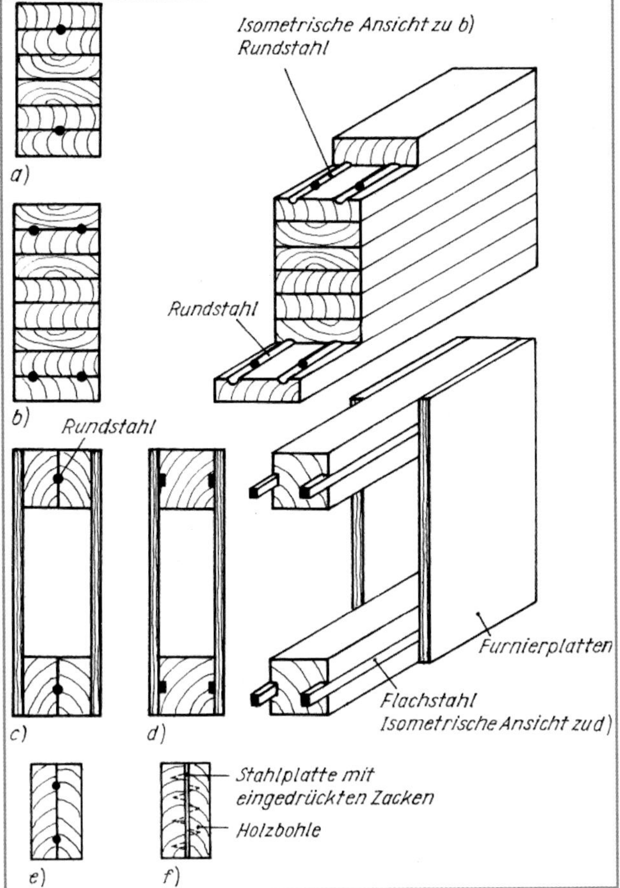

Legende

a) Brettschichtträger mit eingeklebtem Rundstahl in der ersten Klebfuge
b) Brettschichtträger mit eingeklebtem Rundstahl in der ersten Klebfuge
c) Hohlkastenträger mit Furnierholzstegen aus zwei Teilen mit eingeklebtem Rundstahl
d) Hohlkastenträger mit Vollholzgurten und seitlich eingeklebten Flachstählen
e) Vollholzbalken aus zwei geklebten, hochkant gestellten Bohlen und Rundstahlbowehrung
f) Vollholzbalken aus zwei Bohlen, verbunden durch eine Stahlplatte, deren Zacken in die Bohlen eingedrückt werden

Bild 5.201. Bewehrte Holzträger (nach [*Lantos* 1966-1])

Rechteckige oder quadratische Bewehrungsstähle werden runden vorgezogen. Bandstahl liegend aufgeklebt oder stehend eingeklebt, hat sich ebenfalls als praktikabel erwiesen (s. Bild 5.203.). Es wird hochwertiger Stahl verwendet. Die Möglichkeiten der Faserverbundkunststoffe aus Carbon- oder Aramidfasern als Bewehrungselement sind erst in den letzten zwanzig Jahren untersucht worden. Mithilfe der Bewehrung kann die Biegefestigkeit von Holz minderer Güte auf die einer höheren Güte angehoben werden. Dazu reichen bereits geringe Bewehrungsprozentsätze aus (s. Bilder 5.203.a bis b). Da bei Brettschichtholzbalken die Bedeutung der Zugfestigkeit der äußeren Zuglage mit zunehmender Trägerhöhe steigt, ist eine erhöhte Zugfestigkeit der äußeren Brettlage im Zugbereich des Trägers, z. B. mittels Bewehrung durch Glasfaser- oder Carbonfaser-Kunststoff-Bänder (Bilder 5.203.d bis f), sinnvoll [*Kalina* 1973], [*Rug* 1986-1], [*Blaß* u. a. 2000], [*Blaß* u. a. 2002], [*Blaß* u. a. 2003]. [*Rautenstrauch* u. a. 2013]. Praktische Erfahrungen zeigten, dass die Verstärkung mit aramidverstärkten Kunststoffbändern in statisch hochbeanspruchten Trägerbereichen zur Verringerung der erforderlichen Querschnittshöhe um bis zu 25 % führt [*Helfenstein* 2000]. Querschnittsverringerungen im Vergleich zu nicht verstärkten Bauteilen um bis zu 50 % scheinen möglich.

Obwohl es ein großer Fortschritt ist, dass der deutschen Baupraxis heute 7 Festigkeitsklassen für homogenes Brettschichtholz (s. auch Tabelle 2.35.) zur Verfügung stehen, gibt es doch aufgrund gestiegener Anforderungen an die Herstellung Schwierigkeiten bei der Herstellung von Brettschichtholz in noch höherer Festigkeitsklassen > GL 32 h. Die für diese Klassen notwendigen Festigkeitseigenschaften der einzelnen Brettlagen und deren Keilzinkenfestigkeiten sind kaum bereitzustellen.
Aus diesem Grund wurden Untersuchungen durchgeführt, ob eine Festigkeitserhöhung durch Verstärkung von Brettschichtholzträgern normaler Güte mit Außenlagen aus höherfesten Furnierschichtholzlagen möglich ist. Untersucht wurden Träger mit jeweils ein (12,5 % Verstärkungsgrad) oder zwei (25 % Verstärkungsgrad) Lagen aus Furnierschichtholz der Holzarten Fichte, Kiefer, Buche und Birke. Mit derartig ausgeführten Außenlagen wird die Zugfestigkeit der Außenlagen wesentlich verbessert, was dazu führt, dass die Druckfestigkeit im Druckbereich der Träger für den Bruch maßgebend wird, und es kommt zum Biege-Druck-Versagen der Balken. Für einen Verstärkungsgrad von 12,5 % (nur eine Lage außen aus Furnierschichtholz) zeigen die Ergebnisse folgender Veredelung:

- Fichte FSH kombiniert mit GL 24 → GL 32
- Kiefer FSH kombiniert mit GL 26 → GL 35
- Birke FSH kombiniert mit GL 24 → GL 40
- Buche FSH kombiniert mit GL 24 → GL 45.

Die äußere Lage sollte keine Keilzinkung aufweisen (s. [*Dill-Langer* 2017]).

Aber auch die Verstärkung bestehender Bauteile mittels Carbon- oder Aramidfaserbändern, wie es schon seit längerer Zeit im Stahlbetonbau zum Stand der Technik gehört, ist sinnvoll [*Mau* 1999], [*Meier* 2000], [*Schober* 2008].

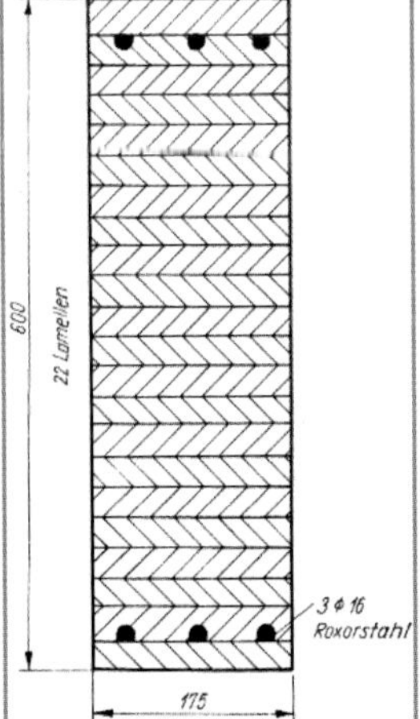

Bild 5.202. Bewehrter geklebter Brettschichtträger für einen Bogen von 35 m Spannweite, gebaut von Armabeton, Betrieb Tesko Prag, Tschechien [*Dutko/Ferjencik* 1966], [*Dutko* 1969-1] (Gegenüber einem nicht bewehrten Querschnitt wurde eine Reduzierung der Trägerhöhe um 285 mm erreicht.)

Neuere Entwicklungen gehen in die Richtung zur Entwicklung von Hochleistungsverbundträgern für hohe Beanspruchungen, z. B. als Holz-Beton-Verbundträger im Straßenbrückenbau. Dabei werden blockverklebte Brettschichtträger wahlweise an der Zugseite mit Hochleistungsverbundlagen (aus Kohlefaserelementen, Bewehrungsstäben aus Stahl oder Glasfaser verstärkten Kunststoffstäben) und auf der Druckseite mit Polymerbetonschichten ausgestattet bzw. verstärkt [*Rautenstrauch* u. a. 2013] (Bild 5.204.).

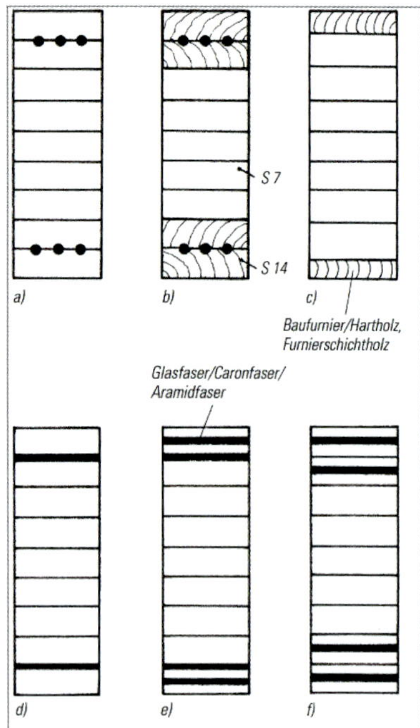

Legende

a) bewehrt mit glatten Rundstählen; bewehrt mit St 140/160 Betonstählen, oval oder bewehrt mit Glasfaserverbund- Rundstäben, glatt

b) bewehrt mit hochfesten Stählen oder Faserverbundkunststoffen, eingebettet in äußere Brettlagen aus höherer Holzgüte (z. B. S14 oder MS17 oder Laubholz)

c) Verwendung von äußeren Lagen aus hochfesten Furnierschichtholz, bewehrt mit bewehrt mit Glasfaser- oder Karbonfaserverbundkunststoffen oder Holz höherer Festigkeit; z. B. Buche

d) bewehrt mit Bändern aus Faserverbundkunststoffen oder hochfestem Bandstahl wegen Brandschutz durch eine Lamelle geschützt

e), f) aus einem Verbundelement aus mehreren Lagen Faserverbundkunststoffen und dünnen Lagen Holz lassen sich hochzugfeste Brettlagen mit Zugfestigkeiten von 70 bis 100 N/mm² herstellen

Bild 5.203. Bewehrte Brettschichtträger (nach [*Rug* 1986-1])

Dies führt zu einer wesentlichen Erhöhung der Tragfähigkeit und Steifigkeit. Gleichzeitig kann der Volumeneinfluss auf die Biegefestigkeit von Brettschichtholzträgern aufgehoben werden, d. h. eine Abnahme der Biegefestigkeit für Trägerhöhen über 600 mm kann eliminiert werden. Erste Untersuchungen zeigten Steifigkeitserhöhung von bis zu 144 % und Tragfähigkeitserhöhung von bis zu 155 % gegenüber unverstärkte Brettschichtholzträgern in der Klasse GL24h (Bild 5.205.).

Berechnung bewehrter Holzträger (Bewehrung eingeklebt)

Bereits in den 60er-Jahren des 20. Jahrhunderts wurden Berechnungsverfahren erörtert [*Mönck* 1967]; sie sind nach heutigen Erkenntnissen überholt, zeigen aber, wie lange das Problem schon besteht.
Bei starrem Verbund zwischen Holz und Bewehrung können die schlaff bewehrten Träger wie homogene Querschnitte berechnet und bemessen werden.

Der Verbundquerschnitt von einfach bewehrten Holzquerschnitten nach Bild 5.203. wird (nach [*Rug* 1986-1]) als ideeller Querschnitt in die Berechnung eingeführt

$$A_i = A_H \cdot \beta$$

$$W_i = W_H \cdot \alpha \quad \text{oder} \quad W_i = W_H \cdot \chi$$

$$I_i = I_H \cdot \alpha \quad \text{oder} \quad I_i = I_H \cdot \chi$$

α, β und χ sind Faktoren, die den Anteil der Bewehrung im Querschnitt berücksichtigen.

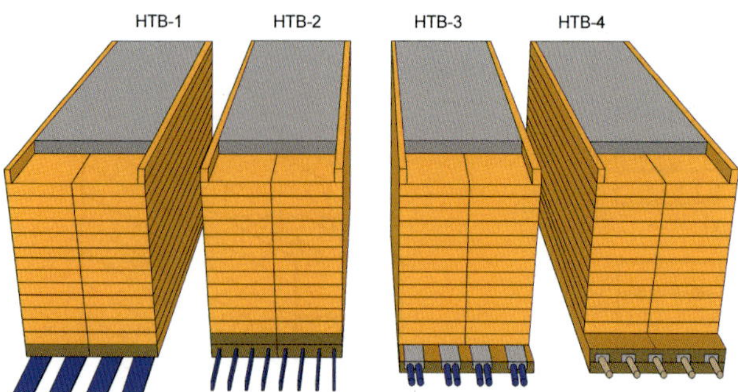

Zugzonenbewehrung der HTB-Prototypen

Träger	Bewehrung der Zugzone
HTB-1	4 x Kohlenfaserlamelle 1,4 x 50 mm Typ S&P 200/2.000, flach aufgeklebt
HTB-2	8 x Kohlenfaserlamelle 1,4 x 25 mm Typ S&P 200/2.000, in Sägenuten 3,2 x 30 mm verklebt
HTB-3	8 x Bewehrungsstab B500B Ø16 mm nach DIN 488-2, in Fräsungen 24 x 55 mm vergossen
HTB-4	5 x Bewehrungsstab aus glasfaserverstärktem Kunststoff Ø16 mm Typ Schöck ComBAR®, in Fräsungen 24 x 40 mm vergossen

Bild 5.204. Entwickelte HTB (High-Tech Timber Beam) – Prototypen nach [*Rautenstrauch* u. a. 2013]

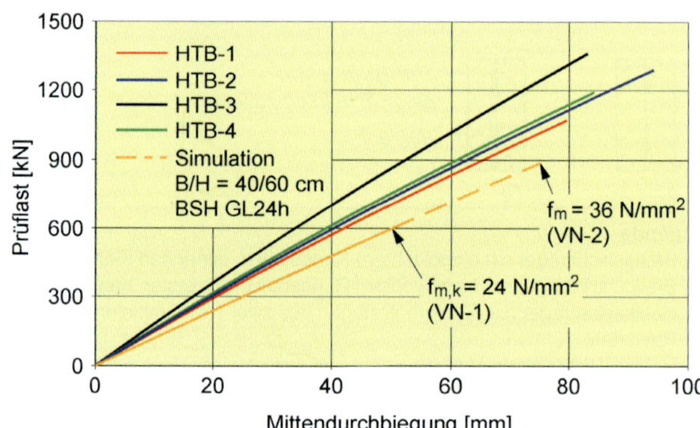

Bild 5.205. Kraft-Durchbiegungsverhalten der HTB-Prototypen im Bruchversuch verglichen mit dem theoretischen Kraft-Durchbiegungsverhalten eines unverstärkten Brettschichtholzträgers der Festigkeitsklasse GL24h nach [*Rautenstrauch* u. a. 2013]

Die Tragfähigkeit und Steifigkeit bewehrter Träger ist umso größer, je höher der Elastizitätsmodul der Bewehrung ist, d. h., der Faktor

$$m = \frac{E_{\text{Bewehrung}}}{E_{\text{Holz}}} \quad \text{sollte möglichst groß sein.}$$

Bei Verwendung von ca. 1 % Bewehrungsanteil steigt die Tragfähigkeit eines stahlbewehrten BSH-Trägers aus Holz normaler Festigkeit (z. B. GL24h) auf eine Tragfähigkeit eines BSH-Trägers GL36h. Eine gezielte Anwendung der Bewehrung von Holzträgern bringt Holzeinsparungen von 30 bis 50 %. Da die Bewehrungsmaterialien sehr viel geringere Materialstreuungen als das Holz aufweisen, verringert sich auch die Materialstreuung des Verbundträgers wesentlich (s. a. Bild 5.206.). Dieser Umstand führt zu einer Erhöhung des 5-%-Quantilwertes.

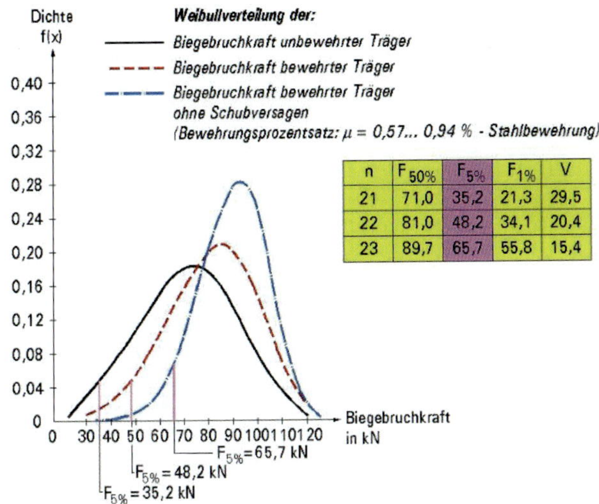

n	$F_{50\%}$	$F_{5\%}$	$F_{1\%}$	V
21	71,0	35,2	21,3	29,5
22	81,0	48,2	34,1	20,4
23	89,7	65,7	55,8	15,4

Bild 5.206. Biegefestigkeit unbewehrter und bewehrter Träger (nach Untersuchungen in [*Rug* 1986-1])

Besteht die Bewehrung aus Faserverbundkunststoffen, so ist damit nur ein geringer Zuwachs an Steifigkeit verbunden. Der Zuwachs an Steifigkeit liegt im Bereich von ca. 10...15 %. Sehr viel höher ist der Effekt der Tragfähigkeitserhöhung. Tragfähigkeitserhöhungen um 20 bis 70 % sind je nach Bewehrungsgrad (bei den durchgeführten Versuchen lag der Bewehrungsanteil zwischen 0,4...1,5 %) und Festigkeit des Verstärkungsmaterials prinzipiell möglich.

Biegebeanspruchte Holzbalken versagen vor allem im Zugbereich durch vorhandene wuchsbedingte Holzfehler, wie z. B. Äste, Schrägfaserigkeit oder bei Brettschichtholz durch vorhandene Keilzinkenverbindungen. Durch Verstärkungen der Zugseite mit Faserverbundkunststoffen können diese Einflüsse ausgeglichen werden, und das plastische Tragvermögen im Druckbereich der Holzbiegeträger kann besser genutzt werden. Es kommt während der experimentellen Untersuchungen zur Druckfaltenbildung im Druckbereich der Biegeträger.

Wird die Faserverbundverstärkung bandförmig unter die Zugseite des Balkens geklebt, so kommt es während des Bruches zum Ablösen der Verstärkungslagen. Die Klebefuge wird, wenn die darüber liegende Holzfuge bricht, auf Querzug beansprucht. Dieser Effekt tritt nicht auf, wenn die Zugverstärkung durch vertikal eingeklebte Bänder erfolgt [*Blaß* u. a. 2003], [*Blaß/Romani* 2002], [*Blaß* u. a. 2002], [*Luggin/Bergmaster* 2001], [*Blaß/Romani* 2000], [*Sturer* 1999].

Aufgrund der Neigung des Holzes zum Kriechen kommt es zur Kraftumlagerung im bewehrten Querschnitt. Die anteilige Spannung in der Bewehrung erhöht sich (zur Berechnung, s. [*Partov* u. a. 2003]).

Die Bemessung muss somit für den Anfangszustand (t = 0) und unter Berücksichtigung der Schnittkraftumlagerung infolge Kriechens für den Endzustand (t = ∞) erfolgen.

Zur Berechnung von Verbundträgern aus Vollholz oder Brettschichtholz und Faserverbundwerkstoffen nach der Verbundtheorie, s. [*Blaß* u. a. 2000], [*Schatz* 2004], [*Schmerbach* 2008].

Hinweise zur Berechnung von Hochleistungsverbundträgern enthält [*Rautenstrauch* u. a. 2013].

Stahlbewehrung nachgiebig mit Schrauben befestigt

Mit Stahlbewehrungen im nachgiebigen Verbund mittels selbstbohrenden Schrauben an der Unterseite von Holzbalken können ebenfalls Erhöhungen der Tragfähigkeit und Steifigkeit erreicht werden ([*Trautz/Koj* 2009], [*Trautz* u. a. 2012]).

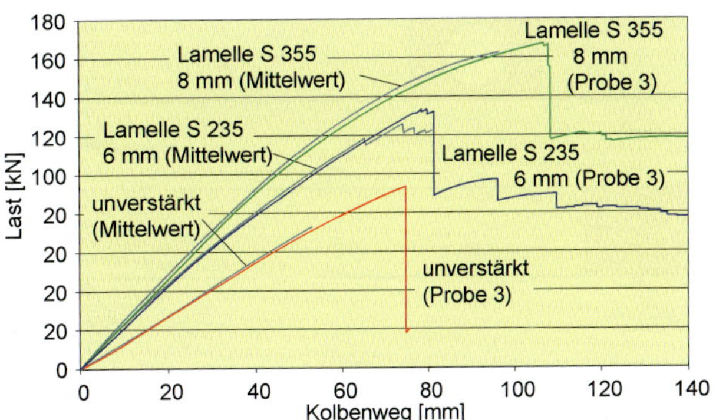

Bild 5.207. Last-Verformungsverhalten der BS-Holz-Träger mit Stahllamellen 8 mm, S355 (Typ II) und 6 mm, S235 (Typ I) im Vergleich zu den unverstärkten Trägern (aus [*Trautz/Koj/Ayoubi* 2012])

Dadurch entsteht ein nachgiebig verbundener Hybridträger. Die Steifigkeit konnte bei Versuchen um bis zu 39...49 % gegenüber einem unverstärkten Träger und die Bruchlast um bis zu 80 % erhöht werden (s. Bild 5.207.).

5.12.3. Örtliche Bewehrung von Holzbauteilen in gefährdeten Bauteilbereichen

In querzugbeanspruchten Bauteilbereichen ist es möglich, äußere Verstärkungen aufzubringen. Bauaufsichtlich geregelt sind die in Abschnitt 3.1.4. dieses Buches beschriebene Verstärkungslösungen bei Querzugbeanspruchungen durch Queranschlüsse, Ausklinkungen und Durchbrüchen. Derartig beanspruchte Bauteilbereiche können auch durch aufgeklebte Verstärkungen mit Glasfasermatten wesentlich verstärkt werden [*Luggin* u. a. 2005], [*Trummer* u. a. 2004]. Untersuchungen an ausgeklinkten Trägern zeigten mit Verstärkungen im Bereich der Ausklinkung mittels Glasfasergeweben und Glasfasergelege mit einem Bewehrungsgrad von 0,54 % (Quotient aus Anteil Glasfläche zu Gesamtfläche des Verstärkungsbereiches) eine Erhöhung der Bruchlast um 190 % gegenüber einem unverstärkten Träger [*Trummer* u. a. 2004].

Gleichzeitig wurde festgestellt, dass das Bruchverhalten positiv beeinflusst wird. Unverstärkte Ausklinkungen versagen ohne Vorankündigung durch Überschreiten der Querzugfestigkeit an der Ausklinkungsecke (Sprödbruch). Bei Überschreiten der Querzugfestigkeit von verstärkten Trägern werden die Beanspruchungen mehr und mehr auf die Glasfasergewebe umverteilt, was zu einer weiteren Laststeigerung führt. Der erste Anriss kündigt sich durch ein Knistergeräusch an.

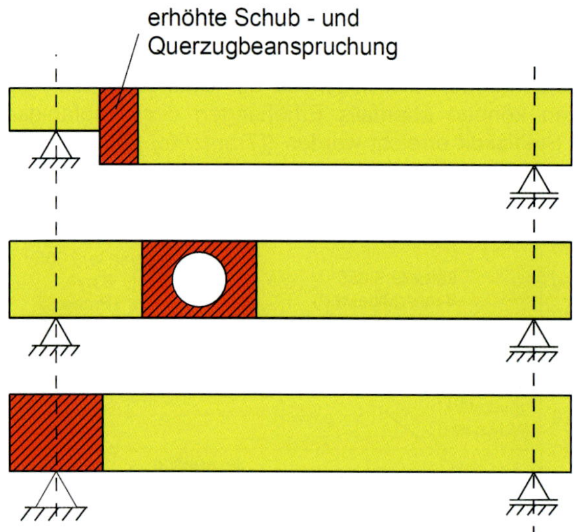

Bild 5.208. Verstärkung mit faserverstärkten Kunststoffen in Bereichen erhöhter Schub- und Querzugbeanspruchung (aus [*Luggin* u. a. 2005])

5.12.4. Bewehrung mit Schrauben oder Stahlstangen

Örtliche Bewehrungen

Mit selbstbohrenden Vollgewindeschrauben können in vielfältiger Weise örtliche Bewehrungen durchgeführt werden. Zum heutigen Stand der Technik gehören, z. B.:

1. Querdruckverstärkungen (s. Abschnitt 4.3.2.),
2. Querzugverstärkungen bei ausgeklinkten Trägern, bei Trägerdurchbrüchen oder bei Queranschlüssen und gekrümmten Trägern (s. Abschnitt 3.1.4.).

Verbindungen mit eingeklebten Stahlstangen in weit gespannten Brettschichtholzkonstruktionen

Verbindungen mit eingeklebten Stahlstäben gehören heute im Holzbau nach über vierzig Jahren der weltweiten Forschung und Entwicklung zum Stand der Technik, lassen sich doch im Hinblick auf das Trag- und Verformungsverhalten sehr leistungsfähige Verbindungen herstellen. Die erreichbaren Festigkeits- und Steifigkeitskennwerte von Verbindungen mit eingeklebten Stäben sind höher als traditionelle Verbindungen mit Bolzen, Schrauben oder Nägeln.
Bauaufsichtlich geregelt sind Verbindungen mit Stahlstangen bis 1 m Länge und Stahldurchmessern von 6...30 mm (s. DIN EN 1995-1-1/NA:2013, Abschnitt NCI NA.11.2 und Abschnitt 3.8.6. dieses Buches). Größere Stahlstablängen als 1 m sind bauaufsichtlich zurzeit nicht geregelt. Ihre Anwendung kann nur über eine Zustimmung im Einzelfall erfolgen. Nachfolgend einige Beispiele bei weit gespannten Brettschichtholzkonstruktionen.
Einfach in der Konstruktion sind die Verbindungen, die Zugkräfte übertragen (Bild 5.209.). Die Verbindung ist symmetrisch zur Neutral- bzw. Querschnittsachse und besteht aus Auflagerteilen, die im Holz mit eingeklebten Stäben verbunden sind.

Das Konstruktionsschema einer biegesteifen Verbindung von Riegelelementen unter Biegung zeigt Bild 5.210. Abhängig von der Beanspruchung im Querschnitt kann die Bewehrung unterschiedlich sein. Die Zugzone wird analog den Zugverbindungen ausgeführt. Die Druckzone kann anders gestaltet werden. Druckkräfte können mittels Kontaktstoß oder durch stabile Einlagen übertragen werden.

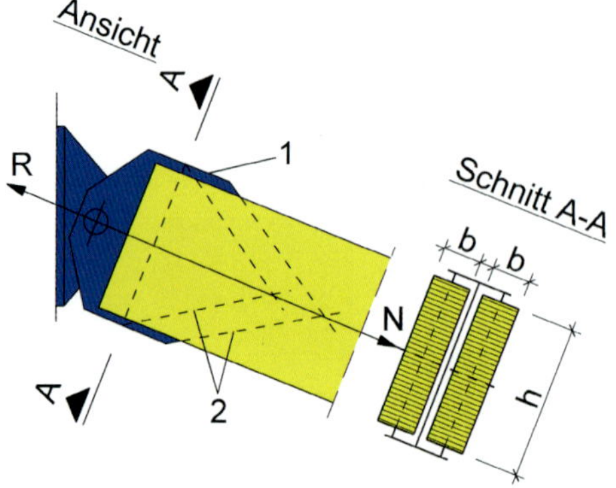

Legende
1) Auflagerteil
2) Schräg eingeklebte Stahlstäbe

Bild 5.209. Verbindung von großen Zugstäben mit Stützkontur nach [*Slavik* u. a. 1993]

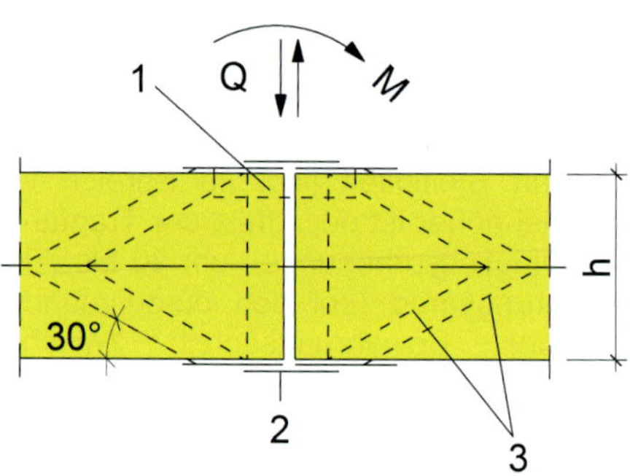

Legende
1) Versteifung
2) Deckplatte
3) Schräg eingeklebte Stahlstäbe

Bild 5.210. Biegesteife Verbindungen bei Holzträgern nach [*Slavik* u. a. 1993]

Der Entwurf von Verbindungen bei Druck-Biege-Beanspruchung ist abhängig von der Konstruktion und der Wirkungsrichtung der auftretenden Kräfte. Zum Beispiel: Eine steife Verbindung eines Rahmens (s. Bild 5.211.a) unterscheidet sich wesentlich von Verbindungen von Bögen oder Stützen (s. Bild 5.211.b), die gewöhnlich symmetrisch hergestellt werden. Die spezifische Besonderheit der Verbindungen ist die Ausbildung der Druckzone, die sehr oft der bestimmende Faktor ist. Zu Rahmenecken mit eingeklebten Gewindestangen, s. a. [*Lippert* 2002].

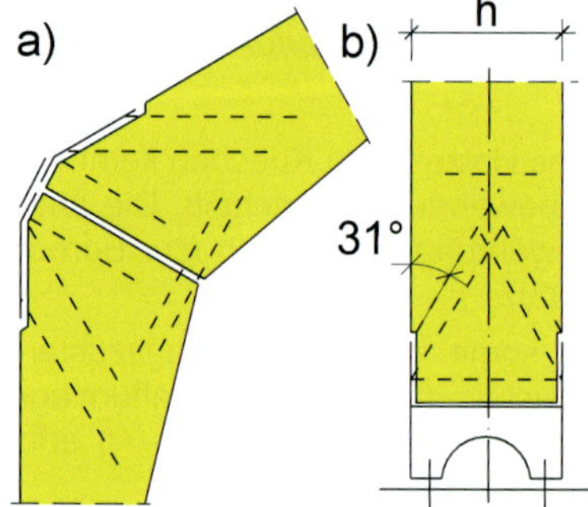

Legende
a) Rahmenecke
b) Verbindung einer Stütze mit Fundament

Bild 5.211. Biegesteife Verbindungen nach [*Slavik* u. a. 1993]

Erhöhung der Schubtragfähigkeit von Biegeträgern

Holzbalken oder Bauteile aus Brettschichtholz mit nicht ausreichender Schubtragfähigkeit können mit selbstbohrenden Vollgewindeschrauben oder Gewindestangen mit Gewinde nach DIN 7998 wirkungsvoll verstärkt werden (s. Bild 5.212.).

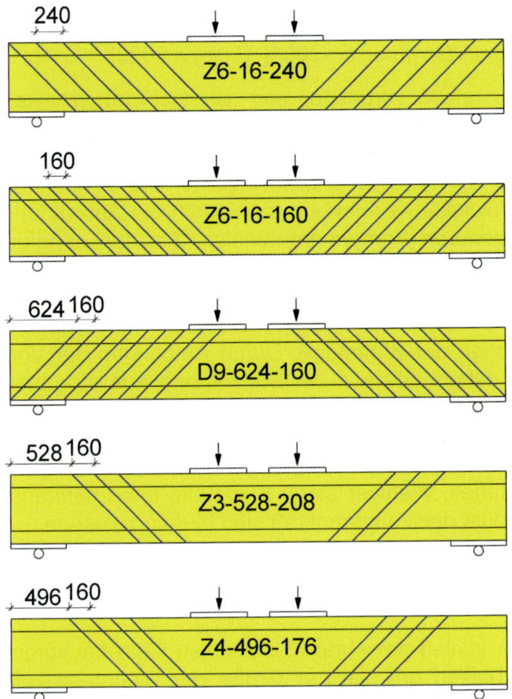

Bild 5.212. Verstärkungskonfigurationen der Versuchsreihe 1 (aus [*Blaß/Krüger* 2010])

Grundlegende experimentelle Untersuchungen ergaben, dass eine Erhöhung der Schubtragfähigkeit von bis zu 30 % gegenüber unverstärkten Trägern möglich ist (s. [*Blaß/Krüger* 2010]).

Literatur: [*Rautenstrauch* u. a. 2013], [*Trautz/Koj/Ayoubi* 2012], [*Dietsch* u. a. 2012], [*Aicher* 2012], [*Blaß/Krüger* 2010], [*Trautz/Koj* 2009], [*Trautz/Koj* 2008], [*Schatz* 2004], [*Blaß* u. a. 2003], [*Blaß* u. a. 2002], [*Luggin/Bergmeister* 2001], [*Blaß* u. a. 2000], [Slavik u. a. 1993], [*Menig* 1992], [*Gerold* 1992], [*Turkovsky* 1991], [*Turkovsky* 1990], [*Hollinsky* 1990], [*Rug* 1986-1], [*Kwiatkowski* 1981], [*Hempel* 1977], [*Holzbau Zürich* 1975-2], [*Avramenko* 1973], [*Kalina* 1973], [*Mönck* 1967], [*Lantos* 1966-1].

5.12.5. Vorgespannte Holzbauteile

Vorgespannte Träger

Die Abmessungen geklebter Brettschichtträger als Vollwandträger sind abhängig von den technischen Parametern der Maschinen- und Anlagentechnik im Herstellerwerk. Nicht jedes Herstellerwerk verfügt über Anlagen zur Fertigung von Bauteilen mit Längen bis zu 60 m und Bauhöhen bis 3 m.

Über die maximal herstellbaren Querschnittsmaße hinausgehende Querschnittsabmessungen und Spannweiten erfordern

- Doppel- oder Mehrfachträger,
- Fachwerkträger (evtl. unterspannt) oder
- den vom Spannbeton- und Stahlbau bereits vorgezeichneten Weg der Vorspannung.

International ist die Theorie und Ausführung der Vorspannung in ihrer technologischen Entwicklung dem Holzbau nach [*Riedlbauer* 1979] weit voraus.

Die Idee des Spannbetons wurde erstmals erfolgreich auch auf geklebte Brettschichtträger beim Bau der Messehalle in Klagenfurt übertragen [*Holzbau Zürich* 1975-2]. Die Dachkonstruktion des Flachdaches ist als ein vorgespannter Trägerrost ausgebildet. Mit hohen Vorspannkräften wurden über Spannstränge Schnittlastspitzen abgebaut. Die Vorspannung führt zu einer Spannungsveränderung im Querschnitt (im unbelasteten Querschnitt ergibt sich durch die eingetragene Vorspannkraft eine vorgedrückte Zugzone und eine entlastete Druckzone) und damit zu einer Schnittkraftaufnahmefähigkeit. Dadurch ergeben sich wesentliche Holzeinsparungen und erhöhte Tragfähigkeit (Bilder 5.213., 5.214. und 5.215.b). **Mit solchen vorgespannten Brettschichtbindern ist es möglich, größere Spannweiten bei beschränkter Konstruktionshöhe wirtschaftlich zu überbrücken.** Bei Ausnutzung des Prinzips der Vorspannung mit Verbund zwischen Holz und Spannglied vergrößert sich die Tragfähigkeit entsprechend den ideellen Querschnittswerten. Mit den heute verfügbaren Klebstoffen ist selbst bei breiten Klebefugen ein Verbund der vorgespannten Elemente mit dem Holz möglich [*Rug/Pötke* 1988].

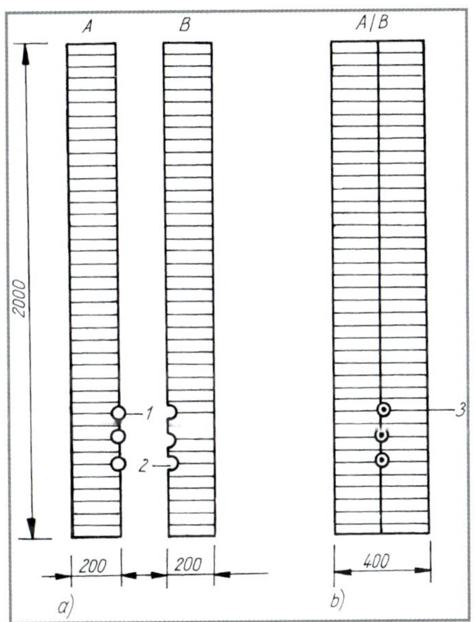

Legende
a) Trägerteile A und B
b) zusammen geschraubter Zwillingsträger
1 eingeklebte Hüllrohre
2 eingefräste Nuten
3 Hüllrohre mit Spannkabel

Bild 5.213. Querschnitt des geklebten Bild 5.120. Bewehrte Brettschichtträger (nach [*Rug* 1986-1]) Zwillings-Brettschichtträgers (nach [*Holzbau Zürich* 1975-2])

In der langen Geschichte des Holzbaues wurde auch immer wieder das Prinzip der Vorspannung genutzt [*Rug* 1986-1], [*Rug/Pötke* 1988]. Die Bedeutung der Vorspannung und die Vorspannmöglichkeiten sind bezogen auf den Holzbau noch wenig untersucht. So ist es denkbar, vorgefertigte, vorgespannte, geklebte Holzträger materialgünstig herzustellen. Nach bisherigen Erfahrungen an ausgeführten Bauten sind vorgespannte Holzkonstruktionen bei entsprechender Ausführung sehr effektiv. Neue Überlegungen zur Anwendung bei Dach- und Deckenkonstruktionen zeigt [*Pohlmann* 2004]. Mit vorgespannten Trägern kann der Holzverbrauch gegenüber nicht vorgespannten Tragwerken um bis zu 50 % gesenkt werden.

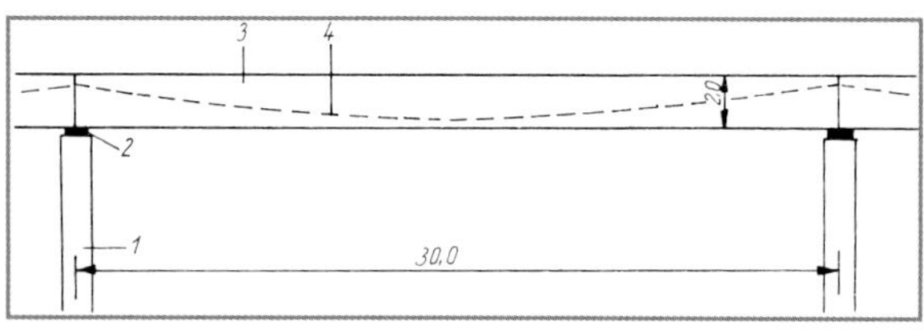

Legende
1 Stahlbetonstütze
2 neoprene Auflagerplatte
3 Brettschichtträger

Bild 5.214. Ansicht der 30 m langen vorgespannten geklebten Zwillings-Brettschichtträger (nach [*Holzbau Zürich* 1975-2])

Anwendungsbereich: *Vorspannung im Holzbau ist zweckmäßig, wenn größere Stützweiten mit begrenzt herstellbaren Querschnittsabmessungen überbrückt werden müssen oder mithilfe der Vorspannung vorhandene Querschnitte sich weiter spannen lassen.*

Eine Analyse der Anwendungs- und Lösungsmöglichkeiten für vorgespannte Holzkonstruktionen ergab folgende **Vorteile:**

Bei ***vorgespannten Vollwandträgern*** (aus BSH) wird ein Drittel bis die Hälfte Holz gegenüber nicht vorgespannten Konstruktionen eingespart.

Der Einsatz minderer Holzgüten ist möglich, und die Wirtschaftlichkeit vorgenannter Träger steigt.

*Bei **vorgespannten Fachwerkträgern** verringert sich der Holzverbrauch etwa um die Hälfte, und der Stahlverbrauch für die Verbindungen reduziert sich.*

*Bei der nachträglichen Verstärkung von Vollwand- oder Fachwerkträgern, um die Tragkraft zu erhöhen, kann die **Vorspannung** (ohne Verbund) sinnvoll sein.*

Für die Berechnung, Bemessung, Herstellung und Überwachung von vorgespannten Trägern gibt es zz. noch keine verbindlichen Richtlinien oder Standards. Eine praktische Anwendung wäre in Deutschland nur im Rahmen einer Zustimmung im Einzelfall möglich.

Inwieweit auch vorgespannte karbonfaserverstärkte Verbundkunststoffe eingesetzt werden können, wurde in mehreren Arbeiten untersucht [*Lehmann* 2009], [*Brunner* 2008], [*Luggin/Bergmeister* 2001], [*Luggin* 2000].

Gegenüber nicht vorgespannten Brettschichtholzbalken wurde bei Versuchen eine Erhöhung der Biegefestigkeit von ca. 81 % festgestellt. Der dabei verwendete Bewehrungsanteil lag bei 0,35 % bzw. 0,70 %. Die Streuungen der Biegefestigkeit vermindern sich durch die Anwendung der homogeneren Vorspannmaterialen. Bei den bandförmig aufgebrachten Kohlefaserkunststoffen kam es infolge der im Lasteinleitungsbereich der Vorspannkräfte auftretenden hohen Scher- und Querzugkräfte an den Auflagern zum Versagen der Klebefuge. Durch Aufbringen der Vorspannung mittels des aus der Stahlbetonpraxis erprobten Gradientenverfahrens kann man ein derartiges Verhalten vermindern [*Brunner* 2008]. Einen wesentlichen Einfluss auf die Gefahr einer Delaminierung hat auch die Steifigkeit des Klebstoffes. Weniger steife Klebstoffe ohne nennenswerten Verlust der Vorspannkraft sind hier vorzuziehen. Werden die Spannglieder senkrecht stehend eingeklebt, tritt ein Ablösen infolge Scherbruch oder Querzugbeanspruchung des Holzes nicht ein.

Gegenüber schlaff bewehrten Holzbalken kann bei vorgespannten Balken bei gleicher Größe der Biegefestigkeit, der Anteil des Verstärkungsmaterials etwa um 30...50 % reduziert werden.

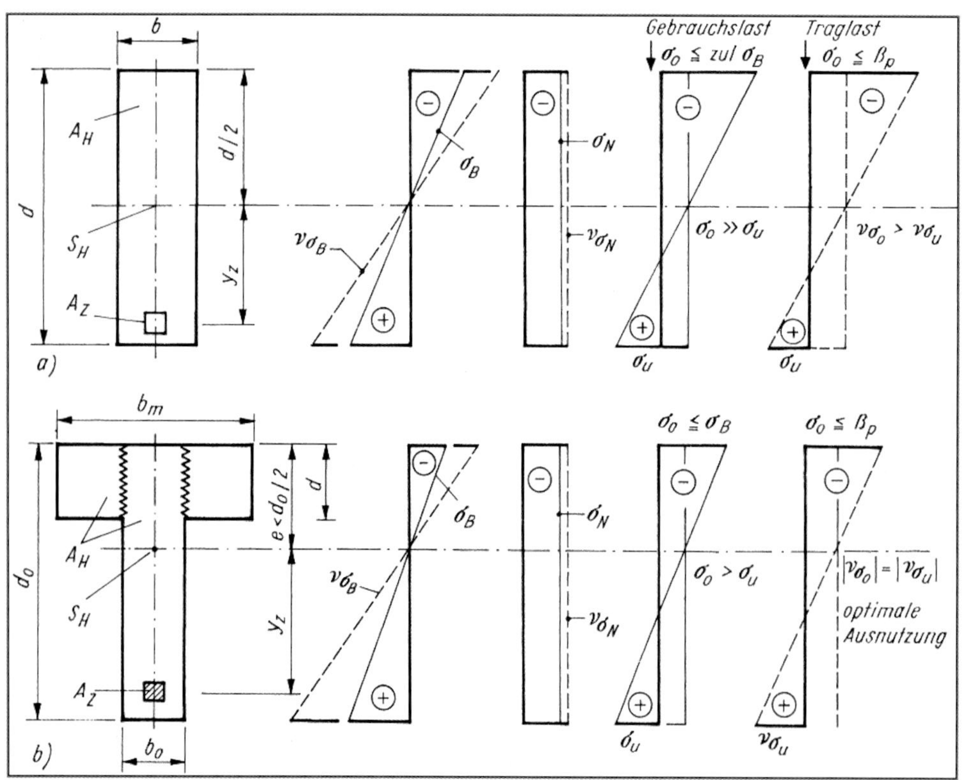

Bild 5.215. Vorgespannte Rechteck- und Plattenbalkenquerschnitte (nach [*Riedbauer* 1979])

Vorspannungen sind nicht nur in Faserrichtung, sondern auch quer zur Faser möglich. Das Institut für Baustatik und Stahlbau der ETH Zürich hat für solche Entwicklungen grundlegende Untersuchungen durchgeführt. Ziel: Herstellung einer Platte für Fahrbahnen im Brückenbau, welche einerseits statisch auch in Querrichtung eine gewisse Lastabtragung, d. h. eine mitwirkende Breite ermöglicht und andererseits eine gewisse Dimensionsstabilisierung (Bewegungen infolge Feuchteschwankungen) bringt (Bild 5.216.).

Vorgespannte Platten

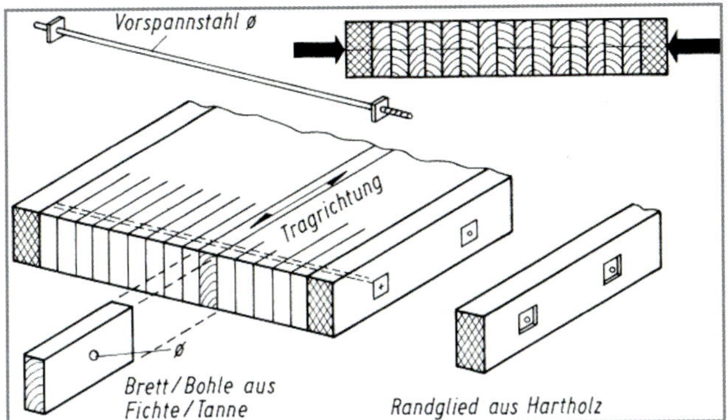

Bild 5.216. Prinzip der Vorspannung quer zur Faser

Bild 5.217. Straßenbrücke in Norwegen mit quervorgespannten Holzplatten (Foto: *W. Rug*)

Zur Berechnung, s. Hinweise in [*Blaß* u. a. 2005] und [*Kreuzinger/Mohr* 1995]. In der Praxis ausgeführt, wurden geklebte und unverklebte Platten (Spannweiten bis 9,0 m), z. B. bei Forststraßen oder als Fahrbahnplatten zur Instandsetzung alter Brückenoberbauten, aber auch bei neuen Holzbrücken für den Schwerlastverkehr [*Kreuzinger/Mohr* 1995], [*Bogusch* 1992], [*Steuerer* 1990].

In Norwegen werden heute alle Fahrbahnplatten der Holz-Straßenbrücken mit Spannweiten von 20...70 m aus quervorgespannten Platten hergestellt [*Dyken* 2011].

Literatur: [*Dyken* 2011], [*Lehmann* 2009], [*Brunner* 2008], [*Luggin/Bergmeister* 2001], [*Luggin* 2000], [*Kreuzinger/Mohr* 1995], [*Bogusch* 1992], [*Steuerer* 1990], [*Rug/Pötke* 1988], [*Rug* 1986-1], [*Riedlbauer* 1982], [*Genähr* 1981], [*Riedlbauer* 1979], [*Riedlbauer* 1978].

5.13. Verbundkonstruktionen im Holzbau

Nachfolgend wird in Übersichtsform auf mögliche Entwicklungen der Verbundkonstruktionen im Holzbau verwiesen. Es wird keine feststehende Lehrmeinung vorgetragen, weil sich diese Konstruktionen noch zu sehr im Fluss befinden. Dennoch zeichnen sich bereits einige Grundprinzipien ab.

Als Verbundkonstruktionen im Holzbau, auch in jüngster Zeit als Hybridkonstruktion bezeichnet, können alle mit starren sowie verschieblichen Verbindungsmitteln zusammengesetzten Querschnitte aus Holz, Kunststoff, Holzwerkstoffen, Stahl, Beton und Mauerwerk bezeichnet werden.

Verwendung als Bauteile

ES können Querschnitte aus Holz, Holzwerkstoffen und anderen Materialien hergestellt werden, die

- konstruktiv Material einsparen,
- statisch günstige Querschnitte bilden und
- bezüglich der Verbindungsmitteltechnik vorteilhaft sind.

Holz-Holz-Verbundquerschnitte mit starrer Verbindungsfuge (geklebt)

Holz-Holz-Verbundquerschnitte sind auf das Verkleben von Brettern zu Brettschicht-Holzquerschnitten begrenzt. Würde man bei Brettschichtholz die im Allgemeinen verwendeten Nadelholzarten mit höherfesten Laubholzarten kombinieren, so würde bei Anordnung der höheren Festigkeiten an der Zugseite die Festigkeit derartig kombinierter Brettschichtträger steigen. Wie Untersuchungen in der Schweiz Anfang der achtziger Jahre des 20. Jahrhunderts zeigten, steigt die Festigkeit bei Verwendung von Zuglamellen mit Buchenholz an der Zugseite (z. B. entsprechend Bild 5.203.c) um ca. 25 %, und ein vollständig aus Buchenholz hergestellter Träger hat eine um ca. 80 % höhere Festigkeit, als ein vergleichbarer Brettschichtholzträger aus Nadelholz. Denkbar wäre auch der Einsatz von Eichen-, Eschen- oder Robinienholz. Neuere Untersuchungen bestätigen die Möglichkeit einer höheren Veredlung des Brettschichtholzes durch Einsatz von einheimischen Laubhölzern. So zeigten Untersuchungen, dass durch Verwendung von sortierten Brettlagen aus Buchenholz der Güte LS13 nach DIN 4074-5 Brettschichtholz der Festigkeitsklasse GL32 nach DIN EN 14080 und durch Verwendung von Brettlagen der Güte D50 bis D60 nach DIN 4074-5 Brettschichtholz der Festigkeitsklasse GL40 bzw. 48 herstellbar ist. Bezogen auf den charakteristischen Wert der Biegefestigkeit ist das gegenüber einer Festigkeitsklasse GL24 aus Nadelholz eine 1,3- bis 2-fache Erhöhung (s. [*Blaß* u. a. 2005]).

Heute ist die Anwendung von Brettschichtholz, vollständig aus Buchenholz hergestellt, oder Brettschichtholz mit inneren Lagen aus Nadelholz und äußerer Lage aus

Buchenholz (sogenannte Buchen-Hybridträger) in den Festigkeitsklassen GL28 bis GL48 (s. Tabellen 2.37. und 2.38.) über die allgemeine bauaufsichtliche Zulassung Nr. Z-9.1-679 geregelt.
Auch die Anwendung von Brettschichtholz in Eichenholz in der Festigkeitsklasse GL33,5 ist möglich. Geregelt ist die Verwendung derartigen Brettschichtholzes über die allgemeine bauaufsichtliche Zulassung Nr. Z-9.1-704. Neuerdings gibt es auch sogenanntes Brettschichtholz aus Buchen-Funierschichtholz nach bauaufsichtlicher Zulassung Z.9.1-837. Es können Träger bis 18 m Länge und 1,40 m Höhe in der Festigkeitsklasse GL70 hergestellt werden.

Geklebte Verbundtragwerke aus BSH-Trägern (Blockverklebung)

Allgemeines/Anwendungsbereich

Werden einzelne Brettschichtholzträger mit einem fugenfüllenden Klebstoff zu Verbundbauteilen verklebt, entstehen große Querschnittsblöcke mit einem sehr viel höherem Tragvermögen als normale Brettschichtquerschnitte (Bild 5.218.). Man spricht dann auch von blockverklebten Bauteilen. Die Klebefugen zwischen den Brettschichtträgern bezeichnet die DIN 1052-10 auch als Blockfugen. Die Blöcke bestehen entweder aus vertikal nebeneinander stehenden oder horizontal übereinander liegenden Brettschichtträgern.

Es können aber auch vertikal und horizontal angeordnete Brettschichtträger zu Hohlblöcken, zu Kasten- oder π-Querschnitten verklebt werden. Die Herstellung von gekrümmten Tragwerken ist möglich. Die Leistungsanforderungen für Verbundbauteile aus Brettschichtholz definiert DIN EN 14080.

Bisher wurden solche Tragwerke vor allem im Brückenbau eingesetzt. Denkbar ist auch eine Anwendung im Hallenbau für Tragwerke mit besonderen Anforderungen an eine hohe Festigkeit, Feuerwiderstandsdauer oder geringe Schwind- und Quellverformungen.

Zur Vermeidung von Rissen beschränkt die DIN EN 1995-1-1/NA:2013 die Anwendung derartiger Querschnitte auf die Nutzungsklassen 1 und 2. Eine direkte Befeuchtung der Bauteile ist zu vermeiden.

Im Brückenbau kann diese Forderung dadurch erfüllt werden, dass oberseitig eine Betonplatte aufgebracht wird. Diese nimmt die Fahrbahn auf und wird so gestaltet, dass sie mit einer sehr viel größeren Breite als der Blockquerschnitt diesen gleichzeitig vor der Bewitterung schützt (s. Bilder 5.222. und 5.223.). Wird zwischen der Betonplatte und dem blockverklebten Brettschichtholzquerschnitt ein Verbund hergestellt, entsteht ein Holz-Beton-Verbund-Querschnitt mit sehr hoher statischer Leistungsfähigkeit.

Herstellung (Material/Verbindung/Fertigung)

Die zu Blöcken zu verklebenden Brettschichtholzquerschnitte haben eine Dicke von ≥ 60 mm. Die Holzfeuchte der zu verklebenden Querschnitte darf maximal 15 % betragen.

Die Klebstoffe müssen für derartige Verklebungen anerkannt und zugelassen sein. Eine Liste über amtlich geprüfte und zugelassene Klebstoffe kann unter *www.mpa-uni-stuttgart.de* eingesehen werden.

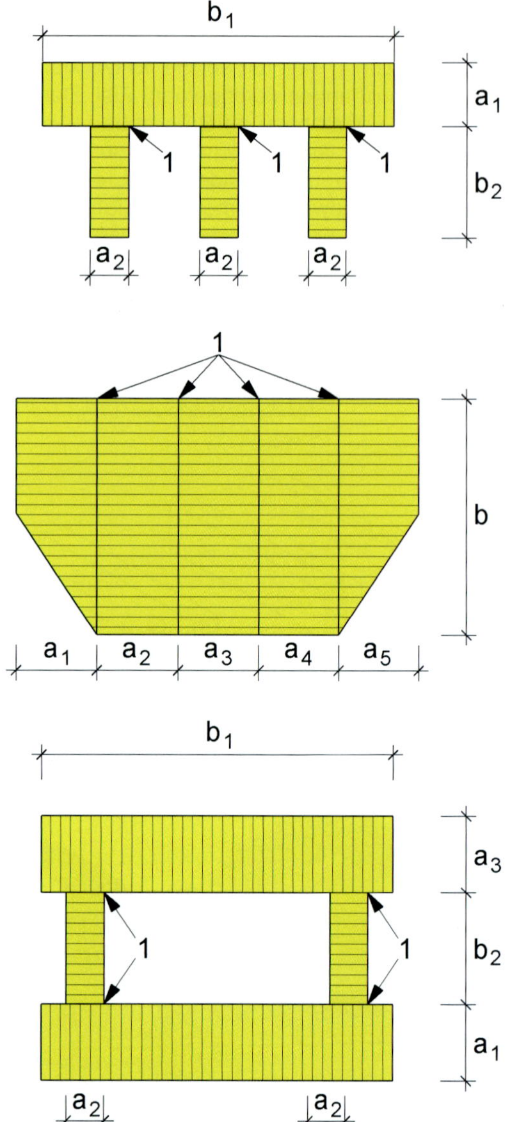

Legende
1 Blockfuge

Bild 5.218. Beispiele für mögliche Querschnittsformen von Verbundbauteilen aus Brettschichtholz (Bild 1 in DIN 1052-10:2012)

Eine ausreichende Dauerhaftigkeit der Verklebung wird nur über einen gleichmäßigen Pressdruck über die gesamte Klebefläche erreicht. Je nach Größe und Gestalt der Blöcke ist das technologisch nicht ganz einfach zu bewerkstelligen. Deshalb kommen auch neuerdings Epoxidharzklebstoffe zum Einsatz, die geringere Pressdrücke erfordern und gleichzeitig größere Klebefugendicken problemlos überbrücken können.

Die Querschnitte werden entweder vollflächig oder streifenartig verklebt.

Holz-Holz-Querschnitte mit nachgiebiger Verbindungsfuge (s. auch Abschnitt 5.3.3. und 5.6.)

Als Verbindungsmittel (VBM) für nachgiebig zusammengesetzte Verbund-Querschnitte aus Rund- und Kantholz sowie Bohlen stehen Nägel aller Art, Stabdübel, Passbolzen, Schrauben und Dübel besonderer Bauart zur Verfügung.

Probleme:

- Herstellung eines Verbundes mit möglichst geringer Nachgiebigkeit,
- Abminderung der wirksamen Trägheitsmomente infolge Nachgiebigkeit der Verbindungsmittel sowie Abhängigkeit des Verschiebungsmoduls sowie der Anzahl der Verbindungsmittel.

In einem Verbundquerschnitt kann eine Überhöhung eingebaut werden; sie begrenzt die Durchbiegung. Weiterhin wird durch die Überhöhung der Anfangsschlupf der Verbindungsmittel weggenommen.

Holz-Holzwerkstoff-Verbundelemente werden heute in manchen Fällen bei der Ertüchtigung von Balkendecken genutzt. Wird z. B. ein vorhandener Balken mit einer Furnierschichtholzplatte zu einem Holz-Plattenbalken verbunden, so lässt sich das Trägheitsmoment des vorhandenen Balkens um ca. 30...40 % erhöhen [*Kerto-Handbuch* 1999], [*Görlacher* 1999].

Holz-Beton-Verbundquerschnitte

Die Verbundwirkung von Rippen- bzw. Rippenplattenquerschnitt mit einer mittragenden (auf Druck beanspruchten) Betonplatte (Bilder 5.219.) ergibt einen sehr wirtschaftlichen Hybridquerschnitt.

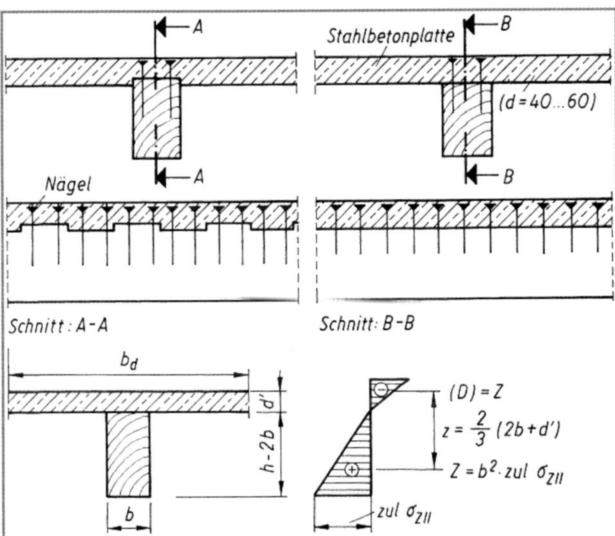

Bild 5.219. Holz-Stahlbeton-Verbundkonstruktion (nach [*Godycki* 1984])

Der Plattenquerschnitt erfüllt mehrere Forderungen gleichzeitig:

- hohe Tragfähigkeit,
- hohe Steifigkeit, auch gegen Schwingungen,
- hohe akustische Anforderungen,
- hohe Brandwiderstandsdauer (REI 30, REI 60, REI 90),
- Holz und Holzwerkstoff sind tragend (letztere jedoch als verlorene Schalung eingesetzt).

Hauptpunkt ist der Wirkungsgrad der Verbindungstechnik bzw. Kraftschlüssigkeit der Verbindungen zwischen dem auf Biegezug beanspruchten Holzbauteil (z. B. Balken oder Platten) und der auf Druck beanspruchten Beton- oder Stahlbetonplatte. Der Wirkungsgrad des Verbundes – und damit die wirksame Biegesteifigkeit des Gesamtquerschnittes – ist abhängig von der Steifigkeit (Nachgiebigkeit und Kraftaufnahme) der verwendeten Verbindungsmittel.

Je nach Wirkungsgrad der eingesetzten Verbindungstechnik kann im Vergleich zum einfachen Balken ohne Verbund die Steifigkeit und Tragfähigkeit um das 2- bis 4-Fache erhöht werden. Damit können bei ein- und mehrstöckigen Wohn- und Gewerbebauten leistungsfähige Decken mit großen Spannweiten ($\ell \leq 15$ m) und Verkehrslasten mit bis zu 5 kN/m^2 ausgeführt werden.

Die Entwicklung im Hinblick auf die Weiterentwicklung der Berechnungsmethoden und die Entwicklung immer besserer Verbindungstechniken ist weltweit noch nicht abgeschlossen (zum aktuellen Stand s. [*Lißner/Rug* 2018], [*Holschemacher* u. a. 2013], [*Rug* 2010], [*Bathon/Bletz* 2009], [*Bahmer* 2009], [*Simon/Rautenstrauch* 2009], [*Heiduschke/Kasal* 2009], [*König* u. a. 2004], [*Rug/Lißner* 2004-2], [*Rug/Lißner* 2003]. Zahlreiche Belege über die Wirtschaftlichkeit dieser Bauweise finden sich in der Altbausanierung, im Holz-Skelettbau, im Hallenbau, im mehrgeschossigen Holzhausbau und zunehmend auch im Brückenbau.

Konventionelle Holz-Beton-Verbindungen (z. B. einseitige Einlassdübel, Stabdübel, Schrauben, Nägel usw.) sind möglich, sind aber bauaufsichtlich nicht geregelt.

Auch formschlüssige Verbindungen wie Kerven oder Nocken wurden in den verschiedensten Varianten untersucht. Mit den vorgenannten Verbindungsmitteln lässt sich nur ein elastischer nachgiebiger Verbund herstellen.

Einige Forschungsarbeiten der letzten 15 Jahre befassten sich auch mit dem Herstellen eines starren Verbundes mittels Klebeverbund, hergestellt während des Betonierprozesses (nasser Beton auf Klebefuge) oder zwischen einer Beton-Fertigteilplatte und dem Holzbauteil. Die Forschungen sind noch nicht abgeschlossen (s. [*Brunner* u. a. 2009], [*Schäfers/Seim* 2011], [*Eisenhut/Seim* 2012]).

Erfolg versprechend waren Untersuchungen zur Verklebung von dünnen Betonplatten aus hochfestem Beton (Dicke = 20 mm) mit Holzbauteilen aus Nadelholz, Furnierschichtholz und Buchenholz.

Verklebt man sandgestrahlte Betonoberflächen mit gehobelten Holzbauteilen mittels Epoxidharz, so entsteht ein starrer Verbund. Die Annahme eines starren Verbundes wurde experimentell bestätigt. Eine Bemessung derartiger Verbundquerschnitte mit dem *Möhler*-Verfahren mit $\gamma = 1$ ist möglich (s. Anhang B in DIN EN 1995-1-1:2010 und [*Schäfers/Seim* 2011]).

Bauaufsichtlich geregelte Holz-Beton-Verbundlösungen

In Deutschland sind mehrere bauaufsichtlich zugelassene Verbindungstechniken auf dem Markt (s. Tabelle 5.19.).

Insgesamt zehn Verbindungslösungen sind zurzeit bauaufsichtlich zugelassen (Tabelle 5.19.).

Herstellung/Material/Verbindungstechnik/Fertigung

Die Betonplatte wird in den meisten Fällen monolithisch ausgeführt. Auf die Brettstapel- oder Brettsperrholzdecke, die Fußbodenbretter der traditionellen Holzbalkendecke wird eine Folie aufgebracht.

Nach dem Einbringen der Verbindungstechnik kann der Beton aufgebracht werden (Bild 5.220.). Hauptsächlich wird Beton normaler Güte C25/30 verwendet. Die Betonplattendicke liegt im Allgemeinen zwischen 60 und 140 mm.

Bild 5.220. Holz-Beton-Brettsperrholz-Verbundkonstruktionen, Einbringen der Verbundschrauben in die Brettsperrholzplatten [Foto: SFS intec]

Neuerdings werden zunehmend auch Holz-Beton-Fertigteilelemente als Rippenkasten- oder Plattendecke bei Bauvorhaben eingesetzt.

Es können besonders bei Neubauten auch Fertigteil-Betonplatten zur Anwendung gelangen. Diese werden dann auf der Baustelle mit den Holzbauteilen über in der Betonplatte einbetonierte FT-Verbinder mit den Verbundschrauben verbunden.

Holz-Beton-Verbund mit Verbundschrauben:

Eine inzwischen ausgereifte und bewährte Technik sind spezielle Verbundschrauben mit einem Durchmesser von 7,3 bis 12 mm (Tabelle 5.19., Zeilen 1 bis 8).

Der Vorteil dieser Verbindungslösung liegt darin, dass die Schraube ohne Vorbohren in das Holz eingeschraubt wird. Pro Arbeitskraft lassen sich ca. 200...250 Verbundschrauben pro Stunde einbringen. Die Verbundschrauben werden entweder paarweise im Winkel 45°/135° oder einreihig im Winkel 45°/95° eingeschraubt. Je nach statischen Erfordernissen können bei Einhaltung der Mindestabstände zum Bauteilrand mehrere Reihen nebeneinander angeordnet werden.

Zwischen Betonplatte und Holzbalken darf beim Verbundsystem nach den Bestimmungen der bauaufsichtlichen Zulassungen eine bis maximal 50 mm dicke Schalung eingebaut werden bzw. bei Altbaudecken vorhanden sein.

Grundsätzlich können mit diesem Verbundsystem Altbaudecken im Spannweitenbereich zwischen 4,0 bis 6,0 m auf eine Verkehrslast von 5,0 kN/m^2 ertüchtigt werden. Für Neubauten können bei Balkenabständen bis 3,5 m Deckenspannweiten bis 8 m mit Deckenlasten von 5 kN/m^2 hergestellt werden. Möglich ist auch eine Holz-Beton-Verbundlösung mit Furnierschichtholz-, Brettsperrholz- oder Brettstapelplatten (s. Festlegungen zum Anwendungsbereich in den jeweiligen bauaufsichtlichen Zulassungen). Die Praxistauglichkeit des mit den Schrauben nach Zulassung Z-9.1-342 herstellbaren Verbundsystems konnte z. B. in Deutschland bis Ende der 90er-Jahre des 20. Jahrhunderts anhand von bisher 180 ausgeführten Objekten und in Europa bei über 500 Objekten unter Beweis gestellt werden.

HBV-Schubverbinder: Die in Zeile 9, Tabelle 5.19. dargestellte Entwicklung kann auch bei Brettstapeldecken oder Lignotrenddecken angewendet werden. Der HBV-Schubverbinder aus perforierten Streckmetallstreifen (Materialdicke 2,5 mm) wird in das Holz in eine 3,2 mm breite Nut eingeklebt. Anwendbar ist die Lösung im Alt- und Neubau. Bei Neubauten können Deckenspannweiten bis 8 m mit einer Verkehrslast von 5 kN/m^2 und mit geringeren Verkehrslasten bis 15 m Spannweite realisiert werden. In Verbindung mit Lignotrend-Elementen sind auch Fertigteildecken möglich.

Verbundschrauben mit speziellen HBV-FT-Verbindern

Diese Verbindungskombination (Zeile 8 in Tabelle 5.19.) erweitert die Verbundlösungen mit Schrauben. Das Ziel ist, dass vorgefertigte Betonplatten mit maßgenauen einbetonierten HBV-FT-Verbindern im Fertigungsbetrieb hergestellt werden und die Platten auf der Baustelle oder im Werk mittels Schrauben mit den Holzquerschnitten verbunden werden.

Damit können beide Baustoffe im trockenen Zustand verbunden werden, Nassprozesse fallen nicht an, und die nach den anderen Zulassungen erforderlichen Abstützungen der Holzbauteile während des Betonierprozesses können entfallen. Die Montagezeiten lassen sich so wesentlich verkürzen (s. a. [*Rätz* 2013]).

Dennert Holz-Beton-Verbundelement: Duo-Balken werden mittels Nagelplatten mit einer Leichtbetonplatte zu einem Fertigteilelement verbunden (Tabelle 5.19., Zeile 11).

Die Verwendung der Elemente ist auf eine Anwendung bei Dachkonstruktionen mit unten liegender vorwiegend zugbeanspruchter Betonplatte für Häuser in Massivbauweise beschränkt.

Die Fertigteilelemente sind maximal 3 m breit und maximal 10 m lang. Der Abstand der Duobalken untereinander beträgt 400 bis 1000 mm (Tabelle 5.19., Zeile 11).

Holz-Beton-Verbundlösungen ohne bauaufsichtlichen Verwendbarkeitsnachweis

Kerven-Verbund: Der Verbund wird über im Holz eingebrachte Kerven hergestellt. Es handelt sich dabei um eine formschlüssige Verbindung zwischen Beton und Holzbalken oder Brettstapelelementen. Als Verbundmittel sind Kerven besonders für Brettstapeldecken mit Spannweiten von 5,0 bis 10 m sinnvoll (s. [*Michelfelder* 2006] und Tabelle 5.20.). Die Schubkraft in der Verbundfuge wird über Druckkontakt in der Kervenstirn aufgenommen. Das aus der Lastexzentrizität bei der Schubkraftübertragung entstehende örtliche Moment muss nicht durch zugbeanspruchte Schrauben in Kervenmitte aufgenommen werden.

Die Betonplattendicke, einschließlich der Kerventiefe, sollte mindestens 80 mm sein. Zur Aufnahme von örtlichen Betonzugspannungen wird eine Kervenbewehrung empfohlen.

Bemessung des Kerven-Verbundes: Ausreichend genaue Ergebnisse erhält man durch eine Berechnung mittels Stabwerksmodell nach [*Grosse* u. a. 2003]. Mit dem Schubanalogie-verfahren nach DIN EN 1995-1-1/NA:2013, Abschnitt NCI NA.5.5.3 werden ebenfalls gute Ergebnisse erzielt (s. im Einzelnen in [*Michelfelder* 2006]).

Voraussetzung für eine Bemessung des Verbundquerschnittes ist allerdings, dass für die zur Anwendung kommende Kervenlösung Erkenntnisse zur Größe des Verschiebungsmoduls vorliegen.

Die bisherigen Erkenntnisse zur Größe des Verschiebungsmoduls (s. [*Kuhlmann* u. a. 2002], [*Michelfelder* 2006]) zeigen, dass bei Anwendung eines $K_s = 370\,\text{kN/mm}$ pro m (für $t = 0$) der Wirkungsgrad der

Verbundwirkung bei 82 % liegt und bei Ansatz von 200 kN/mm (für $t = \infty$) ein Wirkungsgrad von 73 % erreicht wird. Die Ergebnisse beziehen sich auf die Anwendung des γ-Verfahrens nach DIN EN 1995-1-1, Anlage B bei verschiedenen Bauvorhaben in Deutschland.

In aktuellen Untersuchungen zum Einsatz von Kerven bei Holz-Beton-Verbund-Straßenbrücken wurden die in den letzten Jahren durchgeführten Untersuchungen zu den anzunehmenden Verschiebungsmoduli noch einmal zusammengefasst (s. Tabelle 5.21.). Die Ergebnisse wurden hauptsächlich an Proben mit 20 mm Kerventiefe ermittelt.

Insbesondere die Arbeiten von Schönborn, Grosse und Kuhlmann zeigen sehr viel höhere Werte für K_{ser}, weshalb in [*Kuhlmann* u. a. 2016] auch ein Wert von $K_{ser} = 1600$ kN/mm pro m Trägerbreite als Schätzwert herausgearbeitet wurde. Dabei ist zu berücksichtigen, dass die Kerventiefe bei den Versuchen von Kuhlmann & Aldi 40 mm betrug [*Kudla* 2017].

Gegenwärtig wird auf europäischer Ebene an einer Ergänzung des EC5 im Hinblick auf einen separaten Normenteil zu HBV-Konstruktionen gearbeitet. Einen Zwischenstand zu dieser Initiative wird in [*Schänzlin* 2017] und [*Schänzlin* 2018] dargelegt. Für Kerven werden in Auswertung der bisherigen Untersuchungen im Entwurf der neuen Norm folgende Verschiebungsmoduli vorgeschlagen:

$$K_{ser} = 1000 \text{ kN/mm/m}, t_v = 20 \text{ mm}$$

$$K_{ser} = 1500 \text{ kN/mm/m}, t_v \geq 30 \text{ mm}$$

Für den Grenzzustand der Tragfähigkeit sind diese Werte nach Gl. (2.1) in DIN EN 1995-1-1 um 1/3 abzumindern.

Nach den geltenden Normen ergeben sich die in Tabelle 5.22. zusammengestellten Steifigkeitswerte für das Kurzzeit- bzw. Langzeitverhalten.

Kopfdübel-Schubleiste für Straßenbrücken: Grundlegende Untersuchungen in [*Schröter* u. a. 2010], [*Simon* 2009], [*Rautenstrauch/Simon* 2009], [*Rautenstrauch* 2009], [*Rautenstrauch* u. a. 2008] führten zur Entwicklung von Kopfdübel-Verbindungen und zur Herstellung eines Verbundes zwischen blockverklebten Brettschichtholzträgern und einer Stahlbetonfahrbahnplatte. Bild 5.221. zeigt die Last-Verformungskurve einer Schubdübellösung im Vergleich zu alternativen Lösungen mittels Kerve oder schräg eingeklebten Betonstählen. Obwohl die Lösung mit eingeklebten Bewehrungsstäben leistungsfähiger war, wurde die Schubdübellösung für weitere Untersuchungen ausgewählt, da hier geringere Streuungen der Verschiebungsmodule festgestellt wurden.

Mit einem Verschiebungsmodul für ein Verbundelement von 640.000 N/mm pro m Dübelbreite steht ein sehr leistungsfähiges Verbundmittel für hochtragfähige Brückenkonstruktionen zur Verfügung. Untersuchungen zur Ermüdungsfestigkeit verliefen erfolgreich.

Tabelle 5.19. Holz-Beton-Verbundlösungen mit allgemeiner bauaufsichtlicher Zulassung (Stand: 30.06.2020)

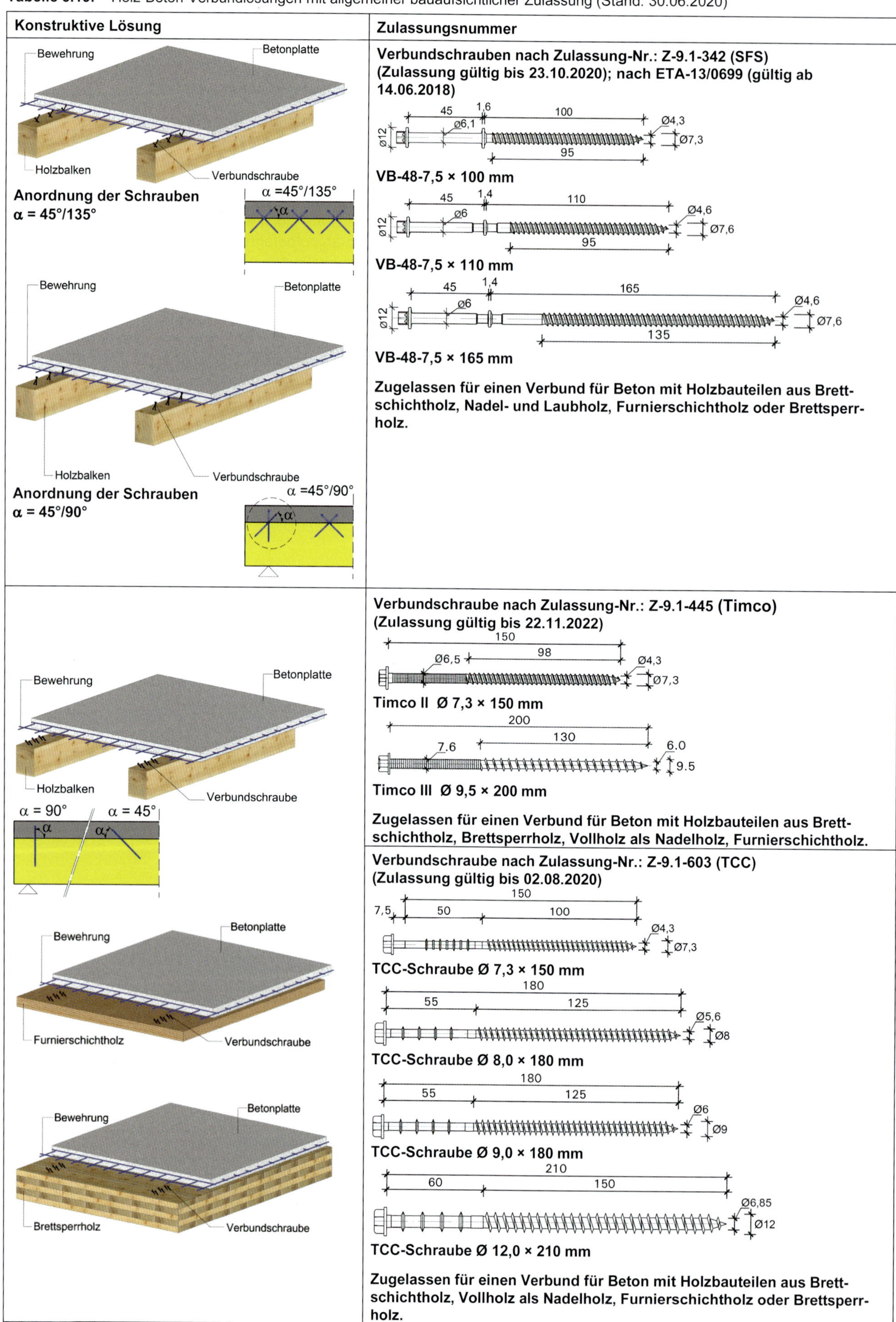

Konstruktive Lösung	Zulassungsnummer
Anordnung der Schrauben α = 45°/135° **Anordnung der Schrauben α = 45°/90°**	**Verbundschrauben nach Zulassung-Nr.: Z-9.1-342 (SFS) (Zulassung gültig bis 23.10.2020); nach ETA-13/0699 (gültig ab 14.06.2018)** **VB-48-7,5 × 100 mm** **VB-48-7,5 × 110 mm** **VB-48-7,5 × 165 mm** **Zugelassen für einen Verbund für Beton mit Holzbauteilen aus Brettschichtholz, Nadel- und Laubholz, Furnierschichtholz oder Brettsperrholz.**
	Verbundschraube nach Zulassung-Nr.: Z-9.1-445 (Timco) (Zulassung gültig bis 22.11.2022) **Timco II Ø 7,3 × 150 mm** **Timco III Ø 9,5 × 200 mm** **Zugelassen für einen Verbund für Beton mit Holzbauteilen aus Brettschichtholz, Brettsperrholz, Vollholz als Nadelholz, Furnierschichtholz.**
	Verbundschraube nach Zulassung-Nr.: Z-9.1-603 (TCC) (Zulassung gültig bis 02.08.2020) **TCC-Schraube Ø 7,3 × 150 mm** **TCC-Schraube Ø 8,0 × 180 mm** **TCC-Schraube Ø 9,0 × 180 mm** **TCC-Schraube Ø 12,0 × 210 mm** **Zugelassen für einen Verbund für Beton mit Holzbauteilen aus Brettschichtholz, Vollholz als Nadelholz, Furnierschichtholz oder Brettsperrholz.**

Tabelle 5.19. *(Fortsetzung)*

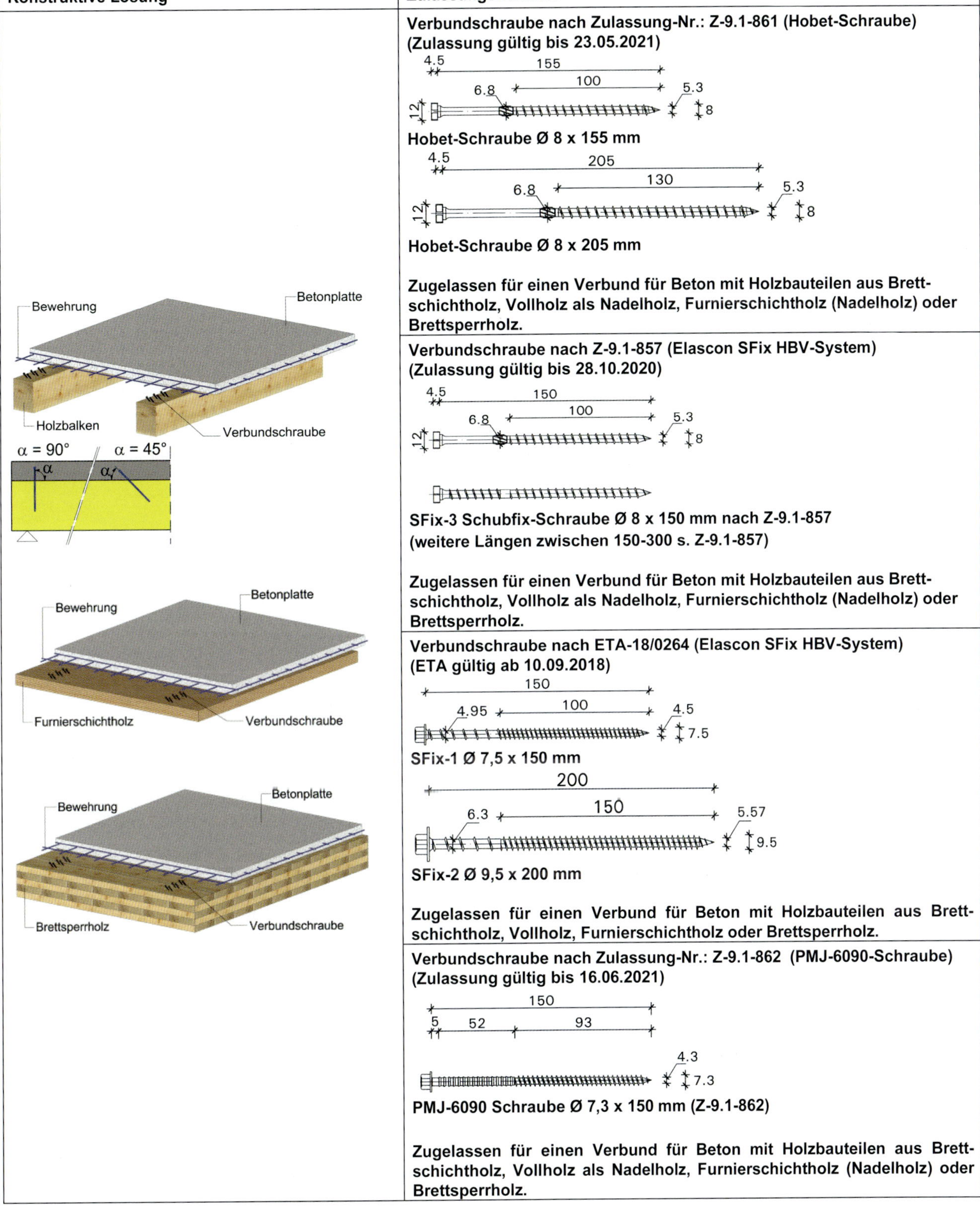

Konstruktive Lösung	Zulassungsnummer
	Verbundschraube nach Zulassung-Nr.: Z-9.1-861 (Hobet-Schraube) (Zulassung gültig bis 23.05.2021) **Hobet-Schraube Ø 8 x 155 mm** **Hobet-Schraube Ø 8 x 205 mm** **Zugelassen für einen Verbund für Beton mit Holzbauteilen aus Brettschichtholz, Vollholz als Nadelholz, Furnierschichtholz (Nadelholz) oder Brettsperrholz.**
	Verbundschraube nach Z-9.1-857 (Elascon SFix HBV-System) (Zulassung gültig bis 28.10.2020) **SFix-3 Schubfix-Schraube Ø 8 x 150 mm nach Z-9.1-857 (weitere Längen zwischen 150-300 s. Z-9.1-857)** **Zugelassen für einen Verbund für Beton mit Holzbauteilen aus Brettschichtholz, Vollholz als Nadelholz, Furnierschichtholz (Nadelholz) oder Brettsperrholz.**
	Verbundschraube nach ETA-18/0264 (Elascon SFix HBV-System) (ETA gültig ab 10.09.2018) **SFix-1 Ø 7,5 x 150 mm** **SFix-2 Ø 9,5 x 200 mm** **Zugelassen für einen Verbund für Beton mit Holzbauteilen aus Brettschichtholz, Vollholz, Furnierschichtholz oder Brettsperrholz.**
	Verbundschraube nach Zulassung-Nr.: Z-9.1-862 (PMJ-6090-Schraube) (Zulassung gültig bis 16.06.2021) **PMJ-6090 Schraube Ø 7,3 x 150 mm (Z-9.1-862)** **Zugelassen für einen Verbund für Beton mit Holzbauteilen aus Brettschichtholz, Vollholz als Nadelholz, Furnierschichtholz (Nadelholz) oder Brettsperrholz.**

Tabelle 5.19. *(Fortsetzung)*

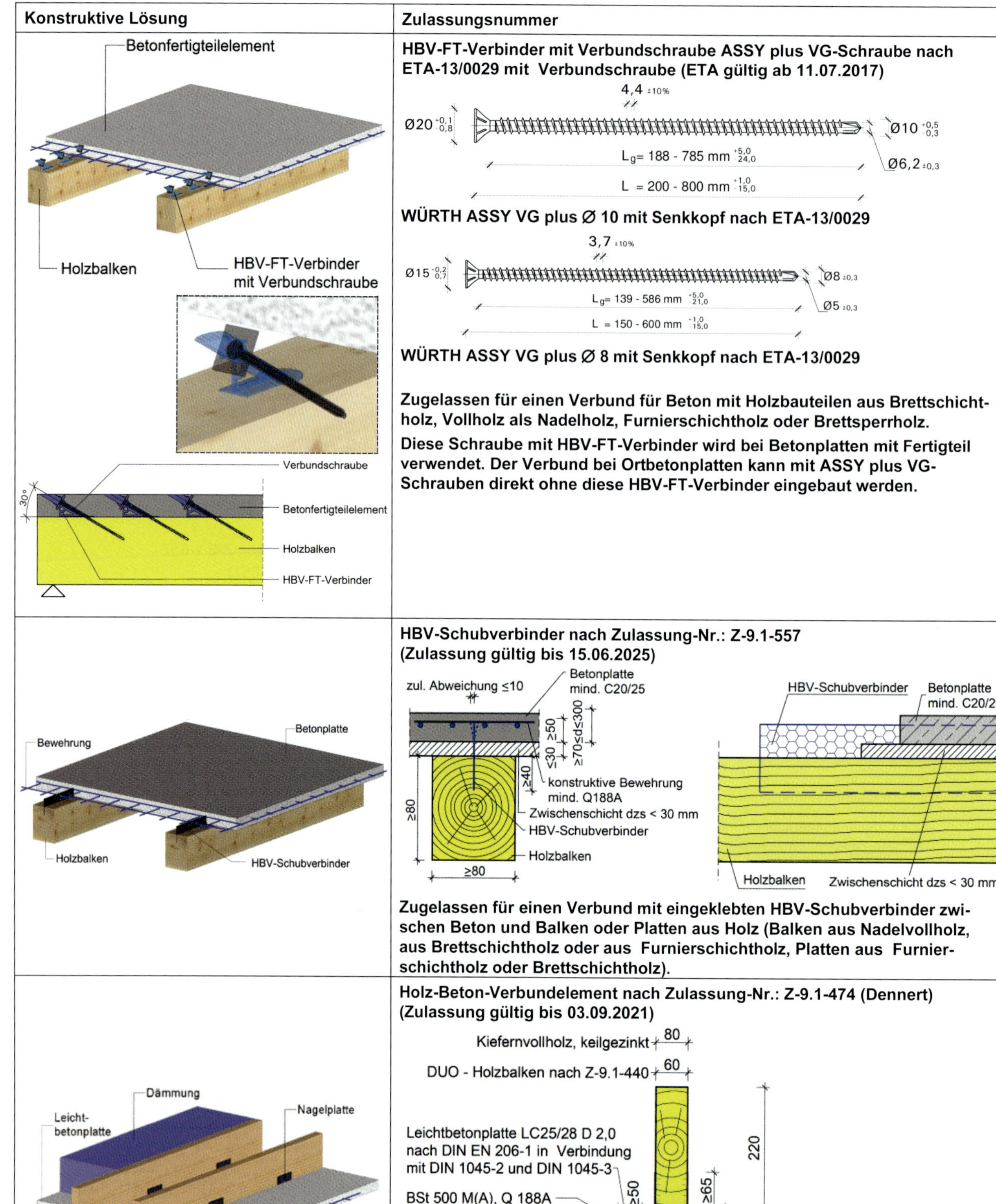

Konstruktive Lösung	Zulassungsnummer
	HBV-FT-Verbinder mit Verbundschraube ASSY plus VG-Schraube nach ETA-13/0029 mit Verbundschraube (ETA gültig ab 11.07.2017) **WÜRTH ASSY VG plus Ø 10 mit Senkkopf nach ETA-13/0029** **WÜRTH ASSY VG plus Ø 8 mit Senkkopf nach ETA-13/0029** **Zugelassen für einen Verbund für Beton mit Holzbauteilen aus Brettschichtholz, Vollholz als Nadelholz, Furnierschichtholz oder Brettsperrholz.** **Diese Schraube mit HBV-FT-Verbinder wird bei Betonplatten mit Fertigteil verwendet. Der Verbund bei Ortbetonplatten kann mit ASSY plus VG-Schrauben direkt ohne diese HBV-FT-Verbinder eingebaut werden.**
	HBV-Schubverbinder nach Zulassung-Nr.: Z-9.1-557 (Zulassung gültig bis 15.06.2025) **Zugelassen für einen Verbund mit eingeklebten HBV-Schubverbinder zwischen Beton und Balken oder Platten aus Holz (Balken aus Nadelvollholz, aus Brettschichtholz oder aus Furnierschichtholz, Platten aus Furnierschichtholz oder Brettschichtholz).**
	Holz-Beton-Verbundelement nach Zulassung-Nr.: Z-9.1-474 (Dennert) (Zulassung gültig bis 03.09.2021) **Zugelassen für einen Verbund für Leichtbetonplatte und Holzbauteilen aus Vollholz, keilgezinktem Vollholz oder Duo-Balken, jeweils aus kerngetrenntem Kiefernholz, die durch Nagelplatten miteinander verbunden sind.**

Tabelle 5.20. Konstruktionsregeln für Kerven-Verbund bei Brettstapeldecken mit $\ell \leq 10$ m entsprechend den durchgeführten Parameterstudien in [*Michelfelder* 2006]

<table>
<tr><th colspan="4">Deckenkonstruktion in Längsrichtung</th><th>Anzahl Kerven</th><th>Kerventiefe t_k</th><th>Kervenlänge ℓ_k</th></tr>
<tr><td colspan="4">vh1, ℓ_k, vh2, ℓ_k; h_{Beton}, h_{Holz}, h
$h_{Holz} = 0{,}6 \cdot h \quad h_{Beton} + t_k \geq 8\,\text{cm}$
$h_{Beton} = 0{,}4 \cdot h \quad K_{ser} = K_u = 429\,\text{kN/mm}$
Anordnung der Kerven für Träger $\ell <$ 6 m</td><td rowspan="4">2</td><td rowspan="4">4 cm</td><td rowspan="4">20 cm</td></tr>
<tr><td>ℓ</td><td>vh1</td><td>vh2</td><td>vh3</td></tr>
<tr><td>ℓ = 5 m</td><td>25 cm</td><td>≤ 45 cm</td><td>–</td></tr>
<tr><td>ℓ = 6 m</td><td>25 cm</td><td>25 cm</td><td>≤ 48 cm</td></tr>
<tr><td colspan="4">vh1, ℓ_k, vh2, ℓ_k, vh3, ℓ_k; h_{Beton}, h_{Holz}, h
$h_{Holz} = 0{,}6 \cdot h \quad h_{Beton} + t_k \geq 8\,\text{cm}$
$h_{Beton} = 0{,}4 \cdot h \quad K_{ser} = K_u = 429\,\text{kN/mm}$
Anordnung der Kerven für Träger $\ell \geq$ 6 m</td><td rowspan="6">3</td><td rowspan="6">4 cm</td><td rowspan="6">20 cm</td></tr>
<tr><td>ℓ</td><td>vh1</td><td>vh2</td><td>vh3</td></tr>
<tr><td>ℓ = 7 m</td><td>25 cm</td><td>25 cm</td><td>≤ 63 cm</td></tr>
<tr><td>ℓ = 8 m</td><td>25 cm</td><td>25 cm</td><td>≤ 80 cm</td></tr>
<tr><td>ℓ = 9 m</td><td>25 cm</td><td>25 cm</td><td>≤ 99 cm</td></tr>
<tr><td>ℓ = 10 m</td><td>25 cm</td><td>25 cm</td><td>≤ 120 cm</td></tr>
</table>

Tabelle 5.21. Ergebnisse der Push-Out Versuche mit Kerven aus verschiedenen Quellen [*Kudla* 2017]

Quelle	n [-]	K_{ser} [kN/mm/m]	VarK K_{ser}	F_{max} [kN/m]	VarK F_{max}	$F_{0,05}$ [kN/m]	Versagen
Simon	4	737	0,041	587	0,046	522	Druck in Faserrichtung, Abscheren, Vorholz
Michelfelder	19	537	0,267	379	0,143	287	Abscheren, Vorholz
Schönborn	10	1.368	0,159	630	0,177	441	Druck in Faserrichtung (Schubrisse im Beton)
Grosse	6	1.602	0,240	600	0,054	531	Druck Beton (Druck in Faserrichtung)
Kuhlmann & Aldi	3	1.757	0,215	1.197	0,083	909	Abscheren, Vorholz

Tabelle 5.22. Steifigkeitswerte fur Kurzzeit- und Langzeitverhalten

Grenzzustand		Holz	Verbindungsmittel	Beton
GZT	t = 0	$\frac{E_{mean}}{\gamma_M}$	$K_{t=0} = \frac{K_{u,mean}}{\gamma_M} = \frac{\frac{2}{3} \cdot K_{ser}}{\gamma_M}$	$\frac{E_{cm}}{\gamma_{cE}}$
GZT	t = ∞	$\frac{E_{mean}}{\gamma_M \cdot (1+\psi_2 \cdot k_{def})}$	$K_{t=\infty} = \frac{K_{u,mean}}{\gamma_M \cdot (1+\psi_2 \cdot k_{def})} = \frac{\frac{2}{3} \cdot K_{ser}}{\gamma_M \cdot (1+\psi_2 \cdot k_{def})}$	$\frac{E_{cm}}{\gamma_{cE} \cdot 3{,}5}$
GZG	t = 0	E_{mean}	$K_{t=0} = K_{ser}$	E_{cm}
GZG	t = ∞	$\frac{E_{mean}}{(1+k_{def})}$	$K_{t=\infty} = \frac{K_{ser}}{(1+k_{def})}$	$\frac{E_{cm}}{3{,}5}$

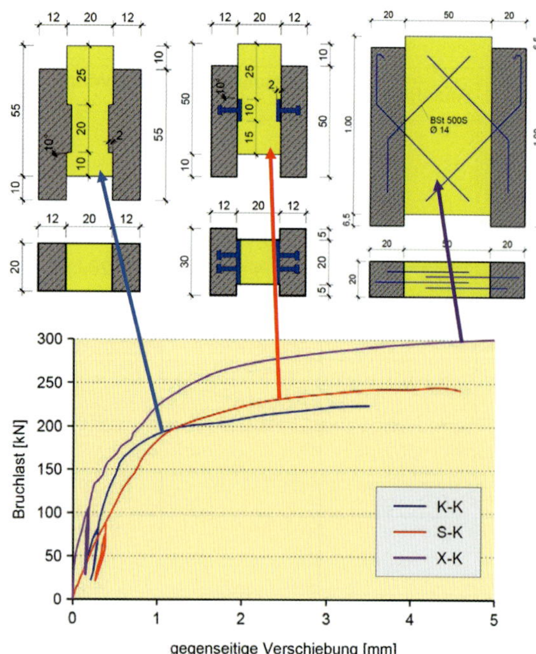

Bild 5.221. Last-Verschiebungskurven der Kurzzeitversuche (nach Angaben in [*Döhrer/Rautenstrauch* 2006])

Darauf aufbauend wurden Konstruktionslösungen für Straßenbrücken als Einfeldträger mit Stützweiten zwischen 10 und 30 m entwickelt. Bild 5.222. und Bild 5.223. zeigen konstruktive Vorschläge für eine einspurige und für eine zweispurige Straßenbrücke. Durch Standardisierung der neu entwickelten Lösungen lässt sich die Wirtschaftlichkeit wesentlich verbessern. Das ist insofern wichtig, als ca. die Hälfte aller Straßenbrücken in Deutschland nur Spannweiten zwischen 10 und 30 m überspannen.

Aus der Sicht des baulichen Holzschutzes entsteht mit den in geschützter Lage angeordneten blockverklebten Brettschichtholzquerschnitten (es gilt dann Nutzungsklasse 2 nach DIN EN 1995-1-1:2010) eine sehr dauerhafte Konstruktion. Gleichzeitig besitzt der Oberbau aus Beton mit Fahrbahn und Schrammbord, Gehweg und Geländer eine dauerhafte und robuste Konstruktion.

Da blockverklebte BSH-Bauteile auch in gekrümmter Form herstellbar sind, lassen sich auch architektonisch ansprechende Überbrückungen herstellen.

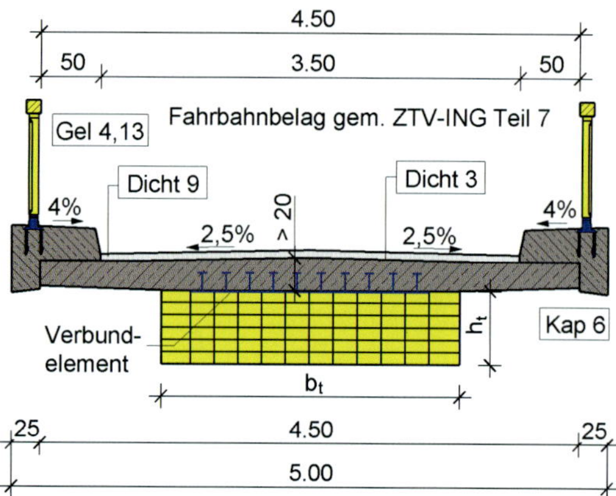

Bild 5.222. Einstegiger Plattenbalkenschnitt zur Überführung eines einspurigen Wirtschaftsweges nach [*Rautenstrauch/Simon* 2008]

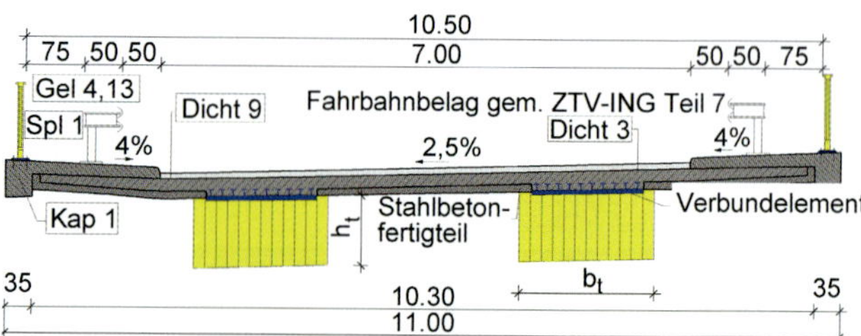

Bild 5.223. Zweistegiger Plattenbalkenschnitt zur Überführung einer zweispurigen Straße [*Rautenstrauch/Simon* 2008]

Literatur: [*Schänzlin* 2018], [*Kudla* 2017], [*Schänzlin* 2017], [*Kuhlmann* u. a. 2016], [*Schönborn* u. a. 2011], [*Rug* 2010], [*Schröter* u. a. 2010], [*Rautenstrauch* 2009], [*Simon* 2009], [*Rautenstrauch/Simon* 2009], [*Rautenstrauch/Simon* 2008], [*Rautenstrauch* u. a. 2008], [*Döhrer/Rautenstrauch* 2006], [*Michelfelder* 2006], [*Avak/Glaser* 2005], [*Schmidt* u. a. 2005], [*Blaß* u. a. 2004], [*König* u. a. 2004], [*Kuhlmann* u. a. 2004], [*Rug/Lißner* 2004-3], [*Rug/Lißner* 2004-2], [*Scholz 2004*], [*Grosse* u. a. 2003], [*Rug/Lißner* 2003], [*Kuhlmann* u. a. 2002], [*Hartmann* 1999], [*Blaß* u. a. in Step 3 1995], [*Cecotti* in Step 2 1995], [*Rug* 1995-2], [*Blaß* 1993], [*Werner* 1992], [*Natterer* 1990], [*Godycki* u. a. 1984], zum Brandverhalten von Holz-Beton-Verbundbauteilen [*Frangi* 2001].

Berechnung von Holz-Beton-Querschnitten nach DIN EN 1995-1-1:2010

Die Bemessung kann nach den in der DIN EN 1995-1-1: 2010, Anhang B angegebenen Verfahren für zusammengesetzte Biegeträger unter Berücksichtigung der verschiedenen E-Module (*Möhler*-Verfahren) erfolgen. Hinsichtlich der Genauigkeit des Verfahrens sind die Voraussetzungen des Verfahrens zu beachten (s. Abschnitt 5.6 dieses Buches). Bei Abweichung von den Voraussetzungen, z. B. nicht kontinuierlich verteilten Verbindungsmitteln (z. B. Kerven) oder keine Gleichlast kann es zu Ungenauigkeiten kommen, und andere Berechnungsverfahren sind anzuwenden.

Die Bemessung erfolgt unter Berücksichtigung der während der Nutzung auftretenden klimatischen Verhältnisse für den Anfangszustand $(t = 0)$ und unter Berücksichtigung der Schnittkraftumlagerung infolge Kriechverformungen für den Endzustand $(t = \infty)$. Beim Nachweis für den Anfangszustand sind die Elastizitäts-, Schub- und Verschiebungsmoduln nach Gl. (2.10) bis (2.12) in DIN EN 1995-1-1:2010 zu verwenden (s. Abschnitt 2.3.2.2 (2)). Nach Abschnitt NCI zu 9.1.3 (NA.4) in DIN EN 1995-1-1/NA:2013 darf für den Teilquerschnitt aus Beton der Elastizitätsmodul E_{cm} nach DIN EN 1992-1-1: 2011 und DIN EN 1992-1-1/NA:2011 angesetzt werden. Für den Nachweis im Endzustand wird näherungsweise das Kriechen dadurch berücksichtigt, dass der E-Modul des Betons durch 3,5 dividiert wird (d. h. der k_{def}-Wert für Beton wird mit 2,5 angenommen, s. DIN EN 1995-1-1/NA:2013, NCI zu 9.1.3 (NA.4)). Für den Baustoff Holz wird für den Nachweis des Endzustandes mit abgeminderten Steifigkeitswerten gerechnet (s. Abschnitt 2.3.2.2 (2) in DIN EN 1995-1-1:2010). Für den Nachweis im Endzustand teilt man die Steifigkeitswerte durch den entsprechenden Wert $(1+\psi_2 \cdot k_{def})$ (s. auch Tabelle 5.22.).

Wobei k_{def} aus Tabelle 3.2 in DIN EN 1995-1-1:2010 oder Tabelle NA.5 in DIN EN 1995-1-1/NA:2013 entnommen werden kann.

Holz-Beton-Querschnitte dürfen auch nach dem im Nationalen Anhang in DIN EN 1995-1-1/NA:2013, Abschnitt NCI NA.5.6.3 angegebenen Verfahren berechnet werden (eine Beispielrechnung enthält [*Blaß* u. a. 2005]).

Eine weitere Möglichkeit zur Berechnung von Holz-Beton-Verbundquerschnitten besteht in der Modellierung des Verbundquerschnittes mittels Stabwerksprogramm als Fachwerk (s. [*Stützer* 2018]). Die Schubsteifigkeit wird über Dehnstäbe modelliert (s. [*Kneidl/Hartmann* 1995]).

Wegen des recht hohen Rechenaufwandes empfiehlt sich die Anwendung von Rechenprogrammen (s. auch *www.holzbau-software.com*). Das Programm basiert auf dem Differenzenverfahren nach [*Bergfelder* 1974]. Als Verbindungsmittel werden Verbundschrauben nach Z-9.1-342 verwendet. Die Bemessung erfolgt wahlweise nach DIN 1052:2008, DIN EN 1995-1-1:2010 und SIA 265 einschließlich einer „heißen Bemessung" und Nachweise zum Schallschutz.

Zur genaueren Erfassung der zeitabhängigen Verformungen aus Kriechen und Schwinden wurden in den letzten Jahren eine Reihe von Untersuchungen durchgeführt und Vorschläge für eine verbesserte rechnerische Erfassung bei der Bemessung von Holz-Beton-Verbundquerschnitten erarbeitet (s. hierzu [*Schänzlin* 2010], [*Schmidt* u. a. 2005], [*Avak/Glaser* 2005], [*Kuhlmann* u. a. 2004], [*Scholz* 2004] und [*König* u. a. 2004]).

Ermüdungsverhalten von Holz-Beton-Verbundträgern

Im Hinblick auf die Anwendung im Brückenbau haben die Bemühungen zugenommen, auch Straßenbrücken in Holz-Beton-Verbundbauweise auszuführen. Erste Beispiele wurden schon errichtet. Nach DIN EN 1995-2:2010, Anhang A kann mit einem vereinfachten Verfahren ein Ermüdungsnachweis durchgeführt werden. Für den Bemessungswert der Ermüdungsfestigkeit ist hierfür ein Beiwert k_{fat} notwendig, der die Festigkeitsabminderung infolge der Anzahl der Belastungszyklen festlegt. Zur Berechnung sind Ermüdungsbeiwerte für das Verbindungssystem erforderlich die bisher noch nicht erforscht waren. Für drei Verbindungslösungen wurden inzwischen Forschungsergebnisse für die Ermüdungsbeiwerte vorgelegt:

- Blockverklebtes Brettschichtholz mit Dübelleiste (s. [*Rautenstrauch/Müller* 2013], [*Müller* 2012]),
- Brettschichtholz mit eingeklebten Streckmetall (s. [*Baton/Betz-Mühldörfer* 2011]),
- Brettschichtholz mit Kervenausbildung (s. [*Stephan/Aldi* 2012]),
- Brettschichtholz mit schräg eingeklebten Bewehrungsstähle (s. [*Kuhlmann/Aldi* 2009])
- zum Nachweis der Ermüdungsbeanspruchung siehe [*Stephan/Kuhlmann* 2014], [*Kuhlmann* u. a. 2016].

Holz-Polymerbeton-Verbundträger

Bild 5.224. zeigt einen Verbundträger. Kanthölzer oder Balken können durch die aufbetonierte Schicht aus Polymerbeton verstärkt werden.

Sie weisen eine höhere Tragfähigkeit und eine geringere Durchbiegung auf, als Hölzer ohne Verstärkung. Bei vorhandenen Balkendecken lassen sich Schräglagen, Unebenheiten oder große Durchbiegungen ausgleichen. Die Verbundwirkung soll ausschließlich durch die Haftwirkung zwischen beiden Materialien (Klebeverbund) hergestellt werden.

Angewendet wird das Verfahren insbesondere bei der Verstärkung von biegebeanspruchten Holzbauteilen entsprechend den Regeln der allgemeinen bauaufsichtlichen Zulassung Nr. Z-10.7-282. Die Bemessung derartiger Balken erfolgt nach dem *Möhler*-Verfahren mit $\gamma = 1$ (s. Anhang B in DIN EN 1995-1-1:2010).

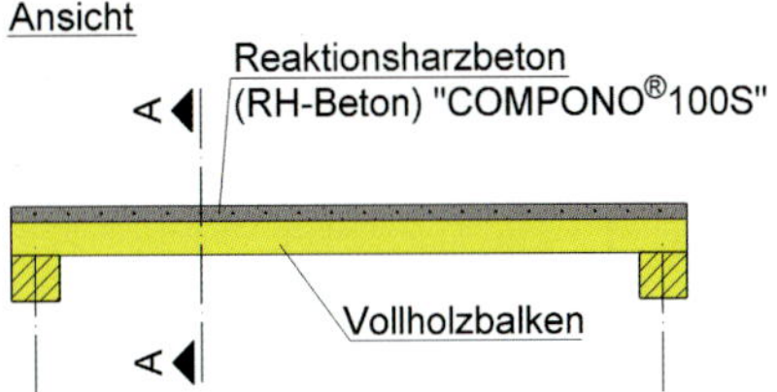

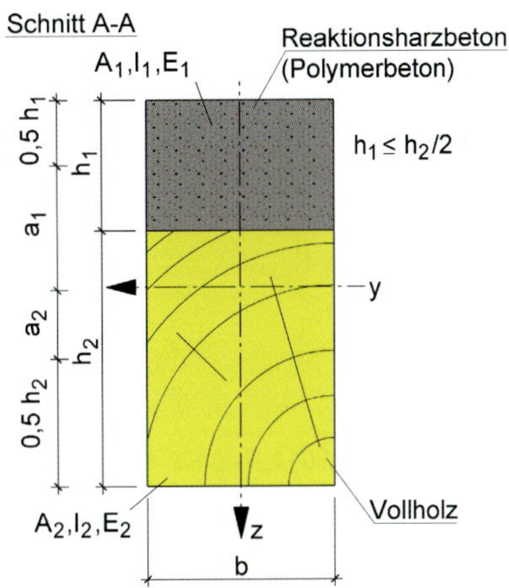

Bild 5.224. Verfahren Verbundträger aus Holz und Reaktionsharzbeton (nach [*BAZ Z-10.07.-282*])

Mit Hybridbalken mit Verstärkungen des Holzträgerdruckbereiches mit Polymerbeton und einer Verstärkung der Zugseite des Holzes mit CFK-Lamellen lässt sich die Tragfähigkeit gegenüber nicht verstärkten Balken um bis zu 20 % steigern.

Zu grundlegenden Untersuchungen zum Tragverhalten hybrider Verbundkonstruktionen aus Polymerbeton, faserverstärkten Kunststoffen und Holz s. [*Schober* 2010] und [*Schober* 2008].

Beispiel 5.42. (DIN EN 1995-1-1:2010)

Im nachstehenden Beispiel wird der Tragsicherheits- und Gebrauchstauglichkeitsnachweis für einen Holzbalkenträger als Verbundquerschnitt mit dem Bemessungsansatz nach DIN EN 1995-1-1:2010, Anhang B geführt. Ziel ist die Ertüchtigung einer Altbaudecke. Es wird von einer vorhandenen Balkenlage ausgegangen, die den Gütebedingungen der Sortierklasse S10 nach DIN 4074-1 bzw. C24 nach DIN EN 338 entspricht. Als Verbindungsmittel werden paarweise angeordnete bauaufsichtlich zugelassene Schrauben nach Z-9.1-342 ∅ 7,5 x 110 (2 Paare) im Abstand von 200 mm (gleichmäßig über die Trägerlänge verteilt). Die Deckenbalken werden bis zum Erreichen der erforderlichen Betonfestigkeit abgestützt.

Die Nachweise werden für den Anfangs- und Endzustand geführt.

Statisches System:

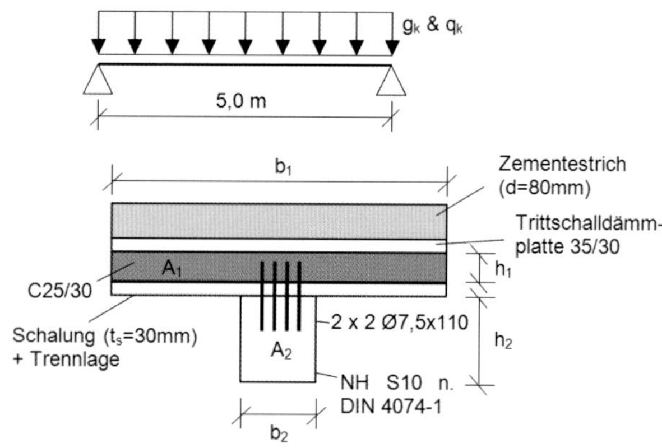

Bild 5.225. Querschnitt HBV-Decke

Stützweite:	$\ell = 5{,}0\,\text{m}$
Balkenabstand:	$e = 0{,}8\,\text{m}$
Höhe Betondecke:	$h_1 = 70\,\text{mm}$
Breite Betondecke:	$b_1 = 800\,\text{mm}$
Höhe Deckenbalken:	$h_2 = 200\,\text{mm}$
Breite Deckenbalken:	$b_2 = 180\,\text{mm}$
Dicke Bretterschalung:	$t_S = 30\,\text{mm}$

Baustoffkennwerte:

Beton C25/30 nach DIN EN 1992-1-1:2011, Tabelle 3.1:

$f_{ck,cube} = 30\,\text{N/mm}^2$, $f_{ck} = 25\,\text{N/mm}^2$, $f_{ctm} = 2{,}6\,\text{N/mm}^2$

$E_{cm} = 31000\,\text{N/mm}^2$

Nach DIN EN 1990:2010, Gl. (6.3) werden die Steifigkeitskennwerte $\gamma_c = 1{,}5$ dividiert.

$$E_1 = E_{cm}/\gamma_c = 31000/1{,}5 = 20666{,}67\,\text{N/mm}^2$$

NH C24 nach DIN EN 338, Tabelle 1:

$f_{m,k} = 24\,\text{N/mm}^2$, $f_{t,0,k} = 14\,\text{N/mm}^2$, $f_{v,k} = 4{,}0\,\text{N/mm}^2$,

$E_{0,mean} = 11000\,\text{N/mm}^2$

Nach DIN EN 1995-1-1:2010, Abschnitt 2.4.1 (2) P sind die Steifigkeitskennwerte nach Gl. (2.15) durch $\gamma_M = 1{,}3$ zu dividieren.

$$E_2 = E_{0,mean}/\gamma_M = 11000/1{,}3 = 8461{,}54\,\text{N/mm}^2$$

Lastannahmen:

Charakteristische Werte der Einwirkungen nach DIN EN 1991-1-1:

a) Ständige Einwirkungen:

Deckenaufbau

Belag:	$0{,}10\,\text{kN/m}^2$
Nassestrich, 8 cm:	$1{,}52\,\text{kN/m}^2$
Trittschalldämmung 35/30:	$0{,}10\,\text{kN/m}^2$
Beton C25/30, 7 cm:	$1{,}68\,\text{kN/m}^2$
Bretterschalung C24, 3 cm:	$0{,}13\,\text{kN/m}^2$
Deckenbalken C24, 18/20, *e* = 0,8 m:	$0{,}19\,\text{kN/m}^2$
Unterdecke:	$0{,}35\,\text{kN/m}^2$
	$\sum G_k = 4{,}07\,\text{kN/m}^2$

Einwirkung bezogen auf einen Deckenbalken

$G_k = 4{,}07\,\text{kN/m}^2 \cdot 0{,}8\,\text{m} = 3{,}26\,\text{kN/m}$

b) Veränderliche Einwirkungen:

Verkehrslast:	$2{,}00\,\text{kN/m}^2$
Trennwände:	$0{,}80\,\text{kN/m}^2$
	$\sum Q_k = 2{,}80\,\text{kN/m}^2$

Einwirkung bezogen auf einen Deckenbalken:

$Q_k = 2{,}80\,\text{kN/m}^2 \cdot 0{,}8\,\text{m} = 2{,}24\,\text{kN/m}$

Bemessungswert der Einwirkungen nach DIN EN 1990 Gl. (6.10):

Teilsicherheitsbeiwerte:

$\gamma_G = 1{,}35$; $\gamma_Q = 1{,}5$ [DIN EN 1990, Tabelle A.1.2]

Bemessungswert der Einwirkungen:

$E_d = \gamma_G \cdot G_k + \gamma_Q \cdot Q_k$ [DIN EN 1990, Gl. (6.10)]

LFK 1 (G):

$E_d = \gamma_G \cdot G_k = 1{,}35 \cdot 3{,}26 = 4{,}40\,\text{kN/m}$

LFK 2 (G+Q):

$E_d = \gamma_G \cdot G_k + \gamma_Q \cdot Q_k = 1{,}35 \cdot 2{,}16 + 1{,}5 \cdot 2{,}24 = 7{,}76\,\text{kN/m}$

Maßgebend ist LFK 2 $\Rightarrow$ KLED mittel, $\Rightarrow$ NKL1, $\Rightarrow k_{mod} = 0{,}80$

Bemessungswerte der Schnittreaktionen:

Querkraft:

$$V_d = \frac{E_d \cdot \ell}{2} = \frac{7{,}76 \cdot 5{,}0}{2} = 19{,}40\,\text{kN}$$

Moment:

$$M_d = \frac{E_d \cdot \ell^2}{8} = \frac{7{,}76 \cdot 5{,}0^2}{8} = 24{,}25\,\text{kNm}$$

Verbindungsmittel:

Verschiebungsmodul eines Schraubenpaares (45°/135°) für den Grenzzustand der Gebrauchstauglichkeit zum Zeitpunkt t = 0:

$K_{ser,t=0} = 25000 - 350 \cdot t_s$ [Z-9.1-342, Tabelle 1]

$K_{ser,t=0} = 25000 - 350 \cdot 30 = 14500\,\text{N/mm}$

Verschiebungsmodul eines Schraubenpaares (45°/135°) für den Grenzzustand der Tragfähigkeit zum Zeitpunkt t = 0:

$K_{u,mean} = \frac{2}{3} \cdot K_{ser,t=0}$ [Z-9.1-342, Abschnitt 3.1.2]

$$K_{u,mean} = \frac{2}{3} \cdot 14500 = 9666{,}67\,\text{N/mm}$$

Nach DIN EN 1995-1-1/NA:2013, NCI zu 2.4.1 (1) P sind die Steifigkeitskennwerte im Grenzzustand der Tragfähigkeit nach Gl. (NA.2) durch $\gamma_M = 1{,}3$ zu dividieren.

$$K_1 = \frac{K_{u,mean}}{\gamma_M} = \frac{9666{,}67}{1{,}3} = 7435{,}90\,\text{N/mm}$$

Bemessungswerte der Festigkeitskennwerte:

Beton:

$f_{cd} = \alpha_{cc} \cdot \frac{f_{ck}}{\gamma_c} = 0{,}85 \cdot \frac{25}{1{,}5}$ [DIN EN 1992-1-1:2011, Gl. (11.3.15)]

$f_{cd} = 14{,}17\,\text{N/mm}^2$

$f_{ctmd} = \alpha_{ct} \cdot \frac{f_{ctm}}{\gamma_c} = 0{,}85 \cdot \frac{2{,}6}{1{,}5}$ [DIN EN 1992-1-1:2011, Gl. (11.3.15)]

$f_{ctmd} = 1{,}47\,\text{N/mm}^2$

Holz:

$f_d = \frac{k_{mod} \cdot f_k}{\gamma_M}$ [DIN EN 1995-1-1, Gl. (2.14)]

$$f_{m,d} = \frac{k_{mod} \cdot f_{m,k}}{\gamma_M} = \frac{0{,}8 \cdot 24}{1{,}3} = 14{,}77\,\text{kN/mm}^2$$

$$f_{t,0,d} = \frac{k_{mod} \cdot f_{t,0,k}}{\gamma_M} = \frac{0{,}8 \cdot 14}{1{,}3} = 8{,}62\,\text{kN/mm}^2$$

$$f_{v,d} = \frac{k_{mod} \cdot f_{v,k}}{\gamma_M} = \frac{0,8 \cdot 4,0}{1,3} = 2,46\ \text{kN/mm}^2$$

Bemessung im Anfangszustand (t = 0):

Wirksame Biegesteifigkeit des Verbundquerschnittes zum Zeitpunkt t = 0:

Wirksamer Verbindungsmittelabstand:

Liegen mehrere Verbindungsmittel parallel nebeneinander, so muss der Verbindungsmittelabstand s_1 durch die Anzahl der Reihen geteilt werden.

$$s_{1,ef} = s_1/n$$

$$s_{1,ef} = 200/2 = 100\ \text{mm}$$

Wirksame Breite der Betonplatte:

$$b_{1,ef} = b_1 \cdot \left[1 - 1,4 \cdot (b_1/\ell)^2\right] \qquad \text{[\textit{Werner}, 1992]}$$

$$b_{1,ef} = 0,80 \times \left[1 - 1,4 \times (0,80/5)^2\right] = 0,771\ \text{m} = 771\ \text{mm}$$

Wirksame Querschnittsflächen:

$$A_1 = b_{1,ef} \cdot h_1$$

$$A_1 = 771 \cdot 70 = 5,397 \cdot 10^4\ \text{mm}^2$$

$$A_2 = b_2 \cdot h_2$$

$$A_2 = 180 \cdot 200 = 3,6 \cdot 10^4\ \text{mm}^2$$

Flächenträgheitsmomente:

$$I_1 = \frac{b_{1,ef} \cdot h_1^3}{12}$$

$$I_1 = \frac{771 \cdot 70^3}{12} = 22,04 \cdot 10^6$$

$$I_2 = \frac{b_2 \cdot h_2^3}{12}$$

$$I_2 = \frac{180 \cdot 200^3}{12} = 120 \cdot 10^6$$

γ-Werte:

$$\gamma_{1,t=0} = \left[1 + \frac{\pi^2 \cdot E_1 \cdot A_1 \cdot s_1}{K_1 \cdot l^2}\right]^{-1} \qquad \text{[DIN EN 1995-1-1, Gl. (B.5)]}$$

$$\gamma_{1,t=0} = \left[1 + \frac{\pi^2 \cdot 2,07 \cdot 10^4 \cdot 5,397 \cdot 10^4 \cdot 100}{7435,9 \cdot 5000^2}\right]^{-1} = 0,14$$

$$\gamma_{2,t=0} = 1 \qquad \text{[DIN EN 1995-1-1, Gl. (B.4)]}$$

Lage der Spannungsnullebene:

$$a_{2,t=0} = \frac{1}{2} \cdot \frac{\gamma_1 \cdot E_1 \cdot A_1 \cdot (h_1 + h_2)}{\gamma_1 \cdot E_1 \cdot A_1 + E_2 \cdot A_2} \qquad \text{[DIN EN 1995-1-1, Gl. (B.6)]}$$

$$a_{2,t=0} = \frac{1}{2} \cdot \frac{0,14 \cdot 2,07 \cdot 10^4 \cdot 5,397 \cdot 10^4 \cdot 270}{0,14 \cdot 2,07 \cdot 10^4 \cdot 5,397 \cdot 10^4 + 8,46 \cdot 10^3 \cdot 3,6 \cdot 10^4}$$

$$a_{2,t=0} = 45,81\ \text{mm}$$

$$a_{1,t=0} = \left(\frac{h_2}{2} - a_2\right) + \frac{h_1}{2} = \left(\frac{200}{2} - 45,81\right) + \frac{70}{2} = 89,19\ \text{mm}$$

Wirksame Biegesteifigkeit:

$$(E \cdot I)_{ef,t=0} = \sum_{i=1}^{2}\left(E_i \cdot I_i + \gamma_i \cdot E_i \cdot A_i \cdot a_i^2\right) \qquad \text{[DIN EN 1995-1-1, Gl. (B.1)]}$$

$$(E \cdot I)_{ef,t=0} = \left(2,07 \cdot 10^4 \cdot 22,04 \cdot 10^6 + 0,14 \cdot 2,07 \cdot 10^4 \cdot 5,397 \cdot 10^4 \cdot 89,19^2\right) + \left(8,46 \cdot 10^3 \cdot 120 \cdot 10^6 + 1 \cdot 8,46 \cdot 10^3 \cdot 3,6 \cdot 10^4 \cdot 45,81^2\right)$$

$$(E \cdot I)_{ef,t=0} = 3,355 \cdot 10^{12}\ \text{Nmm}^2$$

Nachweis der Normalspannungen:

Bemessungswert der Normalspannungen im Beton:

$$\sigma_{c,1,d,t=0} = \frac{\gamma_1 \cdot E_1 \cdot a_1 \cdot M_d}{(E \cdot I)_{ef}} \qquad \text{[DIN EN 1995-1-1, Gl. (B.7)]}$$

$$\sigma_{c,1,d,t=0} = \frac{0,14 \cdot 2,07 \cdot 10^4 \cdot 89,19 \cdot 24,25 \cdot 10^6}{3,355 \cdot 10^{12}} = 1,87\ \text{N/mm}^2$$

$$\sigma_{m,1,d,t=0} = \frac{0,5 \cdot E_1 \cdot h_1 \cdot M_d}{(E \cdot I)_{ef}} \qquad \text{[DIN EN 1995-1-1, Gl. (B.8)]}$$

$$\sigma_{m,1,d,t=0} = \frac{0,5 \cdot 2,07 \cdot 10^4 \cdot 70 \cdot 24,25 \cdot 10^6}{3,355 \cdot 10^{12}} = 5,24\ \text{N/mm}^2$$

Randspannung oben (Druckspannung):

$$\sigma_{1,d,t=0} = \sigma_{c,1,d,t=0} + \sigma_{m,1,d,t=0} \qquad \text{[DIN EN 1995-1-1, Bild B.1]}$$

$$\sigma_{1,d,t=0} = 1,87 + 5,24 = 7,11\ \text{N/mm}^2$$

Nachweis:

$$\frac{\sigma_{1,d,t=0}}{f_{cd}} = \frac{7,11}{14,17} = 0,50 < 1,0$$

Randspannung unten (Zugspannung):

$$\sigma_{1,d,t=0} = \sigma_{m,1,d,t=0} - \sigma_{c,1,d,t=0} \qquad \text{[DIN EN 1995-1-1, Bild B.1]}$$

$$\sigma_{1,d,t=0} = 5,24 - 1,87 = 3,37\ \text{N/mm}^2$$

Nachweis:

$$\frac{\sigma_{1,d,t=0}}{f_{ctmd}} = \frac{3,37}{1,47} = 2,29 > 1,0$$

Bewehrung zur Aufnahme der Zugspannung erforderlich!

Bemessungswert der Normalspannungen im Holz:

$$\sigma_{t,2,d,t=0} = \frac{\gamma_2 \cdot E_2 \cdot a_2 \cdot M_d}{(E \cdot I)_{ef}} \qquad \text{[DIN EN 1995-1-1, Gl. (B.7)]}$$

$$\sigma_{t,2,d,t=0} = \frac{1,0 \cdot 8,46 \cdot 10^3 \cdot 45,81 \cdot 24,25 \cdot 10^6}{3,355 \cdot 10^{12}} = 2,80\ \text{N/mm}^2$$

$$\sigma_{m,2,d,t=0} = \frac{0,5 \cdot E_2 \cdot h_2 \cdot M_d}{(E \cdot I)_{ef}} \qquad \text{[DIN EN 1995-1-1, Gl. (B.8)]}$$

$$\sigma_{m,2,d,t=0} = \frac{0,5 \cdot 8,46 \cdot 10^3 \cdot 200 \cdot 24,25 \cdot 10^6}{3,355 \cdot 10^{12}} = 6,11\ \text{N/mm}^2$$

Randspannung oben (Zugspannung):

$$\sigma_{2,d,t=0} = \sigma_{m,2,d,t=0} - \sigma_{t,2,d,t=0} \qquad \text{[DIN EN 1995-1-1, Bild B.1]}$$

$$\sigma_{2,d,t=0} = 6,11 - 2,80 = 3,31\ \text{N/mm}^2$$

Nachweis:

$$\frac{\sigma_{2,d,t=0}}{f_{t,0,d}} = \frac{3,31}{8,62} = 0,38 < 1,0$$

Randspannung unten (Biegespannung):

$$\sigma_{2,d,t=0} = \sigma_{t,2,d,t=0} + \sigma_{m,2,d,t=0} \qquad \text{[DIN EN 1995-1-1, Bild B.1]}$$

$$\sigma_{2,d,t=0} = 2,80 + 6,11 = 8,91\ \text{N/mm}^2$$

Nachweis:

$$\frac{\sigma_{2,d,t=0}}{f_{m,d}} = \frac{8,91}{14,77} = 0,60 < 1,0$$

Nachweis der Schubspannung:

Bemessungswert der Schubspannung:

$$h = \frac{h_2}{2} + a_2 = \frac{200}{2} + 45,81 = 145,81\ \text{mm}$$

für b_z gilt nach Gl. (6.13a)

$$b_z = b_{ef} = k_{cr} \cdot b = \frac{2,0}{4,0} \cdot 180 = 90\,\text{mm}$$

$$\tau_{2,max,d,t=0} = \frac{V_{max,d} \cdot 0,5 \cdot E_2 \cdot b_2 \cdot h^2}{(E \cdot I)_{ef,t=0} \cdot b_2}$$ [DIN EN 1995-1-1/A2, Gl. (B.9)]

$$\tau_{2,max,d,t=0} = \frac{19,40 \cdot 10^3 \cdot 0,5 \cdot 8,46 \cdot 10^3 \cdot 90 \cdot 145,81^2}{3,355 \cdot 10^{12} \cdot 90} = 0,52\,\text{N/mm}^2$$

Nachweis Schubspannung:

$$\frac{\tau_{2,max,d,t=0}}{f_{v,d}} = \frac{0,52}{2,46} = 0,21 < 1,0$$

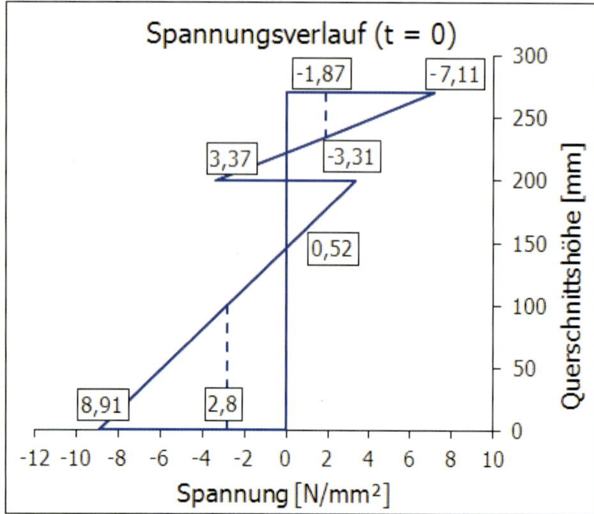

Bild 5.226. Spannungsverteilung für $t = 0$

Nachweis der Verbindungsmittel:

Bemessungswert der Beanspruchung je Schraubenpaar:

$$F_{1,d,t=0} = \frac{\gamma_1 \cdot E_1 \cdot A_1 \cdot a_1 \cdot s_1 \cdot V_{max,d}}{(E \cdot I_{ef,t=0})}$$ [DIN EN 1995-1-1, Gl. (B.10)]

$$F_{1,d,t=0} = \frac{0,14 \cdot 2,07 \cdot 10^4 \cdot 5,397 \cdot 10^4 \cdot 89,19 \cdot 100 \cdot 19,40 \cdot 10^3}{3,355 \cdot 10^{12}}$$

$$F_{1,d,t=0} = 8066,33\,\text{N}$$

Charakteristische Tragfähigkeit eines Schraubenpaars:

$$T_k = 16600 - 200 \cdot t_s$$ [Z-9.1-342, Tabelle 2]

$$T_k = 16600 - 200 \cdot 30 = 10600\,\text{N}$$

Bemessungswert der Tragfähigkeit:

$$F_{Rk,t=0} = T_k \cdot n = 10600 \cdot 2 = 21200\,\text{N}$$

$$F_{Rd,t=0} = \frac{k_{mod} \cdot F_{Rk,t=0}}{\gamma_M} = \frac{0,80 \cdot 21200}{1,3} = 13046,15\,\text{N}$$

Nachweis:

$$\frac{F_{1d,t=0}}{F_{Rd,t=0}} = \frac{8066,33}{13046,15} = 0,62 < 1,0$$

Berechnung im Endzustand $(t = \infty)$:

Entsprechend der bauaufsichtlichen Zulassung Z-9.1-342, Abschnitt 3.1.2 darf für den Elastizitätsmodul des Betons folgender Wert angenommen werden:

$$E_{1,t=\infty} = 9000\,\text{N/mm}^2$$ [Z-9.1-342, Abschnitt 3.1.2]

Der Elastizitätsmodul des Holzes für die Bemessung im Endzustand wird laut bauaufsichtlicher Zulassung nach folgender Gleichung berechnet:

$$E_{2,t=\infty} = \frac{2}{3} \cdot E_{1,t=0}$$ [Z-9.1-342, Abschnitt 3.1.2]

$$E_{2,t=\infty} = \frac{2}{3} \cdot 11000 = 7333,33\,\text{N/mm}^2$$

Nach DIN EN 1995-1-1:2010, Abschnitt 2.4.1 (P) sind die Steifigkeitskennwerte nach Gl. (2.15) durch γ_M zu dividieren.

$$E_{2,t=\infty} = \frac{E_{2,t=\infty}}{\gamma_M} = \frac{7333,33}{1,3} = 5641,0\,\text{N/mm}^2$$

Der Verschiebungsmodul eines Schraubenpaares zum Zeitpunkt $t = \infty$ ergibt sich laut Z-9.1-342, Abschnitt 3.1.2 wie folgt:

$$K_{ser,t=\infty} = \frac{2}{3} \cdot K_{ser,t=0}$$ [Z-9.1-342, Abschnitt 3.1.2]

$$K_{ser,t=\infty} = \frac{2}{3} \cdot 9666,67 = 6444,45\,\text{N/mm}$$

Nach DIN EN 1995-1-1/NA:2013, NCI zu 2.4.1 (1) P sind die Steifigkeitskennwerte im Grenzzustand der Tragfähigkeit nach Gl. (NA.2) durch $\gamma_M = 1,3$ zu dividieren.

$$K_1 = \frac{K_{ser,t=\infty}}{\gamma_M} = \frac{6444,45}{1,3} = 4957,3\,\text{N/mm}$$

Wirksame Biegesteifigkeit des Verbundquerschnittes zum Zeitpunkt $t = \infty$:

Wirksamer Verbindungsmittelabstand:

Liegen mehrere Verbindungsmittel parallel nebeneinander, so muss der Verbindungsmittelabstand s_1 durch die Anzahl der Reihen geteilt werden.

$$s_{1,ef} = s_1/n$$

$$s_{1,ef} = 200/2 = 100\,\text{mm}$$

Wirksame Breite der Betonplatte:

$$b_{1,ef} = b_1 \cdot \left[1 - 1,4 \cdot (b_1/\ell)^2\right]$$ [*Werner*, 1992]

$$b_{1,ef} = 0,80 \cdot \left[1 - 1,4 \cdot (0,80/5)^2\right] = 0,771\,\text{m} = 771\,\text{mm}$$

Wirksame Querschnittsflächen:

$$A_1 = b_{1,ef} \cdot h_1$$

$$A_1 = 771 \cdot 70 = 5,397 \cdot 10^4\,\text{mm}^2$$

$$A_2 = b_2 \cdot h_2$$

$$A_2 = 180 \cdot 200 = 3,6 \cdot 10^4\,\text{mm}^2$$

Flächenträgheitsmomente:

$$I_1 = \frac{b_{1,ef} \cdot h_1^3}{12}$$

$$I_1 = \frac{771 \cdot 70^3}{12} = 22,04 \cdot 10^6$$

$$I_2 = \frac{b_2 \cdot h_2^3}{12}$$

$$I_2 = \frac{180 \cdot 200^3}{12} = 120 \cdot 10^6$$

γ-Werte:

$$\gamma_{1,t=\infty} = \left[1 + \frac{\pi^2 \cdot E_1 \cdot A_1 \cdot s_1}{K_1 \cdot l^2}\right]^{-1}$$ [DIN EN 1995-1-1, Gl. (B.5)]

$$\gamma_{1,t=\infty} = \left[1 + \frac{\pi^2 \cdot 9 \cdot 10^3 \cdot 5,397 \cdot 10^4 \cdot 100}{6444,45 \cdot 5000^2}\right]^{-1} = 0,25$$

$$\gamma_{2,t=\infty} = 1$$ [DIN EN 1995-1-1, Gl. (B.4)]

Lage der Spannungsnullebene:

$$a_{2,t=\infty} = \frac{1}{2} \cdot \frac{\gamma_1 \cdot E_1 \cdot A_1 \cdot (h_1 + h_2)}{\gamma_1 \cdot E_1 \cdot A_1 + E_2 \cdot A_2}$$ [DIN EN 1995-1-1, Gl. (B.6)]

$$a_{2,t=\infty} = \frac{1}{2} \cdot \frac{0,25 \cdot 9 \cdot 10^3 \cdot 5,397 \cdot 10^4 \cdot 270}{0,25 \cdot 9 \cdot 10^3 \cdot 5,397 \cdot 10^4 + 5,64 \cdot 10^3 \cdot 3,6 \cdot 10^4}$$

$$a_{2,t=\infty} = 50,52\,\text{mm}$$

$$a_{1,t=\infty} = \left(\frac{h_2}{2} - a_2\right) + \frac{h_1}{2} = \left(\frac{200}{2} - 50,52\right) + \frac{70}{2} = 84,48\,\text{mm}$$

Wirksame Biegesteifigkeit:

$$(E \cdot I)_{ef,t=\infty} = \sum_{i=1}^{2} \left(E_i \cdot I_i + \gamma_i \cdot E_i \cdot A_i \cdot a_i^2\right)$$ [DIN EN 1995-1-1, Gl. (B.1)]

$$(E \cdot I)_{ef,t=\infty} = \left(9 \cdot 10^3 \cdot 22,04 \cdot 10^6 + 0,25 \cdot 9 \cdot 10^3 \cdot 5,397 \cdot 10^4 \cdot 84,48^2\right) + \left(5,64 \cdot 10^3 \cdot 120 \cdot 10^6 + 1 \cdot 5,64 \cdot 10^3 \cdot 3,6 \cdot 10^4 \cdot 50,52^2\right)$$

$$(E \cdot I)_{ef,t=\infty} = 2,26 \cdot 10^{12}\,\text{Nmm}^2$$

Nachweis der Normalspannungen zum Zeitpunkt t = ∞:

Bemessungswert der Normalspannungen im Beton:

$$\sigma_{c,1,d,t=\infty} = \frac{\gamma_1 \cdot E_1 \cdot a_1 \cdot M_d}{(E \cdot I)_{ef}}$$ [DIN EN 1995-1-1, Gl. (B.7)]

$$\sigma_{c,1,d,t=\infty} = \frac{0,25 \cdot 9 \cdot 10^3 \cdot 84,48 \cdot 24,25 \cdot 10^6}{2,26 \cdot 10^{12}} = 2,04\,\text{N/mm}^2$$

$$\sigma_{m,1,d,t=\infty} = \frac{0,5 \cdot E_1 \cdot h_1 \cdot M_d}{(E \cdot I)_{ef}}$$ [DIN EN 1995-1-1, Gl. (B.8)]

$$\sigma_{m,1,d,t=\infty} = \frac{0,5 \cdot 9 \cdot 10^3 \cdot 70 \cdot 24,25 \cdot 10^6}{2,26 \cdot 10^{12}} = 3,38\,\text{N/mm}^2$$

Randspannung oben (Druckspannung):

$$\sigma_{1,d,t=\infty} = \sigma_{c,1,d,t=\infty} + \sigma_{m,1,d,t=\infty}$$ [DIN EN 1995-1-1, Bild B.1]

$$\sigma_{1,d,t=\infty} = 2,04 + 3,38 = 5,42\,\text{N/mm}^2$$

Nachweis:

$$\frac{\sigma_{1,d,t=\infty}}{f_{cd}} = \frac{5,42}{14,17} = 0,38 < 1,0$$

Randspannung unten (Zugspannung):

$$\sigma_{1,d,t=\infty} = \sigma_{m,1,d,t=\infty} - \sigma_{c,1,d,t=\infty}$$ [DIN EN 1995-1-1, Bild B.1]

$$\sigma_{1,d,t=\infty} = 3,38 - 2,04 = 1,34\,\text{N/mm}^2$$

Nachweis:

$$\frac{\sigma_{1,d,t=\infty}}{f_{ctmd}} = \frac{1,34}{1,47} = 0,91 < 1,0$$

Bemessungswert der Normalspannungen im Holz:

$$\sigma_{t,2,d,t=\infty} = \frac{\gamma_2 \cdot E_2 \cdot a_2 \cdot M_d}{(E \cdot I)_{ef}}$$ [DIN EN 1995-1-1, Gl. (B.7)]

$$\sigma_{t,2,d,t=\infty} = \frac{1,0 \cdot 5,64 \cdot 10^3 \cdot 50,52 \cdot 24,25 \cdot 10^6}{2,26 \cdot 10^{12}} = 3,06\,\text{N/mm}^2$$

$$\sigma_{m,2,d,t=\infty} = \frac{0,5 \cdot E_2 \cdot h_2 \cdot M_d}{(E \cdot I)_{ef}}$$ [DIN EN 1995-1-1, Gl. (B.8)]

$$\sigma_{m,2,d,t=\infty} = \frac{0,5 \cdot 5,64 \cdot 10^3 \cdot 200 \cdot 24,25 \cdot 10^6}{2,26 \cdot 10^{12}} = 6,05\,\text{N/mm}^2$$

Randspannung oben (Zugspannung):

$$\sigma_{2,d,t=\infty} = \sigma_{m,2,d,t=\infty} - \sigma_{t,2,d,t=\infty}$$ [DIN EN 1995-1-1, Bild B.1]

$$\sigma_{2,d,t=\infty} = 6,05 - 3,06 = 2,99\,\text{N/mm}^2$$

Nachweis:

$$\frac{\sigma_{2,d,t=\infty}}{f_{t,0,d}} = \frac{2,99}{8,62} = 0,35 < 1,0$$

Randspannung unten (Biegespannung):

$$\sigma_{2,d,t=\infty} = \sigma_{t,2,d,t=\infty} + \sigma_{m,2,d,t=\infty}$$ [DIN EN 1995-1-1, Bild B.1]

$$\sigma_{2,d,t=\infty} = 3,06 + 6,05 = 9,11\,\text{N/mm}^2$$

Nachweis:

$$\frac{\sigma_{2,d,t=\infty}}{f_{m,d}} = \frac{9,11}{14,77} = 0,62 < 1,0$$

Nachweis der Schubspannung zum Zeitpunkt t = ∞:

Bemessungswert der Schubspannung:

$$h = \frac{h_2}{2} + a_2 = \frac{200}{2} + 50,52 = 150,52\,\text{mm}$$

für b_z gilt nach Gl. (6.13a)

$$b_z = b_{ef} = k_{cr} \cdot b = \frac{2,0}{4,0} \cdot 180 = 90\,\text{mm}$$

$$\tau_{2,max,d,t=\infty} = \frac{V_{max,d} \cdot 0,5 \cdot E_2 \cdot b_2 \cdot h^2}{(E \cdot I)_{ef,t=0} \cdot b_2}$$ [DIN EN 1995-1-1/A2, Gl. (B.9)]

5.204

$$\tau_{2,max,d,t=\infty} = \frac{19,40 \cdot 10^3 \cdot 0,5 \cdot 5,64 \cdot 10^3 \cdot 90 \cdot 150,52^2}{2,26 \cdot 10^{12} \cdot 90} = 0,54\,\text{N/mm}^2$$

Nachweis Schubspannung:

$$\frac{\tau_{2,max,d,t=\infty}}{f_{v,d}} = \frac{0,54}{2,46} = 0,22 < 1,0$$

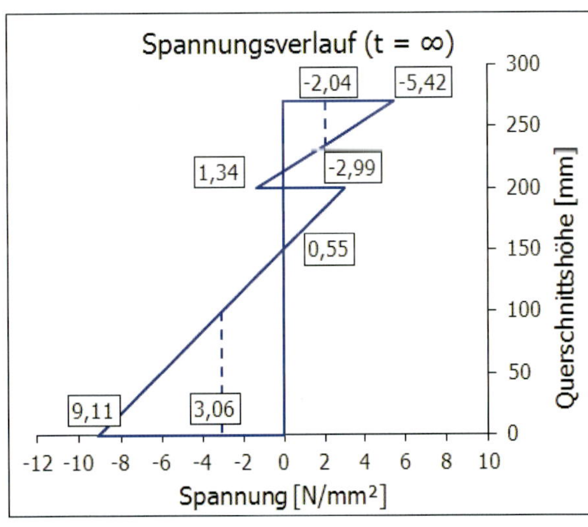

Bild 5.227. Spannungsverteilung für $t = \infty$

Nachweis der Verbindungsmittel zum Zeitpunkt t = ∞:

Bemessungswert der Beanspruchung je Schraubenpaar:

$$F_{1,d,t=\infty} = \frac{\gamma_1 \cdot E_1 \cdot A_1 \cdot a_1 \cdot s_1 \cdot V_{max,d}}{(E \cdot I_{ef,t=\infty})}$$ [DIN EN 1995-1-1, Gl. (B.10)]

$$F_{1,d,t=\infty} = \frac{0,25 \cdot 9 \cdot 10^3 \cdot 5,397 \cdot 10^4 \cdot 84,48 \cdot 100 \cdot 19,40 \cdot 10^3}{2,26 \cdot 10^{12}}$$

$$F_{1,d,t=\infty} = 8806,07\,\text{N}$$

Charakteristische Tragfähigkeit eines Schraubenpaars:

$$T_k = 16600 - 200 \cdot t_s$$ [Z-9.1-342, Tabelle 2]

$$T_k = 16600 - 200 \cdot 30 = 10600\,\text{N}$$

Bemessungswert der Tragfähigkeit:

$$F_{Rk,t=0} = T_k \cdot n = 10600 \cdot 2 = 21200\ \text{N}$$

$$F_{Rd,t=0} = \frac{k_{mod} \cdot F_{Rk,t=0}}{\gamma_M} = \frac{0{,}80 \cdot 21200}{1{,}3} = 13046{,}15\ \text{N}$$

Nachweis:

$$\frac{F_{1d,t=\infty}}{F_{Rd,t=\infty}} = \frac{8806{,}07}{13046{,}15} = 0{,}68 < 1{,}0$$

Nachweis der Gebrauchstauglichkeit:

Charakteristische Werte der Einwirkungen:

$$G_k = 3{,}26\ \text{kN/m}$$

$$Q_k = 2{,}24\ \text{kN/m}$$

Wirksame Querschnittsflächen:

$$A_1 = b_{1,ef} \cdot h_1$$

$$A_1 = 771 \cdot 70 = 5{,}397 \cdot 10^4\ \text{mm}^2$$

$$A_2 = b_2 \cdot h_2$$

$$A_2 = 180 \cdot 200 = 3{,}6 \cdot 10^4\ \text{mm}^2$$

Steifigkeiten zum Zeitpunkt t = 0:

$$E_{1,mean,t=0} = 31000\ \text{N/mm}^2$$

$$E_{2,mean,t=0} = 11000\ \text{N/mm}^2$$

γ-Werte zum Zeitpunkt t = 0:

$$\gamma_{1,t=0} = \left[1 + \frac{\pi^2 \cdot E_1 \cdot A_1 \cdot s_1}{K_1 \cdot l^2}\right]^{-1}$$ [DIN EN 1995-1-1, Gl. (B.5)]

$$\gamma_{1,t=0} = \left[1 + \frac{\pi^2 \cdot 3{,}10 \cdot 10^4 \cdot 5{,}397 \cdot 10^4 \cdot 100}{14500 \cdot 5000^2}\right]^{-1} = 0{,}18$$

$$\gamma_{2,t=0} = 1$$ [DIN EN 1995-1-1, Gl. (B.4)]

Lage der Spannungsnullebene zum Zeitpunkt t = 0:

$$a_{2,t=0} = \frac{1}{2} \cdot \frac{\gamma_1 \cdot E_1 \cdot A_1 \cdot (h_1 + h_2)}{\gamma_1 \cdot E_1 \cdot A_1 + E_2 \cdot A_2}$$ [DIN EN 1995-1-1, Gl. (B.6)]

$$a_{2,t=0} = \frac{1}{2} \cdot \frac{0{,}18 \cdot 3{,}1 \cdot 10^4 \cdot 5{,}397 \cdot 10^4 \cdot 270}{0{,}18 \cdot 3{,}1 \cdot 10^4 \cdot 5{,}397 \cdot 10^4 + 11 \cdot 10^3 \cdot 3{,}6 \cdot 10^4}$$

$$a_{2,t=0} = 58{,}32\ \text{mm}$$

$$a_{1,t=0} = \left(\frac{h_2}{2} - a_2\right) + \frac{h_1}{2} = \left(\frac{200}{2} - 58{,}32\right) + \frac{70}{2} = 76{,}68\ \text{mm}$$

Wirksame Biegesteifigkeit zum Zeitpunkt t = 0:

$$(E \cdot I)_{ef,t=0} = \sum_{i=1}^{2} \left(E_i \cdot I_i + \gamma_i \cdot E_i \cdot A_i \cdot a_i^2\right)$$ [DIN EN 1995-1-1, Gl. (B.1)]

$$(E \cdot I)_{ef,t=0} = \left(3{,}1 \cdot 10^4 \cdot 22{,}04 \cdot 10^6 + 0{,}18 \cdot 3{,}1 \cdot 10^4 \cdot 5{,}397 \cdot 10^4 \cdot 76{,}68^2\right) + \left(11 \cdot 10^3 \cdot 120 \cdot 10^6 + 1 \cdot 11 \cdot 10^3 \cdot 3{,}6 \cdot 10^4 \cdot 58{,}32^2\right)$$

$$(E \cdot I)_{ef,t=0} = 5{,}12 \cdot 10^{12}\ \text{Nmm}^2$$

Steifigkeiten zum Zeitpunkt t = ∞:

$$K_{ser,t=\infty} = \frac{2}{3} \cdot K_{ser,t=0}$$ [Z-9.1-342, 3.1.2]

$$K_{ser,t=\infty} = \frac{2}{3} \cdot 14500 = 9666{,}67\ \text{N/mm}$$

$$E_{1,t=\infty} = 9000\ \text{N/mm}^2$$ [Z-9.1-342, 3.1.2]

Das Elastizitätsmodul des Holzes für die Bemessung im Endzustand wird laut bauaufsichtlicher Zulassung, Abschnitt 3.1.2 nach folgender Gleichung berechnet:

$$E_{2,t=\infty} = \frac{2}{3} \cdot E_{2,t=0}$$ [Z-9.1-342, Abschnitt 3.1.2]

$$E_{2,t=\infty} = \frac{2}{3} \cdot 11000 = 7333{,}33\ \text{N/mm}^2$$

γ-Werte zum Zeitpunkt t = ∞:

$$\gamma_{1,t=\infty} = \left[1 + \frac{\pi^2 \cdot E_1 \cdot A_1 \cdot s_1}{K_1 \cdot l^2}\right]^{-1}$$ [DIN EN 1995-1-1, Gl. (B.5)]

$$\gamma_{1,t=\infty} = \left[1 + \frac{\pi^2 \cdot 9 \cdot 10^3 \cdot 5{,}397 \cdot 10^4 \cdot 100}{9666{,}67 \cdot 5000^2}\right]^{-1} = 0{,}34$$

$$\gamma_{2,t=0} = 1$$ [DIN EN 1995-1-1, Gl. (B.4)]

Lage der Spannungsnullebene zum Zeitpunkt t = ∞:

$$a_{2,t=\infty} = \frac{1}{2} \cdot \frac{\gamma_1 \cdot E_1 \cdot A_1 \cdot (h_1 + h_2)}{\gamma_1 \cdot E_1 \cdot A_1 + E_2 \cdot A_2}$$ [DIN EN 1995-1-1, Gl. (B.6)]

$$a_{2,t=\infty} = \frac{1}{2} \cdot \frac{0{,}34 \cdot 9 \cdot 10^3 \cdot 5{,}397 \cdot 10^4 \cdot 270}{0{,}34 \cdot 9 \cdot 10^3 \cdot 5{,}397 \cdot 10^4 + 7{,}33 \cdot 10^3 \cdot 3{,}6 \cdot 10^4}$$

$$a_{2,t=\infty} = 51{,}97\ \text{mm}$$

$$a_{1,t=\infty} = \left(\frac{h_2}{2} - a_2\right) + \frac{h_1}{2} = \left(\frac{200}{2} - 51{,}97\right) + \frac{70}{2} = 83{,}03\ \text{mm}$$

Wirksame Biegesteifigkeit zum Zeitpunkt t = ∞:

$$(E \cdot I)_{ef,t=\infty} = \sum_{i=1}^{2} \left(E_i \cdot I_i + \gamma_i \cdot E_i \cdot A_i \cdot a_i^2\right)$$ [DIN EN 1995-1-1, Gl. (B.1)]

$$(E \cdot I)_{ef,t=\infty} = \left(9 \cdot 10^3 \cdot 22{,}04 \cdot 10^6 + 0{,}34 \cdot 9 \cdot 10^3 \cdot 5{,}397 \cdot 10^4 \cdot 83{,}03^2\right) + \left(73{,}33 \cdot 10^2 \cdot 120 \cdot 10^6 + 1 \cdot 73{,}33 \cdot 10^2 \cdot 3{,}6 \cdot 10^4 \cdot 51{,}97^2\right)$$

$$(E \cdot I)_{ef,t=\infty} = 2{,}93 \cdot 10^{12}\ \text{Nmm}^2$$

Elastische Anfangsverformung zum Zeitpunkt t = 0:

$$w_{G,inst} = \frac{5 \cdot G_k \cdot \ell^4}{384 \cdot (E \cdot I_{ef,t=0})} = \frac{5 \cdot 3{,}26 \cdot (5 \cdot 10^3)^4}{384 \cdot 5{,}12 \cdot 10^{12}} = 5{,}18\ \text{mm}$$

$$w_{Q,inst} = \frac{5 \cdot Q_k \cdot \ell^4}{384 \cdot (E \cdot I_{ef,t=0})} = \frac{5 \cdot 2{,}24 \cdot (5 \cdot 10^3)^4}{384 \cdot 5{,}12 \cdot 10^{12}} = 3{,}56\ \text{mm}$$

Gesamte Anfangsdurchbiegung zum Zeitpunkt t = 0:

$$w_{inst} = w_{G,inst} + w_{Q,inst} = 5{,}18 + 3{,}56 = 8{,}74\ \text{mm}$$

Enddurchbiegung zum Zeitpunkt t = ∞:

$$w_{G,fin} = \frac{5 \cdot G_k \cdot \ell^4}{384 \cdot (E \cdot I)_{ef,y,t=0}} = \frac{5 \cdot 3{,}26 \cdot (5 \cdot 10^3)^4}{384 \cdot 2{,}93 \cdot 10^{12}} = 9{,}06\ \text{mm}$$

$$w_{Q,fin} = \frac{5 \cdot Q_k \cdot \ell^4}{384 \cdot (E \cdot I)_{ef,y,t=0}} = \frac{5 \cdot 2{,}24 \cdot (5 \cdot 10^3)^4}{384 \cdot 2{,}93 \cdot 10^{12}} = 6{,}22\ \text{mm}$$

Gesamte Enddurchbiegung zum Zeitpunkt t = ∞:

$$w_{fin} = w_{G,fin} + w_{Q,fin} = 9{,}06 + 6{,}22 = 15{,}28\ \text{mm}$$

Nachweis der Verformung nach DIN EN 1995-1-1, Tabelle 7.2 und DIN EN 1995-1-1/NA:2013, Tabelle NA.13

Durchbiegung in der charakteristischen (seltenen) Bemessungssituation:

[DIN EN 1995-1-1, Tabelle 7.2]

$$w_{inst} = 8{,}74\ \text{mm} < 16{,}67\ \text{mm} = \ell/300$$

Durchbiegung in der quasi-ständigen Bemessungssituation:

[DIN EN 1995-1-1/NA, Tabelle NA.13]

w_{fin} = 15,28 mm < 25,0 mm = $\ell/200$

[DIN EN 1995-1-1/NA, Tabelle NA.13]

$w_{fin} - w_c$ = 15,28 mm < 16,67 mm = $\ell/300$

Schwingungsnachweis nach DIN EN 1995-1-1:2010, Abschnitt 7.3.3:

Deckenspannweite: $\ell = 5{,}0\ \text{m}$

Deckenbreite: $b = 9{,}6\ \text{m}$

Balkenabstand: $e = 0{,}8\ \text{m}$

Ständige Last: $G_k = 4{,}07\ \text{kN/m}^2$

Veränderliche Last: $Q_k = 2{,}80\ \text{kN/m}^2$

Kombinationsbeiwert: $\psi_2 = 0{,}30$

Quasi-ständige Einwirkung:

$$q_{perm} = G_k + \psi_2 \cdot Q_k$$

$$q_{perm} = 4{,}07 + 0{,}30 \cdot 2{,}80 = 4{,}91\ \text{kN/m}^2$$

Deckenmasse:

$$m = \left(q_{perm}/9{,}81\right) \cdot e$$

$$\text{m} = (4910/9{,}81) \cdot 0{,}80\ \text{mm} = 400{,}41\ \text{kg/m}$$

Biegesteifigkeit in Längs- und Querrichtung:

Laut *Hamm* [Schwingungen bei Holzbalkendecken – Konstruktionsregeln für die Praxis, 2011] ergibt sich die Biegesteifigkeit in Längs- und Querrichtung aus der Biegesteifigkeit der Deckenkonstruktion zuzüglich eines Zuschlages für den Estrich.

$$(EI)_{Estrich} = E_{Estrich} \cdot I_{Estrich} = E_{Estrich} \cdot \frac{b_{Estrich} \cdot h_{Estrich}^3}{12}$$

$$(EI)_{Estrich} = 25000 \cdot \frac{771 \cdot 80^3}{12} = 0{,}82 \cdot 10^{12}\ \text{Nmm}^2/\text{m}$$

$$(EI)_{längs} = (EI)_{ef,t=0} + EI_{Estrich}$$

$$(EI)_{längs} = 5{,}08 \cdot 10^{12} + 0{,}82 \cdot 10^{12} = 5{,}9 \cdot 10^{12}\ \text{Nmm}^2/\text{m}$$

$$(EI)_{quer} = (E_1 \cdot I_1) + EI_{Estrich}$$

$$(EI)_{quer} = \left(31000 \cdot 22{,}04 \cdot 10^6\right) + 0{,}82 \cdot 10^{12} = 1{,}50 \cdot 10^{12}\ \text{Nmm}^2/\text{m}$$

Eigenfrequenz der Deckenkonstruktion nach Gl. (7.5):

$$f_1 = \frac{\pi}{2\ell^2} \cdot \sqrt{\frac{(EI)_{\ell ängs}}{m}}$$ [DIN EN 1995-1-1, Gl. (7.5)]

$$f_1 = \frac{\pi}{2 \cdot (5)^2} \cdot \sqrt{\frac{5{,}9 \cdot 10^6}{400{,}41}} = 7{,}63\ \text{Hz}$$

Da die Eigenfrequenz weniger als 8 Hz beträgt, sollte laut DIN EN 1995-1-1:2010, Abschnitt 7.3.3 (1) eine besondere Untersuchung geführt werden.

Holz-Beton-Verbunddecken haben eine relativ hohe Querbiegesteifigkeit.

Laut [*Bathon/Bletz* 2007] können die Nachweise nach Tabelle 9/5, Zeilen 6 und 7 aus [*Blaß* u. a. 2005] für Holz-Beton-Verbunddecken mit einer Eigenfrequenz von weniger als 8 Hz geführt werden (s. Tabelle 2.21.).

Diese Nachweise werden nachfolgend für dieses Beispiel geführt.

Beiwerte zur Berechnung der Durchbiegung durch Schwingungen nach [*Blaß* u. a. 2005]:

$$k_i = \frac{K_i \cdot \ell}{3 \cdot EI_{längs}} \quad \text{mit} \quad K_i = \frac{3 \cdot EI_i}{\ell_i}$$

$$k_i = \frac{3 \cdot EI_i \cdot \ell}{3 \cdot EI_{längs} \cdot \ell_i} = \frac{\ell}{\ell_i}$$

$$k_k = \frac{K_k \cdot \ell}{3 \cdot EI_{längs}} \quad \text{mit} \quad K_k = \frac{3 \cdot EI_k}{\ell_k}$$

$$k_k = \frac{3 \cdot EI_k \cdot \ell}{3 \cdot EI_{längs} \cdot \ell_k} = \frac{\ell}{\ell_k}$$

Da es sich bei diesem Beispiel um einen Einfeldträger handelt, ergeben sich die Beiwerte k_i und k_k zu 0. Laut Tabelle 9/2 s. [*Blaß* u. a. 2005] ergibt sich der Beiwert β zu 1,0.

Durchbiegung durch Schwingung:

Die Durchbiegung der Deckenkonstruktion darf entsprechend [*Blaß* u. a. 2005] ein Maß von w_{Grenz} = 6 mm nicht überschreiten. Andernfalls müssen die gesonderten Untersuchungen nach Tabelle 9/5, Zeilen 6 und 7 aus [*Blaß* u. a. 2005] geführt werden.

Der Grenzwert von w_{Grenz} = 6 mm entspricht in etwa der Grenzfrequenz von etwa 8 Hz, welche nach DIN EN 1995-1-1:2010, Abschnitt 7.3.3 angegeben wird [*Blaß* u. a. 2005, Tabelle 9/1, Zeile 2].

$$w = \beta \cdot w_E \cdot \frac{1}{1 + 1/\alpha^4}$$

[*Blaß* u. a. 2005, Tabelle 9/5, Zeile 2]

$$\text{mit } w_E = \frac{5 \cdot q \cdot \ell^4}{384 \cdot EI_{längs}}$$

[*Blaß* u. a. 2005, Tabelle 9/5, Zeile 2]

$$\text{und } \alpha = \frac{b}{\ell} \cdot \sqrt[4]{\frac{EI_{längs}}{EI_{quer}}}$$

$$w_E = \frac{5 \cdot 4{,}91 \cdot 5000^4}{384 \cdot 5{,}90 \cdot 10^{12}} = 6{,}77\ \text{mm}$$

$$\alpha = \frac{9600}{5000} \cdot \sqrt[4]{\frac{5{,}9 \cdot 10^{12}}{1{,}50 \cdot 10^{12}}} = 2{,}704$$

$$w = 1{,}0 \cdot 6{,}77 \cdot \frac{1}{1 + 1/2{,}704^4} = 6{,}65\ \text{mm}$$

$$w = 6{,}65\ \text{mm} > w_{Grenz} = 6{,}0\ \text{mm}$$

Nachweis nicht erfüllt, die gesonderten Untersuchungen sind zu führen!

Grundfrequenz und 1. Eigenfrequenz:

$$f_0 = \frac{\pi}{2\ell^2} \cdot \sqrt{\frac{(EI)_{längs}}{m}}$$

[*Blaß* u. a. 2005, Tabelle 9/5, Zeile 3]

$$f_0 = \frac{\pi}{2 \cdot (5)^2} \cdot \sqrt{\frac{5{,}9 \cdot 10^6}{400{,}41}} = 7{,}63\ \text{Hz}$$

$$f_1 = f_0 \cdot \sqrt{1 + 1/\alpha^4}$$

[*Blaß* u. a. 2005, Tabelle 9/5, Zeile 3]

$$f_1 = 7{,}63\ \text{Hz} \cdot \sqrt{1 + 1/2{,}704^4} = 7{,}70\ \text{Hz}$$

Für Deckenkonstruktionen mit einer Eigenfrequenz von $f_1 \leq 8$ Hz ist der Nachweis der Schwinggeschwindigkeit infolge eines Fersenauftritts (I = 55 Ns, t_i = 0,05 s) sowie die Resonanzuntersuchung zu führen.

Schwinggeschwindigkeit infolge Fersenauftritt ($I = 55$ Ns, $t_i = 0{,}05$ s):

$$v \approx \frac{950 \cdot \alpha}{f_0 \cdot m \cdot b \cdot \ell \cdot \gamma}$$

[*Blaß* u. a. 2005, Tabelle 9/5, Zeile 6]

$$v \approx \frac{950 \cdot 2{,}704}{7{,}63 \cdot 400{,}41 \cdot 9{,}6 \cdot 5 \cdot 0{,}912} = 0{,}019\ \text{m/s}$$

$$v = 0{,}019\ \text{m/s} < v_{Grenz} = 6 \cdot b^{(f_1 \cdot \zeta - 1)} = 0{,}09\ \text{m/s}$$

$$\text{mit } b = \begin{cases} 50 & \text{(leicht)} \\ 100 & \text{(mittel)} \\ 150 & \text{(streng)} \end{cases}$$

Beschleunigung (Resonanzuntersuchung):

$$a \approx \frac{56}{m \cdot b \cdot \ell \cdot \gamma} \cdot \frac{1}{\zeta}$$

[*Blaß* u. a. 2005, Tabelle 9/5, Zeile 7]

$$a \approx \frac{56}{400{,}41 \cdot 9{,}6 \cdot 5 \cdot 0{,}912} \cdot \frac{1}{0{,}01} = 0{,}319\ \text{m/s}^2$$

$$a = 0{,}319\ \text{m/s}^2 < a_{spürbar} = 0{,}4\ \text{m/s}^2$$

Die Berechnung einer derartigen Deckenkonstruktion per Hand ist mit einem relativ großen Zeitaufwand verbunden. Dies gilt vor allem für die Optimierung der Schubverbindung zwischen Holz und Beton.

Die Berechnung einer derartigen Deckenkonstruktion per Hand (Nachweis der Tragfähigkeit und der Gebrauchstauglichkeit) nimmt etwa sechs Stunden in Anspruch. Soll zusätzlich der Nachweis der Betonbewehrung und ein Brandschutznachweis (vollständige Neubemessung mit reduzierten Querschnitten bzw. reduzierten Festigkeiten) geführt werden, so kann man von einem etwa zwei- bis dreifachen Zeitaufwand ausgehen.

Mithilfe eines Bemessungsprogramms (z. B. HBV 6.0 von SFSIntec®) ist die Berechnung einer solchen Holz-Beton-Deckenkonstruktion innerhalb von ca. 30 min möglich.

6. Holzbalkendecken

6.1. Allgemeines

Die nachfolgenden Ausführungen sind darauf gerichtet, eine Übersicht der Holzbalkendecken zu vermitteln.
Zu Decken in Neubauten, s. [*Kaufmann* u. a. 2017], [*Hubweber* u. a. 2015], [*Schulze* 2005, 1992, 1988], [*Holtz* u. a. 1999], [*Werner* 1998], [*Meyer-Ottens* 1996], [*Kordina/Meyer-Ottens* 1994], [*Gösele* 1993].
Zu Decken in Altbauten, s. [*Lißner/Rug* 2018], [*Ahnert/Krause* 2009], [*Rug* u. a. 2004], [*Rug* u. a. 2001].

Bezeichnungen für Holzbalken (s. a. Bild 6.1.):

Balken. Kantholz, dessen größere Querschnittsseite mindestens 200 mm ist. Der Balken ist ein stabförmiges, überwiegend auf Biegung beanspruchtes horizontal liegendes Holzteil (Vollholz, Brettschichtholz, verdübelter Balken, Sparbalken).

Binderbalken. Durchgehende (oder zugfest verbundene) Balken unter hölzernen Dachkonstruktionen, die die Dachbinder (Binderstiele, Streben) tragen.

Bundbalken. Sind solche Balken, die über einer abgebundenen Fachwerktrennwand liegen, in die die Wandständer und Streben eingreifen; sie ersetzen das Rähm.

Giebel- oder Ortbalken. Sie liegen mit einem Abstand von 20 bis 30 mm neben dem Giebelmauerwerk. Sie sollten auf Bitumenpappe verlegt werden, falls die Mauer zurückspringt. Der Spalt wurde früher mit Lehm und sollte heute mit Dämmstoff abgedichtet werden.

Füllhölzer. Es sind kurze Balken, die bei Auswechslungen benötigt werden. Sie werden schmaler als die anderen Balken gehalten.

Stichbalken. Solche Balken liegen mit einem Ende auf der tragenden Wand, mit dem anderen binden sie in einen Holzbalken ein.

Streichbalken. Liegen neben durchgehenden massiven Wänden; bei durchgehenden Rohrleitungen auch weiter abgerückt. Die Balken sind gegen die Wand abzustützen.

Wandbalken. Sie bilden den oberen Halt für dünne Zwischenwände und liegen auf ganzer Länge auf. Die Zwischenwände (z. B. gemauerte Trennwände) sind gegen die Wandbalken zu verkeilen.

Wechselbalken (Wechsel). Sie sind an beiden Enden auf anderen Balken gelagert (z. B. auch eingezapft, Balkenschuh).

Zwischen- oder Leerbalken. So werden alle anderen Balken unter hölzernen Dachkonstruktionen genannt. Sie haben außer Eigen- und Nutzlast keine anderweitige Belastung aufzunehmen.

6.2. Entwicklung der Holzbalkendecken

In den vergangenen Jahrhunderten war die Holzbalkendecke die häufigste Decke (Tabelle 6.1.). Die Bürgerhäuser hatten oft über dem Kellergeschoss Gewölbedecken, darüber aber Balkendecken. Speichergebäude mit hoher Belastung durch Korn oder andere Güter wurden mit Holzbalkendecken versehen, die außerordentlich tragfähig waren. Sie wurden z. B. aus dicht nebeneinander liegenden Eichenbalken ausgeführt, die durch eichene Runddübel miteinander verbunden waren. Die ältesten Balkendecken haben ähnlich ausgesehen, nur mit dem Unterschied, dass sie aus unbehauenen Stämmen bestanden. Bald aber rückte man die Balken auseinander, die Zwischenräume füllte man durch Zwischendecken aus. Jahrhundertelang war die **Wickel- oder Stakdecke** üblich. Die Ausführung bestand darin, dass Rundstangen bis 50 mm Durchmesser mit Strohlehm umwickelt und dicht in Nuten eingeschoben wurden. Die Balkenfelder wurden auf der Unterseite verputzt, die Balken selbst blieben sichtbar. Erst später, im 19. Jahrhundert, als das Rohrgewebe industriell hergestellt wurde, setzte sich die **Einschubdecke** durch. Diese Entwicklung war ferner abhängig vom Aufkommen der Sägewerke. Anstelle des mit der Hand behauenen Holzes konnte man nun mit der Säge geschnittenes verwenden. Die Einschubdecke war bis 1945 die übliche Ausführungsart. Der Einschub – auch Fehlboden oder Streifboden genannt – bestand aus Schwarten mit Strohlehmverstrich und Auffüllung aus Lehm, gedarrtem Sand oder Kesselschlacke (zu einzelnen Konstruktionen, s. a. [*Lißner/Rug* 2018]).
Die Holzdecke war die wirtschaftlichste Konstruktion, solange genügend Holz zur Verfügung stand.
Ihre Vorzüge sind das geringe Gewicht der einzelnen Bauteile (Balken, Latten, Einschub usw.) und der gute Schall- und Wärmeschutz. Diesen Vorteilen stehen als Nachteile der große Holzbedarf, die Feuergefahr und der mögliche Befall durch tierische und pflanzliche Holzschädlinge gegenüber.

Stand der Entwicklung von historischen Holzbalkendecken

Niemand kennt die Anzahl der bisher in Deutschland gebauten Holzbalkendecken-Typen; es sind ganz gewiss sehr viele (s. auch [*Lißner/Rug* 2018], [*Ahnert/Krause* 2009]). Immer jedoch wurden sie nach bestimmten, in der Bauzeit geltenden Konstruktionsgrundsätzen (die auf Erfahrungen, neuen Erkenntnissen und den jeweils geltenden Bauvorschriften, z. B. der ehemaligen Bauhütten oder Innungen beruhten), errichtet.
Um den Stand der Entwicklung zeitlich einordnen zu können, benötigen wir einen Ausgangspunkt. Dieser soll etwa in der Zeit von 1960/65 liegen.

Tabelle 6.1. Beispiele für ältere Holzbalkendecken (weitere Beispiele, s. [*Lißner/Rug* 2018] und [*Ahnert/Krause* 2009]

Deckenkonstruktion	Feuerwiderstandsdauer in min von		Bezeichnung, Erläuterungen
	unten	oben	
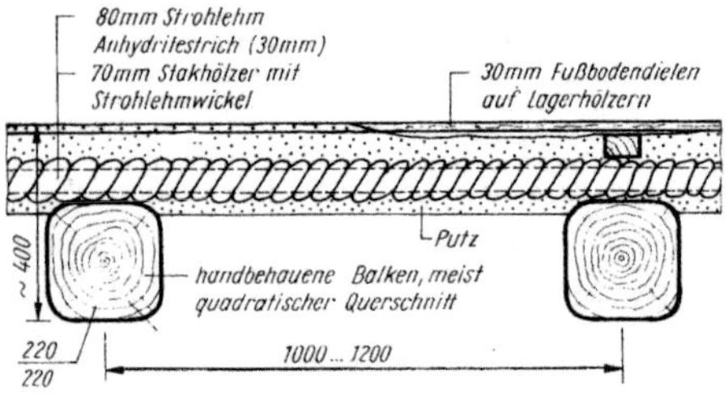 80mm Strohlehm Anhydritestrich (30mm) 70mm Stakhölzer mit Strohlehmwickel 30mm Fußbodendielen auf Lagerhölzern Putz handbehauene Balken, meist quadratischer Querschnitt ~400 220 220 1000...1200	30[1])[3])	30[1])[3])	**Gestreckte Windelbodendecke** Ausführungen bei Bürgerhäusern des 17. und 18. Jh.; Lehmwickel liegen auf handbehauenen sichtbaren Balken. In neuerer Zeit oft Deckenunterseite verkleidet. Schwachstellen: – unzureichender Wärme- und Schallschutz Eigenlast: g = 3,0...3,5 kN/m²
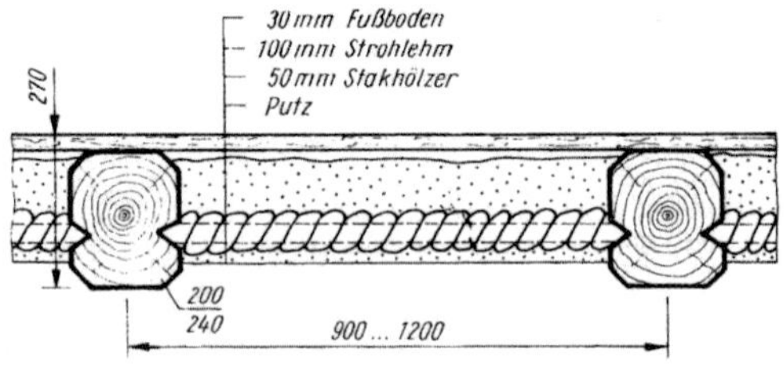 30mm Fußboden 100mm Strohlehm 50mm Stakhölzer Putz 270 200 240 900...1200	30	30 (60)[2])	**Windelbodendecke (ganzer Windelboden)** Ausführung aus dem 19. Jh.; Handbehauene Balken, Stakhölzer mit Strohlehm umwickelt, in Balkennuten eingeschoben. Sie steifen die Decke aus, Balkenfelder geputzt, in städtischen Bauten auch Decke verkleidet. Schwachstellen: – unzureichender Trittschallschutz – schwere Decke Eigenlast: g = 3,0...3,5 kN/m²
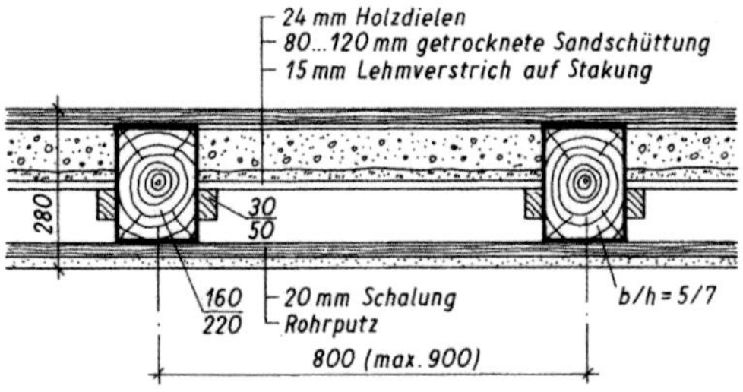 24 mm Holzdielen 80...120 mm getrocknete Sandschüttung 15 mm Lehmverstrich auf Stakung 280 30 50 160 220 20 mm Schalung Rohrputz b/h = 5/7 800 (max. 900)	>30 (>60)[2])	>30 (>60)[2])	**Einschubdecke** (typische Holzbalkendecke etwa ab 1880/90 bis 1950/60). Die Zwischendecke besteht aus Einschub (auch Fehlboden, Streifboden genannt) in Form von Schwarten, seltener auch Schalbrettern, ursprünglich Lehm-Stroh-Auffüllung, später gedarrter Sand oder Schlacke (Kesselschlacke). Fußboden: Regelausführung Dielen jüngere Gebäude 22 bis 28 28 mm dick, gespundet; ältere Gebäude 30 mm, Balkenabstand: 650...900 mm Schwachstelle: – Trittschalldämmung Eigenlast: g = 2,0...2,7 kN/m²
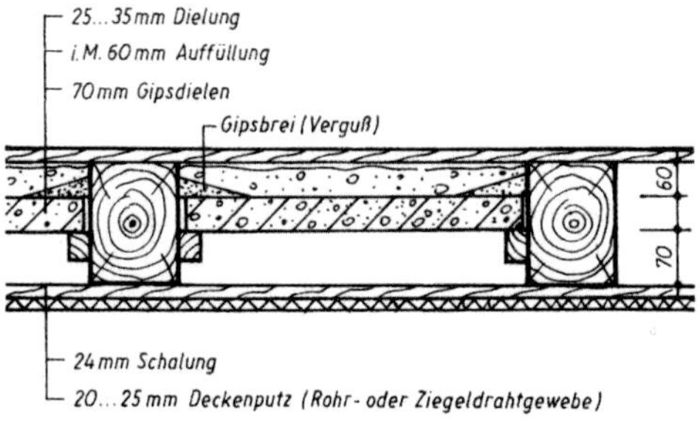 25...35mm Dielung i.M. 60mm Auffüllung 70mm Gipsdielen Gipsbrei (Verguß) 60 70 24mm Schalung 20...25 mm Deckenputz (Rohr- oder Ziegeldrahtgewebe)	>30 (>60)[2])	>30 (>120)[2])	**Holzbalkendecke mit Gipsdielen-Einschub** (Beispiel: Anwendung 1890 bis 1918), es ist im Prinzip eine Einschubdecke. Gipsdielen wurden auch für die Unterdecke verwendet und Gipsestrich als Fußboden. Oft wurden um die Jahrhundertwende patentierte Gipselemente verwendet. Schwachstelle: – Trittschalldämmung Eigenlast: g = 2,0 kN/m²
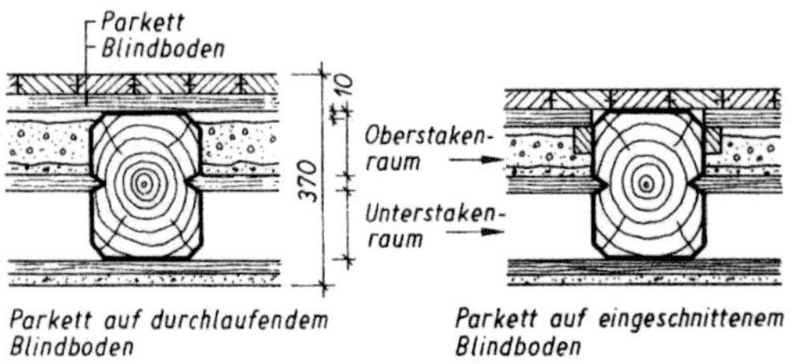 Parkett Blindboden 10 370 Oberstakenraum Unterstakenraum Parkett auf durchlaufendem Blindboden Parkett auf eingeschnittenem Blindboden	30	30	**Berliner Einschubdecke** Bauweise zur Jahrhundertwende, Stakungsbretter werden in Balkennuten eingeschoben. Auffüllung aus Koksasche auf 20 mm Lehm oder Gerberlohegemisch (Rieselschutz); Fußboden: Hobeldielen 33 mm (bis 450 mm Breite) oder Parkett auf durchlaufendem Blindboden oder zwischen den Balken eingepasstem Blindboden. Unterdecke 20...25 mm raue Schalung, Rohrputz, auch Spalierlatten. Übliche Spannweiten etwa um 5,0 m (max. 6,0 m). Schwachstelle: – meist unzureichender Trittschallschutz Eigenlast: g = 2,5...2,8 kN/m²

Tabelle 6.1. *(Fortsetzung)*

Deckenkonstruktion	Feuerwiderstandsdauer in min von unten	Feuerwiderstandsdauer in min von oben	Bezeichnung, Erläuterungen
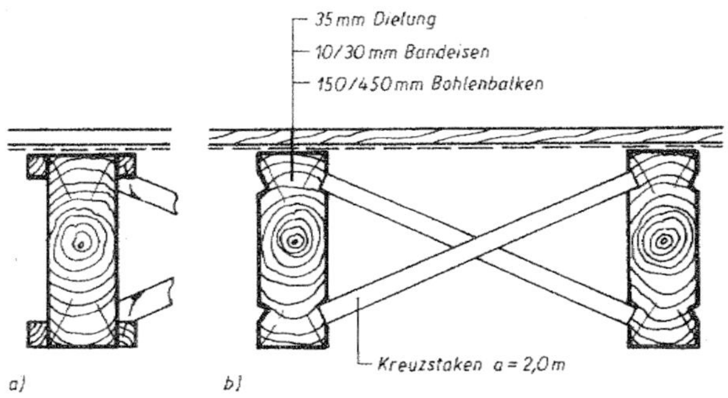	> 30	> 30	**Kreuzstakendecke** Bei weit gespannten Decken ab 5,5 m Spannweite und hochbelasteten Decken wurden Kreuzhölzer eingebaut: – in Abständen bis 2,0 m oder – als Zwischendecke mit Strohlehmwickel dicht an dicht gelegt. Sturzboden (Unterseite) oft dekorativ gestaltet. Die Kreuzhölzer wurden in Balkennuten eingesetzt oder eingenagelt. Sehr wirksame Aussteifung der Balkenlage, um die H-Kräfte aufzunehmen, wurden Rundstahlanker ($a \leq 2{,}0$ m) eingebaut oder Bandeisen (Prinzip: Scheibenwirkung), gute Querverteilung der Deckenlasten. Schwachstellen: – Wärmedämmung und Schallschutz, – bautechnischer Brandschutz, – Kreuzstaken verlieren bei starkem Schwinden des Holzes ihre Wirkung, Spannanker müssten nachgezogen werden, unterbleibt meist. Eigenlast: $g = 3{,}5$ kN/m^2
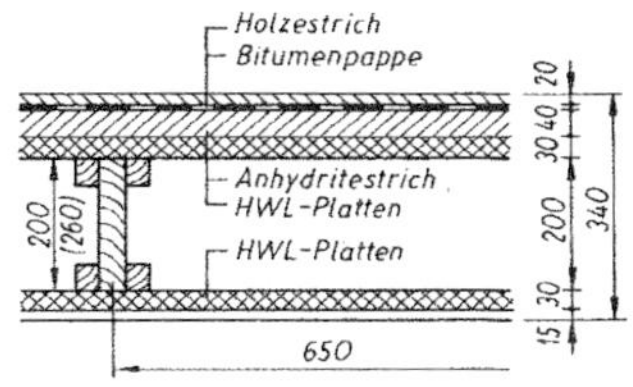 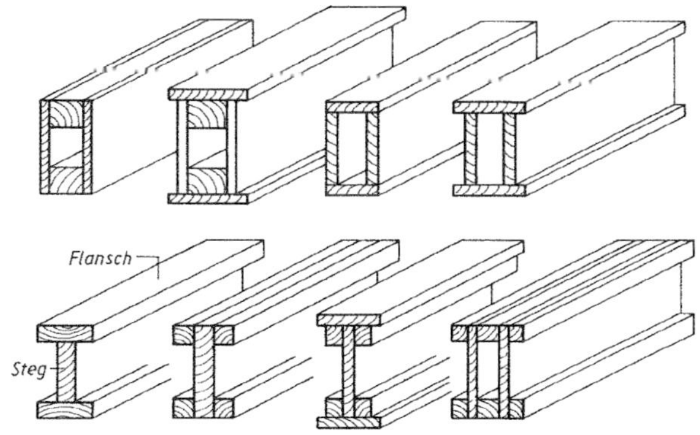	30	30	**Holzbalkendecke (holzsparende Decke, ohne Zwischendecke)** Anwendung etwa ab 1930 bis 1950/60 Deckenkonstruktion brandschutztechnisch unzureichend. Die Deckenbalken sind bei größeren Spannweiten bis 5,0 m ein- oder zweimal gegen Kippen ausgesteift. Als Leichtbauplatten wurden vorwiegend Holzwolle-Leichtbauplatten (HWL-Platten) verwendet. Genagelte oder geklebte „Sparbalken", typische Querschnitte, Anwendung etwa von 1940 bis 1960. Genagelte Balken zeigten große Durchbiegungen. Mit den Sparbalken gebaute Decken wurden weitgehend im „Trockenbauverfahren" mit Holzwerkstoff- und Dämmplatten) errichtet. Schwachstellen: – Wärme- und Schallschutz, – bautechnischer Brandschutz, – bei biotischem Befall sehr gefährdet. Eigenlast: $g = 1{,}0 \ldots 1{,}7$ kN/m^2

[1]) nach [*Beilicke* u. a. 1993]
[2]) nach [*Kordina/Meyer-Ottens* 1994]
[3]) abhängig von Balkengröße und statischer Auslastung

Dies ist ein grober Schnitt; er besagt: Was vorher gebaut wurde, soll bei dieser Betrachtung als „historisch" gelten, dieser „Stand" wird nun betrachtet!
Bis einige Jahre nach dem II. Weltkrieg wurden Holzbalkendecken vor allem nach örtlichen Überlieferungen und Erfahrungswerten vorrangig mit örtlichen Baumaterialien (Vollholz, Schnittholz, Fichten- und Kiefernholz, weniger mit Tannen- und Lärchenholz im Betrachtungsgebiet Deutschland) gebaut, vereinzelt auch noch als Kellerdecke. Mit erweiterten Dämmstoffangeboten hatten sich die Ausführungsmöglichkeiten vergrößert. In den letzten Jahren wurden neue Deckenkonstruktionen entwickelt (s. Tabelle 6.2.), so z. B. Brett- oder Kantholzstapeldecken oder Holz-Beton-Verbunddecken (s. [*Rug* 2010], [*Werner 1998*] und [*Rug/Lißner* 2004-2]).
Insgesamt stiegen die Leistungsanforderungen, insbesondere die an den Wärme-, Schall- und Brandschutz. Gleichzeitig rückten Fragen der Wirtschaftlichkeit und ebenso bautechnologische Überlegungen in den Vordergrund.
Schon in den 30er-Jahren des 20. Jahrhunderts setzte eine harte Konkurrenz zwischen der Holzbalkendecke und der Massivdecke ein.
Die Frage, ob **Holzbalken- oder Massivdecke** oder welche Art zweckmäßig ist, hängt von verschiedenen Faktoren und Umständen ab. Sie führte zum Vergleich, welche Holzbalkendecke in der Ausführung die beste, in der Nutzung die leistungsfähigste und dabei wirtschaftlichste ist.

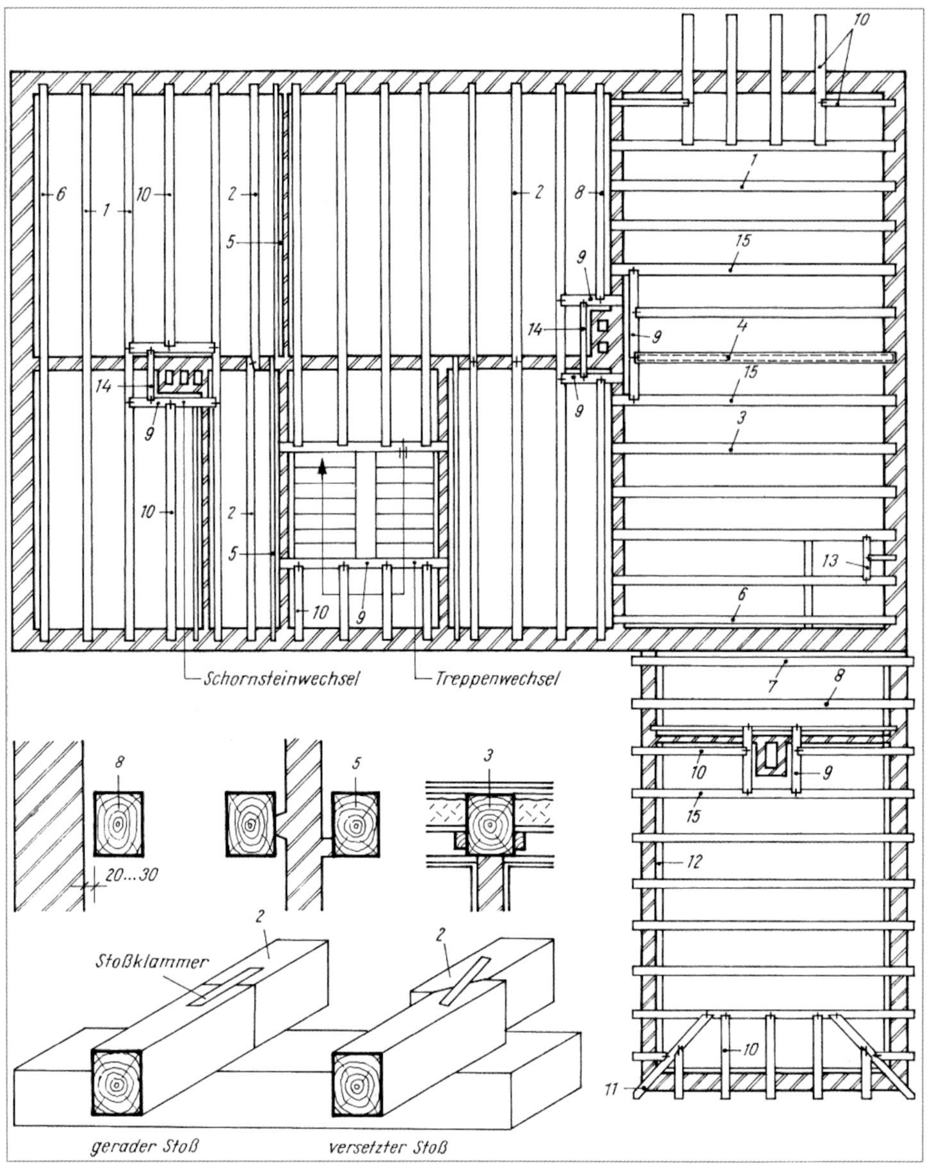

Legende

1 durchgehender Balken
2 gestoßener Balken
3 Wandbalken
4 Bundbalken
5 Streichbalken
6 Ort- oder Giebelbalken
7 Binderbalken
8 Leerbalken
9 Wechselbalken
10 Stichbalken
11 Gratstichbalken
12 Mauerlatte
13 Fallrohrauswechslung
14 Füllholz

Bild 6.1. Balkendecke, Bezeichnungen

6.3. Funktionelle Anforderungen

Einordnung der Decken

Die Decken gehören zu den horizontalen Trennungen des Bauwerks. Sie sind mit anderen Bauteilen, z. B. mit den Wänden, konstruktiv verbunden und mit ihnen im Zusammenhang zu sehen. Grundsätzlich können die Decken eingeteilt werden.

- in tragende Decken und
- in nicht tragende Decken.

Nicht tragende Decken sind untergehängte Decken oder nicht begehbare Zwischendecken. Die Holzbalkendecken gehören zu den ebenen Decken. Nachfolgend sollen tragende Holzbalkendecken betrachtet werden.

Funktionen der Decke

Decken sind horizontale Bauteile, die Räume von der Außenwelt oder von anderen Räumen nach oben oder unten abtrennen.

Statische Funktionen der Holzbalkendecke:

- *Übertragung der Deckenlasten,*
- *Aussteifung des Bauwerks und tragender Wände (Scheibenwirkung),*
- *Verankerung der Außen- und Innenwände.*

Decken haben den Zweck, das Bauwerk horizontal zu gliedern; sie sollen eben, tragfähig und begehbar sein und nicht schwingen. Sie müssen außerdem die einzelnen Räume (Geschosse) untereinander nach außen gegen Wärme (Kälte), Schall, Feuchtigkeit und Feuer schützen.

Die Decken sollen lange nutzungsfähig bleiben und instandhaltungsarm sein.

Scheibenwirkung der Holzbalkendecke in Mauerwerksbauten nach der früheren Norm für Mauerwerksbau DIN 1053

Holzbalkendecken haben dann eine Scheibenwirkung, wenn sich die gesamte Decke oder Einzelteile der Deckenkonstruktion durch Horizontalkräfte (vornehmlich Windkräfte) nicht horizontal gegeneinander verschieben lassen.
Damit soll erreicht werden, dass sich diese Kräfte – unabhängig, an welchem Punkt sie angreifen – auf die gesamte Deckenkonstruktion verteilen und alle Wände (Vertikalscheiben), die an sie angrenzen, mit zur Kraftübertragung heranziehen.
Holzschalung bzw. Fußbodendielung, die, wie allgemein üblich, rechtwinklig zu den Deckenbalken verläuft, kann nicht als scheibenbildend angesehen werden.

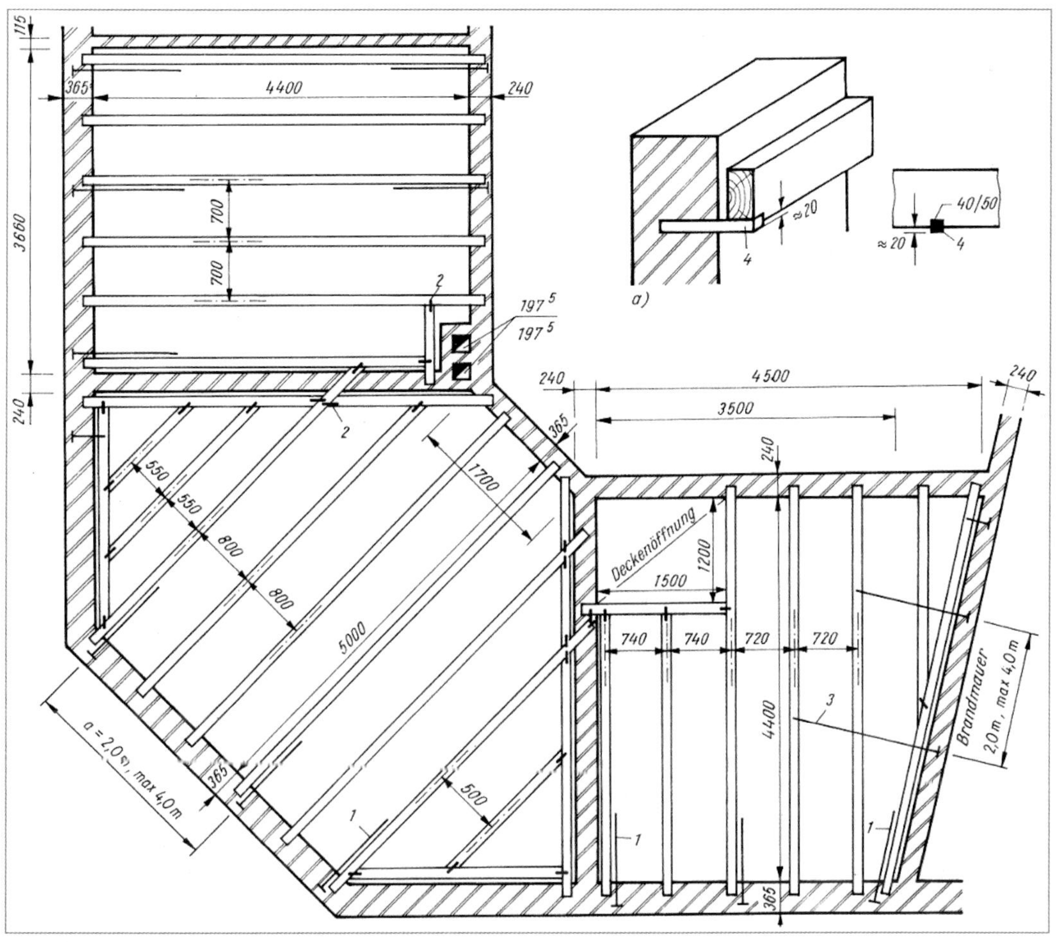

Legende:
Unterstützung von Giebelbalken (Ortbalken) durch Trageeisen
1 Balkenanker (Kopfanker)
2 Klammer
3 Giebelanker
4 Trageeisen

Bild 6.2. Balkenlage bei einem Eckgebäude (mit gebrochener Ecke)

Holzbalkendecken herkömmlicher Bauart ohne nachgewiesene Scheibenwirkung (und das ist bei der Altbausubstanz die Regel) in Wohngebäuden und Gebäuden ähnlicher Nutzung werden als Knickaussteifung (nach [*Milbrandt* 1987]) als ausreichend aussteifend angesehen, wenn

- die *tragende Deckenschalung* aus Einzelbrettern mit b = 120 mm oder aus *Holzwerkstoffplatten* besteht und wenn
- die *Zuganker* (nach der früher geltenden DIN 1053, Teil 1, Abschnitt 8.1.4.2)
  Kopfanker: Abstand $a \approx 20$ m, max 4,0 m
  Giebelanker: Abstand $a \approx 20$ m, max 4,0 m und wenn
- die tragenden Wände sowie das ganze Gebäude durch Wände entsprechend der früher geltenden DIN 1053 ausgesteift sind (s. a. Bild 6.2. bis 6.4.).

Scheibenwirkung der Holzbalkendecke in Mauerwerksbauten nach DIN EN 1996-1-1:2013

Nach der Mauerwerksnorm DIN EN 1996-1-1:2013, Abschnitt 8.5 gelten für die Verankerung von Decken an Wänden folgende Regeln:

Anschluss von Wänden an Decken und Dächern Abschnitt 8.5.1: Allgemeines

(1) P Wände, die von Decken und Dächern gehalten werden sollen, müssen so mit den Decken und Dächern verbunden werden, dass die horizontalen Bemessungslasten in die aussteifenden Bauteile übertragen werden können.

(2) Die Übertragung von horizontalen Lasten in die aussteifenden Bauteile sollte über die Decken- und Dachkonstruktion, wie z. B. über bewehrte Ortbeton- oder vorgefertigte Betondecken bzw. beplankte Holzbalken, erfolgen,

sofern die Decken- oder Dachkonstruktion als Scheibe wirkt. Alternativ darf ein Ringbalken angeordnet werden, der in der Lage ist, die wirkenden Schubkräfte und Biegemomente zu übertragen. Die zwischen den Wänden und den verbindenden Bauteilen zu übertragenden Kräfte sollten entweder durch den Reibungswiderstand in der Lagerfläche der tragenden Bauteile oder durch Anker mit entsprechender Endbefestigung übertragen werden.

(3) P Decken und Dächer müssen auf Wänden mit einer ausreichenden Auflagertiefe aufliegen, um die notwendige Tragfähigkeit und den erforderlichen Schubwiderstand sicherzustellen. Dabei sollten Herstellungs- und Ausführungstoleranzen berücksichtigt werden.

(4) Die Mindestauflagertiefe von Decken und Dächern auf Wänden sollte entsprechend der Berechnung gewählt werden.

Abschnitt 8.5.1.2: Anschluss durch Anker

(1) P Anker müssen in der Lage sein, die horizontalen Lasten zwischen der Wand und dem aussteifenden Bauteil zu übertragen.

(2) Wenn die Auflasten auf der Wand eine vernachlässigbare Größe haben, wie z. B. bei einer Giebelwand-Dachverbindung, muss besonders darauf geachtet werden, dass die Verbindung zwischen den Ankern und der Wand wirksam ist.

(3) Der Abstand der Anker zwischen Wänden und Decken oder Dächern sollte nicht größer als 2 m, bei Gebäuden mit mehr als 4 Stockwerken jedoch nicht größer als 1,25 m sein.

Deckenscheiben nach DIN EN 1995-1-1:2010, Abschnitt 9.2.3

Werden Deckenscheiben aus Holzbalken und Holzwerkstoffplatten einer Windbeanspruchung ausgesetzt, so gelten die in DIN EN 1995-1-1:2010, Abschnitt 9.2.3 festgelegten Grundlagen. Voraussetzung ist, dass die Plattenwerkstoffe auf den sogenannten Holzrippen mittels mechanischer Verbindungsmittel befestigt sind und dass die Regeln für die Ausführung nach Abschnitt 5.4.2. dieses Buches eingehalten werden.

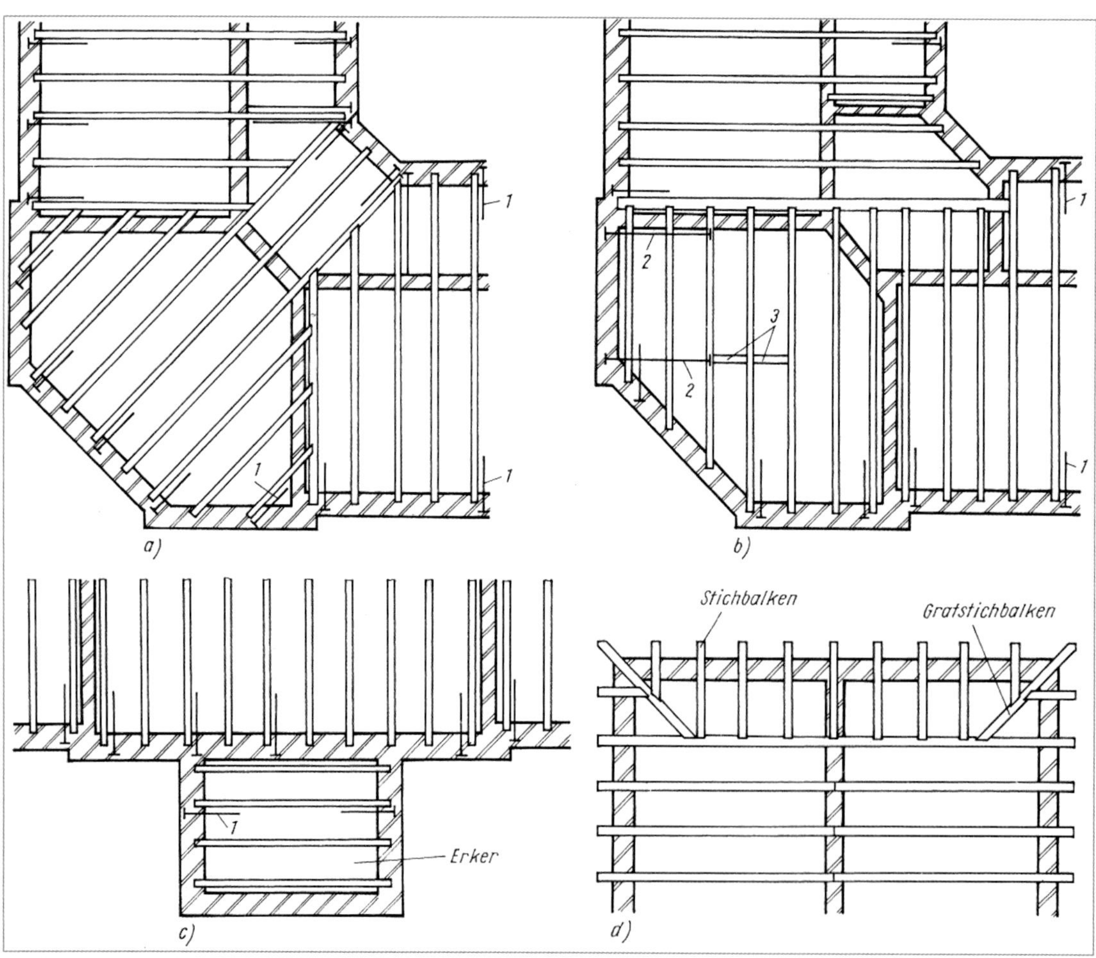

Legende
a), b) Eckgebäude (mit gebrochener Ecke), Balken winkelrecht zur Außenwand
c) Balken über Erker liegend parallel zur Außenwand
d) Dachbalkenlage bei einem abgewalmten Dach
1 Balkenanker (Kopfanker)
2 Giebelanker
3 Wechsel (für Kronleuchter, bei älteren Bauwerken der Jahrhundertwende)

Bild 6.3. Verschiedene Balkenlagen

Jeder Balken muss seine Belastung allein tragen! Diese Erkenntnis ist besonders bei Baureparaturen wichtig: Infolge der fehlenden Quersteifigkeit der Holzbalkendecke kann es erforderlich werden, einzelne hoch belastete Balken zu verstärken (s. Abschnitt 5.8.2.). Zur Erhöhung der Steifigkeit und Tragfähigkeit einer Decke können auch Holz-Beton-Verbundlösungen sehr wirtschaftlich sein (s. Abschnitt 5.13.).

6.4. Grundsätzliche konstruktive Forderungen (Vollholzbalken)

An Holzbalkendecken werden folgende statische und konstruktive Forderungen gestellt:

- Holzbalken über die kürzeste Spannweite legen,
- maximale Spannweite 6000 mm; statisch günstig bei üblicher Belastung $l = 3000$ bis 4200 mm,
- maximale Balkenabstände 800 mm,
- standardisierte Holzquerschnitte, möglichst Halbhölzer $b = 80$ bis 100 mm, h bis 220 mm, verwenden,
- keine extrem hohen und schmalen Bohlenquerschnitte ohne Kreuzaussteifung einbauen,
- Balkenlage mit Längs- und Giebelmauern in genügendem Maße verankern (s. frühere Mauerwerksnorm DIN 1053-1, Abschnitt 8.1.4.2 oder DIN EN 1996-1-1:2013),
- Balkenköpfe mörtelfrei und luftumspült und mit statisch genügender Auflagerlänge einbauen (im Ausnahmefall auf Bitumenpappe legen, aber nicht einhüllen!),
- Balkenabstand allgemein vom Mauerwerk 60 mm,
- Öffnungen und Schornsteine mit Wechsel- und Stichbalken auswechseln; Schornsteinauswechslung besonders sorgfältig ausführen,
- Balken nicht durch Einschnitte schwächen,
- Einzellasten auf mehrere Balken durch geeignete Konstruktionsglieder verteilen,
- Balken aus mindestens S10 nach DIN 4074-1, $u \leq 20\,\%$, Schnittklassen B und C.

Vergleich einiger Eigenschaften bzw. Merkmale

Die geringsten Eigenlasten weisen Holzbalkendecken ohne Zwischendecken, d. h. ohne Auffüllung auf. Einen gewissen Vergleichswert bietet der Quotient g/q; je kleiner dieser ist, umso vorteilhafter ist die Holzbalkendecke in statisch-konstruktiver Hinsicht einzuschätzen.

Holzbalkendecken (ohne Zwischendecken) mit Leichtbauplatten der 50/60er-Jahre des 20. Jahrhunderts weisen im Schnitt eine Eigenlast von etwa 1,0 bis $1{,}7\ \text{kN/m}^2$ auf. Einschubdecken haben eine etwa doppelt so hohe Eigenlast von 2,0 bis $2{,}7\ \text{kN/m}^2$. Das sind grobe Anhaltswerte. Weitere Angaben in [*Lißner/Rug* 2018], [*Ahnert/Krause* 2009].
Die durchschnittliche Höhe von Holzbalkendecken bewegt sich zwischen 280 und 325 mm.

Berechnung

Im betrachteten Zeitraum galten Belastungsannahmen: DIN 1055-1

Eigengewicht:	für Holzbalken	Kiefer $600\ \text{kg/m}^3$
		Fichte $550\ \text{kg/m}^3$
Verkehrslast:	für Wohnräume	$p = 200\ \text{kn/m}^2$
	Treppen/Podeste	$p = 350\ \text{kN/m}^2$

Berechnungsvorschriften: DIN 1052
zul. Durchbiegung (im Wohnungsbau) $f = \ell/300$

Übersicht zu einer seit etwa 1950 geltenden Berechnung nach DIN 1052 (s. auch [*Rug* 2016])

Bei $q = g$ (Eigengewicht) [kg/m²] + p (Nutzlast) [kg/m²] und $a =$ Balkenabstand $[\text{m}]$ folgt als Gesamtbelastung für einen Balken

$$q = (g + p) \cdot e$$

Mit dem Elastizitätsmodul $E = 100\,000\ \text{kg/cm}^2$ und ${}_{\text{zul}}\sigma_b = 100\ \text{kg/cm}^2$ für NH Gkl II (heute S10) ist:

$${}_{\text{erf}}W = \frac{M}{{}_{\text{zul}}\sigma_b}; \qquad f = \frac{5 \cdot q \cdot \ell^4}{384 \cdot E \cdot I}$$

Bei $\ell/h \leq 16{,}0$ ist für die Bemessung der Vollholzbalken die zulässige Spannung maßgebend:

$${}_{\text{erf}}W = \frac{0{,}125 \cdot q \cdot \ell^2}{{}_{\text{zul}}\sigma_b}$$

(W in cm³; q in kg/m; ℓ in m; ${}_{\text{zul}}\sigma_b$ in kg/m²)
Bei $\ell/h > 16{,}0$ erfolgt die Bemessung nach der zulässigen Durchbiegung:

$${}_{\text{erf}}I = \frac{5 \cdot q \cdot \ell^4}{384 \cdot E \cdot {}_{\text{zul}}f} = 0{,}391 \cdot q \cdot \ell^4$$

(I in cm⁴; q in kg/m; ℓ in m).

Bei durchlaufenden Balken ohne Gelenke durfte mit ${}_{\text{zul}}\sigma_b = 110\ \text{kg/m}^2$ gerechnet werden.

Balkenquerschnitte waren nach der früheren Norm DIN 4070:1958 genormt.

Um die Bemessung von Holzbalkendecken zu erleichtern, konnten in den für die Baugenehmigung vorzulegenden Standsicherheitsnachweisen anstelle rechnerischer Einzelnachweise die Tabellen der DIN 104:1952/1954 verwendet werden.

Obgleich die Grundlagen zur einwandfreien Bemessung von Holzbalken vorlagen, wird eingeschätzt, dass viele Holzbalken nicht nach den geltenden Vorschriften bemessen, sondern nach Erfahrungswerten eingebaut wurden.

Die Balkenabstände verringerten sich auf 800 mm und weniger. Die Balkenquerschnitte veränderten sich von $b/h = 5/7$ auf $b/h = 4/7$.

Während bis zum II. Weltkrieg die Einschubdecke mit den Auffüllungen Strohlehm, Schlacke und gedarrter Sand vorherrschte, wurden etwa ab 1950 keine Auffüllungen dieser Art mehr eingebaut [*Lißner/Rug* 2018].

Bauphysikalische Betrachtungen

Dabei ist zu beachten, dass der Wärmeschutz und die Schalldämmung heute einen unvergleichlich höheren Stellenwert als im betrachteten Zeitraum haben. Obwohl bereits 1930 wesentliche Grundlagen für die Beurteilung des Wärme- und Schallschutzes vorlagen, wurde die Masse der Holzbalkendecken zumeist ohne entsprechende Berechnungen ausgeführt. Unter dem Einfluss des steigenden Lebensstandards und später der Energiekrise in den 70er-Jahren des 20. Jahrhunderts erkannte man in steigendem Maße die große volkswirtschaftliche Bedeutung der wärme- und schalltechnisch richtigen Deckenkonstruktion.

Holzbalken- oder Massivdecke

Die harte Konkurrenz Holzbalken- oder Massivdecke ging bis zur hier genannten Übergangszeit. Den höheren Marktanteil haben derzeit die Massivdecken. Welche Anstrengungen bezüglich des Wärme- und Schallschutzes zu unternehmen sind, wird in nachfolgenden Abschnitten behandelt.

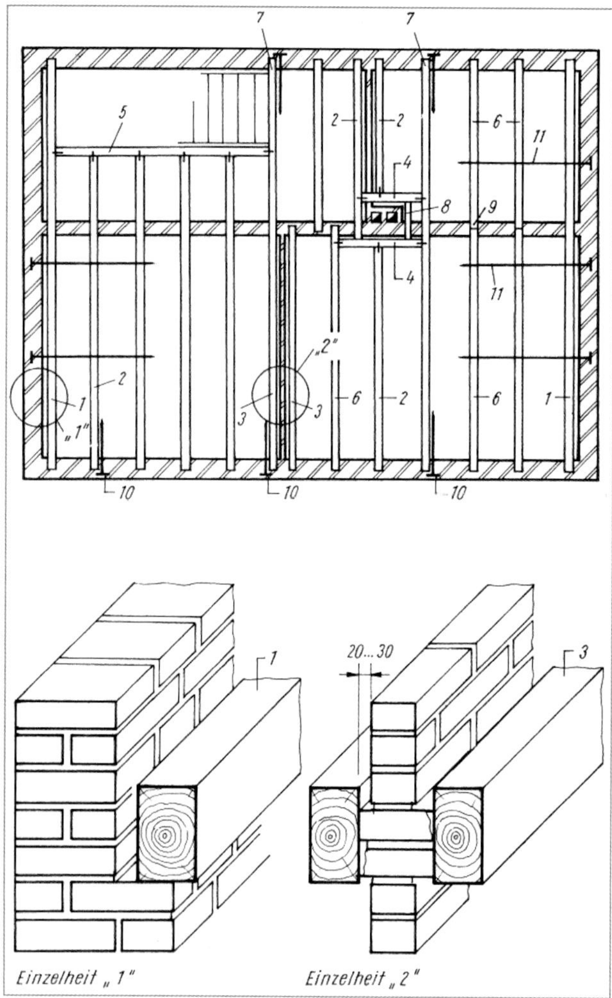

Legende
1 Giebelbalken
2 Stichbalken
3 Streichbalken
4 Schornsteinwechsel
5 Treppenwechsel
6 Zwischenbalken
7 durchgehender Balken
8 Füllholz
9 gestoßener Balken
10 Balkenanker (Kopfanker)
11 Giebelanker

Bild 6.4. Balkenlage bei Einfamilienhaus

6.5. Beispiele für traditionelle Holzbalkendecken

Balkenlagen

Bild 6.4. zeigt einen Grundriss mit der Balkenlage. Bei der Aufteilung der Balkenlage wird bei Dachbalkenlagen, die gleichzeitig die Dachkonstruktion tragen, mit der Festlegung der Binderbalken begonnen; die weitere Aufteilung richtet sich nach den Binderbalken. Die Aufteilung von normalen Geschoss-Balkenlagen beginnt damit, dass die Giebel- und Streichbalken festgelegt werden; es folgen dann die Zwischenbalken. Die Balkenabstände sollen, wenn angängig, für viele Balken dasselbe Maß haben.
Konstruktiv zu beachten sind die Punkte, an denen eine Balkenauswechslung notwendig wird. Durch eine geschickte Grundrissanordnung kann die Auswechslung z. T. vermieden werden.

6.6. Konstruktive Einzelheiten

Auflager

Balken bis zu 200 mm Höhe: ≥ 150 mm
Balken über 200 mm Höhe: ≥ 200 mm

Die Auflagerung muss trocken auf einer abgeglichenen, in der Waage liegenden, vollen Ziegelschicht erfolgen.

Balken sind so auf Mauerwerk zu lagern und einzubauen, dass sie allseitig von Luft umspült sind (Bild 6.5.). Vor der Balkenstirn muss eine ausreichende Wärmedämmung vorhanden sein.

Balkenköpfe im Außenmauerwerk oder Stahlbeton können nach DIN 68800-2, Abschnitt 9.2 der Gebrauchsklasse 0 zugeordnet werden, wenn durch bauliche Maßnahmen dafür gesorgt wird, dass im Bereich der Balkenköpfe keine unzuträgliche Erhöhung des Feuchtegehaltes durch Tauwasserbildung oder andere Einflussfaktoren auftreten kann, z. B. durch zusätzliche außen liegende Wärmedämmschicht.

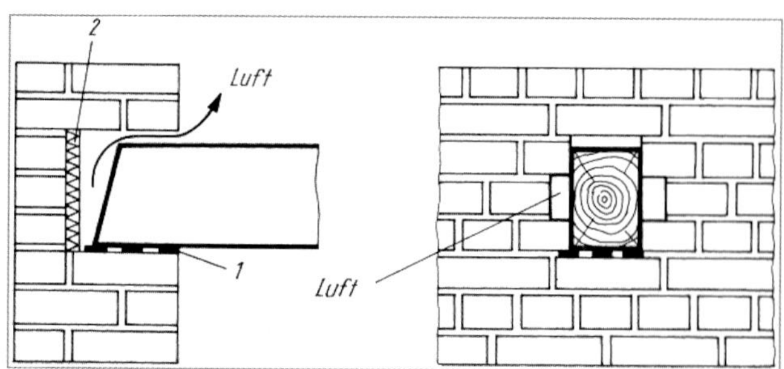

Legende
1 Sperrlage (Bitumenpappe für Ausnahmefälle)
2 Wärmedämmung, z. B. HWL-Platte

Bild 6.5. Balkenauflager, Balkenstirn schräg geschnitten, Ziegel trocken (ohne Mörtel) angesetzt, Balkenkopf gut belüftet

Balkenabstände

Die alten Balkendecken hatten Mittenabstände von 800 bis 850 mm, oft sogar 900 mm. Die Dielen waren dafür 30 mm dick und früher bis 300 mm breit. Ohne Bindung an irgendwelche Maße wird ein Mittenabstand von 600 bis 750 mm empfohlen. Dadurch werden nur Dielen von 24 bis 26 mm Dicke benötigt.

Die mittleren Balkenabstände sollten bei Vollholzbalken $a \leq 800$ mm betragen; Sparbalken werden in geringeren Abständen verlegt.

Verankerung

Die Holzbalkendecken müssen nach der früheren Norm DIN 1053, Abschnitt 8.1.4.2 mit den Außenmauern verankert werden, damit sie das Gebäude wirksam versteifen.

Auf der tragenden Außenwand werden in Abständen von etwa 2 m Verankerungen angeordnet. Jeder dritte oder vierte nicht gestoßene Balken (diese Forderung ist nicht immer zu erfüllen!) erhält einen 600 bis 800 mm langen Anker nach Bild 6.6. aus Flachstahl mit Abmessungen von 10/40 bis 10/50 mm, dessen Endöse den 600 mm langen, kräftigen Splint aus Flachstahl 15/50 aufnimmt. Die Innenkante des Splints soll 240 mm von der Innenkante der Mauer entfernt sein. Die Verankerung darf nicht in der Fensterbrüstung liegen. Der Splint ist sorgfältig mit Zementmörtel zu vermauern. Quer zur Spannrichtung der Balken werden die Flachstahlanker am Giebel über drei Balken hinweggeführt und eingelassen (Bild 6.6.f). Müssen die Balken gestoßen werden, so sind sie über den tragenden Mittelwänden durch stumpfe Stöße zu verbinden.

Balkenverankerungen sollen nicht unter Fensterbrüstungen oder unmittelbar über Öffnungen liegen. Hinweise: [*Milbrandt* 1987].

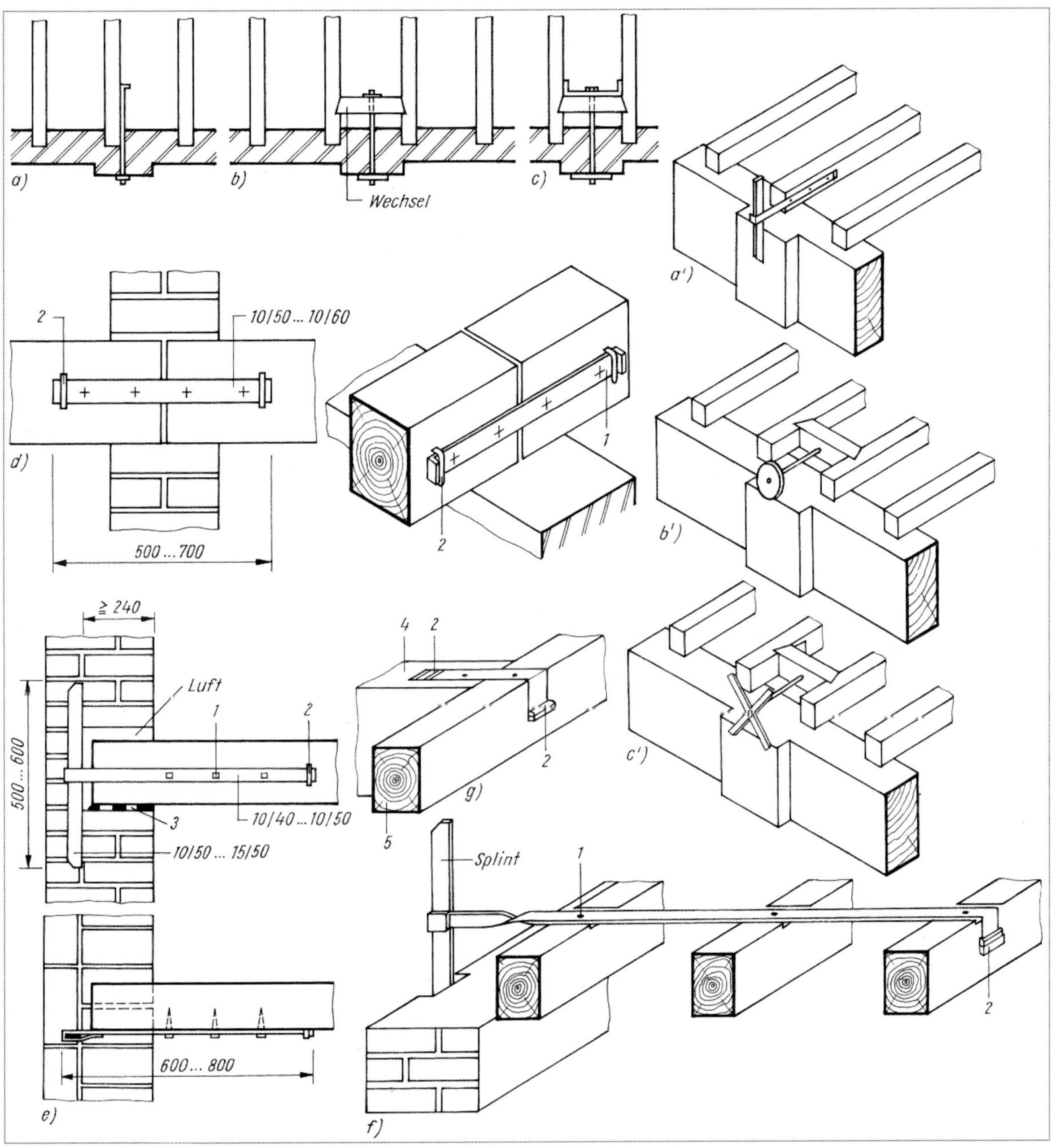

Legende
a) Kopfanker mit Splint in Pfeilermitte
b) Kopfanker mit Rundplatte und Wechsel
c) Zieranker in Pfeilermitte und Wechsel (a bis c ältere Ausführung)
d) gerader Balkenstoß (Binderbalken) mit seitlichen Stahllaschen
e) Balkenanker mit Splint (Kopfanker)
f) Giebelanker über drei Balken eingelassen
g) Wechselanker
1 schmiedeeiserner Nagel oder Sechskantholzschraube
2 Krampe
3 Sperrpappe
4 Stichbalken
5 Wechsel

Bild 6.6. Balkenverankerungen

Balkenwechsel

Schornsteine, Treppen, Deckenöffnungen und andere Aussparungen erfordern Auswechslungen der Balkenlage (Bilder 6.7.a, b, c). Die Wechsel werden mit dem Balken durch **Brustzapfen** verbunden und mit Klammern oder eingelassenem Wechselanker (Bild 6.7.d) gesichert. Die Krampen müssen so tief eingelassen werden, dass sie mit der Balkenoberkante abschneiden.

Der Brustzapfen kann mit schräger oder gerader Brust ausgeführt werden.

Der Brustzapfen wird nur bei Vollholzbalken angewendet; zusammengesetzte Querschnitte (sogenannte „Sparprofile") erfordern besondere Wechselkonstruktionen.

Alle diese Verbindungen schwächen die Balken und erfordern einen hohen Arbeitsaufwand; deshalb werden korrosionsgeschützte Balkenschuhe für Balkenanschlüsse verwendet. Sie werden mit Spezialnägeln befestigt (s. [*Milbrandt* 1990] bzw. die allgemeinen bauaufsichtlichen Zulassungen für Balkenschuhe).

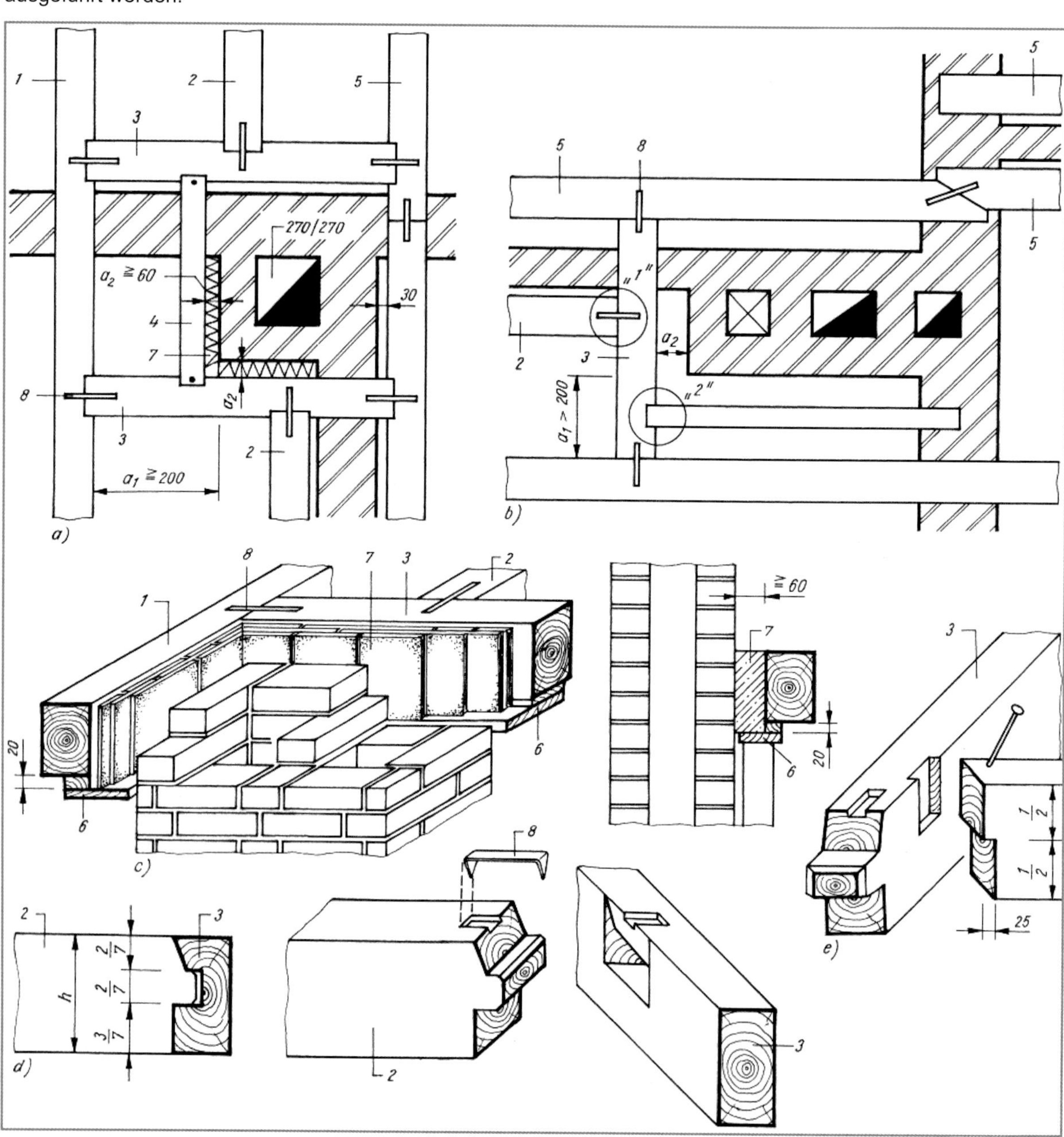

Legende

a), b) Beispiele
c) Schornsteindämmung in der Balkenlage
d) Verbindung: Stichbalken mit Wechsel, Brustzapfen mit schräger Brust, Klammersicherung
e) Verbindung Füllholz mit Wechsel: gewöhnliches Blatt, mit Sparrennagel gesichert
1 durchgehender Balken
2 Stichbalken
3 Wechsel
4 Füllholz
5 Streichbalken
6 provisorische Schalung (mit Steife)
7 Dämmschicht (z. B. Dachziegel, Ziegelsplittbeton, Schamotteplatten)
8 Klammer

Bild 6.7. Schornsteinauswechslungen

Der Kostenaufwand für die Auswechslung wird durch die Lage, die der auszuwechselnde Schornstein zu der Balkenlage hat, bestimmt. Bild 6.8. zeigt drei Varianten:

- günstige Lage des Schornsteins, erforderlich sind 1 Wechselbalken und 1 Stichbalken, 3 Balkenschuhe (Bild 6.8.a),
- ungünstige Lage, aufwendige Auswechslungen erforderlich: 3 Wechselbalken, 4 Stichbalken, 4 Balkenschuhe (Bild 6.8.b),
- ungünstige Lage, erforderlich 2 Wechselbalken, 5 Stichbalken, 9 Balkenschuhe (Bild 6.8.c).

Schornsteinauswechslungen sind erforderlich, wenn nach Bild 6.7.a a_1 > 200 mm ist.

Schornsteindämmung

Der Abstand hölzerner Konstruktionsteile von der Außenkante der Schornsteine muss mindestens 60 mm betragen.

Bei Schalung und Lattung genügt ein Abstand von 20 mm. Der Zwischenraum von 60 mm ist bei Holzbalkendecken durch in Lehmmörtel gelegte Dachziegelschichten oder Schamotteplatten im Verband oder mit Ziegelsplittbeton dicht auszufüllen.

Diese Dämmung ist als Brandschutz wichtig! Die Dämmschicht soll 20 mm tiefer gelegt werden als der Balken, damit die Deckenschalung nicht gegen den Schornstein stößt (Bild 6.7.c).

Ofenausbohlung

Um die Last der Kachelöfen zu verteilen, ist die Aufstandsfläche ausgebohlt. Hierzu werden die Balken mit Nuten für 30 bis 35 mm dicke Bohlen versehen, die Bohlen eingepasst und abgenagelt (Bild 6.9.).

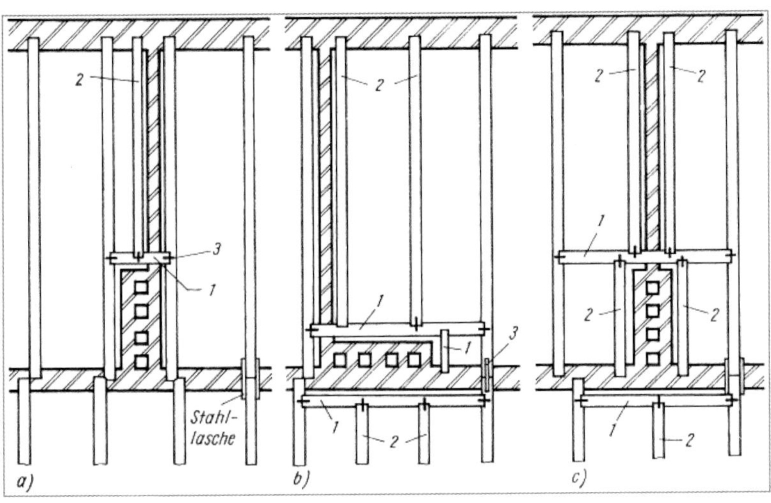

Legende
a) günstige Schornsteinlage
b), c) ungünstige Schornsteinlage
1 Wechsel
2 Stichbalken
3 Klammer

Bild 6.8. Schornstein- und Balkenlage

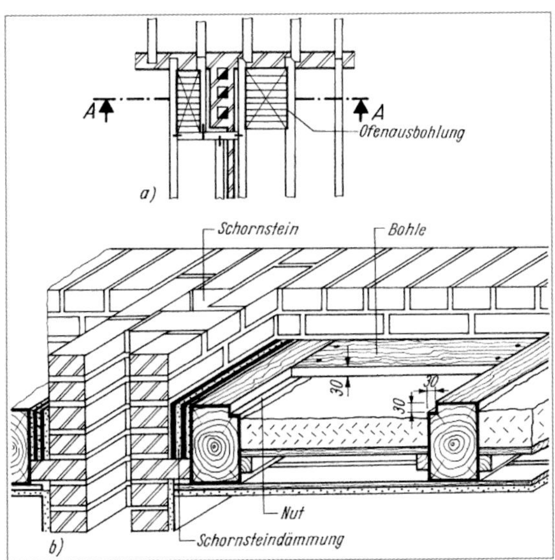

Legende
a) Balkenwechsel mit Ofenausbohlung
b) Schnitt A–A

Bild 6.9. Ofenausbohlung

6.7. Beispiele für neuzeitliche Holzbalkendecken

Tabelle 6.2. gibt eine Übersicht über aktuell im Holzbau angewendete Deckensysteme, die in den letzten Jahren den Holzbau bereicherten.

Tabelle 6.2. Übersicht neuzeitlicher Deckensysteme (Stand: Juli 2020)

	Bauaufsichtliche Zulassung	Konstruktion		Spannweite
		Bild	Text	
Brett-stapel	–	Glattkant Gefast Nut- und Feder-Profil Profil mit Kabelnut "Akustikprofil" Falzprofil Profilgestaltung von Brettstapelelementen *www.brett-stapel.eu*	Brettstapelelemente sind massive, flächige Bauteile. Sie werden aus nebeneinandergestellten Brettern oder Bohlen mit Nägeln oder Hartholzstabdübeln zusammengefügt. Anwendung: Decken aber auch für Wände und Dächer Für Wände sind Bretthöhen von 8 bis 12 cm üblich, für Decken und Dächer, je nach Spannweite 12 bis 24 cm. Die Elemente können bis zu Breiten von ca. 2,40 m entsprechend den Transportmöglichkeiten vorgefertigt werden. Sie sollten nicht länger als 12 m sein. Die Brett- bzw. Bohlendicke ist frei wählbar. Üblicherweise werden Holzdicken von 24 mm bis 60 mm gewählt. Bei sichtbaren Konstruktionen werden oft Bretter und Bohlen mit einer Dicke von 32 mm bis 45 mm verwendet. Bretter, Sortierklasse S10 nach DIN 4074-1	Bei Spannweiten größer 6,0 m empfiehlt es sich, die Decken als Brettstapel-Beton-Verbund-decken auszuführen.
Brett-schicht-holz	–	Elementstärke Elementbreite Brettschichtholz-Element *Bildquelle: www.haas-fertigbau.de*	Brettschichtholz-Elemente aus liegend verklebten Lamellen (40 mm) i. A. aus Fichte mit Nut und Federverbindung auch in Sichtqualität	Breite: 600 mm (Standard) Elementendicke: 60…280 mm in 20-mm-Schritten Länge: 1,2 … 24 m
Brett-sperrholz	s. Tabelle 2.40. in Abschnitt 2 dieses Buches	Kontaktflächen fugenfrei t_{SL} b b h Prinzipieller Aufbau von Brettsperrholz *www.brett-sperrholz.org*	**Brettsperrholz (BSP)** – Mindestens drei rechtwinklig miteinander verklebte Lagen aus Vollholz, in denen Vollholzlamellen einer Lage ohne oder mit einem seitlichen Abstand nicht größer als der Nennbreite der Vollholzlamellen angeordnet sind.	Prinzipieller Aufbau von Brettsperrholz, t_{SL}= 17…45 mm, $h \leq 500$ mm, max. Elementbreiten: 0,9…4,8 m, max. Elementlängen: 16…20 m (30 m)
Brett-schicht-holz und CLT	–	best wood CLT BOX – Decke *Bildquelle: www.schneider-holz.com*	- Hohlkastenelement für große Spannweiten, - best wood CLT mit drei aufgeleimten Lamellen Rippenhölzern, - Der kreuzweise Aufbau aus qualitativ hochwertigem Rohmaterial in Kombination mit einer hochwertigen Flanken- und Flächenverleimung gewährleistet ein hohes Maß an Dimensionsstabilität. - Hohe statische Tragfähigkeit bei geringem Gewicht, - heimische Fichte und skandinavische Fichte, - wahlweise in Sicht- oder Industriequalität	Dicke 26 … 48 cm, Breite 90 … 125 cm, Länge 2,3 m … 16 m

Tabelle 6.2. *(Fortsetzung)*

	Bauaufsichtliche Zulassung	Konstruktion		Spannweite
		Bild	Text	
Lignotrend	Z-9.1-555 bis 2023	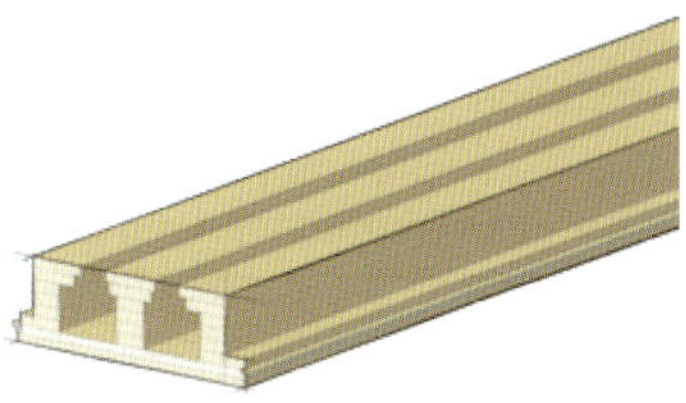 Knoten Decke – Außenwand Für Decke Q3 oder Q4, Außenwand LIGNO Uni Q3 110 *Bildquelle: www. lignotrend.com*	Aus parallel oder kreuzweise miteinander mittels eines Klebers auf Basis von Polyurethan verklebten Brettern oder Brettlagen hergestellt *Einzelelement* Einzelelementbreite: bis 1,25 m Elementdicke: 60–300 mm Länge: max. 3 m Auch als Holz-Beton-Verbundkonstruktion	Einzelelemente vorwiegend in 3 m Längen hergestellt, gemäß DIN EN 14080 bis zu einer Gesamtlänge von 18 m verbindbar
Lignatur	ETA-11/0137	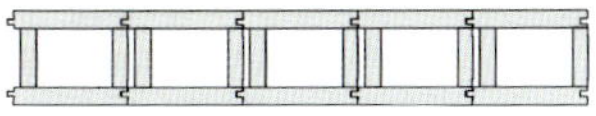 Kastenelement, LKE standard *h* = 160 mm 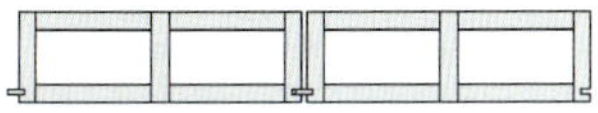 Flächenelement, LFE standard *h* = 160 mm *Bildquelle: www.lignatur.ch*	Industriell gefertigte, großflächige Decken- und Dachelemente aus Nadelholz Parallel verlaufende Beplankungen und in regelmäßigen Abständen angeordnete Rippen Einseitig oder beidseitig beplankte Typen, Konstruktionsmaße abhängig vom Element (Kastenelement, Flächenelement, Schalenelement)	Länge max. 18 m
Triasol	–	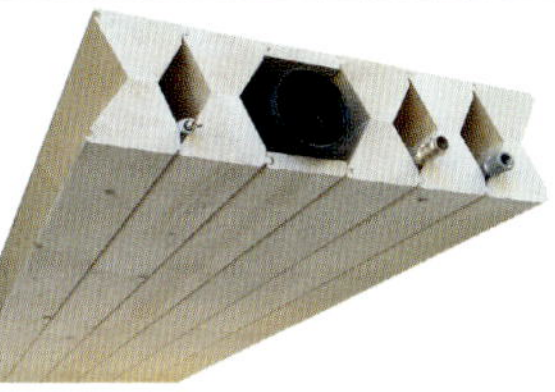 Bildquelle: *www.triasol.ch* 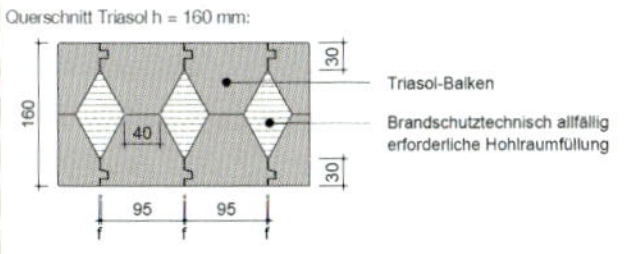 Querschnitt Triasol h = 160 mm: Triasol-Balken Brandschutztechnisch allfällig erforderliche Hohlraumfüllung 160 · 30 · 40 · 30 · 95 · 95 Bildquelle: *www.lignum.ch*	Einzelne Träger nebeneinander gelegt/ Massivhausdecke oder Balkenlage mit Zwischenbrettern, Fichten- und Tannenvollholz mit Nut- und Federverbindung zwischen den Trägern, auch als Sichtdecke verwendbar	Einzelelement (Balken): Breite: 95, 120, 145, 160, 200 mm Höhe: 160, 200, 240 mm
Kielstegplatten	Z-9.1-831 bis 2023	 Kielsteg *Bildquelle: www.kielsteg.com*	Sind zweischalige ebene Flächenelemente mit dünnwandigen in Elementlängsrichtung verlaufenden Stegen und Decklagen, bestehend aus flachkant parallel angeordneten Kanthölzern aus Nadelholz, die an beiden Schmalkanten vollflächig mit jeweils einer Stegplatte verklebt sind. Die Stege bestehen aus dünnen Holzwerkstoffplatten, aus Sperrholz oder OSB-Platten nach DIN EN 13986, die in der Querschnittsebene S-förmig gebogen sind. Die statisch wirksamen Querschnittshöhen von Kielstegelementen betragen bei Stegen aus Sperrholz maximal 380 mm. Bei Stegen aus OSB-Platten betragen die Querschnittshöhen maximal 800 mm	Bauteillängen min. 2 m und max. 35 m lt. Zulassung Mindestnennbreite von 0,42 m und max. Nennbreite von 1,2 m
Magnum-Board	Z-9.1.-591 bis 2019	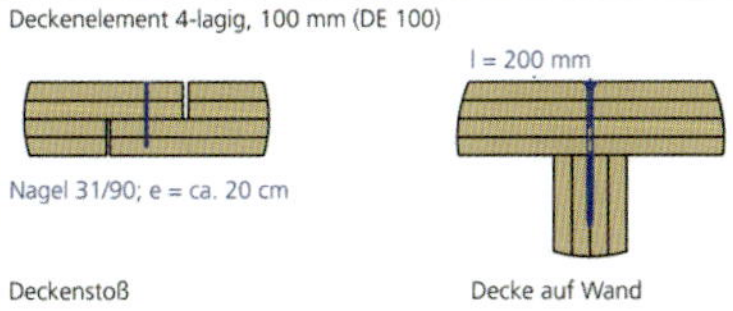 Deckenelement 4-lagig, 100 mm (DE 100) l = 200 mm Nagel 31/90; e = ca. 20 cm Deckenstoß · Decke auf Wand *Bildquelle: www.magnum-board.de*	Dicke: 75 mm bis 250 mm Mindestens 3 parallel zur Herstellrichtung miteinander verklebte OSB-Platten Breite: 2,8 m Länge: max. 20 m Wandbauteile Höhe: max. 6,5 m Dächer müssen eine Dachneigung größer als 5° haben.	Bis 20 m

6.8. Wärmeschutz

Bedeutung des Wärmeschutzes

Der Wärmeschutz hat bei Bauten, die zum dauernden Aufenthalt von Menschen dienen, Bedeutung für die

- Gesundheit der Bewohner,
- Heizenergiekosten,
- Baukosten.

Heizwärmebedarf und Heizenergiekosten werden in ihrer Höhe entscheidend von der Wärmedämmung der raumumschließenden Bauteile beeinflusst (dazu gehören u. a. auch die Decken, besonders die oberste Geschossdecke). Diese hängen ab u. a. von der Grundrissgestaltung, der Bauart, den Baustoffen, der Güte der Bauausführung. Besondere Bedeutung hat die Einsparung von Heizenergie durch bautechnische (und heizungstechnische) Maßnahmen.

Der Gesetzgeber schreibt für **Neubauten** einen bestimmten Wärmeschutzstandard vor. Für Altbauten wird im Zusammenhang mit baulichen Änderungen der bestehenden Substanz eine Verbesserung der Wärmedämmung gefordert.

- Energieeinsparverordnung – EnEV 2014,
- DIN 4108-2 bis -7, Wärmeschutz im Hochbau,
- DIN 4108 Beiblatt 2, Wärmebrücken.

Anforderungen zur Begrenzung der Heizwärmeverluste infolge Undichtheiten

Um Wärmeverluste, aber auch Tauwasserschäden bei Holzbalkendecken infolge Undichtheiten zu vermeiden, sind Fugen in der wärmeübertragenden Umfassungsfläche, z. B. bei Kehlbalkenlagen, zu vermeiden bzw. dauerhaft und entsprechend dem Stand der Technik luftundurchlässig abzudichten (Bild 6.10.).

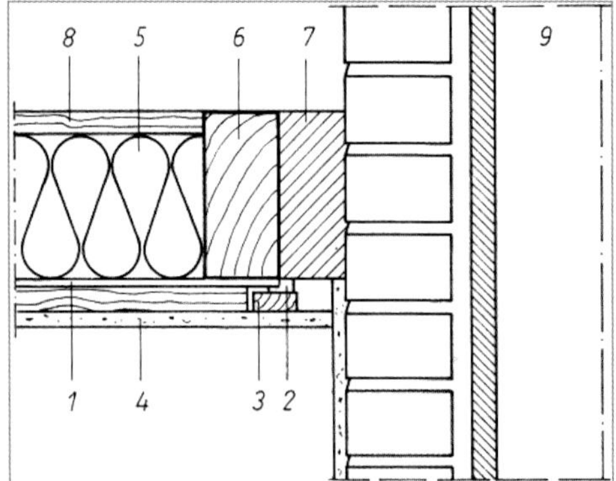

Legende
1 Dampfbremse (Folie)
2 Dichtband
3 Anpresslatte
4 raumseitige Deckenbekleidung (z. B. Gipskarton-Bauplatten)
5 Wärmedämmung
6 Schornsteinwechsel
7 Beton
8 Kehlbalken
9 Schornstein

Bild 6.10. Winddichter Anschluss am Schornstein in der Kehlbalkenlage

Nachträgliche Verbesserung der Wärmedämmung von Holzbalkendecken im Altbau

Vor Beginn der Planung ist es notwendig, sich einen Überblick über den baulichen Zustand der einzelnen Bauteile zu verschaffen, insbesondere zu untersuchen:

- Welchen *U*-Wert $W/(m^2 \cdot K)$ haben die Decken?
- Welche Wärmedämmung, z. B. Auffüllung, ist bereits vorhanden (Material, Dicke)?

In Bild 6.11. sind drei vorhandene Holzbalkendecken bezüglich der Wärmedämmung untersucht worden. Der mittlere Wärmedurchgangskoeffizient *U* (in $W/(m^2 \cdot K)$) genügt in keinem Fall den heutigen Anforderungen (Angaben zu weiteren Decken s. [*Rug* u. a. 2004]).

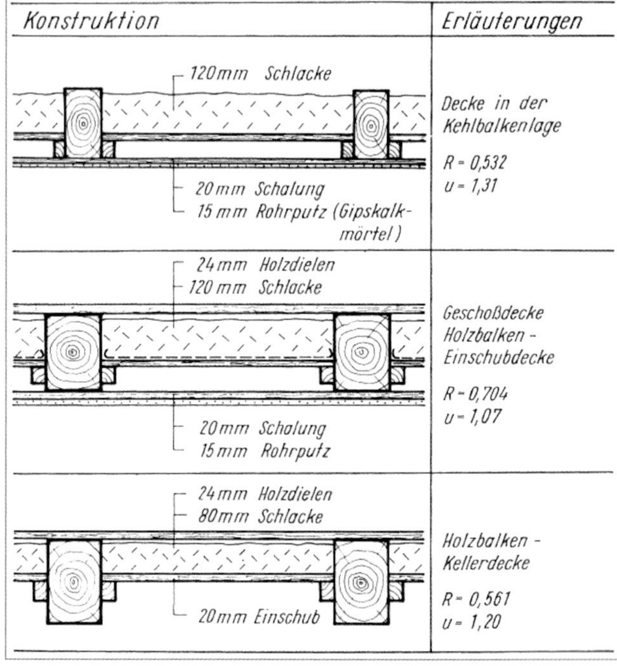

Bild 6.11. Mittlerer durchschnittlicher Wärmedurchgangswiderstand *R* in m^2 K/W und Wärmedurchgangskoeffizient *U* in W/m^2 K von alten Holzbalkendecken

Variante: a Nachträgliche Wärmedämmung der obersten Geschossdecke

Bei unbeheizten Dachräumen kann auf eine Wärmedämmung der Dachschrägen verzichtet werden; aber der Boden des Dachraumes ist zu dämmen.

In § 10 (3) der EnEV 2014 ist festgelegt, dass Eigentümer von Gebäuden mit normalen Innentemperaturen nicht begehbare aber zugängliche oberste Geschossdecken beheizter Räume bis zum 31. Dezember 2015 so zu dämmen haben, dass der Wärmedurchgangskoeffizient der Geschossdecke 0,24 $W/(m^2 \cdot K)$ nicht überschreitet. Diese Forderung entfällt, wenn das über der Decke liegende Dachgeschoss gedämmt wird.

Bei nicht genutzten Dachräumen muss der Dachboden nur für Besichtigungszwecke, aber nicht allgemein begehbar sein. In diesem Fall können Dämmstoffbahnen oder Dämmstoffplatten auf evtl. vorhandenen Fußboden gelegt und soweit erforderlich Laufstege gebaut werden (Bild 6.12.a). Die vorhandene Dämmung wird durch zusätzliche bauliche Maßnahmen verbessert.

Die Bilder 6.13.a und b zeigen die Anwendung des Prinzips nach der Variante a (Bild 6.12.a) bei einer Kehlbalkenlage. Nach Bild 6.13.c wird eine neue Decke aufgebaut.

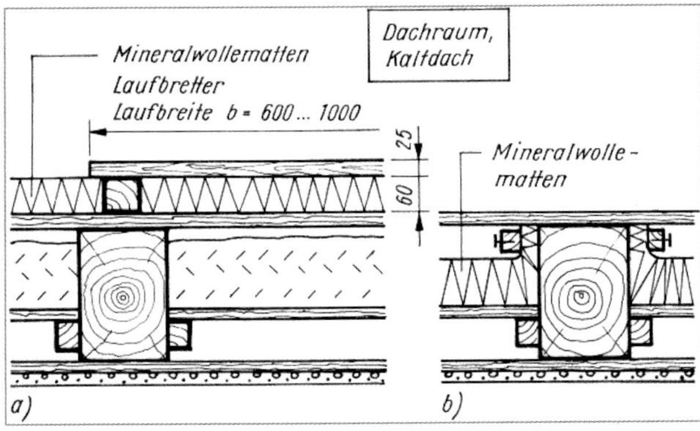

Legende
a) Mineralwollematten auf vorhandenen Fußboden (mit Laufbrettern)
b) Schüttung gegen Mineralwolle ausgetauscht

Bild 6.12. Nachträgliche Verbesserung der Wärmedämmung einer Dachgeschossdecke

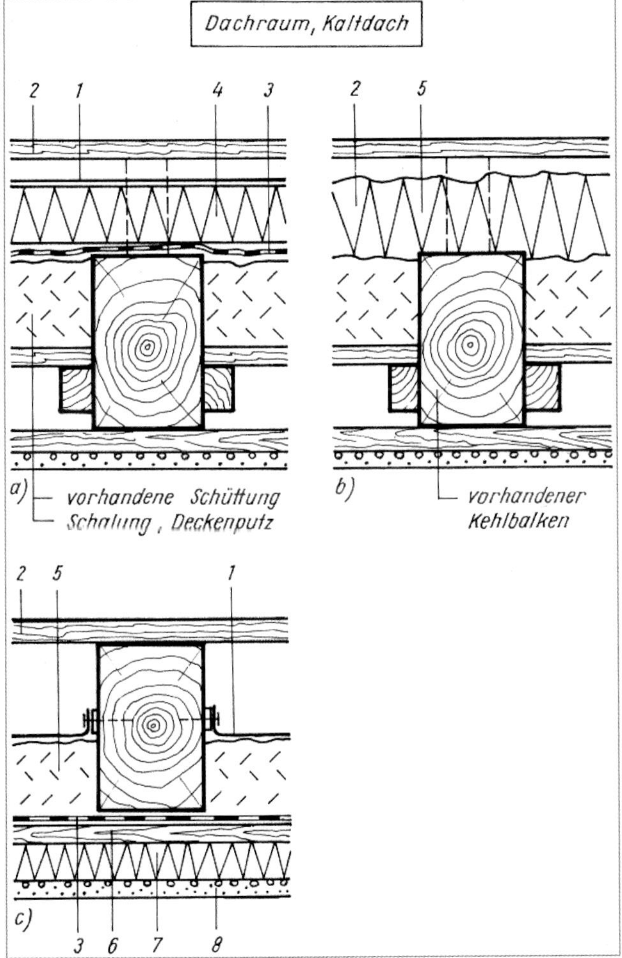

Legende
a), b) Kehlbalken, Zwischendecke, Deckenschalung und Deckenputz vorhanden
c) nur Kehlbalken vorhanden
1 Windschutz
2 Laufbohlen (auf Stützkonstruktion)
3 Dampfsperre
4 Mineralwolle-Leichtbauplatten
5 Piatherm (auch lose)
6 Sparschalung
7 25 bis 35 mm Holzwolle-Leichtbauplatten
8 Deckenputz

Bild 6.13. Nachträgliche wärmetechnische Verbesserung der Kehlbalkenlage bei ausgebautem Dachraum

Variante: b
Nachträgliche Wärmedämmung bei Einschubdecken mit Auffüllung

Die Variante b hierzu zeigt Bild 6.12.b: Die vorhandene unzureichende Wärmedämmung wird ausgebaut und durch eine neue ersetzt.
Bei vorhandenen Einschubdecken mit Auffüllungen in der Zwischendecke (Lehm, Schlacke, gedarrter Sand) lässt sich die zusätzliche Dämmung als „Schüttdämmung" aufbringen, sofern sich zwischen Füllung und Fußboden noch ein freier Raum von mindestens 120...140 mm befindet. Dazu genügt es oft, zwei oder drei Dielen aufzunehmen. Sie werden nach dem Einfüllen des Dämmstoffs wieder eingepasst und abgenagelt. Die Wärmedämmung kann auch zwischen den Holzbalken eingeblasen werden; dies wird von spezialisierten Firmen ausgeführt (Bild 6.14.c).

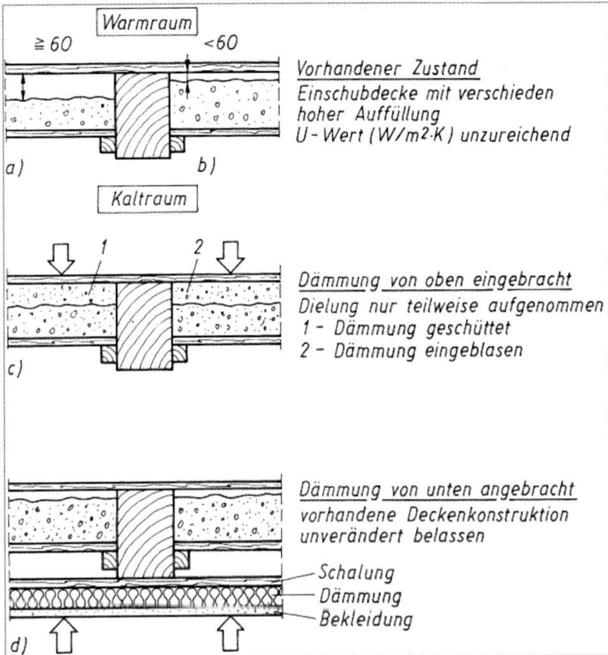

Bild 6.14. Nachträgliche Wärmedämmung von alten Holzbalkendecken

Berechnung des U_m-Wertes (Wärmedurchgangskoeffizient) W/($m^2 \cdot$K) anhand des Beispiels Bild 6.15.

Beispiel: Decke zum Dachgeschoss (kalt)

$R_{si} = 0{,}10$ W/($m^2 \cdot$K) und $R_{se} = 0{,}08$ ($m^2 \cdot$K)/W

Gegeben: Wärmeleitfähigkeit λ für:

Holz: $\lambda_3 = 0{,}130$ W/(mK)

Dämmung: $\lambda_2 = 0{,}040$ W/(mK)

Gipskartonplatte: $\lambda_1 = 0{,}250$ W/(mK)

Nr.	Dicke [mm]	Material	Balken $R_a = d_i / l_i$	Gefach $R_b = d_i / l_i$
	20	Dielung	0,154	0,154
2	200	Holzbalken/Dämmung (040)	1,538	5,000
3	12,5	Gipskartonplatte	0,050	0,050
		$R_{si} + R_{se} = 0{,}10 + 0{,}08 =$	0,18	0,18
			1,922	5,384

Oberer Grenzwert:

$$\frac{1}{R'_T} = \frac{f_{\text{Balken}}}{R_a} + \frac{f_{\text{Gefach}}}{R_b} = \frac{0{,}125}{1{,}922} + \frac{0{,}875}{5{,}384} = 0{,}227 \text{ W/(m}^2 \cdot \text{K)}$$

$$\Rightarrow R'_T = 4{,}405 \text{ m}^2 \cdot \text{K/W}$$

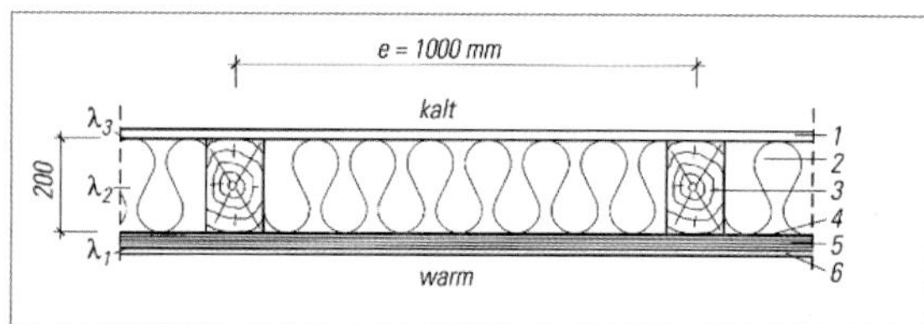

Legende
1 20 mm Dielung
2 Dämmung
3 Holzbalken 125/200
4 PE-Folie
5 Unterkonstruktion
6 12,5 mm GK-Platten

Bild 6.15. Decke zum Dachgeschoss (kalt)

Unterer Grenzwert:

$$R''_T = R_{si} + R_{s1} + R_{s2} + R_{s3} + R_{se}$$

$$R''_T = 0{,}1 + \frac{0{,}0125}{0{,}25} + \frac{0{,}20}{0{,}051} + \frac{0{,}02}{0{,}13} + 0{,}08 = 4{,}305\ \text{m}^2 \cdot \text{K/W}$$

$$\lambda_1 = 0{,}25\ \text{W/(m} \cdot \text{K)}$$

$$\lambda_2 = 0{,}125 \cdot 0{,}13 + 0{,}875 \cdot 0{,}04 = 0{,}051\ \text{W/(m} \cdot \text{K)}$$

$$\lambda_3 = 0{,}13\ \text{W/(m} \cdot \text{K)}$$

$$R_T = (R'_T + R''_T)/2 = (4{,}405 + 4{,}305)/2 = 4{,}36\ \text{m}^2 \cdot \text{K/W}$$

$$U_m = \frac{1}{R_T} = 0{,}230\ \text{W/(m}^2 \cdot \text{K)}$$

Zusammenfassende Grundsätze zur Wärmedämmung

- Bei Instandsetzungen ist zu überprüfen, ob die erforderlichen Sanierungsarbeiten gleichzeitig mit einer Verbesserung des Wärmedämmverhaltens kombinierbar sind. Bei baulichen Änderungen bestehender Gebäude sind die Forderungen der EnEV 2014, § 9 zu beachten.
- Wahl des Dämmmaterials hängt u. U. ab von den Anforderungen des baulichen Zustands der Deckenbalken, der Tragfähigkeit, der Deckenbalken, der Reparaturmethode.
- Statt einer dicken Lage Dämmmatten besser zwei verlegen (z. B. statt 80 mm 2 × 40 mm).
- Bei schüttbarer Dämmung Rieselschutz (auf Einschub) verlegen.
- Nur trockene Dämmmaterialien einbauen.
- Wenn schwere Schüttungen der Zwischendecke aus- und leicht eingebaut werden, verschlechtert sich in der Regel der Schallschutz; es sind Gegenmaßnahmen zu treffen.
- Dämmmatten sollten seitlich an den Balken hochgezogen werden (auch aus Gründen des bautechnischen Brandschutzes).
- Wenn Dielen und Blindboden nicht entfernt werden können oder sollen, lassen sich bei vorhandenen Hohlräumen in den Balkengefachen Dämmstoffe durch relativ kleine Bohrlöcher einblasen.

6.9. Schallschutz

Der Schallschutz in Bauwerken hat eine große Bedeutung für die Gesundheit und das Wohlbefinden des Menschen. Das zeigt sich auch daran, dass Mängel in der schallschutztechnischen Qualität von Holzbalkendecken in Alt- und Neubauten sehr häufig zu Rechtsstreitigkeiten führen.

Zum Schallschutz bei Holzbalkendecken, s. [*Blödt* u. a. 2019], [*Post/Schmidt* 2019], [*Holtz* u. a. 1999], [*Schulze* 1998].

Anforderungen an den Schallschutz

Alle Decken zwischen Aufenthaltsräumen und Kellerdecken, Durchfahrten und Treppen, alle Wohnraumdecken und auch Decken zwischen fremden Arbeitsräumen müssen in Bezug auf den Schallschutz den bauaufsichtlichen Bestimmungen entsprechen.
Laut MVV TB, Abschnitt A5 wird mit Bezug auf die MBO, § 3 und § 15, Absatz 2 gefordert: Bauliche Anlagen sind so zu errichten, zu ändern und instand zu halten, dass sie einen ihrer Nutzung entsprechenden Schallschutz haben.
Dies gilt auch für Wohnungsabschlussdecken unter nicht ausgebauten betretbaren Dachböden.
Maßgebend ist DIN 4109, Schallschutz im Hochbau:

- Teil 1:2018: Mindestanforderungen,
- Teil 2:2018: Rechnerische Nachweise der Erfüllung der Anforderungen,
- Teil 4:2016: Bauakustische Prüfungen,
- Teil 5:2019: Entwurf: Erhöhte Anforderungen
- Teil 33:2016: Daten für die rechnerischen Nachweise des Schallschutzes (Bauteilkatalog) – Holz-, Leicht- und Trockenbau.

DIN 4109-1 gilt zum Schutz des Menschen in Aufenthaltsräumen vor unzumutbaren Belästigungen durch Schallübertragungen aus fremden Wohn- oder Arbeitsräumen, aus haustechnischen Anlagen und Betrieben sowie Außenlärm.
Kennzeichnende Größen für die Anforderungen an die Luft- und Trittschalldämmung von Bauteilen:

R'_w bewertetes Schalldämm-Maß in dB mit Schallübertragung über flankierende Bauteile,
R_w bewertetes Schalldämm-Maß in dB ohne Schallübertragung über flankierende Bauteile,
$L'_{n,w}$ bewerteter Norm-Trittschallpegel in dB (TSM: Trittschallschutzmaß in dB).

Die kennzeichnenden Größen für die Anforderungen sind in DIN 4109, Tabelle 1 festgelegt.

Die in DIN 4109-1 festgelegten Anforderungen stellen bauaufsichtlich geregelte Mindestanforderungen zur Abwehr gesundheitlich schädigender Lärmbelästigungen dar. Die Einhaltung dieser Anforderungen verhindert nicht, dass Nutzer sich durch die verbleibende Lärmbelästigung gestört fühlen und dagegen gerichtlich klagen. Deshalb ist es wichtig, den Bauherrn vor Beginn des Bauvorhabens über den möglichen Schallschutzstandard aufzuklären und mit ihm den gewünschten Schallschutzstandard zu vereinbaren. Diese Vereinbarung sollte schriftlich erfolgen.
Nach neueren Untersuchungen zum Schallschutz im Hochbau [*Blödt* u. a. 2019] gibt es drei mögliche Schallschutzniveaus, zusammengestellt in Tabelle 6.3. Hinsichtlich einer möglichen Lärmbelästigung zeigt die Tabelle 6.4. die Leistungsfähigkeit des jeweiligen Schallschutzniveaus. Es wird deutlich, dass erst mit der Klasse **„Komfort“** schallstörende Ereignisse fast vollständig vermieden werden. Aus der Tabelle 6.4. wird aber auch deutlich, dass mit dem Niveau „Basis“, welches den Mindestanforderungen der DIN 4109-1 entspricht, kein vollständiger und störungsfreier Schallschutz erreicht wird.

Tabelle 6.3. Normative Anforderung und Empfehlung für wichtige Zielwerte aus [*Blödt* u. a. 2019]

		Schallschutzniveau		
	1	2	3	4
	Bauteil / Übertragungsweg:	**BASIS ≙ DIN 4109-1:2018**	**BASIS +**	**KOMFORT**
1	Wohnungstrennwand	$R'_w \geq$ 53 dB	$R'_w \geq$ 56 dB	$R'_w \geq$ 59 dB
2	Reihenhaustrennwand	$R'_w \geq$ 62 dB	$R'_w \geq$ 62 dB $R_w + C_{50\text{-}5000} \geq$ 62 dB [1) 5)]	$R'_w \geq$ 67 dB $R_w + C_{50\text{-}5000} \geq$ 65 dB [1) 5)]
3	Wohnungstrenndecke	$R'_w \geq$ 54 dB	$R'_w \geq$ 57 dB	$R'_w \geq$ 60 dB
4	Wohnungstrenndecke Trittschallpegel	$L'_{n,w} \leq$ 53 dB [3)]	$L'_{n,w} \leq$ 50 dB $L_{n,w} + C_{I,50\text{-}2500} \leq$ 50 dB [2)]	$L'_{n,w} \leq$ 46 dB $L_{n,w} + C_{I,50\text{-}2500} \leq$ 47 dB [2)]
5	Dachterrassen und Loggien mit darunterliegenden Wohnräumen	$L'_{n,w} \leq$ 50 dB	$L'_{n,w} \leq$ 50 dB	$L'_{n,w} \leq$ 46 dB
6	Decken unter Laubengängen (in alle Schallausbreitungs-richtungen)	$L'_{n,w} \leq$ 53 dB	$L'_{n,w} \leq$ 50 dB	$L'_{n,w} \leq$ 46 dB
7	Treppenlauf und Treppenpodest	$L'_{n,w} \leq$ 53 dB	$L'_{n,w} \leq$ 50 dB	$L'_{n,w} \leq$ 46 dB
8	Außenlärm nach Lärmpegelbereich und Anforderungen der DIN 4109			Anforderungen nach DIN 4109 inkl. Berücksichtigung $C_{tr,50\text{-}5000}$ für das opake Bauteil [4)]
9	Weitere Bauteile	nach DIN 4109-1:2018	nach DIN 4109-1:2018	nach DIN 4109-5:2020 [6)]

1) ergänzender Luftschallanforderungswert nur ans Bauteil ohne Flanken
2) ergänzender Trittschallanforderungswert nur ans Bauteil ohne Flanken
3) Sonderregelung für Deckenkonstruktionen, die der DIN 4109-33:2016 zuzuordnen sind, ansonsten $L'_{n,w} \leq$ 50 dB
4) Für Fensterflächenanteile über 30 % gesonderte Betrachtung, reine Bauteilanforderung
5) Anforderung an die Doppelschalenwand, beide Wände
6) nach jeweils gültiger Fassung oder E-DIN 4109-5:2020

Tabelle 6.4. Leistungsfähigkeit des jeweiligen Schallschutzniveaus

		Laute Sprache	**Sprache in angehobener Sprechweise**	**Sprache in normaler Sprechweise**	**Gehgeräusche**
Schall-schutz-niveaus	**Basis**	verstehbar	im Allgemeinen verstehbar	im Allgemeinen nicht verstehbar, noch hörbar	im Allgemeinen störend
	Basis+	im Allgemeinen verstehbar	im Allgemeinen nicht verstehbar	nicht verstehbar	nicht mehr störend[1)]
	Komfort	im Allgemeinen nicht verstehbar	nicht verstehbar	nicht hörbar	nicht störend bzw. kaum wahrnehmbar[2)]

1) Dies wird durch Berücksichtigung des $C_{I,50\text{-}2500}$ erreicht.
2) Dies wird durch Berücksichtigung des $C_{I,50\text{-}2500}$ erreicht. Es ist davon auszugehen, dass der A-bewertete Pegel unter 33 dB(A) liegt und damit nur noch selten wahrgenommen wird.

Begriffe

Es werden zwei Formen der Schallübertragung bzw. Schallanregung unterschieden:

- die Luftschall-Übertragung,
- die Trittschall-Übertragung.

Bei der Luftschall-Übertragung (Sprache, Radio- und Fernsehgeräusche, Gesang usw.) wird die Decke auf ihrer ganzen Fläche im lauten Raum zu Schwingungen angeregt. Bei der Trittschall-Übertragung wird die Decke beim Begehen zu Schwingungen angeregt, die von der Deckenunterseite abgestrahlt werden.

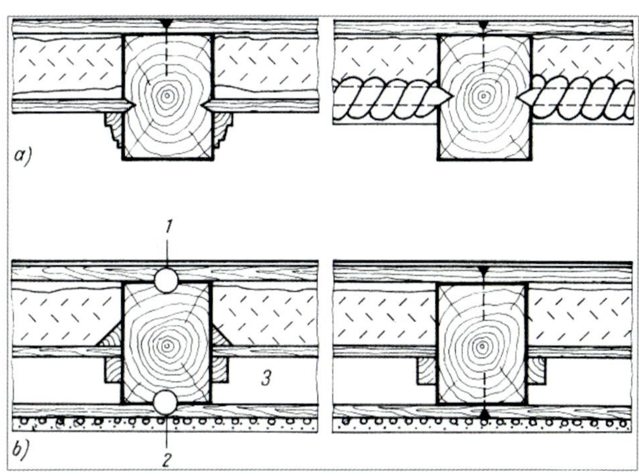

Legende
a) Staken im Balken eingenutet, halbe Windelbodendecke
b) typische Einschubdecke
Pkt. 1 bis 3 bei b) – Schwachstellen üblicher historischer Einschubdecken

Bild 6.16. **Historische** Holzbalkendecken mit unzureichendem Schallschutz (s. auch [*Lißner/Rug* 2018])

Schwachstellen üblicher historischer **Einschubdecken** (Bild 6.16.b) sind:

- die feste Verbindung der Decken-Oberschale (Fußboden, Gehbelag) mit den Tragbalken (Pkt. 1),
- die feste Verbindung der Unterdecke (Verkleidung) mit den Tragbalken (Pkt. 2),
- der ungedämpfte Hohlraum zwischen Einschub (Fehlboden) und Decken-Unterschale (Unterdecke) (Pkt. 3),
- der große Fugenanteil in der Ober- und Unterschale.

Ein- und mehrschalige Holzbalkendecken

Im Sinne des Schallschutzes wird zwischen ein- und mehrschaligen Holzbalkendecken unterschieden (Bild 6.17.).

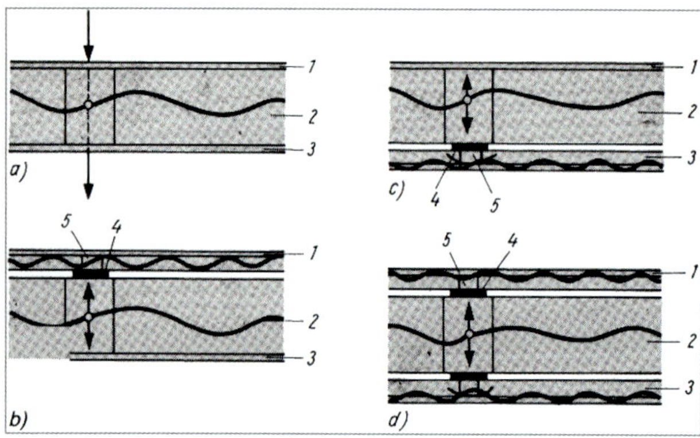

Legende
a) einschalige
b), c) zweischalige
d) dreischalige
1 Fußboden
2 Dämmung (Trennung gegen Schall)
3 Verkleidung
4 Dämmstreifen
5 Latte

Bild 6.17. Ein- und mehrschalige Holzbalkendecken (im Sinne des Schallschutzes), schematische Darstellung

Holzbalkendecken, bei denen der Fußboden und die untere Verkleidung durch Nagelung fest mit den Balken verbunden sind, wirken einschalig (Bild 6.17.a). Die Schallübertragung, insbesondere die des Trittschalls, erfolgt über die Balken (Schallbrücke).

Um die Schalldämmung zu verbessern, muss der Übertragungsweg der Schwingungen unterbrochen werden.

Zweischalig im Sinne des Schallschutzes ist die Decke nach Bild 6.17.b. Der Fußboden mit den Lagerhölzern schwimmt auf einer Trennschicht; er darf weder mit den Balken noch Wänden verbunden werden.

Allgemeines zum Schallschutz von Holzbalkendecken

Der Schallschutz von Holzbalkendecken ist geringer als der von Massivdecken (mit schwimmenden Estrichen). Meist wird dies mit dem geringeren Gewicht begründet. Dies stimmt jedoch nicht ganz. Massivdecken haben ein durchschnittliches Eigengewicht von 400 kg/m^2, Holzbalkendecken von 180 bis 250 kg/m^2. Bei einschaligen Decken ist die flächenbezogene Masse nach dem *Bergerschen* Gesetz das entscheidende Kriterium für die Schalldämmung. Nun sind jedoch Holzbalkendecken keine einschaligen Decken, sondern im Allgemeinen mehrschalig.
Wenn sie geeignet aufgebaut sind, werden ausreichende Werte erreicht (s. [*Holtz* u. a. 1999]).
Eine wesentliche Verbesserung des Schallschutzes von Holzbalkendecken ist möglich durch

- Vermeidung von Schallbrücken,
- Dämpfung der Hohlräume.

Schallbrücken entstehen dort, wo zwei Schichten fest miteinander verbunden sind.

Versuche in den 80er-Jahren des 20. Jahrhunderts (s. [*Gösele* 1979] und [*Gösele* 1984]) haben zu verschiedenen Konstruktionen von gut schalldämmenden Holzbalkendecken geführt. Es ist auch ein Verfahren zur Vorherberechnung des Luft- und Trittschallschutzes entwickelt worden, das insbesondere bei der Verbesserung vorhandener Decken hilfreich ist (s. a. [*Gösele* 1993 und 1989], [*Schulze* 1992], [*Holtz* u. a. 1999]).

Im Zusammenhang mit der Novellierung der Schallschutznorm DIN 4109 wurden in den letzten Jahren zahlreiche neue Untersuchungen zum Schallschutz von Holzbauteilen durchgeführt, deren Ergebnisse in die Neufassung der DIN 4109 eingeflossen sind. Zu den Ergebnissen siehe [*Blödt* u. a. 2019], [*Weber/Kaltbeitzel* 2017], [*Rabold* u. a. 2012], [*Rabold* u. a. 2009], [*Holtz* u. a. 1999].

Es ist möglich, Holzbalkendecken zu bauen, die bei relativ geringem Gewicht ausreichende Schallschutzwerte ergeben.

Jede Holzbalkendecke braucht sowohl einen bestimmten Luftschallschutz als auch einen entsprechenden Trittschallschutz. Beide Werte korrelieren miteinander, sodass man aus dem bekannten Wert des Trittschallschutzmaßes (TSM) einer Holzbalkendecke vorhersagen kann, wie groß etwa das bewertete Schalldämmmaß der Decke ist (s. Bild 6.18.). Daraus leitet sich die Regel ab:

Bei einem ausreichenden Trittschallschutz ist auch ein ausreichender Luftschallschutz vorhanden.

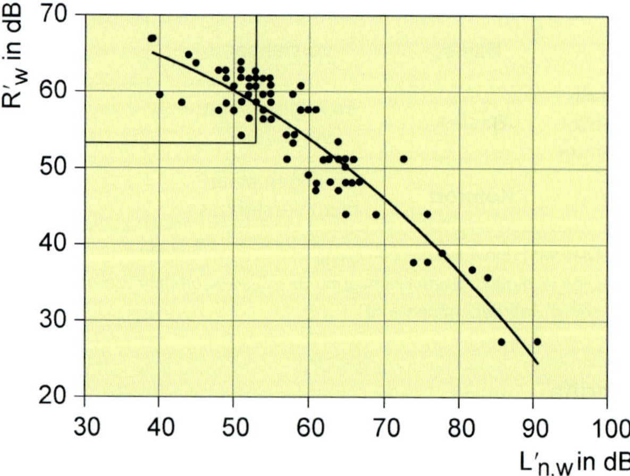

Bild 6.18. Zusammenhang zwischen Norm-Trittschallpegel $L'_{n,w}$ und Schalldämm-Maß R'_w von verschiedenen Holzdecken in Holzbauten; Messwerte von ausgeführten Bauten (Decken mit erkennbaren schalltechnischen Fehlern sind nicht enthalten) [*Schulze* 1998]

Deshalb wird nachfolgend zunächst über den Trittschallschutz gesprochen.

Zweckmäßiger Aufbau der Teilelemente von Holzbalkendecken

Eine wohnfertige Decke setzt sich (Bild 6.19.) aus folgenden Teilen zusammen:

- *eigentliche Decke,*
  bestehend aus Balken, oberseitiger und evtl. vorhandener unterseitiger Verkleidung sowie Zwischendecke, im Folgenden als *„Rohdecke"* bezeichnet,

- *Fußbodenaufbau*,
  darunter sollen alle Elemente verstanden werden, die auf die Rohdecke aufgebracht werden, z. B. schwimmende Platten,
- *Gehbelag*.

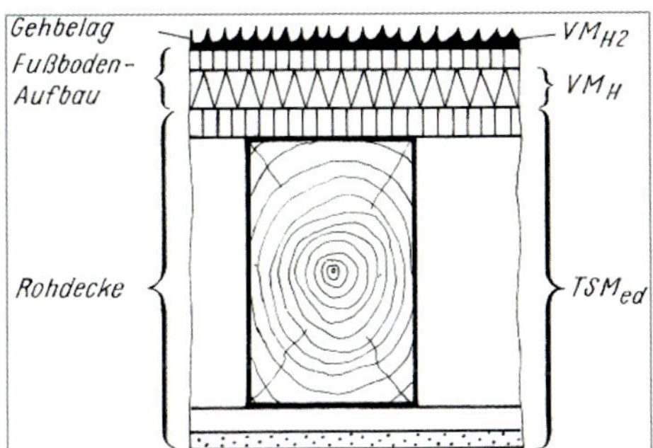

Bild 6.19. Unterteilung einer Holzbalkendecke in drei Bereiche zur einfachen Berechnung des Trittschallschutzmaßes TSM (nach [*Gösele* 1984])

Rohdecke

Bei vorhandenen alten Decken, die modernisiert werden, ist der Begriff der „Rohdecke" zu modifizieren. Aber das Prinzip kann beibehalten werden.
Wenn wir auf eine Balkenlage einen Dielenbelag verlegen, ist, wie wir aus Erfahrung wissen, der Trittschallschutz ganz gering. Erst wenn wir sie unterseitig verkleiden und evtl. noch eine Zwischendecke einbauen, verbessert er sich.
Ob diese Verbesserung eintritt und wie groß sie ist, hängt von folgenden Einflüssen ab:

- von der Art der Verbindung zwischen unterseitiger Verkleidung und Balken,
- von der Art der Hohlraumdämpfung und
- von der Art der oberseitigen Aufbauten/Fußböden mit starrer oder federnder Unterlage.

Einfluss der Befestigung der Verkleidung

Wird die Verkleidung starr mit den Balken verbunden, erfolgt die Schallübertragung von der Deckenoberseite zur Unterseite über die Balken auf dem Weg S (Bild 6.20.a).

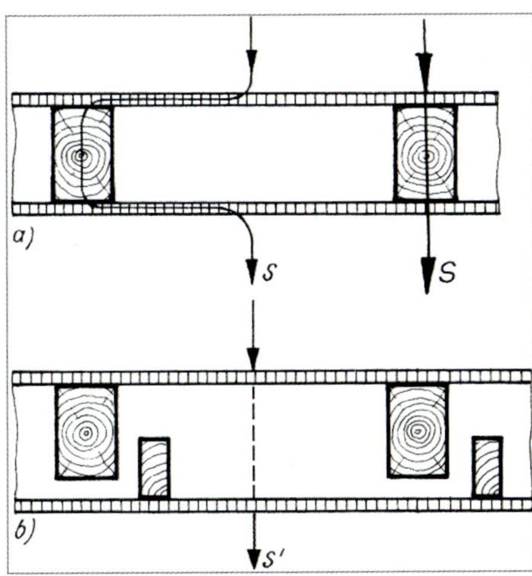

Legende
a) unterseitige Verkleidung fest mit Balken verbunden, starke Übertragung über die Balken (Weg S)
b) bei gelöster Verbindung erfolgt nur noch (kleine) Übertragung auf dem Weg S'

Bild 6.20. Trittschallwege (nach [*Gösele* 1984])

Ob und wie der Hohlraum ausgefüllt ist, ist dann gleichgültig.

Wird diese Verbindung gelöst, dann wird der Trittschall über den Deckenhohlraum (Weg *S'*) übertragen (Bild 6.20.b). Nach [*Gösele* 1984] ist er um 15 bis 25 dB geringer als über den Balken, je nachdem wie Verkleidung und Hohlraum ausgebildet sind.

Um einen guten Schallschutz zu erreichen, ist die Verbindung zwischen Balken und Verkleidung zu trennen.

Die Ausführung nach Bild 6.20.b ist die aufwendigste Lösung, es gibt einfachere und ebenso wirksame Varianten:

Ausführungsbeispiele, bei denen die Verkleidung (Unterschale) genügend weich federnd über Schwingungsdämpfer (Federbügel oder Federschienen) am Balken befestigt ist, sind in den Bildern 6.21. und 6.22. dargestellt.

Damit sind Verbesserungen im Vergleich zur starren Befestigung der Unterdecke von 10 dB möglich.

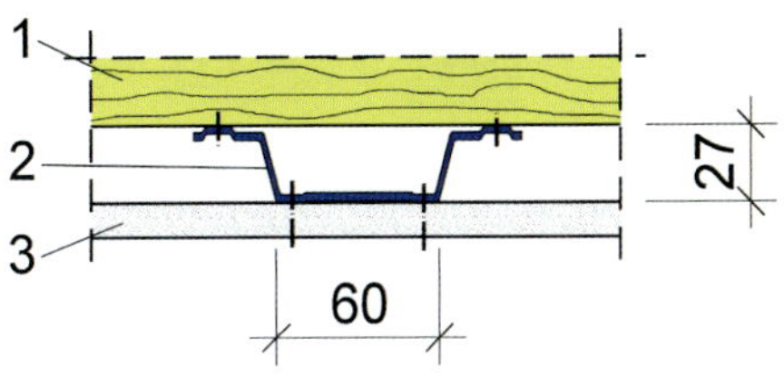

Legende
1 Holzbalken
2 Federschiene
3 Bekleidung

Bild 6.21. Federschiene auf Holzbalken (Bild 1 in DIN 4109-33:2016)

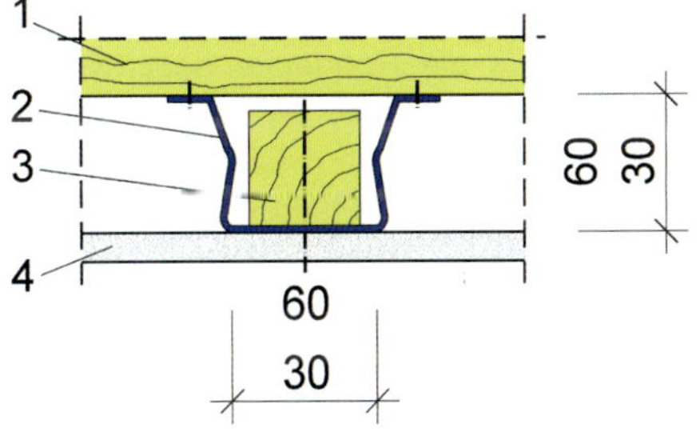

Legende
1 Holzbalken
2 Federbügel
3 Traglattung
4 Bekleidung

Bild 6.22. Federbügel mit Traglattung auf Holzbalken (Bild 2 in DIN 4109-33:2016)

In Bild 6.23. ist dargestellt, wie groß das Trittschallschutzmaß mit verschiedenen Befestigungsarten der Deckenverkleidung ist.

Dämpfung des Hohlraumes

Die Schalldämmung wird erhöht, wenn der Hohlraum der Decke mit einem offenporösem Material, z. B. Mineralwolle, gefüllt wird.

Der Unterschied in der Schalldämmung zwischen leerem und gefülltem Hohlraum beträgt etwa 7...10 dB; dabei spielt die Rohdichte des Füllmaterials kaum eine Rolle. Der größte Effekt in der Schalldämmung wird bei einer Gefachdämmung zusammen mit einer federnd abgehängten Unterdecke erreicht.

Für vorhandene Holzbalkendecken der Altbausubstanz sind dieses Erkenntnisse sinngemäß anzuwenden.

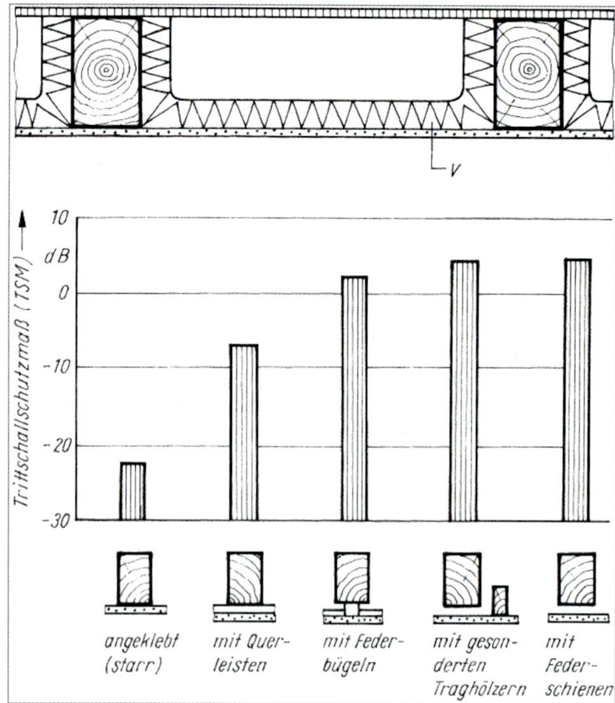

Legende

Gipskartonplatte 12,5 mm oder Holzspanplatte 16 mm

Bild 6.23. Trittschallschutzmaß (TSM) von Holzbalkendecken (ohne Fußbodenaufbau), abhängig von der Art der Befestigung der Deckenverkleidung (*V*) an den Holzbalken (nach [*Gösele* 1984])

Einfluss einer Rohdeckenbeschwerung

Eine wirksame Maßnahme zur Verbesserung des Luft- und des Trittschalles können Deckenbeschwerungen sein.

Aus akustischer Sicht sollte die Rohdeckenbeschwerung eine große flächenbezogene Masse, aber eine geringe Biegesteifigkeit besitzen.

Das kann durch entsprechende Estrichaufbauten oder Plattenmaterialien bewerkstelligt werden. Bei den Plattenbeschwerungen mit Betonplatten 30 x 30 cm hat sich eine Lagerung im Sandbett bewährt. Bei den Estrichaufbauten unterscheidet man Trocken- und Nassestrich. Bild 6.24. zeigt die Verbesserungsmöglichkeiten beim Trittschall bei verschiedenen Deckenaufbauten.

Trittschalldämmung von Fußbodenaufbauten

Die Trittschalldämmung von Fußböden wird durch das Trittschall-Verbesserungsmaß VM_H gekennzeichnet. Es gibt an, um wie viel das Trittschallschutzmaß einer Holzbalkendecke verbessert wird, wenn dieser Fußboden verlegt wird.

Bild 6.25. zeigt Fußbodenaufbauten mit schwimmendem Estrich; eine Möglichkeit, um den Trittschallschutz zu verbessern (nach [*Gösele* 1984] weitere Beispiele in [*Blödt* u. a. 2019], [*Holtz* u. a. 1999]).

Wird die Dielung in der bisher üblichen Art direkt auf die Balken genagelt, so ist die Trittschalldämmung unzureichend. Allgemein dämmen Holzbalkendecken den Trittschall besser als massive Decken, weil der abgestrahlte Schall bei den tiefen Frequenzen liegt und daher nicht so störend empfunden wird.

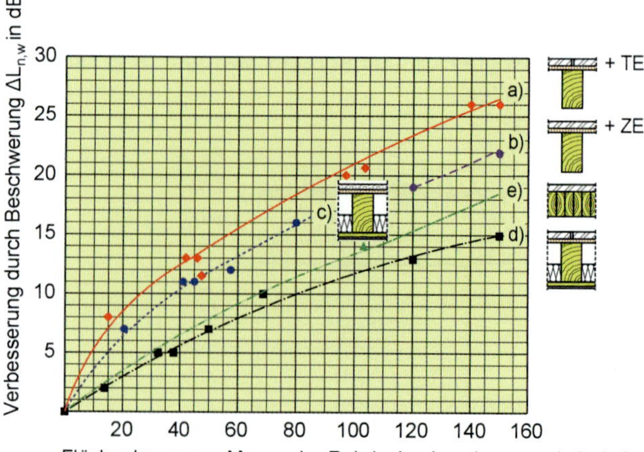

Flächenbezogene Masse der Rohdeckenbeschwerung in kg/m²
(alle Messungen auf Decken mit Mineralwollfaserdämmplatten)

Legende

a) Plattenbeschwerung bei offenen Holzbalkendecken mit Trockenestrich (TE)
b) Plattenbeschwerung bei offenen Holzbalkendecken mit Zementestrich (ZE)
c) Schüttungen auf Holzbalkendecken mit Unterdecke
d) Plattenbeschwerung auf Holzbalkendecken mit Unterdecke
e) Schüttungen auf Massivholzdecken

Bild 6.24. Verbesserung der Trittschalldämmung ($\Delta L_{n,w}$) durch Beschwerung der Rohdecke (entnommen [*Holtz* u. a. 1999])

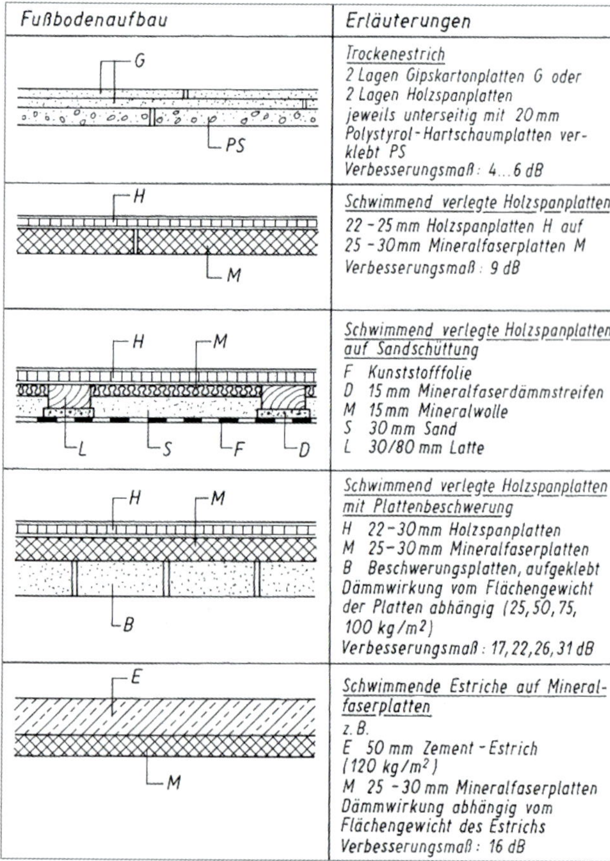

Fußbodenaufbau	Erläuterungen
G, PS	Trockenestrich 2 Lagen Gipskartonplatten G oder 2 Lagen Holzspanplatten jeweils unterseitig mit 20 mm Polystyrol-Hartschaumplatten verklebt PS Verbesserungsmaß: 4...6 dB
H, M	Schwimmend verlegte Holzspanplatten 22 - 25 mm Holzspanplatten H auf 25 - 30 mm Mineralfaserplatten M Verbesserungsmaß: 9 dB
H, M, L, S, F, D	Schwimmend verlegte Holzspanplatten auf Sandschüttung F Kunststofffolie D 15 mm Mineralfaserdämmstreifen M 15 mm Mineralwolle S 30 mm Sand L 30/80 mm Latte
H, M, B	Schwimmend verlegte Holzspanplatten mit Plattenbeschwerung H 22-30 mm Holzspanplatten M 25-30 mm Mineralfaserplatten B Beschwerungsplatten, aufgeklebt Dämmwirkung vom Flächengewicht der Platten abhängig (25, 50, 75, 100 kg/m²) Verbesserungsmaß: 17, 22, 26, 31 dB
E, M	Schwimmende Estriche auf Mineralfaserplatten z. B. E 50 mm Zement-Estrich (120 kg/m²) M 25 - 30 mm Mineralfaserplatten Dämmwirkung abhängig vom Flächengewicht des Estrichs Verbesserungsmaß: 16 dB

Bild 6.25. Fußbodenaufbauten mit schwimmenden Estrichen. Möglichkeiten, um den Trittschallschutz zu verbessern (nach [*Gösele* 1984])

Grundregeln des Trittschallschutzes

- Schallbrücken vermeiden,
- Fußboden und Deckenverkleidung von tragenden Balken trennen oder federnd abhängen,
- Deckenhohlräume ausfüllen,

- bei sichtbaren Holzbalken ist ein erhöhter Trittschallschutz erreichbar, wenn eine Verkleidung zwischen den Balken angebracht ist; bei dreiseitig frei liegenden Balken (Bild 6.26.) sind nur Mindestanforderungen erfüllbar,
- ein ausreichender (erhöhter) Trittschallschutz ist mit schwimmenden Estrichen oder schwimmend verlegten Holzspanplatten erreichbar (Bilder 6.25.), vorausgesetzt, die Rohdecke ist zweckmäßig ausgebildet,
- bei der Verwendung von Beschwerungsplatten (Bilder 6.25. und 6.26.) ist man in der konstruktiven und architektonischen Gestaltung der Decke relativ frei.

Bei nachträglichen Instandsetzungen von Holzbalkendecken, bei denen Holzdielen verwendet werden, sind grundsätzlich (nach Bild 6.26.) zwei Lösungen möglich:

- Lagerholz auf Dämmplatten auf die Balken legen, nicht auf den Balken durchnageln,
- Lagerholz neben die Balken auf die Auffüllung legen.

Es ist zu beachten, dass im ersteren Fall der neue Fußboden höher als der alte liegt. Dies kann zu Schwierigkeiten bei angrenzenden Räumen führen (Treppenhaus, Nachbarzimmer, Brüstungshöhe).

Schutz vor Luftschall

Alle Wohnungstrenndecken sollen nach DIN 4109 mindestens eine mittlere Luftschalldämmung von 54 dB aufweisen. Dabei ist zu beachten, dass Holzbalkendecken Decken mit ungleich verteilter Eigenlast sind. Die Dämmung gegen Luftschall wird bei Holzbalkendecken durch folgende Faktoren beeinflusst:

- Undichtigkeiten der Decke,
- Ausbildung der Zwischendecke,
- Anschluss der Decke an die Wände,
- Deckendurchbrüche (Rohrdurchlässe),
- Vergrößerung des Decken-Eigengewichts.

Grundregel für den Luftschallschutz:

Die Holzbalkendecke möglichst schwer ausbilden oder mehrere leichte Schichten kombinieren. Je leichter die Decke, umso schneller wird sie in Schwingungen versetzt.

Diese Forderung wird bei Modernisierungsarbeiten durch die zulässige Tragkraft und Verformung der Balken begrenzt.

DIN 4109-33 enthält einen Bauteilkatalog mit schalltechnischen Eigenschaften verschiedener Konstruktionen des Holz-, Leicht- und Trockenbaus. Die dort aufgelisteten Konstruktionslösungen können ohne bauakustische Prüfung in den in DIN 4109-2 genannten Berechnungsverfahren für die rechnerischen Nachweise der DIN 4109-1 verwendet werden.

Tabelle 6.5. zeigt beispielhaft einige Lösungen aus DIN 4109-33 mit ihren akustischen Eigenschaften. Nicht in DIN 4109-33 enthaltene Konstruktionen bedürfen einer bauakustischen Prüfung und Bewertung in Form einer bauaufsichtlichen Zulassung.

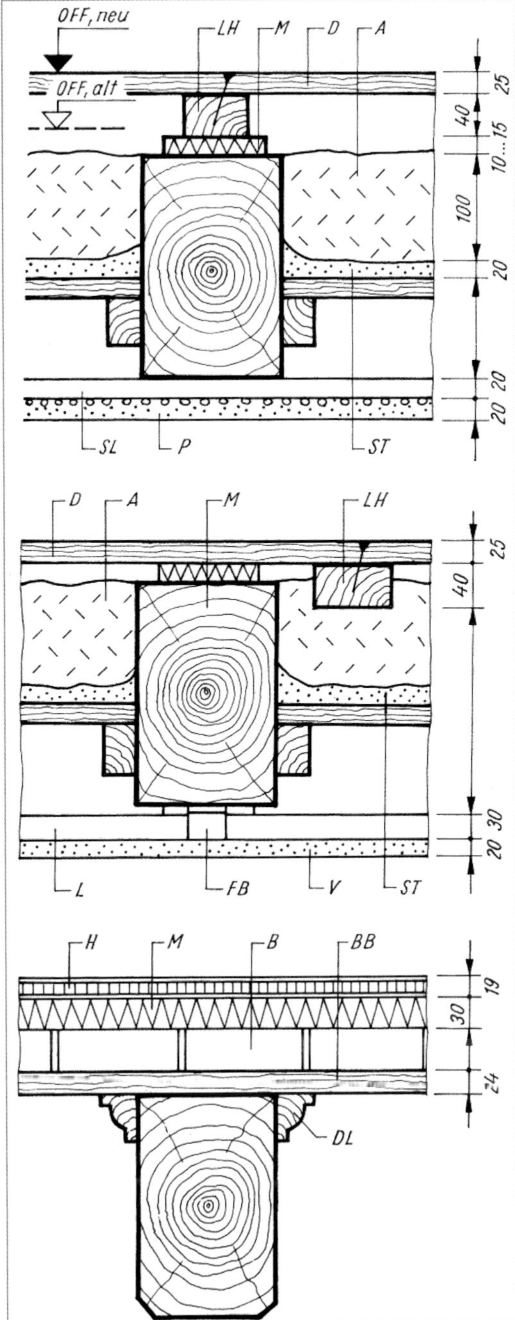

Legende

a) Lagerholz auf Dämm-Matte
b) Lagerholz auf Auffüllung
c) Schwimmend verlegte Holzspanplatten
A Auffüllung
D Dielung
H Hartfaserplatte
L Latte
V Verkleidung
LH Lagerholz
SL Schalung
ST Strohlehm
FB Federbügel
BB Blindboden
DL Deckleiste
M Mineralfasermatte
B Beschwerungsplatten

Bild 6.26. Instand gesetzte alte Holzbalkendecken

Tabelle 6.5. Konstruktionslösungen mit ihren akustischen Eigenschaften (Auszug aus DIN 4109-33, Tabelle 15, 18, 20, 21, 25), Holzbalkendecken mit Aufbauten aus mineralisch gebundenen Estrichen und Rohdeckenbeschwerungen

Spalte	1	2		3	4
Zeile	**Schnitt, vertikal**	**Konstruktionsdetails**		**$L_{n,w}$ (C_I)** dB	**R_w (C; C_{tr})** dB
		mm	Bauteilbeschreibung		
1	(s. Tabelle 15, Zeile 1 in DIN 4109-33)	≥ 50	Estrich[a]	47 (-3)	≥ 70
		≥ 40	Mineralwolledämmplatte ($s' \leq$ 6 MN/m^3; Anwendungsgebiet DES-sh)[b]		
		≥ 40	Betonsteinbeschwerung ($m' \geq$ 100 kg/m^2)[c]		
		22	Holzwerkstoffplatte HW[d]		
		220	Balken[e]		
2	(s. Tabelle 18, Zeile 2 in DIN 4109-33)	≥ 50	Estrich[a]	46 (2)	67 (-4; -11)
		≥ 20	Mineralwolledämmplatte MW ($s' \leq$ 10 MN/m^3; Anwendungsgebiet DES-sh)[b]		
		30	Schüttung[h] ($m' \geq$ 45 kg/m^2) Rieselschutz		
		22	Holzwerkstoffplatte HW[d]		
		220	Balken oder Stegträger[e]		
		100	Hohlraumdämpfung[b]		
		24	Lattung[f]		
		12,5	Gipsplatte GK[g]		
3	(s. Tabelle 20, Zeile 1 in DIN 4109-33)	≥ 50	Estrich[a]	46 (0)	70 (-3; -9)
		≥ 40	Mineralwolledämmplatte MW ($s' \leq$ 6 MN/m^3; Anwendungsgebiet DES-sh)[b]		
		22	Holzwerkstoffplatte HW[c]		
		220	Balken oder Stegträger[d]		
		100	Hohlraumdämpfung[b]		
		27	Federschiene[e]		
		12,5	Gipsplatte GK[f]		
4	(s. Tabelle 21, Zeile 1 in DIN 4109-33)	≥ 50	Estrich[a]	30 (0)	≥ 70
		≥ 40	Mineralwolledämmplatte MW ($s' \leq$ 6 MN/m^3; Anwendungsgebiet DES-sh)[b]		
		≥ 40	Betonsteinbeschwerung[c] ($m' \geq$ 100 kg/m^2)		
		22	Holzwerkstoffplatte HW[d]		
		220	Balken oder Stegträger[e]		
		100	Hohlraumdämpfung[b]		
		27	Federschiene[f]		
		12,5	Gipsplatte GK[g]		
5	(s. Tabelle 25, Zeile 1 in DIN 4109-33)	≥ 50	Estrich[a]	45 (-1)	≥ 70
		≥ 40	Mineralwolledämmplatte MW ($s' \leq$ 6 MN/m^3; Anwendungsgebiet DES-sh)[b]		
		≥ 40	Betonsteinbeschwerung[c] ($m' \geq$ 100 kg/m^2)		
		140	Brettstapeldecke, genagelt oder flachkant verlegtes Brettschichtholz[d]		

Legende (s. nachfolgende Seite)

Tabelle 6.5. *(Fortsetzung)*

Spalte	1	2
Zeile	**Schnitt, vertikal**	**Legende** (Auszug aus DIN 4109-33, Tabelle 15, 18, 20, 21, 25),
1	(s. Tabelle 15, Zeile 1 in DIN 4109-33)	a Zement- Magnesia- oder Calciumsulfatestrich nach DIN 18560 mit flächenbezogener Masse *m'* ≥ 120 kg/m². b Mineralwolle-Dämmplatte MW mit Anwendungsgebiet nach Einsatzbereich: Für mineralisch gebundene Estriche: DES-sh; mit der angegebenen dynamischen Steifigkeit *s'*. c Betonplatten mit Flächenmaßen von ≤ 300 mm × 300 mm und einer Rohdichte von $\rho \geq$ 2500 kg/m³; Restfeuchte ≤ 1,8 %; auf Rohdecke verklebt oder in Sandbett gelagert. d Spanplatte SP, OSB-Verlegeplatte oder BFU-Platte der Dicke 18 mm bis 25 mm, bei offener Holzbalkendecke alternativ 28 mm Sichtschalung + 12 mm BFU-Platte. Zusätzliche Verkleidungen der Holzwerkstoffplatten aus GK, GF oder Sichtschalungen NFS im Balkenzwischenraum sind direkt auf die Holzwerkstoffplatte aufzubringen (ohne zusätzlichen Hohlraum). e Tragkonstruktion nach Statik je nach Deckentyp: Balken aus Vollholz oder Brettschichtholz; Mindestmaße 60 mm × 180 mm, alternativ auch Stegträger der Höhe 240 mm bis 406 mm; Achsabstand *e* ≥ 625 mm. f Trockenes Schüttgut mit einer Schüttdichte $\rho \geq$ 1500 kg/m³; Restfeuchte ≤ 1,8 %; gegen Verrutschen gesichert mittels Pappwaben, Sandmatten, Lattengitter (Feldgröße etwa 800 mm × 800 mm), o. Ä.
2	(s. Tabelle 18, Zeile 2 in DIN 4109-33)	a Zement- Magnesia- oder Calciumsulfatestrich nach DIN 18560 mit flächenbezogener Masse m' ≥ 120 kg/m². b Mineralwolledämmplatte MW oder Holzfaser MF mit Anwendungsgebiet nach Einsatzbereich und der angegebenen dynamischen Steifigkeit s': - für mineralisch gebundene Estriche: MW mit DES-sh; - für Hohlraumdämpfung: MW oder WF mit DZ oder DAD-dk. c Plattenmaterial mit einer Rohdichte $\rho \geq$ 1000 kg/m³ (z. B. zementgebundene Spanplatte), Abmessungen und Verlegung entsprechend. d Spanplatte, OSB-Verlegeplatte oder BFU-Platte der Dicke 18 mm bis 25 mm. e Tragkonstruktion nach Statik je nach Deckentyp: Balken aus Vollholz oder Brettschichtholz; Mindestmaße 60 mm × 180 mm, alternativ auch Stegträger der Höhe 240 mm bis 406 mm; Achsabstand ≥ 625 mm. f Lattung 24 mm × 48 mm; Achsabstand ≥ 415 mm. g Gipsplatte GK, alternativ Gipsfaserplatte GF der Dicke 10 mm. h Trockenes Schüttgut mit einer Schüttdichte $\rho \geq$ 1500 kg/m³; Restfeuchte ≤ 1,8 %; gegen Verrutschen gesichert mittels Pappwaben, Sandmatten, Lattengitter (Feldgröße etwa 800 mm × 800 mm) o. Ä.
3	(s. Tabelle 20, Zeile 1 in DIN 4109-33)	a Zement- Magnesia- oder Calciumsulfatestrich nach DIN 18560 mit flächenbezogener Masse m' ≥ 120 kg/m². b Mineralwolle MW oder Holzfaser WF mit Anwendungsgebiet nach Einsatzbereich und der angegebenen dynamischen Steifigkeit *s'*: - für mineralisch gebundene Estriche: MW mit DES-sh; WF mit DES-sg; - für Hohlraumdämpfung: MW oder WF mit DZ oder DAD-dk. c Spanplatte SP, OSB-Verlegeplatte oder BFU Platte der Dicken 18 mm bis 25 mm. d Tragkonstruktion nach Statik je nach Deckentyp: Balken aus Vollholz oder Brettschichtholz; Mindestmaße 60 mm × 180 mm, alternativ auch Stegträger der Höhe 240 mm bis 406 mm; Achsabstand ≥ 625 mm. e Federschiene mit Achsabstand ≥ 415 mm; Montage nach Anwendervorschrift. f Gipsplatte GK, alternativ Gipsfaserplatte GF der Dicke 10 mm.
4	(s. Tabelle 21, Zeile 1 in DIN 4109-33)	a Zement- Magnesia- oder Calciumsulfatestrich nach DIN 18560-2 mit flächenbezogener Masse m' ≥ 120 kg/m². b Mineralwolle MW oder Holzfaser WF mit Anwendungsgebiet nach Einsatzbereich und der angegebenen dynamischen Steifigkeit *s'*: - für mineralisch gebundene Estriche: MW mit DES-sh; WF mit DES-sg; - für Hohlraumdämpfung: MW oder WF mit DZ oder DAD-dk. c Trockenes Schüttgut mit einer Schüttdichte $\rho \geq$ 1500 kg/m³; Restfeuchte ≤ 1,8 %; gegen Verrutschen gesichert mittels Pappwaben, Sandmatten, Lattengitter (Feldgröße etwa 800 mm × 800 mm) o. Ä. d Spanplatte SP, OSB-Verlegeplatte oder BFU-Platte der Dicken 18 mm bis 25 mm. e Tragkonstruktion nach Statik je nach Deckentyp: Balken aus Vollholz oder Brettschichtholz; Mindestmaße 60 mm × 180 mm, alternativ auch Stegträger der Höhe 240 mm bis 406 mm; Achsabstand ≥ 625 mm. f Federschiene mit Achsabstand ≥ 415 mm; Montage nach Anwendervorschrift. g GK, alternativ GF der Dicke 10 mm.
5	(s. Tabelle 25, Zeile 1 in DIN 4109-33)	a Zement-, Magnesia- oder Calciumsulfatestrich nach DIN 18560-2 mit flächenbezogener Masse *m'* ≥ 120 kg/m². b Mineralwolle MW mit Anwendungsgebiet nach Einsatzbereich und der angegebenen dynamischen Steifigkeit *s'*: für mineralisch gebundene Estriche: MW mit DES-sh. c Betonplatten mit Flächenmaßen von ≤ 300 mm × 300 mm und einer Rohdichte von $\rho \geq$ 2500 kg/m³; auf Rohdecke verklebt oder in Sandbett gelagert. d Tragkonstruktion nach Statik je nach Deckentyp: Brettstapelelemente, oder Elemente aus Brettschichtholz, Mindestdicke 120 mm; Breite der Einzellamellen 30 mm bis 60 mm. e Trockenes Schüttgut mit einer Schüttdichte $\rho \geq$ 1500 kg/m³; gegen Verrutschen gesichert mittels Pappwaben, Sandmatten, Lattengitter (Feldgröße etwa 800 mm × 800 mm) o. Ä.
		ANMERKUNG Allgemeine Produktspezifikationen siehe Tabelle 1.

Nachträgliche Verbesserung des Schallschutzes

Fast alle Holzbalkendecken in traditioneller Bauweise weisen einen unzureichenden Trittschallschutz und/oder Luftschallschutz auf. Deshalb haben bei der Instandsetzung der Holzbalkendecken Schallschutzmaßnahmen eine besondere Bedeutung. Es sind immer nachträgliche bauliche Maßnahmen zur Verbesserung vorzusehen, die sich an den vermittelten Grundsätzen orientieren sollen.

Neuere Untersuchungen zur Schallschutzprognose und Verbesserung historischer Holzbalkendecken zeigen vielfältige Möglichkeiten (s. [*Rabold* 2012], [*Rabold* 2010], [*Rabold/Bacher* 2008], [*Rabold* u. a. 2008]).

Literatur: Zum Schallschutz von Decken in Neubauten [*Blödt* u. a. 2019], [*Schulze* 2005], [*Holtz* u. a. 1999], [*Schulze* 1998]. Zum Schallschutz von Decken in Altbauten [*Lißner/Rug* 2018], [*Rabold* u. a. 2012], [*Rabold* u. a. 2009], [*Rug* u. a. 2004], [*Rug* u. a. 2001].

6.10. Feuchtigkeitsschutz

Holzbalkendecken sind zu schützen gegen eindringende Feuchtigkeit aus

- bauphysikalischen Prozessen (Tauwasserausfall); insbesondere in Räumen mit zeitweilig erhöhter Raumluftfeuchte (Bäder, Küchen, Waschküchen) oder in beheizten Räumen, die an Kalträume grenzen sowie in den Auflagerbereichen durch ausreichende Wärmedämmung in Verbindung mit luftdichter Ausführung unter Berücksichtigung des Dampfdiffusionsverhaltens der Bauteile,
- Brauchwasserquellen (Spritz- und Überlaufwasser, Rohrleitungsdefekte) durch sorgfältige wasserdichte Ausführung der Nassbereiche, Instandhaltung, Instandsetzung,
- Niederschlägen; insbesondere im Außenwandbereich durch schadhaften Putz oder defekte Regenfallrohre, in Anschlussbereichen von Schornsteinen u. a. Durchdringungen der Außenhaut durch sorgfältige Bauausführung und rechtzeitige Instandsetzungsarbeiten.

In DIN 68800-2, Abschnitt 8 wurden Festlegungen zu vorbeugenden baulichen Holzschutzmaßnahmen für Holzbalkendecken getroffen.
DIN 68800-2 zeigt Regellösungen für Decken unter nicht ausgebauten Dachräumen und über Kellerräumen, bei denen die Bedingungen der Gebrauchsklasse 0 erfüllt sind.
Für bestehende Decken ist auch die DIN 68800-4 zu beachten. Vorhandene Schädigungen sind einschließlich ihrer Ursachen zu erfassen, ihr Einfluss auf die Funktionsfähigkeit und Standsicherheit ist zu bewerten, und es sind die Maßnahmen zur Schadensbeseitigung festzulegen (s. a. [*Lißner/Rug* 2018]).

6.11. Brandschutz nach DIN EN 1995-1-2:2010 und DIN 4102-4:2016

6.11.1. Allgemeines

Die Anforderungen an den Brandschutz definieren die Landesbauordnungen in der jeweils gültigen Fassung.

Maßgebend sind in der jeweils gültigen Fassung:

DIN EN 1995-1-2:2010:	Eurocode 5: Bemessung und Konstruktion von Holzbauten – Teil 1-2: Allgemeine Regeln – Tragwerksbemessung für den Brandfall
DIN EN 1995-1-2/NA:	Nationaler Anhang zu DIN EN 1995-1-2:2010
DIN 4102 Teil 4:2016:	Brandverhalten von Baustoffen und Bauteilen, Zusammenstellung und Anwendung klassifizierter Baustoffe, Bauteile und Sonderbauteile.

Für Holzbalkendecken und Decken aus Holztafeln sind wichtig:

- DIN 4102-4, Abschnitt 10.7, Klassifizierte Decken in Holztafelbauart,
- DIN 4102-4, Abschnitt 10.8, Klassifizierte Holzbalkendecken.

Die in Abschnitt 10.7 nach den Feuerwiderstandsklassen F30 und F60 klassifizierten Holzbalkendecken mit möglicher Brandbeanspruchung von unten und oben müssen aus Holzbalken bestehen, die Nadelschnittholz mindestens der Sortierklasse S10/C24 nach DIN 4074-1/DIN EN 338, Tabelle 1 und bei Laubholz der Sortierklasse LS10/D30 oder D30M nach DIN 4074-5/DIN EN 338, Tabelle 1 bzw. bei Brettschichtholz der Fertigkeitsklasse GL24c nach DIN EN 14080 oder Furnierschichtholz nach DIN EN 14374 entsprechen. Bei Einhaltung der konstruktiven Bedingungen der klassifizierten Decken bedarf es keiner weiteren Nachweise.
Dies bedeutet, die Holzbalkendecken haben ohne weitere Nachweise die in Tabelle 6.6. angegebenen technischen Eigenschaften:

Tabelle 6.6. Feuerwiderstandsklassen von Holzbalkendecken

Feuerwiderstandsklasse	**Feuerwiderstandsdauer in Minuten**
F 30	≥30
F 60	≥60

Erläuterungen hierzu in DIN 4102-4, Abschnitt 10.7. Da bei den Holzbalkendecken die wesentlichen Bauteile (alle tragenden oder aussteifenden Teile, die deren Standsicherheit bewirken) nach DIN 4102-1 brennbare Baustoffe Klasse B (Baustoffklasse B) sind, wird die Kurzbezeichnung F 30-B bzw. F 60-B gewählt. Hinweise hierzu in DIN 4102-1, Abschnitt 3.

Unterscheidungen

Bei Holzbalkendecken wird im Sinne des Brandschutzes unterschieden:

- Decken in Holztafelbauart mit verdeckten Holzbalken mit brandschutztechnisch notwendiger Dämmschicht,
- Decken in Holztafelbauart mit brandschutztechnisch nicht notwendiger Dämmschicht,
- Holzbalkendecken mit vollständig frei liegenden Holzbalken,
- Holzbalkendecken mit verdeckt liegenden Holzbalken (z. B. Altbauten),
- Holzbalkendecken mit teilweise frei liegenden Holzbalken mit brandschutztechnisch nicht notwendiger Dämmschicht.

6.11.2. Klassifizierte Decken in Holztafelbauart

Es gelten die Bedingungen für Holzbalkendecken in Tafelbauart nach DIN 4102-4, Abschnitt 10.7.

6.11.2.1. Decken in Holztafelbauart mit brandschutztechnisch notwendiger Dämmschicht mit verdeckten Holzbalken

Decken in Holztafelbauart mit brandschutztechnisch notwendiger Dämmschicht:

Bei derartigen Decken ist zusätzlich eine brandschutztechnisch notwendige Dämmschicht $d \geq 60$ mm aus Mineralwolle-Dämmstoff (Schmelzpunkt ≥ 1000 °C nach DIN 4102-17) nach DIN EN 13162 erforderlich (s. a. Tabelle 10.11 in DIN 4102-4 bzw. Tabelle 6.7.).

Als **untere Beplankungen oder Bekleidungen** können verwendet werden:

- Sperrholz (nach DIN EN 13986 mit DIN EN 636 in Verbindung mit DIN 20000-1),
- Spanplatten (nach DIN EN 13986 mit DIN EN 312 in Verbindung mit DIN 20000-1),
- Holzfaserplatten (nach DIN EN 13986 mit DIN EN 622 in Verbindung mit DIN 20000-1),
- Gipsplatten (GKB und GKF nach DIN 18180),
- Putzträgerplatten (GKP nach DIN 18180),
- Profilbretter mit Nut und Feder (nach DIN EN 14519),
- gespundete Bretter aus Nadelholz (nach DIN 4072),
- Holzwolle-Platten (nach DIN EN 13168),
- OSB-Platten (nach DIN EN 13986 mit DIN EN 300 und in Verbindung mit DIN 20000-1),
- Massivholzplatten (nach DIN EN 13986 mit DIN EN 13353 in Verbindung mit DIN 20000-1),
- Furnierschichtholz (nach DIN EN 13986 mit DIN EN 14279 in Verbindung mit DIN 20000-1),
- Drahtputzdecken (nach DIN 4121),
- Furnierschichtholz für tragende Zwecke (nach DIN EN 14374).

Als **obere Beplankungen** können verwendet werden:

- Sperrholzplatten (nach DIN EN 13986 mit DIN EN 636 in Verbindung mit DIN 20000-1),
- Spanplatten (nach DIN EN 13986 mit DIN EN 312 in Verbindung mit DIN 20000-1),
- gespundete Bretter aus Nadelholz (nach DIN 4072),
- Holzfaserplatten (nach DIN EN 13986 mit DIN EN 622 in Verbindung mit DIN 20000-1),
- OSB-Platten (nach DIN EN 13986 mit DIN EN 300 in Verbindung mit DIN 20000-1),
- Massivholzplatten (nach DIN EN 13986 mit DIN EN 13353 in Verbindung mit DIN 20000-1),
- Furnierschichtholz (nach DIN EN 13986 mit DIN EN 14279 in Verbindung mit DIN 20000-1),
- Zementgebundene Spanplatten (nach DIN EN 13986 mit DIN EN 634-2 in Verbindung mit DIN 20000-1),
- Furnierschichtholz für tragende Zwecke (nach DIN EN 14374).

Alle Platten und Bretter sind auf den Holzbalken dicht zu stoßen. Bei mehrlagigen Beplankungen oder Bekleidungen sind die Stöße zu versetzen. Die Rohdichte der Holzwerkstoffplatten muss ≥ 600 kg/m³ sein.

Dämmschichten müssen so eingebaut werden, dass diese vollflächig, dicht gestoßen eingebaut sind und nicht aus den Gefachen herausfallen können; dies kann z. B. durch eine Lattung oder Profile nach DIN 4102-4, Abschnitt 10.7.3(8) und 10.7.3(10) erfolgen.

Die Mindestdicke (Nenndicke) und Mindestrohdichte (Nennmaß) der Dämmschicht sind den Angaben von Tabelle 10.11 in DIN 4102-4 zu entnehmen.

Zum Schutz gegen Brandbeanspruchung von oben ist nach DIN 4102-4, Abschnitt 10.7.5 ein schwimmender Estrich oder schwimmender Fußboden erforderlich (Mindestdicken s. Tabellen 10.11 bis 10.13 in DIN 4102-4).

Auf den Einbau kann verzichtet werden, wenn die obere Beplankung oder Schalung

a) aus ≥ 19 mm dicken Holzwerkstoffplatten nach Abschnitt 10.7.3(2) mit einer Rohdichte ≥ 600 kg/m³ oder $\geq 19\,\text{mm} \cdot (600 / \rho_{mean})^{0,5}$ dicken Holzwerkstoffplatten mit einer Rohdichte < 600 kg/m³ oder aus ≥ 21 mm dicken gespundeten Brettern aus Nadelholz nach Abschnitt 10.7.3(2) besteht

und

b) keine Nutzlasten (Verkehrslasten) mit einem charakteristischen Wert $> 1{,}0$ kN/m² zu tragen hat – z. B. in Abseiten oder als Abschluss zum Spitzboden.

Auf den Einbau kann bei der Feuerwiderstandsklasse F 30 ebenfalls verzichtet werden, wenn die obere Beplankung oder Schalung den Angaben von Aufzählung a) entspricht und die Decke nicht ihren Raumabschluss, sondern nur ihre aussteifende Wirkung ≥ 30 min beibehalten muss.

Die Dämmschicht unter Estrichen und Fußböden muss aus Mineralwolle-Dämmstoffen nach DIN EN 13162 mit einer Rohdichte ≥ 30 kg/m³ oder aus Blähperlit-Dämmstoffen nach DIN EN 13169 mit einer Rohdichte ≥ 130 kg/m³ bestehen und mindestens normalentflammbar sein. Für weitere Konstruktionsdetails ist DIN 18560-2 zu beachten.

Die Mindestdicke der Dämmschicht und des Estrichs bzw. des Fußbodens ist den Angaben der Tabellen 10.11 bis 10.13 zu entnehmen.

6.11.2.2. Decken in Holztafelbauart mit brandschutztechnisch nicht notwendiger Dämmschicht

Decken in Holztafelbauart, bei denen brandschutztechnisch keine Dämmschicht notwendig ist, enthalten die Tabellen 10.12 bis 10.13 der DIN 4102-4. Sie können aber mit Dämmschichten ausgeführt werden, wobei an die Dämmschichten **keine** besonderen Anforderungen gestellt werden (s. Abschnitt 10.7.4(2), DIN 4102-4).

Tabelle 6.7. Decken in Holztafelbauart mit brandschutztechnisch notwendiger Dämmschicht (Tabelle 10.11. in DIN 4102-4:2016)

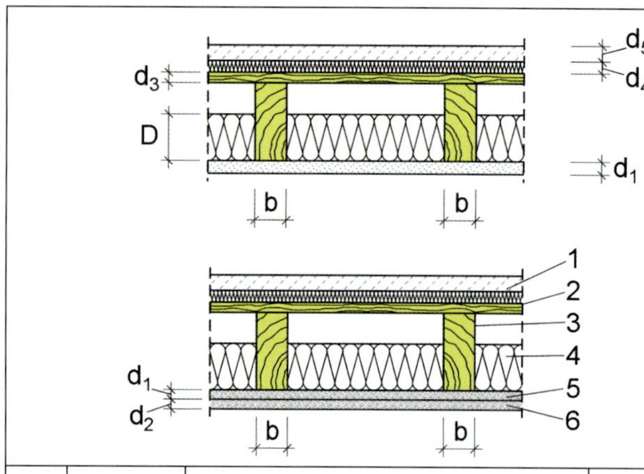

Legende
1 schwimmender Estrich oder schwimmender Fußboden
2 obere Beplankung oder Schalung
3 Holzrippe
4 (brandschutztechnisch) notwendige Dämmschicht mit Befestigung nach 10.7.4
5 untere Beplankung oder Bekleidung
6 Bekleidung

Zeile	Holzrippen	Untere Beplankung oder Bekleidung nach 10.7.3				Notwendige Dämmschicht nach 10.7.4		Obere Beplankung oder Schalung nach 10.7.3	Schwimmender Estrich oder schwimmender Fußboden nach 10.7.5 aus				Feuerwiderstandsklasse-Benennung
	nach 10.7.2	Holzwerkstoffplatten mit $\rho \geq$ 600 kg/m³	Feuerschutzplatten (GKF)		Zul. Spannweite[f]	aus Mineralwolle		aus Holzwerkstoffplatten mit $\rho \geq$ 600 kg/m³	Dämmschicht mit $\rho \geq$ 30 kg/m³	Mörtel, Gips oder Gussasphalt	Holzwerkstoffplatten, Brettern oder Parkett	Gipsplatten	
	Mindestbreite	Mindestdicke				Mindestdicke	Rohdichte	Mindestdicke	Mindestdicke				
	b	d_1	d_1	d_2	ℓ	D	ρ	d_3	d_4	d_5	d_5	d_5	
	mm	mm	mm	mm	mm	mm	kg/m³	mm	mm	mm	mm	mm	
1	40	16[a]			625	60	30	13[b]	15[c]	20			F 30-B
2		16[a]			625	60	30	13[b]	15[c]		16		
3		16[a]			625	60	30	13[b]	15[c]			9,5	
4	40		12,5 + 12,5		500	60	30	13[b]	15[c]	20			F 60-B
5			12,5 + 12,5		500	60	30	13[b]	30[d]		25		
6			12,5 + 12,5		500	60	30	13[b]	15[c]			18[e]	

a Ersetzbar durch
a) ≥ 13 mm dicke Holzwerkstoffplatten (untere Lage) + 9,5 mm dicke GKB- oder GKF-Platten (raumseitige Lage) oder
b) ≥ 12,5 mm dicke Feuerschutzplatten (GKF) mit einer Spannweite $\ell \leq$ 500 mm oder
c) Bretterschalung nach 10.7.3(1), Aufzählungen 6) und 7), mit einer Dicke nach Bild 10.16 von $d_D \geq$ 16 mm.

b Ersetzbar durch Bretterschalung (gespundet) mit $d \geq$ 21 mm.

c Ersetzbar durch ≥ 9,5 mm dicke Gipsplatten.

d Ersetzbar durch ≥ 15 mm dicke Gipsplatten.

e Erreichbar z. B. mit 2 × 9,5 mm.

f Siehe 10.7.3(8) bis 10.7.3(10).

6.11.3. Klassifizierte Holzbalkendecken

Die Angaben von Abschnitt 10.8 in DIN 4102-4 gelten für von unten oder von oben beanspruchte Holzbalkendecken nach DIN EN 1995-1-1 mit DIN EN 1995-1-1/NA mit Holzbalken aus Nadelschnittholz oder Balkenschichtholz mindestens der Festigkeitsklasse C 24, Laubschnittholz mindestens der Festigkeitsklasse D 30 oder aus Brettschichtholz mindestens der Festigkeitsklasse GL 24c oder aus Furnierschichtholz nach DIN EN 14374. Es wird zwischen Decken mit

a) vollständig freiliegenden, 3-seitig dem Feuer ausgesetzten (siehe Abschnitt 10.8.2 in DIN 4102-4),
b) verdeckten (siehe Abschnitt 10.8.3 in DIN 4102-4) und
c) teilweise freiliegenden, 3-seitig dem Feuer ausgesetzten (siehe Abschnitt 10.8.4 in DIN 4102-4)

Holzbalken unterschieden.

6.11.3.1. Holzbalkendecken mit vollständig frei liegenden Holzbalken

Diese Balken sind nur im frei liegenden Bereich von drei Seiten der Brandbeanspruchung ausgesetzt (s. Tabelle 10.14 bis 10.18 in DIN 4102-4).
Sie müssen die in Tabelle 10.14 bis 10.16 nach DIN 4102-4 angegebenen Mindestquerschnitte besitzen.

Holzbalkendecken ohne schwimmenden Estrich oder schwimmenden Fußboden müssen mit Spanplatten, Brettern oder Bohlen beplankt werden. Die Ausbildung der Fugen, Mindestdicken der Beplankung und Fugenabdeckung sind DIN 4102-4, Tabellen 10.14 bis 10.18 zu entnehmen.

6.11.3.2. Holzbalkendecken mit verdeckten Holzbalken

Für Holzbalkendecken mit verdeckten Holzbalken gelten die Bedingungen nach Abschnitt 10.7 in DIN 4102-4 sinngemäß. Abweichend hiervon dürfen

a) zwischen der oberen Schalung und den Holzbalken Querhölzer angeordnet und
b) anstelle der notwendigen Dämmschicht auch Einschubböden mit Lehmschlag mit einer Dicke $d \geq 60$ mm verwendet werden.

Die unter Aufzählung a) angeführten Querhölzer dürfen auch mit Zapfen oder Versätzen in die Holzbalken eingebunden werden, wenn die Verbindung oberhalb der notwendigen Dämmschicht oder oberhalb des Einschubbodens liegt. Wegen anderer Verbindungen siehe Abschnitt 8.2 in DIN 4102-4.

Die Mindestbreite der Querhölzer muss 40 mm betragen.

Holzbalkendecken mit verdeckten Holzbalken können zusätzlich nach den Randbedingungen von Tabelle 10.17 in DIN 4102-4 ausgeführt werden, z. B. zur Verbesserung von Altbauten.

Anstelle der in Tabelle 10.17 dargestellten Drahtputzdecke nach DIN 4121 dürfen auch Feuerschutzplatten (GKF) nach DIN 18180 mit einer Dicke von 25 mm oder 2 x 25 mm bei einer Spannweite von $\ell \leq 500$ mm verwendet werden.

6.11.3.3. Holzbalkendecken mit teilweise frei liegenden, 3-seitig dem Feuer ausgesetzten Holzbalken

Teilweise frei liegende Holzbalken von Holzbalkendecken sind Balken, die nach der Schema-Skizze in DIN 4102-4, Tabelle 10.18 nur im unteren Bereich von drei Seiten der Brandbeanspruchung ausgesetzt sind.

Als untere Bekleidung – siehe auch Ausführungszeichnung in Tabelle 10.18 – können die in Abschnitt 10.7.3(1) angegebenen Bekleidungen verwendet werden.

Alle Platten müssen eine geschlossene Fläche besitzen und mit ihren Längsrändern dicht an den Holzbalken anschließen. Querfugen von Gipsplatten sind nach DIN 18181 zu verspachteln. Holzwerkstoffplatten sind in Querfugen mit Nut und Feder oder über Spundung dicht zu stoßen. Bei mehrlagigen Bekleidungen sind die Stöße zu versetzen, wobei jede Lage für sich an Holzlatten ≥ 40 mm / 60 mm zu befestigen ist.

Bei Bekleidungen aus Brettern muss d_D (nach Bild 10.16 in DIN 4102-4) $\geq d_1$ (nach Tabelle 10.18 in DIN 4102-4, Fußnote a, Buchstabe e) sein.

Die Mindestdicke und die zulässige Spannweite der Bekleidungen sind aus Tabelle 10.18 in DIN 4102-4 zu entnehmen.

Bei größeren Abständen der Balken gelten die Angaben von Abschnitt 10.7.3(8) bis (10) in DIN 4102-4 sinngemäß.

Alle Platten müssen eine geschlossene Fläche aufweisen. Die in Tabellen 10.14 bis 10.18 der DIN 4102-4 festgelegten konstruktiven Bedingungen für die Einstufung in F 30-B oder F 60-B benötigen aus brandschutztechnischen Gründen keine Dämmschicht.

6.11.4. Brandschutztechnische Einschätzung alter Holzbalkendecken

Bei der Modernisierung bzw. Sanierung der Bausubstanz sowohl im Wohnungsbau als auch in anderen Baubereichen sind unterschiedlich ausgeführte Holzbalkendecken weiterzuverwenden. Bei der Beurteilung des baulichen Zustandes von Holzbalkendecken ist neben der Tragfähigkeit (Standsicherheit), dem Wärme-, Schall- und Feuchtigkeitsschutz auch der Brandschutz zu beurteilen [*Lißner/ Rug* 2018]. Die Brandschutzforderungen werden dabei durch die Art der Nutzung definiert. Bei Fortbestand der Nutzung besteht für das Gebäude i. Allg. Bestandsschutz. Wird das Gebäude umgenutzt (z. B. von Wohngebäude zu Gaststätte oder Geschäftshaus), so wird der Altbau quasi einem Neubau gleichgestellt. Die häufige Forderung F 90-AB an Decken, ist von Holzbalkendecken wegen des Vorhandenseins von brennbaren tragenden Balken nicht erfüllbar. Sie sind entsprechend den Brandschutzanforderungen nach der geltenden Landesbauordnung u. U. im Zuge der ohnehin anstehenden Instandsetzung zu verändern. Nachfolgend werden einige Hinweise zur Einschätzung des Feuerwiderstandes, vor allem zu Holzbalkendecken, wie sie im Wohnungsbau auftreten, gegeben.

Allgemeines

Da die DIN EN 1995-1-2:2010 auf Neubauten ausgerichtet ist und Normen auf diesem Gebiet noch nicht vorliegen (ausgenommen die Einstufung in F 30-B nach Abschnitt 10.8.3 der DIN 4102-4, s. Tabelle 10.17 in DIN 4102-4), bleibt nur der Weg, dass der Bauherr bzw. sein Beauftragter (Architekt, Tragwerksplaner) sich mit der örtlich zuständigen Baubehörde über die Abweichungen von der Norm verständigt und einigt. Bei Baudenkmalen sind auch die Denkmalschutzbehörden in die Verständigung einzubeziehen.

Für bestehende Gebäude können die Forderungen nur gelten, wenn die Belassung des bisherigen Zustandes eine Gefahr für Personen und Sachwerte darstellt. Ziel der Schutzmaßnahmen ist es, die Brennbarkeit bzw. Feuerausbreitung im Brandfall so lange zu verzögern, bis die Evakuierungsmaßnahmen abgeschlossen sind bzw. die geforderte Feuerwiderstandsgrenze (Feuerwiderstandsklasse) erreicht wird. Dabei wird die Grenze des Feuerwiderstandes gleich der Tragfähigkeit gesetzt.
Wichtige **Kriterien** für die Einschätzung sind u. a.

- die Feuerwiderstandsklasse (ohne Brandversuche),
- die Einordnung der Baustoffe und Bauteile nach ihrem Brandverhalten,
- die Einordnung (oder zumindest der Vergleich) der alten Holzbalkendecken mit den klassifizierten Holzbalkendecken nach DIN 4102-4, Abschnitt 10.8.3, Tabelle 10.17,
- Feuerausbreitungsgrade:
- ungeschütztes Holz: brennbar (br) = mäßige Feuerausbreitung (mFa),
- geschütztes Holz: schwer brennbar (sbr) = lokale Feuerausbreitung (lFa).

Zum Nachweis der Feuerwiderstandsklassen heißt es in DIN 4102-2, Abschnitt 4.1:

„Die in DIN 4102-4 genannten Baustoffe und Baustoffverbunde sind ohne Nachweis nach Abschnitt 4.1 in die dort angegebene Feuerwiderstandsklasse einzureihen.“

Bleibt zu überlegen, wie weit es zulässig erscheint, z. B. alte Deckenkonstruktionen mit nicht klassifizierten alten Dämmstoffen (gedarrter Sand, Schlackenauffüllung auf Einschub) neuen Deckenkonstruktionen gleichzusetzen? Nach Tabelle 10.17 in DIN 4102-4 ist dies für F 30-B möglich, bzw. es können Verbesserungsmaßnahmen in Anlehnung an Tabelle 10.17 geplant werden.

Feuerwiderstand von historischen Holzbalkendecken

Decken mit verdeckten Holzbalken

Die übliche Holzbalkendecke mit verdeckt liegenden Balken setzt sich aus fünf Struktureinheiten zusammen. Ihre brandschutztechnischen Funktionen sind in Bild 6.27. dargestellt.

Zur Bewertung hinsichtlich der Feuerwiderstandsdauer, s. [*Rug* u. a. 2004], [*Beilicke* u. a. 1993]. Prinzipiell ist eine Feuerwiderstandsdauer von bis zu 60 min möglich (mit Ausnahme von Spardecken s. Tabelle 6.1.). Durch zusätzliche „Aufrüstung" der Decken mit Unterdecken aus Gipsfaserplatten kann eine Feuerwiderstandsdauer von 90 min erreicht werden (s. [*Kordina/Meyer-Ottens* 1994]). Bewertet man die Gesamtsituation des Gebäudes durch eine umfassende Risikoanalyse, so kann bei Forderungen nach Einhaltung einer Feuerwiderstandsklasse F 90-AB durchaus eine Holzbalkendecke mit einer erreichbaren Feuerwiderstandsdauer F 90-B vertretbar sein (s. [*Kordina/Meyer-Ottens* 1994]). Kann die Feuerwiderstandsdauer nicht exakt beurteilt werden, empfiehlt sich die Einholung einer Bewertung durch eine amtlich anerkannte Brandschutzprüfstelle.

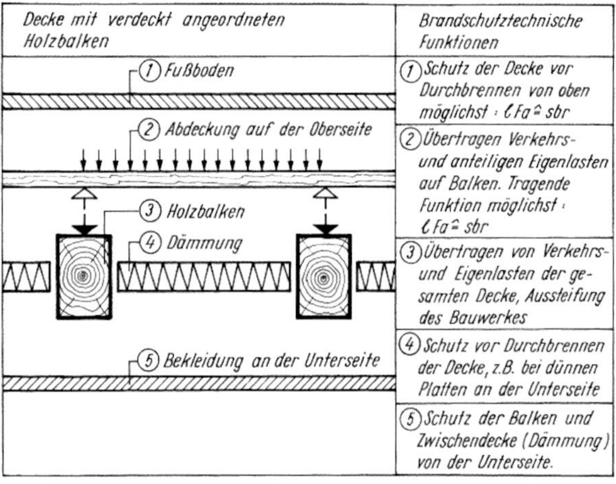

Bild 6.27. Brandschutztechnische Strukturelemente bei Holzbalkendecken mit verdeckt liegenden Holzbalken

Fußboden

Für Holzbalkendecken mit Holzfußboden besteht die Gefahr, dass sie nicht nur von unten, sondern auch von oben durchbrennen können. Estriche auf der Oberseite der Holzbalkendecken verbessern spürbar das Verhalten gegen Durchbrennen von oben.

Spanplatten, gespundete Hobeldielen oder Parkett auf einer Dämm- oder Zwischenschicht sollten bei F 30-B ≥ 19 mm sein. Üblich sind

- 22 bis 24 mm gespundete Hobeldielen (bei älteren Decken auch bis 30 mm dick),
- 23 bis 28 mm Parkett (vorgefertigte Parkettelemente: 23 bis 25 mm),
- Spanplatten wurden im letzten Jahrzehnt etwa mit 20 mm Dicke verlegt.

Abdeckung auf der Oberseite

Sie besteht bei einfacher Ausführung aus gespundeten Hobeldielen, die gleichzeitig den Fußboden bilden; bei besserer Ausführung liegen die Hobeldielen oder Parkett auf Blindboden (≥ 22 mm Dicke); bei älteren Decken manchmal aus Holzwolleleichtbau-Platten (Leichtbaudecken mit Sparbalken).

Holzbalken

Ältere Holzbalkendecken weisen in der Regel bezüglich der Tragfähigkeit genügend große Querschnitte und Auflagerlängen der Balken auf. Die Kippsicherheit der Balken ist gegeben, wenn das Seitenverhältnis der Balken $h/b \leq 4$ ist. Verdeckt angeordnete Holzbohlen (Holzrippen) sollten allein schon aus brandschutztechnischen Gründen mindestens 40, besser 60 mm dick sein. Bei der Modernisierung von Leichtbaudecken mit Holzrippen als tragende Elemente ist dies zu beachten. Die Decken sollten dann zusätzlich ausgesteift werden (Kreuzaussteifungen).

Dämmschichten

Dämmschichten sind so zu sichern, dass sie im Brandfall nicht frühzeitig herausfallen.

Beispiele für den brandschutztechnisch vorteilhaften Einbau der Dämmung (aus Mineralfasern):

- Dämmmatten seitlich hochziehen und durch Leisten ≥ 25/25 mm am Balken befestigen,
- Dämmplatten auf verzinktes Drahtgewebe legen, das unter oder seitlich am Balken befestigt ist.

Beide Lösungen kommen nur in Betracht, wenn die Zwischendecke (mit Auffüllung) ausgebaut wurde.

„Die Feuerwiderstandsdauer von Einschubböden mit Lehmschlag oder ähnlichem beträgt aufgrund vorliegender Prüferfahrungen etwa 9 bis 29 Minuten und kann den üblichen Mineralfaser-Dämmschichten gleichgesetzt werden" (nach [*Kordina/Meyer-Ottens* 1994]).

Unbekleidete Vollholzbalken (mit Rechteckquerschnitt)

Es können unterschieden werden:

- dreiseitige Brandbeanspruchung, wenn die Balkenoberseite abgedeckt ist (Bild 6.28.b),
- vierseitige Brandbeanspruchung, wenn Abdeckungen ohne nennenswerten Feuerwiderstand, z. B. Trapezbleche, Aluminiumblechplatten, oder keine Abdeckungen vorhanden sind (Bild 6.28.c).

Holzbalken, die zwischen einer oberen und unteren Abdeckung bzw. Bekleidung liegen, sind unter Berücksichtigung dieser Elemente zu betrachten (Bild 6.28.a).

Einschätzung des Feuerwiderstandes ausgewählter historischer Holzbalkendecken

Decken mit verdeckten Holzbalken

Die am weitesten verbreiteten Holzbalken-Einschubdecken (Tabelle 6.1.) mit einer Bekleidung an der Unterseite mit

- Rohrputz auf Deckenschalung,
- 12,5 mm Gipskartonplatten auf Sparschalung oder Latten,
- Holzwolleleichtbauplatten (HWL-Platten) auf Sparschalung, geputzt,

mit Fußboden aus gespundeten (fugendichten) 24 mm Hobeldielen oder Spanplatten auf Blindboden weisen im Schnitt einen Feuerwiderstand von F 30-B auf.

Neugersdorfer und ähnliche Leichtbaudecken mit Holz-I-Profilen (geklebt oder genagelt, meist bohlenähnlichen Querschnitten ohne Zwischendecke) entsprechen der F 30-B. Bei diesen Decken ist die Befestigung der HWL-Platten an den Sparbalken von besonderem Einfluss. Sparbalken mit Stegen unter 40 mm Dicke sind brandschutztechnisch vorsichtig zu beurteilen (Tabelle 6.1.).

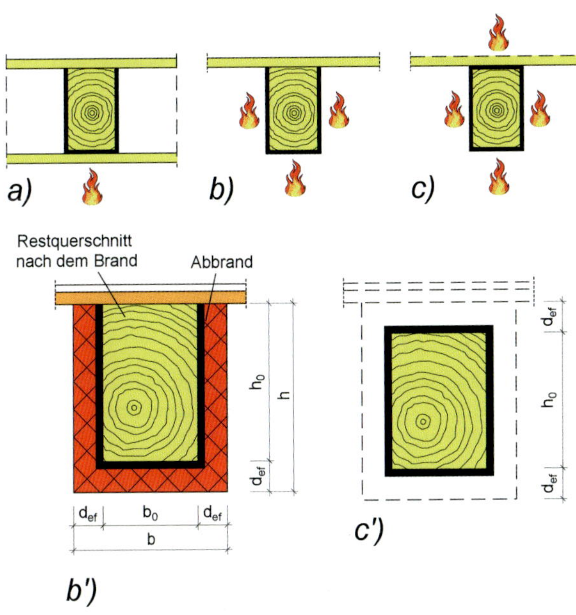

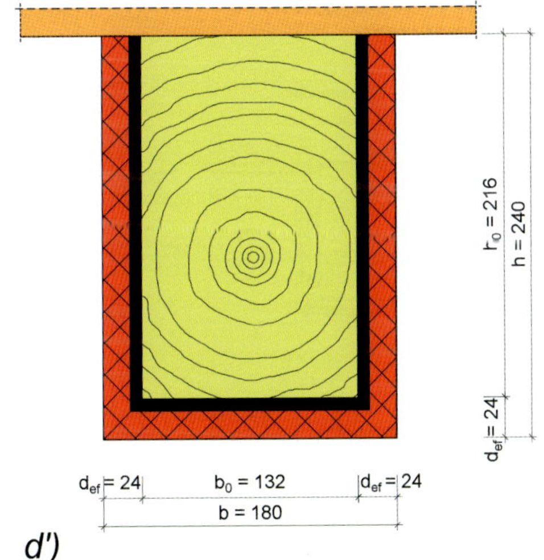

Legende

a) verdeckt liegende Holzbalken
b) dreiseitige Brandbeanspruchung
c) vierseitige Brandbeanspruchung
d) Beispiel für eine dreiseitige Brandbeanspruchung (s. Beispiel 6.1. b, Genaueres Verfahren)

Bild 6.28. Brandbeanspruchung unbekleideter Vollholzquerschnitte

Ältere Windelbodendecke (Tabelle 6.1.)

Die handbehauenen Balken sind im Brandfall einer dreiseitigen Beanspruchung ausgesetzt. Undichte Anschlussfugen zwischen Balken und Windelboden wirken sich ungünstig aus. Bei Modernisierungen ist der Windelboden auszubauen und die Decke neu aufzubauen (neuer Fußboden, Dämmschicht, Unterdecke). Die meist nahezu quadratischen Balkenquerschnitte dürften im Brandfall etwa eine F 30 haben. Balkenabstände bis zu 1,20 m. Risse im Balkenfeld sind auf jeden Fall ungünstig; dabei wirken Estriche vorteilhaft gegen ein Durchbrennen von oben.

Ganze Windelbodendecke

Decken dieser Art wurden bis gegen die Jahrhundertwende noch gelegentlich eingebaut; bis 1860/70 waren sie vor allem in einfachen Wohnbauten die Regelausführung. In Bezug auf den Brandschutz ist vor allem die frei liegende Balkenunterseite ein Schwachpunkt. Die in Balkenmitte eingeschobenen Stakhölzer mit Lehmwickeln sind günstig, so lange die Anschlussfuge zwischen Putz und Balken dicht ist. Die meisten grob behauenen Balkenquerschnitte dürften einer F 30 genügen.

Nach Einschätzung von [*Kordina/Meyer-Ottens* 1994] sind höhere Werte für die Feuerwiderstandsdauer vertretbar. Im Allgemeinen lassen sich für traditionelle Windelbodendecken und Einschubdecken Werte von F 60 ansetzen. Mit zusätzlicher Verkleidung erhält man dann Werte von F 90 (s. a. [*Kordina/Meyer-Ottens* 1994] und [*Krämer* 1997]).

Decken mit vollständig frei liegenden bzw. mit teilweise frei liegenden Holzbalken

(z. B. gestreckte Windelbodendecken oder ganze Windelbodendecke, Tabelle 6.1.)

Diese Fälle kommen bei älteren Decken vor, sie sind nicht vorherrschend. Bei genügend großen Querschnitten werden die Forderungen nach F 30...F 60 erfüllt.

Verbesserung des Feuerwiderstandes

Verkleidung an der Unterseite

Der Beanspruchung von der Unterseite her wird durch Putz oder plattenförmige Bekleidung begegnet.

Putz erfordert einen arbeitsaufwendigen Nassprozess. Vorteilhaft werden Platten angebracht, z. B. Gipskartonplatten.

Die maximal zulässigen Spannweiten der Platten sind einzuhalten; Fugen und Anschlüsse an angrenzende Bauteile sind zu dichten, bei Gipskartonplatten zu verspachteln und zu bandagieren.

Wichtig sind zweckmäßige Befestigungsmittel, wie Schrauben, Breitkopfnägel, Leichtbauplattennägel usw. In bestimmten Fällen sind korrosionsgeschützte Befestigungsmittel notwendig.

Die Bilder 6.29. bis 6.32. zeigen Vorschläge zur Verbesserung des Feuerwiderstandes von älteren Holzbalkendecken. Ein einfaches Mittel, um den Feuerwiderstand der tragenden Holzbalken zu erhöhen, ist ein überstehender Feuerschutzstreifen, z. B. aus zementhaltigen oder Mineralfaserplatten (jeweils ohne organische Zusätze) unter oder gegebenenfalls auch auf den Balken (Bilder 6.30. und 6.31.).

Bekleidungen mit Gipskarton-Bauplatten F (nach DIN 18180), ein- oder mehrlagig, haben sich sehr bewährt.

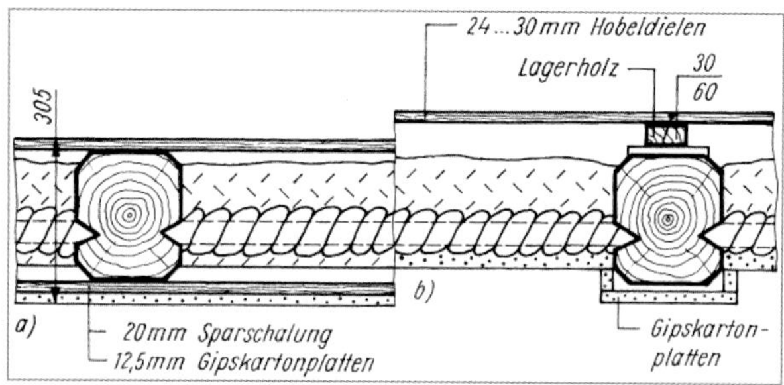

Legende

a) Bekleidung der Unterseite mit Gipskartonplatten auf Sparschalung (nach Ausgleich der meistens stark verformten Balken); Reparatur eventuell vorhandener Putzrisse in den Balkenfeldern; Feuerwiderstand: F 30

b) vorhandener Fußboden aufgenommen, auf 30/60 mm...40/80 mm Lagerhölzern (zur Verbesserung des Trittschallschutzes auf 12,5 mm Dämmstreifen legen) neu verlegt. Freiliegende Balkenunterseite mit Sokalit- oder Gipskartonplatten bekleidet (Fugen verspachteln und bandagieren; Feuerwiderstand: F 30)

Bild 6.29. Instand gesetzte Windelbodendecke

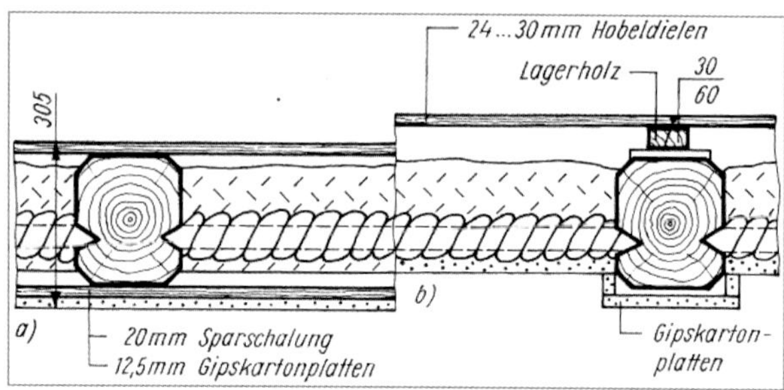

Bild 6.30. Verbesserung des Feuerwiderstandes bei einer instand gesetzten Holzbalkendecke; vorhandene Zwischendecke ausgebaut; neue Dämmmatten zweilagig eingebaut; Feuerschutzstreifen an Balkenunterkante, $F > 30$

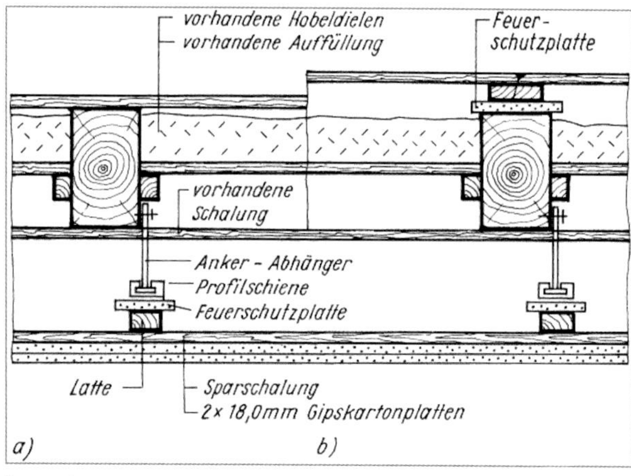

Legende

a) Balken und Zwischendecke unverändert belassen, sofern die vorhandenen Balken die zusätzliche Last der Unterdecke noch tragen. Sonst Decke entlasten (nach Bild 6.29.); abgehängte Unterdecke

b) wie Bild a, jedoch Hobeldielen auf Lagerholz und Asbest- bzw. anderem Feuerschutzstreifen

Bild 6.31. Holzbalkendecke mit Unterdecke bei ${}_{erf}F > 30$

Über die Wirkung von Unterdecken aus Gipskartonplatten auf den Feuerwiderstand, s. a. [*Kordina/Meyer-Ottens* 1994], [*Krämer* 1994], [*Loeser* 1980], [Planungsmappen der Plattenhersteller].

Mit untergehängten Decken (material- und kostenaufwendig) kann der Feuerwiderstand erhöht werden.

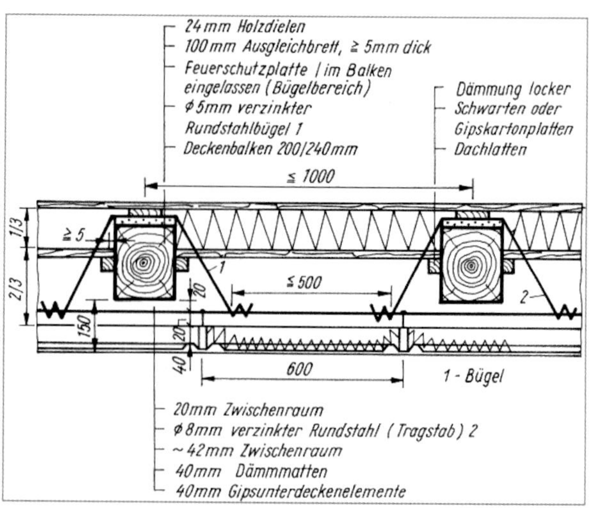

Bild 6.32. Untergehängte Brandschutzdecke, $F > 30$

Verkleidung von Holzunterzügen

Holzunterzüge sind Haupttragglieder. Es kann erforderlich werden, sie z. B. bei Rekonstruktion verkleiden zu müssen, um den Feuerwiderstand zu erhöhen. Das Bild 6.33. zeigt zwei Varianten:

- Putz auf Ziegeldrahtgewebe (auf Abstandsleisten, damit das Holz frei von Mörtel bleibt) oder
- Platten, z. B. Gipskartonplatten, angeschraubt, Fugen verspachtelt und bandagiert.

Nachträglich eingebaute Holzunterzüge mit einer Holzfeuchte $u > 18$ % dürfen erst verkleidet werden, wenn sie ausgetrocknet sind.

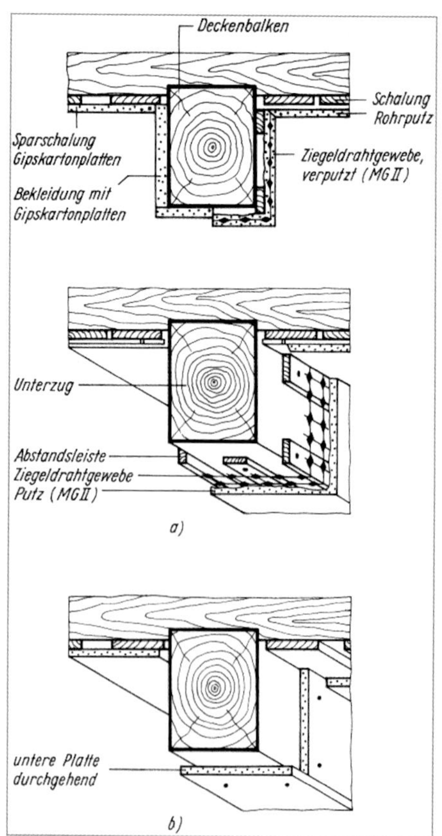

Legende

a) Putz auf Ziegeldrahtgewebe (F 30)

b) Verkleidung mit angeschraubten Platten (F 30)

Bild 6.33. Verkleidung von Holzunterzügen

Behandlung des Holzes mit chemischen Mitteln zum Schutz vor leichter Entflammbarkeit

Holzbalken und andere Holzteile der Decken wurden und werden auch heute in der Regel nicht mit chemischen Mitteln vor leichter Entflammbarkeit geschützt. Die Anwendung chemischer Feuerschutzmittel (Brandschutzbeschichtungen) ist sinnvoll, wenn

- das Risiko eines Entstehungsbrandes herabgesetzt und
- die Feuerausbreitung gehemmt werden soll, z. B. bei Deckenverkleidungen.

Durch die Anwendung schaumbildender Feuerschutzmittel kann die Eigenschaft „schwer entflammbar", d. h. Baustoffklasse B 1 nach DIN 4102-1 erreicht werden. Der Feuerwiderstand tragender Bauteile (z. B. Balken) lässt sich durch eine solche Behandlung nicht erhöhen. Feuerschutzmittel müssen einen bauaufsichtlichen Verwendbarkeitsnachweis haben.

Die Feuerschutzmittel sind keine Holzschutzmittel nach DIN 68800. Besteht eine Gefährdung durch tierische oder pflanzliche Holzschädlinge, muss diese Schutzbehandlung vor dem Auftrag des Feuerschutzmittels erfolgen. Durch den intensiven Salzeintrag in das Holz besteht bei hoher Luftfeuchte die Gefahr der chemischen Korrosion des Holzes (s. auch [*Lißner/Rug* 2018]).

6.12. Bemessung von Holzbalkendecken

6.12.1. Allgemeines

Die Balken als Haupttragglieder der Decken sind biegebeanspruchte Bauteile. Der Holzreichtum früherer Jahre führte zur Verwendung von großen Holzquerschnitten. Etwa ab 1860/70 verwendete man keine handbehauenen Balken mehr, sondern Schnitthölzer, die zudem entsprechend dem Wirkungsgrad des Widerstandsmomentes nicht mehr flach, sondern mit der Balkenhöhe senkrecht stehend eingebaut wurden (s. [*Lißner/Rug* 2018]).

Während bei Neubaudecken die Holzart frei gewählt werden kann, muss diese bei bestehenden Decken zweifelsfrei bestimmt werden. Außerdem ist die Sortierklasse des Altholzes durch eine Festigkeits-sortierung zu bestimmen. Schädigungen der Balken mit Einfluss auf die Trag- und Funktionsfähigkeit sind zu berücksichtigen. Die Bewertung des Zustandes der Balken wird häufig durch ihre verdeckte Lage erschwert. Hier können von erfahrenen Fachleuten angewendete zerstörungsarme Prüfverfahren hilfreich sein (s. [*Blaß* u. a. 2005 – *Ergänzende Erläuterungen zum Bauen im Bestand*], [*Lißner/Rug* 2018], [*Lißner/Rug* 2005], [*Görlacher* 1999], [*Winter/Held* 1996], [*Held/Winter* 1995], [*Rug/Held* 1995], [*Rug/Seemann* 1989]).

Die Grundlagen für die Berechnung biegebeanspruchter Bauteile nach der Methode der Grenzzustände („Kalte Bemessung") sind in Abschnitt 5.6.4. zusammengestellt.

Die Anwendung der mechanischen Kennwerte nach DIN 338, Tabelle 1 für Altholzbalken ist nur dann korrekt, wenn das verbaute Holz unter Beachtung der vorliegenden inneren und äußeren Schädigungen für Nadelholz in Anlehnung an DIN 4074-1 und für Laubholz in Anlehnung an DIN 4074-5 nach der Festigkeit sortiert bzw. klassifiziert wurde.

Für den Nachweis der Gebrauchstauglichkeit darf die zulässige Durchbiegung auf $\ell/200$ erhöht werden (s. a. [*Ergänzung zur Landesbauordnung Berlin* 1990]).

6.12.2. Bemessung nach DIN EN 1995-1-2:2010

Eine sogenannte „heiße" Bemessung von Holzbauteilen berücksichtigt die geforderte Feuerwiderstandsdauer im Brandfall bei der Bemessung der Bauteile. In Abhängigkeit von der Abbrandgeschwindigkeit des verwendeten Werkstoffes und der Brandeinwirkung wird damit sichergestellt, dass bei Einhaltung der Feuerwiderstandsdauer ein statisch tragfähiger Restquerschnitt erhalten bleibt.

Zweckmäßig ist die Anwendung des Verfahrens bei teilweise oder vollständig frei liegenden Balken.

Voraussetzung bei Altbauten ist, dass die Holzbalken einer Holzart und Sortierklasse nach DIN 4074-1 und DIN 4074-5 zweifelsfrei zugeordnet werden können (unter Berücksichtigung von möglichen Schädigungen und evtl. die Abbrandgeschwindigkeit beeinflussenden Faktoren).

Das Bemessungsverfahren für die „heiße" Bemessung beinhaltet zwei Möglichkeiten:

- vereinfachtes Verfahren mit ideellen Restquerschnitten,
- genaues Verfahren mit reduzierten Festigkeiten und Steifigkeiten.

Der wesentliche Unterschied zwischen den beiden Verfahren besteht darin, dass beim Näherungsverfahren ein Einfluss des Brandes auf die Festigkeit und Steifigkeit nicht genauer untersucht wird. Es wird näherungsweise ein ideeller Restquerschnitt berechnet, der sich aus der Abbrandrate und der gewünschten Feuerwiderstandsrate zuzüglich eines Zuschlages d_0 von 7 mm ergibt (s. a. Abschnitt 2.13. und Beispiel 6.2.).

Einschätzung des Feuerwiderstandes von unbekleidetem Vollholz

Mithilfe von Abbrandgeschwindigkeiten (Abbrandraten β_n) ist es möglich, den Abbrand zu berechnen.

Vereinfachtes Verfahren mit ideellen Restquerschnitten

Nach DIN EN 1995-1-2:2010, Abschnitt 4.2.2 (1) ist der ideelle Restquerschnitt aus dem Ausgangsquerschnitt und der berechneten Abbrandtiefe d_{ef} zu ermitteln. Für d_{ef} gilt Gl. (4.1)

$$d_{ef} = d_{char,n} + k_0 \cdot d_0$$

mit:

d_0 = 7 mm;

$d_{char,n}$ = $\beta_n \cdot t$; [DIN EN 1995-1-2:2010, Gl. (3.2)]

k_0 = für ungeschützte Oberflächen, für $t \geq 20$ Minuten ist $k_0 = 1{,}0$.

Mit d_{ef} werden die reduzierten Querschnittswerte wie beim genauen Verfahren berechnet. Die Festigkeit ist mit Gl. (2.1) in DIN EN 1995-1-2:2010 zu berechnen:

$$f_{m,d,fi} = k_{mod,fi} \cdot \frac{f_{20}}{\gamma_{M,fi}}$$

Für das vereinfachte Verfahren gilt nach DIN EN 1995-1-2:2010, Abschnitt 4.2.2 (5) für $k_{mod,fi} = 1{,}0$. Es gilt weiterhin $\gamma_{M,fi} = 1{,}0$ und für f_{20} Gl. (2.4).

Tabelle 6.8. Abbrandgeschwindigkeiten (Abbrandraten) zur Ermittlung des Abbrandes von Holz (DIN EN 1995-1-2:2010, Tabelle 3.1)

	Material	β_0	β_n
a)	**Nadelholz und Buche**		
	Brettschichtholz mit einer charakteristischen Rohdichte von ≥ 290 kg/m³	0,65	0,7
	Vollholz mit einer charakteristischen Rohdichte von ≥ 290 kg/m³	0,65	0,8
b)	**Laubholz**		
	Vollholz oder Brettschichtholz mit einer charakteristischen Rohdichte von ≥ 290 kg/m³	0,65	0,7
	Vollholz oder Brettschichtholz mit einer charakteristischen Rohdichte von ≥ 450 kg/m³	0,50	0,55
c)	**Furnierschichtholz**		
	Mit einer charakteristischen Rohdichte von ≥ 480 kg/m³	0,65	0,7
d)	**Platten**		
	Holzbekleidungen	0,9[a]	-
	Sperrholz	1,0[a]	-
	Holzwerkstoffplatten außer Sperrholz	0,9[a]	-

$\beta_{0,\rho,t} = \beta_0 \cdot k_\rho \cdot k_h$ DIN EN 1995-1-2:2010, Gl. (3.4)]

Dabei ist:

$k_\rho = \sqrt{\frac{450}{\rho_k}}$ [DIN EN 1995-1-2:2010, Gl. (3.5)]

$k_h = \sqrt{\frac{20}{h_p}}$ [DIN EN 1995-1-2:2010, Gl. (3.6)]

mit $\beta_{0,\rho,t}$ korrigierte Abbrandrate;

ρ_k charakteristischer Wert der Rohdichte entsprechend; den jeweiligen Angaben der Holzwerkstoffnormen, in kg/m³;

h_p Plattendicke, in mm.

a Die Werte gelten für eine charakteristische Rohdichte von 450 kg/m³ und eine Werkstoffdicke von 20 mm, für andere Werkstoffdicken und Rohdichten, s. Abschnitt 3.4.2 (9).

Genaues Verfahren mit reduzierten Festigkeiten und Steifigkeiten

In Abhängigkeit von der geforderten Feuerwiderstandsdauer wird beim genauen Verfahren die ideelle Abbrandtiefe, wie auch beim Näherungsverfahren, nach Gl. (3.2) in DIN EN 1995-1-2:2010 ermittelt.

$$d_{char,n} = \beta_n \cdot t$$

t geforderte Feuerwiderstandsdauer in Minuten.

Für β_n gelten die Abbrandraten nach Tabelle 6.8.

Der reduzierte Querschnitt ergibt sich zu

a) dreiseitige Brandbeanspruchung

$$b_0 = b - 2 \cdot d_{char,n}$$

$$h_0 = h - d_{char,n}$$

b) vierseitige Brandbeanspruchung

$$b_0 = b - 2 \cdot d_{char,n}$$

$$h_0 = h - 2 \cdot d_{char,n}$$

Mit der reduzierten Breite und Höhe wird das reduzierte $W_{r,y}$ berechnet.

Die Biegebeanspruchung ergibt sich dann aus dem maßgebenden Biegemoment und dem Widerstandsmoment des reduzierten Querschnittes:

$$\sigma_{m,d,y} = \frac{M_{y,d}}{W_{r,y}} \quad \text{mit} \quad W_{r,y} = \frac{b_0 \cdot h_0^2}{6}$$

Für den Nachweis der Tragfähigkeit bei Biegebeanspruchung sind die Festigkeiten nach Gl. (2.1) in DIN EN 1995-1-2:2010 zu berechnen. Es gilt:

$$f_{m,d,fi} = k_{mod,fi} \cdot \frac{f_{20}}{\gamma_{M,fi}}$$

nach Gl. (2.4) ist $f_{20} = k_{fi} \cdot f_{m,k}$

mit:

f_{20} 20-%-Fraktile einer Festigkeitseigenschaft bei Normaltemperatur berücksichtigt als Faktor die Umrechnung der 5-%-Fraktilwerte in 20-%-Fraktilwerte. Die Werte hierfür sind in Abhängigkeit von der Holzart in Tabelle 2.1 der DIN EN 1995-1-2 aufgelistet;

k_{fi} Faktor nach Tabelle 2.1 in DIN EN 1995-1-2:2010;

$f_{m,k}$ charakteristischer Wert der Festigkeit nach DIN EN 338, Tabelle 1;

$\gamma_{M,fi}$ 1,0;

$k_{mod,fi}$ Modifikationsbeiwert zur Berücksichtigung des Einflusses der Temperatur auf die Festigkeit, wird nach den Gleichungen (4.2 bis 4.4) ermittelt oder aus einer Grafik (Bild 4.3.) in Abschnitt 4.2.3 (4) der DIN EN 1995-1-2 entnommen.

Für die Biegefestigkeit wird $k_{mod,fi}$ nach Gl. (4.2) in der DIN EN 1995-1-2:2010 berechnet.

$$k_{mod,fi} = 1{,}0 - \frac{1}{200} \cdot \frac{p}{A_r}$$

mit:

p Umfang des Restquerschnittes der beflammten Seiten, in m;

A_r Fläche des Restquerschnittes, in m².

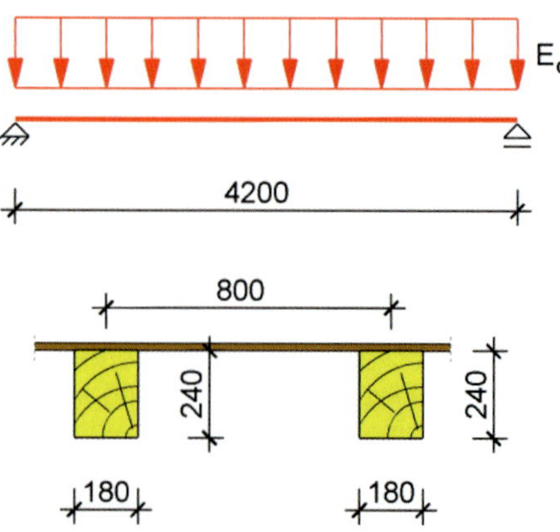

Bild 6.34. Altbaudecke

Beispiel 6.1. (nach DIN EN 1995-1-1:2010)

Eine Altbau-Decke mit Vollholzbalken (Träger auf zwei Stützen) aus Kiefernholz (Altholz kann zweifelsfrei der Sortierklasse NH S10 = C24 nach DIN 4174-1 zugeordnet werden), 60 Jahre eingebaut, unterliegt einem dreiseitigen Abbrand (s. Bild 6.34.).

Gegeben:

Kiefernholz C24 nach DIN 4174-1
(durch Festigkeitssortierung vor Ort bestätigt)

Balkenquerschnitt: 180/240 mm
Balkenabstand: $a = 0{,}80$ m
Stützweite: $\ell = 4{,}20$ m

Charakteristische Werte der Beanspruchung:

$G_{k,1} = 2{,}0\ \text{kN/m}^2$

$Q_{k,1} = 2{,}0\ \text{kN/m}^2$

Es soll nach DIN EN 1995-1-2:2010 untersucht werden, ob die unbekleideten Balken bei voller Verkehrslast bei dreiseitiger Brandbeanspruchung nach 30 min Brandzeit noch standsicher sind.

Bemessungswert der Beanspruchung:

Kombinationswerte für die Einwirkungen nach DIN EN 1990/NA: 2010 entfällt bei nicht mehr als einer veränderlichen Einwirkung.

[DIN EN 1990, Gl. (6.10c)]

$$E_d = \gamma_{G,1} \cdot G_{k,1} + 1{,}5 \cdot \gamma_{Q,1} \cdot Q_{k,1} + \sum \psi_{2,i} \cdot Q_{k,i}$$

$$E_d = 1{,}35 \cdot 2{,}0 + 1{,}5 \cdot 2{,}0 = 5{,}7\ \text{kN/m}^2$$

mit: $A_d = 0$

$$E_{fi,d} = E_d \cdot a = 5{,}7 \cdot 0{,}8 = 4{,}56\ \text{kN/m}$$

Die Einwirkung im Brandfall wird nach der Regel in DIN EN 1991-1-2, Abschnitt 4.3.2 aus der Beanspruchung unter Normaltemperatur (kalte Bemessung durch Abminderung) mit η_{fi} ermittelt.

$$E_{fi,d} = \eta_{fi} \cdot E_d$$ [DIN EN 1991-1-2, Gl. (4.1)]

Mit $\eta_{fi} = 0{,}6$ nach DIN EN 1995-1-2/NA, NDP zu 2.4.2 (3) wird der Bemessungswert der Einwirkung zu:

$$E_{fi,d} = 0{,}6 \cdot 4{,}56 = 2{,}74\ \text{kN/m}\ .$$

Lösung:

a) Vereinfachtes Verfahren (Bemessung mit reduzierten Querschnitten):

Berechnung Abbrandtiefe:

$d_{ef} = d_{char,n} + k_0 \cdot d_0$ [DIN EN 1995-1-2, Gl. (4.1)]

$d_0 = 7$ mm [DIN EN 1995-1-2, Abschnitt 4.2.2]

$k_0 = 1{,}0\ (t \geq 20\ \text{min})$ [DIN EN 1995-1-2, Tabelle 4.1]

$\beta_n = 0{,}8$ mm/min [DIN EN 1995-1-2, Tabelle 3.1]

$d_{char,n} = \beta_n \cdot t = 0{,}8 \cdot 30 = 24$ mm [DIN EN 1995-1-2, Gl. (3.2)]

$d_{ef} = 24 + 7 = 31$ mm

Reduzierte Querschnittswerte:

$$b_0 = b - 2 \cdot d_{ef} = 180 - 2 \cdot 31 = 118\ \text{mm}$$

$$h_0 = h - d_{ef} = 240 - 31 = 209\ \text{mm}$$

$$W_{r,y} = \frac{b_0 \cdot h_0^2}{6} = \frac{118 \cdot 209^2}{6} = 8{,}59 \cdot 10^5\ \text{mm}^3$$

Biegemoment:

$$_{\max}M_{y,d} = \frac{E_d \cdot \ell^2}{8} = \frac{2{,}74 \cdot 4{,}2^2}{8} = 6{,}04\ \text{kNm}$$

Bemessungswert der Biegespannung:

$$\sigma_{m,y,d} = \frac{_{\max}M_{y,d}}{W_{r,y}} = \frac{6{,}04 \cdot 10^6}{8{,}59 \cdot 10^5} = 7{,}00\ \text{N/mm}^2$$

Charakteristischer Wert der Biegespannung:

$f_{m,k} = 24\ \text{N/mm}^2$ [DIN EN 338, Tabelle 1]

Bemessungswert der Biegefestigkeit nach DIN EN 1995-1-2:2010, Abschnitt 4.4.2 (5) mit $k_{mod,fi} = 1{,}0$ *und* $\gamma_{M,fi} = 1{,}0$:

$$f_{m,d,fi} = k_{mod,fi} \cdot \frac{f_{20}}{\gamma_{M,fi}}$$ [DIN EN 1995-1-2, Gl. (2.1)]

$f_{20} = k_{fi} \cdot f_{m,k} = 1{,}25 \cdot 24 = 30\ \text{N/mm}^2$ [DIN EN 1995-1-2, Gl. (2.4)]

$k_{fi} = 1{,}25$ [DIN EN 1995-1-2, Tabelle 2.1]

$$f_{m,d,fi} = 1{,}0 \cdot \frac{30}{1{,}0} = 30{,}00\ \text{N/mm}^2$$

Nachweis Tragfähigkeit nach Gl. (6.11) in DIN EN 1995-1-1:2010 für $\sigma_{m,z,d} = 0$:

$$\frac{\sigma_{m,y,d}}{f_{m,y,g,fi}} = \frac{7{,}0}{30} = 0{,}23 < 1{,}0$$ **⇒ Nachweis erfüllt!**

b) Genaueres Verfahren (Bemessung mit reduzierten Eigenschaften):

Berechnung der Abbrandtiefe:

$d_{char,n} = \beta_n \cdot t = 0{,}8 \cdot 30 = 24$ mm [DIN EN 1995-1-2, Gl. (3.2)]

Reduzierte Querschnittswerte:

$b_0 = b - 2 \cdot d_{char,n} = 180 - 2 \cdot 24 = 132$ mm (s. Bild 6.28.d`)

$$h_0 = h - d_{char,n} = 240 - 24 = 216\ \text{mm}$$

$$W_{r,y} = \frac{b_0 \cdot h_0^2}{6} = \frac{132 \cdot 216^2}{6} = 10{,}26 \cdot 10^5\ \text{mm}^3$$

Biegemoment:

$$_{\max}M_{y,d} = \frac{E_d \cdot \ell^2}{8} = \frac{2{,}74 \cdot 4{,}2^2}{8} = 6{,}04\ \text{kNm}$$

Bemessungswert der Biegespannung:

$$\sigma_{m,y,d} = \frac{_{\max}M_{y,d}}{W_{r,y}} = \frac{6{,}04 \cdot 10^6}{10{,}26 \cdot 10^5} = 5{,}89\ \text{N/mm}^2$$

Charakteristischer Wert der Biegespannung:

$f_{m,k} = 24\ \text{N/mm}^2$ [DIN EN 338, Tabelle 1]

Bemessungswert der Biegefestigkeit:

mit $\gamma_{M,fi} = 1{,}0$ nach DIN EN 1995-1-2, 2.3 (ANMERKUNG 2)

$$f_{m,d,fi} = k_{mod,fi} \cdot \frac{f_{20}}{\gamma_{M,fi}}$$ [DIN EN 1995-1-2, Gl. (2.1)]

$f_{20} = k_{fi} \cdot f_{m,k} = 1{,}25 \cdot 24 = 30\ \text{N/mm}^2$ [DIN EN 1995-1-2, Gl. (2.4)]

$k_{fi} = 1{,}25$ [DIN EN 1995-1-2, Tabelle 2.1]

Für die Biegefestigkeit wird $k_{mod,fi}$ *nach DIN EN 1995-1-2, Abschnitt 4.2.3 (3) berechnet:*

$$k_{mod,fi} = 1{,}0 - \frac{1}{200} \cdot \frac{p}{A_r}$$ [DIN EN 1995-1-2, Gl. (4.2)]

$$p = 2 \cdot h_0 + b_0 = 2 \cdot 216 + 132 = 564\ \text{mm} = 0{,}564\ \text{m}$$

$$A_r = b_0 \cdot h_0 = 132 \cdot 216 = 2{,}851 \cdot 10^4\ \text{mm}^2 = 0{,}0285\ \text{m}^2$$

$$\frac{p}{A_r} = \frac{0,564}{0,0285} = 19,79$$

$$k_{mod,fi} = 1,0 - \frac{1}{200} \cdot 19,79 = 0,901$$

$$f_{m,d,fi} = 0,901 \cdot \frac{30}{1,0} = 27,03 \text{ N/mm}^2$$

Nachweis Tragfähigkeit nach Gl. (6.11) und Gl. (6.12) in DIN EN 1995-1-1:2010 für $\sigma_{m,z,d} = 0$ *und* $k_m = 1,0$:

$$\frac{\sigma_{m,y,d}}{f_{m,d,fi}} = \frac{5,89}{27,36} = 0,22 < 1,0 \quad \Rightarrow \textbf{Nachweis erfüllt!}$$

6.12.3. Schwingungen von Wohnungsdecken nach DIN EN 1995-1-1:2010, Abschnitt 7.7.3

Prinzipiell kann das Schwingungsverhalten einer Decke nach EC 5 durch Messung oder Berechnung abgeschätzt werden. Für Decken in Wohngebäuden gelten die in Abschnitt 7.2 des EC 5 angeführten Nachweise, um sicherzustellen, dass unzulässige Schwingungen die Funktion der Decke nicht beeinträchtigen. Bild 6.35. zeigt noch einmal den prinzipiellen Ablauf.

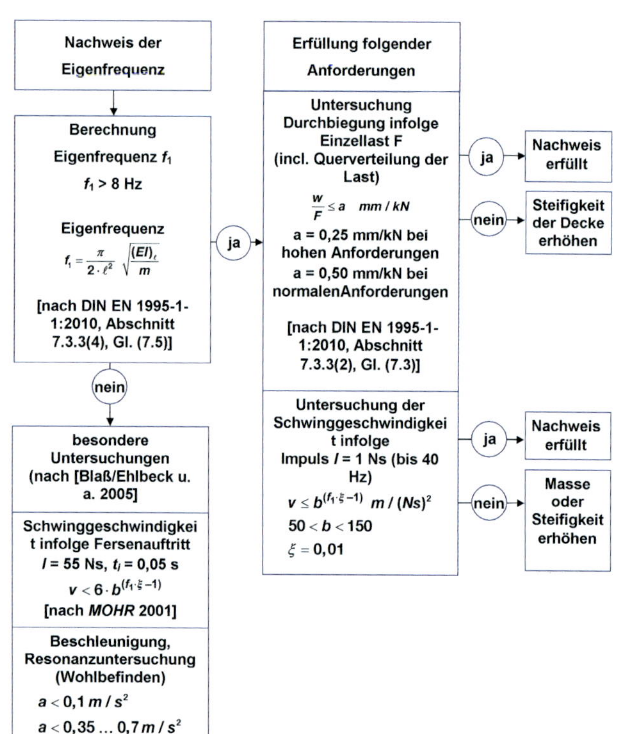

Bild 6.35. Nachweis Schwingungen von Wohnungsdecken nach DIN EN 1995-1-1:2010, Abschnitt 7.3.3

Es finden sich weitere Nachweise im Abschnitt 2.5 des Buches, insbesondere Tabelle 2.22. (s. auch nachfolgende Beispiele).

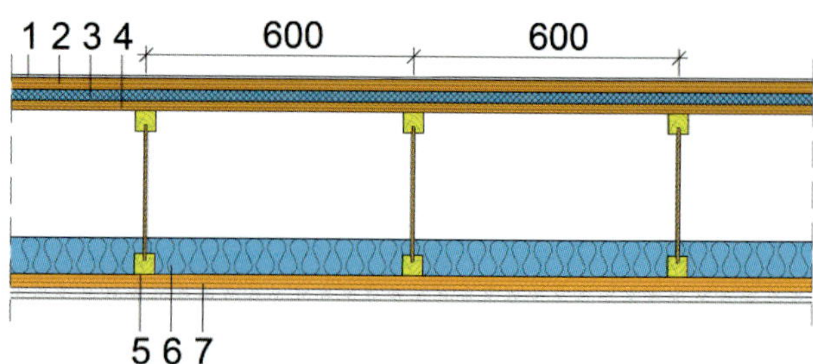

Legende
1. Belag,
2. Fußbodenverlegeplatte (Spanplatte - V 100),
3. Trittschallmatte,
4. 22 mm BFU Platte Kerto-Q,
5. Profilbalken FJI 45,
6. Mineralwolle 80 mm,
7. Unterdecke mit GKF-aPlatten

Bild 6.36. Deckenquerschnitt des Typs FJI_I 45/360 nach ETA-02/0026

Beispiel 6.2. **(DIN EN 1995:2010)**

Fortsetzung des Beispiels 2.3. (nach DIN EN 1995-1-1:2010)

Die statischen Nachweise der Erdgeschossdecke eines Einfamilienhauses sind zu führen. Als Deckenbalken sollen I-förmige Profilträger verwendet werden. Die Spannweite beträgt 4,2 m. Für die I-Balken liegt eine europäisch technischen Zulassung ETA-02/0026 auf der Grundlage der DIN EN 1995-1-1:2010 vor. Dieser Zulassung können die charakteristischen Widerstandsgrößen entnommen werden. Die nach DIN EN 1995-1-1:2010 ermittelten Bemessungswerte der Schnittgrößen (M_d und V_d) werden den Widerstandsgrößen dann gegenübergestellt.

Gewählt:

Deckenbalken Typ FJI_I 45/360, Höhe 360 mm, Zulassung Nr. ETA-02/0026 (Gurt: Furnierschichtholz und Steg aus OSB-Platte); Balkenabstand $e = 0,6$ m

Nachweis der Tragfähigkeit

Bemessungswerte der Schnittgrößen:

$$A_d = B_d = V_d = 3,23 \text{ kN/m} \cdot 4,2 \text{ m} \cdot 0,5 = 6,78 \text{ kN}$$

$$M_d = \frac{3,23 \text{ kN/m} \cdot 4,2^2}{8} = 7,12 \text{ kNm}$$

Bemessungswerte der Widerstände nach ETA 02/0026:

Nkl. 1, KLED „mittel“

$\Rightarrow k_{mod,b} = 0,80$ für Nachweise auf Biegung, Zug, Druck, Auflagerpressung

$\Rightarrow k_{mod,v} = 0,72$ für Nachweise auf Schub

$\Rightarrow \gamma_M = 1,3$ (für ständige und vorübergehende Bemessungssituationen)

Nachweis des aufnehmbaren Biegemomentes nach Tabelle 2-4

mit $M_{R,k}$ aus der ETA 02/0026

$$M_{R,d} = \frac{k_{mod,b} \cdot M_{R,k}}{\gamma_M} = \frac{0,8 \cdot 15,51}{1,3} = 9,54 \text{ kNm}$$

$$\frac{M_d}{M_{R,d}} = \frac{7,12}{9,54} = 0,75 < 1,0$$

Nachweis der aufnehmbaren Querkraft nach Tabelle 2-4

$$V_{R,d} = \frac{k_{mod\,bv} \cdot V_{R,k}}{\gamma_M} = \frac{0,7 \cdot 15,94}{1,3} = 8,58 \text{ kN}$$

$$\frac{V_d}{V_{R,d}} = \frac{6,78}{8,58} = 0,79 < 1,0$$

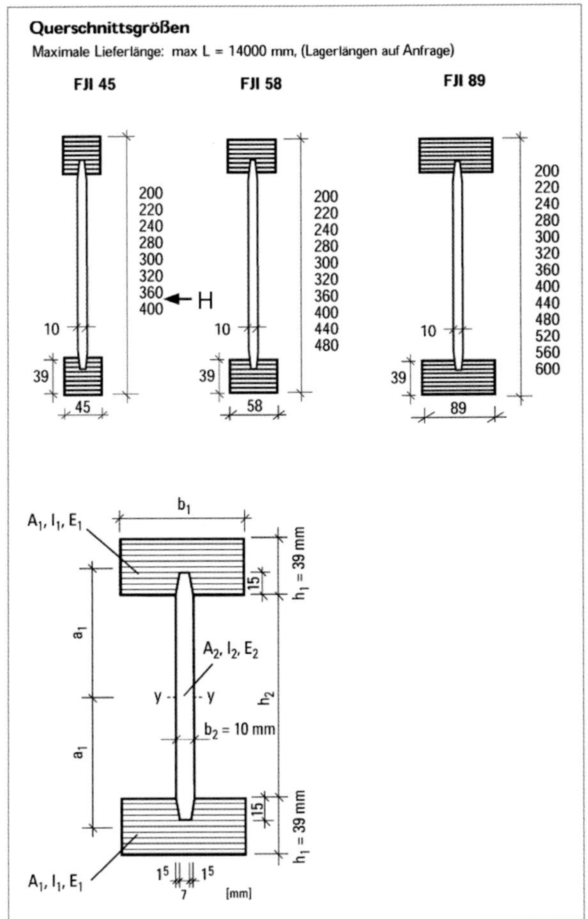

Bild 6.37. Querschnitt gemäß Planungsmappe

Im Folgenden sollen die Ergebnisse der Bemessung nach den Bemessungstabellen der europäischen technischen Zulassung einer Bemessung nach Abschnitt 9.1.1 der DIN EN 1995-1-1:2010 gegenübergestellt werden.

Nachweis der Tragfähigkeit nach den Regeln der DIN EN 1995-1-1:2010, Abschnitt 9.1.1

Schnittgrößen:

$A_d = B_d = V_d = 6{,}72\,\text{kN}$

$M_d = 7{,}06\,\text{kNm}$

Materialkennwerte nach ETA 02/0024 vorhanden vom 26.08.2013:

Finnjoist I-Träger, FJI Typ 45/360 nach ETA-02/0026:

Gurte:

$f_{m,k} = 48\,\text{N/mm}^2$

$f_{t,0,k} = 35\,\text{N/mm}^2$

$f_{c,0,k} = 35\,\text{N/mm}^2$

$E_{0,05} = 11600\,\text{N/mm}^2$

$E_{\text{mean}} = 13\,800\,\text{N/mm}^2$

Steg:

OSB/3-Platte:

$k_{\text{mod}} = 0{,}7$ bei KLED „mittel" und Nkl. 1 [DIN EN 1995-1-1, Tab. 3.1]

$k_{\text{def}} = 1{,}5$ bei Nkl. 1 [DIN EN 1995-1-1, Tab. 3.2]

$f_{t,0,k} = 7{,}2\ \text{N/mm}^2 = f_{m,k}$

$f_{c,0,k} = 12{,}9\,\text{N/mm}^2$

$f_{v,k} = 6{,}8\,\text{N/mm}^2$

$f_{vr,k} = 2{,}4\,\text{N/mm}^2$

$E_{\text{mean}} = 3000\,\text{N/mm}^2$

$G_{\text{mean}} = 1080\,\text{N/mm}^2$

Nach Abschnitt 3.1.3 (2) ist k_{mod} für KLED „mittel" aus Tabelle 3.1 zu entnehmen.

Folgende Indizes werden verwendet:

$t = 0$ Anfangszustand
$t = \infty$ Endzustand
f Gurt, Flansch
w Steg
ef wirksam, effektiv
glue Klebefläche

Nach Abschnitt 2.4 in der DIN EN 1995-1-1:2010 sind die Werte für den Grenzzustand der Tragfähigkeit nach Gl. (2.15), (2.16) durch $\gamma_M = 1{,}3$ zu dividieren.

Da die Bauteile aus Materialien mit unterschiedlichen Kriecheigenschaften bestehen, muss nach Abschnitt 2.3.2 der DIN EN 1995-1-1:2010 der Anfangs- und der Endzustand betrachtet werden.

Nach Abschnitt 2.4.1 (2) P und 2.3.2.2 (2) der DIN EN 1995-1-1: 2010 ergeben sich demnach folgende Werte:

Anfangszustand $t = 0$

$$E_{f,t=0} = \frac{E_{\text{mean}}}{\gamma_M}$$ [DIN EN 1995-1-1, Gl. (2.15)]

$$E_{f,t=0} = \frac{13800}{1{,}3} = 10615\,\text{N/mm}^2$$

$$E_{w,t=0} = \frac{3000}{1{,}3} = 2308\,\text{N/mm}^2$$

$$G_{w,t=0} = \frac{1080}{1{,}3} = 831\,\text{N/mm}^2$$

Endzustand $t = \infty$

$$E_{f,t=\infty} = \frac{E_{f/w,t=0}}{1+\psi_2 \cdot k_{\text{def}}}$$ [DIN EN 1995-1-1, Gl. (2.10)]

$\psi_2 = 0{,}3$ nach DIN EN 1990/NA:2010-12, NDP zu A.1.2.2, Tabelle NA.A.1.1

Für Nutzungsklasse 1 erhält man aus Tabelle 3.2 $k_{\text{def}} = 0{,}6$ für Kerto und $k_{\text{def}} = 1{,}5$ für OSB/3 (s. a. ETA)

$$E_{f,t=\infty} = \frac{10615}{1+0{,}3\cdot 0{,}6} = 8995{,}76\,\text{N/mm}^2$$

$$E_{w,t=\infty} = \frac{2308}{1+0{,}3\cdot 1{,}5} = 1591{,}72\,\text{N/mm}^2$$

$$G_{w,t=\infty} = \frac{831}{1+0{,}3\cdot 1{,}5} = 573{,}10\,\text{N/mm}^2$$

$$a_1 = \frac{H}{2} - \frac{h_1}{2} = \frac{360}{2} - \frac{39}{2} = 160{,}5\,\text{mm}$$

Steifigkeitswerte für die Nachweise zum Zeitpunkt $t = 0$

Bei der Berechnung der Querschnittswerte wird die eingeklebte Stegfläche vernachlässigt.

$$E \cdot I_{\text{ef},y,t=0} = 2 \cdot E_{f,t=0} \cdot \left(I_f + A_f \cdot a_1^2\right) + E_{w,t=0} \cdot I_w$$

$$E \cdot I_{\text{ef},y,t=0} = 2 \cdot E_{f,t=0} \left(\frac{b_f \cdot h_f^3}{12} + b_f \cdot h_f \cdot a^2\right) + E_{w,t=0} \cdot \frac{b_2 \cdot h_2^3}{12}$$

$$E \cdot I_{ef,y,t=0} = 2 \cdot 10615 \left(\frac{45 \cdot 39^3}{12} + 45 \cdot 39 \cdot 160{,}5^2 \right) + 2308 \cdot \frac{10 \cdot 282^3}{12}$$

$$E \cdot I_{ef,y,t=0} = 1{,}008 \cdot 10^{12} \text{ Nmm}^2$$

$$E \cdot S_{ef,f,t=0} = E_{f,t=0} \cdot A_f \cdot a_1 = 10615 \cdot 45 \cdot 39 \cdot 160{,}5 = 2{,}990 \cdot 10^9 \text{ Nmm}$$

$$E \cdot S_{ef,y,t=0} = E \cdot S_{ef,f,t=0} + E_{w,t=0} \cdot \frac{A_w}{2} \cdot \frac{h_w}{4}$$

$$E \cdot S_{ef,y,t=0} = 2{,}990 \cdot 10^9 + 2308 \cdot \frac{10 \cdot 282}{2} \cdot \frac{282}{4} = 3{,}219 \cdot 10^9 \text{ Nmm}$$

Steifigkeitswerte für die Nachweise zum Zeitpunkt $t \Rightarrow \infty$

$$E \cdot I_{ef,y,t=\infty} = 2 \cdot E_{f,t=\infty} \cdot \left(I_f + A_f \cdot a_1^2 \right) + E_{w,t=\infty} \cdot I_w$$

$$E \cdot I_{ef,y,t=\infty} = 2 \cdot 8995{,}76 \cdot \left(\frac{45 \cdot 39^3}{12} + 45 \cdot 39 \cdot 160{,}5^2 \right) + 1591{,}72 \cdot \frac{10 \cdot 282^3}{12}$$

$$E \cdot I_{ef,y,t=\infty} = 8{,}47 \cdot 10^{11} \text{ Nmm}^2$$

$$E \cdot S_{ef,f,t=\infty} = E_{f,t=\infty} \cdot A_f \cdot a_1 = 8995{,}76 \cdot 45 \cdot 39 \cdot 160{,}5 = 2{,}534 \cdot 10^9 \text{ Nmm}$$

$$E \cdot S_{ef,y,t=\infty} = E \cdot S_{ef,f,t=\infty} + E_{w,t=\infty} \cdot \frac{A_w}{2} \cdot \frac{h_w}{4}$$

$$E \cdot S_{ef,y,t=\infty} = 2{,}534 \cdot 10^9 + 1591{,}72 \cdot \frac{10 \cdot 282}{2} \cdot \frac{282}{4} = 2{,}692 \cdot 10^9 \text{ Nmm}$$

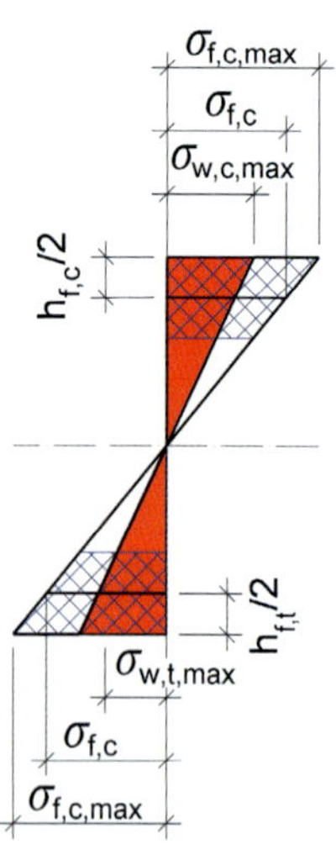

Spannung bzw. Höhe	t=0	t=∞
$\sigma_{w,c,max}$	2,30 N/mm²	1,89 N/mm²
$\sigma_{w,t,max}$	2,30 N/mm²	1,89 N/mm²
$\sigma_{f,c}$	12,03 N/mm²	12,14 N/mm²
$\sigma_{t,c}$	12,03 N/mm²	12,14 N/mm²
$\sigma_{f,c,max}$	13,50 N/mm²	13,61 N/mm²
$\sigma_{f,t,max}$	13,50 N/mm²	13,61 N/mm²
$h_{f,c}/2$ bzw. $h_{f,t}/2$ (= $h_1/2$)		19,5 mm

Bild 6.38. Spannungsbild

Tragfähigkeitsnachweis zum Zeitpunkt $t = 0$

Bemessungswert der Biegerandspannung-Gurt

$$\sigma_{f,c,max,d} = \sigma_{f,t,max,d} = \frac{M_d}{E \cdot I_{ef,y,t=0}} \cdot \frac{H}{2} \cdot E_{f,t=0}$$

$$\sigma_{f,c,max,d} = \sigma_{f,t,max,d} = \frac{7{,}12 \cdot 10^6}{1{,}008 \cdot 10^{12}} \cdot \frac{360}{2} \cdot 10615 = 13{,}50 \text{ N/mm}^2$$

Bemessungswert der Schwerpunktspannung-Gurt

$$\sigma_{t,c,d} = \sigma_{f,t,d} = \frac{M_d}{E \cdot I_{ef,y,t=0}} \cdot a_1 \cdot E_{f,t=0}$$

$$\sigma_{t,c,d} = \sigma_{f,t,d} = \frac{7{,}12 \cdot 10^6}{1{,}008 \cdot 10^{12}} \cdot 160{,}5 \cdot 10615 = 12{,}03 \text{ N/mm}^2$$

Kippnachweis

Der Obergurt des Trägers ist durch die Deckenscheibe kontinuierlich gehalten. Kippen nicht maßgebend nach Abschnitt 9.1.1 (3)!

k_c in Gl. (9.3) $= 1{,}0$

$$\Rightarrow \sigma_{f,c,d} = \sigma_{f,t,d} = 12{,}03 \text{ N/mm}^2$$

Bemessungswert der Biegerandspannung-Steg

$$\sigma_{w,c,max,d} = \sigma_{w,t,max,d} = \frac{M_d}{E \cdot I_{ef,y,t=0}} \cdot \frac{h_w}{2} \cdot E_{w,t=0}$$

$$\sigma_{w,c,max,d} = \sigma_{w,t,max,d} = \frac{7{,}12 \cdot 10^6}{1{,}008 \cdot 10^{12}} \cdot \frac{282}{2} \cdot 2308 = 2{,}30 \text{ N/mm}^2$$

Bemessungswert der Schubspannung im Steg

$$\tau_{w,d} = \frac{V_d \cdot E \cdot S_{ef,y,t=0}}{E \cdot I_{ef,y,t=0} \cdot b_2} = \frac{6{,}78 \cdot 10^3 \cdot 3{,}219 \cdot 10^9}{1{,}008 \cdot 10^{12} \cdot 10} = 2{,}17 \text{ N/mm}^2$$

Vereinfachter Nachweis für Schub- und Biegebeulen nach Abschnitt 9.1.1 (7):

$h_w \le 70 \cdot b_w = 282 \le 70 \cdot 10 = 700$ [DIN EN 1995-1-1, Gl. (9.8)]

und

[DIN EN 1995-1-1, Gl. (9.9)]

$$V_d \le b_w \cdot h_w \cdot \left(1 + \frac{0{,}5 \cdot (h_{f,t} + h_{f,c})}{h_w} \right) \cdot f_{v,0,d}$$

da $h_w = 282 < 35 \cdot b_w = 350$ mm

Bemessungswert der Schubfestigkeit

$$f_{v,d} = \frac{k_{mod} \cdot f_{v,k}}{\gamma_M} = \frac{0{,}7 \cdot 6{,}8}{1{,}3} = 3{,}66 \text{ N/mm}^2$$

$$6720 \le 10 \cdot 282 \cdot \left(1 + \frac{0{,}5 \cdot (39 + 39)}{282} \right) \cdot 3{,}66 = 11748{,}6 \text{ N}$$

⇒ vereinfachter Beulnachweis erbracht!

Nachweis Scherfestigkeit-Klebefuge nach Abschnitt 9.1.1 (8):

Bemessungswerte der Rohschubfestigkeit

$$f_{v,r,d} = \frac{k_{mod} \cdot f_{v,r,k}}{\gamma_M} = \frac{0{,}8 \cdot 2{,}4}{1{,}3} = 1{,}48$$

$$\tau_{ef,d} = \frac{V_d \cdot E \cdot S_{ef,f,t=0}}{2 \cdot h_{glue} \cdot E \cdot I_{ef,y,t=0}} = \frac{6{,}78 \cdot 10^3 \cdot 2{,}99 \cdot 10^9}{2 \cdot 15 \cdot 1{,}008 \cdot 10^{12}} = 0{,}67 \text{ N/mm}^2$$

mit b_{ef} nach Gl. (9.11)

$$b_{ef} = b_w/2 = 5 \text{ mm}$$

$$h_{gene} = 15 < 4{,}0 \cdot b_{ef} < 4{,}0 \cdot 5 = 20 \text{ mm}$$

folgt:

$\tau_{ef,d} \le f_{v,r,d} \rightarrow 0{,}67 < 1{,}48$ N/mm² [DIN EN 1995-1-1, Gl. (9.10)]

⇒ Nachweis erfüllt!

Tragfähigkeitsnachweis zum Zeitpunkt $t = \infty$

Bemessungswert der Biegerandspannung-Gurt

$$\sigma_{f,c,max,d} = \sigma_{f,t,max,d} = \frac{M_d}{E \cdot I_{ef,y,t=\infty}} \cdot \frac{H}{2} \cdot E_{f,t=\infty}$$

$$\sigma_{f,c,max,d} = \sigma_{f,t,max,d} = \frac{7{,}12 \cdot 10^6}{8{,}47 \cdot 10^{11}} \cdot \frac{360}{2} \cdot 8995{,}76 = 13{,}61\,\text{N/mm}^2$$

Bemessungswert der Schwerpunktsspannung-Gurt

$$\sigma_{t,c,d} = \sigma_{f,t,d} = \frac{M_d}{E \cdot I_{ef,y,t=\infty}} \cdot a_1 \cdot E_{f,t=\infty}$$

$$\sigma_{t,c,d} = \sigma_{f,t,d} = \frac{7{,}12 \cdot 10^6}{8{,}47 \cdot 10^{11}} \cdot 160{,}5 \cdot 8995{,}76 = 12{,}14\,\text{N/mm}^2$$

Kippnachweis

Der Obergurt des Trägers ist durch die Deckenscheibe kontinuierlich gehalten. Kippen nicht maßgebend!

k_c in Gl. (9.3) $= 1{,}0$

$$\Rightarrow \sigma_{f,c,d} = \sigma_{f,t,d} = 12{,}14\,\text{N/mm}^2$$

Bemessungswert der Biegerandspannung-Steg

$$\sigma_{w,c,max,d} = \sigma_{w,t,max,d} = \frac{M_d}{E \cdot I_{ef,y,t=\infty}} \cdot \frac{h_w}{2} \cdot E_{w,t=\infty}$$

$$\sigma_{w,c,max,d} = \sigma_{w,t,max,d} = \frac{7{,}12 \cdot 10^6}{8{,}47 \cdot 10^{11}} \cdot \frac{282}{2} \cdot 1591{,}72 = 1{,}89\,\text{N/mm}^2$$

Bemessungswert der Schubspannung im Steg

$$\tau_{w,d} = \frac{V_d \cdot E \cdot S_{ef,y,t=\infty}}{E \cdot I_{ef,y,t=\infty} \cdot b_2} = \frac{6{,}78 \cdot 10^3 \cdot 2{,}692 \cdot 10^9}{8{,}47 \cdot 10^{11} \cdot 10} = 2{,}15\,\text{N/mm}^2$$

Nachweis Scherfestigkeit-Klebefuge nach Abschnitt 9.1.1 (8):

$$\tau_{ef,d} = \frac{V_d \cdot E \cdot S_{ef,f,t=\infty}}{2 \cdot h_{glue} \cdot E \cdot I_{ef,y,t=\infty}} = \frac{6{,}78 \cdot 10^3 \cdot 2{,}534 \cdot 10^9}{2 \cdot 15 \cdot 8{,}47 \cdot 10^{11}} = 0{,}68\,\text{N/mm}^2$$

mit b_{ef} nach Gl. (9.11)

$$b_{ef} = {}^{b_w}\!/_{2} = 5\,\text{mm}$$

$$h_{gene} = 15 > 4{,}0 \cdot b_{ef} = 4{,}0 \cdot 5 = 20\,\text{mm}$$

folgt.

[DIN EN 1995-1-1, Gl. (8.10)]

$$\tau_{ef,d} \le f_{v,r,d} \rightarrow 0{,}68 < 1{,}48\,\text{N/mm}^2$$

$\Rightarrow$ **Nachweis erfüllt!**

Bemessungswerte des Bauteilwiderstandes für den Profilträger nach ETA-02/0026, Tabelle 2-1

$$f_{m,d,f} = \frac{k_{mod} \cdot f_{m,k,f}}{\gamma_M} = \frac{0{,}8 \cdot 48}{1{,}3} = 29{,}54\,\text{N/mm}^2$$

$$f_{t(c),0,d,f} = \frac{k_{mod} \cdot f_{t(c),0,k,f}}{\gamma_M} = \frac{0{,}8 \cdot 35}{1{,}3} = 21{,}54\,\text{N/mm}^2$$

$$f_{m,d,w} = \frac{k_{mod} \cdot f_{m,k,w}}{\gamma_M} = \frac{0{,}7 \cdot 7{,}2}{1{,}3} = 3{,}9\,\text{N/mm}^2$$

$$f_{v,s,d} = \frac{k_{mod} \cdot f_{v,s,k}}{\gamma_M} = \frac{0{,}7 \cdot 6{,}8}{1{,}3} = 3{,}66\,\text{N/mm}^2$$

$$f_{vr,d} = \frac{k_{mod} \cdot f_{vr,k}}{\gamma_M} = \frac{0{,}7 \cdot 2{,}4}{1{,}3} = 1{,}3\,\text{N/mm}^2$$

Nachweise der Tragfähigkeit (s. Tabelle 6.9.)

Alle Nachweise erfüllt!

Da das Stegmaterial stärker kriecht als das Gurtmaterial entzieht es sich seiner Beanspruchung. Die maßgebenden Schnittgrößen für die Gurte werden größer.

Nachweis der Gebrauchstauglichkeit:

Bemessungswerte der Einwirkung für Nachweis der Durchbiegung

Feld 1: $G_{k,1} = G_k \cdot e = 0{,}88 \cdot 0{,}6 = 0{,}53\,\text{kN/m}$

$$Q_{k,1,1} = Q_{k,1} \cdot e = 2{,}0 \cdot 0{,}6 = 1{,}2\,\text{kN/m}$$

$$Q_{k,1,2} = Q_{k,1,i} \cdot e = 0{,}8 \cdot 0{,}6 = 0{,}48\,\text{kN/m}$$

Steifigkeitswerte für die Nachweise zum Zeitpunkt t = 0:

$$E_{mean} \cdot I_{ef,y,t=0} = 2 \cdot E_{mean,f} \cdot \left(I_f + A_f \cdot a_1^2\right) + E_{mean,w} \cdot I_w$$

$$E_{mean} \cdot I_{ef,y,t=0} = 2 \cdot 13800 \cdot \left(\frac{45 \cdot 39^3}{12} + 45 \cdot 39 \cdot 160{,}5^2\right) + 3000 \cdot \frac{10 \cdot 282^3}{12}$$

$$E_{mean} \cdot I_{ef,y,t=0} = 1{,}31 \cdot 10^{12}\,\text{Nmm}^2$$

Biegesteifigkeit (Standardprofile aus ETA-02/0026, Tabelle 2-4):

$$E \cdot I_{k,\text{Träger}} = 1{,}249 \cdot 10^{12}\,\text{Nmm}^2$$

Im Folgenden wird die charakteristische Biegesteifigkeit nach ETA-02/0026 in der Berechnung berücksichtigt.

Nachweis der Gebrauchstauglichkeit

Elastische Anfangsverformungen:

$$w_0 = 0$$

Bemessungswerte der Einwirkung für Nachweis der Durchbiegung:

$EI_{Träger,45/360} = 1{,}249 \cdot 10^{12}\,\text{Nmm}^2$ [ETA-02/0026, Tabelle 2-4]

$$w_{G,inst} = \frac{5 \cdot G_{k,1} \cdot \ell^4}{384 \cdot E \cdot I_y} = \frac{5 \cdot 0{,}53 \cdot 4200^4}{384 \cdot 1{,}249 \cdot 10^{12}} = 1{,}72\,\text{mm}$$

$$w_{Q,1,inst} = w_{G,inst} \cdot \frac{Q_{k,1}}{G_{k,1}} = 1{,}72 \cdot \frac{1{,}20}{0{,}53} = 3{,}89\,\text{mm}$$

$$w_{Q,i,inst} = w_{G,inst} \cdot \frac{Q_{k,i}}{G_{k,1}} = 1{,}72 \cdot \frac{0{,}48}{0{,}53} = 1{,}56\,\text{mm}$$

$w_{inst} = w_{G,inst} + w_{Q,1,inst} + \sum \Psi_0 \cdot w_{Q,i,inst}$ [DIN EN 1990, Gl. (6.14b)]

$$w_{inst} = w_{G,inst} + w_{Q,1.inst} + \psi_0 \cdot w_{Q,i,inst} = 1{,}72 + 3{,}89 + (0{,}7 \cdot 1{,}56) = 6{,}70\,\text{mm} > 6\,\text{mm}$$

Nachweis der Begrenzung der Durchbiegungen in der charakteristischen (seltenen) Bemessungssituation:

[DIN EN 1995-1-1/NA:2013, Tabelle NA.13]

$$w_{inst} = 6{,}70\,\text{mm} < 14{,}0\,\text{mm} = \ell / 300$$

Berechnung von $w_{net,fin}$ nach Gl. (NA.1) mit $u = w$:

[DIN EN 1995-1-1/NA:2013, Gl. (NA.1)]

$$w_{net,fin} = \left(w_{G,inst} + \sum_{i \ge 1} \psi_{2,i} \cdot w_{Q,i,inst,}\right) \cdot (1 + k_{def}) - w_c$$

$$w_{net,fin} = (1{,}72 + [(0{,}3 \cdot 3{,}89) + (0{,}3 \cdot 1{,}56)]) \cdot (1 + 0{,}6) - 0 = 5{,}37\,\text{mm}$$

Empfohlener Grenzwert:

$w_{net,fin} \le \ell/300$ [DIN EN 1995-1-1, Tabelle NA.13]

$$5{,}37 \le 14\,\text{mm} = \ell/300$$

Nachweis der Begrenzung der Durchbiegungen in der quasi-ständigen Bemessungssituation:

$w_{fin} = w_{G,fin} + \sum \Psi_{2,i} \cdot w_{Q,i,fin}$ [DIN EN 1990, Gl. (6.16b)]

$$w_{fin} = w_{G,inst} \cdot (1 + k_{def}) + \Psi_{2,1} \cdot w_{Q,1,fin} + \Psi_{2,i} \cdot w_{Q,i,fin}$$

$\psi_{2,1} = 0,3$ nach DIN EN 1990, Tabelle A.1.1

$$w_{Q,1,fin} = w_{Q,1,inst} \cdot (1 + \psi_{2,1} \cdot k_{def})$$

$$w_{Q,1,fin} = 3,89 \cdot (1 + 0,3 \cdot 0,6)$$

$$w_{Q,1,fin} = 4,59 \text{ mm}$$

$$w_{Q,i,fin} = w_{Q,i,inst} \cdot (\psi_{0,i} \cdot \psi_{2,i} \cdot k_{def})$$

$$w_{Q,i,fin} = 1,56 \cdot (0,7 \cdot 0,3 \cdot 0,6)$$

$$w_{Q,i,fin} = 0,20 \text{ mm}$$

$$w_{fin} = w_{G,inst} \cdot (1 + k_{def}) + \Psi_{2,1} \cdot w_{Q,1,fin} + \Psi_{2,i} \cdot w_{Q,i,fin}$$

$$w_{fin} = 1,72 \text{ mm} \cdot (1 + 0,6) + 0,3 \cdot 4,59 \text{ mm} + 0,3 \cdot 0,20 \text{ mm}$$

$$w_{fin} = 4,19 \text{ mm}$$

$$w_{fin} = 4,19 \text{ mm} \leq 21 \text{ mm} = \ell/200$$

→ Durchbiegungsbegrenzung eingehalten

Schwingungsnachweis nach DIN EN 1995-1-1:2010, Abschnitt 7.3.3 (2)

Deckenspannweite:	$\ell = 4,2 \text{ m}$
Deckenbreite:	$b = 5,0 \text{ m}$
Balkenabstand:	$e = 0,6 \text{ m}$
Ständige Last:	$G_k = 0,88 \text{ kN/m}^2$
Veränderliche Last:	$Q_k = 2,00 \text{ kN/m}^2$
Kombinationsbeiwert:	$\psi_2 = 0,3$

Bestimmung der quasi-ständigen Einwirkung:

$$q_{perm} = G_k + \psi_2 \cdot Q_k$$ [Tabelle 2.21., Zeile 1]

$$q_{perm} = 0,88 + 0,3 \cdot 2,00 = 1,48 \text{ kN/m}^2$$

Bestimmung der Deckenmasse:

$$m = (q_{perm}/9,81) \cdot e$$ [Tabelle 2.21., Zeile 2]

$$m = (1480/9,81) \times 0,60 \text{ m} = 150,87 \text{ kg/m}^2$$

Bestimmung der Biegesteifigkeit in Längs- & Querrichtung:

$$(E \cdot I)_\ell = 1249 \cdot 10^9 \text{ Nmm}^2$$ [aus ETA-02/0026]

$$(E \cdot I)_b = E_{0,mean,KertoQ} \cdot \frac{e \cdot h^3_{KertoQ}}{12}$$

mit $E_{0,mean,Kerto-Q} = 10000 \text{ N/mm}^2$ [Z-9.1-100]

$$(E \cdot I)_b = 10\,000 \cdot \frac{600 \cdot 22^3}{12} = 5,324 \cdot 10^9 \text{ Nmm}^2$$

Bestimmung der 1. Eigenfrequenz:

$$f_1 = \frac{\pi}{2 \cdot \ell^2} \cdot \sqrt{\frac{(E \cdot I)_\ell}{m}}$$ [DIN EN 1995-1-1, Gl. (7.5)]

$$f_1 = \frac{\pi}{2 \cdot 4,2^2} \cdot \sqrt{\frac{1,249 \cdot 10^6}{150,87}} = 8,10 \text{ Hz} > 8,0 \text{ Hz}$$

Die erste Eigenfrequenz der Deckenkonstruktion beträgt mehr als 8 Hz. Daher sind laut DIN EN 1995-1-1:2010, Abschnitt 7.3.3 (2) die Nachweise nach (Gl. 7.3) und (Gl. 7.4) zu führen.

Bestimmung der Durchbiegung infolge einer Einzellast (F = 1 kN):

$$w_F = \frac{F \cdot \ell^3}{48 \cdot (E \cdot I)_\ell}$$ [Tabelle 2.21., Zeile 7]

$$w_F = \frac{1000 \cdot 4200^3}{48 \cdot 1249 \cdot 10^9} = 1,24 \text{ mm}$$

Nachweis der Durchbiegung infolge einer Einzellast nach DIN EN 1995-1-1:2010, (Gl. 7.3):

$$\frac{w_F}{F} \leq a(0,5...4,0) \text{ mm/kN}$$ [DIN EN 1995-1-1:2010, (Gl. 7.3)]

$$\frac{w_F}{F} = 1,24 \text{ mm/kN} < a = 4,0 \text{ mm/kN}$$

Tabelle 6.9. Ergebnistabelle Nachweise

Nachweis	Bemessungswerte der Beanspruchungen in N/mm²		Bemessungswert der Widerstandsgröße N/mm²	Ausnutzungsgrad nach Abschnitt 9.1.1 DIN EN 1995-1-1:2010	
	***t* = 0**	***t* = ∞**		***t* = 0**	***t* = ∞**
Biegerandspannung Gurte nach Gl. (9.1) und Gl. (9.2) $\frac{\sigma_{f,c(t)\max,d}}{f_{m,d}} \leq 1,0$	13,50	13,61	29,54	0,46	0,46
Schwerpunktspannung Gurt nach Gl. (9.3) mit $k_c = 1$ und Gl. (9.4) $\frac{\sigma_{f,c,d}}{k_c \cdot f_{m,d}} \leq 1,0$ und $\frac{\sigma_{f,t,d}}{f_{m,d}} \leq 1,0$	12,03	12,14	21,54	0,56	0,56
Biegerandspannung Steg nach Gl. (9.6) und Gl. (9.7) $\frac{\sigma_{w,c(t),d}}{f_{w,m,d}} \leq 1,0$	2,30	1,89	3,9	0,59	0,48
Schubspannung im Steg $\frac{\tau_{w,d}}{f_{w,v,0,d}} \leq 1,0$	2,17	2,15	3,7	0,59	0,59
Scherspannung Klebefuge nach Gl. (9.10) $\frac{\tau_{ef,d}}{f_{v,90,d}} \leq 1,0$	0,67	0,68	1,3	0,52	0,52

Bestimmung der Schwinggeschwindigkeit infolge eines Einheitsimpulses (I = 1Ns):

$$v \approx \frac{1}{m \cdot \ell/2 \cdot \gamma + 50}$$ [Tabelle 2.21., Zeile 8]

$$v \approx \frac{1}{150{,}87 \cdot 4{,}2/2 \cdot 0{,}912 + 50} = 2{,}95 \cdot 10^{-3} \text{ m/s}$$

Nachweis der Schwinggeschwindigkeit infolge eines Einheitsimpulses nach DIN EN 1995-1-1:2010, (Gl. 7.4):

$$v \le b^{((f_1 \cdot \zeta)-1)}$$

$$v = 2{,}95 \cdot 10^{-3} \text{ m/s} < b^{((f_1 \cdot \zeta)-1)} = 100^{((8{,}10 \cdot 0{,}01)-1)} = 14{,}52 \cdot 10^{-3} \text{ m/s}$$

Damit ist der Schwingungsnachweis nach DIN EN 1995-1-1 erfüllt!

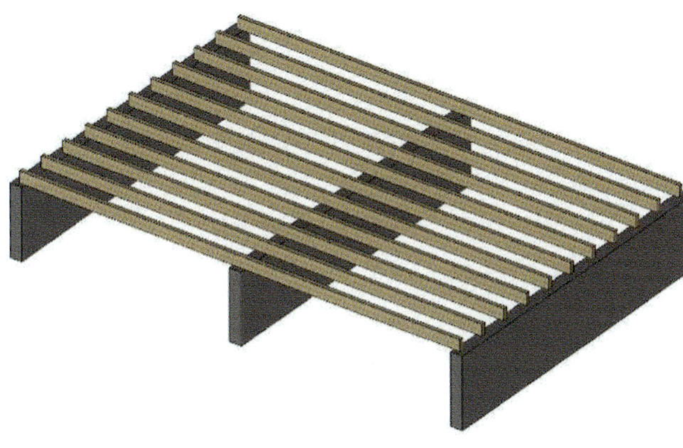

Bild 6.39. Holzbalkendecke

Beispiel 6.3. (nach DIN EN 1995-1-1:2010)

Fortsetzung des Beispiels 2.4.

Die Nachweise der Begrenzung der Durchbiegung (DIN EN 1995-1-1:2010, Abschnitt 2.2.3) und der zu erwartenden Schwingungen (DIN EN 1995-1-1:2010, Abschnitt 7.3.3) sind zu führen. Den Ausgangspunkt für die folgenden Nachweise bildet das Beispiel 2.4.

Nachweis der Tragfähigkeit für Lastfallkombinationen 2 und 3:

LFK 2: Feld 1 und 2 $E_d = 2{,}52$ kN/m

LFK 3: Feld 1 $E_{Q,d} = 1{,}8$ kN/m

Feld 1 + 2 $E_{G_d} = 0{,}72$ kN/m

Schnittgrößen:

Ermittlung der Schnittgrößen mit Tabellenwerten für Zweifeldträger (z. B. [*Holschemacher* u. a. 2012, Seite 2.12] mit $\ell_1 = \ell_2$:

- *Stützmoment:* (LFK 2)

  $$M_{y,S,d} = -0{,}125 \cdot E_d \cdot \ell^2 = -0{,}125 \cdot 2{,}52 \cdot 4{,}5^2 = -6{,}38 \text{ kNm}$$

- *Feldmoment:* (LFK 3)

  $$M_{y,1,d} = 0{,}07 \cdot E_{G,d} \cdot \ell^2 + 0{,}096 \cdot E_{Q,d} \cdot \ell^2$$

  $$M_{y,1,d} = 0{,}07 \cdot 0{,}72 \cdot 4{,}5^2 + 0{,}096 \cdot 1{,}80 \cdot 4{,}5^2 = 4{,}5 \text{ kNm}$$

  maßgebend für Bemessung ist $M_{y,S,d}$

- *Querkraft:* (LFK 2)

  $$V_d = -0{,}625 \cdot E_d \cdot \ell = -0{,}625 \cdot 2{,}52 \cdot 4{,}5 = -7{,}1 \text{ kN}$$

- *Auflagerkraft:* (LFK 2)

  $$V_{B,d} = 2 \cdot |-V_d| = 2 \cdot |-7{,}4| = 14{,}2 \text{ kN}$$

Bemessungswerte der Holzfestigkeiten:

Nutzungsklasse „1“

Lasteinwirkungsdauer „mittel“ (Verkehrslast)

$\gamma_M = 1{,}3$ für Holz [nach Tabelle NA.3]

$k_{mod} = 0{,}8$ [nach Tabelle 3.1]

$f_{m,y,k} = 30{,}0$ N/mm²

Biegefestigkeit für S13 nach DIN 4074-1/C30 nach DIN EN 388, Tabelle 1:

$$f_{m,y,d} = \frac{f_{m,y,k} \cdot k_{mod}}{\gamma_M}$$ [DIN EN 1995-1-1, Gl. (2.14)]

$$f_{m,y,d} = \frac{30 \cdot 0{,}8}{1{,}3} = 18{,}50 \text{ N/mm}^2$$

Schubfestigkeit für S13 nach DIN 4074-1/C30 nach DIN EN 388, Tabelle 1:

$$f_{v,k} = 4{,}0 \text{ N/mm}^2$$

$$f_{v,d} = \frac{f_{v,k} \cdot k_{mod}}{\gamma_M}$$ [DIN EN 1995-1-1, Gl. (2.14)]

$$f_{v,d} = \frac{4{,}0 \cdot 0{,}8}{1{,}3} = 2{,}46 \text{ N/mm}^2$$

Querdruckfestigkeit für S10 nach DIN 4074-1/ C24 nach DIN EN 388, Tabelle 1:

$$f_{c,90,k} = 2{,}7 \text{ N/mm}^2$$

$$f_{c,90,d} = \frac{f_{c,90,k} \cdot k_{mod}}{\gamma_M}$$ [DIN EN 1995-1-1, Gl. (2.14)]

$$f_{c,90,d} = \frac{2{,}7 \cdot 0{,}8}{1{,}3} = 1{,}66 \text{ N/mm}^2$$

Nachweis Biegung: mit $M_{y,d} = M_{y,S,d}$

$$W_y = \frac{b \cdot h^2}{6} = \frac{80 \cdot 220^2}{6} = 6{,}45 \cdot 10^5 \text{ mm}^3$$

$$\sigma_{m,y,d} = \frac{M_{y,S,d}}{W_y} = \frac{|-6{,}38| \cdot 10^6}{6{,}45 \cdot 10^5} = 9{,}89 \text{ N/mm}^2$$

$$\sigma_{m,z,d} = 0$$

$$\frac{\sigma_{m,y,d}}{f_{m,y,d}} + k_m \cdot \frac{\sigma_{m,z,d}}{f_{m,z,d}} \le 1{,}0$$ [DIN EN 1995-1-1, Gl. (6.11)]

$$k_m \cdot \frac{\sigma_{m,y,d}}{f_{m,y,d}} + \frac{\sigma_{m,z,d}}{f_{m,z,d}} \le 1{,}0$$ [DIN EN 1995-1-1, Gl. (6.12)]

Für $\sigma_{m,z,d} = 0$ *und* $k_m = 0{,}7$ *erhält man:*

$$\frac{9{,}89 \text{ N/mm}^2}{18{,}5 \text{ N/mm}^2} = 0{,}53 < 1{,}0$$

$$0{,}7 \cdot \frac{9{,}89 \text{ N/mm}^2}{18{,}5 \text{ N/mm}^2} = 0{,}37 < 1{,}0$$

Nachweis Schub:

$$A_{eg} = b_{ef} \cdot h$$

$$b_{ef} = k_{cr} \cdot b$$

Nach DIN EN 1995-1-1/NA:2010, Abschnitt NDP zu 6.1.7 (2) dürfen die k_{cr}-Werte um 30 % erhöht werden, wenn der Nachweispunkt mehr als 1,50 m vom Hirnholzende (Randauflager) entfernt liegt.

$b_{ef} = 1{,}3 \cdot k_{cr} \cdot b$

$k_{cr} = \frac{2{,}0}{f_{v,k}} = \frac{2{,}0}{4{,}0} = 0{,}5$

$b_{ef} = 1{,}3 \cdot 0{,}5 \cdot 80 = 52\,\text{mm}$

$A_{ef} = 52 \cdot 220 = 11440\,\text{mm}^2$

$\tau_d = 1{,}5 \cdot \frac{V_d}{A_{ef}} = 1{,}5 \cdot \frac{7{,}1 \cdot 10^3}{11440} = 0{,}93\,\text{N/mm}^2$

$\tau_d \le f_{v,d}$

$0{,}93 \le 2{,}46\,\text{N/mm}^2$

Nachweis Druck senkrecht zur Faser im Auflager B:

$\sigma_{c,90,d} = \frac{V_{B,d}}{A_{ef}}$

$b = 80\,\text{mm}$ (Balkenbreite)

$d = 80\,\text{mm}$ (Auflagerlänge, Wandstärke)

Nach DIN EN 1995-1-1:2010, Abschnitt 6.1.5 darf die Aufstandslänge d um $2 \cdot 30\,\text{mm}$ vergrößert werden.

$A = 80 \cdot (80 + 2 \cdot 30) = 11{,}2 \cdot 10^3\,\text{mm}^2$

$\sigma_{c,90,d} = \frac{V_{B,d}}{A} = \frac{14{,}2 \cdot 10^3}{11{,}2 \cdot 10^3} = 1{,}27\,\text{N/mm}^2$

Folgende Bedingung muss erfüllt sein:

$\sigma_{c,90,d} \le k_{c,90} \cdot f_{c,90,d}$ [DIN EN 1995-1-1:2010, Gl. (6.3)]

$k_{c,90} = 1{,}5$

$\sigma_{c,90,d} \le k_{c,90} \cdot f_{c,90,d}$

$1{,}5 \le 1{,}5 \cdot 1{,}66 = 2{,}49\,\text{N/mm}^2$

Durchbiegung:

Die maximalen Verschiebungen im Feld 1 treten in der Lastfallkombination 3 (s. GZ Tragfähigkeit) auf. Zunächst sind die Durchbiegungsanteile der ständigen und veränderlichen Einwirkungen zu ermitteln.

Für den Grenzzustand der Gebrauchstauglichkeit sind die charakteristischen Beanspruchungen anzusetzen. Nach DIN EN 1990/NA:2010, Anhang A 1.4 sind die Teilsicherheitsbeiwerte für die Einwirkungen $\gamma_{G(Q)} = 1{,}0$.

Bemessungswerte der Einwirkungen:

Feld 1: $G_{k,1} = G_k \cdot e = 0{,}88 \cdot 0{,}6 = 0{,}53\,\text{kN/m}$

$Q_{k,1,1} = Q_{k,1} \cdot e = 2{,}0 \cdot 0{,}6 = 1{,}2\,\text{kN/m}$

$Q_{k,1,2} = Q_{k,1,i} \cdot e = 0{,}8 \cdot 0{,}6 = 0{,}48\,\text{kN/m}$

Feld 2: $G_{k,2} = 0{,}53\,\text{kN/m}$

$Q_{k,2,1} = Q_{k,1} \cdot e = 2{,}0 \cdot 0{,}6 = 1{,}2\,\text{kN/m}$

Elastische Anfangsverformungen:

- Ermittlung mit Tabellenwerten [*Holschemacher* u. a. 2012, Seite 2.28],
- keine Überhöhung (w_c = 0) des Balkens,
- Die Tabellenwerte wurden für ein Vollholz mit einem mittleren $E_{\parallel}$-Modul von $10000\,\text{N/mm}^2$ aufgestellt, sodass ein Korrekturwert zur Anpassung an den $E_{\parallel}$-Modul von Vollholz der Sortierklasse S10 nötig ist.

$\frac{E_0}{E_{0,mean}} = \frac{10\,000\,\text{N/mm}^2}{12\,000\,\text{N/mm}^2} = 0{,}83$

$I_y = \frac{b \cdot h^3}{12} = \frac{60 \cdot 220^3}{12} = 5{,}324 \cdot 10^7\,\text{mm}^4$

im Feld 1 aus $G_{1,k}$:

$W_{G,inst} = \frac{0{,}83 \cdot 0{,}0054 \cdot G_{1,k} \cdot \ell^4}{E_{o,mean} \cdot I_y}$

$W_{G,inst} = \frac{0{,}83 \cdot 0{,}0054 \cdot 0{,}53 \cdot 4500^4}{12\,000 \cdot 7{,}1 \cdot 10^7} = 1{,}15\,\text{mm}$

aus $Q_{1,k}$:

$W_{Q,inst} = \frac{0{,}83 \cdot 0{,}0092 \cdot Q_{1,k} \cdot \ell^4}{E_{o,mean} \cdot I_y}$

$W_{Q,1,inst} = \frac{0{,}83 \cdot 0{,}0092 \cdot 1{,}2 \cdot 4500^4}{12000 \cdot 7{,}1 \cdot 10^7} = 4{,}41\,\text{mm}$

$w_{inst} = w_{G,inst} + w_{Q,1,inst}$

$w_{inst} = 1{,}15\,\text{mm} + 4{,}41\,\text{mm}$

$w_{inst} = 5{,}56\,\text{mm}$

Beiwert k_{def} (nach DIN EN 1995-1-1:2010, Tabelle 3.2):

Nutzungsklasse 1

Beiwert ψ (nach DIN EN 1990/NA, Tabelle NA.A.1.1.1):

$k_{def} = 0{,}6$, $\psi_2 = 0{,}3$, $\psi_0 = 0{,}7$

Nachweis der Begrenzung der Durchbiegungen in der charakteristischen (seltenen) Bemessungssituation:

[DIN EN 1995-1-1/NA/A1, Tabelle NA.13]

$w_{inst} = 5{,}56\,\text{mm} < 15\,\text{mm} = \ell/300$

Berechnung von $w_{net,fin}$ nach Gl. (NA.1) mit u = w:

[DIN EN 1995-1-1/NA:2013, Gl. (NA.1)]

$w_{net,fin} = \left(w_{inst,G} + \sum_{i \ge 1} \psi_{2,i} \cdot w_{inst,Q,i} \right) \cdot (1 + k_{def}) - w_c$

$w_{net,fin} = (1{,}15 + (0{,}3 \cdot 4{,}41)) \cdot (1 + 0{,}6) - 0 = 3{,}96\,\text{mm}$

Empfohlener Grenzwert nach DIN EN 1995-1-1/NA:2013, Tabelle NA.13:

$w_{net,fin} \le \ell/300$ [DIN EN 1995-1-1, Tabelle 7.2]

$3{,}96 \le 15{,}0\,\text{mm} \le \ell/300$

Nachweis der Begrenzung der Durchbiegungen in der quasiständigen Bemessungssituation:

$w_{fin} = w_{G,fin} + w_{Q,i,fin}$

$\psi_{2,1} = 0{,}3$ nach DIN EN 1990, Tabelle A.1.1

$w_{Q,1,fin} = W_{Q,1,inst} \cdot (1 + \psi_{2,1} \cdot k_{def})$

$w_{Q,1,fin} = 4{,}41 \cdot (1 + 0{,}3 \cdot 0{,}6)$

$w_{Q,1,fin} = 5{,}20\,\text{mm}$

$w_{G,fin} = W_{G,inst}(1 + k_{def})$

$w_{G,fin} = 1{,}15(1 + 0{,}6)$

$w_{G,fin} = 1{,}84\,\text{mm}$

$w_{fin} = 1{,}84 + 5{,}20 = 7{,}04\,\text{mm}$

$w_{fin} = 7{,}04\,\text{mm} \le 22{,}5\,\text{mm} = \ell/200$

→ Durchbiegungsbegrenzung eingehalten

Schwingungen näherungsweise nach DIN EN 1995-1-1:2010 (s. a. Erläuterungen zu DIN 1052:2008, [Blaß/Ehlbeck u. a. 2005]*)*

$w_{perm} = w_{G,inst} + \psi_2 \cdot w_{Q,inst}$

$w_{G,inst}$ und $w_{Q,inst}$ sind hierbei am ideellen Einfeldträger zu bestimmen:

$$E \cdot I_y = E_{0,mean} \cdot \frac{b \cdot h^3}{12} = 12000 \cdot \frac{80 \cdot 220^3}{12} = 8{,}52 \cdot 10^{11}\ \text{Nmm}^2$$

Nachweis ohne Berücksichtigung der elastischen Einspannung zum Nachbarfeld

$$w_{G,inst} = \frac{5 \cdot G_{k,1} \cdot \ell^4}{384 \cdot E \cdot I_y} = \frac{5 \cdot 0{,}53 \cdot 4500^4}{384 \cdot 8{,}52 \cdot 10^{11}} = 3{,}32\ \text{mm}$$

$$w_{Q,1,inst} = w_{G,inst} \cdot \frac{Q_{k,1}}{G_{k,1}} = 3{,}32 \cdot \frac{1{,}20}{0{,}53} = 7{,}52\ \text{mm}$$

$$w_{inst} = w_{G,inst} + w_{Q,1,inst}$$

$$w_{inst} = w_{G,inst} + \psi_2 \cdot w_{Q,1,inst} = 3{,}32 + 0{,}3 \cdot 7{,}52 = 5{,}58\ \text{mm} < 6\ \text{mm}$$

Schwingungsnachweis nach DIN EN 1995-1-1:2010, Abschnitt 7.3.3 (2)

Deckenspannweite:	$\ell = 4{,}5\ \text{m}$
Deckenbreite:	$b = 5{,}0\ \text{m}$
Balkenabstand:	$e = 0{,}6\ \text{m}$
Ständige Last:	$G_k = 0{,}88\ \text{kN/m}^2$
Veränderliche Last:	$Q_k = 2{,}00\ \text{kN/m}^2$
Kombinationsbeiwert:	$\psi_2 = 0{,}30$

Bestimmung der quasi-ständigen Einwirkung:

$$q_{perm} = G_k + \psi_2 \cdot Q_k \qquad \text{[Tabelle 2.21., Zeile 1]}$$

$$q_{perm} = 0{,}88 + 0{,}30 \cdot 2{,}00 = 1{,}48\ \text{kN/m}^2$$

Bestimmung der Deckenmasse:

$$m = \left(q_{perm}/9{,}81\right) \cdot e \qquad \text{[Tabelle 2.21., Zeile 2]}$$

$$m = (1480/9{,}81) \cdot 0{,}60\ \text{m} = 90{,}52\ \text{kg/m}^2$$

Bestimmung der Biegesteifigkeit in Längs- und Querrichtung:

$$(E \cdot I)_\ell = E_{0,mean} \cdot \frac{(b_{Balken} \cdot h^3)}{12}$$

$$(E \cdot I)_\ell = 12000 \cdot \frac{80 \cdot 220^3}{12} = 8{,}52 \cdot 10^{11}\ \text{Nmm}^2$$

$$(E \cdot I)_b = E_{0,mean} \cdot \frac{e \cdot h^3}{12}$$

mit:

$$E_{0,mean} = 10000\ \text{N/mm}^2 \qquad \text{[Z-9.1-100]}$$

$$(E \cdot I)_b = 10\,000 \cdot \frac{600 \cdot 22^3}{12} = 5{,}324 \cdot 10^9\ \text{Nmm}^2$$

Bestimmung der 1. Eigenfrequenz:

$$f_1 = \frac{\pi}{2 \cdot \ell^2} \cdot \sqrt{\frac{(E \cdot I)_\ell}{m}} \qquad \text{[DIN EN 1995-1-1, Gl. (7.5)]}$$

$$f_1 = \frac{\pi}{2 \cdot 4{,}5^2} \cdot \sqrt{\frac{8{,}52 \cdot 10^5}{90{,}52}} = 7{,}52\ \text{Hz} < 8{,}0\ \text{Hz}$$

Die erste Eigenfrequenz der Deckenkonstruktion beträgt ungefähr 8 Hz. Daher sind laut DIN EN 1995-1-1:2010, Abschnitt 7.3.3 (2) die Nachweise nach (Gl. 7.3) und (Gl. 7.4) zu führen.

Bestimmung der Durchbiegung infolge einer Einzellast (F = 1 kN):

$$w_F = \frac{F \cdot \ell^3}{48 \cdot (E \cdot I)_\ell} \qquad \text{[Tabelle 2.21., Zeile 7]}$$

$$w_F = \frac{1000 \cdot 4500^3}{48 \cdot 8{,}52 \cdot 10^{11}} = 2{,}23\ \text{mm}$$

Nachweis der Durchbiegung infolge einer Einzellast nach DIN EN 1995-1-1:2010, (Gl. 7.3):

Der Grenzwert a sollte innerhalb einer Nutzungseinheit a = 0,5 mm betragen.

$$\frac{w_F}{F} \le a(0{,}5 \ldots 4{,}0)\ \text{mm/kN} \qquad \text{[DIN EN 1995-1-1:2010, (Gl. 7.3)]}$$

$$\frac{w_F}{F} = 1{,}91\ \text{mm/kN} > a = 0{,}5\ \text{mm/kN}$$

Der Nachweis ist nicht erfüllt. Der Nachweis kann nur erfüllt werden, wenn die Steifigkeit der Decke erhöht wird, oder es wird die elastische Einspannung aus der Durchlaufträgerwirkung berücksichtigt.

Bestimmung der Schwinggeschwindigkeit infolge eines Einheitsimpulses (I = 1 Ns):

$$v \approx \frac{1}{m \cdot \ell/2 \cdot \gamma + 50} \qquad \text{[Tabelle 2.21., Zeile 8]}$$

$$v \approx \frac{1}{90{,}52 \cdot 4{,}5/2 \cdot 2{,}0 + 50} = 2{,}19 \cdot 10^{-3}\ \text{m/s}$$

Nachweis der Schwinggeschwindigkeit infolge eines Einheitsimpulses nach DIN EN 1995-1-1:2010, (Gl. 7.4):

$$v \le b^{((f_1 \cdot \zeta)-1)}$$

$$v = 2{,}19 \cdot 10^{-3}\ \text{m/s} < b^{((f_1 \cdot \zeta)-1)} = 100^{((8{,}13 \cdot 0{,}01)-1)} = 14{,}54 \cdot 10^{-3}\ \text{m/s}$$

Damit ist der Schwingungsnachweis nach DIN EN 1995-1-1 erfüllt!

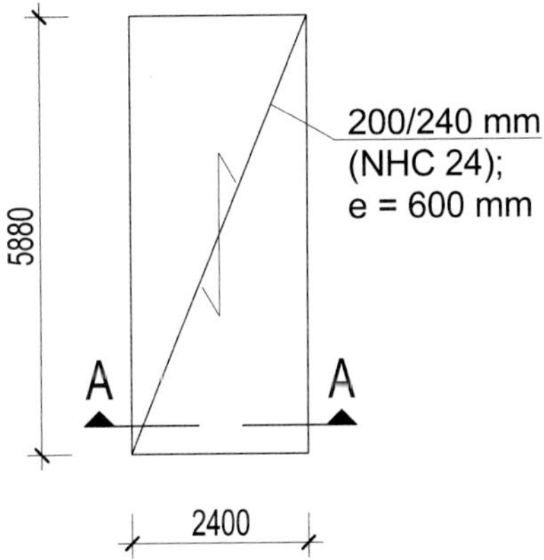

Skizze: Draufsicht

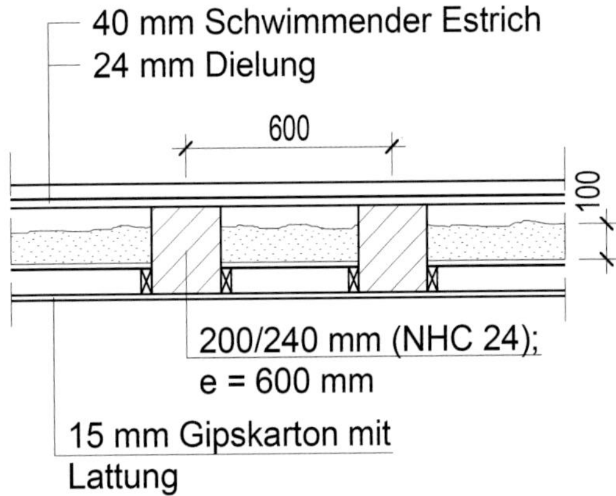

Skizze: Schnitt A-A

Bild 6.40. Holzbalkendecke

Beispiel 6.4. (nach DIN EN 1995-1-1:2010)

Für das in Bild 6.40. dargestellte Beispiel einer Holzbalkendecke wird das Schwingungsverhalten in einem Wohngebäude betrachtet.

Die Nachweisführung erfolgt nach DIN EN 1995-1-1:2010, Abschnitt 7.3.3 und den Erläuterungen zur DIN 1052:2004.

Schwingungsnachweis nach DIN EN 1995-1-1:2010, Abschnitt 7.3.3 (2)

Deckenspannweite:	$\ell = 5{,}88\,\text{m}$
Deckenbreite:	$b = 2{,}4\,\text{m}$
Balkenabstand:	$e = 0{,}6\,\text{m}$
Ständige Last:	$G_k = 2{,}5\,\text{kN/m}^2$
Veränderliche Last:	$Q_k = 2{,}80\,\text{kN/m}^2$
Kombinationsbeiwert:	$\psi_2 = 0{,}30$

Bestimmung der quasi-ständigen Einwirkung:

$$q_{perm} = G_k + \psi_2 \cdot Q_k \qquad \text{[Tabelle 2.21., Zeile 1]}$$

$$q_{perm} = 2{,}50 + 0{,}30 \cdot 2{,}80 = 3{,}34\ \text{kN/m}^2$$

Bestimmung der Deckenmasse:

$$m = \left(q_{perm}/9{,}81\right) \cdot e \qquad \text{[Tabelle 2.21., Zeile 2]}$$

$$m = (3340/9{,}81) \cdot 0{,}60\ \text{m} = 204{,}28\ \text{kg/m}^2$$

Bestimmung der Biegesteifigkeit in Längs- und Querrichtung:

$$(E \cdot I)_\ell = E_{0,\text{mean}} \cdot \frac{(b_{Balken} \cdot h^3)}{12}$$

$$(E \cdot I)_\ell = 11000 \cdot \frac{200 \cdot 240^3}{12} = 2{,}53 \cdot 10^{12}\ \text{Nmm}^2$$

$$(E \cdot I)_b = E_{Estrich} \cdot \frac{e \cdot h_{Estrich}^3}{12}$$

mit:

$$E_{Estrich} = 4000\ \text{N/mm}^2$$

$$(E \cdot I)_b = 4\,000 \cdot \frac{600 \cdot 40^3}{12} = 1{,}28 \cdot 10^{10}\ \text{Nmm}^2$$

Bestimmung der 1. Eigenfrequenz:

$$f_1 = \frac{\pi}{2 \cdot \ell^2} \cdot \sqrt{\frac{(E \cdot I)_\ell}{m}} \qquad \text{[DIN EN 1995-1-1, Gl. (7.5)]}$$

$$f_1 = \frac{\pi}{2 \cdot 5{,}88^2} \cdot \sqrt{\frac{2{,}53 \cdot 10^6}{204{,}28}} = 5{,}06\ \text{Hz} < 8{,}0\ \text{Hz}$$

Die erste Eigenfrequenz der Deckenkonstruktion beträgt weniger als 8 Hz. Daher sind laut DIN EN 1995-1-1:2010, Abschnitt 7.3.3 (1) besondere Untersuchungen durchzuführen.

Laut DIN EN 1995-1-1/NA:2013, NCI zu 7.3.3 darf die Schwinggeschwindigkeit für Bauteile ohne nennenswerte Querbiegesteifigkeit entsprechend der Erläuterungen zur DIN 1052:2008 ermittelt werden (s. dazu auch Tabelle 2.21.).

Bestimmung der Schwinggeschwindigkeit infolge eines Fersenauftritts (I = 55 Ns und t_I = 0,05 s):

$$\text{v} \approx \frac{55}{\text{m} \cdot \ell/2 \cdot \gamma + 50} \qquad \text{[Tabelle 2.21., Zeile 9]}$$

$$\text{v} \approx \frac{55}{204{,}28 \cdot 5{,}88/2 \cdot 0{,}912 + 50} = 0{,}09\ \text{m/s}$$

Nachweis der Schwinggeschwindigkeit infolge eines Fersenauftritts nach Tabelle 2.21., Zeile 9:

$$v \le 6 \cdot b^{((f_1 \cdot \zeta)-1)} \qquad \text{[Tabelle 2.21., Zeile 9]}$$

$$v = 0{,}09\ \text{m/s} < 6 \cdot b^{((f_1 \cdot \zeta)-1)} < 6 \cdot 100^{((5{,}06 \cdot 0{,}03)-1)} < 0{,}12\ \text{m/s}$$

Bestimmung der Resonanzbeschleunigung (Resonanzuntersuchung):

$$a \approx \frac{56}{m \cdot b \cdot \ell \cdot \gamma} \cdot \frac{1}{\zeta} \qquad \text{[Tabelle 2.21., Zeile 10]}$$

$$a \approx \frac{56}{204{,}28 \cdot 2{,}4 \cdot 5{,}88 \cdot 0{,}912} \cdot \frac{1}{0{,}03} = 0{,}70\ \text{m/s}^2$$

Nachweis der Resonanzbeschleunigung (Resonanzuntersuchung) nach Tabelle 2.21., Zeile 10:

[Tabelle 2.21., Zeile 10]

$$a \le \begin{cases} 0{,}1\ \text{m/s}^2 & \text{(Wohlbefinden)} \\ 0{,}35 - 0{,}7\ \text{m/s}^2 & \text{(spürbar, nicht störend)} \end{cases}$$

$$a \approx 0{,}70\ \text{m/s}^2$$

Damit ist der Schwingungsnachweis nach DIN EN 1995-1-1:2010 (besondere Untersuchungen) erfüllt!

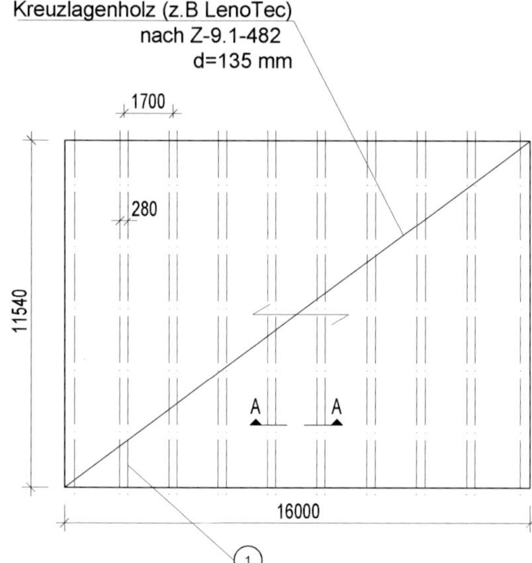

Skizze: Draufsicht

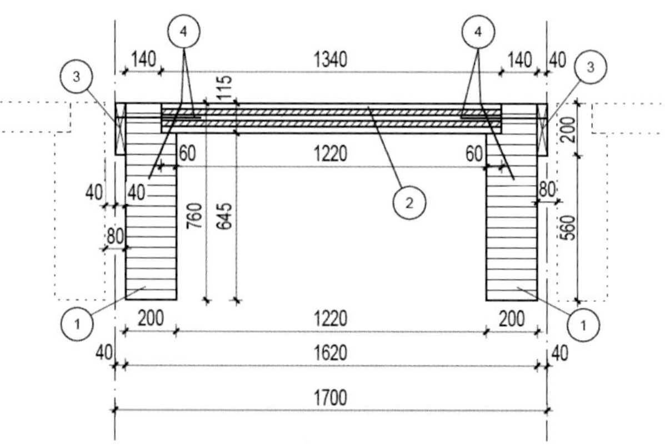

1. BSH-Träger 200/760 mm (GL 24)
2. LenoTec-Decke 115 mm (C 24)
3. seitliche Bohle 40/200 mm
4. 2 x SPAX-S & 8 x 400 mm Vollgewinde im Abstand von 33 cm

Skizze: Schnitt A-A

Bild 6.41. Holzbalkendecke eines Hörsaalgebäudes

Beispiel 6.5. (nach DIN EN 1995-1-1:2010)

Für das in Bild 6.41. dargestellte Beispiel einer Hörsaaldecke sollen die Schwingungsnachweise geführt werden.

Schwingungsnachweis nach DIN EN 1995-1-1:2010, Abschnitt 7.3.3 (2)

Deckenspannweite: $\ell = 11{,}54\,\text{m}$

Deckenbreite: $b = 16{,}0\,\text{m}$

Balkenabstand: $e = 1{,}42\,\text{m}$

Ständige Last: $G_k = 3{,}8\,\text{kN/m}^2$

Veränderliche Last: $Q_k = 4{,}0\,\text{kN/m}^2$

Kombinationsbeiwert: $\psi_2 = 0{,}30$

Bestimmung der quasi-ständigen Einwirkung:

$$q_{perm} = G_k + \psi_2 \cdot Q_k \qquad \text{[Tabelle 2.21., Zeile 1]}$$

$$q_{perm} = 3{,}80 + 0{,}30 \cdot 4{,}00 = 5{,}00\,\text{kN/m}^2$$

Bestimmung der Deckenmasse:

$$m = \left(q_{perm}/9{,}81\right) \cdot e \qquad \text{[Tabelle 2.21., Zeile 2]}$$

$$m = (5000/9{,}81) \cdot 1{,}42\,\text{m} = 723{,}75\,\text{kg/m}^2$$

Bestimmung der Biegesteifigkeit in Längs- und Querrichtung:

$$(E \cdot I)_\ell = E_{0,\text{mean}} \cdot \frac{(b_{Balken} \cdot h^3)}{12}$$

$$(E \cdot I)_\ell = 11600 \cdot \frac{200 \cdot 760^3}{12} = 8{,}49 \cdot 10^{12}\,\text{Nmm}^2$$

$$(E \cdot I)_b = E_{KLH} \cdot \frac{e \cdot h_{\text{KLH}}^3}{12}$$

mit:

$$E_{KLH} = 11000\,\text{N/mm}^2$$

$$(E \cdot I)_b = 11000 \cdot \frac{1420 \cdot 135^3}{12} = 3{,}20 \cdot 10^{12}\,\text{Nmm}^2$$

Bestimmung der 1. Eigenfrequenz:

$$f_1 = \frac{\pi}{2 \cdot \ell^2} \cdot \sqrt{\frac{(E \cdot I)_\ell}{m}} \qquad \text{[DIN EN 1995-1-1, Gl. (7.5)]}$$

$$f_1 = \frac{\pi}{2 \cdot 11{,}54^2} \cdot \sqrt{\frac{8{,}49 \cdot 10^6}{723{,}75}} = 1{,}28\,\text{Hz} < 8{,}0\,\text{Hz}$$

Die erste Eigenfrequenz der Deckenkonstruktion beträgt weniger als 8 Hz. Daher sind laut DIN EN 1995-1-1:2010, Abschnitt 7.3.3 (1) besondere Untersuchungen durchzuführen.

Laut DIN EN 1995-1-1/NA:2013, NCI zu 7.3.3 darf die Schwinggeschwindigkeit für Bauteile ohne nennenswerte Querbiegesteifigkeit entsprechend der Erläuterungen zur DIN 1052:2008 ermittelt werden (s. [*Blaß/Ehlbeck* u. a. 2005]).

Die in diesem Beispiel betrachtete Deckenkonstruktion weist jedoch eine relativ hohe Querbiegesteifigkeit auf. Daher werden die Nachweise nach [*Bathon/Bletz* 2007] für Holzplattendecken geführt (s. a. Tabelle 2.21.).

Bestimmung der Schwinggeschwindigkeit infolge eines Fersenauftritts (I = 55 Ns und t_l = 0,05 s):

$$v \approx \frac{950 \cdot \alpha}{f_1 \cdot m \cdot b \cdot \ell \cdot \gamma} \qquad \text{[Tabelle 2.21., Zeile 9]}$$

$$\text{mit } \alpha = \frac{b}{\ell} \cdot \sqrt[4]{\frac{(EI)_{längs}}{(EI)_{quer}}} = \frac{16}{11{,}54} \cdot \sqrt[4]{\frac{8{,}49 \cdot 10^{12}}{3{,}20 \cdot 10^{12}}} = 1{,}77$$

$$v \approx \frac{950 \cdot 1{,}77}{1{,}28 \cdot 723{,}75 \cdot 16 \cdot 11{,}54 \cdot 0{,}912} = 0{,}011\,\text{m/s}$$

Nachweis der Schwinggeschwindigkeit infolge eines Fersenauftritts nach Tabelle 2.21., Zeile 9:

$$v \le 6 \cdot b^{((f_1 \cdot \zeta)-1)} \qquad \text{[Tabelle 2.21., Zeile 9]}$$

$$v = 0{,}011\,\text{m/s} < 6 \cdot b^{((f_1 \cdot \zeta)-1)} < 6 \cdot 100^{((5{,}06 \cdot 0{,}03)-1)} < 0{,}120\,\text{m/s}$$

Bestimmung der Resonanzbeschleunigung (Resonanzuntersuchung):

$$a \approx \frac{56}{m \cdot b \cdot \ell \cdot \gamma} \cdot \frac{1}{\zeta} \qquad \text{[Tabelle 2.21., Zeile 10]}$$

$$a \approx \frac{56}{723{,}75 \cdot 16 \cdot 11{,}54 \cdot 0{,}912} \cdot \frac{1}{0{,}01} = 0{,}046\,\text{m/s}$$

Nachweis der Resonanzbeschleunigung (Resonanzuntersuchung) nach Tabelle 2.21., Zeile 10:

[Tabelle 2.21., Zeile 10]

$$a \le \begin{cases} 0{,}1\,\text{m/s}^2 & \text{(Wohlbefinden)} \\ 0{,}35 - 0{,}7\,\text{m/s}^2 & \text{(spürbar, nicht störend)} \end{cases}$$

$$a \approx 0{,}046\,\text{m/s}^2 < 0{,}1\,\text{m/s}^2 \quad \text{(Wohlbefinden)}$$

Damit ist der Schwingungsnachweis nach DIN EN 1995-1-1:2010 (besondere Untersuchungen) erfüllt!

7. Allgemeines über hölzerne Dachtragwerke

7.1. Übersicht, Einführung und Probleme

Unter einem Dach versteht man den oberen, durch mehr oder weniger geneigte Flächen gebildeten Abschluss des Bauwerks.

Die zu erfüllenden Forderungen lösen Probleme unterschiedlichster Art aus.

Dachkonstruktionen sind seit langem das Hauptanwendungsgebiet des Holzbaus. Der entscheidende Vorteil des Baustoffes Holz ist das günstige Verhältnis von Nutzlast (meistens nur Wind und Schnee) zum Eigengewicht der Holzkonstruktion. Dieses günstige Verhältnis wird zz. von keinem anderen Baustoff erreicht. Hölzerne Dachkonstruktionen sind beträchtlich leichter und wirtschaftlicher als Stahl- oder Stahlbetonkonstruktionen.
Bei Preisvergleichen ist auch zu beachten, dass Holzkonstruktionen unter Dach praktisch so gut wie keine Unterhaltung erfordern. Die leichte und schnelle Montage hat den Vorteil, dass die Dachkonstruktion sofort tragfähig ist.

Weiter wird auf die Anpassungsfähigkeit beim Ausbau und Umbau bei veränderten Nutzungen hingewiesen. Zusätzliche Stabilisierungen lassen sich auch bei älteren Dachkonstruktionen verhältnismäßig einfach einbauen.
Die wirtschaftlich und ästhetisch begründete Anwendung von Holz und Holzwerkstoffen in seiner natürlichen, unveränderten Form als Rundholz, Schnittholz und in vergüteter Form als geklebtes Holz oder in Kombination mit anderen Baustoffen (z. B. Sperrholz) gestattet ein breites Spektrum der Tragwerksarten vom einfachen ebene Tragwerk (z. B. Fachwerkträger, Biegebalken), zum Flächentragwerk (z. B. Schalen, Trägerrost) bis zum räumlichen Tragwerk (z. B. Gitternetzschalen, Kuppeln).

7.2. Einteilungsmerkmale

Die Dächer können nach verschiedenen Kriterien eingeteilt werden (Übersicht 7.1.).

Die Vielfalt der Möglichkeiten ist dabei unbegrenzt. Einen Überblick über die Möglichkeiten zeigen [*Lennartz/Jacob-Freitag* 2016], [*Brühwiler* 2013], [*Herzog/Natterer* u. a. 2003], [*Lips-Ambs* 1999], [*Pfeifer* u. a. 1998].

Dachgestaltung

Die Dachgestaltung und die Form des Daches werden u. a. beeinflusst

- vom Standort des Bauwerkes,
- von den umgebenden Bauwerken,
- von den Witterungseinflüssen,
- von der Nutzung der Dachräume,
- vom Dachdeckungsmaterial,
- von funktionellen, konstruktiven, fertigungstechnischen und ökonomischen Anforderungen.

Um die Dachform zu bilden, ist es erforderlich, den abschließenden Teil des Daches, die Dachhaut, durch das Dachgerüst, das Dachtragwerk, abzustützen.

Das „Dach“ wird statisch und konstruktiv in das „Dachtragwerk“ und die „Dachhaut“ eingeteilt (Übersicht 7.2.).

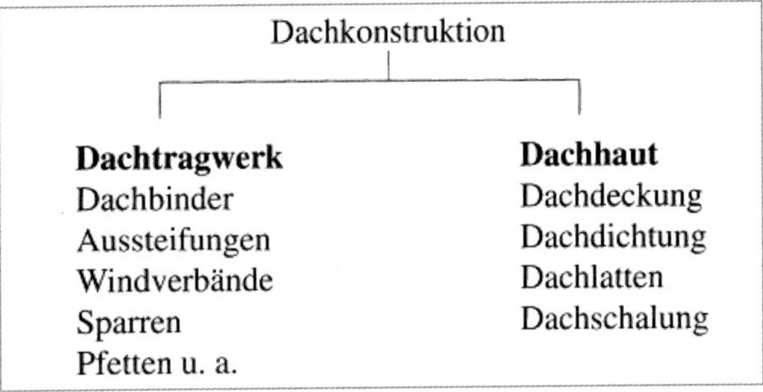

Übersicht 7.2. Grundsätzliche Einteilung der Dachkonstruktion

Beide haben unterschiedliche Funktionen zu erfüllen. Nachfolgend wird vorrangig der Teil „Dachtragwerk“, seine Berechnung, Konstruktion und Ausführung behandelt. Beide Teile sind immer im Zusammenhang zu betrachten. Von der Art der Dachdeckung ist die Dachneigung abhängig, umgekehrt bestimmt eine gegebene Dachneigung die Dachdeckung.

Wer Dachkonstruktionen, alte und neue, verstehen will, muss von der Deckung ausgehen.

Die typischen Dachdeckungsmaterialien können folgenden Neigungsbereichen zugeordnet werden:

Neigungsbereich	Dachdeckungsmaterial
Steildach $> 50\,\%$	Schuppendeckung
Flach geneigtes Dach $\geq 10 \ldots 50\,\%$	Tafeldeckung
Flachdach $2{,}5 \ldots 10\,\%$	Bahnendeckung

Die Mindestdachneigung bei Flachdächern dient vor allem dazu, das Wasser schnell abzuführen, Wasseranhäufungen (insbesondere bei Frost- und Tauwechsel) zu vermeiden und Staubablagerungen zu verhindern.
Die Deckungsmaterialien liegen alle auf Unterlagen aus Holz (Schalung, Latten, Pfetten); sie müssen wiederum von Holzkonstruktionen getragen werden.

Ein weiteres wichtiges Unterscheidungsmerkmal ist die Einteilung in:

- *belüftetes oder*
- *nicht belüftetes Dach.*

Beide Dächer werden ausgeführt, beide haben sich bewährt. Gemeint ist die Belüftung zwischen Dämmschicht und oberer Abdeckung (Unterspannbahn oder Schalung).

Nachfolgend werden für die Untersuchung zwei große Gruppen gebildet:

1. Hausdächer (und Dächer ohne Balkenlagen),
2. Hallendächer.

Bezeichnung der Dachtragwerke, s. Übersicht 7.3. Bei den Hallen stehen frei tragende Dachkonstruktionen im Vordergrund. Bei der Unterteilung nach statisch-konstruktiven Gesichtspunkten sind zwei große Gruppen erkennbar (Übersicht 7.4.).
Grundformen der Dächer, s. Tabelle 7.1.

Bezeichnungen am Dach sind Bild 7.1. bzw. Tabelle 7.2. zu entnehmen.

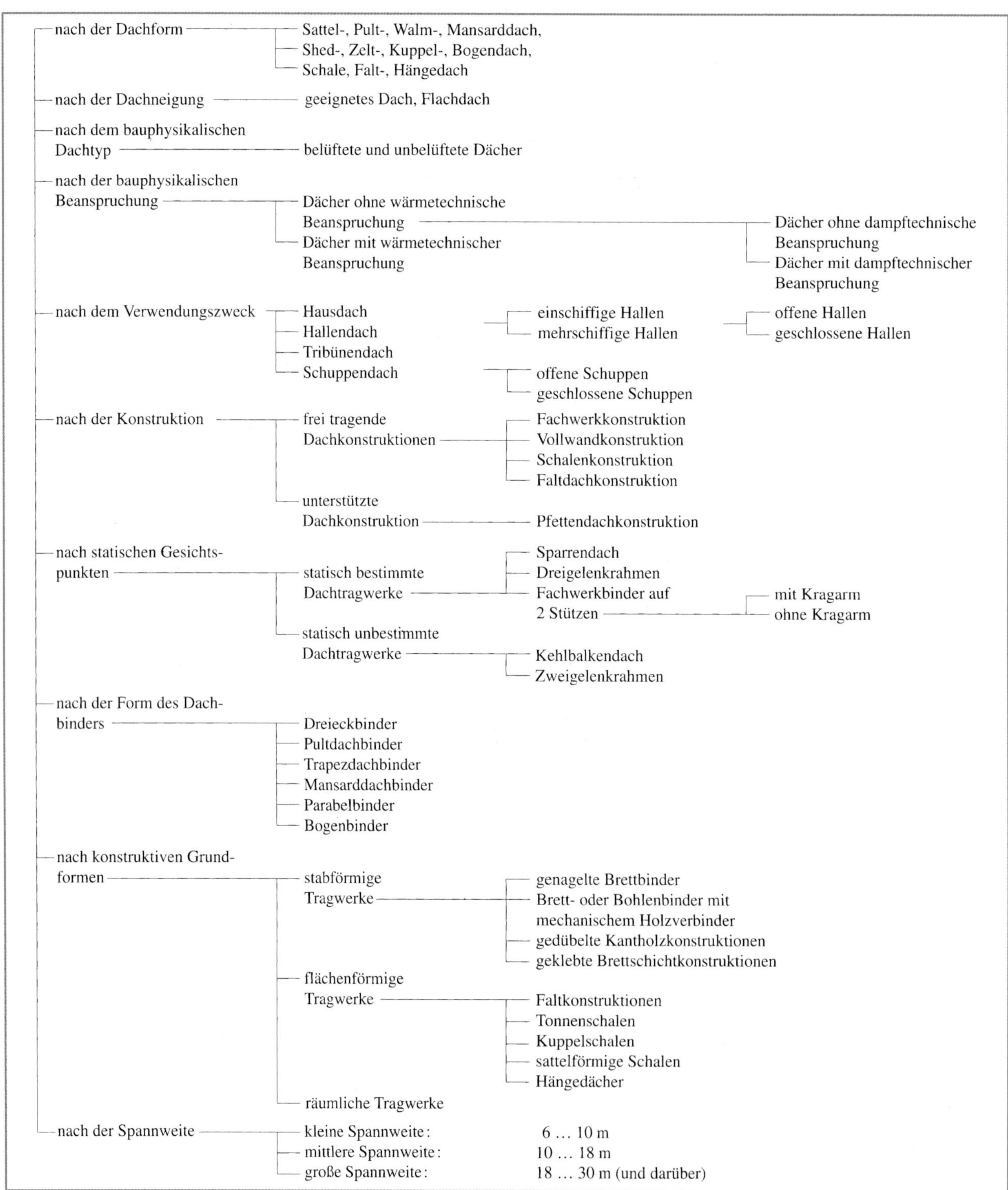

Übersicht 7.1. Einteilung der Dächer

Tabelle 7.1. Grundformen der Dächer

Dachform	Erläuterung	Skizze
Bogendächer	Die Bogenform ist für weit gespannte Hallen statisch am günstigsten, weil sie sich dem Kräfteverlauf anpasst (trifft besonders auf den Parabelbinder zu).	
Faltdächer	Bei den Faltdächern werden die Dachflächen als tragendes Element ausgebildet. Tragwirkung und Raumbegrenzung werden durch die Form der Fläche erreicht, vielfältige Formen von Faltwerken.	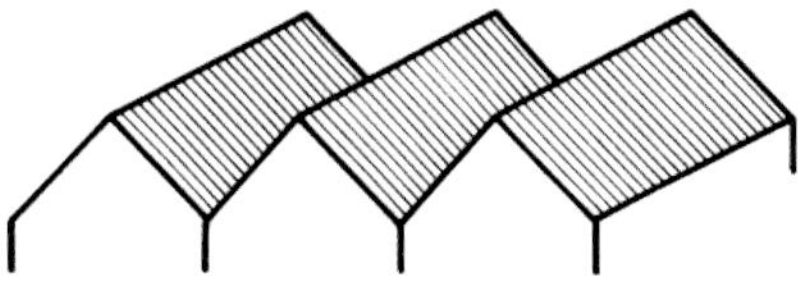
Mansarddächer	Bei diesem nach dem französischen Baumeister *Mansart* benannten Dach sind die Dachflächen eines Satteldaches einmal gebrochen in ein flacheres Oberdach und ein steileres Unterdach.[1])	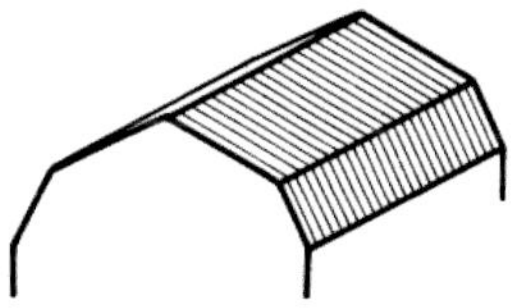
Pultdächer	Diese haben nur nach einer Seite Gefälle. Sie werden bei Anbauten verwendet. Gestalterisch befriedigen sie nicht.	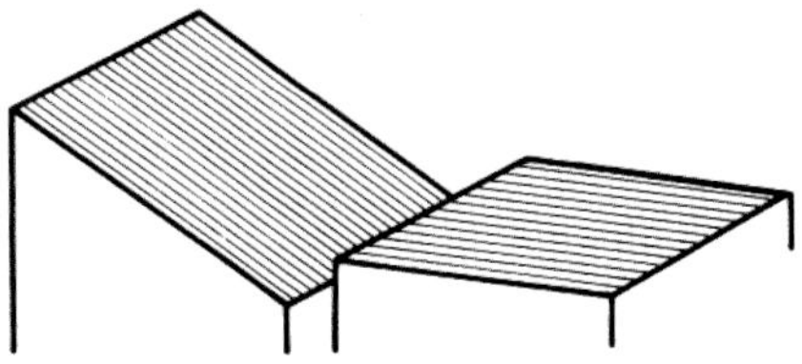
Satteldächer	Das Dach fällt von der Firstlinie nach beiden Seiten ab. Es sind symmetrische Lösungen anzustreben. Satteldächer ergeben ästhetisch und konstruktiv befriedigende Lösungen.	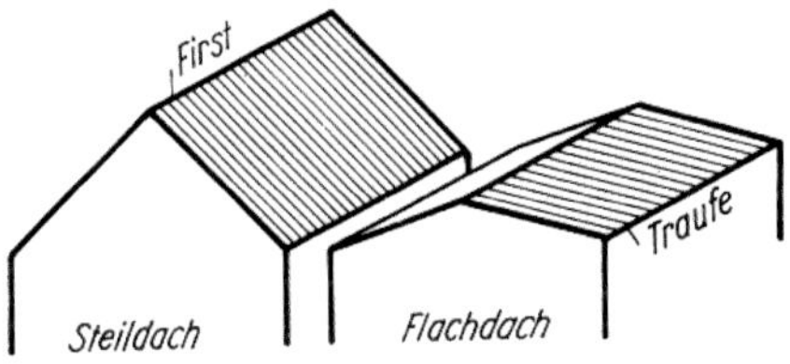 First, Traufe, Steildach, Flachdach
Schalendächer	Schalen sind Flächentragwerke, die tragende und raumabschließende Funktionen vereinen. Schalenformen: zylindrische Schalen, Konoidschalen, elliptische Schalen, HP-Schalen.	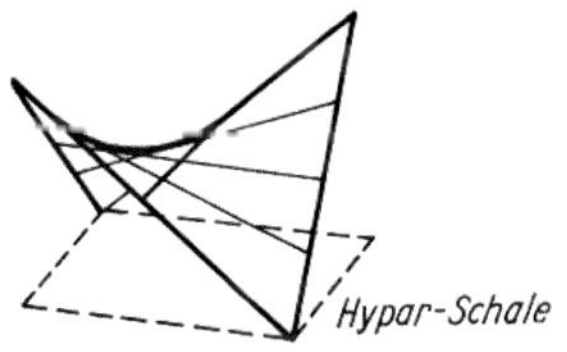 Hypar-Schale
Shed-Dächer (Sägedächer)	Die senkrecht oder bis zu 60° geneigte Vorderfläche ermöglicht (wenn sie z. B. nach Norden ausgerichtet ist) einen guten, gleichmäßig verteilten Lichteinfall.	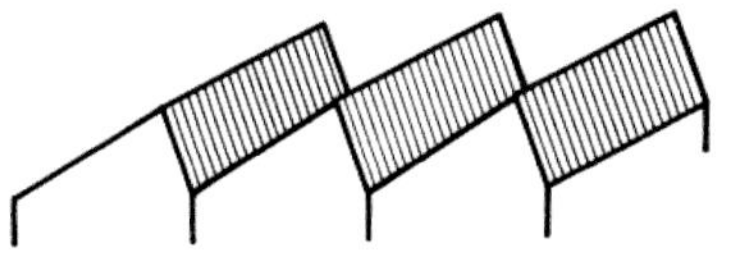
Walmdächer	Walmdächer sind Abwandlungen des Satteldaches. Beide Giebelseiten sind geneigt und als Dachfläche ausgebildet, d. h., über allen Umfassungswänden erheben sich Dachflächen.	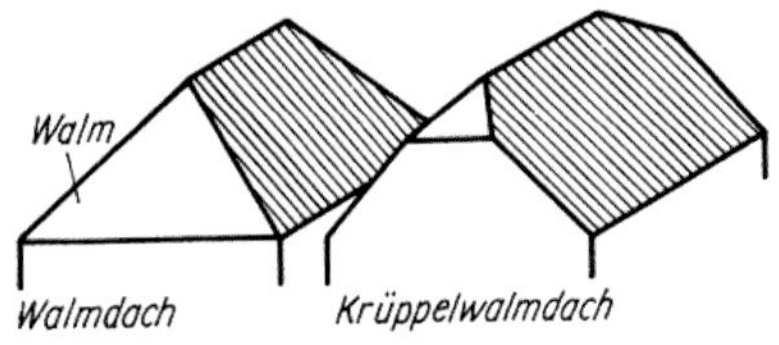 Walm, Walmdach, Krüppelwalmdach
Zeltdächer	Sie dienen zur Überdachung von Bauwerken, die quadratische, vieleckige oder runde Grundrisse haben. Am bekanntesten sind Turmhelme.	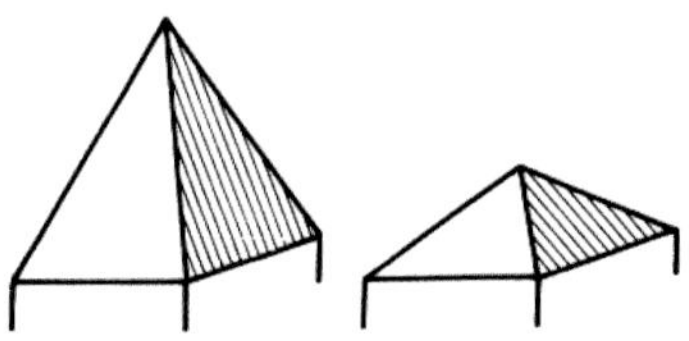

[1]) Nach Meyers Neuem Lexikon, Bd. 5, Leipzig: VEB Bibliogr. Inst. 1963: Mansarde, in ein Dach eingebautes Geschoss, das durch vorgebaute Giebelfenster Licht erhält; benannt nach dem französischen Architekten *J. Hardouin-Mansart* (1646–1708), der jedoch nicht Erfinder der Mansarde war.

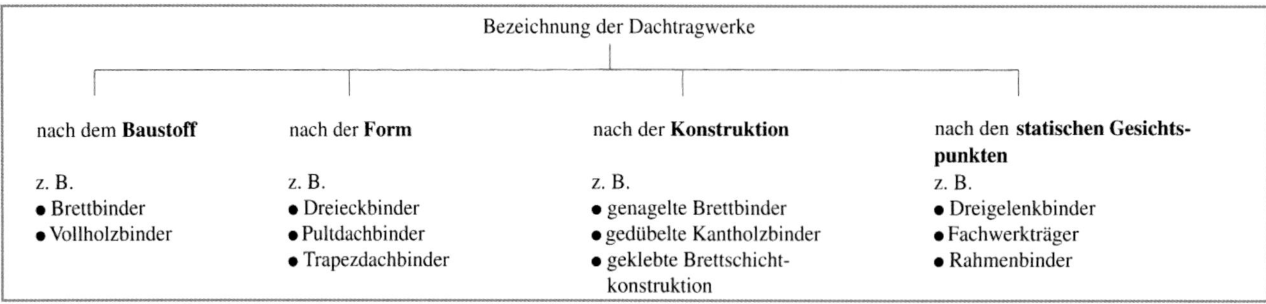

Übersicht 7.3. Bezeichnung der Dachtragwerke

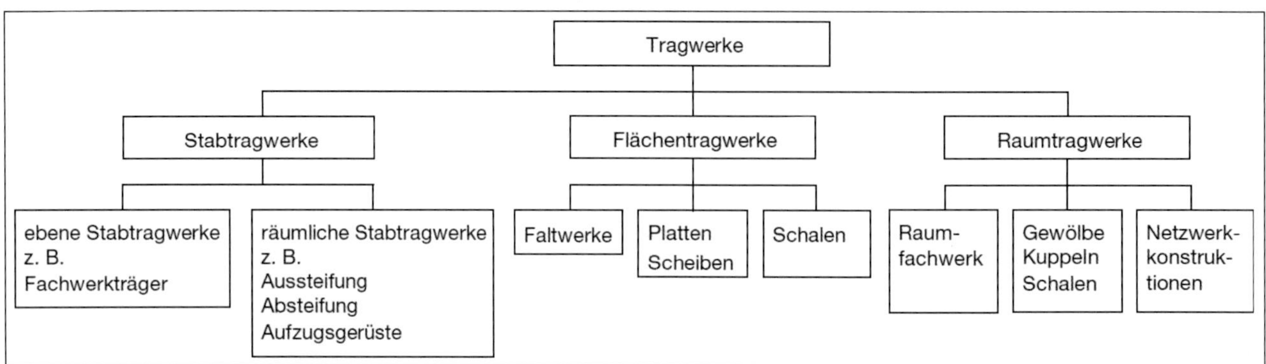

Übersicht 7.4. Einteilung der Tragwerke

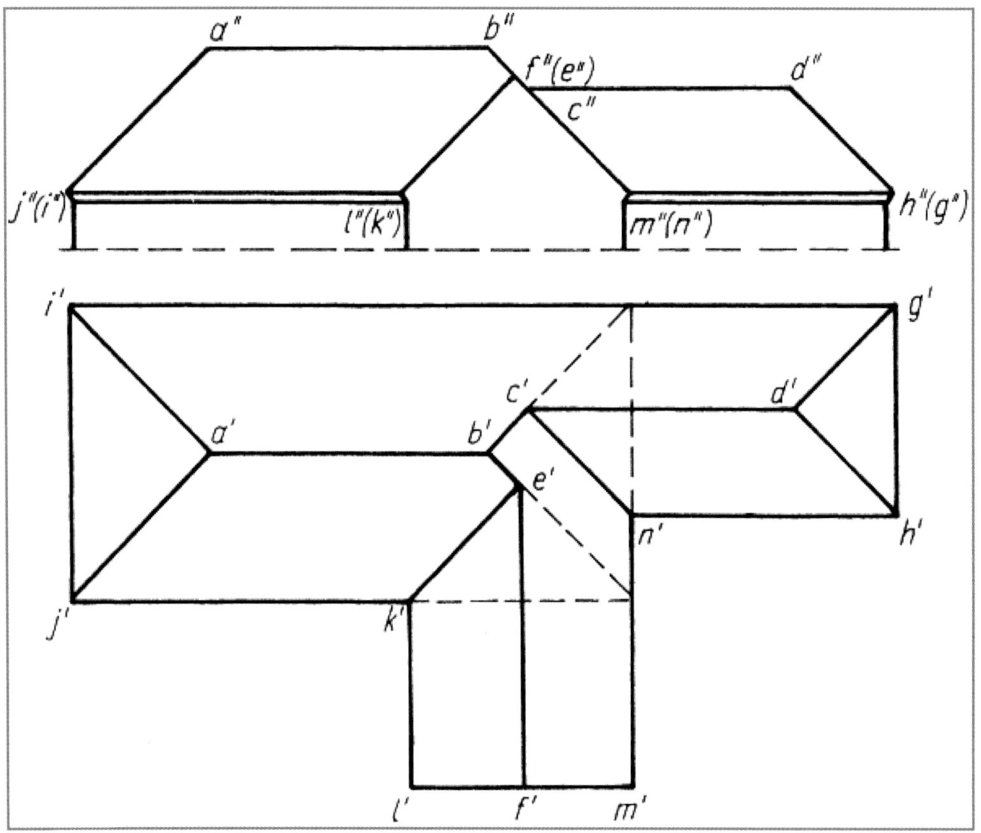

Legende

a–b c–d e–f	First oder Firstlinie
i–g i–j g–h j–k k–l m–n n–h	Traufe oder Traufline
i–a j–a g–d h–d	Grat oder Gratlinie
k–e c–n	Kehle oder Kehllinie
b–e b–c	Verfallungsgrat oder Dachverfallung
abd	Anfallspunkt
aij dgh	Walmfläche

Bild 7.1. Bezeichnungen am Dach

Tabelle 7.2. Begriffserläuterungen zur Dachkonstruktion

Begriff	**Erläuterungen**	**Bemerkung**
Behelfsdeckungen	Sie werden mit einer Lage Dachpappe ausgeführt (z. B. als vorläufige Deckung über den Winter).	
Binder	Als Binder werden die Haupttragwerke eines Daches bezeichnet. Aber auch die Haupttragwerke einer Halle werden z. B. als Rahmenbinder benannt. Mit diesem Begriff Rahmenbinder ist gleichzeitig das statische System des Binders dargelegt.	Dachbinder gehören zum Dachtragwerk. Sie stehen in Binderabständen (die von der Konstruktion abhängig ist). Bei Pfettendächern werden die Bindergespärre, Stuhlsäulen, Zangen und Streben als Binder bezeichnet.
Dachbinder	Dachbinder sind Tragwerke, – die ihr Eigengewicht (Sparren, Pfetten und Dachhaut), – die auf der Dachhaut ruhende Schneelast und – den auf das Dach auftretenden Winddruck (bzw. Windsog) aufnehmen und in die Umfassungswände des Bauwerks, Stützen oder direkt ins Fundament leiten.	
Dachhaut	Die Dachhaut ist der oberste Abschluss eines Daches.	
Dampfsperrschicht	Dampfsperrschichten sind Schichten mit hohem Durchlasswiderstand gegen Wasserdampf, i. Allg. eine diffusionshemmende Schicht mit $s_{d,i} \geq 100$ m.	Sie können aus Aluminium- oder Kunststoff-Folien, Bitumen- oder Teerpappen bestehen.
Dampfbremsschicht	Eine diffusionshemmende Schicht mit niedrigem Durchlasswiderstand gegen Wasserdampf, i. Allg. $s_{d,i} \leq 0{,}5\,\text{m}$.	
Flächentragwerke	Sie sind dadurch gekennzeichnet, dass Tragwirkung und Raumbegrenzung durch die Form der Flächen erreicht werden. Sie sind besonders bei großen Spannweiten wirtschaftlich vorteilhaft.	
Faltwerk	Ein Faltwerk ist ein räumliches Flächentragwerk, das aus ebenen Scheiben zusammengesetzt ist.	
Kaltdach	Das Kaltdach ist ein zweischaliges, durchlüftetes Dach.	
Stabtragwerke (Fachwerke)	Sie übertragen die Belastung durch Normalkräfte in den Stäben. Die Materialausnutzung ist besser als bei einem Tragwerk, bei dem die Belastung durch Momente und Querkräfte auf die Auflager übertragen wird. Werden die Knickeinflüsse außer Betracht gelassen, dann werden die Stäbe eines Tragwerks über die ganze Länge maximal belastet.	
Schalen	Unter Schalen versteht man Gebilde, die nach einfach oder doppelt gekrümmten Flächen geformt sind und deren Wanddicke im Verhältnis zur Flächenausdehnung klein ist.	Begriffsdefinition nach *Dischinger* (1887 – 1953)
Scheibe	Die Scheibe ist ein Tragwerk, dessen Dickenabmessung klein gegenüber den anderen Abmessungen ist und die nur durch Kräfte belastet wird, die in der Scheibenebene wirken.	z. B. Aussteifungsscheiben
Spannweite	Die Spannweite ist der Abstand der Systemlinie, die ein Gebäude in der Breitenausdehnung gliedert.	
Tragwerk	Mit Tragwerk wird die Gesamtheit der tragenden Bauteile bezeichnet (z. B. Stützen, Binder, Pfetten und Sparren einer Hallenkonstruktion).	
Wärmedämmschicht	Wärmedämmschichten sind Beläge mit hohem Wärmedurchlasswiderstand.	Sie bedienen nicht nur den Wärmehaushalt, sondern sie sollen vor allem die Tragkonstruktion vor Schäden durch Temperatureinwirkungen schützen und in Verbindung mit Dampfsperrschichten die Bildung von Tauwasser verhindern.
Windböcke	Windböcke sind raumaussteifende Bauteile, die insbesondere die Windlasten aufzunehmen und in den Baugrund abzuleiten haben.	
Zollbauweise	Lamellendach, bestehend aus rautenförmig angeordnetem räumlichen Stabtragwerk mit biegesteifen Knotenanschlüssen	Spannweite bis 30 m, zu Beginn des 20. Jahrhundert entwickelte Bauweise [*Winter/Rug* 1992]

7.3. Funktionsbedingte Einflüsse und Anforderungen

Zweckbestimmung

Das Dach soll das Bauwerk gegen äußere Einwirkungen und Einflüsse sicher schützen:

- Niederschläge in flüssiger und fester Form (Regen, Hagel, Schnee),
- Industrie- und Rauchabgase und Staub,
- Flugfeuer,
- Wärme und Kälte.

Nutzungsdauer

Es werden Dächer mit langer Nutzungsdauer und instandhaltungsarmen Dachkonstruktionen (betrifft besonders die Dachhaut) gefordert. Die Nutzungsdauer des Dachtragwerks ist mindestens gleich der des Bauwerks zu fordern. Die mittlere Nutzungsdauer der Dachkonstruktion wird international mit 80 Jahren angenommen. Meistens ist es nicht die gesamte Dachkonstruktion, sondern einzelne Bauteile, die versagen oder Schäden zeigen und Folgewirkungen auslösen. Die Nutzungsdauer der Dachhaut, die besonders durch die Witterungsbedingungen, den Standort sowie die Qualität und Verarbeitung der Baustoffe beeinflusst wird, ist wesentlich geringer als die des Dachtragwerks; sie liegt zwischen 15 und 40 Jahren.

Standort

Der Standort des Bauwerks, insbesondere seine Höhenlage über NN, beeinflusst in starkem Maße die Ausbildung der Dachform, -konstruktion und -eindeckung.

Nutzung des Dachraumes

Oft wird die Nutzung des Dachraumes gefordert. Sie hängt u. a. ab von der Dachneigung und der Dachkonstruktion, aber auch von der Zweckbestimmung des Bauwerks.

Hierzu einige Beispiele:

- Geneigte Dächer, z. B. als Sparren- und Kehlbalkendächer ausgebildet, lassen sich gut für Lagerzwecke nutzen, weniger für Dachausbauten.
- Geneigte Dächer, z. B. als Pfettendächer ausgebildet, eignen sich gut für Ausbauten.
- Flachdächer, z. B. genagelte Brettbinder oder Nagelplattenbinder in Binderabständen von etwa 1 m, bieten keine Möglichkeit zur Nutzung; der Dachraum ist nur Konstruktionsraum.

7.4. Anforderungen an die Gestaltung

Außengestaltung

Auf die äußere Gestaltung des Daches wirken ein:

- Umgebung (Anpassung an vorhandene Bauwerke),
- vorherrschende landschaftliche Traditionen,
- Zweckbestimmung des Bauwerks,
- Gesimsausbildung,
- Dachaufbauten,
- Farbe und Struktur der Dachdeckung,
- gesamte Bauwerksform und -gestaltung.

Innere Gestaltung

Sie ist abhängig von der Zweckbestimmung des Bauwerks, der Nutzung des Dachraumes, der Dachdecke und ihrer Gestaltung, der Konstruktionsweise und anderen Einflüssen. Farbanstriche sind für Dachtragwerke allgemein nicht zu empfehlen. Dichtgestellte Fachwerkbinder wirken in der Unteransicht unruhig.

7.5. Anforderungen an die Konstruktion

Allgemeine Einflüsse

Aus baurechtlicher Sicht können z. B. für bestimmte Bauwerke Bauweise, Baustoff, Dachformen und Ausführungen vorgeschrieben sein (z. B. zugängliche Dachräume für Kontrollen).
Die zur Verfügung stehenden Holzquerschnitte, Verbindungsmittel und die technologischen Möglichkeiten bestimmen in wesentlichem Maß das Konstruktionsprinzip.

Binderspannweite

Die Spannweite bestimmt weitgehend die Konstruktion des Dachtragwerks; die Kosten steigen mit der Spannweite.

Der Binderabstand wird sowohl durch die Art der Dachkonstruktion als auch durch die Binderspannweite beeinflusst. Allgemein nehmen die Binderabstände mit wachsender Spannweite zu.
Die mittleren Binderabstände betragen:

- Sparrendächer 0,4…1,2 m
- Pfettendächer 4,0…5,0 m
- Fachwerkbinder mit Nagelplattenverbindungen 0,8…1,25 m
- Kantholzbinder 4,0…6,0 m
- Brettschichtbinder 6,0…8,0 m

Der Binderabstand löst für die dachhauttragenden Konstruktionsteile Folgerungen aus. So genügt z. B. bei 1,0 m Binderabstand einer Schalung, bei 5,0 m Binderabstand sind Sparren und Pfetten erforderlich, und bei noch größeren Abständen sind Zwischenkonstruktionen (z. B. Parallel-Fachwerkträger) erforderlich, die die Aufgaben der Pfetten übernehmen.

Sofern keine Einschränkungen bezüglich der Bauhöhe bestehen, ist die statische Höhe des Dachtragwerks möglichst groß zu wählen und mit der Nutzung des Dachraumes in Einklang zu bringen.

Die Dachform bestimmt vielfach schon das Bindersystem. Flachdächer haben, allgemein gesehen, den niedrigsten Holzverbrauch. Die Wahl der Dachkonstruktion, die für den gegebenen Fall wirtschaftlich und zweckmäßig ist, hängt ab u. a. von

- Spannweite,
- Dachneigung,
- Belastung,
- Dachausbauten,
- Gesims- und Auflagerausbildungen.

7.6. Technologische Anforderungen

Vorfertigung

Für Neubauten kommen industriell vorgefertigte Dachkonstruktionen in Betracht. Bei Umbauten, Ausbauten und Baureparaturen werden in handwerklicher Weise angepasste Dachkonstruktionen angewendet.

Transport

Es sind bestimmte Transportabmessungen einzuhalten, die vom Transportweg abhängig sind. Die Dachtragwerke bzw. ihre Teile sind so zu zerlegen, dass sie sich transportieren lassen und beim Transport nicht verwinden, verdrehen oder durchbiegen und sich die Knotenpunkte nicht lösen können.

Die Tragelemente (Bauelemente) dürfen beim Auf- und Abladen nicht geworfen werden.

Lagerung

Die Holzteile sind vor Bodenfeuchtigkeit und vor Niederschlägen zu schützen sowie luftumspühlt zu lagern.

Montage

Die vorgefertigten Bauteile werden auf der Baustelle nur montiert. Bei modernen Holzkonstruktionen werden die Teile auf der Erde zu Segmenten vormontiert und dann mit Hebezeugen auf die Einbaulage gehoben. Elemente zimmermannsmäßiger Dachtragwerke werden je nach dem Umfang der Bauarbeiten und den Erfordernissen mit einfachen Hebezeugen oder Aufzügen auf die Dachhöhe gehoben und erst dort zusammengesetzt.

Bei der Montage sind genügend Montageabsteifungen (Sturmverbände) anzubringen.
Schraubenverbindungen sind nach der Montage vom Montagebetrieb mehrmals fest nachzuziehen.

7.7. Dachdeckungen

7.7.1. Allgemeines

Mit Dachdeckungen wird der äußere Dachabschluss bezeichnet. Die Dachdeckung ist im unmittelbaren Zusammenhang mit der gesamten Dachkonstruktion zu betrachten. Bei der Planung und Ausführung sind die Fachregeln des Dachdeckerhandwerks zu beachten (s. [*Zentralverband des Dt. Dachdeckerhandwerks*]).
Die beste **Dachhaut** ist der menschlichen Haut vergleichbar. Sie lässt kein Wasser hindurch, ist aber doch porös genug, dass sie ein Atmen ermöglicht.
Dampfdichte Dachdeckungsmaterialien, die den Dachraum hermetisch abschließen, sind bei geneigten Dächern nicht erstrebenswert.

Dachneigungen

Sie richten sich nach dem Zweck des Bauwerks, nach architektonischen und konstruktiven Gesichtspunkten. Die Dachneigungen (DN) werden in Grad oder Prozent angegeben. Die zulässigen Dachneigungen der Dachdeckungsmaterialien sind den entsprechenden Normen zu entnehmen. Die untere Grenze der angegebenen Dachneigungen ist nach Möglichkeit nicht auszunutzen. Am Sparrenfuß (Gesims) werden durch die flacher liegenden Aufschieblinge die Mindestneigungen des Dachdeckungsmaterials oft unterschritten, weil schon das Hauptdach in der entsprechenden Mindestdachneigung entworfen wurde. Am Dachfuß aber fällt das ganze Wasser an und kann hier dem Bauwerk schweren Schaden zufügen. Für frei gespannte Dachbinder über Lagerhallen oder ähnlichen Bauwerken wird man eine geringe Dachneigung wählen. Bei bestimmten Lagerhallen, z. B. für Schüttgüter, kommen entsprechend dem Schüttwinkel des Lagermaterials auch steilere Dächer in Betracht.

Geringere Neigungen können gewählt werden, wenn sowohl die klimatischen Verhältnisse als auch die Lage und der Nutzungszweck des Bauwerks sowie die Lieferbedingungen und z. B. die Garantieerklärungen der Dachziegelhersteller es zulassen.
Mindestneigungen dürfen jedoch in keinem Fall um mehr als 10 % unterschritten werden [*Zentralverband des Dt. Dachdeckerhandwerks*].

Maßgebend für die Ermittlung einer Dachneigung ist die Schräglage der Sparren oder Aufschieblinge.

In einigen Gegenden ist es üblich, dass die Dachlattung vom Zimmermann aufgebracht wird. In solchen Fällen hat der Dachdecker diese für die ausführende Dachdeckung zu prüfen und gegebenenfalls seine Bedenken gemäß VOB/B, § 4 Ziffer 3 anzumelden. Dies gilt auch für die Ausführung der Unterlagen für Traufen, Dachkanten, Kehlen und Anschlüsse.
Zu beachten ist DIN 18338 [VOB Teil C 2016].

7.7.2. Dachschalungen (s. a. DIN 18334)

Dachschalungen sind tragende, flächenartige Bauteile aus Brettern, Bohlen oder Holzwerkstoffen, die die Dachhaut tragen und nur zu Reinigungs- und Instandsetzungsarbeiten begangen werden.

Sie müssen im eingebauten Zustand auch eine Mannlast tragen können. Dachschalungen liegen meistens unter Dachabdichtungen.

Die Holzschalung muss gesund, trocken, gleichmäßig dick, tritt- und biegefest sowie dichtschließend und ausreichend befestigt sein. Das Holz muss mindestens der Sortierklasse S10 nach DIN 4074-1/C24 nach DIN EN 338 entsprechen.

Mindestdicke bei einlagiger Dachschalung (Bretter): 24 mm; Breite: 80 bis 200 mm (160 mm bei Schalungen für Metall-, Bitumen-, Schieferdeckungen und Faserzement-Dachplattendeckung sowie Schalungen unter Dachabdichtungen). Bretter von Dachschalungen sind rechtwinklig zu den Auflagern zu verlegen und auf jedem Auflager zu befestigen, z. B. auf Sparren und Pfetten.
Holzfeuchte: $u \leq 18\,\%$ ($u \leq 15\,\%$ bei Spanplatten)
Dachschalungen aus Holzwerkstoffen sind nach DIN EN 1995-1-1:2010 und DIN EN 1995-1-1/NA:2013 auszuführen.
Holzwerkstoffplatten nach DIN EN 13986 in Verbindung mit DIN 20000-1
Flachpressplatten: ≥ 19 mm (nach DIN EN 312-5)
OSB-Platten: ≥ 18 mm
Sperrholz: ≥ 15 mm (nach DIN EN 13986)
Holzwerkstoffschalung: ≥ 22 mm bei Schalungen für Metall-, Bitumen-, Schieferdeckung und Faserzement-Dachplattendeckung sowie Schalungen unter Dachabdichtungen.
Bei Dachüberständen (Gesimsen) ist wegen des Windsogs und bei frei tragenden weit gespannten Dächern ist wegen der Scheibenwirkung, gespundete Schalung zu verwenden. Mit gespundeter Schalung wird eine lastverteilende Wirkung erzielt. Soll die Dachschalung sichtbar bleiben, ist sie aus gespundeten und an den Sichtflächen gehobelten Brettern oder Bohlen der Güteklasse 2 nach DIN 68365 mit einer Dicke ≥ 16 mm herzustellen. Die Befestigung ist, wenn sie sichtbar ist, aus nichtrostendem Stahl herzustellen.

Gespundete Dachschalung schützt die Papplagen, z. B. bei schwerer Bitumenpappe, vor Scherbeanspruchung infolge einzelner sich durchbiegender Bretter.
Nicht sichtbare und nichttragende Unterdachschalung werden aus besäumten Brettern der Güteklasse 3 nach DIN 68365 gefertigt.

Mindestdachneigungen bei Dachabdichtungen

Sie beträgt ≥ 2,0 % (es sei denn, die Dachfläche ist ≤ 50 m^2). Es wird empfohlen, sofern keine einschränkenden Bedingungen vorliegen, eine Dachneigung von 10 % anzustreben, damit das Wasser auch über die Stöße der Bitumenpappe hinwegläuft. Bei Dachneigungen unter 5 % müssen Dachabdichtungen ausgeführt werden.

Einbau der Schalung

Dachschalung mit $u \leq 12$ % muss auf der Baustelle erst gelagert werden (1 bis 2 Tage), damit sich die Gleichgewichtsfeuchte einstellt (etwa $u = 15$ bis 18 %). Zu trocken, stramm verlegte Schalungsbretter quellen und können sich aufwölben. Dadurch kann die Dachhaut Schaden nehmen. Nicht genügend getrocknete Schalbretter ($u \geq 18$ %) schwinden zu sehr; Folge: Es bilden sich Fugen zwischen den Brettern. Vorstehende Kanten an den Brettfugen sind zu beseitigen (abhobeln oder bebeilen). Bretter mit Durchfallästen mit einem Durchmesser ≥ 2,0 mm sind nicht statthaft.

Schalungsbretter sind auf jedem Auflager mit mindestens zwei Nägeln zu befestigen (Mindestnagelabstände beachten). Dachschalung ist möglichst bei trockenem Wetter zu verlegen. Vorsicht bei Frostwetter, da die Bretter dann beim Nageln leicht aufreißen!

Parallel besäumte Schalungsbretter können vorher abgelängt werden, sonst sind sie nach dem Verlegen mit der Handkreissäge abzuschneiden.
Vorgefertigte Dachtafeln erhalten Quer- oder Diagonalleisten zur Versteifung (Brettdicke: ≥ 18 mm).
Werden Holzwerkstoffe verwendet, so können das Bau-Sperrholzplatten, Spanplatten, OSB-Platten oder Furnierschichtholz sein. Hinsichtlich der Wahl der richtigen Holzwerkstoffklasse in Abhängigkeit vom Konstruktionsprinzip des Daches, s. DIN EN 13986 in Verbindung mit DIN 20000-1. Maßgebend für die Dauerhaftigkeit der Dachschalung ist die richtige Wahl der Holzwerkstoffklasse entsprechend DIN EN 13986 und DIN 20000-1.

Bauschäden an der Dachschalung treten besonders bei wärme- und dampftechnisch beanspruchten Dächern bei ungenügender Wärmedämmung auf (Kondenswasser unmittelbar unter der Dachpappe).

Berechnung der Dachschalungen:

Nach DIN 1052:1988/1996, Teil 1, Abschnitt 8.1.1.2 galt die Regel, dass durchlaufende Bretter, Bohlen oder Platten aus Holzwerkstoffen in der Regel als frei drehbar gelagerte Träger auf zwei Stützen berechnet werden. Eine Durchlaufwirkung darf berücksichtigt werden, wenn Stoßstellen planmäßig festgelegt wurden. Werden Schalungen auch noch in ihrer Ebene durch Kräfte aus der Stabilisierung von Bindern oder Windbeanspruchungen beansprucht, so sind bestimmte konstruktive Gegebenheiten zu beachten (s. Abschnitt 5.4.).

7.7.3. Dachlatten

Die für die Dachlattung benötigte Holzmenge ist beachtlich; sie beträgt oft 1/5 bis 1/3 der für die Dachkonstruktion. Als durchschnittliche Nutzungsdauer können 35 bis 40 Jahre angesetzt werden.

Berechnung der Dachlatten

Nach DIN EN 1991-1-1/NA:2010, Abschnitt NCI zu 6.3.4.2 (NA.10) sind bei Dachlatten zwei Einzellasten von je 0,5 kN in den äußeren Viertelpunkten der Stützweite anzunehmen. Für hölzerne Dachlatten mit Querschnittsabmessungen, die sich erfahrungsgemäß bewährt haben, ist bei Sparrenabständen bis etwa 1 m kein rechnerischer Nachweis erforderlich, wenn sie keine weitere Funktion erfüllen müssen (z. B. aussteifende Funktion).
Nach DIN 18334, Abschnitt 3.8 können ohne statischen Nachweis die folgenden Dachlattenquerschnitte (s. Tabelle 7.3.) verwendet werden. Die Dachlatten sind auf jedem Sparren zu befestigen.

Tabelle 7.3. Dachlatten, Nennquerschnitte, Auflagerabstände, Sortierklassen (nach DIN 18334, Tabelle 1)

	Nennquerschnitte [mm]	**Auflagerabstände [m]**	**Sortierklassen nach DIN 4074-1**
1	24/48 bei Dachlattenabstand bis 17 cm	bis 0,7	S13
2	24/60	bis 0,8	S13
3	30/50	bis 0,8	S10
4	40/60	bis 1	S10

Die Befestigung der Dachlatten erfolgt nach handwerklichen Regeln, bei Lattendicken von 24 mm mit Nägeln 3,0 × 60 mm, bei 30 mm mit 3,0 × 70 mm, bei 40 mm mit 3,0 × 80 mm. Bei der Befestigung ist darauf zu achten, dass das Holz nicht spaltet. Nach DIN 68880-2, Abschnitt 6.1 gilt aus der Sicht des baulichen Holzschutzes folgende Regel:
„Latten hinter Vorhangfassaden, Dach- und Konterlatten sowie Traufbohlen, ferner Dachschalungen, werden der Gebrauchsklasse GK 0 zugeordnet. Dies gilt auch für im Freien befindliche Dachbauteile, wenn diese so abgedeckt sind, dass eine unzuträgliche Veränderung des Feuchtegehalts nicht vorkommen kann."

Da Dachlatten in Einbaulagen ständig luftumspült sind, ist ein Befall mit Holzschädlingen nicht zu erwarten. Die Einbaufeuchte ist nach DIN 4074-1 mit ≤ 20 % festgelegt.

Dachlatten werden in der Regel mit einem Nagel auf den Sparren befestigt. Bei Sparrenbreite $b \leq 80$ mm ist es zweckmäßig, die Latten schräg zu stoßen oder Verstärkungshölzer anzubringen.
Werden Dachlatten zur seitlichen Stützung von knickgefährdeten Sparren oder Fachwerkgurten herangezogen, sind die Forderungen gemäß DIN EN 1995-1-1/NA:2013, Abschnitt NCI NA.13.2 (NA.5) einzuhalten (s. Abschnitt 5.4.). Für die Lastweiterleitung ist auf eine statisch tragfähige Stoßausbildung der Latten, unter Einhaltung der für die Lastweiterleitung notwendigen Randabstände für die Verbindungsmittel, zu achten. Die Stoßausbildung ist druck- und zugfest auszubilden. Eventuell sind Verstärkungen notwendig (s. a. [*Milbrandt* 1997-1]).

7.7.4. Seitliche Abstützung von gedrückten Gurten von Fachwerkbindern und Sparren durch Brettschalung und Dachlatten nach DIN EN 1995-1-1/NA:2013, NCI zu 13.2 (NA.5)

Die in den Abschnitten 7.7.2. und 7.7.3. dargelegten Grundsätze für die zu verwendeten Materialdicken und Materialbeschaffenheiten gelten hier ebenfalls.

Brettschalungen oder Dachlatten dürfen im Zusammenwirken mit einem Aussteifungsverband (z. B. Windripsen, Scheiben und Sparren) zur Aussteifung knickgefährdeter Sparren oder Gurte von Fachwerkbindern herangezogen werden, wenn folgende Voraussetzungen erfüllt sind (weitere Hinweise s. Abschnitt 5.4. dieses Buches):

1. Die Spannweite des auszusteifenden Bauteils beträgt maximal 15 m.
2. Die Aussteifungsverbände haben einen Abstand von maximal 10 m.
3. Die Höhe der Sparren und der Gurte beträgt $h \leq 4 \cdot b$
4. Die Breite der Sparren und Gurte beträgt mindestens 40 mm.
5. Der Sparren- oder Binderabstände beträgt maximal 1,25 m.
6. Die Stöße der Bretter und Latten sind bei einer maximalen Stoßbreite von 1 m um mindestens zwei Binderabstände zu versetzen.
   Dachschalung oder Lattung sind kraftschlüssig mit den Windverbänden oder entsprechenden Konstruktionen zu verbinden, damit das Zusammenwirken mit den Verbänden garantiert ist.

Bei Verwendung von Dachlatten sind die Dachlatten und die Anschlüsse und Befestigungen sowie die Stöße rechnerisch nachzuweisen. Die Beanspruchung N_d der Latten aus der Weiterleitung der Stabilitätslast kann berechnet werden:

$$N_d = q_d \cdot \ell$$

mit:

ℓ = Lattenabstand;

q_d = Aussteifungskraft nach Gl. (9.37) in DIN EN 1995-1-1:2010.

7.8. Bauphysik

7.8.1. Allgemeines

Vorschriften:

- DIN 4108, Wärmeschutz im Hochbau,
- Energieeinsparverordnung EnEV 2015,
- DIN 4109, Schallschutz im Hochbau,
- DIN 4102, Brandverhalten von Baustoffen und Bauteilen,
- DIN EN 1991-1-2, Eurocode 1, Einwirkungen auf Tragwerke – Teil 1-2: Allgemeine Einwirkungen – Brandeinwirkungen auf Tragwerke,
- DIN EN 1995-1-2: Eurocode 5, Bemessung und Konstruktion von Holzbauten – Teil 1-2: Allgemeine Regeln – Tragwerksbemessung für den Brandfall,
- DIN EN 1995-1-2/NA: Nationaler Anhang,
- DIN 68800-1 bis -4, Holzschutz,
- Fachregeln des Dachdeckerhandwerkes, Richtlinien für die Planung und Ausführung von Dächern mit Abdichtungen (s. [*Zentralverband des Dt. Dachdeckerhandwerks*]),
- DIN 18334, VOB, Teil C, Zimmer- und Holzbauarbeiten.

7.8.2. Wärmeschutz

Ökologisches Bauen und energiesparende Bauweise

Die Ölkrise 1973 lehrte, wie über Nacht das lebenswichtige Öl rationiert, teuer und nicht mehr frei verfügbar war. Sie leitete den energiesparenden Wärmeschutz ein.
Mit den Wärmeschutzverordnungen von 1982 und 1994 und der Energieeinsparverordnung EnEV 2015 wurden die gesetzlichen Anforderungen an den Wärmeschutzstandard verschärft. Guter Wärmeschutz zielt auf eine möglichst hohe Heizenergieeinsparung und Reduzierung der CO_2-Emission im Sinne des Umweltschutzes.
DIN 4108 regelt den Mindestwärmeschutz und setzt einzig und allein auf den *Wärmedurchgangskoeffizienten (U-Wert)*, sie macht keinen Unterschied, z. B. ob das Dach auf der Süd- oder Nordseite liegt. Es sind jedoch noch andere Einflüsse, Wirkungen usw. zu beachten, wie die Dachform und Größe der wärmeübertragenden Umfassungsfläche.

Allgemein ist für das wärmegedämmte Dach heute eine Dämmschichtdicke von 200 bis 280 mm üblich.

Dem Energiesparen kann und muss man sich von verschiedenen Seiten (und Überlegungen) her nähern, weil die Energiebilanz von Gebäuden nicht allein durch Transmissionswärmeverluste, sondern auch durch Undichtigkeiten, den Wirkungsgrad hauswirtschaftlicher Geräte, Warmwasserverbrauch, Elektrizität für Geräte und Beleuchtung, Lage und Größe der Fenster (z. B. zur Südrichtung), Windschutz, Kompaktheit der Gebäude usw. bestimmt wird.
Die energiebezogenen Merkmale eines Gebäudes werden nach einer allgemeinen Verwaltungsvorschrift der Bundesregierung in einem Wärmebedarfsausweis zusammengefasst.

Es ist die Summe aller Maßnahmen, die eine wirksame Energieeinsparung bringt, über deren Notwendigkeit kein Zweifel besteht. Letztlich wird sie mehr von der Lebensweise als von der Bauweise beeinflusst.

Entsprechend der EU-Richtlinie 2006 kommt auch in Deutschland der Energieeffizienz von Gebäuden eine größere Bedeutung zu. Danach wird für Gebäude ein Energiepass erstellt, der exakte Angaben zur Energieeffizienz eines Gebäudes enthält.

Grundregeln für den Wärmeschutz

Die dämmende Konstruktion setzt sich aus einzelnen Schichten zusammen, die unterschiedliche Funktionen erfüllen müssen. Erst der richtige bauphysikalische Aufbau der Konstruktion und die mängelfreie handwerkliche Ausführung garantieren einen dauerhaften Wärmeschutz.
Folgendes ist zu beachten:

- Wärmedämmschichten sind lückenlos einzubauen.
- Wärmedämmung beruht auf dem Zusammenspiel zwischen Dämmstoff und dessen lückenloser luftundurchlässiger Abdeckung nach innen (z. B. einer funktionsfähigen Luftdichtheitsschicht). Ein Luftdurchtritt durch wärmegedämmte Bauteile kann zu großen Wärmeverlusten und Feuchteschäden führen.
- Dämmschichten müssen von außen winddicht sein. Eine Hinterströmung der Dämmschicht ist durch eine lückenlose Winddichtheitsschicht zu verhindern.
- Feuchtebeanspruchung von außen (z. B. Schlagregen) und innen (Tauwasser) dürfen die Dämmkonstruktion nicht schädigen.

Literatur: [*Post/Schmidt* 2019], [*Schulze* 2005], [*Otto/Ringeber* u. a. 2004], [*Arndt* 2002]

Anforderungen

An Dächer über nicht beheizten Räumen in Gebäuden mit sonst normalen Innentemperaturen, z. B. über nicht ausgebauten Dachgeschossen, werden keine Anforderungen gestellt, sofern die Decke unter dem nicht ausgebauten Dachraum ausreichend wärmegedämmt ist.
Dächer über Aufenthaltsräumen in Wohngebäuden (und vergleichbaren Gebäuden) müssen die Anforderungen an den Mindestwärmeschutz nach DIN 4108-2 sowie der Verordnung über einen energiesparenden Wärmeschutz bei Gebäuden (Wärmeschutzverordnung) erfüllen.
Für Gebäude mit niedrigen und normalen Innentemperaturen von (mehr als 12 °C und weniger als 19 °C) sind in der Energieeinsparverordnung (EnEV) besondere Anforderungen festgelegt.

Beanspruchungen des geneigten Daches über ausgebauten Dachgeschossen

Sie sind in Bild 7.2. zusammengefasst.
Den Einwirkungen von außen müssen entsprechende Maßnahmen entgegenwirken.

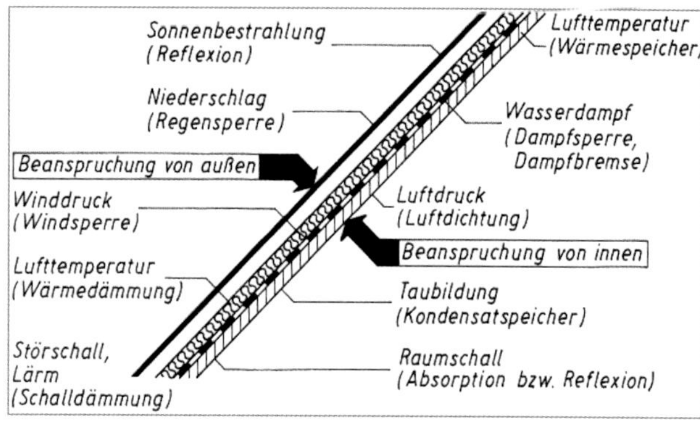

Bild 7.2. Beanspruchungen des geneigten Daches über ausgebautem Dachgeschoss

Winddichtigkeit ausgebauter Dachgeschosse

Bisher wurde generell zwischen belüfteten Kaltdächern und nicht belüfteten Warmdächern unterschieden. Dazu gibt es Regeln über Belüftung sowie über die Anordnung und den Wasserdampf-Durchlasswiderstand von Dampfsperren. Sie waren bei guter Ausführung sicher vor Feuchteschäden infolge Tauwasserbildung. Diese Regeln gingen davon aus, dass geneigte Wohnhausdächer grundsätzlich belüftet sein müssten. Eine derartige Auffassung wird nicht als falsch angesehen, aber sie engt ein.
Nach DIN 4108-3 sind belüftete und unbelüftete geneigte Dächer zulässig.

Belüftete Dächer erhalten direkt über der Wärmedämmung eine belüftete Luftschicht.

Nicht belüftete Dächer erhalten direkt über der Wärmedämmung keine Luftschicht. Von nicht belüfteten Dächern wird auch gesprochen, wenn außenseitig im weiteren Dachaufbau zusätzliche belüftete Luftschichten angeordnet werden.

Um Feuchteschäden auszuschließen, sind folgende Bedingungen einzuhalten:

- *Das Dach muss raumseitig sowohl in seiner Fläche als auch im Bereich der Anschlüsse an andere Bauteile sowie an Durchdringungen luftdicht ausgebildet sein.*
  Ist dies nicht der Fall, so gelangt durch Auftrieb und Windsog erwärmte Innenluft in das Dach.
  Diese transportiert eine wesentliche höhere Feuchtigkeitsmenge in die Belüftungsschicht, als auf dem Wege der Diffusion sonst dahin gelangt. Folge:
  - Durchfeuchtung der Dämmschicht,
  - damit herabgesetzte Wärmedämmwirkung,
  - unzuträglich hohe Holzfeuchte, die zu Feuchteschäden (Fäulnis) führen kann.
- *Die notwendige Belüftung des Daches oberhalb der Wärmedämmschicht muss gesichert sein.*
  Die Unterspannbahn darf nicht durchhängen und auf der Dämmschicht aufliegen. Es muss ein freier Lüftungsquerschnitt von mindestens 20 bis 30 mm Höhe über der Wärmedämmung zwischen den Sparren vorhanden sein.
- *Wenn gegen einen der genannten bauphysikalischen Zusammenhänge verstoßen wird, sind Schäden unausbleiblich.*

Mit anderen Worten: Die ehemals weit verbreitete Konstruktion wird verlassen, weil die einzuhaltenden Forderungen für die Baustelle zu kompliziert geworden sind. Die zzt. noch überwiegende Wärmedämmung zwischen den Sparren weist hohe Luftundichtigkeiten auf, die zu Tauwasserausfall mit anschließenden Feuchteschäden führen.

Daraus folgt:

Das geneigte wärmegedämmte Dach ist luftdicht (winddicht) auszuführen; es gibt größere Sicherheiten.

Grundsätzlich ist ein Trend zu diffusionsoffenen wärmegedämmten Konstruktionen zu beobachten. Bei der konstruktiven Gestaltung der gedämmten Konstruktion soll ein hohes Austrocknungsvermögen erreicht werden, damit eventuell unplanmäßig eingedrungene Feuchtigkeit nicht zu unzulässig hohen und langen Auffeuchtungen führen. Nach Untersuchungen von [*Künzel* 2000] werden folgende Empfehlungen für die Konstruktion von gedämmten Dachkonstruktionen gegeben.

Aus hygienischen Gründen muss bei bewohnten Räumen ein gewisser Mindestluftwechsel vorhanden sein. Dieser soll möglichst gezielt erfolgen, um unzulässig hohen Lüftungswärmeverlust und evtl. Bauschäden zu verhindern. Deshalb verlangen die DIN 4108 und die Wärmeschutzverordnung, dass alle Fugen in der wärmeübertragenden Umfassungsfläche entsprechend dem Stand der Technik dauerhaft luftundurchlässig ausgebildet werden müssen und außen liegende Fenster und Fenstertüren beheizter Räume einen festgelegten Fugendurchlasskoeffizienten nicht überschreiten dürfen. Insbesondere durch undichte Fugen und Öffnungen von Türen und Fenstern gehen erhebliche Wärmemengen dem Gebäude verloren (s. [*Künzel* 2000]).

Unterscheidungen nach der Dachneigung

Es wird zwischen

- *geneigten Dächern und*
- *Flachdächern*

unterschieden. Die Bezeichnung Kalt- und Warmdach ist nicht mehr üblich.

Ferner ist bei Planung und Nachweis von Wärmeschutzmaßnahmen gemäß Energieeinsparverordnung (EnEV) zu unterscheiden zwischen

- der *Wärmedämmung bei zu errichtenden Gebäuden (Neubauten)* und
- der *Verbesserung der Wärmedämmung bei baulichen Änderungen bestehender Gebäude (Altbauten).*

Nach der Lage der Wärmedämmung (nach Bild 7.3.) sind in konstruktiver Hinsicht zu unterscheiden:

- Wärmedämmung über den Sparren,
- Wärmedämmung zwischen den Sparren,
- Wärmedämmung unter den Sparren sowie Kombinationen,
- Wärmedämmung zwischen und unter den Sparren.

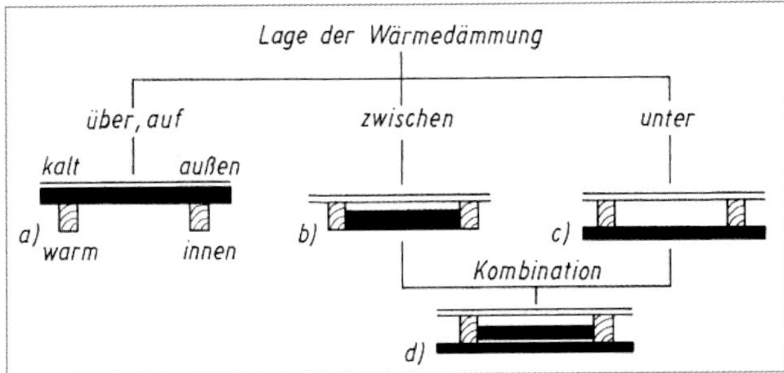

Bild 7.3. Lage der Wärmedämmung bei Sparren (Schemata)

Verwendete Materialien

Vorwiegend werden verwendet:

- weiche Mineralfasermatten,
- Mineralfaserplatten oder
- Hartschaumplatten.

Daneben gelangen Zellulosefasern, Holzfaserdämmplatten und andere organische Materialien zum Einsatz.

Wärmedämmung über den Sparren (Bilder 7.4. bis 7.6. und 7.7.a)

Sie wird hauptsächlich dann ausgeführt, wenn aus architektonischen Überlegungen die Sparren als Gestaltungselement sichtbar bleiben sollen. Ein weiterer wesentlicher Grund, ja sein Vorteil ist, dass die bauphysikalisch wichtigen Schichten, die Dämmung, Dampfbremse und Windsperre bzw. Wetterschutzbahn ohne Unterbrechung auf einem ebenen Untergrund liegen und kontrolliert verlegt werden können. Der ebene Untergrund ist die obere Beplankung bzw. Bekleidung.

Die Wärmedämmung besteht aus großformatigen Dämmplatten, die parallel zur Traufe auf der Bekleidung verlegt wird. Die Dämmplatten sind durch Nut- und Federverbindungen oder Überfalzungen miteinander verbunden; sie bilden eine geschlossene Wärme-Dämmscheibe ohne Kältebrücken.

Verwendet werden großformatige Dämmplatten oder mehrschichtige Leichtbauplatten.
Die Wärmedämmplatten können mit einer Unterspannbahn oder Schalung mit Wetterschutzbahn abgedeckt werden. Darauf wird eine Konterlatte als Abstandhalter auf die Sparren geschraubt.

Mit bauaufsichtlich zugelassenen Spezialschrauben wird eine Schub- und sogsichere Befestigung der Aufsparrendämmung hergestellt, die die Schubkräfte aus den Eigen- und Schublasten sowie die Zugkräfte aus Windsog aufnehmen.

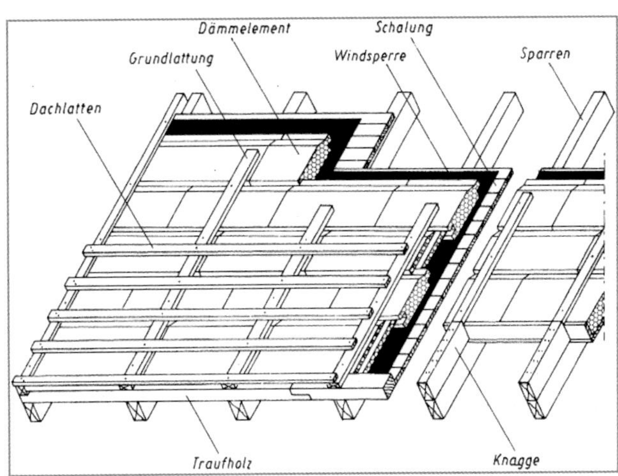

Bild 7.4. Konstruktiver Aufbau eines geneigten Daches mit einer Wärmedämmung über den Sparren (Aufsparrendämmung)

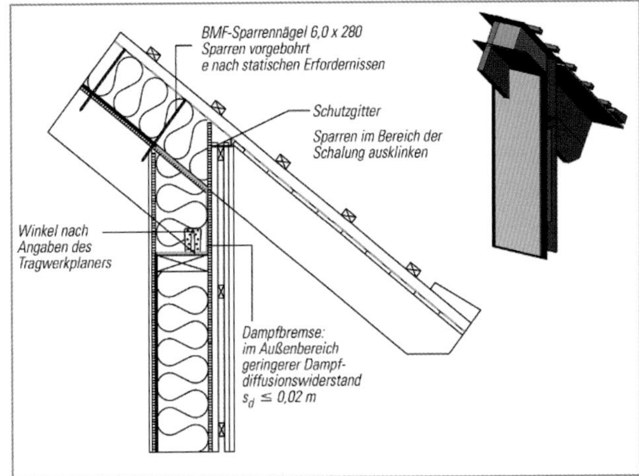

Bild 7.5. Geneigtes Dach, Wärmedämmung über den Sparren, diffusionsdicht, nach Standardisierung im Holzrahmenbau (*Bund Deutscher Zimmermeister, Berlin*)

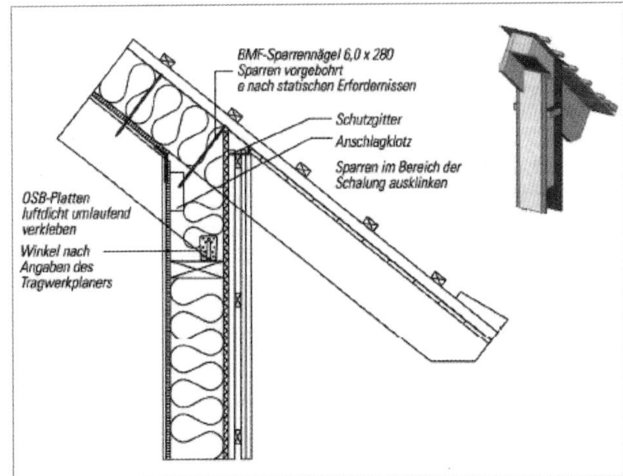

Bild 7.6. Geneigtes Dach, Wärmedämmung über den Sparren, diffusionsoffen, nach Standardisierung im Holzrahmenbau (*Bund Deutscher Zimmermeister, Berlin*)

Besondere Sorgfalt ist auf die luftdichten Ausführungen der Konstruktion zu legen. In der Fläche müssen auch die Stöße ausreichend luftdicht ausgeführt sein. Durchdringungen (z. B. von Sparren oder Installationen) und Anschlüsse sind mängelfrei luftdicht herzustellen. Besser ist es, Durchdringungen ganz zu vermeiden und konstruktive

Lösungen zu entwerfen, die ein aufwendiges Abkleben bei Durchdringungen vermeiden.
Details von der Traufe zeigen die Bilder 7.5. und 7.6.
DIN 4108-3 gibt konstruktive Regeln für Dachaufbauten ohne rechnerischen Nachweis der Tauwasserbeanspruchung vor, vorausgesetzt die Regeln werden strikt eingehalten. Für nicht belüftete Dachkonstruktionen mit Aufsparrendämmung gelten die Bilder 3, 4 und 7 der Norm sowie die Einhaltung der Festlegungen nach Tabelle 3 in DIN 4108-3.

Wärmedämmung zwischen den Sparren (Bild 7.7.b, Bild 7.8. und Bild 7.9.)

Diese Art wird angewendet, wenn das Dach bereits eingedeckt ist, bei einem sofortigen oder nachträglichen Ausbau des Dachgeschosses. Bei den Lösungen nach Bild 7.7.c, bei denen die Sparrengefache mit einer Unterspannbahn (auf Holzwerkstoffplatte) abgedeckt sind, kann dies nicht mit vorhandener Dachdeckung ausgeführt werden.
Damit die Dämmung trocken bleibt, ist zwischen Abdeckung und Dämmschicht ein Luftspalt ≥ 20 mm erforderlich. Auf diese Hinterlüftung kann verzichtet werden, wenn eine raumseitige Dampfsperre in Form einer diffusionshemmenden Schicht mit $d_d \geq 100$ m eingebaut ist (Bild 7.7.).

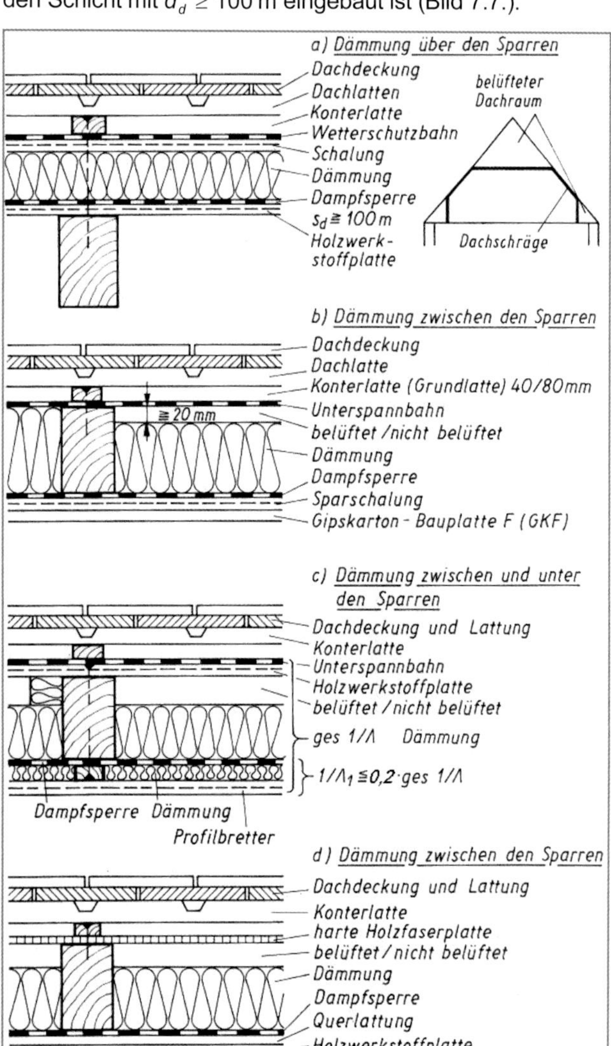

Bild 7.7. Lage der Wärmedämmung und Konstruktion bei ausgebautem geneigtem Dach über Aufenthaltsraum, Bad und Küche

Die Ausführung muss sehr sorgfältig erfolgen (Bild 7.8. und 7.9.). Luftundichtigkeiten führen zu Tauwasserausfall mit folgenden Feuchteschäden. Vorzugsweise werden verwendet:

- weiche Dämmmatten und
- Dämmplatten.

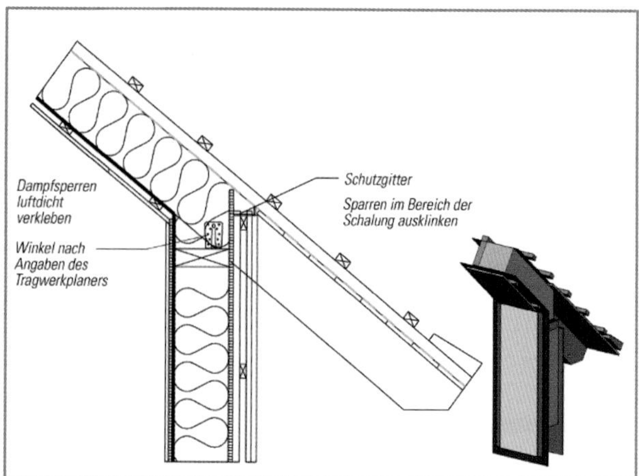

Bild 7.8. Geneigtes Dach, Wärmedämmung zwischen den Sparren, diffusionsdicht, nach Standardisierung im Holzrahmenbau (*Bund Deutscher Zimmermeister, Berlin*)

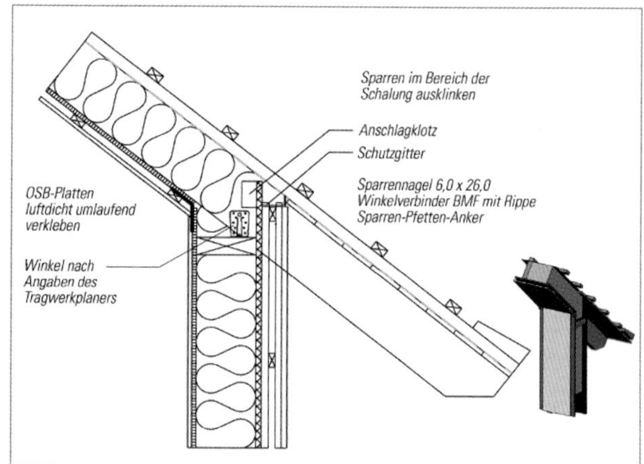

Bild 7.9. Geneigtes Dach, Wärmedämmung zwischen den Sparren, diffusionsoffen, nach Standardisierung im Holzrahmenbau (*Bund Deutscher Zimmermeister, Berlin*)

Wärmedämmung unter den Sparren (Bild 7.10.)

Anwendung dort, wo unter den Sparren genügend Raumhöhe vorhanden ist. Verwendet werden übliche Dämmplatten oder Verbundelemente. Ausführung im Allgemeinen bei gedecktem Dach, wenn über den Sparren bereits eine Unterspannbahn eingebaut ist.

Kombination: Wärmedämmung zwischen und unter den Sparren (Bilder 7.7c. und 7.10)

Hierbei ist besonders auf die Verteilung der Dämmung oberhalb und unterhalb der Dampfsperre zu achten (Bild 7.7.c bzw. Bild 7.10.).

Unterhalb der Dampfsperre darf bei Flachdächern der Wärmedurchlasswiderstand nur 20 % des gesamten Wärmedurchlasswiderstandes betragen.

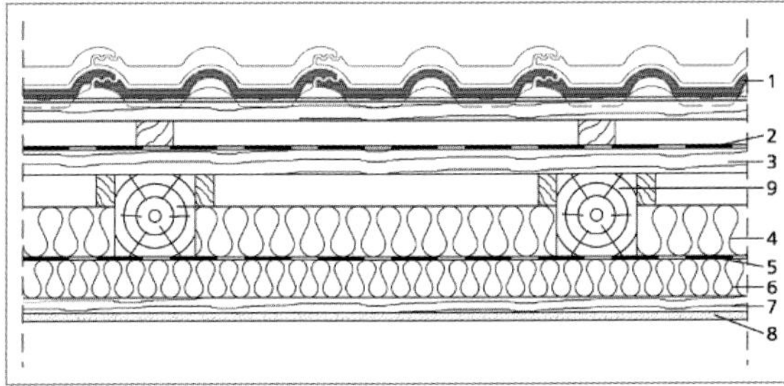

Legende
1 Dachdeckung (hinterlüftet)
2 Unterspannbahn
3 Grundlattung (Konterlattung)
4 Holzfaserdämmplatten (80 mm) zwischen den Sparren
5 Dampfbremse
6 Holzfaserdämmplatten (60 mm)
7 Lattung
8 Gipskartonplatten (12,5 mm)
9 Sparren

Bild 7.10. Geneigtes Dach, Wärmedämmung zwischen und unter den Sparren

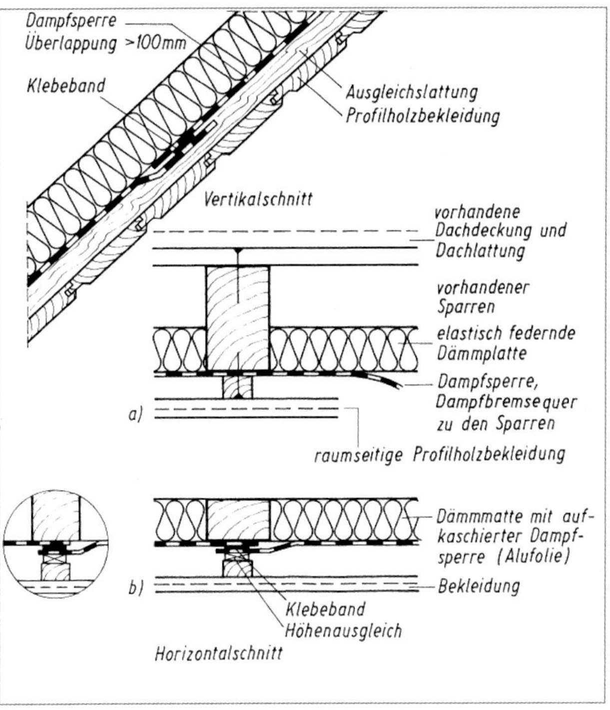

Legende
a) elastisch-federnde Dämmmatte zwischen den Sparren
b) aluminiumkaschierte Mineralwollematten

Bild 7.11. Nachträgliche eingebaute Wärmedämmung bei geneigten Dächern

Nachträgliche Wärmedämmung bei geneigten Dächern

Die meisten alten Dächer haben nur einen geringen, ja oft gar keinen Wärmeschutz. Oft dringt der Flugschnee in den Dachraum ein. Die Wärmedämmung der Dachgeschossbalkenlage wurde im Abschnitt 6.8. behandelt.

Bevor die Wärmedämmung unter der Dachschräge angebracht wird, ist das Dach gegen Flugschnee, Wind und Feuchtigkeit abzudichten:

- Am aufwendigsten, aber wirkungsvollsten ist es, von außen eine Brettschalung auf die Sparren zu nageln und mit einer Wetterschutzbahn (Dachpappe) abzudichten. Hierzu muss das Dach umgedeckt werden.
- Wird das Dach nicht umgedeckt, dann können aluminiumkaschierte Mineralwollematten von innen zwischen den Sparren angebracht werden. Die Aluminiumfolie der Matten wirkt als Dampfsperre und dient gleichzeitig zur Befestigung am Sparren. Die Stöße sind anschließend zu verkleben (Bild 7.11.b.).
- Bei Dämmstoffen ohne Aluminium-Folie muss, nachdem diese zwischen den Sparren eingebracht sind, zusätzlich eine diffusionshemmende Schicht eingebracht (und durch eine Bekleidung geschützt) werden (Bild 7.11.a.).

Nachträgliche Wärmedämmung der Dachschräge bereits ausgebauter und bewohnter Dachräume

Eine solche zusätzliche Dämmung lässt sich in der Regel nur von der Außenseite des Daches aufbringen. Es gibt verschiedene Möglichkeiten:

- Das Dach wird abschnittsweise abgedeckt, und zwischen die Dachlatten werden weiche Mineralwollematten hindurch geschoben (Dämmung zwischen den Sparren).
- Das Dach wird vollständig abgedeckt, Dämmung zwischen die Sparren eingebracht, darauf Schalung oder Holzwerkstoffplatten aufgebracht und mit Wetterschutz (Dachpappe) abgedichtet.
- Das Dach wird vollständig abgedeckt. Dann wird die Dachfläche verschalt, eine Dampfsperre verlegt, mit einer Unterspannbahn überdeckt; nun folgen Konterlattung, Verlattung und Dachdeckung (Prinzip: Dämmung über den Sparren, Manteldämm-System).

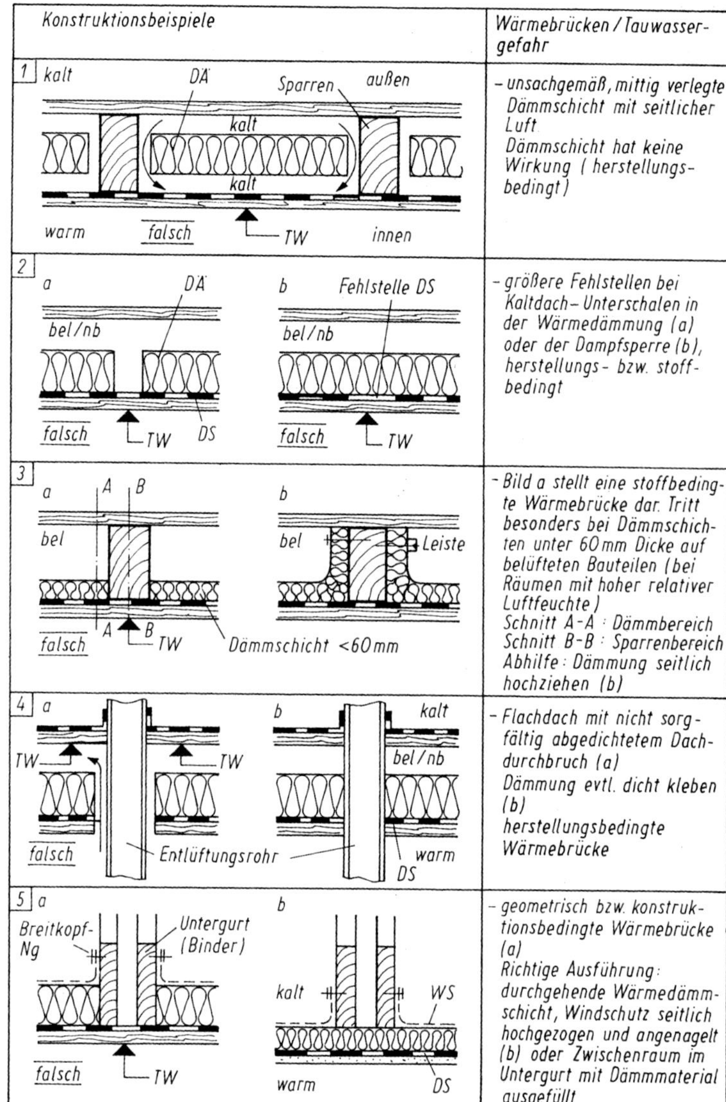

Legende
TW Tauwassergefahr
DÄ Dämmung
DS Dampfsperre
bel – belüftet
nb – nicht belüftet

Bild 7.12. Beispiele für die Vermeidung stoff-, herstellungs- und konstruktionsbedingter Wärmebrücken (Tauwassergefahr)

Geneigtes Dach, Dachraum nicht ausgebaut

Bei einem unbelüfteten Dachraum ist eine Ausführung nach Bild 7.13. geeignet. Das Dach ist winddicht, es dringen kein Flugschnee und Feuchtigkeit ein. Bei ungenügend belüftetem Dachraum kann Tauwasser an der Unterseite der Spannbahn auftreten.

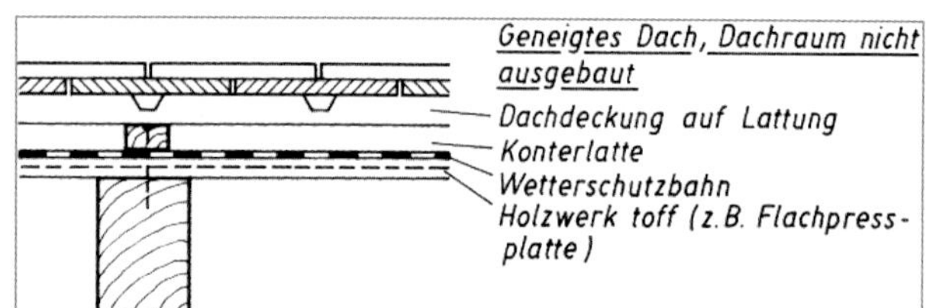

Bild 7.13. Geneigtes Dach, Dachraum nicht ausgebaut

Wärmebrücken

Unterschieden werden

- stoffbedingte Wärmebrücken (Bild 7.12.),
- geometrisch bzw. konstruktionsbedingte Wärmebrücken (Bild 7.12.) und
- herstellungsbedingte (Bilder 7.12., 7.14.) Wärmebrücken.

An diesen Stellen besteht **Tauwassergefahr.**

Um Bauschäden zu vermeiden, ist zu beachten:

- Die Wärmedämmung und die Dampfsperre müssen eine geschlossene Fläche bilden, ohne „Wärmebrücken“; sie müssen wärmetechnisch ausreichend bemessen sein.
- Rohrdurchführungen, Ein- und Ausbauten, Schächte usw. am Dach sind gut abzudichten (Dämmung und Sperrung). Rohre, die warme Medien führen, sind wärmedämmend auszubilden. Abluftrohre, z. B. zur Entlüftung von Sälen, dürfen nicht in kalten Dachräumen enden.
- Klappen und Einstiegsöffnungen über Räumen mit hoher Temperatur und hohen relativen Luftfeuchten dürfen nicht längere Zeit in zu kalten Dachräumen offen stehen, z. B. bei Textilbetrieben, landwirtschaftlichen Bauwerken (Ställe).

Daraus können wir Grundregeln für den Feuchteschutz ableiten:

- Dampfsperren/-bremsen gehören auf die wärmere Seite des Bauteils.
- Feuchtigkeitstechnisch sind die Bauteile am besten, bei denen die Diffusionswiderstände der einzelnen Schichten von innen nach außen abnehmen.

- Durch undichte oder beschädigte dampfsperrende/-bremsende Schichten und deren Anschlüsse an angrenzende Bauteile kann mehr Feuchtigkeit hindurchgehen als durch die gesamte übrige dampfbremsende Schicht.
- Feuchtigkeit in Dämm- und Baustoffen mindert deren Wärmedämmung beträchtlich. Deshalb ist Feuchtigkeit jeder Art (z. B. als durchschlagende oder aufsteigende) von Dämmstoffen fern zu halten.
- Eine Belüftung von Hohlräumen kann nur dann wirken, wenn sowohl Zu- als auch Abluftöffnungen vorhanden sind.

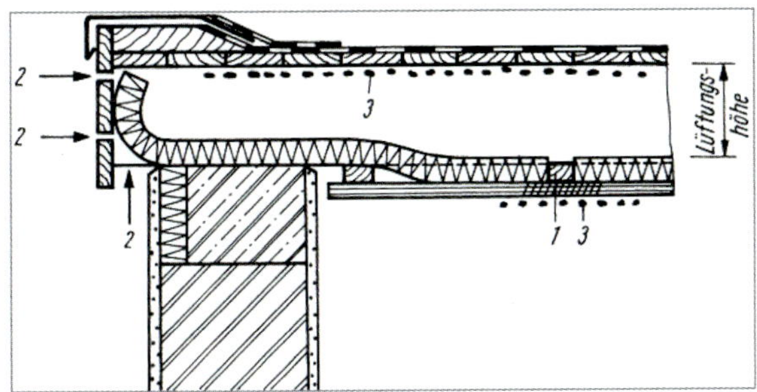

Legende
1 lückenhafte Wärmedämmung (Temperaturbrücke)
2 Belüftungsöffnung verstopft
3 Tauwasser

Bild 7.14. Schwachpunkte bei einem Flachdach (nach [*Schild* u. a. 1976])

Sommerlicher Wärmeschutz

Beim Ausbau von Dachgeschossen ist neben dem winterlichen Wärmeschutz auch auf den sommerlichen Wärmeschutz zu achten. Dabei soll verhindert werden, dass die Räume unter dem Dach sich nicht in unzuträglichem Maße aufheizen. Ein Aufheizen kann verhindert werden, wenn der Temperaturverlauf in den Sommermonaten möglichst eine hohe Phasenverschiebung (ca. 8 bis 12 Stunden) aufweist. Dies kann nur realisiert werden, wenn die Dämmstoffe neben einem hohen Dämmvermögen auch ein möglichst hohes Speichervermögen (Speicherfähigkeit $Wh/m^3 K$) haben. In Tabelle 7.4. sind die notwendigen Dämmstoffdicken verschiedener Dämmstoffe zur Erreichung eines *U*-Wertes von $0{,}22\ W/m^2 K$ und einer Temperaturamplitudendämpfung = 10 aufgelistet. Die größere Dämmstoffdicke ist maßgebend. Es wird deutlich, dass insbesondere die Dämmstoffe aus Holz- und Zellulosefasern eine ausgeglichene Leistungsfähigkeit im ganzjährigen Wärmeschutz bieten [*Isofloc* 2005].

Neben einer ausgeglichenen Leistungsfähigkeit im ganzjährigen Wärmeschutz sind weitere Aspekte, wie die Wirkung großer Glasflächen und die Ausrichtung der Fensterflächen zur Himmelsrichtung. Erst wenn der Fensterflächenanteil mehr als 30 % der gesamten Dachfläche beträgt, ist ein besonderer Nachweis für den sommerlichen Wärmeschutz vorgesehen [*Lißner/Rug* 2018], [*Arndt* 2002].

Flachdächer in Holzbauweise

Flachdächer werden häufig in Holzbauweise ausgeführt. Wegen des geringen Gewichtes sind es leichte Dachkonstruktionen, und eine Vorfertigung bietet kurze Montagezeiten.

Allerdings gab es in den letzten Jahrzehnten auch immer wieder Schadensfälle. Dieser Umstand veranlasste das Holzbau Deutschland Institut e. V. die aktuellen Erkenntnisse in einer eigenen Publikation zusammenzufassen (s. [*Schmidt* u. a. 2019]).

Inhalt der Literaturquelle sind die bauphysikalischen Anforderungen und Besonderheiten von insgesamt fünf unterschiedlichen Baukonstruktionen für Flachdächer (s. Bild 7.15.).

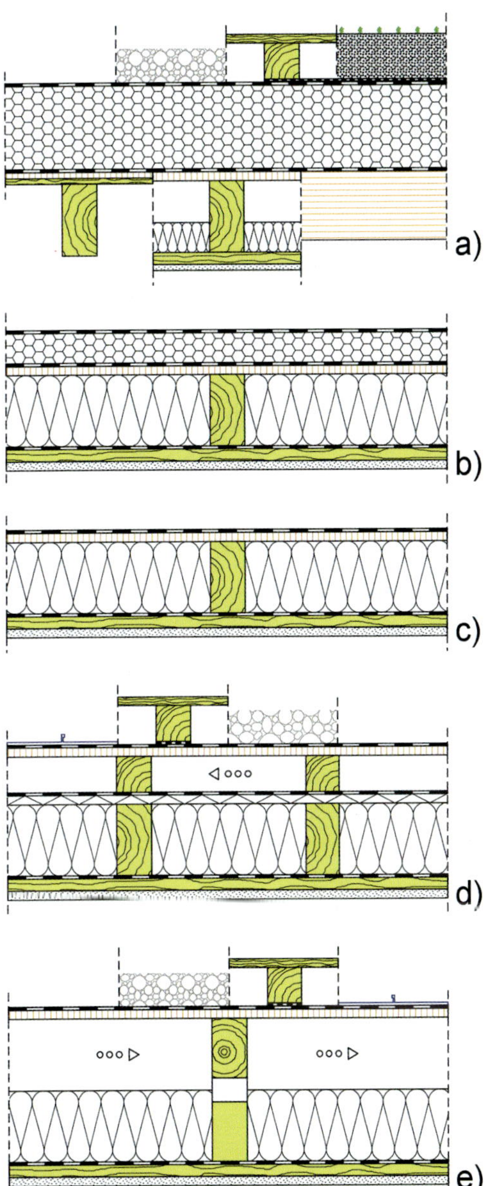

Legende
a) **Typ I: Wärmedämmung oberhalb der Tragebene (Aufdachdämmung)**, Flachdach mit Aufdachdämmung auf Balkentragwerk oder flächiger Tragkonstruktion (alternativ ohne Deckschicht, mit Terrassenbelag oder extensiver Begrünung)
b) **Typ II: Wärmedämmung in der Tragebene mit Überdämmung**, kombiniertes Flachdach mit Volldämmung und Überdämmung der Tragkonstruktion mit Abdichtung und Behelfsabdichtung
c) **Typ III: Wärmedämmung ausschließlich in der Tragebene → Sonderkonstruktion**, Flachdach mit Volldämmung in Ebene der Tragkonstruktion mit Abdichtung als werkseitig vorgefertigte Sonderkonstruktion
d) **Typ IV: Separate Belüftungsebene**, Flachdach zusätzlicher Belüftungsebene (ohne Deckschicht, mit Terrassenbelag, extensiver Begrünung oder Metalldachdeckung)
e) **Typ V: Belüftung im Dachraum**, flach geneigtes Dach (ab 5 %) mit Belüftung in Konstruktionsebene mit Abdichtung oder Metalldachdeckung (ab 7%)

Bild 7.15. Unterscheidung von Flachdachbauten nach „Ifo Flachdach“ Ausgabe 2019 [*Schmidt* u. a. 2019]

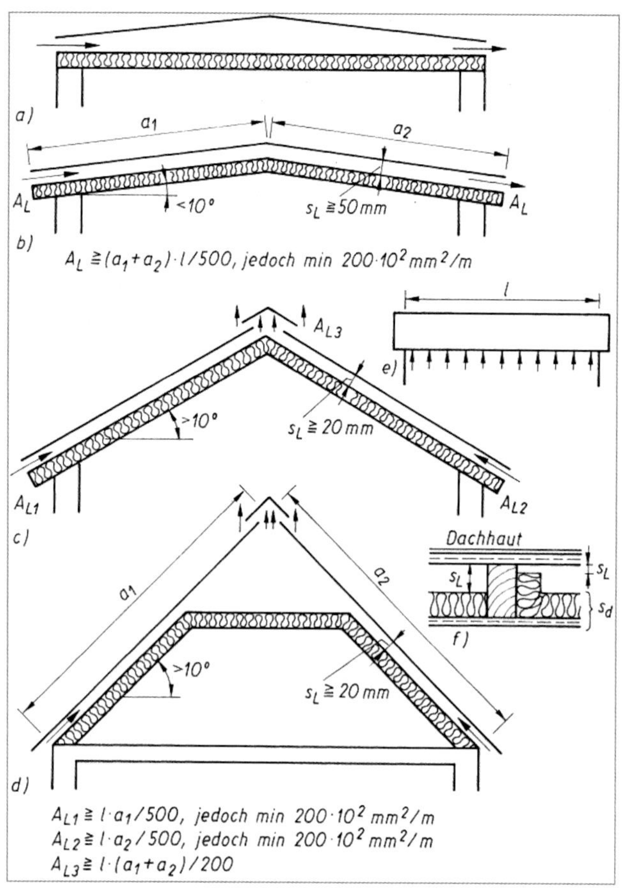

Legende
a), b) Dachneigung < 10°
c), d) Dachneigung > 10°
e) Seitenansicht vom Dach
f) s_L Höhe des freien Strömungsquerschnitts

Bild 7.16. Beispiele für belüftete Dächer (Schemata)

Dächer mit belüftetem kaltem Dachraum

Es sind Dächer ohne Unterdach, ehemals auch als Kaltdach bezeichnet. Das gut belüftete Dach mit dem kalten Dachraum ist in bauphysikalischer Hinsicht vielfach anwendbar, nicht jedoch in ausgebauten Dachräumen. Es eignet sich besonders gut für geneigte Dächer und auch über dampf- und wärmetechnisch hochbeanspruchten Räumen. Ein nicht zu unterschätzender Vorteil des belüfteten Dachraumes.

Richtig und ausreichend belüftete hölzerne Dachkonstruktionen erreichen eine lange Nutzungsdauer.

Ein belüftetes Dach mit kaltem Dachraum über beheizten Räumen hat folgende charakteristische Teile:
- die Oberschale,
- die Unterschale,
- den durchlüfteten Dachraum (Bilder 7.17. und 7.18.).

Funktion der Oberschale: Wetterschutz.

Die Oberschale hat in der Regel keine Wärmedämmschicht. Sie ist bezüglich der Temperatur sehr exponiert und unterliegt großen Temperaturschwankungen. Die Neigung der Oberschale beeinflusst die Durchlüftung des Dachraumes in hohem Maße. Je steiler sie ist, umso günstiger.

Funktion der Unterschale:
- Wärmedämmung,
- Luftundurchlässigkeit,
- Dampfsperre.

Tabelle 7.4. Notwendige Dicke von Dämmstoffschichten (ohne Beplankungen!) im ganzjährigen Wärmeschutz [*Isofloc* Wärmetechnik – Sachinformation für die Anwendung]

Dämmstoff		**1**	**2**	**3**	**4**	**5**
		Wärmeleitfähigkeit W/mK	**Speicherfähigkeit Wh/m³ K**	**Dicke für Sommer m**	**Dicke für Winter m**	**Größer der beiden Dämmschichten m**
1	Holzfaserdämmplatte	0,04	80	0,185	0,173	0,185
2	Holzspäne	0,55	63	0,245	0,238	0,245
3	Korkschrot	0,45	42	0,271	0,195	0,271
4	Zellulosedämmstoff	0,04	33	0,286	0,173	0,286
5	Schaumglas	0,04	22	0,353	0,173	0,353
6	Polyurethanhartschaum	0,03	13	0,405	0,13	0,405
7	Blähperlite	0,05	20	0,416	0,217	0,416
8	Schafwolle	0,04	10	0,535	0,173	0,535
9	Polystyrol	0,04	8	0,593	0,173	0,593
10	Baumwolle	0,04	6	0,69	0,173	0,69
11	Mineralfaser	0,04	4	0,815	0,173	0,815
12	Polyesterfaser	0,045	2	1,1	0,195	1,1

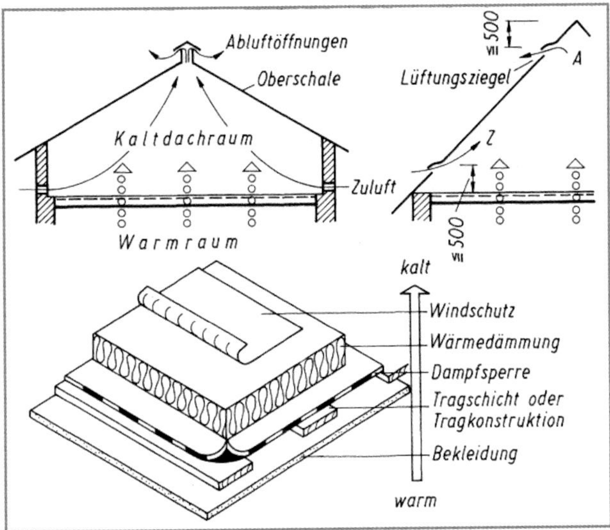

Bild 7.17. Erforderliche Schichten einer Kaltdach-Unterschale über einem Warmraum (Schemata)

Die Schichten der Unterschale sind entsprechend den Forderungen des Wärmeschutzes nach DIN 4108 zu bemessen. Die Unterschale ist luftundurchlässig auszubilden, damit keine warme Luft in den Dachraum strömt. Es darf nicht mehr Wasserdampf in den kalten Dachraum eindringen, als durch die Belüftung abgeführt werden kann.

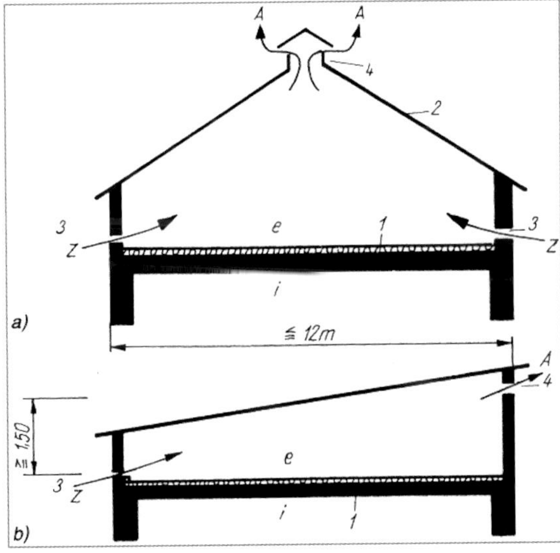

Legende
1 Unterschale mit Wärmeschutzfunktionen
2 Oberschale mit Wetterschutzfunktionen
3 Zuluftöffnungen
4 Abluftöffnungen
E Kaltdachraum
I erwärmter Raum
Z Zuluft
A Abluft

Bild 7.18. Kaltdächer mit Luftraum

Dringt mehr Wasserdampf in den Kaltraum ein, z. B. durch Undichtigkeiten oder Diffusion, dann kondensiert er und durchnässt die Unterschale von oben: Bauschäden sind unweigerlich die Folge.

Abhängig von der Bauaufgabe, dem Dachtragwerk und der Dachform sind für die konstruktive Ausbildung der Unterschale Varianten möglich. Bei offenporigen Wärmedämmschichten, z. B. Holzwolle-Leichbauplatten, sind diese mit einer Windschutzschicht abzudecken (Bild 7.17.). Sie soll den Luftaustausch zwischen Wärmedämmschicht und Kaltraum verhindern. Dieser Windschutz darf jedoch nicht als Dampfsperre wirken.

Bei vielen Kaltdächern werden an der Unterseite der hölzernen Dachtragwerke leichte Unterschalen bevorzugt. Sie bestehen aus abgehängten Tragschichten mit Dampfsperre und Wärmedämmschichten.

Durchlüftung

Der Raum zwischen Ober- und Unterschale von Kaltdächern ist ganzjährig mit Außenluft zu durchlüften.

Die Durchlüftung soll verhindern:

im Sommer
- eine Überwärmung des Dachraumes,
- eine Überwärmung des Raumes darunter,

im Winter
- Feuchte im Dachraum (Tauwasser abführen),
- vorzeitige Schneeschmelze.

Durchlüftungsarten

- **Temperatur- oder Schwerkraftlüftung**
  nicht intensiv, aber ständig wirksam, sicher, Höhendifferenz zwischen Zuluft-/Abluftöffnung $h \geq 1{,}5$ m,
- **Windlüftung**
  nicht kontinuierlich wirksam, unsicher, weitgehend von Standort und Umgebung des Gebäudes abhängig,
- **Zwangslüftung** (mithilfe von Ventilatoren)
  Anwendung nur in Sonderfällen gerechtfertigt, erfordert technische Anlagen, Energie und Wartung.

Anzustreben sind Temperatur- und Windlüftungen. Um eine Temperaturlüftung zu ermöglichen, muss zwischen der Zuluft- und Abluftöffnung ein thermisches Gefälle vorhanden sein ($h \geq 1{,}5$ m). Da dies bei Flachdächern meistens nicht der Fall ist, sind in solchen Fällen Zwischenentlüfter einzubauen.

Die Durchlüftung eines Kaltdaches durch Windlüftung (Bilder 7.18. und 7.19.) ist in starkem Maße abhängig
- vom Standort,
- von der Lage zur Hauptwindrichtung,
- von der Umgebung,

des Bauwerks. Hohe Gebäude in der Nähe des Bauwerks oder Berghänge können die Luftbewegungen beeinträchtigen.

Die Belüftung von Kaltdächern ist von Einflüssen außerhalb des Bauwerks abhängig.

Allgemeines zur Durchlüftung

Je kleiner der Dachraum, umso wichtiger ist die Durchlüftung.

Je steiler die Dachneigung, umso wirksamer ist die Temperaturlüftung.

Durchlüftung von flachen, mit Pappe auf Schalung gedeckten Holztragwerken ist außerordentlich wichtig. Unter der Pappe bildet sich infolge ungenügender Wärmedämmung Tauwasser; die Schalung verfault bei unzureichender Durchlüftung.

Längslüftung durch Giebelöffnungen darf genutzt werden (nicht sehr wirksam). Durchlüftung von ziegelgedeckten Dächern durch Gaubenziegel am Dachfuß und in der Nähe des Firstes.

Zuluft- und Abluftöffnungen so ausbilden, dass
- Schnee nicht in den Dachraum einwehen und
- Vögel und Insekten nicht eindringen können.

(Schutzgitter aus Streckmetall, Gaze, Vogelschutzgitter).

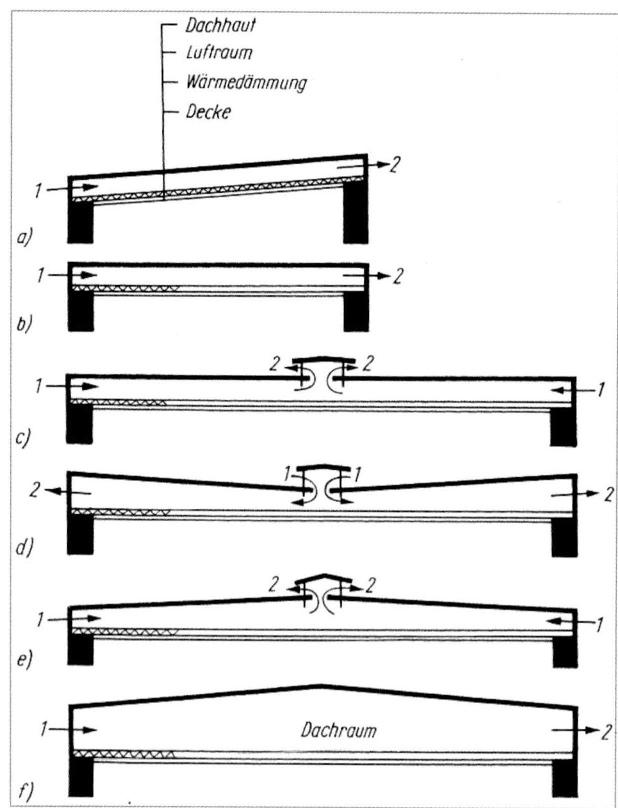

Legende
1 Zuluft
2 Abluft
a) gute Durchlüftung
b) Durchlüftung ist fraglich
c) Zwischenentlüfter verbessert Lösung b
d) Zwischenbelüfter bei nach innen geneigtem Flachdach und geringer Bauhöhe
e) Zwischenlüfter bei nach außen geneigtem Flachdach
f) gute Durchlüftung beim Flachdach mit reichlicher Bauhöhe

Bild 7.19. Belüftungsprinzip von flach geneigten Kaltdächern (zweischalig)

Zuluftöffnungen

Bei Dächern mit Firstentlüftung am unteren Dachrand, möglichst dicht über Wärmedämmschicht der Unterschale verteilt als

- kleine Löcher oder
- Schlitze

anordnen (Bild 7.18.a).

Bei Dächern ohne Firstentlüftung und mit geringer Neigung, Zuluftöffnung auf der Luv-Seite des Gebäudes im unteren Teil, Abluftöffnungen auf der Lee-Seite höher anordnen (Bild 7.18.b.).

Zuluftöffnungen klein und regelmäßig verteilt halten.
Regelwert: 1 bis 2 ‰ der horizontalen Dachfläche ($Z_A = 1000 \ldots 2000\ \text{mm}^2/\text{m}^2$), keine formale Handhabung der Faustformeln.

Öffnungsgrößen:

- Spaltenbreite (z. B. bei Gesimsbrettern 3 bis 5 mm durchgehend),
- Rundlöcher, ∅ 10...20 mm,
- Rechtecklöcher 40/40...40/60 mm,
- Gaubenziegel.

Abluftöffnungen

Bei Dächern mit Neigung über 10 % im First oder an höchster Stelle im Dach vorgesehen (Bild 7.20.).

Abluftöffnungen größer als Zuluftöffnungen und konzentrierter anordnen.

Regelwert: 1,5 bis 2,5 ‰ der horizontalen Dachfläche ($A_A = 1500 \ldots 2500\ \text{mm}^2/\text{m}^2$).
Ausbildung der Abluftöffnungen:

- Entlüftungsrohre, ∅ 100...200 mm,
- durchgehende Firstentlüfter,
- Gaubenziegel.

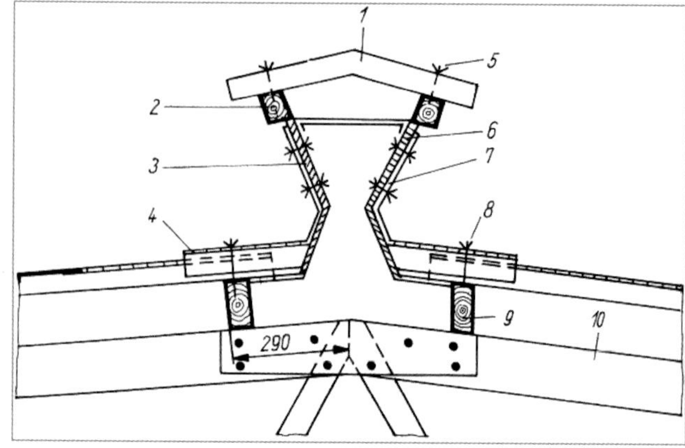

Legende
1 Firsthaube
2 Pfette 40/60 mm
3 Stahlkonstruktion, Abstand 1500 mm
4 Wandanschluss; 5 Sechskantschraube 6 × 40
6 Platte 200/1600 mm
7 Sechskantschraube 6 × 30
8 Senkholzschrauben 6 × 60
9 Gerberpfette,
10 Dachbinder, 10 % Dachneigung

Bild 7.20. Durchgehende Firstentlüftung bei einem Kaltdach mit Luftraum

Mindesthöhe zwischen Zuluft- und Abluftöffnung $h \geq 1{,}50$ m besser $h > 1{,}80$ m.
Bei steilen Dächern mit Ziegeldeckung ist meistens ein genügender Luftwechsel vorhanden. Er kann jedoch bei verstrichenen Ziegeln eingeschränkt sein. Um den Luftwechsel zu unterstützen, sind Lüftungsziegel, 500 mm über dem Dachfußboden und 500 mm unter dem First, zu empfehlen.

Beispiel 7.1.

Für ein Satteldach (Flachdach) – Grundrissabmessung:
Breite $B = 12{,}0$ m, Länge $L = 30{,}0$ m; Brettbinder, mit Pappe auf Schalung eingedeckt; Kaltdach mit Luftraum über leichter Unterschale; Raum darunter $\varphi_i = 60$ % – soll die Größe der Zuluft- und Abluftöffnungen festgelegt werden; $h > 1{,}80$ m.

Lösung:

Grundrissfläche: $A = B \cdot L = 12{,}0 \cdot 30{,}0 = 360{,}0\ \text{m}^2$
Zuluftöffnungen: Es soll der untere Regelwert von $1000\ \text{mm}^2/\text{m}^2$ der Grundrissfläche angesetzt werden.

$${}_{\text{erf}}Z_A = 360 \cdot 1000 = 360 \cdot 10^3\ \text{mm}^2$$

Auf jeder Gebäudeseite:

$${}_{\text{erf}}Z_A = 360 \cdot 10^3/2 = 180 \cdot 10^3\ \text{mm}^2$$

Auf 1,0 m Gebäudelänge:

$${}_{\text{erf}}Z_A = 180 \cdot 10^3/30{,}0 = 6 \cdot 10^3\ \text{mm}^2$$

Gewählt: 3 Öffnungen je m Gebäudelänge in der Größe von $40 \cdot 60 = 2400\,\text{mm}^2$ (einschließlich eines Abschlags von $400\,\text{mm}^2$ für Vogelschutzgitter)

$${}_{\text{vorh}}Z_A = (2400 - 400) \cdot 3 = 6 \cdot 10^3\ \text{mm}^2 = {}_{\text{erf}}Z_A$$

Abluftöffnungen: Es soll ein Wert von $1500\,\text{mm}^2/\text{m}^2$ in Rechnung gestellt werden.

$${}_{\text{erf}}A_A = 360{,}0 \cdot 1500 = 540 \cdot 10^3\ \text{mm}^2$$

Gewählt: 11 Abluftöffnungen am First

$540 \cdot 10^3/11 = 49 \cdot 10^3\ \text{mm}^2/\text{Öffnung}$

Ausgeführt: Entlüftungsrohr aus Blech mit einem Durchmesser $d = 260\,\text{mm}$, Abschlag $400\,\text{mm}^2$ für Schutzgitter

Nutzbarer Querschnitt:

$${}_{\text{vorh}}A = \frac{d^2 \cdot \pi}{4}$$

$${}_{\text{vorh}}A = \frac{260^2 \cdot 3{,}14}{4} - 400 = 52{,}67 \cdot 10^3\ \text{mm}^2 > {}_{\text{erf}}A = 49 \cdot 10^3/\text{Öffnung}$$

7.8.3. Brandschutz

Der Ausbau des Dachgeschosses zu Wohnzwecken ist eine genehmigungspflichtige Baumaßnahme. Neben DIN 4102 sind DIN 4108 und DIN 4109 zu beachten sowie die entsprechenden Vorschriften der Landesbauordnungen.

Dämmschichten in belüfteten zweischaligen Dachkonstruktionen (z. B. in geneigten Dächern) müssen mindestens aus normal oder schwer entflammbaren Dämmstoffen der Bauklasse B1 oder B2 nach DIN 4102 bestehen.

Sowohl bei geneigten Dächern als auch bei Flachdächern werden Brandschutzanforderungen nur in besonderen Fällen gestellt.

DIN 4102-4 enthält im Abschnitt 10.9 geregelte klassifizierte Dächer aus Holz- Und Holzwerkstoffen, wie

- Dächer mit Sparren mit oberer Beplankung,
- Dächer mit Dachträger und Dachbindern mit unterseitiger Plattenbekleidung oder Drahtputzdecke,
- Dächer mit Dämmschichten aus Schaumkunststoffen,
- Dächer mit freiliegenden Sparren (3-seitiger Brandbeanspruchung),
- Dächer mit teilweise freiliegenden Sparren.

7.8.4. Schallschutz

Für Dachkonstruktionen gelten je nach Nutzung im Dachraum Anforderungen des Schallschutzes (Schutz gegen Außen- und Innenlärm).

DIN 4109-33 unterscheidet hier in zwei Gruppen:

- Geneigte Dächer,
- Flachdächer.

Geneigte Dächer – Schallschutz im Hochbau

DIN 4109-33 Bauteilkatalog (Holz-Leicht- und Trockenbau) bietet für folgende Konstruktionsarten (s. Tabelle 7.5.) bauphysikalische Bewertungen:

a) Dächer mit Aufsparrendämmung,
b) Dächer mit Zwischensparrendämmung,
c) Dächer mit Auf- und Zwischensparrendämmung.

a) Dächer mit Aufsparrendämmung

DIN 4109-33 unterscheidet hier in zwei Dämmstoffsysteme, mit Hartschaum-Dämmplatten oder Faserdämmstoffen (aus Mineral- oder Holzweichfasern).

Die Schalldämmung mit Aufsparrendämmung aus Faserdämmstoffen erhöht sich mit der Dicke des Dämmstoffes. Dabei ist darauf zu achten, dass der Anpressdruck auf die Platten möglichst gering ist.

Dämmplatten aus Hartschaum verhalten sich schalltechnisch etwas ungünstiger als Mineralfaserplatten. Ihre Schalldämmung kann mit zusätzlich aufkaschierten Mineralwolleplatten verbessert werden.

Weiterhin kann die Schalldämmung durch biegeweiche Beschwerungen (z. B. Bitumenschweißbahnen, elementierte Span- oder Gipsbauplatten) wesentlich verbessert werden.

Tabelle 7.5. Bewertete Schalldämm-Maße R_W von Dächern mit Sparrendämmung nach DIN 4109-33:2016 (Auszug aus DIN 4109-33, Tabelle 10 bis 13)

Spalte	1	2		3
Zeile	Schnitt, vertikal	Konstruktionsdetails		R_W (C; C_{tr}) dB
		mm	Bauteilbeschreibung	
1	Aufsparrendämmungen aus Mineralwolle MW mit Doppelgewindeschrauben (s. Tab. 10, DIN 4109-33)		Dachdeckung	53 (-2;-8)
			Lattung, Konterlattung	
		≥ 160	Mineralwolleplatte MW[a]	
			Beschwerungslage [b] mehrlagig m' ≥ 20 kg/m²	
		≥ 19	Nut und Feder-Schalung NFS	
2	Aufsparrendämmungen aus Holzfaserdämmstoff WF mit Doppelgewindeschrauben (s. Tab. 11, DIN 4109-33)		Dachdeckung	54 (-3;-8)
			Lattung, Konterlattung	
		≥ 140	Holzfaserdämmplatte WF [c]	
			Beschwerungslage [b] einlagig m' ≥ 10 kg/m²	
		≥ 19	Nut und Feder-Schalung NFS	
3	Zwischensparrendämmungen (Teil- oder Volldämmung) aus Faserdämmstoffen (s. Tab. 12, DIN 4109-33)		Dachdeckung	57 (-4;-11)
			Lattung, Konterlattung	
		≥ 200	Zwischensparrendämmung [d]	
			Lattung	
		2x10	Gipsfaserplatten GF	
4	Auf- und Zwischensparrendämmungen (s. Tab. 13, DIN 4109-33)		Dachdeckung	58 [g] (-2;-8)
			Lattung, Konterlattung	
		≥ 120	Aufsparrendämmung[e,f]	
			Holzschalung NFS	
		≥ 140	Zwischensparrendämmung [e]	
			Lattung	
		2x12,5	Gipsplatten GK	

a MW Mineralwolleplatte mit dem Anwendungsgebiet DAD-dm.

b Zusätzliche Beschwerungslage, ein- oder mehrlagig, bestehend aus z. B.: Bitumenbahnen (d ≥ 4 mm, schwer), Gipsplatten GK, Gipsfaserplatten GF, zementgebundene Spanplatte.

c WF Holzfaserdämmplatte mit dem Anwendungsgebiet DAD-dm.

d Zwischensparrendämmung aus Mineralwolle MW oder Holzfaser WF, Anwendungsgebiet DZ.

e MW Mineralwolle oder WF Holzfaser, Anwendungsgebiet DZ (zwischen Sparren), Anwendungsgebiet DAD (auf den Sparren).

f Hartschaumplatten EPS, XPS oder PU, Anwendungsgebiet DAD.

g Auf das bewertete Schalldämm-Maß der Konstruktion R_w ist nachfolgender Korrekturwert ΔR_w zu addieren: *Zu Zeile 1:* Eine Lage Gipsplatten GK an Stelle von zwei Lagen: $\Delta R_w = -4$ dB;
Zu Zeile 2: Sparrenflanken mit z. B. 50 mm Mineralwolle MW oder Holzfaserdämmstoff WF bedämpft: $\Delta R_w = +5$ dB;
Zu Zeile 2: eine Lage Gipsplatten GK an Stelle von zwei Lagen: $\Delta R_w = -3$ dB;
Zu Zeile 2: raumseitige Bekleidung an Federschiene: $\Delta R_w = +2$ dB.

b) Dächer mit Zwischensparrendämmung

Der Einsatz von Faserdämmstoffen als Zwischendämmung hat sich hier bewährt. Die Dämmung wird mit mindestens 10 mmm Übermaß in die Gefache eingebracht. Die Schalldämmung verbessert sich mit zunehmender Dicke. Bringt man über einer Dachschalung noch zusätzlich eine Beschwerung auf, kann eine weitere Verbesserung des Schallschutzes erreicht werden.

c) Dächer mit Auf- und Zwischensparrendämmung

Mit derartigen Dachaufbauten können bei fachgerechter Ausführung sehr hohe Schalldämmwerte erreicht werden.

7.8.5. Baulicher und chemischer Holzschutz nach DIN 68800-2 und -3

Feuchteschutz

Dacheindeckungen sind regensicher, aber nicht wasserdicht. Die Funktionstüchtigkeit der Konstruktion muss deshalb durch entsprechende Maßnahmen gewährleistet werden, z. B. durch Unter- oder Wetterschutzbahnen (Dachpappe). Dazu gehört auch der Tauwasserschutz im Bauteilquerschnitt, s. u. a. in [*Post/Schmidt* 2019], [*Arndt* 2014], [*Schulze* 2005].

Auch im Dachbereich sind vorbeugende bauliche Maßnahmen nach DIN 68800-2 eine wesentliche Voraussetzung für die dauerhafte Funktionstüchtigkeit der Konstruktion.

Sowohl bei der Festlegung des Bauteilaufbaus (der Auswahl der Baustoffe unter Berücksichtigung ihrer bauphysikalischen Eigenschaften und der Dimensionierung der Bauteilschichten) und der Konstruktion der Anschlussdetails als auch bei der Bauausführung sind die Belange des baulichen Holzschutzes zu berücksichtigen.

Unter Umständen kann durch regelgerechte bauliche Maßnahmen die Einstufung in Gebrauchsklasse 0 nach DIN 68800-2 erreicht werden. DIN 68800-2, enthält Konstruktionen für geneigte nicht belüftete und belüftete Dächer, bei denen die Holzbauteile in Gebrauchsklasse 0 eingeordnet werden können. Ebenso werden Angaben zu Flachdächern gemacht. Zur möglichen Verringerung des chemischen Holzschutzes durch Einsatz resistenter Holzarten, s. DIN 68800-1, Abschnitt 8.2.2 (s. a. [*Marutzki, Willeitner* u. a. 2013]).

7.9. Hinweise für die statische Berechnung nach DIN EN 1995-1-1:2010 und DIN EN 1995-1-1/NA:2013

7.9.1. Aufstellung der statischen Berechnung

Nachdem im Vorentwurf die Konstruktion festgelegt worden ist, d. h. mehrere Lösungen aufgestellt und hinsichtlich Wirtschaftlichkeit, Ausführungsmöglichkeit usw. verglichen worden sind, erfolgt die genaue statische Berechnung. Für den Vorentwurf genügen Überschlagsrechnungen, die auf Grund von Erfahrungen und Schätzungen vorgenommen werden (s. [*Rybicki* 1988]).

Tabelle 7.6. Bezeichnungen von Belastungsannahmen für Wind- und Schneelasten und Eigengewicht bei Dächern

	Belastungsschema	Bemerkungen
Ständige Last g	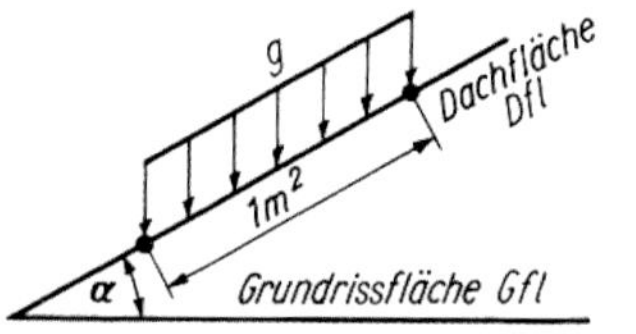 g, Dachfläche Dfl, 1m², α, Grundrissfläche Gfl	Bezugsebene = 1 m² schräge Dachfläche (Dfl) Wirkungsrichtung senkrecht g in kN/m² $g_\perp = g \cdot \cos\alpha\,(\text{Dfl})$
Schneelast s	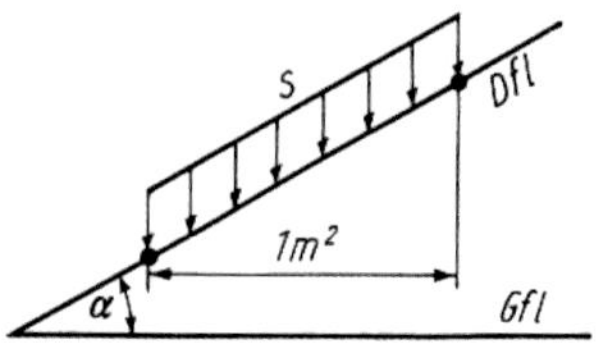 s, Dfl, 1m², α, Gfl	Bezugsebene = 1 m² Grundrissfläche (Gfl) Wirkungsrichtung senkrecht s in kN/m² $s_\perp = s \cdot \cos^2\alpha\,(\text{Dfl})$
Windlast w	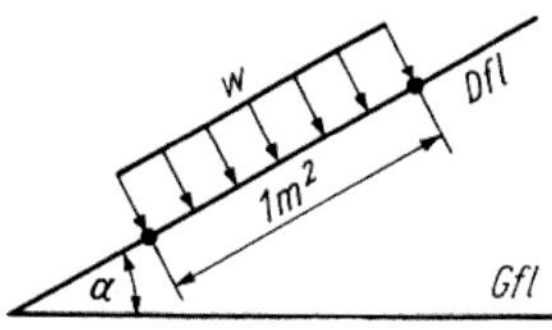 w, Dfl, 1m², α, Gfl	Bezugsebene = schräge Dachfläche (Dfl) Wirkungsrichtung senkrecht zur schrägen Dachfläche w in kN/m² $q = w\,(\text{Dfl})$
Zerlegung der Windlast w in w_v und w_h	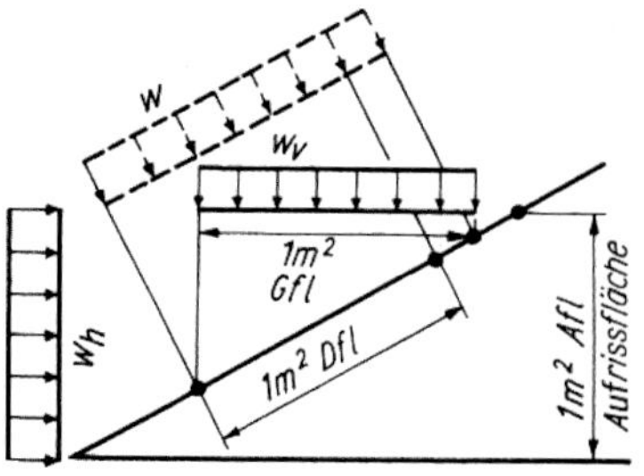 w, w_v, 1m² Gfl, w_h, 1m² Dfl, 1m² Afl, Aufrissfläche	Die senkrecht zur schrägen Dachfläche wirkende Windlast w kann in eine Vertikal- und eine Horizontalkomponente zerlegt werden: $w = w_v = w_h$ in kN/m²

7.9.2. Belastungsannahmen nach DIN EN 1991-1-1:2010

Zur Berechnung der Bemessungswerte der Einwirkungen nach DIN EN 1991-1-1:2010 gelten die Grundlagen im Abschnitt 2.4.2. des Buches.

Maßgebend sind DIN EN 1991-1-1 bis DIN EN 1991-1-4 zusammen mit den jeweiligen nationalen Anhängen, Einwirkungen auf Tragwerke. Die Dächer werden durch Wind, Schnee, Verkehrslasten und Eigengewicht der Dachkonstruktion beansprucht. Diese Kräfte sind durch die Dachkonstruktion aufzunehmen und auf die Umfassungswände, Stützen oder direkt in das Fundament zu leiten. Dachtragwerke sind statisch in Bezug auf Festigkeit, Standsicherheit und Formänderungen (Gebrauchstauglichkeit) zu untersuchen.

Bezeichnungen für die Belastungsannahmen

In den folgenden Berechnungen werden die Lasten auf die jeweilige Bezugsfläche bezogen. Dabei wird Dachfläche mit Dfl, Grundfläche mit Gfl und Aufrissfläche mit Afl abgekürzt.

Eigenlast

Sie setzt sich aus den Eigenlasten der Dachhaut (Deckungsmaterial) und der Holzkonstruktion zusammen. Hinzu kommen gegebenenfalls noch Lasten aus Innenausbau, Dämmschichten usw. Die in der Vorschrift angeführten Eigenlasten für 1 m² geneigte Dachfläche (Dfl) (s. DIN EN 1991-1-1:2010 und DIN EN 1991-1-1/NA:2010) sind ohne Sparren, Pfetten und Binder. Das Eigengewicht der Holzkonstruktion muss geschätzt werden. Es gelten folgende Nährungswerte:

Eigengewicht von Dachbindern in kN/m² Grundrissfläche, Binderabstand 4 bis 5 m

Stützweite l in m	Art des Dachbinders		
	stehender oder liegender Stuhl	Hänge- oder Sprengwerk	Fachwerkbinder
7 ... 15	0,10 ... 0,20	0,10 ... 0,18	0,10 ... 0,15
15 ... 20	–	0,18 ... 0,25	0,15 ... 0,25
20 ... 25	–	–	0,25 ... 0,35
25 ... 35	–	–	0,35 ... 0,45

Zuschlag für Pfetten und Windverbände 0,05 bis 0,10 kN/m² Gfl. Für Dachbinder in der Nagelbauweise kann mit einem Bindereigengewicht von 0,2 bis 0,5 kN/m (Stützweiten von 6,0 bis 15,0 m) gerechnet werden. Nach [*Gattnar/Trysna* 1961] gilt für Holzhallen mit leichten Flachdächern ohne besondere zusätzliche Lasten:

$$g = 0{,}15 + \frac{l - 15}{200} \quad \text{in kN/m}^2 \text{ Gfl}$$

l Stützweite

oder nach [*Hempel* 1981], S. 149, gilt für frei gespannte Holzbinder:

Eigengewichte von normalen Dachbindern für 1 m² Grundrissfläche

Binderstützweite in m	Dreiecksbinder in kN/m² Gfl	Parallel- und Satteldachbinder in kN/m² Gfl
10,0 ... 15,0	0,17	0,16
16,0 ... 20,0	0,20	0,18
21,0 ... 25,0	0,23	0,20
26,0 ... 30,0	0,27	0,22
31,0 ... 35,0	0,27 ... 0,45	0,22 ... 0,40

Die angegebenen Werte gelten nur für normale Belastungen, übliche Binderabstände und für günstige Binderformen.

Schneelast

Es gilt DIN EN 1991-1-3:2010, DIN EN 1991-1-3/NA:2019 und DIN EN 1991-1-3/A1:2015.

Normlast

Die für die horizontale Projektion einer durch Schnee bedeckbaren Fläche einzusetzende Normlast s_n ist nach der Formel

$$s = \mu_i \cdot c_e \cdot c_t \cdot s_k \quad \text{in kN/m}^2$$

zu ermitteln.

s_k charakteristischer Wert der Schneelast;
μ_i der Formbeiwert der Schneelast;
c_e der Umgebungskoeffizient;
c_t der Temperaturkoeffizient.

Der zur Bildung der Normlast infolge Schnee anzunehmende **Grundwert** s_k ist abhängig von der Lage und Höhe des Standortes. Der Grundwert entspricht dem auf einer waagerechten Dachfläche anzunehmenden Lastwert infolge von Schnee. Die charakteristischen Werte ergeben sich aus der Zurechnung zu der Schneelastzonen der in DIN EN 1991-1-3 in Bild NA.1 dargestellten Schneelastzonenkarte. Eine genaue Zuordnung der Verwaltungseinheiten zu den Schneelastzonen kann auf der Internetseite des Deutschen Instituts für Bautechnik eingesehen werden (*www.dibt.de*).

Formbeiwert

Alle Konstruktionen, die direkt durch Schnee belastet werden bzw. die Last übertragen, sind für eine gleichmäßig über die Fläche verteilte Last zu untersuchen.
Ferner ist zu beachten:

- Dachkonstruktionen, für die sich infolge halbseitiger Schneebelastung örtlich ungünstigere Beanspruchungen ergeben, sind für diese Belastungen zu berechnen.
- Zusätzlich zu der Beanspruchung infolge gleichmäßiger Last, sind die Dachkonstruktionen für die infolge der Dachgestaltung ungleichmäßige Schneeverteilung zu untersuchen.

Örtliche Aufbauten/Schneeanhäufungen

Sofern auf einer Dachfläche örtlich begrenzte Aufbauten, z. B. Aufzugsschächte, vorgesehen sind, sind die angrenzenden Bauteile auf die Wirkung einer begrenzten Schneeanhäufung zu untersuchen (s. DIN EN 1991-1-3: 2010 und Nationaler Anhang).

Windlast

Maßgebend ist DIN EN 1991-1-4:2010 und DIN EN 1991-1-4/NA:2010.

Normlast

Die Normlast w_e ist rechtwinklig zu der vom Wind getroffenen Fläche anzunehmen und nach der Formel zu berechnen:

$$w_e = q_p(z_e) \cdot c_{p,e} \text{ in kN/m}^2$$

p_0 Böhgeschwindigkeitsdruck in Abhängigkeit von der Bezugshöhe;

$c_{p,e}$ ein von der Gestalt des Bauwerks abhängiger aerodynamischer Beiwert (Gestaltbeiwert).

Nach DIN EN 1995-1-4/NA gilt eine Windzonenkarte. Die Basisgeschwindigkeitsdrücke ergeben sich aus der Windzonenkarte. Die Zuordnung der Verwaltungseinheit zu den Windzonen kann *www.dibt.de* entnommen werden.

Windbelastung während der Montage

Beim Nachweis von Montagelastfällen sind die ermittelten Staudrücke voll anzusetzen.

Aerodynamische Beiwerte

Winddruck wird mit positiven, Windsog mit negativen Werten bezeichnet.

Gefährlicher als Winddruck ist der Windsog. Gerade im Holzbau ist der Windsog oftmals größer als die verhältnismäßig geringen Dacheigenlasten. Die Vorzeichen drehen sich um, aus den Zugstäben werden Druckstäbe und umgekehrt.

Die Dachbinder sind gegen Abheben (Windsog) ausreichend zu verankern!

Mehr noch als der gesamte Binder sind einzelne Teile der Gefahr ausgesetzt, abgehoben zu werden (Sparren, Sparrenpfetten); sie müssen daher durch geeignete Verankerungen gehalten werden.
Sehr gefährdet durch Abheben sind Gesimsvorsprünge oder Vordächer bei leichten, mit Dachpappe eingedeckten Flachdächern, da unter ihnen der Staudruck nach oben wirkt und gleichzeitig eine Sogkraft auftritt, die auch nach oben gerichtet ist. Beide Kräfte addieren sich. Die Ankerkraft ist nach dieser Höchstlast zu bemessen. Die in den Rand- und Firstbereichen von Dächern sowie Schnittkanten von Wandflächen auftretende erhöhte Sogwirkung bei verschiedenen Windrichtungen wird durch den Faktor c_s berücksichtigt. Er ist zusätzlich zum aerodynamischen Beiwert c bei der Bemessung der Verankerung von Einzelelementen und beim statischen Nachweis leichter Dachelemente, jedoch nicht beim Standsicherheitsnachweis des gesamten Gebäudes zu berücksichtigen.
Bei der Berechnung der Verankerungen ist großzügig zu verfahren. Es wird empfohlen, entlastende Einflüsse, z. B. durch das Eigengewicht des Daches, nur mit 2/3 des errechneten Wertes zu berücksichtigen.
Um Bauschäden infolge korrodierter Verankerungen zu vermeiden, sind

- die Verankerungen schon vor dem Einbau mit einem Korrosionsschutz zu versehen und
- die angegebenen Mindeststahlquerschnitte unbedingt einzuhalten.

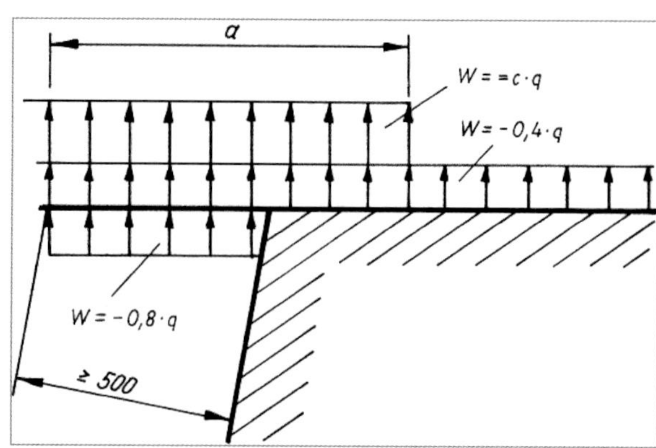

Bild 7.21. Windlastverteilung bei Dachüberständen oder Gesimsen (Auskragung ≥ 500 mm) nach DIN 1055

An den Rand- und Firstbereichen der Dächer sind höhere Windsoglasten zu berücksichtigen. Hieraus ergeben sich Verankerunsprobleme; bisher wurden Verankerungen nur konstruktiv ausgeführt, jedoch nicht rechnerisch nachgewiesen.
Für Auskragungen ist für den Unterdruck der Wert für den Staudruck auf die angrenzende Wand anzunehmen (Bild 7.21.).

Hinweise zur Stabkraftermittlung

In vielen Fällen – vor allem bei fehlender untergehängter Decke – ist es zweckmäßig, nach Bild 7.22. eine q_0-Belastung auf den halben Binder anzunehmen, aus der mithilfe von Umrechnungsfaktoren die Stabkräfte für alle praktisch vorkommenden Lastfälle abgeleitet werden können.

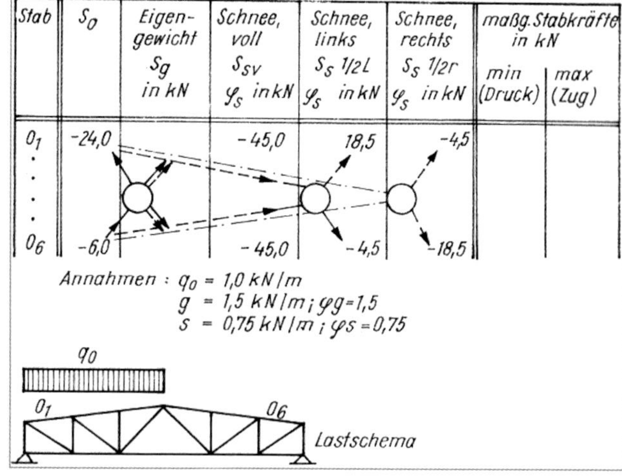

Bild 7.22. Stabkraftermittlung mithilfe von Umrechnungsfaktoren

7.9.3. Verankerungen und Befestigungen

Die Verankerung und Befestigung ist statisch nachzuweisen.

Allgemeine Regeln für die Verankerung und Befestigung:

Befestigung der Teile von hölzernen Dachkonstruktionen Sparren, Pfetten, Stiele, Kopfbänder, Schwellen usw. sind untereinander ausreichend zugfest miteinander zu verbinden, insbesondere an den Dachrändern, Dachüberständen und am First.

Verankerung der Dachkonstruktionen

Die Dachkonstruktionen sollten nach früheren Regeln (DIN 1055-4:1969) durch Stahlanker von mindestens $1{,}2 \cdot 10^2$ mm² Nettoquerschnitt

- Flachstahlanker mind. 4 mm dick bzw.
- Rundstahlanker mind. 14 mm Durchmesser (Bild 7.23.)

mit der Unterkonstruktion verbunden werden.

Im Regelfall sind die Anker im Eckbereich in Abständen von max. 1,0 m, sonst von maximal 2,0 m anzuordnen.

Die durch die Verankerung erfassten Bauteile sollten je Anker ≥ 4,5 kN Eigenlast aufweisen.

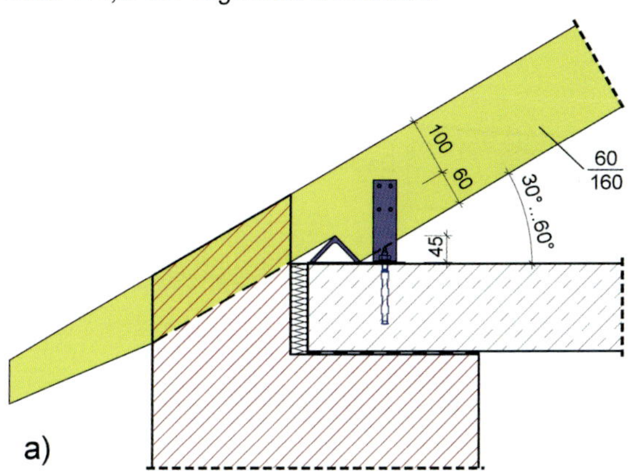

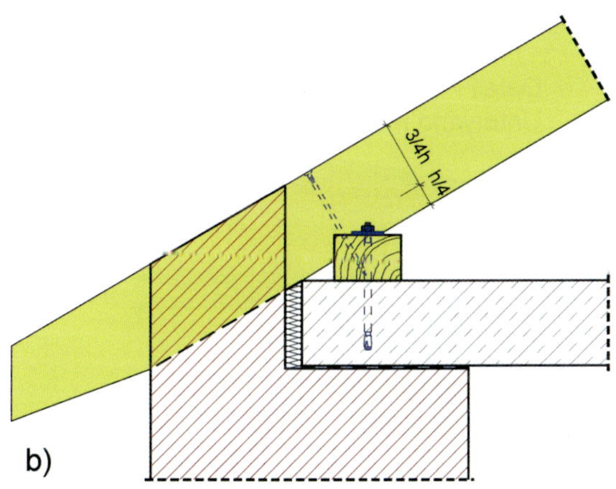

Legende
a) Fußschwelle liegt auf Betonwiderlager
b) Rundstahlanker, Durchmesser ≥ 14 mm
c) Fußschwelle liegt flach auf Massivdecke

Bild 7.23. Verankerung des Sparrenfußes und der Fußschwelle (Fußpfette)

Dies erfordert insbesondere bei **Mauerwerk** eine genügende Ankertiefe (mind. 2 bis 3 Schichten oder ≥ 150 bis 200 mm – u. U. ist ein gesonderter Nachweis zu führen).
Angeschraubte Flachstahlanker sind den angenagelten vorzuziehen.
Die Dicke t sollte bei geschraubten Verbindungen 4 mm, bei genagelten mind. 2 mm betragen. Die Breite sollte betragen

- bei angeschraubten Ankern $b \geq 4 \cdot d_s$,
- bei angenagelten Ankern $b \geq 20$ mm.

In Massivbauteile (z. B. Betonplatten, Ringanker) werden heute verstärkt Ankerschienen einbetoniert, in die dann typisierte Stahl-Holz-Verbinder eingreifen.

Sparrennägel

Sparrennägel dürfen durch Windsogkräfte in Richtung ihrer Achse auf Herausziehen beansprucht werden. Werden die Nägel in nassem Holz eingeschlagen, das nach dem Einbau auf weniger als $u < 18\,\%$ austrocknet (und dies ist fast die Regel), dann ist die Tragkraft um 1/6 abzumindern.

Zugelassene Universalverbinder (s. a. Zusammenstellung der wichtigsten Holzverbinder Tabelle 3.38.)

Sie werden mit Kammschrauben, Kammnägeln oder Sparrennägeln (Tragfähigkeitsklasse III) befestigt. Die entsprechenden Zulassungen sind zu beachten.

Verankerung an Holzkonstruktion mit der Unterkonstruktion

Angeschraubte Flachstahllaschen

Die Verankerung der Holzbauteile, z. B. Schwellen, mit den Außenwänden, Stahlbetonringankern usw. erfolgt in der Regel mit einbetonierten **Flachstahlankern.** Da die Ankerkräfte wesentlich größer sind als z. B. die der Sparren, werden die Holzteile mit Sechskantschrauben angeschlossen.
Es sind möglich

- einseitige angeschraubte Flachstahlanker (Bild 7.24.a) oder
- zweiseitig angeschraubte Flachstahlanker (Bild 7.24.b).

Für die Tragfähigkeit der Verbindung Flachstahllaschen–Sechskantschrauben–Holz werden die Tabellen nach [*Wienecke* 1976] benutzt.

Angeschraubte Winkelprofile

Leichte Holzkonstruktionen können mit hölzernen Unterkonstruktionen durch angeschraubte Winkelprofile gegen Abheben gesichert werden. Es sind verschiedene Kombinationen möglich. In Bild 7.26. werden nach [*Wienecke* 1976] einige Beispiele gezeigt.

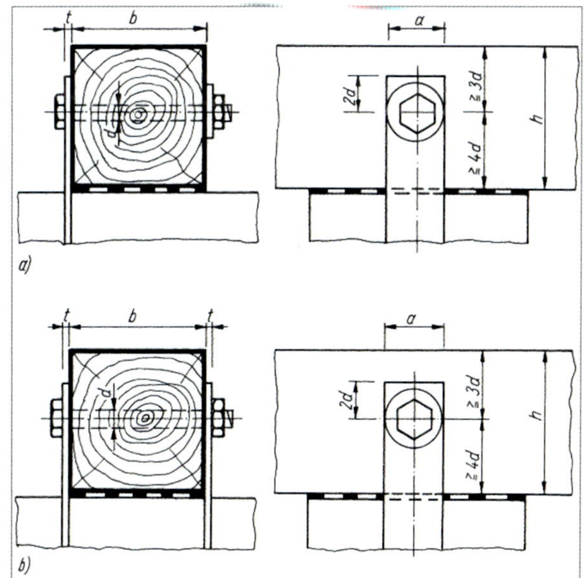

Legende
a) Flachstahllaschen, einseitig angeschraubt
b) Flachstahllaschen, zweiseitig angeschraubt

Bild 7.24. Verankerung der Unterkonstruktion mit Flachstahllaschen gegen Windsog (nach [*Wienecke* 1976])

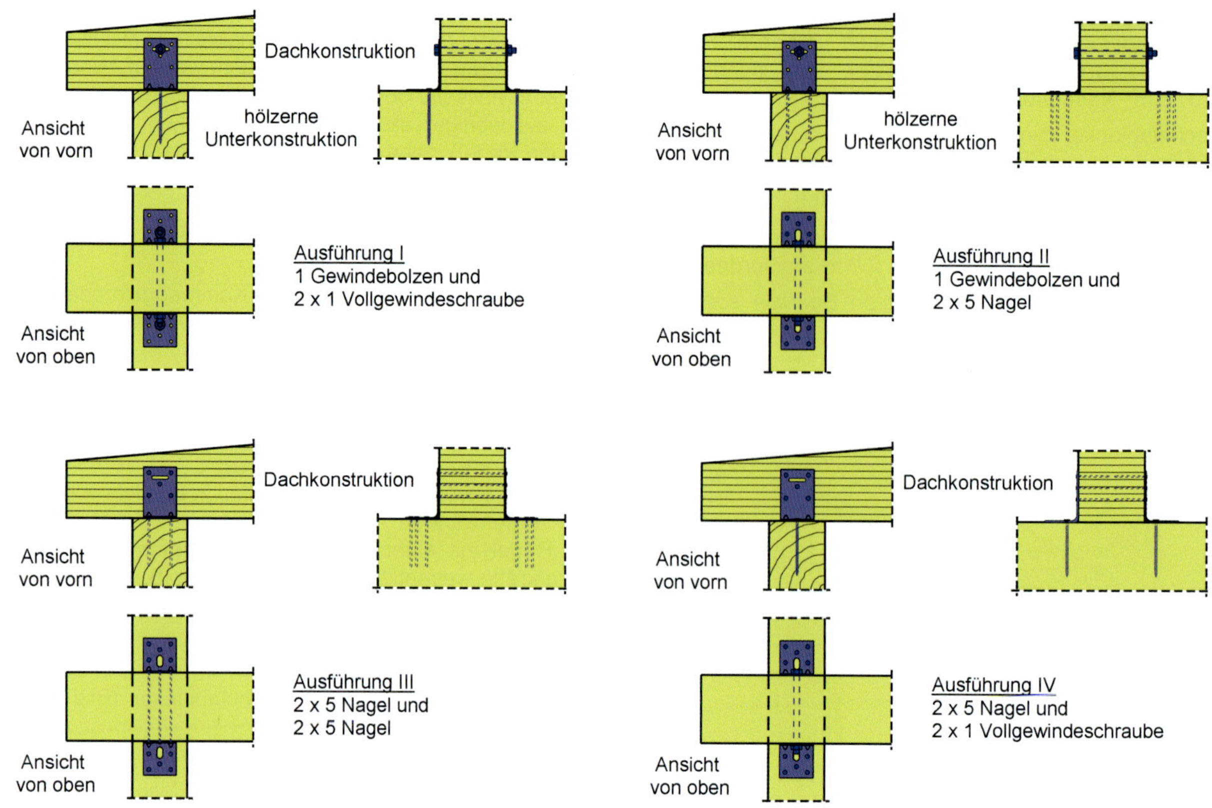

Bild 7.25. Verankerung von leichten Holzkonstruktionen mit hölzernen Unterkonstruktionen durch angeschraubte Winkelprofile (nach [*Wienecke* 1976])

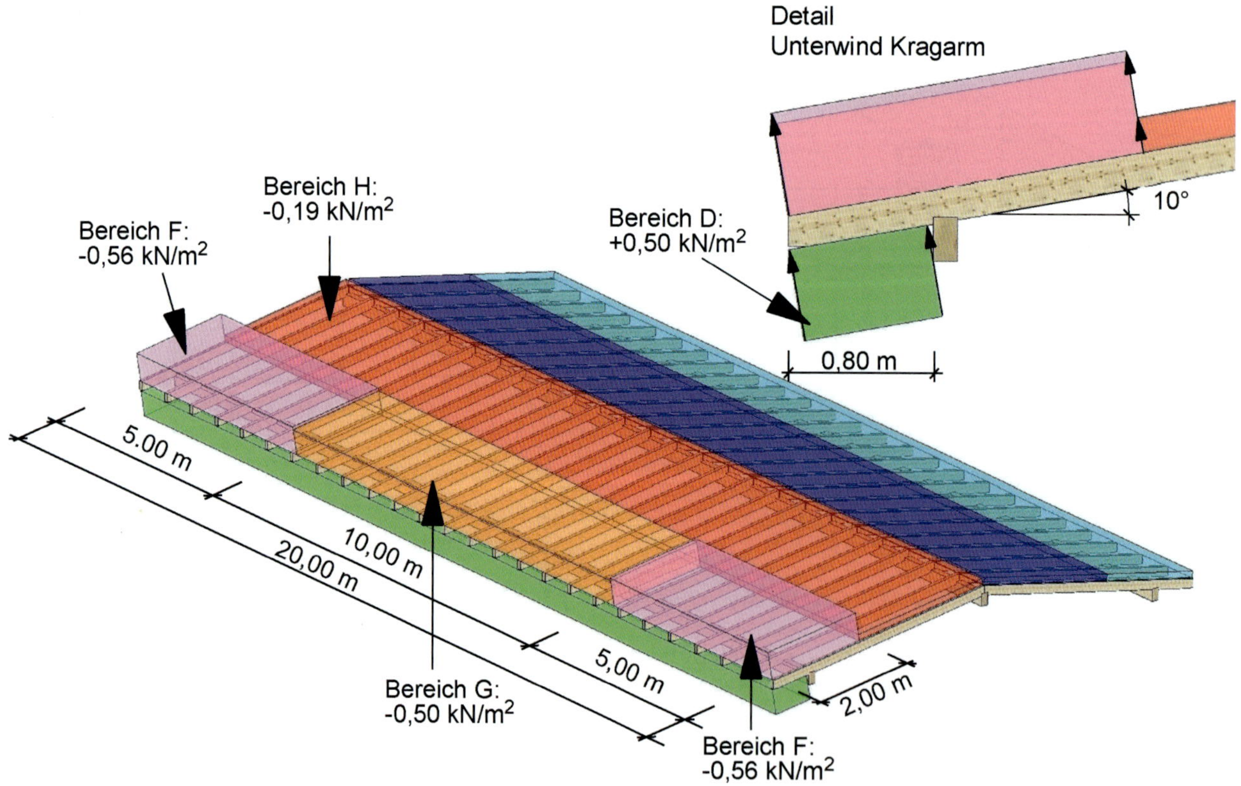

Bild 7.26. Beanspruchung Wind auf Traufe

Beispiel 7.2. **(DIN EN 1995-1-1)**

Es sind Sparren eines Pfettendaches, einschließlich der Verankerung, zu berechnen. Das Bauwerk ist ein geschlossenes Gebäude in geschützter Lage innerhalb einer geschlossenen Bebauung (Bild 7.26.). Die Dachhaut besteht aus 24 mm dicker Schalung mit verzinktem Pfannenblechen. Verwendet wird NH C24 nach DIN EN 338.

Lösung:

Geometrische Angaben:

Stützweite:	$b = 6{,}4\ \text{m}$
Bauwerkslänge:	$l = 20{,}0\ \text{m}$
Dachüberstand:	$\ddot{u} = 0{,}8\ \text{m}$
Dachneigung:	$\alpha = 10°$
Traufpunkthöhe:	4,0 m
Höhe über Meeresspiegel:	180 m
Höhe über Gelände:	10 m
Sparrenabstand:	$a = 0{,}8\ \text{m}$

Belastungsannahme nach DIN EN 1991-1-1:

Eigenlast:

Stahlpfannendach einschließlich
Vordeckung und 24-mm-Schalung $= 0{,}30\ \text{kN/m}^2$ Dfl
Sparren (80/180; C24) $= 0{,}06\ \text{kN/m}^2$ Dfl

$g_k = 0{,}36\ \text{kN/m}^2$ Dfl

Schneelast:

Nach DIN EN 1991-1-3/NA:2010 (Bild NA.2) für Schneelastzone II, Höhe über NN $\leq 200\ \text{mm} \rightarrow s_k = 0{,}85\ \text{kN/m}^2$, KLED nach Tabelle NA.1 in DIN EN 1995-1-1/NA:2013 = „kurz“ mit α = 10° und Nutzungsklasse 2

$\mu_1 = 0{,}8$

$q_{k,S} = \mu_1 \cdot C_e \cdot C_t \cdot s_k = 0{,}8 \cdot 1{,}0 \cdot 1{,}0 \cdot 0{,}85$

$q_{k,S} = 0{,}68\ \text{kN/m}^2$ bez. Gfl

$\psi_0 = 0{,}5$; $\psi_2 = 0{,}0$ Kombinationsbeiwert nach Tabelle A.1.1, DIN EN 1990:2010 für Orte bis NN + 1000 m

Windlast:

Nach DIN EN 1991-1-4/NA:2010 Berücksichtigung von Winddruck und -sog notwendig, Klasse der Lasteinwirkungsdauer (KLED) nach DIN EN 1995-1-1/NA:2013, Tabelle NA.1 = „kurz/sehr kurz“, für Geländekategorie III, Windzone II und Gebäudehöhe von 10,0 m ⇨ $q_p = 1{,}6 \cdot 0{,}39\ \text{kN/m}^2 \cdot (10/10)^{0{,}31} = 0{,}624\ \text{kN/m}^2$

(s. Tabelle NA.B.2, DIN EN 1991-1-4/NA:2010)

$\psi_0 = 0{,}6$; $\psi_2 = 0{,}0$ Kombinationsbeiwert nach Tabelle A.1.1, DIN EN 1990:2010 für Windlasten

Es wird bei diesem Berechnungsbeispiel nur auf die Anströmrichtung $\Theta = 0°$ eingegangen.

Beiwert c_{pe} :

im Normalbereich	$c_{pe,10,H} = -0{,}3$ Dachbereich (H)
	$c_{pe,10,H} = +0{,}2$ Dachbereich (H)
im Randbereich	$c_{pe,10,G} = -0{,}8$ Dachbereich (G)
im Eckbereich	$c_{pe,10,F} = -0{,}9$ Dachbereich (F)
Unterwind Kragarm	$c_{pe,10,D} = +0{,}8$ Wandbereich (D)

Einflusslänge

im Eckbereich	$e/10 = 20/10 = 2\ \text{m}$
im Randbereich	$e/10 = 20/10 = 2\ \text{m}$

$q_{w_e,k} = c_{pe} \cdot q_p$

$q_{w,s,H} = c_{pe,10,H} \cdot q_p = -0{,}3 \cdot 0{,}624 = -0{,}19\ \text{kN/m}^2$

$q_{w,d,H} = c_{pe,10,H} \cdot q_p = +0{,}2 \cdot 0{,}624 = +0{,}13\ \text{kN/m}^2$

$q_{w,s,G} = c_{pe,10,G} \cdot q_p = -0{,}8 \cdot 0{,}624 = -0{,}50\ \text{kN/m}^2$

$q_{w,s,F} = c_{pe,10,F} \cdot q_p = -0{,}9 \cdot 0{,}624 = -0{,}56\ \text{kN/m}^2$

$q_{w,d,D} = c_{pe,10,D} \cdot q_p = +0{,}8 \cdot 0{,}624 = +0{,}50\ \text{kN/m}^2$

Maßgebend für Windsog ist der Eckbereich mit dem Unterwind Kragarm (Bereich F).

Mannlast:

$Q_{k,F} = 1{,}0$ kN nach DIN EN 1991-1-1/NA:2010, Tabelle 6.10, jedoch nicht gleichzeitig mit Schneelasten (Absatz 6.3.4.2), KLED Tabelle NA.1 DIN EN 1995-1-1/NA:2010 = „kurz“ $\psi_0 ; \psi_2 = 0;0$ Kombinationsbeiwert nach Tabelle A.1.1, DIN EN 1990:2010.

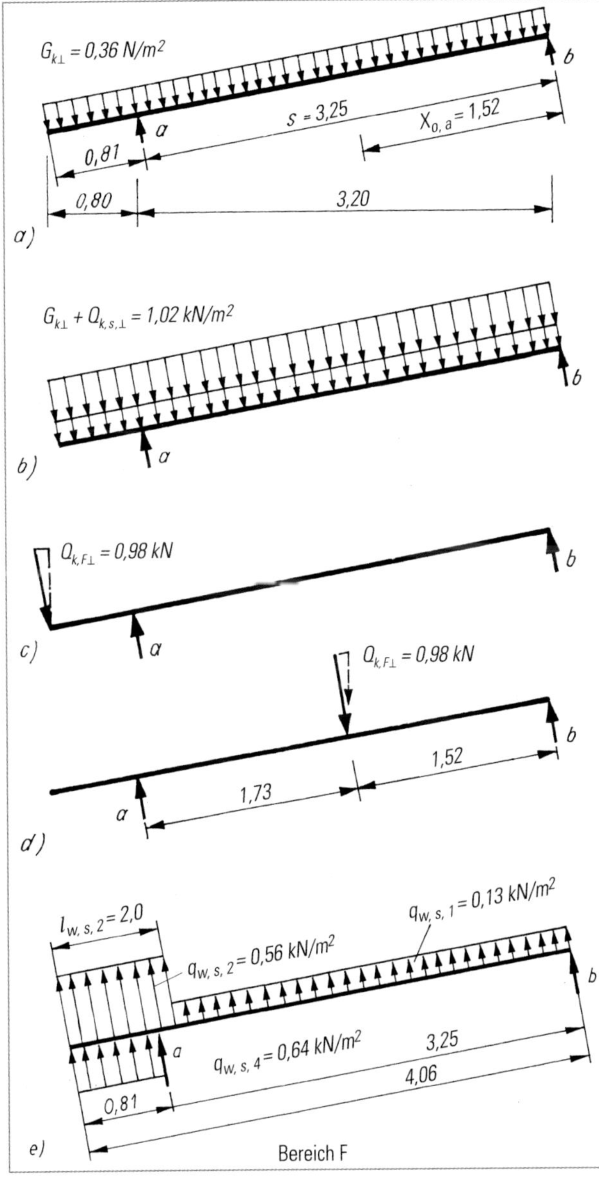

Bild 7.27. Belastungsfälle

Bemessung:

Der Sparren ist ein Einfeldträger mit Kragarm.

$\cos\ 10° = 0{,}9848$

Sparrenlänge: $s = \frac{3{,}20}{\cos\alpha} = \frac{3{,}20}{0{,}9848} = 3{,}25\,\text{m}$

Kragarmlänge: $ü = \frac{0{,}8}{\cos\alpha} = \frac{0{,}8}{0{,}9848} = 0{,}81\,\text{m} = a_s$

Die Berechnung erfolgt für 0,80 m Dacheinflussbreite. Lasten senkrecht zur Dachfläche umgerechnet:

$G_{k,\perp} = (g_k \cdot a)\cdot\cos\alpha = (0{,}36\cdot 0{,}8)\cdot 0{,}9848 = 0{,}28\,\text{kN/m}$

$Q_{k,S,\perp} = (q_{k,S}\cdot a)\cdot\cos^2\alpha = (0{,}68\cdot 0{,}8)\cdot 0{,}9848^2 = 0{,}53\,\text{kN/m}$

$Q_{k,W,Sog} = \left[\left(|q_{w,s,H}| + |q_{w,s,G}| + q_{w,d,D}\right)\cdot a\right] =$
$\left[\left(|-0{,}19| + |-0{,}50| + 0{,}50\right)\cdot 0{,}8\right] = 0{,}95\,\text{kN/m}$

$Q_{k,F,\perp} = Q_{k,F}\cdot\cos\alpha = 1{,}0\cdot 0{,}9848 = 0{,}98\,\text{kN}$

Kombinationen nach der Grundregel für ständige und vorübergehende Bemessungssituation nach DIN EN 1990:2010, Abschnitt 6.4.3.2 (3).

$LK1 = 1{,}35\cdot 0{,}28 = 0{,}38\,\text{kN/m}$

$LK2 = 1{,}35\cdot 0{,}28 \oplus 1{,}5\cdot 0{,}53 = 1{,}17\,\text{kN/m}$

$LK3 = 1{,}35\cdot 0{,}28 \oplus 1{,}5\cdot 0{,}13 = 0{,}57\,\text{kN/m}$

$LK4 = 1{,}35\cdot 0{,}28 \oplus 1{,}5\cdot 0{,}53 \oplus 1{,}5\cdot 0{,}6\cdot 0{,}13 = 1{,}29\,\text{kN/m}$

$LK5 = 1{,}35\cdot 0{,}28 \oplus 1{,}5\cdot 0{,}13 \oplus 1{,}5\cdot 0{,}5\cdot 0{,}53 = 0{,}97\,\text{kN/m}$

$LK6 = -(0{,}9\cdot 0{,}68) \oplus 1{,}5\cdot 0{,}95 = 0{,}81\,\text{kN/m}$

$LK7 = 1{,}35\cdot 0{,}28 \oplus 1{,}5\cdot 1{,}0 = 0{,}38\,\text{kN/m} + 1{,}5\,\text{kN}$

*LK*4 ist **maßgebend!**

Für *LK*7 wird eine besondere Untersuchung durchgeführt!

Momente infolge Eigenlast, Schnee und Winddruck (LK4):

$E_{d,LK4} = q_\perp = 1{,}29\,\text{kN/m}$ (Bild 7.28.b)

$a_s = 0{,}81\,\text{m}$;

$$b = \frac{q_\perp}{2\cdot s}\cdot\left(s^2 - a_s^2\right) = \frac{1{,}29}{2\cdot 3{,}25}\cdot\left(3{,}25^2 - 0{,}81^2\right) = 1{,}97\,\text{kN}$$

$$a = \frac{q_\perp}{2\cdot s}\cdot\left(s + a_s\right)^2 = \frac{1{,}29}{2\cdot 3{,}25}\cdot\left(3{,}25 + 0{,}81\right)^2 = 3{,}27\,\text{kN}$$

$$M_F = \frac{q_\perp}{8\cdot s^2}\cdot\left(s^2 - a_s^2\right)^2 = \frac{1{,}29}{8\cdot 3{,}25^2}\cdot\left(3{,}25^2 - 0{,}81^2\right)^2 = 1{,}50\,\text{kNm}$$

Nullstelle Querkraft:

$x_{0,Q} = \frac{Q_b}{q} = \frac{1{,}97}{1{,}29} = 1{,}52\,\text{m}$ (von *b* gemessen)

Nullstelle Moment:

$x_{0,M} = 2\cdot x_{0,Q} = 2\cdot 1{,}52 = 3{,}04\,\text{m}$ (von *b* gemessen)

$$M_a = -\frac{q_\perp\cdot a_s^2}{2} = \frac{1{,}29\cdot 0{,}81^2}{2} = -0{,}42\,\text{kNm}$$

Moment infolge Mannlast:

$F_p = 1{,}0\cdot\cos\alpha = 1{,}0\cdot 0{,}9848 \cong 1{,}0\,\text{kN}$

$M_a = -1{,}0\cdot a_s = -1{,}0\cdot 0{,}81 = -0{,}81\,\text{kNm}$ (Bild 7.28.c)

F_p in x_0 gestellt (Bild 7.28.d)

$$M = \frac{1{,}0\cdot 1{,}73\cdot 1{,}52}{3{,}25} = 0{,}81\,\text{kNm}$$

Maßgebend ist $_{\max}M_F = 1{,}50\,\text{kNm}$

Windsog am Randbereich (Bereich F):

Eigenlast und Windsog:

$F_{G,k} = G_{k,\perp}\cdot s_{ges} = 0{,}28\,\text{kN/m}^2\cdot 4{,}06 = 1{,}14\,\text{kN}$

$q_{w,s,1} = q_{w,s,H}\cdot a\cdot x_1 = 0{,}19\,\text{kN/m}^2\cdot 0{,}80\cdot 2{,}06 = 0{,}31\,\text{kN}$

$q_{w,s,2} = q_{w,s,F}\cdot a\cdot x_2 = 0{,}56\cdot 0{,}8\cdot 2{,}0 = 0{,}90\,\text{kN}$

$q_{w,s,3} = q_{w,d,D}\cdot a\cdot a_s = 0{,}50\cdot 0{,}8\cdot 0{,}81 = 0{,}32\,\text{kN}$

Ermittlung der Sogkraft am Auflager (Fußschwelle):

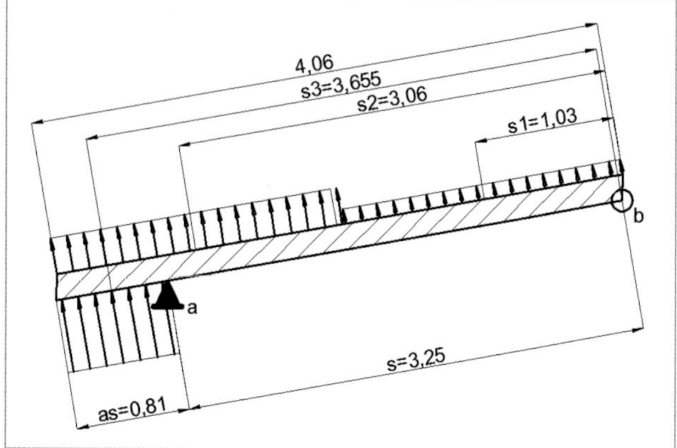

Skizze: HE 1 Ermittlung Fq,sog

$$F_{Q,Sog} = \frac{q_{w,s,1}\cdot s_1 + q_{w,s,2}\cdot s_2 + q_{w,s,3}\cdot s_3}{s} =$$
$$\frac{0{,}31\cdot 1{,}03 + 0{,}90\cdot 3{,}06 + 0{,}32\cdot 3{,}655}{3{,}25} = 1{,}31\,\text{kN}$$

Nachweis der Verankerung der Sparren mittels Sparrennägel nach DIN EN 1995-1-1/NA, NCI 8.3.2 (NA.12), Tabelle NA.16:

Charakteristischer Wert des Ausziehwiderstandes von Nägeln nach Herstellerangaben bei einer Mindesteindringtiefe von 80 mm im Holz:

Verbindungsmittel gewählt:

Simpson Strong-Tie® Sparrennagel: SN 6,0 x 260-DE

$F_{ax,Rk} = 2{,}07\,\text{kN}$ [lt. Produktkatalog]

mit: $t_2 = l_{Nagel} - l_{\perp,Obholz} = 260\,\text{mm} - 177\,\text{mm} = 83\,\text{mm} > t_{min} = 80\,\text{mm}$

Bemessungswert des Ausziehwiderstandes eines Nagels:

[DIN EN 1995-1-1 Gl. (2.17)]

$$F_{V,Rd} = \frac{k_{mod}\cdot R_k}{\gamma_M} = \frac{0{,}9\cdot 2070}{1{,}3} = 1433\,\text{N}$$

Nachweis für den Grenzzustand der Tragfähigkeit nach DIN EN 1990, Abschnitt 6.4.2 (3):

$E_d \le R_d$ [DIN EN 1990 Gl. (6.8)]

$E_d = 1{,}5\cdot 1{,}31 - 0{,}9\cdot 1{,}30 = 0{,}80\,\text{kN}$

$$\frac{E_d}{F_{V,Rd}} = \frac{800\,\text{N}}{1433\,\text{N}} = 0{,}56 \le 1$$

Verankerung der Firstpfette erfolgt ebenfalls mit einem Sparrennagel. Auf Zusätzliche Sparrenpfettenanker wird verzichtet, da sich der Nachweis auf den erhöhten Sogbereich am Sparren bezieht.

Spannungsnachweis nach DIN EN 1995-1-1 infolge einachsiger Biegebeanspruchung nach Gl. (6.33):

Gewählt: Sparrenquerschnitt 80/180 mm mit

$$A = b \cdot h = 80 \cdot 180 = 144 \cdot 10^2 \text{ mm}^2$$

$$W_y = \frac{b \cdot h^2}{6} = \frac{80 \cdot 180^2}{6} = 432 \cdot 10^3 \text{ mm}^3$$

$$\sigma_{m,d} = \frac{M}{W_y} = \frac{1{,}56 \cdot 10^6}{432 \cdot 10^3} = 3{,}61 \text{N/mm}^2$$

Charakteristischer Wert der Holzfestigkeit:

$f_{m,y,k} = 24{,}0 \text{ N/mm}^2$ für C24 nach DIN EN 338, Tabelle 1

Bemessungswert der Holzfestigkeit:

$$f_{m,y,d} = \frac{k_{mod} \cdot f_{m,y,k}}{\gamma_M} = \frac{0{,}9 \cdot 24}{1{,}3} = 16{,}6 \text{ N/mm}^2$$

mit k_{crit} = 1,0, da der Sparren durch die Schalung (24 mm) gegen Kippen gesichert ist

$$\frac{\sigma_{m,d}}{f_{m,y,d} \cdot k_{crit}} = \frac{3{,}61}{16{,}6} = 0{,}22 \text{ N/mm}^2 < 1{,}0$$ **Nachweis erfüllt!**

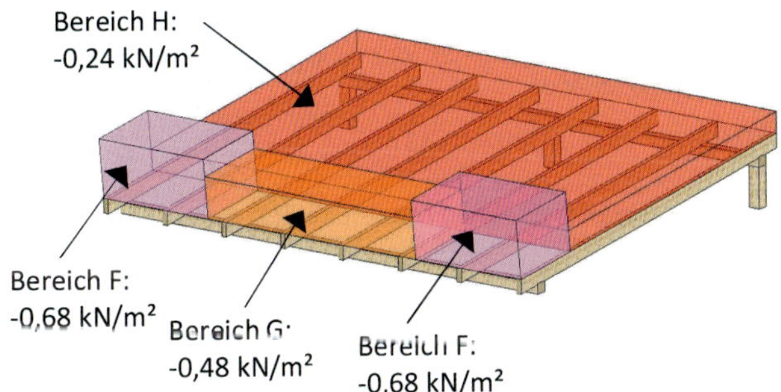

Bild 7.28. Beanspruchung aus Wind auf Traufe

Beispiel 7.3. **(DIN EN 1995-1-1:2010)**

Fortsetzung des Beispiels 2.1. (nach DIN EN 1995-1-1:2010)

Nachweis der Tragfähigkeit:

– Nachweis für LFk 2 und LFk 4

LFk 2: $E_d = 1{,}02 \text{ kN/m}$

LFk 5: $E_d = 0{,}30 \text{ kN/m}$

$E_d = 1{,}5 \text{ kN}$ (Mannlast)

Schnittgrößen:

LFk 2: $M_{y,2,d} = 1{,}02 \cdot 4{,}0^2/8 = 2{,}04 \text{ kNm}$

$V_{2,d} = 1{,}02 \cdot 4{,}0/2 = 2{,}04 \text{ kN}$

LFk 5: $M_{y,5,d} = 0{,}30 \cdot 4{,}0^2/8 + 1.5 \cdot 4/4 = 2{,}10 \text{ kNm}$

$V_{5,d} = 0{,}30 \cdot 4{,}0/2 + 1{,}5/2 = 1{,}35 \text{ kN}$

Maßgebend LFk 2: da LFk5 nicht direkt mit LFk2 verglichen werden kann

$M_{y,d} = 2{,}04 \text{ kNm}$ da k_{mod} für LFk 2 und 5 gleich,
$V_{y,d} = 2{,}04 \text{ kN}$ s. a. Abschnitt 2, Tabelle 2.13.

$$A = b \cdot h = 60 \cdot 160 = 9{,}6 \cdot 10^3 \text{ mm}^2$$

$$W_y = \frac{b \cdot h^2}{6} = \frac{80 \cdot 160^2}{6} = 3{,}41 \cdot 10^5 \text{ mm}^3$$

$$I_y = \frac{b \cdot h^3}{12} = \frac{80 \cdot 160^3}{12} = 2{,}731 \cdot 10^7 \text{ mm}^4$$

Modifikationsfaktor:

Nutzungsklasse 2, Lasteinwirkungsdauer kurz

$\Rightarrow k_{mod} = 0{,}9$ [DIN EN 1995-1-1, Tabelle 3.1]

$\Rightarrow \gamma_M = 1{,}3$ [DIN EN 1995-1-1, Tabelle 2.3]

$\Rightarrow k_m = 0{,}7$ bei Rechteckquerschnitten [DIN EN 1995-1-1, Abschnitt 6.1.6]

Nachweis Biegung: nach DIN EN 1995-1-1, Abschnitt 6.1.6

Bemessungswert der Beanspruchung

$$\sigma_{m,y,d} = \frac{M_{y,d}}{W_y}$$

$$\sigma_{m,y,d} = \frac{2{,}04 \cdot 10^6}{3{,}41 \cdot 10^5} = 5{,}98 \text{ N/mm}^2$$

Charakteristischer Wert der Holzfestigkeit:

$f_{m,y,k} = 24{,}0 \text{ N/mm}^2$ für C24 nach DIN EN 338, Tabelle 1

Bemessungswert der Holzfestigkeit:

$$f_{m,y,d} = \frac{k_{mod} \cdot f_{m,y,k}}{\gamma_M} = \frac{0{,}9 \cdot 24}{1{,}3} = 16{,}6 \text{ N/mm}^2$$

$\Rightarrow$ infolge einachsiger Biegebeanspruchung wird für den Nachweis Gl. (6.11) maßgebend:

$$\frac{\sigma_{m,y,d}}{f_{m,y,d}} = \frac{5{,}98}{16{,}6} = 0{,}36 < 1{,}{,}0$$

Kippen nicht maßgebend, da der Sparren durch die Dachlatten gegen Kippen gesichert ist

Nachweis Schub: nach DIN EN 1995-1-1, Abschnitt 6.1.7

$$\tau_d = 1{,}5 \cdot \frac{Q_{V,d}}{A_{ef}} = 1{,}5 \cdot \frac{2{,}04 \cdot 10^3}{6{,}40 \cdot 10^3} = 0{,}48 \text{ N/mm}^2$$

mit: $k_{er} = \frac{2{,}0}{4{,}0} = 0{,}5$

$b_{ef} = k_{cr} \cdot b = 0{,}5 \cdot 80 \text{ mm} = 40{,}0 \text{ mm}$
$A_{ef} = b_{ef} \cdot h = 40 \text{ mm} \cdot 160 \text{ mm} = 6400 \text{ mm}^2$

Charakteristische Schubfestigkeit:

$f_{V,k} = 4{,}0 \text{ N/mm}^2$ nach DIN EN 338, Tabelle 1

Bemessungswert der Schubfestigkeit:

$$f_{V,k} = \frac{f_{V,k} \cdot k_{mod}}{\gamma_M} = \frac{4{,}0 \cdot 0{,}9}{1{,}3} = 2{,}77 \text{ N/mm}^2$$

Nachweis Schubfestigkeit:

$$\frac{\tau_d}{f_{V,d}} = \frac{0{,}48}{2{,}77} = 0{,}17 < 1{,}0$$

Nachweis der Verankerung des Sparrens gegen Abheben:

Maßgebend wird Auflager *A* (Entlastung durch Eigenlast nicht berücksichtigt)

$$F_w = c_s c_d \cdot c_f \cdot q_p(z_e) \cdot A_{ref}$$

mit:

$c_s c_d = 1$ $h < 15$ m nach DIN EN 1991-1-4, Abschnitt 6.2

$c_{pe,1} = -2{,}5$ Bereich F (es wird bei diesem Beispiel nur auf die Anströmrichtung $\Theta = 0°$ eingegangen)

$$A_{ref,F} = \frac{l}{4} \cdot \frac{l}{10} = 0{,}625 \text{ m}^2$$

$F_{w,F} = 1 \cdot \left[\left((-2,5) \cdot 0,5\,\text{kN/m}^2 \right) \cdot 0,625\,\text{m}^2 \right]$

$F_{w,F} = -0,78\,\text{kN}$

$E_{d,w} = 0 + 1,5 \cdot (-0,78) = -1,17\,\text{kN}$ (günstige Einwirkung durch Eigenlast der Dachhaut wird nicht berücksichtigt)

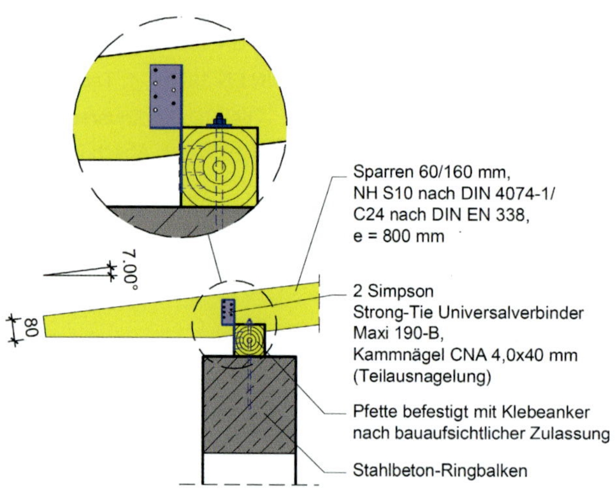

Bild 7.29. Traufe, Konstruktion Pfette/Sparren

Gewählt: 2 Simpson Strong-Tie Universalverbinder Maxi 190-B, Kammnägel CNA 4,0x40 (Teilausnagelung) (s. Vorschrift zur Anordnung der Nägel in Simpson Strong-Tie-Katalog)

Statische Bemessungswerte nach Produktkatalog:

$R_{1,k} = 7,9\,\text{kN}$

$$R_{1,d} = \frac{7,9 \cdot 0,9}{1,3} = 5,47\,\text{kN}$$

Der Bemessungswert der Beanspruchung wird für den Nachweis mit der Beanspruchungsfähigkeit nach DIN EN 1990:2010, Abschnitt 6.4 geführt,

$E_d \leq R_d$

$E_{d,w} = 1,17\,\text{kN} < R_{1,d} = 5,47\,\text{kN}$

Nachweise im Grenzzustand der Gebrauchstauglichkeit nach DIN EN 1995-1-1:2010, Abschnitt 2.2.3:

- Nachweis der Durchbiegung
- Maßgebend sind Lastfälle Eigengewicht und Schnee (s. Grenzzustand der Tragfähigkeit).
  - w_c Überhöhung im lastfreien Zustand
  - w_1 Durchbiegung infolge ständiger Einwirkungen
  - w_2 Durchbiegung infolge veränderlicher Einwirkungen.

Bemessungswerte der Einwirkungen:

Nach DIN EN 1990:2010, Abschnitt 6.5.3 (2) sind die Verformungen mit den charakteristischen Werten der Einwirkungen zu berechnen:

$$\sum G_{k,j} + Q_{k,1} + \sum_{i>1} \psi_{0,i}\, Q_{k,i}$$ [DIN EN 1990, Gl. (6.14a)]

$\Rightarrow \sum G_{k,j} = G_k = 0,30\,\text{kN/m}$

$\Rightarrow Q_{k,s} = 0,48\,\text{kN/m}$

mit $I_y = 2,048 \cdot 10^7\,\text{mm}^4$, $E_{0,\text{mean}} = 11000\,\text{N/mm}^2$ für NH S10/C24 [DIN EN 338, Tabelle 1]

Elastische Anfangsverformungen:

$w_c = 0$

$$w_{g,\text{inst}} = \frac{5 \cdot G_k \cdot \ell^4}{384 \cdot E_{0,\text{mean}} \cdot I_y} = \frac{5 \cdot 0,22 \cdot 4030^4}{384 \cdot 11 \cdot 10^3 \cdot 2,731 \cdot 10^7} = 2,52\,\text{mm}$$

$$w_{Q,\text{inst}} = \frac{5 \cdot 0,48 \cdot 4030^4}{384 \cdot 11 \cdot 10^3 \cdot 2,731 \cdot 10^7} = 5,49\,\text{mm}$$

Beiwert k_{def} nach Tabelle 3.2 zur Ermittlung der Endverformung:

mit NKL 2 $\Rightarrow$ $k_{\text{def}\,1} = 0,8$ (ständige Einwirkungen)

Berechnung Anfangsdurchbiegung in der charakteristisch Bemessungssituation (ohne Begleiteinwirkung):

[DIN EN 1990, Gl. (6.14b)]

$w_{inst} = w_{G,\text{inst}} + w_{Q,1,inst} + \sum \Psi_0 \cdot w_{Q,i,inst}$

$w_{inst} = 2,52\,\text{mm} + 5,49\,\text{mm} + 0$

$w_{inst} = 8,00\,\text{mm}$

Bemessung Endverformung in der quasi-ständigen Bemessungssituation:

$w_{fin} = w_{G,fin} + \sum \Psi_{2,i} \cdot w_{Q,i,fin}$ [DIN EN 1990, Gl. (6.16b)]

$w_{fin} = w_{G,inst} \cdot (1 + k_{def}) + \Psi_{2,1} \cdot w_{Q,1,fin} + \Psi_{2,i} \cdot w_{Q,i,fin}$

$\psi_{2,1} = 0$ nach DIN EN 1990:2010, Tabelle A.1.1

$\psi_{2,i} = 0$ nach DIN EN 1990:2010, Tabelle A.1.1

$w_{fin} = w_{G,inst} \cdot (1 + k_{def}) + 0 + 0$

$w_{fin} = 2,52\,\text{mm} \cdot (1 + 0,8)$

$w_{fin} = 4,54\,\text{mm}$

Nachweis Durchbiegung in der charakteristischen (seltenen) Bemessungssituation:

$w_{inst} = 8,00\,\text{mm} < \ell/300 = 13,43\,\text{mm}$

Nachweis Durchbiegung in der quasi-ständigen Bemessungssituation:

$w_{fin} = 4,54\,\text{mm} < \ell/200 = 20,15\,\text{mm}$

Nachweis Durchbiegung in der quasi-ständigen Bemessungssituation:

$w_{net,fin} = w_{fin} - w_c = 4,54 - 0 = 4,54 < \ell/300 = 13,43\,\text{mm}$

$\Rightarrow$ **Der Nachweis der Gebrauchstauglichkeit ist damit erfüllt.**

7.10. Statische Grundformen für Sparren, Pfetten und Sparrenpfetten

Sie können auf folgende Grundformen zurückgeführt werden:

- Einfeldträger (mit oder ohne Kragarm),
- Gelenkträger,
- Durchlaufträger und
- Kopfbandträger.

Sparren und Pfetten werden als Träger auf zwei Stützen bemessen, obgleich sie oft als durchlaufende Träger angeordnet sind. Diese Annahme entspricht am besten den tatsächlichen Verhältnissen im Holzbau.

Die Einfeldträger haben normalerweise kurze Baulängen (Vorteil), jedoch den höchsten Holzverbrauch (Nachteil). Um wirtschaftlich zu konstruieren, empfiehlt es sich, bei Bauteilen mit Kragarm diese für das maximale Feldmoment zu bemessen und eventuell über der Kragarmstütze Verstärkungen durch Beihölzer vorzunehmen. Gelenkträger eignen sich gut für durchlaufende Pfetten und

Sparrenpfetten. In den Feldern mit Windaussteifung sind keine Gelenke anzuordnen!
Sparren und Pfetten (Sparrenpfetten) übertragen die Dachlasten (Eigengewicht, Schnee, Wind) auf die Haupttragwerke (Binder).

7.11. Sparren

Sparrenabstand

- bei Ziegeldach mit Lattung 24/48 mm: bis 700 mm (bei größerem Abstand größerer Lattenquerschnitt erforderlich, s. Abschnitt 7.7.3., Tabelle 7.3.),
- bei Holzschalung, s. Abschnitt 7.7.2.,
- werden unter Sparren Bauplatten angebracht, so richtet er sich meist nach deren Abmessungen.

Sparrenbreite und -querschnitte

Die Breite von 100 mm wurde früher gewählt, um auch auf baumkantigen Sparren Dachschalung und Dachlatten einwandfrei stoßen zu können. Infolge verbesserter Berechnungsmethoden wurden die Sparrenquerschnitte immer geringer. Sie sollten jedoch (auch bei scharfkantig geschnittenen Sparren) eine Breite von 60 mm nicht unterschreiten, vorausgesetzt, dass diese Breite auch statisch genügt. Dann können Dachlatten schräg gestoßen werden (Bild 7.30.c). Sind solche Querschnitte noch baumkantig, dann sind unter den Stoßstellen Latten seitlich an den Sparren zu nageln (Bild 7.31.).

Empfehlung:
- Sparrenbreite $b \geq 60$ mm wählen,
- Vorzugsbreite $b = 80$ mm,
- Vorzugshöhe (bei üblichen Wohnhausdächern): $h \geq 140$ mm (wegen Wärmedämmung).

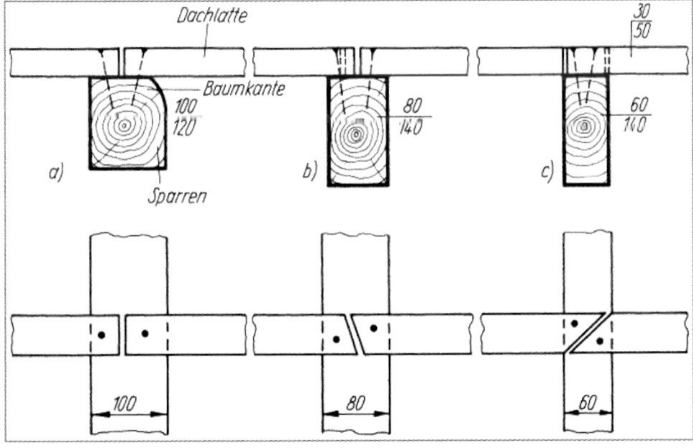

Legende
a) alter Sparrenquerschnitt, gerader Lattenstoß möglich
b) schräger Stoß erforderlich
c) Mindestsparrenbreite, wenn Dachlatten schräg gestoßen

Bild 7.30. Dachlattenstoß und Sparrenbreite

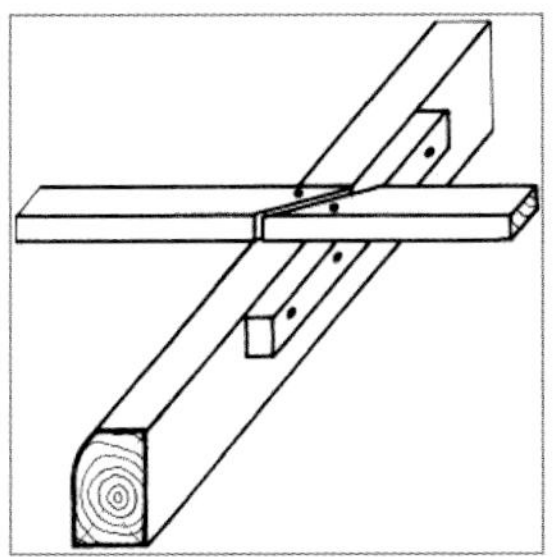

Bild 7.31. Dachlattenstoß, Sparren seitlich durch angenagelte Latte verbreitert

Sparrenquerschnitte 100/120, 120/140 mm usw. sind unwirtschaftlich.

Die Bemessung der Querschnitte ist abhängig

- von der Eigenlast der Dacheindeckung,
- von Wind- und Schneelasten,
- von der horizontalen Stützweite,
- von den zulässigen Spannungen und Durchbiegungen.

Die Tiefe der Sparrenkerve (Klaue) beträgt $\leq h/4$. Das Kervenmaß wird von der Sparrenoberkante aus angetragen (Oberholz), um auch bei unterschiedlichen Holzhöhen eine ebene Dachfläche zu erreichen.

Sparrenberechnung

Die Berechnung der Sparren ist am einfachsten, wenn die Dachlasten rechtwinklig und gleichlaufend zur Dachfläche angesetzt werden. Infolge der Lasten senkrecht zur Dachfläche entstehen die Biegemomente. Hieraus lassen sich auch sofort die Durchbiegungen bestimmen. Die Dachlasten parallel zur Dachfläche erzeugen die Längskräfte in den Sparren. Bei Pfettendächern können die Längskräfte in Feldmitte im Allgemeinen gleich null gesetzt werden, bei Sparrendächern sind sie zu berücksichtigen. Es empfiehlt sich, alle Lasten, Momente usw. auf $a = 1{,}0$ m Breite zu beziehen. Erst bei der Querschnittsbemessung werden die gewählten Sparrenabstände eingesetzt.

Sparrenverbindung am First

Am First werden Sparren bis 80 mm Sparrenbreite verblattet (Bild 7.32.a), breitere Sparren werden durch Scherzapfen (Bild 7.32.b) verbunden. Oftmals sind sie nur stumpf mit lotrechtem Schnitt gestoßen (Bild 7.32.c).
Die Verbindung mit Scherzapfen ist konstruktiv besser als der stumpfe Stoß, jedoch ist letzterer wirtschaftlich günstiger. Gegen Verschiebung und Sog werden die Sparren mit Sparrennägeln auf den Pfetten befestigt.

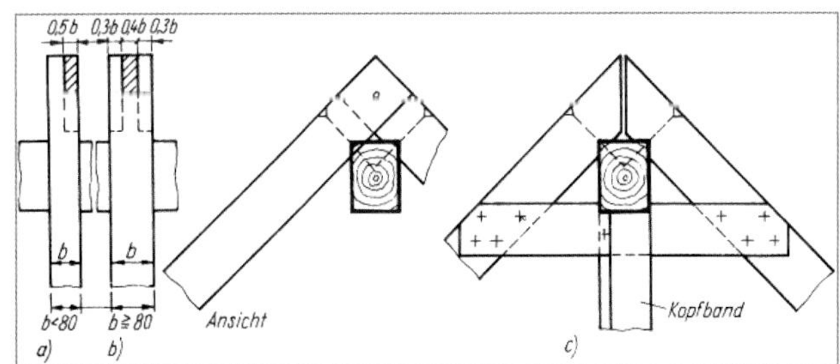

Legende
a) verblattet
b) Scherzapfen
c) stumpf auf Gehrung gestoßen

Bild 7.32. Sparrenverbindung am First

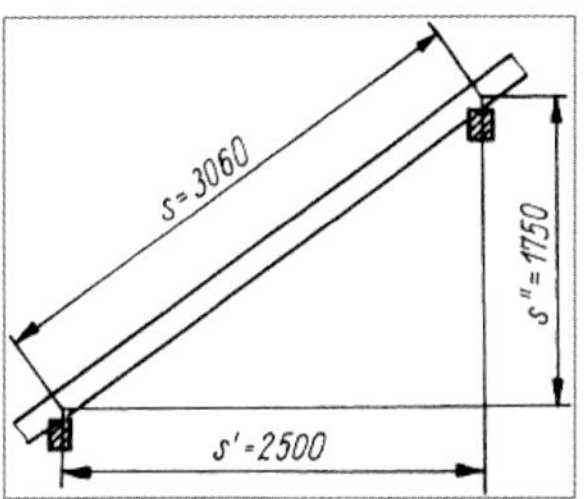

Bild 7.33. Sparren

Beispiel 7.4. (DIN EN 1995-1-1:2010)

Der in Bild 7.33. dargestellte Sparren aus Nadelholz C24 nach DIN EN 338 ist zu berechnen. Der Dachaufbau erfolgt mit einer Sichtschalung aus Fasebrettern und einer Eindeckung als Kronendach mit kleinformatigen Biberschwanzziegeln.

Höhe über Gelände: 5 m

Gegeben: *Grundmaß* $= s' = 2{,}50\,\text{m}$; $g = 0{,}95\,\text{kN/m}^2$ Dfl ;
Dachneigung: 35°
Sparrenabstand: 0,80 m

$\sin\alpha = 0{,}574$; $\cos\alpha = 0{,}819$; $\tan\alpha = 0{,}84$

Sparrenlänge: $s = \dfrac{s'}{\cos\alpha} = \dfrac{2{,}50}{0{,}819} \approx 3{,}06\,\text{m}$

Lösung:

Der Sparren wird als Einfeldträger bemessen.

Belastungsannahmen:

Eigengewicht:

Dachdeckung	$0{,}95\,\text{kN/m}^2$ Dfl
Sichtschalung (121/2,2; C16)	$0{,}012\,\text{kN/m}^2$ Dfl
Sparren (80/160;C24)	$0{,}067\,\text{kN/m}^2$ Dfl
	$G_k = 1{,}03\,\text{kN/m}^2$ Dfl

$G_k = g \cdot a = 1{,}03\,\text{kN/m}^2 \cdot 0{,}80\,\text{m} = 0{,}82\,\text{kN/m}$

Schnee:

Nach DIN EN 1991-1-3:2010, Gl. (NA.2) für Schneelastzone II, Höhe über NN $\leq 300\,\text{mm} \rightarrow s_k = 0{,}89\,\text{kN/m}^2$, KLED nach Tabelle NA.1 in DIN EN 1995-1-1/NA:2010 = „kurz"
mit α = 35° und Nutzungsklasse 2

$$\mu_1 = \frac{0{,}8 \cdot (60-\alpha)}{30} = \frac{0{,}8 \cdot (60-35°)}{30} = 0{,}67$$

$$Q_{k,S} = \mu_1 \cdot C_e \cdot C_t \cdot s_k \cdot a = 0{,}67 \cdot 1{,}0 \cdot 1{,}0 \cdot 0{,}89 \cdot 0{,}8\,\text{m}$$
$$= 0{,}48\,\text{kN/m bez. Gfl}$$

$\psi_0 = 0{,}5$; $\psi_2 = 0{,}0$ Kombinationsbeiwert nach Tabelle A.1.1, DIN EN 1990:2010 für Orte bis NN + 1000 m

Wind:

Nach DIN EN 1991-1-4/NA:2010 Berücksichtigung von Winddruck und -sog notwendig, Klasse der Lasteinwirkungsdauer (KLED) nach DIN EN 1995-1-1/NA:2010, Tabelle NA.1 = „kurz/sehr kurz", für Windzone II und Gebäudehöhe < 10,0 m ⇨

$q_p = 0{,}65\,\text{kN/m}^2$ (s. Tabelle NA.B.3, DIN EN 1991-1-4:2010)

$\psi_0 = 0{,}6$; $\psi_2 = 0{,}0$ Kombinationsbeiwert nach Tabelle A.1.1, DIN EN 1990:2010 für Windlasten

$Q_{w_e,k} = c_{p,e} \cdot q_p \cdot a$

Winddruck bei einer Anströmrichtung $\Theta = 0°$:

$c_{p,10} = +0{,}7$ nach Tabelle 7.4 a, DIN EN 1991-1-4:2010 (Bereich F)

$Q_{k,w,F} = +0{,}7 \cdot 0{,}65 \cdot 0{,}80 = +0{,}36\,\text{kN/m}$

$c_{p,10} = +0{,}7$ nach Tabelle 7.4 a, DIN EN 1991-1-4:2010 (Bereich G)

$Q_{k,w,G} = +0{,}7 \cdot 0{,}65 \cdot 0{,}80 = +0{,}36\,\text{kN/m}$

$c_{p,10} = +0{,}4$ nach Tabelle 7.4 a, DIN EN 1991-1-4:2010 (Bereich H)

$Q_{k,w,H} = +0{,}4 \cdot 0{,}65 \cdot 0{,}80 = +0{,}21\text{kN/m}$

$c_{p,10,I} = +0{,}0$ nach Tabelle 7.4 a, DIN EN 1991-1-4:2010 (Bereich I)

$Q_{k,w,I,J} = +0{,}0 \cdot 0{,}65 \cdot 0{,}80 = 0{,}0\,\text{kN/m}$

$c_{p,10,J} = +0{,}0$ nach Tabelle 7.4 a, DIN EN 1991-1-4:2010 (Bereich J)

$Q_{k,w,J} = +0{,}0 \cdot 0{,}65 \cdot 0{,}80 = 0{,}0\,\text{kN/m}$

Windsog bei einer Anströmrichtung $\Theta = 90°$:

$c_{p,1} = -1{,}5$ nach Tabelle 7.4 a, DIN EN 1991-1-4:2010 (Bereich F)

$Q_{k,w,F} - 1{,}5 \cdot 0{,}65 \cdot 0{,}80 = -0{,}78\,\text{kN/m}$

$c_{p,1} = -2{,}0$ nach Tabelle 7.4 a, DIN EN 1991-1-4:2010 (Bereich G)

$Q_{k,w,G} = -2{,}0 \cdot 0{,}65 \cdot 0{,}80 = -1{,}04\,\text{kN/m}$

$c_{p,1} = -1{,}2$ nach Tabelle 7.4 a, DIN EN 1991-1-4:2010 (Bereich H)

$Q_{k,w,H} = -1{,}2 \cdot 0{,}65 \cdot 0{,}80 = -0{,}62\,\text{kN/m}$

$c_{p,1} = -0{,}5$ nach Tabelle 7.4 a, DIN EN 1991-1-4:2010 (Bereich I)

$Q_{k,w,I} = -0{,}5 \cdot 0{,}65 \cdot 0{,}80 = -0{,}26\,\text{kN/m}$

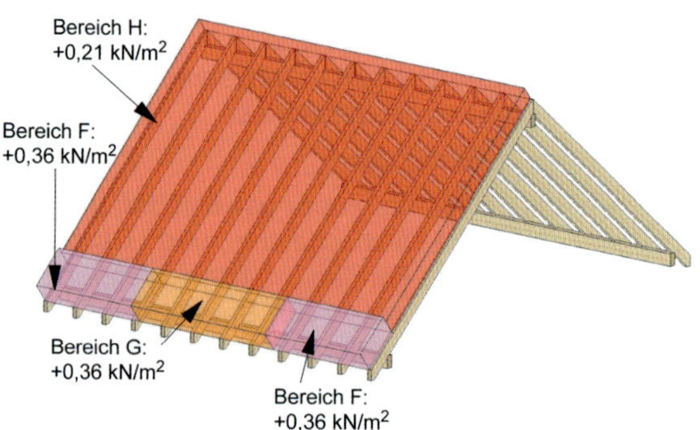

Bild 7.34. Beanspruchung aus Wind auf Traufe

Maßgebend für Windsog ist der Bereich G und für Winddruck der Bereich F und G.

Mannlast:

$Q_{k,F} = 1{,}0\,\text{kN}$ nach DIN EN 1991-1-1/NA:2010, Tabelle 6.10, jedoch nicht gleichzeitig mit Schneelasten (Absatz 6.3.4.2), KLED Tabelle NA.1 DIN EN 1995-1-1/NA:2010 = „kurz" $\psi_0; \psi_2 = 0{,}0$
Kombinationsbeiwert nach Tabelle A.1.1, DIN EN 1990:2010

Wirkungsrichtung der Last senkrecht zur Dachfläche mit α *= 35°:*

$G_{k,\perp} = G_k \cdot \cos\alpha = 0{,}82 \cdot \cos 35° \approx 0{,}68\,\text{kN/m}$

$Q_{k,S,\perp} = Q_{k,S} \cdot \cos^2\alpha = 0{,}48 \cdot \cos^2 35° = 0{,}32\text{kN/m}$

$Q_{k,W,Druck} = 0{,}36\,\text{kN/m}$

$Q_{k,W,Sog} = -1{,}04\,\text{kN/m}$

$Q_{k,F,\perp} = Q_{k,F} \cdot \cos\alpha = 1{,}0 \cdot \cos 35° = 0{,}82\,\text{kN}$

Kombinationen nach der Grundregel für ständige und vorübergehende Bemessungssituation nach DIN EN 1990:2010, Abschnitt 6.4.3.2 (3):

$LK1 = 1{,}35 \cdot 0{,}68 = 0{,}92\,\text{kN/m}$

$LK2 = 1{,}35 \cdot 0{,}68 + 1{,}5 \cdot 0{,}32 = 1{,}40\,\text{kN/m}$

$LK3 = 1{,}35 \cdot 0{,}68 + 1{,}5 \cdot 0{,}32 + 1{,}5 \cdot 0{,}6 \cdot 0{,}36 = 1{,}72\,\text{kN/m}$

$LK4 = 0{,}9 \cdot 0{,}68 + 1{,}5 \cdot (-1{,}04) = |-0{,}95|\,\text{kN/m}$ (Bereich G)

$LK5 = 1{,}35 \cdot 0{,}68 + 1{,}5 \cdot 0{,}36 = 1{,}46\,\text{kN/m}$ (Bereich F)

$LK6 = 1{,}35 \cdot 0{,}68 + 1{,}5 \cdot 0{,}36 + 1{,}5 \cdot 0{,}5 \cdot 0{,}32 = 1{,}70\,\text{kN/m}$

$LK7 = 1{,}35 \cdot 0{,}68 + 1{,}5 \cdot 1{,}0 = 0{,}92\,\text{kN/m} + 1{,}5\,\text{kN}$

LK 3 ist maßgebend! Für *LK* 7 wird eine besondere Untersuchung durchgeführt!

Schnittgrößen:

LK 3: $M_{y,3,d} = 1{,}72 \cdot 3{,}06^2/8 = 2{,}01\text{kNm}$

$V_{3,d} = 1{,}72 \cdot 3{,}06/2 = 2{,}63\,\text{kN}$

Moment infolge Einzellast (Reparaturlast) in Sparrenmitte:

Normlast: 1,0 kN

LK7 : $M_{y,7,d} = 0{,}92 \cdot 3{,}06^2/8 + 1.5 \cdot 3{,}06/4 = 2{,}22\,\text{kNm}$

$V_{7,d} = 0{,}92 \cdot 3{,}06/2 + 1{,}5/2 = 2{,}16\,\text{kN}$

Gewählt: Sparrenquerschnitt 80/160 mm mit

$$A = b \cdot h = 80 \cdot 160 = 1{,}28 \cdot 10^4\ \text{mm}^2$$

$$W_y = \frac{b \cdot h^2}{6} = \frac{80 \cdot 160^2}{6} = 3{,}41 \cdot 10^5\ \text{mm}^3$$

$$I_y = \frac{b \cdot h^3}{12} = \frac{80 \cdot 160^3}{12} = 2{,}731 \cdot 10^7\ \text{mm}^4$$

Nachweis Biegespannung:

Nachweis Biegung nach DIN EN 1995-1-1:2010, Abschnitt 6.3.3
Bemessungswert der Beanspruchung:

$$\sigma_{m,y,d} = \frac{M_{y,d}}{W_y} \qquad \text{[DIN EN 1995-1-1, Gl. (6.31)]}$$

$$\sigma_{m,y,d} = \frac{2{,}22 \cdot 10^6}{3{,}41 \cdot 10^5} = 6{,}5\ \text{N/mm}^2$$

Charakteristischer Wert der Holzfestigkeit:

$f_{m,y,k} = 24{,}0\ \text{N/mm}^2$ für C24 nach DIN EN 338, Tabelle 1

Bemessungswert der Holzfestigkeit:

$$f_{m,y,d} = \frac{k_{\text{mod}} \cdot f_{m,y,k}}{\gamma_M} = \frac{0{,}9 \cdot 24}{1{,}3} = 16{,}6\ \text{N/mm}^2$$

$\Rightarrow$ infolge einachsiger Biegebeanspruchung wird für den Nachweis Gl. (6.33) maßgebend:

$$\sigma_{m,d} \le k_{crit} \cdot f_{m,d}$$

Mit $k_{crit} = 1{,}0$, da der Sparren durch die Sichtschalung und die Dachlatten gegen Kippen gesichert ist

$6{,}5 < 1{,}0 \cdot 16{,}6$ N/mm² **Nachweis erfüllt!**

Nachweis Schub: nach DIN EN 1995-1-1:2010, Abschnitt 6.1.7 für LK5

$$\tau_d = 1{,}5 \cdot \frac{Q_{V,d}}{A_{ef}} = 1{,}5 \cdot \frac{2{,}63 \cdot 10^3}{6{,}4 \cdot 10^3} = 0{,}62\ \text{N/mm}^2$$

mit:

[DIN EN 1995-1-1, Gl. (6.13a)]

$$A_{ef} = b_{ef} \cdot h = 40\ \text{mm} \cdot 160\ \text{mm} = 6400\ \text{mm}^2$$

$$b_{ef} = k_{cr} \cdot b = 0{,}5 \cdot 80\ \text{mm} = 40\ \text{mm}$$

mit: k_{cr} = 0,5 [DIN EN 199-1-1/NA:2013, Abschnitt NCI zu 6.1.7 (2)]

Charakteristische Schubfestigkeit:

$f_{V,k} = 4{,}0\ \text{N/mm}^2$ nach DIN EN 338, Tabelle 1

Bemessungswert der Schubfestigkeit:

$$f_{V,k} = \frac{f_{V,k} \cdot k_{\text{mod}}}{\gamma_M} = \frac{4{,}0 \cdot 0{,}9}{1{,}3} = 2{,}77\ \text{N/mm}^2$$

Nachweis Schubfestigkeit:

$\frac{\tau_d}{f_{V,d}} = \frac{0{,}62}{2{,}77} = 0{,}22 < 1{,}0$ **Nachweis erfüllt!**

Nachweis Durchbiegung nach DIN EN 1995-1-1:2010, Abschnitt 7.2:

Elastische Anfangsverformungen

$$w_c = 0$$

$$w_{g,inst} = \frac{5 \cdot G_k \cdot \ell^4}{384 \cdot E_{0,mean} \cdot I_y} = \frac{5 \cdot 0{,}82 \cdot 3060^4}{384 \cdot 11 \cdot 10^3 \cdot 2{,}731 \cdot 10^7} = 3{,}12\ \text{mm}$$

$$w_{Q,1,inst} = \frac{5 \cdot 0{,}32 \cdot 3060^4}{384 \cdot 11 \cdot 10^3 \cdot 2{,}731 \cdot 10^7} = 1{,}22\ \text{mm}$$

$$w_{Q,i,inst} = \frac{5 \cdot 0{,}36 \cdot 3060^4}{384 \cdot 11 \cdot 10^3 \cdot 2{,}731 \cdot 10^7} = 1{,}39\ \text{mm}$$

Beiwert k_{def} nach Tabelle 3.2 zur Ermittlung der Endverformung:

mit NKL 2 $\Rightarrow$ $k_{def} = 0{,}8$

Berechnung Anfangsdurchbiegung in der charakteristisch Bemessungssituation:

$$w_{inst} = w_{G,inst} + w_{Q,1,inst} + \sum \Psi_0 \cdot w_{Q,i,inst} \qquad \text{[DIN EN 1990, Gl. (6.14b)]}$$

$$w_{inst} = 3{,}12\ \text{mm} + 1{,}22\ \text{mm} + 0{,}83\ \text{mm}$$

$$w_{inst} = 5{,}17\ \text{mm}$$

Bemessung Endverformung in der quasi-ständigen Bemessungssituation:

$$w_{fin} = w_{G,fin} + \sum \Psi_{2,i} \cdot w_{Q,i,fin} \qquad \text{[DIN EN 1990, Gl. (6.16b)]}$$

$$w_{fin} = w_{G,inst} \cdot (1 + k_{def}) + \Psi_{2,1} \cdot w_{Q,1,fin} + \Psi_{2,i} \cdot w_{Q,i,fin}$$

$\psi_{2,1} = 0$ nach DIN EN 1990, Tabelle A.1.1

$\psi_{2,i} = 0$ nach DIN EN 1990, Tabelle A.1.1

$$w_{fin} = w_{G,inst} \cdot (1 + k_{def}) + 0 + 0$$

$$w_{fin} = 3{,}12\ \text{mm} \cdot (1 + 0{,}8)$$

$$w_{fin} = 5{,}62\ \text{mm}$$

Nachweis Durchbiegung in der charakteristischen (seltenen) Bemessungssituation:

$$w_{inst} = 5{,}17\ \text{mm} < \ell/300 = 10{,}2\ \text{mm}$$

Nachweis Durchbiegung in der quasi-ständigen Bemessungssituation:

$$w_{fin} = 5{,}62\ \text{mm} < \ell/200 = 15{,}3\ \text{mm}$$

Nachweis Durchbiegung in der quasi-ständigen Bemessungssituation:

$$w_{net,fin} = w_{fin} - w_c = 5{,}62 - 0 = 5{,}62 < \ell/300 = 10{,}2\ \text{mm}$$

$\Rightarrow$ **Der Nachweis der Gebrauchstauglichkeit ist damit erfüllt.**

Nachweis der Verbindung, Sparren an den Pfetten mittels Sparrennagel nach DIN EN 1995-1-1:2010, Abschnitt 8.3.3 (1) und aus den Herstellerangaben.

Verbindungsmittel

Gewählt:

Haubold®Rillennagel (5.0 x 220 mm)

Charakteristischer Wert des Ausziehwiderstandes von Nägeln nach DIN EN 1995-1-1:2010, Abschnitt 8.3.2 (4):

$$F_{ax,Rk} = \min\begin{cases} f_{ax,k} \cdot d \cdot t_{pen} \\ f_{head,k} \cdot d_h^2 \end{cases} \qquad \text{[DIN EN 1995-1-1, Gl. (8.23)]}$$

mit:

$t_{pen} = l_{Nagel} - l_{\perp,Obholz} = 220\ \text{mm} - 157\ \text{mm} = 67\ \text{mm}$; $d_h = 9{,}2\ \text{mm}$

lt. Einstufungsschein Tragfähigkeitsklasse 3/C
Charakteristischer Wert des Ausziehparameters nach Tabelle NA.1:

$$f_{ax,k} = 50 \cdot 10^{-6} \cdot \rho_k^2 - 50 \cdot 10^{-4} \cdot 350^2 = 6{,}13\ \text{N/mm}^2$$

Charakteristischer Wert Kopfdurchziehparameters:

$$f_{head,k} = 100 \cdot 10^{-6} \cdot \rho_k^2 = 100 \cdot 10^{-6} \cdot 350^2 = 12{,}25\,\text{N/mm}^2$$

$$F_{ax,Rk} = \min\begin{cases} 6{,}13\,\text{N/mm}^2 \cdot 5\,\text{mm} \cdot 67\,\text{mm} = 2052\,\text{N} \\ 12{,}25\,\text{N/mm}^2 \cdot (9{,}2\,\text{mm})^2 = 1037\,\text{N} \end{cases}$$

Bemessungswert des Ausziehwiderstandes eines Nagels:

[DIN EN 1995-1-1 Gl.(2.17)]

$$F_{ax,Rd} = \frac{k_{mod} \cdot F_{ax,Rk}}{\gamma_M} = \frac{0{,}9 \cdot 1037}{1{,}3} = 718\,\text{N}$$

Ermittlung der axialen Kraftkomponente zum Verbindungsmittel (abheben) im Bereich G bzw. F nach LK4 (Windsog):

$$LK4 = 0{,}9 \cdot 0{,}68 \oplus 1{,}5 \cdot (-1{,}04) = |-0{,}95|\,\text{kN/m}$$

$$F_{ax,Ed} = |-0{,}95|\,\text{kN/m} \cdot 3{,}06/2 \approx 1{,}45\,\text{kN}$$

Gewählt: 2 Sparrennägel pro Pfettenanschluss

[DIN EN 1995-1-1, Gl.(2.17)]

$$\frac{F_{ax,Ed}}{2 \cdot F_{ax,Rd}} = \frac{1{,}45}{2 \cdot 0{,}718} = 1{,}0 = 1{,}0$$ **Nachweis erfüllt!**

7.12. Pfetten

Pfettenabstand entsprechend Knotenabstand im Binder bzw. Unterstützung durch Stützen in Abstimmung mit günstiger Sparrenausnutzung meist 2,50 bis 3,50 m. Größere Abstände kommen bei Pfettenspannweiten $\geq 6{,}0$ m und bei großen Binderspannweiten infrage.

Bauarten:

- frei liegende Pfetten (Einfeldpfetten) bei Binderabständen $\leq 4{,}0$ m und bei wenig Binderfeldern (sonst unwirtschaftlich),
- Gelenkpfetten bei Spannweiten von 4,50 bis 7,50 m,
- Kopfbandträger (Bugpfetten) für Binderabstände von 6,0 bis 9,0 m; diese Bauart ist angebracht, wenn die Binder gegen Ausknicken zu sichern sind, z. B. bei Dreigelenkbindern,
- Fachwerk- oder Vollwandträger (geklebt oder genagelt) für Binderabstände ≥ 8,0 m.

Sparrenpfetten sind günstig bei Flachdächern. Sie benötigen weniger Holz als Pfetten und Sparren, bedingen aber größere Querschnitte der Binderobergurte zur Aufnahme der Biegemomente zwischen den Knotenpunkten.

Spannweiten

- frei aufliegend ≤ 5,0 m,
- als Gelenkpfetten ≤ 6,0 m,
- als Koppelträger ≤ 6,5 m.

Sparrenpfetten werden gleichlaufend zur Traufe angeordnet. Ihre Verwendung setzt Dachschalung voraus oder die Eindeckung mit größeren Dachplatten, z. B. Welltafeln. Die Sparrenpfetten liegen rechtwinklig zur Dachfläche. Sie sind auf schiefe Biegung (Doppelbiegung) zu berechnen. Berechnungsbeispiele, s. Koppelträger.

Konstruktive Anordnung der Pfetten

Es werden zwei Anordnungen unterschieden (Bild 7.35.):

1. *Pfetten stehen mit ihrer Mittelachse vertikal*
   Vertikale Druckstäbe lässt man vielfach zur Unterstützung der Pfetten zwischen die Obergurtstäbe durchgehen. Kann die Pfette nicht in voller Breite aufgelagert werden, so sind Unterlagshölzer erforderlich.
   Bild 7.36. zeigt die Pfettenbeanspruchung.
2. *Pfetten stehen senkrecht zur Dachfläche*
   Bei dieser Art werden die Sparren über die Pfette wenig oder gar nicht geschwächt.

Pfetten sind gegen Windsog und bei stärker geneigten Dächern gegen Kippen zu sichern.

Pfettenbefestigung auf Holzklebebindern

Bild 7.37.a zeigt die einfachste Art, die Pfette gegen Abheben zu sichern, indem zwei lange Nägel (wenn möglich: Schraubnägel) in vorgebohrte Löcher eingeschlagen werden. Dies erleichtert die Montage, und die Hölzer platzen nicht auf. Diese Lösung eignet sich nur für flach geneigte Dächer. Bei stärker geneigten Dächern (Bild 7.37.b) wird gegen Kippen eine Knagge vorgenagelt.

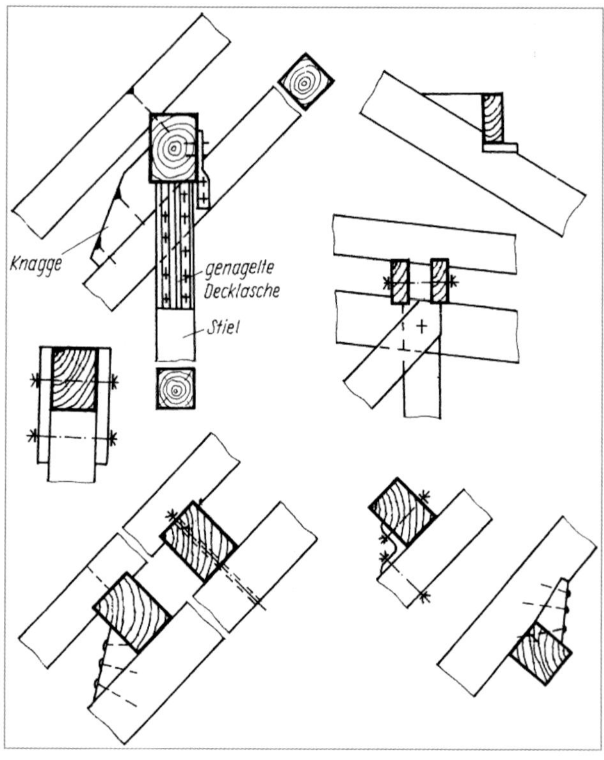

Bild 7.35. Auflagerung der Pfetten bei einem traditionellen Pfettendach

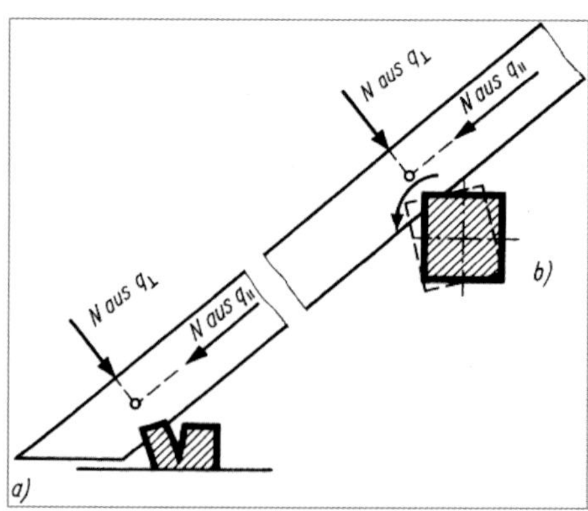

Legende
a) Fußpfette kann aufreißen
b) Mittelpfette kann sich verdrehen (kippen) (nach [*Lehmann/Stolze* 1975])

Bild 7.36. Pfettenbeanspruchung infolge Sparrenbelastung

Die Sicherung der Pfetten gegen Windsog mit Nägeln ist begrenzt durch die Pfettenhöhe und die Beanspruchung. In vielen Fällen, z. B. bei offenen Hallen, genügt dies nicht. Dann werden die Pfetten nach Bild 7.37.c mit gekröpften

Flachstahlankern (geschraubt) befestigt. Bei geringen Windsogkräften genügt ein Flachstahlanker; sonst wird immer ein Paar angeordnet.

Pfetten auf Stahlkonstruktionen

Pfetten aus Holz kommen auch bei Stahlkonstruktionen zur Anwendung. Die Holzpfetten müssen auch hier Kräfte aus Windbeanspruchung oder aus der Stabilisierung übertragen. Die Pfettenbefestigungen sind verformungsarm auszuführen. Schraubenbolzen sind hierfür nicht geeignet. Für die Verbindungen zwischen Pfetten und Stahlkonstruktion sind empfehlenswert:

- einseitige Dübel besonderer Bauart,
- Passbolzen,
- Holzschrauben und Sondernägel.

Fungiert die Pfette bei Dachverbänden gleichzeitig als Pfosten im Dachverband, so sollte die Pfette bei der Montage der Stahlkonstruktion gleichzeitig mit den Stahlteilen montiert werden, und außerdem muss die Maßgenauigkeit der Verbände, einschließlich Ausrichten der Gurte im Hinblick auf entstehende Antriebskräfte, gewährleistet sein.

Pfetten bei größeren Binderabständen

Bei Binderabständen über 6,0 m kommt man mit den beschriebenen Konstruktionen nicht mehr aus.
Das Bild 7.38. zeigt Beispiele für weit gespannte Pfetten (oder Sparrenpfetten).

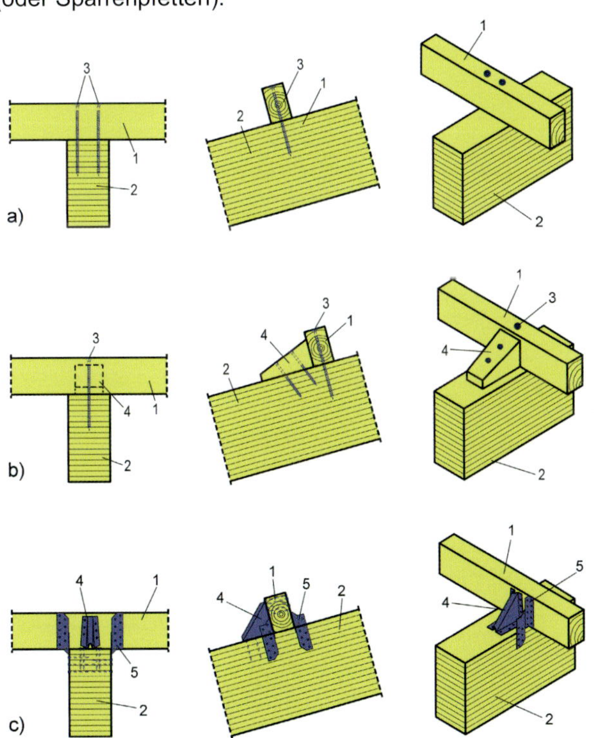

Legende
a) Befestigung mit zwei langen, vorgebohrten (Schraub-)Nägeln
b) Befestigung mit einem langen (Schraub-)Nagel, Knaggen zur Kippsicherung
c) Befestigung mit genagelten Latten oder gekröpftem Flachstahl, Knaggen zur Kippsicherung
1 Pfette
2 Binder
3 Schraubnägel; vorgebohrt
4 Knagge
5 Latte
6 gekröpfter Flachstahl

Bild 7.37. Pfettenbefestigung auf Holzklebebindern (mit Sicherungen gegen Abheben und Kippen)

Angewendet werden
- *genagelte Fachwerkpfetten* mit geringer Konstruktionshöhe (Bild 7.38.a). Für die auf Druck beanspruchten Obergurte sind für die Knicksicherung besondere Maßnahmen erforderlich.
- *Sprengwerk-Pfetten* erfordern hohe Hauptbinder. Sie werden für die Stützweite $l_1 = 0{,}5 \cdot l$ berechnet. Die Pfettenstränge werden nicht durch Längskräfte beansprucht; einfache Stoßausbildung. In den Endfeldern ist die Horizontalkomponente der Sprengwerkstreben durch eine feste Abstützung oder entsprechend steife Verbände aufzunehmen (Bild 7.38.b).
  Sprengwerkstreben können auch nachträglich eingezogen werden, z. B. bei stark verformten Pfetten; sie sind dann zu verkeilen.
- *Kopfband-Pfetten* haben günstige Biegemomente. Die Pfettenstöße sind zug- und druckfest auszuführen. Die Kopfbänder dienen gleichzeitig der Kippstabilisierung der Hauptbinder. Die Pfettenlasten werden über die Kopfbänder in die Hauptbinder eingetragen. Um bei Brettschichtträgern Querzugspannungen zu vermeiden, werden seitlich Hängelaschen angebracht (Bild 7.38.c).
- *Unterspannte Pfetten,* Berechnung und Konstruktion, s. Abschnitt 5.8.1.
- *Durchlauf-Pfetten oder Gelenk-Pfetten* (Gerberträger) aus Brettschichtholz können größere Spannweiten überbrücken (Bild 7.38.e). Flach- oder Rundstähle dienen der Kippsicherung der Binderriegel.

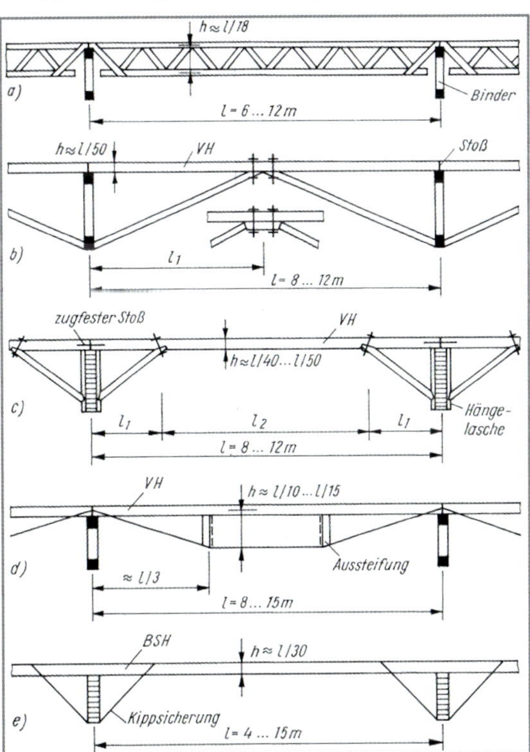

Legende
a) Einfeldpfetten zwischen den Hauptbindern, genagelte Fachwerkpfetten
b) Sprengwerk-Pfetten aus Vollholz, Stützweite $l_1 = 0{,}5 \cdot l$
c) Kopfband-Pfetten, die Kopfbänder dienen neben der Abstützung der Kippstabilisierung der Hauptbinder
d) unterspannte Pfetten, Obergurte aus Vollholz, bei größeren Stützweiten auch aus Brettschichtholz
e) Durchlaufträger (oder Gerberträger) in Brettschichtholz sind für große Stützweiten zweckmäßig

Bild 7.38. Pfetten für große Spannweiten

Weiterführende **Literatur**:

[*Lißner/Rug* 2018], [*Schulze* 2005], [*Werner/Zimmer* 2009/2010], [*Milbrandt* 1997-1 und 2]

8. Hausdächer

8.1. Allgemeines

Hinweise für die **Rekonstruktion und Bauausführung** werden in [*Lißner/Rug* 2018], [*Erler* 2004] und [*Mönck* 2004] gegeben.
Grundlagen zur **Dachausbildung** und zur praktischen Schiftung werden in [*Schopbach* u. a. 2018], [*Pech/Hollinsky* 2017], [*Euchner* 1995], [*Mönck* 1987], [*Fix/Sicheneder* 1980], [*Stade* 1904] und [*Opderbecke* 1902] vermittelt.
Zur **Berechnung** wird auf *Werner/Zimmer* 2009/2010], [*Prehl* 1999], [*Halász/Scheer* 1996], [*Milbrandt* u. a. 1997-1 und 1997-2], [*Böttcher* 1986], [*Wienecke* 1985] und [*Hempel* 1969] verwiesen.
Grundlagen für **das rechnerische Abbinden** sind in [*Beutel* 1984] veröffentlicht.
Das wichtigste Buch **zur geschichtlichen Entwicklung** der Dachkonstruktionen ist der *Ostendorf* [*Ostendorf* 1908], ferner [*Böhm* 1921], [*Blohm* 1912], [*Stade* 1904], [*Warth/Breymann* 1900] und [*Issel* 1900].

Einteilung

Die Dachtragwerke für Hausdächer können nach der Art und Weise der Konstruktion in

- zimmermannsmäßige Dachtragwerke und
- neuzeitliche Dachtragwerke

eingeteilt werden.
Die zimmermannsmäßigen Dachkonstruktionen älterer Herkunft sind nach althergebrachten Regeln gebaut worden. Sie wurden oft nach empirischen Erfahrungen ohne statische Berechnung errichtet. Es ist heute möglich, auch die zimmermannsmäßigen Dachtragwerke (Sparren-, Kehlbalken- und Pfettendächer) mit Computerprogrammen zu berechnen.

Moderne, nach heutigen Erkenntnissen berechnete und konstruierte zimmermannsmäßige Dachtragwerke sind keineswegs überholt!

Dachtragwerk (Sparren- oder Pfettendach) und darauf ruhende Dachdeckung (Dachhaut) bilden das Dach. Die Dachfläche wird begrenzt von der Traufe, dem Ort, dem First, bei gebrochenen Dächern auch von der Kehle, dem Grat oder dem Verfall. Giebel oder Walm bilden den frontalen Abschluss des Daches.
Dachtragwerke können unterteilt werden in

- Dachtragwerke mit unterstützender Balkenlage (ehemals übliche Ausführung im Wohnungsbau),
- Dachtragwerke ohne unterstützende Balkenlage (sogenannte frei tragende Hängewerksdachstühle),
- Dachtragwerke ohne Balkenlage (meistens bei hallenartigen Bauwerken, z. B. bei Lagerschuppen).

Je nachdem, ob die Sparren in ihrer freien Länge (gemessen in der Dachschräge) gar nicht oder durch Kehlbalken oder Pfetten unterstützt werden, unterscheidet man bei Hausdächern **Sparren- und Pfettendächer** (Übersicht 8.1.). Bei ein und demselben Dachstuhl können mehrere Einteilungsmerkmale zugleich vorhanden sein, z. B. liegender Dachstuhl mit Drempel und unterstützender Balkenlage.

8.2. Konstruktionssysteme und -prinzipien

Wir unterscheiden nach den statischen Systemen und der Konstruktion (s. Übersicht 8.1.):

- Sparrendächer,
- Pfettendächer,
- vermischte Dächer (z. B. Hänge- und Sprengwerksdächer).

Eine klare Abgrenzung der einzelnen Konstruktionssysteme ist nicht immer möglich. So gibt es z. B. Pfettendächer, die sich wie vermischte Dächer verhalten. Aber ein Sparrendach – dies muss betont werden – wird immer als Sparrendach wirken, da es keine andere Möglichkeit hat, seine Lasten an die Auflager abzugeben, als über die Sparren selbst.

Konstruktion der Dachverbände und Konstruktionselemente

Das Dachtragwerk ist der Hauptbestandteil der Dachkonstruktion (zu wichtigen Begriffen, s. a. [*Binding* 1990]). Es hat die Aufgabe, alle anfallenden Belastungen (Eigen- und Verkehrslasten, Schnee und Wind) des Daches und der Giebelwände aufzunehmen und in die Unterstützung (Wände, Stützen oder direkt in das Fundament) zu leiten. Das Dachtragwerk besteht immer aus mehreren Dachbindern.

Die Dachbinder bestehen aus verschiedenen Konstruktionselementen, z. B. aus Stielen (Stützen oder Stuhlsäulen), Streben, Zangen, Kopfbändern, Sparren. Sie sind so anzuordnen und miteinander zu verbinden, dass unverschiebliche Dreiecke entstehen und sie unverrückbar fest stehen.

Die Dachbinder (Konstruktion des Dachgerüstes zwischen dem Sparrenpaar) bilden den Querverband der Dachkonstruktion.

Sie dürfen keinen Seitenschub, sondern nur vertikalen Druck auf die Unterstützung (z. B. Wände) ausüben. Die Dachbinder der Pfettendächer werden in Abständen (den *„Binderabständen"*) aufgestellt. Sie tragen die Längsträger, die Pfetten (bei Pfettendächern) oder die Rähme (bei Kehlbalkendächern mit Stuhl). Die Pfetten tragen Sparren. Als Träger der Dachhaut kommen auch Sparrenpfetten infrage.
Bei älteren Dachkonstruktionen sprechen wir von einem **Dachstuhl** oder **Stuhl**, stehend oder liegend.
Beim Kehlbalken- oder Pfettendach, der Gesamtheit der in einer Ebene parallel zum First angeordneten Stuhlsäulen mit ihren zumeist verstrebten Schwellen und Rähmen bzw.

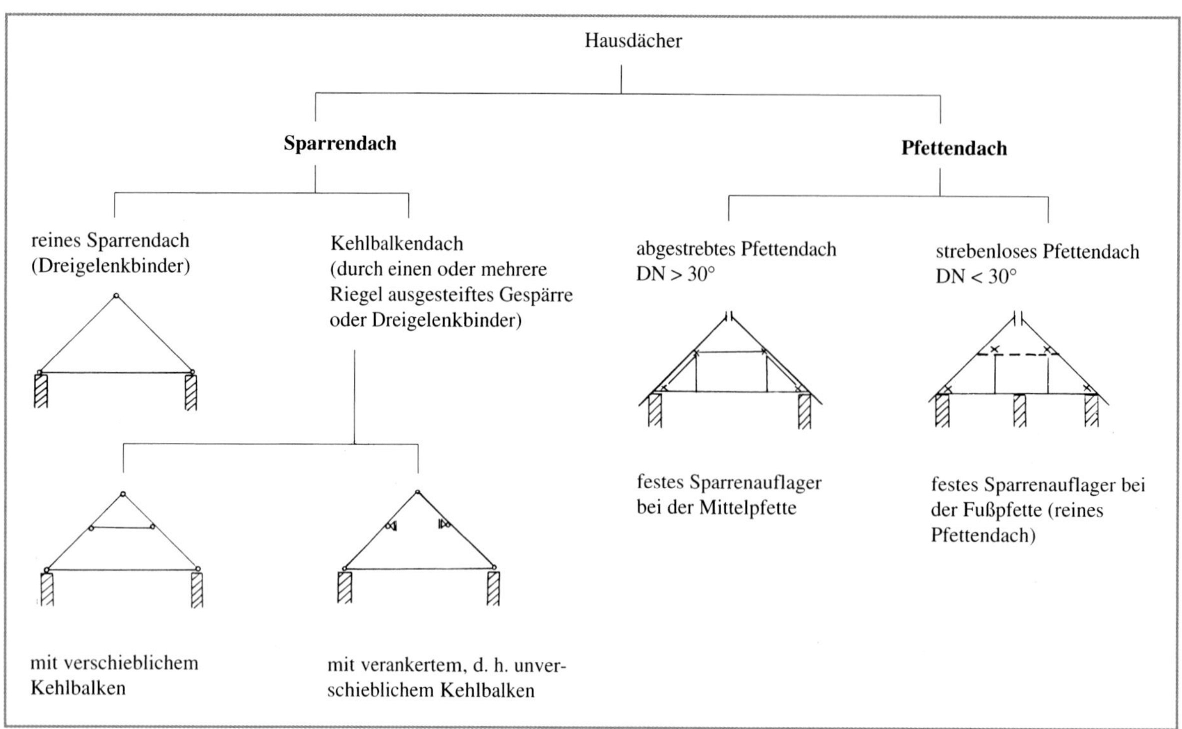

Übersicht 8.1. Unterscheidung der Hausdächer nach statisch-konstruktiven Grundsätzen

Pfetten, die zusammen den Längsverband eines Dachwerkes bilden.

Stehender Stuhl bei senkrechter Stellung der Stuhlsäulen, entweder in der Mitte unter dem First (einfach stehender Stuhl) oder seitlich symmetrisch (doppelt stehender Stuhl) oder kombiniert (dreifach stehender Stuhl).

Liegender Stuhl, bei dem die Stuhlsäulen schräg nach den Außenwänden angeordnet sind.

Der Längsverband soll die Verschiebung der Dachkonstruktion in Längsrichtung verhindern. Dazu werden Windrispen, Andreaskreuze, Kopfbänder, Streben, Windböcke u. a. herangezogen. Die Standsicherheit von Dachkonstruktionen ist nur bei entsprechenden Aussteifungsverbänden gewährleistet. Solche Längsverbände oder dazu benutzte Bauelemente sind zug- und druckfest anzuschließen!

Sparren nennt man schräg ansteigende Hölzer einer Dachkonstruktion, die einander gegenüber angeordnet sind und die Dachhaut tragen. Sie sind mit den Binderbalken verzapft, verblattet oder versatzt. An Graten und Kehlen der Dächer sind die Gratsparren bzw. Kehlsparren zu finden. An diesen anlaufende Sparren heißen Schiftsparren (Kehlschifter).

8.3. Sparrendach

8.3.1. Einfaches Sparrendach

Das Sparrendach hat sich in Nordeuropa entwickelt. Es ist seinem Wesen nach ein Steildach.

Das statische System ist ein Dreigelenkbinder (Bild 8.1.a), bestehend aus einem Sparrenpaar und dem Dachbalken oder Massivdeckenstreifen (Bild 8.1.b) als Zugband. Sparren und Balken bzw. die Massivdecke bilden ein unverschiebliches Dreieck. Die Sparren werden auf Druck und Biegung beansprucht.

Es entsteht ein stützenfreier Raum. Die Sparren bilden das tragende Dachgerüst. Die Sparrenpaare stehen in Längsrichtung des Daches in Abständen von 0,75 bis 1,40 m (bei sehr alten Dachkonstruktionen auch bis 1,80 m) hintereinander. Das aus Deckenbalken und den Sparren zusammengesetzte Bauglied nennt man Gebinde. Sparren- und Balkenabstand sind gleich.
Der Längs- oder Windverband wurde früher durch unter die Sparren genagelte Windrispen (Dachlatten, Bohlen 40/200 mm) und wird heute durch Windrispenbänder aus Stahl hergestellt (Bilder 8.1.c und d). Damit wird das Dach auch in Längsrichtung unverschieblich.
Die Windrispen der gegenüber liegenden Dachfläche werden entgegengesetzt angeordnet (gestrichelt in Bild 8.1.d dargestellt). Die Gebinde sollten nur in Ausnahmefällen ausgewechselt werden.

Die Längskraft der Sparren wird am Sparrenfuß in eine Vertikal- und eine Horizontalkraft zerlegt. Die Vertikalkraft wird vom Umfassungsmauerwerk aufgenommen, die Horizontalkraft von der Decke.

Bei Massivdecken wird die Horizontalkraft des Sparrens durch Betonwiderlager aufgefangen.
Als Verbindung am Sparrenfuß wird bei Holzbalkendecken der einfache Stirnversatz angewendet.
Bei Massivdecken wird der Sparrenfuß in eine Fußschwelle eingezapft, die mit der Massivdecke verankert ist (Bild 8.2.). Als Folge der bei Holzbalkendecken erforderlichen Vorholzlänge, aber auch durch massive Gesimse, entsteht am Fußpunkt ein Knick. Dieser wird durch Aufschieblinge ausgeglichen.

Auch im Bereich der Aufschieblinge muss die Mindestdachneigung für die jeweilige Dachdeckung eingehalten werden!

Wird diese Regel missachtet, so entstehen Bauschäden durch eindringendes Regenwasser oder Tauwasserrückstau. Verbindungen der Sparren im Firstpunkt werden in Bild 8.3. gezeigt. Firstlatten oder Firstbohlen dienen dazu, eine gerade Firstlinie zu erzielen.

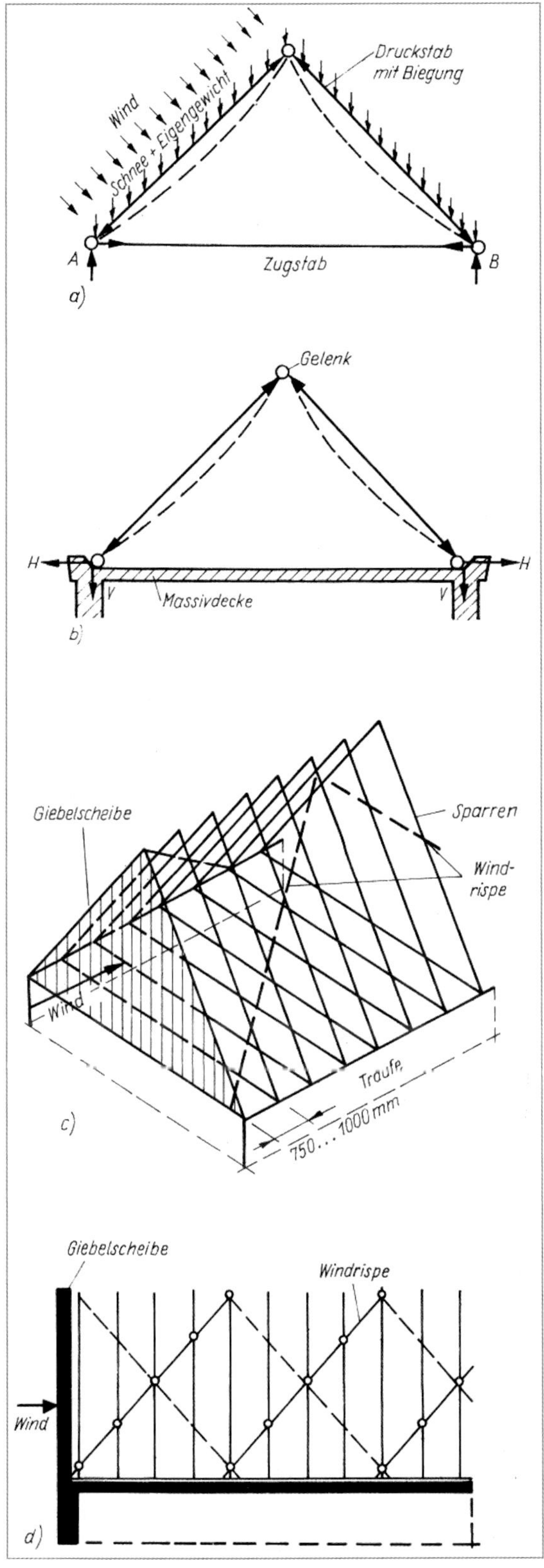

Legende

a) Belastung der Sparren durch Wind, Schnee und Eigengewicht des Daches
b) statisches System bei einer Massivdecke
c) isometrische Darstellung der Dachkonstruktion
d) Längsschnitt mit Längsaussteifung (Windverband) durch Windrispen

Bild 8.1. Sparrendach

Um die auf den Giebel wirkenden Windkräfte aufzunehmen, wird das Giebelmauerwerk mit der Dachkonstruktion durch Flachstahlanker verbunden. Sie werden unter den Sparren befestigt und greifen mit einem Splint in das Mauerwerk ein (Bild 8.4.). Die Anker sollen über mindestens zwei Sparrenfelder reichen.
Sparrendächer eignen sich für Gebäudetiefen von 5,0 bis 7,50 m. Damit die Durchbiegung der Sparren nicht zu groß wird, darf die freie Sparrenlänge höchstens 4,50 m betragen.

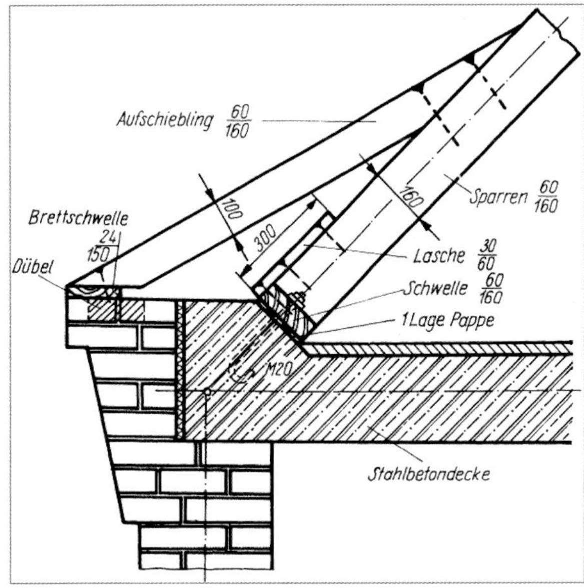

Bild 8.2. Sparrenfußpunkt eines Sparrendaches bei einer Massivdecke

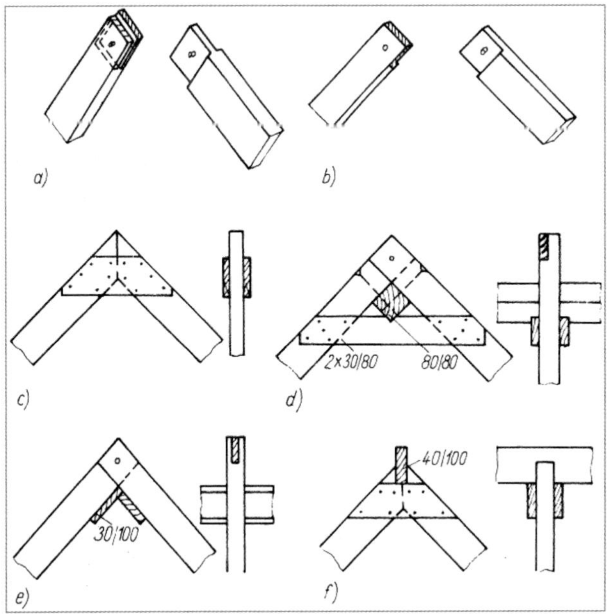

Legende

a) Scherzapfen
b) Überblattung
c) Laschenverbindung
d) Firstaussteifung mit Kantholz
e) Firstaussteifung mit Brettern
f) Firstaussteifung mit Firstbohle

Bild 8.3. Verbindung der Sparren im Firstpunkt

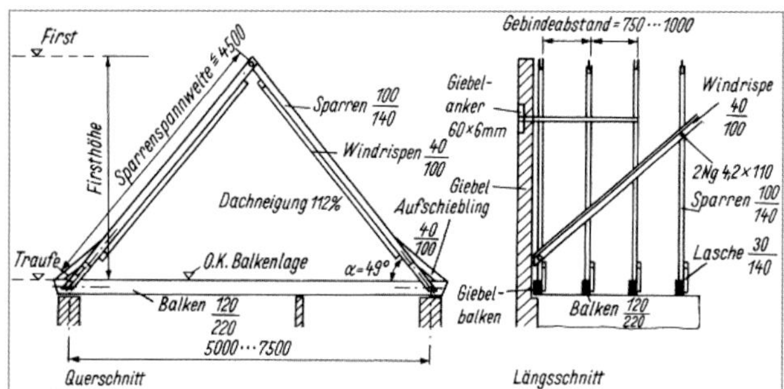

Bild 8.4. Sparrendach über Holzbalkendecke

8.3.2. Kehlbalkendach

Wird das Sparrendach durch einen Riegel ausgesteift, so entsteht das Kehlbalkendach.

Das statische System ist ein durch Riegel ausgesteifter Dreigelenkbinder. Wir unterscheiden in der statischen Berechnung

- den verschieblichen Kehlbalken und
- den unverschieblichen Kehlbalken.

Unverschiebliche Kehlbalken ergeben eine wirkungsvollere Abstützung der Sparren als verschiebliche Kehlbalken und damit geringere Sparrenquerschnitte. Die Kehlbalken sind dann als eine Scheibe auszubilden und mit den Quer- und Giebelwänden zu verankern.

Beträgt der Wandabstand höchstens die doppelte Kehlbalkenlänge, so genügt als Aussteifung die Dielung der Kehlbalkenlage (Bild 8.5.a). Ist der Wandabstand größer (maximal 8fache Kehlbalkenlänge), so ist ein besonderer Aussteifungsverband notwendig (Bild 8.5.b). Bei einem Wandabstand größer als die 8fache Kehlbalkenlänge ist der Kehlbalken verschieblich.

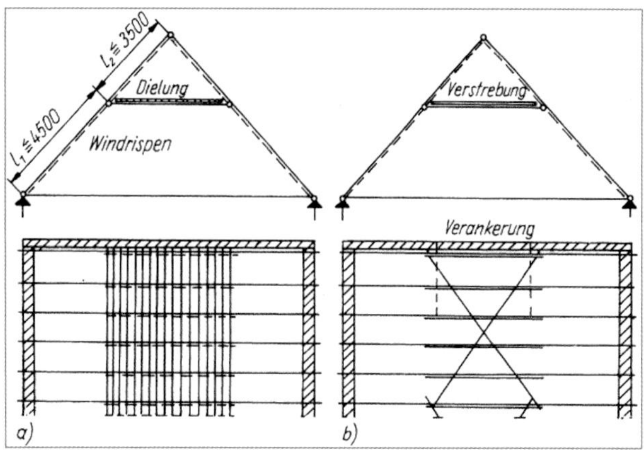

Legende
a) durchgehende Dielung (versetzte Stöße)
b) Diagonalverstrebung auf der Kehlbalkenlage

Bild 8.5. Aussteifungsverbände der Kehlbalken

Kehlbalkendächer erfordern einen rechteckigen Grundriss.

Das Kehlbalkendach hat ebenso wie das Sparrendach den Vorteil, dass es einen freien Dachraum bietet und dass die Dachlasten auf die Außenwände übertragen werden.

Beim Kehlbalkendach trägt sich jedes Gebinde selbst. Größere Dachdurchbrüche sind zwar möglich, erfordern jedoch arbeits- und holzaufwendige Auswechslungen.

Der aussteifende Kehlbalken soll mindestens kopfhoch über Fußbodenhöhe (1800 mm) angeordnet werden. Für ausgebaute Dachgeschosse ist eine lichte Raumhöhe von mindestens 2200 mm einzuhalten. Die Sparrenstützweiten dürfen (gemessen in der Dachneigung) betragen (Bild 8.6.):

$l_1 \leq 4500$ mm,
$l_2 \leq 3500$ mm.

Die Sparren werden auf Druck und Biegung beansprucht; die größte Beanspruchung tritt am Kehlbalkenanschluss auf.

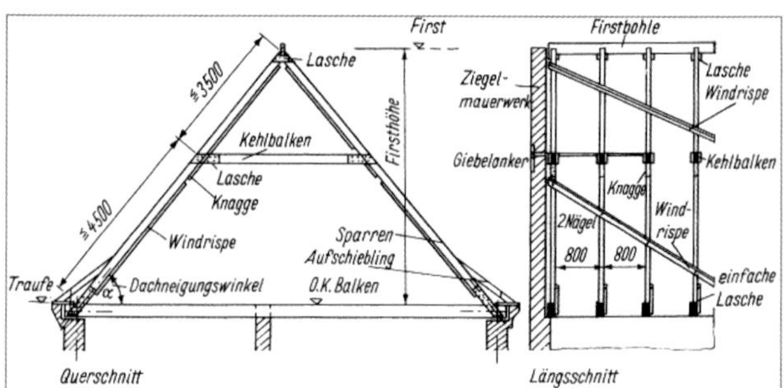

Bild 8.6. Kehlbalkendach über Holzbalkendecke

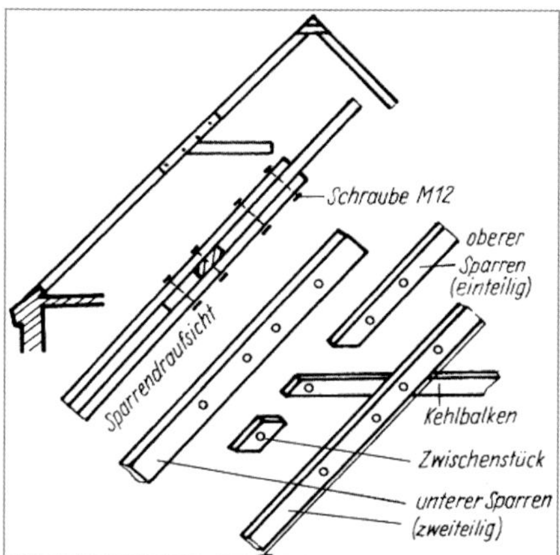

Bild 8.7. Kehlbalkenanschluss bei zweiteiligem Untersparren und einteiligem Obersparren

Konstruktionsprinzip Kehlbalkenanschluss:

Der Sparren darf am Kehlbalkenanschluss nicht geschwächt werden.

Hierauf wurde bei älteren Konstruktionen keine Rücksicht genommen; deshalb sind an diesem Punkt häufig Baufehler festzustellen. Bei Baureparaturen wird oft eine Verstärkung an dieser Stelle erforderlich (s. Bild 8.7.).

Kehlbalkenanschlüsse sind zug- und druckfest auszubilden, weil der Kehlbalken Zug- und Druckkräfte aufnehmen muss (Bild 8.8.).

Der Fußpunkt wird wie beim Sparrendach ausgeführt. Das Bild 8.9. zeigt Details eines getypten Dachbinders. Um Firstverformungen zu vermeiden, ist eine Firstaussteifung mit Bohlen oder Pfetten angebracht (auch zusammen mit Scherzapfen; bis 1989 in hohen Stückzahlen in der DDR (Baufa-Binder) ausgeführt).

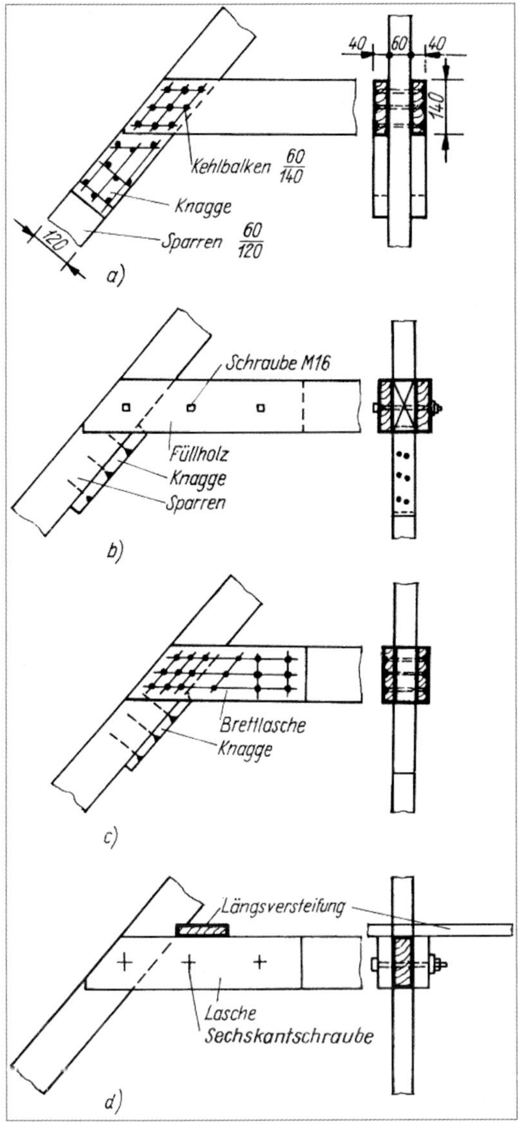

Legende
a) zweiteiliger Kehlbalken, angenagelt
b) zweiteiliger Kehlbalken, verschraubt
c) einteiliger Kehlbalken mit genagelten Laschen
d) einteiliger Kehlbalken, verschraubt

Bild 8.8. Kehlbalkenanschlüsse

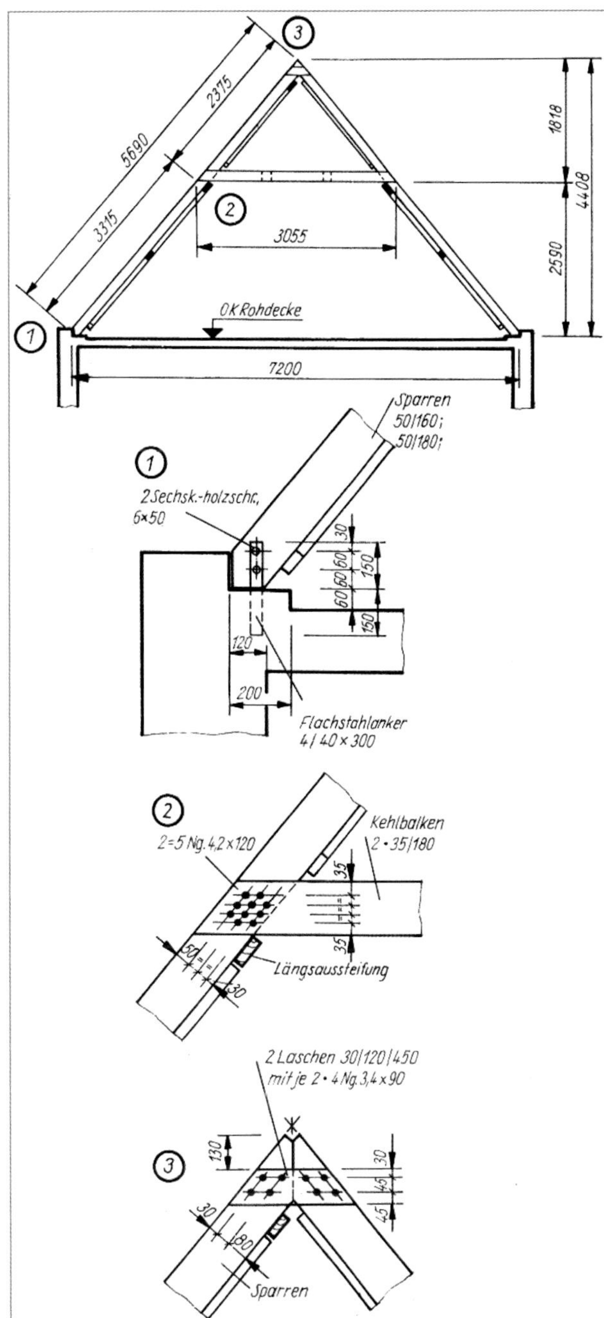

Bild 8.9. Getypter Kehlbalkendachbinder, Stützweite 7,20 m, (In den neuen Bundesländern bis 1989 ausgeführt)

Der Längsverband wird wie beim Sparrendach ausgebildet, und es werden auf den Kehlbalken über Kreuz genagelte Bohlen eingebaut. Die gesamte Kehlbalkenlage kann auch als Scheibe ausgebildet werden.

Um die Windkräfte, die auf die Giebel wirken, aufzunehmen, wird die Dachkonstruktion mit beiden Giebeln verankert. Dazu werden Flachstähle auf die Kehlbalkenlage aufgeschraubt (über zwei Kehlbalkenfelder), und der Ankersplint muss 240 mm tief eingemauert werden.

Sparrenauswechslung:

Die Sparrengebinde sollen möglichst nicht unterbrochen werden, um den Kraftfluss nicht zu stören. Auswechslungen, wie sie für Schornsteine und Dachgauben (Dachaufbauten) erforderlich sind, stören die Konstruktion.

Die Belastung der unterbrochenen Gebinde wird durch „Wechsel" auf die benachbarten Gebinde übertragen. Dabei muss der Abstand der Hölzer vom Schornstein ≥ 60 mm sein.

Wenn der Schornstein nur wenig breiter ist als der übliche Sparrenabstand, kann auf eine Auswechslung verzichtet werden. In diesen Fällen werden in dem Schornsteinfeld Bretter oder Dachlatten in Feldmitte unter die Dachlatten genagelt.

Soll das Sparrenfeld auf etwa 1000 bis 1100 mm verbreitert werden, so sind die feldbegrenzenden Sparren mit größerem Querschnitt als die Normalsparren auszuführen. In allen anderen Fällen ist auszuwechseln. Der Wechsel dient der Lastverteilung; er wird in die Sparren eingezapft.

Unterbricht der Schornstein (Bild 8.10.) mehrere Sparrengebinde, so sind die Stichsparren jeweils in einen Sparrenwechsel einzuzapfen. In diesem Fall sind auch die Kehlbalken auszuwechseln. Da die Sparren durch die Zapfenlöcher sehr geschwächt werden, sind bei kleinen Querschnitten Knaggen von mindestens 40 mm Dicke anzunageln.

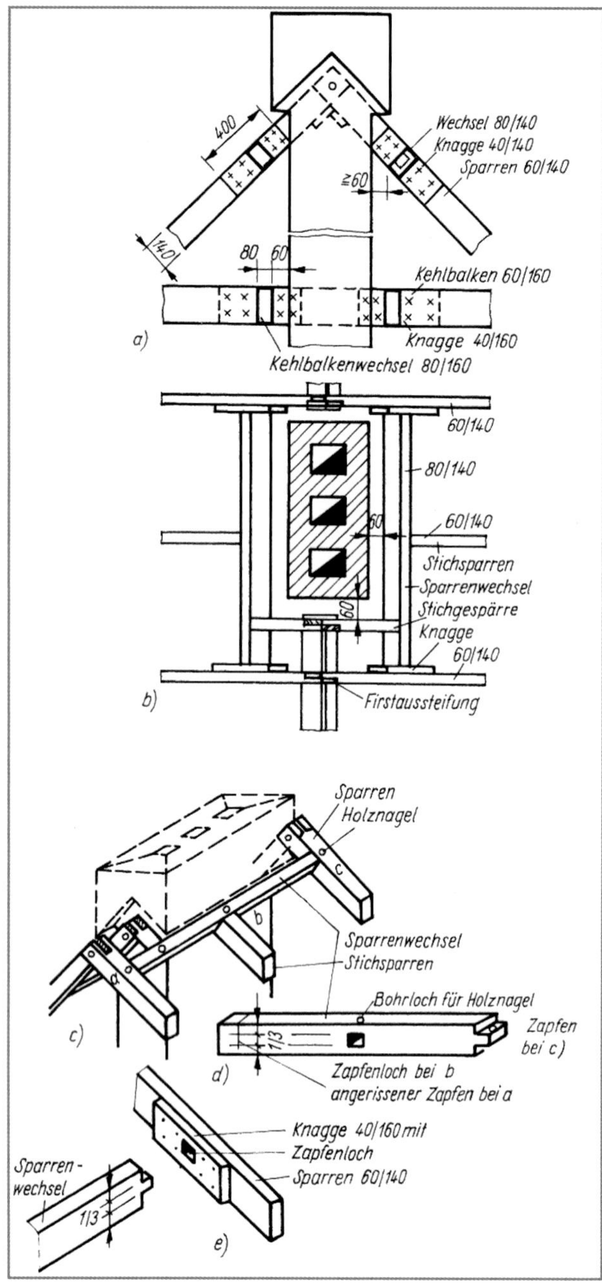

Legende
a) Schnitt (Profil)
b) Draufsicht
c) isometrische Darstellung
d) angerissener und bearbeiteter Sparrenwechsel
e) angenagelte Knagge mit Zapfenloch für Sparrenwechsel

Bild 8.10. Schornsteinauswechslung (Sparren- und Kehlbalkenauswechslung)

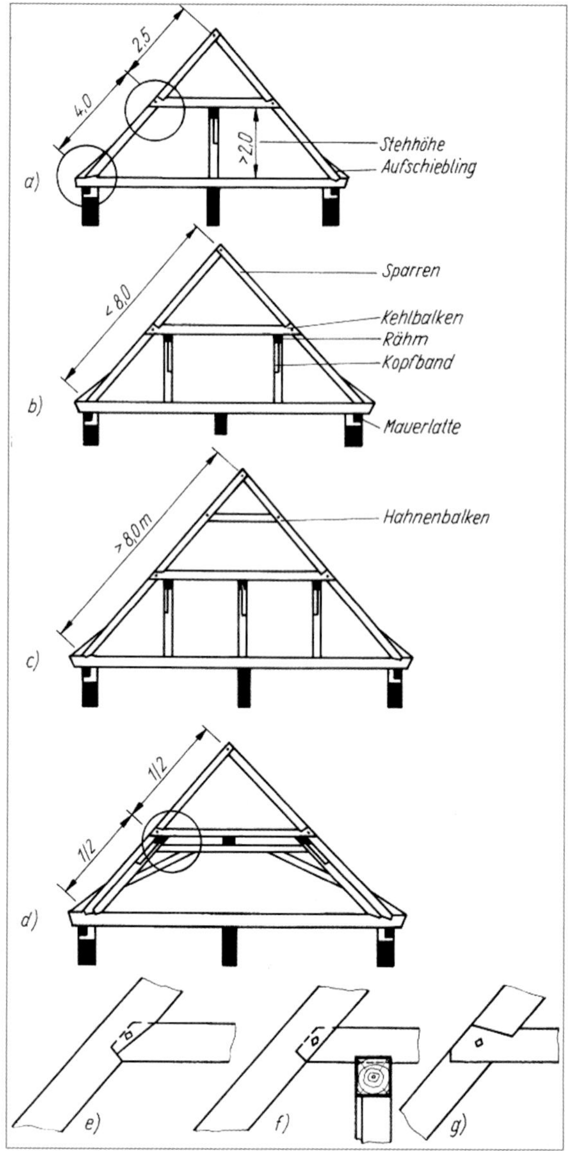

Legende
a) einfach stehender Kehlbalkendachstuhl
b) zweifach stehender Kehlbalkendachstuhl
c) dreifach stehender Kehlbalkendachstuhl mit Hahnenbalken
d) liegender Kehlbalkendachstuhl
e) Zapfen mit Stirnversatz
f) schräger Zapfen
g) schwalbenschwanzförmige Verblattung

Bild 8.11. Alte Kehlbalkendächer, Konstruktionen des 18. und des 19. Jahrhunderts

Ältere Kehlbalkendächer (Bild 8.11.):

Je nach Gebäudebreite finden wir Dachkonstruktionen vom einfach stehenden bis zum vierfach stehenden Kehlbalkendachstuhl [*Lißner/Rug* 2018]. Die Kehlbalken werden vom Rähm getragen (Bild 8.12.). Um dem Kehlbalken ein solides Auflager zu schaffen, ist das Rähm etwas zur Dachmitte hereingerückt.

Verbindung zwischen Kehlbalken und Sparren:

- beim einfach stehenden Kehlbalkendachstuhl (bei allen Kehlbalken und Sparren) und bei Binderkehlbalken mit dem Bindersparren durch schwalbenschwanzförmige Verblattung (Bild 8.11.g),
- sonst durch Zapfen (Bilder 8.11.e, f).

Ist beim zwei- oder dreifach stehenden Stuhl (Bild 8.11.c) das obere Sparrenende ≥ 2,50 m, so ist unter allen Sparren ein Hahnenbalken vorhanden.

Liegende Kehlbalkendachstühle waren bei größeren Gebäudetiefen früher sehr beliebt (Bild 8.11.d). Der Längsverband wird durch Kopfbänder gebildet.

Bei liegenden Kehlbalkendachstühlen sind viele Varianten anzutreffen, auch Kombinationen zwischen liegenden und stehenden Dachstühlen. Die Dachneigungen sind (historisch gesehen) immer geringer geworden (Bild 8.13.).

Schadensschwerpunkte:

- Kehlbalkenanschluss,
- Sparrenfußpunkt,
- Knotenpunkt Rähm/Spannriegel/Kehlbalken.

Liegende Kehlbalkendachstühle lassen sich nur schwer reparieren. Die Hölzer älterer Kehlbalkendächer sind behauen und zeigen große Abmessungen.

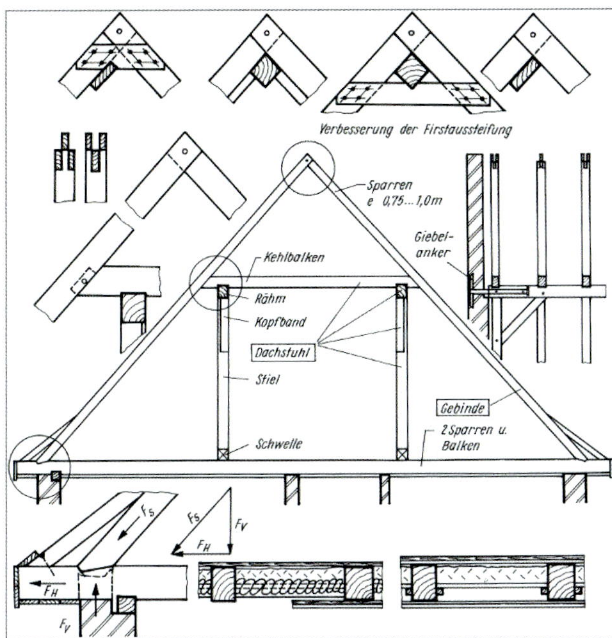

Bild 8.12. Älteres Kehlbalkendach mit doppelt stehendem Dachstuhl; zu jedem „Gebinde" gehören ein Sparrenpaar und Balken; zum „Dachstuhl": Stiele, Kopfbänder, Rähme und Kehlbalken

Hinweise zur statischen Berechnung:

Die statische Untersuchung des Kehlbalkendaches erfordert manuell einen relativ hohen Rechenaufwand; sie wird durch Tabellenwerke (s. z. B. [*Halász/Scheer* 1996], [*Wienecke* 1985]) und entsprechende Computerprogramme wesentlich erleichtert.

Literatur: Vor der Reparatur bzw. Planung der Holzarbeiten wird empfohlen, *ältere Fachliteratur* einzusehen [*Theuerkorn* 1953/1954], [*Frick/Knöll* 1951], [*Volland* 1927], [*Opitz* 1910], [*Stade* 1904], [*Warth/Breymann* 1900].

Neue Kehlbalkendächer (Bild 8.13.):

Neue Kehlbalkendächer werden häufig als „Studiobinder" in Nagelplattenbauweise ausgeführt. Wegen der Möglichkeit, vielfältige Formen rationell herzustellen, kann jede Aufgabe preiswert gelöst werden. Das Bild 8.13. zeigt die Möglichkeiten. Die Berechnung der Binder erfolgt mit speziellen Programmen, sodass die Hersteller die Erstellung der statischen Berechnung übernehmen. Inhalt der statischen Berechnung ist auch die Aussteifung der Konstruktion und die Befestigung zur Weiterleitung der Beanspruchungen. Zu beachten ist, dass die Montage sorgfältig und verformungsfrei zu erfolgen hat, was in der Regel von Spezialfirmen übernommen wird.

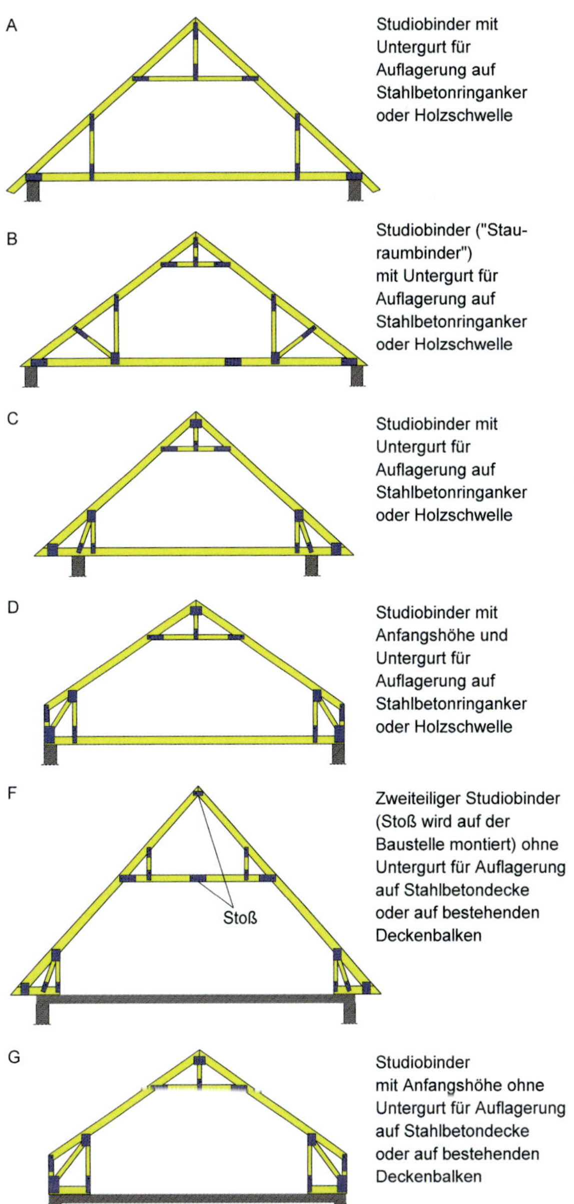

Bild 8.13. Studiobinder gibt es in vielfältigen Formen mit Untergurt (Typen A bis D) zur Montage auf Stahlbetonringanker/Holzschwelle und ohne Untergurt (Typen E bis F) zur Montage auf Stahlbetondecken/Holzmassivbaudecken.

8.4. Pfettendach

Allgemeines

Das Pfettendach stammt aus dem Mittelmeerraum; es hat sich aus dem Flachdach entwickelt.

Der Sparren ist nicht mehr Strebe, sondern ein frei aufliegender Träger auf zwei oder mehr Stützen. Das Tragwerk bilden die Pfetten mit den Unterstützungen (Dachstuhl).

Das Pfettendach passt sich gut allen Dach- und Grundrissformen an. Es ist seinem Wesen nach ein Flachdach, lässt sich jedoch für jede beliebige Dachneigung und Gebäudetiefe verwenden.
Der Abbund und das Richten sind z. T. einfacher als beim Sparren- und Kehlbalkendach, der Holzbedarf liegt bei Haustiefen unter 10 m über dem der Sparrendächer.

Das Pfettendach besteht aus den Bindern (Dachgebinde), in denen die Stuhlsäulen (Stiele) und Streben stehen, und den „Leergebinden" zwischen den Bindern (Bild 8.15.). Die Stuhlsäulen der Binder tragen die Pfetten und steifen zusammen mit den Zangen (die den Sparrenschub aufnehmen sollen) das Dach in Querrichtung aus.

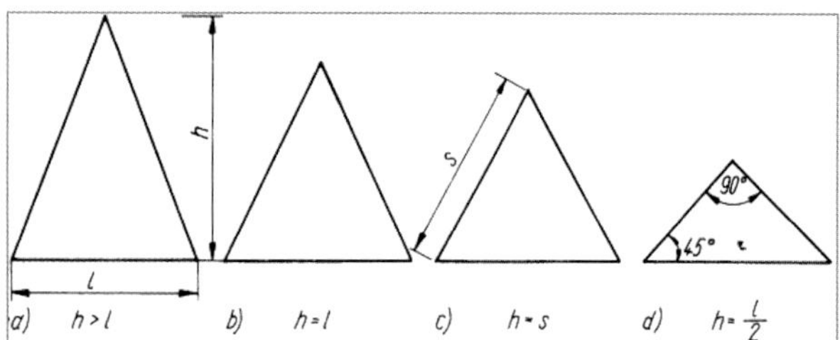

Legende
a) gotisches Dach
b) altdeutsches Dach
c) altfränkisches Dach
d) Winkeldach

Bild 8.14. Dachneigungen älterer Kehlbalkendächer

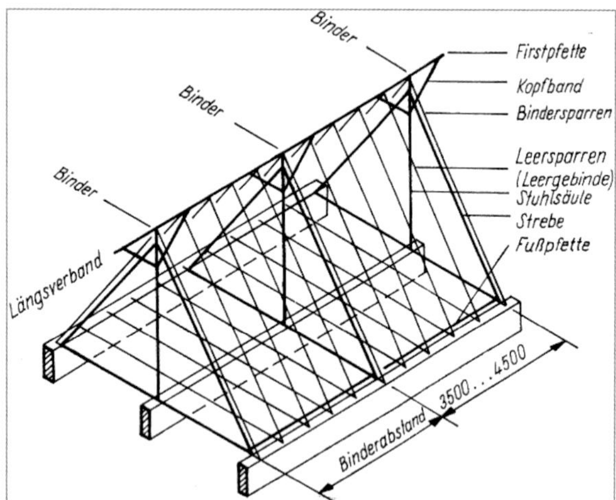

Bild 8.15. Pfettendach mit einfach stehendem Stuhl

Die Binder sind nach dem Prinzip der unverschieblichen Dreiecke aufgebaut. In Längsrichtung wird das Pfettendach durch die Pfetten und Kopfbänder ausgesteift:
Binderabstände 3,50 bis 4,50 m (in Ausnahmefällen 5,0 m). Zu jedem Binder gehört bei Holzbalkendecken ein Binderbalken (der, falls er gestoßen ist, zugfest verbunden sein muss). Bei Massivdecken entfällt der Binderbalken. Die Sparren werden auf den Pfetten aufgeklaut und stoßen am First stumpf zusammen. Sie haben im Leergebinde einen Abstand von 750 bis 1000 m. Die Leersparren brauchen nicht mit einem Deckenbalken zusammenzutreffen und auch nicht paarweise zu liegen.

Gegen Abheben (Windsog) und Verschieben sind die Sparren zu sichern.

Die freie Sparrenlänge soll folgende Maße nicht überschreiten (in der Dachschräge gemessen):

- beim Kragarm (am First) ≤ 2,50 m,
- beim Träger auf zwei Stützen ≤ 4,50 m.

Bei einer Dachneigung brauchen die Stuhlsäulen nicht abgestrebt zu werden (Bilder 8.16.b und d). Ist die Dachneigung $\alpha > 30°$, so sind die Stuhlsäulen (Stiele) abzustreben (Bilder 8.16.a, c, und e). Die Streben sind zug- und druckfest anzuschließen.
Die Dachlasten konzentrieren sich auf die Binderstiele. Deshalb sollten sie möglichst auf den tragenden Innenwänden stehen. Stiele über Massivdecken erhalten lastverteilende Schwellen.

Pfettendächer können sowohl mit stehenden als auch mit liegenden Stühlen (mit oder ohne Drempel) ausgeführt werden (Bild 8.16.).

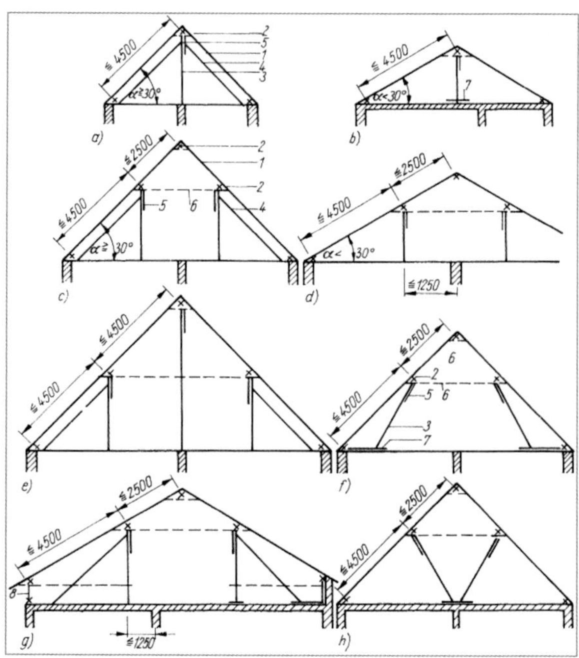

Legende
a) mit einfach stehendem Stuhl
b) strebenloses Pfettendach mit einfach stehendem Stuhl
c) mit doppelt stehendem Stuhl
d) strebenloses Pfettendach mit doppelt stehendem Stuhl
e) mit dreifach stehendem Stuhl
f) mit liegendem Stuhl
g) mit doppelt stehendem Stuhl und Drempel
h) mit schräg liegendem Stuhl
1 Sparren
2 Pfette
3 Stiel (Stuhlsäule)
4 Strebe
5 Kopfband
6 Zange
7 Schwelle

Bild 8.16. Grundformen der Pfettendächer (Schemata)

Pfettendach mit einfach stehendem Stuhl

Wird die Last der Pfetten durch vertikale Stuhlsäulen (Stiele) auf die Dachdecke übertragen, so ergibt sich der stehende Dachstuhl. Das Pfettendach mit einfach stehendem Stuhl eignet sich je nach Dachneigung für Gebäudetiefen von 5,50 bis 8,50 m. Die Sparren werden am First durch die Firstpfette (Bild 8.17.) und am Fuß durch die Fußpfette (oft auch Schwelle genannt) unterstützt. Die Fußpfette liegt in ihrer gesamten Länge auf dem Umfassungsmauerwerk oder wird von den Deckenbalken getragen (und mit ihnen verkämmt oder verdollt). Die Firstpfette liegt auf den Stuhlsäulen und an den Giebeln auf dem Mauerwerk. Um die Belastung der Stuhlsäule auf mehrere Balken zu verteilen, ist eine Schwelle quer zur Balkenlage erforderlich.

Während die Fußpfetten auf die Breitseite gelegt werden, sind die Mittel- und Firstpfetten hochkant zu stellen.

Die Queraussteifung des Daches erfolgt in der Binderebene bei Dachneigung $\alpha \geq 30°$ mit Windstreben, deren Last möglichst nahe der Umfassungsmauer auf den Deckenbalken (oder die Massivdecke) zu übertragen ist. In der Binderebene liegen dann noch die Bindersparren und die Zangen. Bei kleinen Dächern genügen einseitig angenagelte First- und Fußzangen. Sie verbinden die Sparren, den Stiel und die Pfette unverschieblich miteinander.

Den Längsverband stellen die Kopfbänder her, die mit den Stuhlsäulen und der Firstpfette unverschiebliche Dreiecke bilden.

Bei älteren Konstruktionen ist das Kopfband mit Zapfen angeschlossen. Um die Arbeitszeit zu verkürzen und Holz zu sparen, werden einfachere Verbindungen ausgeführt (z. B. Stirnversatz mit genagelten Laschen).

Kopfbänder sind zug- und druckfest anzuschließen.

Am Giebel werden die Pfetten mit dem Mauerwerk durch Kopfanker verbunden.
Beim strebenlosen Pfettendach (s. Bild 8.16.b) mit einfach stehendem Stuhl (Dachneigung $\alpha < 30°$) werden die waagerechten Windkräfte durch die Sparren auf Fußpfetten übertragen. Auf die Firstpfette wirken dann nur lotrechte Lasten.

Pfettendach mit doppelt stehendem Stuhl

Bei Sparrenstützweiten > 4,50 m (größte Sparrenlänge $\leq$7,0 m) ist ein Pfettendach mit doppeltem Stuhl erforderlich (Bild 8.18.). Es sind Mittelpfetten notwendig; die Quersteifigkeit des Daches gewährleisten Streben in Verbindung mit der zug- und druckfest ausgebildeten Doppelzange. Greift beispielsweise der Wind von links an, dann übernimmt die rechte Strebe den Winddruck (und umgekehrt). Die Doppelzange muss fest mit Stiel und Bindersparren verbunden sein, um Sogkräfte auf das Dachtragwerk zu übertragen. Die Säulenlast muss sicher auf die Decke und von ihr auf die Wände übertragen werden. Bei Massivdecken wird unter die Stütze eine Schwelle gelegt. Kann die Decke die Belastung nicht aufnehmen, so muss der Stiel abgestrebt werden. In Bild 8.19. ist der Knotenpunkt der Mittelpfette eines Pfettendaches mit doppelt stehendem Stuhl dargestellt. Es zeigt die Anblattung der Zangen an den Stiel. Die Zangen werden etwa 20 mm tief ausgeklinkt und angeschraubt.

Pfettenstöße sind zug- und druckfest auszubilden (mittels Holz- oder Stahllaschen).

Bei Sparrenlänge >7,0 m reicht der zweifach stehende Stuhl nicht mehr aus; es werden dann dreifach stehende Stühle erforderlich (Bild 8.20.). Beim *dreifach stehenden Pfettendachstuhl* mit abgesprengtem mittlerem Stiel (Bild 8.20.b) ist der Dachraum gut nutzbar.

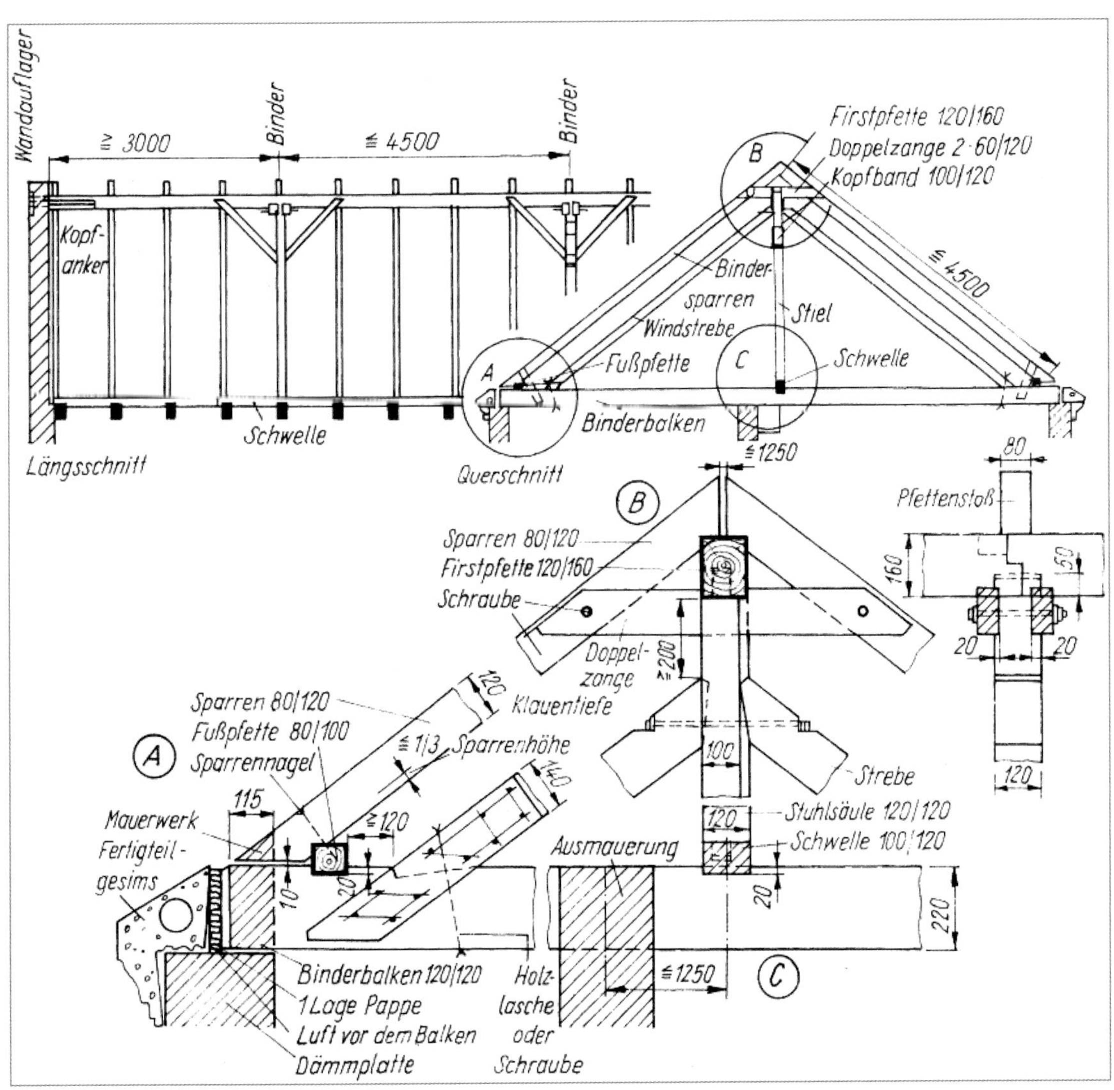

Bild 8.17. Abgestrebtes Pfettendach mit einfach stehendem Stuhl

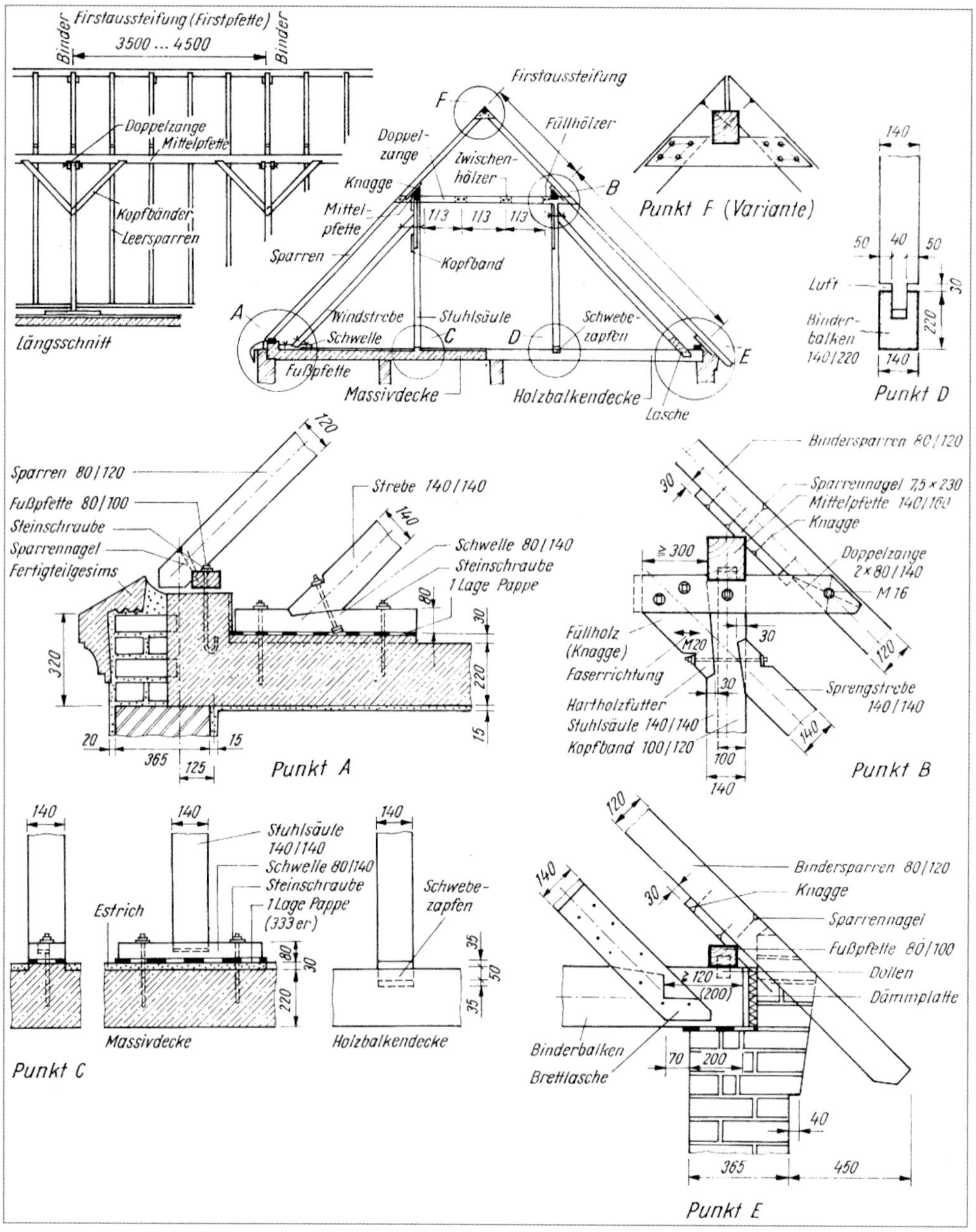

Bild 8.18. Pfettendach mit doppelt stehendem Stuhl; Längsschnitt, Querschnitt und Knotenpunkte

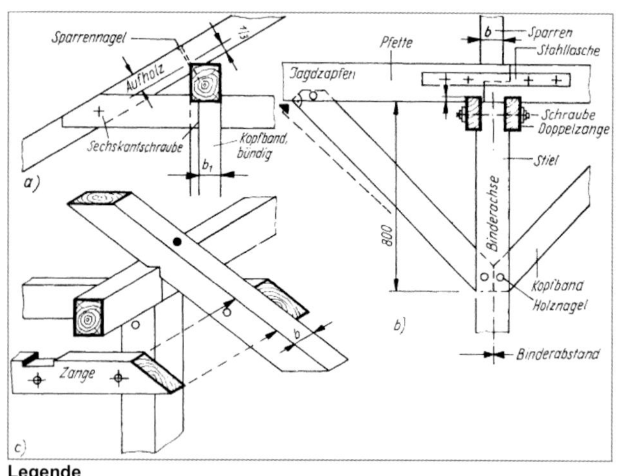

Legende
a) Schnitt
b) Ansicht
c) axonometrische Darstellung

Bild 8.19. Knotenpunkt der Mittelpfette eines Pfettendaches

Verschiedene strebenlose Pfettendächer

Die horizontalen Windkräfte bei Ausführung nach Bild 8.22.a werden von fest ausgebildeten Sparrenfußpunkten in das Mauerwerk geleitet.

Das weit ausladende Dach (Bild 8.22.b) schützt das Gebäude vor Regen und Sonne. Dies ist ein Vorteil. Bei Anbauten wird die Neigung des Hauptdaches fortgeführt. Aus dem Träger auf zwei Stützen wird ein durchlaufender Träger über zwei Felder (rechts).
Falls die Stiele mehr als 1,25 m von den Auflagern (Trennwände) entfernt stehen, sind lastverteilende Schwellen erforderlich (Bild 8.22.a).

Nachweis Befestigungen

Die Ausbildung von Aufschieblingen zeigt Bild 8.21.

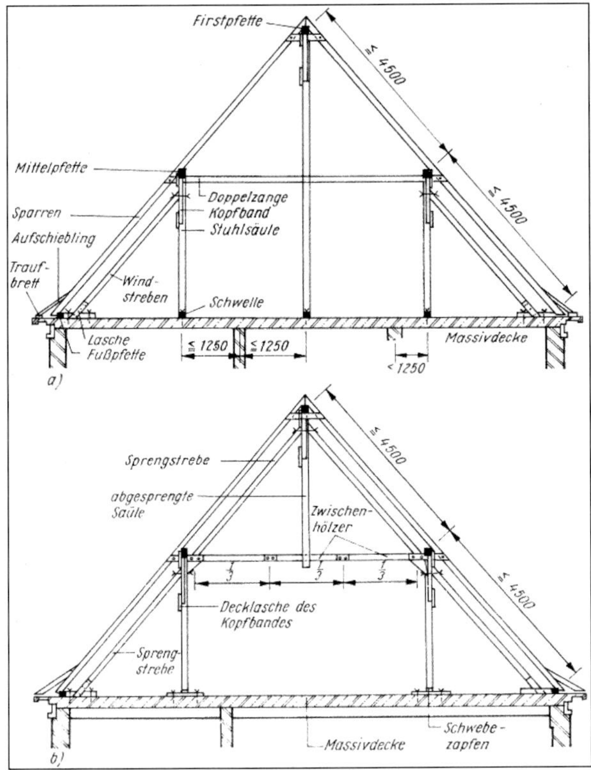

Legende
a) über Massivdecke
b) mit abgesprengtem mittlerem Stiel

Bild 8.20. Pfettendach mit dreifach stehendem Stuhl

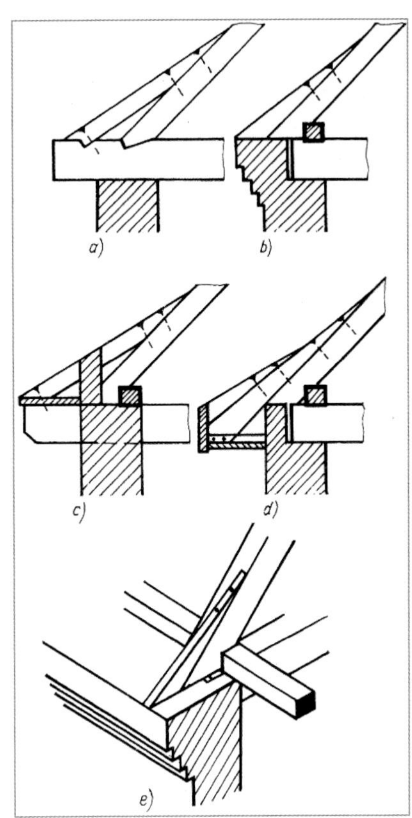

Legende
a) Aufschieblinge aus Kantholz
b) keilförmig geschnittene Bohle, aufgenagelt
c) Kantholz, auf Bohle genagelt
d) übereinander keilförmig geschnittene Bohlen, genagelt
e) isometrische Darstellung von b, Aufschiebling bündig mit Sparren

Bild 8.21. Ausbildung der Aufschieblinge

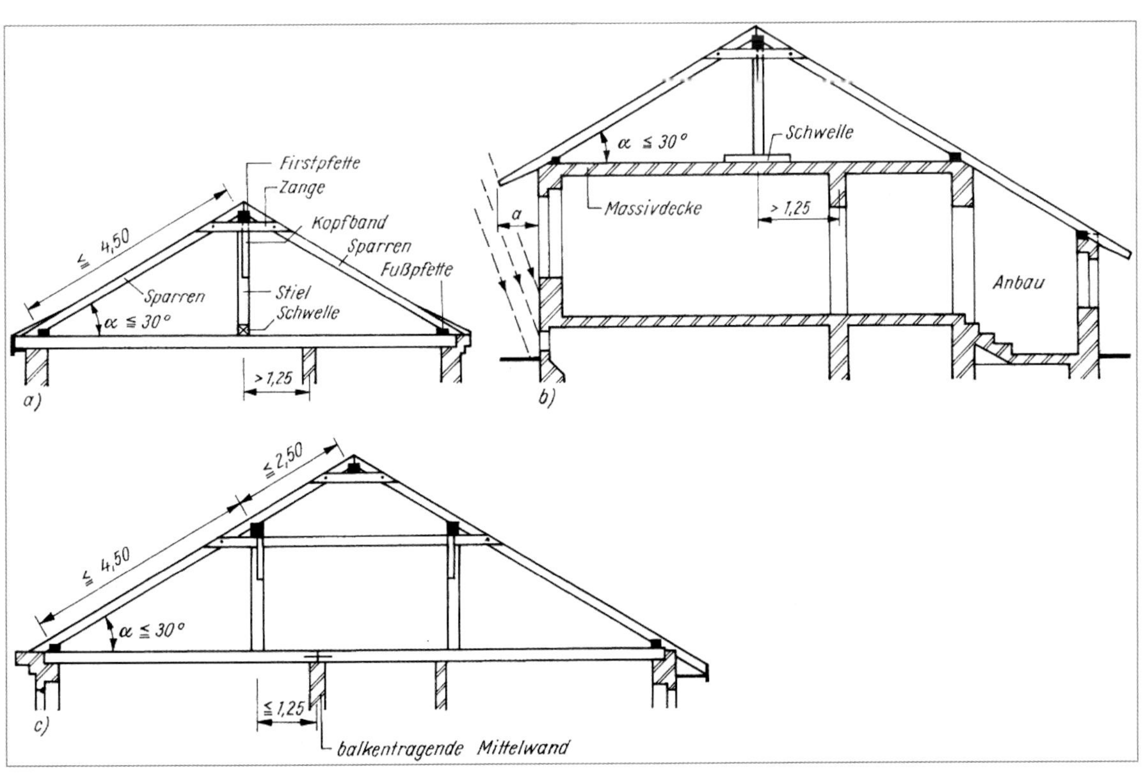

Legende
a), b) mit einfach stehendem Stuhl
c) mit doppelt stehendem Stuhl a Dachüberstand

Bild 8.22. Verschiedene strebenlose Pfettendächer

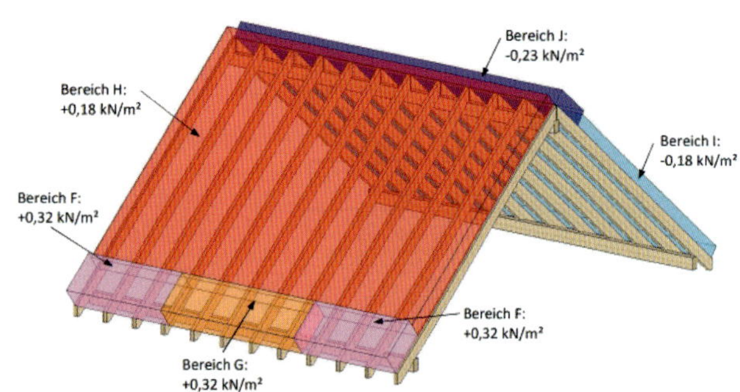

Bild 8.23. Beanspruchung aus Wind auf Traufe

Beispiel 8.1. (nach DIN EN 1995-1-1:2010)

Fortsetzung von Beispiel 2.2.

Stützweite/Sparrenlänge

$$l = \sqrt{3,5^2 + 2,5^2} = 4,3\,\text{m}$$

Schnittgrößen LK 3

$$V_{d,LK3} = \frac{E_d \cdot l}{2} = \frac{1,56 \cdot 4,30}{2} = 3,35\,\text{kN}$$

$$M_{y,d,LK3} = \frac{E_d \cdot l^2}{8} = \frac{1,56 \cdot 4,30^2}{8} = 3,61\,\text{kNm}$$

Schnittgrößen LK 9

$$E_d = 1,35 \cdot G_{k,\perp} = 1,35 \cdot 0,63 = 0,85\,\text{kN/m}$$

$$E_d = 1,5 \cdot Q_{k,F,\perp} = 1,5 \cdot 0,81 = 1,22\,\text{kN/m}$$

$$V_{d,LK9} = \frac{E_d \cdot l}{2} + \frac{E_d}{2} = \frac{0,63 \cdot 4,3}{2} + \frac{1,22}{2} = 1,96\,\text{kN}$$

$$M_{y,d,LK9} = \frac{E_d \cdot l^2}{8} + \frac{E_d \cdot l}{4} = \frac{0,63 \cdot 4,30^2}{8} + \frac{1,22 \cdot 4,30}{4} = 2,77\,\text{kNm}$$

$\Rightarrow$ Lk 3 ist maßgebend!

Nachweis des Grenzzustandes der Tragfähigkeit bei einachsiger Biegung nach Abschnitt 6.3.3 (3):

Bemessungswert der Beanspruchung:

$$\sigma_{m,y,d} = \frac{M_{y,d,LK2}}{W_y} = \frac{6 \cdot M_{y,d,LK3}}{b \cdot h^2} = \frac{6 \cdot 3,61 \cdot 10^6}{80 \cdot 180^2} = 8,36\,\text{N/mm}^2$$

Bemessungswert der Festigkeit:

für C24 nach DIN EN 338, Tabelle 1 $\Rightarrow f_{m,k} = 24\,\text{N/mm}^2$

$$f_{m,y,d} = \frac{k_{\text{mod}} \cdot f_{m,y,k}}{\gamma_M}$$ [DIN EN 1995-1-1, Gl. (2.14)]

$$f_{m,y,d} = \frac{1,0 \cdot 24}{1,3} = 18,46\,\text{N/mm}^2$$

Nachweis nach Gl. (6.33):

mit $k_{crit} = 1,0$

$$k_{crit} = \begin{cases} 1 & \text{für } \lambda_{rel,m} \le 0,75 \\ 1,56 - 0,75\lambda_{rel,m} & \text{für } 0,75 < \lambda_{rel,m} \le 1,4 \\ \frac{1}{\lambda^2_{rel,m}} & \text{für } 1,4 < \lambda_{rel,m} \end{cases}$$

$$\lambda_{rel,m} = \sqrt{\frac{f_{m,k}}{\sigma_{m,crit}}} = \sqrt{\frac{24}{47,7}} = 0,71$$

$$\sigma_{m,d} \le k_{crit} \cdot f_{m,d}$$

$$8,36\,\text{N/mm}^2 \le 1,0 \cdot 18,46\,\text{N/mm}^2$$

Nachweis des Grenzzustandes der Schubtragfähigkeit:

Nachweis Schub nach DIN EN 1995-1-1:2010, Abschnitt 6.1.6:

$$\tau_d = 1,5 \cdot \frac{Q_{V,d}}{A_{ef}} = 1,5 \cdot \frac{3,35 \cdot 10^3}{8,576 \cdot 10^3} = 0,59\,\text{N/mm}^2$$

Bemessungswert der Festigkeit:

nach DIN EN 338, Tabelle 1 $\Rightarrow f_{v,k} = 4,0\,\text{N/mm}^2$

[DIN EN 1995-1-1, Gl. (2.14)]

$$f_{v,d} = \frac{k_{\text{mod}} \cdot f_{v,k}}{\gamma_M} = \frac{1,0 \cdot 4,0}{1,3} = 3,08\,\text{N/mm}^2$$

Nachweis nach DIN EN 1995-1-1, Abschnitt 6.1.7:

$$\frac{\tau_{v,d}}{f_{v,d}} = \frac{0,59}{3,08} = 0,19 < 1,0$$ [DIN EN 1995-1-1, Gl. (6.13)]

Nachweis der Gebrauchstauglichkeit:

Verformungsanteile (Anfangszustand):

$$w_{G,inst} = \frac{5 \cdot G_{k,\perp} \cdot l^4}{384 \cdot E_{0,mean} \cdot I}$$

$$w_{G,inst} = \frac{5 \cdot 0.63 \cdot 4,3^4 \cdot 10^{12}}{384 \cdot 11000 \cdot \left(\frac{80 \cdot 180^3}{12}\right)} = 6,56\,\text{mm}$$

$$w_{Q,s,inst} = \frac{Q_{k,S,\perp}}{G_{k,\perp}} \cdot w_{G,inst} = \frac{0,28}{0,63} \cdot 6,56\,\text{mm} = 2,92\,\text{mm}$$

$$w_{Q,w,inst} = \frac{Q_{k,W,D}}{G_{k,\perp}} \cdot w_{G,inst} = \frac{0,32}{0,63} \cdot 6,56\,\text{mm} = 3,33\,\text{mm}$$

Berechnung Anfangsdurchbiegung in der charakteristisch Bemessungssituation:

$$w_{inst} = w_{G,inst} + w_{Q,1,inst} + \sum \Psi_0 \cdot w_{Q,i,inst}$$ [DIN EN 1990, Gl. (6.14b)]

$$w_{inst} = 6,56\,\text{mm} + 2,92\,\text{mm} + (0,6 \cdot 3,33\,\text{mm})$$

$$w_{inst} = 11,48$$

Bemessung Endverformung in der quasi-ständigen Bemessungssituation:

$$w_{fin} = w_{G,fin} + \sum \Psi_{2,i} \cdot w_{Q,i,fin}$$ [DIN EN 1990, Gl. (6.16b)]

$$w_{fin} = w_{G,inst} \cdot (1 + k_{def}) + \Psi_{2,1} \cdot w_{Q,1,fin} + \Psi_{2,i} \cdot w_{Q,i,fin}$$

$\psi_{2,1} = 0$ nach DIN EN 1990, Tabelle A.1.1

$\psi_{2,i} = 0$ nach DIN EN 1990, Tabelle A.1.1

$$w_{fin} = w_{G,inst} \cdot (1 + k_{def}) + 0 + 0$$

$$w_{fin} = 6,56\,\text{mm} \cdot (1 + 0,8)$$

$$w_{fin} = 11,81\,\text{mm}$$

Einhaltung der empfohlenen Verformungen in der charakteristischen (seltenen) Bemessungssituation nach DIN EN 1995-1-1: 2010, Abschnitt 7.2:

$$w_{inst} = 11,48\,\text{mm} < l/300 = 14,33\,\text{mm}$$

Einhaltung der empfohlenen Verformungen in der quasi-ständigen Bemessungssituation nach DIN EN 1995-1-1:2010, Abschnitt 7.2:

$$w_{fin} = 11,81\,\text{mm} < l/150 = 28,67\,\text{mm}$$

Einhaltung der empfohlenen Verformungen in der quasi-ständigen Bemessungssituation nach DIN EN 1995-1-1:2010, Abschnitt 7.2:

$$w_{net,fin} = w_{fin} - w_c = 11,81 - 0 = 11,81 < l/250 = 17,2\,\text{mm}$$

$\Rightarrow$ **Der Nachweis der Gebrauchstauglichkeit ist damit erfüllt.**

8.5. Besondere Dachkonstruktionen

8.5.1. Pfettendach mit Drempel

Als Drempel oder Kniestock bezeichnet man die Umfassungsmauer, die bis etwa 1,25 m über die Gebäudeabschlussdecke hinausragt und unterhalb des Daches endet. Der Drempel wurde besonders bei landwirtschaftlichen Bauten, wie Ställen und Scheunen, angewendet, um den Dachraum besser nutzen zu können (Bild 8.24.). Dächer dieser Art sind meistens Pfettendächer. Die Drempelwand ist oft als Fachwerkwand ausgebildet und verschalt. Schwachpunkt: ungenügende Aufnahme der *H*-Kräfte in Höhe der Fußpfette (Folge: Verformung).

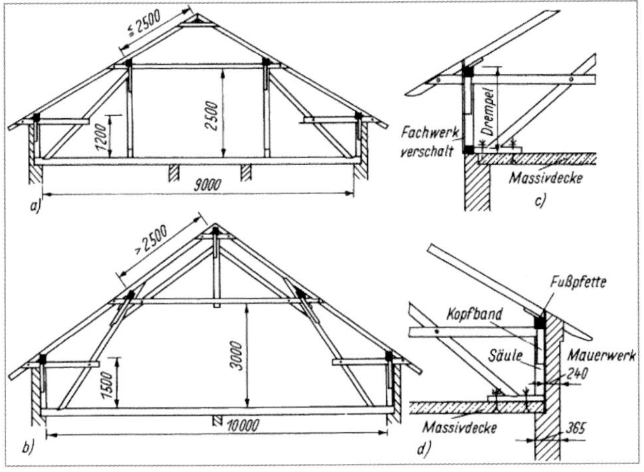

Legende
a) doppelt stehender Pfettendachstuhl
b) liegender Pfettendachstuhl
c) Varianten bei massiven Decken
d) Varianten bei massiven Decken

Bild 8.24. Drempeldächer

8.5.2. Pultdach

Pultdächer sind einseitig geneigte Dächer; sie werden bei kleineren Baukörpern (Geräteschuppen, Anbauten usw.) angewendet. Sie sollten nur an größere Baukörper angelehnt werden, da sie frei stehend nicht gut wirken (Bild 8.25.).

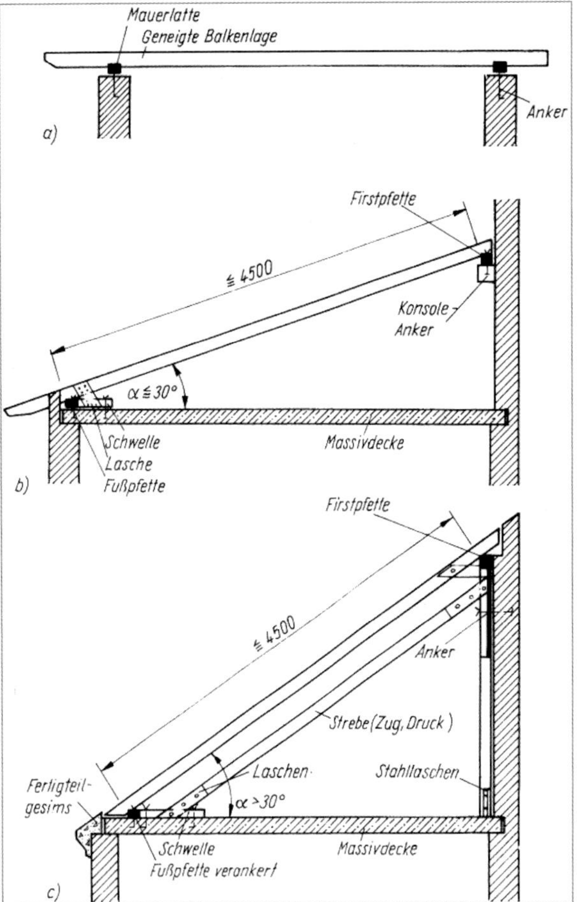

Legende
a) Grundform des Pultdaches,
b) Firstpfette liegt auf Konsole, a < 30°,
c) mit Strebe

Bild 8.25. Pultdächer

8.5.3. Mansarddach

Mansarddächer – nach dem französischen Baumeister *Francois Mansart* (1598–1666) und dessen Großneffen *J. Hardouin Mansart* (1646–1708) benannt – setzen sich aus zwei Teilen zusammen, dem eigentlichen Dach und dem Dachgeschoß (der Mansarde).

Als Erfinder der Mansarddachkonstruktion gilt der Architekt des Louvre *Pierre Lescot* (1515–1578), der ca. 100 Jahre vor der Familie Mansart die Idee zu einer derartigen Konstruktion verwirklichte.

Diese Konstruktionsform treffen wir häufig bei historischen Bauwerken an (Bild 8.26.). Schadensschwerpunkte: Dachknick und Gesimspunkt (Sparrenfuß).

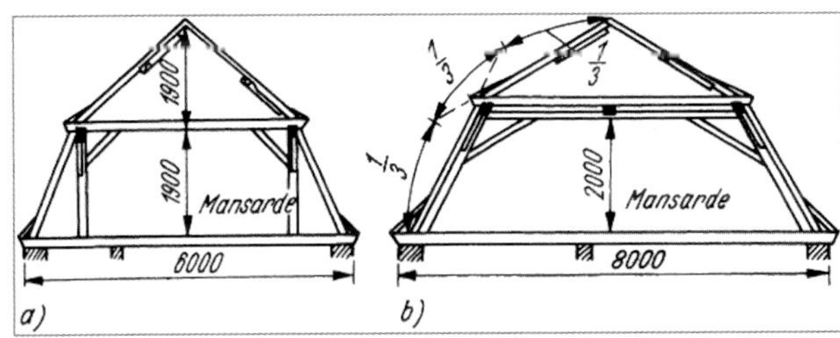

Legende
a) mit doppelt stehendem Stuhl
b) mit liegendem Stuhl, Spannriegel und Mittelrähm

Bild 8.26. Mansarddächer

8.5.4. Walmdächer

Das Walmdach kann als Sparren-, Kehlbalken- oder Pfettendach ausgeführt werden. Es steift durch seine Dachform das Dach in jeder Richtung aus. Am einfachsten ist die Walmausbildung bei einer Pfettendachkonstruktion. Nach Bild 8.27. werden die Mittelpfetten in gleicher Höhe herumgeführt (Pfettenkranz). Die Walmfläche wird aus ästhetischen Gründen steiler als die Hauptdachfläche ausgeführt. Die Gratsparren sitzen mit Klauen auf den Pfetten. Sie dürfen nicht ausgewechselt werden. Der Mittelschifter im Walm muss ausgewechselt werden. Der zwischen zwei Anfallpunkten liegende Teil wird als Satteldach ausgeführt (Bild 8.29.c). Die abgewalmten Teile des Daches erhalten als Hauptkonstruktionsteile die Gratsparren, die im Anfallspunkt stumpf zusammenstoßen (Bild 8.28.).

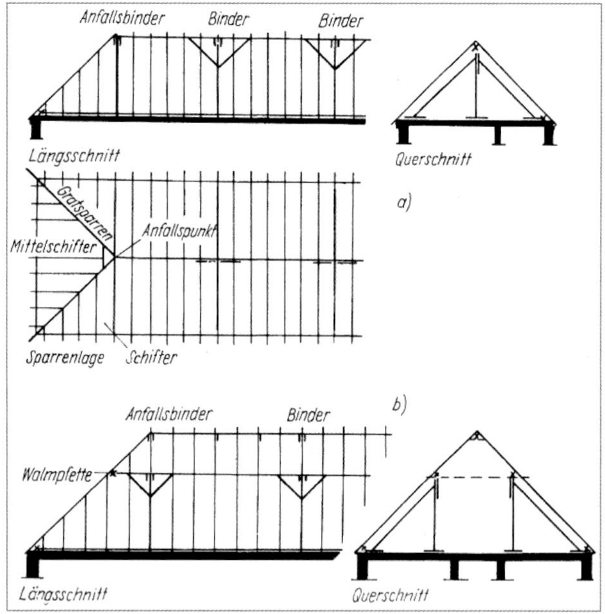

Legende
a) mit einfach stehendem Stuhl (Pfettendach)
b) mit doppelt stehendem Stuhl (Pfettendach)

Bild 8.27. Walmdächer

Die Sparren, die an der Walmseite auf dem Gratsparren liegen, heißen linke bzw. rechte Walmschifter, die der Langseite Langseitenschifter oder kurz Schifter. Schmiegen sie sich an Kehlsparren an, so nennt man sie Kehlschifter (Bild 8.29.). Schiftsparren, die sich an Grat- und Kehlsparren zugleich anlegen, heißen Doppelschifter. Der Schiftsparren eines Walmes, der senkrecht zur Traufkante nach dem Anfallspunkt gerichtet ist, wird als Mittelschifter bezeichnet.
Ein **Verfall** (Verfallung, Verfallungsgrat) ist ein Grat, der bei zusammengesetzten Dächern von einem höher gelegenen zu einem tieferen First „fällt" (Bild 8.29.c).

8.5.5. Dächer über zusammengesetztem Grundriss

Darunter verstehen sich solche Bauwerke, bei denen mehrere Rechtecke oder andere geometrische Gebilde zu einem Grundriss zusammengesetzt sind. Konstruktiv eignen sich hierzu **nur Pfettendächer**.

Nach Bild 8.29.a ergeben sich am Zusammenstoß des Haupt- und Nebendaches ein Grat und eine Kehle. Der Pfettenkranz liegt überall in gleicher Höhe. Bei verschiedenen Gebäudebreiten, aber gleichen Firsthöhen ergeben sich unterschiedliche Dachneigungen. In Bild 8.29.b ist die Pfette des Hauptdaches durchgeführt, und die Pfette des anstoßenden Daches liegt darauf. Nach Bild 8.29.c liegt die Firstpfette mit den Mittelpfetten des Hauptdaches in gleicher Höhe.
Dächer über zusammengesetzten Grundrissen mit unterschiedlichen Gebäudetiefen und Dachneigungen sind schwierig zu konstruieren und abzubilden. Der **Arbeitsgang bei der Konstruktion** ist folgender:

1. Dach ausmitteln,
2. Binder festlegen (in Schnitt und Grundriss),
3. Sparrenlage konstruieren,
4. Gratsparren, Kehlsparren, Schifter herausziehen.

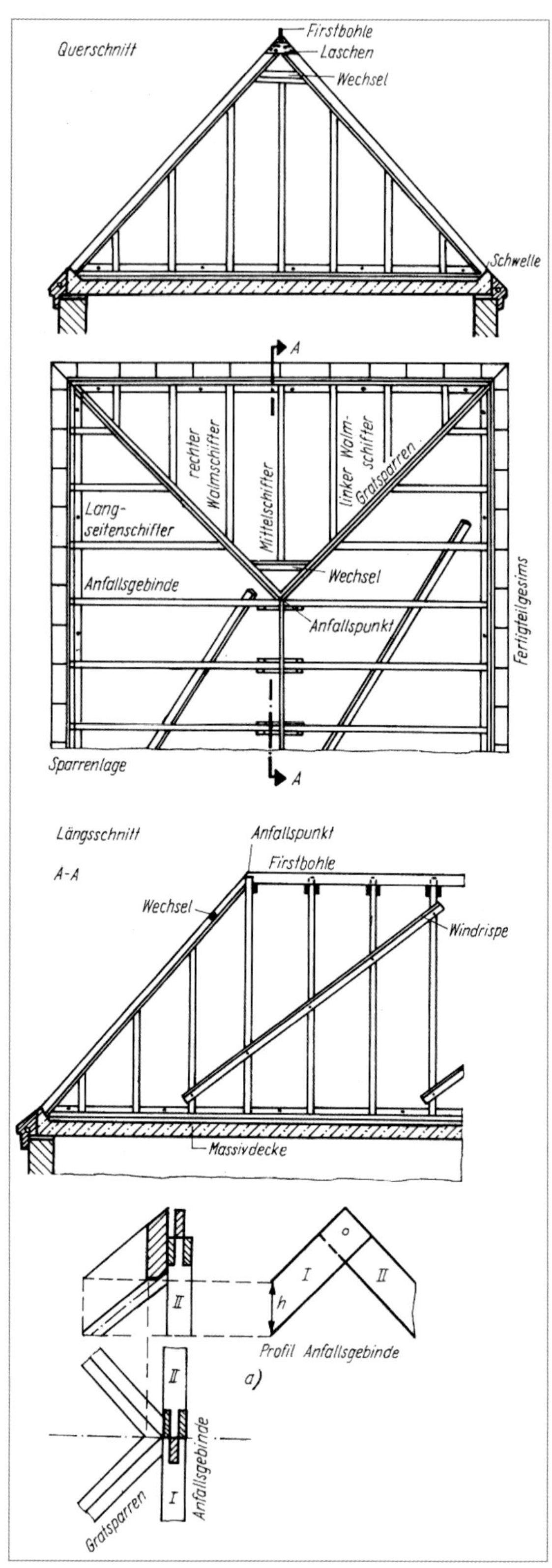

Legende
a) Anfallspunkt der Gratsparren

Bild 8.28. Sparrendach mit Walm

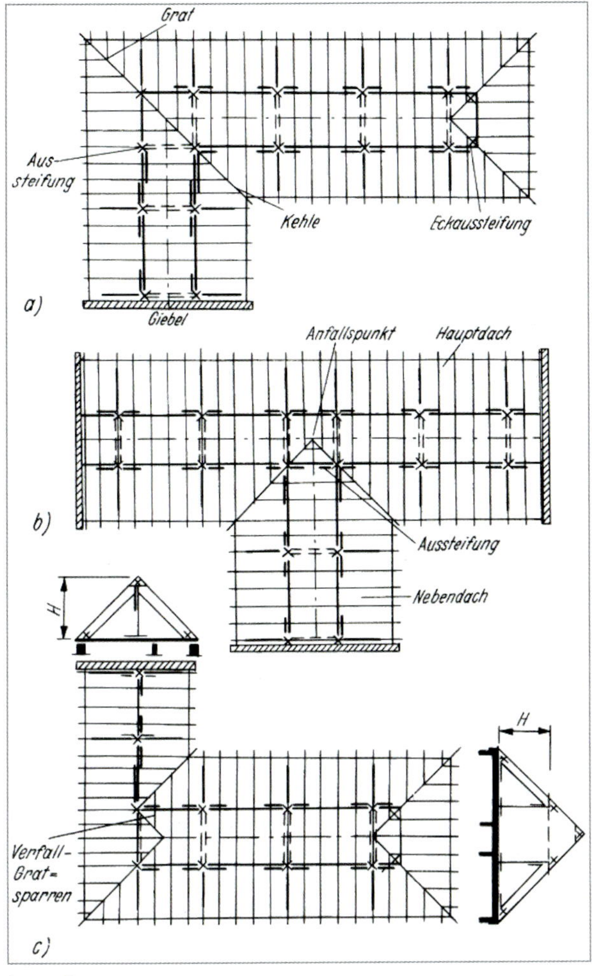

Legende
a) Pfetten laufen in gleicher Höhe durch
b) Pfette des Hauptdaches durchgeführt, Pfette des Nebendaches liegt auf
c) Pfetten liegen in gleicher Höhe

Bild 8.29. Pfettendächer über zusammengesetztem Grundriss

8.6. Schifter

Der **Schifter** (Schiftsparren, Reitersparren) ist ein kurzes Sparrenstück, das sich gegen einen Grat- bzw. einen Kehlsparren lehnt (Gratschifter, Kehlschifter, Doppelschifter).

Die tatsächlichen Abmessungen, Querschnittsformen, Schmiegen und Klauen können an den Gratsparren und Kehlsparren und z. T. auch an den Schiftsparren (kurz Schifter genannt) nicht unmittelbar der Querschnittsbezeichnung (dem Profil) des Daches entnommen werden.

Das Austragen oder Bestimmen der wahren Größen der Grat-, Kehl- und Schiftsparren und deren Schmiegeflächen nennt man Schiften.

Die Schiftungen können auf verschiedene Weise ausgeführt werden. Am meisten ist die praktische Schiftung, die auf dem Schnürboden nach den Gesetzen der Projektionslehre erfolgt, in Gebrauch (man kann sie auch Schiftung auf dem Lehrgespärre nennen). Bei der rechnerischen Schiftung werden alle Abmessungen, Formen, Schmiegen, Abschnitte usw. rechnerisch ermittelt und mittels eines Schiftapparats auf die Konstruktionshölzer übertragen. Grundlagen der praktischen Schiftung werden in [*Schoppach* u. a. 2018], [*Euchner* 1995], [*Mönck* 1987], [*Stade* 1904] und [*Opderbecke* 1902] vermittelt.

Ausführung mit Windrispen

Aufgabe und Funktion von Windrispen ist es, horizontale Beanspruchungen auf die Giebelwände und innerhalb der Konstruktion zu den Traufwänden zu transportieren, sodass eine Weiterleitung der Beanspruchungen bis in die Fundamente möglich wird. Bis in die sechziger Jahre des 20. Jahrhunderts wurden Windrispen aus drucksteifen hölzernen Bauteilen ausgeführt.
Hölzerne Rispen werden stets unter dem Sparren angebracht und erschweren damit einen späteren Dachausbau. Am First und an der Traufe sind die hölzernen Rispen mit der statisch erforderlichen Anzahl von Verbindungsmitteln (i. Allg. Nägel) anzuschließen. An jedem Sparren werden sie konstruktiv befestigt, um ein seitliches Ausweichen zu verhindern.
In der heutigen Holzbaupraxis werden nur noch druckschlaffe stählerne Windrispenbänder verwendet. Durch ihre Lage auf der Sparrenoberseite stören sie einen Dachausbau nicht. Können die horizontalen Beanspruchungen über die Gratsparren eines Walmdaches aufgenommen werden, sind Windrispen entbehrlich (Bild 8.30.). Aus konstruktiven Gründen werden sie angeordnet, um ein Verschieben der Sparren bei der Montage zu verhindern und können im Zuge des Ausbaus der Decken wieder entfernt werden.

Können die Giebelwände gegen querstehende Wände oder Deckenscheiben geführt werden, sind ebenfalls keine Windrispen erforderlich. Die Anschlüsse sind druck- und zugfest auszuführen.

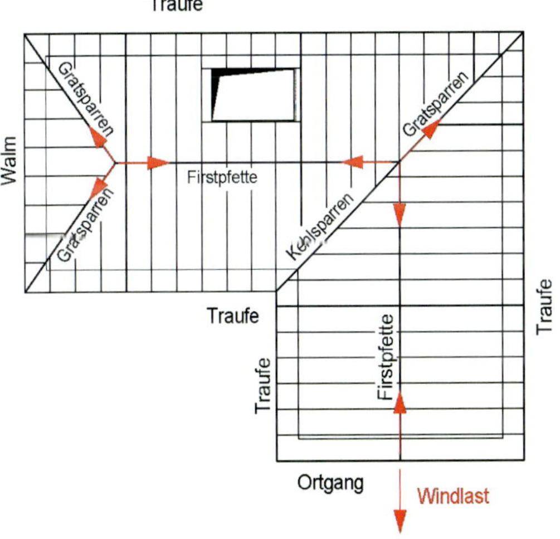

Bild 8.30. Kraftverlauf der Windlast bei einem Dach eines Winkelhauses mit einem einseitigen Walm (aus [*Lißner/Rug/Steinmetz* 2009])

Für Bauten in Erdbebengebieten sind zusätzlich Regelungen zu beachten. Zur Berechnung der Kräfte in den Windrispen, s. [*Lißner* u. a. 2010], [*Lißner/Rug/Steinmetz* 2009]. Die Anzahl und Anordnung der Windrispen ist abhängig von der Länge der Dachfläche und der Größe der horizontalen Beanspruchung. Die häufige Praxis die druckschlaffen Windrispenbänder über der gesamten Dachfläche anzuordnen, ist nicht ratsam, da sie in statischer Hinsicht ohne Wirkung sind. Der Grund liegt in der Verformung der Stahlbänder, die erst überwunden werden müssen, um die Kräfte zu übertragen. Windrispenbänder müssen straff gespannt werden, was häufig unterbleibt. Beständige Verformungen erleiden die Bänder auch aus Temperaturverformungen (s. a. [*Lißner/Rug/Steinmetz* 2009]).

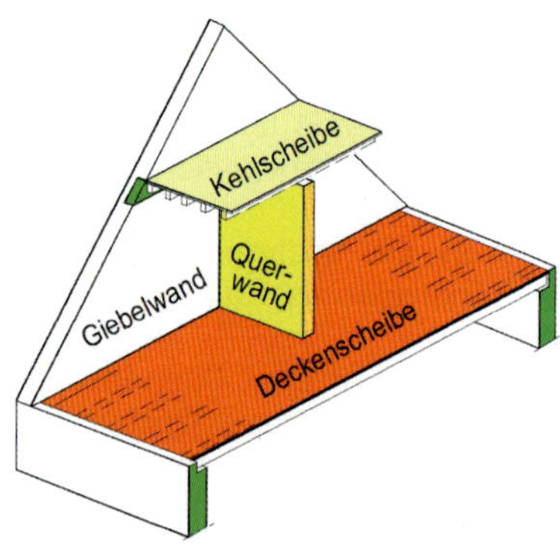

Bild 8.31. Aussteifung einer gemauerten Giebelwand durch Wände und Deckenscheiben (aus [*Lißner/Rug/Steinmetz* 2009])

8.7. Hänge- und Sprengwerke

8.7.1. Hängewerk

Als Hängewerk wird ein Tragwerk bezeichnet, bei dem ein Balken auf zwei Stützen an einem idealisierten Gelenkstabwerk hängt.

Die nachfolgend behandelten Konstruktionen finden wir nicht nur bei Dächern, sondern vielfach auch bei Brücken, im Schalungsbau usw. wieder. Trotzdem wollen wir sie aus methodischen Gründen unter dem Thema Hausdächer behandeln, weil sie bei Baureparaturen von Dächern häufig zu finden sind.
Wenn der normale Balkenquerschnitt nicht mehr ausreicht, um die Spannweite eines Raumes zu überdecken, so besteht die Möglichkeit, ein Hängewerk auszubilden. Der Balken wird in einem oder mehreren Punkten daran aufgehängt. Dadurch wird die gesamte Stützweite in mehrere kleine Stützweiten zerlegt.

Man unterscheidet (Bild 8.32.) einfache, doppelte oder mehrfache Hängewerke, je nachdem, ob der Balken in einem, zwei oder mehreren Punkten aufgehängt ist.

Beim einfachen Hängewerk wird die Balkenlast F (Bild 8.32.a) durch die Hängesäule *cd* in die beiden Streben *ac* und *cb* geleitet und von diesen in den Spannbalken *ab* übertragen. Die Streben erhalten Druckkräfte, deren Größe man durch Zerlegung von F (Bild 8.32.c) nach den beiden Strebenrichtungen erhält:

Strebenkraft $S = \dfrac{F}{2 \cdot \sin\alpha}$

Die Strebenkraft S zerlegt sich über den Auflagern in die vertikale Auflagerkraft F_A bzw. F_B und in den Horizontalschub H:

Auflagerkraft: F_A bzw. $F_B = \dfrac{F}{2}$

Horizontalkraft: $H = \dfrac{F}{2 \cdot \tan\alpha}$

Der Spannbalken nach Bild 8.32.a hat außer der eigenen Belastung, noch die Zugkraft H aufzunehmen. Beim doppelten Hängewerk (Bild 8.32.b) ergeben sich die Stabkräfte unter der Voraussetzung symmetrischer Belastung durch die zwei Lasten F auf ähnliche Weise. Die Last F ist zu zerlegen nach der Strebenrichtung *ac* bzw. *c'b* und nach der Richtung des Spannriegels *cc'*. Über dem Auflager ist die Strebenkraft S wiederum in den vertikalen Auflagerdruck F_A bzw. F_B und den Horizontalschub H zu zerlegen.

Nach den Bildern 8.32.b und c ergeben sich:

Strebenkraft: $S = \dfrac{F}{\sin\alpha}$ (Druckkraft)

Spannriegelkraft: $R = H$ (Druckkraft)

Auflagerkraft: F_A bzw. $F_B = F$

Horizontalschub: $H = \dfrac{F}{\tan\alpha}$

Spannbalken: Biegung und Zug (H)

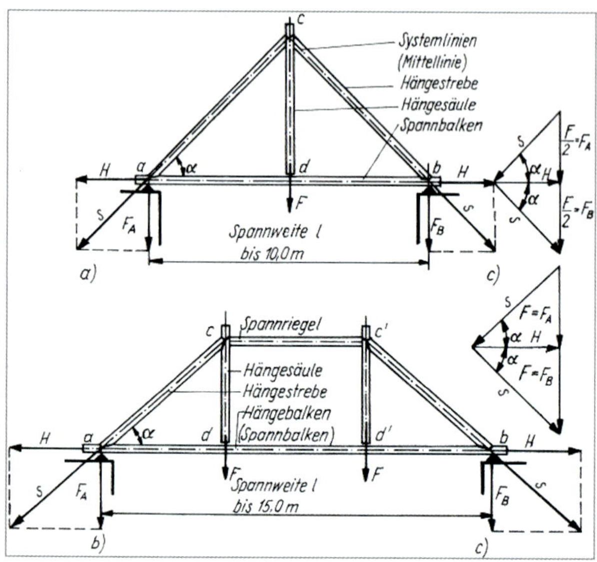

Legende
a) einfaches Hängewerk
b) doppeltes Hängewerk
c) Ermittlung der Stabkräfte

Bild 8.32. Hängewerke

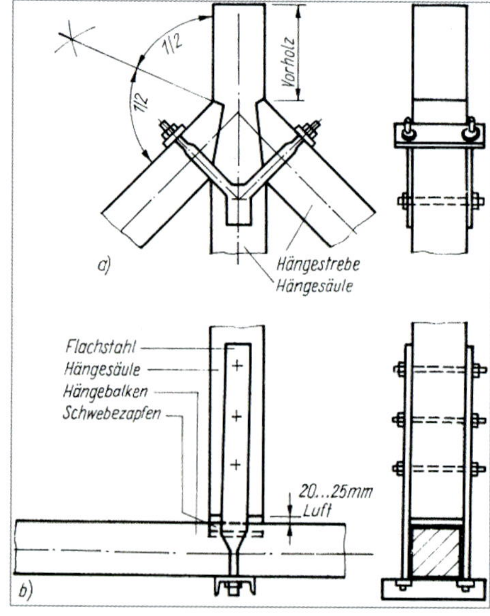

Legende
a) Verbindung der Hängesäulen mit Hängestreben, Sicherung mit verschraubten Flachstählen
b) Verbindung der Hängesäule mit dem Hängebalken, Flachstahl angeschraubt mit Querverbindung am [-Stahl

Bild 8.33. Details des einfachen Hängewerks

Hängewerke üben keinen Seitenschub auf die Unterstützung aus, sondern nur einen Vertikaldruck. Die Verbindungen sind mit Sechskantschrauben und Flachstählen zu sichern (Bild 8.33.). Die Aufhängung des Spannbalkens an der Hängesäule erfolgt durch Flachstähle (Hängeeisen). Damit sich der Spannbalken beim Anziehen der Muttern nach oben durchbiegen kann, werden die Hängesäulen mit sogenannten Schwebezapfen ausgebildet. Diese Verbindung lässt sich, nachdem das Tragwerk ausgetrocknet und belastet ist, nachstellen und dadurch der Spannbalken heben. Sie ist bei Reparaturen meistens zu erneuern. Am einfachsten ist es, statt der hölzernen Hängesäulen Rundstähle nach Bild 8.34. einzuziehen. Unter die Mutter ist eine statisch ausreichend dimensionierte Stahlplatte zu legen. Bei größerer Last sind Doppelmuttern zu verwenden. Ist der Balken wegen zu großer Länge zu stoßen, so wird dies unter der Aufhängung vorgenommen (Bild 8.34.c).

Berechnungshinweise in [*Halász/Scheer* 1996], [*Troche* 1951].

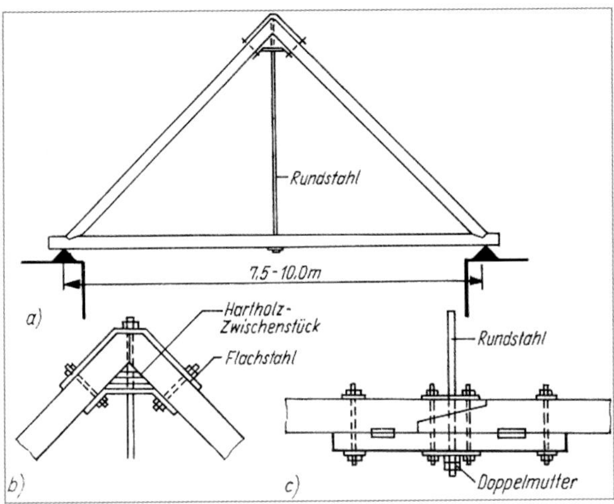

Legende
a) Übersicht
b) Firstpunkt
c) Spannbalkenstoß mit Sattelholz

Bild 8.34. Einfaches Hängewerk mit Zugstange

8.7.2. Sprengwerk

Im Gegensatz zum Hängewerk wird beim Sprengwerk der Balken, der allein für die Stützweite l nicht mehr tragfähig ist, in einem oder mehreren Punkten durch ein unter ihm liegendes Tragwerk unterstützt. Wir unterscheiden einfaches, doppeltes (Bild 8.35.) und mehrfaches Sprengwerk. Der Strebendruck wird in die Widerlager oder sonstigen festen Punkte geleitet und dort zerlegt (Bild 8.35.a). Beim doppelten Sprengwerk erhält der mittlere Teil des Spannbalkens (Tramen genannt) durch die Streben eine Druckkraft. Bei schwer belasteten Sprengwerken kann dieser Tramen durch einen Spannriegel (Bild 8.35.c), der mit dem Balken verdübelt wird, verstärkt werden. Das mittlere Feld kann dann größer als die Endfelder gehalten werden. Dadurch werden die Streben kürzer und können steil gestellt werden. Gleichzeitig wird der Horizontalschub kleiner. Die Ausbildung der Knotenpunkte von Sprengwerken zeigt Bild 8.36.

Das Sprengwerk wird häufig im Brückenbau angewendet. Es wird oft mit anderen Tragwerken, z. B. Hänge-, Fach- und Gitterwerken, kombiniert [*Mucha* 1986].

Berechnungshinweise in [*Mucha* 1981].

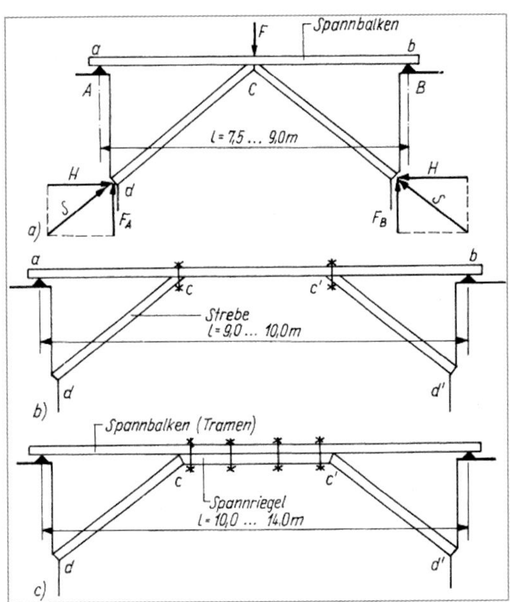

Legende
a) einfaches Sprengwerk
b), c) doppeltes Sprengwerk

Bild 8.35. Sprengwerke

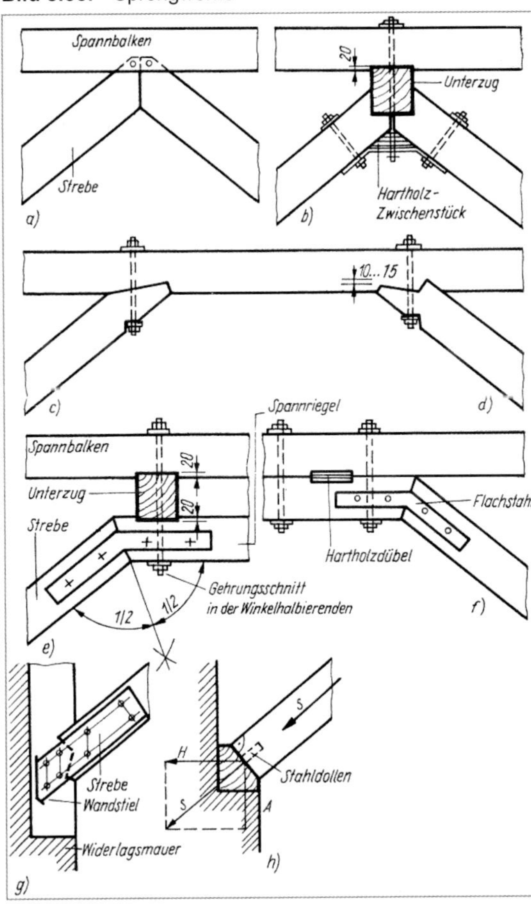

Legende
a) Streben stoßen stumpf zusammen
b) Unterzug durch Strebenklauen gehalten, Sicherung durch stählerne Laschen und Schrauben
c) Anschluss mit einfachem bzw. doppeltem Versatz
d) Anschluss mit einfachem bzw. doppeltem Versatz
e) Strebe und Spannriegel sind durch Gehrungsschnitt verbunden und mit verschraubten Flachstählen gesichert,
f) Spannriegel ist mit Unterzug verdübelt,
g) Anschluss am Strebenfuß mit Wandstiel,
h) Auflagerholz unter der Strebe

Bild 8.36. Details des Sprengwerks (s. Bild 8.35.)

8.7.3. Hängesprengwerk

Das Hängesprengwerk ist ein Hängewerk, bei dem die Streben den durchlaufenden Spannriegel (Streckbalken) kreuzen.

Das Hänge- und Sprengwerk (auch Hängesprengwerk genannt) besteht aus einem Hängewerk über dem Spannbalken und einem Sprengwerk darunter (Bild 8.37.). Die Streben geben ihre Druckkraft an die Widerlager ab. Der Spannbalken wird durch die Streben nicht belastet; er hat lediglich seine Eigenlast zu tragen. Die Ausbildung der Knotenpunkte ist ähnlich der der Hängewerke und der Sprengwerke. Eine Abweichung besteht darin, dass der Spannbalken meistens doppelt (wie Zangen) angeordnet wird, damit die Streben in einem Stück durchgeführt werden können. Sind z. B. bei einem Dachstuhl die Spannbalken unbelastet, dann nennt man sie Zangen. Umgekehrt ist es auch möglich, die Spannbalken und Hängesäulen einfach und die Streben doppelt anzuordnen.

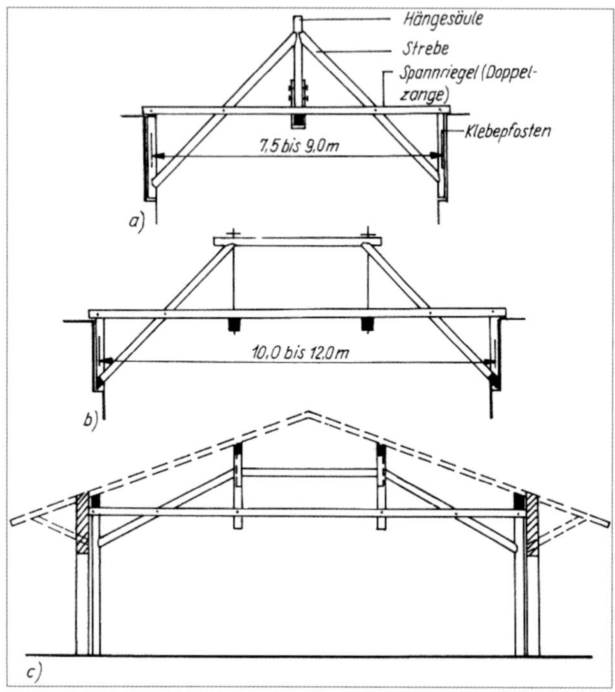

Legende
a) einfaches Hängesprengwerk
b) doppeltes Hängesprengwerk
c) Anwendung des doppelten Hängesprengwerks bei einem Lagerschuppen

Bild 8.37. Hängesprengwerk

Literatur: [*Mucha* 1986], [*Volland* 1927], [*Opitz* 1910], [*Stade* 1904], [*Warth/Breymann* 1900].

8.8. Satteldächer ohne Balkenlage

Sie werden bei hallenartigen Bauwerken angewendet, bei denen eine Balkendecke fehlt, z. B. bei Schuppen, Lagerräumen, Überdachungen, Scheunen, fliegenden Bauten, Düngerlagern, Maschinenschuppen.
Bauwerke dieser Art werden fast immer als Pfettendächer mit flachem Dach konstruiert (Bild 8.38.).

Bei Schuppen und ähnlichen Bauwerken ist geschältes Rundholz durchaus zweckmäßig.

Für die Zangen können Halbrundhölzer eingesetzt werden. Bild 8.38.a zeigt ein Hängewerksdach mit gemauerten Umfassungswänden. In Bild 8.38.b wird ein vereinigtes Hänge- und Sprengwerk für einen Lagerschuppen gezeigt. Die Ausbildung der Strebenfüße lässt sich variieren. Es ist zu beachten, ob der durch die Strebe ausgelöste Horizontalschub von der Stütze aufgenommen werden kann.
Die Bilder 8.38.c bis h zeigen Schuppenbinder (bei denen die Schuppen quer durchfahren werden können und die offene oder geschlossene Außenwände haben). Die Pfetten werden durch stehende oder liegende Stuhlsäulen unterstützt.

Das Richten von Bindern mit vertikalen Zwischenstützen nach Bild 8.37.c ist leichter als mit Streben nach Bild 8.38.e, jedoch bietet der letztere Binder mehr uneingeschränkten Raum für die Nutzung. Die obere Doppelzange in Bild 8.38.e muss stark gewählt werden. Die Doppelzange in Höhe der Fußpfette kann senkrecht zur Strebe verlaufen.
Besondere Aufmerksamkeit ist bei Schuppenbindern den Aussteifungsverbänden zu widmen.

Die einfachste und wirksamste Maßnahme, den Winddruck in Längsrichtung aufzunehmen, sind Windböcke oder Windstreben nach den Bildern 8.38.d, f, h. Kopfbänder allein genügen nicht.

Sparren, Stützen und Streben sind ausreichend gegen seitliches Verschieben und Windsog zu verankern.

Auch die Schwellen sind mit dem Betonfundament zu verankern (Bild 8.39.).
In Bild 8.40. ist ein Schuppen aus Rund- und Schnittholz dargestellt. Die Sparrenpfetten werden teilweise behauen. Rähm und Doppelzangen sind aus Schnittholz (SH). Bei offenen Schuppen sind die Sparrenpfetten gut mit dem Obergurt gegen Abheben (Windsog) zu verankern.
Das Bild 8.41. zeigt einen Schuppen mit Vordach; es ist ein Hängesprengwerk. Sparren und Pfetten sind bei offenen Schuppen ausreichend zu verankern; desgleichen die Stützen mit den Betonfundamenten.

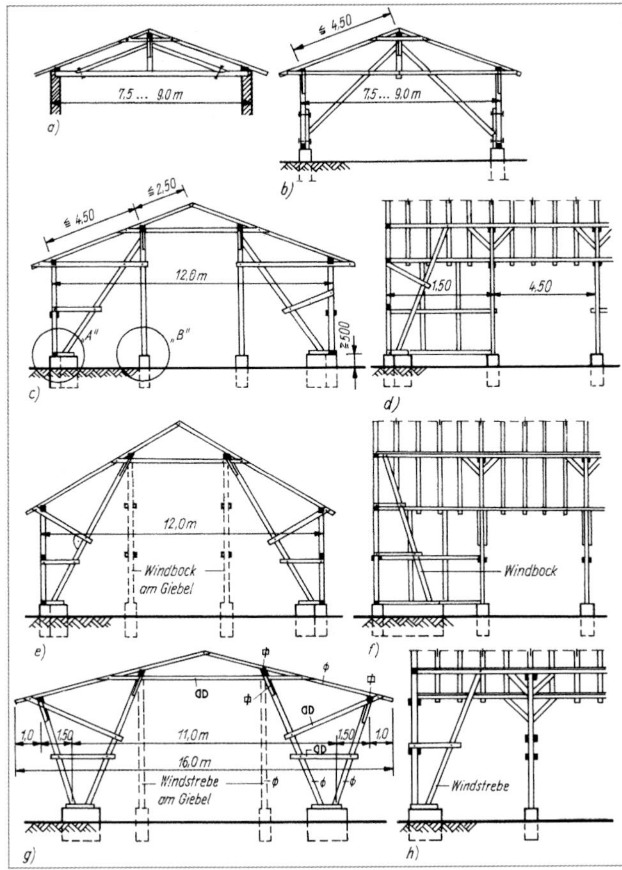

Legende
a) Hängewerksdach, gemauerte Umfassungswände
b) Hängewerksdach und Sprengwerksdach, außen Holzstützen
c) Schuppenbinder mit abgestrebten Zwischenstützen
d) Längsschnitt zu c)
e) Schuppenbinder mit Streben
f) Längsschnitt zu e)
g) Schuppenbinder mit liegenden Stuhlsäulen aus Rundholz und Schnittholz
h) Längsschnitt zu g)

Bild 8.38. Satteldächer ohne Balkenlage

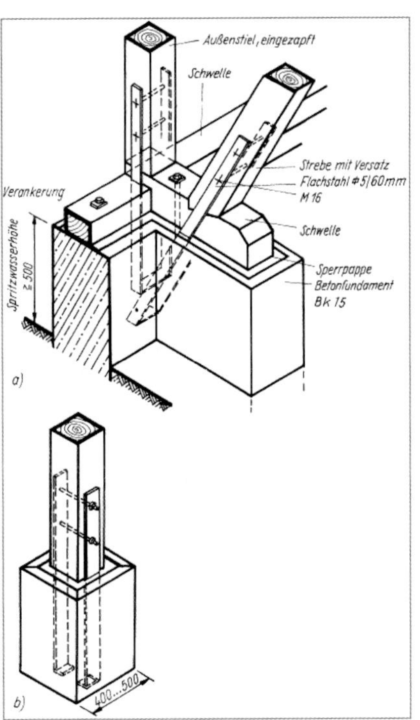

Legende
a) Punkt A von Bild 8.38.c)
b) Punkt B von Bild 8.38.c)

Bild 8.39. Verankerung der Stützen und Streben

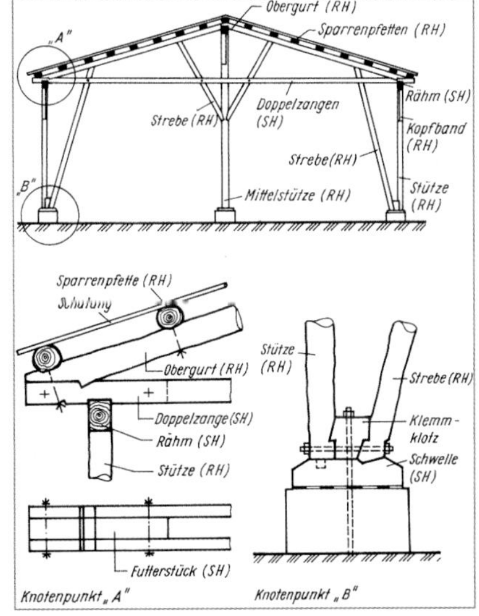

Bild 8.40. Schuppen aus Rund- und Schnittholz, $_{max}\ell = 11{,}0$ m

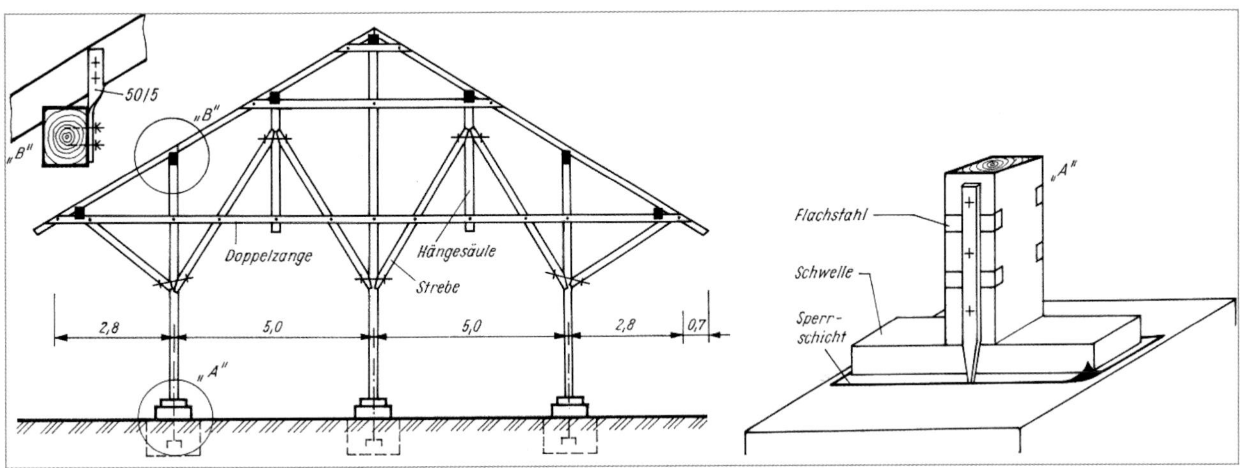

Bild 8.41. Schuppen mit Vordach; Hänge-Sprengwerk – Dachkonstruktion

9. Hallendächer

9.1. Allgemeine Hinweise

Bei der Behandlung von Binderkonstruktionen soll von der Form und nicht von den Verbindungsmitteln ausgegangen werden. Zur Berechnung und Gestaltung von Stabtragwerken wird empfohlen:

- Bei den großen Stützweiten sind an die statische Berechnung hohe Anforderungen zu stellen, insbesondere an die Stabilität, Verformung und Aussteifungsverbände. Bei großen Stützweiten werden statisch bestimmte Systeme bevorzugt.
- Unsicherheiten bei der Berechnung der Verformungen, bedingt durch elastische Eigenschaften des Holzes, Schwinden und Quellen des Holzes (Formänderungen), Schlupf der Verbindungen und plastische Verformungen, können, insbesondere bei der Berechnung der Durchbiegungen, zu Fehlresultaten führen. Oft werden die Verformungen unterschätzt.
- Um mittlere und große Stützweiten wirtschaftlich zu überbrücken, sind bestimmte Anforderungen an die Geometrie des Tragwerks zu erfüllen.
- Für alle Konstruktionen gibt es Grenzstützweiten.

Zur Planung von Industrie- und Gewerbebauten in Holz s. [*Reichhardt/Jürges* u. a. 2008], zu generellen Fragen der Planung von Holzbauten s. [*Herzog/Natterer* u. a. 2003].

Zur geschichtlichen Entwicklung des frei tragenden (Ingenieur-) Holzbaus wird auf [*Rug* 2003-1], [*Gattnar/Trysna* 1961], [*Gesteschi* 1938], [*Gesteschi* 1930], [*Kersten* 1926], [*Kersten* 1921] verwiesen (besonders bei der Reparatur älterer Holzkonstruktionen dienlich).

9.2. Vorentwurf

Damit eine wirtschaftliche Konstruktion gewählt wird, sind schon beim Vorentwurf Vergleichsentwürfe aufzustellen und überschlägig zu berechnen.
Für die Ausarbeitung des Vorentwurfs sind folgende **Fragen** zu klären:

- Standort, Grundrissabmessungen, Dachdeckung, Dachneigung, Stützenanordnung, Zweckbestimmung des Bauwerks (bzw. des Dachraumes), Forderungen des Brandschutzes,
- Traufhöhe, Anschluss des Bauwerks an bestehende Bauten in ästhetischer und konstruktiver Hinsicht,
- Belichtung, Belüftung, Wärmedämmung, Entwässerung, innere angehängte Decken, Oberlichtaufbauten,
- Ermittlung der zusätzlichen Belastungen, die durch Krane, Laufkatzen, Installationen (wie Lüftungskanäle o. dgl.) und andere angehängte Konstruktionsteile entstehen.

Nach diesen vorbereitenden Ermittlungen folgt **der eigentliche Vorentwurf** mit der Wahl des Binderabstandes und des Bindersystems mit Pfetten und Sparren, den Holzverbindungsmitteln sowie den Wind- und Längsaussteifungen. Danach schließt sich die Aufstellung einer überschlägigen statischen Berechnung mit dem geschätzten Holz- und Stahlbedarf an. Anschließend kann eine überschlägige Kostenermittlung vorgenommen werden. Erst wenn der Vorentwurf bestätigt ist, erfolgt die Ausarbeitung des Entwurfs.

9.3. Konstruktionsaufgabe, Abgrenzung des Problems

Die Konstruktionsaufgabe besteht darin, mithilfe von Holzstäben und Verbindungsmitteln ein Dachtragwerk zu errichten. Es soll innerhalb gegebener Bedingungen (z. B. Auflagerungen) bestimmte Kräfte übertragen.

Das „Tragwerk" ist eine aus mehreren Bauelementen zusammengesetzte Konstruktion, die ihre Eigenlast sowie die Verkehrs- und Nutzlasten aufnimmt und auf die Auflager oder direkt in die Fundamente leitet.

Die Tragwerke und Tragglieder müssen nicht nur tragfähig sein, sondern auch einen ausreichenden Feuerwiderstand aufweisen. Dachtragwerke können auf verschiedene Weise errichtet werden.

9.4. Ebene Fachwerkträger/-binder

9.4.1. Allgemeine statische Grundsätze

Das geometrische Stabsystem jedes Binders, das so genannte Bindernetz, soll ein Fachwerk darstellen.

Bezeichnungen, s. Bild 9.1.

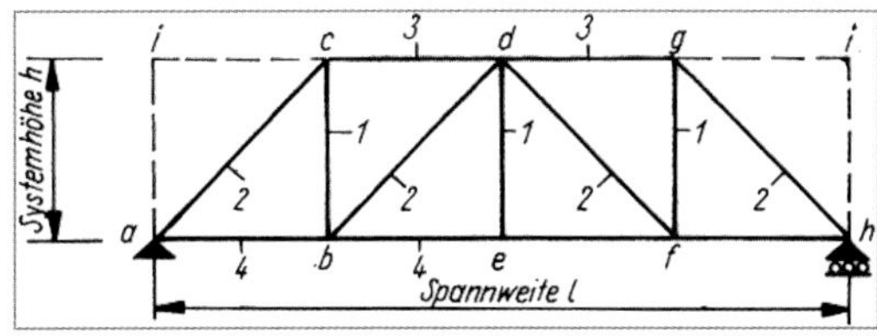

Legende
1 Vertikale
2 Diagonale
1 und 2 werden auch Feld- oder Wandstäbe genannt
3 Obergurt
4 Untergurt
a, b, c usw. Knotenpunkte
a festes Auflager
h bewegliches Auflager

Bild 9.1. Bezeichnungen am Fachwerk

Wichtigste **Grundsätze** sind:

Jedes Fachwerk soll starr sein und eine sogenannte Scheibe (Binderscheibe) bilden. Ein solches Fachwerk erhält durch zweistäbigen Anschluss der Knotenpunkte seine Grundfigur, das unverschiebliche Dreieck.

Fachwerkträger können sich nur deformieren, wenn

- die Stäbe ihre Länge ändern (verkürzen oder verlängern, wenn wir von elastischen Formänderungen einmal absehen),
- die Verbindungen versagen.

Fachwerke bestehen aus Stäben, die in den Knotenpunkten durch reibungslose Gelenke verbunden gedacht sind und bei denen die äußeren Kräfte nur in Knotenpunkten angreifen. Dadurch wird die Annahme begründet, dass die Stäbe nur Normalkräfte (Zug oder Druck) aufzunehmen haben.

Ebene Fachwerkbinder, die **statisch bestimmt** sein sollen, sind nach dem Bildungsgesetz aufzubauen. Die einfachste Form der starren Scheibe ist ein Stab, sodass man sich das Dreieck durch zweistäbigen Anschluss an den Enden des Grundstabes entstanden denken kann (Bilder 9.2.a und b).

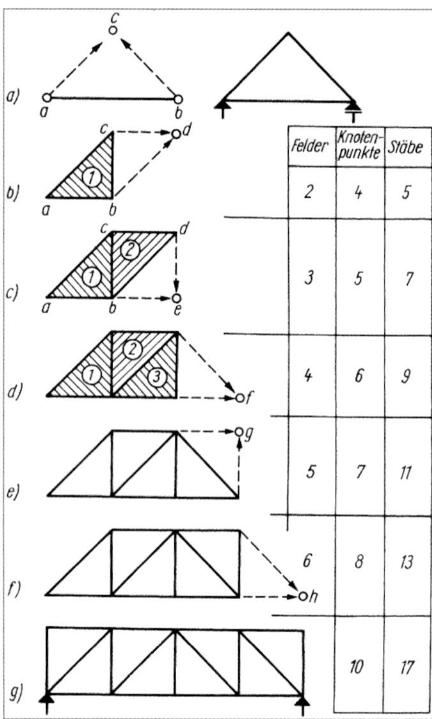

Legende
a) Stab a–b ist die einfachste starre Scheibe
b) zweistäbiger Anschluss an der Grundfigur, das Dreieck
c) bis g) Entwicklungsschritte, Vergrößerungen des Fachwerks; sie stellen in jedem Stadium tragfähige Konstruktionen dar

Bild 9.2. Entwicklungsschritte bei einem Fachwerk

Zwischen der Stab- und Knotenpunktanzahl besteht beim Fachwerk die Beziehung:
n Knotenpunkte erfordern $(2n-3)$ *Stäbe.*

Bei weniger Stäben ist das Fachwerk beweglich, bei zu vielen ist es überstarr und statisch unbestimmt. Die Stablängen der Fachwerke sind nicht beliebig lang ausführbar, sondern werden durch die auf Knicken beanspruchten Druckstäbe und lieferbaren Holzquerschnitte beschränkt. Die Stablängen sind ferner abhängig davon, ob es Brett-, Bohlen-, Kantholz- oder Brettschichtholzbinder sind, und von der Größe der Belastung.
Im Allgemeinen ist anzustreben, kurze Stäbe als Druckstäbe und lange Stäbe als Zugstäbe zu wählen (das Bindernetz ist entsprechend auszubilden).

Damit die Fachwerkstäbe **keine zusätzlichen Biegemomente** erhalten, werden in der Regel die Pfetten auf die Knotenpunkte gelegt. Soll das Fachwerk als starre Scheibe statisch bestimmt gelagert werden, so muss es ein festes und bewegliches Auflager haben. Im konstruktiven Holzbau wird bei geringen Spannweiten auf die Ausbildung eines beweglichen Auflagers verzichtet.
Das als Fachwerk definierte Stabsystem wird für die statische Untersuchung idealisiert; es wird vorausgesetzt:

- starre Stäbe mit gerader Stabachse,
- reibungslose Gelenke,
- zentrische Stabanschlüsse.

Wenn alle Stäbe, aus denen das Fachwerk besteht, samt den auf sie wirkenden Kräften in einer Ebene (Kraftebene) liegen, so wird von einem ebenen Fachwerk, im anderen Fall von einem räumlichen Fachwerk (oder Tragwerk) gesprochen.

Weitere Konstruktionsprinzipien

- Füllstäbe (Wandstäbe) sind möglichst mittig anzuschließen.
- Die Obergurte (Druckstäbe) sind in den Knotenpunkten durch Verbände und Pfetten oder durch Dachscheiben ausreichend auszusteifen.
- Stöße in den in der Regel durchlaufenden Gurtstäben sind in die Nähe der Knotenpunkte zu legen.
- Für Stabbemessung sind meistens die Anschlüsse (Anschlussfläche der Verbindungsmittel) maßgebend, d. h., im Allgemeinen sind die Stabquerschnitte überbemessen, davon die Zugstäbe mehr als die Druckstäbe.

9.4.2. Konstruktive und technologische Einflüsse auf die Gestaltung der Binderform

Die wichtigsten Einflüsse sind

- die Binderspannweite,
- die Konstruktionshöhe und
- die Felderteilung.

Werden ein äußerer Binderumriss (gegeben durch Spannweite und Dachneigung) sowie gleiche Belastung vorausgesetzt, um zu vergleichbaren Ergebnissen zu kommen, die es erlauben, Rückschlüsse zu ziehen und schließlich Verallgemeinerungen anzusprechen, so spielt die Konstruktionshöhe (Systemhöhe) eine wichtige Rolle. In Bild 9.3. sind vier Fachwerkträger mit gleicher Spannweite und gleicher Belastung, aber unterschiedlicher Konstruktionshöhe mit den entsprechenden Cremonaplänen dargestellt.

Es ist zu erkennen:

Die Stabkräfte nehmen unter sonst gleichen Bedingungen mit zunehmender Bauhöhe stark ab.

Stabkräfte zu Bild 9.3. (Verhältniswerte).

Stab	Variante			
	a	b	c	d
$-O_1$	11,2	6,0	4,4	3,6
$-O_2$	9,3	5,0	3,4	3,0
$+U_1$	11,0	5,5	3,7	2,8
$+U_2$	7,4	3,8	2,4	1,9
$-D_1$	2,1	1,5	1,4	1,3
$+D_2$	2,1	1,5	1,4	1,3

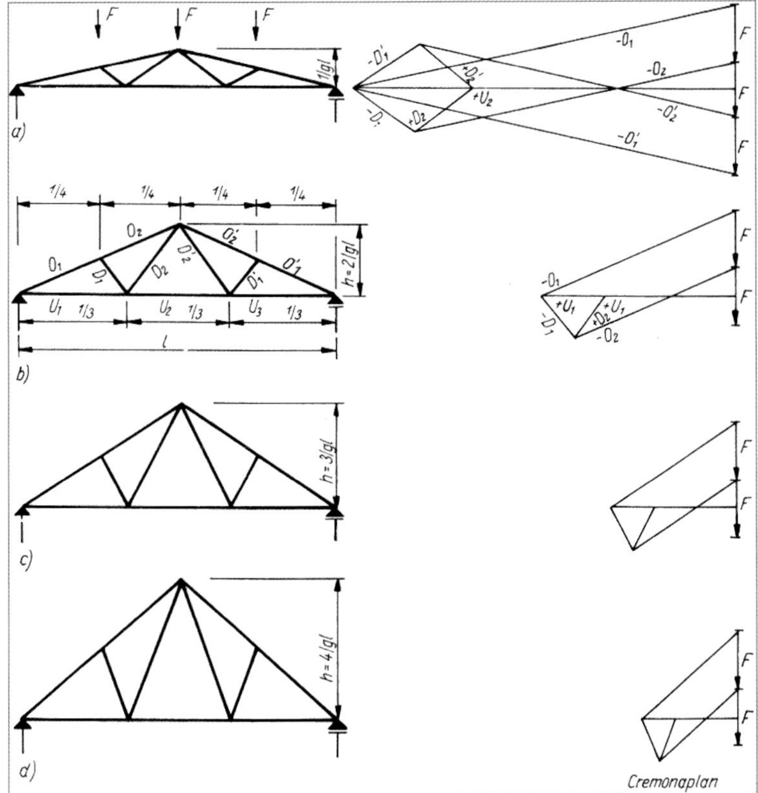

Legende
Beispiel: W-Dachbinder
Variante a geringe Bauhöhe (h = 1/9l)
Variante b mittlere Bauhöhe (h = 2/9l)
Variante c große Bauhöhe (h = 3/9l)
Variante d sehr große Bauhöhe (h = 4/9l)

Bild 9.3. Einfluss der Konstruktionshöhe der Fachwerkträger auf die Stabkräfte (bei gleicher Belastung)

Mit anderen Worten: Bei einer zu geringen Systemhöhe ergeben sich große Stabkräfte.

Für eine wirtschaftliche Dachkonstruktion ist die Wahl einer statisch günstigen **Binderform und Binderhöhe** wichtig.
Auffallend ist der große Unterschied zwischen der Variante *a* ($h = 1/9l$) und der Variante *b* ($h = 2/9l$). Ab einer bestimmten Bauhöhe (Variante *c* und *d*) sind die Differenzen gering.

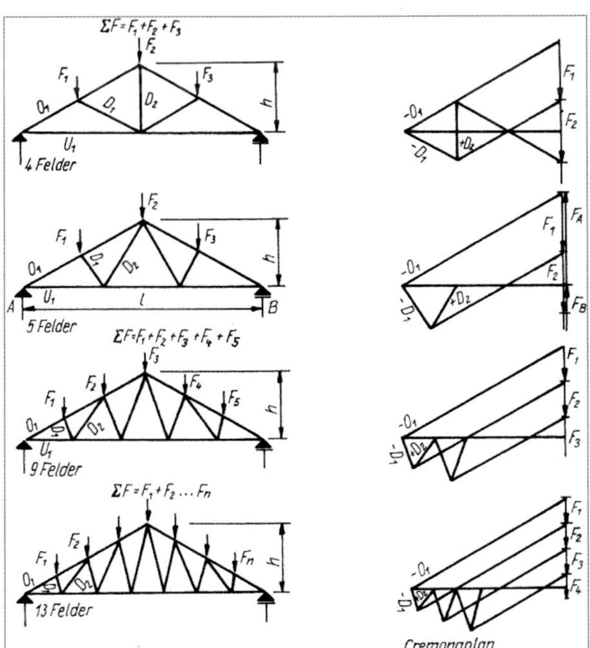

Bild 9.4. Einfluss der Felderteilung auf die Belastung der Stäbe (gleiche Bauhöhe und gleiche Gesamtbelastung, aber unterschiedliche Feldeinteilung)

Einen weiteren Einfluss übt die Felderteilung aus. Bild 9.4. zeigt vier verschiedene Binderformen mit gleicher Spannweite, Bauhöhe, Dachneigung und gleicher Gesamtbelastung.
Anhand der Schemaskizzen und Cremonapläne wird gefolgert:

1. Die Ober- und Untergurtstäbe haben auch bei unterschiedlicher Felderteilung gleiche Normalkräfte aufzunehmen.
2. Mit steigender Felderzahl werden die Stabkräfte der Feld- (oder Wand-)Stäbe geringer.
3. Mit der Felderzahl nimmt die Anzahl der **Knotenpunkte** nach der Belastung $\sum Kn = \text{Feldanzahl} + 2$ zu (s. Bild 9.2.).

Aus dieser Untersuchung wird die Forderung deutlich, nach einem Optimum zwischen der Anzahl der Knotenpunkte (als Funktion der Felderanzahl) und dem Stabquerschnitt (als Funktion der Größe der Stabkraft) zu suchen.

Binderformen mit wenig Knotenpunkten (Beispiel Dreieckfachwerkträger mit der W-Form) bieten Vorteile.

Wenige Knotenpunkte erfordern, dass weniger Stäbe verbunden werden müssen (kostengünstig).
Die Durchbiegung der Fachwerkträger ist gering. Sie ist abhängig vom Verhältnis der Konstruktionshöhe zur Spannweite.
Für effektive Konstruktionslösungen, um den Holzverbrauch und die Kosten zu senken, sind wichtig:

1. die Konstruktionshöhe und
2. die Anzahl der Knotenpunkte.

Ein weiteres Kriterium für die gewählte Konstruktionslösung ist der Holzverbrauch, bezogen auf die Grundfläche $(m^3/100\ m^2)$.

Tabelle 9.1. Grundformen und Varianten von Fachwerkträgern und Fachwerkbindern (s. a. [*Herzog/Natterer* u. a. 2003]

Bezeichnung	Schemaskizze der Grundform	Parameter, Varianten	Hinweise
Parallelfachwerkträger Parallelfachwerkträger mit Druckstreben Parallelfachwerkträger mit Zugstreben Strebenfachwerkträger K-Fachwerkträger	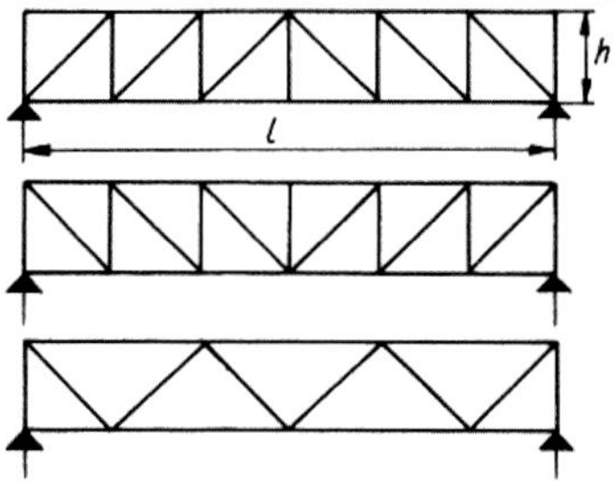 h, l	Spannweite: 10...60 m Systemhöhe: $h = 1/6$ bis $1/12l$ (abhängig von Spannweite und Belastung) Achsabstand: 4...12 m 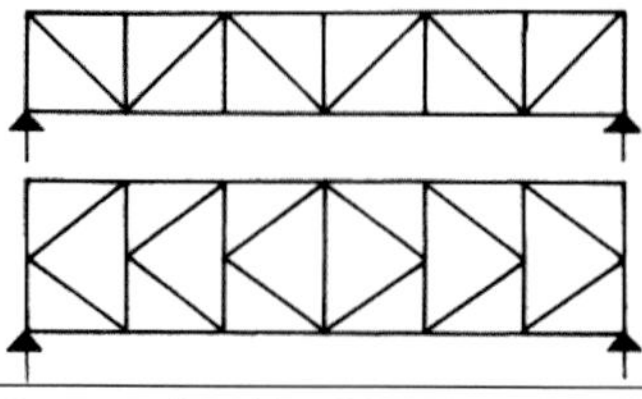	Anwendung als Brückenträger, Pfetten, Windverband; bei Kantholzbindern, Zugpfosten aus Rundstahl; Bezeichnung auch als Ständerfachwerk, ältere Bezeichnung N-Träger, auch als Pratt-Träger oder Pratt-Binder bezeichnet; Strebenfachwerk-Träger mit nur geneigten Wandstäben, ältere Bezeichnung auch als „Warrenträger"; K-Binder, eignet sich sehr gut als Windverband (auch in waagerechter Lage)
Pultfachwerkträger Pultfachwerkträger mit Druckstreben Pultfachwerkträger mit Zugstreben	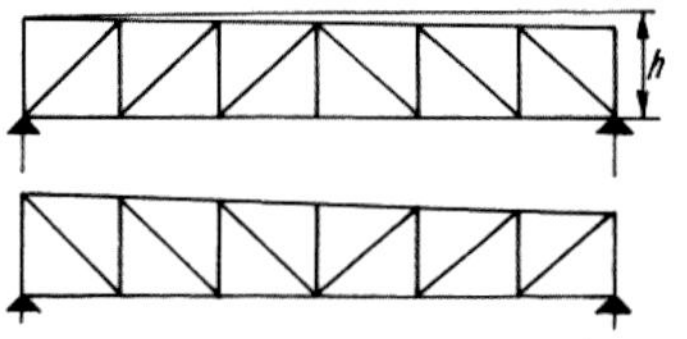 h	Spannweite: 10...60 m Systemhöhe: $h = 1/6$ bis $1/12l$ (abhängig von Spannweite und Belastung) $\alpha \approx 1...6°$ Achsabstand: 4...12 m	Obergurt der Dachneigung angepasst, Eignung für Neigungen von 10 bis 25 % (6 bis 15°); es lassen sich die Grundformen des Parallelfachwerkträgers anwenden.
Trapezfachwerkträger Trapezfachwerkträger mit Druckstreben Trapezfachwerkträger mit Zugstreben	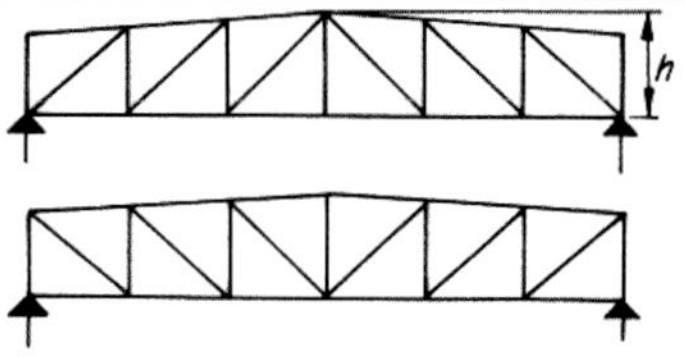 h	Spannweite: 10...60 m Systemhöhe: $h = 1/6$ bis $1/10l$ $\alpha \approx 1...8°$ Achsabstand: 4...12 m 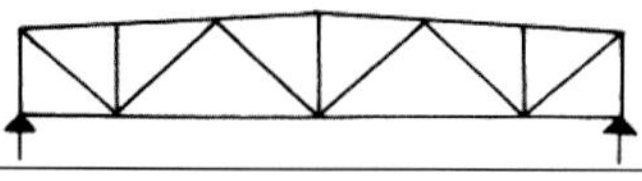	Obergurt der Dachneigung angepasst, Eignung für Neigungen von 10 bis 25 % (6 bis 15°); es werden die Grundformen des Parallelfachwerkträgers angewendet.
Dreieckfachwerkbinder (W-Binder)	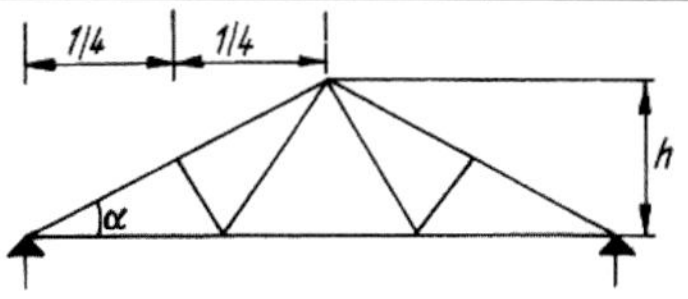 l/4, l/4, h, α	Spannweite: 6...30 m Systemhöhe: $h = 1/6$ bis $1/7l$ $\alpha \approx 12...30°$ Achsabstand: 4...12 m	Wirtschaftliche Binderform für Brett- und Bohlenbinder, lange Diagonalen erhalten Zug-, die kurzen Druckkräfte. Bei zu geringer Bauhöhe ($1/9l$) schwieriger Anschluss am Auflager; Untergurt waagerecht; geneigt für $a \leq 35$ bis 40°
Dreieckfachwerkbinder mit Zugstreben	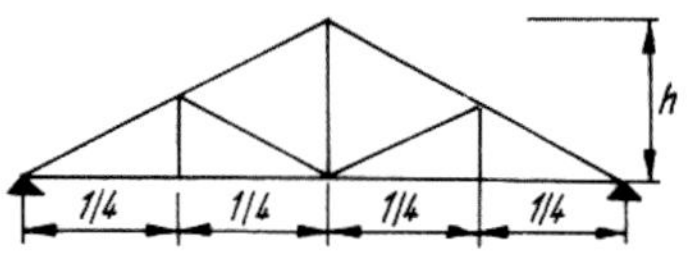 h, l/4, l/4, l/4, l/4; l/6	Spannweite: 12...30 m (6 Felder) Systemhöhe: $h = 1/6$ bis $1/7l$ 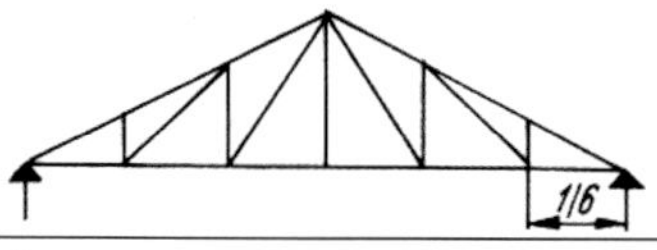	Eignet sich besonders für Brett- und Bohlenbinder.
Dreieckfachwerkbinder mit Druckstreben	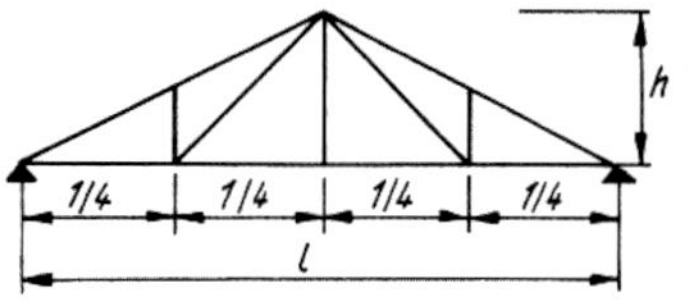 h, l/4, l/4, l/4, l/4, l; l/6	Spannweite: 12...30 m Systemhöhe: $h = 1/6$bis $1/7l$ 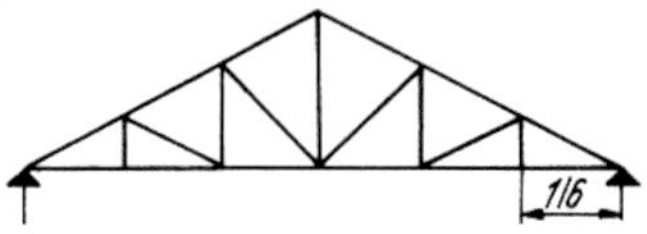 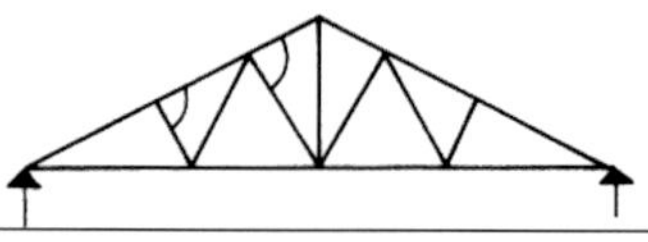	Binderform eignet sich gut für Kantholzbinder; auch als englischer Binder bezeichnet. Diagonalen können mit Versatz angeschlossen werden. Eine Variante zum „englischen" Binder stellt der „belgische" Binder dar, bei dem die Druckdiagonalen senkrecht an die Obergurte stoßen.
Dreieckfachwerkbinder mit Zugstreben	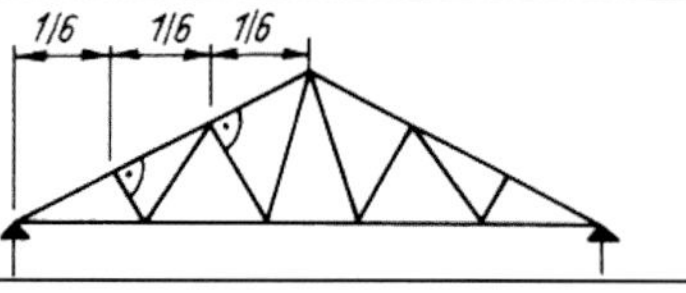 l/6, l/6, l/6	Spannweite: 12...30 m Systemhöhe: $h = 1/6$ bis $1/7l$	Die kurzen Diagonalen stoßen winkelrecht an die Obergurte; die Einteilung beginnt bei den Obergurten.

Tabelle 9.1. *(Fortsetzung)*

Bezeichnung	Schemaskizze der Grundform	Parameter, Varianten	Hinweise
Dreieckfachwerkbinder	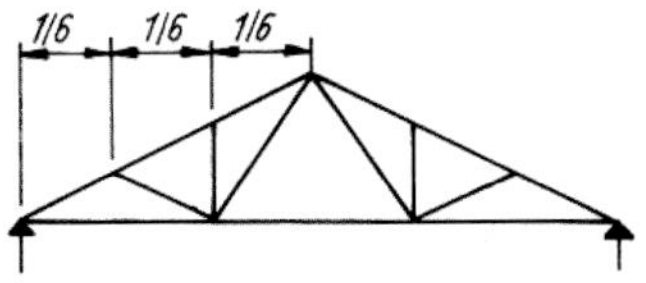	Spannweite: 12...30 m Systemhöhe: $h = 1/6$ bis $1/7l$ 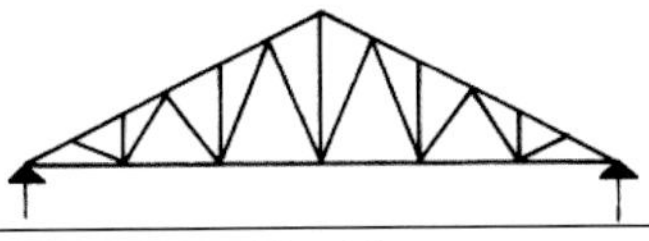	Mischform
Dreieckfachwerkbinder	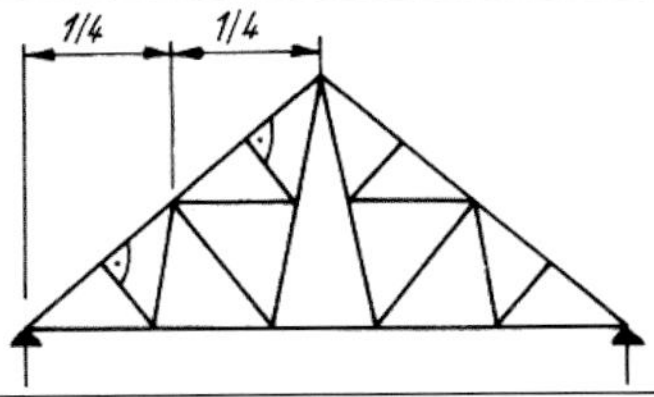	Spannweite: 18...40 m Systemhöhe: $h = 1/6$ bis $1/7l$	Bezeichnung als „Fink-Binder"; Binderform eignet sich gut für Steildächer und große Spannweiten.
Mansardbinder	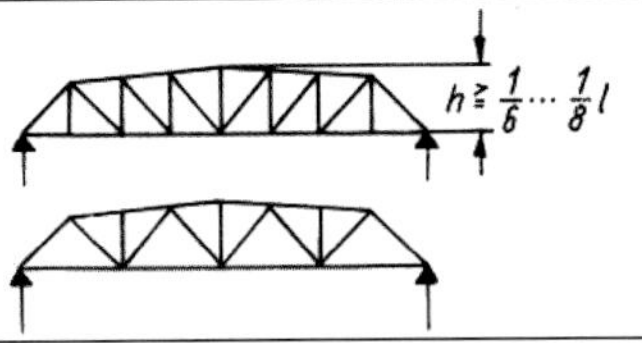	Spannweite: 15...60 m Systemhöhe: $h = 1/6$ bis $1/8l$ $\alpha \approx 3...6°$ Achsabstand: 4...12 m	Hauptsächlich für große Spannweiten und für Kantholzbinder geeignet; Pfostenabstand allgemein gleich, dann ergeben sich unterschiedliche Diagonalneigungen.
Parabelbinder (Bogenbinder)	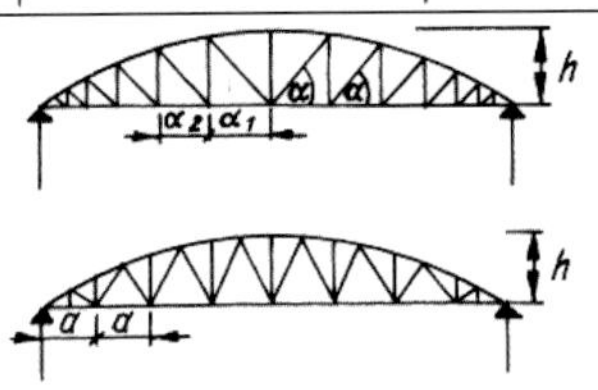	Spannweite: 10...80 *m* Systemhöhe: $h = 1/6$ bis $1/8l$ Achsabstand: 4...12 m	Eignet sich für große Spannweiten und flache Dachneigungen. Feldstäbe haben bei gleichmäßig verteilter Belastung rechnerisch keine Last aufzunehmen; sie sollen den Obergurt gegen Ausknicken in der Binderebene schützen; gleiche oder ungleiche Pfostenabstände (Letztere bevorzugt).
Dreieckfachwerkbinder mit Kragarm	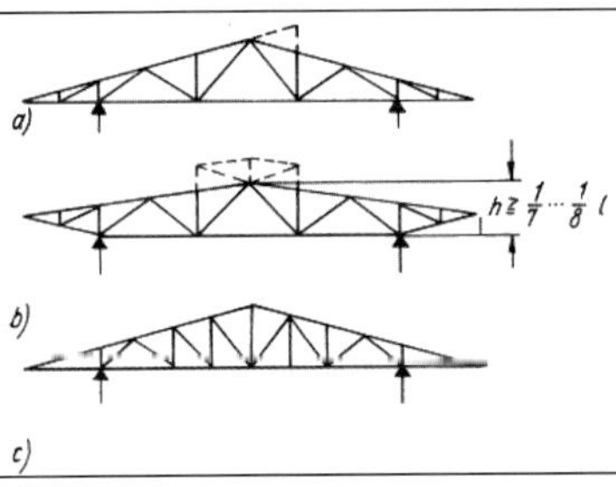 a) b) c)	Spannweite: 10...40 m Systemhöhe: $h = 1/6$ bis $1/8l$ Achsabstand: 4...12 m	Anwendung besonders für Lagerschuppen, Binderform *b)* mit ansteigendem Untergurt des Kragarms eignet sich gut für Lagerschuppen mit Gleisanschluss. Oberlichte sind möglich.
Pultfachwerkbinder mit Kragarm	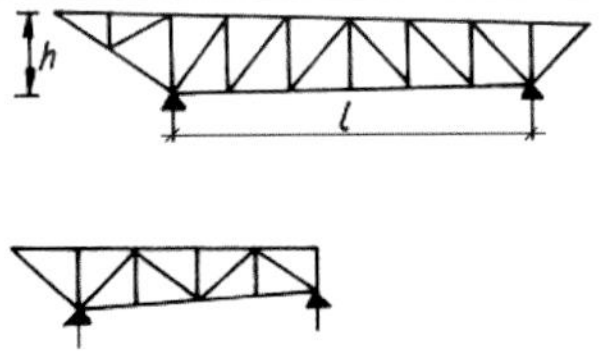	Spannweite: 10...30 m Systemhöhe: $h = 1/6$ bis $1/12l$ $\alpha \approx 1...6°$ Achsabstand: 4...10 m	Anwendung für Tribünen oder Unterstellschuppen; Binderform ist aus dem Pultfachwerkträger entwickelt.
Dreigelenkfachwerkbinder	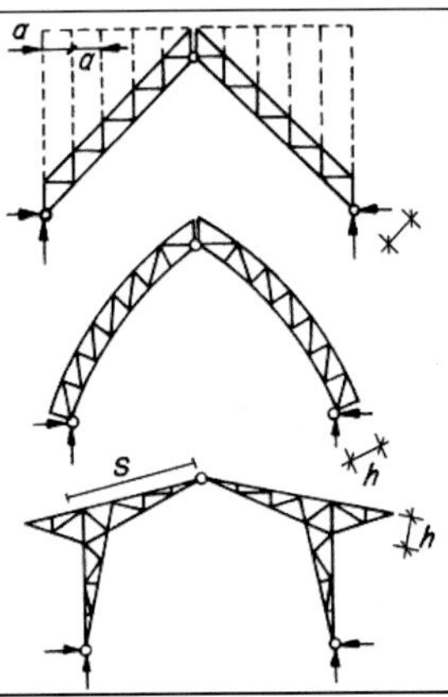	Spannweite: 20...90 m Systemhöhe: $h = 1/15$ bis $1/25l$ Achsabstand: 4...8 m Spannweite: 10...50 m Systemhöhe: $h = 1/10$ bis $1/14s$ Achsabstand: 4...10 m	Für weit gespannte Hallen werden Dreigelenkfachwerkbinder wegen der einfachen Berechnungsweise und Ausführungsform gewählt. Sie sind statisch bestimmt. Auch bei unterschiedlicher Setzung der Fundamente treten keine Schäden auf.

Tabelle 9.1. *(Fortsetzung)*

Bezeichnung	Schemaskizze der Grundform	Parameter, Varianten	Hinweise
Zweigelenkfachwerkbinder		Spannweite: 10...60 m Systemhöhe: $h = 1/10$ bis $1/15l$ $\alpha \approx 3...8°$ Achsabstand: 4...12 m	Wird das Scheitelgelenk des Dreigelenkbinders durch eine biegesteife Verbindung ersetzt, erhält man den einfach statisch unbestimmten Zweigelenkbinder. Anwendung für Hallen; Binder ist empfindlich gegen ungleiche Setzungen.
		Spannweite: 40...120 m Systemhöhe: $h = 1/20$ bis $1/40l$ $f = 1/5 \pm 1/8l$ Achsabstand: 4...12 m	Geeignet für weit gespannte Hallen, Geometrie möglichst in Form der Stützlinie, Füllstäbe haben i. Allg. geringe Stabkräfte, sind aber stets druck- und zugfest mit den Gurten zu verbinden.

9.4.3. Formen von Fachwerkbindern

Die Formen der Fachwerkbinder sind unterschiedlich; sie hängen u. a. ab von

- der Dachform,
- der Spannweite,
- der Belastung,
- den zur Verfügung stehenden Holzquerschnitten und
- den Verbindungsmitteln.

Die **Grundformen** der Fachwerkbinder oder Fachwerkträger sind (s. Tabelle 9.1.):

- Parallelfachwerkbinder,
- Dreieckfachwerkbinder,
- Mansardfachwerkbinder,
- Parabelfachwerkbinder,
- Zweigelenkfachwerkbinder.

Alle anderen Formen sind Varianten oder Kombinationen mit z. T. unterschiedlichen Feldteilungen. So sind z. B. die Pultdach- und Trapezfachwerkbinder aus dem Parallelfachwerkträger entwickelt worden.

Bei Bindern, deren Obergurte parallel zur Dachfläche verlaufen, wird deren Neigung mit der Dachneigung abgestimmt.

Fachwerkbinder auf zwei Stützen kommen am meisten vor.

9.4.4. Bemessung der Fachwerkstäbe

Früher ermittelte man die Stabkräfte meistens grafisch mithilfe von Cremonaplänen. Um die Berechnung von Fachwerkträgern zu erleichtern, wurden, als die Computerprogramme noch nicht so ausgereift waren, für die am meisten verbreiteten Systeme **Tabellen** aufgestellt [*Scheer/Wunderlich* 1982; *Krieghoff/König* 1962]. Zeitgemäß werden heute Computerprogramme (z. B. Stabwerksprogramme) eingesetzt, und es erfolgt eine **rechnergestützte Abarbeitung.** Die **äußeren Lasten** werden in den Knotenpunkten des Fachwerks als Einzellasten wirkend angenommen. Für Eigen-, Schnee- und Windlasten sind die Stabkräfte festzustellen und tabellarisch aufzuführen. Dann werden die maximalen Zug- oder Druckkräfte für jeden Stab ermittelt, die für die **Bemessung** maßgebend sind. Bei druckbeanspruchten Bauteilen ist auch das Knicken aus der Fachwerkebene nachzuweisen.

Liegen auf den Binder-Obergurten Sparrenpfetten zwischen den Knotenpunkten oder liegt Schalung auf, so ist daraus das entstehende Biegemoment zu berücksichtigen; dasselbe gilt bei untergehängten Decken für die Untergurte.

Zur Vorbemessung häufig vorkommender **Fachwerkträgerformen** sind wichtige Werte für

- parallelgurtige Fachwerkträger (Bild 9.5.a) und
- dreieckförmige Fachwerkträger (Bild 9.5.b)

angegeben.

Ausmittige Stabanschlüsse

Abweichungen der Stabanschlüsse von der Systemlage des Fachwerkträgers sind möglichst zu vermeiden. Andernfalls sind die durch sie entstehenden zusätzlichen Spannungen beim Spannungsnachweis zu berücksichtigen.

Zusätzliche Spannungen, die durch ausmittige Nagelverbindungen nach Bild 9.6. hervorgerufen werden, brauchen nicht nachgewiesen werden, wenn $e_1 \leq h_G/2$ (= Gurthöhe) ist.

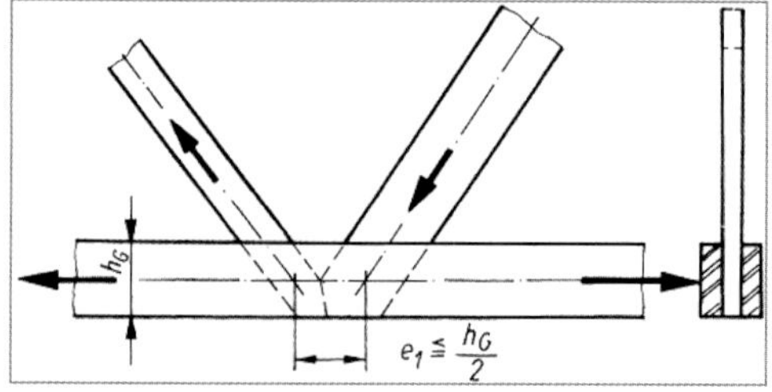

Bild 9.6. Ausmittige Stabanschlüsse

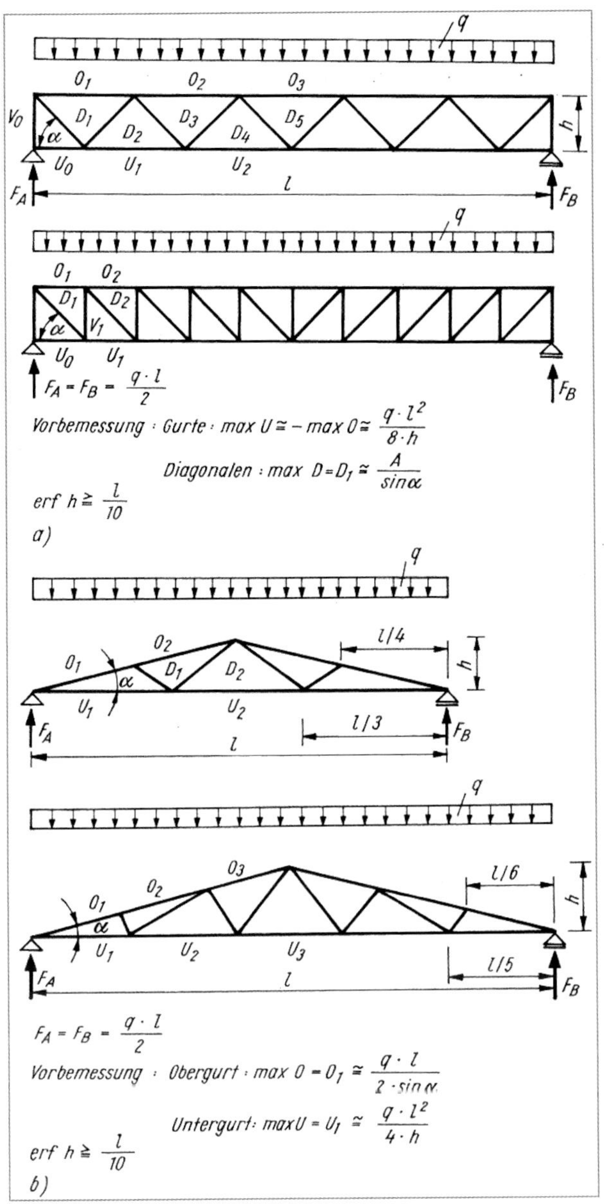

Legende
a) parallelgurtiger Fachwerkträger
b) dreieckförmiger Fachwerkträger

Bild 9.5. Fachwerkträger, Werte zur Vorbemessung (nach [*Götz* u. a. 1980])

Berücksichtigung der Gurt-Biege-Spannungen

Ist die Gurthöhe von parallelgurtigen und trapezförmigen Fachwerkträgern $h_1 > 1/7h$ (Trägerhöhe), so können die Biegespannungen in den Gurten nicht mehr vernachlässigt werden. Zusätzlich zum Nachweis, dass die Schwerpunktspannung in den Gurten die Bemessungswerte der Festigkeit nicht überschreiten darf, ist der Nachweis der Nichtüberschreitung der Biegerandspannungen in den Gurten zu führen. Möglich ist der Nachweis auf der Grundlage einer vereinfachten Berechnung oder aufgrund einer genauen Rechnung (s. a. DIN 1052:1988/1996, Teil 1, Abschnitt 8.4.3).
Hinweise zur Konstruktion unterschiedlicher Fachwerkträger bezüglich Form, Bauweise, Stützweiten sind in [*Herzog/Natterer* u. a. 2003] veröffentlicht. Betrachtungen über die Statik von Fachwerkkonstruktionen werden in [*Halász/Scheer* 1996], [*Scheer/Wunderlich* 1982] und [*Tietjen* 1981] angestellt.

9.4.5. Bemessung des Tragwerkes nach DIN EN 1995-1-1:2010, Abschnitt 5.4

Fachwerkbinder gelten als zusammengesetzte Tragwerke. Regeln zur Berechnung enthält DIN EN 1995-1-1:2010 in Abschnitt 5.4.
Für die Berechnung von Fachwerkbindern sind nach DIN EN 1995-1-1:2010 zwei Nachweisverfahren zulässig:

a) Vereinfachter Nachweis

Der vereinfachte Nachweis ist an bestimmte konstruktive Bedingungen gebunden, wie:

- der kleinste Winkel einer Verbindung zwischen Ober- und Untergurt beträgt stets mindestens 15°,
- ein Teil der Auflagerfläche befindet sich unterhalb des Auflagerknotenpunktes,
- $H \geq 6{,}7 \cdot l$ und $H > 7 \cdot h_1$ (h_1 = *Höhe des Gurtes),*
- bei dem statischen Modell müssen die Systemlinien der Stäbe mit den Achsen der Gurtstäbe übereinstimmen, und die Systemlinien der Füllstäbe müssen innerhalb der Ansichtsflächen der Stäbe liegen.

Dann können die Stabkräfte (einschließlich möglicher Biegebeanspruchungen) unter der Modellannahme gelenkiger Knotenpunkte ermittelt werden. Liegt die Schwerachse von Füllstäben im Anschlusspunkt außerhalb der Schwerachse der durchlaufenden Gurte (ausmittiger Anschluss), so darf das unberücksichtigt bleiben, wenn die Ausmitte kleiner als die halbe Gurthöhe ist. Treten an durchlaufenden Stäben Biegebeanspruchungen auf (z. B. der Obergurte), so sind die Biegemomente am durchlaufenden Stab mit unverschieblichen Auflagern zu ermitteln. Dies gilt nach DIN EN 1995-1-1:2010, Abschnitt 5.4.3 im Wesentlichen auch für Nagelplattenbinder.

b) Ausführlicher Nachweis nach DIN EN 1995-1-1:2010, Abschnitt 5.4.2

Die Ermittlung der Stabbeanspruchungen hat unter Berücksichtigung der Stab- und Verbindungsverformungen, möglicher Ausmittigkeiten und der Steifigkeit der Unterkonstruktion zu erfolgen.
Hinsichtlich der Kraftübertragung in den Anschlusspunkten unterscheidet man in direkte und indirekte Verbindungen (s. a. hierzu ausführliche Erläuterungen in [*Blaß* u. a. 2005]).
Die Verbindungen dürfen im Allgemeinen als gelenkig angenommen werden. Verschiebungen dürfen vernachlässigt werden, wenn die Verteilung der Stabbeanspruchung nicht wesentlich beeinflusst wird. Die Annahme drehsteifer Verbindungen ist berechtigt, wenn eine Verdrehung die Stabbeanspruchung nicht wesentlich beeinflusst.

Bemessung der Stäbe nach DIN EN 1995-1-1:2010, Abschnitt 6

Druckstäbe haben eine Knicklänge, die als Abstand zwischen zwei benachbarten Wendepunkten definiert ist. Bei ausschließlich aus Dreiecken zusammengesetzten Fachwerken haben die Druckstäbe Knicklängen, die der Länge der Systemlinie entsprechen (Voraussetzung: Einfeldstäbe sind ohne Endeinspannung, Durchlaufstäbe sind ohne Querlasten). Die anzunehmenden Knicklängen der Stäbe sind in Tabelle NA.24 in DIN EN 1995-1-1/NA:2013 angegeben.
Das Ausknicken aus der Fachwerkebene ist ebenfalls nachzuweisen (s. a. *Kessel* in [*Step 1* 1995] und *Steck* in [*Step 2* 1995]).

Bei durchlaufenden Gurten wird im Bereich der Auflager und Anschlüsse (entsprechend der Annahme einer konstanten Querlast) ein parabelförmig ausgerundeter Momentenverlauf angenommen. Gurte, welche am unteren Rand aufgelagert sind und deren oberer Rand belastet ist, können mit reduzierter Schubkraft nach Abschnitt 6.1.7 (3) der Norm nachgewiesen werden. Im Bereich der Anschlüsse, sind Querzugbeanspruchungen nach Abschnitt 8.1.4 nach DIN EN 1995-1-1:2010 nachzuweisen.

9.4.6. Durchbiegung von statisch bestimmten Fachwerkträgern

Es wird zwischen der elastischen Durchbiegung und der Durchbiegung infolge Zusammentrocknens des Holzes und der Durchbiegung des Schlupfes des Verbindungsmittels unterschieden.

Die elastische Durchbiegung ist eine Folge der Längenänderung der Stäbe infolge der Druck- oder Zugbeanspruchung. Sie ist nicht sehr groß. Von größerem Einfluss sind die Durchbiegungen, da das Holz, insbesondere quer zur Faser, schwindet. Diese Durchbiegungen sind daher hauptsächlich davon abhängig, ob genügend getrocknetes Holz verwendet wurde. Ist das nicht der Fall, so ist mit größeren Verformungen zu rechnen. Die von der ruhenden Verkehrslast einschließlich der Schnee- und Windlast (Gesamtlast) herrührende, ohne Berücksichtigung der Verbindungsmittel rechnerisch ermittelte Durchbiegung bei Fachwerkträgern darf im Feld höchstens $\ell/400$ der Stützweite betragen. Werden die Nachgiebigkeit der Verbindungsmittel und auch die Formänderungen der Stäbe berücksichtigt, so darf die zulässige Durchbiegung $\ell/200$ betragen. Der rechnerische Nachweis der Durchbiegung wurde bisher nur in Ausnahmefällen, z. B. bei sehr niedriger Systemhöhe, verlangt (DIN 1052:1988/1996, Teil 1, Abschnitt 8.5).

Grenzwerte für die Durchbiegung nach DIN EN 1995-1-1:2010

Für Fachwerkträger beziehen sich die Grenzwerte der Durchbiegung für Biegeträger auf die gesamte Spannweite. Die Grenzwerte der Durchbiegung entsprechen denen für Biegeträger, hier mit ℓ als Spannweite des Fachwerkbinders.
Es gelten die empfohlenen Durchbiegungen nach DIN EN 1995-1-1/NA:2013, Tabelle NA.13.

Tabelle 9.2. Empfohlene Grenzwerte der Durchbiegungen von Biegestäben (DIN EN 1995-1-1/NA:2013, Tabelle NA.13)

		w_{inst}	$w_{net,fin}$ nach Gleichung (NA.1)	w_{fin}
1	Bauteile, außer Bauteile nach Zeile 2	$\ell/300$[a] ($\ell/150$)	$\ell/300$[a] ($\ell/150$)	$\ell/200$[a] ($\ell/100$)
2	Überhöhte Bauteile, untergeordnete Bauteile, wie Bauteile landwirtschaftlicher Gebäude, Sparren und Pfetten	$\ell/200$[a] ($\ell/100$)	$\ell/250$[a] ($\ell/125$)	$\ell/150$[a] ($\ell/75$)
a	Bei verformungsempfindlichen Konstruktionen können geringere Grenzwerte erforderlich werden.			

Werden Fachwerke aus Stäben mit unterschiedlichen Kriecheigenschaften zusammengesetzt, so kann die Endverformung des Gesamtsystems mit stabweise modifizierten Steifigkeitsmoduln

$$\left[\frac{E_{0,\text{mean}}}{1+k_{\text{def}}};\ \frac{G_{0,\text{mean}}}{1+k_{\text{def}}}\right]$$

ermittelt werden (s. a. [*Kessel* 1995-1]).

Ermittlung der Formänderungen

Für Fachwerkträger in Trapez-, Mansard- und Dreieckformen wird die Durchbiegung näherungsweise nach folgender Formel ermittelt:

$$f = \frac{\sum N_i \cdot s_i \cdot \overline{N}_1}{E \cdot A_i}$$

N_i Stabkräfte der Gurtstäbe aus der äußeren Belastung unter Beachtung des Vorzeichens, in N;
s_i Längen der Netzlinien der Gurtstäbe, in mm;
A_i ungeschwächte Querschnittsflächen der Gurtstäbe, in mm²;
E Elastizitätsmodul der Hölzer zur Faserrichtung, in N/mm²;
$\overline{N}_1$ Stabkräfte der Gurtstäbe aus einer virtuellen Last „1“, die an der Stelle der gesuchten Durchbiegung angreift, in N.

Die genaue Berechnung erfolgt nach der Formel:

$$f = \sum\left(\frac{N_j}{E_{II} \cdot A_j} \cdot S_j + \Delta_j\right) \cdot \overline{N_j}$$

Δ_i Verschiebung an den Anschlüssen der Stäbe infolge der Nachgiebigkeit der Verbindungsmittel.

Ermittlung der Überhöhung

Das Gesamtsystem ist parabelförmig zu überhöhen, wobei die Durchbiegung unter Gesamtlast (unter Berücksichtigung möglicher Kriechverformungen und der Nachgiebigkeit der Verbindungen) zugrunde gelegt wird.
Ohne rechnerischen Nachweis muss die Überhöhung mindestens sein:

- $\ell/300$ bei halbtrockenem Holz,
- $\ell/200$ bei frischem Holz,
- $\ell/150$ beim Kragträger.

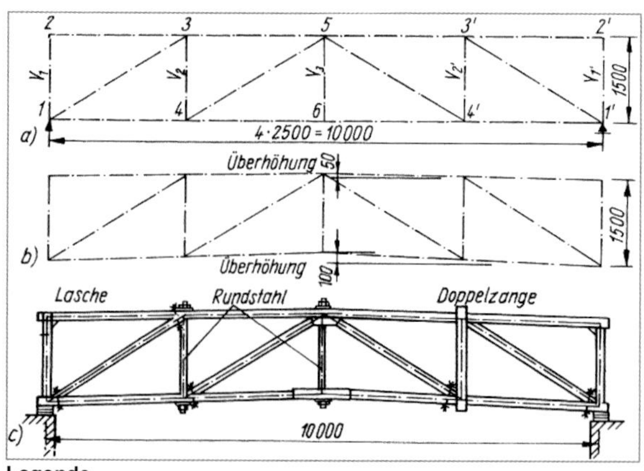

Legende
a) Bindernetz und Systemmaße lt. Zeichnung
b) überhöhter (aufgeschnürter) Fachwerkträger, am Untergurt 1/100 der Spannweite, am Obergurt 1/200 der Spannweite
c) zusammengebauter Fachwerkträger, links: Vertikale aus nachspannbaren Rundstählen, rechts: Vertikale als Doppelzange

Bild 9.7. Überhöhung eines Parallelfachwerkträgers

In der Zeichnung wird die Überhöhung (der sogenannte Stich oder die Sprengung) üblicherweise nicht eingezeichnet, sondern nur als Maß angegeben. Dadurch verändern sich gegenüber der Zeichnung die Systemmaße (Bild 9.7.).

9.4.7. Auflagerausbildungen

Für die Lager weit gespannter Tragwerke sind Hartholz, Stahl oder Gusseisen zu verwenden. Bei der Auflagerausbildung ist der bauliche Holzschutz zu beachten.
Stahlplatten sind mit feinem Beton zu untergießen.

Alle Holzteile müssen dauernd zugänglich sein und ausreichend Luftzutritt haben.

Die Binder sind gegen Windsog und Verschieben zu sichern.

9.4.8. Parallelfachwerkträger

Je nach Belastung können Spannweiten zwischen 10...60 m überbrückt werden. Wegen seiner einfachen Ausführung wird der Parallelfachwerkträger schon seit langem angewendet. Nach Möglichkeit wird eine gerade Felderanzahl ausgeführt. Die Zugstäbe bestehen zweckmäßigerweise aus Rundstählen mit nachspannbaren Schraubenmuttern. Bei Trägern mit geringer Spannweite und in Fällen, wo mit chemischen Einwirkungen gerechnet werden muss, kann man diese vertikalen Zugpfosten auch aus Holz (als Doppelzange) ausführen (Bild 9.8.). Die Berechnung der Stabkräfte erfolgt nach dem *Ritter*schen Schnittverfahren, mithilfe eines *Cremonaplanes oder mit einem Stabwerksprogramm.*

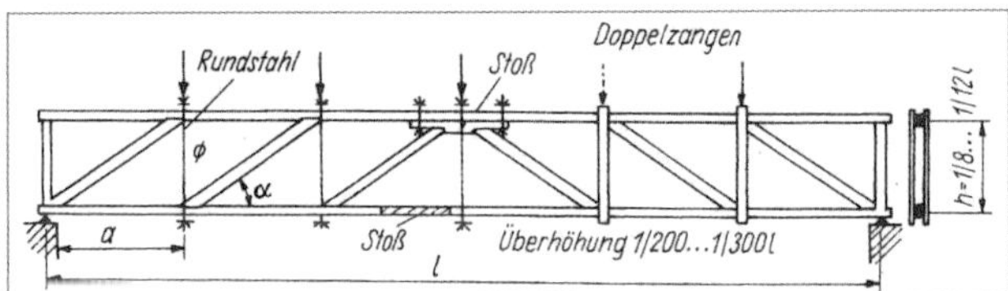

Bild 9.8. Parallelfachwerkträger mit auf Druck beanspruchten Diagonalen (Zur Berechnung eines derartigen Fachwerkträgers nach DIN 1052:1988/1996, s. [*Rug/Mönck* 2007])

9.4.9. Aussteifungsverbände

Zu den Grundlagen der Bemessung, s. Abschnitt 5.4. Die **Quersteifigkeit** der Dachkonstruktion wird durch die Binder erreicht; sie leiten die Windkräfte auf die Auflager. Die in **Längsrichtung** des Bauwerks erforderlichen Aussteifungsverbände müssen

- die auf die Giebel wirkenden Windkräfte,
- die Seitenkräfte aus den Druckgurten der Binder,
- die Seitenkräfte aus den unvermeidbaren Montageungenauigkeiten, dem Schwingen u. Ä. verursachten Abweichungen der Binder aus der Vertikalebene

aufnehmen.

Als senkrechte Längsverbände werden angewendet

- Abstrebungen (Kopfbänder; Bild 9.9.a),
- Auskreuzungen (Andreaskreuze, Verschwertungen; Bild 9.9.b),
- Fachwerke (Parallelfachwerkträger bei größeren Binderabständen; Bild 9.9.c),
- Aussteifungsverbände (Bild 9.9.d.).

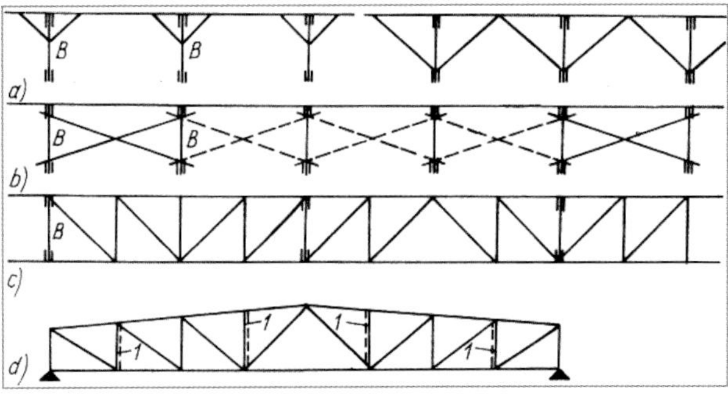

Legende
a) Abstrebungen (Kopfbänder)
b) Auskreuzungen (Andreaskreuze, Verschwertungen)
c) Parallelfachwerkträger als Längsverband
d) Binderquerschnitt mit senkrechten Längsverbänden (1)

Bild 9.9. Senkrechte Längsverbände

Auskreuzungen sind in der Regel durchlaufend anzubringen. Längsverbände können bei hallenartigen Bauwerken zusammen mit Windböcken (im Inneren oder außerhalb des Bauwerks) liegen (Bilder 9.10. und 9.11.).

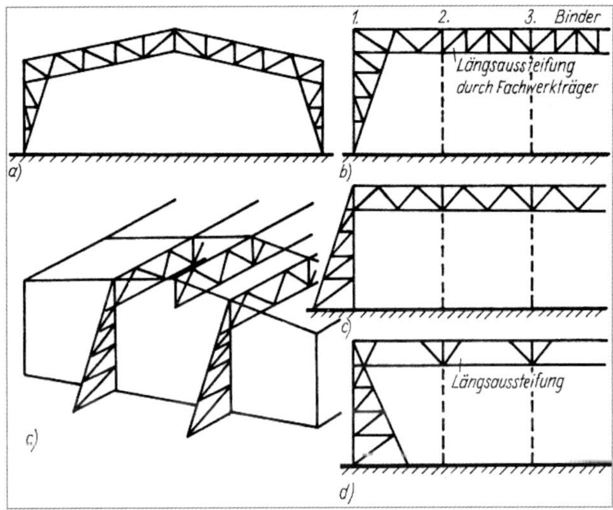

Legende
a) Querschnitt
b) Längsschnitt von außen, Windböcke am Giebel
c) Windböcke am Giebel außen, Längsaussteifung durch Fachwerke
d) Windböcke am Giebel innen, Längsaussteifung durch Bugpfetten (Kopfbänder)

Bild 9.10. Wind- und Längsaussteifung einer Hallenkonstruktion

Liegende Aussteifungen werden in der Dachebene

- im Giebelfeld (Bilder 9.12.a und 9.15.),
- dann in jedem 3. bis 5. Binderfeld unter den Sparrenpfetten oder Sparren angebracht.

Bei Gelenkpfetten dürfen in den Feldern, in denen die Gelenke liegen, keine Windaussteifungen angebracht werden.

Bei Gebäudelängen über 12 mm sind mindestens zwei Verbände anzuordnen, jedoch darf der Mittenabstand der Verbände in der Regel 25 m nicht überschreiten (Bild 9.14.). Der horizontale Aussteifungsverband, der aus gekreuzten Diagonalen besteht, hat Winddruck- und Windsogkräfte aufzunehmen.

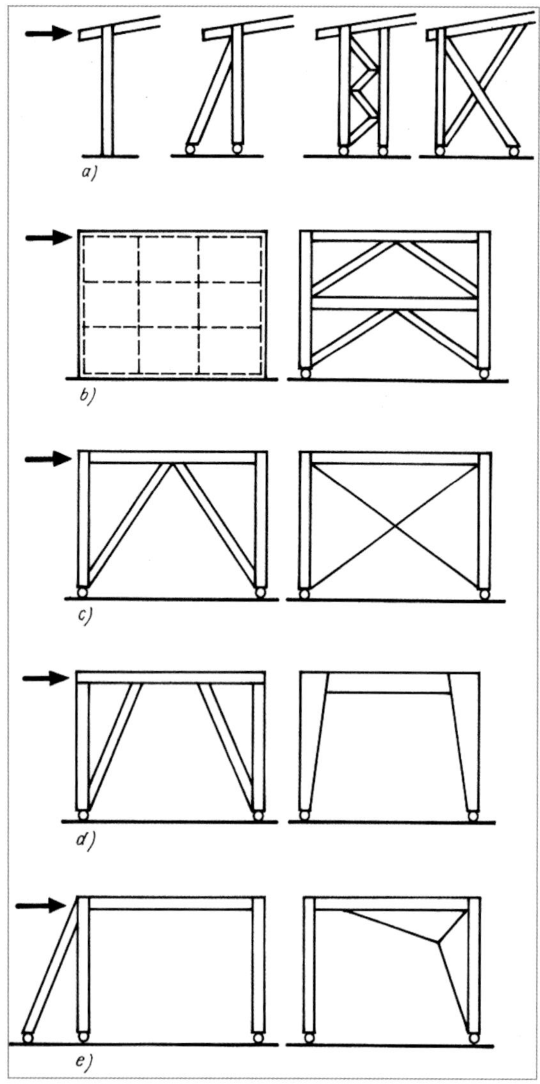

Legende
a) eingespannte Stützen, Streben und Böcke
b) Scheiben
c) Fachwerke
d) Rahmen
e) Halbrahmen

Bild 9.11. Vertikale Aussteifungsverbände aus Brettschichtholz (nach [*Schweizer Holzbau* 1983])

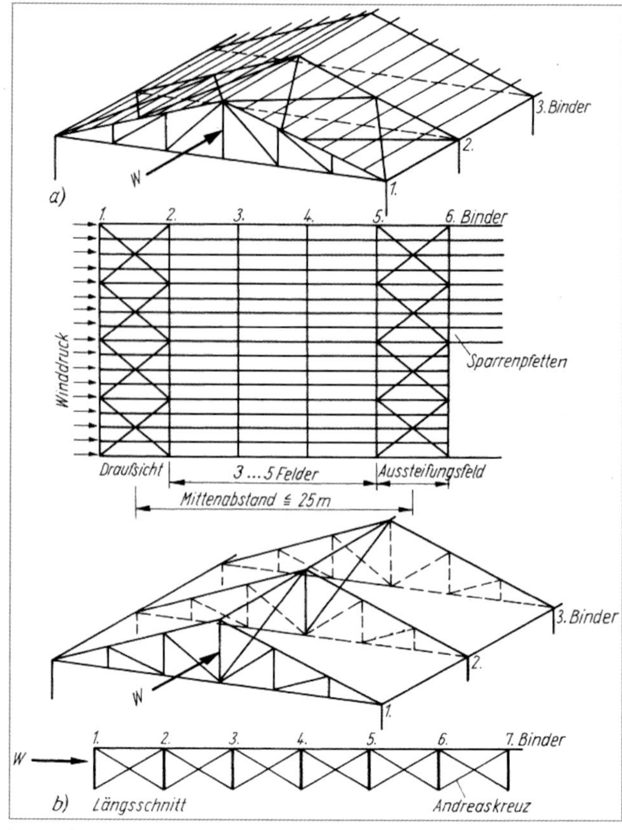

Legende
a) Windaussteifung in der Dachebene
b) Längsverband mit durchlaufenden Auskreuzungen

Bild 9.12. Aussteifungsverbände (Windverbände)

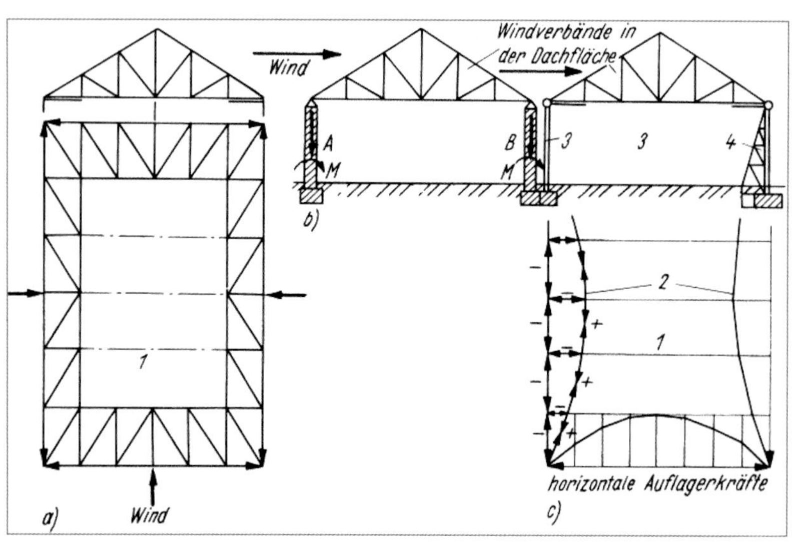

Legende
a) Parallelträger in Hallenlängs- und Hallenquerrichtung
b) Windverbände in der Dachfläche; Längs- und Giebelwände sind standsicher
c) Parabelzugbänder als Windverbände
1 Binder
2 Parabelzugband
3 Pendelstütze
4 biegefeste Stütze

Bild 9.13. Windaussteifung in der Ebene des Binderuntergurtes

Es sind waagerecht liegende Parallelfachwerkträger, bei denen die Obergurte der Binder gleichzeitig die Gurte und die Sparrenpfetten die Vertikalen bilden (Bild 9.12.a). Dabei erhalten die Obergurte der normalen Binder eine Doppelbelastung: Druck aus der Vertikalbelastung (aus Binderobergurt) und Druck bzw. Zug aus der Horizontalbelastung (als Ober- bzw. Untergurt des Windverbandes).
Liegende Aussteifungsverbände in Traufhöhe werden erforderlich, wenn der Unterbau nicht in der Lage ist, quer zur Längsrichtung des Bauwerks angreifende Windkräfte aufzunehmen. Dazu werden parabelförmige oder fachwerkartige Konstruktionen vorgesehen, gegen die sich die Längswand abstützt und die Windkräfte in die Giebel ableiten (Bilder 9.13. und 9.15.b).
Horizontalkräfte können auch durch eingespannte Stützen aufgenommen werden.

Hallenbauten erfordern ausreichend bemessene und sorgfältig ausgeführte Aussteifungsverbände.
Fehlende, ungenügende oder wirkungslose Aussteifungsverbände (Quer-, Längs- und Knickverbände) sind häufig die Ursache von Bauschäden.

Bei Hallen mit geraden Binderriegeln, bei denen keine Wände vorhanden sind, werden die Auflagerkräfte der Wind- und Knickverbände direkt in die Fundamente geleitet (Bild 9.17.a).

Bei Bindern mit großer Spannweite empfiehlt es sich, Verbände am unteren Teil der Dachflächen in allen Feldern anzuordnen (Bild 9.17.a, gestrichelte Linien).

Das Bild 9.17.b zeigt die **Normalausführung der Verbände**. Die Auflagerkräfte eines Verbandes werden durch Strebenböcke in die Fundamente geleitet. Stören bei offenen Hallen die Strebenböcke, können dafür geklebte Portalrahmen (s. a. Bild 9.11.) angeordnet werden. Die Knickkräfte der Zwischenbinder müssen durch die Pfetten auf die Verbände geleitet werden.

Pfettenstöße der beanspruchten Pfettenstränge sind zug- und druckfest auszubilden.

Eine Aussteifung durch Scheiben in Dach- und Wandebene zeigt Bild 9.18.
Während die Binder von frei tragenden Holzkonstruktionen in der Binderebene meistens genügend genau (zutreffend) berechnet werden, wird die erforderliche räumliche Tragwirkung oftmals vernachlässigt. Insbesondere sind es die Abstützungen der Druckglieder gegen seitliches Ausweichen (z. B. der auf Druck beanspruchten Obergurte der Fachwerk- oder Vollwandträger) sowie Windverbände, die unzureichend ausgebildet sind [*Mönck* 1972], [*Mönck* 1980-1].

Für die Aussteifungsstäbe und deren Anschlüsse ist der Nachweis zu führen. Die der Bemessung zugrunde liegende Belastung und andere Kräfte sind in ihrer Wirkung bis in den tragfähigen Baugrund zu verfolgen. Alle Aussteifungsverbände sind zug- und druckfest anzuschließen (wechselnde Beanspruchung).

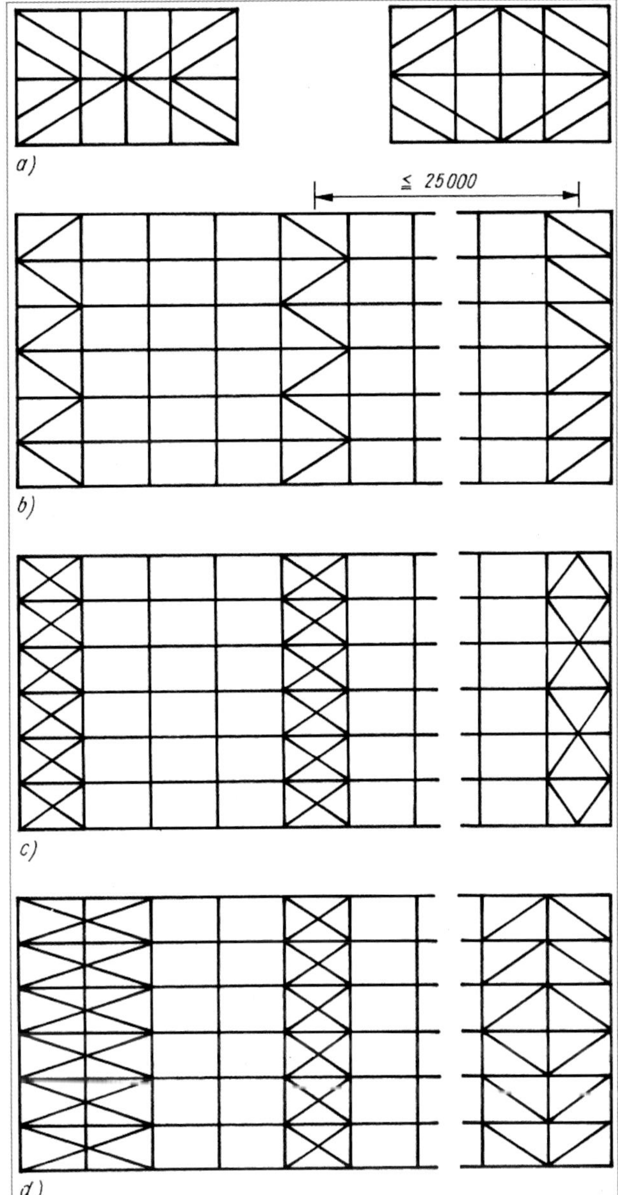

Legende
a) Windrispen bei kleinen Bauten
b) mit drucksteifen Diagonalen
c) mit Zugdiagonalen
d) Verbände über zwei Felder

Bild 9.14. Horizontale Wind- und Aussteifungsverbände (in Dachebene)

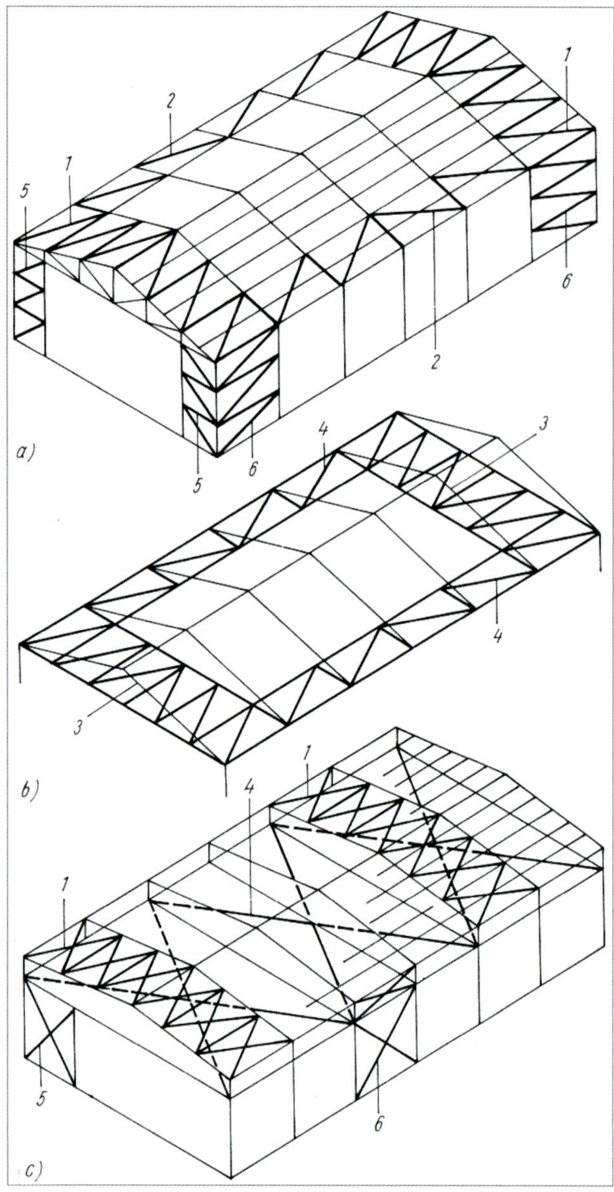

Legende
a) Anordnung von Verbänden,
b) Aussteifung durch gekreuzte Diagonalen (nur auf Zug beanspruchbar, z. B. Bretter, Zugstangen, Flachstahl)
1 giebelparalleler Verband in Dachebene
2 traufenparalleler Verband in Dachebene
3 giebelparalleler Verband in Untergurtebene
4 traufenparalleler Verband in Untergurtebene
5 Vertikalverband in der Giebelwandebene
6 Vertikalverband in Traufebene

Bild 9.15. Räumliche Aussteifung (nach [*Götz* u. a. 1980])

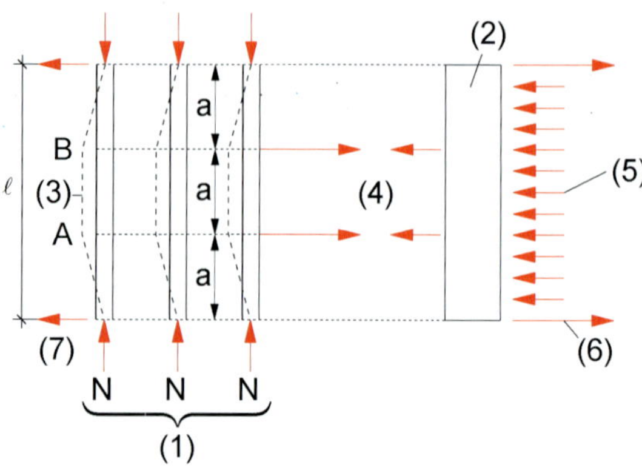

Legende
(1) n Trägersysteme
(2) Aussteifungsverband
(3) Durchbiegung des Trägersystems infolge von Imperfektionen und Verformungen aus Theorie II. Ordnung
(4) Aussteifungskräfte
(5) Äußere Einwirkung auf den Aussteifungsverband
(6) Reaktionskräfte des Aussteifungsverbands aus äußerer Einwirkung
(7) Reaktionskräfte des Trägersystems aus Aussteifungskräften

Bild 9.16. Träger- oder Fachwerksystem mit seitlichem Aussteifungsverband (Bild 9.10. nach DIN EN 1995-1-1:2010)

9.4.10. Aussteifungsverbände nach DIN EN 1995-1-1:2010, Abschnitt 9.2.5.3

Zu den Grundlagen der Bemessung, s. Abschnitt 5.4.
Nicht ausreichend steife Holztragwerke sind durch Verbände standsicher auszusteifen.
Die Aussteifungskonstruktion von *n* Biege- und Fachwerkträgern mit konstantem Querschnitt ist zusätzlich zu vorhandenen horizontalen Einwirkungen (z. B. aus Wind) für eine Ersatzlast q_d zu bemessen, die sich aus Gl. (9.37) und Gl. (9.38) ergibt zu (s. a. Bild 9.26.):

$$q_d = k_\ell \cdot \frac{n \cdot N_d}{k_{f,3} \cdot \ell} \qquad \text{[DIN EN 1995-1-1, Gl. (9.37)]}$$

[DIN EN 1995-1-1, Gl. (9.38)]

$$k_\ell = \min \begin{cases} 1 \\ \sqrt{\dfrac{15}{\ell}} \quad (\text{für } \ell > 15\text{ m}) \end{cases}$$

N_d Bemessungswert der mittleren Druckkraft im Bauteil der Länge ℓ;
ℓ Gesamtlänge des Aussteifungsverbands, in m;
$k_{ef,3}$ der Modifikationsbeiwert.

Für $k_{ef,3}$ entnehmen wir der Tabelle NA.21 in DIN EN 1995-1-1/NA:2013 den Wert $k_{ef,3}$ = 30, d. h. für Gl. (9.37) gilt dann $q_d = k_\ell \cdot \dfrac{n \cdot N_d}{30 \cdot \ell}$.

Die mittlere Normalkraft im Druckgurt von Biegeträgern darf mit Gl. (9.36) ermittelt werden.

$$N_d = (1 - k_{crit}) \cdot \frac{M_d}{h} \qquad \text{[DIN EN 1995-1-1, Gl. (9.36)]}$$

mit:
k_{crit} Kippbeiwert für den nicht ausgesteiften Biegestab;
M_d Bemessungswert des größten Biegemomentes im Stab;
h Höhe des Trägers.

Der Nachweis der Durchbiegung der Verbände sollte erfolgen; es gilt der Grenzwert:

w_{Verband} (aus q_d + weiteren horizontalen Einwirkungen) $\leq \ell/500$.

Für die Berechnung sind die Steifigkeitswerte und Verschiebungsmoduln nach den Regeln der Gl. (2.15), Gl. (2.16) und Gl. (NA.2) in DIN EN 1995-1-1:2010 bzw. DIN EN 1995-1-1/NA:2013 zu bestimmen.

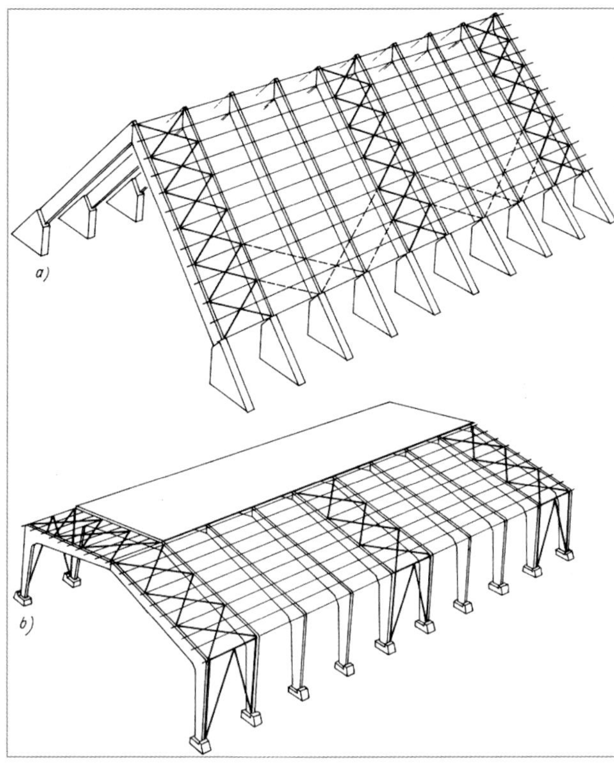

Legende
a) Kräfte der Knick- und Windverbände werden direkt ins Fundament geleitet
b) Normalausführung

Bild 9.17. Wind- und Aussteifungsverbände (nach [*Studiengemeinschaft Holzleimbau* 1968])

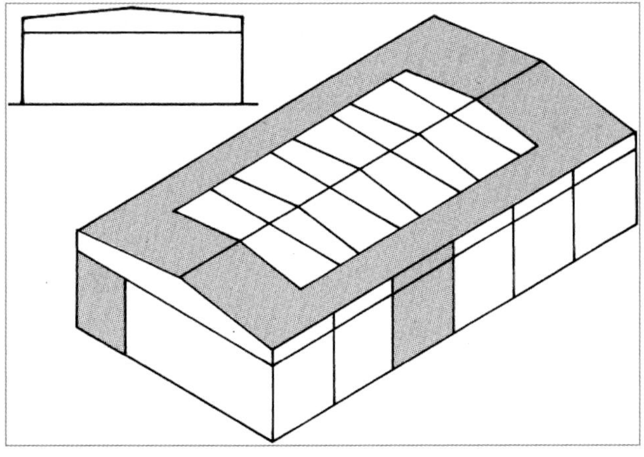

Bild 9.18. Aussteifung durch Scheiben in Dach- und Wandebene (nach [*Götz* u. a. 1980])

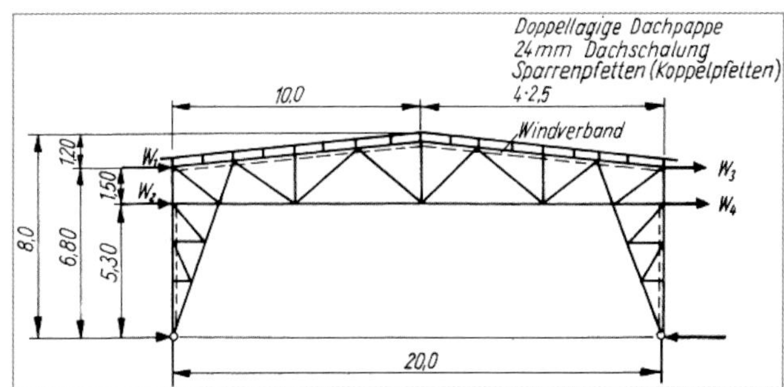

Bild 9.19. Bindersystem: Zweigelenkrahmen als Kantholz-Fachwerk

Beispiel 9.1. (nach DIN EN 1995-1-1:2010)

Für den in Bild 9.19. dargestellten Neubau einer geschlossenen Lagerhalle sind die Knick- und Windverbände zu berechnen. Dachkonstruktion: Sparrenpfetten, 24 mm Schalung und doppelte Papplage, Satteldach.

Binderspannweite	$\ell = 20{,}0$ m (Hallenbreite)
Hallenlänge	$L = 55{,}0$ m
Binderabstand	$a_B = 5{,}0$ m
Felderanzahl	$n = 11$
Binderanzahl	$m = 12$
Traufhöhe	$h_1 = 6{,}80$ m
Firsthöhe	$h_2 = 8{,}0$ m
Dachneigung	$\alpha = 7°$, $\sin\alpha = 0{,}122$, $\cos\alpha = 0{,}99$, $\tan\alpha = 0{,}123$

Holzgüte für tragende Zwecke: C24 nach DIN EN 338.

Charakteristische Werte der Festigkeit nach DIN EN 338, Tabelle 1:

$f_{m,k} = 24\ \text{N/mm}^2$; $f_{t,0,k} = 14\ \text{N/mm}^2$;

$f_{c,0,k} = 21\ \text{N/mm}^2$; $E_{0,05} = 7400\ \text{N/mm}^2$

Nach Tabelle NA.1 der DIN EN 1995-1-1/NA darf die Lasteinwirkungsdauer infolge Wind, der k_{mod}-Wert aus dem Mittel kurz (0,90) und sehr kurz (1,10) gebildet werden.
Für die weitere Berechnung wird aus der maßgebenden Lastfallkombination der Wert der kürzeren Lasteinwirkungsdauer verwendet.

Lasteinwirkungsdauer infolge:

– Wind: kurz/sehr kurz

Nutzungsklasse 2: $k_{\text{mod}} = \left(\frac{0{,}90 + 1{,}10}{2}\right) = 1{,}00$ und

– Schnee: kurz

Nutzungsklasse 2: $k_{\text{mod}} = 0{,}9$ [DIN EN 1995-1-1, Tabelle 3.1]

Bemessungswerte der Widerstandsgrößen:

Es gilt $k_{\text{mod}} = 1{,}0$

$$f_{m,d} = \frac{f_{m,k} \cdot k_{\text{mod}}}{\gamma_M} = \frac{24 \cdot 1{,}0}{1{,}3} = 18{,}46\ \text{N/mm}^2$$

$$f_{t,0,d} = \frac{f_{t,0,k} \cdot k_{\text{mod}}}{\gamma_M} = \frac{14 \cdot 1{,}0}{1{,}3} = 10{,}77\ \text{N/mm}^2$$

$$f_{c,0,d} = \frac{f_{c,0,k} \cdot k_{\text{mod}}}{\gamma_M} = \frac{21 \cdot 1{,}0}{1{,}3} = 16{,}15\ \text{N/mm}^2$$

Lösung:

Der in Bild 9.19. dargestellte Zweigelenkrahmen ist einfach statisch unbestimmt; er ist als Kantholz-Fachwerk ausgebildet.

Verbandsanordnung der Knick- und Windverbände

Die Knick- und Windverbände liegen in der Obergurt-Dachebene. Um die Windlasten von den Giebelwänden auf die Längswände zu übertragen, wird auf den Obergurten der Giebelbinder und der nächsten Feldbinder je ein Windverband in den Endfeldern und Hallenmitte eingebaut (Bilder 9.20. und 9.22.).
Die Windverbände werden an den Sparrenpfetten aufgehängt und mit den kreuzenden Sparrenpfetten durch je zwei Nägel verbunden. An den Obergurten der Fachwerkbinder werden sie mit genagelten Holzlaschen befestigt.

Windbelastung auf die Giebelwand (Bild 9.19.)

Anteilige Höhe für Dachebene:

$$h_w = \frac{h_1 + h_2}{2 \cdot 2} = \frac{6{,}80 + 8{,}0}{4} = 3{,}70\,\text{m}$$

Nach DIN EN 1991-1-4/NA, Tabelle NA.B.3 ist bei Höhen über Gelände $< 8{,}0\,\text{m}$ und für Windzone 1, Binnenland ein Staudruck von $q_p = 0{,}5\,\text{kN/m}^2$ anzusetzen. Aus dem Verhältnis: $h/d = 8\,\text{m}/55\,\text{m} = 0{,}15 < 0{,}25$ und Tabelle 7.1 ist $c_{p,D} = +0{,}7$

Winddruck: $W_D = c_{p,D} \cdot q = 0{,}7 \cdot 0{,}5 = 0{,}35\,\text{kN/m}^2$

Auf die Betrachtung des Lastfalles Windsog wird verzichtet, weil der betragsmäßig größere Winddruck in beiden Richtungen angesetzt wird.

$q_k = W_D \cdot h_w = 0{,}35 \cdot 3{,}7 = 1{,}30\,\text{kN/m}$

Die Bemessung der Aussteifung eines Fachwerkträgers erfolgt nach Abschnitt 9.2.5. der DIN EN 1995-1-1.

Bemessungswerte der Einwirkungen:

Wind: $q_k = 1{,}30\,\text{kN/m}$

$w_d = \gamma_w \cdot w_k = 1{,}5 \cdot 1{,}30 = 1{,}95\,\text{kN/m}$

Die maximale Druckkraft im Obergurt ist aus statischen Vorrechnungen zu $N_k = 76{,}0\,\text{kN}$ angenommen. Aus Lastfallkombination ständige Einwirkungen (Anteil: 40 %) und Schnee (Anteil: 60 %) erhält man:

$\gamma_{rel} = \gamma_G \cdot 0{,}4 + \gamma_Q \cdot 0{,}6 = 1{,}35 \cdot 0{,}4 + 1{,}5 \cdot 0{,}6 = 1{,}44$

$N_d = \gamma_{rel} \cdot N_k = 1{,}44 \cdot 76{,}0 = 109{,}44\,\text{kN}$

Max. Druckkraft des Binderobergurtes: $N_{Gurt} = 76{,}0\,\text{kN}$

Für die Ermittlung der Seitenkräfte darf nach DIN EN 1995-1-1 Abschnitt 9.2.5.3 Gl. (9.37) für die Berechnung der Aussteifungsverbände näherungsweise eine gleichmäßig verteilte Seitenkraft, rechtwinklig zur Trägerebene nach den beiden Richtungen wirkend, angenommen werden.

$$q_d = k_l \cdot \frac{n \cdot N_d}{k_{f3} \cdot l} \quad \text{in kN/m}$$

n Anzahl der auszusteifenden Druckgurte;
N_d mittlere Gurtkraft aus dem ungünstigsten Lastfall, in kN;
k_{f3} Modifikationsbeiwert nach DIN EN 1995-1-1/NA, Tabelle NA.20;
ℓ Stützweite/Gesamtlänge des Aussteifungsverbands, in m.

Damit wird

$$k_l = \min\begin{cases}1\\ \sqrt{15/\ell}\end{cases}$$ [DIN EN 1995-1-1, Gl. (9.38)]

$$k_l = \min\begin{cases}1\\ \sqrt{15/20} = 0{,}87\end{cases}$$

Beanspruchung der Aussteifungsverbände nach Abschnitt 9.2.5.3:

$$q_d = k_\ell \cdot \frac{n \cdot N_d}{30 \cdot \ell}$$ [DIN EN 1995-1-1, Gl. (9.37)]

$n = 11$ (10 Träger mit Volllast, 2 Träger (Giebel) mit 50 % Lastanteil)

$$q_d = 0{,}87 \cdot \frac{11 \cdot 109{,}44}{30 \cdot 20} = 1{,}75\,\text{kN/m}$$

verteilt auf 3 Aussteifungsverbände $q'_d = 1{,}75/3 \approx 0{,}60\,\text{kN/m}$

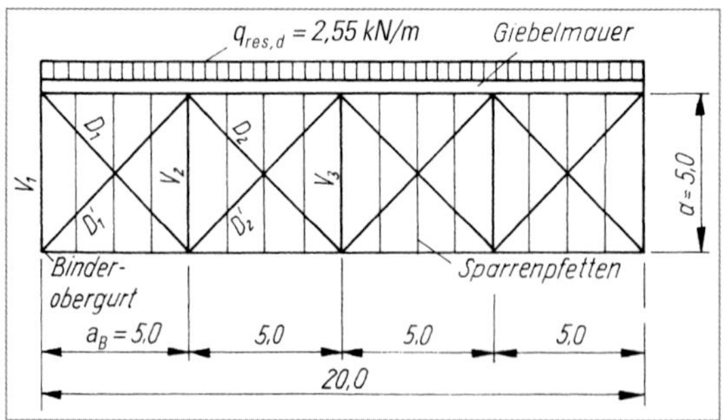

Bild 9.20. Windverband (Draufsicht, Systemdarstellung): Parallel-Fachwerkträger

Nachweis des Aussteifungsverband zwischen Achsen 1–2 (Endfeld):

$q_{res,d} = w_d + q'_d = 1{,}95 + 0{,}6 = 2{,}55\,\text{kN/m}$

Stabkräfte (Stabbezeichnung wie in Bild 9.20):

Auflagerkraft:

$$F_A = \frac{q_{res,d} \cdot \ell}{2} = \frac{2{,}55 \cdot 20}{2} = 25{,}5\,\text{kN} = V_d$$

$V_1 = F_A = 25{,}5\,\text{kN}$

$$D_1 = \frac{V_1 - q_{res,d} \cdot a/2}{\sin\alpha} = \frac{25{,}5 - 2{,}25 \cdot 2{,}5}{\sin 45^\circ} = 28{,}12\,\text{kN}$$

Bemessung des Diagonalstabes D_1:

$D_1 = 28{,}11\,\text{kN}$

Die Diagonalen werden mit den Sparrenpfetten vernagelt, dadurch wird die Knicklänge verringert.

$$s_k = \frac{7{,}07\,\text{m}}{4} = 1{,}77\,\text{m}$$

$s_k = 1{,}77\,\text{m}$

Querschnitt: $b/h = 140/60\,\text{mm}$

$A = 84 \cdot 10^2\,\text{mm}^2$

$i_y = 0{,}289 \cdot h = 17{,}34\,\text{mm}$

$i_z = 0{,}289 \cdot b = 40{,}46\,\text{mm}$

$$\lambda_y = \frac{s_k}{i_y} = \frac{1770}{17{,}34} = 102{,}08$$

$$\lambda_z = \frac{s_k}{i_z} = \frac{1770}{40{,}46} = 43{,}75$$

$$\lambda_{rel,y} = \frac{\lambda_y}{\pi} \cdot \sqrt{\frac{f_{c,0,k}}{E_{0,05}}}$$ [DIN EN 1995-1-1, Gl. (6.21)]

$$\lambda_{rel,y} = \frac{102{,}08}{\pi} \cdot \sqrt{\frac{21}{7400}} = 1{,}73$$

$$\lambda_{rel,z} = \frac{\lambda_z}{\pi} \cdot \sqrt{\frac{f_{c,0,k}}{E_{0,05}}}$$ [DIN EN 1995-1-1, Gl. (6.22)]

$$\lambda_{rel,z} = \frac{43{,}75}{\pi} \cdot \sqrt{\frac{21}{7400}} = 0{,}74$$

$$k_y = 0{,}5\left(1+\beta_c\left(\lambda_{rel,y}-0{,}3\right)+\lambda_{rel,y}^2\right)$$ [DIN EN 1995-1-1, Gl. (6.27)]

$$k_y = 0{,}5\left(1+0{,}2\left(1{,}73-0{,}3\right)+1{,}73^2\right)=2{,}14$$

$$k_z = 0{,}5\left(1+\beta_c\left(\lambda_{rel,z}-0{,}3\right)+\lambda_{rel,z}^2\right)$$ [DIN EN 1995-1-1, Gl. (6.28)]

$$k_z = 0{,}5\left(1+0{,}2\left(0{,}74-0{,}3\right)+0{,}74^2\right)=0{,}82$$

$\beta = 0{,}2$ für Vollholz nach Gl. (6.29)

$$k_{c,y} = \frac{1}{k_y+\sqrt{k_y^2-\lambda_{rel,y}^2}}$$ [DIN EN 1995-1-1, Gl. (6.25)]

$$k_{c,y} = \frac{1}{2{,}14+\sqrt{2{,}14^2-1{,}73^2}}=0{,}29$$

Bemessungswert Druckspannung:

$$\sigma_{c,0,d} = \frac{D_1}{A}=\frac{28{,}11\cdot 10^3}{84\cdot 10^2}=3{,}4\ \text{N/mm}^2$$

Stabilitätsnachweis Diagonalstab D_1 für $\sigma_{m,y,d}=0;\ \sigma_{m,z,d}=0$:

$$\frac{\sigma_{c,0,d}}{k_{c,y}\cdot f_{c,0,d}}\le 1{,}0$$ [DIN EN 1995-1-1, Gl. (6.23)]

$$\frac{3{,}4}{0{,}29\cdot 16{,}15}=0{,}73<1{,}0$$

Nachweis für den Diagonalstab D_1 ist erfüllt.

Nachweis des Vertikalstabes V_1:

Die Traufpfette übernimmt die Funktion einer Sparrenpfette und die einer Druckstrebe. Der Nachweis wird nach DIN EN 1995-1-1:2010, Abschnitt 6.3.2 geführt. Der Träger wird in *z*-Richtung gegen Knicken und Kippen durch die Dachschalung gehalten. Die Knicklänge in *y*-Richtung wird durch den Windbock in der Wandebene halbiert.

Schnittkräfte (aus statischen Vorrechnungen):

$$V_1 = F_A = 25{,}5\ \text{kN}$$

$$M_{y,k} = 2{,}39\ \text{kNm}$$

$$M_{y,d} = \gamma_{rel}\cdot M_{y,k} = 1{,}44\cdot 2{,}39 = 3{,}44\ \text{kNm}$$

$$M_{z,k} = 0{,}31\ \text{kNm}$$

$$M_{z,d} = \gamma_{rel}\cdot M_{z,k} = 1{,}44\cdot 0{,}31 = 0{,}45\ \text{kNm}$$

Querschnitt: $b/h = 100/160$ cm

$$l_{ef,y} = 5{,}0/2 = 2{,}5\ \text{m}$$

$$\lambda_y = \frac{2500}{0{,}289\cdot 160}=54{,}1$$

$$\lambda_z = \frac{2500}{0{,}289\cdot 100}=86{,}5$$

$$\lambda_{rel,y} = \frac{\lambda_y}{\pi}\cdot\sqrt{\frac{f_{c,0,k}}{E_{0,05}}}$$ [DIN EN 1995-1-1, Gl. (6.21)]

$$\lambda_{rel,y} = \frac{54{,}1}{\pi}\cdot\sqrt{\frac{21}{7400}}=0{,}92$$

$$\lambda_{rel,z} = \frac{\lambda_z}{\pi}\cdot\sqrt{\frac{f_{c,0,k}}{E_{0,05}}}$$ [DIN EN 1995-1-1, Gl. (6.22)]

$$\lambda_{rel,z} = \frac{86{,}5}{\pi}\cdot\sqrt{\frac{21}{7400}}=1{,}47$$

$$k_y = 0{,}5\left(1+\beta_c\left(\lambda_{rel,y}-0{,}3\right)+\lambda_{rel,y}^2\right)$$ [DIN EN 1995-1-1, Gl. (6.27)]

$$k_y = 0{,}5\left(1+0{,}2\left(0{,}92-0{,}3\right)+0{,}92^2\right)=0{,}96$$

$$k_{c,y} = \frac{1}{k_y+\sqrt{k_y^2-\lambda_{rel,y}^2}}$$ [DIN EN 1995-1-1, Gl. (6.25)]

$$k_{c,y} = \frac{1}{0{,}96+\sqrt{0{,}96^2-0{,}92^2}}=0{,}81$$

$$k_z = 0{,}5\left(1+\beta_c\left(\lambda_{rel,z}-0{,}3\right)+\lambda_{rel,z}^2\right)$$ [DIN EN 1995-1-1, Gl. (6.28)]

$$k_z = 0{,}5\left(1+0{,}2\left(1{,}47-0{,}3\right)+1{,}47^2\right)=1{,}70$$

$$k_{c,z} = \frac{1}{k_z+\sqrt{k_z^2-\lambda_{rel,z}^2}}$$ [DIN EN 1995-1-1, Gl. (6.26)]

$$k_{c,z} = \frac{1}{1{,}70+\sqrt{1{,}70^2-1{,}47^2}}=0{,}39$$

Stabilitätsnachweis nach Abschnitt 6.3.2 in DIN EN 1995-1-1:2010 mit $k_m = 0{,}7$:

$$\frac{\sigma_{c,0,d}}{k_{c,y}\cdot f_{c,0,d}}+\frac{\sigma_{m,y,d}}{f_{m,y,d}}+k_m\cdot\frac{\sigma_{m,z,d}}{f_{m,z,d}}\le 1$$ [DIN EN 1995-1-1, Gl. (6.23)]

$$\frac{\frac{25{,}5\cdot 10^3}{100\cdot 160}}{0{,}81\cdot 16{,}15}+\frac{\frac{3{,}44\cdot 10^6\cdot 6}{160\cdot 100^2}}{18{,}46}+0{,}7\cdot\frac{\frac{0{,}45\cdot 10^6\cdot 6}{100\cdot 160^2}}{18{,}46}=0{,}86<1{,}0$$

$$\frac{\sigma_{c,0,d}}{k_{c,z}\cdot f_{c,0,d}}+k_m\cdot\frac{\sigma_{m,y,d}}{f_{m,y,d}}+\frac{\sigma_{m,z,d}}{f_{m,z,d}}\le 1$$ [DIN EN 1995-1-1, Gl. (6.24)]

$$\frac{\frac{25{,}5\cdot 10^3}{100\cdot 160}}{0{,}39\cdot 16{,}15}+0{,}7\cdot\frac{\frac{3{,}44\cdot 10^6\cdot 6}{160\cdot 100^2}}{18{,}46}+\frac{\frac{0{,}45\cdot 10^6\cdot 6}{100\cdot 160^2}}{18{,}46}=0{,}80<1{,}0$$

Nachweis für den Vertikalstab V_1 ist erfüllt.

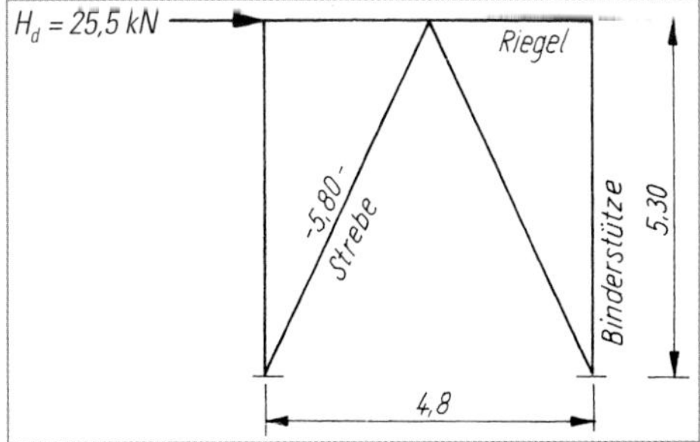

Bild 9.21. Streben in den Längswänden (Windbock)

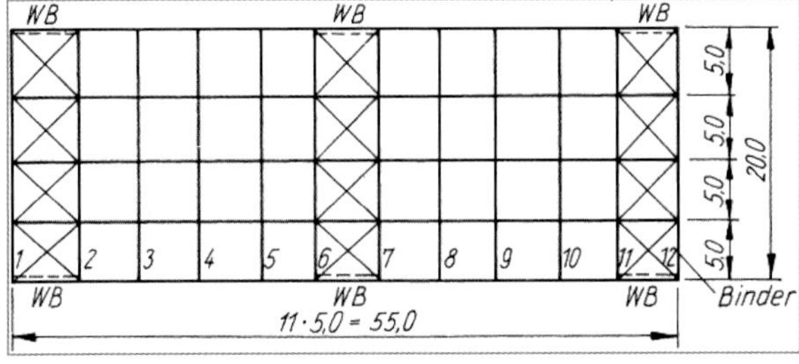

Bild 9.22. Hallengrundriss mit den Windverbänden, 12 Binder WB Windbock

9.4.11. Montage-Stabilität

Nachfolgende Hinweise sind **vorwiegend für die Montage** gedacht.
Die Tragfähigkeit von Bauteilen oder des gesamten Bauwerks kann durch plötzlich auftretende und bei geringer Laststeigerung rasch anwachsende Verformungen gefährdet werden. Das Tragwerk verliert die „Stabilität" seiner Ausgangslage und nähert sich mit zunehmender Verformung dem Bruchzustand. Die diesem **kritischen Zustand** zugeordnete Belastung wird als „kritische Last P_{ki} bzw. Q_{ki}" bezeichnet.
Mit Erreichen der kritischen Last wird das Gleichgewicht mehrdeutig, d. h., dem kritischen Belastungszustand können mehrere Gleichgewichtslagen (z. B. Verformungszustände) zugeordnet sein, deren Beständigkeit gegenüber Störungen verschieden groß ist.

Es werden unterschieden:

Knicken: Ausweicherscheinungen bei durch Normalkräfte beanspruchten Stäben,
Kippen: Ausweicherscheinungen des gedrückten Gurtes bei auf Biegung beanspruchten Trägern,
Beulen: Ausweicherscheinungen einer in ihrer Ebene auf Druck beanspruchten Platte.

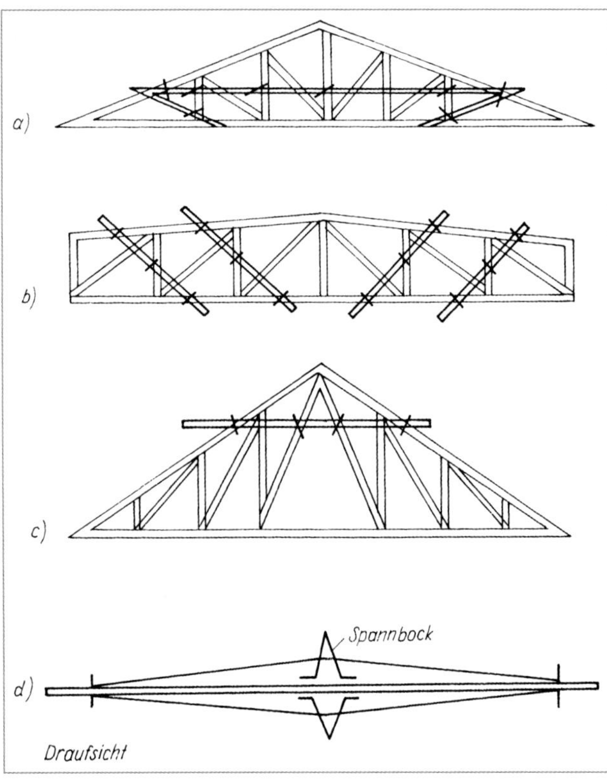

Legende
a) bis c) seitliche Aussteifung mit Kanthölzern oder Bohlen, in den Knotenpunkten mit Seilen verbunden
d) seitliches Ausknicken wird durch Spannböcke verhindert

Bild 9.23. Erhöhung der Eigenstabilität bei langen Holzbindern während des Transports und der Montage

Eigenstabilität von Bindern während des Transports und der Montage

Längere und höhere Holzbinder, besonders Brettbinder/ Nagelplattenbinder, weisen oft keine ausreichende seitliche Stabilität während des Transports und der Montage auf.
Solche Binder sind konstruktiv an den erforderlichen Stellen seitlich auszusteifen. Dazu können Stahlträger, Kanthölzer oder Spannböcke verwendet werden. Sie werden mit Seilen oder Klemmvorrichtungen an den Binderteilen befestigt (Bild 9.23.).

Diese Aussteifungen sind Montagehilfsmittel. Sie müssen so lange wirksam bleiben, bis, z. B. bei Dachbindern, die Pfetten oder Längs- und Aussteifungsverbände diese Funktion übernehmen.

9.4.12. Brettbinder mit Nagelverbindungen

Allgemeine Konstruktionshinweise

Für Spannweiten bis 30,0 m sind Brettbinder mit Nagelverbindungen wirtschaftlich. Heute werden die Binder hauptsächlich mit Nagelplattenverbindungen in Lizenzbetrieben und mit hoch mechanisierter Technik hergestellt (s. a. [*Haupt* 1997] und [*Ruske* 1992]). In der DDR wurden bis 1989 jedes Jahr große Stückzahlen von getypten Brettbindern mit traditionellen Nagelverbindungen produziert und vor allem in der Landwirtschaft eingesetzt (s. [*Rug/Kreißig* 1988].
Für die Herstellung von Brettbindern werden nachfolgend Hinweise gegeben, die sich vor allem am Qualitätsstandard der Nagelplattenbinder (s. a. Abschnitt 3.5.) orientieren. Sollen bestehende Nagelbinder aus DDR-Produktion instand gesetzt werden, so ist die Kenntnis der damaligen Planungsgrundlagen erforderlich.

Bretter

Üblicherweise werden parallelbesäumte Bretter aus NH S10 von 25 bis 30 mm Dicke (bei Nagelplattenbindern auch $\geq$ 40 mm möglich) und unterschiedlicher Breite verwendet. Die Bretter sollen für die Untergurt- und andere hoch belastete Zugstäbe möglichst astrein sein. Holzfeuchte möglichst $u \leq 20$ % (bei $>$ 40 mm Dicke $u \leq 25$ % zulässig). Bei Nagelplattenbindern sind nur geringe Dickentoleranzen zulässig ($\pm$ 0,5 mm).

Nägel

a) Nagelplatten:
 - Nur bauaufsichtlich zugelassene Nagelplatten dürfen verwendet werden.
 - Anrisse im Nagelgrund sind unzulässig.
 Außen liegende Nagelplatten: Korrosionsschutz beachten (Für besondere Anforderungen wird Stahl E 225 nach Zulassung Z-30.1-44 verwendet.)

b) Einzelnägel:
 - Es sind möglichst nur zwei unterschiedliche Nagelgrößen bei einer Binderform zu verwenden.

Stabsysteme

Siehe Abschnitt 9.4.3. – Formen von Fachwerkbindern. Welches Stabsystem gewählt wird, hängt von verschiedenen Faktoren ab.

Stabanschlüsse

a) Nagelplatten:
- passgenauer Zuschnitt der Hölzer erforderlich,
- Einhaltung einer Dickentoleranz am Knoten von maximal 1 mm,
- nur einteilige Fachwerkstäbe möglich.

b) Einzelnägel:
- Die Stäbe sind mittig anzuschließen, d. h., die Bretter werden mittig auf die Systemlinien des Bindernetzes gelegt.
- Ausmittigkeiten, wenn unumgänglich, sind zu berücksichtigen.

Die Brettstäbe können
- einteilig,
- mehrteilig oder
- mit Verstärkungen

ausgebildet sein. Die erforderliche Nagelanzahl wird für jeden Stabanschluss berechnet und ist in den Detailzeichnungen einzutragen.

Ausführungsplanung

a) Nagelplattenbinder:
Während die Genehmigungsplanung zumeist beratende Ingenieure mit einschlägigen Programmen durchführen, wird die Ausführungsplanung in der Regel an die Ingenieurbüros der Herstellerbetriebe übergeben.

b) Einzelnägel:
Die Planung kann von jedem Ingenieurbüro unter Zuhilfenahme computergestützter Berechnungs- und Bemessungsprogramme durchgeführt werden.

Ausführung

Nagelplattenverbinder müssen in ihrer Ausführung den Anforderungen der DIN EN 14250 entsprechen

Transport, Lagerung und Montage

Der Transport von Dachbindern und Zubehörteilen hat so zu erfolgen, dass schädigende Verformungen und Durchbiegungen nicht auftreten können und Knotenverbindungen sich nicht lösen. Flach aufeinander gelegte Binder können sich beim Transport und bei der Lagerung durchbiegen. Dies ist durch Unterlags- oder Stapelhölzer zu verhindern. Holzbauteile dürfen nicht geworfen werden. Bei der Lagerung ist eine Bodenfreiheit von mindestens 300 mm zu gewährleisten. Vor Sonneneinstrahlung und Niederschlag sind die Elemente bei Lagerung von mehr als 30 Tagen zu schützen.

Da Brettbinder leicht seitlich ausknicken, kann es notwendig werden, sie bei der Montage zeitweilig auszusteifen (Bild 9.23.). Erfolgt nicht die notwendige Sorgfalt, sind Einstürze die Folge (s. [Brünninghoff, Gerold u. a. 1999].

Für Nagelplattenbinder existieren ausführliche Transport- und Montageempfehlungen (s. [*Güte- und Informationsgemeinschaft der Nagelplattenverwender* 2011]).

9.4.13. Fachwerkbinder mit Verbindungen nach bauaufsichtlichen Zulassungen

Werden die Hölzer geschlitzt und in die Schlitze Bleche (von 1,0, 1,75, 2,0 oder 3,0 mm Dicke) eingelegt, so entstehen mehrschnittige Nagelverbindungen mit relativ hoher Tragfähigkeit (s. Bild 9.24.). Die Beanspruchung und die Herstellung sind in entsprechenden Zulassungen geregelt, für die seit 1950 bekannte **Greimbauweise** in Z-9.1-166.

Eine sehr leistungsfähige Verbindungsart für Fachwerke, die ebenfalls eine industrielle Fertigung gestattet, ist die **BSB-Knotenverbindung** (*www.blumer-bsb.ch*). Einteilige Stäbe, besonders aus Brettschichtholz und neuerdings aus Buchenfurnierschichtholz, werden über in Sägeschlitze eingelassene Stahlbleche (von 5 mm Dicke) mit Stabdübeln mit einheitlichem Durchmesser von 6,3 mm verbunden. Die Ausführung der Binder erfolgt in Lizenzbetrieben nach der Zulassung Z-9.1-208.

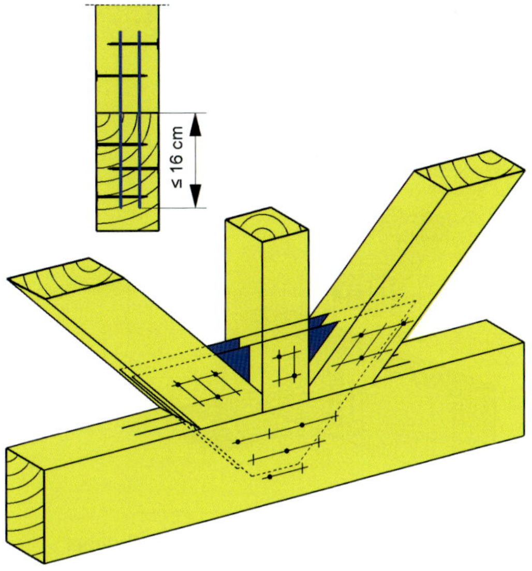

a) System „Greim"

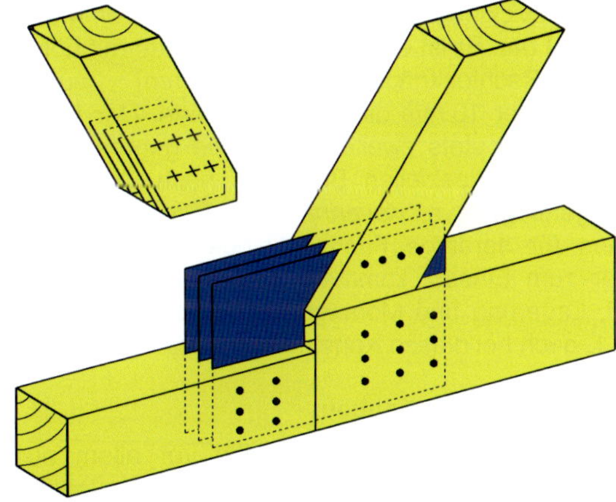

b) Fachwerkknoten System „Greim"

Bild 9.24. Fachwerkknoten System „Greim"

Nach [*Blaß* 2012] muss die Berechnung der BSB-Verbindungen nicht mehr in einer bauaufsichtlichen Zulassung geregelt werden. Die Brettschichtholz-Verbindungen können nach den Regeln der DIN EN 1995-1-1:2010 wie Stahlblech-Holz-Verbindungen berechnet werden.

Aufgrund der höheren Festigkeit von Buchenfurnierschichtholz können gegenüber Brettschichtholz aus Fichte kleinere Stabquerschnitte ausgeführt werden (www.pollmeier.com).

Folgende Voraussetzungen gelten:
- der Mindestabstand zum Hirnholz ≥ 45 mm,
- bei kreisförmigen Anordnungen darf der Abstand untereinander in Faserrichtung für insgesamt vier Stabdübel pro Kreisdübelbild 30 mm ausgeführt werden,

- für die Ermittlung der Lochleibungsfestigkeit darf der Einfluss des Kraft-Faser-Winkels vernachlässigt werden,
- beim Nachweis der Zugspannung, bezogen auf den Nettoquerschnitt, kann vereinfacht die Zugspannung mit der gesamten Zugkraft und dem gesamten Nettoquerschnitt berechnet werden,
- die Biegespannungen in den Seitenhölzern dürfen mit einem genaueren Nachweis nachgewiesen werden.

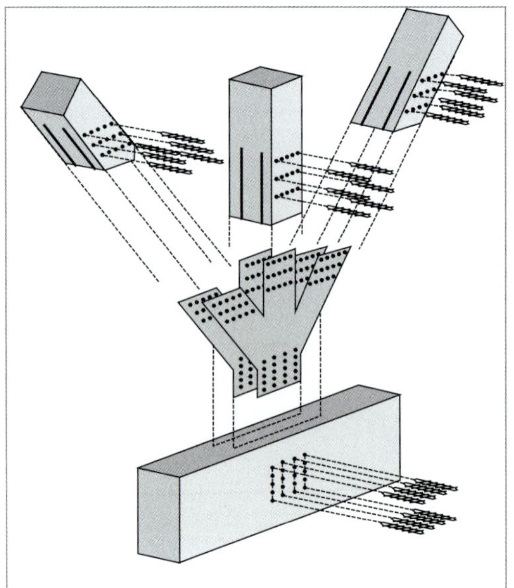

Bild 9.25. Konstruktionsprinzip selbstbohrende Stabdübel (Quelle: *SFSintec*)

Eine Weiterentwicklung der Nagelplatten stellt der **Multi-Krallen-Dübel** dar. Er ist eine Doppelnagelplatte mit höher belastbaren Rechtecknägeln (3,0 × 4,0 mm), aufgeschweißt auf einer 10 mm dicken Grundplatte. Der Dübel wird zwischen die stets zweiteiligen Stäbe gepresst. Die Binder werden in speziellen Betrieben nach Zulassung Z-9.1-193 gefertigt (s. a. *Kevarinmäki* in [*Step* 2, 1995]). Auch wenn für derartige Fachwerkbinder hauptsächlich Kanthölzer zum Einsatz kommen, sind die Hinweise zu Transport, Lagerung und Montage der Abschnitte 9.4.10. und 9.4.11. auch bei diesen Konstruktionen zu beachten.

Fachwerkbinder mit Stabdübeln

Weit gespannte Fachwerkträger werden vor allem aus Brettschichtholz hergestellt. Es können alle Fachwerkformen mit Spannweiten bis 70 m hergestellt werden. Der Abstand zwischen den Bindern liegt im Allgemeinen zwischen 4 und 6 m. In den Knotenpunkten sind relativ große Kräfte zu übertragen. Mit Stabdübeln in Verbindung mit in das Holz eingeschlitzten Blechen ist dies möglich. Dadurch entstehen mehrschnittige Holz-Stahl-Verbindungen mit hoher Tragfähigkeit, und es können einteilige Holzstäbe verwendet werden (s. Bild 9.25.).

Zur rationelleren Fertigung von derartigen Verbindungen wurden spezielle selbstbohrende Stabdübel mit Durchmessern von 5 und 7 mm entwickelt. Diese Technik ist auch für kleine Zimmereien wirtschaftlich. In einem Arbeitsgang können bis zu drei Bleche der Stahlgüte S235 mit einer Dicke von maximal 5 mm/Blech durchbohrt werden (s. Bild 9.26.).

Bild 9.26. Herstellung der Stabdübelverbindung mit einem speziellen Bohrgestell, welches auch von Zimmereien wirtschaftlich für Fachwerkträger mit größeren Spannweiten genutzt werden kann (Quelle: *SFSintec*)

Beispiel 9.2. (nach DIN EN 1995-1-1:2010)

Für einen Fachwerkbinder $(E_d = 8{,}6\,\text{kN/m})$ aus Brettschichtholz GL28h mit einer Spannweite von 21 m sind die Verbindungsmittel für den gemäß Bild 9.37 gekennzeichneten Anschlussknoten festzulegen. Die Knotenkräfte sollen über ein eingeschlitztes Blech und Stabdübel WS-T $\varnothing\,7 \times 113\,\text{mm}$ übertragen werden.

Mit diesen Stabdübeln kann man Bohrungen im Holz und im Stahlblech in einem Arbeitsgang herstellen. Möglich ist die Herstellung von Knoten mit bis zu drei Blechen ($t \leq 5$ mm) in einem Arbeitsgang. Damit sind bis maximal sechsschnittige Stabdübelverbindungen möglich.

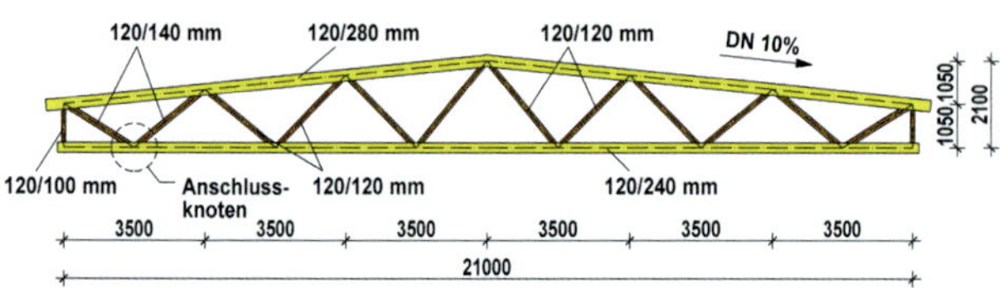

Bild 9.27. Fachwerkbinder in Brettschichtholz, Spannweite 21 m

Bild 9.28. Stabdübel SFS-WS-T Ø 7 mm

Nutzungsklasse (Nkl.) 1, Klasse der Lastweinwirkungsdauer (KLED) „kurz"
→ nach Tabelle NA.1 in DIN EN 1995-1-1/NA:2013 gilt hierfür $k_{mod} = 0{,}9$

Anschluss

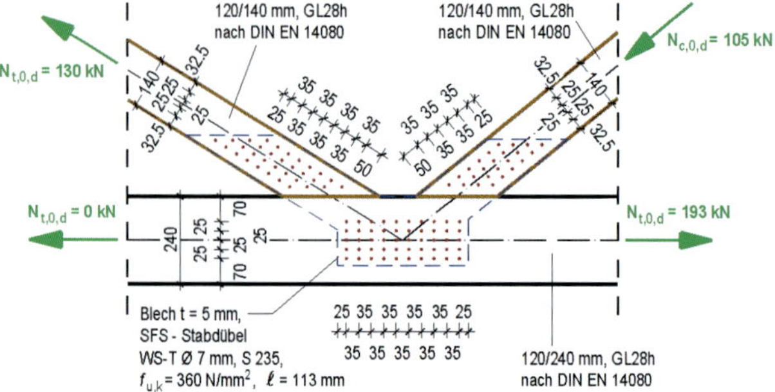

Bild 9.29. Details am Fachwerkknoten

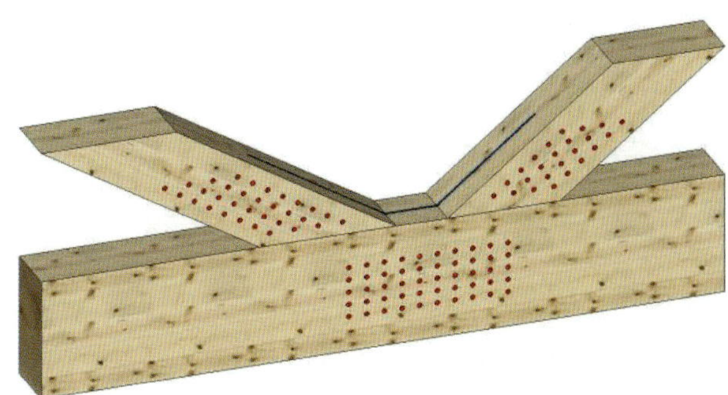

Bild 9.30. Ansicht des Fachwerkknotens

Gewählt:

Blech t = 5 mm, S235 Stabdübel $\varnothing\, 7 \times 113$ mm SFS WS-T, S235, $f_{u,k}$ = 360 N/mm², BSH GL28h nach DIN EN 14080, ρ_k = 410 kg/m³

Charakteristischer Wert des Fließmomentes nach Gl. (8.30):

[DIN EN 1995-1-1, Gl. (8.30)]

$$M_{y,Rk} = 0{,}3 \cdot f_{u,k} \cdot d^{2,6} = 0{,}3 \cdot 360 \cdot 7^{2,6} = 17009\,\text{Nmm}$$

Charakteristischer Wert der Lochleibungsfestigkeit für α = 0° nach Gl. (8.36):

[DIN EN 1995-1-1, Gl. (8.36)]

$$f_{h,0,k} = 0{,}082 \cdot (1 - 0{,}01 \cdot d) \cdot \rho_k = 0{,}082 \cdot (1 - 0{,}01 \cdot 7) \cdot 410 = 31{,}27\,\text{N/mm}^2$$

Charakteristischer Wert der Tragfähigkeit des Stabdübels pro Scherfläche nach Gl. (NA.108):

[DIN EN 1995-1-1/NA, Gl. (NA.108)]

$$F_{v,Rk} = \sqrt{2} \cdot \sqrt{2 \cdot M_{y,Rk} \cdot f_{h,k} \cdot d} = \sqrt{2} \cdot \sqrt{2 \cdot 17009 \cdot 31{,}27 \cdot 7}$$
$$F_{v,Rk} = 3859\,\text{N} = 3{,}86\,\text{kN}$$

Bemessungswert der Tragfähigkeit des Stabdübels pro Scherfläche nach Gl. (NA.106):

[DIN EN 1995-1-1/NA, Gl. (NA.106)]

$$F_{v,Rd} = \frac{k_{mod} \cdot F_{v,Rk}}{\gamma_M} = \frac{0{,}9 \cdot 3{,}86}{1{,}1} = 3{,}16\,\text{kN}$$

Mindestholzdicke nach Gl. (NA.109):

[DIN EN 1995-1-1/NA, Gl. (NA.109)]

$$t_{req} = 1{,}15 \cdot 4 \cdot \sqrt{\frac{M_{y,Rk}}{f_{h,k} \cdot d}} = 1{,}15 \cdot 4 \cdot \sqrt{\frac{17009}{31{,}27 \cdot 7}} = 40{,}5 < t_{vorh} = \frac{113 - 7}{2} = 53\,\text{mm}$$

Bei Anordnung von mehreren Stabdübeln in einer Reihe hintereinander nimmt die Gefahr der Aufspaltung des Holzes zu. Deshalb ist die Wirksamkeit mehrerer Stabdübel hintereinander nach DIN EN 1995-1-1:2010, Gl. (8.34) für α = 0° wie folgt zu berechnen:

[DIN EN 1995-1-1, Gl. (8.34)]

$$n_{ef} = \left(\min \begin{cases} n \\ n^{0,9} \cdot \sqrt[4]{\dfrac{a_1}{13d}} \end{cases} \right)$$

Für $a_1 = 5 \cdot d$ erhält man für n = 6 ein n_{ef} = 3,95, für n = 8 ein n_{ef} = 5,12 und für n = 10 ein n_{ef} = 6,26.

Berechnung der Tragfähigkeit für den Anschluss der Zugdiagonalen:

$$F_{v,Rd,Anschluß} = n_{ef} \cdot n_{Scherflächen} \cdot n_{Reihen} \cdot F_{v,Rd} = 5{,}12 \cdot 2 \cdot 4 \cdot 3{,}16$$
$$F_{v,Rd,Anschluß} = 129{,}40\,\text{kN} \approx N_{t,0,d,vorh} = 130\,\text{kN}$$

Berechnung der Tragfähigkeit für den Anschluss der Druckdiagonalen:

$$F_{v,Rd,Anschluß} = n_{ef} \cdot n_{Scherflächen} \cdot n_{Reihen} \cdot F_{v,Rd} = 3{,}95 \cdot 2 \cdot 4 \cdot 3{,}16$$
$$F_{v,Rd,Anschluß} = 99{,}86\,\text{kN} \approx N_{c,0,d,vorh} = 105\,\text{kN}$$

Berechnung der Tragfähigkeit für den Anschluss an den Untergurt:

$$F_{v,Rd,Anschluß} = n_{ef} \cdot n_{Scherflächen} \cdot n_{Reihen} \cdot F_{v,Rd} = 6{,}26 \cdot 2 \cdot 5 \cdot 3{,}16$$
$$F_{v,Rd,Anschluß} = 197{,}82\,\text{kN} > N_{t,0,d,vorh} = 193\,\text{kN}$$

Nachweis der Stäbe und der Nachweis für das Stahlblech wird an dieser Stelle nicht geführt.

9.4.14. Neue Entwicklung

Holzfachwerke mit Verbindungsknoten aus Beton

Für Fachwerkträger mit druckbeanspruchten (steigenden) Diagonalen und zugbeanspruchten Pfosten wurden Knotenpunkte aus Beton konstruiert und erprobt (s. Bild 9.31.). Die Druckdiagonalen werden über Druck parallel zur Faser mit den Betonknoten übertragen, und die zugbeanspruchten Pfosten bestehen aus Stahl mit direktem Anschluss im Betonknoten. Die patentierte Konstruktionsidee kombiniert die verschiedenen Baustoffe zu einem Hybrid-Fachwerkträger. Als Beton kann für den Knoten schwindarmer Beton, zementgebundener Mörtel oder Kunstharzmörtel verwendet werden [*Hartig-1* u. a. 2013-1] und [*Hartig-2* u. a. 2013-2].

Die experimentellen Untersuchungen zeigten

- die Tragfähigkeit und Steifigkeit der Konstruktion ist ausreichend hoch,
- in den Regeln tritt ein Zugversagen des Untergurtes aufgrund der Querschnittschwächung im Holzstab ein,
- der Beton-Vergussknoten zeigte kein Versagen.

b)

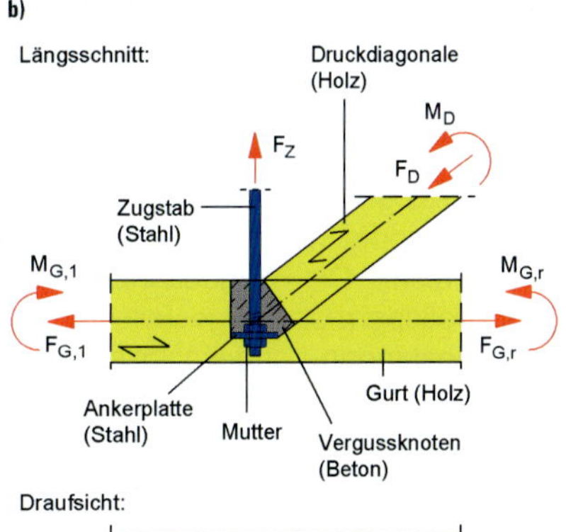

Draufsicht:

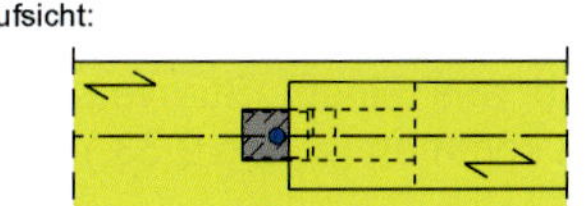

Legende
a) aufgeschnittener Knoten
b) Konstruktionsprinzip

Bild 9.31. Fachwerkknoten-Untergurt (aus [*Hartig-1* u. a. 2013-1])

Aufgrund des Zugversagens im Untergurt tritt stets ein sprödes Tragverhalten auf. Will man das vermeiden, so ist der Fachwerkträger so zu dimensionieren, dass die Druckfestigkeit der Diagonalen parallel zur Faser am Verbindungsknoten maßgebend wird und die Zugfestigkeit des Untergurtes nur zu 80 % ausgelastet wird [*Hartig-2* u. a. 2013-2]. Wird für den Vergussknoten Beton mit deutlich höherer Druckfestigkeit als die des Holzes verwendet, sind Spannungsnachweis für den Vergussknoten nicht maßgebend.

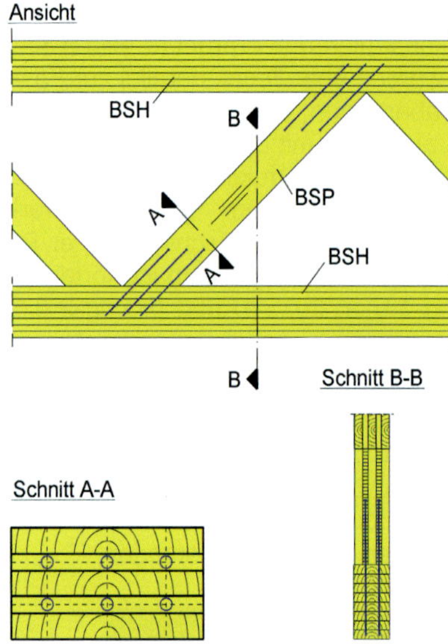

Bild 9.32. Strebenfachwerk mit Stäben aus Brettschichtholz und Brettsperrholz (aus [*Blaß* 2008])

Strebenfachwerkträger mit industriell herstellbaren Fachwerkknoten

Da die wirtschaftliche Fertigung von Fachwerkträgern wesentlich von der konstruktiven Durchbildung der Stabanschlüsse bestimmt wird, wurden in den letzten Jahren neue Überlegungen zur rationellen Ausführung von Stabanschlüssen durchgeführt (s. [*Enders-Comberg* 2012], [*Blaß/Enders-Comberg* 2012], [*Blaß* 2008], [*Fritzen* 2008]).
Dabei wurde auch ein besonderes Augenmerk auf den Brandschutz (möglichst hoher Feuerwiderstand) und die Ästhetik der Knotenverbindung gelegt. Ausgangspunkt der Fachwerklösung ist das Strebenfachwerk mit druck- und zugbeanspruchten Diagonalen. Die zugbeanspruchten Diagonalen wurden aus Brettsperrholz hergestellt und an dem Gurt über Gewindestangen angeschlossen (s. Bild 9.32.). Die druckbeanspruchten Diagonalen wurden über modifizierte Versatzverbindungen mit hoher Tragfähigkeit an die Gurte angeschlossen. Die Modifikation der Versatzverbindung besteht darin, dass Treppenversätze zur Anwendung (bestehend aus einem Stirnversatz mit mehreren Fersenversätzen) kommen (s. Bild 9.33.).

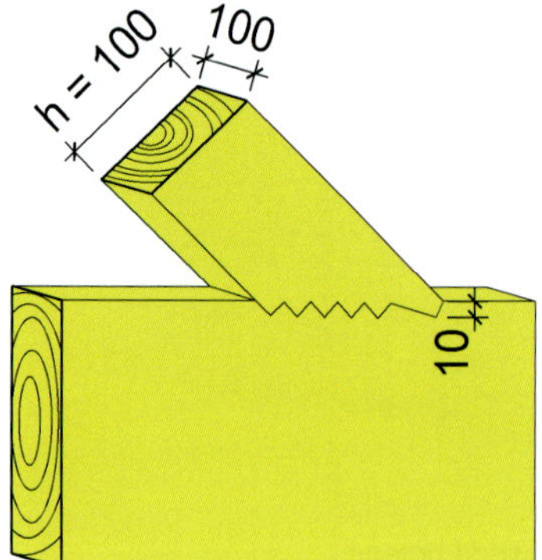

Bild 9.33. Treppenversatz (aus [*Enders-Comberg* 2012])

Durch experimentelle Untersuchungen konnte nachgewiesen werden, dass mit Treppenversätzen gleiche Tragfähigkeiten wie bei doppelten Versätzen erreichbar sind, aber die Einschnitttiefe in den Gurten gering gehalten werden kann (s. Bild 9.34.).

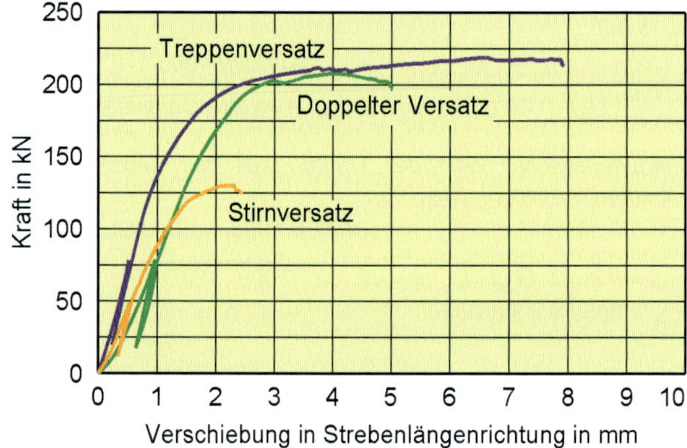

Bild 9.34. Vergleich Stirnversatz, doppelter Versatz und Treppenversatz (Strebenhöhe h = 160 mm [*Enders-Comberg* 2012])

Wird für die Gurte Brettschichtholz aus Hybrid-Buchenholz nach allgemeiner bauaufsichtlicher Zulassung Z.9.1-679 verwendet, kann die Tragfähigkeit der neuartigen Versätze nahezu verdoppelt werden (s. Bild 9.35.).

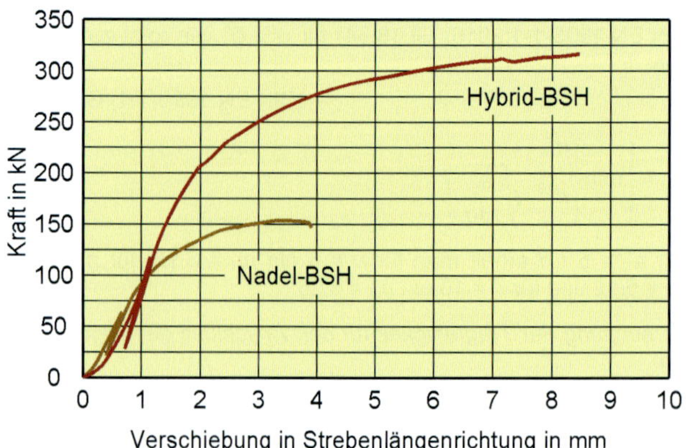

Bild 9.35. Vergleich Nadel-BSH und Hybrid-BSH (Strebenhöhe h = 100 mm [*Enders-Comberg* 2012])

Der Anschluss der Zugdiagonalen erfolgt über Gewindestangen (s. Bild 9.32.), die in die Querlage von Stäben aus Brettsperrholz mittels Vorbohren ($0{,}8 \cdot d_{Gewindestange}$) eingedreht werden. Unter Einhaltung eines Mindestabstandes von $2{,}5 \cdot d$ und $3 \cdot d$ für den Randabstand können mehrere Stangen nebeneinander angeordnet werden. In den meisten Fällen versagte die Verbindung durch Rollschub in den Querlagen. Die Verbindung ist nicht sichtbar und hat eine hohe Tragfähigkeit und Steifigkeit. Damit die Verbindung ein duktiles Tragverhalten hat, sollte sie so dimensioniert werden, dass Stahlversagen maßgebend wird. Die Querlage des Brettsperrholzes sollte mindestens so dick sein, wie der Außendurchmesser der Gewindestange. Die Verklebung der Querlagen mit den Längslagen des Brettsperrholzes darf nicht mangelhaft sein. Am Ende des Zugstabes sollte eine Querzugverstärkung angeordnet werden.

Werden für die Gurte Brettschichtholz-Buchen-Hybridquerschnitte verwendet, erhöhen sich die Ausziehwiderstände für den Anschluss zu den Gurten (s. Bild 9.36.).

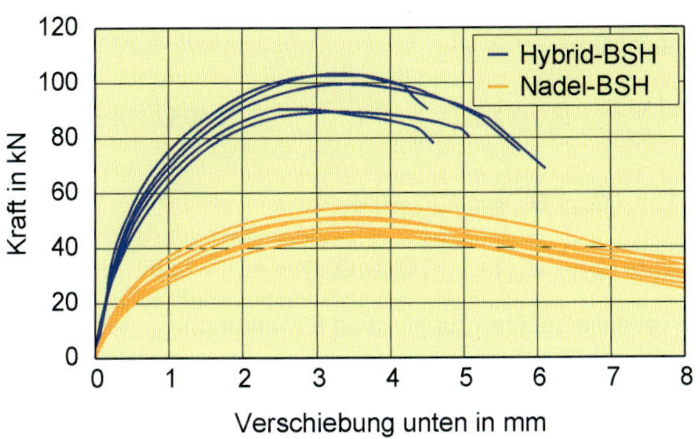

Bild 9.36. Vergleich Ausziehwiderstände (∅ 20 mm; ℓ_s = 200 mm [*Enders-Comberg* 2012])

Für den Nachweis der Gurte sind bei Zugbeanspruchung, wie die Untersuchungen gezeigt haben, im Druckgurt die Nettoquerschnitte zugrunde zu legen.

Beispiel 9.3. (nach DIN EN 1995-1-1:2010)

Die Dachkonstruktion einer Halle mit den Abmessungen 60 × 105 m zur Lagerung landwirtschaftlicher Güter besitzt die Form eines Satteldaches mit einer Neigung von 6° (Bilder 9.37. und 9.38.). Als Hallenbinder sollen Fachwerkträger eingesetzt werden. Diese spannen über die Hallenbreite von 60 m und werden im Abstand von 5,0 m in Hallenlängsrichtung angeordnet.

Die Hallenstabilisierung in Querrichtung erfolgt durch Einspannung der Stahlbetonstützen in Köcherfundamente. In Längsrichtung werden die Windkräfte (Druck und Sog) auf die Hallengiebel über eine Stützen-Riegel-Konstruktion je zur Hälfte in die Gründung und zur anderen Hälfte in den Ortgang eingeleitet. Die Ableitung der Windkräfte erfolgt über Dachverbände/Dachscheiben. Diese nehmen gleichfalls Stabilisierungslasten auf und werden wahlweise als Scheibe aus OSB/4-Platten oder fachwerkartig aus Rundstahldiagonalen gebildet.

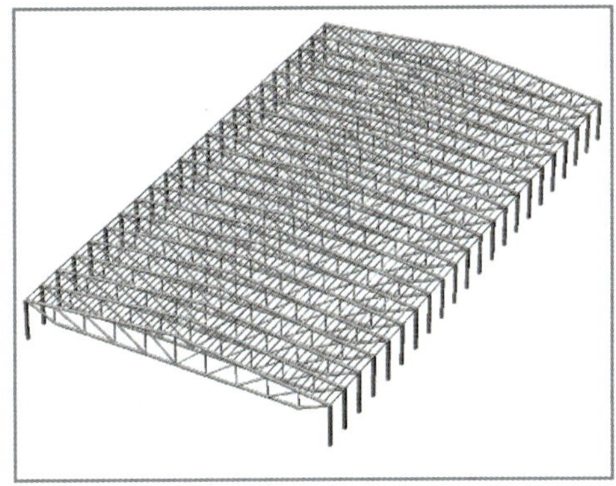

Bild 9.37. Hallenkonstruktion 60 × 105 m

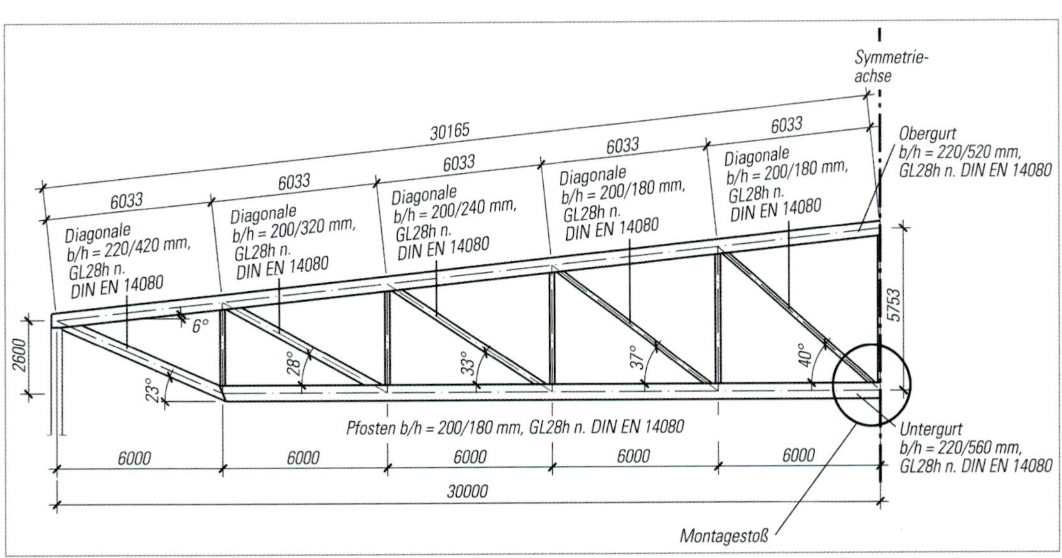

Bild 9.38. Querschnitte der Fachwerkkonstruktion

Lastannahmen:

Ständige Lasten: ($\gamma_G = 1{,}35$)

Dachabdichtung	0,20 kN/m² Dfl
OSB/4 Platte $7{,}5 \cdot 0{,}025 =$	0,18 kN/m² Dfl
Pfetten $[5{,}0 \cdot 0{,}18 \cdot 0{,}12/1{,}25] =$	ca. 0,10 kN/m² Dfl
Binder [wird durch EDV-Programm ermittelt]	
Summe: $G'_k =$	ca. 0,50 kN/m² Dfl

Veränderliche Lasten: Schnee $(\gamma_Q = 1{,}50;\ \psi_0 = 0{,}5)$

$Q'_{k,s} =$ 0,75 kN/m² Gfl

Winddruck auf den Giebel: $(h > 8{,}0\ \text{m})$

$c_p = -0{,}8 \cdot Q_{k,w,1} = -0{,}8 \cdot 0{,}8 =$ −0,64 kN/m²

Windsog auf den Giebel: $(h > 8{,}0\ \text{m})$

$c_p = -0{,}6 \cdot Q_{k,w,2} = -0{,}6 \cdot 0{,}8 =$ −0,48 kN/m²

$Q'_{k,w,\text{Giebel}} =$ −1,12 kN/m²

Windsog: (Normalbereich)

$c_p = -0{,}6 \cdot Q_{k,w,s} = -0{,}6 \cdot 0{,}8 =$ −0,48 kN/m²

Windsog: (Randbereich)

$c_p = -1{,}8 \cdot Q_{k,w,s} = -1{,}8 \cdot 0{,}8 =$ −1,44 kN/m²

Windsog: (Eckbereich)

$c_p = -3{,}2 \cdot Q_{k,w,s} = -3{,}2 \cdot 0{,}8 =$ −2,56 kN/m²

Generierte Lastfälle für die EDV-Berechnung:

a_B Binderachsabstand 5,0 m

Lastfall 1: Dachgewicht

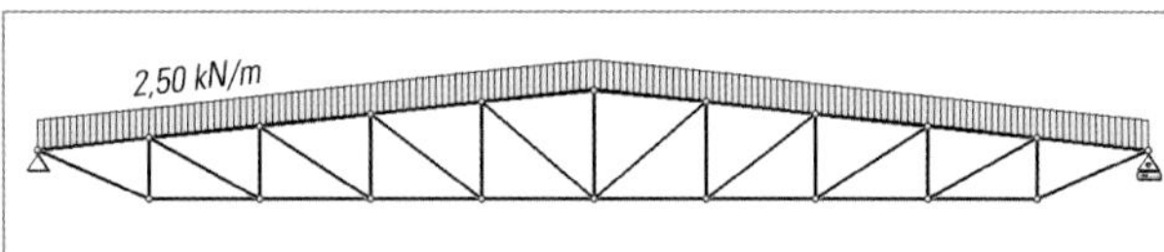

$G_{k,1} = G'_k \cdot a_B = 0{,}50 \cdot 5{,}0 = 2{,}50\ \text{kN/m}$

Lastfall 2: Eigengewicht der Binder durch Angabe der Wichte nach DIN 1055-1

$\rho_k = 5{,}0\ \text{kN/m}^3$

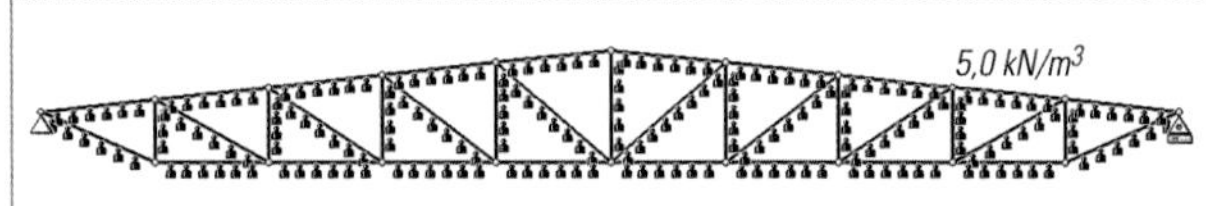

$G_{k,2} \Rightarrow$ Berücksichtigung automatisch durch EDV über Systemgeometrie

Lastfall 3: Schnee links (Geländehöhe NN ≤ 1000 m)

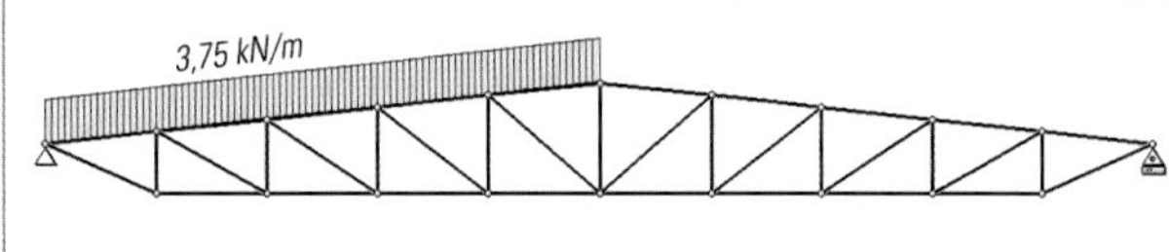

$Q_{k,1} = Q'_{k,s} \cdot a_B = 0{,}75 \cdot 5{,}0 = 3{,}75\ \text{kN/m}$

Lastfall 4: Schnee rechts (Geländehöhe NN ≤ 1000 m)

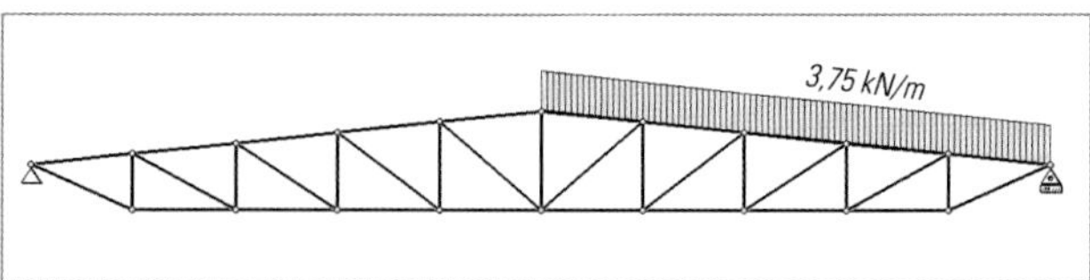

$Q_{k,2} = Q'_{k,s} \cdot a_B = 0{,}75 \cdot 5{,}0 = 3{,}75\ \text{kN/m}$

Lastfall 5: Windsog

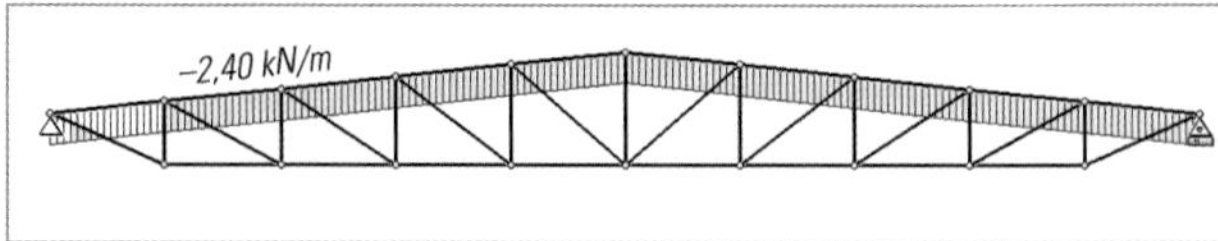

$Q_{k,3} = Q'_{k,w,s} \cdot a_B = -0{,}48 \cdot 5{,}0 = -2{,}40\ \text{kN/m}$

Generierte Lastkombinationen für die EDV-Berechnung:

Nach DIN 1052:2008, Abschnitt 5.2 Gl. (1) und Gl. (2) sind folgende vereinfachte Kombinationen möglich:

a) wenn nur die ungünstigste veränderliche Einwirkung berücksichtigt wird

$$E_d = E\left\{\sum_{j\geq 1} \gamma_{G,j} \cdot G_{k,j} \oplus 1{,}5 \cdot Q_{k,j}\right\}$$ [DIN 1052:2008, Gl. (1)]

$$E_{d,1} = 1{,}35 \cdot (G_{k,1} + G_{k,2}) \Rightarrow k_{\text{mod}} = 0{,}6$$

$$E_{d,2} = 1{,}35 \cdot (G_{k,1} + G_{k,2}) + 1{,}5 \cdot (Q_{k,1} + Q_{k,2}) \Rightarrow k_{\text{mod}} = 0{,}9$$

(beide Lastfälle gehören zur gleichen Einwirkung!)

b) wenn sämtliche ungünstigen veränderlichen Einwirkungen berücksichtigt werden

$$E_{d,1} = 1{,}35 \cdot (G_{k,1} + G_{k,2}) + 1{,}5 \cdot Q_{k,3} \Rightarrow k_{\text{mod}} = 0{,}9$$

$$E_d = E\left\{\sum_{j\geq 1} \gamma_{G,j} \cdot G_{k,j} \oplus 1{,}35 \cdot \sum_{i\geq 1} Q_{k,i}\right\}$$ [DIN 1052:2008, Gl. (2)]

$$E_{d,4} = 1{,}35 \cdot (G_{k,1} + G_{k,2}) + 1{,}35 \cdot (Q_{k,1} + Q_{k,2} + Q_{k,3}) \Rightarrow k_{\text{mod}} = 0{,}9$$

Der jeweils ungünstigere Wert aus diesen Kombinationen ist dann beim Nachweis der ständigen oder vorübergehenden Bemessungssituation maßgebend!

Bemessungsschnittgrößen aus EDV-Berechnung:

Maßgebend ist die Einwirkungskombination $E_{d,2}$.

Bemessungswerte der Normalkräfte:

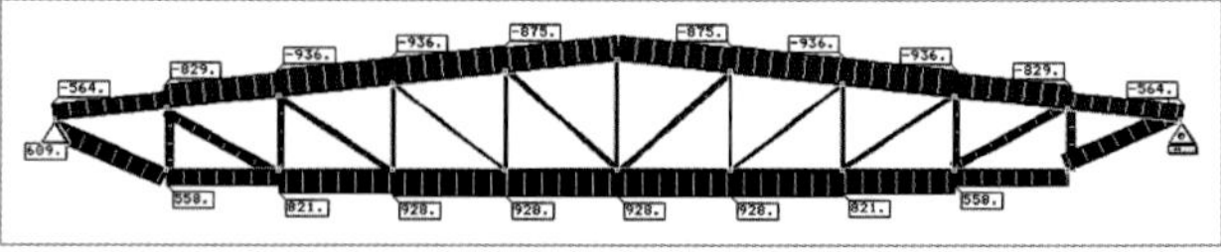

Bemessungswerte der Querkräfte:

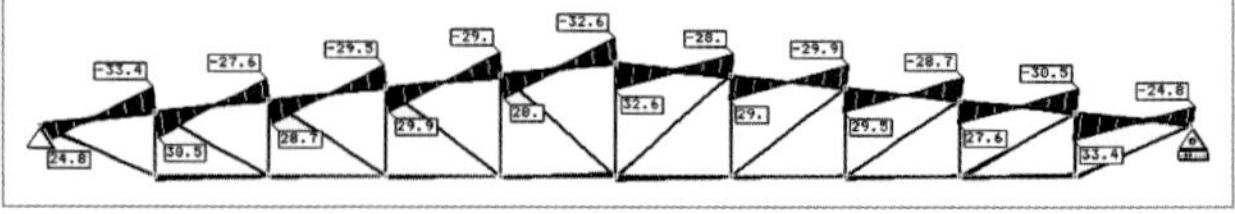

Bemessungswerte der Biegemomente:

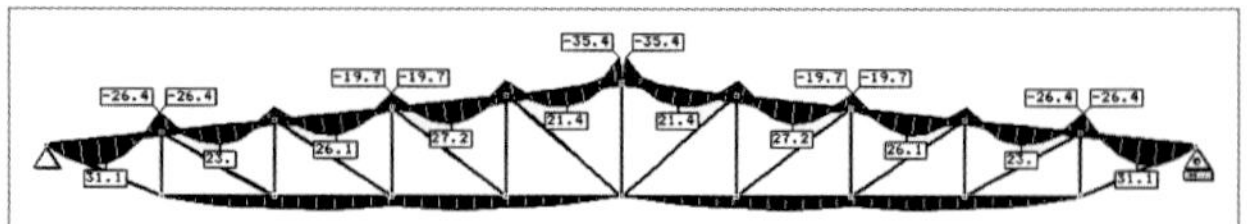

Nachweise für den Binder:

1. *Binderobergurt*

Wichtig bei der Bemessung des Binderobergurtes ist die Tatsache, dass eventuell auftretende Normalkräfte aus den Dachverbänden/Dachscheiben mit berücksichtigt werden:

Abschätzung der zusätzlichen Normalkraft im Obergurt aus Verband/Scheibe:

$E_{d,\text{horizontal}} = 3{,}05\,\text{kN/m}$

Statische Höhe des Verbandes/der Scheibe: $h =$ Binderabstand $= 5{,}0\,\text{m}$

$$N_{d,\text{horizontal}} = \frac{E_{d,\text{horizontal}} \cdot l^2}{8 \cdot h_s} = \frac{3{,}05 \cdot 60^2}{8 \cdot 5{,}0} = 274{,}5\,\text{kN}$$

Spannungsnachweis (Biegung und Druck ohne Stabilitätsgefährdung):

Nach DIN EN 1995-1-1:2010, Abschnitt 6.2.4, Gl. (6.19) und Gl. (6.20):

Bemessungswert der Druckbeanspruchung:

$$\sigma_{c,0,d} = \frac{N_{d,\text{vertikal}} + N_{d,\text{horizontal}}}{A_n}$$

Für die Berechnung der Nettoquerschnittsfläche werden pauschal von der Obergurtbreite 12 mm abgezogen, da die Knotenverbindungen über Schlitzbleche $t = 10\,\text{mm}$ erfolgen und je Blechseite 1 mm Toleranz angesetzt wird.

$b/h = 220/250\,\text{mm}$, BSH GL28h nach DIN EN 14080, Tabelle 5;

$N_{d,\text{horizontal}} = 275\,\text{kN}$, $N_{d,\text{vertikal}} = 936\,\text{kN}$

$$A_n = h \cdot b_n = 520 \cdot (220 - 12) = 108160\,\text{mm}^2$$

$$\sigma_{c,0,d} = \frac{(936 + 275) \cdot 10^3}{108160} = 11{,}20\,\text{N/mm}^2$$

Bemessungswert der Biegebeanspruchung:

$$\sigma_{m,y,d} = \frac{M_{y,d}}{W_n} = \frac{6 \cdot M_{y,d}}{b \cdot h^2} = \frac{6 \cdot 27{,}2 \cdot 10^6}{220 \cdot 520^2} = 2{,}74\,\text{N/mm}^2$$

Auf die Berechnung des Netto-Widerstandmomentes wird an dieser Stelle verzichtet, da das maximale Moment im ungestörten Querschnittsbereich auftritt.

Bemessungswert der Holzfestigkeit:

BSH GL28h, nach DIN EN 14080 Tabelle 5 erhält man die charakteristischen Festigkeiten

$f_{c,0,k} = 28{,}0\,\text{N/mm}^2$, $f_{m,k} = 28\,\text{N/mm}^2$

Bemessungswert der Holzfestigkeiten nach Gl. (2.14):

$$f_{c,0,d} = \frac{k_{\text{mod}} \cdot f_{c,0,k,Gl28h}}{\gamma_M} = \frac{0{,}9 \cdot 28{,}0}{1{,}3} = 19{,}40\,\text{N/mm}^2$$

$$f_{m,y,d} = \frac{k_{\text{mod}} \cdot f_{m,k,Gl28h}}{\gamma_M} = \frac{0{,}9 \cdot 28}{1{,}3} = 19{,}4\,\text{N/mm}^2$$

Nachweis nach DIN EN 1995-1-1:2010, Gl. (6.19) und (6.20) für $\sigma_{m,z} = 0$ und $k_m = 0{,}7$ für Rechteckquerschnitte:

$$\left(\frac{\sigma_{c,0,d}}{f_{c,0,d}}\right)^2 + \frac{\sigma_{m,y,d}}{f_{m,y,d}} = \left(\frac{11{,}20}{19{,}40}\right)^2 + \frac{2{,}74}{19{,}4} = 0{,}47 < 1{,}0$$

Nachweis erfüllt!

$$\left(\frac{\sigma_{c,0,d}}{f_{c,0,d}}\right)^2 + k_m \cdot \frac{\sigma_{m,y,d}}{f_{m,y,d}} = \left(\frac{11{,}20}{19{,}40}\right)^2 + 0{,}7 \cdot \frac{2{,}74}{19{,}4} = 0{,}45 < 1{,}0$$

Nachweis erfüllt!

2. *Nachweis der Diagonalen*

Normalkräfte in den Diagonalen für die maßgebende Lastfallkombination

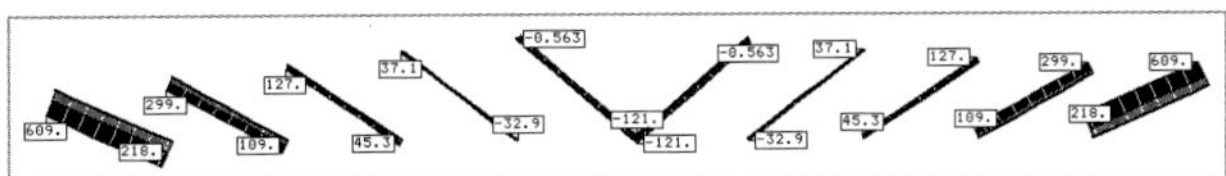

Stabilitätsnachweis nach DIN 1052:2008, Abschnitt 10.3.1:

Querschnitt des druckbeanspruchten Stabes in Trägermitte mit $b/h = 200/220\,\text{mm}$ BSH GL28h nach DIN EN 14080,

Stablänge = Ersatzstablänge $l_{ef} = 7{,}89\,\text{m}$

Schlankheitsgrad mit $i_y = \sqrt{\frac{I_y}{A}}$

$$\lambda_y = \frac{l_{ef}}{i_y} = \frac{l_{ef}}{\sqrt{\frac{I_y}{A}}} = \frac{7890}{\sqrt{\frac{220 \cdot 200^3}{12 \cdot 220 \cdot 200}}} = 136{,}7$$

Bezogene Schlankheit nach Gl. (6.21):

Mit $E_{0,\text{mean}} = 12600\,\text{N/mm}^2$ und $E_{0,05} = 10500\,\text{N/mm}^2$

$$\lambda_{\text{rel},c,y} = \frac{\lambda}{\pi} \cdot \sqrt{\frac{f_{c,0,k}}{E_{0,05}}}$$ [DIN EN 1995-1-1, Gl. (6.21)]

$$\lambda_{\text{rel},c,y} = \frac{136{,}7}{\pi} \cdot \sqrt{\frac{26{,}5}{10500}} = 2{,}19$$

$$k = 0{,}5\left[1 + \beta_c \cdot (\lambda_{\text{rel},c} - 0{,}3) + \lambda_{\text{rel},c}^2\right]$$ [DIN EN 1995-1-1, Gl. (6.27)]

$$k = 0{,}5\left[1 + 0{,}1 \cdot (2{,}19 - 0{,}3) + 2{,}19^2\right] = 2{,}99$$

Knickbeiwert nach Gl. (6.25):

$$k_{c,y} = \min\begin{cases} 1{,}0 \\ \dfrac{1}{k + \sqrt{k^2 - \lambda_{rel,c,y}^2}} \end{cases}$$ [DIN EN 1995-1-1, Gl. (6.25)]

$$k_{c,y} = \min\begin{cases} 1{,}0 \\ \dfrac{1}{k + \sqrt{2{,}99^2 - 2{,}19^2}} = 0{,}20 \end{cases}$$

Bemessungswert der Druckbeanspruchung:

$$\sigma_{c,0,d} = \frac{N_d}{A} = \frac{121 \cdot 10^3}{200 \cdot 220} = 2{,}75\,\text{N/mm}^2$$

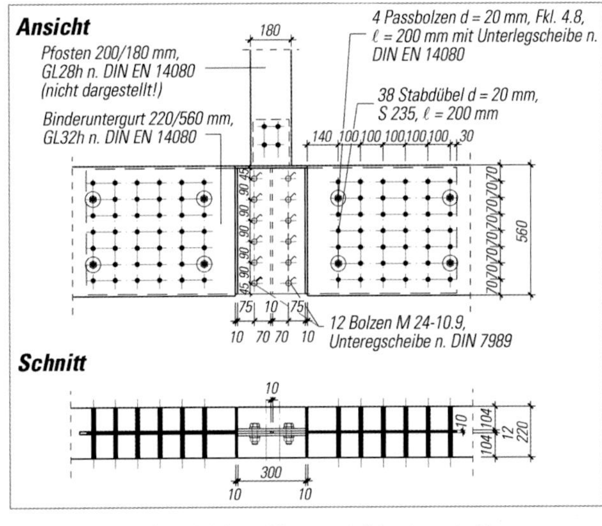

Bild 9.39. Stoßausbildung Untergurt (Montagestoß)

Bemessungswert der Holzfestigkeit:

$$f_{c,0,d} = \frac{k_{mod} \cdot f_{c,0,k}}{\gamma_M}$$ [DIN 1052, Gl. (2.14)]

$$f_{c,0,d} = \frac{0,9 \cdot 28}{1,3} = 19,4\ N/mm^2$$

Nachweis nach Gl. (6.23): für $\sigma_{m,y,d}$ und $\sigma_{m,z,d} = 0$

$$\frac{\sigma_{c,0,d}}{k_c \cdot f_{c,0,d}} = \frac{2,75}{0,2 \cdot 19,4} = 0,71 < 1,0$$ [DIN 1052, Gl. (6.23)]

Nachweis erfüllt!

Es werden in diesem Beispiel nicht alle Stäbe nachgewiesen.

Es folgen nun die Nachweise für den zugbeanspruchten Untergurt und den Zugstab am Auflager.

3. *Ausbildung des Untergurt-Montagestoßes in Bindermitte als Zugstoß*

Der Montagestoß (Bild 9.39.) soll mit Schlitzblechen $t = 10$ mm und Stabdübeln hergestellt werden. Da die zu übertragenden Zugkräfte relativ groß sind, ist zu erwarten, dass viele Verbindungsmittel auf begrenzter Anschlussfläche untergebracht werden müssen. Es wird eine Konstruktion aus einem innen liegenden Blech mit Stabdübeln/Passbolzen gewählt (s. Bild 9.39.).
In der Regel wird ein regelmäßiges, rechteckiges Verbindungsmittelschema gewählt. Zu beachten ist, dass die Regeln für in Kraftrichtung hintereinander liegende Stabdübel gegenüber der DIN 1052:1988/1996 grundsätzlich geändert wurden. Die Spaltgefahr wird berücksichtig, indem eine effektiv wirksame Stabdübelanzahl n_{ef} ab zwei Dübel hintereinander berechnet wird (s. Bild 9.40.). Die wirksame Stabdübelanzahl n_{ef} ist abhängig vom Abstand a_1 der Stabdübel in Kraftrichtung. Wird hier nur der Mindestabstand gewählt (z. B. $a_1 = 5d$), müssen dem entsprechend mehr Stabdübel eingesetzt werden, doch auch eine deutliche Vergrößerung des Abstandes a_1 gem. DIN EN 1995-1-1:2010 bringt nur eine geringe Vergrößerung der wirksamen Stabdübelanzahl.

Der erforderliche Abstand, bei dem die volle Stabdübelanzahl als wirksam angesetzt werden kann, lässt sich durch Umformen der Gleichung (8.34) in DIN EN 1995-1-1:2010 für den Kraft-Faser-Winkel $\alpha = 0°$ wie folgt ableiten:

$$n_{ef} = \min \begin{Bmatrix} n \\ n^{0,9} \cdot \sqrt[4]{\dfrac{a_1}{13 \cdot d}} \end{Bmatrix}$$

$${}_{erf}a_1 \cdot d = 13 \cdot n^{0,4} \cdot d$$

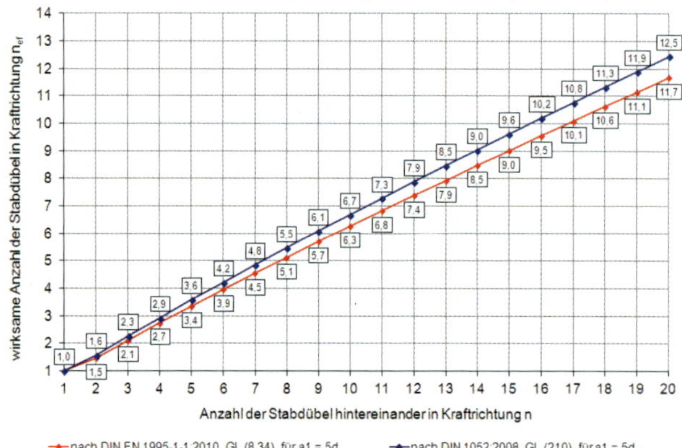

Bild 9.40. Wirksame Verbindungsmittelanzahl hintereinander liegender Stabdübel nach DIN EN 1995-1-1:2010 im Vergleich zur DIN 1052:2008

Dies bedeutet, dass man bei sechs Stabdübeln/Passbolzen hintereinander in Kraftrichtung folgenden Abstand a_1 wählen müsste:

$${}_{erf}a_1 \cdot d = 13 \cdot 6^{0,4} \cdot d = 26,6 \cdot d$$

Bei Stabdübeln/Passbolzen $d = 20$ mm wären dies also 532 mm. Es würde sich eine Anschlusslänge von

$l_A = a_{1,t} + 5a_1 = 140 + 5 \cdot 532 = 2795$ mm ergeben!

Im Ergebnis kann also festgestellt werden, dass die Vergrößerung des Abstandes a_1 nicht zu wirtschaftlicheren Lösungen führt.
Der Anschluss wird also wie folgt gewählt:

Anschluss mit innen liegendem Stahlblech S355 und Stabdübeln ∅ 20 – S235

Nachweis der Stabdübel nach DIN EN 1995-1-1:2010, Abschnitt 8.6:

Bemessungswert der Beanspruchung:

$N_d = 928$ kN

Charakteristisches Fließmoment des Stabdübels S235 nach Gl. (8.30):

[DIN EN 1995-1-1, Gl. (8.30)]

$$M_{y,Rk} = 0,3 \cdot f_{u,k} \cdot d^{2,6} = 0,3 \cdot 360 \cdot 20^{2,6} = 260676,4\ Nmm$$

Charakteristische Lochleibungsfestigkeit des Holzes nach Gl. (8.36):

Der Untergurt wird aus BSH GL32h nach DIN EN 14080 hergestellt.

$\rho_k = 440\ kg/m^3$ [DIN EN 14080, Tabelle 5]

$f_{h,k} = 0,082 \cdot (1 - 0,01 \cdot d) \cdot \rho_k$ [DIN EN 1995-1-1, Gl. (8.36)]

$$f_{h,k} = 0,082 \cdot (1 - 0,01 \cdot 20) \cdot 440 = 28,86\ N/mm^2$$

Überprüfung der Mindestholzdicke:

Es sind die Ansätze für innen liegende Stahlbleche nach Gl. (NA.116) zu verwenden. Annahme: Toleranz zwischen Blech und Holz 1 mm; Blechdicke t = 10 mm ${}_{vorh}t$ = (220-12)/2 = 104 mm.

$$t_{req} = 1,15 \cdot 4 \cdot \sqrt{\frac{M_{y,Rk}}{f_{h,k} \cdot d}}$$

$$t_{req} = 1,15 \cdot 4 \cdot \sqrt{\frac{260676,4}{28,86 \cdot 20}} = 97,76 < {}_{vorh}t = 104\ mm$$

Charakteristische Tragfähigkeit eines Stabdübels pro Scherfuge nach Gl. (NA.115):

$F_{v,Rk} = \sqrt{2} \cdot \sqrt{2 \cdot M_{y,Rk} \cdot f_{h,k} \cdot d}$ [DIN EN 1995-1-1/NA, Gl. (NA.115)]

$$F_{v,Rk} = \sqrt{2} \cdot \sqrt{2 \cdot 260676,4 \cdot 28,86 \cdot 20}$$

$$F_{v,Rk} = 24532,63\ N = 24,53\ kN$$

Bemessungswert der Tragfähigkeit des Anschlusses:

Berechnung der wirksamen Stabdübelanzahl nach Gl. (8.34) für $\alpha = 0$ und $a_1 = 100\ mm = {}_{erf}a_1 = 5d = 100\ mm$

$$n_{ef} = \min \begin{Bmatrix} n \\ n^{0,9} \cdot \sqrt[4]{\dfrac{a_1}{13 \cdot d}} \end{Bmatrix}$$

$$n_{ef} = \min \begin{Bmatrix} 6 \\ 6^{0,9} \cdot \sqrt[4]{\dfrac{100}{13 \cdot 20}} \end{Bmatrix} = 4,0$$

Bemessungswert der Tragfähigkeit des Anschlusses mit $n_{Scherfugen} = 2$ nach Gl. (NA.113):

$$F_{v,Rd} = n_{Scherfugen} \cdot n_{ef} \cdot n_{Reihen} \cdot \frac{k_{mod}}{\gamma_M} \cdot F_{v,Rk}$$

$$F_{v,Rd} = 2 \cdot 4{,}0 \cdot 7 \cdot \frac{0{,}9}{1{,}1} \cdot 24{,}53 = 1124 \text{ kN}$$

Nachweis des Anschlusses:

$$\frac{N_d}{F_{v,Rd}} = \frac{928}{1124} = 0{,}83 \approx 1{,}0$$ **Nachweis erfüllt!**

Mindestabstände:

$$a_{1,t} = 7d = 7 \cdot 20 = 140 = {}_{\text{vorh}}a_1 = 140 \text{ mm}$$

$$a_2 = 3d = 3 \cdot 20 = 60 < {}_{\text{vorh}}a_2 = 70 \text{ mm}$$

$$a_{2,c} = 3d = 3 \cdot 20 = 60 = {}_{\text{vorh}}a_{2,c} = 70 \text{ mm}$$

Nachweis des Stabquerschnittes:

Bemessungswert der Beanspruchung:

$$A_{netto} = A_{brutto} - \left(7 \cdot A_{Bohrung} + A_{Schlitz}\right)$$

$$A_{netto} = 220 \cdot 560 - (7 \cdot 20 \cdot 220 + 12 \cdot 560) = 85680 \text{ mm}^2$$

$$\sigma_{t,0,d} = \frac{N_d}{A_{netto}} = \frac{928 \cdot 10^3}{85680} = 10{,}83 \text{ N/mm}^2$$

Bemessungswert der Holzfestigkeit für GL32h nach DIN EN 14080:

$$f_{t,0,k} = 25{,}6 \text{ N/mm}^2$$

$$f_{t,0,d} = \frac{k_{mod} \cdot f_{t,0,k}}{\gamma_M} = \frac{0{,}9 \cdot 25{,}6}{1{,}3} = 17{,}72 \text{ kN/mm}^2$$

Nachweis nach DIN EN 1995-1-1/NA:2013, Abschnitt NCI NA.8.1.6 in Anlehnung an Gl. (6.1):

$$\sigma_{t,0,d} = \frac{\sigma_{t,0,d}}{0{,}6666 \cdot f_{t,0,d}} = \frac{10{,}83}{0{,}667 \cdot 17{,}72} = 0{,}92 < 1{,}0$$ **Nachweis erfüllt!**

Voraussetzung ist, dass zusätzlich ausziehfeste Verbindungsmittel im Anschluss angeordnet werden. Dies wird erreicht, in dem jeder sechste Stabdübel als Passbolzen ausgeführt wird.

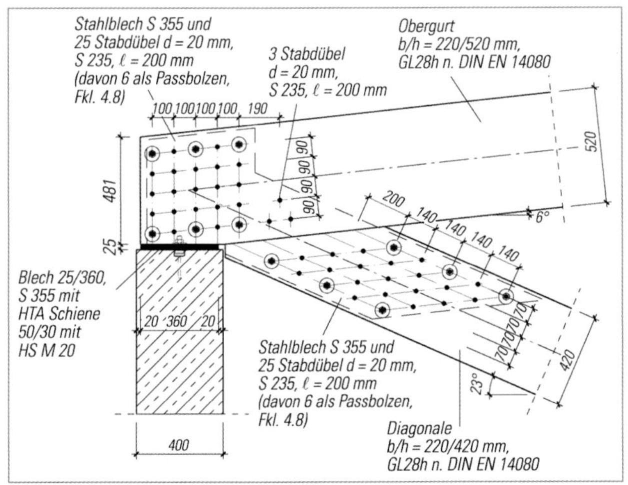

Bild 9.41. Anschluss Diagonale/Obergurt

4. Anschluss Diagonale an Obergurt (Bild 9.41.)

a) Querschnitt: Diagonale $b/h = 220/420$ mm BSH GL28h nach DIN EN 14080, Tabelle 5

Gewählt: Anschluss mit innen liegendem Stahlblech t = 10 mm; S355 und Stabdübeln ∅ 20 mm S235; $N_d = 609$ kN

Charakteristisches Fließmoment des Stabdübels S235 nach Gl. (8.30):

$$M_{y,Rk} = 0{,}3 \cdot f_{u,k} \cdot d^{2{,}6}$$ [DIN EN 1995-1-1, Gl. (8.30)]

$$M_{y,k} = 0{,}3 \cdot 360 \cdot 20^{2{,}6} = 260676 \text{ Nmm}$$

Charakteristische Lochleibungsfestigkeit nach Gl. (8.36):

$$\rho_k = 405 \text{ kg/m}^3$$ [DIN EN 14080, Tabelle 5]

$$f_{h,0,k} = 0{,}082 \cdot (1 - 0{,}01 \cdot d) \cdot \rho_k$$ [DIN EN 1995-1-1, Gl. (8.36)]

$$f_{h,0,k} = 0{,}082 \cdot (1 - 0{,}01 \cdot 20) \cdot 405 = 26{,}57 \text{ N/mm}^2$$

Mindestholzdicke nach Gl. (NA.116):

$$t_{req} = 1{,}15 \cdot 4 \cdot \sqrt{\frac{M_{y,Rk}}{f_{h,k} \cdot d}}$$ [DIN EN 1995-1-1/NA, Gl. (NA.116)]

$$t_{req} = 1{,}15 \cdot 4 \cdot \sqrt{\frac{260676}{26{,}57 \cdot 20}} = 101{,}90 \text{ mm}$$

Die Bleche sind 10 mm dick, es wird pro Seite 1 mm Spiel angesetzt.

$${}_{\text{vorh}}t = \frac{1}{2} \cdot (200 - 10 - 2) = 94 \text{ mm} < t_{req} = 101{,}3 \text{ mm}$$

Geringe Unterschreitung wird vernachlässigt.

Charakteristische Tragfähigkeit pro Scherfläche nach Gl. (NA.115):

$$F_{v,Rk} = \sqrt{2} \cdot \sqrt{2 \cdot M_{y,Rk} \cdot f_{h,k} \cdot d}$$ [DIN EN 1995-1-1/NA, Gl. (NA.115)]

$$F_{v,Rk} = \sqrt{2} \cdot \sqrt{2 \cdot 260676 \cdot 26{,}57 \cdot 20}$$

$$F_{v,Rk} = 23539{,}20\ N = 23{,}54 \text{ kN}$$

Bemessungswert der Tragfähigkeit pro Scherfläche nach Gl. (NA.113):

$$F_{v,Rd} = \frac{k_{mod} \cdot F_{v,Rk}}{\gamma_M}$$ [DIN EN 1995-1-1/NA, Gl. (NA.113)]

$$F_{v,Rd} = \frac{0{,}9 \cdot 23{,}54}{1{,}1} = 19{,}26 \text{ kN}$$

Abschätzung der erforderlichen Verbindungsmittelanzahl:

$${}_{\text{erf}}n = \frac{N_d}{n_{Scherfuge} \cdot R_d} = \frac{609}{2 \cdot 19{,}26} = 15{,}80$$

Gewählt: 20 Stabdübel in 5 Reihen zu je 4 Stabdübeln hintereinander in Kraftrichtung

Ermittlung der wirksamen Verbindungsmittelanzahl nach Gl. (8.34) für $\alpha = 0$:

$$n_{ef} = \min\begin{cases} n \\ n^{0{,}9} \cdot \sqrt[4]{\dfrac{a_1}{13 \cdot d}} \end{cases}$$ [DIN EN 1995-1-1, Gl. (8.34)]

$$n_{ef} = \min\begin{cases} 4 \\ 4^{0{,}9} \cdot \sqrt[4]{\dfrac{140}{13 \cdot 20}} = 3{,}0 \end{cases}$$

Nachweis des Anschlusses:

$$\frac{N_d}{n_{ef} \cdot n_{Reihen} \cdot n_{Scherfugen} \cdot F_{v,Rd}} = \frac{609}{3,0 \cdot 5 \cdot 2 \cdot 19,26} = 1,05 > 1,0$$

Die Berechnung zeigt die unterschiedlichen Regeln zwischen DIN 1052:2008 und DIN EN 1995-1-1:2010. Nach DIN 1052:2008 waren die Werte für n_{ef} (ca. 5 %) größer.

Die Stabdübel sollen aufgrund möglicher klimatischer Einflüsse und der damit verbundenen Gefahr von Schwindrissen nicht vollständig ausgelastet werden.

Neu gewählt: 25 Stabdübel in 5 Reihen zu je 5 Stabdübeln hintereinander in Kraftrichtung (s. Bild 9.41.)

$$n_{ef} = \min \begin{cases} n \\ n^{0,9} \cdot \sqrt[4]{\dfrac{a_1}{13 \cdot d}} \end{cases}$$ [DIN EN 1995-1-1, Gl. (8.34)]

$$n_{ef} = \min \begin{cases} 5 \\ 5^{0,9} \cdot \sqrt[4]{\dfrac{140}{13 \cdot 20}} = 3,6 \end{cases}$$

Nachweis des Anschlusses:

$$\frac{N_d}{n_{ef} \cdot n_{Reihen} \cdot n_{Scherfugen} \cdot F_{v,Rd}} = \frac{609}{3,6 \cdot 5 \cdot 2 \cdot 19,26} = 0,88 < 1,0$$

Nachweis erfüllt!

Nach DIN 1052:2008 betrug der Nachweis $0,81 < 1,0$!

Nachweis des Stabquerschnittes:

Bemessungswert der Beanspruchung:

$$A_{netto} = A_{brutto} - \left(5 \cdot A_{Bohrung} + A_{Schlitz}\right)$$

$$A_{netto} = 220 \cdot 420 - (5 \cdot 20 \cdot 220 + 12 \cdot 420) = 65\,360 \text{ mm}^2$$

$$\sigma_{t,0,d} = \frac{N_d}{A_{netto}} = \frac{609 \cdot 10^3}{65\,360} = 9,32 \text{ N/mm}^2$$

Bemessungswert der Holzfestigkeit für GL32h nach DIN EN 14080:

$$f_{t,0,k} = 25,6 \text{ N/mm}^2$$

$$f_{t,0,d} = \frac{k_{mod} \cdot f_{t,0,k}}{\gamma_M} = \frac{0,9 \cdot 25,6}{1,3} = 17,72 \text{ kN/mm}^2$$

Nachweis nach DIN EN 1995-1-1/NA:2013, Abschnitt NCI NA.8.1.6 in Anlehnung an Gl. (6.1):

$$\sigma_{t,0,d} = \frac{\sigma_{t,0,d}}{0,667 \cdot f_{t,0,d}} = \frac{9,32}{0,667 \cdot 17,22} = 0,81 < 1,0$$ **Nachweis erfüllt!**

Voraussetzung ist, dass zusätzlich ausziehfeste Verbindungsmittel im Anschluss angeordnet werden. Dies wird erreicht, in dem jeder sechste Stabdübel als Passbolzen ausgeführt wird. Es wird jeder sechste Stabdübel als Passbolzen ausgeführt.

b) Querschnitt Obergurt: $b/h = 220/520$ mm, BSH GL28h nach DIN EN 14080, Last-Faser-Winkel $\alpha = 0$; $_{max}N_d = -564$ kN. Die Momentenbeanspruchung wird vernachlässigt.

Ermittlung der wirksamen Verbindungsmittelanzahl nach Gl. (8.34):

$$n_{ef} = \min \begin{cases} n \\ n^{0,9} \cdot \sqrt[4]{\dfrac{a_1}{13 \cdot d}} \end{cases}$$ [DIN EN 1995-1-1, Gl. (8.34)]

$$n_{ef} = \min \begin{cases} 5 \\ 5^{0,9} \cdot \sqrt[4]{\dfrac{140}{13 \cdot 20}} = 3,64 \end{cases}$$

Nachweis des Anschlusses:

$$\frac{N_d}{n_{ef} \cdot n_{Reihen} \cdot n_{Scherfugen} \cdot F_{v,Rd}} = \frac{609}{3,64 \cdot 5 \cdot 2 \cdot 19,26} = 0,87 < 1,0$$

Nachweis erfüllt!

Nachweis der Dachstabilisierung:

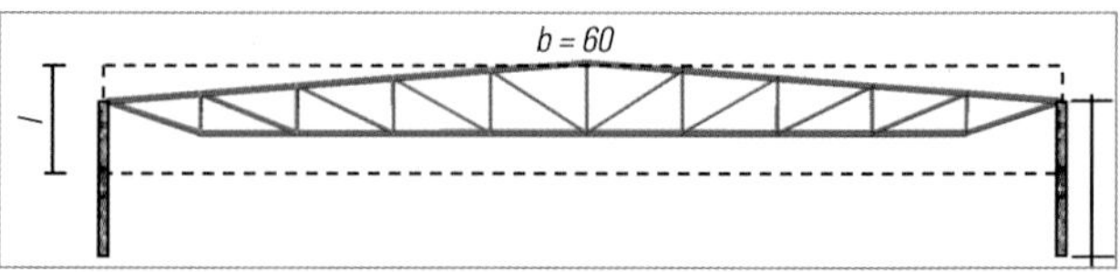

Normalkräfte in den Diagonalen für die maßgebende Lastfallkombination:

Charakteristische Einwirkung auf die Dachscheiben bzw. die Dachverbände aus Winddruck und Windsog nach DIN 1055-4:

$c_{pD} = 0,8$; $c_{pS} = 0,5$; $q_k = 0,8 \text{ kN/m}^2$

Winddruck auf den Giebel ($h > 8$ m):

$$Q_{k,w,GD} = q_k \cdot c_{pD} = 0,8 \cdot 0,8 = 0,64 \text{ kN/m}^2$$

Windsog auf den Giebel ($h > 8$ m):

$$Q_{k,w,GS} = q_k \cdot c_{pS} = 0,8 \cdot 0,5 = 0,40 \text{ kN/m}^2$$

Maßgebende Windbeanspruchung auf beide Giebel:

$$Q'_{k,w,G} = Q_{k,w,GD} + Q_{k,w,GS} = 0,64 + 0,4 = 1,04 \text{ kN/m}^2$$

Charakteristischer Wert der Beanspruchung bezogen auf die zu berücksichtigende Windangriffsfläche:

$$h_G \approx 6 \text{ m}$$

$$Q_{k,w,G} = Q'_{k,w,G} \cdot h_G = 1,04 + 6,0 \cong 6,24 \text{ kN/m}$$

Bemessungswerte der Normalkräfte $N_{d,i}$ im Obergurt aus EDV-Bemessung (tabellarisch zusammengestellt):

Feld	**Obergurt-Normalkraft** Angaben in kN
1	–564
2	–826
3	–936
4	–936
5	–875
6	–875
7	–936
8	–936
9	–826
10	–564
SUMME:	**–8274**
Mittelwert:	**–827,4**

Variante 1 Dachscheibe aus OSB/4-Platten nach DIN EN 13986:2015 mit $t = 25$ mm

Anordnung der aussteifenden Dachscheibe (Bild 9.42.)

Vertikal wirkende Beanspruchung

Maßgebend ist die veränderliche Einwirkung „Windsog im Eckbereich“. Da bei einer Lastkombination die ständigen Lasten günstig, also entlastend wirken, muss γ_G nach DIN 1055-100, Tabelle A.3 mit 1,0 angesetzt werden.

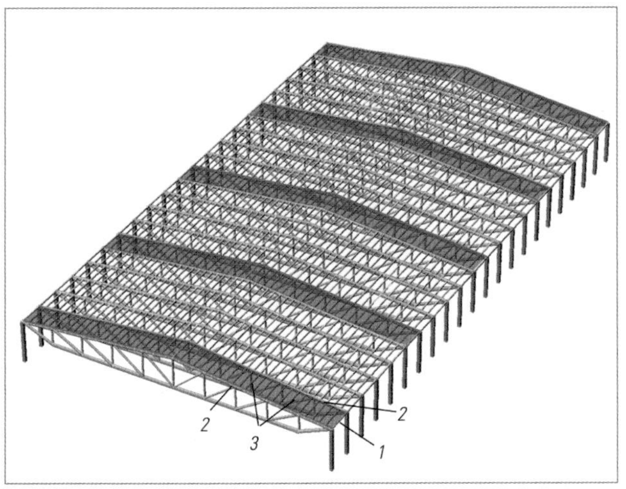

Legende
1 Randpfosten
2 Gurte
3 Innenpfosten

Bild 9.42. Anordnung der Aussteifungsverbände in Hallenlängsrichtung (Abstand zwischen den Verbänden = 20 m)

$$E_{d,v} = \gamma_{G,\inf} \cdot G_k + \gamma_Q \cdot Q_{k,W,s} = 1{,}0 \cdot 3{,}8 + 1{,}5 \cdot (-2{,}56) = -3{,}46 \text{ kN/m}^2$$

Horizontal wirkende Beanspruchung:

Bemessungswert der Einwirkung auf die aussteifende Dachscheibe:

Berechnung der seitlichen Stabilisierungslast q_d nach DIN EN 1995-1-1:2010, Abschnitt 9.2.5.3:

$$k_l = \min\begin{cases}1{,}0 \\ \sqrt{15/l}\end{cases} = \min\begin{cases}1{,}0 \\ \sqrt{15/60} = 0{,}5\end{cases}$$ [DIN EN 1995-1-1, Gl. (9.38)]

Berechnung der mittleren Normalkraft im Druckgurt nach DIN EN 1995-1-1:2010, Abschnitt 9.2.5.3 (1):

$$\overline{N_d} = \frac{\sum_{i=1}^{n} N_{d,i}}{i} = \frac{8274}{10}$$

$$\overline{N_d} = 827{,}4 \text{ kN}$$

Bemessungswert der Ersatzlast q_d nach Gl. (9.3) und Tabelle NA.21:

Mit $n =$ Anzahl der zu stabilisierenden Obergurte = 5 Scheiben

$$q_d = k_l \cdot \frac{n \cdot \overline{N_d}}{30 \cdot l} = 0{,}5 \cdot \frac{5 \cdot 827{,}4}{30 \cdot 60} = 1{,}15 \text{ kN/m}$$

$\rightarrow$ zusätzlich wirken aus Windeinwirkung auf den Giebel

Es wird der Lastfall „Wind auf Giebel" auf der sicheren Seite liegend mit einem Teilsicherheitsbeiwert $\gamma_Q = 1{,}5$ ermittelt:

$$Q_{d,w,G} = \gamma_Q \cdot Q_{k,w,G} = 1{,}5 \cdot 6{,}24 = 9{,}4 \text{ kN/m}$$

Verteilt auf 5 aussteifende Scheiben

$$Q_{d,w,S} = \frac{Q_{k,w,G}}{n_S} = \frac{9{,}4}{5} = 1{,}9 \text{ kN/m}$$

Nachweis einer aussteifenden Dachscheibe als liegender Holzwerkstoff-Träger vereinfachend nach Biegetheorie:

Der Holzwerkstoffträger besteht aus Brettschichtholzgurten, Auflagerpfosten und einem Steg aus einer OSB-Platte. Die Beplankung ist für den Schubfluss aus der maximalen Querkraft zu bemessen. Dabei wird der Schubfluss als über die Tafelhöhe konstant angenommen. Der Nachweis erfolgt analog DIN 1052:2008, Abschnitt 10.6.

Bemessungswert der längenbezogenen Beanspruchung der Beplankung:

$$E_{d,\text{horizontal}} = s_{v,90,d} = q_d + Q_{d,w,S} = 1{,}15 + 1{,}9 = 3{,}05 \text{ kN/m}$$

Bemessungswert der längenbezogenen Schubbeanspruchung in der Beplankung:

$$s_{v,0,d} = \frac{{}_{\max}V_d}{h_S}$$

mit

$${}_{\max}V_d = \frac{(q_d + Q_{d,w,S}) \cdot \ell}{2}$$

$$s_{v,0,d} = \frac{{}_{\max}V_d}{h_S} = \frac{(q_d + Q_{d,w,S}) \cdot \ell}{2 \cdot h_s}$$

$$s_{v,0,d} = \frac{(1{,}15 + 1{,}9) \cdot 60}{2 \cdot 5{,}0} = 18{,}3 \text{ kN/m} = 18{,}3 \text{ N/mm}$$

Nachweis Verbindungsmittel und Beplankung:

Gewählt: Verbindungsmittel: glattschaftige Nägel 31×80 nicht vorgebohrt

Mindestdicke OSB/4-Platte:

$$t_{\text{req}} = 7 \cdot d$$ [DIN EN 1995-1-1/NA, Tabelle NA.14]

$$t_{\text{req}} = 7 \cdot 3{,}1 = 21{,}7 \text{ mm} < {}_{\text{vorh}}t = 25 \text{ mm}$$

Mindesteindringtiefe Nagel (Spaltgefahr besteht nicht) nach Gl. (NA.121):

$t_{\text{req}} = 9 \cdot d = 9 \cdot 3{,}1 = 27{,}9 \text{ mm} < 55 \text{ mm} =$ vorh. Eindringtiefe

Lochleibungsfestigkeit des Holzwerkstoffes nach Gl. (8.22):

$$f_{h,k} = 65 \cdot d^{-0{,}7} \cdot t^{0{,}1}$$ [DIN EN 1995-1-1, Gl. (8.22)]

$$f_{h,k} = 65 \cdot 3{,}1^{-0{,}7} \cdot 25^{0{,}1} = 40{,}62 \text{ N/mm}^2$$

Charakteristisches Fließmoment des Nagels nach Gl.(8.14):

$$M_{y,Rk} = 0{,}3 \cdot f_{u,k} \cdot d^{2{,}6}$$ [DIN EN 1995-1-1, Gl. (8.14)]

$$M_{y,Rk} = 0{,}3 \cdot 600 \cdot 3{,}1^{2{,}6} = 3410 \text{ Nmm}$$

Charakteristischer Wert der Tragfähigkeit nach Gl. (NA.123):

mit $A = 0{,}8$ nach Tabelle NA.14 in DIN EN 1995-1-1/NA:2013

$$F_{v,Rk} = A \cdot \sqrt{2 \cdot M_{y,Rk} \cdot f_{h,k} \cdot d}$$ [DIN EN 1995-1-1/NA, Gl. (NA.123)]

$$F_{v,Rk} = 0{,}8 \cdot \sqrt{2 \cdot 3410 \cdot 40{,}62 \cdot 3{,}1} = 741 \text{ N}$$

Bemessungswert der Tragfähigkeit nach Gl. (NA.113):

$k_{\text{mod}} = 0{,}9$ für OSB nach Tabelle 3.1

$$F_{v,Rd} = \frac{k_{\text{mod}} \cdot F_{v,Rk}}{\gamma_M}$$ [DIN EN 1995-1-1/NA, Gl. (NA.113)]

$$F_{v,Rd} = \frac{0{,}9 \cdot 741}{1{,}3} = 513 \text{ N}$$

Abschätzung des erforderlichen Abstandes der Verbindungsmittel:

$${}_{\text{erf}}a_v = \frac{k_{v,1} \cdot F_{v,Rd}}{s_{v,0,d}}$$

$${}_{\text{erf}}a_v = \frac{1{,}0 \cdot 513}{18{,}3} = 28{,}03 \text{ mm}$$

Gewählt: $a_v = 25 \text{ mm}$

Mindestabstand im Holz:

$(\alpha = 0°) = 10 \cdot d = 31 \text{ mm} > {}_{\text{vorh}}a_V$ [DIN EN 1995-1-1, Tabelle 8.2]

Mindestabstand in der OSB-Platte:

[DIN EN 1995-1-1/NA, Abschnitt NCI zu 8.3.1.3 (NA.13)]

$= 3 \cdot d = 9{,}3 \text{ mm} < {}_{\text{vorh}}a_V$ 4)]

Gewählt: Nagelung in 2 Reihen, versetzt angeordnet, min. Abstand $a_v' = 50 \text{ mm}$ rechnerischer Abstand $a_v = 25 \text{ mm}$

Damit alle Plattenstöße schubsteif mit den Rippen (Pfetten) verbunden werden können, ist der Abstand der Pfetten ($b/h = 140/240$ mm – NH S10 nach DIN 4074-1) auf ein Maß von 1,25 m festzulegen. Die Pfetten sind druck- und zugfest an die Binderobergurte anzuschließen. Über den Abstand von Binder zu Binder von 5 m sollen keine Plattenstöße vorhanden sein, d. h. es können nur 5 m lange Platten verwendet werden (s. a. Bild 9.43.). Diese sind i. Allg. lieferbar. Ist dies nicht möglich, so wäre bei Verwendung einer Plattenlänge von 2,5 m ein Stoß mit schubsteifer Befestigung auf einem zusätzlichen Querholz erforderlich, oder es wird mit $k_{v,1} = 0,66$ (für Platten mit nicht allseitig schubsteif verbundenen Plattenrändern) gerechnet ([DIN EN 1995-1-1/NA:2013, Abschnitt 9.2.4.2]).

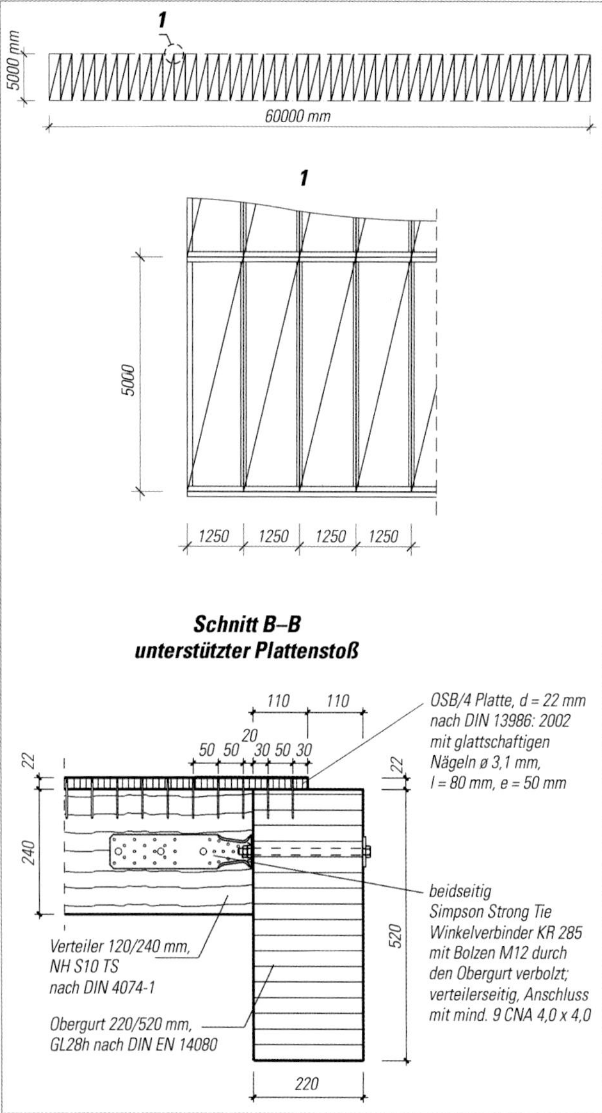

Bild 9.43. Verbindung der Holzwerkstoffplatten auf dem Bindergurt (Verbindungsmittelanordnung)

Nachweis der Plattenbeanspruchung aus vertikal wirkender Beanspruchung:

Aufgrund der Spannweitenverhältnisse

$(\ell_1/\ell_2 = 1,25\,\text{m}/5,0\,\text{m} = 0,25)$

erfolgt der Lastabtrag einachsig. Der Nachweis der Biegespannung und der Schubspannung wird am 1-Meter-Streifen geführt.

Bemessungswerte der Biege- und Schubfestigkeit der Platten bei Beanspruchung rechtwinklig zur Spannrichtung der Deckschicht:

Nach Tabelle 4.7 ist für OSB/4 nach DIN EN 300 bei Plattenbeanspruchung:

$f_{m,k} = 11,4\,\text{N/mm}^2$ (s. [*Holschemacher* u. a. 2012, S. 4.7])

$f_{v,k} = 1,1\,\text{N/mm}^2$

Bemessungswert der Festigkeit:

$$f_{m,d} = \frac{k_{mod} \cdot f_{m,k}}{\gamma_M} = \frac{0,9 \cdot 11,4}{1,3} = 7,9\,\text{N/mm}^2$$

$$f_{v,d} = \frac{k_{mod} \cdot f_{v,k}}{\gamma_M} = \frac{0,9 \cdot 1,1}{1,3} = 6,76\,\text{N/mm}^2$$

Bemessungswert der Beanspruchung:

$$\sigma_{m,d} = \frac{6 \cdot E_d \cdot \ell^2}{8 \cdot b \cdot d^2} = \frac{6 \cdot 3,46 \cdot 1250^2}{8 \cdot 1000 \cdot 25^2} = 6,5\,\text{N/mm}^2$$

Nachweis:

$$\frac{\sigma_{m,d}}{f_{m,d}} = \frac{6,5}{7,9} = 0,86 < 1,0$$

Nachweis der Scheibenbeanspruchung aus horizontal wirkender Beanspruchung:

Bemessungswert der Schubfestigkeit der Platten:

Nach [*Holschemacher* u. a. 2012] ist für OSB/4 nach DIN EN 13986 $f_{v,k} = 6,9\,\text{N/mm}^2$, $k_{mod} = 0,9$ für OSB nach Tabelle 3.1

$$f_{v,d} = \frac{k_{mod} \cdot f_{v,k}}{\gamma_M} = \frac{0,9 \cdot 6,9}{1,3} = 4,77\,\text{N/mm}^2$$

Bemessungswert des längenbezogenen Schubflusses der Beplankung:

Analog DIN 1052:2008, Abschnitt 10.6 unter Berücksichtigung der Tragfähigkeit der Verbindungsmittel, der Tragfähigkeit der OSB/4-Platte und des Plattenbeulens

mit

$k_{v,1} = 1,0$ für Tafeln mit allseits schubsteif verbundenen Plattenrändern entsprechend [DIN 1052:2008, Abschnitt 10.6 (2)],

$k_{v,2} = 0,33$ bei einseitiger Beplankung entsprechend [DIN EN 1995-1-1/NA:2013, Abschnitt NCI zu 9.2.4.2

$$f_{v,0,d} = \min \begin{cases} k_{v,1} \cdot \dfrac{F_{v,Rd}}{a_v} \\ k_{v,1} \cdot k_{v,2} \cdot f_{v,d} \cdot t \\ k_{v,1} \cdot k_{v,2} \cdot f_{v,d} \cdot 35 \cdot \dfrac{t^2}{a_r} \end{cases}$$ [DIN 1052:2008, Gl. (123)]

$$f_{v,0,d} = \min \begin{cases} 1,0 \cdot \dfrac{513}{25} \\ 1,0 \cdot 0,33 \cdot 4,77 \cdot 25 \\ 1,0 \cdot 0,33 \cdot 4,77 \cdot 35 \cdot \dfrac{25^2}{1250} \end{cases}$$

$$f_{v,0,d} = \min \begin{cases} 20,52 & \text{(Verbindungsmittel maßgebend)} \\ 39,35 \\ 27,55 \end{cases}$$

$_{min}f_{v,0,d}$ 20,52 N/mm

Nachweis des Schubflusses in der Beplankung:

$$\frac{s_{v,0,d}}{f_{v,0,d}} = \frac{18,3}{20,52} = 0,89 < 1,0$$ [DIN 1052:2008, Gl. (121)]

Nachweis erfüllt!

Bemessungswert der Druckfestigkeit der Platten:

Nach [*Holschemacher* u. a. 2012] ist für OSB/4 nach DIN EN 13986 $f_{c,d} = 13{,}7\ \text{N/mm}^2$ bei Druck rechtwinklig zur Spanrichtung der Platte, $k_{mod} = 0{,}9$ für OSB nach Tabelle F.1

$$f_{c,d} = \frac{k_{mod} \cdot f_{c,k}}{\gamma_M} \qquad \text{[DIN EN 1995-1-1, Gl. (2.14)]}$$

$$f_{c,d} = \frac{0{,}9 \cdot 13{,}7}{1{,}3} = 9{,}48\ \text{N/mm}^2$$

Bemessungswert der längenbezogenen Festigkeit der Beplankung:

Analog DIN 1052:2008, Abschnitt 10.6 unter Berücksichtigung der Tragfähigkeit der Verbindungsmittel, der Tragfähigkeit der OSB/4-Platte und des Plattenbeulens

mit

$k_{v,2} = 0{,}33$ bei einseitiger Beplankung entsprechend DIN EN 1995-1-1/NA:2013, Abschnitt NCI zu 9.2.4.2

$$f_{v,90,d} = \min \begin{cases} \dfrac{F_{v,Rd}}{a_v} \\ k_{v,2} \cdot f_{c,d} \cdot t \\ k_{v,2} \cdot f_{c,d} \cdot 20 \cdot \dfrac{t^2}{a_r} \end{cases} \qquad \text{[DIN 1052:2008, Gl. (124)]}$$

$$f_{v,90,d} = \min \begin{cases} \dfrac{513}{25} \\ 0{,}33 \cdot 11{,}77 \cdot 25 \\ 0{,}33 \cdot 11{,}77 \cdot 20 \cdot \dfrac{25^2}{1250} \end{cases}$$

$$f_{v,0,d} = \min \begin{cases} 20{,}52 & \text{(Verbindungsmittel maßgebend)} \\ 97{,}10 \\ 38{,}84 \end{cases}$$

$${}_{min}f_{v,0,d} = 20{,}52\ \text{N/mm}$$

Nachweis der längenbezogenen Beanspruchung in der Beplankung [DIN 1052:2008, Abschnitt 10.6 (3)]:

$$\frac{s_{v,90,d}}{f_{v,90,d}} = \frac{3{,}05}{20{,}52} = 0{,}15 < 1{,}0 \qquad \text{[DIN 1052, Gl. (121)]}$$

Nachweis erfüllt!

Variante 2 Dachverband aus Rundstahldiagonalen

Prinzipiell wird der Dachverband so ausgebildet (Bild 9.44.)

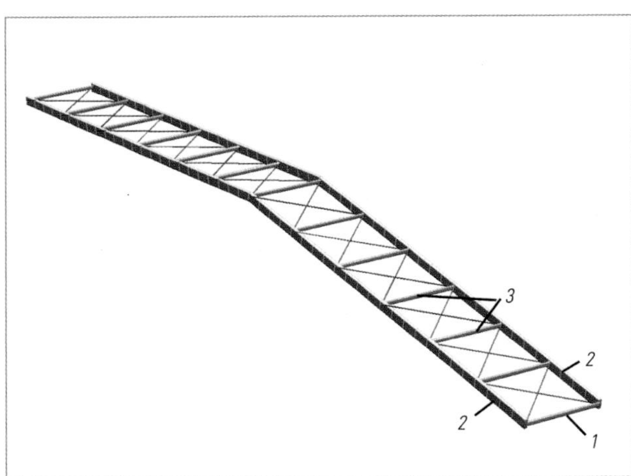

Legende:
1 Randpfosten
2 Gurte
3 Innenpfosten

Bild 9.44. Fachwerkverband

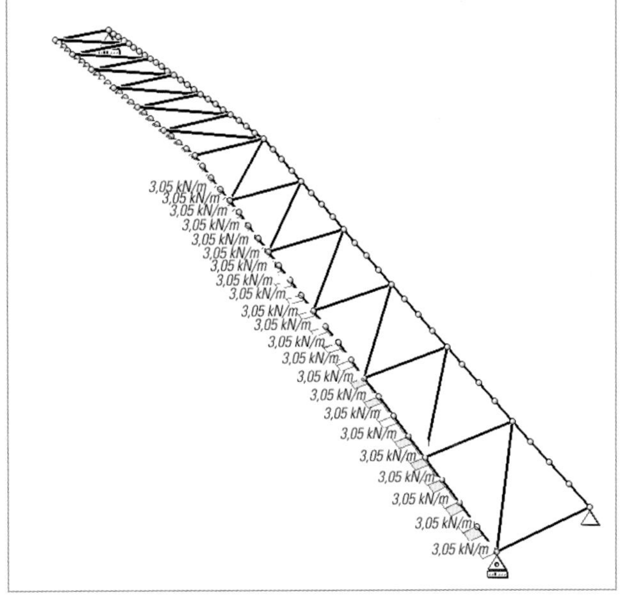

Bild 9.45. Statisches System und Beanspruchung

Da die Diagonalen jedoch bei Druck ausfallen, und nur die Pfetten in den Anschlussknoten als Verbandspfetten wirken sollen, wird zur Berechnung der Schnittgrößen folgendes statische System mit der Bemessungslast wie zuvor bei den Dachscheiben gewählt (Bild 9.45.).

Es ergeben sich folgende Bemessungswerte der Schnittgrößen: (Dargestellt sind nur Pfosten und Diagonalen)

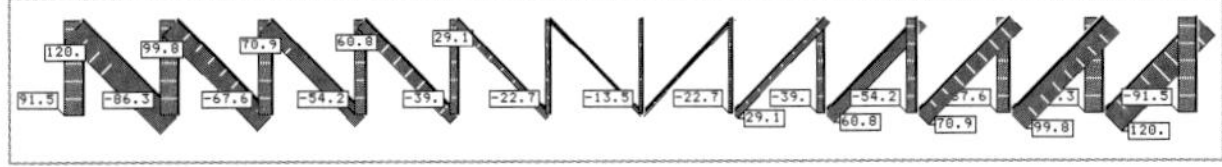

Bemessung der Diagonalen nach DIN 18800-1:

Ermittlung Rundstahldurchmesser:

Gewählt: Rundstahl, S235, mit Gewinde M30 am Ende

Maßgebend ist das Gewinde.

Gewählt: Rundstahldiagonale ∅ 30 mm, jeweils mit einem Spannstoß

Nachweis der Tragfähigkeit bezogen auf den Spannungsquerschnitt nach DIN 1993-1-8:2010, Tabelle 3.4:

Spannungsquerschnitt A_{Sp} für M30 = 561 mm²:

$$F_{t,Rd} = k_2 \cdot A_{Sp} \cdot f_{u,b} / \gamma_{M,2}$$

$$K_2 = 0{,}85 \cdot f_{u,b} = 360\ \text{N/mm}^2$$

$$\gamma_M = 1{,}25$$

$$F_{t,Rd} = 0{,}85 \cdot 561 \cdot 360 / 1{,}25 = 137332{,}8\ \text{N} = 137{,}3\ \text{kN}$$

Nachweis:

$$\frac{N_d}{F_{t,Rd}} = \frac{120}{137} = 0{,}87 < 1{,}0$$ **Nachweis erfüllt!**

Nachweis Tragfähigkeit bezogen auf den Rundstahlquerschnitt:

$A_{Rundstahl} = 707\ \text{mm}^2$ nach DIN EN 1993-1-1:2010, Abschnitt 6.2.3

$$N_{pl,Rd} = \frac{A \cdot f_y}{\gamma_{M,0}}$$

$$f_y = 360\ \text{N/mm}^2,\ \gamma_{M,0} = 1{,}0$$

$$N_{pl,Rd} = \frac{707 \cdot 360}{100} = 254520\ \text{N} = 254{,}5\ \text{kN}$$

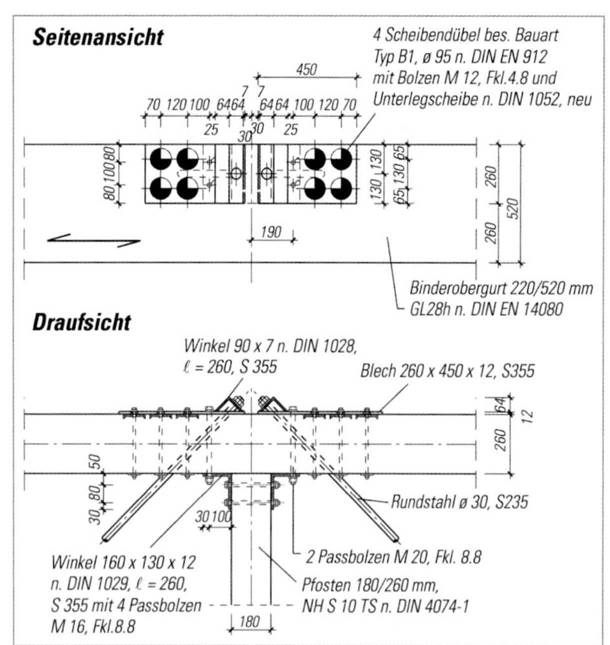

Bild 9.46. Anschluss Rundstahldiagonalen (Innenpfosten)

$$\frac{N_d}{N_{1,R,d}} = \frac{120}{254,5} = 6,47 < 1,0$$ **Nachweis erfüllt!**

Anschluss an den Binderobergurt (Bild 9.46.):

Gewählt: Dübel besonderer Bauart, Typ B1, Durchmesser $d_c = 95\,\text{mm}$ einseitig mit Bolzen M12; Anordnung in 2 Reihen und 3 Spalten (Randpfosten)

Nachweis Anschluss:

Kraftkomponente in Richtung Binderachse, Aufnahme der Kraftkomponente durch Scheibendübel Typ B1 mit $d_c = 95\,\text{mm}$
Winkel der Diagonalen

$$\alpha_D = \arctan\left(\frac{5,0}{6,0}\right) \approx 40°$$

Bemessungswert der Beanspruchung:

a) Randpfosten

$$N_{d,\text{II}} = \cos\alpha_D \cdot N_d = \cos 40° \cdot 120 = 92\,\text{kN}$$

b) Innenpfosten (s. Bild 9.46.)

$$N_{d,\text{II}} = \cos\alpha_D \cdot N_d = \cos 40° \cdot 86,3 = 66,1\,\text{kN}$$

Charakteristische Tragfähigkeit des Dübels nach Gl. (8.61) pro Verbindungseinheit:

Mit $d_c = 95\,\text{mm}$ und $h_e = 15\,\text{mm}$ nach Tabelle B.1 in DIN EN 912

$$F_{v,0,Rk} = \min\begin{cases} 3,5 \cdot d_c^{1,5} \\ 31,5 \cdot d_c \cdot h_e \end{cases}$$ [DIN EN 1995-1-1, Gl. (8.61)]

$$F_{v,0,Rk} = \min\begin{cases} 3,5 \cdot 95^{1,5} = 32,4\,\text{kN} \\ 31,5 \cdot 95 \cdot 15 = 44,9\,\text{kN} \end{cases}$$

$${}_{\min}F_{v,0,Rk} = 32,4\,\text{kN}$$

Bemessungswert der Tragfähigkeit pro Verbindungseinheit:

$$F_{v,0,Rd} = \frac{k_{\text{mod}} \cdot F_{v,0,Rk}}{\gamma_M}$$ [DIN 1052, Gl. (2.14)]

$$R_{c,0,d} = \frac{0,9 \cdot 32,4}{1,3} = 22,4\,\text{kN}$$

Wirksame Verbindungsanzahl von drei hintereinander angeordneten Dübeln:

$$n_{ef} = \left[2 + \left(1 - \frac{n}{20}\right) \cdot (n-2)\right]$$ [DIN EN 1995-1-1, Gl. (8.71)]

$$n_{ef} = \left[2 + \left(1 - \frac{3}{20}\right) \cdot (3-2)\right] = 2,85$$

Bei zwei hintereinander liegenden Dübeln ist $n_{ef} = n = 2$.

Bemessungswert der Tragfähigkeit des Anschlusses für $n = 2$ Reihen mit drei hintereinander liegenden Dübeln:

$$F_{j,d} = n_{ef} \cdot n_{\text{Reihen}} \cdot F_{v,0,Rd}$$

$$R_{j,d} = 2,85 \cdot 2 \cdot 22,4 = 127,7\,\text{kN}$$

Bemessungswert der Tragfähigkeit des Anschlusses für $n = 2$ Reihen mit zwei hintereinander liegenden Dübeln:

$$F_{j,d} = n_{ef} \cdot n_{\text{Reihen}} \cdot R_{c,0,d}$$

$$F_{j,d} = 2 \cdot 2 \cdot 22,4 = 89,6\,\text{kN}$$

Nachweis des Anschlusses mit 2×3 Dübeln (Randpfosten):

$$\frac{N_{d,\text{II}}}{F_{j,d}} = \frac{92}{127,7} = 0,72 < 1,0$$ **Nachweis erfüllt!**

Nachweis des Anschlusses mit 2×2 Dübeln (Innenpfosten):

$$\frac{N_{d,\text{II}}}{F_{j,d}} = \frac{66,1}{89,6} = 0,74 < 1,0$$ **Nachweis erfüllt!**

Nachweis Anschluss Pfosten für ${}_{max}N_d$ = 120 kN:

a) Beanspruchung über Winkel mit Druck senkrecht zur Faser (kein Passstoß!)

Beanspruchung senkrecht zur Faser:

(A_{ef} nach Abschnitt 10.2.4 in DIN 1052:2008)

$$A_{ef} = 2 \cdot (A_{\text{Winkel}} + 2 \cdot 30\,\text{mm})$$

$$A_{ef} = 2 \cdot (130 \cdot 260 + 2 \cdot 30) = 67720\,\text{mm}^2$$

$$\sigma_{c,90,d} = \frac{N_{c,90d}}{A_{ef}} = \frac{120 \cdot 10^3}{67720} = 1,77\,\text{N/mm}^2$$

Bemessungswert der Holzfestigkeit für $f_{c,90,k} = 2,5\,\text{N/mm}^2$ C24 nach DIN EN 338, Tabelle 1:

$$f_{c,90,d} = \frac{k_{\text{mod}} \cdot f_{c,90,k}}{\gamma_M}$$

$$f_{c,90,d} = \frac{0,9 \cdot 2,5}{1,3} = 1,73\,\text{N/mm}^2$$

Nachweis nach DIN EN 1995-1-1:2010 6.1.5 mit $k_{c,90} = 1,0$:

$$\frac{\sigma_{c,90,d}}{k_{c,90} \cdot f_{c,90,d}} = \frac{1,77}{1,0 \cdot 1,73} = 1,02 \approx 1,0$$ [DIN EN 1995-1-1, Gl. (6.3)]

Nachweis erfüllt!

b) Anschluss Pfosten an Winkel

Gewählt: 4 Passbolzen M16 Festigkeitsklasse 8.8 mit $f_{u,k} = 800\,\text{N/mm}^2$

Charakteristisches Fließmoment der Passbolzen nach Gl. (8.30):

$$M_{y,Rk} = 0,3 \cdot f_{u,k} \cdot d^{2,6}$$ [DIN EN 1995-1-1, Gl. (8.30)]

$$M_{y,Rk} = 0,3 \cdot 800 \cdot 16^{2,6} = 324282,26\,\text{Nmm}$$

Charakteristische Lochleibungsfestigkeit nach Gl. (8.36):

$$f_{h,k} = 0{,}082 \cdot (1 - 0{,}01 \cdot d) \cdot \rho_k \qquad \text{[DIN EN 1995-1-1, Gl. (8.36)]}$$

$$f_{h,k} = 0{,}082 \cdot (1 - 0{,}01 \cdot 16) \cdot 350 = 24{,}11\ \text{N/mm}^2$$

Mindestholzdicke nach Gl. (200):

$$t_{req} = 1{,}15 \cdot \left(2 \cdot \sqrt{2}\right) \cdot \sqrt{\frac{M_{y,Rk}}{f_{h,k} \cdot d}} \qquad \text{[DIN EN 1995-1-1/NA, Gl. (NA.118)]}$$

$$t_{req} = 1{,}15 \cdot \left(2 \cdot \sqrt{2}\right) \cdot \sqrt{\frac{324382{,}26}{24{,}11 \cdot 16}}$$

$$t_{req} = 94{,}29 < {}_{vorh}t = 180\ \text{mm}$$

Die Holz-Stahl-Verbindung liegt bezogen auf die Blechdicke zwischen den Kriterien für dünne Bleche $t = 12\ \text{mm} > 0{,}5 \cdot d = 0{,}5 \cdot 16 = 8\ \text{mm}$ und für dicke Bleche $t \geq 1{,}0 \cdot d = 1{,}0 \cdot 16 = 16\ \text{mm}$!

Nach Abschnitt 12.2.3 (6) darf dann zwischen den Werten für R_k geradlinig interpoliert werden.

$F_{v,Rk}$ für dünne Bleche

Charakteristische Tragfähigkeit pro Scherfläche nach Gl. (NA.117):

$$F_{v,Rk} = \sqrt{2 \cdot M_{y,Rk} \cdot f_{h,k} \cdot d} \qquad \text{[DIN EN 1995-1-1/NA, Gl. (NA.117)]}$$

$$F_{v,Rk} = \sqrt{2 \cdot 324282{,}26 \cdot 24{,}11 \cdot 16}$$

$$F_{v,Rk} = 15817{,}4\ \text{N} = 15{,}82\ \text{kN}$$

$F_{v,Rk}$ für dicke Bleche

Charakteristische Tragfähigkeit pro Scherfläche nach Gl. (NA.115):

$$F_{v,Rk} = \sqrt{2} \cdot F_{v,Rk,t \leq 0{,}5 \cdot d} \qquad \text{[DIN EN 1995-1-1/NA, Gl. (NA.115)]}$$

$$F_{v,Rk} = \sqrt{2} \cdot 15{,}82 = 22{,}37\ \text{kN}$$

$F_{v,Rk} =$ für Blechdicke von 12 mm

$$F_{v,Rk} = \frac{t_{vorh}}{t_{\geq 1{,}0 \cdot d}} \cdot F_{v,Rk,t \geq 1{,}0 \cdot d} = \frac{12}{16} \cdot 22{,}37 = 16{,}78\ \text{kN}$$

Bemessungswert der Tragfähigkeit pro Scherfläche nach Gl. (NA.113)

$$F_{v,Rd} = \frac{k_{mod} \cdot F_{v,Rk}}{\gamma_M} \qquad \text{[DIN EN 1995-1-1/NA, Gl. (NA.113)]}$$

$$F_{v,Rd} = \frac{0{,}9 \cdot 16{,}78}{1{,}1} = 13{,}73\ \text{kN}$$

Ermittlung der wirksamen Verbindungsmittelanzahl nach Gl. (8.34) für $\alpha = 0$ und n = 2:

$$n_{ef} = \min \left\{ \begin{array}{l} n \\ n^{0{,}9} \cdot \sqrt[4]{\dfrac{a_1}{13 \cdot d}} \end{array} \right\} \qquad \text{[DIN EN 1995-1-1, Gl. (8.34)]}$$

$$n_{ef} = \min \left\{ \begin{array}{l} 2 \\ 2^{0{,}9} \cdot \sqrt[4]{\dfrac{80}{13 \cdot 16}} \end{array} \right\}$$

$$n_{ef} = 1{,}5$$

Nachweis des Anschlusses:

a) Randpfosten

$$\frac{N_d}{n_{ef} \cdot n_{Reihen} \cdot n_{Scherfugen} \cdot F_{v,Rd}} = \frac{92}{1{,}5 \cdot 2 \cdot 3 \cdot 13{,}73} = 0{,}74 < 1{,}0$$

Nachweis erfüllt!

b) Innenpfosten

$$\frac{N_d}{n_{ef} \cdot n_{Reihen} \cdot n_{Scherfugen} \cdot F_{v,Rd}} = \frac{66{,}1}{1{,}5 \cdot 2 \cdot 2 \cdot 13{,}73} = 0{,}8 < 1{,}0$$

Nachweis erfüllt!

Alternativ wird eine Ausführung mit typisierten Zugstäben nach bauaufsichtlicher Zulassung vorgeschlagen (Bild 9.47.).

Nachweis der Zugstäbe für ${}_{max}N_d = 120\ \text{kN}$

Gewählt: Detan-Zugstab S-460, M24 (Z14.1-432) mit $R_d = 160\ \text{kN}$

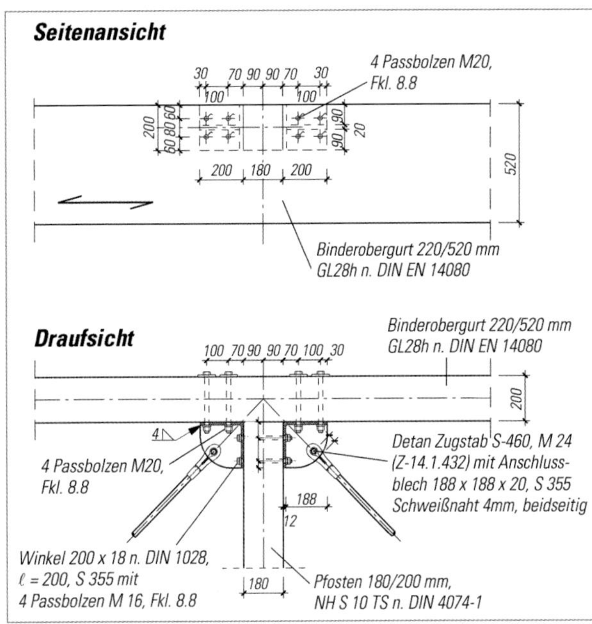

Bild 9.47. Variante mit getypten Zugstäben (Innenpfosten)

Nachweis:

$$\frac{N_d}{R_d} = \frac{120}{160} = 0{,}75 < 1{,}0 \quad \textbf{Nachweis erfüllt!}$$

Nachweis Passbolzen M20 FK 8.8:

Charakteristisches Fließmoment nach Gl. (8.30):

$$M_{y,Rk} = 0{,}3 \cdot f_{u,k} \cdot d^{2{,}6} \qquad \text{[DIN EN 1995-1-1, Gl. (8.30)]}$$

$$M_{y,Rk} = 0{,}3 \cdot 800 \cdot 20^{2{,}6} = 579280{,}9\ \text{Nmm}$$

Charakteristische Lochleibungsfestigkeit nach Gl. (8.36):

$$f_{h,k} = 0{,}082 \cdot (1 - 0{,}01 \cdot d) \cdot \rho_k \qquad \text{[DIN EN 1995-1-1, Gl. (8.36)\}}$$

$$f_{h,k} = 0{,}082 \cdot (1 - 0{,}01 \cdot 20) \cdot 350 = 22{,}96\ \text{N/mm}^2$$

Mindestholzdicke nach Gl. (NA.118):

$$t_{req} = 1{,}15 \cdot \left(2 \cdot \sqrt{2}\right) \cdot \sqrt{\frac{M_{y,Rk}}{f_{h,k} \cdot d}} \qquad \text{[DIN EN 1995-1-1/NA, Gl. (NA.118)]}$$

$$t_{req} = 1{,}15 \cdot \left(2 \cdot \sqrt{2}\right) \cdot \sqrt{\frac{579280{,}9}{22{,}96 \cdot 20}}$$

$$t_{req} = 139{,}4 < {}_{vorh}t = 220\ \text{mm}$$

Die Holz-Stahl-Verbindung liegt bezogen auf die Blechdicke zwischen den Kriterien für dünne Bleche $t = 18\,\text{mm} > 0{,}5 \cdot d = 0{,}5 \cdot 20 = 10\,\text{mm}$ und für dicke Bleche $t \geq 1{,}0 \cdot d = 1{,}0 \cdot 20 = 20\,\text{mm}$! Nach Abschnitt 12.2.3 (6) darf dann zwischen den Werten für $F_{v,Rk}$ geradlinig interpoliert werden.

$F_{v,Rk}$ für dünne Bleche

Charakteristische Tragfähigkeit pro Scherfläche nach Gl. (NA.117):

$$F_{v,Rk} = \sqrt{2 \cdot M_{y,Rk} \cdot f_{h,k} \cdot d}$$ [DIN EN 1995-1-1/NA, Gl. (NA.117)]

$$F_{v,Rk} = \sqrt{2 \cdot 579280{,}9 \cdot 22{,}96 \cdot 20}$$

$$F_{v,Rk} = 23065{,}37\,\text{N} = 23{,}07\,\text{kN}$$

$F_{v,Rk}$ für dicke Bleche

Charakteristische Tragfähigkeit pro Scherfläche nach Gl. (NA.115):

$$F_{v,Rk} = \sqrt{2} \cdot R_{kt \leq 0{,}5 \cdot d}$$ [DIN EN 1995-1-1/NA, Gl. (NA.115)]

$$F_{v,Rk} = \sqrt{2} \cdot 23{,}07 = 32{,}63\,\text{kN}$$

$F_{v,Rk} =$ für Blechdicke von 18 mm

$$F_{v,Rk} = \frac{t_{\text{vorh}}}{t_{\geq 1{,}0 \cdot d}} \cdot R_{kt \geq 1{,}0 \cdot d}$$

$$F_{v,Rk} = \frac{18}{20} \cdot 32{,}63 = 29{,}36\,\text{kN}$$

Bemessungswert der Tragfähigkeit pro Scherfläche nach Gl. (NA.113):

$$F_{v,Rd} = \frac{k_{\text{mod}} \cdot F_{v,Rk}}{\gamma_M}$$ [DIN EN 1995-1-1/NA, Gl. (NA.113)]

$$F_{v,Rd} = \frac{0{,}9 \cdot 29{,}36}{1{,}1} = 24{,}0\,\text{kN}$$

Ermittlung der wirksamen Verbindungsmittelanzahl nach Gl. (8.34) für $\alpha = 0$ und n = 2:

$$n_{ef} = \min \begin{Bmatrix} n \\ n^{0{,}9} \cdot \sqrt[4]{\frac{a_1}{13 \cdot d}} \end{Bmatrix}$$ [DIN EN 1995-1-1, Gl. (8.34)]

$$n_{ef} = \min \begin{Bmatrix} 2 \\ 2^{0{,}9} \cdot \sqrt[4]{\frac{100}{13 \cdot 20}} \end{Bmatrix}$$

$$n_{ef} = 1{,}5$$

Nachweis des Anschlusses:

a) Randpfosten mit $N_d = 92\,\text{kN}$

$$\frac{N_d}{n_{ef} \cdot n_{\text{Reihen}} \cdot n_{\text{Scherfugen}} \cdot F_{v,Rd}} = \frac{92}{1{,}5 \cdot 3 \cdot 1 \cdot 24} = 0{,}85 < 1{,}0$$

Nachweis erfüllt!

b) Innenpfosten

$$\frac{N_d}{n_{ef} \cdot n_{\text{Reihen}} \cdot n_{\text{Scherfugen}} \cdot F_{v,Rd}} = \frac{66{,}1}{1{,}5 \cdot 2 \cdot 1 \cdot 24} = 0{,}91 < 1{,}0$$

Nachweis erfüllt!

Bei gleicher Konstruktion ist die Tragfähigkeit etwas höher, da die Blechdicke des Winkels mit $t = 18$ mm im Verhältnis zu $t = 12$ mm im Verhältnis zur Mindestdicke für das Kriterium dickes Blech höher ist. Es sind keine weiteren Nachweise notwendig.

Nachweis der Randpfette nach DIN EN 1995-1-1:2010, Abschnitt 6.3:

Die Randpfette ist gleichzeitig auch Pfosten des liegenden Fachwerk-Aussteifungsträgers. Aus der Querkraft des liegenden Trägers muss sie zusätzlich zur vertikalen Beanspruchung eine Druckkraft aufnehmen.

Untersuchung der Randpfette mit einer Druckkraft von $N_d = 92\,\text{kN}$:

Vertikale Belastung (in Kombination mit Druckkraft aus Wind):

$$E_d = E\left\{\sum_{j \geq 1} \gamma_{G,j} \cdot G_{k,j} \oplus 1{,}35 \cdot \sum_{i \geq 1} Q_{k,i}\right\}$$ [DIN 1052:2008, Gl. (2)]

$$E_d = \frac{e_{Pf}}{2} \cdot \left(1{,}35 \cdot G_k + 1{,}35 \cdot Q_{S,k}\right)$$

$$E_d = \frac{1{,}26}{2} \cdot (1{,}35 \cdot 0{,}5 + 1{,}35 \cdot 0{,}75) = 1{,}06\,\text{kN/m}$$

Der Nachweis auf Doppelbiegung ist vernachlässigbar, da die Dachneigung nur 6° beträgt.

Gewählt: Pfosten $b/h = 160/220$ mm NH S10 TS nach DIN 4074-1 (C24 nach Tabelle 1 in DIN EN 338)

Ersatzstablänge:

$l_{ef,y} = 5{,}0\,\text{m}$; $l_{ef,y} \to 0{,}0\,\text{m}$ (Pfette kontinuierlich gehalten)

Schlankheit:

$$\lambda_y = \frac{l_{ef,y}}{i_y} = \frac{5{,}0}{0{,}289 \cdot 0{,}22} = 78{,}64$$

Bezogene Schlankheit nach Gl. (6.21):

$$\lambda_{rel,c,y} = \frac{\lambda_y}{\pi} \cdot \sqrt{\frac{f_{c,0,k}}{E_{0,05}}}$$ [DIN EN 1995-1-1, Gl. (6.21)]

$$\lambda_{rel,c,y} = \frac{78{,}64}{\pi} \cdot \sqrt{\frac{21}{7400}} = 1{,}33$$

$$k_y = 0{,}5\left[1 + \beta_c \cdot \left(\lambda_{rel,c,y} - 0{,}3\right) + \lambda_{rel,c,y}^2\right]$$ [DIN EN 1995-1-1, Gl. (6.25)]

$$k_y = 0{,}5\left[1 + 0{,}2 \cdot (1{,}33 - 0{,}3) + 1{,}33^2\right] = 1{,}49$$

Knickbeiwert nach Gl. (6.27):

$$k_{c,y} = \frac{1}{k + \sqrt{k^2 - \lambda_{rel,c,y}^2}}$$ [DIN EN 1995-1-1, Gl. (6.27)]

$$k_{c,y} = \frac{1}{1{,}49 + \sqrt{1{,}49^2 - 1{,}33^2}} = 0{,}46$$

Bemessungswert der Beanspruchung:

$$\sigma_{c,0,d} = \frac{N_d}{A} = \frac{121 \cdot 10^3}{160 \cdot 220} = 2{,}61\,\text{N/mm}^2$$

$$\sigma_{m,y,d} = \frac{M_{y,d}}{W_y} = \frac{1{,}06 \cdot 5000^2 \cdot 6}{8 \cdot 160 \cdot 220^2} = 2{,}57\,\text{N/mm}^2$$

Bemessungswert der Holzfestigkeit:

$$f_{c,0,d} = \frac{k_{\text{mod}} \cdot f_{c,0,k}}{\gamma_M}$$ [DIN EN 1995-1-1, Gl. (2.14)]

$$f_{c,0,d} = \frac{0{,}9 \cdot 21}{1{,}3} = 14{,}54\,\text{N/mm}^2$$

$$f_{m,y,d} = \frac{k_{\text{mod}} \cdot f_{m,y,k}}{\gamma_M}$$

$$f_{m,y,d} = \frac{0{,}9 \cdot 24}{1{,}3} = 16{,}6\,\text{N/mm}^2$$

Nachweis nach DIN EN 1995-1-1, Abschnitt 6.3 für $\sigma_{m,z,d} = 0$ *und* $k_m = 0{,}7$:

$$\frac{\sigma_{c,0,d}}{k_{c,y} \cdot f_{c,0,d}} + \frac{\sigma_{m,y,d}}{f_{m,y,d}} \leq 1{,}0 \qquad \text{[DIN EN 1995-1-1, Gl. (6.23)]}$$

$$\frac{2{,}61}{0{,}46 \cdot 14{,}54} + \frac{2{,}57}{16{,}6} = 0{,}55 < 1{,}0 \quad \textbf{Nachweis erfüllt!}$$

$$\frac{\sigma_{c,0,d}}{k_{c,y} \cdot f_{c,0,d}} + k_m \cdot \frac{\sigma_{m,y,d}}{f_{m,y,d}} \leq 1{,}0 \qquad \text{[DIN EN 1995-1-1, Gl. (6.24)]}$$

$$\frac{2{,}61}{0{,}46 \cdot 14{,}54} + 0{,}7 \cdot \frac{2{,}57}{16{,}6} = 0{,}5 < 1{,}0 \quad \textbf{Nachweis erfüllt!}$$

Untersuchung des 2. Pfosten mit einer Druckkraft von $N_d = 86{,}3\,\text{kN}$. *Vertikale Belastung (in Kombination mit Druckkraft aus Wind):*

$$E_d = E\left\{\sum_{j\geq1} \gamma_{G,j} \cdot G_{k,j} \oplus 1{,}35 \cdot \sum_{i\geq1} Q_{k,i}\right\} \qquad \text{[DIN 1052:2008, Gl. (2)]}$$

$$E_d = \frac{e_{Pf}}{2} \cdot \left(1{,}35 \cdot G_k + 1{,}35 \cdot Q_{S,k}\right)$$

$$E_d = \frac{1{,}26}{2} \cdot \left(1{,}35 \cdot 0{,}5 + 1{,}35 \cdot 0{,}75\right) = 1{,}06\,\text{kN/m}$$

b) Innenpfosten mit ${}_{\max}N_d = 86{,}3\,\text{kN}$

$$\frac{N_d}{n_{ef} \cdot n_{Reihen} \cdot n_{Scherfugen} \cdot F_{v,Rd}} = \frac{86{,}3}{1{,}5 \cdot 2 \cdot 1 \cdot 24} = 1{,}2 > 1{,}0$$

Es werden drei Bolzen in zwei Reihen angeordnet.

Der Nachweis auf Doppelbiegung ist vernachlässigbar, da die Dachneigung nur 6° beträgt.

Schlankheit:

$$\lambda_y = \frac{l_{ef}}{i_y} = \frac{5}{0{,}289 \cdot 0{,}22} = 78{,}64$$

Bezogene Schlankheit nach Gl. (6.21):

$$\lambda_{rel,c,y} = \frac{\lambda}{\pi} \cdot \sqrt{\frac{f_{c,0,k}}{E_{0,05}}} \qquad \text{[DIN EN 1995-1-1, Gl. (6.21)]}$$

$$\lambda_{rel,c,y} = \frac{78{,}64}{\pi} \cdot \sqrt{\frac{21}{7400}} = 1{,}33$$

[DIN EN 1995-1-1, Gl. (6.25)]

$$k_y = 0{,}5\left[1 + \beta_c \cdot \left(\lambda_{rel,c,y} - 0{,}3\right) + \lambda_{rel,c,y}^2\right]$$

$$k_y = 0{,}5\left[1 + 0{,}2 \cdot \left(1{,}33 - 0{,}3\right) + 1{,}33^2\right] = 1{,}49$$

Knickbeiwert nach Gl. (6.27):

$$k_{c,y} = \frac{1}{k + \sqrt{k^2 - \lambda_{rel,c,y}^2}} \qquad \text{[DIN EN 1995-1-1, Gl. (6.27)]}$$

$$k_{c,y} = \frac{1}{1{,}5 + \sqrt{1{,}5^2 - 1{,}34^2}} = 0{,}46$$

Bemessungswert der Beanspruchung:

$$\sigma_{c,0,d} = \frac{N_d}{A} = \frac{86300}{160 \cdot 220} = 2{,}45\,\text{N/mm}^2$$

$$\sigma_{m,y,d} = \frac{M_{y,d}}{W_y} = \frac{2{,}12 \cdot 5000^2 \cdot 6}{8 \cdot 160 \cdot 220^2} = 5{,}13\,\text{N/mm}^2$$

Bemessungswert der Holzfestigkeit:

$$f_{c,0,d} = \frac{k_{mod} \cdot f_{c,0,k}}{\gamma_M} \qquad \text{[DIN 1052, Gl. (3)]}$$

$$f_{c,0,d} = \frac{0{,}9 \cdot 21}{1{,}3} = 14{,}53\,\text{N/mm}^2$$

$$f_{m,y,d} = \frac{k_{mod} \cdot f_{m,y,k}}{\gamma_M}$$

$$f_{m,y,d} = \frac{0{,}9 \cdot 24}{1{,}3} = 16{,}6\,\text{N/mm}^2$$

Nachweis nach DIN EN 1995-1-1:2010, Abschnitt 6.3 für $\sigma_{m,z,d} = 0$ *und* $k_m = 0{,}7$:

$$\frac{\sigma_{c,0,d}}{k_{c,y} \cdot f_{c,0,d}} + \frac{\sigma_{m,y,d}}{f_{m,y,d}} \leq 1{,}0 \qquad \text{[DIN EN 1995-1-1, Gl. (6.23)]}$$

$$\frac{2{,}45}{0{,}46 \cdot 14{,}54} + \frac{5{,}13}{16{,}6} = 0{,}68 < 1{,}0 \quad \textbf{Nachweis erfüllt!}$$

$$\frac{\sigma_{c,0,d}}{k_{c,y} \cdot f_{c,0,d}} + k_m \cdot \frac{\sigma_{m,y,d}}{f_{m,y,d}} \leq 1{,}0 \qquad \text{[DIN EN 1995-1-1, Gl. (6.24)]}$$

$$\frac{2{,}45}{0{,}46 \cdot 14{,}54} + 0{,}7 \cdot \frac{5{,}13}{16{,}6} = 0{,}58 < 1{,}0 \quad \textbf{Nachweis erfüllt!}$$

9.5. Konstruktionen aus Brettschichtholz

9.5.1. Allgemeiner Überblick

Einführung

Die Brettschichtbauweise gehört zu den Bauweisen, die weitgehend die Forderungen des industriellen Bauens erfüllen, hauptsächlich in Bezug auf

- eine geringere Eigenmasse der industriell vorgefertigten Bauelemente und ihre schnelle Montage,
- eine Vergütung der geklebten Hölzer (Einengung der Festigkeitsstreuung, Quellen und Schwinden, u. a.),
- hohe bauphysikalische Eigenschaften, Korrosionsschutz, Brandverhalten, Widerstand gegen aggressive Medien,
- hohe Dauerhaftigkeit (lange Nutzungsdauer),
- geringe Instandhaltungskosten.

Für tragende Konstruktionsteile größerer Spannweiten wird heute fast ausschließlich Brettschichtholz verwendet. In Abhängigkeit von der gewählten Tragwerksart sind Spannweiten bis 120 m realisierbar, mit räumlichen Strukturen (z. B. Stabnetzwerkkuppeln) auch Spannweiten bis 250 m (s. auch [*Herzog/Natterer* u. a. 2003]).

Architektonische Gestaltungsmöglichkeiten

Dem Streben nach ungegliederten Vollwandkonstruktionen mit klarer Linienführung kommt die Holzklebebauweise weit entgegen. Zweckmäßigkeit und Wirtschaftlichkeit der Konstruktion verbinden sich mit der natürlichen Schönheit des Baustoffs Holz (s. [*Herzog/Natterer* u. a. 2003]).

Wichtige gestalterische Faktoren sind

- Tragwerke, bei denen sich der Kraftfluss verfolgen lässt und dem Auge Ruhepunkt gibt,
- die natürliche Schönheit des Holzes, seine farbliche Wärme und seine strukturierte Oberfläche,
- die Wirkung gut gestalteter Details.

Aus ästhetischen Gründen ist es wünschenswert, dass die tragenden Elemente ohne Verkleidung sichtbar bleiben. Die tragende Funktion soll zu erkennen sein. Deshalb werden die Oberflächen meistens gehobelt und mit lasierenden Anstrichen versehen. Farbige Behandlungen sind selten.

Technologisch machbar ist eine große Vielfalt verschiedener Tragwerksformen (s. Tabelle 9.3. und Bilder 9.53. und 9.54.). Zu den unbestreitbaren Vorteilen zählt die Möglichkeit der Herstellung von ebenen oder räumlich gekrümmten Konstruktionen (s. Bild 9.48.).

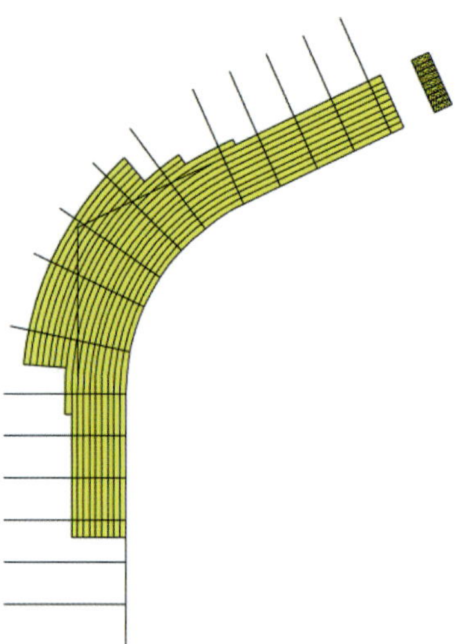

Bild 9.48. Herstellung eines gekrümmten Satteldachträgers in einer liegenden Pressenanlage (aus [*Step 1* 1995]

Begrenzenden Einfluss haben die Kapazität der Produktionseinrichtungen und die Logistik des Transports. Ab 10 m^3 Trägervolumen sind besondere Vorkehrungen zu treffen. Träger bis zu 50 m Einzellänge wurden jedoch schon transporttechnologisch bewältigt (s. *Larsen* in [*Step 2* 1995]).

Voraussetzungen für gelungene Bauwerke sind die gute und vor allem rechtzeitige Zusammenarbeit von Architekten, Bauingenieuren und Technikern der Brettschichtholzhersteller, um aus den gestalterischen Vorstellungen, den konstruktiven Notwendigkeiten und den technologischen Möglichkeiten die beste Lösung zu verwirklichen.

Anwendungsgebiete

Da Holz eine gute chemische Widerstandsfähigkeit hat, unempfindlich gegen Salze und schwache Säuren ist, bildet es den bevorzugten Baustoff für Düngemittelhallen und ähnliche Zweckbauten (zur Widerstandsfähigkeit von Holz gegen chemisch aggressive Stoffe, s. [*Rug/Lißner* 2011]).

Geklebte Holzkonstruktionen eignen sich besonders für weit gespannte Hallen- und Dachkonstruktionen. Sie haben nur 1/4 bis 1/5 der Masse von Stahlbetonkonstruktionen. Sie sind auch noch im Bereich extremer Spannweiten (von 50 m und mehr) wirtschaftlich.

Hauptanwendungsgebiete der geklebten Holzkonstruktionen sind

- Dach- und Deckenkonstruktionen,
- Gebäude der Industrie,
- Sport- und Mehrzweckhallen,
- ein- und mehrgeschossige Wohnbauten,
- Sakralbauten,
- öffentliche Gebäude,
- Turmkonstruktionen,
- Verkehrsbauten (z. B. Brücken, s. [*Winter* 2007]).

9.5.2. Konstruktion und Technologie

Allgemeines

Brettschichtholz (BSH) besteht aus mindestens drei breitseitig faserparallel verklebten Brettern oder Brettlagen aus Nadelholz oder Laubholz nach allgemeiner bauaufsichtlicher Zulassung. Brettschichtholz muss den Anforderungen nach DIN EN 14080 entsprechen. Die Leistungsanforderungen an Brettschichtholz definiert ebenfalls DIN EN 14080.

Das Herstellungsprinzip besteht darin, 6 bis 45 mm dicke gehobelte Bretter aufeinander zu kleben, bis ein Rechteckquerschnitt (Vollprofil) der geforderten Breite und Höhe entsteht. Bei einer Anwendung des Brettschichtholzes in Nutzungsklasse 3 beträgt die maximale Brettdicke 35 mm (s. Tabelle I.2 in DIN EN 14080).

Neben dem Vollprofil wurden früher auch I-Querschnitte hergestellt (sogenannte Hetzerträger, Bild 9.49.m). Sie sind wohl statisch günstiger als Vollprofile, erfordern aber einen erhöhten Arbeitsaufwand bei der Herstellung.

Vorherrschend sind rechteckige Vollholzprofile.

Der rechteckige Brettquerschnitt für Träger, Rahmen oder Stützen hat die I-förmigen geklebten Stegträgerbauarten abgelöst, da er trotz höheren Holzbedarfs wirtschaftlicher herzustellen ist und bezüglich Auflagerung, Anschlüssen und Stößen weniger Probleme als die Stegträger bereitet.

Als statische Systeme werden vorrangig der Träger auf zwei Stützen mit oder ohne Kragarm sowie Zwei- und Dreigelenkrahmen verwendet. Die Trägerformen sind variabel.

Ferner werden schräg liegende Brettschichtträger und besondere Gelenkträger verwendet. Letztere eignen sich besonders für mehrschiffige Hallen.

Träger mit veränderlicher Höhe, entsprechend der Beanspruchung der Träger, ergeben Materialeinsparungen.

Brettschichtträger auf zwei Stützen sind der Funktion nach für Balken unterschiedlicher Zwecke als Pfetten, Sparren, Unterzüge bzw. Binder geeignet. Die wirtschaftliche Spannweite reicht bis etwa 40 m. Eine Übersicht geklebter Konstruktionsteile zeigen Bilder 9.49., 9.53., 9.54. und Tabelle 9.3.

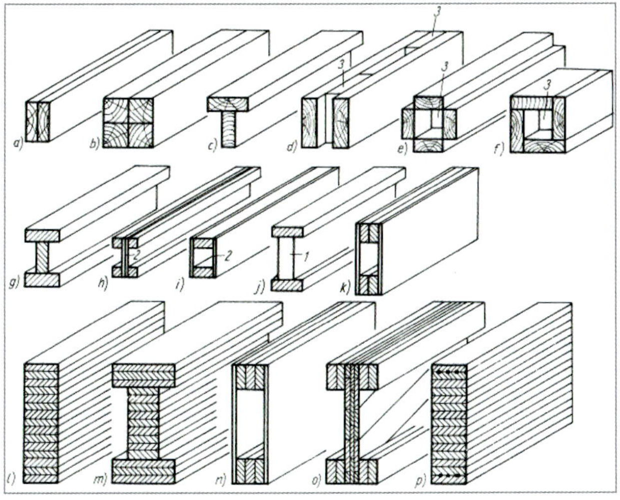

Legende

a) bis f) auf Druck beanspruchte Bauteile
g) bis p) auf Biegung beanspruchte Bauteile
a) zweilagiger Querschnitt (links an links geklebt)
b) quadratischer Stützenquerschnitt
c) T-förmiger Stützenquerschnitt
d) zweiteiliger Druckstab mit geklebten Zwischenhölzern
e) vierteiliger Druckstab mit geklebten Zwischenhölzern
f) vierteiliger Druckstab mit geklebten Zwischenhölzern
g) I-Träger aus Bohlen
h) und i) Träger mit Stegen aus Hartfaserplatten
j) Träger mit Steg aus einer Spanplatte
k) Träger mit Hohlkastenquerschnitt, Stege aus Sperrholz
l) Brettschichtträger (Hetzerträger)
m) I-förmiger Brettschichtträger
n) Hohlkastenquerschnitt mit Außenstegen aus Sperrholz
o) I-Träger mit an den Steg geklebten Gurten
p) Brettschichtträger mit eingeklebter Rundstahlbewehrung
1 Spanplatte,
2 Hartfaserplatte,
3 Zwischenhölzer

Bild 9.49. Übersicht über geklebte Konstruktionsteile

Konstruktiv-technologische Forderungen

Herstellungsnachweis

Da die fachgerechte Herstellung geklebter tragender Holzbauteile

- geeignetes und entsprechend ausgebildetes **Fachpersonal** und
- besondere **Werkseinrichtungen** (z. B. klimatisierte Arbeitsräume, Einrichtungen zur technischen Holztrocknung, Messgeräte zur Ermittlung der Holzfeuchte, Maschinen zur Holzbearbeitung, zur Keilzinkung, zum Klebstoffauftrag, Geräte, um den Pressdruck aufzubringen usw.)

erfordert, müssen die Hersteller von tragendem Brettschichtholz einen entsprechenden Nachweis zur Eignung zum Kleben von tragenden Holzbauteilen erbringen. Die Anforderungen regelt DIN 1052-10. Ein aktuelles Verzeichnis der Betriebe mit gültigem Nachweis führt das Materialprüfamt der Universität Stuttgart (Otto Graf Institut).

Holzfeuchte zum Zeitpunkt der Verklebung

Die maximale Holzfeuchte darf bei der Verklebung 15 % betragen. Höhere Holzfeuchten sind Ursache von Fehlklebungen.

Der Feuchteunterschied zwischen den Einzelteilen soll nicht größer als 5 % sein.

Tabelle 9.3. Tragwerksarten für Brettschichtkonstruktionen (Binderabstand: 5,00 bis 7,50 m)

Form (Skizze) Statisches System	Spannweite ℓ m	Binderhöhe *H* bzw. *h*
Träger auf zwei Stützen mit parallelen Gurten	12,0...35,0 (30,0)	$h \approx \frac{\ell}{10} \ldots \frac{\ell}{20}$
Träger mit geneigten Obergurten	12,0...50,0 (35,0)	$H \approx \frac{\ell}{14} \ldots \frac{\ell}{18}$ $h \approx \frac{\ell}{25} \ldots \frac{\ell}{30}$
Träger mit geneigten Ober- und Untergurten	12,0...30,0 (35,0))	$H \approx \frac{\ell}{16}$ $h \approx \frac{\ell}{30}$
Träger mit geneigtem Obergurt und gebogenem Untergurt	12,0...40,0	$H \approx \frac{\ell}{14} \ldots \frac{\ell}{18}$ $h \approx \frac{\ell}{20} \ldots \frac{\ell}{24}$
Dreigelenkbinder, beliebige Dachneigung	30,0...80,0	$h \approx \frac{\ell}{18}$
Dreigelenkbogen	30,0...100,0	$h \approx \frac{\ell}{30} \ldots \frac{\ell}{50}$ $f = \frac{1}{5} \ldots \frac{1}{7}$
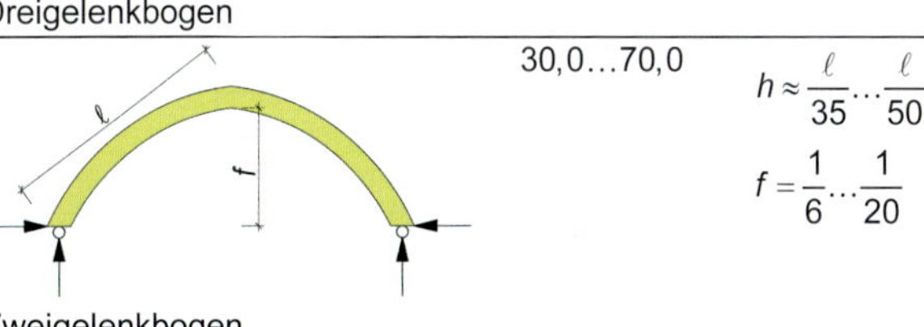 Zweigelenkbogen	30,0...70,0	$h \approx \frac{\ell}{35} \ldots \frac{\ell}{50}$ $f = \frac{1}{6} \ldots \frac{1}{20}$
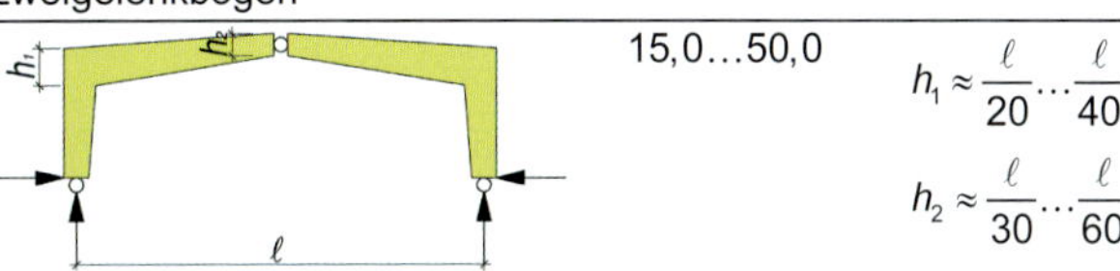 Dreigelenkrahmen (mit ausgerundeten oder scharfen Ecken)	15,0...50,0	$h_1 \approx \frac{\ell}{20} \ldots \frac{\ell}{40}$ $h_2 \approx \frac{\ell}{30} \ldots \frac{\ell}{60}$
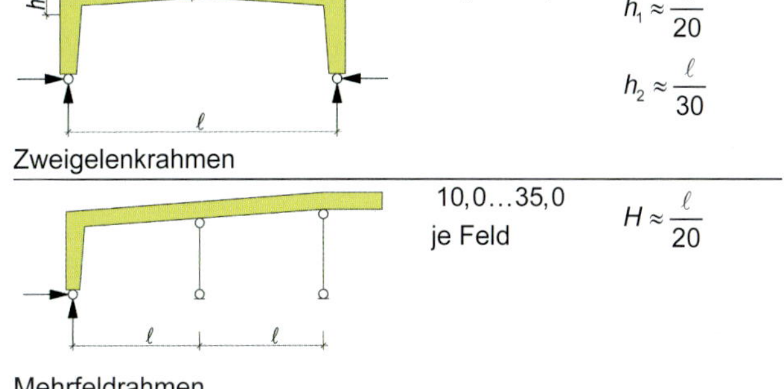 Zweigelenkrahmen	15,0...40,0	$h_1 \approx \frac{\ell}{20}$ $h_2 \approx \frac{\ell}{30}$
Mehrfeldrahmen	10,0...35,0 je Feld	$H \approx \frac{\ell}{20}$

Im Allgemeinen wird eine Holzfeuchte von 6 bis 15 % bei der Verklebung in DIN EN 14080, Abschnitt I.4.4 festgelegt.

Längsstöße (s. a. Abschnitt 4.2.)

Sie sind als

- Schäftung mit einer Leimflächenneigung von höchstens 1/10 oder
- als Keilzinkenverbindung (nach DIN EN 14080)

auszuführen.
Zinkenlänge: 15 bis 30 mm (s. Tabelle 9.4.)
Spannungsnachweis: Es ist der reduzierte Querschnitt im keilgezinkten Querschnitt einzusetzen

$$_{\text{red}}A = (1-\vartheta)\cdot A$$

mit ϑ als Verschwächungsgrad nach DIN EN 14080, Verschwächungsgrad ≤ 0,18.

Keilzinkengeometrie

Die Zinkengeometrie muss so sein, dass nach dem Pressen ineinandergefügte Verbindungen entstehen.
Die Zinkenlänge ℓ_j, die Zinkenteilung p, die Breite der Zinkenspitze b_t, der Abminderungsbeiwert $v = b_t/p$ und der Zinkenwinkel α müssen Gleichung (I.1) bzw. (I.2) in DIN EN 14080 erfüllen:

$$\ell_j \geq 4p\cdot(1-2\vartheta) \qquad \text{[DIN EN 14080, Gl. (I.1)]}$$

$$\alpha \leq 7{,}1° \qquad \text{[DIN EN 14080, Gl. (I.2)]}$$

Der Abminderungsbeiwert ϑ muss ≤ 0,18 und die Zinkenlänge ℓ_j > 10 mm betragen.
Empfehlungen für die Geometrie sind in DIN EN 14080, Tabelle 1.4.2 (s. Tabelle 9.4.) angegeben.

Tabelle 9.4. Empfohlene Geometrie (Tabelle I.1 nach DIN EN 14080)

Zinkenlänge ℓ_j (mm)	Zinkenteilung p (mm)	Breite der Zinkenspitze b_t (mm)	Abminderungs-beiwert ϑ
15	3,8	0,42	0,11
20	5,0	0,5	0,10
20	6,2	1,0	0,16
30	6,2	0,6	0,10

Verkleben und Pressdruck

Zu den Klebstoffen, s. Abschnitt 3.2.8. Aufgabe des Pressdrucks ist es, die gegenseitige Lage der Fügeteile, bis der Klebstoff abgebunden hat, zu fixieren. Der Pressdruck ist von

- *Presswerkzeugen* oder
- mithilfe von *Nagelpressklebung*

so aufzubringen, dass er überall gleichmäßig wirkt. Weitere Anforderungen sind geregelt in DIN EN 14080, Abschnitt I.5.9.

Gestaltung und Aufbau der Brettschichtholzträger

Die Mindestdicke einer Brettlage beträgt 6 mm. Die Mindestbreite beträgt i. Allg. 60 mm. Da mit steigender Brettdicke, besonders bei starker (schneller) Trocknung, die Gefahr besteht, dass Schwindrisse auftreten, wurde die maximale Brettdicke a für eine Verwendung in Nutzungsklasse 3 mit 35 mm (Fertigdicke) festgelegt. Sie kann auf 45 mm erhöht werden, wenn die Bauteile den Beanspruchungen in Nutzungsklasse 1 und 2 ausgesetzt sind. Ist das Brettschichtholz stärkeren klimatischen Wechselbeanspruchungen ausgesetzt, sollten Bretter mit a < 35 mm verwendet werden. Ist das Brettschichtholz nicht Bestandteil eines blockverklebten Querschnittes und beträgt seine Querschnittsfläche ≤ 60.000 m², so kann in Abstimmung mit dem Hersteller in Nutzungsklasse 3 eine dickere Lage als 35 mm verwendet werden.
Damit beim nachträglichen Schwinden der einzelnen Bretter die Querzugspannungen gering bleiben, werden jeweils eine „linke" und eine „rechte" verklebt. An den Außenseiten sollten nur „rechte" Seiten liegen (Bild 9.50.a).
Bretter mit $b \geq 220$ mm sind mit einer durchlaufenden Entlastungsnut nach Bild 9.50.b zu versehen.
Werden zwei oder mehr Einzelbretter (ohne Verklebung an den Schmalseiten) angeordnet, so müssen die Längsfugen mindestens um 25 mm versetzt sein (Bild 9.50.c).
Zur Brettdicke bei gekrümmten Bauteilen (s. a. DIN EN 14080) gilt Gl. (I.3):

$$t \leq \frac{r}{250}\cdot\left(1+\frac{f_{m,j,dc,k}}{150}\right) \qquad \text{[DIN EN 14080, Gl. (I.1)]}$$

Dabei ist:

t die endgültige Lamellendicke, (in mm);
r der Radius der Lamelle mit dem kleinsten Radius des Bauteils, (in mm);
$f_{m,j,dc,k}$ die angegebene charakteristische Biegefestigkeit der Keilzinkenverbindungen, (in N/mm²).

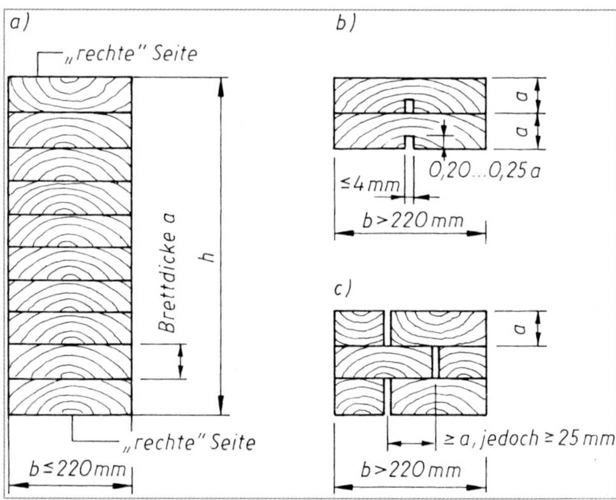

Legende
a) Träger mit $b \geq 220$ mm
b) Einzelbretter mit b ≥ 220 mm, Entlastungsnuten
c) Trägerbreite $b \geq 220$ mm, Brettlagen aus zwei Teilen, an den Schmalseiten nicht verleimt

Bild 9.50. Gestaltung und Aufbau der Brettschichtträger

Im Bereich von schrägen Brettanschnitten, die unmittelbar der Witterung oder stark wechselnden Luftfeuchten (z. B. auch im Inneren von Gebäuden) ausgesetzt sind, besteht die Gefahr, dass die Klebefugen aufreißen. Bei solchen Bauteilen (Bild 9.51.b) ist nach dem Zuschnitt mindestens ein Deckbrett (besser zwei) aufzukleben.
Die Neigung des Schrägschnitts sollte höchstens 10 % betragen (Bild 9.51.a).

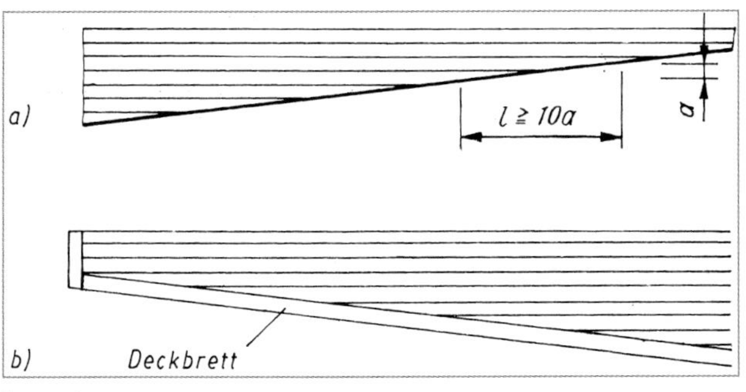

Legende
a) Neigung
b) Deckbrett BSH-Träger unmittelbar der Witterung ausgesetzt

Bild 9.51. Schrägschnitt eines auf Biegung beanspruchten geklebten Brettschichtträgers

Technische Forderungen

Kennzeichnung von Brettschichtholz

Die Kennzeichnung von Brettschichtholz erfolgt nach den Vorgaben in DIN EN 14080, Anhang ZA.3.
Es sind generell alle Bauteile nach den Vorgaben in DIN EN 14080 mit dem CE-Kennzeichen zu kennzeichnen:

a) Kennnummer der notifizierten Zertifizierungsstelle;
b) Name oder Kennzeichen des Herstellers (s. Anmerkung unter Abschnitt ZA.2.2);
c) die letzten beiden Ziffern des Jahres, in dem die Kennzeichnung angebracht wurde;
d) Nummer des EG-Konformitätszertifikats für das Produkt;
e) Verweisung auf diese Europäische Norm und Jahr ihrer Veröffentlichung;
f) Beschreibung des Produktes:
   f.1) Oberbegriff:
      i) Brettschichtholz oder
      ii) Balkenschichtholz oder
      iii) Brettschichtholz mit Universal-Keilzinkenverbindungen oder
      iv) Verbundbauteil aus Brettschichtholz.
   f.2) Holzart, nicht erforderlich für Fichte: *(Picea Abies)*;
   f.3) Angabe „PT", sofern das Holz mit Schutzmittel behandelt wurde;
g) Angaben zu den in Tabelle ZA.1 aufgeführten maßgebenden wesentlichen Eigenschaften.

Die Bilder ZA.1 bis ZA.4 in DIN EN 14080 zeigen Beispiele für die CE-Kennzeichnung, die auf geklebten Schichtholzprodukten anzubringen ist.
DIN EN 14080 regelt auch die CE-Kennzeichnung in den Begleitunterlagen.

Transport, Lagerung und Montage

Die Bedingungen der DIN EN 1995-1-1:2010, Abschnitt 10.6 sind einzuhalten.
Eine Überbeanspruchung der Bauteile während der Lagerung, des Transportes und der Montage sollte vermieden werden. Wird die Konstruktion anders als im fertigen Bauwerk belastet oder unterstützt, dann sollten diese vorübergehenden Bedingungen als ein wesentlicher Lastfall einschließlich möglicher dynamischer Beanspruchungen behandelt werden. Bei Rahmentragwerken oder Portalrahmen beispielsweise sollte besonders darauf geachtet werden, beim Aufrichten aus der horizontalen in die vertikale Lage Verwindungen zu vermeiden.

Beim Transport, bei der Lagerung und Montage der Bauteile ist durch geeignete Maßnahmen eine unzuträgliche Veränderung der Holzfeuchte durch länger wirkende Einflüsse (z. B. Niederschläge, Bodenfeuchte, direkte Sonnenbestrahlung) zu verhindern.

Lagerung

Die Lagerung der Bauteile muss auf einem Unterbau mit einer Bodenfreiheit, bei befestigtem Boden mindestens 300 mm und bei unbefestigtem Boden mindestens 400 mm, erfolgen.
Nach dem Lösen der Verpackung sind die Bauteile als Block- oder Kastenstapel zu schichten. Das Verhältnis zwischen Höhe und Breite des Stapels sollte höchstens 2:1 betragen.

Die Stapel sind in Breite und Länge aus Bauteilen gleicher Größe zu errichten. Es sind die Standsicherheit, die verwendeten Lagerausrüstungen sowie die Einhaltung der zulässigen Tragkraft zu gewährleisten. Die Stapel sind gegen Feuchte und andere Witterungseinflüsse zu schützen.

Sie dürfen nur von oben abgetragen werden.

Transport

Die Bauteile dürfen beim Verladen und Transportieren nicht geworfen, gestoßen und gestaucht werden. Sie sind gegen Kippen und Verschieben zu sichern. Für den Transport sind Fahrzeuge zu wählen, bei denen die Ladefläche eine einwandfreie Lagerung und Befestigung der Bauteile zulässt.
Als Lastaufnahmemittel sind zulässig:

- gummierte Lade- und Hebebänder, mindestens 50 mm breit,
- Seile und Ketten unter Verwendung von Kantenschutz an den Anschlagstellen durch winkelförmige Beilagen aus Holz oder Metall.

Die Bauteile sind an mindestens zwei Stellen anzuschlagen. Die Anschlagstellen sind nach statischen Grundsätzen in Montagezeichnungen oder anderen Dokumenten festzulegen.

Montage

Nach den Montagerichtlinien des Herstellers und den Montageprojekten.

Zur Beschaffenheit von Brettschichtholz, Qualitätsansprüchen und Ausführung, s. a. [*www.brettschichtholz.de*].

Montageklebung auf der Baustelle

Sie ist manchmal bei großen Tragwerken, die aus Transportgründen in kleineren Teilen geliefert werden, nicht zu vermeiden. Montageklebungen sind mit besonderer Sorgfalt und nur bei entsprechender Eignung und Überwachung auszuführen (s. DIN 1052-10).

Korrosionsschutz

Vor der Montage sind sämtliche Stahlteile mit dem vorgeschriebenen Korrosionsschutz zu versehen. Der im Herstellerwerk aufgebrachte Grundanstrich stellt nur einen Rostschutz ohne Langzeitwirkung dar.

Klimabedingte Beanspruchungen

Bei Brettschichtkonstruktionen kann es zu klimabedingten Spannungen im Querschnitt des Bauteiles kommen. Die Spannungen entstehen vor allem dann, wenn die Klimaverhältnisse unter Nutzungsbedingungen zum Schwinden des Holzes führen. Durch das Trocknen des Holzes entstehen Querzugspannungen. Diese entstehen durch die unterschiedliche Feuchteverteilung im Holzquerschnitt, die durch ein Feuchtegefälle von außen nach innen geprägt ist. Die Schwindverformungen an der Außenseite werden durch die noch feuchten inneren Schichten behindert, und es kommt zu Querzugbeanspruchungen mit Rissbildung. Die dabei entstehenden Querzugspannungen können durchaus im Bereich der Bruchfestigkeit bei Beanspruchung auf Querzug liegen.

Bild 9.52. zeigt die Trocknung eines Brettschichtholzquerschnittes ($b/h/\ell = 150/450/600$ mm, Brettlagendicke 30 mm) mit versiegelten Stirnflächen bei einer Ausgangsfeuchte von ca. 12 bis 13 %. Dieser wird 14 Tage bei einer Temperatur von 32° und einer relativen Luftfeuchte von 15 bis 20 % gelagert. Dadurch trocknet der Querschnitt auf eine Feuchte von 3,5 bis 4,0 %. Der Trocknungsverlauf zeigt eine Herabsetzung der Holzfeuchte am Querschnittsrand. Die dadurch entstehenden Querzugspannungen erreichen Werte im Bereich der Bruchfestigkeit des Holzes. Es kommt zur Rissbildung.

Trocknet z. B. ein Brettschichtträger von einer Holzfeuchte bei Lieferung von 12 % nutzungsbedingt (z. B. in einer gut beheizten Halle) auf 6 % zurück, so schwindet der Binder um folgende Maße:

Querschnitt des satteldachförmigen Binders in Trägermitte: $b/h = 180/1610$ mm

Holzfeuchte bei Einbau: 12 %

Holzfeuchte unter Nutzungsbedingungen: 6 %

Rechenwert für das Schwind- und Quellmaß nach DIN EN 1995-1-1/NA:2013 Tabelle NA.7 pro 1 % Feuchteänderung:

$$a_u = 0{,}25\,\%/1\%$$

$$_\Delta h = \frac{a_u}{100} \cdot (u_o - u_{Gl}) \cdot h = \frac{0{,}25}{100} \cdot (12 - 6) \cdot 1610 = 24{,}15\,\text{mm}$$

$$_\Delta b = \frac{a_u}{100} \cdot (u_o - u_{Gl}) \cdot b = \frac{0{,}25}{100} \cdot (12 - 6) \cdot 180 = 2{,}70\,\text{mm}$$

Über die Trägerhöhe verteilt entstehen bei diesem Schwindmaß Risse.

Geht man davon aus, dass die Schwindverformung der äußeren Schichten durch die inneren Schichten des Holzquerschnittes behindert wird, ergibt sich für einen Wert von $E_{90,05} = 250\,\text{N/mm}^2$ (GL24c, nach DIN EN 14080, Tabelle 5) eine trocknungsbedingte Spannung in der Größenordnung von

$$\sigma_{t,90} = 2/3 \cdot \left(_\Delta h / h_{ap} \right) \cdot E_{90,05}$$

$$\sigma_{t,90} = 2/3 \cdot (24{,}15/1610) \cdot 250 = 2{,}5\,\text{N/mm}^2$$

Dieser Wert liegt sehr viel höher als die Querzugfestigkeit von Brettschichtholz ($f_{t,90,k} \approx 0{,}5$ bis $1{,}5\,\text{N/mm}^2$)!

Da die charakteristische Querzugfestigkeit nur bei etwa 1/50 der charakteristischen Biegefestigkeit bzw. 1/40 der charakteristischen Zugfestigkeit liegt, überdies stark streut, von der Feuchte und dem Trägervolumen wesentlich beeinflusst wird, schenkt man der sicheren Aufnahme einer Querzugbeanspruchung, insbesondere bei Brettschichtträgern mit großem Querschnitt (z. B. Satteldachträger), seit Anfang der siebziger Jahre des 20. Jahrhunderts besondere Aufmerksamkeit.

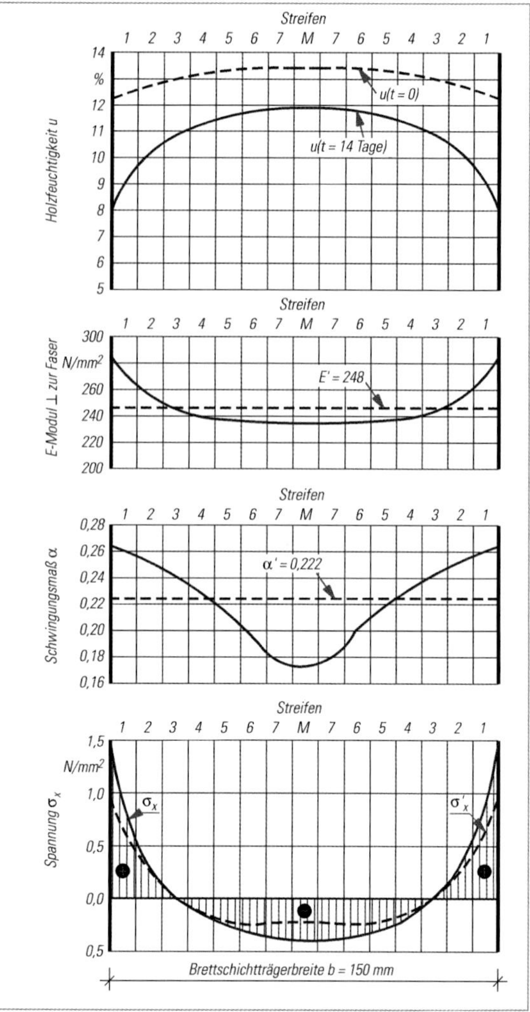

Legende
a) Holzfeuchteverteilung über die Querschnittsbreite
b) Elastizitätsmodul senkrecht zur Faser
c) Verteilung Schwindmaß über Querschnittsbreite
d) Verteilung der Querzugbeanspruchung nach dem Elastizitätsmodul bzw. nach dem Schwindmaß

Bild 9.52. Trocknungsverlauf eines BSH-Querschnittes nach 14 Tagen nach [*Budianto, Ehlbeck* u. a. 1977]

Trotzdem ist es in der Vergangenheit auch immer wieder zu Schadensfällen gekommen, weil das verwendete Holz nicht sorgfältig genug ausgewählt wurde, die Konstruktion unzulässiger Feuchtebeanspruchung während des Transportes oder der Montage ausgesetzt war, die klimatischen Bedingungen während der Nutzung oder die Größe der Querzugbeanspruchung nicht genügend beachtet wurden.

Literaturhinweise: [Lißner/*Rug* 2016], [*Gustavsson* 2003], [*Ranta-Maunas* 2003], [*Aicher, Dill-Langer, Klöck* 2002], [*Aicher, Dill-Langer/Ranta-Maunas* 1998], [*Güldenpfennig/Krabbe* 1983], [*Krabbe/Neuhaus* 1979], [*Gerstetter* 1976], [*Krabbe* 1976], [*Möhler* 1976]

Sanierung von Rissen an Brettschichtkonstruktionen

Literaturhinweise: [*Rug/Held/Linke* 2018], [*Rug/Lißner* 2007], [*Geidner* 2003], [*Malinowski, Jermal* 1994], [*Blaß, Ehlbeck, Kürth* 1992], [*Radović, Goth* 1992], [*Giehse* 1980]

9.5.3. Berechnung von (geraden) Brettschichtträgern nach DIN EN 1995-1-1:2010

Es werden einfache Berechnungsverfahren dargestellt, die für die praktische Berechnung, insbesondere für Entwurfsrechnungen, geeignet sind. Dabei wird Wert auf den Rechengang und die Anwendung der Vorschriften gelegt. Der versierte Praktiker wird teilweise abgekürzte Verfahren verwenden; dies ist bewusst nicht getan worden. Vor der Berechnung ist u. a. zu klären:

- Kann die Lamellendicke *a* beliebig gewählt werden, oder arbeitet der herstellende Betrieb mit bestimmten Brettdicken?
- Werden die Träger mit oder ohne Überhöhung hergestellt?
- Maximale bzw. minimale Abmessungen der Bauteile?
- Sind besondere Vorschriften zu beachten?

Einfeldträger (Träger auf zwei Stützen)

Vorteile:
- rationelle, weitgehend mechanisierte Fertigung,
- statisch bestimmte Lagerung,
- unempfindlich gegen Stützenverschiebung,
- einfache Montage.

Nachteile (gegenüber Durchlauf- oder Gelenkträger):
- größere Trägerhöhe und Durchbiegung,
- höherer Holzverbrauch.

Querschnitte nicht zu schmal und zu hoch wählen, damit die Kippaussteifung nicht zu aufwendig wird und Feuchtigkeitsdifferenzen im Holz besser aufgenommen werden können.

Empfehlung:
- Seitenverhältnis $h/b < 10$ halten.
- wirtschaftliche Spannweite $\ell \leq 25{,}0$ bis 35,0 m.

Durchlaufträger (Träger über mehrere Stützen)

Vorteile:
- günstige statische Auslastung,
- höhere Steifigkeit.

Nachteile:
- höherer Stahlverbrauch für Verbindungspunkte (besonders bei Gerberträger),
- Beherrschung von örtlichen Querzugbeanspruchungen (z. B. bei Ausklinkungen und Kantenneigungen).

Die **Berechnung** der Brettschichtträger kann nach [*Möhler* 1976] eingeteilt werden in:
- Träger mit geraden Trägerkanten (Bild 9.53.),
- Parallelträger,
- Träger mit geneigten Kanten,
- Träger mit gekrümmten Kanten (Bild 9.54.),
- Träger mit konstanter Trägerhöhe,
- Träger mit veränderlicher Trägerhöhe.

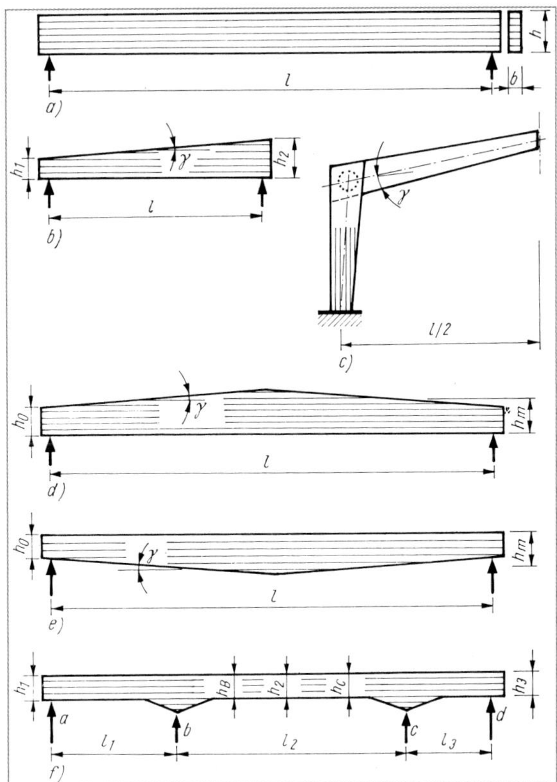

Legende
a) Parallelträger
b) Pultdachträger mit veränderlicher Höhe
c) Dreigelenkrahmen
d) Satteldachträger mit geradem Untergurt
e) Biegeträger mit geneigtem Untergurt
f) Voutenträger

Bild 9.53. Brettschichtträger mit geraden Trägerkanten (nach [*Möhler* 1976])

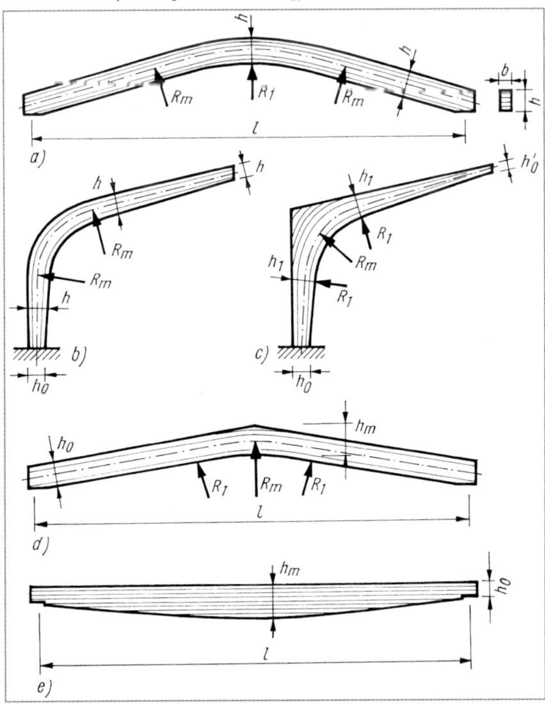

Legende
a) gekrümmter Träger mit konstanter Querschnittshöhe
b) Dreigelenkrahmen mit gekrümmter Ecke
c) Dreigelenkrahmen mit ausspringender Ecke
d) gekrümmter Träger mit geneigtem Obergurt
e) Fischbauchträger

Bild 9.54. Träger und Rahmen mit gekrümmten Querschnittsrändern (nach [*Möhler* 1976])

Berechnung von Parallelträgern

Schätzformel für Querschnittswahl:

$h \cong \ell/17$

$b \geq h/17$ (um Stabilitätsprobleme zu vermeiden).

Die Trägerberechnung erstreckt sich in der Regel auf den Nachweis der

Biegespannung:

Nachweis nach Gl. (6.11) und (6.12):

$$\frac{\sigma_{m,y,d}}{f_{m,y,d}} + k_m \cdot \frac{\sigma_{m,z,d}}{f_{m,z,d}} \leq 1{,}0 \quad \text{[EN 1995-1-1, Gl. (6.11)]}$$

$$k_m \cdot \frac{\sigma_{m,y,d}}{f_{m,y,d}} + \frac{\sigma_{m,z,d}}{f_{m,z,d}} \leq 1{,}0 \quad \text{[EN 1995-1-1, Gl. (6.12)]}$$

Zusätzlich sind Stabilitätsnachweise nach Abschnitt 6.3. zu führen.

Schubspannung:

Nachweis nach Gl. (6.13):

$$\tau_d \leq f_{v,d} \quad \text{[EN 1995-1-1, Gl. (6.13)]}$$

Durchbiegung:

Nachweise nach Abschnitt 7.2 in DIN EN 1995-1-1:2010:

Dabei verwendet man die aus der Festigkeitslehre bekannten Beziehungen

$$\sigma_{m,d} = \frac{M_d}{W_y}$$

$$\tau_d = \frac{1{,}5 \cdot V_d}{b_{ef} \cdot h}$$

Weitere Formeln in [*Halász/Scheer* 1996].

Erforderliche Abmessungen

Dringend zu beachten: Viele Tabellen sind mit einem E-Wert von 11500 N/mm² *aufgebaut, während der E-Modul für Brettschichtholz in Abhängigkeit von der Festigkeitsklasse und dem Querschnittsaufbau schwankt (für* 12100 N/mm² *(GL26h),* 12600 N/mm² *(GL28h),* 12000 N/mm² *(GL26c) usw.).*

Zweifeldträger bei Streckenlast E_d:

$E_{0,g,mean} = 11000\ \text{N/mm}^2$ für GL24c

$$_{\text{erf}}I_y = 0{,}356 \cdot E_d \cdot \ell^3 \cdot 10^6$$

(I_y in mm⁴; ℓ in m; E_d in kN/m) (bei $w_{fin} = \ell/300$)

Für andere Brettschichtholzklassen verändert sich das errechnete

$$_{\text{erf}}I_y^t = k \cdot \ell_v$$

mit $k = \dfrac{E_{gew}}{11000}$.

$$_{\text{erf}}W_y = \frac{M_d \cdot 10^6}{\sigma_{m,d}} \quad (W \text{ in mm}^3;\ M \text{ in kNm};\ \sigma_B \text{ in N/mm}^2)$$

Spannungsnachweis

$$\sigma_{m,d} = \frac{M_d \cdot 10^6}{_{\text{vorh}}W_y}$$

($\sigma_{m,d}$ in N/mm²; M_d in kNm; W_y in mm³)

$$\tau_d = \frac{1{,}5 \cdot V_d \cdot 10^3}{b_{ef} \cdot h}$$

mit $b_{ef} = c_{cr} \cdot b$

(V_d in kN; b in mm; h in mm; τ in N/mm²)

Durchbiegung

$$_{\text{vorh}}w = 0{,}118 \cdot \frac{E_d \cdot \ell^4 \cdot 10^7}{_{\text{vorh}}I_y}$$

(E_d in N/m; ℓ in m; I_y in mm⁴; w in mm)

Schräg liegende Parallelträger (Brettschichtträger) als Binderbalken

Unter der Voraussetzung, dass solche Träger ein bewegliches und ein festes Auflager haben, sind die Auflagerkräfte ebenfalls lotrecht. Gegenüber waagerecht liegenden Trägern bestehen folgende Unterschiede:

- Die Querkräfte nehmen andere Werte an.
- Es treten auch Normalkräfte auf.

Die Normal- und Querkräfte nehmen bei gleichmäßig verteilter Belastung von den Auflagern bis zur Mitte geradlinig bis auf null ab. Die Größtwerte treten an den Auflagern auf.

$$Q_{A,d} = F_{A,d} \cdot \cos\alpha$$

$$Q_{B,d} = -F_{A,d} \cdot \cos\alpha$$

$$N_{A,d} = -F_{A,d} \cdot \sin\alpha \text{ (Druck)}$$

$$N_{B,d} = +F_{B,d} \cdot \sin\alpha \text{ (Zug)}$$

Die Auflager werden bei hohen und weit gespannten Trägern als Gabellagerung ausgebildet (s. Abschnitt 9.8.).
Aus Gründen des baulichen Holzschutzes wird empfohlen, das Hirnholz der Träger vor Schlagregen zu schützen; am besten durch eine regensichere Verkleidung, aber auch durch Einkleber (s. Bild 9. 57.).

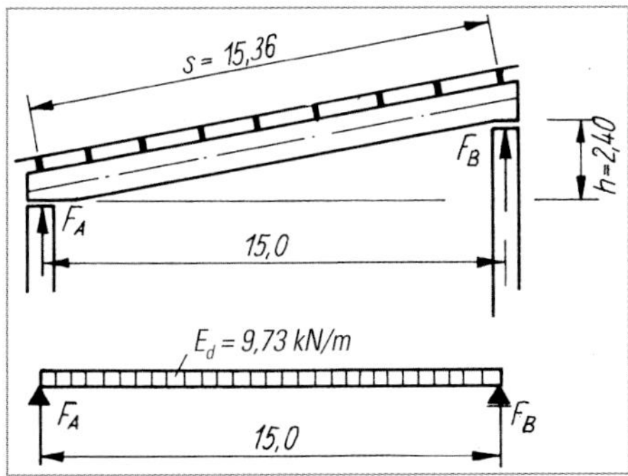

Bild 9.55. Geometrische Angaben

Beispiel 9.4. (nach DIN EN 1995-1-1:2010)

Für eine geschlossene Halle ist ein schräg liegender paralleler Brettschichtträger zu berechnen. Auf den Trägern werden Sparrenpfetten (Gelenkpfetten) gelegt und mit 24 mm dicken Schalbrettern und mit einer doppelten Lage Dachpappe abgedeckt (s. Bild 9.55.). Die Brettschichtträger liegen auf eingespannten Stahlbetonstützen $(500/500\ \text{mm})$ und erhalten eine Gabellagerung.

Geometrie:

Stützweite:	$\ell = 15\ \text{m}$
Binderabstand:	$a = 6{,}0\ \text{m}$
Höhe:	$h = 840\ \text{mm}$
Breite	$b = 160\ \text{mm}$
Dachneigungswinkel:	$\alpha = \arctan\frac{h}{\ell} = \arctan\frac{2{,}4}{15{,}0} = 9°$
Trägerlänge:	$s = \frac{h}{\sin\alpha} = \frac{2{,}4}{\sin 9°} = 15{,}36\ \text{m}$
Auflagerlänge:	$\ell_a = 200\ \text{mm}$
Seitliche Abstützung der Obergurte durch Verbände:	$a_D = 3{,}84\ \text{m}$
Sparrenpfettenabstand:	$e = 0{,}96\ \text{m}$

Baustoffwerte nach Tabelle 5, DIN EN 14080:

Binder-BSH GL28h

$f_{m,g,k} = 28\ \text{N/mm}^2$; $f_{v,g,k} = 3{,}5\ \text{N/mm}^2$; $f_{c,90,g,k} = 2{,}5\ \text{N/mm}^2$,

$f_{c,0,g,k} = 28{,}0\ \text{N/mm}^2$; $E_{0,g,mean} = 12600\ \text{N/mm}^2$,

$G_{g,mean} = 650\ \text{N/mm}^2$

$E_{0,g,05} = 10500\ \text{N/mm}^2$

Pfetten, Vollholz NH S10/C24 nach DIN EN 338, Tabelle 1:

$f_{c,0,k} = 21\ \text{N/mm}^2$

$E_{0,05} = 7400\ \text{N/mm}^2$

$f_{m,k} = 24\ \text{N/mm}^2$

Lastannahmen:

Charakteristische Werte der Einwirkungen nach DIN EN 1991:

a) Ständige Einwirkungen nach DIN EN 1991-1-1:

Dachpappe zweilagig:	$0{,}14\ \text{kN/m}^2\text{Dfl}$
Dachschalung:	$0{,}10\ \text{kN/m}^2\text{Dfl}$
Sparrenpfetten:	$0{,}11\ \text{kN/m}^2\text{Dfl}$

$$\sum G_k = g = 0{,}35\ \text{kN/m}^2\text{Dfl}$$

Einwirkung bezogen auf die Grundfläche und pro Binder:

$$G_{k,1} = \frac{0{,}35 \cdot 6{,}0}{\cos\ 9°} \qquad G_{k,1} = 2{,}13\ \text{kN/m}$$

Bindereigengewicht:

$$G_{k,2} \cong b \cdot h \cdot 4{,}0\ \text{kN/m}^3$$

$$G_{k,2} \cong 0{,}16 \cdot 0{,}85 \cdot 4{,}0\ \text{kN/m}^3 \qquad G_{k,2} \cong 0{,}54\ \text{kN/m}$$

$$\sum G_k = g = 2{,}67\ \text{kN/m}$$

b) Veränderliche Einwirkungen:

Schneelast nach DIN EN 1991-1-3:

Schneelastzone 2 $(h < 400\ \text{mm})$, $s_k = 0{,}85\ \text{kN/m}^2\text{Gfl}$, $\mu_1 = 0{,}8$

$$Q_k = s_k \cdot \mu_1 \cdot A = 0{,}85\ \text{kN/m}^2 \cdot 0{,}8 \cdot 6{,}0\ \text{m} = 4{,}08\ \text{kN/m}$$

Windlast nach DIN EN 1991-1-4:

Windlastzone 2, $q_{b,0} = 0{,}39\ \text{kN/m}^2$

Geländekategorie III

$$q_p = 1{,}6 \cdot q_b \cdot \left(\frac{z}{10}\right)^{0{,}31} \qquad \text{[DIN EN 1991-1-4/NA, Tabelle NA.B.2]}$$

$$q_p = 1{,}6 \cdot 0{,}39 \cdot \left(\frac{10}{10}\right)^{0{,}31} = 0{,}624\ \text{kN/m}^2$$

für $c_{pe} = -0{,}6$ ergibt sich

$$w_e = q_p \cdot c_{pe} \qquad \text{[DIN EN 1991-1-4/NA, Gl. (5.1)]}$$

$$w_e = 0{,}624 \cdot -0{,}6 = -0{,}3744\ \text{kN/m}^2$$

Da die Windeinwirkung begünstigend auf die Brettschichtträger wirkt, wird diese nachfolgend nicht mit berücksichtigt.

Bemessungswert der Einwirkungen nach DIN EN 1990 Gl. (6.10):

LFK1 (G):

$$E_d = \gamma_G \cdot G_k = 1{,}35 \cdot 2{,}67 = 3{,}61\ \text{kN/m}$$

LFK2 (G+Q):

$$E_d = \gamma_G \cdot G_k + \gamma_Q \cdot Q_k = 1{,}35 \cdot 2{,}67 + 1{,}5 \cdot 4{,}08 = 9{,}73\ \text{kN/m}$$

Maßgebend ist LFK2 $\Rightarrow$ KLED kurz, $\Rightarrow$ NKL1, $\Rightarrow k_{mod} = 0{,}9$

Bemessungswerte der Schnittreaktionen:

Auflagerkräfte:

$$F_A = F_B = \frac{E_d \cdot \ell}{2} = \frac{9{,}73 \cdot 15{,}0}{2} = 72{,}98\ \text{kN}$$

Normal- und Querkräfte:

$$-N_A = +N_B = -F_A \cdot \sin\alpha = -72{,}98 \cdot \sin 9° = -11{,}42\ \text{kN}$$

$$+Q_A = -Q_B = F_A \cdot \cos\alpha = 72{,}98 \cdot \cos 9° = +72{,}08\ \text{kN}$$

Biegemoment:

$$M_{y,d} = \frac{E_d \cdot \ell^2}{8} = \frac{9{,}73 \cdot (15)^2}{8} = 273{,}66\ \text{kNm}$$

Bemessung:

Nach einer Vorbemessung gewählt:

28 *Lamellen* $\cdot$ 30 mm = 840 mm (Bild 9.56.)

$b/h = 160/840$ mm

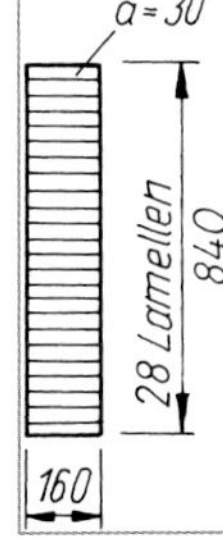

Bild 9.56. Trägerquerschnitt

$$A = b \cdot h = 160 \cdot 840 = 1344 \cdot 10^2 \text{ mm}^2$$

$$I_y = \frac{b \cdot h^3}{12} = \frac{160 \cdot 840^3}{12} = 790272 \cdot 10^4 \text{ mm}^4$$

$$W_y = \frac{I_y \cdot 2}{h} = \frac{790272 \cdot 10^4 \cdot 2}{840} = 18816 \cdot 10^3 \text{ mm}^3$$

Nachweis der Biegespannung an der Stelle x = ℓ/2 nach Gl. (6.11):

Bemessungswert der Biegespannung:

$$\sigma_{m,y,d} = \frac{M_{y,d}}{W_y} = \frac{273{,}66 \cdot 10^6}{18816 \cdot 10^3} = 14{,}54 \text{ N/mm}^2$$

Bemessungswert der Biegefestigkeit:

$$f_{m,y,d} = \frac{k_{mod} \cdot f_{m,y,g,k}}{\gamma_m}$$ [DIN EN 1995-1-1, Gl. (2.14)]

$$f_{m,y,d} = \frac{0{,}90 \cdot 28}{1{,}3} = 19{,}38 \text{ N/mm}^2$$

Nachweis der Biegespannung:

$$\frac{\sigma_{m,y,d}}{f_{m,y,d}} \leq 1$$ [DIN EN 1995-1-1, Gl. (6.11)]

$$\frac{14{,}54}{19{,}38} = 0{,}75 < 1$$

Nachweis der Schubspannung am Auflager nach Gl. (6.13):

Bemessungswert der Schubkraft:

$$V_d = F_{a/b} = 72{,}98 \text{ kN}$$

Bemessungswert der Schubspannung:

$$\tau_d = 1{,}5 \cdot \frac{V_d}{(b \cdot k_{cr}) \cdot h} = 1{,}5 \cdot \frac{V_d}{\left(b \cdot \left(\frac{2{,}5}{f_{v,g,k}}\right)\right) \cdot h}$$

$$k_{cr} = \frac{2{,}5}{f_{v,g,k}}$$ [DIN EN 1995-1-1/NA:2013, NDP zu 6.1.7 (2)]

$$k_{cr} = \frac{2{,}5}{3{,}5}$$

$$\tau_d = 1{,}5 \cdot \frac{72{,}98 \cdot 10^3}{\left(160 \cdot \left(\frac{2{,}5}{3{,}5}\right)\right) \cdot 840} = 1{,}14 \text{ N/mm}^2$$

Bemessungswert der Schubfestigkeit:

$$f_{v,d} = \frac{k_{mod} \cdot f_{v,g,k}}{\gamma_m}$$ [DIN EN 1995-1-1, Gl. (2.14)]

$$f_{v,d} = \frac{0{,}90 \cdot 3{,}5}{1{,}3} = 2{,}42 \text{ N/mm}^2$$

Nachweis der Schubspannung:

$$\tau_d \leq f_{v,d}$$ [DIN EN 1995-1-1, Gl. (6.13)]

$$1{,}14 \leq 2{,}42 \text{ N/mm}^2$$

Nachweis der Druckspannung unter einem Winkel zur Faser am Auflager nach Gl. (6.16):

Ausbildung des Auflagers mit Gabellagerung (Bild 9.57.).

Verankerung mit Profilstählen $2 \cdot [-100, 1000$ mm lang, befestigt mit zwei Sechskantschrauben M20. Ankerloch: 200/260 mm, 450 mm tief, mit Beton vergossen.

Hartholzauflagerplatte (Eiche, luftumspült eingebaut), Größe: 200/200/40 mm. Die Hartholzplatte wird auf eine Lage Bitumenpappe gelegt.

Wirksame Auflagerfläche:

$$\ell_{ef} = \ell_a + 30 \cdot \cos\beta = 200 + 30 \cdot \cos 9° = 229{,}63 \text{ mm}$$

$$A_{ef} = b \cdot \ell_{ef} = 160 \cdot 229{,}63 = 3{,}67 \cdot 10^4 \text{ mm}^2$$

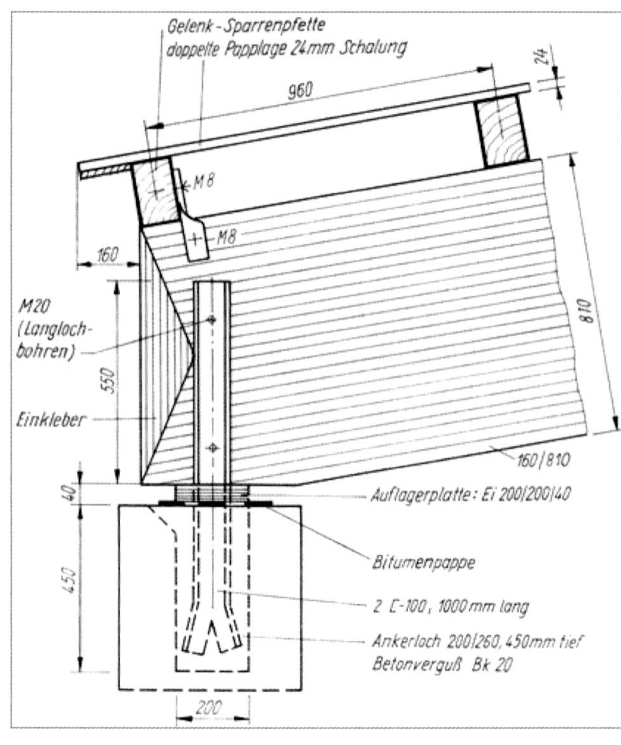

Bild 9.57. Auflager „A" (Gabellagerung)

Bemessungswert der Druckspannung unter einem Winkel zur Faser:

$$\sigma_{c,\alpha,d} = \frac{V_d}{A_{ef}}$$ [DIN EN 1995-1-1, Gl. (6.4)]

$$\sigma_{c,\alpha,d} = \frac{72{,}98 \cdot 10^3}{3{,}67 \cdot 10^4} = 1{,}99 \text{ N/mm}^2$$

Bemessungswert der Druckfestigkeit unter einem Winkel zur Faser nach Gl. (6.16):

$$f_{c,0,d} = \frac{k_{mod} \cdot f_{c,0,g,k}}{\gamma_M}$$ [DIN EN 1995-1-1, Gl. (2.14)]

$$f_{c,0,d} = \frac{0{,}9 \cdot 28{,}0}{1{,}3} = 19{,}39 \text{ N/mm}^2$$

$$f_{c,90,d} = \frac{k_{mod} \cdot f_{c,90,g,k}}{\gamma_M}$$ [DIN EN 1995-1-1, Gl. (2.14)]

$$f_{c,90,d} = \frac{0{,}9 \cdot 2{,}5}{1{,}3} = 1{,}73 \text{ N/mm}^2$$

$$\alpha = 90° - 9° = 81°$$

$$f_{c,\alpha,d} = \frac{f_{c,0,d}}{\frac{f_{c,0,d}}{k_{c,90} \cdot f_{c,90,d}} \sin^2\alpha + \cos^2\alpha}$$ [DIN EN 1995-1-1, Gl. (6.16)]

Für $k_{c,90} = 1{,}75$ nach Abschnitt 6.1.5 (4) ist nach Gl. (6.16)

$$f_{c,\alpha,d} = \frac{19{,}39}{\frac{19{,}39}{1{,}75 \cdot 1{,}73} \sin^2 81° + \cos^2 81°} = 4{,}1 \text{ N/mm}^2$$

Nachweis der Druckspannung unter einem Winkel zur Faser:

$$\sigma_{c,\alpha,d} \leq f_{c,\alpha,d}$$ [DIN EN 1995-1-1, Gl. (6.16)]

$1{,}99 < 3{,}71$ **Nachweis erfüllt!**

Nachweis Biegedrillknicken nach Gl. (6.35):

Der Träger ist am Auflager gegen Verdrehen gehalten (Gabellagerung) und wird im Abstand von a = 3,84 m seitlich ausgesteift.

ℓ_{ef} ist dann 3,84 m.

Es gilt nach Gl. (6.30) und (6.31) für Rechteckquerschnitte:

$$\lambda_{rel,m} = \sqrt{\frac{f_{m,k}}{\sigma_{m,crit}}}$$ [DIN EN 1995-1-1, Gl. (6.30)]

mit:

$$\sigma_{m,crit} = \frac{\pi\sqrt{E_{0,05} \cdot I_z \cdot G_{0,05} \cdot I_{tor}}}{\ell_{ef} \cdot W_y}$$ [DIN EN 1995-1-1, Gl. (6.31)]

$$I_z = \frac{b^3 \cdot h}{12} = \frac{160^3 \cdot 840}{12} = 286{,}72 \cdot 10^6 \text{ mm}^4$$

$$I_{tor} = \alpha \cdot h \cdot b^3 \quad \text{mit } \alpha = 0{,}293 \text{ für } h/b \approx 5{,}3$$

$$I_{tor} = 0{,}293 \cdot 840 \cdot 160^3 = 1008{,}11 \cdot 10^6 \text{ mm}^4$$

$$W_y = \frac{b \cdot h^2}{6} = \frac{160 \cdot 840^2}{6} = 18{,}82 \cdot 10^6 \text{ mm}^3$$

Für $f_{m,g,k} = 28 \text{ N/mm}^2$, $E_{0,g,05} = 10500 \text{ N/mm}^2$ und

$G_{0,g,05} = 650 \text{ N/mm}^2$.

Nach DIN EN 1995-1-1/NA:2013, Abschnitt NCI zu 6.3.3 (2) darf bei Biegestäben aus Brettschichtholz bei der Berechnung des $\lambda_{rel,m}$-Wertes das Produkt der 5-%-Quantilwerte der Steifigkeiten um 40 % erhöht werden.

Nach Gl. (6.30) und (6.31) erhält man ohne 40 % Erhöhung:

$$\sigma_{m,crit} = \frac{\pi\sqrt{10500 \cdot 286{,}72 \cdot 10^6 \cdot 650 \cdot 1008{,}11 \cdot 10^6}}{0{,}9 \cdot 3840 \cdot 18{,}82 \cdot 10^6} = 80{,}27 \text{ N/mm}^2$$

$$\lambda_{rel,m} = \sqrt{\frac{28}{80{,}27}} = 0{,}60 \rightarrow \lambda_{rel,m} \le 0{,}75$$

Dann ergibt sich nach Gl. (6.34) für

$$k_{crit} - 1$$ [DIN EN 1995-1-1, Gl. (6.34)]

Zusätzlich zur Biegebeanspruchung wird der Träger durch eine Normaldruckkraft beansprucht

$$N_d = N_{a/b} = 11{,}42 \text{ kN}$$

Daraus ergibt sich folgende Normaldruckspannung im Querschnitt:

$$\sigma_{c,0,d} = \frac{N_d}{A} = \frac{N_d}{b \cdot h} = \frac{11{,}42 \cdot 10^3}{160 \cdot 840} = 0{,}01 \text{ N/mm}^2$$

Nach Gl. (6.26) gilt für den Knickbeiwert:

$$k_{c,z} = \frac{1}{k_z + \sqrt{k_z^2 - \lambda_{rel,z}^2}}$$ [DIN EN 1995-1-1, Gl. (6.26)]

mit:

$$k_z = 0{,}5\left(1 + \beta\left(\lambda_{rel,z} - 0{,}3\right) + \lambda_{rel,z}^2\right)$$ [DIN EN 1995-1-1, Gl. (6.28)]

$$\beta_c = 0{,}1$$ [DIN EN 1995-1-1, Gl. (6.29)]

$$\lambda_{rel,z} = \frac{\lambda_z}{\pi}\sqrt{\frac{f_{c,0,k}}{E_{0,05}}}$$ [DIN EN 1995-1-1, Gl. (6.22)]

$$\lambda_z = \frac{\ell_k}{i} \text{ und } \ell_k = a,\ i = \sqrt{\frac{I_z}{A}}$$

Der Knickbeiwert ergibt sich somit zu:

$$i = \sqrt{\frac{286{,}72 \cdot 10^6}{160 \cdot 840}} = 46{,}19 \text{ mm}$$

$$\ell_k = 3840 \text{ mm}$$

$$\lambda_z = \frac{3840}{46{,}19} = 83{,}13$$

$$\lambda_{rel,z} = \frac{83{,}13}{\pi}\sqrt{\frac{28{,}0}{10500}} = 1{,}37$$

$$k_z = 0{,}5\left(1 + 0{,}1(1{,}37 - 0{,}3) + 1{,}37^2\right) = 1{,}49$$

$$k_{c,z} = \frac{1}{1{,}49 + \sqrt{1{,}49^2 - 1{,}37^2}} = 0{,}48$$

Nachweis Biegedrillknicken:

$$\left(\frac{\sigma_{m,d}}{k_{crit} \cdot f_{m,d}}\right)^2 + \frac{\sigma_{c,0,d}}{k_{c,z} \cdot f_{c,0,d}} \le 1$$ [DIN EN 1995-1-1, Gl. (6.35)]

$$\left(\frac{14{,}54}{1 \cdot 19{,}38}\right)^2 + \frac{0{,}01}{0{,}48 \cdot 19{,}39} = 0{,}56 < 1$$

Nachweis erfüllt!

Die Kippsicherheit des Trägers ist gegeben.

Voraussetzung ist:

- frei aufliegender Träger, der an den Auflagern durch Gabellagerung gegen Verdrehen und seitliches Ausweichen der Druckgurte gehalten ist und
- dass der Träger in den Knoten seitlich gehalten wird; sowohl der Zug- als auch der Druckgurt gegen seitliches Ausbiegen gehalten sein muss, z. B. durch Kopfbänder aus Rundstahl mit Flachstahllaschen (Bild 9.58.) oder Kopfbänder aus Kanthölzern.

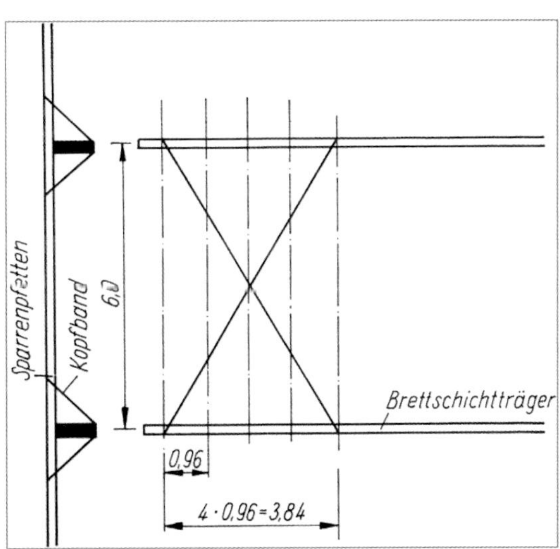

Bild 9.58. Draufsicht auf die Lage der Sparrenpfetten

Nachweis der Gebrauchstauglichkeit:

Es wird nach Abschnitt 2.2.3 (2) in DIN EN 1995-1-1:2010 mit den charakteristischen Werten gerechnet.

Geometriewerte:

$$I_y = \frac{b \cdot h^3}{12} = \frac{160 \cdot 840^3}{12} = 7902{,}72 \cdot 10^6 \text{ mm}^4$$

$$A = b \cdot h = 160 \cdot 840 = 134{,}4 \cdot 10^3 \text{ mm}^2$$

Berechnung der Anfangsverformung getrennt für die charakteristischen Einwirkungen G und Q:

$$G_k = 2{,}67 \text{ kN/m};\ Q_k = 4{,}08 \text{ kN/m}$$

$$w_{G,inst} = \frac{5}{384} \cdot \frac{G_k \cdot \ell^4}{E_{0,mean} \cdot I_y}$$

$$w_{G,inst} = \frac{5}{384} \cdot \frac{2{,}67 \cdot (15000)^4}{10500 \cdot 7902{,}72 \cdot 10^6} = 21{,}21 \text{ mm}$$

$$w_{Q,inst} = \frac{5}{384} \cdot \frac{Q_k \cdot \ell^4}{E_{0,mean} \cdot I_y}$$

$$w_{Q,inst} = \frac{5}{384} \cdot \frac{4{,}08 \cdot (15000)^4}{10500 \cdot 7902{,}72 \cdot 10^6} = 32{,}41 \text{ mm}$$

$$w_{inst} = w_{G,inst} + w_{Q,inst}$$

$$w_{inst} = 21{,}21 + 32{,}41 = 53{,}62 \text{ mm}$$

Berechnung der Endverformung getrennt für die charakteristischen Einwirkungen G und Q:

Für $k_{def} = 0{,}60$ nach DIN EN 1995-1-1, Tabelle 3.2 und $\psi_{2,1} = 0$ nach DIN EN 1990, Tabelle A.1.1 ergibt sich nach Gl. (2.3) und (2.4):

$$w_{G,fin} = w_{G,inst} \cdot (1 + k_{def})$$ [DIN EN 1995-1-1, Gl. (2.3)]

$$w_{G,fin} = 21{,}83 \cdot (1 + 0{,}60) = 34{,}93 \text{ mm}$$

$$w_{Q,fin} = w_{Q,inst} \cdot (1 + \psi_{2,1} k_{def})$$ [DIN EN 1995-1-1, Gl. (2.4)]

$$w_{Q,fin} = 33{,}36 \cdot (1 + 0 \cdot 0{,}60) = 33{,}36 \text{ mm}$$

Da nur eine veränderliche Einwirkung vorhanden ist, ergibt sich w_{fin} zu:

$$w_{fin} = w_{G,fin} + w_{Q,fin} = 34{,}93 + 33{,}36 = 68{,}29 \text{ mm}$$

Nachweis der Durchbiegung nach Tabelle NA.13:

[DIN EN 1995-1-1/NA:2013, Tabelle NA.13]

$$w_{inst} = 53{,}62 \approx \ell/200 = 15000/200 = 75 \text{ mm}$$

Nachweis der Durchbiegung nach Tabelle NA.13:

[DIN EN 1995-1-1/NA:2013, Tabelle NA.13]

$$w_{net,fin} = w_{fin} - w_c$$

Der Träger wird mit dem Maß $w_c = 65$ mm überhöht

$$w_{net,fin} = w_{fin} - w_c = 68{,}29 - 65 = 3{,}29 \text{ mm} < \ell/250 = 60 \text{ mm}$$

Nachweis der Durchbiegung nach Tabelle NA.13:

[DIN EN 1995-1-1/NA:2013, Tabelle NA.13]

$$w_{fin} = 68{,}29 < \ell/150 = 15000/150 = 100 \text{ mm}$$

Aussteifungs- und Windverband in der Dachebene:

Der Bemessungswert der Beanspruchung q_d wird nach Gl. (9.37) berechnet:

$$q_d = k_\ell \cdot \frac{n \cdot N_d}{k_{f,3} \cdot \ell}$$ [DIN EN 1995-1-1, Gl. (9.37)]

Die mittlere Druckkraft im Druckgurt eines Biegestabes wird nach Gl. (9.36) ermittelt:

$$N_d = (1 - k_{crit}) \cdot \frac{M_d}{h}$$ [DIN EN 1995-1-1, Gl. (9.36)]

k_{crit} ist der Kippbeiwert für den nicht gestützten Biegestab und sollte nach DIN EN 1995-1-1, Abschnitt 6.3.3 (4) berechnet werden;

M_d ist der Bemessungswert des Größtmoments im Biegestab

Es gilt nach Gl. (6.30) und (6.31) für Rechteckquerschnitte:

$$\lambda_{rel,m} = \sqrt{\frac{f_{m,k}}{\sigma_{m,crit}}}$$ [DIN EN 1995-1-1, Gl. (6.30)]

mit $\sigma_{m,crit} = \dfrac{\pi \sqrt{E_{0,05} \cdot I_z \cdot G_{0,05} \cdot I_{tor}}}{\ell_{ef} \cdot W_y}$ [DIN EN 1995-1-1, Gl. (6.31)]

Für den nicht gestützten Biegestab und die Erhöhung der Steifigkeiten für Brettschichtholz um 40 % ergibt sich

$$\sigma_{m,crit} = \frac{\pi \sqrt{1{,}4 \cdot 10500 \cdot 286{,}72 \cdot 10^6 \cdot 650 \cdot 1008{,}11 \cdot 10^6}}{0{,}9 \cdot 15360 \cdot 18{,}82 \cdot 10^6} = 20{,}07 \text{ N/mm}^2$$

$$\lambda_{rel,m} = \sqrt{\frac{28}{20{,}07}} = 1{,}18 \rightarrow 0{,}75 \le \lambda_{rel,m} \le 1{,}4$$

Dann ergibt sich nach Gl. (6.34) für:

$$k_{crit} = 1{,}56 - 0{,}75 \cdot \lambda_{rel,m}$$ [DIN EN 1995-1-1, Gl. (6.34)]

$$k_{crit} = 1{,}56 - 0{,}75 \cdot 1{,}18 = 0{,}67$$

Für N_d nach Gl. (9.36) erhält man dann:

$$N_d = (1 - k_{crit}) \cdot \frac{M_d}{h}$$ [DIN EN 1995-1-1, Gl. (9.36)]

$$N_d = (1 - 0{,}67) \cdot \frac{273{,}66 \cdot 10^6}{840}$$

$$N_d = 0{,}106 \cdot 10^6 \text{ N} = 106 \text{ kN}$$

Nach Gl. (9.38) ist dann:

$$k_\ell = \min\left\{1; \sqrt{\frac{15}{\ell}}\right\}$$ [DIN EN 1995-1-1, Gl. (9.38)]

$$k_l = \min\left\{1; \sqrt{\frac{15}{15{,}36}}\right\} = 0{,}99$$

Der Modifikationsbeiwert $k_{f,3}$ wird in Tabelle NA.20 mit $k_{f,3} = 30$ angegeben.

Pro auszusteifenden Binder mit $n = 1$ erhält man die Beanspruchung q_d aus Gl. (9.37):

$$q_d = k_\ell \cdot \frac{n \cdot N_d}{k_{f,3} \cdot \ell} = 0{,}99 \cdot \frac{1 \cdot 106}{30 \cdot 15{,}36} = 0{,}23 \text{ kN/m}$$

[DIN EN 1995-1-1, Gl. (9.37)]

Da drei Brettschichtträger an einen Verband angeschlossen sind, wird dann für $n = 3$

$$q_d = 3 \cdot 0{,}23 = 0{,}69 \text{ kN/m}$$

Zusätzlich zu der inneren Aussteifungslast wirkt eine Windlast auf den Giebel.

$$q'_{wD} = c_{pD} \cdot q_w$$

$$q'_{wD} = 0{,}8 \cdot 0{,}624 = 0{,}50 \text{ kN/m}^2$$

$$q_{wD} = q'_{wD} \cdot \frac{h_1 + h}{2}$$

$$q_{wD} = 0{,}50 \cdot \frac{7{,}0 + 2{,}4}{2} = 2{,}35 \text{ kN/m}$$

Die Gesamtbelastung des Aussteifungsverbandes ergibt sich zu:

$$q_{D,gesamt} = q_{wD} + q_d$$

$$q_{D,gesamt} = 2{,}35 + 0{,}69 = 3{,}04 \text{ kN/m}$$

Bemessungswert des Biegemomentes:

$$M_{z,d} = \frac{q_{D,gesamt} \cdot s^2}{8}$$

$$M_{z,d} = \frac{3{,}04 \cdot 15{,}36^2}{8} = 89{,}65 \text{ kNm}$$

Bemessungswert der Gurtkräfte in den Trägern:

$$F_D = F_Z = \frac{M_{z,d}}{a} = \frac{89{,}65}{6{,}0} = 14{,}94 \text{ kN}$$

Länge einer Diagonalen:

$$\ell_D = \sqrt{a_D{}^2 + a^2} = \sqrt{3{,}84^2 + 6{,}0^2} = 7{,}12 \text{ m}$$

$$F_A = F_B = \frac{q_{D,\text{gesamt}} \cdot s}{2} = \frac{3{,}04 \cdot 15{,}36}{2} = 23{,}35 \text{ kN}$$

$$F_{Q1} = F_A - q_{D,gesamt} \cdot a_D \cdot 0{,}5 = 23{,}35 - 3{,}04 \cdot 3{,}84 \cdot 0{,}5 = 17{,}4 \text{ kN}$$

$$F_{Q2} = F_{Q1} - q_{D,gesamt} \cdot a_D = 17{,}54 - 3{,}04 \cdot 3{,}84 = 5{,}87 \text{ kN}$$

$$\sin \alpha_D = a/\ell_D = 6{,}0/7{,}12 = 0{,}84$$

Stabkräfte in den sich kreuzenden Diagonalen (Bild 9.59.)

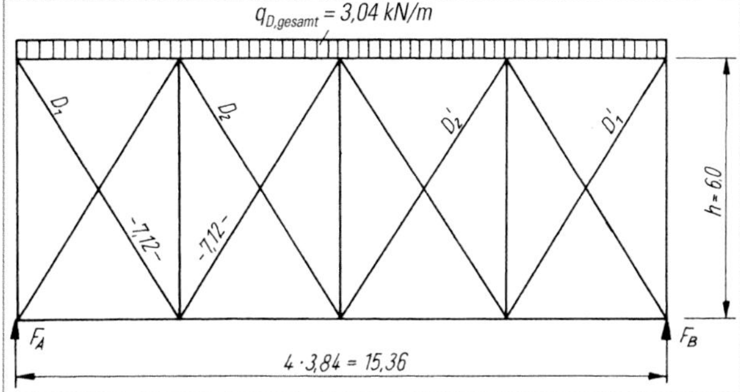

Bild 9.59. Aussteifungs- und Windverband

$$F_{D1} = \frac{F_{Q1}}{2 \cdot \sin\alpha_D} = \frac{17{,}54}{2 \cdot 0{,}84} = \pm\ 10{,}44 \text{ kN}$$

$$F_{D2} = \frac{F_{Q2}}{2 \cdot \sin\alpha_D} = \frac{5{,}87}{2 \cdot 0{,}84} = \pm\ 3{,}49 \text{ kN}$$

Knicklänge von Pfette zu Pfette (s. Bild 9.58.):

$$s_k = \frac{\ell_D}{4} = \frac{7{,}12}{4} = 1{,}78 \text{ m}$$

Die Belastung aus den Pfetten ist in die Brettschichtträger zu leiten. Wenn beide Brettschichtträger eines Verbandes die Belastung aufnehmen, erhält ein Träger aus einer Pfette

$$N_{d,Pfette} = \frac{q_{D,gesamt} \cdot e}{2} = \frac{3{,}04 \cdot 0{,}96}{2} \cong 1{,}50 \text{ kN}$$

Gewählt: Pfettenbefestigung 2 Ng. 46×130 (vorgebohrt) mit $F_{Rd} = 2 \cdot F_{Rd,1} = 2 \cdot 0{,}905 = 1{,}81 \text{ kN} > 1{,}55 \text{ kN}$

Bemessung der Diagonalen:

$F_{D1} = \pm\ 10{,}44$ kN

Gewählt: C24 mit $b/h = 120/80$ mm mit (Bild 9.60.)

$$A = b \cdot h = 120 \cdot 80 = 96 \cdot 10^2 \text{ mm}^2$$

$$W_z = \frac{b \cdot h^2}{6} = \frac{120 \cdot 80^2}{6} = 128 \cdot 10^3 \text{ mm}^3$$

$$I_z = \frac{b^3 \cdot h}{12} = \frac{120^3 \cdot 80}{12} = 11{,}52 \cdot 10^6 \text{ mm}^4$$

$$i_z = \sqrt{\frac{I_z}{A}} = \sqrt{\frac{11{,}52 \cdot 10^6}{96 \cdot 10^2}} = 34{,}64 \text{ mm}$$

$$\lambda = \frac{s_k}{i_z} = \frac{1780}{34{,}64} = 51{,}39$$

Bemessungswert des Biegemomentes in der Lasche infolge ausmittigen Anschlusses $(e \approx 50 \text{ mm})$:

$$M_{z,d} = F_{D1} \cdot 0{,}05 = 10{,}44 \cdot 0{,}05 = 0{,}52 \text{ kNm}$$

Nachweis der kombinierten Biege- und Druckspannung nach Gl. (6.20):

Bemessungswert der Druckspannung:

$$\sigma_{c,0,d} = \frac{F_{D1}}{A} = \frac{10{,}44 \cdot 10^3}{96 \cdot 10^2} = 1{,}09 \text{ N/mm}^2$$

Bemessungswert der Druckfestigkeit:

$$f_{c,0,d} = \frac{k_{\text{mod}} \cdot f_{c,0,g,k}}{\gamma_M} \qquad \text{[DIN EN 1995-1-1, Gl. (2.14)]}$$

$$f_{c,0,d} = \frac{0{,}9 \cdot 21}{1{,}3} = 14{,}54 \text{ N/mm}^2$$

Bemessungswert der Biegespannung:

$$\sigma_{m,z,d} = \frac{M_{z,d}}{W_z} = \frac{0{,}52 \cdot 10^6}{128 \cdot 10^3} = 4{,}06 \text{ N/mm}^2$$

Bemessungswert der Biegefestigkeit:

$$f_{m,z,d} = \frac{k_{\text{mod}} \cdot f_{m,z,g,k}}{\gamma_m} \qquad \text{[DIN EN 1995-1-1, Gl. (2.14)]}$$

$$f_{m,z,d} = \frac{0{,}90 \cdot 24}{1{,}3} = 16{,}62 \text{ N/mm}^2$$

Nachweis der kombinierten Biege- und Druckspannung:

$$\left(\frac{\sigma_{c,0,d}}{f_{c,0,d}}\right)^2 + \frac{\sigma_{m,z,d}}{f_{m,z,d}} \le 1 \qquad \text{[DIN EN 1995-1-1, Gl. (6.20)]}$$

$$\left(\frac{1{,}09}{14{,}54}\right)^2 + \frac{4{,}06}{16{,}62} = 0{,}25 < 1$$

Nachweis Biegeknicken nach Gl. (6.24):

Nach Gl. (6.26) gilt für den Knickbeiwert:

$$k_{c,z} = \frac{1}{k_z + \sqrt{k_z^2 - \lambda_{rel,z}^2}} \qquad \text{[DIN EN 1995-1-1, Gl. (6.26)]}$$

mit:

$$k_z = 0{,}5\left(1 + \beta\left(\lambda_{rel,z} - 0{,}3\right) + \lambda_{rel,z}^2\right) \qquad \text{[DIN EN 1995-1-1, Gl. (6.29)]}$$

$$\beta_c = 0{,}1 \qquad \text{[DIN EN 1995-1-1, Gl. (6.29)]}$$

$$\lambda_{rel,z} = \frac{\lambda_z}{\pi}\sqrt{\frac{f_{c,0,k}}{E_{0,05}}} \qquad \text{[DIN EN 1995-1-1, Gl. (6.22)]}$$

$$\lambda_z = \frac{s_k}{i} \text{ und } i = \sqrt{\frac{I_z}{A}}$$

Der Knickbeiwert ergibt sich somit zu:

$$i_z = \sqrt{\frac{11{,}52 \cdot 10^6}{96 \cdot 10^2}} = 34{,}64 \text{ mm}$$

$$\lambda = \frac{s_k}{i_z} = \frac{1780}{34{,}64} = 51{,}39$$

$$\lambda_{rel,z} = \frac{51{,}39}{\pi}\sqrt{\frac{21}{7400}} = 0{,}87$$

$$k_z = 0{,}5\left(1 + 0{,}1(0{,}87 - 0{,}3) + 0{,}87^2\right) = 0{,}91$$

$$k_{c,z} = \frac{1}{0{,}91 + \sqrt{0{,}91^2 - 0{,}87^2}} = 0{,}85$$

Nachweis Biegeknicken:

$$\frac{\sigma_{c,0,d}}{k_{c,z} \cdot f_{c,0,d}} + \frac{\sigma_{m,z,d}}{f_{m,z,d}} \leq 1 \qquad \text{[DIN EN 1995-1-1, Gl. (6.24)]}$$

$$\frac{1{,}09}{0{,}85 \cdot 14{,}54} + \frac{4{,}04}{16{,}62} = 0{,}28 < 1 \quad \textbf{Nachweis erfüllt!}$$

Die Knicksicherheit der Diagonalen ist gegeben.

Anschluss der Diagonalen (s. Bild 9.60.):

D_1 Ng. 46 × 130 (vorgebohrt)

$F_{Rd,1} = 0{,}905\,\text{N}$

gewählt 14 Ng.

$F_{Rd} = 14 \cdot 0{,}905\,\text{N} = 12{,}67\,\text{kN} > 11{,}04\,\text{kN}$

D_2 Ng. 46 × 130 (vorgebohrt)

$F_{Rd,1} = 0{,}905\,\text{N}$

gewählt 5 Ng.

$F_{Rd} = 5 \cdot 0{,}905\,\text{N} = 4{,}53\,\text{kN} > 3{,}68\,\text{kN}$

Nachweis Gabellagerung wird an dieser Stelle nicht geführt.

Die obere Neigung solcher architektonisch gut wirkender Brettschichtträger sollte $\alpha \leq 24°$ betragen.
Die Berechnung erfolgt so wie die der symmetrisch abgedachten Brettschichtträger, jedoch mit der Ausnahme, dass die Höhe h_1 wie dargestellt anzunehmen ist.
Brettschichtträger mit angehobenem Untergurt bewegen sich unter vertikaler Belastung auch horizontal. Dieser Wert ist annähernd proportional der vertikalen Durchbiegung f_v. Die horizontale Verschiebung f_h erfolgt an jedem Balken zeitlich gleich der vertikalen Durchbiegung. Die horizontale Verschiebung kann nach der Gleichung

$$w_{horizontal} = k_h \cdot w_{vertikal}$$

errechnet werden. Darin ist k_h ein konstanter Faktor, der sich aus dem Verhältnis $t:\ell$ ableiten lässt (s. Bild 9.62.). Je nach Größe der horizontalen Verschiebung sind im Auflagerbereich Vorkehrungen zu treffen, damit es nicht wegen Unbeweglichkeit der Verbindungen zu schadensverursachenden Zwängungen kommt (z. B. horizontale Verschieblichkeit durch Langlöcher).

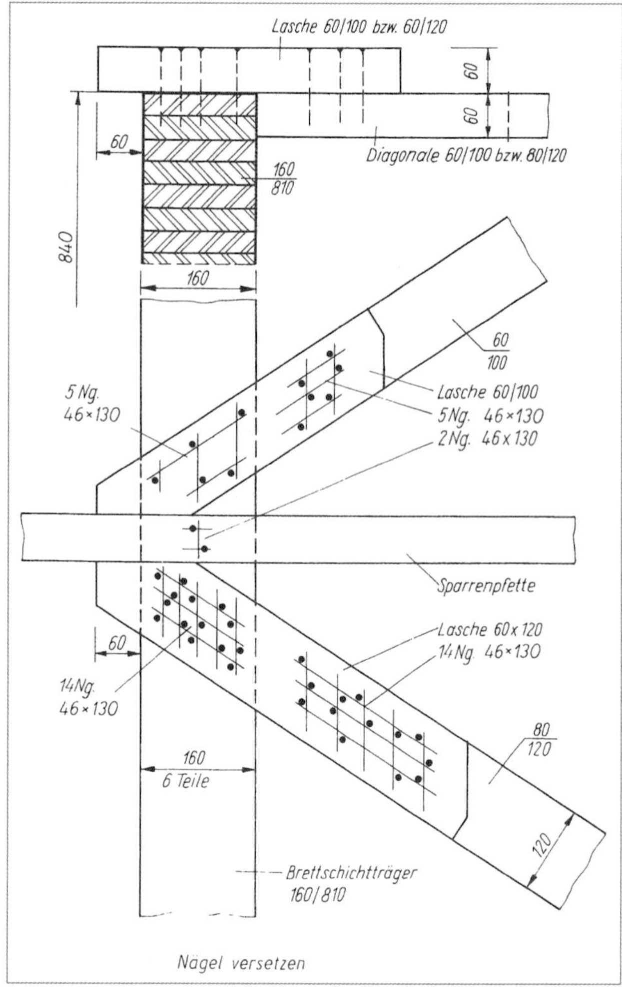

Bild 9.60. Anschluss des Aussteifungs- und Windverbandes

Satteldachträger mit angehobenem Ober- und Untergurt (s. Bild 9.60.)

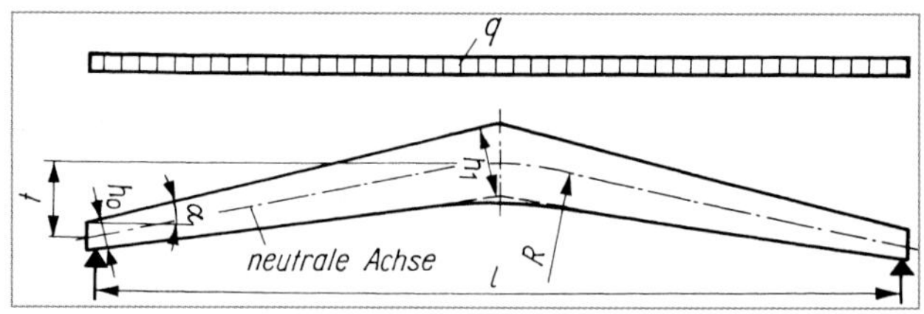

Bild 9.61. Bezeichnungen am Biegeträger mit angehobenem Ober- und Untergurt

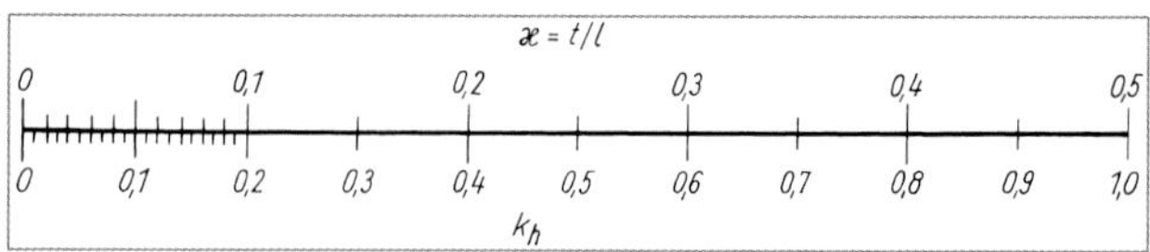

Bild 9.62. Verhältnis der horizontalen Ausbiegung zur vertikalen Durchbiegung; Nomogramm für die Berechnung eines Trägers mit angehobenem Untergurt

9.5.4. Berechnung von geraden Brettschichtträgern nach DIN EN 1995-1-1:2010, Abschnitt 6.4 mit nicht konstantem Querschnitt

Allgemeines

Satteldachträger mit geradem Untergurt

Halbiert man den Satteldachträger, so entsteht ein Pultdachträger (s. Bild 9.53.b).
Die Neigung der Abdachung hängt bei Dachtragwerken von der erforderlichen Mindestneigung der Dachdeckung ab. Als maximale Neigung gelten etwa 24°. Die größte Höhe des Querschnitts liegt bei etwa $\ell/16$. Die mittlere Höhe des Querschnitts sollte nicht unter $\ell/25$ und die kleinste Höhe nicht unter $\ell/30$ gewählt werden. Der Nachweis ausreichender Festigkeit ist an zwei Stellen zu führen: am Auflager in Form des Schubspannungsnachweises und im Bereich der maximalen Biegebeanspruchung, der bei Trägern mit veränderlicher Höhe nicht in Feldmitte (nicht bei $_{max}M$) ist [*Heimeshoff/Bauler* 1973].
Normalerweise wird beim Durchbiegungsnachweis der Einfluss der Schubdurchsenkung vernachlässigt, da in der Praxis die Schlankheit der Träger $\ell/h > 15$ ist. Bei kleinerem Schlankheitsverhältnis steigt der Einfluss wesentlich an und sollte stets berücksichtigt werden.
Kennzeichnend ist, dass solche Träger bei Momentenbeanspruchung an der Innenseite höhere Längsspannungen als gerade Träger aufweisen. Ferner treten Querspannungen auf. Diese erreichen bei Rechteck- und I-Querschnitten den größten Wert in der Spannungsnulllinie des Querschnitts. Bei einem Satteldachträger (s. Bild 9.53. und Tabelle 9.3.) ist die Querzugspannung am First am größten.

Spannungen am Rand von Trägern mit geneigten Kanten

Beim Träger mit geneigten Kanten wurde bisher ähnlich wie beim Parallelträger vorgegangen. Die Nachweise beschränkten sich auf die Berechnung von $_{max}\sigma_B$, $_{max}\tau$ und $_{max}w$. Hierbei wurde $_{max}\sigma_B$ für die ungünstigste Trägerhöhe und $_{max}\sigma_R$ für die Höhe f_0 ermittelt.

Vernachlässigt wurde beim Satteltrager, dass hier im mittleren Trägerbereich (nahe der Trägerachse x–x) Querzugspannungen auftreten. Am geneigten Rand jedoch tritt nach Untersuchungen von [*Möhler* 1976], [*Möhler/Hemmer* 1980-1] ein aus drei Komponenten zusammengesetzter Spannungszustand auf, der in Bild 9.63. dargestellt ist.

Am Querschnittsrand kommen zusammen:

$\pm\sigma_{\parallel} \pm \sigma_{\perp} \pm \tau$,

da die Lamellen in der Regel parallel der Auflagerverbindungslinie verlaufen und daher schräg angeschnitten werden. Nach [*Möhler/Hemmer* 1980-1] kann für den kombinierten Spannungszustand ein vereinfachter Nachweis mit einem Korrekturfaktor auf der Widerstandsseite geführt werden.

Zusätzlich sind nachzuweisen die infolge Umlenkkräften im Firstbereich entstandenen Biegelängsspannungen und die Querzugspannungen.

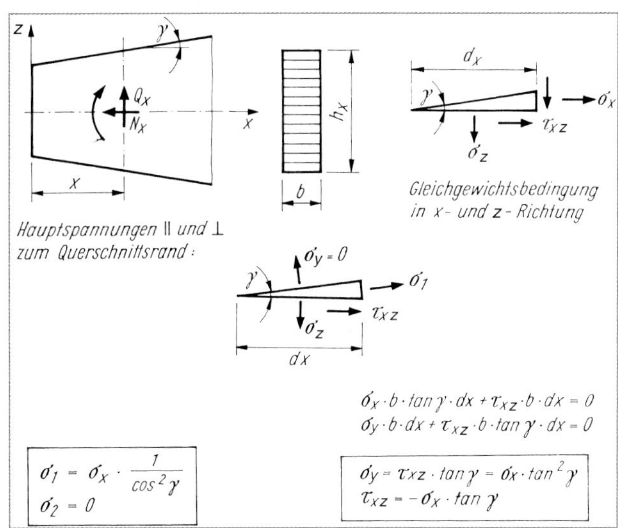

Bild 9.63. Spannungen am geneigten Rand von Brettschichtträgern (nach [*Möhler* 1976])

Der Nachweis im Grenzzustand der Gebrauchstauglichkeit der Durchbiegung erfolgt unter Berücksichtigung der Stabdurchbiegung für den Auflagerquerschnitt unter Verwendung von Korrekturwerten k_m und k_v (s. Tabelle 9.7.) nach DIN 1052:1988/1996, Teil 1, Abschnitt 8.5.4 (s. a. [*Lißner/Rug* 2016], [*Blaß/Sandhaas* 2016], [*Blaß/Ehlbeck* u. a. 2005], [*Brüninghoff* u. a. 1997], [*Heimeshoff/Beuler* 1973], [*Wienecke* 1977]).

Zum Nachweis der Stabilität (Kippen), s. [*Brüninghoff* 1989].

Gekrümmte Brettschichtträger

Bei der Berechnung von Trägern und Rahmen mit gekrümmten Querschnittsrändern (s. Bild 9.54. und Tabelle 9.3.) ist zu unterscheiden zwischen Formen mit

- konstanter Höhe im Krümmungsbereich und
- veränderlicher Höhe im Krümmungsbereich (wobei meist der eine Querschnittsrand gekrümmt, der andere geradlinig verläuft).

Unabhängig vom Drehsinn der Biegebeanspruchung entstehen am Trägerinnenrand von gekrümmten Trägern die maximalen Biegespannungen. Die Längsspannungen können nach den Regeln in DIN EN 1995-1-1:2010, Abschnitt 6.4.3 berechnet werden. Für verschiedene Trägerformen wurden Modifizierungsfaktoren berechnet.

Die durch die Umlenkung der inneren Beanspruchungen in Trägermitte entstehenden Querzugspannungen können ebenfalls nach DIN EN 1995-1-1:2010, Abschnitt 6.4.3 berechnet werden.

Brettschichtträger mit gerade geneigtem Obergurt und mit gekrümmtem Untergurt (s. Bild 9.54.d) haben den Vorteil, dass der gerade Obergurt der gewünschten Dachneigung α angepasst werden kann und durch die gegen Trägermitte zunehmende Querschnittshöhe die Widerstandsmomente entsprechend dem Momentenverlauf ansteigen.

Bei Satteldachträgern mit gekrümmtem Untergurt traten nach [*Möhler* 1976] wiederholt Schadensfälle durch Querzugrisse im Firstbereich auf. Bei dieser Trägerform hat man durch Versuche und theoretische Berechnungen festgestellt, dass u. U. wesentlich höhere Querzugspannungen als beim Träger mit konstanter Höhe auftreten [*Blumer* 1975].

In [*Möhler* u. a. 1974] wird empfohlen, die Firstaufsattelung ohne starre Verbindung mit dem Trägerteil herzustellen, sodass im Krümmungsbereich eine konstante wirksame Trägerhöhe vorliegt (Bild 9.64.b).

Grundsätzlich können die im Abschnitt 2.2.5. enthaltenen Brettschichtholzklassen verwendet werden, für deren Herstellung und Qualitätsüberwachung die Forderungen der DIN EN 14080 gelten. Die Anforderung an die Güte der Brettlagen ist damit ebenfalls festgelegt (s. DIN EN 14080, Abschnitt 5). Die wirksamen Querschnitte sind mit den Nennabmessungen (Bezugsholzfeuchte $u \leq 12\,\%$) zu berechnen.

Von den in DIN EN 14080, Tabellen 4 und 5 festgelegten Brettschichtholzklassen kann abgewichen werden, wenn bauaufsichtliche Zulassungen vorliegen, z. B. Z-9.1-577, Z-9.1-679, Z-9.1-704.

Zur Berechnung, s. a. [*Lißner/Rug* 2016], [*Hartmann* u. a. 2015], *Ehlbeck/Hättich* in [*Step 1* 1995], *Larsen* in [*Step 2* 1995]. [*Möhler* 1976], [*Blumer* 1975].

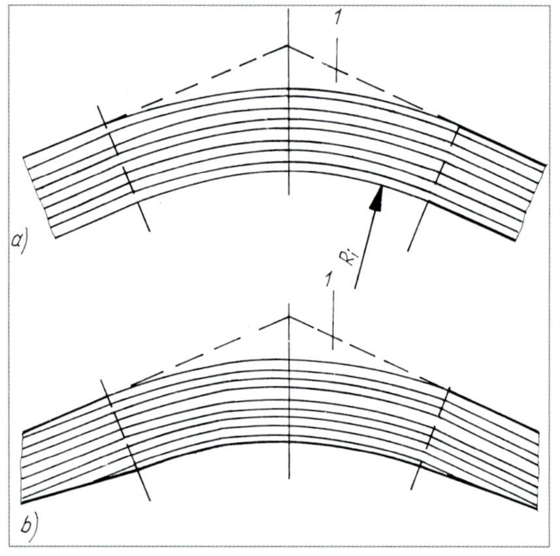

Bild 9.64. Brettschichtträger mit geneigtem Obergurt und Firstausrundung, Firstaufsattelung ohne starre Verbindung

Pultdachträger nach DIN EN 1995-1-1:2010, Abschnitt 6.4.2

Grundsätzlich ist der Einfluss des Faseranschnittwinkels auf die Biegespannung (an druckbeanspruchten Rändern mit $\alpha > 3°$ und an zugbeanspruchten Rändern) zu berücksichtigen. Bei einem Pultdachträger mit einem Faseranschnittwinkel $\alpha \leq 24°$ (s. Bild 9.65.) sind die maximalen Biegerandspannungen in der äußersten Faser zu berechnen. Die maximale Biegespannung tritt bei Gleichstreckenlast an der Stelle $x_0 = \dfrac{\ell \cdot h_S}{2 \cdot h_{ap}}$ auf.

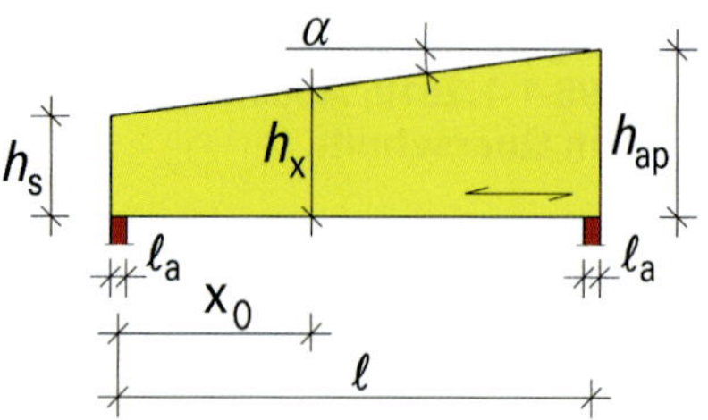

Bild 9.65. Pultdachträger (nach DIN EN 1995-1-1:2010, Bild 6.8)

a) am faserparallelen Rand:

$$\sigma_{m,0,d} = \frac{6 \cdot M_d}{b \cdot h_{x_0}^2} \qquad \text{[DIN EN 1995-1-1, Gl. (6.37)]}$$

b) am Rand mit schräger Faser:

$$\sigma_{m,\alpha,d} = \frac{6 \cdot M_d}{b \cdot h_{x_0}^2} \qquad \text{[DIN EN 1995-1-1, Gl. (6.37)]}$$

Die Nachweise lauten dann:

a) am faserparallelen Rand:

$$\sigma_{m,0,d} \leq f_{m,d} \qquad \text{[DIN EN 1995-1-1, Gl. (6.37)]}$$

b) am angeschnittenen Rand:

$$\sigma_{m,\alpha,d} \leq k_{m,\alpha} \cdot f_{m,d} \qquad \text{[DIN EN 1995-1-1, Gl. (6.38)]}$$

mit:

$\sigma_{m,\alpha,d}$ der Bemessungswert der Biegebeanspruchung unter Berücksichtigung des Trägeranschnittes;
$f_{m,d}$ Bemessungswert der Biegefestigkeit;
$k_{m,\alpha}$ Faktor Biegesteifigkeit bei angeschnittener Faser.

Faktor Biegefestigkeit angeschnittene Faser

a) im Biegezugbereich

[DIN EN 1995-1-1, Gl. (6.39)]

$$k_{m,\alpha} = \frac{1}{\sqrt{1 + \left(\dfrac{f_{m,d}}{0{,}75 f_{v,d}} \cdot \tan\alpha\right)^2 + \left(\dfrac{f_{m,d}}{f_{t,90,d}} \cdot \tan^2\alpha\right)^2}}$$

b) im Biegedruckbereich

[DIN EN 1995-1-1, Gl. (6.40)]

$$k_{m,\alpha} = \frac{1}{\sqrt{1 + \left(\dfrac{f_{m,d}}{1{,}5 f_{v,d}} \cdot \tan\alpha\right)^2 + \left(\dfrac{f_{m,d}}{f_{c,90,d}} \cdot \tan^2\alpha\right)^2}}$$

Satteldachträger mit geradem Untergurt (Bild 9.66.a), gekrümmtem Träger (Bild 9.66.b) und Satteldachträger mit gekrümmtem Untergurt (s. Bild 9.66.c) nach DIN EN 1995-1-1:2010, Abschnitt 6.4.3

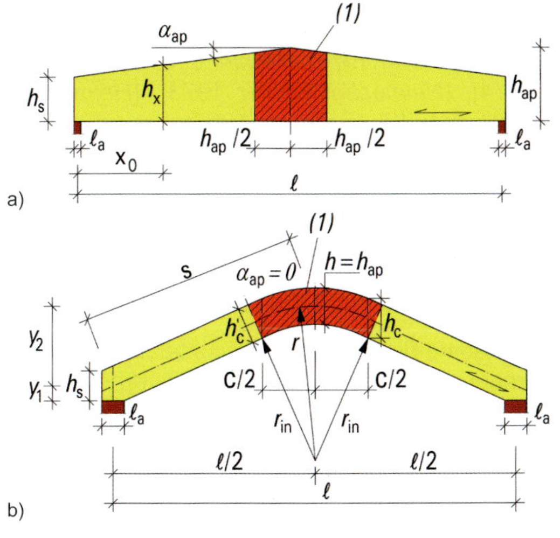

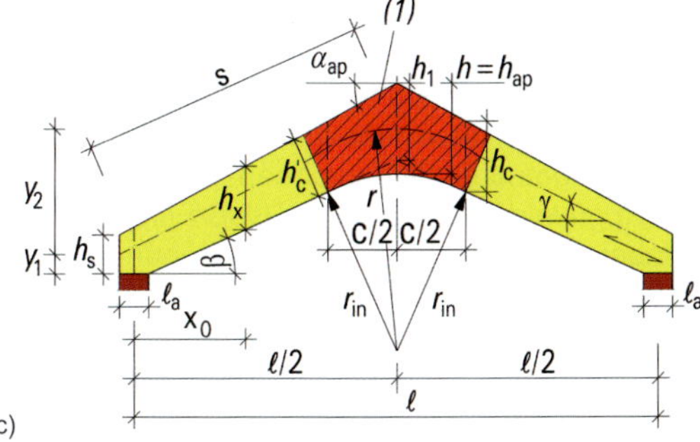

Legende
(a) gekrümmter Träger
(b) Satteldachträger mit gekrümmtem Untergurt
(c) mit Faserrichtung des Holzes in Richtung des unteren Randes des Biegestabes
(1) Firstbereich

Bild 9.66. Satteldachträger mit geradem Untergurt (nach DIN EN 1995-1-1:2010, Bild 6.9 a)

Die Beanspruchung an den Rändern ist wie beim Pultdachträger nachzuweisen. Die maximale Biegespannung tritt bei Gleichstreckenlast an der Stelle $x_0 = \frac{\ell \cdot h_S}{2 \cdot h_{ap}}$ auf.

Zusätzlich zu den Nachweisen nach Gl. (6.37) und Gl. (6.38) sind Nachweise im Firstbereich bei $x = \ell/2$ nach Gl. (6.41) (Biegelängsspannung) und Gl. (6.50) (Querzugspannung) zu führen.

a) Nachweis Biegelängsspannung

$$\sigma_{m,d} \le k_r \cdot f_{m,d}$$ [DIN EN 1995-1-1, Gl. (6.41)]

mit dem Bemessungswert der Biegelängsspannung

$$\sigma_{m,d} = k_\ell \frac{6 \cdot M_{ap,d}}{b \cdot h_{ap}^2}$$ [DIN EN 1995-1-1, Gl. (6.42)]

Dabei ist:

[DIN EN 1995-1-1, Gl. (6.43)]

$$k_\ell = k_1 + k_2\left(\frac{h_{ap}}{r}\right) + k_3\left(\frac{h_{ap}}{r}\right)^2 + k_4\left(\frac{h_{ap}}{r}\right)^3$$

mit:

[DIN EN 1995-1-1, Gl. (6.44)]

$$k_1 = 1 + 1{,}4\tan\alpha_{ap} + 5{,}4\tan^2\alpha_{ap}$$

[DIN EN 1995-1-1, Gl. (6.45)]

$$k_2 = 0{,}35 - 8\tan\alpha_{ap}$$

[DIN EN 1995-1-1, Gl. (6.46)]

$$k_3 = 0{,}6 + 8{,}3\tan\alpha_{ap} - 7{,}8\tan^2\alpha_{ap}$$

[DIN EN 1995-1-1, Gl. (6.47)]

$$k_4 = 6\tan^2\alpha_{ap}$$

[DIN EN 1995-1-1, Gl. (6.48)]

$$r = r_{in} + 0{,}5h_{ap}$$

$M_{ap,d}$ der Bemessungsmoment im Firstquerschnitt;

h_{ap} die Höhe des Biegestabes im First, s. Bild 6.9 in DIN EN 1995-1-1:2010 (s. Bild 9.66);

b die Trägerbreite;

r_{in} der Innenradius, s. Bild 6.9 in DIN EN 1995-1-1:2010 (s. Bild 9.66);

α_{ap} der Anschnittswinkel im Firstbereich, s. Bild 6.9 in DIN EN 1995-1-1:2010 (s. Bild 9.66).

Für Satteldachträger mit geradem Untergurt ist $k_r = 1$. Für gekrümmte Träger (mit konstanten Querschnitt) und für Satteldachträger mit gekrümmten Untergurt ist k_r nach Gl. (6.49) zu berechnen.

[DIN EN 1995-1-1, Gl. (6.49)]

$$k_r = \begin{cases} 1 & \text{für } \frac{r_{in}}{t} \ge 240 \\ 0{,}76 + 0{,}001\frac{r_{in}}{t} & \text{für } \frac{r_{in}}{t} < 240 \end{cases}$$

Dabei ist:

r_{in} der Innenradius, s. Bild 6.9 in DIN EN 1995-1-1:2010 (s. Bild 9.66.);

t die Lamellendicke.

b) Nachweis Querzugspannung

Im Firstbereich ist für die größte Querzugspannung ein Nachweis nach Gl. (6.50) zu führen.

$$\sigma_{t,90,d} \le k_{dis} \cdot k_{vol} \cdot f_{t,90,d}$$ [DIN EN 1995-1-1, Gl. (6.50)]

mit Gl. (6.51) für k_{vol}

[DIN EN 1995-1-1, Gl. (6.51)]

$$k_{vol} = \begin{cases} 1{,}0 & \text{für Vollholz} \\ \left(\frac{V_0}{V}\right)^{0{,}2} & \text{für Brettschichtholz und Furnierschichtholz mit allen Furnieren in Richtung der Stabachse} \end{cases}$$

[DIN EN 1995-1-1, Gl. (6.52)]

$$k_{dis} = \begin{cases} 1{,}4 & \text{für Satteldachträger mit geradem Untergurt und konzentrische gekrümmte Träger mit gekrümmtem Untergurt} \\ 1{,}7 & \text{für Satteldachträger mit gekrümmtem Untergurt} \end{cases}$$

Dabei ist:

k_{dis} ein Beiwert zur Berücksichtigung der Spannungsverteilung im Firstbereich;

k_{vol} ein Volumenfaktor;

$f_{c,90,d}$ ein Bemessungswert der Zugfestigkeit rechtwinklig zur Faserrichtung;

V_0 das Bezugsvolumen von 0,01 m³;

V das querzugbeanspruchte Volumen im Firstbereich, in m³ (s. Bild 6.9 in DIN EN 1995-1-1:2010, s. Bild 9.66.), sollte nicht größer als $2V_b/3$, mit V_b als Gesamtvolumen des Biegestabes, angenommen werden.

Nachweis Querzug und Schub

Bei kombinierter Beanspruchung erfolgt der Nachweis nach Gl. (6.53).

$$\frac{\tau_d}{f_{v,d}} + \frac{\sigma_{t,90,d}}{k_{dis} \cdot k_{vol} \cdot f_{t,90,d}} \le 1 \qquad \text{[DIN EN 1995-1-1, Gl. (6.53)]}$$

Dabei ist:

τ_d der Bemessungswert der Schubbeanspruchung;

$f_{v,d}$ der Bemessungswert der Schubfestigkeit;

$\sigma_{t,90,d}$ der Bemessungswert der Zugbeanspruchung rechtwinklig zur Faser;

k_{dis} und

k_{vol} entsprechend Abschnitt 6.4.3 (6) in DIN EN 1995-1-1:2010.

Bemessungswert der Querzugbeanspruchung wird nach Gl. (6.54) berechnet.

$$\sigma_{t,90,d} = k_p \frac{6 \cdot M_{ap,d}}{b \cdot h_{ap}^2} \qquad \text{[DIN EN 1995-1-1, Gl. (6.54)]}$$

Eine Alternative zu Gl. (6.54) gibt DIN EN 1995-1-1:2010 nach Gl. (6.55) an. Nach DIN EN 1995-1-1/NA:2013, NDP zu 6.4.3 (8) gilt für Deutschland nur Gl. (6.54).

Dabei ist:

b die Trägerbreite;

$M_{ap,d}$ der Bemessungsmoment im Firstquerschnitt.

Der Faktor k_p wird nach Gl. (6.56) berechnet

[DIN EN 1995-1-1, Gl. (6.56)]

$$k_p = k_5 + k_6\left(\frac{h_{ap}}{r}\right) + k_7\left(\frac{h_{ap}}{r}\right)^2$$

mit

$$k_5 = 0{,}2\tan\alpha_{ap} \qquad \text{[DIN EN 1995-1-1, Gl. (6.57)]}$$

[DIN EN 1995-1-1, Gl. (6.58)]

$$k_6 = 0{,}25 - 1{,}5\tan\alpha_{ap} + 2{,}6\tan^2\alpha_{ap}$$

$$k_7 = 2{,}1\,\tan\alpha_{ap} - 4\,\tan^2\alpha_{ap} \qquad \text{[DIN EN 1995-1-1, Gl. (6.59)]}$$

Weiterführende Literatur: . [*Lißner/Rug* 2016], [*Hartmann* u. a. 2015], [*Blaß/Ehlbeck* u. a. 2005], [*Larsen* 1995-2], [*Ehlbeck, Kürth* 1995]; [*Step 1* 1995]; [*Step 2* 1995]; [*Zimmer, Menzel* 1993], [*Roth, Butenschön* 1990], [*Ehlbeck, Hemmer* 1985], [*Roth* 1981], [*Möhler, Hemmer* 1980] [*Möhler* 1979], [*Möhler, Blumer* 1978] [*Blumer* 1978], [*Wienecke* 1977], [*Möhler* 1976], [*Möhler* u. a. 1974], [*Möhler/Blumer* 1974], [*Heimeshoff/Bauler* 1973], [*Heimeshoff* 1972], [*Noack/Roth* 1972], [*Schelling* 1967]

9.5.5. Verstärkungen von gekrümmten Trägern und Satteldachträgern aus Brettschichtholz nach DIN EN 1995-1-1/NA:2013, Abschnitte NCI NA.6.8.5 und NCI NA.6.8.6

Aufgrund der Geometrie entstehen bei satteldachförmigen Brettschichtträgern mit veränderlicher Trägerhöhe und gekrümmtem Untergurt im gekrümmten Bereich Biegespannungen (Längsspannungen) und zusätzlich Querzugspannungen, deren Verteilung nicht linear über die Trägerhöhe verläuft. Zusätzlich können Querzugspannungen beim Trocknen des Holzes entstehen. Diese entstehen durch die unterschiedliche Feuchteverteilung im Holzquerschnitt, die durch ein Feuchtegefälle von außen nach innen geprägt ist. Die Schwindverformungen an der Außenseite werden durch die noch feuchten inneren Schichten behindert, und es kommt zu Querzugbeanspruchungen mit Rissbildung [*Rug/Held/Linke* 2018], [*Blaß/Ehlbeck* u. a. 2005]. Die dabei entstehenden Querzugspannungen können durchaus im Bereich der Bruchfestigkeit bei Beanspruchung auf Querzug liegen (s. Bild 9.52.).
In der Vergangenheit ist es immer wieder zu Schadensfällen gekommen, weil das verwendete Holz nicht sorgfältig genug ausgewählt wurde, die Konstruktion unzulässiger Feuchtebeanspruchung während des Transports oder der Montage ausgesetzt war, die klimatischen Bedingungen während der Nutzung oder die Größe der Querzugbeanspruchung nicht genügend beachtet wurden.
Die Regelungen der DIN EN 1995-1-1/NA:2013 berücksichtigen die Erfahrungen der letzten 40 Jahre.
DIN EN 1995-1-1/NA, Abschnitt NCI zu 6.4.3 gibt folgende Regeln vor:

1. Da DIN EN 1995-1-1:2010 nur Satteldachträger, gekrümmte Träger und Satteldachträger mit gekrümmtem Untergurt ohne Querzugverstärkungen regelt, unterscheidet der Nationale Anhang zwei Arten von Verstärkungen
   a) Klimatisch bedingte Querzugverstärkungen, geregelt in NCI NA.6.8.5,
   b) Verstärkungen zur vollständigen Aufnahme der rechnerischen Querzugspannungen, geregelt in NCI NA.6.8.6.
2. Klimatisch bedingte Verstärkungen werden für gekrümmte Biegeträger und Satteldachträger mit gekrümmtem Untergurt immer nach den Regeln in NCI NA.6.8.5 empfohlen. Für Satteldachträger mit geradem Untergurt sollten klimatisch bedingte Verstärkungen nach den Regeln in NCI NA.6.8.5 ab einem Ausnutzungsgrad von $\eta \ge 0{,}8$ beim Nachweis der Querzugspannungen nach Gl. (6.50) und Gl. (6.53) immer vorgesehen werden.
3. Zu Trägern mit einer sogenannten Trockenfuge bzw. Trägern mit unterschiedlicher Neigung des Ober- und Untergurtes werden die Hinweise in den Mitteilungen des Bundesverbandes der Prüfingenieure Nr. 06-011 empfohlen.

Verstärkung für die Aufnahme zusätzlicher klimabedingter Querzugspannungen nach DIN EN 1995-1-1/NA:2013, NCI NA.6.8.5

Ist die Gl. (NA 93)

$$\frac{\sigma_{t,90,d}}{k_{dis} \cdot \left(\frac{h_0}{h_{ap}}\right)^{0,3} \cdot f_{t,90,d}} \leq 1,0$$

mit $k_{dis} = 1,3$ bzw. $k_{dis} = 1,15$ nicht erfüllt,

sind nach DIN EN 1995-1-1/NA:2013, Abschnitt NCI NA.6.8.5 für Bauteile in den Nutzungsklassen 1 und 2 konstruktive Verstärkungen zur Aufnahme zusätzlich auftretender klimatisch bedingter Querzugspannungen anzuordnen. Die Gl. (6.50) und (6.53) müssen dann nicht angewendet werden.

Verstärkung mit eingeklebten Stäben/eingeschraubten Stäben

Diese Stäbe sind nach DIN EN 1995-1-1/NA:2013, Abschnitt NCI NA.6.8.5 im querzugbeanspruchten Bereich anzuordnen und für eine Zugkraft nach Gl. (NA.94) zu bemessen:

$$F_{t,90,d} = \frac{\sigma_{t,90,d} \cdot b^2 \cdot a_1}{640 \cdot n}$$

Die Stäbe sind im querzugbeanspruchten Bereich gleichmäßig aufzuteilen.

Der Nachweis für die Klebefuge erfolgt bei eingeklebten Stahlstäben oder für die Fugenspannung von eingeschraubten Stäben mit Holzschraubengewinde nach DIN 7998 nach Gl. (NA.95)

$$\frac{\tau_{ef,d}}{f_{k,1,d}} \leq 1,0$$

Den Bemessungswert der Schubbeanspruchung in der Klebefuge erhält man mit Gl. (NA.96)

$$\tau_{ef,d} = \frac{2 \cdot F_{t,90,d}}{\pi \cdot \ell_{ad} \cdot d_r}$$

mit:

$F_{t,90,d}$ Bemessungswert der Zugbeanspruchung je eingeklebten Stahlstab;

ℓ_{ad} halbe Einkleblänge des Stahlstabes;

d_r Außendurchmesser des Stahlstabes;

$f_{k,1,d}$ Bemessungswert der Klebefugenfestigkeit für $\ell_{ad} \leq 250$ mm, ermittelt mit Gl. (2.14) aus dem charakteristischen Wert in Tabelle NA.12 der DIN EN 1995-1-1/NA:2013;

$f_{k,1,\alpha}$ Bemessungswert des Ausziehparameters der Stäbe mit Holzschraubengewinde nach DIN 7998 mit dem charakteristischen Wert von $f_{k,1,k}$= 22 $\cdot 10^{-6} \cdot \rho_k^2$.

Die Stahlstäbe sollen bis auf eine Randlamelle über die gesamte Trägerhöhe durchgehen!

Verstärkung mit aufgeklebten Holzwerkstoffplatten

Bei Verstärkungen wird von einer gleichmäßigen Verteilung der Klebefugenspannung ausgegangen. Der Nachweis erfolgt nach Gl. (187).

$$\frac{\tau_{ef,d}}{f_{k,3,d}} \leq 1,0$$

Der Bemessungswert der Klebefugenbeanspruchung ist nach Gl. (NA.98)

$$\tau_{ef,d} = \frac{2 \cdot F_{t,90,d}}{\ell_r \cdot \ell_{ad}}$$

mit:

$F_{t,90,d}$ Bemessungswert der Zugbeanspruchung in der Verstärkungsplatte;

ℓ_{ad} Höhe der aufgeklebten Verstärkung oberhalb oder unterhalb der Trägerachse;

ℓ_r Länge der Verstärkung in der Trägerachse;

$f_{k,3,d}$ Bemessungswert der Klebefugenfestigkeit, ermittelt mit Gl. (2.14) aus dem charakteristischen Wert in Tabelle NA.12 (s. Tabelle) der DIN EN 1995-1-1/NA:2013.

Zusätzlich ist das Plattenmaterial der Verstärkung mit Gl. (NA.99) nachzuweisen.

$$\frac{\sigma_{t,90,d}}{f_{t,d}} \leq 1,0$$

Die Beanspruchung in der Platte erhält man unter Anwendung der Gl. (NA.100)

$$\sigma_{t,90,d} = \frac{F_{t,90,d}}{t_r \cdot \ell_r}$$

mit:

t_r Dicke der Verstärkungsplatte;

$f_{t,d}$ Bemessungswert der Zugfestigkeit des Plattenwerkstoffes in Richtung der Zugkraft $F_{t,90,d}$.

Verstärkungen für die vollständige Aufnahme von Querzugspannungen nach DIN EN 1995-1-1/NA:2013, NCI NA 6.8.6

Sollen die Querzugkräfte vollständig durch Verstärkungen abgedeckt werden, dann kann die Bedingung nach DIN EN 1995-1-1:2010, Gl. (6.50) und Gl. (6.53) unbeachtet bleiben. In diesem Fall entfällt auch die Anordnung von zusätzlichen Verstärkungen wegen zusätzlicher, klimatisch bedingter Querzugbeanspruchungen!

Nach [*Ehlbeck/Hemmer* 1985] baut sich die in Satteldachträgern mit parallelen Gurten oder gekrümmtem Untergurt entstehende Verteilung der Querzugspannung beiderseits des Firstquerschnittes rasch ab (s. Bild 9.67.). Wie eine Auswertung durchgeführter Versuche ergab, sind in einem Abstand von 2 m von der Trägermitte nur noch geringe Querzugspannungen feststellbar. Schon bei einem Abstand von 1 m von der Trägermitte halbieren sich die Querzugbeanspruchungen. Deshalb werden Verstärkungen nach den Regeln der DIN EN 1995-1-1/NA:2013 in den inneren Vierteln anders berechnet, als in den äußeren Vierteln.

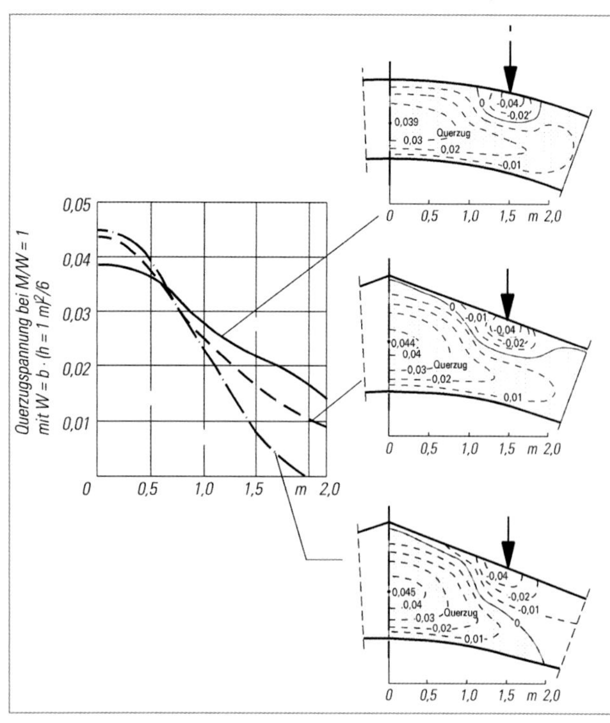

Bild 9.67. Maximale Querzugspannungen in Abhängigkeit vom Abstand von der Trägermitte, ermittelt an drei in Versuchen getesteten Trägerformen mit einer Obergurtneigung von 20° nach [*Ehlbeck/Hemmer* 1985]

Verstärkung mit eingeklebten Stäben/eingeschraubten Stäben

Bemessungswert der durch die eingeklebten Stahlstäbe aufzunehmenden Zugkraft in den inneren Vierteln des querzugbeanspruchten Bereiches nach Gl. (NA.101)

$$F_{t,90,d} = \frac{\sigma_{t,90,d} \cdot b \cdot a_1}{n}$$

Bemessungswert der durch die eingeklebten Stahlstäbe aufzunehmenden Zugkraft in den äußeren Vierteln des querzugbeanspruchten Bereiches nach Gl. (NA.102)

$$F_{t,90,d} = \frac{2}{3} \cdot \frac{\sigma_{t,90,d} \cdot b \cdot a_1}{n}$$

mit:

$\sigma_{t,90,d}$ Bemessungswert der Zugspannung rechtwinklig zur Faserrichtung nach DIN EN 1995-1-1:2010, Gl. (6.54);

b Trägerbreite;

a_1 Abstand der Verstärkung in Trägerlängsrichtung in Höhe der Trägerachse;

n Anzahl der Verstärkungselemente im Bereich innerhalb der Länge a_1.

Für den Nachweis der Fugenspannung wird nach Abschnitt NCI NA.6.8.5 in DIN EN 1995-1-1/NA:2013, Gl. (NA.95) und Gl. (NA.96) verfahren.

Die Zugtragfähigkeit der Stahlstäbe ist im maßgebenden Querschnitt nachzuweisen.

Die Stahlstäbe müssen mit Ausnahme einer Randlamelle über die gesamte Trägerhöhe durchgehen. Sie sollen an der Trägeroberkante untereinander mindestens 250 mm jedoch nicht mehr als $0{,}75 \cdot h_{ap}$ Abstand haben $(250 \leq h \leq 0{,}75 \cdot h_{ap})$.

Verstärkung mit aufgeklebten Holzwerkstoffplatten

Es gelten die Nachweise wie in DIN EN 1995-1-1/NA:2013, NCI NA.6.8.5, Gl. (NA.97) und Gl. (NA.99) mit der Gl. (NA.97) und Gl. (NA.100).

Literaturhinweise: [*Rug/Held/Linke* 2018], [*Lißner/Rug* 2016], [*Blaß* u. a. 2005], [*Schatz* 2000], [*Blaß* u. a. 2004], [*Schatz* 2000], [*Blaß* u. a. 1996], [*Brüninghoff* u. a. 1993], [*Gerold* 1992], [*Roth, Löber* 1987]

Tabelle 9.5. fasst alle notwendigen Bemessungsformeln von pultdach- und satteldachförmigen Trägern zusammen.

Tabelle 9.5. Bemessung von BSH-Trägern mit geneigten bzw. gekrümmten Rändern

		Pultdachträger Faseranschnittwinkel Bedingung: $\delta = \alpha \le 10°$	Satteldachträger mit geradem unteren Rand Faseranschnittwinkel Bedingung: $\delta = \alpha \le 10°$	Satteldachträger mit gekrümmtem Untergurt Bedingung: $\delta \le 20°$		Gekrümmter Träger mit konstanter Trägerhöhe $h = h_1 = h_c = h_{ap}; \alpha = 0; \delta = \beta$
				mit konstanter Trägerhöhe in den geraden Bereichen $\delta = \beta = \gamma; \alpha = 0$	mit veränderlicher Trägerhöhe $\alpha = \delta - \beta; \gamma = (\delta + \beta)/2$	
		(s. Bild 6.8 nach DIN EN 1995-1-1:2010)	**Legende** (1) Firstbereich (s. Bild 6.9 nach DIN EN 1995-1-1:2010)	**Legende** (1) Firstbereich (s. Bild 6.9 nach DIN EN 1995-1-1:2010)	**Legende** (1) Firstbereich (s. Bild 6.9 nach DIN EN 1995-1-1:2010)	**Legende** (1) Firstbereich (s. Bild 6.9 nach DIN EN 1995-1-1:2010)
Geometrie				$r = r_{in} + \frac{h_{ap}}{2}$ $c = 2 \cdot r_{in} \cdot \sin\delta$; $h'_c = h_c \cdot \cos\delta = h'_s = h_s \cdot \cos\delta$ $h_{ap} = \frac{c}{2} \cdot \tan\delta + \frac{h_s}{\cos\delta} - r_{in} \cdot (1 - \cos\delta)$ $y_1 = \frac{1}{2} \cdot \left(\frac{h_s}{\cos\delta} - \ell_a \cdot \tan\delta\right)$ $y_2 = \frac{1}{2} \cdot \left(\ell \cdot \tan\delta + \frac{h_s}{\cos\delta} - h_{ap}\right)$ $s = \sqrt{\frac{\ell^2}{4} + y_2^2} \approx \frac{\ell}{2} \cdot \cos\delta$	$r = r_{in} + \frac{h_{ap}}{2}$; $c = 2 \cdot r_{in} \cdot \sin\beta$ $h_{ap} = h_1 + \frac{c}{2} \cdot \tan\beta - r_{in} \cdot (1 - \cos\beta)$ $h_1 = h_s + \frac{\ell}{2} \cdot (\tan\delta - \tan\beta)$ $h_c = h_s + \frac{1}{2} \cdot (\ell - c) \cdot (\tan\delta - \tan\beta)$ $h'_c = h_c \cdot \cos\gamma$ $y_1 = \frac{1}{2} \cdot \left(\frac{h_s}{\cos\delta} - \ell_a \cdot \tan\delta\right) \approx \frac{h_s}{2}$ $y_2 = \frac{1}{2} \cdot (h_s + \ell_a \cdot \tan\delta - h_{ap})$ $s = \sqrt{\frac{\ell^2}{4} + y_2^2} \approx \frac{\ell}{2} \cdot \cos\delta$	$r = r_{in} + \frac{h}{2}$ $c = 2 \cdot r_{in} \cdot \sin\beta$ $h'_c = h_c \cdot \cos\delta = h'_s = h_s \cdot \cos\delta$ $y_1 = \frac{1}{2} \cdot \left(\frac{h_s}{\cos\delta} - \ell_a \cdot \tan\delta\right)$ $y_2 = \frac{1}{2} \cdot (\ell - c) \cdot \tan\delta + r \cdot (1 - \cos\delta)$ $s = \sqrt{\frac{\ell^2}{4} + y_2^2} \approx \frac{\ell}{2} \cdot \cos\delta$
maximale Biegespannung an der Stelle x_0		$x_0 = \frac{\ell}{1 + \frac{h_{ap}}{h_s}}$ $h_{x0} = \frac{2 \cdot h_s \cdot h_{ap}}{h_s + h_{ap}} = \frac{2 \cdot h_{ap}}{1 + \frac{h_{ap}}{h_s}}$	$x_0 = \frac{\ell \cdot h_s}{2 \cdot h_{ap}}$ $h_{x0} = h_s \cdot \left(2 - \frac{h_s}{h_{ap}}\right)$	Spannungen am Rundungsbeginn $x_0 = \frac{\ell}{2} - \frac{c}{2}$ $h_{x0} = h$	$x_0 = \frac{h_s \cdot \ell}{2 \cdot h_1}$ $h_{x0} = h_s + 2 \cdot (h_1 - h_s) \cdot \frac{x_0}{\ell}$	$x_0 = \frac{\ell}{2}$ $h_{x0} = h_{ap}$
Nachweis maximale Biegespannung an der Stelle x_0	am faser-parallelen Rand	$\sigma_{m,0,d} \le f_{m,d}$ [DIN EN 1995-1-1:2010, Gl. 6.11]		$\sigma_{m,0,d} = \frac{6 \cdot M_d}{b \cdot h^2}$ [DIN EN 1995-1-1:2010, Gl. 6.37]		Kein Nachweis
	am geneig-ten Rand	$\sigma_{m,\alpha,d} \le k_{m,\alpha} \cdot f_{m,d}$ [DIN EN 1995-1-1:2010, Gl. 6.38]		$\sigma_{m,\alpha,d} = \frac{6 \cdot M_d}{b \cdot h^2}$ [DIN EN 1995-1-1:2010, Gl. 6.37]		Kein Nachweis

Tabelle 9.5. *(Fortsetzung)*

		Pultdachträger Faseranschnittwinkel Bedingung: $\delta = \alpha \leq 10\,°$	Satteldachträger mit geradem unteren Rand Faseranschnittwinkel Bedingung: $\delta = \alpha \leq 10\,°$	Satteldachträger mit gekrümmtem Untergurt Bedingung: $\delta \leq 20\,°$		Gekrümmter Träger mit konstanter Trägerhöhe $h = h_1 = h_c = h_{ap};\ \alpha = 0;\ \delta = \beta$
				mit konstanter Trägerhöhe in den geraden Bereichen $\delta = \beta = \gamma;\ \alpha = 0$	mit veränderlicher Trägerhöhe $\alpha = \delta - \beta;\ \gamma = (\delta + \beta)/2$	
Nachweis maximale Biegespannung an der Stelle x_0	Festigkeiten	im Biegezugbereich (α = Faseranschnittwinkel)	$k_{m,\alpha} = \dfrac{1}{\sqrt{1+\left(\dfrac{f_{m,d}}{0{,}75 f_{v,d}}\cdot\tan\alpha\right)^2+\left(\dfrac{f_{m,d}}{f_{t,90,d}}\cdot\tan^2\alpha\right)^2}}$ [DIN EN 1995-1-1:2010, Gl. 6.39]			Kein Nachweis
		im Biegedruckbereich (α = Faseranschnittwinkel)	$k_{m,\alpha} = \dfrac{1}{\sqrt{1+\left(\dfrac{f_{m,d}}{1{,}5 f_{v,d}}\cdot\tan\alpha\right)^2+\left(\dfrac{f_{m,d}}{f_{c,90,d}}\cdot\tan^2\alpha\right)^2}}$ [DIN EN 1995-1-1:2010, Gl. 6.40]			Kein Nachweis
Nachweis Längs- und Querzugspannung im Firstquerschnitt	maximale Längsrandspannung			$\sigma_{m,d} \leq k_r \cdot f_{m,d}$		[DIN EN 1995-1-1:2010, Gl. 6.41]
			Für Satteldachträger mit geradem Untergurt ist	$k_r = 1{,}0$		
			Für gekrümmte Träger (konstanter Querschnitt) und Satteldachträger mit gekrümmtem Untergurt	$k_r = \begin{cases} 1 & \text{für } \dfrac{r_{in}}{t} \geq 240 \\ 0{,}76 + 0{,}001\dfrac{r_{in}}{t} & \text{für } \dfrac{r_{in}}{t} < 240 \end{cases}$		[DIN EN 1995-1-1:2010, Gl. 6.49]
				$\sigma_{m,d} = k_\ell \dfrac{6 \cdot M_{ap,d}}{b \cdot h_{ap}^2}$		[DIN EN 1995-1-1:2010, Gl. (6.42)]
				$k_\ell = k_1 + k_2\left(\dfrac{h_{ap}}{r}\right) + k_3\left(\dfrac{h_{ap}}{r}\right)^2 + k_4\left(\dfrac{h_{ap}}{r}\right)^3$		[DIN EN 1995-1-1:2010, Gl. (6.43)]
				$k_1 = 1 + 1{,}4\tan\alpha_{ap} + 5{,}4\tan^2\alpha_{ap}$		[DIN EN 1995-1-1:2010, Gl. (6.44)]
				$k_2 = 0{,}35 - 8\tan\alpha_{ap}$		[DIN EN 1995-1-1:2010, Gl. (6.45)]
				$k_3 = 0{,}6 + 8{,}3\tan\alpha_{ap} - 7{,}8\tan^2\alpha_{ap}$		[DIN EN 1995-1-1:2010, Gl. (6.46)]
				$k_4 = 6\tan^2\alpha_{ap}$		[DIN EN 1995-1-1:2010, Gl. (6.47)]
				$r = r_{in} + 0{,}5h_{ap}$		[DIN EN 1995-1-1:2010, Gl. (6.48)]
	maximale Zugspannung ^ Faser			$\sigma_{t,90,d} \leq k_{dis} \cdot k_{vol} \cdot f_{t,90,d}$		[DIN EN 1995-1-1:2010, Gl. (6.50)]

Tabelle 9.5. *(Fortsetzung)*

		Pultdachträger Faseranschnittwinkel Bedingung: $\boldsymbol{\delta = \alpha \le 10}$ °	Satteldachträger mit geradem unteren Rand Faseranschnittwinkel Bedingung: $\boldsymbol{\delta = \alpha \le 10}$ °	Satteldachträger mit gekrümmtem Untergurt Bedingung: $\boldsymbol{\delta \le 20}$ °		Gekrümmter Träger mit konstanter Trägerhöhe $\boldsymbol{h = h_1 = h_c = h_{ap}; \alpha = 0; \delta = \beta}$
				mit konstanter Trägerhöhe in den geraden Bereichen $\boldsymbol{\delta = \beta = \gamma; \alpha = 0}$	mit veränderlicher Trägerhöhe $\boldsymbol{\alpha = \delta - \beta; \gamma = (\delta + \beta)/2}$	
	ggf. Schub-spannung		$k_{vol} = \begin{cases} 1{,}0 & \text{für Vollholz} \\ \left(\frac{V_0}{V}\right)^{0{,}2} & \text{für Brettschichtholz und Furnierschichtholz mit allen Furnieren in Richtung der Stabachse} \end{cases}$	[DIN EN 1995-1-1:2010, Gl. 6.51]	$\frac{\tau_d}{f_{v,d}} + \frac{\sigma_{t,90,d}}{k_{dis} \cdot k_{vol} \cdot f_{t,90,d}} \le 1$ $k_{dis} = \begin{cases} 1{,}4 & \text{für Satteldachträger mit geradem Untergurt und konzentrisch gekrümmtem Träger mit gekrümmtem Untergurt} \\ 1{,}7 & \text{für Satteldachträger mit gekrümmtem Untergurt} \end{cases}$	[DIN EN 1995-1-1:2010, Gl. 6.53] [DIN EN 1995-1-1:2010, Gl. 6.52]
Nachweis Längs- und Querzug-spannung im Firstquerschnitt	Bemessungswert der Querzugbeanspruchung			$\sigma_{t,90,d} = k_p \frac{6 \cdot M_{ap,d}}{b \cdot h_{ap}^2}$ $\sigma_{t,90,d} = k_p \frac{6 \cdot M_{ap,d}}{b \cdot h_{ap}^2} - 0{,}6 \frac{p_d}{b}$ $k_p = k_5 + k_6 \left(\frac{h_{ap}}{r}\right) + k_7 \left(\frac{h_{ap}}{r}\right)^2$ $k_5 = 0{,}2 \tan \alpha_{ap}$ $k_6 = 0{,}25 - 1{,}5 \tan \alpha_{ap} + 2{,}6 \tan^2 \alpha_{ap}$ $k_7 = 2{,}1 \tan \alpha_{ap} - 4 \tan^2 \alpha_{ap}$		[DIN EN 1995-1-1:2010, Gl. (6.54)] [DIN EN 1995-1-1:2010, Gl. (6.55)] [DIN EN 1995-1-1:2010, Gl. (6.56)] [DIN EN 1995-1-1:2010, Gl. (6.57)] [DIN EN 1995-1-1:2010, Gl. (6.58)] [DIN EN 1995-1-1:2010, Gl. (6.59)]
Nachweis Schub-spannung	am Auflager	$\frac{\tau_{v,d}}{f_{v,d}} \le 1$ mit $\tau_{v,d} = \frac{1{,}5 \cdot V_d}{b_{ef} \cdot h_s}$; $b_{ef} = k_{cr} \cdot b$				[DIN EN 1995-1-1:2010, Gl. (6.13a)]

Tabelle 9.5. *(Fortsetzung)*

		Pultdachträger Faseranschnittwinkel Bedingung: $\delta = \alpha \leq 10°$ °	Satteldachträger mit geradem unteren Rand Faseranschnittwinkel Bedingung: $\delta = \alpha \leq 10°$	Satteldachträger mit gekrümmtem Untergurt Bedingung: $\delta \leq 20°$		Gekrümmter Träger mit konstanter Trägerhöhe $h = h_1 = h_c = h_{ap}; \alpha = 0; \delta = \beta$
				mit konstanter Trägerhöhe in den geraden Bereichen $\delta = \beta = \gamma; \alpha = 0$	mit veränderlicher Trägerhöhe $\alpha = \delta - \beta; \gamma = (\delta + \beta)/2$	
Nachweis Querzugspannung Verstärkungen für zusätzliche klimabedingte Querzugspannungen			Es dürfen in den Nutzungsklassen 1 und 2 die Bedingungen nach Gl. (6.50) und Gl. (6.53) unberücksichtigt bleiben, wenn die maximale Zugspannung quer zur Faser im Firstquerschnitt nach Gl. (NA.91) nachgewiesen wird. $$\frac{\sigma_{t,90,d}}{k_{dis}\left(\frac{h_o}{h_{ap}}\right)^{0,3} \cdot f_{t,90,d}} + \left(\frac{\tau_d}{f_{v,d}}\right)^2 \leq 1$$ [DIN EN 1995-1-1/NA:2010, Gl. (NA.91)] Dabei ist: k_{dis}: 1,3 für Satteldachträger mit geradem oder gekrümmtem Untergurt; k_{dis}: 1,15 für gekrümmte Träger; h_o: 600 mm; $\sigma_{t,90,d}$: Bemessungswert der Querzugspannungen nach DIN EN 1995-1-1:2010-12, Abschnitt 6.4.3 (8).			
Verstärkungen für die vollständige Aufnahme von Querzugspannungen		Es dürfen in den Nutzungsklassen 1 und 2 die Bedingungen nach Gl. (6.50) und Gl. (6.53) unberücksichtigt bleiben, wenn die Querzugspannungen vollständig durch Verstärkungselemente aufgenommen werden.				
Durchbiegung		$w = w_m + w_v$				
		$w_m = \frac{5}{192} \cdot \frac{E_k \cdot \ell^4}{E_{mean} \cdot I_s} \cdot k_m$ mit $k_m = \left(\frac{h_s}{h_{ap}}\right)^3 \cdot \frac{1}{0,15 + 0,85 \cdot \left(\frac{h_s}{h_{ap}}\right)}$; $w_v = 1,2 \cdot \frac{E_k \cdot \ell^2}{8 \cdot G_{mean} \cdot b \cdot h_s} \cdot k_v$ mit $k_v = \frac{2}{1 + \left(\frac{h_{ap}}{h_s}\right)^{\frac{2}{3}}}$			$w_m = \frac{M_{ap,k} \cdot \ell \cdot s}{4,8 \cdot E_{mean} \cdot I_s} \cdot k_m$ mit $k_m = \left(\frac{h_s}{h_1^{4)}}\right)^3 \cdot \frac{1}{0,15 + 0,85 \cdot \left(\frac{h_s}{h_1^{4)}}\right)}$; $w_v \approx 1,2 \cdot \frac{M_{ap,k}}{G_{mean} \cdot b \cdot h_s} \cdot k_V$ mit $k_v = \frac{2}{1 + \left(\frac{h_1^{4)}}{h_s}\right)^{\frac{2}{3}}}$ (4) bei Satteldachträgern mit gekrümmten Trägerradien und veränderlicher Trägerhöhe ist für $h_{ap} = h_1$ zu setzen!)	
horizontale Lagerverschiebung		Keine Auflagerverschiebung		$w_{Aufl.} = \frac{4(y_2 + 1,6 \cdot y_1)}{\ell} \cdot w_{max}$ mit $w_{max} = w_{fin} + w_0$		

Beispiel 9.5. (nach DIN EN 1995-1-1:2010)

Für eine geschlossene Halle ist ein Satteldachbinder mit geradem Untergurt statisch nachzuweisen. Die Spannweite beträgt 24 m bei einem Achsabstand der Stützen von 6 m. Die Dacheindeckung besteht aus gedämmten Stahl-Trapez-Profilplatten auf Einfeldpfetten, die zwischen den Bindern verlaufen.

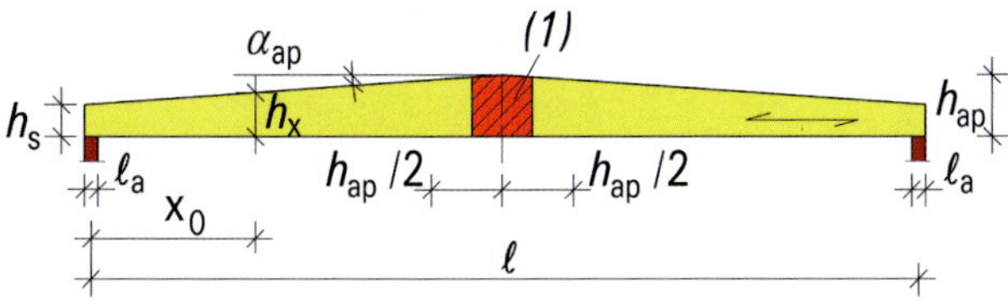

Legende

(1) Firstbereich

Bild 9.68. Satteldachträger mit geradem Untergurt

Geometrie:

Spannweite:	$\ell = 24$ m
Binderabstand:	$a = 6{,}0$ m
Höhe am Auflager:	$h_s = 900$ mm
Höhe am First:	$h_{ap} = 1740$ mm
Breite:	$b = 200$ mm
Dachneigungswinkel:	$\alpha = \delta = 4°$
Auflagerlänge:	$\ell_a = 400$ mm
Überstand:	$ü = 0{,}0$ m
seitliche Abstützung der Obergurte durch Verbände:	$a_s = 6{,}0$ m

Baustoffwerte nach Tabelle 5, DIN EN 14080 BSH GL32h:

$f_{m,g,k} = 32\ \text{N/mm}^2$, $f_{v,g,k} = 3{,}5\ \text{N/mm}^2$

$f_{t,90,g,k} = 0{,}5\ \text{N/mm}^2$, $f_{c,90,g,k} = 2{,}5\ \text{N/mm}^2$

$E_{0,g,mean} = 14200\ \text{N/mm}^2$, $G_{g,mean} = 650\ \text{N/mm}^2$

$E_{0,g,05} = 11800\ \text{N/mm}^2$

$G_{0,g,05} = 540\ \text{N/mm}^2$

Lastannahmen:

Charakteristische Werte der Einwirkungen nach DIN EN 1991:

a) Ständige Einwirkungen

Stahltrapezprofile:	$0{,}20\ \text{kN/m}^2\text{Dfl}$
Wärmedämmung:	$0{,}10\ \text{kN/m}^2\text{Dfl}$
Pfetten und Verbände:	$0{,}15\ \text{kN/m}^2\text{Dfl}$
Unterschalung:	$0{,}10\ \text{kN/m}^2\text{Dfl}$

$$\sum G_k = g = 0{,}55\ \text{kN/m}^2\text{Dfl}$$

Einwirkung bezogen auf die Grundfläche und pro Binder:

$$G_{k,1} = \frac{0{,}55 \cdot 6{,}0}{\cos\ 4°} \qquad G_{k,1} = 3{,}31\ \text{kN/m}$$

Bindereigengewicht:

$$G_{k,2} = b \cdot \frac{h_{ap} + h_s}{2} \cdot 4{,}2\ \text{kN/m}^3$$

$$G_{k,2} = 0{,}2 \cdot \frac{1{,}74 + 0{,}9}{2} \cdot 4{,}2\ \text{kN/m}^3 \qquad G_{k,2} = 1{,}11\ \text{kN/m}$$

$$\sum G_k = g = 4{,}42\ \text{kN/m}$$

b) Veränderliche Einwirkungen

Schneelast:

Schneelastzone 2 $(h < 400\ \text{mm})$, $s_k = 0{,}85\ \text{kN/m}^2\text{Gfl}$, $C_e = 1{,}0$, $C_t = 1{,}0$, $\mu_1 = 0{,}8$

$Q_k = s_k \cdot C_e \cdot C_t \cdot \mu_1 \cdot A = 0{,}85\ \text{kN/m}^2 \cdot 1{,}0 \cdot 1{,}0 \cdot 0{,}8 \cdot 6{,}0\ \text{m} = 4{,}1\ \text{kN/m}$

Weitere Einwirkungen z. B. Wind (Sog) sind nicht maßgebend.

Bemessungswert der Einwirkungen nach DIN EN 1990 Gl. (6.10):

LFK1 (G): $E_d = \gamma_G \cdot G_k = 1{,}35 \cdot 4{,}42 = 5{,}97\ \text{kN/m}$

LFK2 (G+Q):

$E_d = \gamma_G \cdot G_k + \gamma_Q \cdot Q_k = 1{,}35 \cdot 4{,}42 + 1{,}5 \cdot 4{,}1 = 12{,}1\ \text{kN/m}$

Maßgebend ist LFK2 $\Rightarrow$ KLED kurz, $\Rightarrow$ NKL1, $\Rightarrow k_{mod} = 0{,}9$

Nachweis der maximalen Biegespannung bei x_0 nach Gl. (75):

$$x_0 = \frac{h_s \cdot \ell}{h_{ap} \cdot 2} = \frac{0{,}9 \cdot 24{,}0}{1{,}74 \cdot 2} = 6{,}21\ \text{m}$$

Trägerhöhe bei x_0:

$$h_{x0} = h_s \cdot (2 - h_s/h_{ap}) = 0{,}9 \cdot (2 - 0{,}9/1{,}74) = 1{,}33\ \text{m}$$

Widerstandsmoment an der Stelle x_0:

$$W_{x0} = \frac{200 \cdot 1330^2}{6} = 5{,}896 \cdot 10^7\ \text{mm}^3$$

Bemessungswert der Momentenbeanspruchung bei x_0:

$$M_{x,0,d} = \frac{1}{2} \cdot E_d \cdot x_0 \cdot (\ell - x_0)$$

$$M_{x,0,d} = \frac{1}{2} \cdot 12{,}1 \cdot 6{,}21 \cdot (24 - 6{,}21) = 668{,}38\ \text{kNm}$$

Bemessungswert der Biegespannung am Rand parallel zur Faser nach Gl. (6.37):

$$\sigma_{m,0,d} = \left(\frac{6 \cdot M_{x,0,d}}{b \cdot h_{x,0}^2}\right)$$

$$\sigma_{m,0,d} = \frac{6 \cdot 668{,}38 \cdot 10^6}{200 \cdot 1330^2} = 11{,}34\ \text{N/mm}^2$$

Bemessungswert der Holzfestigkeit:

$$f_{m,g,d} = \frac{k_{mod} \cdot f_{m,g,k}}{\gamma_M} = \frac{0{,}9 \cdot 32}{1{,}3} = 22{,}15\ \text{N/mm}^2$$

Nachweis der Biegespannung am Rand parallel zur Faser (Zugseite) nach Gl. (6.11), $\sigma_{m,z,d} = 0$:

$$\frac{\sigma_{m,0,d}}{f_{m,g,d}} = \frac{11{,}34}{22{,}15} = 0{,}51 < 1{,}0$$ **Nachweis erfüllt!**

Bemessungswert der Biegespannung am Rand schräg zur Faser nach Gl. (6.37):

$$\sigma_{m,\alpha,d} = \frac{6 \cdot M_{x,0,d}}{b \cdot h_{x,0}^2} = \frac{6 \cdot 668{,}38 \cdot 10^6}{200 \cdot 1330^2} = 11{,}34\ \text{N/mm}^2$$

Bemessungswert der Festigkeit am Rand im Biegedruckbereich nach Gl. (6.40):

$$f_{c,90,g,d} = \frac{k_{mod} \cdot f_{c,90,g,k}}{\gamma_M} = \frac{0{,}9 \cdot 2{,}5}{1{,}3} = 1{,}73\ \text{N/mm}^2$$

$$f_{v,g,d} = \frac{k_{mod} \cdot f_{v,g,k}}{\gamma_M} = \frac{0{,}9 \cdot 3{,}5}{1{,}3} = 2{,}42\ \text{N/mm}^2$$

$$k_{m,\alpha} = \frac{1}{\sqrt{1 + \left(\frac{f_{m,g,d}}{1{,}5 \cdot f_{v,g,d}} \cdot \tan\alpha\right)^2 + \left(\frac{f_{m,g,d}}{f_{c,90,g,d}} \cdot \tan^2\alpha\right)^2}}$$

$$k_{m,\alpha} = \frac{1}{\sqrt{1+\left(\frac{22,15}{1,5\cdot 2,42}\cdot\tan 4°\right)^2+\left(\frac{22,15}{1,73}\cdot\tan^2 4°\right)^2}}$$

$$k_{m,\alpha} = 0,92$$

$$k_{m,\alpha}\cdot f_{m,g,d} = 0,92\cdot 22,15 = 20,38\ \text{N/mm}^2$$

Nachweis der Biegespannung am Rand schräg zur Faser (Druckseite) nach Gl. (6.38):

$\sigma_{m,\alpha,d} \le k_{m,\alpha}\cdot f_{m,g,d}$
$11,34 < 20,38\ \text{N/mm}^2$ **Nachweis erfüllt!**

Nachweis der Längsspannung im First bei $x = \ell/2$ nach Gl. (6.41):

Bemessungswert der Beanspruchung nach Gl. (6.42):

$$M_{ap,d} = \frac{E_d\cdot\ell^2}{8} = \frac{12,1\cdot 24^2}{8} = 871,2\ \text{kNm}$$

$$\sigma_{m,d} = k_\ell\cdot\frac{6\cdot M_{ap,d}}{b\cdot h_{ap}^2}$$

k_ℓ nach Gl. (6.43):

$$k_\ell = k_1 + k_2\left(\frac{h_{ap}}{r}\right) + k_3\left(\frac{h_{ap}}{r}\right)^2 + k_4\left(\frac{h_{ap}}{r}\right)^3$$

k_ℓ nach Gl. (6.43):

$$k_1 = 1 + 1,4\tan\alpha_{ap} + 5,4\tan^2\alpha_{ap},\quad k_2 = 0,35 - 8\tan\alpha_{ap},$$

$$k_3 = 0,6 + 8,3\tan\alpha_{ap} - 7,8\tan^2\alpha_{ap},\quad k_4 = 6\tan^2\alpha_{ap}$$

$$r = r_{in} + 0,5h_{ap}$$

Bei Satteldachträgern mit geradem Untergurt geht der Krümmungsradius r_{in} gegen ∞. Dadurch geht der Faktor (h_{ap}/r) gegen 0.

Somit ergibt sich der Beiwert k_ℓ in diesem Fall zu:

$$k_\ell = k_1 = 1 + 1,4\tan\alpha_{ap} + 5,4\tan^2\alpha_{ap}$$

$$k_\ell = 1 + 1,4\tan\alpha_{ap} + 5,4\tan^2\alpha_{ap} = 1 + 1,4\tan 4° + 5,4\tan^2 4° = 1,124$$

$$\sigma_{m,d} = 1,124\cdot\frac{6\cdot 871,2\cdot 10^6}{200\cdot 1740^2} = 1,124\cdot 8,633 = 9,70\ \text{N/mm}^2$$

$k_r = 1,0$ [DIN EN 1995-1-1:2010, Abschnitt 6.4.3 (5)]

Nachweis nach Gl. (6.41):

$\sigma_{m,d} \le k_r\cdot f_{m,g,d}$
$9,70 < 1,0\cdot 22,15\ \text{N/mm}^2$ **Nachweis erfüllt!**

Nachweis der Querzugspannung im Firstbereich bei $x = \ell/2$ nach Gl. (6.50):

Bemessungswert der Querzugspannung nach Gl. (6.54):

$$\sigma_{t,90,d} = k_p\cdot\frac{6\cdot M_{ap}}{b\cdot h_{ap}^2}$$

$$k_p = k_5 + k_6\left(\frac{h_{ap}}{r}\right) + k_7\left(\frac{h_{ap}}{r}\right)^2$$

$$k_5 = 0,2\tan\alpha_{ap},\quad k_6 = 0,25 - 1,5\tan\alpha_{ap} + 2,6\tan^2\alpha_{ap},$$

$$k_7 = 2,1\tan\alpha_{ap} - 4\tan^2\alpha_{ap},\quad r = r_{in} + 0,5h_{ap}$$

Bei Satteldachträgern mit geradem Untergurt geht der Krümmungsradius r_{in} gegen ∞. Dadurch geht der Faktor (h_{ap}/r) gegen 0.

Somit ergibt sich der Beiwert k_p in diesem Fall zu:

$$k_p = k_5 = 0,2\tan\alpha_{ap} = 0,2\tan 4° = 0,014$$

$$\sigma_{t,90,d} = 0,014\cdot\frac{6\cdot 871,2\cdot 10^6}{200\cdot 1740^2} = 0,12\ \text{N/mm}^2$$

Bemessungswert der Festigkeit im Firstbereich bei $x = \ell/2$:

$$f_{t,90,g,d} = \frac{k_{mod}\cdot f_{t,90,g,k}}{\gamma_M} = \frac{0,9\cdot 0,5}{1,3} = 0,35\ \text{N/mm}^2$$

Nachweis nach Gl. (6.53):

$$V = \frac{2}{3}\cdot V_b = \frac{2}{3}\cdot\left(\frac{0,9+1,74}{2}\right)\cdot 0,200\cdot 24 = 4,22\ \text{m}^3$$

$$k_{vol} = \left(\frac{V_0}{V}\right)^{0,2} = \left(\frac{0,01}{4,22}\right)^{0,2} = 0,30$$

mit $k_{dis} = 1,4$ und $k_{vol} = 0,3$; Schub: $(\tau_d = 0)$ ist nicht vorhanden

$$\frac{\sigma_{t,90,d}}{k_{dis}\cdot k_{vol}\cdot f_{t,90,g,d}} \le 1,0$$

$\frac{0,12}{1,4\cdot 0,3\cdot 0,35} = 0,82 < 1,0$ **Nachweis erfüllt!**

Kontrolle, ob zusätzliche Verstärkung erforderlich, nach Gl. (NA.91) mit $k_{dis} = 1,4$ und $h_0 = 600$ mm; Schub: $(\tau_d = 0)$ ist nicht vorhanden

$$\frac{\sigma_{t,90,d}}{k_{dis}\cdot\left(\frac{h_0}{h_{ap}}\right)^{0,3}\cdot f_{t,90,g,d}} \le 1,0$$

$\frac{0,12}{1,4\cdot\left(\frac{600}{1740}\right)^{0,3}\cdot 0,35} = 0,34 \le 1,0$ **Nachweis erfüllt!**

Nachweis erfüllt $\Rightarrow$ keine Verstärkung zur Aufnahme klimatisch bedingter Querzugspannungen erforderlich!

Schubspannungsnachweis:

Bemessungswert der Schubkraft:

$$V_d = \frac{E_d\cdot\ell}{2} = \frac{12,1\cdot 24}{2} = 145,2\ \text{kN}$$

Bemessungswert der Schubspannung:

$$\tau_d = 1,5\cdot\frac{V_d}{(b\cdot k_{cr})\cdot h_s} = 1,5\cdot\frac{V_d}{\left(b\cdot\left(\frac{2,5}{f_{v,g,k}}\right)\right)\cdot h_s}$$

$$\tau_d = 1,5\cdot\frac{145,2\cdot 10^3}{\left(200\cdot\left(\frac{2,5}{3,5}\right)\right)\cdot 900} = 1,70\ \text{N/mm}^2$$

Nachweis nach Gl. (6.13):

$\tau_d \le f_{v,g,d}$
$1,70 < 2,42\ \text{N/mm}^2$ **Nachweis erfüllt!**

Auflagerpressung, Druck senkrecht zur Faser:

$$A_{ef} = b\cdot(\ell_a + 30) = 200\cdot(400 + 30)$$

$$A_{ef} = 8,6\cdot 10^4\ \text{mm}^2$$

Bemessungswert der Querdruckbeanspruchung:

$$\sigma_{c,90,d} = \frac{V_d}{A_{ef}} = \frac{145,2\cdot 10^3}{8,6\cdot 10^4} = 1,69\ \text{N/mm}^2$$

Nachweis nach Gl. (6.3) mit $k_{c,90} = 1,75$:

$\sigma_{c,90,d} \le k_{c,90}\cdot f_{c,90,g,d}$
$1,69 \le 1,75\cdot 1,73 \le 3,0\ \text{N/mm}^2$ **Nachweis erfüllt!**

Stabilitätsnachweis (Kippen) an der Stelle x_0:

Der Träger ist am Auflager gegen Verdrehen gehalten (Gabellagerung). Der Druckgurt des Trägers ist im Abstand von $a = 6$ m durch einen Verband gehalten.

ℓ_{ef} ist dann $= 6$ m. Gemäß 8.4.3 (4) in DIN 1052:2008 sind für den Nachweis des Kippens zwischen den Abstützungen bei Biegestäben mit linear veränderlicher Querschnittshöhe die Querschnittswerte im Abstand von $0{,}65 \cdot \ell_{ef}$ zugrunde zu legen.

Der Nachweis ist auf der sicheren Seite, wenn der kleinere Stabquerschnitt und der Größtwert des Biegemomentes berücksichtigt wird.

$$h_{0,65 \cdot l_{ef}} = h_s + 0{,}65 \cdot \tan\alpha \cdot a = 900 + 0{,}65 \cdot \tan\ 4° \cdot 6{,}0$$

$$h_{0,65 \cdot l_{ef}} = 900 + 0{,}65 \cdot \tan\ 4° \cdot 6000 = 1173 \text{ mm}$$

Es gilt nach Gl. (6.30) und (6.31) für Rechteckquerschnitte:

$$\lambda_{rel,m} = \sqrt{\frac{f_{m,k}}{\sigma_{m,crit}}} \text{ mit } \sigma_{m,crit} = \frac{\pi\sqrt{E_{0,05} \cdot I_z \cdot G_{0,05} \cdot I_{tor}}}{\ell_{ef} \cdot W_y}$$

$$I_z = \frac{b^3 \cdot h_{0,65 \cdot lef}}{12} = \frac{200^3 \cdot 1173}{12} = 782 \cdot 10^6 \text{ mm}^4$$

$$I_{tor} = \alpha \cdot h_{0,65 \cdot lef} \cdot b^3 \text{ mit } \alpha = 0{,}299 \text{ für } h_{0,65 \cdot lef}/b \approx 5{,}9$$

$$I_{tor} = 0{,}298 \cdot 1173 \cdot 200^3 = 2796{,}4 \cdot 10^6 \text{ mm}^4$$

$$W_y = \frac{b \cdot (h_{0,65 \cdot lef})^2}{6} = \frac{200 \cdot (1173)^2}{6} = 45{,}9 \cdot 10^6 \text{ mm}^3$$

Für $f_{m,g,k} = 32 \text{ N/mm}^2$ $E_{0,g,05} = 11800 \text{ N/mm}^2$, $G_{0,g,05} = 540 \text{ N/mm}^2$ ist nach Gl. (6.30) und (6.31):

$$\sigma_{m,crit} = \frac{\pi\sqrt{11800 \cdot 782 \cdot 10^6 \cdot 540 \cdot 2796{,}4 \cdot 10^6}}{6000 \cdot 45{,}9 \cdot 10^6} = 42{,}58 \text{ N/mm}^2$$

$$\lambda_{rel,m} = \sqrt{\frac{32}{42{,}58}} = 0{,}87 \rightarrow 0{,}75 < \lambda_{rel,m} \leq 1{,}4$$

Dann ergibt sich nach Gl. (6.34) für:

$$k_{crit} = 1{,}56 - 0{,}75 \cdot \lambda_{rel,m} - 1{,}56 \quad 0{,}75 \quad 0{,}87 - 0{,}90$$

Nach DIN EN 1995-1-1/NA:2013, Abschnitt NCI zu 6.3.3 (2) darf zur Berechnung von $\lambda_{rel,m}$ das Produkt aus $E_{0,05} \cdot G_{0,05}$ um 40 % erhöht werden. Dann wird

$$\sigma_{m,crit} = \sqrt{1{,}4} \cdot 42{,}58 = 1{,}18 \cdot 42{,}58 = 50{,}38$$

$$\lambda_{rel,m} = \sqrt{\frac{32}{50{,}38}} = 0{,}80 \rightarrow 0{,}75 < \lambda_{rel,m} \leq 1{,}4$$

$$k_{rit} = 1{,}56 - 0{,}75 \cdot \lambda_{rel,m} = 1{,}56 - 0{,}75 \cdot 0{,}8 = 0{,}96 \cong 1{,}0$$

Nachweis nach Gl. (6.33) an der Stelle x_0:

$$\sigma_{m,d} \leq k_{crit} \cdot f_{m,d}$$

$$11{,}34 < 1{,}0 \cdot 22{,}15 \text{ N/mm}^2$$

Nachweis erfüllt!

Nachweis der Gebrauchstauglichkeit:

Es wird nach Abschnitt 2.2.3 (2) in DIN EN 1995-1-1:2010 mit den charakteristischen Werten gerechnet.

Geometriewerte:

$$I_{y,s} = \frac{b \cdot h_s^3}{12} = \frac{200 \cdot 900^3}{12} = 1{,}215 \cdot 10^{10} \text{ mm}^4$$

$$A_s = b \cdot h_s = 200 \cdot 900 = 1{,}8 \cdot 10^5 \text{ mm}^2$$

Beiwert zur Berücksichtigung der veränderlichen Querschnittshöhe nach Tabelle 9.5.:

$$k_m = \left(\frac{h_s}{h_{ap}}\right)^3 \cdot \frac{1}{0{,}15 + 0{,}85 \cdot \left(\frac{h_s}{h_{ap}}\right)}$$

$$k_m = \left(\frac{900}{1740}\right)^3 \cdot \frac{1}{0{,}15 + 0{,}85 \cdot \left(\frac{900}{1740}\right)} = 0{,}235$$

Berechnung der Anfangsverformung getrennt für die charakteristischen Einwirkungen G und Q nach Tabelle 9.5.:

$$G_k = 4{,}42 \text{ kN/m}; \; Q_k = 4{,}10 \text{ kN/m}$$

$$w_{G,inst} = \frac{5}{192} \cdot \frac{G_k \cdot \ell^4}{E_{0,g,mean} \cdot I_{y,s}} \cdot k_m$$

$$w_{G,inst} = \frac{5}{192} \cdot \frac{4{,}42 \cdot (24000)^4}{14200 \cdot 1{,}215 \cdot 10^{10}} \cdot 0{,}235 = 52{,}02 \text{ mm}$$

$$w_{Q,inst} = \frac{5}{192} \cdot \frac{Q_k \cdot \ell^4}{E_{0,g,mean} \cdot I_{y,s}} \cdot k_m$$

$$w_{Q,inst} = \frac{5}{192} \cdot \frac{4{,}10 \cdot (24000)^4}{14200 \cdot 1{,}215 \cdot 10^{10}} \cdot 0{,}235 = 48{,}25 \text{ mm}$$

$$w_{inst} = w_{G,inst} + w_{Q,inst} = 52{,}02 + 48{,}25 = 100{,}27 \text{ mm}$$

Berechnung der Endverformung getrennt für die charakteristischen Einwirkungen G und Q:

Für $k_{def} = 0{,}60$ nach DIN EN 1995-1-1:2010, Tabelle 3.2 und $\psi_{2,1} = 0$ nach DIN EN 1990, Tabelle A.1.1 ergibt sich nach Gl. (2.3) und (2.4):

$$w_{G,fin} = w_{G,inst} \cdot (1 + k_{def}) = 52{,}02 \cdot (1 + 0{,}60) = 83{,}23 \text{ mm}$$

$$w_{Q,fin} = w_{Q,inst} \cdot (1 + \psi_{2,1} k_{def}) = 48{,}25 \cdot (1 + 0 \cdot 0{,}60) = 48{,}25 \text{ mm}$$

Da nur eine veränderliche Einwirkung vorhanden ist, ergibt sich w_{fin} zu:

$$w_{fin} = w_{G,fin} + w_{Q,fin} = 83{,}23 + 48{,}25 = 131{,}48 \text{ mm}$$

Nachweis der Durchbiegung in der charakteristischen (seltenen) Bemessungssituation nach Tabelle 7.2 für beidseitig aufgelagerte Biegestäbe:

Für Bauteile mit Überhöhung gilt der Grenzwert $\ell/200$ (s. Tabelle 2.19.):

$$w_{inst} = 100{,}27 \leq \ell/200 = 120 \text{ mm}$$

Für Bauteile mit Überhöhung gilt der Grenzwert $\ell/150$ (s. Tabelle 2.19.):

$$w_{fin} = 131{,}48 \leq \ell/150 = 160 \text{ mm}$$

Nachweis der Durchbiegung in der quasi-ständigen Bemessungssituation nach Tabelle 7.2. für beidseitig aufgelagerte Biegestäbe:

$$w_{net,fin} = w_{fin} - w_c$$

Der Träger wird mit dem Maß $\ell/300 = 80$ mm parabelförmig überhöht

$$\Rightarrow w_c = 80 \text{ mm}$$

$$w_{net,fin} = w_{fin} - w_c = 131{,}48 - 80 = 51{,}48 \text{ mm} < \ell/250 = 96 \text{ mm}$$

Berechnung Aussteifungsverband:

Der Bemessungswert der Beanspruchung q_d wird nach Gl. (9.37) berechnet.

$$q_d = k_\ell \cdot \frac{n \cdot N_d}{k_{f,3} \cdot \ell}$$

Die mittlere Druckkraft im Druckgurt eines Biegestabes wird nach Gl. (9.36) ermittelt.

$$N_d = (1 - k_{crit}) \cdot \frac{M_d}{h}$$

k_{crit} ist der Kippbeiwert für den nicht gestützten Biegestab und sollte nach DIN EN 1995-1-1:2010, Abschnitt 6.3.3 (4) berechnet werden;

M_d ist der Bemessungswert des Größtmoments im Biegestab an der Stelle $x = l/2$ ($M_d = M_{ap}$).

Es gilt nach Gl. (6.30) und (6.31) für Rechteckquerschnitte:

$$\lambda_{rel,m} = \sqrt{\frac{f_{m,k}}{\sigma_{m,crit}}} \text{ mit } \sigma_{m,crit} = \frac{\pi\sqrt{E_{0,05} \cdot I_z \cdot G_{0,05} \cdot I_{tor}}}{\ell_{ef} \cdot W_y}$$

Für Träger mit veränderlichem Querschnitt darf der Kippnachweis wie für einen Träger mit konstantem Querschnitt geführt werden. Der Kippbeiwert wird dabei für die Querschnittswerte bei $0{,}65\ell_{ges}/2$ berechnet.

$$h_{0,65\cdot\ell ges/2} = h_s + 0{,}65 \cdot \tan\alpha \cdot \ell_{ges}/2 = 900 + 0{,}65 \cdot \tan\ 4° \cdot 12000$$

$$h_{0,65\cdot\ell ges/2} = 1445 \text{ mm}$$

$$I_z = \frac{b^3 \cdot h_{0,65\cdot\ell ges/2}}{12} = \frac{200^3 \cdot 1445}{12} = 963{,}3 \cdot 10^6 \text{ mm}^4$$

$$I_{tor} = \alpha \cdot h_{0,65\cdot\ell ges/2} \cdot b^3 \text{ mit } \alpha = 0{,}304 \text{ für } h_{0,65\cdot\ell ges/2}/b \approx 7{,}2$$

$$I_{tor} = 0{,}304 \cdot 1445 \cdot 200^3 = 3514{,}2 \cdot 10^6 \text{ mm}^4$$

$$W_y = \frac{b \cdot \left(h_{0,65\cdot\ell ges/2}\right)^2}{6} = \frac{200 \cdot (1445)^2}{6} = 69{,}6 \cdot 10^6 \text{ mm}^3$$

Für $f_{m,g,k} = 32 \text{ N/mm}^2$ $E_{0,g,05} = 11800 \text{ N/mm}^2$, $G_{0,g,05} = 540 \text{ N/mm}^2$ *ist nach Gl. (6.30) und (6.31) (Erhöhung 40 % wird nicht genutzt):*

$$\sigma_{m,crit} = \frac{\pi\sqrt{11800 \cdot 963{,}3 \cdot 10^6 \cdot 540 \cdot 3514{,}2 \cdot 10^6}}{24000 \cdot 69{,}6 \cdot 10^6} = 8{,}73 \text{ N/mm}^2$$

$$\lambda_{rel,m} = \sqrt{\frac{32}{8{,}73}} = 1{,}91 \rightarrow 1{,}4 < \lambda_{rel,m}$$

Dann ergibt sich nach Gl. (6.34) für:

$$k_{crit} = \frac{1}{\lambda_{rel,m}^2} = \frac{1}{1{,}91^2} = 0{,}27$$

Für N_d *nach Gl. (9.36) erhält man dann:*

$$N_d = (1 - k_{crit}) \cdot \frac{M_{ap}}{h_{0,65\cdot\ell ges/2}}$$

$$N_d = (1 - 0{,}27) \cdot \frac{871{,}2 \cdot 10^6}{1445}$$

$$N_d = 0{,}44 \cdot 10^6 \text{ N} = 440{,}1 \text{ kN}$$

Nach Gl. (9.38) ist dann mit $\ell = \ell_{ges}/2$:

$$k_\ell = \min\left\{1;\ \sqrt{\frac{15}{\ell}}\right\}$$

$$k_l = \min\left\{1;\ \sqrt{\frac{15}{24}}\right\} = 0{,}791$$

Der Modifikationsbeiwert $k_{f,3}$ wird in Tabelle NA.20 mit $k_{f,3} = 30$ angegeben.

Pro auszusteifenden Binder mit $n = 1$ erhält man die Beanspruchung q_d aus Gl. (9.37) mit $\ell = \ell_{ges}/2$ und $k_{f,3} = 30$:

$$q_d = k_\ell \cdot \frac{n \cdot N_d}{k_{f,3} \cdot \ell} = 0{,}791 \cdot \frac{1 \cdot 440{,}1}{30 \cdot 24} = 0{,}48 \text{ kN/m}$$

Drei Verbände halten auf eine Hallenlänge von 120 m 21 Binder. Pro Verband ist dann eine Beanspruchung von 21 Binder/3 Verbände = 7 Binder anzusetzen.

$$q_d = n \cdot q_d = 7 \cdot 0{,}48 = 3{,}38 \text{ kN/m}$$

Hierzu kommt dann noch die Windlast hinzu!

Nachweis der Gabellagerung:

Die Stützen werden als zweiteiliger Druckstab mit Gabelkopf ausgeführt.

Der Querschnitt der Stützen im Bereich der Gabellagerung beträgt b_G/d_G = (400/100) mm. Die Gabel verläuft über die gesamte Auflagerhöhe des Satteldachbinders. Damit $h_G = h_s$ = 900 mm.

Beanspruchung der Gabellagerung nach Gl. (NA.129):

$$M_{tor,d} = M_d/80$$

$$M_{tor,d} = M_{ap,d}/80 = 871{,}2/80 = 10{,}89 \text{ kNm}$$

Dieses Moment muss von der Gabel oder von einer Auskreuzung der Bindern über den Stützen aufgenommen werden.

Die Gabel hat einen Holzquerschnitt von 100/400, GL32h.

Nach Gl. (6.11) gilt:

$$\frac{\sigma_{m,y,d}}{f_{m,y,d}} \le 1$$

$$\sigma_{m,y,d} = \frac{M_{y,d}}{W_y} = \frac{6 \cdot M_{tor,d}}{b_G \cdot d_G^2} = \frac{6 \cdot 10{,}89 \cdot 10^6}{400 \cdot 100^2} = 16{,}34 \text{ N/mm}^2$$

$$\frac{16{,}34}{22{,}15} = 0{,}74 < 1$$ **Nachweis erfüllt!**

Zur Lagesicherung werden Bolzen in den äußeren Sechstelpunkten der Gabelhöhe angeordnet. Es werden Bolzen M16, FK 8.8 und Scheiben $\varnothing_A$ = 56 mm verwendet.

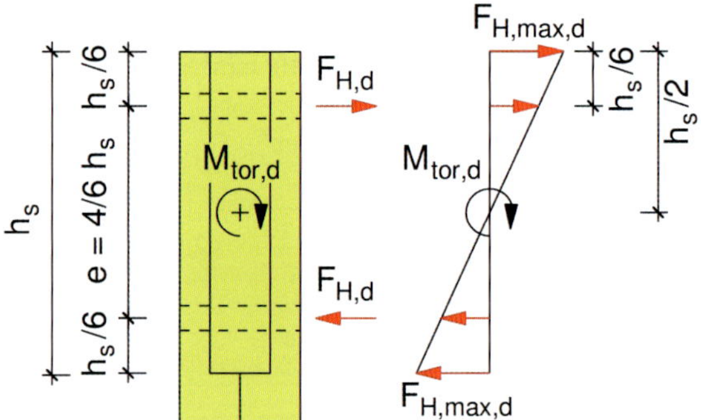

Bild 9.69. Konstruktion der Gabel

Die Bolzen müssen für die Aufnahme der vollständigen Zugbeanspruchung ausgelegt werden.

$$F_{H,d} = \frac{M_{tor,d}}{e} = \frac{M_{tor,d}}{4/6 \cdot h_s} = \frac{10{,}89}{4/6 \cdot 0{,}9} = 18{,}15 \text{ kN}$$

Die Tragfähigkeit der Passbolzen in axialer Richtung berechnet sich nach DIN EN 1995-1-1:2010, Abschnitt 8.5.2 (1) als der kleinere Wert der Zugfestigkeit des Bolzens und der Querdruckfestigkeit unter der Unterlegscheibe.

Zugtragfähigkeit des Bolzens nach [*Holschemacher* u. a. 2012, S. 36]

$$F_{Rax,d} = 63{,}3 \text{ kN}$$

Querdrucktragfähigkeit unter der Unterlegscheibe:

$$A_s = (0{,}25\pi \cdot d_A^2) - (0{,}25\pi \cdot d_l^2) = (0{,}25\pi \cdot 68^2) - (0{,}25\pi \cdot 18^2)$$

$$A_s = 3377 \text{ mm}^2$$

Nach DIN EN 1995-1-1:2010, Abschnitt 8.5.2 (2) darf die charakteristische Querdruckfestigkeit unter der Scheibe um den Faktor 3,0 erhöht werden.

$$F_{Rc90,k} = 3{,}0 f_{c,90,g,k} \cdot A_s = 3{,}0 \cdot 3{,}3 \cdot 3377$$

$$F_{Rc90,k} = 33{,}4 \text{ kN}$$

Charakteristischer Wert der Tragfähigkeit:

$$F_{Rk} = \min\{F_{Rax,k};\ F_{Rc90,k}\} = \min\{63{,}3 \text{ kN};\ 33{,}4 \text{ kN}\}$$

$$F_{Rk} = 33{,}4 \text{ kN}$$

Bemessungswert der Tragfähigkeit:

$$F_{Rd} = \frac{k_{mod} \cdot F_{Rk}}{\gamma_M} = \frac{0{,}9 \cdot 33{,}4}{1{,}3} = 23{,}12\,\text{N/mm}^2$$

Nachweis der Tragfähigkeit der Bolzenverbindung:

$$F_{Ed} \le F_{Rd}$$

$F_{Hd} = 18{,}15\,\text{kN} < F_{Rd} = 23{,}12\,\text{kN}$ **Nachweis erfüllt!**

Bei der Montage der Bolzenverbindung ist darauf zu achten, dass die Löcher mit einem Übermaß gebohrt werden, um ein etwaiges Schwinden der Bauteile nicht zu behindern.

Überschläglich wird ein Trocknen der Bauteile von $\omega = 12\ \%$ auf $\omega = 4\ \%$ angesetzt. Mit einem differenziellen Schwindmaß quer zur Faser von 0,25 % pro 1 % Feuchteänderung ergibt sich:

$$\Delta h = \frac{\alpha_\omega}{100} \cdot (\omega_0 - \omega_{Gl}) \cdot h = \frac{0{,}25}{100} \cdot (4 - 12) \cdot 900 = -18\,\text{mm}$$

Bei der Trocknung der Bauteile ergibt sich eine Reduzierung der Querschnittshöhe am Auflager von 18 mm.

Um eine Behinderung der Schwindverformung zu verhindern, wird empfohlen, die Bolzenlöcher mit einem Durchmesser von ∅ 40 mm zu bohren.

$$d = d_B + \Delta h = 16 + 18 = 34\,\text{mm}$$

Gewählt: 40 mm

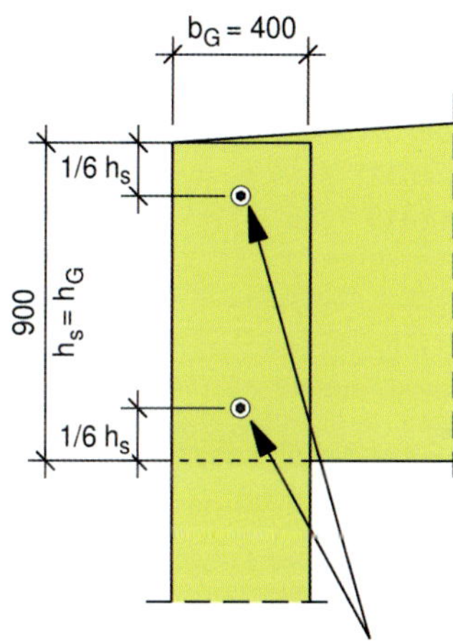

Bolzen M16 nach DIN EN 976-1, FK 8.8 mit Scheibe d = 56 mm (Bohrlochdurchmesser 40 mm)

Bild 9.70. Anordnung der Bolzen

Beispiel 9.6. (nach DIN EN 1995-1-1:2010)

Alternativ zur Binderlösung beim Beispiel 9.5. soll für die gleiche Halle ein Satteldachbinder mit gekrümmtem Untergurt und veränderlicher Trägerhöhe untersucht werden.

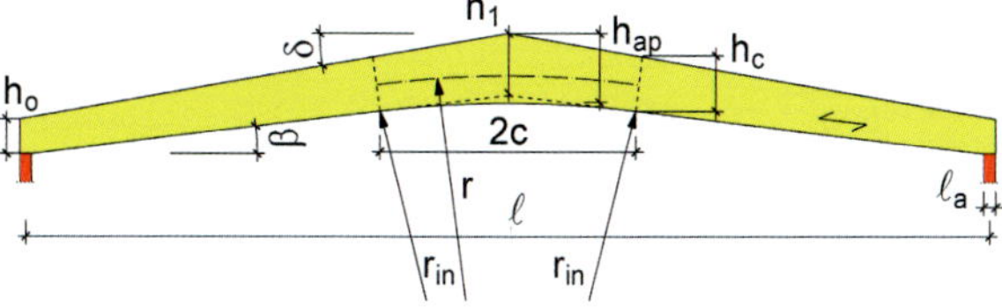

Bild 9.71. Satteldachbinder mit gekrümmtem Untergurt

Geometrie:

Spannweite:	$\ell = 24\,\text{m}$
Binderabstand:	$a = 6{,}0\,\text{m}$
Höhe am Auflager:	$h_0 = 850\,\text{mm}$
Breite:	$b = 200\,\text{mm}$
Dachneigungswinkel:	$\delta = 10°$
Untergurtneigung:	$\beta = 7°$
Faseranschnittwinkel:	$\alpha = (\delta - \beta) = 3°$
Krümmungsradius:	$r_{in} = 26\,\text{m}$
Auflagerlänge:	$\ell_a = 300\,\text{mm}$
Überstand:	$ü = 0{,}0\,\text{m}$
seitl. Abstützung:	$a_s = 6{,}0\,\text{m}$

Ermittlung der geometrischen Kennwerte (s. Tabelle 9.5.):

$$h_1 = h_s + \ell/2 \cdot (\tan\delta - \tan\beta)$$

$$h_1 = 0{,}85 + 24/2 \cdot (\tan 10° - \tan 7°) = 1{,}49\,\text{m}$$

$$h_{ap} = h_1 + c/2 \cdot \tan\beta - r_{in}(1 - \cos\beta)$$

$$c = 2 \cdot r_{in} \cdot \sin\beta$$

$$c = 2 \cdot 26 \cdot \sin 7° = 6{,}337\,\text{m}$$

$$h_{ap} = 1{,}49 + 6{,}337/2 \cdot \tan 7° - 26(1 - \cos 7°)$$

$$h_{ap} = 1{,}69\,\text{m}$$

$$h_c = h_s + 1/2 \cdot (\ell - c) \cdot (\tan\delta - \tan\beta)$$

$$h_c = 0{,}85 + 0{,}5 \cdot (24 - 6{,}337) \cdot (\tan 10° - \tan 7°)$$

$$h_c = 1{,}32\,\text{m}$$

$$h_{c'} = h_c \cdot \cos\beta = 1{,}32 \cdot \cos 7° = 1{,}31\,\text{m}$$

$$r = r_{in} + h_{ap}/2$$

$$r = 26 + 1{,}69/2 = 26{,}85\,\text{m}$$

Kontrolle, ob Stelle x_0 im geraden Bereich des Trägers für Biegespannungsnachweis:

$$x_0 < \ell_1 = (\ell/2 - c/2)$$

$$x_0 = \frac{\ell \cdot h_s}{2 \cdot h_1} = \frac{24 \cdot 0{,}85}{2 \cdot 1{,}49}$$

$$x_0 = 6{,}85 < \ell_1 = (24/2 - 6{,}337/2) = 8{,}83\,\text{m}$$

$$h_{x0} = h_s + 2 \cdot (h_1 - h_s) \cdot \frac{x_0}{\ell}$$

$$h_{x0} = 0{,}85 + 2 \cdot (1{,}49 - 0{,}85) \cdot \frac{6{,}85}{24} = 1{,}215\,\text{m}$$

$$W_{x0} = \frac{200 \cdot 1215^2}{6} = 4{,}92 \cdot 10^7\,\text{mm}^3$$

Baustoffwerte nach Tabelle 5 in DIN EN 14080:

BSH GL32h

$f_{m,g,k} = 32\,\text{N/mm}^2$, $f_{v,g,k} = 3{,}5\,\text{N/mm}^2$, $f_{t,90,g,k} = 0{,}5\,\text{N/mm}^2$,

$f_{c,90,g,k} = 2{,}5\,\text{N/mm}^2$, $f_{c,0,g,k} = 32\,\text{N/mm}^2$

$E_{0,g,mean} = 14200\,\text{N/mm}^2$, $G_{g,mean} = 650\,\text{N/mm}^2$

$E_{0,g,05} = 11800\,\text{N/mm}^2$, $G_{g,05} = 540\,\text{N/mm}^2$

Lastannahmen:

Charakteristische Werte der Einwirkungen nach DIN EN 1991:

a) Ständige Einwirkungen

Stahltrapezprofile:	$0{,}20\,\text{kN/m}^2$ Dfl
Wärmedämmung:	$0{,}10\,\text{kN/m}^2$ Dfl
Pfetten und Verbände:	$0{,}15\,\text{kN/m}^2$ Dfl
Unterschalung:	$0{,}10\,\text{kN/m}^2$ Dfl

$$\sum G_k = g = 0{,}55\,\text{kN/m}^2\ \text{Dfl.}$$

Einwirkung bezogen auf
die Grundfläche
und pro Binder:

$$G_{k,1} = \frac{\sum G_k \cdot a}{\cos\,\alpha} = \frac{0{,}55 \cdot 6{,}0}{\cos\,10^\circ} \qquad G_{k,1} = 3{,}35\,\text{kN/m}$$

Bindereigengewicht:

$$G_{k,2} = 0{,}2 \cdot \frac{1{,}69 + 0{,}85}{2} \cdot 4{,}2\,\text{kN/m}^3 \qquad G_{k,2} = 1{,}07\ \text{kN/m}$$

$$\sum G_k = g = 4{,}42\,\text{kN/m}$$

b) Veränderliche Einwirkungen
Schneelast:

Schneelastzone 2 $(h < 400\,\text{mm})$, $s_k = 0{,}85\,\text{kN/m}^2\text{Gfl}$, $C_e = 1{,}0$, $C_t = 1{,}0$, $\mu_1 = 0{,}8$

$$Q_k = s_k \cdot C_e \cdot C_t \cdot \mu_1 \cdot A = 0{,}85\,\text{kN/m}^2 \cdot 1{,}0 \cdot 1{,}0 \cdot 0{,}8 \cdot 6{,}0\,\text{m} = 4{,}1\ \text{kN/m}$$

Weitere Einwirkungen z. B. Wind (Sog) sind nicht maßgebend.

Bemessungswert der Einwirkungen nach DIN EN 1990 Gl. (6.10):

LFK1 (G): $E_d = \gamma_G \cdot G_k = 1{,}35 \cdot 4{,}42 = 5{,}97\,\text{kN/m}$

LFK2 (G+Q):

$$E_d = \gamma_G \cdot G_k + \gamma_Q \cdot Q_k = 1{,}35 \cdot 4{,}42 + 1{,}5 \cdot 4{,}1 = 12{,}12\,\text{kN/m}$$

Maßgebend ist LFK2 $\Rightarrow$ KLED kurz, $\Rightarrow$ NKL1, $\Rightarrow k_{\text{mod}} = 0{,}9$

Nachweis der maximalen Biegespannung bei x_0 nach Gl. (6.37):
Bemessungswert der Momentenbeanspruchung an der Stelle x_0:

$$M_{x,0,d} = \frac{1}{2} \cdot E_d \cdot x_0 \cdot (\ell - x_0)$$

$$M_{x,0,d} = \frac{1}{2} \cdot 12{,}12 \cdot 6{,}85 \cdot (24 - 6{,}85) = 711{,}91\ \text{kNm}$$

Bemessungswert der Biegespannung am Rand parallel zur Faser nach Gl. (6.37):

$$\sigma_{m,0,d} = \cdot \frac{6 \cdot M_{x,0d}}{b \cdot h_{x,0}^2}$$

$$\sigma_{m,0,d} = \cdot \frac{6 \cdot 711{,}91 \cdot 10^6}{200 \cdot 1215^2} = 14{,}47\,\text{N/mm}^2$$

Bemessungswert der Holzfestigkeit:

$$f_{m,g,d} = \frac{k_{\text{mod}} \cdot f_{m,g,k}}{\gamma_M} = \frac{0{,}9 \cdot 32}{1{,}3} = 22{,}15\,\text{N/mm}^2$$

Nachweis der Biegespannung am Rand parallel zur Faser (Zugseite) nach Gl. (6.11), $\sigma_{m,z,d} = 0$:

$$\frac{\sigma_{m,0,d}}{f_{m,g,d}} = \frac{14{,}47}{22{,}15} = 0{,}65 < 1{,}0$$ **Nachweis erfüllt!**

Bemessungswert der Biegespannung am Rand schräg zur Faser nach Gl. (6.37):

$$\sigma_{m,\delta,d} = \frac{6 \cdot M_{x,0,d}}{b \cdot h_{x,0}^2}$$

$$\sigma_{m,\delta,d} = \frac{6 \cdot 711{,}91 \cdot 10^6}{200 \cdot 1215^2} = 14{,}47\,\text{N/mm}^2$$

Bemessungswert der Festigkeit am Rand im Biegedruckbereich nach Gl. (6.38) und (6.40):

$$f_{c,90,g,d} = \frac{k_{\text{mod}} \cdot f_{c,90,g,k}}{\gamma_M} = \frac{0{,}9 \cdot 2{,}5}{1{,}3} = 1{,}73\,\text{N/mm}^2$$

$$f_{v,g,d} = \frac{k_{\text{mod}} \cdot f_{v,g,k}}{\gamma_M} = \frac{0{,}9 \cdot 3{,}5}{1{,}3} = 2{,}42\,\text{N/mm}^2$$

$$f_{m,\alpha,g,d} = k_{m,\alpha} \cdot f_{m,g,d}$$

$$k_{m,\alpha} = \frac{1}{\sqrt{1 + \left(\frac{f_{m,d}}{1{,}5 \cdot f_{v,d}} \cdot \tan\,\alpha\right)^2 + \left(\frac{f_{m,d}}{f_{c,90,d}} \cdot \tan^2\,\alpha\right)^2}}$$

$$k_{m,\alpha} = \frac{1}{\sqrt{1 + \left(\frac{22{,}15}{1{,}5 \cdot 2{,}42} \cdot \tan\,3^\circ\right)^2 + \left(\frac{22{,}15}{1{,}73} \cdot \tan^2\,3^\circ\right)^2}}$$

$$k_{m,\alpha} = 0{,}95$$

$$f_{m,\alpha,g,d} = 0{,}95 \cdot 22{,}15 = 21{,}04\,\text{N/mm}^2$$

Nachweis der Biegespannung am Rand schräg zur Faser (Druckseite) nach Gl. (6.38):

$$\sigma_{m,\alpha,d} \le k_{m,\alpha} \cdot f_{m,g,d}$$
$$14{,}47 < 21{,}04\,\text{N/mm}^2$$ **Nachweis erfüllt!**

Nachweis der Längsspannung im First bei $x = \ell/2$ nach Gl. (6.41):
Bemessungswert der Beanspruchung nach Gl. (6.42):

$$M_{ap} = \frac{E_d \cdot \ell^2}{8} = \frac{12{,}12 \cdot 24^2}{8} = 872{,}64\,\text{kNm}$$

$$k_\ell = k_1 + k_2\left(\frac{h_{ap}}{r}\right) + k_3\left(\frac{h_{ap}}{r}\right)^2 + k_4\left(\frac{h_{ap}}{r}\right)^3$$

$$k_1 = 1 + 1{,}4\tan\alpha_{ap} + 5{,}4\tan^2\alpha_{ap}$$

$$k_1 = 1 + 1{,}4\tan 10^\circ + 5{,}4\tan^2 10^\circ = 1{,}415$$

$$k_2 = 0{,}35 - 8\tan\alpha_{ap}$$

$$k_2 = 0{,}35 - 8\tan 10^\circ = -1{,}061$$

$$k_3 = 0{,}6 + 8{,}3\tan\alpha_{ap} - 7{,}8\tan^2\alpha_{ap}$$

$$k_3 = 0{,}6 + 8{,}3\tan 10^\circ - 7{,}8\tan^2 10^\circ = 1{,}821$$

$$k_4 = 6\tan^2\alpha_{ap}$$

$$k_4 = 6\tan^2 10^\circ = 0{,}187$$

$$r = r_{in} + 0{,}5h_{ap}$$

$$r = 26 + 0{,}5 \cdot 1{,}69 = 26{,}845\,\text{m}$$

$$k_\ell = 1{,}415 - 1{,}061\left(\frac{1{,}69}{26{,}845}\right) + 1{,}821\left(\frac{1{,}69}{26{,}845}\right)^2 + 0{,}187\left(\frac{1{,}69}{26{,}845}\right)^3$$

$$k_\ell = 1{,}36$$

Berechnung des k_r-Wertes nach Gl. (6.49) für $t = 30\,\text{mm}$:

$$\frac{r_{in}}{t} = \frac{26\,000}{30} = 866{,}67 > 240 \Rightarrow k_r = 1{,}0$$

Bemessungswert der Längsrandspannung nach Gl. (6.42):

$$\sigma_{m,d} = k_\ell \cdot \frac{6 \cdot M_{ap,d}}{b \cdot h_{ap}^2}$$

$$\sigma_{m,d} = 1{,}36 \cdot \frac{6 \cdot 872{,}64 \cdot 10^6}{200 \cdot 1690^2}$$

$$\sigma_{m,d} = 12{,}47\,\text{N/mm}^2$$

Nachweis nach Gl. (6.41):

$$\sigma_{m,d} \le k_r \cdot f_{m,g,d}$$
$$12{,}47 < 1{,}0 \cdot 22{,}15$$ **Nachweis erfüllt!**

Nachweis der Querzugspannung im Firstbereich bei $x = \ell/2$ nach Gl. (6.50):

$$k_p = k_5 + k_6\left(\frac{h_{ap}}{r}\right) + k_7\left(\frac{h_{ap}}{r}\right)^2$$

$$k_5 = 0{,}2\tan\alpha_{ap}$$

$$k_5 = 0{,}2\tan 10° = 0{,}035$$

$$k_6 = 0{,}25 - 1{,}5\tan\alpha_{ap} + 2{,}6\tan^2\alpha_{ap}$$

$$k_6 = 0{,}25 - 1{,}5\tan 10° + 2{,}6\tan^2 10° = 0{,}066$$

$$k_7 = 2{,}1\tan\alpha_{ap} - 4\tan^2\alpha_{ap}$$

$$k_7 = 2{,}1\tan 10° - 4\tan^2 10° = 0{,}246$$

$$r = r_{in} + 0{,}5h_{ap}$$

$$r = 26 + 0{,}5\cdot 1{,}69 = 26{,}845\,\text{m}$$

$$k_p = 0{,}035 + 0{,}066\left(\frac{1{,}69}{26{,}845}\right) + 0{,}246\left(\frac{1{,}69}{26{,}845}\right)^2 = 0{,}039$$

Bemessungswert der Querzugspannung nach Gl. (6.54):

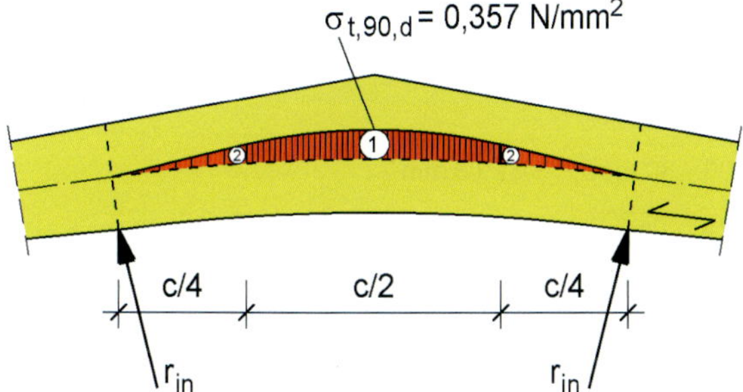

Bild 9.72. Querzugspannung im Firstbereich

$$\sigma_{t,90,d} = k_p \cdot \frac{6\cdot M_{ap,d}}{b\cdot h_{ap}^2}$$

$$\sigma_{t,90,d} = 0{,}039\cdot\frac{6\cdot 872{,}64\cdot 10^6}{200\cdot 1690^2}$$

$$\sigma_{t,90,d} = 0{,}357\,\text{N/mm}^2$$

Bemessungswert der Holzfestigkeit:

$$f_{t,90,g,d} = \frac{k_{mod}\cdot f_{t,90,g,k}}{\gamma_M} = \frac{0{,}9\cdot 0{,}5}{1{,}3} = 0{,}35\,\text{N/mm}^2$$

Nachweis der Querzugspannung im Firstbereich nach Gl. (6.53):

$$V = \frac{2}{3}\left[\left(\frac{h_1 - h_0}{2}\right) + h_0\right]\cdot\ell\cdot b$$

$$V = \frac{2}{3}\left[\left(\frac{1{,}49 - 0{,}85}{2}\right) + 0{,}85\right]\cdot 24\cdot 0{,}2 = 3{,}74\,\text{m}^3$$

$$\left(\frac{V_0}{V}\right)^{0,2} = \left(\frac{0{,}01}{3{,}74}\right)^{0,2} = 0{,}30$$

mit $k_{dis} = 1{,}7$ und $k_{vol} = 0{,}30$; Schub: $(\tau_d = 0)$ ist nicht vorhanden

$$\frac{\sigma_{t,90,d}}{k_{dis}\cdot k_{vol}\cdot f_{t,90,g,d}} + \frac{\tau_d}{f_{v,g,d}} \le 1{,}0$$

$$\frac{0{,}357}{1{,}7\cdot 0{,}30\cdot 0{,}35} = 2{,}0 > 1{,}0$$ **Nachweis nicht erfüllt!**

Kontrolle, ob zusätzliche Verstärkungen für klimatisch bedingte Querzugkräfte im Firstbereich nach Gl. (NA.91):

Für Satteldachträger mit gekrümmtem Untergurt mit Querzugverstärkungen nach DIN EN 1995-1-1/NA, NCI NA.6.8.5 (NA.2) bis (NA.6) für die Aufnahme zusätzlicher, klimatischer Querzugspannungen darf der Nachweis nach Gl. (6.53) in den Nutzungsklassen 1 und 2 unberücksichtigt bleiben, sofern der Nachweis nach Gl. (NA.91) erfüllt ist.

mit $k_{dis} = 1{,}3$ und $h_0 = 600\,\text{mm}$; Schub: $(\tau_d = 0)$ ist nicht vorhanden

$$\frac{\sigma_{t,90,d}}{k_{dis}\cdot\left(\frac{h_0}{h_{ap}}\right)^{0,3}\cdot f_{t,90,g,d}} \le 1{,}0$$

$$\frac{\sigma_{t,90,d}}{k_{dis}\cdot\left(\frac{h_0}{h_{ap}}\right)^{0,3}\cdot f_{t,90,g,d}} = \frac{0{,}357}{1{,}3\cdot\left(\frac{600}{1690}\right)^{0,3}\cdot 0{,}35} = 1{,}07 > 1{,}0$$

Nachweis nicht erfüllt ⇒ konstruktive Verstärkungen erforderlich! Die Verstärkung soll die volle Querzugbeanspruchung aufnehmen.

Nachweis der Verstärkung:

Bei voller Querzugaufnahme durch die Verstärkung müssen die Stäbe in den inneren Vierteln des querzugbeanspruchten Bereiches enger angeordnet werden, und sie sind dann für eine Zugkraft nach Gl. (NA.99) zu bemessen.

Gewählt: Gewindestangen ∅ 24 mm im Bereich $c/2$ mit einem Abstand von $a_1 = 500\,\text{mm}$, $n = 1$; 7 Stäbe.

$$F_{t,90,d} = \frac{\sigma_{t,90,d}\cdot b\cdot a_1}{n}$$

$$F_{t,90,d} = \frac{0{,}357\cdot 200\cdot 500}{1} = 35700\,\text{N} = 35{,}7\,\text{kN}$$

In den äußeren Vierteln wird die aufzunehmende Zugkraft nach Gl. (NA.100) berechnet.

Es werden vier Stäbe mit einem Abstand von $a_1 = 800\,\text{mm}$ verwendet.

$$F_{t,90,d} = \frac{2}{3}\cdot\frac{\sigma_{t,90,d}\cdot b\cdot a_1}{n}$$

$$F_{t,90,d} = \frac{2}{3}\cdot\frac{0{,}357\cdot 200\cdot 800}{1} = 38080\,\text{N} = 38{,}08\,\text{kN}$$

Der Bemessungswert der Klebefugenbeanspruchung ergibt sich aus Gl. (NA.94).

ℓ_{ad} als minimaler Wert wird berechnet aus $h_c' = 0{,}5\cdot h_c\cdot\cos\gamma$ mit $\gamma = 0{,}5\cdot(\delta+\beta) = 8{,}5°$ abzüglich einer Brettlagendicke $t = 30\,\text{mm}$ $\ell_{ad} = 0{,}5\cdot h_c\cdot\cos 8{,}5° - 30 = 622{,}8\,\text{mm}$

Gewählt: $\ell_{ad} = 620\,\text{mm}$

Bemessungswert der Klebefugenbeanspruchung in den inneren Vierteln nach Gl. (NA.94):

$$\tau_{ef,d} = \frac{2\cdot F_{t,90,d}}{\pi\cdot\ell_{ad}\cdot d_r}$$

$$\tau_{ef,d} = \frac{2\cdot 35700}{\pi\cdot 620\cdot 24} = 1{,}52\,\text{N/mm}^2$$

Bemessungswert der Klebefugenbeanspruchung in den äußeren Vierteln nach Gl. (NA.94):

$$\tau_{ef,d} = \frac{2\cdot F_{t,90,d}}{\pi\cdot\ell_{ad}\cdot d_r}$$

$$\tau_{ef,d} = \frac{2\cdot 38080}{\pi\cdot 620\cdot 24} = 1{,}63\,\text{N/mm}^2$$

Bemessungswert der Klebefugenfestigkeit mit $f_{k1,k}$ aus Tabelle NA.12 $(500 < \ell_{ad} < 1000\,\text{mm})$:

$$\Rightarrow f_{k1,k} = 3{,}5 - 0{,}0015 \cdot \ell_{ad} = 2{,}57\ \text{N/mm}^2$$

$$f_{k1,d} = \frac{k_{mod} \cdot f_{k1,k}}{\gamma_M} = \frac{0{,}9 \cdot 2{,}57}{1{,}3} = 1{,}8\ \text{N/mm}^2$$

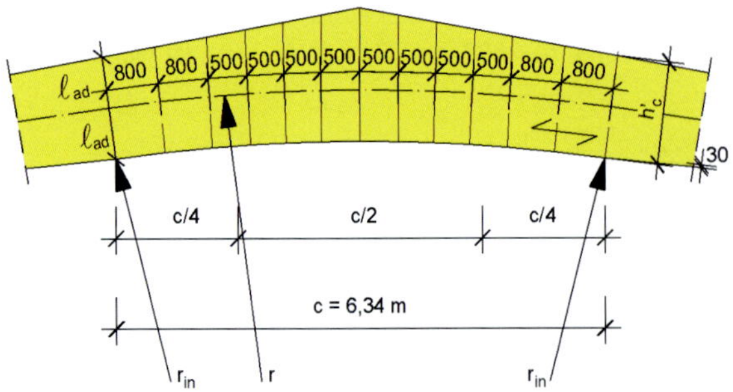

Bild 9.73. Aufteilung der inneren Verstärkung

Nachweis nach Gl. (NA.93) für $_{max}\tau_{ef,d}$:

$$\frac{\tau_{ef,d}}{f_{k1,d}} = \frac{1{,}63}{1{,}8} = 0{,}91 < 1{,}0 \quad \textbf{Nachweis erfüllt!}$$

Nach Abschnitt NCI NA.6.8.6 (NA.5) gilt für a_1 die Bedingung:

$250\,\text{mm} \le a_1 \le 0{,}75 \cdot h_{ap} = 1267{,}5\,\text{mm} \Rightarrow$ wird eingehalten!

Nachweis Schubspannungen:

Bemessungswert der Schubkraft:

$$V_d = \frac{E_d \cdot \ell}{2} = \frac{12{,}12 \cdot 24}{2} = 145{,}44\ \text{kN}$$

Bemessungswert der Schubspannung mit b_{ef} nach Gl. (6.13a) und k_{cr} nach Abschnitt NDP zu 6.1.7 (2):

$$\tau_d = 1{,}5 \cdot \frac{V_d}{(b \cdot k_{cr}) \cdot h_s} = 1{,}5 \cdot \frac{V_d}{\left(b \cdot \left(\frac{2{,}5}{f_{v,g,k}}\right)\right) \cdot h_s}$$

$$\tau_d = 1{,}5 \cdot \frac{145{,}44 \cdot 10^3}{\left(200 \cdot \left(\frac{2{,}5}{3{,}5}\right)\right) \cdot 850} = 1{,}80\ \text{N/mm}^2$$

Nachweis nach Gl. (6.13):

$$\tau_d \le f_{v,d}$$
$$1{,}8 < 2{,}63\ \text{N/mm}^2 \quad \textbf{Nachweis erfüllt!}$$

Nachweis Kippen:

Der Träger ist am Auflager gegen Verdrehen gehalten (Gabellagerung). Der Druckgurt des Trägers ist im Abstand von $a = 6{,}0\,\text{m}$ durch einen Verband gehalten.

ℓ_{ef} ist dann $= 6{,}0\,\text{m}$.

Gemäß 8.4.3 (4) in DIN 1052:2008 sind für den Nachweis des Kippens zwischen den Abstützungen bei Biegestäben mit linear veränderlicher Querschnittshöhe die Querschnittswerte im Abstand von $0{,}65 \cdot \ell_{ef}$ zugrunde zu legen. Der Nachweis ist auf der sicheren Seite, wenn der kleinere Stabquerschnitt und der Größtwert des Biegemomentes berücksichtigt werden.

$$h_{0{,}65 \cdot l_{ef}} = h_s + 0{,}65 \cdot (\tan\delta \cdot a - \tan\beta \cdot a)$$

$$h_{0{,}65 \cdot l_{ef}} = 850 + 0{,}65 \cdot (\tan 10° \cdot 6000 - \tan 7° \cdot 6000) = 1059\,\text{mm}$$

Es gilt nach Gl. (6.30) und (6.31) für Rechteckquerschnitte:

$$\lambda_{rel,m} = \sqrt{\frac{f_{m,k}}{\sigma_{m,crit}}} \text{ mit } \sigma_{m,crit} = \frac{\pi\sqrt{E_{0,05} \cdot I_z \cdot G_{0,05} \cdot I_{tor}}}{\ell_{ef} \cdot W_y}$$

$$I_z = \frac{b^3 \cdot h_{0{,}65 \cdot lef}}{12} = \frac{200^3 \cdot 1059}{12} = 706 \cdot 10^6\ \text{mm}^4$$

$$I_{tor} = \alpha \cdot h_{0{,}65 \cdot lef} \cdot b^3 \text{ mit } \alpha = 0{,}293 \text{ für } h_{0{,}65 \cdot lef}/b \approx 5{,}3$$

$$I_{tor} = 0{,}293 \cdot 1059 \cdot 200^3 = 2482{,}3 \cdot 10^6\ \text{mm}^4$$

$$W_y = \frac{b \cdot (h_{0{,}65 \cdot lef})^2}{6} = \frac{200 \cdot (1059)^2}{6} = 37{,}4 \cdot 10^6\ \text{mm}^3$$

Für $f_{m,g,k} = 32\ \text{N/mm}^2$, $E_{0,g,05} = 11800\ \text{N/mm}^2$, $G_{0,g,05} = 540\ \text{N/mm}^2$ ist nach Gl. (6.30) und (6.31) (ohne 40 % Erhöhung)

$$\sigma_{m,crit} = \frac{\pi\sqrt{11800 \cdot 706 \cdot 10^6 \cdot 540 \cdot 2482{,}3 \cdot 10^6}}{6000 \cdot 37{,}4 \cdot 10^6} = 46{,}78\ \text{N/mm}^2$$

$$\lambda_{rel,m} = \sqrt{\frac{32}{46{,}78}} = 0{,}83 \rightarrow 0{,}75 < \lambda_{rel,m} \le 1{,}4$$

Dann ergibt sich nach Gl. (6.34) für

$$k_{crit} = 1{,}56 - 0{,}75 \cdot \lambda_{rel,m} = 1{,}56 - 0{,}75 \cdot 0{,}83 = 0{,}94$$

Nachweis nach Gl. (6.33) an der Stelle x_0:

$$\sigma_{m,d} \le k_{crit} \cdot f_{m,g,d}$$
$$14{,}47 < 0{,}94 \cdot 22{,}15 = 20{,}82\ \text{N/mm}^2 \quad \textbf{Nachweis erfüllt!}$$

Auflagerpressung, Druck im Winkel zur Faser:

$$\ell_{ef} = \ell_a + 30 \cdot \cos\beta$$

$$\ell_{ef} = 300 + 30 \cdot \cos 7° = 329{,}8\ \text{mm}$$

$$A_{ef} = b \cdot \ell_{ef} = 200 \cdot 329{,}8 = 6{,}596 \cdot 10^4\ \text{mm}^2$$

Bemessungswert der Querdruckbeanspruchung:

$$\sigma_{c,\alpha,d} = \frac{V_d}{A'_{ef}} = \frac{145{,}44 \cdot 10^3}{6{,}596 \cdot 10^4} = 2{,}20\ \text{N/mm}^2$$

Bemessungswert der Querdruckfestigkeit im Winkel zur Faser nach Gl. (6.16):

$$f_{c,0,g,d} = \frac{k_{mod} \cdot f_{c,0,g,k}}{\gamma_M} = \frac{0{,}9 \cdot 29}{1{,}3} = 20{,}08\ \text{N/mm}^2$$

$$f_{c,90,g,d} = 1{,}73\ \text{N/mm}^2$$

Last-Faser-Winkel $\alpha = 90° - \beta = 90 - 7 = 83°$

$$f_{c,\alpha,g,d} = \frac{f_{c,0,g,d}}{\frac{f_{c,0,g,d}}{k_{c,90} \cdot f_{c,90,g,d}} \sin^2\alpha + \cos^2\alpha}$$

Für $k_{c,90} = 1{,}75$ nach Abschnitt 6.1.5 (4) ist nach Gl. (6.16):

$$f_{c,\alpha,g,d} = \frac{20{,}08}{\frac{20{,}08}{1{,}75 \cdot 1{,}73} \sin^2 83° + \cos^2 83°} = 3{,}07\ \text{N/mm}^2$$

Nachweis nach Gl. (6.16):

$$\sigma_{c,\alpha,d} \le f_{c,\alpha,g,d}$$
$$2{,}20 < 3{,}07\ \text{N/mm}^2 \quad \textbf{Nachweis erfüllt!}$$

Nachweis der Gebrauchstauglichkeit:

Es wird nach Abschnitt 2.2.3 (2) in DIN EN 1995-1-1:2010 mit den charakteristischen Werten gerechnet.

$$I_{y,s} = \frac{b \cdot h_s^3}{12} = \frac{200 \cdot 850^3}{12} = 1{,}024 \cdot 10^{10}\ \text{mm}^4$$

$$A_S = b \cdot h = 200 \cdot 850 = 1{,}7 \cdot 10^5\ \text{mm}^4$$

Beiwerte zur Berücksichtigung der veränderlichen Querschnittshöhe nach Tabelle 9.5.:

$$k_m = \left(\frac{h_s}{h_{ap}}\right)^3 \cdot \frac{1}{0{,}15 + 0{,}85 \cdot \left(\frac{h_s}{h_{ap}}\right)}$$

$$k_m = \left(\frac{850}{1690}\right)^3 \cdot \frac{1}{0{,}15 + 0{,}85 \cdot \left(\frac{850}{1690}\right)} = 0{,}22$$

$$k_V = \frac{2}{1 + \left(\frac{h_{ap}}{h_s}\right)^{2/3}}$$

$$k_V = \frac{2}{1 + \left(\frac{1690}{850}\right)^{2/3}} = 0{,}77$$

Charakteristische Werte des Schnittkraftmomentes getrennt für die charakteristischen Einwirkungen:

$$E_{k,G} = 4{,}42\,\text{kN/m}$$

$$E_{k,Q} = 4{,}10\,\text{kN/m}$$

$$M_{ap,G} = \frac{E_{k,G} \cdot \ell^2}{8} = \frac{4{,}42 \cdot 24^2}{8} = 318{,}24\,\text{kNm}$$

$$M_{ap,Q} = \frac{E_{k,Q} \cdot \ell^2}{8} = \frac{4{,}10 \cdot 24^2}{8} = 295{,}2\,\text{kNm}$$

Berechnung der Anfangsverformung aus dem Biegemoment, getrennt für die charakteristischen Einwirkungen G und Q nach Tabelle 9.5.:

$$w_{G,inst} = \frac{M_{ap,G} \cdot \ell^2}{9{,}6 \cdot E_{0,g,mean} \cdot I_s} \cdot k_m$$

$$w_{G,inst} = \frac{318{,}24 \cdot 10^6 \cdot 24000^2}{9{,}6 \cdot 14200 \cdot 1{,}024 \cdot 10^{10}} \cdot 0{,}22 = 28{,}89\,\text{mm}$$

$$w_{Q,inst} = \frac{M_{ap,Q} \cdot \ell^2}{9{,}6 \cdot E_{0,g,mean} \cdot I_s} \cdot k_m$$

$$w_{Q,inst} = \frac{295{,}2 \cdot 10^6 \cdot 24000^2}{9{,}6 \cdot 14200 \cdot 1{,}024 \cdot 10^{10}} \cdot 0{,}22 = 26{,}80\,\text{mm}$$

Berechnung der Anfangsverformung aus der Schubkraft, getrennt für die charakteristischen Einwirkungen G und Q nach Tabelle 9.5.:

$$w_{G,inst} = 1{,}2 \cdot \frac{M_{ap,G}}{G_{g,mean} \cdot A_s} \cdot k_v$$

$$w_{G,inst} = 1{,}2 \cdot \frac{318{,}24 \cdot 10^6}{650 \cdot 1{,}7 \cdot 10^5} \cdot 0{,}77 = 2{,}66\,\text{mm}$$

$$w_{Q,inst} = 1{,}2 \cdot \frac{M_{ap,Q}}{G_{g,mean} \cdot A_s} \cdot k_v$$

$$w_{Q,inst} = 1{,}2 \cdot \frac{295{,}2 \cdot 10^6}{650 \cdot 1{,}7 \cdot 10^5} \cdot 0{,}77 = 2{,}47\,\text{mm}$$

Berechnung der gesamten Anfangsverformung:

$$\sum w_{G,inst} = 28{,}89 + 2{,}66 = 31{,}55\,\text{mm}$$

$$\sum w_{Q,inst} = 26{,}80 + 2{,}47 = 29{,}27\,\text{mm}$$

$$w_{inst} = w_{G,inst} + w_{Q,inst} = 31{,}55 + 29{,}27 = 60{,}82\,\text{mm}$$

Berechnung der Endverformung, getrennt für die charakteristischen Einwirkungen G und Q:

Für $k_{def} = 0{,}60$ nach DIN EN 1995-1-1:2010, Tabelle 3.2 und $\psi_{2,1} = 0$ nach DIN EN 1990, Tabelle A.1.1 ergibt sich nach Gl. (2.3) und (2.4):

$$w_{G,fin} = w_{G,inst} \cdot (1 + k_{def}) = 31{,}55 \cdot (1 + 0{,}60) = 50{,}48\,\text{mm}$$

$$w_{Q,fin} = w_{Q,inst} \cdot (1 + \psi_{2,1} k_{def}) = 29{,}27 \cdot (1 + 0 \cdot 0{,}60) = 29{,}27\,\text{mm}$$

Da nur eine veränderliche Einwirkung vorhanden ist, ergibt sich w_{fin} zu:

$$w_{fin} = w_{G,fin} + w_{Q,fin} = 50{,}48 + 29{,}27 = 79{,}75\,\text{mm}$$

Nachweis der Durchbiegung in der charakteristischen (seltenen) Bemessungssituation nach DIN EN 1995-1-1, Tabelle 7.2 für beidseitig aufgelagerte Biegestäbe:

$$w_{inst} = 60{,}82 < \ell/200 = 120\,\text{mm}$$

Nachweis der Durchbiegung in der quasi-ständigen Bemessungssituation nach DIN EN 1995-1-1, Tabelle 7.2 für beidseitig aufgelagerte Biegestäbe

$$w_{fin} = 79{,}75 > \ell/250 = 160\,\text{mm}$$

Der Träger wird mit dem Maß $l/300 = 80$ mm parabelförmig überhöht

$$\Rightarrow w_c = 80\,\text{mm}$$

$$w_{net,fin} = w_{fin} - w_c = 79{,}75 - 80 = -0{,}25\,\text{mm} < \ell/250 = 96\,\text{mm}$$

Horizontale Auflagerverschiebung nach Tabelle 9.5:

$$w_{Auflager} = \frac{4 \cdot (y_2 + 1{,}6 \cdot y_1)}{\ell} \cdot w_{max}$$

mit $w_{max} = w_{fin} + w_c = 79{,}75 + 80 = 159{,}75\,\text{mm}$

$$y_1 \approx \frac{h_s}{2} = \frac{850}{2} = 425\,\text{mm}$$

$$y_2 = \frac{1}{2} \cdot (h_s + \ell \cdot \tan\delta - h_{ap})$$

$$y_2 = \frac{1}{2} \cdot (850 + 24000 \cdot \tan 10° - 1690) = 1695{,}9\,\text{mm}$$

$$w_{Auflager} = \frac{4 \cdot (1695{,}9 + 1{,}6 \cdot 425)}{24000} \cdot 159{,}75 = 63{,}26\,\text{mm}$$

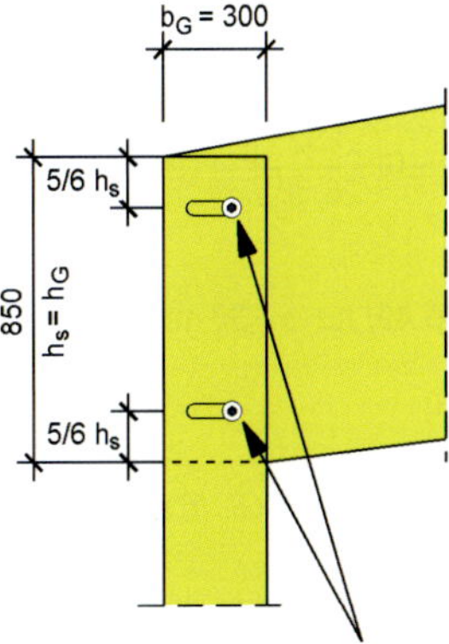

Bild 9.74. Anordnung der Bolzen

Veränderung der Konstruktion: Der Firstkeil wird lose aufgelegt.

Zu beachten ist, dass die Weiterleitung von Verbandskräften über Pfetten bei nur lose aufgelegtem Firstkeil Probleme bereitet und konstruktiv gelöst werden muss. Aus dem Träger entsteht dann ein gekrümmter Träger mit parallelen Außenkanten und konstanter Trägerhöhe.

Die Nachweise nach Gl. (6.38) und (6.40) entfallen dann.

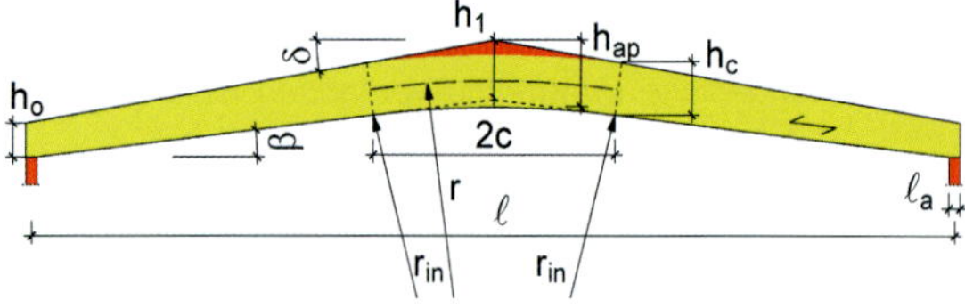

Bild 9.75. Träger mit Firstkeil

Geometriewerte:

$\delta = \beta = 10°$

$c = 2 \cdot r_{in} \cdot \sin\delta = 2 \cdot 26 \cdot \sin 10° = 9{,}03\ \text{m}$

$h_s = h_{ap} = h_c = 1320\ \text{mm}$

$r = r_{in} + h_{ap}/2$

$r = 26 + 1{,}32/2 = 26{,}66\ \text{m}$

Nachweis der Längsspannungen nach Gl. (6.41):

Bemessungswert der Längsrandspannung nach Gl. (6.42):

$$k_\ell = k_1 + k_2\left(\frac{h_{ap}}{r}\right) + k_3\left(\frac{h_{ap}}{r}\right)^2 + k_4\left(\frac{h_{ap}}{r}\right)^3$$

Für $\alpha_{ap} = 0°$ ergibt sich dann

$k_1 = 1 + 1{,}4\tan\alpha_{ap} + 5{,}4\tan^2\alpha_{ap}$

$k_1 = 1 + 1{,}4\tan 0° + 5{,}4\tan^2 0° = 1{,}0$

$k_2 = 0{,}35 - 8\tan\alpha_{ap}$

$k_2 = 0{,}35 - 8\tan 0° = 0{,}35$

$k_3 = 0{,}6 + 8{,}3\tan\alpha_{ap} - 7{,}8\tan^2\alpha_{ap}$

$k_3 = 0{,}6 + 8{,}3\tan 0° - 7{,}8\tan^2 0° = 0{,}6$

$k_4 = 6\tan^2\alpha_{ap}$

$k_4 = 6\tan^2 0° = 0$

$$k_\ell = 1{,}0 + 0{,}35\left(\frac{1{,}32}{26{,}66}\right) + 0{,}6\left(\frac{1{,}32}{26{,}66}\right)^2 + 0\left(\frac{1{,}32}{26{,}66}\right)^3$$

$k_\ell = 1{,}02$

Berechnung des k_r-Wertes nach Gl. (6.49) für $t = 30$ mm:

$$\frac{r_{in}}{t} = \frac{26\,000}{30} = 866{,}67 > 240 \Rightarrow k_r = 1{,}0\,.$$

Bemessungswert der Längsrandspannung nach Gl. (6.42):

$$\sigma_{m,d} = k_\ell \cdot \frac{6 \cdot M_{ap,d}}{b \cdot h_{ap}^2}$$

$$\sigma_{m,d} = 1{,}02 \cdot \frac{6 \cdot 872{,}64 \cdot 10^6}{200 \cdot 1320^2}$$

$\sigma_{m,d} = 15{,}33\ \text{N/mm}^2$

Nachweis nach Gl. (6.41):

$\sigma_{m,d} \le k_r \cdot f_{m,g,d}$
$15{,}33 < 1{,}0 \cdot 22{,}15$ **Nachweis erfüllt!**

Nachweis der Querzugspannung im Firstbereich bei $x = l/2$ nach Gl. (6.50):

$$k_p = k_5 + k_6\left(\frac{h_{ap}}{r}\right) + k_7\left(\frac{h_{ap}}{r}\right)^2$$

$k_5 = 0{,}2\tan\alpha_{ap}$

$k_5 = 0{,}2\tan 0° = 0$

$k_6 = 0{,}25 - 1{,}5\tan\alpha_{ap} + 2{,}6\tan^2\alpha_{ap}$

$k_6 = 0{,}25 - 1{,}5\tan 0° + 2{,}6\tan^2 0° = 0{,}25$

$k_7 = 2{,}1\tan\alpha_{ap} - 4\tan^2\alpha_{ap}$

$k_7 = 2{,}1\tan 0° - 4\tan^2 0° = 0$

$$k_p = 0 + 0{,}25\left(\frac{1{,}32}{26{,}66}\right) + 0\left(\frac{1{,}32}{26{,}66}\right)^2 = 0{,}012$$

Bemessungswert der Querzugspannung nach Gl. (6.54):

$$\sigma_{t,90,d} = k_p \cdot \frac{6 \cdot M_{ap,d}}{b \cdot h_{ap}^2}$$

$$\sigma_{t,90,d} = 0{,}012 \cdot \frac{6 \cdot 872{,}64 \cdot 10^6}{200 \cdot 1320^2}$$

$\sigma_{t,90,d} = 0{,}18\ \text{N/mm}^2$

Nachweis der Querzugspannung im Firstbereich nach Gl. (6.53):

$$V = \frac{2}{3} h_{ap} \cdot \ell \cdot b$$

$$V = \frac{2}{3} 1{,}32 \cdot 24 \cdot 0{,}2 = 4{,}22\ \text{m}^3$$

$$k_{vol}\left(\frac{V_0}{V}\right)^{0,2} = \left(\frac{0{,}01}{4{,}22}\right)^{0,2} = 0{,}30$$

Mit $k_{dis} = 1{,}4$ und $k_{vol} = 0{,}30$; Schub: $(\tau_d = 0)$ ist nicht vorhanden

$$\frac{\sigma_{t,90,d}}{k_{dis} \cdot k_{vol} \cdot f_{t,90,g,d}} + \frac{\tau_d}{f_{v,g,d}} \le 1{,}0$$

$$\frac{0{,}18}{1{,}4 \cdot 0{,}30 \cdot 0{,}35} = 1{,}22 > 1{,}0$$

Nachweis nicht erfüllt ⇒ konstruktive Verstärkungen erforderlich! Die Verstärkung soll die volle Querzugbeanspruchung aufnehmen.

Kontrolle, ob zusätzliche Verstärkungen für klimatisch bedingte Querzugkräfte im Firstbereich nach Gl. (NA.91):

Für gekrümmte Träger mit Querzugverstärkungen nach DIN EN 1995-1-1/NA:2013, NCI NA.6.8.5 (NA.2) bis (NA.6) für die Aufnahme zusätzlicher, klimatischer Querzugspannungen darf der Nachweis nach Gl. (6.53) in den Nutzungsklassen 1 und 2 unberücksichtigt bleiben, sofern der Nachweis nach Gl. (NA.91) erfüllt ist.

Mit $k_{dis} = 1{,}15$ und $h_0 = 600\ \text{mm}$; Schub: $(\tau_d = 0)$ ist nicht vorhanden

$$\frac{\sigma_{t,90,d}}{k_{dis} \cdot \left(\frac{h_0}{h_{ap}}\right)^{0,3} \cdot f_{t,90,g,d}} \le 1{,}0$$

$$\frac{\sigma_{t,90,d}}{k_{dis} \cdot \left(\frac{h_0}{h_{ap}}\right)^{0,3} \cdot f_{t,90,g,d}} = \frac{0{,}18}{1{,}15 \cdot \left(\frac{600}{1320}\right)^{0,3} \cdot 0{,}35} = 0{,}57 < 1{,}0$$

Nachweis der Verstärkung:

Bei voller Querzugaufnahme durch die Verstärkung müssen die Stäbe in den inneren Vierteln des querzugbeanspruchten Bereiches enger angeordnet werden, und sie sind dann für eine Zugkraft nach Gl. (NA.99) zu bemessen.

Gewählt: Betonstähle ∅ 14 mm im Bereich $c/2$ mit einem Abstand von $a_1 = 500\,\text{mm}$, $n = 1$; 7 Stäbe.

$$F_{t,90,d} = \frac{\sigma_{t,90,d} \cdot b \cdot a_1}{n}$$

$$F_{t,90,d} = \frac{0{,}18 \cdot 200 \cdot 500}{1} = 18000\,\text{N} = 18\,\text{kN}$$

In den äußeren Vierteln wird die aufzunehmende Zugkraft nach Gl. (NA.100) berechnet.

Es werden vier Stäbe mit einem Abstand von $a_1 = 800\,\text{mm}$ verwendet.

$$F_{t,90,d} = \frac{2}{3} \cdot \frac{\sigma_{t,90,d} \cdot b \cdot a_1}{n}$$

$$F_{t,90,d} = \frac{2}{3} \cdot \frac{0{,}18 \cdot 200 \cdot 800}{1} = 19200\,\text{N} = 19{,}2\,\text{kN}$$

Der Bemessungswert der Klebefugenbeanspruchung ergibt sich aus Gl. (NA.94).

ℓ_{ad} als minimaler Wert wird berechnet aus $h_c' = 0{,}5 \cdot h_c \cdot \cos\gamma$ mit $\gamma = 0{,}5 \cdot (\delta + \beta) = 10°$ abzüglich einer Brettlagendicke $t = 30\,\text{mm}$ $\ell_{ad} = 0{,}5 \cdot h_c \cdot \cos 10° - 30 = 620\,\text{mm}$

Bemessungswert der Klebefugenbeanspruchung in den inneren Vierteln nach Gl. (NA.94):

$$\tau_{ef,d} = \frac{2 \cdot F_{t,90,d}}{\pi \cdot \ell_{ad} \cdot d_r}$$

$$\tau_{ef,d} = \frac{2 \cdot 18000}{\pi \cdot 620 \cdot 14} = 1{,}32\,\text{N/mm}^2$$

Bemessungswert der Klebefugenbeanspruchung in den äußeren Vierteln nach Gl. (NA.94):

$$\tau_{ef,d} = \frac{2 \cdot F_{t,90,d}}{\pi \cdot \ell_{ad} \cdot d_r}$$

$$\tau_{ef,d} = \frac{2 \cdot 19200}{\pi \cdot 620 \cdot 14} = 1{,}41\,\text{N/mm}^2$$

Bemessungswert der Klebefugenfestigkeit mit $f_{k1,k}$ aus Tabelle NA.12 $(500 < \ell_{ad} < 1000\,\text{mm})$:

$\Rightarrow f_{k1,k} = 3{,}5 - 0{,}0015 \cdot \ell_{ad} = 2{,}57\,\text{N/mm}^2$

$$f_{k1,d} = \frac{k_{mod} \cdot f_{k1,k}}{\gamma_M} = \frac{0{,}9 \cdot 2{,}57}{1{,}3} = 1{,}8\,\text{N/mm}^2$$

Nachweis nach Gl. (NA.93) für $_{max}\tau_{ef,d}$:

$$\frac{\tau_{ef,d}}{f_{k1,d}} = \frac{1{,}41}{1{,}8} = 0{,}78 < 1{,}0$$ **Nachweis erfüllt!**

Nach Abschnitt NCI NA.6.8.6 (NA.5) gilt für a_1 die Bedingung:

$250\,\text{mm} \le a_1 \le 0{,}75 \cdot h_{ap} = 990\,\text{mm} \Rightarrow$ wird eingehalten!

Auf weitere Nachweise, z. B. Kippen, Querdruck am Auflager und Gebrauchstauglichkeit wird an dieser Stelle verzichtet.

Geringe Überschreitung bleibt unberücksichtigt. Wegen der günstigeren Geometrie des Binders ist die rechnerische Querzugbeanspruchung nur halb so groß.

Es sind keine Verstärkungen zur Aufnahme klimatisch bedingter Querzugspannungen erforderlich!

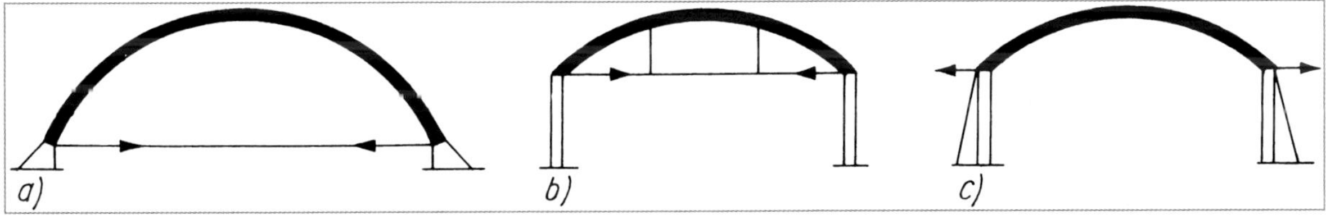

Legende
a) Bogen mit tief liegendem Zugband
b) Bogen mit hoch liegendem Zugband
c) Bogen ohne Zugband, Wände übernehmen Schub

Bild 9.76. Verschiedene Bogenformen und die Aufnahmen der Zugkräfte

9.6. Gebogene Brettschichtkonstruktionen

Einheit von Konstruktion und Gestaltung

Die Bäume sind normalerweise gerade gewachsen, und die Stämme liefern nach dem Einschneiden stabförmige Elemente. Mit solchen Elementen hat das Bauhandwerk beachtliche Bauwerke errichtet, die uns auch heute noch staunen lassen. Aber die Entwicklung ist nicht stehen geblieben. Es wurden neue Bauformen ersonnen, die die ästhetischen Forderungen unserer Zeit ausdrücken. So ist das Bogenmotiv, das die römischen Baumeister so hervorragend handhabten, wieder in den Blickpunkt gerückt. Gebogene Konstruktionen sind aber nicht nur formschön, sondern man kann die Form dem Verlauf der statischen Kräfte anpassen. Diese Einheit von Konstruktion und architektonischer Gestaltung ist es, die uns befriedigt. Sie spart Holz und erlaubt große Spannweiten. Die Entwicklung vom hölzernen Bogentragwerk zum Stabnetzwerk zeigt [*Meschke* 1989].

Gestaltung von Bogenkonstruktionen

Der Bogen ist die geeignetste Tragkonstruktion für alle gleichmäßig verteilten Belastungen. Er überträgt die Belastung durch Normalkräfte (Druck).

Die günstigste Bogenform ist durch die Stützlinie gegeben, die durch die Schnittpunkte der resultierenden inneren Kräfte im Bogenquerschnitt mit der Querschnittsebene gebildet wird.

Die rationelle Bogenform ist dadurch gekennzeichnet, dass keine Biegemomente auftreten. Bei statisch unbestimmten Bögen ist man bestrebt, die Momente so klein wie möglich zu halten. Die am Auflager auftretenden Kräfte zerlegen sich in horizontale und vertikale Kräfte. Die vertikalen

Kräfte werden durch ein Betonfundament, die horizontalen entweder durch ein Zugband (Bild 9.76.b) oder durch unverschiebliche Widerlager (z. B. nach Bild 9.76.c) übertragen. Dreigelenkbögen, die auch gegenüber Stützsenkungen nicht empfindlich sind, werden für große Stützweiten angewendet.

Streng genommen kann die Bogenform nur für einen Belastungsfall angepasst werden, nämlich zu der Drucklinie, die zu der angesetzten Last gehört. Für eine andere Belastung (z. B. Wind statt Schnee) entstehen zwangsläufig Querkräfte und Biegemomente im Bogen. So lange die aus diesen Momenten resultierenden Spannungen unter den Bemessungswerten bleiben, besteht kein zwingender Grund, die Bogenform zu ändern. Allgemein lässt sich sagen: Je geringer die Eigenlast in Bezug auf die Nutzlast ist, desto größer sind die auftretenden Querkräfte und Biegemomente. Werden Bogentragwerke mit Zugstäben kombiniert, entstehen sehr effiziente Tragwerke (s. [*Bulford* u. a. 2006]).

Bild 9.77. zeigt einige übliche Bogenformen. Brettschichtkonstruktionen (z. B. in Bild 9.78.) haben den Vorteil, dass sie in jeder gewünschten Bogenform ohne besondere Schwierigkeiten hergestellt werden können (s. auch Tabelle 9.3.). Der Krümmungshalbmesser ist abhängig von der Brettdicke. Auch mehrfach gebogene Bauteile behalten nach dem Verkleben ihre Form.

Gebogene Brettschichtkonstruktionen werden besonders bei frei tragenden Hallen mit größeren Stützweiten gewählt (Spannweiten bis 100 m und darüber).

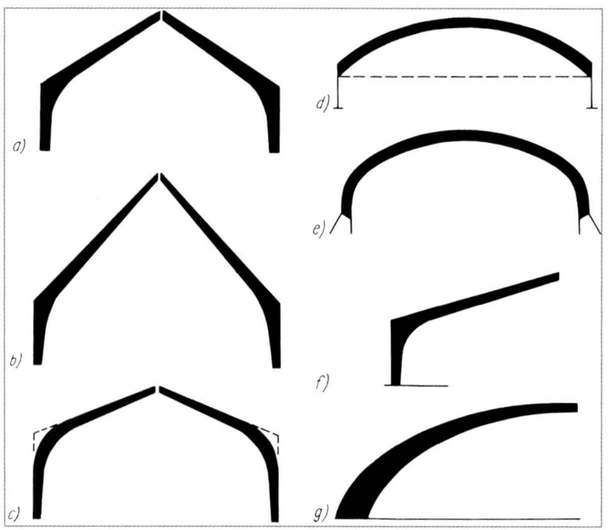

Legende
a) bis c) Dreigelenkbögen
d) Zweigelenkbogen mit Zugband
e) Korbbogen
f) Kragträger
g) Kragbogen

Bild 9.77. Übersicht üblicher Bogenformen

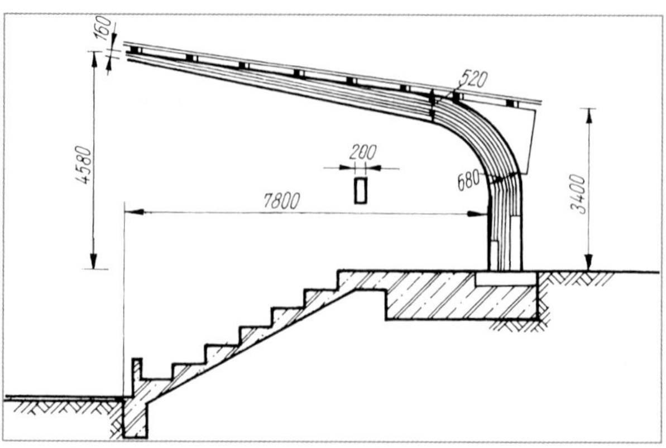

Legende
Kraglänge 7,80 m,
Binderabstand 4,50 m,
Pfettenabstand etwa 1,15 m,
Dachdeckung AZ-Wellplatten

Bild 9.78. Einhüftiger Binder (geklebter Brettschichtträger) für eine Tribünenüberdachung (nach [*Cyron/Sengler* 1988])

Gestaltung von Rahmenkonstruktionen

Rahmenkonstruktionen, bestehend aus Rahmenstiel und Riegel, werden i. Allg. durch höhere Biegebeanspruchung als ein Bogen beansprucht, da ihre Form aus architektonischen Gründen größere Abweichungen zur Stützlinie aufweist. Das Lichtraumprofil von Rahmen lässt sich besser den geforderten Nutzungsbedingungen anpassen. Im Übergangsbereich sind die Rahmen gekrümmt (Spannweite 10–50 m) oder gestoßen (Spannweite 10–35 m). Im Bereich der Rahmenecke treten die größten Momentenbeanspruchungen auf. Das Moment ist umso größer, je weiter die Form des Rahmens von der Stützlinienform abweicht. Günstiger für den Transport ist u. U. die Möglichkeit der Stoßausbildung auf der Baustelle.

Berechnung und Bemessung nach DIN EN 1995-1-1: 2010

Im Allgemeinen reicht für die Bemessung ein vereinfachter Nachweis aus. Ermittelt werden die maximalen inneren Schnittgrößen am unverformten System. Mögliche Spannungen infolge Verformungen und struktureller Imperfektionen werden durch Reduktionsfaktoren für die Druck- oder Biegespannung erfasst. Der Nachweis erfolgt als Knick- (in der Ebene und aus der Ebene) und als Kippnachweis.

Zur vereinfachten Bemessung nach DIN EN 1995-1-1: 2010, s. *Kessel* in [*Step 1* 1995], *Mortensen* in [*Step 2* 1995].

Eine Berechnung der Spannungen nach der Theorie II. Ordnung liefert in bestimmten Fällen genauere Ergebnisse, da die Schnittkräfte am verformten System ermittelt werden. Grundsätzlich muss hierbei neben den strukturellen Imperfektionen und den Verformungen auch die Nachgiebigkeit der Verbindungen berücksichtigt werden. Zur Anwendung der Theorie II. Ordnung, s. [*Blaß* u. a. 2005] und *Kessel* in [*Step 1* 1995].

9.7. Rahmenecken

Transportabmessungen

Ein besonderes technisches Problem stellt bei großen Rahmenkonstruktionen der Transport der Fertigteile von der Vorfertigungsstelle zum Bauplatz dar und bei Rahmenbindern die Ausbildung der Rahmenecken. Beide Probleme greifen ineinander und sind nur im Zusammenhang zu sehen.

Um die Transportabmessungen (und manchmal auch die Transportmassen) einzuhalten und um den Transportraum auszunutzen, sind größere Rahmenbinder in transportgerechte Bauteile zu zerlegen. Dies kann bewirkt werden durch

- Ausbildung als Dreigelenkbinder (2 Bauteile),
- Stöße in den Momentennullpunkten (3 Bauteile),
- Trennung des Rahmens in den Ecken und Zusammenbau auf der Baustelle.

Ausbildung von geradlinigen Rahmenecken

Es sind verschiedene Lösungen möglich; Bilder 9.79. und 9.80. zeigen solche mit keilgezinkten Zwischenstücken, auch als Universalkeilzinkenverbindung bezeichnet.

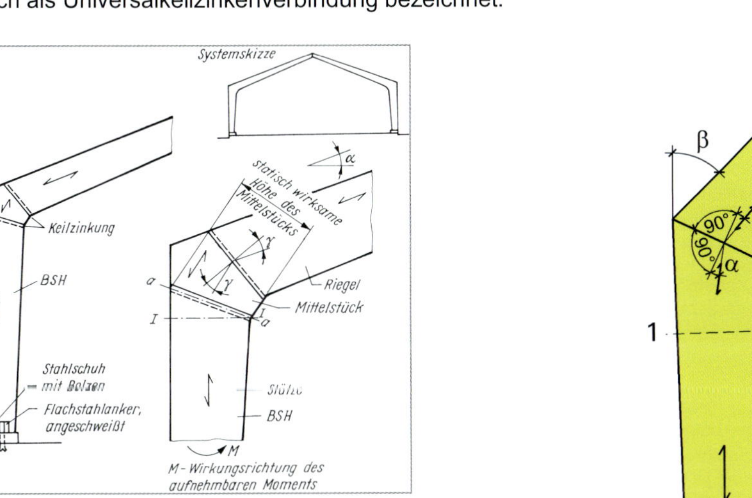
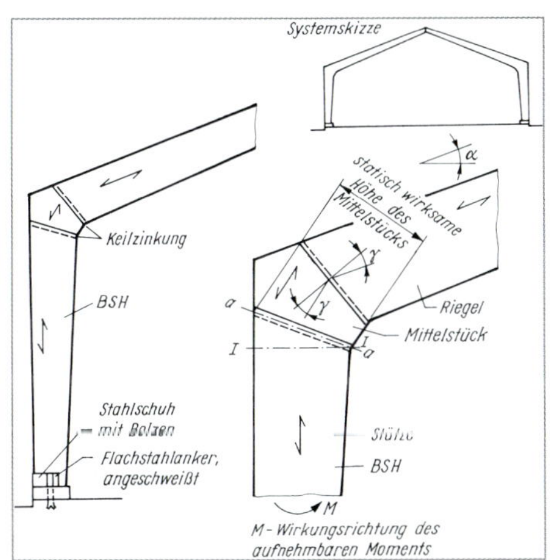

Bild 9.79. Verbindung von Stiel und Riegel durch geklebte Keilzinkenverbindung (nach [*EGH-Bericht* 1979])

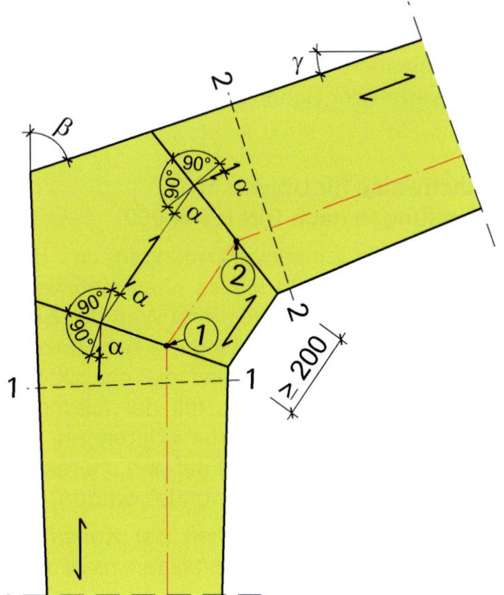

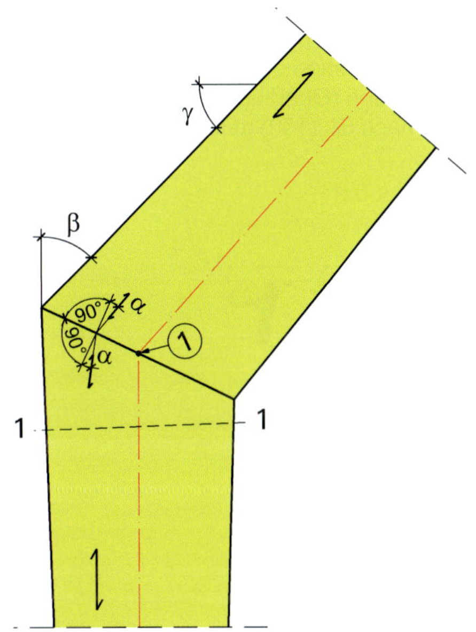

Legende

1 Stelle 1
2 Stelle 2
1 – 1 Schnitt 1-1
2 – 2 Schnitt 2-2

Bild 9.80. Universalkeilzinkenverbindung (mit maßgebenden Schritten für die Bemessung nach DIN EN 1995-1-1/NA:2013, Bild NA.21)

Planungsgrundlagen für Universalkeilzinkenverbindungen nach DIN EN 1995-1-1/NA:2013

Universalkeilzinkenverbindungen (s. Bild 9.80.) dürfen bei Brettschichtholz und Balkenschichtholz angewendet werden, und sie müssen den Anforderungen der DIN EN 14080 genügen. Ihre Anwendung ist auf die Nutzungsklassen 1 und 2 beschränkt. Für Universalkeilzinkenverbindungen von Brettschichtholz, die in Faserrichtung der zu verbindenden Brettschichtholzbauteile einen Winkel $2 \cdot \alpha$ einschließen, und bei denen an den inneren Ecken Druckspannungen mit über den Verlauf der Keilzinkenverbindung wirkende Querdruckspannung auftritt, wird der Nachweis nach Gl. (NA.158) maßgebend:

[DIN EN 1995-1-1/NA:2013, Gl. (NA.158)]

$$\frac{f_{c,0,d}}{f_{c,\alpha,d}} \cdot \left(\frac{\sigma_{c,0,d}}{k_c \cdot f_{c,0,d}} + \frac{\sigma_{m,d}}{f_{m,d}} \right) \leq 0{,}1$$

mit:

$f_{c,\alpha,d}$ die Druckfestigkeit unter dem Winkel α nach Gleichung (NA.163). In Gleichung (NA.163) sind die Werte der Festigkeit der zu verbindenden Brettschichtholzkomponenten einzusetzen;

k_c der Knickbeiwert nach Gleichung (6.25) bzw. (6.26).

An der zugbeanspruchten Seite dürfen die Holzfasern nicht angeschnitten sein. Bei Einsatz eines Zwischenstückes mit zwei Universalkeilzinkenverbindungen sollte die Innenkante des Stückes mindestens ≥ 200 mm betragen (s. Bild 9.80.). Die Beanspruchungen $\sigma_{c,0}$ und σ_m werden aus den Schnittgrößen an den Stellen 1 und 2 mit den Querschnittswerten der Schnitte 1–1 und 2–2 ermittelt (Bild 9.80.).

Berechnung/Nachweise für Universalkeilzinkenverbindungen nach DIN EN 14080

Für gerade Universalkeilzinkenverbindungen in Brettschichtholz nach DIN EN 14080 ist als charakteristischer Wert der Biegefestigkeit $f_{m,k}$ der deklarierte Wert der Biegefestigkeit der Universalkeilzinkenverbindung $f_{m,lfj,k}$ anzusetzen. Für alle übrigen Festigkeiten sind die charakteristischen Festigkeitswerte des Fügeteils mit der niedrigsten Festigkeitsklasse anzusetzen. Die Abminderungen nach (NA.5) und (NA.6) müssen dabei nicht auf den charakteristischen Wert der Biegefestigkeit angewendet werden.

Universalkeilzinkenverbindungen können bei Konstruktionen mit Zugspannungen an den Innenseiten nicht angewendet werden (s. [Heimeshoff 1976]).

Nach Abschnitt NCI NA.11.3 (NA.4) kann für Universalkeilzinkenverbindungen von Brettschichtholz, bei denen die Faserrichtung der zu verbindenden Teile einen Winkel von $2 \cdot \alpha$ einschließt, und bei denen die inneren Ecken geringe Zugspannungen aufweisen (Querzug in Verlauf der Keilzinkung), ein Nachweis nach Gl. (159) geführt werden.

$$\frac{f_{c,0,d}}{f_{c,\alpha,d}} \cdot \left(\frac{\sigma_{c,0,d}}{k_c \cdot f_{c,0,d}} + \frac{\sigma_{m,d}}{f_{m,d}} \right) \le 0{,}2$$

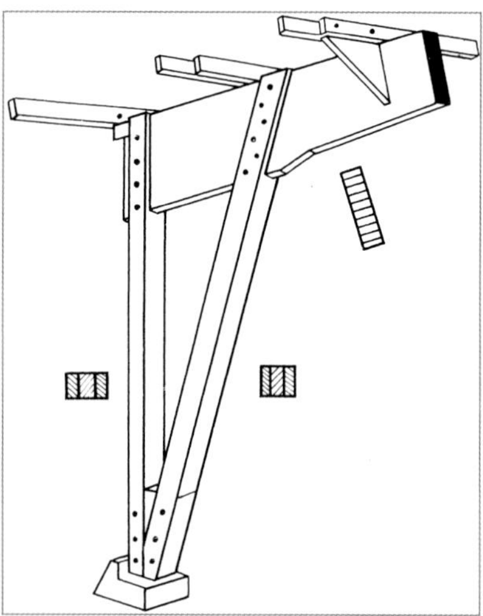

Bild 9.81. Rahmenecke mit angedübelten Pfosten und Streben an den Binderriegel

Aufgelöste Rahmenecke

Eine andere Lösung einer Rahmenecke, eines Zweigelenkrahmens, zeigt Bild 9.81. Pfosten und Streben können aus ein-, zwei- oder dreiteiligen Kanthölzern bestehen, die an dem Binderriegel mit Dübeln angeschlossen werden.

Infolge der konzentrierten Anschlüsse werden im Binderriegel zwischen Pfosten und Strebe große Querkräfte erzeugt; dadurch ist an dieser Stelle meistens ein erhöhter Riegelquerschnitt erforderlich.

Nach Bild 9.82. ist der Stiel an den Riegel angedübelt. Bei größeren Spannweiten können auch zwei konzentrische Dübelkreise angeordnet werden.

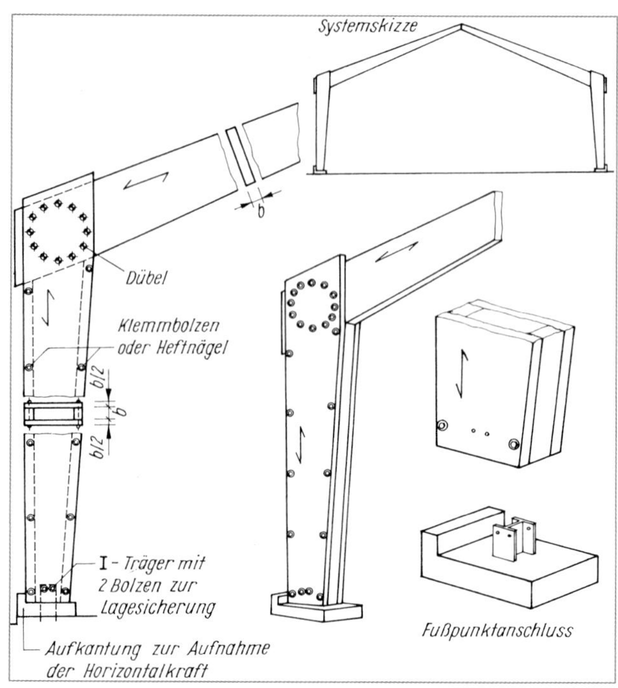

Bild 9.82. Rahmenecke, Stiel mit Dübel kreisförmig am Riegel angeschlossen (nach [*EGH-Bericht* 1979])

Bei den Dübelabständen sind alle Randabstände als belastet anzusehen, die Mindestdübelabstände sind einzuhalten. Die Futterhölzer der Stütze können auch eingeklebt sein, oder es werden Kanthölzer außen bündig eingesetzt. Sie werden statisch nicht beansprucht. Vorteil: Bei dieser Lösung können Riegel und Stiele getrennt zur Baustelle transportiert werden.

Beim Anschluss von Vollhölzern an Brettschichtträgern mit Dübeln (Bild 9.83.) können durch Schwinden Risse entstehen. Hinsichtlich des Schwindens des Riegels gibt es eine bessere Lösung nach Bild 9.83.b. Bei der Lösung nach Bild 9.83.c entstehen keine Querzugspannungen in der Klebefuge. Die Zugstrebe (aus Rundstahl) ist mit Kopfplatte und Schraubenmuttern auf dem Binderrücken verankert (nach [*Hempel* 1981]), kann aber auch mit typisierten Zugstabsystemen nach bauaufsichtlicher Zulassung hergestellt werden.

Die oberen Klemmbolzen (Bild 9.83.b) sind mit größerer Bohrung (Langlöcher) anzuschließen.

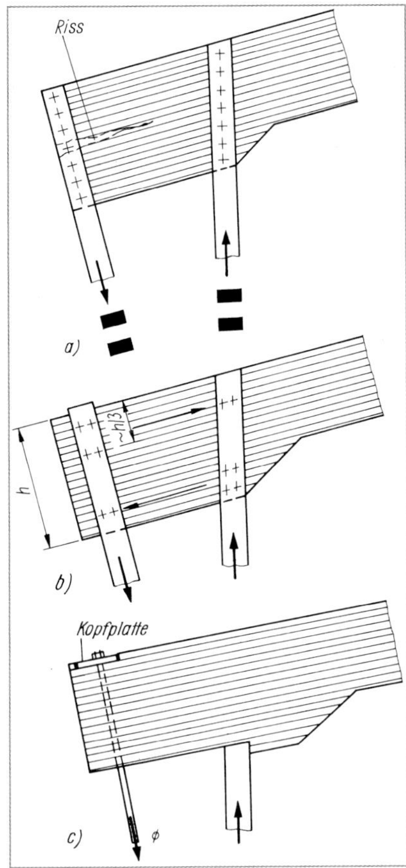

Legende
a) falsch: Binderriegel in voller Höhe mit Dübel an Vollhölzer angeschlossen
b) bessere Lösung
c) Strebe aus Rundstahl

Bild 9.83. Anschluss von Vollhölzern an Brettschichtträger bei Dübelverbindungen

Eine getrennte Anlieferung zur Baustelle ist auch möglich, wenn der Riegel aus Brettschichtholz und der Stiel aus Stahl besteht. Die Schnittgrößen werden dann im Bereich der Druckkräfte über Kontaktpressung in die Stütze übertragen, und im Bereich der Zugkräfte sind verschiedene Lösungen denkbar. Möglich sind Stahl-Holz-Verbindungen mit stiftförmigen Verbindungsmittel oder Zuganker, die im Holz eingemörtelt oder eingeklebt werden (s. Bild 9.85.).
Es gibt auch handelsübliche Rahmen-Eck-Lösungen mit speziellen Ankerdübeln (s. *www.induo.de* und *www.bertsche-system.de*). Seit etwa dreißig Jahren werden vor allem eingeklebte Stahlstäbe im Holzbau eingesetzt, um hochtragfähige biegesteife Verbindungen herzustellen (s. a. [*Slavik* u. a. 1993], [*Turkowski* 1990], [*Zubarev* u. a. 1990]).
Einen Überblick über den bisherigen Entwicklungsstand auf dem Gebiet der Gestaltung von Rahmenecken mit eingeklebten Stahlstäben enthält [*Lippert* 2002]. Über Untersuchungen zu leistungsfähigen geklebten Verbindungen für Rahmenecken, s. [*Aicher* u. a. 1997]. Die technischen Möglichkeiten sind im Holzbau noch nicht ausgeschöpft.

Berechnungshinweise Rahmenkonstruktionen: Nach DIN 1052, alt [*EGH-Bericht* 1979], [*Heimeshoff* 1976], [*Heimeshoff* 1977]; nach DIN 1052:2008 [*Blaß/Ehlbeck* u. a. 2005].

Gebogene Rahmenecken

Bild 9.84. zeigt die Ausführung einer gebogenen Rahmenecke bei einem Dreigelenkbinder. Bei der statischen Berechnung muss untersucht werden, ob die Binderecke seitlich ausknicken kann. Die scharfkantige äußere Rahmenecke wird konstruktiv durch Zusatzkonstruktionen gebildet.

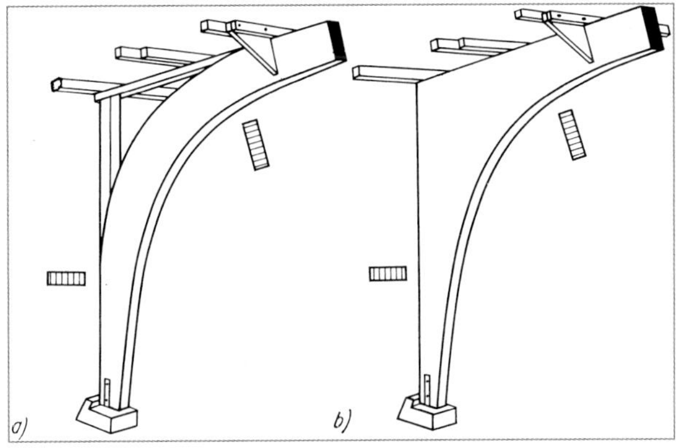

Legende
a) gebogene Rahmenecke mit Zusatzkonstruktion
b) gebogene Rahmenecke innen, außen voll, scharfkantig ausgebildet

Bild 9.84. Gebogene geklebte Rahmenecken (nach [*Cyron/Sengler* 1988])

Bei gebogener innerer Rahmenecke (Bild 9.84.b) ist die äußere scharfkantige Rahmenecke statisch nicht erforderlich, da sie spannungslos bleibt. Statisch können nur die durchgehenden Bretter berücksichtigt werden. Auch diese Rahmenecke ist gegen seitliches Ausknicken zu untersuchen (wobei als Knicklänge das Maß von Oberkante Binder bis Oberkante Fundament einzusetzen ist). Gekrümmte Brettschichtträger mit voller Rahmenecke eignen sich vornehmlich für steile Dachneigungen.

Versuche an geklebten, gebogenen Rahmenecken von [*Kolb* 1968] haben für die Beurteilung und Berechnung wichtige Hinweise ergeben:

- In Rahmenecken geklebter und gebogener Brettschichtträger sollten die Bretter in der Zugzone durchlaufen.
- Bei angeschnittenen Brettern sollte bei der Berechnung des Widerstandsmoments der Rahmenecken nicht an allen Querschnitten die Gesamthöhe eingesetzt werden.

Für die Berechnung gekrümmter Brettschichtkonstruktionen sind **Hinweise** in [*EGH-Bericht* 1979], [*Noack/Roth* 1972], [*Blumer* 1975], [*Schelling* 1967] zu finden.

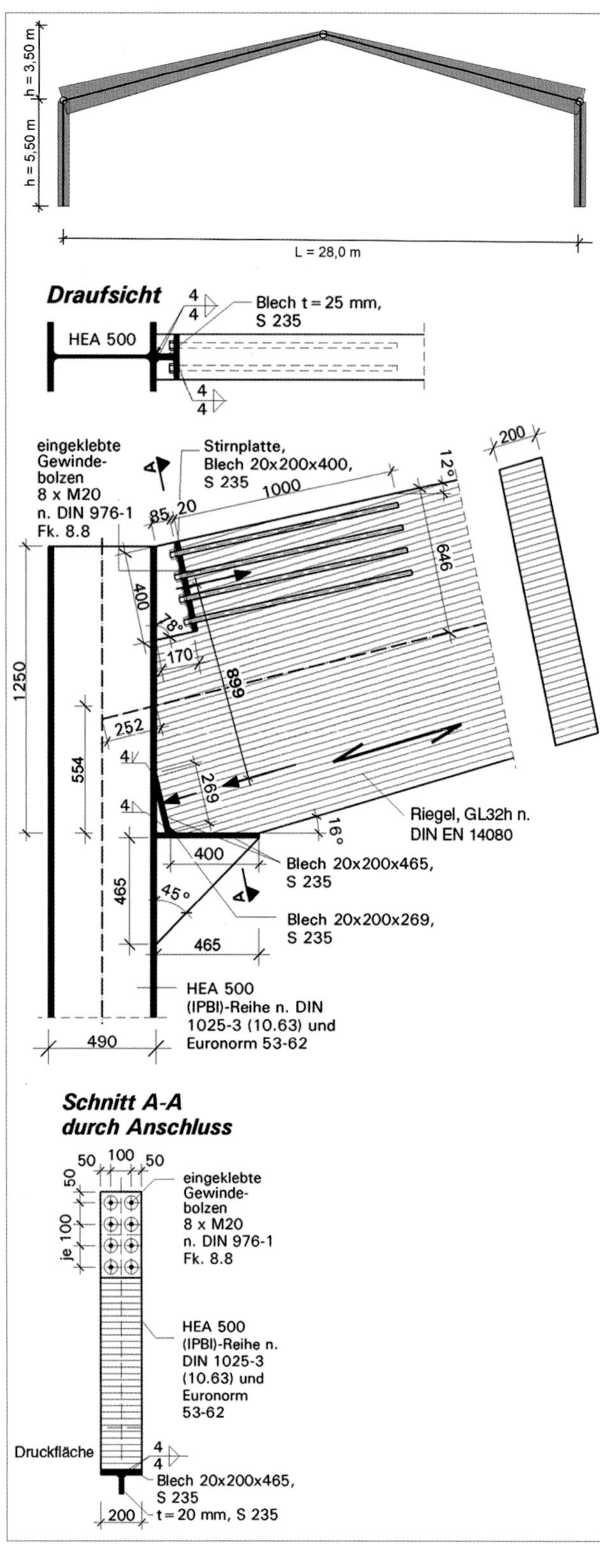

Bild 9.85. Konstruktion der Rahmenecke

Beispiel 9.7. (nach DIN EN 1995-1-1:2010)

Die Rahmenecke aus Beispiel 2.5 soll als Variante mit einer Stahlstütze IPBI 500 nach DIN 1025-3 hergestellt werden, s. Bild 9.85.). Die Riegel bestehen aus BSH GL32h.

Es ergeben sich aus der EDV-Berechnung folgende Bemessungsschnittgrößen:

Maßgebende Schnittkräfte im Knoten 2:

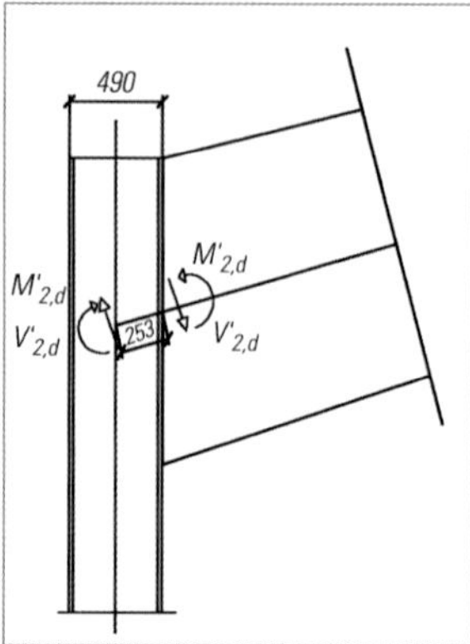

$M_{2,d} = -689\,\text{kNm}\ (k_{\text{mod}} = 0{,}9)$

$V_{2,d} = 128\,\text{kN}\ (k_{\text{mod}} = 0{,}9)$

$N_{2,d} = -161\,\text{kN}\ (k_{\text{mod}} = 0{,}9)$

Schnittgröße im Anschnitt:

$M'_{2,d} = M_{2,d} + V_{2,d} \cdot 0{,}25\,\text{m}$

$M'_{2,d} = -689 + 128 \cdot 0{,}25\,\text{m} = -657\,\text{kNm}$

$V'_{2,d} \approx V_{2,d} = 128\,\text{kN}$

$N'_{2,d} \approx N_{2,d} = -161\,\text{kN}$

$\sum M_{\text{Anschnitt}} = 0 = M'_{2,d} - M_{2,d} - V_{2,d} \cdot a$

$\Rightarrow M'_{2,d} = M_{2,d} + V_{2,d} \cdot a$

Zugkraft im Holzquerschnitt:

$$Z_d = \frac{M'_{2,d}}{e} - \frac{N'_{2,d}}{2}$$

$$Z_d = \frac{65700}{90} - \frac{161}{2} = 650\,\text{kN}$$

Nachweis des Zuganschlusses:

Gewählt: 8 eingeklebte Gewindestangen $\varnothing$ 20 mm, *FK 8.8 nach DIN 976-1,* $l_{ad} = 1000\,\text{mm}$

Bemessungswert der Tragfähigkeit der Gewindestange:

$A_s = 245\,\text{mm}^2$ [*Holschemacher* u. a. 2012, Seite 5.38]

$F_{t,Rd} = k_2 \cdot A_s \cdot f_{u,b} / \gamma_{M2}$ [DIN EN 1993-1-8]

$k_2 = 0{,}85$, $\gamma_{M2} = 1{,}25$ und $f_{u,b} = 800\,\text{N/mm}^2$

$F_{t,Rd} = 0{,}85 \cdot 245 \cdot 800 / 1{,}25 = 133280\,\text{N} = 133{,}28\,\text{kN}$

Tragfähigkeit der Klebefuge:

Charakteristische Festigkeit der Klebefuge nach Tabelle NA.12:

Für $500\,\text{mm} < \ell_{ad} < 1000\,\text{mm}$ ist

$$f_{k1,k} = (3{,}5 - 0{,}0015 \cdot \ell_{ad})$$

$$f_{k1,d} = (3{,}5 - 0{,}0015 \cdot 1000) = 2{,}0\,\text{N/mm}^2$$

Bemessungswert der Klebefugenfestigkeit:

$$f_{k1,d} = \frac{k_{\text{mod}} \cdot f_{k1,k}}{\gamma_M}$$

$$f_{k1,d} = \frac{0{,}9 \cdot 2{,}0}{1{,}3} = 1{,}38\,\text{N/mm}^2$$

Bemessungswert der Tragfähigkeit der Klebefuge:

$$F_{ax,Rd} = \pi \cdot d \cdot \ell_{ad} \cdot f_{k1,d}$$

$$F_{ax,Rd} = \pi \cdot 20 \cdot 1000 \cdot 1{,}38 = 86664\,\text{N} = 86{,}7\,\text{kN}$$

Bemessungswert des Ausziehwiderstandes pro eingeklebte Gewindebolzen:

$$F_{Ax,Rd} = \min \begin{cases} F_{t,Rd} \\ F_{ax,Rd} \end{cases}$$ [DIN EN 1995-1-1/NA, Gl. (NA.155)]

$$F_{Ax,Rd} = \min \begin{cases} 133{,}28 \\ 86{,}7 \end{cases} = 86{,}7\,\text{kN}$$

Bemessungswert der Tragfähigkeit der Zugverbindung (n = 8 Schrauben):

$$F_{j,d} = n_{\text{Schraubenbolzen}} \cdot F_{ax,Rd}$$

$$F_{j,d} = 8 \cdot 86{,}7 = 693{,}6\,\text{kN}$$

Nachweis der Tragfähigkeit der Verbindung (Aufnahme der Zugbeanspruchung):

$$\frac{Z_d}{F_{j,d}} = \frac{650}{693{,}6} = 0{,}94 < 1{,}0$$ **Nachweis erfüllt!**

Nachweis der Zugspannung im Holz am Ende der Gewindestangen nach Abschnitt NCI NA.11.2.3 in DIN EN 1995-1-1/NA:2013:

Maximal ansetzbare rechnerische Holzfläche:

$$A_{t,\text{netto}} = A_t - 8 \cdot \frac{\pi}{4} \cdot d^2 = b \cdot \frac{h_{SE}}{2}_t - 8 \cdot \frac{\pi}{4} \cdot d^2$$

$$A_{t,\text{netto}} = 200 \cdot 640 - 8 \cdot \frac{\pi}{4} \cdot 20^2 = 125486\,\text{mm}^2$$

[DIN EN 1995-1-1/NA, NCI NA.11.2.3 (NA.6), Gl. (2.14)]

$$A_{t,0,\text{cal}} = \min \begin{cases} A_{t,\text{netto}} \\ n \cdot 36 \cdot d^2 \end{cases}$$

$$A_{t,0,\text{cal}} = \min \begin{cases} 125486\,\text{mm}^2 \\ 8 \cdot 36 \cdot 20^2 = 115200\,\text{mm}^2 \end{cases}$$

$$A_{t,0,\text{cal}} = 115200\,\text{mm}^2$$

Bemessungswert der Zugspannung:

$$\sigma_{t,0,d} = \frac{Z_d}{A_{\text{cal}}}$$

$$\sigma_{t,0,d} = \frac{650000}{115200} = 5{,}64\,\text{N/mm}^2$$

Bemessungswert der Festigkeit:

$$f_{t,0,k} = 25{,}6\,\text{N/mm}^2$$ [DIN EN 14080, Tabelle 5]

$$f_{t,0,d} = \frac{k_{\text{mod}} \cdot f_{t,0,k}}{\gamma_M}$$ [DIN EN 1995-1-1, Gl. (2.14)]

$$f_{t,0,d} = \frac{0{,}9 \cdot 25{,}6}{1{,}3} = 17{,}72\,\text{N/mm}^2$$

Spannungsnachweis am Ende des Gewindestabbereiches:

$$\sigma_{t,0,d} \le f_{t,0,d}$$ [DIN EN 1995-1-1, Gl. (6.1)]

$5{,}64 \le 17{,}72\,\text{N/mm}^2$ **Nachweis erfüllt!**

Nachweis der Druckspannung parallel zur Faser (Aufnahme der Druckkraft im Riegel):

$$D_d = \frac{M'_{s,d}}{e} - \frac{N'_{s,d}}{2}$$

$$D_d = \frac{65\,700}{90} - \frac{16}{2} = 810{,}5\,\text{kN}$$

Bemessungswert der Druckbeanspruchung:

$$\sigma_{t,0,d} = \frac{D_d}{A_{ef}} = \frac{810{,}5 \cdot 10^3}{200 \cdot 269} = 15{,}06\,\text{N/mm}^2$$

Bemessungswert der Druckfestigkeit des Holzes:

$$f_{c,0,k} = 32\,\text{N/mm}^2$$ [DIN 14080, Tabelle 5]

$$f_{c,0,d} = \frac{k_{\text{mod}} \cdot f_{c,0,k}}{\gamma_M}$$

$$f_{c,0,d} = \frac{0{,}9 \cdot 32}{1{,}3} = 22{,}15\,\text{N/mm}^2$$

Nachweis der Tragfähigkeit:

$$\sigma_{c,0,d} \le f_{c,0,d}$$ [DIN EN 1995-1-1:2010, Gl. (6.2)]

$15{,}1 \le 22{,}15\,\text{N/mm}^2$ **Nachweis erfüllt!**

Nachweis der Druckspannung im Winkel zur Faser:

(Aufnahme der Querkraft im Riegel): Winkel $\gamma = 90° - 16° = 74°$, A_{ef} nach Bild NA.6 in DIN EN 1995-1-1/NA:2013

Bemessungswert der Druckspannung:

$$A_{ef} = (400 + 30) \cdot 200 = 8{,}6 \cdot 10^4\,\text{mm}^2$$

$$V_{2,a} = 128\,\text{kN}$$

$$\sigma_{c,\alpha,d} = \frac{128 \cdot 10^3}{8{,}6 \cdot 10^4} = 1{,}49\,\text{N/mm}^2$$

Bemessungswert der Druckfestigkeit im Winkel zur Faser nach Abschnitt 6.2.2, Gl. (6.16) in DIN EN 1995-1-1:2010:

Nach DIN EN 14080, Tabelle 5:

$f_{c,0,k} = 32\,\text{N/mm}^2$, $f_{c,90,k} = 2{,}5\,\text{N/mm}^2$

$$f_{c,0,d} = \frac{k_{\text{mod}} \cdot f_{c,0,k}}{\gamma_M}$$

$$f_{c,0,d} = \frac{0{,}9 \cdot 32}{1{,}3} = 22{,}15\,\text{N/mm}^2$$

$$f_{c,90,d} = \frac{k_{\text{mod}} \cdot f_{c,90,k}}{\gamma_M}$$

$$f_{c,90,d} = \frac{0{,}9 \cdot 2{,}5}{1{,}3} = 1{,}73\,\text{N/mm}^2$$

Nachweis der Tragfähigkeit:

$$k_{c,90} = 1{,}5$$

$$\sigma_{c,\alpha,d} \le \frac{f_{c,0,d}}{\dfrac{f_{c,0,d}}{k_{c,90} \cdot f_{c,90,d}} \cdot \sin^2\alpha + \cos^2\alpha}$$

$$1{,}49 \le \frac{22{,}5}{\frac{22{,}5}{1{,}5 \cdot 1{,}73} \cdot \sin^2 74 + \cos^2 74}$$

$1{,}49 \le 2{,}78\ \text{N/mm}^2$ **Nachweis erfüllt!**

Nachweise zur Aufnahme der Beanspruchungen in den Stahlteilen werden hier nicht geführt.

Die Kraftschlüssigkeit der eingeklebten Stahlstäbe ist durch gleichmäßiges Anziehen der Muttern mittels Drehmomentenschlüssel herzustellen. Bei Herstellung der geklebten Verbindungen sind die Bedingungen des Klebstoffherstellers für die Herstellung einer tragfähigen und dauerhaften Verbindung zu beachten. Dies gilt besonders für die Holzfeuchte. Die Holzfeuchte der Bauteile sollte überdies mit der sich während der Nutzung einstellenden Holzfeuchte übereinstimmen.

Variante mit Nägeln (Bild 9.86.).

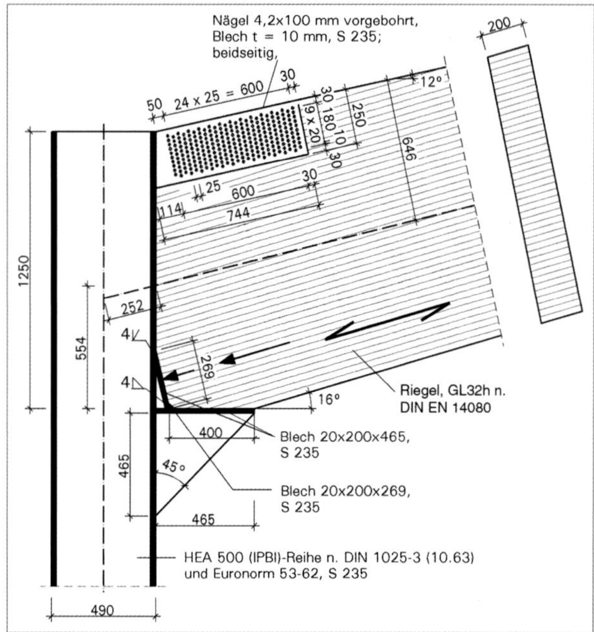

Bild 9.86. Konstruktion der Rahmenecke – Variante mit zwei Nägeln

Anstelle der eingeklebten Stahlstäbe soll die Zugkraft durch Nägel (4,2 × 100 – vorgebohrt) in Verbindung mit Stahlblechen übertragen werden.

$\rho_k = 440\ \text{kg/m}^3$ [DIN EN 14080, Tabelle 5]

$f_u = 600\ \text{N/mm}^2$ [DIN EN 14592, Abschnitt 6.1.2]

Charakteristische Lochleibungsfestigkeit (Nägel vorgebohrt):

$f_{h,k} = 0{,}082 \cdot (1 - 0{,}01 \cdot d) \cdot \rho_k$ [DIN EN 1995-1-1, Gl. (8.16)]

$f_{h,k} = 0{,}082 \cdot (1 - 0{,}01 \cdot 4{,}2) \cdot 440$

$f_{h,k} = 34{,}56\ \text{N/mm}^2$

Charakteristisches Fließmoment:

$M_{y,k} = 0{,}3 \cdot f_h \cdot d^{2,6}$ [DIN EN 1995-1-1, Gl. (8.14)]

$M_{y,k} = 0{,}3 \cdot 600 \cdot 4{,}2^{2,6}$

$M_{y,k} = 7511{,}40\ \text{Nmm}$

Charakteristische Tragfähigkeit pro Nagel und Scherfläche:

$F_{v,Rk} = A \cdot \sqrt{2 \cdot M_{y,Rk} \cdot f_h \cdot d}$ [DIN EN 1995-1-1/NA, Gl. (NA.128)]

mit $A = 1{,}4$ für dickes Blech mit

$t = 1{,}0 \cdot d = 1{,}0 \cdot 4{,}2 = 4{,}2\ \text{mm} < t_{vorh} = 10\ \text{mm}$

$F_{v,Rk} = 1{,}4 \cdot \sqrt{2 \cdot 7511{,}4 \cdot 34{,}56 \cdot 4{,}2}$

$F_{v,Rk} = 2067{,}35\ \text{N} = 2{,}07\ \text{kN}$

Bemessungswert der Tragfähigkeit pro Scherfläche und Nagel mit beidseitig angeordneten Blechen:

$F_{v,Rd} = \frac{k_{mod} \cdot F_{v,Rk}}{\gamma_M}$ [DIN EN 1995-1-1/NA, Gl. (NA.113)]

$F_{v,Rd} = \frac{0{,}9 \cdot 2{,}07}{1{,}1} = 1{,}70\ \text{kN}$

Bemessungswert der Tragfähigkeit des Anschlusses:

Es werden pro Gurtseite 10 Reihen Nägel in 22 Spalten angeordnet.

$F_{v,Rd,gesamt} = n_{Spalten} \cdot n_{Reihen} \cdot n_{Gurtseiten} \cdot F_{v,Rd}$

$R_d = 22 \cdot 10 \cdot 2 \cdot 1{,}70 = 748\ \text{kN}$

Nachweis Tragfähigkeit:

$\frac{N_d}{F_{v,Rd,gesamt}} = \frac{650}{748} = 0{,}87 < 1{,}0$ **Nachweis erfüllt!**

Weitere Nachweise wurden an dieser Stelle nicht geführt.

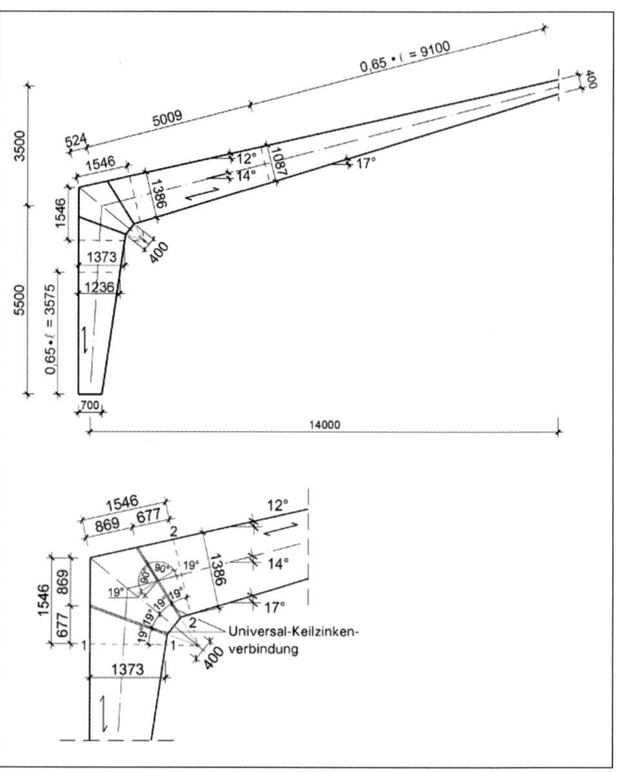

Bild 9.87. Konstruktion einer Rahmenhälfte und Details zur Rahmenecke

Beispiel 9.8. (DIN EN 1995-1-1:2010)

Fortsetzung des Beispiels 2.5. aus Abschnitt 2

Dreigelenkrahmen aus Brettschichtholz in Hallenlängsrichtung im Abstand von 6 m; Spannweite des Rahmens 28 m; Anschluss Stiel/Riegel über zwei Universalkeilzinkenverbindungen (s. Bild 9.87.)

Gewählt: Brettschichtholz GL32h nach DIN EN 14080

Charakteristische Festigkeitswerte nach Tabelle 5 in DIN EN 14080:

$f_{m,k} = 32\,\text{N/mm}^2;\ f_{c,0,k} = 32\,\text{N/mm}^2;\ f_{t,90,k} = 0{,}5\,\text{N/mm}^2,$

$f_{c,90,k} = 2{,}5\,\text{N/mm}^2;\ f_{v,k} = 3{,}5\,\text{N/mm}^2$

Steifigkeitswerte:

Elastizitätsmodul $E_{0,\text{mean}} = 14\,200\,\text{N/mm}^2$

Schubmodul $G_{\text{mean}} = 650\,\text{N/mm}^2$

$E_{0,05} = 11800\,\text{N/mm}^2$

$G_{0,05} = 540\,\text{N/mm}^2$

Nach DIN EN 1995-1-1/NA:2013, Abschnitt NCI NA.13 sind im Grenzzustand der Tragfähigkeit die Steifigkeitswerte durch γ_M zu dividieren.

$E = E_{0,\text{mean}}/\gamma_M$

$E = 14\,200/1{,}3 = 10923{,}1\,\text{N/mm}^2$

Nachweis Knicken nach dem Ersatzstabverfahren:

Knicklängen in Rahmenebene:

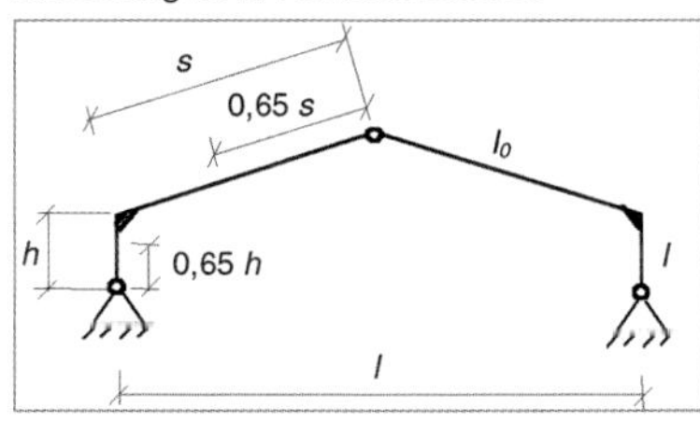

Die Abschätzung der Knicklängen erfolgt anhand des Verfahrens nach DIN 1052:1988/1996, Teil 1, Abschnitt 9.1.6 in Verbindung mit Anhang E (s. a. DIN 1052:2008, Abschnitt 8.4.2 (3)).

I_S Flächenmoment 2. Grades des Stiels;

I_R Flächenmoment 2. Grades des Riegels.

Bei veränderlichen Querschnitten gehen die Querschnittswerte bei $0{,}65 \cdot s$ bzw. $0{,}65 \cdot h$ in den Nachweis ein (s. Bild 9.87.).

$$0{,}65 \cdot s:\ \frac{b_{0,65 \cdot s}}{d_{0,65 \cdot s}} = 200/1087\,\text{mm};\qquad s = 14{,}11\,\text{m}$$

$$I_R = \frac{b \cdot h^3}{12} = \frac{200 \cdot 1087^3}{12} = 2{,}141 \cdot 10^{10}\,\text{mm}^4$$

$$0{,}65 \cdot h:\ \frac{b_{0,65 \cdot h}}{d_{0,65 \cdot h}} = 200/1236\,\text{mm};\quad h = 5{,}5\,\text{m}$$

$$I_R = \frac{b \cdot h^3}{12} = \frac{200 \cdot 1236^3}{12} = 3{,}147 \cdot 10^{10}\,\text{mm}^4$$

Knicklänge Stiel: berechnet nach Tabelle NA.24 in DIN EN 1995-1-1/ NA:2013 Zeile 5 bei $\alpha \leq 15°$ gemäß LFK 3 ist $N_R = N_3 = -131\,kN$ und $N_S = N_2 = -161\,kN$:

$l_{ef,S} = \beta_S \cdot h$ [DIN EN 1995-1-1/NA, Gl. (167)]

$$\beta_s = \sqrt{4 + \frac{\pi^2 \cdot E \cdot I_S}{h} \cdot \left(\frac{1}{K_\varphi} + \frac{s}{3 \cdot E \cdot I_R}\right) + \frac{E \cdot I_S \cdot N_R \cdot s^2}{E \cdot I_R \cdot N_S \cdot s^2}}$$

$$\beta_s = \sqrt{4 + \frac{\pi^2 \cdot 10923 \cdot 3{,}147 \cdot 10^{10}}{5{,}5 \cdot 10^3} \cdot \left(\frac{1}{\infty} + \frac{14{,}11 \cdot 10^3}{3 \cdot 10923 \cdot 2{,}141 \cdot 10^{10}}\right) + \frac{3{,}147 \cdot 10^{10} \cdot 131 \cdot 10^3 \cdot \left(14{,}11 \cdot 10^3\right)^2}{2{,}141 \cdot 10^{10} \cdot 161 \cdot 10^3 \cdot \left(5{,}5 \cdot 10^3\right)^2}}$$

$$\beta_s = \sqrt{4 + 6{,}168 \cdot 10^{11} \cdot 2{,}0 \cdot 10^{-11} + 7{,}871} = 4{,}93$$

$$\ell_{ef,s} = \beta_s \cdot h = 4{,}93 \cdot 5{,}5 = 27{,}12\,\text{m}$$

Knicklänge Riegel: berechnet nach Tabelle E1 Zeile 5 bei $\alpha \leq 15°$:

$$\ell_{ef,R} = \beta_R \cdot s$$

$$\beta_R = \beta_S \cdot \sqrt{\frac{E \cdot I_R \cdot N_S}{E \cdot I_S \cdot N_R}} \cdot \frac{h}{s}$$

$$\beta_R = 4{,}93 \cdot \sqrt{\frac{2{,}141 \cdot 10^{10} \cdot 161 \cdot 10^3}{3{,}147 \cdot 10^{10} \cdot 131 \cdot 10^3}} \cdot \frac{5{,}5 \cdot 10^3}{14{,}11 \cdot 10^3}$$

$$\beta_R = 4{,}93 \cdot 0{,}9144 \cdot 0{,}3898 = 1{,}76$$

$$\ell_{ef,R} = \beta_R \cdot s = 1{,}76 \cdot 14{,}11 = 24{,}83\,\text{m}$$

Schlankheit:

$$\text{Stiel: } \lambda_{y,S} = \frac{l_{ef,S}}{i_y} = \frac{27{,}12 \cdot 10^3}{0{,}289 \cdot 1236} = 76{,}0$$

$$\text{Riegel: } \lambda_{y,R} = \frac{l_{ef,R}}{i_y} = \frac{24{,}83 \cdot 10^3}{0{,}289 \cdot 1087} = 79{,}0$$

vereinfacht für weitere Nachweise $\lambda_{y,S} = \lambda_{y,R} = 79{,}0$.

Knicklängen für Ausweichen senkrecht zur Rahmenebene:

Die Rahmen werden im Abstand von etwa 2,0 m durch die Sparrenpfetten und Wandriegel gegen seitliches Ausweichen (Kippen) gehalten. Die Abstände der Knotenpunkte der an den Stirnseiten angeordneten Verbände betragen ebenfalls 2,0 m.

$\ell_{ef} \approx 2{,}0\,\text{m}$

$$\lambda_z = \frac{\ell_{ef}}{0{,}289 \cdot b} = \frac{2 \cdot 10^3}{0{,}289 \cdot 200} = 34{,}60 \quad \text{für Riegel und Stiel}$$

$\lambda_z < \lambda_y$

Knicken in Rahmenebene maßgebend!

Knicken in Rahmenebene nach DIN EN 1995-1-1:2010, Abschnitt 6.3.3 für Riegel und Stiel:

$$\lambda_{\text{rel},y} = \frac{\lambda_y}{\pi} \cdot \sqrt{\frac{f_{c,0,k}}{E_{0,05}}}$$ [DIN EN 1995-1-1, Gl. (6.21)]

$$\lambda_{\text{rel},y} = \frac{79}{\pi} \cdot \sqrt{\frac{32}{11800}} = 1{,}30$$

$$k_y = 0{,}5\left(1 + \beta_c\left(\lambda_{\text{rel},c,y} - 0{,}3\right) + \lambda^2_{\text{rel},c,y}\right)$$ [DIN EN 1995-1-1, Gl. (6.27)]

mit $\beta_c = 0{,}1$ [DIN EN 1995-1-1, Gl. (6.29)]

$$k_y = 0{,}5\left(1 + 0{,}1(1{,}30 - 0{,}3) + 1{,}32^2\right) = 1{,}4$$

[DIN EN 1995-1-1, Gl. (6.25)]

$$k_{c,y} = \frac{1}{k_y + \sqrt{k_y^2 - \lambda^2_{\text{rel},y}}} = \frac{1}{1{,}4 + \sqrt{1{,}4^2 + 1{,}3^2}} = 0{,}55$$

Kippen aus der Rahmenebene nach DIN EN 1995-1-1:2010, Abschnitt 6.3.3.:

$$\sigma_{m,crit} = \frac{0{,}78 \cdot b^2}{h \cdot \ell_{ef}} \cdot E_{0,05}$$ [DIN EN 1995-1-1, Gl. (6.32)]

$\ell_{ef} = 2000\,\text{mm}$

$$\sigma_{m,crit} = \frac{0{,}78 \cdot 200^2}{1050 \cdot 2000} \cdot 11800 = 175{,}31 \text{ N/mm}^2$$

mit $h_R = 1{,}05\ m < h_{St}$

$$\lambda_{rel,m} = \sqrt{\frac{f_{m,k}}{\sigma_{m,crit}}} = \sqrt{\frac{32}{175{,}31}} = 0{,}43 \qquad \text{[DIN EN 1995-1-1, Gl. (6.30)]}$$

$\lambda_{rel,m} \leq 0{,}75$, $k_{crit} = 1{,}0$

Nachweis der Rahmenecke:

Maßgebend für die Bemessung der Rahmenecke ist die Keilzinkung. Universalkeilzinkenverbindungen sind entsprechend den Regelungen der DIN EN 14080 auszuführen.

Querschnittswerte:

Nach DIN EN 1995-1-1/NA:2013, Abschnitt NCI NA.11.3 in Verbindung mit DIN 20000-3 ist für eine Keilzinkung nach den Anforderungen der DIN EN 14080 entgegen den bisherigen Regeln keine Querschnittsschwächung von 20 % des Bruttoquerschnittes anzusetzen.

Nach DIN EN 1995-1-1/NA:2013, Abschnitt NCI NA.11.3 (NA.3) ist der Querschnitt im Schnitt 2–2 anzunehmen (s. Bild 9.87.)

$b/d = 200/1386$ mm

$$A_{brutto} = A_{brutto} = 200 \cdot 1386 = 2{,}78 \cdot 10^5 \text{ mm}^2$$

$$W_{y,brutto} = W_{y,brutto} = \frac{200 \cdot 1386^2}{6} = 6{,}40 \cdot 10^7 \text{ mm}^3$$

Maßgebende Bemessungswerte der Festigkeit des Brettschichtholzes:

Charakteristische Werte der Festigkeiten gemäß Tabellen 5 und 3 in DIN 14080:

$f_{m,g,k} = 38 \text{ N/mm}^2$; $\qquad f_{c,0,k} = 20 \text{ N/mm}^2$;

$f_{c,90,k} = 2{,}5 \text{ N/mm}^2$; $\qquad f_{v,k} = 3{,}5 \text{ N/mm}^2$

Bemessungswerte der Festigkeitswerte nach Gl. (2.14):

$$f_{m,g,k} = \frac{k_{mod} \cdot f_{m,k}}{\gamma_M}$$

$$f_{m,fj,k} = \frac{0{,}9 \cdot 32}{1{,}3} = 22{,}15 \text{ N/mm}^2$$

$$f_{c,0,d} = \frac{k_{mod} \cdot f_{c,0,k}}{\gamma_M}$$

$$f_{c,0,d} = \frac{0{,}9 \cdot 32}{1{,}3} = 22{,}15 \text{ N/mm}^2$$

$$f_{c,90,d} = \frac{k_{mod} \cdot f_{c,90,k}}{\gamma_M}$$

$$f_{c,90,d} = \frac{0{,}9 \cdot 2{,}5}{1{,}3} = 1{,}73 \text{ N/mm}^2$$

$$f_{v,d} = \frac{k_{mod} \cdot f_{v,k}}{\gamma_M}$$

$$f_{v,d} = \frac{0{,}9 \cdot 3{,}5}{1{,}3} = 2{,}42 \text{ N/mm}^2$$

Bestimmung $f_{c,\alpha,d}$ nach DIN EN 1995-1-1/NA:2013, Gl. (NA.163) mit den nicht abgeminderten Festigkeiten:

$$f_{c,\alpha,d} = \frac{f_{c,0,d}}{\sqrt{\left(\frac{f_{c,0,d}}{2 \cdot f_{c,90,d}} \cdot \sin^2 \alpha\right)^2 + \left(\frac{f_{c,0,d}}{2{,}0 \cdot f_{v,d}} \cdot \sin \alpha \cdot \cos \alpha\right)^2 + \cos^4 \alpha}}$$

mit $\alpha = \frac{90° - DN}{4} = \frac{90° - 14}{4} = 19°$

$$f_{c,\alpha,d} = \frac{22{,}15}{\sqrt{\left(\frac{22{,}15}{2 \cdot 1{,}73} \cdot \sin^2 19°\right)^2 + \left(\frac{22{,}15}{2 \cdot 2{,}42} \cdot \sin 19° \cdot \cos 19°\right)^2 + \cos^4 19°}}$$

$$f_{c,\alpha,d} = \frac{22{,}15}{\sqrt{0{,}46^2 + 1{,}98^2 + 0{,}80^4}} = \frac{22{,}15}{1{,}80} = 12{,}31 \text{ N/mm}^2$$

Nach DIN EN 1995-1-1/NA:2013, Abschnitt NCI NA.11.3 in Verbindung mit DIN 20000-3, Abschnitt 3.7 darf in Deutschland nur Brettschichtholz mit Universalkeilzinkenverbindungen verwendet werden, für das eine Biegefestigkeit für die Keilzinkung von $f_{m,lfj,k} \geq 0{,}8 \cdot f_{m,g,k}$ nachgewiesen wurde. Für $f_{m,g,k}$ gilt der jeweilige Wert der Biegefestigkeit der miteinander verbundenen Brettschichtholzkomponenten. Anstelle von $f_{m,g,k}$ in Gl. (NA.158) ist $f_{m,lfj,k}$ einzusetzen. Für $f_{t,0,d}$ und $f_{c,0,d}$ sind die Werte der charakteristischen Festigkeiten in Faserrichtung um 20 % abzumindern.

Nachweis der Keilzinkenverbindung:

Nachweis für Universalkeilzinkenverbindung nach DIN EN 1995 -1-1/NA:2013, Abschnitt NCI NA 11.3, Gl. (NA.158):

$$f_{m,lfj,k} \geq 0{,}8 \cdot f_{m,g,k}$$

$$f_{m,lfj,k} \geq 0{,}8 \cdot 32 = 25{,}6 \text{ N/mm}^2$$

$$f_{m,lfj,d} = \frac{k_{mod} \cdot f_{m,lfj,k}}{\gamma_M} = \frac{0{,}9 \cdot 25{,}60}{1{,}3} = 17{,}72 \text{ N/mm}^2$$

$$f_{c,0,d} = \frac{k_{mod} \cdot f_{c,0,k}}{\gamma_M} = \frac{0{,}9 \cdot 32}{1{,}3} = 17{,}72 \text{ N/mm}^2$$

$$\frac{f_{c,0,d}}{f_{c,\alpha,d}} \cdot \left(\frac{\sigma_{c,0,d}}{k_c \cdot f_{c,0,d}} + \frac{\sigma_{m,d}}{f_{m,efj,k}}\right) \leq 1{,}0 \text{ [DIN EN 1995-1-1, Gl. (NA.158)]}$$

Schnittgrößen unmittelbar in der Rahmenecke (vgl. Bsp. 2.5.):

$N_{2,d} = 161 \text{ kN}$

$V_{2,d} = 128 \text{ kN}$

$M_{2,d} = 689 \text{ kN}$

$$\sigma_{c,0,d} = \frac{N_{2,d}}{A_{brutto}} = \frac{161 \cdot 10^3}{2{,}78 \cdot 10^5} = 0{,}58 \text{ N/mm}^2$$

$$\sigma_{m,d} = \frac{M_{2,d}}{W_{y,brutto}} = \frac{689 \cdot 10^6}{6{,}4 \cdot 10^7} = 10{,}77 \text{ N/mm}^2$$

Nachweis nach Gl. (NA.158):

$$\frac{17{,}72}{12{,}31} \cdot \left(\frac{0{,}58}{0{,}55 \cdot 17{,}73} + \frac{10{,}77}{17{,}73}\right) = 1{,}44 \cdot (0{,}06 + 0{,}61) = 0{,}96 < 1{,}0$$

Gemäß DIN EN 1995-1-1/NA:2013, Abschnitt NCI NA.11.3 (NA.3) dürfen die Schnittgrößen unmittelbar neben der Keilzinkenverbindung (Stelle 1 und 2) verwendet werden.

Schnittgröße Stelle 2:

$$\Rightarrow M'_{2,d} = M_{2,d} + V_{2,d} \cdot a$$

$$M'_{2,d} = -689 + 128 \cdot 0{,}4 \text{ m} = -637{,}8 \text{ kNm}$$

$$V'_{2,d} = V_{2,d} = 128 \text{ kN}$$

$$N'_{2,d} = N_{2,d} = 161 \text{ kN}$$

$$\sigma_{c,0,d} = \frac{N_{2,d}}{A_{brutto}} = \frac{161 \cdot 10^3}{2{,}78 \cdot 10^5} = 0{,}56 \text{ N/mm}^2$$

$$\sigma_{m,d} = \frac{M_{2,d}}{W_{y,brutto}} = \frac{638 \cdot 10^6}{6{,}4 \cdot 10^7} = 10{,}00 \text{ N/mm}^2$$

Nachweis nach Gl. (NA.158):

$$\frac{17{,}72}{12{,}31} \cdot \left(\frac{0{,}56}{0{,}55 \cdot 17{,}73} + \frac{10{,}00}{17{,}73}\right) = 1{,}44 \cdot (0{,}06 + 0{,}56) = 0{,}89 < 1{,}0$$

Der Nachweis der Rahmenecke für die Beanspruchung aus negativen Momenten ist damit erbracht, da $\lambda_{y,S} = 76{,}8$ und die Nachweise mit $\lambda_{y,R} = 88{,}3$ geführt wurden.

Eine Beanspruchung der Rahmenecken durch positive Biegemomente und die damit verbundenen Querzugspannungen treten, wie in den Lastkombinationen gezeigt, nicht auf.

Nachweis der Querkraftbeanspruchung des Stiels im Auflagerbereich:

$V_{1,d} = 216{,}5\,\text{kN}$ (LFK 5)

$$\tau_d = 1{,}5 \cdot \frac{V_{1,d}}{A}$$

$$\tau_d = 1{,}5 \cdot \frac{216{,}5 \cdot 10^3}{\left(\frac{2{,}5}{3{,}5}\right) \cdot 260 \cdot 700} = 2{,}51\,\text{N/mm}^2$$

$$\frac{\tau_d}{f_{v,d}} = \frac{1{,}68}{2{,}42} = 1{,}04 \cong 1{,}0$$ **Nachweis erfüllt!**

Nachweis Rahmenriegel:

- Nachweis für die Rahmenecke (Stützmoment) ist durch den Nachweis der Keilzinkung erfüllt.

Nachweis für Feldmoment:

- Der Nachweis ist unter Beachtung der veränderlichen Querschnittshöhe zu führen.
- Maßgebend ist Lastfallkombination 3.

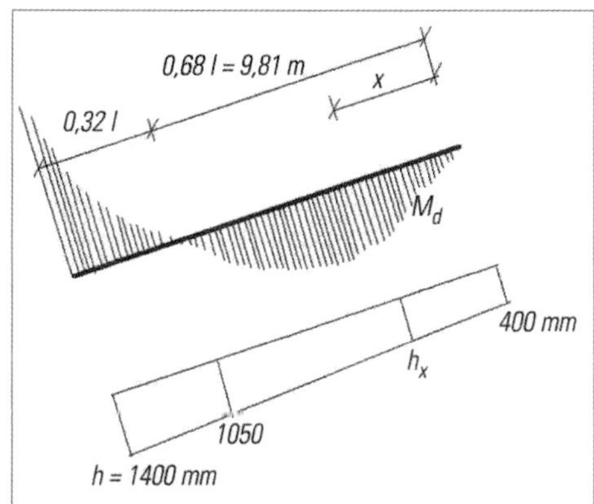

Maßgebender Querschnitt allgemein (s. Pultdachträger):

mit $$x = \frac{0{,}68 \cdot \ell \cdot h_0}{h_0 + h_m} = \frac{9{,}81 \cdot 0{,}4}{0{,}4 + 1{,}05} \approx 2{,}65\,\text{m}$$

$h_x \approx 580\,\text{m}$

Querkraft im First:

$V_d = 44\,\text{kN}$

Einwirkung Q_d senkrecht zur Achse:

$G_{3,k} \approx 2{,}83\,\text{kN/m}$

$Q_{s,k} \approx 4{,}5\,\text{kN/m}$

$Q_d = 1{,}35 \cdot 2{,}85 + 1{,}5 \cdot 4{,}5 = 10{,}6\,\text{kN/m}$

$$M_{y,d} = Q_d \cdot x - \frac{q_d \cdot x^2}{2}$$

$$M_{y,d} = 44 \cdot 2{,}65 - \frac{10{,}6 \cdot 2{,}65^2}{2} = 80\,\text{kNm}$$

$N_d \approx -131\,\text{kN}$

Nachweis Knicken in Rahmenebene:

Für Querschnitt $b/h_x = 260/580\,\text{mm}$

$A_{\text{netto}} = 260 \cdot 580 = 1{,}508 \cdot 10^5\,\text{mm}^2$

$$W_y = \frac{260 \cdot 580^2}{6} = 14{,}58 \cdot 10^6\,\text{mm}^3$$

mit DIN EN 1995-1-1:2010, Gl. (6.23) für $M_{z,d} = 0$

$$\lambda_y = \frac{\ell_{ef}}{i_y} = \frac{24{,}83 \cdot 10^3}{0{,}289 \cdot 580} = 148{,}13$$

$$\lambda_{\text{rel},y} = \frac{\lambda_y}{\pi} \cdot \sqrt{\frac{f_{c,0,k}}{E_{0,05}}}$$ [DIN EN 1995-1-1, Gl. (6.21)]

$$\lambda_{\text{rel},y} = \frac{148{,}13}{\pi} \cdot \sqrt{\frac{32}{11800}} = 2{,}46$$

$$k_y = 0{,}5 \cdot \left(1 + \beta_c\left(\lambda_{\text{rel},y} - 0{,}3\right) + \lambda^2_{\text{rel},c,y}\right)$$ [DIN EN 1995-1-1, Gl. (6.27)]

mit: $\beta_c = 0{,}1$

$$k_y = 0{,}5 \cdot \left(1 + 0{,}1(2{,}46 - 0{,}3) + 2{,}46^2\right) = 3{,}69$$

$$k_{c,y} = \frac{1}{k_y + \sqrt{k_y^2 - \lambda^2_{\text{rel},y}}}$$ [DIN EN 1995-1-1, Gl. (6.25)]

$$k_{c,y} = \frac{1}{3{,}51 + \sqrt{3{,}63^2 - 2{,}46^2}} = \frac{1}{6{,}299} = 0{,}16$$

$$\frac{\sigma_{c,0,d}}{k_{c,y} \cdot f_{c,0,d}} + \frac{\sigma_{m,y,d}}{f_{m,d}}$$ [DIN EN 1995-1-1, Gl. (6.23)]

Gl. (6.24) entfällt

$$\frac{\frac{131 \cdot 10^3}{1{,}508 \cdot 10^5}}{0{,}167 \cdot 22{,}15} + \frac{\frac{80 \cdot 10^6}{14{,}58 \cdot 10^6}}{22{,}15} = 0{,}25 + 0{,}25 = 0{,}50 < 1{,}0$$

Nachweis erfüllt!

Nachweis Biegebeanspruchung am Biegezugrand:

Die angeschnittene Faser verläuft an der Unterseite des Rahmenriegels. Der Faseranschnittwinkel beträgt $\alpha = 17° - 12° = 5°$. Es sind die Spannungen am Biegedruckrand in der Rahmenecke und am Biegezugrand im Firstbereich nachzuweisen.

Stelle der maximalen Biegezugspannung im Firstbereich (aus EDV).

$x = 2{,}65\,\text{m}$

$M_{y,d} = 80\,\text{kNm}$

Querschnitt bei $x = 2{,}65\,\text{m}$

$b = 260\,\text{mm}$; $h_x \cong 580\,\text{mm}$

Nachweis im Firstbereich bei $x = 2{,}65$ m:

$$\sigma_{m,\alpha,d} = \frac{6 \cdot M_{y,d}}{b \cdot h_3^2}$$ [DIN EN 1995-1-1, Gl. (6.37)]

$$\sigma_{m,\alpha,d} = \frac{6 \cdot 80 \cdot 10^6_d}{260 \cdot 580^2} = 5{,}49\,\text{N/mm}^2$$

Bemessungswert der Festigkeit:

$$f_{t,90,d} = \frac{k_{\text{mod}} \cdot f_{t,90,k}}{\gamma_M}$$

$$f_{t,90,d} = \frac{0{,}9 \cdot 0{,}5}{1{,}3} = 0{,}346\,\text{N/mm}^2$$

$$f_{v,d} = \frac{k_{\text{mod}} \cdot f_{v,k}}{\gamma_M}$$

$$f_{v,d} = \frac{0{,}9 \cdot 3{,}5}{1{,}3} = 2{,}42\,\text{N/mm}^2$$

Für $k_{m,\alpha}$ gilt Gl. (6.39):

$$k_{m,\alpha} = \frac{1}{\sqrt{1+\left(\frac{f_{m,d}}{0{,}75 \cdot f_{v,d}} \cdot \tan\alpha\right)^2 + \left(\frac{f_{m,d}}{f_{t,90,d}} \cdot \tan^2\alpha\right)^2}}$$

$$k_{m,\alpha} = \frac{1}{\sqrt{1+\left(\frac{22{,}15}{0{,}75 \cdot 2{,}42} \cdot \tan 5°\right)^2 + \left(\frac{22{,}15}{0{,}346} \cdot \tan^2 5°\right)^2}}$$

$$k_{m,\alpha} = \frac{1}{\sqrt{1+1{,}14+0{,}24}} = 0{,}65$$

$$f_{m,\alpha,d} = k_{m,\alpha} \cdot f_{m,d}$$

$$f_{m,d} = 0{,}65 \cdot 22{,}15 = 14{,}4\ \text{N/mm}^2$$

$\sigma_{m,\alpha,d} \le f_{m,\alpha,d} = 5{,}49 < 14{,}4\ \text{N/mm}^2$ [DIN EN 1995-1-1, Gl. (6.38)]

Nachweis erfüllt!

Nachweis der Querkraftbeanspruchung im First:

$V_d = 44{,}0\ \text{kN}$ maßgebend (LFK 2)

$$\frac{\tau_d}{f_{v,d}} = \frac{\frac{1{,}5 \cdot V_d}{A_{ef}}}{f_{v,d}} = \frac{\frac{1{,}5 \cdot 44 \cdot 10^3}{\left(\frac{2{,}5}{3{,}5}\right) \cdot 260 \cdot 400}}{2{,}42} = \underline{0{,}37 < 1{,}0}$$

Nachweis erfüllt!

Die weiterhin erforderlichen Nachweise des Rahmens im First sowie in den Auflagern werden hier nicht weiter ausgeführt.

Verformungsnachweis:

Nachgewiesen wird die vertikale Verschiebung des Firstknotens:

Verformungsanteile aus EDV:

$w_{G,inst} = 16{,}8\ \text{mm}$

$w_{Q,1,inst} = 22{,}6\ \text{mm}$ (Schnee)

$w_{Q,2,inst} = -13{,}0\ \text{mm}$

(Wind, wird nicht berücksichtigt da günstig wirkend)

$$w_{G,fin} = w_{G,inst} \cdot (1 + k_{def})$$

$$w_{G,fin} = 16{,}8 \cdot (1 + 0{,}6) = 26{,}9\ \text{mm}$$

Seltene Bemessungssituation:

$$w_{Q,fin,rare} = w_{Q1,inst} \cdot (1 + \psi_{2,1} \cdot k_{def})$$

$$w_{Q,fin,rare} = 22{,}6 \cdot (1 + 0{,}0 \cdot 0{,}6) = 22{,}6\ \text{mm}$$

Quasi-ständige Bemessungssituation:

$$w_{Q,fin,perm} = \psi_{2,1} \cdot w_{Q1,inst} \cdot (1 + k_{def}) = 0{,}0$$

Nachweise:

Durchbiegung in der seltenen Bemessungssituation:

$$w_{inst} = 16{,}8 + 22{,}6 - 13{,}0 = 26{,}4\ \text{mm}$$

$$< \ell/300 = 28000/300 = 93\ \text{mm}$$

$$w_{fin,rare} = w_{G,fns} + w_{Q,fin,rare}$$

$$w_{fin,rare} = 26{,}9 + 22{,}6 = 49{,}5\ \text{mm}$$

$$w_{fin} = 49{,}5 < \ell/200 = 140\ \text{mm}$$

Durchbiegung in der quasi-ständigen Bemessungssituation:

$$w_{net,fin} = w_{fin} - w_c$$

$$w_{net,fin} = 49{,}5 - 0 = 49{,}5 < \ell/300 = 140\ \text{mm}$$

9.8. Konstruktionsdetails

Gelenkstöße

Gelenkträger werden bei langen Brettschichtträgern, z. B. über Industriehallen, international zunehmend angewendet.

Vorteil

Trägerhöhen und Holzverbrauch (im Beispiel) geringer als beim Zweifeld-Durchlaufträger sowie kürzere Teilstücke (mit geringen Transportabmessungen und Montagemassen).

Nachteil

Zusätzlicher Aufwand für die Gelenkausbildung und größere Durchbiegungen als bei einem Zweifeld-Durchlaufträger mit gleichen Spannweiten und Belastungen.

Die Vorteile überwiegen.

Nach Bild 9.88.a liegt der Einhängeträger in einem Stahlschuh, der über den Kragträger gestülpt ist. Für die aufzunehmenden Querkräfte kann die gesamte Trägerhöhe genutzt werden. Größere Zug- oder Abhubkräfte können bei dieser Lösung nicht übertragen werden. Die Lage der Stahlschuhe wird mit Sechskantschrauben gesichert. Da die Trägerenden winkelrecht gestoßen sind, muss der Stahlschuh schräg ausgebildet sein. Bei der Ausführung nach Bild 9.88.b kann der Träger größere Zugkräfte aufnehmen. Dazu werden zusätzlich Stahllaschen an den Stahlschuh angeschweißt und mit Dübeln angeschlossen. Die Konstruktion nach Bild 9.88.c unterscheidet sich von Bildern 9.88. a und b dadurch, dass die Trägerenden schräg geschnitten sind, und der Stahlschuh rechtwinklig zur Trägerachse verläuft.

Auflagerpunkte von Brettschichtträgern

Aussteifungen der Binderriegel

Hohe Binder müssen gegen seitliches Ausweichen gesichert sein. Eine solche Aussteifung ist besonders bei rahmenartigen Bindern wichtig, bei denen negative Momente auftreten. Dadurch sind in der unteren Querschnittszone des Binders Druckkräfte vorhanden.

Bild 9.89.a zeigt, wie ein Binderuntergurt durch **Zugbänder** aus Rundstahl (verschraubt oder verdübelt) gehalten wird. In Bild 9.89.b wird der Binderriegel durch eine Stahlkonstruktion seitlich ausgesteift. Die Aussteifung der Druckgurte der Binder erfolgt in der Regel durch **Knick- bzw. Aussteifungsverbände**.

Auflagerausbildungen bei weit gespannten Trägern

Bei Brettschichtträgern mit großer Spannweite in gerader und leicht gebogener Form ist ein Auflager fest und das andere beweglich auszubilden, um Zusatzbeanspruchungen der Auflagerwände zu vermeiden.

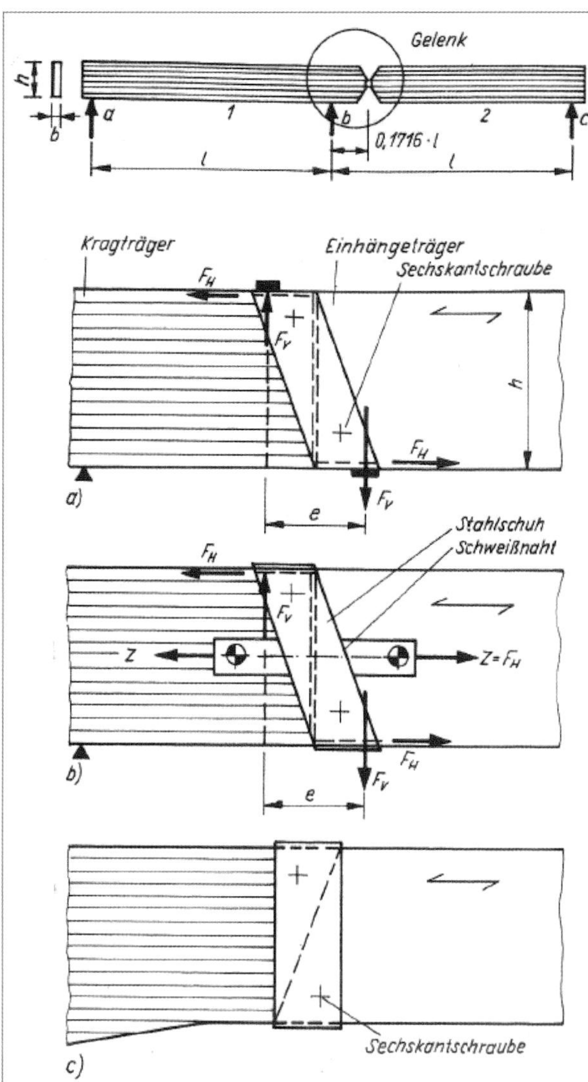

Legende
a) Brettschichtträger, winkelrecht gestoßen
b) Brettschichtträger kann zusätzlich Normalkräfte (Zug) übertragen
c) Brettschichtträger, schräg gestoßen, Stahlschuh senkrecht Nachteil

Bild 9.88. Gelenkausbildung bei Gelenkträgern mit Stahlschuhen

Nach Bild 9.90.a werden die Auflagerkräfte beim festen Lager über einen Stahlschuh auf die Auflagerplatte übertragen. Die beiden Nocken am Stahlschuh verhindern, dass sich der Binder bewegt. Am beweglichen Lager sind keine Nocken vorhanden (Bild 9.90.b), sodass sich der Binder bewegen kann. Die oberen Winkelstahlprofile erhalten Langlöcher. Hohe Träger sind, um das Kippen zu verhindern, mit Gabellagerung auszubilden (s. Bilder 9.90. und 9.92.).

Bei Trägern mittlerer Höhe genügt es, am Auflager U-Stahl-Profile einzubetonieren, bei Stahlbetonstützen (Bild 9.91.) wird der Träger in eine Nut gelegt.

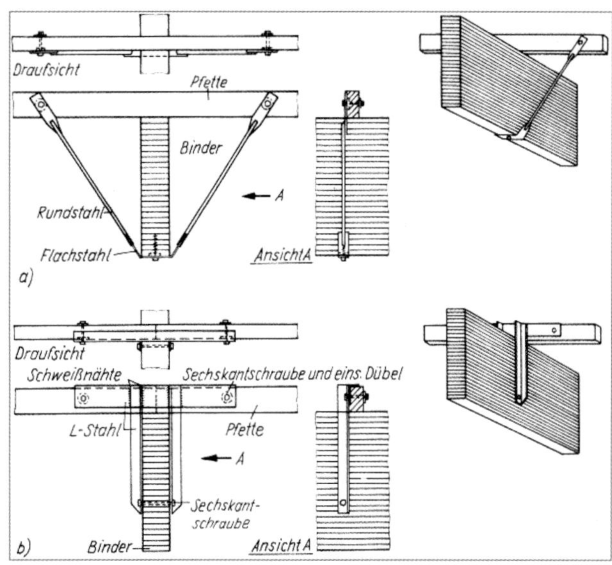

Legende
a) Zuggurt durch Zugband
b) durch Stahlkonstruktion gehalten

Bild 9.89. Aussteifung von Binderriegeln [*Cyron/Sengler* 1988]

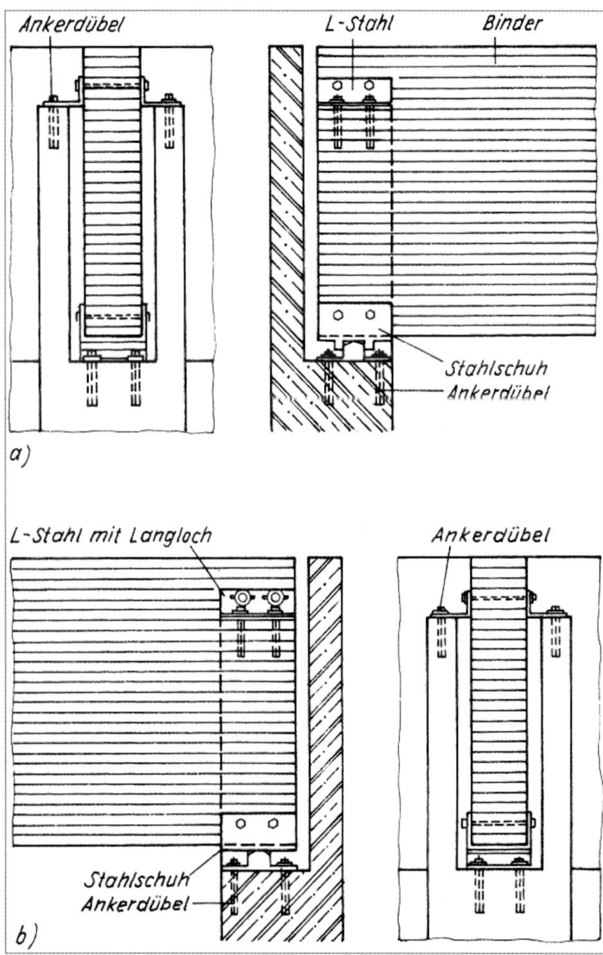

Legende
a) festes Auflager
b) bewegliches Auflager

Bild 9.90. Auflagerausbildung bei weit gespannten Brettschichtträgern (nach [*Cyron/Sengler* 1988])

In Bild 9.92. ist das Auflager eines Brettschichtträgers auf einer gabelförmigen, zweiteiligen Vollholzstütze abgebildet. Diese Lösung ist auch für durchlaufende Träger anwendbar. Das Bild 9.91. zeigt das Auflager eines Brettschichtträgers auf einer Stahlbetonstütze; zweckmäßig bei geringen Stützweiten.

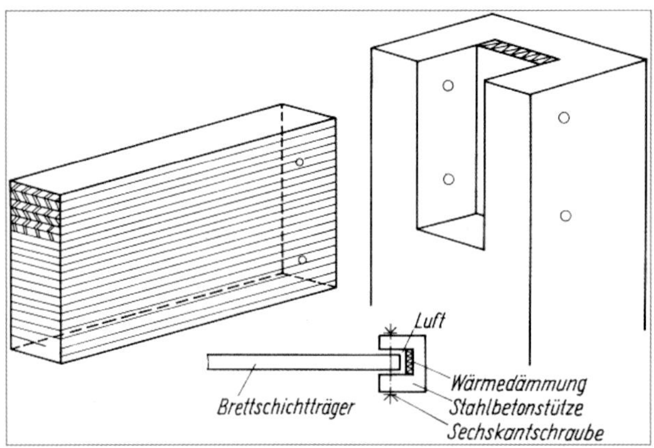

Bild 9.91. Auflager eines Brettschichtträgers von mittlerer Höhe auf einer Stahlbetonstütze (ohne Auflagerplatte gezeichnet, Schema)

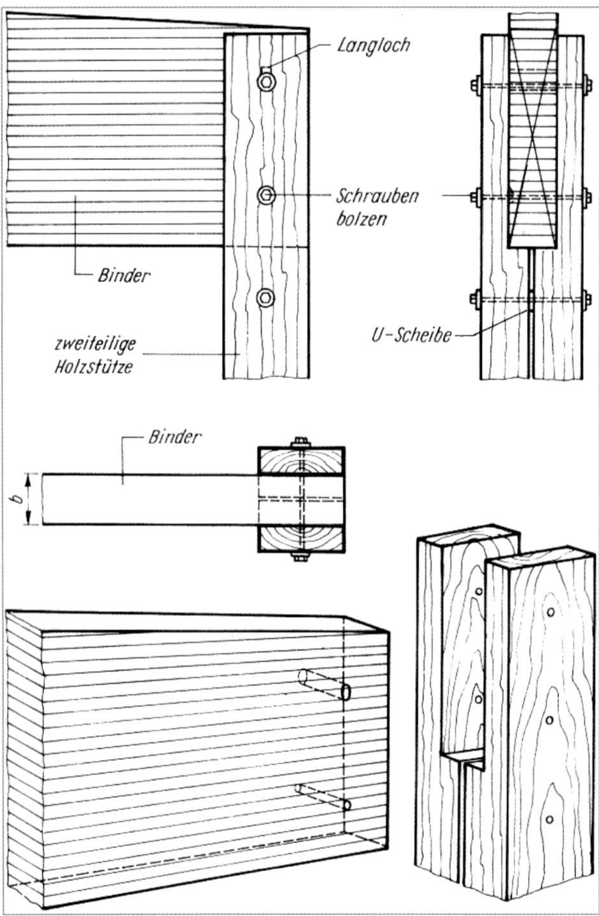

Bild 9.92. Auflager eines Brettschichtträgers auf einer gabelförmigen, zweiteiligen Holzstütze (nach [*EGH-Bericht* 1979])

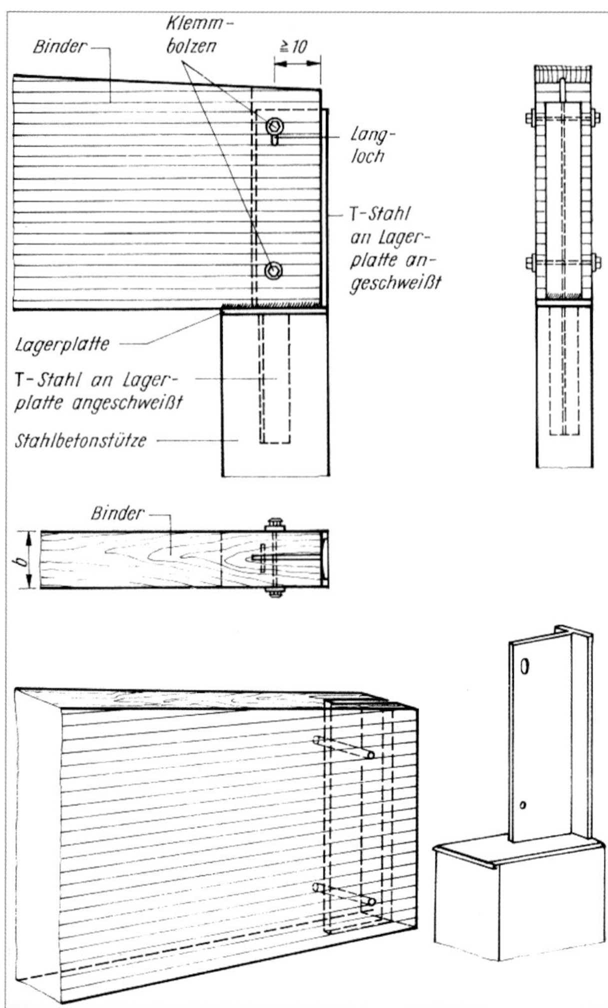

Bild 9.93. Auflager eines Brettschichtträgers auf einer Stahlbetonstütze [*EGH-Bericht* 1979]

Anschlüsse

Bei rechtwinkligen Anschlüssen von Vollholz oder Brettschichtträgern an geklebte Binderteile werden bei geringen Abmessungen patentierte Balkenschuhe verwendet. Höhere Träger erfordern andere Lösungen (Bilder 9.94.a und b). Einseitig angeschlossene Träger (Bild 9.95.) müssen auf Verdrehen (Torsion) untersucht werden [*Möhler/Hemmer* 1977]. Die Verbindung von Haupt- und Nebenträger zeigen die Bilder 9.95. und 9.96.

Versuchsergebnisse von [*Möhler* 1971-2] und [*Ehlbeck/Schlager* 1992] haben ergeben, dass Ringkeildübel und Einpressdübel, auch zur Kraftübertragung im Hirnholz von Brettschichtträgern angewendet werden können (s. auch hierzu in Abschnitt 3.10.6). Es sollen jedoch nicht mehr als fünf Dübel untereinander angeschlossen werden (Bild 9.96.).

Um Querzugspannungen zu reduzieren, müssen die Anschlussmittel beim Hauptträger im oberen und beim Nebenträger im unteren Bereich angeordnet werden.

Schräganschlüsse (Bild 9.97.) werden mit Stahllaschen oder Stahlplatten ausgeführt. Einen Schräganschluss mit genagelten Holzlaschen zeigt Bild 9.60. (Anschluss des Knick- und Windverbandes). Einfache Anschlüsse für Zugstangen aus Rundstahl sind in Bild 9.98., aus Vollholz in Bild 9.99. dargestellt.

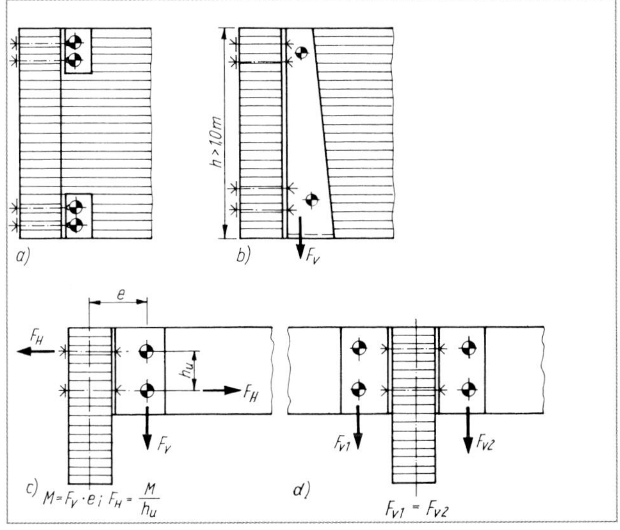

Legende
a) mit Winkelprofil, verschraubt
b) mit hohem Balkenschuh
c) einseitiger Anschluss erzeugt Torsion
d) beidseitiger Anschluss

Bild 9.94. Rechtwinklige Anschlüsse an Brettschichtträger

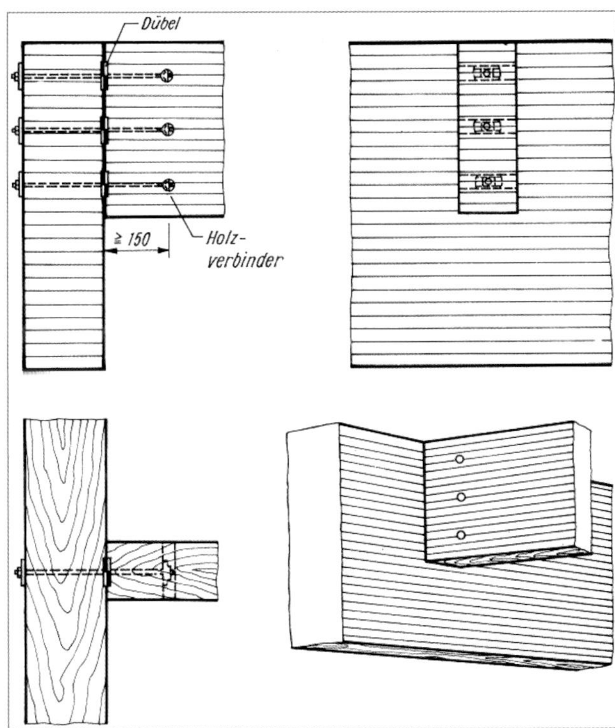

Bild 9.95. Verbindung Haupt- und Nebenträger
[*EGH-Bericht* 1979]

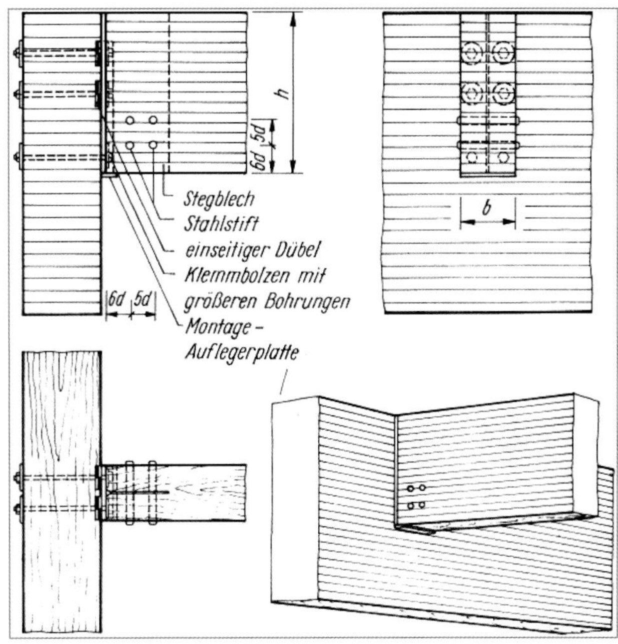

Legende
Verbindungsmittel: Stab- und Einpressdübel

Bild 9.96. Verbindung Haupt- und Nebenträger
[*EGH-Bericht* 1979]

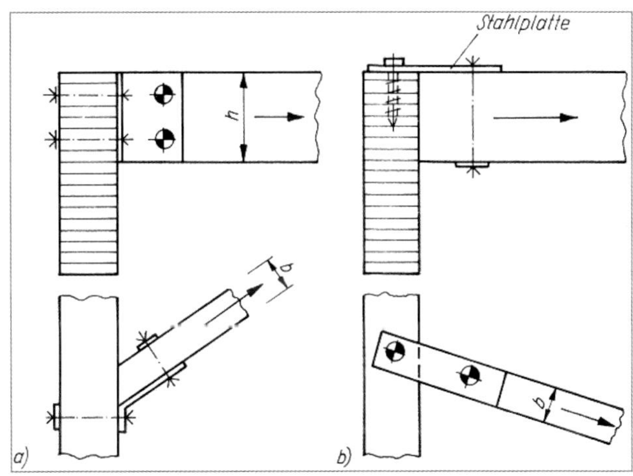

Legende
a) mit Stahllasche
b) mit Stahlplatte

Bild 9.97. Schräganschlüsse an Brettschichtträger

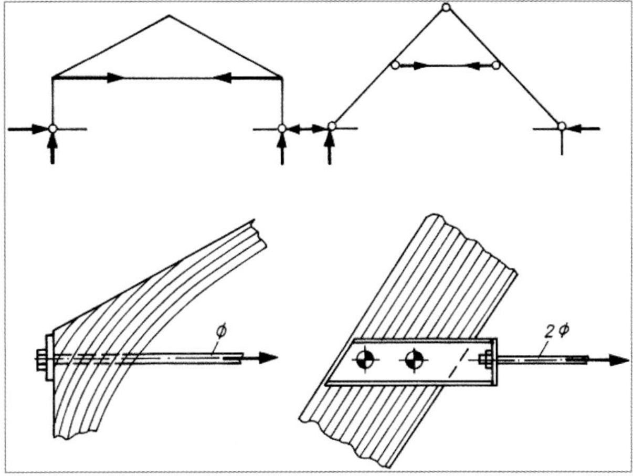

Bild 9.98. Anschlüsse für Zugstangen aus Rundstahl

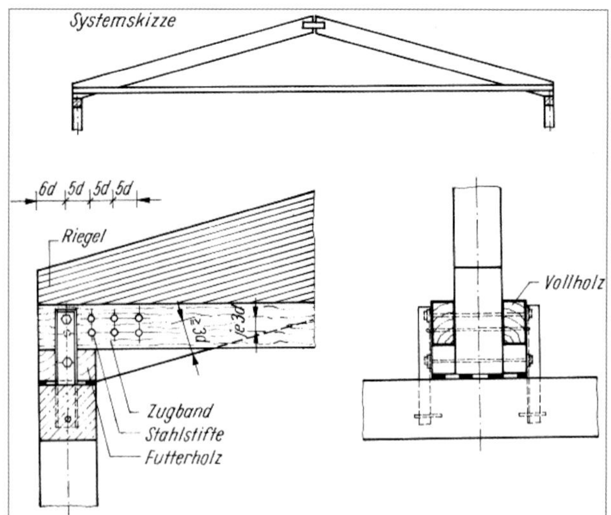

Bild 9.99. Hölzernes Zugband bei einem Dreigelenk-Stabzug (nach [*EGH-Bericht* 1979])

First- und Fußpunkte von Dreigelenkbögen

Bei Dreigelenkbögen bzw. -bindern von großer Spannweite ist der Firstpunkt gelenkartig auszubilden. Bei Lastwechseln von Schnee und Wind ergeben sich Senkungen des Firstpunktes. Um Bewegungen des Gelenks zu ermöglichen, dürfen die Binderriegel nicht unmittelbar zusammenstoßen (Bild 9.100.b), weil sonst Schäden (Risse) entstehen.

Die Lösung nach Bild 9.100.c mit dem Hartholzgelenk stellt ein einfaches, jedoch wirksames Gelenk dar. Firstgelenkausbildungen nach Bild 9.101. werden bei größeren Spannweiten von Dreigelenkbindern gewählt. Die Querkräfte werden über Dübel in die Stahlschuhe geleitet. Der Gelenkbolzen ermöglicht eine volle Gelenkwirkung. Bei der Bemessung der Binder auf Schub darf nicht die ganze Querschnittshöhe als tragend angenommen werden. Durch die ausmittige Anordnung der Stahlschuhe und den Abstand *e* entsteht ein zusätzliches Moment von $F_v \cdot e = F_H \cdot h$. Es ist auch möglich, die Stahlschuhe unten und oben zu schließen.

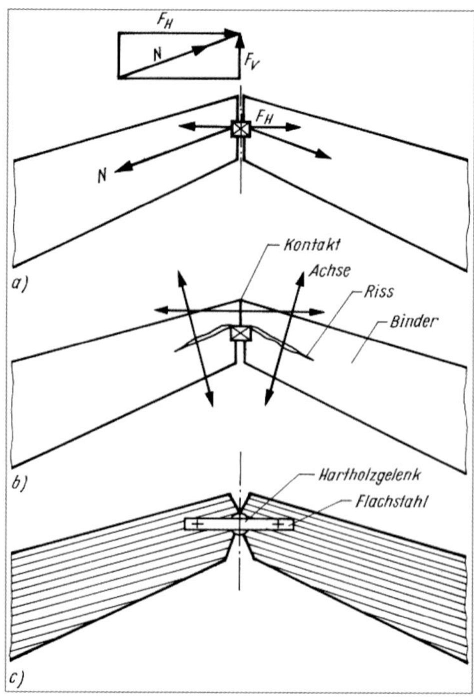

Legende
a) fehlerhafte Verbindung
b) Schäden in den Binderriegeln am Gelenk bei Ausführung nach a
c) richtige Ausführung mit Hartholzgelenk, Binderriegel leicht abgerundet, Lagesicherung durch Flachstahl

Bild 9.100. Firstpunkt eines Dreigelenkbinders (geringe bis mittlere Spannweite)

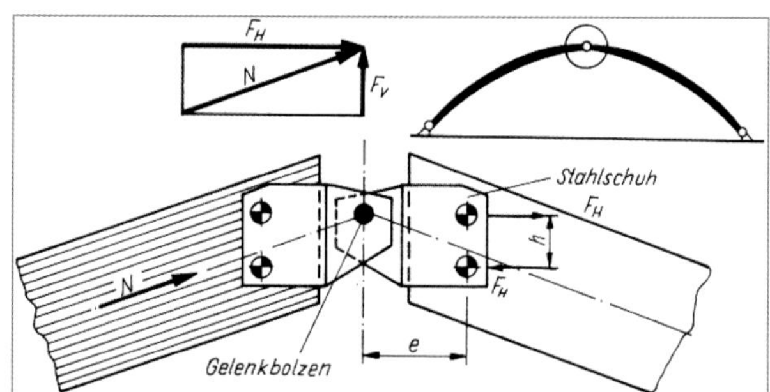

Bild 9.101. Firstpunkt für einen weit gespannten Dreigelenkbogen

In Bild 9.102. ist ein Stahlgelenk mit Gelenkbolzen dargestellt. Die vertikalen Gelenkkräfte werden durch einseitige Dübel auf den Binder übertragen, die horizontalen Gelenkkräfte werden direkt auf die Stirnplatte geleitet. Der Gelenkbolzen wird zweischnittig beansprucht. Infolge des geringen Abstandes der Binderteile und der flächig angeordneten Seitenfläche wirkt die Ansicht des Gelenkpunktes „ruhig“.

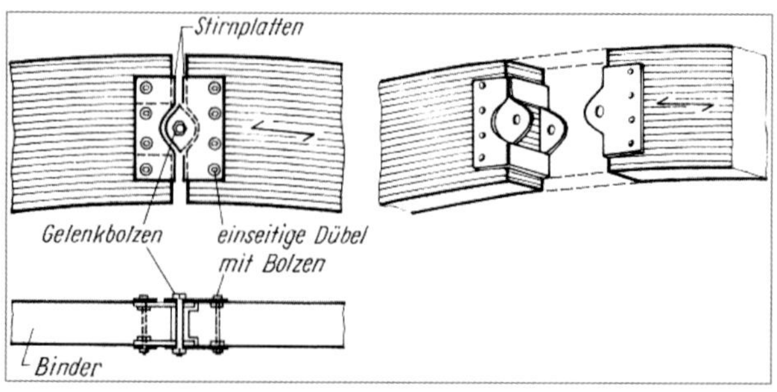

Bild 9.102. Stahlgelenk mit Gelenkbolzen (nach [*EGH-Bericht* 1977])

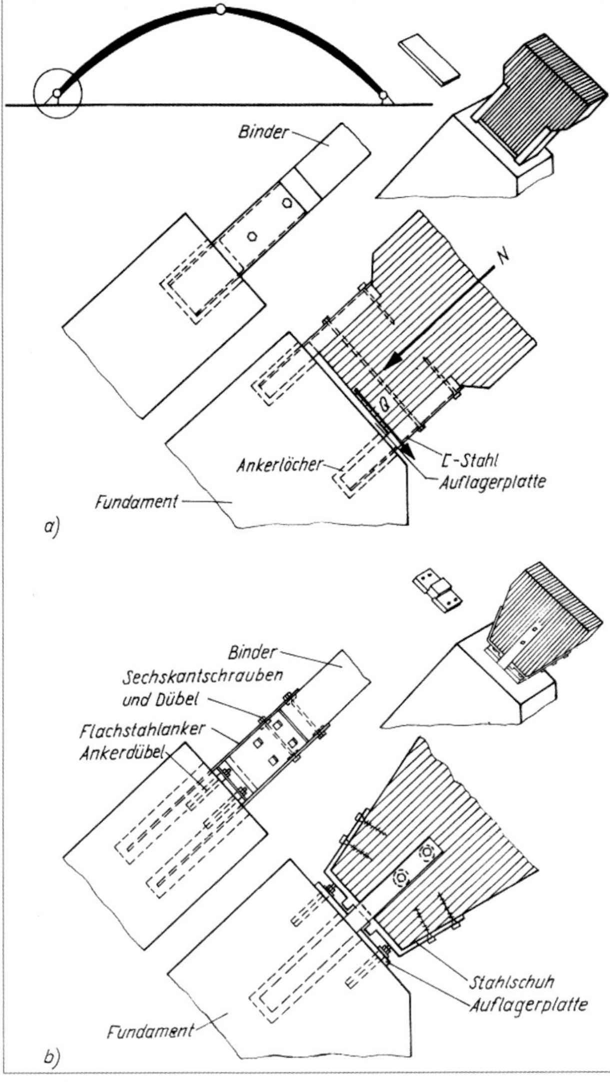

Legende

a) Die Normalkräfte aus dem Binder werden über eine Stahlplatte in das Fundament geleitet. Die Querkräfte (parallel zum Fundamentkopf) werden über zwei hk-Stahl-Profile übertragen

b) Die Normalkräfte aus dem Binder werden über einen Stahlschuh auf eine Auflagerplatte übertragen

Bild 9.103. Auflagerpunkte von Bogenbindern (nach [*Cyron/Sengler* 1988])

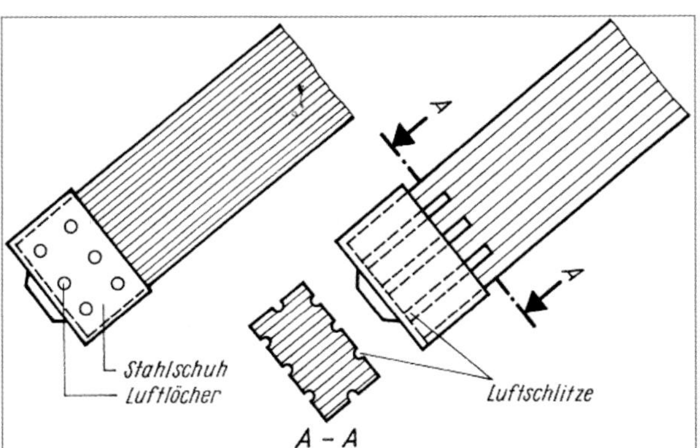

Bild 9.104. Belüftung von Fußpunkten (Gelenke) geklebter Bögen in Stahlschuhen

Auflagerpunkte von Bogen- und Rahmenbindern

Bei weit gespannten Zwei- und Dreigelenkbögen sind große Auflagerkräfte aufzunehmen. Dann empfiehlt es sich, den Fundamentkopf schräg auszubilden. Meistens werden dann die Normalkräfte aus dem Binder über einen Stahlschuh auf eine Auflagerplatte übertragen.

Zur Aufnahme der Querkräfte sind besondere Vorkehrungen zu treffen (z. B. Stahlschuh mit Nocken).

Die Auflagerplatte wird vor der Montage des Binders auf dem Fundament mit Ankerdübeln befestigt (Bild 9.103.).

Werden Stahlschuhe nach Bild 9.104. verwendet, so muss der Binderfuß mit Luftschlitzen belüftet werden.

Die Auflagerausbildung muss die statisch-konstruktiven Forderungen erfüllen und den Montagevorgang ermöglichen (Aufrichten des Binders aus der horizontalen Lage in die Einbaulage).

Dreigelenkbinder erzeugen in jedem Auflager vertikale und horizontale Auflagerreaktionen. Sie müssen vom Binder auf das Betonfundament übertragen werden. Schwierigkeiten bereitet im Allgemeinen die Aufnahme der Horizontalkräfte. Sofern nur geringe H-Kräfte zu übertragen sind, werden die Binderstiele mit zwei Flachstahllaschen im Betonfundament verankert. Für die Bemessung sind das Biegemoment in den Laschen und die Beanspruchung zwischen Stahllaschen und Beton maßgebend. Die Bilder 9.105. und 9.106. zeigen einfache Auflagerungen von Binderfüßen.

Bei Spannweiten ≥ 30 m sollten im statischen Sinn echte Fußgelenke ausgebildet werden.

Literaturhinweis: [*Herzog/Natterer* u. a. 2003], [*Brünninghoff* u. a. 2000]

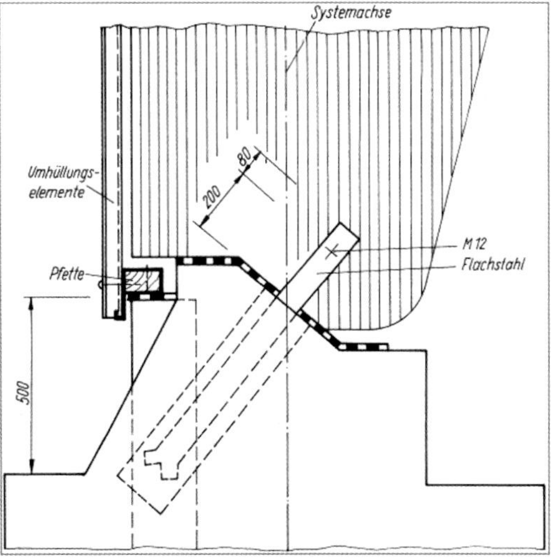

Bild 9.105. Auflagerpunkt eines Dreigelenkbinders für Düngerlagerhallen

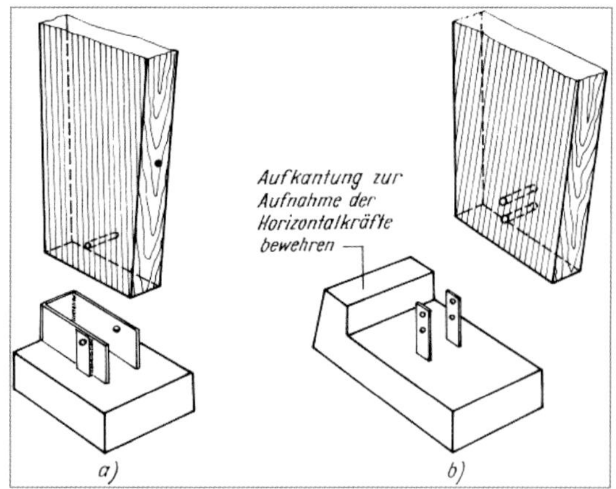

Legende
a) Stahlschuh mit Schraubenbolzen
b) Aufkantung aus Stahlbeton nimmt Horizontalkraft auf, Lagesicherung: 2 Schraubenbolzen

Bild 9.106. Einfache Auflagerung von Binderfüßen (keine „echten" Gelenke)

9.9. Ausgeführte geklebte Holzkonstruktionen

Nachfolgend werden ausgewählte Beispiele von ausgeführten Brettschichtkonstruktionen gezeigt.
Bei den **Satteldachbindern** handelt es sich um unterspannte Holzklebekonstruktionen (Dreigelenkbinder). Sie wurden in der DDR bis 1989 in Spannweiten von 15,0 bis 24,0 m in beachtlichen Losgrößen gefertigt und vornehmlich in der Landwirtschaft eingesetzt (Bilder 9.107. bis 9.109.). Gegenüber Nagelbindern und normalen Brettschichtkonstruktionen sind große Holzeinsparungen möglich. Holzkonstruktionen erhalten bei der Fertigung im Allgemeinen eine Überhöhung, um den Schlupf der Verbindungsmittel zu kompensieren. Beim Obergurt von unterspannten Bindern wird diese Überhöhung durch das Anziehen der Unterspannung am Spannschloss erreicht. Dadurch werden Vorspannkräfte in das Tragwerk eingetragen.

Bild 9.107. Stahlunterspannte Brettschichtbinder, Vormontage von jeweils zwei Segmenten am Boden (Parterre) (Foto: *Baufa GmbH, Leipzig*)

Bild 9.108. Montage der vormontierten Doppelsegmente der stahlunterspannten Klebebinder, Stützweite: 24,0 m (Foto: *Baufa GmbH, Leipzig*)

Bild 9.109. Montage der vormontierten Doppelsegmente der stahlunterspannten Brettschichtbinder, Stützweite: 24,0 m (Foto: *Baufa GmbH, Leipzig*)

Bild 9.119. zeigt eine **Kalidüngerlagerhalle**. Das Tragwerk ist eine Dreigelenkrahmenkonstruktion.

In Bild 9.111. wird ein **Zweigelenkhallenbinder** von 18 m Spannweite (Tragwerk: Rahmenkonstruktion mit Dübelkreisanschluss in der Rahmenecke) gezeigt. Die Rahmenkonstruktion wird auf der Baustelle montiert und dann gerichtet. Der Binderriegel ist ein geklebter Brettschichtträger.

Die Bilder 9.112. und 9.113. zeigen eine zweischiffige Kalilagerhalle für den Überseeumschlag von Düngemitteln. Die Binder sind als Kehlbalkendach berechnet. Die waagerechte Unverschiebbarkeit der Fundamente wird durch Zuganker, die im Abstand von 4,50 m in Ankerkanälen angeordnet sind, erreicht.

Hallenlänge: 135 m
Gesamtbreite: 82 m
Holzverbrauch: 11,7 m^3/100 m^2 Grundfläche
Binderabstand: 4,5 m
Sparren 100/1090 mm: 28 m lang
Tragbalken der Förderanlage, 2 × 100 × 460 mm: 16 m lang

Auch die Kalilagerhalle (Bild 9.114.) zeigt die hervorragende Anwendungs- und Anpassungsmöglichkeit der Brettschichtbauweise [*Heinze* 1970]. Ausdruck hierfür ist der **Verbundsparren mit veränderten Querschnittshöhen**.

Bild 9.110. Düngerlagerhalle, Dreigelenkbinder, Stützweite: 24 m; Binderabstand: 4,5 m; Dachneigung: 37° (Foto: *Baufa GmbH, Leipzig*)

Bild 9.111. Montage eines Zweigelenkhallenbinders von 18 m Stützweite (Foto: *Baufa GmbH, Leipzig*)

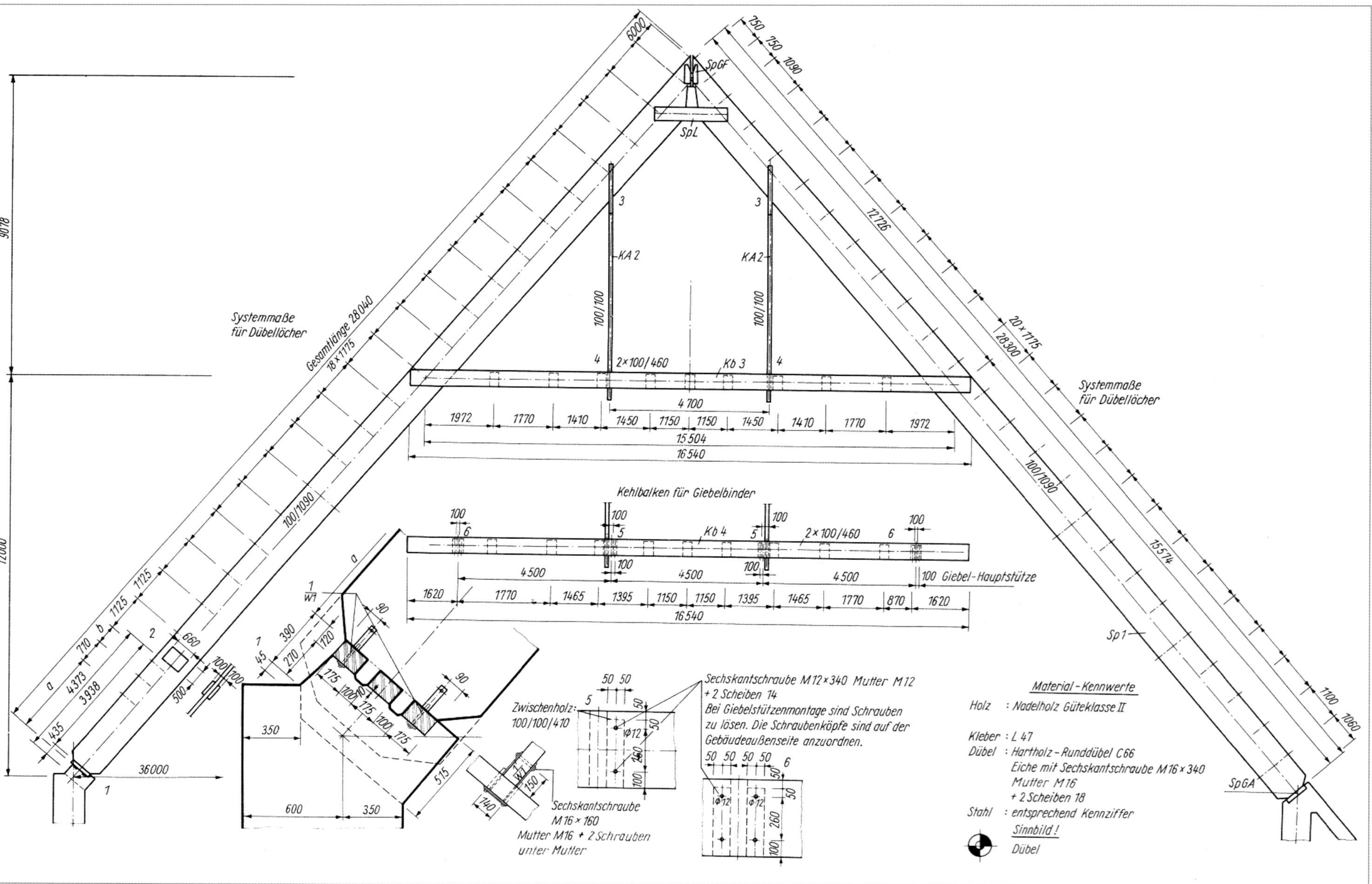

Bild 9.112. Kalilagerhalle in Wismar/Mecklenburg-Vorpommern mit Holzklebebinder (statisches System eines Kehlbalkendaches), Binderabstand 4,50 m

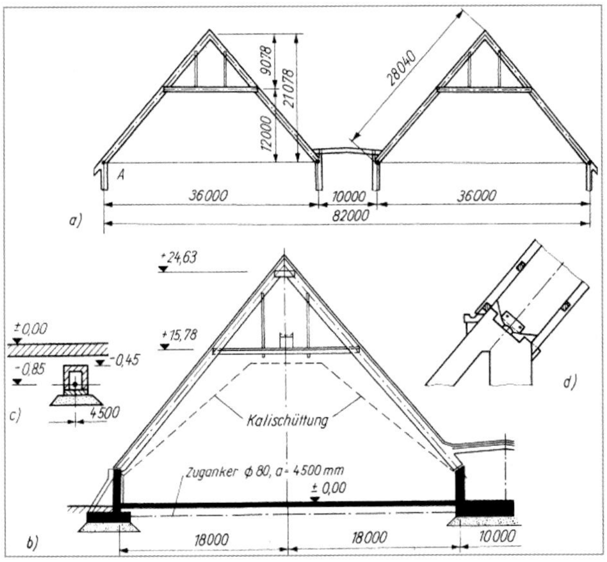

Legende
a) Übersicht
b) Hallenkonstruktion mit Flachgründung und Zuganker
c) Ankerkanal
d) Auflagerpunkt A

Bild 9.113. Zweischiffige Kalilagerhalle in Wismar/Mecklenburg-Vorpommern für den Überseeumschlag

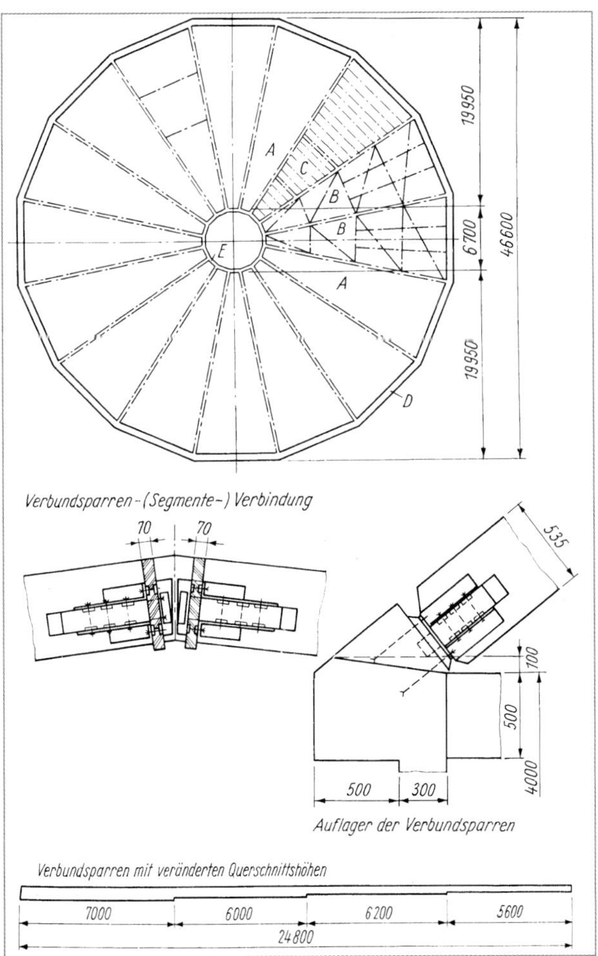

Legende
A Segment
B Segment mit Aussteifungsstäben
C Segment mit Dachpfetten
D Stahlbeton-Ringbalken
E Druckring; 300/500 mm (Nadelschnittholz)

Bild 9.114. Kalilagerhalle in Zielitz/Sachsen-Anhalt, Grundriss des Stabsystems

Rundbaudurchmesser:		46 m
Dachneigung:		68 %
Höhen:	Stahlbetonsockel	4,25 m
	Kuppelbau	15,25 m
	Beschickungsturm	5,0 m
Grundrissform:	Sechzehneck	

Die Zusammenschlüsse der 16 trapezförmigen Mantelsegmente ergeben die Verbundsparren. Länge der Verbundsparren: 25 m. Ihr geklebter Brettschichtquerschnitt beträgt unten $2 \times 70 \times 535$ mm, er verjüngt sich nach oben auf $2 \times 70 \times 270$ mm.

Bebaute Grundfläche: 1700 m^2

Die Bilder 9.115. und 9.116. zeigen eine Kalilagerhalle in Rostock. Die Bilder 9.117. bis 9.119. zeigen Beispiele aus Polen.

Bild 9.115. Kalilagerhalle in Rostock, Brettschichtkonstruktion, Stützweite: 36,0 m (Foto: *Baufa GmbH, Leipzig*)

Bild 9.116. Kalilagerhalle in Rostock/Mecklenburg-Vorpommern, Längsverbände (Foto: *Baufa GmbH, Leipzig*)

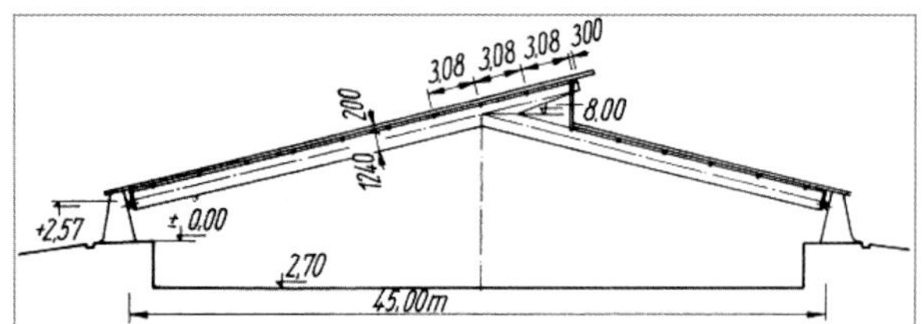

Bild 9.117. Sporthalle in Lezno, Polen, Stützweite 45 m (nach [*Kubica* 1978])

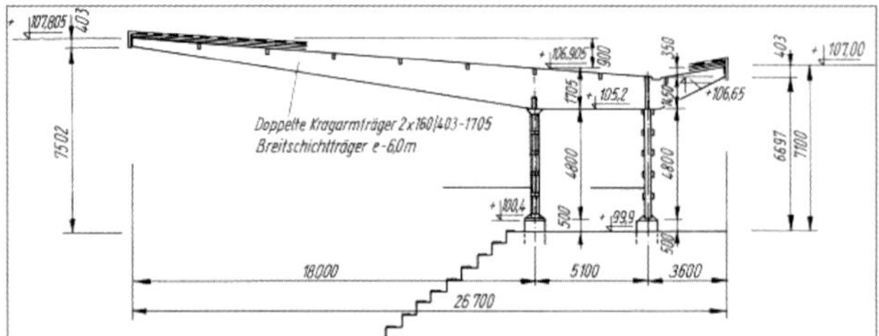

Bild 9.118. Sportstadion in Ptok, Polen, Tribünenüberdachung mit Doppelkragbinder von etwa 27 m Länge (nach [*Kubica* 1978])

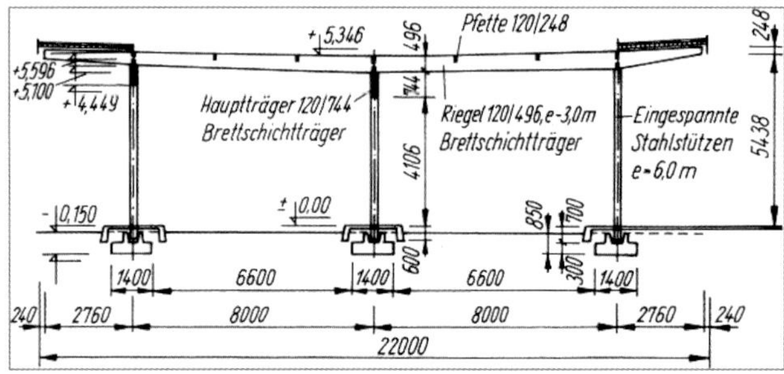

Bild 9.119. Überdachung einer Tankstelle, Polen (nach [*Kubica* 1978])

Eine materialökonomische **Stahl-Holz-Konstruktion**, wie sie in Finnland für eine weit gespannte Dachkonstruktion einer Messehalle ausgeführt wurde, zeigt Bild 9.120. Nach dem Prinzip des Parallelfachwerkträgers wurden

- der auf Druck und Biegung beanspruchte Obergurt aus Brettschichtholz,
- die auf Zug beanspruchten Diagonalen und Untergurte aus Stahlseilen und
- die auf Druck beanspruchten Vertikalen aus [-Stählen

ausgeführt. Binderabstand 9,0 m, Zwischenpfetten mit dem Querschnitt 140/430 m in 2,5 m Achsabstand. Die Stützweite von 54,0 m stellt eine beachtliche Lösung eines unterspannten Trägers dar.

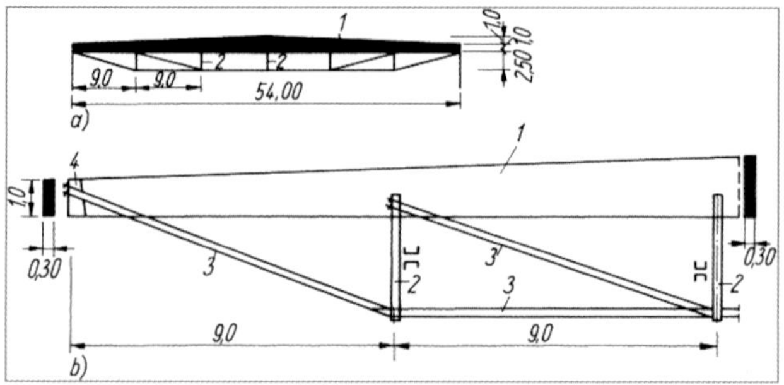

Legende
a) statisches System
b) Detail
1 Brettschichtträger (Obergurt)
2 Profilstähle
3 jeweils vier Stahlseile
4 Stahlschuh

Bild 9.120. Unterspannter Brettschichtträger für eine weit gespannte Dachkonstruktion

Ebenfalls in Finnland wurde eine Eishockeyhalle mit **Fischbauch-Fachwerkträgern** aus einer Kombination von geklebten Brettschichtträgern und Rundstählen (für die Zugstäbe) überdeckt. Der Obergurt besteht aus zwei Brettschichtträgern. Im Bereich der Knotenpunkte sind Futterstücke eingesetzt. Das günstige Verhältnis von $\ell/h = 8$ erlaubt eine wirtschaftliche Lösung der Aussteifungsverbände mit Rundstählen (Bild 9.121.).

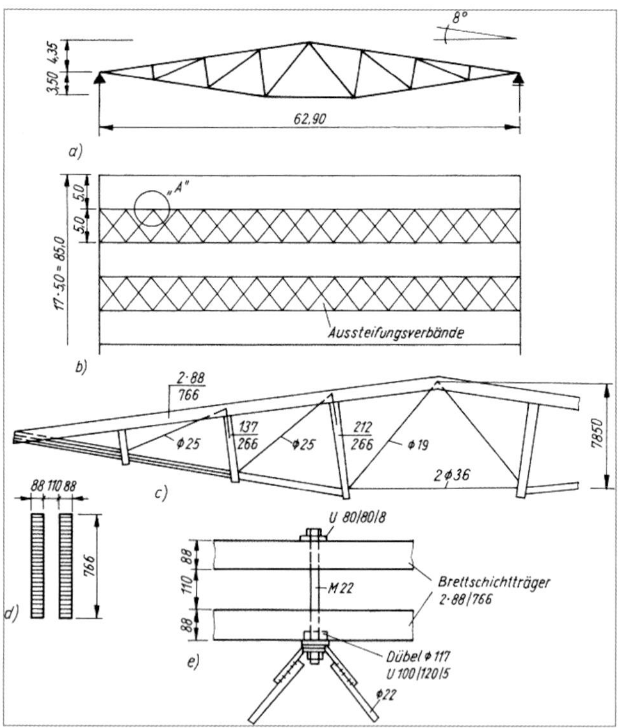

Legende
a) Dachbinder
b) Grundriss
c) Binder mit schematischer Darstellung der Zugstabführung
d) Querschnitt des Obergurtes
e) Aussteifungsverband, Draufsicht Punkt „A“, Anschluss der Diagonalen an Obergurt

Bild 9.121. Fischbauch-Fachwerkträger mit Obergurten aus geklebten Brettschichtträgern (Finnland, nach [*Holzbau Zürich* 1978])

9.10. Großflächige Dachkonstruktionen

9.10.1. Übersicht

Zu den großflächigen Dachkonstruktionen können gerechnet werden (s. Bild 9.122. und 9.123.)

- Zelt- und Hängedächer,
- Kuppelkonstruktionen,
- Schalen,
- Faltwerke,
- Raumfachwerke.

Es sind auch andere Einteilungen möglich, z. B. können großflächige Dächer grob in zwei Gruppen eingeteilt werden:

- solche, die **von einer Rippenkonstruktion (s. Bild 9.125.) getragen** werden, und
- **Schalendächer (s. Bild 9.122.)**.

Zu den Ersteren gehören z. B. Rauten-Lamellenkonstruktionen (*Zollinger*-Lamellenbauweise, s. a. Abschnitt 9.10.5).

Die Überdachung großer stützenfreier Räume hat in den letzten Jahrzehnten international gesehen an Bedeutung gewonnen. Diese Entwicklung wird aktiviert durch die Forderung nach architektonisch ansprechenden dynamischen Formen, vorgefertigten Bauelementen und wirtschaftlichen Lösungen (s. [*Herzog, Natterer* u. a. 2003]).

Dabei erwiesen sich **Flächentragwerke** als besonders vorteilhaft, weil sie die raumabschließende Funktion des Daches mit der Tragwirkung vereinen.

Flächentragwerke sind dadurch gekennzeichnet, dass Tragwirkung und Raumbegrenzung durch die Form der Fläche erreicht werden.

Für die Formgebung von Flächentragwerken bestehen reichhaltige Möglichkeiten. Kuppeln sind im Wesentlichen auf Rundbauten beschränkt. Faltwerke sind vielfältig anwendbar. Schalen- und Hängedächer gewinnen an Bedeutung für weit gespannte Bauten.

Ausführungsbeispiele und Berechnung, s. [*Scholz* 2004], [*Gollwitzer, Gebbeken* 2004], [*Keller/Thies* 2004], [*Herzog/Natterer* u. a. 2003], [*Schober* 2002], [*Natterer* u. a. 1996], [*Cziesielski* 1996], [*Linkwitz* 1996], [*Holzer* u. a. 1996], [*Mettem* 1995], [*Chilton* 1995], [*Mönck* 1993], [*Häring* 1992], [*Wenzel* 1990], [*Ratsep/Mang* 1998], [*Cyron/Sengler* 1988], [*Dittrich/Göhl* 1988], [*Wenzel* 1987], [*Scherberger* 1986], [*Linkwitz* 1984], [*Stürzebecher* u. a. 1983], [*Otto* 1976], [*Wenzel* 1975], [*Natterer* 1973], [*Halász/Cziesielski* 1973], [*Buchmann* 1969], [*Scholz* 1969], [*Pestmann* 1966], [*Mönck* 1966], [*Egner/Kolb* 1966]

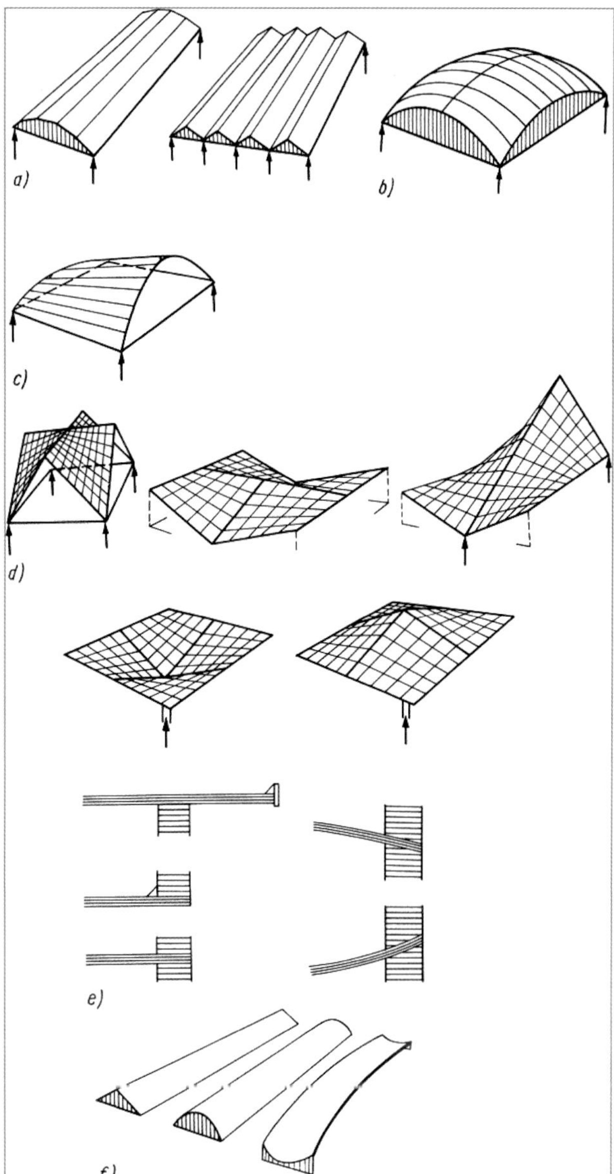

Legende
a) Faltwerk
b) elliptische Paraboloidschale
c) Konoidschale
d) Zusammensetzungen von hyperbolischen Paraboloidschalen (Hyparschalen)
e) Schnitt durch die Schalenrandglieder bei verschiedenen Schnittebenen
f) typische transportable Schalen
- Faltwerk
- Zylinderschale
- Rotationshyperboloidschale

Bild 9.122. Grundtypen von räumlichen Flächenkonstruktionen mit geklebten Elementen – Schalenkonstruktion

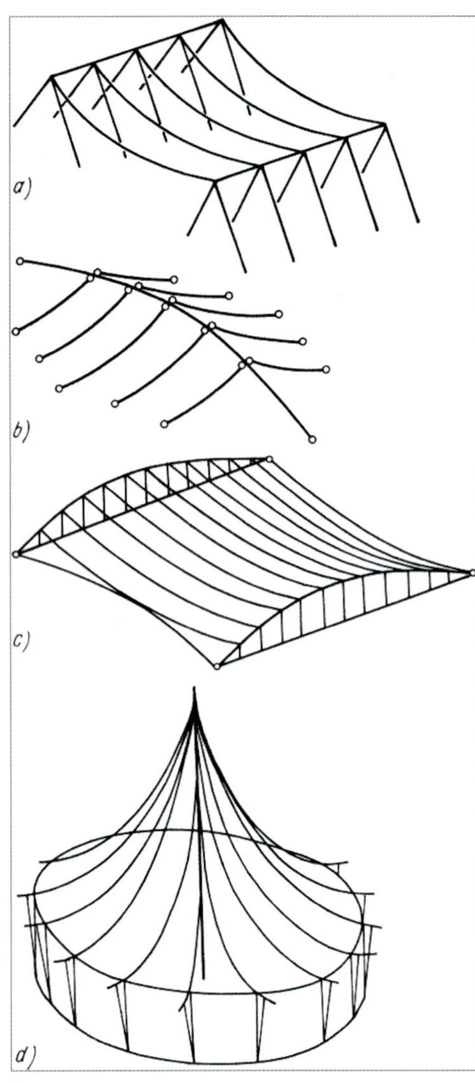

Legende
a) Hängehauptträger, abgespanntes Linearsystem
b) Hängenebenträger an Längsbogen
c) Hängeträger auf zwei Bögen abgestützt
d) Radialsystem mit Druckring und Abspannung

Bild 9.123. Hängetragwerke (nach [*Götz* u. a. 1980])

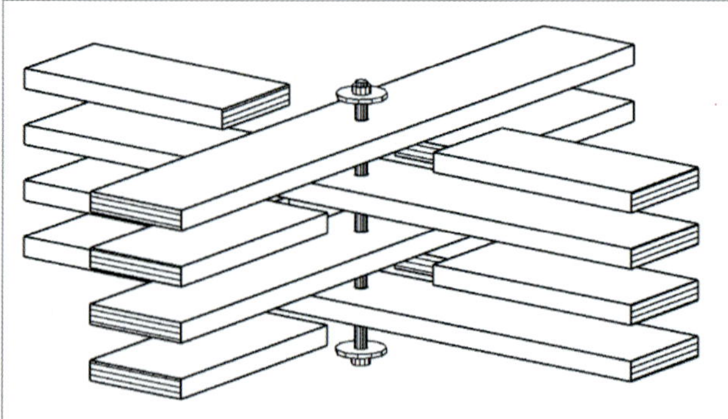

Bild 9.124. Konstruktionsprinzip einer Holz-Rippen-Konstruktion, abwechselnd durchlaufende und stumpf gestoßene Brettlagen (Die Lagen sind miteinander verschraubt, genagelt oder mittels Schraubanpressklebung verklebt.) am Kreuzungspunkt mit Bolzen zusammengehalten (nach [*Burger* 2001])

9.10.2. Holz-Rippen-Konstruktionen

Kuppel- oder schalenartige Tragwerke aus Brettrippen bestehen i. Allg. aus vier bis sechs Brettlagen. Die einzelnen Brettlagen sind über die gesamte Länge kontinuierlich im Abstand von 100 bis 300 mm zweireihig verschraubt oder vernagelt. An den Kreuzungspunkten laufen die Brettlagen abwechselnd durch. Die gegen die durchlaufenden Brettlagen stoßenden Querlagen sind an den Stellen stumpf gestoßen. An den Kreuzungspunkten werden die Brett- Rippen durch Bolzen zusammengehalten (s. Bild 9.124.). Das Konstruktionsprinzip bietet eine große architektonische Gestaltungsvielfalt. Gegenüber vollflächig aus einzelnen Brettlagen verklebten Schalentragwerken besitzt die Rippenbauweise den Vorteil der einfacheren Fertigung. Tonnen-, Kuppel- und diverse andere Schalenformen können auf diese Weise rationell hergestellt werden.

Bild 9.125. Schirmkonstruktion: Expo-Dach Hannover aus doppeltgekrümmten Holz-Rippen-Schalen (Foto: *W. Rug*)

Anlässlich der Weltausstellung 2000 in Hannover errichtet, überdeckt das Expo-Dach eine Fläche von 16000 m². Die Konstruktion des Daches besteht aus zehn 26 m hohen Schirmkonstruktionen mit quadratischer Grundfläche von $39 \times 39\,m$. Die auskragende Dachfläche wurde aus doppelt-gekrümmten hölzernen Rippenschalen hergestellt. Die Rippen bilden verklebte Brettlagen (8...10 Bretter) (s. a. [*Bogusch/Seidel* 2000], [*Djahanschah/Herzog-Loibl* 2000]).

Literaturhinweise: [*Gollwitzer/Gebbeken* 2004], [*Herzog/Natterer* u. a. 2003], [*Burger* 2001], [*Glinioz/Hübner/Natterer* 2001], [*Natterer/Burger* 2000], [*Hoeft/Kaelin* 1992], [*Wenzel* 1961]

9.10.3. Zelt- und Hängedächer

Sie sind vorzüglich dazu geeignet, große Flächen und beliebige Grundrisse zu überdecken.
Die Aufgabe lässt sich statisch schon durch schlaff hängende Seile lösen. Sie sind jedoch empfindlich gegen Formänderungen infolge örtlich wirkender Lasten und Schwingungen. Aus diesem Grund werden die Flächen durch gegenseitige Verspannung der sich kreuzenden Seilscharen weitgehend unempfindlich gegen Formänderungen ausgebildet. Komplizierte Berechnungen lassen sich durch Modellversuch umgehen.
Da der Beschauer den Kräfteverlauf (die statische Wirkungsweise) intuitiv erfasst, wirken solche Dachtragwerke auch ästhetisch schön.

Hängeträger haben die Form eines umgekehrten Druckbogens. Die Lasten werden vorwiegend über Zugbeanspruchung abgetragen. Solche Dächer sind ausreichend gegen Windsogkräfte auszusteifen (Bild 9.123.).

Weitere Beispiele in [*Herzog/Natterer* u. a. 2003].

9.10.4. Kuppelkonstruktionen

Kuppelkonstruktionen werden besonders für große Spannweiten angewendet (derzeit maximal 160 bis 200 m). Die Holzrippen übertragen die Druckkräfte auf einen Zugring am Kuppelumfang. Alle Rippen erfordern geringe Querschnittsabmessungen, da sie nur kleine Teilstützweiten überspannen. Die Tragrippen können radial angeordnet sein oder dreieckförmige Grundflächen bilden.
Bei der Kreuzrippenkonstruktion tragen vier Diagonalbögen die Nebenträger, in die wiederum kleine Zwischenträger eingehängt sind, erforderlich dafür sind nur vier Betonwiderlager. Die Nebenrippen können mit Gelenken ausgebildet werden.
Gebaut werden solche Kuppeln als

- geodätische Kuppeln (mit Formentwicklung nach System *Fuller*),
- Rotationskuppeln (Kugelkalotten),
- Gewölbekuppeln.

Gerade in den letzten Jahren wurden verschiedene Kuppelbauten in Holz errichtet, so für zwei Kohlelagerhallen in Italien mit 142 m Spannweite (s. Bild 9.126. bis Bild 9.128.) oder [*Grömminger* 2012]), für eine Salzlagerhalle in der Schweiz mit 120 m Spannweite [*Härtel* 2012], [*Messmer/Trinkert* 2012] oder die von einer österreichischen Firma für ein Eislaufstadion in Israel gelieferte Konstruktion mit 105 m Spannweite. Beim letzten Beispiel wurde die Kuppelkonstruktion so in Einzelbauteile zerlegt, dass die einzelnen Stäbe in Standardcontainern transportiert werden konnten [*Trinkert* 2012], [*Brunauer* 2012].

Bei der im Bild 9.126. dargestellten Hallenkonstruktion wurde die Form einer Kugelkalotte gewählt. Die Kuppel ist in fünf gleiche Ausschnitte aufgeteilt. Die Hauptträger (Höhe 1130 mm) werden gerade mit Längen zwischen 5,4 und 13,8 m gefertigt, die dreiecksförmig angeordnet mit einer patentierten Knotenkonstruktion (aus Stahl S355) verbunden werden.

Die Breite der Hauptträger und die Festigkeitsklasse des Brettschichtholzes variieren je nach Beanspruchung zwischen 180 und 220 m und zwischen GL28c und GL32h. Pro Lagerhalle wurden 1548 m³ Brettschichtholz, 22000 m² Brettsperrholz und 192 t Stahl verwendet.
Die Bilder 9.127. und 9.128. zeigen die Montage und die Fertigstellung einer Halle.

Bild 9.126. Kuppelkonstruktion für zwei Kohlelagerhallen mit 144 m Außendurchmesser und 39,82 m Höhe auf 40 Stahlbetonstützen (6,2 m Höhe) (Bildquelle: *www.holzbau.rubner.com*)

Bild 9.127. Montage der Kuppel (Bildquelle: *www.holzbau.rubner.com*)

Bild 9.128. Fertiggestellte Kuppel (Bildquelle: *www.holzbau.rubner.com*)

Bei der Aufteilung der Kuppelgeometrie in Einzelstäbe spielt die Verbindung der Stäbe untereinander eine wesentliche Rolle für die Wirtschaftlichkeit der Konstruktion. Neben einer hohen Passgenauigkeit sind die angreifenden Kräfte sicher aufzunehmen. Es handelt sich zumeist um patentierte Spezialentwicklungen.

Literatur mit Beispielen: [*Trinkert* 2013], [*Brunner* 2012], [*Grömminger* 2012], [*Härtil* 2012], [*Messner* 2012], [*Lüning* 2012], [*Herzog/Natterer* u. a. 2003], [*Bogusch* 1983], [*Stövhase* 1983], [*Häring-1* und *2* 1983]

9.10.5. Rautenlamellenkonstruktionen

Entwicklung der Zollinger-Lamellenbauweise (Zollbau)

Die von dem Merseburger Stadtbaurat *Zollinger* (1880–1945) bereits 1906 erstmalig erprobte und später patentierte „Zollbauweise" wurde in den 20er-Jahren häufig bis etwa 1935/40 und auch noch vereinzelt bis 1950 angewendet (s. [*Schmidt* 1949], [*Winter/Rug* 1992, *Rug* 2003], [*Bairstow* u. a. 2003], [*Zimmermann* 2003]. Sie geriet dann bei uns in Vergessenheit und ist heute manchem Baufachmann unbekannt. Sehr zu Unrecht! Seinerzeit in der Sowjetunion wurde sie gebaut [*Karlsen* u. a. 1975].

Die Zollinger-Lamellenbauweise stellt eine Neubelebung des von *David Gilly* (1745–1808), ehemals „Landbaumeister" und Lehrer an der Bauakademie zu Berlin, Ende des 18. Jh. entwickelten „Bohlendaches" dar (s. a. [*Rüsch* 1997].

Konstruktionsgedanke: Größere Spannweiten mit Tragwerken aus kleinen, gleichartigen Bauteilen zu überbrücken.

Der altbewährte Bogenbinder wird hier durch eine eigenartige Spreizung der einzelnen Bohlen zu einem netzartigen Tragwerk umgebildet. Dies bringt Vorteile, wie sie bereits [*Kersten* 1926] herausarbeitet:

- Es wird wesentlich an Holz gespart (deshalb haben diese Dächer nur ein geringes Eigengewicht).
- Großer nutzbarer (Dach-)Raum.
- Sie können in kurzer Zeit auf- und bei Bedarf auch wieder abgebaut werden.
- Es braucht kein Dachverband konstruiert zu werden.
- Die Abbundarbeit ist auf ein Mindestmaß beschränkt.

Bauteile

- Lamellen; sie waren einseitig entsprechend der Dachform gekrümmt zugeschnitten und an den Enden geschmiegt (Bild 9.129.).
- In den Knotenpunkten wurden jeweils drei Lamellen durch einen Bolzen und Unterlagsplatten verbunden.

Diese Bauteile werden zu gewölbten Flächengebilden zusammengesetzt (s. Bild 9.130.). Durch Giebelaussteifungen wurde die Dachkonstruktion an den Stirnseiten begrenzt.

*Es entsteht ein räumliches Stabwerk, das **Zollinger-Lamellendach**. Die Normalkräfte werden nicht durch den Stoß von Hirnholz auf Hirnholz, sondern durch den Stoß des Hirnholzes gegen die Langfaser der am Knotenpunkt durchlaufenden Lamelle aufgenommen.*

Der Grundgedanke der Bogenkonstruktion des Bohlenbinders ist in allen Teilen beibehalten.

Die Gewölbebildung ist durch statische Gesichtspunkte bedingt. Die Schwierigkeit einer jeden Holzverbindung, Zugkräfte zu übertragen, führt dazu, Gewölbe zu verwenden, die Druckkräfte übertragen und nur bei wechselnder Last zusätzliche Biegespannungen erhalten.

Da für die Konstruktion nur einheitliche Lamellen zur Verfügung stehen, können als Gewölbe nur der Kreisbogen oder aneinander gefügte Kreisbogenabschnitte, z. B. Spitzbögen, Segmentbögen, flache oder überhöhte Korbbögen, ausgeführt werden.

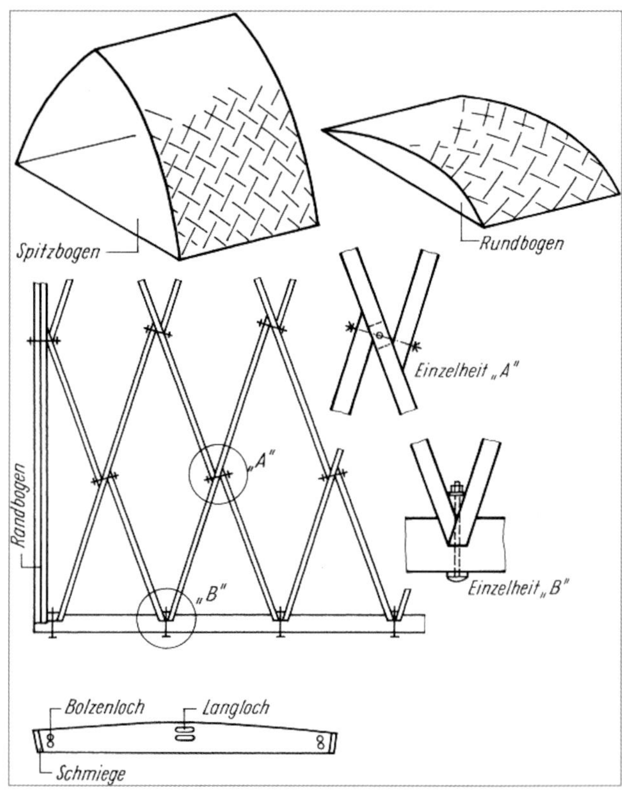

Bild 9.129. Zollinger-Lamellenbauweise (Zollbau)

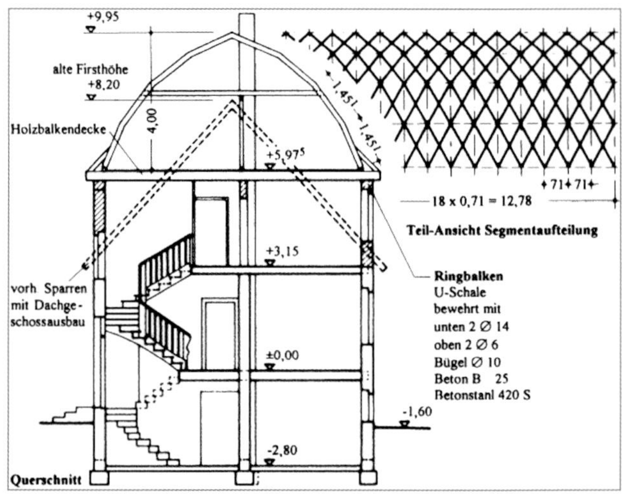

Bild 9.130. Dachaufstockung in Zollbau-Lamellenbauweise aus [*Rug* 1993-2]

Eindeckung der Dächer: Ziegel, Schindeln, Schiefer oder Dachpappe. Hinweise zur Reparatur in [*Zentralverband des Dt. Dachdeckerhandwerks*].
Für die Berechnung der innerlich und äußerlich hochgradig statisch unbestimmten Konstruktion entwickelte [*Otzen* 1923] ein Näherungsverfahren.

Konstruktions- und Bemessungshinweise

Bei den bisher in der Rautenlamellenbauweise ausgeführten Konstruktionen wurden, mit Ausnahme der Konstruktion nach [*Nowack/Brunotte* 1974], die einzelnen Stäbe in den Knoten mit Schraubenbolzen angeschlossen (s. a. [*Rug* 1993]). Da tragende Schraubenbolzen nach DIN 1052 bei Dauerbauten nur bedingt verwendet werden dürfen und die ausmittigen Anschlüsse zu Zusatzspannungen führen, sind für die Knotenpunkte Neuentwicklungen erforderlich.

Hinweise in [*Stürzebecher* u. a. 1983].

Die Dachschalung sowie die Giebelaussteifung beeinflussen die Beanspruchung der Lamellen bzw. Knotenanschlüsse und das Verformungsverhalten erheblich.

In [*Stürzebecher* u. a. 1983] wird empfohlen: Kreiszylindrische Rautenlamellenkonstruktionen mit einem Verhältnis der Grundrissseiten $L:B=1:1$ mit Dachschalung und einem ausgesteiften Giebel stellen eine optimale Lösung dar. Für längere Bauten sollten Zwischenbögen im Abstand der Hallenbreite B angeordnet werden.
Bei Konstruktionen ohne Dachschalung sollten in Längsrichtung der Halle Zugbänder in der Dachebene angebracht werden.

Berechnung und Konstruktion

Zur genauen Erfassung des Trag- und Verformungsverhaltens von Dachkonstruktionen in der Zollinger-Lamellenbauweise durch elektronische Berechnungen werden Hinweise in [*Stürzebecher* u. a. 1983], [*Nowack/Brunotte* 1974], [*Scheer/Purnomo* 1981], [*Scheer* 1980], [*Scheer/Purnomo* 1980], [*Krabbe/Niemann* 1983] gegeben. Weitere Literatur: [*Kliem* 1983].

Bezogen auf die zu verbessernde Biegesteifigkeit der Knotenpunkte wird festgestellt, dass ohne biegesteifen Stoß die Lamellenkonstruktion nur bedingt standsicher ist. Erst durch diese Forschungsarbeiten war eine konsequente Weiterentwicklung der historischen Bauweise möglich.

Bild 9.131. zeigt ein Spitzbogendach für eine Sporthalle 15 × 27 m (CAD-Zeichnung nach [*Schnell* 1992]) mit einer Firsthöhe von 5,5 m. Durch eine weitestgehende Annäherung der Bogenform an die Stützlinie des Bogens treten in den Querschnitten fast nur Druckspannungen auf. Als Verbindungsmittel reichen zwei Schraubenbolzen (M12, FK. 4.6) pro Knoten aus.

Ein weiteres Beispiel (s. Bild 9.132.) zeigt eine Dachkonstruktion, ebenfalls für eine Sporthalle mit 27,73 m Spannweite und einer Länge von 25 m (Wettkampf und Trainingshalle) mit einem Bogenstich von 5,5 m. Wegen der bei dieser Tragwerksform auftretenden Biegebeanspruchungen sind pro Knoten zwei Schraubenbolzen M16, FK.4.6 erforderlich. Die horizontale Auflagerkraft des Bogens kann durch ein Zugband aufgenommen werden. Die Giebelbögen müssen bei beiden Dachkonstruktionen auf dem Mauerwerk aufliegen. Die Dachkonstruktionen erhalten eine Holzschalung mit aufliegender Dämmung.

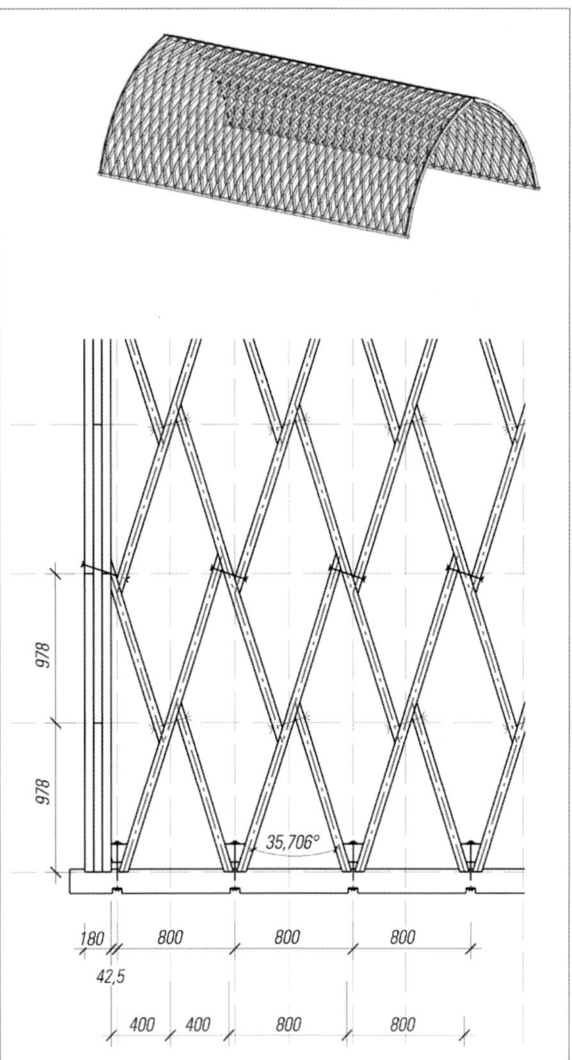

Bild 9.131. Spitzbogendach einer Sporthalle 15 × 27 m (nach [*Schnell* 1992])

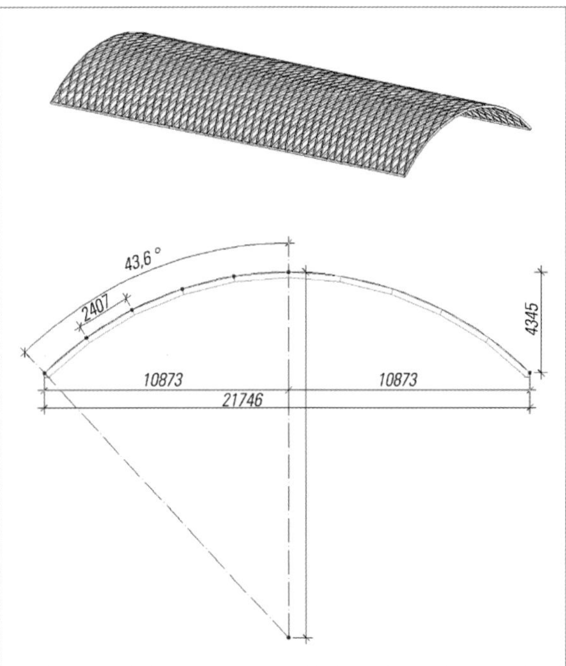

Bild 9.132. Bogendach – Sporthalle 27,73 × 25 m (nach [*Schnell* 1992])

Als zu Beginn der 2000er-Jahre das im Jahre 1926 errichtete Dickhäuterhaus im Leipziger Zoo (s. auch [*Gebbing* 1928]), welches mit einem lichtdurchlässigen Zollingerdach errichtet wurde, verlängert werden musste, griff man das Originalkonstruktionsprinzip des Daches wieder auf. Und dem heutigen Besucher des Dickhäuterhauses fällt gar nicht auf, dass fast 100 Jahre nach dem Bau des Gebäudes ein neuer Teil ebenfalls mit einem Zollingerdach überdacht wurde (Bild 9.133. und Titelbild des Buches).

Bild 9.133. Erweiterung Zollingerdach des Dickhäuterhauses im Leipziger Zoo (Foto: *www.statik-foertsch.de*)

Auf der Suche nach einer geeigneten Dachkonstruktion für seine Abbundhalle entschied sich ein Zimmermeister für die Zollinger-Bauweise und baute eine Halle 24 m breit, 11 m hoch, 51 m lang. Die Knotenpunkte wurden nach statischen Erfordernissen mit jeweils 4 Holzschrauben ausgeführt (s. Bild 9.134. und 9.135.).
Der Zimmerermeister hat sie selbst entworfen, geplant und aufgebaut.

Bild 9.134. Zollingerdach einer Abbundhalle (Foto: *www.elite-holzbau.de*)

Bild 9.135. Montage Zollingerdach (Foto: *www.elite-holzbau.de*)

Wiederbelebung des Konstruktionsprinzips und Weiterentwicklung

Alte Ideen wieder aufzugreifen und auf der Grundlage neuer technischer Möglichkeiten weiterzuentwickeln, kann befruchtend auf die technische Entwicklung wirken.
Dies trifft insbesondere auf das Zollbau-Lamellendach zu. Die optisch immer noch sehr ansprechende Struktur des von *Fritz Zollinger* ausgedachten Flächentragwerkes hat Architekten dazu angeregt, sie ab 1998 bei verschiedenen Ausstellungs- und Messebauten zu verwenden. Die ursprünglich aus Brettern bestehenden Zollinger-Rauten bestehen jetzt aus Brettschichtholz, und der Knoten wird als biegesteifer Stahlknoten mit Stabdübeln hergestellt.
Dass bei einem internationalen Wettbewerb für den Neubau des Messegeländes von Rimini/Italien der Entwurf eines deutschen Architekten den Zuschlag bekommen hat, ist letztendlich begründet in der architektonischen Wirkung dieser Konstruktion.

Zwölf Ausstellungshallen ergeben zusammen 80 000 m^2 Ausstellungsfläche und 50 000 m^2 Servicefläche. Auch ein Kuppelbau wurde realisiert. Die Spannweite der bogenförmigen Zollinger-Struktur über den Hallen beträgt 60 m. Alle Hallen sind 100 m lang. Der Bogenstich beträgt 10 m. Die den zentralen Platz der Messe überspannende Kuppel hat eine Spannweite von 30 m bei einer Scheitelhöhe von 22 m. Nach [*Ruske* 2004] besteht die realisierte Zollinger-Struktur einer Halle aus 1280 BSH-Rippen in den Abmessungen 160 × 700 × 3500 mm. Bezogen auf die Spannweite haben die Rippen eine Höhe von $H = L/85$ (im Vergleich dazu liegt die Höhe bei einem ebenen Bogen zwischen $H = L/25 \ldots L/50$, s. Tabelle 9.5.). Zur Verbindung der Rippen wurden 693 Stahlteile verwendet, die für die Konstruktion speziell entwickelt wurden. Die Stahlknoten garantieren eine biegesteife Verbindung. Randbögen aus BSH begrenzen die Hallen an den Giebeln.

Das Architekturbüro Gerkan, Mark und Partner, welches für die Messe Rimini verantwortlich zeichnete, entwarf auch neue Messehallen für die Messe in Friedrichshafen. Ebenfalls ein Großprojekt mit sechs Standardhallen, zwei kleinen Mehrzweckhallen und einer großen Mehrzweckhalle. Während die kleinen Mehrzweckhallen mit Flachdächern ausgestattet wurden, entstand das Dach der großen Mehrzweckhalle als Zollinger-Struktur mit bogenförmig gekrümmten Rippen aus BSH 14 (200/800 mm; $H = L/85$). Die Spannweite beträgt 68 m bei einer Hallenlänge von 150 m. Die Traufhöhe liegt bei 16,6 m und die Firsthöhe 26,3 m. Das tonnenförmige Dach (Bogenstich 9,0 m) besitzt zur Aufnahme der Horizontalkräfte aus Bogenschub Stahlzugbänder.

Die sechs Standardhallen bestehen aus ebenen BSH-Dreigelenkbögen (Querschnitt: 200/1070 mm; $H = L/57$) mit einer Spannweite von 61 m und einer Hallenlänge von 105 m.
In Anlehnung an Zollinger wurden noch weitere Messehallen gebaut, so u. a. die Messehalle in Straubing [*Ammer/Brunner* 1999], die Messehalle für die Hanse Messe in Rostock (s. Bilder 9.136. und 9.137.), die Neue Messe in Karlsruhe. Ein weiteres Beispiel ist eine Mehrzweckhalle in Ohrdruf.

Die Rostocker Messehalle wurde ebenfalls vom Architekturbüro Gerkan, Marg und Partner entworfen. Die Halle hat die Abmessungen 65 × 165 m, und die Zollinger-Struktur besteht aus 1794 BSH-Stäben mit einer Länge von 5,8 m (Querschnitt 200/750 mm; $H = L/87$). 1638 Stahl-Verbindungs-Anker (System Bertsche) verbinden die Stäbe über Stabdübel miteinander (s. [*Schlaich* u. a. 2003]).

Bild 9.136. Messehalle in Rostock (Foto: *W. Rug*)

Bild 9.137. Messehalle in Rostock, Detailaufnahme Verbindung (Foto: *W. Rug*)

Die Hallendächer der Neuen Messe in Karlsruhe sind ebenfalls aus Holz. Insgesamt wurden vier neue Hallen gebaut. Jede Halle hat eine Breite von 82 m und eine Länge von 170 m. Drei Hallen wurden als sogenannte Standardhallen, d. h. diese werden ausschließlich als Messehallen genutzt, ausgeführt, und die vierte Halle ist eine Mehrzweckhalle. Die Tonnendächer der Standardhallen bestehen aus unterspannten Holzbögen (Achsabstand untereinander 3,75 m) mit einer Spannweite von 75 m mit einer aussteifenden Scheibe aus Stahltrapez-Profilblechen. Das Dach der Mehrzweckhalle besteht aus einer Rautenstruktur, ähnlich der Zollinger-Bauweise, aber ohne biegesteife Knoten. Im Abstand von 2,73 m kreuzen sich die bogenförmigen BSH-Träger, allerdings liegen die Träger übereinander, sodass der Aufwand für die ansonsten notwendigen Verbindungsknoten wesentlich vermindert werden konnte. Über spezielle Verbindungsknoten sind die Rippen an ihren Berührungspunkten schubsteif verbunden.

Literatur zum Stand der Entwicklung und zu den Beispielen: [*Gerold* u. a. 2004], [*Müll* 2003], [*Bollinger/Trautz* 2003], [*Hochreiner* u. a. 2003], [*Schlaich* u. a. 2003], [*ohne Autor* 2001], [*Pabst* u. a. 2001], [*Ohne Autor* 2002], [*Lauber* 2002-1 + 2], [*Ammer/Brunner* 1999]

10. Dachaufstockungen in Holzbauweise

Der hohe Wohnungsbedarf erfordert ein Nachdenken über kostengünstige Wege zur Erweiterung des Wohnungsbestandes.

Allein durch Aufstockungen auf Wohngebäuden aus dem Zeitraum 1950 bis 1990 können 1,1 bis 1,5 Millionen neue Wohnungen geschaffen werden. Weitere 1,2 Millionen lassen sich durch Aufstockungen auf Parkhäusern, Bürogebäuden oder auf Einkaufszentren realisieren (s. [*Tichelmann/Blome* u. a. 2019]).

Gerade bei den heute ständig steigenden Baulandpreisen und der aus ökologischen Gründen gebotenen Reduzierung des Verbrauches von Bauland stellen Aufstockungen eine interessante Alternative zum Gebäudeneubau dar.

Die Vorteile einer Dachaufstockung bestehen in den folgenden wesentlichen Punkten:

- Es kann Wohnraum geschaffen werden, ohne teures neues Bauland zu benötigen. Die oft beträchtlichen Erschließungskosten fallen damit weg.
- Die am Gebäude schon vorhandene Infrastruktur kann genutzt werden.
- Die Kosten sind minimal gegenüber der Neuerschließung eines Bauwerkes.
- Eine Dachaufstockung steigert den Wert einer Immobilie, der Verkaufs- und der Beleihungswert erhöhen sich.

Oft sind Dachaufstockungen sinnvoll, wenn ohnehin Reparaturen am vorhandenen Dach oder die Sanierung des gesamten Gebäudes anstehen.

Des Weiteren bieten Dachaufstockungen auch Vorteile in städteplanerischer Sicht: Wohnungen werden aus dem „ungeliebten" Erdgeschoss ins Dachgeschoss verlegt, dafür werden Versorgungs-, Dienstleistungs- und Gewerberäume im Erdgeschoss geschaffen. Auch dadurch sind wirtschaftliche Zugewinne möglich. Nicht zuletzt sind Dachaufstockungen auch aus ökologischer Sicht zu empfehlen, da eine weitere Versiegelung von Bodenflächen vermieden werden kann. Bei der Wahl der Bauweise für eine Dachaufstockung bietet die Holzbauweise zahlreiche Vorteile. Der gravierende Vorteil ist das Flächengewicht, das im Vergleich zu anderen Bauweisen relativ gering ist.

Die Möglichkeit eines hohen Vorfertigungsgrades sichert kurze Montagezeiten. Holzbau ist Trockenbau, d. h. Nassprozesse sind nicht vorhanden. Trotz eines hohen möglichen Vorfertigungsgrades sind optisch individuelle Anpassungen an gestalterische Wünsche und an vorhandene konstruktive Gegebenheiten des aufzustockenden Bauwerks möglich.

Hinzu kommen ökologische Eigenschaften, wie ein vergleichsweise geringer Energieaufwand für die Herstellung der Baustoffe (s. Tabelle 10.1.).

Tabelle 10.1. Gewichts- und Energievergleich verschiedener Wandbauweisen [*Rug* u. a. 1997]

Dachaufstockung: Bewertung verschiedener Wandkonstruktionen						
Art der Wandkonstruktion Schichtaufbau (von innen nach außen)	Schichtdicke [mm]	Flächengewicht [kg/m²]	Wandstärke [mm]	Wärmedurchgangskoeffizient (U-Wert) [W/(m²·K)]	Primärenergieinhalt der Baustoffe [kWh/m²]	Kostenkalkulation [€/m²]
A) *Ständerwand in Holzrahmenbauart mit hinterlüfteter Holzfassade*		68	341,5	0,22	181	162... 186
1 Gipskartonplatte	12,5	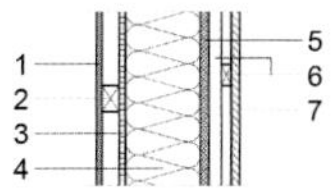				
2 Installationsebene/Unterkonstruktion	40					
3 OSB-Platte	15					
4 Holzständerwerk bzw. Mineralwolle WLG 035	180					
5 Holzweichfaserplatte hydrophobiert	20					
6 Luftschicht/Grund- und Traglattung	30+24					
7 Profilbrettschalung	20					
B) *Einschalige Porenbetonwand mit Wärmedämmverbundsystem*		117	325	0,24	159	135... 155
1 Innenputz (Kalkgips)	15	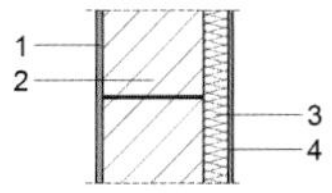				
2 Porenbeton-Plansteine	240					
3 Polystyrolhartschaum WLG 035	60					
4 Außenputz (Kunstharz)	10					
C) *Ziegelwand aus Poroton mit Verblendmauerwerk und Kerndämmung*		350	415	0,23	315	166... 191
1 Innenputz (Kalkgips)	15	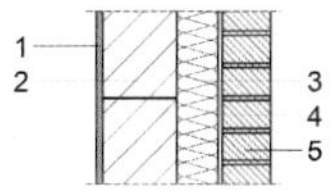				
2 Poroton Plan-T18	175					
3 Mineralwolle WLG 035	100					
4 Fingerspalt (Luftschicht stehend)	10					
5 Vormauerziegel	115					
D) *Einschalige Ziegelwand aus perlitverfülltem Poroton*		207	345	0,23	326	164... 188
1 Innenputz (Kalkgips)	15	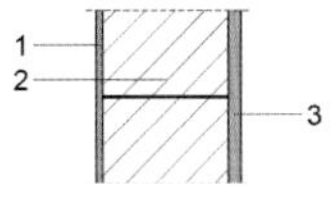				
2 Poroton T8-30,0-P	300					
3 Außenputz (Wärmedämmputz)	30					
E) *Betonwand mit Wärmedämmverbundsystem*		302	310	0,23	147	106... 122
1 Normalbeton	160	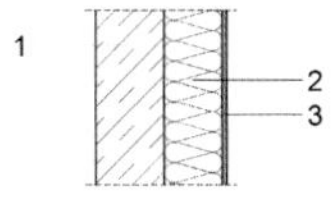				
2 Polystyrolhartschaum WLG 035	140					
3 Außenputz (Kunstharz)	10					

Zur Erweiterung des Wohnraumes im Dachbereich bieten sich neben dem Ausbau eines vorhandenen Kaltdaches folgende Grundvarianten der Aufstockung an (s. Bild 10.1.):

Variante 1: Ersatz eines Flachdaches bzw. eines Steildaches mit einer zum Ausbau unzureichenden Dachneigung durch ein neues, ausbaufähiges Steildach;

Variante 2: Aufstockung eines oder mehrerer neuer Wohngeschosse und Errichtung eines neuen, ausbaufähigen Daches;

Variante 3: Aufstockung mit eigener Lastabtragung unabhängig von dem vorhandenen Gebäude.

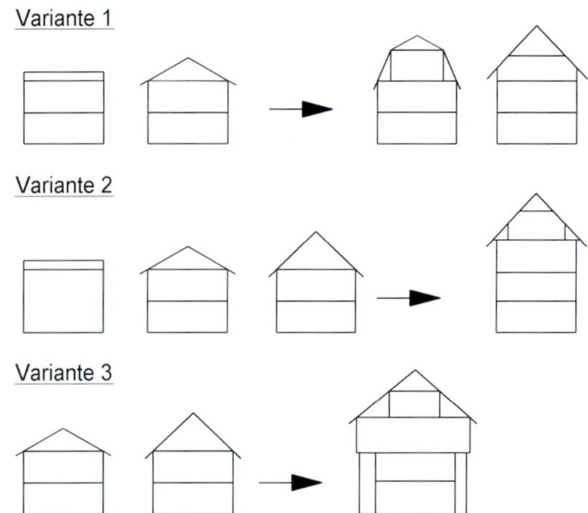

Variante 1: Aufsattelung und Ausbau eines Steildaches auf einem Flachdachgebäude
Variante 2: Aufstockung eines oder mehrerer neuer Wohngeschosse und Errichtung eines neuen Daches
Variante 3: Aufstockung mit eigener Lastabtragung unabhängig von dem vorhandenen Gebäude

Bild 10.1. Grundvarianten der Dachaufstockung [*Held/Rug* 1996]

Voraussetzung für die Aufstockung von Gebäuden ist neben der Klärung baurechtlicher Forderungen (Landesbauordnung, kommunaler Bebauungsplan) die statische Überprüfung des aufzustockenden Gebäudes unter dem Aspekt der Aufnahme zusätzlicher Lasten. Auch die Kapazität der Hausanschlüsse (Heizung, Wasserversorgung etc.) ist zu prüfen, gegebenenfalls eine Erweiterung einzuplanen.

Bild 10.2 zeigt eine Variantenuntersuchung für eine Aufstockung auf ein Mehrfamilienhaus in Betonbauweise aus den 50/60er-Jahren des 20. Jahrhunderts. Durch Aufstockung eines zusätzlichen Wohngeschosses mit ausbaufähigem Steildach kann die Wohnfläche gegenüber der Aufstockung eines eingeschossig ausbaufähigen Steildaches in diesem Beispiel auf 222 % vergrößert werden (s. Tabelle 10.2.).

Die nachfolgend beschriebene Aufstockung steht beispielgebend für die Nutzung dieser Vorteile.

Das nachfolgende Beispiel zeigt die architektonischen Möglichkeiten einer Aufstockung auf zwei Betonplattenbauten aus den sechziger Jahren des 20. Jahrhunderts (s. Bild 10.2.). Dabei kam aus ökologischen Gründen die Brettstapelbauweise zur Anwendung (s. Bilder 10.3. und 10.4.), die durch ihre Anpassungsfähigkeit an die gewünschte architektonische Form und die Möglichkeit einer gewissen Vorfertigung wirtschaftlich geeignet war.

Die Betondecke des vorhandenen Daches konnte zusätzlich keine weiteren Lasten aufnehmen, sodass über dieser Decke eine neue Brettstapeldecke eingezogen wurde, worauf die Konstruktion der Dachaufstockung errichtet wurde. Durch das geringe Gewicht der Holzkonstruktion treten bei den Fundamenten des alten Gebäudes insgesamt nur sehr geringe Mehrbelastungen auf [*Tornow/Trinkert* 2010].

Tabelle 10.2. Möglichkeiten der Wohnflächenerweiterung durch verschiedene Aufstockungsvarianten [*Rug/Held* 1996]

Ausgangssituation: dreigeschossiges Mehrfamilienhaus, Ziegelbauweise, 50/60er-Jahre, Gebäudegrundriss: l = 36,00 m; b = 10,66 m	
Variante	**DIN-Wohnfläche**
1. Aufsattelung eines eingeschossig ausbaufähigen Steildaches (38°) mit Drempel	100 %
2. Aufstockung eines Wohngeschosses mit Kaltdach	122 %
3. Aufsattelung eines zweigeschossig ausbaufähigen Steildaches (50°) mit Drempel	154 %
4. Aufstockung eines Wohngeschosses mit ausbaufähigem Steildach (38°)	222 %

Bild 10.2. Aufstockung von zwei Betonplattenbauten in Brettstapelbauweise (Foto: *W. Rug*)

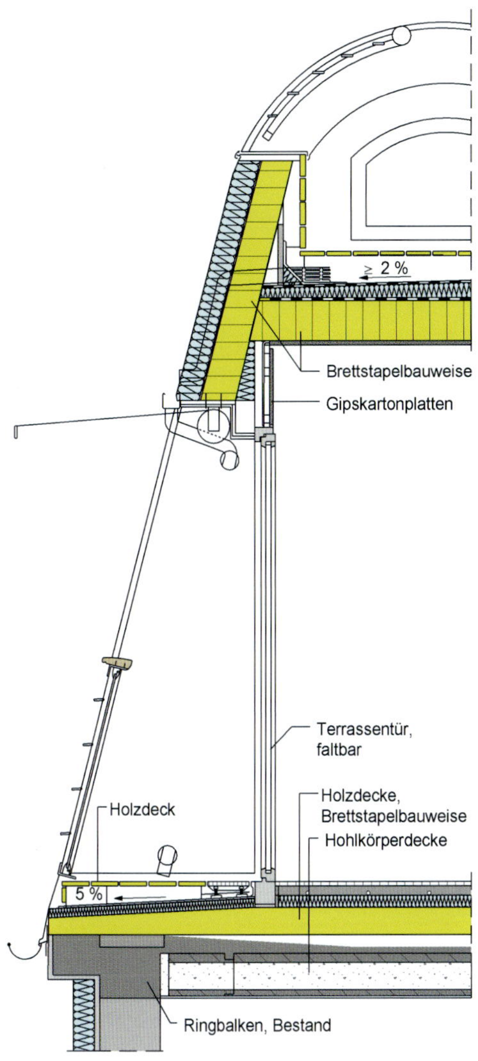

Bild 10.3. Detail Dachterrasse, Verstärkung der alten Hohlkörperdecken mit Brettstapeldecken [*Tornow/Trinkert* 2010]

Bild 10.4. Verwendung Brettstapelbauweise für Dachgeschossdecke und Dachkonstruktion (Foto: *W. Rug*)

Weitere Beispiele, s. [*Huß* 2013], [*Trinkert* 2013].

Literatur: [*Huß* 2013], [*Trinkert* 2013], [*Tornow/Trinkert* 2010], [*Rug* u. a. 1997], [*Rug/Held* 1996], [*Rug/Held* 1994]

11. Erneuerung von Gebäudefassaden mit vorgefertigten Elementen in Holzbauweise

Kennzeichnend für den Gebäudebestand in Deutschland ist eine hohe Überalterung. Mehr als 75 % der Wohnungsgebäude sind vor 1978 errichtet. Diese Gebäude entsprechen nicht den heutigen Anforderungen an den Wärmeschutz und haben einen sehr hohen Energieverbrauch. Durch die Erneuerung der Fassaden kann eine deutliche Verbesserung der Energieökonomie und in vielen Fällen auch eine architektonische Aufwertung des gesamten Gebäudes erreicht werden.

Fassadenelemente in Holzbauweise können für jeden Dämmstandard dimensioniert werden, großflächig vorgefertigt werden, und ihre Anbindung an die Tragstruktur des bestehenden Gebäudes bereitet i. Allg. nicht zuletzt wegen des geringen Gewichtes, keine Probleme. Der hohe Vorfertigungsgrad sichert kurze Montagezeiten. Neben der Integration von Fensterelementen können auch Belüftungssysteme, Ver- und Entsorgungsleitungen und Elektroinstallationen gleich mit integriert werden.

Eine vollständige Vorfertigung wird mit Holztafel- oder Holzrahmenbau- oder Brettsperrholzelementen erreicht. Ihre Größe ist beliebig an die erforderliche Bauteilgröße, selbst bei großen mehrgeschossigen Stahlbetonbauten, anpassbar. Wie erste Projekte in den letzten fünfzehn Jahren zeigen, kann durch die neuen hoch gedämmten Fassaden der Heizenergiebedarf der alten Gebäude um bis zu 90 % gesenkt werden. Die Kosten der mit der Fassadenerneuerung gleichzeitig durchgeführten umfangreichen Umbaumaßnahmen liegen ca. 25 % unterhalb der Kosten eines Neubaus ([*Egle/Otto* 2005], [*Bredenhals* u. a. 2006]). Neuere Entwicklungen auf dem Gebiet der Fassadenerneuerung gehen in Richtung eines Baukastensystems bei gleichzeitiger Standardisierung des Bauprozesses.

Im Rahmen eines europäischen Forschungsprogrammes wurde seit 2008 an einem ganzheitlichen Baukastensystem für vorgefertigte Gebäudefassaden in Holzbauweisen gearbeitet. Bekannt wurde das System unter dem Namen TES EnergyFacade (Timber based Element System – Prefabricated timber based building system for improving the energy efficiency of the building envelope). Im Sinne der ganzheitlichen Betrachtung umfasst das System folgende Elemente:

1. präzise Bestandsaufnahme der vorhandenen Gebäudefassade durch moderne Vermessungsverfahren mit Schnittstellen zur CAD-Planung und Aussagen zu den vorhandenen Maßabweichungen am Bestandsgebäude,
2. selbsttragende vorgefertigte TES-Elemente in Holzrahmenbauelemente mit der gewünschten Fassadengestaltung, dem vorgegebenen Dämmwert entsprechend aufgebaut und integrierten Fenstern, Ver- und Entsorgungsleitungen,
3. TES-Befestigungen an das vorhandene Gebäude bei Ausgleich von Maßabweichungen und die Notwendigkeit der Herstellung von luftdichten Anschlüssen,
4. gesonderte konstruktive Maßnahmen zur Begrenzung einer Brandausbereitung bei mehrgeschossigen Gebäuden.

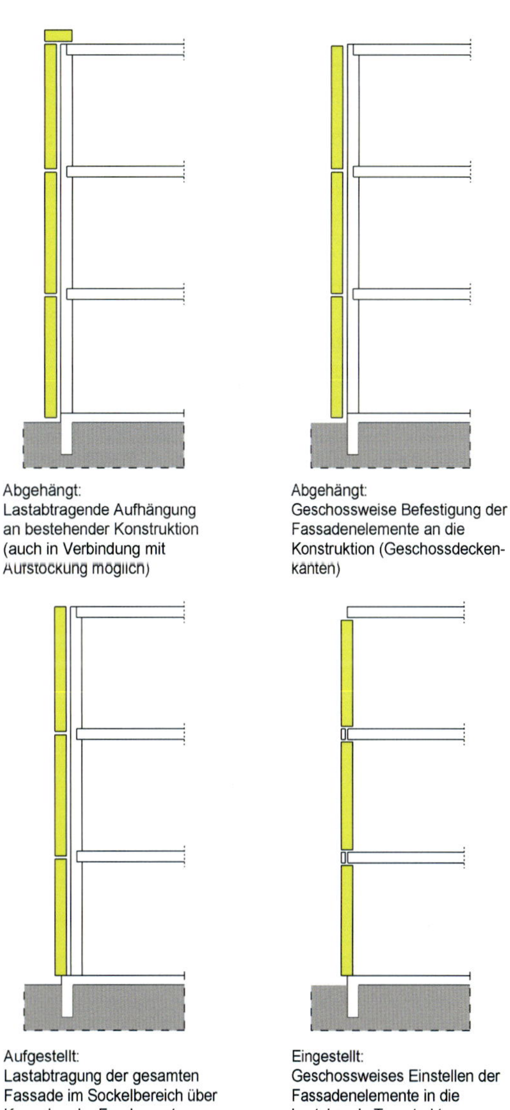

Bild 11.1. Anpassen der neuen Fassadenelemente an die bestehende Tragstruktur [*Winter* u. a. 2011]

Grundsätzlich besteht die Möglichkeit, die neuen Fassadenelemente an die vorhandene Konstruktion anzuhängen, vor das alte Gebäude mit eigener Gründung zu stellen oder in die Geschosse einzustellen (s. Bild 11.1.).

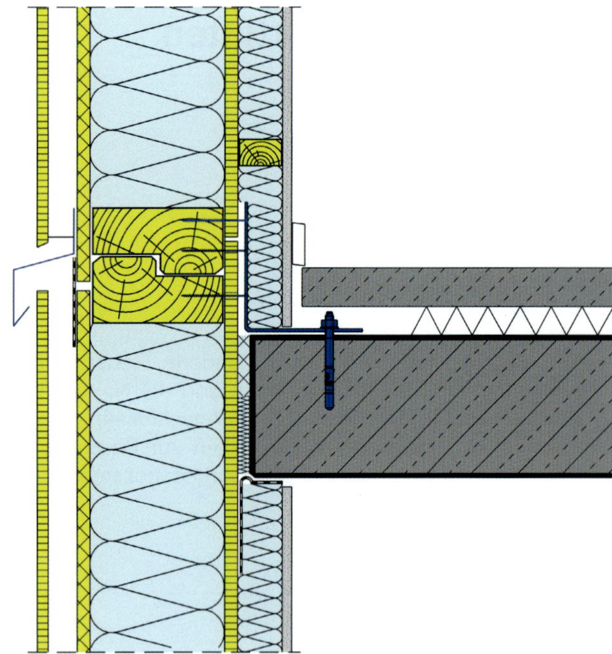

Bild 11.2. Aufeinander gestellte Elemente (Holztafel- oder Holzrahmenbau) mit der Einleitung der Eigenlast in den Fußpunkten oder separaten Fundament [*Bredenhals* u. a. 2006]

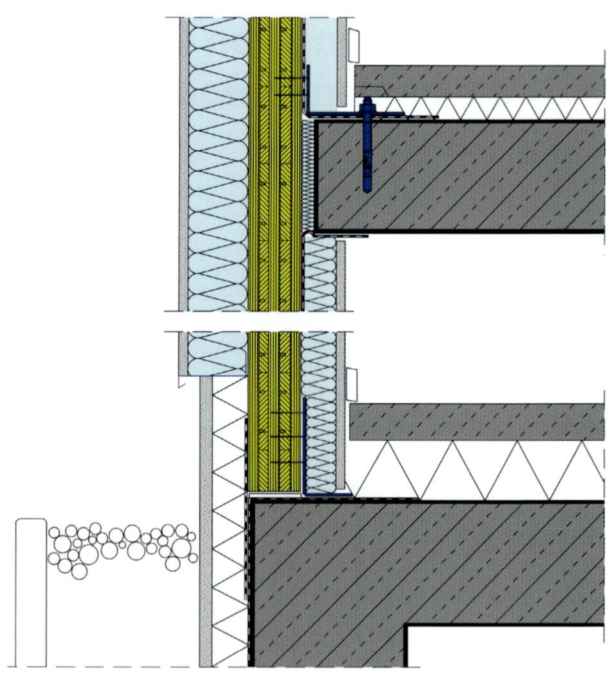

Bild 11.3. Geschossübergreifende Elemente (Brettsperrholz und aufgesetzte Dämmung), Einleitung der Eigenlast in das vorhandene Fundament [*Bredenhals* u. a. 2006]

Die Fassadenelemente können in Holzrahmen- oder Holztafelbauweise hergestellt oder aus Brettsperrholzelementen mit außen angebrachter Dämmung vorgefertigt werden (s. Bilder 11.2. und 11.3.).

Inzwischen wurde die TES-Fassade an mehreren Beispielen in der Praxis erprobt. Wichtig für den Erfolg ist die Ermittlung einer exakten Gebäudegeometrie, auf die dann die Planung der Fertigteilfassade zugeschnitten ist (Fertigteilgröße, Transport- und Montagelogistik, Anbindung an das Bestandsgebäude).

Aufgrund des hohen Vorfertigungsgrades können die Fassadenelemente, selbst im bewohnten Zustand, vor die Massivbaukonstruktionen gestellt und befestigt werden. Dabei wird die Fassade auf ein separates Streifenfundament gegründet. Bei einer Wohnanlage in Augsburg wurden die ungedämmten Wohngebäude vollständig mit Holzrahmenbauelementen umhüllt, wodurch der Primärenergieverbrauch des Bestandsgebäudes von 197 kWh/m²a auf 16 kWh/m²a reduziert werden konnte.

Literatur: [*Lattke* 2018], [*Leutus/Schäfer* 2013], [*Ott* u. a. 2013], [*Winter* u. a. 2011], [*Mikadoplus* 2010], [*Bredenhals* u. a. 2006], [*Lattke* 2008], [*Heikkinen* u. a. 2009], [*Egle/Otto* 2005]

12. Mehrgeschossige Holzbauten

In Deutschland ist die Errichtung von mehrgeschossigen Holzbauten bis fünf Geschosse entsprechend der Gebäudeklasse 4 lt. MBO möglich. Voraussetzung ist, dass die Holzbauteile hoch feuerhemmend sind und eine Feuerwiderstandsdauer von 60 min aufweisen. Die Bauteile müssen der Feuerwiderstandsklasse F 60-BA entsprechen, und diese definiert Bauteile, deren tragende und aussteifende Teile aus brennbaren Baustoffen und zusätzlich allseitig eine brandschutztechnische wirksame Bekleidung aus nicht brennbaren Baustoffen (sogenannte Verkapselung) bestehen. Einesteils ist es ein großer Fortschritt im Hinblick auf den jetzt möglichen Einsatz von Holz in mehrgeschossigen Bauten (Bis 2002 war ein Einsatz von Holz nur in bis zu dreigeschossigen Bauten möglich!), allerdings wird die Wettbewerbsfähigkeit des Holzbaues durch zusätzliche Kosten für die Verkapselung eingeschränkt.

Zurzeit haben einige Bundesländer ihre Landesbauordnungen dahingehend verändert (s. auch Abschnitt 2.13.1.), dass Holzbauten bis zur GK 5 (bis 22 m Gebäudehöhe = Gebäude bis acht Geschosse) in moderner Massivholzbauweise (z. B. Brettsperrholz) möglich sind. Voraussetzung ist, dass die jeweils geforderte Feuerwiderstandsdauer von F60 (60 Minuten) oder F90 (90 Minuten) sowie die Sicherheit gegen Übertragung von Rauch und Feuer über Brandabschnitte nachgewiesen werden. Gelingt der Nachweis, kann die Verkapselung entfallen (zum Stand der Regelungen siehe im Einzelnen die Landesbauordnung). Diese Regelungen sind aus der Sicht des Holzbaues sehr zu begrüßen, da auch im europäischen Ausland eine Verkapselung nicht gefordert wird und das Holz häufig im Inneren der Gebäude erlebbar bleibt (s. Beispiel HoHoWien).

Mehrgeschossiger Holzbau in der Stadtentwicklung ist zunehmend ein Thema für die Architekten. Auch in Deutschland bemühen sich seit einigen Jahren Architekten und Tragwerksplaner um einen verstärkten Einsatz von Holz bei Gebäuden.

In Berlin gehört die Bauwerksklasse 4 inzwischen zum öffentlichen Baurecht, und so ist es nicht verwunderlich, dass inzwischen einige mehrgeschossige Holzbauten entstanden sind. Zu einem der ersten Projekte gehörte die Errichtung von drei fünfgeschossigen Stadtvillen in Passivhausstandard mit Wänden und Decken aus Brettsperrholz (Architekt: *www.muellersbuero.com*, Berlin). Auf einer massiven Erdgeschosszone wurden vier weitere Geschosse in Brettsperrholzbauweise errichtet (s. Bilder 12.1. bis 12.4.). Die horizontalen Gebäudelasten werden auf direktem Wege über die Deckenscheiben in einen massiven Treppenhausturm eingetragen, der aus Brandschutzgründen in Stahlbeton ausgeführt wurde. Die Anbindung der Holzbauteile an den Treppenhausturm wurde in vertikaler Richtung beweglich gestaltet.

Die vertikalen Lasten gehen direkt über Wände (Dicken der Brettsperrholzplatten 95...162 mm) in die Fundamente. Die Brettsperrholzplatten für die Decken sind in allen Geschossen 200 mm dick. Aufgrund des exakten Zuschnittes der Brettsperrholzplatten konnte ein Geschoss in einer Woche errichtet werden, bei einer Gesamtbauzeit bis zum Einzug von ca. zwei Jahren. Aufgrund einer hoch wärmedämmenden Fassade liegt der Jahresheizwärmebedarf bei 15 kWh/m² und der Primärenergiebedarf bei 120 kWh/m² [*Jakob-Freitag* 2010].

Bei beengten Platzverhältnissen auf einem langen schmalen städtischen Grundstück einen siebengeschossigen und einen fünfgeschossigen Baukörper zu errichten, ist eine interessante Herausforderung.

Dem Architekturbüro Kaden und Klingbeil aus Berlin ist dies mit ihrem Berliner Projekt C 13 überzeugend gelungen (s. Bild 12.5.). Auf einem massiven Tiefgaragen-Untergeschoss aus Beton steht vorne zur Straße der Siebengeschosser, der in Brettsperrholzbauweise errichtet wurde. Da die Holztafelbauweise zurzeit noch preiswerter ist als die Holzmassivbauweise, wurde der im hinteren Grundstücksteil zu errichtende Fünfgeschosser in der Holztafelbauweise errichtet. Die Geschossdecken sind Holz-Beton-Verbunddecken (s. Bild 12.5.).

Bild 12.1. Massive Erdgeschosszone mit Treppenhausturm (Foto: *W. Rug*)

Bild 12.2. Montage der Deckenelemente aus Brettsperrholz (Foto: *W. Rug*)

Bild 12.3. Montierte Wände aus Brettsperrholz (Foto: *W. Rug*)

Bild 12.4. Fertig gestelltes Bauvorhaben (Foto: *W. Rug*)

Alle Hauptstützen ab dem zweiten Obergeschoss bestehen aus brandschutztechnischen verkapselten Holzstützen aus Verbundquerschnitten aus Brettschichtholz und Furnierschichtholz. Die tragenden Außenwände wurden innenseitig zweilagig und außenseitig einlagig verkapselt, wobei zusätzlich die 100 mm Mineralfaserdämmung (Schmelzpunkt 1000 °C) brandschutztechnisch mit bewertet wurde. Alle Außenwände besitzen damit die Feuerwiderstandsklasse F 90-BA. Damit sind die Wände mit Wänden aus massiven Baustoffen vergleichbar. Das war auch notwendig, da das Bauvorhaben nicht mehr in die Gebäudeklasse 4 eingeordnet werden kann. In Abstimmung mit der Baubehörde wurde von dem Brandschutzplaner im Rahmen einer Zustimmung im Einzelfall beantragt, die Zugänglichkeit für die Feuerwehr, ausreichende Flucht- und Rettungspläne und anlagetechnische Vorkehrungen nachzuweisen.

Die Holz-Beton-Verbunddecken bestehen aus 140 mm Brettschichtholzplatten mit 100 mm Stahlbetonplatte. Der Verbund wurde über Kerven hergestellt.

Beim Wärmeschutz erfüllen die Gebäude den Standard KfW-Effizienzhaus 40.

Seit etwa zehn Jahren ist der europäische Holzbau bestrebt, mehrgeschossige Holzbauten bis zur Hochhausgrenze zu entwickeln und zu errichten. Erste Beispiele findet man in London (Neun Geschosse, s. Bild 12.6.), Wien (Sieben Geschosse), Mailand (Neun Geschosse), in der Schweiz, Österreich und Frankreich (Acht Geschosse).

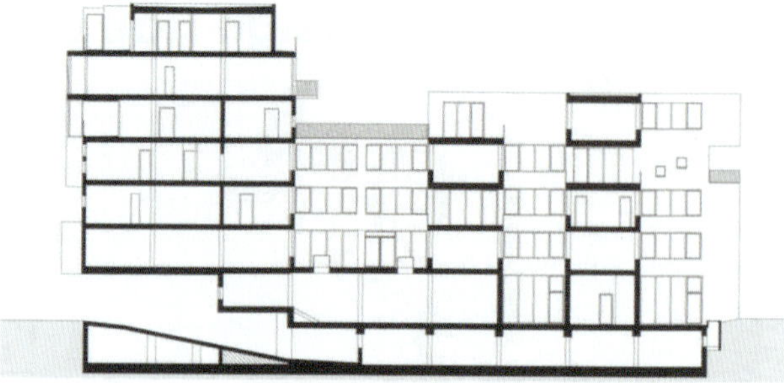

Bild 12.5. Gebäudeschnitt [*Kaden/Klingbeil* 2012]

Schon im Jahr 2008/2009 wurde in London ein neungeschossiges Wohnhaus in Brettsperrholzbauweise aus österreichischer Herstellung errichtet (s. Bild 12.6.). Auf einem massiven Erdgeschoss aus Beton wurden in nur neun Wochen acht weitere Geschosse in Brettsperrholz hochgezogen. Besonderer Wert wurde auf einen hohen Standard beim Wärme- und Schallschutz gelegt. Die Wand- und Deckenelemente sind wie eine selbsttragende, wabenartige Struktur angeordnet. Die lastabtragenden Wände bestehen aus 128 mm dicken Platten, die Geschossdecken bestehen aus 146 mm dicken Platten. Die Treppen- und Aufzugsschächte bestehen ebenfalls aus Brettsperrholz.

Bei der Tragwerksplanung war die Anforderung der britischen Norm, einen „disproportionate collapse" zu erfüllen, der besagt, dass bei einer außergewöhnlichen Last, z. B. bei einer Explosion, nur 10 % der Geschossdecke einstürzen darf und dadurch die Standsicherheit des gesamten Gebäudes nicht gefährdet sein darf [*Jakob/Freitag* 2008]. Üblicherweise wurden solche Gebäude bisher in Stahlbetonbauweise errichtet. Im Vergleich dazu konnten mit der Holzbauweise 124,7 t CO_2 eingespart werden, zuzüglich weitere 186 t CO_2, die im Holz durch das Wachstum gespeichert sind [*Waugh* u. a. 2009], [*Jakob/Freitag* 2008].

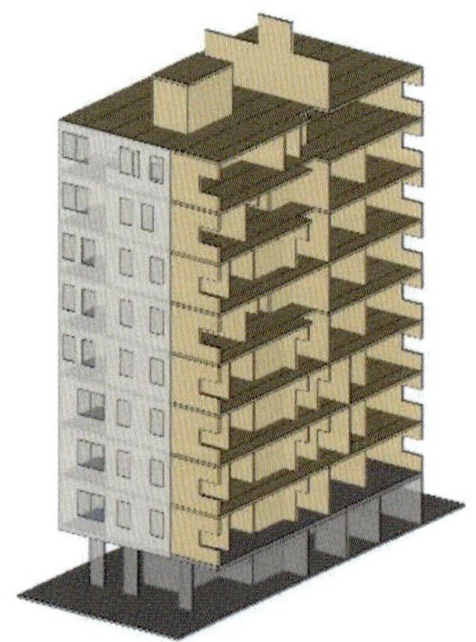

Bild 12.6. Neungeschossiger Murray Grove Tower in Brettsperrholz im Londoner Stadtteil Hackley – links: Schnittdarstellung (gezeichnet in Anlehnung an [*Waugh/Weiss/Wells* 2009]; rechts: Seitenansicht von der Murray Street (Foto: *W. Rug*)

In Wien wollte eine gemeinnützige Wohnungs- und Siedlungsgenossenschaft zeigen, dass mehrgeschossige Wohnungen in Holz eine kostengünstige Alternative mit ökologischen Vorteilen darstellen (s. Bild 12.7.). Herausgekommen ist ein siebengeschossiger Wohnkomplex mit 71 Wohnungen (Zwei-, Drei- und Vierzimmerwohnungen), dessen Erdgeschoss massiv ausgeführt wurde und die restlichen Geschosse in Brettsperrholzbauweise (Wanddicken 110 und 132 mm) errichtet wurden.

Die behördlichen Brandschutzauflagen waren sehr hoch, Brandwiderstände von 60 und 90 min waren einzuhalten, die aber mit einer Verkapslung der Brettsperrhölzer mit Gipskartonplatten erfüllt werden konnten. Wegen der Einhaltung der Brand- und Schallschutzanforderungen wurden die Decken als Holzbeton-Brettsperrholz-Verbunddecken ausgeführt. Die Treppenhäuser bestehen aus Stahlbeton. Die Balkone und Loggien wurden wegen der Gefahr des Brandüberschlags ebenfalls in Stahlbeton ausgeführt. Durch eine modulare Vorfertigung konnte die gesamte Konstruktion in nur elf Wochen fertig gestellt werden [*Ryll* 2013], [*Ryll* 2012].

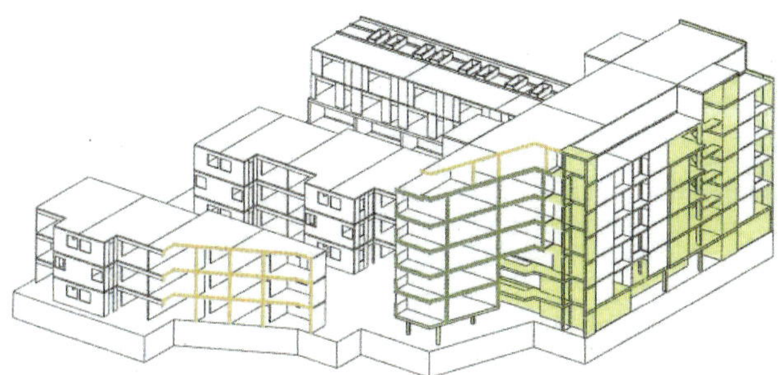

Bild 12.7. Mehrgeschossiger Wohnkomplex in Brettsperrholzbauweise [*Ryll* 2013]

Um die Vorteile des Holzbaues mit hoher Vorfertigung und kurzer Bauzeiten voll ausspielen zu können, liegt es nahe, Bausysteme für Gebäude bis 70 m Höhe (30 Stockwerke) zu entwickeln. Ein bei einem achtgeschossigen Versuchsbau eindrucksvoll nachgewiesenes neues Bausystem ist das in Österreich entwickelten Life-Cycle-Tower-Bausystem.

Beeindruckend ist die sehr kurze Bauzeit. Die acht Geschosse wurden in acht Tagen montiert. Das Aufrichten eines Geschosses, bestehend aus Wänden und Deckenfertigteilen, dauerte ca. 5 Stunden, aufgerichtet von vier Zimmerleuten.

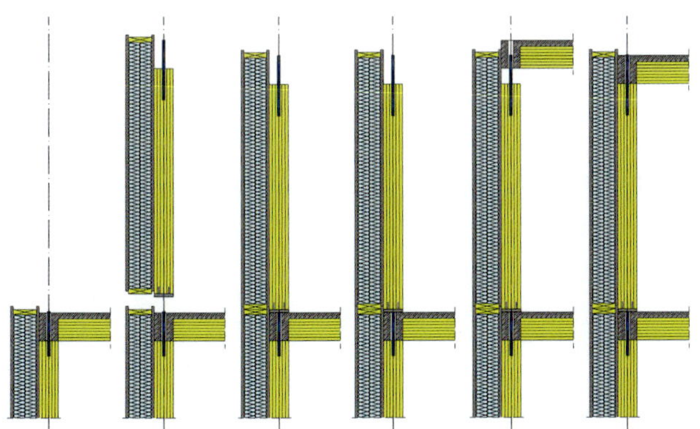

Bild 12.8. Montageabfolge:
Holz-Beton-Verbund-Fertigteildecken werden abwechselnd mit den vorgefertigten Fassadenelementen montiert [*Trinkert* 2012]

Das Treppenhaus besteht aus Brandschutzgründen aus Stahlbeton. Ansonsten geht der Systemgedanke von einer Fertigteilbauweise aus, bei der die Geschossdecken als Holz-Beton-Verbunddecken (mit Betonplatten, d = 80 mm) mit sichtbaren Brettschichtholzbalken an der Unterseite (beim Versuchsbau 2,7 × 8,10 m großer Elemente) ausgeführt wurden. Die Stützen bestehen aus einem doppelten Querschnitt 2 × 240 × 240 mm aus Brettschichtholz, die nicht verkoppelt werden (s. Bilder 12.8. und 12.9.).

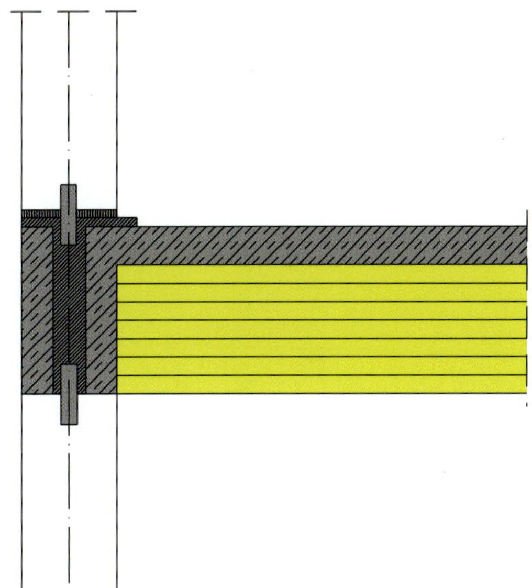

Bild 12.9. Detail Deckenanschluss/sichtbare Brettschichtholzstützen [*Fitzenwallner* 2012]

Die Außenhaut wird aus bis zu 12 m langen Fassadenelementen mit einer Wanddicke von 480 mm und einem k-Wert von 0,22 W/(m²K) (innen mit Verkleidung aus OSB-Platten, außen mit einer Trägerplatte aus zementgebundenen Holzfaserplatten) vorgefertigt [*Trinkert* 2012], [*Sinn* 2012], [*Fitzenwallner* 2012].

Inzwischen wurde das stark vorgefertigte Bausystem an weiteren Gebäudeprojekten auch in Deutschland erprobt. Die modulare Gestaltung der Gebäudekonstruktion gestattet eine flexible Anpassung an die Nutzeranforderungen und eine serielle Vorfertigung der einzelnen Bauteilelemente [*Hein* 2016], [*Schimmelpfennig* 2020].

Seit 2009 hat weltweit ein Wettlauf um das höchste Holzgebäude begonnen. Waren die Gebäude 2009 gerade mal ca. 30 m hoch, entstand 2019 in Wien ein 84 m hohes Holzgebäude (Bilder 12.10. bis 12.12.), und man darf gespannt sein, wohin die Entwicklung geht, denn noch größere Höhen von 100 m bis 300 m werden angestrebt.

Beim L-förmig angeordneten Gebäudeensemble in Wien (HoHoWien) wurden drei Gebäudeteile mit 84 m (24 Stockwerke), 57 m (15 Stockwerke) und 40 m (9 Stockwerke) umeinander gruppiert (s. Bild 12.10. und Bild 12.11.). Zu diesem dreiteiligen Gebäude gehört noch ein separat stehendes sechsgeschossiges Gebäude (HoHonext).

Die drei L-förmigen Gebäudeteile wurden jeweils an einen auf der Baustelle hergestellten Stahlbetonkern, der das Treppenhaus und die Liftkonstruktion beherbergt, angehangen.

Bewusst haben sich die Bauherren für eine Hybridbauweise entschieden. Eine massive Stahlbetonkonstruktion, welche die Brandschutzanforderungen an ein Treppenhaus erfüllt und die in der Lage ist, alle horizontalen Lasten aus den Deckenscheiben der angebundenen Holzgebäude problemlos aufzunehmen.

Bild 12.10. HoHoWien – 84 m (24 Stockwerke) hoher Gebäudeteil, mit angebundenen 15-stöckigen (57 m) Gebäudeteil (Bildquelle: www.kerblerholding.at)

Bild 12.11. HoHoWien – 84 m (24 Stockwerke) hoher Gebäudeteil, mit 9-stöckigen (40 m) Gebäudeteil (Bildquelle: www.kerblerholding.at)

Der Holzbau besteht aus vollständig im Herstellerwerk vorgefertigten Elementen, wie Brettsperrholzwänden, Brettschichtholzstützen, im Bereich der Fassade, einachsig gespannten Holz-Beton-Verbunddecken aus Brettsperrholz (sogenannte XC-Verbundelemente, 180 mm Brettsperrholzplatten, 120 mm Stahlbeton, s. [*www.holz-betonverbund.at*]) mit Kervenverbund (Bild 12.12.) und vorgefertigten Fassadenelementen.

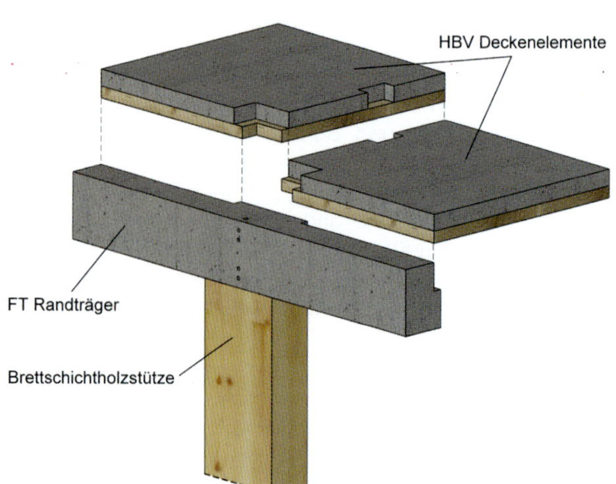

Bild 12.12. Konstruktionsprinzip aus HBV-Deckenelementen (XC-Verbundelemente), Stahlbeton-Fertigteilbalken, Brettschichtholzstützen aus [*Woschitz* 2015]

Die gesamte Holzkonstruktion bleibt im Innenbereich sichtbar (Bild 12.13.). Die sichtbare Seite der Brettsperrholzplatten (Holzart Fichte) wurde mit besonders hochwertiger Oberfläche hergestellt. Insgesamt wurden 12.200 m² Brettsperrholzelemente (Wände und Decken) mit sichtbarer Oberfläche verbaut. Die Scheibenwirkung der Geschossdecken wird über nachträglich auf der Baustelle betonierte Aussparungen in der Betonplatte hergestellt (Bild 12.12.). Der Stahlbetonfertigteilrandträger wird kraftschlüssig an die Betonplatte der HBV-Decken angebunden.

Das Gebäude wurde so geplant, dass es auch einem progressiven Kollaps, d. h. einem lokalen Versagen aus unspezifischen Ursachen in Anlehnung an ÖN EN 1991-1-7, Anhang A, standhält. [*Woschitz/Zotter* 2017], [*Woschitz* 2015]

Bild 12.13. Innenraumgestaltung mit sichtbaren Holzflächen (Bildquelle: www.kerblerholding.at)

Ab dem Erdgeschoss besteht das Gebäudeensemble zu 75 % aus Holz. Gegenüber einer konventionellen Bauweise spart die Holzbauweise ca. 2.800 Tonnen CO_2 und 300.000 Megawattstunden Primärenergie. Das für das HoHoWien verwendete Holz wächst in einer Stunde und 17 Minuten in Österreichs Wäldern nach [*Vogt* 2018].

Weiterführende Literatur: [*Green/Taggart* 2017], [*Kaufmann* u. a. 2017], [*Fischer* u. a. 2019].

13. Turmartige Konstruktionen

„Neben den Brücken zählen Türme zu den aufsehenerregendsten Ingenieurbauwerken und seit der Urzeit werden auch sie aus Holz gebaut" [*Brockstedt* 1992].

Turmkonstruktionen aus Holz wurden in den letzten hundert Jahren für Wasserbehälter, Bohrtürme, Leuchttürme, Aussichtstürme, als Mastkonstruktion im Freileitungsbau oder zur Beleuchtung und für Funksendeanlagen verwendet. Heute sind Holztürme als Aussichtstürme sehr beliebt. Sendetürme in Holz sind dagegen selten geworden.

Unbestritten sind die Pionierleistungen im Funkturmbau von 1925 bis 1940. Die Entwicklung einer leistungsfähigen Nachrichtentechnik verlangte beim Aufbau einer modernen Funktechnik entsprechend hohe Sendetürme.

„Der Turmbau ist unzweifelhaft eine Ingenieurleistung ersten Ranges, die beredtes Zeugnis dafür ablegt, was dem Holzbau zugemutet werden darf, wenn er in einer die Konstruktion und in der Theorie des Holzbaues beherrschenden Behandlung ingenieurtechnisch und gewandt ausgenutzt und durchgeführt wird" [*Herbst* 1932].

Ab 1930 überschritt man die Grenze von 100 m in der Bauhöhe und errichtete bis 1935 Türme bis 190 m (s. Beispiel in Bild 13.1. und [*Rug* 2003]).

Bild 13.1. Sendeturm Gleiwitz, Höhe 113 m, 1934/1935 errichtet, Lärchenholz, Ausführung: Christoph und Unmack AG, Niesky, Verbindungsmittel: 16.000 Messingdübel Typ Christoph und Unmack (Foto: *W. Rug*)

Seit den 80er-Jahren des 20. Jahrhunderts wurden wieder verstärkt Turmkonstruktionen aus Holz gebaut. So gibt es heute zahlreiche Beispiele für Aussichtstürme in Holz (s. Bilder 13.2. bis 13.7.).

Bild 13.2. Jahrtausendturm in Magdeburg (Foto: *W. Rug*)

Im Rahmen der Bundesgartenschau in Magdeburg wurde 1999 ein 60 m hoher Turm aus Brettschichtholz errichtet, in dem eine Dauerausstellung zur Entwicklungsgeschichte der Menschheit untergebracht ist, und außerdem dient der Turm als Aussichtsturm. Dem künstlerischen Entwurf eines schweizerischen Malers und Bildhauers entsprechend, wurde er als asymmetrische Kegelkonstruktion aus bis zur Spitze durchgehenden Gratbindern aus Brettschichtholz konzipiert, die auch die Lasten aus insgesamt zehn Ausstellungsebenen aufnehmen. Im Inneren des Gebäudes besteht das tragende Gerüst aus einem 21 m hohen Kuppelbau.

Bild 13.3. Jahrtausendturm in Magdeburg (Foto: *W. Rug*)

Beispielgebend für andere Türme steht der im Jahre 2004 errichtete 36 m hohe Aussichtsturm, der an einem Rad- und Wanderweg gelegen im touristischen Gebiet des Geoparks Muskauer Faltenbogen (Bundesland Brandenburg) eine gute Aussicht auf die dortige Natur bietet. Die Aussichtsplattform befindet sich auf 30 m Höhe. Die Hauptkonstruktion bilden 6 × 32 m lange in verschiedene Radien gebogene Brettschichtholzträger und eine stählerne Mittelstütze mit Stahltreppe.

Bild 13.4. Aussichtsturm am Felixsee (Foto: *W. Rug*)

Im Jahre 2013 wurde der erste Aussichtsturm mit 100 m Höhe im österreichischen Kärnten (s. Bild 13.5.) gebaut. Es handelt sich dabei um den weltweit höchsten Aussichtsturm aus Holz.

Bild 13.5. Aussichtsturm im österreichischen Kärnten (Bildquelle: *www.rubner.com*)

Die beiden offenen Besucherplattformen befinden sich auf 67,2 und 70,4 m Höhe. Darunter befindet sich eine mit Glas verkleidete Plattform, die auch für Veranstaltungen genutzt werden kann (s. Bild 13.6).
Der neue Turm ersetzt einen alten Stahlbetonturm mit 54 m Höhe. Der Neubau sollte in nachhaltiger Bauweise ein attraktives Wahrzeichen für die touristische Region sein.

Bild 13.6. Turmspitze mit Restaurant und Besucherplattformen (Foto: *W. Rug*)

Die hölzerne Turmkonstruktion aus 16 Brettschichtholzstützen (Lärchenholz), die sich räumlich gekrümmt ellipsenförmig um ein stählernes Treppenhaus mit Lift und einer Rutsche gruppieren, bilden zusammen die Konstruktion des Turmes. Ausgesteift wird die Turmkonstruktion durch zehn elliptische Ringe und 80 Diagonalstäbe aus Stahl (s. Bild 13.7).

Die Errichtung dauerte zwei Monate bei einer Gesamtbauzeit von acht Monaten. Alle Detailpunkte wurden für den frei bewitterten Standort hinsichtlich des baulichen Holzschutzes mit besonderer Sorgfalt durchgebildet.

Insgesamt wurden 500 m³ Brettschichtholz und 1000 m² Brettsperrholzplatten und 300 t Stahl verbaut.

Eine andere interessante Entwicklung im Turmbau findet in der Windkraft statt. Seit 2008 arbeitet die TimberTower GmbH an der Konstruktion eines Holzturms für Windenergieanlagen der Multimegawattklasse, seit 2012 steht der erste Prototyp mit einer Nabenhöhe von 100 m (s. Bild 13.8.).

Bild 13.7. Turmkonstruktion aus Stahlringen und stählernen Treppenhaus (Foto: *W. Rug*)

Bild 13.8. Windkraftanlage in Holzbauweise (Bildquelle: *www.timbertower.de*)

Die Idee ist, dass gegenüber der bisherigen Stahlbauweise mit dem Werkstoff Holz eine nachhaltigere Konstruktion mit längerer Lebensdauer entsteht. Gleichzeitig hat das angedachte Baukastenprinzip für die Turmkonstruktion Vorteile beim Transport, denn die tragenden Brettsperrholzelemente lassen sich mit konventionellen Lkw zum Standort bringen. Spezialtransporte, wie für die runden Segmente der Stahltürme, sind für den Holzturm nicht erforderlich und lassen sich selbst im unwegsamen Gelände wirtschaftlicher darstellen. Neben der Entwicklung zu größeren Rotordurchmessern werden in der Windkraft zudem immer höhere Türme gefordert. Aufgrund der kompletten Montage vor Ort ist dieser Anspruch für den Holzturm ohne Probleme zu erfüllen, da der Turmfuß mittels der mehreckigen Konstruktion beliebig vergrößert werden kann, um letztendlich die Last der installierten Windenergieanlage aufnehmen zu können.

Der TimberTower wird als Verbundsystem aus Brettsperrholzplatten und Oberflächenkomponenten gefertigt, die am Anlagenstandort zu einem geschlossenen Hohlkörper mit mehreckigem Querschnitt verbaut werden. Im Bauzustand werden diese Wandelemente aus Brettsperrholz (max. 15 m lang, max. 2,90 m breit, 30 cm dick) zunächst miteinander verschraubt und anschließend verklebt. Im Inneren des Turms befindet sich ein Lehrgerüst, dessen Fachwerkkonstruktion aus vorgefertigten Rahmenelementen besteht, die auf der Baustelle zu 15 m langen Segmenten vorgefertigt werden. Das Lehrgerüst hat keine tragende Funktion, sondern dient ausschließlich der Montage und Wartung des Turms und nimmt u. a. das Beleuchtungs- und Leitersystem sowie die im Turmfuß zusammenlaufende Leistungselektronik auf (s. Bild 13.9.).

Bild 13.9. Windkraftanlage in Holzbauweise, Montage (Bildquelle: *www.timbertower.de*)

Für den 100 m hohen Prototyp in Hannover wurden 400 m³ Fichtenbrettsperrholz verwendet, anstatt CO_2 zu produzieren, werden durch die Holzverwendung große Mengen aus der Atmosphäre gebunden. Beim Prototyp konnte zum einen auf 200 t Stahlblech verzichtet werden, zum anderen bindet der Holzturm 400 t CO_2. Darüber hinaus lässt sich das Material nach dem Einsatz sowohl stofflich als auch energetisch weiterverwenden. Insgesamt wurden für den achteckigen Prototyp 54 unterschiedlich lange und trapezförmige Wandelemente eingesetzt. Beginnend mit 3,75 m langen Platten, weiterführend mit 7,50 m, 11,25 m und schließlich 15 m langen Platten wurde ein Versatz geschaffen. Diese doppelläufige Helixstruktur verleiht dem Turm zusätzliche Stabilität. Am Fuß hat der Turm einen Durchmesser von 7 m, an der Spitze etwa 2,90 m. Für größere Nabenhöhen werden auch sechs- oder zwölfeckige Querschnitte verwendet, Turmhöhen bis zu 160 m sind mit dem TimberTower problemlos zu realisieren.

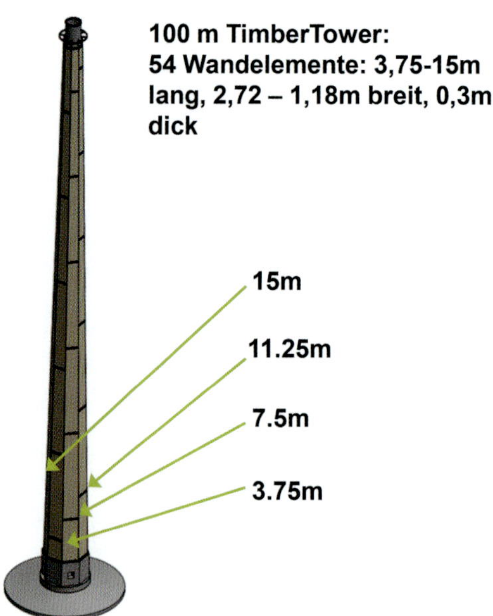

Bild 13.10. Windkraftanlage in Holzbauweise, Wandelemente (Bildquelle: *www.timbertower.de*)

Neu an der Konstruktion ist auch die Verbindung der Platten an den Horizontalstößen. Sie wird mittels eingeklebter metallischer Lochbleche hergestellt [*Bathon* u. a. 2010]. Die Turmkonstruktion erhält einen Oberflächenschutz aus Kunststoff (Dachbahn Sikaplan), der nach der Herstellung bereits im Werk auf die einzelnen Wandelemente aufgebracht und nach der Montage des Turms mittels einer Befahranlage vollflächig miteinander verschweißt wird.

Turmkonstruktionen als Aufbauten bei Kirchen und repräsentativen Bauten sind heute seltenere Aufgaben. Sie werden zumeist im Zusammenhang mit der Wiedererrichtung kriegszerstörter Konstruktionen gestellt.

Bei der Konstruktion wird der Zimmerer in der Regel verpflichtet, nicht nur die Form, sondern auch die ehemalige zimmermannsmäßige Ausführung wiederherzustellen. Das heißt, alle Verbindungen werden mit zimmermannsmäßigen Verbindungen ausgeführt (s. Bilder 13.11. und 13.12.).

Bild 13.11. Neubau Turmaufsatz, denkmalgerechte Instandsetzung des Dachbereiches (Bildquelle: www.holzbau-statik.de)

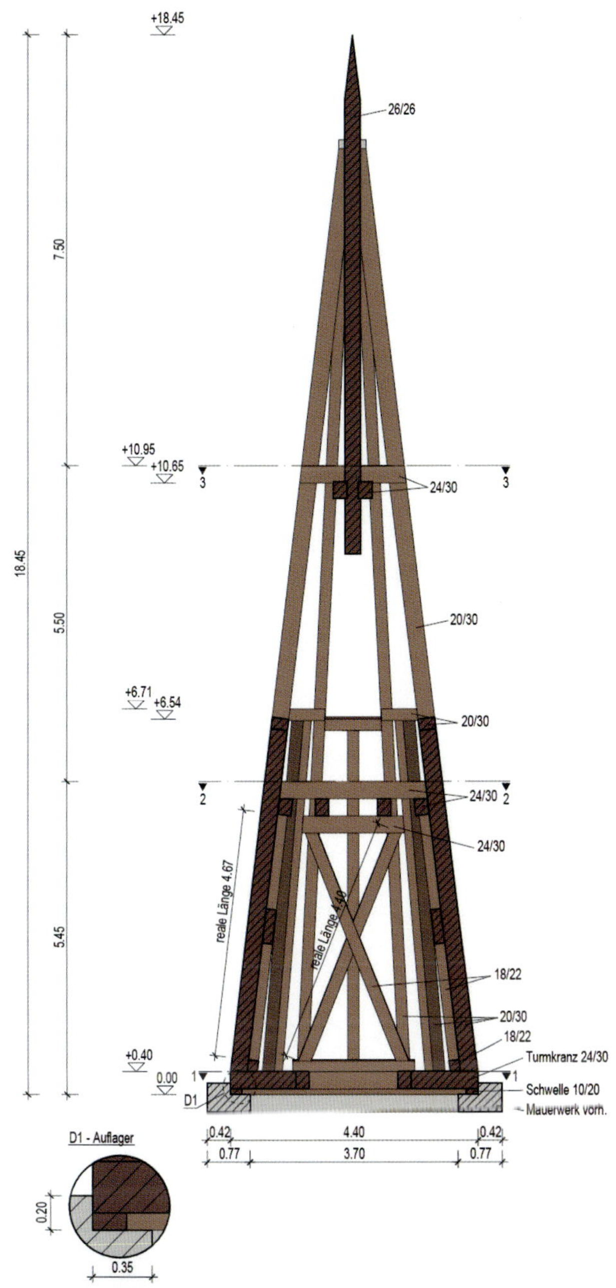

Ansicht von unten nach oben – Schnitt 2-2

Draufsicht

Schnitt 3-3

Schnitt 2-2

Schnitt 1-1

Bild 13.12. Kirchenturmkonstruktion (Bildquelle: *www.holzbau-statik.de*)

Literatur: [*Härtel* 2012], [*Schäfer* 2012], [*Bathon* u. a. 2010], [*Haas* 2005], [*Rug* 2003], [*Seidel* 1999], [*Brockstedt* 1992], [*Herbst* 1932]

Literaturverzeichnis

[1961] *Ohne Autor:* Feuersicherheit und Holzverwendung, bauen mit holz 1961, S. 53–56

[1973] Hallenkonstruktion mit Bogenträgern aus Holz. Bauplanung-Bautechnik, Berlin 27 (1973) 11, S. 549–551

[1978] Mehrzweckhallen aus Holz. (aus: Pozemni stavby, Praha (1977) 12, S. 560/561). In: Bauplanung-Bautechnik, Berlin 32 (1978) 10

[1987] *Ohne Autor:* Eigenschaft des Schweizer Holzbau. SAH Ballentin 15 (1987) 1/2, Zürich

[1991] Bericht über die 14. Dreiländer-Holztagung in Interlaken, Schweiz 1990. In: Bauzeitung 3/1991, S. 209–211

[2006] *Ohne Autor:* Mit Holz-Beton-Verbund in neue Regionen. In: bauen mit holz (2006) H. 6, S. 12–15

[2012] *Ohne Autor:* 32 m ganz aus Holz. In: Mikado (2012) H. 7, S. 16–19

[2013] *Ohne Autor:* Die Erde bebt, der Holzbau steht. In: Mikado (2013) H. 12, S. 26–31

[2013] *Ohne Autor:* Neungeschossiges Wohngebäude. In: Mikado (2013) H. 12, S. 22–25

[*Aasheim* 1995] *Aasheim, E.*: Anschlüsse mit Stahlplatten. In: [*Step 2* 1995] (siehe dort)

[*Affentranger* u. a. 1983] *Affentranger, S.; Kühn; Bickle*: Schallschutz bei Holzbalkendecken. Schweizer Holzbau, Zürich 49 (1983) 10, S. 75/76

[*Ahnert/Krause* 2009] *Ahnert, R.; Krause, K.*: Typische Baukonstruktionen von 1860 bis 1960. Teil 1 bis 3. 7. Aufl. 2009, Beuth Verlag Berlin

[*Aicher* 1993] *Aicher, S.:* Kostensparende Holzverbindungen durch eingeleimte Metallbleche unter Verwendung neuartiger Kleber mit erhöhter Leimfugendicke. Forschungsbericht F 2226, Stuttgart: IRB-Verlag 1993

[*Aicher* 2003] *Aicher, S.:* Structural adhesive joints including glued-in bolts. In: Thelanderson /Larsen: Timber Engineering, West Sussex 2003

[*Aicher* 2011] *Aicher, S.:* Geklebte Vollstöße großformatiger Brettschichtholzträger. In: 17. Internationales Holzbauforum 2011, Tagungsband

[*Aicher* 2012] *Aicher, S.:* Langzeitbeständigkeit und Sicherheit Harnstoffharzverklebte tragende Holzbauteile. Forschungsbericht, MPA Stuttgart 2012

[*Aicher* 2012] *Aicher, S.:* Harnstoffharzverklebte Dachtragwerke – ein latentes Schadensrisiko?. In: 2. Stuttgarter Holzbau-Symposium 2012

[*Aicher* 2016] *Aicher, S.:* Laubholzprodukte und -anwendungen / Anschlüsse. Europäischer Kongress EBH, Köln 2016

[*Aicher* u. a. 1997] *Aicher, S.; Herr, J.; Bornschlegel, V.:* Entwicklung leistungsfähiger, eingeklebter Verbindungen für Rahmenecken und Stützenanschlüsse unter Verwendung nach festen Anschlusselementen. MPA Stuttgart, Forschungsbericht IRB-Verlag Stuttgart 1998

[*Aicher/Finn* 2005] *Aicher, S.; Finn, R.:* Queranschlüsse im Holzbau – Ein Vergleich von Bemessungsansätzen. In: Otto Graf Journal 16 (2005), S. 285–299 (engl. Sprache)

[*Aicher/Höfflin* 2002] *Aicher, S.; Höfflin, L.:* Glulam beams with round holes- a comparison of different design approaches vs. test date Meeting thirty five, Kyoto 2002

[*Aicher/Rothkopf* 2012] *Aicher, S.; Rothkopf, C.:* Europäische und internationale Normung von Klebstoffen. In: 2. Stuttgarter Holzbau-Symposium 2012

[*Aicher/Ruckteschell* 2012] *Aicher, S.; Ruckteschell, N.:* Brettschichtholz aus Eiche. In: 2. Stuttgarter Holzbau-Symposium 2012

[*Albers* 1970] *Albers, K.:* Querdehnungs- und Gleitzahlen sowie Schub- und Scherfestigkeit von Holzwerkstoffen. Diss. Universität Hamburg 1970

[*Alsmarker* 1995] *Alsmarker, T.:* Aussteifende Scheiben. In: [*Step 1* 1995] (siehe dort)

[*Andresen/Laschinski* 1996] *Andresen, K.; Laschinski, C.*: Stabilität. In: *Halász, R.; Scheer, C.*: Holzbau-Taschenbuch, Band 1, Berlin: Ernst & Sohn 1996

[*Antemann* 2009] *Antemann, M.:* Freiheit und Perfektion im Holzbau. In: bauen mit holz (2009) H. 9, S. 8–12

[*Apitz* 1984] *Apitz, R.:* Beitrag zur Berechnung nach Grenzzuständen im Holzbau. Mitteilung 1/84 des FA Ingenieurholzbau, Berlin 1984

[*Arge Holz* 1977-1] Gelenkkonstruktionen bei Durchlaufträgern mit Gelenken. In: Holzbau-Statik – Aktuell. Hrsg.: Arbeitsgemeinschaft Holz e. V., Düsseldorf 1977

[*Arge Holz* 1977-2] Seitenlast zur Bemessung der Aussteifungskonstruktionen parallelgurtiger Brettschichtträger. In: Holzbau-Statik – Aktuell, Folge 2. Hrsg.: Arbeitsgemeinschaft Holz e. V., Düsseldorf 1977

[*ARGEBAU* 2006] *ARGEBAU:* Hinweise für die Überprüfung der Standsicherheit von baulichen Anlagen durch den Eigentümer/Verfügungsberechtigten (Fassung September 2006)

[*ARGEBAU* 2011] *ARGEBAU:* Hinweise zur Planung und Ausführung von Nagelplatten Konstruktion sowie Anmerkungen zur Prüfung der Standsicherheitsnachweise und Überwachung der Bauausführung (Fassung 2011)

[*ARGEBAU* 2013] *ARGEBAU:* Hinweise zur Einschätzung von Art und Umfang zu untersuchender harnstoffharzverklebter Holzbauteile auf mögliche Schäden aus Feuchte- oder Temperatureinwirkungen durch den Eigentümer/Verfügungsberechtigten (Fassung Februar 2013)

[*Arndt* 2014] *Arndt, H.:* Wärmeschutz und Feuchte in der Praxis. 3. Auflage, Beuth-Verlag, Berlin 2014

[*Augustin* 2005] *Augustin, M.*: Eine Zusammenfassende Darstellung der Festigkeitssortierung von Schnittholz. TU Graz, Diplomarbeit 2005

[*Avak/Glaser* 2005] *Avak, R.; Glaser R.:* Vereinfachtes Verfahren zur Vorhersage des Langzeitverhaltens von Holz-Beton-Verbundkonstruktionen, Bautechnik (2005) H. 4, S. 200–210

[*Avramenko* 1973] *Avramenko, F.:* Kleenaja balka novoj konstrukcii. (Eine neue Konstruktion für geklebte Brettschichtbalken). Selskoe stroit., Moskva 27 (1973) 3, S. 17 (Übersetzg. Nr. 17571, Bauakademie der DDR)

[*Ayoubi* u. a. 2013] *Ayoubi, M.; Koj, C.; Trautz, M.:* Mit Vollgewindeschrauben zur biegesteifen Rahmenecke. In: Bauen mit Holz (2013) H. 2, S. 32–37

[*Ayoubi/Trautz* 2012] *Ayoubi, M.; Trautz, M.:* Ausziehverhalten von Vollgewindeschrauben. Forschungsbericht 02/2012, Lehrstuhl für Tragkonstruktion, RWTH Aachen, Fakultät Architektur 2012

[*Badstube* u. a. 1989] *Badstube, M.; Rug, W.; Schöne, W.:* Longterm tests with glued laminated timber girders. Academy of Building of the GDR, Institute for Industrial Buildings, CIB-W18A Paper 22-9-2, CIB-W18 Meeting, Berlin 1989

[*Badstube* u. a. 1990-1] *Badstube, M.; Rug, W.; Schöne, W.:* Abhängigkeit der Biegefestigkeit von der Brettschichtholzträgerhöhe. 22. Jahrestagung der AG „Timber Structures" Berlin 25.–28. Sept. 1989; Folge 1. In: Bauforschung-Baupraxis, H. 279, Hrsg.: Bauakademie der DDR, Bauinformation Berlin 1990

[*Badstube* u. a. 1990-2] *Badstube, M.; Rug, W.; Pleßow, R.:* Zuverlässigkeitstheoretische Betrachtung von Holzbauteilen. 22. Jahrestagung der AG „Timber Structures" Berlin 25.–28. Sept. 1989; Folge 2. In: Bauforschung-Baupraxis, H. 280, Hrsg.: Bauakademie der DDR, Bauinformation Berlin 1990

[*Badstube* u. a. 1990-3] *Badstube, M.; Rug, W.; Schöne, W.*: Langzeitversuche an Trägern aus Brettschichtholz. 22. Jahrestagung der AG „Timber Structures" Berlin 25.–28. Sept. 1989; Folge 2. In: Bauforschung-Baupraxis, H. 280, Hrsg.: Bauakademie der DDR, Bauinformation Berlin 1990

[*Badstube/Rug* 1986] *Badstube, M.; Rug, W.:* Forschungsarbeiten auf dem Gebiet der Bemessung nach Grenzzuständen in Vorbereitung auf den neuen DDR-Standard Holzbau. Holztechnologie, Leipzig 27 (1986) 6, S. 288–294. Bauforschung-Baupraxis, Berlin 1986, H. 205, S. 5–17

[*Bahmer* 2009] *Bahmer, R.:* Holz-Beton-Verbundsysteme. In: Zukunft Holz Querschnittsbericht und Entwicklungspotentiale, Biberach 2009

[*Bahmer* 2010] *Bahmer, R.:* Geklebte Stahl/Holz/Verbindungen – starre Verbindung mit geringer Querschnittsschwächung. In: 1. Internationale Holzbrückentage 2010, Tagungsband

[*Bathon* 2010-3] *Bathon, L.:* Zur Temperaturbeständigkeit und Ermüdungsfestigkeit von in Holz eingeklebten Gewindestangen. In: Holzbau (2010) H. 2, S. 45–49

[*Bathon* 2011-2] *Bathon, L.:* Holz-Beton-Verbund im Brückenbau am Beispiel der Chiemgau-Arena in Ruhpolding. In: Holzbau (2011) H. 2, S. 46–51

[*Bathon* u. a. 2010] *Bathon, C.; Bletz, O.; Schmidt, J.; Weil, M.:* Windenergietürme aus Holz. Holzbau Quadriga (2010) H. 3, S. 32–36

[*Bathon/Bletz* 2007] *Bathon, L.; Bletz, O.:* Zum Schwingungsverhalten von Holzdecken und Holz-Beton-Verbunddecken. In: Die Neue Quadriga (2007) H. 7, S. 28–33

[*Bathon/Bletz* 2009] *Bathon, L.; Bletz, O.:* Holz-Beton-Verbund. In: Schwaner, K. Hrsg.: Zukunft Holz Querschnittsbericht und Entwicklungspotentiale, Biberach 2009

[*Baton* 1992] *Baton, L.:* Faserverstärktes Leimholz – Erste Forschungsergebnisse und Anwendungsperspektiven. In: 4. Internationales Holzbauforum vom 2.–4. 12. 1998 in Garmisch-Partenkirchen, Tagungsmaterial

[*Bätz* 1976] *Bätz, G.:* Balkenverstärkungen durch seitlich angebolzte Stahl-Profile. Berlin: Bauzeitung, 30 (1976) 8, S. 427–429

[*BDZ* 2000] BDZ Hrsg. Holz-Rahmen-Bau – bewährtes Hausbausystem, 3. Auflage, Bruder Verlag Karlsruhe 2000

[*Beck/Schneider* 1969] *Beck, H.; Schneider, K,-H.:* Die aussteifende Wirkung genagelter. Bretterschalung bei gedrückten Gurten. In: Bauingenieur 44 (1969) H. 1, S. 22–27

[*Becker* 2002] *Becker, P.:* Modellierung des zeit- und feuchteabhängigen Materialverhaltens zur Untersuchung des Langzeittragverhaltens von Druckstäben aus Holz. Bauhaus Universität Weimar, Dissertation, Shaker Verlag, Aachen 2002

[*Becker/Radovic* 2019] *Becker, K.; Radovic, B.:* Baustoffe für den konstruktiven Holzbau. Informationsdienst Holz, Spezial, 7. überarbeitete Auflage, Düsseldorf 2019

[*Becker* u. a. 1992] *Becker, K.; Tichelmann, K.; Rug, W.; Held, H.; Lißner, K.; Lobbedey-Müller, S.:* Querschnittsbericht über sanierungsbedürftige Wohnbauten in Mischbauweise in der ehemaligen DDR. Forschungsverbundvorhaben TH Darmstadt – Konstruktiver Holzbau und RECONTIE – Institut für Holzbau und ökologisches Bauen Berlin, durchgeführt im Auftrag der DGfH, gefördert durch den Bundesminister für Raumordnung, Bauwesen und Städtebau. Darmstadt/Berlin 1992

[*Becker/Zeitler* 1993] *Becker, K.; Zeitler, H.:* Untersuchung der dynamischen und duktilen Eigenschaften von mechanischen Verbindungsmitteln in Hinblick auf die Beschreibung der Eigenschaften in den europäischen Regelwerken – EC 8. Forschungsbericht T 2616, Stuttgart: IRB-Verlag 1993

[*Beer* 1970] *Beer, H.:* Beitrag zur stochastischen Konzeption der Bauwerkssicherheit – Teil 1. VDI, Düsseldorf 112 (1970) 11, S. 725–730

[*Beilicke* u. a. 1993] *Beilicke, G.* u. a.: Brandschutztechnische Beurteilung und Ertüchtigung von Holzkonstruktionen in bestehenden Gebäuden. Abschlußbericht zum AIF-Forschungsvorhaben 175-D, Februar 1993 (unveröffentlicht). Das Forschungsvorhaben wurde im Auftrage der Deutschen Gesellschaft für Holzforschung e. V. (DGfH), München, durchgeführt.

[*Beinlich* 1973] *Beinlich, D.:* Grundlagen der Verbindung. Diss. A, Hochsch. f. Bauwesen Leipzig 1973

[Bejtka 2011] *Bejtka, J.:* Cross (CLT) and diagonal (DLT) laminated timber as innovative material for beam elements. Karlsruher Berichte zum Ingenieurholzbau, H. 17, KIT 2011

[*Bellmann* u. a. 1992] *Bellmann, H. H.* u. a.: Beuth-Kommentare, Holzschutz, vorbeugender chemischer Holzschutz. Eine ausführliche Erläuterung zu DIN 68800 Teil 3, Ausgabe 1990. Berlin 1992

[*Benning* 1997] *Benning, H. H.:* Beitrag zur Traglastberechnung stabilitätsgefährdeter Brettschichtholzträger. Schriftenreihe des Lehrstuhls für Baukonstruktion, Ingenieurholzbau und Bauphysik der Ruhr-Universität Bochum 13/97, Stuttgart: IRB Verlag 1997

[*Benz* 1984] *Benz, H.-J.:* Stabilitätsverhalten bei gespreizten Druckstäben aufgezeigt am Beispiel eines Schadensfalles. Bauen mit Holz, Karlsruhe 86 (1984) 3, S. 150/151

[*Bergfelde* 1974] *Bergfelde, J.:* Näherungsverfahren zur Berechnung allgemeiner zusammengesetzter hölzerner Biegeträger mit elastischen Verbund. In: Bauingenieur (1974), S. 350–357

[*Bergfelder* 1974] *Bergfelder, K.:* Näherungsverfahren zur Berechnung allgemeiner zusammengesetzter hölzerner Biegeträger mit elastischem Verbund. Bauingenieur 49 (1974) 9, S. 350–357

[*Bernasconi* 2012] *Bernasconi, A.:* Ein ungewöhnliches Mehrgeschossiges Wohnhaus. Schweizer Arbeitsgemeinschaft, Kurs 2012

[*Bernasconi* 2012] *Bernasconi, A.:* Überbauung Via Cenni Mailand – 4 Holzhochhäuser mit je 9 Geschossen. In: 18. Internationales Holzbau-Forum 2012, Tagungsband

[*Bernasconi* u. a. 1990] *Bernasconi, A.* u. a.: Innovationen im Holzbau. Schweizerische Arbeitsgemeinschaft für Holzforschung, Zürich 1990

[*Bernert* 1988] *Bernert, K.:* Umgebindehäuser. Berlin: Verlag für Bauwesen 1988

[*Bethe* 1970] *Bethe, E.:* Untersuchung der Festigkeitseigenschaften von Bauholz bei der Lagerung im Wechselklima unter gleichzeitiger mechanischer Beanspruchung. Köln/Opladen: Westdeutscher Verlag 1970

[*Beutel* 1984] *Beutel, G.*: Das rechnerische Abbinden. Karlsruhe: Bruderverlag 1984

[*Beyersdorfer* u. a. 1987] *Beyersdorfer, O.; Eberhart, O.; Siebert, W.; Werner, H.*: Karlsruher Forschung im Ingenieurholzbau 1987, Teil 2. In: bauen mit holz (1987), S. 450–456

[*Bierbach* 1971] *Bierbach, J.*: Die Tragfähigkeit von Spezialnägeln. Bauen mit Holz. Karlsruhe 73 (1971) 10, S. 477

[Bierbach-Katalog 1998] Bierbach Befestigungstechnik, Handbuch für Holzverbinder. Ernst Bierbach GmbH & Co. KG, Unna 1998

[*Bignotti* 1995] *Bignotti, G.*: Transport und Montage. In: [*Step 2* 1995] (siehe dort)

[*Binding* 1990] *Binding, G.* (Hrsg.): Fachwerkterminologie für den historischen Holzbau Fachwerk – Dachwerk. 38. Veröffentlichung der Abteilung Architekturgeschichte des Kunsthistorischen Instituts der Universität zu Köln; 2. überarbeitete Auflage, Köln 1990

[*Blaß* 1987] *Blaß, H.-J.*: Tragfähigkeit von Druckstäben aus Brettschichtholz unter Berücksichtigung streuender Einflußgrößen (Dissertation). Berichte der Versuchsanstalt für Stahl, Holz und Steine der Universität Karlsruhe, 4. Folge, H. 10, 1987

[*Blaß* 1988] *Blaß, H.-J.*: Einfluß des Kriechens auf die Tragfähigkeit von Holzdruckstäben. In: Holz als Roh- und Werkstoff 46 (1988) H. 11, S. 405–411

[*Blaß* 1989] *Blaß, H.-J.*: Berechnung und Optimierung von Dreigelenkrahmen mit der Spannungstheorie II. Ordnung. In: Holzbau-Statik – Aktuell, Ausgabe Oktober 1989. Hrsg. Arbeitsgemeinschaft Holz e. V., Düsseldorf 1989

[*Blaß* 1991] *Blaß, H.-J.*: Zum Einfluss der Nagelanzahl auf die Tragfähigkeit von Nagelverbindungen. In: bauen mit holz (1991) H. 1, S. 21–26

[Blaß 1991-2] *Blaß, H.-J.*: Traglastberechnung von Nagelverbindungen. In: Holz als Roh- und Werkstoff (1991), S. 91–98

[*Blaß* 1993] *Blaß, H.-J.*: Verbundkonstruktion Holz-Beton, Stand der Technik, Bemessungsgrundlagen, ausgeführte Bauten. In: 15. Dreiländer-Holztagung Garmisch-Partenkirchen. 21.–24.09.1993, DGfH München 1993

[*Blaß* 1995-1] *Blaß, H.-J.*: Druckstäbe. In: [*Step 1* 1995] (siehe dort)

[*Blaß* 1995-2] *Blaß, H.-J.*: Knicklängen. In: [*Step 1* 1995] (siehe dort)

[*Blaß* 1995-3] *Blaß, H.-J.*: Verbindungen mit Einlaßdübeln. In: [*Step 1* 1995] (siehe dort)

[*Blaß* 1995-4] *Blaß, H.-J.*: Verbindungen mit Einpreßdübeln. In: [*Step 1* 1995] (siehe dort)

[*Blaß* 1995-5] *Blaß, H.-J.*: Verbindungen mit mehreren Verbindungsmitteln. In: [*Step 1* 1995] (siehe dort)

[*Blaß* 1995-6] *Blaß, H.-J.*: Konzeption des Eurocode 5 inkl. Nationales Anwendungsdokument (Neues semiprobabilistisches Sicherheitskonzept). In: Referatensammlung Eurocode 5 – Entwurf, Berechnung und Bemessung von Holzbauwerken. DIN Deutsches Institut für Normung e. V., Karlsruhe 1995

[*Blaß* 2000] *Blaß H.-J.*: Eingeleimte Gewindestangen, Bemessung nach E DIN 1052 und neuere Forschungsergebnisse, Karlsruher Tage 2000, Tagungsband

[*Blaß* 2000] *Blaß, H.-J.*: Eingeleimte Gewindestangen, Bemessung nach DIN 1052 und neueren Forschungsergebnissen. In: Ingenieurholzbau Karlsruher Tage 2000, Tagungsband

[*Blaß* 2008] *Blaß, H.-J.*: Fachwerkträger. In: Ingenieurholzbau, Karlsruher Tage 2008, Bruderverlag, Karlsruhe 2008

[*Blaß* 2012] *Blaß, H.-J.*: Trag- und Verformungsverhalten der BSB-Verbindungen von Brettschichtholz mit innenliegenden Stahlblechen durch Stahlstifte, Gutachterliche Stellungnahme von 14.11.1992

[*Blaß* u. a. 1987] *Blaß, H.-J.; Ehlbeck, J.; Görlacher, R.; Hättich, R.*: Karlsruher Forschung im Ingenieurholzbau 1987. Teilprojekt: Knotenpunkte und Verbindungsmittel alter Holzkonstruktionen. Bauen mit Holz, Karlsruhe 89 (1987) 6, S. 386–388

[*Blaß* u. a. 1992] *Blaß, H.-J.; Ehlbeck, J.; Werner, H.*: Grundlagen der Bemessung von Holzbauwerken nach dem EC 5, Teil 1 – Vergleich mit DIN 1052. DGfH-Sonderdruck aus Betonkalender 1992, München 1992

[*Blaß* u. a. 1995] *Blaß, H.-J.; Linden, M. van der; Schlager, M.*: Trag- und Verformungsverhalten von Holz-Beton-Verbundkonstruktionen. In: [*Step 3* 1995]

[*Blaß* u. a. 2005] *Blaß, H.-J.; Ehlbeck, J.; Kreuzinger, H.; Steck, G.*: Erläuterungen zur DIN 1052, DGfH, 2. Auflage, München 2005

[*Blaß* u. a. *2005*] *Blaß, H.-J.; Denzler, J.-K.; Frese, M.; Glos, P.; Linsenmann, P.*: Biegefestigkeit von Brettschichtholz aus Buche. Karlsruher Berichte zum Ingenieurholzbau, Bd. 1, Universität Karlsruhe 2005

[*Blaß* u. a. 2006] *Blaß, H.-J.; Beitjka, J.; Uibel, T.*: Tragfähigkeit von Verbindungen mit selbstbohrenden Holzschrauben mit Vollgewinde Reihe 4 der Reihe Karlsruher Berichte zur Ingenieurholzbau, Karlsruhe 2006

[*Blaß* u. a. *2008*] *Blaß, H.-J.; Frese, M.; Glos, P.; Denzler, J.-K.; Linsenmann, P.; Ranta-Maunus, A.*: Zuverlässigkeit von Fichten-Brettschichtholz mit modifizierten Aufbau. Karlsruher Berichte zum Ingenieurholzbau, Bd. 11, Universität 2008

[*Blaß*, u. a. 2002] *Blaß, H.-J.; Krams, J.; Romani, M.*: Verstärkung von BS-Holz-Trägern mit horizontal und vertikal angeordneten CFK-Lamellen. In: Bautechnik (2002) H. 10, S. 684–690

[*Blaß*, u. a. 2003] *Blaß, H.-J.; Romanie, M.; Schmid, M.*: Optimierung von Verbundträgern aus Brettschichtholz mit Verstärkungen aus Faserverbundkunststoffen, Forschungsbericht, Versuchs-Anstalt für Stahl, Holz und Steine, Abteilung Ingenieurholzbau, Universität Karlsruhe, 2003

[*Blaß/Beijtka* 2003] *Blaß, H.-J.; Beijtka, J.*: Querzugverstärkungen im gefährdeten Bereichen mit selbstbohrenden Holzschrauben, Universität Karlsruhe 2003

[*Blaß/Bejtka* 2003-1] *Blaß H.-J.; Bejtka, I.*: Selbstbohrende Holzschrauben und ihre Anwendungsmöglichkeiten, Holzbau Kalender 2004, Bruderverlag Karlsruhe 2003

[*Blaß/Bejtka* 2003-2] *Blaß, H.-J.; Bejtka, I.*: Verbindungen mit geneigt angeordneten Schrauben. In: bauen mit holz (2003) H. 10, S. 28–36

[*Blaß/Bejtka* 2004] *Blaß, H.-J., Bejtka, I.*: Querzugverstärkungen in gefährdeten Bereichen mit selbstbohrenden Schrauben. Forschungsbericht Versuchsanstalt für Stahl, Holz und Steine, Abteilung Ingenieurholzbau, Universität Karlsruhe 2004

[*Blaß/Eberhard* 1997] *Blaß, H.-J.; Eberhard, O.*: Praktische Erprobung des Eurocode 5 in Ingenieurbüros. Forschungsbericht, T 2762, Stuttgart: IRB-Verlag 1997

[*Blaß/Eberhart* 2008] *Blaß, H.-J.; Eberhart, O.*: Fachwerkträger – Neue Ansätze bei Material und Verbindungen. In: Ingenieurholzbau Karlsruher Tage 2008 (Tagungsband)

[*Blaß/Ehlbeck* 1997] *Blaß, H.-J.; Ehlbeck, J.*: Bemessung von Holzkonstruktionen nach DIN V ENV 1995-1-1. In: Betonkalender 1997, Teil II, Berlin: Ernst & Sohn 1997

[*Blaß/Ehlbeck* u. a. 2005] *Blaß, H. J.; Ehlbeck, J.; Kreuzinger, H.; Steck, G.*: Erläuterungen zur DIN 1052:2004-08, 2. Auflage. DGfH München 2005

[*Blaß/Enders-Comberg 2012*] *Blaß, H.-J.; Enders-Comberg, M.*: Fachwerkträger für den industriellen Holzbau. In: Karlsruher Berichte zum Ingenieurholzbau, Band 22, KIT 2012

[*Blaß/Fellmoser* 2006] *Blaß, H.-J.; Fellmoser, P.*: Bemessung von Mehrschichtplatten, KIT 2006

[*Blaß/Flaig* 2012] *Blaß, H.-J.; Flaig, M.*: Stabförmige Bauteile aus Brettsperrholz. Karlsruher Berichte zum Ingenieurholzbau, H. 24, KIT 2012

[*Blaß/Frese* 2004] *Blaß, H.-J.; Frese, M.*: Sortierverfahren für die kombinierte maschinelle und visuelle Festigkeitssortierung. In: Holz als Roh- und Werkstoff (2004), S. 325–334

[*Blaß/Frese* 2006] *Blaß, H.-J.; Frese, M.*: Biegefestigkeit von Brettschichtholz- Hybridträgern mit Randlamellen aus Buchenholz und Kernlamellen aus Nadelholz. Karlsruher Berichte zum Ingenieurholzbau, Bd. 6, Universität Karlsruhe 2006

[*Blaß/Görlacher* 1996] *Blaß, H.-J.; Görlacher, R.*: Visuelle und maschinelle Festigkeitssortierung von Vollholz. In: Mikado (1996) H. 5, S. 64–71

[*Blaß/Görlacher* 2004] *Blaß, H.-J.; Görlacher, R.*: Hintergründe und Anwendungen der Querdrucknachweis nach DIN 1052:2004, bauen mit holz (2004) H. 9, S. 38–44

[*Blaß/Krämer* 2000] *Blaß, H.-J.; Krämer, V.*: Trag- und Verformungsverhalten von Dübeln besonderer Bauart. In: bauen mit holz (2000) 2, S. 41–47

[*Blaß/Krämer/Werner* 1997] *Blaß, H.-J.; Krämer, V.; Werner, H.*: Sicherheitsrelevante Untersuchungen zum Trag- und Verformungsverhalten von mehreren in Kraftrichtung hintereinanderliegenden Dübeln besonderer Bauart, Forschungsbericht, Versuchs-Anstalt für Stahl, Holz und Steine, Abteilung Ingenieurholzbau, Universität Karlsruhe, 1997

[*Blaß/Krüger* 2010] *Blaß, H. J.; Krüger, O.*: Schubverstärkung von Holz mit Holzschrauben und Gewindestangen. In: Karlsruher Berichte zum Ingenieurholzbau, Bd. 15, KIT Scientific Publishing 2010

[*Blaß/Raadschelders* 1995] *Blaß, H. J.; Raadschelders, J. G. M.*: Tafelelemente. In: [*Step 1* 1995] (siehe dort)

[*Blaß/Romani* 2002] *Blaß, H.-J.; Romani, M.*: Biegezugverstärkung von Brettschichtholz mit CFK- und AFK-Lamellen. In: Bautechnik (2002) H. 4, S. 216–224

[*Blaß/Sandhaas* 2016] *Blaß, H.-J.; Sandhaas, C.*: Ingenieurholzbau, Grundlagen der Bemessung, KIT Scientific Publishing, Karlsruhe 2016

[*Blaß/Steck* 1999] *Blaß H.-J.; Steck, G.*: Querzugverstärkungen von Holzbauteilen, Bemessungsbeispiele, Teil 1: bauen mit holz (1999) H. 3 Teil 2: bauen mit holz (1999) H. 4, S. 44–49, Teil 3: bauen mit holz (1999) H. 5, S. 46–50

[*Blaß/Uibel* 2007] *Blaß, H.-J.; Uibel, T.*: Tragfähigkeit von stiftförmigen Verbindungsmitteln in Brettschichtholz. Karlsruher Berichte zum Ingenieurholzbau, Band 8, KIT 2007

[*Blaß/Uibel* 2012] *Blaß, H.-J.; Uibel, T.*: Spaltversagen von Holz im mehrreihigen Verbindungen. Karlsruher Berichte zum Ingenieurholzbau, Band 21, KIT Scientific Publishing, Karlsruhe 2012

[*Bletz/Bathon* 2009] *Bletz, O.; Bathon, L.*: Zum Ermüdungsverhalten von Holz-Beton-Verbundbrücken. In: Holzbau (2009) H. 3, S. 13–20

[*Bletz-Mühldorfer* u. a. 2018] *Bletz-Mühldorfer, O; Bathon, L.; Vallée, T.*: Laubholz im Ingenieurholzbau. Holzbau Quadriga (2018) H. 6, S. 49–53

[*Blohm* 1912] *Blohm, G.*: Das deutsche Zimmerhandwerk 1912. Nachdruck, Hannover 1991

[*Blödt u. a.* 2019] *Blödt, A.; Rabold, A.; Halstenberg, M.*: Schallschutz im Holzbau – Grundlagen und Vorbemessung. In: Informationsdienst Holz, holzbau handbuch, Reihe 3, Teil 3, Folge 1, 1. Auflage, Holzbau Deutschland (Hrsg.), Berlin 2019

[*Blumer* 1975] *Blumer, H.*: Spannungsberechnungen an Brettschichtträgern mit gekrümmter Längsachse und veränderlicher Trägerhöhe. Holzbau, Zürich 41 (1975) 6, 7, Teil 1: 6/75, S. 158–161; Teil 2: 7/75, S. 191–194

[*Blumer* 1979] *Blumer, H.*: Spannungsberechnung an anisotropen Kreisbogenscheiben und Satteltägern konstanter Dicke. Karlsruhe: Bruderverlag 1979

[*Blumer* 1981] *Blumer, H.*: Holztragwerke für Sport- und Mehrzweckhallen. Holzbau, Zürich 47 (1981) 12, S. 297 und 48 (1982) 1, S. 34–37

[*Blumer* 1982] *Blumer, H.*: Ingenieurholzbau in Forschung und Praxis. Bruderverlag, Karlsruhe 1982, S. 36, Bild 4

[BMF-Katalog 1997] BMF-Holzverbinder, Übersicht. BMF-Holzverbinder GmbH, Flensburg 1997

[*Bobacz* u. a. 2004] *Bobacz, D.; Luggin, W.F.; Bergmeister, K.*: CNC-gefertigte Schwalbenschanz-Zapfenverbindungen im Holzbau - Experimentelle und rechnerische Untersuchungen. In: Bauingenieur (2004) H. 1, S. 1–7

[*Bödeker* 1970] *Bödeker, W.*: Die Stahlblech-Holz-Nagel-Verbindung und ihre Anwendung. Grundlagen und Bemessungsvorschläge. Diss. TU Braunschweig 1970

[*Bogensperger* u. a. 2010] *Bogensperger, T.; Fitz, M.; Hamm, P.; Schickhofer, G.*: Untersuchung des Schwingungsverhaltens von Deckensystemen aus Brettsperrholz. In: Der Bauingenieur 85 (2010) H. 1, S. 45–52

[*Bogusch* 1992] *Bogusch, W.*: Vorgespannte BSH-Fahrbahnplatte sorgt für die Stabilisierung des Tragwerkes. In: Schweizer Holzbau (1992) H. 6, S. 28–31

[*Bogusch/Seidel* 2000] *Bogusch, W.; Seidel, A.*: Das Expo Dach in Hannover. In: Informationsdienst Holz, Arge Holz, Düsseldorf 2000

[*Böhm* 1921] *Böhm, T.*: Handbuch der Holzkonstruktionen. Reprint der Ausgabe 1921, Leipzig 1992

[*Born* 1962] *Born, J.*: Schalen, Faltwerke, Rippenkuppeln und Hängedächer. Bd. 1: Doppelt gekrümmte Schalen. Düsseldorf: Werner-Verlag 1962

[*Borth* 2002] *Borth, O.*: Abschätzung der Tragfähigkeit von Queranschlüssen an Trägern aus Voll- und Brettschichtholz im Rahmen der Linear-Elastischen Bruchtechnik. Dissertation, Bauhaus Universität, Weimar 2002

[*Borth* u. a. 2003] *Borth, O.* u. a.: Numerische Untersuchungen zur Tragfähigkeit von Queranschlüssen bei Trägern aus Voll- und Brettschichtholz. Teil 1. In: Bautechnik 83 (2003) H. 3, S. 155–161; Teil 2. In: Bautechnik 83 (2003) H. 4, S. 222–226

[*Bossenmeyer* 2004] *Bossenmeyer, H. J.*: Umsetzung der Eurocodes als Technische Baubestimmungen, DIBT-Mitteilungen (2004) H. 2, S. 37–45

[*Böttcher* 1986] *Böttcher, D.*: Stützenfreie Dächer (Berechnung und Konstruktion). Berlin: Ernst & Sohn 1986

[*Bourgund* 1986] *Bourgund, U.*: Sicherheitskonzept im Bauwesen. Universität Innsbruck, Institut für Mechanik, Innsbruck 1986

[*Brandes* 1976] *Brandes, R.*: Die Berechnung unsymmetrischer Kehlriegelsysteme. Der Bauingenieur, Berlin 51 (1976) 6, S. 231–234

[*Brasukow/Zamaraev* 1977] *Brasukow, V. P.; Zamaraev, A. V.*: Geklebte Holzkonstruktionen für den Industriebau. Prom. Stroit., Moskva 54 (1977) 2, S. 24–26 (Bauakademie der DDR, Ü.-Nr. 19277/9. S.)

[*Bratländer* 1996] *Bratländer, T.*: Zum Trag- und Verformungsverhalten mechanischer Holzverbindungen unter Kurz- und Langzeitbelastung. Schriftenreihe des Lehrstuhls für Baukonstruktion, Ingenieurholzbau und Bauphysik der Ruhr-Universität Bochum 10/96. Stuttgart: IRB-Verlag 1996

[*Bredenhals* u. a. 2006] *Bredenhals, B.* u. a.: Holzkonstruktionen in Mischbauweise. In: holzbau handbuch, Reihe 1, Teil 1, Folge 5, Holzabsatzfond, Bonn 2006

[*Brochard* 1961] *Brochard, F. X.*: Six plans-types de hangars en chevrons courbes. Paris: Cahiers du Centre Technique du Bois Nr. 44, 1961

[*Brochard* 1968] *Brochard, F. X.*: Les Procedes d'Assemblages dans la Charpente en Bois. Paris: Cahiers du Centre Technique du Bois Nr. 77, 1968

[*Brockstedt* 1992] *Brockstedt, G.*: Türme als Holz-Vergessene Ingenieurleistungen. In: bauen mit holz (1992) H. 8, S. 641–644

[*Brockstedt* 1994] *Brockstedt, E.*: Die Entwicklung des Ingenieurholzbaus am Beispiel der hölzernen Brücken im Zeitraum 1800–1940. Dissertation, TU Braunschweig 1994

[*Brunauer* 2012] *Brunauer, A.*: Die Eilat Kuppel am Roten Meer. In: Karlsruher Tage 2012 – Holzbau, KIT Tagungsband

[*Brühwiler* 2013] *Brühwiler, R.: Holz kann die Welt verändern. Appenzeller Verlag, Herisau 2013*

[*Brüninghoff* 1972] *Brüninghoff, H.*: Spannungen und Stabilität bei quergestützten Brettschichtträgern. Diss. Univ. (TH) Karlsruhe 1972

[*Brüninghoff* 1983] *Brüninghoff, H.*: Vorbemessung, Binder-Stützen-Rahmen; Teil 1. Hrsg.: Entwicklungsgemeinschaft Holzbau (EGH) in der Deutschen Gesellschaft für Holzforschung, 1983

[*Brüninghoff* 1989] *Brüninghoff, H.*: Verbände und Abstützungen; genauere Nachweise. Informationsdienst Holz, EGH-Bericht, Düsseldorf 1989

[*Brüninghoff* 1990] *Brüninghoff, H.*: Wind- und Aussteifungsverbände bei Nagelplattenkonstruktionen. Informationsdienst Holz, Düsseldorf 1990

[*Brüninghoff* 1994] *Brüninghoff, H.*: Beispielhafte Vergleichsrechnung ENV 1995-1-1/DIN 1052 zur Festlegung noch freier Parameter im Hinblick auf die Sicherung des derzeitigen Sicherheitsniveaus. Forschungsbericht, T 2628. Stuttgart: IRB-Verlag 1994

[*Brüninghoff* 1995-1] *Brüninghoff, H.*: Grenzzustand der Tragfähigkeit. In: Referatensammlung Eurocode 5 – Entwurf, Berechnung und Bemessung von Holzbauwerken. DIN Deutsches Institut für Normung e. V., Karlsruhe 1995

[*Brüninghoff* 1995-2] *Brüninghoff, H.*: Aussteifung – Konstruktionsdetails. In: [*Step 2* 1995] (siehe dort)

[*Brüninghoff* 1995-3] *Brüninghoff, H.*: Aussteifung – Bemessung. In: [*Step 1* 1995] (siehe dort)

[*Brüninghoff* 1996] *Brüninghoff, H.*: Holzbau-Handbuch, Reihe 1, Teil 7 Hallen, Folge 1 Standardhallen aus Brettschichtholz. Arge Holz, Düsseldorf 1996

[*Brüninghoff* u. a. 1985] *Brüninghoff, H.* u. a.: Vorbemessung, Binder-Stützen-Rahmen; Teil 2. Hrsg.: Entwicklungsgemeinschaft Holzbau (EGH) in der Deutschen Gesellschaft für Holzforschung, 1985

[*Brüninghoff* u. a. 1997] *Brüninghoff, H.; Rampf, G.; Samuel, S.*: Verbände, Abstützungen – Grundlagen und Regelnachweise, holzbau-handbuch, Reihe 2, Teil 12, Folge 1, DGfH, München 1997

[*Brüninghoff* u. a. 1997] *Brüninghoff, H.; Cyron, G.* u. a.: Beuth Kommentare, Holzbauwerke, DIN 1052. 2. Auflage 1997, DIN Berlin 1997

[*Brunner* 2008] *Brunner, M.*: Möglichkeiten der Verstärkung von Holzbalken mit vorgespannten CFK-Lamellen. In: Tagungsband Holzbautag, Biel 2008

[*Brunner* u. a. 2009] *Brunner, M.; Schnuriger, M.; Roemer, M.*: Holz-Beton-Verbundplatten mit Klebeverbund. In: Zukunft Holz, Statusbericht, Institut für Holzbau, Hochschule Bieberach 2009

[*Brunner* u. a. 2009] *Brunner, M.; Schnüriger, M.; Roemer, M.*: Kleber, Bindemittel, Holz-Beton-Platten mit Klebeverbund. In: *Schwaner, K.* Hrsg.: Zukunft Holz Querschnittsbericht und Entwicklungspotentiale, Biberach 2009

[*Brünninghoff* u. a. 1999] *Brünninghoff, H.* u. a.: Aussteifung von Nagelplattenkonstruktionen. Informationsdienst Holz, holzbau und handbuch, Reihe 2, Teil 12, Folge 3

[*Brünninghoff* u. a. 2000] *Brünninghoff, H.; Bosenius, O.; Jacob, H.*: Konstruktion von Anschlüssen im Hallenbau. In: Informationsdienst Holz, holzbau handbuch, Reihe 1, Teil 7, Folge 2, München 2000

[*Buchmann* 1969] *Buchmann, W.*: Berechnung polarorthotroper Kreisbogenscheiben konstanter Dicke unter reiner Biegebeanspruchung. Die Bautechnik, Berlin 46 (1969) 1, S. 27

[*Budde* 1972] *Budde, H. G.*: Holzflächen-Tragwerke. Bauwelt, Berlin 63 (1972) 15, S. 580–584

[Bulldog-Simpson-Katalog 1998] Produktübersicht: Bausysteme für Holz. Bulldog-Simpson GmbH, Syke 1998

[*Bulleit* 1984] *Bulleit, W. M.:* Reinforcement of Wood materials: A Review. In: Wood and Fiber Science (1984) H. 3, S. 391–397

[*Bürger* 1974] *Bürger, G.:* Rekonstruktion von Dachtragwerken im Wohnungsbau. Schriftenreihe der Bauforschung. Berlin: Bauinformation 1974

[*Burger* 1998] *Burger,* N.: Einfluss der Holzabmessungen auf die Festigkeit von Schnittholz unter Zugbeanspruchung in Faserrichtung. Institut für Holzforschung, Universität München, Dissertation, Shaker-Verlag, Aachen 1998

[*Busker/Mayr* 1997] *Busker, H.; Mayr, G.:* Holz-Beton-Verbundecken eines Schulgebäudes in Lemgo. Bauingenieur 72 (1997) S. 199–205

[Cahiers Centre Technique du Bois 1973] ... Les structures en bois lamelle – colle. (Bauten in Schichtholz-Klebebauweise.) Cahiers Centre Technique du Bois, Nr. 93. Paris 1973

[*Capretti/Cecotti* 1996] *Capretti, St.; Cecotti, A.:* Service Behavior of Timber-Concrete Composite Beams: a 5-Year Monitoring and Testing Experience. International Wood Engineering Conference, Proceedings, New Orleans, 1996

[*Cassens* 1974] *Cassens, J.:* Theorie II. Ordnung im Holzbau. Die Bautechnik, Berlin 51 (1974) 7, S. 338–340

[*Cecotti* 1995] *Cecotti, A.:* Holz-Beton-Verbundkonstruktionen. In: [*Step 2* 1995] (siehe dort)

[*Cecotti/Touliatos* 1995] *Cecotti, A.; Touliatos, P.:* Holzkonstruktionen in Erdbebengebieten – Details. In: [*Step 2* 1995] (siehe dort)

[*Chilton* 1995] *Chilton, J. C.:* Räumliche Rahmen und Kuppeln. In: [*Step 2* 1995] (siehe dort)

[*Choo* 1995] *Choo, B.-S.:* Biegung, Step, Teil 1 Arge Holz Düsseldorf 1995

[*Colling* 1990] *Colling, F.:* Tragfähigkeit von Biegeträgern aus Brettschichtholz in Abhängigkeit von den festigkeitsrelevanten Einflußgrößen. Berichte der Versuchsanstalt für Stahl, Holz und Steine der Universität Karlsruhe, 4. Folge, H. 22, 1990

[*Colling* 1995-1] *Colling, F.:* Brettschichtholz – Herstellung und Festigkeitsklassen. In: [*Step 1* 1995] (siehe dort)

[*Colling* 1995-2] *Colling, F.:* Brettschichtholz und Biegebeanspruchung. In: [*Step 3* 1995] (siehe dort)

[*Colling* 2001] *Colling, F.:* Erhöhung der Querdruckfestigkeit von Holz. Teil 1: Mikado (2001) H. 1, S. 66–69, Teil 2: Mikado (2001) H. 11, S. 42–66

[*Colling* 2004] *Colling, F.:* Holzbau Grundlagen, Bemessungshilfen, Vieweg Verlag 2004

[*Colling* 2012] *Colling, F.:* Scheiben halten Stand. In: Mikado (2012) H. 11, S. 58–63

[*Colling* 2016] *Colling, F.:* Holzbau, Grundlagen und Bemessung nach EC5. 5. Auflage, Springer Viewag Berlin 2016

[*Colling* 2017] *Colling, F.:* Aussteifung von Gebäuden in Holztafelbauweise. Ingenieurbüro Holz, 2. Auflage, Karlsruhe 2017

[*Colling* u. a. 1995] EC 5 – Holzbauwerke, Bemessungsgrundlagen und Beispiele. Folge 1: *Colling, F.; Wagner, G.; Winter, St.* Folge 2: *Biermann, M.; Brüninghoff, H.; Jacobs, H.; Wiegand, T.* Informationsdienst Holz, Holzbau-Handbuch, Reihe 2 Tragwerksplanung; Arge Holz e. V. Düsseldorf, Mai 1995

[*Colling/Radovic* 1996] *Colling, F.; Radovic, B.:* Brettschichtholz nach DIN 1052-1/A1 aus maschinell sortierten Brettern. In: Holzbau-Statik – Aktuell, Ausgabe Mai 1996. Hrsg. Arbeitsgemeinschaft Holz e. V., Düsseldorf 1996

[*Cyron/Sengler* 1988] *Cyron, G.; Sengler, D.:* Holzleimbau. Bauen mit Brettschichtholz. Arbeitsgemeinschaft Holz e. V., Informationsdienst Holz 7/1988

[*Cziesielski* 1968] *Cziesielski, E.:* Hölzerne Flächentragwerke im Hinblick auf die Industrialisierung der Bautechnik. Bauen mit Holz, Karlsruhe 70 (1968) 5, S. 214–219

[*Cziesielski* 1970] *Cziesielski, E.:* Beulen randparallel orthotroper Platten mit linearer und parabolischer Normalspannungsverteilung entlang der Beulfeldlänge. Diss. Univers. Hamburg 1970

[*Cziesielski* 1996] *Cziesielski, E.:* Hölzerne Dachflächentragwerke. In: *Halász, R.; Scheer, C.:* Holzbautaschenbuch, Band 1. Berlin: Ernst & Sohn 1996

[*Cziesielski* u. a. 1988] *Cziesielski, E.; Friedmann, M.; Schelling, W.:* Holzbau, Statische Berechnungen. Fachbuch des Informationsdienstes Holz, Düsseldorf 1988

[*Cziesielski* u. a. 1992] *Cziesielski, E.* u. a.: Holzbau, statische Berechnungen. Arge Holz, 2. Auflage Düsseldorf 1992

[*Dahl/Spaethe*] *Dahl, J.; Spaethe, G.:* Sicherheit und Zuverlässigkeit von Bauwerken. Schriftenreihe Bauforschung, Reihe Technik und Organisation, H. 36. Berlin: Bauakademie

[*Deinhard* 1963] *Deinhard, M.*: Die Tragfähigkeit historischer Holzkonstruktionen. Karlsruhe: Bruderverlag 1963

[*Denzler* 2007] *Denzler, J.-K.*: Modellierung des Größeneffektes bei biegebeanspruchten Fichtenschnittholz. Dissertation, TU München 2007

[*Denzler/Glos* 2009] *Denzler J., Glos P.*: Maschinelle Festigkeitssortierung von Schnittholz. In: Zukunft Holz – Statusbericht zum aktuellen Stand der Verwendung von Holz und Holzprodukten im Bauwesen und Evaluierung künftiger Entwicklungspotentiale (2009), S. 355-359

[*Dettmann* 2003] *Dettmann, O.*: Entwicklung von Modellen zur Abschätzungen der Steifigkeit und Tragfähigkeit von Holzbefall. Dissertation, TU Braunschweig 2003

[*Dewitt* 2012] *Dewitt, A.*: Bauaufsichtliche Verwendungsnachweise für Klebstoffe zur Herstellung tragender Holzbauteile – nationale und europäische Regelungen. In: 2. Stuttgarter Holzbau-Symposium 2012

[*DGfH* 2009] *DGfH Hrsg.*: Holz Brandschutz Handbuch. 3. Auflage, Ernst & Sohn, Berlin 2009

[*DIBt-Mitteilungen* 2004] DIBt-Mitteilungen, Bauregelliste A, Bauregelliste B und Liste C, Ausgabe 2004/1, DIBt-Mitteilungen, Sonderheft Nr. 30, Berlin 24. 09. 2004

[*DIBt-Mitteilungen* 2012] DIBt-Mitteilungen: Bauregelliste A, Bauregelliste B und Liste C, Ausgabe 2012/1, DIBt-Mitteilungen, Berlin 2012

[*DIBt-Mitteilungen* 2020] DIBt-Mitteilungen: Veröffentlichung der Muster-Verwaltungsvorschrift Technische Baubestimmungen, Ausgabe 2019/1, DIBt, Berlin 15.01.2020

[*Dias* u. a. 2018] *Dias, A.; Schänzlin, J.; Dietsch, P.*: Design of timber-concrete composite structures, a state-of-the-art report by COST Action FP1402 / WG 4, Shaker Verlag 2018

[*Dietsch* 2012] *Dietsch, P.*: Einsatz und Berechnung von Schubverstärkungen für Brettschichtholz. Dissertation, TU München 2012

[*Dietsch* u. a. 2012] *Dietsch, Ph.; Mestek, P., Winter, S.*: Analytischer Ansatz zur Erfassung von Tragfähigkeitssteigerungen infolge von Schubverstärkungen in Bauteilen aus Brettschichtholz und Brettsperrholz. In: Bautechnik 89 (2012) H. 6, S. 402–414

[*Dill-Langer/Hamming* 2012] *Dill-Langer, G.; Hamming, J.*: Brettschichtholz aus Edelkastanie. In: 2. Stuttgarter Holzbau-Symposium 2012

[*Dill-Langer* 2017] *Dill-Langer, G.*: Hochleistungsverbundträger aus Vollholz- und Furnierschichtholz-Lamellen. In: 23. Internationales Holzbau-Forum IHF, Garmisch-Partenkirchen 2017

[*Dimitrov* 1976] *Dimitrov, N. S.*: Die nichtlineare Theorie im Holzbau. Der Bauingenieur, Berlin 51 (1976) 6, S. 205–210

[*Dinger* 2012] *Dinger, B.*: DIN 68800 – Holzschutz in der Praxis. In: Mikado plus, September 2012

[*Dittrich/Göhl* 1987] *Dittrich, W.; Göhl, J.*: Anschlüsse im Ingenieurholzbau. EGH-Bericht, Arge Holz, Düsseldorf 1987

[*Dittrich/Göhl* 1988] *Dittrich, W.; Göhl, J.*: Überdachungen mit großen Spannweiten. Bericht der Entwicklungsgemeinschaft Holzbau in der Deutschen Gesellschaft für Holzforschung. Informationsdienst Holz, Düsseldorf 1988

[*Djahanschah/Herzog-Loibl* 2000] *Djahanschah, S.; Herzog-Loibl, V.*: Expodach, Prull Verlag, München 2000

[*Döhrer/Rautenstrauch* 2006] *Döhrer, A.; Rautenstrauch, K.*: Hybridbrücken mit blockverleimten Brettschichtholz. In: Bautechnik (2006) H. 6, S. 394–401

[*Domke* 1938] *Domke*: Das Entwerfen von Säulen auf Grund des ω-Verfahrens. Der Bauingenieur, Berlin 19 (1938) S. 661

[*Dressel/Kraus* 2010] *Dressel, B.; Kraus, S.*: Versagen- und Schadensfälle bei Nagelbrett- und Nagelplattenbinder in einem Erfahrungsbericht, 14. Dresdner Baustatik Seminar, Tagungsband 2010

[*Dröge* 1993-1] *Dröge, G.*: Grundzüge des Holzbaues, Band 1, Konstruktionselemente. 2. Auflage, Berlin 1993

[*Dröge* 1993-2] *Dröge, G.*: Die Alte Waage – Wiederaufbau einer ingeniösen historischen Holzkonstruktion. In: Die Alte Waage in der Braunschweiger Neustadt. Braunschweiger Werkstücke Band 35 bzw. der ganzen Reihe Band 87; Braunschweig 1993, S. 67–99

[*Dröge/Damm* 1989] *Dröge; Damm:* Die Zug- und Druckfestigkeit von Bau-Furniersperrholz aus Buche. In: Holzbau-Statik – Aktuell, Ausgabe Oktober 1989. Hrsg. Arbeitsgemeinschaft Holz e. V., Düsseldorf 1989

[*Dröge/Kramer* 1989] *Dröge; Kramer:* Die Lochleibungsbruchspannungen von Bau-Furniersperrholz nach DIN 68705 Teil 5. In: Holzbau-Statik – Aktuell, Ausgabe Oktober 1989. Hrsg. Arbeitsgemeinschaft Holz e. V., Düsseldorf 1989

[*Dröge/Stoy* 1981] *Dröge, G.; Stoy, K.-H.*: Grundzüge des neuzeitlichen Holzbaues, Bd. 1.: Konstruktionselemente – Berechnung und Ausführung. Berlin: Ernst & Sohn 1981

[*Dutko* 1966] *Dutko, P.:* Geleimte Holzfachwerkkonstruktionen in der CSSR. Mitteilungen der Deutschen Gesellschaft für Holzforschung Nr. 54/1966

[*Dutko* 1969-1] *Dutko, P.:* Grundlagen des Holzleimbaues. Berlin/München: Ernst & Sohn 1969

[*Dutko* 1969-2] *Dutko, P.:* Berechnung der Durchbiegung aus Querkraft bei geleimten Holzträgern. Bautechnik, Berlin 46 (1969) 2

[*Dutko* u. a. 1976] *Dutko, P.; Ferjencik, P.; Lederer, F.; Cizek, L.:* Drevene Konstrukcie (Holzkonstruktionen), 2. Aufl., Bratislava: Vydavatelstvo Technickej a Ekonomickej Literatury 1976

[*Dutko/Ferjencik* 1966] *Dutko, P.; Ferjencik, P.:* Geleimte Holzkonstruktionen in der CSSR – Stand und Perspektiven. Bautechnik, Berlin 43 (1966) 4

[*Dyken* 2011] *Dyken, T. O.:* Brückenbau der anderen Dimensionen. In: Holzbau-Forum, Tagungsband 2011

[*EGH-Bericht* 1977] Konstruktionsbeispiele, Berechnungsverfahren, Teil 2. Informationsdienst Holz, EGH-Bericht Entwicklungsgemeinschaft Holzbau i. d. Deutschen Gesellschaft für Holzforschung. Düsseldorf: Arbeitsgemeinschaft Holz e. V., 1977

[*EGH-Bericht* 1979] Konstruktionsbeispiele, Berechnungsverfahren, Teil 1. Informationsdienst Holz, EGH-Bericht Entwicklungsgemeinschaft Holzbau i. d. Deutschen Gesellschaft für Holzforschung. Düsseldorf: Arbeitsgemeinschaft Holz e. V., 1979

[*EGH-Bericht* 1983] Mehrzweckhallen. Hrsg.: Entwicklungsgemeinschaft Holzbau (EGH) in der Deutschen Gesellschaft für Holzforschung München u. a. sowie der Arbeitsgemeinschaft Holz e. V., Düsseldorf 1983 und 1990

[*Egle/Otto* 2005] *Egle, J.; Otto, F.:* Fassadenelemente für den Gebäudebestand. In: Informationsdienst Holz, holzbau handbuch, Reihe 1, Teil 9, Bonn/München 2005

[*Egle/Otto* 2005] *Egle, J.; Otto, F.:* Fassadenelemente für den Gebäudebestand. In: holzbau handbuch, Reihe 1, Teil 9, Folge 5, Informationsdienst Holz, Holzabsatzfonds, Bonn 2005

[*Egner/Kolb* 1963] *Egner, K.; Kolb, H.:* Holzbauversuche, I. Teil. Berlin: Ernst & Sohn 1963

[*Egner/Marten* 1953] *Egner/Marten*: Versuche für den Holzbau; Fortschritte und Forschungen im Bauwesen, Reihe D, H. 9. Stuttgart: Frankh'sche Verlagsbuchhandlung 1953

[*Ehlbeck* 1972] *Ehlbeck, J.:* Schraubnägel und Heftklammern als Holzverbindungsmittel. Bauen mit Holz. Karlsruhe 74 (1972) 12, S. 683

[*Ehlbeck* 1976] *Ehlbeck, J.:* Versuche mit Sondernägeln für den Holzbau. In: Holz als Roh- und Werkstoff (1976), S. 205–211

[*Ehlbeck* 1984] *Ehlbeck, J.:* Möglichkeiten zur Erhöhung der Querdruck- und Querzugfestigkeit von Holz (12. Dreiländer-Holztagung 1984). Schweizer Holzbau, Zürich 50 (1984), S. 37/38 und 55

[*Ehlbeck* 1995] *Ehlbeck, J.:* Verbindungsmittel. In: Referatensammlung Eurocode 5 – Entwurf, Berechnung und Bemessung von Holzbauwerken. DIN Deutsches Institut für Normung e. V., Karlsruhe 1995

[*Ehlbeck* u. a. 1967] *Ehlbeck, J.; Köster, P.; Schelling, W.:* Praktische Berechnung und Bemessung nachgiebig zusammengesetzter Holzbauteile. Bauen mit Holz, Karlsruhe 69 (1967) 6

[*Ehlbeck* u. a. 1992] *Ehlbeck, J.; Görlacher, R.; Werner, G.:* Empfehlung zum einheitlichen, genaueren Querzugnachweis für Anschlüsse mit mechanischen Verbindungsmitteln. In: Holzbau-Statik – Aktuell, Ausgabe Juli 1992/5. Hrsg. Arbeitsgemeinschaft Holz e. V., Düsseldorf 1992

[*Ehlbeck/Ehrhardt* 1994] *Ehlbeck, J.; Ehrhardt, W.:* Ermittlung der Tragfähigkeit von eingeleimten Gewindestangen nach Langzeitbelastung. Forschungsbericht T 2658, Stuttgart: IRB-Verlag 1994

[*Ehlbeck/Ehrhardt* 1995] *Ehlbeck, J. Ehrhardt, W.:* Holzschraubenverbindungen. In: [*Step 1* 1995] (siehe dort)

[*Ehlbeck/Görlacher* 1983] *Ehlbeck, J.; Görlacher, R.:* Tragverhalten von Queranschlüssen mittels Stahlformteilen, insbesondere Balkenschuhen, im Holzbau. Karlsruhe: (TH) Versuchsanstalt für Stahl, Holz u. Steine, Abt. Ing.-Holzbau, 1983 Forschungsbericht

[*Ehlbeck/Görlacher* 1987-1] *Ehlbeck, J.; Görlacher, R.:* Querzuggefährdete Anschlüsse mit Nagelplatten. In: Holzbau-Statik – Aktuell, Folge 8. Hrsg. Arbeitsgemeinschaft Holz e. V., Düsseldorf Februar 1987

[*Ehlbeck/Görlacher* 1987-2] *Ehlbeck, J.; Görlacher, R.:* Tragfähigkeit von Balkenschuhen unter zweiachsiger Beanspruchung. In: Holzbau-Statik – Aktuell, Folge 8. Hrsg. Arbeitsgemeinschaft Holz e. V., Düsseldorf Februar 1987

[*Ehlbeck/Görlacher* 1992] *Ehlbeck, J.; Görlacher, R.:* Zur Problematik bei der Beurteilung der Tragfähigkeit von altem Konstruktionsholz. In: Holzbau-Statik – Aktuell, Ausgabe Juli 1992/2. Hrsg. Arbeitsgemeinschaft Holz e. V., Düsseldorf 1992

[*Ehlbeck/Görlacher* 1995] *Ehlbeck, J.; Görlacher, R.:* Querzugbeanspruchungen bei Anschlüssen. In: [*Step 1* 1995] (siehe dort)

[*Ehlbeck/Hättich* 1988] *Ehlbeck, J.; Hättich, R.:* Tragfähigkeit und Verformungsverhalten von ein- und zweischnittig beanspruchten Holznägeln. In: Erhalten historisch bedeutsamer Bauwerke, SFB 315, Jahrbuch 1988; Berlin: Ernst & Sohn, S. 281–298

[*Ehlbeck/Hättich* 1989] *Ehlbeck, J.; Hättich, R.:* Ing.-Holzverbindungen mit mechanischen Verbindungsmitteln. In: Halász, R. v.; Scheer, C. (Hrsg.): Holzbau-Taschenbuch, Bd. 1, 8. Aufl. Berlin: Ernst & Sohn 1989

[*Ehlbeck/Kromer* 1995] *Ehlbeck, J.; Kromer, M.:* Zimmermannsmäßige Holzverbindungen. In: [*Step 1* 1995] (siehe dort)

[*Ehlbeck/Kürth* 1995] *Ehlbeck, J.; Kürth, J.:* Pultdachträger, gekrümmte Träger und Satteldachträger. In: [*Step 1* 1995] (siehe dort)

[*Ehlbeck/Larsen* 1993] *Ehlbeck, J.; Larsen, H. J.:* Grundlagen der Bemessung von Verbindungen im Holzbau nach EC 5. In: Bauen mit Holz (1993) 10, S. 821–840

[*Ehlbeck/Schlager* 1992] *Ehlbeck, J.; Schlager:* Hirnholzdübelverbindungen bei Brettschichtholz und Nadelvollholz. In: Holzbau-Statik – Aktuell, Ausgabe Juli 1992/5. Hrsg. Arbeitsgemeinschaft Holz e. V., Düsseldorf 1992

[*Ehlbeck/Siebert* 1989] *Ehlbeck, J.; Siebert:* Nagelverbindungen mit europäischem Douglasienholz. In: Holzbau-Statik – Aktuell, Ausgabe Oktober 1989. Hrsg. Arbeitsgemeinschaft Holz e. V., Düsseldorf 1989

[*Ehlbeck/Werner* 1988] *Ehlbeck, J.; Werner, H.:* Untersuchungen über die Tragfähigkeit von Stabdübelverbindungen. In: Holz als Roh- und Werkstoff (1988) H. 8, S. 281–288

[*Ehlbeck/Werner* 1992] *Ehlbeck, J.; Werner:* Tragende Holzverbindungen mit Stabdübeln. In: Holzbau-Statik – Aktuell, Ausgabe Juli 1992/3. Hrsg. Arbeitsgemeinschaft Holz e. V., Düsseldorf 1992

[*Ehlbeck/Werner* 1995-1] *Ehlbeck, J.; Werner, H.:* Bolzen- und Stabdübelverbindungen I. In: [*Step 1* 1995] (siehe dort)

[*Ehlbeck/Werner* 1995-2] *Ehlbeck, J.; Werner, H.:* Bolzen- und Stabdübelverbindungen II. In: [*Step 1* 1995] (siehe dort)

[*Eibl/Block* 1981] *Eibl, J.; Block, K.:* Zur Beanspruchung von Balken und Stützen bei hartem Stoß (impact). Bauing., Berlin 56 (1981) 10, S. 369–377

[*Eichler/Arndt* 1989] *Eichler, F.; Arndt, H.:* Bauphysikalische Entwurfslehre; Bautechnischer Wärme- und Feuchtigkeitsschutz. Berlin: Verlag für Bauwesen, 2. Auflage 1989

[*Eisenhut/Seim* 2012] *Eisenhut, L.; Seim, W.:* Verbundfestigkeit der Klebefuge bei hybriden Bauteilen aus Holz und Beton unter Berücksichtigung thermisch-hygrischer Beanspruchung. In: 2. Stuttgarter Holzbau-Symposium 08.-09.11.2012, Tagungsband Stuttgart 2012

[*Enders-Comberg* 2012] *Enders-Comberg, M.:* Fachwerkträger für den industriellen Holzbau. In: Karlsruher Tage 2012 – Holzbau, KIT 2012

[*Erler* 1988] *Erler, K.:* Bauzustandsanalyse und Beurteilung der Tragfähigkeit von Holzkonstruktionen unter besonderer Berücksichtigung der Korrosion des Holzes. Habilitationsschrift, Technische Hochschule Wismar, 1988

[*Erler* 1990-1] *Erler, K.:* Korrosion und Anpassungsfaktoren für chemisch aggressive Medien bei Holzkonstruktionen. In: Holztechnologie, Leipzig, 30 (1990) 5, S. 228–232

[*Erler* 1990-2] *Erler, K.:* Polyesterharzbeton für die Sanierung von tragenden Holzkonstruktionen. In: Bauzeitung, Berlin, Teil 1: 44 (1990) 2, S. 8–184, Teil 2: 44 (1990) 4, S. 171–174

[*Erler* 1990-3] *Erler, K.:* Korrosion und Anpassungsfaktoren für chemisch-aggressive Medien bei Holzkonstruktionen. 22. Jahrestagung der AG „Timber Structures" Berlin 25.–28. Sept. 1989; Folge 1. In: Bauforschung-Baupraxis, H. 279, Hrsg.: Bauakademie der DDR, Bauinformation Berlin 1990

[*Erler* 1991] *Erler, K.:* Versuchsergebnisse mit Verbundträgern aus Holz und Polymerbeton. In: Bauzeitung, Berlin 45 (1991) 2, S. 104/105

[*Erler* 1993] *Erler, K.:* Verbundträger aus Holz und Polymerbeton. Forschungsbericht/Thema 27D bei der Deutschen Gesellschaft für Holzforschung (DGfH) München, Juni 1993; Förderung durch die Arbeitsgemeinschaft industrieller Forschungsvereinigungen (AIF) Köln

[*Erler* 1997] *Erler, K.:* Alte Holzbauwerke, beurteilen und sanieren. 3. Auflage, Berlin/München: Verlag für Bauwesen 2004

[*Erler/Knospe* 1988/89] *Erler, K.; Knospe, D.:* Untersuchungen zu Festigkeiten und Anpassungsfaktoren alter Holzkonstruktionen. Forschungsbericht G3 TH Wismar 1988. – Forschungsbericht G4 TH Wismar 1989 für Bauakademie Berlin, Institut für Industriebau

[*Erler/Knospe* 1989] *Erler, K.; Knospe, D.:* Untersuchungen zu Festigkeiten alter Holzkonstruktionen. Forschungsbericht G4 für die Bauakademie Berlin, Institut für Industriebau. 1989

[*Erler/Rug* 1986-1] *Erler, K.; Rug, W.:* Erläuterungen zur Richtlinie „Bauzustandsanalyse, Instandsetzung und Rekonstruktion von Holzkonstruktionen". Bauforschung-Baupraxis, Berlin 1986, H. 204, S. 64–66

[*Erler/Rug* 1986-2] *Erler, K.; Rug, W.*: Zur Richtlinie „Bauzustandsanalyse, Instandsetzung und Rekonstruktion von Holzkonstruktionen“. Bauplanung-Bautechnik, Berlin 40 (1986) 11, S. 522–523

[*Erler/Rug* 1990] *Erler, K.; Rug, W.*: Modifikationsfaktor „Aggressive Medien“ – Vorschlag für eine Ergänzung des CIB-Model-Codes. 22. Jahrestagung der AG „Timber Structures“ Berlin 25.–28. Sept. 1989; Folge 2. In: Bauforschung-Baupraxis, H. 280, Hrsg.: Bauakademie der DDR, Bauinformation Berlin 1990

[*Ernst* 1997] *Ernst, M.*: Die Neufassung des EC 1 – Einwirkungen auf Bauwerke. Bautechnik 74 (1997) 2, S. 63–84

[*Ertfeld* u. a. 1967] *Ertfeld, W.; Mette, H.-J.; Achterberg, W.*: Holzfehler in Wort und Bild. Leipzig: Fachbuchverlag 1967

[*Euchner* 1995] *Euchner, M.*: Dachausmittlungen 1 und 2. Karlsruhe 1995

[*EuP-Katalog*] EuP Holzverbinder-Katalog. Eisen- und Plastverarbeitung GmbH, Werdohl 1997

[*Ewald/Lischke* 1984] *Ewald, G., Lischke, N.*: Zur Torsion im Ingenieurholzbau. In: bauen mit holz (1984) H. 7, S. 466–469

[*Fabris* 2001] *Fabris, A.F.*: Verbesserung der Zugeigenschaften von Bauholz parallel zur Faser mittels Verbund mit profilierten Stahlstangen. Dissertation ETH Zürich 2001

[*Falke* 1996] *Falke, J.*: Tragwerke aus Stahl nach Eurocode 3. Berlin/Düsseldorf 1996

[*Fasfold/Verses 2003*] *Fasfold, W.; Verses, E.*: Schallschutz und Raumakustik in der Praxis, Huss-Medien Verlag, Bauwesen Berlin 2003

[*Feix* u. a. 2010] *Feix, J.; Fleck, D.; Meixner, G.; Thaler, T.*: Entwicklung eines getrennt vorgefertigten Holz-Beton-Verbund Deckensystems. In: Bauingenieur (2010) H. 4, S. 141–149

[*Fellmoser/Blaß* 2004] *Fellmoser, P.; Blaß, H.-J.*: Influence of rolling shear on strength and stiffness of structural bondech timber elements, CIB W 18-Meeting Edinburgh 2004

[*Fischer* u. a. 2019] *Fischer, O.; Lang, W.; Winter, S. (Hrsg.)*: Hybridbau Holzaußenwände, Verlag Detail München 2019

[*Fix/Sichereder* 1980] *Fix, H.; Sichereder, G.*: Dachausmittlungen, Vergatterungen. Karlsruhe: Bruderverlag 1980

[*Flaig* 2012] *Flaig, M.*: Stabförmige Bauteile aus Brettsperrholz – Ansätze für die Biege- und Schubbemessung. In: Karlsruher Tage 2012 – Holzbau, KIT 2012

[*Flaig* 2013] *Flaig, M.*: Biegeträger aus Brettsperrholz bei Beanspruchung in Plattenebenen. Karlsruher Berichte zum Ingenieurholzbau, Band 26, KIT 2013

[*FMPA* 1997] Verzeichnis der Firmen, die den Nachweis der Eignung zum Leimen von tragenden Holzbauteilen nach DIN 1052-1 erbracht haben, Stand 31.12.1997. Forschungs- und Materialprüfungsanstalt Baden-Württemberg, Otto-Graf-Institut, Stuttgart 1998

[*Fonrobert* 1960] *Fonrobert*: Grundzüge des Holzbaues im Hochbau. 7. Aufl. Berlin: Ernst & Sohn 1960

[*Fontana* 1984] *Fontana, M.*: Festigkeits- u. Verformungsverhalten von hölzernen Fachwerkträgern unter besonderer Berücksichtigung der Knotenausbildung. Zürich: ETH, Baustatik und Stahlbau, Publikation Nr. 84-1, 1984

[*Fontana* 1985] *Fontana, M.*: Paßbolzenverbindungen für Holzfachwerke. Schweizer Holzbau. Zürich 51 (1985) 1, S. 45–47

[*Frangi/Boccadoro* 2013] *Frangi, A.; Boccadoro, L.*: Holz-Beton-Verbunddecke aus Buche. In: S-WIN-Kurs 2013, 45. Fortbildungskurs, Zürich 2013

[*Franke* 2008] *Franke, B.*: Zur Bewertung der Tragfähigkeit von Trägerausklinkungen in Nadelholz. Dissertation, Bauhaus Universität Weimar, Schriftreihe des IKI, H. 015, 2008

[*Franz/Scheer* 1982] *Franz, J.; Scheer, C.*: Berechnung von Holztragwerken nach der Spannungstheorie II. Ordnung. Ingenieurholzbau in Forschung und Praxis. Karlsruhe 1982

[*Freitag* 2013] *Freitag, S.-J.*: Sanierung Rosenheim. In: Mikado (2013), S. 73–75

[*Frese* 2006] *Frese, M.*: Die Biegefestigkeit von Brettschichtholz Buche, Band 5 der Karlsruher Berichte zum Ingenieurholzbau, Karlsruhe 2006

[*Frese* 2012] *Frese, M.*: Buchenbrettschichtholz und Buchen-Hybridträger – Projekte, Erfahrungen und Entwicklung und Ideen. In: 2. Stuttgarter Holzbau-Symposium 2012

[*Frese/Fellmoser/Blaß* 2010] *Frese, F.; Fellmoser, P.; Blaß, H.-J.*: Modelle für die Berechnung der Ausziehtragfähigkeit von selbstbohrenden Holzschrauben. In: Eur. J. Wood Prod. (2010) 68, S. 373–384

[*Frick/Knöll* 1951] *Frick, O.; Knöll, K.*: Baukonstruktionslehre. Teil 2: Holzbau. Leipzig: B.G. Teubner 1951

[*Fritzen* 2008] *Fritzen, K.*: Fachwerkknoten mit axial beanspruchten Holzschrauben. In: bauen mit holz (2008) H. 2, S. 50–52

[*Fritzen* u. a. 2007] *Fritzen, K; Metzger, P.; Krämer, F.-J.; Peter, M.; Schwab, H.; Tobisch, S.; Steinmetz, D.*: Holzrahmen – bewährtes Holzbausystem. 4. Auflage Bruderverlag Karlsruhe 2007

[*Fritzenwallner* 2012] *Fritzenwallner, C.*: Hölzerner Grenzgänger. In: Deutsche Bauzeitung (2012) H. 9, S. 66–69

[*Frühwald* u. a. 1997] *Frühwald, A.* u. a.: Erstellung von Ökobilanzen. Informationsdienst Holz, DGfH, München 1997

[*Frühwald* u. a. 2003] *Frühwald, A.; Ressel, J.-B.; Bernasconi, A.*: Hochwertiges Brettschichtholz aus Buche. Forschungsbericht, Bundesforschungsanstalt für Holz- und Holzwirtschaft, Hamburg 2003

[*Fuhrmann* 2003] *Fuhrmann, C.*: Bemessungskriterium Schwingungen im Holzbau. In: Spezieller Bemessungssituationen in mehrgeschossigen Holzbau. SAH-Tagung, 35. Fortbildungskurz 2003

[*Galgóczy* 1974] *Galgóczy, G.*: Bemessung von Stahl-, Stahlbeton- und Holzkonstruktionen. Bd. 2. Handbuch mit Beispielsammlung für Bauingenieure und Maschinenkonstrukteure. Wiesbaden/Berlin: Bauverlag; Köln: R. Müller 1974

[*Gattnar/Trysna* 1961] *Gattnar, A.; Trysna, F.*: Hölzerne Dach- und Hallenbauten. 7. Aufl. Berlin/München/Düsseldorf: Ernst & Sohn 1961

[*Gamper* u. a. 2013-1] *Gamper, A.; Dietsch, P.; Merk, M.; Winter, St.*: Gebäudeklima – Langzeitmessung zur Bestimmung der Auswirkungen auf Feuchtegradienten in Holzbauteilen. In: Bautechnik (2013) H. 8, S. 508–519

[*Gamper* u. a. 2013-2] *Gamper, A.; Dietsch, P.; Merk, M.*: Gebäudeklima – Langzeitmessung zur Bestimmung der Auswirkungen auf Feuchtegradienten in Holzbauteilen. TU München, Forschungsbericht IRB Verlag, Stuttgart 2013

[*Gebbing* 1928] *Gebbing, J.*: Das neue Dickhäuterhaus des Leipziger Zoologischen Gartens. In: Der Zoologische Garten, Band 1, Heft 1/2, 15.07.1928

[*Gebhardt/Schulze* 1996] *Gebhardt, M.; Schulze, H.*: Tragverhalten von Mehrrasterwandscheiben mit Öffnungen. In: bauen mit holz (1996) H. 8, S. 635–641

[*Gefeller* u. a. 1987] *Gefeller, B.* u. a.: Holzwerkstoffe am Bau. Schweizerische Arbeitsgemeinschaft für Holzforschung, Zürich 1987

[*Gehri* 1981] *Gehri, E.*: Stabförmige Verbindungsmittel. In: Dubas, P.: Einführung in die Norm SIA 164 (1981) Holzbau, Publikation Nr. 81-1, Baustatik und Stahlbau, ETH Zürich 1981

[*Gehri* 1984] *Gehri, E.*: Leistungsfähige Verbindungstechniken. Schweizer Holzbau. Zürich 50 (1984) 8, S. 46 bis 51

[*Gehri* 1995] *Gehri, E.*: Verbindungen mit Stahlblechformteilen. In: [*Step 1* 1995] (siehe dort)

[*Gehri* u. a. 1981] *Gehri, E.* u. a.: Einführung in die Norm SIA 164(1981) Holzbau. Lehrstuhl für Baustatik und Holzbau, ETH Zürich 1981

[*Gehri* u. a. 1993] *Gehri, E.* u. a.: Holzwerkstoffe auf Furnierbasis. Schweizerische Arbeitsgemeinschaft für Holzforschung, Zürich 1993

[*Geier* 1979] *Geier, K.*: Kippsicherheit und Seitensteifigkeit von Biegeträgern im Holzbau. Bauplanung – Bautechnik, Berlin 33 (1979) 11, S. 517–519

[*Genähr* 1981] *Genähr, G.*: Statik zur Vorspannung von Brettschichtträgern. Schweizer Holzbau, Zürich 47 (1981) 2, S. 298–300

[*Gerner* 1992] *Gerner, M.*: Handwerkliche Holzverbindungen der Zimmerer. Stuttgart 1992

[*Gerold* 1992] *Gerold, M.*: Verbund von Holz und Gewindestangen aus Stahl. Bautechnik 9 (1992) 4, S. 167–178

[*Gerold* 1996] *Gerold, M.*: Bemessung von Holzbauwerken nach Eurocode 5. Kontakt + Studium Band 492, Renning-Malmsheim 1996

[*Gesteschi* 1930] *Gesteschi, T.*: Grundlagen des Holzbaues. 3. Aufl. Berlin: Ernst & Sohn 1930

[*Gesteschi* 1938] *Gesteschi, T.*: Hölzerne Dachkonstruktionen. Berlin: Ernst & Sohn 1938

[*GH-Katalog* 1998] GH-Baubeschläge, Produktübersicht. GH-Baubeschläge Hartmann GmbH, Bad Oeynhausen 1997

[*GIN* 2012] *GIN:* Korrosionsschicht von Nagelplattenkonstruktionen in Stallgebäuden, Fassung 2012

[*Glos* 1978] *Glos, P.*: Zur Bestimmung des Festigkeitsverhaltens von Brettschichtholz bei Druckbeanspruchung aus Werkstoff- und Einwirkungskenngrößen. Berichte zur Zuverlässigkeitstheorie der Bauwerke, H. 35, TU München, 1978

[*Glos* 1983] *Glos, P.*: Die technischen und wirtschaftlichen Möglichkeiten der Schnittholzsortierung im Mittel- und Kleinbetrieben. In: SAH-Bulletin 1983/1, Zürich, Schweizer Arbeitsgemeinschaft für Holzforschung

[*Glos* 1983] *Glos, P.*: Was darf der Holzbau von dem neuen probabilistischen Sicherheitskonzept erwarten? Bauen mit Holz, Karlsruhe 85 (1983) 1, S. 26–31

[*Glos* 1995-1] *Glos, P.*: Werkstoffe und Prüfverfahren. In: Referatensammlung Eurocode 5 – Entwurf, Berechnung und Bemessung von Holzbauwerken. DIN Deutsches Institut für Normung e. V., Karlsruhe 1995

[*Glos* 1995-2] *Glos, P.*: Vollholz – Festigkeitsklassen. In: [*Step 1* 1995] (siehe dort)

[*Glos* 1995-3] *Glos, P.*: Holz im technischen Einsatz, Perspektiven der Sortierung und Qualitätssicherung, Internationales Holzbauforum 1995, Garmisch-Partenkirchen 1995

[*Glos* u. a. 1997] *Glos, P.; Petrik, H.; Radovic, B.; Winter, S.*: Konstruktionsvollholz, Informationsdienst Holz, Düsseldorf 1997

[*Glos* u. a. 1997] *Glos, P.* u. a.: Konstruktionsvollholz. Informationsdienst Holz, Holzbau Handbuch, Reihe 4, Teil 2, Folge 1 – Düsseldorf 1997

[*Glos/Burger* 1995] *Glos, P.; Burger, N.*: Verhältnis zwischen Zug- und Biege-Elastizitätsmoduln von Vollholz. In: Holz als Roh- und Werkstoff 53 (1995), S. 73–74

[*Glos/Burger* 1995] *Glos, P.; Burger, N.*: Einfluss der Holzabmessungen auf die Zugfestigkeit von Bauschnittholz. Forschungsbericht, Institut für Holzforschung, IBR Verlag, TU München 1995

[*Glos/Burger* 1996] *Glos, P.; Burger, N.*: Einfluss der Holzabmessungen auf die Zugfestigkeit von Bauschnittholz. In: Holz als Roh- und Werkstoff 54 (1996), S. 333–340

[*Glos/Burger* 1997] *Glos, P.; Burger, N.*: Verhältnis von Zug- zu Biegefestigkeit bei Vollholz. In: Holz als Roh- und Werkstoff 55 (1997), S. 345–350

[*Glos/Diebold* 1987] *Glos, P.; Diebold, R.*: Einfluss verschiedener Sortierbedingungen auf die Biegefestigkeit von Bauholz (Kantholz). Forschungsbericht. Institut für Holzforschung, TU München 1987, IRB-Verlag

[*Glos/Diebold* 1994] *Glos, P.; Diebold, R.*: Maschinelle Sortierung DIN 4074 zugelassen, Mikado (1994) H. 7–8, S. 79–82

[*Glos/Diebold* 1997] *Glos, P.; Diebold, R.*: Aktuelle Entwicklung im Bereich der Holzsortierung. Holz-Zentralblatt vom 05.03.1997

[*Glos/Gamm* 1987] *Glos, P.; Gamm, A.*: Untersuchung zur Festigkeit von Fichten-Bauholz nach Schädlingsbefall infolge Waldschäden, Forschungsbericht, Institut für Holzforschung, TU München 1987

[*Glos/Henrici* 1990] *Glos, P.; Henrici, D.*: Festigkeit von Bauholz bei hohen Temperaturen. Institut für Holzforschung, Forschungsbericht, Universität München 1990

[*Glos/Henrici* 1993] *Glos, P.; Henrici, D.*: Einfluss der Querschnittshöhe auf die Biegefestigkeit von Fichtenholz mit kleinen Querschnitten. Forschungsbericht. Institut für Holzforschung, TU München 1993, IRB-Verlag

[*Glos/Richter* 2002] *Glos, R; Richter, Ch.*: Neufassung der DIN 4074 – Sortierung von Schnittholz und der Tragfähigkeit. In: Holzbaukalender 2003, Bruderverlag Karlsruhe, 2002

[*Godycki* u. a. 1984] *Godycki, T.; Pawlica, J.; Kleszczewski; J.*: Verbunddecke aus Holzrippen und Betonplatte. In: Bauingenieur, Berlin 59 (1984), S. 477–483

[*Göggel* 1999] *Göggel, M.*: Bemessung im Holzbau. Karlsruhe: Bruderverlag 1999

[*Göhre* 1967] *Göhre, K.*: Werkstoff Holz. 2. Aufl. Leipzig: Fachbuchverlag 1967

[*Golinski* 2012] *Golinski, M.*: Eine 500 m lange Fußgängerbrücke für Georgien. In: 18. Internationalen Holzbau-Forum 2012

[*Golinski/Stahl/Müller-Braun* 2012] *Golinski, M.; Stahl, J.; Müller-Braun, S.*: Holzbrücken gewinnt Preiskampf. In: bauen mit holz (2012) H. 12, S. 8–13

[*Görlacher* 1990] *Görlacher, R.*: Klassifizierung von Brettschichtholzlamellen durch Messung der Longitudinalschwingungen (Dissertation). Berichte der Versuchsanstalt für Stahl, Holz und Steine der Universität Karlsruhe, 4. Folge, H. 21, 1990

[*Görlacher* 1992] *Görlacher, R.*: Bestimmung des Elastizitätsmoduls. In: Holzbau-Statik – Aktuell, Ausgabe Juli 1992/2. Hrsg. Arbeitsgemeinschaft Holz e. V., Düsseldorf 1992

[*Görlacher* 1996] *Görlacher, R.*: Hölzerne Tragwerke untersuchen und beurteilen. Sonderforschungsbereich 315, Universität Karlsruhe, 1996

[*Görlacher* 1999] *Görlacher, R.:* Historische Holztragwerke Untersuchen, Berechnen und Instandsetzen, SFB 315, Universität Karlsruhe, Karlsruhe 1999

[*Görlacher/Hättich* 1992] *Görlacher, R.; Hättich:* Die Bohrwiderstandsmessung. In: Holzbau-Statik – Aktuell, Ausgabe Juli 1992/2. Hrsg. Arbeitsgemeinschaft Holz e. V., Düsseldorf 1992

[*Görlacher/Kromer* 1991] *Görlacher, R; Kromer, M.:* Tragfähigkeit von Versatzanschlüssen in historischen Holzkonstruktionen. In: bauen mit holz, Karlsruhe: 93 (1991) 3, S. 164–169

[*Görlacher/Kromer* 1992] *Görlacher, R.; Kromer, M.:* Tragfähigkeit von Versatzanschlüssen in historischen Holzkonstruktionen. In: Holzbau-Statik – Aktuell, Ausgabe Juli 1992/2. Hrsg. Arbeitsgemeinschaft Holz e. V., Düsseldorf 1992

[*Gösele* 1979] *Gösele, K.:* Verfahren zur Vorausbestimmung des Trittschallschutzes von Holzbalkendecken. Holz als Roh- und Werkstoff (1979), S. 213

[*Gösele* 1984] *Gösele, K.:* Schallschutz mit Holzbalkendecken. Bericht der Entwicklungsgemeinschaft Holzbau in der Deutschen Gesellschaft für Holzforschung. Informationsdienst Holz der Arbeitsgemeinschaft Holz e. V., Düsseldorf 1984

[*Gösele* 1993] *Gösele, K.:* Holzbau-Handbuch, Reihe 3 Bauphysik, Teil 3 – Schallschutz, Folge 3 Holzbalkendecken. Arge Holz, Düsseldorf 1993

[*Götze* 1986] *Götze, H.:* Neue Bautechnik am gedeckten Dach. Dachdeckerhandwerk, H. 21/1986

[*Graf* 1938] *Graf, O.:* Tragfähigkeit der Bauhölzer und der Holzverbindungen. Mitteilungen des Fachausschusses für Holzfragen beim Verein deutscher Ingenieure und Deutschen Forstverein, H. 20, VDI-Verlag, Berlin, 1938

[*Graf* 1941] *Graf, O.:* Aus Versuchen mit Bauholz und mit hölzernen Bauteilen. Holz als Roh- und Werkstoff 4 (1941) 10, S. 347–360

[*Graf* 1944] *Graf, O.:* Vergleichende Untersuchungen mit Dübelverbindungen. In: Bautechnik (1944) 5/8, S. 23–32 und Bautechnik (1944) 9/14, S. 47–52

[*Graubner* 1986] *Graubner, W.:* Holzverbindungen. Stuttgart: Deutsche Verlags-Anstalt 1986

[*Green/Taggart* 2017] *Green, M.; Taggart, J.:* Hoch bauen mit Holz, Technologie, Material, Anwendung, Birkhäuser Verlag, Basel 2017

[*Gressel* 1971] *Gressel, P.:* Untersuchungen über das Zeitstandbiegeverhalten von Holzwerkstoffen in Abhängigkeit von Klima und Belastung. Diss. Universität Hamburg 1971

[*Gressel* 1982] *Gressel, P.:* Kriechverhalten von Holz und Holzwerkstoffen. Auswirkungen auf den Formänderungsnachweis. In: Ingenieurholzbau in Forschung und Praxis. Karlsruhe: Bruderverlag 1982

[*Gressel* 1984] *Gressel, P.:* Kriechverhalten von Holz und Holzwerkstoffen. Bauen mit Holz. Karlsruhe: 86 (1984) 4, S. 216–223

[*Griffiths* 1995] *Griffiths, D. R.:* Holzwerkstoffe – Faserplatten, Spanplatten und OSB. In: [*Step 1* 1995] (siehe dort)

[*Grömminger* 2012] *Grömminger, O.:* Die größte Europas: Holzkuppel mit 142,8 m Durchmesser. In: 18. Internationale Holzbau-Forum, Tagungsband 2012

[*Grosse* u. a. 2003] *Grosse, M.; Harnack; R.; Lehmann, 5.; Rautenstrauch, K.:* Modellierung von diskontinuierlich verbundenen Holz-Beton-Verbund-Konstruktionen, Teil 1, Kurzzeittragverhalten. Bautechnik (2003) H. 8, S. 534–541

[*Grosser/Zimmer* 1989] *Grosser, D.; Zimmer, B.:* Einheimische Nutzhölzer und ihre Verwendung, Informationsdienst Holz, holzbauhandbuch, Reihe 4, Teil 2, Folge 2, EGH München 1998

[*Grünberg* 2004] *Grünberg, J.:* Grundlagen der Tragwerksplanung-Sicherheitskonzept und Bemessungsregeln für den konstruktiven Ingenieurbau, Erläuterungen zur DIN 1055-100. Beuth Verlag Berlin 2004

[*Guggenberger/Müller* 2006] *Guggenberger, J.; Müller, G.:* Maschineninduzierte Schwingungen bei Hochbauten. VDI-Seminar Halle, 2006

[*Gunzenhauser* 1911] *Gunzenhauser, C.:* Baukonstruktionen in Holz. Nachdruck der Auflage aus dem Jahr 1911, Recklinghausen 1997

[*Gustafsson* 1995] *Gustafsson, P. J.:* Ausgeklinkte Träger und Durchbrüche in Brettschichtholz. In: [*Step 1* 1995] (siehe dort)

[*Güte- und Informationsgemeinschaft der Nagelplattenverwender* 1995] Montageempfehlungen für das Transportieren, Lagern, Montieren und Aussteifen von Nagelplattenbindern – Informationsschrift der Güte- und Informationsgemeinschaft der Nagelplattenverwender, Düsseldorf – Stand 10/95

[*Güte- und Informationsgemeinschaft der Nagelplattenverwender* 1997] Nagelplattenkonstruktionen. Informationsdienst Holz; Adressenverzeichnis der Mitgliedsbetriebe der Güte- und Informationsgemeinschaft der Nagelplattenverwender e. V.; Stand 1997

[*Gütegemeinschaft Nagelplattenprodukte* 2009] *Gütegemeinschaft Nagelplattenprodukte*: Nagelplattenbinder nach DIN 1052:2008, Stuttgart 2009

[*Gütegemeinschaft Nagelplattenprodukte* 2011] *Gütegemeinschaft Nagelplattenprodukte:* Montage-Empfehlungen für Nagelplattenbinder, Stuttgart 2011

[*Gutkowsky/Chen* 1996] *Gutkowsky, R. M.; Chen, T. M.*: Test and Analysis of Mixed Concrete-Wood Beams. International Wood Engineering Conference, Proceedings, New Orleans, 1996

[*Haas* 2005] *Haas, E.*: Aussichtsturm Felixsee. Informationsdienst Holz, ArgeHolz Düsseldorf 2005

[*Hadnagy* 1976] *Hadnagy, J.*: Geklebte Mehrzweckholzkonstruktionen – Überblick über das Weltniveau der Bauindustrie – Budapest 1976. Übersetzung aus dem Ungarischen. Berlin: Bauakademie der DDR, Bauinformation, Ü.-Nr. 19075

[*Haferland* 1975] *Haferland, F.*: Zur Bauphysik geneigter Dächer. Dachatlas. Inst. f. Architektur-Dokumentation, München 1975

[*Hahnemann* 1967] *Hahnemann, H.*: Verformungen und Bruchgeschehen bei Holz als einem anisotropen, inhomogenen, porigen Festkörper. VDI-Zeitschrift, Düsseldorf 109 (1967) 16, S. 708

[*Halász* 1944] *Halász, R. v.*: Holzbau-Taschenbuch. 2. Aufl. Berlin: Ernst & Sohn 1944

[*Halász* u. a. 1972] *Halász, R. von; Cziesielski, E.; Lindner, J.; Slomski, W.*: Bemessungstabellen für hölzerne Dachkonstruktionen. Berlin/München/Düsseldorf: Ernst & Sohn 1972

[*Halász/Cziesielski* 1966] *Halász, R. v.; Cziesielski, E.*: Berechnung und Konstruktion geleimter Träger mit Stegen aus Furnierplatten. Berichte aus der Bauforschung Nr. 47 (1966), S. 75–118

[*Halász/Cziesielski* 1973] *Halász, R. v.; Cziesielski, E.*: Konstruktion und Berechnung hölzerner Zylinderschalen aus Furnierholz. (Berichte aus der Bauforschung, H. 90). Berlin/München/Düsseldorf: Ernst & Sohn 1973

[*Halász/Scheer* 1974] *Halász, R. von; Scheer, C.*: Holzbau-Taschenbuch. 7. Aufl. Berlin/München/Düsseldorf: Ernst & Sohn 1974

[*Halász/Scheer* 1996] *Halász, R. v.; Scheer, C.*: Holzbautaschenbuch. Band 1. Berlin 1996

[*Halfen-Katalog* 1995] Halfen-Produktinformation. Halfen GmbH & Co. KG, Düsseldorf 1995

[*Hall* 2012] *Hall, C.*: Methoden zur elastischen und plastischen Modellierung von scheibenartig beanspruchten Tafeln. Dissertation, TU Braunschweig 2012

[*Hamm* 2005] *Hamm, P.*: Schwingungen bei Decken und Brücken – Theoretische Prognose und praktische Analyse. In: Ingenieurholzbau Karlsruher *Tage* 2005

[*Hamm* 2006] *Hamm, P.*: Warum Decken zu Schwingen *beginnen*. In: bauen mit holz (2006) H. 3, S. 24–29

[*Hamm* 2008] *Hamm, P.*: Schwingungsverhalten von Decken bei Auflagern auf Unterzügen. In: Holzbau (2008) H. 1, S. 41–46

[*Hamm* 2009] *Hamm, P.*: Schwingungen bei Holzdecken im Wohnungsbau. In: Baudynamik im Holzbau, SIA Dokumentation D 0230, Zürich 2009

[*Hamm* 2012] *Hamm, P.*: Schwingungen bei Holzdecken – Konstruktionsregeln für die Praxis. In: 2. Internationales Forum Holzbau. Beaune 2012

[*Hamm* u. a. 2010] *Hamm, P.; Richter, A.; Winter, S.*: Floor Vibrations – New Results. In: WCTE-Proceedings, Riva del Garda, Italien 2010

[*Hamm/Richter* 2009] *Hamm, P.; Richter, A.*: Bemessungs- und Konstruktionsregeln von Holzdecken. In: Fachtagung Holzbau 2009, Stuttgart 2009

[*Hamm/Richter* 2009] *Hamm, P.; Richter, A.*: Personeninduzierte Schwingungen bei Holzdecken – Neue Erkenntnisse führen zu neuen Bewertungsverfahren. In: Ingenieurholzbau, Karlsruher Tage 2009

[*Hansen* 1970] *Hansen, E.*: Kehlbalkendach: Exakte Gleichungen. Bauen mit Holz, Karlsruhe 72 (1970) 10, S. 476

[*Hansen* 1971] *Hansen, E.*: Zusammengesetzte Biege- und Druckstäbe aus Holz. Bautechnik, Berlin 48 (1971) 7, S. 243–248

[*Häring* 1983-1] *Häring, C.*: *Großkuppelbauten* als Holznetzschalen. In: bauen mit holz (1983) H. 9, S. 547–550

[*Häring* 1983-2] *Häring, C.*: Zur Konstruktion von Holznetzschalen. In: Schweizer Ingenieur und Architekt (1983) H. 25, S. 699–702

[*Harris* u. a. 2013] *Harris, R.; Ringhofer, A.; Schickhofer, G.*: COST Action FP 1004; European Conference on Cross Laminated Timber (CLT), University of Bath 2013

[*Harte/Dietsch* 2015] *Harte, A. M.; Dietsch, P. (Editors):* Reinforcement of Timber Structures, a state-of-art-report, COST European Cooperation in Science and Technology, Shaker Verlag GmbH, Aachen 2015

[*Härtel* 2000] *Härtel, J.:* Experimentellen und theoretischen Untersuchungen zum Kriechverhalten hölzerner Druckstäbe unter baupraktischen Bedingungen. Fortschrittberichte VDI, Reihe 4, VDI-Verlag 2000

[*Härtel* 2012] *Härtel, Ch.:* Holzturm kommt in Schwung. In: Mikado (2012) H. 8, S. 47–49

[*Härtel* 2012] *Härtel, C.:* Saldome, eine runde Sache. In: Mikado (2012) H. 4, S. 28–30

[*Hartig-1* u. a. 2013-1] *Hartig, J.; Heidenchke, A.; Haller, P.:* Holzfachwerke mit Verbindungsknoten aus Beton, Teil 1: Konzept und experimentelle Untersuchungen. In: Bautechnik 90 (2013) H. 1, S. 1–8

[*Hartig-2* u. a. 2013-2] *Hartig, J.; Heidenchke, A.; Haller, P.:* Holzfachwerke mit Verbindungsknoten aus Beton, Rechnerische Untersuchungen und Bemessungskonzept. In: Bautechnik 90 (2013) H. 7, S. 433–440

[*Hartl* 1974] *Hartl, H.:* Neuere Entwicklungen und Konstruktionen in verleimter Holzbauweise. Österreich. Ing.-Z., Wien 17 (1974) 5, S. 160–165

[*Hartl* 1995-1] *Hartl, H.:* Fachwerkknoten mit Dübeln besonderer Bauart. In: [*Step 2* 1995] (siehe dort)

[*Hartl* 1995-2] *Hartl, H.:* Holzkonstruktionen in aggressiven Medien. In: [*Step 2* 1995] (siehe dort)

[*Hartl* 1995-3] *Hartl, H.:* Feuerwiderstand von Holzbauteilen. In: [*Step 1* 1995]

[*Hartl* 1995-4] *Hartl, H.:* Feuerwiderstand von Verbindungen. In: [*Step 1* 1995] (siehe dort)

[*Hartl* u. a. 1995] *Hartl, H.; Stöffler, C.; Haslwanter, M.:* Brandverhalten von Holzkonstruktionen. In: [*Step 3* 1995]

[*Hartl/Leijten* 1995] *Hartl, H.; Leijten, A. J. M.:* Fachwerkknoten mit stiftförmigen Verbindungsmitteln. In: [*Step 2* 1995] (siehe dort)

[*Hartmann* 2010] *Hartmann, H.:* Fachseminar Holzbau, Nagelplattenkonstruktionen nach DIN 1052:2008. Tagungsband Hochschule für Technik Stuttgart 2010

[*Hartmann* 2013] *Hartmann, G.:* Ran an die Betonkisten. In: Mikado (2013), S. 62–65

[*Hartmann* 2015] *Hartmann, H.:* Bemessung von Nagelplatten nach EC5, In: Bauingenieur (2015) H. 4, S. 185–192

[*Hartmann* u. a. 2015] *Hartmann, H.; Brückner, St.; Pfeifle, R.; Pfistere, Ch.:* Bemessung von BS-Holz-Bauteilen nach DIN EN 1995-1-1 (EC 5). Informationsdienst Holz, holzbau handbuch, Reihe 2, Teil 1, Folge 2, Berlin 2015

[*Hartmann* u. a. 2017] *Hartmann, H.; Pfeifle, R.; Dorsch, F.; Holm, A.; Meier, K.; Meilinger, J.; Scherer, J.:* Nagelplattenkonstruktion nach Eurocode. Informationsdienst Holz, holzbau handbuch, Reihe 2, Teil 1, Folge 3, Hrsg.: GIN – Gütegemeinschaft Nagelplattenprodukte e.V., Düsseldorf 2017

[*Haupt* 1997] *Haupt, E.:* Konstruktionen gestalten, Bauen mit Nagelplatten. Informationsdienst Holz, Düsseldorf 1997

[*Heckeroth* 1969] *Heckeroth, H.:* Über die aussteifende Wirkung einlagig genagelter Brettscheiben. Bautechnik, Berlin 46 (1969) 12, S. 401–405

[*Heese* 1927] *Heese, F.:* Bauhandwerk. Reprint der Originalausgabe 1927, Leipzig 1996

[*Heiduschke/Kasal* 2009] *Heiduschke, A.; Kasal, B.:* Holz-Stahlfaserbeton-Verbundsystem. In: *Schwaner, K.* Hrsg.: Zukunft Holz Querschnittsbericht und Entwicklungspotentiale, Biberach 2009

[*Heikkinen* u. a. 2009] *Heikkinen, P.; Kaufmann, H.; Winter, S.; Larsen, K.-E.:* TES Energy facade prefabricated timber based building system for improving the energy efficiency of the building envelope, research projects from 2008–2009

[*Heimeshoff* 1969] *Heimeshoff, B.:* Zur statischen Berechnung des Kehlbalkendaches mit unverschieblichen Kehlbalken. Die Bautechnik, Berlin 46 (1969) 6, S. 197–210

[*Heimeshoff* 1972] *Heimeshoff, B.:* Praktische Spannungsberechnung für den gekrümmten Träger mit einfach-symmetrischem Querschnitt. In: Fachtagung Holzbau, Karlsruhe 1972. Informationsdienst Holz/ EGH-Bericht

[*Heimeshoff* 1973] *Heimeshoff, B.:* Spannungsberechnung für den gekrümmten Träger mit einfach-symmetrischem Querschnitt. Holz als Roh- und Werkstoff, Berlin 31 (1973), S. 475–480

[*Heimeshoff* 1976] *Heimeshoff, B.:* Berechnung von Rahmenecken mit Keilzinkenverbindungen. In: Holzbau-Statik – Aktuell, Folge 1. Hrsg.: Arbeitsgemeinschaft Holz e. V., Düsseldorf 1976

[*Heimeshoff* 1977] *Heimeshoff, B.:* Berechnung von Rahmenecken mit Dübelanschluß (Dübelkreis). In: Holzbau-Statik – Aktuell, Folge 2, Informationsdienst Holz. Hrsg.: Arbeitsgemeinschaft Holz e. V., Düsseldorf 1977

[*Heimeshoff* 1979-1] *Heimeshoff, B.:* Bemessung von Holzstützen mit nachgiebigem Fußanschluß. Holzbau-Statik – Aktuell, Folge 3, S. 1–5, Informationsdienst Holz. Hrsg.: Arbeitsgemeinschaft Holz e. V., Düsseldorf Mai 1979

[*Heimeshoff* 1979-2] *Heimeshoff, B.:* Bemessung von Holzstützen mit nachgiebigem Fußanschluß. Bauen mit Holz, Karlsruhe 81 (1979), S. 403–407

[*Heimeshoff* 1983] *Heimeshoff, B.:* Probleme der Stabilitätstheorie II. Ordnung im Holzbau. Bauen mit Holz, Karlsruhe 85 (1983), Teil 1: H. 11, S. 716–723, Teil 2: H. 12, S. 802–808

[*Heimeshoff* 1987] *Heimeshoff, B.:* Zur Berechnung von Biegeträgern aus nachgiebig miteinander verbundenen Querschnittsteilen im Ingenieurholzbau. Holz als Roh- und Werkstoff 45 (1987) 6, S. 237–241

[*Heimeshoff* 1991-1] *Heimeshoff, B.:* Näherungsverfahren zur Berechnung von Einfeldträgern mit Kragarm und von Zweifeldträgern, die aus nachgiebig miteinander verbundenen Querschnittsteilen bestehen, im Ingenieurholzbau. Holz als Roh- und Werkstoff 49 (1991), S. 277–285

[*Heimeshoff* 1991-2] *Heimeshoff, B.:* Nachweis der Tragsicherheit und Gebrauchstauglichkeit von Einfeldträgern, die aus nachgiebig miteinander verbundenen Querschnittsteilen bestehen, im Ingenieurholzbau. Holz als Roh- und Werkstoff 49 (1991) S. 243–248

[*Heimeshoff* u. a. 1988] *Heimeshoff, B.; Schelling, W.; Reyer, E.:* Zimmermannsmäßige Holzverbindungen. Informationsdienst Holz, Arbeitsgemeinschaft Holz e. V., Nov. 1988

[*Heimeshoff/Bauler* 1973] *Heimeshoff, B.; Bauler, H.:* Praktische Bemessung von Trägern mit veränderlicher Höhe und doppeltsymmetrischem Querschnitt bei gleichmäßig verteilter Belastung. Bauen mit Holz 6/1973

[*Heimeshoff/Eglinger* 1983-1] *Heimeshoff, B.; Eglinger, W.:* Einspannung von Brettschichtholzstützen durch Verguß in Betonfundamenten. Bauen mit Holz, Karlsruhe 85 (1983) 9, S. 558–561

[*Heimeshoff/Eglinger* 1983-2] *Heimeshoff, B.; Eglinger, W.:* Einspannung von Stützen aus Brettschichtholz durch Verguß in Betonfundamenten. In: Holzbau-Statik – Aktuell, Folge 7. Hrsg. Arbeitsgemeinschaft Holz e. V., Düsseldorf Juli 1983

[*Heimeshoff/Spengler* 1991] *Heimeshoff, B.; Spengler, R.:* Praktische Berechnung von Einfeldträgern mit Kragarm und von Zweifeldträgern. In: Holz als Roh- und Werkstoff 49 (1991), S. 465–475

[*Hein* 2016] Hein, C.: Modulares Bauen, Holz und Holz-Hybrid. In: Deutsche Bauzeitung (2016) H. 10, S. 54–58

[*Heinze* 1970] *Heinze, P.:* Hallenbauten in geklebter Holzkonstruktion. In: Holzindustrie, Leipzig 23 (1970) 4

[*Heiße* 1968] *Heiße, D.:* Die aussteifende Wirkung genagelter Brettscheiben. Diss. TU Braunschweig 1968

[*Held* 1994] *Held, H.:* Erweiterung des Wohnungsbestandes der neuen Bundesländer durch Dachaufstockungen in Holzbauweise. In: Bauzeitung, Berlin 48 (1994), S.40–43

[*Held/Rug* 1996] *Held, H.; Rug, W.:* Dachaufstockungen in Holzbauweise. In: Bausanierung (1996) 4, S. 15–19

[*Held/Winter* 1995] *Held, H.; Winter, K.*: Bohren, Proben und Impulse. Moderne Methoden zur Bestimmung der Holzfestigkeit. In: Bausubstanz 11 (1995) 9, S. 44–46

[*Helfenstein* 2000] *Helfenstein:* Faserverstärktes BS- Holz. In: bauen mit holz (2000) H. 2, S. 26–29

[*Hempel* 1967] *Hempel, G.:* Hyperbolische Paraboloid-Dächer. In: Bauen mit Holz, Karlsruhe 69 (1967) 10

[*Hempel* 1968] *Hempel, G.:* 100 Statikbeispiele aus dem Holzbau, 4. Aufl. Karlsruhe: Bruderverlag 1968

[*Hempel* 1969] *Hempel, G.:* Sparren-Kehlbalkendächer. 2. Aufl. Karlsruhe: Bruderverlag 1969

[*Hempel* 1970] *Hempel, G.:* Der ausgeklinkte Balken. In: Bauen mit Holz, Karlsruhe 72 (1970) 8

[*Hempel* 1977] *Hempel, G.:* Altes und Neues vom konstruktiven Holzbau. In: Holzbau, Zürich 43 (1977) 11, S. 298–301

[*Hempel* 1981] *Hempel, G.:* Freigespannte Holzbinder. 11. Aufl. Karlsruhe: Bruderverlag 1981

[*Hempel/Eisfeld* 1942] *Hempel, G.; Eisfeld, E.:* Freigespannte Dachbinder in Holz. 3. Aufl. Karlsruhe: Fachblatt-Verlag Dr. A. Bruder 1942

[Henrici 1976] *Henrici, D.:* Spannungsoptische Untersuchungen rechtwinklig ausgeklinkter sowie hochbelasteter Biegeträger. In: Holz als Roh- und Werkstoff (1976), S. 91–100

[*Henrici* 1984] *Henrici, D.:* Beitrag zur Spannungsermittlung in ausgeklinkten Biegeträgern aus Holz. Diss. TU München 1984

[*Herbst* 1932] *Herbst, F.:* Der neue Funkturm der Reichspost in Breslau-Rotsürben. In: Bautechnik (1932) H. 52, S. 671–674 und H. 55, S. 741–743

[*Herzog* 2004] *Herzog, J.:* Einführung in das europäische Klassifizierungssystem für den Brandschutz in das deutsche Baurecht. In: DIBT-Mitteilungen (2004), Sonderheft Nr. 30

[*Herzog/Natterer* u. a. 2003] *Herzog, O.; Natterer, J.; Schweitzer, R.; Volz; M.; Winter, W.:* Holzbau Atlas, 4. Auflage, Basel 2003

[*Hezel/Stapf* 2012] *Hezel, J.; Stapf, G.*: Instandsetzung tragender Holzbauteile mittels Klebung – DIN 1052-10. In: 2. Stuttgarter Holzbau-Symposium 2012

[*Hilson* 1995-1] *Hilson, B. O.*: Verbindungen mit stiftförmigen Verbindungsmitteln – Theorie. In: [*Step 1* 1995] (siehe dort)

[*Hilson* 1995-2] *Hilson, B. O.*: Nagelverbindungen I. In: [*Step 1* 1995] (siehe dort)

[*Hilson* 1995-3] *Hilson, B. O.*: Nagelverbindungen II. In: [*Step 1* 1995] (siehe dort)

[*Hilson* 1995-4] *Hilson, B. O.*: Nailed joints. In: [*Step 3* 1995] (siehe dort)

[*Hilti-Katalog* 1996] Produktübersicht Hilti-Verbinder. Hilti Deutschland GmbH, Berlin 1996

[*Hofer* u. a. 1988] *Hofer, P.* u. a.: Ökologisches Bauen mit Holz. Schweizerische Arbeitsgemeinschaft für Holzforschung, Zürich 1988

[*Höfflin* 2005] *Höfflin, L.*: Runde Durchbrüche in Brettschichtholzträgern – Experimentelle und theoretische Untersuchungen. Dissertation, MPA Stuttgart 2005

[*Hoffmeyer* 1995] *Hoffmeyer, P.*: Holz als Baustoff. In: Informationsdienst Holz, Step 1, Arge Holz, Düsseldorf 1995

[*Hohlfeld* 1982] *Hohlfeld, M.*: Entwicklungsstand der Holzverbindungsmittel im internationalen Maßstab. Mitt. Nr. 1/82 des KDT-Fachausschuß Ingenieurholzbau, Berlin 1982

[*Hollinsky* 1985] *Hollinsky, K.-H.*: Querbelastbarkeitserhöhung von Brettschichtholz mit in Reaktionsharze und eingeklebten glasfaserverstärkten Polyesterstäben. Dissertation, TU Wien 1985

[*Hollinsky* 1990] *Hollinsky, K.-H.*: In Holz geklebte stabförmige Verbindungsmittel. In: 14. Dreiländer-Holztagung in Interlaken, 1990

[*Holschemacher* u. a. 2013] *Holschemacher, K.; Selle, R.; Schmidt, J.; Kieslich, H.*: Holz-Beton-Verbund. In: Betonkalender, Berlin 2013

[*Holschemacher* u. a. 2015] *Holschemacher, K.* u. a.: Entwurfs und Berechnungstafeln für Bauingenieure, 7. Auflage, Beuth Verlag Berlin 2015

[*Holschemacher/Rug* u. a. 2001] *Holschemacher, K., Rug W.* u. a.: Holz-Beton-Verbundbauweise In: Holzbauforum 2001, Leipzig am 29.06.2001, Tagungsmaterial, Verlag für Bauwesen, Berlin 2001

[*Holtz* u. a. 1999] *Holtz, F.; Hessinger, J.; Buschbacher H.-P.; Rabold, A.*: Schalldämmende Holzbalken- und Brettstapeldecken, Holzbauhandbuch Reihe 3, Teil 3, Folge 3, DGfH München 1999

[Holzbau Zürich 1975-1] ... Eine Großhalle, als Gitterschale ausgebildet. Holzbau, Zürich 41 (1975) 6, S. 162–163

[Holzbau Zürich 1975-2] ... Neue Messehalle in Klagenfurt. Holzbau, Zürich 41 (1975) 10, S. 282–283

[Holzbau Zürich 1976] ... Keilzinken von großen Binderteilen. Holzbau, Zürich 42 (1976) 1, S. 22

[Holzbau Zürich 1977] ... Originelle Holzkonstruktionen für eine Messehalle (Holzklebe-Dachkonstruktion der neuen Ausstellungshalle in Graz). Holzbau, Zürich 43 (1977) 2, S. 42–44

[Holzbau Zürich 1978] ... Eishockeyhalle in Finnland. Holzbau, Zürich 44 (1978), S. 212–213

[Holzbau Zürich 1979] ... Palais de l'Éurope in Straßburg. Holzbau, Zürich 45 (1979) 5, S. 124–126

[Holzbau Zürich 1980] Holzverbindungen. Holzbau, Zürich 45 (1980) 2, S. 49–51

[*Holz-Kurier* 1982] ... Nordslowakei: Die Sporthallenkuppel aus 1000 m^3 Holz (Turnhalle in Zilina, CSSR, Durchmesser 105 m). Holz-Kurier, Wien 37 (1982) 2, S. 17–18

[*Hömmerich* 1988] *Hömmerich, H.*: Holzarchitektur im Detail (Traditionelle und neuzeitliche Holzverbindungen). Köln: Verlagsges. R. Müller, 1988

[*Hotter* 1973] *Hotter, K.*: Berechnung der Holztragwerke für Dauerbelastung mit Berücksichtigung der Anschlußsteifigkeit. Bautechnik, Berlin 50 (1973) 7, S. 239–247; 8, S. 272–275

[*Hug* 1971] *Hug, B.*: Der ausmittig gedrückte und querbelastete, ein- und mehrteilige Holzdruckstab. Diss. Univ. (TH) Karlsruhe 1971

[*Hubweber* u. a. 2015] *Hubweber, C.; Schmidt, D.; Schopbach, H.; Wagner, G.; Zeitter, H.*: Holzrahmenbau. In: Informationsdienst Holz, holzbau handbuch, Reihe 1, Teil 1, Folge 7, Informationsverein Holz e.V. (Hrsg.) 2. überarbeitete Auflage, Düsseldorf 2015

[*Huß* 2013] *Huß, W.*: Holz oben auf. In: Mikado (2013), S. 18–21

[*Huß u. a.* 2018] *Huß, W.; Kaufmann, M.; Merz, K.*: Holzbau – Raummodule, (DETAIL Praxis), München 2018

[*IaFB* 2010] Praxisempfehlungen Hochleistungsverbundtragwerke Bemessungsverfahren. Institut für angewandte Forschung im Bauwesen, Berlin 2010

[*Infodienst Holz* 2013] *Informationsdienst Holz, Spezial:* Korrosion metallischer Verbindungsmittel im Holz und Holzwerkstoffen. Int. Verein für Technische Holzfragen, Frauenhofer Institut Holzfragen WKI, Braunschweig 2013

[*Issel* 1985] *Issel, H.:* Der Holzbau. Reprint nach der Originalausgabe von 1900, Verlag B. Voigt in Weimar, wieder herausgegeben von Edition „libri rari“ im Verlag Th. Schäfer, Hannover 1985

[*Ivanov* 1973] *Ivanov, J.:* Bestimmungen der Dauerfestigkeit von Holzkonstruktionen anhand der Ergebnisse von Kurzzeitprüfungen. In: Holztechnologie, Leipzig 14 (1973) 4, S. 240–245

[*Ivanov* 1976] *Ivanov, J. M.:* Über die einheitliche Gesetzmäßigkeit für die Dauerfestigkeit von Holz. In: Holztechnologie, Leipzig 17 (1976) 1, S. 9–10

[*Jacob-Freitag* 2008] *Jacob-Freitag, S.:* London, „durch und durch aus Holz“. In: Mikado (2008) H. 12, S. 20–23

[*Jacob-Freitag* 2010] *Jacob-Freitag, S.:* Stadtpalais mit vielen Extras. In: Mikado (2010) H. 10, S. 28–31

[*Jacob-Freitag* 2013] *Jacob-Freitag, S.:* Geprüft und für gut befunden. In: Mikado (2013) H. 12, S. 32–33

[*Jeitler/Augustin* 2016] *Jeitler, G.; Augustin, M.:* Ist die Birke die bessere Buche, Mechanische Eigenschaften und Referenzobjekte aus Birke / BSH und BSP. 22. Internationales Holzbau-Forum IHF 2016, Garmisch-Partenkirchen

[*Jahnke/Flüshöh* 2016] *Jahnke, J.; Flüshöh, F.:* Brettschichtholz Eiche nimmt Fahrt auf. 22. Internationales Holzbau-Forum IHF 2016, Garmisch-Partenkirchen

[*Joedicke*] *Joedicke, J.:* Schalenbau. Stuttgart: Krämer

[*Johansen* 1949] *Johansen, K. W.:* Theory of Timber Connection. In: International Association for Bridge and Structural Engineering Voe 9 (1949), S. 249–262, Bern, Schweiz

[*Johansson* 1995] *Johansson, C. J.:* Eingeleimte Stäbe. In: [*Step 1* 1995] (siehe dort)

[Jung/Roffael 2002] *Jung, B.; Roffael, E.:* Über die Acidität einheimischer Holzarten. In: Holz als Roh- und Werkstoff (2002), S. 154

[*Kaden/Klingbeil* 2012] *Kaden, T.; Klingbeil, T.:* Holz Werk Holz, Kaden / Klingbeil Architekten, Berlin, Ausstellungskatalog Berlin, 2012

[*Kaiser* 1990] *Kaiser:* Vorschlag zur Bemessung von Holzdruckstäben nach der Spannungstheorie II. Ordnung. 22. Jahrestagung der AG „Timber Structures“ Berlin 25.–28. Sept. 1989; Folge 2. In: Bauforschung-Baupraxis, H. 280, Hrsg.: Bauakademie der DDR, Bauinformation Berlin 1990

[*Kalina* 1971] *Kalina, M.:* Zerstörungsfreie Bestimmung der Dauerfestigkeit von Trägern aus dem rheologischen Verhalten unter Dauerlast. Holztechnologie, Leipzig 12 (1971) 4, S. 329–343

[*Kalina* 1973] *Kalina, M.:* Rheologie von mit Stahl und glasfaserverstärktem Plast armierten Trägern. Holztechnologie, Leipzig 14 (1973) 1, S. 29–33

[*Källsner* 1983] *Källsner, B.:* Windaussteifung von Wandkonstruktionen in Holzskelettbau mit Plattenwerkstoffen. In: bauen mit holz (1983) H. 6, S. 374–378

[*Kammer* 2006] *Kammer, T.:* Zum räumlichen Tragverhalten mehrgeschossiger Gebäude in Holztafelbauart. Dissertation, TU Braunschweig 2006

[*Kampmeier* 2016] *Kampmeier, B.:* Brandschutzbemessung von Holzbauteilen nach Eurocode 5. In: Bauphysik Kalender, Ernst & Sohn, Berlin 2016

[*Kämpf* 1982] *Kämpf, H.:* Holzleim-Konstruktion für eine Kohlenlagerhalle. Holzbau, Zürich 48 (1982) 3, S. 39–45

[*Kangas* 1994] *Kangas, J.:* Joints of glulam structures based on glued-in vibbad steel rods. Technical Research centre of Finland, Espan 1994

[*Kangas* 1999] *Kangas, J.:* Strength and Fire Resistance of Connections based on Glue-In Roads. In: 1 St RILEM Symposium on Timber Engineering, Stockholm 13/14.09.1999, RILEM Publication 1999

[*Kangas,* 1993] *Kangas, J.:* Design of Joints based on in V-shape glued- in roads, CIB-W18-Meeting Twenty-Six Athens/USA 1993

[*Kangas/Kevarinmäki* 1995] *Kangas, J.; Kevarinmäki, A.:* Joints with punched metal-plate fasteners. In: [*Step 3* 1995] (siehe dort)

[*Karlsen* u. a. 1975] *Karlsen, G. G.,* u. a.: Konstrukci is dereva i plastmass (Holz- und Plastkonstruktionen), 4. Aufl. Moskva: Strojizdat 1975

[*Kaufmann/Nerdinger* 2011] *Kaufmann, H.; Nerdinger, W.:* Bauen mit Holz, Wege in die Zukunft. Prestel-Verlag, München 2011

[*Kaufmann* u. a. 2017] *Kaufmann, H.; Krötsch, S.; Winter, S.*: Atlas Mehrgeschossiger Holzbau. Verlag Detail Business Information GmbH, München 2017

[*Keller* 1971] *Keller, R.*: Ermittlung der mechanischen Eigenschaften und der Dichte von Holz mit Hilfe von Röntgenstrahlen. Holztechnologie, Leipzig 12 (1971) 4, S. 225–232

[*Kerste* 1990] *Kerste*: Zahnringdübel des Types „BISTYP" ∅ 75 bei Fichtenholzverbindungen. 22. Jahrestagung der AG „Timber Structures" Berlin 25.–28. Sept. 1989; Folge 1. In: Bauforschung-Baupraxis, H. 279, Hrsg.: Bauakademie der DDR, Bauinformation Berlin 1990

[*Kersten* 1921] *Kersten, C.*: Freitragende Holzbauten, 1. Auflage, Berlin 1921

[*Kersten* 1926] *Kersten, C.*: Freitragende Holzbauten. 2. Aufl. Berlin: Springer 1926

[*Kerto* 1999] *Damm, H.* u. a. : Kerto- Handbuch 2000, Köln 1999

[*Kessel* 1995-1] *Kessel, M. H.*: Fachwerkbinder. In: [*Step 1* 1995] (siehe dort)

[*Kessel* 1995-2] *Kessel, M. H.*: Ebene Rahmen und Bögen. In: [*Step 1* 1995] (siehe dort)

[*Kessel* 2001] *Kessel, M.*: Aussteifung von Holzhäusern-Wandtafeln (3). In: Mikado (2001) H. 3, S. 40–44

[*Kessel* 2001] *Kessel, M.*: Tafeln. In: Ingenieurholzbau, Karlsruher Tage 2001, Tagungsband, Karlsruhe 2001

[*Kessel* 2003] *Kessel, M.*: Tafeln – Eine elastische, geometrisch lineare Beschreibung. In: Holzbaukalender 2003, Karlsruhe 2002

[*Kessel* 2010] *Kessel, M.*: Holztafelbau. Vorlesung, TU Braunschweig 2010

[*Kessel* 2010] *Kessel, M.*: Stabwerke nach DIN 1052 und Nagelplattenkonstruktionen. 22. Hildesheimer Informationstag, Tagungsband Hildesheim 2010

[*Kessel* 2012] *Kessel, M.*: Imperfektionen von satteldachförmigen Fachwerkträgern aus Holz. In: Bauingenieur 87 (2012) H. 6, S. 277–287

[*Kessel/Augustin* 1990] *Kessel, M.; Augustin, R.*: Untersuchungen über das Tragverhalten von Verbindungen mit Eichenholznägeln. In: bauen mit holz, Karlsruhe: 92 (1990) 4, S. 246–250

[*Kessel/Hörsting* 2008] *Kessel, M. H., Hörsting, P.*: Zum Tragverhalten von druck- und biegebeanspruchten Holzbauteilen. In: Bauingenieur 83 (2008) H. 5, S. 199–211

[*Kessel/Kühl* 2011] *Kessel, M.; Kühl, A.*: Aussteifung von Nagelplattenkonstruktionen. Forschungsbericht, Frauenhofer, IBR-Verlag, Stuttgart 2011

[*Kessel/Kühl* 2012] *Kessel, M.; Kühl, A.*: Aussteifung von Druckgurten über Dachlatten auf einen Verband. In: Bauingenieur 87 (2012) H. 9, S. 383–395

[*Kessel/Willemsen* 1992] *Kessel, M.; Willemsen:* Zur Berechnung biegesteifer Anschlüsse. In: Holzbau-Statik – Aktuell, Ausgabe Juli 1992/3. Hrsg. Arbeitsgemeinschaft Holz e. V., Düsseldorf 1992

[*Kevarinmäki* 1995] *Kevarinmäki, A.*: Fachwerkbinder aus Furnierschichtholz. In: [*Step 2* 1995] (siehe dort)

[*Kiesel* 1990] *Kiesel*: Stellungnahme zu den Festigkeitsklassen im Eurocode 5 in Auswertung eines stochastischen Modells der Holzsortierung. 22. Jahrestagung der AG „Timber Structures" Berlin 25.– 28. Sept. 1989; Folge 2. In: Bauforschung-Baupraxis, H. 280, Hrsg.: Bauakademie der DDR, Bauinformation Berlin 1990

[*Kindereit* 1983] *Kindereit, E.*: Experimentelle und analytische Untersuchung des Kriechphänomens von Brettschichtholz. Institut für Bautechnik und Holzbau, Mitteilung Nr. 6/83

[*Kleinschmidt* u. a. 1986] *Kleinschmidt, E. A.* u. a.: Der unterspannte Balken. In: Informationsdienst Holz. Hrsg.: Entwicklungsgemeinschaft Holzbau in der Deutschen Gesellschaft für Holzforschung, München. Arbeitsgemeinschaft Holz e. V., Düsseldorf 1986

[*Kliem* 1983] *Kliem, A.*: Sanierung der Halle Münsterland in Münster. Bauing., Berlin 58 (1983) 8, S. 285–288

[*Klippel/Frangi* 2012] *Klippel, M.; Frangi, A.*: Einfluss des Klebstoffes auf das Brandverhalten von Brettschichtholz. In: Bauphysik (2012) H. 4, S. 2–12

[*Klöckner* 1990] *Klöckner, K.*: Alte Fachwerkbauten. München: Callwey-Verlag 1990

[*Kneidl/Hartmann* 1995] *Kneidl, R.; Hartmann, H.*: Träger mit nachgiebigen Verbund. In: bauen mit holz (1995) H. 4, S. 285–290

[*Koch* 2011] *Koch, H.*: Untersuchungen zum Last-Verformungsverhalten historischer Holztragwerke. Der abgestirnte Zapfen. Schriftenreihe Bauwerkserhaltung und Holzbau, H. 5, Kassel 2011

[*Koch/Reinsch* 2010] *Koch, G.; Reinsch, S.*: Die ph-Werte neu eingeführter Handelshölzer. Holz-Zentralblatt 05.03.2010, S. 229

[*Koch/Seim* 2012] *Koch, H.; Seim, W.:* Untersuchungen an traditionellen Holzverbindungen. Der abgestirnte Zapfen. In: Bautechnik 89 (2012) H. 1, S. 15–25

[*Kofent* 1975] *Kofent, W.:* Holzklebebauweise – Eigenschaften, Grundsätze, Voraussetzungen. Holzindustrie, Leipzig 28 (1975) 7, S. 221–222

[*Kofent* 1977] *Kofent, W.:* Faltenträger in Holzbauweise als Deckenelemente. Baustoffindustrie, Berlin 20 (1977) 5, S. 23/24

[*Kofent/Koitzsch* 1973] *Kofent, W.; Koitzsch, E.:* Mehrzweckhalle in Holzklebebauweise für die Lagerung von Mineraldünger. Holzindustrie, Leipzig 26 (1973) 6, S. 167–169

[*Kofent/Schöne* 1993] *Kofent, W.; Schöne, W.:* Untersuchung über das Tragverhalten von Vollholzbauteilen nach 30-jähriger Nutzung in eingebautem Zustand am freistehenden Antennenmeßturm II in Brück/Potsdam. Forschungsbericht T 2536, IRB Stuttgart 1993

[*Kolb* 1968] *Kolb, H.:* Versuche an geleimten Rahmenecken und Montagestößen (Mitteilungen aus dem Otto-Graf-Institut Stuttgart). Bauen mit Holz, Karlsruhe 70 (1968) 6

[*Kolb/Epple* 1985] *Kolb, H.; Epple, A.:* Verstärkung von durchbrochenen Brettschichtbindern. Forschungsbericht FMPA, IRB-Verlag, Stuttgart 1985

[*Kolb/Frech* 1977] *Kolb, H.; Frech, P.:* Untersuchungen an durchbrochenen Bindern aus Brettschichtholz. In: Holz als Roh- und Werkstoff 35 (1977), S. 125–134

[*Kolb/Radovic* 1981] *Kolb, H.; Radovic, B.:* Tragverhalten von Stabdübelanschlüssen, bei denen die Herstellung von DIN 1052 abweicht. In: Holzbau-Statik – Aktuell, Folge 6. Hrsg. Arbeitsgemeinschaft Holz e. V., Düsseldorf Mai 1981

[*Kolb/Radovic* 1986] *Kolb, H.; Radovic, B.:* Tragverhalten von Stabdübelanschlüssen bei Vorbohren mit dem Nenndurchmesser. In: Bauen mit Holz, Karlsruhe 83 (1986), S. 206–214

[*Kollmann* 1951] *Kollmann, F.:* Technologie des Holzes und der Holzwerkstoffe. Bd. 1, 2. Aufl. Berlin/Heidelberg/Göttingen: Springer Verlag 1951

[*Kollmann* 1974] *Kollmann, F.:* Holz und Holzwerkstoffe in der Technik von heute und morgen. Z. f. Werkstofftechnik 5 (1974), S. 200–205

[*Kollmann* 1976] *Kollmann, F.:* Verformung und Bruchgeschehen bei Holz als einem anisotropen, inhomogenen, porigen Festkörper. VDI-Forschungsheft 520. Düsseldorf: VDI-Verlag 1976

[*Koloc* 1951] *Koloc, K.:* Werkstoff-Kartei. Holz-Grundmappe. Leipzig: Fachbuchverlag 1951

[*König* 1995] *König, J.:* Die Bemessung von Holzbauten für den Brandfall nach der ENV 1995-1-2. In: [*Step 3* 1995] (siehe dort)

[*König,* u. a.2004] *König, G., Holschemacher, K.; Dehn, F.:* Holz-Beton-Verbund, Innovationen im Bauwesen, Beiträge aus Praxis und Wissenschaft Bauwerk-Verlag, Berlin 2004

[*Kordina/Meyer-Ottens* 1986] *Kordina, K.; Meyer-Ottens, C.:* Feuerhemmende Holzbauteile. Bericht der Entwicklungsgemeinschaft Holzbau in der Deutschen Gesellschaft für Holzforschung, München. Informationsdienst Holz der Arbeitsgemeinschaft Holz e. V., Düsseldorf 1986

[*Kordina/Meyer-Ottens* 1994] *Kordina, K.; Meyer-Ottens, C.:* Holz- und Brandschutz-Handbuch. 2. Auflage, München 1994

[*Kothe* 1998] *Kothe, E.:* Auswirkungen vom Holzschäden durch Pilze und Insekten auf die Standsicherheit von Holzbauwerken – eine Bestandsaufnahme. In: Bautechnik (1998) H. 8, S. 552–558

[*Kovaltschuk* 1979] *Kovaltschuk, L. M.:* Einfluß der Technologie auf die Festigkeit geklebter Holzkonstruktionen. Holztechnologie, Leipzig 20 (1979) 1, S. 11–17

[*Kovaltschuk* u. a. 1990] *Kovaltschuk; Boitemirova; Uspenskaja:* Festigkeit und Dauerbelastung einlagig massiver und längsverklebter Bauteile von Holzkonstruktionen. 22. Jahrestagung der AG „Timber Structures“ Berlin 25.–28. Sept. 1989; Folge 2. In: Bauforschung-Baupraxis, H. 280, Hrsg.: Bauakademie der DDR, Bauinformation Berlin 1990

[*Kovaltschuk* u. a. 1995] *Kovaltschuk* u. a.: Derewjannie Konstrukzie w Stroitjelstwo. Moskau 1995

[*Krabbe/Güldenpfennig* 1986] *Krabbe, E.; Güldenpfennig, J.:* Ein Fachwerk aus Brettschichtholz. Bauing., Berlin 61 (1986) 2, S. 91–93

[*Krabbe/Niemann* 1983] *Krabbe, E.; Niemann, H.-J.:* Tragverhalten eines hölzernen Zollbau-Lamellendaches am Beispiel der Halle Münsterland. Bauing., Berlin 58 (1983) 8, S. 285–288

[*Krämer* 1997] *Krämer, G.:* Holzbalkendecken aufgerüstet. bauen mit holz (1997) 12, S. 865–871

[*Krämer/Peter* u. a. 2007] *Krämer, F.-J.; Peter, M.; Schwab, H.; Tobisch, S.; Steinmetz, D.:* Holzrahmenbau. 4. Auflage, Bruderverlag Karlsruhe 2007

[*Krauss* 1969] *Krauss, F.:* Hyperbolisch-parabolische Schalen aus Holz. Stuttgart: Krämer 1969

[*Kreißig* u. a. 1989] *Kreißig, W.; Gundelwein, R.; Pleßow, R.*: Computereinsatz beim Entwurf von Holzbauwerken. Holztechnologie, Leipzig 30 (1989), S. 130–133

[*Kreißig/Rug* 1984] *Kreißig, W.; Rug, W.*: Errichtung einer Förderbrücke in Holzklebebauweise. Bauplanung-Bautechnik, Berlin 38 (1984) 3, S. 115–117 und 120

[*Kreuzinger* 1995-1] *Kreuzinger, H.*: Träger und Stützen aus nachgiebig verbundenen Querschnittsteilen. In: [*Step 1* 1995] (siehe dort)

[*Kreuzinger* 1995-2] *Kreuzinger, H.*: Grenzzustand der Gebrauchstauglichkeit. In: Referatensammlung Eurocode 5 – Entwurf, Berechnung und Bemessung von Holzbauwerken. DIN Deutsches Institut für Normung e. V., Karlsruhe 1995

[*Kreuzinger* 2004] *Kreuzinger, H.*: Aussteifungskonstruktionen im baulichen Zusammenhang, Ingenieurholzbau; Karlsruher Tage 2004, Tagungsband

[*Kreuzinger* 2007] *Kreuzinger, H.*: Schwingungsverhalten von Holz-Beton-Verbunddecken. In: SFS Planertagung, 28./29.06.2007 Heerbrugg

[*Kreuzinger/Mohr* 1994] *Kreuzinger, H.; Mohr, B.*: Holz und Holzverbindungen unter nicht vorwiegend ruhenden Einwirkungen. TU München, Forschungsbericht, München 1994

[*Kreuzinger/Mohr* 1994] *Kreuzinger, H.; Mohr, B.*: Schwingungsprobleme nach Eurocode 5 bei Wohnungsdecken. Forschungsbericht T 2663, Stuttgart: IRB-Verlag 1994

[*Kreuzinger/Mohr* 1995] *Kreuzinger, H.; Mohr, B.*: QS-Holzplatten, holzbau- handbuch, Reihe 1, Teil 9, Folge 4, EGH München 1995

[*Krieghoff/König* 1962] *Krieghoff, M.; König, H.*: Stabkraftwerte für Fachwerkbinder, Teil I. Bauakademie der DDR, Berlin: Verlag für Bauwesen 1962

[*Kröger* 1979] *Kröger*: Unmittelbare Bestimmung des Verbindungsmittelabstandes *e'* bei mehrteiligen, kontinuierlich verbundenen Holzquerschnitten. In: Holzbau-Statik – Aktuell, Folge 4. Hrsg. Arbeitsgemeinschaft Holz e. V., Düsseldorf November 1979

[*Kruse/Dehne* 2019] *Kruse, D.; Dehne, M.*: Brandschutzkonzepte für mehrgeschossige Gebäude und Aufstockungen. In: Informationsdienst Holz, holzbau handbuch, Reihe 3, Teil 5, Folge 1, Holzbau Deutschland (Hrsg.), Berlin 2019

[*Krüger/Rug* 1984] *Krüger, K.; Rug, W.*: Voraussetzungen für Sicherheit und Qualität im Ingenieurholzbau. Bauplanung-Bautechnik, Berlin 38 (1984) 9, S. 404–406

[*Kubica* 1978] *Kubica, J.*: Erfahrungen der VR Polen bei der Fertigung von Dach- und Hallenkonstruktionen in Holzklebebauweise. Holzindustrie, Leipzig 31 (1978) 6, S. 169–172

[*Kudla* 2017] *Kudla, K.*: Kerven als Verbindungsmittel für Holz-Beton-Verbundstraßenbrücken. Institut für Konstruktion und Entwurf, Dissertation, Universität Stuttgart 2017

[*Kufner* 1969] *Kufner, M.*: Änderung der Festigkeit und des Elastizitätsmoduls von Kiefernholz infolge Dauerbeanspruchung. Holz als Roh- und Werkstoff, München 27 (1969) 7, S. 261–270

[*Kuhlmann* u. a. 2002] *Kuhlmann, U.; Gerold, M.; Schänzling, J.*: Trag- und Verformungsverhalten von Brettstapel-Beton-Verbunddecken. Bauingenieur (2002) H. 1, S. 22–34

[*Kuhlmann* u. a. 2004] *Kuhlmann, U.; Schänzlin, J.; Michelfelder, B.*: Berechnung von Holz-Beton-Verbunddecken, Beton- und Stahlbetonbau (2004) H. 4, S. 262–270

[*Kuhlmann* u. a. 2016] *Kuhlmann, U.; Kudla, K.; Mönch, S.*: Holz-Beton-Verbundstraßenbrücken mit Kerven – Einfacher Nachweis für Ermüdungsbeanspruchung. 4. Internationale Holzbrückentage IHB 2016, Tagungsband

[*Kuhlmann/Aldi* 2009] *Kuhlmann, U.; Aldi, P.*: Holz-Beton-Verbundträger im Straßenbau, experimentelle Ermittlung der Ermüdungsfestigkeit. In: *Schwaner, K.* Hrsg.: Zukunft Holz Querschnittsbericht und Entwicklungspotentiale, Biberach 2009

[*Kühne* 1955] *Kühne, H.*: Über den Einfluß vom Wassergehalt, Raumgewicht, Faserstellung und Jahresringeinstellung auf die Festigkeit und Verformbarkeit schweizerische Fichten, Tannen, Lärchen, Rotbuchen und Eichenholz; EMPA-Bericht Nr. 183, Zürich 1955

[*Kuhweide/Wagner/Wiegand* 2000] *Kuhweide, P.; Wagner, G.; Wiegand, T.*: Konstruktive Vollholzprodukte, Informationsdienst Holz, Düsseldorf 2000

[*Kuilen* 1995] *Van de Kuilen, J.-W. G.*: Einfluß von Holzfeuchte und Lasteinwirkungsdauer in Verbindungen. In: [*Step 1* 1995] (siehe dort)

[*Kuilen* 2009] *Van de Kuilen, J.-W. G.*: Verbindungsmittel aus hochfesten Stählen-Stabdübelverbindungen. Ingenieurholzbau Karlsruher Tage 2009, Tagungsband

[*Kuilen* 2010] *Van de Kuilen, J.-W. G.*: Leistungsfähige Verbindungen für Holzbrücken – Holz-Holz und Holz-Stahl. In: 1. Internationale Holzbrückentage, Tagungsband 2010

[*Küttinger* u. a. 1992] *Küttinger, G.; Steinmetz, D.* u. a.: Holzrahmenbau. 2. Auflage, Karlsruhe: Verlag 1992

[*Kuznezow* 1937] *Kuznezow, G. F.*: Handbuch für den Industriebau: Holzkonstruktionen (in russ. Sprache). Moskau 1937

[*Kwiatkowski* 1981] *Kwiatkowski, K.*: Analyse eines stahlbewehrten viskoelastischen Trägers aus Holz. Holztechnologie, Leipzig 22 (1981) 4, S. 239–242

[*Lang* 1915] *Lang. G.*: Das Holz als Baustoff, Wiesbaden 1915

[*Langendorf* 1955] *Langendorf, G.*: Klimaeinflüsse auf Holz. Leipzig: Fachbuchverlag 1955

[*Lantos* 1966-1] *Lantos, G.*: Aus den Forschungs- und Entwicklungsarbeiten der TRADA. Bauen mit Holz, Karlsruhe 68 (1966) 8, S. 370–372

[*Lantos* 1966-2] *Lantos, G.*: Erfahrungen mit Schalendächern aus Holz in England. Bauen mit Holz 68 (1966) 9

[*Larsen* 1995-1] *Larsen, H. J.*: Bemessung nach Grenzzuständen und Sicherheitsmethode. In: [*Step 1* 1995] (siehe dort)

[*Larsen* 1995-2] *Larsen, H. J.*: Gerade Brettschichtholzträger, Pult- und Satteldachträger. In: [*Step 2* 1995] (siehe dort)

[*Larsen* 1995-3] *Larsen, H. J.*: Gekrümmte Brettschichtholzträger und Satteldachträger. In: [*Step 2* 1995] (siehe dort)

[*Lattke* 2008] *Lattke, F.*: TES EnergyFacade. In: 5. Freiburger Holzbautagung 2008

[*Lattke* 2018] *Lattke, F.*: Groß, fertig und schnell montiert. In: Bauen mit Holz (2018) H. 4, S. 26–30

[*LBO Berlin, Ergänzung* 1990] Amtsblatt für Berlin, 40. Jahrgang Nr. 59, 16. 11. 1990

[*Lehmann* 2009] *Lehmann, M.*: Verstärkung von Holz mittels vorgespannter CFK-Lamellen. In: 41. Fortbildungskurs, SAH Schweizerischen Arbeitsgemeinschaft für Holzforschung 27./28. Oktober 2009, Weinfelden

[*Lehmann* 2009] *Lehmann, M.*: Verstärkung von Holz mittels vorgespannten CFK-Lamellen. In: Werkstoffkombinationen – ein Mehrwert für Holz, 41. SAH-Fortbildungskurs, Weinfelden 27./28.10.2008

[*Lehmann/Stolze* 1975] *Lehmann, H.-A.; Stolze, B.*: Ingenieurholzbau. 4. Aufl. Stuttgart: Teubner 1975

[*Lehmden* u. a. 2013] *Lehmden, A.; Kubista, M.; Jäger, A.*: Einführung mineralwollegefüllter Ziegel in Österreich – Optimierung und Prüfung des Brandverhaltens. In: Bautechnik (2013) H. 3, S. 149–154

[*Lennartz/Jacob-Freitag* 2016] *Lennartz, M. W.; Jacob-Freitag, S.*: Neues Bauen mit Holz, Typen und Konstruktionen. Birkenhäuser Verlag 2016

[*Leutus/Schäfer* 2013] *Leutus, B.; Schäfer, W.*: Kreative Instandsetzung mit TES-Fassade. In: bauen mit holz (2013) H. 7/8, S. 20–23

[*Lewitzki/Schulze* 1997] *Lewitzki, W.; Schulze, H.*: Holzbau-Handbuch Reihe 3 Bauphysik, Teil 5 Holzschutz, Folge 1 Bauliche Empfehlungen. Arge Holz, Düsseldorf 1997

[*Linden/Blaß* 1996] *Linden, M. L. R.; Blaß, H. J.*: Timber-concrete composite floor systems. International Wood Engineering Conference, Proceedings, New Orleans, 1996

[*Lippert* 2002] *Lippert, P.*: Rahmenecken aus Holz mit eingeklebten Gewindestangen. Institut für Konstruktion und Entwurf, Universität Stuttgart, Mitteilung-Nr. 2002-4, Dissertation

[*Lips-Ambs* 1982] *Lips-Ambs, F. J.*: Bauten aus Brettschichtholz in Frankreich. Teil 1: Bauen mit Holz, Karlsruhe 84 (1982) 11, S. 677–682; Teil 2: Bauen mit Holz, Karlsruhe 84 (1982) 12, S. 753–757; Teil 3: Bauen mit Holz, Karlsruhe 85 (1983) 1, S. 12–16

[*Lips-Ambs* 1999] *Lips-Ambs, F. J.*: Holzbau heute. DRW-Verlag Weibrenner, Leinfelden-Echterdingen, 1999

[*Lischke* 1984] *Lischke, N.*: Elastomechanisches Verhalten von Fichtenholz unter Einbeziehung der räumlichen Werkstoffstruktur. Bauing., Berlin 59 (1984) 2, S. 67–71

[*Lischke/Ewald* 1983] *Lischke, N.; Ewald, G.*: Die am Fußpunkt eingespannte Holzstütze. Bauingenieur, Berlin 58 (1983) 6, S. 223–230

[*Lißner* 1988] *Lißner, K.*: Ein Beitrag zur Bemessung von Holzkonstruktionen nach der Methode der Grenzzustände. Dissertation, TU Dresden 1988

[*Lißner* 1989-1] *Lißner, K.*: Grundlagen, Berechnung und Konstruktion von Holzwerkstoffkonstruktionen. Forschungsbericht, Bauakademie der DDR, Berlin 1989

[*Lißner* 1989-2] *Lißner, K.*: Experimentelle Untersuchungen an Nagelverbindungen. IV. Internationales Symposium Bratislava-Kocovce 1989

[*Lißner* u. a. 2010] *Lißner, K.; Felkel, A.; Hemmer, K.; Radovic', B.; Rug, W.; Steinmetz, D.*: Holzbau DIN 1052 Praxis-Handbuch. In: Bund Deutscher Zimmermeister Hrsg., Beuth Verlag + Weka-Verlag, Berlin, 2. Auflage, Augsburg 2010

[*Lißner/Rug* 2000] *Lißner, K.; Rug, W.*: Holzbausanierung. 1. Auflage, Springer Verlag, Berlin 2000

[*Lißner/Rug* 2004] *Lißner, K.; Rug, W.*: Ergänzung bzw. Präzisierung der für die Nachweisführung zur Stand- und Tragsicherheit sowie Gebrauchstauglichkeit von Holzkonstruktionen in der Altbausubstanz maßgebenden Abschnitten der DIN 1052: August 2004, Forschungsbericht T 3068 im Auftrage des DIBt, Frauenhofer IRB-Verlag, Stuttgart 2005

[*Lißner/Rug* 2005] *Lißner, K.; Rug, W.*: Ergänzende Erläuterung für Bauten im Bestand. In: *Blaß, H.-J.* u. a.: Erläuterungen zur DIN 1052:2004-08, 2. Auflage. DGfH München 2005

[*Lißner/Rug* 2007] *Lißner, K.; Rug, W.*: Sanierung von Rissen in Brettschichtträgern. In: *Venzmer, H.*: Feuchteschutz, 18. Hanseatische Sanierungstage vom 08. bis 10. November 2007 im Ostseebad Heringsdorf/Usedom, Beuth Verlag 2007

[*Lißner/Rug* 2008] *Lißner, K.; Rug, W.*: Verbindungsmittel in der neuen Norm, Grundsätze und Grundlagen, Berechnungen und Nachweise, Ergebnisse und Lösungen. In: Mikado plus 1/2008, WEKA-Verlag 2008

[*Lißner/Rug* 2008] *Lißner, K.; Rug, W.*: Die Nachweisführung zur Stand- und Tragsicherheit sowie Gebrauchstauglichkeit von Holzkonstruktionen in historischen Gebäuden. In: Europäischer Sanierungskalender 2008, Beuth Verlag, Berlin 2008

[*Lißner/Rug* 2016] *Lißner, K.; Rug, W.*: Der Eurocode 5 für Deutschland, Eurocode 5: Bemessung und Konstruktion von Holzbauten – Teil 1-1: Allgemeines – Allgemeine Regeln für den Hochbau – Kommentierte Fassung, Beuth Verlag / Ernst & Sohn, Berlin 2016

[*Lißner/Rug* 2018] *Lißner, K.; Rug, W.*: Holzbausanierung beim Bauen im Bestand. 2. ergänzte und aktualisierte Auflage, Springer Vieweg, Berlin 2018

[*Lißner/Rug* 2018-1] *Lißner, K.; Rug, W.*: Holzbau – Eine Geschichte innovativer Bautechnik. In: Holzbausanierung beim Bauen im Bestand. 2. ergänzte und aktualisierte Auflage, Springer Vieweg, Berlin 2018

[*Lißner/Rug/Steinmetz* 2007] *Lißner, K.; Rug, W.; Steinmetz, D.*: DIN 1052:2004: Neue Grundlagen für Entwurf: Berechnung und Bemessung von Holzbauwerken: Teil 1: Material- und Werkstoffverhalten. In: Bautechnik (2007) H. 8, S. 544–558

[*Lißner/Rug/Steinmetz* 2008] *Lißner, K.; Rug, W.; Steinmetz, D.*: DIN 1052:2004: Neue Grundlagen für Entwurf: Berechnung und Bemessung von Holzbauwerken: Teil 2: Anwendungsbereich und Holzbauspezifische Grundlagen des Sicherheitskonzeptes. In: Bautechnik (2008) H. 1, S. 1–17

[*Lißner/Rug/Steinmetz* 2008] *Lißner, K.; Rug, W.; Steinmetz, D.*: DIN 1052:2004: Neue Grundlagen für Entwurf: Berechnung und Bemessung von Holzbauwerken: Teil 3: Bemessung einteiliger Holzbauteile. In: Bautechnik (2008) H. 4, S. 258–276

[*Lißner/Rug/Steinmetz* 2008] *Lißner, K.; Rug, W.; Steinmetz, D.*: DIN 1052:2004: Neue Grundlagen für Entwurf: Berechnung und Bemessung von Holzbauwerken: Teil 4 (1): Bemessung von Verbindungen und stiftförmigen und sonstigen mechanischen Verbindungsmitteln. In: Bautechnik (2008) H. 11, S. 752–768

[*Lißner/Rug/Steinmetz* 2008] *Lißner, K.; Rug, W.; Steinmetz, D.*: DIN 1052:2004: Neue Grundlagen für Entwurf: Berechnung und Bemessung von Holzbauwerken: Teil 4 (2): Bemessung von Verbindungen und stiftförmigen und sonstigen mechanischen Verbindungsmitteln. In: Bautechnik (2008) H. 12, S. 844–854

[*Lißner/Rug/Steinmetz* 2009] *Lißner, K.; Rug, W.; Steinmetz, D.*: DIN 1052:2004: Neue Grundlagen für Entwurf: Berechnung und Bemessung von Holzbauwerken: Teil 5 (1): Aussteifungen und Scheiben. In: Bautechnik (2009) H. 7, S. 388–403

[*Lißner/Rug/Steinmetz* 2009] *Lißner, K.; Rug, W.; Steinmetz, D.*: DIN 1052:2004: Neue Grundlagen für Entwurf: Berechnung und Bemessung von Holzbauwerken: Teil 5 (2): Aussteifungen und Scheiben. In: Bautechnik (2009) H. 8, S. 490–505

[*Lißner/Zimmer* 1992] *Lißner, K.; Zimmer, K.*: Untersuchungen über die Tragfähigkeit von Nagelverbindungen bei einer Beanspruchung senkrecht zur Schaftrichtung. In: Holz als Roh- und Werkstoff 50 (1992), S. 181 bis 185. Internationale Holzbaukonferenz 1991. In: Bautechnik, Berlin 69 (1992) 6, S. 290

[*Loeser* 1980] *Loeser, B.*: Feuerwiderstandsuntersuchung an durchgängig instandgesetzten Holzbalkendecken mit Unterdecken aus GK-Platten. Bauzeitung, Berlin 34 (1980) 9, S. 485–487

[*Lohmeyer*/Post 2013] *Lohmeyer, G.; Post, M:* Praktische Bauphysik. 8. Auflage, Springer Verlag, Wiesbaden 2013

[*Lübke/Hering* 1971] *Lübke, K.-H.; Hering, W.*: Gründungsprobleme infolge horizontalen Erddrucks bei hochbelasteten bindigen Böden. Bauplanung-Bautechnik, Berlin 25 (1971) 3, S. 141–143

[*Luggin* 2000] *Luggin, W.-F.*: Die Applikation vorgenannter CFK-Lamellen auf Brettschichtholzträger. Dissertation, Universität für Bodenkultur, Wien 2000

[*Luggin* 2000] *Luggin, W.-F.*: Applikation vorgespannter CFK-Lamellen auf Brettschichtholzträgern, Universität für Bodenkultur, Dissertation, Wien 2000

[*Luggin* u. a. 2005] *Luggin, W.-F.; Trummer, A.; Bergmeister, K.*: Anwendung faserverstärkte Kunststoffe im konstruktiven Holzbau. In: Dehn u. a.: Faserverbundwerkstoffe, Bauwerkverlag, Berlin 2005

[*Luggin/Bergmeister* 2001] *Luggin, W. F.; Bergmeister, K.*: Vorspannung mit karbonfaserverstärkten Kunststoffen im konstruktiven Holzbau. In: Bautechnik (2001) H. 8, S. 556–570

[*Lüning* 2009] *Lüning, H.-E.*: Geodätische Kuppeln – Geschichte, Systemmodellierung, Konstruktion und Montage. In: Ingenieurholzbau, Karlsruher Tage 2009, Bruderverlag 2009

[*Lutz* u. a. 1985] *Lutz; Jenisch; Klopfer; Freymuth; Krampf:* Lehrbuch der Bauphysik. Stuttgart: B. G. Teubner 1985

[MBO 2016] Musterbauordnung in der Fassung 2016, www.bauministerkonferenz.de

[M-HolzBau RL 2019] Muster-Richtlinie über brandschutztechnische Anforderungen an Bauteile in Holzbauweise für Gebäude der Gebäudeklasse 4 und 5 (Fassung 05/2019)

[*Madsen* 1992] *Madsen, B.*: Structural Behaviour of Timber. Altona 1992

[*Maratiki/Willeitner* u. a. 2013] *Maratiki, R.; Willeitner, H.; Radovic, B.; Hertel, H.; Großer, D.*: Holzschutz, Praxiskommentar zu DIN 68800 Teil 1 bis 4, Beuth Verlag 2013

[*Martensson* 2003] *Martensson, A.*: Short and Long-term Deformations of Timber structures. In: *Thelandersson, S., Larsen, H-J.*: Timber Engineering, WILEY, West Sussex 2003

[*Martin* 1982] *Martin, B.*: Fugen und Verbindungen im Hochbau. Düsseldorf: Beton-Verlag 1982

[*Martin/Großer* 1980] *Martin/Großer:* Horizontale Stabilisierung schlanker Biegeträger im Holzbau. Bauplanung-Bautechnik, Berlin 34 (1980) 5, S. 218/219

[*Marutzki* u. a. 2013] *Marutzki, R.; Willeitner, H.; Radovic, B.; Hertel, H.; Grosser, D.*: Holzschutz, Praxishandbuch zu DIN 68800 Teil 1 bis 4, DIN + IVTH, Berlin 2013

[*Mau* 1999] *Mau, J.*: Verstärken von Hpolzkonstruktionen mittels faserverstärkten Kunststoffen. In: Bauen mit Textilien (1999) H. 4, S. 31–36

[*MEA-Katalog* 1997] MEA-Planungsunterlagen. MEA Meisinger Stahl und Kunststoff GmbH, Aichach 1997

[*Meier* 2000] *Meier, U.*: Instandsetzung von Bauwerken mit kohlestofffaserverstärkten Kunststoffen. In: Beton- und Stahlbetonbau (2000) H. 3, S. 135–142

[*Menig* 1992] *Menig, W.*: Parkplatzüberdachung mit holzbaulicher Finesse. Schweizer Holzbau. 58 (1992) 8, S. 30–32

[*Meschke* 1989] *Meschke, H. J.*: Baukunst und -technik der hölzernen Wölbkonstruktionen – Vom Bogentragwerk zum Stabnetzwerk. Dissertation, TU Aachen, 1989

[*Messmer/Trinkert* 2012] *Messmer, M.: Trinkert, A.*: Ganz schön gesalzen. In: bauen mit holz (2012) H. 5, S. 22–25

[*Mestek* 2012] *Mestek, P.*: Punktgestützte Brettsperrholzkonstruktionen – Schubverstärkungen mit Vollgewindeschrauben. Biegeträger aus Brettsperrholz bei Beanspruchung in Plattenebenen. In: Karlsruher Tage 2012 – Holzbau, KIT 2012

[*Mettem* 1995] *Mettem, C. J.*: Schalentragwerke. In: [*Step 2* 1995] (siehe dort)

[*Meyer* 2005] *Meyer, U.*: Erfahrungen mit der Anwendung von CFK im Bauwesen. In: *Dehn* u. a.: Faserverbundwerkstoffe, 1. Auflage, Berlin 2005

[*Meyer-Ottens* 1996] *Meyer-Ottens, C.*: Holzbau-Handbuch, Reihe 3 Bauphysik, Teil 4 Brandschutz, Folge 2 Feuerhemmende Holzbauteile. Arge Holz, Düsseldorf 1996

[*Michelfelder* 2006] *Michelfelder, B. C.*: Trag- und Verformungsverhalten von Kerven bei Brettstapel-Beton-Verbunddecken, Dissertation, Institut für Konstruktion und Entwurf Stahl, Holz- und verbundbau, Universität Stuttgart 2006

[*Mielczarek* 1990] *Mielczarek*: Berechnung von Holzstäben mit elastischen Verbindungen im Vergleich. 22. Jahrestagung der AG „Timber Structures“ Berlin 25.–28. Sept. 1989; Folge 2. In: Bauforschung-Baupraxis, H. 280, Hrsg.: Bauakademie der DDR, Bauinformation Berlin 1990

[*Mielczarek/Chanaj* 1990] *Mielczarek; Chanaj:* Experimentelle Untersuchungen der Verteilung von Normalspannungen in Brettschichtholz-Bogenträgern. 22. Jahrestagung der AG „Timber Structures“ Berlin 25.–28. Sept. 1989; Folge 1. In: Bauforschung-Baupraxis, H. 279, Hrsg.: Bauakademie der DDR, Bauinformation Berlin 1990

[*Mikado* 2013] *Ohne Autor:* Hoch die Lücke. In: Mikado (2013) H. 11, S. 12–17

[*Mikado plus* 2010] TES EnergyFacade, Modernisierung mit Holzbaulösungen. In: Mikado plus 2010

[*Milbrandt* 1978/82] *Milbrandt, E.*: Konstruktionsbeispiele, Berechnungsverfahren, Teil 3. Informationsdienst Holz, EGH-Bericht, Arge Holz, Düsseldorf 1978, Neuauflage 1982

[*Milbrandt* 1979/86] *Milbrandt, E.*: Konstruktionsbeispiele, Berechnungsverfahren, Teil 4. Informationsdienst Holz, EGH-Bericht, Arge Holz, Düsseldorf 1979, Nachdruck 1986

[*Milbrandt* 1981/85] *Milbrandt, E.*: Konstruktionsbeispiele, Berechnungsverfahren, Teil 5. Informationsdienst Holz, EGH-Bericht, Arge Holz, Düsseldorf 1981, Neuauflage 1985

[*Milbrandt* 1987] *Milbrandt, E.*: Aussteifende Holzbalkendecken im Mauerwerksbau. Hrsg.: Entwicklungsgemeinschaft Holzbau in der Deutschen Gesellschaft für Holzforschung, München. Informationsdienst Holz der Arbeitsgemeinschaft Holz e. V., Düsseldorf 1987

[*Milbrandt* 1990] *Milbrandt, E.*: Holzbau Handbuch-Reihe 2 Tragwerksplanung, Teil 2 Verbindungsmittel (1). Informationsdienst Holz, Arbeitsgemeinschaft Holz e. V., Düsseldorf 1990

[*Milbrandt* 1991] *Milbrandt, E.*: Holzbau Handbuch-Reihe 2 Tragwerksplanung, Teil 2 Verbindungsmittel (2), Genauere Nachweise, Sonderbauarten. Informationsdienst Holz, Arbeitsgemeinschaft Holz e. V., Düsseldorf 1991

[*Milbrandt* u. a. 1997-1] *Milbrandt, E.* u. a.: Holzbau-Handbuch, Reihe 2 – Tragwerksplanung, Teil 3 – Dachbauteile, Folge 1 – Berechnungsgrundlagen. Arge Holz, Düsseldorf 1997

[*Milbrandt* u. a. 1997-2] *Milbrandt, E.* u. a.: Holzbau-Handbuch, Reihe 2, Teil 3, Folge 2 – Hausdächer. Arge Holz, Düsseldorf 1997

[*Minke* 1969] *Minke, G.*: Holzflächentragwerke. Arbeitsgemeinschaft Holz, Düsseldorf: Informationsdienst Holz 1969

[*Mischler* 1998] *Mischler, A.*: Bedeutung der Duktilität für das Tragverhalten von Stahl-Holz-Bolzenverbindungen. ETH Zürich, Dissertation 1998

[*Mißlitz* 1957] *Mißlitz, H.*: Zimmermannsmäßige Dachtragwerke. Holzbau, H. 4 (Studienmaterial). Hrsg.: Zentralabteilung Fachmethodik der Fachschulen des Bauwesens, Leipzig 1957

[*Mistler* 1979] *Mistler, H.-L.*: Die Tragfähigkeit des am Endauflager unter rechtwinklig ausgeklingten Brettschichtträgern. Dissertation, TU Karlsruhe 1979

[*Mistler* 1980] *Mistler, H.-L.*: Das Spaltzugproblem bei Druckstäben aus Nadelholz. Bauen mit Holz, Karlsruhe 82 (1980) 8, S. 462–463

[*Mistler* 1982] *Mistler, H.-L.*: Über die Querzugfestigkeit von Fichten-Brettschichtholz in Abhängigkeit von der Bauteilgröße und der Verteilung der Beanspruchung. In: Ingenieurholzbau in Forschung und Praxis, Bruderverlag Karlsruhe 1982

[*Mitec Industrie* 2012] *Mitec Industrie:* Dokumentation und Arbeitseinleitung zur Aussteifung von Nagelplattenkonstruktionen nach DIN 1052:2008, Teil 1 – Wind- und Aussteifungsverbände mit Rispenbandabspannungen, Köln 2012

[*MiTek* 2012] *MiTek:* Dokumentation und Arbeitseinleitung zur Aussteifung von Nagelplattenkonstruktionen nach DIN 1052:2008

[*Mitt. FA Holzfragen* 1933] Neuzeitliche Holzverbindungen. In: Mitteilungen des FA für Holzfragen beim Verein Deutscher Ingenieure und Deutschen Forstverein, H. 6, Berlin 1933

[*Mlynek* 1952] *Mlynek, F.*: Die Tragfähigkeit von Holznagelverbindungen bei Verwendung von hochwertigem Stahl. Diss. Braunschweig 1952

[*Mlynek/Stoy* 1954] *Mlynek, F.; Stoy, W.*: Die Abhängigkeit zwischen Druckfestigkeit und Lochleibungsfestigkeit im Holznagelbau. Braunschweig: Vieweg u. Sohn, „Abhandlungen der Braunschweigischen Wissenschaftlichen Gesellschaft“, Bd. VI, 1954, S. 255–271

[*Moers* 1977] *Moers, F.*: Standsicherheit eingespannter Stützen aus Holz. Bauen mit Holz, Karlsruhe 79 (1977), S. 571–574

[*Mohrmann/Wiegand* 2015] *Mohrmann. M.; Wiegand, T.*: Holzschutz bei Ingenieurbauten. In: Informationsdienst Holz, holzbau handbuch, Reihe 5, Teil 2, Folge 1, Hrsg. Studiengemeinschaft Holzleimbau, Wuppertal 2015

[*Möhler* 1962] *Möhler, K.*: Versuche mit Doppelnägeln. Berichte aus der Bauforschung, H. 24. Berlin: Ernst & Sohn 1962

[*Möhler* 1964] *Möhler, K.*: Forschungsarbeiten über mechanische Holzverbindungsmittel in Deutschland. Bauen mit Holz 66 (1964) 3, S. 101–107

[*Möhler* 1965] *Möhler, K.*: Zur Berechnung und Ausbildung tragender Sperrholzkonstruktionen. VDI-Zeitschrift, Düsseldorf 107 (1965) 17, S. 729–738

[*Möhler* 1966-1] *Möhler, K.*: Spannungen und Durchbiegungen parallelgurtiger Fachwerkträger aus Holz. Bauen mit Holz 68 (1966) 4

[*Möhler* 1966-2] *Möhler, K.*: Versuche über das Dauerstandsverhalten von Nagelverbindungen. Holzbauversuche (III. Teil). Berlin: Ernst & Sohn 1966

[*Möhler* 1967] *Möhler, K.*: Holzkonstruktionen mit nachgiebigen Verbindungsmitteln. Bauen mit Holz, Karlsruhe 69 (1967) S. 67–72

[*Möhler* 1968] *Möhler, K.*: Holzforschung und Holzbauvorschriften. Bauen mit Holz, Karlsruhe 70 (1968) 2

[*Möhler* 1969] *Möhler, K.*: Holzbau (aus Jahresübersicht Hochbau). VDI-Zeitschrift, Düsseldorf 111 (1969) 15, S. 1061–1066

[*Möhler* 1971] *Möhler, K.*: Holzbau. VDI-Zeitschrift, Düsseldorf 113 (1971) 9, S. 659–662

[*Möhler* 1973] *Möhler, K.*: Holzbau. VDI-Zeitschrift, Düsseldorf 115 (1973) 9, S. 659–698

[*Möhler* 1975] *Möhler, K.*: Holzbau (Jahresübersicht). VDI-Zeitschrift, Düsseldorf 117 (1975) Nr. 22, Nov. (II), S. 1105–1108

[*Möhler* 1976] *Möhler, K.*: Zur Berechnung von Brettschichtholzkonstruktionen. In: Holzbau-Statik – Aktuell, Folge 1. Hrsg.: Arbeitsgemeinschaft Holz e. V., Düsseldorf 1976

[*Möhler* 1977] *Möhler, K*: Richtlinien zur Verstärkung von Durchbrüchen in Brettschichtträgern. (Empfehlung nach Versuchen der EGH bei der FMPA Stuttgart). In: Holzbau-Statik – Aktuell, Folge 2, Informationsdienst Holz. Hrsg.: Arbeitsgemeinschaft Holz e. V., Düsseldorf 1977

[*Möhler* 1979] *Möhler, K.*: Spannungsberechnung von gekrümmten Brettschichtträgern mit konstanter und veränderlicher Querschnittshöhe. Bauen mit Holz, Karlsruhe 81 (1979) 7, S. 364–367

[*Möhler* 1986] *Möhler, K.*: Verschiebungsgrößen mechanischer Holzverbindungen der DIN 1052, Teil 2 (Entwurf 1984). Bauen mit Holz, Karlsruhe 88 (1986), S. 206–214

[*Möhler* u. a. 1963] *Möhler, K.* u. a.: Zur Berechnung doppelschaliger, geleimter Tafelelemente. Holz als Roh- und Werkstoff 21 (1963) 8, S. 328–333

[*Möhler* u. a. 1974] *Möhler, K.; Blumer, H.; Ehlbeck, J.*: Holzbau – Versuche (V. Teil). Berichte aus der Bauforschung, H. 92. Berlin/München/Düsseldorf: Ernst & Sohn 1974

[*Möhler* u. a. 1979] *Möhler/Mucha/Pahlen*: Lastverteilungsbreite bei Dachschalungen aus Einzelbrettern. Informationszentrum Raum und Bau der Fraunhofer Gesellschaft, Stuttgart 1979

[*Möhler* u. a. 1983] *Möhler; Scheer; Muszala:* Knickzahlen für Voll-, Brettschichtholz und Holzwerkstoffe. In: Holzbau-Statik – Aktuell, Folge 7. Hrsg. Arbeitsgemeinschaft Holz e. V., Düsseldorf Juli 1983

[*Möhler/Blumer* 1974] *Möhler, K.; Blumer, H.*: Versuche mit gekrümmten Brettschichtträgern. Berichte aus der Bauforschung, H. 92, Berlin 1974

[*Möhler/Blumer* 1978] *Möhler, K.; Blumer, H.*: Brettschichtträger mit veränderlicher Höhe. Bauen mit Holz, Karlsruhe 80 (1978) 8, S. 406–410

[*Möhler/Ehlbeck* 1971] *Möhler, K.; Ehlbeck, J.*: Ringkeil-Dübelverbindungen in Brettschichtholzanschlüssen. Bauen mit Holz, Karlsruhe 73 (1971) 9. S. 430

[*Möhler/Ehlbeck* 1973] *Möhler, K.; Ehlbeck, J.*: Untersuchungen über das Tragverhalten von Sondernägeln bei Beanspruchung auf Abscheren und Ausziehen. In: Holzbau-Versuche (IV. Teil), BM Bau 1973

[*Möhler/Ehlbeck* 1973] *Möhler, K.; Ehlbeck, J.*: Untersuchungen über das Tragverhalten von Sondernägeln bei Beanspruchung auf Abscheren und Ausziehen. Holzbau-Versuche (IV. Teil). Berichte aus der Bauforschung (1973) 91, S. 1–22

[*Möhler/Freiseis* 1982] *Möhler, K.; Freiseis, R.*: Erhöhung der Querdruckfestigkeit der Auflagerungen von Vollholz- und Brettschichtholzbauteilen durch zusätzliche Konstruktionsmaßnahmen. Forschungsbericht, Universität Karlsruhe 1982/1993

[*Möhler/Freiseis* 1983-1] *Möhler, K.; Freiseis, R.*: Untersuchungen zur Bemessung von Holzstützen mit nachgiebigem Fußanschluß. Bauen mit Holz, Karlsruhe 85 (1983) 10, S. 648–653

[*Möhler/Freiseis* 1983-2] *Möhler, K.; Freiseis, R.*: Untersuchungen zur Bemessung von Holzstützen mit nachgiebigem Fußanschluß. In: Holzbau-Statik – Aktuell, Folge 7. Hrsg. Arbeitsgemeinschaft Holz e. V., Düsseldorf Juli 1983

[*Möhler/Hemmer* 1977-1] *Möhler, K.; Hemmer, K.*: Rechnerischer Nachweis von Spannungen und Verformungen aus Torsion bei einteiligen Vollholz- und Brettschichtholzbauteilen. In: Holzbau-Statik – Aktuell, Folge 2. Hrsg.: Arbeitsgemeinschaft Holz e. V., Düsseldorf 1977

[*Möhler/Hemmer* 1977-2] *Möhler, K.; Hemmer, K.*: Berechnung von zusammengesetzten nachgiebig verbundenen Holzstäben mit veränderlichem Verbindungsmittelabstand. In: Holzbau-Statik – Aktuell, Folge 2. Hrsg.: Arbeitsgemeinschaft Holz e. V., Düsseldorf 1977

[*Möhler/Hemmer* 1977-3] *Möhler, K.; Hemmer, K.*: Verformungs- und Festigkeitsverhalten von Nadelvoll- und Brettschichtholz bei Torsionsbeanspruchung. In: Holz als Roh- und Werkstoff 35 (1977), S. 473–478

[*Möhler/Hemmer* 1980-1] *Möhler, K.; Hemmer, K.*: Spannungskombination bei Brettschichtträgern mit geneigten Rändern. Holzbau-Statik-Aktuell Folge 5, April 1980, Hrsg.: Arge Holz e. V., Düsseldorf 1980

[*Möhler/Hemmer* 1980-2] *Möhler, K.; Hemmer, K.*: Hirnholzdübelverbindungen bei Brettschichtholz. Holzbau-Statik-Aktuell Folge 5, Hrsg.: Arge Holz e. V., Düsseldorf April 1980

[*Möhler/Hemmer* 1981] *Möhler, K.; Hemmer, K.*: Eingeleimte Gewindestangen. In: Holzbau-Statik – Aktuell, Folge 6. Hrsg. Arbeitsgemeinschaft Holz e. V., Düsseldorf Mai 1981

[*Möhler/Hemmer* 1981-2] *Möhler, K.; Hemmer, K.*: Versuche mit eingeklebten Gewindestangen. Forschungsbericht, Universität Karlsruhe 1981

[*Möhler/Herröder* 1980] *Möhler, K.; Herröder, W.*: Holzschrauben oder Schraubnägel bei Dübelverbindungen. In: Holzbau-Statik – Aktuell, Folge 5. Hrsg.: Arbeitsgemeinschaft Holz e. V., Düsseldorf April 1980

[*Möhler/Lautenschläger* 1978] *Möhler, K.; Lautenschläger, R.*: Großflächige Queranschlüsse bei Brettschichtholz. Forschungsbericht, Universität Karlsruhe 1978

[*Möhler/Mistler* 1978] *Möhler, K.; Mistler, H.-L.*: Untersuchungen über den Einfluß von Ausklinkungen im Auflagerbereich von Holzbiegeträgern auf die Tragfestigkeit. Forschungsbericht F1504, Frauenhofer IRB-Verlag 1978

[*Möhler/Mistler* 1979-1] *Möhler, K.; Mistler, H.-L.*: Ausklinkungen am Endauflager von Biegeträgern. In: Holzbau-Statik – Aktuell, Folge 4. Hrsg.: Arbeitsgemeinschaft Holz e. V., Düsseldorf November 1979

[*Möhler/Mistler* 1979-2] *Möhler, K.; Mistler, H.-L.*: Ausklinkungen am Endauflager von Biegeträgern. Bauen mit Holz, Karlsruhe 81 (1979) 9, S. 577–578

[*Möhler/Mistler* 1985] *Möhler, K.; Mistler, H.-L.*: Holzbau-Statik – Aktuell, Folge 4, 1979, Informationsdienst Holz, Düsseldorf, Teil 4, Nachdruck 2/85

[*Möhler/Rathfelder* 1979-1] *Möhler, K.; Rathfelder, M.*: Konstruktive Möglichkeiten zur Aufnahme von Schub- und Querzugspannungen bei Brettschichtträgern. In: Holzbau-Statik – Aktuell, Folge 4. Hrsg.: Arbeitsgemeinschaft Holz e. V., Düsseldorf November 1979

[*Möhler/Rathfelder* 1979-2] *Möhler, K.; Rathfelder, M.*: Konstruktive Möglichkeiten zur Aufnahme von Schub- und Querzugspannungen bei Brettschichtträgern. Bauen mit Holz, Karlsruhe 81 (1979) 9, S. 460–465

[*Möhler/Schelling* 1968] *Möhler, K.; Schelling, W.*: Zur Bemessung von Knickverbänden und Knickaussteifungen im Holzbau. Der Bauingenieur, Berlin 43 (1968) 2, S. 43–48

[*Möhler/Siebert* 1980] *Möhler, K.; Siebert, W.*: Ausbildung von Queranschlüssen bei abgehängten Lasten an Brettschichtträgern oder Vollholzbalken Lehrstuhl für Ingenieurholzbau und Baukonstruktion Forschungsbericht, Universität Karlsruhe 1980

[*Möhler/Siebert* 1980] *Möhler, K.; Siebert, W.*: Ausbildung von Queranschlüssen bei angehängten Lasten an Brettschichtträgern oder Vollholzbalken. Karlsruhe: Univ. (TH) Lehrstuhl f. Ing.-Holzbau u. Baukonstruktion, 1980, Forschungsbericht

[*Möhler/Siebert* 1981] *Möhler, K.; Siebert, W.*: Ausbildung und Bemessung von Queranschlüssen bei Brettschichtträgern oder Vollholzbalken. In: Holzbau-Statik – Aktuell, Folge 6. Hrsg.: Arbeitsgemeinschaft Holz e. V., Düsseldorf Mai 1981

[*Möhler/Siebert* 1987] *Möhler; Siebert*: Untersuchungen zur Erhöhung der Querzugfestigkeit in gefährdeten Bereichen. In: Holzbau-Statik – Aktuell, Folge 8. Hrsg.: Arbeitsgemeinschaft Holz e. V., Düsseldorf Februar 1987

[*Möhler/Steck* 1979] *Möhler, K.; Steck, G.*: Näherungsformeln zur Berechnung von Verbundbauteilen aus Vollholz und Holzwerkstoffen. Holz als Roh- und Werkstoff 37 (1979), S. 221–225

[*Mönch* u. a. 2016] *Mönch, 5.; Kudlag, K.; Kuhlmann, U.*: Holz-Beton-Verbundkonstruktionen mit Kerven – Tragfähigkeit und Steifigkeit. Europäischer Kongress EBH 2016, Tagungsband

[*Mohr* 2001] *Mohr, B.*: Deckenschwingungen. Vorschläge zur Bewertung. In: bauen mit holz (2001) H. 11, Seite 29–38

[*Mohr* 2001] *Mohr, B.*: Schwingungen von Wohnungsdecken aus Holz, Stahl und Beton. In: Ingenieurholzbau Karlsruher Tage 2001

[*Mohr* 2010] *Mohr, B.*: Schwingungsverhalten von Holzdecken. In: 17. Brandenburgischer Bauingenieurtag Cottbus, 19. März 2010 (Tagungsband)

[*Möller* 1969] *Möller*: Tabellenwerte zur Bemessung von zusammengesetzten Holz-Stahlquerschnitten. Die Bautechnik, Berlin (1969) 1, S. 25–27

[*Möller* 1991] *Möller, G.*: Zur Stabilisierung biege- und druckbeanspruchte Bauteile im Holzbau. Fortschrittsberichte VDI, Reihe 4, Nr. 104, VDI-Verlag 1991

[*Mombächer* 1988] *Mombächer, R.*: Holz-Lexikon – Band 1 und 2. 3. Auflage, Leinfelden-Echterdingen: Verlag 1988

[*Mönck* 1966] *Mönck, W.*: Hyperbolisch-parabolische Holzschalen (HP-Schalen). Holzindustrie 19 (1966) 1, 18 (1966) 12, S. 1–10; 352–355

[*Mönck* 1967] *Mönck, W.*: Bewehrte Holzträger. Holzindustrie 21 (1967) 9, S. 262–267

[*Mönck* 1968-1] *Mönck, W.*: Probleme der zweischnittigen Nagelverbindung. Holzindustrie 22 (1968) 5, S. 145–151

[*Mönck* 1968-2] *Mönck, W.*: Neuzeitliche Holzverbindungsmittel. Holzindustrie 22 (1968) 6, S. 178–182

[*Mönck* 1969-1] *Mönck, W.*: Genagelte tragende Sperrholzkonstruktionen. Holzindustrie 23 (1969) 1, S. 25–28

[*Mönck* 1969-2] *Mönck, W.*: Verhalten von Schrauben in tragenden Sperrholzplatten. Holzindustrie 23 (1969) 3, S. 81–84

[*Mönck* 1970-1] *Mönck, W.*: Unterlegscheiben und Mindestabstände von Schraubverbindungen. Holzindustrie 24 (1970) 4, S. 115–118

[*Mönck* 1970-2] *Mönck, W.*: Physikalisch-mechanische und technologische Nagelprüfverfahren. Holzindustrie 24 (1970) 7, 8, S. 209–211; 232–235

[*Mönck* 1972] *Mönck, W.*: Stabilisierung der Holzkonstruktion einer Düngerlagerhalle. Bauplanung – Bautechnik, Berlin 26 (1972) 12, S. 588–591

[*Mönck* 1980-1] *Mönck, W.*: Bauschäden an Satteldachbindern in Nagelbauweise. Bauzeitung, Berlin 34 (1980) 5, S. 257–260

[*Mönck* 1980-2] *Mönck, W.*: Berechnung von Holznagelverbindungen. Bauzeitung, Berlin 34 (1980) 9, S. 490/491

[*Mönck* 1984-1] *Mönck, W.*: Traditionelle Konstruktionen – Holzbalkendecken. Hrsg.: Institut für Aus- und Weiterbildung im Bauwesen, Leipzig 1984

[*Mönck* 1984-2] *Mönck, W.*: Bemessung von Holzbalken nach ehemals geltenden Regeln und Vorschriften. Bauzeitung, Berlin 38 (1984) 9, S. 426–428

[*Mönck* 1984-3] *Mönck, W.*: Abstützungen und Unterfangungen. Hrsg.: Inst. f. Aus- u. Weiterbildung im Bauwesen, Leipzig 1984

[*Mönck* 1985] *Mönck, W.*: Instandsetzung einer Lagerhalle in zimmermannsmäßiger Holzkonstruktion. Bauzeitung, Berlin 39 (1985) 11, S. 504–509

[*Mönck* 1986-1] *Mönck, W.*: Instandsetzung eines Drempel-Pfettendaches mit liegendem Stuhl. Bauzeitung, Berlin 40 (1986) 1, S. 30–32

[*Mönck* 1986-2] *Mönck, W.*: Bauschäden (Darstellung – Ursachen). 5. Aufl. Literaturstudie. Hrsg.: Institut für Aus- und Weiterbildung im Bauwesen, Leipzig 1986

[*Mönck* 1987] *Mönck, W.*: Zimmererarbeiten. 5. Aufl. Berlin: Verlag für Bauwesen 1987

[*Mönck* 1990] *Mönck, W.*: Holzbalkendecken in den 30er Jahren. In: Bauzeitung, Berlin 44 (1990), Teil 1, H. 8, S. 377–380; Teil 2, H. 9, S. 436–437; Teil 3, H. 10, S. 499–501

[*Mönck* 1995] *Mönck, W.*: Schäden an Holzkonstruktionen. 2. Auflage, Verlag für Bauwesen, Berlin 1995

[*Mönck* 2004] *Mönck, W.*: Schäden an Holzkonstruktionen. Verlag für Bauwesen, 4. Auflage, Berlin 2004

[*Mönck/Rug* 2000] *Mönck, W.; Rug, W.*: Holzbau, 14. Auflage, Verlag Bauwesen, Berlin 2000

[*Moorkamp* 2002] *Moorkamp, W.*: Zum Kriechverhalten hölzerner Biegeträgern und Druckstäben im Wechselklima. VDI Fortschritt-Berichte, Reihe 4 Bauingenieurwesen, NR. 185, VDI-Verlag, Düsseldorf 2002

[*Morlier* 1992] *Morlier, P.*: Greep in Timber Structures – RILEM REPORT 8, London 1992

[*Morlier* 1994] *Morlier, P.*: Creep in Timber Structures. RILEM London 1994

[*Mortensen* 1995] *Mortensen, L.*: Ebene Rahmen und Bögen. In: [*Step 2* 1995] (siehe dort)

[*Mucha* 1978] *Mucha, A.*: Dachschalungen aus Holz und Holzwerkstoffen. Bauen mit Holz, Karlsruhe 80 (1978) 1

[*Mucha* 1981] *Mucha, A.*: Zur Berechnung des Trapezsprengwerkes. Bautechnik, Berlin 58 (1981) 3, S. 98–101

[*Mucha* 1986] *Mucha, A.*: Holzbrücken (Statische Systeme – Konstruktionsdetails, Beispiele). Fachhochschule Rosenheim 1986

[*Müller* 2012] *Müller, J.*: Tragverhalten spezieller Verbundelemente für Holz-Beton-Verbundstraßenbrücken unter zyklischer Beanspruchung. In: Doktorandenkolloquium, Stuttgart 12./13. März 2012

[*Müller, Roth* 1991] *Müller, J.; Roth, W. v.*: Untersuchungen zum Tragverhalten von parallel zur Faser in Nadelholz eingeleimten Stäben aus unterschiedlichen Materialien, Holz als Roh- und Werkstoff (1991) S. 85–91

[*Müller u. a.* 2016] *Müller, A.; Vogel, M.; Lang, S.; Sauser, F.*: Historische Holzverbindungen, Berner Fachhochschule, Forschungsbericht, Berlin 2016

[*Müller/Wiegand* 2019] *Müller, A.; Wiegand, T.*: Herstellung und Eigenschaften von geklebten Vollholzprodukten. Informationsdienst Holz, holzbau und handbuch, Reihe 4, Teil 2, Folge 2, 2019

[*Murzewski* 1975] *Murzewski:* Sicherheit der Baukonstruktionen. Berlin: Verlag für Bauwesen 1975

[MVV TB 2020] Muster-Verwaltungsvorschrift Technische Baubestimmungen, DIBt-Mitteilungen, Berlin 15.01.2020

[*Natterer* 1969] *Natterer, J.*: Hängeschalen in Holzrippenbauweise. Schweizer Baublatt, Rüschlikon 80 (1969) 16, S. 1–2

[*Natterer* 1973] *Natterer, J.*: Ingenieurholzkonstruktionen. Bericht der Entwicklungsgemeinschaft Holzbau in der Deutschen Gesellschaft für Holzforschung. Informationsdienst Holz. Sonderausgabe für den Bundesholzwirtschaftsrat, Wien 1973

[*Natterer* 1984] *Natterer, J.*: Verbindungstechniken im konstruktiven Holzbau, Untersuchungen genagelter Holzverbindungen. Schweizer Holzbau. Zürich 50 (1984) 12, S. 21

[*Natterer* 1990] *Natterer, J.*: Verbundkonstruktionen im Holzbau, Entwicklung und Tendenzen. In: Tagungsmaterial – Referate der 14. Dreiländer-Holztagung vom 5. bis 7. 9. 1990 in Interlaken (Hrsg.: Deutsche Gesellschaft für Holzforschung, München)

[*Natterer* u. a. 1996-1] *Natterer, J.; Herzog, Th.; Volz, M.*: Holzbau Atlas Zwei. 2. verbesserte und erweiterte Auflage, Köln 1996

[*Natterer* u. a. 1996-2] *Natterer, J.; Hamm J.; Favre, P. A.*: Composite Wood-Concrete Floors for Multi-Story Buildings. International Wood Engineering Conference, Proceedings, New Orleans, 1996

[*Natterer/Sandoz/Rey* 2000] *Natterer, J.; Sandoz, J. L.; Rey, M.*: Construction en bois, Presses Polytechniques Lausanne 2000

[*Nause/Meyerhoff 2015*] *Nause, P.; Meyerhoff, C.*: Brandschutzleitfaden zur Ausbildung von Nagelplattenbindern in feuerhemmender Bauweise mit geschützten Nagelplatten (Abdeckungen aus FERMACELL Gipsfaser-Platten) in Verbindung mit einem rechnerischen Nachweis der Holzbinderkonstruktion auf der Grundlage des Eurocode 5. Auftraggeber: GIN – Gütegemeinschaft Nagelplattenprodukte e.V., Ostfildern 2015

[*Neuhaus* 1994] *Neuhaus, H.*: Lehrbuch des Ingenieurholzbaus. Stuttgart 1994

[*Neuhaus* 2017] *Neuhaus, H.*: Ingenieurholzbau, Grundlagen – Bemessung – Nachweise – Beispiele, 4. akt. Aufl., Springer Vieweg, Wiesbaden 2017

[*Niedermeyer* u. a. 2015] *Niedermeyer*, J.; *Radovic, B.; Schwaner, K.*: Holzschutz bei Ingenieurholzbauten. In: Informationsdienst Holz, holzbau handbuch, Reihe 5, Teil 2, Folge 1, Studiengemeinschaft Holzleimbau e.V. (Hrsg.), Wuppertal 2015

[*Niemcke* 1984] *Niemcke, W.*: Verbesserungen des bautechnischen Wärmeschutzes bei Ein- und Zweifamilienhäusern. Bauakademie der DDR, Institut für Landwirtschaftliche Bauten 1984

[*Niemz* 1993] *Niemz, P.*: Physik des Holzes und der Holzwerkstoffe. DRW-Verlag, Leinfelden-Echterdingen 1993

[*Niemz/Sonderegger* 2017] *Niemz, P.; Sonderegger, W.*: Holzphysik. Fachbuchverlag, Leipzig 2017

[*Nier* 1994] *Nier, J.*: Experimentelle Festigkeitsuntersuchungen an alten Bauhölzern und daraus abgeleitete Erkenntnisse zur Tragfähigkeitsbeurteilung. Dissertation, Technische Hochschule Leipzig, 1994

[*Nikitin* 1955] *Nikitin:* Chemie des Holzes. Berlin: Akademie-Verlag 1955

[*Noack/Roth* 1972] *Noack, D.; Roth, W.*: Berechnung gekrümmter Brettschichtträger unter Belastung durch Momente, Normal- und Querkräfte. Holz als Roh- und Werkstoff, München 30 (1972) 6, S. 220–238

[*Noack/Schwab* 1996] *Noack, D.; Schwab, E.*: Holzwerkstoffe im Bauwesen. In: Halász/Scheer: Holzbautaschenbuch, Band 1, Berlin 1996

[*Noren* 1982] *Noren, B.*: Nachweis der Tragfähigkeit von Holzkonstruktionen durch Berechnung und Versuche. Ingenieurholzbau in Forschung und Praxis. Karlsruhe 1982

[*Nowack/Brunotte* 1974] *Nowack, B.; Brunotte, R.*: Netzwerkkonstruktionen im modernen Ingenieurholzbau. Bauen mit Holz, Karlsruhe 76 (1974) 5

[*Nunes/de Sousa* 1995] *Nunes, L. M. R.; de Sousa, P. P.*: Dauerhaftigkeit – Chemischer Holzschutz. In: [*Step 1* 1995] (siehe dort)

[*Nürnberger* 1995] *Nürnberger, U.*: Korrosion und Korrosionsschutz im Bauwesen, Band 1 und 2, Bauverlag Wiesbaden 1995

[*Ohlsson* 1988] *Ohlsson, I.:* Springiness and human induced floor vibrations – A design guide. Swedish Council of Building Research, Stockholm 1988

[*Ohlsson* 1995] *Ohlsson, S.:* Grenzzustände der Gebrauchstauglichkeit – Schwingungen. In: [*Step 1* 1995] – siehe dort

[*Opderbecke* 1902] *Opderbecke, A.:* Die Dachschiftungen. Leipzig: Verlag v. B. F. Voigt 1902

[*Opitz* 1910] *Opitz, C.:* Zimmerarbeiten II. Leipzig: G. J. Göschen'sche Verlagsbuchhandlung 1910

[*Ostendorf* 1908] *Ostendorf, F.:* Die Geschichte des Dachwerks. (Nachdruck eines Fachbuches aus dem Jahr 1908, Reprint). Edition „libri rari" und Bauverlag AG Dietikon

[*Ott* u. a. 2013] *Ott, S.; Loebus, S.; Winter, S.:* Vorgefertigte Holzfassadenelemente in der energietischen Modernisierung. In: Bautechnik (2013) H. 1, S. 26–33

[*Otto/Loebus/Winter* 2013] *Otto, S.; Loebus, S.; Winter, S.:* Vorgefertigte Holzfassadenelemente in der energetische Modernisierung. In: Bautechnik 90 (2013), S. 26–33

[*Otzen* 1923] *Otzen, R.:* Die statische Berechnung der Zollbau-Lamellendächer. Der Industriebau 1923, H. VIII/IX

[*Pabsch* 1977] *Pabsch, E.:* Berechnung nachgiebig zusammengesetzter einfachsymmetrischer Querschnitte (z. B. des Ingenieurholzbaus) mit unterschiedlichen Elastizitätsmoduli. Bautechnik, Berlin 54 (1977)

[*Partov* u. a. 2003] *Partov, D.; Straka, B.; Kantchev, V.; Marinov, I.:* Untersuchung von bewehrten Holzträgern unter Berücksichtigung des Einflusses des Holzkriechens. In: Bautechnik (2003) H. 3, S. 169–173

[*Paschalis* 1978] *Paschalis, P.:* Bestimmung der Korrelation zwischen ausgewählten Festigkeitseigenschaften und Strukturmerkmalen von Holz mit Anwendung des Resonanz- und Ultraschallverfahrens. Holztechnologie, Leipzig 19 (1978) 1, S. 14–17

[*Pech* 2016] *Pech, A. (Hrsg.).:* Holz im Hochbau, 1. Auflage. Birkhäuser Verlag, Basel 2016

[*Pech/Hollinsky* 2017] *Pech, A.; Hollinsky, H.:* Dachstühle, 2. Auflage, Birkhäuser Verlag, 2017

[*Pestmann* 1966] *Pestmann, J. H.:* Hölzerne Schalen. Mitteilungen der Deutschen Gesellschaft für Holzforschung 54 (1966)

[*Peter/Scheer* 2015] *Peter, M.; Scheer, C.:* Holzbau-Taschenbuch, Bemessungsbeispiele nach Eurocode 5, 11. Auflage, Ernst & Sohn, Berlin 2015

[*Petrik/Winter* 1997] *Petrik, H., Winter, St.:* Konstruktionsvollholz, Arge Holz, Düsseldorf 1997

[*Pfeifer* u .a. 1998] *Pfeifer, G.; Liebers, A. M.; Reiners H.:* Der neue Holzbau. Callwey, München 1998

[*Pirazzi* 2005] *Pirazzi, A.:* Zur Berechnung von Holzschrauben in Brettrippenbauweise mit elastischen Verbundquerschnitten. Dissertation, Hochschule Lausanne 2005

[*Pischl* 1968] *Pischl, R.:* Zur Spannungsberechnung von Holzbiegeträgern mit rechteckigem Querschnitt und konstant veränderlicher Traghöhe. Der Bauingenieur, Berlin 43 (1968) 2

[*Pischl* 1969-1] *Pischl, R.:* Die praktische Berechnung zusammengesetzter hölzerner Biegträger mit Hilfstafeln zur Berechnung der Abminderungsfaktoren. Der Bauingenieur, Berlin (1969) 5, S. 181–185

[*Pischl* 1969-2] *Pischl, R.:* Die Auslegung der Verbindungsmittel bei zusammengesetzten hölzernen Biegeträgern. In: Der Bauingenieur, Berlin 44 (1969) 11, S. 419–423

[*Pischl* 1972-1] *Pischl, R.:* Zum Gesamteinfluß der Schubverformung im Ingenieurholzbau. Der Bauingenieur, Berlin 47 (1972), S. 401–403

[*Pischl* 1972-2] *Pischl, R.:* Zusammenfassende Betrachtung über Verbindungsmittel des Ingenieurholzbaues unter besonderer Berücksichtigung ihrer Nachgiebigkeit. Habilitationsschrift Techn. Hochschule Graz 1972

[*Pischl* 1980] *Pischl, R.:* Holzbau (mit kritischen Betrachtungen und neuen Vorschlägen zur Bemessung nach Theorie 1. und 2. Ordnung). Techn. Universität Graz, Fakultät für Bauingenieurwesen, H. 2/1980

[*Pischl* 1981] *Pischl, R.:* Ein Pionier des Ingenieurholzbaues. Zum 100. Todestag von Carl Culmann. Bautechnik, Berlin 58 (1981) 11, S. 361–367

[*Pischl* 1983] *Pischl, R.:* Der Holzdruckstab mit federnder Querstützung (In: Sonderprobleme des konstruktiven Ingenieurbaus). TU Graz, Fakultät für Bauingenieurwesen, H. 3/1983

[*Pischl* 1985] *Pischl, R.:* Was macht das Holz, wie gehts dem Holzbau? In: TU Graz, Fakultät für Bauingenieurwesen, Inst. f. Stahlbau, Holzbau und Flächentragwerke, H. 4/1985. S. 57–135

[*Pischl* 1986] *Pischl, R.:* Zum Einfluß der Nachgiebigkeit der Verbindungsmittel. Sonderheft Holzinformation. Hrsg.: Bundesholzwirtschaftsrat Wien 1986

[*Pischl* u. a 1985] *Pischl, R.; Platzer, W.; Angerer, K.*: Bemessungshilfen für tragende Holzbauteile. Informationsheft für Baufachleute. Hrsg.: Bundesholzwirtschaftsrat Wien 1985

[*Piskunov* 1990] *Piskunov:* Bemessungsvorschriften für Holzkonstruktionen aus Verbundstäben mit Blechverbindungen und Zylindernägeln. 22. Jahrestagung der AG „Timber Structures" Berlin 25.–28. Sept. 1989; Folge 1. In: Bauforschung-Baupraxis, H. 279, Hrsg.: Bauakademie der DDR, Bauinformation Berlin 1990

[*Pizio* 1991] *Pizio, S.*: Die Anwendung der Bruchmechanik zur Bemessung von Holzbauteilen, untersucht an durchbrochenen und ausgeklinkten Träger. ETH Zürich, Dissertation 1991

[*Pohl* 1934] *Pohl*: Das Schalengewölbe als Holzkonstruktion. Der Bauingenieur, Berlin 19 (1934), S. 381

[*Pohlmann* 2004] *Pohlmann, J.*: Möglichkeiten der Vorspanntechnik im Ingenieurholzbau- vom Tragwerk zur Decke, Internationales Holzbauforum, 1. bis 3. Dezember 2004, Tagungsband 2004

[*Post/Schmidt* 2019] *Post, M.; Schmidt, P.*: Lohmeyer praktische Bauphysik, 9. Auflage, Springer Verlag, Wiesbaden 2019

[*Porteous/Kermani* 2007] *Porteous, J.; Kermani, A.*: Structural Timber Design to Eurocode 5, Blackwell Oxford 2004

[*Pörtner* 2006] *Pörtner, C.*: Untersuchungen zum Verbund zwischen eingeklebten stiftförmigen faserverstärkten Kunststoffen und Holz. Dissertation, Universität Kassel, Schriftenreihe Bauwerkserhaltung und Holzbau, H. 2, Kassel 2006

[*Pottharst* 1977] *Pottharst, R.*: Zur Wahl eines einheitliches Sicherheitskonzepts für den konstruktiven Ingenieurbau. Mitteilungen des Institutes für Massivbau den TH Darmstadt, Ernst & Sohn; Berlin 1977

[*Pozgaj* 1990] *Pozgaj*: Bemessung hölzerner Biegeträger unter konstanter Last. 22. Jahrestagung der AG „Timber Structures" Berlin 25.–28. Sept. 1989; Folge 2. In: Bauforschung-Baupraxis, H. 280, Hrsg.: Bauakademie der DDR, Bauinformation Berlin 1990

[*Prehl* 1966] *Prehl, H.*: Die genauere Berechnung der durch Stahl verstärkten Holzquerschnitte. Bautechnik, Berlin 43 (1966) 4

[*Presseerklärung* 2006] Presseerklärung der Staatsanwaltschaft Traunstein zum Einsturz der Eissporthalle Bad Reichenhall vom 20. Juli 2006 (*www.justiz.bayern.de*)

[*Prietz* 2010] *Prietz, F.*: Einsturz der Dachkonstruktion eines Einkaufsmarktes bei Berlin. In: Bautechnik 87 (2010) H. 4, S. 228–233

[*Prietz/Enseleit* 2011] *Prietz, F.; Enseleit, D.*: Typische Mängel an Nagelplattenbinder-Konstruktionen. In: Bautechnik (2011) H. 5, S. 336–339

[*Purkus, Lüdtke* u. a. 2020] *Purkus, A.; Lüdtke, J.; Jochem, D.; Rüter, S.; Weimar, H.*: Entwicklung der Rahmenbedingungen für das Bauen mit Holz in Deutschland. In: Thünen Report 78, Braunschweig 2020

[*Rabold* 2010] *Rabold, A.*: Schallschutz in Theorie und Praxis – Planung, Nachweis und Ausführung und Schallschutz bei Holzbalkendecken. In: 17. Brandenburgischer Bauingenieurtag 2010, BTU Cottbus 2010

[*Rabold* u. a. 2008] *Rabold, A.* u. a.: Holzbalkendecken in der Altbausanierung. IFT Rosenheim, Forschungsbericht 2008

[*Rabold* u. a. 2012] *Rabold, A.* u. a.: Holzbalkendecke in der Altbausanierung. IFT Rosenheim, Forschungsbericht 2012

[*Rabold/Bacher* 2008] *Rabold, A.; Bacher, St.*: Holzbalkendecken gezielt auf Vordermann bringen. In: Mikado plus (2008) H. 8, 2008

[*Racher* 1995-1] *Racher, P.*: Einwirkungen auf Tragwerke. In: [*Step 1* 1995] (siehe dort)

[*Racher* 1995-2] *Racher, P.*: Rahmenecken. In: [*Step 2* 1995] (siehe dort)

[*Racher* 1995-3] *Racher, P.*: Mechanische Holzverbindungen – Allgemeines. In: [*Step 1* 1995] (siehe dort)

[*Racher* 1995-4] *Racher, P.*: Biegesteife Verbindungen. In: [*Step 1* 1995] (siehe dort)

[*Raczkowski* 1969] *Raczkowski, I.*: Der Einfluß von Feuchtigkeitsänderungen auf das Kriechverhalten von Holz. Holz als Roh- und Werkstoff, München 27 (1969) 6, S. 232–237

[*Radovic* 1994] *Radovic, B.*: Befallswahrscheinlichkeit durch Insekten. In: bauen mit holz (1994) H. 3, S. 188–194

[*Radovic* 1996] *Radovic, B.*: Leimbauweise. In: *Halász, R.; Scheer, C.*: Holzbautaschenbuch Band 1, Berlin 1996

[*Radovic* 2008] *Radovic, B.*: Holzschutz, Aktueller Stand der Wissenschaft und Technik. In: Ingenieurholzbau Karlsruher Tage 2008, Bruderverlag, Karlsruhe 2008

[*Radovic* 2009] *Radovic, B.*: Holzschutz konstruktive Vollholzprodukte. In: Informationsdienst Holz, Bonn 2009

[*Radovic* 2010] *Radovic, B.*: Chemie unnötig. In: bauen mit holz (2010) H. 2, S. 30–33

[*Radovic* u. a. 1997] *Radovic, B.; Cherat, P.; Heim, F.:* Holzbau-Handbuch, Reihe 4 Baustoffe, Teil 4 Holzwerkstoffe, Folge 1 Konstruktive Holzwerkstoffe. Arge Holz, Düsseldorf 1997

[*Radovic/Rothkopf* 2003] *Radovic, B.; Rothkopf, C.:* Eignung von 1K-PUR-Klebstoffen für den Holzbau unter Berücksichtigung von 10-jähriger Erfahrung. In: bauen mit holz (2003) H. 6, S. 2–6

[*Radovic/Wiegand* 2018] *Radovic, B.; Wiegand, T.:* Oberflächenqualität von Konstruktionsvollholz. Teil 1: In: bauen mit holz (2018) H. 1, S. 34–37; Teil 2: In: bauen mit holz (2018) H. 2, S. 25–28

[*Raknes* 1995] *Raknes, E.:* Leime. In: [*Step 1* 1995] (siehe dort)

[*Ranta-Maunas* 1995] *Ranta-Maunas, A.:* Creep and effects of moisture in timer. In: *Step 3*, Dachverlag Holz, Düsseldorf 1995

[*Ranta-Maunus* 1995] *Ranta-Maunus, A.:* Furnierschichtholz und Furnierstreifenholz. In: [*Step 1* 1995] (siehe dort)

[*Rätz* 2013] *Rätz, C.:* Holz-Beton-Verbundsystem hb-rapid. In: Deckensysteme, 45. Fortbildungskurs Okt. 2013, Tagungsband Lignum, Zürich 2013

[*Rautenstrauch* 1989] *Rautenstrauch, K.:* Untersuchungen zur Beurteilung des Kriechverhaltens von Holzbiegeträgern. Institut für Bautechnik und Holzbau, Mitteilung Nr. 7/89

[*Rautenstrauch* 2009] *Rautenstrauch, K.:* Holz-Beton-Verbundbauweise bei Schwerlastbrücken zum Tragverhalten und dem gebauten Projekt. In: Ingenieurholzbau Karlsruher Tage 2009, Bruderverlag TU Karlsruhe, 2009

[*Rautenstrauch* u. a. 2008] *Rautenstrauch, K.; Simon, A.:* Weiterentwicklung der Holz-Verbund-Bauweise unter Einsatz von blockverleimten Brettschichtholzquerschnitten bei Straßenbrücken. In: AIF-Schlussbericht, Bauhaus- Universität Weimar 2008

[*Rautenstrauch* u. a. 2013] *Rautenstrauch, K.; Kästner, M.; Jahreis, M.; Hädicke, W.:* Entwicklung eines Hochleistungsverbundträgersystems für den Ingenieurholzbau. In: Bautechnik 90 (2013) H. 1, S. 18–25

[*Rautenstrauch/Becker* 1998] *Rautenstrauch, K.; Becker, P.:* Zur Berücksichtigung des Kriechens bei Druckstäben aus Holz. In: Bautechnik 75 (1998) H. 11, S. 910–921

[*Rautenstrauch/Müller* 2013] *Rautenstrauch, K.; Müller, J.:* Tragverhalten spezieller Verbundelemente für Holz-Beton-Verbundstraßenbrücken unter zyklischer Beanspruchung. In: Bautechnik 90 (2013) H. 1, S. 9–17

[*Rautenstrauch/Simon* 2008] *Rautenstrauch, K.; Simon, A.:* Weiterentwicklung der Holz-Verbund-Bauweise unter Einsatz von blockverleimten Brettschichtholzquerschnitten bei Straßenbrücken, AIF-Schlussbericht, Bauhaus-Universität Weimar 2008

[*Reggiani* 1968] *Reggiani, J.-C.:* 21 Plans-Types de Pantres Droites en Bois. Paris: Cahiers du Centre Technique du Bois Nr. 79/1968

[*Reichhardt/Jürges* u. a. 2008] *Reichhardt, J.; Jürges, Th.:* Industrie- und Gewerbebau in Holz. Informationsdienst Holz, holzbau handbuch, Reihe 1, Teil 3, Folge 11, Düsseldorf 2008

[*Reindl/Hempel* 1993] *Reindl, J.; Hempel, U.:* Holzbau-Handbuch Reihe 1, Teil 8, Folge 1 – Industriebauten aus Holz, Raum für Menschen und Maschinen. Arge Holz, Düsseldorf 1993

[*Resch* 2011] *Resch, E.:* Zuverlässige numerische Simulation von Holzverbindungen. Dissertation, Institut für Statik und Dynamik der Tragwerke TU Dresden 2011

[*Reyer/Bratländer* 1996] *Reyer, E.; Bratländer, T.:* Deformationsverhalten mechanischer Holzverbindungen unter Langzeitbelastung mit unterschiedlichen Holzausgangsfeuchten. In: Bauingenieur 12/96, IRB-Verlag, 1996

[*Reyer/Stojic* 1991] *Reyer, E.; Stojic, D.:* Zum genaueren Nachweis der Kippstabilität biegebeanspruchter parallelgurtiger Brettschichtholzträger mit seitlichen Zwischenabstützungen des Obergurtes nach Theorie II. Ordnung. In: Teil 1: bauen mit holz (1991) H. 2, S. 100–106; Teil 2: bauen mit holz (1991) H. 4, S. 242–245

[*Reyer/Stojic* 1992] *Reyer, E.; Stojic, D.:* Zum genaueren Nachweis der Kippstabilität biegebeanspruchter parallelgurtiger Brettschichtholzträger mit seitlichen Zwischenabstützungen des Obergurtes nach Theorie II. Ordnung. In: Holzbau-Statik – Aktuell, Ausgabe Juli 1992/4. Hrsg.: Arbeitsgemeinschaft Holz e. V., Düsseldorf 1992

[*Riedlbauer* 1978] *Riedlbauer, A.:* Vorgespannte Holzkonstruktionen. Diss. TU Graz 1978

[*Riedlbauer* 1979] *Riedlbauer, A.:* Vorgespannte Holzkonstruktionen. Holzleimbau, H. 1, 2, 3. Hrsg.: Österreichischer Leimbauverband, Wien 1979

[*Riedlbauer* 1982] *Riedlbauer, A.:* Vorgespannte Holzkonstruktionen – Spannholz. Bauen mit Holz, Karlsruhe 84 (1982) 5, S. 272–283

[*Rónai* 1979] *Rónai, F.:* Untersuchungen zum Deformationsverhalten von Holzkonstruktionen bei Dauerbelastung. Holztechnologie, Leipzig 20 (1979) 2, S. 96–98

[*Rónai* 1986] *Rónai, F.:* Zeitabhängige Eigenschaften von Holzkonstruktionen bei Dauerbelastung. Holztechnologie, Leipzig 27 (1986) 6, S. 300–303

[*Rose* 1975] *Rose, H.:* Das Kehlbalkendach – grafische Ermittlung der Schnittkraft. Berlin/München/Düsseldorf: Ernst & Sohn 1975

[*Rug* 1980] *Rug, W.:* Einsatz von geklebten Holzkonstruktionen für Bandbrücken. Bauinformation Wissenschaft und Technik, Berlin 23 (1980) 5, S. 5–8

[*Rug* 1984-1] *Rug, W.:* Stand und Entwicklungstendenzen im Holzbau. Teil 1: Holztechnologie, Leipzig 25 (1984) 4, S. 171–175. Teil 2: Holztechnologie, Leipzig 25 (1984) 5, S. 257–262

[*Rug* 1984-2] *Rug, W.:* Die Anwendung moderner Brettschichtkonstruktionen bei der Rekonstruktion in der chemischen Industrie. Rekonstruktion im VEB Chemiekombinat Bitterfeld, Bitterfeld/Berlin 1984

[*Rug* 1984-3] *Rug, W.:* Die Anwendung des Vorspannprinzips im Ingenieurholzbau. Rekonstruktion im VEB Chemiekombinat Bitterfeld, Bitterfeld/Berlin 1984

[*Rug* 1985-1] *Rug, W.:* Holz in Baukonstruktionen. Holztechnologie, Leipzig 26 (1985) 2, S. 105–106

[*Rug* 1985-2] *Rug, W.:* Research on Problems of Limit State Design in Preparation of the New GDR Timber Design Code. Paper for the CIB-W18 Meeting in Haifa/Israel 1985

[*Rug* 1986-1] *Rug, W.:* Bewehrte und vorgespannte Holzkonstruktionen – Ein Beitrag zur höheren Veredlung des Baustoffes Holz und zur Weiterentwicklung des Ingenieurholzbaues. Diss. A, Bauakademie der DDR 1986

[*Rug* 1986-2] *Rug, W.:* Stand und Entwicklungstendenzen im Holzbau. Holztechnologie, Leipzig 27 (1986) 6, S. 281–287

[*Rug* 1986-3] *Rug, W.:* Ergebnisse der Holzbauforschung der Bauakademie der DDR. Bauinformation Wissenschaft und Technik, Berlin 29 (1986) 1, S. 54–57

[*Rug* 1986-4] *Rug, W.:* Höherveredelung von Holzkonstruktionen durch Anwendung neuer Erkenntnisse der Grundlagenforschung. Bauplanung-Bautechnik, Berlin 39 (1986) 2, S. 68–71

[*Rug* 1986-5] *Rug, W.:* Rekonstruktion alter Holzkonstruktionen. Bauinformation Wissenschaft und Technik, Berlin 29 (1986) 1, S. 3–6

[*Rug* 1986-6] *Rug, W.:* Stand und Entwicklungstendenzen im Holzbau. Bauforschung-Baupraxis, Berlin 1986, H. 205, S. 60–84

[*Rug* 1987] *Rug, W.:* Internationale Holzbautagung. In: Bauinformation Wissenschaft und Technik, Berlin, 30 (1987) 4, S. 60–63

[*Rug* 1987] *Rug, W.:* Stand und Entwicklungstendenzen im Holzbau. Holztechnologie, Leipzig 28 (1987) 3, S. 148–152. Holztechnologie, Leipzig 28 (1987) 4, S. 198–201

[*Rug* 1990] *Rug, W.:* 22. Jahrestagung „Timber Structures". In: Holztechnologie, Leipzig, 31 (1990) 3, S. 161–162. In: Bauplanung-Bautechnik, Berlin, 44 (1990) 5, S. 235–237. In: Bauinformation Wissenschaft und Technik, Berlin, 33 (1990) 3, S. 49–51

[*Rug* 1990-1] *Rug, W.:* Bauschäden an verbretterten Holzbindern eines Industriegebäudes. Bauplanung-Bautechnik, Berlin 44 (1990) 3, S. 116–118

[*Rug* 1990-2] *Rug, W.:* Komplexe Werkstoffausnutzung im Ingenieurholzbau. Holztechnologie, Leipzig 31 (1990) 4, S. 195–199

[*Rug* 1990-3] *Rug, W.:* Deutsch-deutsches Seminar zur Holzforschung/-normung. Holztechnologie, Leipzig 30 (1990) 6, S. 332

[*Rug* 1990-4] *Rug, W.:* Erhaltung von Fachwerkbauten. Bauzeitung, Berlin 44 (1990) 12, S. 556. Bauplanung-Bautechnik, Berlin 44 (1990) 9, S. 422

[*Rug* 1990-5] *Rug, W.:* Bericht über die 22. Jahrestagung „Timber Structures" des Internationalen Rates für Bauforschung (CIB). 22. Jahrestagung der AG „Timber Structures" Berlin 25.–28. Sept. 1989; Folge 1. In: Bauforschung-Baupraxis, H. 279, Hrsg.: Bauakademie der DDR, Bauinformation Berlin 1990

[*Rug* 1991] *Rug, W.:* Holzbau, 22. Jahrestagung der Arbeitsgruppe „Timber Structures" deutsche Fassung der RGW-Beiträge); Teil 1. In: Bauforschung- Baupraxis, H. 279, Berlin 1991

[*Rug* 1991] *Rug, W.:* Holzbau, 22. Jahrestagung der Arbeitsgruppe „Timber Structures" Teil 2. In: Bauforschung-Baupraxis, H. 280, Berlin 1991

[*Rug* 1991] *Rug, W.:* 23. Jahrestagung „Timber Structures". In: Bauzeitung, Berlin, 45 (1991) 4, S. 286–287. In: Bauplanung-Bautechnik, Berlin, 45 (1991) 3, S. 137–138

[*Rug* 1991-1] *Rug, W.:* Stand und Entwicklung der Normung im Holzbau. Bauplanung-Bautechnik, Berlin 45 (1991) 1, S. 31–37

[*Rug* 1991-2] *Rug, W.*: Holzbau in Nordamerika. Ing. Digest, Berlin 1 (1991) 6, S. 58–59

[*Rug* 1991-3] *Rug, W.*: Holzbau/Neue Bundesländer: Der Weg zur Integration. Wieder auf die alten Traditionen besinnen. Handelsblatt, Düsseldorf 02.05.1991, Nr. 84

[*Rug* 1992] *Rug, W.*: 24. Jahrestagung „Timber Structures“. In: Bauzeitung, Berlin 46 (1992) 5, S. 411

[*Rug* 1992] *Rug, W.*: Holzbautagung '92 in Magdeburg. In: Bauen mit Holz, Karlsruhe (1993) 2, S. 153. In: Bautechnik, Berlin 70 (1993) 4, S. 211

[*Rug* 1992-1] *Rug, W.*: Holzbauprobleme in den neuen Bundesländern. Holz-Zentralblatt, Stuttgart Nr. 14 vom 31.01.1992, S. 217

[Rug 1992-2] *Rug, W.*: Baubedarf in den neuen Ländern – Chancen für das Holzbaugewerbe und die Holzwirtschaft. In: Holz-Zentralblatt, Stuttgart Nr. 131 vom 30. 10. 1992, S. 2105–2106

[*Rug* 1993] *Rug, W.*: Dachaufstockung in Zollbau-Lamellen-Bauweise. In: Bausanierung, Gütersloh 4 (1993) 6/7, S. 324/327

[*Rug* 1993] *Rug, W.*: Holz in Brandenburg. In: Informationsdienst Holz, Düsseldorf 1993

[*Rug* 1993-1] *Rug, W.*: Aufstockung in Zollbauweise. In: Bauzeitung, Berlin 47 (1993) 5, S. 22–23

[*Rug* 1993-2] *Rug, W.*: Tradition aufgegriffen, Zollinger-Bauweise in Merseburg. In: bauen mit Holz, Karlsruhe (1993) 4, S. 268–269

[*Rug* 1994-1] *Rug, W.*: Beispiele der Holzverwendung. In: Kongreßforum Holz im Rahmen der Internationalen Grünen Woche in Berlin 1994, Mitteilung der Bundesforschungsanstalt für Forst- und Holzwirtschaft Hamburg, Nr. 176, Hamburg 1994, S. 85–95

[*Rug* 1994-2] *Rug, W.*: Problemfelder beim Holzbau in den neuen Bundesländern. Holz-Zentralblatt, Stuttgart Nr. 48 vom 22.04.1994, S. 771, 786 und 787

[*Rug* 1994-3] *Rug, W.*: Innovationen im Holzbau – Die Hetzerbauweise. Teil 1. In: Bautechnik, Berlin 71 (1994) 4, S. 213–219; Teil 2. In: Bautechnik, Berlin 72 (1995) 4, S. 231–241

[*Rug* 1995-1] *Rug, W.*: Otto Hetzer verhalf dem Holzbau zur Spannweite. Handelsblatt Nr. 176, Düsseldorf vom 12.09.1995

[*Rug* 1995-2] *Rug, W.*: Verbunddecken aus Holz und Beton. Bautechnik, Berlin 72 (1995) 7, S. 454–459

[*Rug* 1995-3] *Rug, W.*: Beispiele der Holzverwendung. Bautechnik, Berlin 72 (1995) 10, S. 698–705

[*Rug* 1997] *Rug, W.*: Beispiele für Dachaufstockungen und Dachgeschoßausbau bei Block- und Plattenbauten. In: IBK-Jubiläums-Bau-Kongreß 1997 vom 16./17.04.1997, Berlin/Darmstadt 1997

[*Rug* 1997-1] *Rug, W.*: Internationale Holzbaukonferenz vom 28.–31.10.1996 in New Orleans. Bautechnik 74 (1997) 3, S. 198–201

[*Rug* 1997-2] *Rug, W.*: Eingespannte Stützen erlauben den Verzicht auf Wandverbände, mit Knaggen und Versätzen ergibt sich bei dem Büro- und Geschäftshaus eine kräftige Tragwerksstruktur. Bauen mit Holz (1997) 8

[*Rug* 2002] *Rug, W.*: Holzbau-Quelle der Inspiration. In: Deutsches Ingenieurblatt (2002) 4, S. 16–21

[*Rug* 2003-1] *Rug, W.*: 100 Jahre Holzbau- und Holzbauforschung. In: Bund Deutscher Zimmermeister (BDZ) Hrsg.: 100 Jahre Bund Deutscher Zimmermeister, 100 Jahre Verband, Holzbau, Holzbauforschung 1903 – 2003, Bruderverlag, Karlsruhe, 2003

[*Rug* 2003-2] *Rug, W.*: 100 Jahre Holzbau in Deutschland. In: Bauen mit Holz (2003) H. 3, S. 28–32

[*Rug* 2003-4] *Rug, W.*: 100 Jahre Holzbau in Vergangenheit und Gegenwart. In: Tagungsband Deutscher Holzbautag 2003; Hannover, vom 29. bis 31. Mai 2003, Bund Deutscher Zimmermeister

[*Rug* 2003-5] *Rug, W.*: 100 Jahre Holzbau- und Holzbauforschung. In: Bund Deutscher Zimmermeister (BDZ) Hrsg.: 100 Jahre Bund Deutscher Zimmermeister, 100 Jahre Verband, Holzbau, Holzbauforschung 1903–2003, Bruderverlag Karlsruhe 2003

[*Rug* 2003-6] *Rug, W.*: Holz-Beton-Verbund in der Praxis – Ein Erfahrungsbericht. In: Fachtagung Holz-Beton-Verbundbau, 13. Oktober 2003, Universität Stuttgart, DGfH und Universität Stuttgart (Tagungsmaterial)

[*Rug* 2010] *Rug, W.*: Holz-Beton-Verbundkonstruktionen. Vortrag 17. Brandenburgischer Ingenieurtag BBIT 2010, Tagungsmaterial

[*Rug* 2014] *Rug, W.*: EC5 und Bauen im Bestand. In: Osterieder/Jesse: bauen im Bestand, Schriftreihe Statik und Dynamik 1 (2014), BT Cottbus 2014

[Rug 2016] *Rug, W.*: Holzbau im Bestand, Ausgewählte historische Bemessungs- und Konstruktionsnormen von 1917 bis 2007, Beuth Verlag Berlin 2016

[*Rug* u. a. 1986] *Rug, W.; Jankowiak, J.; Kofent, W.*: Fachwerkträger aus BSH mit 13%iger Dachneigung für spezielle Anwendungsgebiete. Bauplanung-Bautechnik, Berlin 40 (1986) 2, S. 272–276

[*Rug* u. a. 1989-1] *Rug, W.; Badstube, M.; Schöne, W.*: The dependence of the bending strength on the glued laminated timber girder depth. Academy of Building of the GDR, Institute for Industrial Buildings, CIB-W18A Paper 22-12-1, CIB-W18 Meeting, Berlin 1989

[*Rug* u. a. 1989-2] *Rug, W.; Badstube, M.; Kofent, W.*: New GDR timber design code state and development. Academy of Building of the GDR, Institute for Industrial Buildings, CIB-W18A Paper 22-102-1, CIB-W18 Meeting, Berlin 1989

[*Rug* u. a. 1989-3] *Rug, W.; Badstube, M.; Pleßow, R.*: Reliability-theoretical investigation into timber components. Academy of Building of the GDR, Institute for Industrial Buildings, CIB-W18A Paper 22-1-1, CIB-W18 Meeting, Berlin 1989

[*Rug* u. a. 1990-1] *Rug, W.; Badstube, M.; Schöne, W.*: Determination of the fracture energy of wood for tension perpendiculare to the grain. German Academy of Architecture and Building Berlin, CIB-W18A Paper 23-19-1, CIB-W18A Meeting Lissabon/Portugal 1990

[*Rug* u. a. 1990-2] *Rug, W.; Badstube, M.; Kofent, W.*: Zum Holzbaustandard. 22. Jahrestagung der AG „Timber Structures" Berlin 25.–28. Sept. 1989; Folge 1. In: Bauforschung-Baupraxis, H. 279, Hrsg.: Bauakademie der DDR, Bauinformation Berlin 1990

[Rug u. a. 1992] *Rug, W.; Badstube, M.; Schöne, W.*: Einfluß der Trägerhöhe auf die Biegefestigkeit von Brettschichtholz. In: Holz als Roh- und Werkstoff, 50 (1992) 3, S. 317–321. In: Sammlungen der Veröffentlichungen anläßlich der Vollendung des 60. Lebensjahres von Prof. Dr. Jürgen Ehlbeck

[*Rug* u. a. 1993] *Rug, W.; Held, H.; Lobbedey-Müller, S.; Becker, K.; Tichelmann, K.*: Holz als Baustoff, Ergebnis einer Analyse der neuen Bundesländer. In: Bauzeitung 47 (1993) 6, S. 40–45 (Teil 1); (1993)7/8, S. 14–19 (Teil 2)

[*Rug* u. a. 1993] *Rug, W.*: Holz – Massivbauweise – Zweigeschossiges Bürogebäude. In: Berliner Bauvorhaben, 44 v. Jahrg., 5. Sept. 1993. In: Bauwirtschaftliche Information, Hamburg (1993) 5, S. 44–45

[*Rug* u. a. 1997] *Rug, W.; Kreißig, W.; Werner, L.*: Aufstockung in Holzbauweise. Bausanierung, Sondernummer Plattenbau, H. 4 (1997), S. 35–38

[*Rug* u. a. 2001] *Lißner, K.; Winter, S.; Schmidt, D.; Holz, F.; Hessinger, J.; Hauser, G.; Otto, F.; Held, H.; Rug, W.*: Modernisierung von Altbauten. In: Informationsdienstholz Holz, Holzbauhandbuch, Reihe 1, Teil 14, Folge 1, DGfH und Holzabsatzfond, München 2001

[*Rug* u. a. 2004] *Rug, W.; Stützer, Ch.; Schulze, K.*: Erneuerung von Fachwerkbauten. In: Informationsdienst Holz, Holzbauhandbuch Reihe 5, Teil 6, Folge 1, DGfH und Holzabsatzfond, München 2004

[*Rug* u. a. 2012] *Rug, W; Thoms, F.; Grimm, U.; Eichbaum, G.; Abel, S.*: Untersuchungen zur Biegetragfähigkeit von verzahnten Balken. In: Bautechnik 89 (2012) H. 1, S. 26–36

[*Rug* u. a. 1993] *Rug, W.; Lißner, K.; Held, H.; Lobbedey-Müller, S.; Becker, K.; Tichelmann, K.; Klingsch, W.; Scheuvens; Kothe, E.*: Beurteilung instandsetzungsbedürftiger Holzkonstruktionen und Vorschläge zur verstärkten Anwendung von Holz bei der Sanierung. Forschungsverbundvorhaben AIF – 216 D; RECONTIE – Institut für Holzbau und ökologisches Bauen Berlin; Technische Hochschule Darmstadt; Bergische Universität Wuppertal und Technische Universität Dresden; durchgeführt im Auftrag der DGfH, gefördert durch die AIF. Berlin/Darmstadt/Wuppertal/Dresden 1993

[*Rug* u. a.1997] *Rug, W.; Schulze, H.; Liebig, J.*: Mehrgeschossiger Wohnungsbau in ökologischer Holzbauweise 13. Holzbauseminar 1997, Trebsen b. Leipzig, Tagungsband

[*Rug*, 2003-3] *Rug, W.*: 100 Jahre Holzbau in Deutschland. In: Bauen mit Holz (2003) H. 4, S. 50–57

[*Rug/Badstube* 1986] *Rug, W.; Badstube, M.*: New Development of Limit State Design for the new GDR Timber Design Code. Academy of Building of the GDR, Institute for Industrial Buildings, CIB-W18 Paper 18-102-4, CIB-W18 Meeting Florenz/Italien, 1986

[*Rug/Badstube* 1987] *Rug, W.; Badstube, M.*: Development of a GDR Limit State Design Code for Timber Structures. Academy of Building of the GDR, Institute for Industrial Buildings, CIB-W18A Paper 19-102-4, CIB-W18 Meeting Dublin/Irland, 1987

[*Rug/Badstube* 1988] *Rug, W.; Badstube, M.*: Research torwards a new GDR Timber Design Code based on Limit State Design. Academy of Building of the GDR, Institute for Industrial Buildings, CIB-W18 Paper 21-102-1, CIB-W18 Meeting Vancouver/Kanada, 1988

[*Rug/Böttger* 1991] *Rug, W.; Böttger, J.-Chr.*: Holzbau – Tradition mit Trend. Von der Zimmerei zum Ingenieurholzbau. In: Bauzeitung, Berlin 45 (1991) 2, S. 115–118. Bauzeitung, Berlin 45 (1991) 3, S. 201–204

[*Rug/Eichbaum* 2012] *Rug, W; Eichbaum, G.*: Untersuchungen zur Festigkeit von Robinienholz. In: Bautechnik (2012) H. 6, S. 415–428

[*Rug/Erler* 1986] *Rug, W.; Erler, K.*: Probleme der Rekonstruktion alter Holzkonstruktionen. Bauforschung-Baupraxis, Berlin 1986, H. 204, S. 58–63. Bauzeitung, Berlin 40 (1986) 12, S. 535–537

[*Rug/Erler* 1989] *Rug, W.; Erler, K.:* Modificationsfactor „Aggressive Medien" a proposal for a supplement of CIB Model Code. Academy of Building of the GDR, Institute for Industrial Buildings, CIB-W18A Paper 22-100-4, CIB-W18 Meeting, Berlin 1989

[*Rug/Gümmer/Gehring* 2009] *Rug, W.; Gümmer, K.; Gehring, S.:* Schraubenpressklebung mit Nagelschrauben. In: Bautechnik (2010) H. 1, S. 33–43

[*Rug/Held* 1994] *Rug, W.; Held, H.:* Dachaufstockung Träinformation, das schwedische Holzinformationszentrum und Recontie Ingenieurbüro Holz, Berlin 1994

[*Rug/Held* 1995] *Rug, W.; Held, H.:* Die Bohrwiderstandsmessung. Teil 1. In: Bauzeitung 49 (1995) 4, S. 50–52. Teil 2. In: Bauzeitung 49 (1995) 5, S. 58–59

[*Rug/Held* 1996] *Rug, W.; Held, H.:* Dachaufstockungen in Holzbauweise. In: Bausanierung (1996) H. 4, S. 15–19

[*Rug/Held* 2002] *Rug, W., Held, H.:* Entwicklung des Holzhausbaus in Deutschland im Zeitraum 1870–1945. In: Lebensdauer von Holzhäusern – eine Untersuchung zur Lebensdauer von im Zeitraum zwischen 1870–1945 errichteten Holzhäuser

[*Rug/Held/Linke* 2018] *Rug, W.; Held, H., Linke, G.:* Riss-Sanierung und Verstärkung von Brettschichtkonstruktionen. In: Rug (Hrsg.) Holzbau im Bestand – Historische Holztragwerke, Beuth-Verlag, Berlin 2018

[*Rug/Kofent* 1983] *Rug, W.; Kofent, W.:* Symposium Holzanwendung in der VR Polen. In: Bauplanung-Bautechnik, Berlin, 37 (1983) 12, S. 560–561

[*Rug/Kofent* 1986] *Rug, W.; Kofent, W.:* Stand und Entwicklungstendenzen des Holzbaus in der DDR. Bauplanung-Bautechnik, Berlin 40 (1986) 12, S. 531–535

[*Rug/Kofent* 1988] *Rug, W.; Kofent, W.:* On the Development of Civil Engineering Timber Construction in the GDR. International Timber Engineering Conference, Seattle/USA, 1988

[*Rug/Kreißig* 1983] *Rug, W.; Kreißig, W.:* Anwendung von Ingenieur-Holzkonstruktionen im Industriebau. Bauplanung-Bautechnik, Berlin 37 (1983) 9, S. 408–411

[*Rug/Kreißig* 1988] *Rug, W.; Kreißig, W.:* Zur Weiterentwicklung des Ingenieurholzbaus in der DDR. Bauen mit Holz, Karlsruhe 90 (1988) 11, S. 758–760, 762–764, 766

[*Rug/Kreißig* 1989] *Rug, W.; Kreißig, W.:* Instandsetzung und Rekonstruktion historischer Holzbauten. In: Entwicklung von Methoden zur Errichtung und Projektierung von Baukonstruktionen. Moskau 1989 (russisch, deutsch)

[*Rug/Krüger* 1989] *Rug, W.; Krüger, K.:* Erhaltung alter Holztragwerke. Bauen mit Holz, Karlsruhe 91 (1989) 9, S. 610–616

[*Rug/Linke* 2013] *Rug, W.; Linke, G.:* Untersuchungen zur Holzkorrosion an historischen Brettschichtholz. In: Bautechnik (2013) H. 10, S. 642–650

[*Rug/Linke/Winter* 2013] *Rug, W.; Linke, G.; Winter, L.:* Untersuchungen zur Festigkeit der Klebefugen von historischen Brettschichtholz. In: Bautechnik (2013) H. 10, S. 651–659

[*Rug/Lißner* 2003] *Rug, W.; Lißner, K.:* Forschung und Entwicklung im Holzbau; Herrn Prof. Dr.-Ing. habil Karlheinz Zimmer zum 70. Geburtstag gewidmet. In: Bauingenieur 78 (2003) H. 5, S. 240–251

[Rug/*Lißner* 2004-1] *Rug, W.; Lißner, K.:* Holz-Beton-Verbund in der Praxis, 4. Leipziger Fachtagung „Innovationen im Bauwesen"; Holz-Beton-Verbund am 17./18.03.2004. In: *König, G.; Holschemacher. K.; Dehn, F.:* Holz-Beton-Verbund, Innovationen im Bauwesen Beiträge aus Praxis und Wirtschaft, Bauwerk-Verlag Berlin, 2004

[*Rug/Lißner* 2004-2] *Rug, W.; Lißner, K.:* Holz-Beton-Verbundbauweise in der Praxis. In: Beton- und Stahlbetonbau (2004) 7, 578–586

[*Rug/*Lißner 2004-3] *Rug, W.; Lißner, K.:* Ertüchtigung von Holzbalkendecken durch Holzbetonverbund. In: Fachtagung Denkmalpflege und Bauwerkserhaltung, BDZ und Verband der Restauratoren im Zimmererhandwerk, Fachtagung 2./3. April 2004 in Wetzlar, Tagungsmaterial

[*Rug/Lißner* 2011] *Rug, W.; Lißner, A.:* Untersuchungen zur Festigkeit und Tragfähigkeit von Holz unter dem Einfluss chemisch-aggressiver Medien. In: Bautechnik 88 (2011) H. 3, S. 177–188

[*Rug/Mönck* 2015] *Rug, W.; Mönck, W.:* Holzbau, 16. Auflage, Beuth-Verlag, Berlin 2015

[*Rug/Pötke* 1988] *Rug, W.; Pötke, W.:* Vorspannung von Holzträgern. Bauplanung-Bautechnik, Berlin 42 (1988) 2, S. 252–257

[*Rug/Pötke* 1990] *Rug, W.; Pötke, W.:* Raumfachwerke aus Rundholz. Bauzeitung, Berlin 44 (1990) 1, S. 38–40. Holztechnologie, Leipzig 31 (1990) 6, S. 287–290

[*Rug/Rug* 1996] *Rug, W.; Rug, F.:* Innovation in Timber-Engineering. The Hetzer Method. International Wood Engineering Conference '96, New Orleans, Louisiana, USA

[*Rug/Schmidt* 1989] *Rug, W.; Schmidt, H.*: Zur Entwicklung des Holzbaus. Holztechnologie, Leipzig 30 (1989) 4, S. 186–193

[*Rug/Seemann* 1988] *Rug, W.; Seemann, A.*: Festigkeit von Altholz. Holztechnologie, Leipzig 29 (1988) 4, S. 186–190

[*Rug/Seemann* 1989-1] *Rug, W.; Seemann, A.*: Untersuchungen zur Festigkeit von Altholz. Bauen mit Holz, Karlsruhe 91 (1989) 10, S. 696–699

[*Rug/Seemann* 1989-2] *Rug, W.; Seemann, A.*: Ermittlung von Festigkeitskennwerten an alten Holzkonstruktionen. Holztechnologie, Leipzig 30 (1989) 2, S. 69–73

[*Rug/Seemann* 1989-3] *Rug, W.; Seemann, A.*: Strength of old timber. CIB-Conference 1989, Paris

[*Rug/Seemann* 1991-1] *Rug, W.; Seemann, A.*: Instandsetzung und Erhaltung von Holzkonstruktionen. Modernisierungsmarkt Berlin/Brandenburg (1991) 2, S. 8–10

[*Rug/Seemann* 1991-2] *Rug, W.; Seemann, A.*: Strength of old Timber. Building Research and Information, 19 (1991) 1, S. 31–37

[*Rug/Seemann* 1991-3] *Rug, W.; Seemann, A.*: Analysis of the Structural State of Repair, Preservation and Repair of Historic Timber Loadbearing Structures. International Timber Engineering Conference London 1991

[*Rug/Seemann* 1991-4] *Rug, W.; Seemann, A.*: Erhaltung einer Fachwerkkapelle. Bauwirtschaftliche Informationen, Hamburg Nr. 198 vom 15.10.1991, S. 33–37

[*Rug/Seemann* 1992] *Rug, W.; Seemann, A.*: Bauwerkserhaltung und Instandsetzung historischer Holztragwerke. In: 1. Internationaler Kongreß zur Bauwerkserhaltung 1992 anläßlich der Bautec Berlin

[*Rühle* 1969] *Rühle, H.*: Räumliche Dachtragwerke. Bd. 1: Beton – Holz – Keramik. Berlin: Verlag für Bauwesen 1969

[*Rüsch* 1997] *Rüsch, E.*: Baukonstruktion zwischen Innovation und Scheitern. Fulda 1997

[*Rusche* 1973] *Rusche, H.*: Festigkeitseigenschaften von Holz nach thermischer Behandlung. Holz als Roh- und Werkstoff, München 31 (1973) S. 273–281

[*Rusche* 1975] *Rusche, H.*: Festigkeitseigenschaften von trockenem Holz nach Wärmebehandlungen. VDI-Zeitschrift, Düsseldorf 117 (1975) Nr. 2 – Jan. (II)

[*Ruske* 1992] *Ruske, W.*: Holzbau-Handbuch, Reihe 1 Teil 17, Folge 4 – Nagelplattenkonstruktionen. Arge Holz, Düsseldorf 1992

[*Rütgers/MiTek* ohne Datum] Mehr Sicherheit mit der innovativen Brandschutzlösung für Nagelplattenbinder!

[*Rybicki* 1974] *Rybicki, R.*: Schäden und Mängel an Baukonstruktionen. 2. Aufl. Düsseldorf: Werner-Verlag 1974

[*Rybicki* 1988] *Rybicki, R.*: Faustformeln und Faustwerte für Konstruktionen im Hochbau, Teil 1: Geschoßbauten; Teil 2: Hallen- und sonstige Hochbauten. Düsseldorf: Werner-Verlag, 3. neubearbeitete und erweiterte Auflage 1988

[*Ryll* 2012] *Ryll, C.*: Holz wächst über sich hinaus. In: Mikado (2012) H. 7, S. 10–15

[*Ryll* 2012] *Ryll, Ch.*: Siebengeschosser in Wien. In: Mikado (2012) H. 7, S. 10–15

[*Ryll* 2013] *Ryll, Ch.*: Mehrgeschosser Wien. In: Mikado (2013), S. 34–37

[*Sagot* 1995] *Sagot, G.*: Baulicher Holzschutz. In: [*Step 1* 1995] (siehe dort)

[*Sandermann/Rothkamm* 1959] *Sandermann, W.; Rothkamm, M.*: Über die Bestimmung der ph-Werte von Handelshölzern und deren Bedeutung für die Praxis. In: Holz als Roh- und Werkstoff (1959), S. 433–440

[*Sandhaas* 2012] *Sandhaas, C.*: Mechanical behaviour of timber joints with slotted-in steel plates. Dissertation, TU Delft, 2012

[*Sandhaas* u. a. 2010] *Sandhaas, C.; Vries, P.; Kuilen, J.-W. G.*: Double shear timber joints witte high strength steel dowels. WCTE 2010, Proceedings

[Sandomeer/Steiger 2009] *Sandomeer M. K., Steiger R.: Potenzial der maschinellen Festigkeitssortierung von Schnittholz; In: Zukunft Holz – Statusbericht zum aktuellen Stand der Verwendung von Holz und Holzprodukten im Bauwesen und Evaluierung künftiger Entwicklungspotential (2009)*, S. 361–370

[*Schäfer* 2012] *Schäfer, W.*: Vorzeigeprojekte in der letzten Phase. In: bauen mit holz (2012) H. 9, S. 18–22

[*Schäfers* 2010] *Schäfers, M.*: Entwicklung von hybriden Bauteilen aus Holz und hochfesten bzw. ultrahochfesten Betonen, Universität Kassel, Dissertation. In: Schriftreihe Bauwerkserhaltung und Holzbau, H. 4, Kassel University press 2010

[*Schäfers/Seim* 2011] *Schäfers, M.; Seim, W.*: Geklebte Verbundbauteile aus Holz und hoch- bzw. ultrahochfesten Betonen. In: Bautechnik (2011) H. 3, S. 165–176

[*Schänzlin* 2010] *Schänzlin, J.*: Modelling the long-term behavior of structural timber for typical serviceclass-II-conditions in South-West Germany. Universität Stuttgart, Instituts für Konstruktion und Entwurf, Habilitation, Stuttgart Oktober 2010

[*Schänzlin* 2017] *Schänzlin, J.*: Ausblick auf die zukünftige Bemessung von Holz-Beton-Verbunddecken. VPI-Arbeitstagung vom 23./24.06.2017, Baden-Baden

[*Schänzlin* 2018] *Schänzlin, J.*: Eurocode 5:2022 – Bemessung von Holz-Beton-Verbunddecken. In: Tagungsband Karlsruher Tage 2018, Holzbau Forschung für die Praxis, 04.-05.10.2018, KIT Karlsruhe 2018

[*Schatz* 2004] *Schatz, T.*: Beitrag zur vereinfachten Biegebemessung von FVK-bewehrten Holzträgern. In: Bautechnik (2004) H. 3, S. 153–162

[*Schauer* u. a. 1992] *Schauer, H.* u. a.: Fachwerkbauten in Mecklenburg-Vorpommern, Brandenburg, Sachsen-Anhalt, Thüringen, Sachsen. Berlin/München: Verlag für Bauwesen 1992

[*Scheer* 1980] *Scheer, C.*: Holzgerechte Konstruktionen, gezeigt am Beispiel der Zollinger-Lamellenbauweise. In: Beiträge zur Bautechnik, R. v. Halász, Festschrift. Berlin: Ernst & Sohn, 1980

[*Scheer* 1995] *Scheer, C.*: Brandschutztechnische Bemessung von Holzbauten nach Eurocode 5 Teil 1–2. In: Referatensammlung Eurocode 5 – Entwurf, Berechnung und Bemessung von Holzbauwerken. DIN Deutsches Institut für Normung e. V., Karlsruhe 1995

[*Scheer* u. a. 1980] *Scheer, C.; Golze, B.; Purnomo, J.*: Berechnung von Fachwerkkonstruktionen unter Berücksichtigung des durchlaufenden Ober- und Untergurtes. Selbstverlag, TU Berlin, Fachgebiet Baukonstruktion 1980

[*Scheer* u. a. 1992-1] *Scheer, C.; Laschinski; Szu, F. S.*: Vorschlag eines lastabhängigen k_B-Werts. In: Holzbau-Statik – Aktuell, Ausgabe Juli 1992/4. Hrsg. Arbeitsgemeinschaft Holz e. V., Düsseldorf 1992

[*Scheer* u. a. 1992-2] *Scheer, C.; Knauf, T.; Meyer-Ottens, C.*: Rechnerische Brandschutzbemessung unbekleideter Holzbauteile. Bautechnik, 69 (1992) 4, S. 179–189

[*Scheer/Andresen* 1985] *Scheer, C.; Andresen, K.*: Beispiele Ingenieurholzbau. Düsseldorf: Holzwirtschaftlicher Verlag der Arbeitsgemeinschaft Holz e. V., 1985

[*Scheer/Golze* 1981] *Scheer, C.; Golze, B.*: Verformungsverhalten von Fachwerkbindern mit ausmittigen Stabanschlüssen. Bauen mit Holz, Karlsruhe 83 (1981) 1, S. 22–26

[*Scheer/Knauf* 1996] *Scheer, C.; Knauf, T.*: Statik und Bemessung im Holzbau – national und europäisch. In: *Halász, R.; Scheer, C.*: Holzbautaschenbuch, Band 1, Berlin: Ernst & Sohn 1996

[*Scheer/Purnomo* 1981] *Scheer, C.; Purnomo, J.*: Weiterentwicklung der Zollinger-Lamellenbauweise mit Ermittlung von vereinfachten Berechnungsverfahren und statischen Nachweisen. Bauen mit Holz, Karlsruhe 83 (1981) 6

[*Scheer/Schatz* 1985] *Scheer, C.; Schatz, T.*: Bemessungshilfen Brandschutz im Holzbau, Teil 2. In: Bauen mit Holz (1985) 4, S. 224–232

[*Scheer/Wunderlich* 1982] *Scheer, C.; Wunderlich, M.*: Fachwerkbinder. Berechnung und Konstruktion. Bericht der Entwicklungsgemeinschaft Holzbau i. d. DGfH. Informationsdienst Holz der Arbeitsgemeinschaft Holz e. V., Düsseldorf 1982

[*Schelling* 1967] *Schelling, W.*: Berechnung gekrümmter Brettschichtträger. Bauen mit Holz, Karlsruhe 69 (1967) 4, S. 158

[*Schelling* 1968] *Schelling, W.*: Die Berechnung nachgiebig verbundener, zusammengesetzter Biegeträger im Ingenieurholzbau. Diss. Universität (TH) Karlsruhe 1968

[*Schelling* 1985] *Schelling, W.*: Zur Berechnung nachgiebig zusammengesetzter Biegeträger aus beliebig vielen Einzelquerschnitten. In: Ingenieurholzbau in Forschung und Praxis, Karlsruhe 1985

[*Schelling* u. a. 1983] *Schelling, W.* u. a.: Bemessungshilfen Knoten-Anschlüsse. Hrsg.: Entwicklungsgemeinschaft Holzbau (EGH) in der Deutschen Gesellschaft für Holzforschung, Düsseldorf 1983

[*Schelling* u. a. 1987] *Schelling, W.; Hinkes, F. J.; Speich, M.; Zietz, W.*: Bemessungshilfen Knoten, Anschlüsse. Teil 2. Informationsdienst Holz, Düsseldorf 1987

[*Schelling/Hinkes* 1985] *Schelling, W.; Hinkes, F.-J.*: Tragverhalten von Zapfenverbindungen. Inst. f. Bautechnik und Holzbau, Univers. Hannover 1985

[*Scheunert* 1960] *Scheunert, A.*: Die Tragwirkung hölzerner Verbundbalken. Bautechnik 37 (1960) 11, S. 419–428

[*Scheurer* 2009] *Scheurer, F.*: Mit digitaler Hilfen um die Kurve. In: bauen mit holz (2009) H. 9, S. 30–33

[*Schickhofer* u. a. 2006] *Schickhofer, G.; Moosbrugger, T.; Guggenberger, W.*: Blick auf die Forschung und Entwicklung. Tagungsband, 5. Grazer Holzbau-Fachtagung, Graz 2006

[*Schickhofer* u. a. 2007] *Schickhofer, G.; Ausgustin, M.; Jeitter, G.*: Einführung in die Verbindungstechnik mit Stabdübeln, Schrauben und eingeklebten Stahlstangen. 6. Grazer Holzbau Fachtagung, TU Graz 2007

[*Schickhofer* u. a. 2010] *Schickhofer, G.; Bogensperger, T.; Moosbrugger, T.:* BSPhandbuch, Holzbau-Massivbauweise in Brettsperrholz, 2. Auflage Graz 2010

[*Schild* u. a. 1976] *Schild, E.*, u. a.: Schwachstellen – Schäden, Ursachen, Konstruktions- und Ausführungsempfehlungen. Bd. I: Flachdächer, Dachterrassen, Balkone. Wiesbaden/Berlin: Bauverlag 1976

[*Schimmelpfennig* 2020] *Schimmelpfennig, A.:* Individuell und doch modular – kein Widerspruch! Moderne Holzhybride: Vattenfall Berlin. In: 1. Holzbau Kongress Berlin (DHK), 10./11. März 2020, Forum Holzbau, Biel 2020

[*Schleicher* 1955] *Schleicher, F.:* Taschenbuch für Bauingenieure. Bd. I. 2. Aufl. Berlin: Springer 1955

[*Schmerbach* 2008] *Schmerbach, S.:* Ein Berechnungsmodell für die Bemessung von nachveredelten Nadel- oder Laubholzträgern mit eingeklebter Biegezugbewehrung aus Spannstahl oder Kohlenstofffasern. In: Bauingenieur 83 (2008) H. 3, S. 118–126

[*Schmidt* 1949] *Schmidt, K.:* Das Zollbau-Lamellendach. Baumeister 46 (1949) H. 2, S. 90–91

[*Schmidt* 2008] *Schmidt, J.:* Modellierung und nummerische Analyse von Strukturen aus Holz. Dissertation, Institut für Statik und Dynamik der Tragwerke, TU Dresden 2008

[*Schmidt* 2015] *Schmidt, D.:* Holzschutz Bauliche Maßnahmen. In: Informationsdienst Holz, holzbau handbuch, Reihe 5, Teil 2, Folge 2, Holzbau Deutschland (Hrsg.), Berlin 2015

[*Schmidt* 2018] *Schmidt, M.:* Statik im Dachgeschoss, 3. Auflage, Rudolf Müller Verlag, 2018

[*Schmidt* u. a. 2019] *Schmidt, D.; Kehl, D.; Rabold, A.; Kober, T.:* Flachdächer in Holzbauweise. In: Informationsdienst Holz, holzbau handbuch, Reihe 3, Teil 2, Folge 1, Holzbau Deutschland (Hrsg.), Berlin 2019

[*Schmidt* u. a. 2005] *Schmidt, J.; Lämmel, R.; Reuter, C.; Kakiske, M.:* Einfluss des Kriechens und Betonschwin- dens auf das Tragverhalten von Holz-Beton-Verbundbalken, Bautechnik (2005) H. 7, S. 407– 415

[*Schmitt* 1974] *Schmitt, H.:* Hochbaukonstruktionen. 5. Aufl. Düsseldorf: Bertelsmann Fachverlag 1974

[*Schneeweiß* 1969] *Schneeweiß, G.:* Der Einfluß der Abmessungen auf die Biegefestigkeit von Holzbalken. Holz als Roh- und Werkstoff, Berlin 27 (1969) 1, S. 23–29

[*Schneider* 1996] Bautabellen für Ingenieure mit europäischen und nationalen Vorschriften. Hrsg.: *Schneider, K.-J.* 12. Auflage, Düsseldorf: Werner-Verlag 1996

[*Schneider/Sattler* 1994] *Schneider, K. J.; Sattler, K:* Sicherheit für Zuverlässigkeit im Bauwesen. B. G. Teubner Verlag Stuttgart, 1994

[*Schnüriger* u. a. 2007] *Schnüriger, M.; Brunner, M.; Lehmann, M.:* Gradientenvorspannung, Verstärkung von Holzbalken mit vorgespannten CFK-Lamellen, die in Gradienten verankert sind. Berner Fachhochschule, Forschungsbericht, Bern 2007

[*Schober* 2008] *Schober, K.-U.:* Untersuchungen zur Tragverhalten hybrider Verbundkonstruktionen aus Polymerbeton, faserverstärkten Kunststoffen aus Holz. Dissertation, Schriftreihe des Institut für konstruktiven Ingenieurbau Bauhaus-Universität Wismar 2008

[*Schober* 2010] *Schober, K.-U.:* Hochleistungskunststoffe für Tragwerksverstärkung von Holzkonstruktionen im Bestand. In: Bausubstanz (2010) H. 4, S. 38–43

[*Scholz* 2004] *Scholz, A.:* Eigenspannungszustände an Verbundquerschnitten infolge von Dehnungsunterschieden, Bautechnik (2004) H. 3, S. 180–188

[*Schönborn* u. a. 2011] *Schörnborn, F.; Flach, M.; Feix, J.:* Bemessungsregeln und Ausführungshinweise für Schubkerven im Holz-Beton-Verbundbau. In: Beton- und Stahlbetonbau (2011) H. 6, S. 385–393

[*Schöne* 1992] *Schöne, W.:* Einflußfaktoren auf die Biegefestigkeit von Brettschichtholz und ihre zerstörungsfreie Messung. Technische Hochschule Leipzig, Dissertation, Leipzig 1992

[*Schopbach* u. a. 2018] *Schopbach, H.; Neuenhagen, H.; Marpe, P., Mette, E.:* Grundrisse moderner Holzbau, Bundesbildungszentrum des Zimmerer- und Ausbaugewerbes, (Hrsg.) Bruderverlag, Köln 2018

[*Schrentewein* 2013] *Schrentewein,Th.:* Hochhaus ohne Verformung – Mehrgeschossiges Bauen. In: bauen mit holz (2013) H. 12, S. 22–26

[*Schröter* u. a. 2010] *Schröter, H.; Simon, A.; Timmler, H.-G.; Rautenstrauch, K.; Raue, E.:* Zur Berechnung von Holz-Beton-Verbundträgern mit Methoden der mathematischen Optimierung. In: Bautechnik (2010) H. 8, S. 474–481

[*Schueller* 1981] *Schueller, G.:* Einführung in die Sicherheit und Zuverlässigkeit von Tragwerken. Ernst & Sohn, Berlin 1981

[*Schulze* 1988] *Schulze, H.:* Holzwerkstoffe, Konstruktionen und Bauphysik. Bericht Entwicklungsgemeinschaft Holzbau i. d. Deutschen Gesellschaft f. Holzforschung, Informationsdienst Holz, Arbeitsgemeinschaft Holz e. V., Düsseldorf, 1988

[*Schulze* 1992] *Schulze, H.:* Holzbau-Handbuch, Reihe 1 Entwurf und Konstruktion, Teil 14: Umbau – Modernisierung, Folge 3: Nachträglicher Dachgeschoßausbau. Arge Holz, Düsseldorf 1992

[*Schulze* 1997] *Schulze, H.:* Holzbau-Handbuch, Reihe 3, Teil 5, Folge 2 Baulicher Holzschutz. Arge Holz, Düsseldorf 1997 (Aktualisierung der Ausgaben von 1988 und 1993)

[*Schulze* 1998] *Schulze, H.:* Grundlagen des Schallschutzes. In: Informationsdienst Holz, holzbau handbuch Reihe 3, Teil 3, Folge 1, 1998

[*Schulze* 1998] *Schulze, H.:* Entwicklungen im mitteleuropäischen Holzhausbau in der ersten Hälfte des 20. Jahrhunderts. In: Bautechnik 75 (1998) 8, S. 576–582

[*Schulze* 2005] *Schulze, H.:* Holzbau – Wände, Decken, Dächer. 3. Auflage, Stuttgart 2005

[*Schulze* u. a. 1992] *Schulze; Schönhoff; Lietz:* Bemessungsvorschläge für Deckenscheiben in Holzbauart mit dreiseitiger Lagerung. In: Holzbau-Statik – Aktuell, Ausgabe Juli 1992/1. Hrsg.: Arbeitsgemeinschaft Holz e. V., Düsseldorf 1992

[*Schulze/Raschper* 1992] *Schulze; Raschper:* Erarbeitung von Kriterien für Wände von Wohngebäuden in Holztafelbau ohne Nachweis der Ableitung der Windlasten. In: Holzbau-Statik – Aktuell, Ausgabe Juli 1992/1. Hrsg. Arbeitsgemeinschaft Holz e. V., Düsseldorf 1992

[*Schwab* 2004] *Schwab, H.:* Die CE-Kennzeichnung von Holzwerkstoffen, Bauen mit holz (2004) H. 3, S. 31–35 und H. 4, S. 35–38

[*Schwaner* u. a. 2009] *Schwaner, K.* u. a.: Zukunft Holz, Querschnittsbericht und Entwicklungspotentiale. Institut Holzbau, Biberach, 2009 Abschlussbericht

[*Schwaner/Seidel* 1996] *Schwaner, K.; Seidel, A.*: Bauen mit Brettschichtholz. Arge Holz, Düsseldorf 1996

[*Schweizer Holzbau* 1976] ...: Eine Sprungschanze mit verleimten Stützen und Fachwerkträgern. Schweizer Holzbau, Zürich 42 (1976) 1, S. 12–14

[*Schweizer Holzbau* 1978] ...: Eine Eishockeyhalle in Finnland. Schweizer Holzbau, Zürich 44 (1978) 8, S. 212/213

[*Schweizer Holzbau* 1979] ...: Tribüne zu einem Sportstadion. Schweizer Holzbau, Zürich 45 (1979) 2, S. 37

[*Schweizer Holzbau* 1980] ...: Holzverbindungen. Schweizer Holzbau. Zürich45 (1980) 2, S. 59–61

[*Schweizer Holzbau* 1981] ...: Fachwerkträger für Kantholzbinder mit einteiligen Gurten, Grundsysteme. Schweizer Holzbau, Zürich 46 (1981) 4, S. 66–68

[*Schweizer Holzbau* 1983] ...: Neues Verbindungssystem erweitert den Anwendungsbereich von Holztragwerken. Schweizer Hochbau, Zürich 49 (1983) 9, S. 27–33

[*Seidel* 1999] *Seidel, A.:* Dokumentation Bauen mit BS-Holz. Informationsdienst Holz, ArgeHolz Düsseldorf 1999

[*Seidel/Wiegand* 1999] *Seidel, A.; Wiegand, T.:* Duo- und Triobalken, Informationsdienst Holz, Düsseldorf 1999

[*Seitz* 1936] *Seitz, H.:* Neuere Versuche mit Einpressdübeln. In: Bautechnik (1936) 3, S. 38–41

[*Seitz* 1939] *Seitz*: Holzbau, Vierjahresplan und Normung. Bautechnik 17 (1939)

[*Seitz* 1951] *Seitz, H.:* Bugpfetten und ihre wirtschaftliche Gestaltung. In: Bautechnik 28 (1951) H. 7, S. 147–151

[*Sell* 1989] *Sell, J.:* Eigenschaften und Kenngrößen von Holzarten. 3. Aufl. Zürich: Dietikon: Bauverlag AG 1989

[*Senno/Piazza/Tomasi* 2004] *Senno, M; Piazza, M; Tomasi, R.:* Axial glued-in steel timber joints - experimental and numerical analysis. In: Holz als Roh- und Werkstoff (2004), S. 137–146

[*Seraphin* 2003] *Seraphin, M.:* Zur Entstehung des Ingenieurholzbaus. Dissertation, Schriftreihe des Lehrstuhls für Holztechnik und Tragwerksplanung, H. 2, TU München 2003

[*Shankare/Ranta-Maunus* 1993] *Shankare, G.; Ranta-Maunus, A.:* Curved and cambered glulambeams. Part 1: Shortterm Load Tests. VTT Research Notes 1500, VTT Technical Research Centre of Finland, ESP00, Middelande, Finland 1993

[*Sigma* 1990] *Sigma*: Schalungen für den Betonbau. Karlsruhe 1990

[*Simon* 2009] *Simon, A.:* Analyse zum Trag- und Verformungsverhalten von Straßenbrücken in Holz-Beton-Verbund-Bauweise, Dissertation, Bauhaus-Universität Weimar 2009

[Simon/*Rautenstrauch* 2009] *Simon, A.; Rautenstrauch, K.:* Straßenbrücken in Holz-Beton-Verbundbauweise. In: Schwaner, K. Hrsg.: Zukunft Holz Querschnittsbericht und Entwicklungspotentiale, Biberach 2009

[*Sinn* 2012] *Sinn, R.:* Hybridsystem für den mehrgeschossigen Holzbau. In: Deutsche Bauzeitung (2012) H. 12, S. 65–67

[*Slavik* u. a. 1990] *Slavik; Denesch; Rjumina:* Holzfestigkeitsparameter für den neuen UdSSR-Bemessungsstandard und Vergleich mit internationalen Vorschriften. 22. Jahrestagung der AG „Timber Structures" Berlin 25.–28. Sept. 1989; Folge 1. In: Bauforschung-Baupraxis, H. 279, Hrsg.: Bauakademie der DDR, Bauinformation Berlin 1990

[*Slavik* u. a. 1993] *Slavik, Ju. Ju.; Turkowsky, S. W.; Rug, W.; Kreißig, W.:* Montierbare Verbindungen in Holzkonstruktionen mit schräg eingeklebten Stäben. In: Bautechnik, Berlin 70 (1993) 4, S. 212–217

[*Solli* 1995] *Solli, K. H.:* Geleimte, dünnstegige Träger. In: [*Step 1* 1995] (siehe dort)

[*Stade* 1904] *Stade, F.:* Die Schule des Bautechnikers. 13. Bd. Die Holzkonstruktionen. Leipzig: Verlag Moritz Schäfer 1904

[*Steck* 1982] *Steck, G.:* Die Zuverlässigkeit des Vollholzbalkens unter reiner Biegung (Dissertation). Berichte der Versuchsanstalt für Stahl, Holz und Steine der Universität Karlsruhe, 4. Folge, H. 6, 1982

[*Steck* 1995-1] *Steck, G.:* Holzwerkstoffe – Sperrholz. In: [*Step 1* 1995] (siehe dort)

[*Steck* 1995-2] *Steck, G.:* Fachwerkbinder aus Brettschichtholz und Vollholz. In: [*Step 2* 1995] (siehe dort)

[*Steck* 1996-1] *Steck, G.:* Holzbau EC 5. In: *Schneider, K. J.:* Bautabellen 12. Auflage, Düsseldorf 1996

[*Steck* 1996-2] *Steck, G.:* Holzbau (DIN 1052). In: *Schneider, K. J.:* Bautabellen 12. Auflage, Düsseldorf 1996

[*Steck* 1997] *Steck, G.:* Euro-Holzbau, Teil 1, Grundlagen. Düsseldorf 1997

[*Steck* 1998] *Steck, G.:* Bau-Furnier-Sperrholz aus Buche. Informationsdienst Holz, EGH, Düsseldorf 1998

[*Steck* 2000] *Steck, G.:* Queranschlüsse, Ausklinkungen, Durchbrüche und Verstärkungen-Bemessung nach E DIN 1052, Karlsruher Tage 2000, Tagungsband

[*Steck* 2002] *Steck, G.:* Einseitige Beanspruchung. In: bauen mit holz (2002) H. 3, S. 33–42

[*Steiger* 1995] *Steiger, R.:* Versuche an Fichten-Kanthölzern; Biegemoment-Normalkraft-Interaktion. Institut für Baustatik und Konstruktion, IBK-Bericht Nr. 209, ETH Zürich 1995

[*Steiger* 2012] *Steiger, R.:* Brettschichtholz eingeklebte Gewindestangen. Stand des Wissens zu einer leistungsfähigen Verbindungstechnik. In: 18. Internationales Holzbau-Forum 2012, Tagungsband

[*Stein* 2016-1] *Stein, R.:* Brandschutzmaßnahmen für Dachkonstruktionen aus vorgefertigten tragenden Bauteilen mit Nagelplattenverbindungen. In: Bautechnik (2016), Sonderdruck

[*Stein* 2016-2] *Stein, R.:* Leitfaden zu vorbeugenden und abwehrenden Brandschutzmaßnahmen für Dachkonstruktionen aus vorgefertigten tragenden Bauteilen mit Nagelplattenverbindungen. TU München, LS Holzbau und Baukonstruktionen

[*Steinmetz* 1992] *Steinmetz*: Die Aussteifung von Holzhäusern am Beispiel des Holzrahmenbaues. In: Holzbau-Statik – Aktuell, Ausgabe Juli 1992/1. Hrsg.: Arbeitsgemeinschaft Holz e. V., Düsseldorf 1992

[*Step 1* 1995] *Step 1*: Holzbauwerke nach Eurocode 5 – Bemessung und Baustoffe. Informationsdienst Holz. Hrsg.: *Blaß, H. J.; Görlacher, R.; Steck, G.* In der Arbeitsgemeinschaft Holz e. V., Fachbuchverlag Holz, Düsseldorf 1995

[*Step 2* 1995] *Step 2*: Holzbauwerke nach Eurocode 5 – Bauteile, Konstruktionen, Details. Informationsdienst Holz. Hrsg.: *Blaß, H. J.; Görlacher, R.; Steck, G.* In der Arbeitsgemeinschaft Holz e. V., Fachbuchverlag Holz, Düsseldorf 1995

[*Step 3* 1995] *Step 3*: Holzbauwerke nach Eurocode 5 – Grundlagen, Entwicklungen, Ergänzungen. Informationsdienst Holz. Hrsg.: *Blaß, H. J.; Görlacher, R.; Steck, G.* In der Arbeitsgemeinschaft Holz e. V., Fachbuchverlag Holz, Düsseldorf 1995

[*Step 4* 1995] *Step 4*: Eurocode 5 – Nationales Anwendungsdokument. Hrsg.: Arge Holz e. V. Düsseldorf und Bruderverlag Karlsruhe 1995

[*Step 5* 1995] *Step 5*: Holzbauwerke, Regelnachweise – EDV-Hilfe in Excel 5.0 Bemessung nach Eurocode 5. Hrsg.: Arge Holz e. V. Düsseldorf und Bruderverlag Karlsruhe 1995

[*Stephan* 1950] *Stephan, R.:* Beitrag zur Spannungsermittlung beim Versatzanschluss im Holzbau. Dissertation, TU Hannover 1950

[*Stephan/Aldi* 2012] *Stephan, K.; Aldi, P.:* Vereinfachte Ermüdungsnachweis von Holz-Beton-Verbundbrücken. In: Doktorantenkolloquium, Stuttgart 12./13. März 2012

[*Stephan/Kuhlmann* 2014] *Stephan, K.; Kuhlmann, U.:* Vereinfachter Ermüdungsnachweis von Holz-Beton-Verbundstraßenbrücken mit Kerven. In: 5. Holzbau-Spezial Brückenbau 2014, Tagungsband

[*Sterenovic* 1996] *Sterenovic, B.:* Elastically coppeld Timber-Concrete Beams. International Wood Engineering Conference, Proceedings, New Orleans, 1996

[*Stern* 1967] *Stern, G.:* Effects of Bradding and Clinching of Points of Plainshank and Helically Mails. Virginia Polytechnic Institute, Research Division, Wood Research and Wood Construction Laboratory, Bulletin Nr. 64/1967

[*Stern* 1968] *Stern, G.:* Effects of Angular Driving of Nails on Automatic Clinching of Diamond Points. Virginia Polytechnic Institute, Bulletin Nr. 66 (Februar 1968)

[*Steurer* 1990] *Steurer, A.:* Innovationen im Holzbau. 22. Fortbildungskurs der SAH, Nov. 1990, Schweizerische Arbeitsgemeinschaft für Holzforschung. Sekretariat Lignum, Zürich

[*Steurer* 1999] *Steurer, A.:* Holzkonstruktion mit Stahl- und Kunststoffverstärkung. In: Tragende Verbundkonstruktionen mit Holz, 31. SAH-Fortbildungskurs, Weinfelden 03./04.11.1999

[*Steurer* 2009] *Steurer, A.:* Schwingungsprobleme im Holzbau: Beispiel aus der Praxis. In: Baudynamik im Holzbau, SIA Dokumentation D 0230, Zürich 2009

[*Stoy/Mlynek* 1955] *Stoy, W.; Mlynek, F.:* Versuche über den Einfluß der Nagelfestigkeit und der Holzfestigkeit auf die Widerstandsfähigkeit von genagelten Holzverbindungen. In: Versuche für den Holzbau, II. Teil, H. 20, Reihe D „Fortschritte und Forschungen im Bauwesen“; Stuttgart: Franck'sche Verlagsbuchhandlung 1955

[*Strahm* 2016] *Strahm, T.: Laubholz im Ingenieurholzbau. Europäischer Kongress EBH, Tagungsband, Köln 2016*

[*Strauß/Sommerrock* 2001] *Strauß, W; Sommerrock, A:* Praxiskommentar zur DIN 18 334 Zimmerer- und Holzbauarbeiten, Weka-Verlag, Augsburg, 2001

[*Streitparth/Wessel* 1969] *Streitparth, J.; Wessel, G.:* Milch-Mocca-Bar im Stadtzentrum Cottbus. Deutsche Architektur 17 (1969) 4

[*Struve* 2004] *Struve, K.:* Experimentelle und nummerische Untersuchungen zum Tragverhalten von hölzernen Mischdachkonstruktionen bei Hausdächern. Universität Hannover, Shaker-Verlag Aachen 2004

[*Studiengemeinschaft Holzleimbau* 1968] Entwurfsblätter. Hrsg.: Studiengemeinschaft Holzleimbau. Düsseldorf 1968

[*Stürzebecher* u. a. 1983] *Stürzebecher* u. a.: Rauten-Lamellenkonstruktionen. Hrsg.: Entwicklungsgemeinschaft Holzbau in der Deutschen Gesellschaft für Holzforschung, München und Arbeitsgemeinschaft Holz e. V., Düsseldorf 1983

[*Stüssi/Dubas* 1971] *Stüssi/Dubas:* Grundlagen des Stahlbaues, 2. Aufl. Berlin: Springer-Verlag 1971

[*Stützer* 2018] *Stützer, Ch.:* Holz-Beton-Verbundkonstruktlonen – Bemessung mit herkömmlicher Stabwerkssoftware. In: Rug (Hrsg.) Holzbau im Bestand – Historische Holztragwerke, Beuth-Verlag, Berlin 2018

[*Suenson* 1938] *Suenson, E.:* Zulässiger Druck auf Querholz. In: Holz als Roh- und Werkstoff (1938) H. 10, S. 213–217

[*Suhling* 1979] *Suhling, P.:* Zur Vorspannung der Sparren von unterspannten Dreigelenkbindern in Holz-Stahl-Bauweise. Bauplanung-Bautechnik, Berlin 33 (1979) 1, S. 10/11

[*Takac* 1996] *Takac, St.:* Experimental Research of Wood-Concrete Composite Structures Joined by Bulldog Dowels. International Wood Engineering Conference, Proceedings, New Orleans, 1996

[*Tannert* u. a. 2011] *Tannert, Th.; Lam, F.; Vallée, T.:* Structural performance of rounded dovetail connections: experimental and numerical investigations. In: European Journal of Wood and Wood Products (2011), S. 471–482

[*Thelandersson* 1995] *Thelandersson, S.:* Deformations in timber structures. In: [*Step 3* 1995] (siehe dort)

[*Thelandersson/Larsen* 2003] *Thelandersson, S.; Larsen, H.- J.:* Timber Engineering, John Wiley & Sons, West Sussex, 2003

[*Theuerkorn* 1953/1954] *Theuerkorn, M.:* Baukonstruktionslehre. Bd. I, II und III. Leipzig: Fachbuchverlag 1953/1954

[*Thunell* 1941] *Thunell, B.:* Über die Elastizität schwedischen Kiefernholzes. Holz als Roh- und Werkstoff 4 (1941) 1, S. 15–18

[*Tichelmann/Blome* u. a. 2019] *Tichelmann, K. U.; Blome, D.; Ringwald, T.; Günther, M.; Groß, K.:* Wohnraumpotenziale in urbanen Lagen, Aufstockung und Umnutzung von Nichtwohngebäuden, Deutschlandstudie 2019, TU Darmstadt

[*Tietjen* 1977-1] *Tietjen, H.:* Berechnung der Sparren und Pfetten. Holzbau, Zürich 43 (1977) 8, S. 217–219

[*Tietjen* 1977-2] *Tietjen, H.:* Das Pfettendach und seine Berechnung. Schweizer Holzbau, Zürich 43 (1977) 11, S. 309–312

[*Tietjen* 1978-1] *Tietjen, H.:* Der Fachwerkträger und seine Berechnung. Holzbau, Zürich 44 (1978) 2, S. 49–52

[*Tietjen* 1978-2] *Tietjen, H.:* Der Gelenk- oder Gerberträger im Holzbau. Teil 1: Holzbau, Zürich 44 (1978) 5, S. 135–137; Teil 2: Holzbau, Zürich 44 (1978) 6, S. 165–167

[*Tietjen* 1978-3] *Tietjen, H.:* Der Knick- und Windverband im Holzbau. Holzbau, Zürich 44 (1978) 7, S. 193–195

[*Tietjen* 1978-4] *Tietjen, H.:* Rechtwinklig geknickte Rahmen. Schweizer Holzbau, Zürich 44 (1978) 9, S. 249/250

[*Tietjen* 1978-5] *Tietjen, H.:* Dreigelenkrahmen mit keilgezinkten Ecken. Holzbau, Zürich 44 (1978), Teil 1: H. 11, S. 305–307; Teil 2: H. 12, S. 333–335

[*Tietjen* 1979-1] *Tietjen, H.:* Der schrägliegende Träger als Binderbalken. Holzbau, Zürich 45 (1979) 2, S. 49–51

[*Tietjen* 1979-2] *Tietjen, H.:* Der Dreigelenkrahmen im Hallenbau (Berechnung). Schweizer Holzbau, Zürich 45 (1979) 8, S. 221–224

[*Tietjen* 1981] *Tietjen, H.:* Betrachtung der Tragwerke in statischer Hinsicht. Schweizer Holzbau, Zürich 46 (1981) 12, S. 297

[*Timmermann* u. a. 1994] *Timmermann, K.; Meierhofer* u. a.: Berechnung von Holz-Beton-Verbundbalken mit der Differenzenmethode. Schweizer Ingenieur und Architekt Nr. 45, 3. Nov. 1994, S. 931–936

[*Tornow/Trinkert* 2010] *Tornow, S.-E.; Trinkert, A.:* Über den Dächern von Berlin. In: bauen mit holz (2010) H. 3, S. 20–23

[*Torno* u. a. 2017] *Torno, S.; Jentsch, A.; Lattke, F.:* Informationsdienst Holz Spezial, Konstruktive Bauprodukte aus europäischen Laubhölzern. Informationsverein Holz e. V. (Hrsg.), Düsseldorf 2017

[*Trautz* u. a. 2007] *Trautz, M.; Koj, C.; Künstler, A.; Weber, F.:* Mit Schrauben bewehren. Forschungsbericht 01/2007, Lehrstuhl für Tragkonstruktion, RWTH Aachen, Fakultät Architektur 2007

[*Trautz/Koj* 2008] *Trautz, M.; Koj, C.:* Mit Schrauben bewehren. In: Bautechnik (2008) H. 3, S. 190–196

[*Trautz/Koj* 2009] *Trautz, M.; Koj, C.:* Mit Schrauben bewehren – Neue Ergebnisse. In: Bautechnik (2009) H. 4, S. 228–238

[*Trautz/Koj/Ayoubi* 2012] *Trautz, M.; Koj, C.; Ayoubi, M.:* Bewehren mit Vollgewindeschrauben. In: bauen mit holz (2012) H. 10, S. 34–39

[*Trinkert* 2012] *Trinkert, A.:* Systematisch in die Höhe. In: bauen mit holz (2012) H. 9, S. 13–17

[*Trinkert* 2013] *Trinkert, A.:* Dorfleben auf einem Großstadtdach. In: bauen mit holz (2013) H. 7–8, S. 10–14

[*Trinkert* 2013] *Trinkert, A.:* Eiskälte unteren Kuppeldach. In: bauen mit holz (2013) H. 3, S. 20–23

[*Troche* 1951-1] *Troche, A.:* Zur Berechnung hölzerner Hängewerke. Bauingenieur 26 (1951) 1, S. 18–23

[*Troche* 1951-2] *Troche, A.:* Grundlagen für den Ingenieur-Holzbau. Hannover: Schroedel 1951

[*Trummer* 2002] *Trummer, A.:* Verstärkung von Brettschichtholz durch schräg aufgeklebte Glasfasergewebe, Universität für Bodenkultur, Dissertation, Wien 2000

[*Trummer* u. a. 2004] *Trummer, A.; Bergmeister, K.; Kernbichler, K.:* Verstärkung konstruktiver Details von Brettschichtholzträgern mit Glasfasergewebe. In: Bautechnik 81 (2004) H. 3, S. 163–171

[*Trysna* 1939] *Trysna, F.:* Hölzerne Binder und stützenlose Steildächer. Bauingenieur 20 (1939) 43/44, S. 533–544

[*Turkovsky* 1990] *Turkovsky:* Bemessung von Leimholzkonstruktions-Verbindungen aus eingeleimten Stäben. 22. Jahrestagung der AG „Timber Structures" Berlin 25.–28. Sept. 1989; Folge 1. In: Bauforschung-Baupraxis, H. 279, Hrsg.: Bauakademie der DDR, Bauinformation Berlin 1990

[*Turkovsky* 1991] *Turkovski, S.:* Prefabricated Joints of Timber Structures on inclined glued-in Base. International Timber Engineering Conference, London 1991, S. 3143–3148

[*Unger* 2011] *Unger, M.:* Wohldurchdacht. In: bauen mit holz (2011) H. 3, S. 34–39

[*Urban* 1913] *Urban, K. A.:* Denkschrift über Hetzers neue Holzbauweisen. Weimar 1913

[*VOB Teil C* 1996] *VOB Teil C:* Allgemeine Technische Vertragsbedingungen für Bauleistungen (ATV) Dachdeckungs- und Dachabdichtungsarbeiten – DIN 18338. Ausg. Juni 1996

[VOB Teil C 2016] *VOB Teil C:* Allgemeine Technische Vertragsbedingungen für Bauleistungen (ATV), Zimmerer- und Holzbauarbeiten – DIN 18334, Ausg. Sept. 2016

[*Vogt* 1985] *Vogt, W.:* Direkte Bemessung der Verstärkung hölzerner Rechteckquerschnitte. Bauplanung-Bautechnik, Berlin 39 (1985) 5, S. 215–219

[*Vogt* 1986] *Vogt, W.:* Ermittlung des erforderlichen Trägheitsmoments *Ix* für biegebeanspruchte Kantholzbalken. Bauzeitung, Berlin 40 (1986) 12, S. 547–550

[*Vogt* 2018] *Vogt, W.:* 84 m hoch mit Holz. In: Mikado (2018) H. 12, S. 70–73

[*Volland* 1927] *Volland, G. C.:* Die Dachkonstruktionen. Leipzig: J. M. Gebhardt Verlag, 1927

[*VPI* 2009] *VPI:* Technische Mitteilung 06/003, Aussteifung von Nagelplattenkonstruktionen

[*Wagenführ* 2008] *Wagenführ, A.:* Die strukturelle Anisotropie von Holz als Chance für technische Innovationen, Leipzig 2008

[*Wagenführ/Scheiber* 1996] *Wagenführ, R.; Scheiber, Chr.:* Holzatlas. 4. Aufl. Leipzig: Verlag 1996

[*Wagenführ/Scholz* 2018] *Wagenführ, A.; Scholz, F.:* Taschenbuch der Holztechnik. 3. Auflage, Fachbuch Verlag, Leipzig 2018

[*Wagner* 1982] *Wagner, C.:* Dach- und Deckenscheiben in Holzhäusern in Tafelbauart. In: bauen mit holz (1982) H. 8, S. 509–518

[*Wallner u. a.* 2014] *Wallner, B.; Ortner, J.; Silly, G.; Bogensperger, T.; Meisel, A.; Augustin, M.; Schickhofer, G.:* Holz-Holz-Verbindungen, TU Graz, Forschungsbericht, Graz 2014

[*Warth/Breymann* 1900] *Warth, O.; Breymann:* Allgemeine Baukonstruktionslehre. Bd. II: Die Konstruktionen in Holz. 6. Aufl. Leipzig: J.M. Gebhardt's Verlag 1900

[*Waugh* u. a. *2009*] *Waugh,A.; Weiss, K. H.; Wells, M.:* The Stadthaus 24 Murray Grove, London N1 7QN, Murray & Sorrell, London 2009

[*Weber/Kaltbeitzel* 2017] *Weber, L.; Kaltbeitzel, B.:* Verbesserung der Trittschalldämmung von Holzdecken durch optimierte Deckenauflagen, Forschungsinitiative Zukunft Bau, Band F 3026, Fraunhofer-Institut für Bauphysik -IBP-, Fraunhofer IRB Verlag, Stuttgart 2017

[*Wedler* 1947] *Wedler, B.:* Hölzerne Hausdächer (Baustoffbedarf und Arbeitsaufwand, Standsicherheitsnachweis). Berlin: Verlagsgesellschaft M. Lipfert 1947

[*Wedler/Möhler* 1968] *Wedler, B.; Möhler, K.:* Hölzerne Hausdächer. 8. Aufl. Düsseldorf: Werner-Verlag 1968

[*Wegener* u. a. 1997] *Wegener, G.* u. a.: Ökobilanzen Holz. Informationsdienst Holz, DGfH, München 1997

[*Wegenführ* 2008] *Wegenführ, A.:* Die strukturelle Anisotropie von Holz als Chance für technische Innovationen: Sitzungsberichte der Sächsischen Akademie der Wissenschaften zu Leipzig. Technikwissenschaftliche Klasse, Band 2, H. 6, Leipzig 2008

[*Wendehorst* u. a. 1996] *Wendehorst; Wetzell* u. a.: Bautechnische Zahlentafeln. Stuttgart: B. G. Teubner 1996

[*Wenzel* 1961] *Wenzel, F.:* Schalenförmiges Holzgitterdach. In: bauen mit holz (1961) H. 6, S. 278–291

[*Wenzel* 1990] *Wenzel, F.:* Neuere Schalenbauten aus Holz. In: Neuzeitlicher Holzbau in Europa. 14. Dreiländer-Holztagung Interlaken/Schweiz 1990

[*Werner* 1983] *Werner, H.:* Tragfähigkeit von Holzverbindungen mit stiftförmigen Verbindungsmitteln unter Berücksichtigung streuender Einflussgrößen. Bericht der Versuchsanstalt für Stahl; Holz und Steine der Universität Karlsruhe, 4. Folge, H. 28, Karlsruhe 1993

[*Werner* 1992] *Werner, H.:* Holz-Beton-Verbunddecke mit einer neuartigen Fugenausbildung. Bauen mit Holz (1992) 4, S. 312–324

[*Werner* 1993] *Werner, H.:* Tragfähigkeit von Holz-Verbindungen mit stiftförmigen Verbindungsmitteln unter Berücksichtigung streuender Einflussgrößen, Berichte der Versuchsanstalt für Stahl, Holz und Steine, Universität Karlsruhe, 4 Folge, H. 28, Karlsruhe 1993

[*Werner* 1995] *Werner, H.:* Verbindungen mit stiftförmigen Verbindungsmitteln – Spalteffekte und mögliche Verstärkungsmaßnahmen. In: [*Step 3* 1995] (siehe dort)

[*Werner* 1998] *Werner, H.:* Brettstapelbauweise, Holzbauhandbuch Reihe 1, Teil 17, Folge 1, HAF Bonn 1998

[*Werner* 2001] *Werner, H.:* Queranschlüsse mit Schwalbenschwanz-Zapfenverbindungen. Ingenieurbüro Holzbau, Karlsruhe 2001

[*Werner/Siebert* 1991] *Werner, H.; Siebert, W.:* Neue Untersuchungen mit Nägeln für den Holzbau. In: Holz als Roh- und Werkstoff (1991), S. 191–198

[*Werner/Zimmer* 1999] *Werner, G.; Zimmer, K.:* Holzbau, Teil 1 und Teil 2. Berlin 1999

[*Werner/Zimmer* 2009/2010] *Werner, G.; Zimmer, K.:* Holzbau, 4. Auflage, neu bearbeitet von *K. Zimmer und K, Lißner;* Teil 1, Berlin 2009 und Teil 2, Berlin 2010

[*Wesche* 1988] *Wesche, K.:* Baustoffe für tragende Bauteile. Bd. 4: Holz und Kunststoffe. Wiesbaden u. Berlin: Bauverlag GmbH 1988

[*Wesche/Kersten-Bradley* 1993] *Wesche, J.; Kersten-Bradley, M.:* Ermittlung von Kriterien zur Beurteilung des Brandverhaltens von Decken und Wänden im Holzbau. Forschungsbericht T 2612, IRB-Verlag, Stuttgart 1993

[*Whale* 1995] *Whale, L. R. J.:* Nagelplattenverbindungen. In: [*Step 1* 1995] (siehe dort)

[*Widmann* 2003] *Widmann, R.*: Einführung in die Schwingungslehre. In: Spezielle Bemessungssituationen im mehrgeschossigen Holzbau. SAH-Tagung, 35. Fortbildungskurz 2003

[*Wiebmann/Steiger* 2012] *Wiebmann, R.; Steiger, R.*: Eingeklebte profilierte Stahlstäbe. In: Holzbeitrag Biel 2011, Tagungsband

[*Wiegand* 2019] *Wiegand, T.*: Konstruktionsvollholz KVH, Doubalken, Triobalken. In: Informationsdienst Holz, holzbau handbuch, Reihe 4, Teil 2, überarbeitete Fassung 08/2019, Überwachungsgemeinschaft Konstruktionsvollholz e.V., 4. Auflage, Wuppertal 2019

[*Wiegand* u. a. 2010] *Wiegand, T.; Seidel, A.; Mestek, P.; Werther, P.; Winter, St.*: Bauen mit Brettsperrholz. Studiengemeinschaft Holzleimbau, Wuppertal 2010

[*Wienecke* 1973] *Wienecke, N.*: Dübelverbindungen. Bauen mit Holz, Karlsruhe 75 (1973) 1, S. 5

[*Wienecke* 1976] *Wienecke, N.*: Hausdächer. Hrsg.: Entwicklungsgemeinschaft Holzbau i. d. DGFH, München; Arbeitsgemeinschaft Holz e. V., Düsseldorf 1976

[*Wienecke* 1977] *Wienecke, N.*: Verformung von Brettschichtträgern veränderlicher Höhe. Bauen mit Holz, (1977) 12

[*Wienecke* 1985] *Wienecke, N.*: Hausdächer. Symmetrische und asymmetrische Kehlbalkendächer und Sparrendächer. 2. Aufl. Karlsruhe: Bruderverlag 1985

[*Wienecke*] *Wienecke, N.*: Berechnungsgrundlagen für Sparren- und Kehlbalkendächer. Informationsdienst Holz der Arbeitsgemeinschaft Holz e. V., Düsseldorf

[*Wille* 1950] *Wille, F.*: Holzbau. Oldenburg: Verlagsgesellschaft Müller 1950

[*Wille* 1969] *Wille, F.*: Holzbau. Bd. I: Statik der Holztragwerke. Köln-Braunsfeld: Verlagsgesellschaft Müller 1969

[*Winter* 1995-1] *Winter, S.*: Aussteifung von Tragwerken. In: [*Step 2* 1995] (siehe dort)

[*Winter* 1995-2] *Winter, S.*: Rundholzkonstruktionen. In: [*Step 2* 1995] (siehe dort)

[*Winter* 1996] *Winter, St.*: Holzbau-Handbuch, Reihe 3 Bauphysik, Teil 4 – Brandschutz, Folge 1 Grundlagen. Arge Holz, Düsseldorf 1996

[*Winter* 1997] *Winter, W.*: Nachhaltiges Bauen; Standortbestimmung des Holzbaus aus technischer und ökologischer Sicht. 16. Dreiländer-Holztagung Graz 1997

[*Winter* 2007] *Winter, S., Hrsg.*: Symposium Brücken aus Holz, Festschrift zu Ehren von Univ. Prof. Dr.-Ing. Heinrich Kreuzinger; TU München, Lehrstuhl für Holzbau und Baukonstruktion, München 2007

[*Winter* u. a. 2008] *Winter, S.; Kreuzinger, H.; Mestek, P.*: Holzbau der Zukunft, Teilprojekt 15. Flächen aus Brettstapeln, Brettsperrholz und Verbundkonstruktionen. IRB-Verlag Stuttgart 2008

[*Winter* u. a. 2010] *Winter, S; Hamm, P.; Richter, A.*: Schwingungstechnische Optimierung von Holz- und Holz-Beton-Verbunddecken. Forschungsbericht, TU München, 2010

[*Winter* u. a. 2011] *Winter, S.; Lattke, F.; Ott, St.*: Bestandssanierung mit Fassadenelementen in Holz. In: Holzbau (2011) H. 3, S. 7–12

[*Winter/Held* 1996] *Winter, K.; Held, H.*: In-situ-Prüfverfahren für verbautes Holz. In: Bauzeitung 50 (1996) 11, S. 48–51

[*Winter/Rug* 1992] *Winter, K.; Rug, W.*: Innovationen im Holzbau – Die Zollingerbauweise. Bautechnik, Berlin 69 (1992) 4, S. 190–197

[*Winter/Wagner* 1992] *Winter, S.; Wagner, G.*: Unmittelbare Befestigung von Trapezblechen zur Dacheindeckung und zur Aussteifung auf Holzbinder und Pfetten. Forschungsbericht T 2532, IRB Verlag, Stuttgart 1992

[*Wirtz/Affentranger* 1986] *Wirtz, J.; Affentranger, S.* u. a.: Ingenieurholz – Verbindungen und Verbindungsmittel. Schweizerische Abeitsgemeinschaft für Holzforschung, Zürich 1986

[*Wolf* 1977] *Wolf*: Entwicklungsgeschichte des Holzleimbaus. Internat. Holzmarkt, Wien 68 (1977) 7, S. 3–4

[*Woschitz* 2015] *Woschitz, R.*: Holzhochhaus HoHo Wien. In: 21. Internationales Holzbau-Forum IHF 2015, Tagungsband

[*Woschitz/Zotter* 2017] *Woschitz, R.; Zotter, J.*: Holzhochhaus HoHo Wien – Das Tragwerkskonzept. In: Österreichische Ingenieur- und Architekten-Zeitschrift (2017) H. 1–12, S. 1–5

[*Yttrup* 1996] *Yttrup, P. J.*: Concrete entranced Timber. International Wood Engineering Conference, Proceedings, New Orleans, 1996

[*Zentralverband des Dt. Dachdeckerhandwerks*] Fachregeln des Dachdeckerhandwerks. Hrsg.: Zentralverband des Deutschen Dachdeckerhandwerks – Fachverband Dach-, Wand- und Abdichtungstechnik e. V., Verlag Rudolf Müller

[*Zimmer* 1982] *Zimmer, K.-H.*: Zur Bemessung von Holzkonstruktionen nach Grenzzuständen. Holztechnologie, Leipzig 23 (1982) 4, S. 239–242

[*Zimmer/Lißner* 1985] *Zimmer, K.; Lißner, K.*: Zur Bemessung von Holzkonstruktionen nach Grenzzuständen. Wiss. Zeitschrift, TU Dresden, 34 (1985)

[*Zimmer/Lißner* 1986] *Zimmer, K.; Lißner, K.*: Theoretische und experimentelle Untersuchungen zur Bemessung von Holzkonstruktionen nach Grenzzuständen. Forschungsbericht, TU Dresden 1986

[*Zimmer/Lißner* 1987] *Zimmer, K.; Lißner, K.*: Zur Bestimmung der Grundwerte der Tragfähigkeit der Verbindungsmittel für die Bemessung nach Grenzzuständen im Holzbau. Wiss. Zeitschrift, TU Dresden 5 (1987)

[*Zimmer/Lißner* 1988] *Zimmer, K.; Lißner, K.*: Bestimmung der Rechenwerte der Tragfähigkeit mechanischer Verbindungsmittel für eine Bemessung der Holzkonstruktionen nach Grenzzuständen. Forschungsbericht, TU Dresden 1988

[*Zimmer/Lißner* 1989-1] *Zimmer, K.; Lißner, K.*: Zur Bemessung von Holzverbindungen nach Grenzzuständen. 6. Informationstag der Baumechanik, Dresden 1989

[*Zimmer/Lißner* 1989-2] *Zimmer, K.; Lißner, K.*: Calculation of joints and fastenings as compared with the international state. CIB-W18A Paper 22-7-10, CIB-W18 Meeting, Berlin 1989

[*Zimmer/Lißner* 1990] *Zimmer, K.; Lißner, K.*: Berechnung von Verbindungsmitteln im Vergleich zum internationalen Stand. 22. Jahrestagung der AG „Timber Structures" Berlin 25.–28. Sept. 1989; Folge 1. In: Bauforschung-Baupraxis, H. 279, Hrsg.: Bauakademie der DDR, Bauinformation Berlin 1990

[*Zimmer/Lißner* 1992] *Zimmer, K.; Lißner, K.*: Berechnung von Verbindungsmitteln im Vergleich zum internationalen Stand. In: Holz als Roh- und Werkstoff 58 (1992), S. 53–56

[*Zimmer/Lißner* 1997] *Zimmer, K.; Lißner, K.*: Zum Stand der Anwendung des Eurocodes 5 in Deutschland. Bauingenieur 72 (1997)10, S. 457–461

[*Zubarev* u. a. 1990] *Zubarev; Boitemirov; Golovina*: Verbindungen mit eingeklebten Stahlstäben. 22. Jahrestagung der AG „Timber Structures" Berlin 25.–28. Sept. 1989; Folge 1. In: Bauforschung-Baupraxis, H. 279, Hrsg.: Bauakademie der DDR, Bauinformation Berlin 1990

[*Zurborg* 2002] *Zurborg, J.*: Zur Stabilisierung Knick- oder Kippgefährdeter Holzbauteile durch diskrete Abstützungen gegen nachgiebige Sekundärtragwerke. Dissertation Universität Hannover 2002

[*Zwerger* 1997] *Zwerger, K.*: Das Holz und seine Verbindungen. Traditionelle Bautechniken in Europa und Japan. Basel 1997

[*Zwicky* 2010] *Zwicky, D.*: Tragverhalten von Holzbalken mit vorgespannten CFK-Lamellen. Hochschule für Technik, Freiburg

Verzeichnis der zitierten Normen

Dokument	Ausgabe	Titel
DIN 488-1	2009-08	Betonstahl – Teil 1: Stahlsorten, Eigenschaften, Kennzeichnung
DIN 976-1	2016-09	Mechanische Verbindungselemente – Gewindebolzen – Teil 1: Metrisches Gewinde
DIN 1025-3	1994-03	Warmgewalzte I-Träger; Breite I-Träger, leichte Ausführung, IPBI-Reihe; Maße, Masse, statische Werte
DIN 1025-5	1994-03	Warmgewalzte I-Träger; Mittelbreite I-Träger, IPE-Reihe; Maße, Masse, statische Werte
DIN 1026-1	2009-09	Warmgewalzter U-Profilstahl – Teil 1: U-Profilstahl mit geneigten Flanschflächen – Maße, Masse und statische Werte
DIN 1052 zurückgezogen	2008-12	Entwurf, Berechnung und Bemessung von Holzbauwerken – Allgemeine Bemessungsregeln und Bemessungsregeln für den Hochbau
DIN 1052-10	2012-05	Herstellung und Ausführung von Holzbauwerken – Teil 10: Ergänzende Bestimmungen
DIN SPEC 1052-100	2013-08	Holzbauwerke – Bemessung und Konstruktion von Holzbauten – Teil 100: Mindestanforderungen an die Baustoffe oder den Korrosionsschutz von Verbindungsmitteln
DIN 1053 zurückgezogen	1962-11	Mauerwerk – Berechnung und Ausführung
DIN 1053-1 zurückgezogen	1996-11	Mauerwerk – Teil 1: Berechnung und Ausführung
DIN 1055-1 zurückgezogen	2002-06	Einwirkungen auf Tragwerke – Teil 1: Wichten und Flächenlasten von Baustoffen, Bauteilen und Lagerstoffen
DIN 1055-4 zurückgezogen	2005-03	Einwirkungen auf Tragwerke – Teil 4: Windlasten
DIN 4072	2019-04	Gespundete Bretter aus Nadelholz
DIN 4074-1	2012-06	Sortierung von Holz nach der Tragfähigkeit – Teil 1: Nadelschnittholz
DIN 4074-2	1958-12	Bauholz für Holzbauteile; Gütebedingungen für Baurundholz (Nadelholz)
DIN 4074-3	2008-12	Sortierung von Holz nach der Tragfähigkeit – Teil 3: Apparate zur Unterstützung der visuellen Sortierung von Schnittholz; Anforderungen und Prüfung
DIN 4074-4	2008-12	Sortierung von Holz nach der Tragfähigkeit – Teil 4: Nachweis der Eignung zur apparativ unterstützten Schnittholzsortierung
DIN 4074-5	2008-12	Sortierung von Holz nach der Tragfähigkeit – Teil 5: Laubschnittholz
DIN 4102		Brandverhalten von Baustoffen und Bauteilen
DIN 4102-1	1998-05	Brandverhalten von Baustoffen und Bauteilen – Teil 1: Baustoffe; Begriffe, Anforderungen und Prüfungen
DIN 4102-2	1977-09	Brandverhalten von Baustoffen und Bauteilen; Bauteile, Begriffe, Anforderungen und Prüfungen
DIN 4102-4	2016-05	Brandverhalten von Baustoffen und Bauteilen – Teil 4: Zusammenstellung und Anwendung klassifizierter Baustoffe, Bauteile und Sonderbauteile
DIN 4102-17	2017-12	Brandverhalten von Baustoffen und Bauteilen – Teil 17: Schmelzpunkt von Mineralwolle-Dämmstoffen – Begriffe, Anforderungen und Prüfung
DIN 4108-3	2018-10	Wärmeschutz und Energie-Einsparung in Gebäuden – Teil 3: Klimabedingter Feuchteschutz – Anforderungen, Berechnungsverfahren und Hinweise für Planung und Ausführung
DIN 4108 Beiblatt 2	2019-06	Wärmeschutz und Energie-Einsparung in Gebäuden; Beiblatt 2: Wärmebrücken – Planungs- und Ausführungsbeispiele
DIN 4109-1	2018-01	Schallschutz im Hochbau – Teil 1: Mindestanforderungen
DIN 4109-2	2018-01	Schallschutz im Hochbau – Teil 2: Rechnerische Nachweise der Erfüllung der Anforderungen
DIN 4109-5	2020-08	Schallschutz im Hochbau – Teil 5: Erhöhte Anforderungen
DIN 4109-33	2016-07	Schallschutz im Hochbau – Teil 33: Daten für die rechnerischen Nachweise des Schallschutzes (Bauteilkatalog) – Holz-, Leicht- und Trockenbau

Dokument	Ausgabe	Titel
DIN 4109 Beiblatt 2 zurückgezogen	1989-11	Schallschutz im Hochbau; Hinweise für Planung und Ausführung; Vorschläge für einen erhöhten Schallschutz; Empfehlungen für den Schallschutz im eigenen Wohn- oder Arbeitsbereich
DIN 4121	2017-08	Hängende Drahtputzdecken – Putzdecken mit Metallputzträgern, Rabitzdecken – Anforderungen für die Ausführung
DIN 4178	2005-04	Glockentürme
DIN 4108-7	2011-01	Wärmeschutz und Energie-Einsparung in Gebäuden – Teil 7: Luftdichtheit von Gebäuden – Anforderungen, Planungs- und Ausführungsempfehlungen sowie -beispiele
DIN 7998	1975-02	Gewinde und Schraubenenden für Holzschrauben
DIN 18180	2014-09	Gipsplatten – Arten und Anforderungen
DIN 18181	2019-04	Gipsplatten im Hochbau – Verarbeitung
DIN 18182-2	2019-12	Zubehör für die Verarbeitung von Gipsplatten – Teil 2: Schnellbauschrauben, Klammern und Nägel
DIN 18195-4 zurückgezogen	2011-12	Bauwerksabdichtungen – Teil 4: Abdichtungen gegen Bodenfeuchte (Kapillarwasser, Haftwasser) und nichtstauendes Sickerwasser an Bodenplatten und Wänden, Bemessung und Ausführung
DIN 18195-5 zurückgezogen	2011-12	Bauwerksabdichtungen – Teil 5: Abdichtungen gegen nichtdrückendes Wasser auf Deckenflächen und in Nassräumen, Bemessung und Ausführung
DIN 18334	2016-09	VOB Vergabe- und Vertragsordnung für Bauleistungen – Teil C: Allgemeine Technische Vertragsbedingungen für Bauleistungen (ATV) – Zimmer- und Holzbauarbeiten
DIN 18338	2019-09	VOB Vergabe- und Vertragsordnung für Bauleistungen – Teil C: Allgemeine Technische Vertragsbedingungen für Bauleistungen (ATV) – Dachdeckungsarbeiten
DIN V 18550 zurückgezogen	2005-04	Putz und Putzsysteme – Ausführung
DIN 18560-2	2009-09	Estriche im Bauwesen – Teil 2: Estriche und Heizestriche auf Dämmschichten (schwimmende Estriche)
DIN 18800-1 zurückgezogen	2008-11	Stahlbauten – Teil 1: Bemessung und Konstruktion
DIN 20000-1	2017-06	Anwendung von Bauprodukten in Bauwerken – Teil 1: Holzwerkstoffe
DIN 20000-2	2013-12	Anwendung von Bauprodukten in Bauwerken – Teil 2: Industriell gefertigte Schalungsträger aus Holz
DIN 20000-3	2015-02	Anwendung von Bauprodukten in Bauwerken – Teil 3: Brettschichtholz und Balkenschichtholz nach DIN EN 14080
DIN 20000-4	2013-08	Anwendung von Bauprodukten in Bauwerken – Teil 4: Vorgefertigte tragende Bauteile mit Nagelplattenverbindungen nach DIN EN 14250:2010-05
DIN 20000-5	2016-06	Anwendung von Bauprodukten in Bauwerken – Teil 5: Nach Festigkeit sortiertes Bauholz für tragende Zwecke mit rechteckigem Querschnitt
DIN 20000-6	2015-02	Anwendung von Bauprodukten in Bauwerken – Teil 6: Stiftförmige und nicht stiftförmige Verbindungsmittel nach DIN EN 14592 und DIN EN 14545
DIN 20000-7	2015-08	Anwendung von Bauprodukten in Bauwerken – Teil 7: Keilgezinktes Vollholz für tragende Zwecke nach DIN EN 15497
DIN 52131 zurückgezogen	1995-11	Bitumen-Schweißbahnen – Begriffe, Bezeichnungen, Anforderungen
DIN 52181 zurückgezogen	1975-08	Bestimmung der Wuchseigenschaften von Nadelschnittholz
DIN 52182	1976-09	Prüfung von Holz; Bestimmung der Rohdichte
DIN 52182	1976-09	Prüfung von Holz; Bestimmung der Rohdichte
DIN 52184	1979-05	Prüfung von Holz; Bestimmung der Quellung und Schwindung
DIN 52185	1976-09	Prüfung von Holz; Bestimmung der Druckfestigkeit parallel zur Faser
DIN 52186	1978-06	Prüfung von Holz; Biegeversuch
DIN 52187	1979-05	Prüfung von Holz; Bestimmung der Scherfestigkeit in Faserrichtung
DIN 52188	1979-05	Prüfung von Holz; Bestimmung der Zugfestigkeit parallel zur Faser
DIN 52189-1	1981-12	Prüfung von Holz; Schlagbiegeversuch; Bestimmung der Bruchschlagarbeit
DIN 52192	1979-05	Prüfung von Holz; Druckversuch quer zur Faserrichtung
DIN 55634		Beschichtungsstoffe und Überzüge – Korrosionsschutz von tragenden dünnwandigen Bauteilen aus Stahl
DIN 68141	2016-12	Holzklebstoffe – Bestimmung der offenen Antrockenzeit und Beurteilung der Benetzung und Streichbarkeit

Dokument	Ausgabe	Titel
DIN 68364	2003-05	Kennwerte von Holzarten – Rohdichte, Elastizitätsmodul und Festigkeiten
DIN 68365	2008-12	Schnittholz für Zimmererarbeiten – Sortierung nach dem Aussehen – Nadelholz
DIN 68800		Holzschutz
DIN 68800-1	2019-06	Holzschutz – Teil 1: Allgemeines
DIN 68800-2	2012-02	Holzschutz – Teil 2: Vorbeugende bauliche Maßnahmen im Hochbau
DIN 68800-3	2020-03	Holzschutz – Teil 3: Vorbeugender Schutz von Holz mit Holzschutzmitteln
DIN 68800-4	2020-12	Holzschutz – Teil 4: Bekämpfungsmaßnahmen gegen Holz zerstörende Pilze und Insekten und Sanierungsmaßnahmen
DIN EN 300	2006-09	Platten aus langen, flachen, ausgerichteten Spänen (OSB) – Definitionen, Klassifizierung und Anforderungen
DIN EN 301	2018-01	Klebstoffe, Phenoplaste und Aminoplaste, für tragende Holzbauteile – Klassifizierung und Leistungsanforderungen
DIN EN 302		Klebstoffe für tragende Holzbauteile – Prüfverfahren
DIN EN 309	2005-04	Spanplatten – Definition und Klassifizierung
DIN EN 312	2010-12	Spanplatten – Anforderungen
DIN EN 313-1	1996-05	Sperrholz – Klassifizierung und Terminologie – Teil 1: Klassifizierung
DIN EN 314		Sperrholz – Qualität der Verklebung
DIN EN 316	2009-07	Holzfaserplatten – Definition, Klassifizierung und Kurzzeichen
DIN EN 335	2013-06	Dauerhaftigkeit von Holz und Holzprodukten – Gebrauchsklassen: Definitionen, Anwendung bei Vollholz und Holzprodukten
DIN EN 336	2013-12	Bauholz für tragende Zwecke – Maße, zulässige Abweichungen
DIN EN 338	2016-07	Bauholz für tragende Zwecke – Festigkeitsklassen
DIN EN 350	2016-12	Dauerhaftigkeit von Holz und Holzprodukten – Prüfung und Klassifizierung der Dauerhaftigkeit von Holz und Holzprodukten gegen biologischen Angriff
DIN EN 351-1	2007-10	Dauerhaftigkeit von Holz und Holzprodukten – Mit Holzschutzmitteln behandeltes Vollholz – Teil 1: Klassifizierung der Schutzmitteleindringung und -aufnahme
DIN EN 351-2	2007-10	Dauerhaftigkeit von Holz und Holzprodukten – Mit Holzschutzmitteln behandeltes Vollholz – Teil 2: Leitfaden zur Probenentnahme für die Untersuchung des mit Holzschutzmitteln behandelten Holzes
DIN EN 380	1993-10	Holzbauwerke; Prüfverfahren; Allgemeine Grundsätze für die Prüfung unter statischen Belastungen
DIN EN 383	2007-03	Holzbauwerke – Prüfverfahren – Bestimmung der Lochleibungsfestigkeit und Bettungswerte für stiftförmige Verbindungsmittel
DIN EN 384	2019-02	Bauholz für tragende Zwecke – Bestimmung charakteristischer Werte für mechanische Eigenschaften und Rohdichte
DIN EN 388	2019-03	Schutzhandschuhe gegen mechanische Risiken
DIN EN 408	2012-10	Holzbauwerke – Bauholz für tragende Zwecke und Brettschichtholz – Bestimmung einiger physikalischer und mechanischer Eigenschaften
DIN EN 409	2009-08	Holzbauwerke – Prüfverfahren – Bestimmung des Fließmoments von stiftförmigen Verbindungsmitteln
DIN 488-2	2009-08	Betonstahl – Betonstabstahl
DIN EN 518 zurückgezogen	1996-07	Bauholz für tragende Zwecke, Sortierung – Anforderungen an Normen über visuelle Sortierung nach der Festigkeit
DIN EN 519 zurückgezogen	1996-07	Bauholz für tragende Zwecke, Sortierung – Anforderungen an maschinell nach der Festigkeit sortiertes Bauholz und an Sortiermaschinen
DIN EN 520	2009-12	Gipsplatten – Begriffe, Anforderungen und Prüfverfahren
DIN EN 594	2011-09	Holzbauwerke – Prüfverfahren – Wandscheiben-Tragfähigkeit und -Steifigkeit von Wandelementen in Holztafelbauart
DIN EN 595	1996-07	Holzbauwerke – Prüfverfahren – Prüfung von Fachwerkträgern zur Bestimmung der Tragfähigkeit und des Verformungsverhaltens; Deutsche Fassung EN 595:1995
DIN EN 596	1996-07	Holzbauwerke – Prüfverfahren – Prüfung von Wänden in Holztafelbauart bei weichem Stoß
DIN EN 622-1	2003-09	Faserplatten – Anforderungen – Teil 1: Allgemeine Anforderungen
DIN EN 622-2	2004-07	Faserplatten – Anforderungen – Teil 2: Anforderungen an harte Platten
DIN EN 622-3	2004-07	Faserplatten – Anforderungen – Teil 3: Anforderungen an mittelharte Platten
DIN EN 634-1	1995-04	Zementgebundene Spanplatten – Anforderungen – Teil 1: Allgemeine Anforderungen

Dokument	Ausgabe	Titel
DIN EN 634-2	2007-05	Zementgebundene Spanplatten – Anforderungen – Teil 2: Anforderungen an Portlandzement (PZ) gebundene Spanplatten zur Verwendung im Trocken-, Feucht- und Außenbereich
DIN EN 636	2015-05	Sperrholz – Anforderungen
DIN EN 912	2011-09	Holzverbindungsmittel – Spezifikationen für Dübel besonderer Bauart für Holz
DIN EN 1075	2015-03	Holzbauwerke – Prüfverfahren – Verbindungen mit Nagelplatten
DIN EN 1090-2	2018-09	Ausführung von Stahltragwerken und Aluminiumtragwerken – Teil 2: Technische Regeln für die Ausführung von Stahltragwerken
DIN EN 1194 zurückgezogen	1999-05	Holzbauwerke – Brettschichtholz – Festigkeitsklassen und Bestimmung charakteristischer Werte
DIN EN 1380	2009-07	Holzbauwerke – Prüfverfahren – Tragende Verbindungen mit Nägeln, Schrauben, Stabdübeln und Bolzen
DIN EN 1381	2016-06	Holzbauwerke – Prüfverfahren – Tragende Klammerverbindungen
DIN EN 1382	2016-07	Holzbauwerke – Prüfverfahren – Ausziehtragfähigkeit von Holzverbindungsmitteln
DIN EN 1438	1998-10	Symbole für Holz und Holzwerkstoffe
DIN EN 1912	2013-10	Bauholz für tragende Zwecke – Festigkeitsklassen – Zuordnung von visuellen Sortierklassen und Holzarten
DIN EN 1990	2010-12	Eurocode: Grundlagen der Tragwerksplanung
DIN EN 1990/NA	2010-12	Nationaler Anhang – National festgelegte Parameter – Eurocode: Grundlagen der Tragwerksplanung
DIN EN 1990/NA/A1	2012-08	Nationaler Anhang – National festgelegte Parameter – Eurocode: Grundlagen der Tragwerksplanung; Änderung A1
DIN EN 1991		Eurocode 1: Einwirkungen auf Tragwerke – Teil 1-1: Allgemeine Einwirkungen auf Tragwerke – Wichten, Eigengewicht und Nutzlasten im Hochbau;
DIN EN 1991-1-1	2010-12	Eurocode 1: Einwirkungen auf Tragwerke – Teil 1-1: Allgemeine Einwirkungen auf Tragwerke – Wichten, Eigengewicht und Nutzlasten im Hochbau
DIN EN 1991-1-1/NA	2010-12	Nationaler Anhang – National festgelegte Parameter – Eurocode 1: Einwirkungen auf Tragwerke – Teil 1-1: Allgemeine Einwirkungen auf Tragwerke – Wichten, Eigengewicht und Nutzlasten im Hochbau
DIN EN 1991-1-2	2010-12	Eurocode 1: Einwirkungen auf Tragwerke – Teil 1-2: Allgemeine Einwirkungen – Brandeinwirkungen auf Tragwerke
DIN EN 1991-1-2/NA	2015-09	Nationaler Anhang – National festgelegte Parameter – Eurocode 1: Einwirkungen auf Tragwerke – Teil 1-2: Allgemeine Einwirkungen – Brandeinwirkungen auf Tragwerke
DIN EN 1991-1-3	2010-12	Eurocode 1: Einwirkungen auf Tragwerke – Teil 1-3: Allgemeine Einwirkungen, Schneelasten
DIN EN 1991-1-3/A1	2015-12	Eurocode 1 – Einwirkungen auf Tragwerke – Teil 1-3: Allgemeine Einwirkungen – Schneelasten
DIN EN 1991-1-3/NA	2019-04	Nationaler Anhang – National festgelegte Parameter – Eurocode 1: Einwirkungen auf Tragwerke – Teil 1-3: Allgemeine Einwirkungen – Schneelasten
DIN EN 1991-1-4	2010-12	Eurocode 1: Einwirkungen auf Tragwerke – Teil 1-4: Allgemeine Einwirkungen – Windlasten
DIN EN 1991-1-4/NA	2010-12	Nationaler Anhang – National festgelegte Parameter – Eurocode 1: Einwirkungen auf Tragwerke – Teil 1-4: Allgemeine Einwirkungen – Windlasten
DIN EN 1991-1-5	2010-12	Eurocode 1: Einwirkungen auf Tragwerke – Teil 1-5: Allgemeine Einwirkungen – Temperatureinwirkungen
DIN EN 1992-1-1	2011-01	Eurocode 2: Bemessung und Konstruktion von Stahlbeton- und Spannbetontragwerken – Teil 1-1: Allgemeine Bemessungsregeln und Regeln für den Hochbau
DIN EN 1993		Eurocode 3: Bemessung und Konstruktion von Stahlbauten
DIN EN 1993-1-1	2010-12	Eurocode 3: Bemessung und Konstruktion von Stahlbauten – Teil 1-1: Allgemeine Bemessungsregeln und Regeln für den Hochbau
DIN EN 1993-1-1/NA	2018-12	Nationaler Anhang – National festgelegte Parameter – Eurocode 3: Bemessung und Konstruktion von Stahlbauten – Teil 1-1: Allgemeine Bemessungsregeln und Regeln für den Hochbau
DIN EN 1993-1-2	2010-12	Eurocode 3: Bemessung und Konstruktion von Stahlbauten – Teil 1-2: Allgemeine Regeln – Tragwerksbemessung für den Brandfall
DIN EN 1993-1-8	2010-12	Eurocode 3: Bemessung und Konstruktion von Stahlbauten – Teil 1-8: Bemessung von Anschlüssen
DIN EN 1993-3	2010-12	Eurocode 3: Bemessung und Konstruktion von Stahlbauten
DIN EN 1995-1-1	2010-12	Eurocode 5: Bemessung und Konstruktion von Holzbauten – Teil 1-1: Allgemeines – Allgemeine Regeln und Regeln für den Hochbau

Dokument	Ausgabe	Titel
DIN EN 1995-1-1/NA	2013-08	Nationaler Anhang – National festgelegte Parameter – Eurocode 5: Bemessung und Konstruktion von Holzbauten – Teil 1-1: Allgemeines – Allgemeine Regeln und Regeln für den Hochbau
DIN EN 1995-1-1/A2	2014-07	Eurocode 5: Bemessung und Konstruktion von Holzbauten – Teil 1-1: Allgemeines – Allgemeine Regeln und Regeln für den Hochbau
DIN EN 1995-1-2	2010-12	Eurocode 5: Bemessung und Konstruktion von Holzbauten – Teil 1-2: Allgemeine Regeln – Tragwerksbemessung für den Brandfall
DIN EN 1995-1-2/NA	2010-12	Nationaler Anhang – National festgelegte Parameter – Eurocode 5: Bemessung und Konstruktion von Holzbauten – Teil 1-2: Allgemeine Regeln – Tragwerksbemessung für den Brandfall
DIN EN 1995-2	2010-12	Eurocode 5: Bemessung und Konstruktion von Holzbauten – Teil 2: Brücken
DIN EN 1995-2/NA	2011-08	Nationaler Anhang – National festgelegte Parameter – Eurocode 5: Bemessung und Konstruktion von Holzbauten – Teil 2: Brücken
DIN EN 1996-1-1	2013-02	Eurocode 6: Bemessung und Konstruktion von Mauerwerksbauten – Teil 1-1: Allgemeine Regeln für bewehrtes und unbewehrtes Mauerwerk
DIN EN 1996-3/NA	2019-12	Nationaler Anhang – National festgelegte Parameter – Eurocode 6: Bemessung und Konstruktion von Mauerwerksbauten – Teil 3: Vereinfachte Berechnungsmethoden für unbewehrte Mauerwerksbauten
DIN EN 10025-2	2019-10	Warmgewalzte Erzeugnisse aus Baustählen – Teil 2: Technische Lieferbedingungen für unlegierte Baustähle
DIN EN 10210-2	2019-07	Warmgefertigte Hohlprofile für den Stahlbau – Teil 2: Grenzabmaße, Maße und statische Werte
DIN EN 10230-1	2000-01	Nägel aus Stahldraht – Teil 1: Lose Nägel für allgemeine Verwendungszwecke
DIN EN 12859	2011-05	Gips-Wandbauplatten – Begriffe, Anforderungen und Prüfverfahren
DIN EN 13162	2015-04	Wärmedämmstoffe für Gebäude – Werkmäßig hergestellte Produkte aus Mineralwolle (MW) – Spezifikation
DIN EN 13163	2017-02	Wärmedämmstoffe für Gebäude – Werkmäßig hergestellte Produkte aus expandiertem Polystyrol (EPS) – Spezifikation
DIN EN 13168	2015-04	Wärmedämmstoffe für Gebäude – Werkmäßig hergestellte Produkte aus Holzwolle (WW) – Spezifikation
DIN EN 13169	2015-04	Wärmedämmstoffe für Gebäude – Werkmäßig hergestellte Produkte aus Blähperlit (EPB) – Spezifikation
DIN EN 13183-1	2002-07	Feuchtegehalt eines Stückes Schnittholz – Teil 1: Bestimmung durch Darrverfahren
DIN EN 13183-2	2002-07	Feuchtegehalt eines Stückes Schnittholz – Teil 2: Schätzung durch elektrisches Widerstands-Messverfahren
DIN EN 13353	2011-07	Massivholzplatten (SWP) – Anforderungen
DIN EN 13501		Klassifizierung von Bauprodukten und Bauarten zu ihrem Brandverhalten
DIN EN 13501-1	2019-05	Klassifizierung von Bauprodukten und Bauarten zu ihrem Brandverhalten – Teil 1: Klassifizierung mit den Ergebnissen aus den Prüfungen zum Brandverhalten von Bauprodukten
DIN EN 13501-2	2016-12	Klassifizierung von Bauprodukten und Bauarten zu ihrem Brandverhalten – Teil 2: Klassifizierung mit den Ergebnissen aus den Feuerwiderstandsprüfungen, mit Ausnahme von Lüftungsanlagen
DIN EN 13501-3	2010-02	Klassifizierung von Bauprodukten und Bauarten zu ihrem Brandverhalten – Teil 3: Klassifizierung mit den Ergebnissen aus den Feuerwiderstandsprüfungen an Bauteilen von haustechnischen Anlagen: Feuerwiderstandsfähige Leitungen und Brandschutzklappen
DIN EN 13986	2015-06	Holzwerkstoffe zur Verwendung im Bauwesen – Eigenschaften, Bewertung der Konformität und Kennzeichnung
DIN EN 14080	2013-09	Holzbauwerke – Brettschichtholz und Balkenschichtholz – Anforderungen
DIN EN 14081-1	2019-10	Holzbauwerke – Nach Festigkeit sortiertes Bauholz für tragende Zwecke mit rechteckigem Querschnitt – Teil 1: Allgemeine Anforderungen
DIN EN 14081-2	2018-12	Holzbauwerke – Nach Festigkeit sortiertes Bauholz für tragende Zwecke mit rechteckigem Querschnitt – Teil 2: Maschinelle Sortierung; zusätzliche Anforderungen an die Erstprüfung
DIN EN 14081-3	2018-12	Holzbauwerke – Nach Festigkeit sortiertes Bauholz für tragende Zwecke mit rechteckigem Querschnitt – Teil 3: Maschinelle Sortierung; zusätzliche Anforderungen an die werkseigene Produktionskontrolle
DIN EN 14250	2010-05	Holzbauwerke – Produktanforderungen an vorgefertigte tragende Bauteile mit Nagelplattenverbindungen
DIN EN 14279	2009-07	Furnierschichtholz (LVL) – Definitionen, Klassifizierung und Spezifikationen
DIN EN 14374	2005-02	Holzbauwerke – Furnierschichtholz für tragende Zwecke – Anforderungen
DIN EN 14519	2006-03	Innen- und Außenbekleidungen aus massivem Nadelholz – Profilholz mit Nut und Feder
DIN EN 14545	2009-02	Holzbauwerke – Nicht stiftförmige Verbindungselemente – Anforderungen

Dokument	Ausgabe	Titel
DIN EN 14592	2012-07	Holzbauwerke – Stiftförmige Verbindungsmittel – Anforderungen
DIN EN 14732 zurückgezogen	2014-08	Holzbauwerke – Tragende vorgefertigte Wand-, Decken- und Dachelemente – Anforderungen
DIN EN 14964	2007-01	Unterdeckplatten für Dachdeckungen – Definitionen und Eigenschaften
DIN EN 15026	2007-07	Wärme- und feuchtetechnisches Verhalten von Bauteilen und Bauelementen – Bewertung der Feuchteübertragung durch numerische Simulation
DIN EN 15228	2009-08	Bauholz – Bauholz für tragende Zwecke mit Schutzmittelbehandlung gegen biologischen Befall
DIN EN 15283-2	2009-12	Faserverstärkte Gipsplatten – Begriffe, Anforderungen und Prüfverfahren – Teil 2: Gipsfaserplatten
DIN EN 15497	2014-07	Keilgezinktes Vollholz für tragende Zwecke – Leistungsanforderungen und Mindestanforderungen an die Herstellung
DIN EN 16351	2015-12	Holzbauwerke – Brettsperrholz – Anforderungen
DIN EN 26891	1991-07	Holzbauwerke; Verbindungen mit mechanischen Verbindungsmitteln; Allgemeine Grundsätze für die Ermittlung der Tragfähigkeit und des Verformungsverhaltens (ISO 6891:1983)
DIN EN ISO 898-1	2013-05	Mechanische Eigenschaften von Verbindungselementen aus Kohlenstoffstahl und legiertem Stahl – Teil 1: Schrauben mit festgelegten Festigkeitsklassen – Regelgewinde und Feingewinde (ISO 898-1:2013)
DIN EN ISO 2081	2018-07	Metallische und andere anorganische Überzüge – Galvanische Zinküberzüge auf Eisenwerkstoffen mit zusätzlicher Behandlung (ISO 2081:2018)
DIN EN ISO 7094	2000-12	Flache Scheiben – Extra große Reihe, Produktklasse C (ISO 7094:2000)
DIN EN ISO 12944-2	2018-04	Beschichtungsstoffe – Korrosionsschutz von Stahlbauten durch Beschichtungssysteme – Teil 2: Einteilung der Umgebungsbedingungen (ISO 12944-2:2017)
DIN EN ISO 12944-5	2020-03	Beschichtungsstoffe – Korrosionsschutz von Stahlbauten durch Beschichtungssysteme – Teil 5: Beschichtungssysteme (ISO 12944-5:2019)
ISO 2631-2	2003-04	Mechanische Schwingungen und Stöße – Bewertung der Einwirkung von Ganzkörper-Schwingungen auf den Menschen – Teil 2: Schwingungen in Gebäuden (1 Hz bis 80 Hz)
DIN SPEC 1052-100	2013-08	Holzbauwerke – Bemessung und Konstruktion von Holzbauten – Teil 100: Mindestanforderungen an die Baustoffe oder den Korrosionsschutz von Verbindungsmitteln

Stichwortverzeichnis

L

M

N

O

P

Q

R

S

T

U

V